T0199864

# Springer Reference Technik

*Springer Reference Technik* bietet Ingenieuren – Studierenden, Praktikern und Wissenschaftlern – zielführendes Fachwissen in aktueller, kompakter und verständlicher Form. Während traditionelle Handbücher ihre Inhalte bislang lediglich gebündelt und statisch in einer Printausgabe präsentiert haben, bietet „Springer Reference Technik" eine um dynamische Komponenten erweiterte Online-Präsenz: Ständige digitale Verfügbarkeit, frühes Erscheinen neuer Beiträge online first und fortlaufende Erweiterung und Aktualisierung der Inhalte.

Die Werke und Beiträge der Reihe repräsentieren den jeweils aktuellen Stand des Wissens des Faches, was z. B. für die Integration von Normen und aktuellen Forschungsprozessen wichtig ist, soweit diese für die Praxis von Relevanz sind. Reviewprozesse sichern die Qualität durch die aktive Mitwirkung von namhaften HerausgeberInnen und ausgesuchten AutorInnen.

*Springer Reference Technik* wächst kontinuierlich um neue Kapitel und Fachgebiete. Eine Liste aller Reference-Werke bei Springer – auch anderer Fächer – findet sich unter www.springerreference.de.

Weitere Bände in der Reihe https://link.springer.com/bookseries/15071

Manfred Hennecke • Birgit Skrotzki
Hrsg.

# HÜTTE Band 2: Grundlagen des Maschinenbaus und ergänzende Fächer für Ingenieure

35. Auflage

mit 580 Abbildungen und 85 Tabellen

Akademischer Verein Hütte e.V.

Springer Vieweg

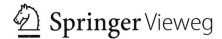

*Hrsg.*
Prof. Dr. Manfred Hennecke
früher Bundesanstalt für Materialforschung
und -prüfung
Berlin, Deutschland

Prof. Dr. Birgit Skrotzki
Bundesanstalt für Materialforschung
und -prüfung
Berlin, Deutschland

ISSN 2522-8188 ISSN 2522-8196 (electronic)
Springer Reference Technik
ISBN 978-3-662-64371-6 ISBN 978-3-662-64372-3 (eBook)
ISBN 978-3-662-64373-0 (print and electronic bundle)
https://doi.org/10.1007/978-3-662-64372-3

Die Deutsche Nationalbibliothek verzeichnet diese Publikation in der DeutschenNationalbibliografie; detaillierte bibliografische Daten sind im Internet überhttp://dnb.d-nb.de abrufbar.

Springer Vieweg
© Der/die Herausgeber bzw. der/die Autor(en), exklusiv lizenziert durch Springer-Verlag GmbH, DE, ein Teil von Springer Nature 2022
Das Werk einschließlich aller seiner Teile ist urheberrechtlich geschützt. Jede Verwertung, die nicht ausdrücklich vom Urheberrechtsgesetz zugelassen ist, bedarf der vorherigen Zustimmung des Verlags. Das gilt insbesondere für Vervielfältigungen, Bearbeitungen, Übersetzungen, Mikroverfilmungen und die Einspeicherung und Verarbeitung in elektronischen Systemen.
Die Wiedergabe von allgemein beschreibenden Bezeichnungen, Marken, Unternehmensnamen etc. in diesem Werk bedeutet nicht, dass diese frei durch jedermann benutzt werden dürfen. Die Berechtigung zur Benutzung unterliegt, auch ohne gesonderten Hinweis hierzu, den Regeln des Markenrechts. Die Rechte des jeweiligen Zeicheninhabers sind zu beachten.
Der Verlag, die Autoren und die Herausgeber gehen davon aus, dass die Angaben und Informationen in diesem Werk zum Zeitpunkt der Veröffentlichung vollständig und korrekt sind. Weder der Verlag noch die Autoren oder die Herausgeber übernehmen, ausdrücklich oder implizit, Gewähr für den Inhalt des Werkes, etwaige Fehler oder Äußerungen. Der Verlag bleibt im Hinblick auf geografische Zuordnungen und Gebietsbezeichnungen in veröffentlichten Karten und Institutionsadressen neutral.

Lektorat: Michael Kottusch
Springer Vieweg ist ein Imprint der eingetragenen Gesellschaft Springer-Verlag GmbH, DE und ist ein Teil von Springer Nature.
Die Anschrift der Gesellschaft ist: Heidelberger Platz 3, 14197 Berlin, Germany

# Geleitwort

Die HÜTTE, welche nun in der 35. Auflage erscheint, ist weltweit das älteste regelmäßig aktualisierte ingenieurwissenschaftliche Nachschlagewerk. Herausgeber der Buchreihe ist seit der ersten Auflage der Akademische Verein Hütte, dessen Name auch zum Titel der Bücher wurde. In diesem Jahr kann der A. V. Hütte auf sein 175jähriges Bestehen zurückblicken, er ist die älteste studentische Vereinigung an der Technischen Universität Berlin und ihren Vorläufern. Seit 1948 ist er zusätzlich auch an der TH Karlsruhe, heute KIT, vertreten.

Der Verein hat sich von Anfang an die Veröffentlichung und Förderung wissenschaftlicher Literatur zur Aufgabe gestellt. Unter maßgeblicher Beteiligung seiner Mitglieder wurde 1856 der Verein Deutscher Ingenieure (VDI) gegründet, was zusätzlich das Engagement zur Verbesserung der gesellschaftlichen Stellung der Ingenieure verdeutlicht. In die Technikgeschichte eingeschrieben hat sich der A. V. Hütte darüber hinaus auch durch die Herausgabe von beispielhaften technischen Zeichnungen und, mit ministerieller Genehmigung, von „Normalien für Betriebs-Mittel", die als Vorläufer der uns heute allen so selbstverständlich erscheinenden DIN-Normen betrachtet werden können.

Die Grundintention der HÜTTE-Bücher war, formuliert von der „Vademecum-Commission", dem heutigen Wissenschaftlichen Ausschuss des Vereins, in der Sprache der damaligen Zeit:

*für die Studierenden ein Werk zu schaffen, „welches in übersichtlicher Weise Formeln, Tabellen und Resultate aus den Vorträgen der Herren Lehrer zusammenfasst, und ihnen nicht allein bei den auf dem Gewerbe-Institut angestellten Uebungen im Entwerfen und Berechnen, sondern besonders in ihrer künftigen practischen Lebensstellung bei dem Projectiren und Veranschlagen von Maschinen und baulichen Anlagen als ein sicher und bequem zu gebrauchendes Handbuch dienen kann."*

Dieses Konzept hat sich nun schon über viele Generationen als tragfähig erwiesen. Für die technische Welt existiert damit ein Standardwerk, welches das Grundwissen der Ingenieure darstellt, wie es aktuell an den Universitäten und Hochschulen gelehrt wird. Alles ist mit didaktischem Geschick von anerkannten Expertinnen und Experten ihrer jeweiligen Fachgebiete kompakt und kompetent für Studium und Praxis verfasst. Die renommierten Autoren, eingeschlossen die beiden Bandherausgeber, sind die Garanten für den umfassenden Wissensschatz der HÜTTE-Bücher, und der Verein spricht ihnen allen seinen großen Dank und seine Anerkennung für ihren hohen fachlichen und zeitlichen Einsatz aus.

Längst sind aus den „Herren Lehrern“ des vorletzten Jahrhunderts nun „Lehrende“ geworden. Daher freut es uns ganz besonders, neben dem langjährigen Bandherausgeber Herrn Prof. Dr. rer. nat. Manfred Hennecke jetzt als neu dazugekommene Bandherausgeberin Frau Prof. Dr.-Ing. Birgit Skrotzki begrüßen zu dürfen. Sie hat sich als erste Frau in der Geschichte der Fakultät Maschinenbau der Ruhr-Universität Bochum habilitiert. Auch im A. V. Hütte liegt die Gesamtkoordination der wissenschaftlichen Aktivitäten des Vereins bei der 35. Auflage in weiblicher Verantwortung.

Die Wertschätzung und Bedeutung der HÜTTE-Bücher lässt sich auch daran erkennen, dass diese im Laufe der Zeit in mehr als zehn Sprachen übersetzt wurden, darunter Ausgaben in Russisch, Französisch, Spanisch, Italienisch, Türkisch und Chinesisch. Dadurch wurde die HÜTTE weit über den deutschsprachigen Raum hinaus bekannt und anerkannt.

Der Umfang des technischen Wissens hat während der 35. Auflagen stark zugenommen. Deshalb erscheint dieses Grundlagenbuch nun in drei Teilbänden, die sowohl getrennt als auch, vorteilhafter, gemeinsam erworben werden können. In diesem Zusammenhang ist es bemerkenswert, dass bereits die allererste Auflage im Jahr 1857 in einer ähnlichen Dreiteilung angeboten wurde, bei einem damaligen Gesamtumfang von 584 Seiten im Oktavformat. Für technikgeschichtlich Interessierte sei erwähnt, dass diese „UrHÜTTE“ als Reprint zwischenzeitlich neu aufgelegt wurde.

Heute ist der Inhalt der HÜTTE natürlich neben der Printform genauso als E-Book erhältlich und auch kapitelweise online verfügbar. Solche digitalen Formate ergänzen die Bücher, sie können diese aber, nicht nur wegen der Haptik, keinesfalls völlig ersetzen. Gedrucktes ist weiterhin erforderlich, um das heutige Wissen bleibend an die Nachwelt weiterzugeben. Unsere Bücher dienen außerdem als verlässliche und zitierfähige Referenz, die den jeweiligen Stand der Wissenschaft und Technik dokumentieren.

Dem Springer Verlag danken wir für die zukunftsweisende Aufnahme in die Reihe „Springer Reference Technik“ sowie die wiederum sehr sorgfältige Bearbeitung und hochwertige Ausstattung der Bände. Unsere erfolgreiche Zusammenarbeit mit dem Verlag besteht nunmehr seit genau 50 Jahren.

Hinweise unserer Leser zur Weiterentwicklung des Werkes erbitten wir an die vorne im Buch angegebene Adresse. Wir sind uns sicher, dass die HÜTTE-Bücher auch zukünftig allen neuen Anforderungen entsprechen und mit weiter folgenden Auflagen zum unverzichtbaren Rüstzeug für Ingenieure gehören werden.

Berlin, im Herbst 2021
Akademischer Verein Hütte e. V.

Wissenschaftliche Koordinatorin
Christina Baumgärtner

Wissenschaftlicher Ausschuss
Ernst-Martin Raeder

# Vorwort

Das Leseverhalten, nicht nur der jüngeren Generation, wird vom anhaltenden Siegeszug der Informationstechnik massiv beeinflusst. Das E-Book hat erhebliche Marktanteile gegen das klassische Buch gewonnen, ebenso wie der download gerade benötigter Informationen gegenüber dem Suchen und Nachschlagen im kilogrammschweren Nachschlagewerk.

Herausgeber und Verlag tragen dem mit der 35. Auflage der Hütte Rechnung. Zwar wird es weiterhin eine Buchversion der Hütte geben, in der das Ingenieurwissen auf traditionelle Weise dargeboten werden, d. h. gegliedert nach den klassischen Fachgebieten. Allerdings wird das Buch Hütte auf drei Bände aufgeteilt; nur so bleibt es handhabbar.

Neu ist, dass alle Wissensgebiete in Form von Kapiteln dargestellt werden, die einen (auch für den download) handhabbaren Umfang besitzen und für sich allein ein Teilgebiet verständlich und abgeschlossen darstellen. Wer sich im Moment ausschließlich für die Gasdynamik interessiert, muss nicht die gesamte Technische Mechanik herunterladen. Die Gliederung in Kapitel macht sich in erster Linie bei den umfangreichen alten Fachgebieten bemerkbar (wie Physik, Technische Mechanik, Elektrotechnik).

Ingenieurinnen und Ingenieure benötigen im Studium und für ihre beruflichen Aufgaben in der produzierenden Wirtschaft, im Dienstleistungsbereich oder im öffentlichen Dienst ein multidisziplinäres Wissen, das sich einerseits an den bisherigen Fächern und ihrem Fortschritt und andererseits an der Beachtung neuer Disziplinen orientiert. Die HÜTTE enthält in drei Bänden – orientiert am Stand von Wissenschaft und Technik und den Lehrplänen der Technischen Universitäten und Hochschulen – die Grundlagen des Ingenieurwissens, und zwar im Band 1 die mathematisch-naturwissenschaftlichen und allgemeinen Grundlagen, im Band 2 Grundlagen des Maschinenbaus und ergänzende Fächer und im Band 3 elektro- und informationstechnische Grundlagen. Allen Bänden angefügt sind ökonomisch-gesellschaftliche Kapitel, ohne die das heutige Ingenieurwissen unvollständig wäre.

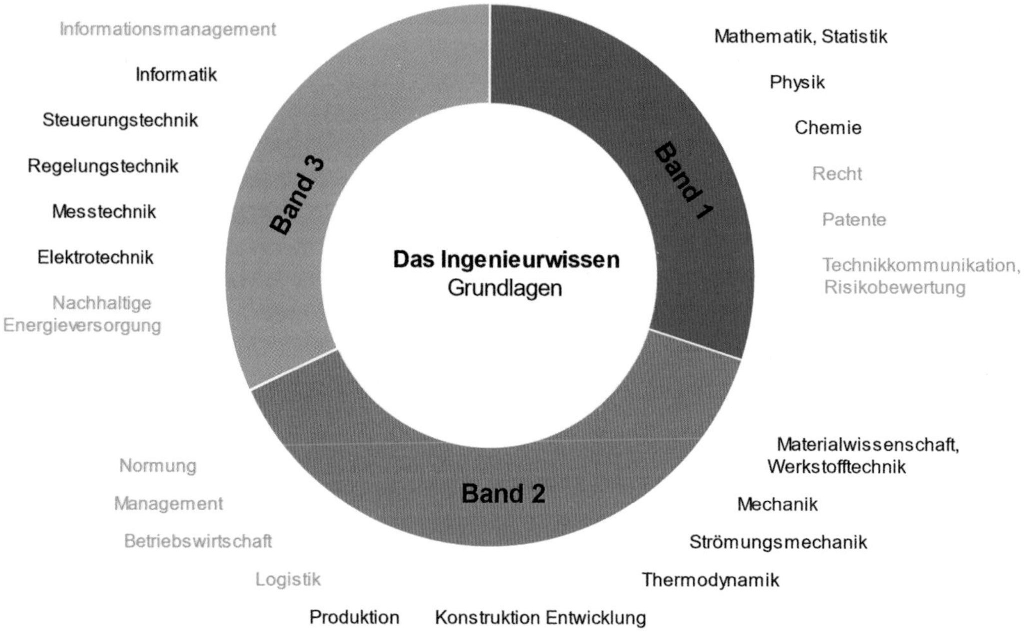


Die HÜTTE ist ein Kompendium und Nachschlagewerk für unterschiedliche Aufgabenstellungen. Durch Kombination der Einzeldisziplinen dieses Wissenskreises kann das multidisziplinäre Grundwissen für die verschiedenen Technikbereiche und Ingenieuraufgaben zusammengestellt werden.

Die vorliegende 35. Auflage der HÜTTE – begründet 1857 als *Des Ingenieurs Taschenbuch* – ist in allen Beiträgen aktualisiert worden. Ihrer technischen und gesellschaftlichen Bedeutung entsprechend wurden neue Kapitel aufgenommen: Informationsmanagement, Logistik, nachhaltige Energieversorgung sowie Technikkommunikation, Risikobewertung, Risikokommunikation.

Unser herzlicher Dank gilt allen Kolleginnen und Kollegen für ihre Beiträge und den Mitarbeiterinnen und Mitarbeitern des Springer-Verlages für die sachkundige redaktionelle Betreuung sowie dem Verlag für die vorzügliche Ausstattung des Buches.

Berlin, März 2022

Manfred Hennecke
Birgit Skrotzki

GROB
ANTRIEBSTECHNIK

GROB GmbH • Eberhard-Layher-Str. 5-7• 74889 Sinsheim Tel. 07261/9263-0 • info@grob-antriebstechnik.de

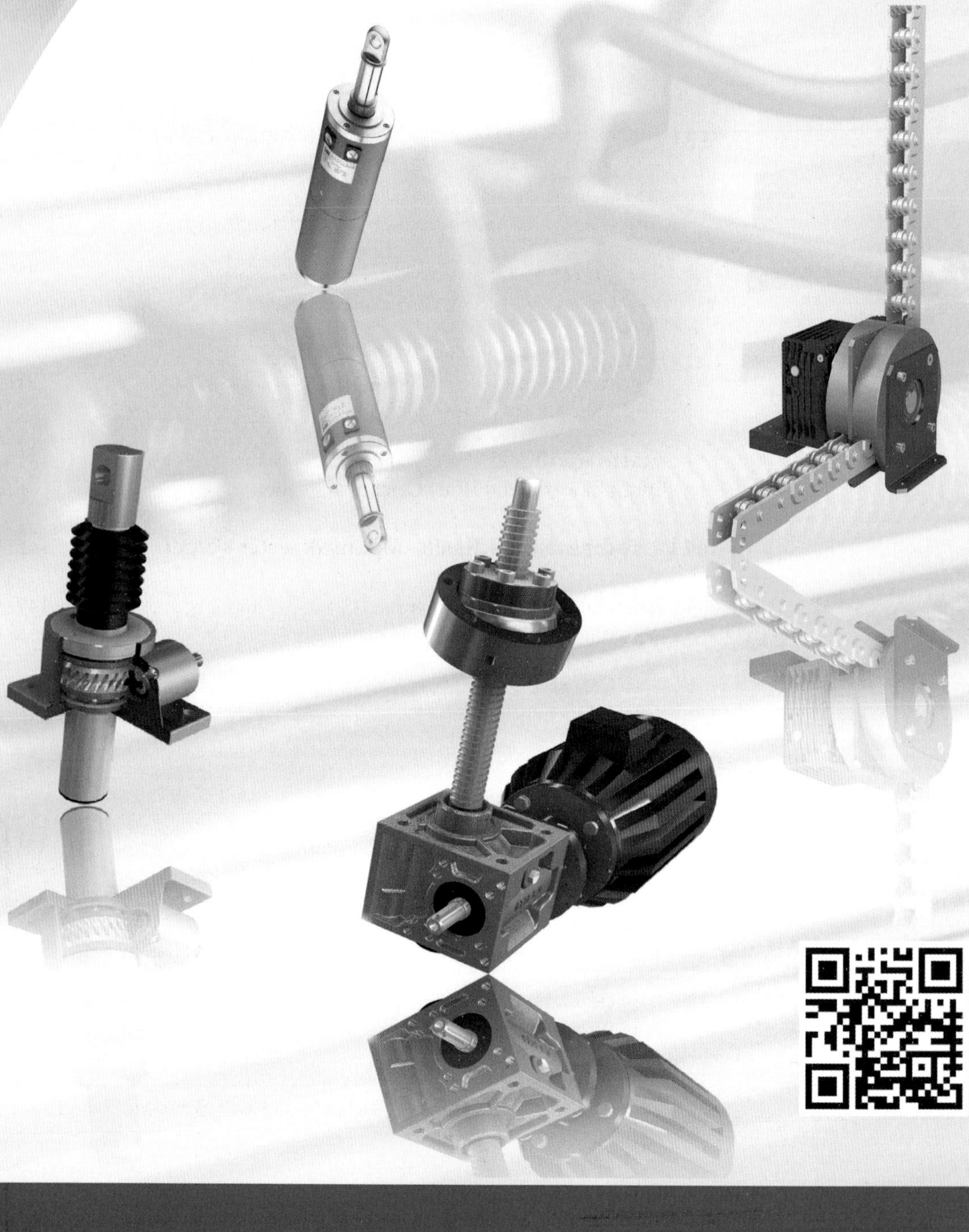

Lineare Antriebstechnik

# Inhaltsverzeichnis

# Autorenverzeichnis

Joachim **Ahrendts** Bad Oldesloe, Deutschland

Karl **Bühler** Fakultät Maschinenbau und Verfahrenstechnik, Hochschule Offenburg, Offenburg, Deutschland

Wolfgang **Beitz** verstorben 1998, früher Technische Universität Berlin, Berlin, Deutschland

Christoph **Besenfelder** Fraunhofer-Institut für Materialfluss und Logistik (IML), Dortmund, Deutschland und Lehrstuhl für Unternehmenslogistik (LFO), Technische Universität Dortmund, Dortmund, Deutschland

Jürgen **Beyerer** Fraunhofer-Institut für Optronik, Systemtechnik und Bildauswertung IOSB, Karlsruhe, Deutschland

Hartmut **Buck** verstorben 2015, früher Fraunhofer-Institut für Arbeitswirtschaft und Organisation (IAO), Stuttgart, Deutschland

Uwe **Clausen** Fraunhofer-Institut für Materialfluss und Logistik (IML), Dortmund, Deutschland und Institut für Transportlogistik, Technische Universität Dortmund, Dortmund, Deutschland

Horst **Czichos** Berlin, Deutschland

Frank **Engelmann** Fachbereich Wirtschaftsingenieurwesen, Ernst-Abbe-Hochschule Jena, Jena, Deutschland

Jürgen **Geisler** Fraunhofer-Institut für Optronik, Systemtechnik und Bildauswertung IOSB, Karlsruhe, Deutschland

Karl-Heinrich **Grote** Fakultät für Maschinenbau, OvG-Universität Magdeburg, Magdeburg, Deutschland

Thomas **Guthmann** Fachbereich Wirtschaftsingenieurwesen, Ernst-Abbe-Hochschule Jena, Jena, Deutschland

Michael **Henke** Fraunhofer-Institut für Materialfluss und Logistik (IML), Dortmund, Deutschland und Lehrstuhl für Unternehmenslogistik (LFO), Technische Universität Dortmund, Dortmund, Deutschland

Sabrina **Herbst** Fachbereich Wirtschaftsingenieurwesen, Ernst-Abbe-Hochschule Jena, Jena, Deutschland

Michael **ten Hompel** Lehrstuhl für Förder- und Lagerwesen, Technische Universität Dortmund, Dortmund, Deutschland und Fraunhofer-Institut für Materialfluss und Logistik, Dortmund, Deutschland

Stephan **Kabelac** Institut für Thermodynamik, Leibniz Universität Hannover, Hannover, Deutschland

Rüdiger **Marquardt** DIN Deutsches Institut für Normung e.V., Berlin, Deutschland

Peter **Ohlhausen** Fraunhofer-Institut für Arbeitswirtschaft und Organisation (IAO), Stuttgart, Deutschland

Moritz **Pöting** Institut für Transportlogistik, Technische Universität Dortmund, Dortmund, Deutschland

Elisabeth **Peinsipp-Byma** Fraunhofer-Institut für Optronik, Systemtechnik und Bildauswertung IOSB, Karlsruhe, Deutschland

Wulff **Plinke** ESMT Berlin, Berlin, Deutschland

Christian **Prasse** Fraunhofer-Institut für Materialfluss und Logistik (IML), Dortmund, Deutschland

Jakob **Rehof** Fraunhofer-Institut für Software- und Systemtechnik ISST, Dortmund, Deutschland und Lehrstuhl für Software Engineering (LS14) – Technische Universität Dortmund, Dortmund, Deutschland

Hans Albert **Richard** Universität Paderborn, Paderborn, Deutschland

Michael **Richter** SCHUNK GmbH & Co. KG, Lauffen, Deutschland

Thorsten **Schmidt** Institut für Technische Logistik und Arbeitssysteme, Technische Universität Dresden, Dresden, Deutschland

Michael **Schmidt** Fraunhofer-Institut für Materialfluss und Logistik (IML), Dortmund, Deutschland

Britta **Schramm** Universität Paderborn, Paderborn, Deutschland

Karlheinz **Schwuchow** CIMS Center for International Management Studies, Hochschule Bremen, Bremen, Deutschland

Franz-Georg **Simon** Fachbereich Schadstofftransfer und Umwelttechnologien, Bundesanstalt für Materialforschung und -prüfung (BAM), Berlin, Deutschland

Birgit **Skrotzki** Fachbereich Experimentelle und modellbasierte Werkstoffmechanik, Bundesanstalt für Materialforschung und -prüfung (BAM), Berlin, Deutschland

Dieter **Spath** Fraunhofer-Institut für Arbeitswirtschaft und Organisation (IAO), Stuttgart, Deutschland

Günter **Spur** verstorben 2013, früher Institut für Werkzeugmaschinen und Fabrikbetrieb, Technische Universität Berlin, Berlin, Deutschland

Max **Syrbe** verstorben 2011, früher Fraunhofer Gesellschaft zur Förderung der angewandten Forschung e.V., Karlsruhe, Deutschland

Eckart **Uhlmann** Fraunhofer-Institut für Produktionsanlagen und Konstruktionstechnik (IPK) und
Institut für Werkzeugmaschinen und Fabrikbetrieb (IWF), Technische Universität Berlin, Berlin, Deutschland

Bernhard Peter **Utzig** Fachbereich Wirtschaftswissenschaften, Hochschule für Wirtschaft und Recht Berlin, Berlin, Deutschland

Joachim **Warschat** Fraunhofer-Institut für Arbeitswirtschaft und Organisation (IAO), Stuttgart, Deutschland

Christoph **Winterhalter** Deutsches Institut für Normung e.V., Berlin, Deutschland

Jens **Wittenburg** Institut für Technische Mechanik, Karlsruher Institut für Technologie, Karlsruhe, Deutschland

Jürgen **Zierep** verstorben 2021, früher Karlsruher Institut für Technologie, Karlsruhe, Deutschland

# Teil I

# Materialwissenschaft und Werkstofftechnik

# 1 Grundlagen der Werkstoffkunde

Birgit Skrotzki, Franz-Georg Simon und Horst Czichos

## Inhalt



B. Skrotzki (✉)
Fachbereich Experimentelle und modellbasierte Werkstoffmechanik, Bundesanstalt für Materialforschung und -prüfung (BAM), Berlin, Deutschland
E-Mail: Birgit.Skrotzki@bam.de

F.-G. Simon
Fachbereich Schadstofftransfer und Umwelttechnologien, Bundesanstalt für Materialforschung und -prüfung (BAM), Berlin, Deutschland
E-Mail: franz-georg.simon@bam.de

H. Czichos
Berlin, Deutschland
E-Mail: horst.czichos@t-online.de

© Der/die Autor(en), exklusiv lizenziert durch Springer-Verlag GmbH, DE, ein Teil von Springer Nature 2022

M. Hennecke, B. Skrotzki (Hrsg.), *HÜTTE Band 2: Grundlagen des Maschinenbaus und ergänzende Fächer für Ingenieure*, Springer Reference Technik,
https://doi.org/10.1007/978-3-662-64372-3_27

**Zusammenfassung**

Der Aufbau der Werkstoffe wird durch Merkmale wie Bindungsart, atomare Strukturen, Kristallstrukturen einschließlich ihrer Gitterbaufehler, Körner und Phasen bestimmt. Die Mikrostruktur (Gefüge) stellt den Verbund der Kristalle, Phasen und Gitterbaufehler auf mikroskopischer und nanoskopischer Skala dar. Die Grundlagen der Phasenumwandlungen werden behandelt und die Bedeutung von Diffusionsprozessen erläutert. Werkstoffe sind bedeutend für Kultur, Wirtschaft, Technik und Umwelt. Ihre Herstellung benötigt Ressourcen und Energie. Recycling ist eine Möglichkeit zur Erhöhung der Ressourcenproduktivität.

## 1.1 Übersicht

### 1.1.1 Der Materialkreislauf

Die Prozesse und Produkte der Technik erfordern zu ihrer Realisierung eine geeignete materielle Basis. *Material* ist die zusammenfassende Bezeichnung für alle natürlichen und synthetischen Stoffe, Materialforschung, Materialwissenschaft und Materialtechnik sind die sich mit den Stoffen befassenden Gebiete der Forschung, Wissenschaft und Technik.

*Werkstoffe* im engeren Sinne nennt man Materialien im festen Aggregatzustand, aus denen Bauteile und Konstruktionen hergestellt werden können (Gräfen 1993). Bei den *Konstruktionswerkstoffen* (auch *Strukturwerkstoffe* genannt) stehen die mechanisch-technologischen Eigenschaften im Vordergrund. *Funktionswerkstoffe* sind Materialien, die besondere funktionelle Eigenschaften, z. B. physikalischer und chemischer Art oder spezielle technisch nutzbare Effekte realisieren, z. B. optische Gläser, Halbleiter, Dauermagnetwerkstoffe (Callister und Rethwisch 2013).

Die *Energieträger*, wie Kraftstoffe, Brennstoffe, Explosivstoffe gehören im strengen Sinne nicht zu den genannten Gruppen, d. h. sie sind als Materialien, aber nicht als Werkstoffe zu bezeichnen. Den stofflichen Grundprozess der gesamten Technik fasst der im Abb. 1 skizzierte Materialkreislauf zusammen. Er stellt den Weg der (späteren) Materialien von den natürlichen Vorräten über Rohstoffe, Werkstoffe zu technischen Produkten dar und ist durch die Aufeinanderfolge unterschiedlichster Technologien gekennzeichnet:

- Rohstofftechnologien zur Ausnutzung der natürlichen Ressourcen,
- Werkstofftechnologien zur Erzeugung von Werkstoffen und Halbzeugen aus den Rohstoffen,
- Konstruktionsmethoden und Produktionstechnologien für Entwurf und Fertigung von Bauteilen und technischen Produkten,
- Betriebs-, Wartungs- und Reparaturtechnologien zur Gewährleistung von Funktionsfähigkeit und Wirtschaftlichkeit des Betriebs,
- Wiederaufbereitungs- und Rückgewinnungstechnologien zur Schließung des Materialkreislaufs durch Recycling oder – falls dies nicht möglich ist – durch umweltgerechte Entsorgung.

Unter wirtschaftlichen Aspekten ist der Materialkreislauf auch als Wertschöpfungskette zu betrachten. Die für technische Produkte benötigten Konstruktions- und Funktionswerkstoffe müssen dem jeweiligen Anwendungsprofil entsprechen und gezielt bezüglich Material- und Energieverbrauch, Qualität, Zuverlässigkeit, Wirtschaftlichkeit, Gebrauchsdauer, Umweltschutzerfordernissen usw. optimiert werden.

### 1.1.2 Werkstoffe in Kultur und Technik

**Kultur- und Technikgeschichte der Werkstoffe** Werkstoffe bilden die stoffliche Basis aller von Menschen geschaffenen Erzeugnisse: von den Gebrauchsgegenständen der Kupfer-, Bronze-

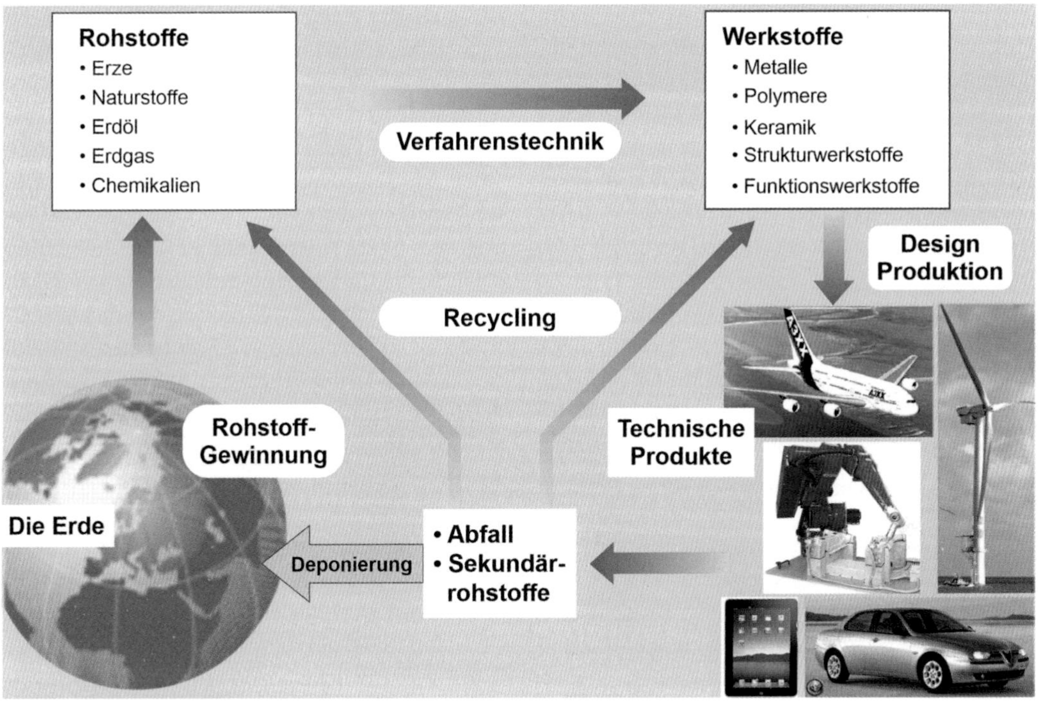


**Abb. 1** Der Materialkreislauf

und Eisenzeit bis zu den heutigen „High-Tech-Produkten". Materialeigenschaften prägen damit nicht nur das Erscheinungsbild und die Originalität von Kulturgütern und Kunstwerken (Czichos und Hahn 2011), sondern auch die Funktionalität technischer Bauteile und Konstruktionen. Die folgenden Stichworte geben eine kurze Übersicht über kulturelle und technische Entwicklungen:

| | | |
|---|---|---|
| Kulturgeschichte | Altsteinzeit vor etwa 10.000 Jahren | |
| | Jungsteinzeit, 8000 bis 7000 v. Chr. | |
| | Kupferzeit, 7000 bis 3000 v. Chr. | |
| | Bronzezeit, 3000 bis 1000 v. Chr. | |
| | Eisenzeit seit Mitte 2. Jahrtausend v. Chr. | |
| „Eiserne Engel" | Maschinen von der Antike bis zur industriellen Revolution (Walter Kiaulehn) | |
| Werkstoffe im 20. Jahrhundert: Basis für Technologien und Industrien (Czichos 1998) | Aluminiumlegierungen seit den 1920ern | Flugzeugbau, Luftfahrtindustrie |
| | Hartmetalle seit den 1930ern | Fertigungs-, Produktionstechnik |
| | Polymere seit den 1940ern | Kunststoffe, chemische Industrie |
| | Superlegierungen seit den 1950ern | Düsentriebwerke, Turbinenbau |
| | Halbleiter seit den 1960ern | Transistortechnik, Elektronikindustrie |
| | Neue Keramiken seit den 1970ern | „High-Tech-Industrien" |
| | Bio-Materialien seit den 1980ern | Biotechnologien, Medizintechnik |
| | Nano-Materialien seit den 1990ern | Mikro- und Nanotechnik |

(Fortsetzung)

**Werkstoffe und die Eigenschaften technischer Produkte**

Wie ebenfalls aus dem Materialkreislauf, Abb. 1, abgelesen werden kann, werden Werkstoffe durch Konstruktion und Fertigung in technische Produkte „transformiert", formelartig geschrieben:

$$\text{Werkstoff} \xrightarrow[\text{Fertigung}]{\text{Konstruktion}} \text{technisches Produkt}$$

Informationsbezogen kann das heißen: Kenntnis der Beschaffenheit und des Verhaltens der Werkstoffe ist Voraussetzung einer erfolgreichen Konstruktion. Stoffbezogen: Die Verfügbarkeit und Verwendung von technologisch und funktionell geeigneten Stoffen ist Voraussetzung guter Produktionsqualität. Auch drückt die Formel die Tatsache aus, dass durch ingeniöse Konstruktion und Fertigung die Werkstoffeigenschaften in eine Fülle von Produkteigenschaften aufgefächert und übersetzt werden können.

Ein besonders für Erwerber und Benutzer wichtiges Merkmal technischer Produkte ist deren Qualität, sie ist eng mit den Merkmalen Zuverlässigkeit und Sicherheit verknüpft. *Qualität* ist die Beschaffenheit einer Betrachtungseinheit bezüglich ihrer Eignung, festgelegte und vorausgesetzte Erfordernisse und Funktionen zu erfüllen. *Zuverlässigkeit* ist die Eigenschaft, funktionstüchtig zu bleiben. Sie ist definiert also die Wahrscheinlichkeit, dass ein Werkstoff, Bauteil oder System seine bestimmungsgemäße Funktion für eine bestimmte *Gebrauchsdauer* unter den gegebenen Funktions- und Beanspruchungsbedingungen ausfallfrei, d. h. ohne Versagen, erfüllt. *Sicherheit* ist die Wahrscheinlichkeit, dass von einer Betrachtungseinheit während einer bestimmten Zeitspanne keine Gefahr ausgeht, bzw. dass das Risiko – gekennzeichnet durch Schadenswahrscheinlichkeit und Schadensausmaß – unter einem vertretbaren Grenzrisiko bleibt.

Die Beurteilung der Qualität, Zuverlässigkeit und Sicherheit von Werkstoffen, Bauteilen oder Systemen geschieht mit den Mitteln der Materialprüfung, siehe ▶ Kap. 4, „Materialprüfung". Dabei ist insbesondere auch festzustellen, inwieweit oder auf welche Weise die Ergebnisse von Werkstoffprüfungen auf Bauteile oder Systeme übertragen werden können.

## 1.1.3 Werkstoffe in technischen Anwendungen

### 1.1.3.1 Strukturwerkstoffe

Strukturwerkstoffe werden für mechanisch beanspruchte Bauteile in allen Bereichen der Technik eingesetzt. Hauptanwendungsgebiete der primär festigkeitsbestimmten Strukturwerkstoffe ist der allgemeine Maschinenbau, die Feinwerktechnik, das Bauwesen und die Anlagentechnik. Strukturwerkstoffe kommen aus allen metallischen, anorganischen und organischen Stoffbereichen. Im Hinblick auf die Erzielung möglichst wirtschaftlicher Lösungen wird im Allgemeinen versucht, hochentwickelte Werkstoffe mit gutem Preis-Leistungs-Verhältnis zu verwenden, deren Eigenschaften in Kombination mit günstiger Verarbeitbarkeit und Sicherheit für zahlreiche allgemeine Anwendungsfälle ausreichend sind. Hierzu gehören bei den metallischen Werkstoffen z. B. Baustähle, Gusseisen mit Kugelgraphit, automatengeeignete Qualitäten und preiswerte Messingarten, bei den Polymerwerkstoffen die Thermoplaste PE, PVC, PS, duroplastische Phenolharze und gummielastische Dienelastomere sowie bei den anorganisch-nichtmetallischen Werkstoffen die einfach zu verarbeitenden Betonwerkstoffe, Silicatkeramiken und Kalknatrongläser. Für mechanisch hochbeanspruchte Bauteile kommen außerdem verschiedene, meist faserverstärkte Verbundwerkstoffe zum Einsatz. Die hauptsächlichen Anforderungen an Strukturwerkstoffe betreffen neben der statischen und dynamischen Festigkeit und Steifigkeit eine ausreichende Beständigkeit gegenüber thermischen, korrosiven und tribologischen Beanspruchungen.

### 1.1.3.2 Funktionswerkstoffe

Funktionswerkstoffe sind primär durch nichtmechanische Eigenschaften, speziell elektrischer, magnetischer oder optischer Art gekennzeichnet. Hauptanwendungsbereiche sind die Elektrotechnik, Elektronik, Kommunikations- und Informationstechnik sowie die zugehörigen Gerätetechnologien. Wichtige Funktionsmaterialien sind z. B. die für elektrotechnische und elektronische Bauelemente verwendeten Halbleiter (Silicium, Galliumarsenid, Indiumphosphid), Flüssigkristallpolymere (LCP) auf Aramid- und Polyesterbasis sowie keramische Werkstoffe mit piezoelektrischen und elektrooptischen Eigenschaften (z. B. Bleizirkoniumtitanat, Bleilanthanzirkoniumtitanat). Sie bilden die stoffliche Basis von Bauelementen in Bereichen wie integrierte Schaltungen, Optoelektronik, Fotovoltaik. Funktionswerkstoffe werden außerdem in der Mess-, Steuer- und Regelungstechnik als *Aktoren* für Mikro-Stellvorgänge und als *Sensoren* zur Detektion oder Umwandlung von Signalen unterschiedlicher physikalischer Natur eingesetzt. Beispiele derartiger Sensortechnologien und zugehöriger Umwandlungsfunktionen sind: Bimetalle (thermisch-mechanisch), Formgedächtnislegierungen (thermisch-mechanisch), Thermoelemente (thermisch-elektrisch), Dehnungsmessstreifen (mechanisch-elektrisch), Fotoelemente (optisch-elektrisch), Piezoelemente (mechanisch-elektrisch, akustisch-elektrisch).

g) *Referenzmaterialien, Referenzorganismen und Referenzverfahren* zur Qualitätssicherung des Materialverhaltens in technischen Anwendungen.

### 1.1.4 Gliederung des Werkstoffgebietes

Für die fachliche Gliederung des Werkstoffgebietes gibt es mehrere Aspekte, die mit den Methoden der Systemtechnik kombiniert werden können. Werkstoffe sind bestimmungsgemäß Bestandteil von Gegenständen oder technischen Systemen. Jedes technische System ist durch die beiden Merkmale *Funktion* und *Struktur* gekennzeichnet, vgl. ▶ Kap. 21, „Grundlagen der Produktentwicklung“. Entwicklung und Anwendung technischer Systeme erfordern neben der Kennzeichnung struktureller und funktioneller Eigenschaften Mess- und Prüftechniken zur Beurteilung des Systemverhaltens sowie Auswahl- und Gestaltungsmethoden für ihre Bauelemente.

Für das Werkstoffgebiet ist ein mehrdimensionales Gliederungsschema mit folgenden Schwerpunkten zweckmäßig:

a) *Aufbau der Werkstoffe*: Stoffliche Natur, unterschiedlich hinsichtlich chemischer Zusammensetzung, Bindungsart und Mikrostruktur (Gefüge).
b) *Beanspruchung*: Einflüsse, die auf Werkstoffe bei der Anwendung einwirken, deren Parameter und zeitlicher Verlauf.
c) *Eigenschaften*: Kenngrößen und Systemdaten, die das Verhalten von Werkstoffen gegenüber den verschiedenen Beanspruchungen und in ihren technisch-funktionellen Anwendungen beschreiben.
d) *Schädigungsmechanismen*: Veränderungen der Stoff- oder Formeigenschaften von Werkstoffen bzw. Bauteilen, die deren Funktion beeinträchtigen können.
e) *Materialprüfung*: Techniken und Methoden zur Untersuchung und Beurteilung von Materialien, Bauteilen und Konstruktionen.
f) *Materialauswahl*: Techniken und Methoden zur anwendungsbezogenen Auswahl von Materialien.

## 1.2 Aufbau der Werkstoffe

Der Aufbau eines Werkstoffs ist durch folgende Merkmale bestimmt:

a) Die chemische Natur seiner atomaren oder molekularen Bausteine.
b) Die Art der Bindungskräfte (Bindungsart) zwischen den Atomen bzw. Molekülen.
c) Die atomare Struktur, das ist die räumliche Anordnung der Atome bzw. Moleküle zu elementaren kristallinen, molekularen oder amorphen Strukturen; diese bilden bei kristallinen Stoffen *Elementarzellen*, die als eigentliche Grundbausteine des Stoffs angesehen werden können.
d) Die *Kristallite* oder *Körner*, das sind einheitlich aufgebaute Bereiche eines polykristallinen Stoffs, die durch sog. Korngrenzen voneinander getrennt sind.
e) Die *Phasen* der Werkstoffe, das sind Bereiche mit einheitlicher atomarer Struktur und chemischer Zusammensetzung, die durch Grenzflächen (Phasengrenzen) von ihrer Umgebung abgegrenzt sind.
f) Die *Gitterbaufehler*, das sind Abweichungen von der idealen Kristallstruktur:
   - Punktfehler: Fremdatome, Leerstellen, Zwischengitteratome, Frenkel-Defekte
   - Linienfehler: Versetzungen
   - Flächenfehler: Stapelfehler, Korngrenzen, Phasengrenzen
g) Die Mikrostruktur oder das *Gefüge*, das ist der mikroskopische Verbund der Kristallite, Phasen und Gitterbaufehler.

### 1.2.1 Aufbauprinzipien von Festkörpern

Alle Materie ist aus den im Periodensystem der Elemente zusammengefassten Atomen aufgebaut (siehe Kap. „Grundlagen zu chemischen Elementen, Verbindungen und Gleichungen“ in Band 1). Die Bindung zwischen je zwei Atomen eines Festkörpers resultiert aus elektrischen Wechselwirkungen zwischen den beiden Partnern, siehe Abb. 2. Die Überlagerung der Abstoßungs- und Anziehungsenergien (oder Potenziale) führt zu einem Potenzialminimum, dessen Tiefe die Bindungsenergie $U_B$ und dessen Lage den Gleichgewichtsabstand $r_0$ (Größenordnung 0,1 nm) angibt.

Die chemischen Bindungen zwischen den Elementarbausteinen fester Körper werden eingeteilt in (starke) Hauptvalenzbindungen (Ionenbindung, Atombindung, metallische Bindung) und (schwache) Nebenvalenzbindungen:

*Ionenbindung* (*heteropolare Bindung*): Jedes Kation gibt ein oder mehrere Valenzelektronen an ein oder mehrere Anionen ab. Bindung durch ungerichtete elektrostatische (Coulomb-) Kräfte zwischen den Ionen.

*Atombindung* (*homöopolare oder kovalente Bindung*): Gemeinsame (Valenz-)Elektronenpaare zwischen nächsten Nachbarn; gerichtete Bindung mit räumlicher Lokalisierung der bindenden Elektronenpaare.

*Metallische Bindung*: Gemeinsame Valenzelektronen aller beteiligten Atome (Elektronengas); ungerichtete Bindung zwischen dem Elektronengas und den positiv geladenen Atomrümpfen.

*Van-der-Waals-Bindung*: Interne Ladungspolarisation (Dipolbildung) benachbarter Atome oder Moleküle; schwache elektrostatische Dipoladsorptionsbindung.

Aus der Bindungsart und den Atomabständen (bzw. den Molekülformen) der Elementarbausteine ergeben sich die elementaren Kristallstrukturen fester Stoffe. Die atomaren Bestandteile von Kristallen sind wie die Knoten eines räumlichen Punktgitters (Raumgitters) angeordnet, das entsteht, wenn drei Scharen paralleler Ebenen (Netzebenen) sich kreuzend durchdringen. Das kleinste Raumelement, durch dessen wiederholte Verschiebung um die jeweilige Kantenlänge in jeder der drei Achsrichtungen man sich ein Raumgitter aufgebaut denken kann, wird als *Elementarzelle* bezeichnet. Die möglichen Raumgitter der Kristalle werden durch 7 Kristallsysteme bzw. 14 Bravais-Gittertypen gekennzeichnet, siehe Abb. 3.

Die Lage eines Atoms in der Elementarzelle eines Kristalls wird durch den Ortsvektor

$$\boldsymbol{r} = x\boldsymbol{a} + y\boldsymbol{b} + z\boldsymbol{c} \quad (0 \leq x, y, z < 1)$$

beschrieben, wobei $\boldsymbol{a}$, $\boldsymbol{b}$, $\boldsymbol{c}$ die Einheitsvektoren auf den drei kristallographischen Achsen *a, b, c* eines Kristallgitters und *x, y, z* die Koordinaten des Atoms darstellen. Ein Gitterpunkt mit den Koordinaten *uvw* wird gefunden, indem vom Koordinatenursprung aus der Vektor $u\boldsymbol{a}$ in *a*-Richtung,

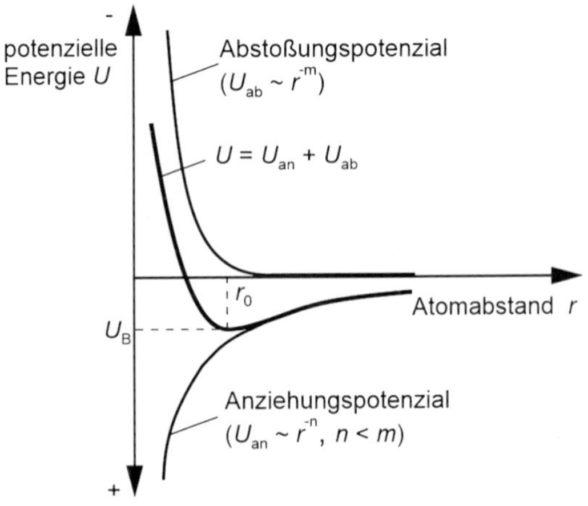


**Abb. 2** Wechselwirkungsenergien zwischen zwei isolierten Atomen ($U_B$ Bindungsenergie; $r_0$ Gleichgewichtsabstand)

| Kristallsystem | einfach (primitiv) | basisflächen-zentriert | raum-zentriert | flächen-zentriert |
|---|---|---|---|---|
| kubisch 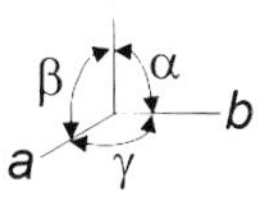  $a = b = c$<br>$\alpha = \beta = \gamma = 90°$ | 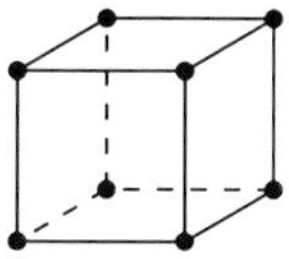 | | 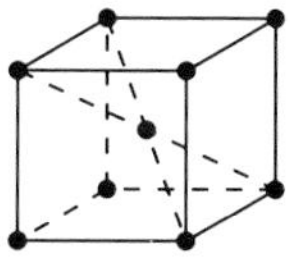 | 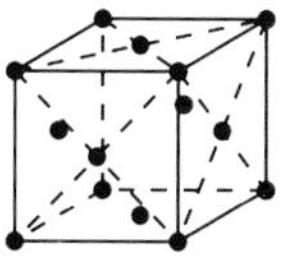 |
| tetragonal<br>$a = b \neq c$<br>$\alpha = \beta = \gamma = 90°$ | 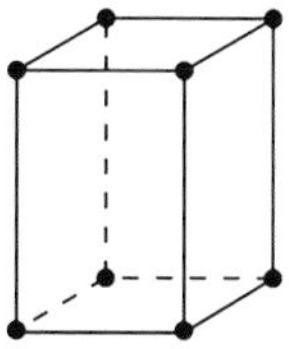 | | 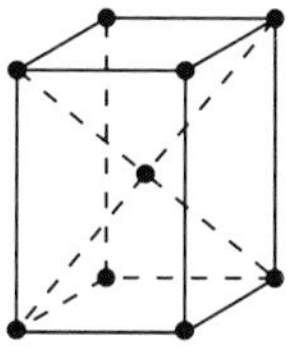 | |
| orthorhombisch<br>$a \neq b \neq c$<br>$\alpha = \beta = \gamma = 90°$ | 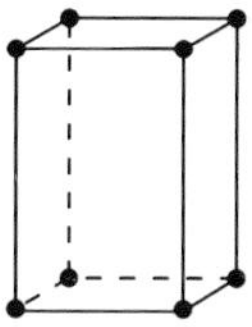 | 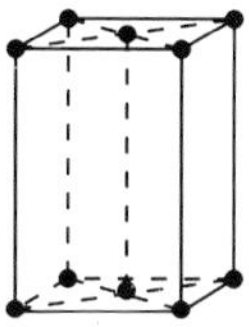 | 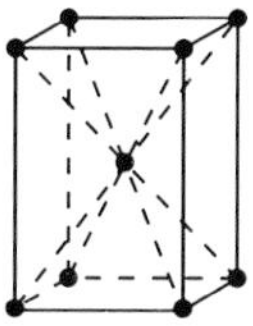 | 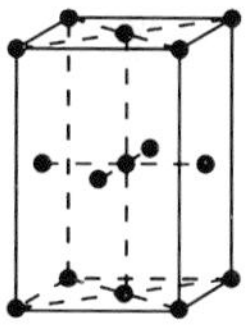 |
| rhomboedrisch<br>a = b = c<br>$\alpha = \beta = \gamma \neq 90°$ | 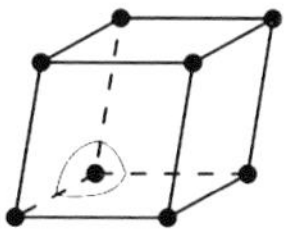 | | | |
| hexagonal<br>$a = b \neq c$<br>$\alpha = \beta = 90°$<br>$\gamma = 120°$ | 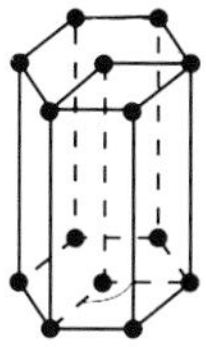 | | | |
| monoklin<br>a ≠ b ≠ c<br>$\alpha = \gamma = 90°$<br>$\beta \neq 90°$ | 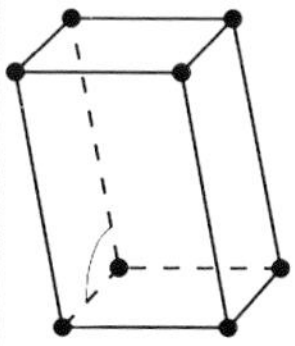 | | 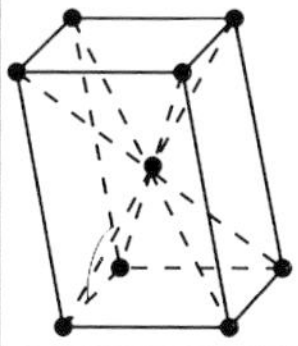 | |
| triklin<br>$a \neq b \neq c$<br>$\alpha \neq \beta \neq \gamma$ | 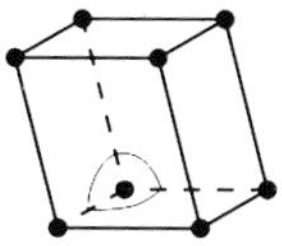 | | | |

**Abb. 3** Die 7 Kristallsysteme und die 14 Bravais-Gitter

***vb*** in *b*-Richtung und ***wc*** in *c*-Richtung zurückgelegt wird. Mit der Verbindungsgeraden vom Koordinatenursprung zum Gitterpunkt *uvw* kann auch eine *Richtung* im Gitter beschrieben werden: [*uvw*]. Damit ist gleichzeitig auch eine *Fläche* charakterisiert, nämlich diejenige Fläche, deren Flächennormale die Richtung vom Koordinatenursprung zum Punkt *uvw* hat. Zur Bezeichnung einer Kristallfläche oder einer Schar von parallelen Gitterebenen dienen Miller'sche Indizes: die durch Multiplikation mit dem Hauptnenner ganzzahlig gemachten reziproken Achsabschnitte der betreffenden Fläche. In Abb. 4 ist die Koordinatenschreibweise am Beispiel eines kubischen Gitters illustriert.

Während ideale Kristalle durch eine regelmäßige Anordnung ihrer Elementarbausteine gekennzeichnet sind (Fernordnung), besteht bei *amorphen* Festkörpern nur eine strukturelle Nahordnung im Bereich der nächsten Nachbaratome. Sie ähneln Schmelzen und werden daher auch als *Gläser*, d. h. als unterkühlte, in den festen Zustand eingefrorene Flüssigkeiten bezeichnet.

Als *einphasige* Festkörper werden feste Stoffe mit einheitlicher chemischer Zusammensetzung und atomarer Struktur bezeichnet. Die unterschiedlichen Zustände mehrphasiger Festkörper werden – in Abhängigkeit von der chemischen Zusammensetzung und der Temperatur – durch *Zustandsdiagramme* beschrieben (s. Abschn. 2.7).

### 1.2.2 Mikrostruktur

Der mikrostrukturelle Aufbau technischer Werkstoffe unterscheidet sich von der idealer Festkörper durch Gitterbaufehler, die für die Werkstoffeigenschaften von grundlegender Bedeutung sind. Nach ihrer Geometrie ist folgende Klassifizierung üblich:

a) Nulldimensionale Gitterbaufehler (Punktfehler), siehe Abb. 5:

   Es werden neben der Substitution von Gitteratomen durch Fremdatome die folgenden Grundformen unterschieden:

   – Leerstellen: Jeder Kristall enthält eine mit der Gittertemperatur zunehmende Anzahl von Leerstellen. Der Anteil der Leerstellen bezogen auf die Zahl der Gitterbausteine in einem fehlerfreien Kristall beträgt bei Raumtemperatur ca. $10^{-12}$. Die Bildungsenergie für Leerstellen ist in Metallen etwa der Verdampfungsenthalpie proportional. Durch Punktfehler in Kristallen mit Ionenbindung entsteht im Gitter örtlich eine positive oder negative Polarisation.
   – Zwischengitteratome: In zahlreichen Kristallgittern können, besonders kleine, Gitteratome, wie z. B. H, C, N, auf Zwischengitterplätze abwandern. Die Kombination einer Leerstelle mit einem entsprechenden Zwischengitteratom heißt Frenkel-Paar oder Frenkel-Defekt.

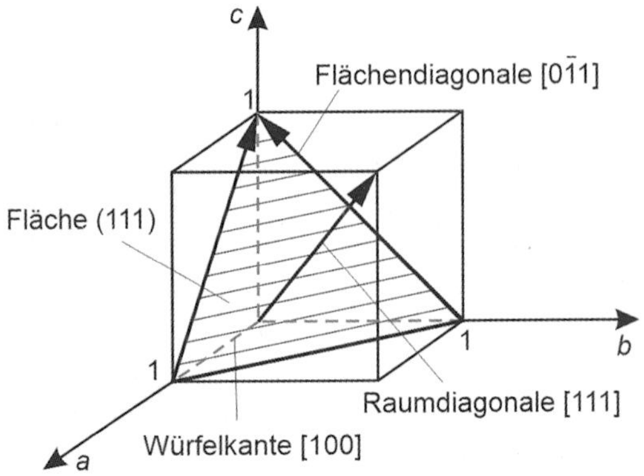


**Abb. 4** Indizierung von Richtungen und Ebenen in einem kubischen Gitter

**Abb. 5** Nulldimensionale Gitterbaufehler (Punktfehler)

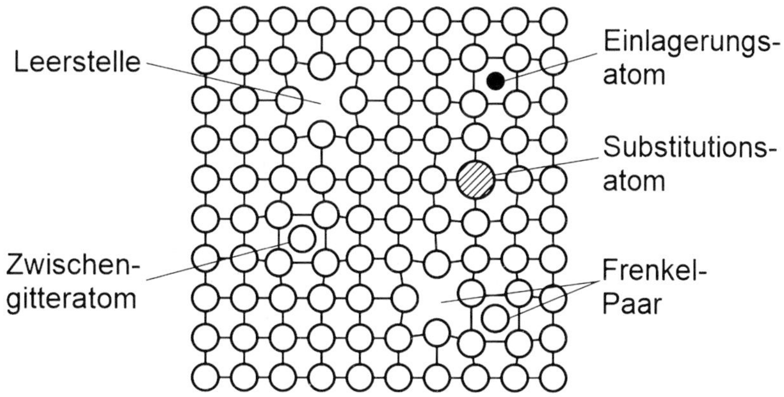


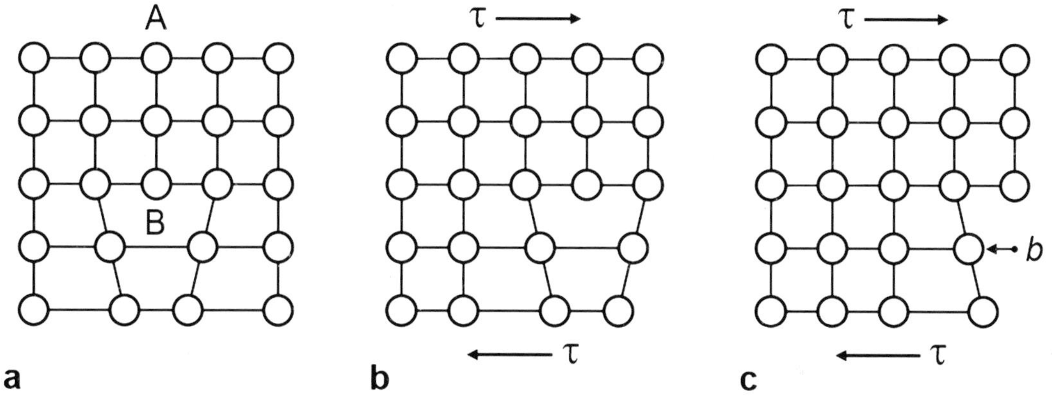


**Abb. 6** Eindimensionale Gitterbaufehler: **a** Stufenversetzung in einem kubischen Kristall, **b** Versetzungsbewegung (Abgleitung) unter Schubspannung, **c** Resultierende Gleitstufe; **b** Burgers-Vektor

b) Eindimensionale Gitterbaufehler (Linienfehler), siehe Abb. 6:

Eindimensionale Gitterbaufehler stellen eine linienförmige Störung des Gitters dar und werden als Versetzungen bezeichnet. Eine Versetzung lässt sich als Randlinie eines zusätzlich in das Gitter eingefügten (oder aus ihm herausgenommenen) Ebenenstückes A–B darstellen. Das Maß für die Größe der Verzerrung eines Kristallgitters durch eine Versetzung ist der Burgers-Vektor ***b***. Bei einer *Stufenversetzung* liegen Burgers-Vektor und Versetzungslinie rechtwinklig, bei einer *Schraubenversetzung* parallel zueinander. Eine Versetzungslinie muss im Gitter stets in sich geschlossen sein oder an einer Grenzfläche oder Oberfläche enden. Versetzungen ermöglichen den energetisch günstigen Elementarschritt der plastischen Deformation, bei dem durch eine Schubspannung $\tau$ ein Gitterblock gegenüber einem anderen stufenweise um den Betrag des Burgers-Vektors verschoben wird. Die Abgleitung erfolgt bei reinen Metallen längs bestimmter kristallographischer Ebenen (Gleitebenen) in definierten Gleitrichtungen. Das aus Gleitebene und Gleitrichtung bestehende Gleitsystem ist für Gittertyp und Bindungsart charakteristisch (siehe ► Abschn. 3.2.1.3 in Kap. 3, „Anforderungen, Eigenschaften und Verhalten von Werkstoffen").

c) Zweidimensionale Gitterbaufehler (Flächenfehler):

Zweidimensionale Gitterbaufehler kennzeichnen diskontinuierliche Änderungen der Gitterorientierung oder der Gitterabstände. Man unterscheidet:

- Stapelfehler: Das sind Störungen der Stapelfolge von Gitterebenen. Sie erschweren die Versetzungsbewegung und beeinflussen die Verfestigung der Metalle bei plastischer Verformung.
- Korngrenzen: Grenzflächen zwischen Kristalliten gleicher Phase mit unterschiedlicher Gitterorientierung. Sie sind Übergangszonen mit gestörtem Gitteraufbau. Nach der Größe des Orientierungsunterschieds benachbarter Kristallite unterscheidet man Kleinwinkelkorngrenzen (aufgebaut aus flächig angeordneten Versetzungen) und Großwinkelkorngrenzen mit (amorphen) Grenzbereichen von etwa zwei bis drei Atomabständen.
- Phasengrenzen: Grenzflächen zwischen Gitterbereichen mit unterschiedlicher chemischer Zusammensetzung oder Gitterstruktur.

Als Gefüge eines Werkstoffs bezeichnet man den kennzeichnenden mikroskopischen Verbund der Kristallite (Körner), Phasen und Gitterbaufehler. Mittlerer Korndurchmesser (beeinflussbar durch Wärmebehandlung und Umformung): wenige µm bis mehrere cm. Ein- oder mehrphasige Polykristalle mit einem Kristallitdurchmesser zwischen 5 nm und 15 nm und etwa gleichen Atomanteilen in Kristalliten und Grenzflächen werden als *nanokristalline Materialien* bezeichnet. Sie können nach der herkömmlichen Terminologie weder den Kristallen (ferngeordnet) noch den Gläsern (nahgeordnet) zugerechnet werden.

Liegen die Kristallite in regelloser Verteilung im Polykristall vor, zeigt ein Werkstoff makroskopisch isotrope Eigenschaften, d. h. die Eigenschaften sind in alle Richtungen gleich. Dies ist aber nicht immer der Fall. Bei der Erstarrung wachsen die Kristalle häufig gerichtet, bei der Umformung (z. B. Walzen, Ziehen, Strangpressen) bilden sich ebenfalls bevorzugte Kristallorientierungen aus. Die makroskopischen Eigenschaften können dann anisotrop (d. h. richtungsabhängig) sein. Man spricht dannvon Textur. Zur Beschreibung der Textur werden röntgenographische Texturmessungen durchgeführt, deren Ergebnis sogenannte Polfiguren und Orientierungs-Verteilungs-Funktionen darstellen.

### 1.2.3 Werkstoffoberflächen

Gegenüber dem Werkstoffinneren weisen Oberflächen folgende Unterschiede auf:

- veränderte Mikrostruktur;
- Veränderung der Oberflächenzusammensetzung durch Einbau von Bestandteilen des Umgebungsmediums (Physisorption, Chemisorption, Oxidation, Deckfilmbildung);
- Änderung von Werkstoffeigenschaften.

Bei technischen Oberflächen ist außerdem noch der Einfluss der Fertigung zu beachten. Spanend bearbeitete und umgeformte Oberflächen zeigen in der Oberflächenzone folgende Veränderungen:

- unterschiedliche Verfestigung durch plastische Verformungen,
- Aufbau von Eigenspannungen infolge Oberflächenverformung,
- Ausbildung von Texturinhomogenitäten zwischen Randzone und Werkstoffinnerem.

Der Schichtaufbau technischer Oberflächen ist in Abb. 7 wiedergegeben (Schmalz 1936). Die innere Grenzschicht besteht aus einer an den Grundwerkstoff anschließenden Verformungs- oder Verfestigungszone. Die äußere Grenzschicht besitzt meist eine vom Grundwerkstoff abweichende Zusammensetzung und besteht aus Oxidschicht, Adsorptionsschicht und Verunreinigungen.

Die Mikrogeometrie von Oberflächen (Oberflächenrauheit) wird durch verschiedene „Rauheitskenngrößen" gekennzeichnet (siehe ▶ Abschn. 4.1.3.2 in Kap. 4, „Materialprüfung").

### 1.2.4 Werkstoffgruppen

Nach der dominierenden Bindungsart und der Mikrostruktur lassen sich die folgenden hauptsächlichen Werkstoffgruppen unterscheiden, siehe Abb. 8.

#### Metalle

Die Atomrümpfe werden durch das Elektronengas zusammengehalten. Die freien Valenz-

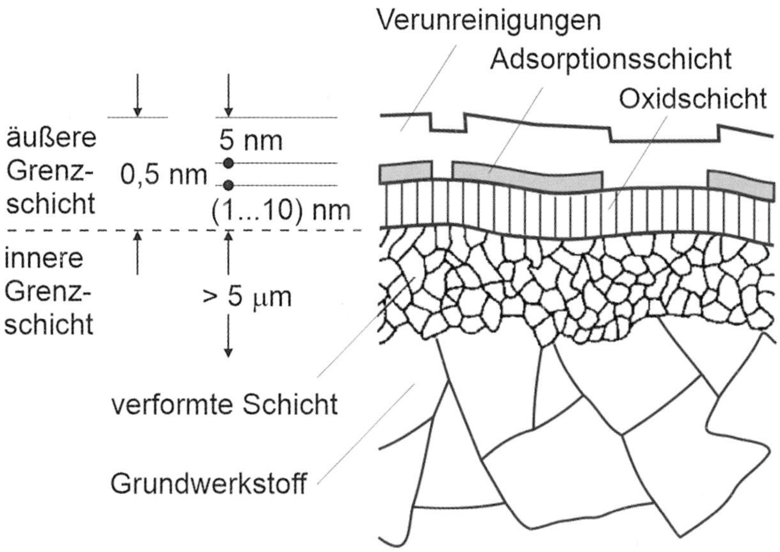


**Abb. 7** Werkstoffoberflächen-Schichtaufbau: schematische Darstellung des Querschnitts einer Metalloberfläche

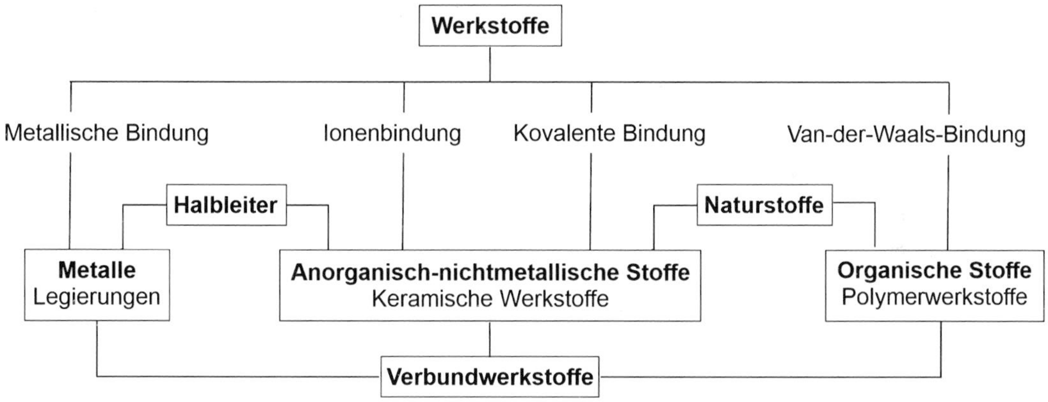


**Abb. 8** Klassifikation der Werkstoffgruppen

elektronen des Elektronengases sind die Ursache für die hohe elektrische und thermische Leitfähigkeit sowie den Glanz der Metalle. Die metallische Bindung – als Wechselwirkung zwischen der Gesamtheit der Atomrümpfe und dem Elektronengas – wird durch eine Verschiebung der Atomrümpfe nicht wesentlich beeinflusst. Hierauf beruht die gute Verformbarkeit der Metalle. Die Metalle bilden die wichtigste Gruppe der Konstruktions- oder Strukturwerkstoffe, bei denen es vor allem auf die mechanischen Eigenschaften ankommt.

**Halbleiter**

Eine Übergangsstellung zwischen den Metallen und den anorganisch-nichtmetallischen Stoffen nehmen die Halbleiter ein. Ihre wichtigsten Vertreter sind die Elemente Silicium und Germanium mit kovalenter Bindung und Diamantstruktur sowie die ähnlich strukturierten sog. III-V-Verbindungen, wie z. B. Galliumarsenid (GaAs) und Indiumantimonid (InSb). In den am absoluten Nullpunkt nichtleitenden Halbleitern können durch thermische Energie oder durch Dotierung mit Fremdatomen einzelne Bindungselektronen freigesetzt werden und als Leitungselektronen zur elektrischen Leitfähigkeit beitragen. Halbleiter stellen wichtige Funktionswerkstoffe für die Elektronik dar.

**Anorganisch-nichtmetallische Stoffe**
Die Atome werden durch kovalente Bindung und Ionenbindung zusammengehalten. Aufgrund fehlender freier Valenzelektronen sind sie grundsätzlich schlechte Leiter für Elektrizität und Wärme. Da die Bindungsenergien erheblich höher sind als bei der metallischen Bindung, zeichnen sich anorganisch-nichtmetallische Stoffe, wie z. B. Keramik, durch hohe Härten und Schmelztemperaturen aus. Eine plastische Verformung wie bei Metallen ist analog nicht begründbar, da bereits bei der Verschiebung der atomaren Bestandteile um einen Gitterabstand theoretisch eine Kation-Anion-Bindung in eine Kation-Kation- oder Anion-Anion-Abstoßung umgewandelt oder eine gerichtete kovalente Bindung aufgebrochen werden muss.

**Organische Stoffe**
Organische Stoffe, deren technisch wichtigste Vertreter die Polymerwerkstoffe sind, bestehen aus Makromolekülen, die im Allgemeinen Kohlenstoff in kovalenter Bindung mit sich selbst und einigen Elementen niedriger Ordnungszahl enthalten. Deren Kettenmoleküle sind untereinander durch (schwache) zwischenmolekulare Bindungen verknüpft, woraus niedrige Schmelztemperaturen resultieren (Thermoplaste). Sie können auch chemisch miteinander vernetzt sein und sind dann unlöslich und unschmelzbar (Elastomere, Duroplaste).

**Naturstoffe**
Bei den als Werkstoff verwendeten Naturstoffen wird unterschieden zwischen mineralischen Naturstoffen (z. B. Marmor, Granit, Sandstein; Glimmer, Saphir, Rubin, Diamant) und organischen Naturstoffen (z. B. Holz, Kautschuk, Naturfasern). Die Eigenschaften vieler mineralischer Naturstoffe, z. B. hohe Härte und gute chemische Beständigkeit, werden geprägt durch starke Hauptvalenzbindungen und stabile Kristallgitterstrukturen. Die organischen Naturstoffe weisen meist komplexe Strukturen mit richtungsabhängigen Eigenschaften auf.

**Verbundwerkstoffe, Werkstoffverbunde**
Verbundwerkstoffe werden mit dem Ziel, Struktur- oder Funktionswerkstoffe mit besonderen Eigenschaften zu erhalten, als Kombination mehrerer Phasen oder Werkstoffkomponenten in bestimmter geometrisch abgrenzbarer Form aufgebaut, z. B. in Form von Dispersionen oder Faserverbundwerkstoffen. Werkstoffverbunde vereinen unterschiedliche Werkstoffe mit verschiedenen Aufgaben, z. B. bei Email.

### 1.2.5 Mischkristalle und Phasengemische

Strukturwerkstoffe bestehen eigentlich nie aus nur einer Atomart, da reine Stoffe keine ausreichenden mechanischen Eigenschaften für technische Anwendungen aufweisen. Daher werden Atome einer anderen Art zugefügt (Legieren). Wenn es gelingt, diese in der festen Phase zu lösen, dann spricht man von Mischkristallen. In idealen Mischkristallen sind die zugefügten Atome stochastisch verteilt (Abb. 9a). Die Fremdatome ersetzen entweder die Atome auf den Gitterplätzen oder sie nehmen Zwischengitterplätze ein (Abb. 5).

Die Mischbarkeit von Kristallen ist gewöhnlich begrenzt, sie ist bei hoher Temperatur größer als bei niedriger Temperatur. Voraussetzung für eine vollständige Mischbarkeit von Kristallen ist die gleiche Kristallstruktur beider Komponenten. Unterscheiden sich die Gitterkonstanten oder Atomradien um mehr als 15 %, so ist die Mischbarkeit meist begrenzt. Ein Sonderfall sind interstitielle Atome, die sehr klein sind und in Gitterlücken eingebaut werden. Ein bestimmtes Verhältnis der Atomradien darf dabei allerdings nicht überschritten werden. Chemische Voraussetzungen bestimmen ebenfalls die Löslichkeit, denn die äußeren Elektronen beider Atomarten treten in Wechselwirkung miteinander.

Die Zusammensetzung der Mischphasen wird als Stoffmengengehalt $x$ (in Atomprozent oder

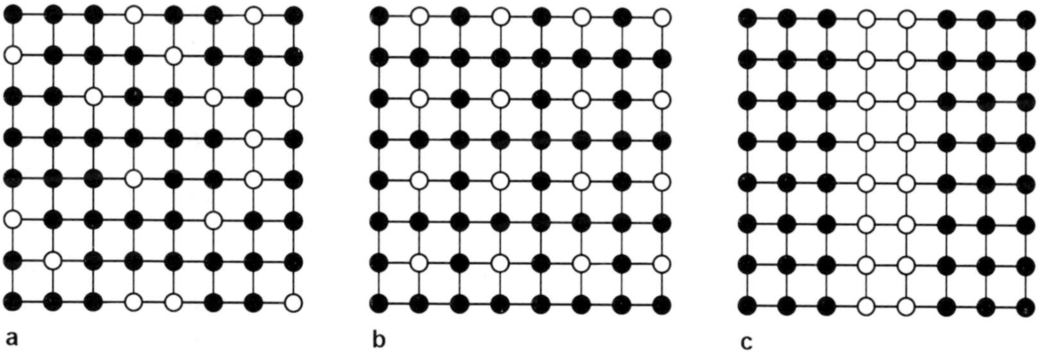


**Abb. 9** **a** Regellose Verteilung der Legierungsatome. **b** In einer Ordnungsstruktur nehmen beide Atomarten bestimmte Gitterplätze ein. **c** Entmischung beider Atomarten

Molprozent) oder als Massegehalt $c$ (in Gewichtsprozent) angegeben. Letzterer hat den Vorteil, dass er direkt mit der Einwaage der Elemente in Zusammenhang steht. Folgende Beziehungen erlauben die Umrechnung:

$$c_A = \frac{x_A \cdot A_A \cdot 100}{x_A \cdot A_A + x_B \cdot A_B} = \frac{m_A}{m_A + m_B} \cdot 100 \quad [\text{Gew.\%}] \tag{1}$$

$$x_A = \frac{\frac{c_A}{A_A} \cdot 100}{\frac{c_A}{A_A} + \frac{c_B}{A_B}} = \frac{n_A}{n_A + n_B} \cdot 100 \quad [\text{Atom.\%}] \tag{2}$$

Die Umrechnung von Massegehalt in Volumengehalt erfolgt mit:

$$V_A = \frac{100}{1 + \frac{c_B \rho_A}{c_A \rho_B}} = \frac{100}{1 + \frac{x_B A_B}{\rho_B} \frac{\rho_A}{x_A A_A}} \quad [\text{Vol.\%}] \tag{3}$$

$A_A$ und $A_B$ sind die Atomgewichte, $m_A$ und $m_B$ entsprechen der Masse und $n_A$ und $n_B$ der Anzahl der Atome. $\varrho_A$ und $\varrho_B$ sind die Dichten der Komponenten A und B. Für die Masse gilt $m_A = n_A A_A$ bzw. $m_B = n_B A_B$ und $x_A = n_A/(n_A + n_B)$. Es gilt immer, dass

$$\sum_{n=1}^{i} x_n = 100\% \tag{4}$$

ist. Die Anzahl der Elemente ist $i$. Häufig werden diese Gehalte nicht in Prozent, sondern in Bruchteile von 1 angegeben.

In realen Mischkristallen sind die gelösten Atome nicht immer stochastisch verteilt. Wenn sich die beiden Atomarten anziehen, besteht eine Neigung zur Bildung einer chemischen Verbindung. Ist die Anziehung sehr groß, so bilden sich Ordnungsstrukturen (Abb. 9b). Ist die Anziehung zwischen gleichen Nachbarn groß, so gibt es eine Tendenz zur Trennung in A-reiche und B-reiche Bereiche. Dieser Vorgang wird als Entmischung bezeichnet (Abb. 9c).

Oftmals sind Werkstoffe nicht nur aus einer Kristallart, sondern aus zwei oder mehr Kristallarten zusammengesetzt. Bereiche mit konstanter Atomstruktur und chemischer Zusammensetzung werden als Phase bezeichnet. Die Grenze zwischen zwei Phasen wird als Phasengrenze bezeichnet. Diese kann zwischen zwei verschiedenen Kristallarten verlaufen, aber auch zwischen einem Glas und einem Kristall (z. B. in Keramiken und Kunststoffen). Technische Werkstoffe bestehen vornehmlich aus Phasengemischen. Beispiele dafür sind Stahl, aushärtbare Aluminiumlegierungen, Verbundwerkstoffe.

### 1.2.6 Gleichgewichte

Analog zum mechanischen Gleichgewicht wird auch in der Thermodynamik nach labilen, metastabilen und stabilen Gleichgewichten unterschieden. Im stabilen Gleichgewicht weist die Energie ein Minimum auf, während im metastabilen Gleichgewicht die Energie nach Aktivierung noch weiter erniedrigt werden kann. Im labilen Gleichgewicht genügen hingegen kleinste Schwankungen zur Erniedrigung der Energie. Das thermodynamische Gleichgewicht umfasst das mechanische, thermische (kein Temperaturgradient) und chemische (keine chemische Reaktion) Gleichgewicht. Befindet sich ein Stoff im thermodynamischen Gleichgewicht, so ändert sich sein Druck, seine Temperatur, sein Volumen und seine Zusammensetzung mit der Zeit nicht mehr. In diesem Zustand weist die Freie Energie bzw. die Freie Enthalpie ihr Minimum auf.

Häufig sind Werkstoffe im Zustand ihrer Anwendung nicht im thermodynamischen Gleichgewicht. Dies hat zur Folge, dass sie während ihres Einsatzes eine Tendenz zeigen, ihren Zustand z. B. durch Kristallisation oder Entmischung oder Bildung einer chemischen Verbindung zu ändern, wenn man ihnen Gelegenheit dazu gibt. Dies ist in der Regel mit einer Änderung ihrer Eigenschaften (Festigkeit, Härte) verbunden. Mischphasen und Phasengemische, die sich im Gleichgewicht befinden, bleiben jedoch unverändert. Folglich sind Kenntnisse über Gleichgewichte und Ungleichgewichte sehr nützlich sowohl für die Herstellung von Werkstoffen als auch zur Einschätzung ihres Verhaltens im Einsatz. Es wird zwischen homogenen und heterogenen Gleichgewichten unterschieden. Letztere betreffen Stoffe mit mehr als einer Phase.

Jedem Stoff kann in seinem vorliegenden Zustand eine charakteristische freie Enthalpie $G = H - TS$ zugeschrieben werden. $H$ bezeichnet die Enthalpie, $S$ die Entropie und $T$ die Temperatur. Die Änderung der freien Enthalpie $\mathrm{d}G = \mathrm{d}H - T\mathrm{d}S$, die eine Zustandsänderung begleitet, stellt die treibende Kraft für diesen Prozess dar. Alle spontan ablaufenden Zustandsänderungen müssen mit einer Erniedrigung der gesamten freien Enthalpie des Systems verbunden sein, d. h. $\Delta G$ muss negativ sein. Im Gleichgewichtszustand, in dem keine treibende Kraft für eine Zustandsänderung vorhanden ist, muss folglich $\Delta G = 0$ gelten. Jede Phase in einem System, ob stabil oder instabil, besitzt ihre Funktion $G(T)$. Dies sei am Beispiel der technisch bedeutenden Umwandlung des (reinen) Eisens verdeutlicht (Abb. 10a). Bei tiefer Temperatur ist das krz $\alpha$-Eisen stabil, oberhalb von 911 °C $( = T_{\alpha\gamma})$ jedoch das kfz $\gamma$-Eisen. Bei 1392 °C $( = T_{\gamma\delta})$ tritt eine weitere Umwandlung in das ebenfalls krz $\delta$-Eisen ein und bei 1536 °C $( = T_{\delta L})$ beginnt das Eisen zu schmelzen. Die $\gamma \rightarrow \alpha$ Umwandlung tritt bei $T < 911$ °C ein, da dann $G_\alpha < G_\gamma$ und daher eine treibende Kraft für die Umwandlung vorhan-

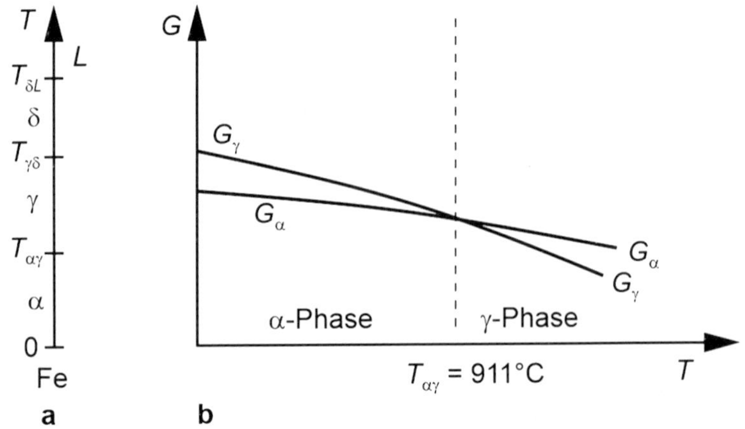


**Abb. 10** **a** Zustandsdiagramm des reinen Eisens mit zwei Phasenumwandlungen ($\alpha \rightarrow \gamma$ und $\gamma \rightarrow \delta$) im festen Zustand. **b** Freies Enthalpie-Temperatur-Diagramm für Eisen mit $\gamma \rightarrow \alpha$-Umwandlung bei 911 °C und $G_\gamma = G_\alpha$

den ist (Abb. 10b). Diese Umwandlung ist entscheidende Voraussetzung für die Stahlhärtung (siehe ▶ Abschn. 2.1.3 in Kap. 2, „Die Werkstoffklassen“).

Ähnliche Überlegungen können für Mehrstoffsysteme angestellt werden. Für die Betrachtung eines Zweistoffsystems wird ein zweidimensionales Temperatur-Konzentrations-Diagramm benötigt. Abb. 11a zeigt einen Mischkristall $\gamma$, der sich bei tiefen Temperaturen in einen $\alpha$-Kristall (reich an A) und einen $\beta$-Kristall (reich an B) entmischt: das System weist eine Mischungslücke auf. Die isothermen $G(x)$-Kurven sind ebenfalls in Abb. 11 für 3 verschiedene Temperaturen $T_1$ bis $T_3$ gezeigt. Die Konzentration der Phasen, die sich bei einer bestimmten Temperatur im Gleichgewicht befinden, wird durch die gemeinsame Tangente an die $G(x)$-Kurve ermittelt.

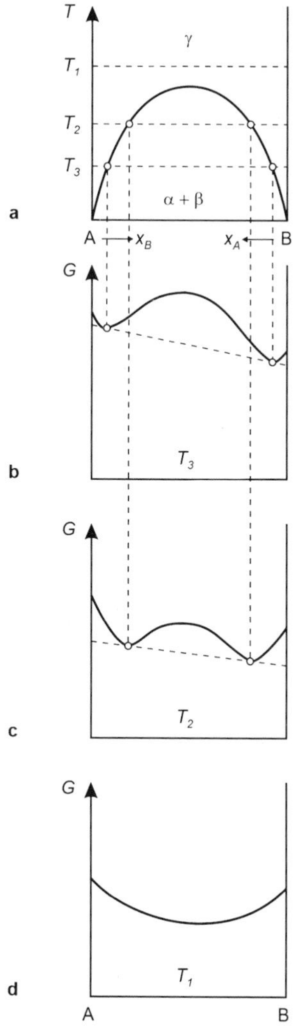


**Abb. 11** **a** Zustandsdiagramm eines Zweistoffsystems mit Mischungslücke. Der Mischkristall γ entmischt sich in α- und β-Kristalle. Der stabile Zustand ist der mit der niedrigsten freien Enthalpie: **b** bei $T_3$ und **c** $T_2$: Phasengemische aus α- und β-Kristallen mit bestimmten Zusammensetzungen. **d** Bei $T_1$ ist die Mischphase γ stabil

### 1.2.7 Zustandsdiagramme

Phasendiagramme erweisen sich bei der Interpretation metallischer oder keramischer Gefüge als sehr nützlich. Sie zeigen auf, welche Phasen vermutlich vorliegen und geben Daten zu ihrer chemischen Zusammensetzung. Leider geben Phasendiagramme keine Hinweise darauf, in welcher Form und Verteilung die Phasen vorliegen, ob sie sich z. B. lamellar, globular oder intergranular ausbilden. Dies ist aber für die mechanischen Eigenschaften entscheidend. Eine weitere Einschränkung besteht darin, dass Zustands diagramme lediglich Gleichgewichtszustände repräsentieren, die sich nur bei langsamer Abkühlung bzw. Aufheizung einstellen. Abschrecken, also schnelles Abkühlen, wie es z. B. für die Härtung von Stählen erforderlich ist, erzeugt metastabile Zustände, die in Zustandsdiagrammen nicht dargestellt werden. Auch in diesem Fall gibt aber das Zustandsdiagramm darüber Auskunft, welchen Zustand ein Stoff im Gleichgewicht anstrebt.

Zustandsdiagramme geben z. B. an, bei welcher Zusammensetzung die höchste oder geringste Schmelztemperatur vorliegt; die Anzahl von Phasen und deren Volumenanteile bei einer bestimmten Zusammensetzung; die günstigste Zusammensetzung einer ausscheidungshärtbaren Legierung; die Temperatur, bis zu der aufgeheizt werden darf, ohne dass eine Umwandlung in eine andere Kristallstruktur oder Auflösung oder Entmischung eintritt.

Die Gibbs'sche Phasenregel gibt den Zusammenhang zwischen der Anzahl der Phasen $P$ eines Systems mit $K$ Komponenten und dem äußeren

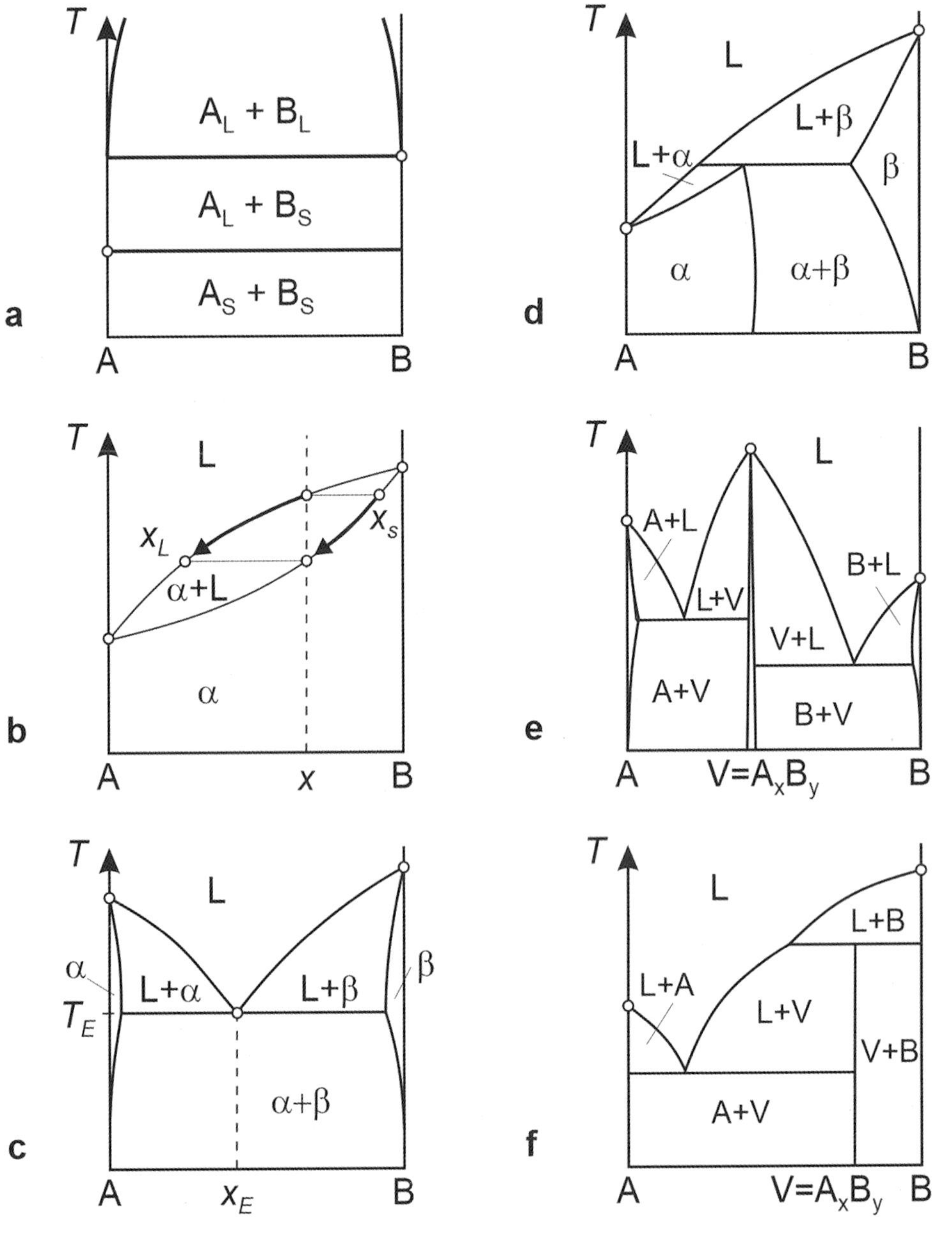


**Abb. 12** Grundtypen einiger wichtiger binärer Zustandsdiagramme. **a** Nahezu vollständige Unmischbarkeit im flüssigen (L) und festen (S) Zustand. Beispiel: Fe-Mg, Fe-Pb. **b** Vollständige Mischbarkeit im flüssigen und festen Zustand. $x_L$ = Konzentration der Schmelze, $x_S$ = Konzentration des Kristalls beim Erstarren. Beispiel: Cu-Au. **c** Eutektisches System mit vollständiger Mischbarkeit im flüssigen und begrenzter Mischbarkeit im festen Zustand. Beispiel: Al-Si. **d** Peritektisches System vollständiger Mischbarkeit im flüssigen und begrenzter Mischbarkeit im festen Zustand. Niedrig schmelzende Komponente A und hoch schmelzende Komponente B. Beispiel: Cu-Zn (Messing). **e** Verbindung V bildet mit den Elementen A und B eutektische Teilsysteme. **f** Verbindung V mit stöchiometrischer Zusammensetzung $A_xB_y$, zersetzt sich beim Schmelzen in L + B

Druck sowie Temperatur und der chemischen Zusammensetzung an. Die Freiheitsgrade $F$ des Systems ergeben sich zu:

$$F = K - P + 2 \tag{5}$$

In der Praxis ist der Druck meist konstant, sodass sich die Zahl der Freiheitsgrade um 1 reduziert:

$$F = K - P + 1 \tag{6}$$

Wenden wir dies auf das System mit der Mischungslücke (Abb. 11) an, so erhalten wir $K = 2$ (Komponenten A und B), $P = 1$ im Gebiet des homogenen Mischkristalls $\gamma$, $P = 2$ im heterogenen Gebiet $(\alpha + \beta)$. Somit ergibt sich $F = 2$ im homogenen und $F = 1$ im heterogenen Gebiet. Dies bedeutet, dass im homogenen Gebiet die Freiheitsgrade Temperatur und Konzentration geändert werden können, ohne dass eine Zustandsänderung eintritt. Im Zweiphasengebiet $(\alpha + \beta)$ existiert jedoch nur ein Freiheitsgrad, d. h. bei Temperaturänderung ändert sich notwendigerweise auch die Zusammensetzung und umgekehrt.

Es gibt vielfältige Ausbildungen von Zustandsdiagrammen. Im Folgenden werden einige wichtige binäre Grundtypen vorgestellt. Kompliziertere Systeme setzen sich aus diesen zusammen (Abb. 12).

- (Fast) völlige Unmischbarkeit der Komponenten A und B im flüssigen und festen Zustand (Abb. 12a): Es gibt im Diagramm lediglich horizontale Linien bei den Schmelz- und Siedetemperaturen. Mischbarkeit liegt erst im Gaszustand vor. Stoffe, die nicht miteinander reagieren dürfen, sollten dieses Zustandsdiagramm besitzen. Beispiel: Schmelzen von Blei in Eisentiegeln.
- Völlige Mischbarkeit im festen und flüssigen Zustand (Abb. 12b): Die jeweiligen reinen Komponenten A und B besitzen einen Schmelzpunkt, die Gemische jedoch ein Schmelzintervall. Beim Abkühlen einer Schmelze mit der Konzentration $x$ bildet sich zuerst ein Kristall der Zusammensetzung $x_S$. Bei weiterer Abkühlung ändert sich diese bis zu $x$. Parallel dazu ändert sich die Zusammensetzung der Schmelze von $x$ nach $x_L$. Beispiele für Mischkristallsysteme sind Al-Mg-Legierungen und $\alpha$-Messing.
- Vollständige Mischbarkeit im flüssigen Zustand bei begrenzter Mischbarkeit im festen Zustand: Die Komponenten A und B weisen ähnliche Schmelztemperatur auf. Zumischen von B in A (sowie A in B) erniedrigt den Schmelzpunkt (Abb. 12c). Der Schnittpunkt der beiden Löslichkeitslinien flüssig $\rightarrow$ kristallin ist der eutektische Punkt. Bei dieser Temperatur sind drei Phasen im Gleichgewicht, nämlich die Mischkristalle $\alpha$ und $\beta$ sowie die Schmelze. Beim Abkühlen einer Schmelze mit Zusammensetzung $x_E$ tritt bei $T_E$ die Reaktion $L \rightarrow \alpha + \beta$ ein, wobei sich $\alpha$ und $\beta$ gleichzeitig bilden. Gusslegierungen sind häufig eutektische Systeme, da ihre Schmelztemperatur niedrig und die Gefügeausbildung fein ist. Beispiele sind Al-Si-Gusslegierungen sowie Gusseisen, aber auch Lote. Sind die Schmelztemperaturen der beiden Komponenten sehr verschieden, so kann sich ein Dreiphasengleichgewicht einstellen, das als peritektisches System bezeichnet wird (Abb. 12d). Beim Abkühlen aus der Schmelze entsteht zuerst ein Mischkristall entsprechend dem Zweiphasengleichgewicht $L + \beta$. Bei $T_P$ tritt die Reaktion $L + \beta = \alpha$ ein, bei der $\alpha$-Mischkristalle gebildet werden. Beispiele dafür sind Mischkristalle in Messing- und Bronzelegierungen.
- Bildung einer Verbindung: Die Komponenten A und B reagieren miteinander und bilden eine neue Phase V mit der Zusammensetzung $A_xB_y$ (Abb. 12e). Diese hat eine andere Kristallstruktur als die Komponenten A und B. Manchmal besitzt die Verbindung ein definiertes stöchiometrisches Verhältnis von A und B und erscheint als vertikale Linie im Diagramm (Abb. 12f). Häufig existiert sie aber über einen gewissen Bereich der Zusammensetzung, sodass der Begriff Verbindung dann nicht ganz korrekt ist. Der Schmelzpunkt der Phase V kann höher oder niedriger sein als der der Komponenten. Dies gibt erste Hinweise auf die Stabilität der Verbindung. Weist die Verbindung nur eine geringe Mischbarkeit mit A

und B auf, so ergibt sich ein einfaches Zustandsdiagramm, das sich auf A + $A_xB_y$ sowie $A_xB_y$ + B zurückführen lässt. Ein Beispiel für ein solches Zustandsdiagramm findet sich im System Mg-Si mit der Verbindung $Mg_2Si$. Häufig sind Verbindungen hart und spröde und weisen eine komplexe Kristallstruktur auf (z. B. $Fe_3C$, $Al_2Cu$).

Systeme mit drei und mehr Komponenten können ebenfalls dargestellt werden. Dies erfordert jedoch eine räumliche Darstellung, auf die hier nicht weiter eingegangen werden soll. Zusammenfassende Darstellungen binärer und ternärer Zustandsdiagramme lassen sich in der Literatur z. B. in (Massalski und Okamoto 1990; Villars et al. 1995; Effenberg und Ilyenko 2008) finden.

Abschließend bleibt die Frage zu beantworten, wie die sich bildenden Mengenanteile für eine bestimmte Zusammensetzung $c$ ermittelt werden kann. Hierzu wendet man die Hebelregel an, was im Folgenden mit Abb. 13 erläutert werden soll. Man denke sich bei einer bestimmten Temperatur im Zweiphasengebiet einen zweiarmigen Hebel mit Drehpunkt bei $c$ und den Gewichten $m_L$ (Schmelze) und $m_S$ (Kristall). Dann ergeben sich die Mengenanteile zu:

$$m_L \cdot (c - c_L) = m_S \cdot (c_S - c) \qquad (7)$$

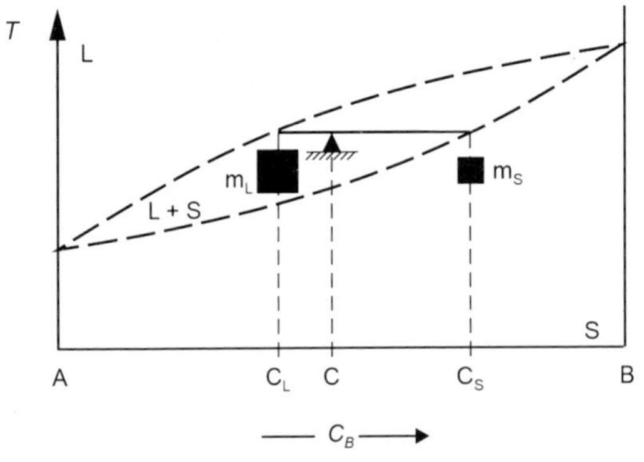


**Abb. 13** Bestimmung der Mengenanteile von Schmelze und Mischkristall aus dem Zustandsdiagramm mit Hilfe der Hebelregel

Anschaulich ausgedrückt: kurzer Hebelarm in Richtung A bedeutet viel Schmelze, langer Hebelarm in Richtung B bedeutet wenig Kristall. Die Hebelregel kann immer im Zweiphasengebiet angewendet werden, also auch um z. B. die Menge an $\alpha$- und $\beta$-Mischkristall im Gebiet ($\alpha + \beta$) zu bestimmen (vgl. Abb. 12).

### 1.2.8 Diffusionsprozesse

Diffusionsvorgänge sind in der Werkstofftechnik von großer Bedeutung, denn sie kontrollieren z. B. die Wärmebehandlung, Phasenumwandlungen, Hochtemperaturkorrosionsprozesse, Erholung und Rekristallisation und die Hochtemperaturverformung. Der Begriff Diffusion beschreibt thermisch aktivierte Stofftransportvorgänge, die mit der Wanderung einzelner Atome verbunden ist. Diffusion kann in Gasen, Flüssigkeiten und Festkörpern stattfinden. Im Folgenden wird die Diffusion in Festkörpern beschrieben (siehe auch Mehrer 2007). Dafür gibt es verschiedene Mechanismen. Zwischengitteratome besitzen eine geringe Löslichkeit, daher stehen ihnen meistens alle benachbarten Zwischengitterplätze frei. Die Diffusion von Zwischengitteratomen tritt häufig in Legierungen auf, die H, C oder N enthalten, z. B. Diffusion von Kohlenstoff im Stahl. Gitteratome (Selbstdiffusion) und Substitutionsatome (Fremddiffusion) benötigen für Platzwechsel Leerstellen, deren Konzentration ist erheblich geringer. Daher hängen diese Prozesse von der Leerstellenkonzentration und deren Temperaturabhängigkeit ab. Leerstellen liegen immer auch im Gleichgewicht vor, im Ungleichgewicht (z. B. nach Abschrecken von hoher Temperatur, nach plastischer Verformung) ist ihre Konzentration höher als im Gleichgewicht. Diffusionsprozesse machen sich bemerkbar bei Temperaturen, die etwa 0,3 bis 0,5-mal der Schmelztemperatur in Kelvin entsprechen.

Liegen verschiedene Atomarten vor und ist im Mischkristall oder in Phasengemischen ein Konzentrationsunterschied vorhanden, so streben Diffusionsvorgänge zur Einstellung der Gleichgewichtskonzentration. Dies wird durch das 1. Fick'sche Gesetz beschrieben:

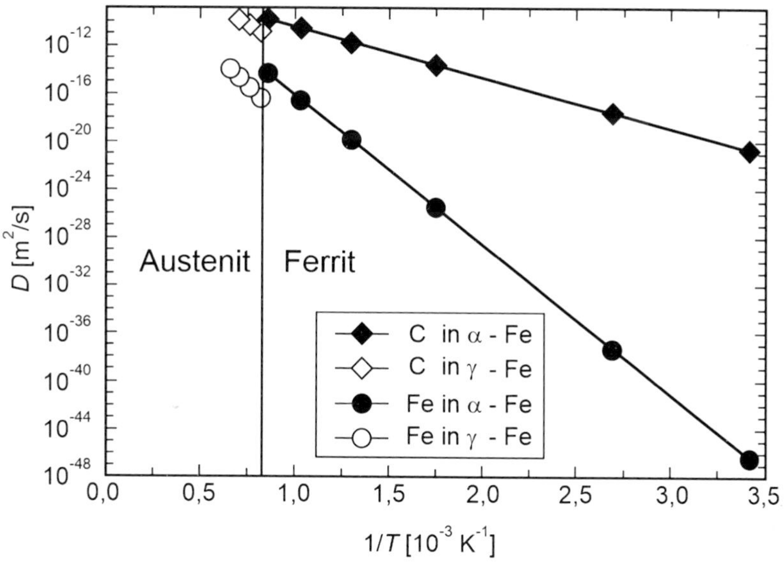


**Abb. 14** Temperaturabhängigkeit des Diffusionskoeffizienten D für Kohlenstoff und Eisen (Selbstdiffusion) im Ferrit- und Austenitkristallgitter (unter Verwendung von Daten aus Mehrer 1990)

$$j = -D\left(\frac{c_1 - c_2}{x_1 - x_2}\right) = -D\left(\frac{\Delta c}{\Delta x}\right) = -D\ \frac{\partial c}{\partial x} \quad (8)$$

Über eine Entfernung $\Delta x$ im Gitter besteht ein (negativer) Konzentrationsgradient $\partial c/\partial x$, sodass sich aufgrund der Diffusion ein (positiver) Stofftransportstrom $j$ einstellt. $j$ beschreibt die transportierte Masse pro Flächen- und Zeiteinheit und ist dem Konzentrationsgradienten $\partial c/\partial$x proportional. Das 2. Fick'sche Gesetz beschreibt die zeitlichen Konzentrationsänderungen:

$$\frac{\partial c}{\partial t} = -\frac{\mathrm{d}j}{\mathrm{d}x} = D\frac{\partial^2 c}{\partial x^2} \quad (9)$$

Die expliziten Lösungsformen des 2. Fick'schen Gesetzes hängen von den Anfangsbedingungen des jeweils betrachteten Diffusionsproblems ab und haben die Form $c(x, t)$. Der Diffusionskoeffizient $D$ ist ein Maß für die Beweglichkeit der diffundierenden Atome und wird durch den folgenden Zusammenhang beschrieben:

$$D = D_0 \cdot \exp\left(-\frac{Q_\mathrm{D}}{RT}\right) \quad (10)$$

$Q_\mathrm{D}$ ist die Aktivierungsenergie für Diffusion und wird durch die Bildungs- und Wanderungsenergie der Leerstellen bestimmt. Die Temperaturabhängigkeit des Diffusionskoeffizienten ist in Abb. 14 als Arrhenius-Diagramm dargestellt. Häufig genügt die Näherungsformel

$$\bar{x} = 2\sqrt{Dt}, \quad (11)$$

um den mittleren Weg $\bar{x}$ anzugeben, den ein Atom mit einem Diffusionskoeffizienten $D(T)$ bei einer Temperatur $T$ nach einer Zeit $t$ zurückgelegt hat. Dies ermöglicht z. B. die Abschätzung, welche Zeit für den Konzentrationsausgleich einer Probe mit Konzentrationsunterschieden bei einer Glühung bei einer konstanten Temperatur erforderlich ist.

Die vorangegangenen Beschreibungen (Volumendiffusion) setzten voraus, dass abgesehen von den Leerstellen keine Gitterbaufehler vorliegen. Im realen Gitter sind aber Versetzungen, Korngrenzen und freie Oberflächen vorhanden, die die Diffusion beeinflussen, denn sie sind Pfade bevorzugter Diffusion (Versetzungsdiffusion, Korngrenzendiffusion). In der Umgebung dieser Defekte können sich die Atome einfacher bewegen und die

Platzwechselhäufigkeit ist daher höher. Beispiele für die Folge dieser Prozesse sind das bevorzugte Wachstum von Ausscheidungen entlang von Versetzungen und Korngrenzen oder auch das Diffusionskriechen bei tieferen Temperaturen. Bei tiefen Temperaturen ist Diffusion über Gitterfehler sehr viel größer als die Volumendiffusion, während bei hoher Temperatur die Volumendiffusion schneller abläuft als über Gitterfehler.

### 1.2.9 Keimbildung von Phasenumwandlungen

Die Keimbildung als Startvorgang von Phasenumwandlungen ist für verschiedene Prozesse in der Werkstofftechnik von Bedeutung. Beispiele sind die Erstarrung beim Gießen (Übergang flüssig-fest) oder das Vergüten von Stahl (Übergang fest-fest). Keimbildung im flüssigen und festen Zustand kann analog behandelt werden. Bei der Keimbildung im flüssigen Zustand entfällt der Term für die Verzerrungsenergie. Im Folgenden wird die Keimbildung im festen Zustand beschrieben.

Unter der Annahme, dass sich Ausscheidungen (= Keime) im festen Zustand durch homogene Keimbildung bilden, kann die folgende Energiebilanz aufgestellt werden:

$$\Delta G = V\Delta g_V + A\gamma + V\Delta g_s \tag{12}$$

$\Delta g_V$ ist der Gewinn an freier Enthalpie pro Volumen gebildeter Ausscheidung (also ist $\Delta g_V$ negativ), $\gamma$ die aufzubringende Grenzflächenenergie durch die neu zu bildende Oberfläche der Ausscheidung und $\Delta g_s$ die aufzubringende Verzerrungsenergie, da das Teilchen aufgrund der Volumendifferenz nicht ganz genau in das Matrixgitter passt. Unter der Annahme kugelförmiger Keime ergibt sich:

$$\Delta G = \frac{4}{3}\pi r^3(\Delta g_V + \Delta g_s) + 4\pi r^2\gamma \tag{13}$$

Die in (13) auftretenden Terme sind schematisch in Abb. 15 dargestellt. Durch die Umwandlung wird Energie gewonnen. Die frei werdende freie Enthalpie ist proportional $r^3$. Die Kurve für $\Delta G$ hat ein Maximum bei $\Delta G^*$ und $r^*$. Nach Nullsetzen der ersten Ableitung von (13) erhält man den kritischen Teilchenradius:

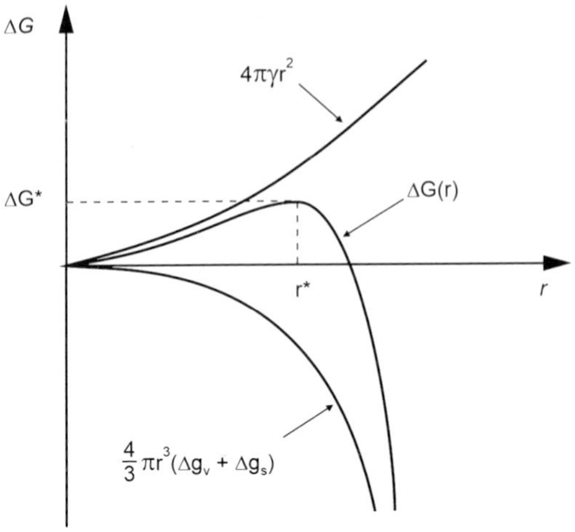


**Abb. 15** Schematische Darstellung der Energiebilanz für homogene Ausscheidung im festen Zustand

$$r^* = -\frac{2\gamma}{(\Delta g_V + \Delta g_s)} \tag{14}$$

Ist der Radius des Teilchens größer als $r*$, so kann es wachsen. Wird diese Beziehung in (13) eingesetzt, so erhält man:

$$\Delta G^* = \frac{16\pi\gamma^3}{3(\Delta g_V + \Delta g_S)^2} \tag{15}$$

Die Keimbildungsrate $N$ ist die Anzahl der Keime, die pro Zeit- und Volumeneinheit überkritisch werden. Sie ist proportional zur Oberfläche des Keims und zur Platzwechselhäufigkeit an der Oberfläche.

$$N = C\exp\left(-\frac{Q}{kT}\right)\exp\left(-\frac{\Delta G^*}{k}T\right) \tag{16}$$

Dabei ist $C$ die Anzahl der Keimbildungsorte pro Volumen, $Q$ die Aktivierungsenergie für Diffusion, $k$ die Bolzmann-Konstante und $T$ die absolute Temperatur.

Ausscheidungen werden nach der Natur ihrer Grenzfläche unterschieden: kohärent ohne Verzerrung, kohärent mit Verzerrung, teilkohärent und inkohärent. Kohärente Ausscheidungen haben eine geringe Grenzflächenenergie (0 mJ $m^{-2}$–200 mJ $m^{-2}$), aber die Verzerrung kann groß sein. Teilkohärente Ausscheidungen haben eine höhere Grenzflächenenergie (200 mJ $m^{-2}$–500 mJ $m^{-2}$). Inkohärente Ausscheidungen besitzen die höchste Grenzflächenenergie (500 mJ $m^{-2}$–1000 mJ $m^{-2}$) aber keine Kohärenzspannungen.

Bei der heterogenen Keimbildung wirken Gitterdefekte als bevorzugte Keimbildungsorte, zum Beispiel (mit steigender Wirksamkeit):

- homogene Orte
- Leerstellen
- Versetzungen
- Korngrenzen und Phasengrenzen
- freie Oberflächen.

### 1.2.10 Metastabile Zustände

In Abschn. 2.6 wurde das thermodynamische Gleichgewicht als Zustand niedrigster freier Enthalpie definiert. Häufig begegnen uns allerdings Zustände, die diese Voraussetzung nicht erfüllen und trotzdem für relativ lange Zeit stabil sind. Strukturwerkstoffe wie z. B. gehärteter Stahl, ausscheidungsgehärtete Aluminiumlegierungen oder Kunststoffe befinden sich während ihres Einsatzes im metastabilen Gleichgewicht. Diese Zustände treten auf, wenn die Keimbildung einer stabileren Phase aufgrund der dafür erforderlichen Aktivierungsenergie (z. B. aufgrund von hoher Grenzflächen- und Verzerrungsenergie) weniger wahrscheinlich ist. Dies ist z. B. in dem technisch wichtigen Kohlenstoffstahl der Fall. Eisen bildet ein stabiles Gleichgewicht mit Graphit. Das Carbid $Fe_3C$ ist weniger stabil, trotzdem bildet sich fast ausschließlich Carbid im Stahl, der auch nach langer Zeit nicht in Graphit umwandelt. Es gibt also im Zustandsdiagramm Fe-C ein stabiles System Eisen-Graphit und ein metastabiles System Fe-$Fe_3C$, die häufig gemeinsam dargestellt werden. Die Gleichgewichtskonzentrationen und -temperaturen sind darin etwas verschieden.

Die Ausscheidungshärtbarkeit von Aluminiumlegierungen (s. Abschn. 2.12) basiert ebenfalls auf der Bildung verschiedener metastabiler Phasen. Sie treten in der Reihenfolge zunehmender Aktivierungsenergie auf.

Die Struktur stark verformter Metalle ist ebenfalls metastabil und kann durch Erholung und Rekristallisation (s. Abschn. 2.11) in einen Zustand geringerer Energie gelangen.

Die Tatsache, dass sich nahezu kein Strukturwerkstoff im thermodynamischen Gleichgewicht befindet, hat Folgen für die Stabilität von Gefügen, da diese sich mehr oder weniger stark mit den entsprechenden Konsequenzen für die Eigenschaften während des Einsatzes von Werkstoffen ändern kann (Martin et al. 1997).

### 1.2.11 Erholung und Rekristallisation

Erholungsprozesse erfordern thermisch aktivierte Prozesse, also Platzwechsel im Gitter bei Temperaturen, die dieses ermöglichen. Die Erholung plastisch verformter und verfestigter Kristalle besteht aus der Umordnung von Versetzungen durch Annihilation (Auslöschung von Versetzungen mit gegensätzlichem Vorzeichen, wenn diese auf verschiedenen Gleitebenen aufeinander zuklettern) oder durch Bildung von Kleinwinkelkorngrenzen, eine Anordnung, die niedrigere Energie besitzt als die homogene Verteilung von Versetzungen (Abb. 16). Die Versetzungsdichte

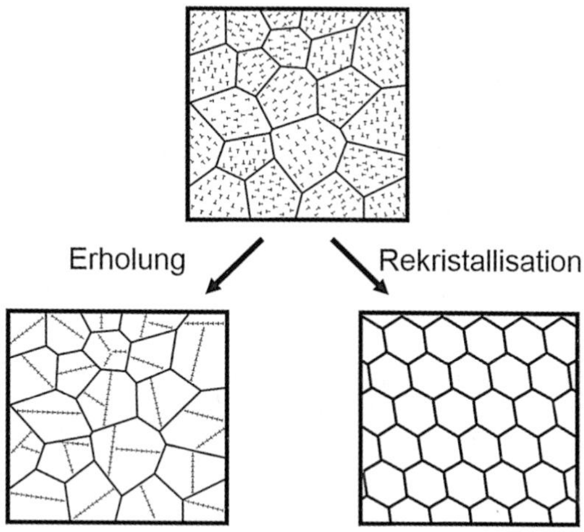


**Abb. 16** Schematische Darstellung von Erholungs- und Rekristallisationsprozessen

wird dabei nur teilweise abgebaut. Bei Wechselwirkung der Versetzungen mit Leerstellen können die Versetzungen klettern, wobei die Leerstellen in den Bereich der Druckspannungen der Versetzung diffundiert und sich dort anlagert. Dadurch wandert ein Atom von der Versetzung fort und die Versetzungslinie wird normal zum Burgers-Vektor verschoben. Ein erholtes Gefüge ist durch ein Subkorngefüge mit Kleinwinkelkorngrenzen gekennzeichnet. Während des Erholungsprozesses nehmen innere Spannungen und die Streckgrenze ab. Während der Erholung bewegen sich die Korngrenzen nicht.

Bei Temperaturen oberhalb von 0,5-mal der Schmelztemperatur (in Kelvin) tritt in stark verformten Metallen Rekristallisation ein. Dieser Begriff umfasst alle Prozesse, die mit Neubildung und Wachstum von weitgehend versetzungsfreien Körnern verbunden sind (Abb. 16). Treibende Kraft dafür ist die gesamte Versetzungsenergie, die in den durch die Verformung eingebrachten Versetzungen steckt. Die Neubildung kann durch Keimbildung und -wachstum bestimmt sein (diskontinuierliche Rekristallisation) oder durch Vergröberung der Subkörner des Erholungsgefüges, verbunden mit einer Zunahme des Orientierungsunterschieds (kontinuierliche Rekristallisation). Der auftretende Mechanismus hängt u. a. vom Werkstoff, von der Verformung, vom Temperatur-Zeit-Verlauf der Wärmebehandlung ab. Nach der Rekristallisation weist der Werkstoff Eigenschaften (Streckgrenze, Bruchdehnung, Härte) auf, wie sie auch für den unverformten Zustand vorliegen.

Für einen umfassenden Überblick über dieses Gebiet (siehe Rollett et al. 2017).

### 1.2.12 Ausscheidungs- und Umwandlungsprozesse

Voraussetzung für die Ausscheidungshärtung ist eine mit sinkender Temperatur abnehmende Löslichkeit im Mischkristall, wie es schematisch in Abb. 17a gezeigt ist. Ein wichtiges Beispiel dafür ist das System Aluminium-Kupfer, an dem die Aushärtbarkeit von Aluminiumlegierungen von Alfred Wilm 1906 entdeckt wurde. Zur Ausscheidungshärtung von Legierungen müssen folgende Schritte eingeleitet werden (Abb. 17b):

- Lösungsglühen zur Auflösung löslicher Phasen und Maximierung der Gehalte gelöster Atome und Leerstellen
- Abschrecken zur Erhaltung der Übersättigung gelöster Atome und Leerstellen
- Kaltauslagerung (bei Raumtemperatur) oder
- Warmauslagerung (bei erhöhter Temperatur).

Nach dem Abschrecken wird die Übersättigung abgebaut durch:

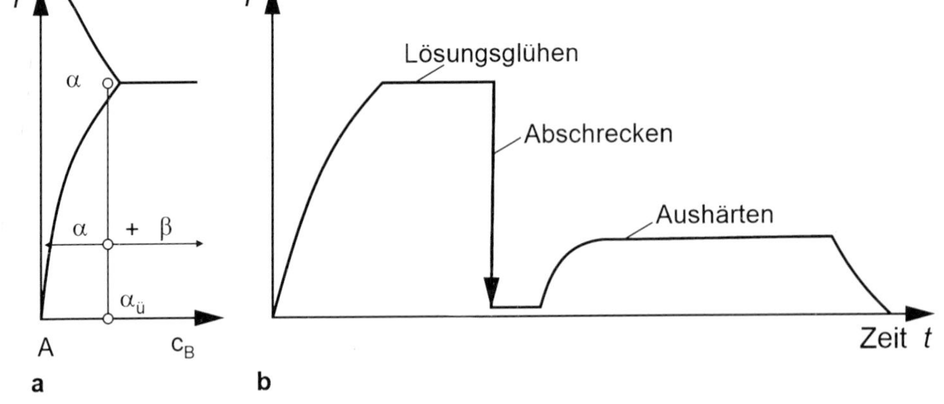


**Abb. 17** **a** Voraussetzung für eine Ausscheidungshärtung ist eine mit sinkender Temperatur abnehmende Löslichkeit. **b** Wärmebehandlung zum Herbeiführen einer Ausscheidungshärtung: Aufheizen auf Lösungsglühtemperatur und Halten bei dieser Temperatur, Abschrecken, Aushärten bei Raumtemperatur oder erhöhter Temperatur

- homogene Keimbildung (ohne Hilfe von bereits existierenden Keimbildungsorten),
- heterogene Keimbildung (Keimbildung an Heterogenitäten wie Versetzungen, Korngrenzen) oder
- spinodale Entmischung (keine Barriere für den Entmischungsprozess).

Die Keimbildung im festen Zustand basiert auf den gleichen Einflussgrößen wie bei der Erstarrung (s. Abschn. 2.9).

Die Stadien während des Ausscheidungsprozesses (beim Kalt- oder Warmauslagern) sind in der Regel Keimbildung, Wachstum der Ausscheidungen unter Zunahme ihres Volumenbruchteils und schließlich Vergröberung (Ostwald-Reifung), wobei sich der ausgeschiedene Volumenbruchteil nicht mehr ändert.

### 1.2.13 Härtungsmechanismen

Die Festigkeit reiner Metalle ist in der Regel zu gering für den Einsatz als Konstruktionswerkstoff. Sie werden daher mit anderen Atomen legiert, so dass Mischkristalle und Phasengemische entstehen und Ausscheidungs- und Umwandlungsprozesse möglich werden.

Um die Festigkeit zu erhöhen, werden verschiedene Härtungsmechanismen eingesetzt (Tab. 1, siehe Hornbogen et al. 2019). Es werden Hindernisse in das Gefüge eingebracht, die die Versetzungsbewegung erschweren. Bei der Mischkristallhärtung stellen die gelösten Atome im homogenen Kristall diese Hindernisse dar. Das Spannungsfeld einer gleitenden Versetzung wird durch den Größenunterschied der Atome (lokale Gitterverzerrungen) und den Unterschied in den Schubmoduln (lokale Schwankungen der Bindungsstärke zwischen Atomen) beeinflusst. Beide verhalten sich proportional zur Konzentration der Legierungsatome. Die Wirksamkeit zwischen Substitutions- und Zwischengitteratomen ist sehr unterschiedlich. Zwischengitteratome erzeugen starke Verzerrungen und stellen damit starke Hindernisse dar.

**Tab. 1** Härtungsmechanismen in Metallen

| Hindernis | Härtungsmechanimus |
|---|---|
| Legierungsatome | Mischkristallhärtung |
| Versetzungen | Versetzungshärtung, Kaltverfestigung |
| Korn-/ Phasengrenzen | Korngrenzen-, Feinkornhärtung |
| Cluster, Teilchen | Ausscheidungs-, Dispersionshärtung |

Durch das Einbringen von Versetzungen durch plastische Verformung kann die Festigkeit ebenfalls erhöht werden (Versetzungshärtung oder Kaltverfestigung). Zwischen einzelnen Gleitversetzungen treten Wechselwirkungen auf, die die Versetzungsbewegung behindern. Der Härtungsbeitrag ist proportional zur Versetzungsdichte $\rho$:

$$\Delta\sigma_V = \alpha G b \sqrt{\rho} \tag{17}$$

mit Schubmodul $G$, Burgers-Vektor $b$ und Konstante $\alpha$.

Korn- und Phasengrenzen behindern die Versetzungsbewegung ebenfalls (Korngrenzen- oder Feinkornhärtung), da die Gleitwege der Versetzungen mit abnehmender Korngröße sinken und sie sich an den Grenzen aufstauen. Der Festigkeitsbeitrag lautet (Hall-Petch-Gleichung):

$$\Delta\sigma_K = \frac{k_y}{\sqrt{d_K}} \tag{18}$$

mit mittlerer Korngröße $d_\mathrm{K}$ und Konstante $k_\mathrm{y}$ (Korngrenzenwiderstand).

Die Ausscheidungshärtung (oder Teilchenhärtung) (s. Abschn. 2.12) wird durch die Teilchengröße $d_\mathrm{T}$, ihren Abstand $\lambda$ und dem Volumenanteil $f$ der Teilchen bestimmt. Müssen die Versetzungen die Teilchen umgehen (Umgehungsmechanismus), so kann der Härtungsbeitrag mit der Orowan-Gleichung abgeschätzt werden:

$$\Delta\sigma_T = \frac{Gb}{\lambda - d_T} \approx \frac{Gb}{\lambda} \tag{19}$$

Die genannten Härtungsmechanismen lassen sich kombinieren und die resultierende Streckgrenze als Summe ihrer Beiträge betrachten.

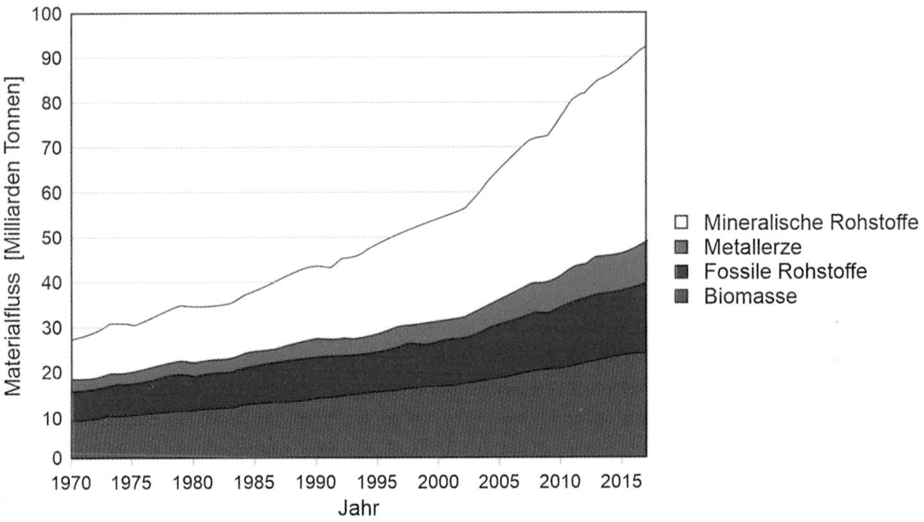


**Abb. 18** Der globale Ressourcenverbrauch in den Kategorien mineralische Rohstoffe, Erze, fossile Rohstoffe und Biomasse (Schandl et al. 2016)

## 1.3 Kreislaufwirtschaft

### 1.3.1 Wirtschaftliche Bedeutung

Der globale Ressourcenverbrauch hat sich seit dem Jahr 1970 mehr als verdreifacht (Schandl et al. 2016). Diese Entwicklung ist in Abb. 18 dargestellt. Betrug der Ressourcenverbrauch pro Kopf im Jahr 1970 noch 6,4 Tonnen, waren es im Jahr 2010 bereits 10,1 Tonnen. (2,7 Tonnen Biomasse, hier vor allem Nahrung und Holz, 1,9 Tonnen fossile Rohstoffe, 1,1 Tonnen Metallerze und 4,4 Tonnen mineralische Rohstoffe, in der Hauptsache Baustoffe). Dabei sind die Unterschiede zwischen den verschiedenen Ländern der Erde sehr groß. In China lag der Ressourcenverbrauch im Jahr 1990 zwischen 2 und 4 Tonnen pro Kopf, im Jahr 2010 dagegen bereits zwischen 14 und 15 Tonnen. In Deutschland schwankte dieser Wert im gleichen Zeitraum zwischen 20 und 25 Tonnen pro Kopf (Schandl et al. 2016).

Der gesamtwirtschaftliche Rohstoffeinsatz kann im Rahmen von Materialflussrechnungen dargestellt werden. Das Materialkonto von Deutschland hatte im Jahr 2014 auf der Entnahmeseite und bei Abgabe und Verbleib jeweils ca. $5 \times 10^9$ t. Größte Einzelposten sind hier die nicht verwerteten Rohstoffentnahmen (Abraum, Bodenaushub, Erosion). Zum Ausgleich der Bilanz taucht diese Position auf der Entnahme- und Abgabeseite auf. Der Materialverbleib, das sind z. B. neue Gebäude, Straßen etc., ist ebenfalls kritisch zu betrachten, da hiermit Flächenverbrauch verbunden ist. Der Flächenverbrauch betrug in Deutschland im Jahr 2013 73 ha pro Tag (nach 131 ha pro Tag im Jahr 2000 (Umweltbundesamt 2015)). Der Zielwert für 2020 liegt allerdings bei 30 ha pro Tag. Tab. 2 listet die einzelnen Positionen des Materialkontos auf.

Die Summe aus verwerteter inländischer Entnahme und Importen bezeichnet den direkten Materialeinsatz (*direct material input, DMI*) und beträgt in Deutschland ca. 20 Tonnen pro Kopf und Jahr. Tatsächlich ist der Materialeinsatz in der deutschen Wirtschaft leicht rückläufig. Der deutliche Anstieg des Bruttoinlandsprodukts (BIP) im gleichen Zeitraum zeigt, dass eine Entkopplung von Wirtschaftswachstum und Ressourcenverbrauch möglich ist (siehe Abb. 19), wenn die Ressourcenproduktivität (EUR/kg) entsprechend gesteigert wird. Von einer „Dematerialisierung" um einen Faktor 4 oder sogar 10, wie mancherorts gefordert, ist man allerdings noch sehr weit entfernt. Eine nachhaltige Gestaltung der Ressourcennutzung zeichnet sich durch deutlich nied-

**Tab. 2** Materialkonto der deutschen Volkswirtschaft im Jahr 2015 in $10^6$ t

| Materialflüsse | Entnahme | Bestandszuwachs | Abgabe |
|---|---|---|---|
| verwertete inländische Entnahme | 1041 | | |
| nicht verwertete inländische Rohstoffentnahme | 2007 | | |
| Importe | 645 | | |
| Entnahme von Gasen | 1053 | | |
| Materialverbleib | | 717 | |
| Abfälle an Deponie | | 44 | |
| Luftemissionen | | | 1544 |
| dissipativer Gebrauch von Produkten | | | 35 |
| Exporte | | | 398 |
| nicht verwertete inländische Rohstoffentnahme | | | 2007 |

Quelle: Statistisches Bundesamt Wiesbaden, 2017

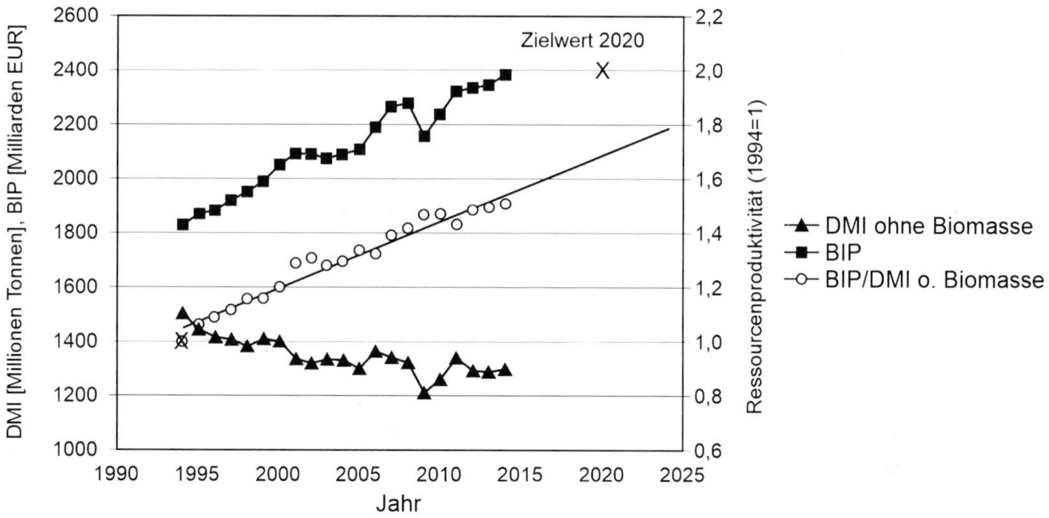


**Abb. 19** Entkopplung von Ressourcenverbrauch (DMI) und Wohlstand (BIP) in Deutschland. Die Ressourcenproduktivität stieg seit 1994 um ca. 50 %

rigere nicht verwertete Rohstoffentnahmen und einen Bestandszuwachs nahe null aus.

Diese verbesserte Materialeffizienz (50 % in Deutschland von 1994–2014, also zwischen 2 % und 3 % pro Jahr) ist begründet zum einem im Wandel der Wirtschaft, z. B. mehr Dienstleistungen, aber auch in Technologieverbesserungen zur Erhöhung der Materialeffizienz (Schmidt et al. 2017). Der ursprünglich angepeilte Zielwert für das Jahr 2020 (Verdopplung der Ressourcenproduktivität) wird verfehlt.

Die wirtschaftliche Bedeutung des Produktionsfaktors Material geht z. B. aus Tab. 3 hervor.

Die Materialkosten in der Industrie enthalten zwar in der Regel auch Personalkosten von vorgelagerten Unternehmen in der Wertschöpfungskette, dennoch stellt die Optimierung des Materialeinsatzes eine wichtige Herausforderung für die Unternehmen dar (Simon und Dosch 2010).

### 1.3.2 Ressourcen für Werkstoffe

Die Erzeugung von Metallen, Baustoffen und Kunststoffen basiert naturgemäß auf der Welt-Rohstoffförderung. Tab. 4 gibt einen Überblick über die Weltproduktion in den Jahren 2000 und 2016 von zahlreichen Rohstoffen. Für die meisten Rohstoffe ist ein deutlicher Anstieg zu verzeichnen. Den größten Zuwachs verzeichnet in dieser

**Tab. 3** Materialien als Produktionsfaktor der Wirtschaft (Quelle: Statistisches Bundesamt, Fachserie 4, Reihe 4.3, 2016)

| | Brutto-Produktionswert (Mill. EUR) | Material verbrauch (%) | Energie verbrauch (%) | Personal kosten (%) |
|---|---|---|---|---|
| Verarbeitendes Gewerbe | 2.012.104 | 41,2 | 1,6 | 18,5 |
| Beispielbranchen: | | | | |
| Chemische Industrie | 159.061 | 32,0 | 3,2 | 15,3 |
| Kraftfahrzeugbau | 482.733 | 46,2 | 0,5 | 13,6 |
| Maschinenbau | 261.733 | 40,1 | 0,9 | 25,8 |
| Elektroindustrie | 114.647 | 36,6 | 0,8 | 26,1 |

Übersicht Kobalt (+276 %), begründet durch den Bedarf in der Batterietechnologie.

Die Energierohstoffe Kohle, Erdöl und Erdgas sind ebenfalls aufgeführt. Als Ressource für die Herstellung von Werkstoffen und anderen Chemieprodukten werden nur etwa 8 % des Erdöls genutzt. Die derzeit bekannten Vorräte führen unter den jetzigen Verbrauchsbedingungen zu geschätzten Nutzungsdauern von etwa 200, 40 bzw. 60 Jahren. Die statische Nutzungsdauer der Metalle (Momentaufnahme eines dynamischen Systems) variiert zwischen 20 und 40 Jahren; sie liegt bei Aluminium (Bauxit) und Eisenerz bei über 100 Jahren.

Der spezifische Energiebedarf für die Erzeugung von einigen Werkstoffen ist in Tab. 5 dargestellt (Ashby 2005; Song et al. 2009). Dieser Energiebedarf ist ein kumulierter Zahlenwert und bezieht sich auf den gesamten Herstellungsprozess vom Rohstoff zum Material. Die Analyse des Energieverbrauchs für technische Produkte hat den kumulierten Energieaufwand im Materialkreislauf zu berücksichtigen, der sich als Summe des Energieverbrauchs für die Herstellung, bei der Nutzung und für die Entsorgung des Produktes ergibt (Verein Deutscher Ingenieure 2012, 2015).

### 1.3.3 Werkstoffe und die Umwelt

Abb. 20 zeigt, dass Werkstoffe als Bestandteile technischer Produkte bei deren technischer Funktion in Wechselwirkung mit ihrer Umwelt stehen. Die Wechselwirkungen beschreibt man allgemein als den einen oder anderen von zwei komplementären Prozessen:

- *Immission*, die Einwirkung von Stoffen oder Strahlung auf einen Werkstoff, die z. B. zur Korrosion führen kann.
- *Emission*, der Austritt von Stoffen oder Strahlung (auch Schall). Eine Emission aus einem Werkstoff ist in der Regel gleichzeitig eine Immission in die Umwelt.

Zum Schutz der Umwelt – und damit des Menschen – bestehen gesetzliche Regelungen für den Emissions- und Immissionsschutz mit Verfahrensregelungen und Grenzwerten für schädliche Stoffe und Strahlungen.

Hinsichtlich des Umweltschutzes sind an die Werkstoffe selbst hauptsächlich die folgenden Forderungen zu stellen:

- *Umweltverträglichkeit*, die Eigenschaft, bei ihrer technischen Funktion die Umwelt nicht zu beeinträchtigen (und andererseits von der jeweiligen Umwelt nicht beeinträchtigt zu werden).
- *Recyclierbarkeit* (siehe auch Abschn. 3.4), die Möglichkeit der Rückgewinnung und Wiederaufbereitung nach dem bestimmungsgemäßen Gebrauch. Einen Eindruck von den gegenwärtig erzielbaren Recyclingquoten von Metallen in Deutschland gibt Tab. 6.
- *Abfallbeseitigung*, die Möglichkeit der Entsorgung von Material, wenn ein Recycling nicht möglich ist (Simon und Keldenich 2012).

Nach dem Vorbild der Stoffkreisläufe in der belebten Natur sind heute auch für die Materialien

**Tab. 4** Weltproduktion von mineralischen Rohstoffen und *Energierohstoffen*. Bei den Metallen beziehen sich die Zahlenwerte auf den Metallgehalt, wenn nicht ausdrücklich das Erz genannt wird

| Rohstoff | Weltjahresproduktion (1000 t, Erdgas in $10^6$ $m^3$) | |
|---|---|---|
| | 2000 | 2016 |
| *Kohle* | 4.310.000 | 7.388.000 |
| *Rohöl* | 3.583.000 | 4.377.000 |
| *Erdgas* | 2.509.000 | 3.715.000 |
| Eisenerz | 1.083.000 | 3.305.000 |
| Salz | 211.400 | 279.600 |
| Bauxit | 139.000 | 289.000 |
| Phosphat | 133.000 | 276.000 |
| Gips | 98.100 | 267.100 |
| Schwefel | 52.000 | 69.400 |
| Pottasche | 26.900 | 37.800 |
| Aluminium | 24.600 | 58.800 |
| Kaolin | 22.400 | 23.800 |
| Magnesit | 20.100 | 29.800 |
| Chromerze | 14.700 | 34.800 |
| Feldspat | 13.000 | 29.144 |
| Kupfer | 13.200 | 23.100 |
| Bentonit | 11.400 | 16.300 |
| Zink | 8800 | 12.300 |
| Talk | 7700 | 7600 |
| Baryt | 6000 | 7600 |
| Titanoxid | 4900 | 5800 |
| Flussspat | 4300 | 6200 |
| Blei | 3100 | 4700 |
| Nickel | 1227 | 2001 |
| Zirkon | 1016 | 1368 |
| Brom | 544 | 610 |
| Zinn | 249 | 349 |
| Molybdän | 136 | 276 |
| Antimon | 118 | 143 |
| Vanadium | 62 | 74 |
| Wolfram | 30,6 | 88,7 |
| Kobalt | 34 | 128 |
| Uran | 34,8 | 62,2 |
| Jod | 18,9 | 31,7 |
| Silber | 18,2 | 27,461 |
| Cadmium | 19,4 | 26,5 |
| Wismut | 4,2 | 3,8 |
| Gold | 2,56 | 3,2 |
| Quecksilber | 1,4 | 4 |
| Platin-Metalle | 0,45 | 0,461 |
| Diamanten | 0,022 | 0,024 |

Quelle: British Geological Survey, World Mineral Production, Keyworth, Nottingham, UK

**Tab. 5** Abschätzung des spezifischen Energiebedarfs für die Erzeugung von Werkstoffen (Ashby 2005; Song et al. 2009)

| Werkstoff | spezifischer Energiebedarf (MJ/kg) |
|---|---|
| **Metalle** | |
| Gusseisen | 16 ... 18 |
| Stahl | 22 ... 27 |
| Edelstahl | 77 ... 85 |
| Kupfer | 63 ... 70 |
| Aluminium (aus Bauxit) | 184 ... 203 |
| **Kunststoffe (Granulat)** | |
| Polyvinylchlorid | 63 ... 70 |
| Polyethylen | 77 ... 85 |
| Polystyrol | 96 ... 106 |
| **Keramische Werkstoffe** | |
| Soda-Kalk-Glas | 13 ... 14 |
| Quarzglas | 30 ... 33 |
| Wolframcarbid | 82 ... 91 |
| **Faserwerkstoffe** | |
| Glasfaserns | 13 ... 32 |
| Carbonfasern | 183 ... 286 |

der Technik im Prinzip stets geschlossene Kreisläufe anzustreben und ggf. durch „Ökobilanzen" zu kennzeichnen.

Werkstoffe werden durch verfahrenstechnische Prozesse aus Rohstoffen (Erze, Naturstoffe, fossile Rohstoffe) oder durch Recycling aus Abfällen hergestellt (siehe Abb. 20). Dabei ist die Nutzung natürlicher Ressourcen immer auch mit Eingriffen in die Umwelt verbunden. Die Auswirkungen auf die Umwelt während Gewinnung, Herstellung, Nutzung und danach als Abfall sind vielfältiger Art (Landverbrauch, Potenzial für Treibhauseffekt, Ökotoxizität, usw.). Eine Möglichkeit zur Quantifizierung der Umweltbelastungen ist der Indikator kumulierter Ressourcenaufwand KRA. Dieser Parameter ist die Summe der zur Herstellung und Transport eines Produkts aufgewendeten Primärrohstoffe, inklusive der Energierohstoffe, entlang der Wertschöpfungskette. Nicht wirtschaftlich verwendete Stoffe und Stoffgemische, wie die nicht verwertete Entnahme, bleiben unberücksichtigt (Verein Deutscher Ingenieure 2018).

KRA ist ein umfassender Input-Indikator und misst die materielle Basis einer Volkswirtschaft,

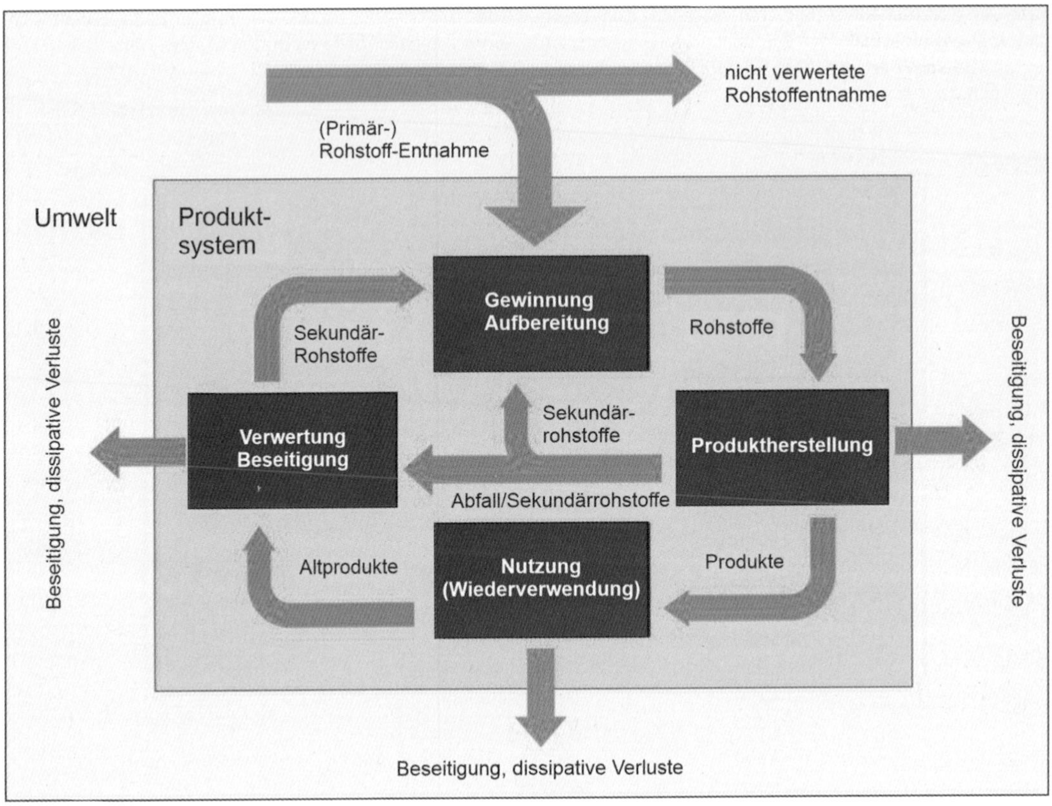


**Abb. 20** Nutzung von natürlichen Ressourcen in der Wirtschaft in Wechselwirkung mit der Umwelt (Verein Deutscher Ingenieure 2016)

d. h. alle der Umwelt im In- oder Ausland entnommenen Primärmaterialien, die mit der inländischen Produktion verbunden sind. Daher ist KRA ein quantitativer Wert für Umweltbelastungen durch die Entnahme und Nutzung natürlicher stofflicher Ressourcen. Bezieht man den kumulierten Ressourcenaufwand auf eine spezifische Menge (spezifischer KRA), z. B. ein Kilogramm, kann man die Umweltbelastungen verschiedener Materialien vergleichen.

Ein Wert von 194 kg/kg (Kupfer) bedeutet, dass für die Herstellung von 1 kg Kupfer 194 kg Material (einschließlich der Materialflüsse aus dem Energieverbrauch der Herstellungsprozesse) eingesetzt werden. Multiplikation mit der Jahresproduktion liefert dann den Wert für KRA für die deutsche Wirtschaft. Werte für den KRA einiger Materialien sind in Tab. 7 aufgelistet.

Hohe Werte für den KRA resultieren entweder aus einem hohen spezifischen KRA (z. B. Gold, Platin, etc.) oder einer großen produzierten Menge.

**Tab. 6** Recyclingquoten von Werkstoffen bezogen auf den Verbrauch

| Werkstoff | Recyclingquote % |
|---|---|
| Aluminium | 53 |
| Kupfer | 42 |
| Stahl | 44 |

Quelle: BGR, Deutschland – Rohstoffsituation 2015 (2016)

## 1.3.4 Recycling

**Recycling von Metallen**

Recycling ist eine Möglichkeit zur Erhöhung der Ressourcenproduktivität. Dadurch werden gleichzeitig negative Umweltauswirkungen der Ressourcennutzung minimiert. In Tab. 6 sind die Re-

**Tab. 7** Spezifischer kumulierter Ressourcenaufwand einiger Werkstoffe und Primärproduktion in Deutschland. Der kumulierte Ressourcenaufwand für Deutschland ergibt sich aus der Multiplikation der beiden Zahlen (Steger et al. 2019; Simon und Holm 2018)

| Werkstoffklasse | Werkstoff | spez. KRA (kg/kg) | Primärproduktion (1000 t) |
|---|---|---|---|
| **Metalle** | Stahl | 6,71 | 42.645 |
| | Edelstahl | 62,3 | 1091 |
| | Aluminium | 22,9 | 2980 |
| | Kupfer | 196 | 1389 |
| | Zink | 22 | 652 |
| | Blei | 16 | 367 |
| | Zinn | 1184 | 24,23 |
| | Silber | 6416 | 4,13 |
| | Gold | 835.622 | 0,04 |
| | Platin | 327.924 | 0,21 |
| **Mineralische Werkstoffe** | Gesteinskörnungen | 1,05 | 497.000 |
| | Flachglas | 2,25 | 3900 |
| **Kunststoffe** | PE-HD | 1,8 | 19.800* |
| | PP | 1,75 | |
| | PET | 3,49 | |
| | PS | 2,17 | |
| | PVC | 2,2 | |

*Kunststoffe gesamt

cyclingquoten einiger metallischer Werkstoffe gelistet. Metalle können nahezu unbegrenzt mit nur geringen Qualitätsverlusten wegen der Aufkonzentrierung von Legierungselementen recycelt werden (Ayres et al. 2003). Große Bedeutung besitzt dabei insbesondere wegen der Mengen der Einsatz von Stahlschrott in der Stahlindustrie. Die in Deutschland produzierte Stahlmenge von 42,6 Millionen Tonnen wurden aus 26,4 Millionen Tonnen Roheisen zusammen mit 16,2 Millionen Tonnen Stahlschrott erzeugt.

Recyclingquoten können auf unterschiedliche Weise berechnet werden. Die Zahlenwerte aus Tab. 6 zeigen an, zu welchen Anteil Sekundärrohstoffe an der Gesamtproduktion beteiligt sind. Bei steigenden Produktionsmengen sind somit Recyclingquoten von 100 % gar nicht möglich. Der Wert von 44 % für Stahl bedeutet nicht, dass 56 % verloren gegangen sind, z. B. durch Deponierung oder dissipative Nutzung. Stahlprodukte sind häufig sehr langlebig und verbleiben daher lange im urbanen Lager. Die End-of-life Recyclingrate (EOL-RR, Schrottmenge in Recyclingprozessen/gesamte Schrottmenge) von Eisen und Stahl liegt bei 90 % (Graedel et al. 2011).

Ein weiteres gutes Beispiel für Metallrecycling ist das Element Blei. Die Recyclingquote liegt in den USA stets über 60 %. Grund ist die Konzentration der Anwendung von Blei in der Produktion von Bleiakkumulatoren, die sich gut recyceln lassen und für die funktionierende Sammelsysteme existieren. Dass dennoch zwischen 20 % und 40 % des gesamten Bleiverbrauchs ($1{,}5 \times 10^6$ Tonnen im Jahr 2011 (Sibley 2011)) durch Importe und aus dem Bergbau gedeckt werden müssen, liegt an Verwendungen, für die das Recycling von Blei schwierig sind (Farben, Keramik, Lötmittel, Munition etc.).

Neben dem Aspekt Ressourcenschonung ist vor allem der Energieverbrauch beim Recycling von metallischen Werkstoffen deutlich geringer als bei der Erzeugung aus Rohstoffen. Beim Aluminium werden z. B. bei der Herstellung aus Sekundäraluminium weniger als 10 % der Energie als bei der Herstellung aus Bauxit benötigt (Ayres et al. 2006).

**Recycling von Kunststoffabfällen**

Anders sieht die Situation bei den Kunststoffen aus. Von den $19{,}8 \times 10^6$ Tonnen im Jahr 2013 produzierter Polymere in Deutschland wurden rund $11{,}7 \times 10^6$ Tonnen zu Kunststoffprodukten weiterverarbeitet (Steger et al. 2019). Fast 40 % der Kunststoffe wird für Verpackungen genutzt, gefolgt von knapp 20 % für den Bausektor (PlasticsEurope 2018). Recycling von Kunststoffen ist auf unterschiedliche Weisen möglich:

- mechanisches Recycling (werkstoffliches Recycling, *back-to-polymer recycling BTP*). Die chemische Struktur des Materials bleibt unverändert, verändert wird nur die Gestalt, z. B. durch Schreddern. Es werden wieder direkt Kunststofferzeugnisse hergestellt.
- rohstoffliches Recycling (*back-to-feedstock recycling BTF*). Die Kunststoffe werden durch einen chemischen Prozess in Rohstoffe wie z. B. Rohölersatz, Naphta, Synthesegas umgewandelt.
- energetische Verwertung. Kunststoffe werden in der Stahlherstellung als Reduktionsmittel oder in Feuerungsanlagen zur Strom- oder Wärmeerzeugung eingesetzt.

Von den im Jahr 2013 in Deutschland gesammelten $8{,}3 \times 10^6$ Tonnen Kunststoffabfällen wurden nahezu 100 % verwertet oder zusammen mit anderen Siedlungsabfällen in Verbrennungsanlagen eingesetzt. In die stoffliche Verwertung gingen 970.000 t, $2{,}5 \times 10^6$ t wurden energetisch verwertet (Steger et al. 2019). Welcher Weg zu bevorzugen ist, hängt stark davon ab, in welcher Form die Kunststoffe ins Recycling gelangen. Sortenreine Kunststofffraktionen eignen sich besser zum werkstofflichen Recycling als gemischte Verpackungsabfälle aus Haushaltsabfällen.

**Recycling von sonstigen Abfällen**

Es gibt zahlreiche Beispiele der Gewinnung von Rohstoffen aus Abfällen, um so natürliche Ressourcen zu schonen: Altglasscherben als Rohstoff für die Glasindustrie, Gips aus Rauchgasentschweflungsanlagen für die Herstellung von Gipskartonplatten, Flugaschen aus Kohlekraftwerken und Schlacken aus der Metallurgie als Zementzumahlstoff, Gesteinskörnung aus dem Bauschuttrecycling für die Betonherstellung, Eisen und Nichteisenmetalle aus Abfallverbrennungsaschen für die Metallindustrie, Altpapier für die Papierindustrie (Simon und Keldenich 2012; Simon und Adam 2012). Viele weitere Recyclingverfahren befinden sich in der Entwicklung. Ob sich die Verfahren am Markt etablieren können, hängt von den Kosten für die Behandlung und den Preisen für die natürlichen Rohstoffe ab. Letztere sind für viele Rohstoffe durch erhöhte Nachfrage in Asien in letzter Zeit stark angestiegen.

Die Effekte durch den Einsatz von Sekundärrohstoffen aus Recyclingprozessen sind bedeutend. Der DMI (siehe Abschn. 3.1) würde ohne den Einsatz von Sekundärrohstoffen gut 14 % höher ausfallen. Die Energieeinsparung in Deutschland durch den Einsatz von Sekundärrohstoffen beläuft sich auf 1,5 Millionen TJ (Primärenergieverbrauch 13,8 Millionen TJ) (Steger et al. 2019).

## Literatur

Ashby MF (2005) Materials selection in mechanical design, 3. Aufl. Elsevier/Butterworth-Heinemann, Oxford

Ayres RU, Ayres LW, Råde I (2003) The life cycle of copper, its co-products and byproducts. Eco-efficiency in industry and science, Bd 13. Springer Science and Business Media, Dordrecht

Ayres RU, Ayres LW, Masini A (2006) Chapter 6, An application of exergy accounting to five basic metal industries. In: Gleich Av, Ayres RU, Gößling-Reisemann S (Hrsg) Sustainable metals management: securing our future – steps towards a closed loop economy. Eco-efficiency in industry and science, Bd 19. Springer, Dordrecht, S 141–194

Callister WD, Rethwisch DG (2013) Materialwissenschaften und Werkstofftechnik: eine Einführung. Wiley-VCH, Weinheim

Czichos H (1998) Werkstoffe – Basis industrieller Technologien des 20. und 21. Jahrhunderts. Ing.- Werkst 7(1):3

Czichos H, Hahn O (2011) Was ist falsch am falschen Rembrandt – Mit High-Tech den Rätseln der Kunstgeschichte auf der Spur. Carl Hanser, München

Effenberg G, Ilyenko S (Hrsg) (2008) Landolt-Börnstein – group IV physical chemistry book series. Ternary alloy systems. Springer, Berlin

Graedel TE, Allwood J, Birat J-P, Buchert M, Hagelüken C, Reck BK, Sibley SF, Sonnemann G (2011) What do we know about metal recycling rates? J Ind Ecol 15(3):355–366. https://doi.org/10.1111/j.1530-9290.2011.00342.x

Gräfen H (Hrsg) (1993) VDI-Lexikon Werkstofftechnik. VDI, Düsseldorf
Hornbogen E, Warlimont H, Skrotzki B (2019) Metalle, 7. Aufl. Springer, Berlin
Martin JW, Doherty RD, Cantor B (1997) Stability of microstructure in metallic systems, 2. Aufl. Cambridge University Press, Cambridge, UK
Massalski TB, Okamoto H (1990) Binary alloy phase diagrams. American Society for Metals, Materials Park
Mehrer H (Hrsg) (1990) Landolt-Börnstein – group III condensed matter book series. Diffusion in solid metals and alloys. Springer, Berlin
Mehrer H (2007) Diffusion in solids. Springer, Berlin
PlasticsEurope (2018) Plastics – the Facts 2017. An analysis of Europenan plastics production, demand and waste data. Association of Plastics Manufacturers, Brüssel
Rollett A, Rohrer GS, Humphreys FJ (2017) Recrystallization and related annealing phenomena, 3. Aufl. Elsevier, Amsterdam
Schandl H, Fischer-Kowalski M, West J, Giljum S, Dittrich M, Eisenmenger N, Geschke A, Lieber M, Wieland H, Schaffartzik A, Krausmann F, Gierlinger S, Hosking K, Lenzen M, Tanikawa H, Miatto A, Fishman T (2016) Global Material Flows and Resource Productivity. An Assessment Study of the UNEP International Resource Panel. United Nations Environment Programme (UNEP), Nairobi
Schmalz G (1936) Technische Oberflächenkunde „Klassiker der Technik“. Springer, Berlin.
Schmidt M, Spieth H, Bauer J, Haubach C (Hrsg) (2017) 100 Betriebe für Ressourceneffizienz. Springer Spektrum, Heidelberg
Sibley SF (2011) Overview of flow studies for recycling metal commodities in the United States. US Geological Survey circular, 1196-AA. US Geological Survey, Reston
Simon FG, Adam C (2012) Ressourcen aus Abfall. Chem Ing Tech 84(7):999–1004. https://doi.org/10.1002/cite.201100189
Simon FG, Dosch K (2010) Verbesserung der Materialeffzienz von kleinen und mittleren Unternehmen. Wirtschaftsdienst Z Wirtsch 90(11):754–759
Simon FG, Holm O (2018) Resources from recycling and urban mining, limits and prospects. Detritus 2:24–28. https://doi.org/10.31025/2611-4135/2018.13665
Simon FG, Keldenich K (2012) Abfallwirtschaft im Spannungsfeld zwischen thermischer Behandlung und Recycling (Waste Management between Thermal Treatment and Recycling). Chem Ing Tech 84 (7):985–990. https://doi.org/10.1002/cite.201200005
Song YS, Youn JR, Gutowski TG (2009) Life cycle energy analysis of fiber-reinforced composites. Compos A: Appl Sci Manuf 40(8):1257–1265. https://doi.org/10.1016/j.compositesa.2009.05.020
Steger S, Ritthoff M, Dehoust G, Bergmann T, Schüler D, Kosinka I, Bulach W, Krause P, Oetjen-Dehne R (2019) Ressourcenschonung durch eine stoffstromorientierte Sekundärrohstoffwirtschaft (Saving Resources by a Material Category Oriented Recycling Product Industry). TEXTE 34/2019, FKZ 3714933300. Umweltbundesamt, Dessau
Umweltbundesamt (2015) Umwelttrends in Deutschland, Daten zur Umwelt 2015. Umweltbundesamt, Dessau-Roßlau
Verein Deutscher Ingenieure (2012) Kumulierter Energieaufwand (KEA) – Begriffe, Berechnungsmethoden. VDI Richtlinie, VDI 4600. Beuth, Berlin
Verein Deutscher Ingenieure (2015) Kumulierter Energieaufwand, Beispiele. VDI Richtlinie, VDI 4600, Blatt 1. Beuth, Berlin
Verein Deutscher Ingenieure (2016) Ressourceneffizienz – Methodische Grundlagen, Prinzipien und Strategien. VDI Richtlinie, VDI 4800, Blatt 1. Beuth, Berlin
Verein Deutscher Ingenieure (2018) Ressourceneffizienz, Bewertung des Rohstoffaufwands. VDI Richtlinie, VDI 4800, Blatt 2. Beuth, Berlin
Villars P, Prince A, Okamoto H (1995) Handbook of ternary alloy phase diagrams. American Society for Metals, Materials Park

# Die Werkstoffklassen

# 2

Birgit Skrotzki und Horst Czichos

## Inhalt



Elektronisches Zusatzmaterial: Die Online-Version dieses Kapitels (https://doi.org/10.1007/978-3-662-64372-3_28) enthält Zusatzmaterial, das für autorisierte Nutzer zugänglich ist.

B. Skrotzki (✉)
Fachbereich Experimentelle und modellbasierte Werkstoffmechanik, Bundesanstalt für Materialforschung und -prüfung (BAM), Berlin, Deutschland
E-Mail: birgit.skrotzki@bam.de

H. Czichos
Berlin, Deutschland
E-Mail: horst.czichos@t-online.de

© Der/die Autor(en), exklusiv lizenziert durch Springer-Verlag GmbH, DE, ein Teil von Springer Nature 2022 
M. Hennecke, B. Skrotzki (Hrsg.), *HÜTTE Band 2: Grundlagen des Maschinenbaus und ergänzende Fächer für Ingenieure*, Springer Reference Technik,
https://doi.org/10.1007/978-3-662-64372-3_28

**Zusammenfassung**

Es werden die vier Werkstoffklassen Metalle, Keramiken, Polymere und Verbundwerkstoffe sowie ihre Untergruppen vorgestellt. Die metallischen Werkstoffe umfassen die Eisen- wie die Nichteisenwerkstoffe und ihre Legierungen. Neben den Ingenieurkeramiken werden auch Glas und Glaskeramik, Naturstoffe und Erdstoffe sowie Baustoffe behandelt.

## 2.1 Metallische Werkstoffe

### 2.1.1 Herstellung metallischer Werkstoffe

Metallische Werkstoffe werden aus metallhaltigen Mineralien (Erzen) in den Verfahrensstufen Rohstoffgewinnung, Aufbereitung und Metallurgie gewonnen.

Die Technologien zur Gewinnung von Rohstoffen gehören zum Bereich der Bergbautechniken. Sie umfassen das *Erkunden, Erschließen, Gewinnen, Fördern* und *Aufbereiten* von abbauwürdigen Lagerstätten mineralischer Rohstoffe und Erze. Die Erze enthalten das gewünschte Metall nicht in metallischer Form, sondern in Form chemischer Verbindungen: Oxide, Sulfide, Oxidhydrate, Carbonate, Silicate. Bei der Aufbereitung, der Vorstufe der Umwandlung von Rohstoffen in Werkstoffe, wird das geförderte Erz zunächst durch Brechen und Mahlen der Zerkleinerung unterworfen und dann Trennprozessen zugeführt, welche die metalltragenden Komponenten separieren, z. B. Trennung durch (a) unterschiedliche magnetische Eigenschaften, (b) Schwerkraft, (c) unterschiedliche Löslichkeit in Säuren oder Laugen, (d) unterschiedliches Benetzungsverhalten in organischen Flüssigkeiten (Flotation). Eisenerze, die Sulfide, aber auch Oxidhydrate oder Carbonate enthalten, werden durch Erhitzen an Luft („Rösten") in Oxide überführt, wobei $SO_2$ bzw. $H_2O$ oder $CO_2$ frei werden; $SO_2$ wird abgebunden oder verwertet.

Die Herstellung metallischer Werkstoffe aus den aufbereiteten Erzen oder metallhaltigen Rückständen, ihre Raffination und Weiterverarbeitung (insbesondere zu Legierungen) erfolgt mit Methoden der Metallurgie (Hüttenwesen). Ein grundlegender metallurgischer Prozess besteht darin, die in Erzen z. B. in Form von Metalloxiden gebundenen Metallbestandteile durch Aufbrechen der Bindung zwischen Metall (M) und Sauerstoff (O) freizusetzen. Der Reduktionsvorgang

$$\mathrm{M}_x\mathrm{O}_y + \Delta G_{\mathrm{M}_x\mathrm{O}_y} \rightarrow x\mathrm{M} + (y/2)\mathrm{O}_2$$

erfordert die Zufuhr der Bildungsenthalpie $\Delta G_{\mathrm{M}_x\mathrm{O}_y}$ des Oxids.

Kennzeichnend für die verschiedenen metallurgischen Verfahren sind sowohl die Prozesstechnologie als auch der für die Erzreduktion erforderliche Einsatz an chemischen Reduktionsmitteln und elektrischer Energie.

### 2.1.2 Einteilung der Metalle

Die Einteilung der Metalle kann nach verschiedenen Merkmalen, wie z. B. Stellung im Periodensystem, Dichte, Schmelztemperatur, sowie physikalischen oder technologischen Eigenschaften erfolgen.

Knapp 70 der 90 natürlichen Elemente sind Metalle, wobei je nach Stellung im Periodensystem die folgende Einteilung üblich ist:

- Alkali- (oder A-)Metalle: Gruppe Ia (ohne H)
- Edle Metalle: Gruppe Ib

- B-Metalle: Gruppe II, Gruppe IIIa (ohne B), Gruppe IVa (ohne C), Gruppe Va (ohne N, P)
- Übergangsmetalle: Gruppe IIIb bis Gruppe VIIIb
- Lanthanoide
- Actinoide

Nach der Dichte werden unterschieden (vgl. Tab. 6 im ▶ Kap. 3, „Anforderungen, Eigenschaften und Verhalten von Werkstoffen"):

- Leichtmetalle: Dichte < 4,5 g/cm³
- Schwermetalle: Dichte > 4,5 g/cm³.

Das Kriterium Schmelztemperatur führt zu folgender Einteilung (vgl. Tab. 8 in ▶ Kap. 3, „Anforderungen, Eigenschaften und Verhalten von Werkstoffen"):

- Niedrigschmelzende Metalle: Schmelztemperatur < 1000 °C
- Mittelschmelzende Metalle: ~1000 °C < Schmelztemperatur < 2000 °C
- Hochschmelzende Metalle: Schmelztemperatur > 2000 °C.

Die metallischen Werkstoffe sind nach wie vor die wichtigsten Konstruktions- oder Strukturwerkstoffe. Sie werden in die beiden großen Gruppen der Eisenwerkstoffe und der Nichteisenmetalle (NE-Metalle) eingeteilt.

„Hartmetalle" kennzeichnen eine Übergangsgruppe zu den „Keramiken" (siehe Abschn. 2.4).

### 2.1.3 Eisenwerkstoffe

Als Eisenwerkstoffe werden Metalllegierungen bezeichnet, bei denen der Massenanteil des Eisens höher ist als der jedes anderen Legierungselements. Reines Eisen ist wegen seiner geringen Festigkeit nicht als Konstruktionswerkstoff geeignet; seine besonderen magnetischen Eigenschaften sind jedoch für die Elektrotechnik von Bedeutung. Das wichtigste Legierungselement des Eisens ist Kohlenstoff. Abhängig vom Kohlenstoffgehalt und von der Wärmebehandlung erhält man verschiedene Stähle und Gusseisen, für deren Verständnis das Eisen-Kohlenstoff-Zustandsdiagramm eine wesentliche Basis darstellt (Berns und Theisen 2008). (Eigenschaften und technische Daten der Eisenwerkstoffe: siehe ▶ Abschn. 3.2 in Kap. 3, „Anforderungen, Eigenschaften und Verhalten von Werkstoffen").

#### 2.1.3.1 Eisen-Kohlenstoff-Diagramm

Im thermodynamischen Gleichgewicht liegen in einem Eisen-Kohlenstoff-System Eisen und Kohlenstoff als Graphit nebeneinander vor (stabiles System). In der Praxis häufiger benutzt wird das metastabile Eisen-Zementit-Diagramm. Zementit ist das Eisenkarbid, $Fe_3C$, das bei langen Glühzeiten in eine Eisenphase und Graphit zerfällt. Aus dem Eisen-Kohlenstoff-Zustandsdiagramm, Abb. 1, lassen sich die verschiedenen Gefügezustände als Funktion von Kohlenstoffgehalt und Temperatur entnehmen. Die Zustandsfelder der einzelnen Phasen werden von Linien begrenzt, die durch die Buchstaben ihrer Endpunkte bezeichnet werden. Diese Linien können als Verbindungslinien der Haltepunkte, die als Verzögerungen bei Erwärmung oder Abkühlung infolge Gefügeumwandlung auftreten, angesehen werden. Bei Temperaturen oberhalb der Liquiduslinie ABCD liegen Eisen-Kohlenstoff-Lösungen als Schmelze vor. Sie erstarren in Temperaturbereichen, die zwischen der Liquiduslinie ABCD und der Soliduslinie AHIECF liegen. Mit abnehmender Temperatur nimmt der Anteil der ausgeschiedenen Kristalle in der Schmelze zu, bis an der Soliduslinie die Schmelze vollständig erstarrt ist. Das am niedrigsten Erstarrungspunkt aller Schmelzen (Punkt C) einheitlich erstarrende Gefüge wird Eutektikum genannt.

Im erstarrten Zustand ergeben sich für verschiedene Bereiche von C-Gehalt und Temperatur unterschiedliche Phasen und Gefüge. Beim reinen Eisen treten Modifikationen mit kubisch raumzentriertem (krz) oder dem dichteren kubisch flächenzentriertem (kfz) Gitter auf, die sich an den Haltepunkten $A_r$, $A_c$ (r refroidissement: Abkühlung; c chauffage: Erwärmung) umwandeln. Man unterscheidet:

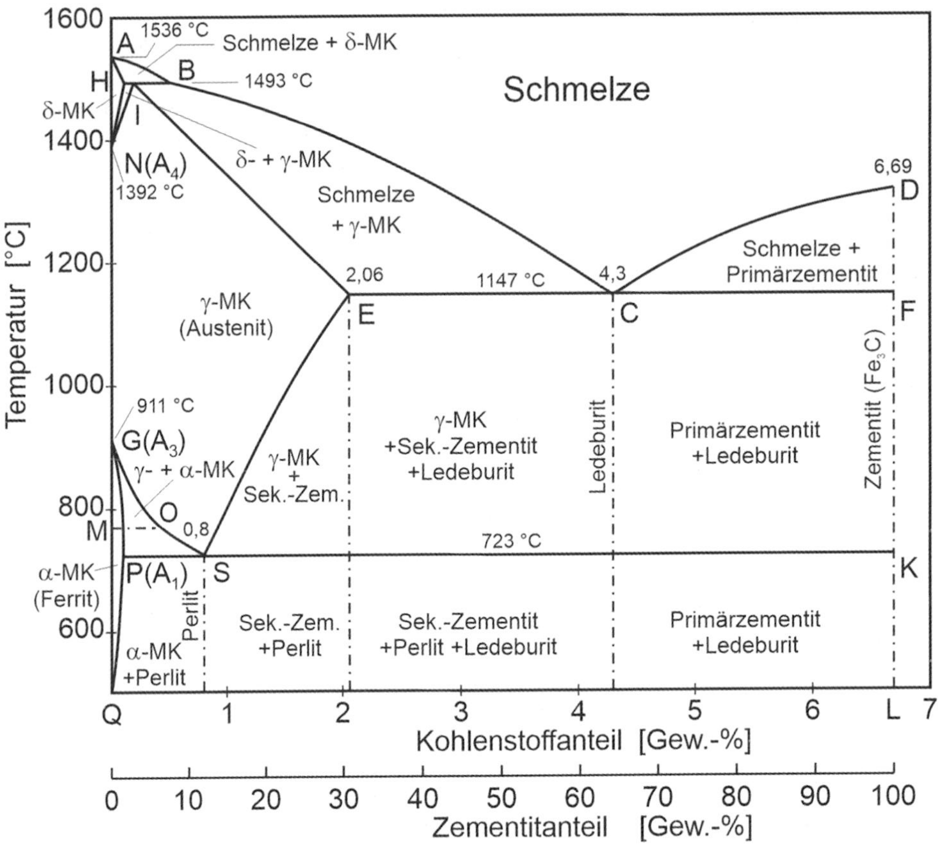


**Abb. 1** Eisen-Kohlenstoff-Diagramm (metastabiles System)

- α-Fe (Ferrit); krz; $\vartheta < 911$ °C ($A_3$) (unter $\vartheta = 769$ °C, Curie-Temperatur, ist α-Fe ohne Gitterumwandlung ferromagnetisch)
- γ-Fe (Austenit); kfz; 911 °C $< \vartheta <$ 1392 °C ($A_4$)
- δ-Fe (δ-Eisen); krz; 1392 °C $< \vartheta <$ 1536 °C

Bei C-Gehalten $> 0$ wird Kohlenstoff im $\alpha$-, $\gamma$- und $\delta$-Eisen in Zwischengitterplätzen eingelagert, wobei Mischkristalle (MK) bis zu den folgenden maximalen Löslichkeiten des Kohlenstoffs in Eisen entstehen:

- α-Mischkristall; 0,02 Gew.-% C bei 723 °C ($A_1$)
- γ-Mischkristall (Austenit); 2,06 Gew.-% C bei 1147 °C
- δ-Mischkristall; 0,1 Gew.-% C bei 1493 °C

Wird der maximal lösliche C-Gehalt überschritten, so werden im stabilen System Kohlenstoff (Graphit) oder im technisch wichtigeren metastabilen System Zementit $Fe_3C$ ausgeschieden. Das metastabile System beschreibt dann die Reaktionen zwischen Eisen und Zementit. Ein Gehalt von 100 % Zementit entspricht 6,69 Gew.-% C. $Fe_3C$ weist eine relativ hohe Härte (1400 HV) auf und besitzt ein kompliziertes Gitter (orthorhombisch) mit 12 Fe-Atomen und 4 eingelagerten C-Atomen je Elementarzelle. Eisen-Kohlenstoff-Legierungen mit einem C-Gehalt $>$ 6,69 Gew.-% besitzen keine technische Bedeutung.

Die am niedrigsten Liquiduspunkt C bei 4,3 Gew.-% C vorliegende Schmelze zerfällt bei Erstarrung im festen Zustand in ein als Eutektikum bezeichnetes feinverteiltes Gemenge von γ-Mischkristallen (Austenit) mit 2,06 Gew.-% C und $Fe_3C$-Kristallen (Zementit) mit 6,69 Gew.-% C. Im übereutektischen Bereich (> 4,3 Gew.-% C) bilden sich Gefüge aus Ledeburit und Primärzementit, im untereutektischen Bereich (< 4,3 Gew.-% C) Gefüge aus Austenit, Ledeburit und Sekundärzementit. (Sekundärzementit entsteht durch Ausscheidung von Eisenkarbid aus Austenit).

Das bei der Abkühlung von homogenem Austenit (γ-Mischkristalle) bei einem C-Gehalt von 0,8 Gew.-% entstehende Eutektoid Perlit besteht aus nebeneinanderliegendem lamellenförmigem Ferrit (α-Mischkristalle) und Zementit. Bei untereutektoiden Legierungen (< 0,8 Gew.-% C) scheiden sich vor Erreichen des Perlitpunktes (S) Ferritkristalle aus, bei übereutektoiden Legierungen ( > 0,8 Gew.-% C) bildet sich Sekundärzementit.

Die im Eisen-Kohlenstoff-Zustandsdiagramm angegebenen Zustandsfelder gelten nur dann, wenn für die Einstellung der Gleichgewichte und die erforderlichen Diffusionsvorgänge genügend Zeit zur Verfügung steht.

#### 2.1.3.2 Wärmebehandlung

Die zur Erzeugung bestimmter Gefügezustände oder Werkstoffeigenschaften eingesetzten Verfahren der Wärmebehandlung bestehen aus den Verfahrensschritten Erwärmen, Halten und Abkühlen und umfassen das Härten und die Glühbehandlungen.

a) Härten

Beim Härten werden durch rasches Abkühlen aus dem Austenitfeld des Fe-C-Zustandsdiagramms Gefügezustände mit höherer Härte und Festigkeit erzeugt.

Die Kinetik der Umwandlung des Austenits in andere Phasen wird durch ein Zeit-Temperatur-Umwandlungsdiagramm (ZTU-Diagramm) beschrieben (Abb. 2). In einem Zeit-Temperatur-Koordinatensystem werden Kurven gleichen Umwandlungsgrades eingetragen (0 %: Beginn, 100 %: Ende der Umwandlung). Die Umwandlungsmechanismen und die Gefügeausbildung der Umwandlungsprodukte (Austenit, Perlit, Bainit und

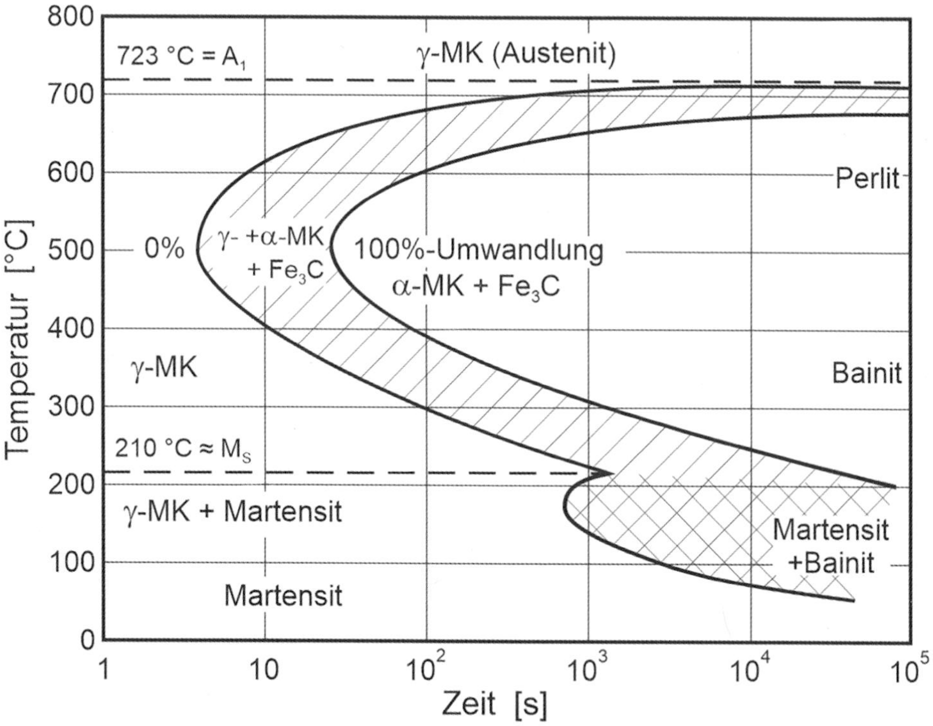


**Abb. 2** Isothermes Zeit-Temperatur-Umwandlungsschaubild (ZTU-Schaubild): schematische Darstellung für eutektoiden Stahl

Martensit) hängen von der Abkühlgeschwindigkeit ab. In Abhängigkeit von der Abkühlgeschwindigkeit lässt sich Austenit diffusionsgesteuert in Perlit oder in ein als Bainit bezeichnetes feines Gemenge von Ferrit und Carbid umwandeln. Durch sehr rasche Abkühlung (Abschrecken) kann die diffusionsgesteuerte Umwandlung in die beiden Gleichgewichtsphasen unterdrückt und nach Unterschreiten der sog. Martensit-Starttemperatur ($M_s$) eine diffusionslose Umwandlung (Umklappen) der kfz Elementarzellen des Austenits in die tetragonal verzerrten Gefügestrukturen des Martensits bewirkt werden. Infolge der hohen Übersättigung an Zwischengitter-C-Atomen und einer durch die Gitterverzerrungen erhöhten Versetzungsdichte zeichnet sich das aus latten- und plattenförmigen Strukturen bestehende Martensitgefüge durch hohe Härte aus.

Das beim Härten entstehende hart-spröde Martensitgefüge wird meist angelassen oder vergütet: Erwärmen auf 200 °C bis 600 °C, um spröden Martensit durch Abbau von Spannungen und Ausscheidung von Carbiden in einen duktileren Zustand zu überführen. Eine auf die Oberflächen beschränkte Härtung (Randschichthärten) ist mit Flammenhärten, Laserhärten und dem Induktionshärten möglich. Bei zu geringem C-Gehalt eines Bauteils kann durch Aufkohlen (Einsetzen in C-abgebende Mittel) eine C-Anreicherung erreicht und durch das Einsatzhärten eine hohe Oberflächenhärte bei hoher Zähigkeit des Kerns erzielt werden. Eine Oberflächenhärtung kann auch durch thermochemische Behandlungen unter Eindiffundieren bestimmter Elemente, wie z. B. Stickstoff, Bor oder Vanadium, vorgenommen werden. Von besonderer technischer Bedeutung ist das Nitrieren, das im Ammoniakstrom (Gasnitrieren), in Salzbädern (Badnitrieren) oder unter Ionisation des Stickstoffs durch Glimmentladung (Plasmanitrieren) durchgeführt werden kann.

b) Glühbehandlungen

Durch Glühbehandlungen bei einer bestimmten Temperatur und Haltedauer sowie nachfolgendem Abkühlen werden bestimmte Gefügezustände und Werkstoffeigenschaften erreicht. Wichtige Verfahren sind:

- *Normalglühen*, (*Normalisieren*). Erwärmen kurz über die Gleichgewichtslinie (GOS) im Austenitgebiet und anschließendes Abkühlen an Luft führt zur völligen Umkristallisation und Ausbildung eines feinkörnigen perlitisch ferritischen Gefüges.
- *Weichglühen*. Verbesserung des Formänderungsvermögens durch längeres Pendelglühen im Temperaturbereich der Perlitumwandlung, wobei sich die im streifigen Perlit vorliegenden Zementitlamellen in die energieärmere rundliche Carbidform umwandeln.
- *Rekristallisationsglühen*. Glühen kaltverformter Werkstoffe unterhalb der Temperatur der Perlitreaktion, sodass Versetzungen durch Erholung oder Rekristallisation ausheilen können und die Verformbarkeit wiederhergestellt wird. Die Korngröße ist verformungsabhängig.
- *Spannungsarmglühen*. Beseitigung von Eigenspannungen durch Erwärmen unterhalb der Temperatur beginnender Rekristallisation und langsames Abkühlen.

#### 2.1.3.3 Stahl

Eisen-Kohlenstoff-Legierungen mit einem Kohlenstoffanteil i. Allg. unter 2 Gew.-%, die kalt oder warm umformbar (schmiedbar) sind, werden als Stähle, nichtschmiedbare Eisenwerkstoffe, C-Anteil über 2 Gew.-%, als Gusseisen bezeichnet (Berns und Theisen 2008; Pero-Sanz Elorz et al. 2018).

Die gezielt zur Herstellung der verschiedenen Stähle zugefügten Legierungselemente bilden mit Eisen meist Mischkristalle. Die Elemente

Cr, Al, Ti, Ta, Si, Mo, V, W

lösen sich bevorzugt in Ferrit (Ferritbildner); die Elemente

Ni, C, Co, Mn, N, Cu

vorwiegend in Austenit. Sie erweitern das γ-Gebiet und machen den Stahl austenitisch. Stähle mit hohen Ni- oder Mn-Gehalten sind bis zur Raumtemperatur austenitisch. Neben Mischkristallen können sich in Stählen Verbindungen bilden, wenn zwischen mindestens zwei Legierungselementen starke Bindungskräfte vorhanden sind, wodurch sich komplizierte, harte Kristallgitter bilden können. Wichtig sind dabei Carbide, Nitride und Carbonitride. Wichtige Carbidbildner sind:

Mn, Cr, Mo, W, Ta, V, Nb, Ti.

Schwache Carbidbildner (Mn, Cr) lagern sich z. B. in $Fe_3C$ als Mischkristalle ein, z. B. $(Fe, Cr)_3C$, $(Fe, Mn)_3C$); starke Carbidbildner (Ti, V) bilden Sonderkarbide mit einer von der des $Fe_3C$ abweichenden Gitterstruktur, z. B. $Mo_2C$, TiC, VC.

Durch die Nitridbildner

Al, Cr, Zr, Nb, Ti, V

werden harte Nitride (bis 1200 HV) gebildet und beim Nitrierhärten technisch genutzt. Carbonitridausscheidungen erzeugen ein sehr feinkörniges Umwandlungsgefüge (Feinkornbaustähle).

Bei den Stählen werden nach der Verwendung und den mechanischen oder physikalischen Eigenschaften Bereiche mit den folgenden Hauptsymbolen unterschieden (Wegst 2016):

| | |
|---|---|
| S | Stähle für den Stahlbau |
| P | Stähle für Druckbehälter |
| L | Stähle für Leitungsrohre |
| E | Maschinenbaustähle |
| B | Betonstähle |
| Y | Spannstähle |
| R | Stähle für oder in Form von Schienen |
| H | Kaltgewalzte Flacherzeugnisse in höherfesten Ziehgüten |
| D | Flacherzeugnisse aus weichen Stählen zum Kaltumformen |
| T | Verpackungsblech- und -band |
| M | Elektroblech und -band (mit besonderen magnetischen Eigenschaften) |
| C | unlegierte Stähle mit mittlerem Mn-Gehalt $\leq 1$ %, außer Automatenstähle |
| X | legierte Stähle (außer Schnellarbeitsstähle) sofern der mittlere Gehalt zumindest eines der Legierungselemente $> 5$ % beträgt |
| HS | Schnellarbeitsstähle |

Bei entsprechenden Stahlgusswerkstoffen wird dem Kurznamen z. B. G- vorangestellt.

Für die systematische Bezeichnung von Stahlwerkstoffen gibt es nach DIN EN 10027-1 (Bezeichnungssysteme für Stähle: Kurznamen), die folgenden Möglichkeiten:

a. Kurznamen, beruhend auf der Verwendung, mit dem Aufbau
   - *Hauptsymbol* (siehe oben)
   - *Kennwert* der charakteristischen mechanischen (oder physikalischen) Eigenschaft, z. B. Streckgrenze in MPa, Zugfestigkeit in MPa, Ummagnetisierungsverlust in $0{,}01 \times$ W/kg bei 1,5 Tesla.
   - *Zusatzsymbole* bzgl. Kerbschlagarbeit bei unterschiedlicher Prüftemperatur sowie besonderer Eigenschafts-, Einsatz- oder Erzeugnisbereiche, z. B. „F“ zum Schmieden geeignet, „L“ für tiefe Temperaturen, „Q“ vergütet.

   Beispiel: S690Q bedeutet Stahl für den Stahlbau mit einer Streckgrenze von 690 MPa, vergütet.
b. Kurznamen, basierend auf der chemischen Zusammensetzung, mit vier Typen:
   1. *Unlegierte Stähle:* Hauptsymbol (s. o.) C (Kohlenstoff) und Zahlenwert des 100fachen mittleren C-Gehaltes in Gew.-% für unlegierte Stähle mit Mangan-Gehalt $< 1$ Gew.-% (Beispiel: C 15)
   2. *Unlegierte Stähle* mit Mn-Gehalt $> 1$ Gew.-%, unlegierte Automatenstähle und *legierte Stähle* (außer Schnellarbeitsstähle) mit Gehalten der einzelnen Legierungselemente $< 5$ Gew.-%: Hauptsymbol 100facher mittlerer C-Gehalt in Gew.-% dazu Nennung der charakteristischen Legierungselemente und ganzzahlige Angabe ihrer mit folgenden Faktoren multiplizierten Massenanteile

| Legierungselemente | Faktor |
|---|---|
| Cr, Co, Mn, Ni, Si, W | 4 |
| Al, Be, Cu, Mo, Nb, Pb, Ta, Ti, V, Zr | 10 |
| C, N, P, S, Ca | 100 |
| B | 1000 |

Beispiel: 13 CrMo4-4 ist legierter Stahl mit 0,13 % C, 1 % Cr und 0,4 % Mo;

3. *Hochlegierte Stähle*: Hauptsymbol X (s. o.), dazu Angabe 100fachen mittleren C-Gehaltes in Gew.-% sowie der charakteristischen Legierungselemente (chem. Symbole und Anteile in Gew.-%) für legierte Stähle, wenn für mindestens ein Legierungselement der Gehalt 5 Gew.-% übersteigt.

   Beispiel: X5CrNiMo18-10 ist hochlegierter Stahl mit 0,05 % C, 18 % Cr, 10 % Ni sowie auch Mo;
4. *Schnellarbeitsstähle*: Hauptsymbol HS (s. o.) und Zahlen, die in gleichbleibender Reihenfolge den Massenanteil folgender Legierungselemente angeben: W, Mo, V, Co.

   Beispiel: HS 2-9-1-8.

c. Werkstoffnummern, die durch die Europäische Stahlregistratur vergeben werden, mit folgendem Aufbau (siehe auch EN 10027-2):
   - Bei Stählen steht an erster Stelle der Werkstoffnummer eine 1.
   - Nach einem Punkt folgt eine zweistellige Stahlgruppennummer, z. B. 00 für Grundstähle oder 01 bis 09 für Qualitätsstähle. Bei den legierten Edelstählen gelten die Gruppennummern 20 bis 28 für Werkzeugstähle, 40 bis 49 für chemisch beständige Stähle sowie die vier Dekaden 50 bis 89 für Bau-, Maschinen- und Behälterstähle.
   - Es folgt eine zweistellige Zählnummer für die einzelne Stahlsorte.

     Beispiel: 1.2312 bedeutet: 1 für Stahl, 23 für molybdänhaltige Werkzeugstähle, Zählnummer 12.

Stähle stellen nach wie vor die wichtigsten und vielfältigsten Konstruktions- sowie auch Funktionswerkstoffe dar. Eine kurze Zusammenstellung technisch wichtiger Stähle mit stichwortartigen Angaben über Aufbau, Eigenschaften und Verwendungszweck sowie Sortenbeispielen und zugehörigen Normbezeichnungen findet sich im Zusatzmaterial zu diesem Kapitel.

#### 2.1.3.4 Gusseisen

Gebräuchliche Gusseisenwerkstoffe haben C-Anteile zwischen 2 und ca. 4 Gew.-% und sind im Allgemeinen nicht schmiedbar. Die Legierungselemente Kohlenstoff und Silicium bestimmen in Verbindung mit der Erstarrungsgeschwindigkeit das Gefüge bezüglich der entstehenden Kohlenstoffphasen, siehe Abb. 3 (Berns und Theisen 2008; Pero-Sanz Elorz et al. 2018).

Mit zunehmendem C- und Si-Gehalt werden die folgenden hauptsächlichen Felder unterschieden:

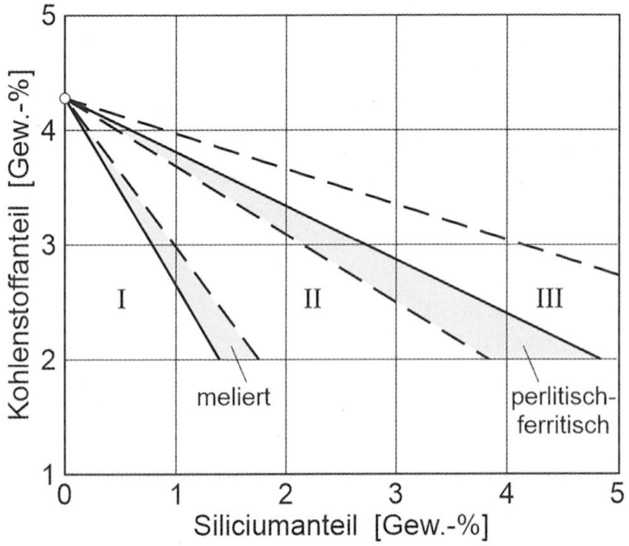


**Abb. 3** Gusseisendiagramm nach Maurer

| | |
|---|---|
| I. | Weißes Gusseisen (Hartguss, metastabiles System), |
| II. | Graues Gusseisen (Grauguss, stabiles System), |
| III. | Graues Gusseisen (Grauguss, stabiles System), ferritisches Gefüge: Graphit und Ferrit; |

Gusseisen wird in folgende Gruppen eingeteilt:

- Gusseisen mit Lamellengraphit (GJL, DIN EN 1561). Eisengusswerkstoff mit lamellarem Graphit im Gefüge, geringe Verformbarkeit durch heterogenes Gefüge, steigende (Zug-)Festigkeit (100 MPa bis 400 MPa) mit feiner werdender Graphitverteilung, gute Dämpfungseigenschaften, Druckfestigkeit etwa viermal so hoch wie Zugfestigkeit.
- Gusseisen mit Kugelgraphit (GJS, DIN EN 1563) Kugelige (globulitische) Ausbildung des Graphits durch Zusatz geringer Mengen von Magnesium, Cer und Calcium, Festigkeit erheblich höher als bei GJL bei erheblich erhöhter Duktilität.
- Gusseisen mit Vermiculargraphit (GJV, DIN EN 16079) wurmförmige (vermiculare) Ausbildung des Graphits mit günstiger Kombination von Eigenschaften wie Zugfestigkeit, Duktilität, Zähigkeit, Dämpfung, Oxidationsbeständigkeit, Wärmeleitfähigkeit und Temperaturwechselfestigkeit.
- Temperguss (GJM, DIN EN 1562): Fe-C-Legierungen, die zunächst graphitfrei erstarren und durch anschließende Glühbehandlung in weißen Temperguss (entkohlend geglüht) oder schwarzen Temperguss (nichtentkohlend geglüht) mit ferritisch perlitischem Gefüge und Temperkohle umgewandelt werden. Temperguss vereinigt gute Gießeigenschaften des Graugusses mit nahezu stahlähnlicher Zähigkeit, er ist schweißbar und gut zerspanbar.
- Hartguss (GJH): Zementitbildung durch schnelles Abkühlen und Manganzusatz zur Schmelze, durch sog. Schalenhartguss Erzielung von Bauteilen mit weißem (sehr harten) Gusseisen in der Oberflächenschicht und Grauguss im Kern, dadurch Kombination hochbeanspruchbarer Oberflächen mit verbesserter Kernzähigkeit. Es gibt auch hochlegiertes Gusseisen mit Cr und Mo und somit harten Carbiden.

### 2.1.4 Nichteisenmetalle und ihre Legierungen

Die als Werkstoffe genutzten Nichteisenmetalle (NE-Metalle) werden traditionell eingeteilt in

- Leichtmetalle (Dichte $\leq$ 4,5 g/cm$^3$): Al, Mg, Ti; (Polmear et al. 2017)
- Schwermetalle (Dichte $\geq$ 4,5 g/cm$^3$): Cu, Ni, Zn, Sn, Pb;
- Edelmetalle: Au, Ag, Pt-Metalle.

Im Folgenden sind Gewinnung, Eigenschaften und Anwendungen der technisch wichtigsten Leichtmetalle und Schwermetalle stichwortartig beschrieben. Eigenschaftswerte und technische Daten der NE-Metalle sind im ▶ Abschn. 3.2 in Kap. 3, „Anforderungen, Eigenschaften und Verhalten von Werkstoffen" zusammengestellt; eine Übersicht über die wichtigsten DIN-Normen findet sich im Zusatzmaterial zu diesem Kapitel.

#### 2.1.4.1 Aluminium

Gewinnung durch Schmelzflusselektrolyse von aufbereitetem Bauxit bei 950 °C bis 970 °C; 4 t Bauxit liefern 1 t Hütten-Al mit 99,5 % bis 99,9 % Al.

Aluminium hat einen kfz Gitteraufbau und ist ausgezeichnet warm- und kaltverformbar (Walzen, Ziehen, Pressen, Strangpressen, Fließpressen, Kaltverformen). Es besitzt günstige Festigkeits-Dichte- und Leitfähigkeits-Dichte-Verhältnisse sowie eine gute Korrosionsbeständigkeit gegenüber Witterungseinflüssen in sauren wie schwach alkalischen Lösungen durch Bildung von (ca. 0,01 µm dicken) Oxid-Oberflächenschichten, die vor der Herstellung von Schweißverbindungen entfernt werden müssen („Schutzgasschweißen" unter Argon oder Helium).

Wichtige Legierungselemente für Aluminium sind Cu, Mg, Zn und Si. Durch geeignete Wärmebehandlung (Lösungsglühen, Abschrecken, Auslagern) kann eine Ausscheidungshärtung erzielt werden: nanometergroße feindisperse Ausscheidungen und die von ihnen bewirkten Matrixgitterverzerrungen behindern die Versetzungsbeweglichkeit und erhöhen damit die Festigkeit. Wichtig sind besonders die Knetlegierungen AlCuMg, AlMgSi, AlZnMg, AlZnMgCu und die Gusslegierung AlSi. Die Hauptanwendungsgebiete liegen in der Luft- und Raumfahrt, im Bauwesen und Fahrzeugbau (z. B. Profilsätze, Motorenblöcke, Gleitlager, Aufbauten), im Behälter- und Gerätebau (z. B. Leichtbaukonstruktionen), in der chemischen Industrie (z. B. Behälter, Rohrleitungen), im Verpackungswesen (z. B. Folien) und in der Elektrotechnik (z. B. Schienen, Kabel und Freileitungsseile).

#### 2.1.4.2 Magnesium

Gewinnung durch Schmelzflusselektrolyse von aufbereitetem Magnesiumchlorid bei 700 °C (70 % bis 80 % der Mg-Weltproduktion) oder direkter Reduktion von Magnesiumoxid durch karbothermische oder silicothermische Verfahren.

Magnesium kristallisiert in hexagonal dichtester Kugelpackung, ist daher schlecht umformbar, aber leicht zerspanbar und hat bei mittleren Festigkeitseigenschaften die niedrigste Dichte aller technisch relevanten metallischen Werkstoffe (1,74 $g/cm^3$). Die hohe Affinität zum Sauerstoff macht trotz Bildung von Oxid-Oberflächenschichten Korrosionsschutzmaßnahmen erforderlich.

Die wichtigsten Legierungselemente (Al, Zn, Mn) verbessern die Festigkeit, vermindern die hohe Kerbempfindlichkeit und erhöhen die Korrosionsbeständigkeit (Mn). Die bei Raumtemperatur mehrphasigen Legierungen (Mischkristalle, intermetallische Phasen) lassen sich durch Wärmebehandlung bezüglich Zähigkeit (Lösungsglühen, Abschrecken) oder Festigkeit (Lösungsglühen, langsames Abkühlen) beeinflussen. Umformung der Knetlegierungen geschieht durch Strangpressen, Warmpressen, Schmieden, Walzen und Ziehen oberhalb 200 °C. Hauptanwendungsgebiete der Legierungen sind der Flugzeugbau (z. B. Türen, Cockpitkomponenten), der Automobilbau (z. B. Getriebegehäuse) sowie der Instrumenten- und Gerätebau (z. B. Kameragehäuse, Büromaschinen).

#### 2.1.4.3 Titan

Herstellung kompakten Titans durch Vakuumschmelzen von porösem Titan, das aus Rutil bzw. Ilmenit über die Zwischenstufen Titandioxid und Titantetrachlorid durch Aufschließen, Fällung und Reduktion gewonnen wird.

Titan hat bei Raumtemperatur eine hexagonale (verformungsungünstige) Gitterstruktur ($\alpha$-Phase), die sich oberhalb von 882 °C in die kubisch raumzentrierte $\beta$-Phase umwandelt. Es hat eine hohe Festigkeit, relativ geringe Dichte sowie eine ausgezeichnete Korrosionsbeständigkeit durch Oxidschichtbildung infolge hoher Sauerstoffaffinität und kann unter Schutzgas und im Vakuum geschweißt werden.

Legierungszusätze von Al, Sn oder O begünstigen die hexagonale $\alpha$-Phase, solche von V, Cr und Fe die kubisch raumzentrierte $\beta$-Phase mit besserer Kaltumformbarkeit und höherer Festigkeit. Ähnlich wie bei Stahl können durch geeignete Wärmebehandlung (z. B. Ausscheidungshärtung, Martensithärtung) die mechanischen Eigenschaften beeinflusst und zweiphasige ($\alpha + \beta$)-Legierungen mit günstigem Festigkeits-Dichte-Verhältnis hergestellt werden.

Hauptanwendungsgebiete sind die Flugzeug- und Raketentechnik (z. B. Leichtbauteile hoher Festigkeit), Chemieanlagen (z. B. Wärmetauscher, Elektroden), Schiffsbau (z. B. seewasserbeständige Teile, wie Schiffsschrauben) und die Medizintechnik (biokompatible Implantate).

#### 2.1.4.4 Kupfer

Gewinnung durch Pyrometallurgie (75 % der Cu-Weltproduktion), Elektrometallurgie und Hydrometallurgie.

Kupfer hat ein kfz Gitter und eine Elektronenkonfiguration mit abgeschlossenen d-Niveaus der zweitäußersten Schale und einem s-Elektron in der äußersten Schale. Es besitzt gute Verformbarkeit, ausgezeichnete elektrische und thermische Leitfähigkeit sowie hohe Korrosionsbeständigkeit infolge des relativ hohen Lösungspotenzials und der Fähigkeit zur Deckschichtbildung in verschiedenen Medien. Es lässt sich gut schweißen und löten, ist jedoch gegen Erhitzung in reduzierender Atmosphäre empfindlich, sog. Wasserstoffkrankheit.

Geringe Legierungszusätze steigern die Festigkeit von Kupfer durch Mischkristallbildung (Ag, Mn, As) oder durch Aushärten (Cr, Zr, Cd, Fe, P). Wichtig sind folgende Kupferlegierungen:

- Messing: Kupfer-Zink-Legierungen mit den hauptsächlichen Gefügegruppen: α-Messing mit einem Zn-Anteil < 32 Gew.-% (gut kaltumformbar, schwieriger warmumformbar, schlecht zerspanbar), β-Messing mit 46 % bis 50 % Zn (schwierig kaltverformbar, gut warmverformbar, gut zerspanbar) und (α + β)-Messing mit einem Zn-Gehalt von 32 % bis 46 %. Sondermessing enthält weitere Legierungsbestandteile, wie z. B. Ni oder Al, zur Erhöhung von Festigkeit, Härte, Feinkörnigkeit oder Mn, Sn zur Verbesserung von Warmfestigkeit und Seewasserbeständigkeit.
- Neusilber: Kupfer-Zink-Legierungen, bei denen ein Teil des Kupfers durch einen Nickelanteil (10 % bis 25 %) zur Verbesserung der Anlaufbeständigkeit ersetzt ist.
- Bronze: Kupfer-Legierungen mit einem Anteil von mehr als 60 % Cu und den Hauptgruppen Zinnbronze (Knetlegierungen < 10 % Sn, Gusslegierungen < 20 % Sn), Aluminiumbronze (< 11 % Al), Bleibronze für Lager (< 22 % Pb), Nickelbronze (< 44 % Ni), Manganbronze (< 5 % Mn), Berylliumbronze (< 2 % Be).

Hauptanwendungsgebiet von legiertem und unlegiertem Kupfer sowie von Mangan- und Berylliumbronze ist die Elektrotechnik (z. B. Kabel, Drähte; Widerstandswerkstoffe, z. B. CuNi44 „Konstantan“) und der (Elektro-)Maschinenbau (z. B. Kommutatorlamellen in Elektromotoren, Punktschweißelektroden). Messing eignet sich besonders für die spanende Bearbeitung (z. B. Drehteile, Bauprofile) und die spanlose Formgebung (z. B. extreme Tiefziehbeanspruchung bei 28 % Zn möglich). Neusilber ist sowohl für Relaisfedern in der Nachrichtentechnik als auch für Tafelgeräte und Geräte der Feinwerktechnik geeignet. Bronze findet Anwendung in der Tribotechnik (z. B. Gleitlager, Schneckenräder, kavitations- und erosionsbeanspruchte Bauteile).

#### 2.1.4.5 Nickel

Gewinnung aus sulfidischen oder silikatischen Erzen durch komplizierte metallurgische Prozesse: Flotationsaufbereitung, Rösten, Schmelzen im Schacht- oder Flammenofen, Verblasen im Konverter, Raffination.

Nickel hat wegen seines kubisch flächenzentrierten Gitters gute Umformbarkeit und Zähigkeit; es ist sehr korrosionsbeständig und bis zur Curie-Temperatur von 360 °C ferromagnetisch. Gegenüber Eindiffusion von Schwefel ist Nickel empfindlich und neigt dann zum Aufreißen bei der Kaltumformung, zur Warmrissigkeit beim Schweißen und bei der Warmumformung (sog. Korngrenzenbrüchigkeit).

Wichtige Legierungen sind:

- Nickel-Kupfer-Legierungen: Ni bildet eine lückenlose Mischkristallreihe und ist mit Cu durch Gießen, spanlose und spanende Formgebung sowie durch Löten und Schweißen verarbeitbar. Legierungen mit 30 % Cu (z. B. NiCu30Fe, „Monel“) sind sehr korrosionsbeständig, Festigkeitssteigerung durch Aushärten (Zusatz von Al und Si).
- Nickel-Chrom-Legierungen: Massenanteile von 15 % bis 35 % Cr erhöhen die Zunderbeständigkeit und die Warmfestigkeit, z. B. bei Heizleitern mit hohem spezifischem Widerstand.
- Nickelbasis-Gusslegierungen, z. B. mit 0,1 % C, 16 % Cr, 9 % Co, 1,7 % Mo, 2 % Ta, 3,5 % Ti, 3,5 % Al, 2,7 % W (Inconel 738 LC) besitzen hohe Warmfestigkeit durch Ausscheidung eines hohen Volumenanteils der intermetallischen $\gamma'$-Phase $Ni_3(Al, Ti)$ in die $\gamma$-Matrix (sog. Superlegierungen). Eine weitere Erhöhung der Warmfestigkeit, besonders der Kriechfestigkeit und der Lebensdauer wird erzielt durch besondere Gießtechniken zur Vermeidung von Korngrenzen senkrecht zur Richtung maximaler Beanspruchung (gerichtete oder einkristalline Erstarrung). Superlegierungen dienen auch als Basis für oxid-dispersionsgehärtete (ODS) mechanisch legierte hochwarmfeste Werkstoffe, z. B. MA 6000.
- Nickel-Eisen-Legierungen: Weichmagnetische Werkstoffe (29 bis 75 Gew.-% Ni) mit hoher Permeabilität und Sättigungsinduktion sowie geringen Koerzitivfeldstärken und Ummagnetisierungsverlusten. Al, Co, Fe-Ni-Legierungen sind dagegen hartmagnetische Werkstoffe hoher, möglichst unveränderlicher Magnetisierung; FeNi36 (‚Invar‘) mit sehr kleinem thermischen Ausdehnungskoeffizienten.

Nickelbasis-Hochtemperaturwerkstoffe werden hauptsächlich in der Kraftfahrzeug- und Luftfahrttechnik (z. B. Verbrennungsmotorventile, Turbinenschaufeln) sowie in der chemischen Anlagentechnik (z. B. Reaktorwerkstoffe, Heizleiter) eingesetzt.

Nickel-Eisen-Legierungen sind im Bereich der Elektrotechnik unentbehrlich (z. B. als weich- und hartmagnetische Werkstoffe).

#### 2.1.4.6 Zinn

Gewinnung durch Reduktion von Zinnstein (Zinndioxid) nach nassmechanischer Aufbereitung (z. B. Flotation) und Abrösten, anschließend Raffination durch Seigerung oder durch Elektrolyse.

Zinn hat ein tetragonales Gitter, das sich unterhalb von 13,2 °C (träge) in die kubische Modifikation umwandelt („Zinnpest" bei tiefen Temperaturen). Es ist gegen schwache Säuren und schwache Alkalien beständig. Infolge seiner niedrigen Rekristallisationstemperatur tritt bei der Umformung (Walzen, Pressen, Ziehen) bereits bei Raumtemperatur Rekristallisation ein, sodass die Kaltverfestigung ausbleibt (hohe Bruchdehnung). Wichtige Zinnlegierungen sind:

- Lagermetalle: Weißmetall-Legierungen, z. B. Gl-Sn80 (80 % Sn, 12 % Sb, 7 % Cu, 1 % Pb), dessen Gefüge aus harten intermetallischen Verbindungen ($Cu_6Sn$) sowie Sn-Sb-Mischkristallen besteht, die in ein weicheres bleihaltiges Eutektikum eingelagert sind.
- Weichlote: L-Sn60 (60 % Sn, 40 % Pb), erstarrt zu 95 % eutektisch (dünnflüssig, für feine Lötarbeiten), L-Sn30 (30 % Sn, 70 % Pb), bei niedriger Arbeitstemperatur (190 °C dünnflüssig besitzt großes Erstarrungsintervall (für großflächige Lötarbeiten).

Hauptanwendungen der Zinnlegierungen betreffen die Tribotechnik (Lagermetalle), die Fügetechnik (Lote) und den Korrosionsschutz von Metallen durch Verzinnen (z. B. Weißblech).

#### 2.1.4.7 Zink

Gewinnung aus Zinkblende (Wurtzit, ZnS) durch Aufbereiten (Flotation), Rösten, Reduktion mit Kohle und Kondensation des zunächst als Metalldampf entstandenen Zn in der Ofenvorlage; alternativ durch Auslaugung des Erzes und Elektrolyse.

Zink ist ein Schwermetall mit hexagonaler Gitterstruktur, guten Gießeigenschaften, anisotropen Verformungseigenschaften. Durch Zinkhydrogenkarbonat-Deckschichtbildung ausgezeichnete Beständigkeit gegen atmosphärische Korrosion. Negatives Potenzial gegen Fe in wässrigen Lösungen begründet guten Korrosionsschutz auf Stahl (Feuerverzinkung, galvanische Verzinkung) als „Opferanode" (Abtrag von Zn statt Fe).

Zinklegierungen mit technischer Bedeutung sind vor allem die aus Feinzink (99,9 % bis 99,95 % Zn) hergestellten Gusslegierungen, die 3,5 % bis 6 % Al sowie bis zu 1,6 % Cu zur Erhöhung der Festigkeit durch Mischkristallbildung und 0,02 % bis 0,05 % Mg zur Verhinderung interkristalliner Korrosion enthalten.

Hauptanwendungsgebiete sind neben der Feuerverzinkung von Stahl (ca. 40 % der Zinkproduktion) vor allem der allgemeine Maschinenbau (z. B. Zn-Druckguss für kleinere Maschinenteile und Gegenstände komplizierter Gestaltung) sowie das Bauwesen (z. B. Bleche für Dacheindeckungen, Dachrinnen, Regenrohre). Zink ist toxisch: das Lebensmittelgesetz verbietet die Verwendung von Zinkgefäßen zum Zubereiten und Aufbewahren von Nahrungs- und Genussmitteln.

#### 2.1.4.8 Blei

Gewinnung aus Bleiglanz (PbS) durch Aufbereiten (Flotation zur Pb-Anreicherung), Rösten, Schachtofenschmelzen und Raffination.

Blei lässt sich wegen seines kubisch flächenzentrierten Gitters gut verformen, sowie außerdem gut gießen, schweißen und löten. Da die Rekristallisationstemperatur bei Raumtemperatur liegt, ist die Festigkeit sehr gering und die Neigung zum Kriechen hoch. Blei ist gegen Schwefelsäure beständig, da es unlösliche Bleisulfate bildet, die weiteren Korrosionsangriff ausschließen. Wegen seiner hohen Massenzahl ist Blei ein wirksamer Strahlenschutz für Röntgengeräte und radioaktive Stoffe.

Zusatz von Legierungsbestandteilen (Sb, Sn, Cu) erhöht die Festigkeit durch Mischkristallbildung und Aushärtung und verbessert die Korrosionsbeständigkeit. Bei der Blei-Antimon-Legierung Hartblei sind bei Raumtemperatur 0,24 % Sb im

Mischkristall löslich, im Eutektikum ca. 3 % Sb. Hauptanwendungsgebiete sind die Kraftfahrzeugtechnik (50 % des Pb-Verbrauchs für Starterbatterien), die Elektrotechnik (z. B. Bleikabel), der chemische Apparatebau (Beschichtungslegierungen) und der Strahlenschutz. Blei und seine Verbindungen sind stark toxisch; die Verwendung von bleihaltigen Legierungen im Nahrungs- und Genussmittelwesen ist verboten.

## 2.2 Anorganisch-nichtmetallische Werkstoffe

### 2.2.1 Mineralische Naturstoffe

Die in technischen Anwendungen verwendeten anorganischen Naturstoffe sind Minerale oder zumeist Gesteine, d. h. Aggregate kristalliner oder amorpher Minerale aus der (zugänglichen) Erdkruste. Minerale werden nach ihrer chemischen Zusammensetzung in neun Mineralklassen klassifiziert und nach ihrer Härte gemäß der Mohs'schen Härteskala gekennzeichnet, siehe Tab. 1. Nach Mohs liegt die Härte eines Minerals zwischen der Härte des Skalenminerals, von dem es geritzt wird und derjenigen des Minerals, das es selbst ritzt. Die qualitative Härteskala nach Mohs lässt sich durch quantitative Härtemessungen (siehe ▶ Abschn. 4.1.5.3 in Kap. 4, „Materialprüfung") ergänzen (Habig 1980), deren Mittelwerte für die Minerale der Mohs-Skala annähernd eine geometrische Folge bilden. (Im Mittel Multiplikation der Härtewerte mit dem Faktor 1,6 beim Übergang von einer Mohs-Härtestufe zur nächsthöheren.)

Ein Gestein ist durch die vorhandenen Minerale und sein Gefüge gekennzeichnet. Nach ihrer Entstehung unterscheidet man (vgl. Tab. 2):

- Magmatische Gesteine, z. B. die Plutonite (Tiefengesteine) Granit, Syenit, Diorit, Gabbro; die schwach metamorphen (alten) Vulkanite (Ergussgesteine) Quarzporphyr, Porphyrit, Diabas, Melaphyr und jungen Vulkanite Trachyt, Andesit, Basalt;
- Sedimentgesteine, z. B. Sandsteine, Kalksteine und Dolomite, Travertin (Kalksinter), Anhydrit, Gips, Steinsalz sowie unverfestigte Sedimente, z. B. Sande, Kiese, Tone und Lehme;
- Metamorphe Gesteine, z. B. Quarzit, Quarzitschiefer, Gneise, Glimmerschiefer, Marmor.

Die Dichte der Natursteine liegt zwischen ca. 2,0 g/cm$^3$ und 3,2 g/cm$^3$. Ihre Biegefestigkeit beträgt infolge Sprödigkeit und Kerbempfindlichkeit nur etwa 5 % bis 20 % der Druckfestigkeit.

### 2.2.2 Kohlenstoff

Reiner Kohlenstoff in den mineralisch vorkommenden Modifikationen Diamant und Graphit sowie als glasartiger Kohlenstoff oder Faser ist ein elementarer mineralischer bzw. künstlicher Stoff. Die neuartigen Kohlenstoffmodifikationen Graphen, Fullerene und C-Nanoröhrchen werden derzeit nicht in nennenswertem Umfang technisch eingesetzt.

**Tab. 1** Minerale und ihre Härtewerte (Habig 1980)

| Mineral | Härtestufe nach Mohs | Härtemesswerte[a] | Geometr. Folge (Stufung 1,6) |
|---|---|---|---|
| Talk | 1 | 20 ... 56 | 47 |
| Gips | 2 | 36 ... 70 | 75 |
| Kalkspat | 3 | 115 ... 140 | 119 |
| Flussspat | 4 | 175 ... 190 | 191 |
| Apatit | 5 | 300 ... 540 | 305 |
| Orthoklas | 6 | 470 ... 620 | 488 |
| Quarz | 7 | 750 ... 1280 | 781 |
| Topas | 8 | 1200 ... 1430 | 1250 |
| Korund | 9 | 1800 ... 2020 | 2000 |
| Diamant | 10 | (7575 ... 10.000) | ( > 4000) |

[a]nach Vickers und Knoop (Einheit: HV bzw. HK)

**Tab. 2** Technisch bedeutsame Natursteine. Für die Kennzeichnung der wichtigeren magmatischen Gesteine hinsichtlich ihres Mineralbestandes genügen sieben silikatische *Minerale* bzw. Mineralgruppen: a) Helle Minerale (sämtliche Gerüstsilikate): 1. *Plagioklase* (Mischkristallreihe Albit („sauer") – Anorthit („basisch"), $Na[AlSi_3O_8]$-$Ca[Al_2Si_2O_8]$; 2. Alkalifeldspäte (*Orthoklas*, $K[AlSi_3O_8]$, u. a.); 3. *Quarz*, $SiO_2$. Dunkle Minerale: 4. Dunkelglimmer (Dreischichtsilikate: *Biotit*, $K(Mg, Fe)_3[(OH)_2]$ $[Si_3AlO_{10}]$, u. a.); 5. Amphibole (Doppelkettensilikate: *Hornblende* u. a.); 6. *Pyroxene* (Kettensilikate: monoklines *Klinopyroxen* (*Augit*, $(Ca)(Mg, Fe, Al)[(Si, Al)_2O_6]$, u. a.) und rhombisches *Orthopyroxen*; 7. *Olivin*, $(Mg, Fe)_2[SiO_4]$, ein Inselsilikat. – Die Carbonate *Calcit*, $CaCO_3$, und *Dolomit*, $CaMg(CO_3)_2$, bauen den größten Teil der chemischen Sedimente auf

| Gesteinsart | wesentliche Mineralbestandteile (Hauptgemengeteile) | Druckfestigkeit MPa | Technische Verwendung |
|---|---|---|---|
| Granit | Kalifeldspat, Plagioklas, Quarz, Biotit; Hornblende | 80 ... 270 | Monumentalarchitektur, Fassaden- und Bodenplatten; |
| Syenit | Orthoklas, Hornblende, Biotit | 150 ... 200 | Pflastersteine; Schotter |
| Diorit | Plagioklas, Hornblende, Biotit; Augit | 180 ... 240 | |
| Gabbro | Plagioklas, Klinopyroxen, Orthopyroxen, Olivin | 100 ... 280 | Schotter, Splitt, Pflastersteine, Bausteine |
| Quarzporphyr | granitische Matrix mit Quarz- und Orthoklas-Einsprenglingen | 190 ... 350 | Schotter, Splitt, Mosaikpflaster, Pflastersteine |
| Diabas | Plagioklas, Augit, Magnetit- oder Titaneisenerz; Olivin | 130 ... 300 | Schotter, Splitt, Werkstein, Gesteinsmehl |
| Melaphyr | Plagioklas, Pyroxen; Olivin | 120 ... 380 | Schotter, Splitt, Pflastersteine |
| Basalt | Plagioklas, Pyroxen | 100 ... 580 | Schotter, Splitt, Pflastersteine |
| Kalkstein | Calcit | 25 ... 190 | Baustoff, Kalkbrennen |
| Dolomit [stein] | Dolomit | 50 ... 160 | Schotter, Baustein |
| Grauwacke | Quarz, Feldspat, (Gesteinsbruchstücke) | 180 ... 360 | Schotter, Splitt, Pflastersteine |
| [Quarz-] Sandstein | Quarzsand | 15 ... 320 | Hochbau (historisch wichtiger Bau- und Werkstein in Mitteleuropa) |
| Marmor | metamorph umgewandelter Calcit oder Dolomit | 40 ... 280 | polierte Platten für Innenausbau; Bildhauerstein |

## Diamant

Bei der Diamantstruktur ist jedes C-Atom durch vier tetraedrisch angeordnete sehr feste kovalente Bindungen an seine vier nächsten Nachbarn gebunden. Sie kann synthetisch erst bei hohen Drücken über 4 GPa (= 40 kbar) und Temperaturen über 1400 °C hergestellt werden. Diamant zeichnet sich aus durch:

- extrem hohe Härte, siehe Tab. 1;
- hohe Schmelztemperatur;
- hohen spezifischen elektrischen Widerstand;
- ausgezeichnete chemische Beständigkeit;
- hohe Wärmeleitfähigkeit.

Technische Anwendung findet Diamant hauptsächlich als Hochleistungsschneidstoff zur Bearbeitung harter Werkstoffe und als Miniaturlager in der Feinwerktechnik.

## Graphit

Graphit kristallisiert in einer hexagonalen Schichtstruktur, wobei der Kohlenstoff innerhalb der Basisebenen kovalent gebunden ist. Zwischen den Schichten besteht eine quasimetallische Bindung. Graphit hat eine geringere Dichte und Festigkeit als Diamant und weist folgende Anisotropien auf:

- Der Wärmeausdehnungskoeffizient parallel zu den Basisebenen ist negativ, senkrecht dazu positiv.
- Die elektrische Leitfähigkeit parallel zu den Schichten ist ca. um den Faktor 5000 größer als senkrecht dazu.

- Die Schichten des Graphitgitters gleiten bei Schubbeanspruchung leicht gegeneinander ab, sodass Graphit als Festschmierstoff geeignet ist. (Für das leichte Abgleiten ist jedoch die Anwesenheit von Wasserdampf erforderlich.)

Angewendet wird Graphit z. B. in der Elektrotechnik (Elektroden- und Schleifkontakte) sowie im Reaktorbau (Moderatormaterial mit ausgezeichnetem Bremsvermögen für schnelle Neutronen) und in der Elektrotechnik (Elektroden- und Kollektormaterial).

**Glasiger Kohlenstoff**
Kohlenstoff-Modifikationen mit amorpher Verteilung der C-Atome, die durch thermische Zersetzung organischer Kohlenstoffverbindungen (z. B. Zellulose) und anschließendes Sintern der Zersetzungsprodukte entstehen. Anwendung z. B. als gasdichter und korrosionsbeständiger Hochtemperaturwerkstoff im Apparatebau.

**Kohlenstofffasern (Carbonfasern)**
Hochfeste C-Fasern, die ähnlich wie glasiger Kohlenstoff durch Pyrolyse organischer Kohlenstoffverbindungen in Inertgas erhalten werden, haben ein hohes Festigkeits-Dichte-Verhältnis und werden in Hochleistungs-Faser-Verbundwerkstoffen zur Erhöhung der Zugfestigkeit verwendet (siehe Abschn. 4.2).

### 2.2.3 Keramische Werkstoffe

Keramische Werkstoffe sind anorganisch-nichtmetallische Materialien mit Atom- und Ionenbindung, deren komplexes kristallines Gefüge durch Sintern erzeugt wird. Die Einteilung keramischer Werkstoffe kann nach folgenden Kriterien geschehen:

- Chemische Zusammensetzung: Silicatkeramik, Oxidkeramik, Nichtoxidkeramik;
- Größe der Gefügebestandteile: Grobkeramik, Feinkeramik (Gefügeabmessungen kleiner als 0,2 mm);
- Dichte und Farbe: Irdengut (porös, farbig), Steingut (porös, hell), Steinzeug (dicht, farbig), Porzellan (dicht, hell);
- Anwendungsbereiche: Zierkeramik, Geschirrkeramik, Baukeramik, Feuerfestkeramik, Chemokeramik, Mechanokeramik, Reaktorkeramik, Elektrokeramik, Magnetokeramik, Optokeramik, Biokeramik, Piezokeramik, Funktionskeramik.

#### 2.2.3.1 Herstellung keramischer Werkstoffe
Keramische Werkstoffe werden aus natürlichen Rohstoffen (Silicatkeramik) oder aus synthetischen Rohstoffen (Oxid- und Nichtoxidkeramik) durch die Verfahrensschritte (a) Pulversynthese, (b) Masseaufbereitung, (c) Formgebung, (d) Sintern, (e) Endbearbeiten hergestellt, vgl. Abb. 4.

Für die Herstellungstechnologien technischer (Hochleistungs-)Keramik sind u. a. folgende Gesichtspunkte von Bedeutung: Verwendung hochreiner, feiner Pulver mit großer reaktiver Oberfläche, Überführen der zu verpressenden Pulver durch spezielle Trocknungsmethoden in gut verarbeitbares Granulat, individuelles Anpassen des Sinterpressens (Aufheizrate, Haltezeiten, Temperatur, Atmosphäre) an das betreffende Material, Berücksichtigung notwendiger Maßtoleranzen für die Nachbearbeitung zum Optimieren der Oberflächengüte.

#### 2.2.3.2 Silicatkeramik
Keramische Werkstoffe auf silikatischer Basis, wie Steinzeug, Porzellan, Schamotte, Silikasteine, Steatit, Cordierit, sind seit langem in der technischen Anwendung bekannt. Sie werden als tonkeramische Werkstoffe meist aus dem Rohstoffdreieck Quarz-Ton-Feldspat entsprechend den Dreistoffsystemen $SiO_2$-$Al_2O_3$-$K_2O$ (oder CaO, MgO, $Na_2O$) gebildet. Die pulverisierten Feststoffe werden mit einer genau zu bemessenden Menge Wasser zu einer bei Raumtemperatur knetbaren Masse (bzw. einem dünnflüssigen „Schlicker“) verarbeitet, durch Drehen oder Pressen einer Bauteil-Formgebung unterzogen und getrocknet. Beim Brennen und nachfolgendem Abkühlen bildet sich durch Stoffumwandlungen und Flüssigphasensintern ein Verbund von „Mul-

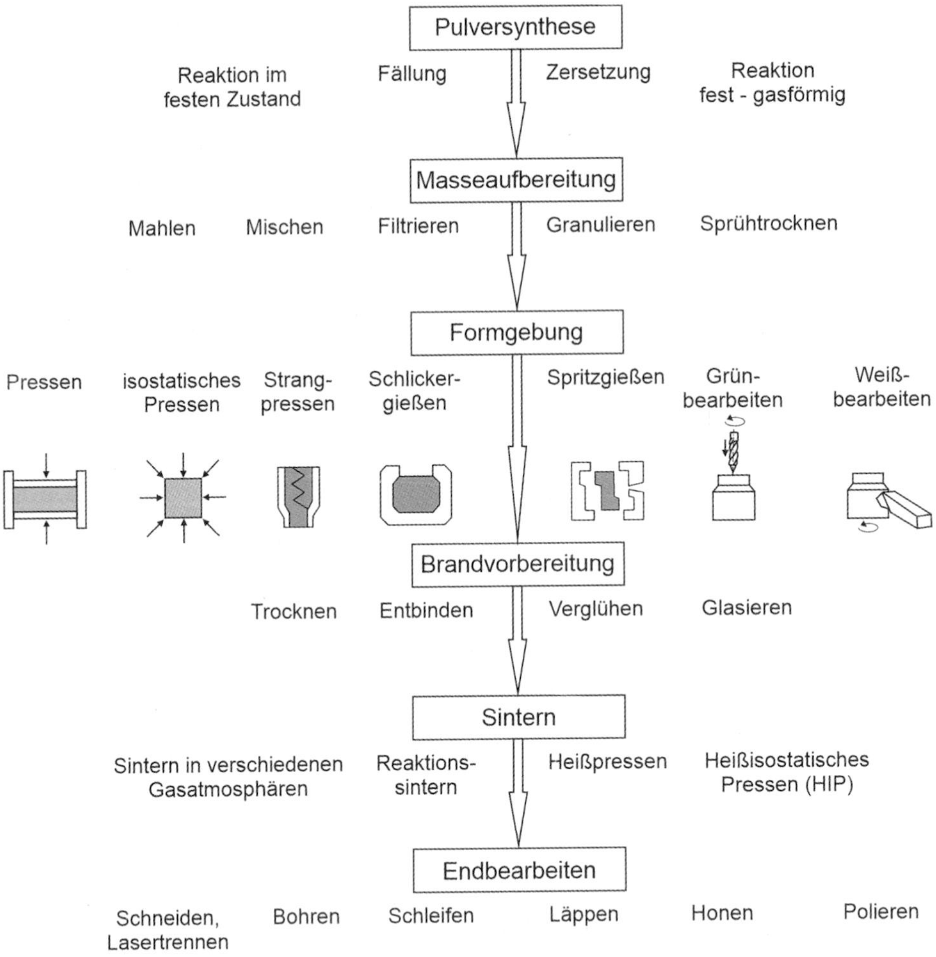


**Abb. 4** Herstellungsverfahren für keramische Werkstoffe (schematische Übersicht). Bei der Silicatkeramik entfallen die Schritte Pulversynthese und Endbearbeiten

lit-Phasen“ ($3\ Al_2O_3 \cdot 2\ SiO_2$) in einer glasigen Matrix. Eventuell vorhandene Poren werden durch Glasieren geschlossen. Abhängig von den Anteilen der Grundstoffe und den Verfahrensbedingungen erhält man Steingut, Steinzeug, Weichporzellan, Hartporzellan oder technisches Porzellan, siehe Abb. 5. Steingut und Porzellan werden als Isolierstoffe in der Elektrotechnik angewendet. Sie sind temperaturwechselbeständig, jedoch spröde, die Druckfestigkeit ist bis zu 50 mal höher als die Zugfestigkeit.

Feuerfestwerkstoffe sind keramische Werkstoffe mit besonders hoher Schmelz- oder Erweichungstemperatur, Temperaturwechselfestigkeit und chemischer Beständigkeit. Man unterscheidet (Massenanteile in %):

- Schamottsteine (55 ...75 % $SiO_2$, 20 ...45 % $Al_2O_3$), Verwendung bis etwa 1670 °C im Ofenbau;
- Silikasteine (ca. 95 % $SiO_2$, 1 % $Al_2\ O_3$), Verwendung bis etwa 1700 °C auch in aggressiven Medien;
- Sillimanit- und Mullitsteine enthalten als hochtonerdeführende Materialien 60 bis 70 bzw. 72 bis 75 Gew.-% $Al_2O_3$, Verwendung bis etwa 1900 °C wegen ihrer hochtemperaturfesten Mullitphase.

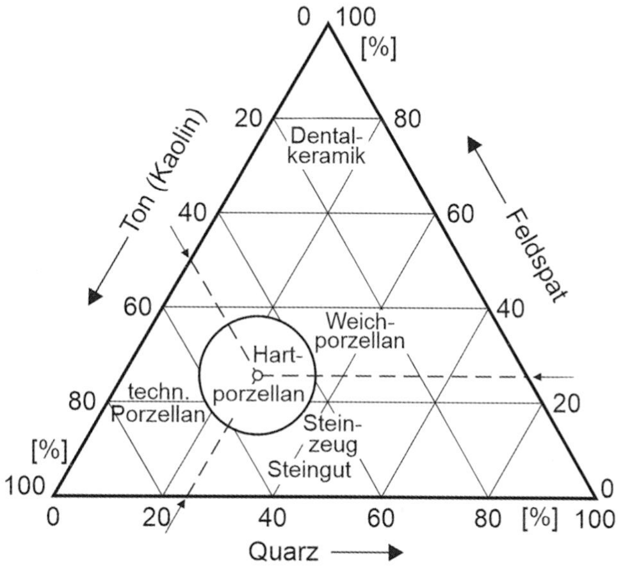


**Abb. 5** Dreistoffsystem Quarz-Ton-Feldspat

Weitere technisch wichtige Silicatkeramiken:

- Steatit (Hauptrohstoffe: Speckstein 3 MgO · 4 $SiO_2$ · $H_2O$, < 15 % Steingutton, < 10 % Feldspat), etwa doppelte Festigkeit von Hartporzellan und gute Wärmebeständigkeit, Verwendung z. B. in der Hochfrequenztechnik (kleine dielektrische Verluste) oder als Träger für Heizwicklungen und Zündkerzen.
- Cordierit (Ringsilikat der Zusammensetzung 2 MgO · 2 $Al_2O_3$ · 5 $SiO_2$), sehr niedriger Wärmeausdehnungskoeffizient, hohe Temperatur-Wechselbeständigkeit.

### 2.2.3.3 Oxidkeramik

Oxidkeramische Werkstoffe sind polykristalline glasphasenfreie Materialien aus Oxiden oder Oxidverbindungen. Aufgrund der hohen Bindungsenergie der Oxide sind die Verbindungen sehr stabil (hohe Härte und Druckfestigkeit), meist elektrisch isolierend und chemisch resistent. Wichtige Vertreter:

- Oxide (Aluminiumoxid $Al_2O_3$, Zirconiumoxid $ZrO_2$, Titandioxid $TiO_2$, Berylliumoxid BeO, Magnesiumoxid MgO)
- Titanate
- Ferrite

Aluminiumoxid ($Al_2O_3$), die technisch wichtigste Oxidkeramik, kristallisiert in seiner stabilen ionisch gebundenen α-Phase (Korund) in hexagonal dichtester Kugelpackung von O-Atomen, in der Al-Ionen 2/3 der oktaedrischen Lücken besetzen. Mit dem Al-Gehalt (z. B. 85, 99, 99,7 %) steigt die Druckfestigkeit (1800, 2000, 2500 MPa), der spezifische elektrische Widerstand ($4 \cdot 10^4$, $5 \cdot 10^7$, $4 \cdot 10^8$ Ω · m bei 600 °C) und die maximale Einsatztemperatur (1300 °C, 1500 °C, 1700 °C) (McCauley 2001). Die Verwendungsmöglichkeiten erstrecken sich damit von Feuerfestmaterial über chemisch oder mechanisch beanspruchte Teile, Isolierstoffe bis hin zu Schneidwerkzeugen, Schleifmitteln und medizinischen Implantaten. Transparentes Material für lichttechnische Zwecke lässt sich bei äußerster Reinheit und definiertem Gefüge erzeugen.

Noch höhere Schmelztemperaturen als $Al_2O_3$ (2050 °C) haben Zirconiumoxid (2690 °C), Berylliumoxid (2585 °C) und Magnesiumoxid (2800 °C).

Bei Zirconiumoxid treten mit steigender Temperatur folgende Strukturumwandlungen auf: monoklin → tetragonal (1000 °C bis 1200 °C, 8 % Volumenabnahme), tetragonal → kubisch (2370 °C), kubisch → Schmelze (2690 °C). Die für kompakte Bauteile sehr nachteiligen temperaturabhängigen Formänderungen von $ZrO_2$-Bauteilen können durch Zusätze, z. B. von MgO, unterdrückt werden (teilstabilisiertes $ZrO_2$).

Keramische Doppeloxide mit der allgemeinen Formel

$$MO \cdot Fe_2O_3 \quad (z.\,B.\ BaO \cdot Fe_2O_3, SrO \cdot Fe_2O_3)$$

und hexagonalem Gitter gehören zu den wichtigsten ferrimagnetischen Werkstoffen. Da im Ferritgitter ein Teil der Spinrichtungen kompensiert wird, ist ihre Sättigungspolarisation zwar kleiner als bei metallischen Magneten, die Koerzitivfeldstärke kann jedoch infolge der Kristallanisotropie mehr als dreifach so hoch sein. Ferritpulver ist technisch vielseitig einsetzbar und kann auch in Kunststoffschichten eingelagert werden. Diese werden als polymergebundene Hart- und Weichmagnete bezeichnet, z. B. für Anwendung in mikro-elektromechanischen Systemen (MEMS) oder in magnetischen Encodern, die als Absolutwertgeber zur Längen- oder Winkelmessung eingesetzt werden.

#### 2.2.3.4 Nichtoxidkeramik

Nichtoxidkeramische Werkstoffe sind sogenannte Hartstoffe: Carbide, Nitride, Boride und Silicide. Sie haben im Allgemeinen einen hohen Anteil kovalenter Bindungen, die ihnen hohe Schmelztemperaturen, Elastizitätsmodule, Festigkeit und Härte verleihen. Daneben besitzen viele Hartstoffe auch hohe elektrische und thermische Leitfähigkeit und Beständigkeit gegen aggressive Medien.

Siliciumcarbid, SiC, wird durch die Herstellungstechnologie gekennzeichnet, z. B. heißisostatisch gepresstes SiC (HIPSiC), gesintertes SiC (SSiC), Si-infiltriertes SiC (SiSiC). Sowohl heißgepresstes als auch gesintertes Material ist äußerst dicht, SiSiC enthält freies Si (Einsatztemperatur niedriger als Si-Schmelztemperatur). SiC kristallisiert in zahlreichen quasi-dichtegleichen Modifikationen mit ca. 90 % kovalentem Bindungsanteil, z. B. multiple hexagonale bzw. rhomboedrische Strukturen ($\alpha$-SiC) oder kubische (Zinkblende-)-Strukturen ($\beta$-SiC). Wegen seiner hohen Härte, thermischen Leitfähigkeit und Oxydationsbeständigkeit (Bildung einer $SiO_2$-Deckschicht bis ca. 1500 °C) ist es für zahlreiche technische Anwendungen im Hochtemperaturbereich geeignet.

Siliciumnitrid, $Si_3N_4$, gibt es heißgepresst (HSPN), heiß isostatisch gepresst (HIPSN), gesintert (SSN), reaktionsgebunden (RBSN). Durch Reaktionssintern können komplizierte Teile hoher Maßhaltigkeit (jedoch mit einer gewissen Porosität) hergestellt werden. $Si_3N_4$ kristallisiert mit ca. 70 % kovalentem Bindungsanteil in quasi-dichtegleichen $\alpha$- und $\beta$-Modifikationen hexagonaler Symmetrie, jedoch unterschiedlicher Stapelfolge. Technisch interessant ist die bis ca. 1400 °C beibehaltene Festigkeit und Kriechbeständigkeit und die beachtliche Temperaturwechselbeständigkeit. Wird ausgehend von $Si_3N_4$ ein Teil des Siliciums durch Aluminium und ein Teil des Stickstoffs durch Sauerstoff ersetzt, gelangt man zu festen Lösungen, die als SIALON bezeichnet werden. Diese sind aus (Si, Al)(N, $O_4$)-Tetraedern aufgebaut, die – ähnlich den $\beta$-$Si_3N_4$-Strukturen – über gemeinsame Ecken verknüpft sind. Infolge der variablen Zusammensetzung (ggf. auch Einbau anderer Elemente, wie Li, Mg oder Be) sind Eigenschaftsmodifizierungen möglich (Chen et al. 2001).

Werden Nichtoxidkeramiken, besonders Carbide (TiC, WC, ZrC, HfC), aber auch Nitride, Boride oder Silicide in Metalle (bevorzugt Co, Ni oder Fe) eingelagert, erhält man sog. Hartmetalle. Sie werden durch Sintern hergestellt. Die Hartmetalle bilden eine interessante Übergangsgruppe zwischen anorganisch-nichtmetallischen Werkstoffen und den Metallen, gekennzeichnet durch Anteile kovalenter Bindung (hohe Schmelztemperatur, hohe Härte) und Metallbindung (elektrische Leitfähigkeit, Duktilität). Anwendung als Schneidstoffe und hochfeste Verschleißteile.

### 2.2.4 Glas

Gläser sind amorph erstarrte, meist lichtdurchlässige anorganisch-nichtmetallische Festkörper, die auch als unterkühlte hochzähe Flüssigkeiten mit fehlender atomarer Fernordnung aufgefasst werden können. Insofern spricht man von einem Glaszustand auch bei amorphen Metallen und Polymerwerkstoffen. Glas besteht aus drei Arten von Komponenten: 1. *Glasbildnern*: z. B. Siliciumdioxid, $SiO_2$; Bortrioxid, $B_2O_3$; Phosphorpentoxid, $P_2O_5$. 2. *Flussmitteln*: Alkalioxide, besonders Natriumoxid, $Na_2O$. 3. *Stabilisatoren*: z. B. Erdalkalioxide, vor allem Calciumoxid, CaO. Die Glasstruktur ist ein unregelmäßig räumlich verkettetes Netzwerk bestimmter Bauelemente (z. B. $SiO_4$-Tetraeder), in das große Kationen eingelagert sind.

Nach der chemischen Zusammensetzung werden die verbreitetsten Gläser in folgende Hauptgruppen eingeteilt:

- Kalknatronglas ($Na_2O \cdot CaO \cdot 6\ SiO_2$): Gebrauchsglas, geringe Dichte (ca. 2,5 g/cm$^3$), lichtdurchlässig bis zum nahen Infrarot (360 nm bis 2500 nm).
- Bleiglas ($Na_2O$, $K_2O \cdot PbO \cdot 6\ SiO_2$): Dichte (bis ca. 6 g/cm$^3$), hohe Lichtbrechung, Grundwerkstoff für geschliffene Glaserzeugnisse (sog. Kristallglas).
- Borosilikatglas (70 % bis 80 % SiO; 7 % bis 13 % $B_2O_3$; 4 % bis 8 % $Na_2O$, $K_2O$; 2 % bis 7 % $Al_2O_3$) chemisch und thermisch beständig, Laborglas, „feuerfestes" Geschirr.

Glasfasern, Durchmesser ca. 1 µm bis 100 µm, erreichen wegen fehlender Oberflächenfehler nahezu maximale theoretische Zugfestigkeit, Verwendung als Verstärkungsmaterialien in Verbundwerkstoffen (z. B. glasfaserverstärkter Kunststoff, GFK).

*Optisches Glas* wird gekennzeichnet bzgl. Lichtbrechung durch die Brechzahl $n$ ($n < 1{,}6$: niedrig brechend, $n > 1{,}6$: hochbrechend) und bzgl. der Farbzerstreuung (Dispersion) durch die Abbe'sche Zahl $\nu$ (siehe ▶ Abschn. 3.2.5 in Kap. 3, „Anforderungen, Eigenschaften und Verhalten von Werkstoffen"). Für die Verwendung in optischen Geräten werden hauptsächlich unterschieden: Flintgläser ($\nu < 50$, große Dispersion) und Krongläser ($\nu > 55$, kleine Dispersion). Optische Filter mit unterschiedlichen Transmissions-, Absorptions- und Reflexionseigenschaften in bestimmten Wellenlängenbereichen werden durch Einbau von Verbindungen der Elemente Cu, Ti, V, Cr, Mn, Fe, Co, Ni erstellt.

Lichtleiter mit optisch hochbrechendem Kern und niedrigbrechendem Oberflächenbereich können als *Lichtwellenleiter* Licht durch Totalreflexion weiterleiten und werden zur breitbandigen Signalübertragung eingesetzt (ca. 30.000 parallele Telefonleitungen pro Faserstrang; Lichtverluste, d. h. Dämpfung < 0,2 dB/km).

## 2.2.5 Glaskeramik

Glaskeramische Werkstoffe sind polykristallines Material (z. B. Lithium-Alumo-Silicate), gewonnen durch Temperung speziell zusammengesetzter Gläser (partielle Kristallisation). Aus einer Glasschmelze werden durch Pressen, Blasen,

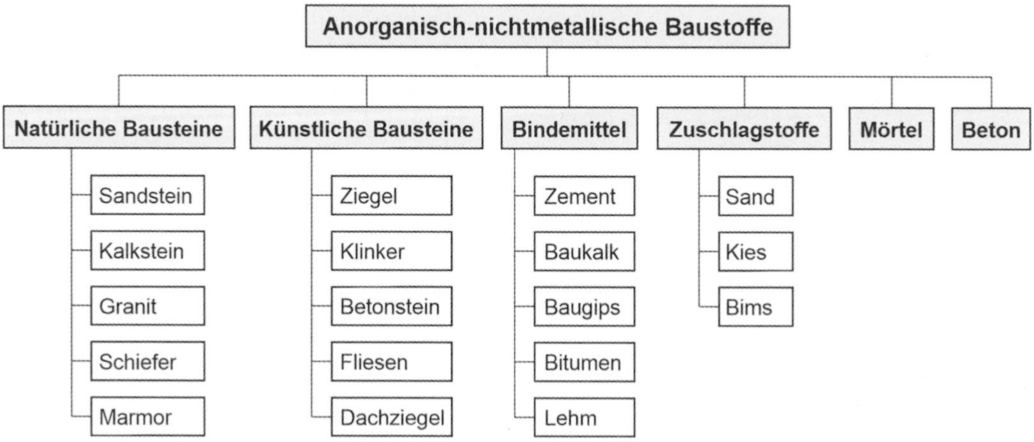


**Abb. 6** Baustoffe: Übersicht

Walzen oder Gießen Bauteile geformt und einer Wärmebehandlung unterworfen: Unterkühlen der hochschmelzenden Keimbildner (meist $TiO_2$ und $ZrO_2$) enthaltenden Schmelze und anschließendes Tempern bei höherer Temperatur. Es entstehen in eine Glasmatrix eingebettete Kristalle mit besonderen optischen und elektrischen Eigenschaften oder geringer thermischer Ausdehnung und entsprechend hoher Temperaturwechselbeständigkeit. Der Kristallanteil im Volumen kann 50 % bis 95 % betragen. Die Anwendungsbereiche umfassen Wärmeschutzschichten für Raumfahrzeuge, hitzeschockfeste Wärmeaustauscher, große astronomische Spiegel mit mehreren m Durchmesser, hochpräzise Längennormale, Kochfelder und hitzebeständiges Geschirr.

### 2.2.6 Baustoffe

Die im Bauwesen angewendeten anorganisch-nichtmetallischen Stoffe lassen sich allgemein nach Abb. 6 einteilen in:

- Naturbaustoffe (vgl. Abschn. 2.1),
- Keramische Baustoffe (vgl. Abschn. 2.3),
- Glasbaustoffe (vgl. Abschn. 2.4),

sowie in die unter Mitwirkung von Bindemitteln (z. B. Zement, Kalk, Gips) hergestellten Baustoffgruppen

- Mörtel,
- Beton,
- Kalksandstein,
- Gipsprodukte.

Neben den anorganisch-nichtmetallischen Stoffen finden im Bauwesen naturgemäß auch Baustoffe aus den anderen Stoffgruppen Verwendung: metallische Baustoffe (siehe Abschn. 1), Kunststoffe (siehe Abschn. 3) und Verbundwerkstoffe, wie z. B. Stahlbeton und Spannbeton (siehe Abschn. 4.3).

#### 2.2.6.1 Bindemittel

Anorganische Bindemittel sind pulverförmige Stoffe, die unter Wasserzugabe erhärten und zur Bindung oder Verkittung von Baustoffen verwendet werden. Die Verfestigung des Bindemittels beruht hauptsächlich auf chemischen und physikalischen Reaktionen (Hydratation, Carbonatbildung; Kristallisation). Durch Zugabe von Sand zum Bindemittel erhält man Mörtel, mit gröberen Zuschlägen Beton.

Man unterscheidet hydraulische und Luftbindemittel:

- Hydraulische Bindemittel (Zemente, hydraulisch erhärtende Kalke, Mischbinder, Putz- und Mauerbinder) können nach Wasserzugabe sowohl an der Luft als auch unter Wasser erhärten und sind nach dem Erhärten wasserfest. Die Erhärtung beruht auf Hydratationsvorgängen von vorwiegend silikatischen Bestandteilen.
- Luftbindemittel (Luftkalke, Baugipse, Anhydritbinder und Magnesitbinder) erhärten nur an der Luft und sind nach dem Erhärten nur an der Luft beständig. Die Erhärtung beruht bei Luftkalk auf der Bildung von $CaCO_3$ und bei den übrigen Bindemitteln hauptsächlich auf Hydratationsvorgängen.

#### 2.2.6.2 Zement

Zement, das wichtigste Bindemittel von Baustoffen, wird hauptsächlich durch Brennen von Kalk und Ton (z. B. Mergel) und anschließendes Vermahlen des Sinterproduktes in Form einer pulvrigen Masse (Teilchengröße 0,5 μm bis 50 μm) erhalten, das bei Wasserzugabe erhärtet und die umgebenden Oberflächen anderer Stoffe miteinander verklebt. Die wichtigsten Phasen des Zements, ihre Massenanteile und charakteristischen Eigenschaften sind:

- Tricalciumsilikat, $3\ CaO \cdot SiO_2$ (40 % bis 80 %), schnelle Erhärtung, hohe Hydratationswärme;
- Dicalciumsilikat, $2\ CaO \cdot Si_2$ (0 % bis 30 %), langsame, stetige Erhärtung, niedrige Hydratationswärme;
- Tricalciumaluminat, $3\ CaO \cdot Al_2O_3$ (7 % bis 15 %), schnelle Anfangserhärtung, anfällig gegen Sulfatwasser;
- Tetracalciumaluminatferrit, $4\ CaO \cdot Al_2O_3 \cdot Fe_2O_3$ (4 % bis 15 %), langsame Erhärtung, widerstandsfähig gegen Sulfatwasser.

Diese Verbindungen gehen bei Wasserzugabe in Hydratationsprodukte (z. B. amorphes Calciumsilikathydrat und kristallines Calciumhydroxid) über, die geringe Wasserlöslichkeit, kleine Teilchendurchmesser (unter 1 µm) und nach Aushärtungszeiten von 28 Tagen Druckfestigkeiten von 25 MPa bis 55 MPa aufweisen. Zement ist in DIN 1164-10 und DIN EN 197-1 als Portlandzement (PZ), Eisenportlandzement (EPZ), Hochofenzement (HOZ) und Trasszement (TrZ) genormt. Ein Gemisch aus Zement, Sand und Wasser wird als (Zement-)Mörtel bezeichnet.

#### 2.2.6.3 Beton

Beton ist ein Gemenge aus mineralischen Stoffen verschiedener Teilchengröße, (gekennzeichnet durch „Sieblinien") z. B. Sand: 0,06 mm bis 2 mm; Kies: 2 mm bis 60 mm; Bindemittel Zement: 0,1 µm bis 10 µm und Wasser, das nach seiner Vermischung formbar ist, nach einer gewissen Zeit abbindet und durch chemische Reaktionen zwischen Bindemittel und Wasser erhärtet. Durch unterschiedliche Teilchengröße der Betonbestandteile wird eine große Raumausfüllung und hohe Dichte des Betons erzielt: die Zwischenräume zwischen dem Kies werden durch Sand gefüllt, die Zwischenräume der Sandkörner durch Zement, der dabei das Verkleben von Sand und Kies übernimmt. Beton lässt sich durch seine guten Form- und Gestaltungsmöglichkeiten und seine hohe Witterungs- und Frostbeständigkeit als Baustoff vielfältig einsetzen. In mechanischer Hinsicht ist er durch eine hohe Druckfestigkeit und eine geringe Zugfestigkeit gekennzeichnet. Je nach Druckfestigkeit, deren Prüfung aufgrund der großen Abmessungen der Gefügebestandteile des Betons mit relativ großen Probenkörperabmessungen durchgeführt werden muss (Würfel von 20 cm Kantenlänge, Korngröße < 4 cm) werden verschiedene Festigkeitsklassen (Druckfestigkeit 5 MPa bis 55 MPa) unterschieden. „Hochfester Beton" wird durch Reduzierung des Porenanteils entwickelt, sein Anwendungspotenzial liegt in der Reduzierung von Bauwerksabmessungen.

Die Betonarten werden gemäß Rohdichte eingeteilt in

- Leichtbeton, Rohdichte < 2,0 g/cm$^3$;
- Normalbeton, Rohdichte 2,0 g/cm$^3$ bis 2,8 g/cm$^3$;
- Schwerbeton, Rohdichte > 2,8 g/cm$^3$.

Die beim Austrocknen von Beton an Luft auftretende Schwindung (ca. 0,5 %) kann durch Zusatz von Gips ($CaSO_4$) kompensiert werden.

### 2.2.7 Erdstoffe

Erdstoffe oder Böden sind Zweiphasengemische aus mineralischen Bestandteilen und Wasser oder Dreiphasensysteme aus Mineral- und Gesteinsbruchstücken, Wasser und Luft. Sie stellen die oberste, meist verwitterte Schicht der Erdkruste dar und heißen auch *Lockergestein*:

- Steine: Abmessungen > 60 mm;
- Kies: grob, 20 bis 60; mittel, 6 bis 20; fein, 2 bis 6 mm;
- Sand: grob, 0,6 bis 2; mittel, 0,2 bis 0,6; fein, 0,06 bis 0,2 mm;
- Schluff: grob, 0,02 bis 0,06; mittel, 0,006 bis 0,02; fein, 0,002 bis 0,006 mm;
- Ton: Korngröße < 0,002 mm.

Erdstoffe kommen in verschiedenen Konsistenzen und Verdichtungsgraden vor. So besitzen z. B. Ton und Mergel Carbonatgehalte von 0 % bis 10 %, bzw. 50 % bis 70 %, während Lehm ein natürliches Gemisch aus Ton und feinsandigen bis steinigen Bestandteilen darstellt. Nach ihrem stofflichen Zusammenhalt werden Erdstoffe in zwei große Gruppen eingeteilt:

(a) Kohäsionslose Erdstoffe, z. B. Steine, Kiese, Sande, Grobschluffe, die keinen merklichen Tonanteil haben und deren „Festigkeit" durch Reibung zwischen den körnigen Bestandteilen bestimmt wird. Bei ihrer Verformung unterscheidet man drei Verformungsanteile:
   - Gegenseitige Verschiebung der Körner (psammischer Anteil), im Wesentlichen bestimmt durch die Dichte;
   - elastische Verformung der Körner;

- Kornbruch, vornehmlich an Berührungsflächen.

(b) Kohäsive Erdstoffe, z. B. Schluffe, Tone, Mischböden, deren Zusammenhalt durch Rohton, bzw. verwitterte Feldspäte verursacht wird. Bei kohäsiven (bindigen) Böden hat Wasser wesentlichen Einfluss auf die Stoffeigenschaften.

Erdstoffe bilden *Baugrund*, wenn sie im Einflussbereich von Bauwerken stehen und sind *Baustoffe*, wenn aus ihnen Bauwerke, z. B. Erddämme oder Deponieabdichtungen hergestellt werden. Bei dynamischer Belastung, z. B. Schwingungen von Fundamenten oder Ausbreitung von Erschütterungen im Boden, kann der Boden i. Allg. als elastisch und viskos angesehen werden. Die Bodengruppen sind in DIN 18196, Baugrunduntersuchungsmethoden in DIN EN ISO 17892 sowie 18124, 18126, 18127 genormt.

## 2.3 Organische Stoffe; Polymerwerkstoffe

### 2.3.1 Organische Naturstoffe

Organische Naturstoffe bestehen aus chemischen Verbindungen, die von Pflanzen oder Tieren erzeugt werden. Eine Zwischenstellung nehmen Polymere für technische Anwendungen ein, die von Mikroorganismen synthetisiert werden, z. B. Polyhydroxybuttersäure, Xanthan. Die technisch wichtigsten organischen Naturstoffe sind Holz und Holzwerkstoffe sowie Fasern.

#### 2.3.1.1 Holz und Holzwerkstoffe

Holz ist ein natürlicher Verbundwerkstoff, der in seinem molekularen Aufbau im Wesentlichen aus Zellulosefasern (40 % bis 60 %), den „Bindemitteln" Lignin (ca. 20 % bis 30 %, besonders in Nadelhölzern) und Hemizellulose (10 % bis 30 %, besonders in Laubhölzern) gebildet wird und hauptsächlich die chemischen Elemente Kohlenstoff (49 %), Sauerstoff (44 %) und Wasserstoff (6 %) enthält. Die Ligninmoleküle sind räumlich mit den Zellulose- und Hemizellulosemolekülen vernetzt und bedingen dadurch die gute Druckfestigkeit des Holzes. Die mikroskopische Struktur von Holz ist gekennzeichnet durch lang gestreckte, röhrenförmige, über Tüpfel miteinander verbundene Zellen, die als Leitgewebe zum Transport von Wasser und Mineralstoffen beitragen und als Festigungsgewebe mehrachsige Spannungen aufnehmen können (Wagenführ 1999). Im makroskopischen Stammquerschnitt schließen sich an das Markzentrum (wenige mm Durchmesser) das Kernholz (abgestorbene, wasserarme Zellen), das Splintholz (lebende, wassertransportierende Zellen), das Kambium (teilungsaktive Zellen), der Bast (Innenrinde) und die Borke als Außenrinde an, siehe Abb. 7. Die jah-

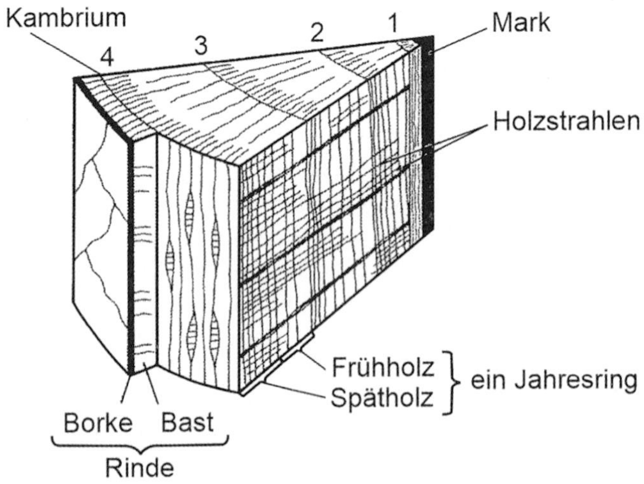


**Abb. 7** Holz: Stammquerschnitt und struktureller Aufbau (vereinfachte Darstellung für einen vierjährigen Trieb eines Nadelbaums)

reszeitlich bedingten periodischen Änderungen der Teilungstätigkeiten des Kambiums sind in Form von unterschiedlich strukturierten Dickenzuwachszonen als Jahresringe erkennbar.

Hölzer besitzen geringe Dichte und günstige Zugfestigkeits-Dichte-Verhältnisse. Die Festigkeit ist jedoch stark richtungsabhängig:

In der Faserachse beträgt die Zugfestigkeit etwa das Doppelte der Druckfestigkeit, die Querzugfestigkeit etwa ein Fünfzigstel der axialen Zugfestigkeit und die Querdruckfestigkeit etwa ein Zwanzigstel der axialen Druckfestigkeit.

Bei *Holzwerkstoffen* wird die Anisotropie der Eigenschaften des gewachsenen Holzes durch schubfeste Verleimung fasergekreuzter Schichten teilweise ausgeglichen. Holzwerkstoffe bestehen aus zerkleinertem Holz, das unter Druck und Wärme mit Bindemitteln zu Platten oder Formteilen verpresst wird. Unter *Sperrholz* werden alle Platten aus mindestens drei aufeinander geleimten Holzlagen verstanden, deren Faserrichtungen vorzugsweise um 90° gegeneinander versetzt sind. Sperrholz mit zwei Furnierdecklagen und einer Holzleistenmittellage wird als *Tischlerplatte*, Sperrholz, das nur aus Furnierlagen besteht, als *Furnierplatte* bezeichnet. Bei *Faserplatten* ist die Holzsubstanz in einem mehrstufigen Mahlprozess bis zur Faser aufgelöst. Der Faserstoff wird im Nass- oder Trockenverfahren zu Platten verschiedenen Typs verarbeitet. *Spanplatten* sind Holzwerkstoffe, die aus Spänen von Holz oder anderen verholzten Pflanzenteilen (Biomasse) mit Kunstharzen (z. B. Melamin, Isocyanat) als Bindemittel hergestellt sind. Neben Kunstharzen werden auch Zement oder Gips als Bindemittel verwendet.

Die Eigenschaften von Holzwerkstoffen lassen sich durch die Herstellungstechnologien und die verwendeten Stoffanteile in weiten Grenzen variieren, wobei jedoch i. Allg. die Festigkeitseigenschaften von Holzwerkstoffen unter denen des gewachsenen Holzes in Faserrichtung bleiben. Während Faserplatten nur eine geringe Dimensionsstabilität aufweisen, zeichnen sich Furnierplatten durch günstige Festigkeits-Gewichts-Verhältnisse aus. Zu den Vorzügen von Spanplatten gehören der Einsatz feuchtebeständiger Klebstoffe, Steuerung der Festigkeitseigenschaften durch Kombination bestimmter Fertigungsparameter (Rohdichte, Verdichtungsprofile, Beleimungsfaktoren usw.), Einarbeitung von insektiziden und fungiziden Holzschutzmitteln und Feuerschutzmitteln. Mit der sog. OSB-Technik (oriented structural board) kann durch Spanorientierung eine erhebliche Festigkeitssteigerung erzielt werden, sodass bei gleicher Dichte die Festigkeitswerte von fehlerfreiem Nadelholz annähernd erreicht werden (Deppe und Ernst 2000).

#### 2.3.1.2 Fasern

Fasern sind lang gestreckte Strukturen geringen Querschnitts mit paralleler Anordnung ihrer Moleküle oder Kristallbereiche und daraus resultierender guter Flexibilität und Zugfestigkeit.

Organische Naturfasern werden eingeteilt in:

(a) Pflanzenfasern:
- Pflanzenhaare: Baumwolle, (Anteil an der Faserstoff-Weltproduktion ca. 50 %), Kapok;
- Bastfasern: Flachs, Hanf, Jute, Kenaf, Ramie, Ginster;
- Hartfasern: Manila, Alfa, Kokos, Sisal;

(b) Tierfasern:
- Wolle und Haare: Schafwolle, Alpaka, Lama, Kamel, Kaschmir, Mohair, Angora, Vikunja, Yak, Guanako, Rosshaar;
- Seiden: Naturseide (Maulbeerspinner), Tussahseide.
- Chemiefasern aus natürlichen Polymeren gliedern sich in:

(a) Zellulosefasern:
- aus regenerierter Zellulose: Viskose, Cupro, Modal, Papier;
- aus Zelluloseresten: Acetat, Triacetat;

(b) Eiweißfasern:
- aus Pflanzeneiweiß: Zein;
- aus Tiereiweiß: Kasein.

Der Hauptbestandteil aller Pflanzenfasern und der wichtigsten Chemiefasern aus natürlichen Polymeren ist Zellulose, ein Polysaccharid (siehe Band 1, Kap. „Organische Verbindungen und Makromoleküle“). Wollfasern bestehen zu mehr als 80 % aus (hygroskopischen) α-Keratinen (Hornsubstanzen in Form hochmolekularer Eiweißkörper), die in den Zellen der Haarrindenschicht in Form von Fibrillen vorliegen. Seidenfasern bestehen zu ca. 75 % aus Fibroin, einem Eiweißstoff, der in den Spinndrüsen des Seidenspinners gebildet wird und zu ca. 25 % aus dem die sehr feinen Fibroinfibrillen (ca. 20 nm Durchmesser) umhüllenden kautschukähnlichen Eiweißstoff Sericin.

Hauptverwendungsgebiete von Fasern sind die Bereiche Textilien und Papier. Textilrohstoffe sind nach dem Textilkennzeichnungsgesetz Fasern, die sich verspinnen oder zu textilen Flachgebilden verarbeiten lassen.

### 2.3.2 Papier und Pappe

Papier ist ein aus Pflanzenfasern durch Verfilzen, Verleimen und Pressen hergestellter flächiger Werkstoff. Rohstoffe sind vor allem der durch Schleifen von Holz gewonnene Holzschliff und der durch chemischen Aufschluss von Holz erhaltene Zellstoff. Beide Stoffe haben die Eigenschaft, sich beim Austrocknen aus wässriger Suspension zu verfilzen und dann über die OH-Gruppen der Zellulose durch Wasserstoffbrückenbindungen fest zu verbinden. Füllstoffe (z. B. Kaolin oder Titandioxid) und Leimstoffe (z. B. Harzseifen) verbessern Weißgrad, Oberflächengüte und Flüssigkeitseindringungswiderstand; Zusätze von Kunstharz, Tierleim, Wasserglas und Stärke erhöhen Nassfestigkeit, Härte, Glätte sowie Zug- und Falzfestigkeit.

Papier hat i. Allg. Flächengewichte zwischen 7 $g/m^2$ und 150 (225) $g/m^2$. Über 225 $g/m^2$ sprechen die europäischen Normen (vgl. DIN 6730) von Pappe. Im deutschen Sprachraum kennt man daneben den Karton (ca. 150 $g/m^2$ bis 600 $g/m^2$).

Die Papier- und Pappsorten werden nach dem Hauptanwendungszweck in fünf Hauptgruppen mit unterschiedlichen prozentualen Anteilen an der Produktionsmenge unterteilt:

- Graphische Papiere (ca. 45 %): Schreib- und Druckpapiere (holzfrei: überwiegend aus Zellstoff gearbeitet; holzhaltig: überwiegend aus Holzschliff gefertigt), Tapetenrohpapiere, Banknotenpapiere, usw.,
- Papier für Verpackungszwecke (ca. 25 %): Packpapier, Pergaminpapier usw.,
- Karton und Pappe für Verpackungszwecke (ca. 18 %): Vollpappen, Graukarton, Lederpappen, Handpappen usw.,
- Hygienepapiere u. ä. (ca. 7 %): Zellstoffwatte, Toilettenpapier, Papiertaschentücher usw.,
- Technische Papiere und Pappen (ca. 5 %): Kondensatorpapier, Kohlepapier, Filtrierpapier, Filzpappen, Pressspanpappen, Kofferpappen usw.

### 2.3.3 Polymerwerkstoffe: Herstellung

Polymerwerkstoffe (Kunststoffe) sind in ihren wesentlichen Bestandteilen organische Stoffe makromolekularer Art. Die Makromoleküle werden aus niedermolekularen Verbindungen (Monomeren) durch die Verfahren Polymerisation, Polykondensation und Polyaddition synthetisch hergestellt (s. Band 1, Kap. „Organische Verbindungen und Makromoleküle“).

### 2.3.4 Polymerwerkstoffe: Aufbau und Eigenschaften

Aufbau und Eigenschaften der Polymerwerkstoffe werden primär geprägt durch ihren makromolekularen Aufbau (chemische Bestandteile, Bindungen, Molekülkonfiguration, Kettenlängen, Verzweigungen, Vernetzungen, Copolymere, Kristallisation) und ihre Rezeptur (Polymermischungen, Verstärkungsmittel, Antioxidantien, Weichmacher, Flammschutzmittel, Füll- und Farbstoffe). Weitere wichtige Einflussgrößen sind die Herstellungs- und Verarbeitungstechnologien. Der Zusammenhalt der einzelnen, chemisch nicht durch Hauptvalenzbindungen verbundenen Makromoleküle zum kompakten Polymerwerkstoff erfolgt durch physikalische Nebenvalenzbindungen, wie z. B. Van-der-Waals-Bindungen (Dispersionskräfte, Dipol-Dipol-Wechselwirkungen, Induktionskräfte) oder Wasserstoffbrückenbindungen.

Die Realisierung eines gewünschten Eigenschaftsprofils von synthetischen Polymeren erfordert die zielgerichtete Synthese von Polymerstrukturen („tailor-made polymers“). Zu diesen Eigenschaften gehören insbesondere das mechanische Verhalten (Festigkeit, Schlagzähigkeit), die Transparenz sowie die Witterungs- und die Oxidationsbeständigkeit. Durch die Modifizierung bekannter Polymere wie z. B. Polystyrol (PS), Poly(methylmethacrylat) (PMMA) und Polyethylen (PE) sowie die Kombination von verschiedenen Monomeren können Eigenschaften gezielt verändert werden. Möglichkeiten für diese Modifizierung sind z. B.:

- das Mischen von zwei oder mehreren polymeren Komponenten (Polymerblends),
- die Copolymerisation zweier oder mehrerer Monomere,
- das Einführen von funktionellen Gruppen längs oder an den Enden der Polymerkette,
- die Entwicklung neuartiger Polymerstrukturen wie Sterne, kammförmige oder hyperverzweigte Polymere, Zyklen oder Dendrimere.

Von einem allgemeinen Standpunkt aus gesehen können diese Möglichkeiten der Modifizierung von Polymerstrukturen durch das Konzept der Polymerheterogenitäten beschrieben werden. Die wesentlichen in Polymeren auftretenden Architekturen sind in Abb. 8 veranschaulicht (vgl. Band 1, Kap. „Organische Verbindungen und Makromoleküle").

Neben der für die Polymereigenschaften in ihren technischen Anwendungen wichtigen Kontrolle der Polymeraufbaureaktionen gewinnt die Analyse (siehe ▶ Abschn. 4.1.2.2 in Kap. 4, „Materialprüfung") von Polymerabbauprozessen zunehmend an Bedeutung. Unter ökologischen Gesichtspunkten sind Abbauprozesse hinsichtlich der steigenden Abfallproblematik zu betrachten. Massenkunststoffe sollen nach Gebrauch durch Recycling oder Energiegewinn verwertet werden. In beiden Fällen sind vor allem Kenntnisse über das thermische und enzymatische Abbauverhalten sowie die Struktur der entstehenden Abbauprodukte erforderlich.

Die Zusammenhänge zwischen Aufbau und Eigenschaften von Polymerwerkstoffen sind in Abb. 9 schematisch dargestellt.

### 2.3.5 Thermoplaste

Thermoplaste sind amorphe oder teilkristalline Polymerwerkstoffe mit kettenförmigen Makromolekülen, die entweder linear oder verzweigt

**Abb. 8** Architektur von Polymerwerkstoffen

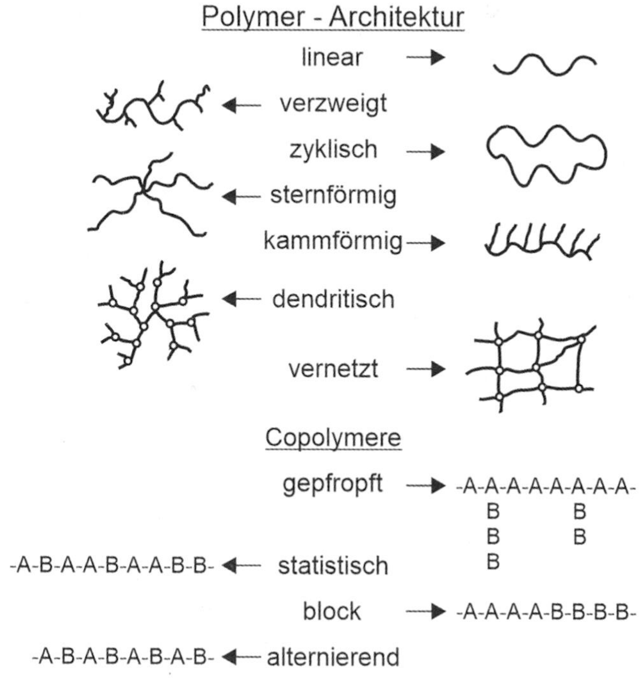

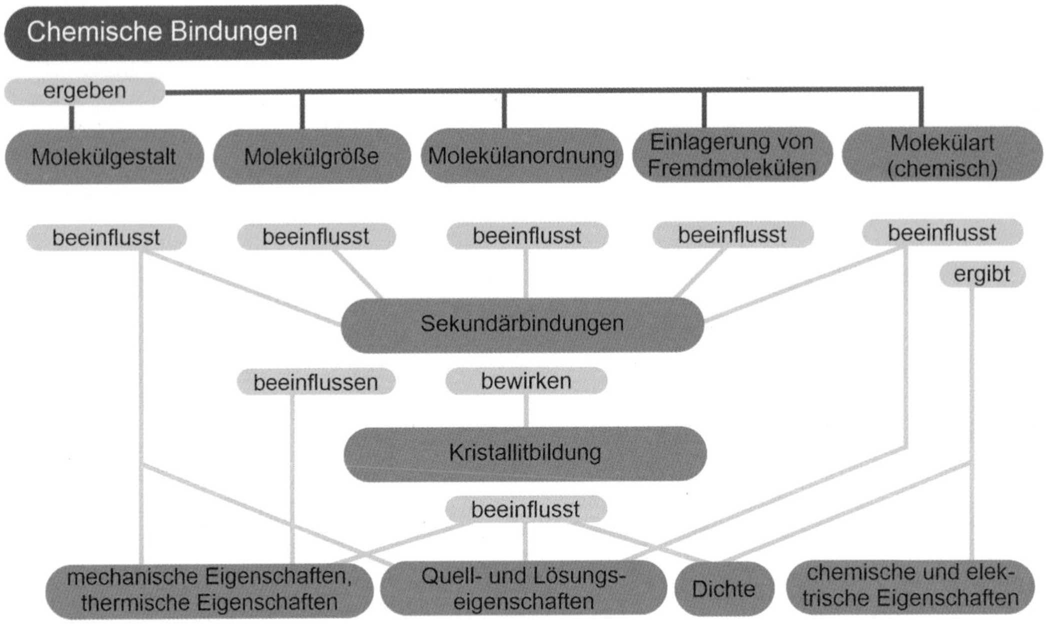


**Abb. 9** Polymerwerkstoffe: Zusammenhänge zwischen Moleküleigenschaften und Werkstoffeigenschaften

vorliegen und nur durch physikalische Anziehungskräfte (Nebenvalenzkräfte) (thermolabil) verbunden sind.

Eine Zusammenstellung technisch wichtiger thermoplastischer Polymerwerkstoffe mit ihren Strukturformeln, allgemeine Kennzeichen und Anwendungsbeispielen gibt Tab. 3.

Unterhalb der sog. Glastemperatur $T_g$ sind Thermoplaste glasig-hart erstarrt (s. Band 1, Kap. „Zustandsformen der Materie und chemische Reaktionen"). Oberhalb von $T_g$ sind Thermoplaste im Zustand der unterkühlten Schmelze, bzw. der Schmelze. Bei hinreichend hohen Beanspruchungsfrequenzen lassen sich die Moleküle durch mechanische Beanspruchungen deformieren, gehen jedoch nach Rückgang der Beanspruchung entropieelastisch in ihre ursprüngliche Form zurück.

Amorphe Thermoplaste (wie PVC, PS, PC) verhalten sich oberhalb von $T_g$ thermoelastisch, bei weiterer Erwärmung werden sie weich und plastisch verformbar. Bei teilkristallinen Thermoplasten (wie PE, PP, PA) sind oberhalb von $T_g$ die amorphen Bereiche ebenfalls entropieelastisch verformbar. Die kristallinen Anteile bewirken durch ihren festen Zusammenhalt ein zähelastisches Verhalten und Formbeständigkeit. Oberhalb der sog. Kristallitschmelztemperatur $T_m$ erfolgt bei allen Thermoplasten der Übergang in die Schmelze (viskoser Fließbereich). Weil eine Verdampfung von Makromolekülen nicht möglich ist, werden bei Überschreiten der Zersetzungstemperatur die Molekülketten aufgelöst.

In Abb. 10 sind die Zustandsbereiche einiger thermoplastischer Werkstoffe in vereinfachter Form zusammengestellt; die höchsten Gebrauchstemperaturen sind werkstoffabhängig und liegen im Bereich von etwa 70 °C bis 300 °C.

Hinsichtlich ihrer Anwendungen werden die thermoplastischen Polymerwerkstoffe in folgende Gruppen eingeteilt (Werkstoffkennwerte siehe ▶ Abschn. 3.2 in „Kap. 3 Anforderungen, Eigenschaften und Verhalten von Werkstoffen"):

- *Gebrauchswerkstoffe* (*Massenkunststoffe*)
  Die hauptsächlichen Massenkunststoffe sind Polyethylen (PE), Polyvinylchlorid (PVC), Polypropylen (PP) und Polystyrol (PS). Sie machen mehr als 80 % der gesamten Kunststoffproduktion aus und werden den ver-

**Tab. 3** Beispiele thermoplastischer Polymerwerkstoffe

| Polymerwerkstoff | Strukturformel | Kennzeichen | Anwendungsbeispiele |
|---|---|---|---|
| Polyethylen (PE) | 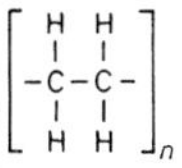 | teilkristallin (40 ... 55 %, PE-LD) (60...80 %, PE-HD) zähelastisch | Folien, Transportbehälter, Spritzgussteile, Haushaltsgegenstände, Rohre |
| Polypropylen (PP) | 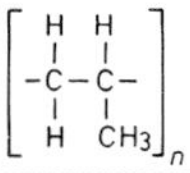 | teilkristallin, 60...70 %; leicht; härter, fester, steifer als PE | Folien, Pumpengehäuse, Lütterflügel, Haushaltsgeräteteile, Rohre |
| Polyvinylchlorid (PVC) | 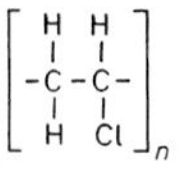 | amorph; steif, kerbempfindlich (PVC-hart); flexibel, gummielastisch (PVC-weich) | PVC-hart: Armaturen, Behälter, Rohre; PVC-weich: Folien, Fußböden, Schuhsohlen |
| Polystyrol (PS) | 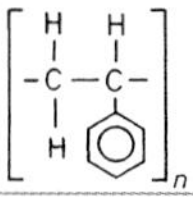 | amorph: steif, hart, spröde; transparent | Spritzgussteile; Verpackungen, glänzend oder verschäumt (Styropor); Spulenkörper |
| Polymethylmethacrylat (PMMA) | 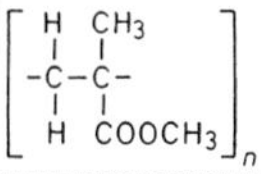 | amorph; steif, hart, kratzfest; transparent | Linsen, Brillengläser, Verglasungen [Plexiglas, Acrylglas] Lampen, Sanitärteile |
| Polycarbonat (PC) | 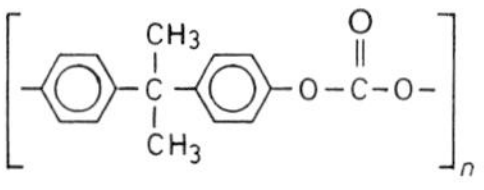 | amorph; formsteif, schlagzäh; transparent | Apparate- und Gehäuseteile, Sicherheitsverglasungen, Spulenkörper, Geschirr, Conpact Disc, Brillengläser, Linsen |
| Polyamid 66 (PA 66) | 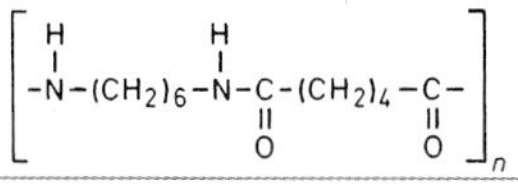 | teilkristallin (<60 %) wasseraufnehmend; (<3 %); steif, hart, zäh | Zahnräder, Riemenscheiben, Gehäuse [E-Technik], Pumpen, Dübel |
| Polyoxymethylen (POM) | 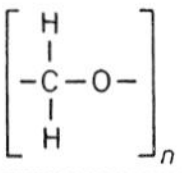 | teilkristallin (<75 %); steif, elastisch, zäh | Getriebeteile für Haushaltsgeräte, Nockenscheiben, Spulenkörper, Aerosoldosen |
| Polyethylenterephthalat (PET, x = 2) Polybutylenterephthalat (PBT, x = 4) | 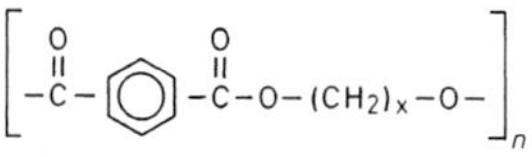 | teilkristallin (30...40 %) oder amorph-transparent (PET); fest, zäh, maßhaltig | Gehäuse, Kupplungn, Pumpenteile. Faserstoffe Kondensatorfolien, (PET: Trevira, Diolen); Magnetbänder, Getränkeflaschen |
| Polyimid (PI) | 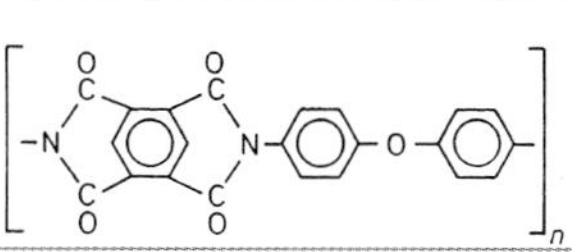 | vernetzt oder lineare Struktur; fest, steif, kriech- und warmfest; ($T_{max}$ = 260 °C) | temperaturbeständige Geräteteile, Gleitelemente, Kondensatorfolien, gedruckte Schaltungen |
| Polytetrafluorethylen (PTFE) | 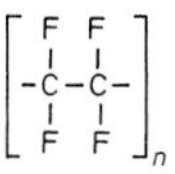 | teilkristallin (<70 %), flexibel, zäh; niedrige Haftreibung ($T_{max}$ = 260 °C) | Gleitlager, Dichtungen, Isolierungen, Filter, Membranen |
| Polyphenylensulfid (PPS) | 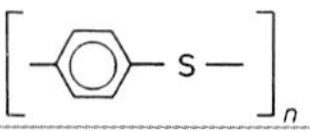 | teilkristallin | Apparatebau, warmfeste Bauteile |
| Polyetherketon (PEK) | 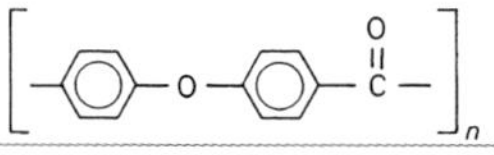 | teilkristallin | Apparatebau, warmfeste Bauteile |

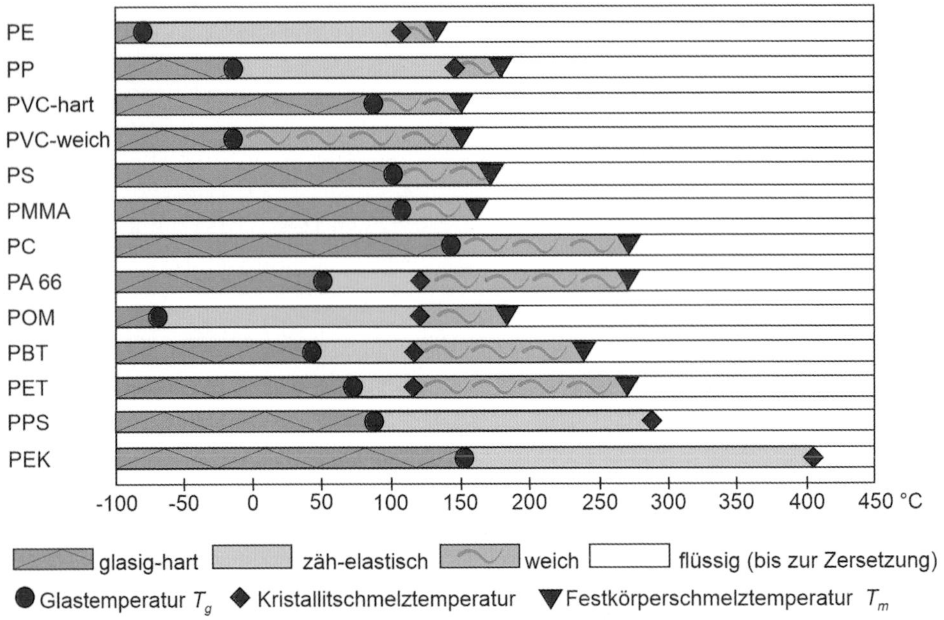


**Abb. 10** Zustandsbereiche thermoplastischer Polymerwerkstoffe

schiedenen Verwendungszwecken häufig durch spezielle Behandlung, wie Weichmachung, Vernetzung, Verstärkung usw., angepasst.

- *Konstruktionswerkstoffe (techn. Kunststoffe)*
  Als Konstruktionswerkstoff eignen sich vor allem teilkristalline Thermoplaste, wie z. B. Polyamide (PA), Polyoxymethylen (POM), Polyethylenterephthalat (PET) und Polybutylenterephthalat (PBT) sowie die hochtemperaturbeständigen Thermoplaste Polyimid (PI), Polytetrafluorethylen (PTFE), Polyphenylensulfid (PPS) und Polyetherketon (PEK).
- *Funktionswerkstoffe*
  Thermoplastische Polymerwerkstoffe mit speziellen funktionellen Eigenschaften sind z. B. die für optische Bauteile geeigneten (leichten) transparenten Kunststoffe Polymethylmethacrylat (PMMA) und Polycarbonat (PC), das thermisch und chemisch höchst stabile Polytetrafluorethylen (PTFE), Materialien für Kondensatorfolien (PP, PET) sowie neuere (teure) warmfeste Polymere wie Polyimid (PI) und Polyphenylensulfid (PPS), deren höchste Gebrauchstemperatur bei 260 °C liegt.

### 2.3.6 Duroplaste

Duroplaste sind harte, glasartige Polymerwerkstoffe, die über chemische Hauptvalenzbindungen räumlich fest vernetzt sind. Die Vernetzung erfolgt beim Mischen von Vorprodukten mit Verzweigungsstellen und wird entweder bei hohen Temperaturen thermisch (Warmaushärten) oder bei Raumtemperatur mit Katalysatoren chemisch aktiviert (Kaltaushärten). Da bei den Duroplasten die Bewegung der eng vernetzten Moleküle stark eingeschränkt ist, durchlaufen sie beim Erwärmen keine ausgeprägten Erweichungs- oder Schmelzbereiche, sodass ihr harter Zustand bis zur Zersetzungstemperatur erhalten bleibt. Technisch wichtige Duroplaste sind in Tab. 4 zusammengestellt (Werkstoffkennwerte siehe ▶ Abschn. 3.2 in Kap. 3 „Anforderungen, Eigenschaften und Verhalten von Werkstoffen").

### 2.3.7 Elastomere

Elastomere sind gummielastisch verformbare Polymerwerkstoffe, deren (verknäuelte) Kettenmoleküle weitmaschig und lose durch chemische Bindungen

**Tab. 4** Beispiele duroplastischer Polymerwerkstoffe

| Polymerwerkstoff | Strukturformel (R: org. Rest) | Max. Temp. in °C | Kennzeichen | Anwendungsbeispiele |
|---|---|---|---|---|
| Phenoplaste: Phenol-Formaldehyd (PF) | 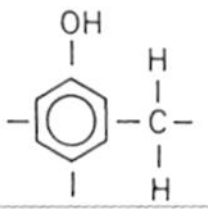 | 130 ... 150 | Steif, hart, spröde: dunkelfarbig, nicht heißwasserbeständig | Steckdosen, Spulenträger, Pumpenteile, Isolierplatten, Bindemittel (Spanplatten, Hartpapier) |
| Aminoplaste: Harnstoff-Formaldehyd (UF) | 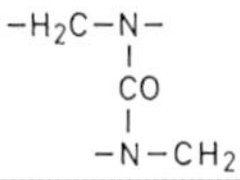 | 80 | Steif, hart, spröde, hellfarbig | Stecker, Schalter, Elektroinstallationsmaterial, Schraubverschlüsse |
| Melamin-Formaldehyd (MF) | 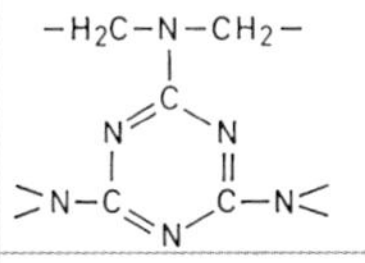 | 130 | Wie UF, jedoch fester, weniger kerbempfindlich, kochfest | Elektroisolierteile (hellfarbig), Geschirr, Oberflächenschichtstoffe (Resopal, Hornitex) |
| ungesättigte Polysterharze (UP) | 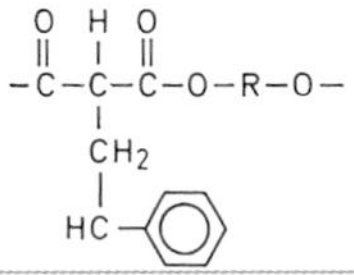 | 140 ... 180 | Steif bis elastisch, spröde bis zäh (abhängig vom Aufbau) | Formmassen: Gehäuse, Spulenkörper Laminate: LKW-Aufbauten, Bootskörper, Lichtkuppeln |
| Epoxidharze (EP) | 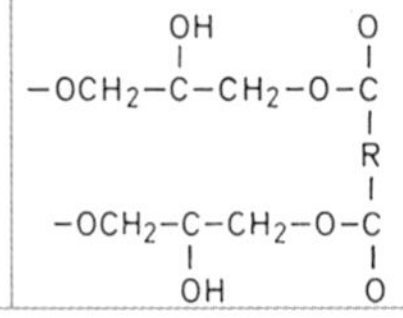 | 130 | Fest, steif bis elastisch, schlagresistent, maßhaltig | Gießharze: Isolatoren, Beschichtungen, Klebstoffe, Laminate: Bootskörper, Sandwichkonstruktionen |

vernetzt sind. Die Elastomervernetzung (sog. Vulkanisierung) findet während der Formgebung unter Mitwirkung von Vernetzungsmitteln (z. B. Schwefel, Peroxide, Amine) statt. Bei mechanischen Beanspruchungen lassen sich die Kettenmoleküle leicht und reversibel verformen. Durch Füllstoffe (z. B. Ruß, feindisperses $SiO_2$) können Elastomere durch die Ausbildung von Sekundarbindungen zwischen den Elastomermolekülen und den Partikeln verstärkt und in ihren mechanischen Eigenschaften modifiziert werden. Bei Elastomeren kann die Glastemperatur so niedrig liegen, dass eine Versprödung erst weit unterhalb der Einsatztemperaturen eintritt. Bei Erwärmung durchlaufen sie keine ausgeprägten Erweichungs- oder Schmelzbereiche; ihr gummielastischer Zustand bleibt bis zur Zersetzungstemperatur erhalten. Auch bei Elastomeren kann in manchen Fällen Kristallisation auftreten, insbesondere im hochgereckten Zustand (Dehnungskristallisation). Wichtige Elastomere sind in Tab. 5 zusammengestellt (Werkstoffkennwerte siehe ▶ Abschn. 3.2 in Kap. 3, „Anforderungen, Eigenschaften und Verhalten von Werkstoffen“). Thermoplastische Elastomere sind physikalisch vernetzte Polymere (z. B. Polyolefine) mit Glastemperaturen unterhalb der Anwendungstemperatur; im Anwendungstemperaturbereich verhalten sie sich wie Elastomere. Sie sind wie thermoplastische Polymere schmelzbar und können daher wie diese verarbeitet werden.

## 2.4 Verbundwerkstoffe

Ein Verbundwerkstoff besteht aus heterogenen, innig miteinander verbundenen Festkörperkomponenten. In stofflicher Hinsicht werden unterschieden: Metall-Matrix-Composite (MMC), Polymer-Matrix-Composite (PMC)- und Keramik-Matrix-Composite (CMC). Eine Einteilung der Verbundwerkstoffe nach ihrem Aufbau zeigt Abb. 11.

**Tab. 5** Beispiele elastomerer Polymerwerkstoffe (Vernetzungen nicht dargestellt)

| Polymerwerkstoff | Strukturformel | Temperatur in °C | Kennzeichen | Anwendungsbeispiele |
|---|---|---|---|---|
| Polyurethan (PUR) | 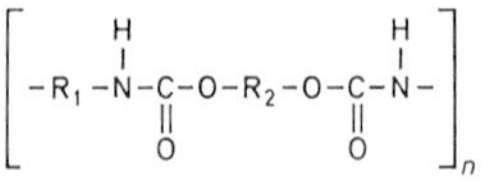<br>$R_1$: Diisocyanat<br>$R_2$: Glykol oder Polyol | –40 ... +80 | Elastisch hart, weiter reißfest, flexibel, dämpfend; nicht beständig gegen heißes Wasser, konzentrierte Säuren und Laugen | Kabelummantelungen, Dichtungen, Faltenbälge, Zahnriemen, Sportbahnbeläge |
| Siliconkautschuk (SI) | 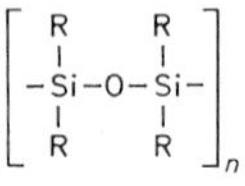<br>R: $CH_3$ oder $C_6H_5$ | –80 ... +180 | Stabile mechanische Eigenschaften, thermisch und chemisch beständig, hydrophob | Elastische Isolierungen, Dichtungen, Transportbänder |
| Styrol-Butadien-Kautschuk (SBR) | 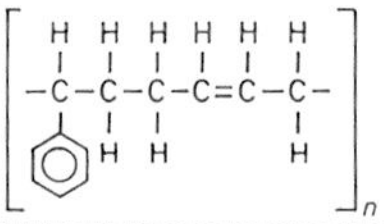 | –30 ... +70 | Ähnlich wie Naturkautschuk, wärme- und abriebbeständig | Bereifungen, Förderbänder Schläuche, Dichtungen, Schuhsohlen |
| Naturkautschuk (NR) | 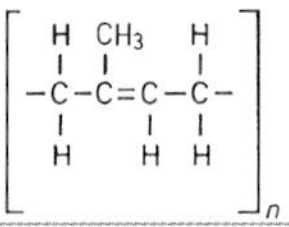 | –10 ... +70 | Chemisch beständig (Ozon-empfindlich) | Bereifungen, Schläuche, Dichtungen, Förderbänder |

## 2.4.1 Teilchenverbundwerkstoffe

Teilchenverbundwerkstoffe bestehen aus einem Matrixmaterial, in das Partikel eingelagert sind. Die Abmessungen der Partikel betragen von ca. 1 µm bis zu einigen mm (Volumenanteile bis zu 80 %), wobei Matrix und Partikel unterschiedliche funktionelle Aufgaben im Werkstoffverbund übernehmen. Neben Beton (siehe Abschn. 2.6.3) sind folgende Werkstoffgruppen mit Metall- oder Kunststoffmatrix wichtig:

***Hartmetalle*** enthalten 0,8 µm bis 5 µm große Hartstoffpartikel (z. B. WC, TiC, TaC) in Volumenanteilen bis zu 94 %, eingebettet in metallische Bindemittel wie Kobalt, Nickel oder Eisen. Sie werden durch Flüssigphasensintern hergestellt und hauptsächlich für warmfeste Schneidstoffe (Arbeitstemperaturen bis zu 700 °C) oder Umformwerkzeuge verwendet.

***Cermets*** (engl. ceramics + metals) bestehen bis zu 80 % Volumenanteil aus einer oxidkeramischen Phase (z. B. $Al_2O_3$, $ZrO_2$, Mullit) in metallischer Matrix (z. B. Fe, Cr, Ni, Co, Mo). Sie werden pulvermetallurgisch hergestellt und als Hochtemperaturwerkstoffe, Reaktorwerkstoffe oder verschleißresistentes Material eingesetzt.

***Gefüllte Kunststoffe*** bestehen aus einem Grundwerkstoff aus Duroplasten (z. B. Phenolharz, Epoxidharze, siehe Abschn. 3.6) oder Thermoplasten (z. B. PMMA, PP, PA, PI, PTFE, siehe Abschn. 3.5), in den sehr unterschiedliche Partikel-Füllstoffe, wie beispielsweise Holzmehl, feindispersive Kieselsäure ($SiO_2$), Glaskugeln oder Metallpulver eingebettet sind. Die Partikelgrößen reichen von weniger als 1 µm ($SiO_2$) bis zu mehreren mm (Glaskugeln) mit Volumenanteilen bis zu 70 %. Gefüllte Kunststoffe zeichnen sich durch günstige Herstellungskosten und/oder verbesserte mechanische Eigenschaften aus.

## 2.4.2 Faserverbundwerkstoffe

Durch die Entwicklung von Faserverbundwerkstoffen werden wenig feste bzw. spröde Matrixwerkstoffe verbessert:

(a) Erhöhung der mechanischen Eigenschaften des Matrixmaterials durch Einlagern von Fasern mit hoher Bruchfestigkeit und -dehnung. Dabei soll die Matrix einen geringeren E-Modul aufweisen und sich bei einem Faser-

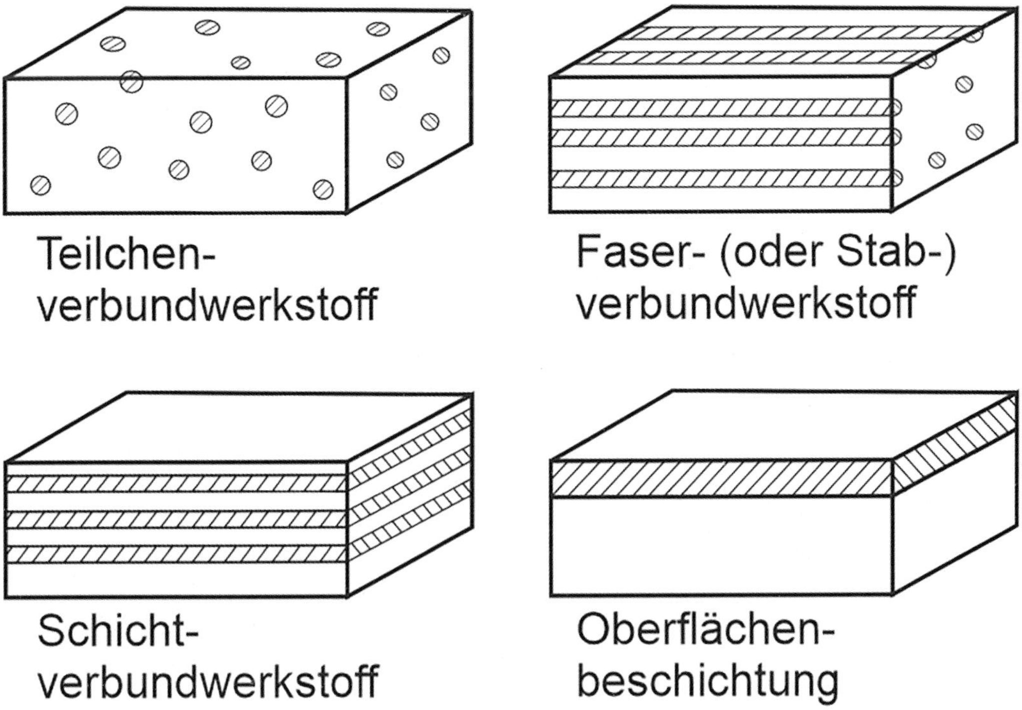


**Abb. 11** Einteilung der Verbundwerkstoffe

bruch zum Abbau von Spannungsspitzen örtlich plastisch verformen können.

Beispiele: Glasfaserverstärkte Kunststoffe (GFK), polymerfaserverstärkte Kunststoffe (PFK), karbonfaserverstärkte Kunststoffe (CFK), bestehend aus einer Kunststoffmatrix (hauptsächlich Duroplaste, wie z. B. ungesättigtes Polyesterharz (UP), Epoxidharz (EP), neuerdings auch Thermoplaste) verstärkt durch Glasfasern (5 µm bis 15 µm Durchmesser), Aramidfasern (aromatische Polyamide) oder Kohlenstoff-(Carbon-)fasern. Aluminiumlegierungen, verstärkt durch Bor- oder Si-Fasern hergestellt durch CVD-Abscheidung (siehe Abschn. 4.5) von B, SiC auf W- oder C-Fasern.

(b) Einlagerung von duktilen Fasern in sprödes Matrixmaterial, wodurch die Rissausbreitung unterbunden und die Sprödigkeit herabgesetzt wird. Beispiele: $Si_3N_4$-Keramik verstärkt durch SiC-Fasern. Mullit verstärkt durch C-Fasern. Beton verstärkt durch PA-Fasern („Polymerbeton").

Zur Herstellung von Faserverbundwerkstoffen werden Einzelfasern (Kurzfasern, ungerichtet oder gerichtet, bzw. Langfasern), Faserstränge (Rovings), Fasermatten oder Faservliese verwendet.

Durch Orientierung der Fasern kann eine mechanische Anisotropie der Bauteile erzielt und so die Festigkeit den Beanspruchungen angepasst werden.

Für die Anwendung von Faserverbundwerkstoffen sind neben den Eigenschaften von Matrix und Fasern besonders deren Zusammenspiel bedeutsam. Es kommt dabei auf die Volumenanteile von Fasern bzw. Matrix und die chemisch-physikalische Verträglichkeit (z. B. Diffusionsverhalten, Ausdehnungskoeffizienten) sowie die Adhäsion zwischen Matrix und Fasern und ihre mögliche Beeinflussung durch eine Oberflächenbehandlung der Fasern an.

Eine Abschätzung der elastischen Eigenschaften von Faserverbundwerkstoffen mit einem Volumenanteil $\varphi_F$ an (Lang-)Fasern ergibt unter idealisierten Bedingungen (parallele Faserausrichtung, linear-elastisches Materialverhalten, gute Matrix-Faser-Haftung) anhand der Bedingungen:

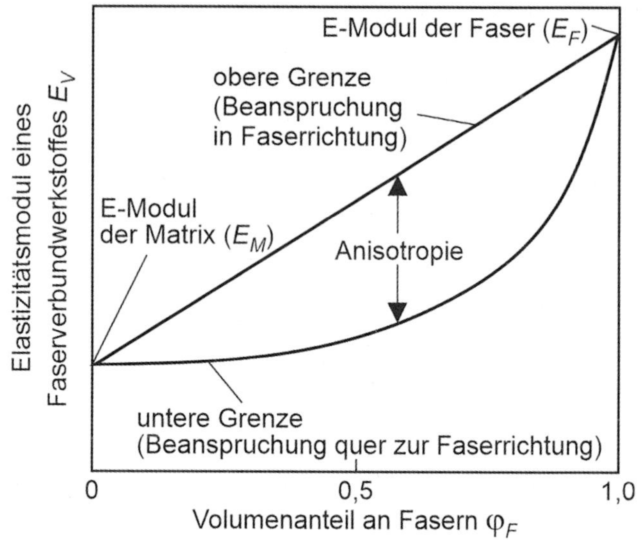


**Abb. 12** Elastische Eigenschaften von Faserverbundwerkstoffen: Einflüsse von Faseranteil und Beanspruchungsrichtung (schematisch vereinfachte Darstellung)

Matrixdehnung = Faserdehnung ($\varepsilon_M = \varepsilon_F$) in Faserrichtung, Matrixspannung = Faserspannung ($\sigma_M = \sigma_F$) quer zur Faserrichtung für die obere Grenze des Elastizitätsmoduls des Verbundwerkstoffs

$$E_{\mathrm{Vmax}} = \varphi_F \cdot E_F + (1 - \varphi_F)E_M$$

und für die untere Grenze

$$E_{\mathrm{Vmin}} = 1/(\varphi_F/E_F + (1 - \varphi_F)/E_M)$$

Abb. 12 zeigt die Abhängigkeit der elastischen Eigenschaften von Faserverbundwerkstoffen in Abhängigkeit vom Faser-Volumenanteil und illustriert die Anisotropie der Faserverstärkung bezüglich der Beanspruchungsrichtung (Hornbogen et al. 2017).

### 2.4.3 Stahlbeton und Spannbeton

Die bedeutendsten Verbundwerkstoffe mit anorganisch-nichtmetallischer Matrix und metallischer Verstärkung sind Stahlbeton und Spannbeton. Sie kombinieren im makroskopischen Maßstab den Verbundwerkstoff Beton (siehe Abschn. 2.6.3) mit einer Faserverstärkung. Die geringe Zugfestigkeit des Betons wird beim Stahlbeton durch eine sog. Bewehrung mit einem Werkstoff hoher Zugfestigkeit verbessert. Wichtige Voraussetzungen sind eine ähnliche thermische Ausdehnung und gute Haftung beider Komponenten sowie ein ausreichender Korrosionsschutz des Stahls durch das alkalische Milieu im Beton (geringe Chlorionenkonzentration erforderlich) und die Abschirmung von atmosphärischem Sauerstoff.

Beim *Spannbeton* wird eine weitere Verbesserung der mechanischen Eigenschaften dadurch erreicht, dass mittels Spannstählen der Beton in Beanspruchungsrichtung unter Druckspannung gesetzt wird. Hierdurch soll die Wirkung von Zugspannungen unwirksam gemacht und das Auftreten korrosionsbegünstigender Risse vermieden werden. Spannbeton ermöglicht eine gute Ausnutzung der Betonfestigkeit, geringere Querschnitte und einen Druckzustand der fertigen Teile. Zur Ausnutzung der Möglichkeiten des Spannbetons sind sorgfältige Herstellung, Ausgleich des Schwindens durch volumenvergrößernde Zusatzstoffe (z. B. Gips, $CaSO_4$, als Zusatz zu Portlandzement) und Verhinderung von Korrosionseinflüssen erforderlich.

### 2.4.4 Schichtverbundwerkstoffe

Schichtverbundwerkstoffe (Laminate) sind flächige Verbunde, bei denen die Herstellung häufig mit der Formgebung verbunden ist.

*Schichtpressstoffe* bestehen aus geschichtetem organischem Trägermaterial (z. B. Papier, Pappe, Zellstoff, Textilien) und einem Bindemittel (z. B. Phenolharz, PF; Melaminharz, MF; Harnstoffharz, UF) und werden durch Pressen unter Erwärmen hergestellt. Beim *Laminieren* werden zunächst Prepregs (engl. preimpregnated materials) durch Tränken des Trägermaterials mit einem Harz vorfabriziert, die später in den Verfahrensschritten Formgebung, Aushärten, Nachbehandeln weiterverarbeitet werden. Beim *Kalandrieren* wird Material in einem vorgemischten und vorplastifizierten Rohzustand in einer Walzenanordnung zu Platten- oder Folienbahnen verarbeitet.

Einen silikatisch-metallischen Schichtverbundwerkstoff bildet *Email* mit seiner Unterlage. Er besteht aus einer oxidisch-silikatischen Masse, die unter Mitwirkung von Flussmitteln (z. B. Borax, Soda), in einer oder mehreren Schichten auf einem metallischen Trägerstoff (meist Stahlblech mit C-Anteil $< 0{,}1$ Gew.-% oder Gusseisen) aufgeschmolzen, bei ca. 900 °C aufgebrannt und vorzugsweise glasig erstarrt ist. Die flächenhafte Email-Metall-Verbindung erfordert gute Haftfestigkeit (Beimengungen von sog. Haftoxiden, wie z. B. 0,5 % CoO, 1 % NiO in die Emailgrundmasse) und vergleichbare thermische Ausdehnungskoeffizienten $\alpha$ von Metall (M) und Email (E) (Anzustreben: $\alpha_E < \alpha_M$ zur Ausbildung von Druckspannungen im Email und Vermeidung von rissauslösenden Zugspannungen). Die Komponenten des Verbundwerkstoffs übernehmen unterschiedliche Aufgaben: das Metall ist Träger der Festigkeit, während das Email antikorrosive und dekorative Funktionen erfüllt.

### 2.4.5 Oberflächenbeschichtungen und Oberflächentechnologien

Durch Oberflächentechnologien sollen Werkstoffe und Bauteile gezielt den oberflächenspezifischen funktionellen Aufgaben (z. B. dekoratives Aussehen, Farbe, Glanz, Verwitterungs- und Alterungsbeständigkeit, Korrosions- und Verschleißresistenz, Mikroorganismenbeständigkeit) angepasst werden. Hierzu werden entweder die Oberflächenbereiche durch mechanische oder physikalisch-chemische Behandlung in ihren Eigenschaften modifiziert oder es wird auf die (Substrat-)Oberfläche die Schicht eines anderen Werkstoffs aufgebracht, der fest haftet und die gewünschten Oberflächeneigenschaften aufweist. Die entstehenden Verbundwerkstoffe sind durch eine Aufteilung der einwirkenden Beanspruchungen und der funktionellen Eigenschaften gekennzeichnet: der Grundwerkstoff trägt die Volumenbeanspruchungen (siehe ► Abschn. 3.1.1 in Kap. 3 „Anforderungen, Eigenschaften und Verhalten von Werkstoffen") und gewährleistet die Festigkeit, während die Beschichtung Oberflächenfunktionen realisiert (Bunshah 2001).

Die konventionellen *organischen Beschichtungen* umfassen die verschiedenen Lackierverfahren. Während früher das Spritzen dominierte, sind seit etwa 1970 hinzugekommen: Airless-Spritzen, Gießen, Elektrotauchlackierung, Breitbandbeschichtung, elektrostatische Pulverlackierung, Strahlungshärten. Eine neue Variante ist das sog. Elektro-Powder-Coating (EPC), bei dem als „Lackbad" eine kationische Pulversuspension dient. Heute werden auch sehr dünne organische Beschichtungen nach dem Verfahren der Plasmapolymerisation technisch hergestellt. Die Plasmapolymerisation gehört zu den CVD-Verfahren (siehe unten).

Einen Überblick über die wichtigsten anorganisch-metallischen Oberflächentechnologien und die charakteristischen Eigenschaften der Oberflächenbereiche gibt Tab. 6.

Für die thermischen Verfahren zeigt die Verfahrenstemperatur an, ob die Wärmebehandlung vor oder nach dem Aufbringen einer Oberflächenschutzschicht oder unmittelbar durch ein Abschrecken von der Verfahrenstemperatur aus vorzunehmen ist und ob niedrigschmelzende Legierungen überhaupt behandelt oder beschichtet werden können. Man strebt niedrige Verfahrenstemperaturen an, um ein Verziehen von Teilen bei sich anschließenden Wärmebehandlungen zu vermeiden.

**Tab. 6** Oberflächentechnologien für anorganisch-metallische Beschichtungen

| Verfahren | Verfahrenstemperatur | Charakteristische Eigenschaften der Oberflächenbereiche |
|---|---|---|
| Mechanische Oberflächenverfestigung | Raumtemperatur (Temperaturerhöhung durch plastische Verformung) | hohe Versetzungsdichte, Druckeigenspannungen |
| – Strahlen | | |
| – Festwalzen | | |
| – Druckpolieren | | |
| Randschichthärten | Austenitisierungstemperatur in Oberflächenbereichen | Martensit |
| – Flammhärten | | |
| – Induktionshärten | | |
| – Impulshärten | unter Anlasstemperatur im Kern | |
| – Elektronenstrahlhärten | | |
| – Laserstrahlhärten | | |
| Umschmelzen | Schmelztemperatur in den Oberflächenbereichen | feinkörniges oder amorphes Gefüge |
| – Lichtbogenumschmelzen | | |
| – Elektronenstrahlumschmelzen | | |
| – Laserstrahlumschmelzen | | |
| Ionenimplantieren | Raumtemperatur | implantierte Atome (N, Ti u. a.) |
| Thermochemische Verfahren | $T <$ 600 °C Nitrieren, Nitrocarburieren, $T =$ (800 ... 1000) °C, Aufkohlen, Borieren | Verbindungen, z. B. $Fe_xN$, Diffusionszone |
| Chemische Abscheidung aus der Gasphase (CVD) | $T =$ (800 ... 1000) °C | Verbindungen, z. B. TiC |
| Physikalische Abscheidung aus der Gasphase (PVD) | $T <$ 500 °C | Verbindungen, z. B. TiN |
| – Sputtern | | |
| – Ionenplattieren | | |
| Galvanische Verfahren | $T <$ 100 °C | a) Metalle wie Cr, Ni<br>b) Legierungen<br>a), b) + Partikel, z. B. Ni-SiC |
| – elektrolytisch | | |
| – fremdstromlos | Aushärtung von Ni-P bei $T =$ 400 °C | |
| Anodisieren | Raumtemperatur | Verbindungen z. B. $Al_2O_3$, |
| Aufsintern | Temperatur des Sintergutes | mehrphasige Legierungen |
| Aufgießen | Temperatur des Schmelzgutes | mehrphasige Legierungen |
| Thermisches Spritzen | unter Anlasstemperatur | a) Metalle, z. B. Mo<br>b) Legierungen<br>a), b) + Partikel |
| – Flammspritzen | | |
| – Lichtbogenspritzen | | |
| – Plasmaspritzen | | |
| – Detonationsspritzen | | |
| Auftragsschweißen | Temperatur des Schmelzgutes in den Oberflächenbereichen, Vorwärmen auf 600 °C | mehrphasige Legierungen mit Carbiden |
| Plattieren | Warmwalztemperatur | ein- oder mehrphasige Legierungen |
| – Walzplattieren | | |
| – Sprengplattieren | | |
| – Schweißplattieren | | |

Das Randschichthärten durch Elektronenstrahl-, Laserstrahl- und lokale Impulshärteverfahren zeichnet sich dadurch aus, dass die Volumentemperatur des Grundwerkstoffs unterhalb der Anlasstemperatur von Stählen bleibt. Durch Elektronenstrahl- und Laserstrahlhärten kann man Oberflächenbereiche von Bauteilen partiell in sehr dünnen Schichten auf Austenitisierungs- oder Schmelztemperatur bringen, wobei anschließend eine Selbstabschreckung stattfindet, mit der sich martensitische, besonders feinkörnige oder sogar amorphe Schichten erzeugen lassen.

Bei der *Chemischen Gasphasenabscheidung* (chemical vapor deposition, CVD) werden Gase in einem Reaktionsraum mit dem zu beschichtenden Bauteil unter Druck und Wärme in Kontakt gebracht, wobei sehr harte Reaktionsschichten entstehen (z. B. aus Titankarbid, Titannitrid oder Aluminiumoxid auf Hartmetall).

Die Verfahren der *Physikalischen Gasphasenabscheidung* (physical vapor deposition, PVD) Aufdampfen, Sputtern und Ionenplattieren (ion plating) sind bisher hauptsächlich zur Vergütung optischer Bauteile und in der Elektronik eingesetzt worden, daneben zeichnen sich tribotechnische Einsatzbereiche in der Feinwerk- und Fertigungstechnik ab. Die PVD-Technologie gestattet niedrigere Prozesstemperaturen als das CVD-Verfahren, die unterhalb der Anlasstemperatur von Schnellarbeitsstahl liegen und das Beschichten von wärmebehandelten Stählen sowie Leichtmetalllegierungen (Al-, Mg-, Ti-Basis) zulassen. Schmelztauchschichten werden durch Tauchen der zu beschichtenden Bauteile in schmelzflüssige Metalle (z. B. Zinnbad 250 °C, Zinkbad 440 °C bis 460 °C) hergestellt. Das Aufbringen von Aluminium, Zink, Zinn und Blei auf diese Weise wird Feueraluminieren, Feuerverzinken, Feuerverzinnen und Feuerverbleien genannt.

Die Entwicklung der galvanotechnischen Verfahren ist gekennzeichnet durch die sog. funktionelle Galvanotechnik. Darunter versteht man die Erzeugung von Verbundwerkstoffen, bei denen der Grundwerkstoff Form und Festigkeit des Bauteils bestimmt und die funktionellen Eigenschaften der Bauteiloberfläche vom galvanischen Überzug zu gewährleisten sind. Während die mit galvanotechnischen, CVD-, PVD und Schmelztauchverfahren erzielbaren Beschichtungen Dicken von 1 μm bis 100 μm aufweisen, lassen sich mit thermischem Spritzen, Auftragsschweißen und Plattieren noch erheblich dickere Oberflächenbeschichtungen erzielen.

## Literatur


Berns H, Theisen W (2008) Eisenwerkstoffe – Stahl und Gusseisen, 4. Aufl. Springer, Berlin

Bunshah RF (Hrsg) (2001) Handbook of hard coatings: deposition technologies, properties and applications. Noyes Publ, Park Ridge

Chen IW, Shuba R (2001) Si-AlON ceramics, structure and properties of. In: Buschow KHJ, Cahn RW, Flemings MC et al (Hrsg) Encyclopedia of materials: science and technology. Elsevier, Oxford, S 8471–8475

Deppe HJ, Ernst K (2000) Taschenbuch der Spanplattentechnik. DRW, Leinenfelden-Echterdingen

Habig K-H (1980) Verschleiß und Härte von Werkstoffen. Hanser, München, S 268–269

Hornbogen E, Eggeler G, Werner E (2017) Werkstoffe, 11. Aufl. Springer, Berlin

McCauley JW (2001) Aluminum nitride and AlON ceramics, structure and properties of. In: Buschow KHJ, Cahn RW, Flemings MC et al (Hrsg) Encyclopedia of materials: science and technology. Elsevier, Oxford, S 127–132

Pero-Sanz Elorz JA, Fernádez Gonzáles D, Verdeja LF (2018) Physical metallurgy of cast irons. Springer International Publishing, Cham

Polmear IJ, StJohn D, Nie J-F, Qian M (2017) Light alloys, 5. Aufl. Butterworth-Heinemann, Oxford

Wagenführ R (1999) Anatomie des Holzes, 5. Aufl. Fachbuchverlag, Leipzig

Wegst CW (2016) Stahlschlüssel, 24. Aufl. Stahlschlüssel, Marbach

# Anforderungen, Eigenschaften und Verhalten von Werkstoffen

3

Birgit Skrotzki und Horst Czichos

## Inhalt



Elektronisches Zusatzmaterial: Die Online-Version dieses Kapitels (https://doi.org/10.1007/978-3-662-64372-3_29) enthält Zusatzmaterial, das für autorisierte Nutzer zugänglich ist.

B. Skrotzki (✉)
Fachbereich Experimentelle und modellbasierte Werkstoffmechanik, Bundesanstalt für Materialforschung und -prüfung (BAM), Berlin, Deutschland
E-Mail: Birgit.Skrotzki@bam.de

H. Czichos
Berlin, Deutschland
E-Mail: horst.czichos@t-online.de

© Der/die Autor(en), exklusiv lizenziert durch Springer-Verlag GmbH, DE, ein Teil von Springer Nature 2022

M. Hennecke, B. Skrotzki (Hrsg.), *HÜTTE Band 2: Grundlagen des Maschinenbaus und ergänzende Fächer für Ingenieure*, Springer Reference Technik,
https://doi.org/10.1007/978-3-662-64372-3_29

**Zusammenfassung**

Die Eigenschaften verschiedener Werkstoffe werden behandelt und typische Werkstoffkennwerte angegeben. Es werden Arten der Beanspruchung von Bauteilen und Werkstoffen vorgestellt, die diese in technischen Anwendungen unterworfen sind. Im Betrieb von Bauteilen kann Materialschädigung und unter Umständen auch Versagen eintreten. Mögliche Mechanismen und Ursachen werden erläutert und Einblicke in die Methodik der Schadensanalyse gegeben.

## 3.1 Beanspruchung und Verhalten von Werkstoffen

Werkstoffe bilden die materielle Basis für alle technischen Produkte. Zur Herstellung von Bauteilen für technische Anwendungen wird natürliche oder synthetische *Materie* durch Synthese und Verfahrenstechnik in technisch verwendbares *Material* überführt und durch Design und Produktion zu *Werkstoffen und Bauteilen* für die zu erfüllende technische Funktion gestaltet (Ashby 2017). Hierbei ist zu beachten, dass durch die

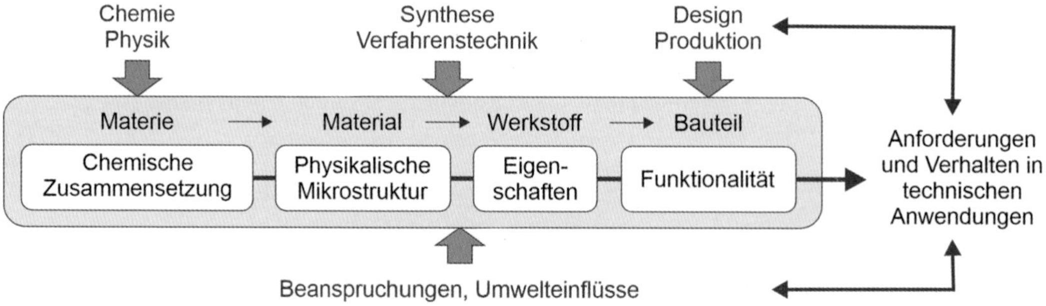


**Abb. 1** Der Entwicklungsstrang von Werkstoffen und Bauteilen bis zu technischen Anwendungen mit den damit verbundenen Beanspruchungen und Umwelteinflüssen. (Nach Czichos 2018 aus der Zeitschrift Materials Testing, Vol 60, Issue 1, Seiten 8–14 © Carl Hanser Verlag GmbH & Co.KG, München)

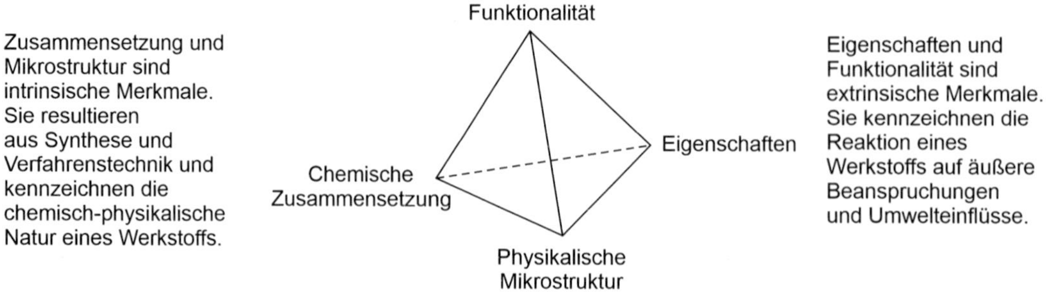


**Abb. 2** Das Merkmalsprofil von Werkstoffen. (Nach Czichos 2018 aus der Zeitschrift Materials Testing, Vol 60, Issue 1, Seiten 8–14 © Carl Hanser Verlag GmbH & Co.KG, München)

verfahrens- und fertigungstechnischen Einflüsse bereits Bauteileigenschaften vorgeprägt werden, z. B.:

- Produktionsabhängige Formeigenschaften und fertigungsbedingte Eigenspannungen in Oberflächenbereichen von Bauteilen infolge lokaler inhomogener Deformationen bei der spangebenden oder spanlosen Formgebung.
- Fertigungsbedingte Oberflächenstrukturen in Form von oberflächenverfestigten Werkstoffbereichen und der Ausbildung von Reaktions- und Kontaminationsschichten mit einer vom Grundwerkstoff verschiedenen chemischen Zusammensetzung und Mikrostruktur sowie dem Vorhandensein von Kerben.

Eine Übersicht über den Entwicklungsstrang Materie – Material – Werkstoff – Bauteil bis hin zu technischen Anwendungen und den damit verbundenen Beanspruchungen und Umwelteinflüssen gibt Abb. 1.

Das Verhalten von Werkstoffen in technischen Anwendungen wird bestimmt durch vier elementare Merkmale: *chemische Zusammensetzung, physikalische Mikrostruktur, Eigenschaften* und *Funktionalität* (Olson 2000). Da alle Merkmale miteinander verbunden sind, kann das Merkmalsprofil eines Werkstoffs symbolisch in Form eines Tetraeders dargestellt werden, siehe Abb. 2.

### 3.1.1 Beanspruchung von Werkstoffen

Die Analyse der Beanspruchungen und Umwelteinflüsse von Werkstoffen ist Voraussetzung für das Verständnis von Werkstoffeigenschaften und Werkstoffschädigungsprozessen und bildet die Basis für eine funktionsgerechte Werkstoffauswahl (Gordon 1989). Die funktionsbedingten Beanspruchungen können in Volumenbeanspruchungen und Oberflächenbeanspruchungen eingeteilt werden, die durch unterschiedliche Beanspruchungsarten und zeitliche Abläufe gekennzeichnet sind und in ihrer Überlagerung Komplexbeanspruchungen ergeben.

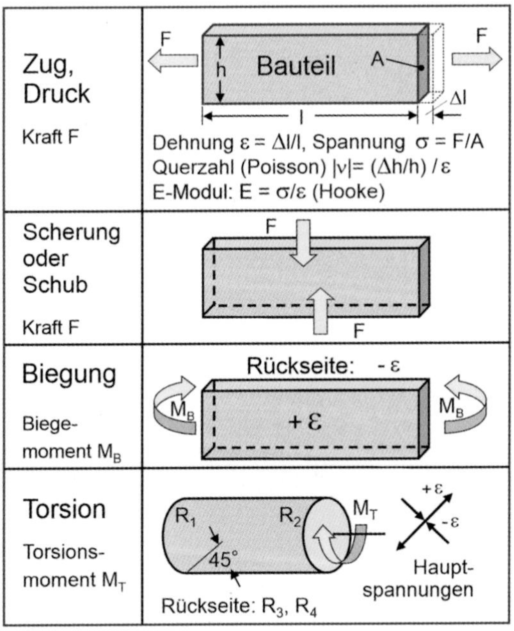


**Abb. 3** Die elementaren Volumenbeanspruchungen von Werkstoffen. (Czichos 2015; mit freundlicher Genehmigung von © Springer Fachmedien Wiesbaden GmbH 2015. All Rights Reserved)

| Art und Funktion technischer Oberflächen | Oberflächenbeanspruchung | | Oberflächenveränderung bzw. -schädigung |
|---|---|---|---|
| Außenflächen von techn. Produkten aller Art (Sichtflächen, Deckflächen, Signalflächen) |  | mechanisch unbeansprucht (Klima- bzw. Umweltbeanspruchung) | Adsorption, Verschmutzung, Verwitterung |
| Oberflächen, die Wärme, Strahlung oder elektr. Strom ausgesetzt sind (Isolierflächen, elektr. Kontakte) | 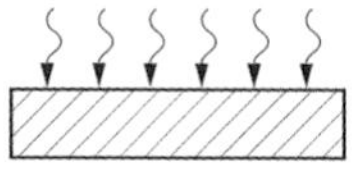 | thermische, strahlungsphysikalische, elektr. Beanspruchung | Passivierung, Oxidation, Verzunderung |
| Oberflächen in Kontakt mit leitenden Flüssigkeiten (Behälter, Karosserieteile) | 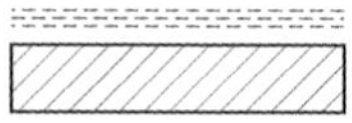 | elektrochemische Beanspruchung | Korrosion, Elektrolyse |
| Oberflächen in Kontakt mit strömenden Medien (Rohrleitungen, Ventile) | 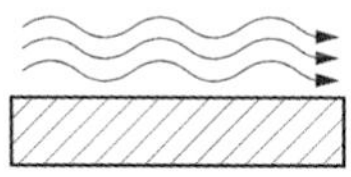 | Strömungsbeanspruchung | Kavitation, Erosion |
| Oberflächen in Kontakt mit bewegten Gegenkörpern (Lager, Bremsen, Getriebe) | 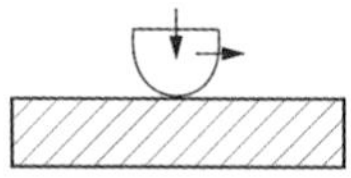 | tribologische Beanspruchung (Reibbeanspruchung) | Kontaktdeformation, Verschleiß |
| Oberflächen in Kontakt mit Mikroorganismen |  | biologische Beanspruchung | biologische Schädigung |

**Abb. 4** Beanspruchungsarten von Werkstoffoberflächen

**Volumenbeanspruchungen**
Als Volumenbeanspruchungen werden diejenigen Beanspruchungen bezeichnet, die zu einer Verformung des Bauteilvolumens führen. Nach der Festigkeitslehre unterscheidet man die Grundbeanspruchungen *Zug, Druck, Schub, Biegung, Torsion,* siehe Abb. 3. Formänderungen von Bauteilen können auch durch thermisch induzierte Spannungen bewirkt werden.

**Oberflächenbeanspruchungen**
Die auf die Oberflächen von Werkstoffen und Bauteilen einwirkenden Beanspruchungen und die Art und Funktion technischer Oberflächen lassen sich in die in Abb. 4 dargestellten Gruppen einteilen (Czichos 1985).

### 3.1.2 Zeitlicher Verlauf von Beanspruchungen

Volumenbeanspruchungen können konstant sein (statische Beanspruchung, Zeitstandbeanspruchung) oder sich periodisch (Schwingungsbeanspruchung) oder stochastisch (Betriebsbeanspruchung) ändern. Die wichtigsten Beanspruchungs-Zeit-Funktionen sind in Abb. 5 dargestellt. Überlagern sich verschiedene Beanspruchungen (Art und zeitlicher Verlauf, Beanspruchungsmedien usw.), so spricht man von Komplexbeanspruchungen. Bei tribologischen Beanspruchungen wird der zeitliche Verlauf gekennzeichnet durch kinematische Bewegungsformen (Gleiten, Wälzen, Prallen, Stoßen, Strömen) sowie zeitliche Bewegungsverläufe (kontinuierlich, intermittierend, repetierend, oszillierend).

### 3.1.3 Umweltbeanspruchung und Umweltsimulation

Produkte und Materialien unterliegen während des gesamten Lebenszyklus (siehe Abb. 1 im ► Kap. 1, „Grundlagen der Werkstoffkunde") Beanspruchungen aus der Umwelt, die die Lebensdauer und damit die Zuverlässigkeit beeinflussen können (Vogl 1999; Förtsch und Meinholz

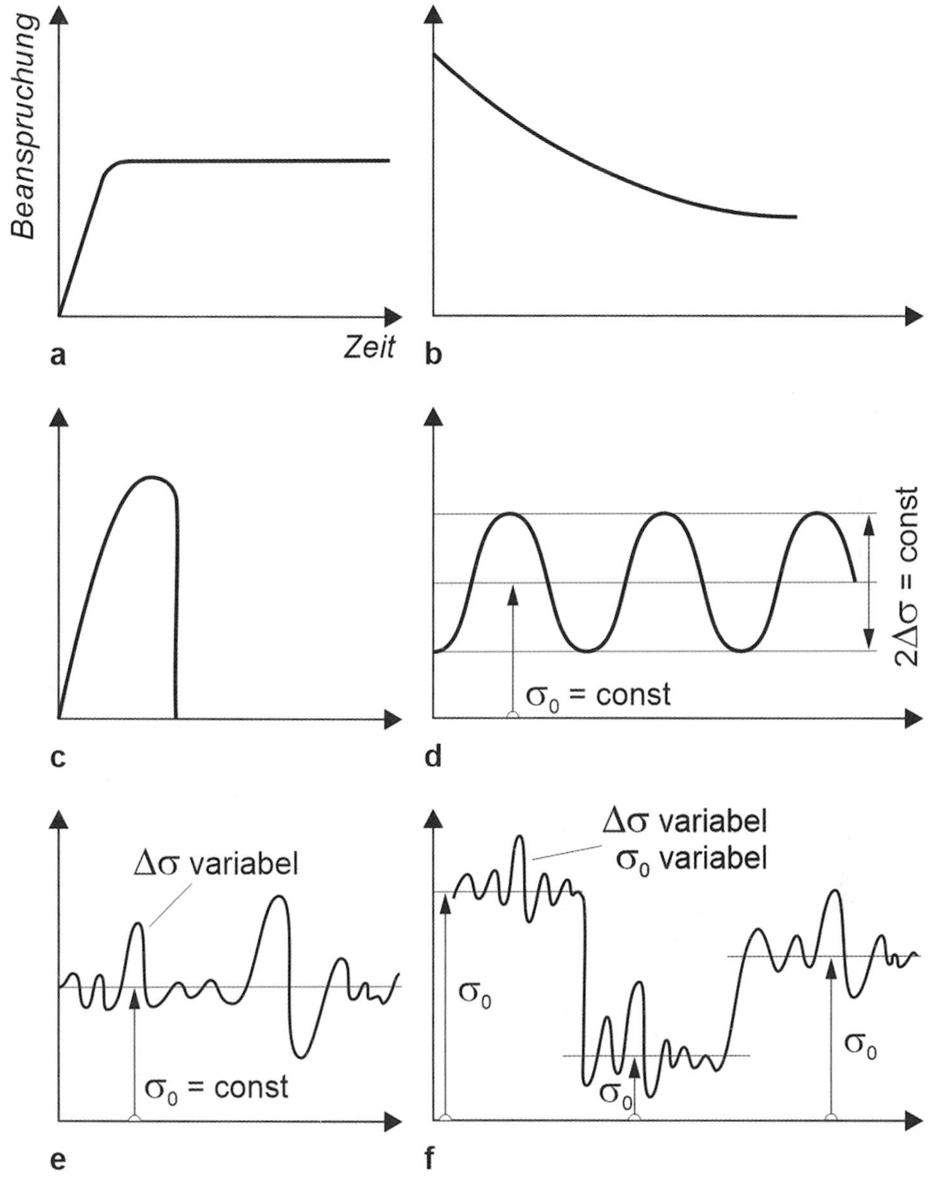


**Abb. 5** Zeitlicher Verlauf von Beanspruchungen. **a**) statische Langzeitbeanspruchung (Zeitstandbeanspruchung), **b**) Entspannungsbeanspruchung, **c**) zügige Kurzzeit- oder Stoßbeanspruchung, **d**) periodische Schwingbeanspruchung mit konstanter Schwingamplitude und Vorlast, **e**) Schwingbeanspruchung mit konstanter Vorlast und variablen Schwingamplituden, **f**) Schwingbeanspruchung mit variablen Mittel- und Schwingamplituden.

2018). Diese Beanspruchungen erfolgen häufig über die Materialoberfläche. Tab. 1 gibt einen Überblick über wichtige Umwelteinflüsse.

Bezüglich ihrer Empfindlichkeit gegenüber Umwelteinflüssen gibt es einen deutlichen Unterschied zwischen den erheblich unempfindlicheren anorganischen Materialien wie Metallen und organischen, also auf Kohlenstoffverbindungen basierenden Werkstoffen.

Unerwünschte Veränderungen sind in der Regel irreversible Veränderungen. Diese sind vor allem chemischer Natur und beruhen im Wesent-

**Tab. 1** Wichtige Umwelteinflüsse

| Art der Beanspruchung | Natürliche Ursache | Anthropogene Ursache |
|---|---|---|
| Klima | natürliches Klima | künstliches Klima |
| Wärme, Kälte | | |
| Feuchtigkeit | | |
| Luftdruck | | |
| Salzwasser, Aerosole | | |
| Niederschläge | | |
| Stäube | | |
| Vibrationen | Erdbeben | Transporterschütterungen |
| energiereiche Strahlung (Röntgen, Elektronen) | radioaktive Isotope | künstliche Strahlungsquellen |
| chemischer und biologischer Angriff | Pilze, Bakterien | Säuren, Laugen |

lichen auf Oxidationsreaktionen (Korrosion von Metallen wie auch Degradation von Kunststoffen). Unerwünschte Veränderungen auf molekularer Ebene akkumulieren sich über die Dauer der Einwirkung, bis sie schließlich zu makroskopischen Eigenschaftsänderungen führen. Nicht nur konstante Beanspruchungen auf einem hohen Niveau können zu Schädigungen führen, auch der schnelle Wechsel zwischen Zuständen (besonders bei Temperatur- oder Feuchtewechseln). In den meisten Fällen zeigen sich Schädigungen nicht als Summe der Einzelschädigungen durch die individuellen Beanspruchungsfaktoren, sondern es treten ausgeprägte Synergismen und Antagonismen auf.

Die Umweltsimulation dient der Beschreibung der Schädigungsmechanismen durch Umwelteinflüsse. Dabei spielen zeitraffende Methoden eine große Rolle. Für die Simulation der Umwelteinflüsse gibt es genormte Verfahren. Für elektrotechnische Produkte beschreibt DIN EN 60068-2 (Umweltprüfungen) Verfahren für die folgenden Beanspruchungen: Kälte, trockene Wärme, feuchte Wärme, Schock, Schwingungen, Beschleunigung, Schimmelwachstum, korrosive Atmosphären (z. B. Salznebel), Staub und Sand, Luftdruck, Temperaturwechsel, Dichtheit, Wasser, Strahlung, Löten, Widerstandsfähigkeit der Anschlüsse.

## 3.2 Werkstoffeigenschaften und Werkstoffkennwerte

Für technische Anwendungen sind Werkstoffe so auszuwählen, dass sie den funktionellen Anforderungen entsprechen, sich gut bearbeiten und fügen lassen, verfügbar und wirtschaftlich sind sowie den Sicherheits-, Qualitäts- und Umweltschutzerfordernissen gerecht werden. Werkstoffe besitzen naturgemäß individuelle Eigenschaftsprofile; ihre Kenndaten sind bekanntlich keine „Konstanten". Die in diesem Beitrag zusammengestellten, technisch wichtigsten Werkstoffeigenschaften und typischen Kenndaten sollen einen Eigenschaftsvergleich und überschlägige Berechnungen für technische Anwendungen ermöglichen (Quelle: Cardarelli 2018). Für endgültige Konstruktionsberechnungen, Funktionsbeurteilungen oder Schadensanalysen müssen in jedem Fall genaue Herstellungsspezifikationen oder Materialprüfdaten der betreffenden Werkstoffe verwendet werden, siehe ▶ Abschn. 4.1 im Kap. 4, „Materialprüfung".

### 3.2.1 Mechanische Eigenschaften

Die mechanischen Eigenschaften kennzeichnen das Verhalten von Werkstoffen gegenüber äußeren Beanspruchungen (siehe Abschn. 1.1), wobei drei Stadien unterschieden werden können:

- Reversible Verformung: vollständiger Rückgang einer Formänderung bei Entlastung entweder sofort (Elastizität) oder zeitlich verzögert (Viskoelastizität).
- Irreversible Verformung: bleibende Formänderung auch nach Entlastung (Plastizität, Viskoplastizität).
- Bruch: Trennung des Werkstoffs infolge der Bildung und Ausbreitung von Rissen in makroskopischen Bereichen.

Der Widerstand eines Werkstoffs gegen Eindringen eines anderen Körpers wird als Härte bezeichnet, siehe auch ▶ Abschn. 4.1.5.3 im Kap. 4, „Materialprüfung".

### 3.2.1.1 Elastizität

Die Elastizität von Werkstoffen kann mithilfe von Spannungs-Verformungs-Diagrammen, die z. B. aus Zug- oder Druckversuchen experimentell bestimmt werden, (siehe ▶ Abschn. 4.1.5.1 im Kap. 4, „Materialprüfung") wie folgt gekennzeichnet werden, siehe Abb. 6:

***Linear-elastisches Verhalten,*** Abb. 6a: Für isotrope Stoffe besteht Proportionalität zwischen der einwirkenden Spannung und der resultierenden Verformung in Form des Hooke'schen Gesetzes

| | |
|---|---|
| $\sigma = E \cdot \varepsilon$ | für Normalspannungen |
| | ($E$ Elastizitätsmodul) |
| $\tau = G \cdot \gamma$ | für Schubspannungen |
| | ($G$ Schubmodul) |
| $p_0 = K \cdot k$ | für hydrostatischen Druck |
| | ($K$ Kompressionsmodul). |

Bei anisotropen Stoffen muss im allgemeinen Fall von Spannungs- und Verformungstensoren sowie von richtungsabhängigen elastischen Konstanten ausgegangen werden, siehe ▶ Kap. 9, „Elementare Festigkeitslehre".

Zwischen den elastischen Konstanten $E$, $G$, $K$ und der Poisson-Zahl $\nu = -\varepsilon_q/\varepsilon$ gelten im isotropen Fall folgende Relationen:

$$E = 3(1 - 2\nu)K; E = 2(\nu + 1)G.$$

Nach Abb. 6a wird beim Entlasten die Verformungsenergie wieder vollständig zurückerhalten. Bei hinreichend kleinen Verformungen ($\varepsilon < 0{,}1\,\%$) sind alle Festkörper linear-elastisch.

***Nichtlinear-elastisches Verhalten,*** Abb. 6b: Es besteht keine Proportionalität zwischen der einwirkenden Spannung und der resultierenden Verformung; jedoch wird beim Entlasten die Verformungsenergie auch vollständig zurückerhalten. Ein derartiges Verhalten weist z. B. Gummi bis zu sehr großen Dehnungen (ca. 500 %) auf.

***Anelastisches Verhalten,*** Abb. 6c: Die Verformungskurven fallen bei Be- und Entlastung nicht zusammen (elastische Hysterese), sodass Energie entsprechend der schraffierten Fläche in Abb. 6c dissipiert wird. Ein anelastisches Verhalten ist z. B. für die Vibrationsdämpfung günstig.

Der E-Modul stellt eine wichtige, die Steifigkeit von Werkstoffen charakterisierende Werkstoffkenngröße dar. In atomistischer Deutung kann der E-Modul mit der Federkonstante $c = \mathrm{d}F/\mathrm{d}s$ der Bindungskraft $F$ zwischen den atomaren Bestandteilen von Festkörpern in Verbindung gebracht und aus der Bindungsenergie-Abstands-Funktion $U(s)$, (vgl. Abb. 2 im Kap. ▶ „Grundlagen der Werkstoffkunde") gemäß $E = c/s = (\mathrm{d}F/\mathrm{d}s)/s = (\mathrm{d}^2U/\mathrm{d}s^2)/s$ abgeschätzt werden. Als theoretische Obergrenze ergibt sich für die kovalente C–C-Diamantbindung ein Wert von 1000 GPa (Ashby und Jones 1986). Eine Zusammenstellung der E-Module technischer Werkstoffe findet sich im Zusatzmaterial zu diesem

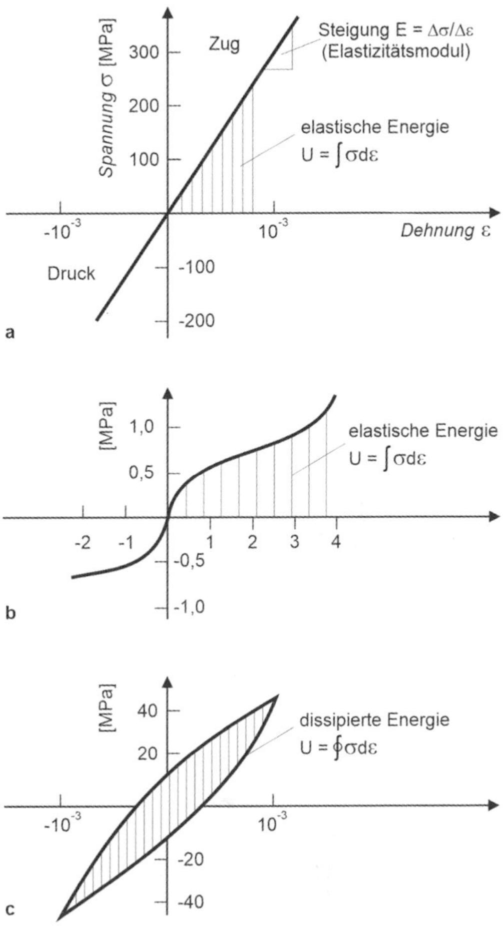


**Abb. 6** Elastisches Verhalten von Werkstoffgruppen. **a** Linear-elastisches Verhalten (z. B. Stahl), **b** nichtlinear-elastisches Verhalten (z. B. Gummi), **c** anelastisches Verhalten (z. B. GFK)

Kapitel. Informationen zum Verhältnis E-Modul zu Dichte liefert Abb. 7.

### 3.2.1.2 Viskoelastizität

Werkstoffe mit nichtkristalliner Mikrostruktur, wie z. B. Polymere, sind beim Einwirken einer konstanten Beanspruchung durch ein zeitabhängiges Verformungsverhalten mit folgenden Deformationsanteilen gekennzeichnet (Ehrenstein 2011), siehe Abb. 8:

Elastisches Verhalten, d. h. linearer Zusammenhang zwischen Spannung $\sigma_0$ und Dehnung $\varepsilon_{\mathrm{el}}$:

$$\varepsilon_{\mathrm{el}} = \frac{\sigma_0}{E_0} \qquad (\text{mit } E_0 = \text{Elastizitätsmodul})$$

Viskoses (plastisches) Verhalten, d. h. lineare Abhängigkeit der Dehnung von der Zeit (*Fließen*):

$$\varepsilon_{\mathrm{v}} = \frac{\sigma_0}{\eta_0} \cdot t \qquad (\text{mit } \eta_0 = \text{Viskosität})$$

Viskoelastisches Verhalten, d. h. zeitabhängige reversible Verformung:

$$\varepsilon_{\mathrm{r}} = \frac{\sigma_0}{E_{\mathrm{r}}} [1 - \exp(-t/\tau)]$$

($E_{\mathrm{r}}$ Relaxationsmodul; $\tau$ Relaxationszeit)

Als Gesamtverformung ergibt sich:

$$\varepsilon_{\mathrm{tot}} = \left( \frac{1}{E_0} + \frac{t}{\eta_0} + \frac{1}{E_{\mathrm{r}}} [1 - \exp(-t/\tau)] \right) \sigma_0 .$$

Hiervon ist nur das viskose, plastische Fließen irreversibel, während das viskoelastische Verhalten ein reversibles Kriechen ist. Bei einer (schnellen) Entlastung formt sich die Probe sofort um den elastischen Anteil $\varepsilon_{\mathrm{el}}$ und verzögert um den relaxierenden Anteil $\varepsilon_{\mathrm{r}}$ zurück.

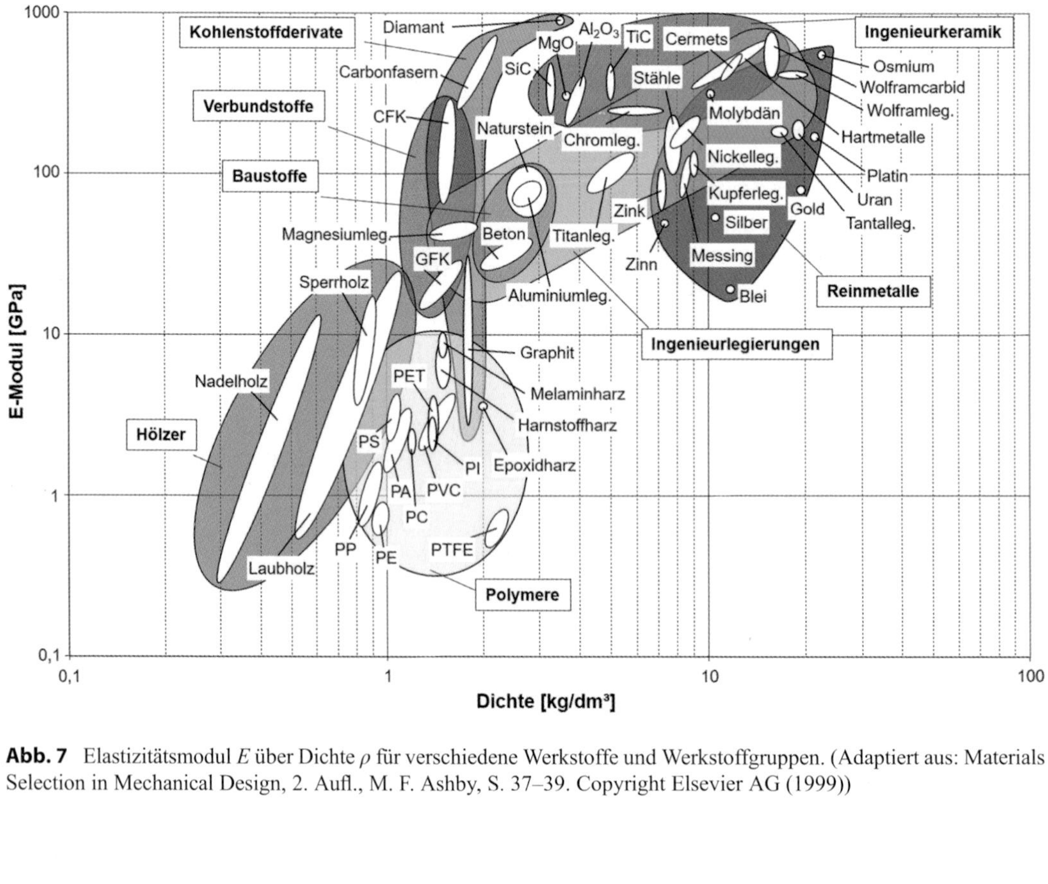


**Abb. 7** Elastizitätsmodul $E$ über Dichte $\rho$ für verschiedene Werkstoffe und Werkstoffgruppen. (Adaptiert aus: Materials Selection in Mechanical Design, 2. Aufl., M. F. Ashby, S. 37–39. Copyright Elsevier AG (1999))

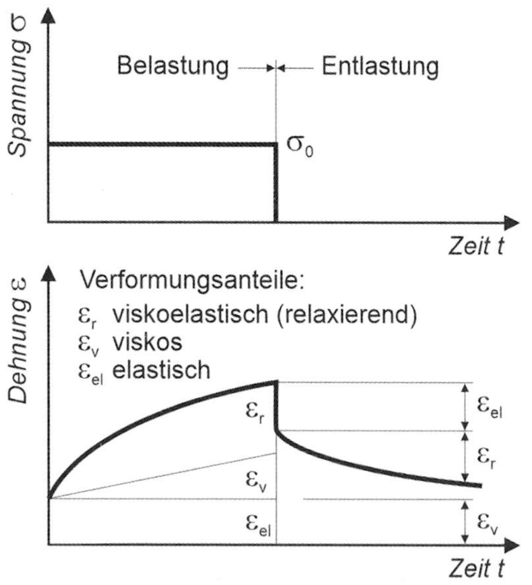


**Abb. 8** Verformungsverhalten von Werkstoffgruppen mit elastischen, viskosen und viskoelastischen Deformationsanteilen

Relaxationsmodul $E_r$, als Maß für den Widerstand gegen eine viskoelastische Verformung, und Relaxationszeit $\tau$, als Maß für die relaxierende Verformungsgeschwindigkeit, werden aus Dehnungs-Zeit-Kurven bestimmt.

Das komplexe Verformungsverhalten kann durch Kombination von Federelementen (elastische Deformation) und Dämpfungselementen (viskose Deformation) modelliert werden, siehe Abb. 9:

- Maxwell-Modell, beschreibt das elastisch-plastische Verhalten durch Hintereinanderschaltung von Feder- und Dämpfungselement.
- Voigt-Kelvin-Modell, beschreibt das viskoelastische Verhalten durch Parallelschaltung von Feder- und Dämpfungselement.
- Burgers-(4-Parameter-)Modell, beschreibt das resultierende Gesamtverhalten durch Hintereinanderschalten eines Maxwell- und Voigt-Kelvin-Modells.

Je nachdem, ob Spannung oder Verformung vorgegeben werden, unterscheidet man:

- Verformungsrelaxation: verzögertes Einstellen der Verformung bei vorgegebener Spannung,

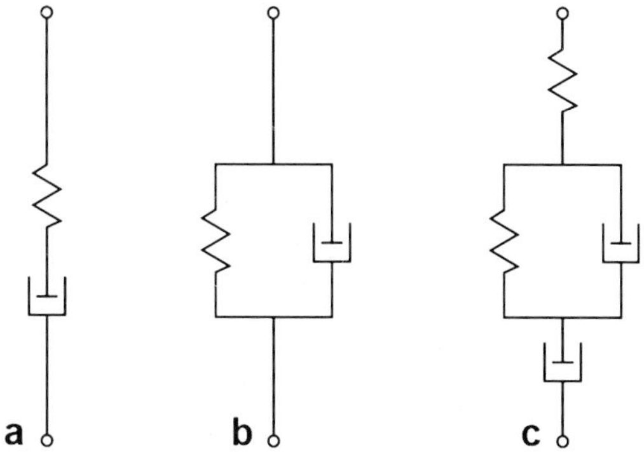


**Abb. 9** Modelle zur Kennzeichnung des komplexen Verformungsverhaltens von Werkstoffen. **a** Maxwell-Modell, **b** Voigt-Kelvin-Modell, **c** Burgers-Modell

- Spannungsrelaxation: allmähliche Abnahme der Spannung in einem Werkstoff bei Aufrechterhaltung einer bestimmten Verformung.

### 3.2.1.3 Festigkeit und Verformung

Als Festigkeit wird die Widerstandsfähigkeit eines Werkstoffs oder Bauteils gegen Verformung und Bruch bezeichnet. Die Festigkeit ist hauptsächlich abhängig von:

- Werkstoff (chemische Natur, Bindungen, Mikrostruktur),

- Proben- bzw. Bauteilgeometrie (Form, Rauheit, Kerben),
- Beanspruchungsart,
- Beanspruchungs-Zeit-Funktion (siehe Abb. 5),
- Temperatur,
- Umgebungsbedingungen (z. B. korrosive Medien).

Die Festigkeit von Werkstoffen wird durch mechanisch-technologische Prüfverfahren bestimmt (siehe Abschn. 1.5 im Kap. ▶ „Materialprüfung"). Die wichtigste Festigkeitsprüfung ist der Zugversuch (DIN EN ISO 6892-1), bei dem eine Zugprobe definierter Abmessungen (Anfangsquerschnittsfläche $S_0$, Anfangsmesslänge $L_0$) unter vorgegebener Geschwindigkeit $\mathrm{d}L/L_0\ t = \mathrm{d}\varepsilon/\mathrm{d}t$ gedehnt und die dabei erforderliche Prüfkraft $F$ (Nennspannung $\sigma = F/S_0$) bestimmt wird. Aus einem Zugversuch resultiert ein Spannungs-Dehnungs-($\sigma$, $\varepsilon$)-Diagramm, siehe Abb. 10, mit dem die folgenden *Kenngrößen* definiert werden können:

Dehngrenze (Fließgrenze) $R_p$: die Spannung $F/S_0$ bei beginnender plastischer Verformung.

0,2 %-Dehngrenze $R_{p0,2}$: $F/S_0$ bei einer bleibenden Verformung von 0,2 %. Neben $R_{p0,2}$ werden auch die 0,01 %-Dehngrenze (technische Elastizitätsgrenze) oder die 1 %-Dehngrenze bestimmt. Die 0,2 %-Dehngrenze wird immer dann verwendet, wenn sich der Werkstoff allmählich plastisch verformt, ohne dass eine ausgeprägte Fließgrenze auftritt.

Zugfestigkeit $R_m$: Nennspannung beim Belastungsmaximum $F_m/S_0$.

Werkstoffe mit nicht stetigem Spannungs-Dehnungs-Verlauf (z. B. weicher kohlen- oder stickstoffhaltiger Stahl, siehe Abb. 10b) werden zusätzlich gekennzeichnet durch die Streckgrenze $R_{eH}$: die Spannung, bei der mit zunehmender Dehnung die Zugkraft erstmalig gleichbleibt oder abfällt. (Bei größerem Spannungsabfall wird zwischen oberer Streckgrenze $R_{eH}$ und unterer Streckgrenze $R_{eL}$ unterschieden.) Dieses Werkstoffverhalten wird auch als ausgeprägte Streckgrenze bezeichnet.

Mit einem Spannungs-Dehnungs-Diagramm werden außerdem verschiedene *Verformungskenngrößen* definiert, wie z. B. die Bruchdehnung $A$: die auf die Anfangsmesslänge $L_0$ bezogene

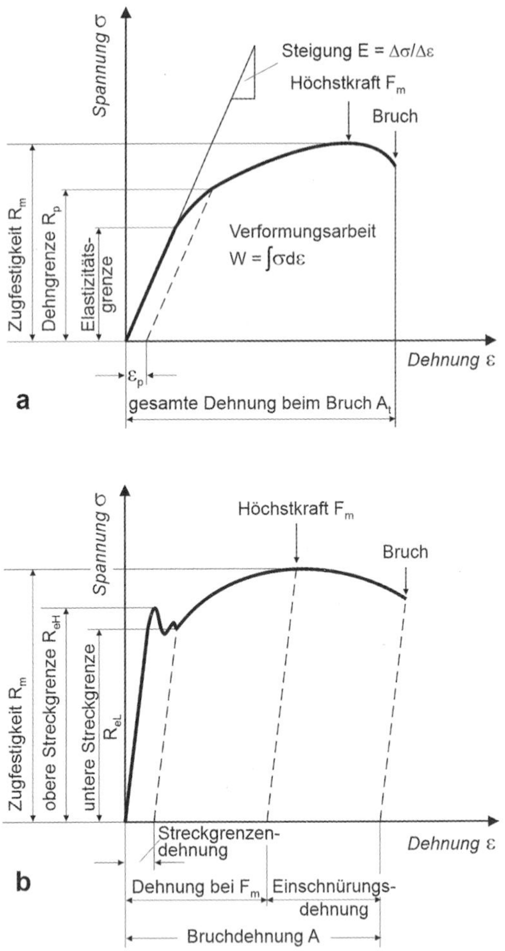


**Abb. 10** Spannungs-Dehnungs-Diagramme von Werkstoffen. **a** Werkstoff ohne ausgeprägte Streckgrenze (z. B. Aluminium), **b** Werkstoff mit ausgeprägter Streckgrenze (z. B. Stahl)

Differenz von Messlänge nach dem Bruch ($L_u$) und Anfangsmesslänge ($L_0$): $A = (L_u - L_0)/L_0$. Dabei wählt man in vielen Fällen zwischen der Anfangsmesslänge $L_0$ und dem Anfangsquerschnitt $S_0$ die Beziehung $L_0 = k \cdot \sqrt{S_0}$ mit $k = 5{,}65$, bei Proben mit kreisrundem Querschnitt $L_0 = 5\ d$ (sog. proportionale Proben). Kennzeichnend für die Verformungsfähigkeit (Duktilität) des metallischen Werkstoffes ist die Brucheinschnürung $Z$: Anfangsquerschnitt $S_0$ minus kleinster Probenquerschnitt nach dem Bruch ($S_u$) bezogen auf den Anfangsquerschnitt $S_0$, $Z = (S_0 - S_u)/S_0$.

Aus den Spannungs-Dehnungs-Diagrammen kann weiterhin die Verformungsarbeit

$$W = \int_0^{A_t} \sigma \, d\varepsilon \quad (1)$$

bestimmt werden.

Die Festigkeitskennwerte des Zugversuchs (nach DIN EN ISO 6892-1) bilden eine Grundlage für die Dimensionierung von Bauteilen und die Abschätzung der Belastbarkeit von Konstruktionen. Verformungskennwerte gestatten die Beurteilung der Duktilität des Werkstoffs bei der Umformung und der für die Sicherheit wichtigen Verformungsreserven von Komponenten. Im Zusatzmaterial zu diesem Kapitel sind Daten der Zugfestigkeit $R_m$ für zahlreiche Werkstoffe zusammengestellt. Einen Vergleich der Zugfestigkeit von Werkstoffen aus den grundlegenden Werkstoffklassen gibt Abb. 16.

Die Festigkeitswerte hängen von der Mikrostruktur der Werkstoffe ab. Für fehlerfreie Kristalle kann aus den Bindungsenergien abgeschätzt werden, dass die maximale theoretische Trennfestigkeit von Kristallgitterebenen etwa den Wert $E/15$ aufweist. Während die gemessenen Festigkeiten von Diamant und einigen kovalenten Kristallen annähernd dem entsprechende hohe Werte erreichen, liegen die gemessenen Festigkeiten von Metallen weit unter diesem Niveau und zwar bis um einen Faktor $10^5$. Die gegenüber fehlerfreien Kristallen niedrigen Festigkeiten sind im Vorhandensein von Versetzungen begründet (vgl. Abschn. 2.2 im Kap. ▶ „Grundlagen der Werkstoffkunde“). Der Grundvorgang der Kristallplastizität besteht im Abgleiten von Versetzungen, wobei Gitterebenen nicht gleichzeitig, sondern nacheinander geschert werden. Die beim Einsetzen einer plastischen Verformung (Fließgrenze) gemessenen Schubspannungen stimmen gut mit theoretisch berechneten Spannungen $\tau_{id}$ zum Bewegen von Versetzungen überein:

$$\tau_{id} = G \cdot b / 2\varrho^{1/2}$$

$G$ Schubmodul
$b$ Betrag des Burgers-Vektors
$\varrho$ Versetzungsdichte

Bei kovalenten und heteropolaren Kristallen resultieren hohe Schubspannungen, da bei der Versetzungsbewegung starke gerichtete Bindungen gebrochen werden, bzw. sich mit der Versetzung Atome gleicher Ladung aneinander vorbei bewegen. In Metallen sind dagegen Versetzungen leicht beweglich, da die metallische Bindung weder gerichtet ist noch Ionen aufweist. Die in (geglühten) Metallkristallen normalerweise vorliegende Versetzungsdichte von $10^6$ bis $10^8$ cm$^{-2}$ kann bei einer plastischen Deformation durch den sog. Frank-Read-Mechanismus (Versetzungsmultiplikation) auf $\varrho = 10^{10} \ldots 10^{12}$ cm$^{-2}$ ansteigen. Hierdurch erhöht sich $\tau_{id}$ und es tritt eine Verformungsverfestigung ein.

Die Abgleitung von Versetzungen bei der plastischen Deformation von Metallen erfolgt längs bestimmter kristallographischer Ebenen (Gleitebenen) in bestimmten Gleitrichtungen. Die aus Gleitebene und Gleitrichtung bestehenden Gleitsysteme sind für Gittertyp und Bindungsart charakteristisch, z. B.:

- kubisch flächenzentriertes (kfz) Gitter: vier Scharen von $\{111\}$-Gleitebenen; $\langle 110 \rangle$-Gleitrichtungen
- kubisch raumzentriertes (krz) Gitter: drei Scharen von $\{110\}$-Gleitebenen; $\langle 111 \rangle$-Gleitrichtungen
- hexagonal dichtgepacktes (hdp) Gitter: eine Schar von $\{0001\}$-Gleitebenen; $\langle 1120 \rangle$-Gleitrichtungen

Das plastische Verformungsverhalten einer Kristallstruktur wird wesentlich durch die Zahl und die Besetzungsdichte der Gleitsysteme bestimmt. Metalle mit kfz-Gitter besitzen vier $\{111\}$-Gleitebenen mit jeweils drei $\langle 110 \rangle$-Gleitrichtungen, sodass bei kfz-Metallen in jedem Korn 12 voneinander unabhängige Gleitmöglichkeiten für Versetzungsbewegungen bestehen. Da außerdem die atomare Belegungsdichte in diesen Gleitebenen sehr groß ist, besitzen kfz-Metalle eine bessere plastische Verformbarkeit als krz- oder hdp-Metalle.

#### 3.2.1.4 Kriechen und Zeitstandverhalten

Als Kriechen wird die bei konstanter Langzeitbeanspruchung auftretende, von der Zeit $t$ und der

Temperatur $T$ abhängige Verformung $\varepsilon = f(\sigma, t, T)$ bezeichnet. Ursache des Kriechens sind thermisch aktivierte Prozesse (z. B. Versetzungs- und Korngrenzenbewegungen), die bei Temperaturen einsetzen, die von der Werkstoffart und der Schmelztemperatur $T_m$ (bzw. der Glastemperatur $T_g$) abhängig sind:

$T > (0{,}3 \ldots 0{,}4)T_m$ (Metalle)
$T > (0{,}4 \ldots 0{,}5)T_m$ (keramische Werkstoffe)

Die zeitabhängige Verformung beim Kriechen $\varepsilon = f(t)$ wird in Zeitstandversuchen ($F$ bzw. $\sigma$ = const, $T$ = const) untersucht und in Form von Kriechkurven dargestellt, die i. Allg. drei Bereiche zeigen, siehe Abb. 11:

I. Primär- oder Übergangskriechen
Die anfängliche plastische Deformation führt zu einer Werkstoffverfestigung, deren Wirkung die gleichzeitig ablaufenden Entfestigungsvorgänge übersteigt, sodass die Kriechgeschwindigkeit abnimmt und das Kriechen durch eine logarithmische Funktion beschrieben werden kann

$$\varepsilon_1 = \alpha \cdot \log t$$

Das Primärkriechen dominiert bei tiefen Temperaturen und niedrigen Spannungen.

II. Sekundär- oder stationäres Kriechen
Das stationäre Kriechen ist die wichtigste Erscheinung für das Langzeitverhalten warmfester Werkstoffe bei höheren Temperaturen.
Es besteht ein dynamisches Gleichgewicht zwischen Verfestigung und Entfestigung; die zeitproportionale Zunahme der makroskopischen Dehnung $\varepsilon = k \cdot t$ wird durch gerichtetes Korngrenzengleiten und diffusionsgesteuertes Versetzungsklettern bewirkt. Die stationäre Kriechgeschwindigkeit $\dot{\varepsilon}_s$ wird durch eine empirisch bestimmte Gleichung vom Arrhenius-Typ beschrieben:

$$\dot{\varepsilon}_s(\sigma,T) = A\sigma^n \exp(-Q/RT), \quad (n \approx 5)$$

Die Konstanten $A$ und $Q$ (Aktivierungsenergie) sind werkstoffabhängig und müssen experimentell bestimmt werden; $R$ ist die universelle Gaskonstante.

III. Tertiär- oder beschleunigtes Kriechen
Rasch zunehmende Kriechdehnung durch irreversible Werkstoffveränderungen und (reale) Spannungserhöhung als Folge lokaler Einschnürungen (z. B. durch Porenbildung nach Korngrenzengleiten) und Einleitung des Kriechbruchs. Die Bruchzeit $t_B$ als Funktion der vorgegebenen Spannung $\sigma$ wird in Zeitstandversuchen ermittelt und kann in einem Zeitstanddiagramm als Zeitbruchlinie ähnlich wie die Zeitdehnlinie über einer logarithmischen Zeitachse dargestellt werden.

Das Kriechen der Werkstoffe ist mit einer *Spannungsrelaxation*, d. h. dem zeitabhängigen,

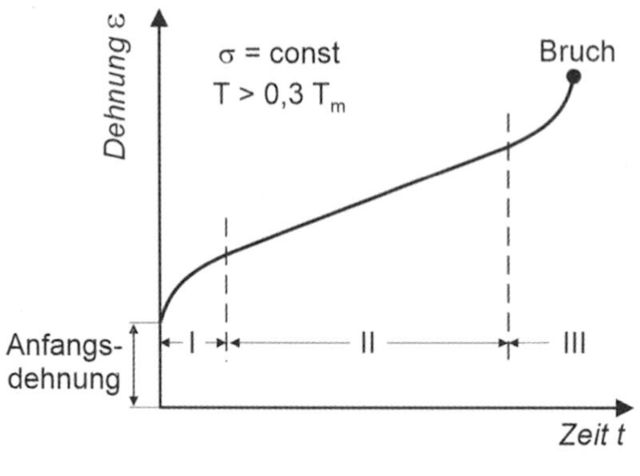


**Abb. 11** Kriechkurve: Schematische Darstellung des zeitabhängigen Verformungsverhaltens

durch plastische Bauteilverlängerung bedingten Nachlassen einer durch Vordehnung in eine Konstruktion eingebrachten Spannung, verknüpft. (Aus diesem Grund müssen z. B. Schraubenverbindungen von Metallkonstruktionen bei Betriebstemperaturen über 0,3 $T_m$ regelmäßig nachgezogen werden.) Genormt ist der unterbrochene und nicht unterbrochene Zeitstandversuch in DIN EN ISO 204.

### 3.2.1.5 Ermüdung und Wechselfestigkeit

Als Ermüdung (oder Zerrüttung) wird das Werkstoffversagen unter wechselnder bzw. schwingender Beanspruchung bezeichnet, das durch Rissbildung gekennzeichnet ist und weit unterhalb der statischen Festigkeit $R_m$ oder der Dehngrenze $R_p$ auftreten kann.

Ermüdung besteht mikroskopisch in einer Zusammenballung hin- und hergleitender Versetzungslinien zu Gleitbändern mit zell- oder leiterförmigen Versetzungsstrukturen. Sie macht sich makroskopisch als Ver- oder Entfestigung bemerkbar und verändert die Probekörper-Oberflächentopographie durch Bildung von Extrusionen und Intrusionen, die als Risskeime wirken. Anrisse, die an der Oberfläche insbesondere an fehlerhaften Stellen mit Kerbwirkung gebildet werden, können schrittweise weiterwachsen, falls die Bedingungen zur Rissausbreitung gegeben sind. Hierdurch wird der Anfangsquerschnitt sukzessive vermindert; der Restquerschnitt versagt schließlich durch Gewaltbruch. Je nach Beanspruchungsart und Werkstoffbeschaffenheit können die folgenden hauptsächlichen Kategorien der Ermüdung unterschieden werden:

- Ermüdung ohne Anriss: Ein Riss existiert anfänglich nicht; der Bruch wird durch die Mechanismen der Risserzeugung bestimmt;
- Ermüdung mit Anriss: Risskeime oder Anrisse existieren; der Bruch wird durch die Mechanismen der Rissausbreitung bestimmt;
- Ermüdung bei Dauerschwingbeanspruchung (high cycle fatigue, HCF): Ermüdung bei Spannungen unterhalb der makroskopischen Fließgrenze $R_p$; Bruchschwingspielzahl $> 10^4$;
- Ermüdung bei Niedriglastspielzahl (low cycle fatigue, LCF): Ermüdung bei Spannungen oberhalb der makroskopischen Fließgrenze $R_p$; Bruchschwingspielzahl $< 10^4$.

Das Ermüdungsverhalten bzw. die Wechselfestigkeit eines Werkstoffs wird bei Zug-Druck-, Biegungs- oder Torsionsbeanspruchung unter definierten Schwingbeanspruchungs-Zeit-Funktionen (siehe Abb. 5) im Dauerschwingversuch experimentell bestimmt (siehe Abschn. 1.5.1 im Kap. ► „Materialprüfung") und in Form einer Wöhlerkurve (Spannungs-Schwingspielzahl-Kurve) dargestellt, siehe Abb. 12.

Der maximale statische Festigkeitswert (z. B. Zugfestigkeit $R_m$) wird mit zunehmender Schwingspielzahl $N$ nicht mehr erreicht („Zeitfestigkeit"). Während bei einigen Werkstoffen, wie z. B. reinem Kupfer oder Aluminium ein Dauerbruch auch noch nach sehr hohen Schwingspielzahlen (bei entsprechend kleinen Schwingungsamplituden) auftritt, weisen andere Werkstoffe, wie z. B. die meisten Stahl- und einige Aluminiumlegierungen eine „Dauerfestigkeit" (horizontaler Kurvenabschnitt) auf: Für Schwingungsamplituden unterhalb einer kritischen Grenze tritt auch nach beliebig vielen Schwingspielen kein Bruch auf, der Werkstoff besitzt eine Dauer(bruch)festigkeit. Für die Wechselfestigkeit ist der effektiv wirkende Spannungszustand maßgeblich. Dieser wird gebildet durch Überlagerung des Lastspannungsfeldes (hervorgerufen durch die äußere Belastung und die durch Oberflächenfehler und Kerben bewirkten lokalen Spannungskonzentrationen) mit den im Bauteil herrschenden Eigenspannungen. Allgemein gilt, dass für die meisten Werkstoffe das Verhältnis

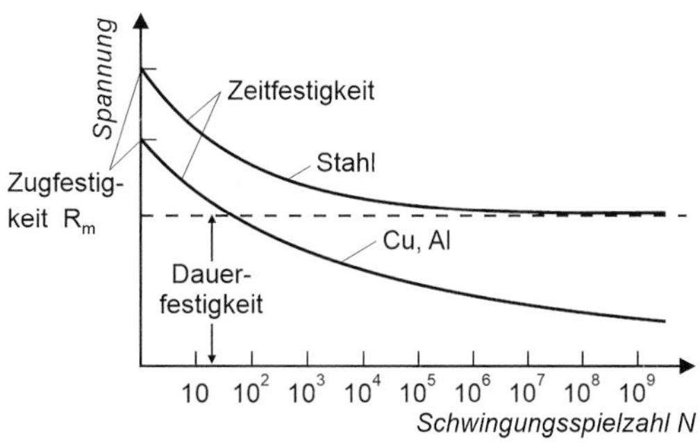


**Abb. 12** Wöhlerkurve zur Kennzeichnung der Wechselfestigkeit

von Wechselfestigkeit $\sigma_W$ und die Streckgrenze $R_e$ in einem breiten Bereich variieren kann (Haibach 2006):

$$0{,}2 < \frac{\sigma_W}{R_e} < 1{,}2.$$

### 3.2.1.6 Bruchmechanik

Die Bruchmechanik geht vom Vorhandensein von Werkstofffehlern in Form rissartiger Fehlstellen aus und untersucht den Widerstand des Werkstoffs gegen instabile (d. h. schnelle) Rissausbreitung. In der linear-elastischen Bruchmechanik wird angenommen, dass der Werkstoff sich bis zum Bruch makroskopisch elastisch verhält; der Zusammenhang zwischen einem Riss mit vorgegebenen Abmessungen und der größten Nennspannung, die ohne Rissausbreitung ertragbar ist, wird mit elastizitätstheoretischen Methoden untersucht.

Bei einer Platte (Probe) mit einem Innenriss der Länge 2 $a$, die rechtwinklig zur Rissfläche durch eine Normalspannung $\sigma$ belastet wird, tritt Rissausbreitung ein, wenn der kritische Wert

$$\sigma_c = \frac{K_{Ic}}{Y(\pi a)^{1/2}}$$

erreicht wird, wobei

$K_{Ic}$ Spannungsintensitätsfaktor oder Bruchzähigkeit (bei Schubspannungen $\tau$ gelten die Werte $K_{IIc}$ oder $K_{IIIc}$, siehe Abb. 13)

$Y$ Korrekturfaktor zur Kennzeichnung der Einflüsse von Bauteilgeometrie und Risskonfiguration.

Die Bruchzähigkeit $K_{Ic}$ ist eine Werkstoffkenngröße, die experimentell bestimmt werden kann, indem ein Riss bekannter Länge in eine Probe eingebracht wird und diese bis zum Bruch belastet wird (ISO 12135). Diese kritischen Werte sind stark von den Probenabmessungen abhängig. Erst bei Abmessungen, die entlang des überwiegenden Teiles der Rissfront den ebenen Dehnungszustand (EDZ) gewährleisten, werden die niedrigsten $K_{Ic}$-Werte erreicht; bei geringeren Abmessungen bis hin zum ebenem Spannungszustand (ESZ) sind die $K_c$-Werte höher. Im Zusatzmaterial zu diesem Kapitel sind Daten für die Bruchzähigkeit für zahlreiche Werkstoffe zusammengestellt. Aus der Kenntnis der Bruchzähigkeit kann nach obiger Gleichung bei bekannter maximaler Rissgröße die maximal zulässige Belastung, bzw. bei vorgegebener Belastung die maximal zulässige Rissgröße abgeschätzt werden.

Der theoretische Ansatz der linear-elastischen Bruchmechanik gilt nur für extrem spröde Werkstoffe (Glas, Keramik). Bei den meisten Werkstoffen bildet sich an der Rissspitze jedoch eine plastische Zone (gekennzeichnet durch den Radius $r_{pl}$, siehe Abb. 13a), sodass in obiger Gleichung eine „effektive Risslänge"

$$a_{eff} = a + r_{pl}$$

einzusetzen ist. Bei größeren plastischen Verformungen an der Rissspitze ($r_{pl}/a > 0{,}2$) muss von Konzepten der elastoplastischen Bruchmechanik ausgegangen werden.

Diese sind überwiegend auf ein Werkstoffverhalten ausgerichtet, das durch die Entstehung und das Fortschreiten sog. stabiler Risse bei weiter ansteigender Belastung bzw. Verschiebung der

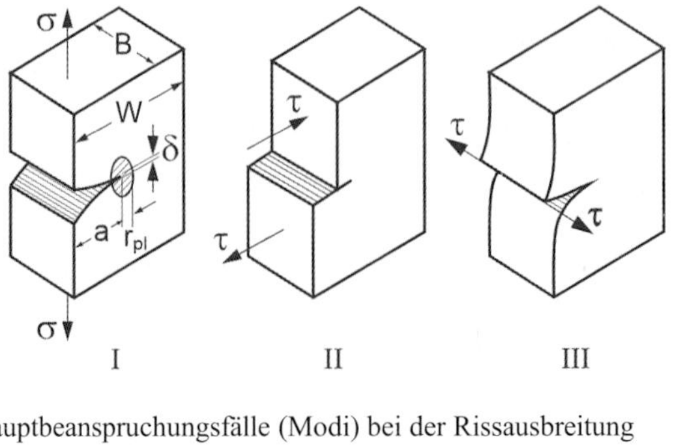


**Abb. 13** Bruchmechanik: Hauptbeanspruchungsfälle (Modi) bei der Rissausbreitung

Lasteinleitungspunkte, d. h. durch einen erhöhten Energieumsatz an der Rissspitze gekennzeichnet ist. Für die Beschreibung der Rissspitzensituation (Spannungen, Verzerrungen) wird in diesen Fällen anstelle des Spannungsintensitätsfaktors $K$ der linear-elastischen Bruchmechanik das sog. $J$-Integral verwendet, ein Linienintegral um die Rissspitze herum. Ein anderes praxisbezogenes Konzept geht von der kritischen Rissöffnungsverschiebung COD (crack opening displacement) aus, mit deren Hilfe auf die entsprechende Rissspitzenöffnung $\delta_c$ bzw. die Rissspitzendehnung geschlossen werden kann.

Bei schwingender Beanspruchung sind die Voraussetzungen der linear-elastischen Bruchmechanik vielfach gegeben.

Der Zeitabschnitt, in dem bei schwingender Beanspruchung ein stabiler Rissfortschritt auftritt, kann bei Bauteilen einen wesentlichen Teil der Lebensdauer ausmachen. Mit Hilfe der Bruchmechanik kann die Rissfortschrittsrate $\mathrm{d}a/\mathrm{d}N$ für stabilen Rissfortschritt nach der Paris-Formel

$$\frac{\mathrm{d}a}{\mathrm{d}N} = C \cdot \Delta K^n$$

berechnet werden, wobei $\Delta K$ die Schwingbreite der Spannungsintensität bedeutet und $C$ und $n$ spezielle Kenngrößen darstellen (Paris-Konstanten).

### 3.2.1.7 Betriebsfestigkeit

Die Beanspruchung von Bauteilen im Betrieb erfolgt in der Regel mit variabler Amplitude, siehe Abb. 5. Die experimentelle Lebensdauerabschätzung wird im Betriebsfestigkeitsversuch mit betriebsähnlichen Beanspruchungszeitfunktionen durchgeführt, wobei die ertragene Schwingungsspielzahl bis zum Anriss und/oder Bruch bestimmt wird (Haibach 2006). Das Ergebnis ist die Lebensdauerkurve (Gaßner-Kurve), bei der der Kollektivhöchstwert über der ertragenen Schwingungsspielzahl aufgetragen wird, Abb. 14.

Für die rechnerische Lebensdauerabschätzung benötigt man ein Beanspruchungskollektiv, das mit Hilfe von Zählverfahren (Klassierung) aus der Beanspruchungszeitfunktion gewonnen wird. Das Beanspruchungskollektiv stellt eine Häu-

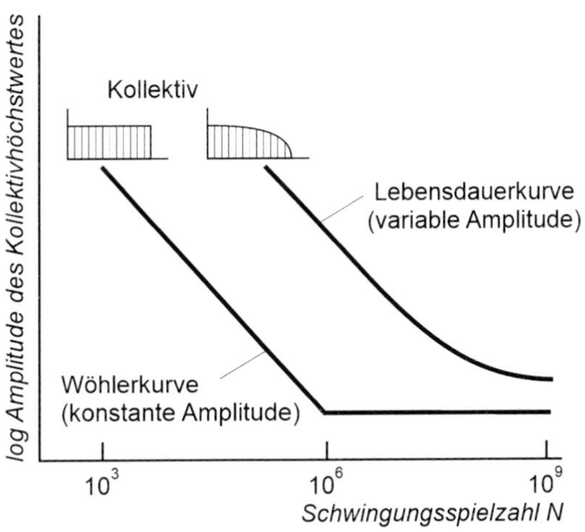


**Abb. 14** Wöhler- und Lebensdauerkurve (schematisch)

figkeitsverteilung der Amplituden dar, Abb. 15. Mit dem Beanspruchungskollektiv und der Wöhlerkurve kann eine Lebensdauerberechnung vorgenommen werden, indem die durch die Schwingungsspiele hervorgerufene Schädigung akkumuliert wird. Im einfachsten Fall definiert man die Schädigung pro Schwingungsspiel als $1/N$, wobei $N$ die ertragene Schwingungsspielzahl für die entsprechende Amplitude im Wöhler-Versuch bedeutet, und führt eine lineare Akkumulation der Teilschädigungen durch (Palmgren-Miner-Regel). Theoretisch versagt das Bauteil bei der akkumulierten Schadenssumme eins.

### 3.2.1.8 Härte

Bei der Härte handelt es sich um eine nützliche, aber physikalisch nicht eindeutig definierte Eigenschaft von Werkstoffen. Die Härte beschreibt den Widerstand eines Werkstoffs gegen das Eindringen eines anderen härteren Körpers. Dieser hängt in komplexer Weise von der Streckgrenze und dem Verfestigungsverhalten eines Werkstoffs ab. Es handelt sich um ein weit verbreitetes und einfaches Messverfahren und liefert Härtekennwerte, die vom jeweiligen Prüfverfahren abhängen. Härtemessungen eignen sich gut für Vergleichsmessungen. Sie sind sehr nützlich, da sie mit anderen Eigenschaften des Werkstoffs wie z. B. der Festigkeit, der Duktilität oder dem Verschleißwiderstand korrelieren. Eine Zusammenstellung von Härtewerten technischer Werk-

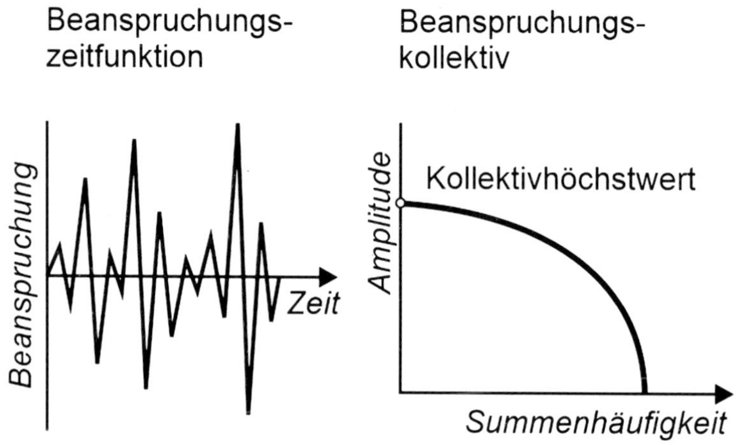


**Abb. 15** Beanspruchungszeitfunktion und Beanspruchungskollektiv

stoffe findet sich im Zusatzmaterial zu diesem Kapitel.

## 3.2.2 Thermophysikalische Eigenschaften

### 3.2.2.1 Dichte

Die Dichte $\rho = m/V$ eines (homogenen) Körpers ist das Verhältnis seiner Masse $m$ zu seinem Volumen $V$. Die Dichte von Festkörpern wird durch die Atommassen und den mittleren Atomabstand bestimmt. Die meisten Metalle haben große Dichten, da sie hohe Atommassen und Packungsdichten besitzen. Die Atome von Polymeren und vielen keramischen Stoffen (C, H, O, N) sind dagegen leicht und besitzen häufig auch eine geringere Packungsdichte; die Dichte dieser Werkstoffe ist daher z. T. erheblich niedriger.

In anwendungstechnischer Hinsicht ist die Dichte zur Beurteilung des Festigkeits-Dichte-Verhältnisses von Strukturwerkstoffen (z. B. Leichtbaumaterialien) von Bedeutung, siehe Abb. 16. Im Zusatzmaterial zu diesem Kapitel sind die Dichtewerte verschiedener Werkstoffe zusammengestellt.

### 3.2.2.2 Wärmekapazität und Wärmeleitfähigkeit

Bei Zufuhr thermischer Energie, gekennzeichnet durch die Wärmemenge $Q$, stellt sich in allen Körpern eine Temperaturerhöhung $\mathrm{d}T$ ein. Die (materialabhängige) *Wärmekapazität* $C$ und die spezifische Wärmekapazität $c$ sind definiert durch

$$C = \frac{\mathrm{d}Q}{\mathrm{d}T} \quad \text{bzw.} \quad c = \frac{1}{m} \cdot \frac{\mathrm{d}Q}{\mathrm{d}T}$$

$m$ Masse des Körpers.

Der Transport thermischer Energie in einem Festkörper wird als Wärmeleitung bezeichnet. Für die in der Zeit $\mathrm{d}t$ in einem Temperaturgefälle $\mathrm{d}T/\mathrm{d}x$ durch die Fläche $A$ strömende Wärmemenge $\mathrm{d}Q$ gilt im stationären Fall die Beziehung

$$\frac{\mathrm{d}Q}{\mathrm{d}t} = -\lambda \cdot A \cdot \frac{\mathrm{d}T}{\mathrm{d}x},$$

$\lambda$ ist die *Wärmeleitfähigkeit* des Stoffes. Sie ist abhängig von chemischer Natur, Bindungsart und Mikrostruktur eines Werkstoffs. Eine Zusammenstellung der Wärmeleitfähigkeiten technischer Werkstoffe findet sich im Zusatzmaterial zu diesem Kapitel.

Die Wärmeleitfähigkeit $\lambda$ eines Stoffes setzt sich aus der Elektronenleitfähigkeit $\lambda_e$ und der Gitterleitfähigkeit $\lambda_g$ (Gitterschwingungen in Form gequantelter Phononen) zusammen:

$$\lambda = \lambda_e + \lambda_g.$$

In Metallen überwiegt infolge der hohen Elektronenbeweglichkeit die Elektronenleitfähigkeit $\lambda_e$.

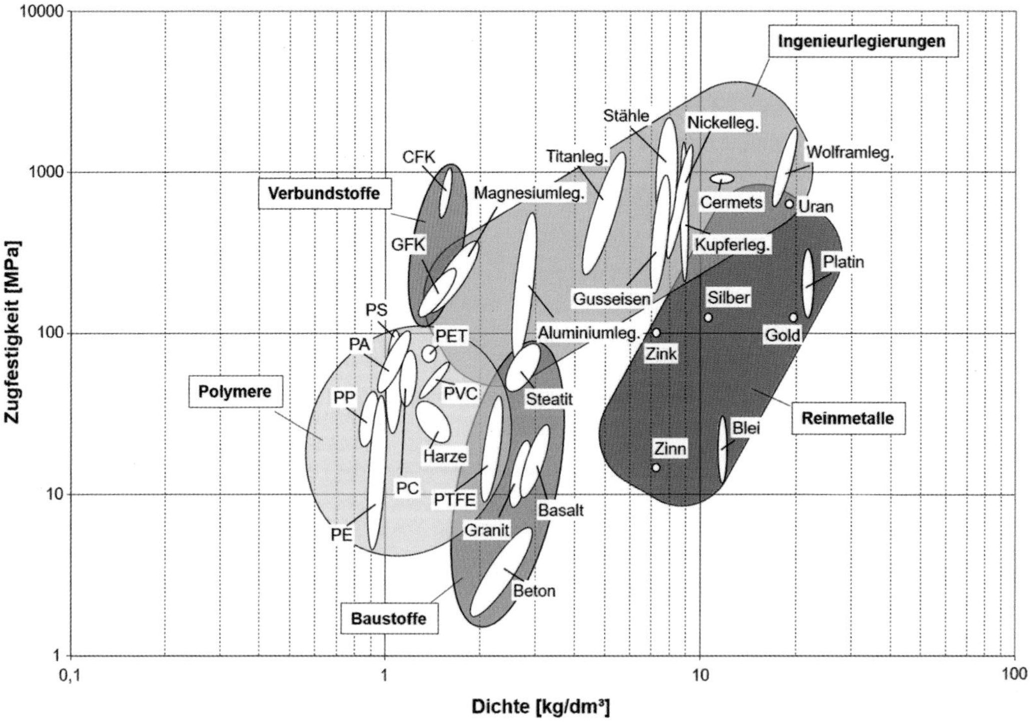


**Abb. 16** Zugfestigkeit $R_m$ über Dichte ρ für verschiedene Werkstoffe und Werkstoffgruppen. (adaptiert aus: Materials Selection in Mechanical Design, 2. Aufl., M. F. Ashby, S. 37–39. Copyright Elsevier AG (1999))

Das Verhältnis von thermischer zu elektrischer Leitfähigkeit $\sigma$ ist abhängig von der absoluten Temperatur $T$ und wird beschrieben durch das in weiten Bereichen experimentell gut bestätigte Wiedemann-Franz-Gesetz

$$\frac{\lambda_e}{\sigma} = L \cdot T$$

$L$ Lorenz-Koeffizient $\left(\approx 2{,}4 \cdot 10^{-8}\ \mathrm{V^2/K^2}\right.$ für Metalle bei Raumtemperatur$\left.\right)$

Störungen der Kristallstruktur (z. B. bei Mischkristallen) und Gitterfehlstellen (z. B. Leerstellen, Versetzungen) reduzieren $\lambda$. Auch in Polymerwerkstoffen nimmt die Wärmeleitfähigkeit mit abnehmendem Kristallisationsgrad ab. In nichtelektronenleitenden Kristallen wird die Wärme nur durch Phononen transportiert. Bei keramischen Werkstoffen und anderen porenhaltigen Sinterwerkstoffen wird eine lineare Abnahme der Wärmeleitfähigkeit mit steigender Porosität beobachtet.

### 3.2.2.3 Thermische Ausdehnung

Als thermische Ausdehnung bezeichnet man die durch Temperaturänderung $\mathrm{d}T$ bewirkte Längenausdehnung $\mathrm{d}l$ oder Volumenausdehnung $\mathrm{d}V$ eines Stoffes:

$$\mathrm{d}l = \alpha \cdot l_0 \cdot \mathrm{d}T \ ; \ \mathrm{d}V = \beta \cdot V_0 \cdot \mathrm{d}T .$$

Die thermischen Ausdehnungskoeffizienten

$$\alpha = \frac{1}{l_0}\left(\frac{\mathrm{d}l}{\mathrm{d}T}\right); \ \beta = \frac{1}{V_0}\left(\frac{\mathrm{d}V}{\mathrm{d}T}\right)$$

sind werkstoffspezifisch und im Hinblick auf temperaturbedingte Veränderungen von Bauteilabmessungen und Passungstoleranzen, thermisch bedingte Eigenspannungen oder die unterschiedliche Ausdehnung der Komponenten von Verbundwerkstoffen von technischer Bedeutung. Eine Zusammenstellung des thermischen Längenausdehnungskoeffizienten technischer Werkstoffe findet sich im Zusatzmaterial zu diesem Kapitel.

Die gesamte thermische Volumenvergrößerung vom absoluten Nullpunkt bis zum Schmelzpunkt beträgt für kristalline Stoffe etwa 6 % bis 7 %, die Längenausdehnung etwa 2 % (Grüneisen'sche Regel). Ursache der Volumen- und Längenänderung ist die mit zunehmender Temperatur wachsende (unsymmetrische) Schwingungsamplitude der atomaren Bestandteile der Werkstoffe. Stoffe mit hoher Bindungsenergie (bzw. Schmelztemperatur) haben kleinere Schwingungsamplituden und damit niedrigere $\alpha$- und $\beta$-Werte als Stoffe mit niedriger Bindungsenergie (bzw. Schmelztemperatur). Bei bestimmten Legierungen (z. B. Invar, siehe ► Abschn. 2.1.4.5 im Kap. 2, „Die Werkstoffklassen") ist die thermische Ausdehnung bei Raumtemperatur vernachlässigbar klein ($\alpha \approx 0$): die thermische Ausdehnung wird kompensiert durch eine Kontraktion (Volumenmagnetostriktion), die durch Entmagnetisierung mit zunehmender Temperatur hervorgerufen wird.

#### 3.2.2.4 Schmelztemperatur

Die Schmelztemperatur (oder bei nichtkristallinen Stoffen das Schmelztemperaturintervall) kennzeichnet den durch Zuführung thermischer Energie (Schmelzwärme) bewirkten und i. Allg. mit einer Volumenzunahme verbundenen Übergang eines festen Stoffes in den flüssigen Aggregatzustand. Beim Schmelzen zerfällt durch die thermische Anregung die Festkörperstruktur und die atomaren Bestandteile erhalten freie Beweglichkeit (Übergang Fernordnung/Nahordnung). Je größer die Bindungsenergie der atomaren Festkörperbestandteile, desto mehr thermische Energie ist zum Schmelzen erforderlich: kristalline Polymere mit schwachen Nebenvalenzbindungen schmelzen bei erheblich niedrigeren Temperaturen als Kristalle mit starker metallischer oder kovalenter Bindung. Im Zusatzmaterial zu diesem Kapitel ist die Schmelztemperatur (bzw. bei Polymerwerkstoffen die Glastemperaturen) zahlreicher Werkstoffe zusammengestellt.

### 3.2.3 Elektrische Eigenschaften

Elektrische Eigenschaften kennzeichnen das Verhalten von Werkstoffen in elektrischen Feldern. Befindet sich elektrisch leitfähiges Material in einem elektrischen Feld der Feldstärke $E$, so ergibt sich eine elektrische Stromdichte $j = \sigma \cdot E$. Die Größe $\sigma$ wird als elektrische Leitfähigkeit des Materials bezeichnet. Die elektrische Leitfähigkeit und ihr Reziprokwert, der spezifische elektrische Widerstand $\varrho$, werden durch die Energiezustände beweglicher Ladungsträger bestimmt. Sie sind bei Festkörpern von der Mikrostruktur (z. B. Kristallaufbau, Gitterfehler) und der Elektronenstruktur (z. B. Bindungstyp, Valenzelektronenkonzentration, Fermi-Energie) der Werkstoffe sowie von der Temperatur abhängig, siehe Band 1, Kap. „Elektrische Leitungsmechanismen". Bei normalen Leitern (Metallen) nähert sich der spezifische Widerstand beim absoluten Nullpunkt einem Grenzwert, dem spezifischen Restwiderstand $\varrho_r$. Bei den sog. Supraleitern springt $\varrho$ bei einer charakteristischen Sprungtemperatur auf einen unmessbar kleinen Wert (siehe Band 1, Kap. „Elektrische Leitungsmechanismen"). Zur modellmäßigen Beschreibung der Leitfähigkeit der verschiedenen Materialien dient das sog. Bändermodell, das die Energieniveaus der (beweglichen und nicht beweglichen) Elektronen in Form von Energiebändern (Valenzband, Leitungsband) darstellt, siehe Band 1, Kap. „Elektrische Leitungsmechanismen". Die Werkstoffe der Elektrotechnik können nach ihrem spezifischen elektrischen Widerstand $\varrho$ in $\Omega \cdot$ m größenordnungsmäßig in drei hauptsächliche Klassen eingeteilt werden:

| | |
|---|---|
| • Leiter | $10^{-8} < \varrho < 10^{-5}$: Metalle, Graphit |
| • Halbleiter | $10^{-5} < \varrho < 10^{6}$: Germanium, Silicium |
| • Nichtleiter | $10^{6} < \varrho < 10^{17}$: (Isolierstoff-)Keramik, |

Polymerwerkstoffe sind i. Allg. Nichtleiter; sie können jedoch z. B. im Fall oxidierter oder reduzierter konjugierter Polymere auch leitfähig sein.

Im Zusatzmaterial zu diesem Kapitel ist der spezifische Widerstand zahlreicher Werkstoffe zusammengestellt.

Das Anlegen einer elektrischen Spannung führt bei piezoelektrischen Materialien (Piezoelektrika, z. B. Quarz, Bariumtitanat, PZT-Keramiken) zu Verformung (inverser Piezoeffekt). Umgekehrt führt mechanischer Druck zu einer Änderung der elektrischen Polarisation und somit zum Auftreten einer elektrischen Spannung (Piezoeffekt). Diese Materialien werden auch als „intelligente Werkstoffe" (*smart materi-*

*als*) bezeichnet und finden Anwendung in der Aktorik, Sensorik und als elektrische Bauelemente.

In Halbleitern wird der Strom durch freibewegliche Elektronen und wandernde Elektronenfehlstellen (Löcher) transportiert. Um die Menge beweglicher Elektronen zu erhöhen, werden Halbleiter mit geeigneten Elementen verunreinigt („dotiert"; negativ (n) oder positiv (p)). Die Prozesse, die sich an den Übergängen von p- und n-dotierten Bereichen abspielen, sind für die Mikroelektronik entscheidend. Wird an eine pn-Halbleiterdiode eine Spannung in Durchlassrichtung angelegt, so wandern die Elektronen von der n-dotierten zur p-dotierten Seite. Sie gehen dann in das energetisch günstigere Valenzband über und rekombinieren mit Defektelektronen. Dabei wird Energie in Form von Licht (Photonen) emittiert. Das Funktionsprinzip der Leuchtdioden (LED) basiert auf diesem Prozess. Leuchtdioden werden meist aus Galliumverbindungen (III-V-Verbindungshalbleiter) hergestellt und inzwischen als LED-Leuchtmittel eingesetzt. Bei der Photovoltaik wird absorbierte Lichtenergie in elektrische Energie umgesetzt. Dieser Effekt wird in Photodioden für Digitalkameras (CCD-Chips) und in Solarzellen genutzt (Bäker 2014).

### 3.2.4 Magnetische Eigenschaften

Magnetwerkstoffe werden nach ihrem chemischen Aufbau in metallische und oxidische Werkstoffe (Ferrite) und nach ihren magnetischen Eigenschaften in weichmagnetische und hartmagnetische Werkstoffe eingeteilt.

Weichmagnetische Werkstoffe sind durch Koerzitivfeldstärken $H_{cJ} < 1$ kA/m, eine leichte Magnetisierbarkeit, hohe Permeabilitätszahlen ($\mu_r > 10^3$ bis $10^5$) und geringe Ummagnetisierungsverluste, d. h. eine schmale Hystereseschleife, gekennzeichnet. Sie müssen einen leichten Ablauf der zur Magnetisierung erforderlichen Bewegung von Blochwänden ermöglichen, d. h., das Werkstoffgefüge muss möglichst frei von Gitterfehlern (Fremdatomen, Versetzungen), inneren Spannungen und Einschlüssen zweiter Phasen sein. Geeignete Werkstoffgruppen sind:

- Fe-Legierungen mit ca. 4 Gew.- % Si, rekristallisationsgeglüht, $H_{cJ} \approx 0{,}4$ A/m, Ummagnetisierungsverluste < 0,5 W/kg (bei 50 Hz)
- Legierungen auf der Basis Fe-Co, Fe-Al und Ni-Fe, z. B. NiFe 15 Mo, Permeabilitätszahlen bis ca. 150.000, Ummagnetisierungsverluste bis ca. 0,05 W/kg (bei 50 Hz).
- Ferrite (oxidisch), z. B. Mn-Zn-Ferrit, HF-geeignet bis etwa 1 MHz, darüber Ni-Zn-Ferrite.
- Legierungen mit rechteckförmiger Hystereseschleife (Ni-Fe-Legierungen, Ferrite), hergestellt durch Walz- und Glühprozesse sowie Magnetfeldabkühlung; Basis für Magnetspeicherkerne
- Metallische Gläser (amorphe Metalle) $M_{80}X_{20}$ (M: Übergangsmetall, X: Nichtmetall, z. B. P, B, C oder Si), extrem niedrige Ummagnetisierungsverluste.

Anwendungsbereiche weichmagnetischer Werkstoffe: Magnetköpfe, Übertrager- und Spulenkerne in der Nachrichtentechnik; Drosselspulen, Transformatorbleche, Schaltrelais in der Starkstromtechnik, usw.

Hartmagnetische Werkstoffe sind durch hohe Koerzitivfeldstärke ($H_{cJ} > 1$ kA/m) definiert und durch eine hohe Remanenzinduktion, d. h. eine breite Hystereseschleife, gekennzeichnet. Sie müssen die mit einer möglichen Ummagnetisierung verbundenen Blochwandbewegungen durch Gefüge mit hohem Gehalt an Gitterfehlern, wie Fremdatomen, Versetzungen, Korngrenzen sowie durch feine Ausscheidungen einer nicht ferromagnetischen Phase möglichst stark behindern. Geeignete Werkstoffgruppen sind:

- Al-Ni- bzw. Al-Ni-Co-Gusswerkstoffe, Koerzitivfeldstärke bis 100 kA/m
- Fe-(Cr, Co, V)-Legierungen,
- Intermetallische Verbindungen von Co und Seltenerdmetallen (z. B. $SmCo_5$), Sinter- oder Gussformteile, $H_{cJ}$ bis 10.000 kA/m
- Hartmagnetische Keramik (Ba- und Sr-Ferrite), (z. B. hexagonales $BaO \cdot 6\,Fe_2O_3$), $H_{cJ}$ bis 200 kA/m
- Nd-Fe-B-Legierungen mit den z. Z. besten hartmagnetischen Eigenschaften.

Anwendungsbereiche hartmagnetischer Werkstoffe: Dauermagnete für Motoren, Messsysteme, Lautsprecher.

Die Eigenschaften von Materialien für die magnetische Informationsspeicherung z. B. Magnetbänder, Magnetstreifen, Festplatten und Wechselplatten, liegen zwischen denen der hartmagnetische und weichmagnetischen Werkstoffe: sie müssen einerseits ausreichend hartmagnetisch sein, um nicht durch äußere Magnetfelder aus der Umwelt beeinflusst zu werden, aber sich andererseits durch stärkere Magnetfelder in den Schreibköpfen für die Datenaufzeichnung ummagnetisieren lassen. In den Lese-/Schreibköpfen findet der Riesenmagnetowiderstand (GMR, *giant magnetoresistance*) Anwendung, der in einer Sandwich-Anordnung aus einer nichtmagnetischen Schicht zwischen zwei ferromagnetischen Schichten entsteht.

Neben Magnetspeichern werden elektronische Halbleiterspeicher (z. B. RAM, ROM, USB, Speicherkarte), optische Speicher (z. B. CD, DVD, Blue-ray Disc) und magnetooptische Speicher (z. B. MiniDisk, MO-Disk) verwendet.

### 3.2.5 Optische Eigenschaften

Optische Eigenschaften kennzeichnen einen Werkstoff im Hinblick auf die Wechselwirkung mitoptischer Strahlung. Materialien sind optisch transparent, wenn im Stoffinnern keine Photonenabsorption stattfindet, z. B. Glas oder ionisch und kovalent gebundene Isolatoren. Werden bestimmte Wellenlängen der Strahlung absorbiert, erscheint der Stoff farbig. Bei Metallen werden durch die einfallende optische Strahlung Elektronen angeregt. Beim Rückgang auf ihre ursprünglichen Energieniveaus emittieren sie die absorbierte Energie wieder, d. h., ein Metall reflektiert zum größten Teil die auftreffende optische Strahlung.

Für die Wechselwirkung von optischer Strahlung einer bestimmten Wellenlänge $\lambda$ (oder spektralen Strahlungsverteilung) mit Werkstoffen gilt allgemein: Auffallende Strahlungsleistung $\Phi_0$ ist gleich der Summe von reflektierter Strahlungsleistung $\Phi_r$, absorbierter Strahlungsleistung $\Phi_a$ und durchgelassener Strahlungsleistung $\Phi_t$:

$$\Phi_0 = \Phi_r + \Phi_a + \Phi_t$$

$$\frac{\Phi_r}{\Phi_0} + \frac{\Phi_a}{\Phi_0} + \frac{\Phi_t}{\Phi_0} = 1$$

$$\varrho + \alpha + \tau = 1$$

Die wichtigsten (spektralen) optischen Kenngrößen von Materialien sind:

Reflexionsgrad $\varrho(\lambda) = \Phi_r/\Phi_0$: Verhältnis der reflektierten Strahlungsleistung zur auffallenden Strahlungsleistung. Für den Reflexionsgrad einer Materialoberfläche mit der Brechzahl $n$ gilt bei senkrechtem Strahlungseinfall nach Fresnel

$$\varrho \approx \left(\frac{n-1}{n+1}\right)^2.$$

Danach ergibt sich z. B. für Fensterglas ($n \approx 1{,}5$) ein Reflexionsgrad von $\varrho = 0{,}04$. Durch Aufbringen von dünnen Interferenzschichten (Vergüten) kann der Reflexionsgrad auf weniger als 0,005 gesenkt werden.

Absorptionsgrad $\alpha(\lambda) = \Phi_a/\Phi_0$: Verhältnis der absorbierten Strahlungsleistung zur auffallenden Strahlungsleistung (z. B. $\alpha \approx 0{,}005$ für Fensterglas von 10 mm Dicke).

Transmissionsgrad $\tau(\lambda) = \Phi_t/\Phi_0$: Verhältnis der durchgelassenen Strahlungsleistung zur auffallenden Strahlungsleistung.

Optisches Glas wird durch zwei weitere Kenngrößen charakterisiert:

Brechzahl $n$: Verhältnis der Lichtgeschwindigkeit $c_0$ im Vakuum zur Lichtgeschwindigkeit (Phasengeschwindigkeit) $c$ in dem Material $n = c_0/c$. Die Brechzahl wird auf die Wellenlänge der monochromatischen Strahlung bezogen, mit der sie bestimmt wird, z. B. $n_d$ (d: gelbe He-Linie), $n_F$ (F: blaue H-Linie), $n_c$ (C: rote H-Linie).

Abbe'sche Zahl $\nu = (n_d - 1)/(n_F - n_c)$ zur Kennzeichnung eines optischen Glases hinsichtlich seiner Farbzerstreuung (Dispersion), z. B. $\nu < 50$: große Dispersion; $\nu > 50$: kleine Dispersion.

Eine Übersicht über die Kenndaten optischer Gläser bezüglich Brechzahl und Abbe'scher Zahl gibt Abb. 17.

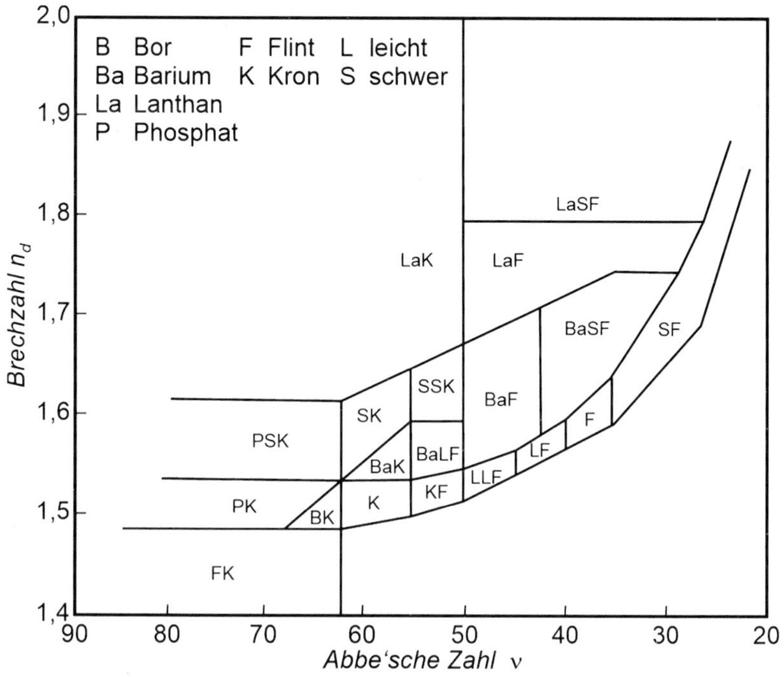


**Abb. 17** Einteilung optischer Gläser nach Brechzahl und Abbe'scher Zahl (vereinfachte Übersicht)

## 3.3 Werkstoffauswahl für technische Anwendungen

Jede Werkstoffauswahl hat sich an den folgenden Zielen zu orientieren:

(a) Realisierung des Anforderungsprofils funktionell notwendiger Werkstoffeigenschaften,
(b) Erreichung wirtschaftlicher Lösungen durch Kombination preiswerter Werkstoffe und kostengünstiger Fertigungsmethoden,
(c) Anwendung solcher Werkstoffe und Gestaltungsprinzipien, die nach der Nutzung eine einfache Demontage und das umweltfreundliche Recycling bzw. die Abfallbeseitigung ermöglichen.

Infolge des extrem breiten Spektrums technischer Anwendungsbereiche und der großen Vielfalt verfügbarer Werkstoffe muss die Werkstoffauswahl den unterschiedlichsten Erfordernissen gerecht werden (Waterman und Ashby 1997). Nach den in technischen Anwendungen primär erforderlichen Werkstoffeigenschaften wird unterschieden zwischen *Konstruktions-* oder *Strukturwerkstoffen* und *Funktionswerkstoffen* mit speziellen funktionellen Eigenschaften, z. B. elektronischer, magnetischer oder optischer Art (s. ► Abschn. 1.1.3 im Kap. 1, „Grundlagen der Werkstoffkunde").

### 3.3.1 Festigkeitsbezogene Auswahlkriterien

Bei der Auswahl und Auslegung von Strukturwerkstoffen für primär mechanisch beanspruchte Bauteile wird im einfachsten Fall von Elastizitätseigenschaften und den Festigkeitskennwerten ausgegangen (siehe Abschn. 2.1.3). Die mechanischen Werkstoffkennwerte, wie Streckgrenze und Ermüdungsfestigkeit, sind i. Allg. nur für einachsige Beanspruchungen bekannt. In zahlreichen primär mechanisch beanspruchten Bauteilen und Konstruktionen, wie Rohrleitungen, Druckbehältern usw., treten jedoch zwei- oder dreiachsige Spannungszustände auf. In diesen Fällen muss durch geeignete Fließ- und Festigkeitshypothesen eine Vergleichbarkeit zwischen einer mehrachsigen Bauteilbeanspruchung und den meist unter einachsiger Beanspruchung ermittelten Festigkeitskennwerten des Werkstoffs ermöglicht werden, siehe ▶ Kap. 10, „Anwendungen der Festigkeitslehre“. Die hauptsächlichsten Hypothesen beziehen sich auf die Maximalwerte von Normalspannung (Zug oder Druck), Schubspannung und Gestaltänderungsenergie.

Diesen Hypothesen entsprechend werden Vergleichsspannungen eingeführt, die statt des mehrachsigen Spannungszustandes einen vergleichbaren einachsigen Beanspruchungszustand hervorrufen. Sobald die Vergleichsspannung $\sigma_V$ die jeweilige Festigkeitsgrenze des Werkstoffs erreicht, ist mit einem Versagen des Bauteils zu rechnen.

Wichtigste Versagensarten bei rein mechanischer Beanspruchung sind:

- Fließbeginn: Werkstoffkenngröße $R_e$, $R_{p0,2}$;
- Normalspannungsbruch bei spröden Werkstoffen: Werkstoffkenngröße $R_m$;
- Ermüdungsbruch: Werkstoffkenngröße $\sigma_W$.

Im Unterschied zur Versagensbedingung vom Typ

$$\sigma_V = \text{Werkstoffkennwert } R^*$$

wird in der Festigkeitsbedingung

$$\sigma_V \leqq \sigma_{zul} = \frac{R^*}{S}$$

durch Berücksichtigung des Sicherheitsbeiwertes $S > 1$ (siehe Abschn. 4.9) sichergestellt, dass die zulässige Spannung einen sicherheitstechnisch hinreichenden Abstand von der Versagens-Grenzbeanspruchung hat. Für die Auswahl von Werkstoffen für Bauteile, die nicht nur mechanisch, sondern auch durch andere Einwirkungen (z. B. korrosiver oder tribologischer Art) beansprucht werden, müssen erweiterte Sicherheitsbeiwerte verwendet oder es muss von einer allgemeinen Systemanalyse des betreffenden Werkstoffproblems ausgegangen werden.

### 3.3.2 Systemmethodik zur Werkstoffauswahl

Da bei zahlreichen technischen Anwendungen neben mechanischen auch noch andere Beanspruchungsarten auftreten, müssen die vielfältigen Einflussfaktoren in systematischer Weise berücksichtigt werden. Ein allgemeines Schema für eine systematische Werkstoffauswahl ist in Abb. 18 angegeben, vgl. ▶ Abschn. 1.1.4 im Kap. 1, „Grundlagen der Werkstoffkunde“ und ▶ Kap. 21, „Grundlagen der Produktentwicklung“.

Die systemtechnische Auswahlmethodik umfasst die folgenden hauptsächlichen Schritte:

(a) Systemanalyse des Werkstoffproblems: Untersuchung und Zusammenstellung der kennzeichnenden Parameter des Bauteils, für das der Werkstoff gesucht wird, aus den Bereichen Funktion, Systemstruktur und Beanspruchungen in möglichst vollständiger und eindeutiger Form.

(b) Formulierung des Anforderungsprofils: Zusammenstellung der systemspezifischen und der allgemeinen Anforderungen, wie Verfügbarkeit, Gebrauchsdauer, Fertigungserfordernisse, usw. in Form eines „Pflichtenhefts“, siehe Abb. 18.

(c) Auswahl: Vergleich und Bewertung der Parameter des Anforderungsprofils mit den Kenndaten vorhandener Werkstoffe unter Verwendung von Werkstoffprüfdaten, Werkstofftabellen, Handbüchern, Datenbanken usw. Wenn die Anforderungen mit den Kenndaten verfügbarer Werkstoffe erfüllt werden können, dürften wegen der systemanalytischen Vorgehensweise die wichtigsten Einflussparameter berücksichtigt sein. Im anderen Fall muss nötigenfalls der Systementwurf überdacht oder eine geeignete Werkstoffentwicklung veranlasst werden. Hierfür sind wegen des häufig sehr hohen Investitions- und Zeitaufwandes möglichst genaue Kosten-Nutzen-Analysen durchzuführen. Außerdem ist der Aspekt Material und Umwelt zu betrachten (siehe ▶ Abschn. 1.3 im Kap. 1, „Grundlagen der Werkstoffkunde“).

Hilfreich für die Werkstoffauswahl können die sogenannten Ashby-Diagramme sein (Ashby 2017). Werkstoffe besitzen bestimmte Eigenschaften wie z. B. Dichte, Festigkeit, E-Modul, Korrosionswiderstand oder auch Preis. Eine Konstruktion erfordert ein bestimmtes Eigenschafts-

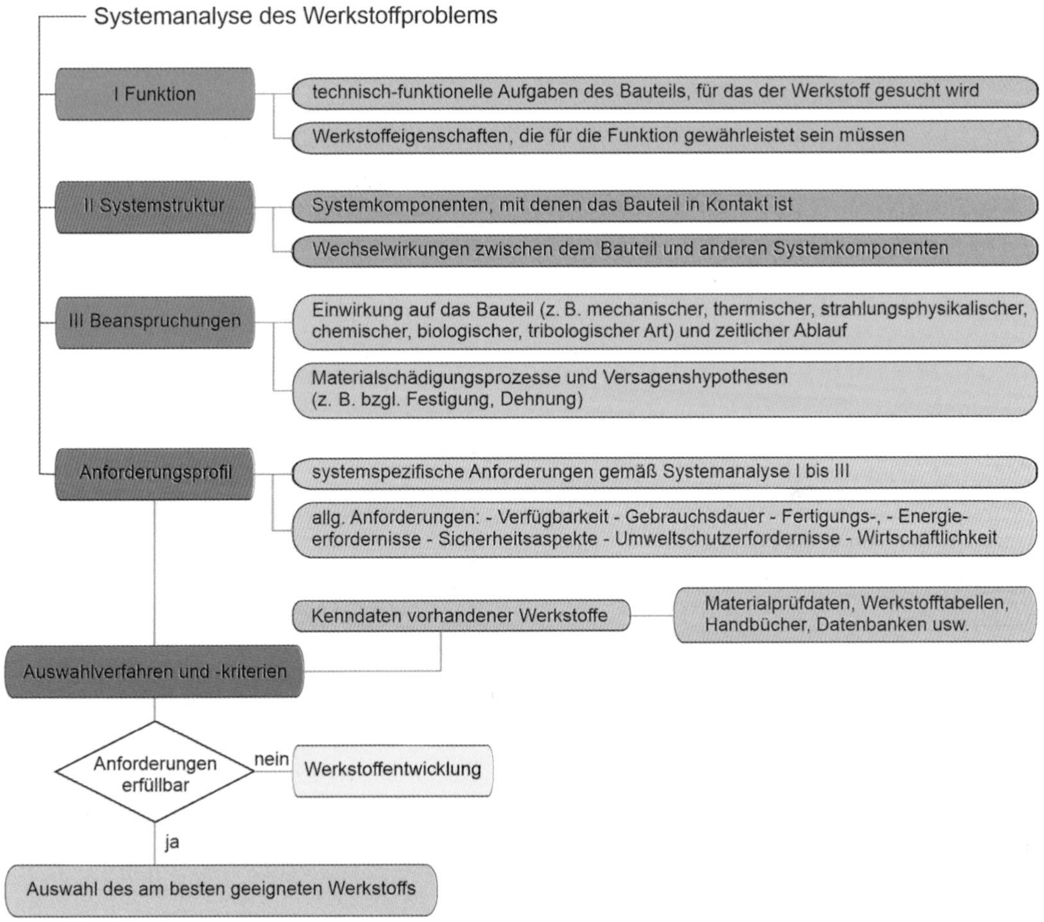


**Abb. 18** Systemmethodik zur Werkstoffauswahl

profil, z. B. geringe Dichte, hohe Festigkeit und moderate Kosten. Es muss während des Auswahlprozesses die beste Übereinstimmung zwischen dem gewünschten Eigenschaftsprofil und dem realen Ingenieurwerkstoff gefunden werden. Eine erste Eingrenzung durch Eigenschaftsgrenzen schließt Werkstoffe aus, die die Konstruktionsanforderungen nicht erfüllen (z. B. eine Mindesteinsatztemperatur), damit erfolgt ein Ranking nach der Fähigkeit eines Werkstoffs, die Leistung zu maximieren. Die Leistung eines Werkstoffs ist im Allgemeinen nicht durch eine einzige Eigenschaft begrenzt, sondern durch eine Kombination von Eigenschaften, z. B. (Ashby 2017):

- Die besten Werkstoffe für einen leichten und steifen Balken unter Biegebelastung sind solche mit einem möglichst großen Wert für $\sqrt{E}/\varrho$ (siehe Abb. 7).
- Die besten Werkstoffe für Federn sind solche mit einem möglichst großen Verhältnis von $\sigma_f/E$ ($\sigma_f$ = Bruchspannung).
- Den höchsten Thermoschockwiderstand erwartet man bei einem maximalen Wert von $\sigma_f/(E\alpha)$ ($\alpha$ = thermischer Ausdehnungskoeffizient).

Diese Eigenschaftskombinationen sind Materialindikatoren, die durch eine Analyse der Funktion, dem Ziel und den Zwängen aus den Konstruktionsanforderungen abgeleitet werden. Die Ashby-Diagramme helfen bei der Werkstoffauswahl. So hilft z. B. das log $E$ über log $\varrho$ Diagramm (Abb. 7) bei der Auswahl von Werkstoffen für

Anwendungen, bei denen das Gewicht minimiert werden muss.

In (Ashby 2017) werden zahlreiche Fallstudien für Konstruktionen beschrieben, in denen das Arbeiten mit den Eigenschaftsdiagrammen dargelegt und erläutert wird.

## 3.4 Schädigungsmechanismen, Zuverlässigkeit und Sicherheit von Werkstoffen

Werkstoffe, Bauteile und Konstruktionen sind in ihren technischen Anwendungen zahlreichen Einflüssen ausgesetzt, die ihre Funktion und Gebrauchsdauer negativ beeinflussen und zu Materialschädigungen führen können. Die Schädigungsmechanismen können in zwei große Gruppen eingeteilt werden (Czichos 2018):

- Einwirkung von Kräften, Feldern, Ladungsträgern. Sie können die Schädigungsarten Bruch, Alterung, Elektromigration verursachen.
- Einwirkung von Fluiden, Organismen, Festkörpern. Sie können die Schädigungsarten Korrosion, Biodeterioration, Verschleiß verursachen.

Abb. 19 gibt eine Übersicht über Beanspruchungen und Umwelteinflüsse und die dadurch verursachten Schädigungsarten von Werkstoffen bzw. Bauteilen technischer Systeme.

### 3.4.1 Bruch

Bruch ist eine makroskopische Werkstofftrennung durch mechanische Beanspruchung (Gross und Seelig 2016). Jeder Bruch verläuft in Abhängigkeit vom Spannungszustand, der Amplitude und dem zeitlichen Verlauf der mechanischen Beanspruchung in den drei Phasen *Rissbildung*, *Risswachstum* und *Rissausbreitung*. Merkmale zur Kennzeichnung von Brüchen sind:

- Plastische Verformung vor der Rissinstabilität: verformungsreicher, verformungsarmer oder verformungsloser Bruch.
- Energieverbrauch während der Rissausbreitung: zäher Bruch (großer Energieverbrauch) oder spröder Bruch (geringer Energieverbrauch).
- Rissausbreitungsgeschwindigkeit $v_R$: schneller Bruch mit $v_R$ in der Größenordnung der Schallgeschwindigkeit $c_a$ ($v_R \approx 1000$ m/s); mittelschneller Bruch mit $v_R < c_a$ ($v_R \approx 1$ m/s); langsamer Bruch mit $v_R \ll c_a$ ($v_R < 1$ mm/s).
- Bruchmechanismus und Bruchflächenmorphologie: duktiler Bruch mit mikroskopisch wabenartiger Bruchoberfläche; Spaltbruch mit mikroskopisch spaltflächiger Bruchoberfläche; Quasispaltbruch mit spaltbruchähnlicher Bruchoberfläche.
- Bruchflächenverlauf: transkristalliner Bruch (Bruchverlauf durch Körner hindurch); interkristalliner Bruch (Bruchverlauf längs Korngrenzen).
- Bruchflächenorientierung relativ zum Spannungstensor: Normalspannungsbruch (Bruchfläche senkrecht zur größten Hauptnormalspannung); Schubspannungsbruch (Bruchfläche parallel zur Ebene maximaler Schubspannung).

Bei ein und demselben Werkstoff können je nach Beanspruchung, Spannungszustand, Temperatur und Umgebung sämtliche Bruchmerkmale unterschiedlich sein.

#### 3.4.1.1 Gewaltbruch

Gewaltbrüche entstehen durch einachsige mechanische Überbelastung unter mäßig rascher bis schlagartiger Beanspruchung. Die häufigsten Bruchausbildungen sind in Abb. 20 für einen einachsig und quasistatisch beanspruchten Zugstab vereinfacht dargestellt. Der untere Teil des Bildes zeigt Rissverläufe und die Bruchflächen.

Von den Metallen zeigen viele kubisch flächenzentrierte Stoffe ein duktiles und hexagonale Stoffe ein sprödes Bruchverhalten. Der Bruchmechanismus kubisch raumzentrierter Metalle, zu denen auch viele Stähle gehören, geht unterhalb einer Übergangstemperatur vom duktilen zu fast sprödem Bruch über. Ein ähnliches Verhalten zeigen auch viele Polymerwerkstoffe und Gläser. Die kristallinen keramischen Werkstoffe sind durch ein Sprödbruchverhalten gekennzeichnet und besitzen nur dicht unterhalb ihrer Schmelztemperatur eine geringe Duktilität.

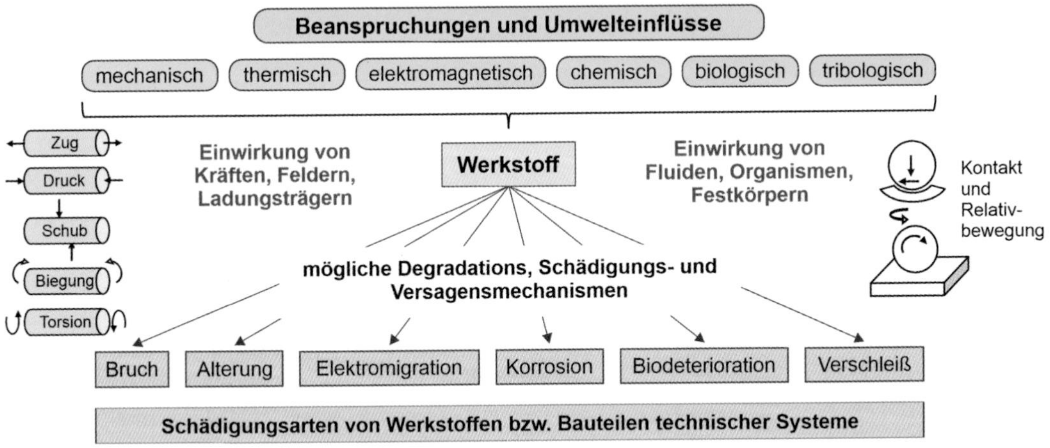


**Abb. 19** Beanspruchungen und Umwelteinflüsse und die dadurch verursachten Schädigungsarten. (Nach Czichos 2018 aus der Zeitschrift Materials Testing, Vol 60, Issue 1, Seiten 8–14 © Carl Hanser Verlag GmbH & Co.KG, München)

Die häufigsten Mechanismen des Gewaltbruchs können am Beispiel metallischer Werkstoffe wie folgt gekennzeichnet werden (Worch et al. 2011):

**Transkristalliner Spaltbruch,** Abb. 20a, erfolgt normalerweise ohne makroskopisch erkennbare plastische Verformung. In Ausnahmefällen kann jedoch dem Spaltbruch eine größere plastische Verformung vorausgehen. Spaltbrüche entstehen durch Spannungen, die örtlich die Kohäsion des Metallgitters überschreiten. Spröder Werkstoff, hohe Beanspruchungsgeschwindigkeit, tiefe Temperaturen und mehrachsige Spannungszustände (scharfe Kerben, dickwandige Werkstückquerschnitte) begünstigen den Eintritt von Spaltbrüchen. In kubisch flächenzentrierten Metallen sind Spaltbrüche bisher nicht beobachtet worden. Da Spaltbrüche senkrecht zur größten Normalspannung erfolgen, sind die Bruchflächen meistens eben. Bei Torsionsbrüchen verläuft die Bruchfläche entsprechend der Richtung der größten Normalspannung wendelförmig. Im mikrofraktographischen Bild erkennt man auf den facettenförmig angeordneten Spaltflächen ein Muster von Spaltlinien und Spaltstufen. Die Größe einer Spaltfläche entspricht im Höchstfall dem Querschnitt eines Kristalliten.

**Interkristalliner Spaltbruch,** Abb. 20b, tritt nur dann ein, wenn die Korngrenzen, z. B. durch Ausscheidungen oder Verunreinigungen, versprödet sind. Entsteht an einer Korngrenzenausscheidung ein Spaltanriss und ist die Grenzflächenenergie an der Phasengrenze wesentlich geringer als die Oberflächenenergie der Phase, so entstehen Spaltrisse längs der Korngrenzen. Bei interkristallinen Brüchen (Wabenbrüchen) verläuft der Bruch makroskopisch gesehen entweder senkrecht zur größten Normalspannung (Normalspannungsbruch) oder in Richtung der größten Schubspannung (Schubspannungsbruch), Abb. 20e.

**Duktiler Bruch (Wabenbruch),** Abb. 20c, entsteht unter plastischer Deformation durch Abgleiten von Werkstoffbereichen entlang der Ebenen maximaler Schubspannung. Er wird beobachtet bei einachsigen und mehrachsigen Spannungszuständen, zähem Werkstoff, niedriger Beanspruchungsgeschwindigkeit und höheren Temperaturen. Reine Metalle ziehen sich oft zu einer Spitze aus, Abb. 20d. Im mikrofraktographischen Bild erkennt man auf der Bruchfläche eine Struktur aus einzelnen Waben verschiedener Form und Größe. Bei Normalspannungsbrüchen sind die Waben mehr oder weniger gleichachsig als kleine Schubflächen angeordnet, bei starker plastischer Verformung können sie einseitig verzerrt sein. Am Grund der Waben finden sich manchmal Einschlüsse oder Ausscheidungen. Bei Schubspannungsbrüchen sind die Waben in Schubrichtung verzerrt (Schubwaben).

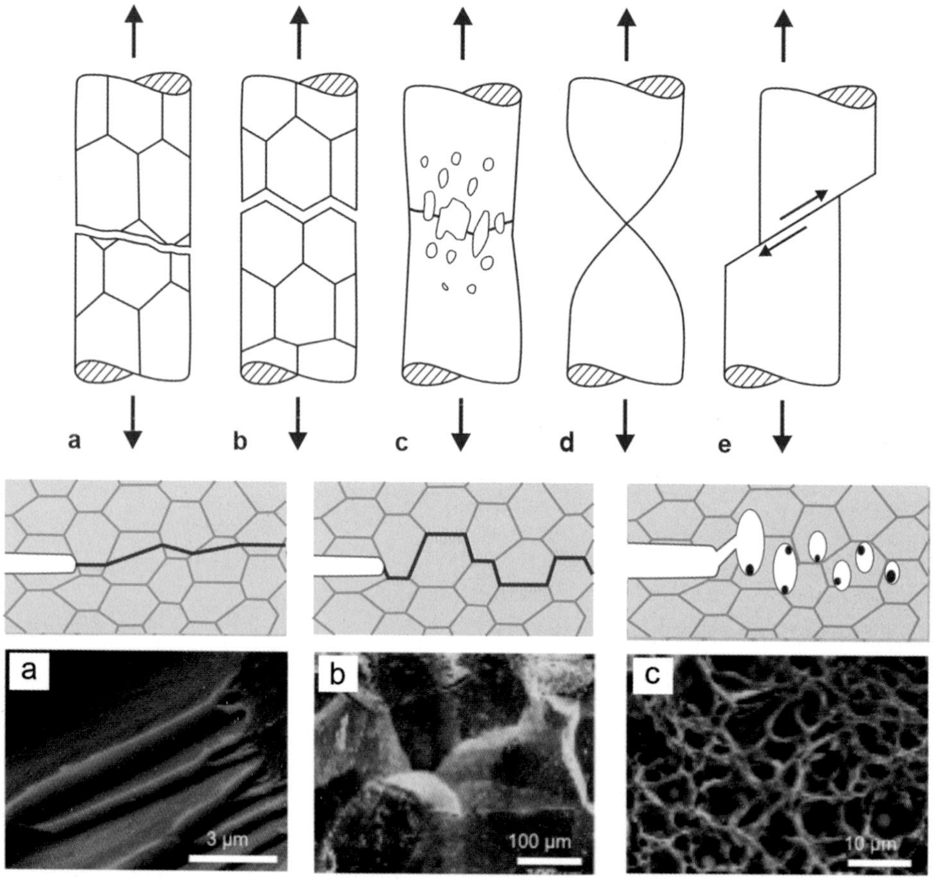


**Abb. 20** Bruchausbildungsformen bei Gewaltbruch: **a** transkristalliner Spaltbruch, **b** interkristalliner Spaltbruch, **c** duktiler Bruch, **d** zur Spitze ausgezogener duktiler Bruch, **e** Schubbruch. (unterer Bildteil nach Tomota et al. 2011; mit freundlicher Genehmigung von © Springer-Verlag GmbH Deutschland 2011. All Rights Reserved)

#### 3.4.1.2 Schwingbruch

Schwingbrüche entstehen durch mechanische Wechsel- oder Schwellbeanspruchungen. Nach einer Inkubationszeit zur Bildung von Anrissen erfolgt allmählich eine Schwingungsrissausbreitung, bis der verbliebene Werkstoffquerschnitt infolge der wachsenden Spannung zum Gewaltbruch versagt (Restbruch).

Der zum Schwingbruch führende Ermüdungsvorgang, der stets auf mikroplastischen Verformungen, d. h. irreversiblen Versetzungsbewegungen, beruht, kann in die folgenden Teilschritte eingeteilt werden:

a. Die Bildung von *Anrissen* wird ausgelöst durch erhöhte Spannungskonzentration in Oberflächenbereichen, z. B. durch Oberflächenfehler (Dreh- oder Schleifriefen), Kerben, Steifigkeitssprünge. Bei glatten Oberflächen können Ermüdungsrisse z. B. an Gleitbändern oder Ex- und Intrusionen, Korngrenzen, Zwillingskorngrenzen oder Einschlüssen gebildet werden.
b. Die *Mikrorissausbildung* (sog. Bereich I der Rissausbreitung) erfolgt mit meist kristallographisch orientierter Rissausbreitung unter 45° zur Hauptspannungsrichtung, langsame Rissgeschwindigkeit.
c. Die Ausbildung von *Makrorissen* erfolgt senkrecht zur Beanspruchungsrichtung, meist verbunden mit einer Gleitverformung an der Rissspitze (sog. Bereich II der Rissausbreitung); Unterbrechungen der Rissausbreitung können

zur Ausbildung charakteristischer „Bruchlinien“ auf der Schwingbruchfläche führen. Der sog. Bereich III der Rissausbreitung ist durch eine hohe Rissgeschwindigkeit, d. h. kleine relative Anzahl der Lastwechsel, gekennzeichnet. Bei gleichbleibenden Betriebsbedingungen nimmt der Bruchlinienabstand wegen der ansteigenden Rissausbreitungsgeschwindigkeit in Richtung auf den Restbruch zu.

d. Der *Restbruch* erfolgt bei den meisten Werkstoffen als mikroskopisch duktiler Gewaltbruch (Gleitbruch) meist innerhalb eines einzigen Lastwechsels. In spröden Materialien mit kubisch raumzentrierter Gitterstruktur (z. B. hartvergüteter Stahl, Gusseisen) können Misch- oder Trennbrüche auftreten.

#### 3.4.1.3 Warmbruch

Warmbrüche entstehen als thermoindizierte Brüche durch kombinierte mechanische und thermische Beanspruchung. Erhöhte Temperatur und gleichzeitig wirkende mechanische Spannungen führen zu Änderungen der Werkstoffeigenschaften, wie Verfestigung infolge von Kriechverformung, Entfestigung durch thermisch aktivierte Erholung, Änderung der Versetzungsstruktur, Bildung von Poren und Mikrorissen, Rekristallisation und Teilchenkoagulation. Die hauptsächlichen Schadensarten sind (VDI-Richtlinie 3822 2011):

a) *Warmriss*: Werkstofftrennung, die nicht den gesamten Querschnitt erfasst und in Zusammenhang mit Temperatureinwirkungen (Wärmespannungen, Temperaturwechsel, Temperaturgradienten) steht, z. B. Schweißspannungsriss, Zeitstandriss, Temperaturwechselriss, Schleifriss, Härteriss, Lotriss.
b) *Warmgewaltbruch* unter statischer oder quasistatischer Belastung bei erhöhter Temperatur mit den hauptsächlichen Arten:
   - Warmzähbruch: Kurzzeitwarmgewaltbruch mit deutlicher plastischer Verformung im Bruchbereich
   - Warmsprödbruch: spontaner Warmgewaltbruch mit geringer plastischer Verformung im Bruchbereich
   - Hochtemperatursprödbruch: spröder Gewaltbruch im Bereich der Solidustemperatur
   - Zeitstandbruch: Warmgewaltbruch bei langzeitiger statischer oder quasistatischer Beanspruchung
c) *Warmschwingbruch* unter wechselnder mechanischer Beanspruchung bei erhöhter Temperatur mit den hauptsächlichen Arten:
   - LCF-(low cycle fatigue)-Warmschwingbruch: Bruch mit $< 10^4$ Lastwechseln infolge Überschreitens der Zeitschwingfestigkeit im plastischen Verformungsbereich
   - HCF-(high cycle fatigue)-Warmschwingbruch: Bruch mit $> 10^4$ Lastwechseln infolge Überschreitens der Zeitschwingfestigkeit im Überwiegend elastischen Verformungsbereich
d) *Temperaturwechselbruch* (Thermoermüdungsbruch): Bruch unter wechselnder Temperaturbeanspruchung infolge Überschreitens der Zeitschwingfestigkeit durch Wärmedehnungswechsel.

### 3.4.2 Alterung

Mit Alterung wird die Gesamtheit aller im Laufe der Zeit in einem Material ablaufenden chemischen und physikalischen Vorgänge bezeichnet (DIN 50035), die mit Änderungen von Werkstoffeigenschaften (meist negativer Art) verbunden sind. Die Alterungsursachen werden gegliedert in:

- innere Alterungsursachen, z. B. thermodynamisch instabile Zustände des Materials, Relaxation, Spannungsabbau, Veränderung von chemischer Zusammensetzung und Molekularstruktur, Phasen- oder Gefügeumwandlungen,
- äußere Alterungsursachen, z. B. Temperaturwechsel, Energiezufuhr in Form von Wärme, sichtbarer, ultravioletter oder ionisierender Strahlung, chemische Einflüsse.

Die Alterungsursachen können zu verschiedenen Alterungserscheinungen bei den verschiedenen Werkstoffgruppen führen:

Bei Metallen: Veränderung von mechanischen Kennwerten wie Duktilität, Streckgrenze, Kerbschlagarbeit durch Einlagerung von Fremdatomen wie C, N, z. B. Versprödung von Baustahl bei der Kaltumformung (Reck- oder Verformungsalterung) oder „Wasserstoffversprödung" von Stählen, Versprödung durch Neutronen.

Bei anorganischen Stoffen: „Ausblühen" oder „Ausschwitzen" durch Abscheidung bestimmter Phasen (Agglomeration), z. B. bei Baustoffen.

Bei Polymerwerkstoffen: Quellung, Schwindung oder Verwerfung durch Diffusion, Rissbildung (z. B. Spannungsrissbildung unter Einwirkung von Ozon), Verfärbung, insbesondere Vergilbung.

Ein Alterungsschutz kann bei Polymerwerkstoffen bewirkt werden durch:

- Inhibitoren: Substanzen, die chemische Reaktionen verzögern;
- Stabilisatoren: Substanzen, welche die Veränderung von Eigenschaften, die durch Einflüsse bei der Verarbeitung oder durch Alterung eintreten kann, vermindern, z. B. Wärmestabilisatoren, Lichtstabilisatoren, Strahlenschutzmittel, UV-Absorber. Als weitere Alterungsschutzmittel werden Substanzen, die eine Alterung durch Sauerstoffeinwirkung (Antioxidantien) oder Ozoneinwirkung verzögern, eingesetzt.

### 3.4.3 Elektromigration

Elektromigration ist ein Schädigungsmechanismus, der in elektrischen Leiterbahnen und integrierten Schaltungen auftreten kann (Lienig und Thiele 2018). Der elektrische Stromfluss durch eine Leiterbahn erzeugt zwei Kräfte, denen die einzelnen Metallionen in der Leiterbahn ausgesetzt sind:

- Die elektrostatische Kraft auf die Metallionen, die von der elektrischen Feldstärke im Leiter hervorgerufen wird. Auf Grund einer gewissen Abschirmung der positiven Metallionen durch die negativen Leitungselektronen ist diese Kraft in den meisten Fällen vernachlässigbar.
- Die Impulsübertragung von bewegten Leitungselektronen auf die Metallionen im Kristallgitter. Diese Kraft wirkt in Richtung des Stromflusses und ist die wesentliche Ursache des Elektromigrationsprozesses.

In einer homogenen kristallinen Struktur treten wegen der gleichmäßigen Gitteranordnungen der Metallionen kaum Impulsübertragungen zwischen den Leitungselektronen und den Metallionen auf. Diese Symmetrieverhältnisse sind jedoch an den Korngrenzen von polykristallinen Leitern, wie z. B. Kupfer, nicht mehr gegeben, womit verstärkt Bewegungsimpulse von den Leitungselektronen auf die Metallionen übertragen werden. Da die Metallionen an den Korngrenzen deutlich schwächer eingebunden sind als in einem regulären Kristallgitter, werden ab einer gewissen elektrischen Stromstärke Atome von den Korngrenzen abgetrennt und in Richtung des Stromflusses bewegt. Dabei können mikroskopische Hohlräume und Materialanhäufungen in der Leiterbahn entstehen. Analoge elektrische Schaltungen und Stromversorgungsleitungen bei digitalen Schaltungen sind besonders elektromigrationsgefährdet.

Eine mögliche Ausfallursache ist die Diffusion von Ionen als Folge der Elektromigration. Dies kann geschehen durch Korngrenzendiffusion, Gitterdiffusion und Diffusion entlang heterogener Grenzflächen oder freier Oberflächen. Aufgrund der niedrigen Aktivierungsenergie ist die Diffusion an Korngrenzen einer der wichtigsten Ausfallursachen. Eine weitere Ausfallursache ist eine zu hohe Stromdichte, die Joule'sche Eigenheizung bewirkt und zu erhöhtem thermoinduzierten Massetransport führt.

Die wichtigste Maßnahme zur Vermeidung der Elektromigration ist die Beschränkung der elektrischen Stromstärke, da die Verlustleistung in einen elektrischen Leiter quadratisch mit der Stromstärke ansteigt und damit zu erhöhter Thermomigration führt.

### 3.4.4 Korrosion

Korrosion ist eine „Reaktion eines metallischen Werkstoffes mit seiner Umgebung, die eine messbare Veränderung des Werkstoffes bewirkt" (DIN EN ISO 8044). Von einem Korrosionsschaden spricht man, wenn die Korrosion die Funktion eines Bauteiles oder eines ganzen Systems beeinträchtigt. In den meisten Fällen ist die Korrosionsreaktion elektrochemischer Natur, sie kann jedoch auch chemischer (nichtelektrochemischer) oder metallphysikalischer Natur sein.

#### 3.4.4.1 Korrosionsarten

Eine Übersicht über die Korrosionsarten gibt Abb. 21 (Isecke et al. 2011).

Es ist zweckmäßig, zwischen Korrosion mit und ohne mechanische Beanspruchung sowie nach der Art des chemischen Angriffs zu unterscheiden. Zu der *Korrosion ohne mechanische Beanspruchung* gehören im Wesentlichen:

- Flächenkorrosion: Der Werkstoff wird an der Oberfläche mit nahezu gleichmäßiger Abtragungsrate aufgelöst.
- Muldenkorrosion: Eine ungleichmäßige Werkstoffauflösung an der Oberfläche, die auf einer örtlich unterschiedlichen Abtragungsrate infolge von Korrosionselementen beruht. Sie führt zu Mulden, deren Durchmesser größer ist als ihre Tiefe.
- Lochkorrosion: Die Metallauflösung ist auf kleine Bereiche begrenzt und führt zu kraterförmigen, die Oberfläche unterhöhlenden oder nadelstichförmigen Vertiefungen, dem sogenannten Lochfraß. Sie hat ihre Ursache in der Entstehung von Anoden geringer örtlicher Ausdehnung an Verletzungen von Deckschichten.
- Spaltkorrosion: Auflösung des Werkstoffes in Spalten durch Konzentrationsunterschiede des korrosiven Mediums (z. B. durch Sauerstoffverarmung) innerhalb und außerhalb des Spaltes.
- Kontaktkorrosion: beschleunigte Auflösung eines metallischen Bereichs, der in Kontakt

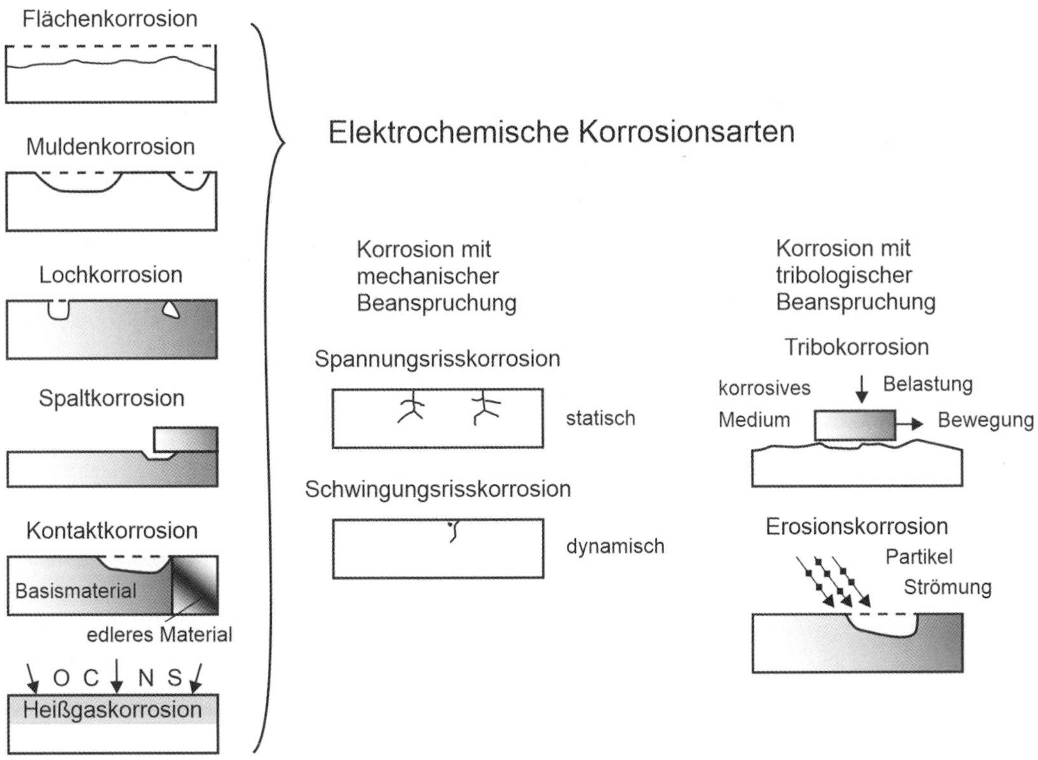


**Abb. 21** Übersicht über Korrosionsarten: elektrochemische Korrosionsarten (links), Korrosion mit mechanischer Beanspruchung (Mitte), Korrosion mit tribologischer Beanspruchung (rechts). (nach Isecke et al. 2011; mit freundlicher Genehmigung von © Springer-Verlag GmbH Deutschland 2011. All Rights Reserved)

zu einem Metall mit höherem freien Korrosionspotenzial steht.
- Heißgaskorrosion: Korrosion von Metallen in Gasen, die mindestens eines der Elemente O, C, N oder S enthalten, bei hohen Temperaturen.

Zur Korrosion bei zusätzlicher mechanischer Belastung zählen die

- Spannungsrisskorrosion: Rissbildung in metallischen Werkstoffen unter gleichzeitiger Einwirkung einer Zugspannung (auch als Eigenspannung im Werkstück) und eines bestimmten korrosiven Mediums. Kennzeichnend ist eine verformungsarme Trennung oft ohne Bildung sichtbarer Korrosionsprodukte.
- Schwingungsrisskorrosion: Verminderung der Schwingfestigkeit eines Werkstoffes durch Korrosionseinflüsse, die zu einer verformungsarmen, meist transkristallinen Rissbildung führt.

Der Versagensmechanismus bei der Spannungsrisskorrosion umfasst (wie allgemein bei Bruchvorgängen) die Phasen der Rissbildung und der Rissausbreitung. Durch das Entstehen von Lokalelementen an mechanisch beanspruchten Teilen und durch korrosiven Angriff wird die Anrissbildung begünstigt. Da an der Rissspitze eine erhebliche Spannungskonzentration besteht, setzt dort bevorzugt eine anodische Metallauflösung an, d. h., auch die Rissausbreitungsphase wird durch die elektrochemischen Mechanismen beeinflusst. Der Spannungsintensitätsfaktor zur Rissausbreitung in korrosiver Umgebung ist niedriger als der Spannungsintensitätsfaktor in neutraler Umgebung.

Bei den Korrosionsarten unter gleichzeitiger tribologischer Beanspruchung (vgl. Abschn. 4.5) unterscheidet man zwei hauptsächliche Kategorien:

- Tribokorrosion ist grundsätzlich bei jeder tribologischen Beanspruchung in einem korrosiven Umgebungsmedium möglich. Tribokorrosion im engeren Sinn ist die Korrosion bei tribologischer Gleitbeanspruchung, da dabei die größten Werkstoffanstrengungen und die höchsten reibbedingten Temperaturerhöhungen zur Aktivierung chemisch-korrosiver Prozesse auftreten.
- Erosionskorrosion ist die Überlagerung von korrosiven Prozessen und tribologischer Beanspruchung durch Partikel in strömenden Flüssigkeiten. In der Technik tritt Erosionskorrosion beispielsweise an Schiffsschrauben und in Kühlwasserkreisläufen, in der Medizintechnik aber auch an Amalgamfüllungen auf.

#### 3.4.4.2 Korrosionsmechanismen

Ursache aller Korrosionserscheinungen ist die thermodynamische Instabilität von Metallen gegenüber Oxidationsmitteln. Am häufigsten handelt es sich dabei um *elektrochemische Korrosion*, die nur in Gegenwart einer ionenleitenden Phase abläuft. Die Reaktion setzt sich aus zwei Teilschritten zusammen: Zuerst wird das Metall oxidiert, d. h. den reagierenden Metallatomen werden Elektronen entzogen:

1. Anodischer Teilschritt: Metallauflösung $\mathrm{Me} \rightarrow \mathrm{Me}^{z+} + ze^-$

   Die abgegebenen Elektronen müssen dabei auf einen Bestandteil der angrenzenden Elektrolytlösung übergehen, der selbst reduziert wird. Man unterscheidet hierbei zwischen Säurekorrosion, bei der Wasserstoffionen zu molekularem Wasserstoff reduziert werden, und Sauerstoffreduktion, bei der Sauerstoff als Oxidationsmittel wirkt:
2. Kathodischer Teilschritt: Reduktionsreaktion
   a) Säurekorrosion: $2\,\mathrm{H}^+ + 2\,\mathrm{e}^- \rightarrow \mathrm{H}_2$,
   b) Sauerstoffkorrosion: $\mathrm{O}_2 + 2\,\mathrm{H}_2\mathrm{O} + 4\,\mathrm{e}^- \rightarrow 4\,\mathrm{OH}^-$.

Es bildet sich ein Stromkreis aus, bestehend aus einem Elektronenstrom im Metall und einem Ionenstrom im Elektrolyten. Beide Teilvorgänge erfolgen gleichzeitig, entweder unmittelbar benachbart oder räumlich getrennt. Als Reaktionsprodukt entstehen meist Metalloxide oder -hydroxide.

#### 3.4.4.3 Korrosionsschutz

Wegen der Vielfalt der Korrosionsarten und Korrosionsmechanismen erfordert der Schutz von Bauteilen eine sorgfältige Analyse des Einzelfalls.

Außer durch korrosionsgerechte Gestaltung können Korrosionsvorgänge durch die folgenden Maßnahmen gehemmt werden:

1. Beeinflussung der Eigenschaften der Reaktionspartner und/oder Änderung der Reaktionsbedingungen durch
   - Ausschluss von korrosiven Medien,
   - Ändern des pH-Wertes,
   - Zugabe von Inhibitoren.
2. Trennung des metallischen Werkstoffes vom korrosiven Mittel durch
   - organische,
   - anorganisch-nichtmetallische,
   - metallische Schutzschichten.
3. Elektrochemische Maßnahmen:
   - kathodischer Korrosionsschutz
   - anodischer Korrosionsschutz
4. Verwendung besser geeigneter Werkstoffe, z. B. von Polymerwerkstoffen, Keramik sowie Metalllegierungen.

## 3.4.5 Biologische Materialschädigung

Als biologische Materialschädigung (Biodeteriation) werden unerwünschte Veränderungen von Stoffen durch Organismen bezeichnet (Stephan et al. 2011). Sie entstehen hauptsächlich dadurch, dass Materialien organischer Art Organismen als Nahrung dienen. In anderen Fällen ergeben sich Beschädigungen durch Nagetätigkeit von Insekten oder Wirbeltieren oder durch chemische Wirkungen von Mikroorganismen (Schmidt 1993).

### 3.4.5.1 Materialschädigungsarten

Biologische Materialschädigungen können besonders ausgeprägt an organischen Stoffen und Naturstoffen (speziell Holz und Holzwerkstoffen), jedoch auch an Materialien aus anderen Werkstoffgruppen auftreten.

- Metallische Werkstoffe

  Schädigungsbeispiele: Lochfraßkorrosion durch anaerobe sulfatreduzierende Bakterien sowie durch schwefel- und eisenoxidierende aerobe Bakterien; korrosiver Angriff auf Fe, Cu, Al, Pb durch Ausscheidung von organischen und anorganischen Säuren aus Schimmelpilzhyphen; Nageschäden durch Insekten (z. B. Holzwespen, Termiten) an Metallen (z. B. Pb-Umhüllungen elektrischer Kabel), die weicher als die harten Mundwerkzeuge dieser Materialschädlinge sind.
- Mineralische Baustoffe

  Schwefeloxidierende und nitrifizierende Bakterien verursachen Materialschäden durch Verminderung des pH-Wertes an Baustoffoberflächen (z. B. Kalksandstein) und fördern dadurch andere Mikroorganismen in ihrer Entwicklung. Bakterien und Schimmelpilze können bei hinreichender Dauerfeuchtigkeit Putzmörtel, Sandsteine und Beton schädigen und durchwachsen.
- Kunststoffe

  Streptomyceten und andere Bakterien sowie Schimmelpilze können bei ausreichender Feuchtigkeit auf Kunststoffen wachsen, Weichmacher, Füllstoffe, Stabilisatoren und Emulgatoren abbauen und zu Verfärbungen, Masse- und Festigkeitsverlusten führen. Beständig gegen Mikroorganismen sind verschiedene ungefüllte Polymerwerkstoffe, wie z. B. PE, PS, PVC, PTFE, PMMA, PC. An elektrischen und elektronischen Geräten können Pilzhyphen eine Verminderung des Oberflächenwiderstandes und damit Kriechströme und Kurzschlüsse bewirken.
- Holz- und Holzwerkstoffe

  Holz wird, z. B. bei hoher Holzfeuchtigkeit – die Mindestwerte liegen zwischen 22 % und Fasersättigung – von Mikroorganismen durch Abbau von Kohlehydraten und Zellulose geschädigt.

### 3.4.5.2 Materialschädlinge und Schadformen

Die wichtigsten Materialschädlinge gehören den Gruppen der Mikroorganismen sowie der Insekten an. Daneben kommen in einzelnen weiteren Tiergruppen Materialschädlinge vor.

Unter den Mikroorganismen sind Bakterien und mikroskopische Pilze aus den Gruppen der Ascomyceten, der imperfekten Pilze und der Basidiomyceten die wichtigsten; daneben kommen

Algen in Betracht. Von den Insekten stehen Gruppen, die ein starkes Nagevermögen besitzen, im Vordergrund; dies sind Termiten und Käfer (Coleoptera). Bedeutende Schädlinge gehören aber auch zu den Schmetterlingen (Lepidoptera) und Hautflüglern (Hymenoptera). Von anderen Tieren schädigen einzelne Wirbeltiere (Vertebrata) Material auf dem Lande, gewisse Muscheln (Mollusca) und Krebstiere (Crustacea) Material im Meerwasser, daneben haben auch Hohltiere (Coelenterata) und Moostierchen (Bryozoa) eine Bedeutung als Schiffsbewuchs.

Die hauptsächlichen *Holzschädlinge* und die durch sie verursachten Schadformen sind in Mitteleuropa folgende:

- Echter Hausschwamm (Serpula lacrymans): Mycel weiß bis graubräunlich, graue Stränge (bis Bleistiftdicke) brechen mit Knackgeräusch; Holz- Wassergehalt > 25 % erforderlich; Braunfärbung des befallenen Holzes, Rissbildung, „Würfelbrüchigkeit"; gefährlichster holzzerstörender Pilz.
- Braunfäule-Erreger: Pilze, bauen Zellulose ab; Braunfärbung des Holzes, Rissbildung parallel und senkrecht zur Holzfaser, Gewichts- und Volumenverlust, würfeliger Zerfall.
- Weißfäule-Erreger: Pilze, bauen Zellulose und Lignin ab; Holz grau-weiß verfärbt, Erweichung ohne Volumenverlust.
- Moderfäule-Pilze: bauen Zellulose (langsam) ab; hohe Holzfeuchtigkeit erforderlich, Holzoberfläche in feuchtem Zustand weich, trocken rau und schuppig.
- Bläuepilze: Ernährung von Zellinhaltsstoffen; Holzfestigkeit nicht beeinträchtigt, Farbstoff: Melaminpigmente.
- Schimmelpilze: verwerten Zucker- und Stärkegehalt des Holzes; rote, braune, graue Oberflächenverfärbungen; keine Zerstörung, kein Festigkeitsverlust.
- Hausbockkäfer (Hylotrupes bajulus): weiße Larve („großer Holzwurm") befällt nur Nadelholz (rel. Luftfeuchte > 40 %), bevorzugt Splintbereiche, meidet Kernholz; erzeugt 6 mm bis 10 mm breite ovale Fraßgänge und Fluglöcher.
- Gewöhnlicher Nagekäfer (Anobium punctatum): engerlingartige Larve („kleiner Holzwurm") befällt Nadel- und Laubhölzer (Möbelteile), erzeugt kreisförmige Fraßgänge und Fluglöcher von 2 mm bis 3 mm Durchmesser.

#### 3.4.5.3 Materialschutz gegen Organismen

Für den Schutz gegen Materialschädlinge bestehen folgende prinzipielle Möglichkeiten:

- geeignete Oberflächenresistenz, insbesondere durch Härte und Glätte;
- geeignete Umweltbedingungen, insbesondere niedrige Luft- und Materialfeuchtigkeit;
- Einsatz von Repellentien (Abschreckstoffen);
- Einsatz von Materialschutzmitteln in Form von Fungiziden oder Insektiziden.

Die wichtigsten Materialschutzmittel sind Holzschutzmittel. Sie werden eingeteilt in: wasserlösliche Holzschutzmittel mit Wirkstoffen wie Siliconfluorid (SF) oder Kombinationen von Chrom-Fluor- Kupfer-Arsen-Bor (CFKAB-Salzen) und ölige Holzschutzmittel, z. B. Teerölpräparate. Holzschutzmittel werden durch Streichen, Spritzen, Tauchen, Trogtränkung, Kesseldrucktränkung (beste Eindringwirkung) aufgebracht. Holzschutzmittel unterliegen in der Bundesrepublik Deutschland einer Prüfzeichenpflicht in Hinblick auf die Anwendung für tragende oder aussteifende Zwecke in baulichen Anlagen (DIN 68800-1).

### 3.4.6 Reibung und Verschleiß

Reibung und Verschleiß sind energiedissipierende, materialschädigende Prozesse, die bei einer Relativbewegung kontaktierender Materialen entstehen. Sie gehören zum Aufgabenbereich des interdisziplinären Fachgebiets *Tribologie*. Die Tribologie wurde Mitte der 1960er-Jahre – nach einer Analyse der großen technischen und volkswirtschaftlichen Bedeutung von Reibung und Verschleiß – mit folgender Definition begründet (Great Britain, Department of Education and Science 1966):

*Tribology is the science and technology of interacting surfaces in relative motion and of related subjects and practices.*

Im deutschen Sprachgebrauch kann die Wortkombination „interacting surfaces" durch den in der Konstruktionstechnik für funktionelle Oberflächen gebräuchlichen Begriff „Wirkflächen" übersetzt werden, womit die Tribologie-Definition wie folgt lautet:

*Tribologie ist die Wissenschaft und Technik von Wirkflächen in Relativbewegung und zugehöriger Technologien und Verfahren.*

Das Gebiet vereinigt Elemente aus Physik und Chemie sowie den Werkstoff- und Ingenieurwissenschaften und kann unter Berücksichtigung seiner Bedeutung für Technik und Volkswirtschaft wie folgt gekennzeichnet werden:

*Die Tribologie ist ein interdisziplinäres Fachgebiet zur Optimierung mechanischer Technologien durch Verminderung reibungs- und verschleißbedingter Energie- und Stoffverluste* (Czichos und Habig 2015).

### 3.4.6.1 Tribologische Systeme

In der Technik können zahlreiche technische Funktionen nur durch „Wirkflächen in Relativbewegung", d. h. durch „tribologische Systeme" realisiert werden. Abb. 22 zeigt einige Beispiele mit den grundlegenden generellen Parametergruppen (Czichos und Woydt 2017).

Die Beispiele tribologischer Systeme in Abb. 22 illustrieren, dass Reibung und Verschleiß durch zwei umfangreiche Parametergruppen geprägt werden:

- Beanspruchungskollektiv, gebildet durch
  - die Bewegungsform (Kinematik): Gleiten, Rollen oder Wälzen, Stoßen oder Prallen, Strömen,
  - den zeitlichen Bewegungsablauf: kontinuierlich, oszillierend, intermittierend,
  - die Beanspruchungsgrößen: Belastung, Geschwindigkeit, Temperatur, Beanspruchungsdauer;
- Struktur des tribologischen Systems, d. h.
  - die am Verschleißvorgang beteiligten Bauelemente, die *Triboelemente* (1) Grundkör-

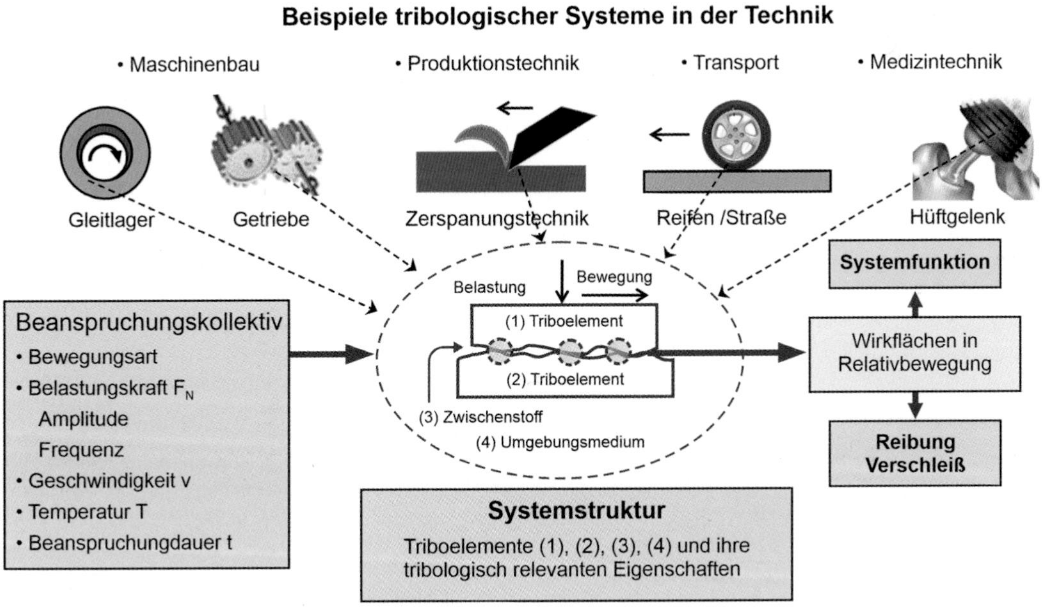


**Abb. 22** Beispiele tribologischer Systeme aus verschiedenen Bereichen der Technik und ihre gemeinsamen Parametergruppen: • Beanspruchungskollektiv, • Systemstruktur, • Systemfunktion, • Reibung und Verschleiß. (Czichos 2018 aus der Zeitschrift Materials Testing, Vol 60, Issue 1, Seiten 8–14 © Carl Hanser Verlag GmbH & Co.KG, München)

per, (2) Gegenkörper, (3) Zwischenstoff, (4) Umgebungsmedium,
- die Stoff- und Formeigenschaften der Bauelemente,
- die tribologischen Wechselwirkungen zwischen den Systemelementen: Kontaktmechanik, Reibungsmechanismen, Verschleißmechanismen.

Wie in Abb. 22 dargestellt, resultieren Reibung und Verschleiß aus tribologischen Prozessen in den Wirkflächen kontaktierender Triboelemente. Der Dimensionsbereich tribologischer Prozesse reicht von der Nanotribologie und der Mikrotribologie mit dissipativen Effekten in submikroskopischen Wirkorten bis zur Makrotribologie mit dynamischen Kräften und Geschwindigkeiten sowie den Dämpfung-Masse-Feder-Charakteristika der Triboelemente, siehe Abb. 23.

Aus der Parameterübersicht folgt, dass Reibung und Verschleiß keine „Materialeigenschaften" sind, sondern durch dynamische Wechselwirkungsprozesse kontaktierender Körper oder Stoffe entstehen. Sie müssen daher stets auf die Material-Paarung, d. h. allgemein auf das betreffende tribologische System bezogen werden, in symbolischer Schreibweise:

**Reibung**, **Verschleiß** =
f (**Beanspruchungskollektiv**, **Systemstruktur**).

### 3.4.6.2 Reibung

Reibung ist ein *Bewegungswiderstand*. Er äußert sich als Widerstandskraft sich berührender Körper gegen die Einleitung einer Relativbewegung (Ruhereibung, statische Reibung) oder deren Aufrechterhaltung (Bewegungsreibung, dynamische Reibung). Roll- oder Wälzreibung ist der Bewegungswiderstand gegen eine Rollbewegung, Gleitreibung ist der Bewegungswiderstand gegen eine Translationsbewegung. Die Reibung kann durch kräftemäßige und energetische Messgrößen gekennzeichnet werden:

- Reibungskraft $F_R$:
  Kraft, die infolge der Reibung als mechanischer Widerstand gegen eine (translatorische) Relativbewegung auftritt und der Bewegungsrichtung entgegengesetzt ist. Hierbei kann ggf. noch unterschieden werden zwischen der statischen Reibungskraft $F_{Rs}$ (ohne Relativbewegung) und der dynamischen Reibungskraft $F_{Rd}$ (mit Relativbewegung)
- Reibungszahl $f = F_R/F_N$
  Quotient aus Reibungskraft $F_R$ (parallel zur Kontaktfläche) und Normalkraft $F_N$ (senkrecht zur Kontaktfläche)
- Reibungsleistung $P_R = F_R.v = f{\cdot}F_N{\cdot}v$, ($v$ ist die Geschwindigkeit der Relativbewegung)
  Die zur Aufrechterhaltung eines Bewegungsvorgangs unter Reibung zu verrichtende (Verlust-)Leistung.

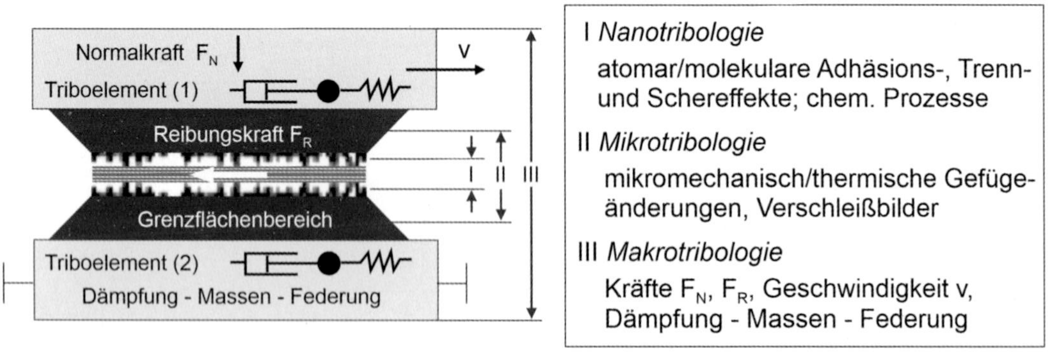


**Abb. 23** Dimensionsbereiche tribologischer Prozesse, schematische Darstellung. (Czichos und Habig 2015: mit freundlicher Genehmigung von © Springer Fachmedien Wiesbaden GmbH 2015. All Rights Reserved)

**Physik der Festkörperreibung**

Die physikalischen Ursachen der Reibung und die Schwierigkeiten der numerischen Kennzeichnung von „Reibungszahlen" hat der Nobelpreisträger Richard Feynman in seinen *Lectures on Physics* in prägnanter Weise dargestellt, siehe die beigefügte Infobox mit dem Originaltext (Feynman et al. 1963; Abb. 24).

**Reibungsmechanismen**

Eine Energiebilanz der Festkörperreibung zeigt, dass Reibungsvorgänge in drei Phasen ablaufen, deren Mechanismen in Abb. 25 in einer vereinfachenden Darstellung illustriert sind:

I. Energieeinleitung durch die jeweils vorliegende tribologische Beanspruchung:
   - Berührung technischer Oberflächen
   - Bildung der wahren Kontaktfläche als Flächensumme der Mikrokontakte
   - Mikrokontaktflächenvergrößerung („junction growth")
   - Delamination von Oberflächen-Deckschichten
   - Grenzflächenbindung und Grenzflächenenergie

II. Energieumsetzung durch *Reibungsmechanismen*, womit die im Kontaktbereich eines tribologischen Systems auftretenden bewegungshemmenden, energiedissipierenden Elementarprozesse der Reibung bezeichnet werden. Sie gehen von den im Kontaktbereich örtlich und zeitlich stochastisch verteilten Mikrokontakten aus:
   - Deformationsprozesse (mikroskopisch/atomar und makroskopisch)
   - Adhäsionsprozesse (führen erst bei einer Relativbewegung der Kontaktpartner zu einer Energieumsetzung durch das Trennen adhäsiver Bindungen)
   - Furchungsprozesse (Deformation)

III. Energiedissipation durch die Entstehung von Reibungswärme (mechanisches Wärmeäquivalent) oder Energieabsorption in den Kontaktpartnern (elastische Hysterese, Mikrostrukturänderungen, Eigenspannungen). Die Energiedissipation kann auch mit Emissionsprozessen verbunden sein (Wärmestrahlung, Schallemission, Triboluminieszenz)

Alle beschriebenen Reibungsmechanismen wurden experimentell beobachtet und tragen zur makroskopischen Reibungskraft bzw. zu Reibungsleistung bei.

**Reibungszustände**

Die Reibungszustände in einem tribologischen System, wie z. B. einem Gleitlager, bestehend aus den Reibpartnern Grundkörper (stationäre Lagerschale) und Gegenkörper (rotierende Welle) sowie einem flüssigen Schmierstoff können als Funktion von Schmierstoffviskosität, Gleitgeschwindigkeit und Normalkraft durch die *Stribeck-Kurve* beschrieben werden, siehe Abb. 26. In Abhängigkeit vom Verhältnis $\lambda = h/\sigma$ der Schmierstoff- Filmdicke $h$ zur mittleren Rauheit $\sigma$ der Gleitpartner ergeben sich unterschiedliche Reibungszustände mit verschiedenen Bereichen der Reibungszahl $f$:

- Festkörperreibung ($\lambda < 1, f \approx 0{,}1 \ldots >1$) Reibung bei direktem Kontakt der Reibpartner (Grundkörper und Gegenkörper). Wenn die Reibpartner von einem molekularen Schmierfilm bedeckt sind, spricht man von Grenzreibung ($f < 0{,}1$)
- Mischreibung ($1 < \lambda < 3, f \approx 0{,}01 \ldots 0{,}1$) Reibung, bei der gleichzeitig Festkörperreibung und Flüssigkeitsreibung vorliegen.
- Flüssigkeitsreibung ($\lambda > 3, f \approx 0{,}001 \ldots 0{,}01$) Reibung in einem die Reibpartner vollständig trennenden hydrodynamischen oder elastohydrodynamischen (EHD) Schmierstofffilm.

Die Reibung wird in den Bereichen I und II im Wesentlichen durch die Festkörper- und Grenzflächeneigenschaften der sich berührenden Werkstoffe und im Bereich III durch die rheologischen Eigenschaften des Schmierstoffs (sowie bei Elastohydrodynamik durch die elastischen Eigenschaften von Grund und Gegenkörper) beeinflusst.

Reibung hat – wie aus Abb. 22 ersichtlich – in der Technik eine „duale Rolle". Einerseits ist sie als Dissipationseffekt mit Energieverlusten verbunden. Anderseits basieren ganze Wirtschafts-

**Physics of solid friction***

"Dry sliding friction occurs when one solid body slides on another. A force is needen to maintain motion. This force is called a frictional force and its origin is a very complicated matter. Both surfaces of contact are irregular, on the atomic level. There are many points of contact where the atoms seem to cling together, and then, as the sliding body is pulled along, the atoms snap apart and vibration ensues. As the slider snaps over the bumps, the bumps deform and then generate waves and atomic motions, and, after a while, friction-induced heat in the two bodies".

**Sliding friction model on the atomic scale**

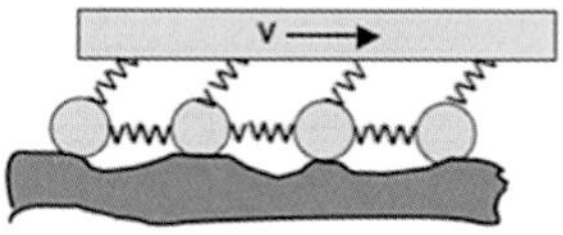


**Quantity values of the friction coefficient.** "Tables with data of friction coefficients for materials, like "steel on steel" or "copper on copper", are all false. The friction is not due to "copper on copper" because the surfaces in contact are not pure copper but are mixtures of oxides and other impurities. It is impossible to get the right coefficient of friction for pure metals becaue if ultraclean pure metal surfaces are brought into contact the interfacial atomic forces became cohesive and the two pieces stick together. The friction coefficient which is ordinarily less than unity for reasonably hard surfaces becomes several times unity".

This concise statement was confirmed by friction measurements made by NASA**. Depending on the interfacial and ambient conditions, the following data were measured for the friction coefficient f of „copper on copper":

f = 0.08, measured under boundary lubrication (mineral oil),
f = 1.0, measured as solid friction in air,
f > 100, measured as solid friction in vacuum ($10^{-10}$ Torr).

.................................

* The Feynman Lectures on Physics, Addison.Wesley, 1963, Chapter 12-2 Friction.
** D. H. Buckley, Surface Effects in Adhesion, Friction, Wear, and Lubrication, Elsevier, Amsterdam, 1981.

**Abb. 24** Physik der Festkörperreibung

zweige, wie Transport und Verkehr, technisch auf *Haftreibung* und *Traktion* von Reifen/Straße- oder Rad/Schiene-Systemen. Reibung ist notwendig für die Funktion von Maschinenelementen wie Führungen, Gelenke, Kupplungen, Getriebe. Sie ermöglicht durch *Reibschluss* technische Bewegungsvorgänge und die Übertragung mechanischer Leistungsflüsse in Maschinenelementen.

### 3.4.6.3 Verschleiß

Verschleiß ist der fortschreitende Materialverlust aus der Oberfläche eines festen Körpers (Grundkörper), hervorgerufen durch tribologische Beanspruchungen, d. h. Kontakt und Relativbewegung eines festen, flüssigen oder gasförmigen Gegenkörpers. Er tritt in technischen Bewegungssystemen in Abhängigkeit von der tribologischen Beanspruchung in den folgenden Verschleißarten auf:

• Gleitverschleiß, • Wälzverschleiß, • Stoßverschleiß, • Schwingungsverschleiß, • Furchungsverschleiß, • Strahlverschleiß, • Erosion.

Das mögliche „Verschleißspektrum" eines tribologisch beanspruchten Grundkörpers in den verschiedenen Reibungszuständen eines tribologischen Systems kann durch den Verschleißkoeffizienten $k$ dargestellt werden, siehe Abb. 27. Der Verschleißkoeffizient $k$ ist definiert durch das Verschleißvolumen $W_V$ dividiert durch Normalkraft $F_N$ und Weg $s$. Als Grenze zwischen „schwerem Verschleiß" (*severe wear)* bei Festkörperreibung und „mildem Verschleiß" (*mild wear*) bei Grenz- und Mischreibung gilt nach einer Konvention der *International Research Group on Wear of Engineering Materials* (IRG-OECD) ein Verschleißkoeffizient von $W_V = 10^{-6}$ mm³/Nm.

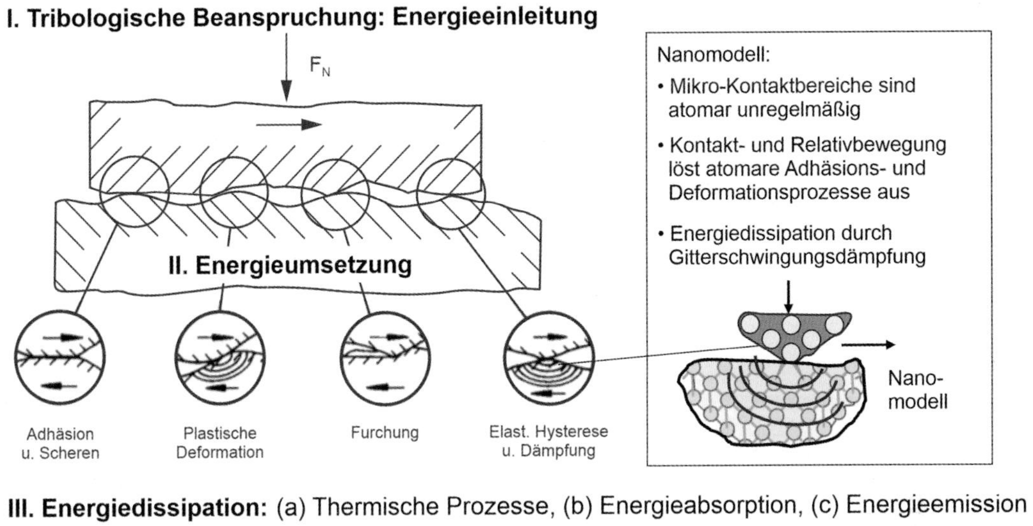


**Abb. 25** Energiebilanz der Reibung in einer schematisch vereinfachten Übersichtsdarstellung. (Czichos und Habig 2015; mit freundlicher Genehmigung von © Springer Fachmedien Wiesbaden GmbH 2015. All Rights Reserved)

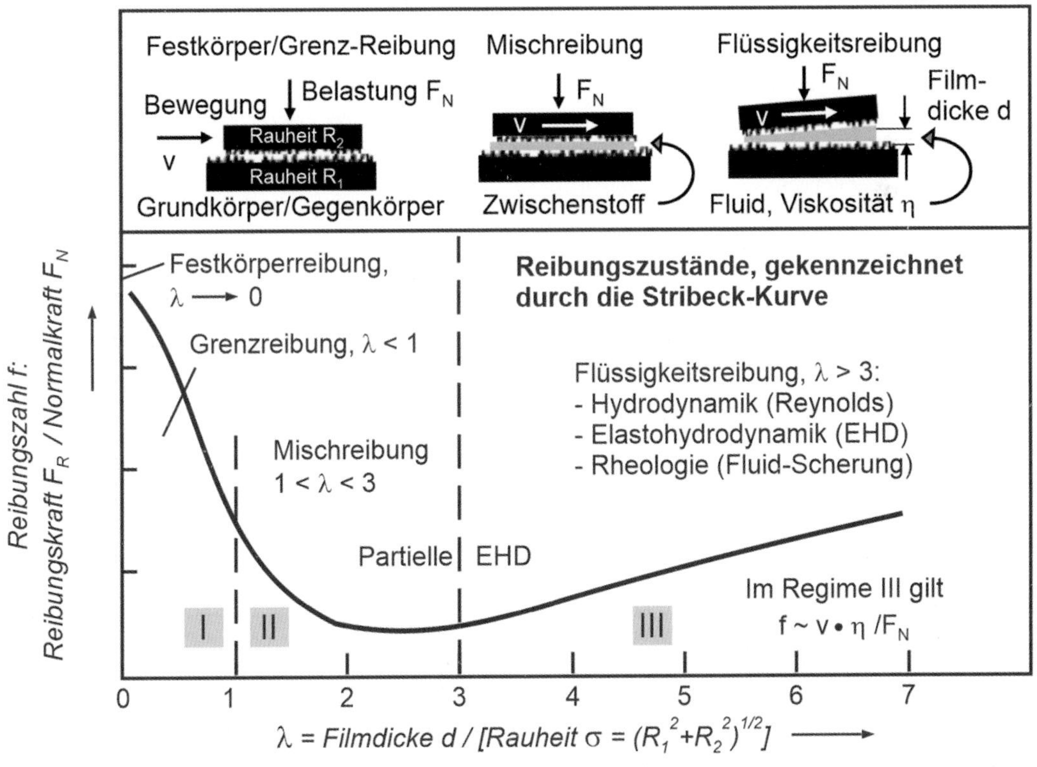


**Abb. 26** Schematische Übersicht über die Reibungszustände bei Gleitreibung. (Czichos und Habig 2015; mit freundlicher Genehmigung von © Springer Fachmedien Wiesbaden GmbH 2015. All Rights Reserved)

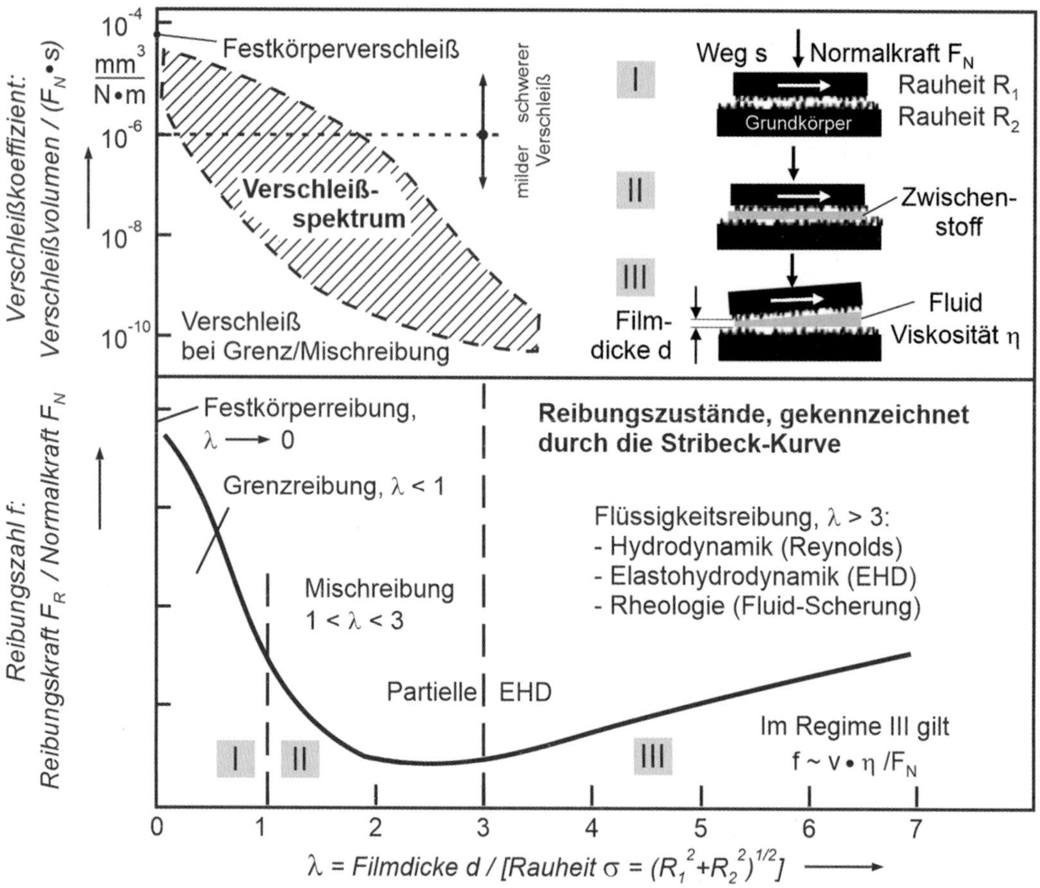


**Abb. 27** Das mögliche Verschleißspektrum für die Reibungszustände tribologischer System. (Czichos und Habig 2015; mit freundlicher Genehmigung von © Springer Fachmedien Wiesbaden GmbH 2015. All Rights Reserved)

**Verschleißmechanismen**
Die Elementarprozesse des Verschleißes – die meist in einer dynamischen Überlagerung auftreten – sind die Verschleißmechanismen *Oberflächenermüdung, Abrasion, Adhäsion und physikalisch-chemische Triboreaktionen.* Abb. 28 gibt eine Übersicht über die Detailprozesse der Verschleißmechanismen und zeigt charakteristische Verschleißbilder.

**Verschleißbeeinflussende Maßnahmen**
Verschleiß kann in tribologischen Systemen die Strukturintegrität negativ verändern. Verschleißbeeinflussende Maßnahmen müssen in jedem Falle von einer individuellen Systemanalyse des jeweiligen Problems ausgehen. Zunächst muss generell geprüft werden, ob der betreffende Tribokontakt „eliminiert“ werden kann, d. h., ob die „äußere Reibung“ durch „innere Reibung“ (z. B. Fluide, elastische Festkörper) ersetzt werden kann. Falls dies nicht möglich ist, ist entweder das Beanspruchungskollektiv zu variieren – z. B. Vermindern der Flächenpressung, Verbessern der Kinematik (Wälzen statt Gleiten) – oder die Struktur des tribologischen Systems ist durch geeignete Konstruktion, Werkstoffwahl, Schmierung zu modifizieren. Von besonderer Bedeutung ist die gezielte Beeinflussung der wirkenden Verschleißmechanismen:

- Beeinflussung der Abrasion:
  Für den Widerstand gegenüber der Abrasion ist die sogenannte Verschleiß-Tieflage-Hochlage-Charakteristik besonders wichtig.

Danach ist der Verschleiß nur dann gering, wenn das tribologisch beanspruchte Bauteil mindestens um den Faktor 1,3 härter als das angreifende Material ist.

- Beeinflussung der Oberflächenzerrüttung:
  Werkstoffe mit hoher Härte und hoher Zähigkeit (Kompromiss), homogene Werkstoffe (z. B. Wälzlagerstähle), Druckeigenspannungen in den Oberflächenzonen.
- Beeinflussung der Adhäsion:
  Schmierung, Vermeiden von Überbeanspruchungen, durch die ein Schmierfilm und Adsorptions- und Reaktionsschichten von Werkstoffen durchbrochen werden können, Vermeidung der Paarung Metall/Metall, stattdessen Bauteilpaarungen von metallischen Werkstoffen mit Polymerwerkstoffen oder mit ingenieurkeramischen Werkstoffen.
- Beeinflussung tribochemischer Reaktionen:
  keine Metalle, stattdessen Kunststoffe und keramische Werkstoffe, formschlüssige anstelle von kraftschlüssigen Verbindungen, Zwischenstoffe und Umgebungsmedium ohne oxidierende Bestandteile.

### 3.4.7 Methodik der Schadensanalyse

Gezielte Maßnahmen zur Schadensabhilfe und -verhütung können nur dann getroffen werden, wenn die Schadensursachen durch Untersuchungen sorgfältig analysiert wurden. Eine Schadensanalyse soll die folgenden hauptsächlichen Schritte umfassen (VDI-Richtlinie 3822 2011):

1. Schadensbefund
   a) Dokumentation des Schadens;
   b) Schadensbild: Zustand des beschädigten Bauteils;
   c) Schadenserscheinung: Merkmale einer Schadensart, z. B. Verformung, Risse, Brüche, Korrosions- oder Verschleißerscheinungen.
2. Bestandsaufnahme
   a) Allgemeine Information: Anlagen- bzw. Bauteilart, Hersteller, Betreiber, Inbetriebnahmedatum, Einsatzbedingungen, Revisionszeitpunkte, Überwachungserfordernisse, Betriebszeit.
   b) Vorgeschichte: Art, Herstellung, Weiterverarbeitung, Güteprüfung des Werkstoffs; Fertigung, Güteprüfung des Bauteils; Funktion des Bauteils, Betriebsbedingungen während der Betriebszeit und kurz vor dem Schadenseintritt; zeitlicher Ablauf des Schadens.
3. Untersuchungen
   a) Untersuchungsplan,
   b) Probennahme,
   c) Einzeluntersuchungen: Einsatz von zerstörungsfreien und/oder zerstörenden Prüfverfahren und Simulationsversuchen zur Beurteilung von: Schadensbild- und -erscheinung, fraktographische Untersuchung, Werkstoffzusammensetzung, Werkstoffgefüge und -zustand, physikalischen und chemischen Eigenschaften, Gebrauchseigenschaften,
   d) Auswertung.
4. Schadensursachen
   Fazit des Schadensbefundes, der Bestandsaufnahme und der Untersuchungen.
5. Schadensabhilfe
   Vorschläge für Abhilfemaßnahmen unter Berücksichtigung von Konstruktion, Fertigung, Werkstoff und Betrieb.
6. Schadensbericht
   a) Zusammenfassung der Schadensanalyse,
   b) Gliederungsbestandteile: Auftraggeber, Bezeichnung des Schadenteils, Anlass zur Schadensuntersuchung, Art und Umfang des Schadens, Ergebnisse der Bestandsaufnahme, Ergebnisse der Einzeluntersuchungen, Schadensursache, Reparaturmöglichkeiten und Reparaturmaßnahmen, Hinweise zur Schadensabhilfe und Schadensverhütung.

### 3.4.8 Technische Zuverlässigkeit und Sicherheit

Sicherheit bei der Anwendung und Nutzung technischer Systeme bedeutet ganz allgemein die Abwesenheit von Gefahren für Leben oder Gesundheit. Wegen der Fehlbarkeit der Menschen, der Möglichkeit technischen Versagens und der begrenzten Beherrschbarkeit von Naturvorgängen gibt es keine absolute Sicherheit.

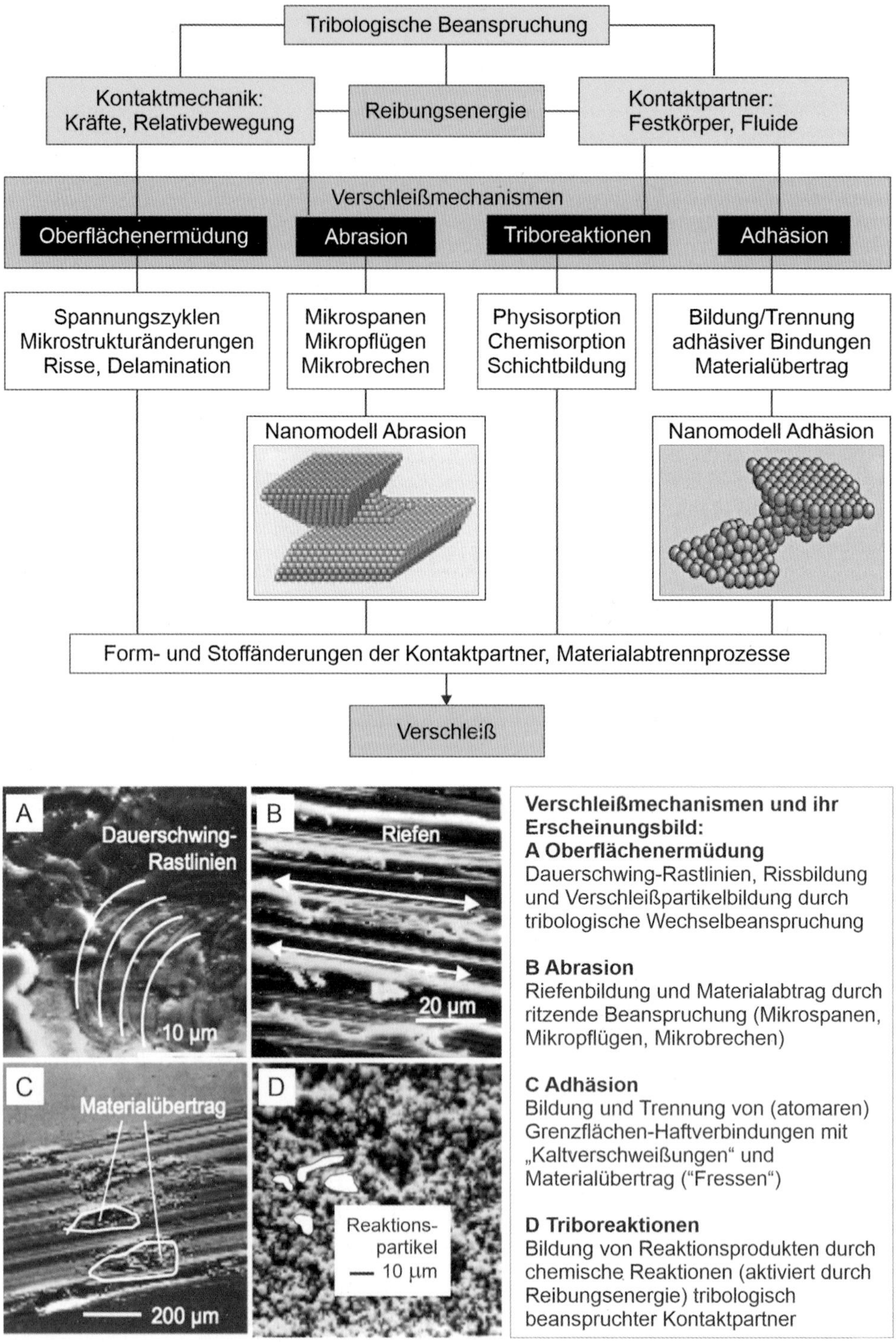


**Abb. 28** Die elementaren Verschleißmechanismen und ihr Erscheinungsbild. (unten: Czichos und Habig 2015; mit freundlicher Genehmigung von © Springer Fachmedien Wiesbaden GmbH 2015. All Rights Reserved; oben: Czichos 2018 aus der Zeitschrift Materials Testing, Vol 60, Issue 1, Seiten 8–14 © Carl Hanser Verlag GmbH & Co.KG, München)

Das Risiko, das mit einem bestimmten technischen Vorgang oder Zustand verbunden ist, wird zusammenfassend durch eine Wahrscheinlichkeitsaussage beschrieben, die (a) die zu erwartende Häufigkeit des Eintritts eines zum Schaden führenden Ereignisses und (b) das beim Ereigniseintritt zu erwartende Schadensausmaß berücksichtigt (Czichos 2013). Für die Beurteilung der technischen Sicherheit und Zuverlässigkeit sind zwei Begriffe von zentraler Bedeutung, die in der internationalen Norm ISO 13372 wie folgt definiert sind:

- *Fault* (**Fehlzustand,** FR Panne,): the condition of an item that occurs when one of its components or assemblies degrades or exhibits abnormal behavior.
- *Failure* (**Ausfall,** FR Defaillance,): the termination of the ability of an item to perform a required function. (Note: Failure is an event as distinguished from fault, which is a state).

Ausfälle können entstehen, wenn die Belastung (z. B. durch eine mechanische Spannung $\sigma_B$) die Belastbarkeit (z. B. die Festigkeit $\sigma_F$) eines Bauteils übersteigt. Die technische Zuverlässigkeit ist eine stochastische Größe. Sie kann empirisch durch die experimentelle Ermittlung der Ausfallhäufigkeit ermittelt werden. Die Ausfallwahrscheinlichkeit lässt sich dann in einem *Interferenzmodell* als Schnittmenge der Häufigkeitsverteilungen von Belastung und Belastbarkeit graphisch darstellen, siehe Abb. 29. **Technische Sicherheit** kann in dem Interferenzmodell durch den Abstand zwischen Belastung und Belastbarkeit gekennzeichnet werden.

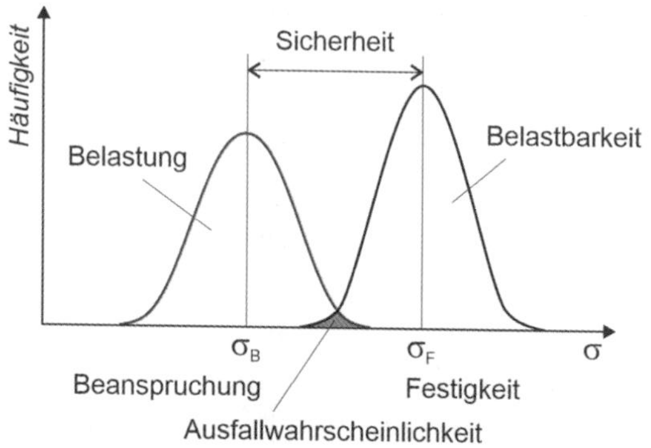


**Abb. 29** Interferenzmodell zur Kennzeichnung von Sicherheit und Ausfallwahrscheinlichkeit

**Technische Zuverlässigkeit** ist die Eigenschaft eines Bauteils oder eines technischen Systems für eine bestimmte Gebrauchsdauer („Lebensdauer") funktionstüchtig zu bleiben. Die Zuverlässigkeit ist definiert als die Wahrscheinlichkeit, dass ein Bauteil oder ein technisches System seine bestimmungsgemäße Funktion für eine bestimmte Gebrauchsdauer unter den gegebenen Funktions- und Beanspruchungsbedingungen ausfallfrei, d. h. ohne Versagen erfüllt. Die Versagensmechanismen lassen sich in zwei grundlegende Klassen einteilen:

- Überbeanspruchung: Überschreiten der allgemeinen „Materialfestigkeit" durch einen plötzlichen Anstieg der Beanspruchung.
  - Beispiele der Überbeanspruchung: mechanischer Stabilitätsverlust durch Knicken, Zusammenbrechen elektronischer Schaltungen durch Ladungsdurchschläge, Änderung von Materialeigenschaften bei Überschreiten der Glasübergangstemperatur.
- Degradation: voranschreitender Prozess der Schädigungsakkumulation in Werkstoffen, der zur Minderung von Leistungsmerkmalen und Schwächung der Belastbarkeit führt.
  - Beispiele der Degradation von Metallen: Rissbildung und Risswachstum, Kriechen, Verschleiß, Korrosion.
  - Beispiele der Degradation von Kunststoffen: Versprödung, mangelhafte UV- bzw. Lichtbeständigkeit.

Die Einflüsse der Versagensmechanismen auf die Funktionssicherheit eines Bauteils sind in Abb. 30 in einem dynamischen Interferenzmodell dargestellt (Hanselka und Nüffer 2011). Das Bild illustriert die Funktionssicherheit im Normalbetrieb und die Ausfallwahrscheinlichkeiten bei Überbeanspruchung oder Degradation eines Werkstoffs oder Bauteils.

Eine zusammenfassende Übersicht über Beanspruchungen und Umwelteinflüsse und Erfordernisse für technische Sicherheit und Zuverlässigkeit ist in Abb. 31 dargestellt.

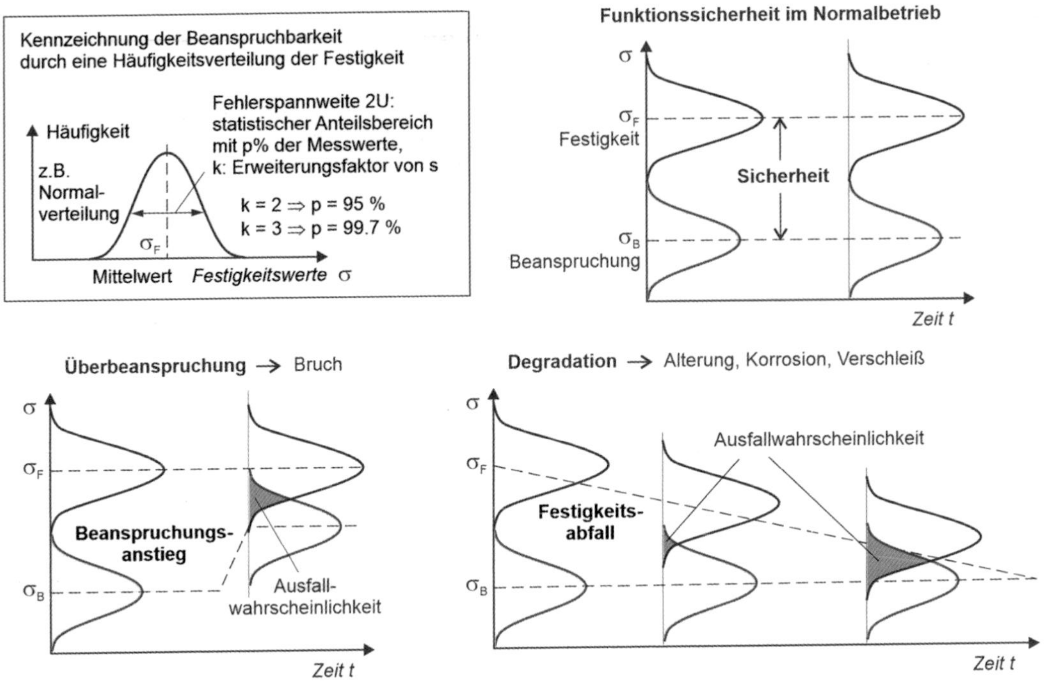


**Abb. 30** Dynamisches Interferenzmodell zur Kennzeichnung der Funktionssicherheit und von Ausfallwahrscheinlichkeiten. (Czichos 2018 aus der Zeitschrift Materials Testing, Vol 60, Issue 1, Seiten 8–14 © Carl Hanser Verlag GmbH & Co.KG, München)

## 3.4.9 Sicherheitstechnische Kenngrößen

### 3.4.9.1 Sicherheitsbeiwerte von Konstruktionswerkstoffen

Bei den vorwiegend mechanisch beanspruchten Konstruktionswerkstoffen versteht man unter dem Sicherheitsbeiwert $S$ das Verhältnis einer Grenzspannung (z. B. Streckgrenze $R_e$, Zugfestigkeit $R_m$, Dauerschwingfestigkeit $\sigma_D$) zur größten vorhandenen Spannung:

$$\text{Sicherheitsbeiwert} = \frac{\text{Grenzspannung}}{\text{größte vorhandene Spannung}}.$$

Für Überschlagsrechnungen, insbesondere beim Festlegen von Querschnittsabmessungen, wird nicht die Sicherheit eines Bauteils bestimmt, sondern eine

$$\text{zulässige Spannung} = \frac{\text{Grenzspannung}}{\text{Sicherheitsbeiwert}}$$

durch Vorgabe eines geeigneten Sicherheitsbeiwertes abgeschätzt.

Die Festlegung des Sicherheitsbeiwertes richtet sich nach der Anwendung, den Beanspruchungen, den Versagenskriterien und den Werkstoffeigenschaften (z. B. plastische Verformungsreserve, Warmfestigkeit). Während die Forderung wirtschaftlicher, materialsparender Auslegung von Konstruktionen, z. B. für den Leichtbau, zu Sicherheitsbeiwerten von 1,1 bis 1,5 führt, müssen z. T. weit höhere Werte vorgesehen werden, wenn durch ein Materialversagen Menschen gefährdet werden oder hohe Folgeschäden entstehen können. Eine Übersicht über die Größe von Sicherheitsbeiwerten gibt Tab. 2.

Die Festlegung eines Sicherheitsbeiwertes ist besonders schwierig bei Komplexbeanspruchungen (z. B. Überlagerung mechanischer Volumenbeanspruchung und tribologischer oder korrosiver Oberflächenbeanspruchung) sowie bei stoßartigen oder schwingenden Beanspruchungen. Zunehmend werden daher Sicherheitsbeiwerte statistisch ermittelt. Ausfallwahrscheinlichkeiten bzw. Zuverlässigkeiten werden durch geeignete Verteilungsfunktionen, wie die Weibull-Funktion

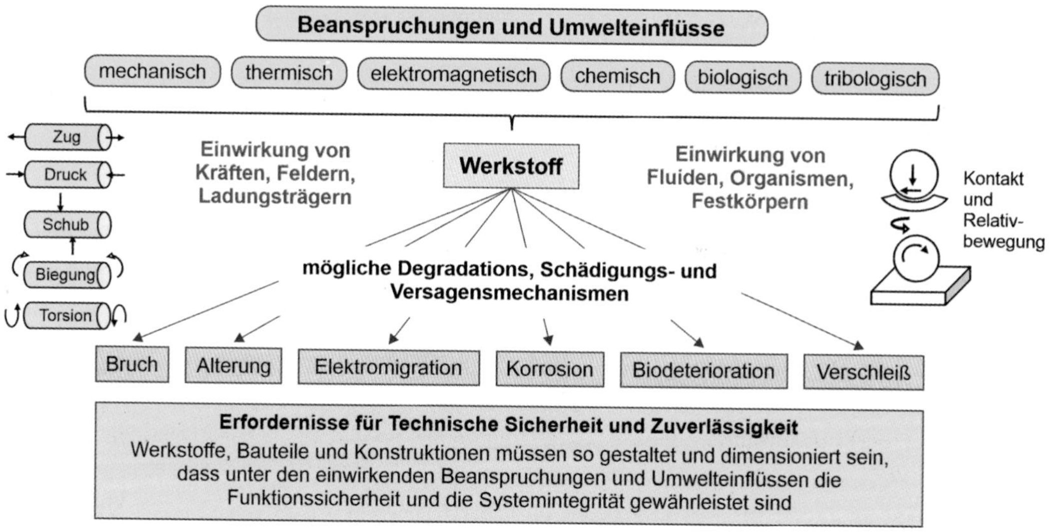


**Abb. 31** Technische Sicherheit und Zuverlässigkeit – Übersicht. (Czichos 2018 aus der Zeitschrift Materials Testing, Vol 60, Issue 1, Seiten 8–14 © Carl Hanser Verlag GmbH & Co.KG, München)

**Tab. 2** Sicherheitswerte für technische Konstruktionen (Broichhausen 1985)

| Sicherheitsbeiwert *S* | | | | |
|---|---|---|---|---|
| Anwendungsbereich | Versagenskriterien | | | |
| | Trennbruch | Dauerbruch | Verformen | Knicken, Einbeulen |
| Maschinenbau, allg. | 2,0 ... 4,0 | 2,0 ... 3,5 | 1,3 ... 2,0 | |
| Drahtseile | 8,0 ... 20,0 | | | |
| Kolbenstangen | | 3,0 ... 4,0 | 2,0 ... 3,0 | 5,0 ... 12,0 |
| Zahnräder | | 2,2 ... 3,0 | | |
| Kessel-, Behälter-, Rohrleitungsbau: | | | | |
| – Stahl | 2,0 ... 3,0 | | 1,4 ... 1,8 | 3,5 ... 5,0 |
| – Stahlguss | 2,5 ... 4,0 | | 1,8 ... 2,3 | |
| Stahlbau | 2,2 ... 2,6 | | 1,5 ... 1,7 | 3,0 ... 4,0 |

(siehe Band 1, Kap. „Wahrscheinlichkeitsrechnung") beschrieben.

### 3.4.10 Zustandsüberwachung technischer Systeme

Für die Sicherheit und Zuverlässigkeit technischer Systeme ist die Methode des *Condition Monitoring* (Zustandsüberwachung) entwickelt worden. Aufgabe der Zustandsüberwachung ist es, in technischen Systemen einen *Fehlzustand*

a) zu detektieren,
b) zu lokalisieren,
c) nach Art, Gefährlichkeit, Zeitverhalten zu charakterisieren und
d) frühzeitig vor Ausfall (z. B. Verlust der Tragfähigkeit) zu warnen.

Aus systemtechnischer Sicht hat die Zustandsüberwachung zwei Aufgaben:

- Funktionsüberwachung (*performance control*) der operativen Funktionsparameter technischer Systeme durch Sensorik und Regelungstechnik zur Gewährleistung der *Funktionssicherheit.*
- Strukturüberwachung (*structural health monitoring*) mit strukturintegrierter Sensorik (*em-*

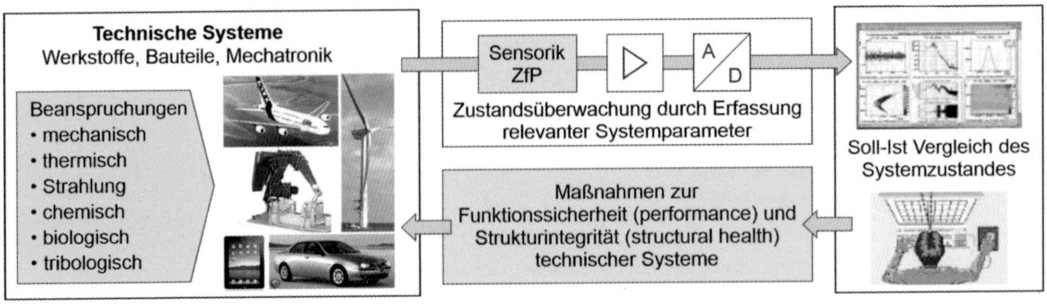


**Abb. 32** Methodik der Zustandsüberwachung von technischen Systemen. (Nach Czichos 2018 aus der Zeitschrift Materials Testing, Vol 60, Issue 1, Seiten 8–14 © Carl Hanser Verlag GmbH & Co.KG, München)

*bedded sensors*) zur Gewährleistung der *Strukturintegrität*.

Abb. 32 illustriert das Prinzip der Zustandsüberwachung technischer Systeme. Mit Sensorik und zerstörungsfreier Prüfung (ZfP) werden funktionelle und strukturelle Systemparameter erfasst und ein Soll-Ist-Vergleich des jeweiligen Systemzustands vorgenommen. Mit systemspezifischen Auswertungs- und Beurteilungsmethoden können Maßnahmen zur Funktionssicherheit und der Strukturintegrität getroffen werden.

## Literatur


Ashby MF (2017) Materials selection in mechanical design, 5. Aufl. Butterworth-Heinemann, Amsterdam

Ashby MF, Jones DR (1986) Ingenieurwerkstoffe. Springer, Berlin, S 95 ff

Bäker M (2014) Funktionswerkstoffe. Physikalische Grundlagen und Prinzipien. Springer Vieweg, Wiesbaden

Broichhausen J (1985) Schadenskunde. Hanser, München, S 12

Cardarelli F (2018) Materials handbook: a concise desktop reference, 3. Aufl. Springer, London

Czichos H (1985) Konstruktionselement Oberfläche. Konstruktion 37:219–227

Czichos H (Hrsg) (2013) Handbook of technical diagnostics. Springer, Berlin/Heidelberg

Czichos H (2015) Mechatronik – Grundlagen und Anwendungen technischer Systeme. Springer Vieweg, Wiesbaden

Czichos H (2018) Deterioration mechanisms of materials – Influences on performance and reliability. Materials Testing 60:8–14. https://doi.org/10.3139/120.111130

Czichos H, Habig K-H (2015) Tribologie-Handbuch Reibung und Verschleiß, 4. Aufl. Springer Vieweg, Wiesbaden

Czichos H, Woydt M (2017) Introduction to tribology and tribological parameters. In: ASM handbook of driction, Lubrication and Wear Technology. ASM International, Materials Park, Ohio, USA

Ehrenstein GW (2011) Polymer-Werkstoffe, 3. Aufl. Hanser, München

Feynman RP, Leighton RB, Sands ML (1963) Chapter 12–1 Friction. In: Lectures on physics. Pearson/Addison Wesley, San Francisco

Förtsch G, Meinholz H (2018) Handbuch Betriebliches Umweltmanagement. Springer Fachmedien, Wiesbaden

Gordon JE (1989) Strukturen unter Stress – Mechanische Belastbarkeit in Natur und Technik. Spektrum der Wissenschaft, Heidelberg

Great Britain, Department of Education and Science (1966) Tribology – a report on the present position and industry's needs. Her Majesty's Stationery Office (Jost Report), London

Gross D, Seelig T (2016) Bruchmechanik. Springer Vieweg, Wiesbaden

Haibach E (2006) Betriebsfestigkeit, 3. Aufl. Springer, Berlin

Hanselka H, Nüffer J (2011) Characterisation of reliability. In: Czichos H, Saito T, Smith L (Hrsg) Handbook of metrology and testing, 2. Aufl. Springer, Berlin/New York

Isecke B et al (2011) Corrosion. In: Czichos H, Saito T, Smith L (Hrsg) Springer handbook of metrology and testing. Springer, Berlin/Heidelberg, S 667–741

Lienig J, Thiele M (2018) Fundamentals of electromigration. Springer, Berlin/Heidelberg

Olson GB (2000) Designing a new material world. Science 288:993–998

Schmidt R (1993) Werkstoffverhalten in biologischen Systemen, 2. Aufl. VDI, Düsseldorf

Stephan I et al (2011) Biogenic impact on materials. In: Czichos H, Saito T, Smith L (Hrsg) Springer handbook of metrology and testing. Springer, Berlin/Heidelberg, S 769–844

Tomota Y, Miyata T, Lin H (2011) Fracture mechanics. In: Czichos H, Saito T, Smith L (Hrsg) Springer handbook of metrology and testing. Springer, Berlin/Heidelberg, S 408–425

VDI-Richtlinie 3822 (2011) Schadensanalyse. VDI, Düsseldorf

Vogl G (1999) Umweltsimulation für Produkte. Vogel Fachbuch, Würzburg

Waterman A, Ashby EM (1997) The materials selector. Chapman & Hall, London

Worch H, Pompe W, Schatt W (Hrsg) (2011) Werkstoffwissenschaft, 10. Aufl. Wiley-VCH, Weinheim

# Materialprüfung

4

Birgit Skrotzki und Horst Czichos

## Inhalt



**Zusammenfassung**

Die Materialprüfung dient der Analyse der Eigenschaften, der Qualität und der Sicherheit von Materialien und Werkstoffen. Die häufigsten Verfahren umfassen die Analyse der chemischen Zusammensetzung und der Mikrostruktur sowie die Ermittlung von Werkstoffkennwerten. Dazu zählt auch die Bestimmung des Materialverhaltens unter verschiedenen Beanspruchungen bis hin zu komplexen Beanspruchungen. Die Verwendung von Referenzmaterialien, Referenzorganismen und Referenzverfahren dient der Zuverlässigkeit und Richtigkeit von Messungen, Prüfungen und Analysen.

## 4.1 Materialprüfung

Die Materialprüfung dient – basierend auf Prinzipien der Mess- und Prüftechnik – der Eigenschafts-, Qualitäts- und Sicherheitsanalyse von

Elektronisches Zusatzmaterial: Die Online-Version dieses Kapitels (https://doi.org/10.1007/978-3-662-64372-3_30) enthält Zusatzmaterial, das für autorisierte Nutzer zugänglich ist.

B. Skrotzki (✉)
Fachbereich Experimentelle und modellbasierte Werkstoffmechanik, Bundesanstalt für Materialforschung und -prüfung (BAM), Berlin, Deutschland
E-Mail: birgit.skrotzki@bam.de

H. Czichos
Berlin, Deutschland
E-Mail: horst.czichos@t-online.de

© Der/die Autor(en), exklusiv lizenziert durch Springer-Verlag GmbH, DE, ein Teil von Springer Nature 2022 

M. Hennecke, B. Skrotzki (Hrsg.), *HÜTTE Band 2: Grundlagen des Maschinenbaus und ergänzende Fächer für Ingenieure*, Springer Reference Technik,
https://doi.org/10.1007/978-3-662-64372-3_30

Werkstoffen und Bauteilen und der Beurteilung ihrer funktionellen, wirtschaftlichen und umweltfreundlichen Anwendung (Czichos 2018).

### 4.1.1 Prinzipien der Mess- und Prüftechnik

Die Aufgaben der Mess- und Prüftechnik sind stichwortartig in Abb. 1 genannt

**Messen** ist die experimentelle Ermittlung numerischer Werte (Messwerte) einer physikalischen Größe (Messgröße). Messwerte werden dargestellt als Produkt aus Zahl und physikalischer Einheit, z. B. Messwert 20 °C der Messgröße Temperatur. Metrologie ist die Wissenschaft des Messens.

**Prüfen** ist ein technischer Vorgang zur Ermittlung von Merkmalen (Attributen) eines Objektes nach einem festgelegten Verfahren. Das Prüfverfahren besteht aus einer Beanspruchung des Prüfobjekts und der Feststellung seiner Reaktion auf die Beanspruchung

Die Begriffe Messen und Prüfen sind im internationalem Sprachgebrauch wie folgt definiert:

- Measurement is the process of experimentally obtaining quantity values that can reasonably be attributed to a quantity. The quantity intended to be measured is called measurand (BIPM 2008).
- Testing is a procedure to determine characteristics (attributes) of a given object and express them by qualitative and quantitative means (EURAMET 2008; Czichos et al. 2011).

#### 4.1.1.1 Das Internationale Einheitensystem

Das Internationale Einheitensystem (*Le Système International d'Unités*, SI) ist heute als Bezugssystem für die in Wissenschaft, Technik, Wirtschaft und Handel benötigten Maße und Messungen weltweit eingeführt. Die Festlegung der Maße und Gewichte in den einzelnen Staaten ist ein hoheitliches Recht; zuständig in Deutschland ist die Physikalisch-Technische Bundesanstalt (PTB). Internationales Zentrum für die Maßeinheiten ist das *Bureau International des Poids et Mesure, BIPM* in Sèvres bei Paris (www.bipm.org). Als *Basiseinheiten* sind im Internationalen Einheitensystem sieben physikalische Größen festgelegt. Mit der Neudefinition des Internationalen Einheitensystems (Mai 2019) werden alle Basiseinheiten des Internationalen Maßsystems auf Naturkonstanten zurückgeführt.

Die Einführung des neuen Einheitensystems bezeichnet die Deutsche Physikalische Gesellschaft (DPG) in ihrer Publikation PHYSIKonkret (Simon 2018) unter der Überschrift *Naturkonstanten als Maß aller Dinge*, als *Paradigmenwechsel in der Physik:*

> *„Das Internationale Einheitensystem erfährt am 20. Mai 2019 (Weltmetrologietag) gemäß Beschluss der Generalkonferenz der Meterkonvention vom November 2018 eine grundsätzliche Änderung: Naturkonstanten definieren dann alle physikalischen Einheiten und die darauf basierenden Maßeinheiten der Technik. Damit ist das SI für alle Zeiten und an jedem Ort der Welt offen für alle technologischen Innovationen.“*

Die folgende Übersicht bezeichnet die SI-Basiseinheiten zusammen mit Messunsicherheiten der zugehörigen Normale (*Primary Standards*), die als Prototypen die physikalischen Einheiten repräsentieren und deren numerische Werte alle vier Jahre nach dem Stand der metrologischen Forschung von CODATA (*Committee on Data for Science and Technology*) benannt werden:

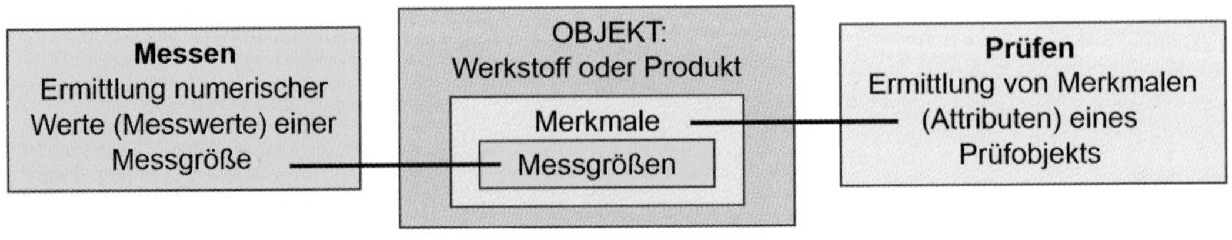


**Abb. 1** Die Aufgaben der Mess- und Prüftechnik (nach Czichos 2017 aus der Zeitschrift Materials Testing, Vol 59, Issue 6, Seiten 513–516 © Carl Hanser Verlag GmbH & Co.KG, München)

- *Zeit:* Sekunde (s), Mehrfaches der Periodendauer elektromagnetischer Strahlung bei einem elektronischen Übergang im Nuklid $^{133}$Cs; technisch realisiert als „Atomuhr", Messunsicherheit $10^{-15}$, d. h. Abweichung von einer Sekunde in 20 Millionen Jahren.
- *Länge:* Meter (m), definiert über Lichtgeschwindigkeit *c* (Naturkonstante) und Zeit gemäß Länge $= c \cdot$ Zeit. Messunsicherheit $10^{-12}$.
- *Masse:* Kilogramm (kg), definiert aus Planck-Konstante (Naturkonstante), Sekunde und Meter, Messunsicherheit $2 \cdot 10^{-8}$.
- *Elektrische Stromstärke*: Ampere (A), definiert aus Elementarladung (Naturkonstante) und Sekunde, Messunsicherheit $9 \cdot 10^{-8}$.
- *Temperatur:* Kelvin (K), definiert aus Boltzmann-Konstante (Naturkonstante), Sekunde, Meter und Kilogramm, Messunsicherheit $3 \cdot 10^{-7}$.
- *Stoffmenge:* Mol (mol), definiert durch die Avogadro-Konstante (Naturkonstante), Messunsicherheit $2 \cdot 10^{-8}$.
- *Lichtstärke:* Candela (cd), definiert über monochromatische Strahlung ($540 \cdot 10^{12}$ Hz), Sekunde, Meter, Kilogramm und dem Raumwinkel, Messunsicherheit $10^{-4}$.

Unter Benutzung physikalischer Gesetze, lassen sich zahlreiche technische Größen auf SI-Basiseinheiten zurückführen, z. B.

- Kraft = Masse · Beschleunigung: 1 Newton (N) $= \text{m} \cdot \text{kg} \cdot \text{s}^{-2}$,
- Arbeit = Kraft · Weg = 1 Joule (J) = N·m.

**Rückführbarkeit von Messergebnissen auf Normale**

Als *Rückführbarkeit* (*traceability*) bezeichnet das Internationale Wörterbuch der Metrologie (VIM) das Erfordernis, Messergebnisse auf ein metrologisches Vergleichsnormal (engl. *Measurement Standard*, frz. *Etalon*, dt. *Maßverkörperung*) zu beziehen. Die Rückführbarkeit ist gekennzeichnet durch:

- Eine ununterbrochene Kette von Vergleichen, die auf einen anerkannten Standard zurückgeht, gewöhnlich auf eine SI-Einheit.
- Die Kennzeichnung des Wertebereichs, dem die Messgröße vernünftigerweise zugeordnet werden kann – traditionell als Messunsicherheit (*measurement uncertainty*) bezeichnet (siehe Abschn. 1.1.2).
- Eine messtechnische Dokumentation, die zeigt, dass jeder Schritt (inkl. Ergebnis) nach allgemein anerkannten Verfahren durchgeführt worden ist.
- Die Kompetenz von Laboratorien, die den Prozess durchführen, muss durch Akkreditierung bestätigt sein.

Die Methodik der Rückführbarkeit von Messungen und Messergebnissen ist in Abb. 2 dargestellt. Auf der linken Seite ist der „*traceability chain*" aus der EURAMET-Publikation *Metrology in short* wiedergegeben. Die rechte Seite von Abb. 2 beschreibt stichwortartig das Beispiel der Rückführung von Längenmessungen auf die SI-Einheit Meter.

#### 4.1.1.2 Messtechnik

Um eine physikalische Größe (Messgröße) messen zu können, sind eine Vergleichsgröße, ein Messprinzip, ein Messverfahren und ein Messgerät erforderlich. Messgeräte müssen justiert, kalibriert und falls erforderlich behördlich geeicht sein. Die Durchführung einer Messung erfordert damit die folgenden Schritte:

1. Definition der Messgröße und der zur Messgröße gehörenden Maßeinheit,
2. Zusammenstellung der Rahmenbedingungen der Messung durch Kennzeichnung von (a) Messobjekt (Stoff, Form), (b) Einflussgrößen (Ort, Zeit), (c) Umgebungsbedingen (z. B. Umgebungstemperatur, Luftfeuchte),
3. ein Normal (Maßverkörperung) für die Maßeinheit der Messgröße und der Bezug (*traceability*) auf eine normierte Basiseinheit (Einheitensystem) oder eine davon abgeleitete Größe,
4. ein *Messprinzip* als physikalische Grundlage der Messung und ein *Messverfahren* als praktische Realisierung eines Messprinzips,
5. ein *Messgerät*, für das der Zusammenhang zwischen der Anzeige und dem wahren Wert

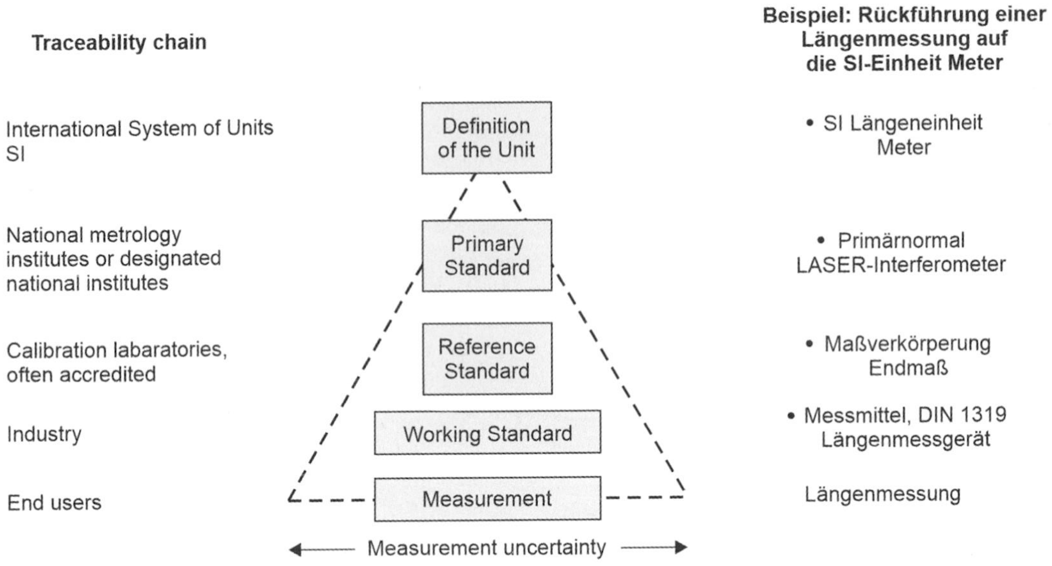


**Abb. 2** Die Methodik der Rückführbarkeit von Messungen (nach *EURAMET: Metrology – in short* (2008) https://www.euramet.org)

der Messgröße durch *Kalibrieren* des Messgerätes mit dem Normal hergestellt wird,

6. Festlegung des Messablaufs, z. B. Einzelmessung, Wiederholmessung, Messreihe,
7. Ermittlung des Messergebnisses als Einzelmesswert oder arithmetischer Mittelwert einer Messreihe, Angabe als Produkt aus Zahlenwert und Maßeinheit,
8. Bestimmung der *Messunsicherheit,*
9. Angabe des vollständigen Messergebnisses: Zahlenwert $\pm$ Messunsicherheit und Maßeinheit.

Die Methodik der Messtechnik ist in schematisch vereinfachter Weise in Abb. 3 dargestellt.

Die anschließenden Abschnitte beschreiben die Bestimmung und Darstellung von Messunsicherheit und Messgenauigkeit.

### Messunsicherheit

Ein Messergebnis ist nur dann vollständig, wenn es eine Angabe über Messabweichungen enthält – traditionell als *Messunsicherheit* bezeichnet. Hierunter versteht man den Bereich der Werte, die der Messgröße vernünftigerweise zugeordnet werden können, da jede Messung von Unsicherheitsquellen beeinflusst wird. Grundlage zur Ermittlung der Messunsicherheit ist der *International Guide to the Expression of Uncertainty in Measurement GUM* (www.bipm.org).

Man unterscheidet zwei Methoden zur Bestimmung der Messunsicherheit, Abb. 4.

Die **Typ A Auswertung** ist die statistische Auswertung von Messungen. Sie bezieht sich auf eine durch eine definierte Probennahme *(sampling)* genau zu kennzeichnende „Stichprobe", d. h. eine Messreihe mit $n$ voneinander unabhängigen Einzelmesswerten $x_i$. Kenngrößen sind der *arithmetische Mittelwert* und die *Standardabweichung* $s$, die als *Standardmessunsicherheit* $u = s$ das Maß für die Streuung der Einzelmesswerte um den Mittelwert ist. Die erweiterte Messunsicherheit $U = k \cdot s$ kennzeichnet mit dem Wert $2U$ das Streuintervall der Messwerte bezogen auf die Häufigkeitsverteilung der Einzelmesswerte (z. B. Normalverteilung nach Gauß). Im Intervall $\pm s$ liegen 68,3 % der Messwerte, im Intervall $\pm 2s$ liegen 95,5 % der Messwerte und im Intervall $\pm 3s$ liegen 99,7 % der Messwerte bei einer Normalverteilung.

Die **Typ B Auswertung** betrachtet die *Fehlerspannweite* und wird beispielsweise bei der Kennzeichnung der Genauigkeitsklasse von Messgeräten verwendet.

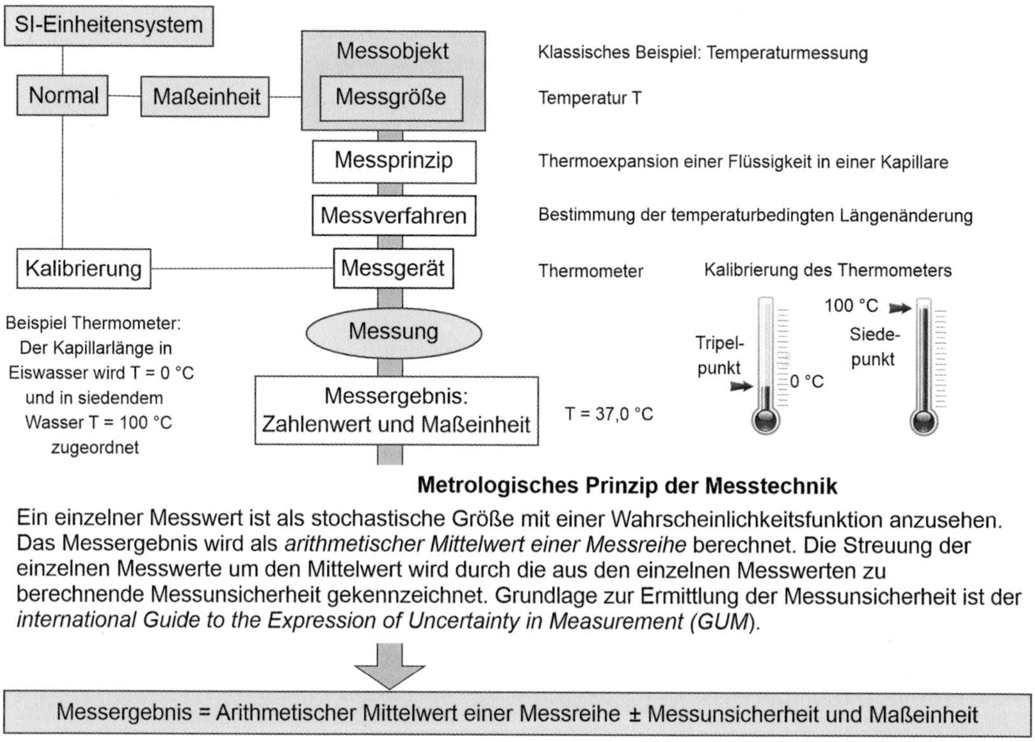


**Abb. 3** Die Methodik der Messtechnik (Czichos 2015; mit freundlicher Genehmigung von © Springer Fachmedien Wiesbaden GmbH 2015. All Rights Reserved)

**Messunsicherheitsbudget für Messfunktionen**
In zahlreichen Messaufgaben ist die Aufgabengröße $y$ durch eine *Messfunktion* $y = f(A, B, C, \ldots)$ aus mehreren, voneinander unabhängiger Messgrößen A, B, C, … zu bestimmen, z. B. mechanische Spannung = Kraft/Fläche, elektrischer Widerstand = elektrische Spannung/elektrischer Strom. In diesen Fällen kann bei Kenntnis der Messunsicherheiten ($u$) der einzelnen Messgrößen A, B, C, – bzw. der Genauigkeitsklassen ($p$) der verwendeten Messgeräte – das *Messunsicherheitsbudget* der Messfunktion durch das Gauß'sche Fehlerfortpflanzungsgesetz bestimmt werden. Für die Messfunktionen, die mathematisch aus Addition, Subtraktion, Multiplikation, Division oder Potenzbildung resultieren, ergeben sich die in Abb. 5 zusammengestellten Formeln.

**Messgenauigkeit**
*Genauigkeit* bezeichnet in der Messtechnik die Kombination von *Präzision* und *Richtigkeit.* Die Begriffe sind in der internationalen Norm DIN ISO 5725 (Genauigkeit (Richtigkeit und Präzision) von Messverfahren und Messergebnissen) definiert:

- Präzision: Ausmaß der Übereinstimmung zwischen den Ergebnissen unabhängiger Messungen.
- Richtigkeit: Ausmaß der Übereinstimmung des Mittelwertes von Messwerten mit dem wahren Wert der Messgröße.

Zur zusammenfassenden Beurteilung, ob die Messungen einer Messreihe präzise und richtig sind, dient das anschauliche Zielscheibenmodell, dessen Zentrum den „wahren Wert" markiert, Abb. 6.

Messtechnisch anzustreben ist der Fall (a), der durch eine kleine Messunsicherheit und keine systematischen Messabweichungen gekennzeichnet ist, während der Fall (d) sowohl unpräzise als auch falsch ist. Eine messtechnische Problematik stellen Messergebnisse dar, die zwar eine hohe Präzision aber (möglicherweise unerkannte) systematische Fehler aufweisen, wie Fall (c).

**Typ A Auswertung: Statistische Auswertung**

- Messreihe mit Messwerten $x_i$: $x_1, x_2, ..., x_n$

- arithmetischer Mittelwert $\quad \bar{x} = \dfrac{1}{n}\sum\limits_{i=1}^{n} x_i$

- Abweichung eines einzelnen Messwerts

    vom Mittelwert $\quad x_i - \bar{x}$

- Standardabweichung $\quad s = \sqrt{\dfrac{1}{n-1}\sum\limits_{i=1}^{n}(x_i - \bar{x})^2}$

- Standardmessunsicherheit: $u = s$

- erweiterte Messunsicherheit: $U = k \cdot s$

**Typ B Auswertung: Fehlerspannweite**

Bei Kenntnis der *Fehlerspannweite* $2\Delta$ (Maximalwert minus Minimalwert einer Messgröße) kann unter der Annahme einer Wahrscheinlichkeitsverteilung die Standardmessunsicherheit u abgeschätzt werden.

Rechteckverteilung (Gleichwahrscheinlichkeit von Werten im Intervall $2\Delta$)

$\Rightarrow u = \Delta / \sqrt{3}$

Dreiecksverteilung:

$\Rightarrow u = \Delta / \sqrt{6}$

Beispiel: in der instrumentellen Messtechnik wird die Fehlerspannweite am Messbereichsendwert zur Kennzeichnung der Genauigkeitsklasse von Messgeräten verwendet.

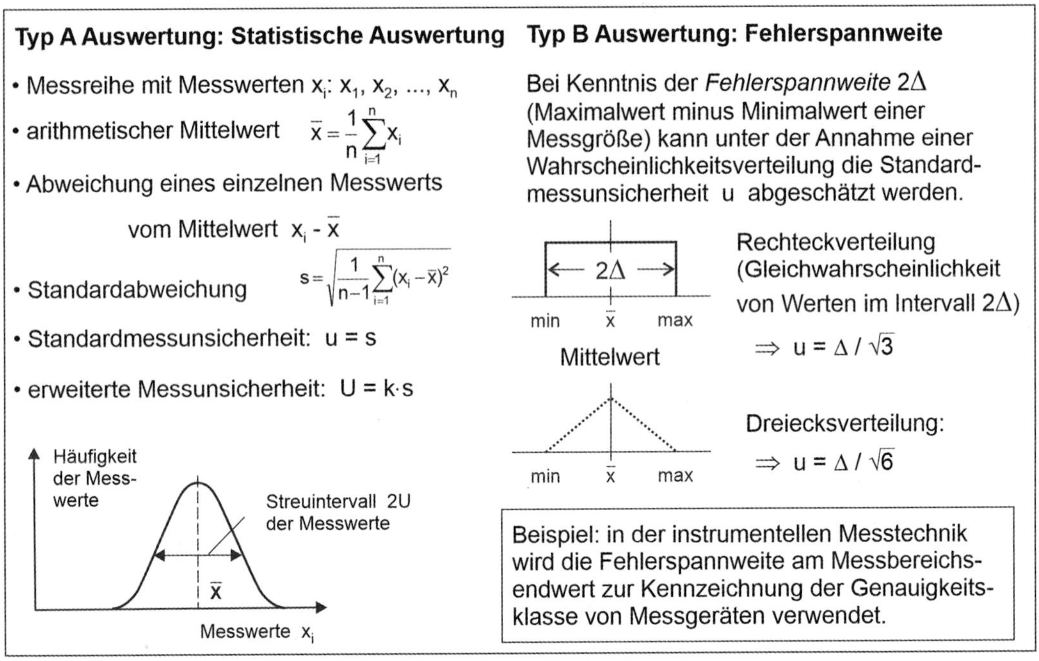

**Abb. 4** Übersicht über die Methodik der Bestimmung der Messunsicherheit (nach Czichos 2017 aus der Zeitschrift Materials Testing, Vol 59, Issue 6, Seiten 513–516 © Carl Hanser Verlag GmbH & Co.KG, München)

Bei Kenntnis der Messunsicherheiten der Messgrößen A, B, C mit den Absolutwerten $\Delta_A$, $\Delta_B$, $\Delta_C$ bzw. Relativwerten $\delta_A = \Delta_A/A$, $\delta_B = \Delta_B/B$, $\delta_C = \Delta_C/C$ ergibt sich für die gesamte Funktion y das folgende Messunsicherheitsbudget:

$$\Delta_y = \sqrt{\left[(\partial y/\partial A)\,\Delta_A\right]^2 + \left[(\partial y/\partial B)\,\Delta_B\right]^2 + \ldots} \quad \text{mit folgenden Spezialfällen:}$$

- Summen/Differenzfunktion $y = A + B$; $y = A - B$ $\Rightarrow u_y = \sqrt{\Delta_A^2 + \Delta_B^2}$
- Produkt/Quotientenfunktion $y = A \cdot B$; $y = A / B$ $\Rightarrow \Delta_y/y = \delta_y = \sqrt{\delta_A^2 + \delta_B^2}$
- Potenzfunktion $y = A^p$ $\Rightarrow \Delta_y/y = \delta_y = |p| \cdot \Delta_A/A = |p| \cdot \delta_A$

**Abb. 5** Fehlerfortpflanzungsgesetz zur Bestimmung von Messunsicherheitsbudgets

## Messgeräte

Messgeräte müssen kalibriert sein. Kalibrieren heißt, den Zusammenhang zwischen der Anzeige eines Messgerätes mit dem wahren Wert der Messgröße bei vorgegebenen Messbedingungen zu ermitteln. Der wahre Wert der Messgröße wird durch einen Vergleich mit einem Normalgerät bestimmt, das auf ein (nationales) Normal zurückgeführt sein muss (Rückführbarkeit: *traceabilty*).

Der Zusammenhang zwischen der Anzeige und dem wahren Wert der Messgröße wird durch ein Kalibrierdiagramm („Kennlinie" des Messgerätes) graphisch dargestellt. Die aus zwei Schritten bestehende Methodik des Kalibrierens ist in Abb. 7 am Beispiel des Kalibrierens eines Längenmessgeräts (Mikrometerschraube) illustriert. In dem Kalibrierdiagramm ist auch die in Abb. 4 definierte Fehlerspannweite dargestellt. Damit kann die Genauigkeitsklasse eines Messgerätes charakterisiert werden. Abb. 8 gibt eine Übersicht über Messgerätetypen (analog, digital) und die Genauigkeitsklassen der verschiedenen Messgerätetypen.

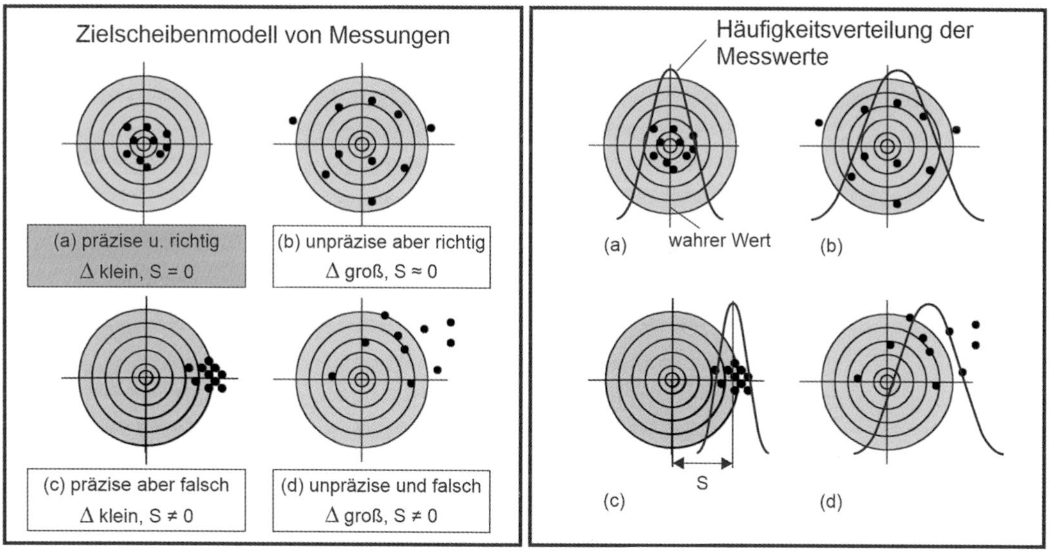


**Abb. 6** Zielscheibenmodell zur Illustration von Präzision und Richtigkeit von Messungen (Czichos 2015; mit freundlicher Genehmigung von © Springer Fachmedien Wiesbaden GmbH 2015. All Rights Reserved)

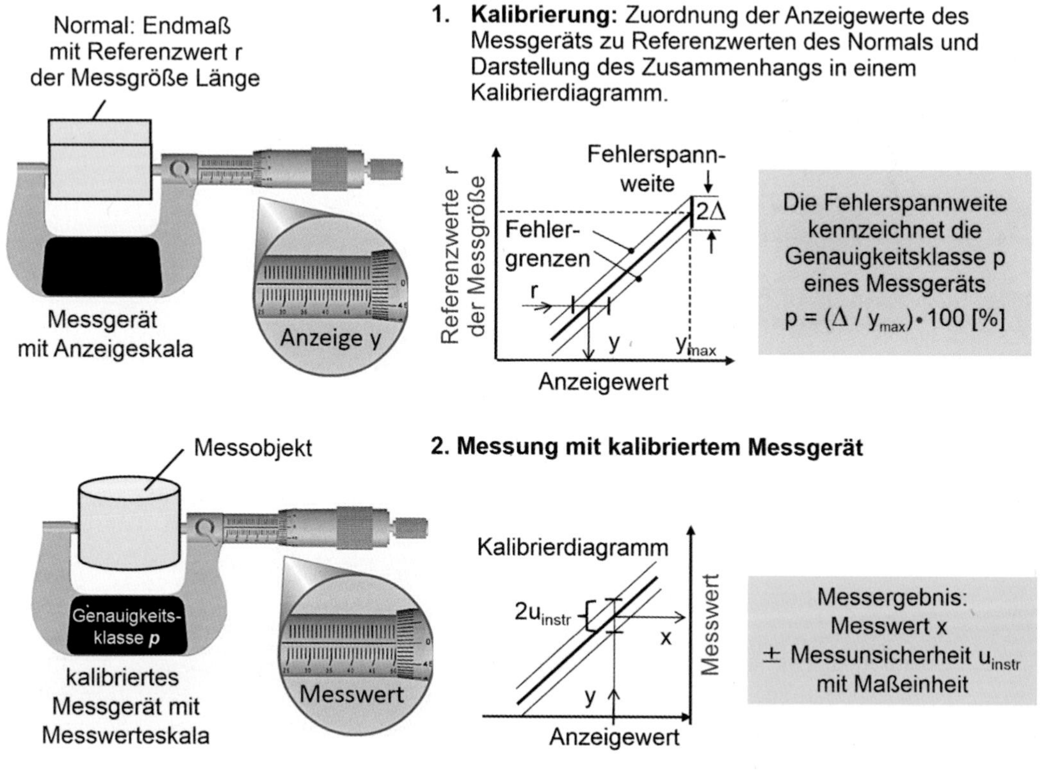


**Abb. 7** Beispiel der Methodik des Kalibrierens von Messgeräten (Czichos 2015; mit freundlicher Genehmigung von © Springer Fachmedien Wiesbaden GmbH 2015. All Rights Reserved)

**Messgerätetypen:**

- Analoggeräte mit Skalenanzeige.
- Digitalgeräte mit Ziffernanzeige.

Instrumentelle Messunsicherheit (traditionell „Messgerätefehler“)
Abweichung des Ausgangssignals eines Messgerätes vom wahren Wert, gekennzeichnet durch ein Fehlergrenzenintervall der „Fehlerspannweite“ 2Δ

- Analoggeräte: Die **Genauigkeitsklasse** p gibt in % die symmetrische Fehlergrenze Δ bezogen auf den Messbereichsendwert $y_{max}$ an: $p = (\Delta/y_{max}) \bullet 100$ [%]. Als statistische Sicherheit für die Einhaltung der Klassengrenzen gilt 95 % als vereinbart.

| Messgerätekategorie | Genauigkeitsklasse p in % |
|---|---|
| Präzisionsmessgeräte | 0,001; 0,002; 0,005; 0,01; 0,05 |
| Feinmessgeräte | 0,1; 0,2; 0,5 |
| Betriebsmessgeräte | 1; 1,5; 2,5; 5 |

Beispiel: Bei einem Voltmeter, Klasse 1, $U_{max}$ = 10 V ist im gesamten Messbereich die Fehlergrenze Δ = 0,1 V und der relative Fehler z. B. bei einem Messwert von 2 V ist gleich (0,1 V / 2 V) • 100 = 5%.

- Digitalgeräte: Die Fehlergrenze beträgt ± 1 Ziffernschritt (digit) auf der niederwertigsten Stelle der Ziffernanzeige (least significant unit).

**Abb. 8** Übersicht über Messgerätetypen und Genauigkeitsklassen (Czichos 2015; mit freundlicher Genehmigung von © Springer Fachmedien Wiesbaden GmbH 2015. All Rights Reserved)

#### 4.1.1.3 Prüftechnik

Während die Messtechnik auf metrologischen Prinzipien basiert und rein numerische Ergebnisse liefert, dient die Prüftechnik der Charakterisierung der Merkmale (Attribute) von Prüfobjekten. Infolge der großen Aufgaben- und Verfahrensvielfalt müssen die folgenden Gesichtspunkte bei der Planung, Durchführung und Auswertung berücksichtigt werden:

1. Präzise Formulierung der Aufgabenstellung
2. Exakte Kennzeichnung des Prüfobjektes
3. Spezifikation der „Probenahme“
4. Wahl und Bezeichnung aussagekräftiger Prüfgrößen
5. Wahl und Bezeichnung geeigneter Prüfapparaturen
6. Mathematisch-statistische Versuchsplanung (z. B. im Hinblick auf Probenzahl, Anzahl der Wiederholversuche)
7. Beanspruchung des Prüfobjekts und der Feststellung seiner Reaktion auf die Beanspruchung
8. Berücksichtigung möglicher systematischer Fehlereinflüsse von Prüfobjekt, Prüfmethode, Prüfgerät und Umgebung
9. Anwendung geeigneter mathematischer Auswerteverfahren unter Berücksichtigung der Verteilung von Merkmalen (z. B. Streubereiche von chemischen Zusammensetzungen, Abmessungen)
10. Angabe der Versuchsergebnisse in statistisch abgesicherter Form unter Angabe der Ergebnisunsicherheit.

Die Methodik der Prüftechnik ist in schematisch vereinfachter Weise in Abb. 9 dargestellt.

#### 4.1.1.4 Kombination von Mess- und Prüftechnik

Die Darstellung der Methodik der Prüftechnik in Abb. 9 zeigt, dass für quantitative Prüfergebnisse die Kombination von Mess- und Prüftechnik erforderlich ist. Das Prinzip der Kombination von Mess- und Prüftechnik zur quantitativen Bestimmung von

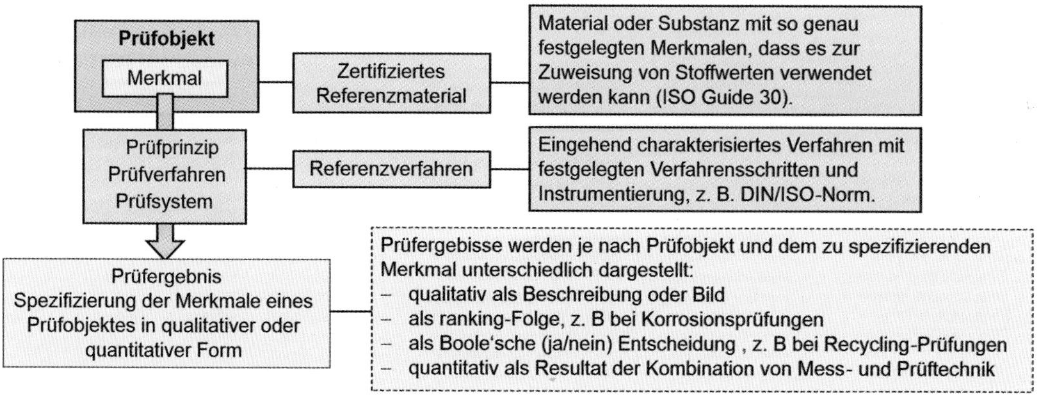


**Abb. 9** Die Methodik der Prüftechnik (nach Czichos 2017 aus der Zeitschrift Materials Testing, Vol 59, Issue 6, Seiten 513–516 © Carl Hanser Verlag GmbH & Co.KG, München)

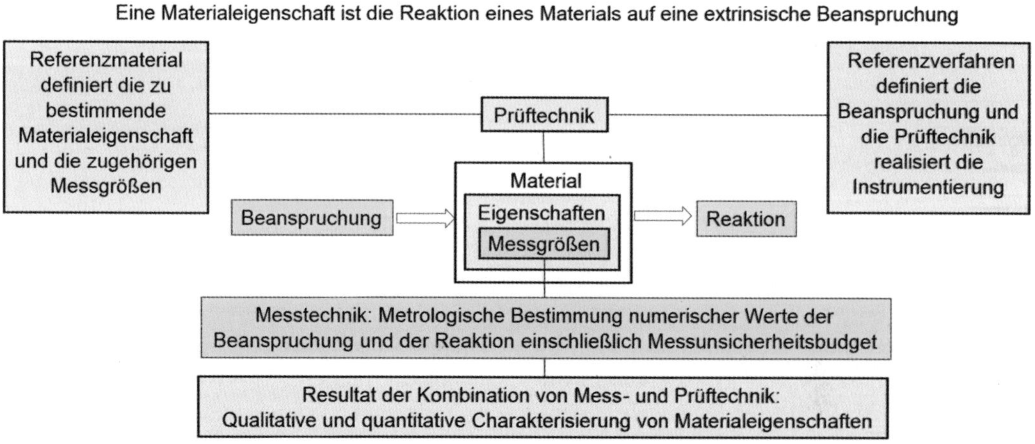


**Abb. 10** Die Methodik der Kombination von Mess- und Prüftechnik (nach Czichos 2017 aus der Zeitschrift Materials Testing, Vol 59, Issue 6, Seiten 513–516 © Carl Hanser Verlag GmbH & Co.KG, München)

Materialeigenschafen ist in Abb. 10 dargestellt. Zu unterscheiden ist dabei zwischen extrinsischen und intrinsischen Eigenschaften (siehe Abb. 2 in ► Kap. 3, „Anforderungen, Eigenschaften und Verhalten von Werkstoffen“). Die zu bestimmende Materialeigenschaft und die zugehörigen Messgrößen werden durch ein Referenzmaterial definiert (s. Abschn. 2). Die Prüfung erfolgt unter Bezug auf ein Referenzverfahren, das die Beanspruchung und die Prüfmethodik definiert sowie die Instrumentierung realisiert. Die quantitative Kennzeichnung der Materialeigenschaft ergibt sich aus der Messung von Beanspruchung und Reaktion. Aus den Messunsicherheiten der Messgrößen und den Unsicherheitsangaben des Referenzmaterials und des Referenzverfahrens kann mit den Methoden der Fehlerstatistik das Messunsicherheitsbudget ermittelt werden.

Die Anwendung der Kombination von Mess- und Prüftechnik zur quantitativen Kennzeichnung der Elastizität und der Zugfestigkeit ist in Abb. 11 dargestellt.

## 4.1.2 Chemische Analyse von Werkstoffen

### 4.1.2.1 Analyse anorganischer Stoffe

Bei der klassischen „nass-chemischen“ Analyse werden durch Aufschlüsse, z. B. mit starken Säu-

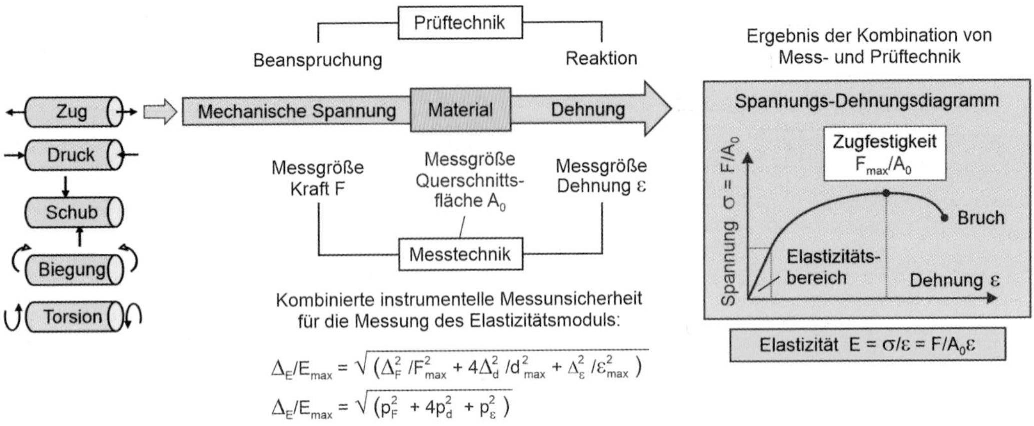


**Abb. 11** Die Anwendung der Kombination von Mess- und Prüftechnik zur Bestimmung mechanischer Materialeigenschaften (nach Czichos 2017 aus der Zeitschrift Materials Testing, Vol 59, Issue 6, Seiten 513–516 © Carl Hanser Verlag GmbH & Co.KG, München)

ren, die im Material vorliegenden Elemente und Verbindungen in definierte, einheitliche Zustände umgewandelt. Diese werden voneinander getrennt, identifiziert und quantitativ bestimmt, z. B. durch Fällung oder Titration. Diese bekannte Art der Identifizierung wird ergänzt durch spektroskopische Methoden (z. B. Röntgenemissions- und Röntgenfluoreszenzspektrometrie), die auch zu quantitativen Analysen herangezogen werden und bei denen die Intensität der vom Atom abgegebenen charakteristischen Strahlung als Maß für die Menge dient. Diese Intensität ist allerdings von den anderen im Werkstoff vorhandenen Bestandteilen abhängig, sodass eine quantitative Analyse dieser Art einer Korrektur durch Vergleichsproben bedarf, wobei unter Verwendung von Referenzmaterialien absolute Mengen bestimmt werden, die dann in Relation zu analytisch genutzten Eigenschaften gebracht werden.

Bei den heutigen Verfahren der nasschemischen quantitativen Analyse arbeitet man nicht mehr mit einzelnen Trennungsgängen, sondern erfasst mit summarischen Abtrennungen von störenden Ionen oder spezifischen Anreicherungen die gesuchten Stoffmengen. An die Stelle der Fällungen sind hauptsächlich die folgenden physikalisch-chemischen Methoden getreten:

**Spektrometrische Methoden**

*Atomabsorptionsspektrometrie* (AAS)

Hierbei nutzt man die Absorption von Strahlung, die von einer Hohlkathodenlampe des betreffenden Elementes ausgesandt wird, durch die zu analysierenden Metallatome in Aerosolen und Dämpfen.

*Optische Emissionsspektralanalyse* (OES)

Im Gegensatz zur Absorptionsspektrometrie werden hier Atome bzw. Ionen zur Emission elektromagnetischer Strahlung angeregt, z. B. durch ein induktiv gekoppeltes Plasma (ICP, *inductively coupled plasma*) oder einen Hochspannungsfunken (Funken-OES). Die Identifizierung der Elemente erfolgt anhand der Spektren; deren Intensität ist ein Maß für den Gehalt in den analysierten Materialien.

**Photometrie**

Bei der Photometrie werden in organischen Lösemitteln oder in Wasser farbige Ionen-Komplexe hergestellt und die auftretende Lichtabsorption als konzentrationskennzeichnende Größe wird gemessen.

**Elektrochemische Methoden**

Zu den elektrochemischen Methoden zählen z. B. die Potenziometrie, Coulometrie, Voltametrie sowie „normale" und inverse Polarographie von nasschemisch aufgeschlossenen Proben.

In der Potenziometrie nutzt man die Nernst'sche Beziehung zwischen Potenzial und Ionenkonzentration. Durch die Verwendung von ionensensitiven Elektroden erspart man sich eine Stofftrennung weitgehend.

Andere Methoden nutzen die Eigenschaftsänderungen während eine Titration, z. B. die Leitfähigkeitsänderung (Konduktometrie), die Abscheidung von Ionen nach den Faraday'schen Gesetzen (Coulometrie) oder Spannungsänderungen an einer polarisierten Elektrode (Voltametrie, Polarographie).

**Chromatografische Methoden**

Heute hat sich hier die Ionenchromatografie besonders zur Analyse von Anionen etabliert, bei der mehrere Ionen getrennt und nacheinander bestimmt werden.

### 4.1.2.2 Analyse organischer Stoffe

Bei der Analyse organischer Werkstoffe werden zur Identifizierung vor allem die auf der Absorption von Licht im Wellenbereich von 2 μm bis 25 μm beruhende Infrarot-(IR-) und Ramanspektrometrie (RS) sowie die Massenspektrometrie (MS) herangezogen. Weitere Hilfsmittel sind die NMR-(*nuclear magnetic resonance*)-Spektrometrie, vornehmlich gemessen an $^{1}$H- und $^{13}$C-Atomen in Lösung oder im Festkörper (CP-MAS-NMR, *cross polarization, magic angle spinning, nuclear magnetic resonance*) und chromatografische Methoden wie Dünnschichtchromatografie (DC), Flüssigkeitschromatografie (HPLC, *high pressure liquid chromatography*) oder Gaschromatografie (GC). Die On-line-Kopplung der Flüssigchromatografie (*Liquid-Adsorption Chromatography at Critical Conditions*, LACCC) mit der Ausschlusschromatografie (*Size exclusion Chromatography*, SEC) erlaubt sowohl die Bestimmung der chemischen Heterogenität als auch die der Molmassenmittelwerte bzw. der Molmassenverteilung in einem Experiment. Zur Identifizierung der chromatografisch getrennten Spezies werden neben der Diodenarray- und der Verdampfungsstreulichtdetektion die Fourier-Transform-Infrarot-Spektroskopie (FTIR) und auch die strukturempfindliche Kernresonanztechnik (NMR) herangezogen. Mit der MALDI-TOF-MS (*Matrix-Assisted Laser Desorption/Ionization Time-Of-Flight Mass-Spectrometry*) können die in eine organische Matrix eingebetteten Polymermoleküle unfragmentiert analysiert werden. Neueste Geräteentwicklungen erlauben die direkte Kopplung der flüssigchromatografischen Methoden mit der FTIR sowie der MALDI-TOF-MS.

### 4.1.2.3 Oberflächenanalytik

Die chemische Zusammensetzung von Werkstoffoberflächen ist nach Abb. 12 durch eine Schichtstruktur gekennzeichnet. Grundsätzlich kann man durch Beschuss einer Oberfläche mit Photonen,

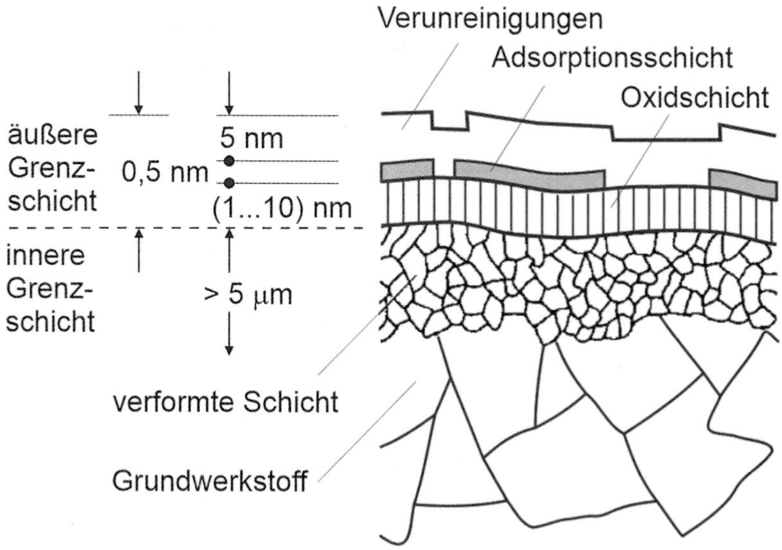


**Abb. 12** Schematische Darstellung des schichtartigen Aufbaus einer Metalloberfläche (Querschnitt)

Elektronen, Ionen oder Neutralteilchen, durch Anlegen hoher elektrischer Feldstärken oder durch Erwärmen Informationen über die Oberfläche erhalten, wenn die dabei emittierten Photonen, Elektronen, Neutralteilchen oder Ionen analysiert werden.

Bei der Elektronenstrahlmikroanalyse (Mikrosonde) wird die von einem Elektronenstrahl ausgelöste stoffspezifische Röntgenstrahlung mithilfe von wellenlängendispersiven (WDX, *wavelength dispersive X-ray spectroscopy*) oder energiedispersiven (EDX, *energy dispersive X-ray spectroscopy*) Spektrometern analysiert. Die Mikrosonde erfordert für eine Elementaranalyse (Ordnungszahl $Z > 3$) ein Untersuchungsvolumen von ca. 1 $\mu m^3$ und ist damit nur zur Analyse relativ dicker Schichten einsetzbar.

Die wichtigsten Oberflächenanalyseverfahren mit „atomarer" Auflösung sind die folgenden, unter Ultrahochvakuumbedingungen arbeitenden Methoden: (a) Auger-Elektronenspektroskopie (AES), (b) Elektronenspektroskopie für die Chemische Analyse (ESCA), (c) Sekundärionen-Massenspektrometrie (SIMS).

(a) Bei der AES wird ein Elektronenstrahl (10 keV bis 50 keV) rasterförmig über die Probenoberfläche geführt und die stoffspezifisch ausgelösten Auger-Sekundärelektronen ($Z > 2$) mit einer lateralen Auflösung von ca. 30 nm, einer Tiefenauflösung von ca. 10 nm und einer Nachweisgrenze von 0,1 bis 0,01 Atom-% analysiert.

(b) bei den ESCA-Verfahren unterscheidet man Ultraviolett (UPS)-, Extreme Ultraviolett (XUPS) oder Röntgen (XPS)-Fotoelektronenspektroskopie. Das XPS-Verfahren erlaubt neben einer Elementaranalyse $Z > 2$ bei einer lateralen Auflösung von ca. 150 nm („small spot ESCA") und einer Tiefenauflösung von ca. 10 nm den Nachweis chemischer Verbindungen („chemical shift analysis") mit einer Nachweisgrenze von 0,1 Atom-%.

(c) Bei den SIMS-Verfahren werden Ionen aus der Oberfläche durch Beschuss mit Edelgasionen herausgelöst und massenspektrometrisch nachgewiesen. Analysiert werden alle Elemente mit einer Lateralauflösung von 2 µm bis 5 µm, einer Tiefenauflösung von einer Monolage und einer Nachweisgrenze im Sub-ppm-Bereich.

Durch Kombination der Oberflächenanalyseverfahren mit einer Ionenkanone, die durch Ionenbeschuss die Oberfläche molekülweise abträgt (Sputtern), können auch Tiefenprofilanalysen, d. h. sukzessive analytische Informationen über die in Abb. 12 schematisch vereinfacht dargestellten Schichtstrukturen von Werkstoffoberflächen gewonnen werden.

### 4.1.3 Mikrostruktur-Untersuchungsverfahren

Bei den Mikrostruktur-Untersuchungsverfahren wird unterschieden zwischen den Methoden zur Erfassung und Kennzeichnung von Volumeneigenschaften und Oberflächeneigenschaften von Werkstoffen und Bauteilen.

#### 4.1.3.1 Gefügeuntersuchungen

Gefügeuntersuchungen zur Darstellung der Mikrostruktur von Werkstoffen (siehe ► Abschn. 1.2.2 in Kap. 1, „Grundlagen der Werkstoffkunde") werden bei metallischen Werkstoffen als Metallografie und bei keramischen Werkstoffen als Keramografie bezeichnet. Die Gefügeuntersuchungen erfolgen hauptsächlich mit licht- und elektronenoptischen Methoden nach einer Probenpräparation, wie z. B.:

- Mikrotomschnittpräparation, d. h. überschneiden des Untersuchungsobjektes (z. B. eines Polymerwerkstoffes) mit einer sehr scharfen und harten Messerschneide zur Erzielung einer ebenen Untersuchungsfläche;
- mechanisches Schleifen und Polieren mit Schleifpapieren (SiC unterschiedlicher Körnung) und Polierpasten, d. h. Aufschlämmungen von $Al_2O_3$ oder Diamantpasten bis zu Korngrößen von ca. 0,2 µm;
- elektrochemisches Polieren, d. h. Einebnung von Oberflächenrauheiten durch elektrochemische Auflösung.

Zur Kontrastierung von Gefügebestandteilen wird anschließend eine Korngrenzenätzung oder Kornflächenätzung unter Verwendung geeigneter Ätzlösungen für die verschiedenen Werkstoffe vorgenommen, z. B.:

- für unlegierten Stahl: 2 %-ige alkoholische Salpetersäure;
- für Edelstahl: Salzsäure/Salpetersäure 10:1;
- für Aluminium-Cu-Legierungen: 1 % Natronlauge, 10 °C;
- für $Al_2O_3$-Keramik: heiße konzentrierte Schwefelsäure.

Die lichtmikroskopischen Verfahren zur Gefügeuntersuchung arbeiten mit Hellfeld- oder Dunkelfeldbeleuchtung und sind durch folgende Grenzdaten gekennzeichnet:

Maximale Vergrößerung ca. 1000-fach, laterales Auflösungsvermögen in der Objektebene ca. 0,3 µm, Tiefenschärfe bei 1000-facher Vergrößerung ca. 0,1 µm. Mit Elektronenmikroskopen (EM) lässt sich das Auflösungsvermögen auf ca. 0,5 nm verbessern (Größenordnung der Gitterkonstanten von Metallen). Das Abbildungsprinzip des Transmissions-Elektronenmikroskops (TEM) beruht auf der Beugung der Elektronenstrahlen an gestörten Kristallgittern, die mit Laufzeitdifferenzen und Interferenzen verknüpft sind und Bereiche mit Gitterstörungen sichtbar werden lassen (Hornbogen und Skrotzki 2009). Da im Gegensatz zu Lichtmikroskopen die TEM als Durchstrahlungsgeräte arbeiten, können als Präparate nur „Dünnfilmproben" (max. Dicke <1 µm, abhängig von der Beschleunigungsspannung) verwendet werden, die in der Regel entweder durch elektrolytische „Dünnung" oder durch Herausschneiden mit einem fokussierten Ionenstrahl (*focused ion beam*, FIB) hergestellt werden (Hornbogen und Skrotzki 2009).

Durch die Anregung von spezifischer Röntgenstrahlung im Untersuchungsobjekt können TEM-Untersuchungen (wie auch REM-Untersuchungen, siehe Abschn. 1.2.3) durch Elementanalyse ergänzt werden.

#### 4.1.3.2 Oberflächenrauheitsmesstechnik

Die Oberflächenmikrogeometrie oder Oberflächenrauheit ist eine wichtige Einflussgröße für die Funktion von Werkstoffoberflächen, z. B. bei Passflächen, Dichtflächen, Gleit- und Wälzflächen. Die qualitative Untersuchung und Abbildung erfolgt mit optischen und elektronenmikroskopischen Verfahren, während eine quantitative Rauheitsmessung sowohl mit diesen Methoden als auch mit Tastschnittgeräten vorgenommen werden kann.

Beim Lichtschnittmikroskop wird die Auslenkung einer auf die zu untersuchende Oberfläche projizierten Lichtlinie durch die Oberflächenrauheit heute mittels LASER (Rautiefenauflösung ca. 0,1 µm) ausgemessen. Interferenzmikroskope gestatten eine optische Rautiefenmessung mit einer Auflösung von ca. 0,02 µm. Da der lichtmikroskopischen Oberflächenuntersuchung durch die niedrige Tiefenschärfe bei höheren Vergrößerungen enge Grenzen gesetzt sind (siehe Abschn. 1.3.1), werden zur Untersuchung rauer Oberflächen (z. B. Bruchflächen) häufig „Stereomikroskope" (stufenlose Vergrößerung 10- bis etwa 100-fach) verwendet, die durch geeignete Objektivanordnung einen plastischen Eindruck bei beidäugiger Beobachtung ergeben.

Gleichzeitig hohe Vergrößerung (bis zu 100.000-fach) und große Schärfentiefe (>10 µm bei 5000-facher Vergrößerung) liefert das Rasterelektronenmikroskop (REM). Beim REM wird in einer Probenkammer unter Hochvakuum ein Elektronenstrahl rasterförmig über die Probenfläche bewegt und die in Abhängigkeit von der Oberflächenmikrogeometrie rückgestreuten Elektronen (oder ausgelöste Sekundärelektronen) werden zur Helligkeitssteuerung (Topografiekontrast) eines Bildschirms verwendet. Mit Methoden der Bildverarbeitung (Graustufenanalyse) oder stereoskopischen Auswerteverfahren kann außer der Oberflächenabbildung eine numerische Klassifizierung der Oberflächenmikrogeometrie vorgenommen werden.

Die Ermittlung der genormten Rauheitskenngrößen (siehe DIN EN ISO 3274, 4287, 4288) Mittenrauwert $R_a$, gemittelte Rautiefe $R_z$ und die Aufnahme von Profildiagrammen und Traganteilkurven (siehe DIN EN ISO 13565-1 und -2) erfolgt mit elektrischen Tastschnittgeräten, die mit einer Tiefenauflösung von ca. 0,01 µm nach dem Prinzip der Diamantspitzenabtastung und anschließender mechanisch-elektrischer Messwertumwandlung arbeiten (siehe VDI/VDE Richtlinie 2602 „Rauheitsmessung mit elektrischen Tastschnittgeräten"). Neben der mechanischen Abtastung (Nachteile: hohe Flächenpressung, Nichterfassung von Hinterschneidungen) werden auch berührungslose optische Abtastverfahren (z. B. Lasermethoden) angewendet, wobei jedoch die Zuordnung der gemessenen Reflexionskennwerte zu den genormten Rauheitskenngrößen schwierig ist.

### 4.1.4 Experimentelle Beanspruchungsanalyse

Für die funktionsgerechte Dimensionierung von Bauteilen ist die Kenntnis der Beanspruchungen erforderlich. Für mechanisch beanspruchte Konstruktionsteile sind dabei Methoden zur experimentellen Dehnungs-, Verformungs- und Spannungsanalyse von besonderer Bedeutung (Czichos et al. 2011).

(a) *Elektrische Wegmessverfahren*: messtechnische Ausnutzung der wegabhängigen Veränderung eines Ohm'schen, kapazitiven oder induktiven Widerstandes. Bei den häufig verwendeten induktiven Wegaufnehmern kann mit einem verschiebbaren Eisenkern durch die wegabhängige induktive Kopplung zwischen einer Primär- und zwei Sekundärspulen („Differenzialtransformator") eine Wegauflösung $\Delta l < 0{,}1\ \mu m$ erreicht werden.

(b) *Dehnungsmessstreifen* (*DMS*): Bestimmung der dehnungsabhängigen Widerstandsänderung $\Delta R$ einer auf das dehnungsbeanspruchte Bauteil aufgeklebten dünnen Metallfolie (mit mäanderförmiger Leiterbahn des Widerstandes $R$) als Funktion der Dehnung $\varepsilon = \Delta l/l_0$ mit einer Auflösung von $\varepsilon \approx 10^{-6}$, wobei $\Delta R/R = k \cdot \varepsilon$ (Faktor $k \approx 2$ für Metalle).

(c) *Moiré-Verfahren*: Ermittlung von flächigen Dehnungsverteilungen an Bauteiloberflächen durch Auswertung von Streifenmustern, die sich aus der optischen Überlagerung eines fest mit dem Bauteil verbundenen Objektgitters (10 bis 100 Linien/mm) und eines stationären, unverzerrten Vergleichsgitters ergeben.

(d) *Holografische Verformungsmessung*: Untersuchung von Oberflächenverformungen mittels Laserinterferometrie und Speicherung der lokalen Amplituden- und Phaseninformation der optischen Abtastung des Untersuchungsobjektes in der Fotoemulsion einer Hologrammplatte. Durch Vergleich der Hologramme des unbeanspruchten und des beanspruchten Bauteils ist der Nachweis von Oberflächenverschiebungen und -verzerrungen mit einer Auflösung von 0,05 µm bis 1 µm möglich.

(e) *Speckle-Verfahren*: Ermittlung von flächigen Verformungs- bzw. Dehnungsverteilungen durch Auswertung von Streifenmustern, die sich durch Überlagerung von mindestens zwei Speckle-Bildern ergeben. Die elektronische Speckle-Pattern-Interferometrie (ESPI, Shearografie) ermöglicht durch digitale Bildaufnahme und -analyse eine einfache und schnelle Messung von Verformungen, Dehnungen und Schwingungen mit einer Auflösung von $>0{,}05\ \mu m$.

(f) *Spannungsoptik*: Analyse der Spannungsdoppelbrechung nach der Ähnlichkeitsmechanik hergestellter Bauteil-Modelle (z. B. aus Epoxidharz oder PMMA) in einer optischen Polarisator-Analysator-Anordnung, wobei die bei Durchstrahlung des mechanisch beanspruchten Modells mit monochromatischem Licht entstehenden dunklen Linien (Isoklinen- und Isochromatbilder) den Verlauf der Hauptspannungsrichtungen und Hauptspannungsdifferenzen anzeigen.

(g) *Röntgenografische Dehnungsmessung*: Bestimmung der durch äußere Kräfte oder Eigenspannungen hervorgerufenen Änderung von Netzebenenabständen kristalliner Werkstoffe mithilfe von Beugungs- und Interferenzerscheinungen von Röntgenstrahlen. Aus den mittels „Goniometern" für verschiedene Neigungswinkel registrierten Interferenzlinien können rechnerisch die zugehörigen Spannungskomponenten gewonnen werden.

### 4.1.5 Werkstoffmechanische Prüfverfahren

Werkstoffmechanische Prüfverfahren werden zur Untersuchung des Werkstoffverhaltens unter mechanischen Beanspruchungen eingesetzt. Neben labormäßigen Prüfverfahren mit genormten Proben und Prüfkörpern werden auch Betriebsversuche mit Originalbauteilen oder -systemen unter Belastungen und Deformationen durchgeführt, die die betrieblichen Verhältnisse simulieren. Dabei sind z. B. auch Temperatur- und weitere Umgebungseinflüsse zu berücksichtigen.

#### 4.1.5.1 Festigkeits- und Verformungsprüfungen

Mit hier behandelten Prüfungen werden Festigkeitskenngrößen (z. B. Dehngrenze, Streckgrenze, Zugfestigkeit, Druckfestigkeit) und Verformungskenngrößen (z. B. Bruchdehnung und Brucheinschnürung) bestimmt.

Die verschiedenen Prüfverfahren sind gekennzeichnet durch: Beanspruchungsart (z. B. Zug, Druck, Biegung, Scherung, Torsion) und zeitlichen Verlauf (z. B. statisch, zügig, schlagartig, schwingend).

Die Werkstoffkennwerte werden labormäßig an Probekörpern definierter (z. T. genormter) Abmessungen unter vorgegebenen Prüfbedingungen mit Werkstoffprüfmaschinen (DIN 51220) nach einem der folgenden Verfahren ermittelt:

a) verformungs-(dehnungs-)geregelte Versuche zur Ermittlung z. B. von $R_{\mathrm{eL}}$, $R_{\mathrm{m}}$, Fließkurve, besonders bei erhöhter Temperatur,
b) kraftgeregelte (belastungsgeschwindigkeitsgeregelte) Versuche zur Ermittlung z. B. von $E$, $R_{\mathrm{eH}}$, $R_{\mathrm{p}0,2}$,
c) Bestimmung der größten erreichten Verformung, z. B. Bruchdehnung, Brucheinschnürung, Durchbiegung beim Bruch, zur Kennzeichnung der Werkstoffduktilität,
d) Ermittlung der Standzeit (Dauerstand- bzw. Kriechversuch) bis zum Erreichen einer bestimmten Kriechdehnung bzw. bis zum Bruch, z. B. für Lebensdauerabschätzungen,
e) Ermittlung der Schwingungspielzahl bis zum ersten Anriss bzw. bis zum Bruch einer Probe (Komponente) beim Ermüdungsversuch, der kraftkontrolliert oder dehnungskontrolliert ablaufen kann; Lebensdauerabschätzung bei schwingender Beanspruchung,
f) Ermittlung der Rissfortschrittsrate $\mathrm{d}a/\mathrm{d}N$ bzw. der -geschwindigkeit $\mathrm{d}a/\mathrm{d}t$ bei Ermüdungs- bzw. Standversuchen. Restlebensdauerabschätzung, Bestimmung von Inspektionsintervallen usw.,
g) Bestimmung der Verformungsarbeit zur Qualitätskontrolle von Werkstoffen, z. B. beim Kerbschlagversuch; mit (DIN EN ISO 14556) bzw. ohne (DIN EN ISO 148-1) Instrumentierung,
h) Ermittlung einer geeigneten Kenngröße bei sog. technologischen Versuchen, z. B. zur Kennzeichnung der Verformungsreserven (Hin- und Herbiegeversuch, Verwindeversuche) oder der Verarbeitbarkeit.

Durch die Prüfverfahren werden typische Betriebsbeanspruchungen nachgeahmt, wobei von idealisierten Bedingungen ausgegangen wird. Neben der Simulation der häufig nicht genau bekannten praktischen Beanspruchungsverhältnisse („stochastische Lastkollektive") bereitet die Übertragbarkeit von Werkstoffkennwerten, die an kleineren Proben genommen wurden, auf reale Bauteilabmessungen und Beanspruchungen häufig Schwierigkeiten. Die Kennwertermittlung bei hohen Temperaturen stellt ebenfalls eine besondere Herausforderung dar (Skrotzki et al. 2018; Bürgel et al. 2011).

Im Zusatzmaterial zu diesem Kapitel sind die wichtigsten genormten Verfahren der Festigkeitsprüfung für die hauptsächlichen Werkstoffgruppen zusammen mit Hinweisen auf Normen für Prüfkörper und Prüfmaschinen aufgeführt.

#### 4.1.5.2 Bruchmechanische Prüfungen

Bruchmechanische Prüfungen erfordern hinreichend große Probenabmessungen, um die Bedingung der linear-elastischen Bruchmechanik (LEBM) zu erfüllen: ebener Dehnungszustand an der Rissspitze; nur kleine plastische Zone. Als Probekörper für bruchmechanische Prüfungen werden häufig die Dreipunkt-Biegeprobe sowie die scheibenförmige Kompakt-Zugprobe (CT-Probe, *compact tension*) verwendet (vgl. US-Standard ASTM E 399). Bei den CT-Proben wird der (zugbeanspruchte) Ausgangsquerschnitt (Probenbreite $W \times$ Probendicke $B$) durch eine spanend hergestellte Kerbe auf etwa die Hälfte reduziert und in Zug-Schwellversuchen ein Ermüdungsriss der Länge $a$ erzeugt (siehe Abb. 13), wobei zur Erfüllung der LEBM-Bedingung gelten muss:

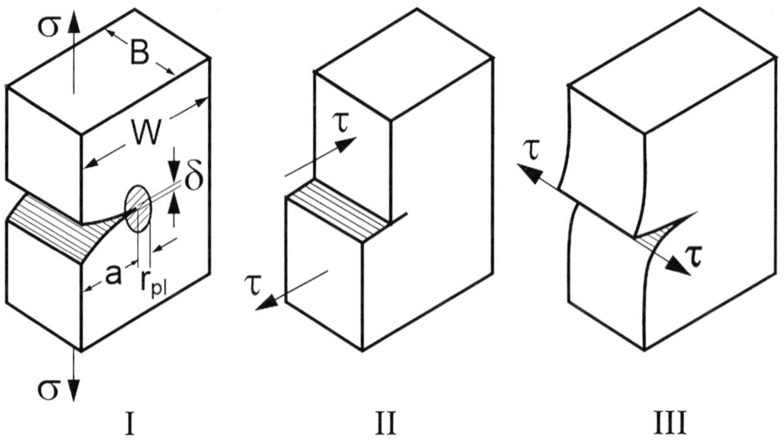


**Abb. 13** Hauptbeanspruchungsfälle für die Rissausbreitung in bruchmechanischen Versuchen

$$B \text{ sowie } a > 2{,}5\left(\frac{K_{\mathrm{Ic}}}{R_{\mathrm{p}0,2}}\right)^2,$$

$K_{\mathrm{Ic}}$ Risszähigkeit in $\mathrm{N/mm^{3/2}}$

$R_{\mathrm{p}0,2}$ Dehngrenze in $\mathrm{N/mm^2}$.

Die angerissene Probe wird im Zugversuch zerrissen und dabei der Wert für $K_{\mathrm{I}}$ ermittelt, bei dem sich der Anriss instabil, d. h. schlagartig, ausbreitet ($K_{\mathrm{Ic}}$).

Für Werkstoffe, bei denen vor dem Bruch im Bereich der Rissspitze bereits größere plastische Verformungen mit Rissausrundung, Rissinitiierung und stabilem Rissfortschritt (elastisch-plastische Bruchmechanik, EPBM) auftreten, wurde das $J$-Integral als Erweiterung der Verhältnisse bei LEBM auf Fälle größerer Verformung bei nichtlinearem Werkstoffverhalten und das COD-Konzept (*crack opening displacement*) entwickelt. Im Gegensatz zur LEBM wird der Bruchvorgang dabei nicht von einer kritischen Spannungsintensität, sondern von einer kritischen plastischen Verformung an der Rissspitze gesteuert. Mit Hilfe geeigneter Wegaufnehmer wird die Rissspitzenaufweitung als Maß für die Größe der plastischen Verformung bestimmt. Die das Werkstoffverhalten beschreibenden Werte der EPBM beziehen sich auf folgende Ereignisse:

- Initiierung eines Anrisses ($J_{\mathrm{i}}$),
- langsames (stabiles) Wachstum eines Risses (sog. $J$-$R$-Kurve),
- Instabilwerden eines Risses.

#### 4.1.5.3 Härteprüfungen

Bei der konventionellen Härteprüfung wird der Widerstand einer Werkstoffoberfläche gegen plastische Verformung durch einen genormten Eindringkörper dadurch ermittelt, dass der bleibende Eindruck vermessen wird. Je nach Prüfverfahren wird der Eindringwiderstand als Verhältnis der Prüfkraft zur Oberfläche des Eindrucks (Brinellhärte HBW, Vickershärte HV, Knoophärte HK) oder als bleibende Eindringtiefe eines Eindringkörpers bestimmt (Rockwellhärte HR). Zusammen mit dem Härtewert ist das Prüfverfahren anzugeben. Die zugehörigen Prüfnormen sind: DIN EN ISO 6506-1 (Härteprüfung nach Brinell), DIN EN ISO 6507-1 (Härteprüfung nach Vickers), DIN EN ISO 6508-1 (Härteprüfung nach Rockwell) und DIN EN ISO 4545-1 (Härteprüfung nach Knoop). Die Härte ist bei isotropen Werkstoffen näherungsweise mit der Zugfestigkeit korreliert; für Baustähle gilt z. B. die Beziehung (DIN EN ISO 18265):

$$R_{\mathrm{m}}/MPa \approx 3{,}5\ HBW.$$

Neben den Härteprüfverfahren mit statischer Krafteinwirkung werden auch die folgenden Verfahren mit schlagartiger Prüfkrafteinwirkung verwendet:

- dynamisch-plastisches Verfahren (Schlaghärteprüfung), Härtebestimmung aus der Messung des bleibenden Eindrucks, z. B. Baumannhammer, Poldihammer;
- dynamisch-elastisches Verfahren (Rücksprunghärteprüfung), Härtebestimmung aus der Messung der Rücksprunghöhe des Eindringkörpers, z. B. Shorehärteprüfung.

Eine Weiterentwicklung der konventionellen Härteprüfverfahren stellt die Instrumentelle Eindringprüfung zur Bestimmung der Härte und anderer Werkstoffparameter dar, bei der der gesamtelastische und plastische Eindruck unter einer Prüfkraft aus der Eindringtiefe eines Eindringkörpers ermittelt wird (DIN EN ISO 14577-1). Sowohl die Kraft, als auch der Weg werden während der elastischen und plastischen Verformung gemessen. Bei Verwendung pyramidaler Eindringkörper wird die Martenshärte HM unter wirkender Prüfkraft aus den Messwerten der Kraft-Eindringkurve bestimmt. Alternativ kann sie für homogene Werkstoffe auch aus der Steigung der Kraft-Eindringkurve ermittelt werden und erhält dann die Bezeichnung $HM_s$. Schließlich kann der elastische Eindringmodul $E_{IT}$ unter Verwendung der Tangente (im Punkt $F_{max}$) der Kurve der Kraftrücknahme berechnet werden. Er ist vergleichbar mit dem Elastizitätsmodul des geprüften Werkstoffs. Schließlich können weitere Informationen wie Eindringkriechen, Eindringrelaxation sowie der plastische und elastische Anteil der Eindringarbeit aus dem Versuch ermittelt werden.

Einen umfassenden Überblick über Härteprüfverfahren, die Auswahl der geeigneten Prüfmethode sowie die Ermittlung der mit dem Prüfverfahren verbundenen Messunsicherheit gibt das Abschn. 7.3 des Handbook of Metrology and Testing (Czichos et al. 2011).

#### 4.1.5.4 Technologische Prüfungen

Mit technologischen Prüfverfahren werden Werkstoffe und Bauteile im Hinblick auf ihre Herstellung, Bearbeitbarkeit und Weiterverarbeitung untersucht. Die Ergebnisse sind meist verfahrensabhängig, sodass eine genaue Angabe von Prüfverfahren, Prüfobjekt und Prüfbedingungen erforderlich ist. Die technologischen Prüfverfahren lassen sich wie folgt einteilen:

(a) Prüfung der Eignung von Werkstoffen für bestimmte Fertigungsverfahren, z. B. im Hinblick auf
  - Gießeigenschaften: Schwindmaßbestimmung (DIN 50131) sowie Untersuchung von Fließfähigkeit, Formfüllungsvermögen und Warmrissanfälligkeit.
  - Umformungseigenschaften: Tiefungsversuch nach Erichsen (DIN EN ISO 20482) als Streckzieheignungsprüfung von Fein- und Feinstblech; Hin- und Herbiegeversuch an Blechen, Bändern oder Streifen (DIN EN ISO 7799).

(b) Prüfungen im Zusammenhang mit Fügeverfahren, z. B.
  - Schweißverbindungen: Zugversuch (DIN EN ISO 4136), Biegeversuch (DIN EN ISO 5173), Kerbschlagbiegeversuch (DIN EN ISO 9016), Scherzugversuch (DIN EN ISO 14273), Prüfungen von Schweißelektroden und Schweißdrähten (DIN EN ISO 2560)
  - Lötverbindungen: Zugversuch, Scherversuch (DIN EN 12797), Zeitstandscherversuch (DIN 8526)
  - Metallklebungen: Zugversuch (DIN EN 15870), Zugscherversuch (DIN EN 14869-2), Druckscherversuch (DIN EN 15337), Torsionsscherversuch (DIN 54455); Losbrechversuch an geklebten Gewinden (DIN EN 15865).

(c) Prüfung von Erzeugnisformen, z. B.
  - Gusswerkstoffe: Zugversuch für Grauguss und Temperguss (DIN EN 1561, 1562)
  - Feinbleche: Zugversuch (DIN EN ISO 6892-1, Federblech-Biegeversuch (DIN EN 12384)
  - Drähte: Zugversuch (DIN EN ISO 6892-1), Hin- und Herbiegeversuch (DIN EN ISO 7799), Wickelversuch (DIN ISO 7802); Prüfung von Drahtseilen (DIN EN 12385-1)
  - Rohre: Aufweitversuch (DIN EN ISO 8493), Ringfaltversuch (DIN EN ISO 8492).

### 4.1.6 Zerstörungsfreie Prüfverfahren

Zerstörungsfreie Prüfungen (ZfP) gestatten die Untersuchung von Werkstoffen, Bauteilen und Konstruktionen ohne deren bleibende Veränderung (Hellier 2013). Neben der Ermittlung von Werkstoffeigenschaften oder -zuständen durch „Feinstrukturmethoden“ werden makroskopische Materialfehler mit „Grobstrukturprüfungen“ nach den folgenden Grundsätzen untersucht:

- *Oberflächenfehler* (z. B. Risse, Strukturfehler): Rissnachweis durch Flüssigkeitseindringverfahren unter Ausnutzung der Kapillarwirkung feiner Risse im µm-Bereich oder bei ferromagnetischen Bauteilen durch Sichtbarmachen des magnetischen Streuflusses; Untersuchung von Werkstoffinhomogenitäten im oberflächennahen Bereich durch Analyse der Wechselwirkung des Bauteils mit elektromagnetischen Feldern z. B. bei der Wirbelstromprüfung (WS), mit Ultraschallwellen (US) bei der Ultraschallprüfung (Ultraschallmikroskop) oder mit Infrarot- bzw. optischer Strahlung (Thermografie, optische Holografie, Shearografie) sowie durch die Kombination verschiedener Wechselwirkungen (z. B. fotoakustische Methoden).
- *Volumenfehler* (z. B. Poren, Lunker, Heißrisse, Dopplungen, Wanddickenschwächungen usw.): Untersuchungen des Werkstoffinneren mit Röntgen- oder Gammastrahlen (Radiografie, Computertomografie) oder mit Ultraschallwellen im Impuls-Echo-Betrieb und in Durchschallung.

#### 4.1.6.1 Akustische Verfahren: Ultraschallprüfung, Schallemissionsanalyse

Eines der ältesten ZfP-Verfahren ist die „Klangprobe“ zum Nachweis von Materialfehlern, z. B. in Porzellan- und Keramikerzeugnissen, Schmiedeteilen, gehärteten Werkstücken usw., erkennbar am hörbar veränderten Klang beim Anschlagen des Prüfobjektes. Unter Verwendung geeigneter Messaufnehmer (Sensoren) und schneller Signalverarbeitung mit Computern können auch bei der Überwachung laufender Maschinenanlagen, wie Motoren oder Turbinen aus einer Luftschall- oder Körperschallanalyse (Frequenzanalyse, Fourier Analyse usw.) Hinweise auf eventuelle Betriebsstörungen gewonnen werden (*machinery condition monitoring*).

Zur Untersuchung von Bauteilabmessungen (z. B. Wanddicken bzw. Wanddickenschwächungen durch Korrosion oder Erosion) oder Bauteileigenschaften (Schallgeschwindigkeit, Elastizitätsmodul und Poissonzahl oder Materialfehlern) werden von einem Prüfkopf Ultraschallimpulse einer geeigneten Frequenz (0,05 MHz bis 25 MHz; Spezialanwendungen bis 120 MHz) in das Prüfobjekt gestrahlt, um nach Reflexion an einer Wand oder an Fehlern von demselben oder einem zweiten Prüfkopf empfangen, in ein elektrisches Signal umgewandelt, verstärkt und auf einem Bildschirm dargestellt zu werden (DIN EN ISO 16810). Schallrichtung und Laufzeit entsprechend der Weglänge zwischen Prüfkopf und Reflexionsstelle geben Auskunft über die Lage der Reflexionsstelle im Prüfobjekt. Merkmale von Ultraschall-Impulsechogeräten: Messbereich $<1$ mm bis 10 m; Ableseunsicherheit $<0{,}1$ mm; Prüfobjekttemperatur bei Standardprüfköpfen $\leq 80$ °C, mit Spezialprüfköpfen bis 600 °C). Da das US-Impulsechoverfahren kein direktes Fehlerbild liefert, ist die Bestimmung der Form und Größe von Materialfehlern im Bauteilinnern schwierig und wird u. a. mit folgenden Methoden abgeschätzt:

- Analyse von Fehlerechohöhe und -form in Abhängigkeit von der Einschallrichtung; maximales Signal bei Einschallrichtung senkrecht zur größten Fehlerausdehnung;
- Fehlerrandabtastung mit stark eingeschnürtem Ultraschallbündel z. B. durch fokussierende Prüfköpfe; Darstellung der Fehlerechosignale mit Rechnern unter Einsatz von Signal- und Bildverarbeitungsmethoden.
- Methoden der künstlichen Fokussierung und der akustischen Holografie. Berechnung der Fehlerabmessungen aus dem digital gespeicherten Echosignal oder aus digital gespeicherten Amplituden- und Phasenspektren bei Anwendung eines breit geöffneten Ultraschallbündels zur Fehlerabtastung.

- Durch Einsatz elektronisch gesteuerter Schallfelder mit Signal- und Bildschirmverarbeitung bei der Datenauswertung bzw. der Darstellung können aufschlussreiche Schnittbilder, ähnlich den Computertomogrammen der Röntgentechnik, auch mit Ultraschall erzeugt werden (Echotomografie).

Das Verfahren der Schallemission dient der Untersuchung von Werkstoffschädigungen unter mechanischer Beanspruchung. Es beruht darauf, dass Schallimpulse entstehen, wenn plötzlich elastische Energie dadurch freigesetzt wird, dass ein Werkstoff verformt wird oder dass Risse entstehen, wachsen oder bei Belastung sog. Rissufer-Reibung aufweisen. Die Schallwellenpakete können mit empfindlichen Sensoren (z. B. piezoelektrischen, aus Keramik) nachgewiesen und die Quelle des Schalls, d. h. der verursachende Fehler, durch Laufzeitmessung und Triangulation (Verwendung von Sensoren an drei verschiedenen Stellen des Prüfkörpers) geortet werden. Da bis auf die Rissufer-Reibung sämtliche Mechanismen der Schallimpulserzeugung bei Belastung nicht genügend Sicherheit einer eindeutigen Identifikation bieten, ist der Einsatz der Schallemission auf Bauteile aus solchen Werkstoffen konzentriert, bei denen durch einen inhomogenen Aufbau Rissufer-Reibung begünstigt wird. Es handelt sich um Verbundwerkstoffe wie Beton oder z. B. um glasfaserverstärkte Behälter und Leitungen in chemischen Anlagen. Die Bewertung von Schallsignalen aus den Impulsmerkmalen (Anstiegszeit, Energie, Häufigkeit) ist infolge der Dämpfung durch den Werkstoff und durch den Einfluss der Geometrie des Bauteils auf die Schallausbreitung bei schlecht definierten Signalquellen schwierig.

#### 4.1.6.2 Elektrische und magnetische Verfahren

Elektrische und magnetische ZfP-Verfahren dienen hauptsächlich zum Nachweis von Materialfehlern im Oberflächenbereich von Werkstoffen und Bauteilen.

Das Wirbelstromverfahren (DIN EN ISO 15549) nutzt die durch den Skineffekt an der Oberfläche konzentrierten, bei der Wechselwirkung eines elektromagnetischen Hochfrequenz-(HF-)Feldes mit einem leitenden Material induzierten Wirbelströme aus ($f \approx$ 10 kHz bis 5 MHz, für Sonderfälle auch tiefer, z. B 40 Hz bis 5 kHz). Oberflächeninhomogenitäten oder Gefügebereiche mit veränderter Leitfähigkeit (z. B. Anrisse, Härtungsfehler, Korngrenzenausscheidungen) verändern die Verteilung der Wirbelströme in der Oberflächenschicht und beeinflussen dadurch das Feld und die Impedanz einer von außen einwirkenden HF-Spule. Obwohl die Signaldeutung schwierig ist, da es kein direktes Fehlerbild gibt, kann man durch Einsatz hochauflösender Spulensysteme und rechnergestützter Signalverarbeitung auch komplexe Fehler bildlich darstellen. Das Wirbelstromverfahren ist wegen seines robusten Aufbaus leicht in Fertigungsabläufe zu integrieren und daher zur automatischen Überwachung in der Massenfertigung geeignet.

Ein lokaler Nachweis von Materialfehlern, z. B. Rissbreiten im µm-Bereich, gelingt bei ferromagnetischen Werkstoffen mit dem magnetischen Streufluss-Verfahren (ISO 9934). In einem von außen magnetisierten Werkstück entsteht an einem Fehler ein magnetischer Streufluss, wenn der Fehler Feldlinien schneidet. Das an Materialfehlern entstehende magnetische Streufeld kann mit Sonden abgetastet oder durch Überspülen der Materialoberfläche mit einer Suspension feiner Magnetpulverteilchen sichtbar gemacht werden. Die Magnetpulverteilchen werden von dem Streufeld festgehalten; bei Verwendung von fluoreszierendem Magnetpulver werden die Fehleranzeigen bei UV-Lichtbestrahlung besonders deutlich. Die Anzeigegrenze liegt bei einer Rissspaltbreite von 1 µm bis 0,1 µm; die Tiefe der erfassbaren Zone erstreckt sich bis etwa 3 mm und hängt von der Magnetisierung und dem Werkstoff ab.

#### 4.1.6.3 Radiografie und Computertomografie

Radiografische Verfahren basieren auf der Durchstrahlung von Prüfobjekten mit kurzwelliger elektromagnetischer Strahlung und vermitteln durch Registrierung der Intensitätsverteilung nach der Durchstrahlung eine schattenrissartige Abbildung der Dicken- und Dichteverteilung. Sie können zur berührungslosen Dickenmessung von Werkstücken und zum Nachweis von Werkstoffinhomogenitäten abweichender Dichte (z. B. Hohlräume:

Lunker, Poren) oder Zusammensetzung (z. B. Fremdeinschlüsse oder Legierungen) angewandt werden. Weitere wichtige Anwendungsbereiche betreffen die Durchstrahlungsprüfung von Gussstücken und Schweißverbindungen (DIN EN 12681, DIN EN 444, DIN EN ISO 17636).

Als hauptsächliche Strahlungsquellen für die Radiografie dienen:

- Röntgenstrahlung mit einer Strahlenenergie von 20 keV bis ca. 10 MeV, durchstrahlbare Werkstückdicke (Stahlproben) bis ca. 300 mm; Strahlenschutzregeln: siehe DIN 54113-1;
- Gammastrahlung von Radionukliden, z. B. $^{192}Ir$ (durchstrahlbare Werkstückdicke 20 mm bis 100 mm), $^{60}Co$ (durchstrahlbare Werkstückdicke 40 mm bis 200 mm); Strahlenschutzregeln: siehe DIN 54115.

Die Bildaufzeichnung hinter dem Prüfobjekt erfolgt entweder analog mit Röntgenfilmen oder durch direkte Aufzeichnung der Intensitätsverteilung der Strahlung mit digitalen Detektoren wie Speicherfolie oder einem bildgebenden System (Röntgen- oder Gamma-Strahlenbildwandler und Anzeigeeinheit, ggfs. auch ein automatisches Bildauswertesystem; s. Radioskopische Prüfung, DIN EN 13068). Um eine optimale Fehlererkennbarkeit zu erreichen, müssen Strahlenintensität, Wellenlänge, Dicke des Prüfobjektes und Durchstrahlungszeit aufeinander abgestimmt sein. Zur Bildgütekontrolle können geeignete Festkörper (z. B. nach DIN EN ISO 19232) zusammen mit dem Prüfobjekt durchstrahlt und abgebildet werden. Durch Methoden der Bildverarbeitung, bei denen z. B. das Bildfeld punktweise abgetastet, die Röntgenintensität elektronisch verstärkt und intensitätsabhängig in Schwarzweiß- oder Farbkontraste umgesetzt wird, können Fehlerabbildungen deutlicher erkennbar gemacht werden.

Ähnlich der Medizin nutzt die Materialprüfung die Computertomografie. Ein fein gebündelter Röntgen- oder Gammastrahl durchstrahlt das Prüfobjekt in einer bestimmten Querschnittsebene in zahlreichen Positionen und Richtungen (Translation und Rotation des Prüfobjekts). Alle Intensitätswerte des durchgetretenen Strahls werden von einem Detektor gemessen und in einem Rechner gespeichert, der den Absorptionskoeffizienten, d. h. im Wesentlichen die Dichte jedes Querschnittelementes im Prüfobjekt, berechnet. Als Ergebnis werden zerstörungsfrei gewonnene Querschnittsbilder des Prüfobjektes in beliebigen Schnittebenen konstruiert, auf einem Bildschirm dargestellt und aufgezeichnet. Die Anwendungsmöglichkeiten sind vielfältig und reichen von der Untersuchung kompletter Systeme, z. B. geschlossener Getriebe und Motoren, Maß- und Fehlerkontrolle bei innengekühlten Turbinenschaufeln von Flugzeugtriebwerken über die Sichtbarmachung des Inhaltes von Gefahrgutumschließungen bis zur Analyse von Verbundwerkstoffen und keramischen Werkstoffen mit einer Auflösungsgrenze im µm-Bereich.

### 4.1.7 Komplexe Prüfverfahren

Technische Werkstoffe sind in ihren vielfältigen Anwendungsbereichen häufig einer Überlagerung von Beanspruchungsarten, Beanspruchungsenergieformen und Beanspruchungsmedien in räumlicher, zeitlicher und stofflicher Hinsicht unterworfen. Die Prüfung einfacher Proben unter Laborbedingungen muss daher durch „Komplexprüfungen" ergänzt werden, bei denen zahlreiche Bauteil-, Beanspruchungs- und Umgebungseinflüsse zu berücksichtigen sind, z. B.

- Gestalt- und Größeneinflüsse der Prüfobjekte
- mehraxiale Beanspruchungen
- stochastische Beanspruchungskollektive
- Überlagerung unterschiedlicher energetischer Beanspruchungen (z. B. mechanisch + thermisch usw.)
- Überlagerung von energetischen und stofflichen Beanspruchungen (z. B. mechanisch + chemisch usw.)
- Beanspruchungs-Zeit-Funktionen

Von Bedeutung ist dabei auch die Prüfung und Kennzeichnung des Material- oder Bauteilverhaltens unter der Wirkung unterschiedlicher stofflicher Wechselwirkungen. Die folgenden Abschnitte geben eine Übersicht über die wichtigsten Komplexprüfungen mit gasförmigen, flüssigen, festen und biologischen Beanspruchungsmedien.

#### 4.1.7.1 Bewitterungsprüfungen

Bezüglich der Alterung von Werkstoffen (vgl. ▶ Abschn. 3.4.2 im Kap. 3, „Anforderungen, Eigenschaften und Verhalten von Werkstoffen") sind komplexe Bewitterungsprüfungen zur Bestimmung der Wetter- und Lichtbeständigkeit, besonders von Kunststoffen, wichtig. Kunststoffe sind bei der Anwendung im Freien zahlreichen Witterungseinflüssen ausgesetzt, z. B. der Globalstrahlung (Summe aus direkter Sonnen- und diffuser Himmelsstrahlung, maximale Bestrahlungsstärke auf der Erdoberfläche: ca. 1 $kW/m^2$), Wärme, Feuchte, Niederschlag, Sauerstoff, Ozon und Luftverunreinigungen. Wirkung der Globalstrahlung: Dissoziation chemischer Bindungen durch Photonenenergien von etwa 3 eV bis 4 eV (UV-Bereich, 290 nm bis 400 nm), thermische Wirkung im Gesamtspektrum (0,3 µm bis 2,5 µm), Veränderung der Farbe sowie der mechanischen und elektrischen Eigenschaften infolge fotolytisch-fotooxidativer Abbau- und Vernetzungsreaktionen.

Die Verfahren zur Prüfung der Wetter- und Lichtbeständigkeit können unterteilt werden in:

- Verfahren mit natürlicher Bewitterung: (Wetterbeständigkeitsprüfung, DIN EN ISO 877);
- Verfahren mit künstlicher Bewitterung: Einwirkung gefilterter Xenonbogenstrahlung mit 550 $W/m^2$ in klimatisiertem Probenraum mit der Möglichkeit zyklischer Probenbenässung; Globalstrahlungssimulation einer einjährigen Mitteleuropa-Freibestrahlung in 5 bis 6 Wochen (DIN EN ISO 4892-2).

Da natürliche Alterungsbedingungen nicht differenziert vorhersehbar sind und in ihrer Komplexität nur sehr schwer „zeitlich gerafft" werden können, ist die Beurteilung der langzeitigen Alterungsbeständigkeit von Werkstoffen aufgrund der Extrapolation von Kurzzeitversuchen problematisch.

#### 4.1.7.2 Korrosionsprüfungen

Korrosionsprüfungen dienen im Wesentlichen drei Aufgabenbereichen (vgl. ▶ Abschn. 3.4.4 im Kap. 3, „Anforderungen, Eigenschaften und Verhalten von Werkstoffen"):

1. Ermittlung von Kenndaten der Werkstoffbeständigkeit,
   a) zur Qualitätskontrolle von Werkstoffen,
   b) zur Ermittlung von Beständigkeitskenndaten für einen geplanten Werkstoffeinsatz im praxisnahen Simulationsversuch.
2. Aufklärung von Korrosionsmechanismen und Bestimmung charakteristischer Grenzwerte.
3. Aufklärung von Schadensfällen.

Man unterscheidet Langzeit-, Kurzzeit- und Schnellkorrosionsversuche und je nach dem Umfang der Proben bzw. Versuchsanordnung Laboratoriums-, Technikums- und Betriebsversuche (Feldversuche).

Korrosionsprüfungen erfordern infolge der Vielfältigkeit von Prüfobjekten und korrosiven Beanspruchungen genaue Richtlinien. Für chemische Korrosionsuntersuchungen gelten nach DIN 50905 die folgenden allgemeinen Grundsätze:

- Durchführung von Korrosionsuntersuchungen als Vergleichsversuche mit mehreren Werkstoffen und korrosiven Mitteln, ggf. unter Einbeziehung von Vergleichswerkstoffen mit bekanntem Praxisverhalten,
- Erfassung des zeitlichen Ablaufs des korrosiven Angriffs (Versuchsbeginn und drei nachfolgende Zeiten) zur Erzielung eindeutiger Ergebnisse unter den jeweiligen Versuchsbedingungen,
- Darstellung jedes Untersuchungsergebnisses als Mittelwert von mindestens drei Versuchsergebnissen je Messpunkt,
- Anpassung der Untersuchungsbedingungen an den jeweiligen Praxisfall unter genauer Spezifizierung von Prüfobjekt (Stoff- und Formeigenschaften) und korrosiver Beanspruchung,
- Vorsicht bei der Übertragung von Kurzzeitversuchen auf die Praxis.

Die Prüfbedingungen für die unterschiedlichen Korrosionsprüfungen sind in zahlreichen Normen festgelegt, z. B. Kondenswasser-Prüfklima (DIN EN ISO 6270-2), Kondenswasser-Wechselklima mit schwefeldioxidhaltiger Atmosphäre (DIN 50018), Sprühnebelprüfungen mit verschiedenen Natriumchloridlösungen (DIN EN ISO 9227). Daneben gibt es Sonderprüfungen, z. B. zur Spannungsrisskorrosionsanfälligkeit von metallischen Werkstoffen. Bei der Versuchsauswertung werden nach DIN 50905 im Wesentlichen die folgenden systembezogenen Kenngrößen ermittelt:

Masseänderungen, Oberflächenveränderungen, Angriffstiefe, Gefügeveränderungen, Veränderungen der mechanischen Eigenschaften, Art und Beschaffenheit der Korrosionsprodukte, Veränderung des korrosiven Mittels.

#### 4.1.7.3 Tribologische Prüfungen

Tribologische Prüfungen untersuchen Werkstoffe und Bauteile, die durch Kontakt und Relativbewegung mit festen, flüssigen oder gasförmigen Gegenkörpern und die damit zusammenhängenden energetischen und stofflichen Wechselwirkungen beansprucht werden (vgl. ▶ Abschn. 3.4.6 im Kap. 3, „Anforderungen, Eigenschaften und Verhalten von Werkstoffen"). Infolge der Vielfalt unterschiedlicher Aufgabenstellungen ist eine Einteilung tribologischer Prüfungen in sechs Kategorien zweckmäßig, siehe Abb. 14.

Generelle Kennzeichen der Kategorien I bis III sind, dass die Systemstruktur des zu prüfenden originalen tribologischen Aggregates erhalten bleibt und nur das betreffende Beanspruchungskollektiv vereinfacht wird. Eventuell wird noch der Einfluss von Umgebungsmedien, wie z. B. Staub, vernachlässigt. Vorteil bei den Kategorien II und III gegenüber der Kategorie I ist das reproduzierbare Beanspruchungskollektiv. Ab Kategorie IV bis hinunter zur Kategorie VI wird auch die Systemstruktur des Prüfsystems immer stärker verändert mit dem Nachteil sinkender Übertragbarkeit der Prüfergebnisse auf vergleichbare praktische tribotechnische Systeme. Vorteile der Prüfkategorien IV bis VI sind der messtechnisch immer besser zugängliche Tribokontakt, die geringeren Prüfkosten und die kürzeren Prüfzeiten.

I Betriebsversuch:
Prüfung und Untersuchung originaler kompletter tribotechnischer Systeme unter originalen Betriebs- und Beanspruchungsbedingungen ("Feldversuch")
II Prüfstandversuch:
Prüfung und Untersuchung originaler kompletter tribotechnischer Systeme unter praxisnahen Betriebsbedingungen auf einem Prüfstand
III Prüfung und Untersuchung originaler Einzelaggregate unter praxisnahen Bedingungen
IV Bauteilversuch: Bauteiluntersuchungen (Original-Bauteile oder vereinfachte Bauteile) unter praxisnahen Betriebsbedingungen
V Probekörperversuch: Beanspruchungsähnlicher Versuch mit bauteilähnlichen Probekörpern
VI Modellversuch: Grundlagenorientierte Untersuchung von Reibungs- und Verschleißprozessen mit speziellen Probekörpern unter beliebigen, aber definierten Beanspruchungen

**Abb. 14** Kategorien tribologischer Prüfungen (nach Czichos und Habig 2015; mit freundlicher Genehmigung von © Springer Fachmedien Wiesbaden GmbH 2015. All Rights Reserved)

**Tribologische Laborprüftechnik**
Die tribologische Laborprüftechnik (kurz Tribometrie) bezieht sich auf die Prüfkategorien V und VI. In messtechnischer Hinsicht kommt es bei der tribologischen Laborprüftechnik darauf an, Beanspruchungsgrößen, wie Normalkraft, Gleitgeschwindigkeit und Temperatur zu überwachen und eventuell zu regeln und die wichtigsten tribologischen Messgrößen, wie Reibungskraft und Verschleißbetrag zu erfassen. Spezifische Störgrößen der Testapparatur, wie Schwingungen oder Wärmeausdehnung, sind ebenfalls zu registrieren und ihr Einfluss auf die Messergebnisse zu berücksichtigen. Für diese Aufgaben können heute Sensoren zur Wandlung nichtelektrischer Versuchsparameter in elektrische Signale eingesetzt werden. Sensoren ermöglichen die Nutzung der elektronischen Signal- und Bildverarbeitung sowie den Einsatz der programmierbaren computerunterstützten Versuchssteuerung. Das Prinzip eines Tribometers für die tribologische Laborprüftechnik ist in Abb. 15 dargestellt.

Die Durchführung einer tribologischen Laborprüfung – möglichst mit einem Tribometer mit abgeschlossener Versuchskammer zur Kontrolle des Umgebungsmediums oder der Umgebungsatmosphäre – erfordert im Allgemein die folgenden Schritte:

1. Auswahl einer geeigneten Testkonfiguration für die Prüfkörper von Triboelement (1) und Triboelement (2) mit der Spezifikation von:
   - Geometrie der Prüfkonfiguration und Kontaktmechanik
   - Materialdaten und -eigenschaften
   - Oberflächendaten (Mikrogeometrie, chemische Zusammensetzung, etc.)
2. Auswahl und Kennzeichnung des Zwischenstoffs (3) (z. B. Schmierstoff) und des Umge-

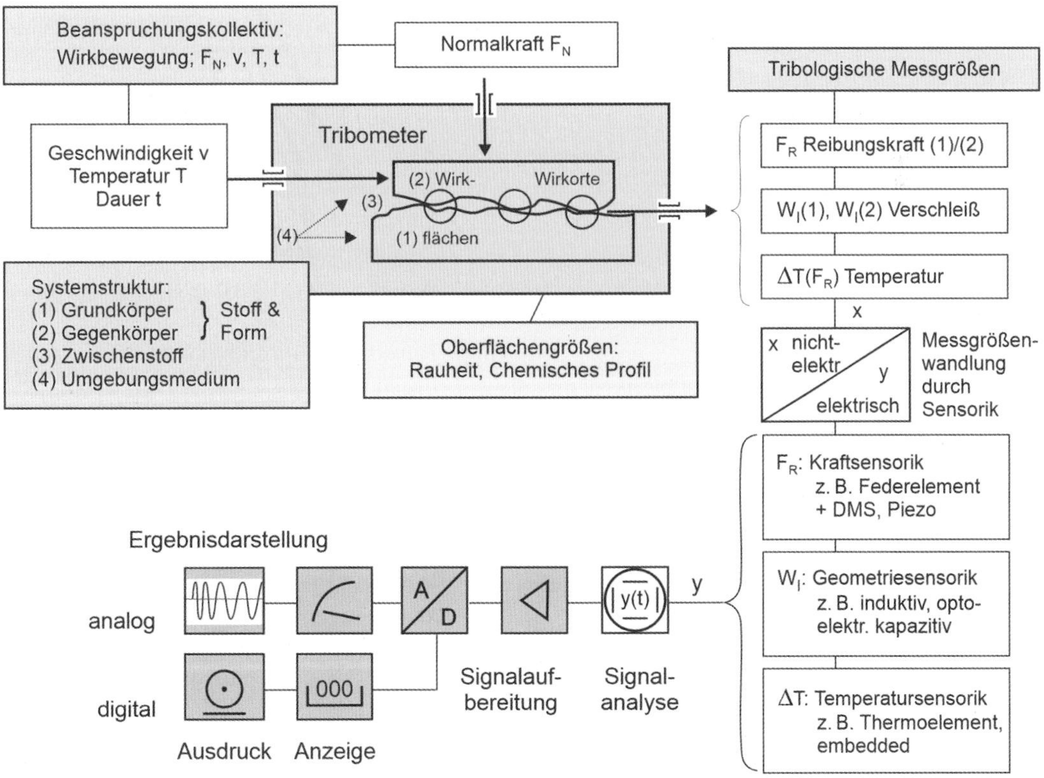


**Abb. 15** Prinzip eines Tribometers mit Systemparametern (nach Czichos und Habig 2015; mit freundlicher Genehmigung von © Springer Fachmedien Wiesbaden GmbH 2015. All Rights Reserved)

bungsmediums oder der Umgebungsatmosphäre (4) im Hinblick auf
- Stoffart
- Zusammensetzung
- chemische und physikalische Eigenschaften

3. Spezifikation des Beanspruchungskollektivs, bestehend aus:
   - Bewegungsart (Gleiten, Wälzen, Prallen)
   - Belastung $F_N$ (Amplitude, Frequenz)
   - Relativgeschwindigkeit v
   - Temperatur T
   - Versuchs- bzw. Prüfdauer t
4. Durchführung der tribologischen Tests als Funktion einer Variation der
   - Strukturparameter der Triboelemente (z. B. Härte, Rauheit etc.)
   - Parameter des Beanspruchungskollektivs

   Die Versuchsbedingungen, wie z. B. die Zeitabhängigkeit der Beanspruchungsparameter, sollte durch geeignete Sensoren im zeitlichen Ablauf erfasst und die Versuchsdurchführung möglichst rechnerunterstützt gesteuert und kontrolliert werden.
5. Messung interessierender tribometrischer Kenngrößen wie z. B.
   - Reibungsmessgrößen,
   - Verschleißmessgrößen,
   - Triboinduzierte thermische Messgrößen (z. B. reibbedingte Blitztemperaturen)
   - Triboinduzierte akustische Messgrößen (z. B. reibungsinduzierter Körper- oder Luftschall, Vibrationen)
6. Charakterisierung von Verschleißpartikeln und Verschleißflächen von Triboelement (1) und Triboelement (2) im Hinblick auf
   - Oberflächenrauheit (z. B. Tastschnittdiagramme, Rasterelektronenmikroskopie).
   - Oberflächenzusammensetzung und -struktur (z. B. mittels Mikrosonde, Augerelektronenspektroskopie (AES)).

#### 4.1.7.4 Biologische Prüfungen

Grundlegende Aufgaben biologischer Prüfungen sind: Untersuchung der Beständigkeit von Materialien gegenüber dem Angriff von Schadorganismen, Erforschung der Schädigungsformen unter Berücksichtigung der Biologie der Schadorganismen, Überprüfung der Wirksamkeit von Materialschutzmaßnahmen gegenüber biologischen Schädigungen. Da biologische Prüfungen mit „lebenden Beanspruchungsagentien" durchgeführt werden und an den Schädigungsmechanismen verschiedene mechanische, physikalisch-chemische und biologische Prozesse beteiligt sind, ist eine sorgfältige Planung, Durchführung, Auswertung und Dokumentation der Versuche notwendig. Erforderlich sind sorgfältige Konditionierung der Versuchsproben (z. B. Feuchte und Temperatur), sterile Versuchsvorbereitung, Auswahl und Ansatz der Schadorganismen, statistische Absicherung der erzielten Ergebnisse.

Die wichtigsten biologischen Materialprüfungen werden eingeteilt in:

(a) mikrobiologische Prüfungen (materialorientiert geordnet):
   - Holz- und Holzwerkstoffe: Prüfung von Holzschutzmitteln gegen Bläuepilze (DIN EN 152); Prüfung von Holzschutzmitteln gegen holzzerstörende Pilze (DIN EN 113); Holzschutz im Hochbau (DIN 68800-1)
   - Papier: Prüfung der Wirksamkeit von bakteriziden und fungiziden Zusatzstoffen für Papier, Karton und Pappe (DIN 54379)
   - Textilien: Bestimmung der Widerstandsfähigkeit von Textilien gegen Schimmelpilze (DIN EN 14119)
   - Kunststoffe: Prüfung von Kunststoffen gegenüber dem Einfluss von Pilzen und Bakterien (DIN EN ISO 846)

(b) zoologische Prüfungen (nach Schadorganismen geordnet):
   - Termiten: Bestimmung der Wirkung von Holzschutzmitteln (DIN EN 117, 118)
   - Hausbock: Bestimmung der Wirkung von Holzschutzmitteln (DIN EN 46-1, 47)
   - Anobien: Bestimmung der Wirkung von Holzschutzmitteln (DIN EN 48, 49-1, -2).

Bei der Prüfung und Anwendung von bioziden Materialschutzmitteln sind die Sicherheitsregeln im Hinblick auf den Umwelt- und Gesundheitsschutz zu beachten.

### 4.1.8 Prüfbescheinigungen

Die Ergebnisse von Prüfungen metallischer Erzeugnisse können von erheblicher wirtschaftlicher Bedeutung für Hersteller, Verarbeiter, Anwender und Verbraucher sein. Nach DIN EN 10204, werden die folgenden Arten von Prüfbescheinigungen unterschieden:

**Werksbescheinigung „2.1"**
Bescheinigung, in der der Hersteller bestätigt, dass die gelieferten Erzeugnisse den Anforderungen bei der Bestellung entsprechen, ohne Angabe von Prüfergebnissen.

**Werkszeugnis „2.2"**
Bescheinigung, in welcher der Hersteller bestätigt, dass die gelieferten Erzeugnisse den Anforderungen bei der Bestellung entsprechen, mit Angabe von Ergebnissen nichtspezifischer Prüfungen. Bei nichtspezifischen Prüfungen handelt es sich um vom Hersteller durchgeführte Prüfungen. Er verwendet ihm geeignet erscheinende Prüfverfahren, um festzustellen, ob Erzeugnisse, die nach der gleichen Erzeugnisspezifikation und nach dem gleichen Verfahren hergestellt worden sind, die in der Bestellung festgelegten Anforderungen erfüllen.

**Abnahmeprüfzeugnis „3.1"**
Bescheinigung, herausgegeben vom Hersteller, in der er bestätigt, dass die gelieferten Erzeugnisse die in der Bestellung festgelegten Anforderungen erfüllen, mit Angabe der Prüfergebnisse.

Die Prüfeinheit und die Durchführung der Prüfung sind in der Erzeugnisspezifikation, den amtlichen Vorschriften und technischen Regeln und/oder der Bestellung festgelegt.

Die Bescheinigung wird bestätigt von einem von der Fertigungsabteilung unabhängigen Abnahmebeauftragten des Herstellers.

Ein Hersteller darf in das Abnahmeprüfzeugnis 3.1 Prüfergebnisse übernehmen, die auf der Grundlage spezifischer Prüfung des von ihm verwendeten Vormaterials bzw. der Vorerzeugnisse ermittelt wurden unter der Voraussetzung, dass er Verfahren zur Sicherstellung der Rückverfolgbarkeit anwendet und die entsprechende Prüfbescheinigung vorlegen kann.

**Abnahmeprüfzeugnis „3.2"**
Bescheinigung, in der sowohl von einem von der Fertigungsabteilung unabhängigen Abnahmebeauftragten des Herstellers als auch von dem Abnahmebeauftragten des Bestellers oder dem in den amtlichen Vorschriften genannten Abnahmebeauftragten bestätigt wird, dass die gelieferten Erzeugnisse die in der Bestellung festgelegten Anforderungen erfüllen, mit Angabe der Prüfergebnisse.

Ein Hersteller darf in das Abnahmeprüfzeugnis 3.2 Prüfergebnisse übernehmen, die auf der Grundlage spezifischer Prüfung des von ihm verwendeten Vormaterials bzw. der Vorerzeugnisse ermittelt wurden unter der Voraussetzung, dass er Verfahren zur Sicherstellung der Rückverfolgbarkeit anwendet und die entsprechende Prüfbescheinigung vorlegen kann.

### 4.1.9 Anforderungen an die Kompetenz von Prüflaboratorien

Die international geltenden „Allgemeinen Anforderungen an die Kompetenz von Prüf- und Kalibrierlaboratorien" sind in der Norm DIN EN ISO 17025:2018 festgelegt. Diese Norm – gegliedert in die Hauptabschnitte „Allgemeine Anforderungen", „Strukturelle Anforderungen", „Anforderungen an Ressourcen", „Anforderungen an Prozesse" und „Anforderungen an das Managementsystem" – enthält alle Erfordernisse, die Prüf- und Kalibrierlaboratorien erfüllen müssen, wenn sie nachweisen wollen, dass sie ein Qualitätsmanagement betreiben, technisch kompetent und fähig sind, fachlich begründete Ergebnisse zu erzielen.

Die Akzeptanz von Prüf- und Kalibrierergebnissen zwischen Staaten wird vereinfacht, wenn Laboratorien dieser internationalen Norm entsprechend akkreditiert sind. Laboratorien können ihre Eignung zur Durchführung bestimmter Prüfungen in Ringversuchen („Intercomparisons") und Eignungsprüfungen („Proficiency Tests") feststellen, siehe EPTIS, European Information System on Proficiency Testing Systems, www.eptis.bam.de.

## 4.2 Referenzmaterialien, Referenzorganismen und Referenzverfahren

Referenzmaterialien, Referenzorganismen und Referenzverfahren dienen der Zuverlässigkeit und Richtigkeit von Messungen, Prüfungen und Analysen von Materialien in ihren technischen Anwendungen.

**Referenzmaterial (RM):** Material oder Substanz von ausreichender Homogenität mit einem oder mehreren so genau festgelegten Merkmalswerten, dass sie zur Kalibrierung von Messgeräten, zur Beurteilung von Messverfahren oder zur Zuweisung von Stoffwerten verwendet werden können (DIN EN ISO17025:2018). Zertifizierte Referenzmaterialien (ZRM) werden durch ein Zertifikat mit Angaben zur Messunsicherheit und Rückverfolgbarkeit der Merkmalswerte auf eine Einheit gekennzeichnet.

Informationen über die Internationale Datenbank für zertifizierte Referenzmaterialien COMAR (11000 RMs von 200 Produzenten aus 27 Ländern) gibt das Internet: www.comar.bam.de.

**Referenzorganismen (RO):** Mikroorganismen und Insekten, die für die Besiedelung und/oder den Abbau von Materialien relevant sind und im Rahmen von Normprüfungen und Tests von Industrieprodukten eingesetzt werden.

**Referenzverfahren (RV):** Eingehend charakterisiertes und nachweislich beherrschtes Prüf-, Mess- oder Analyseverfahren zur

(a) Qualitätsbewertung anderer Verfahren für vergleichbare Aufgaben oder
(b) Charakterisierung von Referenzmaterialien einschließlich Referenzobjekten oder
(c) Bestimmung von Referenzwerten

Die Ergebnisunsicherheit eines Referenzverfahrens muss angemessen abgeschätzt und dem Verwendungszweck entsprechend beschaffen sein.

Art und Einsatzbereiche von ZRM und RV werden im Folgenden für das Gebiet physikalischer und chemischer Prüfungen von Stoffen und Anlagen – für das die Bundesanstalt für Materialforschung und -prüfung (BAM) auf gesetzlicher Basis ZRM und RV bereitstellt – exemplarisch erläutert. Entsprechend den internationalen Erfordernissen hat die BAM die von ihr bereitgestellten spezifischen ZRM und RV mit den folgenden Kategorien publiziert, die im Internet abrufbar sind: https://rrr.bam.de/RRR/Navigation/DE/Home/home.html.

**Zertifizierte Referenzmaterialien**
Eisen und Stahl
NE-Metalle
Isotopenstandards
Spezialwerkstoffe
Partikelgrößenverteilung
Poröse Materialien
Elastomer-Materialien
Umwelt und Boden
Schicht-Materialien
Kalibrierstandards
Polymere
Primäre Kalibriersubstanzen
Lebensmittel
Reinstoffe
Test-Materialien
Immunreagenzien
Optische Eigenschaften

**Referenzorganismen**
Mikroorganismen
Insekten

**Referenzverfahren**
Anorganische Analyse
Organische Analyse
Gasanalyse und Gasmesstechnik
Mikrobereichsanalyse, Mikrostrukturanalyse
Prüfung mechanisch-technologischer Eigenschaften
Prüfung optischer und elektrischer Eigenschaften
Zerstörungsfreie Prüfung
Prüfung von Oberflächen- und Schichteigenschaften

In den genannten Materialbereichen und in den zugehörigen Gebieten der Technik und Wirtschaft können Referenzmaterialien, Referenzorganismen und Referenzverfahren als prüftechnische Normale zur Qualitätssicherung dienen.

## Literatur

BIPM (2008) International vocabulary of metrology (VIM), 3. Aufl. JCGM, Sèvres www.bipm.org

Bürgel R, Maier HJ, Niendorf T (2011) Handbuch Hochtemperatur-Werkstofftechnik, 4. Aufl. Vieweg +Teubner, Wiesbaden

Czichos H (2015) Mechatronik – Grundlagen und Anwendungen technischer Systeme. Springer Vieweg, Wiesbaden

Czichos H (2017) The principle of measurement and testing to characterize material properties. Materials Test 59:513–516

Czichos H (2018) Measurement, Testing and Sensor Technology – Fundamentals and Application to Materials and Technical Systems. Springer, Heidelberg/Berlin

Czichos H, Habig K-H (Hrsg) (2015) Tribologie-Handbuch. Springer Vieweg, Wiesbaden

Czichos H, Saito T, Smith L (Hrsg) (2011) Springer handbook of metrology and testing, 2. Aufl. Springer, Berlin/New York

EURAMET (2008) Metrology – in short. Schultz Grafisk, Albertslund, https://www.euramet.org

Hellier C (2013) Handbook of nondestructive evaluation, 2. Aufl. McGraw-Hill, New York

Hornbogen E, Skrotzki B (2009) Mikro- und Nanoskopie der Werkstoffe, 3. Aufl. Springer, Berlin/Heidelberg

Simon J (2018) PHYSIKonkret 34, Naturkonstanten als Maß aller Dinge. https://www.dpg-physik.de/veroeffentlichungen/publikationen/physikkonkret/pix/physik_konkret_34.pdf

Skrotzki B, Olbricht J, Kühn H-J (2018) High temperature mechanical testing of metals. In: Schmauder S et al (Hrsg) Handbook of Mechanics of Materials. Springer Singapore, Singapore, S 1–38. https://doi.org/10.1007/978-981-10-6855-3_44-1

# Teil II

# Technische Mechanik – Mechanik fester Körper

# Kinematik starrer Körper

# 5

Jens Wittenburg

## Inhalt




J. Wittenburg (✉)
Institut für Technische Mechanik, Karlsruher Institut für Technologie, Karlsruhe, Deutschland
E-Mail: jens.wittenburg@kit.edu



© Der/die Autor(en), exklusiv lizenziert durch Springer-Verlag GmbH, DE, ein Teil von Springer Nature 2022



M. Hennecke, B. Skrotzki (Hrsg.), *HÜTTE Band 2: Grundlagen des Maschinenbaus und ergänzende Fächer für Ingenieure*, Springer Reference Technik,
https://doi.org/10.1007/978-3-662-64372-3_31

**Zusammenfassung**

Gegenstand der Kinematik ist die Beschreibung von Lagen und Bewegungen von Punkten und Körpern mit Mitteln der analytischen Geometrie. Dabei spielen weder physikalische Körpereigenschaften noch Kräfte als Ursachen von Bewegungen eine Rolle. Infolgedessen tauchen die Begriffe Schwerpunkt, Trägheitshauptachsen, Inertialsystem und absolute Bewegung nicht auf. Betrachtet werden Lagen und Bewegungen relativ zu einem beliebig bewegten kartesischen Achsensystem mit dem Ursprung *0* und mit Achseneinheitsvektoren $\boldsymbol{e}_1^0, \boldsymbol{e}_2^0, \boldsymbol{e}_3^0$ (genannt Basis $\underline{\boldsymbol{e}}^0$ oder Körper Null).

## 5.1 Kinematik des Punktes

### 5.1.1 Lage. Lagekoordinaten

Die *Lage* eines Punktes $P$ in der Basis $\underline{\boldsymbol{e}}^0$ wird durch den *Orts-* oder *Radiusvektor* $\boldsymbol{r}$ oder durch drei skalare *Lagekoordinaten* gekennzeichnet. Die am häufigsten verwendeten Lagekoordinaten sind nach Abb. 1a *kartesische Koordinaten x, y, z, Zylinderkoordinaten* $\varrho, \varphi, z$ mit $\varrho \geqq 0$ und *Kugelkoordinaten* $r, \vartheta, \varphi$ mit $r = |\boldsymbol{r}|$. Bei Lagen in der $(\boldsymbol{e}_1^0, \boldsymbol{e}_2^0)$-Ebene sind die Zylinderkoordinaten $z = 0$ und $\varrho = r$. Dann heißen $r$ und $\varphi$ *Polarkoordinaten* (Abb. 1b). Bei Bewegungen des Punktes $P$ längs einer Bahnkurve sind der Ortsvektor $\boldsymbol{r}$ und seine Lagekoordinaten Funktionen der Zeit. Nach Abb. 1c wird die Lage von $P$ auch durch die Form der Bahnkurve und durch die *Bogenlänge s* längs der Kurve von einem beliebig gewählten Punkt $s = 0$ aus gekennzeichnet. Allen Lagekoordinaten sind nach Abb. 1a-c Tripel von zueinander orthogonalen Einheitsvektoren zugeordnet, und zwar $\boldsymbol{e}_1^0, \boldsymbol{e}_2^0, \boldsymbol{e}_3^0$ den kartesischen Koordinaten, $\boldsymbol{e}_\varrho, \boldsymbol{e}_\varphi, \boldsymbol{e}_z$ den Zylinderkoordinaten, $\boldsymbol{e}_r, \boldsymbol{e}_\vartheta, \boldsymbol{e}_\varphi$ den Kugelkoordinaten und $\boldsymbol{e}_\mathrm{t}, \boldsymbol{e}_\mathrm{n}, \boldsymbol{e}_\mathrm{b}$ (Tangenten-, Hauptnormalen- und Binormalenvektor der Bahnkurve) in Abb. 1c. In der Ebene von $\boldsymbol{e}_\mathrm{t}$ und $\boldsymbol{e}_\mathrm{n}$ liegt der Krümmungskreis mit dem *Krümmungsradius* $\varrho$ (nicht zu verwechseln mit der Zylinderkoordinate $\varrho$). Zur Bestimmung von $\boldsymbol{e}_\mathrm{t}, \boldsymbol{e}_\mathrm{n}, \boldsymbol{e}_\mathrm{b}$ und $\varrho$ in jedem Punkt einer gegebenen Kurve, siehe Abschn. 5.2 im (Kap. „Differenzialgeometrie und Integraltransformationen" in Band 1). sowie Strubecker 1964. Bei ebenen Kurven mit der Darstellung $y = f(x)$ ist

$$\frac{1}{\varrho(x)} = \frac{\mathrm{d}^2 f}{\mathrm{d}x^2}\left[1 + \left(\frac{\mathrm{d}f}{\mathrm{d}x}\right)^2\right]^{-3/2}.$$

Umrechnung zwischen kartesischen und Zylinderkoordinaten (bzw. Polarkoordinaten im Fall $z \equiv 0$, $r \equiv \varrho$):

$$\left.\begin{aligned} &\varrho = (x^2 + y^2)^{1/2}, \quad \tan\varphi = y/x, \\ &x = \varrho\cos\varphi, \quad y = \varrho\sin\varphi, \quad z \equiv z. \end{aligned}\right\} \tag{1}$$

Umrechnung zwischen kartesischen und Kugelkoordinaten:

$$\left.\begin{aligned} &r = (x^2 + y^2 + z^2)^{1/2}, \quad \tan\vartheta = (x^2 + y^2)^{1/2}/z, \\ &\tan\varphi = y/x, \quad x = r\sin\vartheta\cos\varphi, \\ &y = r\sin\vartheta\sin\varphi, \quad z = r\cos\vartheta. \end{aligned}\right\} \tag{2}$$

Umrechnung zwischen Zylinder- und Kugelkoordinaten:

$$\left.\begin{aligned} &r = (\varrho^2 + z^2)^{1/2}, \quad \tan\vartheta = \varrho/z, \quad \varphi \equiv \varphi, \\ &\varrho = r\sin\vartheta, \quad z = r\cos\vartheta. \end{aligned}\right\} \tag{3}$$

### 5.1.2 Geschwindigkeit. Beschleunigung

Die *Geschwindigkeit* $\boldsymbol{v}(t)$ und die *Beschleunigung* $\boldsymbol{a}(t)$ des Punktes $P$ relativ zu $\underline{\boldsymbol{e}}^0$ sind die erste bzw. die zweite zeitliche Ableitung von $\boldsymbol{r}(t)$ in dieser Basis:

$$\boldsymbol{v}(t) = \frac{\mathrm{d}\boldsymbol{r}}{\mathrm{d}t}, \quad \boldsymbol{a}(t) = \frac{\mathrm{d}^2\boldsymbol{r}}{\mathrm{d}t^2} = \frac{\mathrm{d}\boldsymbol{v}}{\mathrm{d}t}. \tag{4}$$

Bei Vektoren kann durch die Schreibweise ${}^i\mathrm{d}/\mathrm{d}t$ darauf hingewiesen werden, dass in einer bestimm-

**Abb. 1** Ortsvektor $\boldsymbol{r}$ und Lagekoordinaten eines Punktes P. **a** Kartesische Koordinaten $x$, $y$, $z$, Zylinderkoordinaten $\varrho$, $\varphi$, $z$ und Kugelkoordinaten $r$, $\vartheta$, $\varphi$ mit zugeordneten Tripeln von Einheitsvektoren. **b** Polarkoordinaten $r$, $\varphi$ für ebene Bewegungen. **c** Bogenlänge $s$ und Krümmungsradius $\varrho$ einer Bahnkurve

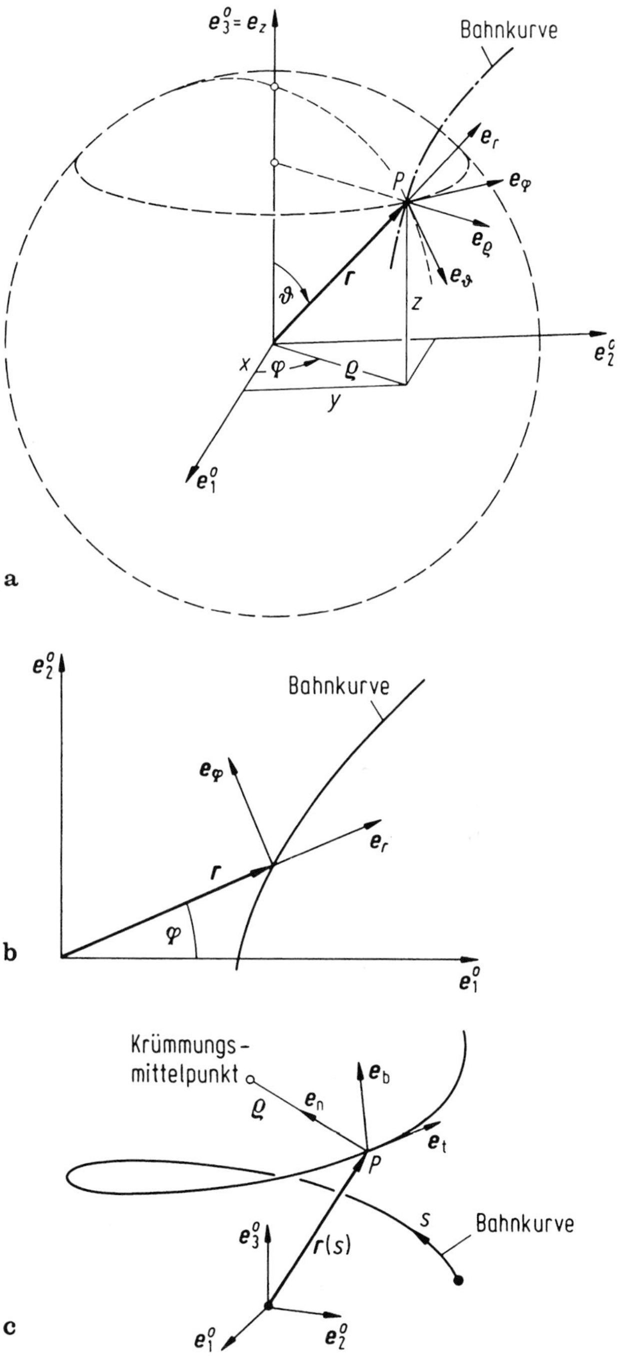


ten Basis $\underline{e}^i$ nach $t$ differenziert wird. Für einen Vektor $\boldsymbol{c}$ mit beliebiger physikalischer Dimension ist der Zusammenhang zwischen den Ableitungen in zwei Basen $\underline{e}^0$ und $\underline{e}^1$

$$\frac{{}^0\mathrm{d}\boldsymbol{c}}{\mathrm{d}t} = \frac{{}^1\mathrm{d}\boldsymbol{c}}{\mathrm{d}t} + \boldsymbol{\omega} \times \boldsymbol{c}, \tag{5}$$

$\boldsymbol{\omega}$ Winkelgeschwindigkeit von $\underline{e}^1$ relativ zu $\underline{e}^0$.

#### 5.1.2.1 Komponentendarstellungen für $\boldsymbol{v}(t)$ und $\boldsymbol{a}(t)$

Ein Punkt über einer skalaren Größe bedeutet Ableitung nach der Zeit. Kartesische Koordinaten:

$$\left.\begin{aligned} \boldsymbol{v}(t) &= \dot{x}\boldsymbol{e}_1^0 + \dot{y}\boldsymbol{e}_2^0 + \dot{z}\boldsymbol{e}_3^0, \\ \boldsymbol{a}(t) &= \ddot{x}\boldsymbol{e}_1^0 + \ddot{y}\boldsymbol{e}_2^0 + \ddot{z}\boldsymbol{e}_3^0. \end{aligned}\right\} \quad (6)$$

Zylinderkoordinaten (bzw. Polarkoordinaten im Fall $z \equiv 0$, $\varrho \equiv r$):

$$\begin{aligned} \boldsymbol{v}(t) &= \dot{\varrho}\boldsymbol{e}_\varrho + \varrho\dot{\varphi}\boldsymbol{e}_\varphi + \dot{z}\boldsymbol{e}_z, \\ \boldsymbol{a}(t) &= \left(\ddot{\varrho} - \varrho\dot{\varphi}^2\right)\boldsymbol{e}_\varrho + \left(\varrho\ddot{\varphi} + 2\dot{\varrho}\dot{\varphi}\right)\boldsymbol{e}_\varphi + \ddot{z}\boldsymbol{e}_z. \end{aligned} \quad (7)$$

Kugelkoordinaten:

$$\left.\begin{aligned} \boldsymbol{v}(t) &= \dot{r}\boldsymbol{e}_r + r\dot{\vartheta}\boldsymbol{e}_\vartheta + r\dot{\varphi}\sin\vartheta\,\boldsymbol{e}_\varphi, \\ \boldsymbol{a}(t) &= \left[\ddot{r} - r\left(\dot{\varphi}^2\sin^2\vartheta + \dot{\vartheta}^2\right)\right]\boldsymbol{e}_r \\ &\quad + \left[r\left(\ddot{\vartheta} - \dot{\varphi}^2\sin\vartheta\cos\vartheta\right) + 2\dot{r}\dot{\vartheta}\right]\boldsymbol{e}_\vartheta \\ &\quad + \left[r\left(\ddot{\varphi}\sin\vartheta + 2\dot{\varphi}\dot{\vartheta}\cos\vartheta\right) + 2\dot{r}\dot{\varphi}\sin\vartheta\right]\boldsymbol{e}_\varphi. \end{aligned}\right\} \quad (8)$$

Bogenlänge ($\varrho$ Krümmungsradius):

$$\boldsymbol{v}(t) = \dot{s}\boldsymbol{e}_\mathrm{t}, \quad \boldsymbol{a}(t) = \ddot{s}\boldsymbol{e}_\mathrm{t} + \left(\dot{s}^2/\varrho\right)\boldsymbol{e}_\mathrm{n}. \quad (9)$$

Die Gl. (9) zeigen, dass $\boldsymbol{v}$ stets tangential gerichtet ist, und dass $\boldsymbol{a}$ bei gekrümmten Bahnen eine Komponente normal zur Bahn, und zwar zur Innenseite der Kurve hin hat.

Zur Kinematik des Punktes mit Relativbewegung siehe Abschn. 2.7.

### 5.2 Kinematik des starren Körpers

Sei $\underline{e}^1$ eine auf dem Körper feste Basis mit dem Ursprung $A$ in einem beliebig gewählten Punkt des Körpers und mit Achseneinheitsvektoren $\boldsymbol{e}_1^1, \boldsymbol{e}_2^1, \boldsymbol{e}_3^1$ (Abb. 2). Zur vollständigen Beschreibung von Lage und Bewegung des Körpers relativ zu $\underline{e}^0$ gehören drei translatorische und drei rotatorische Größen. Die translatorischen sind Lage

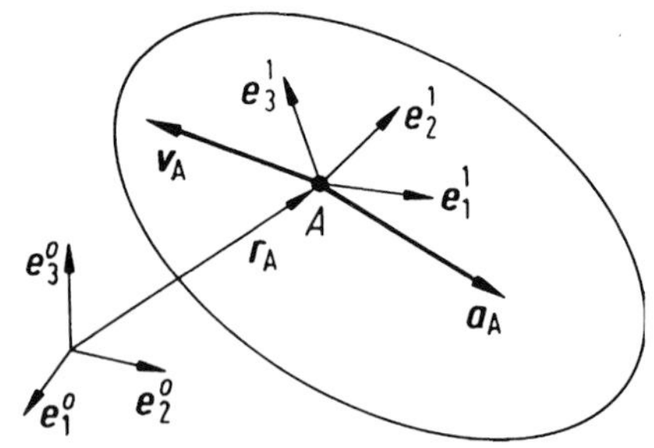


**Abb. 2** Starrer Körper mit körperfester Basis $\underline{e}^1$ und körperfestem Punkt $A$

$\boldsymbol{r}_\mathrm{A}(t)$, Geschwindigkeit $\boldsymbol{v}_\mathrm{A}(t)$ und Beschleunigung $\boldsymbol{a}_\mathrm{A}(t)$ des Punktes $A$. Die rotatorischen sind Winkellage, Winkelgeschwindigkeit und Winkelbeschleunigung des Körpers. Auch sie sind Funktionen der Zeit.

### 5.2.1 Winkellage

#### 5.2.1.1 Richtungscosinusmatrix. Koordinatentransformation

Die *Winkellage* der Basis $\underline{e}^1$ in $\underline{e}^0$ ist unabhängig von $r_\mathrm{A}$. Im folgenden liegt $A$ im Ursprung von $\underline{e}^0$. Die Winkellage von $\underline{e}^1$ in $\underline{e}^0$ wird durch die $(3 \times 3)$-Matrix $\underline{A}$ der neun *Richtungscosinus*

$$\begin{aligned} A_{ij} &= \cos\sphericalangle\left(\boldsymbol{e}_i^0, \boldsymbol{e}_j^1\right) \\ &= \boldsymbol{e}_i^0 \cdot \boldsymbol{e}_j^1 \quad (i = 1, 2, 3) \end{aligned} \quad (10)$$

beschrieben. In Zeile $i$ stehen die Koordinaten des Vektors $\boldsymbol{e}_i^0$ in der Basis $\underline{e}^1$ und in Spalte $j$ die Koordinaten des Vektors $\boldsymbol{e}_j^1$ in der Basis $\underline{e}^0$. Es gilt

$$\begin{bmatrix} \boldsymbol{e}_1^0 \\ \boldsymbol{e}_2^0 \\ \boldsymbol{e}_3^0 \end{bmatrix} = \begin{bmatrix} A_{11} & A_{12} & A_{13} \\ A_{21} & A_{22} & A_{23} \\ A_{31} & A_{32} & A_{33} \end{bmatrix} \begin{bmatrix} \boldsymbol{e}_1^1 \\ \boldsymbol{e}_2^1 \\ \boldsymbol{e}_3^1 \end{bmatrix} \quad (11)$$

oder abgekürzt $\underline{e}^0 = \underline{A}\,\underline{e}^1$.

Achtung: Um die Verwechslung von $\underline{A}$ und $\underline{A}^T$ zu vermeiden, wird besser $\underline{e}^0 = \underline{A}^{01}\underline{e}^1$, $\underline{e}^1 = \underline{A}^{10}\underline{e}^0$ mit $\underline{A}^{10} = \underline{A}^{01^T}$ geschrieben.

Diese Schreibweise ist zwingend erforderlich, wenn weitere Basen $\underline{e}^2, \underline{e}^3, \ldots$ auf Körpern 2, 3, ... definiert werden. Dann gilt allgemein $\underline{e}^i = \underline{A}^{ij}\underline{e}^j$. Aus den Gleichungen $\underline{e}^0 = \underline{A}^{01}\underline{e}^1$, $\underline{e}^1 = \underline{A}^{12}\underline{e}^2$, $\underline{e}^2 = \underline{A}^{23}\underline{e}^3$ folgt $\underline{e}^0 = \underline{A}^{01}\underline{A}^{12}\underline{A}^{23}\underline{e}^3$ und damit

$$\underline{A}^{03} = \underline{A}^{01}\underline{A}^{12}\underline{A}^{23}. \tag{12}$$

Eigenschaften der Richtungscosinusmatrix:

$$\sum_{k=1}^{3} A_{ik}A_{jk} = \delta_{ij}, \quad \sum_{k=1}^{3} A_{ki}A_{kj} = \delta_{ij}$$

($i, j = 1,2,3$, $\delta_{ij}$ Kronecker-Symbol). Das sind für die neun Elemente von $\underline{A}$ insgesamt zwölf Bindungsgleichungen, von denen sechs unabhängig sind. det $\underline{A} = \boldsymbol{e}_1^0 \cdot \boldsymbol{e}_2^0 \times \boldsymbol{e}_3^0 = 1, \underline{A}^{-1} = \underline{A}^{\mathrm{T}}$, $\underline{A}$ hat den Eigenwert +1. Jedes Element von $\underline{A}$ ist gleich seinem eigenen adjungierten Element (siehe Abschn. 3.2 im Kap. „Mathematische Grundlagen" in Band 1),

$$(\underline{A} + \underline{I})^{-1} = \frac{1}{2}\left(\underline{I} - \frac{\underline{A} - \underline{A}^T}{1 + \mathrm{sp}\,\underline{A}}\right). \tag{13}$$

Wenn $\underline{v}^0 = \begin{bmatrix} v_1^0 & v_2^0 & v_3^0 \end{bmatrix}^{\mathrm{T}}$ und $\underline{v}^1 = \begin{bmatrix} v_1^1 & v_2^1 & v_3^1 \end{bmatrix}^{\mathrm{T}}$ die Spaltenmatrizen der Koordinaten eines beliebigen Vektors $\boldsymbol{v}$ in $\underline{e}^0$ bzw. in $\underline{e}^1$ bezeichnen, dann gilt

$$\underline{v}^0 = \underline{A}\,\underline{v}^1, \quad \underline{v}^1 = \underline{A}^{\mathrm{T}}\underline{v}^0. \tag{14}$$

$\underline{A}$ transformiert also Koordinaten. Deshalb heißt $\underline{A}$ auch *Transformationsmatrix*. Ein Körper hat zwischen 0 und 3 Freiheitsgraden der Rotation relativ zu $\underline{e}^0$. Von entsprechend vielen generalisierten Koordinaten der Winkellage ist $\underline{A}$ abhängig. Drehungen um eine feste Achse und ebene Bewegungen ohne feste Achse haben den Freiheitsgrad 1 der Rotation. Wenn dabei z. B. $\boldsymbol{e}_3^1$ und $\boldsymbol{e}_3^0$ ständig parallel sind, ist mit dem Winkel $\varphi$ in Abb. 3

$$\underline{A} = \begin{bmatrix} \cos\varphi & -\sin\varphi & 0 \\ \sin\varphi & \cos\varphi & 0 \\ 0 & 0 & 1 \end{bmatrix}. \tag{15}$$

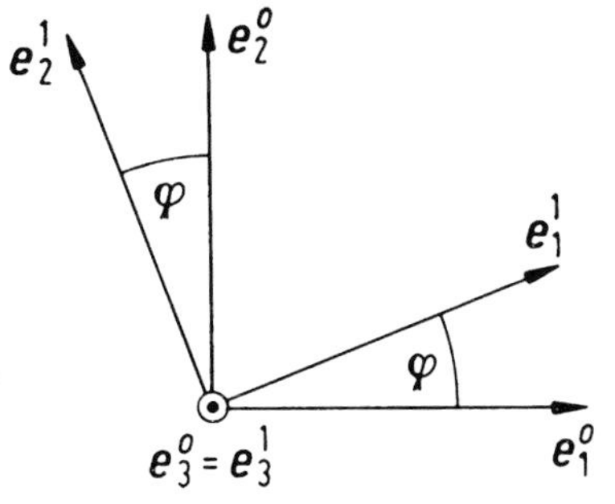


**Abb. 3** Zwei Basen $\underline{e}^0$ und $\underline{e}^1$ mit der Transformation Gl. (15)

Wenn der Freiheitsgrad 3 ist, werden drei Koordinaten oder vier Koordinaten mit einer Bindungsgleichung verwendet. Geeignete Koordinaten sind *Eulerwinkel* $\psi$, $\vartheta$, $\varphi$, *Kardanwinkel* $\varphi_1$, $\varphi_2$, $\varphi_3$, die vier Koordinaten $n_1$, $n_2$, $n_3$, $\varphi$ einer *Drehung* ($\boldsymbol{n}$, $\varphi$), *Eulerparameter* $q_0$, $q_1$, $q_2$, $q_3$ und *Rodriguesparameter* $u_1$, $u_2$, $u_3$.

**Sensor-Kalibrierung**. Man bestimme die unbekannte Matrix $\underline{A}$ der Beziehung $\underline{e}^0 = \underline{A}\,\underline{e}^1$ aus möglichst wenigen Messdaten. In der Robotik repräsentiert $\underline{e}^1$ einen fest auf $\underline{e}^0$ montierten Sensor. Daher spricht man von *Sensor-Kalibrierung*. Lösung: Geeignete Messdaten sind die Koordinatenmatrizen von zwei beliebig gewählten Einheitsvektoren $\boldsymbol{n}_1$ und $\boldsymbol{n}_2$ in beiden Basen mit den Bezeichnungen $\underline{n}_1^0$, $\underline{n}_1^1$ für $\boldsymbol{n}_1$ und $\underline{n}_2^0$, $\underline{n}_2^1$ für $\boldsymbol{n}_2$. Der Vektor $\boldsymbol{n}_3 = \boldsymbol{n}_1 \times \boldsymbol{n}_2$ ist ein linear unabhängiger Vektor. Seine Koordinatenmatrizen $\underline{n}_3^0$ und $\underline{n}_3^1$ werden aus denen von $\boldsymbol{n}_1$ und $\boldsymbol{n}_2$ berechnet. Die insgesamt neun Gleichungen $\underline{n}_i^0 = \underline{A}\,\underline{n}_i^1$ ($i = 1,2,3$) bilden die Matrixgleichung $\begin{bmatrix} \underline{n}_1^0 & \underline{n}_2^0 & \underline{n}_3^0 \end{bmatrix} = \underline{A}\begin{bmatrix} \underline{n}_1^1 & \underline{n}_2^1 & \underline{n}_3^1 \end{bmatrix}$. Sie hat die Lösung

$$\underline{A} = \begin{bmatrix} \underline{n}_1^0 & \underline{n}_2^0 & \underline{n}_3^0 \end{bmatrix}\begin{bmatrix} \underline{n}_1^1 & \underline{n}_2^1 & \underline{n}_3^1 \end{bmatrix}^{-1}.$$

Wenn $\boldsymbol{n}_1$ und $\boldsymbol{n}_2$ orthogonal sind, ist die Inverse gleich der Transponierten. Andernfalls ist Zeile $i$ ($i = 1,2,3$) der Inversen die Transponierte der Koordinatenmatrix, in der Basis $\underline{e}^1$, des Vektors $\boldsymbol{e}_i = \boldsymbol{n}_j \times \boldsymbol{n}_k / (\boldsymbol{n}_1 \times \boldsymbol{n}_2 \cdot \boldsymbol{n}_3)$ ($i, j, k = 1,2,3$ zykl.). Aus $\boldsymbol{n}_3 = \boldsymbol{n}_1 \times \boldsymbol{n}_2$ folgt $\boldsymbol{n}_2 \times \boldsymbol{n}_3 = \boldsymbol{n}_1 - (\boldsymbol{n}_1 \cdot \boldsymbol{n}_2)\,\boldsymbol{n}_2$,

$\boldsymbol{n}_3 \times \boldsymbol{n}_1 = \boldsymbol{n}_2 - (\boldsymbol{n}_1 \cdot \boldsymbol{n}_2)\boldsymbol{n}_1$, $\boldsymbol{n}_1 \times \boldsymbol{n}_2 \cdot \boldsymbol{n}_3 = (\boldsymbol{n}_1 \times \boldsymbol{n}_2)^2 = 1 - (\boldsymbol{n}_1 \cdot \boldsymbol{n}_2)^2$. Die Messdaten müssen die Bedingung erfüllen, dass $\boldsymbol{n}_1$ und $\boldsymbol{n}_2$ Einheitsvektoren sind, und dass $\boldsymbol{n}_1 \cdot \boldsymbol{n}_2$ mit beiden Paaren von Koordinatenmatrizen dieselbe Zahl ist.

### 5.2.1.2 Eulerwinkel

Die zunächst mit $\underline{e}^0$ achsenparallele Basis $\underline{e}^1$ erreicht ihre gezeichnete Winkellage durch drei aufeinanderfolgende Drehungen über Zwischenlagen $\underline{e}^*$ und $\underline{e}^{**}$ (Abb. 4a). Die Drehungen um die Winkel $\psi$, $\vartheta$ und $\varphi$ werden in dieser Reihenfolge um die Achsen $\boldsymbol{e}_3^0$, $\boldsymbol{e}_1^*$ und $\boldsymbol{e}_3^{**}$ ausgeführt. Mit den Abkürzungen $s_\psi = \sin\psi$, $c_\psi = \cos\psi$ usw. ist

$$\underline{A} = \begin{bmatrix} c_\psi c_\varphi - s_\psi c_\vartheta s_\varphi & -c_\psi s_\varphi - s_\psi c_\vartheta c_\varphi & s_\psi s_\vartheta \\ s_\psi c_\varphi + c_\psi c_\vartheta s_\varphi & -s_\psi s_\varphi + c_\psi c_\vartheta c_\varphi & -c_\psi s_\vartheta \\ s_\vartheta s_\varphi & s_\vartheta c_\varphi & c_\vartheta \end{bmatrix}. \tag{16}$$

Statt der Drehachsenfolge 3,1,3 sind auch die Folgen 1,2,1 und 2,3,2 möglich, wobei sich andere Matrizen ergeben.

Wenn $\underline{A}$ gegeben ist, dann werden $\psi$, $\vartheta$, $\varphi$ aus den Gleichungen berechnet ($\sigma = +1$ oder $-1$)

$$\left.\begin{array}{ll} \cos\vartheta = A_{33}, & \sin\vartheta = \sigma(1-\cos^2\vartheta)^{1/2}, \\ \cos\psi = -A_{23}/\sin\vartheta, & \sin\psi = A_{13}/\sin\vartheta, \\ \cos\phi = A_{32}/\sin\vartheta, & \sin\phi = A_{31}/\sin\vartheta. \end{array}\right\} \tag{17}$$

Seien $(\psi, \vartheta, \varphi)$ die zu $\sigma = +1$ gehörenden Winkel. Dann gehören zu $\sigma = -1$ die Winkel $(\psi+\pi, -\vartheta, \varphi+\pi)$. Beide Tripel erzeugen dieselbe Winkellage des Körpers. Im Fall $\vartheta = n\pi$ $(n = 0, 1, \ldots)$ sind $\psi$ und $\varphi$ unbestimmt.

Eulerwinkel eignen sich besonders, wenn es in $\underline{e}^0$ und in $\underline{e}^1$ je eine ausgezeichnete Achse gibt. Dann werden $\boldsymbol{e}_3^0$ und $\boldsymbol{e}_3^1$ in diese Achsen gelegt, so dass $\vartheta$ der Winkel zwischen den beiden ist. Die Verwendung von Eulerwinkeln beschränkt sich aber nicht auf solche Spezialfälle. Sie eignen sich nicht, wenn der kritische Fall $\sin\vartheta = 0$ eintreten kann. Abhilfe: Man arbeitet mit zwei Tripeln von Eulerwinkeln mit verschiedenen Drehachsenfolgen.

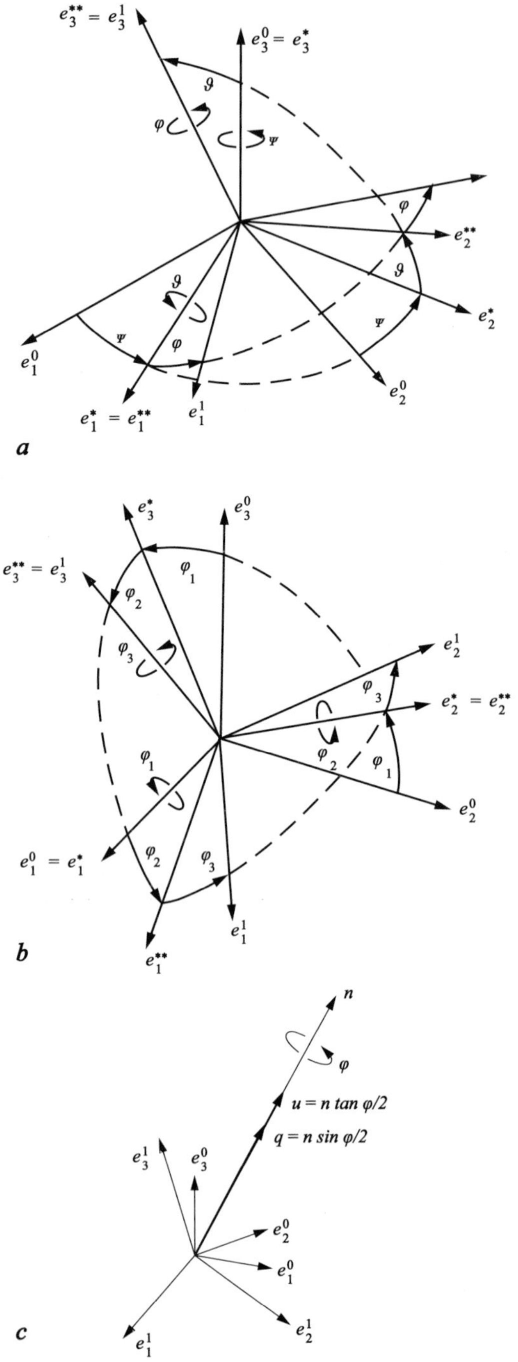


**Abb. 4** Zur Definition von Eulerwinkeln (Bild **a**), Kardanwinkeln (Bild **b**), Eulerparametern und Rodriguesparametern (Bild **c**)

Wenn von den drei Koordinaten $\psi$, $\vartheta$, $\varphi$ nur $\psi$ und $\vartheta$ oder nur $\vartheta$ und $\varphi$ variabel sind, während die jeweils dritte Koordinate konstant ist, dann ist $\underline{A}$ die Transformationsmatrix eines *Kreuzgelenks* mit zwei sich senkrecht schneidenden Drehachsen.

### 5.2.1.3 Kardanwinkel

Die zunächst mit $\underline{e}^0$ achsenparallele Basis $\underline{e}^1$ erreicht ihre gezeichnete Winkellage durch drei aufeinanderfolgende Drehungen über Zwischenlagen $\underline{e}^*$ und $\underline{e}^{**}$ (Abb. 4b). Die Drehungen um die Winkel $\varphi_1$, $\varphi_2$ und $\varphi_3$ werden in dieser Reihenfolge um die Achsen $\boldsymbol{e}_1^0, \boldsymbol{e}_2^*$ und $\boldsymbol{e}_3^{**}$ ausgeführt. Mit den Abkürzungen $s_i = \sin\varphi_i$, $c_i = \cos\varphi_i$ ist

$$\underline{A} = \begin{bmatrix} c_2c_3 & -c_2s_3 & s_2 \\ c_1s_3 + s_1s_2c_3 & c_1c_3 - s_1s_2s_3 & -s_1c_2 \\ s_1s_3 - c_1s_2c_3 & s_1c_3 + c_1s_2s_3 & c_1c_2 \end{bmatrix}. \tag{18}$$

Statt der Drehachsenfolge 1,2,3 sind auch die Folgen 2,3,1 und 3,1,2 möglich, wobei sich andere Matrizen ergeben. Im Fall $|\varphi_i| \ll 1$ $(i = 1,2,3)$ ist in linearer Näherung

$$\underline{A} \approx \underline{I} + \underline{\widetilde{\varphi}}, \quad \underline{\widetilde{\varphi}} = \begin{bmatrix} 0 & -\varphi_3 & \varphi_2 \\ \varphi_3 & 0 & -\varphi_1 \\ -\varphi_2 & \varphi_1 & 0 \end{bmatrix}. \tag{19}$$

Zur Bedeutung von $\underline{\widetilde{\varphi}}$: $\underline{\varphi} = [\varphi_1\varphi_2\varphi_3]^T$ ist die Spaltenmatrix der Koordinaten eines *Vektors* $\boldsymbol{\varphi}$ *einer kleinen Drehung*. Der Vektor hat in $\underline{e}^0$ und in $\underline{e}^1$ gleiche Koordinaten: $\left(\underline{I} + \underline{\widetilde{\varphi}}\right)\underline{\varphi} = \underline{\varphi}$. Ein Vektor $\boldsymbol{r}$ mit den Koordinaten $\underline{r}^1$ in $\underline{e}^1$ hat in $\underline{e}^0$ die Koordinaten $\left(\underline{I} + \underline{\widetilde{\varphi}}\right)\underline{r}^1$. Das sind die Koordinaten des Vektors $\boldsymbol{r} + \boldsymbol{\varphi} \times \boldsymbol{r}$.

Wenn $\underline{A}$ in Gl. (18) gegeben ist, dann werden $\varphi_1$, $\varphi_2$, $\varphi_3$ aus den Gleichungen berechnet $(\sigma = +1$ oder $-1)$

$$\left.\begin{aligned} &\sin\varphi_2 = A_{13}, && \cos\varphi_2 = \sigma\left(1 - \sin^2\varphi_2\right)^{1/2}, \\ &\sin\varphi_1 = -A_{23}/\cos\varphi_2, && \cos\varphi_1 = A_{33}/\cos\varphi_2, \\ &\sin\varphi_3 = -A_{12}/\cos\varphi_2, && \cos\varphi_3 = A_{11}/\cos\varphi_2. \end{aligned}\right\} \tag{20}$$

Seien $(\varphi_1,\varphi_2,\varphi_3)$ die zu $\sigma = +1$ gehörenden Winkel. Dann gehören zu $\sigma = -1$ die Winkel $(\varphi_1 + \pi, \pi - \varphi_2, \varphi_3 + \pi)$. Beide Tripel erzeugen dieselbe Winkellage des Körpers. Im Fall $\varphi_2 = \pi/2 + n\pi$ $(n = 0,1,\ldots)$ sind $\varphi_1$ und $\varphi_3$ unbestimmt.

Wenn von den drei Koordinaten $\varphi_1$, $\varphi_2$, $\varphi_3$ nur $\varphi_1$ und $\varphi_2$ oder nur $\varphi_2$ und $\varphi_3$ variabel sind, während die jeweils dritte Koordinate konstant ist, dann ist $\underline{A}$ die Transformationsmatrix eines *Kreuzgelenks* mit zwei sich senkrecht schneidenden Drehachsen.

### 5.2.1.4 Drehung (*n*, $\varphi$)

Die zunächst mit $\underline{e}^0$ zusammenfallende Basis $\underline{e}^1$ erreicht ihre gezeichnete Winkellage durch eine einzige Drehung um den Winkel $\varphi$ im Rechtsschraubensinn um den in $\underline{e}^0$ und $\underline{e}^1$ festen Einheitsvektor $\boldsymbol{n}$ (Abb. 4c). Er hat in $\underline{e}^0$ und in $\underline{e}^1$ identische Koordinaten $n_1$, $n_2$, $n_3$ mit der Bindungsgleichung $n_1^2 + n_2^2 + n_3^2 = 1$. Die Drehungen $(\boldsymbol{n}, \varphi)$ und $(-\boldsymbol{n}, -\varphi)$ erzeugen dieselbe Winkellage des Körpers. Sei $\boldsymbol{r}$ der Ortsvektor eines beliebigen körperfesten Punktes vor der Drehung $(\boldsymbol{n}, \varphi)$, und sei $\boldsymbol{r}^*$ der Ortsvektor desselben Punktes nach der Drehung. Dann ist

$$\begin{aligned} &\boldsymbol{r}^* = \cos\varphi\boldsymbol{r} + (1 - \cos\varphi)\boldsymbol{n}(\boldsymbol{n}\cdot\boldsymbol{r}) + \sin\varphi\boldsymbol{n}\times\boldsymbol{r}, \\ &(\boldsymbol{r}^* - \boldsymbol{r})\cdot\boldsymbol{n} = 0. \end{aligned} \tag{21}$$

Durch $n_1,n_2,n_3,\varphi$ ausgedrückt ist mit den Abkürzungen $c = \cos\varphi$, $s = \sin\varphi$

$$\underline{A} = \begin{bmatrix} n_1^2 + \left(1 - n_1^2\right)c & n_1n_2(1-c) - n_3s & n_1n_3(1-c) + n_2s \\ n_1n_2(1-c) + n_3s & n_2^2 + \left(1 - n_2^2\right)c & n_2n_3(1-c) - n_1s \\ n_1n_3(1-c) - n_2s & n_2n_3(1-c) + n_1s & n_3^2 + \left(1 - n_3^2\right)c \end{bmatrix}. \tag{22}$$

Im Sonderfall $\varphi = \pm 180^\circ$ ist $\underline{A}$ die symmetrische Matrix $\underline{A} = 2\underline{n}\,\underline{n}^T - \underline{I}$. Sie hat den doppelten Eigenwert $-1$. Jeder zu $\boldsymbol{n}$ orthogonale Vektor $\boldsymbol{z}$ ist Eigenvektor zu diesem Eigenwert. Die Drehung $(\boldsymbol{n}, 180^\circ)$ bringt $\boldsymbol{z}$ in die Lage $-\boldsymbol{z}$. Das ist das *Spiegelbild* von $\boldsymbol{z}$ an der Drehachse $\boldsymbol{n}$.

Die Taylorentwicklung von Gl. (22) bis zu Gliedern 2. Ordnung ist

$$\left.\begin{aligned} &\underline{A} \approx \underline{I} + \varphi\tilde{\underline{n}} + \frac{1}{2}\varphi^2\left(\underline{n}\,\underline{n}^T - \underline{I}\right),\\ &\tilde{\underline{n}} = \begin{bmatrix} 0 & -n_3 & n_2 \\ n_3 & 0 & -n_1 \\ -n_2 & n_1 & 0 \end{bmatrix}. \end{aligned}\right. \tag{23}$$

Zum Vergleich: $\varphi\tilde{\underline{n}}$ ist die Matrix $\tilde{\underline{\varphi}}$ in Gl. (19).

Wenn $\underline{A}$ gegeben ist, dann werden $\underline{n}$ und $\varphi$ wie folgt berechnet. $\underline{n}$ ist Eigenvektor von $\underline{A}$ zum Eigenwert +1, d. h., Lösung der Gleichung $(\underline{A} - \underline{I})\underline{n} = \underline{0}$,

$$\begin{aligned} &\cos\varphi = (\mathrm{sp}\underline{A} - 1)/2,\\ &2n_i \sin\varphi = A_{kj} - A_{jk} \quad (i,j,k = 1,2,3 \ \text{zykl.}). \end{aligned} \tag{24}$$

Wenn $n_1$, $n_2$ und $n_3$ konstant sind und nur $\varphi$ variabel ist, dann ist $\underline{A}$ die Transformationsmatrix eines *Drehgelenks* mit fester Achse $\boldsymbol{n}$.

### 5.2.1.5 Eulerparameter

Die Drehung $(\boldsymbol{n}, \varphi)$ definiert die Größen (Abb. 4c)

$$\left.\begin{aligned} &q_0 = \cos\varphi/2, \quad \boldsymbol{q} = \boldsymbol{n}\sin\varphi/2\\ &\text{bzw. } q_i = n_i \sin\varphi/2 \quad (i = 1,2,3). \end{aligned}\right\} \tag{25}$$

$(q_0, \boldsymbol{q})$ und $(-q_0, -\boldsymbol{q})$ erzeugen dieselbe Winkellage des Körpers. $q_0$ und die in $\underline{e}^0$ und $\underline{e}^1$ gleichen Koordinaten $q_1$, $q_2$, $q_3$ von $\boldsymbol{q}$ sind die *Eulerparameter*. Sie unterliegen der Bindungsgleichung

$$\left.\begin{aligned} &q_0^2 + \boldsymbol{q}^2 = \sum_{i=0}^{3} q_i^2 = 1 \quad \text{oder}\\ &1 - 2\boldsymbol{q}^2 = q_0^2 - \boldsymbol{q}^2 = 2q_0^2 - 1. \end{aligned}\right\} \tag{26}$$

Gl. (21) hat die Form

$$\boldsymbol{r}^* = \left(q_0^2 - \boldsymbol{q}^2\right)\boldsymbol{r} + 2(\boldsymbol{q}\boldsymbol{q}\cdot\boldsymbol{r} + q_0\boldsymbol{q}\times\boldsymbol{r}). \tag{27}$$

Durch $q_0$, $q_1$, $q_2$, $q_3$ ausgedrückt ist

$$\underline{A} = -\underline{I} + 2\begin{bmatrix} q_0^2 + q_1^2 & q_1q_2 - q_0q_3 & q_1q_3 + q_0q_2 \\ q_1q_2 + q_0q_3 & q_0^2 + q_2^2 & q_2q_3 - q_0q_1 \\ q_1q_3 - q_0q_2 & q_2q_3 + q_0q_1 & q_0^2 + q_3^2 \end{bmatrix}. \tag{28}$$

Wenn $\underline{A}$ gegeben ist, werden $q_0$, $q_1$, $q_2$, $q_3$ aus den Gleichungen berechnet

$$\left.\begin{aligned} &q_0 = \pm(1 + \mathrm{sp}\underline{A})^{1/2}/2 \quad (\text{Vorzeichen beliebig}),\\ &q_i = \left(A_{kj} - A_{jk}\right)/(4q_0) \quad (i,j,k = 1,2,3 \ \text{zykl.}). \end{aligned}\right\} \tag{29}$$

Im Fall $q_0 = 0$ ist $\varphi = 180^\circ$ und $\boldsymbol{q} = \boldsymbol{n}$, $(\underline{A} - \underline{I})\underline{n} = \underline{0}$.

**Beziehungen zwischen Eulerparametern und Eulerwinkeln.**

$$\left.\begin{aligned} &q_0 = \cos\vartheta/2\cos(\psi + \phi)/2, && q_2 = \sin\vartheta/2\sin(\psi - \phi)/2,\\ &q_1 = \sin\vartheta/2\cos(\psi - \phi)/2, && q_3 = \cos\vartheta/2\sin(\psi + \phi)/2,\\ &\cos^2\vartheta/2 = q_0^2 + q_3^2, && \sin^2\vartheta/2 = q_1^2 + q_2^2,\\ &\cos\vartheta = q_0^2 - q_1^2 - q_2^2 + q_3^2, && \sin^2\vartheta = 4\left(q_0^2 + q_3^2\right)\left(q_1^2 + q_2^2\right),\\ &\tan(\psi + \phi)/2 = q_3/q_0, && \tan(\psi - \phi)/2 = q_2/q_1,\\ &\psi = \arctan(q_3/q_0) + \arctan(q_2/q_1), && \phi = \arctan(q_3/q_0) - \arctan(q_2/q_1). \end{aligned}\right\} \tag{30}$$

### 5.2.1.6 Interpolation zwischen mehreren Lagen eines Körpers

Ein Großkreis auf der Einheitskugel um den Ursprung *0* der Basis $\underline{e}^0$ wird durch die Koordinatenmatrizen $\underline{r}_1$ und $\underline{r}_2$ von Einheitsvektoren zu zwei Kreispunkten eindeutig beschrieben. Mit dem eingeschlossenen Winkel $\alpha = \arccos\left(\underline{r}_1^T \underline{r}_2\right)$ ist

$$\underline{r}(\psi) = \frac{\underline{r}_1 \sin(\alpha - \psi) + \underline{r}_2 \sin\psi}{\sin\alpha} \tag{31}$$

eine Parameterdarstellung des Kreises mit $\psi$ als Parameter. Durch geographische Länge $\lambda$ und Breite $\phi$ ausgedrückt ist die Koordinatenmatrix $\underline{r}(\psi) = \left[\cos\lambda\cos\phi \quad \sin\lambda\cos\phi \quad \sin\phi\right]^T$. Mit dieser Gleichung werden $\lambda$ und $\phi$ als Funktionen von $\psi$ berechnet.

Im vierdimensionalen Raum bilden die Eulerparameter zur Kennzeichnung der Winkellage eines Körpers die Koordinatenmatrix des Einheitsvektors: $\underline{r} = [q_0 q_1 q_2 q_3]^T$. Zwei Winkellagen 1 und 2 bestimmen $\underline{r}_1$ und $\underline{r}_2$ und den eingeschlossenen Winkel $\alpha = \arccos\left(\underline{r}_1^T \underline{r}_2\right)$. Wenn $\psi$ als Funktion der Zeit $\psi(t)$ vorgegeben wird, bestimmen die Eulerparameter $\underline{r}(\psi(t))$ eine Taumelbewegung des Körpers, die durch die Winkellagen 1 ($\psi = 0$) und 2 ($\psi = \alpha$) führt. In Computeranimationen ist diese Taumelbewegung u. U. attraktiver als die Drehung des Körpers um eine feste Achse aus Lage 1 in Lage 2.

Von einer taumelnden Drehbewegung eines Körpers um den festen Punkt *0* seien $m$ Lagen zu Zeitpunkten $t = t_i$ durch ihre Drehungen $(\boldsymbol{n}_i, \varphi_i)$ $(i = 1, \ldots, m)$ gegeben. Die Bewegung kann wie folgt interpoliert werden. Die Einheitsvektoren $\boldsymbol{n}_i$ bestimmen Punkte $\mathrm{P}_i$ auf der Einheitskugel mit zugehörigen geographischen Längen $\lambda_i$ und Breiten $\phi_i$ $(i = 1, \ldots, m)$. Mit $t$ als Parameter werden die drei Folgen $\lambda_i$, $\phi_i$ und $\varphi_i$ $(i = 1, \ldots, m)$ so interpoliert, dass $\lambda(t = t_i) = \lambda_i$, $\phi(t = t_i) = \phi_i$, $\varphi(t = t_i) = \varphi_i$ $(i = 1, \ldots, m)$ ist. Die Funktionen $\lambda(t)$ und $\phi(t)$ bestimmen den Einheitsvektor $\boldsymbol{n}(t)$ der Drehung $(\boldsymbol{n}(t), \varphi(t))$, d. h., die Lage des Körpers zur Zeit $t$.

### 5.2.1.7 Rodriguesvektor. Rodriguesparameter

Die Drehung $(\boldsymbol{n}, \varphi)$ definiert den *Rodriguesvektor* $\boldsymbol{u} = \boldsymbol{n} \tan\varphi/2 = \boldsymbol{q}/q_0$ (Abb. 4c). Seine in $\underline{e}^0$ und $\underline{e}^1$ gleichen Koordinaten $u_1, u_2, u_3$ sind die *Rodriguesparameter*:

$$u_i = q_i / q_0 \quad (i = 1, 2, 3). \tag{32}$$

Sie sind nur für Drehungen $\varphi \neq \pm 180°$ definiert. Umrechnungsformeln:

$$\begin{aligned} q_0^2 &= \frac{1}{1+u^2}, \qquad \cos\varphi = \frac{1-u^2}{1+u^2}, \\ \sin\varphi &= \frac{2u}{1+u^2} \qquad \left(u^2 = u_1^2 + u_2^2 + u_3^2\right). \end{aligned} \tag{33}$$

Mit den Vektoren $\boldsymbol{r}$ und $\boldsymbol{r}^*$ von Gl. (21) ist

$$\boldsymbol{r}^* - \boldsymbol{r} = \boldsymbol{u} \times (\boldsymbol{r}^* + \boldsymbol{r}). \tag{34}$$

Durch $u_1, u_2, u_3$ ausgedrückt ist

$$\underline{A} = -\underline{I} + \frac{2}{1+u^2} \begin{bmatrix} 1+u_1^2 & u_1u_2 - u_3 & u_1u_3 + u_2 \\ u_1u_2 + u_3 & 1+u_2^2 & u_2u_3 - u_1 \\ u_1u_3 - u_2 & u_2u_3 + u_1 & 1+u_3^2 \end{bmatrix}. \tag{35}$$

Wenn $\underline{A}$ gegeben ist, werden $u_1, u_2, u_3$ aus drei der folgenden Gleichungen berechnet:

$$\begin{bmatrix} 0 & -u_3 & u_2 \\ u_3 & 0 & -u_1 \\ -u_2 & u_1 & 0 \end{bmatrix} = \frac{\underline{A} - \underline{A}^T}{1 + \mathrm{sp}\underline{A}}. \tag{36}$$

Alternative: Man berechnet zuerst $q_0, q_1, q_2, q_3$ aus Gl. (29) und dann $u_1, u_2, u_3$ aus Gl. (32).

Durch Basisvektoren ausgedrückt ist

$$\boldsymbol{u} = \sum_{i=1}^{3} \boldsymbol{e}_i^0 \times \boldsymbol{e}_i^1 \Big/ \left(1 + \sum_{i=1}^{3} \boldsymbol{e}_i^0 \cdot \boldsymbol{e}_i^1\right). \tag{37}$$

### 5.2.1.8 Resultierende zweier Drehungen

Die Resultierende zweier aufeinanderfolgender Drehungen $(\boldsymbol{n}_1, \varphi_1)$ (erste Drehung) und $(\boldsymbol{n}_2, \varphi_2)$ ist eine Drehung $(\boldsymbol{n}_{\mathrm{res}}, \boldsymbol{\varphi}_{\mathrm{res}})$. Sie ist bestimmt durch

$$\left.\begin{aligned} \cos\varphi_{\text{res}}/2 &= \cos\varphi_2/2\cos\varphi_1/2 - \boldsymbol{n}_2\cdot\boldsymbol{n}_1\sin\varphi_2/2\sin\varphi_1/2, \\ \boldsymbol{n}_{\text{res}}\sin\varphi_{\text{res}}/2 &= \boldsymbol{n}_1\cos\varphi_2/2\sin\varphi_1/2 + \boldsymbol{n}_2\cos\varphi_1/2\sin\varphi_2/2 \\ &\quad + \boldsymbol{n}_2\times\boldsymbol{n}_1\sin\varphi_2/2\sin\varphi_1/2. \end{aligned}\right\} \quad (38)$$

$\boldsymbol{n}_{\text{res}}$ liegt nicht in der Ebene von $\boldsymbol{n}_1$ und $\boldsymbol{n}_2$. $\boldsymbol{n}_{\text{res}}$ ist abhängig von der Reihenfolge der Drehungen. Dagegen ist $\varphi_{\text{res}}$ unabhängig von der Reihenfolge.

Beispiel: Mit $\boldsymbol{n}_1 = \boldsymbol{e}_1^0$, $\boldsymbol{n}_2 = \boldsymbol{e}_3^0$, $\varphi_1 = \varphi_2 = 90^\circ$ ist $\boldsymbol{n}_{\text{res}} = \left(\sqrt{3}/3\right)\left(\boldsymbol{e}_1^0 + \boldsymbol{e}_2^0 + \boldsymbol{e}_3^0\right)$, $\varphi_{\text{res}} = 60^\circ$.

Im Sonderfall $\varphi_1 = \varphi_2 = 180^\circ$ ist $\boldsymbol{n}_{\text{res}} = \boldsymbol{n}_1 \times \boldsymbol{n}_2 / |\boldsymbol{n}_1 \times \boldsymbol{n}_2|$, $\varphi_{\text{res}} = 2\alpha$, wobei $0 < \alpha < 180^\circ$ der Winkel ist, der $\boldsymbol{n}_1$ bei Drehung um $\boldsymbol{n}_{\text{res}}$ in $\boldsymbol{n}_2$ überführt. Bei Vertauschung der Reihenfolge der Drehungen kehrt sich das Vorzeichen von $\boldsymbol{n}_{\text{res}}$ um.

Im Fall sehr kleiner Winkel $\varphi_1$, $\varphi_2$ gilt für Winkelvektoren $\boldsymbol{\varphi}_1 = \varphi_1\boldsymbol{n}_1$ und $\boldsymbol{\varphi}_2 = \varphi_2\boldsymbol{n}_2$ entlang den Drehachsen angenähert die Parallelogrammregel $\boldsymbol{\varphi}_{\text{res}} = \varphi_{\text{res}}\boldsymbol{n}_{\text{res}} \approx \boldsymbol{\varphi}_1 + \boldsymbol{\varphi}_2$.

Durch Eulerparameter $(q_0, \boldsymbol{q})$ ausgedrückt haben die Gl. (38) die Form

$$\left.\begin{aligned} q_{0\text{res}} &= q_{02}q_{01} - \boldsymbol{q}_2\cdot\boldsymbol{q}_1, \\ \boldsymbol{q}_{\text{res}} &= q_{02}\boldsymbol{q}_1 + q_{01}\boldsymbol{q}_2 + \boldsymbol{q}_2\times\boldsymbol{q}_1. \end{aligned}\right\} \quad (39)$$

Der Rodriguesvektor $\boldsymbol{u}_{\text{res}}$ der Resultierenden zweier aufeinanderfolgender Drehungen mit den Rodriguesvektoren $\boldsymbol{u}_1$ (erste Drehung) und $\boldsymbol{u}_2$ ist

$$\boldsymbol{u}_{\text{res}} = \frac{\boldsymbol{u}_1 + \boldsymbol{u}_2 - \boldsymbol{u}_1\times\boldsymbol{u}_2}{1 - \boldsymbol{u}_1\cdot\boldsymbol{u}_2}. \quad (40)$$

### 5.2.2 Spiegelung an einer Ebene

Die Spiegelebene E in der Bezugsbasis $\underline{e}^0$ ist durch ihren Normaleneinheitsvektor $\boldsymbol{m}$ (Richtungssinn beliebig) und den Lotvektor $\boldsymbol{r}_0 = r_0\boldsymbol{m}$ von $0$ auf E gegeben. Die Spiegelung wird mit E$(\boldsymbol{m}, r_0)$ bezeichnet. Sei $\boldsymbol{r}$ der Ortsvektor eines beliebigen Punktes P, und sei $\boldsymbol{r}^*$ der Ortsvektor des Spiegelbildes von P auf der Gegenseite von E. Dann ist

$$\boldsymbol{r}^* = \boldsymbol{r} - 2\boldsymbol{m}(\boldsymbol{m}\cdot\boldsymbol{r}) + 2\boldsymbol{r}_0. \quad (41)$$

Wenn $\underline{r}, \underline{r}^*, \underline{r}_0, \underline{m}$ die Spaltenmatrizen der Vektoren in $\underline{e}^0$ sind, ist $\underline{r}^* = (\underline{I} - 2\underline{m}\,\underline{m}^T)\underline{r} + 2\underline{r}_0$. Bei der Spiegelung bleiben Abstände zwischen Punkten und Winkel zwischen Geraden erhalten. Das Spiegelbild einer rechtshändigen Basis $\underline{e}$ ist eine linkshändige Basis $\underline{e}^*$.

#### 5.2.2.1 Resultierende zweier Spiegelungen

Seien E$_1(\boldsymbol{m}_1, r_{01})$ und E$_2(\boldsymbol{m}_2, r_{02})$ die erste bzw. die zweite von zwei nacheinander ausgeführten Spiegelungen. Eine ursprünglich rechtshändige Basis $\underline{e}$ ist nach der zweiten Spiegelung wieder eine rechtshändige Basis.

Im Sonderfall paralleler Ebenen ist $\boldsymbol{m}_1 = \boldsymbol{m}_2 = \boldsymbol{m}$. Sei $\boldsymbol{r}^{**}$ der Ortsvektor von P nach der zweiten Spiegelung. Dann ist

$$\boldsymbol{r}^{**} - \boldsymbol{r} = 2(r_{02} - r_{01})\boldsymbol{m} = \text{const.} \quad (42)$$

Die Resultierende der beiden Spiegelungen eines starren Körpers ist diese Translation. Umkehr der Reihenfolge der Spiegelungen bedeutet Umkehr des Vorzeichens der Translation.

Im Fall nichtparalleler Spiegelebenen schneiden sich E$_1$ und E$_2$ in einer Geraden mit dem Einheitsvektor $\boldsymbol{n} = \boldsymbol{m}_1 \times \boldsymbol{m}_2/|\boldsymbol{m}_1 \times \boldsymbol{m}_2|$. Sei $0 < \alpha < 180^\circ$ der Winkel, der $\boldsymbol{m}_1$ bei Drehung um $\boldsymbol{n}$ in $\boldsymbol{m}_2$ überführt. Die Resultierende der beiden Spiegelungen ist die Drehung $(\boldsymbol{n}, 2\alpha)$ um die Schnittgerade. Vertauschung der Reihenfolge der Spiegelungen bedeutet Umkehr der Drehrichtung. Im Fall $\alpha = 90^\circ$ (zueinander orthogonale Ebenen E$_1$, E$_2$) ist die $180^\circ$-Drehung $(\boldsymbol{n}, 2\alpha)$ unabhängig von der Reihenfolge.

### 5.2.3 Schraubung

#### 5.2.3.1 Satz von Chasles. Schraubachse

Abb. 5a zeigt die Basis $\underline{e}^1$ in beliebiger Lage relativ zur Bezugsbasis $\underline{e}^0$ und einen in $\underline{e}^1$ festen Punkt P. Die Lage von $\underline{e}^1$ in $\underline{e}^0$ ist darstellbar als Ergebnis einer Drehung $(\boldsymbol{n}, \varphi)$ um den Ursprung

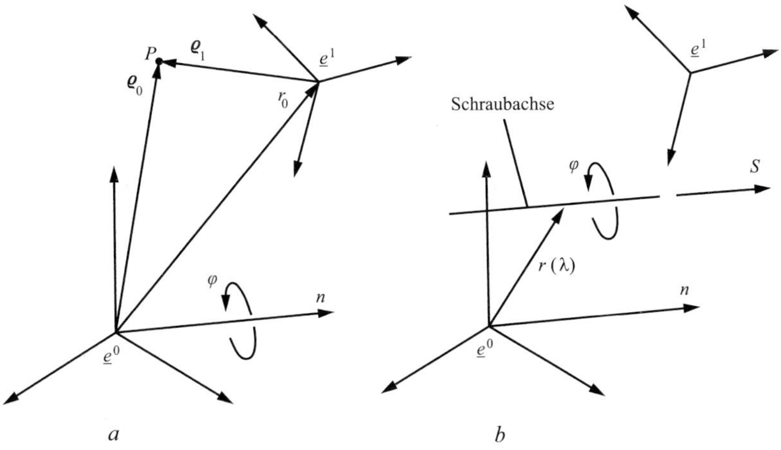


**Abb. 5** Die Überlagerung der Drehung ($\boldsymbol{n}$, $\varphi$) und der Translation $\boldsymbol{r}_0$ in Bild ***a*** kann durch die Schraubung in Bild **b** mit der Schraubachse Gl. (43) ersetzt werden

von $\underline{\boldsymbol{e}}^0$ aus der Anfangslage heraus, in der $\underline{\boldsymbol{e}}^1$ mit $\underline{\boldsymbol{e}}^0$ zusammenfällt, gefolgt von der Translation $\boldsymbol{r}_0$. Den Übergang aus derselben Anfangslage in dieselbe Endlage bewirkt die Translation $\boldsymbol{r}_0$ aus der Anfangslage heraus gefolgt von derselben Drehung ($\boldsymbol{n}$, $\varphi$) um den Ursprung von $\underline{\boldsymbol{e}}^1$. Den Übergang aus derselben Anfangslage in die dieselbe Endlage bewirkt am einfachsten die in Abb. 5b dargestellte Schraubung (Satz von-Chasles). Die *Schraubachse* ist in $\underline{\boldsymbol{e}}^0$ und in $\underline{\boldsymbol{e}}^1$ fest. Sie hat die Richtung von $\boldsymbol{n}$. Der Lotvektor vom Ursprung von $\underline{\boldsymbol{e}}^0$ auf die Schraubachse ist

$$\boldsymbol{u} = [(\boldsymbol{n} \times \boldsymbol{r}_0) \times \boldsymbol{n} + \boldsymbol{n} \times \boldsymbol{r}_0 \cot \varphi/2]/2. \quad (43)$$

Ausgedrückt durch Eulerparameter ist

$$\boldsymbol{u} = \frac{q_0 \boldsymbol{q} \times \boldsymbol{r}_0 - \boldsymbol{q} \times (\boldsymbol{q} \times \boldsymbol{r}_0)}{2(1 - q_0^2)}. \quad (44)$$

Die Schraubachse hat die Parameterdarstellung

$$\boldsymbol{r}(\lambda) = \boldsymbol{u} + \lambda \boldsymbol{n}. \quad (45)$$

Die Schraubung ist die Resultierende aus der Drehung ($\boldsymbol{n}$, $\varphi$) um die Schraubachse und der Translation $\boldsymbol{s} = s\boldsymbol{n}$ mit $s = \boldsymbol{r}_0 \cdot \boldsymbol{n}$ entlang der Schraubachse (Reihenfolge beliebig).

Eine Schraubung ist durch $\boldsymbol{n}$, $\varphi$, $s$ und einen beliebigen Punkt $\boldsymbol{r}_{\mathrm{A}}$ der Schraubachse eindeutig bestimmt. Wenn $\boldsymbol{r}$ und $\boldsymbol{r}^*$ die Ortsvektoren eines beliebigen in $\underline{\boldsymbol{e}}^1$ festen Punktes vor bzw. nach der Schraubung sind, dann ist

$$\begin{aligned} \boldsymbol{r}^* &= \boldsymbol{r}_{\mathrm{A}} + \cos\varphi(\boldsymbol{r} - \boldsymbol{r}_{\mathrm{A}}) \\ &\quad + (1 - \cos\varphi)\boldsymbol{n}[\boldsymbol{n} \cdot (\boldsymbol{r} - \boldsymbol{r}_{\mathrm{A}})] \\ &\quad + \sin\varphi\, \boldsymbol{n} \times (\boldsymbol{r} - \boldsymbol{r}_{\mathrm{A}}) + s\boldsymbol{n}. \end{aligned} \quad (46)$$

Im Sonderfall $\varphi = 180°$, $s = 0$ ist die Schraubung die Spiegelung an der Schraubachse:

$$\boldsymbol{r}^* = 2\boldsymbol{r}_{\mathrm{A}} - \boldsymbol{r} + 2\boldsymbol{n}\boldsymbol{n} \cdot (\boldsymbol{r} - \boldsymbol{r}_{\mathrm{A}}). \quad (47)$$

Im Fall $\varphi = 180°$, $s \neq 0$ heißt die Schraubung *Gleitspiegelung*.

#### 5.2.3.2 (4 × 4)-Transformationsmatrix

In Abb. 5a ist P ein in $\underline{\boldsymbol{e}}^1$ fester Punkt mit den Ortsvektoren $\boldsymbol{\varrho}_0$ in $\underline{\boldsymbol{e}}^0$ und $\boldsymbol{\varrho}_1$ in $\underline{\boldsymbol{e}}^1$. Gegeben seien die Koordinatenmatrizen $\underline{\varrho}_1^1$ von $\boldsymbol{\varrho}_1$ in $\underline{\boldsymbol{e}}^1$ und $\underline{r}_0^0$ von $\boldsymbol{r}_0$ in $\underline{\boldsymbol{e}}^0$. Aus der Vektorgleichung $\boldsymbol{\varrho}_0 = \boldsymbol{\varrho}_1 + \boldsymbol{r}_0$ folgt die Koordinatengleichung $\underline{\varrho}_0^0 = \underline{A}\underline{\varrho}_1^1 + \underline{r}_0^0$. Das wird durch Hinzufügen der Identität $1 = 1$ in der Matrixform

$$\begin{bmatrix} \underline{\varrho}_0^0 \\ 1 \end{bmatrix} = \begin{bmatrix} \underline{A} & \underline{r}_0^0 \\ \underline{0}^T & 1 \end{bmatrix} \begin{bmatrix} \underline{\varrho}_1^1 \\ 1 \end{bmatrix}, \quad \underline{0}^T = [0\ 0\ 0] \quad (48)$$

geschrieben. Die (4 × 4)-Matrix ist eine Transformationsmatrix.

***Beispiel 1:*** Gegeben ist eine offene Gliederkette von vier Körpern $i = 1,2,3,4$ mit körperfesten Basen $\underline{\boldsymbol{e}}^i$ und je einem körperfesten Vektor

$\boldsymbol{r}_i$. Weiterhin sind gegeben die Koordinatenmatrizen $\underline{r}_i^i$ von $\boldsymbol{r}_i$ in $\underline{\boldsymbol{e}}^i$ $(i = 1, \ldots, 4)$ und die Transformationsmatrizen $\underline{A}^{12}$, $\underline{A}^{23}$, $\underline{A}^{34}$ der Gelenke. Gesucht wird die Koordinatenmatrix $\underline{R}^1$ des Vektors $\boldsymbol{R} = \boldsymbol{r}_1 + \boldsymbol{r}_2 + \boldsymbol{r}_3 + \boldsymbol{r}_4$ in $\underline{\boldsymbol{e}}^1$. Lösung: Von rechts nach links gelesen ist $\underline{R}^1 = \underline{r}_1^1 + \underline{A}^{12}\left[\underline{r}_2^2 + \underline{A}^{23}\left(\underline{r}_3^3 + \underline{A}^{34}\underline{r}_4^4\right)\right]$. In Matrixform ist das die Gleichung

$$\begin{bmatrix} \underline{R}^1 \\ 1 \end{bmatrix} = \begin{bmatrix} \underline{A}^{12} & \underline{r}_1^1 \\ \underline{0}^T & 1 \end{bmatrix} \begin{bmatrix} \underline{A}^{23} & \underline{r}_2^2 \\ \underline{0}^T & 1 \end{bmatrix} \begin{bmatrix} \underline{A}^{34} & \underline{r}_3^3 \\ \underline{0}^T & 1 \end{bmatrix} \begin{bmatrix} \underline{r}_4^4 \\ 1 \end{bmatrix}.$$

### 5.2.4 Winkelgeschwindigkeit. Kinematische Differenzialgleichungen

Die *Winkelgeschwindigkeit* $\boldsymbol{\omega}(t)$ des Körpers $\underline{\boldsymbol{e}}^1$ relativ zu $\underline{\boldsymbol{e}}^0$ ist ein Vektor, der an keinen Punkt gebunden ist, denn er kennzeichnet die zeitliche Änderung der Winkellage des Körpers. Bei Drehung um eine feste Achse (Abb. 6) und bei ebener Bewegung hat $\boldsymbol{\omega}$ konstante Richtung und die Größe $\omega(t) = \dot{\varphi}(t)$ mit der Winkelkoordinate $\varphi$. In allen anderen Fällen ist $\boldsymbol{\omega}$ nicht Ableitung einer anderen Größe. Seien $\omega_1$, $\omega_2$, $\omega_3$ die Koordinaten von $\boldsymbol{\omega}$ bei Zerlegung in der körperfesten Basis $\underline{\boldsymbol{e}}^1$. Zwischen ihnen und generalisierten Koordinaten der Winkellage bestehen die folgenden Beziehungen.

Für Richtungscosinus in beliebiger Darstellung:

$$\underline{\tilde{\omega}} = \underline{A}^T\dot{\underline{A}}, \qquad \dot{\underline{A}} = \underline{A}\underline{\tilde{\omega}} \tag{49}$$

$$\text{mit der Matrix } \underline{\tilde{\omega}} = \begin{bmatrix} 0 & -\omega_3 & \omega_2 \\ \omega_3 & 0 & -\omega_1 \\ -\omega_2 & \omega_1 & 0 \end{bmatrix}.$$

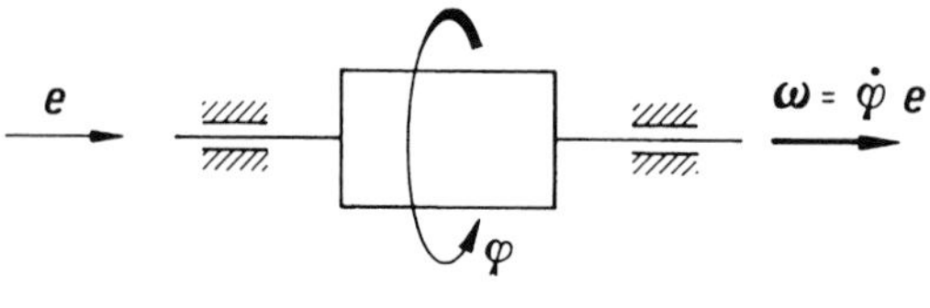


**Abb. 6** Für eine Winkelgeschwindigkeit mit konstanter Richtung gilt $\omega = \dot{\varphi}$ und Drehzahl $n = \omega/(2\pi)$

Für Eulerwinkel:

$$\begin{bmatrix} \omega_1 \\ \omega_2 \\ \omega_3 \end{bmatrix} = \begin{bmatrix} s_\vartheta s_\varphi & c_\varphi & 0 \\ s_\vartheta c_\varphi & -s_\varphi & 0 \\ c_\vartheta & 0 & 1 \end{bmatrix} \begin{bmatrix} \dot{\psi} \\ \dot{\vartheta} \\ \dot{\varphi} \end{bmatrix}, \tag{50a}$$

$$\begin{bmatrix} \dot{\psi} \\ \dot{\vartheta} \\ \dot{\varphi} \end{bmatrix} = \begin{bmatrix} s_\varphi/s_\vartheta & c_\varphi/s_\vartheta & 0 \\ c_\varphi & -s_\varphi & 0 \\ -s_\varphi c_\vartheta/s_\vartheta & -c_\varphi c_\vartheta/s_\vartheta & 1 \end{bmatrix} \begin{bmatrix} \omega_1 \\ \omega_2 \\ \omega_3 \end{bmatrix}. \tag{50b}$$

Für Kardanwinkel:

$$\begin{bmatrix} \omega_1 \\ \omega_2 \\ \omega_3 \end{bmatrix} \begin{bmatrix} c_2c_3 & s_3 & 0 \\ -c_2s_3 & c_3 & 0 \\ s_2 & 0 & 1 \end{bmatrix} \begin{bmatrix} \dot{\varphi}_1 \\ \dot{\varphi}_2 \\ \dot{\varphi}_3 \end{bmatrix}, \tag{51a}$$

$$\begin{bmatrix} \dot{\varphi}_1 \\ \dot{\varphi}_2 \\ \dot{\varphi}_3 \end{bmatrix} = \begin{bmatrix} c_3/c_2 & -s_3/c_2 & 0 \\ s_3 & c_3 & 0 \\ -c_3s_2/c_2 & s_3s_2/c_2 & 1 \end{bmatrix} \begin{bmatrix} \omega_1 \\ \omega_2 \\ \omega_3 \end{bmatrix}. \tag{51b}$$

Im Fall sehr kleiner Winkel gilt die Näherung $\dot{\varphi}_i \approx \omega_i$ $(i = 1,2,3)$.

Für Eulerparameter:

$$\begin{bmatrix} \omega_1 \\ \omega_2 \\ \omega_3 \end{bmatrix} = 2\begin{bmatrix} -q_1 & q_0 & q_3 & -q_2 \\ -q_2 & -q_3 & q_0 & q_1 \\ -q_3 & q_2 & -q_1 & q_0 \end{bmatrix} \begin{bmatrix} \dot{q}_0 \\ \dot{q}_1 \\ \dot{q}_2 \\ \dot{q}_3 \end{bmatrix}, \tag{52a}$$

$$\begin{bmatrix} \dot{q}_0 \\ \dot{q}_1 \\ \dot{q}_2 \\ \dot{q}_3 \end{bmatrix} = \frac{1}{2}\begin{bmatrix} 0 & -\omega_1 & -\omega_2 & -\omega_3 \\ \omega_1 & 0 & \omega_3 & -\omega_2 \\ \omega_2 & -\omega_3 & 0 & \omega_1 \\ \omega_3 & \omega_2 & -\omega_1 & 0 \end{bmatrix} \begin{bmatrix} q_0 \\ q_1 \\ q_2 \\ q_3 \end{bmatrix}. \tag{52b}$$

Die zweite Gl. (49) und die Gl. (50b), (51b), (52b) sind *kinematische Differenzialgleichungen* zur Berechnung der Winkellage aus vorher berechneten Funktionen $\omega_i(t)$. Wenn die numerische Integration bei Eulerparametern Größen $q_i(t)$ liefert, die die Bindungsgleichung Gl. (26) nicht streng erfüllen, dann ersetzt man die $q_i(t)$ durch die renormierten Größen

$$q_i^*(t) = q_i(t)\left[\sum_{j=0}^{3} q_j^2(t)\right]^{-1/2} \qquad (i = 0,\ldots,3).$$

#### 5.2.4.1 Momentane Geschwindigkeitsverteilung im starren Körper

$\boldsymbol{\omega}$ und die Geschwindigkeit $\boldsymbol{v}_\mathrm{A}$ eines körperfesten Punktes A bestimmen die Geschwindigkeit $\boldsymbol{v}$ des körperfesten Punktes $P$ mit dem Ortsvektor $\underline{\boldsymbol{\varrho}}$ von A zu diesem Punkt (Abb. 7):

$$\boldsymbol{v} = \boldsymbol{v}_\mathrm{A} + \boldsymbol{\omega} \times \boldsymbol{\varrho}. \tag{53}$$

Die Geschwindigkeiten von zwei beliebigen körperfesten Punkten haben gleiche Komponenten entlang der Verbindungslinie dieser Punkte (Starrkörpereigenschaft). Hieraus folgt insbesondere: Wenn eine körperfeste Gerade g in einem Punkt momentan senkrecht zur Geschwindigkeit (d. h. zur Bahnkurve) dieses Punktes ist, dann gilt dies für alle Punkte von g.

Die Ortsvektoren $\boldsymbol{r}_1$, $\boldsymbol{r}_2$, $\boldsymbol{r}_3$ und die Geschwindigkeiten $\boldsymbol{v}_1$, $\boldsymbol{v}_2$, $\boldsymbol{v}_3$ von drei nicht kollinearen Punkten eines starren Körpers bestimmen seine momentane Winkelgeschwindigkeit

$$\boldsymbol{\omega} = \frac{(\boldsymbol{v}_1 - \boldsymbol{v}_3) \times (\boldsymbol{v}_2 - \boldsymbol{v}_3)}{(\boldsymbol{r}_3 - \boldsymbol{r}_1) \cdot (\boldsymbol{v}_2 - \boldsymbol{v}_3)}. \tag{54}$$

Wenn dieser Ausdruck $\mathbf{0}/0$ ist, dann liegt $\boldsymbol{\omega}$ in der Ebene der drei Punkte. Dann ist mit $\boldsymbol{n} = (\boldsymbol{r}_1 - \boldsymbol{r}_2) \times (\boldsymbol{r}_3 - \boldsymbol{r}_2)$

$$\boldsymbol{\omega} = \frac{1}{\boldsymbol{n}^2}\boldsymbol{n} \cdot [\boldsymbol{v}_1(\boldsymbol{r}_2 - \boldsymbol{r}_3) + \boldsymbol{v}_2(\boldsymbol{r}_3 - \boldsymbol{r}_1) + \boldsymbol{v}_3(\boldsymbol{r}_1 - \boldsymbol{r}_2)]. \tag{55}$$

**Momentane Schraubachse**. Definitionen:

$$\boldsymbol{u} = \boldsymbol{\omega} \times \boldsymbol{v}_\mathrm{A}/\omega^2, \quad p = \boldsymbol{\omega} \cdot \boldsymbol{v}_\mathrm{A}/\omega^2. \tag{56}$$

Die Gerade mit der Richtung von $\boldsymbol{\omega}$ und mit dem Lotvektor $\boldsymbol{u}$ von A aus heißt *momentane Schraubachse* (Abb. 7). Alle Punkte auf der Schraubachse haben die Geschwindigkeit $\boldsymbol{v} = p\boldsymbol{\omega}$. Wenn A in Gl. (53) ein Punkt auf der Schraubachse ist, dann ist $\boldsymbol{v} = p\boldsymbol{\omega} + \boldsymbol{\omega} \times \boldsymbol{\varrho}$. Diese Gleichung sagt aus, dass die momentane Geschwindigkeitsverteilung die einer Schraubenbewegung ist, d. h., Überlagerung der Rotation mit $\boldsymbol{\omega}$ um die Achse und der Translation $p\boldsymbol{\omega}$ entlang der Achse.

### 5.2.5 Winkelbeschleunigung

Die *Winkelbeschleunigung* des Körpers $\underline{\boldsymbol{e}}^1$ relativ zu $\underline{\boldsymbol{e}}^0$ ist die zeitliche Ableitung von $\boldsymbol{\omega}$ in der Basis $\underline{\boldsymbol{e}}^0$. Sie ist wegen Gl. (5) auch gleich der Ableitung in $\underline{\boldsymbol{e}}^1$. Wenn es keine Verwechslung geben kann, schreibt man $\dot{\boldsymbol{\omega}}$. Aus den Gl. (50a) und (51a) ergeben sich die Darstellungen für Eulerwinkel

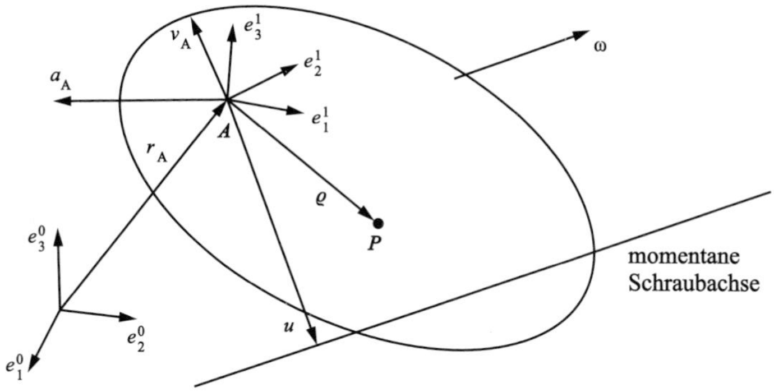


**Abb. 7** Momentane Schraubachse

$$\begin{bmatrix}\dot\omega_1\\ \dot\omega_2\\ \dot\omega_3\end{bmatrix} = \begin{bmatrix} s_\vartheta s_\varphi & c_\varphi & 0\\ s_\vartheta c_\varphi & -s_\varphi & 0\\ c_\vartheta & 0 & 1\end{bmatrix}\begin{bmatrix}\ddot\psi\\ \ddot\vartheta\\ \ddot\varphi\end{bmatrix} + \begin{bmatrix} c_\vartheta s_\varphi\dot\psi\dot\vartheta - s_\varphi\dot\vartheta\dot\varphi + s_\vartheta c_\varphi\dot\varphi\dot\psi\\ c_\vartheta c_\varphi\dot\psi\dot\vartheta - c_\varphi\dot\vartheta\dot\varphi - s_\vartheta s_\varphi\dot\varphi\dot\psi\\ -s_\vartheta\dot\psi\dot\vartheta\end{bmatrix} \tag{57}$$

und für Kardanwinkel

$$\begin{bmatrix}\dot\omega_1\\ \dot\omega_2\\ \dot\omega_3\end{bmatrix} = \begin{bmatrix} c_2c_3 & s_3 & 0\\ -c_2s_3 & c_3 & 0\\ s_2 & 0 & 1\end{bmatrix}\begin{bmatrix}\ddot\varphi_1\\ \ddot\varphi_2\\ \ddot\varphi_3\end{bmatrix} + \begin{bmatrix} -s_2c_3\dot\varphi_1\dot\varphi_2 + c_3\dot\varphi_2\dot\varphi_3 - c_2s_3\dot\varphi_3\dot\varphi_1\\ s_2s_3\dot\varphi_1\dot\varphi_2 - s_3\dot\varphi_2\dot\varphi_3 - c_2c_3\dot\varphi_3\dot\varphi_1\\ c_2\dot\varphi_1\dot\varphi_2\end{bmatrix}. \tag{58}$$

#### 5.2.5.1 Momentane Beschleunigungsverteilung im starren Körper

$\boldsymbol{\omega}$, $\dot{\boldsymbol{\omega}}$ und die Beschleunigung $\boldsymbol{a}_A$ eines körperfesten Punktes A bestimmen die Beschleunigung $\boldsymbol{a}$ des körperfesten Punktes $P$ mit dem Ortsvektor $\boldsymbol{\varrho}$ von A zu diesem Punkt (Abb. 7):

$$\begin{aligned}\boldsymbol{a} &= \boldsymbol{a}_A + \dot{\boldsymbol{\omega}}\times\boldsymbol{\varrho} + \boldsymbol{\omega}\times(\boldsymbol{\omega}\times\boldsymbol{\varrho})\\ &= \boldsymbol{a}_A + \dot{\boldsymbol{\omega}}\times\boldsymbol{\varrho} + (\boldsymbol{\omega}\cdot\boldsymbol{\varrho})\boldsymbol{\omega} - \omega^2\boldsymbol{\varrho}.\end{aligned} \tag{59}$$

Wenn $\boldsymbol{\omega}$ und $\dot{\boldsymbol{\omega}}$ nicht kollinear sind, dann gibt es einen körperfesten Punkt G mit der Beschleunigung $\boldsymbol{a}_G = \boldsymbol{0}$. In dem speziellen $x$, $y$, $z$-System, in dem $\boldsymbol{\omega}$ und $\dot{\boldsymbol{\omega}}$ die Koordinatenmatrizen $[0\ 0\ \omega]$ bzw. $[0\ \dot\omega_y\ \dot\omega_z]$ haben, sind die Koordinaten $x_G$, $y_G$, $z_G$ von $\boldsymbol{\varrho}_G$ die Lösungen des linearen Gleichungssystems

$$\begin{bmatrix}\omega^2 & \dot\omega_z & -\dot\omega_y\\ -\dot\omega_z & \omega^2 & 0\\ \dot\omega_y & 0 & 0\end{bmatrix}\begin{bmatrix}x_G\\ y_G\\ z_G\end{bmatrix} = \begin{bmatrix}a_{Ax}\\ a_{Ay}\\ a_{Az}\end{bmatrix}. \tag{60}$$

Wenn in Gl. (59) A=G ist, dann ist $\boldsymbol{a}$ proportional zu $\boldsymbol{\varrho}$. Daraus folgt: Die Beschleunigungen aller körperfesten Punkte einer von G ausgehenden Geraden haben gleiche Richtung (verschieden für verschiedene Geraden) und zum Abstand von G proportionale Beträge. Auf jeder Geraden g, die nicht parallel zur momentanen Schraubachse ist, gibt es genau einen Punkt, dessen Beschleunigung orthogonal zu g ist. Die Geradengleichung sei $\boldsymbol{\varrho}(\lambda) = \boldsymbol{\varrho}_0 + \lambda\boldsymbol{n}$. $\lambda$ ist Lösung der Gleichung $\boldsymbol{a}(\boldsymbol{\varrho}(\lambda))\cdot\boldsymbol{n} = 0$.

### 5.2.6 Umkehrbewegung

Die Bewegung der Basis $\underline{\boldsymbol{e}}^0$ relativ zu $\underline{\boldsymbol{e}}^1$ heißt Umkehrbewegung der Bewegung von $\underline{\boldsymbol{e}}^1$ relativ zu $\underline{\boldsymbol{e}}^0$. Seien wie bisher $\boldsymbol{\omega}$ die Winkelgeschwindigkeit von $\underline{\boldsymbol{e}}^1$ relativ zu $\underline{\boldsymbol{e}}^0$ und $\boldsymbol{v}$ und $\boldsymbol{a}$ die Geschwindigkeit bzw. die Beschleunigung eines beliebigen in $\underline{\boldsymbol{e}}^1$ festen Punktes P relativ zu $\underline{\boldsymbol{e}}^0$. Das sind Größen der Bewegung. Die entsprechenden Größen der Umkehrbewegung werden wie folgt benannt: Winkelgeschwindigkeit $\boldsymbol{\omega}_{rel}$ von $\underline{\boldsymbol{e}}^0$ relativ zu $\underline{\boldsymbol{e}}^1$, Geschwindigkeit $\boldsymbol{v}_{rel}$ und Beschleunigung $\boldsymbol{a}_{rel}$ des momentan mit P zusammenfallenden Punktes von $\underline{\boldsymbol{e}}^0$ relativ zu $\underline{\boldsymbol{e}}^1$. Es gilt:

$$\begin{aligned}\boldsymbol{\omega}_{rel} &= -\boldsymbol{\omega}, \qquad \boldsymbol{v}_{rel} = -\boldsymbol{v},\\ \boldsymbol{a}_{rel} &= -\boldsymbol{a} + 2\boldsymbol{\omega}\times\boldsymbol{v}.\end{aligned} \tag{61}$$

Nur für Punkte auf der momentanen Schraubachse ist $\boldsymbol{a}_{rel} = -\boldsymbol{a}$.

### 5.2.7 Kinematik des Punktes mit Relativbewegung

In Abb. 8 bewegt sich Körper 1 mit der auf ihm festen Basis $\underline{\boldsymbol{e}}^1$ relativ zu $\underline{\boldsymbol{e}}^0$, und der Punkt $P$ bewegt sich relativ zu $\underline{\boldsymbol{e}}^1$. Der Bewegungszustand von Körper 1 relativ zu $\underline{\boldsymbol{e}}^0$ wird durch die sechs Größen $\boldsymbol{r}_A$, $\boldsymbol{v}_A$, $\boldsymbol{a}_A$, $\underline{A}$, $\boldsymbol{\omega}$ und $\dot{\boldsymbol{\omega}}$ beschrieben. Der Bewegungszustand von $P$ relativ zu $\underline{\boldsymbol{e}}^1$ wird durch den Ortsvektor $\boldsymbol{\varrho}$, die Relativgeschwindigkeit $\boldsymbol{v}_{rel}$ und die Relativbeschleunigung $\boldsymbol{a}_{rel}$ beschrieben. Der Ortsvektor $\boldsymbol{r}$, die Geschwindigkeit $\boldsymbol{v}$ und die Beschleunigung $\boldsymbol{a}$ von P relativ zu

$\underline{e}^0$ sind die Größen (siehe die Gl. (53) und (59) sowie (5))

$$\left.\begin{aligned} &\boldsymbol{r} = \boldsymbol{r}_A + \boldsymbol{\varrho}, \quad \boldsymbol{v} = \boldsymbol{v}_A + \boldsymbol{\omega} \times \boldsymbol{\varrho} + \boldsymbol{v}_{rel}, \\ &\boldsymbol{a} = \boldsymbol{a}_A + \dot{\boldsymbol{\omega}} \times \boldsymbol{\varrho} + \boldsymbol{\omega} \times (\boldsymbol{\omega} \times \boldsymbol{\varrho}) + 2\boldsymbol{\omega} \times \boldsymbol{v}_{rel} + \boldsymbol{a}_{rel}. \end{aligned}\right\} \tag{62}$$

Darin sind $\boldsymbol{v}_A + \boldsymbol{\omega} \times \boldsymbol{\varrho} = \boldsymbol{v}_{kP}$ und $\boldsymbol{a}_A + \dot{\boldsymbol{\omega}} \times \boldsymbol{\varrho} + \boldsymbol{\omega} \times (\boldsymbol{\omega} \times \boldsymbol{\varrho}) = \boldsymbol{a}_{kP}$ die Geschwindigkeit bzw. die Beschleunigung des mit $P$ zusammenfallenden körperfesten Punktes. $2\boldsymbol{\omega} \times \boldsymbol{v}_{rel}$ heißt *Coriolisbeschleunigung.*

## 5.2.8 Räumliche Drehung um einen festen Punkt

Der nach Größe und Richtung veränderliche Vektor $\boldsymbol{\omega}(t)$ des Körpers 1 erzeugt, wenn man ihn vom festen Punkt aus anträgt, sowohl in $\underline{e}^0$ als auch in $\underline{e}^1$ eine allgemeine Kegelfläche (Abb. 9a). Die Kegel heißen *Rastpolkegel* bzw. *Gangpolkegel.* Die Bewegung des Körpers kann man dadurch erzeugen, dass man den Gangpolkegel auf dem Rastpolkegel abrollt.

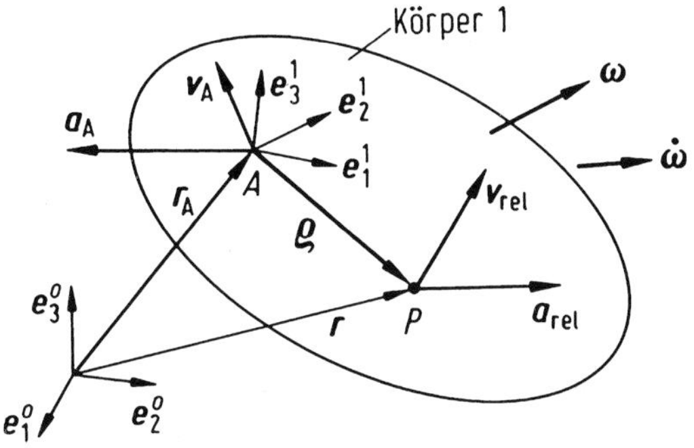


**Abb. 8** Darstellung aller Größen von Gl. (62)

***Beispiel 2:*** Das Kegelrad 2 in Abb. 9b ist sein eigener Gangpolkegel für die Drehung relativ zu Rad 1, und Rad 1 ist der Rastpolkegel.

In Kegelradgetrieben mit mehreren Körpern $i = 0, \ldots, n$ bewegt sich jeder Körper relativ zu jedem anderen um einen allen gemeinsamen Punkt $0$ (Abb. 10). Sei $\boldsymbol{\omega}_{ij}$ die Winkelgeschwindigkeit von Körper $i$ relativ zu Körper $j$ $(i,j = 0, \ldots, n)$, so dass gilt

$$\boldsymbol{\omega}_{ji} = -\boldsymbol{\omega}_{ij}, \quad \boldsymbol{\omega}_{ik} - \boldsymbol{\omega}_{jk} = \boldsymbol{\omega}_{ij} \quad (i,j,k = 0, \ldots, n). \tag{63}$$

Bei einem vorgegebenen Getriebe mit dem Freiheitsgrad $f$ können die Größen von $f$ relativen Winkelgeschwindigkeiten vorgegeben werden. Dann sind die Größen aller anderen und alle Winkelgeschwindigkeitsrichtungen durch die Richtungen der Radachsen und der Kegelberührungslinien sowie durch die Gl. (63) festgelegt.

***Beispiel 3:*** Das Differenzialgetriebe in Abb. 10 hat Körper $0, \ldots, 4$ und den Freiheitsgrad $f = 2$. Im Bauplan oben geben Geraden mit Indizes $ij$ die Richtungen von relativen Winkelgeschwindigkeiten $\boldsymbol{\omega}_{ij}$ an. Darunter der Winkelgeschwindigkeitsplan.

Der kreuzförmige Zentralkörper eines Kardangelenks dreht sich um einen festen Punkt. In

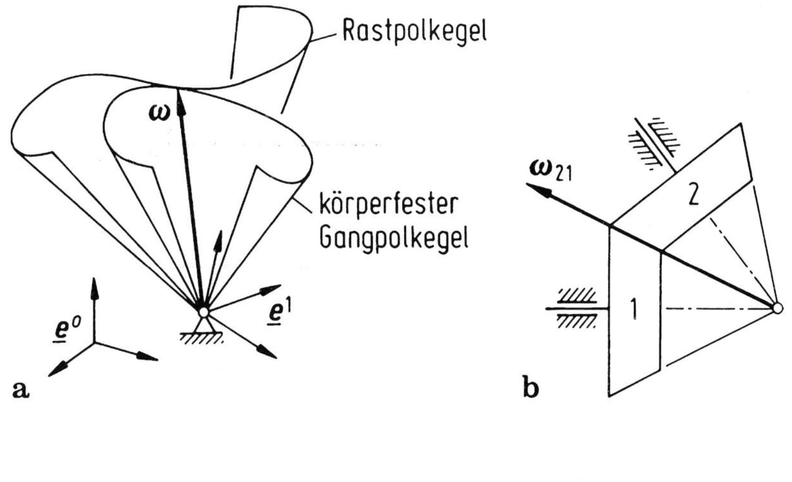


**Abb. 9** **a** Rastpolkegel und Gangpolkegel einer allgemeinen Starrkörperbewegung um einen festen Punkt. **b** Für die Bewegung des Kegelrades 2 relativ zu Rad 1 sind Rast- und Gangpolkegel mit den Wälzkegeln 1 bzw. 2 identisch

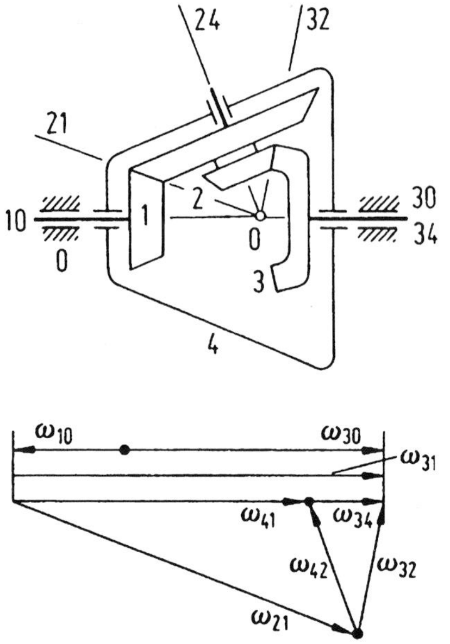


**Abb. 10** Bauplan und Winkelgeschwindigkeitsplan eines Differenzialgetriebes. $\omega_{10}$ und $\omega_{30}$ sind frei wählbar

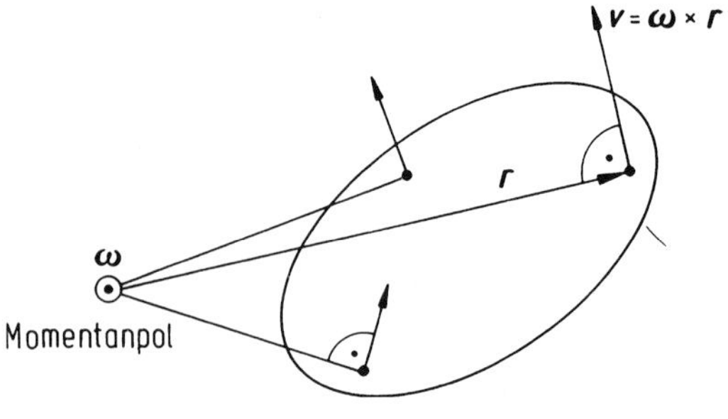


**Abb. 11** Die Richtungen der Geschwindigkeiten zweier Punkte bestimmen den Momentanpol

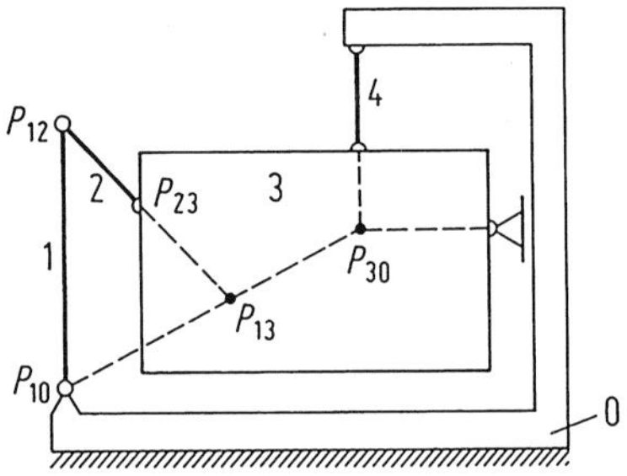


**Abb. 12** Zur Konstruktion des Pols $P_{13}$

Abschn. 5 werden Parameterdarstellungen für den Rastpolkegel und den Gangpolkegel angegeben.

### 5.2.9 Ebene Bewegung

Bei ebener Bewegung eines Körpers hat $\boldsymbol{\omega}(t)$ konstante Richtung, und alle Körperpunkte bewegen sich in parallelen Ebenen. Die körperfeste Basis $\underline{e}^1$ und die Bezugsbasis $\underline{e}^0$ werden so gelegt, dass sich die $e_1^1, e_2^1$-Ebene (Ebene $E^1$) in der $e_1^0, e_2^0$-Ebene (Ebene $E^0$) bewegt. Nur diese Ebenen werden betrachtet. Mit der Winkelkoordinate $\varphi$ ist $\boldsymbol{\omega} = \dot{\varphi}\boldsymbol{e}_3^1 = \dot{\varphi}\boldsymbol{e}_3^0$.

#### 5.2.9.1 Momentanpol

Die Geschwindigkeitsverteilung in der Ebene $E^1$ ist *momentan* dieselbe, wie bei einer Drehung um einen festen Punkt: $\boldsymbol{v} = \boldsymbol{\omega} \times \boldsymbol{r}$ (Abb. 11). Dieser Punkt heißt *Momentanpol der Geschwindigkeit*, Geschwindigkeitspol, Drehpol oder Pol. Er liegt im Schnittpunkt aller Geschwindigkeitslote. Zwei Lote genügen zur Bestimmung. Im Sonderfall der reinen Translation liegt der Pol im Unendlichen.

Wenn sich die Ebenen mehrerer Körper in derselben Bezugsebene $E^0$ relativ zueinander bewegen, dann hat jeder Körper $i$ relativ zu jedem anderen Körper $j$ einen Pol $P_{ij}$ (gleich $P_{ji}$) der Relativbewegung und eine relative Winkelgeschwindigkeit $\omega_{ij}$. Es gilt der *Satz von Kennedy und Aronhold*: Die Pole $P_{ij}$, $P_{jk}$ und $P_{ki}$ dreier Körper $i, j$ und $k$ liegen auf einer Geraden.

Das Verhältnis der Winkelgeschwindigkeiten der Körper $i$ und $j$ relativ zu Körper $k$ ist (plus bei gleicher Richtung der Vektoren, minus andernfalls)

$$\frac{\omega_{ik}}{\omega_{jk}} = \pm \frac{|\overrightarrow{P_{jk}P_{ij}}|}{|\overrightarrow{P_{ik}P_{ij}}|}.$$

***Beispiel 4:*** Im Mechanismus von Abb. 12 sind die Pole $P_{10}$, $P_{12}$, $P_{23}$ und $P_{30}$ ohne den Satz konstruierbar. Nach dem Satz liegt $P_{13}$ im Schnittpunkt von $\overline{P_{10}P_{30}}$ und $\overline{P_{12}P_{23}}$.

Bei ebenen Getrieben genügt die Kenntnis der Pole zur Angabe aller Geschwindigkeitsverhältnisse.

***Beispiel 5:*** In dem Gliedergetriebe in Abb. 13 sei $\boldsymbol{v}_{rel}$ die Geschwindigkeit des Kolbens 2 relativ zum Zylinder 1. Sie ist zugleich die Geschwindig-

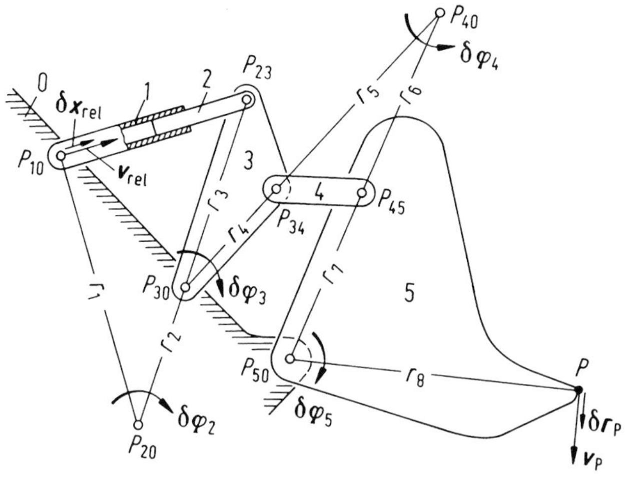


**Abb. 13** Polplan für einen Baggerschaufelmechanismus. Jeder Gelenkpunkt ist auf zwei Körpern fest und bewegt sich momentan auf Kreisen um die Pole beider Körper. Daraus ergibt sich $v_P : v_{rel} = (r_2 r_4 r_6 r_8)/(r_1 r_3 r_5 r_7)$ mit $r_2 = \overline{P_{20}P_{23}}$ und $r_3 = \overline{P_{30}P_{23}}$. Zu den virtuellen Verschiebungen siehe Abschn. 3.3

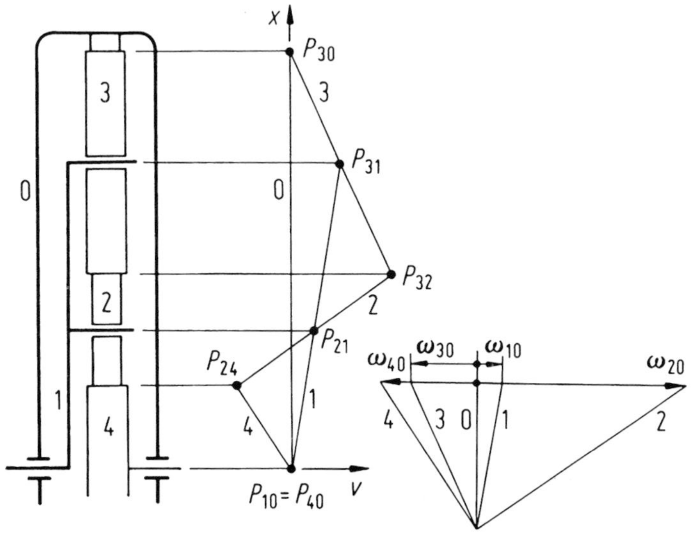


**Abb. 14** Bauplan eines Planetenradgetriebes (links) mit Geschwindigkeitsplan (Mitte) und Winkelgeschwindigkeitsplan (rechts) für stehendes Gehäuse 0

keit relativ zu Körper 0 desjenigen Punktes von 2, der mit $P_{10}$ zusammenfällt. Damit ergibt sich $P_{20}$. Mit den gezeichneten Polen und mit den Radien $r_1, \ldots, r_8$ erhält man für die Größe der Geschwindigkeit $\boldsymbol{v}_P$ den angegebenen Ausdruck.

***Beispiel 6:*** Im Planetengetriebe in Abb. 14 links geben nach rechts herausgezogene Parallelen die Lage von Polen $P_{ij}$ an. Im $x,v$-Diagramm in Bildmitte gibt die Gerade $i$ ($i = 0, \ldots, 4$) an, wie im Körper $i$ die Geschwindigkeit $v$ relativ zu Körper 0 vom Ort $x$ abhängt. Je zwei Geraden $i$ und $j$ schneiden sich auf der Höhe von $P_{ij}$ ($i, j = 0, \ldots, 4$). Die Steigung der Geraden $i$ ist proportional zur Winkelgeschwindigkeit $\omega_{i0}$

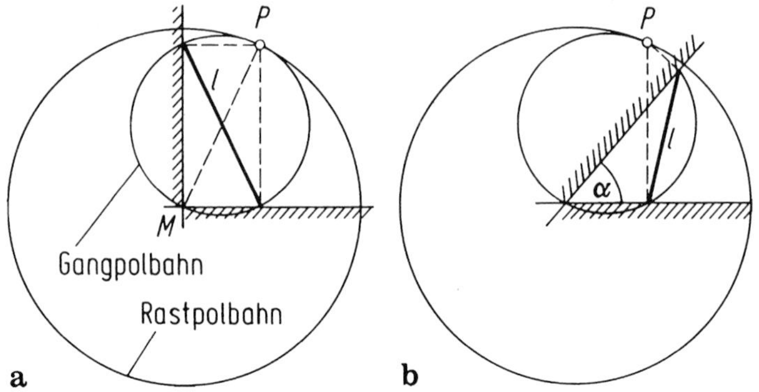


**Abb. 15** Polbahnen eines auf zwei Geraden geführten Stabes

von Körper $i$ relativ zu Körper 0. Für eine einzige Gerade wird die Steigung willkürlich vorgegeben (z. B. für Gerade 1 mit $v = 0$ in der Höhe von $P_{10}$). Alle anderen Geraden sind danach festgelegt. Im *Winkelgeschwindigkeitsplan* rechts im Bild sind Parallelen zu allen Geraden von einem Punkt aus angetragen. Die Abschnitte auf der Geraden senkrecht zur Geraden 0 sind proportional zu den Steigungen, d. h. zu den Winkelgeschwindigkeiten $\omega_{i0}$. Als Differenzen sind auch alle relativen Winkelgeschwindigkeiten $\omega_{ij} = \omega_{i0} - \omega_{j0}$ ablesbar. Mehr über Geschwindigkeitspläne ebener Getriebe siehe in Luck und Modler 1995.

### 5.2.9.2 Polbahnen

Bei einer stetigen ebenen Bewegung liegt der Momentanpol i. allg. zu verschiedenen Zeiten an verschiedenen Orten. Seine Bahn in der Ebene $E^0$ heißt *Rastpolbahn* und seine Bahn in der Ebene $E^1$ *Gangpolbahn*. Die Bewegung des Körpers kann man durch Abrollen der Gangpolbahn auf der Rastpolbahn erzeugen.

***Beispiel 7:*** In Abb. 15a bewegt sich ein Stab der Länge $l$ mit seinen Enden auf orthogonalen Führungsgeraden. Der Pol $P$ hat von $M$ und von der Stabmitte die konstanten Entfernungen $l$ bzw. $l/2$. Also sind die Polbahnen die gezeichneten Kreise. Die Bewegung wird konstruktiv eleganter erzeugt, indem man den kleinen Kreis mit dem auf ihm festen Stab als Planetenrad (Ebene $E^1$) im großen Kreis (Ebene $E^0$) abrollt. Da sich jeder Punkt am Umfang des kleinen Rades auf einer Geraden durch $M$ bewegt, können zwei Räder mit dem Radienverhältnis 1 : 2 auch die Bewegung einer Stange auf zwei Führungen unter einem beliebigen Winkel $\alpha$ erzeugen (Abb. 15b). Der Radius des kleinen Rades ist $l/(2 \sin \alpha)$.

### 5.2.9.3 Ebene Bahnkurven

Bei einer stetigen Bewegung der Ebene $E^1$ bewegt sich ein in $E^1$ fester Punkt auf einer Bahnkurve in der Ebene $E^0$.

***Beispiel 8:*** In Abb. 16 wird der Radius des kleinen rollenden Kreises mit $r$ bezeichnet. Q ist ein Punkt, der auf dem rollenden Kreis am Radius $R$ fest ist ($R > r$ oder$R < r$). Die Punkte A und B bewegen sich auf zueinander senkrechten Durchmessern des großen Kreises. Die Bahnkurve von Q wird im $x$,$y$-System dieser Durchmesser beschrieben. Mit dem gezeichneten Winkel $\varphi$ hat Q die Koordinaten $x = (r - R)\cos\varphi$, $y = (r + R) \sin \varphi$. Daraus folgt, dass die Bahnkurve von Q die Ellipse $x^2/(r - R)^2 + y^2/(r + R)^2 = 1$ ist. Zwei Räder mit dem Radienverhältnis 1 : 2 erzeugen also elliptische Bahnkurven mit beliebigem Halbachsenverhältnis $(r + R)/(r - R)$.

### 5.2.9.4 Krümmung ebener Bahnkurven

Abb. 17a ist eine Momentaufnahme einer ebenen Bewegung. Sie zeigt den Momentanpol P, die Tangente t an die in P aufeinander abrollenden Polbahnen, eine körperfeste Gerade g durch P mit dem Einheitsvektor $\boldsymbol{e}$ unter dem Winkel $\alpha$ gegen t, einen körperfesten Punkt Q auf g, die Bahnkurve k von Q in $E^0$ sowie den Mittelpunkt M des Krümmungskreises von k im Punkt Q. Die Lagen von Q und M auf g werden durch ihre Koordinaten $r$ bzw. $R$ (positiv, null oder negativ) gekennzeichnet: $\overrightarrow{PQ} = r\boldsymbol{e}$, $\overrightarrow{PM} = R\boldsymbol{e}$. Die Euler-Savary-Gleichung stellt die Beziehung her:

$$1/r - 1/R = 1/s. \tag{64}$$

Darin ist $s = \text{const} \cdot \sin\alpha$, also auf g konstant. Wenn man für einen einzigen Punkt $Q_1$ auf g den Mittelpunkt $M_1$ kennt, dann bestimmt die Gleichung den Mittelpunkt M für jeden Punkt Q auf g. Für jeden Punkt Q≠P auf t ist P der zugehörige Punkt M.

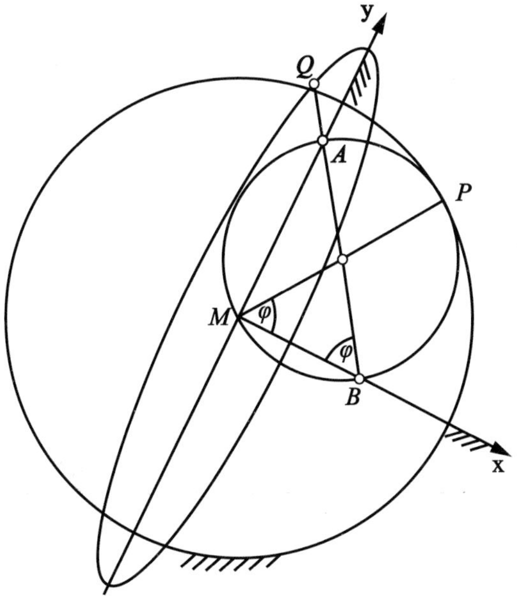


**Abb. 16** Ellipsenbahnen

Für die Konstanten $s_1$, $s_2$, $s_3$ auf drei Geraden $g_1$, $g_2$, $g_3$ mit den Winkeln $\alpha_1$, $\alpha_2$, $\alpha_3$ gilt

$$\begin{aligned} s_1 \sin(\alpha_2 - \alpha_3) + s_2 \sin(\alpha_3 - \alpha_1) \\ + s_3 \sin(\alpha_1 - \alpha_2) = 0. \end{aligned} \tag{65}$$

Drei Geraden bestimmen die drei Winkeldifferenzen. Wenn man also $s_1$ auf $g_1$ und $s_2$ auf $g_2$ kennt, dann auch $s_3$ auf $g_3$. Fazit: Zwei Punktepaare $Q_1$, $M_1$ auf $g_1$ und $Q_2$,$M_2$ auf $g_2$ bestimmen zu jedem Punkt Q der Ebene den zugehörigen Punkt M. Sie bestimmen wie folgt auch die Tangente t (Abb. 17b). Die Gerade P–P* durch den Schnittpunkt P* von $Q_1$–$Q_2$ und $M_1$–$M_2$ definiert die Winkel $\beta_1$, $\beta_2$. Nach einem Satz von Bobillier ist $\alpha_1 = \beta_2$, $\alpha_2 = \beta_1$.

Diese Zusammenhänge finden z. B. Anwendung im Viergelenkmechanismus $M_1Q_1Q_2M_2$ mit dem Gestell $M_1$–$M_2$ und der Koppel $Q_1$–$Q_2$. Die Gleichungen bestimmen die Krümmungsmittelpunkte der Bahnkurven aller Punkte Q der koppelfesten Ebene.

### 5.2.9.5 Scheitelpunktkurve

Punkte maximaler oder minimaler Krümmung einer Bahnkurve heißen *Scheitel*. Eine Ellipse hat vier Scheitel. Auf einem Kreis ist jeder Punkt ein Scheitel. Bei einer Bewegung von Ebene $E^1$ in der Ebene $E^0$ befindet sich

**Abb. 17** Krümmung ebener Bahnkurven

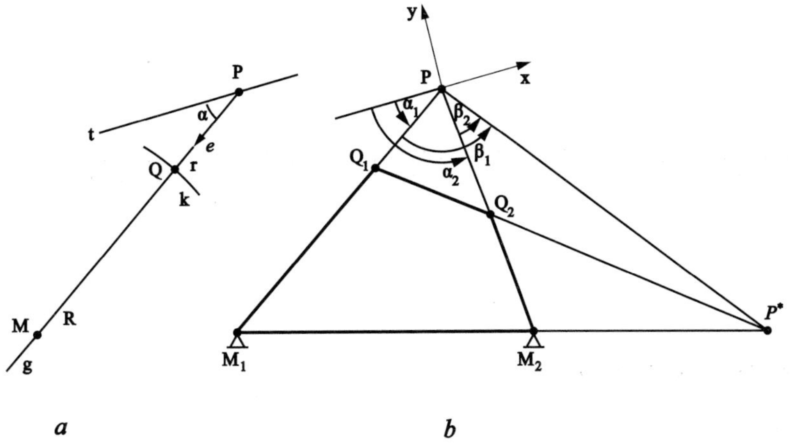

jeder Punkt von $E^1$ momentan in einem Punkt seiner Bahnkurve. Alle Punkte, die sich momentan in einem Scheitel ihrer Bahnkurve befinden, liegen auf der *Scheitelpunktkurve*. Im $x, y$-System von Abb. 17b ist die Gleichung der Scheitelpunktkurve die in $x$ und in $y$ kubische Gleichung

$$(\lambda x + \mu y)(x^2 + y^2) - xy = 0. \tag{66}$$

In Polarkoordinaten $r$, $\alpha$ ausgedrückt ist die Gleichung (man setze $x = r\cos\alpha$, $y = r\sin\alpha$)

$$r = \frac{\cos\alpha\sin\alpha}{\lambda\cos\alpha + \mu\sin\alpha}. \tag{67}$$

$\lambda$ und $\mu$ sind Konstanten. Die Koordinaten $(x_1, y_1)$ und $(x_2, y_2)$ zweier Scheitel bestimmen $\lambda$ und $\mu$ und damit die Scheitelpunktkurve. Diese Situation liegt z. B. bei der Bewegung der koppelfesten Ebene des Viergelenks $M_1Q_1Q_2M_2$ in Abb. 17b vor, denn $Q_1$ und $Q_2$ sind Scheitel ihrer kreisförmigen Bahnkurven.

Die Scheitelpunktkurve hat den Doppelpunkt P . In P ist sie tangential zur $x$-Achse und zur $y$-Achse. Die Gerade $\lambda x + \mu y + \lambda\mu/(\lambda^2 + \mu^2) = 0$ ist Asymptote der Scheitelpunktkurve.

## 5.3 Freiheitsgrad der Bewegung

### 5.3.1 Grüblersche Formel

Der *Freiheitsgrad f* eines Starrkörpermechanismus ist gleich der Minimalzahl unabhängiger *generalisierter Koordinaten*, die zur eindeutigen Beschreibung seiner Lage nötig sind. Der Freiheitsgrad eines einzelnen starren Körpers ohne *kinematische Bindungen* ist $f = 6$ bei räumlicher und $f = 3$ bei ebener Bewegung. Einschränkungen des Freiheitsgrades entstehen durch kinematische Bindungen in Gelenken. Ein einzelnes Gelenk mit der Nummer $i$ hat den Freiheitsgrad $1 \le f_i \le 5$ bei räumlicher und $1 \le f_i \le 2$ bei ebener Bewegung. Das ist die Anzahl unabhängiger *Gelenkkoordinaten*. Die Anzahl unabhängiger Bindungen im Gelenk $i$ ist $6 - f_i$ bei räumlicher und $3 - f_i$ bei ebener Bewegung. Ein Mechanismus mit $n$ Körpern einschließlich eines unbeweglichen Gestells und mit $m$ Gelenken mit den Gelenkfreiheitsgraden $f_1, \ldots, f_m$ hat den Freiheitsgrad (Formeln von Grübler)

$$f = \begin{cases} 6(n-1-m)+d+\sum_{i=1}^{m} f_i & (1 \le f_i \le 5; \text{räumlich}) \\ 3(n-1-m)+d+\sum_{i=1}^{m} f_i & (1 \le f_i \le 3; \text{eben}). \end{cases} \tag{68}$$

Diese Formeln setzen folgende Zählung von Gelenken voraus. 1. Zwei Körper sind nicht durch mehr als ein Gelenk verbunden, d. h., alle Verbindungselemente zweier Körper zählen als ein einziges Gelenk. 2. Ein Gelenk verbindet nicht mehr als zwei Körper. Wenn sich also z. B. $p > 2$ Körper um eine gemeinsame Achse drehen, dann zählt diese Achse als $p - 1$ Gelenke, je eines zwischen zwei Körpern. Der *Defekt d* ist die Anzahl abhängiger Bindungen. $d > 0$ bedeutet, dass Bindungen in einem Gelenk und Bindungen in anderen Gelenken nicht unabhängig sind.

***Beispiel 9:*** Der ebene Viergelenkmechanismus hat einschließlich Gestell $n = 4$ Körper und $m = 4$ Drehgelenke mit $f_i \equiv 1$. Gl. (68) liefert im ebenen Fall das richtige Ergebnis $f = 1$ mit $d = 0$. Mit der Gleichung für den räumlichen Fall ergibt sich $f = d - 2$. Also ist $d = 3$. Tatsächlich darf die Bindung an die Ebene nur in einem der vier Gelenke als unabhängig gezählt werden.

Ein Mechanismus mit $m = n - 1$ Gelenken ist eine *offene Gliederkette* (Abb. 21a). Sie hat den Freiheitsgrad $f = \sum_{i=1}^{m} f_i$. Ein Mechanismus mit $m = n$ Gelenken enthält eine *geschlossene Gliederkette*. Eine geschlossene Gliederkette ohne Seitenäste (Beispiel ebenes Viergelenk) muss im räumlichen Fall sieben und im ebenen Fall vier Gelenkkoordinaten enthalten, damit im Fall unabhängiger Bindungen ($d = 0$) $f = 1$ ist. Ein Mechanismus heißt *übergeschlossen*, wenn er den Freiheitsgrad $f \ge 1$ nur dank eines genügend großen Defekts $d > 0$ hat.

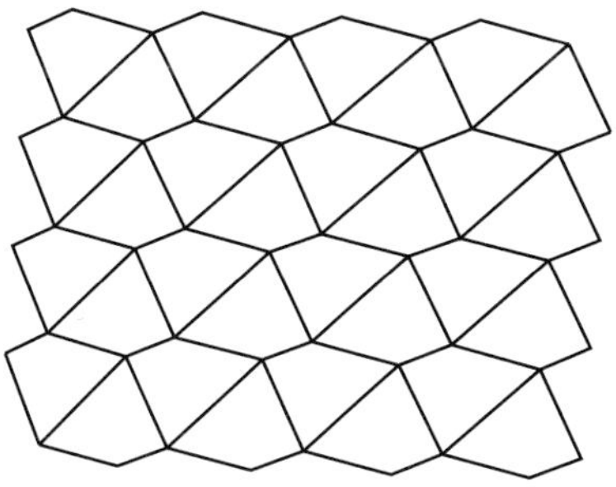

**Abb. 18** Bewegliches Parkett

Abb. 18 ist ein Ausschnitt eines allseitig unendlich ausgedehnten Parketts aus kongruenten konvexen Vierecken beliebiger Nicht-Parallelogrammform. Das Parkett ist ein Mechanismus mit dem Freiheitsgrad $f = 1$, wenn alle Vierecke starr und alle Kanten Drehgelenke sind (Satz von Kokotsakis).

### 5.3.2 Generalisierte Koordinaten. Bindungsgleichungen

Alle zur Kennzeichnung von Lagen und Winkellagen geeigneten Größen werden generalisierte Koordinaten $q_i$ $(i = 1, 2, \ldots)$ genannt. Ihre Ableitungen $\dot{q}_i$ und $\ddot{q}_i$ nach der Zeit heißen generalisierte Geschwindigkeiten bzw. generalisierte Beschleunigungen.

Wenn man die Lage eines Mechanismus mit dem Freiheitsgrad $f$ durch $n > f$ generalisierte Koordinaten $q_1, \ldots, q_n$ beschreibt, dann wird die Abhängigkeit von $\nu = n - f$ *überzähligen* Koordinaten durch $\nu$ voneinander unabhängige, sog. *holonome Bindungsgleichungen*

$$f_i(q_1, \ldots, q_n, t) = 0 \quad (i = 1, \ldots, \nu) \quad (69)$$

ausgedrückt. Die Bindungen und das mechanische System heißen *holonom-skleronom*, wenn die Zeit $t$ nicht explizit erscheint, sonst – bei Vorgabe von Systemparametern als Funktionen der Zeit – *holonom-rheonom.* Totale Differentiation von Gl. (69) nach $t$ liefert lineare Bindungsgleichungen für generalisierte Geschwindigkeiten $\dot{q}_i$ und Beschleunigungen $\ddot{q}_i$. Mit $J_{ij} = \partial f_i/\partial q_j$ lauten sie

$$\left.\begin{aligned} &\sum_{j=1}^{n} J_{ij}\dot{q}_j + \frac{\partial f_i}{\partial t} = 0, \\ &\sum_{j=1}^{n} J_{ij}\ddot{q}_j + \sum_{j=1}^{n}\left[\sum_{k=1}^{n}\frac{\partial J_{ij}}{\partial q_k}\dot{q}_k + \frac{\partial J_{ij}}{\partial t} + \frac{\partial^2 f_i}{\partial t\,\partial q_j}\right]\dot{q}_j \\ &\quad + \frac{\partial^2 f_i}{\partial t^2} = 0 \quad (i = 1, \ldots, \nu). \end{aligned}\right\} \quad (70)$$

***Beispiel 10:*** Ein ebenes Punktpendel der vorgegebenen veränderlichen Länge $l(t)$ hat den Freiheitsgrad $f = 1$. Die kartesischen Koordinaten $x, y$ des Punktkörpers unterliegen der holonom-rheonomen Bindungsgleichung $x^2 + y^2 - l^2(t) = 0$. Damit sind die Gl. (70)

$$x\dot{x} + y\dot{y} - l\dot{l} = 0,$$
$$x\ddot{x} + y\ddot{y} + \dot{x}^2 + \dot{y}^2 - l\ddot{l} - \dot{l}^2 = 0.$$

Ein mechanisches System heißt *nichtholonom*, wenn seine generalisierten Geschwindigkeiten $\dot{q}_1, \ldots, \dot{q}_n$ Bindungsgleichungen

$$\sum_{j=1}^{n} a_{ij}\dot{q}_j + a_{i0} = 0 \quad (i = 1, \ldots, \nu) \quad (71)$$

unterliegen, die sich nicht durch Integration in die Form Gl. (69) überführen lassen. Die $a_{ij}$ $(j = 0, \ldots, n)$ sind Funktionen von $q_1, \ldots, q_n$ im skleronomen Fall und von $q_1, \ldots, q_n$ und $t$ im rheonomen Fall. Differentiation nach $t$ liefert für Beschleunigungen Bindungsgleichungen, die mit Gl. (70) formal identisch sind, wenn man $J_{ij}$ durch $a_{ij}$ und $\partial f_i/\partial t$ durch $a_{i0}$ ersetzt. Nichtholonome Bindungen haben keinen Einfluss auf die Anzahl $f$ der unabhängigen Lagekoordinaten, d. h. auf den Freiheitsgrad im Großen. Im unendlich Kleinen nimmt der Freiheitsgrad aber mit jeder unabhängigen nichtholonomen Bindung um Eins ab.

***Beispiel 11:*** Der vertikal stehende Schlittschuh in Abb. 19 mit punktueller Berührung der gekrümmten Kufe hat drei unabhängige Lagekoordinaten $x$, $y$ und $\varphi$. Die nichtholonome Bindung „die Geschwindigkeit hat die Richtung der Kufe" wird durch $\dot{y} - \dot{x}\tan\varphi = 0$ ausgedrückt. Daraus folgt $\ddot{y} - \ddot{x}\tan\varphi - \dot{x}\dot{\varphi}/\cos^2\varphi = 0$.

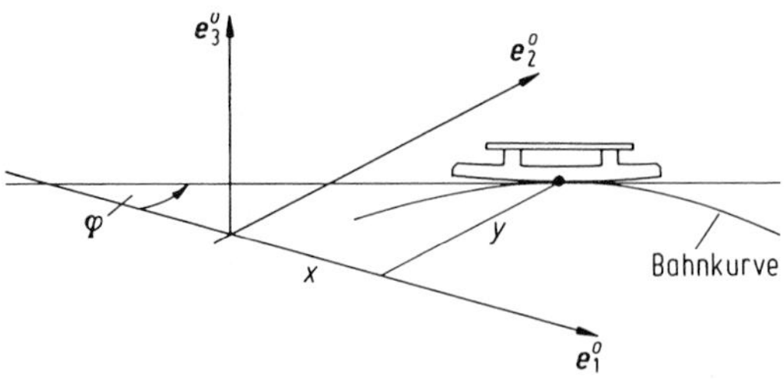


**Abb. 19** Nichtholonomes System

Eine skleronome Bindungsgleichung $P(x, y)\dot{x} + Q(x, y)\dot{y} = 0$ für zwei Koordinaten $x, y$ ist holonom. Sie kann nämlich, ggf. nach Multiplikation mit einer geeignet gewählten Funktion $u(x, y)$, durch Integration in die Form $F(x, y) = 0$ überführt werden. Es gilt also $F_x = uP$, $F_y = uQ$ (mit der üblichen Kurzschreibweise $F_x = \partial F/\partial x$ usw.). Dafür ist notwendig und hinreichend, dass $(uP)_y = (uQ)_x$ ist. Das ist für die unbekannte Funktion $u(x, y)$ die lineare partielle Differenzialgleichung $Pu_y - Qu_x + (P_y - Q_x)u = 0$ (siehe Dou 1972). Im einfachsten Fall ist $P_y = Q_x$, also $u$=const. Dieser Fall liegt in Beispiel 12 vor. Dort ist $P$=const und $Q$ nur von $y$ abhängig. Die Ausgangsgleichung $P\dot{x} + Q\dot{y} = 0$ ist also direkt integrierbar: $P(x - x_0) + \int_{y_0}^{y} Q(y)\mathrm{d}y = 0$.

***Beispiel 12:*** In Abb. 20a bewegt sich ein Fahrzeug entlang der $x$-Achse. Im Punkt A mit der Koordinate $x$ ist ein Anhänger (Stangenlänge $l$) gelenkig angekoppelt. Ein Rad oder eine Kufe am Stangenende M erzwingt, dass die Geschwindigkeit von M die Richtung der Stange hat. Die Trajektorie von M heißt Schleppkurve. Man berechne $\varphi(x)$ und die Schleppkurve, wenn die Bewegung bei $x = 0$ mit $-90^\circ < \varphi_0 < 90^\circ$ beginnt. In Abb. 20b bewegt sich A auf einem Kreis (Radius $r$, Koordinate $\alpha$, Stangenlänge $l < r$). Man berechne $\varphi(\alpha)$ und die Schleppkurve, wenn die Bewegung bei $\alpha = 0$ mit $0 < \varphi_0 < 180^\circ$ beginnt. Lösung zu Aufgabe (a): Die Ortsvektoren von A und M und die Geschwindigkeit von M haben im $x, y$-System die Koordinaten $\boldsymbol{r}_\mathrm{A} : [x, 0]$, $\boldsymbol{r}_\mathrm{M} : [x - l\cos\varphi, l\sin\varphi]$, $\boldsymbol{v}_\mathrm{M} : [\dot{x} + l\dot{\varphi}\sin\varphi, l\dot{\varphi}\cos\varphi]$. Die Bedingung $\boldsymbol{v}_\mathrm{M} \times (\boldsymbol{r}_\mathrm{A} - \boldsymbol{r}_\mathrm{M}) = \boldsymbol{0}$ lautet $\dot{\varphi} = -\dot{x}\sin\varphi$ oder $\mathrm{d}\varphi/\sin\varphi = -\mathrm{d}x$. In Aufgabe (b) ist die entsprechende Gleichung $\mathrm{d}\varphi/(1 - \lambda\cos\varphi) = -\mathrm{d}\alpha$ mit $\lambda = r/l > 1$. Stationäre Lösungen $\varphi_\mathrm{st}$ zeichnen sich dadurch aus, dass $\dot{\varphi} = 0$ unabhängig von $\dot{x}$ bzw. von $\dot{\alpha}$ ist:

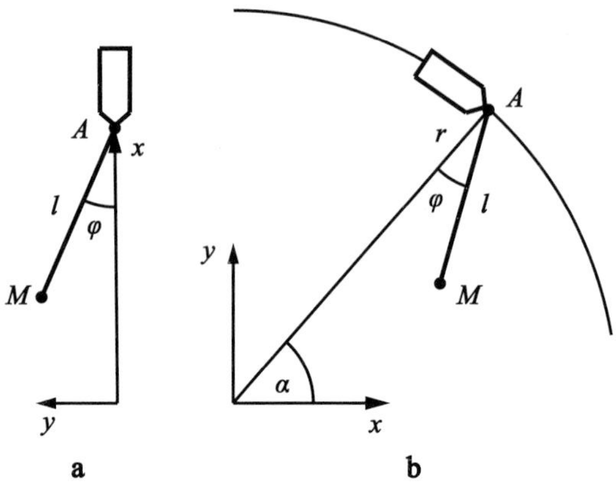


**Abb. 20** Fahrzeug mit Anhänger. Gerade Bahn (a) und Kreisbahn (b)

$\sin\varphi_\mathrm{st} = 0$ im Fall (a) und $\cos\varphi_\mathrm{st} = 1/\lambda$ im Fall (b). Integration liefert

$$(a)\quad \tan\frac{\varphi}{2} = \mathrm{e}^{-x}\tan\frac{\varphi_0}{2},$$

$$(b)\quad \tan\frac{\varphi}{2} = \frac{1 + a\mathrm{e}^{-b\alpha}}{1 - a\mathrm{e}^{-b\alpha}}\tan\frac{\varphi_\mathrm{st}}{2},$$

$$\tan\frac{\varphi_\mathrm{st}}{2} = \sqrt{\frac{\lambda - 1}{\lambda + 1}},\quad a = \frac{\tan\frac{\varphi_0}{2} - \tan\frac{\varphi_\mathrm{st}}{2}}{\tan\frac{\varphi_0}{2} + \tan\frac{\varphi_\mathrm{st}}{2}},$$

$$b = \sqrt{\lambda^2 - 1}.$$

Beim Rückwärtsfahren (beginnend bei $x = 0$ bzw. bei $\alpha = 0$) nimmt eine anfänglich kleine Abweichung von $\varphi_\mathrm{st}$ exponentiell zu. Anmerkung: Es gibt zwei stationäre Lösungen $\varphi_\mathrm{st} = 0$ und $180^\circ$ (a) bzw. $\pm\varphi_\mathrm{st}$ (b). Was Vorwärtsfahren für die eine ist, ist Rückwärtsfahren für die andere.

Mit Hilfe der Beziehungen $\cos\varphi = (1 - \tan^2\varphi/2)/(1 + \tan^2\varphi/2)$ und $\sin\varphi = 2\tan(\varphi/2)/(1 + \tan^2\varphi/2)$ ergeben sich Parameterdarstellungen für die Schleppkurve $\boldsymbol{r}_\mathrm{M}(x)$ im Fall (a) und $\boldsymbol{r}_\mathrm{M}(\alpha)$ im Fall (b).

### 5.3.3 Virtuelle Verschiebungen

*Virtuelle Verschiebungen* eines Systems sind infinitesimal kleine, mit allen Bindungen des Systems verträgliche, im übrigen aber beliebige Verschiebungen. Eine wesentliche Bindung ist, dass virtuelle Verschiebungen bei $t = \text{const}$ gebildet werden. Wenn also zwischen generalisierten Koordinaten holonom-rheonome (d. h. zeitabhängige) Bindungen der Form Gl. (69) bestehen, dann bedeutet $t = \text{const}$ für die virtuellen Änderungen der Koordinaten die Bindungen (wieder mit $J_{ij} = \partial f_i / \partial q_j$)

$$\sum_{j=1}^{n} J_{ij} \delta q_j = 0 \ . \tag{72}$$

In Beispiel 10 bedeutet $t = \text{const}$, dass $\delta l = 0$ ist.

Die virtuelle Verschiebung eines Systempunktes mit dem Ortsvektor $\boldsymbol{r}$ wird mit $\delta \boldsymbol{r}$ bezeichnet. Die virtuelle Verschiebung eines starren Körpers setzt sich aus der virtuellen Verschiebung $\delta \boldsymbol{r}_{\mathrm{A}}$ eines beliebigen Körperpunktes $A$ und einer *virtuellen Drehung* des Körpers um eine Achse durch A zusammen. Für diese wird der Drehvektor $\delta \boldsymbol{\pi}$ mit dem Betrag des infinitesimal kleinen Drehwinkels und mit der Richtung der Drehachse eingeführt. Dann ist die virtuelle Verschiebung eines anderen Körperpunkts $P$

$$\delta \boldsymbol{r}_{\mathrm{P}} = \delta \boldsymbol{r}_{\mathrm{A}} + \delta \boldsymbol{\pi} \times \boldsymbol{\varrho} \quad \text{mit} \quad \boldsymbol{\varrho} = \overrightarrow{AP}. \tag{73}$$

In einem System mit dem Freiheitsgrad $f$ und mit $f$ Lagekoordinaten $q_1, \ldots, q_f$ ist der Ortsvektor $\boldsymbol{r}$ jedes Punktes eine bekannte Funktion $\boldsymbol{r}(q_1, \ldots, q_f)$. Virtuelle Änderungen $\delta q_i$ der Koordinaten $q_i$ verursachen eine virtuelle Verschiebung $\delta \boldsymbol{r}$. In ihr treten dieselben Koeffizienten auf, wie im Ausdruck für die Geschwindigkeit des Punktes:

$$\delta \boldsymbol{r} = \sum_{i=1}^{f} \frac{\partial \boldsymbol{r}}{\partial q_i} \delta q_i, \quad \dot{\boldsymbol{r}} = \sum_{i=1}^{f} \frac{\partial \boldsymbol{r}}{\partial q_i} \dot{q}_i. \tag{74}$$

Analog gilt: Im Drehvektor $\delta \boldsymbol{\pi}$ treten dieselben Koeffizienten auf, wie in der Winkelgeschwindigkeit des Körpers:

$$\delta \boldsymbol{\pi} = \sum_{i=1}^{f} \boldsymbol{p}_i \delta q_i, \quad \boldsymbol{\omega} = \sum_{i=1}^{f} \boldsymbol{p}_i \dot{q}_i. \tag{75}$$

***Beispiel 13:*** Virtuelle Änderungen $\delta\psi$, $\delta\vartheta$ und $\delta\varphi$ der Eulerwinkel eines Körpers verursachen nach Gl. (50a) einen Drehvektor $\delta \boldsymbol{\pi}$, der in der körperfesten Basis die Komponenten hat:

$$(\sin\vartheta \sin\varphi \delta\psi + \cos\varphi \delta\vartheta, \ \sin\vartheta \cos\varphi \delta\psi - \sin\varphi \delta\vartheta, \ \cos\vartheta \delta\psi + \delta\varphi).$$

Virtuelle Verschiebungen von Körpern in ebener Bewegung sind am einfachsten beschreibbar als virtuelle Drehungen der Körper um ihre Momentanpole.

***Beispiel 14:*** In Abb. 13 gilt für die virtuellen Drehwinkel der Körper $\delta\varphi_5 : \delta\varphi_4 = r_6 : r_7$, $\delta\varphi_4 : \delta\varphi_3 = r_4 : r_5$, $\delta\varphi_3 : \delta\varphi_2 = r_2 : r_3$. Zwischen der virtuellen Verschiebung $\delta x_{\mathrm{rel}}$ des Kolbens 2 relativ zum Zylinder 1 und der virtuellen Verschiebung $\delta \boldsymbol{r}_{\mathrm{P}}$ des Punktes $P$ besteht die Beziehung $\delta r_{\mathrm{P}} : \delta x_{\mathrm{rel}} = v_{\mathrm{P}} : v_{\mathrm{rel}} = (r_2 r_4 r_6 r_8)/(r_1 r_3 r_5 r_7)$.

## 5.4 Kinematik offener Gliederketten

Abb. 21a ist ein Beispiel für eine beliebig verzweigte ebene oder räumliche, offene Gliederkette mit Körpern $i = 1, \ldots, n$ und Gelenken $j = 1, \ldots, n$ auf einem ruhenden Trägerkörper 0. Die angedeuteten Gelenke dürfen bis zu sechs Freiheitsgrade haben. Die Körper und Gelenke sind regulär nummeriert (entlang jedem von Körper 0 ausgehenden Zweig monoton steigend; jedes Gelenk hat denselben Index, wie der nach außen folgende Körper). Sei $b(i)$ für $i = 1, \ldots, n$ der Index des inneren Nachbarkörpers von Körper $i$ (Beispiel: In Abb. 21a ist $b(5) = 3$, $b(1) = 0$).

Auf jedem Körper $i = 0, \ldots, n$ wird eine Basis $\underline{e}^i$ beliebig festgelegt. Für Gelenk $j$ ($j = 1, \ldots, n$) wird auf Körper $j$ ein Gelenkpunkt durch einen Vektor $\boldsymbol{c}_j$ definiert (Abb. 21b). In der Basis $\underline{e}^{b(j)}$ hat dieser Gelenkpunkt den i. allg. nicht konstan-

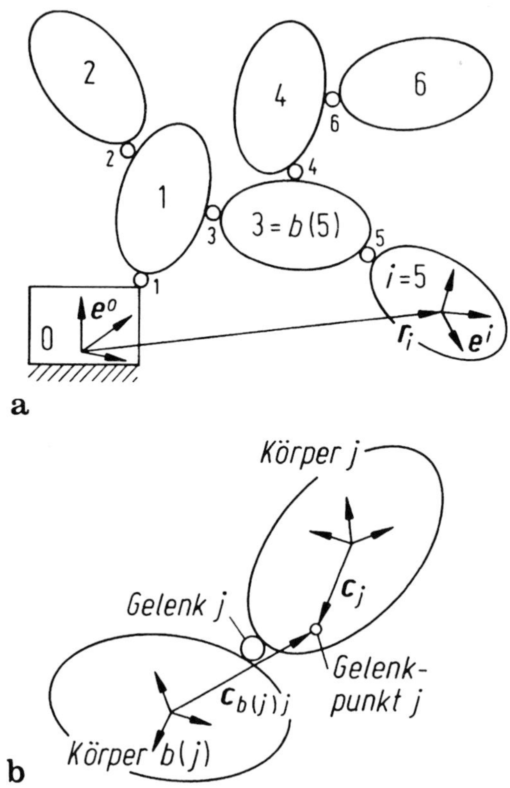


**Abb. 21** **a** Offene Gliederkette mit regulär nummerierten Körpern und Gelenken. Körper 0 ist in Ruhe. Das Symbol o kennzeichnet beliebige Gelenke mit 1 bis 6 Freiheitsgraden. **b** Kinematische Größen für das Gelenk $j$ zwischen den Körpern $j$ und $b(j)$

ten Ortsvektor $\boldsymbol{c}_{b(j)j}$. Der Vektor ist eine von sechs Größen zur Beschreibung der Lage und Bewegung von Körper $j$ relativ zu Körper $b(j)$. Die anderen sind die Geschwindigkeit $\boldsymbol{v}_j$ und die Beschleunigung $\boldsymbol{a}_j$ des Gelenkpunkts relativ zu Körper $b(j)$, die Transformationsmatrix $\underline{G}^j$ (definiert durch $\underline{\boldsymbol{e}}^{b(j)} = \underline{G}^j\underline{\boldsymbol{e}}^j$) sowie die Winkelgeschwindigkeit $\boldsymbol{\Omega}_j$ und die Winkelbeschleunigung $\boldsymbol{\varepsilon}_j$ von Körper $j$ relativ zu Körper $b(j)$. Die sechs Größen werden durch generalisierte Gelenkkoordinaten ausgedrückt. Im Gelenk $j$ mit dem Freiheitsgrad $1 \leqq f_j \leqq 6$ werden $f_j$ Gelenkkoordinaten geeignet gewählt. Das Gesamtsystem hat den Freiheitsgrad $f = \sum_{j=1}^{n} f_j$. Seine $f$ Koordinaten bilden nach Gelenken geordnet die Spaltenmatrix $\underline{q} = [q_1 \ldots q_f]^{\mathrm{T}}$. Die sechs Gelenkgrößen sind bekannte Funktionen der Form

$$\left.\begin{array}{lll} \boldsymbol{c}_{b(j)j}(\underline{q}), & \boldsymbol{v}_j = \sum_{l=1}^{f} \boldsymbol{k}_{jl}\dot{q}_l, & \boldsymbol{a}_j = \sum_{l=1}^{f} \boldsymbol{k}_{jl}\ddot{q}_l + \boldsymbol{s}_j, \\ \underline{G}^j(\underline{q}), & \boldsymbol{\Omega}_j = \sum_{l=1}^{f} \boldsymbol{p}_{jl}\dot{q}_l, & \boldsymbol{\varepsilon}_j = \sum_{l=1}^{f} \boldsymbol{p}_{jl}\ddot{q}_l + \boldsymbol{w}_j \\ (j = 1, \ldots, n), & & \end{array}\right\} \tag{76}$$

wobei nur die $f_j$ Koordinaten des jeweiligen Gelenks $j$ explizit auftreten.

***Beispiel 15:*** Bei einem Drehschubgelenk werden als Gelenkkoordinaten eine kartesische Koordinate $x$ der Translation entlang der Achse und ein Drehwinkel $\varphi$ um die Achse gewählt. Als Gelenkpunkt wird ein Punkt auf der Achse gewählt. Dann ist $\boldsymbol{v}_j = \dot{x}\boldsymbol{e}$, $\boldsymbol{a}_j = \ddot{x}\boldsymbol{e}$, $\boldsymbol{\Omega}_j = \dot{\varphi}\boldsymbol{e}$, $\boldsymbol{\varepsilon}_j = \ddot{\varphi}\boldsymbol{e}$ mit dem auf beiden Körpern festen Achseneinheitsvektor $\boldsymbol{e}$. $\boldsymbol{s}_j = \boldsymbol{0}$, $\boldsymbol{w}_j = \boldsymbol{0}$.

Die je $n$ Gl. (76) für $\boldsymbol{v}_j$, $\boldsymbol{a}_j$, $\boldsymbol{\Omega}_j$ und $\boldsymbol{\varepsilon}_j$ ($j = 1, \ldots, n$) werden zusammengefaßt zu

$$\left.\begin{array}{ll} \underline{\boldsymbol{v}} = \underline{\boldsymbol{k}}^{\mathrm{T}}\dot{\underline{q}}, & \underline{\boldsymbol{a}} = \underline{\boldsymbol{k}}^{\mathrm{T}}\ddot{\underline{q}} + \underline{\boldsymbol{s}}, \\ \underline{\boldsymbol{\Omega}} = \underline{\boldsymbol{p}}^{\mathrm{T}}\dot{\underline{q}}, & \underline{\boldsymbol{\varepsilon}} = \underline{\boldsymbol{p}}^{\mathrm{T}}\ddot{\underline{q}} + \underline{\boldsymbol{w}} \end{array}\right\} \tag{77}$$

mit den Spaltenmatrizen $\boldsymbol{v} = [\boldsymbol{v}_1 \ldots \boldsymbol{v}_n]^{\mathrm{T}}$, $\boldsymbol{a} = [\boldsymbol{a}_1 \ldots \boldsymbol{a}_n]^{\mathrm{T}}$, $\boldsymbol{\Omega} = [\boldsymbol{\Omega}_l \ldots \boldsymbol{\Omega}_n]^{\mathrm{T}}$, $\boldsymbol{\varepsilon} = [\boldsymbol{\varepsilon}_1 \ldots \boldsymbol{\varepsilon}_n]^{\mathrm{T}}$, $\boldsymbol{s} = [\boldsymbol{s}_1 \ldots \boldsymbol{s}_n]^{\mathrm{T}}$ und $\underline{\boldsymbol{w}} = [\boldsymbol{w}_1 \ldots \boldsymbol{w}_n]^{\mathrm{T}}$. $\underline{\boldsymbol{k}}$ und $\underline{\boldsymbol{p}}$ sind blockstrukturierte Matrizen.

***Beispiel 16:*** In Abb. 21a seien alle Gelenke Drehschubgelenke mit der Beschreibung von Beispiel 15. Dann ist $\underline{q} = [x_1 \varphi_1 x_2 \varphi_2 \ldots x_6 \varphi_6]^T$. $\underline{\boldsymbol{k}}^T$ und $\underline{\boldsymbol{p}}^T$ sind $(6 \times 12)$-Matrizen mit den Untermatrizen $[\boldsymbol{e}_j\ \boldsymbol{0}]$ bzw. $[\boldsymbol{0}\ \boldsymbol{e}_j]$ ($j = 1, \ldots, 6$) entlang der Diagonale. $\underline{\boldsymbol{s}} = \underline{\boldsymbol{0}}$, $\underline{\boldsymbol{w}} = \underline{\boldsymbol{0}}$.

Durch die definierten Gelenkgrößen werden die Lagen und Bewegungen aller Körper $i = 1, \ldots, n$ relativ zu Körper 0 ausgedrückt, genauer gesagt, der Ortsvektor $\boldsymbol{r}_i$, die Geschwindigkeit $\dot{\boldsymbol{r}}_i$ und die Beschleunigung $\ddot{\boldsymbol{r}}_i$ des Ursprungs von $\underline{\boldsymbol{e}}^i$, die Transformationsmatrix $\underline{A}^i$ (definiert durch $\underline{\boldsymbol{e}}^0 = \underline{A}^i\underline{\boldsymbol{e}}^i$), die Winkelgeschwindigkeit $\boldsymbol{\omega}_i$ und die

Winkelbeschleunigung $\dot{\boldsymbol{\omega}}_i$. Ausgehend von den Größen $\underline{A}^0 = \underline{I}$, $\boldsymbol{\omega}_0 = \boldsymbol{r}_0 = \dot{\boldsymbol{\omega}}_0 = \dot{\boldsymbol{r}}_0 = \ddot{\boldsymbol{r}}_0 = \boldsymbol{0}$ werden alle Größen rekursiv aus den Gleichungen berechnet (überall ist $b = b(i)$):

$$\left.\begin{aligned}
&\underline{A}^i = \underline{A}^b \underline{G}^i,\\
&\boldsymbol{\omega}_i = \boldsymbol{\omega}_b + \boldsymbol{\Omega}_i,\\
&\boldsymbol{r}_i = \boldsymbol{r}_b + \boldsymbol{c}_{bi} - \boldsymbol{c}_i,\\
&\dot{\boldsymbol{\omega}}_i = \dot{\boldsymbol{\omega}}_b + \boldsymbol{\varepsilon}_i + \boldsymbol{\omega}_b \times \boldsymbol{\Omega}_i,\\
&\dot{\boldsymbol{r}}_i = \dot{\boldsymbol{r}}_b + \boldsymbol{v}_i + \boldsymbol{\omega}_b \times \boldsymbol{c}_{bi} - \boldsymbol{\omega}_i \times \boldsymbol{c}_i,\\
&\ddot{\boldsymbol{r}}_i = \ddot{\boldsymbol{r}}_b + \boldsymbol{a}_i + \dot{\boldsymbol{\omega}}_b \times \boldsymbol{c}_{bi} - \dot{\boldsymbol{\omega}}_i \times \boldsymbol{c}_i + \boldsymbol{h}_i,\\
&\boldsymbol{h}_i = \boldsymbol{\omega}_b \times (\boldsymbol{\omega}_b \times \boldsymbol{c}_{bi}) - \boldsymbol{\omega}_i \times (\boldsymbol{\omega}_i \times \boldsymbol{c}_i) + 2\boldsymbol{\omega}_b \times \boldsymbol{v}_i
\end{aligned}\right\} \tag{78}$$

$(i = 1, \ldots, n)$. Für $\underline{G}^i$, $\boldsymbol{\Omega}_i$, $\boldsymbol{c}_{bi}$, $\boldsymbol{\varepsilon}_i$, $\boldsymbol{v}_i$ und $\boldsymbol{a}_i$ werden die Ausdrücke Gl. (76) eingesetzt. Mit den Matrizen $\underline{A}^i$ und $\underline{A}^{b(i)}$ werden Vektorkoordinaten aus den Basen $\underline{e}^i$ und $\underline{e}^{b(i)}$ in die Basis $\underline{e}^0$ transformiert.

Sei $T_{ji} = -1$, wenn Gelenk $j$ zwischen Körper 0 und Körper $i$ liegt und $T_{ji} = 0$ andernfalls $(j,\ i = 1, \ldots, n)$. Damit nehmen die Gl. (78) die nichtrekursive Form an (alle Summen erstrecken sich über $j = 1, \ldots, n$, und überall ist $b = b(j)$).

$$\left.\begin{aligned}
\boldsymbol{r}_i &= -\sum T_{ji}(\boldsymbol{c}_{bj} - \boldsymbol{c}_j),\\
\dot{\boldsymbol{r}}_i &= -\sum T_{ji}(\boldsymbol{v}_j + \boldsymbol{\omega}_b \times \boldsymbol{c}_{bj} - \boldsymbol{\omega}_j \times \boldsymbol{c}_j),\\
\ddot{\boldsymbol{r}}_i &= -\sum T_{ji}(\boldsymbol{a}_j + \dot{\boldsymbol{\omega}}_b \times \boldsymbol{c}_{bj} - \dot{\boldsymbol{\omega}}_j \times \boldsymbol{c}_j + \boldsymbol{h}_j)\\
\boldsymbol{\omega}_i &= -\sum T_{ji}\boldsymbol{\Omega}_j,\\
\dot{\boldsymbol{\omega}}_i &= -\sum T_{ji}(\boldsymbol{\varepsilon}_j + \boldsymbol{\omega}_b \times \boldsymbol{\Omega}_j),\\
\underline{A}^i &= \prod_{j:T_{ji}\neq 0} \underline{G}^j \,(j \,\text{monoton wachsend})\\
&\qquad (i = 1, \ldots, n).
\end{aligned}\right\} \tag{79}$$

Beispiel: In Abb. 21a ist $\underline{A}^6 = \underline{G}^1\underline{G}^3\underline{G}^4\underline{G}^6$.

Seien $\underline{\boldsymbol{r}} = [\boldsymbol{r}_1 \ldots \boldsymbol{r}_n]^{\mathrm{T}}$ und $\underline{\boldsymbol{\omega}} = [\boldsymbol{\omega}_1 \ldots \boldsymbol{\omega}_n]^{\mathrm{T}}$. Dann liefern die Gl. (77) und (79)

$$\left.\begin{aligned}
\dot{\underline{\boldsymbol{r}}} &= \underline{\boldsymbol{a}}_1 \dot{\underline{q}}, & \ddot{\underline{\boldsymbol{r}}} &= \underline{\boldsymbol{a}}_1 \ddot{\underline{q}} + \underline{\boldsymbol{b}}_1,\\
\underline{\boldsymbol{\omega}} &= \underline{\boldsymbol{a}}_2 \dot{\underline{q}}, & \dot{\underline{\boldsymbol{\omega}}} &= \underline{\boldsymbol{a}}_2 \ddot{\underline{q}} + \underline{\boldsymbol{b}}_2
\end{aligned}\right\} \tag{80}$$

mit

$$\left.\begin{aligned}
\underline{\boldsymbol{a}}_1 &= (\underline{\boldsymbol{C}}\,\underline{T})^{\mathrm{T}} \times \underline{\boldsymbol{a}}_2 - (\underline{\boldsymbol{k}}\,\underline{T})^{\mathrm{T}}, & \underline{\boldsymbol{a}}_2 &= -(\underline{\boldsymbol{p}}\,\underline{T})^{T},\\
\underline{\boldsymbol{b}}_1 &= (\underline{\boldsymbol{C}}\,\underline{T})^{\mathrm{T}} \times \underline{\boldsymbol{b}}_2 - \underline{T}^{\mathrm{T}}\underline{\boldsymbol{s}}^*, & \underline{\boldsymbol{b}}_2 &= -\underline{T}^{\mathrm{T}}\underline{\boldsymbol{w}}^*.
\end{aligned}\right\} \tag{81}$$

Darin sind $\underline{T}$ die Matrix aller $T_{ji}$ $(j,\ i = 1, \ldots, n)$ und $\underline{\boldsymbol{C}}$ die Matrix mit den Elementen $\underline{\boldsymbol{C}}_{ij} = \boldsymbol{c}_{b(j)j}$ für $i = b(j)$, $\boldsymbol{C}_{ij} = -\boldsymbol{c}_j$ für $i = j$ und $\boldsymbol{C}_{ij} = \boldsymbol{0}$ sonst $(i, j = 1, \ldots, n)$. $\underline{\boldsymbol{s}}^*$ und $\underline{\boldsymbol{w}}^*$ sind Spaltenmatrizen mit den Elementen $\boldsymbol{s}_j^* = \boldsymbol{s}_j + \boldsymbol{h}_j$ bzw. $\boldsymbol{w}_j^* = \boldsymbol{w}_j + \boldsymbol{\omega}_b \times \boldsymbol{\Omega}_j$ $(j = 1, \ldots ;n; b = b(j))$. Weitere Einzelheiten und Verallgemeinerungen siehe in Wittenburg 2008.

## 5.5 Kardangelenk

Ein Kardangelenk verbindet zwei in einem Gestell gelagerte Wellen 1 und 2, deren Achsen sich unter dem Knickwinkel $\alpha < 90°$ in einem festen Punkt *0* schneiden. Die gestellfeste Basis $\underline{e}^0$ hat den Ursprung *0*, die $e_1^0$-Achse entlang Welle 1 und die $e_3^0$-Achse senkrecht zur Ebene der Wellen. Der kreuzförmige Zentralkörper des Gelenks ist Träger der Basis $\underline{e}^1$ mit $\boldsymbol{e}_1^1$ und $\boldsymbol{e}_2^1$ in den Drehachsen, die das Kreuz mit Welle 1 bzw. Welle 2 verbinden. Vereinbarung: Der Drehwinkel $\varphi_1$ von Welle 1 relativ zum Gestell ist null, wenn $\boldsymbol{e}_1^1$ die Richtung von $\boldsymbol{e}_3^0$ hat. In dieser Stellung ist der Drehwinkel $\varphi_2$ von Welle 2 relativ zum Gestell $\varphi_2 = -\pi/2$. Zwischen $\varphi_1$ und $\varphi_2$ besteht die symmetrische Beziehung $\tan\varphi_1 \tan\varphi_2 = -\cos\alpha$. Das Übersetzungsverhältnis $i = \dot{\varphi}_1/\dot{\varphi}_2$ ist die gerade, $\pi$-periodische Funktion $i = (1 - \sin^2\alpha \cos^2\varphi_1)/\cos\alpha$ mit den Extrema $i_{\min} = \cos\alpha$, $i_{\max} = 1/\cos\alpha$. Die Differenz $\chi = \varphi_2 - \varphi_1 + \pi/2$ ($\chi = 0$ für $\varphi_1 = 0$ und für $\varphi_1 = \pi/2$) hat das Maximum $\chi_{\max} = \arctan[(1 - \cos\alpha)/(2\sqrt{\cos\alpha})]$ bei $\varphi_1 = \arctan\sqrt{\cos\alpha}$. Beispiel: $\chi_{\max} \approx 4{,}1°$ bei $\varphi_1 \approx 42{,}9°$ im Fall $\alpha = 30°$.

Der Zentralkörper dreht sich um den festen Punkt *0*. Seine Winkelgeschwindigkeit $\boldsymbol{\omega}$ ist eine Funktion von $\varphi_1$ mit Komponenten $(\omega_1, \omega_2, \omega_3)$ in $\underline{e}^1$ und Komponenten $(\Omega_1, \Omega_2, \Omega_3)$ in $\underline{e}^0$. Die Verhältnisse $x(\varphi_1) = \omega_1/\omega_3$ und $y(\varphi_1) = \omega_2/\omega_3$ sind eine Parameterdarstellung der Schnittkurve des

Gangpolkegels mit Ebenen senkrecht zu $\boldsymbol{e}_3^1$. Die Verhältnisse $X(\varphi_1) = \Omega_2/\Omega_1$ und $Y(\varphi_1) = \Omega_3/\Omega_1$ sind eine Parameterdarstellung der Schnittkurve des Rastpolkegels mit Ebenen senkrecht zu $\boldsymbol{e}_1^0$. Die impliziten Gleichungen der Schnittkurven sind (siehe Wittenburg 2016) $x^2 + x^2y^2 + y^2 = \tan^2\alpha$ (Gangpolkegel) und $\left(X - \frac{1}{2}\tan\alpha\right)^2/\left(\frac{1}{2}\tan\alpha\right)^2 + Y^2/\left(\frac{1}{2}\sin\alpha\right)^2 = 1$ (Rastpolkegel). Die Achsen der Wellen 1 und 2 sind Mantellinien des Rastpolkegels. Der Rastpolkegel liegt innerhalb des Gangpolkegels. Pro Umdrehung von Welle 1 überstreicht $\boldsymbol{\omega}$ den Gangpolkegel einmal und den Rastpolkegel zweimal.

## 5.6 Viergelenkmechanismus

### 5.6.1 Grashof-Bedingung. Übersetzungsverhältnis

Ein Viergelenkmechanismus (Abb. 22) hat Glieder der Längen $l$ (Gestell), $r_1$ (Eingangsglied), $r_2$ (Ausgangsglied) und $a$ (Koppelglied). Der Eingangswinkel $\varphi$ bestimmt je zwei Winkel $\psi_{1,2}$, $\chi_{1,2}$ und $\mu_{1,2}$:

$$\left.\begin{array}{l} A(\varphi)\cos\psi + B(\varphi)\sin\psi = C(\varphi), \quad A = 2r_2(l - r_1\cos\varphi), \\ B = -2r_1r_2\sin\varphi, \quad C = 2r_1 l\cos\varphi - \left(r_1^2 + l^2 + r_2^2 - a^2\right), \end{array}\right\} \tag{82}$$

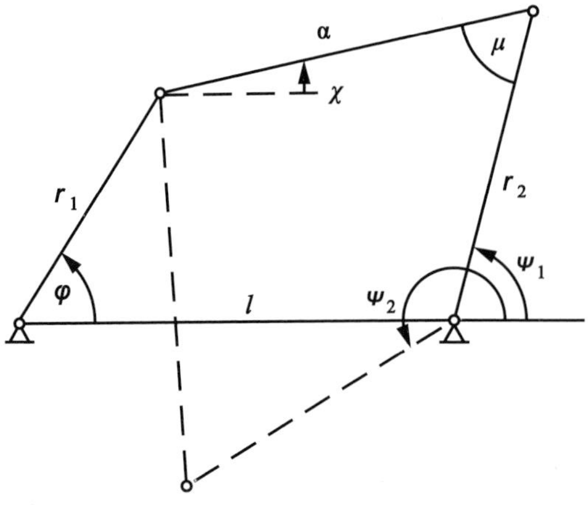


**Abb. 22** Längen und Winkel im Viergelenk

$$\left.\begin{array}{l} \overline{A}(\varphi)\cos\chi + \overline{B}(\varphi)\sin\chi = \overline{C}(\varphi), \quad \overline{A} = -2a(l - r_1\cos\varphi), \\ \overline{B} = 2r_1 a\sin\varphi, \quad \overline{C} = 2r_1 l\cos\varphi - \left(r_1^2 + l^2 + a^2 - r_2^2\right), \end{array}\right\} \tag{83}$$

$$\cos\mu_{1,2} = \frac{2r_1 l\cos\varphi_{1,2} - \left(r_1^2 + l^2\right) + r_2^2 + a^2}{2r_2 a}. \tag{84}$$

Gl. (82) hat die Lösungen

$$\left.\begin{array}{l} \cos\psi_k = \dfrac{AC + (-1)^k B\sqrt{A^2 + B^2 - C^2}}{A^2 + B^2}, \\ \sin\psi_k = \dfrac{BC - (-1)^k A\sqrt{A^2 + B^2 - C^2}}{A^2 + B^2} \end{array}\right\} \quad (k = 1,2). \tag{85}$$

Seien $l_{\min}$ und $l_{\max} \neq l_{\min}$ die kleinste bzw. die größte der vier Gliedlängen. Das Glied mit $l_{\min}$ ist relativ zu allen anderen Gliedern voll umlauffähig, wenn $l_{\min} + l_{\max} \leq$ Summe der beiden anderen Gliedlängen ist (Grashof-Bedingung).

Für das Übersetzungsverhältnis $i = \dot{\varphi}/\dot{\psi}$ gilt

$$\frac{2}{i(\varphi)} = \frac{1}{\cos\varphi - p_2} \left(\cos\varphi - p_1 \pm \frac{(\cos\varphi - p_3)\sin\varphi}{\sqrt{\lambda^2 - (\cos\varphi - p_4)^2}}\right) \tag{86}$$

mit den dimensionslosen Konstanten $\lambda = r_2 a/(r_1 l)$, $p_1 = r_1/l$, $p_2 = \left(r_1^2 + l^2\right)/(2r_1 l)$, $p_3 = p_2 - \left(r_2^2 - a^2\right)/(2r_1 l)$, $p_4 = p_2 - \left(r_2^2 + a^2\right)/(2r_1 l)$. Das Übersetzungsverhältnis hat stationäre Werte in Stellungen des Viergelenks, in denen das Koppelglied orthogonal zu P–P* ist (Schnittpunkt P von Antriebs- und Abtriebsglied, Schnittpunkt P* von Koppelglied und Gestell).

### 5.6.2 Koppelkurven

Bahnkurven von koppelfesten Punkten heißen Koppelkurven. Die Gl. (64) und (65) bestimmen zu jedem Punkt jeder Koppelkurve den zugehörigen Krümmungsmittelpunkt. Eine systematische Sammlung von Koppelkurven siehe in Hrones und Nelson 1951.

In Abb. 23 ist $A_0A_1B_1B_0$ ein Viergelenk mitdem Gestell $A_0$–$B_0$ und mit dem koppelfesten Punkt C. Das Bild erklärt, wie durch Hinzufügen von Parallelogrammen die Punkte $A_2$, $A_3$, $B_2$, $B_3$ und $C_0$ konstruiert werden. Bei Bewegungen ist $C_0$ im Gestell fest. Die Dreiecke $(A_0B_0C_0)$ und $(A_1B_1C)$ sind ähnlich. $A_0A_2B_2C_0$ und $B_0A_3B_3C_0$ sind Viergelenke mit dem Gestell $A_0$–$C_0$ bzw. $B_0$–$C_0$ und mit demselben koppelfesten Punkt C. In allen drei Viergelenken generiert C dieselbe Koppelkurve (Satz von Roberts und Tschebychev).

Eigenschaften von Koppelkurven: Im Fall $b_1 = 0$ (im Fall $b_2 = 0$) sind Koppelkurven Kreise oder Kreisbögen vom Radius $r_1$ um $A_0$ (vom Radius $r_2$ um $B_0$). Koppelkurven sind beschränkt auf das Gebiet, das von den konzentrischen Kreisen um $A_0$ mit den Radien $|r_1 - b_1|$ und $r_1 + b_1$ und von den konzentrischen Kreisen um $B_0$ mit den Radien $|r_2 - b_2|$ und $r_2 + b_2$ begrenzt wird. Im Fall $b_1, b_2 \gg l, a, r_1, r_2$ sind Koppelkurven angenähert Kreise oder Kreisbögen.

Im gezeichneten $x$, $y$-System hat die Koppelkurve die implizite Gleichung

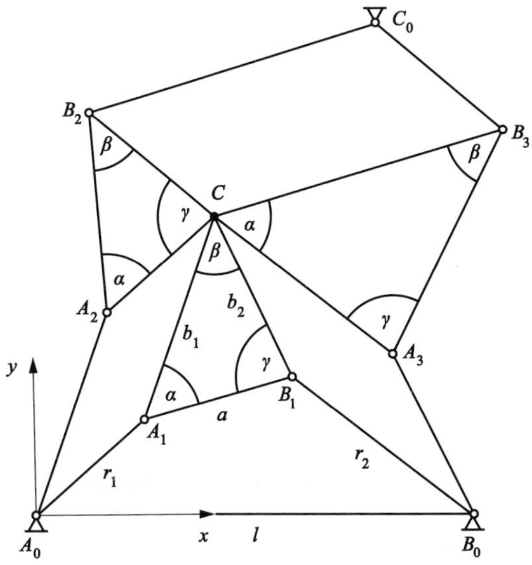


**Abb. 23** Viergelenke zum Satz von Roberts-Tschebychev

$$\begin{aligned}&\Big\{b_2\big(x^2+y^2+b_1^2-r_1^2\big)[(x-l)\sin\beta-y\cos\beta]\\&\quad+b_1y\big[(x-l)^2+y^2+b_2^2-r_2^2\big]\Big\}^2\\&+\Big\{b_2\big(x^2+y^2+b_1^2-r_1^2\big)[(x-l)\cos\beta+y\sin\beta]\\&\quad-b_1x\big[(x-l)^2+y^2+b_2^2-r_2^2\big]\Big\}^2\\&=4b_1^2b_2^2\big[\big(x^2+y^2\big)\sin\beta-l(x\sin\beta+y\cos\beta)\big]^2.\end{aligned}\tag{87}$$

Koppelkurven können Doppelpunkte und Spitzen haben. Sie liegen auf dem Umkreis des Dreiecks $(A_0B_0C_0)$. Ihre Gesamtzahl ist maximal drei. Die Koppelkurve von C hat drei Spitzen, wenn die Bedingungen erfüllt sind: $\left(a^2 + r_1^2 + r_2^2\right)/l^2 + 2ar_1r_2/l^3 = 1$, $\cos\alpha = r_2/l$, $\cos\gamma = r_1/l$. Die Gleichung des Umkreises ergibt sich durch Nullsetzen der rechten Seite von Gl. (87).

Die Koppelkurve von C ist symmetrisch zur Gestellgeraden $\overline{A_0B_0}$, wenn C auf der Koppelgeraden $\overline{A_1B_1}$ liegt (nicht notwendig zwischen $A_1$ und $B_1$). Wenn diese Bedingung im Viergelenk $A_0A_1B_1B_0$ erfüllt ist, dann liegt C in allen drei Viergelenken auf der jeweiligen Koppelgeraden.

Die Koppelkurve von C ist symmetrisch zur Mittelsenkrechten von $A_0$–$B_0$, wenn $r_1 = r_2$ und $b_1 = b_2$ ist. Dann sind im Viergelenk $A_0A_2B_2C_0$ die drei Längen $B_2$–$A_2$, $B_2$–C und $B_2$–$C_0$ gleich, und im Viergelenk $B_0A_3B_3C_0$ sind die drei Längen $B_3$–$A_3$, $B_3$–C und $B_3$–$C_0$ gleich. Auch diese Gleichheit dreier Längen ist eine hinreichende Bedingung für Symmetrie der Koppelkurve. Angewandt auf das Viergelenk $A_0A_1B_1B_0$ lautet die Bedingung $b_2 = r_2 = a$. Wenn außerdem $r_1^2 + l^2\cot^2\beta = 4a^2\cos^2\beta$ ist, dann hat die symmetrische Koppelkurve einen Vierfachpunkt auf dem Umkreis des Dreiecks $(A_0B_0C_0)$.

## Literatur


Artobolevsky II (1964) Mechanisms for the generation of plane curves. Pergamon Press, Oxford

Beyer R (1931) Technische Kinematik. Barth, Leipzig

Bottema O, Roth B (1979) Theoretical kinematics. North-Holland, Amsterdam

Dijksman EA (1976) Motion geometry of mechanism. Cambridge University Press

Dou A (1972) Lectures on partial differential equations of first order. University Notre Dame Press, Michigan
Erdman EG (Hrsg) (1993) Modern kinematics. Developments in the last forty years. Wiley, New York
Hain K (1961) Angewandte Getriebelehre, 2. Aufl. VDI, Düsseldorf
Hrones JA, Nelson GL (1951) Analysis of the four-bar linkage. Wiley, New York
Husty ML, Karger A, Sachs S, Steinhilper W (1997) Kinematik und Robotik. Springer, Berlin
Luck K, Modler K-H (1995) Getriebetechnik. Analyse, Synthese, Optimierung, 2. Aufl. Springer, Berlin
Strubecker K (1964) Differentialgeometrie I: Kurventheorie der Ebene und des Raumes. de Gruyter, Berlin
Wittenburg J (2008) Dynamics of multibody systems, 2. Aufl. Springer, Berlin
Wittenburg J (2016) Kinematics. Theory and applications. Springer, Berlin
Woernle C (2016) Mehrkörpersysteme. Eine Einführung in die Kinematik und Dynamik von Systemen starrer Körper, 2. Aufl. Springer, Berlin
Wunderlich W (1970) Ebene Kinematik. BI-Hochschultaschenbücher, Mannheim

# Statik starrer Körper

# 6

Jens Wittenburg

## Inhalt




J. Wittenburg (✉)
Institut für Technische Mechanik, Karlsruher Institut für Technologie, Karlsruhe, Deutschland
E-Mail: jens.wittenburg@kit.edu



© Der/die Autor(en), exklusiv lizenziert durch Springer-Verlag GmbH, DE, ein Teil von Springer Nature 2022





M. Hennecke, B. Skrotzki (Hrsg.), *HÜTTE Band 2: Grundlagen des Maschinenbaus und ergänzende Fächer für Ingenieure*, Springer Reference Technik,
https://doi.org/10.1007/978-3-662-64372-3_32

**Zusammenfassung**

Gegenstand der Statik starrer Körper sind Gleichgewichtszustände von Systemen starrer Körper und Bedingungen für Kräfte an und in derartigen Systemen im Gleichgewichtszustand. Gleichgewicht bedeutet entweder den Zustand der Ruhe oder einen speziellen Bewegungszustand (siehe Abschn. 1.11). Im Gleichgewichtszustand verhalten sich auch nichtstarre Systeme wie starre Körper, z. B. ein biegeschlaffes Seil und eine stationär rotierende elastische Scheibe. Methoden der Statik starrer Körper sind auch auf derartige Systeme anwendbar.

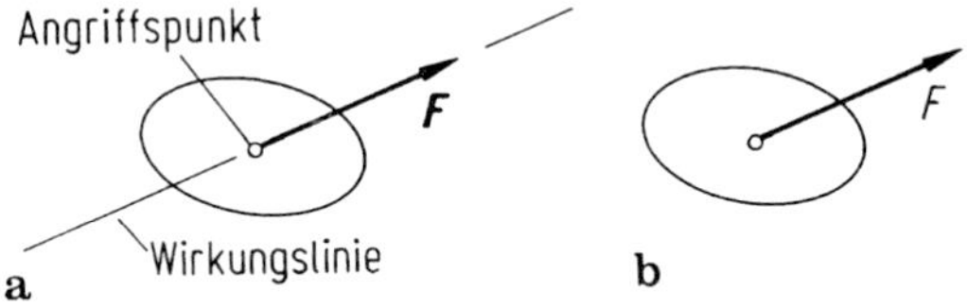


**Abb. 1** **a** Kennzeichnung einer Kraft durch den Vektor $\boldsymbol{F}$. **b** Kennzeichnung durch die Koordinate $F$ entlang der gezeichneten Richtung

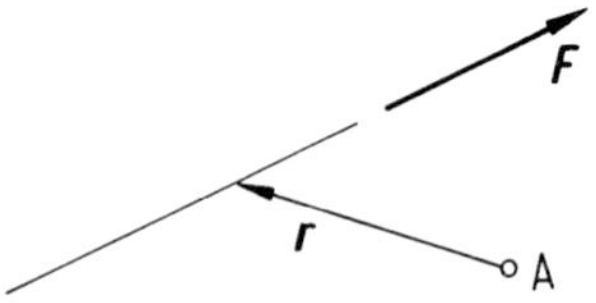


**Abb. 2** Das Moment von $\boldsymbol{F}$ um $A$ ist $\boldsymbol{r} \times \boldsymbol{F}$

## 6.1 Grundlagen der Statik

Einführende Darstellungen sind u. a. Pestel 1988; Szabó 2003; Richard und Sander 2010; Hartmann 2015; Gross et al. 2016; Hagedorn und Wallaschek 2018 sowie Holzmann et al. 2018.

### 6.1.1 Kraft. Moment

Eine *Kraft* ist ein Vektor mit einem Angriffspunkt, einer Richtung und einem Betrag. Angriffspunkt und Richtung definieren die Wirkungslinie der Kraft (Abb. 1). Die Dimension der Kraft ist Masse × Länge/Zeit$^2$, und die SI-Einheit ist das Newton: $1\ \text{N} = 1\ \text{kgm/s}^2$. Bei deformierbaren Körpern ändert sich die Wirkung einer Kraft, wenn eines ihrer Merkmale Angriffspunkt, Richtung und Betrag geändert wird. Die Wirkung auf einen starren Körper ändert sich nicht, wenn die Kraft entlang ihrer Wirkungslinie verschoben wird. Für Kräfte sind zwei verschiedene zeichnerische Darstellungen üblich. In Abb. 1a kennzeichnet das Symbol $\boldsymbol{F}$, ebenso wie in diesem Satz, die Kraft mitsamt ihren Merkmalen Angriffspunkt, Richtung und Betrag. Dagegen ist $F$ in Abb. 1b die Koordinate der Kraft in der mit dem Pfeil gekennzeichneten Richtung. Wenn sie positiv ist, dann hat die Kraft die Richtung des Pfeils, und wenn sie negativ ist, die Gegenrichtung.

Das *Moment* einer Kraft $\boldsymbol{F}$ bezüglich eines Punktes $A$ (oder „um $A$") ist das Vektorprodukt $\boldsymbol{M}^A = \boldsymbol{r} \times \boldsymbol{F}$ mit dem Vektor $\boldsymbol{r}$ von $A$ zu einem beliebigen Punkt der Wirkungslinie von $\boldsymbol{F}$ (Abb. 2). Die SI-Einheit für Momente ist das Newtonmeter Nm.

### 6.1.2 Äquivalenz von Kräftesystemen

Zwei ebene oder räumliche Kräftesysteme heißen einander *äquivalent*, wenn sie an einem einzelnen starren Körper dieselben Beschleunigungen verursachen.

**Verschiebungsaxiom:** Zwei Kräfte $\boldsymbol{F}_1$ und $\boldsymbol{F}_2$ sind einander äquivalent, wenn jede von beiden durch Verschiebung entlang ihrer Wirkungslinie in die andere überführt werden kann (Abb. 3a).

**Parallelogrammaxiom:** Zwei Kräfte $\boldsymbol{F}_1$ und $\boldsymbol{F}_2$ mit gemeinsamem Angriffspunkt sind zusammen einer einzelnen Kraft $\boldsymbol{F}$ äquivalent, die nach Abb. 3b die Diagonale des Kräfteparallelogramms bildet. $\boldsymbol{F}$ heißt *Resultierende* oder (Vektor-)Summe der beiden Kräfte: $\boldsymbol{F} = \boldsymbol{F}_1 + \boldsymbol{F}_2$.

Ein *Kräftepaar* besteht aus zwei Kräften mit gleichem Betrag und entgegengesetzten Richtungen auf zwei parallelen Wirkungslinien (Abb. 4a). Zwei Kräftepaare sind einander äquivalent, wenn sie in parallelen Ebenen liegen und denselben Drehsinn und dasselbe Produkt „Kraftbetrag × Abstand der Wirkungslinien" haben. Abb. 4b zeigt zwei einander äquivalente Kräftepaare an einem Schraubenschlüssel. Ein Kräftepaar hat für jeden Bezugspunkt $A$ dasselbe Moment, wie für den ausgezeichneten Punkt in Abb. 4c, nämlich das Moment $\boldsymbol{a} \times \boldsymbol{F}$. Ein Kräftepaar und dieses frei verschiebbare Moment sind ein und dasselbe.

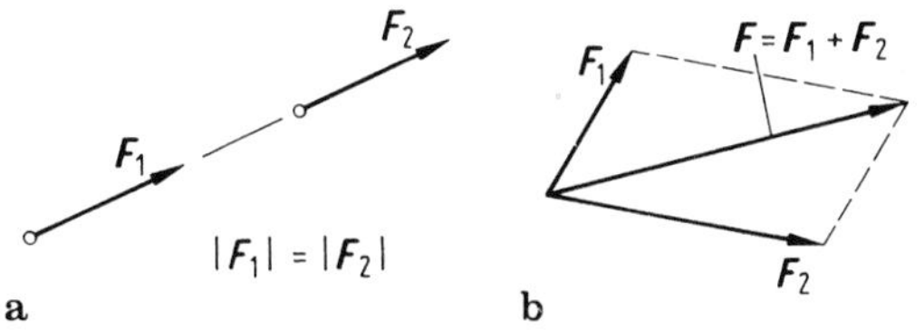


**Abb. 3** Zur Erläuterung des Verschiebungsaxioms (**a**) und des Parallelogrammaxioms (**b**)

### 6.1.3 Zerlegung von Kräften

Eine Kraft $\boldsymbol{F}$ lässt sich in der Ebene eindeutig in zwei Kräfte $\boldsymbol{F}_1$ und $\boldsymbol{F}_2$ und im Raum eindeutig in drei Kräfte $\boldsymbol{F}_1$, $\boldsymbol{F}_2$ und $\boldsymbol{F}_3$ mit vorgegebenen Richtungen zerlegen. Bei Zerlegung in einem beliebigen kartesischen Koordinatensystem mit den Einheitsvektoren $\boldsymbol{e}_x$, $\boldsymbol{e}_y$ und $\boldsymbol{e}_z$ ist $\boldsymbol{F} = F_x\boldsymbol{e}_x + F_y\boldsymbol{e}_y + F_y\boldsymbol{e}_z$ mit

$$F_i = \boldsymbol{F} \cdot \boldsymbol{e}_i = | \boldsymbol{F} | \cos \sphericalangle(\boldsymbol{F}, \boldsymbol{e}_i) \quad (i = x,y,z). \tag{1}$$

Die vorzeichenbehafteten Skalare $F_x$, $F_y$ und $F_z$ heißen *Koordinaten* von $\boldsymbol{F}$, und die Vektoren $F_x\boldsymbol{e}_x$, $F_y\boldsymbol{e}_y$ und $F_z\boldsymbol{e}_z$ heißen *Komponenten* von $\boldsymbol{F}$. Bei Zerlegung einer Kraft $\boldsymbol{F}$ in drei nicht zueinander orthogonale Richtungen mit Einheitsvektoren $\boldsymbol{e}_1$, $\boldsymbol{e}_2$ und $\boldsymbol{e}_3$ ist (Abb. 6)

**Abb. 4** **a** Ein Kräftepaar. **b** Zwei einander äquivalente Kräftepaare an einem Schraubenschlüssel. **c** Das Moment $\boldsymbol{a} \times \boldsymbol{F}$ eines Kräftepaares

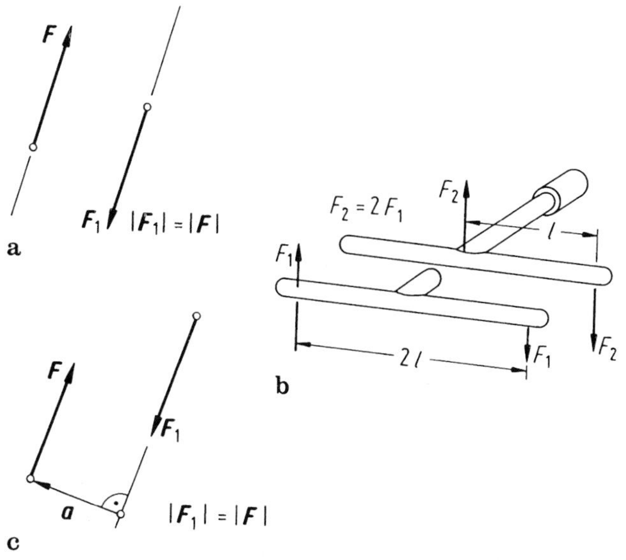

$$F = F_1 e_1 + F_2 e_2 + F_3 e_3 \quad \text{mit}$$
$$F_i = F \cdot (e_j \times e_k)/(e_1 \cdot (e_2 \times e_3))$$
$$(i,j,k = 1,2,3 \text{ zyklisch}).$$

Die ebene Zerlegung einer Kraft $F$ in zwei Kräfte $F_1$ und $F_2$ ist auch graphisch nach Abb. 3b möglich.

### 6.1.4 Resultierende von Kräften mit gemeinsamem Angriffspunkt

Die Resultierende $F$ von mehreren in einem Punkt angreifenden Kräften $F_1, \ldots, F_n$ ist $F = F_1 + \ldots + F_n$. Sie greift im selben Punkt an. In einem $x,y,z$-System hat sie die Koordinaten

$$F_x = \sum_{i=1}^{n} F_{ix}, \quad F_y = \sum_{i=1}^{n} F_{iy}, \quad F_z = \sum_{i=1}^{n} F_{iz}. \tag{2}$$

Bei einem ebenen Kräftesystem $F_1, \ldots, F_n$ (Abb. 5a) kann man den Betrag und die Richtung der Resultierenden $F$ graphisch nach Abb. 5b konstruieren. Dabei werden Parallelen zu den Kräften $F_1, \ldots, F_n$ in beliebiger Reihenfolge mit einheitlichem Durchlaufsinn der Pfeile aneinandergereiht. Die Figur heißt *Kräftepolygon* oder *Krafteck.*

### 6.1.5 Reduktion von Kräftesystemen

Jedes ebene oder räumliche System von Kräften $F_1, \ldots, F_n$ lässt sich auf eine Einzelkraft und ein Kräftepaar reduzieren, die zusammen dem Kräftesystem äquivalent sind. Dabei ist der Angriffspunkt $A$ der Einzelkraft beliebig wählbar. Abb. 6 zeigt die Reduktion am Beispiel einer einzigen Kraft $F_i$. Das System in Abb. 6b ist dem System in Abb. 6a äquivalent. Es besteht aus der in den Punkt $A$ parallelverschobenen Einzelkraft $F_i^*$ und dem Kräftepaar $(F_i, \; -F_i^*)$. Das Kräftepaar ist ein frei verschiebbares Moment, das man in Abb. 6a zu $M^A = r_i \times F_i$ berechnet. Für ein System von Kräften $F_1, \ldots, F_n$ sind die Einzelkraft und das Einzelmoment entsprechend

$$F = \sum_{i=1}^{n} F_i, \quad M^{\mathrm{A}} = \sum_{i=1}^{n} M_i^{\mathrm{A}} = \sum_{i=1}^{n} r_i \times F_i. \tag{3}$$

Man nennt sie unpräzise die resultierende Kraft bzw. das resultierende Moment um $A$ des Kräftesystems. In Wirklichkeit ist $F$ die Resultierende von parallel in den Punkt $A$ verschobenen Kräften, und $M^{\mathrm{A}}$ ist ein frei verschiebbarer, zwar von der Wahl von $A$ abhängiger, aber nicht an $A$ gebundener Momentenvektor.

In einem $x$, $y$, $z$-System haben die Größen $F$ und $M^{\mathrm{A}}$ in den Gl. (3) die Koordinaten (alle Summen über $i = 1, \ldots, n$)

$$\left.\begin{aligned} F_x &= \sum F_{ix}, & M_x^{\mathrm{A}} &= \sum M_{ix}^{\mathrm{A}} = \sum(-r_{iz}F_{iy} + r_{iy}F_{iz}),\\ F_y &= \sum F_{iy}, & M_y^{\mathrm{A}} &= \sum M_{iy}^{\mathrm{A}} = \sum(\;r_{iz}F_{ix} - r_{ix}F_{iz}),\\ F_z &= \sum F_{iz}, & M_z^{\mathrm{A}} &= \sum M_{iz}^{\mathrm{A}} = \sum(-r_{iy}F_{ix} + r_{ix}F_{iy}). \end{aligned}\right\} \tag{4}$$

**Äquivalenzkriterien.** Zwei Kräftesysteme sind einander äquivalent, wenn die Gl. (3) für sie gleiches $F$ und für jeden beliebig gewählten

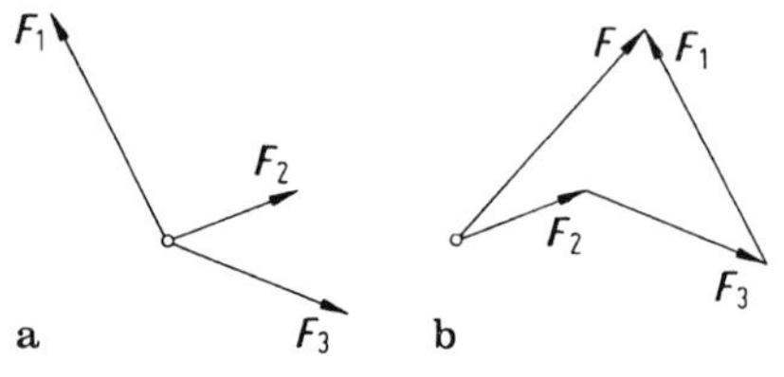


**Abb. 5** **a** Lageplan mit Kräften $F_1$, $F_2$, $F_3$. **b** Kräfteplan zur Konstruktion der Resultierenden $F$

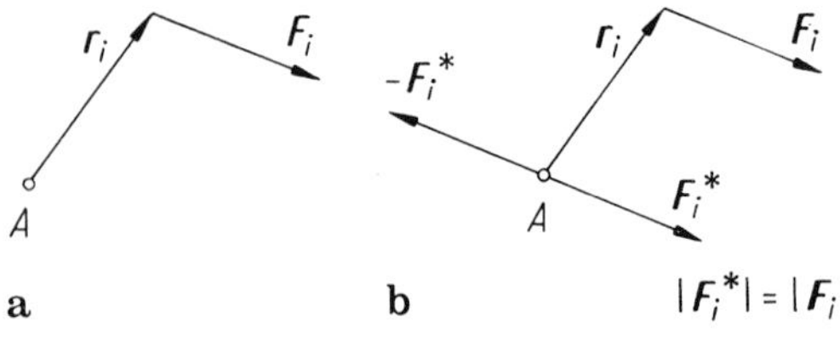


**Abb. 6** $F_i^*$ und das frei verschiebbare Moment der Größe $r_i \times F_i$ in Bild **b** sind gemeinsam der Kraft $F_i$ in Bild **a** äquivalent

Bezugspunkt $A$ gleiches $\boldsymbol{M}^A$ ergeben. Sie sind auch dann äquivalent, wenn ihre Momente für drei beliebig gewählte, nicht in einer Geraden liegende Punkte jeweils gleich sind.

### 6.1.6 Ebene Kräftesysteme

Bei einem ebenen Kräftesystem in der $x,z$-Ebene mit Bezugspunkten $A$ in dieser Ebene sind alle $r_{iy}$ und $F_{iy}$ null und folglich nur $F_x$, $F_z$ und $M_y^{\mathrm{A}}$ ungleich null. Bei stetig verteilten Kräften treten in Gl. (4) Integrale an die Stelle der Summen. Ein Beispiel ist eine Streckenlast $q_z(x)$ mit der Dimension Kraft/Länge (Abb. 7). Sie erzeugt die resultierende Kraft $F_z = \int q_z(x)\mathrm{d}x$ und das resultierende Moment $M_y = -\int xq_z(x)\mathrm{d}x = -x_S F_z$. $F_z$ wird durch den Inhalt der Fläche unter der Kurve $q_z(x)$ dargestellt, und $x_S$ ist die $x$-Koordinate des Schwerpunkts $S$ dieser Fläche.

Wenn die resultierende Kraft $\boldsymbol{F} \neq \boldsymbol{0}$ ist, ist $\boldsymbol{M}^{\mathrm{A}} = \boldsymbol{0}$, wenn man den Angriffspunkt $A$ von $\boldsymbol{F}$ auf einer bestimmten Geraden wählt. Die Kraft $\boldsymbol{F}$ auf dieser Wirkungslinie ist dem Kräftesystem äquivalent. Sie ist die Resultierende des Kräftesystems. In einem beliebigen $x,z$-System in der Kräfteebene mit vom Ursprung ausgehenden Vektoren $\boldsymbol{r}_i$ zu den Wirkungslinien der Kräfte ist die Geradengleichung der Wirkungslinie durch die Äquivalenzbedingung bestimmt:

$$\sum_{i=1}^{n} (r_{iz}F_{ix} - r_{ix}F_{iz}) = z\sum_{i=1}^{n} F_{ix} - x\sum_{i=1}^{n} \mathrm{F}_{iz}. \quad (5)$$

**Seileckverfahren.** Graphisch wird die Wirkungslinie mit dem *Seileckverfahren* nach der folgenden Vorschrift konstruiert. Zum Lageplan der Kräfte in Abb. 8a wird in Abb. 8b das Kräftepolygon mit beliebiger Reihenfolge der Kräfte $\boldsymbol{F}_1, \ldots, \boldsymbol{F}_n$ gezeichnet. Es liefert Richtung und Größe der Resultierenden $\boldsymbol{F}$. Man wählt einen beliebigen Pol $P$ und zeichnet die Polstrahlen. Jeder Kraftvektor wird von zwei Polstrahlen eingeschlossen. In der Reihenfolge der Kräfte in Abb. 8b werden Parallelen zu den Polstrahlen so in den Lageplan übertragen, dass sich auf der Wirkungslinie jeder Kraft die Parallelen zu den beiden Polstrahlen dieser Kraft schneiden. Dabei wird der Anfangspunkt $Q$ auf der Wirkungslinie der ersten Kraft beliebig gewählt. Die gesuchte Wirkungslinie von $\boldsymbol{F}$ liegt im Schnittpunkt $S$ der Parallelen zu den beiden Polstrahlen von $\boldsymbol{F}$.

Das Polygon der Parallelen zu den Polstrahlen ist die Gleichgewichtsfigur eines an den Enden gelagerten und durch $\boldsymbol{F}_1, \ldots, \boldsymbol{F}_n$ belasteten, gewichtslosen Seils (siehe Abschn. 4.1). Das erklärt die Bezeichnung Seileckverfahren.

### 6.1.7 Schwerpunkt. Massenmittelpunkt

*Schwerpunkt* und *Massenmittelpunkt* eines Körpers fallen im homogenen Schwerefeld zusammen. Der Schwerpunkt ist der Angriffspunkt der resultierenden Gewichtskraft $\boldsymbol{G}$ aller verteilt am Körper angreifenden Gewichtskräfte $\mathrm{d}\boldsymbol{G}$ (Abb. 9). Ein im Schwerpunkt unterstützter, nur durch sein Gewicht belasteter Körper ist in jeder Stellung im Gleichgewicht. Die Koordinaten des Schwerpunkts in einem beliebigen körperfesten $x,y,z$-System werden aus der Äquivalenzbedingung

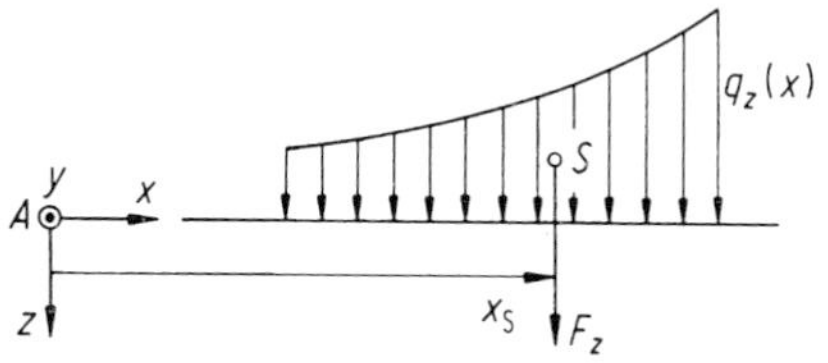


**Abb. 7** Streckenlast $q_z(x)$ und äquivalente Einzelkraft $F_z$

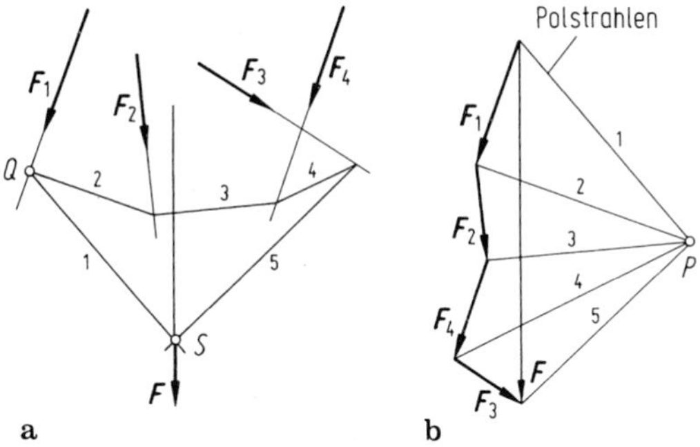


**Abb. 8** Seileckkonstruktion der Resultierenden $\boldsymbol{F}$ von Kräften $\boldsymbol{F}_1, \ldots, \boldsymbol{F}_n$

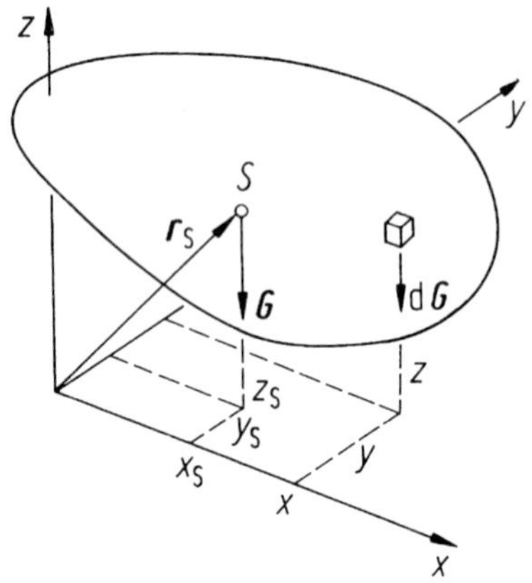


**Abb. 9** Verteilte Gewichtskräfte an einem Körper und resultierendes Gewicht im Schwerpunkt $S$

bestimmt, dass das System der verteilten Kräfte und die Resultierende $\boldsymbol{G}$ bezüglich des Koordinatenursprungs gleiche Momente haben.

**Bezeichnungen:** Im $x,y,z$-System hat der Schwerpunkt $S$ eines Körpers den Ortsvektor $\boldsymbol{r}_S$ mit den Koordinaten $x_S$, $y_S$ und $z_S$. Der Körper hat das Gewicht $G = mg$, die Masse $m$, die eventuell örtlich unterschiedliche Dichte $\varrho$ und das spezifische Gewicht $\gamma = \varrho g$, das Volumen $V$, im Fall flächenhafter (nicht notwendig ebener) Körper die Fläche $A$ und im Fall linienförmiger (nicht notwendig geradliniger) Körper die Gesamtlänge $l$ mit dem Bogenelement $\mathrm{d}s$. Für einen Teilkörper $i$ sind die entsprechenden Größen $\boldsymbol{r}_{Si}$, $x_{Si}$, $y_{Si}$, $z_{Si}$, $G_i$, $m_i$, $V_i$, $A_i$ und $l_i$. Alle nachfolgenden Integrale erstrecken sich über den gesamten Körper und alle Summen über $i = 1, \ldots, n$, wobei $n$ die Anzahl der Teilkörper ist, in die der Körper gegliedert wird. Mit

$$G = \sum G_i, \quad m = \sum m_i, \quad V = \sum V_i,$$
$$A = \sum A_i, \quad l = \sum l_i$$

wird $\boldsymbol{r}_S$ durch jeden der folgenden Ausdrücke bestimmt:

$$\boldsymbol{r}_S = \frac{1}{G}\int \boldsymbol{r}\,\mathrm{d}G = \frac{1}{G}\int \boldsymbol{r}\gamma\,\mathrm{d}V = \frac{1}{m}\int \boldsymbol{r}\,\mathrm{d}m$$
$$= \frac{1}{m}\int \boldsymbol{r}\varrho\,\mathrm{d}V = \frac{1}{G}\sum \boldsymbol{r}_{Si}G_i = \frac{1}{m}\sum \boldsymbol{r}_{Si}m_i. \tag{6}$$

Für $x_S$, $y_S$ und $z_S$ erhält man entsprechende Ausdrücke, wenn man überall $\boldsymbol{r}$ durch $x$ bzw. $y$ bzw. $z$ ersetzt. Bei homogenen Körpern ($\rho = \text{const}$) gilt insbesondere

$$\boldsymbol{r}_S = \frac{1}{V}\int \boldsymbol{r}\,\mathrm{d}V = \frac{1}{V}\sum \boldsymbol{r}_{Si}V_i \quad \text{(entsprechend für } x_S, y_S, z_S\text{)}, \tag{7}$$

bei homogenen flächenförmigen (nicht notwendig ebenen) Körpern

$$\boldsymbol{r}_S = \frac{1}{A}\int \boldsymbol{r}\,\mathrm{d}A = \frac{1}{A}\sum \boldsymbol{r}_{Si}A_i \quad \text{(entsprechend für } x_S, y_S, z_S\text{)}, \tag{8}$$

bei homogenen linienförmigen (nicht notwendig geradlinigen) Körpern

$$\boldsymbol{r}_S = \frac{1}{l}\int \boldsymbol{r}\,\mathrm{d}s = \frac{1}{l}\sum \boldsymbol{r}_{Si}l_i \quad \text{(entsprechend für } x_S, y_S, z_S\text{)}. \tag{9}$$

Bei einem Körper mit einem Ausschnitt kann man den Körper ohne Ausschnitt als Teilkörper 1 und den Ausschnitt mit negativer Masse (bzw. negativer Fläche oder Länge) als Teilkörper 2 auffassen (siehe Beispiel 1). Wenn ein homogener Körper eine Symmetrieachse oder eine Symmetrieebene besitzt, dann liegt der Schwerpunkt auf dieser Achse bzw. in dieser Ebene.

Homogenität vorausgesetzt haben die gerade Linie, das ebene Dreieck und der Tetraeder ihren Schwerpunkt bei

$$\boldsymbol{r}_S = \frac{1}{n}\sum_{i=1}^{n} \boldsymbol{r}_i,$$

wobei $\boldsymbol{r}_1, \ldots, \boldsymbol{r}_n$ die Ortsvektoren der zwei bzw. drei bzw. vier Endpunkte (Eckpunkte) sind.

**Beispiel 1**: Der Schwerpunkt $S$ der Halbkreisfläche in Abb. 10a liegt auf der Symmetrieachse bei

$$y_S = \frac{1}{A}\int y\,\mathrm{d}A$$

mit

$$A = \pi r^2/2, \qquad \mathrm{d}A = 2r\cos\varphi\,\mathrm{d}y,$$
$$y = r\sin\varphi, \qquad dy = r\cos\varphi\,\mathrm{d}\varphi.$$

Also ist

$$y_S = \frac{2}{\pi r^2}\int_0^{\pi/2}(r\sin\varphi)2r\cos\varphi(r\cos\varphi\ \mathrm{d}\varphi)$$
$$= \frac{4r}{\pi}\int_0^{\pi/2}\cos^2\varphi\sin\varphi\,\mathrm{d}\varphi = \frac{-4r}{3\pi}\cos^3\varphi\Big|_0^{\pi/2} = \frac{4r}{3\pi}.$$

Zur Berechnung der Schwerpunktkoordinate $y_S$ der Kreisringfläche in Abb. 10b wird die Fläche als Differenz zweier Halbkreisflächen aufgefasst. Mit $y_{Si} = 4r_i/(3\pi)$ und $A_i = \pi r_i^2/2\ (i = 1, 2)$ ist

$$y_S = \frac{y_{S2}A_2 - y_{S1}A_1}{A_2 - A_1} = \frac{4}{3\pi}\cdot\frac{r_2^3 - r_1^3}{r_2^2 - r_1^2}$$
$$= \frac{4}{3\pi}\cdot\frac{r_1^2 + r_1 r_2 + r_2^2}{r_1 + r_2}.$$

Im Grenzfall $r_1 = r_2 = r$ stellt die Kreisringfläche eine Halbkreislinie dar. Für sie liefert die Formel $y_S = 2r/\pi$.

Die Tab. 1, 2 und 3 geben Schwerpunktlagen von Körpern, Flächen und Linien an.

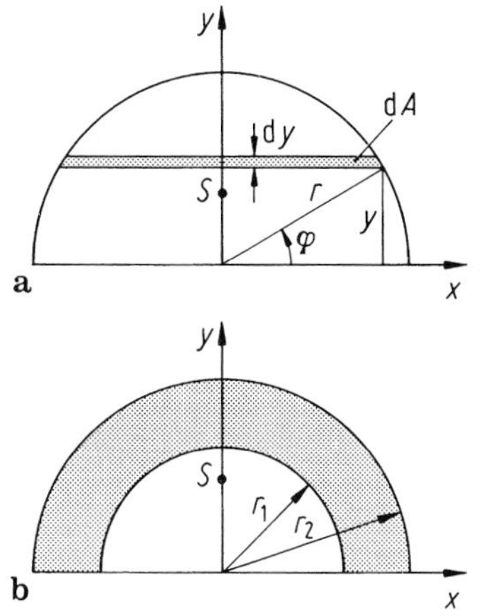


**Abb. 10** Schwerpunkt von Halbkreis (Bild **a**) und Halbkreisring (Bild **b**)

### 6.1.8 Das 3. Newtonsche Axiom „actio = reactio"

Das 3. *Newtonsche Axiom* sagt aus: Zu jeder Kraft, mit der ein Körper 1 auf einen Körper 2 wirkt, gehört eine entgegengesetzt gerichtete Kraft von gleichem Betrag, mit der Körper 2 auf Körper 1 wirkt. Das Axiom gilt sowohl für Kräfte aufgrund materiellen Kontakts als auch für fernwirkende Kräfte. Es gilt für starre und für nichtstarre Körper und sowohl in der Statik als auch in der Kinetik.

### 6.1.9 Innere Kräfte und äußere Kräfte

Alle Kräfte, mit denen Körper ein und desselben mechanischen Systems aufeinander wirken, heißen *innere Kräfte* des Systems. Nach dem Axiom actio = reactio treten sie paarweise an jeweils zwei Körpern des Systems auf. Alle Kräfte an Körpern eines mechanischen Systems, die von Körpern außerhalb des Systems ausgeübt werden, heißen *äußere Kräfte* des Systems. Ob eine Kraft eine innere oder äußere Kraft ist, hängt also nicht von Eigenschaften der Kraft, sondern nur von der Wahl der Systemgrenzen ab.

### 6.1.10 Eingeprägte Kräfte und Zwangskräfte

Nach den Eigenschaften von Kräften unterscheidet man eingeprägte Kräfte und Zwangskräfte. Alle inneren und äußeren Kräfte mit physikalischen Ursachen heißen *eingeprägte Kräfte*. Beispiele sind Gewichts-, Muskel-, Feder- und Dämpferkräfte, Coulombsche Gleitreibungskräfte, von Motoren erzeugte Antriebskräfte usw. *Zwangskräfte* sind dagegen alle inneren und äußeren Kräfte eines Systems, die von starren reibungsfreien Führungen in Lagern und Gelenken (also durch kinematische Bindungen) ausgeübt werden. Auch Coulombsche Ruhereibungskräfte sind Zwangskräfte. Für die Energiemethoden der Statik, Festigkeitslehre und Kinetik ist wesentlich, dass bei virtuellen Verschiebungen eines Systems Zwangskräfte keine Arbeit verrichten.

**Tab. 1** Schwerpunktlagen von Körpern und Körperoberflächen

| | | | |
|---|---|---|---|
| Keil (stumpf)<br>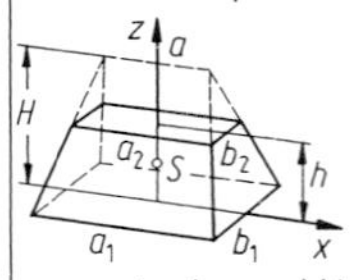<br>Keil, massiv: $z_S = \frac{H(a_1+a)}{2(2a_1+a)}$<br>Keilstumpf massiv:<br>$z_S = \frac{h}{2}\,\frac{(a_1+a_2)(b_1+b_2)+2a_2b_2}{(a_1+a_2)(b_1+b_2)+a_1b_1+a_2b_2}$ | gerader Kreiskegel (stumpf)<br>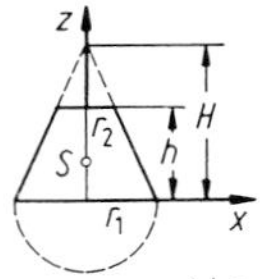<br>Stumpf, massiv: $z_S = \frac{h}{4}\,\frac{r_1^2+2r_1r_2+3r_2^2}{r_1^2+r_1r_2+r_2^2}$<br>Kegel, massiv: $z_S = \frac{H}{4}$<br>Mantelflächen:<br>Stumpf: $z_S = \frac{h(r_1+2r_2)}{3(r_1+r_2)}$, Kegel: $z_S = \frac{H}{3}$ | halbe Hohlkugel<br>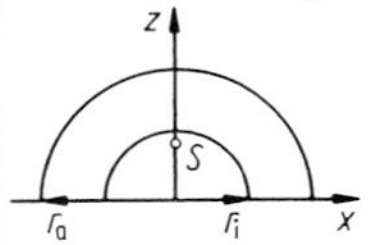<br>dickwandig: $z_S = \frac{3(r_a^4-r_i^4)}{8(r_a^3-r_i^3)}$<br>Halbkugeloberfläche, Radius $r$<br>$z_S = \frac{r}{2}$ | allgemeiner Rotationskörper<br>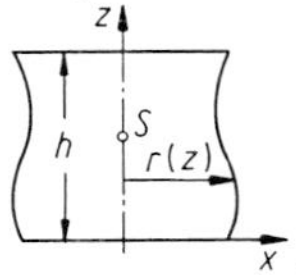<br>massiv: $z_S = \frac{\int_0^h z\,r^2(z)\,dz}{\int_0^h r^2(z)\,dz}$<br>Mantelfläche:<br>$z_S = \frac{\int_0^h z\,r(z)\sqrt{1+(dr/dz)^2}\,dz}{\int_0^h r(z)\sqrt{1+(dr/dz)^2}\,dz}$ |
| allg. schiefer Zylinder und Prisma<br>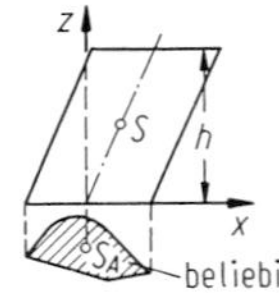<br>beliebige Grundfläche mit Flächenschwerpunkt $S_A$<br>massiv und Mantelfläche: $z_S = \frac{h}{2}$ | schiefer Kegel-(Pyramiden)-Stumpf<br>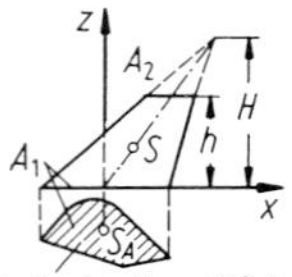<br>beliebige Grundfläche $A_1$ mit Flächenschwerpunkt $S_A$<br>Stumpf, massiv: $z_S = \frac{h}{4}\,\frac{A_1+2\sqrt{A_1A_2}+3A_2}{A_1+\sqrt{A_1A_2}+A_2}$<br>Kegel und Pyramide, massiv: $z_S = \frac{H}{4}$ | Kugelschicht<br>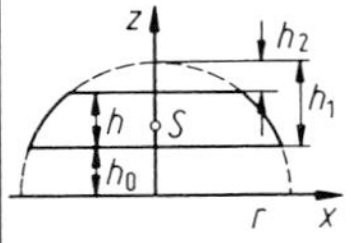<br>massiv: $z_S = \frac{3}{4}\,\frac{h_1^2(2r-h_1)^2-h_2^2(2r-h_2)^2}{h_1^2(3r-h_1)-h_2^2(3r-h_2)}$<br>Mantelfläche: $z_S = h_0+\frac{h}{2}$ | dreiachsiges Halbellipsoid<br>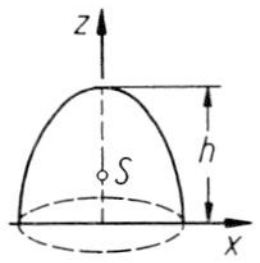<br>massiv: $z_S = \frac{3}{8}h$ |
| abgeschrägter Kreiszylinder<br>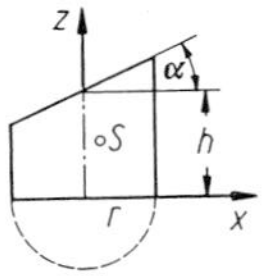<br>massiv: $x_S = \frac{r^2\tan\alpha}{4h}$<br>$z_S = \frac{h}{2}+\frac{r^2\tan^2\alpha}{8h}$<br>Mantelfläche: $x_S = \frac{r^2\tan\alpha}{2h}$<br>$z_S = \frac{h}{2}+\frac{r^2\tan^2\alpha}{4h}$ | Zylinderhuf<br>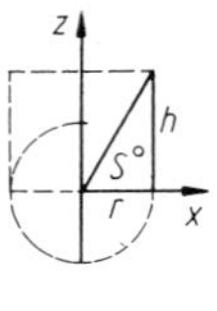<br>massiv: $x_S = \frac{3\pi}{16}r$, $z_S = \frac{3\pi}{32}h$<br>Mantelfläche: $x_S = \frac{\pi}{4}r$, $z_S = \frac{\pi}{8}h$ | Kugelabschnitt<br>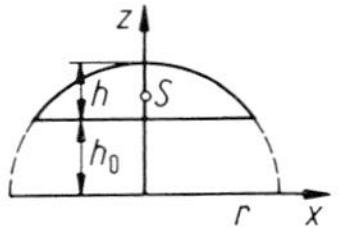<br>massiv: $z_S = \frac{3(2r-h)^2}{4(3r-h)}$<br>Halbkugel, massiv: $z_S = \frac{3}{8}r$<br>Mantelflächen:<br>Abschnitt: $z_S = h_0+\frac{h}{2}$, Halbkugel: $z_S = \frac{r}{2}$ | Rotationsparaboloid<br>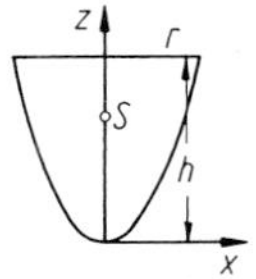<br>massiv: $z_S = \frac{2}{3}h$<br>Mantelfläche:<br>$z_S = \frac{h}{10c}\,\frac{(4c+1)^{3/2}(6c-1)+1}{(4c+1)^{3/2}-1}$, $c = \frac{h^2}{r^2}$ |
| | Halbtorus<br>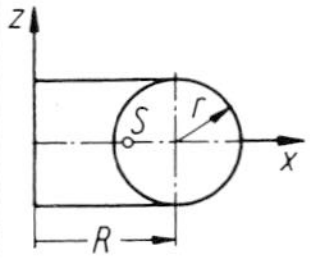<br>massiv: $x_S = \frac{2}{\pi}R\left(1+\frac{r^2}{4R^2}\right)$<br>Mantelfläche: $x_S = \frac{2}{\pi}R\left(1+\frac{r^2}{2R^2}\right)$ | Kugelausschnitt<br>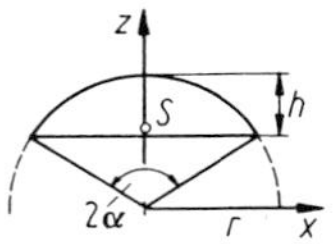<br>massiv: $z_S = \frac{3}{8}r(1+\cos\alpha)$<br>$= \frac{3}{4}\left(r-\frac{h}{2}\right)$ | Rotationshyperboloid<br>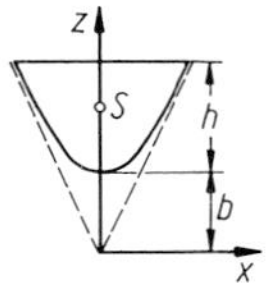<br>massiv: $z_S = \frac{3h}{4}\,\frac{1+4(1+b/h)b/h}{1+3b/h}$ |

**Tab. 2** Schwerpunktlagen von ebenen Flächen

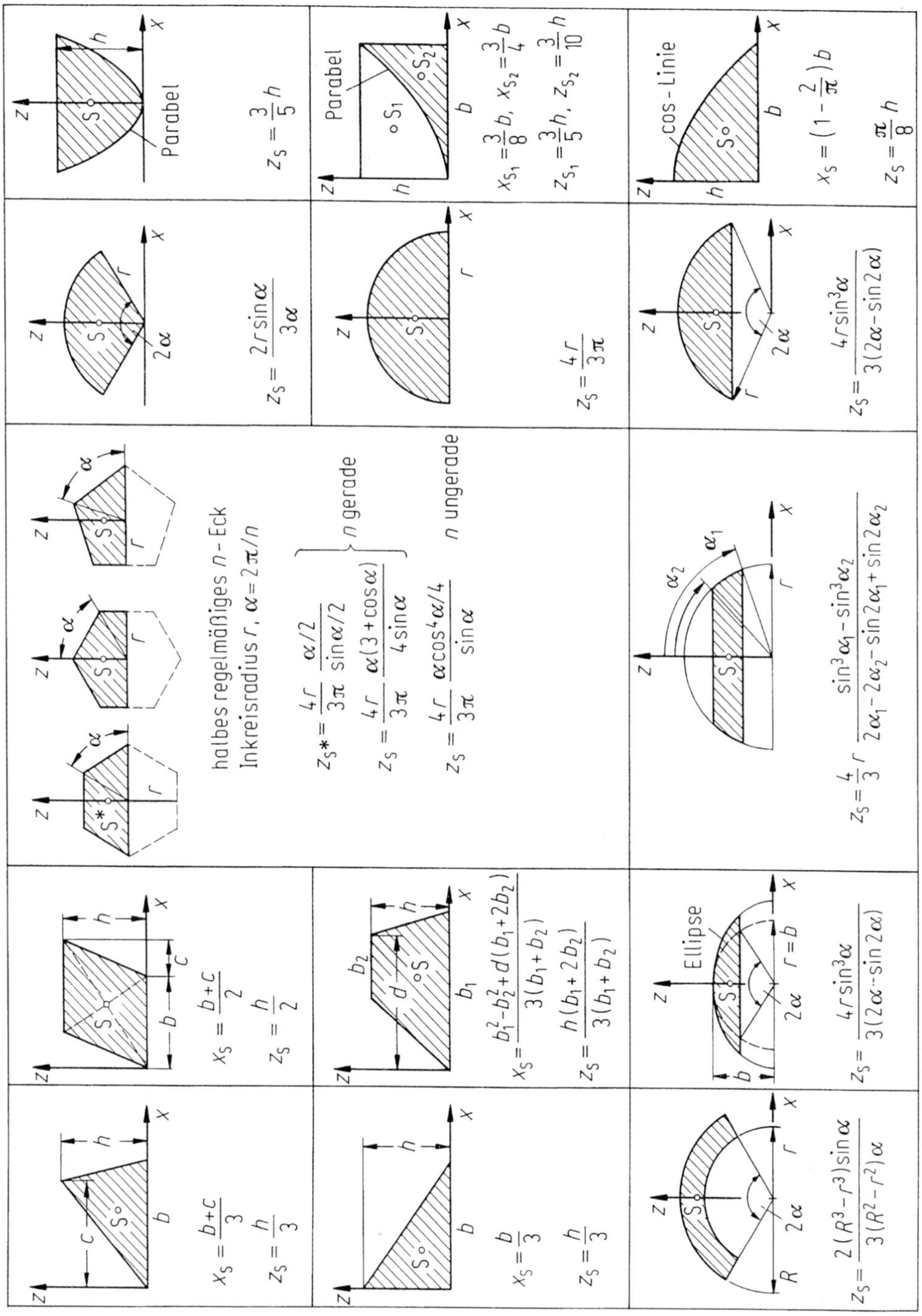

**Tab. 3** Schwerpunktlagen von Linien

| | | | |
|---|---|---|---|
| 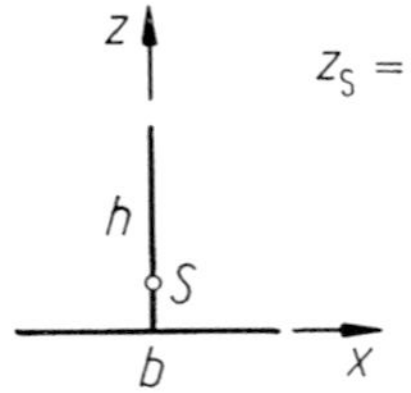 $z_S = \frac{h^2}{2(b+h)}$ | 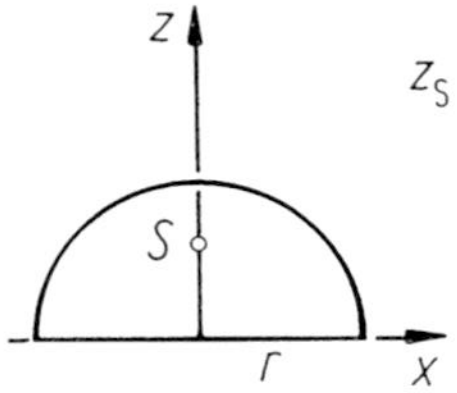 $z_S = \frac{2r}{\pi}$ | 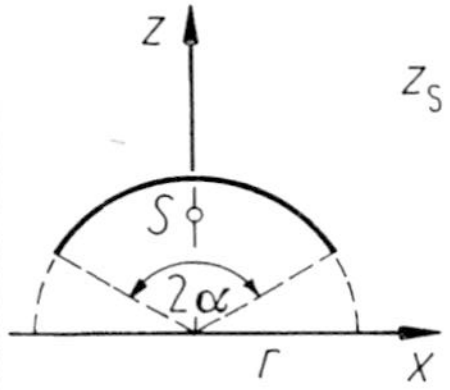 $z_S = \frac{r \sin\alpha}{\alpha}$ | 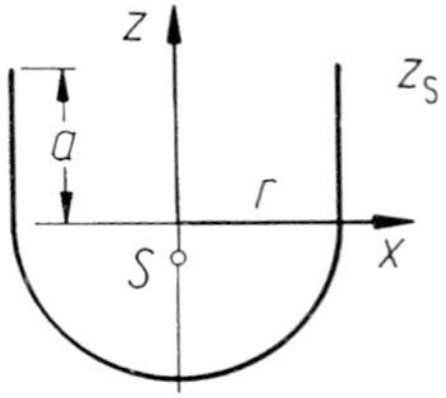 $z_S = \frac{a^2 - 2r^2}{2a + \pi r}$ |
| 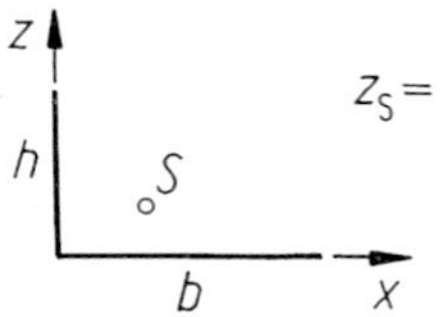 $x_S = \frac{b^2}{2(b+h)}$ $z_S = \frac{h^2}{2(b+h)}$ | 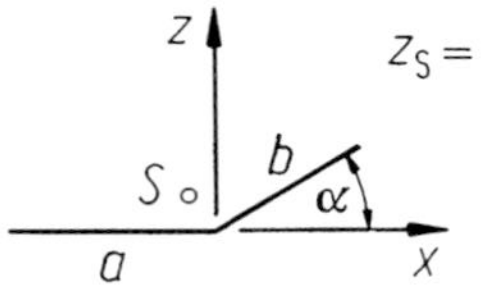 $x_S = \frac{-a^2 + b^2 \cos\alpha}{2(a+b)}$ $z_S = \frac{b^2 \sin\alpha}{2(a+b)}$ | 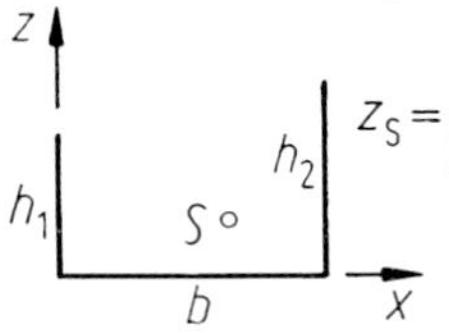 $x_S = \frac{b(b/2 + h_2)}{b + h_1 + h_2}$ $z_S = \frac{h_1^2 + h_2^2}{2(b + h_1 + h_2)}$ | 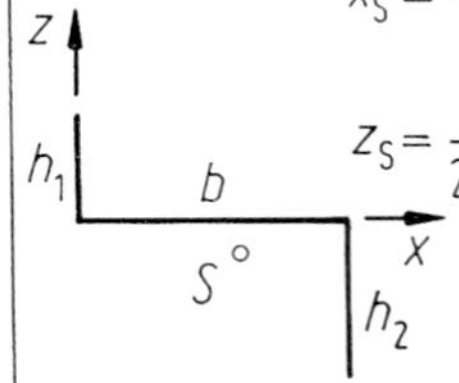 $x_S = \frac{b(b/2 + h_2)}{b + h_1 + h_2}$ $z_S = \frac{h_1^2 - h_2^2}{2(b + h_1 + h_2)}$ |
| 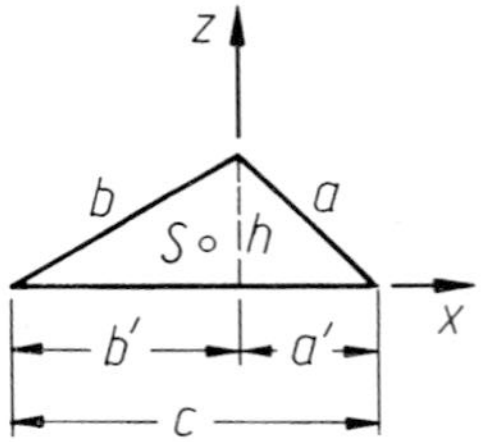 $x_S = \frac{a'(a+a') - b'(b+b')}{2(a+b+c)}$ $z_S = \frac{h(a+b)}{2(a+b+c)}$ | | 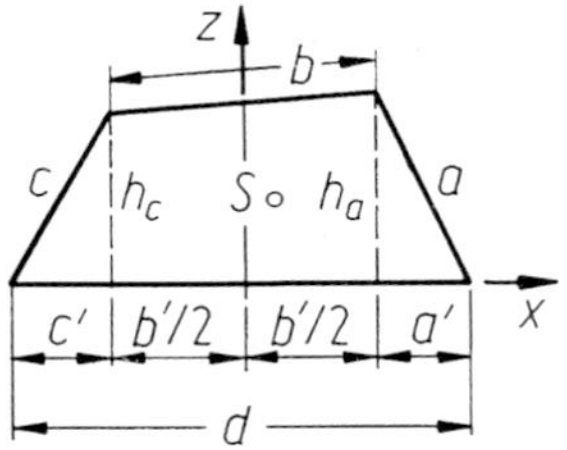 $x_S = \frac{(a'+a)(a'+b') - (c'+c)(c'+b')}{2(a+b+c+d)}$ $z_S = \frac{h_a(a+b) + h_c(c+b)}{2(a+b+c+d)}$ | |

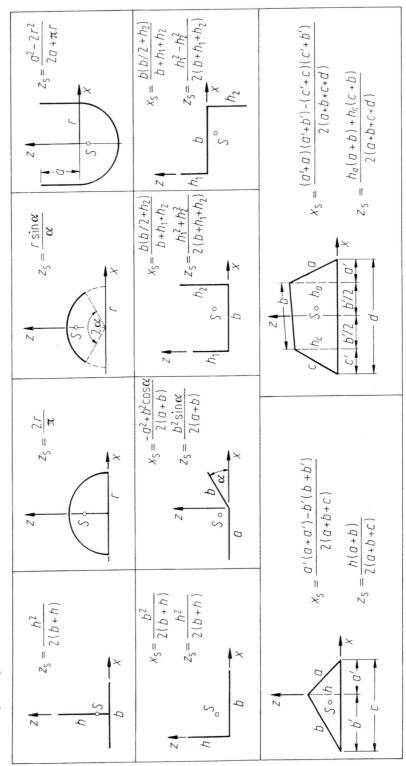

### 6.1.11 Gleichgewichtsbedingungen für einen starren Körper

Bei einem einzelnen starren Körper spricht man von Gleichgewicht, wenn für das Kräftesystem am Körper die nach Gl. (3) berechnete resultierende Kraft $\boldsymbol{F}$ und das resultierende Moment $\boldsymbol{M}^A$ um jeden beliebig gewählten Punkt $A$ verschwinden,

$$\boldsymbol{F} = \sum_i \boldsymbol{F}_i = \boldsymbol{0}, \quad \boldsymbol{M}^{\mathrm{A}} = \sum_i \boldsymbol{M}_i^{\mathrm{A}} = \sum_i \boldsymbol{r}_i \times \boldsymbol{F}_i = \boldsymbol{0}. \tag{10}$$

Nach dem 2. *Newtonschen Axiom* und dem Drallsatz von Euler (siehe die ▶ Abschn. 7.1.2 und ▶ 7.1.7 im Kap. 7, „Kinetik starrer Körper") bedeutet *Gleichgewicht* entweder

a) den Zustand der Ruhe im Inertialraum (Abb. 11a) oder
b) eine gleichförmig-geradlinige Translation (Abb. 11b) oder
c) bei ruhendem Schwerpunkt eine gleichförmige Rotation um eine Trägheitshauptachse (Abb. 11c) oder
d) bei ruhendem Schwerpunkt eine räumliche Drehbewegung, die Lösung von Gl. (26) im ▶ Kap. 7, „Kinetik starrer Körper" im Fall $M_1 = M_2 = M_3 \equiv 0$ ist oder
e) eine Überlagerung von (b) und (c) oder von (b) und (d).

Bei Zerlegung der Vektoren in den Gl. (10) in einem $x,y,z$-System entstehen mit den Gl. (4) die sechs skalaren Kräfte- und Momentengleichgewichtsbedingungen (Summation über alle Kräfte)

$$\left.\begin{array}{ll} \sum F_{ix} = 0, & \sum M_{ix}^{\mathrm{A}} = \sum\left(-r_{iz}F_{iy} + r_{iy}F_{iz}\right) = 0, \\ \sum F_{iy} = 0, & \sum M_{iy}^{\mathrm{A}} = \sum\left(\ \ r_{iz}F_{ix} - r_{ix}F_{iz}\right) = 0, \\ \sum F_{iz} = 0, & \sum M_{iz}^{\mathrm{A}} = \sum\left(-r_{iy}F_{ix} + r_{ix}F_{iy}\right) = 0. \end{array}\right\} \tag{11}$$

Bei einem ebenen Kräftesystem in der $x,z$-Ebene gibt es nur zwei Kräfte- und eine Momentengleichgewichtsbedingung:

$$\left.\begin{array}{ll} \sum F_{ix} & = 0, \\ \sum F_{iz} & = 0, \\ \sum M_{iy}^{\mathrm{A}} & = \sum (r_{iz}F_{ix} - r_{ix}F_{iz}) = \sum l_i \,|\, \boldsymbol{F}_i \,| = 0. \end{array}\right\} \tag{12}$$

In der Momentengleichgewichtsbedingung ist $l_i$ die vorzeichenbehaftete Länge des Lotes vom Bezugspunkt $A$ auf die Wirkungslinie von $\boldsymbol{F}_i$. Sie ist positiv bei Drehung im Rechtsschraubensinn um die $y$-Achse und negativ andernfalls. Zum Beispiel sind in Abb. 13 $l_1 = 0$, $l_2 = b/2$ und $l_3 = -b$.

**Zwei Kräfte am starren Körper**. Zwei Kräfte an einem starren Körper sind genau dann im Gleichgewicht, wenn sie auf ein und derselben Wirkungslinie liegen, entgegengesetzte Richtungen und den gleichen Betrag haben (Abb. 12a).

**Drei komplanare Kräfte am starren Körper**. Drei in einer Ebene liegende Kräfte an einem starren Körper sind genau dann im Gleichgewicht, wenn sich ihre Wirkungslinien in einem Punkt schneiden und wenn sich das Kräftepolygon schließt (Abb. 12b).

Die Formulierung und die anschließende Auflösung der Gleichgewichtsbedingungen (11) oder (12) werden vereinfacht, wenn man die folgenden Hinweise beachtet.

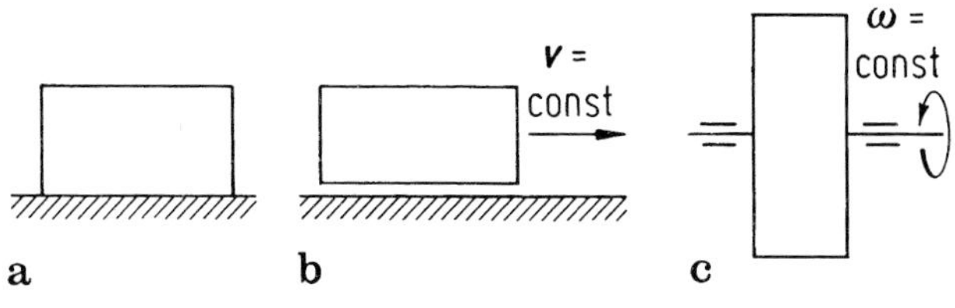


**Abb. 11** Gleichgewichtszustände eines starren Körpers

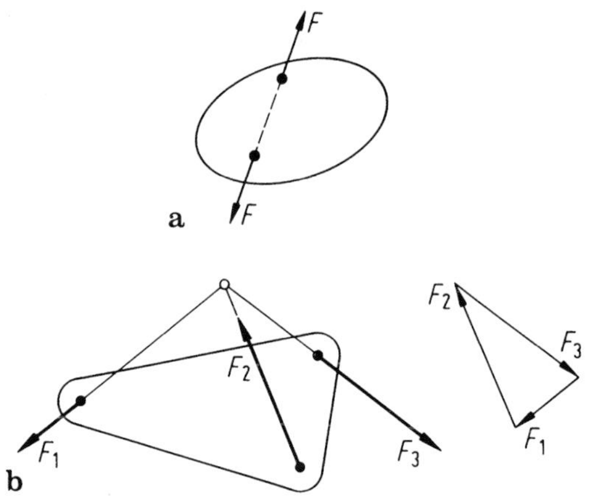


**Abb. 12** **a** Gleichgewicht zweier Kräfte. **b** Gleichgewicht dreier komplanarer Kräfte

a) Jede Kräftegleichgewichtsbedingung in den Gl. (11) und (12) kann durch eine Momentengleichgewichtsbedingung für einen weiteren Momentenbezugspunkt ersetzt werden. Damit die 6 bzw. 3 Gleichgewichtsbedingungen voneinander unabhängig sind, dürfen keine 3 Bezugspunkte in einer Geraden und keine 4 Bezugspunkte in einer Ebene liegen. Außerdem muss jede Kraft des Kräftesystems in wenigstens einer Gleichgewichtsbedingung vorkommen.
b) Momentenbezugspunkte sollte man so wählen, dass möglichst viele unbekannte Kräfte kein Moment haben. Schnittpunkte von Wirkungslinien unbekannter Kräfte sind besonders geeignete Bezugspunkte.
c) Die Richtungen der $x$-, $y$- und $z$-Achsen sollte man so wählen, dass die Zerlegung der Kräfte in diese Richtungen möglichst einfach wird.

**Beispiel 2:** Bei dem ebenen Kräftesystem am schraffierten Körper in Abb. 13 sind $F_1$, $F_2$ und $F_3$ unbekannt und $P$ sowie die Abmessungen gegeben. Die Gleichgewichtsbedingungen (12) nehmen im gezeichneten $x,z$-System die einfachste Form an, nämlich

$$F_1\sqrt{2}/2 - F_3 + P = 0,$$
$$-F_1\sqrt{2}/2 - F_2 = 0,$$
$$F_2 b/2 - F_3 b + Pb/2 = 0 \quad \text{(Bezugspunkt } A\text{)}.$$

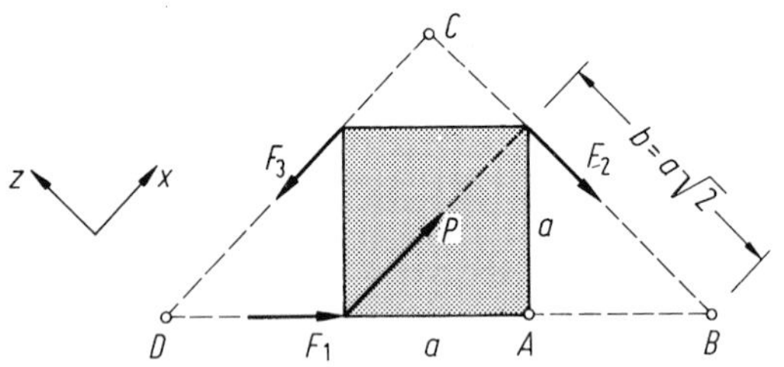


**Abb. 13** Kräfte und Momentenbezugspunkte an einem starren Körper

Noch einfacher sind 3 Momentengleichgewichtsbedingungen bezüglich $B$, $C$ und $D$:

$$-3F_3 b/2 + Pb = 0,$$
$$-3F_1 a/2 - Pb/2 = 0,$$
$$3F_2 b/2 - Pb/2 = 0.$$

In beiden Fällen ist die Lösung $F_1 = -P\sqrt{2}/3$, $F_2 = P/3$, $F_3 = 2P/3$. Die Gleichgewichtsbedingungen $\sum F_{iz} = 0$, $\sum M_{iy}^{\mathrm{C}} = 0$ und $\sum M_{iy}^{\mathrm{D}} = 0$ sind linear abhängig, weil $F_3$ nicht vorkommt.

### 6.1.12 Schnittprinzip

Das *Schnittprinzip* ist ein Verfahren, mit dem in der Statik Gleichgewichtsbedingungen für beliebige starre und nichtstarre Systeme (gekoppelte starre Körper, Seile, elastische Körper, flüssige Körper usw.) durch Gleichgewichtsbedingungen für einzelne starre Körper ausgedrückt werden. Im Gleichgewichtszustand eines Systems ist jeder Teil des Systems ein Körper im Gleichgewicht. Das Kräftesystem an diesem Körper erfüllt deshalb die Bedingungen (11). Es besteht aus denjenigen äußeren Kräften des Systems, die unmittelbar am betrachteten Körper angreifen. Der betrachtete Körper wird in Gedanken durch Schnitte vom Rest des Systems isoliert. Die inneren Kräfte an den Schnittstellen werden dadurch zu äußeren Kräften. Sie greifen wegen des Axioms actio = reactio mit entgegengesetzten Vorzeichen auch am Rest des Systems an. Die Gleichgewichtsbedingungen für den freigeschnittenen Körper sind Gleichungen für diese i. allg. unbekannten Kräfte. Für die richtige Formulierung ist wesentlich, dass in Zeichnungen keine Kraftkomponenten vergessen werden. Bei Zwangskräften muss man die Vorzeichen nicht kennen. Sie ergeben sich aus der Rechnung. Bei eingeprägten Kräften (z. B. bei Gleitreibungskräften) sind die Vorzeichen bekannt. Freigeschnittene Körper können endlich groß oder infinitesimal klein sein. Welche Systemteile man freischneidet, hängt nur davon ab, welche Kräfte bestimmt werden sollen. Probleme, bei denen alle gesuchten Kräfte auf diese Weise bestimmbar sind, heißen *statisch bestimmte* Probleme.

### 6.1.13 Arbeit. Leistung

Der Begriff Arbeit wird bereits in der Statik benötigt und deshalb hier eingeführt. Eine Kraft $\boldsymbol{F}$ mit den Koordinaten $F_x$, $F_y$ und $F_z$, deren Angriffspunkt eine infinitesimale Verschiebung $\mathrm{d}\boldsymbol{r}$ mit den Koordinaten $\mathrm{d}x$, $\mathrm{d}y$ und $\mathrm{d}z$ erfährt, verrichtet bei der Verschiebung die *Arbeit* $\mathrm{d}W = \boldsymbol{F} \cdot \mathrm{d}\boldsymbol{r} = F_x\mathrm{d}x + F_y\mathrm{d}y + F_z\mathrm{d}z$. Die SI-Einheit der Arbeit ist das Joule: $1\,\mathrm{J} = 1\,\mathrm{N\,m} = 1\,\mathrm{kg\,m^2/s^2}$.

Die *Leistung* einer Kraft ist definiert als

$$P = \frac{\mathrm{d}W}{\mathrm{d}t} = \boldsymbol{F} \cdot \frac{\mathrm{d}\boldsymbol{r}}{\mathrm{d}t} = \boldsymbol{F} \cdot \boldsymbol{v} = F_x v_x + F_y v_y + F_z v_z$$

mit der Geschwindigkeit $\boldsymbol{v}$ des Kraftangriffspunktes. Die SI-Einheit der Leistung ist das Watt: $1\,\mathrm{W} = 1\,\mathrm{J/s} = 1\,\mathrm{N\,m/s} = 1\,\mathrm{kg\,m^2/s^3}$. Bei einer endlich großen Verschiebung des Angriffspunktes längs einer Bahnkurve vom Punkt $P_1$ mit dem Ortsvektor $\boldsymbol{r}_1$ und den Koordinaten $(x_1, y_1, z_1)$ zum Punkt $P_2$ mit dem Ortsvektor $\boldsymbol{r}_2$ und den Koordinaten $(x_2, y_2, z_2)$ verrichtet die i. allg. längs der Bahn veränderliche Kraft die Arbeit

$$W_{12} = \int_{\boldsymbol{r}_1}^{\boldsymbol{r}_2} \boldsymbol{F} \cdot \mathrm{d}\boldsymbol{r} = \left( \int F_x \mathrm{d}x + \int F_y \mathrm{d}y + \int F_z \mathrm{d}z \right) \Bigg|_{(x_1, y_1, z_1)}^{(x_2, y_2, z_2)}. \tag{13}$$

Die Arbeit eines Moments $\boldsymbol{M}$ bei einer infinitesimalen Winkeldrehung $\mathrm{d}\boldsymbol{\varphi}$ ist $\mathrm{d}W = \boldsymbol{M} \cdot \mathrm{d}\boldsymbol{\varphi}$, und die Leistung des Moments ist dabei

$$P = \frac{\mathrm{d}W}{\mathrm{d}t} = \boldsymbol{M} \cdot \frac{\mathrm{d}\boldsymbol{\varphi}}{\mathrm{d}t} = \boldsymbol{M} \cdot \boldsymbol{\omega}.$$

### 6.1.14 Potenzialkraft. Potenzielle Energie

Eine Kraft $\boldsymbol{F}$ heißt *Potenzialkraft*, wenn in einem beliebigen $x,y,z$-System ihre Koordinaten die Form haben

$$F_x = \frac{-\partial V}{\partial x}, \quad F_y = \frac{-\partial V}{\partial y}, \quad F_z = \frac{-\partial V}{\partial z}, \tag{14}$$

wobei $V(x, y, z)$ eine skalare Funktion der Koordinaten des Kraftangriffspunktes ist. $V$ heißt *Potenzial der* Kraft. Die Arbeit (13) einer Potenzialkraft längs des Weges von $P_1$ nach $P_2$ ist

$$W_{12} = -\int_1^2 \mathrm{d}V = V(x_1, y_1, z_1) - V(x_2, y_2, z_2) = V_1 - V_2. \tag{15}$$

Sie ist also unabhängig von der Form der Bahnkurve zwischen den beiden Punkten. Nur Potenzialkräfte haben diese Eigenschaft. Technisch wichtige Potenzialkräfte sind die Gewichtskraft im homogenen Schwerefeld, die Newtonsche Gravitationskraft (siehe ► Abschn. 7.6.1 im Kap. 7, „Kinetik starrer Körper") und elastische Rückstellkräfte (Abschn. 5.3 im Kap. 9, „Elementare Festigkeitslehre"). Das Gewicht eines Körpers der Masse $m$ hat in einem $x,y,z$-System mit vertikal nach oben gerichteter $z$-Achse die Koordinaten $[0,\ 0,\ -mg]$. Das Potenzial dieser Kraft ist $V = mgz + \mathrm{const}$ mit einer beliebigen Konstanten, die weder in Gl. (14) noch in Gl. (15) eine Rolle spielt. Das Potenzial der Gewichtskraft heißt auch *potenzielle Energie* (das heißt Arbeitsvermögen) des Körpers. Eine Federrückstellkraft der Form $F = -kx$ hat das Potenzial $V = kx^2/2$. Es heißt auch *potenzielle Energie* der Feder.

Ein System von Potenzialkräften mit den Potenzialen $V_1, \ldots, V_n$ hat das Gesamtpotenzial $V = V_1 + \ldots + V_n$.

Ein mechanisches System, bei dem alle inneren und äußeren eingeprägten Kräfte Potenzialkräfte sind, heißt *konservatives System*.

### 6.1.15 Virtuelle Arbeit. Generalisierte Kräfte

Die virtuelle Arbeit $\delta W$ einer Kraft $\boldsymbol{F}$ ist die Arbeit der Kraft bei einer virtuellen Verschiebung $\delta\boldsymbol{r}$ ihres Angriffspunktes, $\delta W = \boldsymbol{F} \cdot \delta\boldsymbol{r}$. Wenn der Ortsvektor $\boldsymbol{r}$ des Angriffspunktes als Funktion von $n$ generalisierten Koordinaten $q_1, \ldots, q_n$ ausdrückbar ist, gilt (siehe ▶ Abschn. 5.3.3 im Kap. 5, „Kinetik starrer Körper")

$$\delta\boldsymbol{r} = \sum_{i=1}^{n} \frac{\partial\boldsymbol{r}}{\partial q_i}\delta q_i,$$
$$\delta W = \sum_{i=1}^{n}\left(\boldsymbol{F}\cdot\frac{\partial\boldsymbol{r}}{\partial q_i}\right)\delta q_i = \sum_{i=1}^{n} Q_i\delta q_i. \tag{16}$$

Diese Gleichung ist die Definition und zugleich die Berechnungsvorschrift für die Größen $Q_1, \ldots, Q_n$. Sie heißen die den generalisierten Koordinaten zugeordneten *generalisierten Kräfte* infolge $\boldsymbol{F}$. Zwangskräfte verrichten keine virtuelle Arbeit.

### 6.1.16 Prinzip der virtuellen Arbeit

Für Systeme starrer Körper lautet das Prinzip der virtuellen Arbeit: Bei einer virtuellen Verschiebung des Systems aus einer Gleichgewichtslage heraus ist die gesamte virtuelle Arbeit $\delta W_a$ aller Kräfte am System null:

$$\delta W_a = 0. \tag{17}$$

Das Prinzip stellt eine Gleichgewichtsbedingung dar. Es ist der Kombination des Schnittprinzips mit den Kräfte- und Momentengleichgewichtsbedingungen (11) für starre Körper mathematisch äquivalent und folglich zur Lösung derselben Probleme geeignet. Wenn mit dem Prinzip der virtuellen Arbeit eine innere Kraft oder ein inneres Moment eines Systems bestimmt werden soll, muss das System zu einem Mechanismus mit einem einzigen Freiheitsgrad gemacht werden, an dem die gesuchte Größe als äußere Kraft bzw. als äußeres Moment angreift. Die Abb. 14a, b, c zeigen jeweils ein Ausgangssystem und den daraus gebildeten Mechanismus für drei Fälle, in denen eine Lagerreaktion $A_H$, eine Fachwerkstabkraft $S$ bzw. ein Biegemoment $M_y$ die gesuchten Größen sind. Der Mechanismus wird virtuell verschoben. Die dabei auftretenden virtuellen Verschiebungen aller Kraftangriffspunkte und die virtuellen Drehwinkel an allen Momentenangriffspunkten werden durch die virtuelle Ände-

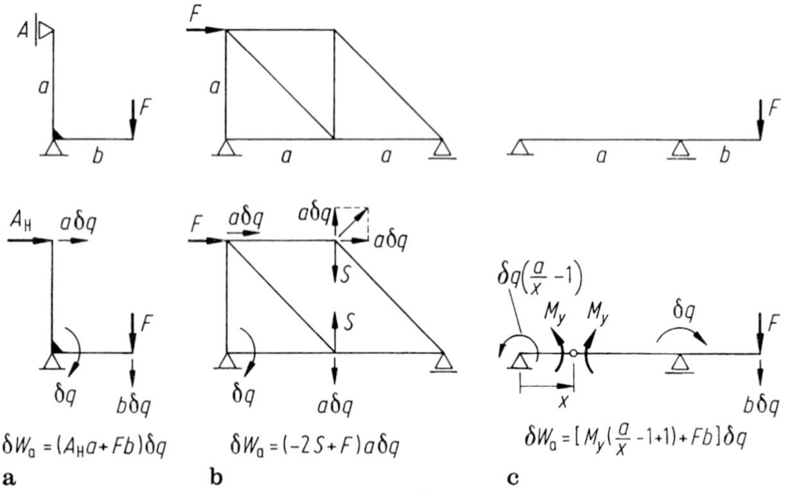


**Abb. 14** Statische Systeme (obere Reihe) und Mechanismen (untere Reihe) zur Bestimmung (**a**) einer Lagerreaktion $A_H$, (**b**) einer Stabkraft $S$ bzw. (**c**) eines Biegemoments $M_y$ aus der Bedingung $\delta W_a = 0$

rung $\delta q$ einer einzigen geeignet gewählten Koordinate $q$ ausgedrückt. Mit diesen Verschiebungen wird die virtuelle Arbeit $\delta W_a$ aller äußeren Kräfte und Momente einschließlich der gesuchten Größe in der Form $\delta W_a = (\ldots)\delta q$ ausgedrückt. Wegen Gl. (17) ist der Ausdruck in Klammern null. Das ist eine Bestimmungsgleichung für die gesuchte Größe.

**Beispiel 3:** In Abb. 13 im ▶ Kap. 5, „Kinematik starrer Körper" sei $\Delta pA$ die Druckkraft auf der Fläche $A$ des Kolbens 2 und $F$ die Kraft bei $P$ in der Richtung entgegen $\boldsymbol{v}_p$. Im Gleichgewicht ist $\Delta pA\delta x_{rel} - F\delta r_p = 0$ oder

$$\Delta pA = F\delta r_p : \delta x_{rel} = F(r_2r_4r_6r_8)/(r_1r_3r_5r_7).$$

Weitere Anwendungen des Prinzips der virtuellen Arbeit siehe in den Abschn. 2.3 und 3.5.

## 6.2 Lager. Gelenke

### 6.2.1 Lagerreaktionen. Lagerwertigkeit

Die Begriffe *Lager* und *Gelenk* bezeichnen dasselbe, nämlich ein Verbindungselement zweier Körper, an dem die Körper durch Berührung mit Kräften aufeinander wirken können. An jedem Lager denkt man sich die in Wirklichkeit flächenhaft verteilten Kräfte auf eine Einzelkraft in einem Lagerpunkt und auf ein Einzelmoment reduziert. Ein Schnitt durch das Lager macht Einzelkraft und Einzelmoment zu äußeren Kräften an den betrachteten Körpern. Ihre Komponenten heißen *Lagerreaktionen.*

Lager können Feder- und Dämpfereigenschaften haben, so z. B. Schwingmetalllager und hydrodynamische Gleitlager. Ihre Lagerreaktionen sind eingeprägte Kräfte. In Lagern mit starren, reibungsfreien Kontaktflächen sind die Lagerreaktionen Zwangskräfte. Lager dieser Art kennzeichnet man durch ihren Freiheitsgrad $0 \leqq f \leqq 5$ oder durch ihre *Wertigkeit* $w = 6 - f$. $w$ ist die Anzahl der unabhängigen Lagerreaktionen. Im ebenen Fall ist $0 \leqq f \leqq 2$ und $w = 3 - f$. Tab. 4 enthält Angaben über die wichtigsten Lagerarten für ebene Lastfälle.

### 6.2.2 Statisch bestimmte Lagerung

Ein ebenes oder räumliches System aus $n \geqq 1$ starren Körpern hat äußere Lager, mit denen es auf einem Fundament (Körper 0) gelagert ist und Zwischenlager oder Gelenke, mit denen Körper des Systems gegeneinander gelagert sind (Abb. 15 und 16a). In den äußeren Lagern treten insgesamt $a$ unbekannte äußere Lagerreaktionen auf und in den Zwischenlagern insgesamt $z$ unbekannte Zwischenreaktionen. Jede Zwischenreaktion greift mit entgegengesetzten Vorzeichen an zwei Körpern des Systems an. Für die $n$ ganz freigeschnittenen Einzelkörper können im räumlichen Fall $6n$ und im ebenen Fall $3n$ Gleichgewichtsbedingungen formuliert werden. Das System heißt *statisch bestimmt gelagert*, wenn sich alle Lagerreaktionen für beliebige eingeprägte Kräfte aus den Gleichgewichtsbedingungen bestimmen lassen. Notwendige und hinreichende Bedingungen dafür sind, dass (1) $a + z = 6n$ im räumlichen bzw. $a + z = 3n$ im ebenen Fall ist, und dass (2) die Koeffizientenmatrix der Unbekannten nicht singulär ist. Wenn (1) erfüllt ist, ist (2) genau dann erfüllt, wenn das System unbeweglich ist.

Ein ebenes System mit $a + z = 3n$ ist beweglich, wenn es zwischen zwei Körpern $i$ und $j$ ($i, j = 0, \ldots, n$) eine Lagerreaktion gibt, deren Wirkungslinie durch den Geschwindigkeitspol $P_{ij}$ geht, der bei Fehlen dieser Lagerreaktion vorhanden wäre (Abb. 15).

**Beispiel 4:** In Abb. 15 ist $n = 4$, $a = 5$, $z = 7$, also $a + z = 3n$. Wenn man die Lagerreaktion (d. h. das Lager) bei $A$ entfernt, entsteht ein Mechanismus mit dem Pol $P_{13}$ auf der Wirkungslinie dieser Lagerreaktion (siehe Abb. 12 im ▶ Kap. 5, „Kinematik starrer Körper"). Also ist das System statisch unbestimmt, denn eine Lagerreaktion auf dieser Linie kann eine Drehung der Körper 1 und 3 relativ zueinander nicht verhindern.

### 6.2.3 Berechnung von Lagerreaktionen

**Schnittprinzip**. Im allgemeinen sollen nicht alle Lagerreaktionen berechnet werden. Dann schneidet man auch nicht alle Körper frei.

**Tab. 4** Lager für ebene Lastfälle mit Wertigkeiten $1 \leqq w \leqq 3$

| Lagerbezeichnung und Symbol | konstruktive Gestaltungen | Lagerreaktionen | $w$ |
|---|---|---|---|
| verschiebbares Gelenklager  | 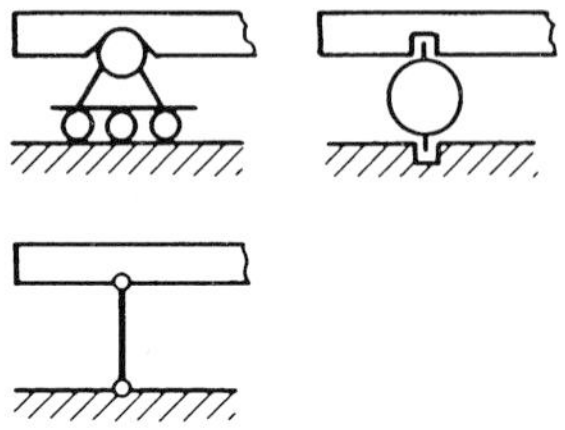 | 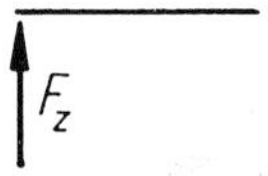  | 1 |
| festes Gelenklager  | 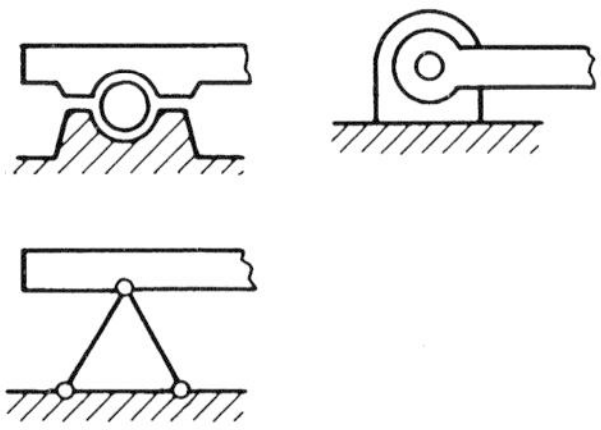 | 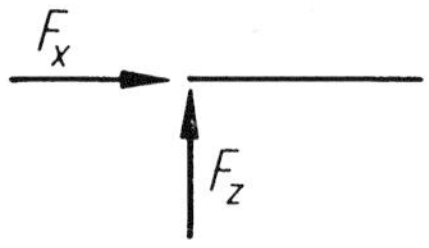  | 2 |
| (feste) Einspannung  | 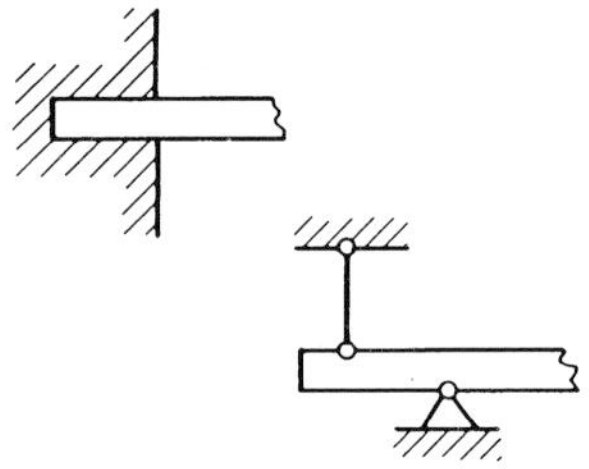 | 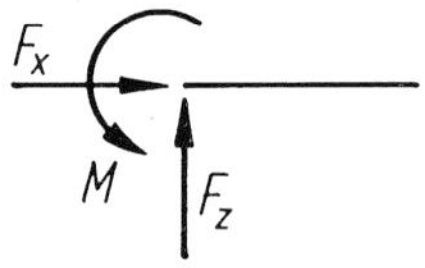  | 3 |
| Schiebehülse; längskraftfreie Einspannung 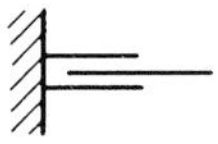 | 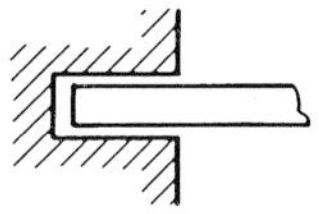 | 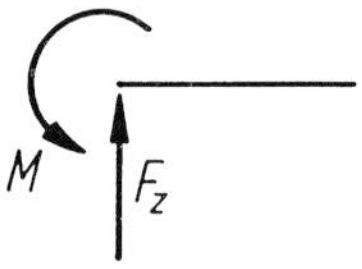  | 2 |
| Schiebehülse; querkraftfreie Einspannung 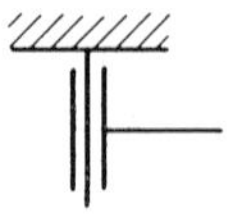 | 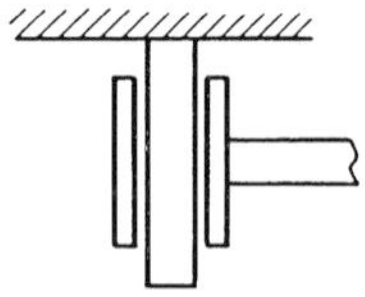 | 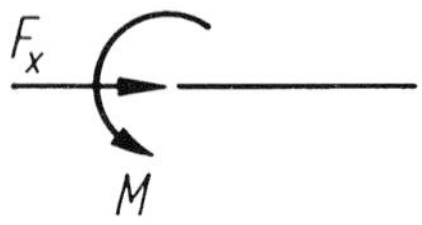  | 2 |
| kräftefreie Einspannung 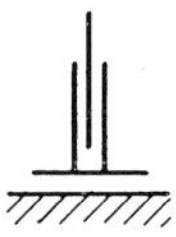 | 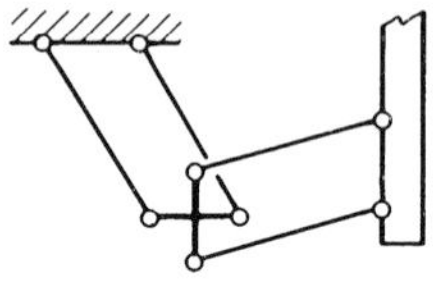 |   | 1 |

**Beispiel 5:** Für die Schnittkraft $S$ der Zange in Abb. 16a liefert Abb. 16b

$$S = P\frac{l_2 + l_3}{l_4} = F\frac{(l_2 + l_3)(l_1 + l_2)}{l_2 l_4}.$$

Beim Dreigelenkbogen in Abb. 17 werden die Zwischenreaktionen $C_1$ und $C_2$ mit den gezeichneten Richtungen als Unbekannte eingeführt und mit je einer Momentengleichgewichtsbedingung mit dem Bezugspunkt $A$ bzw. $B$ berechnet.

Wenn an einem freigeschnittenen Körper genau zwei Kräfte angreifen, dann sind sie entgegengesetzt gleich. Wenn genau drei komplanare Kräfte angreifen, schneiden sich ihre Wirkungslinien in einem Punkt (siehe Abb. 12b). Die Beachtung dieser Zusammenhänge vereinfacht rechnerische und graphische Lösungen der Gleichgewichtsbedingungen wesentlich.

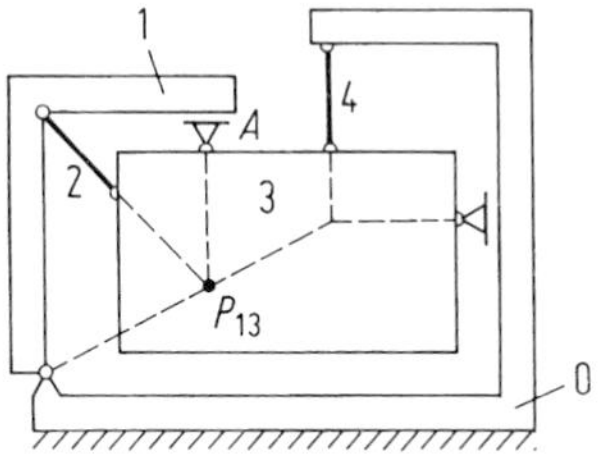


**Abb. 15** Statisch unbestimmtes System

**Beispiel 6:** In Abb. 18 greifen am linken Teilsystem zwei und am rechten drei Kräfte an. Damit liegen die Richtungen aller Lagerreaktionen wie gezeichnet fest. Das Kräftedreieck liefert ihre Größen.

**Prinzip der virtuellen Arbeit.** Zur Durchführung der Methode siehe Abschn. 1.16.

**Beispiel 7:** Man berechne die Schnittkraft $S$ der Zange in Abb. 16. Aus der Zange entsteht ein im Gleichgewicht befindlicher Mechanismus mit dem Freiheitsgrad 1, wenn man den Körper 4 durch die von ihm auf die Backen 3 und 0 ausgeübten Schnittkräfte $S$ ersetzt. Bei einer virtuellen Drehung von Körper 1 um $\delta\varphi_1$ im Gegenuhrzeigersinn verrichtet $\boldsymbol{F}$ die virtuelle Arbeit $F(l_1 + l_2)\delta\varphi_1$ und die Kraft $S$ an Körper 3 die Arbeit $-Sl_4\delta\varphi_3$. Dabei ist $\delta\varphi_3$ der Drehwinkel von Körper 3 im Gegenuhrzeigersinn. Die kinematische Bindung durch Körper 2 bewirkt, dass $l_2\delta\varphi_1 = (l_2 + l_3)\delta\varphi_3$ ist. Die Kraft $S$ an Körper 0 verrichtet keine Arbeit. Damit ist die gesamte virtuelle Arbeit aller äußeren Kräfte

$$\delta W_a = [F(l_1 + l_2) - Sl_2 l_4/(l_2 + l_3)]\delta\varphi_1.$$

Aus $\delta W_a = 0$ folgt

$$S = F(l_1 + l_2)(l_2 + l_3)/(l_2 l_4).$$

**Abb. 16** Zange (Bild **a**) und freigeschnittene Körper (Bild **b**) zur Bestimmung der Zangenkraft $S$

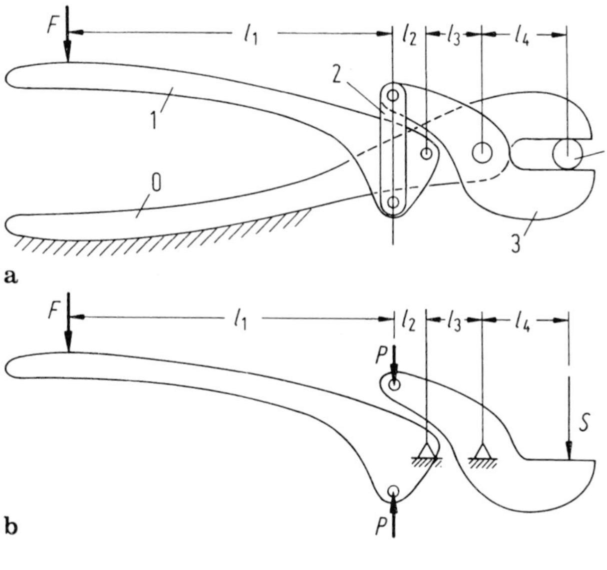

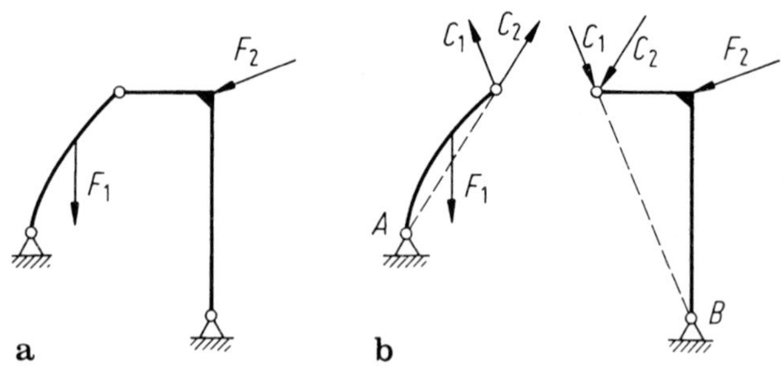


**Abb. 17** a Dreigelenkbogen. b Zugehörige Freikörperbilder

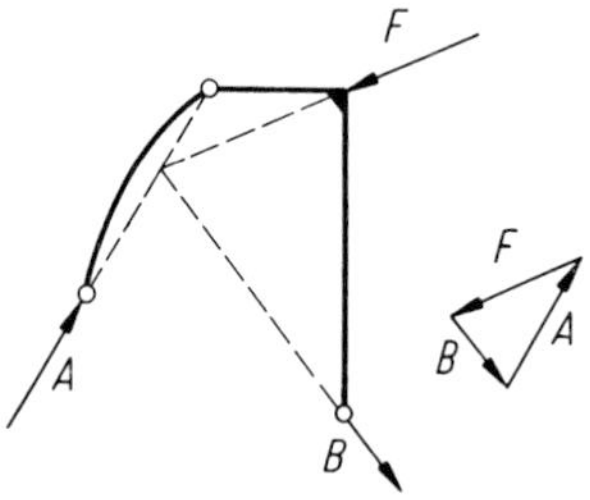


**Abb. 18** Graphische Konstruktion der Lagerreaktionen an einem einseitig belasteten Dreigelenkbogen

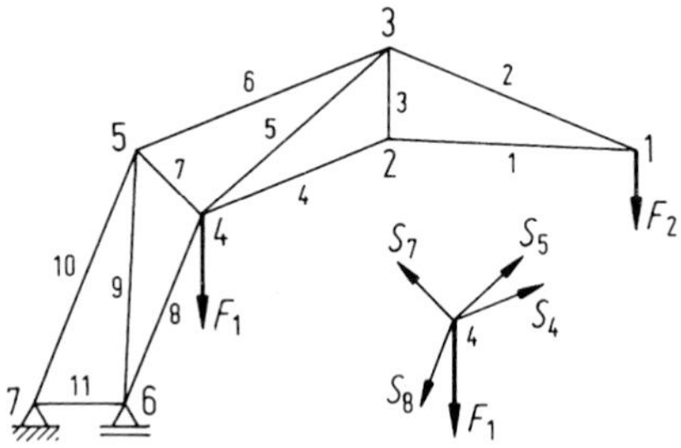


**Abb. 19** Einfaches Fachwerk mit freigeschnittenem Knoten 4

## 6.3 Fachwerke

Ein *ideales Fachwerk* ist ein ebenes oder räumliches Stabsystem mit reibungsfreien Gelenkverbindungen (Knoten) an den Stabenden. Alle Kräfte greifen an Knoten an, so dass die Stäbe nur durch Längskräfte belastet werden. Kräfte in Zugstäben zählen positiv. Ein Fachwerk heißt *einfach*, wenn ein Abbau schrittweise derart möglich ist, dass mit jedem Schritt im ebenen Fall zwei Stäbe und ein Knoten (im räumlichen drei nicht komplanare Stäbe und ein Knoten) abgebaut werden, bis im ebenen Fall ein einziger Stab (im räumlichen Fall ein Stabdreieck) übrigbleibt. Das Fachwerk in Abb. 19 ist ein einfaches Fachwerk. Die Abb. 20, 21a und 22 zeigen nicht-einfache Fachwerke.

### 6.3.1 Statische Bestimmtheit

Für ein Fachwerk mit $k$ Knoten, $s$ Stäben und insgesamt $a$ Lagerreaktionen können für die $k$ ganz freigeschnittenen Knoten im ebenen Fall $2k$ und im räumlichen Fall $3k$ Kräftegleichgewichtsbedingungen formuliert werden. Das Fachwerk heißt *innerlich statisch bestimmt*, wenn sich aus diesen Gleichgewichtsbedingungen alle Lagerreaktionen und alle Stabkräfte für beliebige eingeprägte Kräfte bestimmen lassen. Notwendige und hinreichende Bedingungen dafür sind, dass (1) $a + s = 2k$ im ebenen bzw. $a + s = 3k$ im räumlichen Fall ist, und dass (2) die Koeffizientenmatrix der Unbekannten nicht singulär ist. Wenn (1) erfüllt ist, ist (2) genau dann erfüllt, wenn das Fachwerk unbeweglich ist. Einfache Fachwerke sind innerlich statisch bestimmt, wenn sie statisch bestimmt gelagert sind.

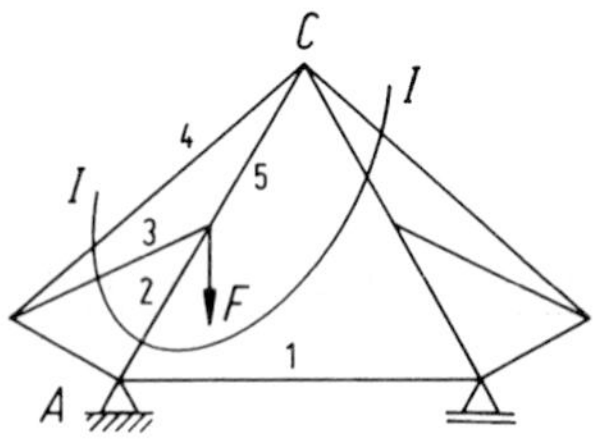


**Abb. 20** Nicht-einfaches Fachwerk mit einem Ritterschnitt zur Berechnung von $S_3$

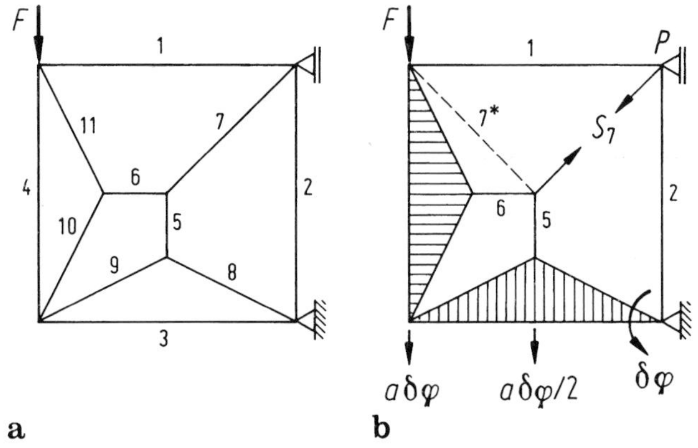


**Abb. 21** **a** Nicht-einfaches Fachwerk. **b** Mechanismus mit virtuellen Verschiebungen nach Schnitt von Stab 7. Vertauschung von Stab 7 gegen Stab 7* erzeugt ein einfaches Fachwerk

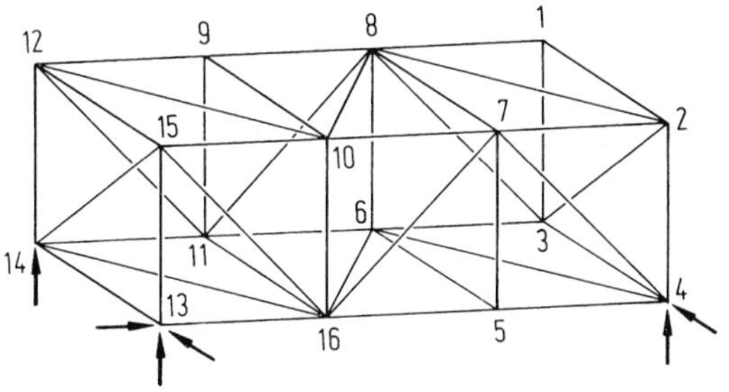


**Abb. 22** Nicht-einfaches Fachwerk. Pfeile an den Knoten 4, 13 und 14 kennzeichnen Lagerreaktionen

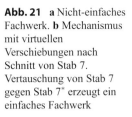

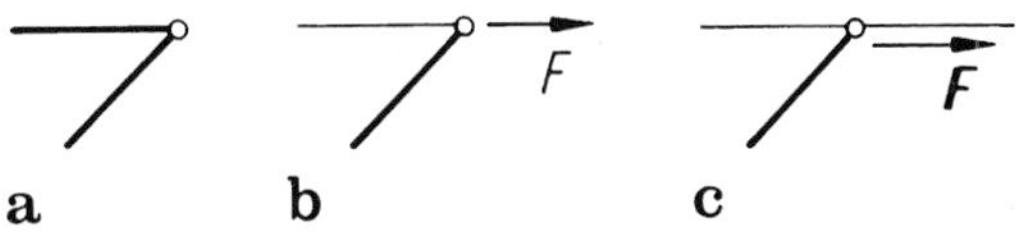


**Abb. 23** Stäbe mit der Stabkraft null sind dick gezeichnet. **a** Ein Knoten ohne Kräfte verbindet zwei nicht in einer Geraden liegende Stäbe. Dann sind beide Stäbe Nullstäbe. **b** Ein Knoten verbindet zwei Stäbe, und die resultierende Kraft am Knoten hat die Richtung des einen Stabes. Dann ist der andere Stab ein Nullstab. **c** Ein Knoten verbindet drei Stäbe, von denen zwei in einer Geraden liegen, und die resultierende Kraft am Knoten hat die Richtung dieser Geraden. Dann ist der dritte Stab ein Nullstab

### 6.3.2 Nullstäbe

*Nullstäbe* (Stäbe mit der Stabkraft null) können häufig ohne Rechnung erkannt werden. Abb. 23 zeigt einfache Kriterien.

### 6.3.3 Knotenschnittverfahren

Zuerst Lagerreaktionen bestimmen, dann alle Knoten freischneiden und für jeden Knoten im ebenen Fall zwei (im räumlichen drei) Gleichgewichtsbedingungen formulieren. Die Stabkraft $S_i$ jedes Stabes $i$ steht in den Gleichungen zweier Knoten. Bei einfachen Fachwerken werden die Knoten in einer Abbaureihenfolge bearbeitet. Die letzten beiden Knoten dienen zur Ergebniskontrolle. Die Kräftepolygone aller Knoten bilden den *Cremonaplan*.

**Beispiel 8:** In Abb. 19 ist 1, 2, 3, 4, 5, 6, 7 eine Abbaureihenfolge. Knoten 1 liefert $S_1$ und $S_2$, Knoten 2 $S_3$ und $S_4$ usw. Die kleine Figur zeigt den Knoten 4 mit positiven Stabkräften.

### 6.3.4 Rittersches Schnittverfahren für ebene Fachwerke

Mit einem Schnitt durch geeignet gewählte Stäbe wird das Fachwerk in zwei Teile zerlegt. Für einen Teil werden Gleichgewichtsbedingungen formuliert und nach Kräften in den geschnittenen Stäben aufgelöst. Der Schnitt muss so geführt werden, dass Zahl und Anordnung der geschnittenen Stäbe die Auflösung zulassen.

**Beispiel 9:** Berechnung von $S_3$ in Abb. 20 mit zwei Schnitten. Der erste Schnitt durch die Stäbe 1, 4 und 5 liefert $S_4$ (Momentengleichgewicht am linken Teil um $A$). Der zweite Schnitt durch die Stäbe 1, 2, 3 und 4 liefert $S_3$ (Momentengleichgewicht am linken Teil um $A$). $S_3$ kann auch unmittelbar mit dem Schnitt I-I aus einer Momentengleichgewichtsbedingung um $C$ bestimmt werden.

Ritterschnitte sind nicht in allen Fachwerken möglich, z. B. nicht in Abb. 21a.

### 6.3.5 Prinzip der virtuellen Arbeit

Zur Methodik siehe Abschn. 1.16.

**Beispiel 10:** Berechnung von $S_7$ in Abb. 21a. Der Mechanismus mit geschnittenem Stab 7 besteht aus den in Abb. 21b schraffierten Dreiecken und den Stäben 1, 2, 5 und 6. Die Stäbe 1 und 2 drehen sich um *P*. Bei Drehung des rechten Dreiecks um $\delta\varphi$ verschieben sich das linke Dreieck um $a\delta\varphi$ und Stab 5 um $a\delta\varphi/2$ translatorisch nach unten. Also ist $\delta W_a = (Fa - S_7 a\sqrt{2}/4)\delta\varphi$. Aus $\delta W_a = 0$ folgt $S_7 = 2F\sqrt{2}$.

Energiemethoden bei Fachwerken siehe auch in den ▶ Abschn. 9.8.1 und ▶ 9.8.3 im Kap. 9, „Elementare Festigkeitslehre".

### 6.3.6 Methode der Stabvertauschung

Aus einem nicht-einfachen Fachwerk wird ein einfaches erzeugt, indem man geeignet gewählte Stäbe eliminiert und gleich viele an anderen Stellen zwischen geeignet gewählten Knoten einsetzt.

**Beispiel 11:** In Abb. 21a genügt es, den Stab 7 durch den in Abb. 21b gestrichelt gezeichneten Stab 7* zu ersetzen. In Abb. 22 genügt es, den Stab zwischen den Knoten 2 und 3 durch einen Stab zwischen den Knoten 12 und 16 zu ersetzen. Danach können die Knoten in der Reihenfolge 1, 2, …, 16 abgebaut werden.

Die Stabkraft $S_i$ eines eliminierten Stabes wird nach Abb. 21b als unbekannte äußere Kraft mit entgegengesetzten Vorzeichen an den beiden Knoten dieses Stabes angebracht. Die von $S_i$ abhängende Stabkraft $S_i^*$ im Ersatzstab wird berechnet und zu null gesetzt. Das liefert $S_i$. Damit sind alle äußeren Kräfte am einfachen Fachwerk bekannt. Alle weiteren Berechnungen werden an diesem Fachwerk vorgenommen.

## 6.4 Ebene Seil- und Kettenlinien

### 6.4.1 Gewichtsloses Seil mit Einzelgewichten

In Abb. 24a sind gegeben: $a$, $h$, die gesamte Seillänge $l$, Gewichte $G_1, \ldots, G_n$ sowie entweder $l_0, \ldots, l_n$ (Fall I) oder $a_0, \ldots, a_n$ (Fall II). Gesucht sind das Seilpolygon und die Seilkräfte. Beides liefert der Kräfteplan in Abb. 24b nach dem Seileckverfahren (siehe Abb. 8), sobald die Koordinaten $X$, $Y$ des Pols bekannt sind. Man definiert

$$P_0 = 0 \quad \text{und} \quad P_i = \sum_{j=1}^{i} G_j \quad (i = 1, \ldots, \text{n}).$$

Damit ist

$$\tan\varphi_i = (P_i - Y)/X \quad (i = 0, \ldots, n).$$

*Fall I*: Die Bedingungen

$$\sum_{i=0}^{n} l_i \cos\varphi_i = a \quad \text{und} \quad \sum_{i=0}^{n} l_i \sin\varphi_i = h$$

liefern für $X$ und $Y$ die Bestimmungsgleichungen

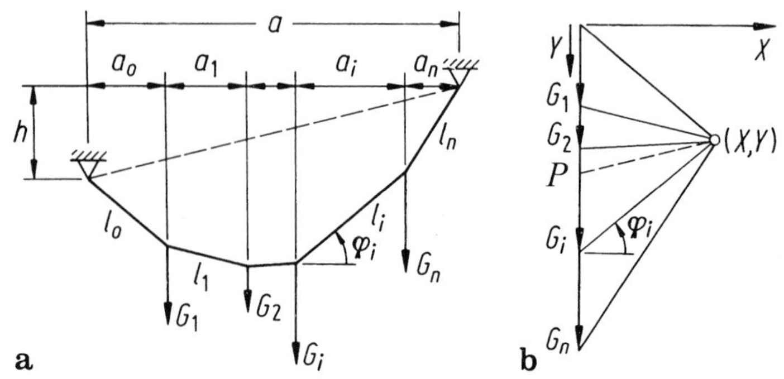


**Abb. 24** **a** Gewichtsloses Seil mit vertikalen Einzelkräften. **b** Zugehöriger Kräfteplan. Polstrahlen im Kräfteplan stellen die Seilkräfte dar. *h* ist negativ, wenn das rechte Lager tiefer liegt als das linke. Die gestrichelten Geraden sind parallel

$$\left.\begin{aligned} X\sum_{i=0}^{n}\frac{l_i}{\left[X^2+(P_i-Y)^2\right]^{1/2}}&=a,\\ \sum_{i=1}^{n}\frac{P_il_i}{\left[X^2+(P_i-Y)^2\right]^{1/2}}&=h+a\frac{Y}{X}. \end{aligned}\right\} \quad (18)$$

*Fall II*: Die Bedingungen

$$\sum_{i=0}^{n} a_i/\cos\varphi_i = l \quad \text{und} \quad \sum_{i=0}^{n} a_i \tan\varphi_i = h$$

liefern für $X$ und $Y$ die entkoppelten Bestimmungsgleichungen

$$\left.\begin{aligned} &\sum_{i=0}^{n} a_i\left[X^2+(P_i-P+Xh/a)^2\right]^{1/2}=lX,\\ &Y=P-Xh/a,\quad P=\sum_{i=1}^{n}P_ia_i/a. \end{aligned}\right\} \quad (19)$$

$Y = P - Xh/a$ ist die Gleichung der gestrichelten Geraden in Abb. 24b.

### 6.4.2 Schwere Gliederkette

In Abb. 25 sind gegeben: $a$, $h$ und $G_i$, $l_i$, $a_i$, $b_i$ für $i = 0, \ldots, n$. Der Schwerpunkt jedes Gliedes liegt auf der Verbindungslinie seiner Gelenkpunkte. Gesucht ist das Polygon der Gelenkpunkte.

Lösung: Das Gewicht $G_i$ jedes Gliedes wird durch die Kräfte $G_ib_i/l_i$ und $G_ia_i/l_i$ in seinem linken Gelenkpunkt $i$ bzw. rechten Gelenkpunkt $i+1$ ersetzt. Das gesuchte Polygon hat dann die Form eines gewichtslosen Seils mit den Einzelgewichten $G_i^* = G_{i-1}a_{i-1}/l_{i-1} + G_ib_i/l_i$ in den Gelenkpunkten $i = 1, \ldots, n$. Das ist Fall I in Abschn. 4.1 mit $G_i^*$ statt $G_i$.

### 6.4.3 Schweres Seil

Ein homogenes, biegeschlaffes, undehnbares Seil mit dem Parameter $q$=Seilgewicht/Seillänge ist im Schwerefeld ein Bogenstück einer cosh-Linie. In dem $x,y$-System von Abb. 26 mit dem Ursprung im tiefsten Punkt sind der Funktionswert $y(x)$, die Bogenlänge $s(x)$ ($s = 0$ bei $x = 0$), die Seilkraft $F(x)$ tangential zur Seillinie und ihre Komponenten $V(x)$ (vertikal) und $H$ (horizontal) die Funktionen

$$\left.\begin{aligned} y(x)&=\lambda(\cosh x/\lambda-1),\\ s(x)&=\lambda\sinh x/\lambda,\\ F(x)&=q\lambda\cosh x/\lambda=q[y(x)+\lambda],\\ V(x)&=q\lambda\sinh x/\lambda=qs(x),\quad H\equiv q\lambda=\text{const.} \end{aligned}\right\} \quad (20)$$

Darin ist $\lambda$ ein von Randbedingungen abhängiger Parameter. Bei der Umformung von Gleichungen werden die Beziehungen $(y+\lambda)^2 = s^2+\lambda^2$, $s/\lambda = \mathrm{d}y/\mathrm{d}x$, $V/H = \mathrm{d}y/\mathrm{d}x$ und Additionstheoreme

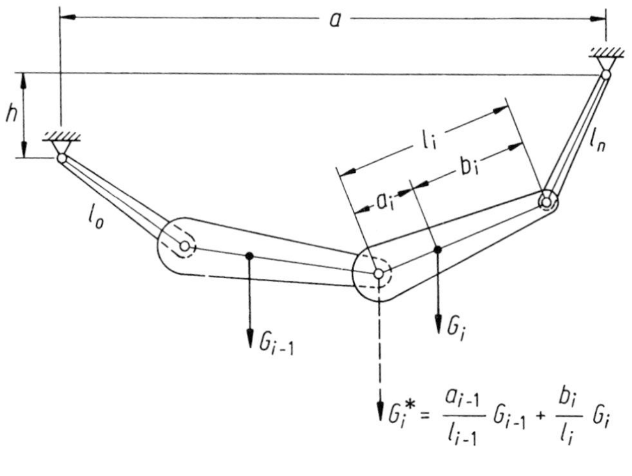


**Abb. 25** Schwere Gliederkette. Die Schwerpunkte der Glieder liegen auf den Verbindungsgeraden der Gelenke

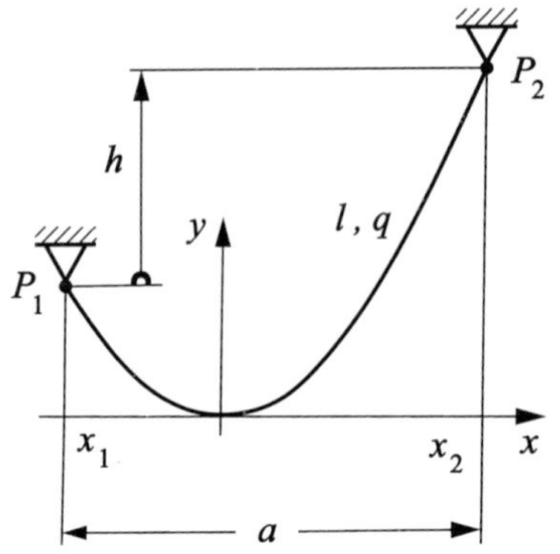


**Abb. 26** Seillinie eines schweren biegeschlaffen Seils

für Hyperbelfunktionen verwendet.

**Beispiel 12:** In Abb. 26 sind die Seillänge $l$ und die Längen $a = x_2 - x_1 > 0$ und $h = y(x_2) - y(x_1)$ (positiv, null oder negativ) gegeben. Die Entkopplung der Gleichungen $h = y(x_2) - y(x_1) = \lambda[\cosh(x_1 + a)/\lambda - \cosh x_1/\lambda]$, $l = s(x_2) - s(x_1) = \lambda[\sinh(x_1 + a)/\lambda - \sinh x_1/\lambda]$ liefert für $\lambda$ die erste der folgenden Gleichungen und für $x_1$ die zweite:

$$\left.\begin{aligned} 2\lambda \sinh a/(2\lambda) &= \left(l^2 - h^2\right)^{1/2}, \\ 2\lambda \sinh x_1/\lambda &= -l + h\left[1 + 4\lambda^2/\left(l^2 - h^2\right)\right]^{1/2}. \end{aligned}\right\} \tag{21}$$

Sonderfall $h = 0$: $\sinh a/(2\lambda) = l/(2\lambda)$, $x_1 = -a/2$. Mit dem Parameter $r = l/a - 1$ ist der mittige Durchhang $Y = y(a/2)$ in guter Näherung

$$Y \approx \frac{a}{2}\left[\frac{3}{2}r + \frac{21}{20}r^2 - \frac{27}{1400}r^3\left(1 - \frac{1}{2}r + \frac{1}{8}r^2\right)\right]^{1/2}. \tag{22}$$

**Beispiele:** Mit $a = 100$ m und mit den Seillängen $l_1 = 101$ m, $l_2 = 110$ m, $l_3 = 150$ m, $l_4 = 236$ m, $l_5 = 333$ m ist $Y_1 \approx 6{,}15$ m, $Y_2 \approx 20{,}03$ m, $Y_3 \approx 50{,}26$ m, $Y_4 \approx 99{,}44$ m, $Y_5 \approx 150{,}58$ m (Fehler $\approx 7$ cm).

Ein symmetrisch zwischen gleich hohen Punkten hängendes Seil mit Parametern $l$, $a$, $q$ und mit der Dehnsteifigkeit $EA$ wird infolge seines Eigengewichts um $\Delta l = q\lambda^2(a/\lambda + \sinh a/\lambda)/(2EA)$ länger (Theorie erster Ordnung).

**Beispiel 13:** Ein Seil der Länge $L$ ist links an einem Haken befestigt und rechts in gleicher Höhe und im Abstand $a < L$ vom Haken über eine Rolle gelegt. Am freien Ende hängt ein Gewicht $G$. Man bestimme den Seilparameter $\lambda$. Lösung: Die unbekannte Länge des Seils zwischen Haken und Rolle ist $l = 2\lambda \sinh a/(2\lambda)$. Gleichheit der Seilkraft rechts und links der Rolle fordert $q(L - l) + G = q\lambda \cosh a/(2\lambda)$. Addition ergibt für $u = a/(2\lambda)$ die Bestimmungsgleichung $\cosh u + 2 \sinh u = pu$ mit der gegebenen Größe $p = 2(L + G/q)/a$. Für hinreichend großes $p$ existieren zwei Lösungen $u$, von denen die kleinere zum kleineren Durchhang mittig zwischen Haken und Rolle gehört. Diese Gleichgewichtslage ist stabil. Die andere ist instabil.

**Beispiel 14:** An einem Fahrzeug ist in der Höhe $h$ über dem Boden ein Seil der Länge $l > h$ befestigt. Beim Fahren mit konstanter Geschwindigkeit verursacht Reibung am Boden (Reibwert $\mu$), dass sich ein stationärer Zustand einstellt, bei dem das Seil aus einem am Boden schleifenden Endstück unbekannter Länge $a$ und einer Seillinie der Länge $l - a$ besteht, die in der unbekannten waagerechten Entfernung $b$ hinter dem Aufhängepunkt ihren tiefsten Punkt hat. Man bestimme $a$ und $b$. Lösung: $h = \lambda(\cosh b/\lambda - 1)$, $l - a = \lambda \sinh b/\lambda$. Die Reibkraft ist die Horizontalkomponente $H$ der Seilkraft: $\mu q a = q\lambda$, also $\lambda = \mu a$. Entkopplung liefert $a = l + h\left(\mu - \sqrt{1 + \mu^2 + 2\mu l/h}\right)$ und damit $\lambda$ und $b$. $a = 1 - h$ bei $\mu = 0$ und $a \to 0$ bei $\mu \to \infty$.

**Beispiel 15:** Gegeben: Ein Seil der Länge $l$ und eine Stange, die von links oben nach rechts unten unter dem Winkel $\alpha$ gegen die Horizontale geneigt ist. Das Seil ist mit dem linken Ende 1 an der Stange und mit dem rechten Ende 2 an einer gewichtslosen Hülse befestigt, die reibungsfrei auf der Stange gleiten kann. Man bestimme $x_2 - x_1$ im Gleichgewichtszustand. Lösung: $1 = \lambda(\sinh x_2 / \lambda - \sinh x_1/\lambda)$, $y_2 - y_1 = \lambda(\cosh x_2 / - \cosh x_1/\lambda)$, $x_2 - x_1 = -(y_2 - y_1) \cot \alpha$, die Seilkraft an der Hülse ist orthogonal zur Stange: $\sinh x_2/\lambda = \cot \alpha$. Entkopplung liefert für $\lambda$ und $x_2 - x_1$ die Gleichungen $\left[\sqrt{1 + (\cot\alpha - l/\lambda)^2} - l/\sin\alpha\right] \cot\alpha = \operatorname{arsinh}(\cot\alpha) - \operatorname{arsinh}(\cot\alpha - 1/\lambda) = (x_2 - x_1)/\lambda$.

Viele andere Beispiele siehe in Routh 2013.

### 6.4.4 Schweres Seil mit Einzelgewicht

In Abb. 27 sind die Koordinatensysteme $x_1$, $y_1$ und $x_2$, $y_2$ und alle Bezeichnungen so gewählt, dass für beide Kurvenäste $y_1(x_1)$ und $y_2(x_2)$ Übereinstimmung mit Abb. 26 besteht, wenn man dort überall den Index $i = 1$ bzw. 2 hinzufügt. Folglich gelten für jeden Kurvenast die Gl. (20) und (21) mit den entsprechenden Indizes. Die Aufgabenstellung schreibt $q_1 = q_2 = q$ und $h_1 = h_2 = h$ vor. Dann folgt aus dem Kräftegleichgewicht in horizontaler Richtung $\lambda_1 = \lambda_2 = \lambda$, d. h. beide Kurvenäste sind Abschnitte ein und derselben cosh-Kurve. Die Gl. (21) mit Indizes $i = 1$ bzw. 2, die Beziehung $a_1 + a_2 = a_{\text{ges}}$ und die Kräftegleichgewichtsbedingung $G = q\lambda[\sinh(x_{A1}/\lambda) + \sinh(x_{A2}/\lambda)]$ bestimmen bei gegebenen $a_{ges}$, $l_1$, $l_2$, $q$ und $G$ die Unbekannten $\lambda$, $h$, $a_1$, $a_2$, $x_{A1}$ und $x_{A2}$. Für $\lambda$ und $h$ kann man die Gleichungen entkoppeln:

$$\left.\begin{aligned} &2G + q(l_1 + l_2) = qh\sum_{i=1}^{2}\left[1 + \frac{4\lambda^2}{l_i^2 - h^2}\right]^{1/2}, \\ &\left(l_1^2 - h^2 + 4\lambda^2\right)^{1/2}\sinh\left[a_{ges}/(2\lambda)\right] \\ &-\left(l_1^2 - h^2\right)^{1/2}\cosh\left[a_{ges}/(2\lambda)\right] = \left(l_2^2 - h^2\right)^{1/2}. \end{aligned}\right\} \tag{23}$$

### 6.4.5 Rotierendes Seil

In Abb. 28 wird an dem mit $\omega = \text{const}$ rotierenden homogenen Seil mit der Massenbelegung $\mu$ = Masse/Länge das Gewicht gegen die Fliehkraft vernachlässigt. Dann existiert im mitrotierenden $x$, $y$-System eine stationäre Seillinie $y(x)$ mit Seilkraftkomponenten $H$ in $x$- und $V$ in $y$-Richtung. Die strenge Lösung lautet

$$\begin{aligned} y(x) &= y_0\ \text{sn}\left(bx/c^2 + \text{K}\right), \quad H = c^2\mu\omega^2/2 = \text{const}, \\ V(x) &= H\text{d}y/\text{d}x \\ &= \left(Hy_0b/c^2\right)\text{c}n\left(bx/c^2 + \text{K}\right)\cdot\text{d}n\left(bx/c^2 + \text{K}\right) \end{aligned}$$

mit $b = \left(y_0^2 + 2c^2\right)^{1/2}$, mit dem Modul $k = y_0/b$ und mit dem vollständigen elliptischen Integral K. sn, cn und dn sind die Jacobischen elliptischen Funktionen. Die Konstanten $y_0$, $x_1$ und $c$ sind mit $y_1$, $y_2$, $a$ und $l$ durch die Gleichungen verknüpft (unvollständiges elliptisches Integral E(am $u$, $k$) mit am $u$ = arc sin sn $u$; am $u > \pi/2$ für $u >$ K):

$$\left.\begin{aligned} y(x_1) = y_1, \quad y(x_1 + a) = y_2, \\ l = b[\text{E}(\text{am}(bx_1/c^2 + \text{K}),k) \\ -\text{E}(\text{am}(b(x_1 + a)/c^2 + \text{K}),k)] - a. \end{aligned}\right\} \tag{24}$$

### 6.4.6 Das schwere, elastische Seil

Ein schweres, biegeschlaffes, linear elastisches Seil ($l$ Länge im spannungsfreien Zustand, $G$ Gewicht, $EA$ Dehnsteifigkeit) hängt zwischen zwei Punkten gleicher Höhe im Abstand $a$. In Seilmitte hängt ein Gewicht $G_1$. Gesucht: Die Seillinie im $x$, $y$-System mit Ursprung im tiefsten Punkt der Seillinie, $x$-Achse horizontal. Definitionen:

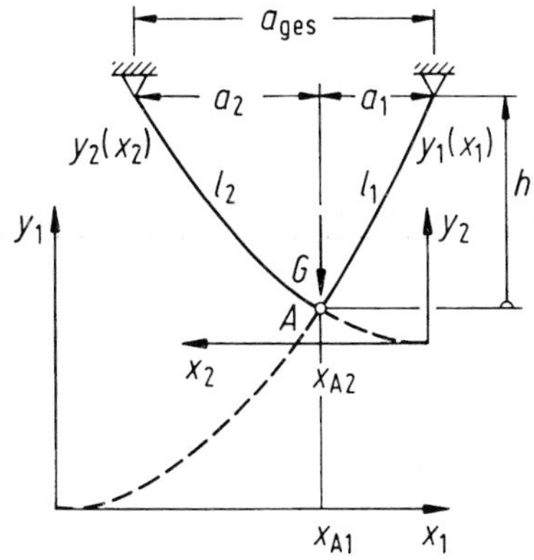


**Abb. 27** Schweres Seil mit Einzelgewicht $G$

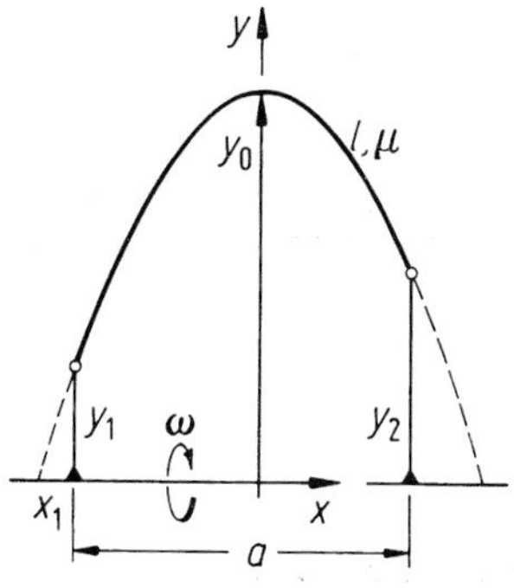


**Abb. 28** Gleichgewichtsfigur eines um die $x$-Achse rotierenden Seils im mitrotierenden $x$, $y$-System

$p = \mathrm{d}y/\mathrm{d}x$ im Bereich $x \geq 0, p_0 = p(x=0), p_1 = p$ $(x = a/2)$. Die Seilkraft hat die Horizontalkomponente $H \equiv$ const. und die Vertikalkomponente $V(p) = Hp$. Gleichgewicht für $G_1$ und für das halbe Seil: $Hp_0 = G_1/2$ (1), $H(p_1 - p_0) = G/2$ (2). Die Seillinie hat die Parameterdarstellung (Szabó 2001)

$$\left.\begin{aligned} x(p) &= (lH/G)[H(p-p_0)/(EA) + \operatorname{arsinh} p - \operatorname{arsinh} p_0], \\ y(p) &= (lH/G)\left[H(p^2-p_0^2)/(2EA) + \sqrt{1+p^2} - \sqrt{1+p_0^2}\right]. \end{aligned}\right\} \tag{25}$$

Die Unbekannten $p_0$, $p_1$, $H$ werden aus (1), (2) und der Gleichung $x(p_1) = a/2$ berechnet. Der mittige Durchhang ist $y(p_1)$. Im Fall $G_1 = 0$, $E \to \infty$ ist $y = \lambda(\cosh x/\lambda - 1)$ mit $\lambda = lH/G$ in Übereinstimmung mit den Gl. (20) und (21).

## 6.5 Coulombsche Reibungskräfte

Zum Thema Reibung siehe u. a. Bowden und Tabor 1986; Bhushan 2001; Neale 2001 sowie Czichos und Habig 2003.

### 6.5.1 Ruhereibungskräfte

Berührungsflächen zwischen ruhenden Körpern sind Lagerstellen, an denen nicht nur normal zur Fläche eine Lagerreaktion $N$, sondern auch tangential eine Lagerreaktion $H$, eine sog. *Haftkraft* oder *Ruhereibungskraft*, auftreten kann (Abb. 29a, b). Beide Komponenten stehen mit den übrigen Kräften im Gleichgewicht. Im Fall statischer Bestimmtheit werden sie aus Gleichgewichtsbedingungen berechnet. Das Lager hält Stand, d. h., die Körper gleiten nicht aufeinander, wenn

$$H/N \leqq \mu_0 = \tan \varrho_0 \tag{26}$$

ist, d. h., wenn die aus $H$ und $N$ resultierende Lagerreaktion innerhalb des Reibungskegels mit dem halben Öffnungswinkel $\varrho_0$ um die Flächennormale liegt (Abb. 29b). $\varrho_0$ heißt *Ruhereibungswinkel*. Die *Ruhereibungszahl* $\mu_0$ hängt von vielen Parametern ab, z. B. von der Werkstoffpaarung und der Oberflächenbeschaffenheit, aber in weiten Grenzen weder von der Größe der Berührungsfläche noch von $N$. Reibungszahlen sind tribologische Systemkenngrößen. Sie müssen experimentell bestimmt werden, siehe das ▶ Kap. 4, „Materialprüfung". Die Ruhereibungszahl ist im Allg. etwas größer als die Gleitreibungszahl bei derselben Werkstoffpaarung.

**Beispiel 16:** In der Klemmvorrichtung in Abb. 30a verursacht eine Zugkraft $F$ im Fall der Ruhereibung Lagerreaktionen $H_1$, $H_2$, $N_1$ und $N_2$ am Keil (Abb. 30b). Gleichgewicht verlangt $H_1 = H_2 \cos\alpha + N_2 \sin\alpha$ und $N_1 = N_2 \cos\alpha - H_2 \sin\alpha$, also

$$\frac{H_1}{N_1} = \frac{(H_2/N_2)\cos\alpha + \sin\alpha}{\cos\alpha - (H_2/N_2)\sin\alpha}.$$

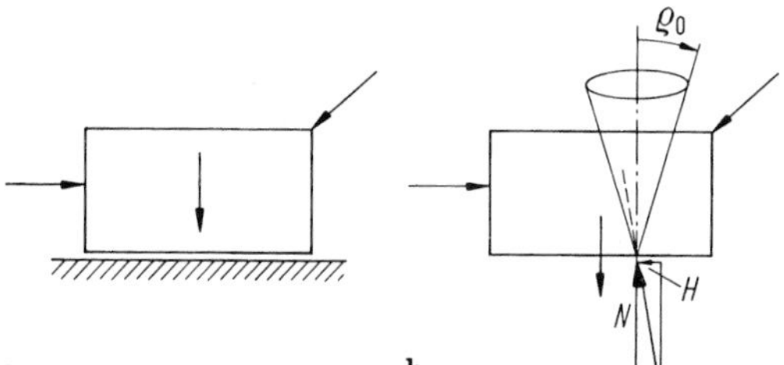


**Abb. 29** a Eingeprägte Kräfte an einem Körper auf rauer Unterlage. b Wenn die Resultierende aus Normalkraft $N$ und Ruhereibungskraft $H$ wie gezeichnet innerhalb des Ruhereibungskegels liegt, herrscht Gleichgewicht. Eine Resultierende außerhalb des Kegels ist unmöglich

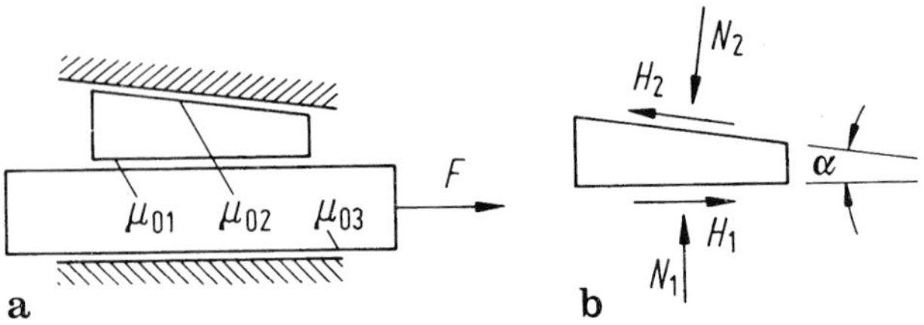


**Abb. 30** a Klemmvorrichtung. b Der freigeschnittene Keil

Der Keil haftet an beiden Flächen, wenn $H_1/N_1 \leqq \tan \varrho_{01}$ und $H_2/N_2 \leqq \tan \varrho_{02}$ ist. Die erste Bedingung liefert

$$\tan\alpha \leqq \frac{\tan\varrho_{01} - H_2/N_2}{1 + \tan\varrho_{01}(H_2/N_2)}$$

und die zweite

$$\frac{\tan\varrho_{01} - H_2/N_2}{1 + \tan\varrho_{01}(H_2/N_2)} \geqq \frac{\tan\varrho_{01} - \tan\varrho_{02}}{1 + \tan\varrho_{01}\tan\varrho_{02}} = \tan(\varrho_{01} - \varrho_{02}).$$

Also ist $\alpha \leqq \varrho_{01} - \varrho_{02}$ unabhängig von $\mu_{03}$ eine hinreichende Bedingung für das Funktionieren der Vorrichtung. Die Ruhereibungskräfte sind statisch unbestimmt.

### 6.5.2 Gleitreibungskräfte

Wenn trockene Berührungsflächen zweier Körper beschleunigt oder unbeschleunigt aufeinander gleiten, dann üben die Körper aufeinander *Gleitreibungskräfte* tangential zur Berührungsfläche aus. Gleitreibungskräfte sind eingeprägte Kräfte. An jedem Körper ist die Kraft der Relativgeschwindigkeit dieses Körpers entgegengerichtet und vom Betrag $\mu N = N \tan \varrho$. Darin ist $N$ die Anpresskraft der Körper normal zur Berührungsfläche, $\mu$ die *Gleitreibungszahl* und $\varrho$ der *Gleitreibungswinkel* (Abb. 31a, b). Eine Umkehrung der Relativgeschwindigkeit wird formal durch Änderung des Vorzeichens von $\mu$ berücksichtigt.

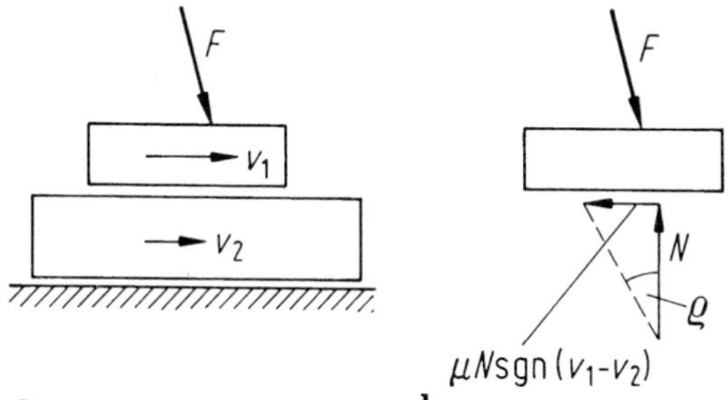


**Abb. 31** **a** Relativ zueinander bewegte Körper. **b** Freikörperbild mit Gleitreibungskräften

$\mu$ ist wie $\mu_0$ eine tribologische Systemkenngröße, die von vielen Parametern abhängt, z. B. von der Werkstoffpaarung und der Oberflächenbeschaffenheit, aber in weiten Grenzen weder von der Größe der Berührungsfläche noch von $N$. Vom Betrag $v_{rel}$ der Relativgeschwindigkeit ist $\mu$ nur wenig abhängig. Messergebnisse siehe in Czichos und Habig 2003. Eine schwache Abhängigkeit nach Abb. 32 kann zu Ruckgleiten (stick-slip) führen und selbsterregte Schwingungen verursachen, z. B. das Rattern bei Drehmaschinen oder das Kreischen von Bremsen.

Tab. 5 gibt Gleitreibungszahlen für technisch trockene Oberflächen in Luft an. Messungen unter genormten Bedingungen (siehe das ▶ Kap. 4, „Materialprüfung") liefern die Näherungswerte der Spalten 2 und 3. Bei trockenen Oberflächen mit technisch üblichen, geringen Verunreinigungen liegen Gleitreibungszahlen in den Wertebereichen der Spalten 4 und 5. Bei Schmierung von Oberflächen ist $\mu$ wesentlich kleiner, z. B. $\mu \approx 0{,}1$ bei Stahl/Stahl und Stahl/Polyamid, $\mu \approx 0{,}02 \ldots 0{,}2$ bei Stahl/Grauguss, $\mu \approx 0{,}02 \ldots 0{,}1$ bei Metall/Holz und $\mu \approx 0{,}05 \ldots 0{,}15$ bei Holz/Holz. Für die Paarung Stahl/Eis (trocken) ist $\mu \approx 0{,}0015$. Ruhereibungszahlen $\mu_0$ sind i. Allg. ca. 10 % größer als die entsprechenden Gleitreibungszahlen.

**Beispiel 17:** Um eine Schraube mit Trapezgewinde nach Abb. 33 unter einer Last $F$ unbeschleunigt in Bewegung zu halten, muss man das Moment $M = Fr_m \tan(\alpha \pm \varrho)$ aufbringen ($+\varrho$ bei Vorschub gegen $F$ und $-\varrho$ bei Vorschub mit $F$; $\varrho$ Gleitreibungswinkel, $\alpha$ Gewindesteigungswinkel). Bei Spitzgewinde mit dem Spitzenwinkel $\beta$ tritt $\varrho' = \arctan[\mu/\cos(\beta/2)]$ an die Stelle von $\varrho = \arctan\mu$. Bei Befestigungsschrauben muss $\alpha < \varrho'$ sein.

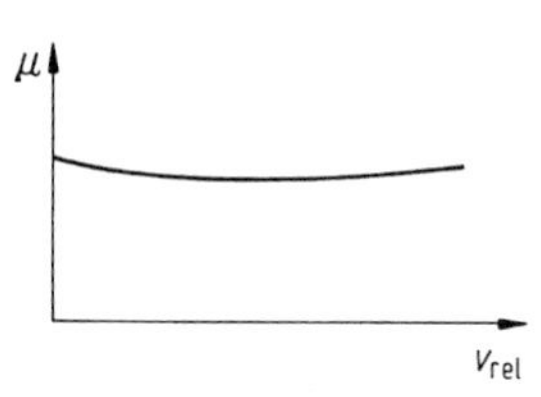


**Abb. 32** Die dargestellte Abhängigkeit der Gleitreibungszahl $\mu$ von der Relativgeschwindigkeit $v_{rel}$ kann Ruckgleiten (stick-slip) verursachen

**Tab. 5** Gleitreibungszahlen $\mu$ bei Festkörperreibung. Spalten 2 und 3 für technisch trockene Oberflächen in Luft (Messwerte nach Neale 2001 und Czichos und Habig 2003. Spalten 4 und 5 für technisch übliche, geringe Verunreinigungen (Wertebereiche sind Anhaltspunkte). Paarung mit jeweils gleichem Werkstoff (Spalten 2 und 4), mit Stahl 0,13 % C; 3,4 % Ni (Spalte 3) und mit Stahl (Spalte 5)

| Werkstoff | trocken | | verunreinigt | |
|---|---|---|---|---|
| | gleicher Werkst. | Stahl 0,13 % C, 3,4 % Ni | gleicher Werkst. | Stahl |
| Aluminium | 1,3 | 0,5 | 0,95–1,3 | |
| Blei | 1,5 | 1,2 | | 0,5–1,2 |
| Chrom | 0,4 | 0,5 | | |
| Eisen | 1,0 | | | |
| Kupfer | 1,3 | 0,8 | 0,6–1,3 | 0,25–0,8 |
| Nickel | 0,7 | 0,5 | 0,4–0,7 | |
| Silber | 1,4 | 0,5 | | |
| Gusseisen | 0,4 | 0,4 | 0,2–0,4 | 0,1–0,15 |
| Stahl (austenitisch) | 1,0 | | 0,13 | 0,4–1,0 |
| Stahl (0,13 % C; 3,4 % Ni) | 0,8 | 0,8 | | 0,4–1,0 |
| Werkzeugstahl | 0,4 | | | 0,4–1,0 |
| Konstantan (54 % Cu; 45 % Ni) | | 0,4 | | |
| Lagermetall (Pb-Basis) | | 0,5 | | 0,2–0,5 |
| Lagermetall (Sn-Basis) | | 0,8 | | |
| Messing (70 % Cu; 30 % Zn) | | 0,5 | | |
| Phosphorbronze | | 0,3 | | |
| Gummi (Polyurethan) | | 1,6 | | |
| Gummi (Isopren) | | 3 – 10 | | |
| Polyamid (Nylon) | 1,2 | 0,4 | | 0,3–0,45 |
| Polyethylen (PE-HD) | 0,4 | 0,08 | | |
| Polymethylmethacrylat (PMMA, ‚Plexiglas‘) | | 0,5 * | | |
| Polypropylen (PP) | | 0,3 | | |
| Polystyrol (PS) | | 0,5 | | |
| Polyvinylchlorid (PVC) | | 0,5 | | |
| Polytetrafluorethylen (PTFE, ‚Teflon‘) | 0,12 | 0,05 | | 0,04–0,22 |
| $Al_2O_3$-Keramik | 0,4 | 0,7 | | |
| Diamant | 0,1 | | | |
| Saphir | 0,2 | | | |
| Titancarbid | 0,15 | | | |
| Wolframcarbid | 0,15 | | | |

* niedrige Gleitgeschwindigkeit (gilt für die Werte von Gummi (Polyurethan) bis Polytetrafluorethylen in Spalte 3)

**Reibung an Seilen und Treibriemen.** In einem biegeschlaffen Seil, das nach Abb. 34a in der gezeichneten Richtung über eine Trommel gleitet, besteht zwischen den Seilkräften $S_1$ am Einlauf und $S_2$ am Auslauf die Beziehung $S_2 = S_1 \exp(\mu\alpha)$. Sie gilt auch für nicht kreisförmige Trommelquerschnitte (Abb. 34b). Bei haftendem Seil ist $S_2 \leqq S_1 \exp(\mu_0\alpha)$. Ein laufender Treibriemen hat in einem Bereich $\beta \leqq \alpha$ des Umschlingungswinkels $\alpha$ wegen Änderung seiner Dehnung längs des Umfangs Schlupf. Auf dem Restbogen $\alpha - \beta$ haftet er. Bei Vollast ist $\beta = \alpha$. Dann ist $S_2 - m'v^2 = (S_1 - m'v^2) \exp(\mu\alpha)$, wobei die Massenbelegung $m' =$ Masse/Länge und die Riemengeschwindigkeit $v$ den Fliehkrafteinfluss berücksichtigen. $(S_1 + S_2)/2 = S_v$ ist die Kraft, mit

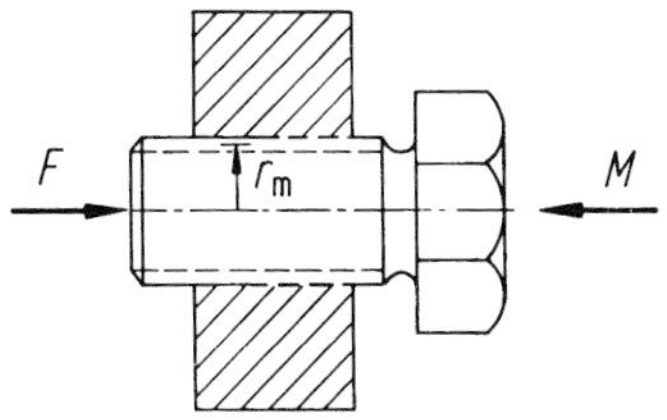


**Abb. 33** In den Gleichgewichtsbedingungen für die Schraube unter der Kraft $F$ und dem Moment $M$ spielen Normalkräfte und Gleitreibungskräfte an den Gewindeflanken eine Rolle

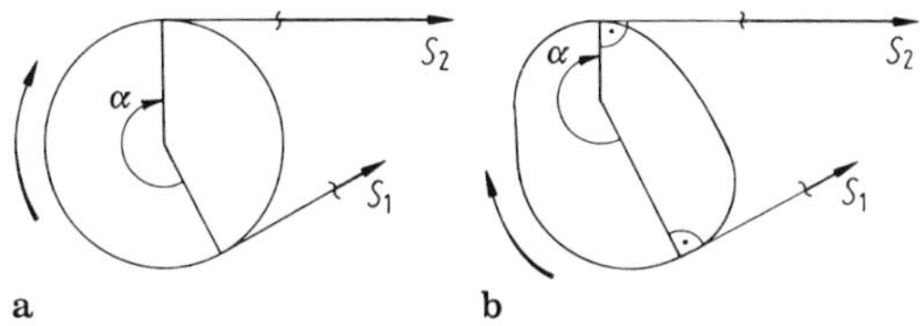


**Abb. 34** Für kreiszylindrische (Bild **a**) und nicht kreiszylindrische Seiltrommeln (Bild **b**) gilt $S_2 = S_1 \exp(\mu\alpha)$, wenn das Seil in Pfeilrichtung auf den Trommeln gleitet

der der ruhende Riemen gleichmäßig vorgespannt wird. Zur Erzeugung eines geforderten Reibmoments

$$M = r(S_2 - S_1) = r(S_1 - m'v^2)(\exp(\mu\alpha) - 1)$$

muss man $S_v$ passend wählen. Bei Keilriemen mit dem Keilwinkel $\gamma$ tritt $\mu/\sin(\gamma/2)$ an die Stelle von $\mu$.

## 6.6 Stabilität von Gleichgewichtslagen

Zur Definition der *Stabilität* siehe Abschn. 7 im ▶ Kap. 7, „Kinetik starrer Körper" und Hahn 2012. Bei einem konservativen System (siehe Abschn. 1.14) hat die potenzielle Energie $V$ des Systems in jeder Gleichgewichtslage einen stationären Wert. Das Gleichgewicht ist stabil bei Minima und instabil bei Maxima und Sattelpunkten. Bei einem System mit dem Freiheitsgrad $n$ und mit $n$ Koordinaten $q_1, \ldots, q_n$ ist $V$ eine Funktion von $q_1, \ldots, q_n$. Ein Minimum liegt vor, wenn die symmetrische $(n \times n)$-Matrix aller zweiten partiellen Ableitungen $\partial^2 V/\partial q_i \partial q_j$ in der Gleichgewichtslage $n$ positive Hauptminoren hat.

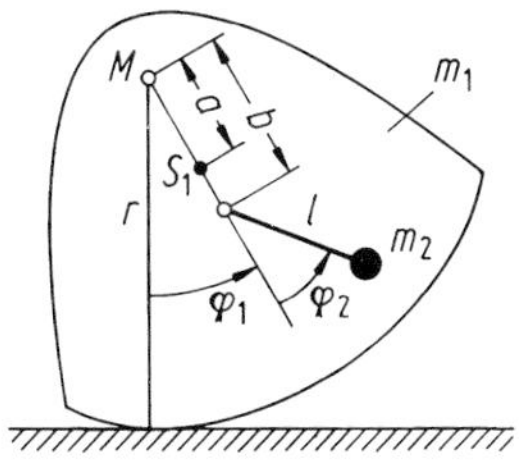


**Abb. 35** Ein Rollpendel (Masse $m_1$, Schwerpunkt $S_1$, Kreismittelpunkt $M$) mit daranhängendem Pendel ($m_2$, $l$) hat die stabile oder instabile Gleichgewichtslage $\varphi_1 = \varphi_2 = 0$

**Beispiel 18:** Der Körper in Abb. 35 mit daranhängendem Pendel kann mit seiner zylindrischen Unterseite auf dem Boden rollen. Unter welchen Bedingungen ist die Gleichgewichtslage $\varphi_1 = \varphi_2 = 0$ stabil? Lösung: Die potenzielle Energie ist

$$V(\varphi_1, \varphi_2) = -m_1 g a \cos\varphi_1 \\ -m_2 g[b\cos\varphi_1 + l\cos(\varphi_1 + \varphi_2)].$$

Die Matrix der zweiten partiellen Ableitungen an der Stelle $\varphi_1 = \varphi_2 = 0$ ist

$$\begin{bmatrix} m_1 g a + m_2 g(b+l) & m_2 g l \\ m_2 g l & m_2 g l \end{bmatrix}.$$

Ihre Hauptminoren – das Element (1,1) und die Determinante – sind positiv, wenn $l > 0$ (hängendes Pendel) und $m_1 a + m_2 b > 0$ ist. $a < 0$ bedeutet, dass $S_1$ oberhalb von $M$ liegt und $b < 0$, dass der Pendelaufhängepunkt oberhalb von $M$ liegt.

**Beispiel 19:** Der Wassereimer in Abb. 36 ist im Punkt A pendelnd aufgehängt. Der leere Eimer hat die Masse $m$, den Schwerpunkt S in der Tiefe $l$ unterhalb A und den Boden in der Tiefe $H$ unterhalb A. Der Querschnitt ist (a) ein Quadrat der Kantenlänge $d$ und (b) ein Kreis vom Durchmesser $d$. Die Dichte des Wassers ist $\varrho$. Es wird vorausgesetzt, dass der Wasserspiegel bei Bewegungen eben bleibt, so dass der Pendelwinkel $q_1$ des Eimers und der Neigungswinkel $q_2$ des Wasserspiegels relativ zum Eimer die Lage eindeutig beschreiben. Die potenzielle Energie ist in quadratischer

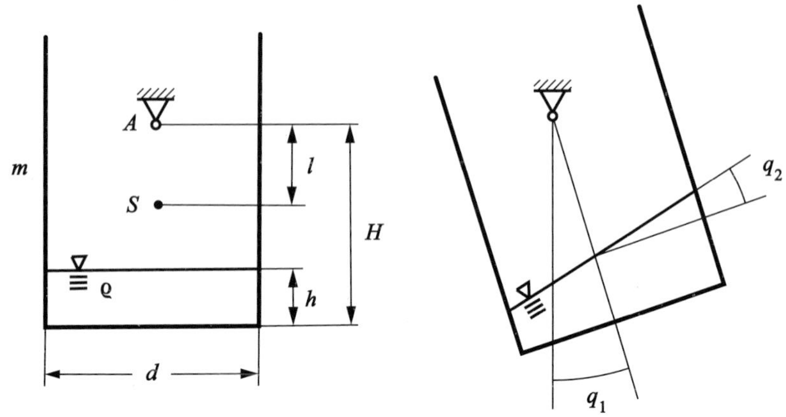


**Abb. 36** Pendelnd aufgehängter Wassereimer

Näherung $V(q_1, q_2) = [ml + Ah(H - h/2)]q_1^2/2 + B(q_2^2 + 2q_1q_2)$. Die Konstanten $A, B > 0$ hängen von der Querschnittsform ab. Die Gleichgewichtslage $q_1 = q_2 = 0$ ist stabil bei Füllhöhen $h_1 < h < h_2$ mit $h_{1,2} = H \mp [H^2 + 2(ml - 2B)/A]^{1/2}$. Bei einem brauchbaren Eimer ist $h_1 < 0$. Das ist die Bedingung $ml > 2B = \varrho d^4/12$ im Fall (a) und $\varrho d^4\pi/64$ im Fall (b).

In der Statik spricht man von einer *indifferenten Gleichgewichtslage*, wenn es in jeder beliebig kleinen Umgebung der Lage Lagen mit gleicher potenzieller Energie, aber keine Lagen mit kleinerer potenzieller Energie gibt. Ein Beispiel ist eine Punktmasse in den tiefsten Lagen einer horizontal liegenden Zylinderschale. Indifferente Gleichgewichtslagen sind als instabil zu bezeichnen, wenn man als Störungen nicht nur Auslenkungen, sondern auch Anfangsgeschwindigkeiten berücksichtigt.

## Literatur

Bhushan B (Hrsg) (2001) Modern tribology handbook. vol. 1: principles of tribology. CRC Press, Boca Raton

Bowden FP, Tabor D (1986) The friction and lubrication of solids. Oxford University Press, reprint

Czichos H, Habig K-H (2003) Tribologie-Handbuch, 2. Aufl. Vieweg, Wiesbaden

Gross D, Hauger W, Schröder J, Wall WA (2016) Technische Mechanik 1: Statik, 13. Aufl. Springer, Berlin

Hagedorn P, Wallaschek J (2018) Technische Mechanik. Band 1: Statik, 7. Aufl. Europa-Lehrmittel, Haan

Hahn W (2012) Stability of motion. Springer, Berlin

Hartmann S (2015) Technische Mechanik. Wiley-VCH, Weinheim

Holzmann G, Meyer H, Schumpich G (2018) Technische Mechanik. Statik, 15. Aufl. Teubner, Stuttgart

Neale MJ (Hrsg) The tribology handbook, 2. Aufl. Butterworth-Heinemann, London (1995, digital printing 2001)

Pestel E (1988) Technische Mechanik, Bd. 1: Statik, 3. Aufl. Bibliographisches Institut, Mannheim

Richard HA, Sander M (2010) Technische Mechanik. Statik. Vieweg, Wiesbaden

Routh EJ (2013) A treatise on analytical statics, Bd 1. Cambridge University Press, Cambridge

Szabó I (2001) Höhere Technische Mechanik, 6. Aufl. Springer, Berlin

Szabó I (2003) Einführung in die Technische Mechanik, 8. Aufl. Springer, Berlin, Nachdruck

# Kinetik starrer Körper 7

Jens Wittenburg

## Inhalt




J. Wittenburg (✉)
Institut für Technische Mechanik, Karlsruher Institut für Technologie, Karlsruhe, Deutschland
E-Mail: jens.wittenburg@kit.edu



© Der/die Autor(en), exklusiv lizenziert durch Springer-Verlag GmbH, DE, ein Teil von Springer Nature 2022



M. Hennecke, B. Skrotzki (Hrsg.), *HÜTTE Band 2: Grundlagen des Maschinenbaus und ergänzende Fächer für Ingenieure*, Springer Reference Technik,
https://doi.org/10.1007/978-3-662-64372-3_33

**Zusammenfassung**

In der klassischen (nicht-relativistischen) Mechanik wird die Existenz von Bezugskoordinatensystemen vorausgesetzt, die sich ohne Beschleunigung bewegen. Sie heißen *Inertialsysteme*. Jedes Koordinatensystem, das sich relativ zu einem Inertialsystem rein translatorisch mit konstanter Geschwindigkeit bewegt, ist selbst ein Inertialsystem. Geschwindigkeiten und Beschleunigungen relativ zu einem Inertialsystem heißen *absolute Geschwindigkeiten* bzw. *Beschleunigungen*. Punkte und Koordinatensysteme, die im Inertialsystem fest sind, heißen auch *raumfest*. Erdfeste Bezugssysteme sind wegen der Erddrehung beschleunigt, allerdings so wenig, dass man sie beim Studium vieler Bewegungsvorgänge als Inertialsysteme ansehen kann. Diese Annahme ist nicht zulässig bei großräumigen Bewegungen auf der Erde, z. B. bei atmosphärischen Strömungen, Raketenbahnen und beim freien Fall in einen tiefen Schacht.

## 7.1 Grundlagen der Kinetik

### 7.1.1 Impuls

Für ein Massenelement d$m$ mit der absoluten Geschwindigkeit $\boldsymbol{v}$ ist der *Impuls* oder die *Bewegungsgröße* $\boldsymbol{p}$ definiert als $\boldsymbol{p} = \boldsymbol{v}\,\mathrm{d}m$. Ein starrer oder nichtstarrer Körper (Masse $m$, absolute Schwerpunktgeschwindigkeit $\boldsymbol{v}_S$) hat den Impuls $\boldsymbol{p} = \int \boldsymbol{v}\,\mathrm{d}m = \boldsymbol{v}_S m$, und für ein System aus $n$ Körpern ist

$$\boldsymbol{p} = \int \boldsymbol{v}\,\mathrm{d}m = \sum_{i=1}^{n} \boldsymbol{v}_{Si} m_i = \boldsymbol{v}_S m_{\mathrm{ges}} \qquad (1)$$

($m_{\mathrm{ges}}$ Masse und $\boldsymbol{v}_S$ Schwerpunktgeschwindigkeit des Gesamtsystems).

### 7.1.2 Newtonsche Axiome

Für einen rein translatorisch bewegten starren Körper der konstanten Masse $m$ gilt das 2. Newtonsche Axiom

$$m\boldsymbol{a} = \boldsymbol{F} \qquad (2)$$

($\boldsymbol{a} = \mathrm{d}\boldsymbol{v}/\mathrm{d}t = \ddot{\boldsymbol{r}}$ absolute Beschleunigung, $\boldsymbol{F}$ resultierende äußere Kraft). Bei geradliniger Bewegung nimmt die Vektorgleichung Gl. (2) die skalare Form $ma = m\mathrm{d}v/\mathrm{d}t = F$ an. Bei Bewegung entlang einer $x$-Achse ist weiterhin

$$\frac{\mathrm{d}v}{\mathrm{d}t} = \frac{\mathrm{d}v}{\mathrm{d}x}\frac{\mathrm{d}x}{\mathrm{d}t} = \frac{\mathrm{d}v}{\mathrm{d}x}v = \frac{1}{2}\frac{\mathrm{d}v^2}{\mathrm{d}x}. \qquad (3)$$

Damit ergibt sich aus der Newtonschen Gleichung die Beziehung

$$m\frac{\mathrm{d}v^2}{\mathrm{d}x} = 2F. \qquad (4)$$

***Beispiel 1:*** Freier Fall mit geschwindigkeitsquadrat-proportionalem Luftwiderstand. Der Luftwiderstand an einem Körper der Masse $m$ sei mit $mcv^2$ bezeichnet. Die Gl. (2) und (4) lauten $\mathrm{d}v/\mathrm{d}t = g - cv^2$ bzw. $\mathrm{d}v^2/\mathrm{d}x = 2(g - cv^2)$. Beim freien Fall mit der Anfangsgeschwindigkeit $v = 0$ liefert Integration die Geschwindigkeit als Funktion der Zeit $t$ und als Funktion der Falltiefe $x$:

$$v(t) = v_\infty \tanh(gt/v_\infty), \quad v(x) = v_\infty\left(1 - \mathrm{e}^{-2cx}\right)^{1/2}.$$

Darin ist $v_\infty = \sqrt{g/c}$ die asymptotisch erreichte Endgeschwindigkeit. Die Falltiefe $x$ als Funktion von $t$ ist $x(t) = \left(v_\infty^2/g\right)\ln\cosh(gt/v_\infty)$. Bei senkrechtem Abschuss nach oben mit der Anfangsgeschwindigkeit $v_0$ sind die Steighöhe $H =$

$\left[v_\infty^2/(2g)\right]\ln\left(1+v_0^2/v_\infty^2\right)$ und die Steigzeit $T=(v_\infty/g)\arctan(v_0/v_\infty)$.

***Beispiel 2:*** Auf ein antriebslos rollendes Fahrzeug auf ebener, gerader Bahn wirkt nur eine Widerstandskraft. Wenn sie die Summe eines konstanten Rollwiderstandes, einer geschwindigkeits-proportionalen Dämpfung und eines geschwindigkeitsquadrat-proportionalen Luftwiderstands ist, dann hat die Newtonsche Gleichung bei geeigneter Definition der Konstanten $a$, $b$, $c>0$ die Form $\mathrm{d}v/\mathrm{d}t=-(a+bv+cv^2)$. Sie ist gültig, solange $v>0$ ist. Die Anfangsgeschwindigkeit sei $v_0>0$. Definition: $q=4ac-b^2$. Integration liefert

$$a+bv=(a+bv_0)\mathrm{e}^{-bt}\qquad (c=0),$$
$$\arctan\frac{2cv+b}{\sqrt{q}}=\arctan\frac{2cv_0+b}{\sqrt{q}}-\frac{\sqrt{q}}{2}t\qquad (c\neq 0, q>0),$$
$$\frac{2cv+b-\sqrt{-q}}{2cv+b+\sqrt{-q}}=\frac{2cv_0+b-\sqrt{-q}}{2cv_0+b+\sqrt{-q}}\mathrm{e}^{-t\sqrt{-q}}\qquad (c\neq 0, q<0).$$

Auflösung der Gleichungen liefert $v(t)$. Aus Messwerten können die Konstanten $a$, $b$, $c$ identifiziert werden.

***Beispiel 3:*** Das Federpendel in Abb. 1a hat im statischen Gleichgewicht (also bei bereits vorgespannter Feder) die Länge $l$. Für die Verlängerung $x$ und den Winkel $\varphi$ sollen zwei Bewegungsgleichungen aufgestellt werden. Man schneidet die Punktmasse frei (Abb. 1b). Die Federkraft ist $\boldsymbol{A}=-(mg+kx)\boldsymbol{e}_r$. In Gl. (2) ist $\boldsymbol{F}=\boldsymbol{A}+m\boldsymbol{g}$ und nach Gl. (7) im ▶ Kap. 5, „Kinematik starrer Körper“

$$\boldsymbol{a}=\left[\ddot{x}-(l+x)\dot{\varphi}^2\right]\boldsymbol{e}_r+\left[(l+x)\ddot{\varphi}+2\dot{x}\dot{\varphi}\right]\boldsymbol{e}_\varphi.$$

Zerlegung von Gl. (2) in die Richtungen $\boldsymbol{e}_r$, $\boldsymbol{e}_\varphi$ liefert die gesuchten Gleichungen

$$\ddot{x}-(l+x)\dot{\varphi}^2+(k/m)x+g(1-\cos\varphi)=0,$$
$$(l+x)\ddot{\varphi}+2\dot{x}\dot{\varphi}+g\sin\varphi=0.$$

Aus dem 2. und dem 3. *Newtonschen Axiom* „actio = reactio“ folgt für beliebige Systeme mit konstanter Masse für beliebige Bewegungen

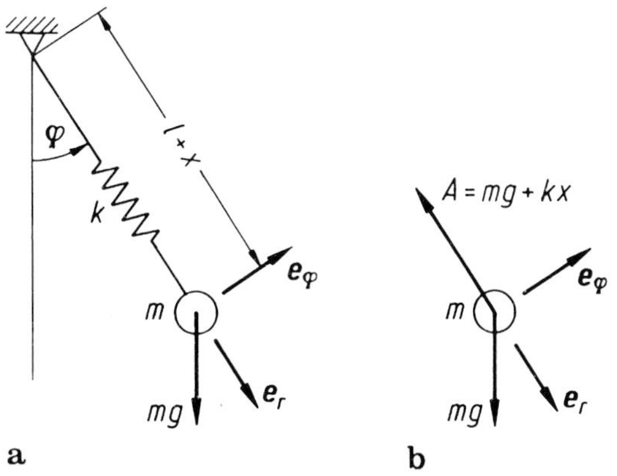


**Abb. 1** Federpendel (**a**) mit Freikörperbild (**b**)

(auch bei Überlagerung von Drehbewegungen) die Verallgemeinerung von Gl. (2)

$$m_{\text{ges}}\boldsymbol{a}_\text{S}=\boldsymbol{F}_\text{res}\qquad (5)$$

($m_\text{ges}$ Masse des Gesamtsystems, $\boldsymbol{a}_\text{S}=\ddot{\boldsymbol{r}}_\text{S}$ absolute Beschleunigung des Systemschwerpunkts $S$, $\boldsymbol{F}_\text{res}$ Resultierende aller äußeren Kräfte). Die Gl. (2) und (5) liefern in Verbindung mit dem Schnittprinzip (siehe ▶ Abschn. 6.1.12 im Kap. 6, „Statik starrer Körper“) Differenzialgleichungen der Bewegung und Ausdrücke für Zwangskräfte.

***Beispiel 4:*** Im luftleeren Raum wirkt nur die Gewichtskraft. Der Schwerpunkt eines beliebig gearteten Systems von Körpern der Gesamtmasse $m$ (z. B. eines einzelnen starren Körpers mit oder ohne Rotation) bewegt sich nach Gl. (5) mit konstanter Beschleunigung: $\boldsymbol{a}\equiv\boldsymbol{g}$. Zerlegung der Vektorgleichung in einem $x$, $z$-System ($x$-Achse horizontal, $z$-Achse vertikal nach oben) ergibt die Gleichungen $\ddot{z}\equiv -g$, $\ddot{x}\equiv 0$. Die Anfangsgeschwindigkeit sei $v_0$ in der $x$, $z$-Ebene unter dem Winkel $\alpha$ gegen die $x$-Achse. Die Bewegung beginnt im Ursprung. Integrationen führen zu den Gleichungen $\dot{z}(t)=-gt+v_0\sin\alpha$, $z(t)=-gt^2/2+tv_0\sin\alpha=t(-gt/2+v_0\sin\alpha)$, $\dot{x}\equiv v_0\cos\alpha$, $x(t)=tv_0\cos\alpha$. Daraus folgt $t=x/(v_0\cos\alpha)$, $z(x)=[x/(v_0\cos\alpha)][-gx/(v_0\cos\alpha)+v_0\sin\alpha]$. Das ist die Gleichung der *Wurfparabel*. Aus der Bedingung $z=0$ ergeben sich die Wurfweite $x_\text{e}=\left(v_0^2/g\right)$ sin

$2\alpha$ (maximal für $\alpha = 415°$) und die zugehörige Flugdauer $t_e = (2v_0/g)\sin\alpha$. Im Scheitelpunkt der Parabel ist $\dot z = 0$. Aus dieser Bedingung ergeben sich die zugehörige Zeit $t_S = t_e/2$ und die Scheitelhöhe $z_S = z(t_S) = (v_0 \sin\alpha)^2/(2g)$. Diese Formeln gelten auch für den senkrechten Wurf nach oben ($\alpha = \pi/2$) und für den freien Fall aus der Ruhe ($v_0 = 0$). Beispiel 1 hat gezeigt, dass Luftwiderstand nicht vernachlässigt werden darf. Die Flugbahn eines Tennisballs ist nicht parabelförmig. Ein angeschnitten geschlagener Tennisball bewegt sich nicht in einer Ebene.

***Beispiel 5:*** Auf das Zweikörpersystem mit Feder auf reibungsfreier schiefer Ebene (Abb. 2a) wirkt in $x$-Richtung die äußere Kraft $(m_1 + m_2)g\sin\alpha$. Nach Gl. (5) bewegt sich der Gesamtschwerpunkt $S$ mit der konstanten Beschleunigung $\ddot x_S = g\sin\alpha$. Für die freigeschnittenen Körper in Abb. 2b mit der Federkraft $k(x_2 - x_1 - l_0)$ lautet Gl. (2)

$$m_1\ddot x_1 = m_1 g\sin\alpha + k(x_2 - x_1 - l_0),$$
$$m_2\ddot x_2 = m_2 g\sin\alpha - k(x_2 - x_1 - l_0).$$

Multiplikation der ersten Gleichung mit $m_2$, der zweiten mit $m_1$ und Subtraktion liefern

$$m_1 m_2(\ddot x_2 - \ddot x_1) = -(m_1 + m_2)k(x_2 - x_1 - l_0)$$

oder mit der Federverlängerung $z = x_2 - x_1 - l_0$ und mit $\omega_0^2 = k(m_1 + m_2)/(m_1 m_2)$ die Schwingungsgleichung $\ddot z + \omega_0^2 z = 0$ mit der Lösung $z = A\cos(\omega_0 t - \varphi)$. $\omega_0$ ist unabhängig von $\alpha$.

***Beispiel 6:*** Die Beschleunigungen der Massen $m_1$ und $m_2$ in Abb. 3a und die Normalkräfte $N_1$ und $N_2$ in den beiden reibungsbehafteten Berührungsflächen werden an den freigeschnittenen Körpern in Abb. 3b ermittelt. Gl. (2) liefert

$$m_1\ddot x_1 = -N_1\sin\alpha + \mu_1 N_1\cos\alpha,$$
$$m_1\ddot y_1 = N_1\cos\alpha + \mu_1 N_1\sin\alpha - m_1 g,$$
$$m_2\ddot x_2 = N_1\sin\alpha - \mu_1 N_1\cos\alpha - \mu_2 N_2,$$
$$m_2\ddot y_2 = -N_1\cos\alpha - \mu_1 N_1\sin\alpha + N_2 - m_2 g = 0.$$

Die Relativbeschleunigung $(\ddot x_1 - \ddot x_2, \ddot y_1)$ hat die Richtung der schiefen Ebene, so dass $\ddot y_1 =$

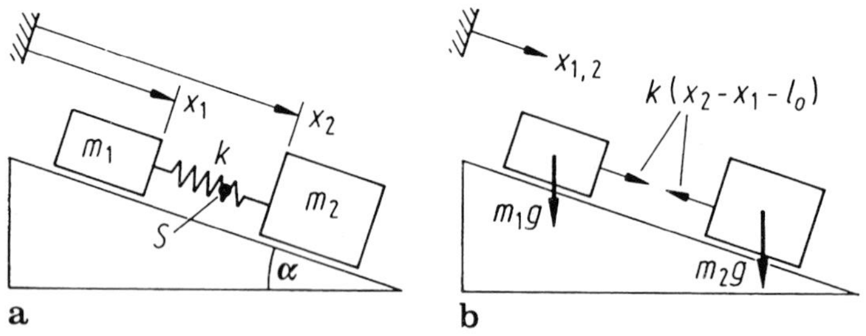


**Abb. 2** **a** Zweikörpersystem auf reibungsfreier schiefer Ebene; **b** Freikörperbild. $l_0$ ist die Länge der ungespannten Feder

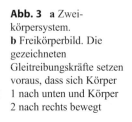

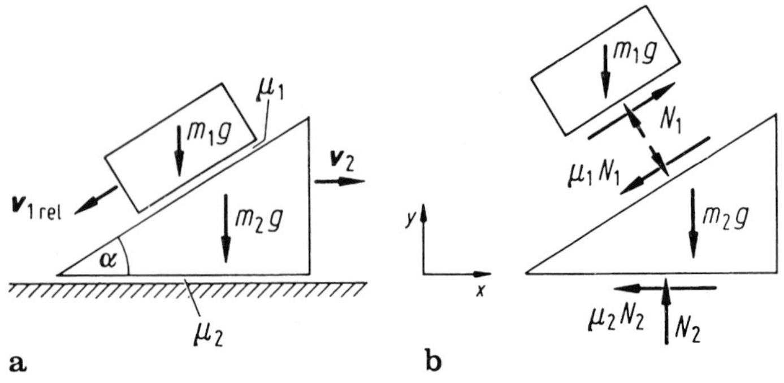


**Abb. 3** **a** Zweikörpersystem. **b** Freikörperbild. Die gezeichneten Gleitreibungskräfte setzen voraus, dass sich Körper 1 nach unten und Körper 2 nach rechts bewegt

$(\ddot{x}_1 - \ddot{x}_2)\tan\alpha$ ist. Das sind fünf Gleichungen für die Unbekannten $\ddot{x}_1$, $\ddot{x}_2$, $\ddot{y}_1$, $N_1$ und $N_2$.

### 7.1.3 Impulssatz. Impulserhaltungssatz

Integration von Gl. (5) über $t$ in den Grenzen von $t_0$ bis $t$ liefert den *Impulssatz*

$$m_{\text{ges}}[\boldsymbol{v}_{\text{S}}(t) - \boldsymbol{v}_{\text{S}}(t_0)] = \int_{t_0}^{t} \boldsymbol{F}_{\text{res}}\,\mathrm{d}t. \tag{6}$$

Wenn $\boldsymbol{F}_{\text{res}}$ explizit als Funktion von $t$ bekannt ist, ist das Integral berechenbar. Es liefert Größe und Richtung der Schwerpunktgeschwindigkeit $\boldsymbol{v}_{\text{S}}(t)$. Wenn die resultierende äußere Kraft $\boldsymbol{F}_{\text{res}}$ am System insbesondere identisch null ist oder eine identisch verschwindende Komponente in einer Richtung $\boldsymbol{e}$ hat, dann ist die Geschwindigkeit $\boldsymbol{v}_{\text{S}}(t)$ bzw. die entsprechende Komponente von $\boldsymbol{v}_{\text{S}}(t)$ konstant, d. h. mit Gl. (1)

$$\sum_{i=1}^{n} \boldsymbol{v}_{\text{S}i} m_i = \text{const} \quad \text{bzw.} \quad \boldsymbol{e}\cdot\sum_{i=1}^{n} \boldsymbol{v}_{\text{S}i} m_i = \text{const}. \tag{7}$$

Das ist der *Impulserhaltungssatz*.

***Beispiel 7:*** Wenn in Abb. 3a $\mu_2 = 0$ ist, dann ist $\boldsymbol{F}_{\text{res}}$ und damit $\boldsymbol{a}_{\text{S}}$ vertikal gerichtet. Wenn das System aus der Ruhe heraus losgelassen wird, bewegt sich sein Gesamtschwerpunkt $S$ also vertikal nach unten ($m_1\dot{x}_1 + m_2\dot{x}_2 = 0$ und $m_1 x_1 + m_2 x_2 = \text{const}$).

### 7.1.4 Kinetik der Punktmasse im beschleunigten Bezugssystem

Relativ zu einem beschleunigt bewegten Bezugssystem bewegt sich eine Punktmasse $m$ unter dem Einfluss einer Kraft $\boldsymbol{F}$ mit einer Beschleunigung $\boldsymbol{a}_{\text{rel}}$. Die Newtonsche Gl. (2) lautet (siehe Gl. (62) im ▶ Kap. 5, „Kinematik starrer Körper")

$$m\boldsymbol{a}_{\text{rel}} = \boldsymbol{F} + [-m\boldsymbol{a}_{\text{A}} - m\dot{\boldsymbol{\omega}}\times\boldsymbol{\varrho} - m\boldsymbol{\omega}\times(\boldsymbol{\omega}\times\boldsymbol{\varrho}) - 2m\boldsymbol{\omega}\times\boldsymbol{v}_{\text{rel}}]. \tag{8}$$

Die Ausdrücke in Klammern heißen *Trägheitskräfte*. Insbesondere heißt $-m\boldsymbol{\omega}\times(\boldsymbol{\omega}\times\boldsymbol{\varrho}) = -m(\boldsymbol{\omega}\cdot\boldsymbol{\varrho})\boldsymbol{\omega} + m\omega^2\boldsymbol{\varrho}$ *Zentrifugalkraft* oder *Fliehkraft* und $-2m\boldsymbol{\omega}\times\boldsymbol{v}_{\text{rel}}$ *Corioliskraft*.

***Beispiel 8:*** Das Fadenpendel in Abb. 4a (Masse $m$, Länge $l$, Aufhängepunkt $B$) bewegt sich relativ zu der mit $\boldsymbol{\omega} = \text{const}$ um A rotierenden Scheibe in der Scheibenebene. $\boldsymbol{a}_{\text{A}} = \boldsymbol{0}$, $\dot{\boldsymbol{\omega}} = \boldsymbol{0}$, $\boldsymbol{\omega}\times\boldsymbol{\varrho} = \boldsymbol{0}$. Die Fliehkraft $m\omega^2\boldsymbol{\varrho}$ und die Corioliskraft sind eingezeichnet. Die erstere hat im Fall $\varphi \ll 1$ den Betrag $m\omega^2(R+l)$ und die in Abb. 4b angegebenen Koordinaten. Wenn man das Gewicht vernachlässigt, stellt in Gl. (8) $\boldsymbol{F}$ die Fadenkraft dar. $\boldsymbol{a}_{\text{rel}}$ hat die Umfangskoordinate $l\ddot{\varphi}$. Gleichheit der Momente beider Seiten von Gl. (8) bezüglich $B$ bedeutet $ml^2\ddot{\varphi} = m\omega^2[-(R+l)l\varphi + l^2\varphi]$ oder $\ddot{\varphi} + \omega_0^2\varphi = 0$ mit der Pendeleigenkreisfrequenz $\omega_0 = \omega\sqrt{R/l}$.

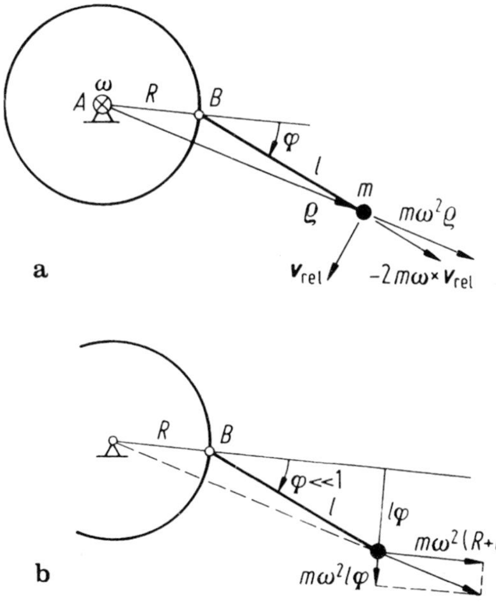


**Abb. 4** **a** Rotierende Scheibe mit Pendel bei $B$. Im rotierenden System treten die gezeichneten Zentrifugal- und Corioliskräfte auf. Nur die Zentrifugalkraft hat ein Moment um $B$. **b** Kräfte und Hebelarme im Fall $\varphi \ll 1$. Das Gewicht wird vernachlässigt

### 7.1.5 Trägheitsmomente. Trägheitstensor

Für einen starren Körper sind bezüglich jeder körperfesten Basis $\underline{e}$ mit beliebigem Ursprung $A$ (Abb. 5) axiale *Trägheitsmomente* $J_{ii}^{\text{A}}$ und *Deviationsmomente* (auch *zentrifugales Trägheitsmoment*) $J_{ij}^{\text{A}}$ definiert:

$$J_{ii}^{\text{A}} = \int_m \left(x_j^2 + x_k^2\right) \mathrm{d}m, \quad J_{ij}^{\text{A}} = -\int_m x_i x_j \mathrm{d}m \qquad (9)$$
$$(i,j,k = 1,2,3 \text{ verschieden})$$

(Koordinaten $x_1, x_2, x_3$ von d$m$ in $\underline{e}$, Integrationen über die gesamte Masse). $x_j^2 + x_k^2$ ist das Abstandsquadrat des Massenelements von der Achse $\boldsymbol{e}_i$. Die Trägheitsmomente bilden die symmetrische *Trägheitsmatrix*

$$\underline{J}^{\text{A}} = \begin{bmatrix} J_{11}^{\text{A}} & J_{12}^{\text{A}} & J_{13}^{\text{A}} \\ J_{12}^{\text{A}} & J_{22}^{\text{A}} & J_{23}^{\text{A}} \\ J_{13}^{\text{A}} & J_{23}^{\text{A}} & J_{33}^{\text{A}} \end{bmatrix}. \qquad (10)$$

Sie ist die Koordinatenmatrix des *Trägheitstensors* $\boldsymbol{J}^{\text{A}}$ in der Basis $\underline{e}$. Es gelten die Ungleichungen (ohne den Index A)

$$J_{ii} + J_{jj} \geqq J_{kk}, \quad J_{ii} \geqq 2\,|\,J_{jk}\,|, \quad J_{ii}J_{jj} \geqq J_{ij}^2$$
$$(i,j,k = 1,2,3 \text{ verschieden}).$$

Zwischen den Trägheitsmomenten in der Basis $\underline{e}$ mit Ursprung $A$ und den Trägheitsmomenten bezüglich einer zu $\underline{e}$ parallelen Basis im Schwerpunkt $S$ (in Abb. 5 gestrichelt) bestehen die Beziehungen von Huygens und Steiner

$$J_{ii}^{\text{A}} = J_{ii}^{\text{S}} + \left(x_{\text{S}j}^2 + x_{\text{S}k}^2\right) m \geq J_{ii}^{\text{S}}, \quad J_{ij}^{\text{A}} = J_{ij}^{\text{S}} - x_{\text{S}i} x_{\text{S}j} m$$
$$(i,j,k = 1,2,3 \text{ verschieden}). \qquad (11)$$

Darin sind $x_{\text{S}1}$, $x_{\text{S}2}$ und $x_{\text{S}3}$ die Koordinaten von $S$ in $\underline{e}$.

Zwischen den Trägheitsmatrizen $\underline{J}^1$ und $\underline{J}^2$ bezüglich zweier gegeneinander gedrehter Basen $\underline{e}^1$ und $\underline{e}^2$ mit demselben Ursprung besteht die Beziehung

$$\underline{J}^2 = \underline{A}\,\underline{J}^1\underline{A}^{\text{T}}. \qquad (12)$$

Darin ist $\underline{A}$ die Koordinatentransformationsmatrix aus der Beziehung $\underline{e}^2 = \underline{A}\,\underline{e}^1$. Tab. 1 gibt Trägheitsmomente für massive Körper und für dünne Schalen an.

Der *Trägheitsradius i* eines Körpers bezüglich einer körperfesten Achse ist durch die Gleichung $J = mi^2$ definiert ($m$ Masse des Körpers, $J$ axiales Trägheitsmoment des Körpers bezüglich der Achse).

**Hauptachsen. Hauptträgheitsmomente**. Für jeden Bezugspunkt $A$ gibt es ein *Hauptachsensystem*, in dem die Trägheitsmatrix nur Diagonalelemente, die sog. *Hauptträgheitsmomente* $J_1$, $J_2$ und $J_3$ hat. Wenn die Trägheitsmatrix $\underline{J}$ für eine Basis $\underline{e}$ mit dem Ursprung $A$ bekannt ist, ergeben sich die Hauptträgheitsmomente $J_i$ und die Einheitsvektoren $\boldsymbol{n}_i$ ($i$ = 1,2,3) in Richtung der Hauptachsen als Eigenwerte bzw. Eigenvektoren des Eigenwertproblems $(\underline{J} - J_i\underline{I})\underline{n}_i = \underline{0}$. Bei einem homogenen Körper ist jede Symmetrieachse eine Hauptträgheitsachse.

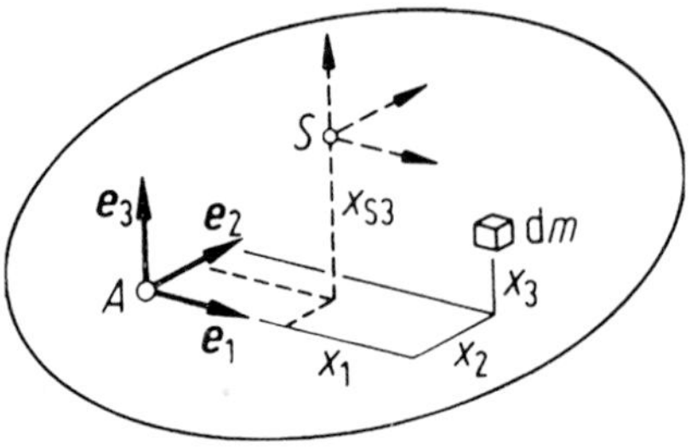


**Abb. 5** Größen zur Erklärung des Begriffs Trägheitsmoment

### 7.1.6 Drall

Der *Drall* $\boldsymbol{L}^0$ (auch *Drehimpuls* oder Impulsmoment) eines beliebigen Systems bezüglich eines raumfesten Punktes *0* ist das resultierende Moment der Bewegungsgrößen seiner Massenelemente bezüglich *0*,

**Tab. 1** Massen und Trägheitsmomente homogener, massiver Körper und dünner Schalen. Dünne Schalen haben die konstante Wanddicke $t \ll r$. Sie haben an den Enden (z. B. bei Zylindern und Kegeln) keine Deckel

| Quader | Prisma und Stab | Rechteckpyramide | Kreiskegelstumpf |
|---|---|---|---|
| 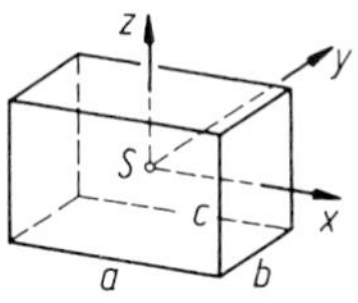<br>$m = \varrho abc$<br>$J_x = m(b^2+c^2)/12$<br>$J_y = m(c^2+a^2)/12$<br>$J_z = m(a^2+b^2)/12$ | 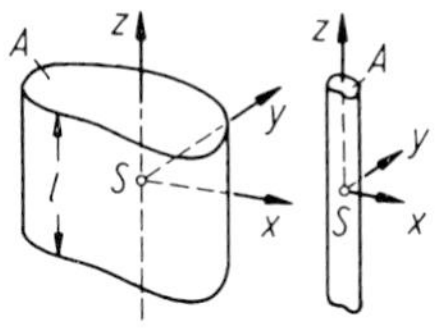<br>$m = \varrho Al$<br>$J_x = J_y = ml^2/12$ (nur für dünne Stäbe)<br>$J_z = \varrho l(I_x+I_y)$<br>(Flächenmomente 2. Grades $I_x, I_y$ des Querschnitts) | 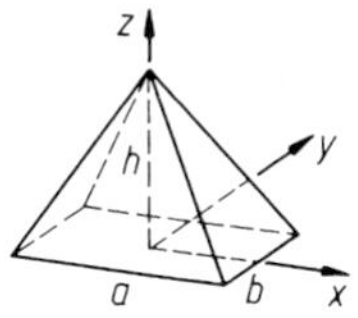<br>$m = \varrho abh/3$<br>$J_x = m(b^2+2h^2)/20$<br>$J_y = m(a^2+2h^2)/20$<br>$J_z = m(a^2+b^2)/20$ | 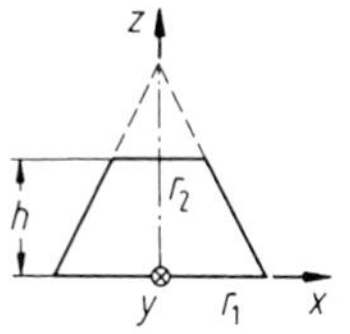<br>$m = \varrho\pi h(r_1^2+r_1r_2+r_2^2)/3$<br>$J_z = (3m/10)(r_2^5-r_1^5)/(r_2^3-r_1^3)$ |
| **Kreistorus** | **(Hohl-) Kugel** | **(Hohl-) Zylinder** | **Kreiskegel** |
| 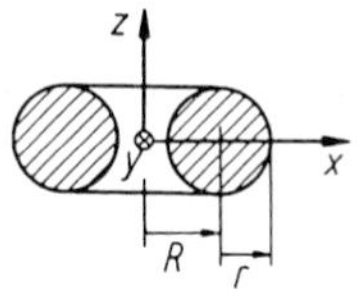<br>massiv: $m = \varrho 2\pi^2 Rr^2$<br>$J_x = J_y = m(4R^2+5r^2)/8$<br>$J_z = m(4R^2+3r^2)/4$<br>dünne Schale: $m = \varrho 4\pi^2 Rrt$<br>$J_x = J_y = m(2R^2+5r^2)/4$<br>$J_z = m(R^2+6r^2)/4$ | 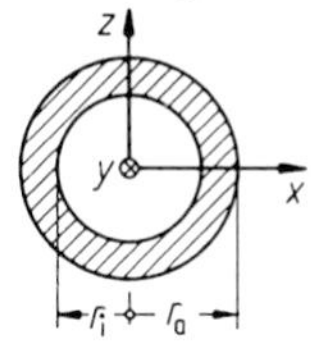<br>massiv: $m = (4/3)\varrho\pi(r_a^3-r_i^3)$<br>$J_x = J_y = J_z = (2/5)m(r_a^5-r_i^5)/(r_a^3-r_i^3)$<br>dünne Schale: $m = \varrho 4\pi r^2 t$<br>$J_x = J_y = J_z = 2mr^2/3$ | 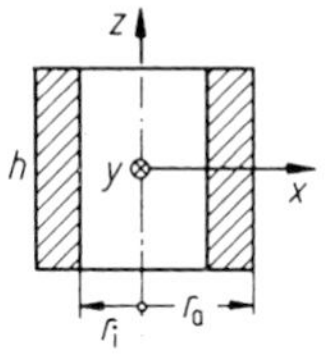<br>massiv: $m = \varrho\pi(r_a^2-r_i^2)h$<br>$J_x = J_y = m(r_a^2+r_i^2+h^2/3)/4$<br>$J_z = m(r_a^2+r_i^2)/2$<br>dünne Schale: $m = \varrho 2\pi rht$<br>$J_x = J_y = m(6r^2+h^2)/12$<br>$J_z = mr^2$ | 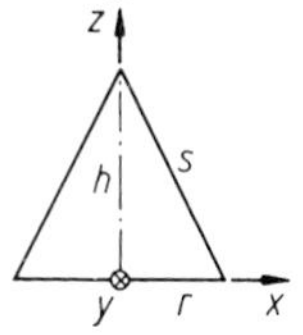<br>massiv: $m = \varrho\pi r^2 h/3$<br>$J_x = J_y = m(3r^2+2h^2)/20$<br>$J_z = 3mr^2/10$<br>dünne Schale: $m = \varrho\pi rst$<br>$J_x = J_y = m(3r^2+2h^2)/12$<br>$J_z = mr^2/2$ |

| Kugelschicht | Rotationsparaboloid | allgemeiner Rotationskörper |
|---|---|---|
| 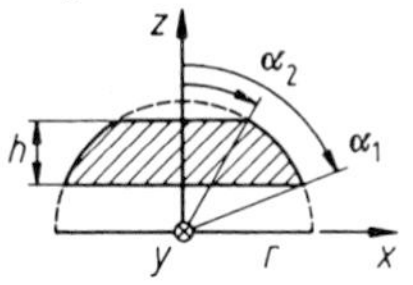<br>$0 \le \alpha_2 < \alpha_1 \le \pi$<br>$c_1 = \cos\alpha_1$<br>$c_2 = \cos\alpha_2$<br>massiv: $m = \varrho\pi r^3[c_2-c_1-(c_2^3-c_1^3)/3]$<br>$J_x = J_y = (\pi/2)\varrho r^5[(c_2-c_1)/2-(c_2^3-c_1^3)/3-3(c_2^5-c_1^5)/10]$<br>$J_z = (\pi/2)\varrho r^5[c_2-c_1-2(c_2^3-c_1^3)/3+(c_2^5-c_1^5)/5]$<br>dünne Schale: $m = \varrho 2\pi hrt$<br>$J_x = J_y = (1/2)mr^2[1+(r/h)(c_2^3-c_1^3)/3]$<br>$J_z = mr^2[1-(r/h)(c_2^3-c_1^3)/3]$ | 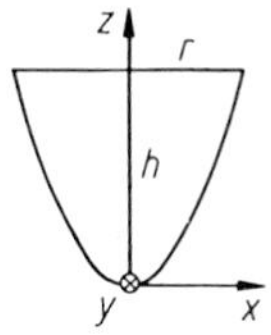<br>massiv: $m = \varrho\pi r^2 h/2$<br>$J_z = mr^2/3$<br>dünne Schale:<br>$m = (\varrho\pi/6)(tr^4/h^2)[(1+4h^2/r^2)^{3/2}-1]$<br>$J_z = mr^2 z_S/h$<br>($z_S$ siehe Tabelle 2-2) | 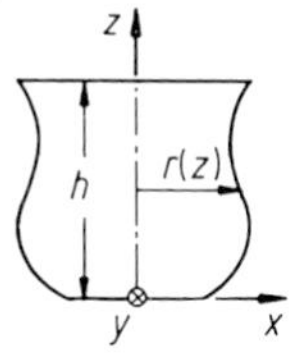<br>massiv: $m = \varrho\pi\int_0^h r^2(z)\,dz$<br>$J_z = (\varrho\pi/2)\int_0^h r^4(z)\,dz$<br>dünne Schale:<br>$m = \varrho 2\pi t\int_0^h r(z)\sqrt{1+(dr/dz)^2}\,dz$<br>$J_z = \varrho 2\pi t\int_0^h r^3(z)\sqrt{1+(dr/dz)^2}\,dz$ |

$$L^0 = \int_m r \times v(\mathrm{dm})m \qquad (13)$$

Für eine Punktmasse $m$ am Ortsvektor $\boldsymbol{r}$ ist $\boldsymbol{L}^0 = \boldsymbol{r} \times \boldsymbol{v}m$.

Für einen starren Körper mit der Masse $m$ und dem Trägheitstensor $\boldsymbol{J}^A$ bezüglich eines beliebigen körperfesten Punktes $A$ ist (Abb. 6)

$$\boldsymbol{L}^0 = \boldsymbol{J}^A \cdot \boldsymbol{\omega} + (\boldsymbol{r}_A \times \boldsymbol{v}_S + \boldsymbol{\varrho}_S \times \boldsymbol{v}_A)m \qquad (14)$$

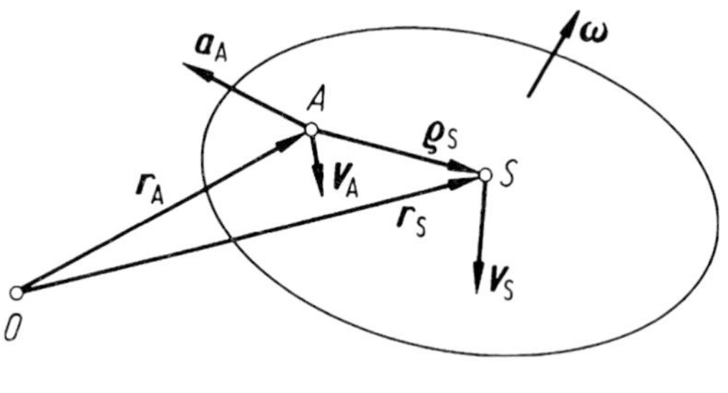


**Abb. 6** Kinematische Größen, die bei allgemeiner räumlicher Bewegung den Drall $\boldsymbol{L}^0$ eines Körpers bezüglich des raumfesten Punktes *0* bestimmen; siehe Gl. (14)

($\boldsymbol{\omega}$ absolute Winkelgeschwindigkeit, $\boldsymbol{v}_\mathrm{A} = \dot{\boldsymbol{r}}_\mathrm{A}$ und $\boldsymbol{v}_\mathrm{S} = \dot{\boldsymbol{r}}_\mathrm{S}$ absolute Geschwindigkeiten von $A$ bzw. des Schwerpunkts $S$, $\boldsymbol{\varrho}_\mathrm{S} = \overrightarrow{AS}$). Sonderfälle: Wenn es einen raumfesten Körperpunkt gibt, dann wählt man ihn als Punkt $A$ und als Punkt *0*, so dass $\boldsymbol{L}^0 = \boldsymbol{J}^0 \cdot \boldsymbol{\omega}$ ist. Wenn $A = S$ gewählt wird, dann ist bei beliebiger Bewegung $\boldsymbol{L}^0 = \boldsymbol{J}^\mathrm{S} \cdot \boldsymbol{\omega} + \boldsymbol{r}_\mathrm{S} \times \boldsymbol{v}_\mathrm{S} m$.

In einer Basis $\underline{\boldsymbol{e}}$, in der $\boldsymbol{J}^\mathrm{A}$ und $\boldsymbol{\omega}$ die Koordinatenmatrizen $\underline{J}^\mathrm{A}$ bzw. $\underline{\omega}$ haben, hat $\boldsymbol{J}^\mathrm{A} \cdot \boldsymbol{\omega}$ die Koordinatenmatrix $\underline{J}^\mathrm{A}\underline{\omega}$ und speziell im Hauptachsensystem die Komponenten $\left(J_1^\mathrm{A}\omega_1, J_2^\mathrm{A}\omega_2, J_3^\mathrm{A}\omega_3\right)$. Bei $n$ Freiheitsgraden der Rotation ($n = 1$, 2 oder 3) kann $\boldsymbol{\omega}$ durch $n$ Winkelkoordinaten und deren Ableitungen ausgedrückt werden (siehe die Gl. (50a) und (51a) im ▶ Kap. 5, „Kinematik starrer Körper").

## 7.1.7 Drallsatz (Axiom von Euler)

Der *Drallsatz* sagt aus: Für jedes System ist die Zeitableitung des Dralls $\boldsymbol{L}^0$ im Inertialraum gleich dem resultierenden Moment aller am System angreifenden äußeren Kräfte bezüglich desselben Punktes *0*:

$$\frac{\mathrm{d}\boldsymbol{L}^0}{\mathrm{d}t} = \boldsymbol{M}^0. \tag{15}$$

Für eine Punktmasse $m$ am Ortsvektor $\boldsymbol{r}$ lautet der Satz

$$\frac{\mathrm{d}(\boldsymbol{r} \times \boldsymbol{v}m)}{\mathrm{d}t} = \boldsymbol{r} \times \boldsymbol{a}m = \boldsymbol{M}^0 \quad \text{mit} \quad \boldsymbol{a} = \dot{\boldsymbol{v}} = \ddot{\boldsymbol{r}}. \tag{16}$$

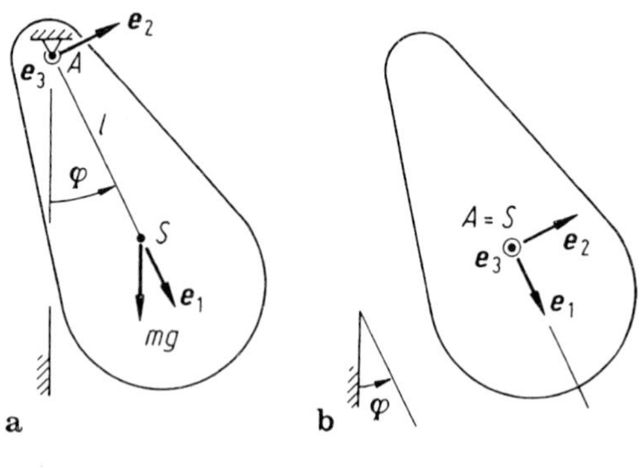


**Abb. 7** **a** Ebene Bewegung um einen festen Punkt. **b** Ebene Bewegung ohne festen Punkt. In beiden Fällen ist $\boldsymbol{\omega} = \dot{\varphi}\boldsymbol{e}_3$

Jeder sich nicht rein translatorisch bewegende starre Körper ist ein *Kreisel*. Für ihn entsteht aus den Gl. (15), (14) und aus Gl. (5) im ▶ Kap. 5, „Kinematik starrer Körper"

$$\boldsymbol{J}^\mathrm{A} \cdot \dot{\boldsymbol{\omega}} + \boldsymbol{\omega} \times \boldsymbol{J}^\mathrm{A} \cdot \boldsymbol{\omega} + \boldsymbol{\varrho}_\mathrm{S} \times \boldsymbol{a}_\mathrm{A} m = \boldsymbol{M}^\mathrm{A} \tag{17}$$

($\boldsymbol{a}_\mathrm{A} = \ddot{\boldsymbol{r}}_\mathrm{A}$ absolute Beschleunigung von $A$; siehe Abb. 6). Die Gleichung wird z. B. auf ein Pendel angewandt, dessen Aufhängepunkt $A$ eine vorgegebene Beschleunigung $\boldsymbol{a}_\mathrm{A}(t)$ hat. Im Sonderfall $\boldsymbol{a}_\mathrm{A} = \boldsymbol{0}$ und bei beliebigen Bewegungen im Fall $A = S$ lautet Gl. (17):

$$\boldsymbol{J}^\mathrm{A} \cdot \dot{\boldsymbol{\omega}} + \boldsymbol{\omega} \times \boldsymbol{J}^\mathrm{A} \cdot \boldsymbol{\omega} = \boldsymbol{M}^\mathrm{A}. \tag{18}$$

### 7.1.7.1 Drehung um eine feste Achse. Ebene Bewegung

In Abb. 7a und b ist $\boldsymbol{\omega} = \dot{\varphi}\boldsymbol{e}_3$ bei konstanter Richtung von $\boldsymbol{e}_3$. Die $\boldsymbol{e}_3$-Koordinate von Gl. (18) lautet in beiden Fällen (ohne den Index 3)

$$J^\mathrm{A}\ddot{\varphi} = M^\mathrm{A}. \tag{19}$$

Das ist eine Differenzialgleichung für $\varphi(t)$, wenn $M^\mathrm{A}$ bekannt ist.

***Beispiel 9:*** Am Pendel in Abb. 7a verursacht das Gewicht das Moment $-mgl\sin\varphi$ um die $\boldsymbol{e}_3$-Achse. Bei Beschränkung auf kleine Schwingungen ($\sin\varphi \approx \varphi$) hat Gl. (19) die Form $\ddot{\varphi} + \omega_0^2\varphi = 0$ mit $\omega_0^2 = mgl/J^\mathrm{A} = mgl/\left(J^\mathrm{S} + ml^2\right)$. $\omega_0^2$ ist maximal, wenn $l = \sqrt{J^S/m}$ ist. Das Maximum ist $\omega^2_{\max} = (g/2)\sqrt{m/J^S}$. Die Lösung der Differenzialgleichung ist $\varphi(t) = A\cos(\omega_0 t - \alpha)$ mit Integrationskonstanten $A$ (Amplitude) und $\alpha$ (Nullphasenwinkel). Die Periodendauer ist $T = 2\pi/\omega_0$.

**Auswuchten**. Der Körper in Abb. 7a sei als Rotor mit vertikaler Drehachse $\boldsymbol{e}_3$ und mit sehr kleinem Abstand $l$ des Schwerpunkts von der Drehachse interpretiert. Dann hat das Gewicht die Richtung der Drehachse. Sowohl in Abb. 7a als auch in Abb. 7b liefert Gl. (18) bei Zerlegung im körperfesten $\boldsymbol{e}_{1,2,3}$-System die Koordinatengleichungen

$$M_1^A = J_{13}^A\ddot{\varphi} - J_{23}^A\dot{\varphi}^2, \quad M_2^A = J_{23}^A\ddot{\varphi} + J_{13}^A\dot{\varphi}^2, \quad \dot{\varphi} = \text{const.}$$

Die Momente $M_1^A$ und $M_2^A$ müssen von Lagerreaktionen auf den Körper ausgeübt werden, damit der Körper seine ebene Bewegung ausführen kann. Die Gegenkräfte wirken auf die Lager. Diese Kräfte sind in der körperfesten Basis konstant, im raumfesten System also mit $\dot{\varphi}$ umlaufend. Wegen immer vorhandener Elastizitäten erregen sie Schwingungen. Deshalb soll $J_{13}^A = J_{23}^A = 0$ sein, $\boldsymbol{e}_3$ also Hauptachse bezüglich $A$ sein. Kleine Abweichungen der Hauptachse werden durch dynamisches Auswuchten korrigiert, indem man an geeigneten Stellen des Körpers Massen hinzufügt oder wegnimmt. Zur Theorie und Praxis des Auswuchtens siehe u. a. Federn (1977), Kelkel (1978) und Schneider (2013). In Abb. 7a verursacht die sog. statische Unwucht $ml$ zusätzlich umlaufende Lagerreaktionen. Das Fachgebiet *Rotordynamik* untersucht die Bewegung des Gesamtsystems Rotor – Lager – Fundament unter Berücksichtigung von Elastizität und Trägheit aller Teile (siehe u. a. Tondl (1965); Gasch et al. (2006)).

### 7.1.8 Drallerhaltungssatz

Wenn in Gl. (15) $\boldsymbol{M}^0$ oder eine raumfeste Komponente von $\boldsymbol{M}^0$ dauernd null ist, dann ist $\boldsymbol{L}^0$ bzw. die entsprechende Komponente von $\boldsymbol{L}^0$ konstant.

***Beispiel 10:*** Die Bewegung einer Punktmasse unter einer resultierenden Kraft beliebiger Größe, deren Wirkungslinie dauernd durch einen raumfesten Punkt *0* weist (sog. Zentralkraft; Beispiele sind die Gravitationskraft und die Kraft einer Feder, die die Punktmasse mit einem festen Punkt *0* verbindet): In Gl. (16) ist $\boldsymbol{M}^0 \equiv \boldsymbol{0}$, $\boldsymbol{r} \times \boldsymbol{v}m =$ const. Daraus folgt, dass die Bewegung in der durch Anfangsbedingungen $\boldsymbol{r}_0$ und $\boldsymbol{v}_0$ festgelegten Ebene abläuft, und dass $\boldsymbol{r}$ in gleichen Zeitintervallen gleich große Flächen überstreicht (1. und 2. *Keplersches Gesetz*).

***Beispiel 11:*** Das Gewicht eines räumlichen Pendels hat um die Vertikale durch den Aufhängepunkt $A$ kein Moment. Folglich ist die Vertikalkomponente des Dralls $\boldsymbol{J}^A \cdot \boldsymbol{\omega}$ konstant.

### 7.1.9 Kinetische Energie

Die *kinetische Energie T* eines beliebigen Systems der Gesamtmasse $m$ ist definiert als

$$T = \frac{1}{2}\int_m \boldsymbol{v}^2 \mathrm{d}m \tag{20}$$

($\boldsymbol{v} = \dot{\boldsymbol{r}}$ absolute Geschwindigkeit von d$m$). Es ist $T \geq 0$ und $T = 0$ nur, wenn das gesamte System in Ruhe ist. Für einen einzelnen starren Körper ist

$$T = \frac{1}{2}m\boldsymbol{v}_S^2 + \frac{1}{2}\left(J_1\omega_1^2 + J_2\omega_2^2 + J_3\omega_3^2\right) \tag{21}$$

($m$ Masse, $\boldsymbol{v}_S$ Schwerpunktgeschwindigkeit, Trägheitsmomente und Winkelgeschwindigkeitskomponenten im Hauptachsensystem bezüglich $S$). Wenn es einen körperfesten Punkt $A$ gibt, der auch raumfest ist, dann gilt auch

$$T = \frac{1}{2}\left(J_1\omega_1^2 + J_2\omega_2^2 + J_3\omega_3^2\right) \tag{22}$$

(Trägheitsmomente und Winkelgeschwindigkeitskomponenten im Hauptachsensystem bezüglich $A$).

Die kinetische Energie eines Systems aus mehreren Körpern ist die Summe der kinetischen

Energien der einzelnen Körper. Die Schwerpunktgeschwindigkeiten und Winkelgeschwindigkeiten sind lineare Funktionen der Ableitungen $\dot{q}_i$ von generalisierten Koordinaten mit Koeffizienten, die von den generalisierten Koordinaten abhängen. Die kinetische Energie ist also eine (wegen $T \geq 0$ positiv definite) quadratische Form der $\dot{q}_i$ mit nichtkonstanten Koeffizienten.

### 7.1.10 Energieerhaltungssatz

Zu den Begriffen Potenzialkraft, potenzielle Energie und konservatives System siehe ▶ Abschn. 6.1.14 im Kap. 6, „Statik starrer Körper". In einem konservativen System ist die Summe aus kinetischer Energie $T$ und potenzieller Energie $V$ konstant,

$$T + V = \text{const.} \tag{23}$$

Das ist der *Energieerhaltungssatz*. Bei einem konservativen System mit dem Freiheitsgrad 1 kann man mit ihm berechnen, mit welcher Geschwindigkeit das System eine gegebene Lage passiert, wenn man die Geschwindigkeit in einer anderen Lage kennt.

***Beispiel 12:*** Bei der antriebslosen und reibungsfreien Hebebühne in Abb. 8 mit vier gleichen Stangen (Länge $l$, Masse $m$, zentrales Trägheitsmoment $J^S$, Feder entspannt bei $\varphi = \varphi_0$) und mit der Masse $M$ ist

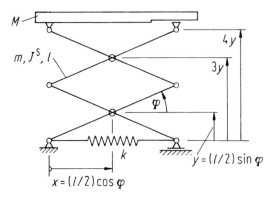

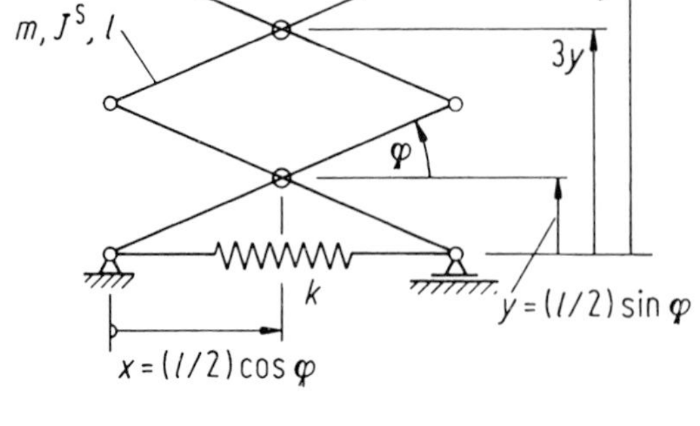


**Abb. 8** Ein-Freiheitsgrad-System

$$\begin{aligned} T &= \frac{1}{2}4J^S\dot{\varphi}^2 + \frac{1}{2}4m\dot{x}^2 + 2\left[\frac{1}{2}m\dot{y}^2 + \frac{1}{2}m(3\dot{y})^2\right] \\ &\quad + \frac{1}{2}M(4\dot{y})^2 \\ &= \dot{\varphi}^2\left[2J^S + \frac{m}{2}l^2\sin^2\varphi + \left(\frac{5m}{2} + 2M\right)l^2\cos^2\varphi\right], \\ V &= 2(mgy + mg\cdot 3y) + Mg\cdot 4y + \frac{1}{2}k(2x - 2x_0)^2 \\ &= 2(2m + M)gl\sin\varphi + \frac{1}{2}kl^2(\cos\varphi - \cos\varphi_0)^2. \end{aligned}$$

Zu gegebenen $\varphi_1$ und $\dot{\varphi}_1$ in einer Lage 1 läßt sich $\dot{\varphi}_2$ in einer anderen gegebenen Lage $\varphi_2$ aus $T_2 + V_2 = T_1 + V_1$ berechnen.

In Beispiel 13 wird an vier Systemen gezeigt, wie Probleme durch Kombination von Erhaltungssätzen, Differenzialgleichungen der Bewegung und kinematischen Beziehungen gelöst werden.

***Beispiel 13:***

1. Die Punktmasse $m$ in Abb. 9a gleitet reibungsfrei auf einem liegenden Halbzylinder (Radius $r$) aus dem Zustand der Ruhe bei $\varphi = \varphi_0$ nach unten. Bei welchem Winkel $\varphi_1$ hebt sie vom Zylinder ab? Lösung: Solange $m$ auf dem Zylinder ist, gelten die Energieerhaltung in der Form $mgr\cos\varphi_0 = mgr\cos\varphi + mr^2\dot{\varphi}^2/2$ und die Newtonsche Gleichung (Radialkomponente, Reaktionskraft $N$ des Zylinders) $-mr\dot{\varphi}^2 = N - mg\cos\varphi$. In der Stellung $\varphi = \varphi_1$ ist $N = 0$. Elimination von $mr\dot{\varphi}^2$ ergibt $\cos\varphi_1 = (2/3)\cos\varphi_0$.
2. Der homogene Stab in Abb. 9b fällt aus der Ruhelage $\varphi = \varphi_0$ nach unten. Der Boden und die vertikale Wand sind reibungsfrei. Bei welchem Winkel $\varphi_1$ hebt der Stab von der Wand ab? Lösung: Wie in Aufg. 1 ist $\cos\varphi_1 = (2/3)\cos\varphi_0$.
3. Der homogene dünne Stab in Abb. 9c (Länge $l$, Masse $m$, zentrales Trägheitsmoment $J = ml^2/12$) fällt aus der senkrechten Lage um. Das untere Stabende gleitet reibungsfrei. Die Horizontalkomponente des Impulses ist $\equiv 0$. Also bewegt sich S vertikal nach unten. Die Schwerpunkthöhe ist $x = (l/2)\cos\varphi$. Damit ist $\dot{x} = -\dot{\varphi}(l/2)\sin\varphi$. Damit liefert der Energieerhaltungssatz $\dot{\varphi}^2(\varphi) = (4g/l)(1 - \cos\varphi)/\left(1/3 + \sin^2\varphi\right)$.

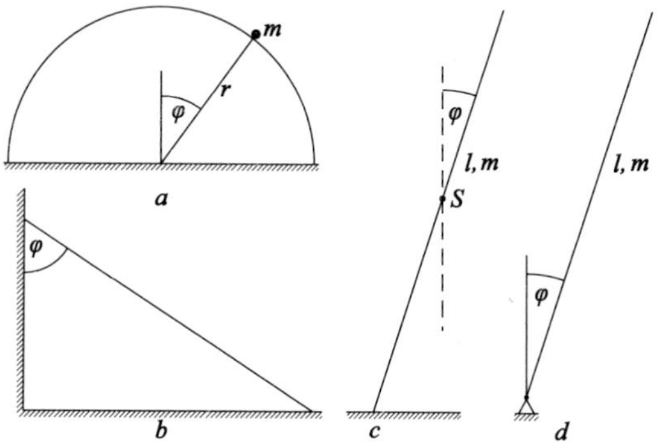


Abb. 9 Fallende Punktmassen und Stäbe

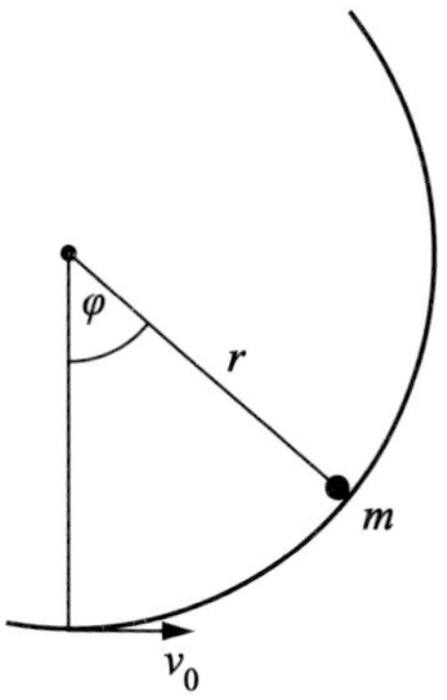


Abb. 10 Punktmasse in vertikaler Kreisbahn mit Coulombscher Reibung

Differentiation ergibt $\ddot{\varphi}(\varphi)$. Damit liefert der Drallsatz $(ml^2/12)\ddot{\varphi} = A(l/2)\sin\varphi$ die Lagerreaktion $A(\varphi) = (mg/3)$ $[1/3 + (1 - \cos\varphi)^2]/(1/3 + \sin^2\varphi)^2 > 0$. Der Stab hebt also nicht vom Boden ab. In der horizontalen Endstellung sind $A = mg/4$ und die Schwerpunktgeschwindigkeit $v = \sqrt{3gl/4}$. Bei $\varphi = \arccos\left[1 + \left(\sqrt{4/27} - 1/3\right)^{1/3} - \left(\sqrt{4/27} + 1/3\right)^{1/3}\right] \approx 61{,}5^\circ$ hat $A$ das Minimum $A_{\min} \approx 0{,}165mg$.

4. Der am Boden gelenkig gelagerte homogene dünne Stab in Abb. 9d (Länge $l$, Masse $m$, zentrales Trägheitsmoment $J = ml^2/12$) fällt aus der senkrechten Lage um. Die Endgeschwindigkeit des Schwerpunkts ist $v = \sqrt{3gl/4}$. Die Komponente der Lagerreaktion in Stabrichtung ist $N(\varphi) = mg\cos\varphi - ml\dot{\varphi}^2/2 = (mg/2)(5\cos\varphi - 3)$. Sie wechselt bei $\varphi = \arccos(3/5)$ von Druck auf Zug. Das maximale Biegemoment im Stab ist $M_{\max}(\varphi) = (mgl/27)\sin\varphi$ in der Entfernung $l/3$ vom Gelenk. Bei Sprengungen von gemauerten Schornsteinen kann man manchmal den Bruch an dieser Stelle bei Erreichen eines genügend großen Winkels $\varphi$ beobachten.

### 7.1.11 Arbeitssatz

Die Begriffe Arbeit und Leistung sind in ▶ Abschn. 6.1.13 im Kap. 6, „Statik starrer Körper" erklärt. Für Systeme, in denen sowohl Potenzialkräfte als auch Nicht-Potenzialkräfte wirken, gilt statt Gl. (23) der *Arbeitssatz*

$$T_2 + V_2 = T_1 + V_1 + W_{12}. \tag{24}$$

Darin sind $T_1$, $T_2$ und $V_1$, $V_2$ die kinetischen bzw. die potenziellen Energien des Systems in zwei Zuständen 1 und 2 einer Bewegung und $W_{12}$ die Arbeit aller Nicht-Potenzialkräfte bei der Bewegung vom Zustand 1 in den Zustand 2. Jede Nicht-Potenzialkraft $\boldsymbol{F}$ leistet zu $W_{12}$ den Beitrag $\int \boldsymbol{F} \cdot \mathrm{d}\boldsymbol{r}$. Ein Moment der Größe $M$ leistet bei einer Drehung um den Winkel $\varphi$ den Beitrag $\int M\mathrm{d}\varphi$. Die Integrale lassen sich i. allg. selbst dann nicht exakt angeben, wenn die Bahnform und die Anfangs- und Endpunkte 1 bzw. 2 der Bahn bekannt sind, weil $\boldsymbol{F}$ und $\boldsymbol{M}$ nicht nur vom Ort, sondern z. B. von der Geschwindigkeit abhängen. Von Ausnahmen abgesehen (siehe die Beispiele 1 und 14) ist für $W_{12}$ nur eine Näherung möglich. Sie dient zur Abschätzung von Geschwindigkeiten.

***Beispiel 14:*** Die Punktmasse $m$ in Abb. 10 bewegt sich mit trockener Reibung (Reibwert $\mu$) auf der Innenseite einer Kreisbahn vom Radius $r$ in vertikaler Ebene. Die Anfangsgeschwindigkeit ist $v_0$ bei $\varphi = 0$. Bei Beachtung der Identität $\mathrm{d}v/\mathrm{d}t = (\mathrm{d}v^2/\mathrm{d}\varphi)/(2r)$ lautet die Newtonsche Gleichung für die Tangentialkomponente der Beschleunigung $m\mathrm{d}v^2/\mathrm{d} = 2r[-mg\sin\varphi - \mu(mg\cos\varphi + mv^2/r]$ oder $\mathrm{d}v^2/\mathrm{d}\varphi + 2\mu v^2 = -2gr(\sin\varphi + \mu\cos\varphi)$. Die Lösung zur Anfangsbedingung ist

$$v^2(\varphi) = \frac{1}{a}\left[\left(v_0^2 a - 2grb\right)\mathrm{e}^{-2\mu\varphi} + 2gr(b\cos\varphi - 3\mu\sin\varphi)\right] \tag{25}$$

mit den Abkürzungen $a = 1 + 4\mu^2$, $b = 1 - 2\mu^2$. Die Gleichung ist gültig, solange sowohl $v > 0$ als auch die Anpresskraft $m(g \cos \varphi + v^2/r) > 0$ ist. Mit $v^2(\varphi)$ ist die kinetische Energie und damit die Arbeit $W_{12}(\varphi)$ bestimmt.

## 7.2 Kreiselmechanik

Viele technische Gebilde können als einzelner starrer Körper, d. h. als Kreisel, angesehen werden. Wenn er drei Freiheitsgrade der Rotation hat, wird Gl. (18) im Hauptachsensystem bezüglich $A$ zerlegt (der Index $A$ wird im folgenden weggelassen). Das ergibt die *Eulerschen Kreiselgleichungen*

$$J_i\dot{\omega}_i - (J_j - J_k)\omega_j\omega_k = M_i \quad (i,j,k = 1,2,3 \text{ zyklisch}). \tag{26}$$

Für die Translationsbewegung gilt Gl. (2). Die äußere Kraft und das äußere Moment sind i. allg. von Ort, Translationsgeschwindigkeit, Winkellage und Winkelgeschwindigkeit abhängig, so dass die Gl. (2) und (26) miteinander und mit kinematischen Differenzialgleichungen gekoppelt sind (z. B. den Gl. (50b), (51b) oder (52b) im ▶ Kap. 5, „Kinematik starrer Körper").

Zur Lösung der Gl. (26) in speziellen Fällen siehe u. a. Dresig und Holzweißig (2018), Wittenburg (2008). Beim momentenfreien Kreisel ($M_1 = M_2 = M_3 \equiv 0$) existieren als spezielle Lösungen *permanente Drehungen* um die Hauptträgheitsachsen ($\omega_i = \text{const}$, $\omega_j = \omega_k \equiv 0$; $i, j, k = 1,2,3$ verschieden). Nur die Drehungen um die Achsen des größten und des kleinsten Hauptträgheitsmoments sind stabil.

Ein Kreisel mit zwei gleichen Hauptträgheitsmomenten $J_1 = J_2$ heißt *symmetrisch*. Bei ihm liegen $\boldsymbol{\omega}$, $\boldsymbol{J}^A \cdot \boldsymbol{\omega}$ und die Figurenachse (Symmetrieachse) permanent in einer Ebene (Abb. 11a). Die Figurenachse denkt man sich in einem masselosen Käfig gelagert (Abb. 11b). Seine absolute Winkelgeschwindigkeit $\boldsymbol{\Omega}$ beschreibt Drehbewegungen der Figurenachse, wobei der Kreisel sich relativ zum Käfig drehen kann. Wegen der Symmetrie hat $\boldsymbol{J}^A$ auch in einer käfigfesten Basis konstante Trägheitsmomente. Deshalb gilt nicht nur Gl. (18), sondern allgemeiner

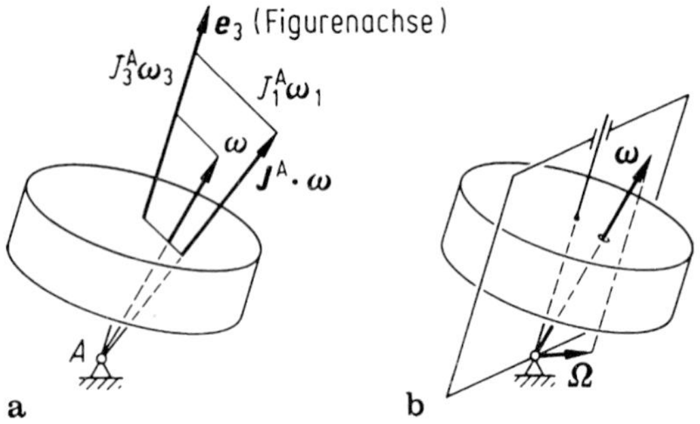


**Abb. 11** **a** Bei einem symmetrischen Kreisel liegen die Figurenachse $\boldsymbol{e}_3$, die Winkelgeschwindigkeit $\boldsymbol{\omega}$ und der Drall $\boldsymbol{J}^A \cdot \boldsymbol{\omega}$ in einer Ebene. **b** Kreisel in einem gedachten Bezugssystem (Käfig) mit anderer Winkelgeschwindigkeit $\boldsymbol{\Omega}$

$$\boldsymbol{J}^A \cdot \dot{\boldsymbol{\omega}} + \boldsymbol{\Omega} \times \boldsymbol{J}^A \cdot \boldsymbol{\omega} = \boldsymbol{M}^A. \tag{27}$$

$A$ ist entweder der Schwerpunkt oder, falls vorhanden, ein Punkt der Figurenachse mit der Beschleunigung $\boldsymbol{a}_A \equiv \boldsymbol{0}$. $\dot{\boldsymbol{\omega}}$ ist die Ableitung von $\boldsymbol{\omega}$ in der käfigfesten Basis. Wenn die Bewegung des symmetrischen Kreisels (d. h. $\boldsymbol{\omega}$ und $\boldsymbol{\Omega}$) vorgeschrieben ist, wird aus Gl. (27) das Moment $\boldsymbol{M}^A$ berechnet, das zur Erzeugung der Bewegung nötig ist. Bei gegebenem Moment ist Gl. (27) eine Differenzialgleichung der gesuchten Bewegung.

***Beispiel 15:*** In der Kollermühle in Abb. 12 legen die Antriebswinkelgeschwindigkeit $\boldsymbol{\omega}_0$ und die angenommene Lage des Abrollpunktes $P$ die Bewegung fest, denn $\boldsymbol{\omega}$ hat die Richtung der Momentanachse $\overrightarrow{AP}$ und die schiefwinklige Komponente $\boldsymbol{\omega}_0$. Als Käfig für die Figurenachse wird die gezeichnete Basis $\underline{\boldsymbol{e}}$ mit der Winkelgeschwindigkeit $\boldsymbol{\Omega} = \boldsymbol{\omega}_0$ gewählt. In ihr ist $\boldsymbol{\omega}$ konstant, also $\dot{\boldsymbol{\omega}} \equiv \boldsymbol{0}$. Das Moment $\boldsymbol{M}^A$ ist die Summe aus dem Gewichtsmoment $-mgR_S\boldsymbol{e}_1$ und dem Moment $M\boldsymbol{e}_1$ der Anpresskraft gegen die Lauffläche. Das Bild liefert

$$\boldsymbol{\Omega} = \omega_0 \sin\alpha \boldsymbol{e}_2 + \omega_0 \cos\alpha \boldsymbol{e}_3,$$
$$\boldsymbol{\omega} = \omega_0 \sin\alpha \boldsymbol{e}_2 + \omega_0(\cos\alpha + R/r)\boldsymbol{e}_3,$$
$$\boldsymbol{J}^A \cdot \boldsymbol{\omega} = J_1^A\omega_0 \sin\alpha \boldsymbol{e}_2 + J_3^A\omega_0(\cos\alpha + R/r)\boldsymbol{e}_3.$$

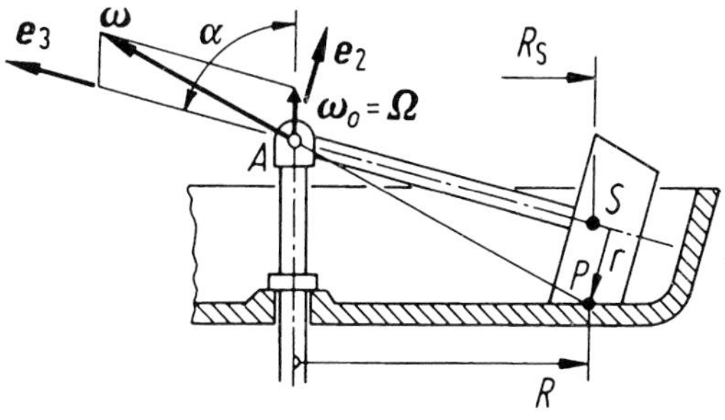


**Abb. 12** Kollermühle

Einsetzen in Gl. (27) ergibt

$$M = mgR_S + \omega_0^2 \sin\alpha \left[ \left( J_3^A - J_1^A \right) \cos\alpha + J_3^A R/r \right].$$

Bei geeigneter Parameterwahl kann man erreichen, dass die Anpresskraft $M/R$ wesentlich größer als das Gewicht ist.

### 7.2.1 Reguläre Präzession

Bewegungen des symmetrischen Kreisels, bei denen die Figurenachse sich mit $\boldsymbol{\Omega} = \text{const}$ dreht, während $\boldsymbol{M}^A$ und $\boldsymbol{L}^A = \boldsymbol{J}^A \cdot \boldsymbol{\omega}$ dem Betrag nach konstant und dauernd orthogonal zueinander sind, heißen *reguläre Präzessionen*. Für sie ist in Gl. (27) $\dot{\boldsymbol{\omega}} = \boldsymbol{0}$, also

$$\boldsymbol{\Omega} \times \boldsymbol{J}^A \cdot \boldsymbol{\omega} = \boldsymbol{M}^A. \qquad (28)$$

$\boldsymbol{\Omega}$ heißt Präzessionswinkelgeschwindigkeit. Die Bewegung in Abb. 12 ist eine reguläre Präzession. Literatur siehe u. a. Dresig und Holzweißig (2018), Wittenburg (2008).

### 7.2.2 Nutation

Die Bewegung, die ein symmetrischer Kreisel ausführt, wenn er im Schwerpunkt unterstützt oder frei fliegend keinem äußeren Moment unterliegt, heißt *Nutation*. In diesem Fall haben die Gl. (26) mit $J_1 = J_2 \neq J_3$ (bezüglich $S$) und mit $\boldsymbol{M}^S = \boldsymbol{0}$ die Lösung $\omega_1 = C \cos \nu t$, $\omega_2 = C \sin \nu t$, $\omega_3 \equiv \omega_{30} = \text{const}$ mit Konstanten $C$ und $\omega_{30}$ aus Anfangsbedingungen und mit $\nu = \omega_{30}(J_1 - J_3)/J_1$. Die Figurenachse umfährt mit einer konstanten Nutationswinkelgeschwindigkeit $\dot{\psi}$ einen Kreiskegel (*Nutationskegel*) vom halben Öffnungswinkel $\vartheta$, dessen Achse der raumfeste Drallvektor $\boldsymbol{L} = \boldsymbol{J}^S \cdot \boldsymbol{\omega}$ ist (Abb. 13).

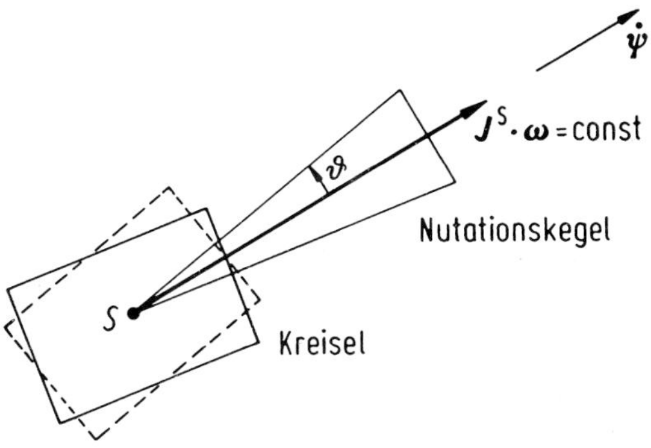


**Abb. 13** Nutation eines symmetrischen Kreisels

$$L^2 = J_1^2 C^2 + J_3^2 \omega_{30}^2, \quad \cos\vartheta = J_3 \omega_{30}/L,$$
$$\dot{\psi} = \frac{\omega_{30} J_3}{J_1 \cos\vartheta} \quad (\approx \omega_{30} J_3/J_1 \quad \text{für} \quad \vartheta \ll 1). \qquad (29)$$

### 7.2.3 Linearisierte Kreiselgleichungen

Bei vielen symmetrischen Kreiseln macht die Figurenachse nur kleine Winkelausschläge $\varphi_1$ und $\varphi_2$ um raumfeste Achsen. Typische Beispiele sind Rotoren mit elastischer Lagerung (Abb. 14a) und in Kardanrahmen gelagerte Kreisel in Messgeräten (Abb. 15). Bei stationärem Betrieb ist das Moment $M_3$ entlang der Figurenachse null, so dass nach Gl. (26) $\omega_3$ konstant ist. In der raumfesten Basis $\underline{e}^0$ von Abb. 14a hat der Drall $\boldsymbol{J}^A \cdot \boldsymbol{\omega}$ angenähert die Komponenten $(J_1\dot{\varphi}_1 + J_3\omega_3\varphi_2,$ $J_1\dot{\varphi}_2 - J_3\omega_3\varphi_1,\ J_3\omega_3)$. In Abb. 15 hat der Gesamtdrall von Rotor, Außenrahmen (oberer Index a) und Innenrahmen (oberer Index i) in $\underline{e}^0$ angenähert die Komponenten

$$\left[ \left( J_1 + J_1^a + J_1^i \right) \dot{\varphi}_1 + J_3 \omega_3 \varphi_2, \right.$$
$$\left. \left( J_1 + J_2^i \right) \dot{\varphi}_2 - J_3 \omega_3 \varphi_1, J_3 \omega_3 \right].$$

Diese Näherungen sind umso besser, je größer die dritte gegen die beiden anderen Komponenten ist.

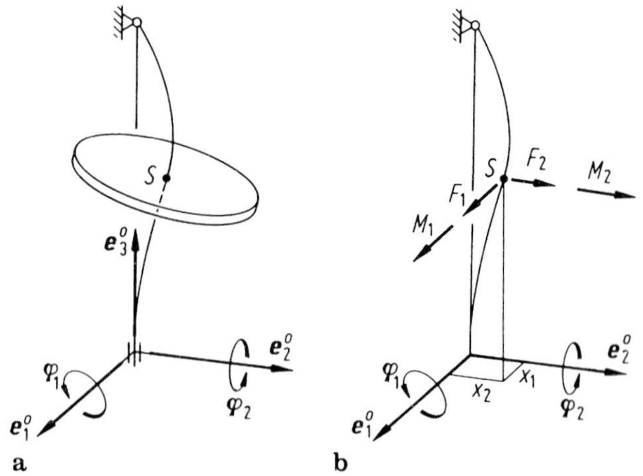


**Abb. 14** **a** Scheibe auf rotierender, elastischer Welle. **b** Freikörperbild der Welle

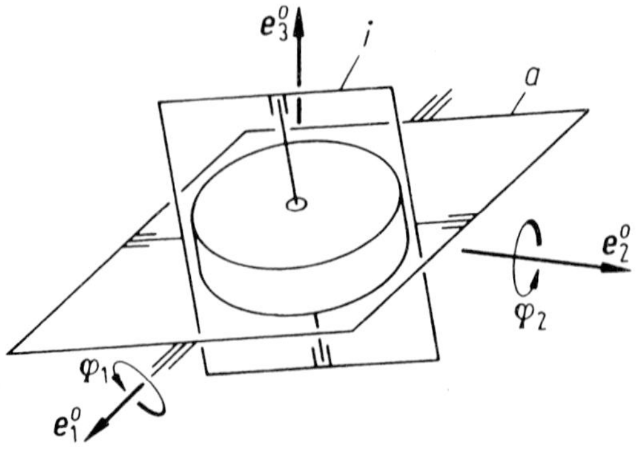


**Abb. 15** Symmetrischer Kreisel in Kardanrahmen (i innen, a außen). Bei kleinen Drehwinkeln $\varphi_1$ und $\varphi_2$ der Rahmen um ihre Achsen ist $\varphi_2$ angenähert auch Drehwinkel des Innenrahmens um die Achse $\boldsymbol{e}_2^0$

Direkte Anwendung von Gl. (15) liefert für $\varphi_1$ und $\varphi_2$ die linearisierten Kreiselgleichungen

$$J_1\ddot{\varphi}_1 + J_3\omega_3\dot{\varphi}_2 = M_1, \quad J_1\ddot{\varphi}_2 - J_3\omega_3\dot{\varphi}_1 = M_2 \tag{30a}$$

bzw.

$$\left.\begin{aligned}(J_1 + J_1^{\mathrm{a}} + J_1^{\mathrm{i}})\ddot{\varphi}_1 + J_3\omega_3\dot{\varphi}_2 &= M_1,\\ (J_1 + J_2^{\mathrm{i}})\ddot{\varphi}_2 - J_3\omega_3\dot{\varphi}_1 &= M_2.\end{aligned}\right\} \tag{30b}$$

***Beispiel 16:*** Rotor auf beliebig gelagerter elastischer Welle, z. B. nach Abb. 14a. Die Festigkeitslehre liefert für die freigeschnittene Welle in Abb. 14b Einflusszahlen $a$, $b$, $c$ für den Zusammenhang zwischen den Kräften und Momenten $F_1$, $F_2$, $M_1$, $M_2$ an der Welle bei $S$ einerseits und den Auslenkungen und Neigungen $x_1$, $x_2$, $\varphi_1$, $\varphi_2$ bei $S$ andererseits: $x_1 = aF_1 + cM_2$, $x_2 = aF_2 - cM_1$, $\varphi_1 = -cF_2 + bM_1$, $\varphi_2 = cF_1 + bM_2$. Daraus folgt

$$F_1 = \frac{1}{N}(bx_1 - c\varphi_2), \quad F_2 = \frac{1}{N}(bx_2 + c\varphi_1),$$
$$M_1 = \frac{1}{N}(a\varphi_1 + cx_2), \quad M_2 = \frac{1}{N}(a\varphi_2 - cx_1)$$

mit $N = ab - c^2$. Da am Rotor $-F_1$, $-F_2$, $-M_1$ und $-M_2$ angreifen, lauten die Newtonsche Gl. (2) und die Gl. (30a) für ihn

$$m\ddot{x}_1 = -\frac{1}{N}(bx_1 - c\varphi_2),$$
$$m\ddot{x}_2 = -\frac{1}{N}(bx_2 + c\varphi_1),$$
$$J_1\ddot{\varphi}_1 + J_3\omega_3\dot{\varphi}_2 = -\frac{1}{N}(a\varphi_1 + cx_2),$$
$$J_1\ddot{\varphi}_2 - J_3\omega_3\dot{\varphi}_1 = -\frac{1}{N}(a\varphi_2 - cx_1).$$

Das sind homogene lineare Differenzialgleichungen für $x_1$, $x_2$, $\varphi_1$ und $\varphi_2$. Mit den komplexen Variablen $z_1 = x_1 + \mathrm{j}x_2$, $z_2 = \varphi_1 - \mathrm{j}\varphi_2$ werden sie paarweise zusammengefasst zu

$$Nm\ddot{z}_1 + bz_1 - cz_2 = 0,$$
$$NJ_1\ddot{z}_2 - \mathrm{j}NJ_3\omega_3\dot{z}_2 + az_2 - cz_1 = 0.$$

Der Ansatz $z_i = Z_i \exp(\mathrm{j}\omega_0 t)$ für $i = 1, 2$ liefert eine charakteristische Gleichung für die Eigenkreisfrequenzen $\omega_0$. Kleinste Exzentrizitäten des Schwerpunkts verursachen eine periodische Erregung mit der Kreisfrequenz $\omega_3$, so dass Resonanz im Fall $\omega_0 = \omega_3$ eintritt. In diesem Fall lautet die charakteristische Gleichung

$$\det\begin{bmatrix} -Nm\omega_3^2 + b & -c \\ -c & N(J_3 - J_1)\omega_3^2 + a \end{bmatrix} = 0.$$

Sie liefert die kritischen Winkelgeschwindigkeiten $\omega_3$ des Rotors (eine im Fall $J_3 > J_1$, zwei im Fall $J_3 < J_1$). Wellen mit mehreren Scheiben siehe u. a. in Dresig und Holzweißig (2018), Gasch et al. (2006) und Wittenburg (1996).

### 7.2.4 Präzessionsgleichungen

Die Gl. (28) und (29) zeigen, dass bei Kreiseln mit großem $J_3\omega_3$ die Präzessionswinkelgeschwindigkeit $\Omega$ und die Nutationswinkelgeschwindigkeit $\dot{\psi}$ um viele Größenordnungen voneinander verschieden sind, wenn das Moment $M^{\mathrm{A}}$ hinreichend klein ist. In solchen Fällen ist die Lösung von linearisierten Kreiselgleichungen Gl. (30a) oder Gl. (30b) in guter Näherung die Summe zweier Bewegungen. Die eine ist eine i. allg. vernachlässigbare, sehr schnelle Nutation mit sehr kleinen Amplituden von $\varphi_1$ und $\varphi_2$. Sie ist Lösung der Gleichungen für $M_1 = M_2 \equiv 0$. Die andere, technisch wichtigere Bewegung ist die Lösung der sog. *technischen Kreiselgleichungen* oder *Präzessionsgleichungen*

$$J_3\omega_3\dot{\varphi}_2 = M_1, \qquad -J_3\omega_3\dot{\varphi}_1 = M_2, \tag{31}$$

in denen die Trägheitsglieder mit $\ddot{\varphi}_1$ und $\ddot{\varphi}_2$ von Gl. (30a) und Gl. (30b) vernachlässigt sind. Diese Bewegung ist ein langsames Auswandern (eine Präzession) der Figurenachse. In Abb. 15 können $M_1$ und $M_2$ z. B. durch ein Gewicht am Außenrahmen oder durch Federn und Dämpfer zwischen Rahmen und Lagerung verursacht werden. Die Gl. (31) beschreiben daher die Wirkungsweise vieler Kreiselgeräte. Siehe Magnus (1971).

## 7.3 Bewegungsgleichungen für holonome Mehrkörpersysteme

Für ein System mit dem Freiheitsgrad $n$ werden $n$ generalisierte Lagekoordinaten $q_1, \ldots, q_n$ gebraucht. Es kann nützlich sein, $\nu$ *überzählige Koordinaten* zu verwenden, also $q_1, \ldots, q_{n+\nu}$. Dann gibt es $\nu$ Bindungsgleichungen (siehe ▶ Abschn. 5.3.2 im Kap. 5, „Kinematik starrer Körper"). Sie haben i.allg. die implizite Form $f_i(q_1, \ldots, q_{n+\nu}) = 0$ $(i = 1, \ldots, \nu)$. Differentiation nach der Zeit liefert lineare Gleichungen für die generalisierten Geschwindigkeiten $\dot{q}_i$, Beschleunigungen $\ddot{q}_i$ und virtuellen Änderungen $\delta q_i$ $(i = 1, \ldots, n + \nu)$. Diese linearen Gleichungen sind nach $\nu$ Größen $\dot{q}_i$ bzw. $\ddot{q}_i$ bzw. $\delta q_i$ $(i = 1, \ldots, \nu)$ auflösbar. Die Bindungsgleichungen selbst sind nur in günstigen Fällen explizit nach $\nu$ Koordinaten auflösbar (siehe Beispiel 17). Zur Formulierung von Differenzialgleichungen werden drei Methoden angegeben.

### 7.3.1 Synthetische Methode

Alle Körper werden durch Schnitte isoliert. An den Schnittstellen werden paarweise entgegengesetzt gleich große Schnittkräfte eingezeichnet (eingeprägte Kräfte und unbekannte Zwangskräfte). Mit passend gewählten Koordinaten werden das Newtonsche Gesetz Gl. (2) für jeden translatorisch bewegten Körper und eine geeignete Form des Drallsatzes für jeden sich drehenden Körper formuliert. Wenn dabei $\nu$ überzählige Koordinaten verwendet werden, werden am nicht geschnittenen System $\nu$ Bindungsgleichungen und deren Ableitungen formuliert.

***Beispiel 17:*** Man formuliere Bewegungsgleichungen für das System in Abb. 16a. Abb. 16b zeigt die freigeschnittenen Körper. Für sie liefern die Gl. (2) und (19) mit den Koordinaten $x$, $\varphi$, $x_{\mathrm{S}}$ und $y_{\mathrm{S}}$ (davon sind zwei überzählig) die Gleichungen

$$\begin{aligned} m_1\ddot{x} &= B - m_2 g \sin\alpha - kx, \\ m_2\ddot{x}_{\mathrm{S}} &= -B + m_2 g \sin\alpha + F\cos\alpha, \\ m_2\ddot{y}_{\mathrm{S}} &= A + m_2 g \cos\alpha - F\sin\alpha, \\ J^{\mathrm{S}}\ddot{\varphi} &= l[A\sin(\varphi+\alpha) + B\cos(\varphi+\alpha)]. \end{aligned}$$

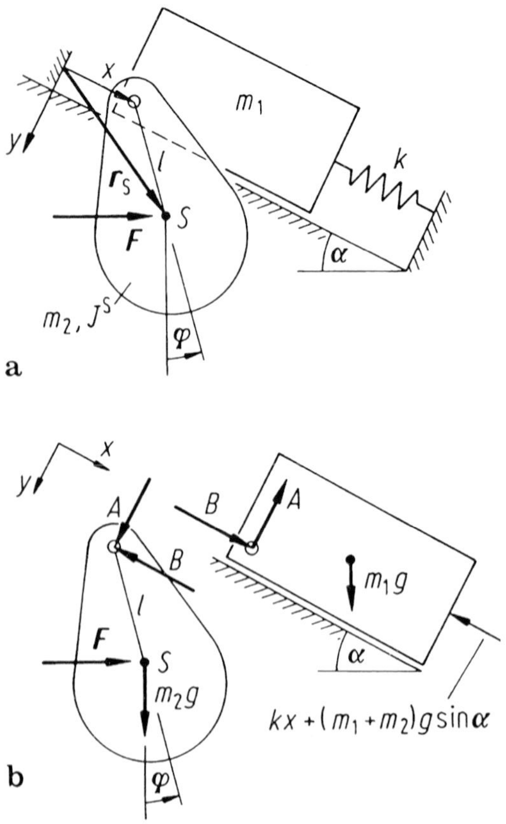


**Abb. 16** a Zwei-Freiheitsgrad-System mit Koordinaten $x$ und $\varphi$. **b** Freikörperbilder. Im Fall $F = 0$ ist $x = \varphi = 0$ die Gleichgewichtslage

An Abb. 16a werden zwei Bindungsgleichungen abgelesen:

$$\left.\begin{aligned} x_S &= x + l\sin(\varphi + \alpha), \\ y_S &= l\cos(\varphi + \alpha). \end{aligned}\right\} \quad (32)$$

Sie zeichnen sich dadurch aus, dass zwei Koordinaten explizit dargestellt sind. Ableitung nach der Zeit erzeugt die Gleichungen

$$\left.\begin{aligned} \dot{x}_S &= \dot{x} + l\dot{\varphi}\cos(\varphi + \alpha), \\ \dot{y}_S &= -l\dot{\varphi}\sin(\varphi + \alpha), \end{aligned}\right\} \quad (33)$$

$$\left.\begin{aligned} \ddot{x}_S &= \ddot{x} + l\ddot{\varphi}\cos(\varphi + \alpha) - l\dot{\varphi}^2\sin(\varphi + \alpha), \\ \ddot{y}_S &= \quad -l\ddot{\varphi}\sin(\varphi + \alpha) - l\dot{\varphi}^2\cos(\varphi + \alpha). \end{aligned}\right\} \quad (34)$$

Die Zwangskräfte $A$ und $B$ werden eliminiert (durch Addition der ersten und zweiten Bewegungsgleichung und durch Einsetzen der zweiten und dritten in die vierte). Dann werden mit den Gl. (34) $\ddot{x}_S$ und $\ddot{y}_S$ eliminiert. Das liefert für $x$ und $\varphi$ die Bewegungsgleichungen

$$\begin{bmatrix} m_1 + m_2 & m_2 l\cos(\varphi + \alpha) \\ m_2 l\cos(\varphi + \alpha) & J^S + m_2 l^2 \end{bmatrix} \begin{bmatrix} \ddot{x} \\ \ddot{\varphi} \end{bmatrix} + \begin{bmatrix} kx - m_2 l\dot{\varphi}^2\sin(\varphi + \alpha) \\ m_2 g l\sin\varphi - Fl\cos\varphi \end{bmatrix} = \begin{bmatrix} F\cos\alpha \\ 0 \end{bmatrix} \quad (35)$$

und für die Zwangskräfte die Ausdrücke

$$\begin{aligned} A &= -m_2[l\ddot{\varphi}\sin(\varphi + \alpha) \\ &\quad + l\dot{\varphi}^2\cos(\varphi + \alpha) + g\cos\alpha] + F\sin\alpha, \\ B &= m_1\ddot{x} + kx + m_2 g\sin\alpha. \end{aligned}$$

Statt der Gl. (35) kann man bei dieser Methode irgendeine Linearkombination dieser Gleichungen erhalten, so dass die Koeffizientenmatrix vor den höchsten Ableitungen nicht automatisch symmetrisch wird.

### 7.3.2 Lagrangesche Gleichung

Bewegungsgleichungen für ein System mit dem Freiheitsgrad $n$ und mit Koordinaten $q_1, \ldots, q_n$ entstehen durch Auswertung der *Lagrangeschen Gleichung*

$$\frac{\mathrm{d}}{\mathrm{d}t}\left(\frac{\partial L}{\partial \dot{q}_k}\right) - \frac{\partial L}{\partial q_k} = Q_k \quad (k = 1, \ldots, n). \quad (36)$$

Die *Lagrangesche Funktion* $L = T - V$ ist die Differenz aus der kinetischen Energie $T$ und der potenziellen Energie $V$ des Systems. Die generalisierten Kräfte $Q_k$ sind die Beiträge von eingeprägten Kräften, die nicht Potenzialkräfte sind. Sie sind die Koeffizienten im Ausdruck für die virtuelle Arbeit dieser Kräfte: $\delta W = \sum_{k=1}^{n} Q_k \delta q_k$. Wenn $q_k$ als Funktion der Zeit vorgeschrieben ist, dann ist $Q_k = 0$ (Beispiel: Das Pendel mit vorgeschriebener Fadenlänge $q_k = \mathrm{l}(t)$). Gl. (37) mit

$Q_k = 0$ ist also nicht nur für konservative Systeme gültig, sondern auch für derartige nichtkonservative Systeme.

Wenn die Koordinaten $\nu$ Bindungsgleichungen der Form $f_i(q_1, \ldots, q_n) = 0$ $(i = 1, \ldots, \nu)$ unterliegen, dann gilt statt Gl. (36) die Lagrangesche Gleichung

$$\frac{\mathrm{d}}{\mathrm{d}t}\left(\frac{\partial L}{\partial \dot{q}_k}\right) - \frac{\partial L}{\partial q_k} = Q_k + \sum_{i=1}^{\nu} \lambda_i \frac{\partial f_i}{\partial q_k} \quad (k = 1, \ldots, n). \tag{37}$$

Jeder Bindungsgleichung $f_i = 0$ ist ein *Lagrangescher Multiplikator* $\lambda_i$ zugeordnet (eine unbekannte Funktion der Zeit). Er wird mit Hilfe der Bindungsgleichung berechnet. Die Formulierung der Gl. (37) ist unnötig, wenn die Bindungsgleichungen explizit nach $\nu$ Koordinaten auflösbar sind (siehe Beispiel 18).

***Beispiel 18:*** In Abb. 16a ist

$$T = \frac{1}{2}\left[m_1\dot{x}^2 + m_2\left(\dot{x}_S^2 + \dot{y}_S^2\right) + J^S\dot{\varphi}^2\right],$$
$$V = \frac{1}{2}k\left[x + \frac{1}{k}(m_1 + m_2)g\sin\alpha\right]^2 - m_1 gx\sin\alpha - m_2 g(x_S\sin\alpha + y_S\cos\alpha).$$

Die überzähligen Koordinaten $x_S$ und $y_S$ und ihre Ableitungen $\dot{x}_S$ und $\dot{y}_S$ werden mit Hilfe der Bindungsgleichungen (32) und (33) eliminiert. Das liefert die Ausdrücke

$$\left.\begin{aligned} T &= \frac{1}{2}(m_1 + m_2)\dot{x}^2 + \frac{1}{2}\left(J^S + m_2 l^2\right)\dot{\varphi}^2 \\ &\quad + m_2 l\dot{x}\dot{\varphi}\cos(\varphi + \alpha), \\ V &= \frac{1}{2}kx^2 - m_2 gl\cos\varphi + \text{const.} \end{aligned}\right\} \tag{38}$$

Die einzige nichtkonservative eingeprägte Kraft ist $\boldsymbol{F}$. Bei einer virtuellen Verschiebung $\delta x_S$, $\delta y_S$ ist ihre virtuelle Arbeit $\delta W = F(\delta x_S \cos\alpha - \delta y_S \sin\alpha)$ oder mit den Gl. (33)

$$\begin{aligned} \delta W &= F[(\delta x + l\delta\varphi\cos(\varphi + \alpha))\cos\alpha \\ &\quad - (-l\delta\varphi\sin(\varphi + \alpha))\sin\alpha] \\ &= F(\cos\alpha\ \delta x + l\cos\varphi\,\delta\varphi). \end{aligned}$$

Daraus folgt $Q_1 = F\cos\alpha$ für $q_1 = x$ und $Q_2 = Fl\cos\varphi$ für $q_2 = \varphi$. Damit und mit den Ausdrücken Gl. (38) liefert Gl. (36) wieder die Gl. (35). Die Koeffizientenmatrix der höchsten Ableitungen wird bei dieser Methode immer symmetrisch.

### 7.3.3 D'Alembertsches Prinzip

Die allgemeine Form des *d'Alembertschen Prinzips* für beliebige Systeme lautet in der Lagrangeschen Fassung

$$\int \delta\boldsymbol{r} \cdot (\ddot{\boldsymbol{r}}\mathrm{d}m - \boldsymbol{F}) = 0 \tag{39}$$

($\boldsymbol{r}$ Ortsvektor, $\ddot{\boldsymbol{r}}$ absolute Beschleunigung und $\delta\boldsymbol{r}$ virtuelle Verschiebung des Massenelements $\mathrm{d}m$; $\boldsymbol{F}$ resultierende eingeprägte Kraft an $\mathrm{d}m$; Integration über die gesamte Systemmasse). Zwangskräfte treten nicht auf, weil sie keine virtuelle Arbeit verrichten (siehe ▶ Abschn. 6.1.15 im Kap. 6, „Statik starrer Körper"). Für ein System aus $n$ starren Körpern lautet das Prinzip

$$\sum_{i=1}^{n} \left[\delta\boldsymbol{r}_i \cdot (m_i\ddot{\boldsymbol{r}}_i - \boldsymbol{F}_i) + \delta\boldsymbol{\pi}_i \cdot \left(\boldsymbol{J}_i^S \cdot \dot{\boldsymbol{\omega}}_i + \boldsymbol{\omega}_i \times \boldsymbol{J}_i^S \cdot \boldsymbol{\omega}_i - \boldsymbol{M}_i^S\right)\right] = 0 \tag{40}$$

($m_i$ Masse, $\boldsymbol{J}_i^S$ auf den Schwerpunkt bezogener Trägheitstensor, $\boldsymbol{r}_i$ Schwerpunktortsvektor, $\boldsymbol{\omega}_i$ absolute Winkelgeschwindigkeit, $\delta\boldsymbol{r}_i$ virtuelle Schwerpunktverschiebung, $\delta\boldsymbol{\pi}_i$ virtuelle Drehung, $\boldsymbol{F}_i$ resultierende eingeprägte Kraft und $\boldsymbol{M}_i^S$ resultierendes eingeprägtes Moment um den Schwerpunkt; alles für Körper $i$). Im Sonderfall der ebenen Bewegung lautet die Gleichung

$$\sum_{i=1}^{n} \left[\delta\boldsymbol{r}_i \cdot (m_i\ddot{\boldsymbol{r}}_i - \boldsymbol{F}_i) + \delta\varphi_i\left(J_i^S\ddot{\varphi}_i - M_i^S\right)\right] = 0 \tag{41}$$

($J_i^S$ Trägheitsmoment um die Achse durch den Schwerpunkt und normal zur Bewegungsebene,

$M_i^S$ Moment und $\varphi_i$ absoluter Drehwinkel um dieselbe Achse).

***Beispiel 19:*** In Abb. 16a ist $\ddot{\boldsymbol{r}}_1 = \ddot{x}\boldsymbol{e}_x$, $\delta\boldsymbol{r}_1 = \delta x\boldsymbol{e}_x$, $\ddot{\varphi}_1 = 0$, $\delta\varphi_1 = 0$, $\ddot{\varphi}_2 = \ddot{\varphi}$, $\delta\varphi_2 = \delta\varphi$ und mit den Gl. (33) und (34)

$$\begin{aligned}\ddot{\boldsymbol{r}}_2 &= \left[\ddot{x} + l\ddot{\varphi}\cos(\varphi+\alpha) - l\dot{\varphi}^2\sin(\varphi+\alpha)\right]\boldsymbol{e}_x \\ &\quad + \left[-l\ddot{\varphi}\sin(\varphi+\alpha) - l\dot{\varphi}^2\cos(\varphi+\alpha)\right]\boldsymbol{e}_y, \\ \delta\boldsymbol{r}_2 &= [\delta x + l\delta\varphi\cos(\varphi+\alpha)]\boldsymbol{e}_x \\ &\quad - l\delta\varphi\sin(\varphi+\alpha)\boldsymbol{e}_y.\end{aligned}$$

Die eingeprägte Kraft $\boldsymbol{F}_1$ an Körper 1 ist die Resultierende aus $m_1\boldsymbol{g}$ und der Federkraft $[-kx - (m_1 + m_2)g\sin\alpha]\boldsymbol{e}_x$. Sie hat die $x$-Komponente $F_{1x} = -(kx + m_2 g\sin\alpha)$ (nur diese interessiert hier); an Körper 2 ist

$$\begin{aligned}\boldsymbol{F}_2 &= (m_2 g\sin\alpha + F\cos\alpha)\boldsymbol{e}_x \\ &\quad + (m_2 g\cos\alpha - F\sin\alpha)\boldsymbol{e}_y.\end{aligned}$$

Einsetzen aller Ausdrücke in Gl. (41) ergibt

$$\begin{aligned}&\delta x[(m_1+m_2)\ddot{x} + m_2 l\ddot{\varphi}\cos(\varphi+\alpha) \\ &- m_2 l\dot{\varphi}^2\sin(\varphi+\alpha) + kx - F\cos\alpha] \\ &+ \delta\varphi[m_2 l\ddot{x}\cos(\varphi+\alpha) + (J^S + m_2 l^2)\ddot{\varphi} \\ &+ m_2 g l\sin\varphi - Fl\cos\varphi] = 0.\end{aligned}$$

Da $\delta x$ und $\delta\varphi$ voneinander unabhängig beliebig sind, sind beide Klammerausdrücke null. Das sind wieder die Gl. (35). Die Koeffizientenmatrix der höchsten Ableitungen wird bei diesem Verfahren immer symmetrisch.

### 7.3.4 Allgemeine Mehrkörpersysteme

Zur Formulierung von Bewegungsgleichungen für allgemeine Mehrkörpersysteme wird Gl. (40) in der Form geschrieben:

$$\delta\underline{\boldsymbol{r}}^{\mathrm{T}} \cdot (\underline{m}\ddot{\underline{\boldsymbol{r}}} - \underline{\boldsymbol{F}}) + \delta\underline{\boldsymbol{\pi}}^{\mathrm{T}} \cdot (\underline{\boldsymbol{J}} \cdot \dot{\underline{\boldsymbol{\omega}}} - \underline{\boldsymbol{M}}^*) = 0 \quad (42)$$

(Spaltenmatrizen $\delta\underline{\boldsymbol{r}}$, $\ddot{\underline{\boldsymbol{r}}}$, $\underline{\boldsymbol{F}}$, $\delta\underline{\boldsymbol{\pi}}$, $\dot{\underline{\boldsymbol{\omega}}}$ und $\underline{\boldsymbol{M}}^*$ mit je $n$ Vektoren $\delta\boldsymbol{r}_i$ bzw. $\ddot{\boldsymbol{r}}_i$ usw. bis $\boldsymbol{M}_i^* = \boldsymbol{M}_i^S - \boldsymbol{\omega}_i \times \boldsymbol{J}_i^S \cdot \boldsymbol{\omega}_i$ $(i = 1, \ldots, n)$; Diagonalmatrizen $\underline{m}$ und $\underline{\boldsymbol{J}}$ der Massen bzw. Trägheitstensoren; T kennzeichnet die transponierte Matrix).

Nach Wahl von generalisierten Koordinaten $\underline{q} = [q_1, \ldots, q_n]^{\mathrm{T}}$ liefert die Kinematik Beziehungen der Form

$$\left.\begin{aligned}\ddot{\underline{\boldsymbol{r}}} &= \underline{\boldsymbol{a}}_1\ddot{\underline{q}} + \underline{\boldsymbol{b}}_1, & \delta\underline{\boldsymbol{r}} &= \underline{\boldsymbol{a}}_1\delta\underline{q}, \\ \dot{\underline{\boldsymbol{\omega}}} &= \underline{\boldsymbol{a}}_2\ddot{\underline{q}} + \underline{\boldsymbol{b}}_2, & \delta\underline{\boldsymbol{\pi}} &= \underline{\boldsymbol{a}}_2\delta\underline{q},\end{aligned}\right\} \quad (43)$$

wobei $\underline{\boldsymbol{a}}_1$ und $\underline{\boldsymbol{a}}_2$ von $\underline{q}$ und $\underline{\boldsymbol{b}}_1$, $\underline{\boldsymbol{b}}_2$ von $\underline{q}$ und $\dot{\underline{q}}$ abhängen. Als Beispiel siehe die Gl. (80) und (81) im ► Kap. 5, „Kinematik starrer Körper" für beliebige offene Gliederketten. Offene Gliederketten zeichnen sich dadurch aus, dass die Koordinaten $\underline{q}$ Gelenkkoordinaten sind, die keinen kinematischen Bindungen unterliegen ($n$ ist der Freiheitsgrad der Gliederkette). Mit den Ausdrücken Gl. (43) liefert Gl. (42) die Gleichung

$$\delta\underline{q}^{\mathrm{T}}\left(\underline{A}\ddot{\underline{q}} - \underline{B}\right) = 0 \quad (44)$$

mit

$$\left.\begin{aligned}\underline{A} &= \underline{\boldsymbol{a}}_1^{\mathrm{T}} \cdot \underline{m}\underline{\boldsymbol{a}}_1 + \underline{\boldsymbol{a}}_2^{\mathrm{T}} \cdot \underline{\boldsymbol{J}} \cdot \underline{\boldsymbol{a}}_2, \\ \underline{B} &= \underline{\boldsymbol{a}}_1^{\mathrm{T}} \cdot (\underline{\boldsymbol{F}} - \underline{m}\underline{\boldsymbol{b}}_1) + \underline{\boldsymbol{a}}_2^{\mathrm{T}} \cdot (\underline{\boldsymbol{M}}^* - \underline{\boldsymbol{J}} \cdot \underline{\boldsymbol{b}}_2).\end{aligned}\right\} \quad (45)$$

Wegen der Bindungsfreiheit der Koordinaten ergeben sich daraus die Bewegungsgleichungen

$$\underline{A}\ddot{\underline{q}} = \underline{B}. \quad (46)$$

Die Matrix $\underline{A}$ ist symmetrisch und positiv definit.

Bewegungsgleichungen für geschlossene Gliederketten werden wie folgt generiert. Durch Öffnen von Gelenken wird aus der geschlossenen eine offene Gliederkette mit Gelenkkoordinaten $\underline{q} = [q_1, \ldots, q_n]^T$ erzeugt. Für sie wird Gl. (44) formuliert. Ausserdem werden für die Gelenkkoordinaten $\nu$ Bindungsgleichungen $f_i(q_1, \ldots, q_n) = 0$ $(i = 1, \ldots, \nu)$ formuliert, die die Schließung der geöffneten Gelenke ausdrücken. Diese Bindungsgleichungen werden zweimal nach der Zeit differenziert. Die Ableitungen sind lineare

Beziehungen. Sie werden nach $\nu$ von den $n$ Größen $\dot{q}_i$ bzw. $\delta q_i$ und $\ddot{q}_i$ aufgelöst. Damit entstehen Beziehungen der Form

$$\underline{\dot{q}} = \underline{J}^* \underline{\dot{q}}^*, \quad \delta \underline{q} = \underline{J}^* \delta \underline{q}^*, \quad \underline{\ddot{q}} = \underline{J}^* \underline{\ddot{q}}^* + \underline{h}^*$$

mit einer Spaltenmatrix $\underline{q}^* = [q_1, \ldots, q_{n-\nu}]^{\mathrm{T}}$ von $n - \nu$ unabhängigen Koordinaten, mit einer $(n \times (n-\nu))$-Matrix $\underline{J}^*$ und einer $(n \times 1)$-Matrix $\underline{h}^*$. Einsetzen in Gl. (44) liefert die $n - \nu$ Bewegungsgleichungen

$$\left(\underline{J}^{*\mathrm{T}} \underline{A} \underline{J}^*\right) \underline{\ddot{q}}^* = \underline{J}^{*\mathrm{T}} (\underline{B} - \underline{A} \underline{h}^*).$$

Die Koeffizientenmatrix von $\underline{\ddot{q}}^*$ ist symmetrisch. Weitere Einzelheiten siehe in Wittenburg (2008).

## 7.4 Stöße

### 7.4.1 Vereinfachende Annahmen über Stoßvorgänge

Bei einem Stoß wirken an der Stoßstelle und in Lagern und Gelenken eines Systems kurzzeitig große Kräfte. Idealisierend wird vorausgesetzt, dass der endlich große *Kraftstoß* $\widehat{\boldsymbol{F}} = \int \boldsymbol{F}(t)\mathrm{d}t$ einer solchen Kraft während einer infinitesimal kurzen Stoßdauer $\Delta t \to 0$ ausgeübt wird. Das bedeutet eine unendlich große Kraft $\boldsymbol{F}$. Dennoch wird vorausgesetzt, dass sich die Körper sowie Führungen in (reibungsfrei vorausgesetzten) Lagern und Gelenken starr verhalten. Endlich große Kräfte (z. B. Gewichtskräfte, Federkräfte, Zentrifugalkräfte) haben keinen Einfluss auf den Stoßvorgang, weil ihr Kraftstoß in der Zeitspanne $\Delta t \to 0$ gleich null ist. Eine Coulombsche Reibungskraft $R = \mu N$ hat nur dann Einfluss, wenn $N$ selbst einen endlichen Kraftstoß $\widehat{N}$ bewirkt. Dann wirkt auch ein Reibkraftstoß $\widehat{R} = \mu \widehat{N}$. Während der Stoßdauer ist die Lage der Körper konstant, und ihre Geschwindigkeiten machen endlich große Sprünge.

In einer kleinen Umgebung der Stoßstelle (nicht in Lagern und Gelenken) wird während der Stoßdauer mit einer Kompressionsphase und einer Dekompressionsphase des Werkstoffs gerechnet. Durch die Einführung der sog. *Stoßzahl* $e$ als Verhältnis des Kraftstoßes in der Dekompressionsphase zu dem in der Kompressionsphase werden vollelastische Stöße ($e = 1$), vollplastische Stöße ($e = 0$) und teilplastische Stöße ($0 < e < 1$) unterschieden.

### 7.4.2 Stöße an Mehrkörpersystemen

Ein Mehrkörpersystem kann mit einem anderen System oder mit sich selbst zusammenstoßen. Der Kraftstoß $\widehat{\boldsymbol{F}} = \int \boldsymbol{F}\mathrm{d}t$ an der Stoßstelle bzw. die Kraftstöße $\widehat{\boldsymbol{F}}$ und $-\widehat{\boldsymbol{F}}$ an den beiden Stoßstellen und die dadurch verursachten Geschwindigkeitssprünge werden wie folgt berechnet. Man formuliert zunächst Bewegungsgleichungen des Gesamtsystems für stetige Bewegungen mit Kräften $\boldsymbol{F}$ und $-\boldsymbol{F}$ an den Stoßpunkten beider Körper. Sie haben bei $n$ Freiheitsgraden und $n$ generalisierten Koordinaten die Form $\underline{A}\underline{\ddot{q}} = \underline{Q} + \ldots$ (siehe Abschn. 3.4). Die generalisierten Kräfte $\underline{Q}$ berücksichtigen nur die Kräfte $\boldsymbol{F}$ und $-\boldsymbol{F}$ an den beiden zusammenstoßenden Körperpunkten. Alle anderen Kräfte sind endlich groß und durch drei Punkte angedeutet. Integration über die unendlich kurze Stoßdauer liefert

$$\underline{A} \Delta \underline{\dot{q}} = \widehat{\underline{Q}}. \tag{47}$$

Das sind $n$ Gleichungen für $n + 3$ Unbekannte, nämlich für $\Delta \dot{q}_1, \ldots, \Delta \dot{q}_n$ und für drei in $\widehat{\underline{Q}}$ enthaltene Komponenten von $\widehat{\boldsymbol{F}}$. Die drei fehlenden Gleichungen werden wie folgt formuliert.

*Fall I*: Bei Stößen ohne Reibung an der Stoßstelle hat $\widehat{\boldsymbol{F}}$ die bekannte Richtung der Stoßnormale $\boldsymbol{e}_{\mathrm{n}}$ (Einheitsvektor normal zur Berührungsebene im Stoßpunkt), so dass $\widehat{\boldsymbol{F}} = \widehat{F} \boldsymbol{e}_{\mathrm{n}}$ ist und nur eine Gleichung für den Betrag $\widehat{F}$ fehlt. Sie lautet

$$(\boldsymbol{c}_1 - \boldsymbol{c}_2) \cdot \boldsymbol{e}_{\mathrm{n}} = -e(\boldsymbol{v}_1 - \boldsymbol{v}_2) \cdot \boldsymbol{e}_{\mathrm{n}}. \tag{48}$$

Darin sind $\boldsymbol{v}_i$ und $\boldsymbol{c}_i = \boldsymbol{v}_i + \Delta \boldsymbol{v}_i$ $(i = 1, 2)$ die Geschwindigkeiten der zusammenstoßenden Körperpunkte vor bzw. nach dem Stoß. Sie sind durch $\underline{\dot{q}}$ und $\underline{\dot{q}} + \Delta \underline{\dot{q}}$ vor bzw. nach dem Stoß ausdrückbar. Einzelheiten siehe in Wittenburg (2008).

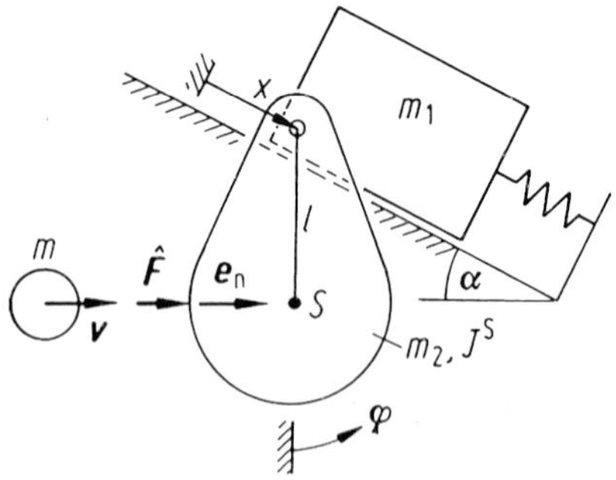


**Abb. 17** Stoß einer Masse gegen ein Zweikörpersystem

*Fall II*: Die zusammenstoßenden Körperpunkte haben unmittelbar nach dem Zusammenstoß gleiche Geschwindigkeiten, $\boldsymbol{c}_1 - \boldsymbol{c}_2 = \boldsymbol{0}$. Das liefert die fehlenden skalaren Gleichungen.

***Beispiel 20:*** Auf das zu Beginn ruhende, reibungsfreie Zweikörpersystem in Abb. 17 trifft eine Punktmasse $m$ mit der Geschwindigkeit $\boldsymbol{v}$ in vollelastischem Stoß (Fall I mit $e = 1$). Bewegungsgleichungen für stetige Bewegungen unter einer horizontal durch $S$ gerichteten Kraft $\boldsymbol{F}$ werden aus den Gl. (35) übernommen. Bei Beachtung von $\varphi = 0$ ergibt sich Gl. (47) in der Form der ersten beiden Zeilen der Gleichung

$$\begin{bmatrix} m_1 + m_2 & m_2 l \cos\alpha & 0 \\ m_2 l \cos\alpha & J^S + m_2 l^2 & 0 \\ 0 & 0 & m \end{bmatrix} \begin{bmatrix} \Delta\dot{x} \\ \Delta\dot{\varphi} \\ \Delta v \end{bmatrix} = \begin{bmatrix} \widehat{F}\cos\alpha \\ \widehat{F} l \\ -\widehat{F} \end{bmatrix}.$$

Die dritte Zeile beschreibt den Stoß auf die Punktmasse. Gl. (48) lautet

$$\Delta\dot{x}\cos\alpha + l\Delta\dot{\varphi} - (v + \Delta v) = v.$$

Das sind insgesamt vier Gleichungen für $\Delta\dot{x}$, $\Delta\dot{\varphi}$, $\Delta v$ und $\widehat{F}$.

### 7.4.3 Schiefer exzentrischer Stoß

Beim Stoß zweier Körper nach Abb. 18 bei ebener Bewegung lauten die integrierten Bewegungsgleichungen

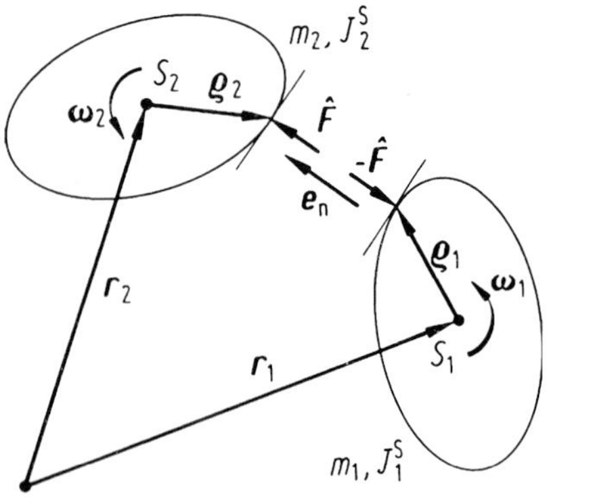


**Abb. 18** Stoß zweier Körper bei allgemeiner ebener Bewegung

$$\left.\begin{aligned} \Delta\dot{\boldsymbol{r}}_1 &= -\widehat{\boldsymbol{F}}/m_1, & \Delta\dot{\boldsymbol{r}}_2 &= \widehat{\boldsymbol{F}}/m_2, \\ \Delta\boldsymbol{\omega}_1 &= -\boldsymbol{\varrho}_1 \times \widehat{\boldsymbol{F}}/J_1^S, & \Delta\boldsymbol{\omega}_2 &= \boldsymbol{\varrho}_2 \times \widehat{\boldsymbol{F}}/J_2^S. \end{aligned}\right\} \quad (49)$$

Die Geschwindigkeiten der Stoßpunkte vor und nach dem Stoß sind

$$\left.\begin{aligned} \boldsymbol{v}_i &= \dot{\boldsymbol{r}}_i + \boldsymbol{\omega}_i \times \boldsymbol{\varrho}_i \\ \boldsymbol{c}_i &= \dot{\boldsymbol{r}}_i + \Delta\dot{\boldsymbol{r}}_i + (\boldsymbol{\omega}_i + \Delta\boldsymbol{\omega}_i) \times \boldsymbol{\varrho}_i \end{aligned}\right\} (i = 1,2). \quad (50)$$

Im Fall I liefert Substitution in Gl. (48) die Gleichung

$$\widehat{F}\{1/m_1 + 1/m_2 + [(\boldsymbol{\varrho}_1 \times \boldsymbol{e}_n) \times \boldsymbol{\varrho}_1/J_1^S + (\boldsymbol{\varrho}_2 \times \boldsymbol{e}_n) \times \boldsymbol{\varrho}_2/J_2^S] \cdot \boldsymbol{e}_n\} = (1 + e)(\boldsymbol{v}_1 - \boldsymbol{v}_2) \cdot \boldsymbol{e}_n.$$

Mit ihrer Lösung für $\widehat{F}$ erhält man aus den Gl. (49) $\Delta\dot{\boldsymbol{r}}_i$ und $\Delta\boldsymbol{\omega}_i$ $(i = 1,2)$.

### 7.4.4 Gerader zentraler Stoß

Der Stoß zweier rein translatorisch bewegter Körper heißt *gerade*, wenn ihre Geschwindigkeiten $\boldsymbol{v}_1$ und $\boldsymbol{v}_2$ vor dem Stoß die Richtung der Stoßnormale haben (Abb. 19). Er heißt *zentral*, wenn die Schwerpunkte auf der Stoßnormale liegen. Bei einem geraden, zentralen Stoß sind die Geschwindigkeiten $c_1$ und $c_2$ unmittelbar nach dem Stoß, der Kraftstoß $\widehat{F}$ an $m_2$ (alles positiv in positiver $x$-Richtung) und der Verlust $\Delta T$ an kinetischer Energie

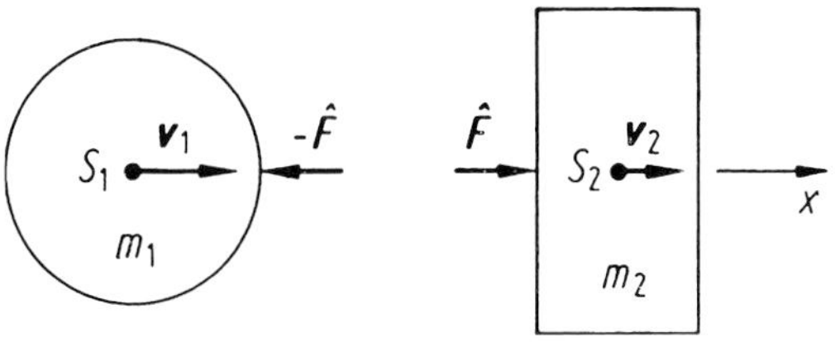


**Abb. 19** Gerader zentraler Stoß

$$\left.\begin{aligned} c_1 &= v_1 - \frac{m_2}{m_1+m_2}(1+e)(v_1-v_2), \\ c_2 &= v_2 + \frac{m_1}{m_1+m_2}(1+e)(v_1-v_2), \\ \widehat{F} &= \frac{m_1 m_2}{m_1+m_2}(1+e)(v_1-v_2), \\ \Delta T &= \frac{1}{2}\frac{m_1 m_2}{m_1+m_2}\left(1-e^2\right)(v_1-v_2)^2. \end{aligned}\right\} \quad (51)$$

Zur Messung der Stoßzahl $e$ läßt man den einen Körper in geradem, zentralem Stoß aus einer Höhe $h$ auf den anderen, unbeweglich gelagerten Körper fallen. Aus der Rücksprunghöhe $h^*$ ergibt sich $e^2 = h^*/h$.

## 7.4.5 Gerader Stoß gegen ein Pendel

In Abb. 20 seien $v_2$ und $c_2$ die Geschwindigkeiten des Punktes $P$ vor bzw. nach dem Stoß, so dass $\dot{\varphi} = v_2/l$ und $\dot{\varphi} + \Delta\dot{\varphi} = c_2/l$ die Winkelgeschwindigkeiten des Pendels vor bzw. nach dem Stoß sind. Für $c_1, c_2, \widehat{F}$ und $\Delta T$ gelten auch hier die Gl. (51), wenn man überall $m_2$ durch $J^A/l^2$ ersetzt. Der Kraftstoß im Lager ist $\widehat{A} = \widehat{F}\left(m_2 l l_S/J^A - 1\right)$. Das Lager ist stoßfrei bei der Abstimmung $m_2 l l_S = J^A = J^S + m_2 l_S^2$. Dann heißt $A$ *Stoßmittelpunkt*. Um diesen Punkt als Pol dreht sich der Körper unmittelbar nach dem Stoß auch dann, wenn das Lager fehlt.

**Anwendung auf das Billiardspiel**: Bei einem horizontalen Stoß in der Höhe $1 = (J^S + mr^2)/(mr) = (7/5)r$ über dem Tisch in der vertikalen Ebene über dem Auflagepunkt rollt die Kugel nach dem Stoß. Bei anderer Höhe rutscht sie solange, bis die Rollbedingung erfüllt ist. Bei einem *hohen Stoß* oberhalb $(7/5)r$ beschleunigt

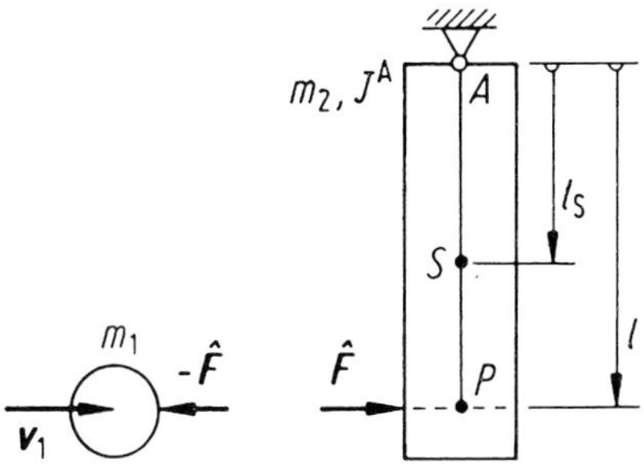


**Abb. 20** Stoß gegen ein Pendel

die Reibkraft die Kugel. Bei einem *tiefen Stoß* unterhalb $(7/5)r$ verzögert sie die Kugel. Bei einem Stoß mit abwärts geneigtem Queu in beliebiger Richtung definieren der Schnittpunkt der Queuachse mit dem Tisch und der Auflagepunkt der Kugel beim Stoß eine Gerade g. In der Rutschphase nach dem Stoß bewegt sich die Kugel entlang einer Parabel bis die Rollbedingung erfüllt ist und danach auf einer Geraden parallel zu g (coriolis (1990)).

Zur Messung hoher Geschwindigkeiten $v_1$ läßt man $m_1$ vollplastisch in ein ruhendes Pendel einschlagen. Der maximale Pendelwinkel $\varphi_{\max}$ nach dem Stoß wird gemessen. Er liefert

$$v_1 = 2\sin(\varphi_{\max}/2)\left[\left(1 + J^A/\left(m_1 l^2\right)\right) \cdot (l + l_S m_2/m_1)g\right]^{1/2}.$$

## 7.5 Körper mit veränderlicher Masse

Die Abb. 21a und b zeigen starre Körper, die aus einem unveränderlichen starren Träger und einer ebenfalls starren, aber veränderlichen Teilmasse bestehen. Die Gesamtmasse ist $m(t)$. Der Punkt $A$ ist auf dem Träger an beliebiger Stelle fest. Der Ortsvektor $\boldsymbol{\varrho}_S$ des Gesamtschwerpunkts und der Trägheitstensor $\boldsymbol{J}^A$ des gesamten Körpers bezüglich $A$ sind variabel. Bewegungsgleichungen werden für den Punkt $A$ des Trägers und für die Rotation des Trägers angegeben. Sei $P$ der Punkt, an dem Masse in den Körper eintritt oder aus ihm

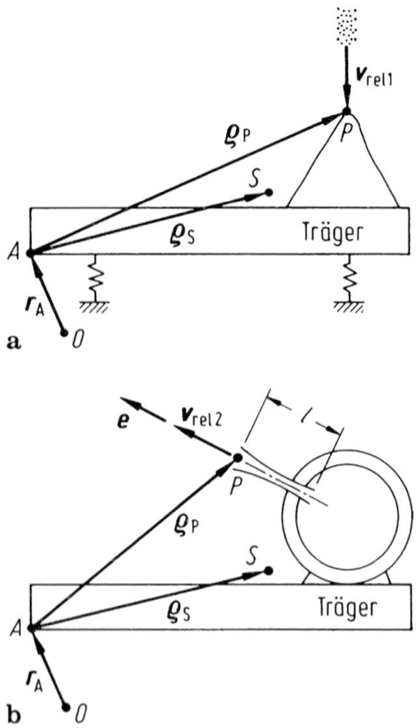


**Abb. 21** **a** Körper mit zunehmender Masse. **b** Körper mit abnehmender Masse

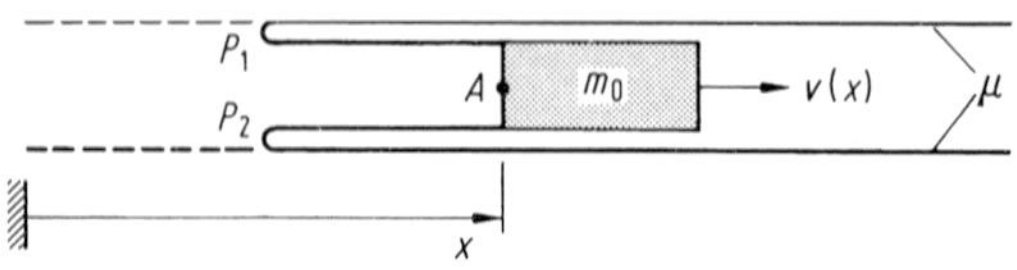


**Abb. 22** Abbremsung eines Körpers der Masse $m_0$ durch Mitziehen zweier neben der Bahn ausgelegter Ketten

austritt. Austretende Masse ändert ihre Geschwindigkeit relativ zum starren Körper von $\boldsymbol{v}_{\text{rel1}} = \mathbf{0}$ auf $\boldsymbol{v}_{\text{rel2}} \neq \mathbf{0}$, eintretende Masse dagegen von $\boldsymbol{v}_{\text{rel1}} \neq \mathbf{0}$ auf $\boldsymbol{v}_{\text{rel2}} = \mathbf{0}$. Sei $\Delta\boldsymbol{v}_{\text{rel}} = \boldsymbol{v}_{\text{rel2}}$, wenn Masse austritt und $\Delta\boldsymbol{v}_{\text{rel}} = \boldsymbol{v}_{\text{rel1}}$, wenn Masse eintritt. Zwei Fälle werden untersucht.

*Fall I:* $\Delta\boldsymbol{v}_{\text{rel}}$ tritt während einer unendlich kurzen Zeitdauer auf (Abb. 21a und 22).

*Fall II:* $\Delta\boldsymbol{v}_{\text{rel}}$ entwickelt sich stetig in einer stationären, inkompressiblen Strömung durch einen geradlinigen Kanal der Länge $l$ (Abb. 21b; der Einheitsvektor e hat die Richtung der Strömung). In beiden Fällen werden Bewegungsgleichungen an einem Zweikörpersystem mit konstanter Masse entwickelt. Es besteht aus dem starren Körper der Masse $m(t)$ und einem relativ zu diesem bewegten Massenelement $\Delta m$. Einzelheiten siehe in Thomson (1986). Die Gleichungen für die Translation und die Rotation lauten im Fall II

$$m[\ddot{\boldsymbol{r}}_{\text{A}} + \dot{\boldsymbol{\omega}} \times \boldsymbol{\varrho}_{\text{S}} + \boldsymbol{\omega} \times (\boldsymbol{\omega} \times \boldsymbol{\varrho}_{\text{S}})] = \boldsymbol{F} + \dot{m}(\Delta\boldsymbol{v}_{\text{rel}} + 2\boldsymbol{\omega} l \times \boldsymbol{e}), \tag{52}$$

$$\boldsymbol{J}^{\text{A}} \cdot \dot{\boldsymbol{\omega}} + \boldsymbol{\omega} \times \boldsymbol{J}^{\text{A}} \cdot \boldsymbol{\omega} + m\boldsymbol{\varrho}_{\text{S}} \times \ddot{\boldsymbol{r}}_{\text{A}} = \boldsymbol{M}^{A} + \dot{m}[\boldsymbol{\varrho}_{\text{P}} \times \Delta\boldsymbol{v}_{\text{rel}} + (\boldsymbol{\varrho}_{\text{P}} - l\boldsymbol{e}/2) \times (2\boldsymbol{\omega} l \times \boldsymbol{e})]. \tag{53}$$

Die Gleichungen für Fall I sind hierin als der Sonderfall $l = 0$ enthalten. F und $\boldsymbol{M}^A$ sind die äußere eingeprägte Kraft (bzw. das Moment) am augenblicklich vorhandenen Körper. $\dot{m} = \mathrm{d}m/\mathrm{d}t$ kann positiv oder negativ sein. Alle anderen Bezeichnungen sind wie in Gl. (17) und in Abb. 6. Wenn verschiedene Massenstöme $\dot{m}_i$ an mehreren Stellen $P_i\,(i = 1,2,\ldots)$ auftreten, muss man die Glieder mit $\dot{m}$ in den Gl. (52) und (53) durch entsprechende Summen über $i$ ersetzen (siehe Abb. 22).

***Beispiel 21:*** Translatorischer Aufstieg einer Rakete mit der Startmasse $m_0$ in vertikaler $z$-Richtung. Annahmen: Konstante relative Ausströmgeschwindigkeit vom Betrag $v_{\text{rel}}$ und $\dot{m} \equiv -a =$ const. Damit ist $m = m_0 - at$, $\boldsymbol{F} = -mg\boldsymbol{e}_z$, $\Delta\boldsymbol{v}_{\text{rel}} = -v_{\text{rel}}\boldsymbol{e}_z$. Für die Beschleunigung der Raketenhülle liefert Gl. (52) die Gleichung $(m_0 - at)\ddot{z} = -(m_0 - at)g + av_{\text{rel}}$, also

$$\ddot{z} = -g + av_{\text{rel}}/(m_0 - at).$$

Integration mit den Anfangsbedingungen $z(0) = \dot{z}(0) = 0$ ergibt die Geschwindigkeit $\dot{z}(t) = -gt + v_{\text{rel}} \ln(m_0/m(t))$ und die Flughöhe $z(t) = -gt^2/2 + v_{\text{rel}}\,t - (m(t)v_{\text{rel}}/a) \ln (m_0/m(t))$. Probleme bei Raketen mit Rotation siehe in Thomson (1986).

***Beispiel 22:*** Ein Raketenwagen mit der Startmasse $m_0$ wird auf horizontaler, gerader Bahn aus dem Stand beschleunigt. Der Luftwiderstand sei mit $m_0cv^2$ bezeichnet. Annahmen wie in Beispiel 21: $v_{\text{rel}}=$ const, $m(t) = m_0 - at$. In der Antriebsphase ist die Geschwindigkeit des Wagens

$v(t) = v_{st} \tanh\{(v_{rel}/v_{st}) \ln[m_0/m(t)]\}$. Darin ist $v_{st} = [av_{rel}/(m_0c)]^{-1/2}$ die stationäre Geschwindigkeit bei Gleichheit von Rückstoßkraft und Luftwiderstand.

***Beispiel 23:*** Ein Körper der Anfangsmasse $m_0$ und der Anfangsgeschwindigkeit $v_0$ wird nach Abb. 22 entlang der horizontalen $x$-Achse dadurch gebremst, dass er zunehmend größere Teile von zwei anfangs ruhenden Ketten (Masse/Länge $= \mu$) hinter sich herzieht. In Gl. (52) ist $m = m_0 + 2(\mu x/2) = m_0 + \mu x$, $\dot{m} = \mu\dot{x}$, $v_{rel1} = -\dot{x}$, $v_{rel2} = 0$, also $\Delta v_{rel} = -\dot{x}$. Also lautet Gl. (52) bei Vernachlässigung von Reibung $(m_0 + \mu x)\ddot{x} = -\mu\dot{x}^2$. Man setzt $\ddot{x} = (\mathrm{d}\dot{x}/\mathrm{d}x)\dot{x}$ und erhält $\mathrm{d}\dot{x}/\dot{x} = -\mu\mathrm{d}x/(m_0 + \mu x)$. Integration liefert die Geschwindigkeit

$$v(x) = \dot{x}(x) = v_0/(1 + \mu x/m_0) = v_0 m_0/m(x) \ .$$

Dieses Ergebnis drückt die Impulserhaltung $m(x)v(x) = m_0v_0$ aus. Eine weitere Integration nach Trennung der Veränderlichen führt mit der Anfangsbedingung $x(0) = 0$ auf

$$x(t) = (m_0/\mu)\left[(1 + 2\mu v_0 t/m_0)^{1/2} - 1\right].$$

## 7.6 Gravitation. Satellitenbahnen

### 7.6.1 Gravitationskraft. Gravitationsmoment. Gewichtskraft

Zwei Punktmassen $M$ und $m$ in der Entfernung $r$ ziehen einander mit *Gravitationskräften* $\boldsymbol{F}$ und $-\boldsymbol{F}$ an. Mit $\boldsymbol{e}_r$ nach Abb. 23 ist

$$\left.\begin{aligned} \boldsymbol{F} &= -(GMm/r^2)\boldsymbol{e}_r, \\ G &= 6{,}67259 \cdot 10^{-11}\mathrm{Nm}^2/\mathrm{kg}^2. \end{aligned}\right\} \quad (54)$$

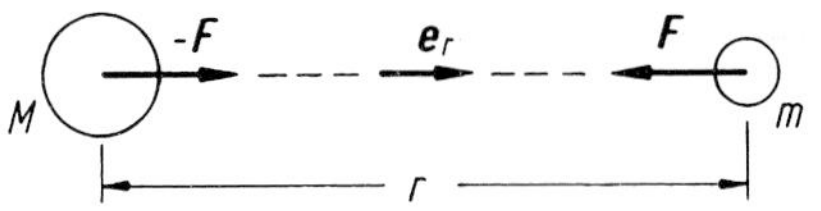


**Abb. 23** Gravitationskräfte zwischen zwei Massen

$G$ ist die *Gravitationskonstante*. $\boldsymbol{F}$ hat das Potenzial $V = -GMm/r$. Gl. (54) gilt auch dann, wenn $M$ und $m$ die Massen zweier sich nicht durchdringender, beliebig großer homogener Kugeln oder Kugelschalen mit der Mittelpunktentfernung $r$ sind. Sie gilt auch dann, wenn $M$ die Erdmasse $M_E$ und $m$ die Masse eines beliebig geformten, im Vergleich zur Erde sehr kleinen Körpers ist, der sich außerhalb der Erdkugel befindet. Auf den Körper wirkt dann um seinen Massenmittelpunkt das *Gravitationsmoment*

$$\boldsymbol{M}_g = 3\omega_0^2\boldsymbol{e}_r \times \boldsymbol{J}^S \cdot \boldsymbol{e}_r, \quad \omega_0^2 = \frac{GM_E}{r^3} \quad (55)$$

($\boldsymbol{J}^S$ zentraler Trägheitstensor des Körpers, $\omega_0$ Umlaufwinkelgeschwindigkeit eines Satelliten auf der Kreisbahn mit Radius $r$).

Die Gravitationskraft (54) der Erde auf einen Körper an der Erdoberfläche ($r = R \approx 6370$ km) heißt Gewichtskraft $\boldsymbol{G}$ des Körpers: $\boldsymbol{G} = m(-\boldsymbol{e}_r GM_E/R^2) = m\boldsymbol{g}.\boldsymbol{g}$ heißt *Fallbeschleunigung*. Ihre Größe ist in der Nähe der Erdoberfläche wenig vom Ort abhängig und hat den Normwert $g_n = 9{,}80665$ m/$s^2$.

### 7.6.2 Satellitenbahnen

Zwei einander mit Gravitationskräften (54) anziehende Himmelskörper der Massen $M$ und $m$ bewegen sich so, dass der gemeinsame Schwerpunkt in Ruhe bleibt. Im Fall $M \gg m$ (Beispiel Sonne und Planet oder Planet und Raumfahrzeug) bleibt die große Masse $M$ praktisch in Ruhe. Die Bewegungsgleichungen (2) und (16) für $m$ lauten dann (Abb. 24a)

$$\ddot{\boldsymbol{r}} = (-GM/r^2)\boldsymbol{e}_r \quad \text{und} \quad \boldsymbol{L} = \boldsymbol{r} \times \dot{\boldsymbol{r}}m = \text{const.} \quad (56)$$

Im folgenden ist $K = GM = gR^2$ (Fallbeschleunigung $g$ und Erdradius $R$ bzw. entsprechende Größen bei anderen Gravitationszentren). Durch Polarkoordinaten $r$, $\varphi$ ausgedrückt liefern die Gl. (56) mit den Gl. (7) im ▶ Kap. 5, „Kinematik starrer Körper" die Gleichungen

$$\ddot{r} - r\dot{\varphi}^2 = -K/r^2 \quad \text{und} \quad \dot{\varphi} = h/r^2 \qquad (57)$$

mit $h = L/m = \text{const.}$

Mit der zweiten Gleichung ist

$$\dot{r} = \frac{\mathrm{d}r}{\mathrm{d}\varphi}\dot{\varphi} = \frac{\mathrm{d}r}{\mathrm{d}\varphi} \cdot \frac{h}{r^2} = -h\frac{\mathrm{d}(1/r)}{\mathrm{d}\varphi}$$

oder mit $u = 1/r$ auch $\dot{r} = -h\mathrm{d}u/\mathrm{d}\varphi$ und nach Differentiation

$$\ddot{r} = -h\frac{\mathrm{d}^2 u}{\mathrm{d}\varphi^2}\dot{\varphi} = -h^2 u^2 \frac{\mathrm{d}^2 u}{\mathrm{d}\varphi^2}.$$

Damit ergibt die erste Gl. (57) $\mathrm{d}^2u/\mathrm{d}\varphi^2 + u = K/h^2$ und die Lösung $u = [1 + \varepsilon \cos(\varphi - \delta)]K/h^2$ mit Integrationskonstanten $\varepsilon$ und $\delta$. Willkürlich sei $\varphi = 0$ bei $u = u_{\max}$ (d. h. bei $r = r_{\min}$, also im sog. Perigäum der Bahn). Im Fall $\varepsilon > 0$ ist dann $\delta = 0$, also

$$r(\varphi) = \frac{h^2/K}{1 + \varepsilon\cos\varphi}. \qquad (58)$$

Das sind Kreise ($\varepsilon = 0$) oder Ellipsen ($0 < \varepsilon < 1$) oder Parabeln ($\varepsilon = 1$) oder Hyperbeln ($\varepsilon > 1$) mit der numerischen Exzentrizität $\varepsilon$ und dem Gravitationszentrum in einem Brennpunkt (Abb. 24a, b). $h$ und $\varepsilon$ hängen von den Anfangsbedingungen $r_0 = r(t_0)$, $v_0 = v(t_0)$ (Bahngeschwindigkeit) und $\alpha_0 = \alpha(t_0)$ wie folgt ab (zur Bedeutung von $\alpha$ siehe Abb. 24b):

$$\left.\begin{aligned} h &= r_0 v_0 \cos\alpha_0\;, \\ \varepsilon &= \left[\left(r_0 v_0^2/K - 1\right)^2 \cos^2\alpha_0 + \sin^2\alpha_0\right]^{1/2}\;. \end{aligned}\right\} \qquad (59)$$

Gl. (58) liefert den Winkel $\varphi = \varphi_0$ zu $r = r_0$ und damit die Lage der Hauptachsen. Für die Halbachsen $a$ und $b$ gilt $a = h^2/[K(1 - \varepsilon^2)]$ (hier und im folgenden für Hyperbeln negativ) und $b^2 = a^2\,|\,1 - \varepsilon^2|$, $h^2/K = b^2/\,|\,a|$.

Aus der zweiten Gl. (56) folgt, dass $r$ in gleichen Zeitintervallen gleich große Flächen überstreicht (2. *Keplersches Gesetz*). Die Beziehung zwischen Bahngeschwindigkeit $v$, großer Halb-

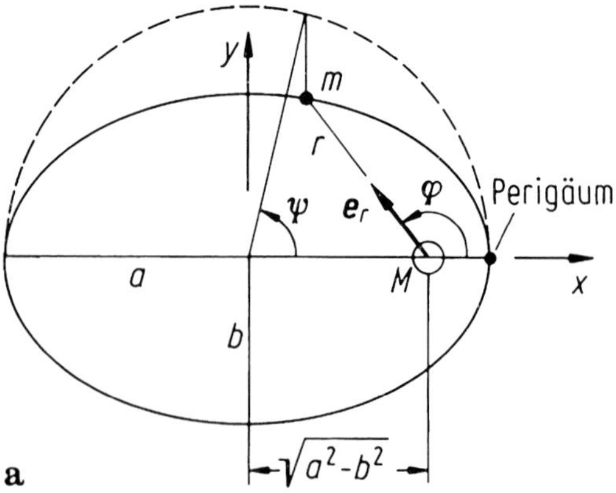


a

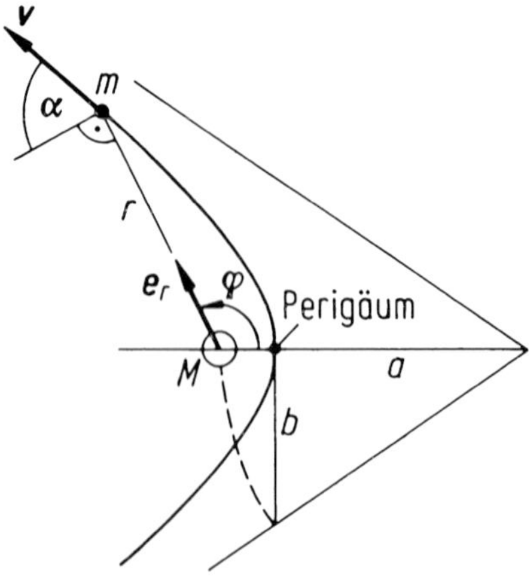


b

**Abb. 24** Geometrische Größen für elliptische (Abb. **a**) und für hyperbolische Satellitenbahnen (Abb. **b**)

achse $a$ und $r$ ist $v^2 = K(2/r - 1/a)$ für alle Bahntypen. Damit ist die gesamte Energie

$$E = \frac{1}{2}mv^2 - \frac{mK}{r} = \frac{-mK}{2a}.$$

Bei Ellipsen ist $v_{\max}/v_{\min} = r_{\max}/r_{\min} = (1 + \varepsilon)/(1 - \varepsilon)$. Auf einer Kreisbahn mit dem Radius $r_0$ ist $v = (K/r_0)^{1/2}$. Am Erdradius $r_0 = R$ ergibt sich daraus $v = \sqrt{gR} \approx 7{,}904$ km/s. Auf einer geostationären Kreisbahn ist $v/r_0$ gleich der absoluten Winkelgeschwindigkeit $\Omega$ der Erde, woraus sich für diese Bahn $r_0 = (gR^2/\Omega^2)^{1/3} \approx 6{,}627R \approx 42.222$ km und damit die Bahnhöhe über der Erdoberfläche zu 35.851 km ergibt.

In der Entfernung $r = r_0$ ist $v_f = (2K/r_0)^{1/2}$ die minimale Geschwindigkeit, die sog. *Fluchtgeschwindigkeit*, mit der bei beliebiger Richtung

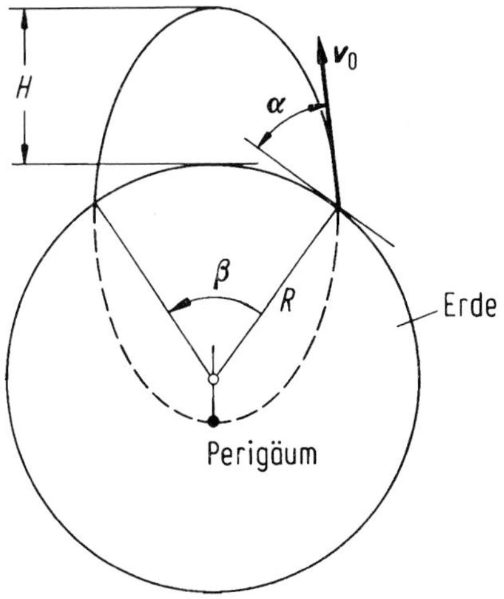


**Abb. 25** Ballistische Flugbahn

von $\boldsymbol{v}_\text{f}$ $r \to \infty$ erreicht wird. Am Erdradius R ist $v_\text{f} \approx 11{,}18$ km/s.

Die *Umlaufzeit* für geschlossene Bahnen ist $T = 2\pi(a^3/K)^{1/2}$ (3. *Keplersches Gesetz*). Der Zusammenhang zwischen $\varphi$ und der Zeit $t$ mit $t = 0$ für $\varphi = 0$ ist

$$t(\varphi) = a\left(\frac{|a|}{K}\right)^{1/2}\left[2f\left(\sqrt{\frac{|1-\varepsilon|}{1+\varepsilon}}\tan\frac{\varphi}{2}\right) - \varepsilon\sqrt{|1-\varepsilon^2|}\,\frac{\sin\varphi}{1+\varepsilon\cos\varphi}\right] \tag{60}$$

mit $f =$ arctan für elliptische und $f =$ artanh für hyperbolische Bahnen. Bei Ellipsen gilt auch $t(\psi) = (\psi - \varepsilon\sin\psi)(a^3/K)^{1/2}$ mit $\psi$ nach Abb. 24a. Mit $\psi$ hat die Ellipse die Parameterdarstellung $x = a\cos\psi$, $y = b\sin\psi$. Weitere Einzelheiten zu Satellitenbahnen siehe in Thomson (1986), Bohrmann (1963) und Beletsky (2001).

Bei elliptischen Bahnen nach Abb. 25 (*Ballistik* ohne Luftwiderstand) sind die Reichweite $\beta$, die Flughöhe $H$ und die Flugdauer $t_\text{F}$ von den Anfangsbedingungen $v_0$ und $\alpha$ wie folgt abhängig:

$$\left.\begin{aligned} &\tan(\beta/2) = \frac{(Rv_0^2/K)\sin\alpha\cos\alpha}{1-(Rv_0^2/K)\cos^2\alpha},\\ &Rv_0^2/K = v_0^2/(Rg),\\ &H = R(1-\cos(\beta/2))\varepsilon/(1-\varepsilon),\\ &t_\text{F} = 2\pi(a^3/K)^{1/2} - 2t(\varphi)\end{aligned}\right\} \tag{61}$$

mit $\varepsilon$, $a$, $\varphi = \pi - \beta/2$ und $t(\varphi)$ nach Gl. (60). $\beta$ ist bei gegebenem $v_0$ maximal für $\cos^2\alpha = \left(2 - Rv_0^2/K\right)^{-1}$.

## 7.7 Stabilität

Zur Stabilität von Gleichgewichtslagen bei konservativen Systemen siehe ▶ Abschn. 6.6 im Kap. 6, „Statik starrer Körper". Die Stabilität von Gleichgewichtslagen und von Bewegungen wird in gleicher Weise definiert und mit denselben Methoden untersucht. Begriffe: Bei einem System mit dem Freiheitsgrad $n$ mit generalisierten Koordinaten $\underline{q} = [q_1 \ldots q_n]$ sei $\underline{q}^*(t)$ eine Bewegung zu bestimmten Anfangsbedingungen $\underline{q}^*(0)$ und $\underline{\dot{q}}^*(0)$ und im Sonderfall $\underline{q}^*(t) \equiv \underline{q}^*(0) = \underline{0}$ eine Gleichgewichtslage. Zu gestörten Anfangsbedingungen $\underline{q}(0)$ und $\underline{\dot{q}}(0)$ gehört eine gestörte Bewegung $\underline{q}(t)$. Die Abweichungen

$$\begin{aligned}\underline{y}(t) &= \underline{q}(t) - \underline{q}^*(t) \quad \textit{und} \quad \underline{\dot{y}}(t)\\ &= \underline{\dot{q}}(t) - \underline{\dot{q}}^*(t)\end{aligned} \tag{62}$$

heißen Störungen der Bewegung bzw. der Gleichgewichtslage $\underline{q}^*(t)$. Ein Maß für die Störungen ist

$$r(t) = \left[\sum_{i=1}^{n}\left(y_i^2(t) + \dot{y}_i^2(t)\right)\right]^{1/2}. \tag{63}$$

Damit ist insbesondere $r(0)$ das Maß für die Störungen der Anfangsbedingungen.

*Definition*: Eine Bewegung oder Gleichgewichtslage $\underline{q}^*(t)$ heißt *Ljapunow-stabil*, wenn für jedes beliebig kleine $\varepsilon > 0$ ein $\delta > 0$ existiert, so dass für alle Bewegungen mit $r(0) < \delta$ dauernd $r(t) < \varepsilon$ ist. Andernfalls heißt die Bewegung *instabil*. Sie heißt insbesondere *asymptotisch stabil*, wenn sie stabil ist, und wenn außerdem $r(t)$ für $t \to \infty$ asymptotisch gegen null strebt.

***Beispiel 24:*** Die untere Gleichgewichtslage eines Pendels ist stabil, weil die potenzielle Energie dort minimal ist. Dagegen sind Eigenschwingungen des Pendels instabil, weil die Periodendauer vom Maximalausschlag $\varphi_\text{max}$ abhängt (siehe Gl. (60) im ▶ Kap. 8, „Schwingungen").

Man kann nämlich selbst mit einem beliebig kleinen $\delta > 0$ nicht verhindern, dass die gestörte und die ungestörte Bewegung nach endlicher Zeit ungefähr in Gegenphase sind, d. h., dass die Störung $r \approx 2\varphi_{\max}$ ist.

In den Bewegungsgleichungen des betrachteten mechanischen Systems wird für $\underline{q}$ nach den Gl. (62) der Ausdruck $\underline{q}^* + \underline{y}$ eingesetzt. Wenn $\underline{q}^*(t)$ bekannt ist, erzeugt das neue Differenzialgleichungen für die Störungen $\underline{y}(t)$. Diese Differenzialgleichungen haben die spezielle Lösung $\underline{y}(t) \equiv \underline{0}$, d. h. eine Gleichgewichtslage. Die Stabilität der Bewegung $\underline{q}^*(t)$ mit den ursprünglichen Differenzialgleichungen untersuchen heißt also, die Stabilität der Gleichgewichtslage für die Differenzialgleichungen der Störungen untersuchen.

**Sonderfall.** Die ursprünglichen Differenzialgleichungen für $\underline{q}$ sind linear mit konstanten Koeffizienten. Dann sind die Differenzialgleichungen für die Störungen mit den ursprünglichen identisch. Daraus folgt: Jede Bewegung $\underline{q}^*(t)$ des Systems hat dasselbe Stabilitätsverhalten, wie die Gleichgewichtslage $\underline{q}^* \equiv 0$. Zur Bestimmung des Stabilitätsverhaltens überführt man die $n$ Bewegungsgleichungen in ein System von $2n$ Differenzialgleichungen erster Ordnung der Form $\underline{A}\,\dot{\underline{x}} = \underline{0}$. Die Realteile der Eigenwerte der Matrix $\underline{A}$ entscheiden. Asymptotische Stabilität liegt vor, wenn alle Realteile negativ sind. Instabilität liegt vor, wenn wenigstens ein Realteil positiv ist oder wenn im Fall ausschließlich nicht-positiver Realteile ein mehrfacher Eigenwert $\lambda$ mit dem Realteil null existiert, für den der Rangabfall der Matrix $\underline{A} - \lambda\underline{I}$ kleiner ist als die Vielfachheit von $\lambda$. Stabilität liegt vor, wenn weder asymptotische Stabilität noch Instabilität vorliegt. Da $\underline{A}$ für mechanische Systeme besondere Strukturen hat, gibt es spezielle Stabilitätssätze (müller (1977)).

Eine Stabilitätsuntersuchung nichtlinearer Systeme anhand linearisierter Differenzialgleichungen ist nur zulässig, wenn sie entweder zu dem Ergebnis „asymptotisch stabil" oder zu dem Ergebnis „instabil" führt. Das Ergebnis „stabil" erlaubt keine Aussage über das nichtlineare System! Für Kriterien bei nichtlinearen Systemen siehe die *direkte Methode von Ljapunow* in Abschn. 1.2 im Kap. „Angewandte Mathematik" sowie Hahn (2012), Merkin (1997) und die Methode der *Zentrumsmannigfaltigkeit* (Carr 1982).

## Literatur


Balke H (2019) Einführung in die Technische Mechanik. Kinetik, 4. Aufl. Springer Vieweg, Berlin

Beletsky VV (2001) Essays on the motion of celestial bodies. Springer, Basel

Biezeno CB, Grammel R (1953) Technische Dynamik, Bd 2. Springer Vieweg, Berlin

Bohrmann A (1963) Bahnen künstlicher Satelliten. Bibliographisches Institut, Mannheim

Carr J (1982) Applications of center manifold theory. Springer, Berlin

Coriolis G (1990) Théorie Mathématique des Effets du Jeu de Billard. Editions Jaques Gabay, Sceaux

Dresig H, Holzweißig F (2018) Maschinendynamik, 12. Aufl. Springer, Berlin

Falk S (1967/1968) Lehrbuch der Technischen Mechanik, Bd 1 und 2. Springer, Berlin

Federn K (1977) Auswuchttechnik, Bd. 1: Allgemeine Grundlagen, Messverfahren und Richtlinien. Springer, Berlin

Gasch R, Nordmann R, Pfützner H (2006) Rotordynamik, 2. Aufl. Springer, Berlin

Gross D, Hauger W, Schröder J, Wall WA (2015) Technische Mechanik 3: Kinetik, 13. Aufl. Springer, Berlin

Hagedorn P, Wallaschek J (2017) Technische Mechanik. Band 3: Dynamik, 5. Aufl. Europa-Lehrmittel, Haan

Hahn W (2012) Stability of motion. Springer, Berlin

Hartmann S (2015) Technische Mechanik. Wiley-VCH, Weinheim

Holzmann G, Meyer H, Schumpich G (2019) Technische Mechanik. Kinematik und Kinetik, 13. Aufl. Teubner, Stuttgart

Kelkel K (1978) Auswuchten elastischer Rotoren in isotrop federnder Lagerung. Hochschul-slg., Ettlingen

Lurie AI (2002) Analytical mechanics. ser. Foundations of Eng. Mech. Springer, Berlin

Magnus K (1971) Kreisel. Springer, Berlin

Magnus K, Müller HH (2005) Grundlagen der Technischen Mechanik, 7. Aufl. Teubner, Stuttgart

Merkin DR (1997) Introduction to the theory of stability. Springer, Berlin

Müller PC (1977) Stabilität und Matrizen. Springer, Berlin

Parkus H (2005) Mechanik der festen Körper, 2. Aufl. Springer, Wien

Schiehlen W, Eberhard P (2017) Technische Dynamik, 5. Aufl. Springer Vieweg, Wiesbaden

Schneider H (2013) Auswuchttechnik. Springer Vieweg, Berlin

Shabana AA (2013) Dynamics of multibody systems, 4. Aufl. Cambridge University Press, Cambridge
Strogatz SH (2014) Nonlinear dynamics and chaos with applications to physics, biology, chemistry, and engineering (studies in nonlinearity), 2. Aufl. CRC Press, Boca Raton
Szabó I (2001) Höhere Technische Mechanik, 6. Aufl. Springer, Berlin
Szabó I (2003) Einführung in die Technische Mechanik, 8. Aufl. Nachdruck. Springer, Berlin
Thomson WT (1986) Introduction to space dynamics. Wiley, New York
Tondl A (1965) Some problems of rotor dynamics. Publ. House of the Czechoslovak Acad. of Sciences, Praha
Troger H, Steindl A (1991) Nonlinear stability and bifurcation. An introduction for engineers and applied scientists. Springer, Wien
Wittenburg J (1996) Schwingungslehre. Lineare Schwingungen, Theorie und Anwendungen. Springer, Berlin
Wittenburg J (2008) Dynamics of multibody systems, 2. Aufl. Springer, Berlin
Ziegler F (1998) Technische Mechanik der festen und flüssigen Körper, 3. Aufl. Springer, Wien

# Schwingungen

# 8

Jens Wittenburg

## Inhalt



J. Wittenburg (✉)
Institut für Technische Mechanik, Karlsruher Institut für Technologie, Karlsruhe, Deutschland
E-Mail: jens.wittenburg@kit.edu

© Der/die Autor(en), exklusiv lizenziert durch Springer-Verlag GmbH, DE, ein Teil von Springer Nature 2022 
M. Hennecke, B. Skrotzki (Hrsg.), *HÜTTE Band 2: Grundlagen des Maschinenbaus und ergänzende Fächer für Ingenieure*, Springer Reference Technik,
https://doi.org/10.1007/978-3-662-64372-3_34

## Zusammenfassung

Unter *Schwingungen* versteht man Vorgänge, bei denen physikalische Größen mehr oder weniger regelmäßig abwechselnd zu- und abnehmen. Ein schwingungsfähiges System heißt *Schwinger*. Mechanische Schwingungen werden durch Differenzialgleichungen der Bewegung beschrieben. Methoden zu deren Formulierung siehe in den ▶ Abschn. 7.1.2, ▶ 7.1.7 und ▶ 7.3 im Kap. 7, „Kinetik starrer Körper".

## 8.1 Klassifikation von Schwingungen

*Freie Schwingungen* (auch *Eigenschwingungen* genannt) sind solche, bei denen dem Schwinger keine Energie zugeführt wird. Von *selbsterregten Schwingungen* spricht man, wenn sich ein Schwinger im Takt seiner Eigenschwingungen Energie aus einer Energiequelle (z. B. einem Energiespeicher) zuführt. Ein einfaches Beispiel ist die elektrische Klingel, bei der der Klöppel, von einem Elektromagneten angezogen, gegen die Glocke schlägt, durch diese Bewegung einen Stromkreis unterbricht und den Magneten abschaltet, so dass der Klöppel zurückschwingt und den Stromkreis wieder schließt. Die Energiequelle ist in diesem Fall das elektrische Netz. Eigenschwingungen und selbsterregte Schwingungen werden *autonome Schwingungen* genannt.

Den Gegensatz zu autonomen Schwingungen bilden *fremderregte Schwingungen*. Bei ihnen existiert ein Erregermechanismus, in dem eine fest vorgegebene Funktion der Zeit eine Rolle spielt. Wenn diese Funktion in den Differenzialgleichungen der Bewegung in einem freien Störglied auftritt, spricht man von *erzwungenen Schwingungen* (z. B. im Fall $m\ddot{q} + kq = F\cos\Omega t$). Wenn sie nur in den physikalischen Parametern auftritt, spricht man von *parametererregten Schwingungen* (z. B. im Fall $m(t)\ddot{q} + k(t)q = 0$). Je nachdem, ob die zu beschreibenden Differenzialgleichungen linear oder nichtlinear sind, spricht man von *linearen* oder *nichtlinearen Schwingungen*. Nur freie, erzwungene und parametererregte Schwingungen können linear sein. Schwingungen von Systemen mit einem Freiheitsgrad $>1$ werden *Koppelschwingungen* genannt.

**Phasenkurven. Phasenporträt.** Die Differenzialgleichung eines linearen oder nichtlinearen Schwingers mit dem Freiheitsgrad 1 und mit der Koordinate $q$ hat zu gegebenen Anfangsbedingungen $q(t_0)$ und $\dot{q}(t_0)$ eine eindeutige Lösung $q(t), \dot{q}(t)$. Ihre Darstellung in einem $q, \dot{q}$-Diagramm heißt *Phasenkurve*, und die Gesamtheit aller Phasenkurven für verschiedene Anfangsbedingungen heißt *Phasenporträt* des Schwingers (Abb. 1, 15 und 16). Oberhalb der $q$-Achse werden Phasenkurven von links nach rechts und unterhalb von rechts nach links durchlaufen. Bei autonomen Schwingungen ist das Phasenporträt mit Ausnahme singulärer Punkte auf der $q$-Achse schnittpunktfrei. Die singulären Punkte gehören zu Gleichgewichtslagen. Abb. 1 zeigt Phasenkurven in der Umgebung von stabilen, asymptotisch stabilen und instabilen Gleichgewichtslagen. *Periodische Schwingungen* haben eine Periodendauer $T$ derart, dass

$$q(t+T) \equiv q(t) \quad \text{für alle } t$$

gilt. Ihre Phasenkurven sind geschlossen. Alle Phasenkurven mit Ausnahme von sog. *Separatrizen* schneiden die $q$-Achse rechtwinklig (Abb. 15).

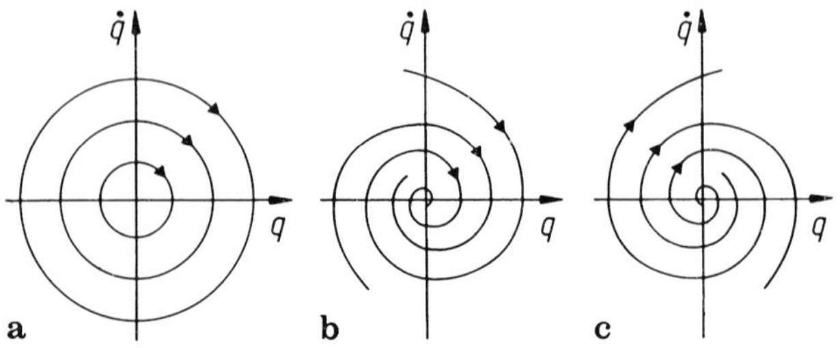


**Abb. 1** Phasenkurven mit einer stabilen (Abb. **a**), einer asymptotisch stabilen (Abb. **b**) und einer instabilen Gleichgewichtslage (Abb. **c**)

## 8.2 Lineare Eigenschwingungen

### 8.2.1 Systeme mit dem Freiheitsgrad Eins

#### 8.2.1.1 Ungedämpfte Systeme

Die Differenzialgleichung für die schwingende Größe $q$ lautet

$$\ddot{q} + \omega_0^2 q = 0. \tag{1}$$

$\omega_0^2$ hängt von Parametern des Systems ab, das mit der Koordinate $q$ beschrieben wird. Bei einem Feder-Masse-Schwinger mit der Gleichung $m\ddot{q} + kq = 0$ ist $\omega_0^2 = k/m$. In Beispiel 1 wird ein anderes System beschrieben. Die Lösung von Gl. (1) ist eine *harmonische Schwingung*. Sie kann in jeder der folgenden drei Formen angegeben werden:

$$\left.\begin{aligned} q(t) &= A_1 \exp(\mathrm{j}\omega_0 t) + B_1 \exp(-\mathrm{j}\omega_0 t) \\ &= A\cos\omega_0 t + B\sin\omega_0 t \\ &= C\cos(\omega_0 t - \varphi). \end{aligned}\right\} \tag{2}$$

Die Integrationskonstanten $C$ und $\varphi$ heißen *Amplitude* bzw. *Nullphasenwinkel* oder kurz *Phase*. Zwischen den Integrationskonstanten der drei Formen gelten die Beziehungen

$$\left.\begin{aligned} &A = A_1 + B_1, \quad B = \mathrm{j}(A_1 - B_1), \quad C^2 = A^2 + B^2, \\ &\tan\varphi = B/A, \quad A = C\cos\varphi, \quad B = C\sin\varphi. \end{aligned}\right\} \tag{3}$$

$\omega_0$ heißt *Eigenkreisfrequenz* des Schwingers. Die Periodendauer ist $T = 2\pi/\omega_0$. Sie ist unabhängig von der Amplitude $C$. Phasenkurven sind die Ellipsen $q^2 + \dot{q}^2/\omega_0^2 = C^2$ bzw. bei geeigneter Maßstabswahl die Kreise in Abb. 1a.

***Beispiel 1:*** Gegeben: Ein schwingender Wasserkörper in einem U-Rohr, dessen Querschnittsfläche eine Funktion $A(s)$ der Bogenlänge $s$ entlang der Mittellinie ist. Die Punkte $s = 0$ und $s = l$ markieren die gleich hohen Wasserstände im Gleichgewichtszustand. In der Umgebung dieser beiden Punkte ist die Querschnittsfläche unabhängig von $s$ gleich $A_0$. Die Koordinate $q$ ist die Anhebung des Wasserspiegels bei $s = l$. Die Summe der potenziellen Energien der angehobenen Masse $\varrho A_0 q$ und der bei $s = 0$ abgesenkten Masse $-\varrho A_0 q$ ist $V = \varrho A_0 g q^2$. Die Kontinuitätsgleichung $A(s)v(s) = A_0\dot{q}$ liefert für die kinetische Energie den Ausdruck $T = (1/2)\int_q^{l+q} v^2(s)\mathrm{d}m = (1/2)\dot{q}^2\varrho A_0^2 \int_0^l [\mathrm{d}s/A(s)]$. Damit ergibt sich die Bewegungsgleichung

$$\ddot{q} + \omega_0^2 q = 0, \quad \omega_0^2 = 2g\Big/\left\{A_0\int_0^l [\mathrm{d}s/A(s)]\right\} \tag{4}$$

$(\omega_0^2 = 2g/l$ bei konstanter Querschnittsfläche).

#### 8.2.1.2 Viskose Dämpfung

Die Differenzialgleichung eines viskos, d. h. geschwindigkeitsproportional gedämpften Feder-Masse-Schwingers lautet

$$m\ddot{q} + b\dot{q} + kq = 0. \tag{5}$$

Viele andere Systeme werden durch dieselbe Differenzialgleichung, aber mit anderer Bedeutung der Koordinate $q$ und der Parameter $m$, $b$, $k$ beschrieben. Man definiert wieder $\omega_0^2 = k/m$ und außerdem die dimensionslose, normierte Zeit $\tau = \omega_0 t$. Für $\mathrm{d}q/\mathrm{d}\tau$ wird $q'$ geschrieben. Mit

$$\left.\begin{aligned} &\omega_0^2 = k/m, \quad \tau = \omega_0 t, \\ &\dot{q} = (\mathrm{d}q/\mathrm{d}\tau)(\mathrm{d}\tau/\mathrm{d}t) = \omega_0 q', \quad \ddot{q} = \omega_0^2 q'' \end{aligned}\right\} \tag{6}$$

und mit dem dimensionslosen *Dämpfungsgrad*

$$D = \frac{b}{2m\omega_0} = \frac{b}{2\sqrt{mk}} \tag{7}$$

entsteht aus Gl. (5) die Gleichung

$$q'' + 2Dq' + q = 0. \tag{8}$$

Sie hat die Lösungen

$$q(\tau)=\begin{cases}\exp(-D\tau)(A\cos\nu\tau+B\sin\nu\tau)\\ \quad\left(\nu=\left(1-D^2\right)^{1/2},\ |D|<1\right),\\ A\exp(\lambda_1\tau)+B\exp(\lambda_2\tau)\\ \quad\left(\lambda_{1,2}=-D\pm\left(D^2-1\right)^{1/2},\ |D|>1\right),\\ \exp(D\tau)(A+B\tau)\quad(|D|=1).\end{cases}\tag{9}$$

Die Abb. 2 zeigen alle Lösungstypen außer für $|D| = 1$. Im Fall $0 < D < 1$ liegen aufeinanderfolgende gleichsinnige Maxima $q_i$ und $q_{i+1}$ im selben zeitlichen Abstand $\Delta t = \Delta\tau/\omega_0 = 2\pi/(\nu\omega_0)$, wie gleichsinnig durchlaufene Nullstellen. Wenn ein Meßschrieb in Form von Abb. 2d vorliegt, können $\omega_0$ und $D$ aus Meßwerten für $\Delta t$ und $q_i/q_{i+n}$ (bei fehlender Nullinie wird $L_i / L_{i+n}$ abgelesen) aus den Gleichungen berechnet werden:

$$\left.\begin{aligned}&\frac{D}{\left(1-D^2\right)^{1/2}}=\frac{\ln\left(q_i/q_{i+n}\right)}{2\pi n}=\frac{\ln\left(L_i/L_{i+n}\right)}{2\pi n},\\ &\omega_0=2\pi/\left[\Delta t\left(1-D^2\right)^{1/2}\right].\end{aligned}\right\}\tag{10}$$

$\Lambda = \ln(q_i/q_{i+1})$ heißt *logarithmisches Dekrement.* Zu den Zahlenwerten $q_i/q_{i+1} = 2, 4, 8$ und 16 gehören die Dämpfungsgrade $D \approx 0{,}11$ bzw. 0, 22 bzw. 0, 31 bzw. 0, 40.

#### 8.2.1.3 Geschwindigkeitsquadrat-proportionale Dämpfung

Die Differenzialgleichung der freien Schwingung mit geschwindigkeitsquadrat-proportionaler Dämpfung ist mit $a > 0$

$$\ddot{q}\pm a\dot{q}^2+\omega_0^2 q=0.\tag{11}$$

Hier und im folgenden gilt das obere (das untere) Vorzeichen für $\dot{q} > 0$ (für $\dot{q} < 0$). Die Lösung erfolgt durch Anstückelung von Lösungsästen mit jeweils neuen Anfangsbedingungen. Mit den neuen Variablen $z = aq$, $\tau = \omega_0 t$ und der Abkürzung $' = \mathrm{d}/\mathrm{d}\tau$ ergibt sich die parameterfreie Differenzialgleichung

$$\mathrm{d}z'^2/\mathrm{d}z\pm z'^2+z=0\tag{12}$$

für die Funktion $z'^2(z)$. Der Vorzeichenwechsel erfolgt bei $z' = 0$, d. h., bei jedem positiven oder negativen Extremalausschlag $z$. Sei $z_0$ der Extremalausschlag bei $\tau = 0$, und sei $z_1$ der folgende Extremalausschlag mit dem entgegengesetzten Vorzeichen. Im Zeitintervall zwischen den beiden ist

$$z'(z)=\pm\left(\sqrt{2}/2\right)\mathrm{e}^{\mp 2z}\sqrt{(\pm 2z_0-1)\mathrm{e}^{\pm 2z_0}-(\pm 2z-1)\mathrm{e}^{\pm 2z}}\tag{13}$$

(oberes Vorzeichen für $z_0 < 0$). Das ist die Gleichung der Phasenkurve. $z_1$ ist die von $z_0$ verschiedene Lösung der Gleichung

$$(\pm 2z_0-1)\mathrm{e}^{\pm 2z_0}=(\pm 2z_1-1)\mathrm{e}^{\pm 2z_1}\tag{14}$$

(oberes Vorzeichen für $z_0 < 0$). Unabhängig von der Größe von $z_0$ ist $|z_1| < 1/2$. Das wird mit Abb. 3 am Beispiel $z_0 = 2$ demonstriert.

### 8.2.2 Ungedämpfte Eigenschwingungen bei endlich vielen Freiheitsgraden

Hierzu siehe auch Übertragungsmatrizen im ▶ Kap. 10, „Anwendungen der Festigkeitslehre“.

#### 8.2.2.1 Aufstellung der Bewegungsgleichungen

Eigenschwingungen eines linearen ungedämpften Systems mit dem Freiheitsgrad $n$ haben Differenzialgleichungen der Form

$$\underline{M}\,\ddot{\underline{q}}+\underline{K}\,\underline{q}=\underline{0}\tag{15}$$

mit symmetrischen $(n \times n)$-Matrizen $\underline{M}$ und $\underline{K}$ ($\underline{M}$ *Massenmatrix*, $\underline{K}$ *Steifigkeitsmatrix*). $\underline{M}$

**Abb. 2** Ausschlag-Zeit-Diagramme für Schwinger mit der Bewegungsgleichung (8); siehe Gl. (9)

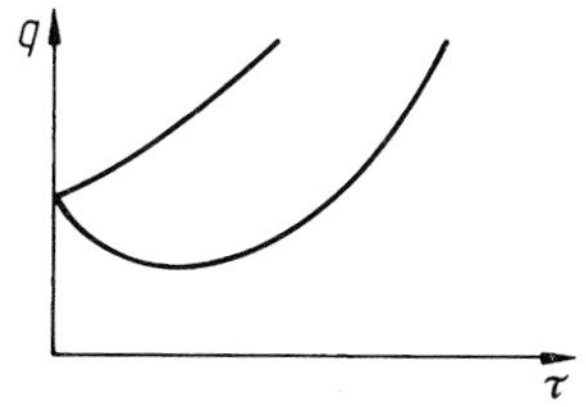


**a** $D < -1$
überkritische Anfachung;
je nach Anfangsbedingungen
ein oder kein Minimum

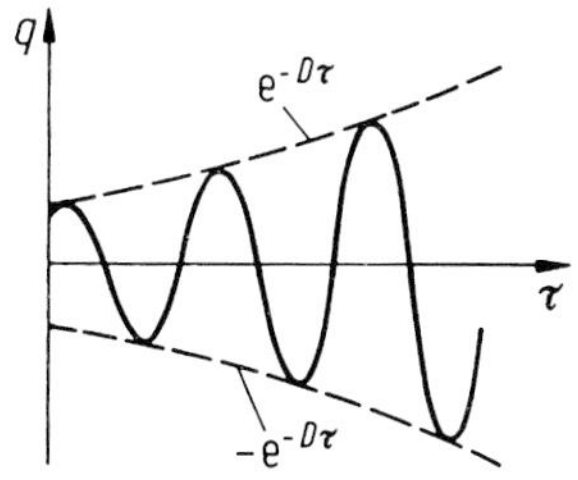


**b** $-1 < D < 0$
angefachte Schwingung

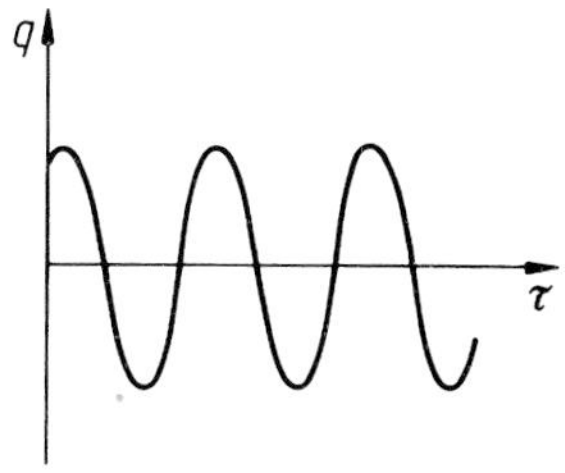


**c** $D = 0$
ungedämpfte Schwingung

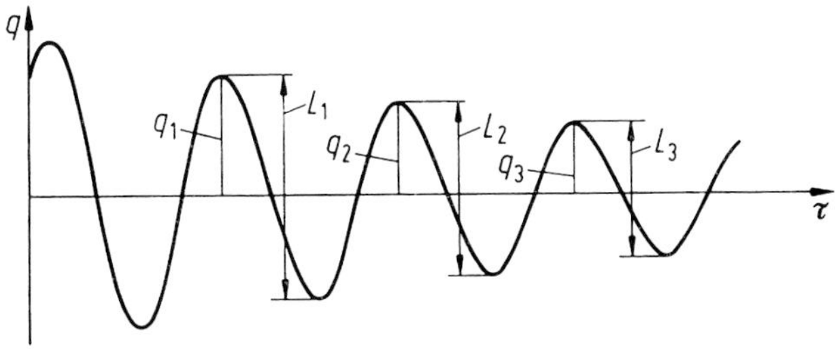


**d** $0 < D < 1$
gedämpfte Schwingung

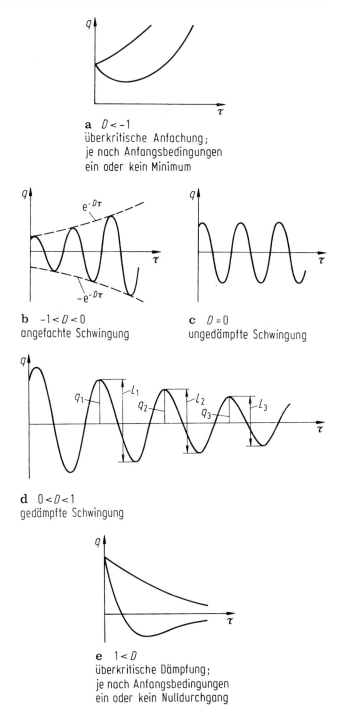

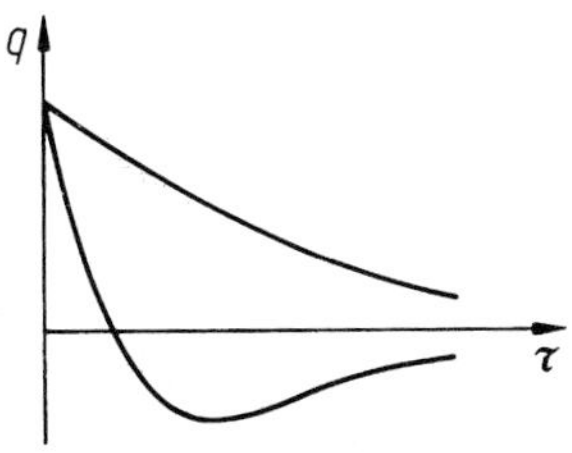


**e** $1 < D$
überkritische Dämpfung;
je nach Anfangsbedingungen
ein oder kein Nulldurchgang

ist positiv definit und damit nichtsingulär. Zur Bestimmung von $\underline{M}$ und $\underline{K}$ für einen gegebenen Schwinger formuliert man seine kinetische Energie $T$ und seine potenzielle Energie $V$ und schreibt sie in der Form $T = \frac{1}{2}\underline{\dot{q}}^{\mathrm{T}}\underline{M}\underline{\dot{q}}$ bzw. $V = \frac{1}{2}\underline{q}^{\mathrm{T}}\underline{K}\underline{q}$ mit symmetrischen Matrizen $\underline{M}$ und $\underline{K}$. Diese sind die gesuchten Matrizen.

***Beispiel 2:*** Für den Schwinger in Abb. 4 ist

$$T = \frac{1}{2}\left[m_1\dot{q}_1^2 + m_2(\dot{q}_1 + \dot{q}_2)^2 + m_3\dot{q}_3^2\right]$$

$$= \frac{1}{2}[\dot{q}_1 \quad \dot{q}_2 \quad \dot{q}_3]\begin{bmatrix} m_1 + m_2 & m_2 & 0 \\ m_2 & m_2 & 0 \\ 0 & 0 & m_3 \end{bmatrix}\begin{bmatrix} \dot{q}_1 \\ \dot{q}_2 \\ \dot{q}_3 \end{bmatrix},$$

$$V = \frac{1}{2}\left[k_1 q_1^2 + k_2 q_2^2 + k_3(q_3 - q_1)^2\right]$$

$$= \frac{1}{2}[q_1 \quad q_2 \quad q_3]\begin{bmatrix} k_1 + k_3 & 0 & -k_3 \\ 0 & k_2 & 0 \\ -k_3 & 0 & k_3 \end{bmatrix}\begin{bmatrix} q_1 \\ q_2 \\ q_3 \end{bmatrix}.$$

Wenn der Schwinger nichtlinear ist, dann ist $T = \frac{1}{2}\underline{\dot{q}}^{\mathrm{T}}\underline{M}(q_1, \ldots, q_n)\underline{\dot{q}}$, und $V(q_1, \ldots, q_n)$ hat nicht die Form $\frac{1}{2}\underline{q}^{\mathrm{T}}\underline{K}\underline{q}$. In diesem Fall gewinnt man linearisierte Bewegungsgleichungen wie folgt. Man bestimmt zunächst aus $\partial V/\partial q_i = 0$ $(i = 1, \ldots, n)$ die Gleichgewichtslage $q_i = q_{i0}$ $(i = 1, \ldots, n)$ des Systems und entwickelt dann $V$ um diese Lage in eine Taylorreihe nach den Variablen $q_i^* = q_i - q_{i0}$, d. h. nach den Abweichungen von der Gleichgewichtslage. Die Reihe beginnt mit Gliedern 2. Grades in $q_i^*$. Diese Glieder werden in die Form $\frac{1}{2}\underline{q}^{*T}\underline{K}\,\underline{q}^*$ mit symmetrischem $\underline{K}$ gebracht. Außerdem wird $\underline{M}(q_{10}, \ldots, q_{n0})$ gebildet. $\underline{K}$ und diese Matrix $\underline{M}$ sind die gesuchten Matrizen.

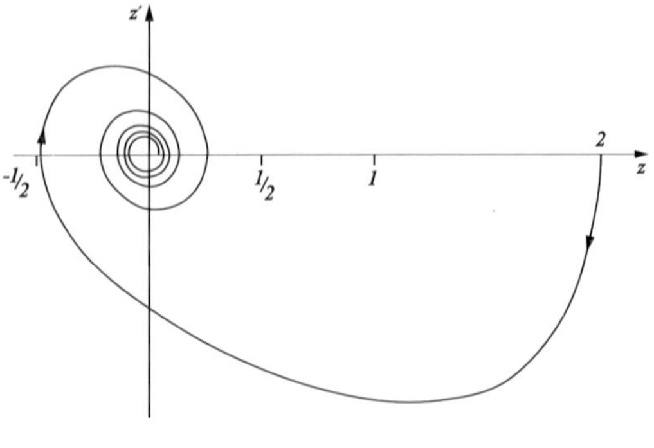


**Abb. 3** Phasenkurve des Schwingers mit $v^2$-proportionaler Dämpfung

***Beispiel 3:*** Das System Glocke (Index 1), Klöppel (Index 2) ist ein Doppelpendel mit Aufhängepunkten $A_1$, $A_2$ und Schwerpunkten $S_1$, $S_2$. Es hat sieben Parameter: Massen $m_1$, $m_2$, Trägheitsmomente $J_1$, $J_2$ bezüglich $A_1$, $A_2$ und die Längen $l_0{=}A_1{-}A_2$, $l_1{=}A_1{-}S_1$, $l_2{=}A_2{-}S_2$. Als Koordinaten werden die absoluten Winkel $\varphi_1$, $\varphi_2$ gegen die Vertikale verwendet. Die kinetische Energie und die potenzielle Energie sind

$$T = (1/2)$$
$$\left[(J_1 + m_2 l_0^2)\dot{\varphi}_1^2 + J_2\dot{\varphi}_2^2 + 2m_2 l_0 l_2\dot{\varphi}_1\dot{\varphi}_2\cos(\varphi_2 - \varphi_1)\right],$$
$$V = g[(m_1 l_1 + m_2 l_0)(1 - \cos\varphi_1) + m_2 l_2(1 - \cos\varphi_2)].$$

Die kinetische Energie in der Lage $\varphi_1 = \varphi_2 = 0$ und die quadratische Näherung der potenziellen Energie sind

$$T(0,0) = (1/2)$$
$$\left[(J_1 + m_2 l_0^2)\dot{\varphi}_1^2 + J_2\dot{\varphi}_2^2 + 2m_2 l_0 l_2\dot{\varphi}_1\dot{\varphi}_2\right],$$
$$V \approx (g/2)\left[(m_1 l_1 + m_2 l_0)\varphi_1^2 + m_2 l_2\varphi_2^2\right].$$

Damit ergeben sich die linearisierten Bewegungsgleichungen

$$\begin{bmatrix} J_1 + m_2 l_0^2 & m_2 l_0 l_2 \\ m_2 l_0 l_2 & J_2 \end{bmatrix}\begin{bmatrix} \ddot{\varphi}_1 \\ \ddot{\varphi}_2 \end{bmatrix} + \begin{bmatrix} g(m_1 l_1 + m_2 l_0) & 0 \\ 0 & g m_2 l_2 \end{bmatrix}\begin{bmatrix} \varphi_1 \\ \varphi_2 \end{bmatrix} = \begin{bmatrix} 0 \\ 0 \end{bmatrix}. \tag{16}$$

**Abb. 4** Linearer Schwinger mit dem Freiheitsgrad 3

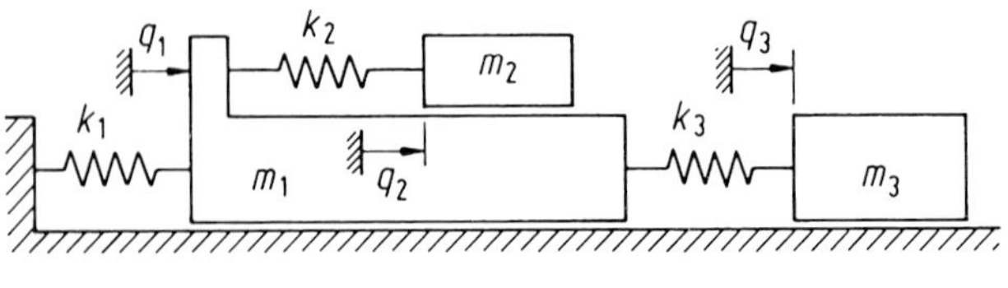

#### 8.2.2.2 Lösung der Bewegungsgleichungen

Man löst das Eigenwertproblem

$$(\underline{K} - \lambda \underline{M})\underline{Q} = \underline{0}. \qquad (17)$$

Alle Eigenwerte $\lambda_i$ und alle Eigenvektoren $\underline{Q}_i$ $(i = 1, \ldots, n)$ sind reell. Bei einfachen und bei mehrfachen Eigenwerten gibt es $n$ Eigenvektoren mit den Orthogonalitätseigenschaften $\underline{Q}_i^{\mathrm{T}} \underline{M} \underline{Q}_j = \underline{Q}_i^{\mathrm{T}} \underline{K} \underline{Q}_j = 0$ $(i, j = 1, \ldots, n;\ i \neq j)$. Zur Vorgehensweise bei mehrfachen Eigenwerten siehe Wittenburg 1996. Die Eigenvektoren werden so normiert, dass $\underline{Q}_i^{\mathrm{T}} \underline{M} \underline{Q}_i = c^2$ $(i = 1, \ldots, n)$ ist. $c^2$ ist willkürlich wählbar. Dann bildet man die $(n \times n)$-*Modalmatrix* $\underline{\Phi}$ mit den normierten Spalten $\underline{Q}_1, \ldots, \underline{Q}_n$. Sie hat die Eigenschaften ($\underline{I}$ Einheitsmatrix, diag Diagonalmatrix)

$$\left.\begin{aligned} &\underline{\Phi}^{\mathrm{T}} \underline{M} \underline{\Phi} = c^2 \underline{I}, \quad \underline{\Phi}^{\mathrm{T}} \underline{K} \underline{\Phi} = c^2 \mathrm{diag}(\lambda_i), \\ &\underline{\Phi}^{-1} = (1/c^2) \underline{\Phi}^{\mathrm{T}} \underline{M}. \end{aligned}\right\} \qquad (18)$$

Man definiert Hauptkoordinaten $\underline{x}$ durch die Gleichung $\underline{q} = \underline{\Phi}\underline{x}$. Einsetzen in Gl. (15) und Linksmultiplikation mit $\underline{\Phi}^{\mathrm{T}}$ erzeugt die entkoppelten Gleichungen

$$\ddot{x}_i + \lambda_i x_i = 0 \quad (i = 1, \ldots, n). \qquad (19)$$

Wenn $\underline{K}$ positiv definit ist, dann ist die Gleichgewichtslage $\underline{q} = 0$, $\underline{x} = \underline{0}$ stabil und $\lambda_i = \omega_{0i}^2 > 0$ $(i = 1, \ldots, n)$. Zu den Gl. (19) gehören die Anfangsbedingungen $\underline{x}(0) = \underline{\Phi}^{-1}\underline{q}(0)$ und $\dot{\underline{x}}(0) = \underline{\Phi}^{-1}\dot{\underline{q}}(0)$. Aus der Lösung $\underline{x}(t)$ ergibt sich $\underline{q}(t) = \underline{\Phi}\underline{x}(t)$.

***Beispiel 4:*** In Beispiel 2 sei $m_1 = m_2 = m_3 = m$ und $k_1 = k_2 = k_3 = k$. Dann ergeben sich aus Gl. (17) mit der Abkürzung $\omega_0^2 = k/m$ die charakteristische Gleichung $(\lambda - \omega_0^2)(\lambda^2 - 4\omega_0^2\lambda + \omega_0^4) = 0$, die Eigenwerte $\lambda_1 = \omega_0^2$, $\lambda_{2,3} = (2 \pm \sqrt{3})\omega_0^2$ und die nicht-normierten Eigenvektoren $\underline{Q}_1 = [0 \ -1 \ 1]^T$, $\underline{Q}_{2,3} = [-(1 \pm \sqrt{3}) \ (2 \pm \sqrt{3}) \ 1]^T$.

***Beispiel 5:*** Die Glocke in Beispiel 3 kann durch Anregung mit der ersten Eigenkreisfrequenz nicht zum Läuten gebracht werden, wenn die Parameter die Bedingung erfüllen, dass in der Eigenform $\varphi_1(t) \equiv \varphi_2(t) = \varphi(t)$ ist. Einsetzen in die Bewegungsgleichungen Gl. (16) liefert zwei Gleichungen $\ddot{\varphi} + \omega_i^2 \varphi = 0$ $(i = 1, 2)$. Die gesuchte Bedingung ergibt sich aus $\omega_1^2 = \omega_2^2$ zu $l_0 m_2 [J_2 + l_2(m_1 l_1 - m_2 l_2)] + m_1 l_1 J_2 - m_2 l_2 J_1 = 0$.

## 8.3 Erzwungene lineare Schwingungen

### 8.3.1 Systeme mit dem Freiheitsgrad Eins

#### 8.3.1.1 Harmonische Erregung. Vergrößerungsfunktionen

Abb. 5 zeigt Beispiele für Schwinger, die durch eine vorgegebene Bewegung $u(t) = u_0 \cos \Omega t$ eines Systempunktes oder durch eine vorgegebene Kraft $F(t) = F_0 \cos \Omega t$ zwangserregt werden. Diese Form der Erregung heißt *harmonische*

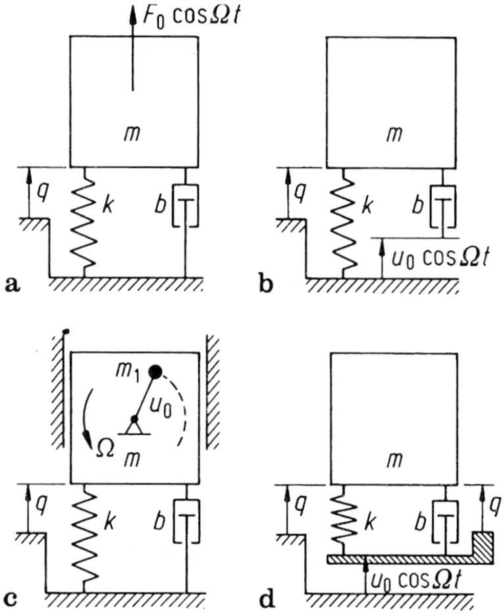


**Abb. 5** Schwinger mit harmonischer Erregung **a** durch eine äußere Kraft, **b** und **d** durch Fußpunktbewegungen und c durch einen umlaufenden, unwuchtigen Rotor ($m_1$ Rotormasse, $u_0$ Schwerpunktabstand von der Drehachse)

*Erregung*. $u_0$ bzw. $F_0$ heißen Erregeramplitude und $\Omega$ Erregerkreisfrequenz. Die Bewegungsgleichung für die Koordinate $q$ lautet für Abb. 5a

$$m\ddot{q} + b\dot{q} + kq = F(t). \tag{20}$$

Für alle linearen Ein-Freiheitsgrad-Schwinger (z. B. auch bei erzwungenen Torsionsschwingungen) hat sie diese Form mit unterschiedlichen Bedeutungen der Koordinate $q$ und der Parameter $m$, $b$ und $k$. Von Gl. (5) unterscheidet sie sich nur durch die *Erregerfunktion* $F(t)$. Wie Gl. (5) wird sie mit Hilfe der Gl. (6) und (7) umgeformt. Das Ergebnis ist

$$\begin{aligned} &q'' + 2Dq' + q = q_0 f_i(\eta, D)\cos(\eta\tau - \psi) \\ &\text{mit} \quad \eta = \Omega/\omega_0. \end{aligned} \tag{21}$$

Die Konstanten $D$, $q_0$ und $\psi$ und die Funktion $f_i(\eta, D)$ sind von Fall zu Fall verschieden. Tab. 1 gibt sie für die Schwinger von Abb. 5 an.

Die vollständige Lösung $q(\tau)$ von Gl. (21) ist die Summe aus der Lösung Gl. (9) der homogenen Gleichung und einer speziellen Lösung der inhomogenen. Im Fall $D > 0$ klingt $q(t)$ in Gl. (9) ab, so dass die spezielle Lösung das stationäre Verhalten beschreibt. Sie lautet

$$q(\tau) = q_0 V_i(\eta, D)\cos(\eta\tau - \psi - \varphi) \tag{22}$$

mit der sog. *Vergrößerungsfunktion*

$$V_i(\eta,D) = \frac{f_i(\eta,D)}{\left[(1-\eta^2)^2 + 4D^2\eta^2\right]^{1/2}} \quad (i = 1, \ldots, 4). \tag{23}$$

Für den Phasenwinkel $\varphi(\eta, D)$ gilt stets $\tan\varphi = 2D\eta/(1 - \eta^2)$. Die Vergrößerungsfunktionen $V_2$, $V_3$ und $V_4$ zu $f_2$, $f_3$ und $f_4$ von Tab. 1 sowie $\varphi(\eta, D)$ sind in Abb. 6 dargestellt. Für $V_1$ gilt $V_1(\eta, D) \equiv V_3(1/\eta, D)$.

Man sagt, dass $q$ in *Resonanz* mit der Erregung ist, wenn $\eta = 1$ ist. Die Maxima der Vergrößerungsfunktionen bei gegebenem Dämpfungsgrad $D$ liegen für $V_1$ bei

$$\eta = \left(1 - 2D^2\right)^{1/2},$$

für $V_2$ bei $\eta = 1$, für $V_3$ bei $\eta = (1 - 2D^2)^{-1/2}$ und für $V_4$ bei $\eta = [(1 + 8D^2)^{1/2} - 1]^{1/2}/(2D)$. Die Maxima sind

$$\begin{aligned} V_{1\max} &= V_{3\max} = \left(1 - D^2\right)^{-1/2}/(2D), \\ V_{2\max} &= 1, \\ V_{4\max} &= \left[1 - \left(\frac{\sqrt{1 + 8D^2} - 1}{4D^2}\right)^2\right]^{-1/2}. \end{aligned}$$

Im Fall $D \ll 1$ treten die Maxima aller vier Funktionen bei $\eta \approx 1$ auf, und alle außer $V_{2\max}$ haben angenähert den Wert $1/(2D)$.

### 8.3.1.2 Periodische Erregung

Wenn die Erregerfunktion (z. B. $u(t)$ in Abb. 5) nichtharmonisch periodisch mit der Periodendauer $T$ ist, definiert man $\Omega = 2\pi/T$ und $\eta = \Omega/\omega_0$ und entwickelt die Störfunktion der Differenzialgleichung in eine Fourierreihe. An die Stelle der rechten Seite von Gl. (21) tritt dann der Ausdruck

**Tab. 1** Bedeutung der Größen $\omega_0$, $D$, $q_0$, $\psi$ und $f_i(\eta, D)$ in Gl. (21) für die Schwinger von Abb. 5. Für Abb. 5d liefert die obere Zeile die Gleichung für die Koordinate $q$ und die untere die Gleichung für die Koordinate $q^*$

| Abb. 5 | $\omega_0^2$ | $2D$ | $q_0$ | $\psi$ | $f_i(\eta, D)$ |
|---|---|---|---|---|---|
| a | $k/m$ | $b/\sqrt{mk}$ | $F_0/k$ | 0 | $f_1 = 1$ |
| b | $k/m$ | $b/\sqrt{mk}$ | $u_0$ | $-\pi/2$ | $f_2 = 2D\eta$ |
| c | $k/(m + m_1)$ | $b/\sqrt{(m + m_1)k}$ | $u_0 m_1/(m + m_1)$ | 0 | $f_3 = \eta^2$ |
| d{ | $k/m$ | $b/\sqrt{mk}$ | $u_0$ | $-\arctan(2D\eta)$ | $f_4 = \sqrt{1 + 4D^2\eta^2}$ |
| | $k/m$ | $b/\sqrt{mk}$ | $u_0$ | 0 | $f_3 = \eta^2$ |

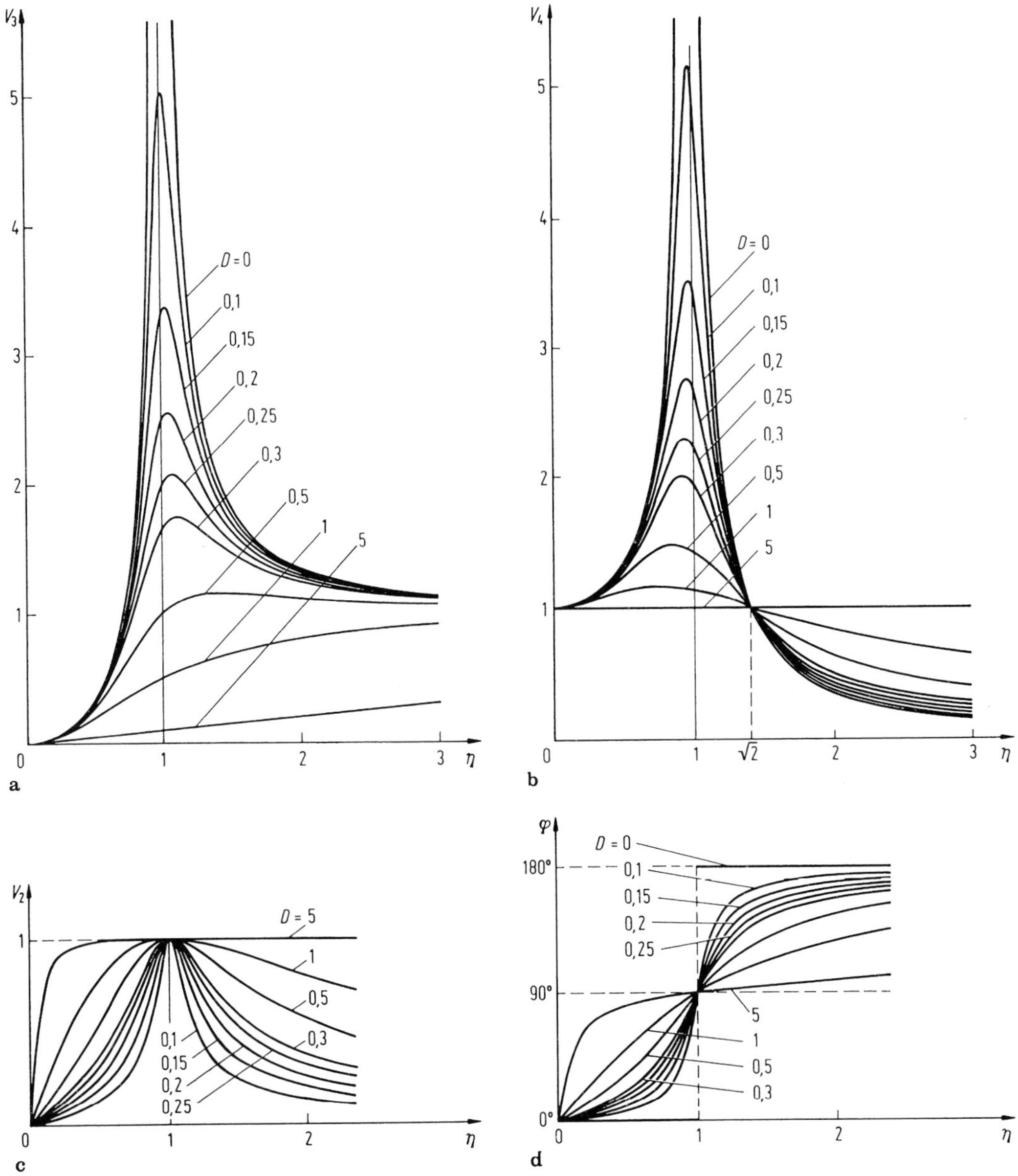


**Abb. 6** **a–c** Vergrößerungsfunktionen $V_3$, $V_4$ und $V_2$ für die Schwinger von Abb. 5. **d** Phasenwinkel $\varphi(\eta, D)$ in Gl. (22) für alle Schwinger von Abb. 5

$$\begin{aligned}&\sum_{k=1}^{\infty}[a_k\cos(k\eta\tau)+b_k\sin(k\eta\tau)]\\&=\sum_{k=1}^{\infty}c_k\cos(k\eta\tau-\psi_k)\end{aligned}\tag{24}$$

mit $c_k^2=a_k^2+b_k^2$ und $\tan\psi_k=b_k/a_k$, wobei die $c_k$ und $\psi_k$ i. allg. von $\eta$ und $D$ abhängen. Die Lösung $q(\tau)$ der Differenzialgleichung ergibt sich aus Gl. (22) nach dem Superpositionsprinzip zu

$$\left.\begin{aligned}&q(\tau)=\sum_{k=1}^{\infty}c_kV_1(k\eta,D)\cos(k\eta\tau-\psi_k-\varphi_k),\\&\tan\varphi_k=2Dk\eta/\left(1-k^2\eta^2\right).\end{aligned}\right\}\tag{25}$$

Das $k$-te Glied dieser Reihe ist mit der Erregung in Resonanz, wenn $k\eta = 1$ ist.

#### 8.3.1.3 Nichtperiodische Erregung. Faltungsintegral

Bei nichtperiodischer Erregung tritt an die Stelle von Gl. (21) $q'' + 2Dq' + q = f(\tau)$ mit einer nichtperiodischen Störfunktion $f(\tau)$. Die vollständige Lösung $q(\tau)$ ist die Summe aus der Lösung Gl. (9) der homogenen Gleichung und einer partikulären Lösung zur Störfunktion $f(\tau)$. Die partikuläre Lösung zur Störfunktion $f(\tau) = (a_m\tau^m + a_{m-1}\tau^{m-1} + \ldots + a_1\tau + a_0)\cos\beta\tau$ mit beliebigen Konstanten $m \geq 0$, $a_m, \ldots, a_0$ und $\beta$ (statt $\cos\beta\tau$ kann auch $\sin\beta\tau$ stehen) ist

$$q_{\text{part}}(\tau) = \left(b_m\tau^m + b_{m-1}\tau^{m-1} + \ldots + b_1\tau + b_0\right)\cos\beta\tau + \left(c_m\tau^m + c_{m-1}\tau^{m-1} + \ldots + c_1\tau + c_0\right)\sin\beta\tau.$$

Im Sonderfall $D = 0$, $\beta = 1$ muss der gesamte Ausdruck mit $\tau$ multipliziert werden. Die Konstanten $b_i$, $c_i$ $(i = 0, \ldots, m)$ werden bestimmt, indem man $q_{part}$ in die Differenzialgleichung einsetzt und einen Koeffizientenvergleich vornimmt.

Bei komplizierten Störfunktionen $f(\tau)$ berechnet man die vollständige Lösung $q(\tau)$ zu Anfangswerten $q_0 = q(0)$, $q'_0 = q'(0)$ mit dem *Faltungsintegral*:

$$q(\tau) = \frac{1}{\nu}\int_0^\tau f(\bar\tau)e^{-D(\tau-\bar\tau)}\sin\nu(\tau-\bar\tau)d\bar\tau + e^{-D\tau}\left[q_0\cos\nu\tau + (1/\nu)\left(q'_0 + Dq_0\right)\sin\nu\tau\right]$$

mit $\nu = (1 - D^2)^{1/2}$. Das Integral ist entweder in geschlossener Form oder numerisch auswertbar (siehe Abschn. 4.3 in Band 1, Kap. „Lineare Algebra, Nichtlineare Gleichungen und Interpolation").

#### 8.3.1.4 Periodische Erregung durch Stöße

Bei einem Stoß wirkt auf den Schwinger kurzzeitig eine große Kraft $F(t)$. Das Integral $\widehat{F} = \int F(t)\,dt$ über die Stoßdauer heißt *Kraftstoß*. Ein einzelner, infinitesimal kurzzeitig wirkender Kraftstoß $\widehat{F}$ auf einen anfangs ruhenden, gedämpften Schwinger mit der Differenzialgleichung $m\ddot{q} + b\dot{q} + kq = 0$ verursacht die Schwingung $q(\tau) = B\exp(-D\tau)\sin\nu\tau$ mit $B = \widehat{F}/(\nu m\omega_0)$. Zur Bedeutung der Symbole siehe die Gl. (6), (7), (8) und (9). Wenn auf denselben Schwinger gleichgerichtete und gleich große Kraftstöße $\widehat{F}$ periodisch im zeitlichen Abstand $T_s$ wirken, stellt sich asymptotisch eine stationäre Schwingung ein, bei der sich zwischen je zwei Stößen periodisch der Verlauf $q(\tau) = V_1(\eta, D) \times B \exp(-D\tau)\sin(\nu\tau + \psi)$ wiederholt $(0 \leqq \tau \leqq \Delta\tau = \omega_0 T_s)$. Darin ist $B$ dieselbe Größe wie oben, $\eta = T_s\omega_0/(2\pi)$ das Verhältnis aus Stoßzeitintervall und Periodendauer der freien ungedämpften Schwingung, $\psi$ ein von $\eta$ und $D$ abhängiger Nullphasenwinkel und $V_1(\eta, D)$ die *Vergrößerungsfunktion* (siehe Wittenburg 1996)

$$V_1(\eta, D) = \frac{\exp(\pi D\eta)}{\{2[\cosh(2\pi D\eta) - \cos(2\pi\nu\eta)]\}^{1/2}}. \tag{26}$$

Sie ist in Abb. 7 dargestellt. Die Resonanzspitzen bei $\eta = n$ (ganzzahlig) sind im Fall $D \ll 1$

$$V_1(n, D) \approx [1 - \exp(-2\pi n D)]^{-1}.$$

### 8.3.2 Erzwungene Schwingungen bei endlich vielen Freiheitsgraden

Hierzu siehe auch Übertragungsmatrizen im ▶ Kap. 10, „Anwendungen der Festigkeitslehre".

#### 8.3.2.1 Ungedämpfte Systeme

Im Fall ohne Dämpfung tritt an die Stelle von Gl. (15) die Differenzialgleichung

$$\underline{M}\ddot{\underline{q}} + \underline{K}\,\underline{q} = \underline{F}(t) \tag{27}$$

mit einer Spaltenmatrix $\underline{F}(t)$ von Erregerfunktionen. Bei harmonischer Erregung mit einer einzigen Erregerkreisfrequenz $\Omega$ ist $\underline{F}(t) = \underline{F}_0\cos\Omega t$ mit $\underline{F}_0 = \text{const.}$ Die stationäre Lösung ist $\underline{q}(t) = \underline{A}\cos\Omega t$. Die konstante Spaltenmatrix $\underline{A}$ ist die Lösung des inhomogenen Gleichungssystems

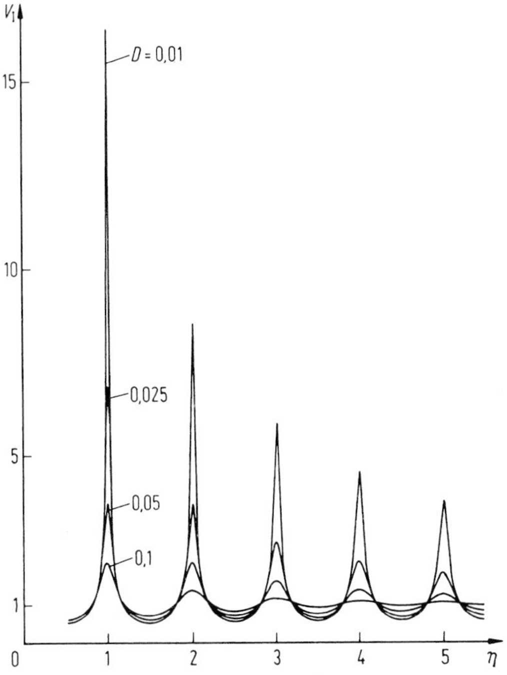


**Abb. 7** Vergrößerungsfunktion $V_1$ nach Gl. (26) für Schwingungserregung durch periodische Kraftstöße

$$\left(\underline{K} - \Omega^2 \underline{M}\right)\underline{A} = \underline{F}_0. \tag{28}$$

Resonanz tritt ein, wenn $\Omega$ mit einer Eigenkreisfrequenz $\omega_i$ des Systems, d. h. einer Lösung der Gleichung $\det\left(\underline{K} - \omega^2 \underline{M}\right) = 0$, übereinstimmt (das ist Gl. (17) mit $\lambda = \omega^2$).

Durch geeignete Parameterabstimmung kann man u. U. erreichen, dass die aus Gl. (28) berechnete Amplitude $A_i$ einer Koordinate $q_i$ bei einer bestimmten, im Normalbetrieb des Systems auftretenden Erregerkreisfrequenz Ω gleich null ist. Dieser Effekt heißt *Schwingungstilgung*.

***Beispiel 6:*** Für das System in Abb. 8 hat Gl. (28) die Form

$$\left(\begin{bmatrix} k_1 & 0 \\ 0 & k_2 \end{bmatrix} - \Omega^2 \begin{bmatrix} m_{\text{ges}} & m_2 \\ m_2 & m_2 \end{bmatrix}\right)\begin{bmatrix} A_1 \\ A_2 \end{bmatrix} = \begin{bmatrix} m\Omega^2 r \\ 0 \end{bmatrix}.$$

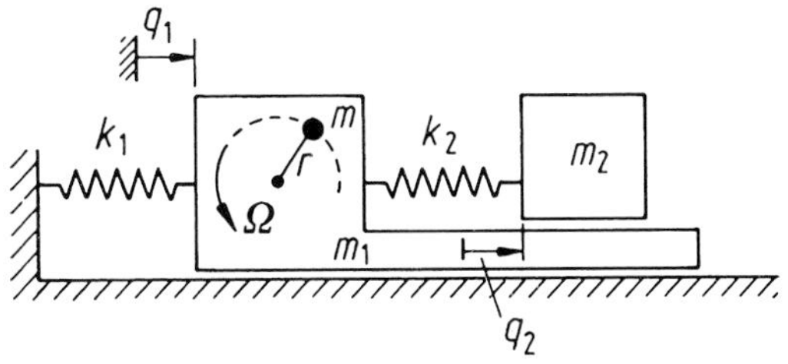


**Abb. 8** Schwingungstilger. Bei geeigneter Parameterwahl $m_2$, $k_2$ bleibt $m_1$ in Ruhe

Bei der Parameterabstimmung $\Omega^2 = k_2/m_2$ ist $A_1 = 0$.

Zur vollständigen Lösung der Gl. (27) zu gegebenen Anfangsbedingungen und bei beliebigem $\underline{F}(t)$ werden die Gleichungen mit Hilfe der Eigenwerte $\lambda_i$ ($i = 1, \ldots, n$), der Modalmatrix $\underline{\Phi}$ und der Hauptkoordinaten $\underline{x}$ von Abschn. 2.2.2 entkoppelt. Das Ergebnis sind die Gleichungen

$$\ddot{x}_i + \lambda_i x_i = \left(1/c^2\right)\left[\underline{\Phi}^{\mathrm{T}}\underline{F}(t)\right]_i \quad (i = 1, \ldots, n). \tag{29}$$

Diese Gleichungen werden mit den Methoden von Abschn. 3.1.3 zu Anfangsbedingungen $\underline{x}(0) = \underline{\Phi}^{-1}\underline{q}(0)$ und $\dot{\underline{x}}(0) = \underline{\Phi}^{-1}\dot{\underline{q}}(0)$ gelöst. Aus der Lösung $\underline{x}(t)$ ergibt sich $\underline{q}(t) = \underline{\Phi}\underline{x}(t)$.

### 8.3.2.2 Gedämpfte Systeme

Bei linearer Dämpfung tritt an die Stelle von Gl. (27) die Gleichung

$$\underline{M}\ddot{\underline{q}} + \underline{D}\dot{\underline{q}} + \underline{K}\underline{q} = \underline{F}(t) \tag{30}$$

mit einer symmetrischen Dämpfungsmatrix $\underline{D}$. Bei harmonischer Erregung $\underline{F}(t) = \underline{F}_0 \cos \Omega t$ mit einer einzigen Erregerkreisfrequenz $\Omega$ und mit $\underline{F}_0 = \text{const}$ ist die stationäre Lösung $\underline{q}(t) = \underline{A}\cos \Omega t + \underline{B}\sin \Omega t$. Die konstanten Spaltenmatrizen $\underline{A}$ und $\underline{B}$ sind die Lösungen des inhomogenen Gleichungssystems

$$\begin{bmatrix} \underline{K} - \Omega^2 \underline{M} & \Omega \underline{D} \\ -\Omega \underline{D} & \underline{K} - \Omega^2 \underline{M} \end{bmatrix}\begin{bmatrix} \underline{A} \\ \underline{B} \end{bmatrix} = \begin{bmatrix} \underline{F}_0 \\ \underline{0} \end{bmatrix}.$$

Bei beliebiger Erregung ist $\underline{F}(t)$ als Summe von höchstens $n$ Ausdrücken der Form $\underline{F}_0 f(t)$ mit $\underline{F}_0 =$ const darstellbar. Da das Superpositionsprinzip gilt, wird die Lösung nur für diese Form angegeben. Die folgenden Rechenschritte liefern die Lösung für $\underline{z}(t) = [q_1(t)\ldots q_n(t)\dot{q}_1(t)\ldots \dot{q}_n(t)]^{\mathrm{T}}$ zu gegebenen Anfangswerten $\underline{z}(0)$.

1. Schritt: Man bildet eine konstante Spaltenmatrix $\underline{B}$ mit $2n$ Elementen, in der oben $n$ Nullelemente und darunter das Produkt $\underline{M}^{-1}\underline{F}_0$ stehen.
2. Schritt: Man berechnet die $2n$ Eigenwerte $\lambda_i$ und Eigenvektoren $\underline{Q}_i (i = 1, \ldots, 2n)$ des Eigenwertproblems $(\lambda^2 \underline{M} + \lambda \underline{D} + \underline{K})\underline{Q} = \underline{0}$. Die Normierung der Eigenwerte ist beliebig. Das Ergebnis sind $p \le n$ Paare konjugiert komplexer Eigenwerte $\lambda_i = \varrho_i \pm \mathrm{j}\sigma_i$ und Eigenvektoren $\underline{Q}_i = \underline{u}_i \pm \mathrm{j}\underline{v}_i$ $(i = 1, \ldots, p)$ sowie $2n - 2p$ reelle Eigenwerte $\lambda_i$ und Eigenvektoren $\underline{Q}_i$ $(i = 2p + 1, \ldots, 2n)$. Zu jedem Paar komplexer Eigenvektoren werden $\underline{u}_i^* = \varrho_i \underline{u}_i - \sigma_i \underline{v}_i$ und $\underline{v}_i^* = \sigma_i \underline{u}_i + \varrho_i \underline{v}_i$ $(i = 1, \ldots, p)$ und zu jedem reellen Eigenvektor $\underline{Q}_i$ wird $\underline{Q}_i^* = \lambda_i \underline{Q}_i$ $(i = 2p+1, \ldots, 2n)$ berechnet. Dann bildet man die reelle $(2n \times 2n)$-Matrix

$$\underline{\Psi} = \begin{bmatrix} \underline{u}_1 & \underline{v}_1 & \cdots & \underline{u}_p & \underline{v}_p & \underline{Q}_{2p+1} & \cdots & \underline{Q}_{2n} \\ \underline{u}_1^* & \underline{v}_1^* & \cdots & \underline{u}_p^* & \underline{v}_p^* & \underline{Q}_{2p+1}^* & \cdots & \underline{Q}_{2n}^* \end{bmatrix}.$$

3. Schritt: Man löst das Gleichungssystem $\underline{\Psi}\,\underline{Y} = \underline{B}$ nach $\underline{Y}$ auf.
4. Schritt: Man löst (mit einem der Verfahren von Abschn. 3.1) die $p$ Differenzialgleichungen 2. Ordnung

$$\ddot{x}_i - 2\varrho_i \dot{x}_i + (\varrho_i^2 + \sigma_i^2)x_i = f(t) \quad (i = 1, \ldots, p) \tag{31}$$

und die $2n - 2p$ Differenzialgleichungen 1. Ordnung

$$\dot{y}_i - \lambda_i y_i = Y_i f(t) \quad (i = 2p + 1, \ldots, 2n).$$

Anfangswerte $x_i(0)$, $\dot{x}_i(0)$ und $y_i(0)$ siehe unten. Zu jeder Lösung $x_i(t)$ berechnet man $\dot{x}_i(t)$.

5. Schritt: Zu jedem Paar $x_i(t)$, $\dot{x}_i(t)$ berechnet man Funktionen $y_{2i-1}(t)$ und $y_{2i}(t)$ aus der Gleichung

$$\begin{bmatrix} y_{2i-1}(t) \\ y_{2i}(t) \end{bmatrix} = \begin{bmatrix} -\varrho_i Y_{2i-1} + \sigma_i Y_{2i} & Y_{2i-1} \\ -\sigma_i Y_{2i-1} - \varrho_i Y_{2i} & Y_{2i} \end{bmatrix} \times \begin{bmatrix} x_i(t) \\ \dot{x}_i(t) \end{bmatrix} \quad (i = 1, \ldots, p). \tag{32}$$

Im Fall $f(t) \equiv 0$ setze man in Gl. (32) $Y_{2i-1} = 1$, $Y_{2i} = 0$. Im Sonderfall $f(t) \neq 0$, $Y_{2i-1} = Y_{2i} = 0$ setze man in Gl. (31) $f(t) \equiv 0$ und in Gl. (32) $Y_{2i-1} = 1$, $Y_{2i} = 0$. Anfangswerte $\underline{y}(0)$ werden aus dem Gleichungssystem $\underline{\Psi}\,\underline{y}(0) = \underline{z}(0)$ berechnet. Anfangswerte für Gl. (31) werden mit $\underline{y}(0)$ aus Gl. (32) berechnet.

6. Schritt: Man bildet die Spaltenmatrix $\underline{y}(t) = [y_1(t)\ldots y_{2p}(t)\,y_{2p+1}(t)\ldots y_{2n}(t)]^{\mathrm{T}}$. Die gesuchte Lösung ist $\underline{z}(t) = \underline{\Psi}\,\underline{y}(t)$.

## 8.4 Lineare parametererregte Schwingungen

Lineare parametererregte Schwingungen eines Systems mit dem Freiheitsgrad 1 werden durch die Differenzialgleichung

$$\ddot{q} + p_1(t)\dot{q} + p_2(t)q = 0 \tag{33}$$

beschrieben. Sie besitzt die spezielle Lösung $q(t) \equiv 0$. Die Koeffizienten $p_1(t)$ und $p_2(t)$ entscheiden darüber, ob die allgemeine Lösung $q(t)$ asymptotisch stabil, grenzstabil oder instabil ist.

***Beispiel 7:*** Das Pendel mit linear von $t$ abhängiger Länge $l(t) = l_0 + vt$ (z. B. ein Förderkorb am Seil mit konstanter Geschwindigkeit $v > 0$ oder $v < 0$). Die horizontale Auslenkung $q$ des Pendelkörpers aus der Vertikalen (nicht der Pendelwinkel) wird durch Gl. (33) mit $p_1(t) \equiv 0$ und $p_2(t) = g/(l_0 + vt)$ beschrieben. Im Fall $v > 0$ schwingt $q(t)$ angefacht und im Fall $v < 0$ gedämpft. Der Pendelwinkel schwingt dagegen im Fall $v > 0$ gedämpft und im Fall $v < 0$ angefacht.

**Tab. 2** Stabilitätskriterien für Gl. (34) mit periodischen Koeffizienten $p_1^*(\tau)$ und $p_2^*(\tau)$. $s_1$ und $s_2$ sind die Wurzeln der Gleichung $\det(\underline{\Phi}(2\pi) - s\underline{I}) = 0$

| | $\lvert s_2 \rvert < 1$ | $\lvert s_2 \rvert = 1$ | $\lvert s_2 \rvert > 1$ |
|---|---|---|---|
| $\lvert s_1 \rvert < 1$ | asympt. stabil | grenzstabil | instabil |
| $\lvert s_1 \rvert = 1$ | grenzstabil | $y_1' = y_2 = 0$?<br>ja: grenzstabil<br>nein: instabil | instabil |
| $\lvert s_1 \rvert > 1$ | instabil | instabil | instabil |

### 8.4.1 Satz von Floquet

Von besonderer technischer Bedeutung sind parametererregte Schwingungen, bei denen die Koeffizienten $p_1(t)$ und $p_2(t)$ in Gl. (33) beliebige periodische Funktionen gleicher Periode $T$ sind. Aussagen über Eigenschaften der Lösung und insbesondere über das Stabilitätsverhalten ergeben sich nach dem Satz von Floquet in folgenden Schritten:

1. Schritt: Man führt die normierte Zeit $\tau = 2\pi t/T$ und die dimensionslose Variable $y = q/q_0$ ein, wobei $q_0$ eine beliebige konstante Bezugsgröße der Dimension von $q$ ist. Dann nimmt Gl. (33) die normierte dimensionslose Form

$$y'' + p_1^*(\tau)y' + p_2^*(\tau)y = 0 \qquad (34)$$

mit $' = \mathrm{d}/\mathrm{d}\tau$ und mit $2\pi$-periodischen Funktionen $p_1^*(\tau)$ und $p_2^*(\tau)$ an. Diese Gl. 2. Ordnung wird in der *Zustandsform*

$$\underline{z}' = \underline{A}(\tau)\underline{z} \qquad (35)$$

als System von zwei Gleichungen 1. Ordnung geschrieben:

$$\underline{z} = \begin{bmatrix} y \\ y' \end{bmatrix}, \quad \underline{A} = \begin{bmatrix} 0 & 1 \\ -p_2^* & -p_1^* \end{bmatrix}. \qquad (36)$$

2. Schritt: Durch numerische Integration von Gl. (35) im Intervall $0 \le \tau \le 2\pi$ werden die Lösung $\underline{z}_1(\tau)$ zur Anfangsbedingung $\underline{z}_1(0) = [1 \;\; 0]^T$ und die Lösung $\underline{z}_2(\tau)$ zur Anfangsbedingung $\underline{z}_2(0) = [0 \;\; 1]^T$ berechnet. Diese Lösungen bilden die $(2 \times 2)$-Matrix $\underline{\Phi}(\tau) = [\underline{z}_1(\tau) \;\; \underline{z}_2(\tau)]$. Sie hat die Eigenschaften $\underline{\Phi}(0) = \underline{I}$ (definitionsgemäß) und $\underline{\Phi}(2\pi + \tau) \equiv \underline{\Phi}(\tau)\underline{\Phi}(2\pi)$. Aus der ersten Eigenschaft folgt: Die Lösung von Gl. (35) zu der beliebigen Anfangsbedingung $\underline{z}(0) = \underline{z}_0$ ist $\underline{z}(\tau) = \underline{\Phi}(\tau)\underline{z}_0$. Mit der zweiten Eigenschaft folgt daraus die Identität $\underline{z}(2\pi + \tau) \equiv \underline{\Phi}(2\pi + \tau)\underline{z}_0 = \underline{\Phi}(\tau)\underline{\Phi}(2\pi)\underline{z}_0$. Das bedeutet: Die Lösung $\underline{z}(\tau)$ für $\tau > 2\pi$ wird durch Matrizenmultiplikation berechnet. Fortsetzung der numerischen Integration ist nicht nötig.
3. Schritt: Die Matrix $\underline{\Phi}(2\pi)$ heißt *Monodromiematrix*. Man berechnet die (reellen oder konjugiert komplexen) Wurzeln $s_1$ und $s_2$ der quadratischen Gleichung $\det(\underline{\Phi}(2\pi) - s\,\underline{I}) = 0$. Ihre Beträge entscheiden nach Tab. 2, ob die Lösung $y(\tau)$ von Gl. (34) asymptotisch stabil, grenzstabil oder instabil ist.

### 8.4.2 Stabilitätskarten

Die periodischen Koeffizienten $p_1^*(\tau)$ und $p_2^*(\tau)$ in Gl. (34) hängen i. allg. von Parametern ab. Eine Stabilitätskarte entsteht, wenn man zwei Parameter $P_1$ und $P_2$ auswählt und in einem Koordinatensystem mit den Achsen $P_1$ und $P_2$ die Grenze zwischen Gebieten mit stabilen Lösungen und Gebieten mit instabilen Lösungen einzeichnet.

***Beispiel 8:*** Sei Gl. (34) die Gleichung $y'' + 2cy' + (\lambda + \gamma \cos \tau)y = 0$. Im Fall $c = 0$ heißt sie *Mathieusche Differenzialgleichung*. Die beiden Parameter seien $\lambda$ und $\gamma$. Abb. 9 zeigt die Stabilitätskarten für $c = 0$ und für verschiedene Dämpfungskonstanten $c > 0$.

Ein System mit Parametererregung kann zusätzlich fremderregt sein. Dann tritt an die Stelle von Gl. (33) die Gleichung $\ddot{q} + p_1(t)\dot{q} + p_2(t)q = F(t)$. Bei periodischer Fremderregung kann man sich auf den Sonderfall $F(t) = F_0 \cos \Omega t$ (ein einzelnes Glied der Fourierreihe) beschränken, weil das Su-

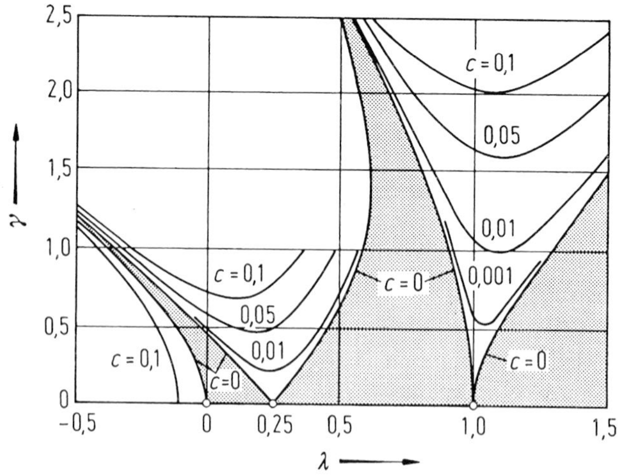


**Abb. 9** Stabilitätskarten für die Differenzialgleichung $y'' + 2cy' + (\lambda + \gamma \cos \tau)\, y = 0$ für verschiedene Werte von $c$. Für $c = 0$ (Mathieu-Gleichung) sind die Lösungen $q(t)$ für Parameterkombinationen $\lambda$, $\gamma$ im schattierten Bereich stabil. Mit zunehmender Dämpfung $c$ werden die Stabilitätsbereiche größer

perpositionsprinzip gilt. Wenn das System ohne Fremderregung stabil ist, gibt es Erregerkreisfrequenzen $\Omega$, bei denen Resonanz auftritt. Systeme mit mehreren Freiheitsgraden werden durch Differenzialgleichungssysteme mit von $t$ abhängigen Koeffizienten beschrieben. Ausführliche Darstellungen vieler Probleme mit Beispielen siehe in Yakubovich und Starzhinskii (1975).

## 8.5 Freie Schwingungen eindimensionaler Kontinua

### 8.5.1 Saite. Zugstab. Torsionsstab

Freie *Transversalschwingungen* $u(x, t)$ einer gespannten Saite (Abb. 10a; $u$ Auslenkung, $S$ Vorspannkraft, $\mu$ lineare Massenbelegung), freie *Longitudinalschwingungen* $u(x, t)$ eines geraden Stabes (Abb. 10b; $u$ Längsverschiebung, $EA$ Dehnsteifigkeit, $\varrho$ Dichte) und freie *Torsionsschwingungen* $u(x, t)$ eines Stabes (Abb. 10 c; $u$ Drehwinkel, $GI_T$ Torsionssteifigkeit, $I_p$ polares Flächenmoment, $\varrho$ Dichte) werden durch die *Wellengleichung* beschrieben:

$$\frac{\partial^2 u}{\partial t^2} = c^2 \frac{\partial^2 u}{\partial x^2} \tag{37}$$

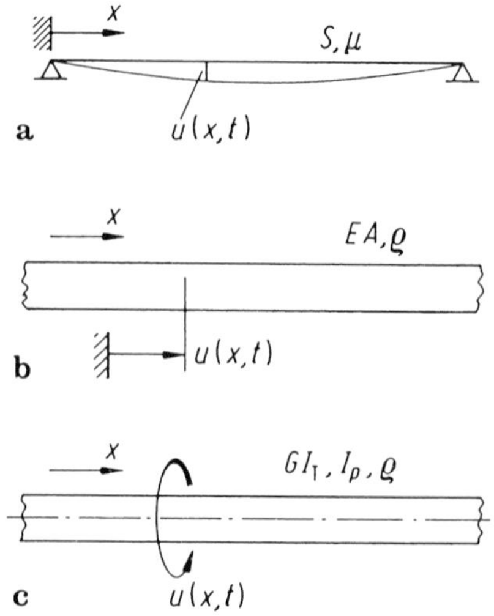


**Abb. 10** Systemparameter und Koordinaten $u(x, t)$ für die schwingende Saite (Abb. **a**), den longitudinal schwingenden Stab (Abb. **b**) und den Torsionsstab (Abb. **c**)

mit $c^2 = S/\mu$ bzw. $c^2 = E/\varrho$ bzw. $c^2 = GI_T/(\varrho I_p)$. $c$ heißt *Ausbreitungsgeschwindigkeit der Welle.* Werte von $\sqrt{E/\rho}$ sind $\approx$5100 m/s in Stahl, Aluminium und Glas (fast gleich), $\approx$4000 m/s in Beton, $\approx$1450 m/s in Wasser und $\approx$350 m/s in Kork.

Zu Gl. (37) gehören Anfangsbedingungen für $u(x, t_0)$ und für $[\partial u/\partial t]_{(x,t_0)}$. Außerdem müssen Randbedingungen formuliert werden, und zwar für Lagerpunkte, für Endpunkte und für Punkte, in denen andere Systeme (Stäbe, Saiten oder anderes) angekoppelt sind. Beispiel: Zwei longitudinal schwingende Stäbe 1 und 2 sind mit ihren Enden bei $x = 0$ zu einem durchgehenden Stab verbunden. Randbedingungen schreiben vor, dass die Verschiebungen und die Längskräfte beider Stäbe bei $x = 0$ jeweils gleich sind:

$$\begin{aligned}(u_1 - u_2)\big|_{(0,t)} &\equiv 0,\\ \left(E_1 A_1 \frac{\partial u_1}{\partial x} - E_2 A_2 \frac{\partial u_2}{\partial x}\right)\bigg|_{(0,t)} &\equiv 0.\end{aligned} \tag{38}$$

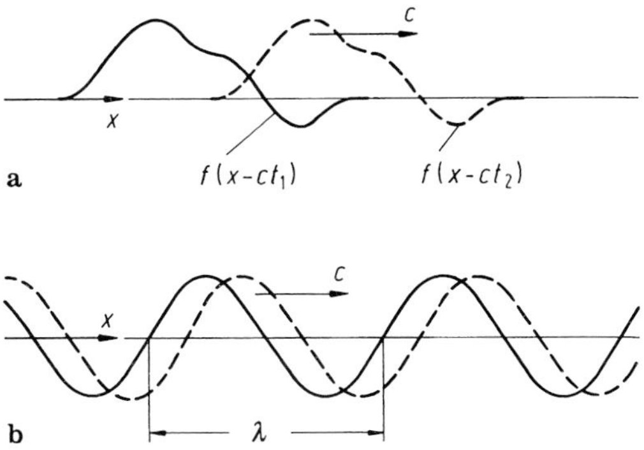


**Abb. 11** Nichtharmonische Welle (Abb. **a**) und harmonische Welle mit der Wellenlänge $\lambda$ (Abb. **b**)

### 8.5.1.1 Wellen. Reflexion. Transmission

Jede Funktion $u(x, t) = f(x - ct) + g(x + ct)$ mit beliebigen stückweise zweimal differenzierbaren Funktionen $f$ und $g$ ist Lösung von Gl. (37). $f(x - ct)$ stellt eine in positiver $x$-Richtung mit der Geschwindigkeit $c$ fortlaufende Welle gleichbleibenden Profils dar und $g(x + ct)$ eine andere in negativer Richtung laufende Welle (Abb. 11a). Die spezielle Funktion

$$\begin{aligned}f(x - ct) &= A\cos\left[\frac{2\pi}{\lambda}(x - ct)\right]\\ &= A\cos\left(\frac{2\pi x}{\lambda} - \omega t\right)\end{aligned}$$

mit $\omega = 2\pi c/\lambda$ ist für $t = \text{const}$ eine harmonische Funktion von $x$ mit der Wellenlänge $\lambda$ und bei $x = \text{const}$ eine harmonische Funktion von $t$ mit der Kreisfrequenz $\omega$, wobei $\omega\lambda = 2\pi c = \text{const}$ ist (Abb. 11b). Diese Welle heißt *harmonische Welle*.

Eine Welle, die einen Punkt mit Randbedingungen erreicht, löst dort i. allg. eine *reflektierte Welle* aus, die mit derselben Ausbreitungsgeschwindigkeit in die Gegenrichtung läuft. Wenn die Randbedingungen die Kopplung mit einem anderen Stab (einer anderen Saite) ausdrücken, dann löst die ankommende Welle in diesem (in dieser) eine *transmittierte Welle* aus. Für Wellen gilt das Superpositionsprinzip. Daraus folgt, dass reflektierte und transmittierte Wellen, die durch eine Summe von ankommenden Wellen ausgelöst werden, so berechnet werden, dass man zu jeder einzelnen ankommenden Welle die reflektierte und die transmittierte Welle berechnet und diese dann summiert. Reflektierte und transmittierte Wellen sind durch Randbedingungen eindeutig bestimmt, wenn die ankommende Welle gegeben ist.

***Beispiel 9:*** Zwei longitudinal schwingende Stäbe 1 und 2 sind mit ihren Enden bei $x = 0$ so gekoppelt, dass die Randbedingungen Gl. (38) gelten. Stab 1 ist der Stab im Bereich $x < 0$. In Stab 1 läuft die gegebene Welle $f(x - c_1 t)$ auf die Koppelstelle zu. Sie löst in Stab 1 die unbekannte reflektierte Welle $g_r(x + c_1 t)$ und in Stab 2 die unbekannte transmittierte Welle $f_t(x - c_2 t)$ aus. Mit dem Ansatz $u_1(x, t) = f + g_r$, $u_2(x, t) = f_t$ x, $t) = f + g_r$, $u_2(x, t) = f_t$ ergeben sich aus Gl. (38) die Wellen

$$\begin{aligned}g_r &= \frac{1-\alpha}{1+\alpha} f(-x - c_1 t),\\ f_t &= \frac{2}{1+\alpha} f\left[\frac{c_1}{c_2}(x - c_2 t)\right]\end{aligned}$$

mit

$$\alpha = (A_2/A_1)[E_2\rho_2/(E_1\varrho_1)]^{1/2}.$$

Dieselben Gleichungen gelten mit

$$\alpha = \left[G_2\varrho_2 I_{T2} I_{p2}/\left(G_1\varrho_1 I_{T1} I_{p1}\right)\right]^{1/2}$$

für gekoppelte Torsionsstäbe und mit

$$\alpha = c_1/c_2 = (\mu_2/\mu_1)^{1/2}$$

für gekoppelte Saiten. Wenn Stab 1 bei $x = 0$ ein festes Ende (ein freies Ende) hat, ist $\alpha = \infty$ (bzw. $\alpha = 0$). Wenn dann $f$ die harmonische Welle $f = A\cos[2\pi/\lambda(x - c_1 t)]$ ist, bildet sich die stehende Welle aus (Abb. 12):

$$u(x,t) = \begin{cases} 2A\sin(2\pi x/\lambda)\sin\omega t & \text{(festes Ende)} \\ 2A\cos(2\pi x/\lambda)\cos\omega t & \text{(freies Ende)} \end{cases}$$
$$\text{mit} \quad \omega = 2\pi c_1/\lambda. \tag{39}$$

Erzwungene Schwingungen von Stäben und Saiten sind die Folge von Fremderregung. Sie kann die Form von zusätzlichen Erregerfunktionen in Gl. (37) haben (z. B. im Fall von zeitlich vorgeschriebenen Streckenlasten an den Systemen in Abb. 10). Sie kann auch die Form von gegebenen Erregerfunktionen in Randbedingungen haben (z. B. bei zeitlich vorgeschriebenen Lagerbewegungen). Wenn sie nur diese letztere Form hat, dann ist der Lösungsansatz für Gl. (37) $u(x, t) = f(x - ct) + g(x + ct)$. Für die Wellen $f$ und $g$ ergibt sich aus den Randbedingungen ein System von linearen, inhomogenen, gewöhnlichen Differenzialgleichungen.

Weiteres zur Wellenausbreitung siehe u. a. in Achenbach 1984; Graff 1991; Brekhovskikh und Goncharov 1994; Kolsky 2012.

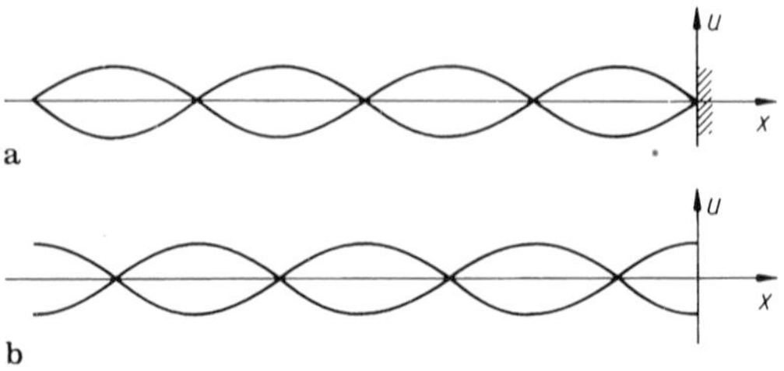


**Abb. 12** Hüllkurven von stehenden Wellen bei festem Ende (Abb. **a**) und bei freiem Ende (Abb. **b**) an der Stelle $x = 0$

### 8.5.1.2 Eigenkreisfrequenzen. Eigenformen

Auch der *Bernoullische Separationsansatz*

$$u(x,t) = f(t)\cdot g(x)$$
$$\text{mit} \quad f(t) = A\cos\omega t + B\sin\omega t, \tag{40}$$

$$g(x) = a\cos(\omega x/c) + b\sin(\omega x/c) \tag{41}$$

löst die Wellengleichung (37). $g(x)$ heißt *Eigenform* und $\omega$ *Eigenkreisfrequenz*. Die Konstanten $A$, $B$, $a$, $b$ und $\omega$ werden wie folgt bestimmt. Randbedingungen für $u$ und für $\partial u/\partial x$ liefern ein System homogener linearer Gleichungen für die Koeffizienten $a$ und $b$ (bei mehrfeldrigen Problemen zwei Koeffizienten je Feld). Das System hat nur für die abzählbar unendlich vielen Eigenwerte $\omega_k$ ($k = 1, 2, \ldots$) seiner transzendenten charakteristischen *Frequenzgleichung* (das ist die Gleichung: Koeffizientendeterminante = 0) nichttriviale Lösungen $a_k$, $b_k$ und damit Eigenformen

$$g_k(x) = a_k\cos(\omega_k x/c) + b_k\sin(\omega_k x/c).$$

Die Eigenformen erfüllen die *Orthogonalitätsbeziehungen* (Integration über den ganzen Bereich)

$$\int g_i(x)g_j(x)\,\mathrm{d}x = 0 \quad (i \neq j). \tag{42}$$

***Beispiel 10:*** Für den Torsionsstab mit Endscheibe in Abb. 13a liest man aus Abb. 13b die Randbedingungen $g(0) = 0$ und $GI_\mathrm{T}(\partial u/\partial x)|_{(l,\,t)} = -J(\partial^2 u/\partial t^2)|_{(l,\,t)}$ oder $GI_\mathrm{T}(\mathrm{d}g/\mathrm{d}x)|_l - \omega^2 Jg(l) = 0$ ab. Daraus folgt mit Gl. (41) $a = 0$ und

$$b\left(\frac{GI_\mathrm{T}\omega}{c}\cos\frac{\omega l}{c} - \omega^2 J\sin\frac{\omega l}{c}\right) = 0.$$

Das liefert die Frequenzgleichung

$$\frac{\omega l}{c}\tan\frac{\omega l}{c} = \frac{GI_\mathrm{T}l}{Jc^2} = \frac{\varrho l I_\mathrm{p}}{J}.$$

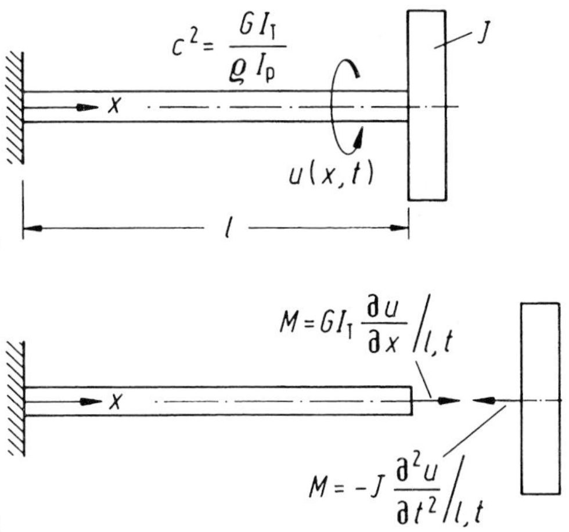


**Abb. 13** **a** Massebehafteter Torsionsstab mit Endscheibe. **b** Schnittmomente an der Verbindungsstelle von Stab und Scheibe

Sie hat unendlich viele Eigenwerte $\omega_k$ $(k = 1, 2, \ldots)$. Zu $\omega_k$ gehören die Konstanten $a_k = 0$ und $b_k = 1$ (willkürliche Normierung) und damit die Eigenform $g_k(x) = \sin(\omega_k x/c)$.

In der allgemeinen Lösung (40)

$$u(x,t) = \sum_{k=1}^{\infty} \times (A_k \cos \omega_k t + B_k \sin \omega_k t) g_k(x) \quad (43)$$

werden die $A_k$ und $B_k$ zu gegebenen Anfangsbedingungen $u(x, 0) = U(x)$ und $\partial u/\partial t|_{(x,\,0)} = V(x)$ mit Hilfe von Gl. (42) ermittelt (Integrationen über den ganzen Bereich):

$$\int U(x) g_i(x) \mathrm{d}x = A_i \int g_i^2(x) \mathrm{d}x,$$
$$\int V(x) g_i(x) \mathrm{d}x = \omega_i B_i \int g_i^2(x) \mathrm{d}x \quad (i = 1, 2, \ldots). \quad (44)$$

## 8.5.2 Biegeschwingungen von Stäben

Hierzu siehe auch Finite Elemente und Übertragungsmatrizen im ▶ Kap. 10, „Anwendungen der Festigkeitslehre“.

Bei Vernachlässigung von Schubverformung und Drehträgheit der Stabelemente lautet die Differenzialgleichung der Biegeschwingung

$$\frac{\partial^2 \left[EI_y \partial^2 w/\partial x^2\right]}{\partial x^2} + \varrho A \frac{\partial^2 w}{\partial t^2} = q(x,t) \quad (45)$$

($w(x, t)$ Durchbiegung, $EI_y(x)$ Biegesteifigkeit, $A(x)$ Querschnittsfläche, $\varrho$ Dichte, $q(x, t)$ Streckenlast). Sobald $w(x, t)$ bekannt ist, ergibt sich das Biegemoment $M_y(x, t) = -EI_y \partial^2 w/\partial x^2$. Bei konstantem Stabquerschnitt und mit $q \equiv 0$ vereinfacht sich Gl. (45) zu

$$\frac{\partial^2 w}{\partial t^2} = -C^2 \frac{\partial^4 w}{\partial x^4} \quad \text{mit} \quad C^2 = \frac{EI_y}{\varrho A}. \quad (46)$$

Diese Gleichung wird durch *Bernoullis Separationsansatz* gelöst:

$$w(x,t) = f(t) \cdot g(x)$$
$$\text{mit} \quad f(t) = A \cos \omega t + B \sin \omega t, \quad (47)$$

$$g(x) = a \cosh(x/\lambda) + b \sinh(x/\lambda) + c \cos(x/\lambda) + d \sin(x/\lambda), \quad \left(\lambda = (C/\omega)^{1/2}\right). \quad (48)$$

$g(x)$ heißt *Eigenform* und $\omega$ *Eigenkreisfrequenz* des Stabes. Die Konstanten $A$, $B$, $a$, $b$, $c$, $d$ und $\lambda$ werden wie folgt bestimmt. Randbedingungen für $w$, $\partial w/\partial x$, das Biegemoment $M_y \sim \partial^2 w/\partial x^2$ und die Querkraft $Q_z \sim \partial^3 w/\partial x^3$ liefern ein System homogener linearer Gleichungen für die Koeffizienten von $g(x)$ ($4n$ Gleichungen und Koeffizienten bei einem $n$-feldrigen Stab). Es hat nur für die abzählbar unendlich vielen Eigenwerte (Eigenkreisfrequenzen) $\omega_k$ $(k = 1, 2, \ldots)$ seiner transzendenten charakteristischen *Frequenzgleichung* (Koeffizientendeterminante $= 0$) nichttriviale Lösungen $a_k$, $b_k$, $c_k$, $d_k$ und damit Eigenformen $g_k(x)$. Die Eigenformen erfüllen die *Orthogonalitätsbeziehungen* (Integration über den ganzen Stab)

$$\int g_i(x) g_j(x) \, \mathrm{d}x = 0 \quad (i \neq j). \quad (49)$$

Tab. 3 gibt Eigenkreisfrequenzen und Eigenformen für verschieden gelagerte Stäbe an. In der allgemeinen Lösung Gl. (47)

$$w(x,t)=\sum_{k=1}^{\infty}(A_k\cos\omega_k t+B_k\sin\omega_k t)g_k(x) \quad (50)$$

mit beliebig normierten Eigenformen $g_k(x)$ werden die $A_k$ und $B_k$ zu gegebenen Anfangsbedingungen $w(x,0)=W(x)$, $\partial w/\partial t|_{(x,0)}=V(x)$ mit Hilfe von Gl. (49) ermittelt (Integrationen über den ganzen Stab):

$$\left.\begin{aligned}\int W(x)g_i(x)\,\mathrm{d}x &= A_i\int g_i^2(x)\,\mathrm{d}x,\\ \int V(x)g_i(x)\,\mathrm{d}x &= \omega_i B_i\int g_i^2(x)\,\mathrm{d}x \quad (i=1,2,\ldots).\end{aligned}\right\} \quad (51)$$

Bei Biegeschwingungen von Laufradturbinenschaufeln wirkt sich die Fliehkraft versteifend aus. Die Abhängigkeit einer Eigenkreisfrequenz $\omega_i$ von der Winkelgeschwindigkeit $\Omega$ des Laufrades hat die Form $\omega_i(\Omega)=\omega_{i0}(1+a_i\Omega^2)^{1/2}$ mit $\omega_{i0}=\omega_i(0)$ und $a_i=\text{const}$. Einzelheiten siehe in Biezeno und Grammel 1953.

## 8.6 Näherungsverfahren zur Bestimmung von Eigenkreisfrequenzen

### 8.6.1 Rayleigh-Quotient

Wenn ein aus Punktmassen, starren Körpern, masselosen Federn und massebehafteten Kontinua bestehendes konservatives System in einer Eigenform mit der Eigenkreisfrequenz $\omega$ schwingt, sind die maximale potenzielle Energie $V_{\max}$ bei Richtungsumkehr und die maximale kinetische Energie $T_{\max}$ beim Durchgang durch die Ruhelage gleich, und $T_{\max}$ ist proportional zu $\omega^2$. Also ist mit $T_{\max}=\omega^2 T^*_{\max}$

$$\omega^2=V_{\max}/T^*_{\max}. \quad (52)$$

$V_{\max}$ und $T^*_{\max}$ sind nur von der Eigenform abhängig. Tab. 2 gibt Formeln zur Berechnung für einige Systeme bzw. Systemkomponenten an. Für ein System aus mehreren Komponenten sind $V_{\max}$ und $T^*_{\max}$ jeweils die Summen der Ausdrücke für die einzelnen Komponenten. Seien $\widetilde{V}_{\max}$ und $\widetilde{T}^*_{\max}$ Näherungen für $V_{\max}$ bzw. $T^*_{\max}$, die aus Näherungen für die Eigenform zur kleinsten Eigenkreisfrequenz $\omega_1$ berechnet werden. Dann gilt

$$\omega_1^2\leqq R \quad \text{mit} \quad R=\widetilde{V}_{\max}/\widetilde{T}^*_{\max}. \quad (53)$$

$R$ heißt *Rayleigh-Quotient*. Das Gleichheitszeichen gilt nur, wenn $R$ mit der tatsächlichen Eigenform berechnet wird. Näherungen für Eigenformen müssen alle geometrischen Randbedingungen (für Randverschiebungen und Neigungen) erfüllen.

***Beispiel 11:*** Für den Biegestab mit Starrkörper und Feder in Abb. 14 liefert Tab. 4 als Summen von Größen für die drei Komponenten Stab, Körper und Feder

$$\left.\begin{aligned}2\widetilde{V}_{\max} &= EI_y\int_0^l w''^2(x)\mathrm{d}x+kw^2(l),\\ 2\widetilde{T}^*_{\max} &= \varrho A\int_0^l w^2(x)\mathrm{d}x+mw^2(l)+Jw'^2(l).\end{aligned}\right\} \quad (54)$$

Als Näherungen für die erste Eigenform werden die Biegelinien des Kragträgers mit Einzellast am Ende, $w_1(x)=3(x/l)^2-(x/l)^3$, und mit konstanter Streckenlast, $w_2(x)=6(x/l)^2-4(x/l)^3+(x/l)^4$, verwendet. $w_1$ und $w_2$ liefern die Rayleigh-Quotienten $R_1\approx 9{,}30EI_y/(\varrho Al^4)$ bzw. $R_2\approx 9{,}32EI_y/(\varrho Al^4)$. Der kleinere ist die bessere Näherung für $\omega_1^2$.

### 8.6.2 Ritz-Verfahren

Wenn die erste Eigenform für den Rayleigh-Quotienten nicht gut geschätzt werden kann, wird

**Tab. 3** Eigenkreisfrequenzen $\omega_k = C/\lambda_k^2$ und Eigenformen $g_k(x)$ von Biegestäben. Bezeichnungen wie im Text. $g_k$ ist so normiert, dass $\int_0^l g_k^2(x/\lambda_k)\mathrm{d}x = l$ ist

| Biegestab mit drei Eigenformen | Frequenzgleichung für $l/\lambda$ | Lösungen der Frequenzgleichung; $l/\lambda_k =$ | Eigenform $g_k(\xi)$ mit $\xi = x/\lambda_k$ | $a = a_k$ für $g_k(\xi)$ mit $\lambda = \lambda_k$ |
|---|---|---|---|---|
| 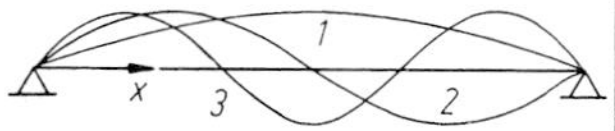  | $\sin(l/\lambda) = 0$ | $k\pi \quad k = 1, 2\ldots$ | $\sqrt{2}\sin\xi$ | |
| 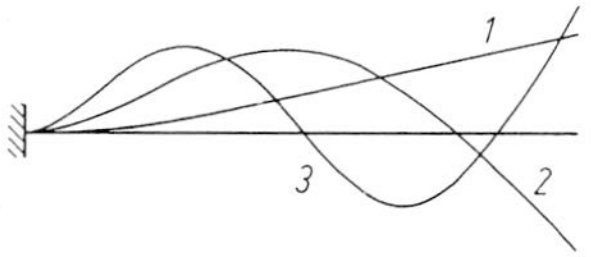  | $\cos(l/\lambda)\cosh(l/\lambda) = -1$ | $\approx 1{,}88 \ (k = 1), \quad \approx 4{,}69 \ (k = 2)$<br>$\approx \pi(k - 1/2) \quad k > 2$ | $\cosh\xi - \cos\xi - a(\sinh\xi - \sin\xi)$ | $\dfrac{\sinh(l/\lambda) - \sin(l/\lambda)}{\cosh(l/\lambda) + \cos(l/\lambda)}$ |
| 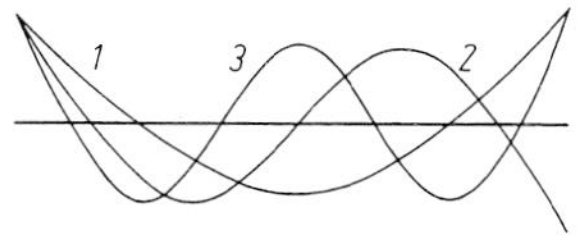  | $\cos(l/\lambda)\cosh(l/\lambda) = 1$ | $\approx 4{,}73 \ (k = 1)$<br>$\approx \pi(k + 1/2) \quad k > 1$ | $\cosh\xi + \cos\xi - a(\sinh\xi + \sin\xi)$ | $\dfrac{\cosh(l/\lambda) - \cos(l/\lambda)}{\sinh(l/\lambda) - \sin(l/\lambda)}$ |
| 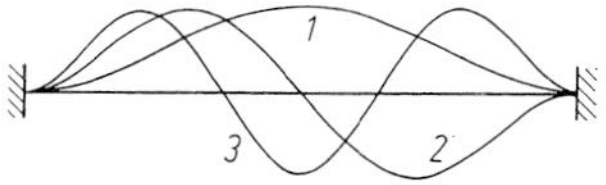  | | | $\cosh\xi - \cos\xi - a(\sinh\xi - \sin\xi)$ | |
| 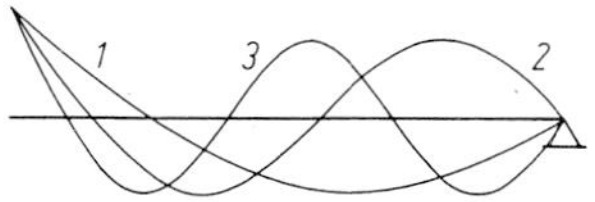  | $\tan(l/\lambda) = \tanh(l/\lambda)$ | $\approx 3{,}93 \ (k = 1)$<br>$\approx \pi(k + 1/4) \quad k > 1$ | $\cosh\xi + \cos\xi - a(\sinh\xi + \sin\xi)$ | $\cot(l/\lambda)$ |
| 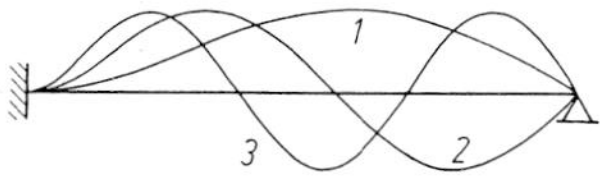  | | | $\cosh\xi - \cos\xi - a(\sinh\xi - \sin\xi)$ | |

**Abb. 14** Massebehafteter Biegestab mit Endscheibe und Feder

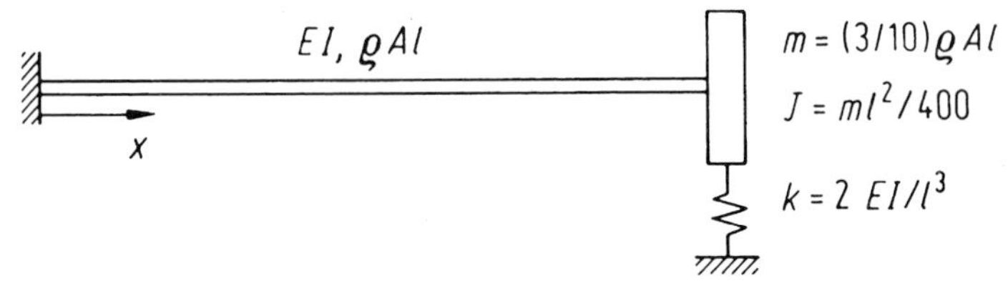


sie als Linearkombination $w(x) = c_1 w_1(x) + \ldots + c_n w_n(x)$ von $n$ sinnvoll erscheinenden, alle geometrischen Randbedingungen erfüllenden Näherungen $w_1(x), \ldots, w_n(x)$ mit unbekannten Koeffizienten $c_1, \ldots, c_n$ angesetzt. Häufig genügt $n = 2$. Mit diesem Ansatz ist $R$ in Gl. (53) eine homogen-quadratische Funktion von $c_1, \ldots, c_n$. Das kleinste $R$ (die beste Näherung für $\omega_1^2$) ist der kleinste Eigenwert $R$ des homogenen linearen Gleichungssystems für $c_1, \ldots, c_n$

$$\frac{\partial \widetilde{V}_{\max}}{\partial c_i} - R\frac{\partial \widetilde{T}^*_{\max}}{\partial c_i} = 0 \quad (i = 1, \ldots, n). \tag{55}$$

***Beispiel 12:*** Für Abb. 14 wird $w(x) = c_1\ w_1(x) + c_2\ w_2(x)$ mit den Funktionen $w_1$ und $w_2$ von Beispiel 11 angesetzt. Mit denselben Ausdrücken $\widetilde{V}_{\max}$ und $\widetilde{T}^*_{\max}$ wie dort ergibt sich für Gl. (55)

$$\begin{bmatrix} 20EI_y/(\varrho Al^4) - 2{,}15R & 18EI_y/(\varrho Al^4) - 3{,}28R \\ 18EI_y/(\varrho Al^4) - 3{,}28R & 46{,}8EI_y/(\varrho Al^4) - 5{,}02R \end{bmatrix} \times \begin{bmatrix} c_1 \\ c_2 \end{bmatrix} = \underline{0}.$$

Die Bedingung „Koeffizientendeterminante $= 0$“ liefert als kleineren von zwei Eigenwerten $R \approx 9{,}24EI_y/(\varrho Al^4)$. Diese Näherung für $\omega_1^2$ ist wesentlich besser als die in Beispiel 11.

## 8.7 Autonome nichtlineare Schwingungen mit dem Freiheitsgrad Eins

### 8.7.1 Phasenporträt

Autonome nichtlineare Schwingungen werden durch eine Differenzialgleichung der Form

$$\ddot{q} + g(q, \dot{q}) = 0 \tag{56}$$

beschrieben. Wenn der Energieerhaltungssatz $T + V = E = \text{const}$ gilt, dann ist seine allgemeinste Form $\dot{q}^2 f(q) + V(q) = E$. Das ist die Gleichung der Phasenkurve:

$$\dot{q} = \pm[(E - V(q))/f(q)]^{1/2}. \tag{57}$$

Integration dieser Gleichung ergibt für $q(t)$ die implizite Darstellung

$$t - t_0 = \int_{q_0}^{q} \left[\frac{E - V(q)}{f(q)}\right]^{-1/2} \mathrm{d}q. \tag{58}$$

Von Ausnahmen abgesehen (siehe Beispiel 13) ist das Integral nicht lösbar.

Wenn die Funktion $g(q, \dot{q})$ in Gl. (56) nicht explizit von $\dot{q}$ abhängt, dann gilt der Energieerhaltungssatz, und zwar in der speziellen Form

$$\dot{q}^2/2 + \int g(q)\mathrm{d}q = \text{const}.$$

***Beispiel 13:*** Beim ebenen Pendel hat Gl. (56) die Form $\ddot{q} + \omega_0^2 \sin q = 0$. Die Gl. (57) der Phasenkurve der freien Schwingung mit der Amplitude $A$ ist

$$\dot{q} = \pm\omega_0[2(\cos q - \cos A)]^{1/2}. \tag{59}$$

Im Phasenporträt von Abb. 15 sind die geschlossenen Kurven zu periodischen Schwingungen um die stabilen Gleichgewichtslagen $q = 0, \pm 2\pi$ usw. von den offenen Kurven zu Bewegungen mit Überschlag durch eine *Separatrix* getrennt. Sie gehört zur Bewegung aus der Ruhe heraus aus der insta-

**Tab. 4** Energieausdrücke zur Berechnung von Eigenkreisfrequenzen mit dem Rayleigh-Quotienten Gl. (53) und dem Ritz-Verfahren Gl. (55). Gl. (83) EF verweist auf Gl. (83) im ▶ Kap. 9, „Elementare Festigkeitslehre" Entsprechend (103) AF auf ▶ Kap. 10, „Anwendungen der Festigkeitslehre" und (21) K auf ▶ Kap. 7, „Kinetik starrer Körper"

| Schwingendes System und Näherung für Eigenform | | $2\widetilde{V}_{\max}$ | $2\widetilde{T}^*_{\max}$ | Hinweise |
|---|---|---|---|---|
| $n$-Freiheitsgrad-System; | $\underline{q} = [q_1 \ldots q_n]^{\mathrm{T}}$ | $\underline{q}^{\mathrm{T}}\underline{K}\underline{q}$ | $\underline{q}^{\mathrm{T}}\underline{M}\underline{q}$ | Abschn. 2.2 |
| Stab bei Longitudinalschwingung; | $u(x)$ | $\int EA(x)u'^2(x)\mathrm{d}x$ | $\int \varrho A(x)u^2(x)\mathrm{d}x$ | |
| Stab bei Torsionsschwingung; | $\varphi(x)$ | $\int GI_{\mathrm{T}}(x)\varphi'^2(x)\mathrm{d}x$ | $\int \rho I_{\mathrm{p}}(x)\varphi^2(x)\mathrm{d}x$ | |
| Stab bei Biegeschwingung; | $w(x)$ | $\int EI_y(x)w''^2(x)\mathrm{d}x$ | $\int \varrho A(x)w^2(x)\mathrm{d}x$ | Gl. (83) EF |
| Platte kartesisch; | $w(x, y)$ | $D\int\int\left[\left(\frac{\partial w}{\partial x^2}+\frac{\partial^2 w}{\partial y^2}\right)^2-2(1-\nu)\left(\frac{\partial^2 w}{\partial x^2}\cdot\frac{\partial^2 w}{\partial y^2}-\left(\frac{\partial^2 w}{\partial x\partial y}\right)^2\right)\right]\mathrm{d}x\mathrm{d}y$ | $\varrho h\int\int w^2(x, y)\mathrm{d}x\mathrm{d}y$ | Gl. (18) AF |
| Platte rotationssymmetrisch; | $w(r)$ | $\pi D\int\left[r\left(\frac{\mathrm{d}^2 w}{\mathrm{d}r^2}+\frac{1}{r}\cdot\frac{\mathrm{d}w}{\mathrm{d}r}\right)^2-2(1-\nu)\frac{\mathrm{d}w}{\mathrm{d}r}\cdot\frac{\mathrm{d}^2 w}{\mathrm{d}r^2}\right]\mathrm{d}r$ | $\pi\varrho h\int w^2(r)\mathrm{d}r$ | Gl. (19) AF |
| masselose (Dreh-)Feder; Auslenkung $x$ bzw. $\varphi$ | $kx^2$ bzw. $k\varphi^2$ | | – | |
| Starrkörper; Translation $x, y, z$; Drehwinkel $\varphi$ | – | | $m(x^2+y^2+z^2)+J\varphi^2$ | Gl. (21) K |

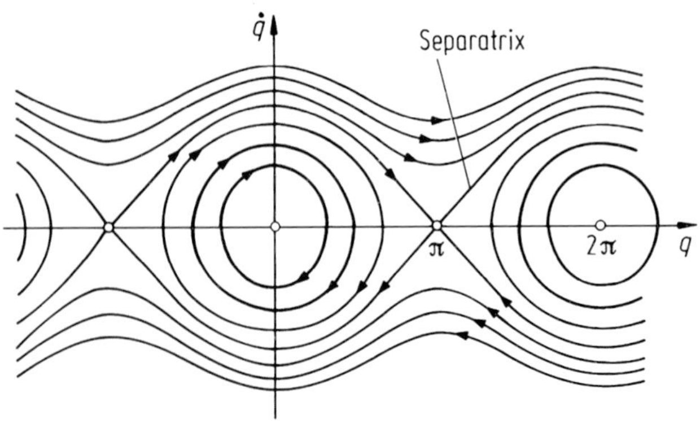


**Abb. 15** Phasenporträt des ebenen Pendels

bilen Gleichgewichtslage $q = \pi$. Ihre Gleichung ist also

$$\dot{q} = \pm\omega_0[2(1 + \cos q)]^{1/2} = \pm 2\omega_0 \cos(q/2).$$

Mit Gl. (59) für $\dot{q}$ ist das Integral in Gl. (58) durch eine elliptische Funktion ausdrückbar. Für die Lösung $q(t)$ gilt

$$\sin(q/2) = \sin(A/2)\,\mathrm{sin}(\omega_0 t, k)$$

mit dem Modul $k = \sin(A/2)$. Die Periodendauer ist

$$T = \frac{4\mathrm{K}(k)}{\omega_0} = \left(\frac{2\pi}{\omega_0}\right)\left(1 + \frac{A^2}{16} + \frac{11A^4}{3072} + \ldots\right) \quad (60)$$

mit dem vollständigen elliptischen Integral K.

Wenn es zu Gl. (56) keinen Energieerhaltungssatz gibt, dann bedeutet das Auftreten von $\dot{q}$ Dämpfung oder Anfachung oder eine Kombination von beidem. Bei einer Klasse von Schwingern, den sog. selbsterregten, kann es dennoch periodische Lösungen geben. Sie erscheinen im Phasenporträt (Abb. 16) als einzelne geschlossene Kurven, sog. *Grenzzyklus*, in die andere Phasenkurven entweder asymptotisch einmünden oder aus denen sie herauslaufen. Beispiele für selbsterregte Schwingungen sind das Flattern von Flugzeugkonstruktionen, Brücken, Türmen und Wasserbaukonstruktionen in Luft- bzw. Wasserströmungen und das Rattern von Werkzeugen in Drehmaschinen.

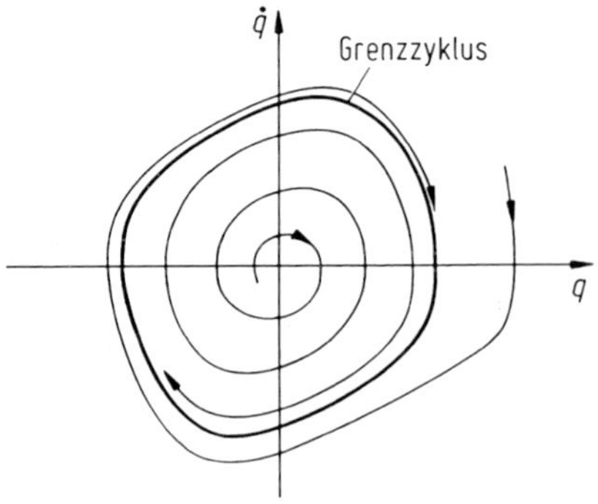


**Abb. 16** Phasenporträt eines Van-der-Pol-Schwingers

## 8.7.2 Näherungslösungen

Literatur: Nayfeh und Mook 1995; Blekhman 2000; Thomsen 2003; Fidlin 2006. Die im folgenden geschilderten Näherungsmethoden setzen voraus, dass Gl. (56) die Form

$$\ddot{q} + \omega_0^2 q + \varepsilon f(q, \dot{q}) = 0 \quad (61)$$

hat. Dabei soll $f(q, \dot{q})$ eine nichtlineare Funktion mit $f(0, 0) = 0$ sein, deren Taylorentwicklung um den Punkt $q = 0$, $\dot{q} = 0$ kein lineares Glied mit $q$ enthält. $\varepsilon$ ist ein kleiner dimensionsloser Parameter, der ggf. künstlich eingeführt wird. Beispiele für Gl. (61) sind der *Duffing-Schwinger* mit

$$\ddot{q} + \omega_0^2 q + \varepsilon\mu q^3 = 0 \quad (62)$$

(konservatives System; Feder-Masse-Schwinger mit je nach Vorzeichen von $\varepsilon\mu$ progressiver oder degressiver Federkennlinie) und der *Van-der-Pol-Schwinger* (ein selbsterregter Schwinger) mit

$$\ddot{q} + \omega_0^2 q - \varepsilon\mu\left(\alpha^2 - q^2\right)\dot{q} = 0. \qquad (63)$$

### 8.7.2.1 Methode der kleinen Schwingungen

Die Taylorentwicklung von $f(q, \dot{q})$ in Gl. (61) um den Punkt (0,0) hat die Form $b\dot{q}$ + Glieder höherer Ordnung in $q$ und $\dot{q}$. Also ist $\ddot{q} + \varepsilon b\dot{q} + \omega_0^2 q = 0$ eine Näherung für Gl. (61). Das ist die Form von Gl. (5) mit dem Dämpfungsgrad $D = \varepsilon b/(2\omega_0)$ nach Gl. (7) und mit der Lösung in Gl. (9). Diese Näherung ist nur brauchbar, wenn $q$ und $\dot{q}$ dauernd so klein sind, dass der Abbruch der Taylorreihe sinnvoll ist. Sie liefert z. B. keine Aussagen über Grenzzyklen.

### 8.7.2.2 Harmonische Balance

Diese Methode liefert Näherungen für periodische Lösungen von Gl. (61) bei konservativen und bei selbsterregten Schwingern. Für die periodische Lösung wird der Ansatz $q = A \cos \omega t$ mit Konstanten $A$ und $\omega$ gemacht. $A$ muss nicht klein sein. Die Funktion

$$f(q, \dot{q}) = f(A \cos \omega t, -\omega A \sin \omega t) = F(t)$$

ist periodisch in $t$ und hat folglich eine Fourierreihe

$$\begin{aligned} F(t) &= a_0 + a_1(A) \cos \omega t + b_1(A) \sin \omega t + \ldots \\ &= a_0 + a^* q + b^* \dot{q} + \ldots \end{aligned}$$

mit $a^*(A) = a_1/A$ und $b^*(A) = -\, b_1/(A\omega)$. Sei $a_0 = 0$. Das ist bei gewissen Symmetrieeigenschaften von $f(q, \dot{q})$ erfüllt, z. B. wenn $f$ nur von $q$ abhängt und $f(-q) = -f(q)$ gilt. Dann lautet Gl. (61) näherungsweise $\ddot{q} + \varepsilon b^* \dot{q} + \left(\omega_0^2 + \varepsilon a^*\right) q = 0$. Beim konservativen Schwinger ist $b^* = 0$ und

$$\omega(A) = \left[\omega_0^2 + \varepsilon a^*(A)\right]^{1/2} \approx \omega_0 + \varepsilon \frac{a^*(A)}{2\omega_0}$$

ist die vom Maximalausschlag $A$ abhängige Kreisfrequenz.

***Beispiel 14:*** Beim Duffing-Schwinger mit der Gl. (62) ist

$$\begin{aligned} F(t) &= \mu A^3 \cos^3 \omega t \\ &= \frac{3\mu A^3}{4} \cos \omega t + \frac{\mu A^3}{4} \cos 3\omega t. \end{aligned}$$

Das ist bereits die Fourierreihe mit $b^* = 0$ und $a^* = 3\mu A^2/4$. Man erhält

$$\omega(A) = \omega_0 + \frac{3\varepsilon\mu A^2}{8\omega_0}.$$

Beim Schwinger mit Selbsterregung liefert die Bedingung $b^*(A) = 0$ die Maximalausschläge von Grenzzyklen.

***Beispiel 15:*** Van-der-Pol-Schwinger mit Gl. (63). Die Fourierreihe liefert $a_0 = 0$, $a^* = 0$, $b^* = \mu(A^2/4 - \alpha^2)$ und damit einen Grenzzyklus mit dem Maximalausschlag $A = 2\alpha$ und mit der Kreisfrequenz $\omega_0$.

### 8.7.2.3 Störungsrechnung nach Lindstedt

Die *Störungsrechnung nach Lindstedt* liefert Näherungen für periodische Lösungen von Gl. (61) bei konservativen und bei selbsterregten Schwingern. Der Lösungsansatz ist

$$q(t) = A \cos \omega t + \varepsilon q_1(t) + \varepsilon^2 q_2(t) + \ldots \qquad (64)$$

mit unbekannten periodischen Funktionen $q_i(t)$ und mit einer von $A$ abhängigen Kreisfrequenz

$$\omega = \omega_0 + \varepsilon\omega_1 + \varepsilon^2\omega_2 + \ldots \qquad (65)$$

mit unbekannten $\omega_i(A)$ für $i = 1, 2, \ldots$ Einsetzen von Gl. (64) und von $\omega_0$ aus Gl. (65) in Gl. (61), Ordnen nach Potenzen von $\varepsilon$ und Nullsetzen der Koeffizienten aller Potenzen liefert

$$\ddot{q}_i + \omega^2 q_i = f_i(A \cos \omega t, q_1(t), \ldots, q_{i-1}(t), \omega_1, \ldots, \omega_i) \quad (i = 1,2, \ldots) \qquad (66)$$

mit Funktionen $f_i$, die sich dabei aus $f(q, \dot{q})$ ergeben. Insbesondere ist

$$f_1 = 2\omega_0\omega_1 A\cos\omega t \\ -f(A\cos\omega t, -A\omega\sin\omega t). \quad (67)$$

Die Gl. (66) werden nacheinander in jeweils drei Schritten gelöst. 1. Schritt: Entwicklung von $f_i$ in eine Fourierreihe; sie enthält Glieder mit cos$\omega t$ und bei selbsterregten Schwingern auch mit sin $\omega t$, die zu säkularen Gliedern der Form $t$ cos $\omega t$ und $t$ sin $\omega t$ in der Lösung $q_i(t)$ führen. 2. Schritt: Bei konservativen Systemen wird aus der Bedingung, dass der Koeffizient von cos $\omega t$ verschwindet, $\omega_i$ bestimmt; bei selbsterregten Schwingern werden aus der Bedingung, dass die Koeffizienten von cos $\omega t$ und von sin $\omega t$ verschwinden, $\omega_i$ und $A$ bestimmt. 3. Schritt: Zum verbleibenden Rest von $f_i$ wird die partikuläre Lösung $q_i(t)$ bestimmt.

***Beispiel 16:*** Duffing-Schwinger mit Gl. (62): Mit Gl. (67) ist

$$f_1 = 2\omega_0\omega_1 A\cos\omega t - \mu A^3\cos^3\omega t \\ = \left(2\omega_0\omega_1 A - \frac{3\mu A^3}{4}\right)\cos\omega t - \frac{\mu A^3}{4}\cos 3\omega t.$$

Das ist bereits die Fourierreihe. Der Koeffizient von cos$\omega t$ ist null für $\omega_1 = 3\mu A^2/(8\omega_0)$, so dass in erster Näherung $\omega = \omega_0 + 3\varepsilon\mu A^2/(8\omega_0)$ den Zusammenhang zwischen Kreisfrequenz $\omega$ und Amplitude $A$ angibt. Die partikuläre Lösung zum Rest von $f_1$ ist $q_1(t) = \mu A^3/(32\omega^2)\cos 3\omega t$.

***Beispiel 17:*** Van-der-Pol-Schwinger mit Gl. (63): Mit Gl. (67) ist

$$f_1 = 2\omega_0\omega_1 A\cos\omega t \\ +\mu\left(\alpha^2 - A^2\cos^2\omega t\right)(-A\omega\sin\omega t) \\ = 2\omega_0\omega_1 A\cos\omega t - \mu\left(\alpha^2 - \frac{A^2}{4}\right)A\omega\sin\omega t \\ + \frac{\mu A^3\omega}{4}\sin 3\omega t.$$

Die Koeffizienten von cos $\omega t$ und von sin $\omega t$ sind null für $\omega_1 = 0$, $A = 2\infty_1$ und die partikuläre Lösung von Gl. (66) zum Rest von $f_1$ ist

$$q_1(t) = -\mu A^3/(32\omega)\sin 3\omega t.$$

Damit ist

$$q(t) = 2\alpha\cos\omega_0 t - \frac{\varepsilon\mu\alpha^3}{4\omega_0}\sin 3\omega_0 t$$

die erste Näherung für den Grenzzyklus in Abb. 16.

#### 8.7.2.4 Methode der multiplen Skalen

Die *Methode der multiplen Skalen* ist eine Form der Störungsrechnung, die Näherungen für periodische und für nichtperiodische Lösungen von Gl. (61) bei konservativen und bei nichtkonservativen Schwingern liefert. Einzelheiten siehe in Nayfeh und Mook 1995. Die Größen $t_i = \varepsilon^i t$ ($i = 0, 1, \ldots, n$) werden als voneinander unabhängige, im Fall $\varepsilon \ll 1$ sehr verschieden schnell ablaufende Zeitvariablen eingeführt (daher die Bezeichnung multiple Skalen). Der Ansatz für die $n$-te Näherung der Lösung von Gl. (61) ist

$$q(t) = q_0(t_0, \ldots, t_n) + \varepsilon q_1(t_0, \ldots, t_n) + \ldots \\ + \varepsilon^n q_n(t_0, \ldots, t_n) \quad (68)$$

mit

$$q_0 = A(t_1, \ldots, t_n)\cos\left[\omega_0 t_0 + \varphi(t_1, \ldots, t_n)\right] \quad (69)$$

mit unbekannten Funktionen $q_1, \ldots, q_n$, $A$ und $\varphi$. Amplitude $A$ und Phase $\varphi$ sind als von $t_0$ unabhängig, d. h. als allenfalls langsam veränderlich vorausgesetzt. Für die absoluten Zeitableitungen von $q_i$ erhält man

$$\left.\begin{aligned} \dot{q}_i &= \sum_{k=0}^{n} \frac{\partial q_i}{\partial t_k}\cdot\frac{\mathrm{d}t_k}{\mathrm{d}t} = \sum_{k=0}^{n} \varepsilon^k \frac{\partial q_i}{\partial t_k}, \\ \ddot{q}_i &= \sum_{k=0}^{n}\sum_{j=0}^{n} \varepsilon^{k+j}\frac{\partial^2 q_i}{\partial t_k \partial t_j}. \end{aligned}\right\} \quad (70)$$

Einsetzen der Ausdrücke (68), (69) und (70) in Gl. (61), Ordnen nach Potenzen von $\varepsilon$ und

Nullsetzen der Koeffizienten aller Potenzen liefert

$$\frac{\partial^2 q_i}{\partial t_0^2} + \omega_0^2 q_i = f_i(q_0, \ldots, q_{i-1}) \quad (i = 1, \ldots, n) \tag{71}$$

mit Funktionen $f_i$, die sich dabei aus $f(q, \dot{q})$ ergeben. Insbesondere ist

$$f_1 = -2\frac{\partial^2 q_0}{\partial t_0 \partial t_1} - f\left(q_0, \frac{\partial q_0}{\partial t_0}\right). \tag{72}$$

Die Gl. (71) werden nacheinander in jeweils drei Schritten gelöst. 1. Schritt: Entwicklung von $f_i$ in eine Fourierreihe; sie enthält $\cos(\omega_0 t_0 + \varphi)$ und bei nichtkonservativen Schwingern auch $\sin(\omega_0 t_0 + \varphi)$. 2. Schritt: Bei konservativen Schwingern wird aus der Bedingung, dass der Koeffizient von $\cos(\omega_0 t_0 + \varphi)$ verschwindet, eine Differenzialgleichung für $\varphi$ als Funktion von $t_i = \varepsilon^i t$ gewonnen; bei nichtkonservativen Schwingern werden aus der Bedingung, dass die Koeffizienten von $\cos(\omega_0 t_0 + \varphi)$ und von $\sin(\omega_0 t_0 + \varphi)$ verschwinden, zwei Differenzialgleichungen für $A$ und $\varphi$ in Abhängigkeit von $t_i$ gewonnen. 3. Schritt: Zum verbleibenden Rest von $f_i$ wird die partikuläre Lösung $q_i$ in Abhängigkeit von $t_0$ bestimmt.

***Beispiel 18:*** Van-der-Pol-Schwinger mit Gl. (63) in der Näherung $n = 1$: Mit Gl. (72) ist

$$\begin{aligned}
f_1 &= 2\omega_0(\partial A/\partial t_1)\sin(\omega_0 t_0 + \varphi) \\
&\quad + 2A\omega_0(\partial\varphi/\partial t_1)\cos(\omega_0 t_0 + \varphi) \\
&\quad + \mu\left[\alpha^2 - A^2\cos^2(\omega_0 t_0 + \varphi)\right]\left[-A\omega_0\sin(\omega_0 t_0 + \varphi)\right] \\
&= 2A\omega_0(\partial\varphi/\partial t_1)\cos(\omega_0 t_0 + \varphi) \\
&\quad + \left[2\omega_0(\partial A/\partial t_1) - \mu\left(\alpha^2 - A^2/4\right)A\omega_0\right] \\
&\quad \sin(\omega_0 t_0 + \varphi) + \left(\mu A^3\omega_0/4\right)\sin[3(\omega_0 t_0 + \varphi)].
\end{aligned}$$

Die Koeffizienten von $\cos(\omega_0 t_0 + \varphi)$ und von $\sin(\omega_0 t_0 + \varphi)$ sind null, wenn $\partial\varphi/\partial t_1 = 0$, $\partial A/\partial t_1 = \mu A(\alpha^2 - A^2/4)/2$ ist. Aus der ersten Gleichung folgt, dass $\varphi$ allenfalls von $t_2$, $t_3$ usw. abhängig sein kann, in erster Näherung also konstant und willkürlich gleich null ist. Die zweite Gleichung hat die stationäre Lösung $A = 2\alpha$ (Grenzzyklus) und instationäre Lösungen

$$\begin{aligned}
A(t_1) &= A(\varepsilon t) \\
&= 2\alpha\left[1 - \left(1 - 4\alpha^2/A_0^2\right)\exp\left(-\varepsilon\mu\alpha^2 t\right)\right]^{-1/2},
\end{aligned}$$

die für jeden Anfangswert $A_0 = A(0)$ asymptotisch gegen $A = 2\alpha$ streben. Für die stationäre Lösung $A = 2\alpha$ liefert Gl. (71) mit dem Rest von $f_1$ die partikuläre Lösung $q_1(t_0, t_1) = -\mu A^3/(32\omega_0)\sin 3\omega_0 t$, so dass

$$q(t) = 2\alpha\cos\omega_0 t - \frac{\varepsilon\mu\alpha^3}{4\omega_0}\sin 3\omega_0 t$$

eine Näherung für den Grenzzyklus ist. Abb. 16 zeigt das Phasenporträt eines Van-der-Pol-Schwingers mit dem Grenzzyklus und mit asymptotisch in ihn einlaufenden Phasenkurven.

## 8.8 Erzwungene nichtlineare Schwingungen

Ein schwach nichtlinearer Schwinger mit Dämpfung hat bei harmonischer Zwangserregung die Differenzialgleichung

$$\ddot{q} + 2D\omega_0\dot{q} + \omega_0^2 q + \varepsilon f(q, \dot{q}) = K\cos\Omega t \tag{73}$$

($D$ Dämpfungsgrad, $K$ Erregeramplitude, $\Omega$ Erregerkreisfrequenz). Näherungslösungen für stationäre Bewegungen im eingeschwungenen Zustand können mit folgenden Verfahren bestimmt werden.

### 8.8.1 Harmonische Balance

Für die stationäre Lösung wird der Ansatz

$$q(t) = A\cos(\Omega t - \varphi) \tag{74}$$

gemacht. Mit derselben Begründung wie bei autonomen Schwingungen (siehe Abschn. 7.2.2) und mit denselben Größen $a^*(A)$ und $b^*(A)$ gilt dann die Näherung $f(q, \dot{q}) \approx a^*(A)q + b^*(A)\dot{q}$, so dass die Näherung für Gl. (73) lautet:

$$\ddot{q} + (2D\omega_0 + \varepsilon b^*)\dot{q} + (\omega_0^2 + \varepsilon a^*)q = K\cos\Omega t \quad (75)$$

oder nach der Umformung mit Hilfe der Gl. (6)

$$q'' + 2D_A q' + \eta_A^2 q = q_0 \cos\eta\tau \quad (76)$$

mit $\tau = \omega_0 t$, $\eta = \Omega/\omega_0$, $\eta_A^2 = 1 + \varepsilon a^*/\omega_0^2$, $2D_A = 2D + \varepsilon b^*/\omega_0$, $q_0 = K/\omega_0^2$. Die stationäre Lösung hat (vgl. Gl. (23)) die Form von Gl. (74) mit

$$\left.\begin{aligned} A &= q_0/\left[\left(\eta_A^2 - \eta^2\right)^2 + 4D_A^2\eta^2\right]^{1/2},\\ \tan\varphi &= 2D_A\eta/\left(\eta_A^2 - \eta^2\right). \end{aligned}\right\} \quad (77)$$

Darin sind mit $a^*$ und $b^*$ auch $\eta_A$ und $D_A$ von $A$ abhängig, so dass die Resonanzkurven $A(\eta, D)$ nur implizit vorliegen.

**Beispiel 19:** Beim gedämpften Duffing-Schwinger ist in Gl. (73) $f(q,\dot{q}) = \mu q^3$. Man erhält $b^* = 0$, $a^* = 3\mu A^2/4$ (vgl. Abschn. 7.2.2). Abb. 17 zeigt die Abhängigkeit $A(\eta, D)$ für $\varepsilon\mu < 0$ und für $\varepsilon\mu > 0$. Bei quasistatischem Hoch- bzw. Herunterfahren von $\Omega$ tritt das Sprungphänomen auf. Die Kurvenäste werden in der Richtung der eingezeichneten Pfeile mit den gestrichelten Sprüngen durchlaufen. Im Fall $\varepsilon\mu < 0$ treten bei hinreichend kleinen $D > 0$ weitere, in Abb. 17a nicht dargestellte Phänomene auf (siehe Magnus 2005).

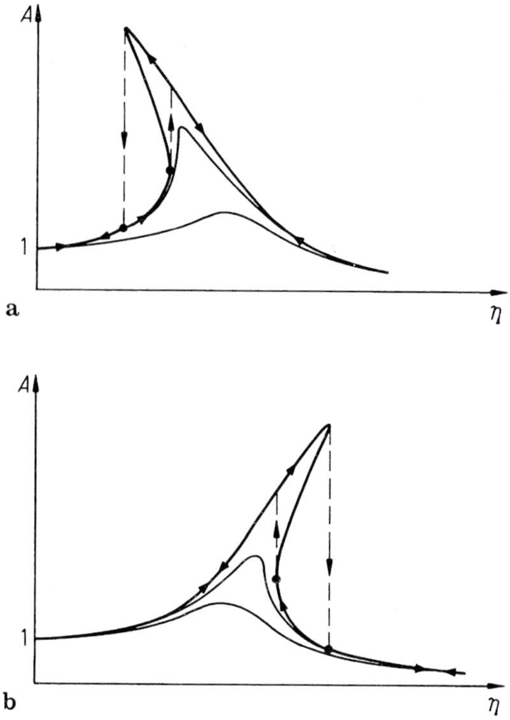


**Abb. 17** Die stationäre Amplitude $A$ eines Duffing-Schwingers (Gl. (62)) bei harmonischer Erregung in Abhängigkeit von der Erregerkreisfrequenz ($\eta = \Omega/\omega_0$) für $\varepsilon\mu < 0$ (Abb. **a**) und für $\varepsilon\mu > 0$ (Abb. **b**). Pfeile bezeichnen den Verlauf der Amplitude, wenn die Erregerkreisfrequenz quasistatisch zu- bzw. abnimmt

### 8.8.2 Methode der multiplen Skalen

Dieselben Rechenschritte wie bei autonomen Schwingungen (vgl. Abschn. 7.2.4) sind auch auf Gl. (73) anwendbar.

***Beispiel 20:*** Wenn man das Resonanzverhalten des Schwingers mit der Differenzialgleichung (73) im Fall $\Omega \approx \omega_0$ und bei schwacher Dämpfung untersuchen will, setzt man $\Omega = \omega_0 + \varepsilon\sigma$, $\Omega t = \omega_0 t_0 + \sigma t_1$, $D = \varepsilon d$ und $K = \varepsilon k$ (kleine Verstimmung $\varepsilon\sigma$, kleine Dämpfung $\varepsilon d$, kleine Erregeramplitude $\varepsilon k$) und definiert

$$f^* = f(q,\dot{q}) + 2d\omega_0\dot{q} - k\cos\left(\omega_0 t_0 + \sigma t_1\right).$$

Mit $f$ anstelle von $f(q,\dot{q})$ sind die Gl. (73) und (61) formal gleich. Alle Rechenschritte im Anschluss an Gl. (68) werden mit $f^*$ anstelle von $f$ durchgeführt. Einzelheiten siehe in Nayfeh und Mook 1995.

### 8.8.3 Subharmonische, superharmonische und Kombinationsresonanzen

Die Nichtlinearität $f(q,\dot{q})$ in Gl. (73) kann bewirken, dass sog. subharmonische Resonanzen, superharmonische Resonanzen und Kombinationsresonanzen auftreten. Von *subharmonischen Resonanzen* oder *Untertönen* spricht man, wenn die stationäre Antwort des Schwingers auf eine Erregerkreisfrequenz $\Omega$ Schwingungen mit Kreisfrequenzen $\Omega/n$ ($n > 1$ ganzzahlig) enthält. Von *superharmonischen Resonanzen* oder *Obertönen* spricht man, wenn sie Schwingungen mit Kreisfrequenzen $n\Omega$ ($n > 1$ ganzzahlig) enthält. Von *Kombinationsresonanzen* spricht man, wenn bei gleichzeitiger Erregung mit mehreren Kreisfrequenzen $\Omega_1, \Omega_2, \ldots$ die stationäre Antwort Schwingungen mit Kreisfrequenzen $n_1\Omega_1 + n_2\Omega_2 + \ldots$ enthält ($n_1, n_2, \ldots$ ganzzahlig). Mit der Methode der multiplen Skalen können sowohl Bedingungen für das Auftreten derartiger Resonanzen als auch deren Amplituden bestimmt werden (siehe Nayfeh und Mook 1995). Die Amplituden können so groß werden, dass Schäden an technischen Systemen auftreten.

***Beispiel 21:*** Beim Duffing-Schwinger und beim Van-der-Pol-Schwinger treten ein Unterton mit $\Omega/3$ und ein Oberton mit $3\Omega$ auf, wenn $\Omega \approx 3\omega_0$ bzw. $\Omega \approx \omega_0/3$ ist. Bei zwei gleichzeitig vorhandenen Erregerkreisfrequenzen $\Omega_1$ und $\Omega_2$ treten Kombinationsresonanzen mit den Kreisfrequenzen $(\pm\Omega_i \pm \Omega_j)$ und $(\pm 2\Omega_i \pm \Omega_j)$ für $i, j = 1, 2$ auf, wenn $|\pm\Omega_i \pm \Omega_j| \approx \omega_0$ bzw. $| \pm 2\Omega_i \pm \Omega_j | \approx \omega_0$ ist.

## Literatur


Achenbach JD (1984) Wave propagation in elastic solids. North-Holland, Amsterdam

Biezeno CB, Grammel R (1953) Technische Dynamik, Bd 2. Springer, Berlin

Blekhman II (2000) Vibrational mechanics: nonlinear dynamic effects, general approach, applications. World Scientific, Singapur

Brekhovskikh L, Goncharov V (1994) Mechanics of continua and wave dynamics. Springer, Berlin

Fidlin A (2006) Nonlinear oscillations in mechanical engineering. Springer, Berlin

Kolsky H (2012) Stress waves in solids. Dover, New York

Magnus K (2005) Schwingungen, 7. Aufl. Teubner, Stuttgart

Nayfeh AH, Mook DT (1995) Nonlinear oscillations. Wiley, New York

Thomsen JJ (2003) Vibration and stability. advanced theory, analysis and tools, 2. Aufl. Springer, Berlin

Wittenburg J (1996) Schwingungslehre. Lineare Schwingungen. Theorie und Anwendungen. Springer, Berlin

Yakubovich V, Starzhinskii V (1975) Linear differential equations with periodic coefficients, Bd 1. Wiley, New York


## Weiterführende Literatur


Clough RW, Penzien J (1993) Dynamics of structures. McGraw-Hill, Tokyo

Crawford FS (1989) Schwingungen und Wellen, 3. Aufl. Vieweg, Braunschweig

Dresig H, Fidlin A (2014) Schwingungen mechanischer Antriebssysteme, 3. Aufl. Springer Vieweg, Berlin

Dresig H, Holzweißig F (2018) Maschinendynamik, 12. Aufl. Springer, Berlin

Fischer U, Stephan W (1993) Mechanische Schwingungen, 3. Aufl. Fachbuchverlag, Leipzig

Gasch R, Nordmann R, Pfützner H (2006) Rotordynamik, 2. Aufl. Springer, Berlin

Geradin M, Rixen DJ (1997) Mechanical vibrations. Theory and applications to structural dynamics, 3. Aufl. Wiley, New York

Graff KF (1991) Wave motion in elastic solids. Clarendon Press, Oxford

Hagedorn P (1978) Nichtlineare Schwingungen. Akad. Verlagsges, Wiesbaden

Hagedorn P, Hochlenert D (2015) Technische Schwingungslehre. Lineare Schwingungen kontinuierlicher mechanischer Systeme. Edition Harri Deutsch, Frankfurt/M

Ibrahim RA, Rivin E (1994) Friction-induced vibration, chatter, squeal and chaos. Part I: mechanics of contact and friction. Part II: dynamics and modeling. Appl Mech Rev 47(7):209–253, ASME Reprint No AMR147

Klotter K (1998) Technische Schwingungslehre, Bd 1: Einfache Schwinger, Teil A: Lineare Schwingungen; Teil B: Nichtlineare Schwingungen. Springer, Berlin

Meirovitch L (1967) Analytical methods in vibration. Macmillan, New York

Parkus H (2005) Mechanik der festen Körper, 2. Aufl. Springer, Wien

Roseau M (2012) Vibrations in mechanical systems. Analytical methods and applications. Springer, Berlin

Schiehlen W, Eberhard P (2017) Technische Dynamik, 5. Aufl. Springer Vieweg, Wiesbaden

Schmidt G, Tondl A (1986) Non-linear vibrations, Cambridge University Press

Strogatz SH (2014) Nonlinear dynamics and chaos with applications to physics, biology, chemistry, and engineering (studies in nonlinearity), 2. Aufl. CRC Press, Boca Raton

# Elementare Festigkeitslehre 9

Jens Wittenburg, Hans Albert Richard und Britta Schramm

## Inhalt




J. Wittenburg
Institut für Technische Mechanik, Karlsruher Institut für Technologie, Karlsruhe, Deutschland
E-Mail: jens.wittenburg@kit.edu

H. A. Richard (✉) · B. Schramm
Universität Paderborn, Paderborn, Deutschland
E-Mail: richard@fam.uni-paderborn.de; schramm@fam.uni-paderborn.de



© Der/die Autor(en), exklusiv lizenziert durch Springer-Verlag GmbH, DE, ein Teil von Springer Nature 2022



M. Hennecke, B. Skrotzki (Hrsg.), *HÜTTE Band 2: Grundlagen des Maschinenbaus und ergänzende Fächer für Ingenieure*, Springer Reference Technik,
https://doi.org/10.1007/978-3-662-64372-3_35

**Zusammenfassung**

Körper und Bauteile sind unterschiedlichen Belastungen ausgesetzt. Gegenstand der elementaren Festigkeitslehre und der Elastizitätstheorie sind die Ermittlung von Spannungen, Verzerrungen und Verschiebungen von ein-, zwei- und dreidimensionalen, linear elastischen Körpern, welche im statischen Gleichgewicht durch äußere Kräfte und Momente sowie Temperatureinflüsse hervorgerufen werden. Einführende Darstellungen und Erläuterungen sind unter anderem auch in Hahn 1985, Wittenburg und Pestel 2013, Richard und Sander 2015, Gross et al. 2017, Hartmann 2015 und Parkus 2005 zu finden.

## 9.1 Kinematik des deformierbaren Körpers

### 9.1.1 Verschiebungen. Verzerrungen. Verzerrungstensor

Verschiebungen und Verzerrungen eines Körpers werden nach Abb. 1 in einem raumfesten $x$, $y$, $z$-System beschrieben. Ein materieller Punkt des Körpers befindet sich vor der Verschiebung und

**Abb. 1** Körper vor und nach beliebig großer Verschiebung, Drehung und Deformation. Ursprüngliche Ortsvektoren $\boldsymbol{r}$ und Verschiebungen $\boldsymbol{u}$ zweier Körperpunkte

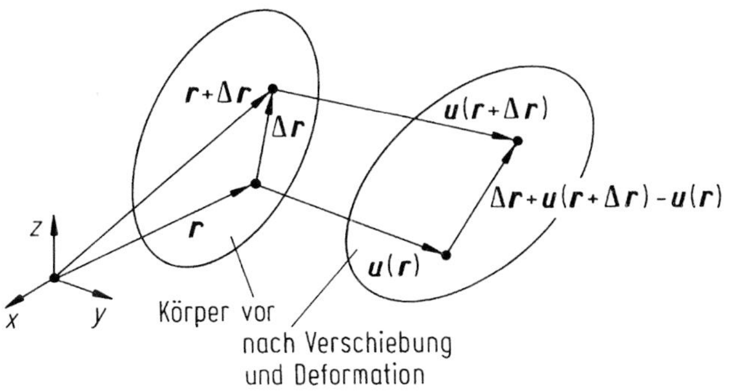


Verzerrung am Ort $\boldsymbol{r}$ mit den Koordinaten $x$, $y$, $z$. Der Punkt wird um den Vektor $\boldsymbol{u} = \boldsymbol{u}(x, y, z)$ oder $\boldsymbol{u}(\boldsymbol{r})$ verschoben. Die von $x$, $y$ und $z$ abhängigen Koordinaten von $\boldsymbol{u}$ im $x$, $y$, $z$-System heißen $u$, $v$ und $w$. In Abb. 1 sind $\boldsymbol{u}(\boldsymbol{r})$ und $\boldsymbol{u}(\boldsymbol{r} + \Delta\boldsymbol{r})$ die Verschiebungen zweier materieller Punkte des Körpers als Resultat einer beliebig großen *Starrkörperverschiebung* (Translation und Rotation) und einer beliebig großen Deformation. Auf die Differenz der Abstandsquadrate beider Punkte in der End- bzw. Anfangslage,

$$[\Delta\boldsymbol{r} + \boldsymbol{u}(\boldsymbol{r} + \Delta\boldsymbol{r}) - \boldsymbol{u}(\boldsymbol{r})]^2 - (\Delta\boldsymbol{r})^2,$$

hat nur die Deformation Einfluss. Taylorentwicklung, der Grenzübergang von $\Delta\boldsymbol{r}$ zu $\mathrm{d}\boldsymbol{r}$ und die Zerlegung der Vektoren im $x$, $y$, $z$-System liefern für die Differenz den Ausdruck $2\mathrm{d}\underline{r}^{\mathrm{T}}\underline{\varepsilon}\mathrm{d}\underline{r}$ mit einer dimensionslosen, symmetrischen Matrix $\underline{\varepsilon}$, die in der Form

$$\underline{\varepsilon} = \frac{1}{2}\left(\underline{F} + \underline{F}^{\mathrm{T}} + \underline{F}\,\underline{F}^{\mathrm{T}}\right) \tag{1}$$

mit einer anderen Matrix $\underline{F}$ gebildet wird. Deren Element $F_{ij}$ $(i, j = 1, 2, 3)$ ist die partielle Ableitung der $i$-ten Koordinate von $\boldsymbol{u}$ nach der $j$-ten Ortskoordinate, z. B. $F_{13} = \partial u/\partial z$ und $F_{21} = \partial v/\partial x$. $\underline{\varepsilon}$ heißt Koordinatenmatrix des *Euler'schen Deformations-* oder *Verzerrungstensors* im Punkt $(x, y, z)$. Das nichtlineare Glied $\underline{F}\,\underline{F}^{\mathrm{T}}$ in Gl. (1) ist vernachlässigbar, wenn die Deformation des Körpers klein, die Starrkörperdrehung gleich null und die Starrkörpertranslation beliebig groß ist. Dann ist

$$\left.\begin{aligned}
&\underline{\varepsilon} = \begin{bmatrix} \varepsilon_x & \frac{1}{2}\gamma_{xy} & \frac{1}{2}\gamma_{xz} \\ \frac{1}{2}\gamma_{xy} & \varepsilon_y & \frac{1}{2}\gamma_{yz} \\ \frac{1}{2}\gamma_{xz} & \frac{1}{2}\gamma_{yz} & \varepsilon_z \end{bmatrix}, \\
&\varepsilon_x = \frac{\partial u}{\partial x}, \quad \gamma_{xy} = \gamma_{yx} = \frac{\partial u}{\partial y} + \frac{\partial v}{\partial x} \\
&\varepsilon_y = \frac{\partial v}{\partial y}, \quad \gamma_{yz} = \gamma_{zy} = \frac{\partial v}{\partial z} + \frac{\partial w}{\partial y} \\
&\varepsilon_z = \frac{\partial w}{\partial z}, \quad \gamma_{zx} = \gamma_{xz} = \frac{\partial w}{\partial x} + \frac{\partial u}{\partial z}.
\end{aligned}\right\} \tag{2}$$

$\varepsilon_x$, $\varepsilon_y$ und $\varepsilon_z$ heißen *Dehnungen*, und $\gamma_{xy}$, $\gamma_{yz}$ und $\gamma_{zx}$ heißen *Scherungen* des Körpers im betrachteten Punkt und im $x$, $y$, $z$-System. Sowohl Dehnungen als auch Scherungen werden unter dem Begriff *Verzerrungen* zusammengefasst. Die symmetrische Matrix $\underline{\varepsilon}$ beschreibt den *Verzerrungszustand* im betrachteten Körperpunkt vollständig. Verschiebungs-Verzerrungs-Beziehungen in Polarkoordinaten sind in Gl. (10) im ▶ Kap. 10, „Anwendungen der Festigkeitslehre" dargestellt.

**Geometrische Bedeutung von Dehnungen und Scherungen.** Ein infinitesimales Körperelement um den betrachteten Punkt, das in der Ausgangslage ein Würfel mit Kanten parallel zu den $x$-, $y$- und $z$-Achsen ist, ist nach Verschiebung und Deformation des Körpers ein Parallelepiped

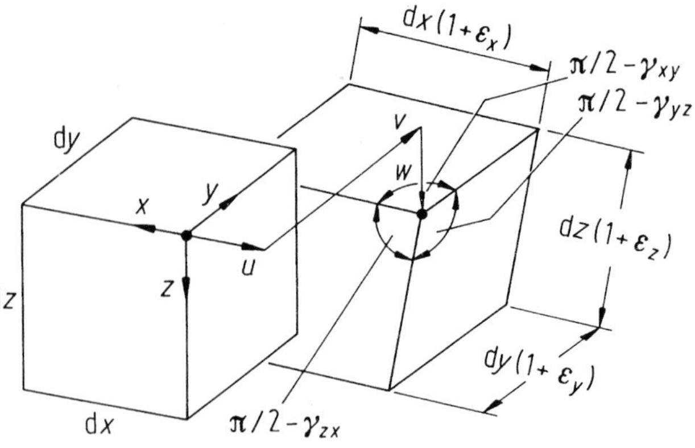


**Abb. 2** Verschiebungen $u$, $v$, $w$ und Verzerrungen $\varepsilon$ und $\gamma$ eines Würfels im Punkt $x = y = z = 0$. Vorn der unverzerrte Würfel

(Abb. 2). $\varepsilon_x$ ist das Verhältnis Verlängerung/Ausgangslänge der Würfelkante parallel zur $x$-Achse, und $\gamma_{xy}$ ist die Abnahme des ursprünglich rechten Winkels zwischen den Würfelkanten in Richtung der positiven $x$- und der positiven $y$-Achse. Entsprechendes gilt nach Buchstabenvertauschung für die anderen Dehnungen und Scherungen.

### 9.1.2 Kompatibilitätsbedingungen

Die sechs Verzerrungen $\varepsilon_x$, $\varepsilon_y$, $\varepsilon_z$, $\gamma_{xy}$, $\gamma_{yz}$ und $\gamma_{zx}$ können nicht willkürlich als Funktionen von $x$, $y$, $z$ vorgegeben werden, weil sie aus nur drei stetigen Funktionen $u(x, y, z)$, $v(x, y, z)$ und $w(x, y, z)$ ableitbar sein müssen. Sie müssen sechs *Kompatibilitäts-* oder *Verträglichkeitsbedingungen* erfüllen. Zwei von ihnen lauten:

$$\frac{\partial^2 \varepsilon_x}{\partial y^2} + \frac{\partial^2 \varepsilon_y}{\partial x^2} - \frac{\partial^2 \gamma_{xy}}{\partial x \partial y} = 0, \qquad (3a)$$

$$-2\frac{\partial^2 \varepsilon_x}{\partial y \partial z} + \frac{\partial}{\partial x}\left(-\frac{\partial \gamma_{yz}}{\partial x} + \frac{\partial \gamma_{zx}}{\partial y} + \frac{\partial \gamma_{xy}}{\partial z}\right) = 0. \qquad (3b)$$

Zu jeder von ihnen gehören zwei weitere, die man erhält, wenn man alle Indizes $(x, y, z)$ zyklisch, d. h. durch $(y, z, x)$ und durch $(z, x, y)$ ersetzt. Die Minuszeichen in Gl. (3b) stehen immer bei $\varepsilon$ und bei dem $\gamma$, das zweimal nach derselben Koordinate abgeleitet wird. Im Sonderfall des ebenen Verzerrungszustands existieren nur die von $z$ unabhängigen Funktionen $u$, $v$, $\varepsilon_x$, $\varepsilon_y$ und $\gamma_{xy}$. Dann gibt es nur eine Bedingung, und zwar Gl. (3a).

### 9.1.3 Koordinatentransformation

Sei die Koordinatenmatrix $\underline{\varepsilon}^1$ des Verzerrungstensors in Gl. (2) in einem Körperpunkt in einer Basis $\underline{\boldsymbol{e}}^1$ (einem $x$, $y$, $z$-System) gegeben, und sei $\underline{\boldsymbol{e}}^2 = \underline{A}\underline{\boldsymbol{e}}^1$ eine gegen $\underline{\boldsymbol{e}}^1$ gedrehte Basis im selben Punkt (zur Bedeutung von $\underline{A}$ siehe ▶ Abschn. 5.2.1 im Kap. 5, „Kinematik starrer Körper"). Die Koordinatenmatrix $\underline{\varepsilon}^2$ des Verzerrungstensors im Achsensystem $\underline{\boldsymbol{e}}^2$ ist

$$\underline{\varepsilon}^2 = \underline{A}\underline{\varepsilon}^1\underline{A}^{\mathrm{T}}. \qquad (4)$$

### 9.1.4 Hauptdehnungen. Dehnungshauptachsen

Die Eigenwerte $\varepsilon_1$, $\varepsilon_2$ und $\varepsilon_3$ und die orthogonalen Eigenvektoren der Matrix $\underline{\varepsilon}$ heißen *Hauptdehnungen* bzw. *Dehnungshauptachsen* im betrachteten Körperpunkt. Im Hauptachsensystem sind alle Scherungen null. Das bedeutet, dass sich der Würfel in Abb. 2 zu einem Quader verformt, wenn seine Kanten parallel zu den Hauptachsen sind.

### 9.1.5 Mohr'scher Dehnungskreis

Sei die $z$-Achse eine Dehnungshauptachse, sodass in Gl. (2) $\gamma_{xz}$ und $\gamma_{yz}$ null sind. Das ist z. B. in einer

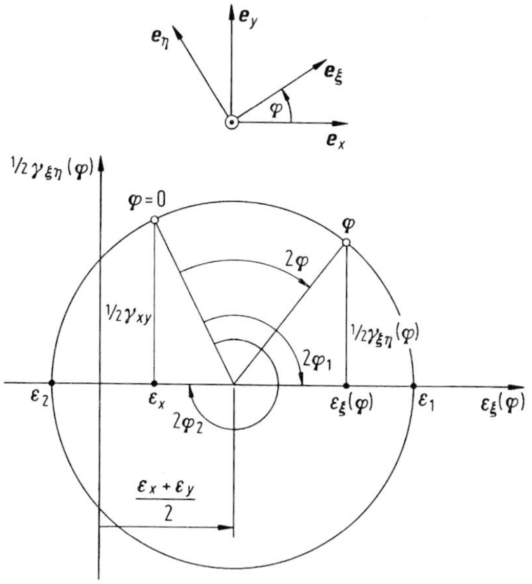


**Abb. 3** Mohr'scher Dehnungskreis

in der $x$, $y$-Ebene liegenden und nur in dieser Ebene belasteten, dünnen Scheibe der Fall. Es ist auch an jeder freien Körperoberfläche mit $z$ als Normalenrichtung der Fall. Im $\xi$, $\eta$-System nach Abb. 3 ($\varphi$ ist positiv bei Drehung im Rechtsschraubensinn um die $z$-Achse) sind

$$\begin{aligned}\varepsilon_\xi(\varphi) &= \frac{1}{2}\left(\varepsilon_x+\varepsilon_y\right)+\frac{1}{2}\left(\varepsilon_x-\varepsilon_y\right)\cos 2\varphi \\ &\quad+\frac{1}{2}\gamma_{xy}\sin 2\varphi,\end{aligned} \tag{5a}$$

$$\begin{aligned}\frac{1}{2}\gamma_{\xi\eta}(\varphi) &= -\frac{1}{2}\left(\varepsilon_x-\varepsilon_y\right)\sin 2\varphi \\ &\quad+\frac{1}{2}\gamma_{xy}\cos 2\varphi.\end{aligned} \tag{5b}$$

Die Hauptdehnungen $\varepsilon_1$, $\varepsilon_2$ und die Winkel $\varphi_1$, $\varphi_2$ der Dehnungshauptachsen gegen die $x$-Achse werden durch die folgenden Gleichungen bestimmt:

$$\left.\begin{aligned}&\varepsilon_{1,2} = \frac{1}{2}\left\{\varepsilon_x+\varepsilon_y \pm \left[\left(\varepsilon_x-\varepsilon_y\right)^2+\gamma_{xy}^2\right]^{1/2}\right\}, \\ &\tan 2\varphi_{1,2} = \gamma_{xy}/\left(\varepsilon_x-\varepsilon_y\right).\end{aligned}\right\} \tag{6}$$

Welcher Winkel zu welcher Hauptdehnung gehört, wird festgestellt, indem man einen der beiden Winkel in Gl. (5a) einsetzt.

Im Achsensystem von Abb. 3 liegt der Punkt mit den Koordinaten $\varepsilon_\xi(\varphi)$ und (1/2) $\gamma_{\xi\eta}(\varphi)$ auf dem gezeichneten sog. *Mohr'schen Dehnungskreis*. Der Mittelpunkt bei $(\varepsilon_x + \varepsilon_y)/2$ und der Kreispunkt $(\varepsilon_x, \gamma_{xy}/2)$ für $\varphi = 0$ bestimmen den Kreis. Der Kreispunkt unter dem Winkel 2 $\varphi$ (von $\varphi = 0$ positiv im Uhrzeigersinn angetragen) hat die Koordinaten $\varepsilon_\xi(\varphi)$, $\gamma_{\xi\eta}(\varphi)/2$.

**Dehnungsmessstreifenrosette**. Mit einer Dehnungsmessstreifenrosette (Abb. 4) werden drei Dehnungen $\varepsilon_{-\alpha}$, $\varepsilon_0$ und $\varepsilon_{+\alpha}$ in drei Messachsen unter dem bekannten Winkel $\alpha$ gemessen (Abb. 4). Daraus werden die Hauptdehnungen $\varepsilon_1$ und $\varepsilon_2$ und der Winkel $\varphi$ zwischen der Hauptachse mit der Hauptdehnung $\varepsilon_1$ und der mittleren Messachse aus den folgenden Gleichungen berechnet:

$$\left.\begin{aligned}&\tan 2\varphi = \frac{(1-\cos 2\alpha)(\varepsilon_{-\alpha}-\varepsilon_{+\alpha})}{(2\varepsilon_0-\varepsilon_{-\alpha}-\varepsilon_{+\alpha})\sin 2\alpha}, \\ &2\varepsilon_{1,2} = \frac{\varepsilon_{-\alpha}+\varepsilon_{+\alpha}-2\varepsilon_0\cos 2\alpha}{1-\cos 2\alpha} \pm \frac{\varepsilon_{-\alpha}-\varepsilon_{+\alpha}}{\sin 2\alpha\sin 2\varphi}.\end{aligned}\right\} \tag{7}$$

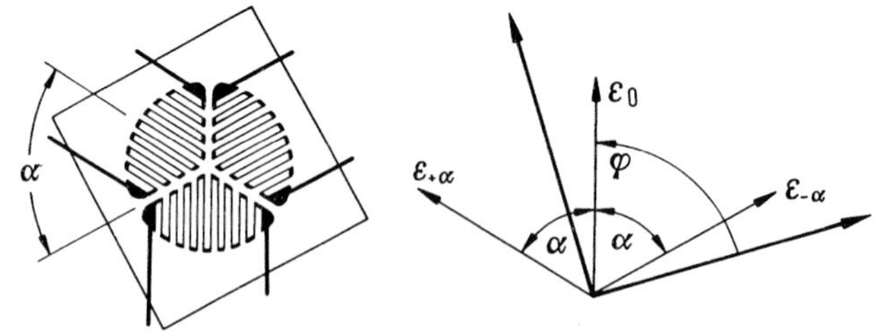


**Abb. 4** Dehnungsmessstreifenrosette. Rechts im Bild die gemessenen Dehnungen $\varepsilon_{-\alpha}$, $\varepsilon_0$, $\varepsilon_{+\alpha}$ entlang den Messachsen und der gesuchte Winkel $\varphi$ der dick gezeichneten Dehnungshauptachsen gegen die mittlere Messachse

Von den zwei Lösungen für $\varphi$ wird eine beliebig gewählt. Das positive Vorzeichen in der zweiten Gleichung gehört zu $\varepsilon_1$.

## 9.2 Spannungen

### 9.2.1 Normal- und Schubspannungen. Spannungstensor

Jedem Punkt $P$ eines Körpers und jeder ebenen oder gekrümmten Schnittfläche oder Oberfläche durch den Punkt ist ein Spannungsvektor $\boldsymbol{\sigma}_i$ zugeordnet, wobei $i$ der Index des Normaleneinheitsvektors $\boldsymbol{e}_i$ ist, der die Orientierung der Fläche in dem Punkt kennzeichnet (Abb. 5). Zur Definition von $\boldsymbol{\sigma}_i$ in $P$ werden ein Flächenelement $\Delta A$ um $P$ und die Schnittkraft $\Delta\boldsymbol{F}$ betrachtet, die an $\Delta A$ angreift. $\boldsymbol{\sigma}_i$ ist der Grenzwert von $\Delta\boldsymbol{F}/\Delta A$ im Fall, dass $\Delta A$ auf den Punkt $P$ zusammenschrumpft. Die Dimension von $\boldsymbol{\sigma}_i$ ist Kraft/Fläche, die SI-Einheit ist das Pascal: $1\ \mathrm{Pa} = 1\ \mathrm{N/m^2}$. Die Koordinate von $\boldsymbol{\sigma}_i$ in der Richtung von $\boldsymbol{e}_i$ heißt *Normalspannung* $\sigma_i$, und die Koordinate in der Richtung eines beliebigen Einheitsvektors $\boldsymbol{e}_j$ in der Tangentialebene heißt *Schubspannung* $\tau_{ij}$. Die Normalspannung $\sigma_i$ und die Schubspannung $\tau_{ij}$ sind positiv, wenn sie am positiven Schnittufer die Richtung von $\boldsymbol{e}_i$ bzw. von $\boldsymbol{e}_j$ haben. Das positive Schnittufer ist dasjenige, aus dem $\boldsymbol{e}_i$ herausweist.

Die Schubspannungen in einem Punkt in drei Ebenen normal zu den Basisvektoren $\boldsymbol{e}_x$, $\boldsymbol{e}_y$ und $\boldsymbol{e}_z$ eines kartesischen $x$, $y$, $z$-Systems (einer Basis)

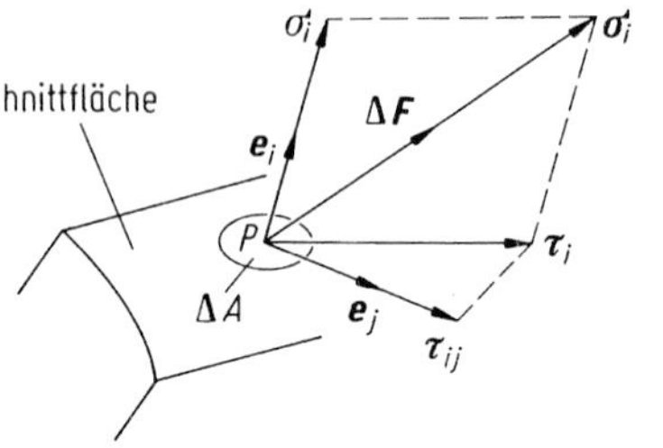


**Abb. 5** Spannungsvektor $\boldsymbol{\sigma}_i$, Normalspannung $\sigma_i$, resultierende Schubspannung $\tau_i$ und Schubspannungskoordinate $\tau_{ij}$ im Punkt $P$ einer Fläche mit dem Normalenvektor $\boldsymbol{e}_i$

haben aus Gleichgewichtsgründen die Eigenschaft

$$\tau_{ij} = \tau_{ji} \quad (i, j = x, y, z \quad \text{verschieden}) \tag{8}$$

(Gleichheit zugeordneter Schubspannungen). Die Matrix aller neun Normal- und Schubspannungen in diesen Ebenen ist deshalb symmetrisch:

$$\underline{\sigma} = \begin{bmatrix} \sigma_x & \tau_{xy} & \tau_{xz} \\ \tau_{xy} & \sigma_y & \tau_{yz} \\ \tau_{xz} & \tau_{yz} & \sigma_z \end{bmatrix}. \tag{9}$$

Sie heißt *Koordinatenmatrix* des Spannungstensors. Sie bestimmt den Spannungszustand im betrachteten Punkt vollständig.

### 9.2.2 Koordinatentransformation

Sei die Koordinatenmatrix $\underline{\sigma}^1$ des Spannungstensors in einem Körperpunkt in einer Basis $\underline{e}^1$

(einem $x$, $y$, $z$-System) gegeben, und sei $\underline{e}^2 = \underline{A}\underline{e}^1$ eine gegen $\underline{e}^1$ gedrehte Basis im selben Punkt. Die Koordinatenmatrix $\underline{\sigma}^2$ des Spannungstensors in $\underline{e}^2$, d. h. die Matrix der Spannungen in den drei Ebenen normal zu ihren Basisvektoren, ist

$$\underline{\sigma}^2 = \underline{A}\underline{\sigma}^1\underline{A}^{\mathrm{T}}. \qquad (10)$$

### 9.2.3 Hauptnormalspannungen. Spannungshauptachsen

Die Eigenwerte $\sigma_1$, $\sigma_2$ und $\sigma_3$ und die orthogonalen Eigenvektoren der Matrix $\underline{\sigma}$ heißen *Hauptnormalspannungen* bzw. *Spannungshauptachsen*. Im Hauptachsensystem sind alle Schubspannungen null. Die Eigenwerte sind die Wurzeln des Polynoms $-\sigma^3 + I_1\,\sigma^2 + I_2\,\sigma + I_3 = 0$ mit

$$\left.\begin{aligned} I_1 &= \sigma_x + \sigma_y + \sigma_z = \sigma_1 + \sigma_2 + \sigma_3,\\ I_2 &= -\left(\sigma_x\sigma_y + \sigma_y\sigma_z + \sigma_z\sigma_x\right) + \tau_{xy}^2 + \tau_{yz}^2 + \tau_{zx}^2\\ &= -(\sigma_1\sigma_2 + \sigma_2\sigma_3 + \sigma_3\sigma_1),\\ I_3 &= \sigma_x\sigma_y\sigma_z + 2\tau_{xy}\tau_{yz}\tau_{zx}\\ &\quad -\left(\sigma_x\tau_{yz}^2 + \sigma_y\tau_{zx}^2 + \sigma_z\tau_{xy}^2\right) = \sigma_1\sigma_2\sigma_3. \end{aligned}\right\} \qquad (11)$$

$I_1$, $I_2$ und $I_3$ sind *Invarianten* des Spannungstensors, d. h. sie sind für ein und denselben Körperpunkt unabhängig von der Richtung des $x$, $y$, $z$-Systems, in dem $\underline{\sigma}$ gegeben ist.

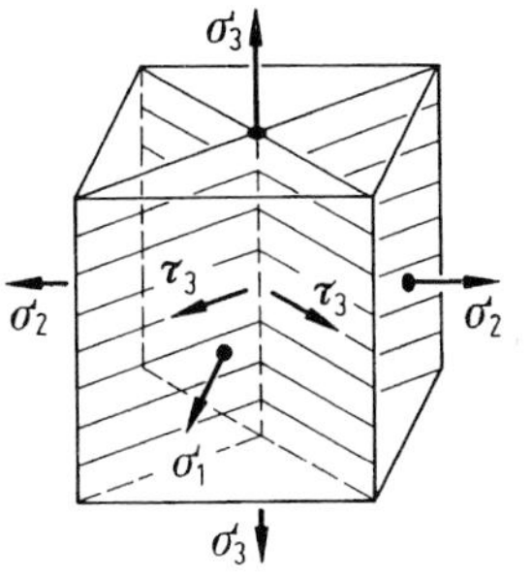


**Abb. 6** Richtungen der Hauptschubspannung $\tau_3$ relativ zu den Spannungshauptachsen

### 9.2.4 Hauptschubspannungen

In einem Punkt mit den Hauptnormalspannungen $\sigma_1$, $\sigma_2$ und $\sigma_3$ sind die Schubspannungen extremalen Betrages

$$\left.\begin{aligned} \tau_1 &= \mid \sigma_2 - \sigma_3 \mid /2, \quad \tau_2 = \mid \sigma_3 - \sigma_1 \mid /2,\\ \tau_3 &= \mid \sigma_1 - \sigma_2 \mid /2. \end{aligned}\right\} \qquad (12)$$

Sie heißen *Hauptschubspannungen*. $\tau_i$ ($i = 1, 2, 3$) tritt in den beiden Ebenen auf, die die Hauptachse $i$ enthalten und gegen die beiden anderen Hauptachsen um 45° geneigt sind. Abb. 6 zeigt als Beispiel $\tau_3$.

### 9.2.5 Kugeltensor. Spannungsdeviator

Die Matrix $\underline{\sigma}$ in Gl. (9) wird in die Koordinatenmatrizen $\underline{\sigma}_{\mathrm{m}}$ und $\underline{\sigma}^*$ eines *Kugeltensors bzw. eines Spannungsdeviators* aufgespalten:

$$\underline{\sigma} = \underline{\sigma}_{\mathrm{m}} + \underline{\sigma}^* = \begin{bmatrix} \sigma_{\mathrm{m}} & 0 & 0\\ 0 & \sigma_{\mathrm{m}} & 0\\ 0 & 0 & \sigma_{\mathrm{m}} \end{bmatrix} + \begin{bmatrix} \sigma_x - \sigma_{\mathrm{m}} & \tau_{xy} & \tau_{xz}\\ \tau_{xy} & \sigma_y - \sigma_{\mathrm{m}} & \tau_{yz}\\ \tau_{xz} & \tau_{yz} & \sigma_z - \sigma_{\mathrm{m}} \end{bmatrix} \qquad (13)$$

$$\text{mit}\quad \sigma_{\mathrm{m}} = \frac{1}{3}\left(\sigma_x + \sigma_y + \sigma_z\right) = \frac{1}{3}(\sigma_1 + \sigma_2 + \sigma_3).$$

$\underline{\sigma}_\mathrm{m}$ beschreibt einen hydrostatischen Spannungszustand. $\underline{\sigma}^*$ hat dieselben Hauptachsen wie $\underline{\sigma}$ und um $\sigma_\mathrm{m}$ kleinere Hauptnormalspannungen.

### 9.2.6 Ebener Spannungszustand. Mohr'scher Spannungskreis

Seien in Gl. (9) alle Spannungen außer $\sigma_x$, $\sigma_y$ und $\tau_{xy}$ null, wie das z. B. in einer in der $x$, $y$-Ebene liegenden und nur in dieser Ebene belasteten Scheibe der Fall ist. In einer Schnittebene normal zu einer $\xi$-Achse (Abb. 7; $\varphi$ ist positiv bei Drehung im Rechtsschraubensinn um die $z$-Achse) sind

$$\sigma_\xi(\varphi) = \frac{1}{2}\left(\sigma_x + \sigma_y\right) + \frac{1}{2}\left(\sigma_x - \sigma_y\right)\cos 2\varphi + \tau_{xy}\sin 2\varphi, \tag{14a}$$

$$\tau_{\xi\eta}(\varphi) = -\frac{1}{2}\left(\sigma_x - \sigma_y\right)\sin 2\varphi + \tau_{xy}\cos 2\varphi. \tag{14b}$$

Die Hauptnormalspannungen $\sigma_1$, $\sigma_2$ und die Winkel $\varphi_1$, $\varphi_2$ der Spannungshauptachsen gegen die $x$-Achse werden durch die Gleichungen bestimmt:

$$\sigma_{1,2} = \frac{1}{2}\left\{\sigma_x + \sigma_y \pm \left[\left(\sigma_x - \sigma_y\right)^2 + 4\tau_{xy}^2\right]^{1/2}\right\},$$
$$\tan 2\varphi_{1,2} = 2\tau_{xy}/\left(\sigma_x - \sigma_y\right). \tag{15}$$

Welcher Winkel zu welcher Hauptspannung gehört, wird dadurch festgestellt, dass man einen der beiden Winkel in Gl. (14a) einsetzt.

Im Achsensystem von Abb. 7 liegt der Punkt mit den Koordinaten $\sigma_\xi(\varphi)$ und $\tau_{\xi\eta}(\varphi)$ auf dem gezeichneten sog. *Mohr'schen Spannungskreis*. Der Mittelpunkt bei $(\sigma_x + \sigma_y)/2$ und der Kreispunkt $(\sigma_x, \tau_{xy})$ für $\varphi = 0$ bestimmen den Kreis. Der Kreispunkt unter dem Winkel $2\varphi$ (von $\varphi = 0$ positiv im Uhrzeigersinn angetragen) hat die Koordinaten $\sigma_\xi(\varphi)$, $\tau_{\xi\eta}(\varphi)$.

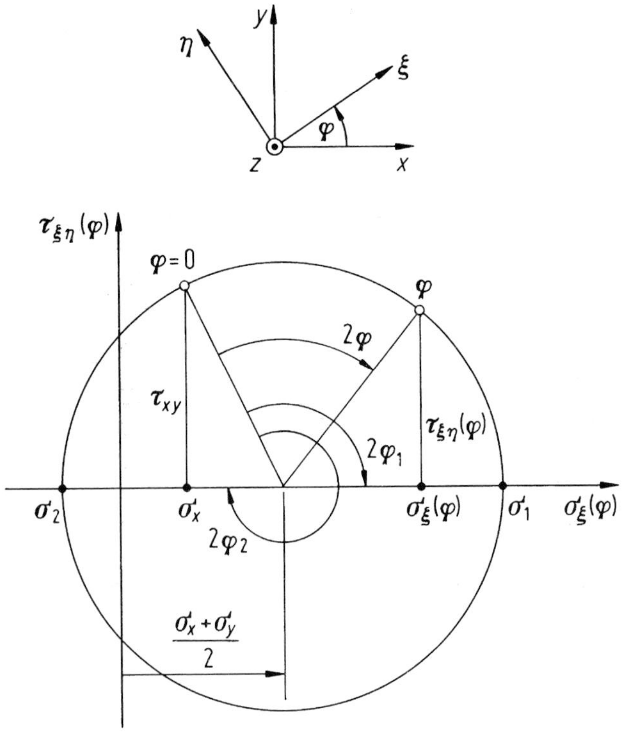


**Abb. 7** Mohr'scher Spannungskreis

### 9.2.7 Volumenkraft. Gleichgewichtsbedingungen

Das Gewicht, die Zentrifugalkraft und einige andere eingeprägte Kräfte sind stetig auf das gesamte Volumen eines Körpers verteilt. Die auf das Volumen bezogene Kraftdichte $\Delta \boldsymbol{F}/\Delta V$ bzw. ihr Grenzwert für $\Delta V \to 0$ hat die irreführende Bezeichnung *Volumenkraft*. Zum Beispiel ist die Volumenkraft zum Gewicht das spezifische Gewicht $\varrho\, g$ multipliziert mit dem Einheitsvektor in vertikaler Richtung. Seien $X(x, y, z)$, $Y(x, y, z)$ und $Z(x, y, z)$ ganz allgemein die ortsabhängigen Koordinaten der Volumenkraft in einem $x$, $y$, $z$-System. Damit ein Körper im Gleichgewicht ist, müssen die Spannungen in jedem Körperpunkt die folgenden Gleichgewichtsbedingungen erfüllen:

$$\left.\begin{aligned} &\frac{\partial \sigma_x}{\partial x}+\frac{\partial \tau_{xy}}{\partial y}+\frac{\partial \tau_{xz}}{\partial z}+X=0,\\ &\frac{\partial \tau_{xy}}{\partial x}+\frac{\partial \sigma_y}{\partial y}+\frac{\partial \tau_{yz}}{\partial z}+Y=0,\\ &\frac{\partial \tau_{xz}}{\partial x}+\frac{\partial \tau_{yz}}{\partial y}+\frac{\partial \sigma_z}{\partial z}+Z=0. \end{aligned}\right\} \tag{16}$$

Im Sonderfall des ebenen Spannungszustandes in der $x$, $y$-Ebene lauten sie

$$\frac{\partial \sigma_x}{\partial x}+\frac{\partial \tau_{xy}}{\partial y}+X=0,\quad \frac{\partial \tau_{xy}}{\partial x}+\frac{\partial \sigma_y}{\partial y}+Y=0. \tag{17}$$

Die entsprechenden Beziehungen in Polarkoordinaten sind in Gl. (9) im ▶ Kap. 10, „Anwendungen der Festigkeitslehre" zu finden.

## 9.3 Hooke'sches Gesetz

Die lineare Elastizitätstheorie behandelt Werkstoffe mit linearen Spannungs-Verzerrungs-Beziehungen, bei denen die zur Erzeugung eines Verzerrungszustandes nötige Arbeit (bei konstanter Temperatur) nur vom Verzerrungszustand selbst und nicht von der Art seines Zustandekommens abhängt (Potenzialeigenschaft; siehe Abschn. 8.1). Wenn der Körper außerdem isotrop ist, d. h. in allen Richtungen gleich beschaffen ist, bestehen zwischen den Spannungen, den Verzerrungen und der Temperaturänderung $\Delta T$ die sechs Beziehungen

$$\varepsilon_i=\frac{\sigma_i-\nu(\sigma_j+\sigma_k)}{E}+\alpha\Delta T,\gamma_{ij}=\frac{\tau_{ij}}{G} \tag{18}$$

$$(i,j,k=x,y,z \text{ verschieden}),$$

bzw. bei Auflösung nach den Spannungen

$$\left.\begin{aligned} \sigma_i &=\frac{E}{1+\nu}\left[\varepsilon_i+\frac{\nu}{1-2\nu}(\varepsilon_x+\varepsilon_y+\varepsilon_z)\right]\\ &\quad-\frac{E}{1-2\nu}\alpha\Delta T \quad (i=x,y,z),\\ \tau_{ij} &=G\gamma_{ij} \quad (i,j=x,y,z;i\neq j). \end{aligned}\right\} \tag{19}$$

Diese Beziehungen heißen *Hooke'sches Gesetz*. Die werkstoffmechanischen Grundlagen finden sich in ▶ Abschn. 3.2.1.1 im Kap. 3, „Anforderungen, Eigenschaften und Verhalten von Werkstoffen", die Formulierung mit Deviatorspannungen und Deviatorverzerrungen ist in Gl. (2) im ▶ Kap. 11, „Plastizitätstheorie, Bruchmechanik" dargestellt. Im Hooke'schen Gesetz treten der *Elastizitätsmodul* $E$, der *Schubmodul* $G$ ($E$ und $G$ haben die Dimension einer Spannung), die *Poisson-Zahl* $\nu$ und der *thermische Längenausdehnungskoeffizient* $\alpha$ (Dimension einer Temperatur$^{-1}$) auf. $\nu$ liegt im Bereich $0 \le \nu \le 1/2$. Zwischen $E$, $G$ und $\nu$ besteht die Beziehung

$$E=2(1+\nu)G, \tag{20}$$

sodass außer $\alpha$ nur zwei unabhängige Werkstoffkonstanten auftreten. Werte von $E$, $\nu$ und $\alpha$ siehe in Tab. 1. Aus Gl. (19) folgt, dass Dehnungshauptachsen und Spannungshauptachsen zusammenfallen.

In einem Körperpunkt mit beliebigen Scherungen und mit den Dehnungen $\varepsilon_x$, $\varepsilon_y$ und $\varepsilon_z$ ist die *Volumendilatation* $e$, das ist der Quotient Volumenzunahme/Ausgangsvolumen,

**Tab. 1** Elastizitätsmodul $E$, Poisson-Zahl $\nu$ und thermischer Längenausdehnungskoeffizient $\alpha$ von Werkstoffen. (Auswahl, siehe auch Sektion Materialwissenschaft und Werkstofftechnik)

| Werkstoff | $E$ | $\nu$ | $\alpha$ |
|---|---|---|---|
| | kN/mm$^2$ | | $10^{-6}$/K |
| *Metalle:* | | | |
| Aluminium | 71 | 0,34 | 23,9 |
| Aluminiumlegierungen | $59 \cdots 78$ | | $18{,}5 \cdots 24{,}0$ |
| Bronze | $108 \cdots 124$ | 0,35 | $16{,}8 \cdots 18{,}8$ |
| Blei | 19 | 0,44 | 29 |
| Duralumin 681B | 74 | 0,34 | 23 |
| Eisen | 206 | 0,28 | 11,7 |
| Gusseisen | $64 \cdots 181$ | | $9 \cdots 12$ |
| Kupfer | 125 | 0,34 | 16,8 |
| Magnesium | 44 | | 26 |
| Messing | $78 \cdots 123$ | | $17{,}5 \cdots 19{,}1$ |
| Messing (CuZn40) | 100 | 0,36 | 18 |
| Nickel | 206 | 0,31 | 13,3 |
| Nickellegierungen | $158 \cdots 213$ | | $11 \cdots 14$ |
| Silber | 80 | 0,38 | 19,7 |
| Silicium | 100 | 0,45 | 7,8 |
| Stahl legiert | $186 \cdots 216$ | $0{,}2 \cdots 0{,}3$ | $9 \cdots 19$ |
| Baustahl | 215 | 0,28 | 12 |
| V2A-Stahl | 190 | 0,27 | 16 |
| Titan | 108 | 0,36 | 8,5 |
| Zink | 128 | 0,29 | 30 |
| Zinn | 44 | 0,33 | 23 |
| *Anorganisch-nichtmetallische Werkstoffe:* | | | |
| Beton | $22 \cdots 39$ | $0{,}15 \cdots 0{,}22$ | $5{,}4 \cdots 14{,}2$ |
| Eis, $-4$ °C, polykristallin | 9,8 | 0,33 | |
| Glas, allgemein | $39 \cdots 98$ | $0{,}10 \cdots 0{,}28$ | $3{,}5 \cdots 5{,}5$ |
| Bau-, Sicherheitsglas | $62 \cdots 86$ | 0,25 | 9 |
| Quarzglas | $62 \cdots 75$ | $0{,}17 \cdots 0{,}25$ | $0{,}5 \cdots 0{,}6$ |
| Granit | $50 \cdots 60$ | $0{,}13 \cdots 0{,}26$ | $3 \cdots 8$ |
| Kalkstein | $40 \cdots 90$ | 0,28 | |
| Marmor | $60 \cdots 90$ | $0{,}25 \cdots 0{,}30$ | $5 \cdots 16$ |
| Porzellan | $60 \cdots 90$ | | $3 \cdots 6{,}5$ |
| Ziegelstein | $10 \cdots 40$ | $0{,}20 \cdots 0{,}35$ | $8 \cdots 10$ |
| $Al_2O_3$ (hochdicht) | 380 | 0,23 | 8 |
| $ZrO_2$ (hochdicht) | 220 | 0,23 | 10 |
| SiC (hochdicht) | 440 | 0,16 | 5 |
| $Si_3N_4$ (dicht) | 320 | 0,3 | 3,3 |
| $Si_3N_4$ (20 % Poren) | 180 | 0,23 | 3 |
| *Organische Werkstoffe:* | | | |
| Epoxidharz (EP, ‚Araldit‘) | 3,2 | 0,33 | $50 \cdots 70$ |
| glasfaserverstärkte Kunststoffe (GFK) | $7 \cdots 45$ | | 25 |
| *Holz* | | | |
| Buche (faserparallel) | 14 | | |
| Eiche (faserparallel) | 13 | | 4,9 |
| Fichte (faserparallel) | 10 | | 5,4 |
| Kiefer (faserparallel) | 11 | | |

(Fortsetzung)

**Tab. 1** (Fortsetzung)

| Werkstoff | $E$ | $\nu$ | $\alpha$ |
|---|---|---|---|
| | kN/mm² | | $10^{-6}$/K |
| Buche (radial) | 2,3 | | |
| Eiche (radial) | 1,6 | | 54,4 |
| Fichte (radial) | 0,8 | | 34,1 |
| Kiefer (radial) | 1,0 | | |
| kohlenstofffaserverstärkte Kunststoffe (CFK) | 70 ··· 200 | | |
| Polymethylmethacrylat (PMMA, ‚Plexiglas') | 2,7 ··· 3,2 | 0,35 | 70 ··· 100 |
| Polyamid (‚Nylon') | 2 ··· 4 | | 70 ··· 100 |
| Polyethylen (PE-HD) | 0,15 ··· 1,65 | | 150 ··· 200 |
| Polyvinylchlorid (PVC) | 1 ··· 3 | | 70 ··· 100 |

$$e = \varepsilon_x + \varepsilon_y + \varepsilon_z = (1-2\nu)\big(\sigma_x + \sigma_y + \sigma_z\big)/E + 3\alpha\Delta T. \quad (21)$$

Der einachsige Spannungszustand mit $\sigma_x \neq 0$, $\sigma_y = \sigma_z = \tau_{xy} = \tau_{yz} = \tau_{zx} = 0$ verursacht nach Gl. (18) den dreiachsigen Verzerrungszustand

$$\left.\begin{aligned} &\varepsilon_x = \frac{\sigma_x}{E} + \alpha\Delta T, \quad \varepsilon_y = \varepsilon_z = -\nu\frac{\sigma_x}{E} + \alpha\Delta T, \\ &\gamma_{xy} = \gamma_{yz} = \gamma_{zx} = 0. \end{aligned}\right\} \quad (22)$$

Der *ebene Spannungszustand* mit $\sigma_x \neq 0$, $\sigma_y \neq 0$, $\tau_{xy} \neq 0$ und $\sigma_z = \tau_{xz} = \tau_{yz} = 0$ verursacht nach Gl. (18) den dreiachsigen Verzerrungszustand

$$\left.\begin{aligned} &\varepsilon_x = \frac{\sigma_x - \nu\sigma_y}{E} + \alpha\Delta T, \\ &\varepsilon_y = \frac{\sigma_y - \nu\sigma_x}{E} + \alpha\Delta T, \quad \gamma_{xy} = \frac{\tau_{xy}}{G}, \end{aligned}\right\} \quad (23a)$$

$$\varepsilon_z = -\frac{\nu}{E}\big(\sigma_x + \sigma_y\big) + \alpha\Delta T, \quad \gamma_{yz} = \gamma_{zx} = 0. \quad (23b)$$

Die Darstellung der Spannungen durch $\varepsilon_x$ und $\varepsilon_y$ ist in diesem Fall

$$\left.\begin{aligned} \sigma_x &= \frac{E}{1-\nu^2}\big[\varepsilon_x + \nu\varepsilon_y - (1+\nu)\alpha\Delta T\big], \\ \sigma_y &= \frac{E}{1-\nu^2}\big[\varepsilon_y + \nu\varepsilon_x - (1+\nu)\alpha\Delta T\big], \\ \tau_{xy} &= G\gamma_{xy}, \quad \sigma_z = \tau_{xz} = \tau_{yz} = 0. \end{aligned}\right\} \quad (24)$$

## 9.4 Geometrische Größen für Stab- und Balkenquerschnitte

Im Zusammenhang mit der Biegung und Torsion von Stäben und Balken spielen außer der Querschnittsfläche $A$ und dem Flächenschwerpunkt $S$ die folgenden geometrischen Querschnittsgrößen eine Rolle.

### 9.4.1 Flächenmomente 2. Grades

In einem $y, z$-System mit beliebigem Ursprung in der Querschnittsfläche sind die *axialen Flächenmomente 2. Grades* $I_y$ und $I_z$ und das *biaxiale Flächenmoment 2. Grades* (*Deviationsmoment*) $I_{yz}$ der Querschnittsfläche definiert:

$$I_y = \int_A z^2 \mathrm{d}A, \quad I_z = \int_A y^2 \mathrm{d}A, \quad I_{yz} = -\int_A yz \mathrm{d}A. \quad (25)$$

Wenn Missverständnisse ausgeschlossen sind, wird vom Flächenmoment statt vom Flächenmoment 2. Grades gesprochen. Eine andere, ebenfalls gebräuchliche Bezeichnung ist *Flächenträgheitsmoment.* Flächenmomente 2. Grades haben die Dimension Länge⁴. $I_y$, $I_z$ und $I_{yz}$ sind mit den Flächenmomenten $I_{y'}$, $I_{z'}$ und $I_{y'z'}$ im parallel ausgerichteten $y'$, $z'$-System mit dem Ursprung im Schwerpunkt $S$ durch die Formeln von Huygens und Steiner verknüpft (Abb. 8):

$$\left.\begin{array}{l} I_y = I_{y'} + z_S^2 A, \quad I_z = I_{z'} + y_S^2 A, \\ I_{yz} = I_{y'z'} - y_S z_S A. \end{array}\right\} \quad (26)$$

In einem $\eta$, $\zeta$-System, das nach Abb. 8 gegen das $y$, $z$-System um den Winkel $\varphi$ gedreht ist ($\varphi$ ist positiv bei Drehung im Rechtsschraubensinn um die $x$-Achse) ist

$$I_\eta(\varphi) = \frac{1}{2}(I_y + I_z) + \frac{1}{2}(I_y - I_z)\cos 2\varphi + I_{yz}\sin 2\varphi, \quad (27a)$$

$$I_{\eta\zeta}(\varphi) = -\frac{1}{2}(I_y - I_z)\sin 2\varphi + I_{yz}\cos 2\varphi. \quad (27b)$$

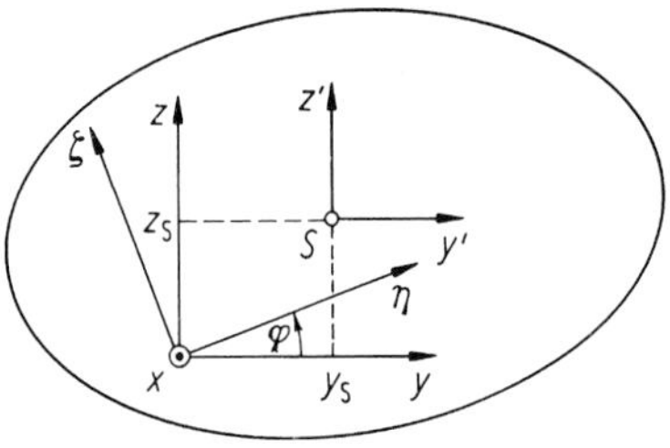


**Abb. 8** Zur Definition von Flächenmomenten 2. Grades

Diese Beziehungen werden im $(I_\eta(\varphi), I_{\eta\zeta}(\varphi))$-Achsensystem von Abb. 9 durch den *Mohr'schen Kreis* abgebildet. Der Mittelpunkt bei $(I_y + I_z)/2$ und der Kreispunkt $(I_y, I_{yz})$ für $\varphi = 0$ bestimmen den Kreis. Der Kreispunkt unter dem Winkel $2\varphi$ (von $\varphi = 0$ positiv im Uhrzeigersinn angetragen) hat die Koordinaten $I_\eta(\varphi)$ und $I_{\eta\zeta}(\varphi)$.

**Hauptflächenmomente. Hauptachsen**

Der Mohr'sche Kreis liefert zwei orthogonale Hauptachsen der Fläche unter den Winkeln $\varphi_1$ und $\varphi_2$ mit zugehörigen extremalen *Hauptflächenmomenten* $I_1$ und $I_2$ und mit dem biaxialen Flächenmoment $I_{12} = 0$. Die ablesbaren Formeln

$$I_{1,2} = \frac{1}{2}\left\{I_y + I_z \pm \left[(I_y - I_z)^2 + 4I_{yz}^2\right]^{1/2}\right\},$$
$$\tan 2\varphi_{1,2} = 2I_{yz}/(I_y - I_z) \quad (28)$$

lassen die Zuordnung zwischen den Winkeln und den Hauptflächenmomenten erst erkennen, wenn man einen der beiden Winkel wieder in Gl. (27a) einsetzt. Die Achse des kleineren Hauptflächenmoments liegt so, dass sich die Querschnittsfläche

**Abb. 9** Mohr'scher Kreis für Flächenmomente 2. Grades

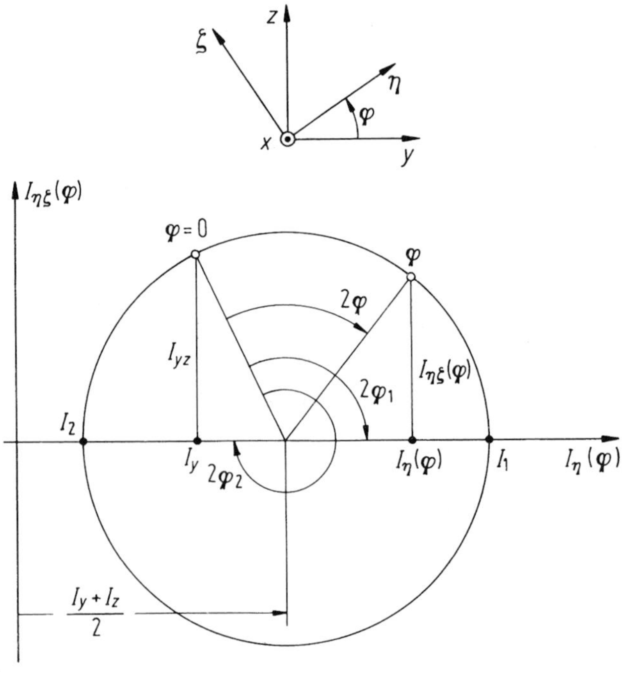

möglichst eng um sie lagert. Wegen dieser Eigenschaft kann man die Lage der Achse i. Allg. gut schätzen. Symmetrieachsen sind zentrale, d. h. auf den Schwerpunkt als Ursprung bezogene Hauptachsen. Wenn die axialen Flächenmomente für zwei oder mehr Achsen durch $S$ gleich sind, dann sind sie für alle Achsen durch $S$ gleich. Das ist z. B. der Fall, wenn mehr als zwei Symmetrieachsen existieren (z. B. beim regelmäßigen $n$-Eck).

**Flächenmomente für zusammengesetzte Querschnitte**

Für einen aus Teilflächen zusammengesetzten Querschnitt sollen die Flächenmomente $I_\eta$, $I_\zeta$ und $I_{\eta\zeta}$ in einem $\eta$, $\zeta$-System mit dem Gesamtschwerpunkt $S$ als Ursprung berechnet werden. Abb. 10a zeigt nur eine Teilfläche $A_i$ mit ihrem eigenen Schwerpunkt $S_i$ und ihre Lage im $\eta$, $\zeta$-System. Für die Teilfläche werden die Flächenmomente für irgendein $y$, $z$-System aus Tabellen entnommen und mit Gln. (26), (27a) und (27b) in drei Schritten in Flächenmomente im $y'$, $z'$-System (1. Schritt), im $\eta'$, $\zeta'$-System oder im $y''$, $z''$-System (2. Schritt) und im $\eta$, $\zeta$-System (3. Schritt) umgerechnet. Die letzteren seien $I_{\eta i}$, $I_{\zeta i}$ und $I_{\eta\zeta i}$ für die Teilfläche $i$ ($i = 1, \ldots, n$). Die drei Summen dieser Größen über $i = 1, \ldots, n$ liefern $I_\eta$, $I_\zeta$ und $I_{\eta\zeta}$ für den gesamten Querschnitt. Ausschnitte und Löcher können als Teilflächen mit negativem Flächeninhalt behandelt werden, was eine Umkehrung der Vorzeichen aller ihrer Flächenmomente bedeutet. Der Querschnitt in Abb. 10b kann z. B. als Summe zweier Rechtecke und eines Dreiecks mit negativer Fläche behandelt werden. Flächenmomente einfacher Flächen sind in Tab. 2 dargestellt, Flächenmomente genormter Walzprofile sind u. a. im Stahlbau Handbuch 1996 zu finden.

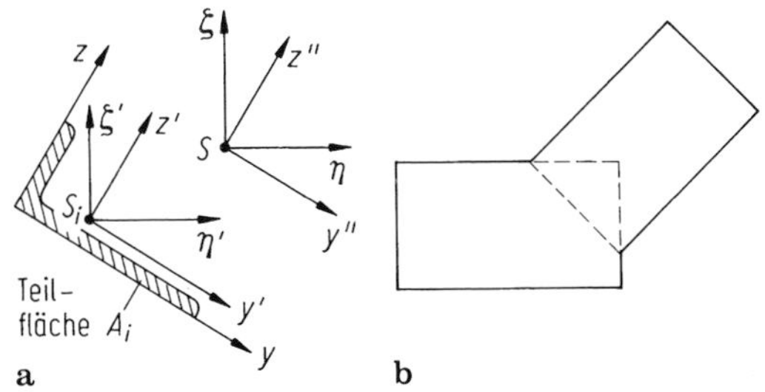


**Abb. 10** **a** Teilfläche $A_i$ eines zusammengesetzten Querschnitts mit dem Gesamtschwerpunkt $S$. **b** Aus zwei Rechtecken und einem Dreieck mit negativer Fläche zusammengesetzter Querschnitt

## 9.4.2 Statische Flächenmomente

Im Folgenden sind die $y$- und $z$-Achsen zentrale Hauptachsen. Bei einfach berandeten Querschnitten mit einem oder mehreren Stegen (Abb. 11) ist $s$ die Bogenlänge von einem beliebig gewählten Stegende $s = 0$ entlang der Stegmittellinien zu einem Punkt mit der Koordinate $s$. $A_0(s)$ und $A_1(s)$ sind die einander zu $A$ ergänzenden Teilflächen, die durch einen Schnitt bei $s$ quer zur Stegmittellinie entstehen, wobei $A_0(s)$ den Punkt $s = 0$ enthält. $z_{S_0}(s)$ und $z_{S_1}(s)$ sind die $z$-Koordinaten der Flächenschwerpunkte $S_0$ von $A_0(s)$ bzw. $S_1$ von $A_1(s)$. Das *statische Flächenmoment* $S_y(s)$ hat die Dimension Länge$^3$. Es wird nach einer der folgenden Formeln berechnet:

$$S_y(s) = -\int_{A_0(s)} z\mathrm{d}A = -z_{S_0}(s)A_0(s) = \int_{A_1(s)} z\mathrm{d}A = z_{S_1}(s)A_1(s). \tag{29}$$

Entsprechend ergibt sich, wenn man überall $z$ und $y$ vertauscht:

$$S_z(s) = -\int_{A_0(s)} y\mathrm{d}A = -y_{S_0}(s)A_0(s) = \int_{A_1(s)} y\mathrm{d}A = y_{S_1}(s)A_1(s). \tag{30}$$

*Beispiel 1*: Für den Stabquerschnitt in Abb. 12a ist im Bereich $0 \leqq s \leqq b$ $z_{S_0}(s) = -h/2$, $A_0(s) = ts$, also $S_y(s) = h\,t\,s/2$. Bei einem Schnitt durch den vertikalen Steg an einer Stelle $z$ besteht $A_0$ aus der Fläche $bt$ des horizontalen Stegs mit

**Tab. 2** Flächenmomente 2. Grades $I_y$, $I_z$, $I_{yz}$ und Biegewiderstandsmomente $W_y$. Der Ursprung des $y, z$-Systems ist der Flächenschwerpunkt. Seine Lage ist in Tab. 2 angegeben. Wenn $I_{yz}$ nicht angegeben ist, sind die $y$- und $z$-Achsen Hauptachsen

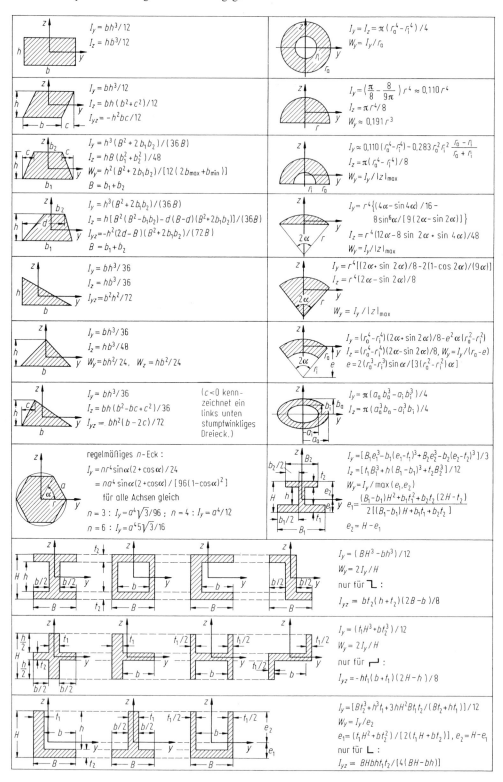

| | |
|---|---|
| 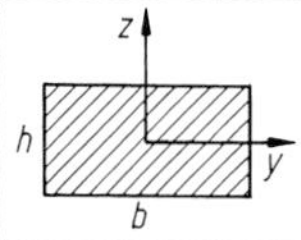<br>$I_y = bh^3/12$<br>$I_z = hb^3/12$ | 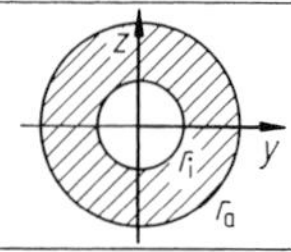<br>$I_y = I_z = \pi(r_a^4 - r_i^4)/4$<br>$W_y = I_y/r_a$ |
| 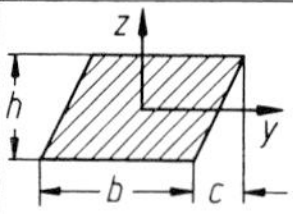<br>$I_y = bh^3/12$<br>$I_z = bh(b^2+c^2)/12$<br>$I_{yz} = -h^2bc/12$ | 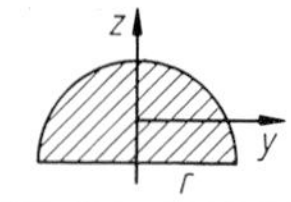<br>$I_y = \left(\frac{\pi}{8} - \frac{8}{9\pi}\right) r^4 \approx 0{,}110\, r^4$<br>$I_z = \pi r^4/8$<br>$W_y \approx 0{,}191\, r^3$ |
| 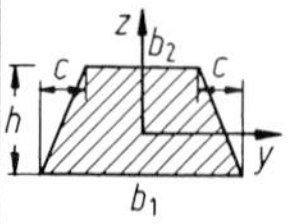<br>$I_y = h^3(B^2 + 2b_1b_2)/(36B)$<br>$I_z = hB(b_1^2 + b_2^2)/48$<br>$W_y = h^2(B^2 + 2b_1b_2)/[12(2b_{max} + b_{min})]$<br>$B = b_1 + b_2$ | 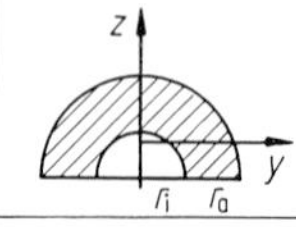<br>$I_y \approx 0{,}110(r_a^4 - r_i^4) - 0{,}283\, r_a^2 r_i^2 \frac{r_a - r_i}{r_a + r_i}$<br>$I_z = \pi(r_a^4 - r_i^4)/8$<br>$W_y = I_y/\lvert z\rvert_{max}$ |
| 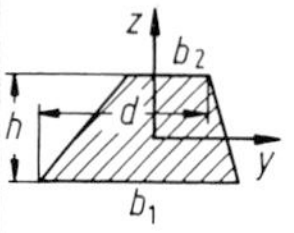<br>$I_y = h^3(B^2 + 2b_1b_2)/(36B)$<br>$I_z = h[B^2(B^2 - b_1b_2) - d(B-d)(B^2 + 2b_1b_2)]/(36B)$<br>$I_{yz} = -h^2(2d - B)(B^2 + 2b_1b_2)/(72B)$<br>$B = b_1 + b_2$ | 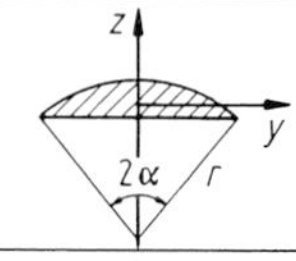<br>$I_y = r^4\{(4\alpha - \sin 4\alpha)/16 - 8\sin^6\alpha/[9(2\alpha - \sin 2\alpha)]\}$<br>$I_z = r^4(12\alpha - 8\sin 2\alpha + \sin 4\alpha)/48$<br>$W_y = I_y/\lvert z\rvert_{max}$ |
| 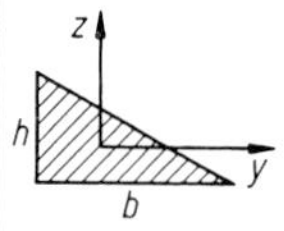<br>$I_y = bh^3/36$<br>$I_z = hb^3/36$<br>$I_{yz} = b^2h^2/72$ | 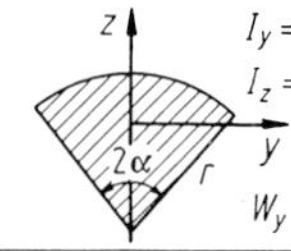<br>$I_y = r^4[(2\alpha + \sin 2\alpha)/8 - 2(1 - \cos 2\alpha)/(9\alpha)]$<br>$I_z = r^4(2\alpha - \sin 2\alpha)/8$<br>$W_y = I_y/\lvert z\rvert_{max}$ |
| 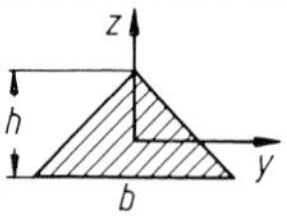<br>$I_y = bh^3/36$<br>$I_z = hb^3/48$<br>$W_y = bh^2/24, \quad W_z = hb^2/24$ | 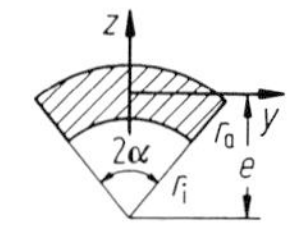<br>$I_y = (r_a^4 - r_i^4)(2\alpha + \sin 2\alpha)/8 - e^2\alpha(r_a^2 - r_i^2)$<br>$I_z = (r_a^4 - r_i^4)(2\alpha - \sin 2\alpha)/8, \; W_y = I_y/(r_a - e)$<br>$e = 2(r_a^3 - r_i^3)\sin\alpha/[3(r_a^2 - r_i^2)\alpha]$ |
| 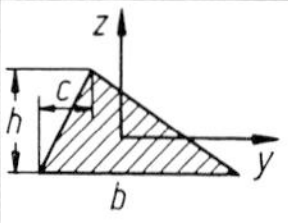<br>$I_y = bh^3/36$<br>$I_z = bh(b^2 - bc + c^2)/36$<br>$I_{yz} = bh^2(b - 2c)/72$<br>($c<0$ kennzeichnet ein links unten stumpfwinkliges Dreieck.) | 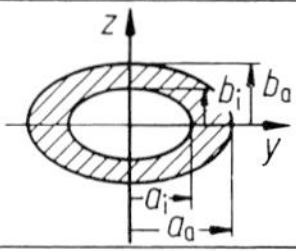<br>$I_y = \pi(a_a b_a^3 - a_i b_i^3)/4$<br>$I_z = \pi(a_a^3 b_a - a_i^3 b_i)/4$ |
| 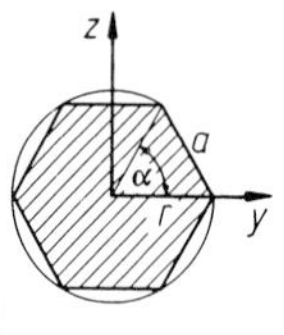<br>regelmäßiges $n$-Eck:<br>$I_y = nr^4 \sin\alpha(2 + \cos\alpha)/24$<br>$= na^4 \sin\alpha(2 + \cos\alpha)/[96(1 - \cos\alpha)^2]$<br>für alle Achsen gleich<br>$n = 3: I_y = a^4\sqrt{3}/96; \; n = 4: I_y = a^4/12$<br>$n = 6: I_y = a^4 5\sqrt{3}/16$ | 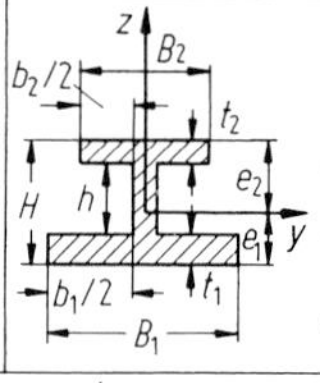<br>$I_y = [B_1e_1^3 - b_1(e_1 - t_1)^3 + B_2e_2^3 - b_2(e_2 - t_2)^3]/3$<br>$I_z = [t_1B_1^3 + h(B_1 - b_1)^3 + t_2B_2^3]/12$<br>$W_y = I_y/\max(e_1, e_2)$<br>$e_1 = \frac{(B_1 - b_1)H^2 + b_1t_1^2 + b_2t_2(2H - t_2)}{2[(B_1 - b_1)H + b_1t_1 + b_2t_2]}$<br>$e_2 = H - e_1$ |
| 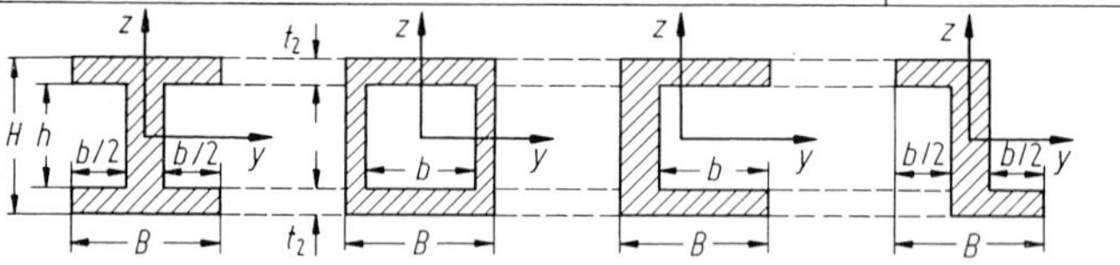 | $I_y = (BH^3 - bh^3)/12$<br>$W_y = 2I_y/H$<br>nur für ⅂:<br>$I_{yz} = bt_2(h + t_2)(2B - b)/8$ |
| 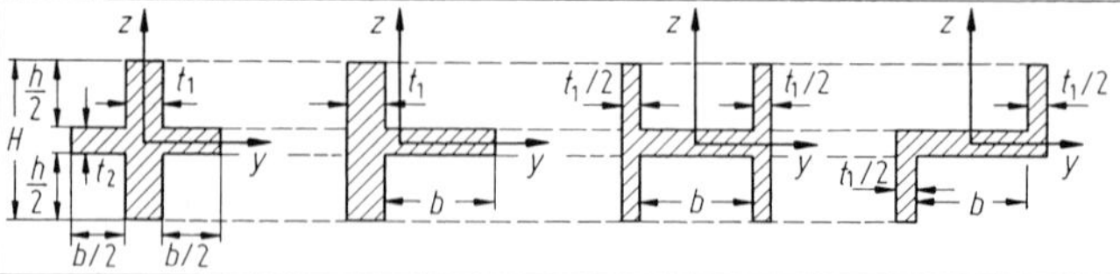 | $I_y = (t_1H^3 + bt_2^3)/12$<br>$W_y = 2I_y/H$<br>nur für ┘:<br>$I_{yz} = -ht_1(b + t_1)(2H - h)/8$ |
| 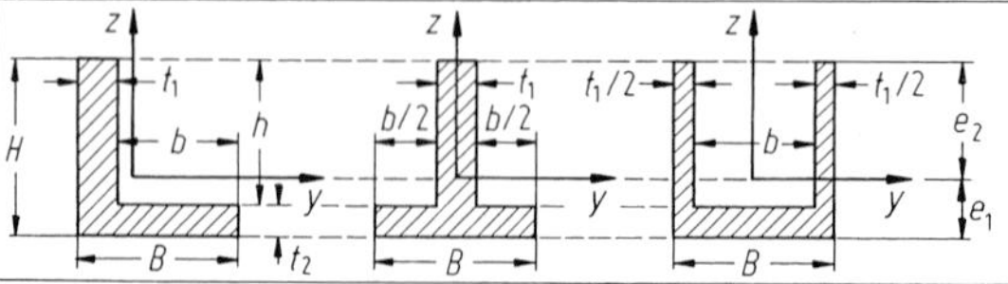 | $I_y = [Bt_2^3 + h^3t_1 + 3hH^2Bt_1t_2/(Bt_2 + ht_1)]/12$<br>$W_y = I_y/e_2$<br>$e_1 = (t_1H^2 + bt_2^2)/[2(t_1H + bt_2)], \; e_2 = H - e_1$<br>nur für L:<br>$I_{yz} = BHbht_1t_2/[4(BH - bh)]$ |

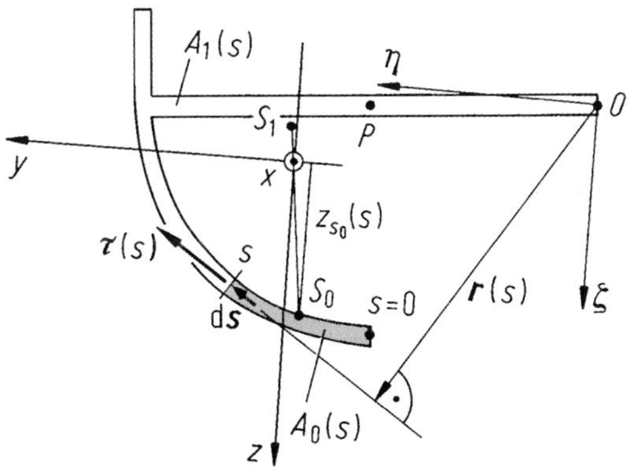


**Abb. 11** Einfach berandeter Querschnitt mit dünnen Stegen. Die Teilflächen $A_0(s)$ und $A_1(s)$ mit ihren Schwerpunkten $S_0$ bzw. $S_1$ beziehen sich auf Gl. (29) und (30). Die $y$- und $z$-Achsen sind zentrale Hauptachsen. Die dazu parallelen $\eta$- und $\zeta$-Achsen und die Lotlänge $r(s)$ beziehen sich auf Gl. (33) und (37) und $\tau(s)$ auf Gl. (56). $P$ ist der Mittelpunkt des Viertelkreisbogens

der Schwerpunktkoordinate $-h/2$ und der Fläche $(h/2 + z)\,t$ mit der Schwerpunktkoordinate

$$-\frac{1}{2}h + \frac{1}{2}\left(\frac{1}{2}h + z\right) = \frac{1}{2}\left(-\frac{1}{2}h + z\right).$$

Damit ist

$$S_y(z) = \frac{1}{2}htb - \left(\frac{1}{2}h + z\right)t \cdot \frac{1}{2}\left(-\frac{1}{2}h + z\right)$$
$$= \frac{1}{2}\left(hb + \frac{1}{4}h^2 - z^2\right)t.$$

### 9.4.3 Querschubzahlen

Für einfach berandete Querschnitte aus dünnen Stegen der Breite $t(s)$ sind die dimensionslosen *Querschubzahlen* $\varkappa_y$ und $\varkappa_z$ wie folgt definiert (Integration über alle Stege):

$$\varkappa_y = \frac{A}{I_z^2}\int \frac{S_z^2(s)}{t(s)}\,\mathrm{d}s, \quad \varkappa_z = \frac{A}{I_y^2}\int \frac{S_y^2(s)}{t(s)}\,\mathrm{d}s. \quad (31)$$

Zahlenwerte siehe in Tab. 3.

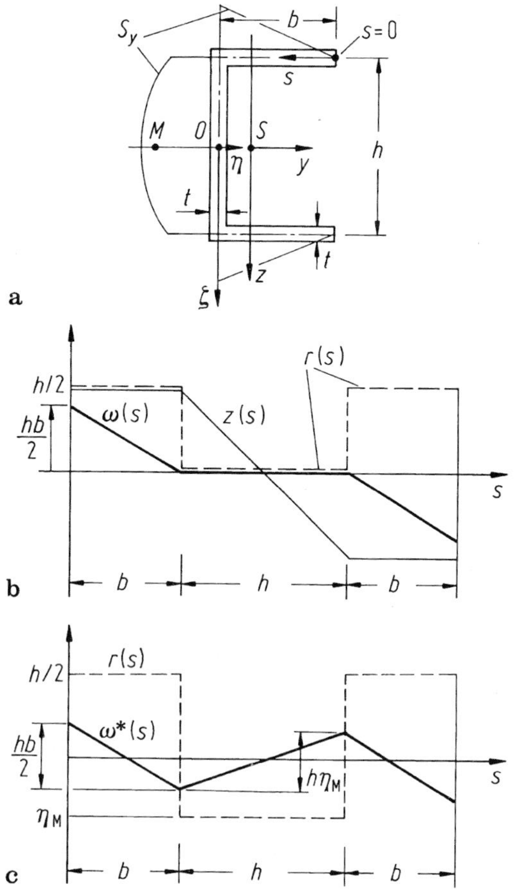


**Abb. 12** **a** ⊏-Profil. Quer zur Wandmittellinie ist $S_y(s)$ aufgetragen. Zur Bedeutung des $\eta$, $\zeta$-Systems und des Schubmittelpunkts $M$, **b** Hilfsfunktionen $r(s)$, $\omega(s)$ und $z(s)$ des Profils von **a** für Gl. (32) und (33). **c** Hilfsfunktionen $r(s)$ und $\omega*(s)$ desselben Profils für Gl. (37)

### 9.4.4 Schubmittelpunkt oder Querkraftmittelpunkt

Wenn der Stabquerschnitt Symmetrieachsen besitzt, dann liegt der *Schubmittelpunkt* $M$ auf diesen. Bei L- und T-Profilen und allgemeiner bei Querschnitten aus geraden, dünnen Stegen, die alle von einem Punkt ausgehen, liegt $M$ in diesem Punkt. Bei beliebigen einfach berandeten Querschnitten aus dünnen Stegen (Abb. 11) hat $M$ in einem beliebig gewählten, zum $y$, $z$-System parallelen $\eta$, $\zeta$-System die Koordinaten (Integration über alle Stege)

**Tab. 3** Querschubzahlen $\varkappa_z$ für Stabquerschnitte

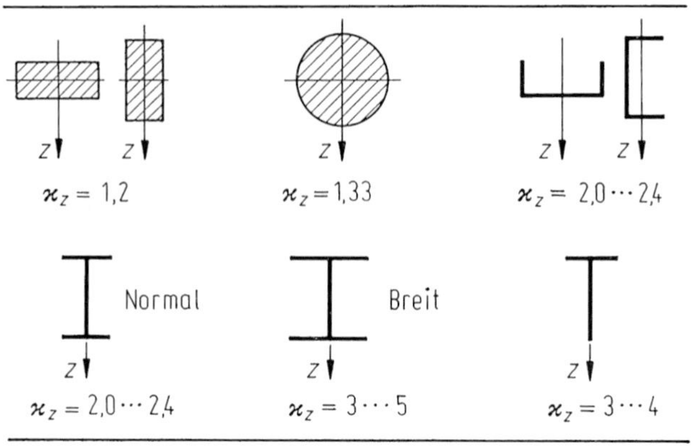


$$\left.\begin{aligned}\eta_M &= -\left(1/I_y\right)\int\omega(s)z(s)t(s)\mathrm{d}s,\\ \zeta_M &= \quad\left(1/I_z\right)\int\omega(s)y(s)t(s)\mathrm{d}s.\end{aligned}\right\}\qquad(32)$$

Darin sind $y(s)$ und $z(s)$ die $y$- und $z$-Koordinaten des Punktes an der Stelle $s$ und

$$\omega(s) = -\int r(\bar{s})\mathrm{d}\bar{s} + \omega_0 \qquad (33)$$

(Integration über alle Stege von $A_0(s)$). $r(s)$ ist die vorzeichenbehaftete Länge des Lotvektors $\boldsymbol{r}(s)$ vom Ursprung 0 des $\eta$, $\zeta$-Systems auf die Tangente an die Stegmittellinie an der Stelle $s$. $r(s)$ ist positiv (negativ), wenn $\boldsymbol{r} \times \mathrm{d}\boldsymbol{s}$ die Richtung der positiven (der negativen) $x$-Achse hat. Die Konstante $\omega_0$ kann beliebig gewählt werden. Eine zweckmäßige Wahl von 0 und von $\omega_0$ vereinfacht die Rechnung.

*Beispiel 2*: In Abb. 11 ist der Punkt $P$ die beste Wahl, weil dann $r(s)$ für den horizontalen Steg null und für alle anderen Stege konstant ist. Für den Stabquerschnitt in Abb. 12a und den gewählten Punkt 0 haben $r(s)$ und $z(s)$ die in Abb. 12b gezeichneten Verläufe. $\omega_0$ wurde so gewählt, dass $\omega(s)$ im Mittelteil null ist. Damit liefert Gl. (32)

$$\eta_M = -\frac{h^2b^2t}{4I_y} = -\frac{3b^2}{6b+h},\quad \text{falls } t \ll b,\ h \text{ gilt.}$$

Tab. 4 gibt für einige Querschnitte die Lage des Schubmittelpunkts an.

### 9.4.5 Torsionsflächenmoment

Die Dimension des *Torsionsflächenmoments* $I_T$ ist Länge[4]. Für Kreis- und Kreisringquerschnitte vom Innenradius $R_i$ und Außenradius $R_a$ ist $I_T$ das *polare Flächenmoment 2. Grades* $I_p = \int_A r^2\mathrm{d}A = \frac{\pi}{2}\left(R_a^4 - R_i^4\right)$. Für einfach berandete Querschnitte beliebiger Form ist $I_T = 2\int\Phi(y, z)\mathrm{d}A$ (Integration über die gesamte Querschnittsfläche), wobei $\Phi(y, z)$ die Lösung des Randwertproblems

$$\frac{\partial^2\Phi}{\partial y^2} + \frac{\partial^2\Phi}{\partial z^2} = -2,\quad \Phi \equiv 0 \quad \text{am ganzen Rand,} \qquad (34)$$

ist. Tab. 5 gibt Lösungen an. Weitere Lösungsformeln sind u. a. in zu finden. Für einfach berandete Querschnitte kann $I_T$ experimentell wie folgt bestimmt werden. Nach *Prandtls Membrananalogie* (Weber und Günther 1958) hat eine Seifenhaut über einer Öffnung von der Form des Stabquerschnitts bei kleiner Druckdifferenz die Höhenverteilung const $\times\ \Phi(y, z)$ mit der Lösung $\Phi(y, z)$ von Gl. (34). Man erzeugt bei gleicher Druckdifferenz zwei Seifenhäute, eine über dem zu untersuchenden Querschnitt und die andere über einem Kreis vom Radius $R$. Aus Messwerten für die Volumina $V$ und $V_{\text{Kreis}}$ der Seifenhau-

**Tab. 4** Schubmittelpunktkoordinaten $d$ und Wölbwiderstände $C_M$ für symmetrische Stabprofile mit dünnen Stegen

| Profil | $d$ | $C_M$ |
|---|---|---|
| 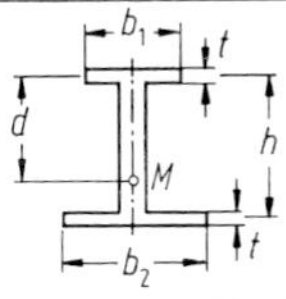 | $\frac{hb_2^3}{b_1^3+b_2^3}$ | $\frac{th^2}{12}\frac{b_1^3 b_2^3}{b_1^3+b_2^3}$ |
| 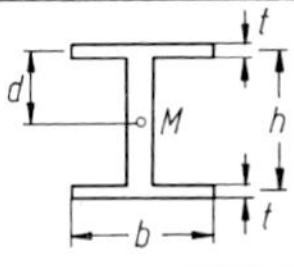 | $\frac{h}{2}$ | $\frac{tb^3h^2}{24}$ |
| 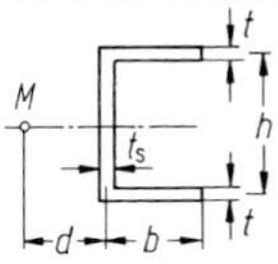 | $\frac{3tb^2}{ht_s+6bt}$ | $\frac{tb^3h^2}{12}\frac{2ht_s+3bt}{ht_s+6bt}$ |
| 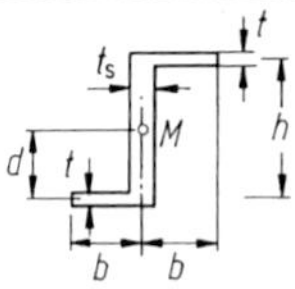 | $\frac{h}{2}$ | $\frac{tb^3h^2}{12(2b+h)^2}[2(b+h)^2-bh(2-\frac{t_s}{t})]$ |
| 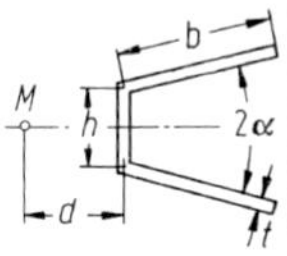 | $\frac{b^2h(3h+4b\sin\alpha)\cos\alpha}{h^3+2b^3\sin^2\alpha+6b(h+b\sin\alpha)^2}$ | |
| 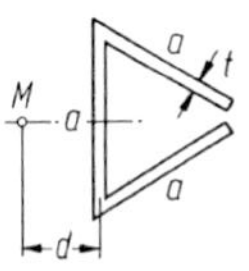 | $\frac{a\sqrt{3}}{6}$ | $\frac{5ta^5}{48}$ |
| 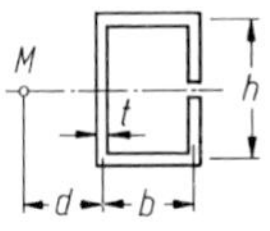 | $\frac{b}{2}\frac{3b+2h}{3b+h}$ | $\frac{tb^2h^2}{24}\frac{3b^2+34bh+10h^2}{3b+h}$ |
| 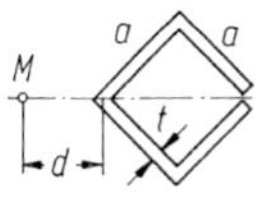 | $\frac{a\sqrt{2}}{4}$ | $\frac{7ta^5}{12}$ |
| 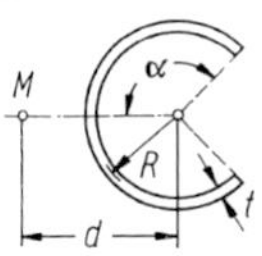 | $2R\frac{\sin\alpha-\alpha\cos\alpha}{\alpha-\sin\alpha\cos\alpha}$ | $2tR^5\{\frac{\alpha^3}{3}-\frac{d}{R}[\sin\alpha(2+\cos\alpha)-\alpha(1+2\cos\alpha)]\}$ |
| 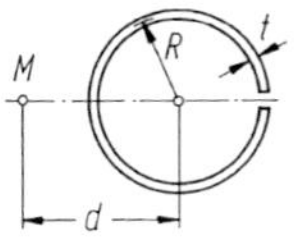 | $2R$ | $2\pi(\frac{\pi^2}{3}-2)tR^5$ |

**Tab. 5** Torsionsflächenmomente $I_T$ und Torsionswiderstandsmomente $W_T$; $\tau_{max} = M_T/W_T$

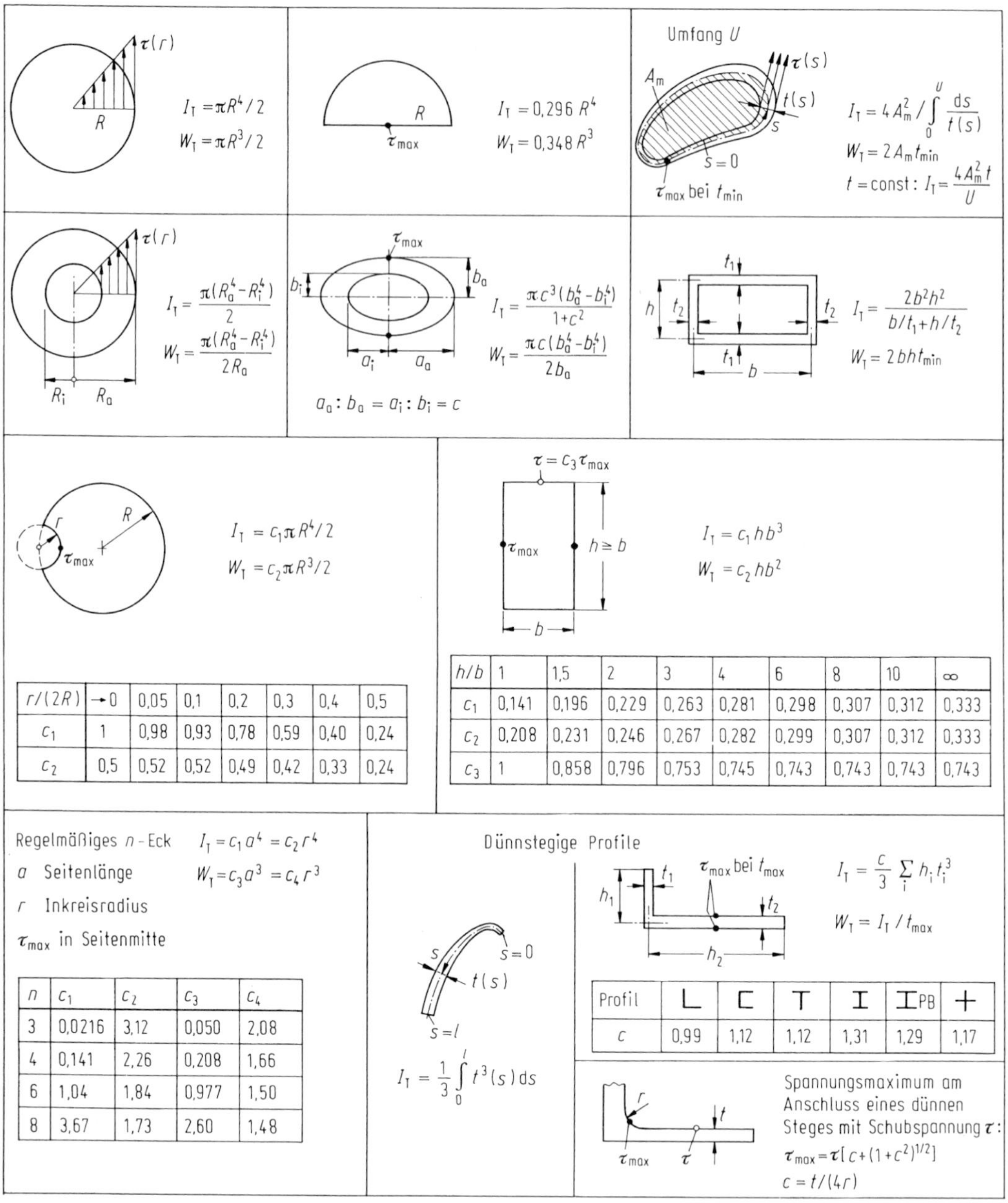


| $r/(2R)$ | →0 | 0,05 | 0,1 | 0,2 | 0,3 | 0,4 | 0,5 |
|---|---|---|---|---|---|---|---|
| $c_1$ | 1 | 0,98 | 0,93 | 0,78 | 0,59 | 0,40 | 0,24 |
| $c_2$ | 0,5 | 0,52 | 0,52 | 0,49 | 0,42 | 0,33 | 0,24 |

| $h/b$ | 1 | 1,5 | 2 | 3 | 4 | 6 | 8 | 10 | ∞ |
|---|---|---|---|---|---|---|---|---|---|
| $c_1$ | 0,141 | 0,196 | 0,229 | 0,263 | 0,281 | 0,298 | 0,307 | 0,312 | 0,333 |
| $c_2$ | 0,208 | 0,231 | 0,246 | 0,267 | 0,282 | 0,299 | 0,307 | 0,312 | 0,333 |
| $c_3$ | 1 | 0,858 | 0,796 | 0,753 | 0,745 | 0,743 | 0,743 | 0,743 | 0,743 |

| $n$ | $c_1$ | $c_2$ | $c_3$ | $c_4$ |
|---|---|---|---|---|
| 3 | 0,0216 | 3,12 | 0,050 | 2,08 |
| 4 | 0,141 | 2,26 | 0,208 | 1,66 |
| 6 | 1,04 | 1,84 | 0,977 | 1,50 |
| 8 | 3,67 | 1,73 | 2,60 | 1,48 |

| Profil | L | [ | T | I | I PB | + |
|---|---|---|---|---|---|---|
| $c$ | 0,99 | 1,12 | 1,12 | 1,31 | 1,29 | 1,17 |

thügel ergibt sich für den untersuchten Querschnitt $I_T = (V/V_{Kreis})\,\pi\,R^4/2$.

Für einzellige, dünnwandige Hohlquerschnitte gilt die *zweite Bredt'sche Formel* (siehe Tab. 5; Fläche $A_m$ innerhalb der Wandmittellinie; Integration über die ganze Wandmittellinie)

$$I_T = 4A_m^2 \Big/ \oint \frac{ds}{t(s)}. \tag{35}$$

Bei $n$-zelligen, dünnwandigen Hohlquerschnitten nach Abb. 13 muss zur Berechnung von $I_T$ das lineare Gleichungssystem für $\lambda_1, \ldots, \lambda_n$ und $1/I_T$

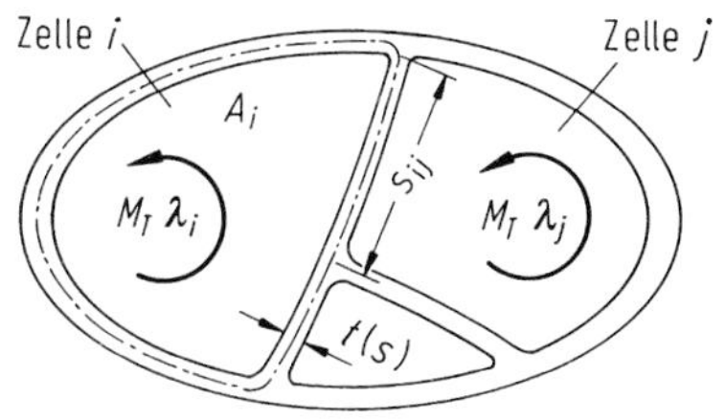


**Abb. 13** Dünnwandiger Hohlquerschnitt mit $n = 3$ Zellen. Zu den umlaufenden Pfeilen siehe Abschn. 6.8

mit symmetrischer Koeffizientenmatrix gelöst werden:

$$\left.\begin{aligned} P_{ii}\lambda_i &- \sum_{\substack{j=1\\ \neq i}}^{n} P_{ij}\lambda_j - 2A_i/I_\mathrm{T} = 0 \quad (i = 1, \ldots, n) \\ &- \sum_{i=1}^{n} 2A_i\lambda_i = -1. \end{aligned}\right\} \tag{36}$$

Zur Bedeutung von $\lambda_1, \ldots, \lambda_n$ siehe Abschn. 6.8; $A_i$ Fläche innerhalb der Wandmittellinie von Zelle $i$; $P_{ii} = \int (\mathrm{d}s/t(s))$ bei Integration über die geschlossene Wandmittellinie von Zelle $i$; $P_{ij} = \int_{s_{ij}} (\mathrm{d}s/t(s))$ bei Integration über die den Zellen $i$ und $j$ gemeinsame Wandmittellinie $s_{ij}$. Im Sonderfall $n = 2$ mit überall gleicher Wanddicke $t$ ist

$$I_\mathrm{T} = \frac{4t\left(A_1^2U_2 + A_2^2U_1 + 2A_1A_2s_{12}\right)}{U_1U_2 - s_{12}^2}$$

mit den Teilflächen $A_1$, $A_2$ und den Umfängen $U_1$, $U_2$ der Zellen 1 bzw. 2 und der gemeinsamen Steglänge $s_{12}$.

### 9.4.6 Wölbwiderstand

Die Dimension des Wölbwiderstandes $C_\mathrm{M}$ ist Länge$^6$. Für L- und T-Profile und allgemeiner für alle Querschnitte aus geraden, dünnen Stegen, die von einem Punkt ausgehen, ist $C_\mathrm{M} = 0$. Für beliebige einfach berandete Querschnitte aus dünnen Stegen nach Abb. 11 ist (Integration über alle Stege)

$$C_\mathrm{M} = \int \omega^{*2}(s)t(s)\mathrm{d}s. \tag{37}$$

Für $\omega^*(s)$ gilt Gl. (33) mit der Besonderheit, dass erstens der Vektor $\boldsymbol{r}(s)$ in Abb. 11 nicht von einem beliebigen Punkt 0, sondern vom Schubmittelpunkt $M$ ausgeht, und dass zweitens die Konstante $\omega_0^*$ nicht beliebig ist, sondern so bestimmt wird, dass das Integral $\int \omega^*(s)\mathrm{d}s$ über alle Stege gleich null ist.

*Beispiel 3*: Für den Querschnitt in Abb. 12a hat $r(s)$ den in Abb. 12c gestrichelten und $\omega^*(s)$ den durchgezogenen Verlauf. Mit $\eta_\mathrm{M} = -3\,b^2/(6\,b + h)$ ergibt sich mithilfe von Tab. 8

$$C_\mathrm{M} = tb^3h^2\frac{3b + 2h}{12(6b + h)}.$$

Tab. 4 gibt Formeln für $C_\mathrm{M}$ für einige Querschnitte an. Zahlenwerte für genormte Walzprofile siehe in Kindmann et al. 2006.

## 9.5 Schnittgrößen in Stäben und Balken

### 9.5.1 Definition der Schnittgrößen für gerade Stäbe

Schnittgrößen eines geraden Stabes werden im $x$, $y$, $z$-System von Abb. 14 beschrieben. Im unverformten Stab fällt die $x$-Achse mit der Verbindungslinie der Flächenschwerpunkte aller Stabquerschnitte (das ist die sog. *Stabachse*) und die $y$- sowie die $z$-Achse mit den Hauptachsen der Querschnittsfläche zusammen. Ein Schnitt quer zur $x$-Achse an der Stelle $x$ erzeugt zwei Stabteile mit je einem *Schnittufer*. Das positive Schnittufer ist dasjenige, aus dem die $x$-Achse herausweist.

Über den Querschnitt verteilte Schnittkräfte werden nach Abb. 14 zu einem äquivalenten Kräftesystem zusammengefasst, das aus einer *Längskraft* $N(x)$ im Flächenschwerpunkt, den *Querkräften* $Q_y(x)$ und $Q_z(x)$ im Schubmittelpunkt $M$, den *Biegemomenten* $M_y(x)$ und $M_z(x)$ und einem *Torsionsmoment* $M_\mathrm{T}(x)$ besteht. Diese sechs Kraft- und Momentenkomponenten sind die sog. *Schnittgrößen* des Stabes. Sie greifen mit entge-

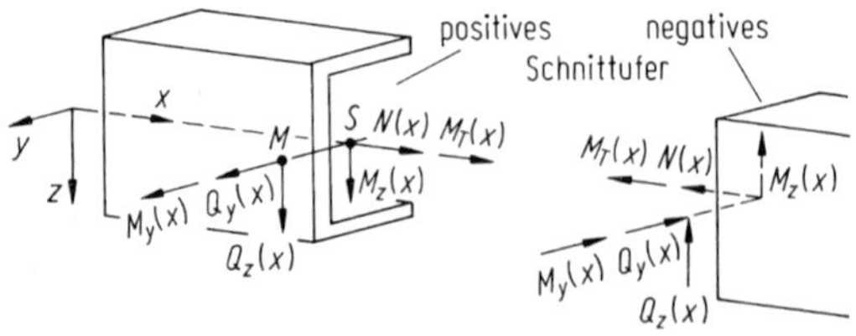


**Abb. 14** Schnittufer und Schnittgrößen eines Stabes oder Balkens

gengesetzten Richtungen an beiden Schnittufern an. Eine Schnittgröße ist positiv, wenn sie am positiven Schnittufer die Richtung der positiven Koordinatenachse hat. Im Sonderfall der ebenen Belastung in der zur $x$, $z$-Ebene parallelen Ebene durch den Schubmittelpunkt $M$ sind nur $N(x)$, $Q_z(x)$ und $M_y(x)$ vorhanden.

Zu den Spannungen $\sigma(x, y, z)$, $\tau_{xy}(x, y, z)$ und $\tau_{xz}(x, y, z)$ im Querschnitt bei $x$ ($\sigma$ steht für $\sigma_x$) bestehen die Beziehungen (alle Integrationen über die gesamte Querschnittfläche):

$$\begin{aligned} N(x) &= \int \sigma \mathrm{d}A, \quad Q_y(x) = \int \tau_{xy} \mathrm{d}A, \\ & \qquad\qquad Q_z(x) = \int \tau_{xz} \mathrm{d}A, \\ M_T(x) &= \int \left[ -(z - z_M)\tau_{xy} + (y - y_M)\tau_{xz} \right] \mathrm{d}A \\ &= \int \left( -z\tau_{xy} + y\tau_{xz} \right) \mathrm{d}A \\ & \quad + z_M Q_y(x) - y_M Q_z(x), \\ M_y(x) &= \int z\sigma \mathrm{d}A, \; M_z(x) = -\int y\sigma \mathrm{d}A. \end{aligned} \tag{38}$$

## 9.5.2 Berechnung von Schnittgrößen für gerade Stäbe

Gleichgewichtsbedingungen an freigeschnittenen Stabteilen liefern Beziehungen zwischen den Schnittgrößen eines Stabes und den äußeren eingeprägten Kräften und Momenten am Stab. Für die hier behandelte sog. Theorie 1. Ordnung werden Gleichgewichtsbedingungen am unverformten Stab formuliert. Ein Stab heißt *statisch bestimmt*, wenn die Gleichgewichtsbedingungen ausreichen, um alle Schnittgrößen explizit durch eingeprägte äußere Kräfte und Momente auszudrücken. Statisch unbestimmte Stäbe werden in Abschn. 8.6 betrachtet. Die Abhängigkeit der Schnittgrößen von der Koordinate $x$ wird nach Abb. 16 in Diagrammen unter dem Stab dargestellt. Die Kurven in den Diagrammen nennt man *Querkraftlinie, Biegemomentenlinie* usw.

**Gleichgewichtsbedingungen**. Um Schnittgrößen an einer Stelle $x$ zu berechnen, wird der Stab bei $x$ in zwei Stücke geschnitten. Das einfacher zu untersuchende Stück wird an allen Lagern freigeschnitten. An den Schnittstellen werden die unbekannten Schnittgrößen und die (vorher berechneten) Lagerreaktionen angebracht. Gleichgewichtsbedingungen (sechs im räumlichen, drei im ebenen Fall) liefern die Schnittgrößen. Schnittstellen beiderseits des Angriffspunktes einer Einzelkraft oder eines Einzelmoments liefern unterschiedliche Schnittgrößenfunktionen. Man muss also beiderseits jedes derartigen Punktes einen Schnitt untersuchen.

**Prinzip der virtuellen Arbeit**. Statt Gleichgewichtsbedingungen kann das Prinzip der virtuellen Arbeit verwendet werden. Das Prinzip ist besonders vorteilhaft, wenn nur eine einzige Schnittgröße als Funktion von $x$ gesucht wird. Im Fall einer Kraftschnittgröße wird bei $x$ eine Schiebehülse in Richtung der gesuchten Schnittgröße eingeführt. Im Fall einer Momentenschnittgröße wird bei $x$ ein Gelenk mit der Achse in Richtung der gesuchten Schnittgröße eingeführt. Beiderseits der Schiebehülse bzw. des Gelenks wird die betreffende Schnittgröße mit entgegengesetzten Vorzeichen als äußere Last angebracht. An dem so gewonnenen Ein-Freiheitsgrad-Mechanismus wird die im ▶ Abschn. 6.1.16 im Kap. 6, „Statik starrer Körper“ geschilderte Rechnung durchgeführt. Als Beispiel siehe Abb. 14c im ▶ Kap. 6, „Statik starrer Körper“.

**Hilfssätze**. Die Anwendung der Gleichgewichtsbedingungen und des Prinzips der virtuellen Arbeit wird teilweise oder ganz überflüssig, wenn man die folgenden Hilfsmittel einsetzt.

a) Das Superpositionsprinzip. Es sagt aus, dass eine Schnittgröße, z. B. $M_y(x)$, für eine Kombination von Lasten gleich der Summe der

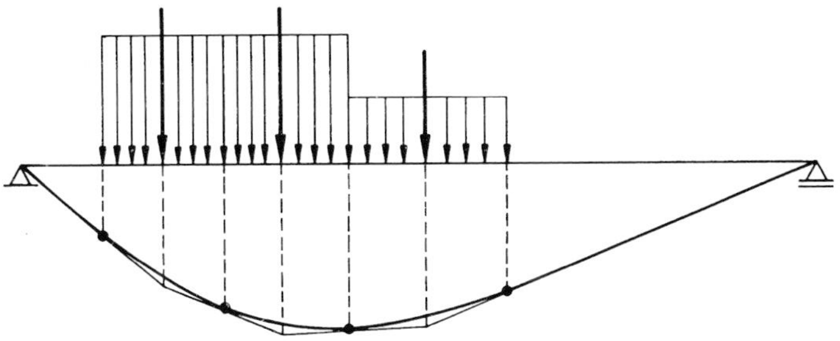

**Abb. 15**
Biegemomentenlinien für eine Streckenlast (gekrümmte Linie) und für äquivalente Einzelkräfte (Polygonzug)

Schnittgrößen $M_y(x)$ für die einzelnen Lasten ist.

b) Am Angriffspunkt einer Einzelkraft $F$ (eines Einzelmoments $M$) in $x$- oder $y$- oder $z$-Richtung macht die entsprechende Kraft- bzw. Momentenschnittgröße gleicher Richtung einen Sprung. Der Sprung hat die Größe $-F$ bzw. $-M$, wenn man die $x$-Achse in positiver Richtung durchläuft.

c) Zwischen Streckenlast $q_z(x)$, Querkraft $Q_z(x)$ und Biegemoment $M_y(x)$ gilt überall außer an Angriffspunkten von Einzelkräften in $z$-Richtung

$$\left.\begin{aligned} &\frac{\mathrm{d}Q_z}{\mathrm{d}x} = -q_z(x), \ \frac{\mathrm{d}M_y}{\mathrm{d}x} = Q_z(x), \\ &\frac{\mathrm{d}^2M_y}{\mathrm{d}x^2} = -q_z(x). \end{aligned}\right\} \quad (39)$$

Entsprechend gilt

$$\left.\begin{aligned} &\frac{\mathrm{d}Q_y}{\mathrm{d}x} = -q_y(x), \ \frac{\mathrm{d}M_z}{\mathrm{d}x} = Q_y(x), \\ &\frac{\mathrm{d}^2M_z}{\mathrm{d}x^2} = -q_y(x). \end{aligned}\right\} \quad (40)$$

Hieraus folgt: In Bereichen ohne Streckenlast $q_z$ ist $Q_z(x)$ konstant und $M_y(x)$ linear mit $x$ veränderlich. In Bereichen mit konstanter Streckenlast $q_z(x) = \text{const} \neq 0$ ist $Q_z(x)$ linear und $M_y(x)$ quadratisch von $x$ abhängig. Die Biegemomentenlinie $M_y(x)$ hat Knicke an den Angriffspunkten von Einzelkräften mit $z$-Richtung. Das Biegemoment $M_y(x)$ hat stationäre Werte (Maxima, Minima oder Sattelpunkte) an allen Stellen, an denen $Q_z(x) = 0$ ist. Für Extrema von $M_y$ kommen nur diese Stellen und die Angriffspunkte von Einzelkräften und Einzelmomenten in Betracht.

Stückweise konstante Streckenlasten werden häufig nach Abb. 15 durch äquivalente Einzelkräfte ersetzt. Die Biegemomentenlinie für die Streckenlasten (gekrümmte Linie) und die Biegemomentenlinie für die Einzelkräfte (Polygonzug) haben an den Rändern der durch Einzelkräfte ersetzten Streckenlastabschnitte gleiche Funktionswerte und gleiche Steigungen.

d) Randbedingungen: An einem freien Stabende ohne Einzelkraft (bzw. ohne Einzelmoment) in $x$- oder $y$- oder $z$-Richtung ist die Kraftschnittgröße (bzw. Momentenschnittgröße) gleicher Richtung null. An der Stelle einer Schiebehülse in $x$- oder $y$- oder $z$-Richtung ist die Kraftschnittgröße gleicher Richtung null. An der Stelle eines Gelenks um die $x$- oder $y$- oder $z$-Achse ist die Momentenschnittgröße gleicher Richtung null.

*Beispiel 4*: Abb. 16 demonstriert, wie man allein mit den Hilfsmitteln (a) bis (d) Querkraft- und Biegemomentenlinien bestimmt. Die Kraft $F$ an der Stütze hat auf den horizontalen Stab dieselbe Wirkung, wie $F$ und das Moment $Fh$ im Diagramm darunter. Die Lagerreaktion $D_\mathrm{v} = 3\,q\,l/2$ wird zuerst berechnet (Momentengleichgewicht um $C$ für die bei $C$ und $D$ freigeschnittene rechte Stabhälfte). $Q_z(x)$ ist durch die Randbedingung bei $E$, durch die Steigung $-q$ zwischen $D$ und $E$, durch die Steigung null zwischen $A$ und $D$ und durch den Sprung bei $D$ um $-D_\mathrm{v} = -3\,q\,l/2$ festgelegt. $M_y(x)$ ist zwischen $A$ und $D$ durch die

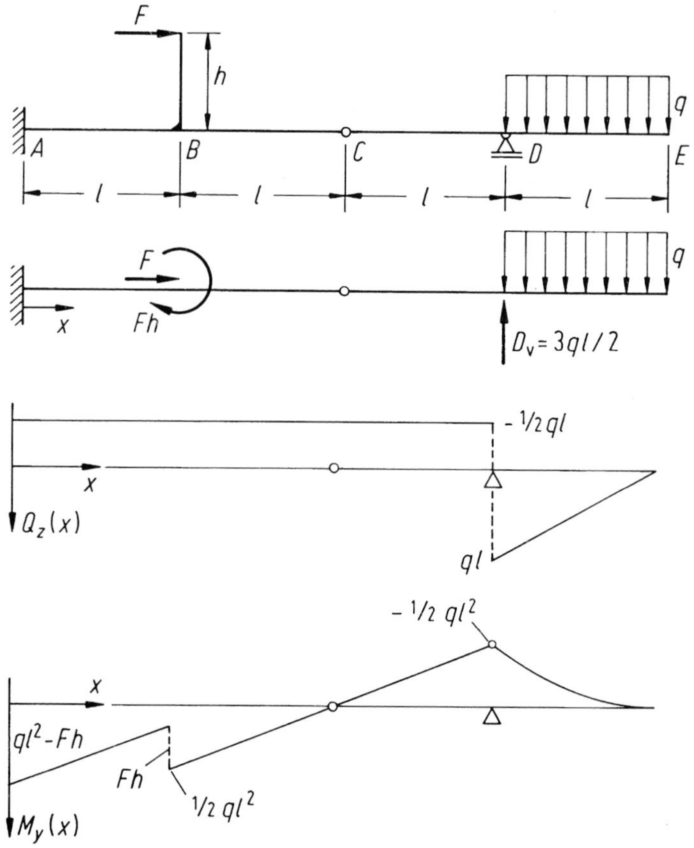


**Abb. 16** Statisch bestimmter Träger (oben), der horizontale Teil des Trägers mit derselben Belastung (darunter) und die Funktionsverläufe von Querkraft $Q_z(x)$ und Biegemoment $M_y(x)$ (darunter)

Randbedingung am Gelenk $C$, durch die konstante Steigung $Q_z = -q\ l/2$ und durch den Sprung um $Fh$ bei $B$ festgelegt. Zwischen $D$ und $E$ gilt $\mathrm{d}\,M_y/\mathrm{d}\,x = Q_z = q(4\,l - x)$, also $M_y(x) = -q\ (4\,l - x)^2/2 + \text{const.}$ Die Konstante ist wegen der Randbedingung bei $E$ gleich null.

**Schnittgrößen in abgewinkelten Stäben**. Abb. 17 ist ein Beispiel für stückweise gerade Stäbe, die abgewinkelt miteinander verbunden sind. Für jedes einzelne gerade Stabstück mit der Nummer $i$ werden Schnittgrößen wie in Abb. 14 in einem individuellen $x_i$, $y_i$, $z_i$-System des betreffenden Stabes definiert und berechnet.

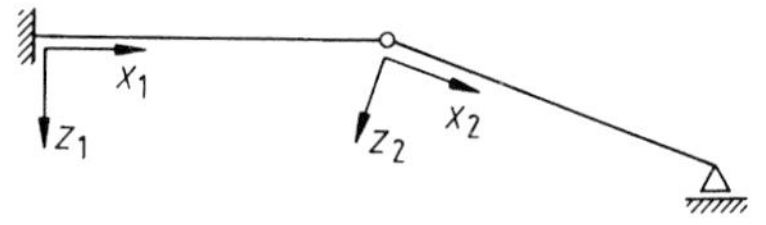


**Abb. 17** Abgewinkelter Stab mit individuellen Koordinatensystemen für alle Abschnitte

**Schnittgrößen in gekrümmten Stäben**. Der Kreisring in Abb. 18a und die Wendel einer Schraubenfeder sind Beispiele für Stäbe, die schon im unbelasteten Zustand eben oder räumlich gekrümmt sind. Die Schnittgrößen an einer Stelle des Stabes sind wie beim geraden Stab und mit denselben Definitionen eine Längskraft, Querkräfte, Biegemomente und ein Torsionsmoment. Ihre Richtungen entsprechen der Tangente an die Stabachse bzw. der Hauptachsen im Querschnitt an der betrachteten Stelle.

*Beispiel 5*: In Abb. 18a ist ein gekrümmter Stab mit der angreifenden Kraft F zu sehen, während Abb. 18b die resultierenden Schnittgrößen Normalkraft $N(\varphi)$, Querkraft $Q_r(\varphi)$ und Biegemoment $M_z(\varphi)$ zeigt. Kräftegleichgewichtsbedingungen in radialer und in tangentialer Richtung und eine Momentengleichgewichtsbedingung um die Schnittstelle ergeben

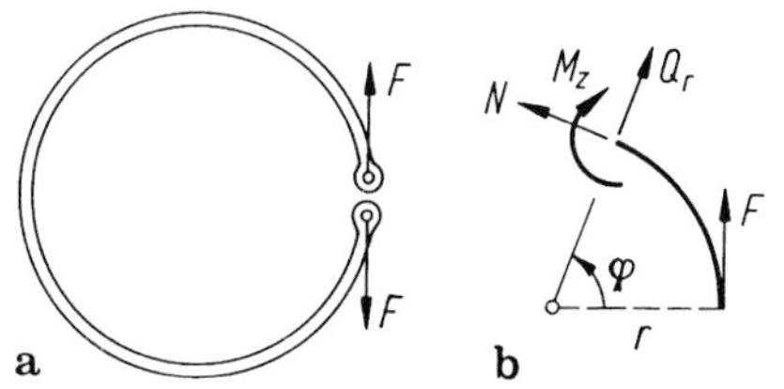


**Abb. 18** Gekrümmter Stab (**a**) und seine Schnittgrößen (**b**)

$$Q_r(\varphi) = -F\sin\varphi, \quad N(\varphi) = -F\cos\varphi,$$
$$M_z(\varphi) = Fr(1 - \cos\varphi).$$

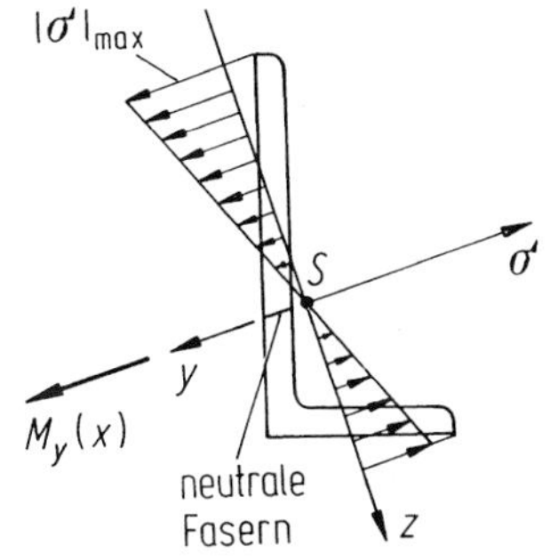


**Abb. 19** Spannungsverlauf $\sigma(z)$ in einem Stabquerschnitt bei gerader Biegung um die $y$-Hauptachse

## 9.6 Spannungen in Stäben und Balken

Für Spannungen gilt im Gültigkeitsbereich des Hooke'schen Gesetzes das Superpositionsprinzip. Es macht die Aussage: Zwei Lastfälle 1 und 2, die jeder für sich in einem Körperpunkt die Spannungen $\sigma_{x1}$, $\sigma_{y1}$, $\tau_{xy1}$ usw. bzw. $\sigma_{x2}$, $\sigma_{y2}$, $\tau_{xy2}$ usw. hervorrufen, verursachen gemeinsam die Spannungen $\sigma_{x1} + \sigma_{x2}$, $\sigma_{y1} + \sigma_{y2}$, $\tau_{xy1} + \tau_{xy2}$ usw.

### 9.6.1 Zug und Druck

Im Querschnitt an der Stelle $x$ tritt nur die *Längsspannung* (Normalspannung) auf

$$\sigma(x) = \frac{N(x)}{A(x)}. \tag{41}$$

### 9.6.2 Gerade Biegung

Von *gerader Biegung* spricht man, wenn nur die Schnittgrößen $Q_z(x)$ und $M_y(x)$ oder nur $Q_y(x)$ und $M_z(x)$ vorhanden sind. Ein Biegemoment $M_y(x)$ verursacht im Querschnitt bei $x$ die Längsspannung (Normalspannung)

$$\sigma(x,z) = \frac{M_y(x)}{I_y(x)}z. \tag{42}$$

Sie ist nach Abb. 19 linear über den Querschnitt verteilt. Sie hat bei $z = 0$ den Wert null (spannungslose oder neutrale Faser) und im größten Abstand $|z|_{\max}$ von der neutralen Faser das Betragsmaximum

$$|\sigma|_{\max} = \frac{|\,M_y(x)\,|}{W_y(x)} \quad \text{mit} \quad W_y(x) = \frac{I_y(x)}{|z|_{\max}}. \tag{43}$$

$W_y$ heißt *Biegewiderstandsmoment*. Bei Biegung um die $z$-Achse durch ein Biegemoment $M_z(x)$ tritt an die Stelle von Gl. (42) $\sigma(x,y) = -yM_z(x)/I_z(x)$. Im Fall $M_y(x) = \text{const}$ bzw. $M_z(x) = \text{const}$ spricht man von *reiner Biegung*, weil dann $Q_z(x) \equiv 0$ bzw. $Q_y(x) \equiv 0$ ist. Tab. 2 gibt Biegewiderstandsmomente $W_y$ für zahlreiche Querschnitte an.

### 9.6.3 Schiefe Biegung

Bei gemeinsamer Wirkung von Biegemomenten $M_y(x)$ und $M_z(x)$ spricht man von schiefer Biegung. Sie erzeugt die Längsspannung

$$\sigma(x,y,z) = \frac{M_y(x)}{I_y(x)}z - \frac{M_z(x)}{I_z(x)}y. \tag{44}$$

Linien gleicher Spannung im Querschnitt an der Stelle $x$ sind Parallelen zur *Spannungsnulllinie* $\sigma = 0$, die die Gleichung

$$z = \frac{M_z(x)I_y(x)}{M_y(x)I_z(x)}y \tag{45}$$

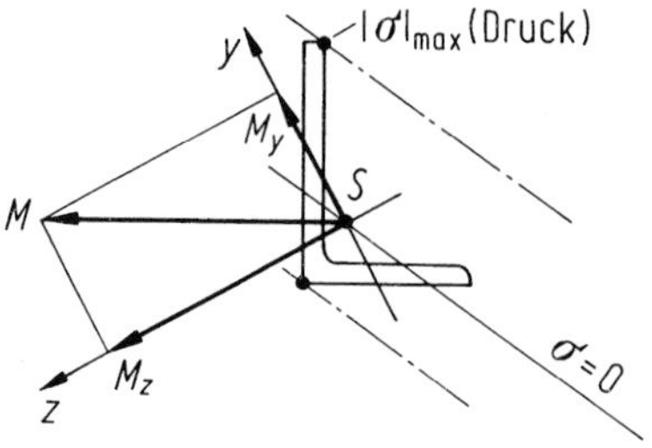


**Abb. 20** Spannungsverlauf $\sigma(y, z)$ in einem Stabquerschnitt bei schiefer Biegung. Spannungsnulllinie $\sigma = 0$

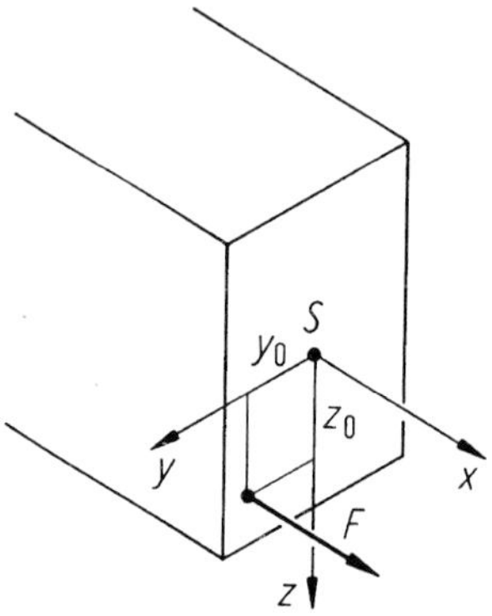


**Abb. 21** Die Kraft $F$ verursacht eine Normalkraft $N$ und Biegemomente $M_y$ und $M_z$ im Stab

hat (Abb. 20). Die betragsgrößte Spannung $|\sigma|_{max}$ im Querschnitt tritt im Punkt oder in den Punkten mit dem größten Abstand von der Spannungsnulllinie auf. Man zeichnet die Spannungsnulllinie, liest die Koordinaten des Punktes bzw. der Punkte ab und berechnet mit ihnen die Spannung aus Gl. (44).

### 9.6.4 Druck und Biegung. Kern eines Querschnitts

Eine auf der Stirnseite des Stabes im Punkt $(y_0, z_0)$ eingeprägte Kraft $F$ parallel zur Stabachse verursacht nach Abb. 21 die Schnittgrößen $N = F/A$, $M_y = F\,z_0$ und $M_z = -F\,y_0$ und damit nach Gl. (41) und (44) Längsspannungen

$$\sigma(y, z) = \frac{F}{A} + \frac{z z_0 F}{I_y} + \frac{y y_0 F}{I_z}.$$

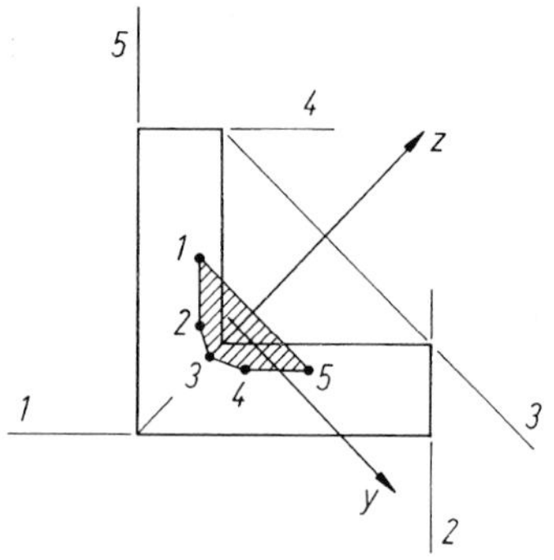


**Abb. 22** Der Stabquerschnitt wird von den Geraden 1, . . ., 5 eingehüllt. Jede Gerade bestimmt einen Eckpunkt des schraffierten Kernquerschnitts

Die Spannungsnulllinie im Querschnitt hat die Gleichung

$$z = -y\frac{y_0}{z_0} \cdot \frac{I_y}{I_z} - \frac{I_y}{A z_0}. \tag{46}$$

Der *Kern eines Querschnitts* ist derjenige Bereich des Querschnitts, in dem der Kraftangriffspunkt $(y_0, z_0)$ liegen muss, damit im gesamten Querschnitt nur Spannungen eines Vorzeichens auftreten. Zulässige Spannungsnulllinien sind also Geraden $z = m\,y + n$, die die Querschnittskontur berühren (Abb. 22). Der Koeffizientenvergleich mit Gl. (46) liefert für jede Gerade einen Punkt der Kernkontur mit den Koordinaten

$$y_0 = \frac{m I_z}{n A}, \quad z_0 = \frac{-I_y}{n A}. \tag{47}$$

Wenn ein Querschnitt durch ein Polygon eingehüllt wird (Abb. 22), dann ist die Kernkontur das Polygon mit den Ecken $(y_0, z_0)$ zu den Seiten des einhüllenden Polygons.

Der Kern eines Rechteckquerschnitts ist ein Rhombus mit den $y$- und $z$-Achsen als Diagonalen. Jede Diagonale ist ein Drittel so lang wie die gleichgerichtete Rechteckseite. Der Kern eines Kreis- oder Kreisringquerschnitts vom Innenradius $R_i$ und Außenradius $R_a$ ist der Kreis mit dem Radius $R = {}_{14}R_a[1 + (R_i/R_a)_2]$.

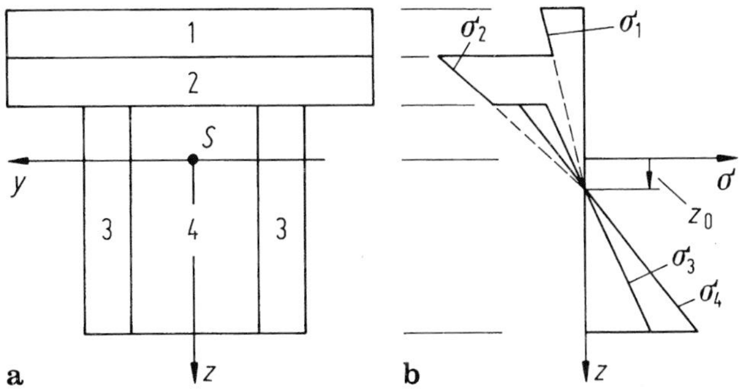


**Abb. 23** Ein Verbundquerschnitt mit zur z-Achse symmetrischen Teilquerschnitten (**a**) und ein möglicher Spannungsverlauf bei Biegung um die $y$-Achse (**b**)

### 9.6.5 Biegung von Stäben aus Verbundwerkstoff

Betrachtet werden Stabquerschnitte, die aus $n$ zur $z$-Achse symmetrischen Teilquerschnitten mit verschiedenen Werkstoffen zusammengesetzt sind (Abb. 23a). Der Flächenschwerpunkt des Gesamtquerschnitts ist Ursprung des $x$, $y$, $z$-Systems. Ein Biegemoment $M_y(x)$ verursacht Längsspannungen

$$\sigma(x,y,z) = E(y,z)\frac{z - z_0(x)}{\varrho(x)} \qquad (48)$$

mit

$$\frac{1}{\varrho(x)} = \frac{M_y(x)\Sigma E_i A_i}{(\Sigma E_i I_{yi})(\Sigma E_i A_i) - (\Sigma E_i z_{Si} A_i)^2}, \qquad (49)$$

$$z_0(x) = \frac{\Sigma E_i z_{Si} A_i}{\Sigma E_i A_i}. \qquad (50)$$

Darin bezeichnet $E(y, z)$ den ortsabhängigen E-Modul. $E_i$, $A_i$, $I_{yi}$, $z_{Si}$ sind für den $i$-ten Teilquerschnitt der E-Modul, die Querschnittsfläche, das Flächenmoment 2. Grades um die $y$-Achse bzw. die $z$-Koordinate des Flächenschwerpunkts. Alle Summen erstrecken sich über $i = 1, \ldots, n$. Bei $z = z_0$ liegt die neutrale Faser mit der Krümmung $1/\varrho(x)$. Abb. 23b zeigt qualitativ den Spannungsverlauf im Querschnitt mit Sprüngen an den Werkstoffgrenzen und mit der Möglichkeit von Maxima im Stabinneren.

**Spannbeton mit Verbund**

Zur Herstellung eines Stabes aus Spannbeton mit Verbund wird Beton in eine Form um Stähle

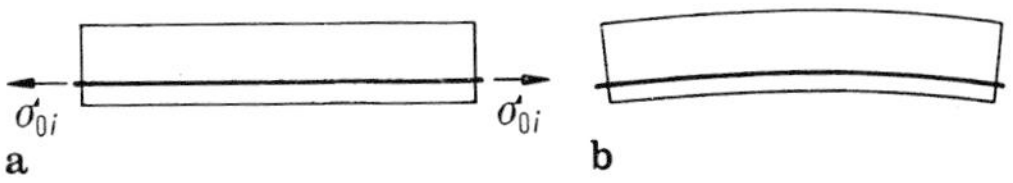


**Abb. 24** Stab aus Spannbeton mit Verbund während der Herstellung (**a**) und im Eigenspannungszustand ohne äußere Belastung (**b**)

gegossen, die in ein Spannbett eingespannt sind (Abb. 24a). Nach dem Aushärten des Betons werden die Stähle aus dem Spannbett befreit. Danach hat der Spannbetonstab einen Eigenspannungszustand und eine Krümmung (Abb. 24b). Wenn zusätzlich das Biegemoment $M_y(x)$ infolge einer äußeren Last wirkt, ist die Längsspannung

$$\sigma(x,y,z) = E(y,z)\frac{z - z_0(x)}{\varrho(x)} + \sigma_0(y,z) \text{ mit} \qquad (51)$$

$$\frac{1}{\varrho(x)} = \frac{\Delta}{(\Sigma E_i I_{yi})(\Sigma E_i A_i) - (\Sigma E_i z_{Si} A_i)^2}, \qquad (52)$$

$$z_0(x) = \frac{1}{\Delta}\left[\left(M_y(x) - \Sigma\sigma_{0i} z_{Si} A_i\right)(\Sigma E_i z_{Si} A_i) + (\Sigma\sigma_{0i} A_i)\left(\Sigma E_i I_{yi}\right)\right], \qquad (53)$$

$$\Delta = \left(M_y(x) - \Sigma\sigma_{0i} z_{Si} A_i\right)(\Sigma E_i A_i) + (\Sigma\sigma_{0i} A_i)(\Sigma E_i z_{Si} A_i). \qquad (54)$$

Alle Summen erstrecken sich über $i = 1, \ldots, n$. Die Formeln setzen $n$ zur $z$-Achse symmetrische Teilquerschnitte $i = 1, \ldots, n$ voraus, und zwar Beton ($i = 1$, $\sigma_{01} = 0$) und $n - 1$ Gruppen von Spannstählen mit den Vorspannungen $\sigma_{0i}$. Alle anderen Bezeichnungen sind wie in Gl. (48),

(49) und (50) definiert. Bei $z = z_0$ liegt die Spannungsnulllinie mit der Krümmung $1/\varrho(x)$. Im Fall $M_y = 0$ ergibt sich der Eigenspannungszustand von Abb. 24b.

### 9.6.6 Biegung vorgekrümmter Stäbe

Der Stab in Abb. 25 hat an der betrachteten Stelle im unbelasteten Zustand den Krümmungsradius $\varrho_0$ der Schwerpunktachse. $\varrho_0 < 0$ bedeutet Krümmung nach der anderen Seite. Die $y$- und $z$-Achsen sind Hauptachsen der Fläche. Schnittgrößen $N$ und $M_y$ erzeugen im Querschnitt an dieser Stelle die Längsspannung

$$\sigma(z) = \frac{N}{A} + \frac{M_y}{\varrho_0 A}\left[1 + \frac{z}{\varkappa(\varrho_0 + z)}\right]$$
$$\text{mit} \quad \varkappa = \frac{-1}{A}\int\limits_A \frac{z}{\varrho_0 + z}\,\mathrm{d}A. \tag{55}$$

Die neutrale Faser liegt bei

$$z_0 = -\varrho_0\varkappa\left[\varkappa + \left(1 + \varrho_0 N/M_y\right)^{-1}\right]^{-1}.$$

Abb. 25 zeigt den Spannungsverlauf qualitativ. $\varkappa$ ist eine Zahl. Im Fall $\varrho_0 > 0$ ist $0 < \varkappa < 1$.

Für einen Rechteckquerschnitt (Höhe $h$ in $z$-Richtung, beliebige Breite; $\alpha = h/(2\,\varrho_0)$) ist

$$\varkappa = \frac{1}{2\alpha}\ln\frac{1+\alpha}{1-\alpha} - 1.$$

Für einen Kreis- oder Ellipsenquerschnitt (Halbachse $a$ in $z$-Richtung; $\alpha = a/\varrho_0$) ist

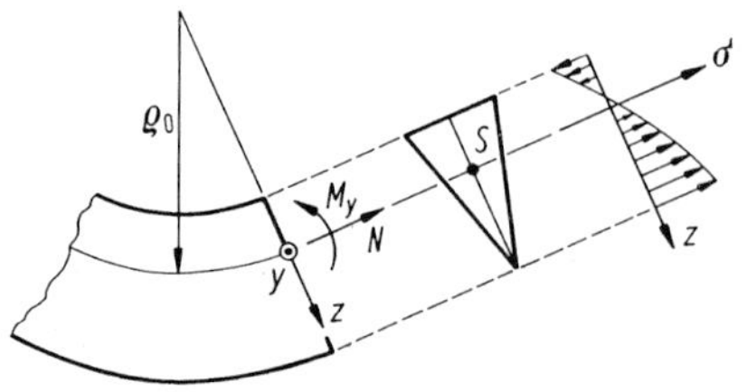


**Abb. 25** Stark vorgekrümmter Stab mit Spannungsverteilung $\sigma(z)$ bei Biegung um die $y$-Achse

$$\varkappa = \frac{2}{\alpha^2} - \frac{2}{\alpha}\left(\frac{1}{\alpha^2} - 1\right)^{1/2} - 1.$$

Für ein gleichschenkliges Dreieck (Höhe $h$ in $z$-Richtung; $h > 0$ im Fall der Spitze bei $z > 0$, sonst $h < 0$; $\alpha = h/(3\,\varrho_0)$) ist

$$\varkappa = \frac{2}{9\alpha}\left(2 + \frac{1}{\alpha}\right)\ln\frac{1+2\alpha}{1-\alpha} - \frac{2}{3\alpha} - 1.$$

Bei schwach gekrümmten Stäben ist $|\varrho_0| \gg |z|$. Dann ist $\varkappa \approx I_y/(\varrho_0^{\,2} A)$ und

$$\sigma(z) \approx \frac{M_y}{I_y}\left(z + \frac{I_y/A - z^2}{\varrho_0}\right) \approx \frac{M_y}{I_y}z,$$

wie beim geraden Stab.

### 9.6.7 Reiner Schub

Eine durch den Schubmittelpunkt gerichtete Querkraft $Q_z(x)$ verursacht im Querschnitt eines geraden Stabes an der Stelle $x$ nur Schubspannungen. Am ganzen Rand des Querschnitts ist die Schubspannung tangential zum Rand gerichtet. In einfach berandeten Querschnitten aus dünnen Stegen nach Abb. 11 ist sie überall annähernd tangential zur Stegmittellinie gerichtet und nur von der Koordinate $s$ entlang der Stegmittellinie abhängig, und zwar nach der Gleichung

$$\tau(x,s) = \frac{Q_z(x)S_y(s)}{t(s)I_y}. \tag{56}$$

Die Bogenlänge $s$ ist wie in Abb. 11 definiert und $\tau > 0$ bedeutet, dass die Schubspannung am positiven Schnittufer die positive $s$-Richtung hat. Tab. 6 gibt Richtungen und Größen von Schubspannungen für einige technische Querschnitte an.

Die Anwendung von Gl. (56) auf nicht dünnstegige Querschnitte liefert nur grobe Näherungen. Die Anwendung auf den Kreisquerschnitt und den Rechteckquerschnitt liefert für $z = 0$ als brauchbare Näherungen für die Maximalspannung $\tau_{\max} = (4/3)Q_z/A$ bzw. $\tau_{\max} = (3/2)Q_z/A$.

**Tab. 6** Schubspannungen $\tau$ in dünnstegigen Stabquerschnitten infolge einer vertikalen Querkraft $Q_z$. Pfeile geben die Richtung von $\tau$ an

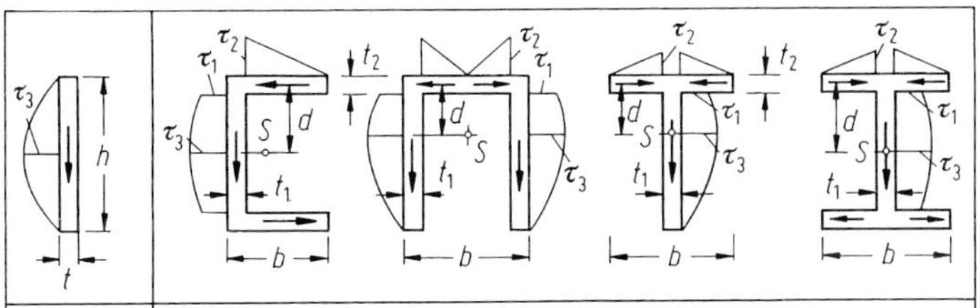


| | |
|---|---|
| | $\tau_1 = Q_z \frac{bd}{I_y}\frac{t_2}{t_1}$ (alle vier Profile) |
| | $\tau_2 = \tau_1 \frac{t_2}{t_1}$ (erste zwei Profile) ; $\tau_2 = \frac{1}{2}\tau_1 \frac{t_2}{t_1}$ (letzte zwei Profile) |
| $\tau_3 = \frac{3Q_z}{2th}$ | $\tau_3 = \tau_1 + Q_z \frac{(d - t_2/2)^2}{2I_y}$ (alle vier Profile) |

Nach dem Satz von der Gleichheit zugeordneter Schubspannungen (siehe Gl. (8)) herrscht die Schubspannung $\tau(s)$ auch in der Schnittebene parallel zur Stabachse und normal zum Steg bei $s$ (Abb. 26a). Auf einem Stabstück der Länge $l$ wird in dieser Schnittebene die Schubkraft $\tau(s)$ $t(s)l$ übertragen. Wenn die Schnittebene eine Niet- oder Schweißverbindung ist (Abb. 26b), dann ist der tragende Querschnitt i. Allg. kleiner, also $\lambda\, t(s)\, l$ mit $\lambda < 1$. Die Spannung im tragenden Querschnitt ist deshalb $\tau(s)/\lambda$.

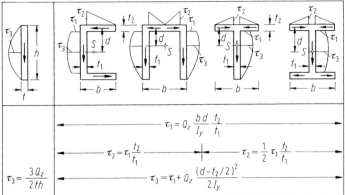

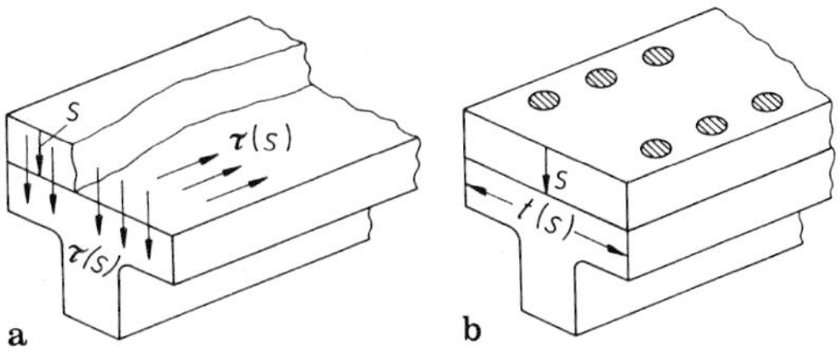


**Abb. 26** Schubspannung in einer Klebverbindung (**a**) und in den Nieten eines Deckbandes (**b**)

## 9.6.8 Torsion ohne Wölbbehinderung (Saint-Venant-Torsion)

Die Schnittgröße $M_T(x)$ verursacht im Stabquerschnitt nur Schubspannungen. Die maximale Schubspannung ist $\tau_{max} = M_T/W_T$. $W_T$ ist das nur von der Querschnittsform abhängige *Torsionswiderstandsmoment* (Dimension: Länge$^3$). Tab. 5 gibt Werte von $W_T$ für verschiedene Querschnittsformen an. Die Schubspannung im Stabquerschnitt ist am ganzen Rand tangential zum Rand gerichtet. Bei einfach berandeten Querschnitten beliebiger Form liefert der in Abschn. 4.5 geschilderte Seifenhauthügel über dem Querschnitt in jedem Punkt Größe und Richtung der Schubspannung. Die Größe ist proportional zur maximalen Steigung des Hügels im betrachteten Punkt und die Richtung ist tangential zur Höhenlinie des Hügels im betrachteten Punkt.

In einem schmalen Rechteckquerschnitt (Höhe $h$, Breite $b \ll h$) tritt die größte Schubspannung $\tau_{max} \approx 3M_T/(hb^2)$ am Außenrand in der Mitte der langen Seiten auf. Weitere Lösungen finden sich u. a. in Weber und Günther 1958.

Da die Form des Seifenhauthügels ohne Experiment leicht vorstellbar ist, können Stellen mit Spannungskonzentrationen vorhergesagt werden, z. B. in einspringenden Ecken einer Querschnittskontur.

In Kreis- und Kreisringquerschnitten (Innenradius $R_i$, Außenradius $R_a$, polares Flächenmoment 2. Grades $I_p = \pi(R_a^4 - R_i^4)/2$) hat die Spannung am Radius $r$ die Größe

$$\tau(x, r) = \frac{M_T(x)}{I_p(x)} r \qquad (57)$$

und die Richtung der Tangente an den Kreis (Abb. 27).

In einzelligen, dünnwandigen Hohlquerschnitten ist die Schubspannung überall tangential zur

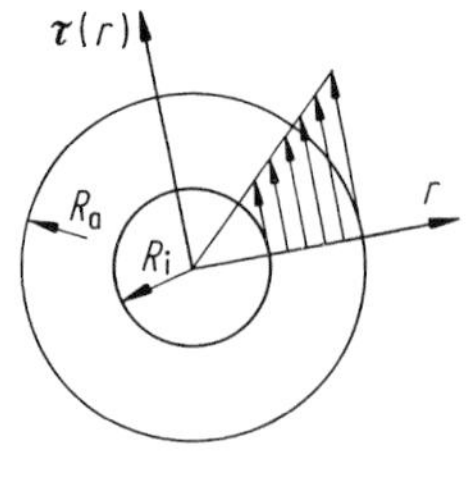


**Abb. 27** Schubspannungsverteilung im Kreisringquerschnitt bei Torsion

Wandmittellinie gerichtet. Ihre Größe wird durch die 1. *Bredt'sche Formel* angegeben (Bezeichnungen wie in Gl. (35)).

$$\tau(s) = \frac{M_{\mathrm{T}}}{2A_{\mathrm{m}}t(s)}. \tag{58}$$

Bei $n$-zelligen, dünnwandigen Hohlquerschnitten (Abb. 13) ist an der Stelle $s$ in der Wand zwischen zwei beliebigen Zellen $i$ und $j$ $\tau(s) = M_{\mathrm{T}}(\lambda_i - \lambda_j)/t(s)$ mit $\lambda_1, \ldots, \lambda_n$ aus Gl. (36). Wenn die Wand nur einer Zelle $i$ anliegt, wird $\lambda_j = 0$ gesetzt.

Vorzeichenregel: Ein $\lambda_k > 0$ für Zelle $k$ bedeutet, dass $M_{\mathrm{T}}\,\lambda_k/t(s)$ eine Schubspannung ist, die am positiven Schnittufer die Zelle $k$ im Drehsinn von $M_{\mathrm{T}}$ umkreist.

### 9.6.9 Torsion mit Wölbbehinderung

Nur Querschnitte mit einem Wölbwiderstand $C_{\mathrm{M}} \neq 0$ werden bei Torsion verwölbt. Wölbbehinderungen verursachen im Querschnitt Schubspannungen $\tau^*$ zusätzlich zu den ohne Wölbbehinderung vorhandenen Schubspannungen und außerdem Längsspannungen $\sigma^*$. In einfach berandeten Querschnitten aus dünnen Stegen gilt mit den Bezeichnungen von Abb. 11 mit derselben Funktion $\omega^*(s)$ wie in Gl. (37) und mit $\varphi(x)$ aus Gl. (70).

$$\left.\begin{aligned} \tau^*(x,s) &= -\frac{E\varphi'''(x)}{t(s)}\int \omega^*(\bar{s})t(\bar{s})\mathrm{d}\bar{s}, \\ \sigma^*(x,s) &= E\varphi''(x)\omega^*(s). \end{aligned}\right\} \tag{59}$$

Die Integration erstreckt sich über alle Stege von $A_0(s)$. $\sigma^*$ kann Werte annehmen, die nicht vernachlässigbar sind.

## 9.7 Verformungen von Stäben und Balken

Verformungen eines geraden Stabes werden in dem ortsfesten $x$, $y$, $z$-System von Abb. 14 beschrieben. Für alle Verformungen gilt das Superpositionsprinzip, d. h. Verformungen für mehrere Lastfälle beliebiger Art können einzeln berechnet und linear überlagert werden. Energiemethoden zur Berechnung von Verformungen werden in Abschn. 8 beschrieben, statisch unbestimmte Systeme sind in Abschn. 8.6 dargestellt.

### 9.7.1 Zug und Druck

Die Längenänderung eines geraden Stabes der Länge $l$ infolge einer Normalkraft $N(x)$ und einer Temperaturänderung $\Delta T(\mathrm{x})$ ist (Integrationen über die gesamte Länge)

$$\begin{aligned} \Delta l &= \int \varepsilon(x)\mathrm{d}x = \frac{1}{E}\int \sigma(x)\mathrm{d}x + \alpha\int \Delta T(x)\mathrm{d}x \\ &= \frac{1}{E}\int \frac{N(x)}{A(x)}\mathrm{d}x + \alpha\int \Delta T(x)\mathrm{d}x. \end{aligned} \tag{60}$$

Im Sonderfall $N = \mathrm{const}$, $A = \mathrm{const}$, $\Delta T = \mathrm{const}$ ist $\Delta l = Nl/(EA) + \alpha\,\Delta Tl$. $EA$ heißt *Dehnsteifigkeit* oder *Längssteifigkeit* des Stabes.

### 9.7.2 Gerade Biegung

Ein Biegemoment $M_y(x)$ verursacht eine *Krümmung* $1/\varrho\ (x)$ des Stabes um die $y$-Achse und eine *Durchbiegung* $w(x)$ in $z$-Richtung. Die Bernoulli-Hypothese vom Ebenbleiben der Querschnitte ergibt den Zusammenhang ($w' = \mathrm{d}w/\mathrm{d}x$)

$$\frac{1}{\varrho(x)} = \frac{w''(x)}{\left[1 + w'^2(x)\right]^{3/2}} = \frac{-M_y(x)}{EI_y(x)}. \tag{61}$$

Für sehr kleine Neigungen $|w'(x)| \ll 1$ lautet die Differenzialgleichung der Biegelinie also

$$w''(x) = \frac{-M_y(x)}{EI_y(x)}. \qquad (62)$$

$E\ I_y$ heißt *Biegesteifigkeit* des Stabes. Wenn die rechte Seite bekannt ist, ergeben sich $w'(x)$ und $w(x)$ durch zweifache Integration. Die dabei auftretenden Integrationskonstanten werden aus Randbedingungen für $w'$ und für $w$ ermittelt. Bei einem $n$-feldrigen Stab mit $n$ verschiedenen Funktionen $M_y(x)/(E\ I_y(x))$ wird Gl. (62) für jedes Feld gesondert aufgestellt und integriert, wobei die Durchbiegung in Feld $i$ mit $w_i(x)$ bezeichnet wird. Bei der Integration fallen $2n$ Integrationskonstanten an. Zu ihrer Bestimmung stehen bei statisch bestimmten Systemen $2n$ Randbedingungen zur Verfügung. Statisch unbestimmte Systeme werden in Abschn. 8.6 behandelt.

***Beispiel 6:*** Für den Stab in Abb. 28 wird die Rechnung am einfachsten, wenn man $x = 0$ am Gelenk definiert. Dann ist im linken Feld $Q_z(x) = q\ l/2$, $M_y(x) = x\ q\ l/2$ und im rechten Feld

$$Q_z(x) = (ql/2)(1 - 2x/l),$$
$$M_y(x) = (ql^2/2)(-x^2/l^2 + x/l).$$

Damit lautet Gl. (62)

$$w_1''(x) = -12C\frac{x}{l}, \quad w_2''(x) = 12C\left(\frac{x^2}{l^2} - \frac{x}{l}\right)$$

mit $C = q\ l^2/(24\ E\ I_y)$. Zwei Integrationen ergeben

$$w_1'(x) = C(-6x^2/l + a_1),$$
$$w_2'(x) = C(4x^3/l^2 - 6x^2/l + b_1),$$
$$w_1(x) = C(-2x^3/l + a_1x + a_2),$$
$$w_2(x) = C(x^4/l^2 - 2x^3/l + b_1x + b_2).$$

Die Randbedingungen $w_1'(-l) = 0$, $w_1(-l) = 0$, $w_1(0) = w_2(0)$ und $w_2(l) = 0$ ergeben $a_1 = 6\ l$, $a_2 = 4\ l^2$, $b_1 = -3\ l$, $b_2 = 4\ l^2$ und damit

$$w_1(x) = \frac{ql^4}{24EI_y}\left[-2\left(\frac{x}{l}\right)^3 + 6\frac{x}{l} + 4\right]$$

$$w_2(x) = \frac{ql^4}{24EI_y}\left[\left(\frac{x}{l}\right)^4 - 2\left(\frac{x}{l}\right)^3 - 3\frac{x}{l} + 4\right].$$

Tab. 7 gibt Durchbiegungen und Neigungen für Standardfälle an. Andere Fälle sind u. a. in Schneider 1994 dargestellt.

Zwischen dem Biegemoment $M_z(x)$ und der Durchbiegung $v(x)$ in $y$-Richtung gilt entsprechend Gl. (62) die Beziehung

$$v''(x) = \frac{M_z(x)}{EI_z(x)}. \qquad (63)$$

Ihre Integration liefert mit denselben Rechenschritten $v'(x)$ und $v(x)$.

### 9.7.3 Schiefe Biegung

Schiefe Biegung ist die Superposition von $M_y(x)$ und $M_z(x)$. Die Durchbiegungen $w(x)$ und $v(x)$ werden aus Gl. (62) bzw. (63) berechnet. Anmerkung: Die Geometrie eines Systems kann eine Kopplung der Randbedingungen für $w(x)$ und für $v(x)$ herstellen.

*Beispiel 7*: Wenn der Stab in Abb. 28 den Querschnitt nach Abb. 29 hat, dann heißt das Biegemoment $M_y(x)$ von Beispiel 6 jetzt $M_\eta(x)$. Daraus ergibt sich für die gedrehten Hauptachsen $M_y(x) = M_\eta(x) \cos\alpha$, $M_z(x) = -M_\eta(x) \sin\alpha$. Das Lager am rechten Ende erlaubt keine vertikale Verschiebung. Also lautet die Randbedingung $v(l) \sin\alpha + w(l) \cos\alpha = 0$.

### 9.7.4 Stab auf elastischer Bettung (Winkler-Bettung)

Bei Eisenbahnschienen und anderen elastisch gebetteten Stäben nimmt man nach Winkler die von der Bettung ausgeübte Streckenlast $q_B(x)$ als proportional zur örtlichen Durchbiegung $w(x)$ an, $q_B(x) = -K\ w(x)$. Unter einer äußeren eingeprägten Streckenlast $q(x)$ ergibt sich für $w(x)$ die Differenzialgleichung

$$(EI_yw'')'' = -M_y'' = q(x) - Kw(x)$$

und im Fall $E\ I_y = \text{const}$ die Gleichung

$$w^{(4)} + 4\lambda^4 w = \frac{q(x)}{EI_y}$$

**Tab. 7** Biegelinien und Neigungen von statisch bestimmten und statisch unbestimmten Stäben. Bei den statisch unbestimmten Stäben sind Auflagerreaktionen $F_B$ und $M_B$ angegeben. Abkürzungen: $\xi = x/l$, $\xi_1 = x_1/l$, $\alpha = a/l$, $\beta = b/l$; $W$ ist jeweils unter der Abbildung erklärt

| Nr. | Biegestab mit Lagerung und Belastung | Biegelinie $w(\xi)$ oder $w(\xi_1)$<br>Lagerreaktionen $F_B$ und $M_B$ bei statisch unbestimmter Lagerung | Durchbiegungen $w_A$, $w_B$, $w_C$<br>größte Durchbiegungen $w_m$ $w_m$<br>tritt bei $\xi = \xi_m$ auf | Neigungen $w'_A$, $w'_B$, $w'_C$<br>$w' = dw/dx$ |
|---|---|---|---|---|
| 1 | 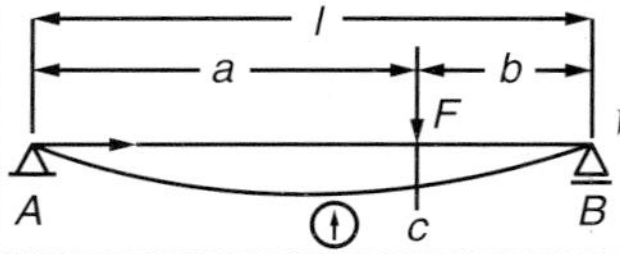 $W = Fl^3/(EI)$ | $w = \begin{cases} W\beta\xi(1-\beta^2-\xi^2)/6 & \xi \leqq \alpha \\ W\alpha(1-\xi)\left[1-\alpha^2-(1-\xi)^2\right]/6 & \xi \geqq \alpha \end{cases}$ | $w_C = W\alpha^2\beta^2/3$<br>für $a \geqq b: w_m = W\beta\xi_m^3/3$<br>$\xi_m = \sqrt{(1-\beta^2)/3}$ | $w'_A = (W/l)\beta(1-\beta^2)/6$<br>$w'_B = -(W/l)\alpha(1-\alpha^2)/6$<br>$w'_C = (W/l)\alpha\beta(\beta-\alpha)/3$ |
| | | Für $a = b: w = W\xi(3-4\xi^2)/48 \quad \xi \leqq 1/2$ | $w_m = w_C = W/48$ | $w'_A = -w'_B = W/(16l)$ |
| 2 | 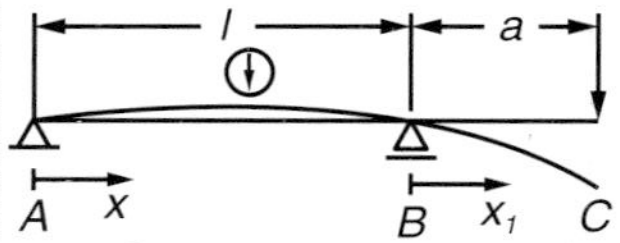 $W = Fl^3/(EI)$ | $w = \begin{cases} -W\alpha\xi(1-\xi^2)/6 & \xi \leqq 1 \\ W\xi_1\left[\alpha(2+3\xi_1)-\xi_1^2\right]/6 & \xi_1 \geqq 0 \end{cases}$ | $w_C = W\alpha^2(1+\alpha)/3$<br>$w_m = -W\alpha\sqrt{3}/27$<br>$\xi_m = \sqrt{1/3}$ | $w'_C = (W/l)\alpha(2+3\alpha)/6$<br>$w'_B = -2w'_A = W\alpha/(3l)$ |
| 3 | 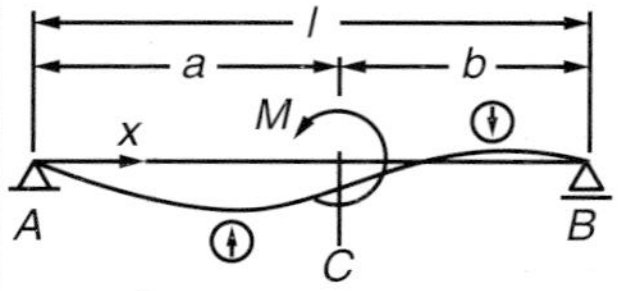 $W = Ml^2/(EI)$ | $w = \begin{cases} W\xi(1-3\beta^2-\xi^2)/6 & \xi \leqq \alpha \\ W(1-\xi)(3\alpha^2-2\xi+\xi^2)/6 & \xi \geqq \alpha \end{cases}$ | $w_C = W\alpha\beta(\alpha-\beta)/3$<br>$w_{m1} = W\xi_{m1}^3/3, \xi_{m1} = \sqrt{1/3-\beta^2}$<br>$w_{m2} = -W(1-\xi_{m2})^3/3$<br>$\xi_{m2} = 1-\sqrt{1/3-\alpha^2}$ | $w'_A = W(1-3\beta^2)/(6l)$<br>$w'_B = W(1-3\alpha^2)/(6l)$<br>$w'_C = -W(1-3\alpha\beta)/(3l)$ |
| | | Für $a = l: w = W\xi(1-\xi^2)/6$ | $w_m = W\sqrt{3}/27, \xi_m = \sqrt{1/3}$ | $w'_B = -2w'_A = -W/(3l)$ |
| 4 | 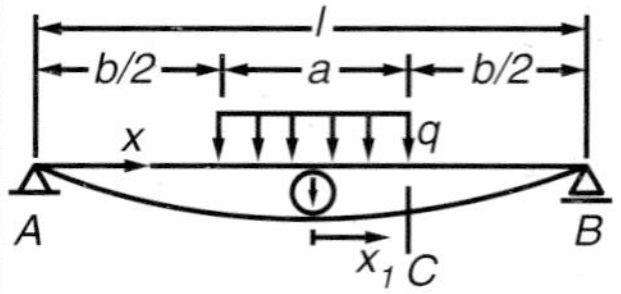 $W = ql^4/(EI)$ | $w = \begin{cases} W\left[(1-\beta^2)(5-\beta^2-24\xi_1^2)+16\xi_1^4\right]/384 & \mid \xi_1 \mid \leqq \alpha/2 \\ W\alpha(1-2\xi_1)[4\xi_1(1-\xi_1)+2-\alpha^2]/96 & \xi_1 \geqq \alpha/2 \end{cases}$ | $w_C = W\alpha\beta(1+\alpha\beta)/48$<br>$w_m = W(1-\beta^2)(5-\beta^2)/384$ | $w'_C = -(W/l)\alpha^2(3-2\alpha)/24$<br>$w'_B = -(W/l)\alpha(3-\alpha^2)/48$ |
| | | Für $a = l: \quad w = W(5-24\xi_1^2+16\xi_1^4)/384$<br>$= W\xi(1-\xi)(1+\xi-\xi^2)/24$ | $w_m = 5W/384$ | $w'_A = -w'_B = W/(24l)$ |
| 5 | 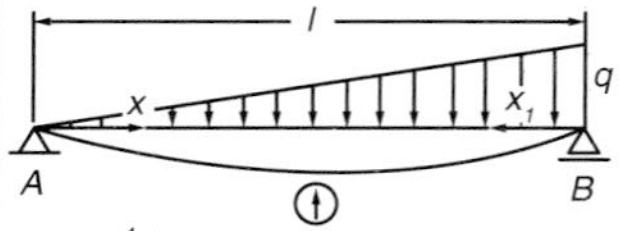 $W = ql^4/(EI)$ | $w = W\xi(7-10\xi^2+3\xi^4)/360$<br>$= W\xi_1(8-20\xi_1^2+15\xi_1^3-3\xi_1^4)/360$ | $w_m \approx W/153$<br>$\xi_m \approx 0{,}52$ | $w'_A = 7W/(360l)$<br>$w'_B = -8W/(360l)$ |

| | | | | |
|---|---|---|---|---|
| 6 | 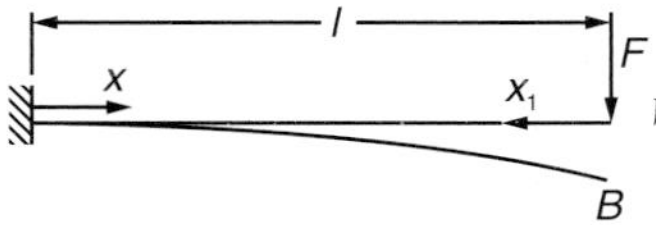 $W = Fl^3/(EI)$ | $w = W\xi^2(3-\xi)/6$ <br> $= W(2-3\xi_1+\xi_1^3)/6$ | $w_B = W/3$ | $w'_B = W/(2l)$ |
| 7 |  $W = Ml^2/(EI)$ | $w = -W\xi^2/2$ <br> $= -W(1-\xi_1)^2/2$ | $w_B = -W/2$ | $w'_B = -W/l$ |
| 8 | 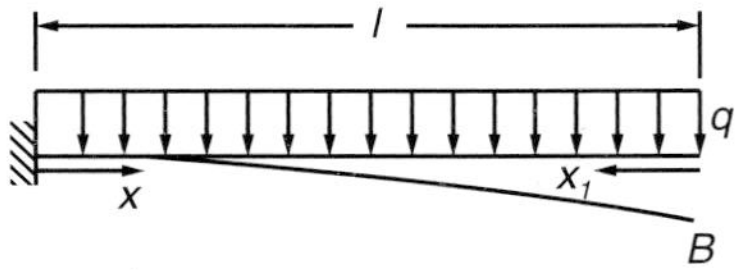 $W = ql^4/(EI)$ | $w = W\xi^2(6-4\xi+\xi^2)/24$ <br> $= W(3-4\xi_1+\xi_1^4)/24$ | $w_B = W/8$ | $w'_B = W/(6l)$ |
| 9 | 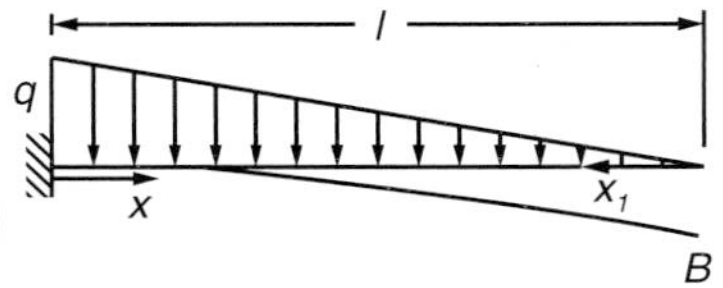 $W = ql^4/(EI)$ | $w = W\xi^2(10-10\xi+5\xi^2-\xi^3)/120$ <br> $= W(4-5\xi_1+\xi_1^5)/120$ | $w_B = W/30$ | $w'_B = W/(24l)$ |
| 10 | 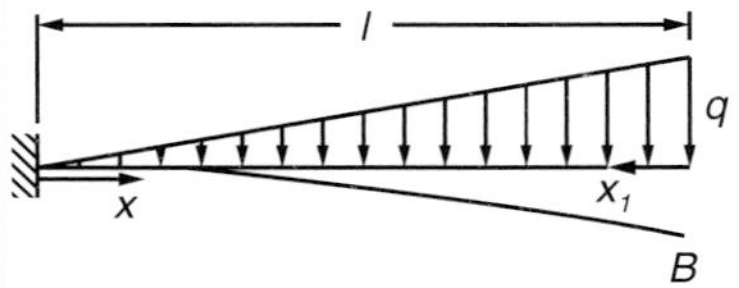 $W = ql^4/(EI)$ | $w = W\xi^2(20-10\xi+\xi^3)/120$ <br> $= W(11-15\xi_1+5\xi_1^4-\xi_1^5)/120$ | $w_B = 11W/120$ | $w'_B = W/(8l)$ |

(Fortsetzung)

**Tab. 7** (Fortsetzung)

| Nr. | Biegestab mit Lagerung und Belastung | Biegelinie $w(\xi)$ oder $w(\xi_1)$<br>Lagerreaktionen $F_B$ und $M_B$ bei statisch unbestimmter Lagerung | Durchbiegungen $w_A$, $w_B$, $w_C$<br>größte Durchbiegungen $w_m$ $w_m$<br>tritt bei $\xi = \xi_m$ auf | Neigungen $w'_A, w'_B, w'_C$<br>$w' = dw/dx$ |
|---|---|---|---|---|
| 11 | 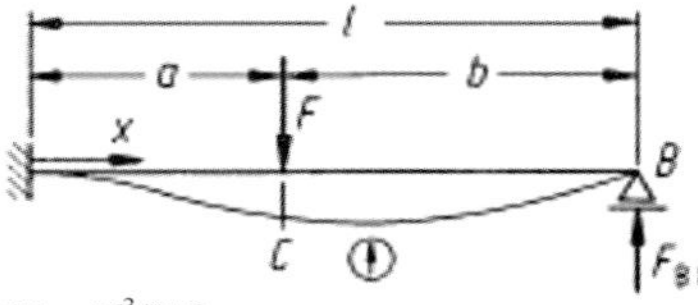<br>$W = Fl^3/(EI)$ | $w = \begin{cases} W\beta\xi^2\left[3\left(1-\beta^2\right) - \left(3-\beta^2\right)\xi\right]/12 & \xi \leqq \alpha \\ W\alpha^2(1-\xi)[(3-\alpha)\xi(2-\xi) - 2\alpha]/12 & \xi \geqq \alpha \end{cases}$<br>$F_B = F\alpha^2(1+\beta/2)$ | $w_C = W\beta^2\alpha^3(4-\alpha)/12$<br>$\alpha \leqq 2-\sqrt{2}$ :<br>$w_m = W\alpha^2\beta\sqrt{\beta/(3-\alpha)}/6$<br>$\xi_m = 1-\sqrt{1-\beta/(3-\alpha)}$<br>$\alpha \geqq 2-\sqrt{2}$ :<br>$w_m = W\beta^2\left(1-\beta^2\right)^2/\left[3\left(3-\beta^2\right)\right]$<br>$\xi_m = 2\left(1-\beta^2\right)/\left(3-\beta^2\right)$ | $w'_C = W\beta\alpha^2\left(\alpha^2-4\alpha+2\right)/(4l)$<br>$w'_B = -W\beta\alpha^2/(4l)$ |
| 12 | 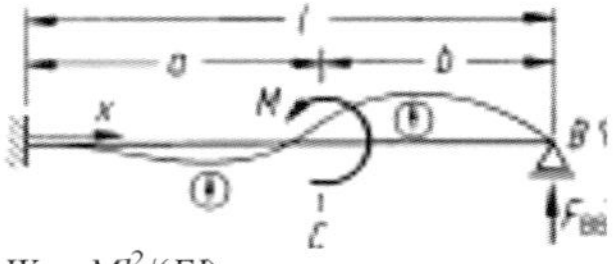<br>$W = Ml^2/(EI)$ | $w = \begin{cases} -W\xi^2\left[2-\left(1-\beta^2\right)(3-\xi)\right]/4 & \xi \leqq \alpha \\ -W\alpha(1-\xi)[(2-\alpha)\xi(2-\xi) - 2\alpha]/4 & \xi \geqq \alpha \end{cases}$<br>$F_B = -3(M/l)\left(1-\beta^2\right)/2$ | $w_C = -W\beta\alpha^2\left(\alpha^2-4\alpha+2\right)/4$<br>$w_{m1} = W\left(1/3-\beta^2\right)^3/\left(1-\beta^2\right)^2$<br>$\xi_{m1} = 2\left(1/3-\beta^2\right)/\left(1-\beta^2\right)$<br>$w_{m2} = -W\alpha\sqrt{(\beta-1/3)^3/(\beta+1)}/2$<br>$\xi_{m2} = 1-\sqrt{(\beta-1/3)/(\beta+1)}$ | $w'_C = W\alpha\left(3\beta^2-1\right)/(4l)$<br>$w'_B = W\alpha(3\beta-1)/(4l)$ |
| 13 | 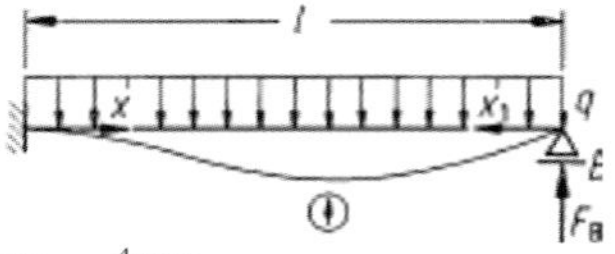<br>$W = ql^4/(EI)$ | $w = W\xi^2(1-\xi)(3-2\xi)/48$<br>$= W\xi_1(1-\xi_1)^2(1+2\xi_1)/48$<br>$F_B = 3ql/8$ | $w_m = W/185$<br>$\xi_m \approx 0{,}58$ | $w'_B = -W/(48l)$ |
| 14 | 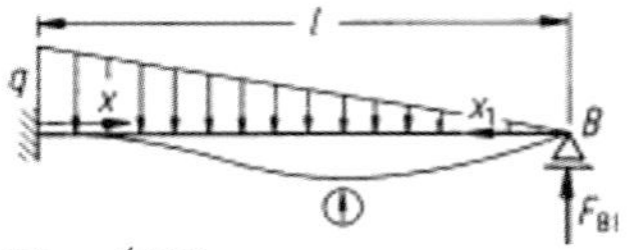<br>$W = ql^4/(EI)$ | $w = W\xi^2(1-\xi)(2-\xi)^2/120$<br>$= W\xi_1\left(1-\xi_1^2\right)^2/120$<br>$F_B = ql/10$ | $w_m = W/419$<br>$\xi_m = 1-1/\sqrt{5} \approx 0{,}55$ | $w'_B = -W/(120l)$ |
| 15 | 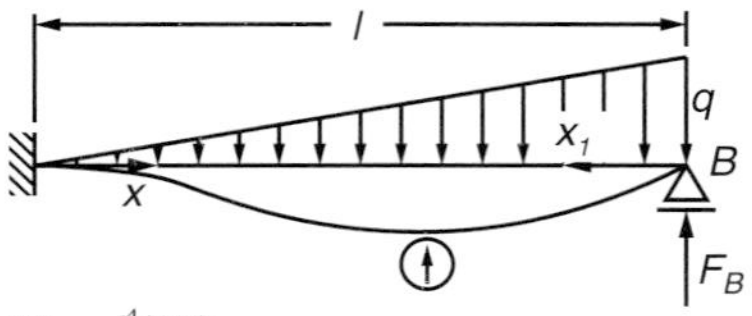<br>$W = ql^4/(EI)$ | $w = W\xi^2(1-\xi)\left(7-2\xi-2\xi^2\right)/240$<br>$= W\xi_1(1-\xi_1)^2\left(3+6\xi_1-2\xi_1^2\right)/240$<br>$F_B = 11ql/40$ | $w_m = W/328$<br>$\xi_m \approx 0{,}60$ | $w'_B = -W/(80l)$ |

| | | | | |
|---|---|---|---|---|
| 16 | 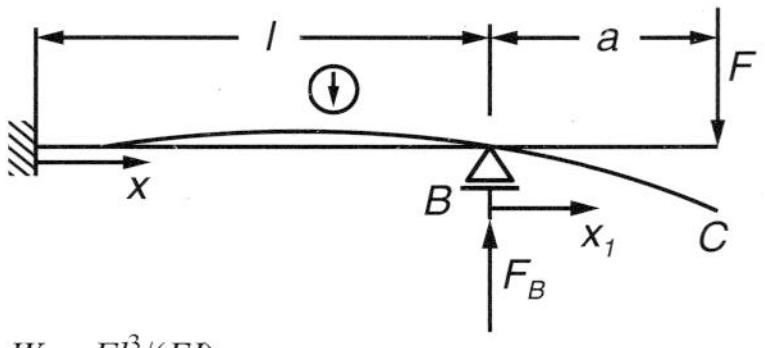$W = Fl^3/(EI)$ | $w = \begin{cases} -W\alpha\xi^2(1-\xi)/4 & \xi \leqq 1 \\ W\xi_1[6\alpha + 4\xi_1(3\alpha - \xi_1)]/24 & \xi_1 \geqq 0 \end{cases}$<br>$F_B = F(1 + 3\alpha/2)$ | $w_C = W\alpha^2(3 + 4\alpha)/12$<br>$w_m = -W\alpha/27$<br>$\xi_m = 2/3$ | $w'_C = W\alpha(1 + 2\alpha)/(4l)$<br>$w'_B = W\alpha/(4l)$ |
| 17 | 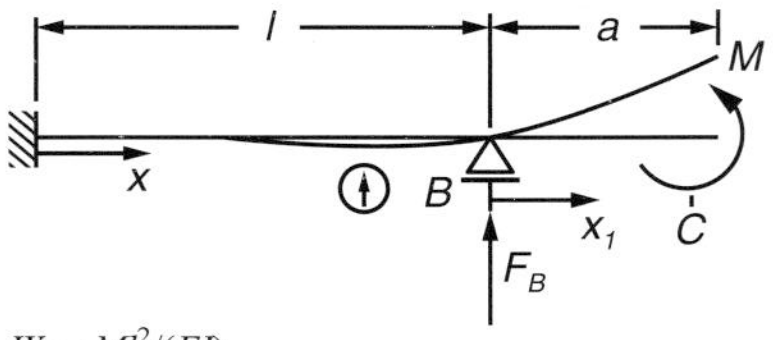$W = Ml^2/(EI)$ | $w = \begin{cases} W\xi^2(1-\xi)/4 & \xi \leqq 1 \\ -W\xi_1(1 + 2\xi_1)/4 & \xi_1 \geqq 0 \end{cases}$<br>$F_B = -3M/(2l)$ | $w_C = -W\alpha(1 + 2\alpha)/4$<br>$w_m = W/27$<br>$\xi_m = 2/3$ | $w'_C = -W(1 + 4\alpha)/(4l)$<br>$w'_B = -W/(4l)$ |
| 18 | 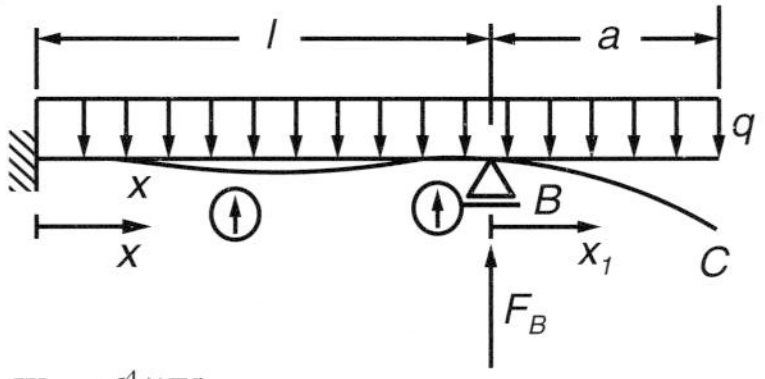$W = ql^4/(EI)$ | $w = \{W\xi^2\ (1-\xi)\times$ $[3(1-2\alpha^2)-2\xi]/48\xi \leqq 1 W\xi_1[6\alpha^2 - 1 + 2\xi_1(6\alpha^2 - 4\alpha\xi_1 +$ $\xi_1^2)]/48\xi_1 \geqq 0. F_B = ql(3 + 8\alpha + 6\alpha^2)/8$ | $w_C = W\alpha(6\alpha^3 + 6\alpha^2 - 1)/48$<br>Extrema link von $B$ bei<br>$\xi_m = \left[3(2+\lambda) \pm \sqrt{9(2+\lambda)^2 - 64\lambda}\right]/16$<br>mit $\lambda = 3(1-2\alpha^2)$ (zwei Extrema nur für $\sqrt{1/6} \leqq \alpha \leqq \sqrt{1/2}$) Extremum zwischen $B$ und $C$ nur für $0{,}34 \leqq \alpha \leqq \sqrt{1/6}$ | $w'_C = W(8\alpha^3 + 6\alpha^2 - 1)/(48l)$<br>$w'_B = W(6\alpha^2 - 1)/(48l)$ |
| 19 | 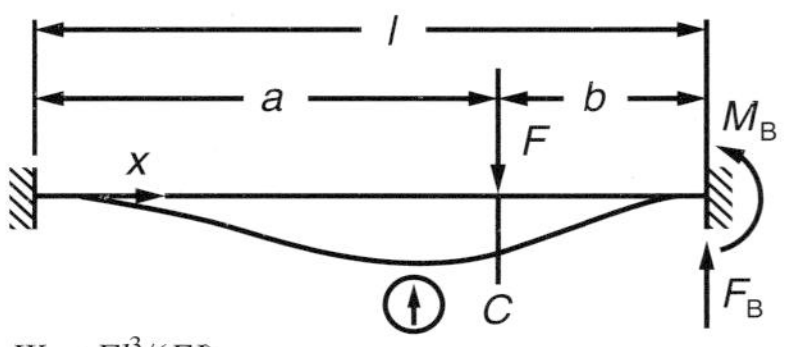$W = Fl^3/(EI)$ | $w = \begin{cases} W\beta^2\xi^2[3\alpha - (1 + 2\alpha)\xi]/6 & \xi \leqq \alpha \\ W\alpha^2(1-\xi)^2[-\alpha + (1 + 2\beta)\xi]/6 & \xi \geqq \alpha \end{cases}$<br>$F_B = F\alpha^2(1 + 2\beta), M_B = -Fl\alpha^2\beta$ | $w_C = W\alpha^3\beta^3/3$<br>$a > b: w_m = W \cdot 2\alpha^3\beta^2/\left[3(1 + 2\alpha)^2\right]$<br>$\xi_m = 2\alpha/(1 + 2\alpha)$ | $w'_C = W\alpha^2\beta^2(\beta - \alpha)/(2l)$ |

(Fortsetzung)

**Tab. 7** (Fortsetzung)

| Nr. | Biegestab mit Lagerung und Belastung | Biegelinie $w(\xi)$ oder $w(\xi_1)$<br>Lagerreaktionen $F_B$ und $M_B$ bei statisch unbestimmter Lagerung | Durchbiegungen $w_A$, $w_B$, $w_C$<br>größte Durchbiegungen $w_m$ $w_m$<br>tritt bei $\xi = \xi_m$ auf | Neigungen $w'_A, w'_B, w'_C$<br>$w' = dw/dx$ |
|---|---|---|---|---|
| 20 | 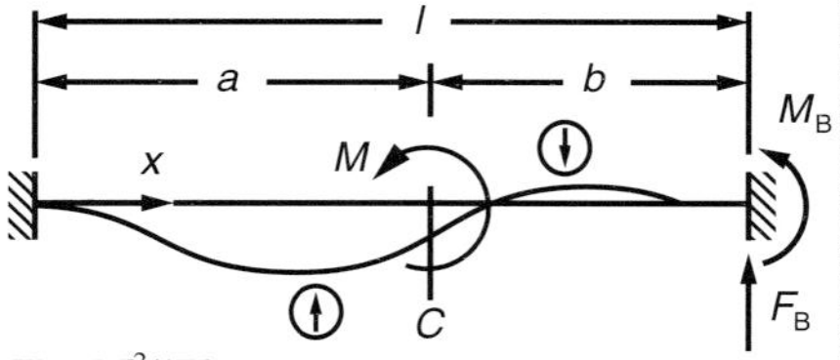<br>$W = Ml^2/(EI)$ | $w = \begin{cases} -W\beta\xi^2(1-3\alpha+2\alpha\xi)/2 & \xi \leqq \alpha \\ -W\alpha(1-\xi)^2(2\beta\xi-\alpha)/2 & \xi \geqq \alpha \end{cases}$<br>$F_B = -6\alpha\beta M/l, M_B = M\alpha(2-3\alpha)$ | $w_C = -W\alpha^2\beta^2(\beta-\alpha)/2$<br>$w_{m1} = W\beta(3\alpha-1)^3/(54\alpha^2)$<br>$\xi_{m1} = (\alpha - 1/3)/\alpha$<br>$w_{m2} = -W\alpha(3\beta-1)^3/(54\beta^2)$<br>$\xi_{m2} = 1/(3\beta)$ | $w'_C = -(W/l)\,\alpha\beta(1-3\alpha\beta)$ |
| 21 | 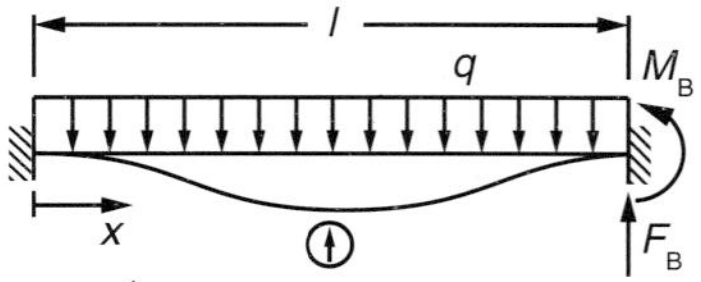<br>$W = ql^4/(EI)$ | $w = W\xi^2(1-\xi)^2/24$<br>$F_B = ql/2,\ M_B = -ql^2/12$ | $w_m = W/384$<br>$\xi_m = 1/2$ | |
| 22 | 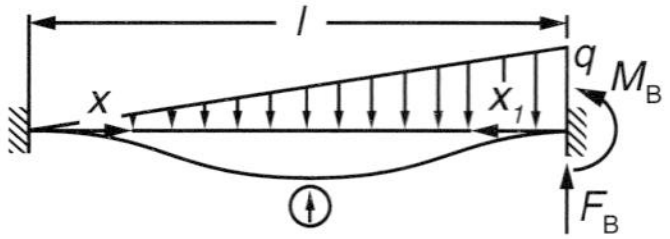<br>$W = ql^4/(EI)$ | $w = W\xi^2(1-\xi)^2(2+\xi)/120$<br>$= W\xi_1^2(1-\xi_1)^2(3-\xi_1)/120$<br>$F_B = 7ql/20,\ M_B = -ql^2/12$ | $w_m = W/764$<br>$\xi_m \approx 0{,}525$ | |

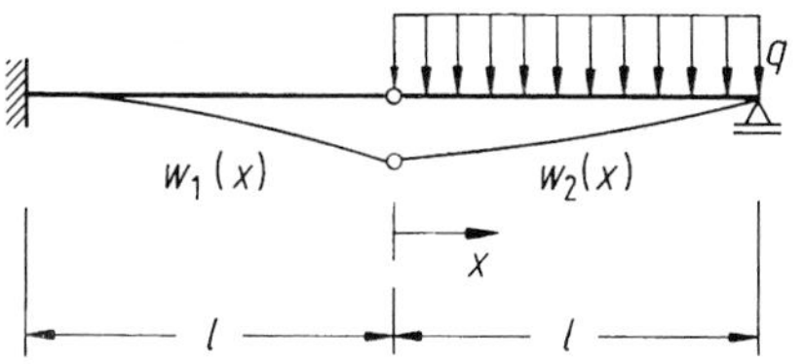


**Abb. 28** Biegestab

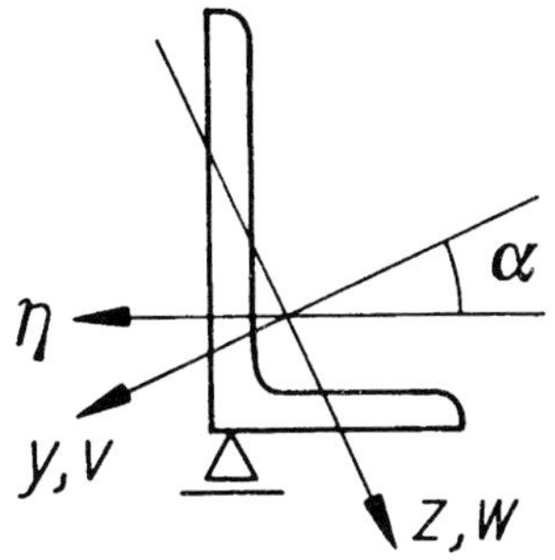


**Abb. 29** Lagerung, die eine Kopplung der Durchbiegungen $v$ und $w$ in den Randbedingungen verursacht

mit der Abkürzung $4\,\lambda^4 = K/(E\,I_y)$. Die allgemeine Lösung ist die Summe aus der Lösung der homogenen Gleichung,

$$\begin{aligned} w(x) &= (c_1 \cos \lambda x + c_2 \sin \lambda x) \exp(-\lambda x) \\ &\quad + (c_3 \cos \lambda x + c_4 \sin \lambda x) \exp(\lambda x), \end{aligned} \tag{64}$$

und der partikulären Lösung der inhomogenen Gleichung. Es gilt das Superpositionsprinzip. Die Integrationskonstanten $c_1, \ldots, c_4$ werden aus Randbedingungen für $w$, $w'$, $w''$ (Biegemoment) und $w'''$ (Querkraft) bestimmt.

*Beispiel 8*: Bei einer beidseitig unendlich langen Eisenbahnschiene mit einer Einzelkraft $F$ an der Stelle $x = 0$ ist $w(-x) = w(x)$, und im Bereich $x \geq 0$ ist

$$w(x) = \frac{F\lambda}{K\sqrt{2}} \exp(-\lambda x) \sin\left(\lambda x + \frac{\pi}{4}\right).$$

Das bei $x = 0$ maximale Biegemoment ist $M_{y\max} = F/(4\lambda)$.

Zahlreiche andere spezielle Lösungen finden sich u. a. in Wölfer 1971.

### 9.7.5 Biegung von Stäben aus Verbundwerkstoff

Stäbe mit Querschnitten nach Abb. 23 haben die Differenzialgleichung der Biegelinie

$$w''(x) = \frac{-M(x)\Sigma E_i A_i}{(\Sigma E_i I_{yi})(\Sigma E_i A_i) - (\Sigma E_i z_{Si} A_i)^2}. \tag{65}$$

Der Ausdruck auf der rechten Seite ist die mit $-1$ multiplizierte Krümmung $1/\varrho(x)$ von Gl. (49). Die Gleichung hat dieselbe Form wie Gl. (62) und wird mit denselben Rechenschritten gelöst.

**Spannbeton mit Verbund**. Bei Spannbetonstäben nach Abb. 24 lautet die Differenzialgleichung der Biegelinie:

$$\begin{aligned} w''(x) = -\big[&\big(M_y(x) - \Sigma\sigma_{0i} z_{Si} A_i\big)(\Sigma E_i A_i) \\ &+ (\Sigma\sigma_{0i} A_i)(\Sigma E_i z_{Si} A_i)\big] / \\ &\big[(\Sigma E_i I_{yi})(\Sigma E_i A_i) - (\Sigma E_i z_{Si} A_i)^2\big]. \end{aligned} \tag{66}$$

Der Ausdruck auf der rechten Seite ist die mit $-1$ multiplizierte Krümmung $1/(x)$ von Gl. (52). Die Gleichung hat dieselbe Form wie Gl. (62) und wird mit denselben Rechenschritten gelöst. Für $M_y(x) \equiv 0$ erhält man die Durchbiegung im Zustand von Abb. 24b.

### 9.7.6 Querkraftbiegung

Der Beitrag der Querkraft $Q_z(x)$ zur Durchbiegung eines Stabes wird $w_Q(x)$ genannt. Bei gleichmäßiger Verteilung der Schubspannung im Stabquerschnitt wäre $w'_Q = Q_z/(GA)$. Wegen der tatsächlich ungleichmäßigen Verteilung nach Gl. (56) gilt mit der Querschubzahl $\varkappa_z$ von Gl. (31)

$$w'_Q(x) = \varkappa_z \frac{Q_z(x)}{GA(x)}. \tag{67}$$

Entsprechend gilt für die Verschiebung $v_Q$ in $y$-Richtung

$$v_Q'(x) = \varkappa_y \frac{Q_y(x)}{GA(x)}.$$

Im Fall $GA = \text{const}$ sind die Verschiebungen selbst wegen Gl. (39) und (40)

$$w_Q(x) = \varkappa_z \frac{M_y(x)}{GA} + \text{const},$$

$$v_Q(x) = -\varkappa_y \frac{M_z(x)}{GA} + \text{const}.$$

Die gesamte Durchbiegung in $z$-Richtung infolge $M_y(x)$ und $Q_z(x)$ ist $w_{\text{ges}}(x) = w(x) + w_Q(x)$ mit $w(x)$ aus Gl. (62). Bei langen, dünnen Stäben ist $w_Q$ gegen $w$ vernachlässigbar klein. Zum Beispiel ist das Verhältnis $w_Q/w$ am freien Ende eines einseitig eingespannten und am freien Ende belasteten Stabes der Länge $l$ mit Rechteckquerschnitt der Höhe $h$ gleich

$$\frac{0{,}3E}{G} \frac{h^2}{l^2} \approx \frac{h^2}{l^2}.$$

### 9.7.7 Torsion ohne Wölbbehinderung (Saint-Venant-Torsion)

Der Drehwinkel des Stabquerschnitts an der Stelle $x$ heißt $\varphi(x)$. Die Drehung erfolgt um den Schubmittelpunkt. Die Ableitung $\varphi'(x) = \mathrm{d}\varphi/\mathrm{d}x$ heißt *Drillung* des Stabes. Zum Torsionsmoment $M_T(x)$ besteht die Beziehung

$$\varphi'(x) = \frac{M_T(x)}{GI_T(x)}. \tag{68}$$

$G\,I_T$ heißt *Torsionssteifigkeit* des Stabes. Die Gleichung ist gültig für Stäbe, deren Querschnitte bei Torsion eben bleiben (Wölbwiderstand $C_M = 0$). Für Stäbe mit $C_M \neq 0$ gilt sie nur, wenn die Querschnittverwölbung nicht behindert wird. Das setzt Gabellager und $M_T(x) = \text{const}$ voraus. Die Wölbbehinderung durch Lager ist ein lokaler, mit wachsender Entfernung vom Lager schnell abklingender Effekt. Bei langen, dünnen Stäben kann sie häufig vernachlässigt werden.

Ein Stab der Länge $l$ mit $M_T/(G\,I_T) = \text{const}$ hat den Verdrehwinkel $\varphi = M_T\,l/(G\,I_T)$ der Endquerschnitte. Sehr lange Stäbe, wie z. B. Bohrstangen bei Tiefbohrungen, können um mehrere Umdrehungen tordiert sein.

Angaben über Torsionsflächenmomente $I_T$ von Stabquerschnitten finden sich in Abschn. 4.5 und in Tab. 5.

### 9.7.8 Torsion mit Wölbbehinderung

Bei Stäben mit einem Wölbwiderstand $C_M \neq 0$ entstehen Wölbbehinderungen lokal durch Lager und im Fall $M_T(x) \neq \text{const}$ im ganzen Stab durch gegenseitige Beeinflussung benachbarter Querschnitte. Mit $x$ veränderliche Torsionsmomente treten z. B. an Fahrbahnen von Brücken auf, wenn Eigengewicht und Verkehrslasten ein Moment um den Schubmittelpunkt des Fahrbahnquerschnitts erzeugen. Für die Drillung $\varphi'(x)$ und den Verdrehwinkel $\varphi(x)$ gilt

$$-\varphi''' + \lambda^2\varphi' = \frac{M_T(x)}{EC_M}, \quad \lambda^2 = \frac{GI_T}{EC_M}. \tag{69}$$

Die Lösung hat die allgemeine Form

$$\varphi(x) = c_1 \cosh \lambda x + c_2 \sinh \lambda x + c_3 + \varphi_{\text{part}}(x) \tag{70}$$

mit Integrationskonstanten $c_1$, $c_2$ und $c_3$ und mit der partikulären Lösung $\varphi_{\text{part}}(x)$. Für $M_T(x) = M_{T0}$ und für $M_T(x) = m\,x + M_{T0}$ mit den Konstanten $M_{T0}$ und $m$ ist $\varphi_{\text{part}}(x) = x\,M_{T0}/(G\,I_T)$ bzw.

$$\varphi_{\text{part}}(x) = \frac{x^2 m}{2GI_T} + \frac{xM_{T0}}{GI_T}.$$

Die Integrationskonstanten in Gl. (70) werden aus Randbedingungen bestimmt. Diese betreffen $\varphi$, $\varphi'$ und $\varphi''$. Die wichtigsten Randbedingungen sind $\varphi = 0$ an festen Einspannungen und an Gabellagern, $\varphi' = 0$ an Stellen mit ganz unterdrückter Verwölbung (feste Einspannungen und aufgeschweißte starre Platten an freien Enden) und $\varphi'' = 0$ an Stellen ohne Längsspannung (freie Enden und Gabellager).

*Beispiel 9*: Für einen Stab mit fester Einspannung bei $x = 0$ und freiem Ende bei $x = l$ ist im Fall $M_\mathrm{T} = \mathrm{const}$

$$\varphi(x) = \frac{M_\mathrm{T}}{GI_\mathrm{T}} \times \left\{ x + \frac{1}{\lambda}[\tanh \lambda l(\cosh \lambda x - 1) - \sinh \lambda x] \right\}.$$

Bei mehrfeldrigen Stäben mit verschiedenen Lösungen der Form von Gl. (70) in verschiedenen Feldern hat jedes Feld Randbedingungen (z. B. die Bedingung, dass $\varphi(x)$ beiderseits einer Feldgrenze gleich ist). Lösungen zu vielen praktischen Fällen finden sich u. a. in Stahlbau Handbuch 1996.

Bei Stäben mit einfach berandeten Querschnitten aus dünnen Stegen (siehe Abb. 11) ist die axiale Verschiebung $u(x, s) = \varphi'(x)\omega^*(s)$ mit der Drillung $\varphi'(x)$ und derselben Funktion $\omega^*(s)$, wie in Gl. (37).

*Beispiel 10*: Bei einem dünnwandigen Kreisrohr mit Längsschlitz (Radius $r$, Wanddicke $t \ll r$) und mit $\varphi' = \mathrm{const}$ verschieben sich die Schlitzufer axial gegeneinander um $2\,\pi\, r^2\, \varphi'$.

## 9.8 Energiemethoden der Elastostatik

Die allgemeinen Sätze und Methoden dieses Abschnitts sind auf elastische Systeme anwendbar, die in beliebiger Weise aus Stäben, Balken, Scheiben, Platten, Schalen und dreidimensionalen Körpern zusammengesetzt sind. Kräfte und Momente werden unter dem Oberbegriff *generalisierte Kraft F* zusammengefasst, Verschiebungen und Drehwinkel unter dem Oberbegriff *generalisierte Verschiebung w*.

### 9.8.1 Formänderungsenergie. Äußere Arbeit

**Formänderungsenergie**. In einem ruhenden, linear elastischen System ist Energie gespeichert. Bei konstanter Temperatur ist die Energie nur vom Spannungszustand abhängig und nicht davon, wie der Zustand entstanden ist. Sie ist also eine potenzielle Energie. Sie heißt *Formänderungsenergie* $U$ des Körpers. Durch Spannungen und Verzerrungen ausgedrückt ist (Integration über das gesamte Volumen $V$)

$$\begin{aligned} U &= \frac{1}{2}\int_V \left(\sigma_x\varepsilon_x + \sigma_y\varepsilon_y + \sigma_z\varepsilon_z + \tau_{xy}\gamma_{xy} + \tau_{yz}\gamma_{yz} + \tau_{zx}\gamma_{zx}\right)\mathrm{d}V \\ &= \frac{1}{2}\int_V \left\{ \frac{1}{E}\left[\sigma_x^2 + \sigma_y^2 + \sigma_z^2 - 2\nu\left(\sigma_x\sigma_y + \sigma_y\sigma_z + \sigma_z\sigma_x\right)\right] \right. \\ &\quad \left. + \frac{1}{G}\left(\tau_{xy}^2 + \tau_{yz}^2 + \tau_{zx}^2\right) \right\} \mathrm{d}V \\ &= \frac{E}{2(1+\nu)}\int_V \left[ \frac{\nu}{1-2\nu}\left(\varepsilon_x + \varepsilon_y + \varepsilon_z\right)^2 + \varepsilon_x^2 + \varepsilon_y^2 + \varepsilon_z^2 \right. \\ &\quad \left. + \frac{1}{2}\left(\gamma_{xy}^2 + \gamma_{yz}^2 + \gamma_{zx}^2\right)\right] \mathrm{d}V. \end{aligned} \tag{71}$$

Daraus folgt $U \geq 0$; $U = 0$ nur bei völlig spannungsfreiem Körper. Für Stabsysteme ist $U$ als Funktion der Schnittgrößen

$$\begin{aligned} U = \frac{1}{2}\sum_i \int_0^{l_i} &\left[ \frac{N^2(x)}{EA(x)} + \frac{M_y^2(x)}{EI_y(x)} + \frac{M_z^2(x)}{EI_z(x)} \right. \\ &\left. + \varkappa_y(x)\frac{Q_y^2(x)}{GA(x)} + \varkappa_z(x)\frac{Q_z^2(x)}{GA(x)} + \frac{M_\mathrm{T}^2(x)}{GI_\mathrm{T}(x)} \right] \mathrm{d}x \end{aligned} \tag{72}$$

(Summation über alle Stäbe; Integration über die Stablängen). Ein Sonderfall hiervon sind Fachwerke (siehe ▶ Abschn. 6.3 im Kap. 6, „Statik starrer Körper") mit $N_i = \mathrm{const}$, $E_i\, A_i = \mathrm{const}$ in Stab $i$. In einem Fachwerk aus $n$ Stäben ist die Formänderungsenergie

$$U = \frac{1}{2}\sum_{i=1}^{n} \frac{N_i^2 l_i}{E_i A_i}. \tag{73}$$

In Biegestäben und Platten kann $U$ als Funktion von Durchbiegungen ausgedrückt werden (siehe Abschn. 8.8 in diesem Kap. und ▶ Abschn. 10.2.2 im Kap. 10, „Anwendungen der Festigkeitslehre").

**Äußere Arbeit.** Wenn äußere eingeprägte Kräfte ein anfangs spannungsfreies elastisches System bei konstanter Temperatur quasistatisch verformen, dann ist die äußere Arbeit $W_a$ der Kräfte gleich der Formänderungsenergie $U$. Daraus folgt u. a., dass der Spannungszustand und der Verzerrungszustand am Ende der Belastung unabhängig von der Reihenfolge sind, in der die Kräfte aufgebracht werden.

Im Fall von generalisierten Einzelkräften $F_1, \ldots,$ $F_n$ (äußere eingeprägte Kräfte oder Momente) ist

$$W_a = U = \frac{1}{2}\sum_{i=1}^{n} F_i w_i, \tag{74}$$

wobei $w_i$ die durch $F_1, \ldots, F_n$ verursachte Komponente der generalisierten Verschiebung am Ort und in Richtung von $F_i$ ist (ein Drehwinkel, wenn $F_i$ ein Moment ist).

### 9.8.2 Prinzip der virtuellen Arbeit

Das *Prinzip der virtuellen Arbeit* lautet: Bei einer virtuellen Verschiebung eines ideal elastischen Systems aus einer Gleichgewichtslage (das ist der deformierte Zustand unter äußeren eingeprägten Kräften) ist die virtuelle Arbeit $\delta W_a$ der äußeren eingeprägten Kräfte gleich der virtuellen Änderung $\delta U$ von $U$,

$$\delta W_a = \delta U. \tag{75}$$

Aus diesem Prinzip folgen u. a. die Sätze in den Abschn. 8.3, 8.4 und 8.7 sowie der folgende *Satz vom stationären Wert der potenziellen Energie*. Im Sonderfall eines konservativen Systems haben die äußeren Kräfte ein Potenzial $\Pi_a$, sodass $\delta W_a = -\delta \Pi_a$ und folglich

$$\delta(\Pi_a + U) = 0 \tag{76}$$

ist. Also hat das Gesamtpotenzial $\Pi_a + U$ in Gleichgewichtslagen einen stationären Wert (Minimum, Maximum oder Sattelpunkt). In stabilen Gleichgewichtslagen hat es ein Minimum (siehe ▸ Abschn. 6.6 im Kap. 6, „Statik starrer Körper").

*Beispiel 11*: Zwei Stäbe (Längen $l_1$ und $l_2$, Längsfederkonstanten $k_1 = E_1 A_1/l_1$ und $k_2 = E_2 A_2/l_2$) werden nach Abb. 30 zwischen starre Lager im Abstand $l = l_1 + l_2 - \Delta l$ mit $\Delta l > 0$ gezwängt. Ihre Verkürzungen $\Delta l_1$ und $\Delta l_2$ werden aus dem Satz vom stationären Wert der potenziellen Energie wie folgt berechnet.

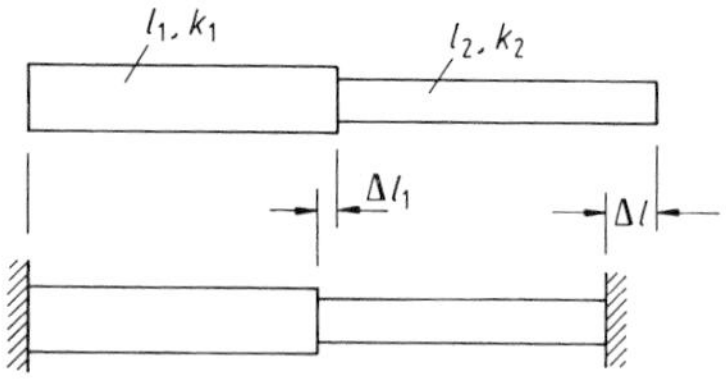


**Abb. 30** Druckstab zwischen starren Lagern

$$U = \left[k_1(\Delta l_1)^2 + k_2(\Delta l_2)^2\right]/2,$$

$\Pi_a = 0$ (weil die Lager starr sind). Mit der Nebenbedingung $f = \Delta l_1 + \Delta l_2 - \Delta l = 0$ und mit einem Lagrange'schen Multiplikator $\lambda$ lauten die Stationaritätsbedingungen $\partial(U + \lambda f)/\partial(\Delta l_i) = k_i \Delta l_i + \lambda = 0$ $(i = 1{,}2)$. Daraus folgt $\Delta l_1 = \Delta l\, k_2/(k_1 + k_2)$, $\Delta l_2 = \Delta l\, k_1/(k_1 + k_2)$.

Weitere Anwendungen sind in Abschn. 8.8 zu finden.

### 9.8.3 Arbeitsgleichung oder Verfahren mit einer Hilfskraft

Bei einem statisch bestimmten oder unbestimmten Stabsystem wird die generalisierte Verschiebung $w$ (an einer beliebigen Stelle und in beliebiger Richtung) infolge einer gegebenen äußeren Belastung und einer gegebenen Temperaturänderung aus der *Arbeitsgleichung* berechnet:

$$\begin{aligned} w\bar{F} = \sum_i \int_0^{l_i} \Bigg[ & \frac{N(x)\bar{N}(x)}{EA(x)} + \frac{M_y(x)\bar{M}_y(x)}{EI_y(x)} \\ & + \frac{M_z(x)\bar{M}_z(x)}{EI_z(x)} + \varkappa_y(x)\frac{Q_y(x)\bar{Q}_y(x)}{GA(x)} \\ & + \varkappa_z(x)\frac{Q_z(x)\bar{Q}_z(x)}{GA(x)} + \frac{M_T(x)\bar{M}_T(x)}{GI_T(x)} \\ & + \alpha\Delta T(x)\bar{N}(x)\Bigg] \mathrm{d}x. \end{aligned} \tag{77}$$

$\overline{F}$ ist eine generalisierte Hilfskraft beliebiger Größe am Ort und in Richtung von $w$ (ein Hilfsmoment, wenn $w$ ein Drehwinkel ist); die quergestrichenen Funktionen $\overline{N}(x)$, $\overline{M}_y(x)$ usw. sind die Schnittgrößen bei Belastung durch $\overline{F}$ allein, und die nicht gestrichenen $N(x)$, $M_y(x)$ usw. sind diejenigen unter der tatsächlichen äußeren Belastung durch Einzelkräfte, Streckenlasten usw.; $\Delta T(x)$ ist die gegebene Temperaturänderung; an der Stelle $x$ muss sie über den Stabquerschnitt konstant sein.

Bei konstanten Nennerfunktionen sind alle Integrale in Gl. (77) vom Typ $\int_0^s P(x)K(x)\,\mathrm{d}x$. Tab. 8 gibt das Integral für verschiedene grafisch dargestellte Funktionen $P(x)$ und $K(x)$ an.

*Beispiel 12*: In einem statisch bestimmten Fachwerk aus $n$ Stäben mit Stabkräften $N_1, \ldots, N_n$ infolge gegebener Knotenlasten ist die Verschiebung $w$ eines beliebig gewählten Knotens in einer beliebig gewählten Richtung

$$w = \frac{1}{\overline{F}} \sum_{i=1}^{n} \frac{N_i \overline{N}_i l_i}{E_i A_i}.$$

Darin sind $\overline{N}_1, \ldots, \overline{N}_n$ die Stabkräfte infolge einer Hilfskraft $\overline{F}$ am Ort und in Richtung von $w$. Zur Verwendung von Gl. (77) bei statisch unbestimmten Systemen siehe Abschn. 8.6.

Eine relative generalisierte Verschiebung $w_{\text{rel}}$ zweier Punkte ein und desselben Systems kann entweder in zwei Schritten als Summe zweier entgegengesetzt gerichteter absoluter Verschiebungen berechnet werden oder wie folgt in einem Schritt. Man bringt an den sich relativ zueinander verschiebenden Stellen entgegengesetzt gerichtete, gleich große generalisierte Hilfskräfte an und setzt in Gl. (77) für $\overline{N}(x)$, $\overline{M}_y(x)$ usw. die Schnittgrößen infolge beider Hilfskräfte ein. Dann ist $w = w_{\text{rel}}$.

*Beispiel 13*: In Abb. 31a wird der relative Drehwinkel $\varphi$ der beiden Stabtangenten am

**Tab. 8** Werte von Integralen $\int_0^s P(x)K(x)\,\mathrm{d}x$. Die Punkte ∘ sind Scheitel von quadratischen Parabeln

| $P(x)$ \ $K(x)$ | $s$, $k$ | $s$, $k$ | $k_1$, $s$, $k_2$ | $\alpha s$, $\beta s$, $k$; $\alpha+\beta=1$ | $\alpha s$, $\beta s$, $k$; $\alpha+\beta=1$ | $\alpha s$, $\beta s$, $k$; $\alpha+\beta=1$ |
|---|---|---|---|---|---|---|
| $s$, $p$ | $spk$ | $\frac{s}{2}pk$ | $\frac{s}{2}p(k_1+k_2)$ | $spk\beta$ | $\frac{s}{2}pk\beta$ | $\frac{s}{2}pk$ |
| $s$, $p$ | $\frac{s}{2}pk$ | $\frac{s}{3}pk$ | $\frac{s}{6}p(k_1+2k_2)$ | $\frac{s}{2}pk(1-\alpha^2)$ | $\frac{s}{6}pk\beta(3-\beta)$ | $\frac{s}{6}pk(1+\alpha)$ |
| $p$, $s$ | $\frac{s}{2}pk$ | $\frac{s}{6}pk$ | $\frac{s}{6}p(2k_1+k_2)$ | $\frac{s}{2}pk\beta^2$ | $\frac{s}{6}pk\beta^2$ | $\frac{s}{6}pk(1+\beta)$ |
| $p_1$, $s$, $p_2$ | $\frac{s}{2}(p_1+p_2)k$ | $\frac{s}{6}(p_1+2p_2)k$ | $\frac{s}{6}[p_1(2k_1+k_2)+$ $+p_2(k_1+2k_2)]$ | $\frac{s}{2}[p_1\beta^2+$ $+p_2(1-\alpha^2)]k$ | $\frac{s}{6}[p_1\beta+$ $+p_2(3-\beta)]k\beta$ | $\frac{s}{6}[p_1(1+\beta)+$ $+p_2(1+\alpha)]k$ |
| $s$, $p$ | $\frac{2s}{3}pk$ | $\frac{s}{3}pk$ | $\frac{s}{3}p(k_1+k_2)$ | $\frac{2s}{3}pk\beta^2(3-2\beta)$ | $\frac{s}{3}pk\beta^2(2-\beta)$ | $\frac{s}{3}pk(1+\alpha\beta)$ |
| $s$, $p$ | $\frac{2s}{3}pk$ | $\frac{5s}{12}pk$ | $\frac{s}{12}p(3k_1+5k_2)$ | $\frac{s}{3}pk\beta(3-\beta^2)$ | $\frac{s}{12}pk\beta(6-\beta^2)$ | $\frac{s}{12}pk(5-\beta-\beta^2)$ |
| $p$, $s$ | $\frac{2s}{3}pk$ | $\frac{s}{4}pk$ | $\frac{s}{12}p(5k_1+3k_2)$ | $\frac{s}{3}pk\beta^2(3-\beta)$ | $\frac{s}{12}pk\beta^2(4-\beta)$ | $\frac{s}{12}pk(5-\alpha-\alpha^2)$ |
| $s$, $p$ | $\frac{s}{3}pk$ | $\frac{s}{4}pk$ | $\frac{s}{12}p(k_1+3k_2)$ | $\frac{s}{3}pk(1-\alpha^3)$ | $\frac{s}{12}pk\beta(6-4\beta+\beta^2)$ | $\frac{s}{12}pk(1+\alpha+\alpha^2)$ |
| $p$, $s$ | $\frac{s}{3}pk$ | $\frac{s}{12}pk$ | $\frac{s}{12}p(3k_1+k_2)$ | $\frac{s}{3}pk\beta^3$ | $\frac{s}{12}pk\beta^3$ | $\frac{s}{12}pk(1+\beta+\beta^2)$ |

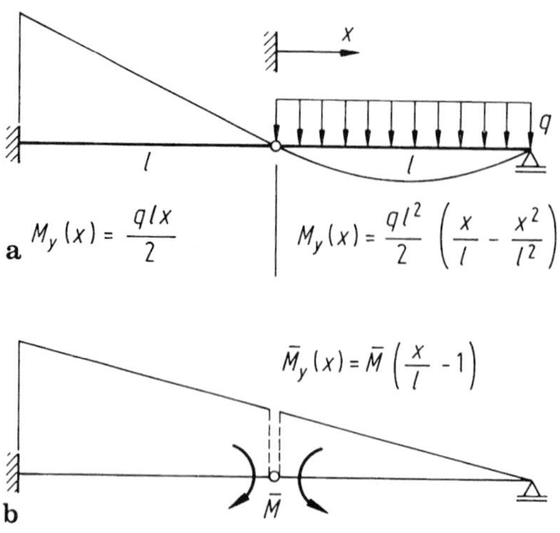


**Abb. 31** **a**, **b**. Biegestab

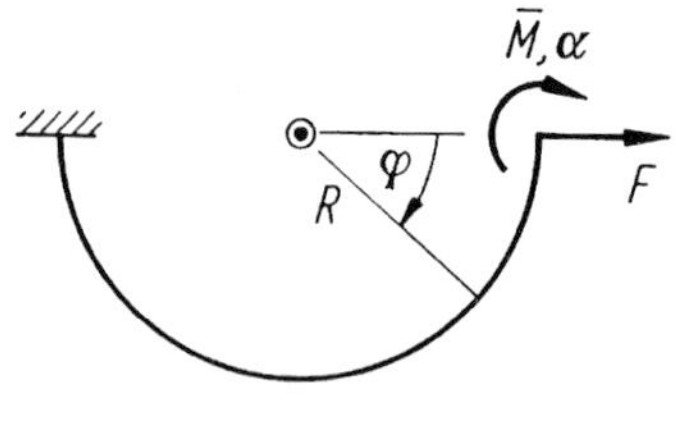


**Abb. 32** Schwach gekrümmter Biegestab

Gelenk infolge der gegebenen Last $q$ mit den Hilfsmomenten $\overline{M}$ von Abb. 31b berechnet. Mit den angegebenen Funktionen $M_y(x)$ (vgl. Beispiel 6) und $\overline{M}_y(x)$ liefert Gl. (77) $\varphi = 3\,q\,l^3/(8\,E\,I_y)$.

**Schwach gekrümmte Stäbe**. Bei schwach gekrümmten Stäben ist die Biegespannung nach Abschn. 6.6 angenähert so, wie bei geraden Stäben. Folglich gilt auch Gl. (77), wenn man d$x$ durch das Element d$s$ der Bogenlänge ersetzt.

*Beispiel 14*: Bei dem halbkreisförmigen Stab in Abb. 32 ist d $s = R$ d $\varphi$. Wenn z. B. der Drehwinkel $\alpha$ am freien Ende unter der Last $F$ gesucht ist, werden das Biegemoment $M_y(\varphi) = F\,R\,\sin\varphi$ infolge $F$ und das Biegemoment $\overline{M}_y(\varphi) \equiv \overline{M}$ infolge des Hilfsmoments $\overline{M}$ in Gl. (77) eingesetzt. Das liefert

$$\alpha = \frac{FR}{EI_y}\int_0^{\pi} \sin\varphi\,\mathrm{d}\varphi = 2\frac{FR}{EI_y}.$$

Lösungen vieler Probleme an Kreisbogenstäben finden sich u. a. in Biezeno und Grammel 1953.

### 9.8.4 Sätze von Castigliano

Der *1. Satz von Castigliano* lautet:

$$w_i = \frac{\partial U_\mathrm{F}}{\partial F_i}. \qquad (78)$$

Darin ist $U_\mathrm{F}(F_1, \ldots, F_n)$ die Formänderungsenergie eines beliebigen linear elastischen Systems, ausgedrückt als explizite Funktion der äußeren eingeprägten generalisierten Kräfte. $w_i$ ist die Verschiebung am Ort und in Richtung von $F_i$ (ein Winkel im Fall eines Moments). Für statisch bestimmte Stabsysteme stellt der Ausdruck in Gl. (72) die Funktion $U_\mathrm{F}$ dar, sobald man die Schnittgrößen durch die äußeren eingeprägten Lasten ausgedrückt hat. Statisch unbestimmte Systeme sind in Abschn. 8.6 beschrieben. Gl. (78) dient zur Berechnung von Verschiebungen. Wenn die Verschiebung $w$ eines Punktes gesucht ist, an dem keine Einzelkraft angreift, dann führt man dort in Richtung von $w$ eine Hilfskraft $\overline{F}$ als zusätzliche äußere Kraft ein, bestimmt $U_\mathrm{F}$ für alle äußeren Kräfte einschließlich $\overline{F}$, bildet die Ableitung nach $\overline{F}$ und setzt dann $\overline{F} = 0$ ein.

Der *2. Satz von Castigliano* lautet:

$$F_i = \frac{\partial U_w}{\partial w_i}. \qquad (79)$$

Darin ist $U_w(w_1, \ldots, w_n)$ die Formänderungsenergie eines beliebigen linear oder nichtlinear elastischen Systems, ausgedrückt als Funktion von $n$ generalisierten Verschiebungen. $F_i$ ist die generalisierte Kraft am Ort und in Richtung von $w_i$ (ein Moment, wenn $w_i$ ein Drehwinkel ist). Systeme aus Hooke'schem Material können aus geometrischen Gründen nichtlinear sein.

*Beispiel 15*: Zwischen zwei Haken im Abstand $2l$ ist ein biegeschlaffes Seil (Längssteifigkeit $EA$) mit der Kraft $S$ vorgespannt. In Seilmitte greift quer zum Seil eine Kraft $F$ an und verursacht dort eine Auslenkung $w$. Welche Beziehung besteht zwischen $F$ und $w$? Lösung: Das halbe Seil hat die Federkonstante $k = E\,A/l$, die Vorverlängerung $\Delta l_0 = Sl/(EA)$ infolge $S$ und die Gesamtverlängerung $\Delta l = \Delta l_0 + (w^2 + l^2)^{1/2} - l$ infolge $S$ und $F$. Für das ganze Seil ist damit

$$U_w(w) = 2k\frac{(\Delta l)^2}{2} = \frac{EA}{l}\left[\frac{Sl}{EA} + \left(w^2 + l^2\right)^{1/2} - l\right]^2.$$

Gl. (79) liefert den gewünschten Zusammenhang

$$\begin{aligned} F &= \frac{\partial U_w}{\partial w} \\ &= \frac{2EA}{l}\left[\frac{Sl}{EA} + \left(w^2 + l^2\right)^{1/2} - l\right] w\left(w^2 + l^2\right)^{-1/2}. \end{aligned}$$

Die Taylorentwicklung dieses Ausdrucks nach $w$ ist

$$F = 2S\frac{w}{l} + (EA - S)\left(\frac{w^3}{l^3} - \frac{3}{4}\frac{w^5}{l^5}\right) + \ldots$$

### 9.8.5 Steifigkeitsmatrix. Nachgiebigkeitsmatrix. Satz von Maxwell und Betti

In einem beliebigen linear elastischen System mit generalisierten Kräften (d. h. Kräften oder Momenten) $F_1, \ldots, F_n$ seien $w_1, \ldots, w_n$ die generalisierten Verschiebungen (d. h. Verschiebungen oder Verdrehwinkel) am Ort und in Richtung der Kräfte. Im Gleichgewicht besteht zwischen den Matrizen $\underline{F} = [F_1 \ldots F_n]^{\mathrm{T}}$ und $\underline{w} = [w_1 \ldots w_n]^{\mathrm{T}}$ eine lineare Beziehung $\underline{F} = \underline{K}\,\underline{w}$ mit einer *Steifigkeitsmatrix* $\underline{K}$. *Der Satz von Maxwell und Betti* sagt aus, dass $\underline{K}$ symmetrisch ist. Wenn $F_1, \ldots, F_n$ eingeprägte Kräfte an einem unbeweglich gelagerten System sind, dann hat $\underline{K}$ eine ebenfalls symmetrische Inverse $\underline{K}^{-1} = \underline{H}$. Sie heißt *Nachgiebigkeitsmatrix*.

*Beispiel 16*: Für den Zugstab (Abb. 33a) und den Biegestab (Abb. 33b) gilt

$$\begin{bmatrix} F_1 \\ F_2 \end{bmatrix} = \frac{EA}{l}\begin{bmatrix} 1 & -1 \\ -1 & 1 \end{bmatrix}\begin{bmatrix} u_1 \\ u_2 \end{bmatrix},$$

bzw.

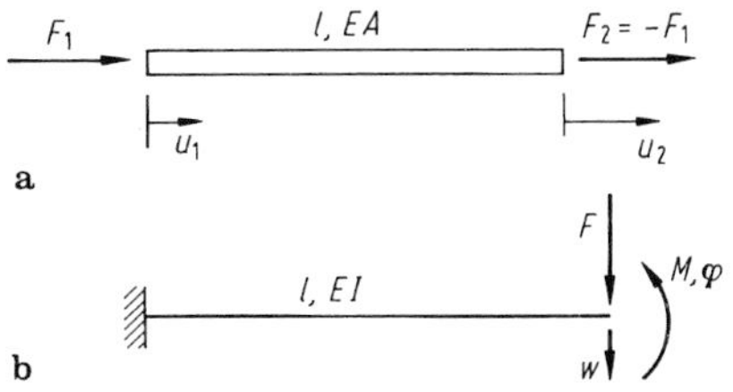


**Abb. 33** **a** Zugstab und **b** Biegestab zur Erläuterung von Steifigkeitsmatrizen

$$\begin{bmatrix} F \\ M \end{bmatrix} = \frac{2EI_y}{l^3}\begin{bmatrix} 6 & -3l \\ -3l & 2l^2 \end{bmatrix}\begin{bmatrix} w \\ \varphi \end{bmatrix}.$$

Die erste Steifigkeitsmatrix ist singulär, die zweite hat eine Inverse, und zwar

$$\begin{bmatrix} w \\ \varphi \end{bmatrix} = \frac{l}{EI_y}\begin{bmatrix} \frac{l^2}{3} & \frac{l}{2} \\ \frac{l}{2} & 1 \end{bmatrix}\begin{bmatrix} F \\ M \end{bmatrix}.$$

Zur Aufstellung von Steifigkeitsmatrizen siehe ► Abschn. 10.5.1 im Kap. 10, „Anwendungen der Festigkeitslehre“.

### 9.8.6 Statisch unbestimmte Systeme. Kraftgrößenverfahren

In statisch unbestimmten Systemen entstehen Auflagerreaktionen und Schnittgrößen nicht nur durch äußere eingeprägte Lasten, sondern auch bei Temperaturänderungen und bei erzwungenen generalisierten Verschiebungen (Lagersetzungen, Stabverkürzungen durch Anziehen von Spannschlössern oder durch Einbau falsch bemessener Stäbe). In einem $n$-fach statisch unbestimmten System sind insgesamt $n$ Verschiebungen oder relative Verschiebungen entweder vorgeschrieben oder gesuchte Unbekannte. An diesen Stellen werden durch Schnitte $n$ innere generalisierte Kräfte $K_1, \ldots, K_n$ zu äußeren Kräften an einem dadurch erzeugten, *statisch bestimmten Hauptsystem* gemacht. An diesem Hauptsystem werden mithilfe der Arbeitsgleichung (77) oder des 1. Satzes von Castigliano (Gl. (78)) oder der Gl. (62) der Biegelinie oder mit Tabellenwerken die

$n$ ausgezeichneten Verschiebungen durch die äußere Belastung einschließlich $K_1, \ldots, K_n$ ausgedrückt. Das Ergebnis sind $n$ Gleichungen für die $n$ Unbekannten (je nach Aufgabenstellung Kraftgrößen oder Verschiebungen). Nach Auflösung der Gleichungen werden alle weiteren Rechnungen ebenfalls am Hauptsystem durchgeführt.

**Beispiel 17:** Am zweifach unbestimmten Fachwerk links in Abb. 34 werden nach spiel- und spannungsfreier Montage die Last $F$, die Lagersenkung $w_B$, die Verkürzung $\Delta w$ von Stab 6 durch ein Spannschloss und die gleichmäßige Erwärmung der Stäbe 4, 5 und 6 um $\Delta T$ vorgegeben. Schnitte am Lager $B$ und durch Stab 6 erzeugen das statisch bestimmte Hauptsystem rechts in Abb. 34 mit den unbekannten Kraftgrößen $K_1$ und $K_2$. Am Hauptsystem werden $\Delta w$ und $w_B$ mit Hilfskräften $\overline{K}_1$ anstelle von $K_1$ bzw. $\overline{K}_2$ anstelle von $K_2$ aus Gl. (77) berechnet. Dazu werden zuerst die Stabkräfte in allen Stäben infolge $F$, $K_1$ und $K_2$, infolge $\overline{K}_1$ allein und infolge $\overline{K}_2$ allein berechnet. Das Ergebnis ist die Tab. 9. Einsetzen in Gl. (77) liefert für $K_1$ und $K_2$ die Gleichungen

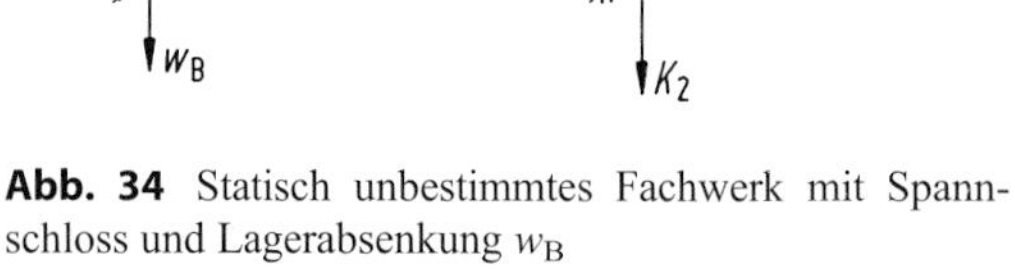

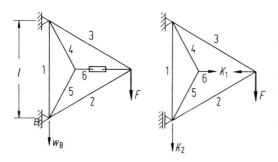

**Abb. 34** Statisch unbestimmtes Fachwerk mit Spannschloss und Lagerabsenkung $w_B$

$$\left.\begin{aligned} \Delta w &= l/(EA)[K_1(1+\sqrt{3}) - K_2/\sqrt{3} \\ &\quad -F\sqrt{3}/6] + \alpha\Delta T l\sqrt{3} \\ w_B &= l/(EA)(-K_1/\sqrt{3} + K_2 + F/2). \end{aligned}\right\} \tag{80}$$

**Dreimomentengleichung für Durchlaufträger**. Der Durchlaufträger oben in Abb. 35 mit den Lagern $i = 0, \ldots, n+1$ und den Feldern $i = 1, \ldots, n+1$ ($l_i$, $EI_i$) wird spannungsfrei montiert. Anschließend treten Lagerabsenkungen $w_0, \ldots, w_{n+1}$ und beliebige äußere Lasten auf. Das System ist $n$-fach statisch unbestimmt. Ein statisch bestimmtes Hauptsystem entsteht durch Einbau von Gelenken in die Lager $i = 1, \ldots, n$. Unbekannte Kraftgrößen sind Momente $M_1, \ldots, M_n$, wobei $M_i$ ($i = 1, \ldots, n$) unmittelbar rechts und links vom Gelenk $i$ mit entgegengesetzten Vorzeichen am Träger angreift (siehe Abb. 35 unten Mitte). Die Momente werden aus der Bedingung bestimmt, dass an keinem Gelenk ein Knick auftritt. Zur Formulierung der Bedingung für Gelenk $i$ werden die Felder $i$ und $i+1$ mit ihrer äußeren Last einschließlich $M_{i-1}$, $M_i$ und $M_{i+1}$ betrachtet (Abb. 35 unten Mitte). Die Biegemomentenlinie ist die Überlagerung der Biegemomentenlinie infolge $M_{i-1}$, $M_i$ und $M_{i+1}$ (nicht dargestellt) und der Biegemomentenlinie zu den gegebenen äußeren Lasten ($M_y(x)$ in Abb. 35 unten rechts). Der Knickwinkel am Gelenk $i$ infolge der Lasten wird mit dem Hilfsmoment $\overline{M}_i$ in Abb. 35 unten links und mit der zugehörigen Biegemomentenlinie $\overline{M}_y(x)$ berechnet. Der Knickwinkel infolge Lagerabsenkung ist

$$\varphi_i = \frac{w_{i-1} - w_i}{l_i} + \frac{w_{i+1} - w_i}{l_{i+1}}.$$

**Tab. 9** Stabkräfte im Fachwerk von Abb. 34

| $i$ | $N_i$ | $\overline{N}_i$ (nur $\overline{K}_1$) | $\overline{N}_i$ (nur $\overline{K}_2$) | $l_i$ | $\Delta T_i$ |
|---|---|---|---|---|---|
| 1 | $F/2 - K_1/\sqrt{3} + K_2$ | $-\overline{K}_1/\sqrt{3}$ | $\overline{K}_2$ | $l$ | – |
| 2 | $-F - K_1/\sqrt{3}$ | $-\overline{K}_1/\sqrt{3}$ | – | $l$ | – |
| 3 | $F - K_1/\sqrt{3}$ | $-\overline{K}_1/\sqrt{3}$ | – | $l$ | – |
| 4, 5, 6 | $K_1$ | $\overline{K}_1$ | – | $l/\sqrt{3}$ | $\Delta T$ |

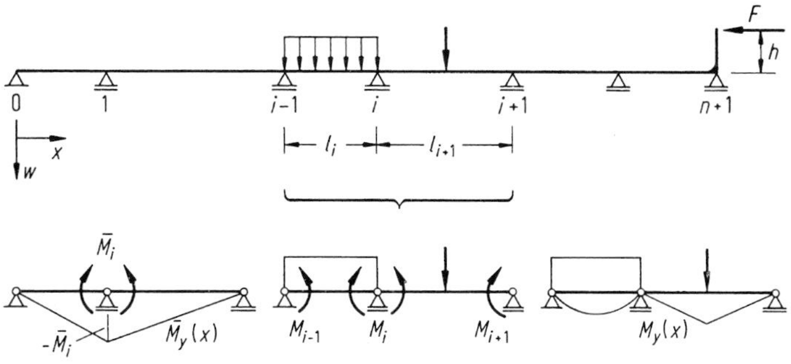


**Abb. 35** $n$-fach statisch unbestimmter Durchlaufträger (oben) und ein statisch bestimmtes Hauptsystem (unten Mitte) mit Biegemomentenlinien (links und rechts daneben)

Damit der gesamte Knickwinkel am Gelenk $i$ gleich null ist, muss die sog. *Dreimomentengleichung* erfüllt sein:

$$M_{i-1}\frac{l_i}{I_i}+2M_i\left(\frac{l_i}{I_i}+\frac{l_{i+1}}{I_{i+1}}\right)+M_{i+1}\frac{l_{i+1}}{I_{i+1}}$$
$$=6E\varphi_i-\frac{6}{\overline{M}_i}\left[\frac{1}{I_i}\int\limits_{l_i}M_y(x)\overline{M}_y(x)\mathrm{d}x+\frac{1}{I_{i+1}}\int\limits_{l_{i+1}}M_y(x)\overline{M}_y(x)\mathrm{d}x\right]$$
$$(i=1,\ldots,n;M_0=M_{n+1}=0). \tag{81}$$

Die Integrale werden mit Tab. 8 ausgewertet. Aus Gl. (81) werden $M_1, \ldots, M_n$ bestimmt. Damit sind auch die Biegemomentenlinien bekannt. Lagerreaktionen werden an den Systemen in Abb. 35 unten Mitte bestimmt.

Weiterführende Literatur zum Thema Dreimomentengleichung für Durchlaufträger ist u.a. Erlhof (1998) sowie Bergmeister und Fingerloos (2018) zu entnehmen.

Im Sonderfall identischer Feldparameter $l_i/I_i \equiv l/I$ hat Gl. (81) nach Multiplikation mit $I/l$ eine Koeffizientenmatrix $\underline{A}$ mit den Nichtnullelementen $A_{ii} = 4$ $(i = 1, \ldots, n)$ und $A_{i,\,i+1} = A_{i+1,\,i} = 1$ $(i = 1, \ldots, n-1)$. Ihre Inverse hat die Elemente

$$\left(\underline{A}^{-1}\right)_{ij} = \left(\sqrt{3}/6\right)\left(\sqrt{3}-2\right)^{i-j} \times \frac{(1-r^j)(1-r^{n+i-1})}{1-r^{n+1}} \quad (i \geq j)$$

mit $r = \left(2-\sqrt{3}\right)^2 \approx 0{,}072$.

## 9.8.7 Satz von Menabrea

In einem $n$-fach statisch unbestimmten System, das ohne äußere Belastung spannungsfrei ist, sind bei beliebiger äußerer Belastung die Verschiebungen und Relativverschiebungen an den Angriffspunkten der unbekannten Kraftgrößen $K_1, \ldots, K_n$ gleich null (zur Bedeutung von $K_1, \ldots, K_n$ siehe Abschn. 8.6). Aus Gl. (78) folgt deshalb

$$\frac{\partial U_\mathrm{F}}{\partial K_i} = 0 \quad (i = 1, \ldots, n). \tag{82}$$

Darin ist $U_\mathrm{F}$ die Formänderungsenergie des statisch bestimmten Hauptsystems als Funktion der äußeren Belastung einschließlich $K_1, \ldots, K_n$. Sie wird mit den Schnittgrößen des Hauptsystems für allgemeine Stabsysteme aus Gl. (72) und für Fachwerke aus Gl. (73) gewonnen. Gl. (82) stellt $n$ lineare Gleichungen zur Bestimmung von $K_1, \ldots, K_n$ dar.

*Beispiel 18*: In Beispiel 17 sei $w_\mathrm{B} = 0$, $\Delta w = 0$, $\Delta T = 0$, sodass das Fachwerk in Abb. 34a ohne die Last $F$ spannungsfrei ist. Unter der Last $F$ hat das statisch bestimmte Hauptsystem von Abb. 34b mit den Kraftgrößen $K_1$ und $K_2$ die Stabkräfte $N_1, \ldots, N_6$ nach Tab. 9. Damit erhält man aus Gl. (73)

$$U_\mathrm{F} = \frac{l}{2EA}\left[\left(\frac{1}{2}F-\frac{K_1}{\sqrt{3}}+K_2\right)^2 + \left(-F-\frac{K_1}{\sqrt{3}}\right)^2 + \left(F-\frac{K_1}{\sqrt{3}}\right)^2 + 3\,\frac{K_1^2}{\sqrt{3}}\right].$$

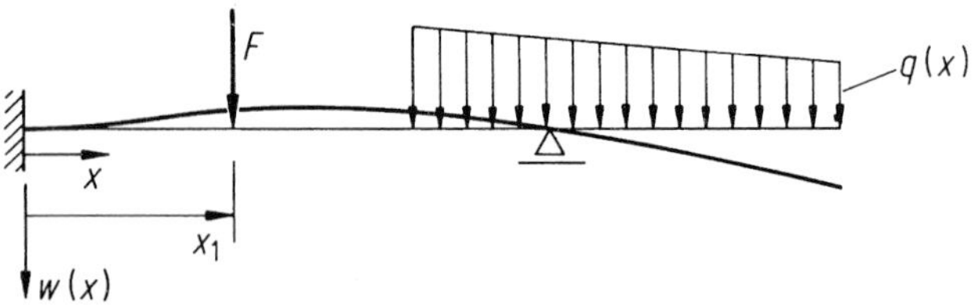


**Abb. 36** Biegestab zur Erläuterung des Ritz'schen Verfahrens

Wenn man hiervon die partiellen Ableitungen nach $K_1$ und nach $K_2$ bildet und zu null setzt, ergeben sich die Bestimmungsgleichungen (80) für $K_1$ und $K_2$ für den betrachteten Sonderfall.

### 9.8.8 Verfahren von Ritz für Durchbiegungen

In dem Stab von Abb. 36 ist in der gebogenen Gleichgewichtslage die potenzielle Energie

$$U = \frac{1}{2}\int EI_y(x)w''^2(x)\mathrm{d}x$$

gespeichert. Das folgt aus Gl. (72) und (62). Wenn $F$ und $q(x)$ Gewichtskräfte sind, dann haben sie in der Gleichgewichtslage die potenzielle Energie

$$\Pi_\mathrm{a} = -Fw(x_1) - \int q(x)w(x)\mathrm{d}x.$$

Entsprechendes gilt für andere Belastungen und andere Lagerungen. Das Gesamtpotenzial (Gl. (76)) des Systems ist

$$\begin{aligned}\Pi &= \Pi_\mathrm{a} + U\\ &= -Fw(x_1) - \int q(x)w(x)\mathrm{d}x + \frac{1}{2}\\ &\quad\times \int EI_y(x)w''^2(x)\mathrm{d}x.\end{aligned} \qquad (83)$$

Aus dem Satz, dass $\Pi$ in der Gleichgewichtslage einen stationären Wert hat (siehe Abschn. 8.2), wird nach Ritz eine Näherung für die Funktion $w(x)$ wie folgt berechnet. Man wählt $n$ (häufig genügen $n = 2$) vernünftig erscheinende Ansatzfunktionen $w_1(x), \ldots, w_n(x)$, die die sog. wesentlichen oder geometrischen Randbedingungen (das sind die für $w$ und $w'$) erfüllen und bildet die Funktionenklasse $w(x) = c_1\, w_1(x) + \ldots + c_n\, w_n(x)$ mit unbestimmten Koeffizienten $c_1, \ldots, c_n$. Die beste Näherung an die tatsächliche Biegelinie wird mit den Werten $c_1, \ldots, c_n$ erreicht, die die Stationaritätsbedingungen

$$\frac{\partial \Pi}{\partial c_i} = 0 \quad (i = 1, \ldots, n) \qquad (84)$$

erfüllen. Sie liefern das lineare Gleichungssystem $\underline{A}[c_1 \ldots c_n]^\mathrm{T} = \underline{B}$ mit einer symmetrischen Matrix $\underline{A}$ und einer Spaltenmatrix $\underline{B}$ mit den Elementen

$$\left.\begin{aligned} A_{ij} &= \int EI_y(x)w_i''(x)w_j''(x)\mathrm{d}x,\\ B_i &= Fw_i(x_1) + \int q(x)w_i(x)\mathrm{d}x \end{aligned}\right\} \qquad (85)$$
$$(i,j = 1, \ldots, \mathrm{n}).$$

Die $B_i$ sind für andere äußere Lasten sinngemäß zu berechnen.

## Literatur

Bergmeister K, Fingerloos F, Wörner J-D (2018) Beton-Kalender 2019. Ernst + Sohn, Berlin

Biezeno CB, Grammel R (1953) Technische Dynamik, Bd 2. Springer Vieweg, Berlin

Erlhof G (1998) Praktische Baustatik. Springer, Wiesbaden

Gross D, Hauger W, Schröder I, Wall WA (2017) Technische Mechanik 2 – Elastostatik. Springer Vieweg, Wiesbaden

Hahn HG (1985) Elastizitätstheorie. Teubner, Stuttgart

Hartmann S (2015) Technische Mechanik. Wiley-VCH, Weinheim

Kindmann R, Kraus M, Niebuhr J (2006) Stahlbaukompakt: Bemessungshilfen – Profiltabellen. Stahleisen, Düsseldorf

Parkus S (2005) Mechanik der festen Körper, 2. Aufl. Springer, Wien

Richard HA, Sander M (2015) Technische Mechanik – Festigkeitslehre. Springer Vieweg, Wiesbaden

Schneider K-J (1994) Bautabellen für Ingenieure. Werner, Düsseldorf

Stahlbau Handbuch (1996) Für Studium und Praxis: Band 1, Teil B. Verlag Stahlbau, Köln

Weber C, Günther W (1958) Torsionstheorie. Vieweg, Braunschweig

Wittenburg J, Pestel E (2013) Festigkeitslehre. Springer, Berlin

Wölfer KH (1971) Elastisch gebettete Balken. Bauverlag, Wiesbaden

# Anwendungen der Festigkeitslehre 10

Jens Wittenburg, Hans Albert Richard und Britta Schramm

## Inhalt




J. Wittenburg
Institut für Technische Mechanik, Karlsruher Institut für Technologie, Karlsruhe, Deutschland
E-Mail: jens.wittenburg@kit.edu

H. A. Richard (✉) · B. Schramm
Universität Paderborn, Paderborn, Deutschland
E-Mail: richard@fam.uni-paderborn.de; schramm@fam.uni-paderborn.de



© Der/die Autor(en), exklusiv lizenziert durch Springer-Verlag GmbH, DE, ein Teil von Springer Nature 2022





M. Hennecke, B. Skrotzki (Hrsg.), *HÜTTE Band 2: Grundlagen des Maschinenbaus und ergänzende Fächer für Ingenieure*, Springer Reference Technik,
https://doi.org/10.1007/978-3-662-64372-3_36

**Zusammenfassung**

In der elementaren Festigkeitslehre werden grundlegende Methoden und Konzepte zur Ermittlung von Spannungen, Verzerrungen und Verschiebungen in Stäben und Balken beschrieben. Diese grundlegenden Methoden finden auch Anwendungen bei vielen realen Bauteilen und technischen Strukturen. Dazu zählen u. a. rotierende Bauteile, elastizitätstheoretische Behandlung räumlicher Probleme, Stabilitätsprobleme, die Finite Elemente Methode, Festigkeitshypothesen und die Ermittlung von Kerbspannungen.

## 10.1 Rotierende Stäbe und Ringe

**Stäbe**. Bei der Anordnung nach Abb. 1 und mit den dort erklärten Größen $m(r)$ und $r_S(r)$ sind die Radialspannung und die Radialverschiebung

$$\sigma(r) = \omega^2 \left[ m_0 r_0 + \varrho \int_r^{r_a} \bar{r} A(\bar{r}) \mathrm{d}\bar{r} \right] / A(r) \\ = \omega^2 m(r) r_S(r) / A(r), \tag{1}$$

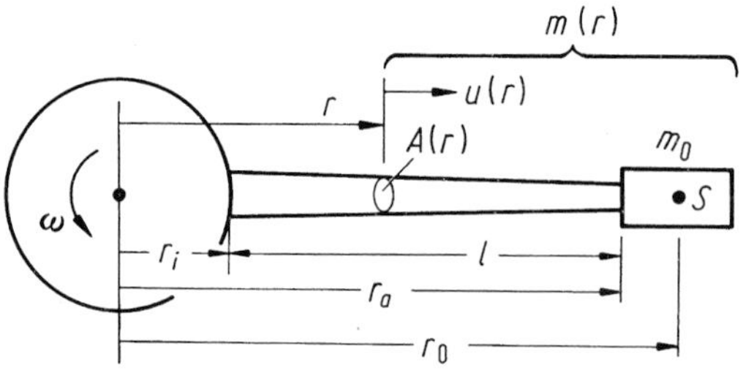


**Abb. 1** Stab an rotierender Scheibe unter Fliehkraftbelastung. $r_S(r)$ in Gl. (1) ist der Radius, an dem sich der Schwerpunkt von $m(r)$ befindet

$$u(r) = (1/E) \int_{r_i}^{r} \sigma(\bar{r}) \mathrm{d}\bar{r}. \tag{2}$$

Im Sonderfall $A(r) \equiv A = \text{const}$ ist mit der Stabmasse $m = \varrho A l$

$$\sigma_{\max} = \sigma(r_i) \\ = \omega^2 [m_0 r_0 + m(r_i + r_a)/2]/A, \tag{3}$$

$$\Delta l = u(r_a) \\ = \omega^2 l [m_0 r_0 + m(r_i/2 + l/3)]/(EA). \tag{4}$$

Damit in einem Stab überall die Spannung $\sigma_a \equiv \sigma(r_a) = \omega^2\, m_0\, r_0/A(r_a)$ herrscht, muss die Querschnittsfläche den Verlauf

$$A(r) = A(r_a) \exp\left[\varrho \omega^2 \left(r_a^2 - r^2\right)/(2\sigma_a)\right]$$

haben (Abb. 2).

**Ringe**. Der dünnwandige Ring oder Hohlzylinder in Abb. 3 rotiert um die $z$-Achse. Dabei treten die Umfangsspannung $\sigma_\varphi = \varrho\, \omega^2\, r^2$ und die radiale Aufweitung $\Delta r = \varrho\, \omega^2\, r^3/\mathrm{E}$ auf ($\varrho$ Dichte, $r$ Ringradius).

Die dünnwandigen Ringe in den Abb. 2a–d rotieren um die vertikale Achse. Der oberste Punkt ist in Abb. 2d axial gelagert und sonst axial frei verschiebbar. Die radiale Verschiebung $u$ bei $\varphi = 90°$ und die axiale Verschiebung $v$ bei $\varphi = 0$ sind in Tab. 1 als Vielfache von $\varrho\, A\, \omega^2\, r^5/(12\, E\, I)$ angegeben. Außerdem sind der Ort $\varphi$ des maximalen Biegemoments und dessen Größe als Vielfaches von $\varrho\, A\, \omega^2\, r^3$ angegeben ($\varrho$ Dichte, $A$ Ringquerschnittsfläche, $r$ Ringradius).

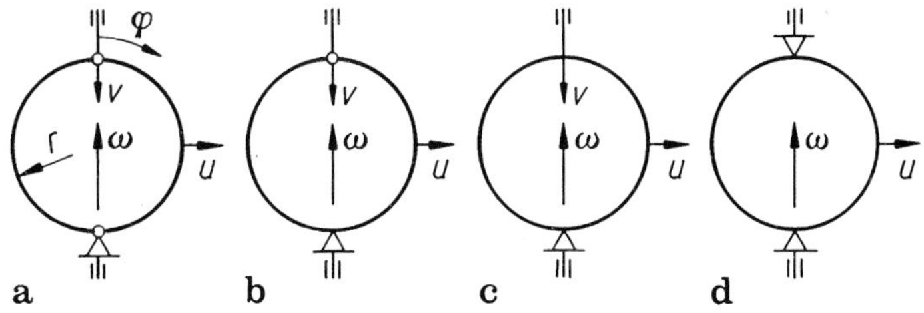


**Abb. 2** **a–d** Verschieden gelagerte dünne Ringe mit und ohne Gelenke bei Rotation um die vertikale Achse

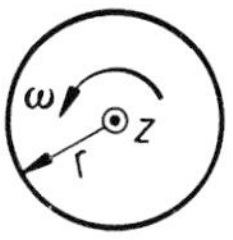


**Abb. 3** Dünnwandiger Ring oder Hohlzylinder in Rotation um die $z$-Achse

## 10.2 Flächentragwerke

### 10.2.1 Scheiben

*Scheiben* sind ebene Tragwerke, die nur in ihrer Ebene ($x$, $y$-Ebene) durch Kräfte belastet werden (Kräfte am Rand und im Innern der Scheibe, Eigengewicht bei lotrechten Scheiben, Fliehkraft bei rotierenden Scheiben usw.). Spannungen werden außer durch Kräfte auch durch Temperaturfelder und erzwungene Verschiebungen erzeugt. In dünnen Scheiben konstanter Dicke $h$ treten nur die Spannungen $\sigma_x$, $\sigma_y$ und $\tau_{xy}$ auf, und diese sind nur von $x$ und $y$ abhängig (ebener Spannungszustand). Für die acht unbekannten Funktionen $\sigma_x$, $\sigma_y$, $\tau_{xy}$, $\varepsilon_x$, $\varepsilon_y$, $\gamma_{xy}$, $u$ und $v$ – jeweils von $x$ und $y$ – stehen acht Gleichungen zur Verfügung, nämlich die Gleichgewichtsbedingungen, Gl. (17) im ▶ Kap. 9, „Elementare Festigkeitslehre", die Gl. (2) im ▶ Kap. 9, „Elementare Festigkeitslehre" für $\varepsilon_x$, $\varepsilon_y$ und $\gamma_{xy}$ und das Hooke'sche Gesetz (Gl. (23a) im ▶ Kap. 9, „Elementare Festigkeitslehre"). Die Lösungen müssen bestimmte Randbedingungen erfüllen. Man unterscheidet das *erste Randwertproblem* (Spannungen am ganzen Rand vorgegeben), das *zweite Randwertproblem* (Verschiebungen am ganzen Rand vorgegeben) und das *gemischte Randwertproblem* (Spannungen und Verschiebungen auf je einem Teil des Randes vorgegeben).

Beim ersten Randwertproblem ist die Reduktion der acht Gleichungen auf die eine Gleichung

$$\Delta\Delta F = -\Delta[(1-\nu)V + E\alpha\Delta T] \tag{5}$$

für die unbekannte *Airy'sche Spannungsfunktion* $F(x, y)$ möglich. Sie ist durch

$$\sigma_x = \frac{\partial^2 F}{\partial y^2} + V, \quad \sigma_y = \frac{\partial^2 F}{\partial x^2} + V, \quad \tau_{xy} = -\frac{\partial^2 F}{\partial x \partial y} \tag{6}$$

definiert, wobei $V(x, y)$ das Potenzial der Volumenkraft ist ($X = -\partial V/\partial x$, $Y = -\partial V/\partial y$). Gl. (6) liefert auch Randbedingungen für $F$. In Gl. (5) sind das erste $\Delta$ rechts und $\Delta\Delta$ die Operatoren

$$\Delta = \frac{\partial^2}{\partial x^2} + \frac{\partial^2}{\partial y^2}, \quad \Delta\Delta = \frac{\partial^4}{\partial x^4} + 2\frac{\partial^4}{\partial x^2 \partial y^2} + \frac{\partial^4}{\partial y^4}. \tag{7}$$

Wenn $V(x, y)$ und die Erwärmung $\Delta T(x, y)$ lineare Funktionen vom Typ $c_0 + c_1 x + c_2 y$ sind (z. B. das Potenzial für Eigengewicht), dann vereinfacht sich Gl. (5) zur *Bipotenzialgleichung*

$$\Delta\Delta F = 0. \tag{8}$$

Für diese sind viele Lösungen bekannt, die keine technisch interessanten Randbedingungen erfüllen (z. B. $F = a\,x^2 + b\,x\,y + c\,y^2$). Es gibt aber technische Probleme, bei denen die Randbedingungen durch eine Linearkombination solcher spezieller Lösungen erfüllt werden, wenn man die Koeffizienten geeignet anpasst (semiinverse Lösungsmethode; siehe Girkmann 2013). Wenn die Spannungen in einer Koordinatenrichtung ($x$-Richtung) periodisch sind, wird für $F(x, y)$ eine

**Tab. 1** Verschiebungen $u$ und $v$, maximale Biegemomente $M_{\max}$ und Orte $\varphi$ des maximalen Biegemoments für rotierende Ringe nach Abb. 2a–d

| | a | b | c | d |
|---|---|---|---|---|
| $u = \frac{\varrho A\omega^2 r^5}{12EI} \times$ | 2,71 | $\pi/2$ | 1 | 0,08 |
| $v = \frac{\varrho A\omega^2 r^5}{12EI} \times$ | 8 | 4 | 2 | 0 |
| $M_{\max} = \varrho A\omega^2 r^3 \times$ | 1/2 | 25/72 | 1/4 | 0,107 |
| $\varphi$ | $\pi/2$ | arc cos(1/6) | 0 und $\pi/2$ | 0 |

Fourierreihe nach $x$ mit von $y$ abhängigen Koeffizienten angesetzt. Damit entstehen aus Gl. (8) gewöhnliche Differenzialgleichungen (Girkmann 2013). Gl. (8) kann auch mit komplexen Funktionen gelöst werden (Hahn 1985).

*Beispiel 1*: Für die hohe Wandscheibe in Abb. 4 mit der Streckenlast $q$ und mit periodisch angeordneten Lagern liefert die Methode der Fourierzerlegung für die Spannungen $\sigma_x(y)$ entlang den Geraden über und mittig zwischen den Lagern die dargestellten Ergebnisse.

Weitere Lösungen für Rechteckscheiben sind unter anderem in Girkmann 2013 sowie Bareš 1979 aufgeführt.

**Gleichungen in Polarkoordinaten**. Für nicht rotationssymmetrische Scheibenprobleme sind die acht Größen $\sigma_r$, $\sigma_\varphi$, $\tau_{r\varphi}$, $\varepsilon_r$, $\varepsilon_\varphi$, $\gamma_{r\varphi}$, $u$ und $v$ (Verschiebungen in radialer bzw. in Umfangsrichtung) unbekannte Funktionen von $r$ und $\varphi$. Wenn die Volumenkraft $R^*(r, \varphi)$ radial gerichtet ist, lauten die acht Bestimmungsgleichungen

$$\left.\begin{aligned} \frac{\partial \sigma_r}{\partial r} + \frac{1}{r}\left(\sigma_r - \sigma_\varphi + \frac{\partial \tau_{r\varphi}}{\partial \varphi}\right) + R^* &= 0 \\ \frac{1}{r}\left(\frac{\partial \sigma_\varphi}{\partial \varphi} + 2\tau_{r\varphi}\right) + \frac{\partial \tau_{r\varphi}}{\partial r} &= 0, \end{aligned}\right\} \tag{9}$$

$$\begin{aligned} \varepsilon_r &= \frac{\partial u}{\partial r}, \\ \varepsilon_\varphi &= \frac{1}{r}\left(u + \frac{\partial v}{\partial r}\right), \\ \gamma_{r\varphi} &= \frac{1}{r}\left(\frac{\partial u}{\partial \varphi} - v\right) + \frac{\partial v}{\partial r} \end{aligned} \tag{10}$$

$$\left.\begin{aligned} \varepsilon_r &= (\sigma_r - \nu\sigma_\varphi)/E + \alpha\Delta T, \\ \varepsilon_\varphi &= (\sigma_\varphi - \nu\sigma_r)/E + \alpha\Delta T, \\ \gamma_{r\varphi} &= \tau_{r\varphi}/G. \end{aligned}\right\} \tag{11}$$

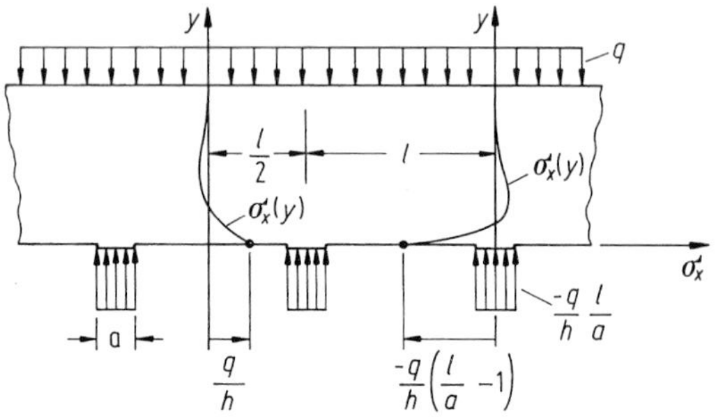


**Abb. 4** Längsspannungen $\sigma_x(y)$ über und mittig zwischen den Stützen in einer sehr hohen Wandscheibe mit periodisch angeordneten Stützen. Scheibendicke $h$

Im Fall $R^* \equiv 0$, $\Delta T \equiv 0$ wird beim *ersten Randwertproblem* die Airy'sche Spannungsfunktion $F(r, \varphi)$ definiert durch

$$\left.\begin{aligned} \sigma_r &= \frac{1}{r}\cdot\frac{\partial F}{\partial r} + \frac{1}{r^2}\cdot\frac{\partial^2 F}{\partial \varphi^2}, \\ \sigma_\varphi &= \frac{\partial^2 F}{\partial r^2}, \\ \tau_{r\varphi} &= -\frac{\partial}{\partial r}\left(\frac{1}{r}\cdot\frac{\partial F}{\partial \varphi}\right). \end{aligned}\right\} \tag{12}$$

Für $F$ ergibt sich wieder die Bipotenzialgleichung

$$\Delta\Delta F = 0 \quad \text{mit} \quad \Delta = \frac{\partial^2}{\partial r^2} + \frac{1}{r}\cdot\frac{\partial}{\partial r} + \frac{1}{r^2}\cdot\frac{\partial^2}{\partial \varphi^2}. \tag{13}$$

*Beispiel 2*: Scheibe in unendlicher Halbebene mit Einzelkräften $P$ und $Q$ (Abb. 5a) und mit einem Moment $M$ (Abb. 5b) am Rand. In Abb. 5a ist

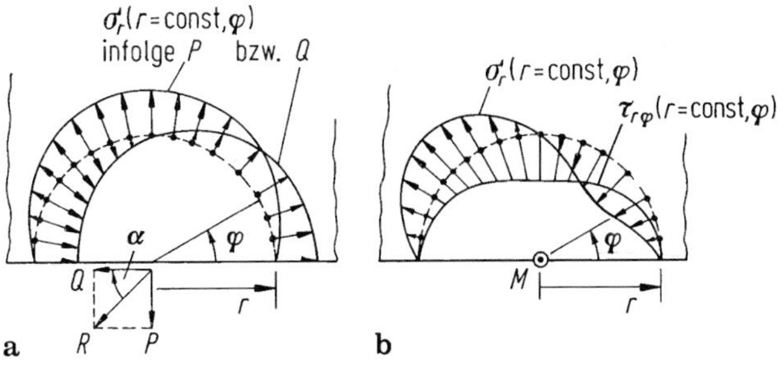


**Abb. 5** Spannungen $\sigma_r(r, \varphi)$ und $\tau_r\varphi(r, \varphi)$ bei $r = \text{const}$ in Scheiben, die die unendliche Halbebene über der horizontalen Geraden einnehmen und die am Rand durch Kräfte $P$ und $Q$ (**a**) und durch ein Moment $M$ (**b**) belastet werden

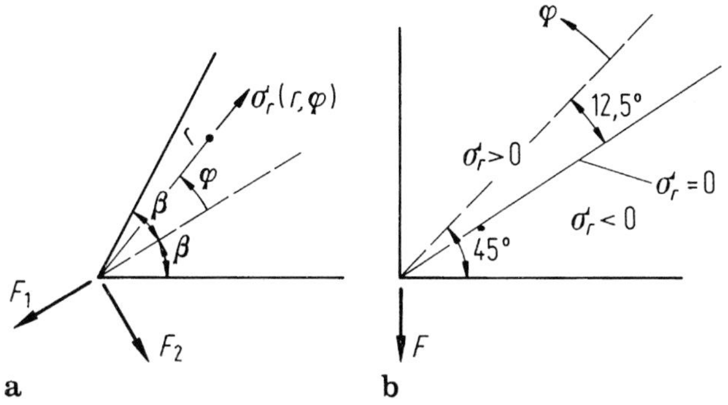


**Abb. 6** **a** Keilförmige Scheibe der Dicke $h$ mit Eckkräften. $\sigma_r(r, \varphi) = 2F_1\cos\varphi/[rh(2\beta + \sin 2\beta)] + 2F_2\sin\varphi/[rh(2\beta - \sin 2\beta)]$. **b** Zug- und Druckfelder in der 90°-Ecke einer Scheibe

$$\sigma_r(r,\varphi) = \frac{2(P\sin\varphi + Q\cos\varphi)}{\pi hr} = \frac{2R\cos(\varphi - \alpha)}{\pi hr},$$
$$\sigma_\varphi \equiv 0, \quad \tau_{r\varphi} \equiv 0.$$

In Abb. 5b ist $M$ ein Kräftepaar mit zwei Kräften $P$ und $-P$ im Abstand $l$ mit $P\,l = M$, sodass man das Ergebnis durch Überlagerung zweier Spannungsfelder zu Abb. 5a im Grenzfall $l \to 0$ erhält:

$$\sigma_r(r,\varphi) = \frac{-2M\sin 2\varphi}{\pi hr^2}, \quad \sigma_\varphi \equiv 0,$$
$$\tau_{r\varphi} = \frac{-2M\sin^2\varphi}{\pi hr^2}.$$

Spannungsfelder für normale und für tangentiale Streckenlasten $q = \text{const}$ auf endlichen Bereichen des Scheibenrandes sind u. a. in Girkmann 2013 zu finden.

*Beispiel 3*: Die keilförmige Scheibe in Abb. 6a mit den Eckkräften $F_1$ und $F_2$ entsteht, wenn man in Abb. 5a einen Schnitt entlang $\varphi = 2\,\beta$ macht. Auch im Keil ist $\sigma_\varphi \equiv 0$, $\tau_{r\varphi} \equiv 0$. $\sigma_r(r, \varphi)$ ist in der Bildunterschrift angegeben.

Technisch wichtig ist die Rechteckscheibe mit Einzellast $F$ nach Abb. 6b:

$$\sigma_r(r,\varphi) = \frac{F\sqrt{2}}{hr}\sin(\varphi + 12{,}5^\circ),$$
$$\sigma_r = \tau_{r\varphi} \equiv 0.$$

Es entstehen ein Druck- und ein Zugfeld mit der Gefahr des Eckenabrisses.

Bei rotationssymmetrisch gelagerten und belasteten Scheiben sind $\tau_{r\varphi} \equiv 0$, $\gamma_{r\varphi} \equiv 0$ und $v \equiv 0$, und $\sigma_r$, $\sigma_\varphi$, $\varepsilon_r$, $\varepsilon_\varphi$ und $u$ hängen nur von $r$ ab. Damit vereinfachen sich Gl. (9) und (10) zu

$$\frac{d\sigma_r}{dr} + \frac{\sigma_r - \sigma_\varphi}{r} + R^* = 0 \tag{14}$$

$$\varepsilon_r = \frac{du}{dr}, \quad \varepsilon_\varphi = \frac{u}{r}. \tag{15}$$

**Beispiel 4:**

(a) In einer Vollkreisscheibe vom Radius $R$ mit nach außen gerichteter, radialer Streckenlast $q = \text{const}$ am ganzen Rand ist

$$\sigma_r(r) = \sigma_\varphi(r) \equiv q/h, \quad \tau_{r\varphi} \equiv 0,$$
$$u(R) = (1 - v)qR/(Eh).$$

Daraus folgt, dass eine erzwungene radiale Randverschiebung $u(R)$ die Spannungen

$$\sigma_r(r) = \sigma_\varphi(r) \equiv \frac{Eu(R)}{R(1-v)} \text{und}\, \tau_{r\varphi} \equiv 0$$

erzeugt.

(b) Wenn zusätzlich zu $u(R)$ eine konstante Erwärmung $\Delta T$ der ganzen Scheibe vorgegeben ist, ist

$$\sigma_r(r) = \sigma_\varphi(r) \equiv \frac{E[u(R) - R\alpha\Delta T]}{R(1-v)}, \tau_{r\varphi} \equiv 0.$$

(c) Wenn $u(R)$ und ein nicht konstantes Erwärmungsfeld $\Delta T(r)$ vorgegeben sind, wird das Verschiebungsfeld aus der Gleichung

$$u(r) = [u(R) - u_p(R)]r/R + u_p(r)$$

mit der partikulären Lösung $u_p(r)$ zu der Euler'schen Differenzialgleichung

$$\frac{d^2u}{dr^2} + \frac{1}{r} \cdot \frac{du}{dr} - \frac{u}{r^2} = (1+v)\alpha \frac{d(\Delta T)}{dr}$$

berechnet. Mit $u(r)$ werden aus Gl. (15) $\varepsilon_r$ und $\varepsilon_\varphi$ und damit aus Gl. (11) die Spannungen berechnet.

Márkus 1978 gibt Lösungen für symmetrisch belastete Kreis- und Kreisringscheiben für viele Belastungsfälle an.

**Rotierende Scheiben**. Bei einer mit $\omega = \text{const}$ rotierenden Scheibe konstanter Dicke mit Radius $R$ und Dichte $\varrho$ ist in Gl. (14) $R^*(r) = \varrho\,\omega^2\,r$. Die Lösung für die Vollscheibe lautet

$$\sigma_r(r) = \sigma_r(R) + \beta_1\varrho\omega^2(R^2 - r^2),$$
$$\sigma_\varphi(r) = \sigma_r(R) + \varrho\omega^2(\beta_1 R^2 - \beta_2 r^2),$$
$$u(r) = r(\sigma_\varphi(r) - \nu\sigma_r(r))/E$$

und speziell

$$u(R) = (1-\nu)(\sigma_r(R) + \varrho\omega^2 R^2/4)R/E.$$

Darin sind $\beta_1 = (3 + \nu)/8$ und $\beta_2 = (1 + 3\,\nu)/8$. Die radiale Randspannung $\sigma_r(R)$ kann z. B. durch aufgesetzte Turbinenschaufeln (vgl. Abschn. 1) oder durch einen aufgeschrumpften Ring (vgl. Abschn. 2.3) verursacht werden.

Bei einer Scheibe konstanter Dicke mit mittigem Loch vom Radius $R_i$ sind die Spannungen als Funktionen des Parameters $z_0 = R_i/R$ und der normierten Ortsvariablen $z = r/R$:

$$\sigma_r(z) = \varrho\omega^2 R^2 \beta_1 \left(1 - \frac{z_0^2}{z^2}\right)(1 - z^2),$$
$$\sigma_\varphi(z) = \varrho\omega^2 R^2 \left[\beta_1 \left(1 + \frac{z_0^2}{z^2}\right)(1 + z^2) - \frac{1+\nu}{2} z^2\right].$$

$\sigma_\varphi(z)$ nimmt von innen nach außen monoton ab und ist an jeder Stelle $z$ größer als $\sigma_r(z)$. Am Innenrand ist $\sigma_\varphi$ größer als im Zentrum einer Scheibe ohne Loch (im Grenzfall $R_i \to 0$ zweimal so groß).

Geschlossene Lösungen bei Kreisscheiben mit speziellen Dickenverläufen $h = h(r)$ sind in Biezeno und Grammel 2013 dokumentiert. Numerische Verfahren bei Scheiben veränderlicher Dicke werden in Abschn. 6.2 diskutiert.

### 10.2.2 Platten

*Platten* sind ebene Flächentragwerke, die normal zu ihrer Ebene (der $x$, $y$-Ebene) belastet werden. Bei dünnen Platten konstanter Dicke $h$ ($h \ll$ Plattenbreite) gilt für die Durchbiegung $w$ im Fall $w \ll h$ die *Kirchhoff'sche Plattengleichung*

$$\Delta\Delta w = \frac{\partial^4 w}{\partial x^4} + 2\frac{\partial^4 w}{\partial x^2 \partial y^2} + \frac{\partial^4 w}{\partial y^4} = \frac{p(x,y)}{D} \quad (16)$$

mit der *Plattensteifigkeit* $D = E\,h^3/[12(1 - \nu^2)]$ und der Flächenlast $p(x, y)$.

*Randbedingungen*: An einem freien Rand bei $x = \text{const}$ ist

$$\frac{\partial^2 w}{\partial x^2} + \nu\frac{\partial^2 w}{\partial y^2} = 0, \quad \frac{\partial^3 w}{\partial x^3} + (2-\nu)\frac{\partial^3 w}{\partial x \partial y^2} = 0.$$

An einem drehbar gelagerten Rand bei $x = \text{const}$ ist

$$w = 0, \quad \frac{\partial^2 w}{\partial x^2} + \nu \frac{\partial^2 w}{\partial y^2} = 0.$$

An einem fest eingespannten Rand bei $x = \text{const}$ ist $w = 0$ und $\partial w/\partial x = 0$.

Aus Lösungen $w(x, y)$ von Gl. (16) werden die Spannungen $\sigma_x$, $\sigma_y$ und $\tau_{xy}$ berechnet. Sie sind proportional zu $z$ (also null in der Plattenmittelebene). An der Plattenoberfläche bei $z = h/2$ ist

$$\left.\begin{aligned} \sigma_x(x,y) &= -\frac{D}{W}\left(\frac{\partial^2 w}{\partial x^2} + \nu \frac{\partial^2 w}{\partial y^2}\right), \\ \sigma_y(x,y) &= -\frac{D}{W}\left(\frac{\partial^2 w}{\partial y^2} + \nu \frac{\partial^2 w}{\partial x^2}\right), \\ \tau_{xy}(x,y) &= -\frac{D}{W}(1-\nu)\frac{\partial^2 w}{\partial x \partial y}. \end{aligned}\right\} \tag{17}$$

Exakte Lösungen von Gl. (16) durch unendliche Reihen sind in Girkmann 2013 dokumentiert. Näherungslösungen für $w(x, y)$ werden bei einfachen Plattenformen mit dem *Verfahren von Ritz* gewonnen. Zur Begründung, zu den Bezeichnungen und zu den Rechenschritten wird auf ▶ Abschn. 9.8.8 im Kap. 9, „Elementare Festigkeitslehre" verwiesen. An die Stelle von Gl. (83) im ▶ Kap. 9, „Elementare Festigkeitslehre" tritt dabei (Integration über die gesamte Fläche)

$$\begin{aligned} \Pi = &-Fw(x_1, y_1) - \iint p(x,y)w(x,y)\,\mathrm{d}x\,\mathrm{d}y \\ &+ \frac{D}{2}\iint\left\{\left(\frac{\partial^2 w}{\partial x^2} + \frac{\partial^2 w}{\partial y^2}\right)^2\right. \\ &\left.+2(1-\nu)\left[\left(\frac{\partial^2 w}{\partial x \partial y}\right)^2 - \frac{\partial^2 w}{\partial x^2}\cdot\frac{\partial^2 w}{\partial y^2}\right]\right\}\mathrm{d}x\,\mathrm{d}y. \end{aligned} \tag{18}$$

Die ersten beiden Glieder berücksichtigen eine Einzelkraft $F$ bei $(x_1, y_1)$ und eine Flächenlast $p(x, y)$ mit der Dimension einer Spannung. Entsprechendes gilt bei anderen Lasten. Bei Kreis- und Kreisringplatten mit rotationssymmetrischer Belastung durch eine Linienlast $q$ am Radius $r_1$ und eine Flächenlast $p(r)$ ist (Integrationen über den ganzen Radienbereich)

$$\begin{aligned} \Pi = &-2\pi r_1 q w(r_1) - 2\pi\int r p(r) w(r)\,\mathrm{d}r \\ &+ \frac{\pi D}{2}\int\left\{r\left(\frac{\mathrm{d}^2 w}{\mathrm{d}r^2} + \frac{1}{r}\cdot\frac{\mathrm{d}w}{\mathrm{d}r}\right)^2\right. \\ &\left.-2(1-\nu)\frac{\mathrm{d}w}{\mathrm{d}r}\cdot\frac{\mathrm{d}^2 w}{\mathrm{d}r^2}\right\}\mathrm{d}r. \end{aligned} \tag{19}$$

Für Gl. (18) wird eine Funktionenklasse

$$w(x,y) = c_1 w_1(x,y) + \ldots + c_n w_n(x,y)$$

und für Gl. (19) eine Funktionenklasse

$$w(r) = c_1 w_1(r) + \ldots + c_n w_n(r)$$

mit Ansatzfunktionen $w_i(x, y)$ bzw. $w_i(r)$ gebildet, die alle wesentlichen Randbedingungen erfüllen. Gl. (84) im ▶ Kap. 9, „Elementare Festigkeitslehre" liefert wie bei Stäben ein lineares Gleichungssystem für $c_1, \ldots, c_n$, dessen Lösung in $w(x, y)$ bzw. in $w(r)$ eingesetzt eine Näherungslösung für die Durchbiegung ergibt. Bei der Durchführung wird erst nach $c_i$ differenziert und dann über $x$, $y$ bzw. $r$ integriert.

*Beispiel 5*: Für eine quadratische, auf zwei benachbarten Seiten fest eingespannte, an den anderen Seiten freie und in der freien Ecke mit $F$ belastete Platte (Seitenlänge $a$) wird die Funktionenklasse $w(x, y) = c_1 x^2 y^2$ gewählt (also $n = 1$); die $x$- und die $y$-Achse liegen entlang den eingespannten Seiten. In Gl. (18) ist $w(x_1, y_1) = c_1 a^4$ und $p(x, y) \equiv 0$. Gl. (84) im ▶ Kap. 9, „Elementare Festigkeitslehre" liefert $c_1 = 3F/[8\,Da^2(29/15 - \nu)]$.

Bei rotationssymmetrisch belasteten Kreis- und Kreisringplatten mit Polarkoordinaten $r$, $\varphi$ sind $\tau_{r\varphi} \equiv 0$ und $w$, $\sigma_r$ und $\sigma_\varphi$ nur von $r$ abhängig. An die Stelle von Gl. (16) und (17) treten die Euler'sche Differenzialgleichung ($' = \mathrm{d}/\mathrm{d}r$)

$$w^{(4)} + 2\frac{w'''}{r} - \frac{w''}{r^2} + \frac{w'}{r^3} = \frac{p(r)}{D} \tag{20}$$

und für die Spannungen an der Plattenoberfläche bei $z = h/2$ die Beziehungen $\tau_{r\varphi} \equiv 0$ und mit $W = h^2/6$

$$\left.\begin{aligned} \sigma_r(r) &= \frac{D}{W}\left(w'' + \nu\frac{w'}{r}\right), \\ \sigma_\varphi(r) &= \frac{D}{W}\left(\nu w'' + \frac{w'}{r}\right). \end{aligned}\right\} \tag{21}$$

Exakte Lösungen sind in Girkmann 2013 sowie in Márkus 1978 dokumentiert. Als Nachschlagewerk für Lösungen zu Platten mit Rechteck-, Kreis- und anderen Formen bei technisch wichtigen Lagerungs- und Lastfällen kann u. a. Bareš 1979 verwendet werden. Numerische Lösungen werden mit Finite-Elemente-Methoden gewonnen (Abschn. 5 und Zienkiewicz 1977).

### 10.2.3 Schalen

*Schalen* sind räumlich gekrümmte Flächentragwerke, die tangential und normal zur Fläche belastet werden. Wenn keine Biegung auftritt, spricht man von *Membranen*.

**Membranen**. Notwendige Voraussetzungen für einen Membranspannungszustand sind stetige Flächenkrümmungen, stetige Verteilung von Lasten normal zur Fläche (also keine Einzelkräfte) und an den Rändern tangentiale Einleitung von eingeprägten Kräften und Lagerkräften. Bei rotationssymmetrisch geformten und belasteten Membranen werden nach Abb. 7 die Koordinaten $r$, $\varphi$, $\vartheta$ verwendet. Bei gegebener Form $r = r(\vartheta)$ und gegebenen Flächenlasten $p_n(\vartheta)$ und $p_\vartheta(\vartheta)$ normal bzw. tangential zur Membran (Dimension einer Spannung; positiv in den gezeichneten Richtungen) gelten für die Meridianspannung $\sigma_\vartheta(\vartheta)$ und die Umfangsspannung $\sigma_\varphi(\vartheta)$ die folgenden Gleichungen

$$\left.\begin{aligned} &\sigma_\vartheta(\vartheta) = -F(\vartheta)/[2\pi h r(\vartheta)\sin\vartheta], \\ &\sigma_\varphi(\vartheta)/R_1(\vartheta) = -p_n(\vartheta)/h - \sigma_\vartheta(\vartheta)/R_2(\vartheta), \\ &F(\vartheta) = 2\pi \int_0^\vartheta \left[p_n(\overline{\vartheta})\cos\overline{\vartheta} + p_\vartheta(\overline{\vartheta})\sin\overline{\vartheta}\right] \\ &\qquad \times r(\overline{\vartheta}) R_2(\overline{\vartheta})\,\mathrm{d}\overline{\vartheta}. \end{aligned}\right\} \tag{22}$$

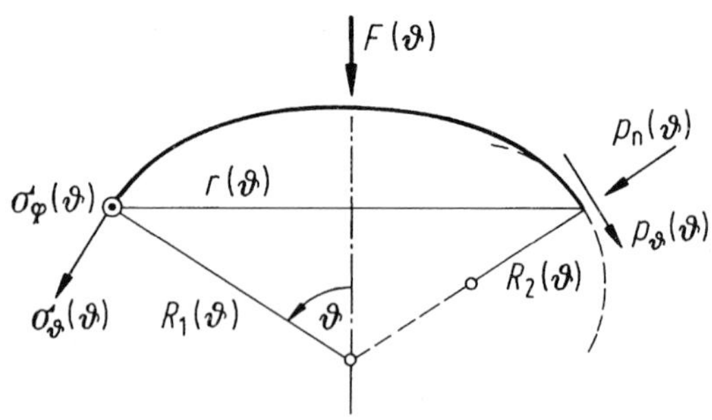


**Abb. 7** Rotationssymmetrische Membran mit rotationssymmetrischen Flächenlasten $p_n(\vartheta)$ und $p_\vartheta(\vartheta)$. Freikörperbild des Winkelbereichs $\vartheta$. Spannungen $\sigma_\varphi(\vartheta)$ in Umfangsrichtung und $\sigma_\vartheta(\vartheta)$. $F(\vartheta)$ ist die aus $p_n$ und $p_\vartheta$ nach Gl. (22) berechnete resultierende Kraft am freigeschnittenen Bereich

**Abb. 8** Lagerung einer Membran auf einem Zugring

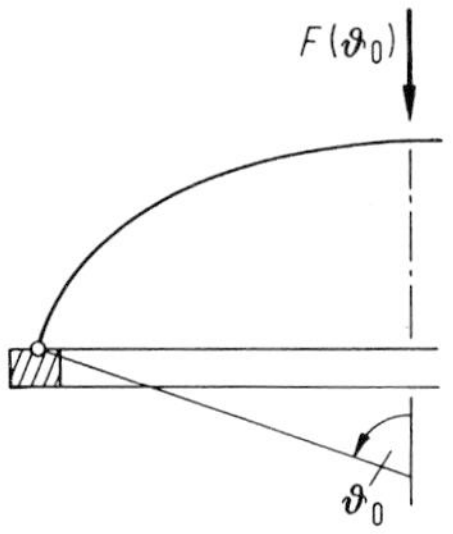


Darin sind $h$ = const die Membrandicke, $R_1(\vartheta) = r(\vartheta)/\sin\vartheta$ und $R_2(\vartheta)$ die Hauptkrümmungsradien am Kreis bei $\vartheta$ und $F(\vartheta)$ die resultierende eingeprägte Kraft am Membranstück zwischen $\vartheta = 0$ und $\vartheta$. Bei Eigengewicht ist $F(\vartheta) = G(\vartheta)$ (Gewicht des Membranstücks) und $p_n(\vartheta) = \gamma\, h\, \cos\vartheta$. Bei konstantem Innendruck $p_n(\vartheta) = -p$ = const ist $F(\vartheta) = -p\,\pi\, r^2(\vartheta)$. Ein freier Rand bei $\vartheta_0$ muss im Fall $\vartheta_0 \neq \pi/2$ drehbar auf einem Ring gelagert werden (Abb. 8). Die Zugkraft im Ring ist $S = F(\vartheta_0)\cot\vartheta_0/(2\,\pi)$.

Geschlossene Lösungen für viele technische Beispiele sind beispielsweise in Girkmann 2013 und in Bareš 1979 zu finden.

Zur Theorie dünner biegesteifer Schalen siehe Flügge 1990.

**Schrumpfsitz**. *Schrumpfsitz* ist die Bezeichnung für die kraftschlüssige Verbindung zweier koaxialer zylindrischer Bauteile (Welle w und Hülse h genannt) durch eine Schrumpfpressung $p$ und durch Coulomb'sche Ruhereibungskräfte in der Fügefläche. $R_{iw}$ und $R_{ih}$ sind die Innenradien und

$R_{aw}$ und $R_{ah}$ die Außenradien bei der Fertigungstemperatur vor dem Fügen. $\Delta d = 2(R_{aw} - R_{ih}) > 0$ ist das die Pressung verursachende Übermaß des Wellendurchmessers. Es wird vorausgesetzt, dass Welle und Hülse gleich lang sind und sich beim Fügevorgang axial unbehindert ausdehnen können (ebener Spannungszustand).

In einer Hohlwelle und in einer Hülse hat das radiale Verschiebungsfeld $u(r)$ als Funktion von Innendruck $p_i$, Außendruck $p_a$ (beide als positive Größen aufgefasst) und Erwärmung $\Delta T = \text{const}$ die Form

$$\begin{aligned} u(r) = &-(1/E)\big[(1-\nu)\big(p_a R_a^2 - p_i R_i^2\big) r \\ &-(1+\nu)(p_i - p_a) R_i^2 R_a^2 / r\big] / \big(R_a^2 - R_i^2\big) \\ &+ \alpha \Delta T r. \end{aligned} \tag{23}$$

Darin sind die Größen $u$, $R_i$, $R_a$, $p_i$, $p_a$, $\Delta T$, $E$, $\nu$ und $\alpha$ mit dem Index w für Welle bzw. h für Hülse zu versehen. Insbesondere ist $p_{aw} = p_{ih} = p$ die Flächenpressung und $p_{iw} = p_{ah} = 0$. Gl. (23) gilt auch im Fall $R_i = 0$ (Vollwelle; $u(r) = -(1-\nu)p_a r/E + \alpha \Delta T r$) und im Grenzfall $R_a \to \infty$ (unendlich ausgedehnte Hülse; $u(r) = (1+\nu)p_i R_i^2/(Er) + \alpha \Delta T r$). Die Schrumpfpressung $p$ bei den gegebenen Erwärmungen $\Delta T_w$ und $\Delta T_h$ wird aus der Gleichung

$$u_h(R_{ih}) - u_w(R_{aw}) = \Delta d/2 = R_{aw} - R_{ih} \tag{24}$$

berechnet. Dieselbe Gleichung liefert mit $p_{aw} = p_{ih} = p = 0$ eine Beziehung zwischen der minimalen Erwärmung $\Delta T_h$ der Hülse und der minimalen Abkühlung $\Delta T_w$ der Welle, die erforderlich sind, um beide Teile ohne Pressung übereinander schieben zu können.

Nach Berechnung von $p$ werden die Felder der Radialspannung $\sigma_r(r)$ und der Umfangsspannung $\sigma_\varphi(r)$ für Welle und Hülse aus

$$\left.\begin{aligned} \sigma_r(r) = &-\big[p_a R_a^2 - p_i R_i^2 \\ &+(p_i - p_a) R_i^2 R_a^2 / r^2\big] / \big(R_a^2 - R_i^2\big), \\ \sigma_\varphi(r) = &-\big[p_a R_a^2 - p_i R_i^2 \\ &-(p_i - p_a) R_i^2 R_a^2 / r^2\big] / \big(R_a^2 - R_i^2\big) \end{aligned}\right\} \tag{25}$$

berechnet. Für eine Vollwelle ist $\sigma_{rw}(r) = \sigma_{\varphi w}(r) \equiv -p$. Für eine unendlich ausgedehnte Hülse ist $\sigma_{rh}(r) = -\sigma_{\varphi h}(r) = -p\, R_{ih}^2/r^2$.

Ein Schrumpfsitz der Länge $l$ mit der Schrumpfpressung $p$ und mit der Ruhereibungszahl $\mu_0$ in der Fügefläche kann das Torsionsmoment $2\,\mu_0\,\pi\,R_{aw}^2\,l\,p$ übertragen. Fliehkräfte am rotierenden System haben beim Werkstoff Stahl bis zu Umfangsgeschwindigkeiten von 700 m/s keinen nennenswerten Einfluss auf die berechneten Größen (Biezeno und Grammel 2013).

## 10.3 Dreidimensionale Probleme

### 10.3.1 Einzelkraft auf Halbraumoberfläche (Boussinesq-Problem)

Eine Normalkraft $F$ auf der Oberfläche eines unendlich ausgedehnten *Halbraums* (Abb. 9) verursacht die rotationssymmetrischen Spannungs- und Verschiebungsfelder (Zylinderkoordinaten $\varrho$, $\varphi$, $z$; $r = (\varrho^2 + z^2)^{1/2}$)

$$\left.\begin{aligned} \sigma_\varrho &= \frac{F}{2\pi r^2}\left[(1-2\nu)\frac{r}{r+z} - \frac{3\varrho^2 z}{r^3}\right], \\ \sigma_z &= \frac{-F}{2\pi r^2}\cdot\frac{3z^3}{r^3}, \\ \sigma_\varphi &= \frac{F}{2\pi r^2}(1-2\nu)\left(\frac{z}{r} - \frac{r}{r+z}\right), \\ \tau_{\varrho z} &= \frac{-F}{2\pi r^2}\cdot\frac{3\varrho z^2}{r^3}, \quad \tau_{\varrho\varphi} = \tau_{\varphi z} \equiv 0, \\ u_\varrho &= \frac{F}{4\pi G r}\left[\frac{\varrho z}{r^2} - (1-2\nu)\frac{\varrho}{r+z}\right], \\ u_z &= \frac{F}{4\pi G r}\left[\frac{z^2}{r^2} + 2(1-\nu)\right], \quad u_\varphi \equiv 0. \end{aligned}\right\} \tag{26}$$

Herleitung und entsprechende Lösungen für eine tangentiale Einzelkraft und für eine Einzelkraft im Innern des Halbraums werden beispielsweise in Hahn 1985 beschrieben.

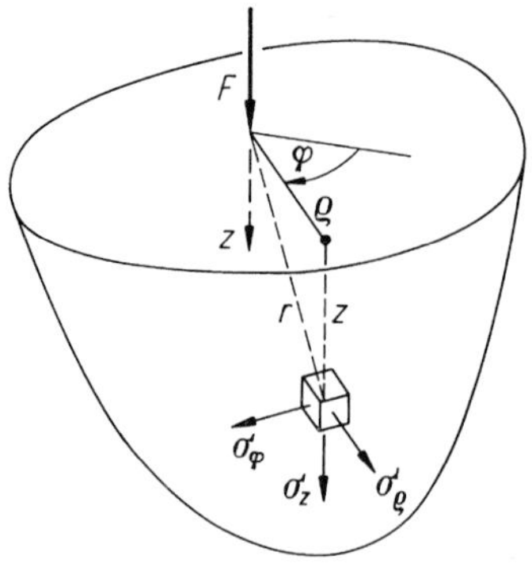


**Abb. 9** Einzelkraft auf Halbraumoberfläche. Boussinesq-Problem

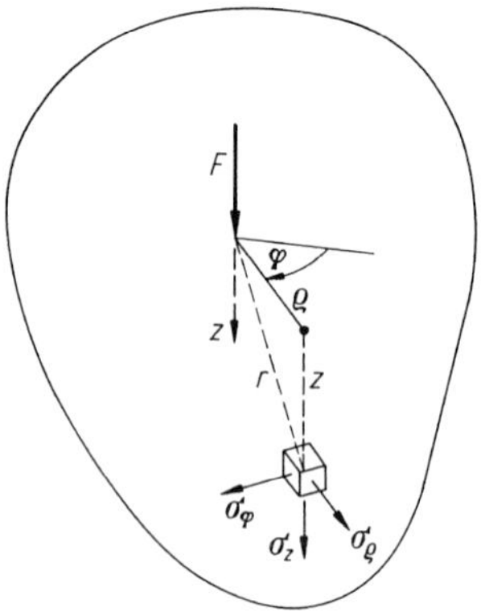


**Abb. 10** Einzelkraft im Vollraum. Kelvin-Problem

### 10.3.2 Einzelkraft im Vollraum (Kelvin-Problem)

Eine Einzelkraft $F$ in einem allseitig unendlich ausgedehnten Körper (sog. *Vollraum*; Abb. 10) verursacht die rotationssymmetrischen Spannungs- und Verschiebungsfelder (siehe auch Hahn 1985; Timoshenko und Goodier 1970; Bezeichnungen wie in Abschn. 3.1)

$$\left.\begin{aligned}
\sigma_\varrho &= \frac{F}{8\pi(1-\nu)r^2}\left[(1-2\nu)\frac{z}{r}-\frac{3\varrho^2 z}{r^3}\right],\\
\sigma_\varphi &= \frac{F}{8\pi(1-\nu)r^2}(1-2\nu)\frac{z}{r},\\
\sigma_z &= \frac{-F}{8\pi(1-\nu)r^2}\left[(1-2\nu)\frac{z}{r}+\frac{3z^3}{r^3}\right],\\
\tau_{\varrho z} &= \frac{-F}{8\pi(1-\nu)r^2}\left[(1-2\nu)\frac{\varrho}{r}+\frac{3\varrho z^2}{r^3}\right],\\
\tau_{\varrho\varphi} &= \tau_{\varphi z}\equiv 0,\quad u_\varphi\equiv 0,\\
u_\varrho &= \frac{F}{16\pi(1-\nu)Gr}\cdot\frac{\varrho z}{r^2},\\
u_z &= \frac{F}{16\pi(1-\nu)Gr}\left(3-4\nu+\frac{z^2}{r^2}\right).
\end{aligned}\right\} \tag{27}$$

### 10.3.3 Druckbehälter. Kesselformeln

In einem homogenen dickwandigen, kugelförmigen Druckbehälter (Radien und Drücke $R_\mathrm{i}$, $p_\mathrm{i}$ innen und $R_\mathrm{a}$, $p_\mathrm{a}$ außen) treten die Radial- und Tangentialspannungen und die Radialverschiebung auf (siehe auch Hahn 1985; Timoshenko und Goodier 1970; Schwaigerer 1983):

$$\left.\begin{aligned}
\sigma_r(r) &= \frac{p_\mathrm{i}R_\mathrm{i}^3-p_\mathrm{a}R_\mathrm{a}^3-(p_\mathrm{i}-p_\mathrm{a})R_\mathrm{i}^3R_\mathrm{a}^3/r^3}{R_\mathrm{a}^3-R_\mathrm{i}^3},\\
\sigma_\varphi(r) &= \frac{p_\mathrm{i}R_\mathrm{i}^3-p_\mathrm{a}R_\mathrm{a}^3+(p_\mathrm{i}-p_\mathrm{a})R_\mathrm{i}^3R_\mathrm{a}^3/(2r^3)}{R_\mathrm{a}^3-R_\mathrm{i}^3},\\
&\quad(\text{im Fall } p_\mathrm{i}>p_\mathrm{a} \text{ ist } \sigma_\varphi \text{ maximal bei } r=R_\mathrm{i}),\\
u_r(r) &= \frac{r}{R_\mathrm{a}^3-R_\mathrm{i}^3}\left[\frac{(1-2\nu)(p_\mathrm{i}R_\mathrm{i}^3-p_\mathrm{a}R_\mathrm{a}^3)}{E}\right.\\
&\qquad\left.+\frac{(p_\mathrm{i}-p_\mathrm{a})R_\mathrm{i}^3R_\mathrm{a}^3}{4Gr^3}\right].
\end{aligned}\right\} \tag{28}$$

Bei einem dünnwandigen Kugelbehälter (Radius $R$, Wanddicke $h \ll R$) ist $\sigma_\varphi = (p_\mathrm{i} - p_\mathrm{a})\,R/(2\,h)$. $\sigma_\mathrm{r}(r)$ fällt in der Wand linear von $p_\mathrm{i}$ auf $p_\mathrm{a}$ ab.

Ein dickwandiger zylindrischer Druckbehälter (Radius und Druck $R_\mathrm{i}$, $p_\mathrm{i}$ innen und $R_\mathrm{a}$, $p_\mathrm{a}$ außen) hat im Mittelteil (mehr als 2 $R_\mathrm{a}$ von den Enden entfernt) die Radialspannung $\sigma_r(r)$ und die Umfangsspannung $\sigma_\varphi(r)$ nach Gl. (25) und die von $r$ unabhängige Längsspannung

$$\sigma_x = \left(p_\mathrm{i}R_\mathrm{i}^2 - p_\mathrm{a}R_\mathrm{a}^2\right)/\left(R_\mathrm{a}^2 - R_\mathrm{i}^2\right).$$

Für den dünnwandigen Behälter (Radius $R$, Wanddicke $h \ll R$) entstehen daraus die *Kesselformeln*

$$\sigma_\varphi = (p_i - p_a)R/h, \quad \sigma_x = \sigma_\varphi/2.$$

Weitere Einzelheiten der Theorie von Druckbehältern werden auch in Schwaigerer 1983 und in den Bemessungsvorschriften AD 2000 Regelwerk 2016 betrachtet.

### 10.3.4 Kontaktprobleme. Hertz'sche Formeln

Zwei sich in einem Punkt oder längs einer Linie berührende Körper verformen sich, wenn sie gegeneinandergedrückt werden, und bilden eine kleine Druckfläche. *Hertz* hat die Verformungen und die Spannungen für homogen-isotrope Körper aus Hooke'schem Material berechnet. Seine Formeln setzen voraus, dass in der Druckfläche nur Normalspannungen wirken. Außerdem muss die Druckfläche im Vergleich zu den Körperabmessungen so klein sein, dass man jeden Körper als unendlichen Halbraum auffassen und seine Spannungsverteilung als Überlagerung von Boussinesq-Spannungsverteilungen (siehe auch Gl. (26)) berechnen kann. Für zwei Körper mit E-Moduln $E_1$ und $E_2$ und Poisson-Zahlen $\nu_1$ und $\nu_2$ wird

$$E^* = 2E_1E_2/\left[\left(1-\nu_1^2\right)E_2 + \left(1-\nu_2^2\right)E_1\right]$$

definiert.

**Kontakt zweier Kugeln**. Zwei Kugeln mit den Radien $r_1$ und $r_2$ berühren sich in der Anordnung von Abb. 11a im Fall $r_2 > 0$ oder von Abb. 11b im Fall $r_2 < 0$ oder von Abb. 11c im Sonderfall $r_2 = \infty$. Sei $r = r_1\,r_2/(r_1 + r_2)$. Die gegenseitige Anpresskraft $F$ der Körper erzeugt eine Änderung der Mittelpunktsentfernung beider Körper von der Größe

$$w = \left(\frac{9F^2}{4rE^{*2}}\right)^{1/3}.$$

Der durch Deformation entstehende Druckkreis hat den Radius

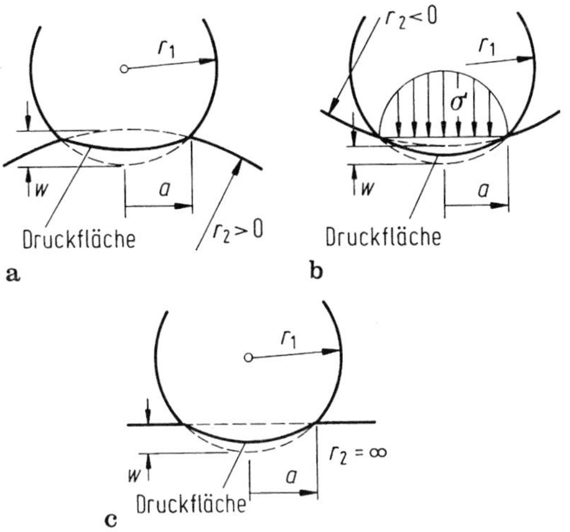


**Abb. 11** Kontakt zweier kugelförmiger oder zylindrischer Körper mit Radien $r_1$ und $r_2$ im Fall (**a**) $r_2 > 0$, (**b**) $r_2 < 0$ und (**c**) $r_2 = \infty$

$$a = \left(\frac{3Fr}{2E^*}\right)^{1/3}.$$

Die nur in Abb. 11b über dem Druckkreis gezeichnete Halbkugel gibt die Verteilung der Druckspannung in der Druckfläche an. Die maximale Druckspannung hat den Betrag

$$\sigma_{\max} = \frac{3F}{2\pi a^2}.$$

In den Körpern tritt die größte Zugspannung am Umfang des Druckkreises auf. Ihre Größe ist $(1 - 2\nu_i)\sigma_{\max}/3$ in Körper $i$ $(i = 1,2)$. Sie ist für spröde Werkstoffe maßgebend. Für duktile Werkstoffe ist die größte Schubspannung maßgebend. Sie tritt in beiden Körpern in der Tiefe $a/2$ unter dem Mittelpunkt des Druckkreises auf. Für $\nu = 0{,}3$ hat sie ungefähr den Wert $0{,}3\sigma_{\max}$.

**Kontakt zweier achsenparalleler Zylinder**. In Rollenlagern werden zwei Zylinder mit den Radien $r_1$ und $r_2$ längs einer Mantellinie mit der Streckenlast $q$ gegeneinandergedrückt. In axialer Projektion entstehen je nach Kombination der Krümmungen die Abb. 11a, b oder c. Die halbe Breite $a$ des Druckstreifens ist $a = [8qr/(\pi E^*)]^{1/2}$ mit $r = r_1\,r_2/(r_1 + r_2)$. Der nur in Abb. 11b gezeichnete Halbkreis über dem Druckstreifen gibt die Verteilung der Normalspannung im

**Tab. 2** Hilfsfunktionen für Kontaktprobleme

| $\beta$ | 0° | 10° | 20° | 30° | 40° | 50° | 60° | 70° | 80° | 90° |
|---|---|---|---|---|---|---|---|---|---|---|
| $c_1$ | $\infty$ | 6,612 | 3,778 | 2,731 | 2,136 | 1,754 | 1,486 | 1,284 | 1,128 | 1 |
| $c_2$ | 0 | 0,319 | 0,408 | 0,493 | 0,567 | 0,641 | 0,717 | 0,802 | 0,893 | 1 |
| $c_3$ | $\infty$ | 2,80 | 2,30 | 1,98 | 1,74 | 1,55 | 1,39 | 1,25 | 1,12 | 1 |

Druckstreifen an. Die größte Druckspannung ist $\sigma_{\max} = 2q/(\pi a)$. Die maximale Schubspannung im Körperinneren beträgt ungefähr $0{,}3\sigma_{\max}$.

**Kontakt zweier beliebig geformter Körper.** Im allgemeinen Fall punktförmiger Berührung zweier Körper hat jeder Körper $i$ ($i = 1{,}2$) im Kontaktpunkt zwei verschiedene Hauptkrümmungsradien $r_i$ und $r_i^*$, und die Krümmungshauptachsensysteme beider Körper sind gegeneinander gedreht. Ein Krümmungsradius ist positiv, wenn der Krümmungsmittelpunkt auf der Seite zum Körperinnern hin liegt, andernfalls negativ. Zum Beispiel sind für die Kugel und den Innenring eines Rillenkugellagers drei Radien positiv und einer negativ. Ein oder mehrere Radien können unendlich groß sein, z. B. bei der Paarung Radkranz/Schiene (Kegel/Zylinder) und bei der Paarung Ellipsoid/Ebene. Die Druckfläche ist stets eine Ellipse. Ihre Halbachsen $a_1$ und $a_2$ sind

$$a_i = c_i \left(\frac{3Fr}{2E^*}\right)^{1/3} \quad (i = 1{,}2) \quad \text{mit}$$

$$r = 2/\left(\frac{1}{r_1} + \frac{1}{r_1^*} + \frac{1}{r_2} + \frac{1}{r_2^*}\right)$$

und mit den Hilfsgrößen $c_1$ und $c_2$. Diese werden der Tab. 2 als Funktionen von

$$\beta = \arccos\left\{\frac{1}{2} r\left[\left(\frac{1}{r_1} - \frac{1}{r_1^*}\right)^2 + \left(\frac{1}{r_2} - \frac{1}{r_2^*}\right)^2 + 2\left(\frac{1}{r_1} - \frac{1}{r_1^*}\right)\left(\frac{1}{r_2} - \frac{1}{r_2^*}\right)\cos 2\alpha\right]^{1/2}\right\} \tag{29}$$

entnommen. Darin ist $\alpha$ der Winkel zwischen der Hauptkrümmungsebene mit $r_1$ in Körper 1 und der Hauptkrümmungsebene mit $r_2$ in Körper 2. Als $r_1$ und $r_2$ müssen Hauptkrümmungsradien verwendet werden, die ein reelles $\beta$ liefern. Die maximale Druckspannung in der Druckfläche ist $\sigma_{\max} = 3F/(2\pi a_1 a_2)$. Die Änderung des Körperabstandes infolge Deformation ist $w = 3\ c_3\ F/(2\ E^*\ a_1)$ mit $c_3$ nach Tab. 2. Weitere Informationen finden sich auch in Timoshenko und Goodier 1970.

### 10.3.5 Kerbspannungen

Ebene und räumliche Spannungsfelder in der Umgebung von Rissen und Kerben an Körperoberflächen und von Rissen und Hohlräumen im Körperinnern werden detailliert im Abschn. 8 sowie in Hahn 1985, Neuber 2001 betrachtet.

## 10.4 Stabilitätsprobleme

### 10.4.1 Knicken von Stäben

Wenn an einem im unbelasteten Zustand ideal geraden Stab Druckkräfte entlang der Stabachse angreifen, dann ist unterhalb einer *kritischen Last* die gerade Lage stabil, während oberhalb dieser Last nur gekrümmte stabile Gleichgewichtslagen existieren. Die Kenntnis der kritischen Last ist wichtig, weil schon geringe Überschreitungen zur Zerstörung des Stabes führen. Man spricht von *Knicken*, wenn die gekrümmte Gleichgewichtslage eine Biegelinie ist und von *Biegedrillknicken*, wenn eine Torsion überlagert ist. Biegedrillknicken tritt nur bei Stäben auf, bei denen Schubmittelpunkt und Flächenschwerpunkt nicht zusammenfallen (siehe Abschn. 4.2). Die kritische Last für solche Stäbe ist kleiner als die, die sich aus Formeln für Knicken ergibt!

Um welche Achse ein knickender Stab gebogen wird, hängt von den i. Allg. für beide Achsen unterschiedlichen Randbedingungen ab. Bei gleichen Randbedingungen für beide Achsen tritt Bie-

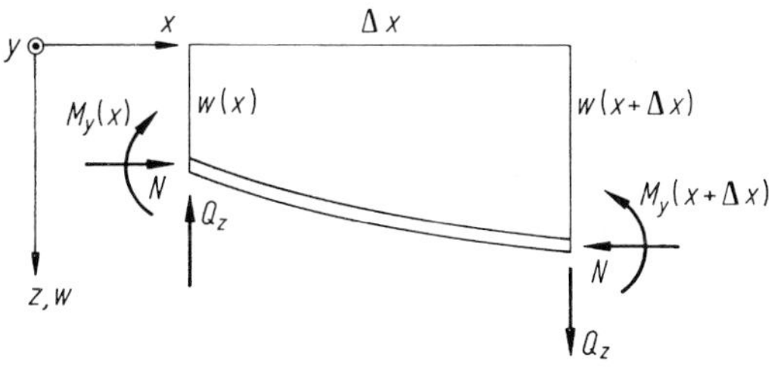


**Abb. 12** Freigeschnittener Teil eines Knickstabes

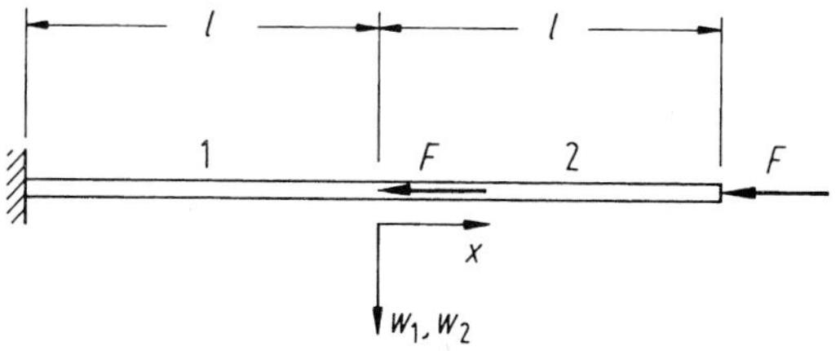


**Abb. 13** Knickstab mit zwei Kräften

gung um die Achse mit $I_{\min}$ ein. Im Folgenden wird das Flächenmoment immer $I_y$ genannt. Kritische Lasten werden mit der sog. *Theorie 2. Ordnung* berechnet, bei der Gleichgewichtsbedingungen am verformten Stabelement formuliert werden. Im ausgeknickten Zustand verursachen Lager Schnittkräfte $Q_z(x)$. Bei Stäben, in denen $Q_z(x)$, $N(x)$ und $E\,I_y$ bereichsweise konstant sind, hat ein herausgeschnittenes Stabstück der Länge $\Delta x$ Durchbiegungen und Schnittgrößen nach Abb. 12. Momentengleichgewicht erfordert

$$\begin{aligned}M_y(x+\Delta x) - M_y(x) - Q_z\Delta x\\ -N[w(x+\Delta x) - w(x)] = 0\end{aligned}$$

und im Grenzfall $\Delta x \to 0$

$$M_y' - Nw' = Q_z.$$

Substitution von $M_y = -E\,I_y\,w''$ (vgl. Gl. (62) im ▶ Kap. 9, „Elementare Festigkeitslehre") und eine weitere Differenziation nach $x$ erzeugen für $w(x)$ die Differenzialgleichung

$$w^{(4)} + \beta^2 w'' = 0 \quad \text{mit} \quad \beta^2 = N/(EI_y). \qquad (30)$$

Ihre allgemeine Lösung ist mit Integrationskonstanten $A$, $B$, $C$ und $D$

$$w(x) = A\cos\beta x + B\sin\beta x + Cx + D. \qquad (31)$$

Im Allgemeinen hat ein Stab mehrere Bereiche $i = 1, \ldots, n$ mit verschiedenen Konstanten $\beta_i$ und verschiedenen Biegelinien $w_i(x)$ mit Integrationskonstanten $A_i$, $B_i$, $C_i$ und $D_i$. Stets existieren $4\,n$ Randbedingungen für $w_i$, $w_i'$, $M_y = -EI_y w_i''$ und

$$Q_z = -EI_y w_i''' - Nw_i' = -EI_y\beta_i^2 C_i,$$

sodass $4\,n$ Gleichungen für die Integrationskonstanten angebbar sind. Da diese Gleichungen homogen sind, liegt ein Eigenwertproblem vor. Der Eigenwert ist die in $\beta_1, \ldots, \beta_n$ vorkommende äußere Belastung des Stabes. Der kleinste positive Eigenwert ist die kritische Last. Die zugehörigen Integrationskonstanten sind bis auf eine bestimmt, sodass von der Biegelinie bei der kritischen Last die Form (die sog. *Eigenform* zum ersten Eigenwert), aber nicht die absolute Größe bestimmbar ist.

*Beispiel 6.* In Abb. 13 sind zwei Bereiche mit $\beta_2{}^2 = \beta^2 = F/(E\,I_y)$ und $\beta_1{}^2 = 2\,\beta^2$ und mit

$$\begin{aligned}w_i(x) = A_i\cos\beta_i x + B_i\sin\beta_i x + C_i x\\ + D_i (i = 1{,}2)\end{aligned}$$

zu unterscheiden. Die fünf Randbedingungen $w_1(0) = w_2(0)$, $w_1'(0) = w_2'(0)$, $w_1''(0) = w_2''(0)$ und $Q_{z1} \equiv Q_{z2} \equiv 0$ liefern $A_2 = 2\,A_1$, $B_2 = B_1\sqrt{2}$, $C_1 = C_2 = 0$, $D_2 = D_1 - A_1$. Die übrigen drei Randbedingungen $w_1(-l) = 0$, $w_1'(-l) = 0$ und $w_2''(l) = 0$ liefern für $A_1$, $B_1$ und $D_1$ die homogenen Gleichungen

$$\begin{aligned}A_1\cos\left(\beta l\sqrt{2}\right) - B_1\sin\left(\beta l\sqrt{2}\right) + D_1 &= 0,\\ A_1\sin\left(\beta l\sqrt{2}\right) + B_1\cos\left(\beta l\sqrt{2}\right) &= 0,\\ A_1\sqrt{2}\cos\beta l + B_1\sin\beta l &= 0.\end{aligned}$$

Die Bedingung „Koeffizientendeterminante $= 0$" führt zur Eigenwertgleichung $\tan\beta l\,\tan\left(\beta l\sqrt{2}\right) = \sqrt{2}$ mit dem kleinsten Eigenwert $\beta\,l \approx 0{,}719$. Das ergibt die kritische Last

**Abb. 14** Euler'sche Knickfälle mit kritischen Lasten $F_k$ und Eigenformen $w_e(x)$. Die Eigenformen sind exakt gezeichnet

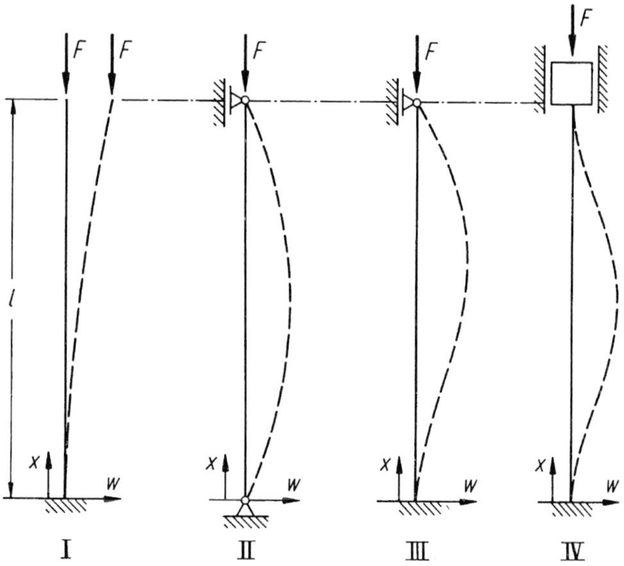


$$F_k = \beta^2 EI_y \approx 0{,}517\ EI_y/l^2.$$

Abb. 14 zeigt die sog. *Euler-Knickfälle* mit Knicklasten und Eigenformen. Knicklasten für Stäbe und Stabsysteme bei vielen anderen Lagerungsfällen sind unter anderem Pflüger 1975 sowie Petersen 1982 zu entnehmen.

| Fall | $F_k$ | $w_e(x)$ |
|---|---|---|
| I | $0{,}25\,\pi^2 E I_y/l^2$ | $1 - \cos[\pi x/(2\,l)]$ |
| II | $\pi^2 E I_y/l^2$ | $\sin(\pi x/l)$ |
| III | $2{,}04\,\pi^2 E I_y/l^2$ | $\beta\, l(1 - \cos \beta x) + \sin \beta x - \beta x$, $\beta = 4{,}493/l$ |
| IV | $4\,\pi^2 E I_y/l^2$ | $1 - \cos(2\,\pi x/l)$ |

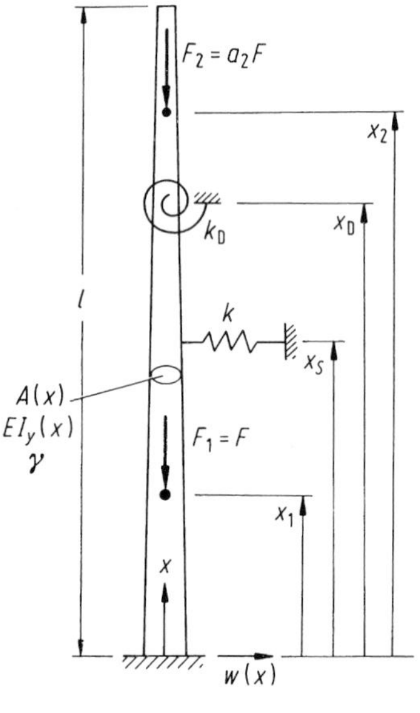


**Abb. 15** Knickstab mit veränderlichem Querschnitt, Federstützen, Einzellasten und Eigengewicht (spezifisches Gewicht $\gamma$)

### Rayleigh-Quotient

Abb. 15 zeigt einen Knickstab mit veränderlichem Querschnitt (Querschnittsfläche $A(x)$, Biegesteifigkeit $E\ I_y(x)$, spezifisches Gewicht $\gamma = \varrho\ g$), mit einer Federstütze und einer Drehfederstütze (Federkonstanten $k$ bzw. $k_D$) bei $x = x_S$ bzw. $x = x_D$ und mit zwei Einzelkräften $F_1 = F$ und $F_2 = a_2 F$ bei $x = x_1$ bzw. $x = x_2$. Der Stab wird durch sein Eigengewicht und durch die beiden Kräfte auf Knickung belastet. Für die kritische Größe $F_k$ von $F$ gilt die Ungleichung

$$F_k \leqq \frac{\left[\int_0^l EI_y(x) w''^2(x)dx + kw^2(x_S) + k_D w'^2(x_D) - \gamma \int_0^l A(x) \int_0^x w'^2(\xi)d\xi dx\right]}{\int_0^{x_1} w'^2(x)dx + a_2 \int_0^{x_2} w'^2(x)dx}. \tag{32}$$

Der Quotient heißt *Rayleigh-Quotient.* Im Zähler steht die potenzielle Energie des Stabes und der Federn. Das Produkt $F_\mathrm{k}$ mal Nennerausdruck ist die Arbeit der Kräfte $F_1$ und $F_2$ längs der Absenkung ihrer Angriffspunkte. Die Integrale im Nenner erstrecken sich über die Stabbereiche, die den Druckkräften $F_1$ bzw. $F_2$ ausgesetzt sind. Jede zusätzliche Einzelkraft vermehrt den Nenner um ein entsprechendes Glied. Das Gleichheitszeichen gilt, wenn für $w(x)$ die Eigenform $w_\mathrm{e}(x)$ des Stabes für die gegebenen (in Abb. 15 willkürlich angenommenen) Randbedingungen eingesetzt wird. Eine geringfügig von $w_\mathrm{e}(x)$ abweichende Ansatzfunktion $w(x)$ liefert eine brauchbare obere Schranke für $F_\mathrm{k}$. Ansatzfunktionen müssen die sog. wesentlichen oder geometrischen Randbedingungen erfüllen (das sind die für $w$ und $w'$).

Gl. (32) vereinfacht sich, wenn $E\ I_y$ oder $A$ konstant ist oder wenn das Eigengewicht vernachlässigt wird ($\gamma = 0$) oder wenn die Federstützen fehlen ($k = 0$ oder $k_\mathrm{D} = 0$). Jede zusätzliche Federstütze vermehrt den Zähler um ein Glied. Wenn der Stab auf ganzer Länge eine Winkler-Bettung hat (siehe ► Abschn. 9.7.4 im Kap. 9, „Elementare Festigkeitslehre“), muss im Zähler der Ausdruck $K \int_0^l w^2(x)\mathrm{d}x$ addiert werden.

*Beispiel 7*: Für die *Euler-Knickfälle* von Abb. 14 lautet Gl. (32) bei Berücksichtigung des Eigengewichts

$$F_\mathrm{k} \leq \frac{EI_y \int_0^l w''^2(x)\mathrm{d}x - \gamma A \int_0^l \int_0^x w'^2(\xi)\mathrm{d}\xi\mathrm{d}x}{\int_0^l w'^2(x)\mathrm{d}x}. \tag{33}$$

Wenn man für $w(x)$ jeweils die Eigenform des Stabes ohne Eigengewicht einsetzt, erhält man $F_\mathrm{k} \leqq F_\mathrm{k0} - 0{,}3\ G$ im Fall I, $F_\mathrm{k} \leqq F_\mathrm{k0} - 0{,}35\ G$ im Fall III und $F_\mathrm{k} \leqq F_{k0} - 0{,}5\ G$ in den Fällen II und IV (jeweilige Knicklast $F_\mathrm{k0}$ ohne Eigengewicht, Stabgewicht $G = \gamma\ A\ l$). Wenn $F$ fehlt, knickt der Stab infolge Eigengewicht bei einer kritischen Länge $l_\mathrm{k}$, für die sich im Fall I aus $0 \leqq \pi^2\ E\ I_y/(4\ l_\mathrm{k}^2) - 0{,}3\ \gamma\ A\ l_\mathrm{k}$ die Formel $l_\mathrm{k} \leqq 2{,}02(EI_y/(\gamma A))^{1/3}$ ergibt. In den Fällen II, III und IV ist der Faktor 2,02 zu ersetzen durch 2,70 bzw. 3,88 bzw. 4,29.

**Verfahren von Ritz**. Für Stäbe mit komplizierten Randbedingungen ist die Wahl einer guten Näherung der Eigenform für den Rayleigh-Quotienten schwierig. Stattdessen wählt man $n$ vernünftig erscheinende Ansatzfunktionen $w_1(x), \ldots, w_n(x)$ (häufig genügen $n = 2$) und bildet die Funktionenklasse $w(x) = c_1\ w_1(x) + \ldots + c_n\ w_n(x)$ mit unbestimmten Koeffizienten $c_1, \ldots, c_n$. Mit ihr wird der Rayleigh-Quotient eine Funktion von $c_1, \ldots, c_n$. Das Minimum dieser Funktion ist die beste mit der Funktionenklasse mögliche Schranke für $F_\mathrm{k}$. Man berechnet das Minimum als den kleinsten Eigenwert $\lambda$ der Gleichung $\det(\underline{Z} - \lambda\underline{N}) = 0$. Darin sind $\underline{Z}$ und $\underline{N}$ symmetrische Matrizen, deren Elemente aus dem Zähler und dem Nenner des Rayleigh-Quotienten (Gl. (32)) nach der Vorschrift berechnet werden

$$\left.\begin{aligned}
Z_{ij} = {} & \int_0^l EI_y(x)w_i''(x)w_j''(x)\mathrm{d}x \\
& + kw_i(x_\mathrm{S})w_j(x_\mathrm{S}) + k_\mathrm{D}w_i'(x_\mathrm{D})w_j'(x_\mathrm{D}) \\
& - \gamma \int_0^l A(x) \int_0^x w_i'(\xi)w_j'(\xi)\mathrm{d}\xi\mathrm{d}x, \\
N_{ij} = {} & \int_0^{x_1} w_i'(x)w_j'(x)\mathrm{d}x \\
& + a_2 \int_0^{x_2} w_i'(x)w_j'(x)\mathrm{d}x \\
& (i,j = 1, \ldots, n).
\end{aligned}\right\} \tag{34}$$

**Schlankheitsgrad**. Die bisher geschilderten Methoden zur Berechnung kritischer Lasten setzen elastisches Stabverhalten voraus. Die kritische Last hat dabei stets die Form $F_\mathrm{k} = \pi^2\ E\ I_y/l_k^2$ mit einer geeignet berechneten Länge $l_k$. Sie ist die Länge eines Stabes nach Abb. 14, Fall II, mit demselben $F_\mathrm{k}$. Die Spannung im Stab ist $\sigma_\mathrm{k} = F_\mathrm{k}/A = E\ \pi^2/\lambda^2$ mit dem dimensionslosen *Schlankheitsgrad* $\lambda = l_\mathrm{k}(I_y/A)^{-1/2}$. Aus der Forderung $\sigma_\mathrm{k} \leqq R_\mathrm{p0,2}$ (0,2 %-Dehngrenze) folgt $\lambda \leq \pi\left(\frac{E}{R_{p0,2}}\right)^{\frac{1}{2}} = \lambda_0$. Für die Stähle S235 und S335 ist $\lambda_0 = 94$ bzw. 79. Stäbe mit $\lambda < \lambda_0$ knicken unelastisch. Nach Tetmajer wird

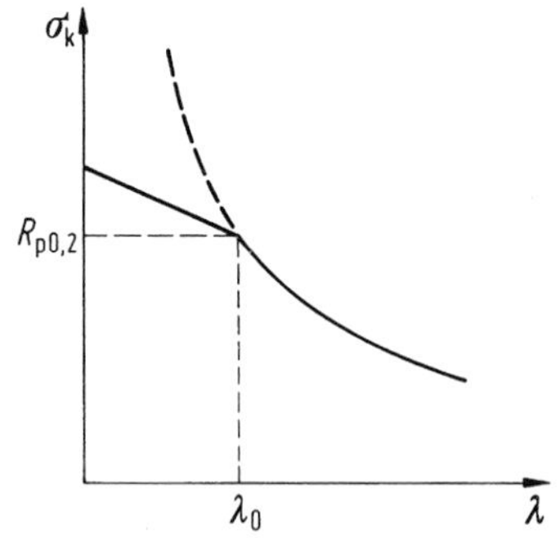


**Abb. 16** Kritische Spannung $\sigma_k$ eines Knickstabes als Funktion des Schlankheitsgrades $\lambda$ im elastischen Bereich ($\lambda > \lambda_0$) und nach Tetmajer im unelastischen Bereich

in diesem Bereich $\sigma_k$ nach Abb. 16 durch eine Gerade bestimmt, die durch den Punkt ($\lambda_0$, $R_{p0,2}$) verläuft und bei $\lambda = 0$ einen experimentell ermittelten Wert liefert.

Für den Stahlbau schreibt DIN 18 800 Teil 2 ein Verfahren zur Bemessung von knicksicheren Druckstäben vor, das $\lambda$ als Parameter verwendet.

## 10.4.2 Biegedrillknicken

Wenn die Koordinaten $y_M$ und $z_M$ des Schubmittelpunktes ungleich null sind, kann bei der kritischen Last eine Gleichgewichtslage entstehen, bei der schiefe Biegung mit Auslenkungen $v_M(x)$ und $w_M(x)$ des Schubmittelpunktes im Querschnitt bei $x$ und Torsion mit dem Torsionswinkel $\varphi(x)$ gekoppelt auftreten. Man spricht von *Biegedrillknicken.* Bei Belastung in der Stabachse durch eine Druckkraft $F$ lauten die gekoppelten Differenzialgleichungen

$$\left.\begin{aligned} EI_z v_M^{(4)} + F v_M'' + F z_M \varphi'' &= 0,\\ EI_y w_M^{(4)} + F w_M'' - F y_M \varphi'' &= 0,\\ EC_M \varphi^{(4)} + \left(F i_M^2 - GI_T\right)\varphi'' &\\ + F z_M v_M'' - F y_M w_M'' &= 0 \end{aligned}\right\} \qquad (35)$$

mit $i_M^2 = y_M^2 + z_M^2 + \left(I_y + I_z\right)/A$.

*Beispiel 8*: Beim beidseitig gabelgelagerten Stab der Länge $l$ wird die Eigenform bei der kritischen Last durch $v_M = A_1 \sin(\pi x/l)$, $w_M = A_2 \sin(\pi x/l)$ und $\varphi = A_3 \sin(\pi x/l)$ angenähert. Einsetzen in Gl. (35) liefert für $A_1$, $A_2$, $A_3$ die homogenen Gleichungen

$$\begin{aligned} A_1\left(\pi^2 EI_z/l^2 - F\right) - A_3 F z_M &= 0,\\ A_2\left(\pi^2 EI_y/l^2 - F\right) - A_3 F y_M &= 0,\\ A_3\left(\pi^2 EC_M/l^2 - F i_M^2 + GI_T\right) - A_1 F z_M + A_2 F y_M &= 0. \end{aligned}$$

Die Bedingung „Koeffizientendeterminante $= 0$" ist eine Gleichung 3. Grades für den Eigenwert $F$. Ihre kleinste Lösung ist eine Näherung für die kritische Last $F_k$. Sie ist kleiner als die Knicklast $\pi^2 EI_{min}/l^2$ des Stabes. Stäbe mit anderen Randbedingungen werden unter anderem in Roik et al. 1972 sowie in Pflüger 1975 betrachtet.

## 10.4.3 Kippen

Unter *Kippen* versteht man die Erscheinung, dass ein Stab mit zur $z$-Achse symmetrischem Querschnitt bei Belastung entlang der $z$-Achse oberhalb einer kritischen Last in $y$-Richtung ausweicht und dabei verdreht wird (Abb. 17). Die Differenzialgleichungen für die Auslenkung $v_M$ des Schubmittelpunkts $M$ in $y$-Richtung und für den Verdrehwinkel $\varphi$ lauten

$$\left.\begin{aligned} &EI_z v_M^{(4)} + (My(x)\varphi)'' = 0,\\ &EC_M \varphi^{(4)} - GI_T \varphi'' - c_0\left(M_y(x)\varphi'\right)'\\ &\quad + M_y(x) v_M'' + q_z(x) z_q^M \varphi = 0. \end{aligned}\right\} \qquad (36)$$

Darin sind $z_M$ und $z_q{}^M$ die in Abb. 17 erklärten Größen und $c_0 = \int_A z(y^2 + z^2)\mathrm{d}A/I_y - 2z_M$. Für doppeltsymmetrische Querschnitte ist $c_0 = 0$. Außer für einfachste Fälle ist die kritische Last aus Gl. (36) nicht bestimmbar. In Roik et al. 1972 sind mit Energiemethoden gewonnene Näherungslösungen für kritische Lasten

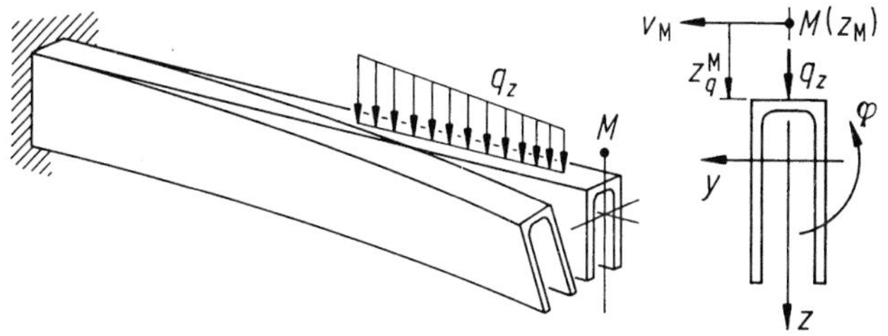


**Abb. 17** Kippen eines Stabes. $z_M$ = $z$-Koordinate des Schubmittelpunkts $M$. Im Bild ist $z_M < 0$, $z_q^M > 0$

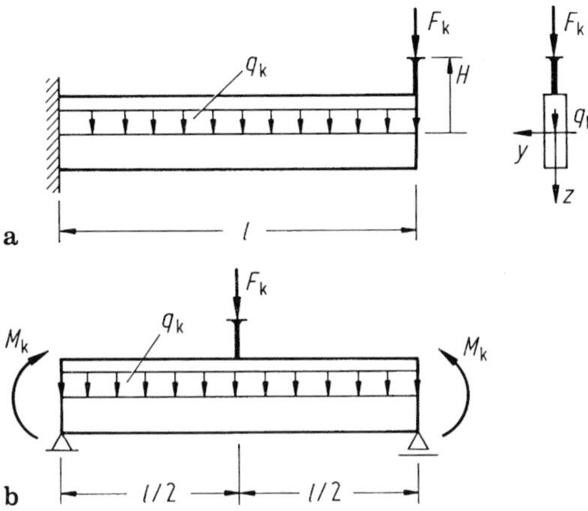


**Abb. 18** Kippen eines Kragträgers (**a**) und eines beidseitig gelenkig gelagerten Stabes (**b**) unter verschiedenen Lasten (nur $F$, nur $q$ oder nur $M$)

für viele technisch wichtige Lagerungs- und Belastungsfälle zusammengestellt. Dort werden auch unsymmetrische Querschnitte und die Überlagerung von Kippen und Biegedrillknicken behandelt.

Kritische Lasten für Stäbe mit Rechteckquerschnitt nach Abb. 18a, b sind im Folgenden $K = (EI_z GI_T)^{1/2}$, $c = [EI_z/(GI_T)]^{1/2}$.

$$\text{Abb.18a}: \quad F_k = \frac{4{,}02\left(1 - \frac{cH}{l}\right)K}{l^2}, \quad q_k = \frac{12{,}85\left(1 - \nu^2\right)^{-1/2}K}{l^3},$$
$$\text{Abb.18b}: \quad F_k = \frac{16{,}9\left(1 - 3{,}48\frac{cH}{l}\right)K}{l^2}, \quad q_k = \frac{28{,}3\left(1 - \nu^2\right)^{-1/2}K}{l^3},$$
$$M_k = \pi\left(1 - \nu^2\right)^{-1/2}K/l \tag{37}$$

### 10.4.4 Plattenbeulung

Wenn in einer ebenen Platte (Dicke $h$ = const, Plattensteifigkeit $D = E\,h^3/[12(1-\nu^2)]$) in der Mittelebene wirkende Kräfte einen ebenen Spannungszustand $\sigma_x(x,y)$, $\sigma_y(x,y)$ und $\tau_{xy}(x,y)$ verursachen, dann wird bei Überschreiten einer kritischen Last $F_k$ die ebene Form instabil. An ihre Stelle tritt eine stabile *Beuleigenform* mit einer Durchbiegung $w(x,y)$. Bei Platten mit einfacher Form und Belastung kann man die kritische Last aus der Differenzialgleichung für $w$,

$$\Delta\Delta w + \frac{h}{D}\left(\sigma_x\frac{\partial^2 w}{\partial x^2} + 2\tau_{xy}\frac{\partial^2 w}{\partial x \partial y} + \sigma_y\frac{\partial^2 w}{\partial y^2}\right) = 0, \tag{38}$$

als kleinsten Eigenwert eines Eigenwertproblems bestimmen (siehe auch Girkmann 2013).

*Beispiel 9*: Die allseitig gelenkig gelagerte Rechteckplatte (Länge $a$ in $x$-Richtung, Breite $b$) mit $\sigma_x$ = const, $\sigma_y = \tau_{xy} \equiv 0$ hat die kritische Spannung

$$\sigma_{xk} = \frac{\pi^2 D}{b^2 h}\,\frac{\left[1 + (b/a)^2\right]^2}{\nu + (b/a)^2}.$$

Für kompliziertere Fälle ist das *Ritz'sche Verfahren* geeignet. Zu den Bezeichnungen und zur Methodik vgl. das Verfahren bei Stäben im Abschn. 4.1. Man setzt eine Klasse von Ansatzfunktionen

$$w(x,y) = c_1 w_1(x,y) + \ldots + c_n w_n(x,y)$$

in den Energieausdruck

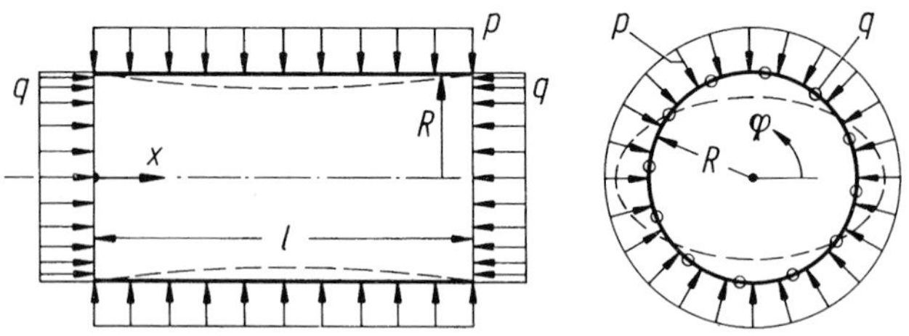


**Abb. 19** Dünne Kreiszylinderschale mit Manteldruck $p$ und axialer Streckenlast $q$ auf dem Mantel. Die gestrichelten Linien stellen eine Beulform mit $m = 1$ und $n = 2$ dar

$$\Pi = \frac{h}{2}\iint\left[\sigma_x\left(\frac{\partial w}{\partial x}\right)^2 + 2\tau_{xy}\frac{\partial w}{\partial x}\cdot\frac{\partial w}{\partial y} + \sigma_y\left(\frac{\partial w}{\partial y}\right)^2\right]\mathrm{d}x\mathrm{d}y + \frac{D}{2}\iint\left\{\left(\frac{\partial^2 w}{\partial x^2}+\frac{\partial^2 w}{\partial y^2}\right)^2 + 2(1-\nu)\left[\left(\frac{\partial^2 w}{\partial x\partial y}\right)^2 - \frac{\partial^2 w}{\partial x^2}\cdot\frac{\partial^2 w}{\partial y^2}\right]\right\}\mathrm{d}x\mathrm{d}y \quad (39)$$

ein (siehe Girkmann 2013) und bildet für $c_1, \ldots, c_n$ das homogene lineare Gleichungssystem $\partial \Pi/\partial c_i = 0$ $(i = 1, \ldots, n)$. Die Koeffizientendeterminante wird gleich null gesetzt. In ihr steht als Eigenwert die Last, die $\sigma_x$, $\sigma_y$ und $\tau_{xy}$ verursacht. Der kleinste Eigenwert ist eine obere Schranke für die kritische Last $F_\mathrm{k}$. Ein Nachschlagewerk für kritische Lasten von Platten unterschiedlicher Form, Lagerung und Belastung ist beispielsweise Pflüger 1975.

### 10.4.5 Schalenbeulung

Für kritische Lasten von Schalen werden wesentlich zu große Werte berechnet, wenn man geometrische Imperfektionen der Schale vernachlässigt. Die Berücksichtigung von Imperfektionen ist i. Allg. nur in numerischen Rechnungen möglich.

Die klassische Theorie für geometrisch perfekte Schalen berechnet Beullasten aus Energieausdrücken und aus Ansatzfunktionen für die Beulform (Flügge 1990; Pflüger 1975).

*Beispiel 10*: Dünne Kreiszylinderschale mit gelenkiger Lagerung des Mantels auf starren Endscheiben. Abb. 19 unterscheidet Belastungen durch einen konstanten Außendruck $p$ auf dem Schalenmantel, durch eine konstante axiale Streckenlast $q$ auf den Mantelrändern und durch Kombinationen von $p$ und $q$. Zum Beispiel gilt bei Außendruck $p$ auf Mantel und Endscheiben $2\,\pi\,R\,q = \pi\,R^2\,p$, also $q = \frac{1}{2}pR$.

Der Ansatz $w(x,\varphi) = \sin(m\pi x/l)\cos n\varphi$ für die Radialverschiebung erfüllt bei ganzzahligen $m$, $n > 0$ die Randbedingungen. Er stellt ein Beulmuster mit $m$ Halbwellen in axialer und mit $2n$ Halbwellen in Umfangsrichtung dar (siehe Abb. 19 mit $m = 1$ und $n = 2$). Mit den normierten Größen

$$\left.\begin{aligned} &\lambda = m\pi R/l, \quad \beta = (h/R)^2/12, \\ &p^* = (1-\nu^2)pR/(Eh), \\ &q^* = (1-\nu^2)q/(Eh) \end{aligned}\right\} \quad (40)$$

führt der Ansatz auf die Gleichung

$$\begin{aligned} &p^* n^2\left[\left(\lambda^2+n^2\right)^2 - 3\lambda^2 - n^2\right] \\ &+q^*\lambda^2\left[\left(\lambda^2+n^2\right)^2 + n^2\right] \\ &= \left(1-\nu^2\right)\lambda^4 + \beta\{\left(\lambda^2+n^2\right)^4 \\ &-2\left[\nu\lambda^6 + 3\lambda^4 n^2 + (4-\nu)\lambda^2 n^4 + n^6\right] \\ &+2(2-\nu)\lambda^2 n^2 + n^4\}. \end{aligned} \quad (41)$$

Die normierte kritische Last – je nach Lastfall entweder $p^*$ oder $q^*$ – ist die kleinste für ganzzahlige $m$, $n > 0$ existierende Lösung dieser Gleichung. Im Lastfall Manteldruck ist stets $m = 1$, sodass Lösungen $p^*$ für verschiedene Größen von $n$ verglichen werden müssen. Bei anderen Lastfällen müssen Lösungen für verschiedene $m$ und $n$ verglichen werden. Die Abb. 20a, b zeigen qualitativ die Abhängigkeit $p^*(l/R)$ bzw. $q^*(l/(m\,R))$ für gegebene $\beta$ und $\nu$. Gl. (41) setzt die Gültigkeit des Hooke'schen

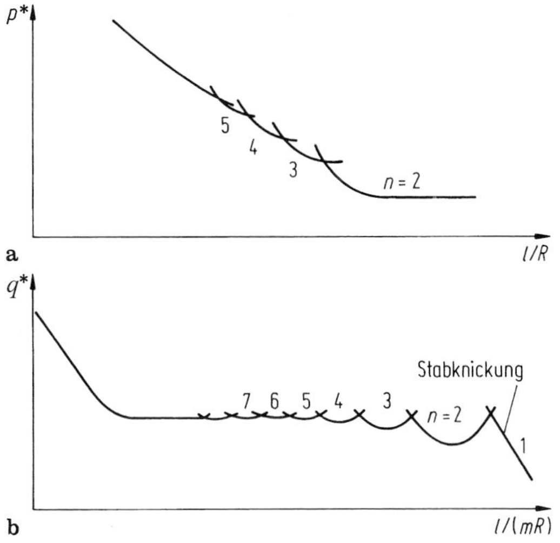


**Abb. 20** Der normierte kritische Manteldruck $p^*$ im Fall $q = 0$ (**a**) und die normierte kritische Streckenlast $q^*$ im Fall $p = 0$ (**b**) für die Schale von Abb. 19 in doppelt-logarithmischer Darstellung

Gesetzes voraus. Nur bei sehr dünnwandigen Schalen ist die Spannung bei der kritischen Last hinreichend klein. Der Nachweis ist erforderlich.

Wenn im kritischen Lastfall $m > 1$ Halbwellen auf die Zylinderlänge verteilt sind, dann ändert sich an der kritischen Last nichts, wenn man die Schale in den Knoten der Halbwellen ringförmig versteift.

## 10.5 Finite Elemente

Finite-Elemente-Methoden werden bei geometrisch komplizierten Systemen angewandt. Sie sind Näherungsmethoden, die beispielsweise zur Berechnung von Spannungen und Verformungen bei statischer Belastung, von Eigenfrequenzen und Eigenformen bei Eigenschwingungen, von erzwungenen Schwingungen u. a. angewandt werden. Man stellt sich das System nach den Beispielen von Abb. 21a, b aus geometrisch einfachen Teilen von endlicher Größe – den *finiten Elementen* – zusammengesetzt vor. Typische Elemente sind Zugstäbe, Stücke von Biegestäben, Scheibenstücke, Plattenstücke, Schalenstücke, Tetraeder usw. Die Punkte in Abb. 21 sind die sog. *Knoten* der Elemente und des Elementenetzes. Das *Elementenetz* wird so angelegt, dass alle

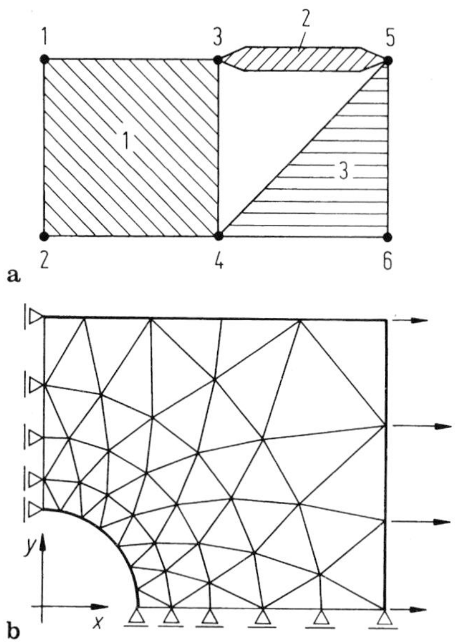


**Abb. 21** **a** Drei finite Elemente mit sechs Knoten. **b** Netz aus dreieckigen Scheibenelementen für einen Zugstab mit Loch. Wegen der Symmetrie genügt ein Viertel mit den gezeichneten Knotenlagern. Die Knotenkräfte am rechten Rand sind einer konstanten Streckenlast äquivalent. Außer dem globalen $x$, $y$-System werden u. U. für die Elemente anders gerichtete, individuelle $x_i$, $y_i$-Systeme verwendet (vgl. Abb. 22)

Lagerreaktionen in Knoten angreifen. Alle eingeprägten Kräfte und Momente werden durch äquivalente Kräfte und Momente ersetzt, die in Knoten angreifen. Vereinfachend wird zudem vorausgesetzt, dass benachbarte Elemente nur an Knoten mit Kräften und Momenten aufeinander wirken.

### 10.5.1 Elementmatrizen. Formfunktionen

**Knotenverschiebungen und Knotenkräfte**. Für ein einzelnes, durch Schnitte isoliertes finites Element $i$ werden in einem *individuellen* $x_i$, $y_i$, $z_i$-System für die Elementknoten *generalisierte Knotenverschiebungen* $\overline{q}_{ij}$ und *Knotenkräfte* $\overline{F}_{ij}$ definiert.

*Beispiel 11*: Für einen Knoten eines Zugstabelementes werden eine Längsverschiebung und eine Längskraft definiert (Abb. 22); für einen Knoten eines Biegestabelementes werden Durchbiegung und Neigung als generalisierte Verschiebungen

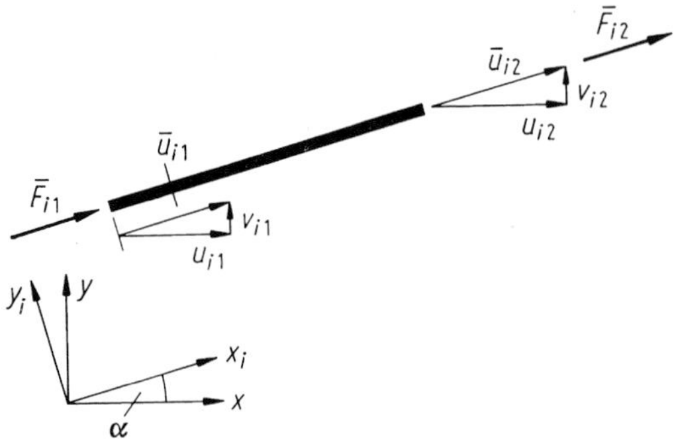


**Abb. 22** Finites Zugstabelement mit Knotenverschiebungen $\overline{\underline{q}}_i = [\bar{u}_{i1}\bar{u}_{i2}]^{\mathrm{T}}$ im individuellen $x_i$, $y_i$-System und mit Knotenverschiebungen $\underline{q}_i = [u_{i1}v_{i1}u_{i2}v_{i2}]^{\mathrm{T}}$ im globalen $x$, $y$-System

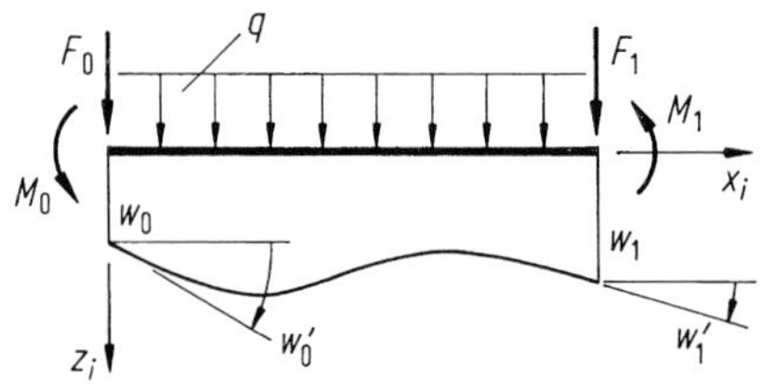


**Abb. 23** Knotenverschiebungen $\overline{\underline{q}}_i = [w_0 w_0' w_1 w_1']^{\mathrm{T}}$ und Knotenkräfte $\overline{\underline{F}}_i = [F_0 M_0 F_1 M_1]^{\mathrm{T}}$ an einem finiten Biegestabelement

und eine Kraft und ein Moment als generalisierte Kräfte definiert (Abb. 23).

**Massenmatrix und Steifigkeitsmatrix**. Alle $\bar{q}_{ij}$ und alle $\overline{F}_{ij}$ an Element $i$ werden in Spaltenmatrizen $\overline{\underline{q}}_i$ bzw. $\overline{\underline{F}}_i$ zusammengefasst. Bei linearem Werkstoffgesetz besteht im dynamischen Fall die Beziehung

$$\overline{\underline{M}}_i\ddot{\overline{\underline{q}}}_i + \overline{\underline{K}}_i\overline{\underline{q}}_i = \overline{\underline{F}}_i \qquad (42)$$

und im Sonderfall der Statik die Beziehung

$$\overline{\underline{K}}_i\overline{\underline{q}}_i = \overline{\underline{F}}_i \qquad (43)$$

mit einer symmetrischen *Massenmatrix* $\overline{\underline{M}}_i$ und einer symmetrischen *Steifigkeitsmatrix* $\overline{\underline{K}}_i$. Näherungen für die Matrizen werden wie folgt aus dem d'Alembert'schen Prinzip (▶ Abschn. 7.3.3 im Kap. 7, „Kinetik starrer Körper") entwickelt. Es lautet

$$\varrho\int_V \delta\boldsymbol{u}\cdot\ddot{\boldsymbol{u}}\,\mathrm{d}V + \int_V \delta\underline{\varepsilon}^{\mathrm{T}}\underline{\sigma}\,\mathrm{d}V - \sum_{(V)}\delta\boldsymbol{u}\cdot\boldsymbol{F} = 0 \qquad (44)$$

($\varrho$ Dichte, $\boldsymbol{u}$ Verschiebungsvektor des Volumenelements $\mathrm{d}V$ bzw. der äußeren Kraft $\boldsymbol{F}$, $\underline{\varepsilon} = [\varepsilon_x\ \varepsilon_y\ \varepsilon_z\ \gamma_{xy}\ \gamma_{yz}\ \gamma_{zx}]^{\mathrm{T}}$ Verzerrungszustand und $\underline{\sigma} = [\sigma_x\ \sigma_y\ \sigma_z\ \tau_{xy}\tau_{yz}\tau_{zx}]^{\mathrm{T}}$ Spannungszustand des Volumenelements $\mathrm{d}V$, das im spannungsfreien Ausgangszustand des finiten Elements an der Stelle $x_i$, $y_i$, $z_i$ liegt). Die Summe ist die virtuelle Arbeit aller am gesamten Volumen $V$ eingeprägten Kräfte. Jede Kraft $\boldsymbol{F}$ wird mit der virtuellen Verschiebung $\delta\boldsymbol{u}$ ihres Angriffspunkts multipliziert. Das zweite Integral ist die virtuelle Änderung $\delta U$ der Formänderungsenergie $U$ von Gl. (71) im ▶ Kap. 9, „Elementare Festigkeitslehre". Mit den Spaltenmatrizen $\underline{\ddot{u}}$ und $\underline{F}$ der $x_i$-, $y_i$- und $z_i$-Komponenten von $\ddot{\boldsymbol{u}}$ bzw. $\boldsymbol{F}$ ist $\delta\boldsymbol{u}\cdot\ddot{\boldsymbol{u}} = \delta\underline{u}^{\mathrm{T}}\underline{\ddot{u}}$ und $\delta\boldsymbol{u}\cdot\boldsymbol{F} = \delta\underline{u}^{\mathrm{T}}\underline{F}$.

**Formfunktionen**. Das unbekannte Verschiebungsfeld $\underline{u}(x_i, y_i, z_i)$ in Gl. (44) wird als Linearkombination der Knotenverschiebungen $\overline{\underline{q}}_{ij}$ approximiert:

$$\underline{u}(x_i, y_i, z_i) = \underline{N}(x_i, y_i, z_i)\overline{\underline{q}}_i. \qquad (45)$$

Darin ist $\underline{N}(x_i, y_i, z_i)$ eine Matrix von sog. *Formfunktionen*. Diese sind frei wählbar mit den Einschränkungen, dass erstens $\underline{u}(x_i, y_i, z_i)$ für die Koordinaten $x_i$, $y_i$, $z_i$ der Knoten die Knotenverschiebungen selbst liefert, dass zweitens für Knotenverschiebungen $\overline{\underline{q}}_i$, die eine Starrkörperbewegung beschreiben, $\underline{u}(x_i, y_i, z_i)$ das Verschiebungsfeld derselben Starrkörperbewegung darstellt, und dass drittens die Verschiebungen $\underline{u}(x_i, y_i, z_i)$ benachbarter Elemente an den gemeinsamen Kanten konform sind (siehe auch Zienkiewicz 1977; Hahn 1982). Gl. (45) stellt einen Ritz-Ansatz dar. Man kann die Ordnung des Ansatzes erhöhen, indem man die Zahl der Knoten des finiten Elements vergrößert. Ein dreieckiges Scheibenelement kann z. B. außer an den Ecken weitere Knoten auf den Kanten und im Innern haben.

Aus Gl. (45) und (2) im ▶ Kap. 9, „Elementare Festigkeitslehre" folgt $\underline{\varepsilon} = \underline{B}(x_i, y_i, z_i)\overline{\underline{q}}_i$ mit einer

Matrix $\underline{B}$, die partielle Ableitungen von $\underline{N}$ enthält. Bei Gültigkeit des Hooke'schen Gesetzes (Gl. (19) im ▶ Kap. 9, „Elementare Festigkeitslehre") ist

$$\underline{\sigma}(x_i, y_i, z_i) = \underline{D}\underline{\varepsilon} = \underline{D}\underline{B}\underline{\overline{q}}_i \qquad (46)$$

mit einer symmetrischen Matrix $\underline{D}$, die die Stoffkonstanten $E$, $G$ und $\nu$ enthält. Einsetzen aller Beziehungen in Gl. (44) liefert

$$\delta\underline{\overline{q}}_i^{\mathrm{T}}\left[\varrho\int_V \underline{N}^{\mathrm{T}}\underline{N}\mathrm{d}V\ddot{\underline{\overline{q}}}_i + \int_V \underline{B}^{\mathrm{T}}\underline{D}\underline{B}\mathrm{d}V\underline{\overline{q}}_i - \sum_{(V)}\underline{N}^{\mathrm{T}}\underline{F}\right] = 0 \qquad (47)$$

oder, da die Elemente von $\delta\underline{\overline{q}}_i$ unabhängig sind,

$$\underbrace{\varrho\int_V \underline{N}^{\mathrm{T}}\underline{N}\mathrm{d}V}_{\underline{\overline{M}}_i}\ddot{\underline{\overline{q}}}_i + \underbrace{\int_V \underline{B}^{\mathrm{T}}\underline{D}\underline{B}\mathrm{d}V}_{\underline{\overline{K}}_i}\underline{\overline{q}}_i - \underbrace{\sum_{(V)}\underline{N}^{\mathrm{T}}\underline{F}}_{\underline{\overline{F}}_i} = 0. \qquad (48)$$

Das ist Gl. (42) mit Berechnungsvorschriften für $\underline{\overline{M}}_i$, $\underline{\overline{K}}_i$ und $\underline{\overline{F}}_i$. Die Summe erstreckt sich über alle Kräfte am Volumen $V$, und $\underline{N}$ ist bei jeder Kraft der Funktionswert für den Angriffspunkt.

*Beispiel 12*: Für das Biegestabelement in Abb. 23 werden die Knotenverschiebungen $\underline{\overline{q}}_i = \begin{bmatrix} w_0 & w_0' & w_1 & w_1' \end{bmatrix}_i^{\mathrm{T}}$ gewählt. Die Durchbiegung $w(x)$ wird approximiert durch

$$w(x) = \left[1 - 3\frac{x^2}{l^2} + 2\frac{x^3}{l^3};\quad l\left(\frac{x}{l} - 2\frac{x^2}{l^2} + \frac{x^3}{l^3}\right);\quad 3\frac{x^2}{l^2} - 2\frac{x^3}{l^3};\quad l\left(-\frac{x^2}{l^2} + \frac{x^3}{l^3}\right)\right]\underline{\overline{q}}_i = \underline{N}\underline{\overline{q}}_i.$$

Das ist Gl. (45). Jedes Element von $\underline{N}$ gibt die Biegelinie für den Fall an, dass das entsprechende Element von $\underline{\overline{q}}_i$ gleich eins und die anderen gleich null sind. Beim Biegestab ist

$$\underline{\varepsilon} = \varepsilon_x = -w''z = -\underline{N}''\underline{\overline{q}}_i z,$$
$$\underline{\sigma} = \sigma_x = E\varepsilon_x = -E\underline{N}''\underline{\overline{q}}_i z,$$
$$\delta\underline{\varepsilon}^{\mathrm{T}}\underline{\sigma} = \delta\varepsilon_x\sigma_x.$$

Damit liefert Gl. (48)

$$\underline{\overline{K}}_i = E\int_V \underline{N}''^{\mathrm{T}}\underline{N}''z^2\mathrm{d}V = E\int_{x=0}^{l}\underline{N}''^{\mathrm{T}}\underline{N}''\int_A z^2\mathrm{d}A\mathrm{d}x = EI_y\int_0^l \underline{N}''^{\mathrm{T}}\underline{N}''\mathrm{d}x,$$

$$\underline{\overline{M}}_i = \varrho\int_V \underline{N}^{\mathrm{T}}\underline{N}\mathrm{d}V = \varrho A\int_0^l \underline{N}^{\mathrm{T}}\underline{N}\mathrm{d}x.$$

Die Kräfte $F_0$ und $F_1$, die Momente $M_0$ und $M_1$ und die Streckenlast $q$ von Abb. 23 liefern nach Gl. (48)

$$\underline{\overline{F}}_i = \underline{N}^{\mathrm{T}}(0)F_0 + \underline{N}^{\mathrm{T}}(l)F_1 - \underline{N}'^{\mathrm{T}}(0)M_0 - \underline{N}'^{\mathrm{T}}(l)M_1 + \int_0^l \underline{N}^{\mathrm{T}}(x)q\mathrm{d}x$$
$$= \left[F_0 + ql/2;\quad -M_0 + ql^2/12;\quad F_1 + ql/2;\quad -M_1 - ql^2/12\right]^{\mathrm{T}}.$$

**Koordinatentransformation**. Wenn das individuelle $x_i$, $y_i$, $z_i$-System des Elements $i$ nicht parallel zum sog. *globalen* $x$, $y$, $z$-System liegt, müssen Gl. (42) und (43) ins globale System transformiert werden. Das Ergebnis sind die Gleichungen

$$\underline{M}_i\ddot{\underline{q}}_i + \underline{K}_i\underline{q}_i = \underline{F}_i \quad \text{bzw.} \quad \underline{K}_i\underline{q}_i = \underline{F}_i \qquad (49\text{a, b})$$

mit $\underline{M}_i = \underline{T}_i^{\mathrm{T}}\underline{\overline{M}}_i\underline{T}_i$ und $\underline{K}_i = \underline{T}_i^{\mathrm{T}}\underline{\overline{K}}_i\underline{T}_i$. Darin sind $\underline{q}_i$ und $\underline{F}_i$ die Spaltenmatrizen aller generalisierten Knotenverschiebungen bzw. Knotenkräfte von Element $i$ im globalen System, und $\underline{T}_i$ ist durch die Gleichung $\underline{\overline{q}}_i = \underline{T}_i\underline{q}_i$ definiert.

*Beispiel 13*: Für das Zugstabelement in Abb. 22 ist

$$\underline{\bar{q}}_i = [\bar{u}_{i1}\ \ \bar{u}_{i2}]^{\mathrm{T}}, \quad \underline{q}_i = [u_{i1}\ \ v_{i1}\ \ u_{i2}\ \ v_{i2}]^{\mathrm{T}}.$$

Man liest ab

$$\underline{T}_i = \begin{bmatrix} \cos\alpha & \sin\alpha & 0 & 0 \\ 0 & 0 & \cos\alpha & \sin\alpha \end{bmatrix}.$$

## 10.5.2 Matrizen für das Gesamtsystem

Sei $\underline{q}$ die Spaltenmatrix der generalisierten Knotenverschiebungen aller Knoten des gesamten Elementenetzes im *globalen* x, y, z-System. Jedes Element jeder Matrix $\underline{q}_i$ ist mit einem Element von $\underline{q}$ identisch. Deshalb kann man beide Gl. (49) durch Hinzufügen von Identitäten $\underline{0} = \underline{0}$ in eine Gleichung der Form

$$\underline{M}_i^*\ddot{\underline{q}} + \underline{K}_i^*\underline{q} = \underline{F}_i^* \quad \text{bzw.} \quad \underline{K}_i^*\underline{q} = \underline{F}_i^* \qquad (50\text{a, b})$$

mit symmetrischen Matrizen $\underline{M}_i^*$ und $\underline{K}_i^*$ einbetten.

*Beispiel 14*: Für das Element $i = 2$ in Abb. 21a lautet Gl. (50a)

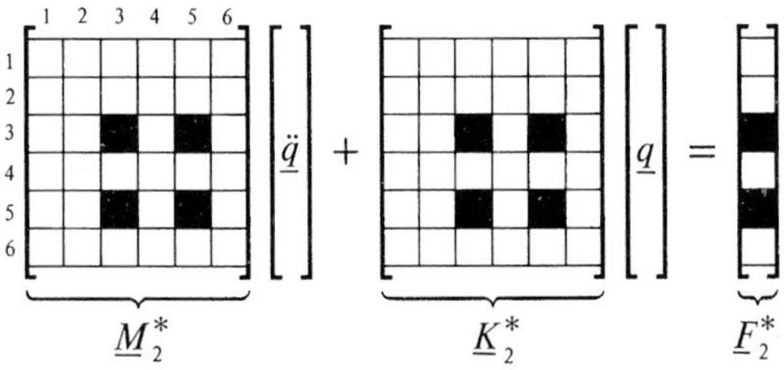


Die Zahlen sind Knotennummern. Schwarze Felder sind Untermatrizen von $\underline{M}_2, \underline{K}_2$ bzw. $\underline{F}_2$, und weiße Felder sind mit Nullen besetzt.

Aus den Matrizen $\underline{M}_i^*$ und $\underline{K}_i^*$ aller finiten Elemente $i = 1, \ldots, e$ eines Elementenetzes werden die Gleichungen der Dynamik und der Statik des Gesamtsystems gebildet. Sie lauten

$$\underline{M}\ddot{\underline{q}} + \underline{K}\underline{q} = \underline{F} \quad \text{bzw.} \quad \underline{K}\underline{q} = \underline{F} \qquad (51\text{a, b})$$

mit der Massenmatrix $\underline{M} = \sum \underline{M}_i^*$ und der Steifigkeitsmatrix $\underline{K} = \sum \underline{K}_i^*$ (Summation über $i = 1, \ldots, e$). $\underline{M}$ und $\underline{K}$ sind symmetrisch und schwach besetzt. Bei günstiger Knotennummerierung ist nur ein schmales Band um die Hauptdiagonale besetzt.

Finite-Elemente-Programmsysteme enthalten die Massen- und Steifigkeitsmatrizen $\underline{\bar{M}}_i$ und $\underline{\bar{K}}_i$ für einen ganzen Katalog von Elementtypen. Sie bilden die Matrizen $\underline{M}$ und $\underline{K}$ eines ganzen Elementenetzes, sobald die Lage aller Knoten im globalen Koordinatensystem, die Nummerierung der Elemente und Knoten und die Elementtypen durch Eingabedaten festgelegt sind.

## 10.5.3 Aufgabenstellungen bei Finite-Elemente-Rechnungen

**Statik**. Bei statisch bestimmten und bei statisch unbestimmten Systemen ist in Gl. (51b) von jedem Paar (Knotenkraft, Knotenverschiebung) eine Größe gegeben und eine unbekannt. Also ist die Zahl der Gleichungen ebenso groß, wie die Zahl der Unbekannten. Man löst Gl. (51b) nach den Unbekannten auf. Aus $\underline{q}$ werden anschließend mit Gl. (46) Spannungen in den finiten Elementen berechnet.

**Kinetik**. Bei Eigenschwingungen sind keine eingeprägten Kräfte vorhanden. In Gl. (51a) enthält $\underline{F}$ also nur Nullen und unbekannte zeitlich veränderliche Lagerreaktionen. Jeder Nullkraft entspricht in $\underline{q}$ eine unbekannte zeitlich veränderliche Verschiebung und jeder Lagerreaktion eine Verschiebung Null. Also hat Gl. (51a) im Prinzip die Form

$$\begin{bmatrix} \underline{M}_{11} & \underline{M}_{12} \\ \underline{M}_{12}^{\mathrm{T}} & \underline{M}_{22} \end{bmatrix} \begin{bmatrix} \ddot{\underline{q}}^* \\ \underline{0} \end{bmatrix} + \begin{bmatrix} \underline{K}_{11} & \underline{K}_{12} \\ \underline{K}_{12}^{\mathrm{T}} & \underline{K}_{22} \end{bmatrix} \begin{bmatrix} \underline{q}^* \\ \underline{0} \end{bmatrix} = \begin{bmatrix} \underline{0} \\ \underline{F}^* \end{bmatrix} \qquad (52)$$

oder ausmultipliziert

$$\underline{M}_{11}\ddot{\underline{q}}^* + \underline{K}_{11}\underline{q}^* = \underline{0}, \quad \underline{F}^* = \underline{M}_{12}^{\mathrm{T}}\ddot{\underline{q}}^* + \underline{K}_{12}^{\mathrm{T}}\underline{q}^*, \qquad (53)$$

wobei $\underline{q}^*$ und $\underline{F}^*$ die zeitlich veränderlichen Größen sind. Die erste Gl. (53) liefert die Eigenkreisfrequenzen und Eigenformen (siehe Abschn. 1.2 im Kap. 8, „Schwingungen") und die zweite die zugehörigen Lagerreaktionen.

Bei erzwungenen Schwingungen sind entweder periodisch veränderliche, eingeprägte Erregerkräfte oder periodisch veränderliche eingeprägte Lagerverschiebungen vorhanden. Im Fall von Erregerkräften steht in Gl. (52) anstelle der Null-Untermatrix auf der rechten Seite eine Spaltenmatrix der Form $\underline{A}\cos\Omega t$ mit bekanntem $\underline{A}$ und bekanntem $\Omega$. An die Stelle der ersten Gl. (53) tritt $\underline{M}_{11}\ddot{\underline{q}}^* + \underline{K}_{11}\underline{q}^* = \underline{A}\cos\Omega t$. Für die Lösung $\underline{q}^*(t)$ siehe ▶ Abschn. 8.2.2 im Kap. 8, „Schwingungen".

**Matrizenkondensation**. Bei statischen Problemen an Systemen mit mehrfach auftretenden, identischen Substrukturen (Abb. 24) verkleinert die *Matrizenkondensation* die Steifigkeitsmatrix. Sei $\underline{K}$ die Steifigkeitsmatrix der Gleichung $\underline{K}\underline{q} = \underline{F}$ für die markierte Substruktur. Nur für die dick markierten *Randknoten* existieren Randbedingungen für Knotenverschiebungen. Mit den Indizes r für Randknoten und i für die restlichen, *inneren Knoten* wird die Gleichung der Substruktur in der partitionierten Form geschrieben

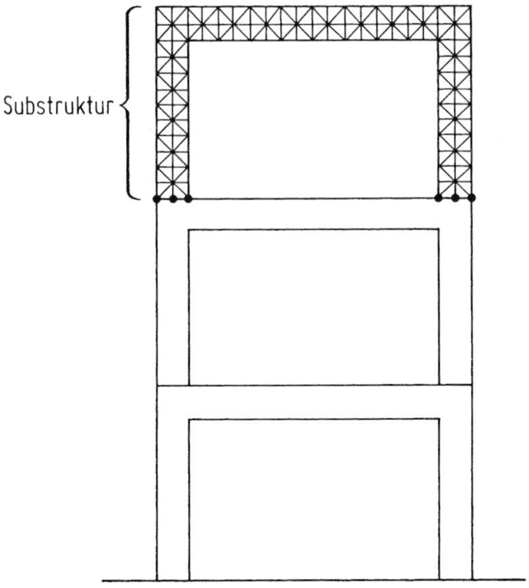


**Abb. 24** System mit drei identischen Substrukturen mit Randknoten (dick gezeichnet) und inneren Knoten (alle übrigen)

$$\begin{bmatrix} \underline{K}_{11} & \underline{K}_{12} \\ \underline{K}_{12} & \underline{K}_{22} \end{bmatrix} \begin{bmatrix} \underline{q}_{\mathrm{i}} \\ \underline{q}_{\mathrm{r}} \end{bmatrix} = \begin{bmatrix} \underline{F}_{\mathrm{i}} \\ \underline{F}_{\mathrm{r}} \end{bmatrix} \tag{54}$$

oder ausmultipliziert

$$\underline{K}_{11}\underline{q}_{\mathrm{i}} + \underline{K}_{12}\underline{q}_{\mathrm{r}} = \underline{F}_{\mathrm{i}}, \quad \underline{K}_{12}^{\mathrm{T}}\underline{q}_{\mathrm{i}} + \underline{K}_{22}\underline{q}_{\mathrm{r}} = \underline{F}_{\mathrm{r}}. \tag{55}$$

Auflösung der ersten Gleichung nach $\underline{q}_{\mathrm{i}}$ und Einsetzen in die zweite Gleichung liefert

$$\left.\begin{aligned} \underline{q}_{\mathrm{i}} &= \underline{K}_{11}^{-1}\left(-\underline{K}_{12}\underline{q}_{\mathrm{r}} + \underline{F}_{\mathrm{i}}\right), \\ \underline{K}_{\mathrm{r}}\underline{q}_{\mathrm{r}} &= \underline{F}_{\mathrm{r}} - \underline{K}_{12}^{\mathrm{T}}\underline{K}_{11}^{-1}\underline{F}_{\mathrm{i}} \end{aligned}\right\} \tag{56}$$

mit der wesentlich kleineren kondensierten Steifigkeitsmatrix

$$\underline{K}_{\mathrm{r}} = \underline{K}_{22} - \underline{K}_{12}^{\mathrm{T}}\underline{K}_{11}^{-1}\underline{K}_{12}.$$

Sie wird nur einmal berechnet. Aus $\underline{K}_{\mathrm{r}}$ wird die Matrix des Gesamtsystems (d. h. nur für die Randknoten des Gesamtsystems) nach dem Schema gebildet, das im Zusammenhang mit Gl. (50b) erläutert wurde. Die Gleichung des Gesamtsystems liefert zu gegebenen eingeprägten Kräften $\underline{F}_{\mathrm{i}}$ an den inneren Knoten alle Verschiebungen und Kräfte an den Randknoten. Mit $\underline{q}_{\mathrm{r}}$ ergibt Gl. (56) dann auch $\underline{q}_{\mathrm{i}}$.

**Ergänzende Bemerkungen**. Für rotationssymmetrische Probleme werden ringförmige Elemente definiert. Abb. 25 zeigt ein Ringelement mit Dreiecksquerschnitt mit drei Knoten und mit Knotenverschiebungen in radialer und in axialer Richtung. Weitere Einzelheiten sind u. a. in Zienkiewicz 1977 dokumentiert. Für krummlinig berandete Körper werden krummlinig berandete finite Elemente benötigt. Sie entstehen mit *isoparametrischen* Ansätzen (Zienkiewicz 1977; Hahn 1982). Für Gebiete mit Spannungskonzentrationen können finite Elemente mit speziellen, dem Problem angepassten Ritz-Ansätzen verwendet werden. Finite-Elemente-Methoden existieren auch für nichtlineare Stoffgesetze. Zum Beispiel kann man in Gl. (46) statt einer konstanten Matrix $\underline{D}$

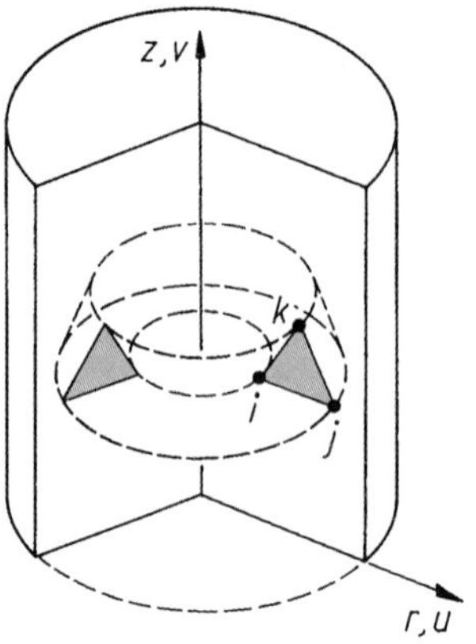


**Abb. 25** Ringelement mit dreieckigem Querschnitt für Systeme mit rotationssymmetrischer Form und Belastung. Die Knotenverschiebungen sind $u_i$, $u_j$, $u_k$ in radialer und $v_i$, $v_j$, $v_k$ in axialer Richtung. Die Knotenkräfte sind radiale und axiale Streckenlasten auf den Kreisen $i, j$ und $k$

eine Matrix einsetzen, deren Stoffparameter von der Verformung abhängig sind. Damit lassen sich statische Probleme durch inkrementelle Laststeigerung berechnen.

## 10.6 Übertragungsmatrizen

Viele elastische Systeme lassen sich nach dem Schema von Abb. 26 als Aneinanderreihung von einfachen Systembereichen $i = 1, \ldots, n$ mit Bereichsgrenzen $0, \ldots, n$ auffassen. Für die Bereichsgrenze $i$ ($i = 0, \ldots, n$) wird ein *Zustandsvektor* (eine Spaltenmatrix) $\underline{z}_i$ definiert. Dieser Zustandsvektor $\underline{z}_i$ enthält generalisierte Verschiebungen von ausgewählten Punkten der Bereichsgrenze $i$ und die diesen Verschiebungen zugeordneten Schnittgrößen (das Produkt einer Verschiebung und der zugeordneten Schnittgröße hat die Dimension einer Arbeit). Für den Bereich $i$ zwischen den Bereichsgrenzen $i - 1$ und $i$ wird eine Übertragungsmatrix $\underline{U}_i$ so definiert, dass

$$\underline{z}_i = \underline{U}_i \underline{z}_{i-1} + \underline{Q}_i \quad (i = 1, \ldots, n) \tag{57}$$

gilt. Die Spaltenmatrix $\underline{Q}_i$ enthält generalisierte Kräfte und Verschiebungen. Im Sonderfall $\underline{Q}_i = \underline{0}$ gilt

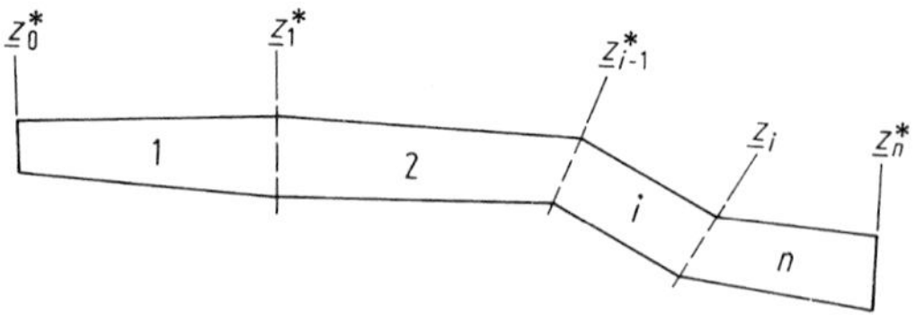


**Abb. 26** System mit Bereichen $1, \ldots, n$ und mit erweiterten Zustandsvektoren $\underline{z}_0^*, \ldots, \underline{z}_n^*$ an den Bereichsgrenzen $0, \ldots, n$. Sehr schematische Darstellung

$$\underline{z}_i = \underline{U}_i \underline{z}_{i-1} \quad (i = 1, \ldots, n). \tag{58}$$

Im Fall $\underline{Q}_i \neq \underline{0}$ wird Gl. (57) in der mit Gl. (58) formal gleichen Form

$$\underbrace{\begin{bmatrix} \underline{z}_i \\ 1 \end{bmatrix}}_{\underline{z}_i^*} = \underbrace{\left[\begin{array}{c|c} \underline{U}_i & \underline{Q}_i \\ \hline \underline{0} & 1 \end{array}\right]}_{\underline{U}_i^*} \underbrace{\begin{bmatrix} \underline{z}_{i-1} \\ 1 \end{bmatrix}}_{\underline{z}_{i-1}^*} \quad (i = 1, \ldots, n) \tag{59}$$

geschrieben. $\underline{z}_i^*$ und $\underline{U}_i^*$ heißen *erweiterter Zustandsvektor* bzw. *erweiterte Übertragungsmatrix*.

An den äußersten Bereichsgrenzen 0 und $n$ schreiben Randbedingungen jeweils die Hälfte aller Zustandsgrößen in $\underline{z}_0^*$ und in $\underline{z}_n^*$ vor. Die jeweils andere Hälfte ist unbekannt. Die Grundidee des Übertragungsmatrizenverfahrens besteht darin, die aus Gl. (58) und (59) folgenden Gleichungen

$$\left.\begin{array}{c} \underline{z}_n = \underline{U}_n \underline{U}_{n-1} \cdot \ldots \cdot \underline{U}_2 \underline{U}_1 \underline{z}_0 \\ \text{bzw.} \\ \underline{z}_n^* = \underline{U}_n^* \underline{U}_{n-1}^* \cdot \ldots \cdot \underline{U}_2^* \underline{U}_1^* \underline{z}_0^* \end{array}\right\} \tag{60}$$

zur Bestimmung der Unbekannten zu verwenden. Aus Gl. (60) werden Eigenschwingungen, stationäre erzwungene Schwingungen und statische Lastzustände berechnet.

### 10.6.1 Übertragungsmatrizen für Stabsysteme

Durchlaufträger und Maschinenwellen werden nach Abb. 27 als Systeme aus masselosen Stabfeldern,

Punktmassen und starren Körpern modelliert. Bereichsgrenzen $i = 0, \ldots, n$ werden an beiden Enden jedes Stabfeldes, jeder Punktmasse, jedes starren Körpers, jeder elastischen Stütze (auch wenn sie am Stabende liegt) und jedes inneren Lagers und Gelenks definiert. Zur Untersuchung von Vorgängen mit Längsdehnung und Biegung in der $x$, $z$-Ebene wird der Zustandsvektor

$$\underline{z}_i = \left[ u_i \quad N_i \mid w_i \quad \psi_i \quad M_{yi} \quad Q_{zi} \right]^{\mathrm{T}} \tag{61}$$

benötigt ($u$ axiale Verschiebung, $N$ Längskraft, $w$ Durchbiegung, $\psi = -w'$ Drehung, $M_y$ Biegemoment, $Q_z$ Querkraft; Reihenfolge beliebig). Wenn Längsdehnung oder Biegung nicht auftritt, entfallen die entsprechenden Größen. Im Fall von Biegung um die $z$-Achse und von Torsion treten entsprechende Größen zusätzlich auf.

**Erweiterte Übertragungsmatrix des masselosen Stabfeldes.** Abb. 28 zeigt ein masseloses Stabfeld mit seinen Zustandsgrößen an den Feldgrenzen $i-1$ und $i$ und mit eingeprägten Lasten $F_{xi}$, $F_{zi}$ und $q_{zi} = \text{const}$. Man formuliert drei Gleichgewichtsbedingungen und mithilfe von Tab. 7 im ▶ Kap. 9, „Elementare Festigkeitslehre" drei Kraft-Verschiebungs-Beziehungen. Zwei von ihnen lauten z. B.

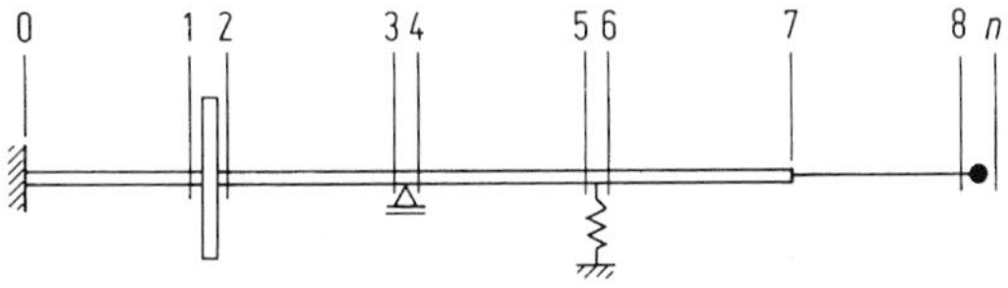


**Abb. 27** Durchlaufträger mit Bereichsgrenzen $0, \ldots, n = 9$

$$\begin{aligned} M_{yi} &= M_{yi-1} + Q_{zi-1} l_i - F_{zi} b_i - q_{zi} l_i^2/2, \\ \psi_i &= \psi_{i-1} + \frac{M_{yi} l_i - Q_{zi} l_i^2/2 - F_{zi} a_i^2/2 - q_{zi} l_i^3/6}{E_i I_{yi}}. \end{aligned} \tag{62}$$

Die Auflösung aller sechs Gleichungen in der Form von Gl. (59), liefert für $\underline{U}_i$ und $\underline{Q}_i$ die Ausdrücke unten.

Mit diesen Matrizen gilt Gl. (59) sowohl für statische Lastzustände als auch für die Amplituden von stationären erzwungenen Schwingungen der Form

$$\underline{U}_i = \begin{bmatrix} 1 & l/(EA) & 0 & 0 & 0 & 0 \\ 0 & 1 & 0 & 0 & 0 & 0 \\ 0 & 0 & 1 & -l & -l^2(2EI_y) & -l^3(6EI_y) \\ 0 & 0 & 0 & 1 & l/(EI_y) & l^2(2EI_y) \\ 0 & 0 & 0 & 0 & 1 & l \\ 0 & 0 & 0 & 0 & 0 & 1 \end{bmatrix},$$

$$\underline{Q}_i = \left[ \frac{-F_x b}{EA}, \quad -F_x \;\Big|\; \frac{F_z b^3}{6EI_y} + \frac{q_z l^4}{24EI_y}, \quad \frac{-F_z b^2}{2EI_y} - \frac{q_z l^3}{6EI_y}, \quad -F_z b - \frac{q_z l^2}{2}, \quad -F_z - q_z l \right]_i^{\mathrm{T}} \tag{63}$$

$$\underline{Q}_i(t) = \underline{Q}_i \cos \Omega t,$$
$$\underline{z}_{i-1}(t) = \underline{z}_{i-1} \cos \Omega t, \quad \underline{z}_i(t) = \underline{z}_i \cos \Omega t,$$

als auch für die Amplituden von freien Schwingungen in irgendeiner Eigenform $\left(\underline{Q}_i(t) = \underline{0}, \; \underline{z}_{i-1}(t) = \underline{z}_{i-1} \cos \omega t, \; \underline{z}_i(t) = \underline{z}_i \cos \omega t\right)$.

**Abb. 28** Masseloses Stabfeld $i$ mit Zustandsgrößen an den Grenzen $i-1$ und $i$ und mit eingeprägten Kräften

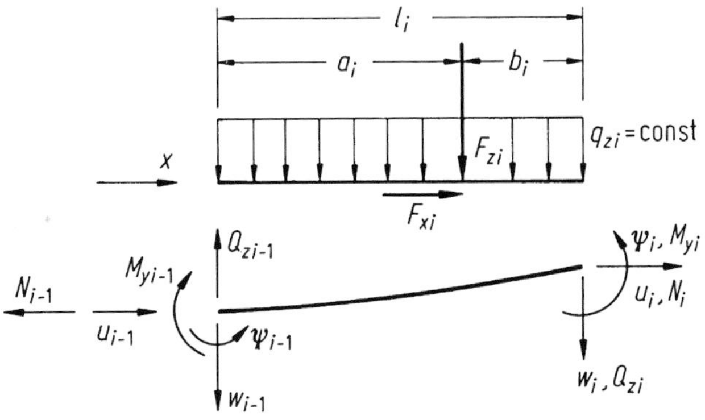

**Erweiterte Übertragungsmatrix für starre Körper und Punktmassen**. Abb. 29 zeigt einen starren Körper $i$ mit seinen Zustandsgrößen an den Bereichsgrenzen $i-1$ und $i$ und mit eingeprägten Kräften $F_{xi}$ und $F_{zi}$. Man formuliert drei Bewegungsgleichungen und drei geometrische Beziehungen. Zwei von ihnen lauten z. B.

$$M_{yi} - M_{yi-1} - Q_{zi}b_i - Q_{zi-1}a_i - F_{zi}c_i = J_{yi}\ddot{\psi}_{i-1},$$
$$\psi_i = \psi_{i-1}. \tag{64}$$

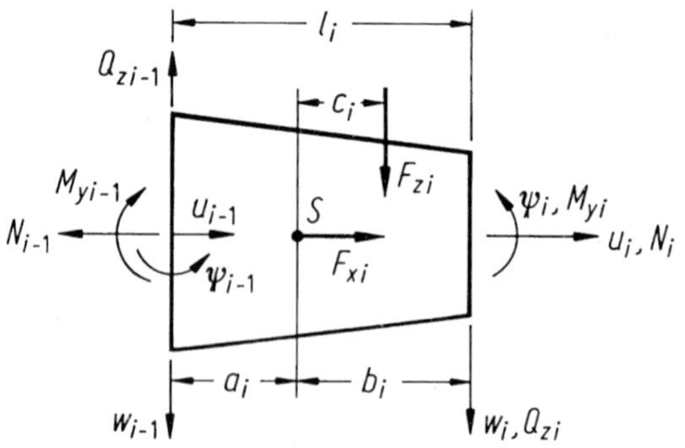


**Abb. 29** Starrer Körper $i$ mit Zustandsgrößen an den Grenzen $i-1$ und $i$ und mit eingeprägten Kräften

Bei erzwungenen Schwingungen mit der Erregerkreisfrequenz Ω ist im stationären Zustand $\ddot{\psi}_{i-1} = -\Omega^2\psi_{i-1}$. Nach dieser Substitution ist Gl. (64) eine Beziehung für die Amplituden der Erregerkräfte und der Zustandsgrößen. Bei freien Schwingungen in einer Eigenform gilt das gleiche mit der Eigenkreisfrequenz $\omega$ anstelle von $\Omega$. Die Auflösung aller sechs Gleichungen in der Form von Gl. (59), liefert für $\underline{U}_i$ und $\underline{Q}_i$ die Ausdrücke

$$\underline{U}_i = \begin{bmatrix} 1 & 0 & 0 & 0 & 0 & 0 \\ -\Omega^2 m & 1 & 0 & 0 & 0 & 0 \\ 0 & 0 & 1 & -l & 0 & 0 \\ 0 & 0 & 0 & 1 & 1 & l \\ 0 & 0 & -\Omega^2 mb & -\Omega^2(mab - J_y) & 1 & l \\ 0 & 0 & -\Omega^2 m & -\Omega^2 ma & 0 & 1 \end{bmatrix},$$
$$\underline{Q}_i = \begin{bmatrix} 0 \\ -F_x \\ 0 \\ 0 \\ -F_z(b-c) \\ -F_z \end{bmatrix}_i \tag{65}$$

Diese Matrizen sind im Sonderfall $a=b=c=l=0$, $J_y = 0$ auch für eine Punktmasse gültig.

**Erweiterte Übertragungsmatrizen für elastische Stützen**. Für die elastische Stütze von Abb. 30 gelten die Gleichungen $u_i = u_{i-1}$, $w_i = w_{i-1}$, $\psi_i = \psi_{i-1}$ und $N_i = N_{i-1} + k_{xi}u_i$, $M_{yi} = M_{yi-1} + k_{yi}\psi_i$, $Q_{zi} = Q_{zi-1} + k_{zi}w_i$. Die Schreibweise dieser Gleichungen in der Form von Gl. (59) liefert die Ausdrücke

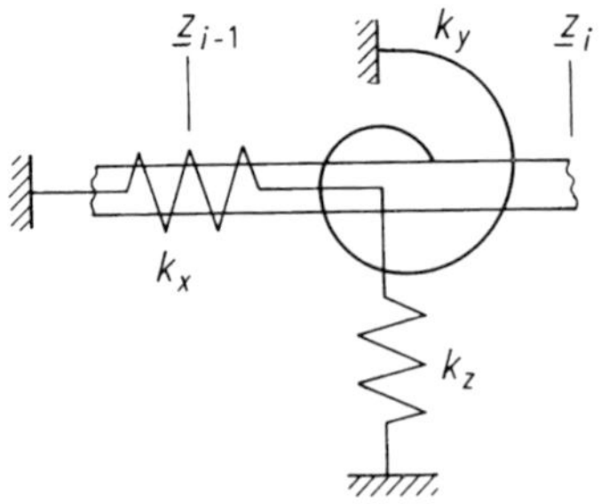


**Abb. 30** Elastische Stütze $i$ mit Bereichsgrenzen $i-1$ und $i$ des Stabes infinitesimal dicht neben der Stütze

$$\underline{U}_i = \begin{bmatrix} 1 & 0 & 0 & 0 & 0 & 0 \\ k_x & 1 & 0 & 0 & 0 & 0 \\ 0 & 0 & 1 & 0 & 0 & 0 \\ 0 & 0 & 0 & 1 & 0 & 0 \\ 0 & 0 & 0 & k_y & 1 & 0 \\ 0 & 0 & k_z & 0 & 0 & 1 \end{bmatrix}_i, \quad \underline{Q}_i = \underline{0}. \tag{66}$$

**Innere Lager und Gelenke**. An jedem Lager und an jedem Gelenk im Innern eines Trägers (Drehgelenk, Schiebehülse usw.) sind einige Zustandsgrößen unmittelbar beiderseits gleich null (z. B. $w$ an einem Gelenklager und $M_y$ an einem Drehgelenk). Die diesen Nullgrößen zugeordneten Zustandsgrößen machen Sprünge unbekannter Größe (z. B. $Q_z$ an einem Gelenklager und $\psi$ an einem Drehgelenk). Alle anderen Zustandsgrößen sind beiderseits gleich (aber i. Allg. nicht gleich null). Alle Gleichungen werden in der Form von

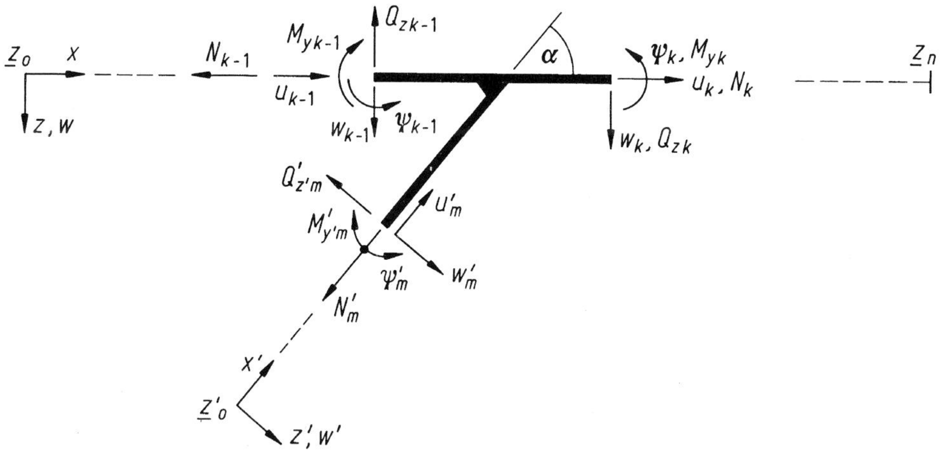


**Abb. 31** Stabverzweigung mit Bereichsgrenzen $k-1$, $k$ und $m$ und mit verschiedenen Koordinatensystemen $x, y, z$ und $x', y', z'$

Gl. (59) mit den folgenden Ausdrücken für $\underline{U}_i$ und $\underline{Q}_i$ zusammengefasst:

$$\left.\begin{aligned} \underline{U}_i &= \text{Einheitsmatrix}, \\ \underline{Q}_i &= [\text{Sprunggrößen und Nullen}]^{\mathrm{T}}. \end{aligned}\right\} \quad (67)$$

Jeder unbekannten Sprunggröße in $\underline{Q}_i$ entspricht die zusätzliche Bestimmungsgleichung, dass die zugeordnete Zustandsgröße gleich null ist.

**Erzwungene Schwingungen**. Bei Durchlaufträgern nach Abb. 27 sind in Gl. (45) im ▶ Kap. 9, „Elementare Festigkeitslehre" die Matrizen $\underline{U}_i$ und $\underline{U}_i^*$ $(i = 1, \ldots, n)$ vom Typ der Gln. (63), (65), (66) oder (67) mit gegebenen Erregerkraftamplituden und mit einer gegebenen Erregerkreisfrequenz $\Omega$. Jeder unbekannten Sprunggröße in Gl. (67) ist eine zusätzliche Bestimmungsgleichung zugeordnet. Mit den Randbedingungen $\underline{z}_0$ und $\underline{z}_n$ sind insgesamt ebenso viele Gleichungen wie Unbekannte vorhanden. Die Gl. (60) sind inhomogen. Sie bestimmen alle unbekannten Schwingungsamplituden als Funktionen von Ω. Nach der Bestimmung von $\underline{z}_0^*$ liefert Gl. (59) nacheinander $\underline{z}_1^*, \ldots, \underline{z}_{n-1}^*$. $\Omega = 0$ ist der statische Sonderfall. Literatur siehe unter anderem Waller und Krings 1975.

**Eigenschwingungen**. Bei Eigenschwingungen in einer Eigenform sind keine Erregerkräfte vorhanden. Das für erzwungene Schwingungen erläuterte Gleichungssystem ist dann homogen mit Koeffizienten, die statt einer Erregerkreisfrequenz $\Omega$ die unbekannte Eigenkreisfrequenz $\omega$ enthalten. Die Bedingung „Koeffizientendeterminante $= 0$" liefert alle Eigenkreisfrequenzen (wegen der gewählten Modellierung endlich viele). Zu jeder Eigenkreisfrequenz liefern Gl. (59) und (60) die zugehörige Eigenform. Literatur siehe unter anderem Waller und Krings 1975.

**Verzweigte Stabsysteme**. Abb. 31 zeigt schematisch einen Stabbereich mit den Bereichsgrenzen $k-1$ und $k$, dem ein anderer Stab derselben Art starr angeschlossen ist. Dieser Stab hat an seiner Bereichsgrenze $m$ und in seinem eigenen $x', y', z'$-System einen Zustandsvektor

$$\underline{z}'_m = \left[ u'_m \quad N'_m \;\vdots\; w'_m \quad \psi'_m \quad M'_{y'm} \quad Q'_{z'm} \right]^{\mathrm{T}}$$

entsprechend Gl. (61). Für diesen Stab gilt entsprechend Gl. (60)

$$\begin{aligned} \underline{z}'_m &= \underline{U}'_m \cdot \ldots \cdot \underline{U}'_1 \underline{z}'_0 \quad \text{bzw.} \\ \underline{z}'^*_m &= \underline{U}'^*_m \cdot \ldots \cdot \underline{U}'^*_1 \underline{z}'^*_0. \end{aligned} \quad (68)$$

Für den Stabknoten in Abb. 31 sind drei Gleichgewichtsbedingungen (z. B. $N_k - N_{k-1} - N'_m$

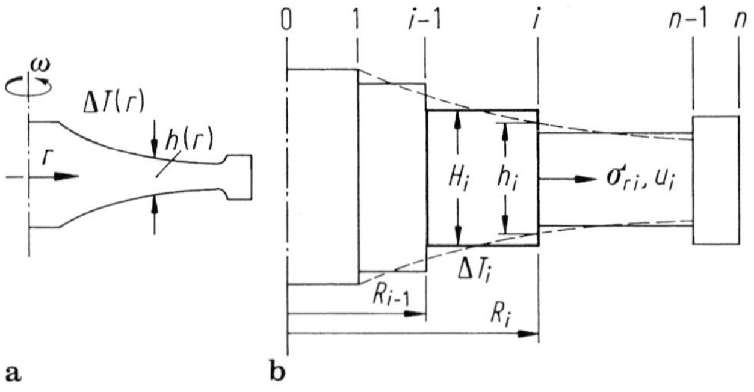


**Abb. 32** Rotierende Scheibe (**a**) und Ersatzsystem (**b**). Bei einer Scheibe ohne Loch (mit Loch vom Radius $R_1$) sind Randbedingungen für $\underline{z}_0^*$ (bzw. für $\underline{z}_1^*$) vorgeschrieben

$\sin\alpha - Q'_{z'm}\cos\alpha = 0$) und die drei Gleichungen $u_k = u_{k-1}$, $w_k = w_{k-1}$, $\psi_k = \psi_{k-1}$ gültig. Sie werden in der Gleichung

$$\underline{z}_k^* = \underline{z}_{k-1}^* + \underline{T}_k^* \underline{z}'^*_m \tag{69}$$

zusammengefasst. $\underline{T}_k^*$ ist eine nur von $\alpha$ abhängige Koordinatentransformationsmatrix. Außerdem liefert Abb. 31 die geometrischen Beziehungen

$$\left.\begin{aligned} u_k &= u'_m\cos\alpha + w'_m\sin\alpha, \\ w_k &= -u'_m\sin\alpha + w'_m\cos\alpha, \\ \psi_k &= \psi'_m. \end{aligned}\right\} \tag{70}$$

Mit Gl. (69) und (59) erhält man für das gesamte System aus zwei Stäben statt Gl. (60) die Gleichung

$$\begin{aligned} \underline{z}_n^* = \underline{U}_n^* \underline{U}_{n-1}^* \cdot \ldots \\ \cdot \underline{U}_{k+1}^* \big[\underline{U}_{k-1}^* \cdot \ldots \cdot \underline{U}_1^* \underline{z}_0^* \\ + \underline{T}_k^* \underline{U}'^*_m \cdot \ldots \cdot \underline{U}'^*_1 \underline{z}'^*_0\big]. \end{aligned} \tag{71}$$

Mit Randbedingungen für $\underline{z}_0^*$, $\underline{z}'^*_0$ und $\underline{z}_n^*$ und mit Gl. (70) ist die Zahl der Gleichungen und der Unbekannten wieder gleich groß, sodass die Berechnung von freien und von erzwungenen Schwingungen demselben Schema folgt, wie bei unverzweigten Systemen (siehe Pestel und Leckie 1963).

## 10.6.2 Übertragungsmatrizen für rotierende Scheiben

Zur Berechnung von Spannungen und Verschiebungen in einer mit $\omega$ rotierenden Scheibe veränderlicher Dicke $h(r)$ und mit vom Radius abhängiger Temperaturerhöhung $\Delta T(r)$ (Abb. 32a) wird das Ersatzsystem von Abb. 32b mit Scheibenringen $i = 1, \ldots, n$ mit jeweils konstanter Dicke $H_i$ und konstanter Temperaturerhöhung $\Delta T_i$ gebildet. Am Radius $R_i$ wird der erweiterte Zustandsvektor $\underline{z}_i^* = [\sigma_r H \;\; u \;\; 1]_i^T$ aus Radialspannung $\sigma_r$ und Radialverschiebung $u$ gebildet. Aus der exakten Lösung $\sigma_r(r)$ und $u(r)$ für den Scheibenring (siehe Abschn. 2.1 und Biezeno und Grammel 2013) werden für die Matrizen $\underline{U}_i$ und $\underline{Q}_i$ in Gl. (59) die folgenden Ausdrücke gewonnen. Darin ist $a = 1 - (R_{i-1}/R_i)^2$.

$$\underline{U}_i = \begin{bmatrix} 1-(1-\nu)a/2 & EH_i a/(2R_{i-1}) \\ (1-\nu^2)R_i a/(2EH_i) & [1-(1+\nu)a/2]R_i/R_{i-1} \end{bmatrix},$$

$$\underline{Q}_i = \begin{bmatrix} -(H_i a/2)\{(\varrho\omega^2 R_i^2/2) \\ \times[1+\nu+(1-\nu)(2-a)/2] + E\alpha\Delta T_i\} \\ -(R_i a/2)\{(1-\nu^2)\varrho\omega^2 R_i^2 a/(4E) \\ -(1+\nu)\alpha\Delta T_i\} \end{bmatrix}. \tag{72}$$

Für den Scheibenbereich zwischen $\underline{z}_0^*$ und $\underline{z}_1^*$ ist

$$\left.\begin{aligned} \underline{U}_i &= \begin{bmatrix} 1 & 0 \\ (1-\nu)R_1/(EH_1) & 0 \end{bmatrix}, \\ \underline{Q}_1 &= \begin{bmatrix} -(3+\nu)\varrho\omega^2 R_1^2 H_1/8 \\ -(1-\nu^2)\varrho\omega^2 R_1^3/(8E) + R_1\alpha\Delta T_1 \end{bmatrix}. \end{aligned}\right\} \tag{73}$$

Bei Scheiben ohne Loch ist die Randbedingung $u_0 = 0$ gegeben. Bei Scheiben mit Loch vom Radius $R_1$ ist bei $R_1$ eine Randbedingung gegeben.

Die mittlere Umfangsspannung $\sigma_{\varphi i}$ im Bereich $i$ ($i = 1, \ldots, n$) wird aus der Gleichung

$$\sigma_{\varphi i} = [\nu/H_i \quad Eh_i/(H_i R_i) \quad 0]\underline{z}_i^*$$

berechnet.

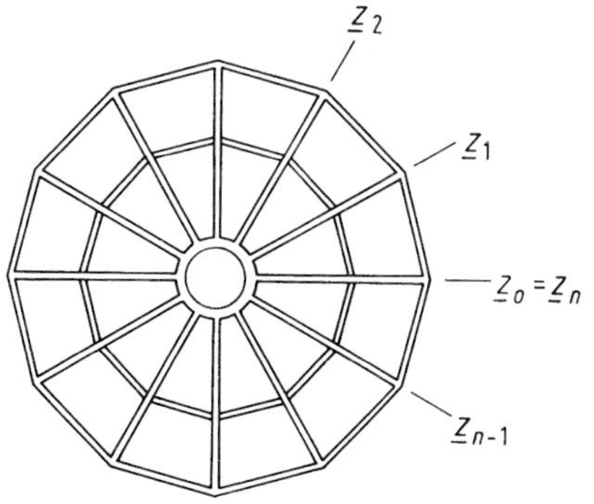


**Abb. 33** Bereichsgrenzen für ein zyklisches System

### 10.6.3 Ergänzende Bemerkungen

In Pestel und Leckie 1963 sowie in Waller und Krings 1975 sind Kataloge von Übertragungsmatrizen für gebettete Stäbe, kontinuierlich mit Masse behaftete Stäbe, gekrümmte Stäbe, Scheiben, Platten und für viele andere spezielle Systeme zusammengestellt.

Übertragungsmatrizen können wie folgt aus Steifigkeitsmatrizen berechnet werden und umgekehrt. Wenn man an den Bereichsgrenzen $i-1$ und $i$ die Spaltenmatrizen aller Verschiebungen mit $\underline{u}_{i-1}$ bzw. $\underline{u}_i$ und die Spaltenmatrizen aller zugeordneten Schnittgrößen mit $\underline{S}_{i-1}$ bzw. $\underline{S}_i$ bezeichnet, dann stellt die Übertragungsmatrix $\underline{U}_i$ die Beziehung her:

$$\begin{bmatrix} \underline{u}_i \\ \underline{S}_i \end{bmatrix} = \begin{bmatrix} \underline{U}_{11} & \underline{U}_{12} \\ \underline{U}_{21} & \underline{U}_{22} \end{bmatrix} [\underline{u}_{i-1} \quad \underline{S}_{i-1}] \text{ oder} \quad \underline{z}_i = \underline{U}_i \underline{z}_{i-1}. \qquad (74)$$

Die stets symmetrische Steifigkeitsmatrix $\underline{K}_i$ desselben Systembereichs stellt die Beziehung her:

$$\begin{bmatrix} \underline{S}_{i-1} \\ \underline{S}_i \end{bmatrix} = \begin{bmatrix} \underline{K}_{11} & \underline{K}_{12} \\ \underline{K}_{12}^{\mathrm{T}} & \underline{K}_{22} \end{bmatrix} \begin{bmatrix} \underline{u}_{i-1} \\ \underline{u}_i \end{bmatrix} \text{ oder} \quad \underline{F} = \underline{K}\,\underline{u}. \qquad (75)$$

Darin steht $-\underline{S}_{i-1}$, weil Steifigkeitsmatrizen nicht mit Schnittgrößen, sondern mit eingeprägten Kräften definiert werden, die an beiden Schnittufern in derselben Richtung als positiv erklärt sind. Der Vergleich von Gl. (74) und (75) liefert die Beziehungen

$$\begin{aligned} &\underline{U}_{11} = -\underline{K}_{12}^{-1}\underline{K}_{11}, && \underline{U}_{12} = -\underline{K}_{12}^{-1}, \\ &\underline{U}_{21} = \underline{K}_{12}^{T} - \underline{K}_{22}\underline{K}_{12}^{-1}\underline{K}_{11}, && \underline{U}_{22} = -\underline{K}_{22}\underline{K}_{12}^{-1}, \\ &\underline{K}_{11} = \underline{U}_{12}^{-1}\underline{U}_{11}, && \underline{K}_{12} = -\underline{U}_{12}^{-1}, \\ &\underline{K}_{22} = \underline{U}_{22}\underline{U}_{12}^{-1} \end{aligned} \qquad (76)$$

Bei dem schematisch dargestellten System in Abb. 33 mit den radialen Bereichsgrenzen $i = 0, \ldots, n$ lautet die Randbedingung $\underline{z}_n = \underline{z}_0$. Damit nimmt Gl. (60) die Form $(\underline{U}_n \cdot \ldots \cdot \underline{U}_1 - \underline{E})\underline{z}_0 = \underline{0}$ an. Das ergibt für Eigenschwingungen die charakteristische Frequenzgleichung

$$\det[\underline{U}_n \cdot \ldots \cdot \underline{U}_1 - \underline{E}] = 0.$$

Wenn $n$ durch 2 $m$ ($m = 1{,}2, \ldots$) teilbar ist, zeichnen sich alle Eigenformen mit $m$ Knotendurchmessern durch die Randbedingung $\underline{z}_{n/m} = \underline{z}_0$ aus. Die Frequenzgleichung dieser Eigenformen lautet

$$\det\left[\underline{U}_{n/m} \cdot \ldots \cdot \underline{U}_1 - \underline{E}\right] = 0.$$

## 10.7 Festigkeitshypothesen

Zur Beurteilung der Frage, ob ein durch Hauptnormalspannnungen $\sigma_1$, $\sigma_2$, $\sigma_3$ gekennzeichneter Spannungszustand in einem Punkt eines Werkstoffs zum Versagen führt, werden mit *Festigkeitshypothesen* aus den Hauptspannungen

*Vergleichsspannungen* $\sigma_V(\sigma_1, \sigma_2, \sigma_3)$ berechnet. Je nach Werkstoffart (Metall, Kunststoff, Faserverbundstoff usw.), je nach Beanspruchungsart (statisch, stoßartig, schwingend) und je nach Versagensart (bei Metallen Fließen oder Sprödbruch) wird die Vergleichsspannung $\sigma_V$ nach verschiedenen Hypothesen berechnet. Der Werkstoff versagt, wenn $\sigma_V(\sigma_1, \sigma_2, \sigma_3)$ einen jeweils zutreffenden Werkstoffkennwert $\sigma_{krit}$ erreicht. Die Gleichung $\sigma_V(\sigma_1, \sigma_2, \sigma_3) = \sigma_{krit}$ ist ein *Versagenskriterium*. In einem kartesischen Koordinatensystem mit den Achsenbezeichnungen $\sigma_1$, $\sigma_2$, $\sigma_3$ definiert die Gleichung eine Fläche, auf der der betreffende Versagensfall eintritt, während in dem Raum $\sigma_V < \sigma_{krit}$ das Versagen nicht eintritt.

*Vergleichsspannungen für das Fließen* von Metallen bei statischer Belastung: Jeder metallische Werkstoff kann fließen (spröde Werkstoffe z. B. bei der Rockwellprüfung). Nach Tresca ist die Vergleichsspannung

$$\sigma_V = 2\tau_{max} = \sigma_{max} - \sigma_{min}. \quad (77)$$

Das Tresca-Kriterium für Fließen ist

$$2\tau_{max} = \sigma_{max} - \sigma_{min} = R_e. \quad (78)$$

Zur Definition von $R_e$ (siehe ▶ Kap. 3, „Anforderungen, Eigenschaften und Verhalten von Werkstoffen"). Nach Huber und von Mises ist die Vergleichsspannung

$$\begin{aligned}\sigma_V &= \left\{\frac{1}{2}\left[(\sigma_1 - \sigma_2)^2 + (\sigma_2 - \sigma_3)^2 + (\sigma_3 - \sigma_1)^2\right]\right\}^{1/2} \\ &= \left[\sigma_x^2 + \sigma_y^2 + \sigma_z^2 - \left(\sigma_x\sigma_y + \sigma_y\sigma_z + \sigma_z\sigma_x\right) \right. \\ &\quad \left. +3\left(\tau_{xy}^2 + \tau_{yz}^2 + \tau_{zx}^2\right)\right]^{1/2}.\end{aligned} \quad (79)$$

Beim ebenen Spannungszustand ist

$$\begin{aligned}\sigma_V &= \left(\sigma_1^2 + \sigma_2^2 - \sigma_1\sigma_2\right)^{1/2} \\ &= \left(\sigma_x^2 + \sigma_y^2 - \sigma_x\sigma_y + 3\tau_{xy}^2\right)^{1/2}.\end{aligned} \quad (80)$$

Das Huber/Mises-Fließkriterium ist

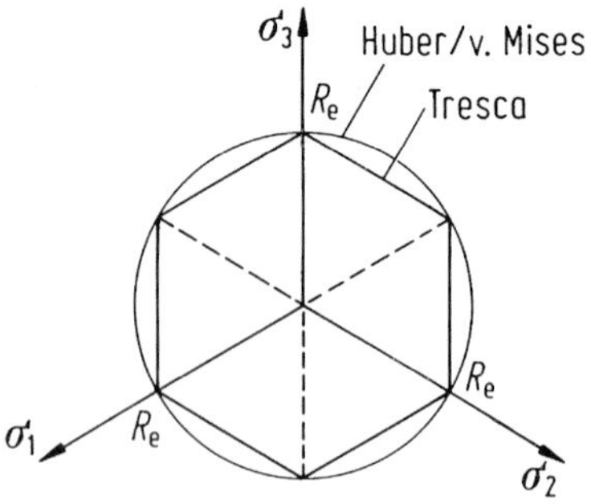


**Abb. 34** Fließflächen nach Huber/v. Mises und Tresca in der Projektion entlang der Diagonale $\sigma_1 = \sigma_2 = \sigma_3$ im Spannungshauptachsensystem

$$\begin{aligned}&(\sigma_1 - \sigma_2)^2 + (\sigma_2 - \sigma_3)^2 + (\sigma_3 - \sigma_1)^2 \\ &\quad = 2R_e^2.\end{aligned} \quad (81)$$

Die durch Gl. (78) und (81) definierten Versagensflächen im $\sigma_1, \sigma_2, \sigma_3$-Koordinatensystem heißen Fließflächen. Beide sind Zylinder (mit einem Sechseck- bzw. einem Kreisquerschnitt), dessen Achse die Raumdiagonale $\sigma_1 = \sigma_2 = \sigma_3$ ist (Abb. 34).

*Vergleichsspannungen für den Bruch* von Metallen bei statischer Belastung: Jeder metallische Werkstoff kann brechen (duktile Werkstoffe z. B. bei einem hinreichend starken hydrostatischen Spannungszustand $\sigma_1 = \sigma_2 = \sigma_3 > 0$). Nach der sog. logarithmischen Dehnungshypothese (Sauter und Kuhn 1991) ist die Vergleichsspannung $\sigma_V(\sigma_1, \sigma_2, \sigma_3)$ implizit durch die Gleichung bestimmt:

$$\begin{aligned}&b^{[\sigma_1-\nu(\sigma_2+\sigma_3)]/K} + b^{[\sigma_2-\nu(\sigma_3+\sigma_1)]/K} + b^{[\sigma_3-\nu(\sigma_1+\sigma_2)]/K} \\ &= b^{\sigma_V/K} + 2b^{-\nu\sigma_V/K}, \quad b = [(1-\nu)/\nu]^{1/(1+\nu)}.\end{aligned} \quad (82)$$

$K$ ist die lineare Trennfestigkeit. Wenn der Werkstoff im Zugversuch ohne Einschnürung bricht, ist $K = R_m$. Das Bruchkriterium lautet $\sigma_V = K$. Die dadurch definierte Versagensfläche im $\sigma_1$, $\sigma_2$, $\sigma_3$-Koordinatensystem (die Bruchfläche) hat die in Abb. 35 dargestellte Form. Die Abb. 36a, b zeigen (am Beispiel $\nu = 0{,}3$) Schnittkurven mit Ebenen normal zur Raumdiagonale $\sigma_1 = \sigma_2 = \sigma_3$ bzw. die Schnittkurve mit der Ebene $\sigma_3 = 0$ (ebener Spannungszustand).

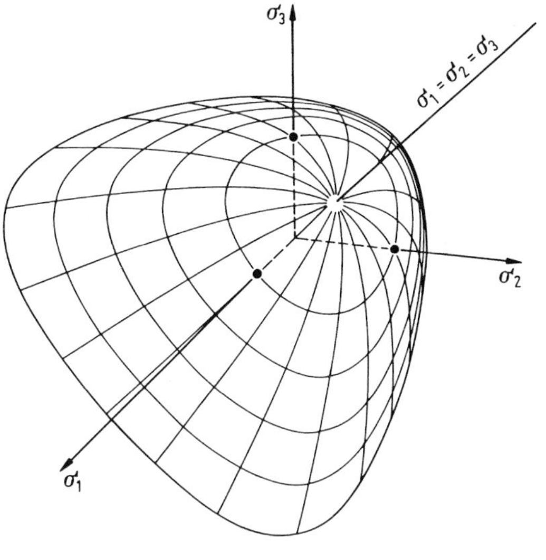


**Abb. 35** Die Bruchfläche für einen Werkstoff mit $\nu = 0{,}3$ nach der logarithmischen Dehnungshypothese

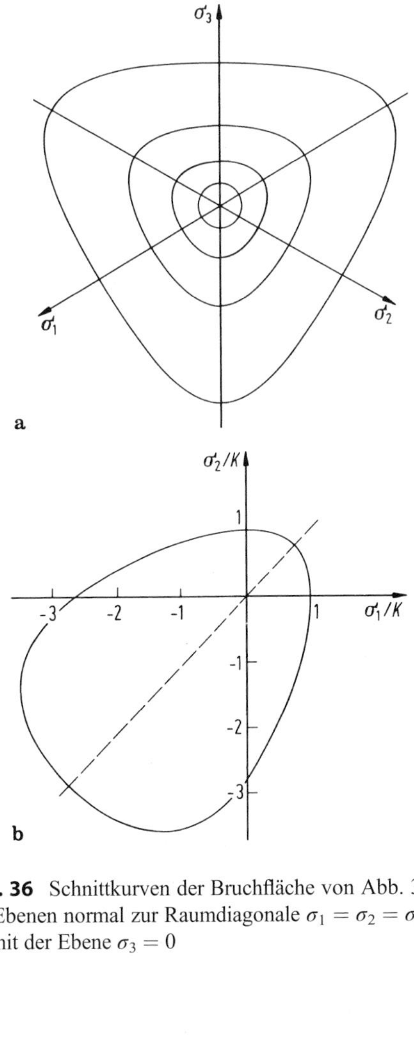


**Abb. 36** Schnittkurven der Bruchfläche von Abb. 35 (**a**) mit Ebenen normal zur Raumdiagonale $\sigma_1 = \sigma_2 = \sigma_3$ und (**b**) mit der Ebene $\sigma_3 = 0$

Wenn der Spannungszustand $\sigma_1$, $\sigma_2$, $\sigma_3$ in einem Werkstoff proportional zu einer einzigen Lastgröße $F$ ist, dann läuft er bei Steigerung von $F$ auf einem vom Ursprung ausgehenden Strahl. Ob der Werkstoff dabei durch Bruch oder durch Fließen versagt, hängt davon ab, welche der beiden Versagensflächen der Strahl zuerst schneidet.

## 10.8 Kerbspannungen. Kerbwirkung

Unter Spannungskonzentration oder Kerbwirkung versteht man in der Elastizitätstheorie das Auftreten örtlicher Spannungsspitzen in gekerbten, mechanisch beanspruchten Bauteilen. Der Begriff *Kerbe* umfasst die eigentlichen Kerben (Einkerbungen), Löcher und Bohrungen, Querschnittsübergänge bei abgesetzten Stäben und Wellen sowie Nuten und Rillen. Kerben können dementsprechend als Unstetigkeiten (Diskontinuitäten) der Geometrie aufgefasst werden. Beispiele sind in Abb. 37 dargestellt.

Kerben bewirken i. Allg.

- eine Umlenkung des Kraftflusses,
- eine Spannungserhöhung bzw. Spannungskonzentration,
- einen mehrachsigen Spannungszustand in der Kerbumgebung,
- eine Veränderung der Tragfähigkeit von Bauteilen und Strukturen,
- eine Verminderung der Verformungsfähigkeit (Versprödung) von Bauteilen und
- eine Verminderung der Ermüdungs- bzw. Dauerfestigkeit und der Lebensdauer von zyklisch belasteten Strukturen.

### 10.8.1 Spannungsverteilungen an Kerben

Kerben in belasteten Bauteilen führen in der Regel zu einer Spannungserhöhung und zu einem mehrachsigen Spannungszustand in der Kerbumgebung. Dies ist sowohl bei ebenen als auch bei räumlichen Kerbproblemen der Fall.

Bei einem beidseitig gekerbten Zugstab, Abb. 38, tritt in der Kerbumgebung ein ebener Spannungszustand mit den Spannungen $\sigma_x$, $\sigma_y$

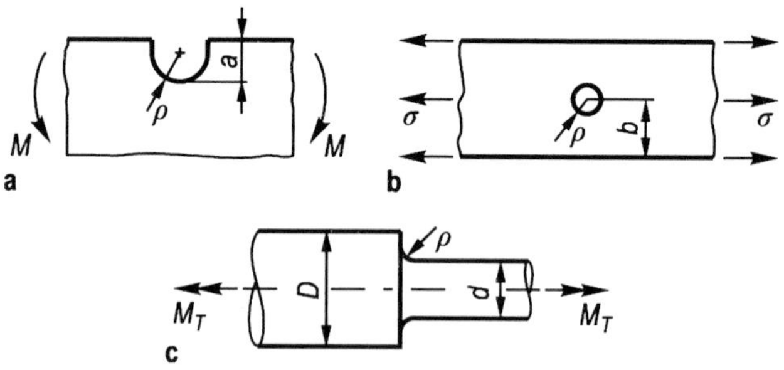


**Abb. 37** Beispiele für Kerben und Kerbwirkung: (**a**) Einkerbung beim Biegebalken, (**b**) Loch oder Bohrung in einem Zugstab, (**c**) abgesetzte Welle unter Torsionsbelastung

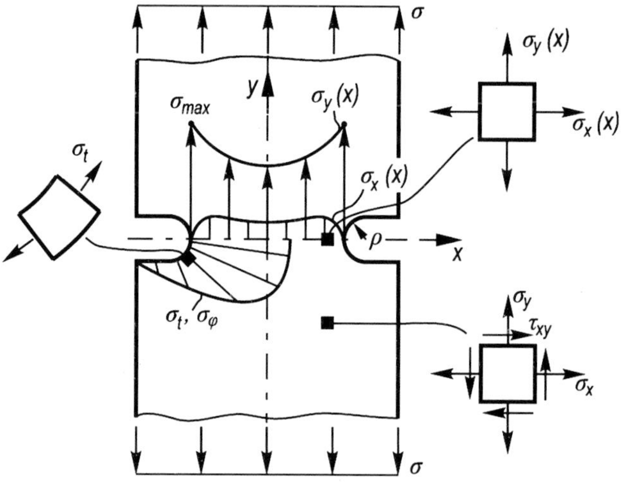


**Abb. 38** Prinzipielle Spannungsverteilung bei einem ebenen Kerbproblem

und $\tau_{xy}$ auf. Im Kerbquerschnitt steigt die Spannung $\sigma_y(x)$ zur Kerbe hin an mit der Maximalspannung $\sigma_{\max}$ im Kerbgrund. Zudem existiert im Kerbquerschnitt noch eine Normalspannung $\sigma_x(x)$. Entlang des Kerbrandes (lastfreier Rand) wirkt eine Tangentialspannung $\sigma_t = \sigma_\varphi$. Bei Stäben und Scheiben unterscheidet man die Sonderfälle *Ebener Spannungszustand* (*ESZ*) und *Ebener Verzerrungszustand* (*EVZ*) mit den Spannungen $\sigma_z = 0$ für den ESZ und $\sigma_z = \nu(\sigma_x + \sigma_y)$ für den EVZ.

Bei räumlichen Kerbproblemen tritt bei entsprechenden Geometrie- und Belastungsverhältnissen ein räumlicher Spannungszustand mit sechs Spannungskomponenten auf. In Symmetrieebenen und an freien Oberflächen reduziert sich die Anzahl der Spannungskomponenten. In Symmetrieebenen wirken keine Schubspannungen, an lastfreien Oberflächen treten lediglich ebene oder zweiachsige Spannungszustände auf. Liegt bzgl. der Belastung und der Geometrie eine Rotationssymmetrie vor, Abb. 39, so treten im Kerbquerschnitt Normalspannungen $\sigma_y$ in Längsrichtung, $\sigma_r$ in radialer Richtung und $\sigma_\vartheta$ in Umfangsrichtung und somit ein dreiachsiger Spannungszustand auf.

An der lastfreien Kerboberfläche stellt sich ein zweiachsiger Spannungszustand mit den Spannungen $\sigma_\varphi$ und $\sigma_\vartheta$ ein. Die maximale Kerbspannung $\sigma_{\max}$ ergibt sich auch hier im Kerbgrund.

Grundsätzlich sind die Spannungsverteilungen in der Umgebung von Kerben von der Belastung des Bauteils und von der Kerb- und Bauteilgeometrie abhängig.

### 10.8.2 Elastizitätstheoretische Lösungen grundlegender Kerbprobleme

Die Ermittlung der Kerbspannungen kann mit

- elastizitätstheoretischen Methoden (siehe auch ► Abschn. 9.2 und ► 9.3 im Kap. 9, „Elementare Festigkeitslehre", Abschn. 2.1 und 3.1 in diesem Kap.),

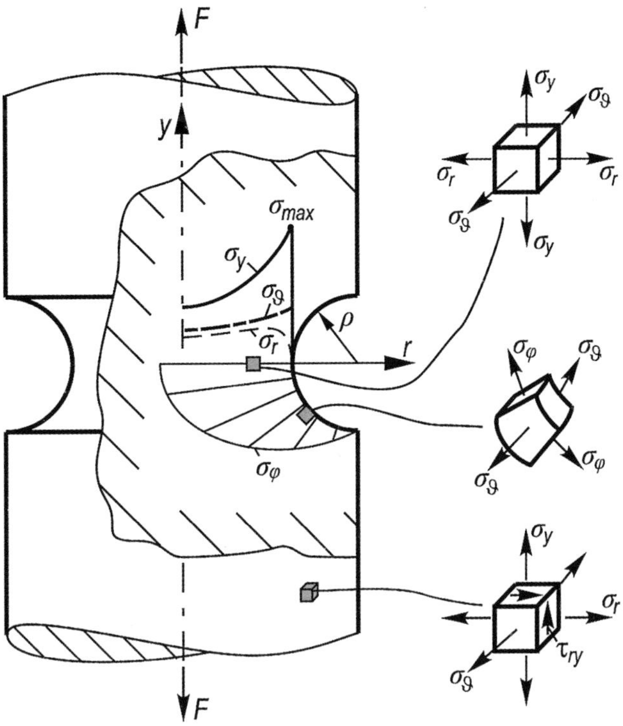


**Abb. 39** Kerbspannungen bei einem rotationssymmetrischen Kerbproblem

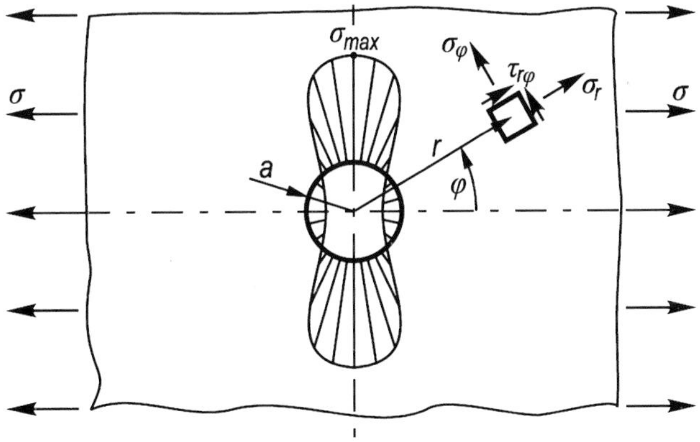


**Abb. 40** Kreisloch in unendlich ausgedehnter Scheibe mit den Kerbspannungen $\sigma_r$, $\sigma_\varphi$ und $\tau_{r\varphi}$ in der Kerbumgebung und $\sigma_{\max}$ im Kerbgrund

- numerischen Verfahren, z. B. der Finite-Elemente-Methode (siehe Abschn. 5), und
- experimentellen Methoden, wie z. B. der Dehnmessstreifentechnik oder der Spannungsoptik erfolgen.

Grundlegende Kerbprobleme, die mit der Elastizitätstheorie gelöst wurden, stellen z. B. das Kreisloch in einer Scheibe und der Kugelhohlraum in einem Körper bei einachsiger Zugbelastung dar.

Für das Kreisloch mit einem Radius $a$, das sich in einer unendlich ausgedehnten, durch die Spannung $\sigma$ belasteten Scheibe befindet, Abb. 40, lassen sich mit den Polarkoordinaten $r$, $\varphi$ die Spannungen in der Umgebung der Kerbe mit den Beziehungen

$$\left.\begin{aligned}\sigma_\mathrm{r} &= \frac{\sigma}{2}\left[\left(1-\frac{a^2}{r^2}\right)+\left(1-4\frac{a^2}{r^2}+3\frac{a^4}{r^4}\right)\cos 2\varphi\right],\\ \sigma_\varphi &= \frac{\sigma}{2}\left[\left(1+\frac{a^2}{r^2}\right)-\left(1+3\frac{a^4}{r^4}\right)\cos 2\varphi\right],\\ \tau_{r\varphi} &= -\frac{\sigma}{2}\left(1+2\frac{a^2}{r^2}-3\frac{a^4}{r^4}\right)\sin 2\varphi\end{aligned}\right\} \tag{83}$$

ermitteln. Für den Lochrand, d. h. für $r = a$, gilt

$$\sigma_\varphi = \sigma(1 - 2\cos 2\varphi) \tag{84}$$

und $\sigma_r = \tau_{r\varphi} = 0$ (Abb. 40).

Die maximale Kerbspannung tritt jeweils im Kerbgrund, d. h. bei $\varphi = 90°$ und $\varphi = 270°$ auf und beträgt

$$\sigma_\mathrm{max} = 3\sigma. \tag{85}$$

Beim Kugelhohlraum in einem unendlich ausgedehnten Körper, der durch eine Zugspannung $\sigma$ belastet ist, Abb. 41, wirkt an der Kerboberfläche ein zweiachsiger Spannungszustand mit den Spannungen $\sigma_\varphi$ und $\sigma_\vartheta$. Diese lassen sich wie folgt errechnen:

$$\left.\begin{aligned}\sigma_\varphi &= \frac{3\sigma}{2(7-5\nu)}\left(9-5\nu-10\cos^2\varphi\right),\\ \sigma_\vartheta &= \frac{3\sigma}{2(7-5\nu)}\left(-1+5\nu-10\nu\cos^2\varphi\right),\end{aligned}\right\} \tag{86}$$

wobei $\nu$ die Poisson-Zahl des Materials (siehe z. B. ► Abschn. 9.3 und ► Tab. 1 im Kap. 9, „Elementare Festigkeitslehre") darstellt.

Die maximale Kerbspannung $\sigma_\mathrm{max} = \sigma_{\varphi\mathrm{max}}$ tritt bei $\varphi = 90°$, d. h. am Äquator des Kugelhohlraums, auf und beträgt

$$\sigma_\mathrm{max} = \frac{3(9-5\nu)}{2(7-5\nu)}\sigma. \tag{87}$$

Für $\nu = 0{,}3$, d. h. für viele Metalle, ergibt sich somit

$$\sigma_\mathrm{max} = 2{,}045\sigma. \tag{88}$$

Weitere Kerblösungen sind unter anderem in Hahn 1985, Neuber 2001, Peterson 1974 angegeben.

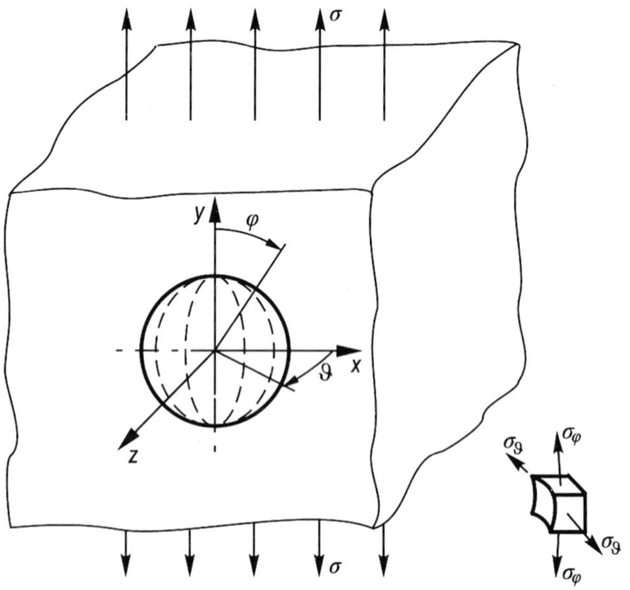


**Abb. 41** Kugelhohlraum in einem zugbelasteten Körper mit den Spannungen $\sigma_\varphi$ und $\sigma_\vartheta$ an der Kerboberfläche

### 10.8.3 Kerbfaktoren

In der technischen Praxis werden die maximalen Kerbspannungen häufig durch Kerbfaktoren beschrieben. Dabei wird $\sigma_{\max}$ auf eine Nennspannung, z. B. die mittlere Spannung im Kerbquerschnitt, bezogen. Für einen Zugstab, siehe z. B. Abb. 42, ergibt sich der Kerbfaktor

$$\alpha = \frac{\sigma_{\max}}{\sigma_N}, \tag{89}$$

wobei für die Nennspannung z. B. $\sigma_N = F/A_{\min}$ gilt. Bei Biegebelastung eines Balkens oder einer Welle durch ein Biegemoment $M_B$ gilt häufig die Nennspannungsdefinition $\sigma_N = M_B/W_{\min}$, wobei $W_{\min} = W_y$ das Widerstandsmoment gegen Biegung für den Kerbquerschnitt (den engsten Querschnitt im Bauteil) darstellt.

Bei Torsionsbelastung einer gekerbten oder abgesetzten Welle ergibt sich der Kerbfaktor

$$\alpha = \frac{\tau_{\max}}{\tau_N}, \tag{90}$$

wobei die an der Kerbe auftretende maximale Schubspannung $\tau_{\max}$ auf die Nennschubspannung $\tau_N$ bezogen wird. Ist die Welle durch ein Torsionsmoment $M_T$ belastet, so gilt i. Allg. die Nennschubspannung $\tau_N = M_T/W_{p\ \min}$ mit $W_{p\ \min}$ als dem polaren Widerstandmoment im engsten Querschnitt.

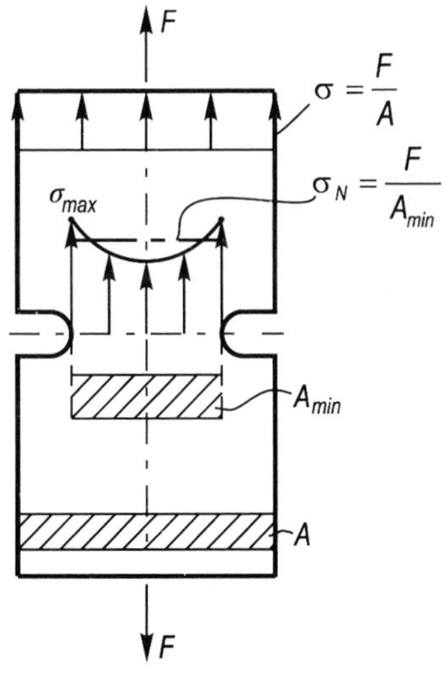


**Abb. 42** Zur Definition der Kerbfaktoren bei einem Zugstab

Kerbfaktoren können somit als dimensionslose Darstellung der maximalen Kerbspannung eines Kerbproblems aufgefasst werden. Sie werden für einfache Bauteile und Strukturen i. Allg. in so genannten Kerbfaktordiagrammen dargestellt. Beispielhaft zeigt Abb. 43 ein Kerbfaktordiagramm für einen Zugstab mit Umdrehungsaußenkerbe. Weitere Kerbfaktordiagramme findet man z. B. in Wellinger und Dietmann 1969, Radaj 2003, FKM-Richtlinie 2003.

### 10.8.4 Kerbwirkung

Neben der Umlenkung des Kraftflusses (Kraftdurchfluss durch das Bauteil), der Spannungserhöhung bzw. Spannungskonzentration an der

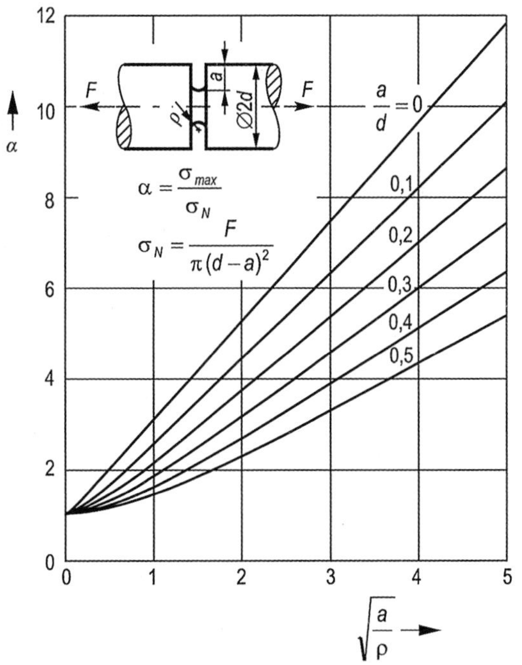


**Abb. 43** Kerbfaktordiagramm für einen Zugstab bzw. eine zugbelastete Welle mit Umdrehungsaußenkerbe

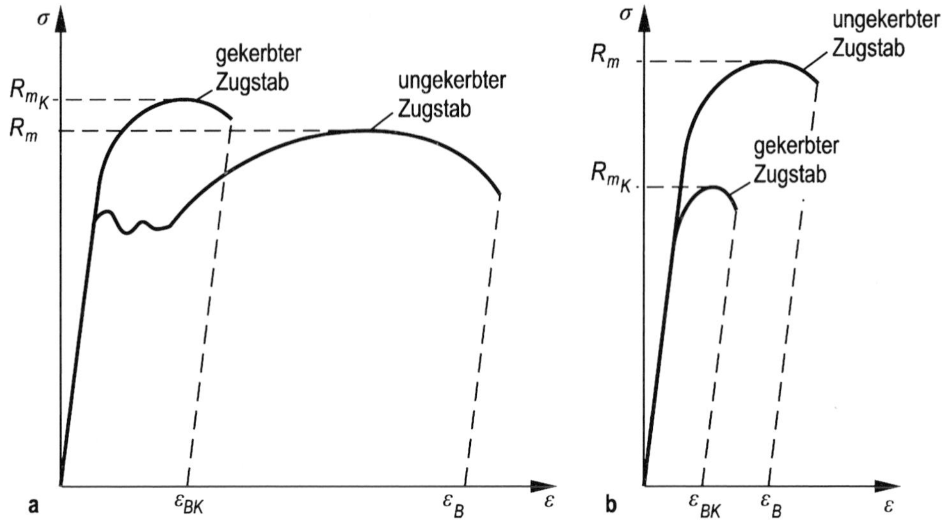


**Abb. 44** Einfluss von Kerben auf die Traglast und die Verformungsfähigkeit von Bauteilen. (**a**) Kerbwirkung bei Zugbelastung von Strukturen aus zähen Materialien und (**b**) Kerbwirkung bei Bauteilen aus hochfesten Materialien

Kerbe und dem Auftreten eines mehrachsigen Spannungszustands in der Kerbumgebung, bewirken Kerben auch eine Veränderung der Tragfähigkeit und eine Verminderung der Verformungsfähigkeit von Bauteilen und Strukturen sowie eine Verminderung der Zeit- und Dauerfestigkeit bei zyklisch belasteten Strukturen.

Bei Zugversuchen mit Stäben aus zähen Materialien zeigt sich infolge der Kerbwirkung eine Veränderung der Tragfähigkeit und eine wesentliche Verminderung der Verformungsfähigkeit, Abb. 44a. Unter bestimmten Voraussetzungen kann bei statischer Belastung die Tragfähigkeit durch die Kerbe leicht gesteigert werden. Eine erhebliche Verminderung der Tragfähigkeit bzw. der Traglast (siehe ► Abschn. 11.3 im Kap. 11, „Plastizitätstheorie, Bruchmechanik“) tritt jedoch bei gekerbten Bauteilen aus hochfestem oder sprödem Material ein, Abb. 44b. Auch hier wird die Verformungsfähigkeit bzw. die Bruchdehnung $\varepsilon_B$ durch die Kerbe erheblich vermindert. Dies bedeutet, dass bei gekerbten Bauteilen die Sprödbruchgefahr steigt.

Kerben wirken sich auch negativ auf die Zeit- bzw. Dauerfestigkeit einer zyklisch (schwingend) belasteten Struktur aus. Dies wird u. a. aus dem Wöhlerdiagramm deutlich, Abb. 45. So ist die Dauerfestigkeit $\sigma_{AK}$ für eine gekerbte Probe erheblich geringer als die Dauerfestigkeit $\sigma_A$ für eine ungekerbte Probe.

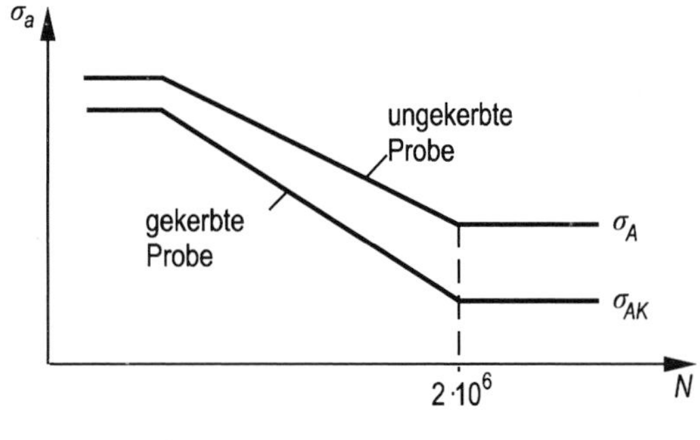


**Abb. 45** Einfluss von Kerben auf die Zeit- und Dauerfestigkeit von zyklisch belasteten Bauteilen. Darstellung im Wöhlerdiagramm

Dieser Abfall der Dauerfestigkeit wird durch die Kerbwirkungszahl $\beta_K$ ausgedrückt, die wie folgt definiert ist:

$$\beta_K = \frac{\sigma_A}{\sigma_{AK}}. \tag{91}$$

Die Werte für $\beta_K$ sind infolge der Stützwirkung des Materials kleiner als der Kerbfaktor $\alpha$. Die Stützwirkung ist dabei abhängig von dem Spannungsgefälle an der Kerbe und von Materialeigenschaften. Mit einer Stützziffer $n_\chi$, die z. B. nach dem Verfahren von Siebel bestimmt werden kann, lässt sich die Kerbwirkungszahl aus dem Kerbfaktor $\alpha$ errechnen:

$$\beta_{\mathrm{K}} = \frac{\alpha}{n_\chi} \tag{92}$$

(siehe auch Wellinger und Dietmann 1969; Radaj 2003; FKM-Richtlinie 2003).

## Literatur

AD 2000 Regelwerk (2016) Beuth, Berlin
Bareš R (1979) Berechnungstafeln für Platten und Wandscheiben. Bauverlag, Wiesbaden
Biezeno CB, Grammel R (2013) Technische Dynamik, Bd 2. Springer Vieweg, Berlin
FKM-Richtlinie (2003) Rechnerischer Festigkeitsnachweis für Maschinenbauteile. VDMA, Frankfurt
Flügge W (1990) Stresses in shells. Springer, Berlin
Girkmann K (2013) Flächentragwerke. Springer, Wien
Hahn HG (1982) Methode der finiten Elemente in der Festigkeitslehre. Akademische Verlagsgesellschaft, Wiesbaden
Hahn HG (1985) Elastizitätstheorie. Teubner, Stuttgart
Márkus G (1978) Theorie und Berechnung rotationssymmetrischer Bauwerke. Werner, Düsseldorf
Neuber H (2001) Kerbspannungslehre. Springer, Berlin
Pestel E, Leckie FA (1963) Matrix methods in elastomechanics. McGraw-Hill, New York
Petersen C (1982) Statik und Stabilität der Baukonstruktionen. Vieweg, Braunschweig
Peterson RE (1974) Stress concentration factors. Wiley, New York
Pflüger A (1975) Stabilitätsprobleme in der Elastostatik. Springer, Berlin
Radaj D (2003) Ermüdungsfestigkeit. Springer, Berlin
Roik K, Carl J, Lindner J (1972) Biegetorsionsprobleme gerader dünnwandiger Stäbe. Ernst, Berlin
Sauter J, Kuhn P (1991) Formulierung einer neuen Theorie zur Bestimmung des Fließ- und Sprödbruchversagens bei statischer Belastung unter Angabe der Übergangsbedingung. ZAMM 71:T383–T387
Schwaigerer S (1983) Festigkeitsberechnung im Dampfkessel-, Behälter- und Rohrleitungsbau. Springer, Berlin
Timoshenko S, Goodier JN (1970) Theory of elasticity. McGraw-Hill, New York
Waller H, Krings W (1975) Matrizenmethoden in der Maschinen- und Bauwerksdynamik. B.I.-Wissenschaftsverlag, Mannheim
Wellinger K, Dietmann H (1969) Festigkeitsberechnung. Kröner, Stuttgart
Zienkiewicz OC (1977) The finite element method. McGraw-Hill, London

# Plastizitätstheorie, Bruchmechanik 11

Jens Wittenburg, Hans Albert Richard und Britta Schramm

## Inhalt



**Zusammenfassung**

Bauteile und technische Strukturen sind vielfältigen Belastungen ausgesetzt. Bei besonders hohen Belastungen kommt es global oder auch lokal zum plastischen Fließen. Dies erfordert eine plastizitätstheoretische Betrachtungsweise. Technische Bauteile haben bedingt durch den Fertigungsprozess u. U. kleine Fehler oder Risse. Die Beurteilung der Risse kann nicht mit den klassischen Methoden der Festigkeitslehre erfolgen, da die Spannungen an der Rissspitze singulär sind. Die Beurteilung der Bruchgefahr erfolgt über die Grundlagen der Bruchmechanik.

J. Wittenburg
Institut für Technische Mechanik, Karlsruher Institut für Technologie, Karlsruhe, Deutschland
E-Mail: jens.wittenburg@kit.edu

H. A. Richard (✉) · B. Schramm
Universität Paderborn, Paderborn, Deutschland
E-Mail: richard@fam.uni-paderborn.de; schramm@fam.uni-paderborn.de

© Der/die Autor(en), exklusiv lizenziert durch Springer-Verlag GmbH, DE, ein Teil von Springer Nature 2022 
M. Hennecke, B. Skrotzki (Hrsg.), *HÜTTE Band 2: Grundlagen des Maschinenbaus und ergänzende Fächer für Ingenieure*, Springer Reference Technik,
https://doi.org/10.1007/978-3-662-64372-3_37

## 11.1 Grundlagen der Plastizitätstheorie

Die Plastizitätstheorie beschreibt das Verhalten von (vornehmlich metallischen) Werkstoffen unter Spannungen an der Fließgrenze. Ein plastifiziertes Werkstoffvolumen fließt je nach seinen Randbedingungen entweder unbeschränkt (z. B. beim Fließpressen) oder eingeschränkt (z. B. in der Umgebung einer Rissspitze mit umgebendem elastischem Werkstoff) oder gar nicht (z. B. bei starrer Einschließung). Stoffgesetze für den plastischen Bereich setzen Spannungen $\sigma_{ij}$ mit Verzerrungsinkrementen $\mathrm{d}\varepsilon_{ij}$ in Beziehung. Es ist üblich, mit der Zeit $t$ als Parameter durch die Gleichung $\mathrm{d}\varepsilon_{ij} = \dot{\varepsilon}_{ij}\mathrm{d}t$ Verzerrungsgeschwindigkeiten $\dot{\varepsilon}_{ij}$ einzuführen, obwohl die Spannungen geschwindigkeitsunabhängig sind (siehe Gl. (4) und (6)). $\dot{\varepsilon}_{ij}$ ist analog zu Gl. (2) im ▶ Kap. 9, „Elementare Festigkeitslehre" mit den Fließgeschwindigkeitskomponenten $v_1$, $v_2$ und $v_3$ definiert als

$$\dot{\varepsilon}_{ij} = \frac{1}{2}\left(\frac{\partial v_i}{\partial x_j} + \frac{\partial v_j}{\partial x_i}\right) \quad (i,j = 1,2,3) \qquad (1)$$

(in diesem Kapitel werden kartesische Koordinaten $x_1$, $x_2$, $x_3$ genannt, Spannungen nicht $\sigma_x$, $\tau_{xy}$ usw., sondern $\sigma_{11}$, $\sigma_{12}$ usw. und Verzerrungen nicht $\varepsilon_x$, $\gamma_{xy}$ usw., sondern $\varepsilon_{11}$, $\varepsilon_{12}$ usw.; vgl. Gl. (2) im ▶ Kap. 9, „Elementare Festigkeitslehre"). Trägheitskräfte spielen allenfalls bei extrem schnellen Umformvorgängen eine Rolle (Explosivumformung, Hochgeschwindigkeitshämmern; siehe auch Lippmann und Mahrenholtz 2014).

### 11.1.1 Fließkriterien

In Gl. (77) und in Gl. (80) im ▶ Kap. 10, „Anwendungen der Festigkeitslehre" wurden die Fließkriterien von Tresca bzw. von Huber/v. Mises angegeben (siehe auch Abb. 34 im ▶ Kap. 10, „Anwendungen der Festigkeitslehre"). Weitere Fließkriterien werden in Ismar und Mahrenholtz 1979, Mendelson 1968 diskutiert. In der Plastizitätstheorie wird die Fließspannung nicht mit $R_e$ bezeichnet, sondern mit $Y$ (yield stress) und manchmal mit $k_f$. Sie wird auch Formänderungsfestigkeit genannt. Werkstoffe mit $Y = \text{const}$ heißen *ideal-plastisch*. Bei Werkstoffen mit Verfestigung wird $Y$ als Funktion einer *Vergleichsformänderungsgeschwindigkeit* $\dot{e}$ und der *Vergleichsformänderung* $e = \int \dot{e}\mathrm{d}t$ angesetzt. Übliche Annahmen sind eine lineare Funktion von $e$ bei Kaltumformung und eine lineare Funktion von $\dot{e}$ bei Warmumformung. Außerdem ist $Y$ temperaturabhängig.

### 11.1.2 Fließregeln

Wenn das Fließkriterium erfüllt ist, finden Spannungsumlagerungen und den Randbedingungen entsprechend Fließvorgänge statt, die durch *Fließregeln* beschrieben werden. Die wichtigsten Fließregeln sind die von Prandtl/Reuß (Prager und Hodge 1954) und von St.-Venant/Levy/von Mises (Ismar und Mahrenholtz 1979; Prager und Hodge 1954) und die Fließregel zum Tresca-Kriterium (Gl. (77) im ▶ Kap. 10, „Anwendungen der Festigkeitslehre"). Weitere Fließregeln werden in Ismar und Mahrenholtz 1979 diskutiert.

**Prandtl-Reuß-Gleichungen**. Diese Theorie berücksichtigt den elastischen Verzerrungsanteil im plastischen Bereich. Sie eignet sich deshalb besonders für Vorgänge mit eingeschränkter plastischer Verformung. Die Grundannahmen der Theorie sind (a) das Hooke'sche Gesetz für den elastischen Verzerrungsanteil, (b) Inkompressibilität für den plastischen Anteil und (c) Proportionalität zwischen dem Spannungsdeviator $\underline{\sigma}^*$ (siehe Gl. (13) im ▶ Kap. 9, „Elementare Festigkeitslehre") und dem Inkrement des plastischen Anteils des Verzerrungsdeviators $\underline{\varepsilon}^*$ (analog zu Gl. (13) im ▶ Kap. 9, „Elementare Festigkeitslehre" wird in Gl. (2) im ▶ Kap. 9, „Elementare Festigkeitslehre" $\underline{\varepsilon} = \underline{\varepsilon}_m + \underline{\varepsilon}^*$ mit $\varepsilon_m = (\varepsilon_{11} + \varepsilon_{22} + \varepsilon_{33})/3$ geschrieben). Daraus folgen die Prandtl-Reuß'schen Gleichungen

$$\left.\begin{aligned} \dot{\sigma}_{ij}^{*} &= 2G\left[\dot{\varepsilon}_{ij}^{*} - 3\sigma_{ij}^{*}\sum_{k,l=1}^{3}\sigma_{kl}^{*}\dot{\varepsilon}_{kl}^{*}/(2Y^2)\right] \\ &(i,j = 1,2,3) \\ \dot{\sigma}_{\mathrm{m}} &= \dot{\varepsilon}_{\mathrm{m}}E/(1-2\nu). \end{aligned}\right\} \quad (2)$$

Sie gelten, wenn das Fließkriterium (Gl. (81) im ▶ Kap. 10, „Anwendungen der Festigkeitslehre") erfüllt und außerdem $\sum_{k,l=1}^{3}\sigma_{kl}^{*}\dot{\varepsilon}_{kl}^{*} > 0$ ist. Andernfalls gilt das Hooke'sche Gesetz, das man auch in der Form $\sigma_{ij}^{*} = 2G\varepsilon_{ij}^{*}$ $(i,j = 1,2,3)$ schreiben kann. Aus Gl. (2) folgt, dass die Spannungen von der Geschwindigkeit eines Fließvorgangs unabhängig sind, und dass der Spannungszustandspunkt in Abb. 34 im ▶ Kap. 10, „Anwendungen der Festigkeitslehre" auf oder in dem Kreiszylinder bleibt. Gl. (1), (2), die Gleichgewichtsbedingungen (16) im ▶ Kap. 9, „Elementare Festigkeitslehre",

$$\sum_{j=1}^{3}\frac{\partial\sigma_{ij}}{\partial x_j} = 0 \quad (i = 1,2,3), \qquad (3)$$

und Randbedingungen legen in plastischen Zonen die 15 Funktionen $\sigma_{ij}$, $\dot{\varepsilon}_{ij}$ und $v_i$ $(i, j = 1,2,3)$ eindeutig fest (Ismar und Mahrenholtz 1979).

**Fließregel von Saint-Venant/Levy/von Mises**. Diese Theorie macht dieselben Annahmen (b) und (c), wie die Theorie von Prandtl/Reuß und darüber hinaus die Annahme, dass der elastische Verzerrungsanteil im plastischen Bereich gleich null ist (starr-plastisches Werkstoffverhalten). Die Theorie ist deshalb besonders für Vorgänge mit unbeschränktem plastischem Fließen geeignet. Sie führt auf die Fließregel (siehe Ismar und Mahrenholtz 1979)

$$Y\dot{\varepsilon}_{ij} = \sigma_{ij}^{*}\left[\frac{3}{2}\sum_{k,l=1}^{3}\dot{\varepsilon}_{kl}^{2}\right]^{1/2} \quad (i,j = 1,2,3). \qquad (4)$$

Sie gilt, solange das Fließkriterium (Gl. (80) im ▶ Kap. 10, „Anwendungen der Festigkeitslehre") erfüllt ist. Aus Gl. (80) im ▶ Kap. 10, „Anwendungen der Festigkeitslehre" und Gl. (4) folgt, dass die Spannungen von der Geschwindigkeit eines Fließvorgangs unabhängig sind, und dass der Spannungszustandspunkt in Abb. 34 im ▶ Kap. 10, „Anwendungen der Festigkeitslehre" auf oder in dem Kreiszylinder bleibt. Aus den $\dot{\varepsilon}_{ij}$ ergibt sich die Vergleichsformänderungsgeschwindigkeit

$$\dot{e} = \left[\frac{2}{3}\sum_{k,l=1}^{3}\dot{\varepsilon}_{kl}^{2}\right]^{1/2} \qquad (5)$$

(ein einachsiger plastischer Spannungszustand mit den Hauptverzerrungsgeschwindigkeiten $\dot{\varepsilon}_1 = \dot{e}$, $\dot{\varepsilon}_2 = \dot{\varepsilon}_3 = -\dot{e}/2$ hat dieselbe Leistungsdichte). Aus $\dot{e}$, $e$ und der Temperatur wird bei Werkstoffen mit Verfestigung $Y$ berechnet. Die Gl. (1), (3), (4) und die Randbedingungen legen in plastischen Zonen die 15 Funktionen $\sigma_{ij}$, $\dot{\varepsilon}_{ij}$ und $v_i$ $(i, j = 1,2,3)$ eindeutig fest (Ismar und Mahrenholtz 1979). Numerische Lösungsverfahren mit finiten Elementen siehe in Ismar und Mahrenholtz 1979, Hill 1950.

Die Fließregel zum Tresca-Kriterium (Gl. (77) im ▶ Kap. 10, „Anwendungen der Festigkeitslehre") lautet

$$\dot{\varepsilon}_{\max} = -\dot{\varepsilon}_{\min}, \quad \dot{\varepsilon}_{\mathrm{mittel}} = 0, \quad \dot{e} = \dot{\varepsilon}_{\max}. \qquad (6)$$

Auch sie bedeutet Volumenkonstanz und in Abb. 34 im ▶ Kap. 10, „Anwendungen der Festigkeitslehre", dass der Spannungszustandspunkt auf oder in dem Sechskantzylinder bleibt. Die Fließregel, Gl. (6), lässt im Gegensatz zu Gl. (4) die Hauptverzerrungsgeschwindigkeiten $\dot{\varepsilon}_1, \dot{\varepsilon}_2$ und $\dot{\varepsilon}_3$ unbestimmt.

### 11.1.3 Gleitlinien

Im Sonderfall des ebenen Spannungsproblems mit $Y = \mathrm{const}$ führt sowohl Gl. (80) als auch Gl. (77) im ▶ Kap. 10, „Anwendungen der Festigkeitslehre" zusammen mit Gl. (3) auf zwei hyperbolische Differenzialgleichungen für $\sigma_{11}$ und $\sigma_{12}$, deren Charakteristiken ein orthogonales Netz von sog. *Gleitlinien* (Linien extremaler Schubspannung von überall gleichem Betrag $Y/2$) bestimmen. Geschlossene Lösungen sind nur für einige spezielle Fälle bekannt, z. B. für ebenes Fließpressen ohne Wandreibung und mit 50 % Dickenabnahme (Abb. 1, siehe auch Ismar und Mahrenholtz 1979; Prager und Hodge 1954; Hill 1950).

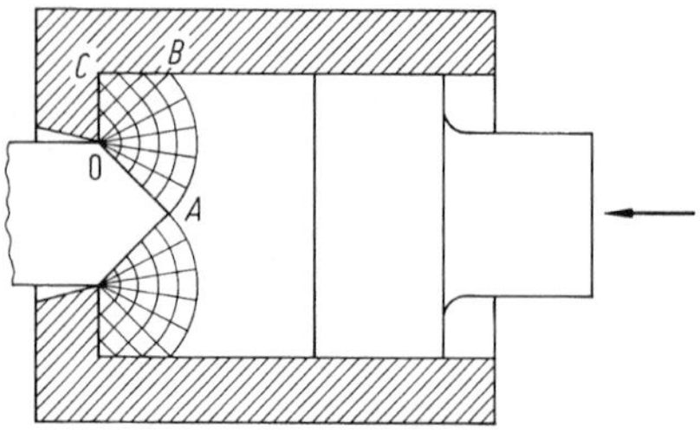


**Abb. 1** Gleitlinienfeld beim ebenen Fließpressen mit 50 % Dickenabnahme. Im Fächer *OAB* wird der Werkstoff plastisch umgeformt. Die Zone *OBC* ist plastifiziert, aber starr. Die anderen Zonen oberhalb der Symmetrieachse sind nicht plastifiziert

## 11.2 Elementare Theorie technischer Umformprozesse

### 11.2.1 Schrankensatz für Umformleistung

Bei technischen Umformprozessen in Werkzeugen bilden sich in der Umformzone unter dem Einfluss von Spannungs- und Fließgeschwindigkeitsrandbedingungen Spannungsfelder $\sigma_{ij}(x_1, x_2, x_3)$ und Fließgeschwindigkeitsfelder $\boldsymbol{v}(x_1, x_2, x_3)$, die durch Fließkriterium und Fließregel bestimmt sind. In der *elementaren Umformtheorie* wird die Fließregel durch den Ansatz einer Näherungslösung $\boldsymbol{v}^*(x_1, x_2, x_3)$ für das wahre Geschwindigkeitsfeld $\boldsymbol{v}(x_1, x_2, x_3)$ überflüssig gemacht. Der Ansatz $\boldsymbol{v}^*(x_1, x_2, x_3)$ muss alle Geschwindigkeitsrandbedingungen erfüllen, d. h. kinematisch zulässig sein. Aus $\boldsymbol{v}^*$ ergibt sich mit Gl. (1) $\dot{\varepsilon}^*_{ij}(x_1, x_2, x_3)$ und damit aus Gl. (5) oder Gl. (6) die Vergleichsformänderungsgeschwindigkeit $\dot{e}^*(x_1, x_2, x_3)$. Mit $\dot{e}^*(x_1, x_2, x_3)$ wird bei bekannter Formänderungsfestigkeit $Y$ die Umformleistung $P^*_V$ im Volumen $V$ der Umformzone berechnet:

$$P^*_V = \int_V Y\dot{e}^*(x_1, x_2, x_3)\mathrm{d}V.$$

Dieser Ausdruck liefert eine obere Schranke für die erforderlichen Umformkräfte und damit für die Leistung der Maschine. Es gilt nämlich der *Schrankensatz:* Die Leistung $P^*$ der unbekannten, wahren Oberflächenkräfte $\boldsymbol{\sigma}\,\mathrm{d}A$ am Volumen $V$ bei den angenommenen, kinematisch zulässigen Geschwindigkeiten $\boldsymbol{v}^*$ an der Oberfläche ist kleiner oder gleich $P^*_V$:

$$P^* = \int_A \boldsymbol{\sigma}\cdot\boldsymbol{v}^*\mathrm{d}A \leqq \int_V Y\dot{e}^*\mathrm{d}V. \tag{7}$$

Zur Begründung und zu Anwendungsbeispielen des Satzes (siehe auch Lippmann und Mahrenholtz 2014 sowie Ismar und Mahrenholtz 1979).

*Beispiel 1*: Beim Drahtziehen durch eine Düse ohne Wandreibung ist $P^* = F_\mathrm{A}v^*_\mathrm{A}$ ($F_\mathrm{A}$ Zugkraft, $v^*_\mathrm{A}$ Austrittsgeschwindigkeit). Damit liefert Gl. (7) eine obere Schranke für $F_\mathrm{A}$.

### 11.2.2 Streifen-, Scheiben- und Röhrenmodell

Bei ebener Umformung nach Abb. 2a zwischen ruhenden oder bewegten Werkzeughälften mit der gegebenen Spalthöhe $h(x_1,t)$ und mit gegebenen Winkeln $\alpha_1(x_1) \ll 1$ und $\alpha_2(x_1) \ll 1$ besteht der Ansatz für das Geschwindigkeitsfeld $\boldsymbol{v}^*$ in der Annahme, dass der schraffierte, infinitesimal schmale Streifen bei der Bewegung durch den Spalt eben bleibt und homogen umgeformt wird. Bei axialsymmetrischer Umformung nach Abb. 2b durch eine Düse mit dem Radius $R(x_1)$ wird dieselbe Annahme für die schraffierte Kreisscheibe getroffen. Bei axialsymmetrischem Schmieden nach Abb. 2c zwischen zwei Gesenken mit der gegebenen Höhe $h(r, t)$ wird angenommen, dass die schraffierte Zylinderröhre bei ihrer Stauchung und Aufweitung zylindrisch bleibt und homogen umgeformt wird. Alle drei Modelle führen auf eine gewöhnliche Differenzialgleichung vom Typ

$$\frac{\mathrm{d}\sigma_1}{\mathrm{d}x_1} + \sigma_1 f(x_1,t) = Yg(x_1,t) \tag{8}$$

für eine Spannung $\sigma_1$. Begründung am Streifenmodell von Abb. 2a: $x_1$ und $x_2$ sind Hauptachsen für $\sigma_{ij}$ und $\dot{\varepsilon}_{ij}$. $\sigma_1$ und $\sigma_2$ hängen nur von $x_1$ ab. Wegen Gl. (78) im ▶ Kap. 10, „Anwendungen der Festigkeitslehre" gilt $\sigma_1 - \sigma_2 = Y$. Gl. (8) drückt das Kräftegleichgewicht am Streifen von Abb. 2a mit Wandreibungskräften aus. Dabei ist

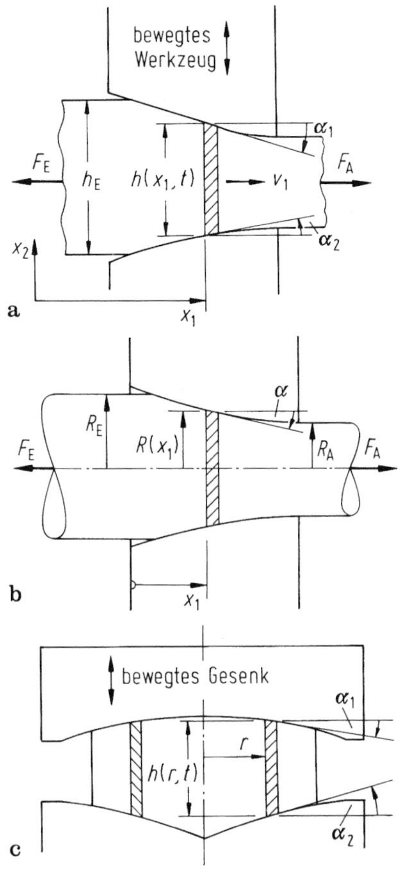


**Abb. 2** **a** Streifenmodell, **b** Scheibenmodell und **c** Röhrenmodell der elementaren Umformtheorie

$$f(x_1,t) = \frac{\mu_1 + \mu_2}{h(x_1,t)},$$

$$g(x_1,t) = \frac{\mu_1 + \mu_2 + \alpha_1(x_1) + \alpha_2(x_2)}{h(x_1,t)}.$$

Beim Scheibenmodell von Abb. 2b ist

$$f(x_1) = \frac{2\mu}{R(x_1)},$$

$$g(x_1) = \frac{2[\mu + \alpha(x_1)]}{R(x_1)}.$$

Beim Röhrenmodell von Abb. 2c sind $f$ und $g$ dieselben Funktionen wie für Abb. 2a. Die Variablen sind aber $x_1 = r$ und $\sigma_1 = \sigma_r$. Bei der Integration von Gl. (8) sind folgende Umstände zu beachten:

- Die Randbedingungen enthalten bei Abb. 2a, b die Zugkräfte $F_E$ und $F_A$ am Werkstoffein- bzw. auslauf, von denen eine unbekannt ist.
- An Stellen $x_1$ in Abb. 2a, b oder c, wo $h(x_1, t)$ oder $R(x_1)$ einen Knick hat, macht $\sigma_1$ einen endlichen Sprung $\Delta\sigma_1$, weil dort eine unendlich große Schergeschwindigkeit auftritt. Beim Scheibenmodell ist dieser Sprung

$$\Delta\sigma_1 = \sigma_1(x_1+) - \sigma_1(x_1-) = -(Y/3)\Delta\alpha \operatorname{sgn} v_1.$$

Beim Streifen- und beim Röhrenmodell steht $Y/4$ statt $Y/3$ in der Formel

- Umkehrpunkte der Werkstoffgeschwindigkeit relativ zum Werkzeug heißen *Fließscheiden.* Beiderseits einer Fließscheide gelten verschiedene Gl. (8) mit entgegengesetzten Vorzeichen der Reibbeiwerte $\mu$.
- Gl. (8) gilt nur, wenn der Werkstoff nicht am Werkzeug haftet.
- Bei Werkstoff mit Verfestigung ist $Y = Y(\dot{e},e)$. In Abb. 2b erfordert die Kontinuitätsgleichung $v_1(x_1) = v_{1E}R_E^2/R^2(x_1)$. Daraus folgt mit Gl. (1) und (6)

$$\dot{e}(x_1) = \frac{2 \mid v_{1E} \mid R_E^2 \tan\alpha(x_1)}{R^3(x_1)}$$

und

$$e(x_1) = \int \dot{e}\mathrm{d}t = \int \left(\frac{\dot{e}}{v_1}\right)\mathrm{d}x_1$$

$$= 2\int \frac{\tan\alpha(x_1)}{R(x_1)}\mathrm{d}x_1 = 2\ln\frac{R(x_1)}{R_E}.$$

Damit ist $Y$ als Funktion von $x_1$ bekannt. In Abb. 2a, c ist

$$\dot{e} = \frac{\mid \mathrm{d}h/\mathrm{d}t \mid}{h} = \frac{\partial h/\partial t + v_1(\tan\alpha_1 - \tan\alpha_2)}{h},$$

und im Sonderfall $\alpha_1(x_1) \equiv \alpha_2(x_1)$ ist

$$\dot{e} = \frac{\partial h/\partial t}{h}, \quad e = \ln\frac{h_E}{h}.$$

*Beispiel 2*: Beim Drahtziehen durch eine konische Düse mit $\alpha = \text{const}$ ist Gl. (8) in geschlossener Form integrierbar. Für die erforderliche Zugkraft $F_A$ erhält man für $Y = \text{const}$ die *Siebel'sche Formel*

$$F_A = \pi R_A^2 Y[2(1 + \mu/\alpha)\ln(R_E/R_A) + 2\alpha/3].$$

Weitere Anwendungen auf das Ziehen, Schmieden und Walzen siehe auch Lippmann und Mahrenholtz 2014, Ismar und Mahrenholtz 1979.

## 11.3 Traglast

Statisch unbestimmte Systeme können, wenn sie nicht durch Knicken, Kippen oder Beulen versagen, bei monotoner Laststeigerung über ihre Elastizitätsgrenze hinaus belastet werden, ohne zusammenzubrechen. Bei elastisch-ideal-plastischem Werkstoff erfolgt der Zusammenbruch erst bei der sog. *Traglast*, bei der das System durch Ausbildung von ausreichend vielen Fließzonen zu einem Mechanismus wird. Das Verhältnis von Traglast zu Last an der Elastizitätsgrenze heißt *plastischer Formfaktor* $\alpha$ des Systems. Die *plastische Lastreserve* ist $\alpha - 1$. Diese Definition setzt voraus, dass alle Lasten am System monoton und proportional zueinander anwachsen. Bei einem Werkstoff mit Verfestigung existiert keine ausgeprägte Traglast. Versagen tritt vielmehr durch unzulässig große Deformationen ein.

### 11.3.1 Fließgelenke. Fließschnittgrößen

Die Traglast eines Systems bleibt unverändert, wenn man die E-Module aller Systemteile mit derselben, beliebig großen Zahl multipliziert, sodass man – unter der Voraussetzung, dass die tatsächlichen Deformationen eine Theorie 1. Ordnung erlauben – bei der Berechnung auch starrplastisches Verhalten annehmen kann. Bei Erreichen der Traglast entspricht das System einem Mechanismus aus starren Gliedern, die durch Fließzonen mit darin wirkenden *Fließschnittgrößen* „gelenkig" verbunden sind. Zugstäbe werden auf ganzer Länge plastisch. Ihre Fließschnittgröße ist die Längskraft $N_F = AY$. Biegestäbe bilden am Ort des maximalen Biegemoments eine plastische Zone aus, die man sich für Traglastrechnungen punktförmig als sog. *Fließgelenk* mit den Fließschnittgrößen $N_F$, $Q_F$ und $M_F$ vorstellt. Wenn man $Q_F$ vernachlässigt, liegt ein einachsiges Spannungsproblem vor. Der vollplastische Querschnitt ist dann nach Abb. 3a durch eine Gerade in zwei Teilflächen $A_1$ und $A_2$ mit den Schwerpunkten $S_1$ bzw. $S_2$ und mit den Spannungen $+Y$ bzw. $-Y$ geteilt. Bei gerader und bei schiefer Biegung erfordert das Momentengleichgewicht, dass $S_1$ und $S_2$ auf der zu $M_F$ orthogonalen $\zeta$-Achse liegen, sodass nur eine bestimmte Geradenschar zulässig ist. Außerdem muss gelten: $M_F = 2\, A_1\zeta_{S1} Y$ und $N_F = (A_1 - A_2)\, Y$. Für ein vorgeschriebenes Verhältnis $M_F/N_F$ wird die passende Gerade bestimmt. Die Schnittgrößen $M_e$ und $N_e$ an der Elastizitätsgrenze werden nach ► Abschn. 9.6.4 im Kap. 9, „Elementare Festigkeitslehre" berechnet. Damit ist der plastische Formfaktor $\alpha$ bekannt.

*Beispiel 3*: Für einen doppeltsymmetrischen Querschnitt ist bei gerader Biegung die Gerade aus Symmetriegründen $z = 0$ (Abb. 3b). Damit ist $M_F = 2\, A_1 z_{S1} Y = 2\, S_y(0) Y$. Mit $M_e = 2YI_y/h$ ist $\alpha = hS_y(0)/I_y$.

Zum Einfluss von Schubspannungen auf Fließgelenke und Traglasten (siehe Vogel und Maier 1987).

### 11.3.2 Traglastsätze

Die *Traglastsätze* von Drucker/Prager/Greenberg liefern untere und obere Schranken für Traglasten (siehe Reckling 2013).

*Satz 1*: Die Traglast ist größer als jede Last, für die im System eine Schnittgrößenverteilung angebbar ist, die die Gleichgewichtsbedingungen erfüllt und die an keiner Stelle Fließen verursacht.

*Satz 2*: Die Traglast ist kleiner als jede Last, zu der ein starr-plastischer Ein-Freiheitsgrad-Mechanismus mit Fließschnittgrößen in den Gelenken

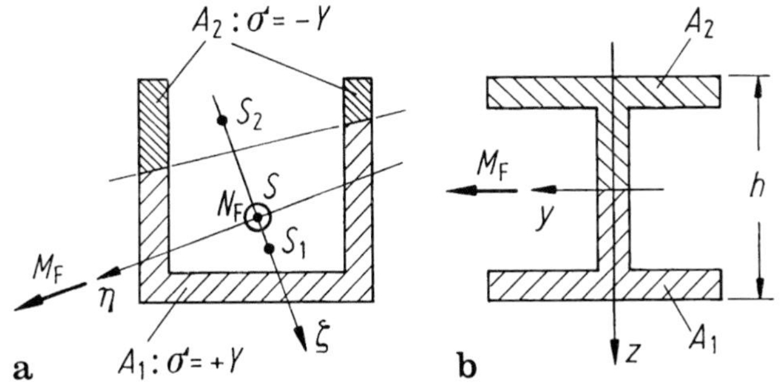


**Abb. 3** Bereiche mit positiver und negativer Fließspannung im vollplastifizierten Querschnitt eines Stabes bei vorgegebener Richtung von $M_F$ und vorgegebenem Verhältnis $N_F : M_F$. Der allgemeine Fall (**a**) und der doppeltsymmetrische Querschnitt mit $N_F = 0$ und mit $M_F$ in $y$-Richtung (**b**)

existiert, der im Gleichgewicht ist und der an wenigstens einer Stelle außerhalb der Gelenke Schnittgrößen größer als die dortigen Fließschnittgrößen hat.

*Hilfssatz:* Wenn der Ein-Freiheitsgrad-Mechanismus, der nach Satz 2 eine bestimmte obere Schranke $F$ für die Traglast $F_T$ liefert, statisch bestimmt ist, dann kann man das größte in ihm auftretende Verhältnis $\mu = \max$ (Schnittgröße/Fließschnittgröße) berechnen. Nach Satz 1 und 2 gilt dann für die Traglast $F_T$

$$F/\mu \leqq F_T \leqq F. \tag{9}$$

Aus den Traglastsätzen folgt, dass die Traglast eines Systems durch Einbau von zusätzlichen Versteifungen (z. B. von Knotenblechen in Gelenkfachwerke) nicht kleiner wird.

### 11.3.3 Traglasten für Durchlaufträger

Ein Durchlaufträger mit Lasten gleicher Richtung (Abb. 4a) versagt, indem ein einzelnes Feld an seinen Enden $A$ und $B$ und an einer Stelle $x_0$ im Feld Fließgelenke ausbildet. Man muss für jedes Feld einzeln seine Traglast berechnen. Die kleinste dieser Traglasten ist die Traglast des gesamten Trägers. Für das Einzelfeld in Abb. 4b ist das Fließmoment $M_{AF}$ im Gelenk bei $A$ das kleinere der beiden Fließmomente der bei $A$ verbundenen Trägerfelder. Entsprechendes gilt für $M_{BF}$. Wenn im Feld nur Einzelkräfte angreifen, liegt das innere Gelenk unter einer Einzelkraft. Im Fall mehrerer Einzelkräfte sind entsprechend viele Lagen möglich. Für jede Lage wird auf den entsprechenden Mechanismus das Prinzip der virtuellen Arbeit (▶ Abschn. 6.1.16 im Kap. 6, „Statik starrer Körper") angewandt. Es liefert nach dem zweiten Traglastsatz (Abschn. 3.2) eine obere Schranke für die Traglast des Feldes.

*Beispiel 4*: Der in Abb. 4b durchgezogen gezeichnete Mechanismus wird virtuell verschoben ($\delta\varphi$, $\delta\psi = \delta\varphi/2$). Das Prinzip der virtuellen Arbeit lautet

$$2F(l/3)\delta\varphi + F(l/3)\delta\psi - M_{AF}\delta\varphi \\ -M_F(\delta\varphi + \delta\psi) - M_{BF}\delta\psi = 0$$

mit der Lösung

$$F = (33/10)M_F/l.$$

Der gestrichelt gezeichnete Mechanismus liefert in derselben Weise $F = (15/4)M_F/l$. Die kleinere obere Schranke $(33/10)M_F/l$ ist der exakte Wert für die Traglast des Feldes, weil andere Fließgelenklagen nicht möglich sind.

Bei Streckenlasten $q(x)$ – evtl. kombiniert mit Einzellasten – wird die Lage $x_0$ des Fließgelenks als Unbekannte eingeführt. Mit dem Prinzip der virtuellen Arbeit wird die obere Schranke der Traglast als Funktion von $x_0$ berechnet. Das Minimum dieser Funktion ist der exakte Wert für die Traglast des Feldes.

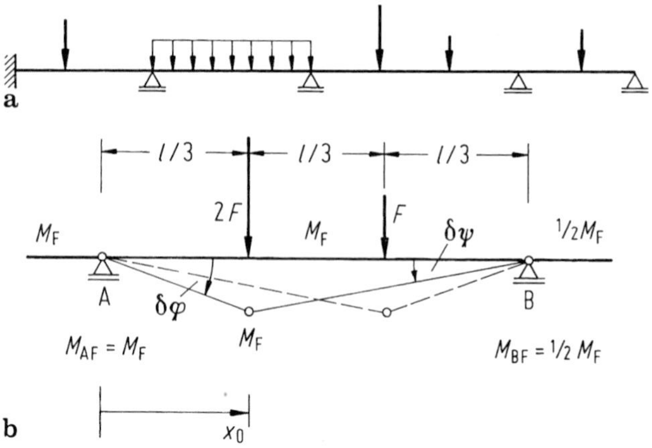


**Abb. 4** **a** Durchlaufträger mit eingeprägten Kräften, deren Verhältnisse zueinander vorgeschrieben sind, sodass *eine* Traglast angebbar ist. **b** Die einzigen möglichen Fließgelenkmechanismen in einem Trägerfeld mit zwei Einzelkräften

*Beispiel 5*: Im Sonderfall $q(x) \equiv q = \text{const}$ auf der ganzen Länge $l$ eines Trägerfeldes ist die obere Schranke der Traglast $q_T$ als Funktion von $x_0$

$$q(x_0) = 2 \cdot \frac{M_{AF}(l - x_0) + M_F l + M_{BF} x_0}{l x_0 (l - x_0)}.$$

$q(x_0)$ nimmt sein Minimum an für

$$x_0 = \begin{cases} l/2 & (M_{BF} = M_{AF}), \\ l\left[\left(\frac{M_{BF}+M_F}{M_{AF}+M_F}\right)^{1/2} - 1\right] \dfrac{M_{AF} + M_F}{M_{BF} - M_{AF}} \\ \qquad (M_{BF} \neq M_{AF}). \end{cases}$$

Mit diesem $x_0$ ist $q(x_0)$ die exakte Traglast $q_T$.

Wenn die exakte Berechnung von $x_0$ zu aufwändig ist, schätzt man $x_0$, berechnet dazu die obere Schranke der Traglast (im Folgenden $q^*$ genannt) und berechnet dann den Biegemomentenverlauf und insbesondere das maximale im Feld auftretende Biegemoment $M_{max} \geq M_F$. Nach dem Hilfssatz in Abschn. 3.2 ist $q^* M_F/M_{max}$ eine untere Schranke für die Traglast.

### 11.3.4 Traglasten für Rahmen

Für einen Rahmen mit gegebener Belastung kann man die Anzahl $m$ aller möglichen Fließgelenke ohne Rechnung angeben.

*Beispiel 6*: In Abb. 5 sind nur die $m = 12$ durch Punkte markierten Fließgelenke möglich. Dabei ist noch ungeklärt, welche von ihnen sich tatsächlich ausbilden und wo sich die im Innern von Stabfeldern liegenden Fließgelenke ausbilden.

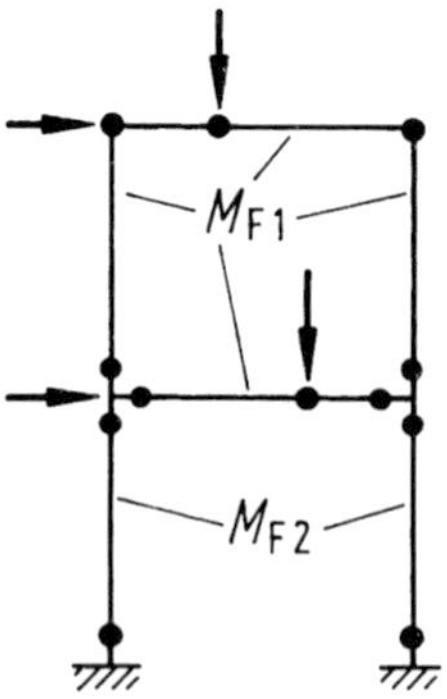


**Abb. 5** Rahmen mit möglichen Fließgelenken (markierte Punkte)

Bei einem $n$-fach statisch unbestimmten System mit $m$ möglichen Fließgelenken kann man sämtliche möglichen Ein-Freiheitsgrad-Mechanismen durch Linearkombination von $m - n$ *Elementarmechanismen* erzeugen. Elementarmechanismen sind vom Typ *Balkenmechanismus* (Abb. 6a), *Rahmenmechanismus* (Abb. 6b) oder *Eckenmechanismus* (Abb. 6c). Abb. 6d zeigt einen kombinierten Ein-Freiheitsgrad-Mechanismus. Für jeden Mechanismus wird mit dem Prinzip der virtuellen Arbeit eine obere Schranke für die Traglast bestimmt. Die kleinste berechnete Schranke ist die genaueste. Einzelheiten des Verfahrens sind u. a. in Reckling 2013 dargestellt.

Traglasten von Rechteck- und Kreisplatten, von Schalen, rotierenden Scheiben und dickwandigen Behältern bei Innendruck sind u. a. in Reckling 2013 zu finden.

**Abb. 6**
**a** Balkenmechanismus,
**b** Rahmenmechanismus,
**c** Eckenmechanismus und
**d** kombinierter Mechanismus für den Rahmen von Abb. 5

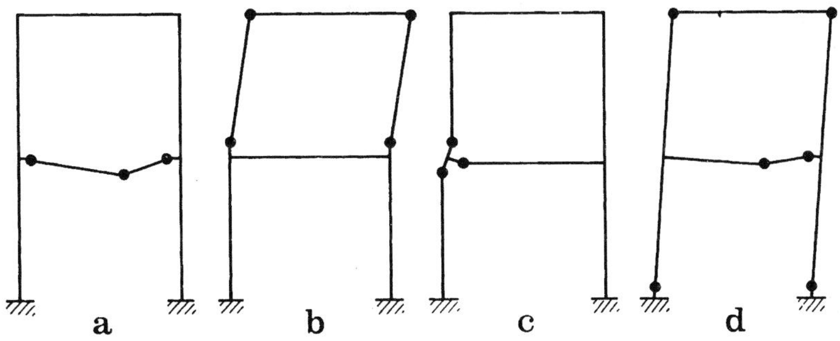


## 11.4 Grundlagen der Bruchmechanik

Die Bruchmechanik geht von dem Vorhandensein von Rissen oder kleinen Fehlern, d. h. von lokalen Trennungen des Materials, in Bauteilen aus. Risse können in der Struktur bereits vorhanden sein (z. B. Material- oder Fertigungsfehler) oder im Verlauf der Betriebsbelastung erst entstehen (z. B. Ermüdungsrisse, Wärmespannungsrisse).

Risse bewirken:

- eine scharfe Kraftflussumlenkung,
- ein lokales singuläres Spannungsfeld,
- eine Verminderung der Tragfähigkeit einer Struktur,
- eine Erhöhung der Bruchgefahr,
- eine Verminderung der Lebensdauer von Bauteilen und Strukturen,
- möglicherweise katastrophale Schäden.

Da ein totales Versagen einer Konstruktion weit unterhalb der Festigkeitsgrenzen des Materials erfolgen kann, ist eine spezielle Betrachtung der Gegebenheiten am Riss von großer Bedeutung.

### 11.4.1 Spannungsverteilungen an Rissen. Spannungsintensitätsfaktoren

Für die ingenieurmäßige Behandlung von Rissproblemen wird der Riss als mathematischer Schnitt (Kerbe mit dem Radius $\rho = 0$) betrachtet.

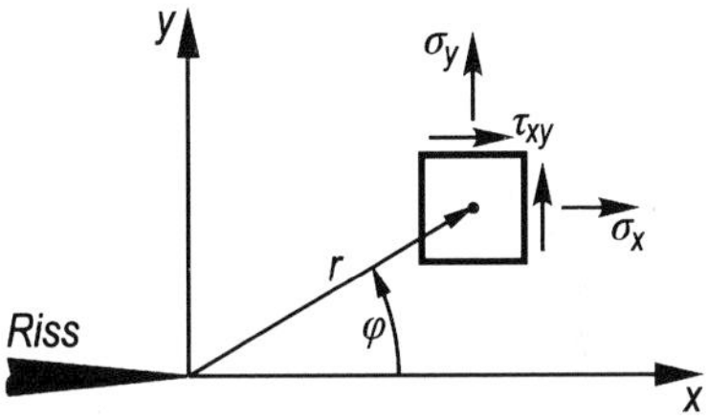


**Abb. 7** Spannungen in der Rissumgebung und Polarkoordinaten vor der Rissspitze

An der Rissspitze tritt daher eine Singularität bei den Spannungen auf. Mit den Polarkoordinaten $r$ und $\varphi$, ausgehend von der Rissspitze, Abb. 7, lassen sich für alle Risse, bei denen infolge der Bauteilbelastung ein Öffnen des Risses entsteht (Rissbeanspruchungsart I), die Spannungen in der Rissumgebung wie folgt beschreiben:

$$\left.\begin{aligned}\sigma_x &= \frac{K_\mathrm{I}}{\sqrt{2\pi r}}\cos\frac{\varphi}{2}\left(1-\sin\frac{\varphi}{2}\sin\frac{3\varphi}{2}\right),\\ \sigma_y &= \frac{K_\mathrm{I}}{\sqrt{2\pi r}}\cos\frac{\varphi}{2}\left(1+\sin\frac{\varphi}{2}\sin\frac{3\varphi}{2}\right),\\ \tau_{xy} &= \frac{K_\mathrm{I}}{\sqrt{2\pi r}}\sin\frac{\varphi}{2}\cos\frac{\varphi}{2}\cos\frac{3\varphi}{2}.\end{aligned}\right\} \tag{10}$$

$K_\mathrm{I}$ ist hierbei der Spannungsintensitätsfaktor, der sich mit der ins Bauteil eingeleiteten Spannung $\sigma$, der Risslänge $a$ und dem Geometriefaktor $Y$ wie folgt errechnen lässt:

$$K_\mathrm{I} = \sigma\sqrt{\pi a}\; Y. \tag{11}$$

Der $Y$-Faktor kann z. B. mit der Formel

**Tab. 1** Konstanten zur Bestimmung der Geometriefaktoren/Spannungsintensitätsfaktoren von Rissproblemen (siehe Gl. (12) und Richard und Sander 2012)

| Rissart | | Konstanten | Spannung | Gültigkeitsbereich Genauigkeit |
|---|---|---|---|---|
| Innenriss im ebenen Zugstab | 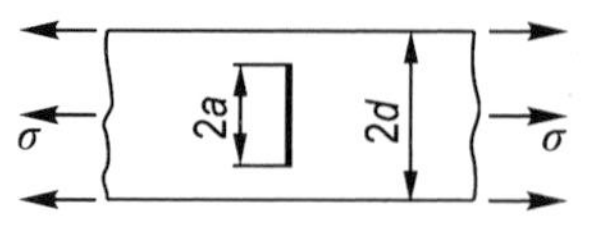 | $A = 1{,}00$<br>$B = 0{,}45$<br>$C = 2{,}46$<br>$D = 0{,}65$ | $\sigma$ | $0 \leq \frac{a}{d} \leq 0{,}9$<br>1% |
| Randriss im ebenen Zugstab | 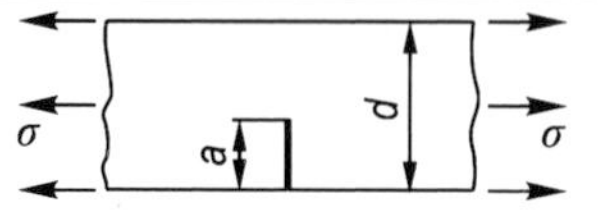 | $A = 1{,}26$<br>$B = 82{,}7$<br>$C = 76{,}7$<br>$D = -36{,}2$ | $\sigma$ | $0 \leq \frac{a}{d} \leq 0{,}5$<br>1% |
| Randriss im ebenen Biegestab | 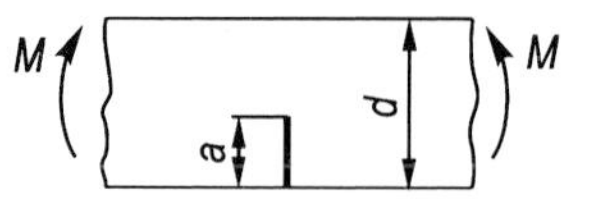 | $A = 1{,}26$<br>$B = 2{,}04$<br>$C = 6{,}33$<br>$D = -1{,}37$ | $\sigma = \frac{6M}{d^2 t}$ | $0 \leq \frac{a}{d} \leq 0{,}6$<br>1% |
| Kreisförmiger Innenriss im rotationssymmetrischen Zugstab | 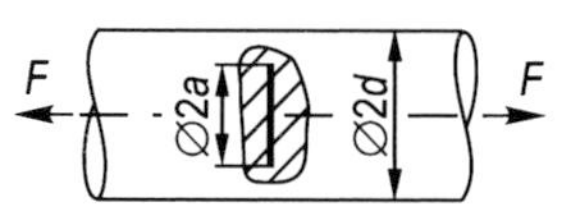 | $A = 0{,}41$<br>$B = -0{,}04$<br>$C = 1{,}83$<br>$D = 2{,}66$ | $\sigma = \frac{F}{\pi(d^2 - a^2)}$ | $0 \leq \frac{a}{d} \leq 0{,}8$<br>2% |
| Kreisförmiger Außenriss im rotationssymmetrischen Zugstab | 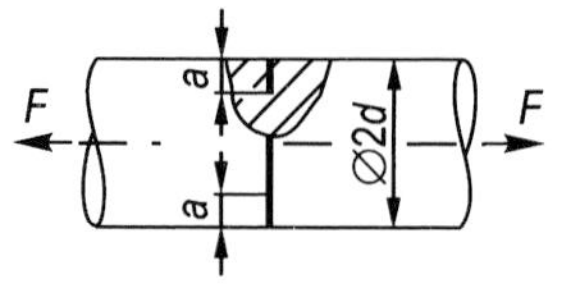 | $A = 1{,}26$<br>$B = -0{,}24$<br>$C = 5{,}35$<br>$D = 11{,}6$ | $\sigma = \frac{F}{\pi(d - a)^2}$ | $0 \leq \frac{a}{d} \leq 0{,}7$<br>1% |
| Kreisförmiger Außenriss im rotationssymmetrischen Biegestab | 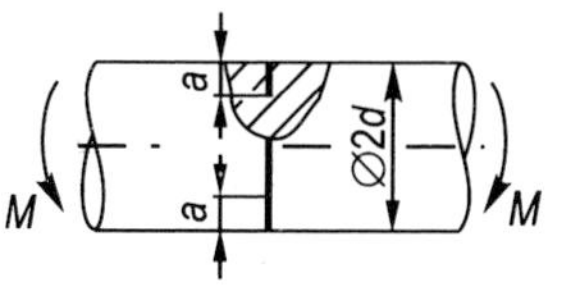 | $A = 1{,}26$<br>$B = -0{,}25$<br>$C = 6{,}21$<br>$D = 21{,}1$ | $\sigma = \frac{4M}{\pi(d - a)^3}$ | $0 \leq \frac{a}{d} \leq 0{,}7$<br>2% |
| Halbelliptischer Oberflächenriss im Zugstab | 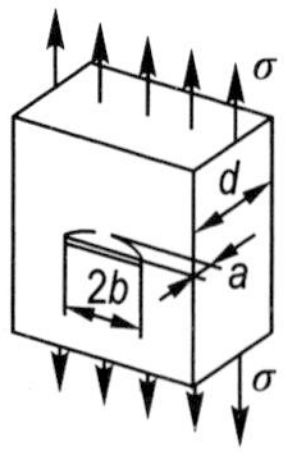 | $a/b = 0{,}4$:<br>$A = 0{,}94$<br>$B = -0{,}34$<br>$C = 1{,}51$<br>$D = -0{,}65$<br>$a/b = 1{,}0$:<br>$A = 0{,}47$<br>$B = 0{,}00$<br>$C = 2{,}00$<br>$D = 1{,}00$ | $\sigma$ | $0 \leq \frac{a}{d} \leq 0{,}7$<br>2% |

$$Y = \frac{K_\mathrm{I}}{\sigma\sqrt{\pi a}} = \frac{1}{1-\frac{a}{d}}\sqrt{\frac{A + B\frac{a}{d-a}}{1 + C\frac{a}{d-a} + D\left(\frac{a}{d-a}\right)^2}} \qquad (12)$$

für verschiedene Geometrie- und Belastungssituationen ermittelt werden. Je nach Rissart folgen die Konstanten $A$, $B$, $C$ und $D$ aus Tab. 1 und Richard 1979.

### 11.4.2 Bruchmechanische Bewertung der Bruchgefahr

Die Gefährlichkeit eines Risses wird bei Rissbeanspruchungsart I (auch Mode I) durch den Spannungsintensitätsfaktor $K_\mathrm{I}$ definiert. Ein kritischer Zustand, d. h. instabile Rissausbreitung, tritt ein, wenn der Spannungsintensitätsfaktor $K_\mathrm{I}$ (siehe Abschn. 4.1) durch Belastungserhöhung oder Risswachstum die Risszähigkeit $K_\mathrm{Ic}$ des Materials erreicht. Als Bruchkriterium gilt somit

$$K_\mathrm{I} = K_\mathrm{Ic}. \qquad (13)$$

Werte für $K_\mathrm{Ic}$ sind z. B. in Richard und Sander 2012, FKM-Richtlinie 2006 und in Schwalbe 1980; sowie Blumenauer und Pusch 1993 angegeben.

Will man Bruch vermeiden, so muss der Spannungsintensitätsfaktor stets kleiner als die Risszähigkeit sein. Für Risse mit dreidimensionaler Rissbeanspruchung, d. h. es liegt eine Überlagerung der Rissbeanspruchungsarten I, II und III vor, gelten andere Gesetzmäßigkeiten (Richard 1985; Richard und Sander 2012; Richard et al. 2013, 2014).

### 11.4.3 Ermüdungsrissausbreitung

Bei zeitlich veränderlicher Belastung wächst der Riss unter bestimmten Bedingungen stabil. Die Rissgeschwindigkeit $\mathrm{d}a/\mathrm{d}N$, ermittelt aus der Risslänge $a$ und der Lastwechselzahl (Zyklenzahl) $N$, charakterisiert das Wachstum von Ermüdungsrissen. Bei zyklischer Belastung mit konstanter Amplitude hängt die Rissgeschwindigkeit insbesondere vom zyklischen Spannungsintensitätsfaktor

$$\Delta K = \Delta\sigma\sqrt{\pi a}\; Y \qquad (14)$$

und vom Verhältnis

$$R = \frac{\sigma_\mathrm{min}}{\sigma_\mathrm{max}} = \frac{K_\mathrm{min}}{K_\mathrm{max}} \qquad (15)$$

ab, siehe Abb. 8. Der Zusammenhang kann z. B. durch die Formel

$$\frac{\mathrm{d}a}{\mathrm{d}N} = \frac{C(\Delta K - \Delta K_\mathrm{th})^m}{(1-R)K_\mathrm{c} - \Delta K} \qquad (16)$$

nach Erdogan und Ratwani (siehe u. a. Richard und Sander 2012) beschrieben werden. In Abb. 8 und in Gl. (16) stellen $\Delta K_\mathrm{th}$ den Schwellenwert gegen Ermüdungsrissausbreitung, $\Delta K_\mathrm{c} = (1-R)\,K_\mathrm{c}$ die zyklische Spannungsintensität, bei der instabile Rissausbreitung einsetzt, und $C$ und $m$ Materialparameter dar.

Kennt man die Rissgeschwindigkeitskurve eines Materials, so kann man die Gefährlichkeit des Ermüdungsrisses und die Restlebensdauer des

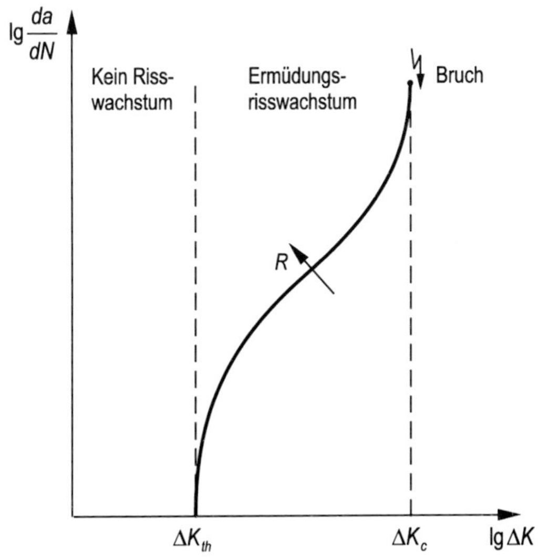


**Abb. 8** Rissgeschwindigkeit $\mathrm{d}a/\mathrm{d}N$ in Abhängigkeit vom zyklischen Spannungsintensitätsfaktor $\Delta K$

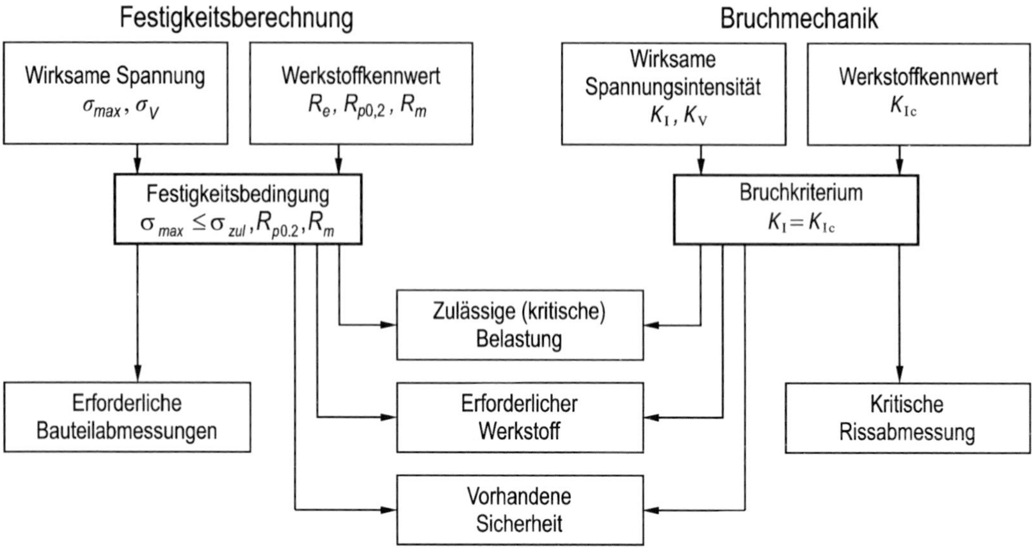


**Abb. 9** Zusammenwirken von Festigkeitsberechnung und Bruchmechanik bei statischer Belastung

Bauteils abschätzen sowie auf diese Weise Inspektionsintervalle festlegen, s. a. Schijve 2001 sowie Richard et al. 2005.

Das Ermüdungsrisswachstum bei beliebiger zyklischer Belastung (Betriebsbelastung) erfolgt unter anderen Gesetzmäßigkeiten. Informationen hierzu finden sich unter anderem in Richard und Sander 2012; sowie Richard und Sander 2006.

## 11.5 Zusammenwirken von Festigkeitsberechnung und Bruchmechanik

Um Brüche von Bauteilen und Strukturen sicher zu vermeiden, sind die Konzepte der Festigkeitsberechnung und der Bruchmechanik in Kombination anzuwenden, Abb. 9. Sowohl mit der Festigkeitsberechnung als auch mit der Bruchmechanik erhält man Aussagen über die zulässige oder kritische Belastung, den erforderlichen Werkstoff und die vorhandene Sicherheit gegen das Bauteilversagen, wobei der jeweils ungünstigere Wert ausschlaggebend ist. Mit der Festigkeitsberechnung lassen sich zudem die erforderlichen Bauteilabmessungen ermitteln und mit der Bruchmechanik die kritischen Rissabmessungen bestimmen.

Bei zyklischer Belastung ist ebenfalls ein Zusammenwirken von Festigkeitsberechnung und Bruchmechanik sinnvoll. Hierbei werden die zulässige zyklische Belastung, der erforderliche Werkstoff und die Sicherheit gegen Ermüdungsbruch durch beide Konzepte bestimmt, die Ermittlung der Risswachstumslebensdauer und der erforderlichen Inspektionsintervalle erfolgt über bruchmechanische Konzepte.

## Literatur

Blumenauer H, Pusch G (1993) Technische Bruchmechanik, 3. Aufl. Wiley, New York
FKM-Richtlinie (2006) Bruchmechanischer Festigkeitsnachweis für Maschinenbauteile. VDMA, Frankfurt
Hill R (1950) The mathematical theory of plasticity. Clarendon Press, Oxford
Ismar H, Mahrenholtz O (1979) Technische Plastomechanik. Vieweg, Braunschweig
Lippmann H, Mahrenholtz O (2014) Plastomechanik der Umformung metallischer Werkstoffe. Springer, Berlin
Mendelson A (1968) Plasticity. Macmillan, New York
Prager W, Hodge PG (1954) Theorie ideal plastischer Körper. Springer, Wien
Reckling K-A (2013) Plastizitätstheorie und ihre Anwendungen auf Festigkeitsprobleme. Springer Vieweg, Berlin

Richard HA (1979) Interpolationsformel für Spannungsintensitätsfaktoren. VDI-Z 121:1158–1143

Richard HA (1985) Bruchvorhersagen bei überlagerter Normal- und Schubbelastung von Rissen. VDI-Forschungsheft, Bd 631. VDI, Düsseldorf

Richard HA, Sander M (2012) Ermüdungsrisse. Springer Vieweg, Wiesbaden

Richard HA, Fulland M, Sander M (2005) Theoretical crack path prediction. Fatigue Fract Eng Mater Struct 28:3–12

Richard HA, Sander M, Schramm B, Kullmer G, Wirxel M (2013) Fatigue crack growth in real structures. Int J Fatigue 50:83–88

Richard HA, Schramm B, Schirmeisen N-H (2014) Cracks on mixed mode loading – theories, experiments, simulations. Int J Fatigue 62:93–103

Sander M, Richard HA (2006) Fatigue crack growth under variable amplitude loading. Part I: experimental investigations. Part II: analytical and numerical investigations. Fatigue Fract Eng Mater Struct 29:291–319

Schijve I (2001) Fatigue of structure and materials. Kluwer, Dordrecht

Schwalbe KH (1980) Bruchmechanik metallischer Werkstoffe. Hanser, München

Vogel U, Maier DH (1987) Einfluss von Schubweichheit bei der Traglast räumlicher Systeme. Stahlbau 9:271–277

# Teil III
# Strömungsmechanik

# Einführung in die Strömungsmechanik 12

Jürgen Zierep und Karl Bühler

## Inhalt




**Zusammenfassung**

Die Eigenschaften von Fluiden sind zur Beschreibung von Strömungsvorgängen mit den Erhaltungssätzen für Masse, Impuls und Energie notwendig. Für inkompressible Fluide wird die Grenze der Dichteänderung in Abhängigkeit der Machzahl angegeben. Die Rheologie behandelt die Fließeigenschaften der Fluide bei Deformationen in Strömungen. Die Viskosität tritt beim newtonschen Schubspannungsansatz auf. Das Verhalten von Druck und Dichte in der Hydro- und Aerostatik wird beschrieben.


## 12.1 Einführung in die Strömungsmechanik

### 12.1.1 Eigenschaften von Fluiden

Strömungsvorgänge werden allgemein durch die Geschwindigkeit $w = (u, v, w)$, Druck $p$, Dichte $\varrho$ und Temperatur $T$ als Funktion von $(x, y, z, t)$ beschrieben. Die Bestimmung dieser Größen geschieht mit den Erhaltungssätzen für Masse, Impuls und Energie sowie mit einer Zustandsgleichung für den thermodynamischen Zusammenhang zwischen $p$, $\varrho$ und $T$ des Strömungsmediums (Fluids). Vier ausgezeichnete Zustandsänderun-


J. Zierep
Karlsruher Institut für Technologie, Karlsruhe, Deutschland
E-Mail: sekretariat@istm.kit.edu

K. Bühler (✉)
Fakultät Maschinenbau und Verfahrenstechnik, Hochschule Offenburg, Offenburg, Deutschland
E-Mail: k.buehler@hs-offenburg.de


© Der/die Autor(en), exklusiv lizenziert durch Springer-Verlag GmbH, DE, ein Teil von Springer Nature 2022 

M. Hennecke, B. Skrotzki (Hrsg.), *HÜTTE Band 2: Grundlagen des Maschinenbaus und ergänzende Fächer für Ingenieure*, Springer Reference Technik,
https://doi.org/10.1007/978-3-662-64372-3_38

gen sind in Abb. 1 dargestellt. Welche Zustandsänderung eintritt, hängt von den Stoffeigenschaften und dem Verlauf der Strömung ab.

**Dichte**

Bei Gasen ist die Dichte $\varrho = \varrho(p, T)$ von Druck und Temperatur abhängig. Für ideale Gase gilt die thermische Zustandsgleichung $p = \varrho R_i T$, wobei $R_i$ die *spezielle Gaskonstante* des Stoffes $i$ ist. Sind $p_0$, $\varrho_0$, $T_0$ als Bezugswerte bekannt, so gilt der Zusammenhang

$$\frac{\varrho}{\varrho_0} = \frac{p}{p_0} \cdot \frac{T_0}{T}. \tag{1}$$

Die Dichte ändert sich bei Gasen also proportional zum Druck und umgekehrt proportional zur Temperatur.

Für Luft gelten die Werte $p_0 = 1$ bar, $T_0 = 273{,}16$ K, $\varrho_0 = 1{,}275$ kg/m$^3$. Für die Abhängigkeit von der Strömungsgeschwindigkeit folgt aus der Beziehung (Zierep und Bühler 2018, S. 83) der Zusammenhang

$$\frac{\Delta\varrho}{\varrho} \approx \frac{M^2}{2}. \tag{2}$$

Die Mach-Zahl $M = w/a$ ist der Quotient aus Strömungs- und Schallgeschwindigkeit eines Mediums. Nach der Beziehung (Zierep und Bühler 2018, S. 71) ergibt sich die Schallgeschwindigkeit in Luft zu $a = 347$ m/s bei $T = 300$ K. Damit folgt die relative Dichteänderung $\Delta\varrho/\varrho \leqq 0{,}01$ für $M \leqq 0{,}14$ und $w \leqq 49$ m/s. Bei geringen Geschwindigkeiten können deshalb Strömungsvorgänge in Gasen als inkompressibel betrachtet werden. Bei Flüssigkeiten ist die Dichte nur wenig von der Temperatur abhängig und der Druckeinfluss ist vernachlässigbar klein. Es gilt damit

$$\frac{\varrho}{\varrho_0} \approx \text{const.} \tag{3}$$

Flüssigkeiten sind damit als inkompressibel zu betrachten. Inkompressible Strömungsvorgänge entsprechen in Abb. 1 einer isochoren Zustandsänderung. In der Tab. 1 sind Zahlenwerte für die Dichte von Luft und Wasser für verschiedene Temperaturen zusammengestellt (Schmidt 1963; Truckenbrodt 1980; Becker 1985; Becker und Bürger 1975).

**Viskosität**

Flüssigkeiten und Gase haben die Eigenschaft, dass bei Formänderungen durch Verschieben von Fluidelementen ein Widerstand zu überwinden ist. Die Reibungskraft durch die Schubspannungen zwischen den Fluidelementen ist nach Newton direkt proportional dem Geschwindigkeitsgradienten. Für die in Abb. 2 dargestellte ebene laminare Scherströmung ergibt sich mit der auf die Fläche $A$ bezogenen Kraft $F$ die Schubspannung

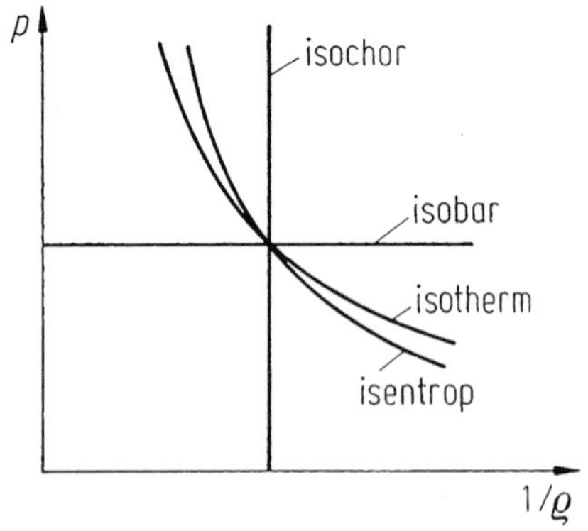


**Abb. 1** Thermodynamische Zustandsänderungen in der $(p, 1/\varrho)$-Ebene

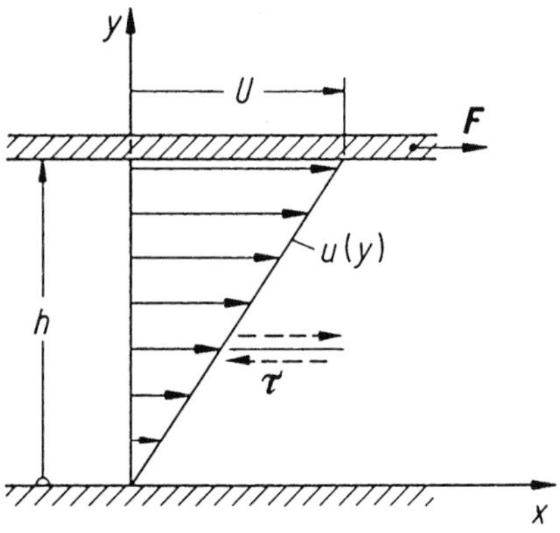


**Abb. 2** Scherströmung im ebenen Spalt

**Tab. 1** Stoffdaten für Luft und Wasser als Funktion der Temperatur beim Bezugsdruck $p_0 = 1$ bar (Schmidt 1963; Truckenbrodt 1980)

| | | | | | | | | | |
|---|---|---|---|---|---|---|---|---|---|
| Luft: | | | | | | | | | |
| $\vartheta$ in °C | −20 | 0 | 20 | 40 | 60 | 80 | 100 | 200 | 500 |
| $\varrho$ in kg/m³ | 1,376 | 1,275 | 1,188 | 1,112 | 1,045 | 0,986 | 0,933 | 0,736 | 0,451 |
| $\eta$ in µPa · s | 16,07 | 17,10 | 18,10 | 19,06 | 20,00 | 20,91 | 21,79 | 25,88 | 35,95 |
| $\nu$ in mm²/s | 11,68 | 13,41 | 15,23 | 17,14 | 19,13 | 21,20 | 23,35 | 35,16 | 79,80 |
| Wasser: | | | | | | | | | |
| $\vartheta$ in °C | 0 | 10 | 20 | | 40 | 60 | 80 | 90 | |
| $\varrho$ in kg/m³ | 999,8 | 999,8 | 998,4 | | 992,3 | 983,1 | 971,5 | 965,0 | |
| $\eta$ in mPa · s | 1,793 | 1,317 | 1,010 | | 0,655 | 0,467 | 0,356 | 0,316 | |
| $\nu$ in mm²/s | 1,793 | 1,317 | 1,012 | | 0,660 | 0,475 | 0,366 | 0,328 | |

$$\tau = \frac{F}{A} = \eta \frac{\mathrm{d}u}{\mathrm{d}y} = \eta \frac{U}{h}. \qquad (4)$$

Der Proportionalitätsfaktor wird als *dynamische Viskosität* $\eta$ bezeichnet. $\eta$ ist stark von der Temperatur abhängig, während der Druckeinfluss vernachlässigbar gering ist, d. h., $\eta(T, p) \approx \eta(T)$. Als abgeleitete Stoffgröße ergibt sich die *kinematische Viskosität*

$$\nu = \frac{\eta}{\varrho}. \qquad (5)$$

Bei Gasen steigt die Viskosität mit der Temperatur an, während bei Flüssigkeiten die Viskosität mit steigender Temperatur abnimmt. Für diese Abhängigkeiten gelten formelmäßige Zusammenhänge (Truckenbrodt 1980). Für Gase gilt die Beziehung:

$$\frac{\eta}{\eta_0} = \frac{T_0 + T_S}{T + T_S}\left(\frac{T}{T_0}\right)^{3/2} \approx \left(\frac{T}{T_0}\right)^{\omega}. \qquad (6)$$

Die Bezugswerte für Luft bei $p_0 = 1$ bar sind $T_0 = 273{,}16$ K, $\eta_0 = 17{,}10$ µPa · s und $T_S = 122$ K ist die Sutherland-Konstante. Für Flüssigkeiten gilt im Bereich $0 < \vartheta < 100\,°C$ die Beziehung

$$\frac{\eta}{\eta_0} = \exp\left(\frac{T_A}{T + T_B} - \frac{T_A}{T_B + T_0}\right). \qquad (7)$$

Für Wasser gelten die Konstanten $T_A = 506$ K, $T_B = -150$ K und beim Druck $p_0 = 1$ bar die Bezugswerte $T_0 = 273{,}16$ K und $\eta_0 = 1{,}793$ mPa · s.

In Tab. 1 sind für Luft und Wasser Zahlenwerte für $\varrho$, $\eta$ und $\nu$ in Abhängigkeit von der Temperatur $\vartheta$ zusammengestellt.

Für andere Medien sind Daten der Stoffeigenschaften einschlägigen Tabellenwerken (D'Ans und Lax 1967; Landolt-Börnstein 1950–1980) zu entnehmen.

Die Verallgemeinerung des nach Newton benannten Ansatzes (4) auf mehrdimensionale Strömungen führt zum allgemeinen Spannungstensor (Zierep und Bühler 1991; Meier 2000; Oertel 2015; Oertel et al. 2012; Oertel 2017).

### 12.1.2 Newton'sche und nichtnewton'sche Medien

Newton'sche Medien sind dadurch ausgezeichnet, dass die Viskosität unabhängig von der Schergeschwindigkeit ist. In Abb. 3 ist dieses Verhalten durch einen linearen Zusammenhang zwischen der Schubspannung $\tau$ und der Schergeschwindigkeit $D = \mathrm{d}u/\mathrm{d}y$ gekennzeichnet. Bei nichtnewton'schen Medien besteht dagegen ein nichtlinearer Zusammenhang zwischen der Schubspannung und der Schergeschwindigkeit. Die dynamische Viskosität $\eta$ ist dann von der Schergeschwindigkeit $D$ abhängig. Der Zusammenhang $\eta(D)$ wird als Fließkurve bezeichnet. Steigt die Viskosität mit der Schergeschwindigkeit an, so wird das Verhalten als *dilatant* bezeichnet, während ein Abfall der Viskosität als *pseudoplastisches Verhalten* bezeichnet wird. Ändert sich bei einer konstanten Scherbeanspruchung die Viskosität mit der Zeit, dann wird das Verhalten mit steigender

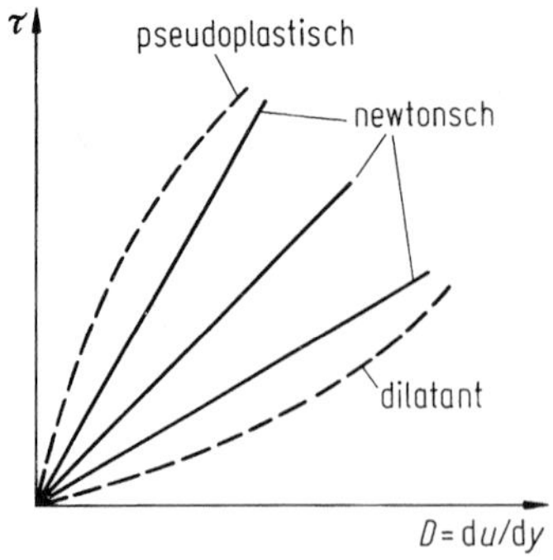


**Abb. 3** Schubspannung als Funktion der Schergeschwindigkeit

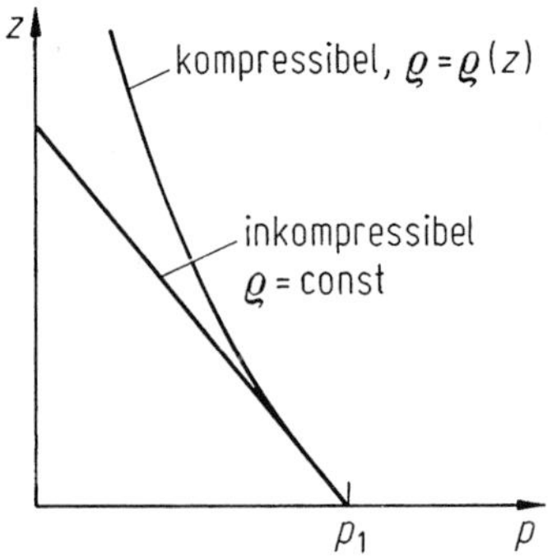


**Abb. 4** Druckverlauf in inkompressiblen und kompressiblen Medien

Viskosität als *rheopex* und bei abfallender Viskosität als *thixotrop* bezeichnet. Das Strömungsverhalten nichtnewton'scher Medien ist in (Bird et al. 1977; Böhme 2000) umfassend dargestellt. Die rheologischen Begriffe sind in (DIN 1342–1 (1993), DIN 1342–2) definiert.

### 12.1.3 Hydrostatik und Aerostatik

Das Verhalten der Zustandsgrößen im Ruhezustand ist der Gegenstand der Hydrostatik und der Aerostatik. Der Druck $p$ ist eine skalare Größe. In Kraftfeldern gilt für die Druckverteilung die hydrostatische Grundgleichung (Zierep und Bühler 2018, S. 33)

$$\text{grad}\; p = \varrho \boldsymbol{f} \tag{8}$$

mit $\partial p/\partial x = \varrho f_x$, $\partial p/\partial y = \varrho f_y$ und $\partial p/\partial z = \varrho f_z$. Die Änderung des Druckes ist damit gleich der angreifenden Massenkraft.

**Hydrostatische Druckverteilung im Schwerefeld** Es wirkt die Massenkraft $\boldsymbol{f} = (0{,}0, -g)$. Die Integration der hydrostatischen Grundgleichung $\mathrm{d}p/\mathrm{d}z = -\varrho g$ liefert für Medien mit konstanter Dichte eine lineare Abhängigkeit für den Druckverlauf:

$$p(z) = p_1 - \varrho g z. \tag{9}$$

Der Druck nimmt ausgehend von $p_1$ bei $z = 0$ linear mit zunehmender Höhe $z$ ab.

**Archimedisches Prinzip** Ein im Schwerefeld in Flüssigkeit eingetauchter Körper erfährt einen Auftrieb, der gleich dem Gewicht der verdrängten Flüssigkeit ist.

**Druckverteilung in geschichteten Medien** Ändert sich die Dichte $\varrho(z)$ mit der Höhe, so lautet für ein ideales Gas mit $p/\varrho = R_i T$ die Bestimmungsgleichung (8) für den Druck:

$$\frac{\mathrm{d}p}{p} = -\frac{g}{R_i} \cdot \frac{\mathrm{d}z}{T}. \tag{10}$$

Für eine isotherme Gasschicht $T = T_0 = \text{const}$ folgen mit den Anfangswerten $p(z = 0) = p_0$, $\varrho(z = 0) = \varrho_0$ die Druck- und Dichteverteilungen zu

$$p(z) = p_0 \exp\left(-\frac{g}{R_i T_0} z\right) \tag{11}$$

$$\varrho(z) = \varrho_0 \exp\left(-\frac{g}{R_i T_0} z\right) \tag{12}$$

In einer isothermen Atmosphäre nehmen Druck und Dichte mit zunehmender Höhe exponentiell ab. Abb. 4 zeigt den Druckverlauf als Funktion der Höhe $z$ für ein inkompressibles Medium und für ein kompressibles Medium mit veränderlicher Dichte $\varrho(z)$ bei isothermer Atmosphäre.

### 12.1.4 Gliederung der Darstellung: Nach Viskositäts- und Kompressibilitätseinflüssen

Die in der Realität auftretenden Strömungserscheinungen sind sehr vielfältig. Verschiedenartige physikalische Effekte erfordern unterschiedliche Beschreibungs- und Berechnungsmethoden. Wir betrachten hier zunächst Strömungen inkompressibler Medien ohne Reibung im ▶ Kap. 13, „Reibungsfreie inkompressible Strömungen“, dann den Einfluss der Reibung im ▶ Kap. 14, „Reibungsbehaftete inkompressible Strömungen“ und sodann untersuchen wir den Einfluss der Kompressibilität bei reibungsfreien Strömungen im ▶ Kap. 15, „Gasdynamik“. Vorgänge bei denen Reibungs- und Kompressibilitätseffekte gleichzeitig bedeutsam sind werden im ▶ Kap. 16, „Viskositäts- und Kompressibilitätseinfluss in der Strömungsmechanik“ behandelt. Begonnen wird jeweils mit eindimensionalen Modellen, die dann auf mehrere Dimensionen erweitert werden.

## Literatur

Becker E (1985) Technische Thermodynamik. Teubner, Stuttgart

Becker E, Bürger W (1975) Kontinuumsmechanik. Teubner, Stuttgart

Bird RB, Armstrong RG, Hassager O (1977) Dynamics of polymeric liquids. Wiley, New York

Böhme G (2000) Strömungsmechanik nicht-newtonscher Fluide, 2. Aufl. Teubner, Stuttgart

D'Ans J, Lax E (1967) Makroskopische physikalisch-chemische Eigenschaften. In: Lax E, Synowietz C (Hrsg) Taschenbuch für Chemiker und Physiker, Bd. 1, 3. Aufl. Springer, Berlin

DIN 1342-1 (1993) Viskosität; Rheologische Begriffe (10.83); DIN 1342-2: Newtonsche Flüssigkeiten (02.80)

Landolt-Börnstein (1950–1980) Zahlenwerte und Funktionen aus Physik, Chemie, Astronomie, Geophysik und Technik. 4 Bände in 20 Teilen, 6. Aufl. Springer, Berlin

Meier GEA (Hrsg) (2000) Ludwig Prandtl, ein Führer in der Strömungslehre. Springer Vieweg, Wiesbaden

Oertel H Jr (Hrsg) (2017) Prandtl-Führer durch die Strömungslehre, 14. Aufl. Springer Vieweg, Wiesbaden

Oertel H Jr, Böhle M, Reviol T (2012) Übungsbuch Strömungsmechanik, 8. Aufl. Springer Vieweg, Wiesbaden

Oertel H Jr, Böhle M, Reviol T (2015) Strömungsmechanik, 7. Aufl. Springer Vieweg, Wiesbaden

Schmidt E (1963) Thermodynamik, 10. Aufl. Springer, Berlin

Truckenbrodt E (1980) Fluidmechanik, 2 Bde. Springer, Berlin

Zierep J, Bühler K (1991) Strömungsmechanik. Springer, Berlin

Zierep J, Bühler K (2018) Grundzüge der Strömungslehre. Grundlagen, Statik und Dynamik der Fluide, 11. Aufl. Springer Vieweg, Wiesbaden

# Reibungsfreie inkompressible Strömungen

# 13

Jürgen Zierep und Karl Bühler

## Inhalt



**Zusammenfassung**

Ausgehend von eindimensionalen reibungsfreien Strömungen wird die Bernoulli-Gleichung und die Energiebilanz hergeleitet. Mit der Eulerschen Betrachtungsweise wird der Unterschied zwischen stationären und zeitabhängigen Strömungen verdeutlicht und an zahlreichen Beispielen angewandt. Die zweidimensionalen reibungsfreien und inkompressiblen Strömungen werden mit der Potenzialtheorie behandelt. Die Lösungseigenschaften werden am Beispiel der Zylinderumströmung ohne und mit Zirkulation aufgezeigt.

## 13.1 Eindimensionale reibungsfreie Strömungen

### 13.1.1 Grundbegriffe

Man unterscheidet zwei Möglichkeiten zur Beschreibung von Stromfeldern. Mit der *teilchen- oder massenfesten Betrachtung* nach Lagrange

J. Zierep
Karlsruher Institut für Technologie, Karlsruhe, Deutschland
E-Mail: sekretariat@istm.kit.edu

K. Bühler (✉)
Fakultät Maschinenbau und Verfahrenstechnik, Hochschule Offenburg, Offenburg, Deutschland
E-Mail: k.buehler@hs-offenburg.de

© Der/die Autor(en), exklusiv lizenziert durch Springer-Verlag GmbH, DE, ein Teil von Springer Nature 2022

M. Hennecke, B. Skrotzki (Hrsg.), *HÜTTE Band 2: Grundlagen des Maschinenbaus und ergänzende Fächer für Ingenieure*, Springer Reference Technik,
https://doi.org/10.1007/978-3-662-64372-3_39

folgen die Geschwindigkeit $\boldsymbol{w}$ und Beschleunigung $\boldsymbol{a}$ aus der substantiellen Ableitung des Ortsvektors $\boldsymbol{r}$ nach der Zeit $t$:

$$\frac{\mathrm{d}\boldsymbol{r}}{\mathrm{d}t} = \boldsymbol{w}, \quad \frac{\mathrm{d}^2\boldsymbol{r}}{\mathrm{d}t^2} = \frac{\mathrm{d}\boldsymbol{w}}{\mathrm{d}t} = \boldsymbol{a}. \tag{1}$$

Nach der *Euler'schen Methode* wird die Änderung der Strömungsgrößen an einem festen Ort betrachtet. Die *zeitliche Änderung* des Teilchenzustandes $f(x, y, z, t)$ ergibt sich zu

$$\frac{\mathrm{d}f}{\mathrm{d}t} = \frac{\partial f}{\partial t} + \boldsymbol{w} \cdot \operatorname{grad} f. \tag{2}$$

Die *substantielle Änderung* setzt sich aus dem lokalen und dem konvektiven Anteil zusammen.

*Teilchenbahnen* werden von den Fluidteilchen durchlaufen. Für bekannte Geschwindigkeitsfelder $\boldsymbol{w}$ folgen die Teilchenbahnen aus (1) durch Integration. *Stromlinien* sind Kurven, die in jedem festen Zeitpunkt auf das Geschwindigkeitsfeld passen. Die Differenzialgleichungen der Stromlinien lauten

$$\begin{aligned} &\mathrm{d}x : \mathrm{d}y : \mathrm{d}z \\ &= u(x,y,z,t) : v(x,y,z,t) : w(x,y,z,t). \end{aligned} \tag{3}$$

Bei *stationären Strömungen* ist die lokale Beschleunigung null. Das Strömungsfeld ändert sich nur mit dem Ort, nicht jedoch mit der Zeit. Stromlinien und Teilchenbahnen sind dann identisch.

Bei *instationären Strömungen* ändert sich das Strömungsfeld mit dem Ort und der Zeit. Stromlinien und Teilchenbahnen sind im Allgemeinen verschieden. Durch die Wahl eines geeigneten Bezugssystems können instationäre Strömungen oft in stationäre Strömungen überführt werden. Zum Beispiel ist die Strömung eines in ruhender Umgebung bewegten Körpers in Abb. 1a instationär. Wird dagegen der Körper festgehalten und mit konstanter Geschwindigkeit angeströmt, dann ist die Umströmung in Abb. 1b stationär.

## 13.1.2 Grundgleichungen der Stromfadentheorie

Ausgehend von der zentralen Stromlinie 1 $\rightarrow$ 2 in Abb. 2 hüllen die Stromlinien durch den Rand der

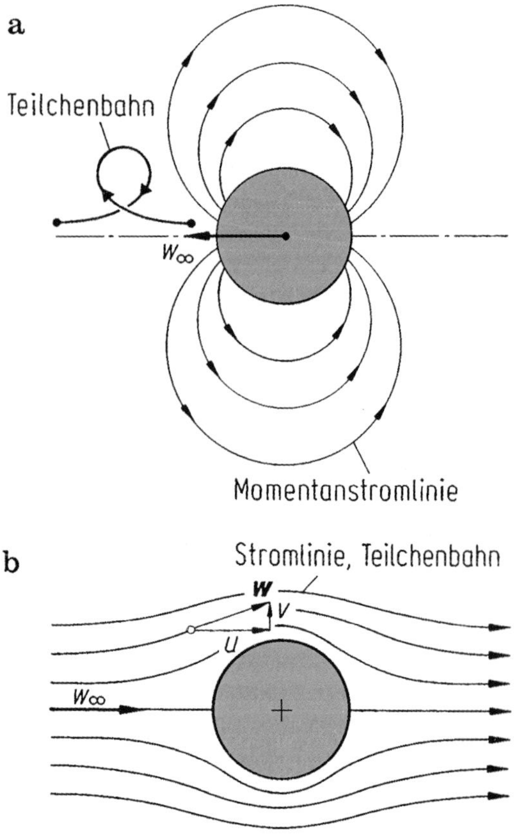


**Abb. 1** Zylinderumströmung. **a** Bewegter Zylinder: instationäre Strömung; **b** ruhender Zylinder: stationäre Strömung

Flächen $A_1$ und $A_2$ eine Stromröhre ein. Ein Stromfaden ergibt sich aus der Umgebung einer Stromlinie, für die die Änderungen aller Zustandsgrößen quer zum Stromfaden sehr viel kleiner sind als in Längsrichtung. Die Zustandsgrößen sind dann nur eine Funktion der Bogenlänge $s$ und der Zeit $t$ (Becker 1982; Becker und Piltz 1978; Eppler 1975; Gersten 1986; Zierep und Bühler 1991, 2018).

**Kontinuitätsgleichung**. Der Massenstrom durch den von Stromlinien begrenzten Stromfaden in Abb. 2 ist bei stationärer Strömung konstant.

$$\dot{m} = \varrho \dot{V} = \varrho_1 w_1 A_1 = \varrho_2 w_2 A_2 = \text{const.} \tag{4}$$

Für inkompressible Medien ($\varrho = \text{const}$) folgt hieraus die Konstanz des Volumenstromes $\dot{V}$.

**Bewegungsgleichung**. Mit dem Newton'schen Grundgesetz folgt aus dem Kräftegleichgewicht in Stromfadenrichtung $s$ nach Abb. 3 die *Euler'sche Differenzialgleichung*

**Abb. 2**
Stromfadendefinition

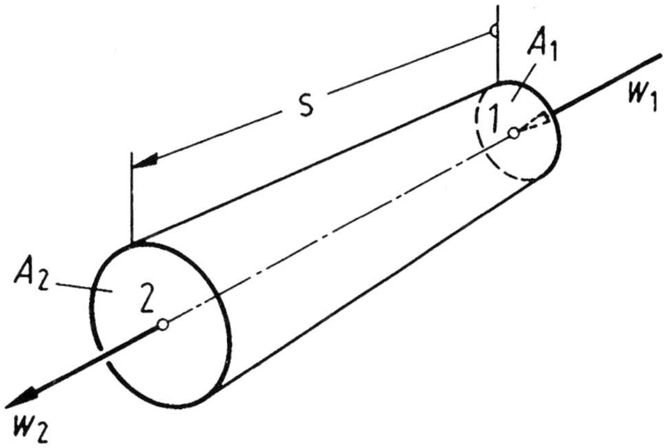


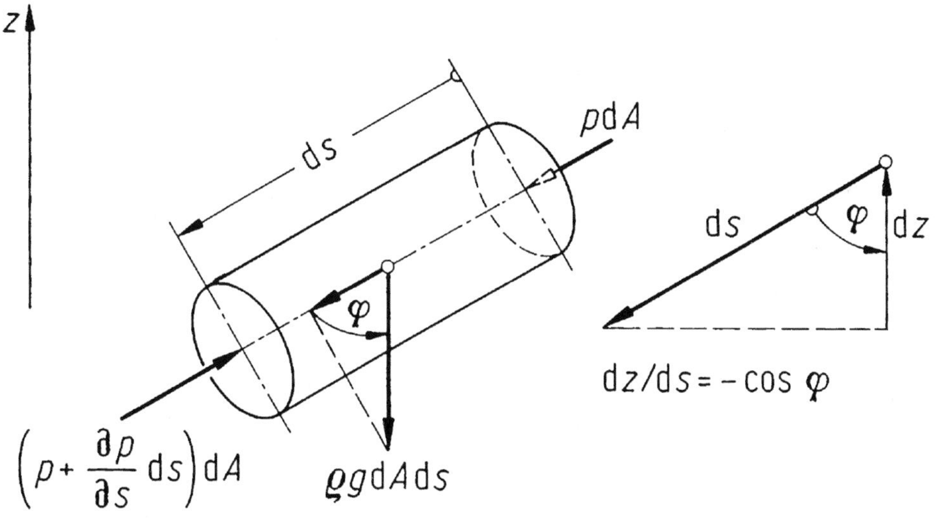


**Abb. 3** Kräftegleichgewicht in Stromfadenrichtung

$$\frac{\mathrm{d}w}{\mathrm{d}t} = \frac{\partial w}{\partial t} + w\frac{\partial w}{\partial s} = -\frac{1}{\varrho}\cdot\frac{\partial p}{\partial s} - g\frac{\partial z}{\partial s}. \quad (5)$$

Die Integration längs des Stromfadens 1 → 2 ergibt für inkompressible Strömungen die *Bernoulli-Gleichung*

$$\int_1^2 \frac{\partial w}{\partial t}\mathrm{d}s + \frac{w_2^2 - w_1^2}{2} + \frac{p_2 - p_1}{\varrho} + g(z_2 - z_1) = 0. \quad (6)$$

Das Integral ist für instationäre Strömungen bei festem $t$ längs des Stromfadens 1 → 2 auszuführen. Ändert sich die Geschwindigkeit mit der Zeit nicht, so ist $\partial w/\partial t = 0$, und es folgt aus (6) die *Bernoulli-Gleichung für stationäre Strömungen*:

$$\frac{w^2}{2} + \frac{p}{\varrho} + gz = \text{const.} \quad (7)$$

Bei stationärer Strömung entlang einem gekrümmten Stromfaden folgt für das Kräftegleichgewicht normal zur Strömungsrichtung $s$ in Abb. 4:

$$\frac{\mathrm{d}w_\mathrm{n}}{\mathrm{d}t} = -\frac{w^2}{r} = -\frac{1}{\varrho}\cdot\frac{\partial p}{\partial n} - g\frac{\partial z}{\partial n}. \quad (8)$$

Hierbei ist $r$ der lokale Krümmungsradius in Normalrichtung $\boldsymbol{n}$. Erfolgt die Bewegung in kon-

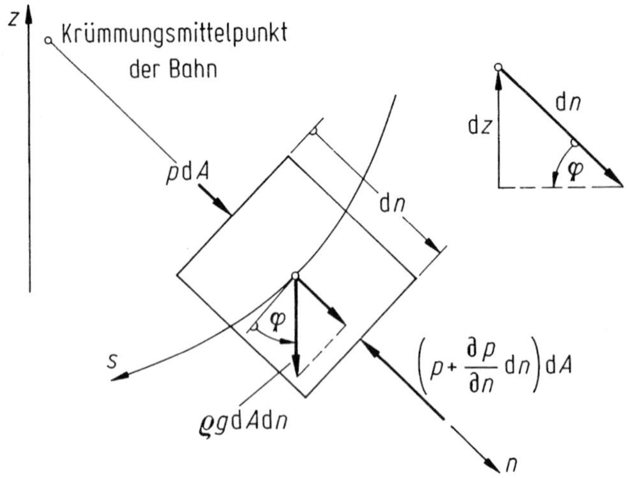


**Abb. 4** Kräftegleichgewicht senkrecht zum Stromfaden

stanter Höhe $z$, so folgt aus (8) das Gleichgewicht zwischen Fliehkraft und Druckkraft. Hierbei steigt der Druck in radialer Richtung an.

**Energiesatz.** Wir betrachten ein reibungsbehaftetes Fluid im Kontrollraum zwischen den Querschnitten $A_1$ und $A_2$ des Stromfadens nach Abb. 2. Die Energiebilanz bezogen auf den Massenstrom $\dot{m}$ lautet für das stationär durchströmte System (White 1986; Zierep und Bühler 2018):

$$h_1 + \frac{1}{2}w_1^2 + gz_1 + q_{12} + a_{12} = h_2 + \frac{1}{2}w_2^2 + gz_2. \quad (9)$$

Hierbei ist $h = e + p/\varrho$ die spezifische Enthalpie, $q_{12}$ die spezifische zugeführte Wärmeleistung und $a_{12}$ die durch Reibung und mechanische Arbeit dem System von außen zugeführte spezifische Leistung. Für Arbeitsmaschinen (Pumpen) ist $a_{12} > 0$ und für Kraftmaschinen (Turbinen) ist $a_{12} < 0$ definiert. Im Fall verschwindender Energiezufuhr über den Kontrollraum ist $q_{12} = 0$ und $a_{12} = 0$. Die innere Energie $e$ ändert sich dann nur durch den irreversiblen Übergang von mechanischer Energie in innere Energie. Diese Dissipation bewirkt zugleich eine Temperaturerhöhung und kann als zusätzlicher Druckabfall (Druckverlust) interpretiert werden. Mit $\varrho(e_2 - e_1) = \varrho c_v(T_2 - T_1) = \Delta p_v$, wobei für inkompressible Medien $c_v = c_p = c$ ist, lautet dann die Energiebilanz (9):

$$\frac{p_1}{\varrho} + \frac{w_1^2}{2} + gz_1 = \frac{p_2}{\varrho} + \frac{w_2^2}{2} + gz_2 + \frac{\Delta p_v}{\varrho}. \quad (10)$$

Für den Sonderfall reibungsfreier Strömungen ist $\Delta p_v = 0$ und die Energiebilanz unter den entsprechenden Voraussetzungen identisch mit der Bernoulli-Gleichung.

### 13.1.3 Anwendungsbeispiele

**Bewegung auf konzentrischen Bahnen (Wirbel)**

Die Bewegung verläuft nach Abb. 5 mit kreisförmigen Stromlinien in der horizontalen Ebene. Bei rotationssymmetrischer Strömung sind Geschwindigkeit $w$ und Druck $p$ nur vom Radius $r$ abhängig. Aus den Kräftebilanzen (7) und (8) folgen die Bestimmungsgleichungen

$$\frac{w^2}{2} + \frac{p}{\varrho} = \text{const}, \quad (11)$$

$$\frac{w^2}{r} = \frac{1}{\varrho} \cdot \frac{\mathrm{d}p}{\mathrm{d}r}. \quad (12)$$

Ist die Konstante in (11) für jede Stromlinie gleich, so liegt eine *isoenergetische Strömung* vor. Damit verknüpft die Bernoulli-Gleichung auch die Zustände der Stromlinien mit verschiedenen Radien. Mit der Vorgabe der Strömungszustände $w_1$ und $p_1$ auf dem Radius $r_1$ folgt aus (11) und

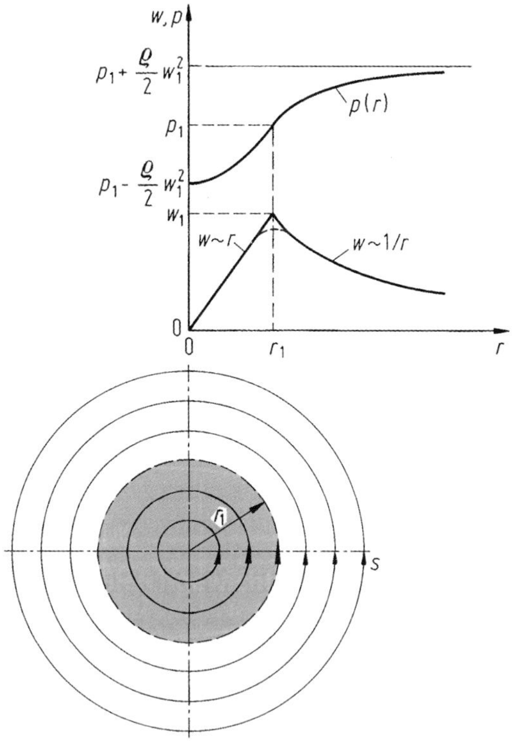


**Abb. 5** Bewegung auf Kreisbahnen (Stromlinien $s$), Geschwindigkeits- und Druckverteilung

(12) für die Geschwindigkeits- und Druckverteilung:

$$w(r) = \frac{w_1 r_1}{r},$$
$$p(r) = p_1 + \frac{\varrho}{2} w_1^2 \left(1 - \frac{r_1^2}{r^2}\right). \tag{13}$$

Diese Bewegung mit der hyperbolischen Geschwindigkeitsverteilung wird als *Potenzialwirbel* bezeichnet. Druck und Geschwindigkeit variieren entgegengesetzt, was das Kennzeichen einer isoenergetischen Strömung ist. Um ein unbegrenztes Anwachsen der Geschwindigkeit zu vermeiden, beschränken wir die Lösung (13) auf den Bereich $r \geqq r_1$.

Im Bereich $r \leqq r_1$ rotiert das Medium stattdessen wie ein starrer Körper. Die Geschwindigkeitsverteilung und die dazugehörige Druckverteilung aus (12) ergeben sich mit der Winkelgeschwindigkeit $\omega = \text{const}$ zu

$$w(r) = \omega r = \frac{w_1}{r_1} r,$$
$$p(r) = p_1 + \frac{\varrho}{2} w_1^2 \left(\frac{r^2}{r_1^2} - 1\right). \tag{14}$$

Bei dieser Starrkörperrotation variieren Geschwindigkeit und Druck gleichsinnig. In Abb. 5 ist die Geschwindigkeitsverteilung und die dazugehörige Druckverteilung für den Starrkörperwirbel im Bereich $r \leqq r_1$ und für den Potenzialwirbel im Bereich $r \geqq r_1$ dargestellt. Im Wirbelzentrum bei $r = 0$ kann ein erheblicher Unterdruck auftreten.

**Druckbegriffe und Druckmessung**

Aus der Bernoulli-Gleichung (7) folgen die Druckbegriffe

$$p = p_{\text{stat}} \qquad \text{statischer Druck,}$$
$$\frac{1}{2} \varrho w^2 = p_{\text{dyn}} \qquad \text{dynamischer Druck.}$$

Bei der Umströmung des Körpers in Abb. 6a ohne Fallbeschleunigung gilt längs der Staustromlinie

$$p_\infty + \frac{1}{2} \varrho w_\infty^2 = p + \frac{1}{2} \varrho w^2 = p_0. \tag{15}$$

Der Druck $p_0$ im Staupunkt wird als *Ruhedruck* oder *Gesamtdruck* bezeichnet, womit der Zusammenhang $p_{\text{stat}} + p_{\text{dyn}} = p_{\text{tot}}$ gültig ist.

Die Messung des statischen Druckes $p$ kann mit einer Wandanbohrung senkrecht zur Strömungsrichtung nach Abb. 6b erfolgen. Aus der Steighöhe im Manometer folgt mit dem Außendruck $p_1$ der statische Druck $p = p_1 + \varrho_M g h$ unter der Voraussetzung, dass die Dichte $\varrho$ des Strömungsmediums sehr viel kleiner als die Dichte $\varrho_M$ der Messflüssigkeit ist. Mit dem Pitotrohr (Abb. 6c) wird durch den Aufstau der Strömung der Gesamt- oder Ruhedruck $p_0 = p_1 + \varrho_M g h$ gemessen. Der dynamische Druck $p_{\text{dyn}}$ lässt sich aus der Differenz zwischen dem Gesamtdruck und dem statischen Druck mit dem *Prandtl'schen Staurohr* (Abb. 6d) ermitteln. Aus der Messung von $p_{\text{dyn}} = p_{\text{tot}} - p_{\text{stat}} = \varrho_M g h$ folgt die *Strömungsgeschwindigkeit*

$$w = \sqrt{2 p_{\text{dyn}} / \varrho}.$$

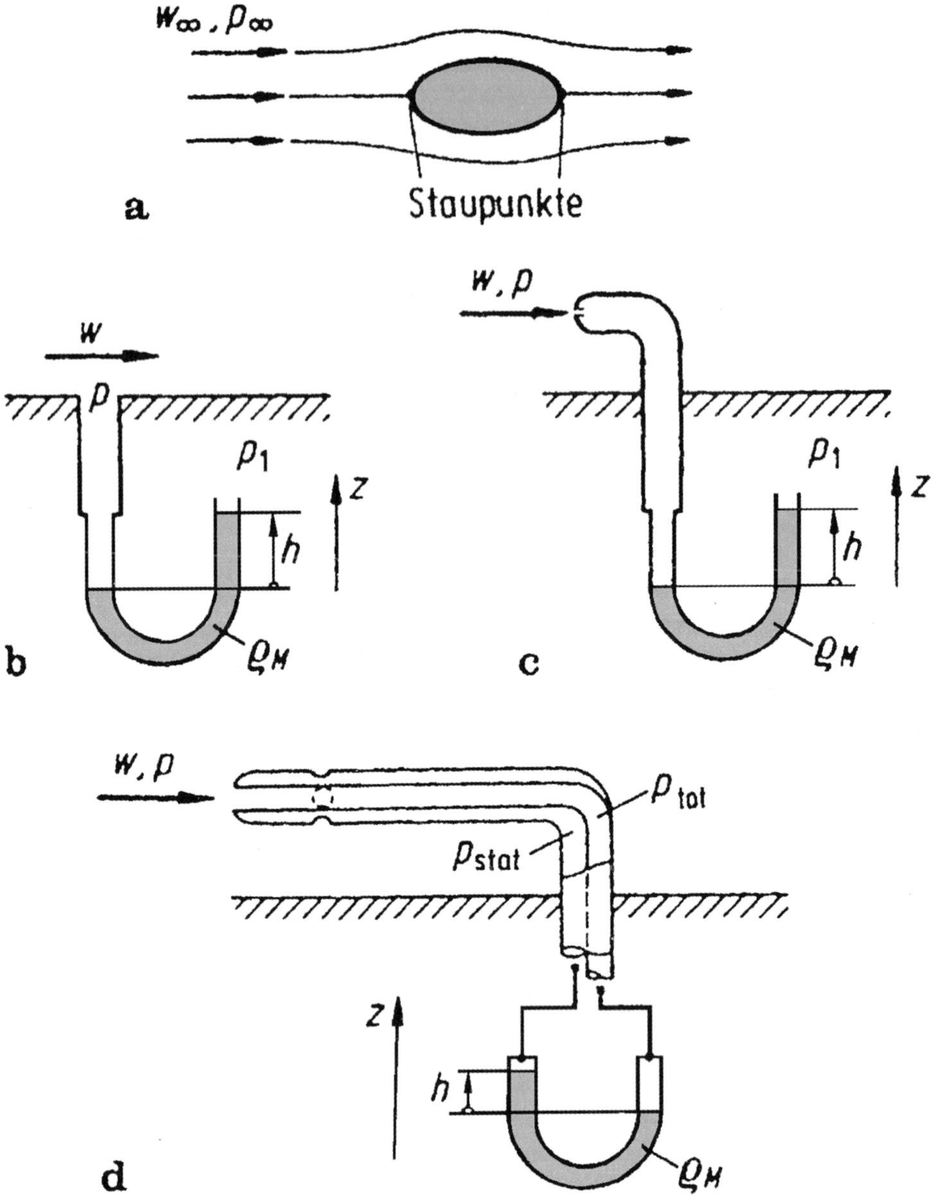


**Abb. 6** Druckmessung. **a** Körperumströmung, **b** Wandanbohrung, **c** Pitotrohr, **d** Prandtl'sches Staurohr

**Venturirohr**

Mit dem Venturirohr nach Abb. 7 lassen sich Strömungsgeschwindigkeiten und Volumenströme in Rohrleitungen bestimmen. Aus der Kontinuitätsgleichung (4) und der Bernoulli-Gleichung (7) folgen die Beziehungen

$$\dot{V} = \frac{\dot{m}}{\varrho} = w_1 A_1 = w_2 A_2,$$

$$\frac{w_1^2}{2} + \frac{p_1}{\varrho} = \frac{w_2^2}{2} + \frac{p_2}{\varrho}.$$

**Abb. 7** Venturirohr

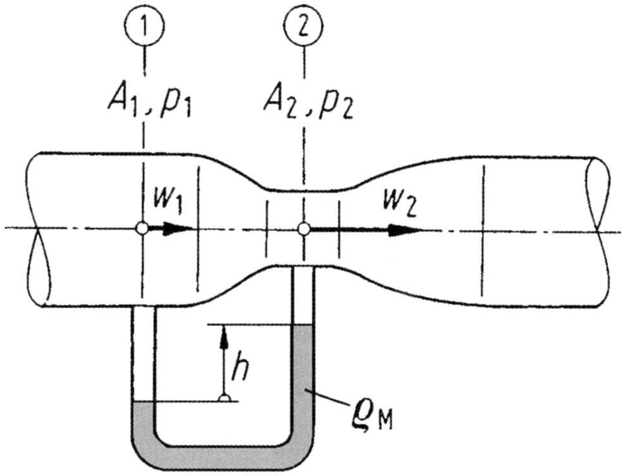


Die Geschwindigkeit im Querschnitt ② folgt hieraus zu

$$w_2 = \frac{1}{\sqrt{1-\left(\frac{A_2}{A_1}\right)^2}}\sqrt{\frac{2}{\varrho}(p_1-p_2)} = \alpha\sqrt{\frac{2}{\varrho}(p_1-p_2)}. \qquad (16)$$

Aus der Hydrostatik ergibt sich die Druckdifferenz $p_1 - p_2 = \varrho_M g h$ unter der Voraussetzung $\varrho \ll \varrho_M$. Die Konstante $\alpha$ ist hier nur vom Flächenverhältnis $A_2/A_1$ abhängig. Bei realen Fluiden wird neben dem Flächenverhältnis auch der Reibungseinfluss durch diese als *Durchflusszahl* $\alpha$ bezeichnete Größe berücksichtigt. Experimentell ermittelte Werte von $\alpha$ sind für genormte Düsen in (DIN 1952) enthalten.

**Ausströmen aus einem Gefäß**

Wir betrachten den Ausfluss einer Flüssigkeit der Dichte $\varrho$ aus dem Behälter in Abb. 8 im Schwerefeld. Die Bernoulli-Gleichung (7) lautet für den Stromfaden von der Flüssigkeitsoberfläche ① bis zum Austritt ②:

$$\frac{w_1^2}{2} + \frac{p_1}{\varrho} + g z_1 = \frac{w_2^2}{2} + \frac{p_2}{\varrho} + g z_2.$$

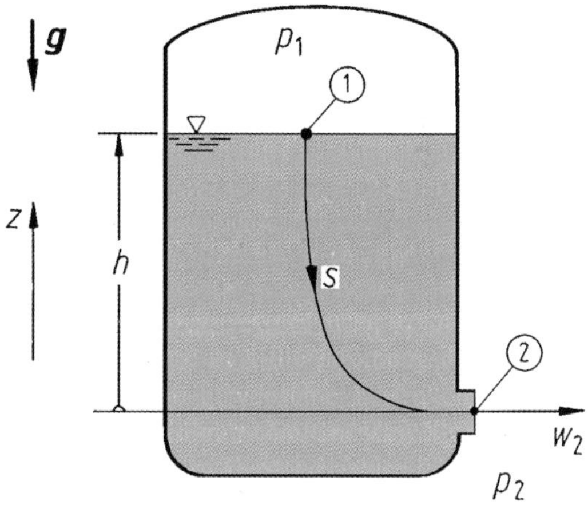


**Abb. 8** Ausströmen aus einem Behälter

Unter der Voraussetzung $A_1 \gg A_2$ folgt aus der Kontinuitätsbedingung, dass die Geschwindigkeit $w_1 = w_2 \cdot A_2/A_1$ vernachlässigbar klein ist. Die Ausflussgeschwindigkeit ergibt sich damit zu

$$w_2 = \sqrt{\frac{2}{\varrho}(p_1-p_2) + 2gh}. \qquad (17)$$

Es sind zwei Sonderfälle interessant. Für $p_1 = p_2$ ist die Ausflussgeschwindigkeit $w_2 = \sqrt{2gh}$. Diese Beziehung wird als *Torricelli'sche Formel* bezeichnet. Für $h = 0$ erfolgt der Ausfluss durch den Überdruck im Behälter gegenüber der Umgebung. Es folgt die Geschwindigkeit $w_2 = \sqrt{(2/\varrho)(p_1 - p_2)}$.

*Beispiel*: Atmosphärische Bewegung. Bei einer Druckdifferenz von $p_1 - p_2 = 10$ hPa folgt für Luft mit der konstanten Dichte $\varrho = 1{,}205$ kg/m$^3$ die Geschwindigkeit $w_2 = 40{,}7$ m/s $= 146{,}6$ km/h.

**Schwingende Flüssigkeitssäule**

Eine instationäre Strömung liegt bei der schwingenden Flüssigkeitssäule in einem U-Rohr nach Abb. 9 vor. Bei konstantem Querschnitt $A$ folgt aus der Kontinuitätsbedingung, dass die Geschwindigkeit $w_1 = w_2 = w(t)$ in der Flüssigkeit nur von der Zeit $t$, aber nicht vom Ort $s$ abhängt. Die Auslenkung $x$ der Flüssigkeitsoberflächen ist auf beiden Seiten gleich groß. Die Bernoulli-Gleichung (6) lautet dann für den Stromfaden $s$ zwischen ① und ②:

$$\frac{w_1^2}{2} + \frac{p_1}{\varrho} + gz_1 = \frac{w_2^2}{2} + \frac{p_2}{\varrho} + gz_2 + \int_1^2 \frac{\partial w}{\partial t}\,\mathrm{d}s. \tag{18}$$

Mit der Druckgleichheit $p_1 = p_2$ auf den beiden Flüssigkeitsoberflächen folgt

$$\frac{\mathrm{d}w}{\mathrm{d}t}\int_1^2 \mathrm{d}s + g(h_2 - h_1) = 0. \tag{19}$$

Die Länge des Stromfadens ist $L = \int_1^2 \mathrm{d}s \approx h_1 + l + h_2$ und die Geschwindigkeit folgt aus der zeitlichen Änderung der Oberflächenlage zu $w = \mathrm{d}x/\mathrm{d}t$. Aus (19) ergibt sich die Differenzialgleichung

$$\frac{\mathrm{d}^2x}{\mathrm{d}t^2} + 2g\frac{x}{L} = 0. \tag{20}$$

Die Lösung $x = x_0 \cos \omega t$ stellt eine harmonische Schwingung mit der Amplitude $x_0$ und der Kreisfrequenz $\omega = \sqrt{2g/L}$ dar.

**Einströmen in einen Tauchbehälter**

Der in Abb. 10 dargestellte Tauchbehälter füllt sich langsam durch die Öffnung im Boden. Bei kleinem Querschnittsverhältnis, $A_2 \ll A_3$, ist die zeitliche Änderung der Geschwindigkeit längs des Stromfadens $s$ ① → ② ebenfalls klein, sodass der Beschleunigungsterm in der Bernoulli-Gleichung (6) vernachlässigbar ist. Die Zeitabhängigkeit wird allein durch die zeitlich veränderlichen Randbedingungen berücksichtigt. Diese Strömung wird als quasistationär bezeichnet. Von ① nach ② gilt die Bernoulli-Gleichung (7). Bei ② strömt das Medium als Freistrahl in den Behälter. Der Druck im Strahl entspricht dem hydrostatischen Druck in der Umgebung: $p_2(t) = p_1 + \varrho g z(t)$. Aus der Bernoulli-Gleichung folgt nun bei einer

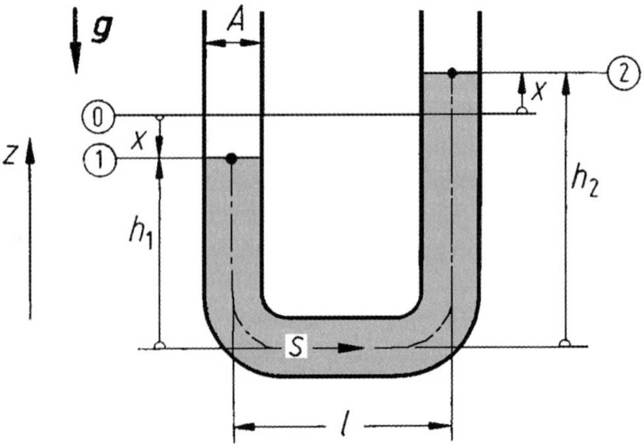


**Abb. 9** Schwingende Flüssigkeitssäule

**Abb. 10** Einströmen in einen Tauchbehälter

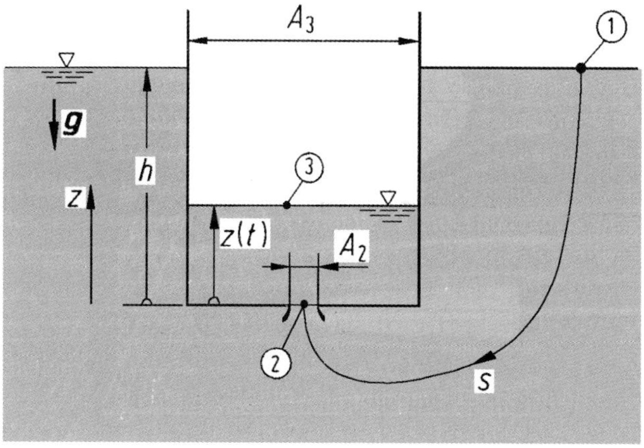


ruhenden Oberfläche mit $w_1 = 0$ die Geschwindigkeit im Eintrittsquerschnitt:

$$w_2(t) = \sqrt{2g[h - z(t)]}. \tag{21}$$

Mit der Kontinuität des Volumenstromes zwischen ② und ③,

$$w_2(t)A_2 \; \mathrm{d}t = A_3 \; \mathrm{d}z,$$

folgt die Differenzialgleichung

$$\mathrm{d}t = \frac{A_3}{A_2} \cdot \frac{\mathrm{d}z}{w_2(t)} = \frac{A_3}{A_2} \cdot \frac{\mathrm{d}z}{\sqrt{2g[h - z(t)]}}. \tag{22}$$

Aus der Integration ergibt sich mit der Anfangsbedingung $z = 0$ für $t = 0$:

$$t = \frac{A_3}{A_2} \cdot \frac{2h}{\sqrt{2gh}} \left( 1 - \sqrt{1 - \frac{z(t)}{h}} \right). \tag{23}$$

Für $z = h$ folgt die Auffüllzeit

$$\Delta t = \frac{A_3}{A_2} \cdot \frac{2h}{\sqrt{2gh}}. \tag{24}$$

Die zeitliche Änderung der Spiegelhöhe $z(t)$ ist dann

$$\frac{z(t)}{h} = 1 - \left( 1 - \frac{t}{\Delta t} \right)^2, \tag{25}$$

und für die Eintrittsgeschwindigkeit $w_2(t)$ folgt

$$w_2(t) = \sqrt{2gh} \left( 1 - \frac{t}{\Delta t} \right). \tag{26}$$

Diese Geschwindigkeit nimmt linear mit der Zeit ab.

## 13.2 Zweidimensionale reibungsfreie, inkompressible Strömungen

### 13.2.1 Kontinuität

Aus der allgemeinen Massenerhaltung

$$\frac{\partial \varrho}{\partial t} + \operatorname{div}(\varrho \boldsymbol{w}) = \frac{d\varrho}{\mathrm{d}t} + \varrho \cdot \operatorname{div} \boldsymbol{w} = 0$$

folgt für inkompressible Medien mit $\varrho = \text{const}$ die Divergenzfreiheit des Strömungsfeldes:

$$\operatorname{div} \boldsymbol{w} = \frac{\partial u}{\partial x} + \frac{\partial v}{\partial y} = 0. \tag{27}$$

### 13.2.2 Euler'sche Bewegungsgleichungen

Aus dem Kräftegleichgewicht am Massenelement folgen die Bewegungsgleichungen

$$\frac{\mathrm{d}\boldsymbol{w}}{\mathrm{d}t} = \frac{\partial \boldsymbol{w}}{\partial t} + \boldsymbol{w} \cdot \text{grad } \boldsymbol{w} = -\frac{1}{\varrho}\text{grad}p + \boldsymbol{f} \quad (28)$$

mit der spezifischen Massenkraft $\boldsymbol{f}$, wobei alle Glieder auf die Masse des Elementes bezogen sind.

Charakteristische Größen der Strömungen sind die *Rotation* und die *Zirkulation*. Die Rotation (Wirbelstärke) rot $\boldsymbol{w} = 2\,\boldsymbol{\omega}$ ist gleich der doppelten Winkelgeschwindigkeit eines Fluidteilchens. Die *Zirkulation*

$$\Gamma = \oint_C \boldsymbol{w} \cdot \mathrm{d}\boldsymbol{s}$$

ist gleich dem Linienintegral über das Skalarprodukt aus Geschwindigkeitsvektor $\boldsymbol{w}$ und Wegelement d $\boldsymbol{s}$ längs einer geschlossenen Kurve $C$. Über den Satz von Stokes besteht zwischen Zirkulation und Rotation der Zusammenhang:

$$\Gamma = \oint_C \boldsymbol{w} \cdot \mathrm{d}\boldsymbol{s} = \int_A \text{rot}\boldsymbol{w} \cdot \mathrm{d}\boldsymbol{A},$$

wobei $A$ die von der Kurve $C$ berandete Fläche darstellt. Für die Zirkulation und die Rotation gelten allgemeine Erhaltungssätze, die auf Helmholtz und Thomson zurückgehen (Oertel 2014).

### 13.2.3 Stationäre ebene Potenzialströmungen

Wir betrachten ebene Strömungen ohne Massenkraft. Verlaufen diese Strömungen wirbelfrei mit rot $\boldsymbol{w} = 0$, dann existiert für das Geschwindigkeitsfeld $\boldsymbol{w}$ ein Potenzial $\Phi$ mit $\boldsymbol{w} = \text{grad } \Phi$. Damit gilt für das Geschwindigkeitsfeld:

$$\text{rot}\boldsymbol{w} = \frac{\partial v}{\partial x} - \frac{\partial u}{\partial y} = 0. \quad (29)$$

Mit den Geschwindigkeitskomponenten $u = \partial\Phi/\partial x$ und $v = \partial\Phi/\partial y$ folgt aus der Kontinuitätsgleichung (27) für das *Geschwindigkeitspotenzial $\Phi$* die Laplace-Gleichung:

$$\frac{\partial^2\Phi}{\partial x^2} + \frac{\partial^2\Phi}{\partial y^2} = \Delta\Phi = 0. \quad (30)$$

Wird die Kontinuitätsgleichung (27) mit $u = \partial\Psi/\partial y$ und $v = -\partial\Psi/\partial x$ durch eine Stromfunktion $\Psi$ erfüllt, so gilt aufgrund der Wirbelfreiheit (29) für diese Stromfunktion $\Psi$ ebenfalls die Laplace-Gleichung:

$$\frac{\partial^2\Psi}{\partial x^2} + \frac{\partial^2\Psi}{\partial y^2} = \Delta\Psi = 0. \quad (31)$$

Die Funktionen $\Phi$ und $\Psi$ lassen sich physikalisch deuten. Für die Kurven $\Psi$ = const als Höhenlinien der $\Psi$-Fläche gilt:

$$\begin{aligned} \mathrm{d}\Psi &= -v\ \mathrm{d}x + u\ \mathrm{d}y = 0, \\ \left(\frac{\mathrm{d}y}{\mathrm{d}x}\right)_{\Psi=\text{const}} &= \frac{v}{u}. \end{aligned} \quad (32)$$

Damit sind nach (3) die Kurven $\Psi$ = const Stromlinien.

Für die Kurven $\Phi$ = const folgt analog:

$$\begin{aligned} \mathrm{d}\Phi &= u\ \mathrm{d}x + v\ \mathrm{d}y = 0, \\ \left(\frac{\mathrm{d}y}{\mathrm{d}x}\right)_{\Phi=\text{const}} &= -\frac{u}{v}. \end{aligned} \quad (33)$$

Die Kurven $\Phi$ = const sind Potenziallinien, die mit den Stromlinien ein orthogonales Netz bilden, siehe Abb. 11. Der auf die Tiefe bezogene Volumenstrom zwischen zwei Stromlinien folgt aus der Differenz der Stromfunktionswerte:

$$\dot{V} = \Psi_2 - \Psi_1 = \int_1^2 (u\ \mathrm{d}y - v\ \mathrm{d}x). \quad (34)$$

Längs der Stromlinien gilt auch hier die Bernoulli-Gleichung (7). Aufgrund der Wirbelfreiheit sind Potenzialströmungen isoenergetisch, sodass für alle Stromlinien die Bernoulli-Konstante gleich ist. Bei bekannten Anströmdaten wird das Druckfeld über das Geschwindigkeitsfeld ermittelt:

$$p_\infty + \frac{1}{2}\varrho w_\infty^2 = p + \frac{1}{2}\varrho\left(u^2 + v^2\right) = p_0. \quad (35)$$

Der normierte *Druckkoeffizient*

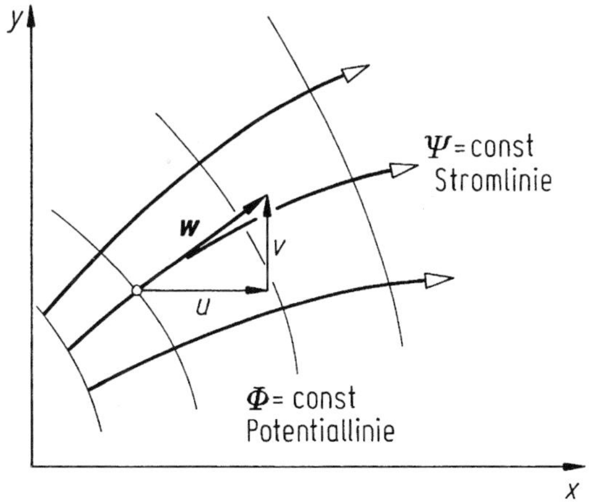


**Abb. 11** Orthogonales Netz der Potenzial- und Stromlinien

$$C_p = \frac{p - p_\infty}{\frac{1}{2}\varrho w_\infty^2} = 1 - \left(\frac{w}{w_\infty}\right)^2 \tag{36}$$

besitzt die ausgezeichneten Werte $C_{p\infty} = 0$ in der Anströmung und $C_{p0} = 1$ in den Staupunkten.

**Lösungseigenschaften der Potenzialgleichung (Laplace-Gleichung).** Jede differenzierbare komplexe Funktion $\underline{X}(z) = \Phi(x, y) + i\Psi(x, y)$ ist eine Lösung der Potenzialgleichung, wobei der Realteil dem Potenzial Φ und der Imaginärteil der Stromfunktion Ψ entspricht.

Eine wesentliche Eigenschaft der Potenzialgleichung ist ihre Linearität. Damit lassen sich einzelne Teillösungen zu einer Gesamtlösung überlagern. Jede Stromlinie kann als Begrenzung des Stromfeldes oder als Körperkontur interpretiert werden. Als Randbedingung ist dann die wandparallele Strömung mit verschwindender Geschwindigkeit in Normalenrichtung erfüllt.

## 13.2.4 Anwendungen elementarer und zusammengesetzter Potenzialströmungen

Beispiele von Potenzialströmungen sind in der Tab. 2 zusammengestellt. Durch geeignete Überlagerung lassen sich unterschiedliche Umströmungsaufgaben konstruieren. Zwei Fälle werden betrachtet.

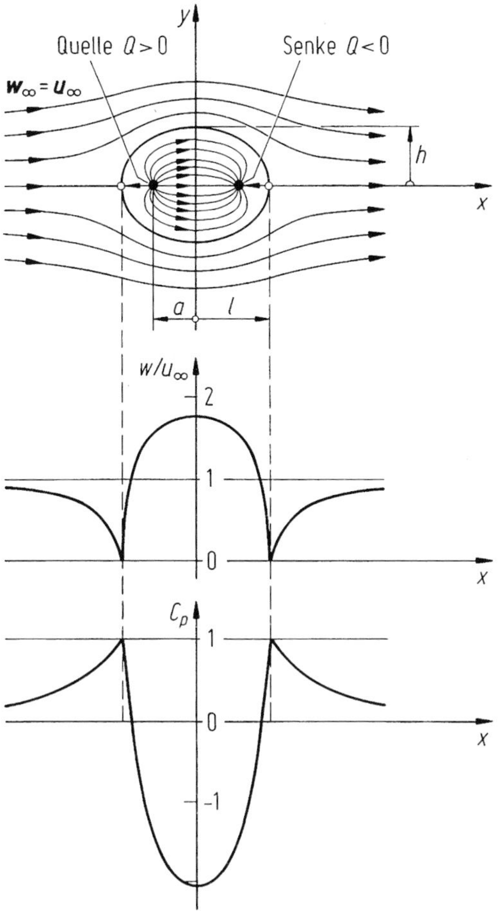


**Abb. 12** Umströmung einer geschlossenen Körperkontur

**Umströmung einer geschlossenen Körperkontur**

Die Überlagerung einer Parallelströmung mit einer Quelle und einer Senke der Stärke $Q$ bzw. $-Q$ ergibt die in Abb. 12 dargestellte Strömungssituation. Die Quelle ist bei $x = -a$ angeordnet, sodass sich bei $x = -l$ ein Staupunkt bildet. Ebenso führt die Senke bei $x = a$ an der Stelle $x = l$ zu einem Staupunkt. Die durch die Staupunkte führende Stromlinie $\Psi = 0$ entspricht der Körperkontur mit der Länge $2l$ und der Dicke $2h$. Die Werte des normierten Druckkoeffizienten $C_p$ und der Geschwindigkeit $w/u_\infty$ auf der Körperkontur sowie auf der Staustromlinie sind in Abb. 12 längs der $x$-Achse aufgezeichnet. Druck und Geschwindigkeit variieren entgegengesetzt. Aus der Stromfunktion

$$\Psi = u_\infty y - \frac{Q}{2\pi} \arctan \frac{2ay}{x^2 + y^2 - a^2} \tag{37}$$

resultieren in Abhängigkeit des dimensionslosen Parameters $Q/(2\pi u_\infty a)$ für die Geometrie und die Maximalgeschwindigkeit auf der $y$-Achse die Beziehungen (White 1986):

$$\begin{aligned} \frac{h}{a} &= \cot \frac{h/a}{Q/(\pi u_\infty a)}, \\ \frac{l}{a} &= \left(1 + \frac{Q}{\pi u_\infty a}\right)^{1/2} \end{aligned} \tag{38}$$

$$\frac{u(0, \pm h)}{u_\infty} = 1 + \frac{Q/(\pi u_\infty a)}{1 + h^2/a^2}. \tag{39}$$

In der Tab. 1 sind Resultate für spezielle Werte von $Q/(2\pi u_\infty a)$ zusammengestellt (Zierep und Bühler 1991).

Der Grenzfall $Q(2\pi u_\infty a) \to 0$ entspricht der Parallelströmung um eine unendlich dünne Platte und im Grenzfall $Q/(2\pi u_\infty a) \to \infty$ geht der Körper in einen Kreiszylinder über.

Ist nun die Körperkontur vorgegeben, so lässt sich das Geschwindigkeits- und Druckfeld mit Singularitätenverfahren durch die kontinuierliche Anordnung von Quellen und Senken unterschiedlicher Stärke berechnen. Diese allgemeinen Verfahren und deren Anwendung sind in (Keune und Burg 1975; Schneider 1978; Wieghardt 1965; Zierep und Bühler 2018) beschrieben.

### Zylinderumströmung mit Wirbel

In Abb. 13 ist diese Strömung mit einem rechts im Uhrzeigersinn drehenden Wirbel der Zirkulation $\Gamma > 0$ dargestellt. Das Strömungsfeld ist bezüglich der $x$-Achse unsymmetrisch. Der Zylinder entspricht der Stromlinie mit dem Wert $\Psi = (\Gamma/2\,\pi) \cdot \ln R$. Die Staupunkte liegen für $\Gamma < 4\pi u_\infty R$ auf dem Zylinder und fallen für $\Gamma = 4\pi u_\infty R$ bei $x = 0$ und $y = -R$ zusammen, so dass für größere Werte $\Gamma$ der gemeinsame Staupunkt auf der $y$- Achse im Strömungsfeld liegt. Aus der Geschwindigkeitsverteilung nach Tab. 2 folgt die Druckverteilung auf dem Zylinder in normierter Form:

$$\begin{aligned} C_p &= \frac{p - p_\infty}{\frac{1}{2}\varrho w_\infty^2} = 1 - \left(\frac{w}{u_\infty}\right)^2 \\ &= 1 - \left(2 \sin\varphi + \frac{\Gamma}{2\pi u_\infty} R\right)^2. \end{aligned} \tag{40}$$

Aus dieser bezüglich der $x$-Achse unsymmetrischen Druckverteilung ergibt sich für einen Zylinder mit der Breite $b$ folgende Kraft in $y$-Richtung:

$$F_y = -bR \int_0^{2\pi} (p - p_\infty) \sin\varphi \mathrm{d}\varphi = \varrho u_\infty b\Gamma. \tag{41}$$

Dieses Ergebnis, wonach diese Auftriebskraft $F_y$ direkt proportional der Zirkulation $\Gamma$ ist, wird als Kutta-Joukowski-Formel für den Auftrieb bezeichnet. Durch eine entsprechende Rechnung folgt, dass eine Kraft in $x$-Richtung, die als Widerstand bezeichnet wird, nicht auftritt. Für Potenzialströmungen gilt dieses als d'Alembert'sches Paradoxon bezeichnete Ergebnis allgemein.

Eine experimentelle Realisierung dieser Potenzialströmung ist näherungsweise durch die Anströmung eines rotierenden Zylinders gegeben. Die von der Strömung auf den Zylinder ausgeübten Kräfte werden in dimensionsloser Form durch den Auftriebsbeiwert $c_\mathrm{A}$ und den Widerstandsbeiwert $c_\mathrm{W}$ gekennzeichnet. In Abb. 14 ist die Abhängigkeit dieser Beiwerte vom Verhältnis aus Umfangsgeschwindigkeit $R\omega$ und Anströmgeschwindigkeit $u_\infty$ aufgetragen. Mit dem Resultat (41) folgt mit der Bezugsfläche $A = 2Rb$ als theoretischer Auftriebsbeiwert

**Tab. 1** Daten der Körperform und Geschwindigkeit u für spezielle Werte von $Q/(2\pi u_\infty a)$

| $\frac{Q}{2\pi u_\infty a}$ | $\frac{h}{a}$ | $\frac{l}{a}$ | $\frac{l}{h}$ | $\frac{u(0, \pm h)}{u_\infty}$ |
|---|---|---|---|---|
| 0 | 0 | 1,0 | $\infty$ | 1,0 |
| 1,0 | 1,307 | 1,732 | 1,326 | 1,739 |
| $\infty$ | $\infty$ | $\infty$ | 1,0 | 2,0 |

**Tab. 2** Elementare und überlagerte Potenzialströmungen (Zierep und Bühler 2018)

| komplexes Potential $\underline{X}(z)$ | Potential $\Phi$ (x, y) | Stromfunktion $\Psi$ (x, y) |
|---|---|---|
| $(u_\infty - iv_\infty)\,z$<br>Parallelströmung | $u_\infty x + v_\infty y$ | $u_\infty y - v_\infty x$ |
| $\frac{Q}{2\pi}\ln z$<br>Quelle $Q > 0$, Senke Q $> 0$ | $\frac{Q}{2\pi}\ln r = \frac{Q}{2\pi}\ln\sqrt{x^2+y^2}$ | $\frac{Q}{2\pi}\varphi = \frac{Q}{2\pi}\arctan\frac{y}{x}$ |
| $\frac{\Gamma}{2\pi}i\ln z$<br>Wirbel, $\Gamma \gtrless 0$ rechtsdrehend / linksdrehend | $-\frac{\Gamma}{2\pi}\arctan\frac{y}{x}$ | $\frac{\Gamma}{2\pi}\ln\sqrt{x^2+y^2}$ |
| $\frac{m}{z}$<br>Dipol | $\frac{mx}{x^2+y^2}$ | $-\frac{my}{x^2+y^2}$ |
| $u_\infty z + \frac{Q}{2\pi}\ln z$<br>Parallelströmung + Quelle/Senke | $u_\infty x + \frac{Q}{2\pi}\ln r$ | $u_\infty y + \frac{Q}{2\pi}\varphi$ |
| $u_\infty\left(z + \frac{R^2}{z}\right)$<br>Parallelströmung + Dipol = Zylinderumströmung | $u_\infty x\left(1 + \frac{R^2}{x^2+y^2}\right)$ | $u_\infty y\left(1 - \frac{R^2}{x^2-y^2}\right)$ |
| $u_\infty\left(z + \frac{R^2}{z}\right) + \frac{\Gamma}{2\pi}i\ln z$<br>Zylinderumströmung + Wirbel | $u_\infty\left(1 + \frac{R^2}{x^2+y^2}\right) - \frac{\Gamma}{2\pi}\varphi$ | $u_\infty y\left(1 - \frac{R^2}{x^2+y^2}\right) + \frac{\Gamma}{2\pi}\ln r$ |
| Parallelströmung + Wirbel | $u_\infty x - \frac{\Gamma}{2\pi}\varphi$ | $u_\infty y + \frac{\Gamma}{2\pi}\ln r$ |

| Geschwindigkeit | | | Stromlinien $\Psi = \text{const}$ |
|---|---|---|---|
| $u$ | $v$ | $w$ | |
| $u_\infty$ | $v_\infty$ | $w_\infty = \sqrt{u_\infty^2 + v_\infty^2}$ | 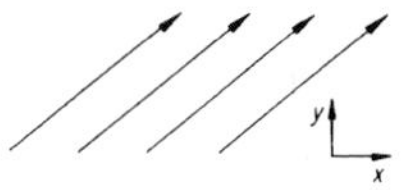 |
| $\frac{Q}{2\pi}\cdot\frac{x}{x^2+y^2}$ | $\frac{Q}{2\pi}\cdot\frac{y}{x^2+y^2}$ | $\frac{Q}{2\pi r}$ | 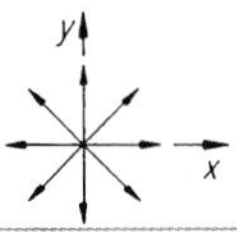 |
| $\frac{\Gamma}{2\pi}\cdot\frac{y}{x^2+y^2}$ | $-\frac{\Gamma}{2\pi}\cdot\frac{x}{x^2+y^2}$ | $\frac{\Gamma}{2\pi r}$ | 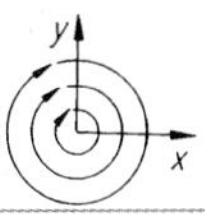 |
| $m\frac{y^2-x^2}{(x^2+y^2)^2}$ | $-m\frac{2xy}{(x^2+y^2)^2}$ | $\frac{m}{r^2}$ | 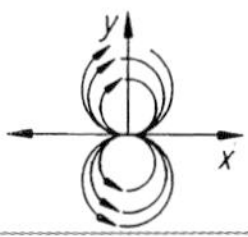 |
| $u_\infty + \frac{Q}{2\pi}\cdot\frac{x}{x^2+y^2}$ | $\frac{Q}{2\pi}\cdot\frac{y}{x^2+y^2}$ | | 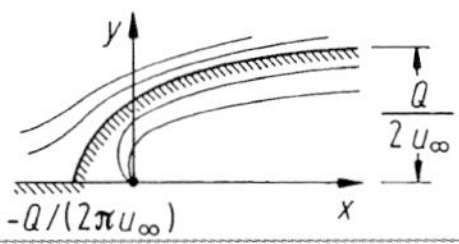 |
| Auf dem Zylinder: $2u_\infty\sin^2\varphi$ | $-2u_\infty\sin\varphi\cos\varphi$ | $2u_\infty\mid\sin\varphi\mid$ | 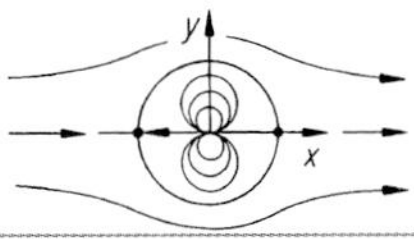 |

(Fortsetzung)

**Tab. 2** (Fortsetzung)

| komplexes Potential $\underline{X}(z)$ | Potential $\Phi$ (x, y) | Stromfunktion $\Psi$ (x, y) | |
|---|---|---|---|
| Auf dem Zylinder: $2u_\infty \sin^2\varphi + \frac{\Gamma}{2\pi R}\sin\varphi$ | $-2u_\infty \sin\varphi\cos\varphi - \frac{\Gamma}{2\pi R}\cos\varphi$ | $\left\|2u_\infty \sin\varphi + \frac{\Gamma}{2\pi R}\right\|$ | 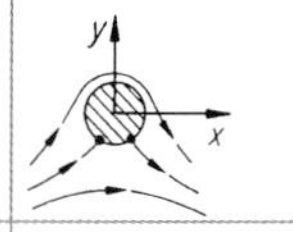  |
| $u_\infty + \frac{\Gamma}{2\pi}\cdot\frac{y}{x^2+y^2}$ | $-\frac{\Gamma}{2\pi}\cdot\frac{x}{x^2+y^2}$ | | 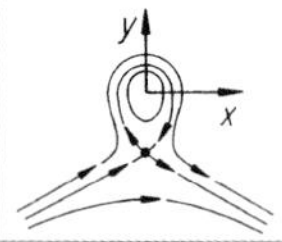  |

**Abb. 13** Zylinderumströmung mit Zirkulation

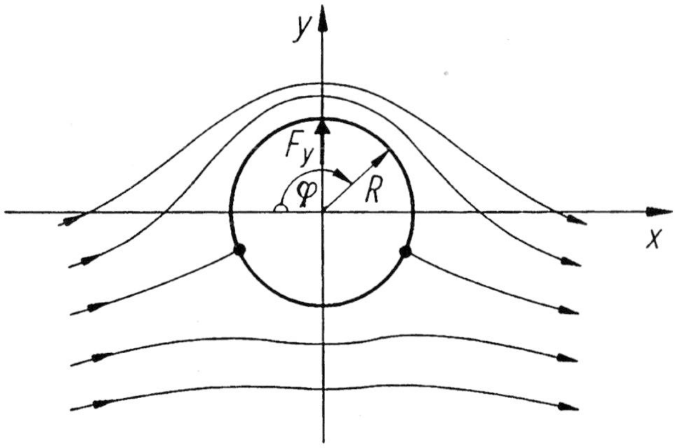


$$c_A = \frac{F_y}{\frac{1}{2}\varrho u_\infty^2 A} = \frac{\varrho u_\infty b\Gamma}{\frac{1}{2}\varrho u_\infty^2 2Rb} = \frac{\Gamma}{u_\infty R} = 2\pi\frac{R\omega}{u_\infty}\,. \tag{42}$$

Die in Abb. 14 dargestellten Werte wurden im Experiment mit einem Zylinder endlicher Breite $L/D = 12$ ermittelt (Prandtl und Betz 1921, 1923, 1927, 1932). Die Ursache für die Abweichung liegt im Wesentlichen an der Randbedingung am Zylinder. Die Umfangsgeschwindigkeit ist konstant, während bei der Potenzialströmung eine vom Umfangswinkel $\varphi$ abhängige Geschwindigkeit vorliegt. Deshalb tritt im Experiment auch eine Kraft in $x$-Richtung auf, die durch den Widerstandsbeiwert

$$c_W = \frac{F_x}{\frac{1}{2}\varrho u_\infty^2 A} = \frac{F_x}{\varrho u_\infty^2 bR} \tag{43}$$

charakterisiert wird. Das experimentelle Ergebnis ist in Abb. 14 ebenfalls eingetragen.

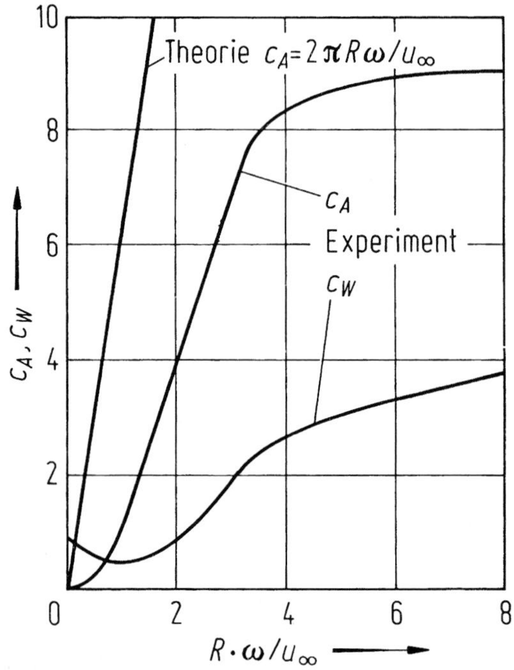


**Abb. 14** Auftrieb und Widerstand beim rotierenden Zylinder

### 13.2.5 Stationäre räumliche Potenzialströmungen

Bei räumlichen Potenzialströmungen sind die rotationssymmetrischen Stromfelder besonders ausgezeichnet. Beispiele sind in dem umfassenden Werk (Milne-Thomson 1968) enthalten.

## Literatur

Becker E (1982) Technische Strömungslehre, 5. Aufl. Teubner, Stuttgart

Becker E, Piltz E (1978) Übungen zur technischen Strömungslehre. Teubner, Stuttgart

DIN 1952 (1982) Durchflussmessung mit Blenden, Düsen und Venturirohren in voll durchströmten Rohren mit Kreisquerschnitt. Beuth-Verlag, Berlin

Eppler R (1975) Strömungsmechanik: Akad. Verlagsges., Wiesbaden

Gersten K (1986) Einführung in die Strömungsmechanik, 4. Aufl. Vieweg, Braunschweig

Keune F, Burg K (1975) Singularitätenverfahren der Strömungslehre. Braun, Karlsruhe

Milne-Thomson LM (1968) Theoretical hydrodynamics, 5. Aufl. Macmillan, London

Oertel HJ (Hrsg) (2014) Prandtl-Führer durch die Strömungslehre, 14. Aufl. SpringerVieweg, Wiesbaden

Prandtl L, Betz A (1921/1923/1927/1932) Ergebnisse der Aerodynamischen Versuchsanstalt zu Göttingen; I.-IV. Lieferung. Oldenburg, München

Schneider W (1978) Mathematische Methoden der Strömungsmechanik. Vieweg, Braunschweig

White FM (1986) Fluid mechanics, 2. Aufl. McGraw-Hill, New York

Wieghardt K (1965) Theoretische Strömungslehre. Teubner, Stuttgart

Zierep J, Bühler K (1991) Strömungsmechanik. Springer, Berlin

Zierep J, Bühler K (2018) Grundzüge der Strömungslehre. Grundlagen, Statik und Dynamik der Fluide, Bd 11. SpringerVieweg, Wiesbaden

# Reibungsbehaftete inkompressible Strömungen

# 14

Jürgen Zierep und Karl Bühler

## Inhalt




**Zusammenfassung**

Die Navier-Stokes Gleichungen bilden mit der Energiegleichung die Basis zur Beschreibung reibungsbehafteter Strömungen. Kennzahlen bilden die Grundlage der Ähnlichkeitsbetrachtungen und Modellgesetze. Lösungen werden für laminare und turbulente Strömungen ermittelt. Der Impulssatz dient zur Berechnung von Kraftwirkungen. Druckverluste bei Durchströmungen und Strömungswiderstände bei Umströmungen werden an Beispielen ermittelt. Die Grenzschichttheorie findet bei hohen Reynoldszahlen Anwendung.



J. Zierep
Karlsruher Institut für Technologie, Karlsruhe, Deutschland
E-Mail: sekretariat@istm.kit.edu

K. Bühler (✉)
Fakultät Maschinenbau und Verfahrenstechnik, Hochschule Offenburg, Offenburg, Deutschland
E-Mail: k.buehler@hs-offenburg.de


© Der/die Autor(en), exklusiv lizenziert durch Springer-Verlag GmbH, DE, ein Teil von Springer Nature 2022 

M. Hennecke, B. Skrotzki (Hrsg.), *HÜTTE Band 2: Grundlagen des Maschinenbaus und ergänzende Fächer für Ingenieure*, Springer Reference Technik,
https://doi.org/10.1007/978-3-662-64372-3_40

## 14.1 Reibungsbehaftete inkompressible Strömungen

### 14.1.1 Grundgleichungen für Masse, Impuls und Energie

Die Massenerhaltung (1) gilt unabhängig vom Reibungseinfluss. Bei einer allgemeinen Kräftebilanz am Volumenelement treten durch die Reibung Zusatzspannungen auf. Bei Newton'schen Medien besteht zwischen diesen Spannungen und den Deformationsgeschwindigkeiten ein linearer Zusammenhang. Die dynamische Viskosität $\eta = \varrho\nu$ ist der Proportionalitätsfaktor und charakterisiert als Fluideigenschaft den Reibungseinfluss des Strömungsmediums. Die thermischen Eigenschaften des Mediums sind durch die Temperaturleitfähigkeit $a = \lambda/\varrho c_p$ gegeben, wo $\lambda$ die Wärmeleitfähigkeit und $c_p$ die spezifische Wärmekapazität bei konstantem Druck ist. Für inkompressible Strömungen mit $\varrho = \text{const.}$ und konstanten Stoffwerten $\eta$ und $a$ lauten die Erhaltungsgleichungen für Masse, Impuls und thermische Energie (Bird et al. 2002; Wieghardt 1965; Zierep und Bühler 1991):

$$\operatorname{div}\ \boldsymbol{w} = 0 \tag{1}$$

$$\frac{\partial \boldsymbol{w}}{\partial t} + \boldsymbol{w}\cdot \operatorname{grad}\ \boldsymbol{w} = \boldsymbol{f} - \frac{1}{\varrho}\operatorname{grad}\ p + \nu\Delta\boldsymbol{w} \tag{2}$$

$$\frac{\partial T}{\partial t} + \boldsymbol{w}\cdot \operatorname{grad} T = -\frac{1}{\varrho c_p}\operatorname{div}\ \boldsymbol{q} + \frac{\nu}{c_p}\Phi_{\text{v}}. \tag{3}$$

Äußere Kraftfelder sind durch die spezifische Massenkraft $\boldsymbol{f}$ charakterisiert. Die Wärmestromdichte ist durch $\boldsymbol{q} = -\lambda$ grad $T$ gegeben (Merker 1987). In kartesischen Koordinaten lauten damit diese Bilanzgleichungen (*Navier-Stokes'sche Gleichungen*):

$$\frac{\partial u}{\partial x} + \frac{\partial v}{\partial y} + \frac{\partial w}{\partial z} = 0, \tag{4}$$

$$\begin{aligned}&\frac{\partial u}{\partial t} + u\frac{\partial u}{\partial x} + v\frac{\partial u}{\partial y} + w\frac{\partial u}{\partial z}\\ &= f_x - \frac{1}{\varrho}\cdot\frac{\partial p}{\partial x} + \nu\left(\frac{\partial^2 u}{\partial x^2} + \frac{\partial^2 u}{\partial y^2} + \frac{\partial^2 u}{\partial z^2}\right),\end{aligned} \tag{5}$$

$$\begin{aligned}&\frac{\partial v}{\partial t} + u\frac{\partial v}{\partial x} + v\frac{\partial v}{\partial y} + w\frac{\partial v}{\partial z}\\ &= f_y - \frac{1}{\varrho}\cdot\frac{\partial p}{\partial y} + \nu\left(\frac{\partial^2 v}{\partial x^2} + \frac{\partial^2 v}{\partial y^2} + \frac{\partial^2 v}{\partial z^2}\right),\end{aligned} \tag{6}$$

$$\begin{aligned}&\frac{\partial w}{\partial t} + u\frac{\partial w}{\partial x} + v\frac{\partial v}{\partial y} + w\frac{\partial w}{\partial z}\\ &= f_z - \frac{1}{\varrho}\cdot\frac{\partial p}{\partial z} + \nu\left(\frac{\partial^2 w}{\partial x^2} + \frac{\partial^2 w}{\partial y^2} + \frac{\partial^2 w}{\partial z^2}\right),\end{aligned} \tag{7}$$

$$\begin{aligned}&\frac{\partial T}{\partial t} + u\frac{\partial T}{\partial x} + v\frac{\partial T}{\partial y} + w\frac{\partial T}{\partial z}\\ &= a\left(\frac{\partial^2 T}{\partial x^2} + \frac{\partial^2 T}{\partial y^2} + \frac{\partial^2 T}{\partial z^2}\right) + \frac{\nu}{c_p}\Phi_{\text{v}}\end{aligned} \tag{8}$$

mit der Dissipationsfunktion

$$\begin{aligned}\Phi_{\text{v}} &= 2\left[\left(\tfrac{\partial u}{\partial x}\right)^2 + \left(\tfrac{\partial v}{\partial y}\right)^2 + \left(\tfrac{\partial w}{\partial z}\right)^2\right]\\ &+ \left(\tfrac{\partial v}{\partial x} + \tfrac{\partial u}{\partial y}\right)^2 + \left(\tfrac{\partial w}{\partial y} + \tfrac{\partial v}{\partial z}\right)^2\\ &+ \left(\tfrac{\partial u}{\partial z} + \tfrac{\partial w}{\partial x}\right)^2.\end{aligned} \tag{9}$$

Diese 5 nichtlinearen partiellen Differenzialgleichungen genügen zur Bestimmung von $\boldsymbol{w} = (u, v, w)$, $p$ und $T$. Bei den hier betrachteten inkompressiblen Strömungen ist das Stromfeld vom Temperaturfeld entkoppelt. In der Energiegleichung zeigt sich der Einfluss der Reibung durch die Dissipationsfunktion $\Phi_{\text{v}}$.

### 14.1.2 Kennzahlen

Werden nun diese Gleichungen im Schwerefeld mit charakteristischen Größen des Strömungsfeldes, der Geschwindigkeit $w$, der Zeit $t$, der Länge $l$ und dem Druck $p$ normiert, dann lassen sich folgende Kennzahlen bilden:

$$Eu = \frac{p}{\varrho w^2} \quad \text{Euler-Zahl (Druck- durch Trägheitskraft)} \tag{10}$$

$$Fr = \frac{w^2}{lg} \quad \text{Froude-Zahl (Trägheits- durch Schwerkraft)} \tag{11}$$

$$Sr = \frac{l}{tw} \quad \begin{array}{c}\text{Strouhal-Zahl}\\ \big(\text{lokale durch konvektive}\\ \text{Beschleunigung}\big)\end{array} \tag{12}$$

$$Re = \frac{wl}{\nu} \quad \begin{array}{c}\text{Reynolds-Zahl}\\ \big(\text{Trägheits-durch}\\ \text{Reibungskraft}\big).\end{array} \tag{13}$$

Aus der Energiegleichung folgen mit $T_2 - T_1$ als charakteristischer Temperaturdifferenz die Kennzahlen:

$$Fo = \frac{l^2}{at} \quad \begin{array}{c}\text{Fourier-Zahl}\\ \big(\text{instationäre}\\ \text{Wärmeleitung}\big)\end{array} \tag{14}$$

$$Pe = \frac{wl}{a} \quad \begin{array}{c}\text{Péclet-Zahl}\\ \big(\text{konvektiver}\\ \text{Wärmetransport}\big)\end{array} \tag{15}$$

$$Ec = \frac{w^2}{c_p(T_2 - T_1)} \quad \begin{array}{c}\text{Eckert-Zahl}\\ \big(\text{kinetische Energie}\\ \text{durch Enthalpie}\big).\end{array} \tag{16}$$

Aus Kombinationen lassen sich nun weitere Kennzahlen ableiten. Aus dem Quotienten von Péclet-Zahl und Reynolds-Zahl folgt die Prandtl-Zahl

$$Pr = \frac{\nu}{a} \tag{17}$$

als Verhältnis der molekularen Transportkoeffizienten für Impuls und Wärme.

Der Auftriebsbeiwert und der Widerstandsbeiwert (98) bei Umströmungsproblemen sind ebenfalls dimensionslose Größen. Die Kennzahlen bilden die Grundlage der Ähnlichkeitsgesetze und Modellregeln der Strömungsmechanik. In der Regel wird man sich auf die jeweils dominierenden Kennzahlen beschränken. Grundlagen und Anwendungen sind in (Zierep 1991) ausführlich dargestellt.

### 14.1.3 Lösungseigenschaften der Navier-Stokes'schen Gleichungen

Zu den Navier-Stokes'schen Gl. (4), (5), (6) und (7) kommen die aus der Problemstellung resultierenden Anfangs- und Randbedingungen hinzu. Analytische Lösungen lassen sich nur unter bestimmten Voraussetzungen angeben. Der entscheidende Parameter ist dabei die Reynolds-Zahl (13). Ist die Stromlinienform von der Reynolds-Zahl unabhängig, lassen sich oft analytische Lösungen angeben. Damit sind alle Potenzialströmungen Lösungen der Navier-Stokes'schen Gleichungen, wobei allerdings die entsprechenden Geschwindigkeitsverteilungen auf den Rändern zu erfüllen sind. Die Grundlagen dieser Viskosen Potentialströmungen sind in (Zierep und Bühler 2018) dargestellt und durch Anwendungsbeispiele verdeutlicht. Ähnlichkeitslösungen lassen sich dann finden, wenn keine ausgezeichnete Länge im Strömungsfeld auftritt. Durch Approximationen können diese Gleichungen weiter vereinfacht werden. Im Grenzfall sehr kleiner Reynolds-Zahlen $Re < 1$ können die Trägheitskräfte gegenüber den Reibungskräften vernachlässigt werden. Diese Strömungen werden als Stokes'sche Schichtenströmungen bezeichnet. Bei sehr großen Reynolds-Zahlen $Re \gg 1$ spielt die Reibung im Bereich fester Wände die entscheidende Rolle und die Strömungen werden als Grenzschichtströmungen bezeichnet (Schlichting und Gersten 2006; Oertel 2017)).

### 14.1.4 Spezielle Lösungen für laminare Strömungen

**Kartesische Koordinaten**

Für eine stationäre, eindimensionale, ebene und ausgebildete Spaltströmung ohne äußeres Kraftfeld mit $u = u(y)$, $v = w = 0$, $p = p(x)$ folgt aus den Navier-Stokes'schen Gleichungen

$$\frac{\mathrm{d}^2 u}{\mathrm{d}y^2} = \frac{1}{\eta} \cdot \frac{\mathrm{d}p}{\mathrm{d}x}. \tag{18}$$

Die allgemeine Lösung dieser Gleichung lautet

$$u(y) = \frac{1}{\eta} \cdot \frac{\mathrm{d}p}{\mathrm{d}x} \frac{y^2}{2} + C_1 y + C_2. \tag{19}$$

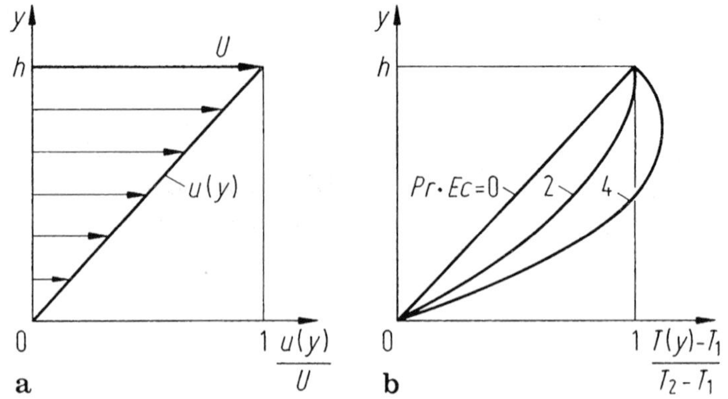


**Abb. 1** Couette-Strömung. **a** Geschwindigkeitsverteilung, **b** Temperaturverteilung

**Couette-Strömung**. Mit den Randbedingungen $u(0) = 0$, $u(h) = U$ und $p = \text{const}$ folgt die lineare Geschwindigkeitsverteilung in Abb. 1a zu

$$\frac{u(y)}{U} = \frac{y}{h}. \tag{20}$$

Aus der Energiegleichung (8) folgt die Lösung für die Temperaturverteilung

$$T(y) = -\frac{\eta}{a\varrho c_p} \cdot \frac{U^2}{h^2} \cdot \frac{y^2}{2} + C_1 y + C_2. \tag{21}$$

Mit den Randbedingungen $T(0) = T_1$, $T(h) = T_2$ resultiert die Temperaturverteilung

$$\begin{aligned} \frac{T(y) - T_1}{T_2 - T_1} &= \frac{y}{h} + \frac{\nu U^2}{ac_p(T_2 - T_1)} \cdot \frac{y}{2h}\left(1 - \frac{y}{h}\right) \\ &= \frac{y}{h} + Pr \cdot Ec \cdot \frac{y}{2h}\left(1 - \frac{y}{h}\right). \end{aligned} \tag{22}$$

Abb. 1b zeigt Temperaturverteilungen für verschiedene Werte $Pr \cdot Ec$ (Schlichting und Gersten 2006).

**Poiseuille-Strömung**. Mit den Randbedingungen $u(0) = 0$, $u(h) = 0$ und dem Druckverlauf $\mathrm{d}p/\mathrm{d}x = -\Delta p/l$ folgt die Geschwindigkeitsverteilung in Abb. 2 zu

$$\begin{aligned} \frac{u(y)}{U} &= \frac{-1}{\eta} \cdot \frac{\Delta p}{l} \cdot \frac{1}{U} \cdot \frac{h^2}{2}\left(\frac{y^2}{h^2} - \frac{y}{h}\right) \\ &= 4\frac{y}{h}\left(1 - \frac{y}{h}\right). \end{aligned} \tag{23}$$

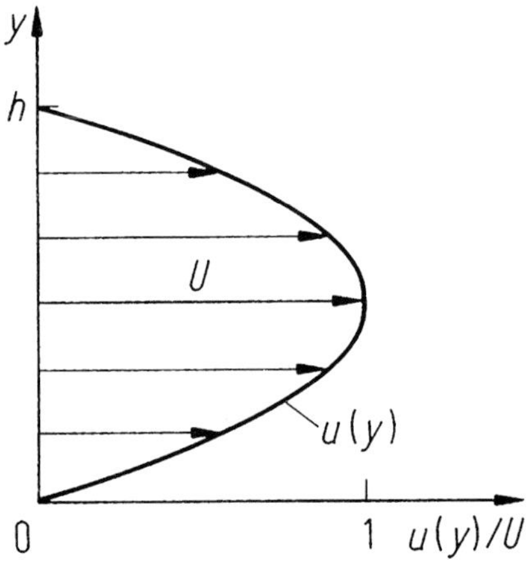


**Abb. 2** Poiseuille-Strömung, Geschwindigkeitsverteilung

$U$ ist die Geschwindigkeit in Spaltmitte bei $y = h/2$. Der Volumenstrom $\dot{V}$ ist für einen Kanal mit der Breite $b$

$$\dot{V} = b\int_0^h u(y)\ \mathrm{d}y = \frac{2}{3} bhU = bhu_\mathrm{m}, \tag{24}$$

mit $u_\mathrm{m} = (2/3)\ U$ als mittlerer Geschwindigkeit. Der Druckabfall $\Delta p$ ist bei einem Kanal der Länge $l$ und der Reynolds-Zahl $Re = u_\mathrm{m} h/\nu$:

$$\Delta p = \frac{\varrho}{2} u_\mathrm{m}^2 \frac{l}{h} \cdot \frac{24}{Re}. \tag{25}$$

Die Geschwindigkeitsverteilungen der Couette- und Poiseuille-Strömung lassen sich direkt superponieren, da die zugrunde liegende Bewegungsgleichung (18) linear ist.

**Stokes'sches Problem**. Für eine plötzlich bewegte, in der $x$-Ebene unendlich ausgedehnte Platte lässt sich eine zeitabhängige Ähnlichkeitslösung angeben. Mit den Voraussetzungen $u = u(y, t)$, $v = w = 0$ und damit $p =$ const sowie den Anfangs- und Randbedingungen

$$t \leqq 0 : u(y,t) = 0$$
$$t > 0 : u(0,t) = U \quad u(\infty,t) = 0$$

lautet die Lösung:

$$\begin{aligned}\frac{u(y,t)}{U} &= 1 - \frac{1}{\sqrt{\pi}} \int_0^{y/\sqrt{\nu t}} \exp\left(-\frac{1}{4}\xi^2\right) d\xi \\ &= 1 - \operatorname{erf}\left(\frac{y}{2\sqrt{\nu t}}\right).\end{aligned} \tag{26}$$

In Abb. 3 ist diese Geschwindigkeitsverteilung dargestellt. Die Dicke der mitgenommenen Schicht bis $u/U = 0{,}01$ ist $y = \delta \approx 4\sqrt{\nu t}$, sie wächst mit der Wurzel aus der Zeit.

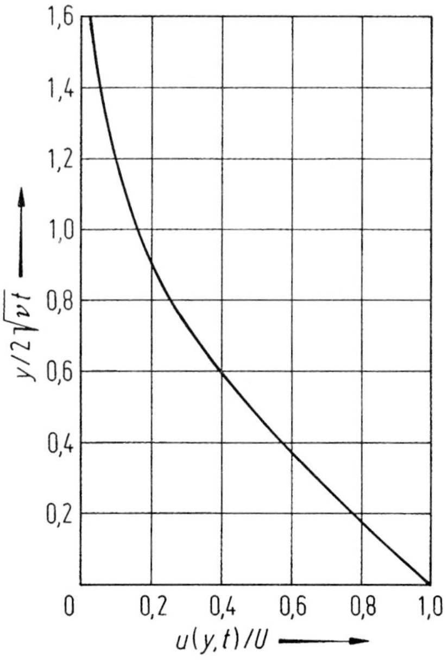


**Abb. 3** Stokes'sches Problem, Geschwindigkeitsverteilung

**Zylinderkoordinaten**

Wir legen die Navier-Stokes'schen Gleichungen mit den Geschwindigkeitskomponenten $u$, $v$, $w$ in $r$-, $\varphi$- und $z$-Richtung zugrunde (Bird et al. 2002).

**Rohrströmung**. Für die eindimensionale Strömung folgt mit $w(r)$, $u = v = 0$ und $dp/dz = -\Delta p/l$ = const die Geschwindigkeitsverteilung

$$\begin{aligned}w(r) &= \frac{\Delta p}{l} \cdot \frac{R^2}{4\eta}\left(1 - \frac{r^2}{R^2}\right) \\ &= W\left(1 - \frac{r^2}{R^2}\right).\end{aligned} \tag{27}$$

Für den Volumenstrom $\dot{V}$ folgt damit

$$\begin{aligned}\dot{V} &= 2\pi \int_0^R w(r) \cdot r \cdot dr = \frac{\pi}{8} \cdot \frac{\Delta p}{l} \cdot \frac{R^4}{\eta} \\ &= \pi R^2 w_m,\end{aligned} \tag{28}$$

wobei die mittlere Geschwindigkeit $w_m = (1/2)\, W$ der halben Maximalgeschwindigkeit entspricht. Der Druckabfall $\Delta p$ ist

$$\Delta p = \frac{8\eta l w_m}{R^2} = \frac{\varrho}{2} w_m^2 \frac{l}{2R} \lambda$$

mit

$$\lambda = \frac{64}{Re}, \quad Re = \frac{w_m D}{\nu}. \tag{29}$$

Aus (27) folgt für die Schubspannungsverteilung

$$\tau(r) = -\eta \frac{dw}{dr} = 2\frac{W}{R^2} r. \tag{30}$$

In Abb. 4 ist die Verteilung der Geschwindigkeit $w(r)$ und der Schubspannung $\tau(r)$ dargestellt.

**Strömung zwischen zwei rotierenden Zylindern**. Für die stationäre rotationssymmetrische Zylinderspaltströmung mit $v(r)$, $u = w = 0$, $p(r)$ folgt die allgemeine Lösung für die Geschwindigkeitsverteilung in Umfangsrichtung:

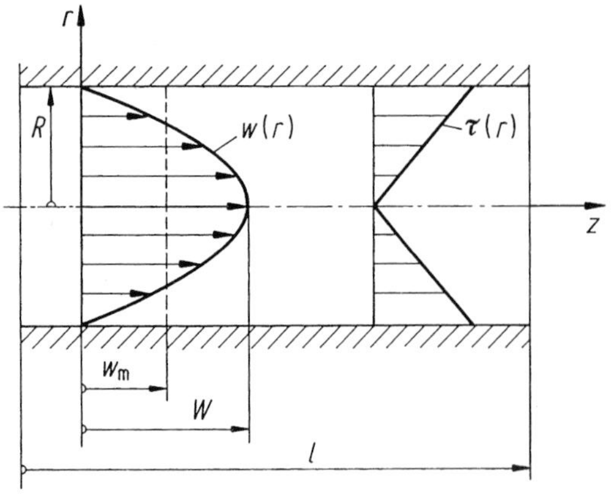


**Abb. 4** Rohrströmung, Verteilung der Geschwindigkeit und Schubspannung

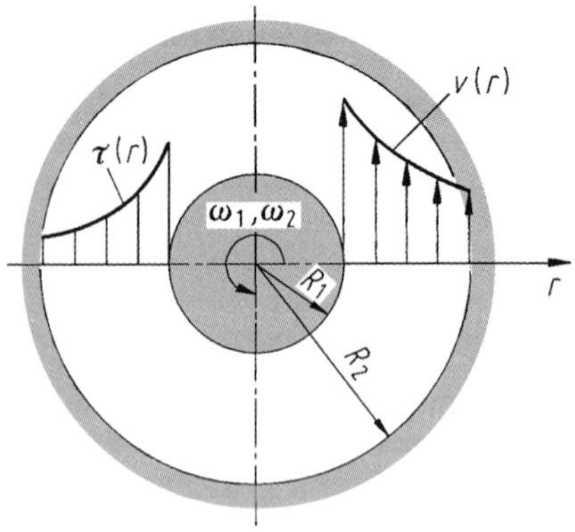


**Abb. 5** Zylinderspaltströmung, Geschwindigkeits- und Schubspannungsverteilung

$$v(r) = Ar + \frac{B}{r}. \tag{31}$$

Mit den Randbedingungen $v(R_1) = \omega_1 R_1$ und $v(R_2) = \omega_2 R_2$ ergeben sich die Konstanten $A$ und $B$ zu

$$A = \frac{\omega_2 R_2^2 - \omega_1 R_1^2}{R_2^2 - R_1^2}, \quad B = \frac{R_1^2 R_2^2(\omega_1 - \omega_2)}{R_2^2 - R_1^2}.$$

Die Schubspannungsverteilung ist dabei

$$\tau(r) = -\eta\left(\frac{\mathrm{d}v}{\mathrm{d}r} - \frac{v}{r}\right) = \eta\frac{2B}{r^2}. \tag{32}$$

Die Verteilung der Geschwindigkeit und der Schubspannung im Spalt ist in Abb. 5 bei gegebenen Randbedingungen dargestellt.

In radialer Richtung gilt die Beziehung $\mathrm{d}p/\mathrm{d}r = \varrho \cdot v^2/r$, aus der durch Integration die Druckverteilung $p(r)$ folgt:

$$p(r) = p(R_1) + \varrho\left[\frac{A^2}{2}\left(r^2 - R_1^2\right) + 2AB\ln\frac{r}{R_1} + \frac{B^2}{2}\left(\frac{1}{R_1^2} - \frac{1}{r^2}\right)\right]. \tag{33}$$

Für das längenbezogene Drehmoment am inneren Zylinder gilt:

$$M_1 = 4\pi\eta B. \tag{34}$$

Das am äußeren Zylinder angreifende Drehmoment ist gleich groß und wirkt in der entgegengesetzten Richtung.

Als Grenzfälle ergeben sich aus (31) für $R_2 \to \infty$, $v(r \to \infty) = 0$ der Potenzialwirbel mit $v(r) = B/r$ und für $R_1 \to 0$ folgt die Starrkörperrotation mit $v(r) = Ar$.

**Kugelkoordinaten**

Die folgenden Lösungen gelten nur für den Grenzfall kleiner Reynolds-Zahlen $Re < 1$.

**Stokes'sche Kugelumströmung**. Für die translatorische Bewegung einer festen Kugel durch ein viskoses Medium mit der Geschwindigkeit $U$ ergibt sich aus dem Geschwindigkeits- und Druckfeld die Widerstandskraft (Schlichting und Gersten 2006):

$$F_\mathrm{W} = 6\pi\eta RU. \tag{35}$$

Für die Umströmung einer Fluidkugel nach Abb. 6 mit der Dichte $\varrho'$ und der Viskosität $\eta'$ gilt nach (Rybczynski 1911) die erweiterte Beziehung für die Widerstandskraft:

$$F_\mathrm{W} = 6\pi\eta RU\frac{2\eta + 3\eta'}{3\eta + 3\eta'}. \tag{36}$$

*Beispiel*: **Fallgeschwindigkeit einer Kugel**. Im Schwerefeld stehen nach Abb. 7 Auftriebs-

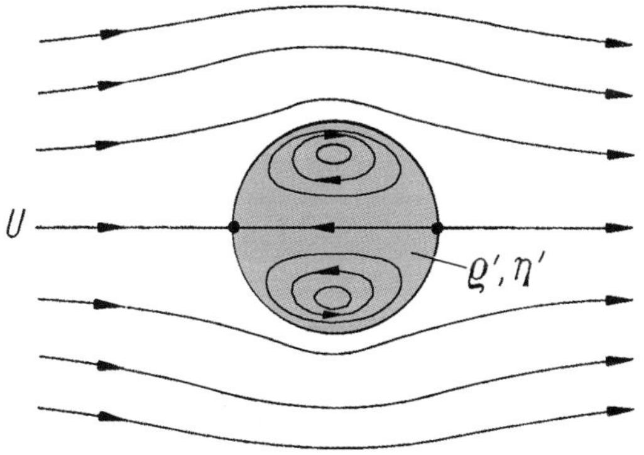


**Abb. 6** Stromfeld einer umströmten Fluidkugel

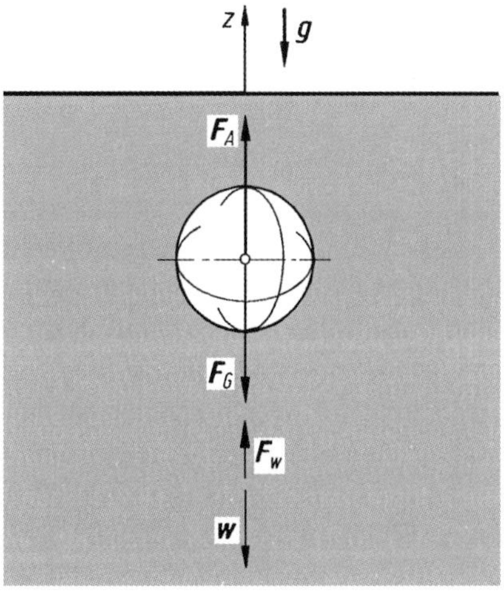


**Abb. 7** Fallende Kugel im Schwerefeld

kraft, Gewichtskraft und Widerstandskraft bei einer stationären Bewegung im Gleichgewicht: $F_A - F_G + F_W = 0$. Mit $F_A = (4/3)\pi R^3 \varrho g$, $F_G = (4/3)\pi R^3 \varrho' g$ und $F_W = 6\pi\eta R w$ nach (35) folgt die Fallgeschwindigkeit $w = (2/9)(\varrho' - \varrho)\, R^2 g/\eta$. Sind die Dichten $\varrho'$ der Kugel und $\varrho$ der Flüssigkeit bekannt, so lässt sich über die Messung dieser Fallgeschwindigkeit $w$ die Viskosität $\eta$ ermitteln.

*Beispiel*: **Steiggeschwindigkeit einer Gasblase.** Unter der Voraussetzung $\varrho' \ll \varrho$ und $\eta' \ll \eta$ folgt über das Gleichgewicht zwischen Auftriebskraft $F_A$ und Widerstandskraft $F_W$ nach (36) die Steiggeschwindigkeit $w = (1/3)\, gR^2/\nu$.

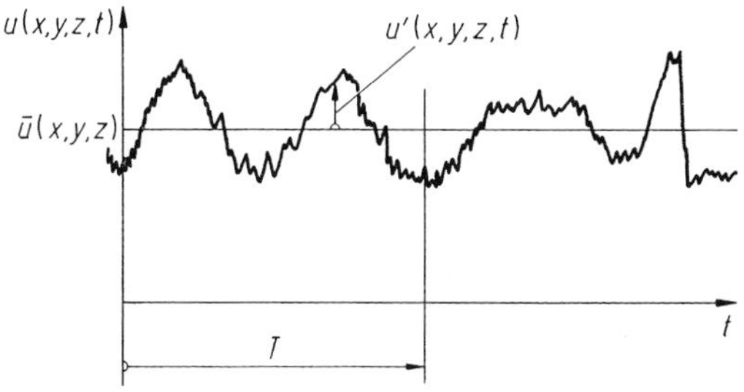


**Abb. 8** Turbulente Strömung, zeitabhängiger Geschwindigkeitsverlauf

### 14.1.5 Turbulente Strömungen

Mit wachsender Reynolds-Zahl gehen die wohlgeordneten laminaren Schichtenströmungen in irreguläre turbulente Strömungen über. Dem molekularen Impulsaustausch überlagert sich ein zusätzlicher Transportprozess durch die makroskopische Turbulenzbewegung. Bei der Rohrströmung in Abb. 4 vollzieht sich dieser Umschlag für Reynolds-Zahlen $Re \geq 2320$. Die Beschreibung turbulenter Strömungen geschieht nach Reynolds mit der Zerlegung der instationären Geschwindigkeitskomponenten, z. B. $u(x, y, z, t)$ in einen zeitlichen Mittelwert $\bar{u}(x,y,z)$ und eine Schwankungsgröße $u'(x, y, z, t)$ nach Abb. 8:

$$u(x,y,z,t) = \bar{u}(x,y,z) + u'(x,y,z,t). \qquad (37)$$

Der zeitliche Mittelwert am festen Ort ist definiert durch

$$\bar{u}(x,y,z) = \frac{1}{T}\int_0^T u(x,y,z,t)\mathrm{d}t, \qquad (38)$$

Dabei ist $T$ so groß gewählt, dass die Zeitabhängigkeit für $\bar{u}$ entfällt. Damit sind die zeitlichen Mittelwerte der Schwankungsgeschwindigkeiten Null.

$$\overline{u'} = \overline{v'} = \overline{w'} = 0$$

Die Intensität der Turbulenz wird durch den Turbulenzgrad $Tu$ charakterisiert.

$$Tu = \frac{\sqrt{\frac{1}{3}\left(\overline{u'^2} + \overline{v'^2} + \overline{w'^2}\right)}}{\sqrt{\bar{u}^2 + \bar{v}^2 + \bar{w}^2}}. \tag{39}$$

Das Einsetzen von (37) in die Navier-Stokes'schen Gleichungen führt zu den Reynolds'schen Gleichungen. Die Kontinuitätsgleichung ist auch für die Mittelwerte gültig:

$$\frac{\partial \bar{u}}{\partial x} + \frac{\partial \bar{v}}{\partial y} + \frac{\partial \bar{w}}{\partial z} = 0. \tag{40}$$

Die Impulsbilanz liefert in $x$-Richtung ohne Massenkraft $f_x$ nach (Oswatitsch 1959):

$$\begin{aligned} \varrho \frac{\mathrm{d}\bar{u}}{\mathrm{d}t} &= -\frac{\partial \bar{p}}{\partial x} + \frac{\partial}{\partial x}\left(\eta \frac{\partial \bar{u}}{\partial x} - \varrho \overline{u'^2}\right) \\ &+ \frac{\partial}{\partial y}\left(\eta \frac{\partial \bar{u}}{\partial y} - \varrho \overline{u'v'}\right) \\ &+ \frac{\partial}{\partial z}\left(\eta \frac{\partial \bar{u}}{\partial z} - \varrho \overline{u'w'}\right). \end{aligned} \tag{41}$$

Die Schwankungsgrößen führen dabei zu den turbulenten Scheinspannungen

$$-\varrho \overline{u'^2}, \quad -\varrho \overline{u'v'}, \quad -\varrho \overline{u'w'}. \tag{42}$$

Die allgemeine Betrachtung ergibt den Reynolds'schen Spannungstensor. Diese Größen werden über Turbulenzmodelle und Transportgleichungen für die Turbulenzbewegung ermittelt (Rodi 1984).

Als einfaches Turbulenzmodell gilt der Prandtl'sche Mischungswegansatz. Das Konzept ist in Abb. 9 für eine turbulente Hauptströmung in $x$-Richtung dargestellt. In positiver $y$-Richtung erfährt ein Fluidelement bei einem Mischungsweg $l_1$ eine Schwankungsgeschwindigkeit $u' = -l_1 \cdot \mathrm{d}\bar{u}/\mathrm{d}y$. Aus Kontinuitätsgründen gilt $v' = l_2 \cdot \mathrm{d}\bar{u}/\mathrm{d}y$. Für die Bewegung in negativer $y$-Richtung gilt ein analoges Verhalten. Die Reynolds'sche scheinbare Schubspannung folgt damit zu

$$\bar{\tau} = -\varrho \overline{u'v'} = \varrho l_1 l_2 \left(\frac{\mathrm{d}\bar{u}}{\mathrm{d}y}\right)^2 = \varrho l^2 \left(\frac{\mathrm{d}\bar{u}}{\mathrm{d}y}\right)^2. \tag{43}$$

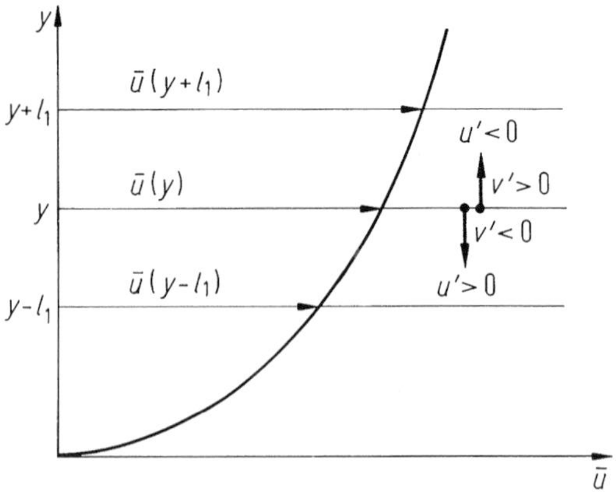


**Abb. 9** Mischungswegkonzept nach Prandtl

Für die gesamte Schubspannung gilt

$$\bar{\tau}_{\text{tot}} = \eta \frac{\mathrm{d}\bar{u}}{\mathrm{d}y} + \varrho l^2 \left(\frac{\mathrm{d}\bar{u}}{\mathrm{d}y}\right)^2. \tag{44}$$

Die Integration von (44) führt zur Geschwindigkeitsverteilung turbulenter Strömungen in der Nähe fester Wände.

Mit der Wandschubspannungsgeschwindigkeit $u_\tau = \sqrt{\bar{\tau}_W/\varrho}$ folgt für die viskose Unterschicht mit $l \to 0$

$$\frac{\bar{u}(y)}{u_\tau} = \frac{y u_\tau}{\nu} = y^+, \quad y^+ < 5. \tag{45}$$

Außerhalb dieser Schicht dominiert der Anteil (43). Mit der Annahme von Prandtl, dass $\bar{\tau}_{\text{tot}} = \bar{\tau}_W = \text{const}$ und $l = \varkappa y$ mit $\varkappa = \text{const}$ ist, erhält man durch Integration

$$\frac{\bar{u}(y)}{u_\tau} = \frac{1}{\varkappa} \ln y^+ + C. \tag{46}$$

Aus dem Experiment folgen für die Konstanten die sog. universellen Werte $\varkappa = 0{,}4$ und $C = 5{,}5$. Diese Gesetzmäßigkeit gilt für $y^+ > 30$ außerhalb der viskosen Unterschicht und einem Übergangsbereich. In Abb. 10 ist die Geschwindigkeitsverteilung in halblogarithmischer Darstellung über dem Wandabstand aufgetragen. Bei sehr großen Wandabständen $y^+ > 10^3$ schließt sich die freie Turbulenz an.

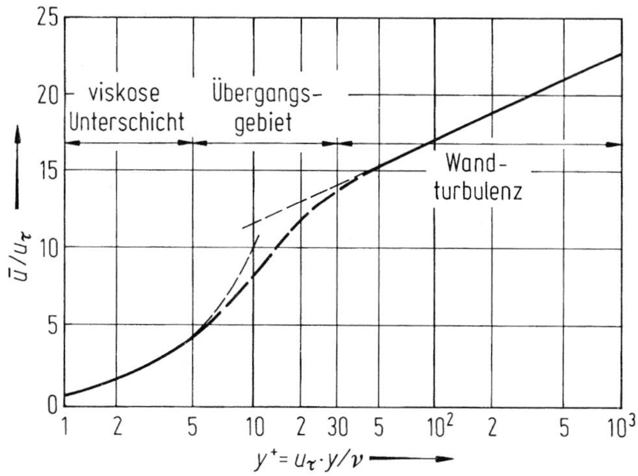


**Abb. 10** Geschwindigkeitsverteilung nahe fester Wände

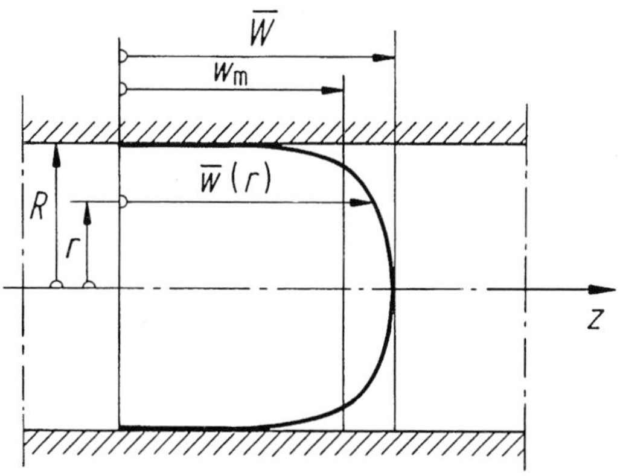


**Abb. 11** Geschwindigkeitsverteilung in turbulenter Rohrströmung

**Turbulente Rohrströmung**. Mit zunehmender Reynolds-Zahl $Re = w_m D/\nu > 2320$ wird die Verteilung der zeitlich gemittelten Geschwindigkeit $\bar{w}(r)$ rechteckförmiger (Abb. 11). Folgender Potenzansatz hat sich zur Beschreibung bewährt:

$$\frac{\bar{w}(r)}{\bar{W}} = \left(1 - \frac{r}{R}\right)^{1/n} \quad \text{mit} \quad n = 7. \tag{47}$$

Bei diesem Gesetz ist die Wandschubspannung vom Rohrradius unabhängig. Die turbulente Strömung ist durch die lokalen Eigenschaften des Stromfeldes bestimmt. Zwischen der über den Rohrquerschnitt gemittelten Geschwindigkeit $\bar{w}_m$ und der maximalen Geschwindigkeit $\bar{w}$ gilt der Zusammenhang $\bar{w}_m = 0{,}816\bar{W}$. Der Gültigkeitsbereich von (47) wird für $Re > 10^5$ verlassen, da $n$ im Exponenten mit wachsender Reynolds-Zahl zunimmt.

### 14.1.6 Grenzschichttheorie

Bei sehr großen Reynolds-Zahlen, $Re = u_\infty l/\nu \gg 1$, ist der Reibungseinfluss in der Grenzschicht dominant. Aufgrund der Haftbedingung an der Körperoberfläche erfolgt der Geschwindigkeitsanstieg von Null auf den Wert der Außenströmung in dieser Grenzschicht der Dicke $\delta$. Für eine stationäre ebene Strömung ohne Massenkraft folgen aus der Kontinuitätsgleichung und den Navier-Stokes'schen Gleichungen für $\delta \ll l$ die Prandtl'schen Grenzschichtgleichungen (Schlichting und Gersten 2006):

$$\frac{\partial u}{\partial x} + \frac{\partial v}{\partial y} = 0, \tag{48}$$

$$u\frac{\partial u}{\partial x} + v\frac{\partial u}{\partial y} = -\frac{1}{\varrho}\cdot\frac{dp}{dx} + \nu\frac{\partial^2 u}{\partial y^2}. \tag{49}$$

Der Druck $p(x)$ in der Grenzschicht wird durch die Außenströmung aufgeprägt. Über die Bernoulli-Gleichung folgt der Zusammenhang mit der Geschwindigkeit $U$ der Außenströmung zu

$$-\frac{1}{\varrho}\cdot\frac{\mathrm{d}p}{\mathrm{d}x} = U\frac{\mathrm{d}U}{\mathrm{d}x}.$$

## 14.1.7 Impulssatz der Grenzschichttheorie

Die integrale Erfüllung der Grenzschichtgleichungen im Bereich $0 \leqq y \leqq \delta$ führt zu dem Impulssatz

$$\frac{\mathrm{d}}{\mathrm{d}x}\left(U^2\delta_2\right) + \delta_1 U\frac{\mathrm{d}U}{\mathrm{d}x} = \frac{\tau_\mathrm{W}}{\varrho}.$$

Dabei ist $\delta_1 = \int\limits_0^\infty (1 - u/U)\,\mathrm{d}y$ die Verdrängungsdicke, $\delta_2 = \int\limits_0^\infty u/U(1 - u/U)\,\mathrm{d}y$ die Impulsverlustdicke und $\tau_\mathrm{W}$ die Wandschubspannung. Analog dazu lässt sich ein Energiesatz für die Grenzschicht herleiten. Der Impulssatz bildet die Grundlage von Näherungsverfahren zur Berechnung von Grenzschichten (Walz 1966).

**Reibungswiderstand der Plattengrenzschicht**
Bei der Umströmung einer ebenen Platte ist der Druck $p = \text{const}$ und damit ohne Einfluss. Es stellt sich bei laminarer Strömung die in Abb. 12 dargestellte Grenzschicht ein. Aus der analytischen Lösung der Gl. (48), (49) folgt für die Platte der Länge $l$ die Grenzschichtdicke mit $Re = u_\infty l/\nu$:

$$\frac{\delta}{l} = \frac{3{,}46}{\sqrt{Re}}. \tag{50}$$

Der *lokale Reibungsbeiwert* $c_\mathrm{f}$ ist mit $Re_x = u_\infty x/\nu$

$$c_\mathrm{f} = \frac{\tau_\mathrm{W}}{\frac{1}{2}\varrho u_\infty^2} = \frac{0{,}664}{\sqrt{Re_x}}. \tag{51}$$

Bei einfacher Benetzung folgt durch Integration der Reibungswiderstand in normierter Form für die Platte der Länge $l$ und Breite $b$:

$$c_\mathrm{F} = \frac{F_W}{\frac{1}{2}\varrho u_\infty^2 bl} = \frac{1{,}328}{\sqrt{Re}} \quad \text{(Blasius)}. \tag{52}$$

Für sehr große Reynolds-Zahlen, $Re > 5\cdot 10^5$, liegt eine *turbulente Grenzschichtströmung* vor. Mit dem Potenzgesetz (47) für die Geschwindigkeitsverteilung ergeben sich für die turbulente Plattengrenzschicht bei einfacher Benetzung für hydraulisch glatte Oberflächen

$$\frac{\delta}{l} = \frac{0{,}37}{Re^{1/5}}, \tag{53}$$

$$c_\mathrm{f} = \frac{\tau_\mathrm{W}}{\frac{1}{2}\varrho u_\infty^2} = \frac{0{,}0577}{Re_x^{1/5}}, \tag{54}$$

$$c_\mathrm{F} = \frac{F_\mathrm{W}}{\frac{1}{2}\varrho u_\infty^2 bl} = \frac{0{,}074}{Re^{1/5}} \tag{55}$$

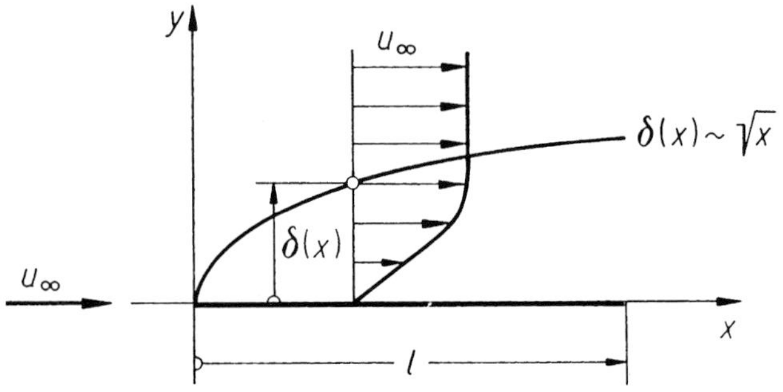


**Abb. 12** Laminare Plattengrenzschicht

$$\left(5 \cdot 10^5 < Re < 10^7\right) \quad \text{(Prandtl)}.$$

Auf der Basis des logarithmischen Wandgesetzes gilt für einen größeren Reynoldszahlenbereich (Schlichting und Gersten 2006):

$$c_{\mathrm{F}} = \frac{0{,}455}{(\lg\, Re)^{2{,}58}} - \frac{1{,}700}{Re} \tag{56}$$

(Prandtl-Schlichting)

Der zweite Anteil berücksichtigt den laminar-turbulenten Übergang mit der kritischen Reynolds-Zahl $Re_{\mathrm{krit}} = 5 \cdot 10^5$.

Für die vollkommen turbulent raue Plattenströmung gilt

$$c_{\mathrm{F}} = \left(1{,}89 + 1{,}62 \lg \frac{l}{k_S}\right)^{-2{,}5}; \left(10^2 < \frac{l}{k_S} < 10^6\right). \tag{57}$$

Die Rauheit ist dabei durch die äquivalente Sandkornrauheit $k_{\mathrm{S}}$ charakterisiert.

**Strömungsablösung**

Bei der Umströmung von Körpern wird der Grenzschicht im Bereich verzögerter Strömung ein positiver Druckgradient $\mathrm{d}p/\mathrm{d}x > 0$ aufgeprägt. Mit der Grenzschichtgleichung (49) ergibt sich auf dem Profil der Zusammenhang zwischen Druckgradient und Krümmung des Geschwindigkeitsprofils:

$$\frac{1}{\varrho} \cdot \frac{\mathrm{d}p}{\mathrm{d}x} = \nu \left(\frac{\partial^2 u}{\partial y^2}\right)_{\mathrm{w}}.$$

Abb. 14 zeigt eine laminare Profilumströmung mit Ablösung und den dazugehörigen Druckverlauf. Im Dickenmaximum ist $\mathrm{d}p/\mathrm{d}x = 0$, und auf der Oberfläche tritt ein Wendepunkt im Geschwindigkeitsprofil auf. Mit steigendem Druckgradienten wandert dieser Wendepunkt in die Grenzschicht, bis an der Wand eine vertikale Tangente im Geschwindigkeitsprofil auftritt. In diesem Ablösepunkt ist die Wandschubspannung $\tau_{\mathrm{W}} = 0$. Es kommt stromab zu einer Rückströmung. Die der Potenzialtheorie entsprechende Druckverteilung in Abb. 13 wird dabei erheblich verändert. Hierdurch tritt neben dem Reibungswiderstand durch die unsymmetrische Druckverteilung ein Druckwiderstand auf.

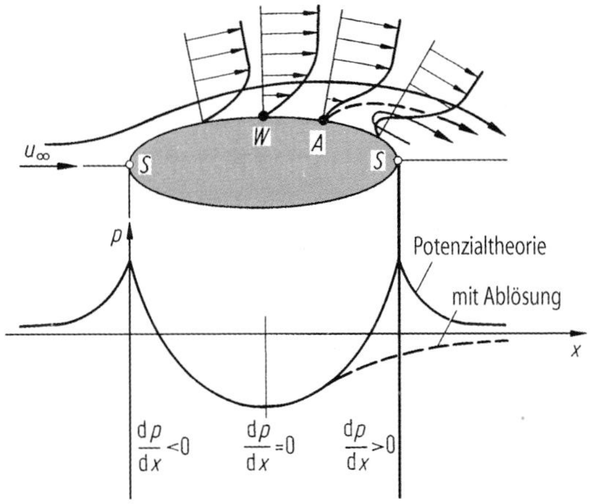


**Abb. 13** Profilumströmung mit Ablösung

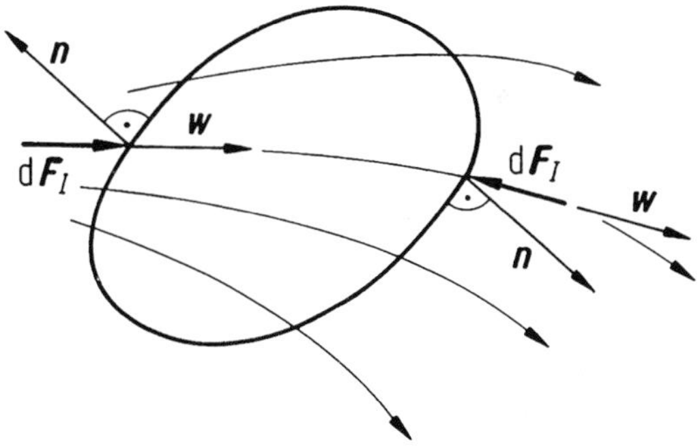


**Abb. 14** Durchströmter Kontrollraum

**Impulssatz**

Mit dem Impulssatz sind globale Aussagen über Strömungsvorgänge in einem Kontrollraum nach Abb. 14 möglich. Die zeitliche Änderung des Impulses ist gleich der Resultierenden der äußeren Kräfte:

$$\begin{aligned} \frac{\mathrm{d}\boldsymbol{I}}{\mathrm{d}t} &= \frac{\mathrm{d}}{\mathrm{d}t}\int_V \varrho \boldsymbol{w}\, \mathrm{d}V \\ &= \int_V \frac{\partial \varrho \boldsymbol{w}}{\partial t}\, \mathrm{d}V + \int_A \varrho \boldsymbol{w}(\boldsymbol{w} \cdot \boldsymbol{n})\, \mathrm{d}A \\ &= \sum \boldsymbol{F}_{\mathrm{A}}. \end{aligned} \tag{58}$$

Diese Bilanzaussage ist für reibungsfreie und reibungsbehaftete Strömungsvorgänge gültig. Mit der Beschränkung auf stationäre Strömungen braucht die Integration nur über die Oberfläche $A$ des Kontrollraumes ausgeführt werden. Der Impulssatz beschreibt das Gleichgewicht zwischen Impuls-, Oberflächen- und Massenkräften:

$$\boldsymbol{F}_{\mathrm{I}} + \sum \boldsymbol{F}_{\mathrm{A}} = 0. \tag{59}$$

Die Impulskraft ist hierin $F_{\mathrm{I}} = -\int_A \varrho \boldsymbol{w}(\boldsymbol{w}\cdot\boldsymbol{n})\,\mathrm{d}A$ und die Druckkraft $\boldsymbol{F}_{\mathrm{D}} = -\int_A p\boldsymbol{n}\,\mathrm{d}A$.

### 14.1.8 Anwendungsbeispiele

**Haltekraft von Diffusor und Düse**

Gesucht ist die Haltekraft $\boldsymbol{F}_{\mathrm{H}}$, die am Diffusor über die Schrauben angreift. Mit $p_2 = p_{\mathrm{a}}$ und konstant Werten für $p$ und $w$ über den Querschnitten folgt für den Kontrollraum nach Abb. 15 in $x$-Richtung ($\varrho = \mathrm{const}$):

$$\varrho w_1^2 A_1 + p_1 A_1 - \varrho w_2^2 A_2 - p_{\mathrm{a}} A_1 + F_{\mathrm{H}} = 0. \tag{60}$$

Mit der Kontinuitätsbedingung $w_1 A_1 = w_2 A_2$ wird

$$F_{\mathrm{H}} = \varrho w_2^2 \left( A_2 - \frac{A_2^2}{A_1} \right) + (p_{\mathrm{a}} - p_1) A_1. \tag{61}$$

Aus der Bernoulli-Gleichung folgt bei reibungsfreier Strömung

$$p_1 - p_{\mathrm{a}} = \frac{1}{2}\varrho\left(w_2^2 - w_1^2\right) = \frac{1}{2}\varrho w_2^2 \left(1 - \frac{A_2^2}{A_1^2}\right). \tag{62}$$

Die Haltekraft ergibt sich dann zu

$$F_{\mathrm{H}} = -\frac{1}{2}\varrho w_1^2 A_1 \left(\frac{A_1}{A_2} - 1\right)^2. \tag{63}$$

Die Haltekraft $\boldsymbol{F}_{\mathrm{H}}$ ist in negative $x$-Richtung gerichtet. Die Schrauben werden auf Zug beansprucht. Die Kraft von der Strömung auf den Diffusor wirkt in Strömungsrichtung. Dieses Resultat ist für den Diffusor mit $A_2 > A_1$ und für die Düse mit $A_2 < A_1$ gültig.

**Durchströmen eines Krümmers**

Gesucht ist die Haltekraft $\boldsymbol{F}_{\mathrm{H}}$ am frei ausblasenden Krümmer in Abb. 16a. Ohne Massenkraft wird aus dem Impulssatz (59):

$$\boldsymbol{F}_{\mathrm{I1}} + \boldsymbol{F}_{\mathrm{I2}} + \boldsymbol{F}_{\mathrm{D1}} + \boldsymbol{F}_{\mathrm{D2}} + \boldsymbol{F}_{\mathrm{D3,4}} + \boldsymbol{F}_{\mathrm{H}} = 0. \tag{64}$$

Mit konstanten Geschwindigkeiten in den beiden Querschnitten folgen die Impulskräfte

$$\boldsymbol{F}_{\mathrm{I1}} = -\boldsymbol{n}_1 \varrho w_1^2 A_1, \quad \boldsymbol{F}_{\mathrm{I2}} = -\boldsymbol{n}_2 \varrho w_2^2 A_2. \tag{65}$$

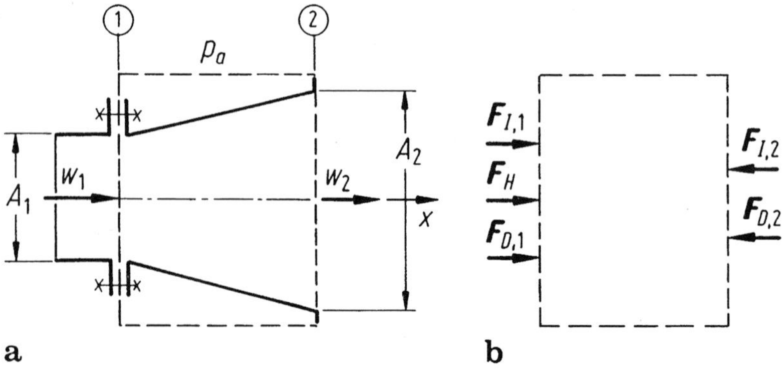


**Abb. 15** Diffusorströmung. **a** Kontrollraum, **b** Kräftebilanz

Die Druckkräfte lassen sich mit der Tatsache, dass ein konstanter Druck auf eine geschlossene Fläche keine resultierende Kraft ausübt, vereinfachend zusammenfassen. Mit $p_2 = p_a$ folgt

$$\begin{aligned}\sum \boldsymbol{F}_\mathrm{D} &= \boldsymbol{F}_\mathrm{D1} + \boldsymbol{F}_\mathrm{D2} + \boldsymbol{F}_\mathrm{D3,4} = \\ &-\left\{ \int_{A1} (p_1 - p_a)\, \boldsymbol{n}\, \mathrm{d}A + \int_{A1} p_a\, \boldsymbol{n}\, \mathrm{d}A \right. \\ &\left. + \int_{A2} p_a\, \boldsymbol{n}\, \mathrm{d}A + \int_{A3,4} p_a\, \boldsymbol{n}\, \mathrm{d}A \right\} = \\ &- \int_{A1} (p_1 - p_a)\, \boldsymbol{n}\, \mathrm{d}A.\end{aligned} \tag{66}$$

Aus dem Kräftedreieck in Abb. 16b resultiert die Haltekraft $\boldsymbol{F}_\mathrm{H}$ durch vektorielle Addition der beiden Impulskräfte $\boldsymbol{F}_\mathrm{I1}$ und $\boldsymbol{F}_\mathrm{I2}$ sowie der resultierenden Druckkraft $\sum \boldsymbol{F}_\mathrm{D}$. Die Haltekraft $\boldsymbol{F}_\mathrm{H}$ wird von den Schrauben durch Zug- und Schubkräfte aufgenommen.

**Schubkraft eines Strahltriebwerkes**

Die Impulsbilanz wird auf den Kontrollraum in Abb. 17 angewandt. Auf den Kontrollflächen vor und hinter dem Triebwerk ist der Druck $p = p_\infty$. Der Fangquerschnitt $A_\infty$ wird durch den Antrieb auf den Strahlquerschnitt $A_\mathrm{S}$ verringert. Die Geschwindigkeit im Strahl wird von $w_\infty$ auf $w_\mathrm{S}$ erhöht. Aus der Massenstrombilanz außerhalb des Triebwerkes folgt die Massenzufuhr durch die seitlichen Kontrollflächen

$$\dot{m} = \varrho_\infty w_\infty (A_\infty - A_\mathrm{S}). \tag{67}$$

Damit verbunden ist eine Impulskraft in $x$-Richtung ($M$ = Mantelfläche):

$$\begin{aligned} F_{\mathrm{I},x} &= -\int_M \varrho w_x (\boldsymbol{w} \cdot \boldsymbol{n})\, \mathrm{d}A \\ &= w_\infty \dot{m} = \varrho_\infty w_\infty^2 (A_\infty - A_\mathrm{S}). \end{aligned} \tag{68}$$

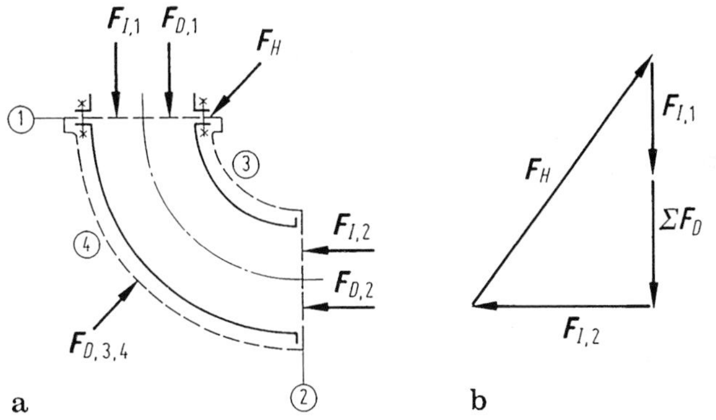


**Abb. 16** Durchströmter Krümmer. **a** Kräfte am Kontrollraum, **b** Kräftedreieck

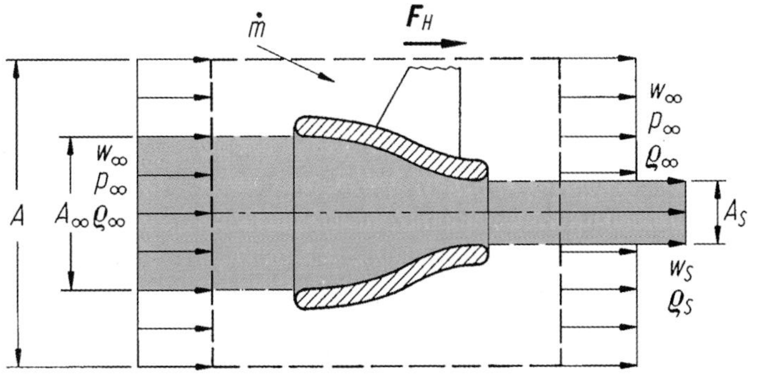


**Abb. 17** Kontrollraum beim Flugtriebwerk

Die Impulsbilanz ergibt damit

$$\varrho_\infty w_\infty^2 A + \varrho_\infty w_\infty^2 (A_\infty - A_S) - \varrho_S w_S^2 A_S - \varrho_\infty w_\infty^2 (A - A_S) + F_H = 0. \quad (69)$$

Im Gleichgewicht folgt für die Haltekraft

$$F_H = \varrho_S w_S^2 A_S - \varrho_\infty w_\infty^2 A_\infty = \dot{m}_T (w_S - w_\infty). \quad (70)$$

Der Massenstrom im Triebwerk ist $\dot{m}_T = \varrho_S w_S A_S = \varrho_\infty w_\infty A_\infty$. Der Schub $S$ ist der Haltekraft $F_H$ entgegengerichtet: $S = -F_H$. Aus der Beziehung (70) sind die Möglichkeiten zur Schubsteigerung zu erkennen.

**Leistung einer Windenergieanlage**
Durch Verzögerung der Geschwindigkeit wird mit dem Windrad in Abb. 18 dem Luftstrom Energie entzogen. Die Massenbilanz für die den Propeller einschließende Stromröhre liefert

$$\varrho w_\infty A_1 = \varrho w_3 A_3 = \varrho w_S A_5 = \dot{m} \quad (71)$$

Zwischen den Querschnitten ① und ② sowie ④ und ⑤ ist die Bernoulli-Gleichung gültig. Mit der Voraussetzung $A_2 \approx A_3 \approx A_4$ folgt $w_2 \approx w_3 \approx w_4$ und damit die Druckdifferenz

$$p_2 - p_4 = \Delta p = \frac{\varrho}{2}\left(w_\infty^2 - w_S^2\right). \quad (72)$$

Für den Kontrollraum zwischen den Querschnitten $A_1$ und $A_5$ folgt mit dem Impulssatz:

$$F_H = \varrho w_\infty^2 A_1 - \varrho w_S^2 A_5 = \dot{m}(w_\infty - w_S). \quad (73)$$

Für den Kontrollraum zwischen $A_2$ und $A_4$ gilt nach dem Impulssatz:

$$F_H = (p_2 - p_4) A_3 = \frac{\varrho}{2}\left(w_\infty^2 - w_S^2\right) A_3. \quad (74)$$

Durch Gleichsetzen der Ergebnisse für die Haltekraft folgt die Geschwindigkeit im Querschnitt $A_3$ zu

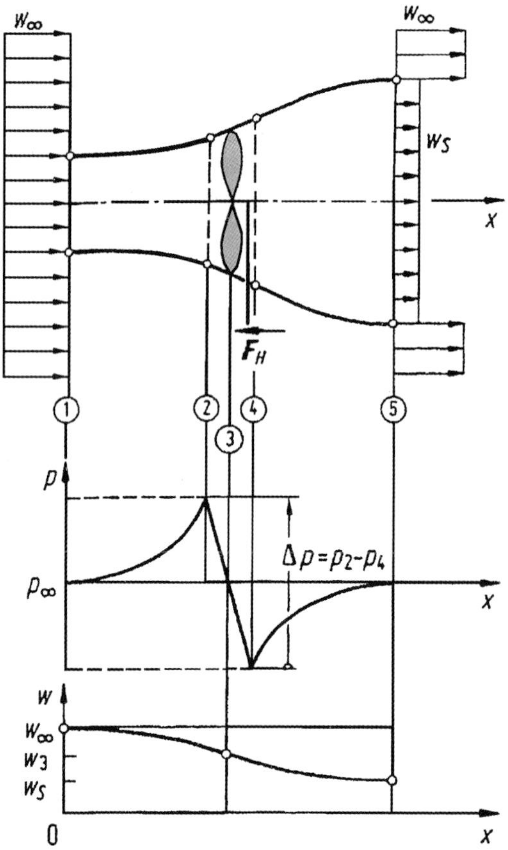


**Abb. 18** Windenergieanlage, Kontrollflächen sowie Druck- und Geschwindigkeitsverlauf

$$w_3 = \frac{1}{2}(w_\infty + w_S). \quad (75)$$

Die Leistung der Anlage ergibt sich zu

$$P = F_H w_3 = \frac{1}{4}\varrho A_3 \left(w_\infty^2 - w_S^2\right)(w_\infty + w_S) \quad (76)$$

mit dem Maximalwert für $w_S = \frac{1}{3} w_\infty$:

$$P_{\max} = \frac{8}{27}\varrho A_3 w_\infty^3. \quad (77)$$

Bezogen auf den Energiestrom durch den Propeller folgt die Leistungskennzahl (Betz-Zahl)

$$c_B = \frac{P_{\max}}{\frac{1}{2}\varrho A_3 w_\infty^3} = \frac{16}{27} = 0{,}593. \quad (78)$$

Diese Betz-Zahl $c_B$ dient zur Charakterisierung von Windenergieanlagen.

Aus dem Ergebnis für die maximale Leistung lässt sich ableiten, dass 8/9 der kinetischen Energie des durch den Rotor strömenden Massenstromes in mechanische Leistung umgewandelt wird (Zierep und Bühler 2018).

*Beispiel*: Welche Leistung liefert eine Windenergieanlage mit einem Rotor mit $D = 82$ m bei einer Windgeschwindigkeit $w_\infty = 10$ m/s $=$ 36 km/h? Aus (78) folgt mit der Dichte von Luft $\varrho = 1{,}05$ kg/m$^3$

$$P_{\max} = \frac{\varrho}{2} \cdot \frac{\pi D^2}{4} w_\infty^3 c_B = 1887 \text{ kW}.$$

Diese maximale Leistung variiert also mit der 3. Potenz der Windgeschwindigkeit. Ist die Windgeschwindigkeit nur halb so hoch, so ist $P_{\max} = 1887/2^3 = 236$ kW. Bei ausgeführten Anlagen werden diese Werte je nach Geschwindigkeitsbereich bis zu 85 % erreicht.

## 14.2 Druckverlust und Strömungswiderstand

### 14.2.1 Durchströmungsprobleme

Bei hydraulischen Problemen besteht die Hauptaufgabe in der Ermittlung des Druckverlustes durchströmter Leitungselemente wie gerader Rohre, Krümmer und Diffusoren. Aus Dimensionsbetrachtungen folgt für den Druckverlust bei ausgebildeter Strömung in geraden Rohren:

$$\Delta p_v = \frac{1}{2} \varrho w_m^2 \frac{l}{D} \lambda. \tag{79}$$

Der Koeffizient $\lambda$ ist die sog. *Rohrwiderstandszahl.* Für die weiteren Rohrleitungselemente gilt

$$\Delta p_v = \frac{1}{2} \varrho w_m^2 \zeta. \tag{80}$$

Mit der Druckverlustzahl $\zeta$ werden die durch Sekundärströmungen hervorgerufenen Zusatzdruckverluste erfasst. Bei turbulenter Strömung ist $\zeta =$ const und der Druckverlust proportional zum Quadrat der mittleren Geschwindigkeit $w_m$.

**Strömungen in Rohren mit Kreisquerschnitt**
Die Strömungsform in Kreisrohren ist von der Reynolds-Zahl $Re = w_m D/\nu$ abhängig, wobei für $Re < 2320$ laminare und für $Re > 2320$ turbulente Strömung auftritt. Der Reibungseinfluss wird durch die Rohrwiderstandszahl $\lambda$ erfasst, die von der Reynolds-Zahl $Re$ und der relativen Wandrauheit $k/D$ abhängen kann. Es gelten die Beziehungen (White 1986):

Laminare Strömung:

$$\lambda = \frac{64}{Re} \quad (Re < 2320) \tag{81}$$

(Hagen-Poiseuille).

Turbulente Strömung:

a) hydraulisch glatt $\lambda = \lambda(Re)$

$$\lambda = \frac{0{,}316}{\sqrt[4]{Re}} \quad \left(2320 < Re < 10^5\right) \text{(Blasius)} \tag{82}$$

$$\frac{1}{\sqrt{\lambda}} = 2{,}0 \lg\left(Re\sqrt{\lambda}\right) - 0{,}8 \quad \left(10^5 < Re < 3 \cdot 10^6\right) \text{ (Prandtl)} \tag{83}$$

b) Übergangsgebiet $\lambda = \lambda(Re, k/D)$

$$\frac{1}{\sqrt{\lambda}} = -2{,}0 \lg\left(\frac{k}{D \cdot 3{,}715} + \frac{2{,}51}{Re\sqrt{\lambda}}\right) \text{ (Colebrook)} \tag{84}$$

c) vollkommen rau $\lambda = \lambda(k/D)$

$$\lambda = \frac{0{,}25}{\left(\lg \frac{3{,}715\,D}{k}\right)^2} \quad \left(Re > 400 \frac{D}{k} \lg\left(3{,}715 \frac{D}{k}\right)\right) \tag{85}$$

Bei der turbulenten Rohrströmung ist die Dicke der viskosen Unterschicht und die Rauheit der Rohrwand für das globale Strömungsverhalten wichtig. Bei einer hydraulisch glatten Wand werden die Wandrauheiten von der viskosen Unterschicht überdeckt. Im Übergangsbereich sind beide von gleicher Größenordnung. Bei vollkommen rauer Wand sind die Rauheitserhebungen wesentlich größer als die Dicke der viskosen Unterschicht und bestimmen damit die Reibung der turbulenten Strömung. In Abb. 19, dem sog. Moody-Colebrook-Diagramm, ist die Rohrwiderstandszahl $\lambda(Re, k/D)$ für alle Bereiche der Rohrströmung als Diagramm dargestellt. Anhaltswerte für technische Rauheiten $k$ sind in Abb. 20 für verschiedene Werkstoffe angegeben. Genaue Daten sind von der Bearbeitung und dem Betriebszustand des Rohres abhängig. Mit dem Rohrdurchmesser lässt sich dann die relative Rauheit $k/D$ bestimmen.

**Strömungen in Leitungen mit nichtkreisförmigen Querschnitten**

Die verschiedenen Querschnittsformen werden durch den hydraulischen Durchmesser $d_h$ charakterisiert, der sich aus der Querschnittsfläche $A$ und dem benetzten Umfang $U$ ergibt:

$$d_{\mathrm{h}} = \frac{4A}{U} \,. \tag{86}$$

In Abb. 21 sind einige Beispiele zusammengestellt (Truckenbrodt 1971).

Bei laminarer Strömung ist die Rohrwiderstandszahl $\lambda$ von der Geometrie abhängig. Die Geometrie beeinflusst die Geschwindigkeitsverteilung und damit die Wandreibung und den Druckverlust. Die analytische Berechnung von $\lambda$ ist für elementare Geometrien möglich (White

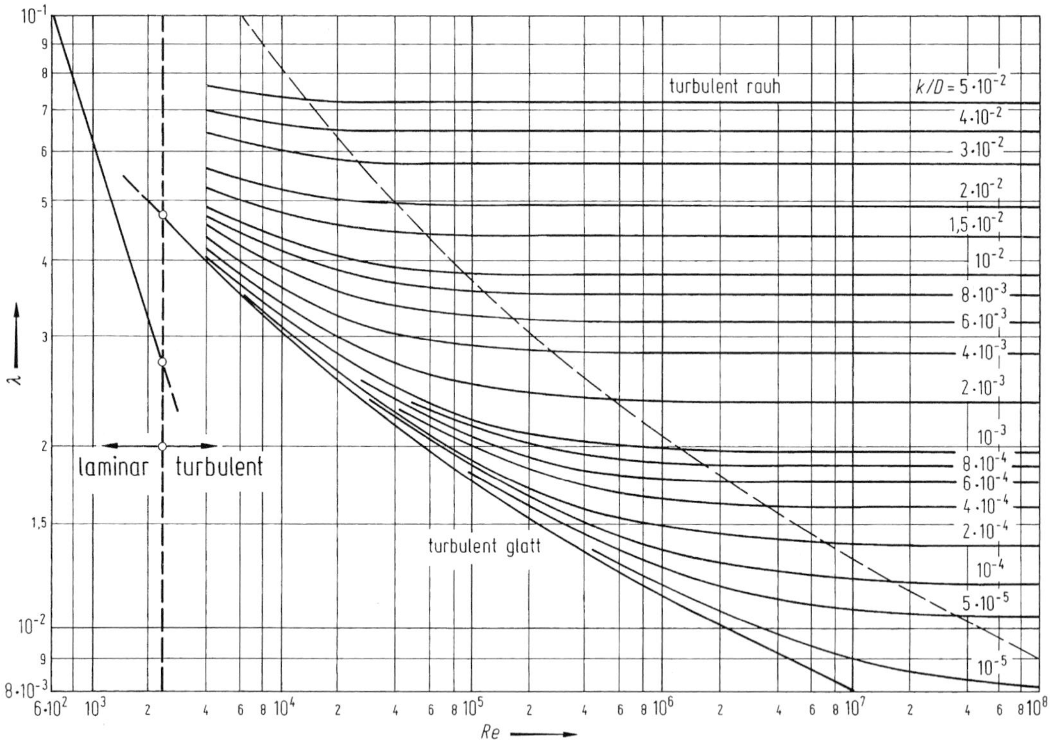


**Abb. 19** Rohrwiderstandszahl nach Moody/Colebrook (White 1986)

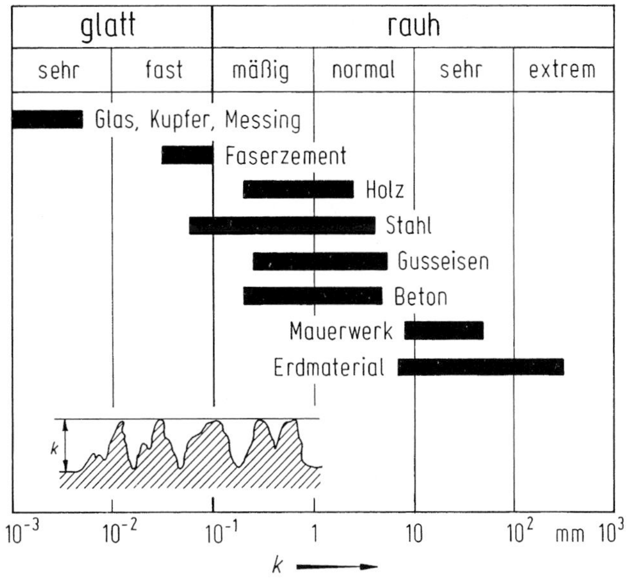


**Abb. 20** Wandrauheiten verschiedener Materialien

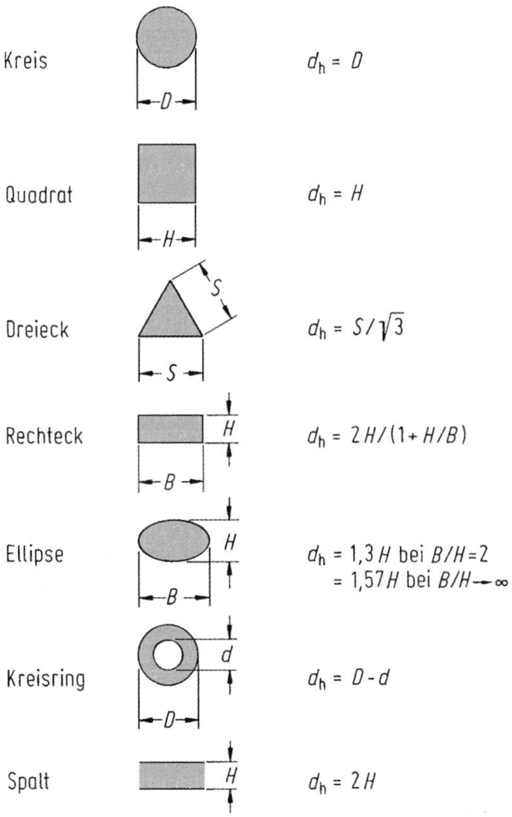


**Abb. 21** Querschnittsform und hydraulischer Durchmesser

1986; Müller 1932). In Abb. 22 ist für laminare Strömung das Produkt $\lambda \cdot Re$ mit $Re = w_m\, d_h/\nu$ für verschiedene Querschnittsformen dargestellt.

Bei turbulenter Strömung in nichtkreisförmigen Querschnitten wird durch den turbulenten Austausch die Geschwindigkeitsverteilung vergleichmäßigt (Nikuradse 1930). Der Reibungseinfluss ist damit auf den Wandbereich beschränkt und die Form der Geometrie deshalb für den Druckverlust von untergeordneter Bedeutung. Die kritische Reynolds-Zahl ist jedoch kleiner als beim Kreisrohr. Mit dem hydraulischen Durchmesser $d_h$ lassen sich die Verluste auf die Rohrströmung mit Kreisquerschnitt zurückführen. Für die Rohrwiderstandszahl $\lambda$ gelten bei turbulenter Strömung damit die Beziehungen (82), (83), (84) und (85) und das Diagramm von Moody-Colebrook (White 1986) in Abb. 19. In einigen Fällen, wie z. B. beim Kreisring, genügt der hydraulische Durchmesser $d_h$ allein nicht zur Charakterisierung der Querschnittsform.

Bei exzentrischer Anordnung kann sich der Widerstandsbeiwert erheblich ändern, bei maximaler Exzentrizität ergibt sich eine Abnahme von $\lambda$ um ca. 60 % (Shah und London 1978).

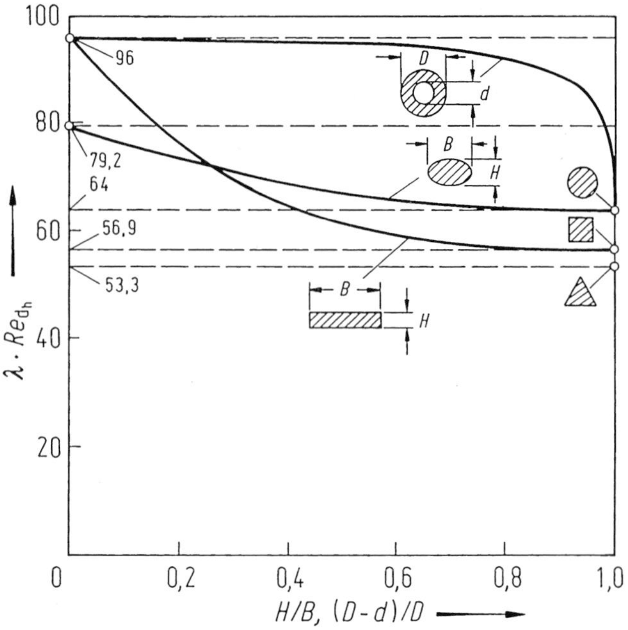


**Abb. 22**
Rohrwiderstandszahl für verschiedene Querschnitte bei laminarer Strömung

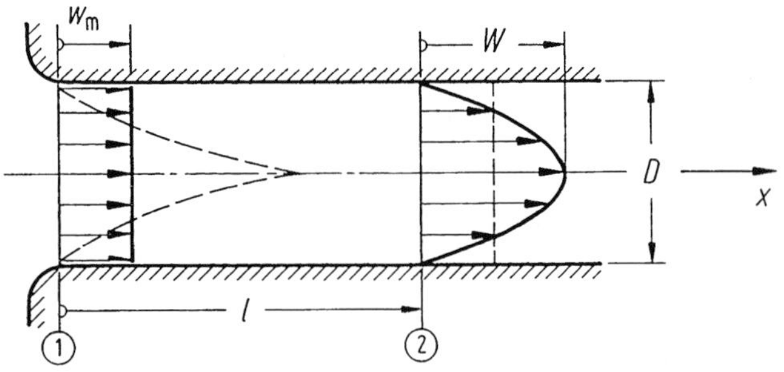


**Abb. 23**
Rohreinlaufströmung

**Druckverluste bei der Rohreinlaufströmung**

Durch die Umformung des Geschwindigkeitsprofiles tritt in der Einlaufstrecke ein erhöhter Druckabfall auf. In Abb. 23 ist zu sehen, dass die Strömung in Rohrmitte beschleunigt werden muss und zusätzlich an der Wand über die Länge $l$ ein größerer Geschwindigkeitsgradient vorliegt.

Strenggenommen besteht die Einlaufstrecke aus zwei Abschnitten. Im ersten wachsen die Grenzschichten bis zur Achse, im zweiten wird anschließend das ausgebildete Geschwindigkeitsprofil erzeugt.

Bei laminarer Strömung folgt für die Zusatzdruckverlustzahl und die Länge der Einlaufstrecke (Truckenbrodt 1980):

$$\zeta = 1{,}08, \quad \frac{l}{D} = 0{,}06\ Re. \tag{87}$$

Bei turbulenter Strömung gleicht das Geschwindigkeitsprofil bei ausgebildeter Strömung mehr der Rechteckform, sodass nur ein geringer Zusatzverlust auftritt. Hierbei gilt nach (Truckenbrodt 1980):

$$\zeta = 0{,}07, \quad \frac{l}{D} = 0{,}6\ Re^{1/4}. \tag{88}$$

**Druckverluste bei unstetigen Querschnittsänderungen**

Eine plötzliche Rohrerweiterung nach Abb. 24a wird als Carnot-Diffusor bezeichnet. Mit der Kon-

**Abb. 24**
Querschnittsänderung.
**a** Carnot-Diffusor,
**b** Rohrverengung

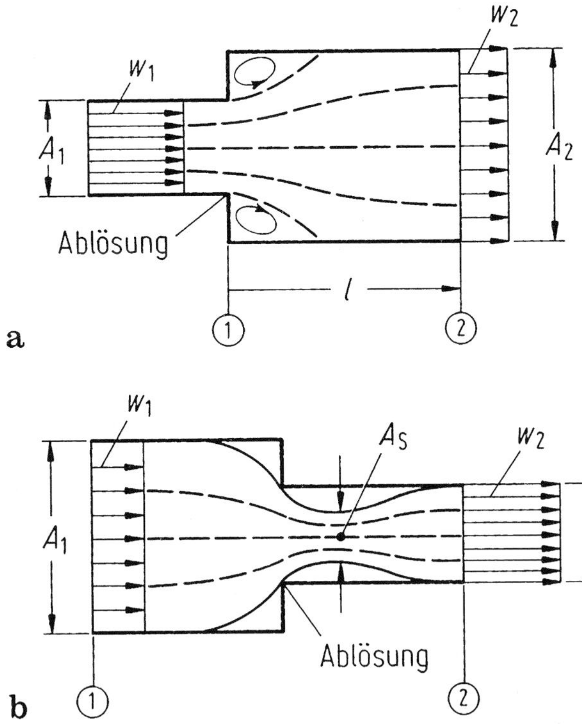


tinuitätsbedingung und dem Impulssatz folgt für die Druckerhöhung von ① → ② (Zierep und Bühler 2018):

$$C_p = \frac{p_2 - p_1}{\frac{1}{2}\varrho w_1^2} = 2\,\frac{A_1}{A_2}\left(1 - \frac{A_1}{A_2}\right). \qquad (89)$$

Im Idealfall liefert die Bernoulli-Gleichung von ① → ②:

$$C_{p\,\mathrm{id}} = \frac{p_{2\,\mathrm{id}} - p_1}{\frac{1}{2}\varrho w_1^2} = 1 - \left(\frac{A_1}{A_2}\right)^2. \qquad (90)$$

Die Druckverlustzahl folgt aus der Differenz zwischen idealem und realem Druckanstieg zu

$$\zeta_1 = \frac{\Delta p_\mathrm{v}}{\frac{1}{2}\varrho w_1^2} = C_{p\,\mathrm{id}} - C_p = \left(1 - \frac{A_1}{A_2}\right)^2. \qquad (91)$$

Der Maximalwert $\zeta_1 = 1$ wird beim Austritt ins Freie, $A_2 \to \infty$ erreicht. Die verlustbehaftete Energieumsetzung ist bei $l/D = 4$ nahezu abgeschlossen.

Bei der plötzlichen Rohrverengung in Abb. 24b kommt es zu einer Strahleinschnürung, die auch als *Strahlkontraktion* bezeichnet wird. Die wesentlichen Verluste treten durch die Verzögerung der Geschwindigkeit zwischen den Querschnitten ① und ② auf. Mit der Kontinuitätsbedingung, dem Impulssatz und der Bernoulli-Gleichung von ① → ② folgt die Druckverlustzahl bezogen auf Querschnitt ①:

$$\zeta_1 = \frac{\Delta p_\mathrm{v}}{\frac{1}{2}\,\varrho w_1^2} = \frac{w_2^2}{w_1^2}\left(\frac{w_\mathrm{s}}{w_2} - 1\right)^2 = \frac{A_1^2}{A_2^2}\left(\frac{A_2}{A_\mathrm{s}} - 1\right)^2. \qquad (92)$$

Bezogen auf den Querschnitt ② ist die Druckverlustzahl

$$\zeta_2 = \frac{\Delta p_\mathrm{v}}{\frac{1}{2}\varrho w_2^2} = \left(\frac{A_2}{A_\mathrm{S}} - 1\right)^2. \qquad (93)$$

Das Flächenverhältnis $A_S/A_2 = \mu$ wird als *Kontraktionszahl* bezeichnet. Abb. 25a zeigt die

Abhängigkeit der Strahlkontraktion $\mu$ vom Flächenverhältnis $A_2/A_1$ für die scharfkantige Rohrverengung (Betz 1955). Damit ist die Druckverlustzahl $\zeta_2 = \zeta_2(\mu)$ bekannt. In Abb. 25b sind die Druckverlustzahlen $\zeta_1$ der Rohrerweiterung und $\zeta_2$ der Rohrverengung in Abhängigkeit vom Durchmesserverhältnis $d/D$ aufgetragen.

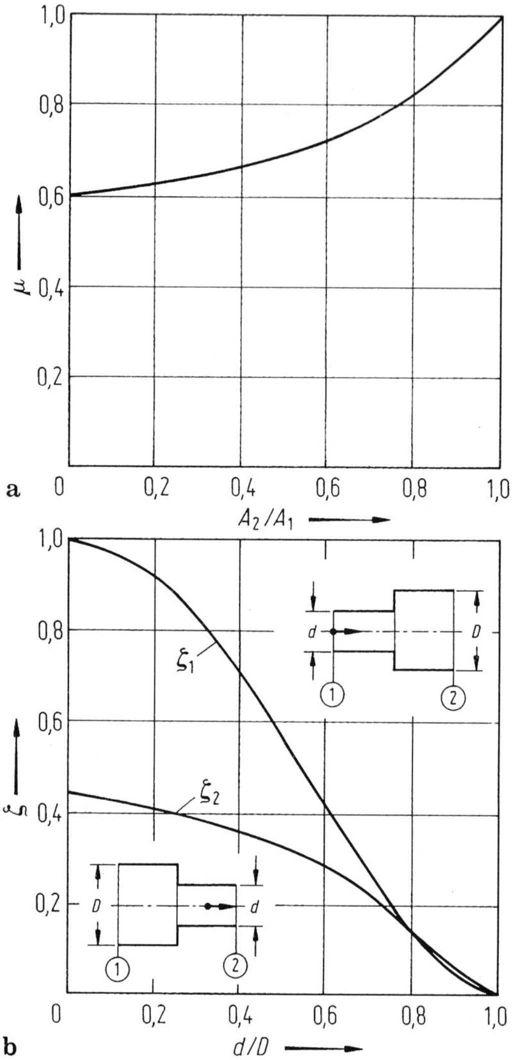


**Abb. 25** Unstetige Querschnittsänderungen. **a** Strahlkontraktion $\mu$, **b** Druckverlustzahlen $\zeta$

Die Rohreinlaufgeometrie ergibt sich aus der Rohrverengung im Grenzfall $d/D \to 0$. Die Strahlkontraktion $\mu$ ist nun allein von der Geometrie des Rohranschlusses abhängig. Abb. 26 zeigt drei typische Fälle, wobei in Abb. 26a durch die scharfe Kante Kontraktion durch Ablösung auftritt, in Abb. 26b die Ablösung durch Abrundung verhindert wird und in Abb. 26c die Strahlkontraktion durch den vorstehenden Einlauf verstärkt wird. Für die Kontraktion $\mu$ und die Druckverlustzahl $\zeta_2$ gelten die Werte in Tab. 1 (Truckenbrodt 1971).

### Druckverluste bei stetigen Querschnittsänderungen

Die primäre Aufgabe von Diffusoren ist die Druckerhöhung durch Verzögerung der Strömung. Die Strömungseigenschaften in einem Diffusor nach Abb. 27a hängen von der Geometrie (Flächenverhältnis $A_2/A_1$, Öffnungswinkel $\alpha$) und von der Geschwindigkeitsverteilung der Zuströmung ab (Sprenger 1959). Die reale normierte Druckerhöhung

$$C_p = \frac{p_2 - p_1}{\frac{1}{2}\varrho w_1^2} \qquad (94)$$

wird als *Druckrückgewinnungsfaktor* bezeichnet. Die Druckverlustzahl ergibt sich aus der Differenz zwischen idealer (90) und realer (94) Druckerhöhung zu:

$$\zeta_1 = \frac{\Delta p_v}{\frac{1}{2}\varrho w_1^2} = C_{p\,\text{id}} - C_p$$

$$= 1 - \left(\frac{A_1}{A_2}\right)^2 - C_p. \qquad (95)$$

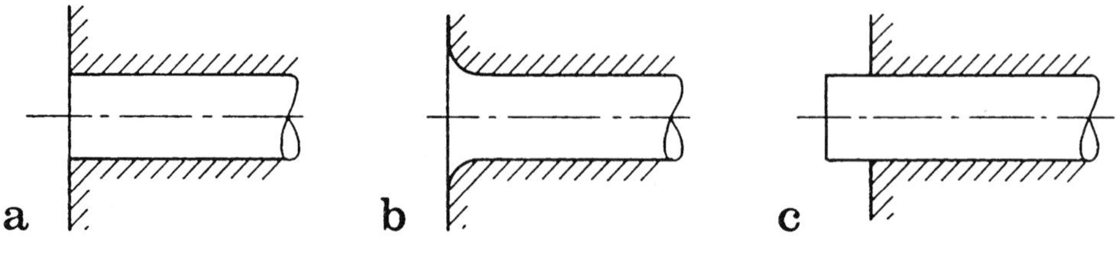


**Abb. 26** Rohreinlaufgeometrien. **a** Scharfkantig, **b** abgerundet, **c** vorstehend

**Tab. 1** Werte für Kontraktion $\mu$ und Druckverlustzahl $\zeta_2$

| Fall | $\mu$ | $\zeta_2$ |
|---|---|---|
| $a$ | 0,6 | 0,45 |
| $b$ | 0,99 | $\approx 0$ |
| $c$ | 0,5 | $\approx 1$ |

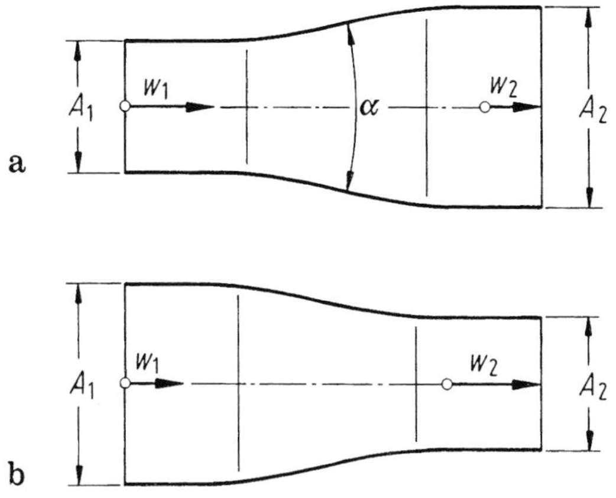


**Abb. 27** Stetige Querschnittsänderungen. **a** Diffusor, **b** Düse

Die Druckverlustzahl $\zeta_1$ resultiert bei Trennung von Öffnungswinkel und Querschnittsverhältnis aus der Beziehung

$$\zeta_1 = k(\alpha)\left(1 - \frac{A_1}{A_2}\right)^2. \tag{96}$$

Für den Faktor $k$ gelten nach experimentellen Untersuchungen (Zierep und Bühler 2018; White 1986; Sprenger 1959; Herning 1966) die Mittelwerte in Tab. 2.

Grenzwerte der Druckverlustzahl sind durch die Rohrstömung ($\alpha = 0$, $\zeta_1 = 0$) und den Austritt ins Freie ($\alpha = 180°$, $\zeta_1 = 1$) gegeben. Bei einem Öffnungswinkel $\alpha = 40°$ wird bereits der Wert des entsprechenden Carnot-Diffusors erreicht. Im Bereich $40° < \alpha < 180°$ treten sogar noch höhere Verluste $\zeta_1 > 1$ auf, sodass hier der unstetige Übergang des Carnot-Diffusors mit geringeren Verlusten vorzuziehen ist.

Optimale Diffusoren ergeben sich bei Öffnungswinkeln $\alpha$ von 5° bis 8°. In einer Düse (Abb. 27b) ist die Umsetzung von Druckenergie

**Tab. 2** Mittelwerte für den Faktor $k$ in Abhängigkeit des Öffnungswinkels $\alpha$

| $\alpha$ | 5° | 7,5° | 10° | 15° | 20° | 40° | 180° |
|---|---|---|---|---|---|---|---|
| $k$ | 0,13 | 0,14 | 0,16 | 0,27 | 0,43 | 1,0 | 1,0 |

in kinetische Energie nahezu verlustfrei möglich. Die Zusatzdruckverluste sind deshalb mit

$$\zeta_1 = (0 \ldots 0{,}075) \tag{97}$$

gering (Truckenbrodt 1980).

**Druckverluste bei Strömungsumlenkung**

Der Krümmer ist ein wesentliches Element zur Richtungsänderung von Rohrströmungen. In Abb. 28a sind die Bezeichnungen der geometrischen Größen eingetragen. Zusatzdruckverluste sind auf Sekundärströmungen, Ablösungserscheinungen und Vermischungsvorgänge zum Geschwindigkeitsausgleich zurückzuführen. Der Einfluss der Krümmung und der Oberflächenbeschaffenheit auf die Druckverlustzahl $\zeta$ ist in Abb. 28b für einen Rohrkrümmer mit $\varphi = 90°$ dargestellt (Herning 1966). Bei kleinen Radienverhältnissen $R/D$ steigen die Verluste stark an. Der Einfluss des Umlenkwinkels $\varphi$ lässt sich über den Proportionalitätsfaktor $k$ mit $\zeta = k\zeta_{90°}$ aus den Werten in Abb. 28b ermitteln (Tab. 3). Den Einfluss unterschiedlicher Bauarten zeigt Abb. 29 für Krümmer mit Rechteckquerschnitt (Sprenger 1969). Die Druckverlustzahlen $\zeta$ gelten für Flachkantkrümmer mit dem Seitenverhältnis $h/b = 0{,}5$ und der Reynolds-Zahl $Re = w_m d_h/\nu = 10^5$. Die Strömung im Krümmer und damit die Umlenkverluste sind stark von der Bauform abhängig. Bei mehrfacher Umlenkung mit Krümmerkombinationen (Abb. 30) treten erhebliche Abweichungen auf (Sprenger 1969). Je nach der Anordnung der Hochkantkrümmer ($h/b = 2$) sind die Gesamtverluste kleiner oder größer als die Summe der Einzelverluste mit $\zeta = 2 \cdot 1{,}3 = 2{,}6$. Wird zwischen beide Krümmer ein Rohr mit der Länge $l > 6\ d_h$ zwischengeschaltet, werden die Kombinationseffekte vernachlässigbar.

**Druckverluste von Absperr- und Regelorganen**

Bei Formteilen zur Durchflussänderung ändert sich der Widerstand je nach Bauform und Öff-

**Abb. 28** Kreisrohrkrümmer. **a** Geometrie, **b** Druckverlustzahlen

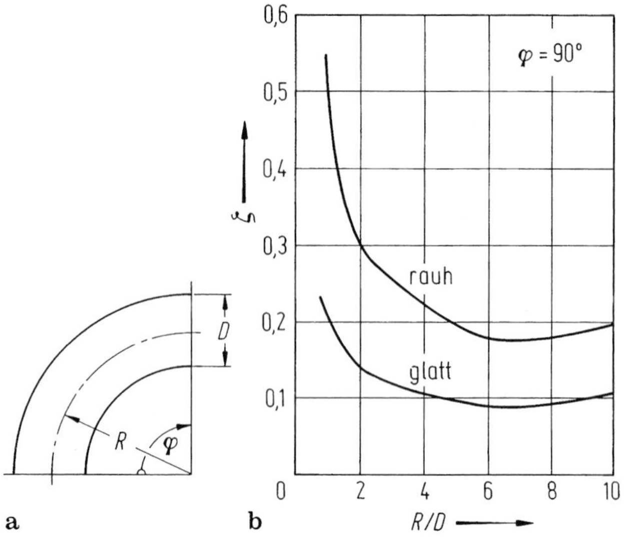


**Tab. 3** Proportionalitätsfaktor $k$ als Funktion des Umlenkwinkels $\varphi$

| $\varphi$ | 30° | 60° | 90° | 120° | 150° | 180° |
|---|---|---|---|---|---|---|
| $k$ | 0,4 | 0,7 | 1,0 | 1,25 | 1,5 | 1,7 |

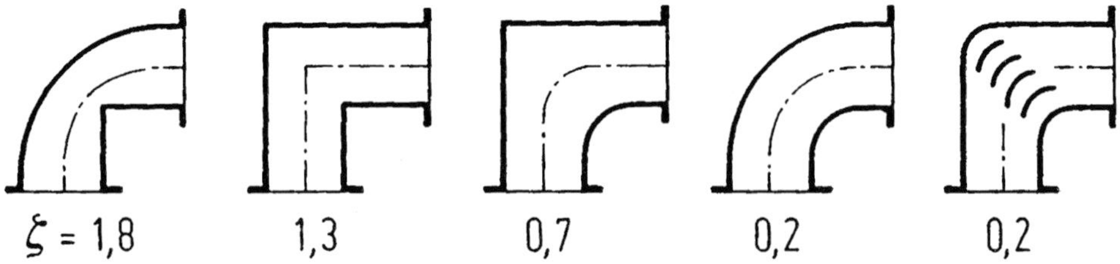


**Abb. 29** Bauformen von Rechteckkrümmern

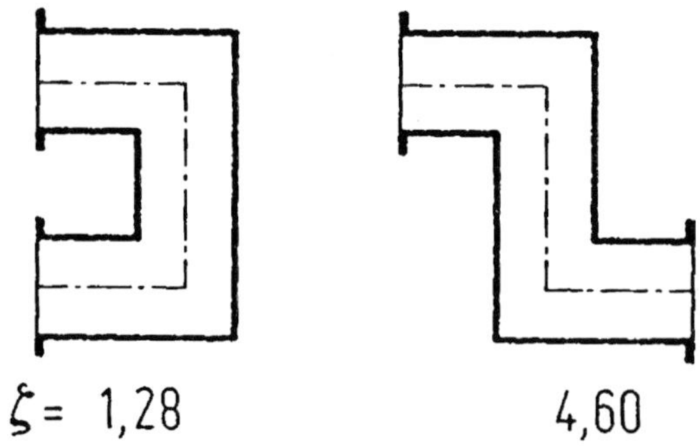


**Abb. 30** Kombinationen von Krümmern

nungszustand um mehrere Größenordnungen (Jung 1956). Im Öffnungszustand ist die Druckverlustzahl $\zeta = (0{,}2 \ldots 0{,}3)$ bei Drosselklappen und Schiebern, während bei Regelventilen bei entsprechender strömungstechnischer Ausführung Werte von $\zeta = 50$ erreicht werden. Bei teilweiser Öffnung steigen die Verluste erheblich an, wie die Diagramme in Abb. 31 zeigen.

**Druckverluste bei Durchflussmessgeräten**
Normblenden, Normdüsen und Venturirohre in Abb. 32a dienen zur Durchflussmessung (DIN 1952). Die Druckverlustzahlen $\zeta_2$ bezogen auf den engsten Querschnitt $D_2$ sind in Abb. 32b über dem Durchmesserverhältnis $D_2/D_1$ aufgetragen (White 1986; Herning 1966). Mit der Kontinuitätsbedingung folgt für die Druckverlustzahl $\zeta_1$ bezogen auf den Rohrquerschnitt: $\zeta_1 = (A_1/A_2)^2 \cdot \zeta_2$. Für weitere Rohrleitungselemente wie Deh-

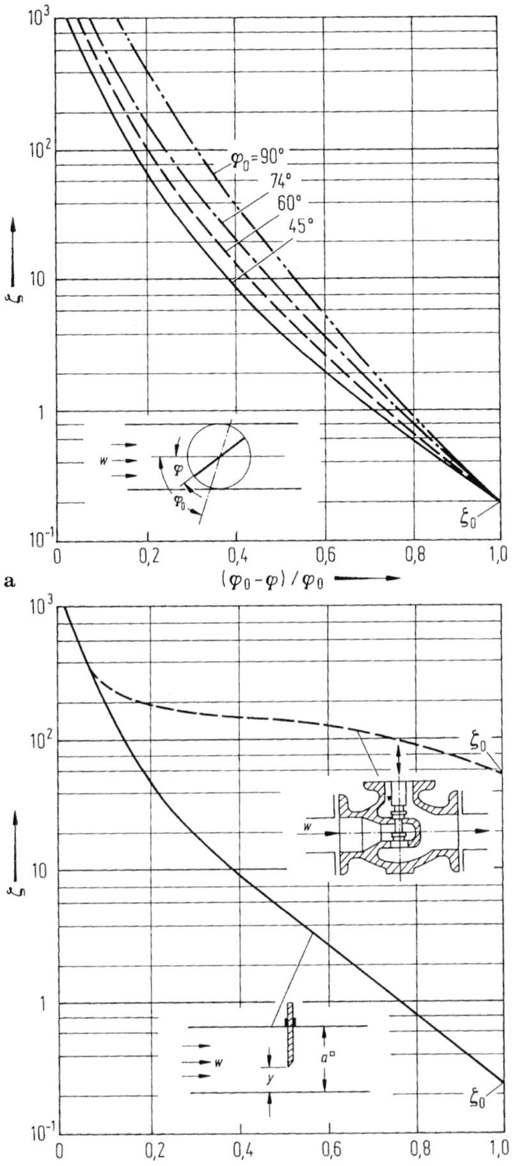


**Abb. 31** Druckverlustzahlen von Regelorganen. **a** Drosselklappe, **b** Ventil und Schieber

nungsausgleicher, Rohrverzweigungen und Rohrvereinigungen sowie Gitter und Siebe sind Druckverlustzahlen in (Richter 1971; Eck 1978/1981) angegeben.

*Beispiel*: **Rohrhydraulik**. Welche Druckdifferenz $p_1 - p_6$ ist notwendig, damit sich in der Anlage nach Abb. 33 ein Volumenstrom $\dot{V} = 2 \cdot 10^{-3}\,\mathrm{m^3/s}$ einstellt? Gegeben: Strömungsmedium Wasser bei 20 °C, $\varrho = 998{,}4\ \mathrm{kg/m^3}$, $\nu = 1{,}012 \cdot 10^{-6}\ \mathrm{m^2/s}$, Anlagengeometrie $h = 7$ m, Rohre hydraulisch glatt $D_1 = 30$ mm, $D_2 = 60$ mm, $l_1 = 50$ m, $l_2 = 10$ m. Zwei unterschiedliche Lösungswege sind durch eine mechanische auf Kräftebilanzen basierenden sowie einer energetischen Betrachtungsweise entlang der Stromfadenkoordinate $s$ möglich.

a) *Mechanische Betrachtung*:

① → ② reibungsfreie Strömung, Bernoulli-Gleichung $p_1 + \frac{1}{2}\varrho w_1^2 + \varrho g z_1 = p_2 + \frac{1}{2}\varrho w_2^2 + \varrho g z_2$ mit den Voraussetzungen $w_1 = 0$, $z_2 = 0$ folgt die Druckdifferenz $p_1 - p_2 = \frac{1}{2}\varrho w_2^2 - \varrho g z_1$, ② → ⑤ reibungsbehaftete Rohrströmung mit Verlustelementen, Impulssatz, Kontinuität, Hydrostatik, Reynolds-Zahlen:

$$
\begin{aligned}
Re_1 &= \frac{w_2 D_1}{\nu} = 8{,}39 \cdot 10^4\\
\text{mit}\quad w_2 &= \frac{4}{\pi} \cdot \frac{\dot{V}}{D_1^2} = 2{,}83\,\mathrm{m/s},\\
Re_2 &= \frac{w_4 D_2}{\nu} = 4{,}19 \cdot 10^4\\
\text{mit}\quad w_4 &= w_2 \frac{D_1^2}{D_2^2} = 0{,}71\,\mathrm{m/s}.
\end{aligned}
$$

In beiden Rohrabschnitten ist die Strömung turbulent. Die Rohrwiderstandszahlen folgen aus (82) zu: $\lambda_1 = \frac{0{,}3164}{\sqrt[4]{Re_1}} = 0{,}0186$, $\lambda_2 = 0{,}0221$, Druckverlustzahlen für Rohreinlauf nach (88) $\zeta_E = 0{,}07$, Krümmer mit $R/D = 2$ nach Abb. 28 $\zeta_K = 0{,}14$, Druckerhöhung im Carnot-Diffusor nach (89):

$$
\begin{aligned}
p_2 - p_3 &= \frac{1}{2}\varrho w_2^2 \left(\frac{l_1}{D_1}\lambda_1 + \zeta_E + 2\zeta_K\right) + \varrho g z_5\\
&= \frac{1}{2}\varrho w_2^2 \cdot 31{,}35 + \varrho g z_5\\
p_3 - p_4 &= -\frac{1}{2}\varrho w_2^2 \cdot 2\frac{A_1}{A_2}\left(1 - \frac{A_1}{A_2}\right)\\
&= -\frac{1}{2}\varrho w_2^2 \cdot 0{,}375\\
p_4 - p_5 &= \frac{1}{2}\varrho w_4^2 \frac{l_2}{D_2}\lambda_2 = \frac{1}{2}\varrho w_2^2 \frac{A_1^2}{A_2^2} \cdot \frac{l_2}{D_2}\lambda_2\\
&= \frac{1}{2}\varrho w_2^2 \cdot 0{,}230.
\end{aligned}
$$

⑤ → ⑥ Freistrahl, Hydrostatik

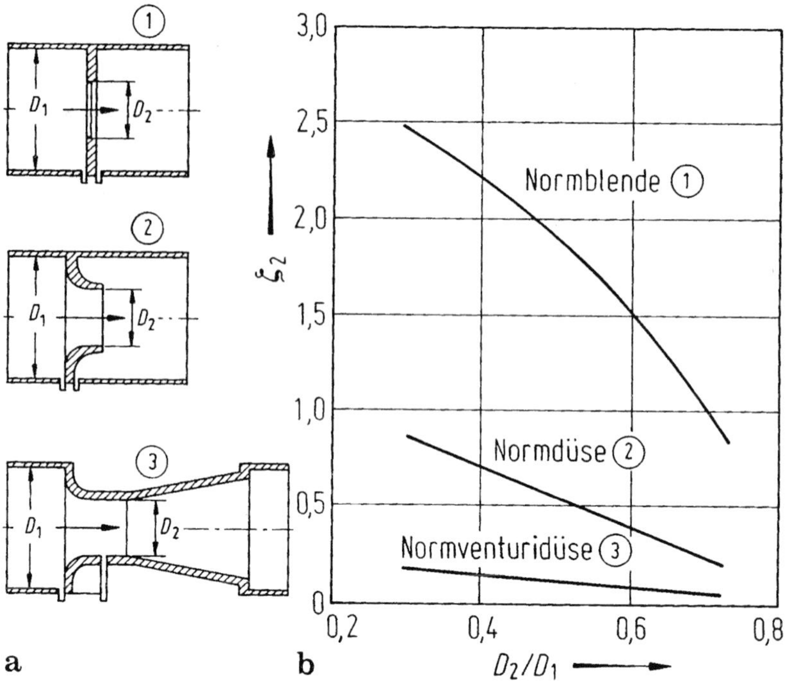


**Abb. 32** Durchflussmessgeräte. **a** Bauformen der Normblende, Normdüse und Venturirohr; **b** Druckverlustzahlen

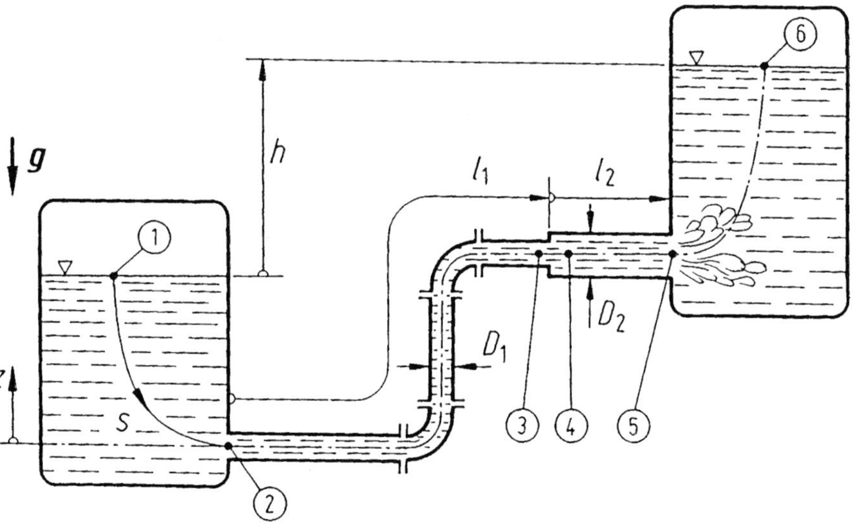


**Abb. 33** Strömungsanlage mit Rohrleitung

$$p_5 - p_6 = \varrho g (z_6 - z_5).$$

Zusammenfassung der Druckdifferenzen zwischen ① und ⑥ ergibt mit $z_6 - z_1 = h$:

$$p_1 - p_6 = \frac{1}{2} \varrho w_2^2 \cdot 32{,}19 + \varrho g h = 1{,}972 \text{ bar}.$$

b) *Energetische Betrachtung*:

Energiegleichung (10) für stationär durchströmtes System von ① → ⑥:

$$p_1 + \frac{1}{2} \varrho\ w_1^2 + \varrho\ g z_1 = p_6 + \frac{1}{2} \varrho w_6^2 + \varrho\ g z_6 + \Delta p_v.$$

Mit der Voraussetzung konstanter Spiegelhöhe, d. h. $w_1 = 0$, $w_6 = 0$ folgt:

$$p_1 - p_6 = \varrho g(z_6 - z_1) + \Delta p_\mathrm{v}.$$

Die Druckverluste $\Delta p_\mathrm{v}$ längs der Koordinate $s$ setzen sich zusammen aus:

| | |
|---|---|
| Rohreinlauf | $\Delta p_\mathrm{E} = \frac{1}{2}\varrho w_2^2 \zeta_\mathrm{E}$ |
| Rohr mit $l_1$ | $\Delta p_\mathrm{R1} = \frac{1}{2}\varrho w_2^2 \frac{l_1}{D_1}\lambda_1$ |
| Krümmer | $\Delta p_\mathrm{K} = \frac{1}{2}\varrho w_2^2 2\zeta_\mathrm{K}$ |
| Carnot-Diffusor | $\Delta p_C = \frac{1}{2}\varrho w_2^2 \zeta_1$ mit $\zeta_1 = \left(1 - \frac{A_1}{A_2}\right)^2$ nach (91) |
| Rohr mit $l_2$ | $\Delta p_\mathrm{R2} = \frac{1}{2}\varrho w_4^2 \frac{l_2}{D_2}\lambda_2$ |
| Austritt in Behälter | $\Delta p_\mathrm{A} = \frac{1}{2}\varrho w_4^2 \zeta_\mathrm{A}$ mit $\zeta_\mathrm{A} = 1$ nach (91) |

$$\Delta p_\mathrm{v} = \frac{1}{2}\varrho w_2^2 \left( \zeta_\mathrm{E} + \frac{l_1}{D_1}\lambda_1 + 2\zeta_\mathrm{K} + \zeta_1 + \frac{A_1^2}{A_2^2} \cdot \frac{l_2}{D_2}\lambda_2 + \frac{A_1^2}{A_2^2}\zeta_\mathrm{A} \right) = \frac{1}{2}\varrho w_2^2 \cdot 32{,}19.$$

Damit folgt für die Druckdifferenz:

$$p_1 - p_6 = \varrho g h + \frac{1}{2}\varrho w_2^2 \cdot 31{,}20 = 1{,}972\,\mathrm{bar}.$$

### 14.2.2 Umströmungsprobleme

Bei der Umströmung von Körpern, Fahrzeugen und Bauwerken tritt ein Strömungswiderstand auf. Der Gesamtwiderstand setzt sich aus Druck- und Reibungskräften zusammen, deren Anteile je nach Strömungsproblem variieren. Abb. 34 zeigt die beiden Grenzfälle. Bei der quergestellten Platte (Abb. 34a) tritt nur Druckwiderstand (Formwiderstand) auf. Die Strömung löst an den Plattenkanten ab, sodass sich hinter der Platte ein Rückströmgebiet bildet. Zur Struktur von Rückströmgebieten hinter Körpern unterschiedlicher Form gibt es Untersuchungen von (Geropp und Leder 1985). Der Widerstand wird allein durch die Druckkräfte auf die Platte bestimmt. Bei der längs angeströmten Platte (Abb. 34b) tritt nur Reibungswiderstand (Flächenwiderstand) auf.

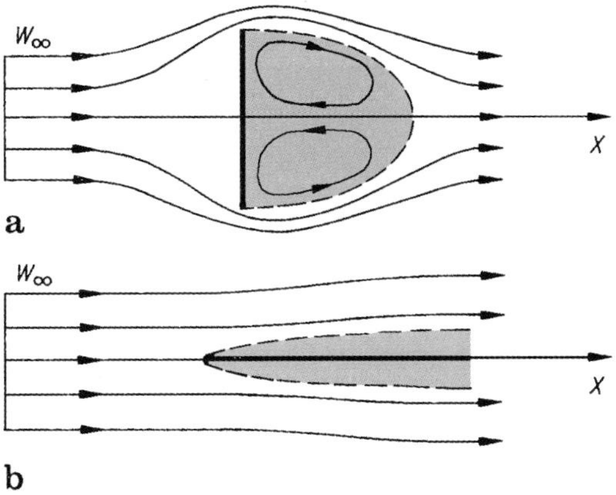


**Abb. 34** Plattenumströmung. **a** Druckwiderstand, **b** Reibungswiderstand

Bei allgemeinen Strömungsproblemen treten beide Anteile gleichzeitig auf, sodass der Widerstand von der Reynolds-Zahl der Anströmung abhängt. Berechnungsmöglichkeiten beschränken sich auf Stokes'sche Schichtenströmungen mit kleinen Reynolds-Zahlen und auf Grenzschichtprobleme, wobei die Grenzschichttheorie nur bis zur Ablösung gültig ist. Numerische Lösungsverfahren ermöglichen die Lösung spezieller Aufgaben. Für größere Reynolds-Zahlen sind experimentelle Untersuchungen unumgänglich. Neben dem Strömungswiderstand $F_\mathrm{W}$ in Strömungsrichtung tritt oft eine durch Anstellung oder asymmetrische Körperform verursachte Auftriebskraft $F_\mathrm{A}$ auf. Auch bei symmetrischen Querschnitten können im Bereich der kritischen Reynolds-Zahl durch Ablöseerscheinungen zeitlich veränderliche Auftriebskräfte auftreten (Schewe 1984).

Für die dimensionslosen Widerstands- und Auftriebsbeiwerte gilt:

$$c_\mathrm{W} = \frac{F_\mathrm{W}}{\frac{1}{2}\varrho w^2 A}, \quad c_\mathrm{A} = \frac{F_\mathrm{A}}{\frac{1}{2}\varrho w^2 A}. \tag{98}$$

Hierbei ist $(\varrho/2)\ w^2 = p_\mathrm{dyn}$ der dynamische Druck der Anströmung und $A$ eine geeignete Bezugsfläche des umströmten Körpers in Strömungsrichtung bzw. senkrecht dazu. Eine umfangreiche Zusammenstellung von Widerstandsbeiwerten ist in (Hoerner 1965) enthalten.

## Ebene Strömung um prismatische Körper

Bei der Umströmung des Kreiszylinders ist für kleine Reynolds-Zahlen, $Re = wD/\nu < 1$, eine analytische Lösung bekannt (Lamb 1931):

$$c_W = \frac{8\pi}{Re(2{,}002 - \ln Re)}, \quad Re = \frac{wD}{\nu}. \tag{99}$$

Für größere Reynolds-Zahlen liegen Resultate aus Messungen vor (Prandtl und Betz 1921–1932, Schewe 1983). In Abb. 35 sind die Widerstandsbeiwerte $c_W$ bezogen auf die Fläche $A = DL$ über der Reynolds-Zahl $Re$ aufgetragen. Im Bereich der kritischen Reynolds-Zahl, $Re_{krit} \approx 4 \cdot 10^5$, findet ein Widerstandsabfall statt, da beim laminar-turbulenten Umschlag der Druckwiderstand stärker abnimmt als der Reibungswiderstand ansteigt.

Eine Erhöhung der Rauheit bewirkt eine Verringerung der kritischen Reynolds-Zahl und hat damit einen starken Einfluss auf den Widerstandsbeiwert. Eine endliche Länge des Zylinders bringt durch die seitliche Umströmung einen geringeren Widerstand, wie das Beispiel mit $L/D = 5$ in Abb. 35 zeigt. Die quergestellte unendlich lange Platte hat durch die festen Ablösestellen einen konstanten Wert $c_W = 2{,}0$. Beim quadratischen Zylinder bilden die Kanten der Stirnfläche die Ablöselinien, sodass sich nahezu gleiche Widerstandswerte wie bei der Platte ergeben.

Für die ebene, längs angeströmte Platte sind für laminare und turbulente Strömung theoretische Werte bekannt. Die Reynolds-Zahl ist mit der Plattenlänge $l$ gebildet, $Re = wl/\nu$. Als Bezugsfläche $A = bl$ dient die Querschnittsfläche, sodass die Widerstandsbeiwerte (55), (56) und (57) für die hier beidseitig umströmte Platte zu verdoppeln sind. Zwischen Theorie und Experiment besteht gute Übereinstimmung bis auf den Bereich kleinerer Reynolds-Zahlen, $Re < 10^4$, wo sich Hinterkanteneffekte aufgrund der endlichen Plattenlänge durch eine Widerstandserhöhung bemerkbar machen. Die Widerstandsbeiwerte für das Normalprofil NACA 4415 (National Advisory Committee for Aeronautics, USA) liegen oberhalb der turbulenten Plattengrenzschicht. Für das Laminarprofil NACA 66-009 liegen die Widerstandsbeiwerte dagegen unterhalb der Werte für die turbulente Plattengrenzschicht. Durch eine geeignete Profilform wird der laminar-turbulente Umschlag möglichst weit stromab verlagert, wodurch mit Laminarprofilen ein möglichst geringer Widerstand erreicht wird.

## Umströmung von Rotationskörpern

Für die Kugelumströmung sind analytische Lösungen für kleine Reynolds-Zahlen $Re = wD/\nu$ bekannt (Schlichting und Gersten 2006). Mit der Querschnittsfläche $A = \pi D^2/4$ als Bezugsfläche folgen die Widerstandsbeiwerte:

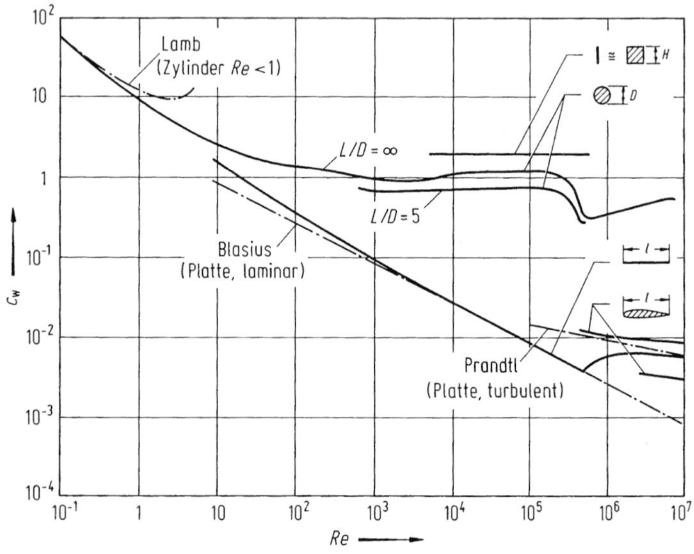


**Abb. 35** Widerstandsbeiwerte prismatischer Körper

$$c_W = \frac{24}{Re}, \quad Re < 1 \quad \text{(Stokes)}, \tag{100}$$

$$c_W = \frac{24}{Re}\left(1 + \frac{3}{16}Re\right), \quad Re \leqq 5 \quad \text{(Oseen)}, \tag{101}$$

$$c_W = \frac{24}{Re}\left(1 + 0{,}11\sqrt{Re}\right)^2, \tag{102}$$

$$Re \leqq 6000 \quad \text{(Abraham)}.$$

Der Widerstand nach Stokes (100) setzt sich aus 1/3 Druckwiderstand und 2/3 Reibungswiderstand zusammen. In (101) wurde von Oseen in erster Näherung der Trägheitseinfluss mitberücksichtigt. Die Beziehung (102) ist empirisch auf der Basis von Grenzschichtüberlegungen gewonnen (Abraham 1970). Als Sonderfälle folgen für $Re < 1$ gemäß (Dryden et al. 1956) für die *quer angeströmte Kreisscheibe*

$$c_W = \frac{64}{\pi Re} = \frac{20{,}4}{Re} \tag{103}$$

und für die *längs angeströmte Kreisscheibe*

$$c_W = \frac{128}{3\pi Re} = \frac{13{,}6}{Re}. \tag{104}$$

Bei der quergestellten Scheibe (103) tritt nur Druckwiderstand und bei der längs angeströmten Scheibe (104) nur Reibungswiderstand auf. In Abb. 36 sind gemessene Widerstandsbeiwerte (Prandtl und Betz 1921–1932; Rouse 1946; Achenbach 1972) über der Reynolds-Zahl aufgetragen. Die analytischen Lösungen stellen Asymptoten für kleine Reynolds-Zahlen dar. Der Kugelwiderstand fällt sehr stark im Bereich des laminar-turbulenten Umschlages und steigt danach wieder an. Für ein in Strömungsrichtung gestrecktes Ellipsoid ergeben sich gegenüber der Kugel größtenteils niedrigere Widerstandsbeiwerte. Optimale Widerstandsbeiwerte lassen sich mit Stromlinienkörpern erreichen (Fuhrmann 1911). Die quer angeströmte Scheibe hat bei größeren Reynolds-Zahlen eine feste Ablöselinie am äußeren Rand, sodass sich ein konstanter Widerstandsbeiwert einstellt.

**Kennzahlunabhängige Widerstandsbeiwerte (Prandtl und Betz 1921–1932; Betz 1955)**
Für größere Reynolds-Zahlen, $Re > 10^4$, sind bei Körpern mit festen Ablöselinien die Widerstandsbeiwerte nahezu unabhängig von der Reynolds-Zahl. Die Widerstandskraft ist dann proportional zum Quadrat der Anströmgeschwindigkeit. In der Tab. 4 sind einige Beispiele zusammengestellt.

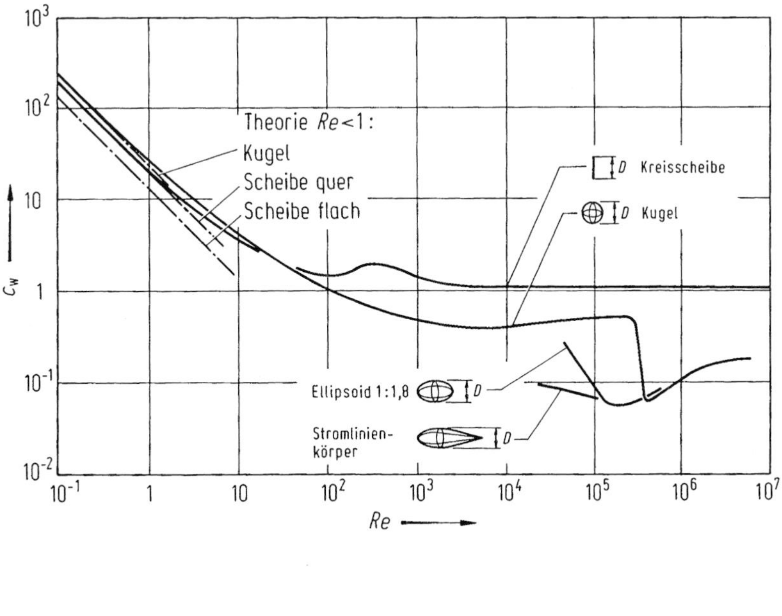


**Abb. 36**
Widerstandsbeiwerte von Rotationskörpern

**Tab. 4** Widerstands- und Auftriebsbeiwerte kennzahlunabhängiger Körperformen

Kreisscheibe

$c_W = 1{,}11$

Rechteckplatte

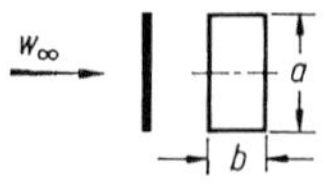


| $a/b$ | 1 | 2 | 4 | 10 | 18 | $\infty$ |
|---|---|---|---|---|---|---|
| $c_W$ | 1,10 | 1,15 | 1,19 | 1,29 | 1,40 | 2,01 |

Halbkugel

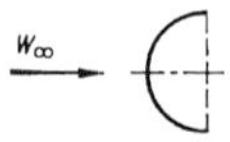


| | Ohne Boden | Mit Boden |
|---|---|---|
| $c_W$ | 0,34 | 0,42 |

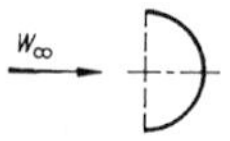


| | Ohne Boden | Mit Boden |
|---|---|---|
| $c_W$ | 1,33 | 1,17 |

Kreisringplatte

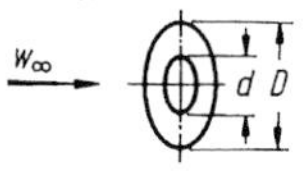


$c_W = 1{,}22 \quad \frac{d}{D} = 0{,}5$

Kegel

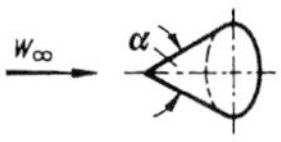


| | Mit Boden | |
|---|---|---|
| $\alpha$ | 30° | 60° |
| $c_W$ | 0,34 | 0,51 |

2 Kreisscheiben hintereinander

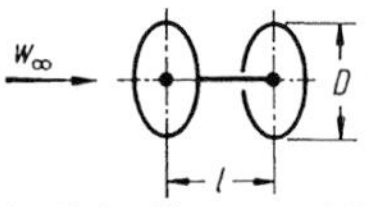


| $l/D$ | 1 | 1,5 | 2 | 3 |
|---|---|---|---|---|
| $c_W$ | 0,93 | 0,78 | 1,04 | 1,52 |

Kreiszylinder längs angeströmt

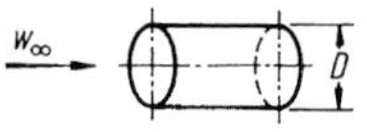


| $l/D$ | 1 | 2 | 4 | 7 |
|---|---|---|---|---|
| $c_W$ | 0,91 | 0,85 | 0,87 | 0,99 |

Profilstäbe

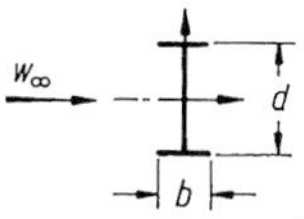


$c_W = 2{,}04 \quad c_A = 0 \quad \frac{b}{d} \approx 0{,}5$

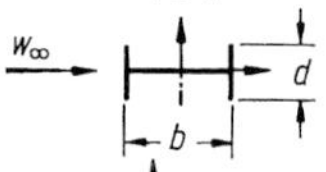


$c_W = 0{,}86 \quad c_A = 0 \quad \frac{b}{d} \approx 2$

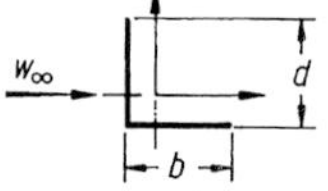


$c_W = 2{,}0 \quad c_A = -0{,}3 \quad \frac{b}{d} \approx 1$

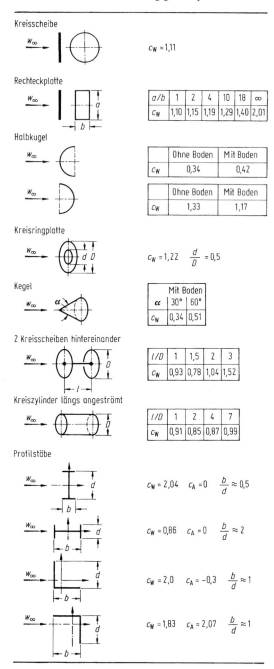

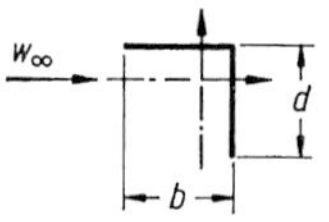


$c_W = 1{,}83 \quad c_A = 2{,}07 \quad \frac{b}{d} \approx 1$

Interessant ist das Widerstandsverhalten der beiden hintereinander angeordneten Kreisscheiben, deren Gesamtwiderstand kleiner als der Widerstand einer Scheibe werden kann (Windschattenproblem). Durch eine Variation von Abstand und Durchmesser können erhebliche Widerstandsreduzierungen erreicht werden (Koenig und Roshko 1985). Die Widerstands- und Auftriebsbeiwerte der Profilstäbe entsprechen den Messungen in (Prandtl und Betz 1921–1932). Lastannahmen für Profilstäbe sind in (DIN 1055-4) zusammengestellt. Aerodynamische Eigenschaften von Bauwerken sind in (Sockel 1984) umfassend dargestellt. Über die Zusammensetzung des Widerstandes von kraftfahrzeugähnlichen Körpern und Möglichkeiten zur Widerstandsreduzierung sind interessante Aspekte in (Ludwieg 1982) enthalten.

*Beispiel*: Welche Kräfte belasten eine Verkehrszeichentafel bei normaler und tangentialer Anströmung? Gegeben: Breite $b = 1{,}5$ m, Höhe $h = 3$ m, Windgeschwindigkeit $w = 20$ m/s $= 72$ km/h, Dichte und kinematische Viskosität der Luft $\varrho = 1{,}188$ kg/m$^3$, $\nu = 15{,}24 \cdot 10^{-6}$ m$^2$/s. Lösung: Anströmung normal zur Oberfläche $A = bh$ mit $c_W = 1{,}15$ nach Tab. 4, $F_W = (\varrho/2)\, w^2 A c_W = 1230$ kg m/s$^2$ $= 1230$ N. Anströmung tangential zur Oberfläche, Reynolds-Zahl $Re = wb/\nu = 1{,}97 \cdot 10^6$, Widerstandsbeiwert der turbulenten Plattengrenzschicht aus Abb. 35 bzw. nach (56) mit dem Faktor 2, da beide Seiten überströmt werden.

$$c_W = 2c_F = 2\left[\frac{0{,}455}{(\lg\, Re)^{2{,}58}} - \frac{1700}{Re}\right] = 0{,}0062,$$

$$F_W = \frac{1}{2}\varrho w^2 bhc_W = 6{,}63\ \text{N}.$$

Die Belastung durch Druckkräfte ist erheblich größer als durch Reibungskräfte.

*Beispiel*: Wie groß ist die Geschwindigkeit eines Fallschirmspringers bei stationärer Bewegung im freien Fall? Gegeben sind: Schirmdurchmesser $D = 8$ m, Masse von Person und Schirm $m = 90$ kg, Dichte der Luft $\varrho = 1{,}188$ kg/m$^3$. Lösung: Entspricht die Schirmform einer offenen Halbkugel, so folgt aus Tab. 4 der Widerstandsbeiwert $c_W = 1{,}33$. Mit (98): $F_W = mg = (\varrho/2)\, w^2 A c_W$ ergibt sich die Fallgeschwindigkeit zu

$$w = \left(\frac{8mg}{\pi D^2 \varrho c_W}\right)^{1/2}$$

$$\approx \left(\frac{8 \cdot 90\,\text{kg} \cdot 9{,}81\,\text{m/s}^2}{\pi \cdot 8^2\text{m}^2 \cdot 1{,}188\,\text{kg/m}^3 \cdot 1{,}33}\right)^{1/2}$$

$$\approx 4{,}7\,\text{m/s} \approx 17\,\text{km/h}.$$

In Wirklichkeit ist der Widerstandsbeiwert $c_W$ durch die Porosität des Schirmes geringer und die Geschwindigkeit damit höher.

## 14.3 Strömungen in rotierenden Systemen

Beim Durchströmen rotierender Strömungskanäle wird dem Medium in Kraftmaschinen (Turbinen) Energie entzogen und in Arbeitsmaschinen (Pumpen) zugeführt. Für das in Abb. 37 dargestellte Turbinenlaufrad folgt aus dem Erhaltungssatz für den Drehimpuls die Euler'sche Turbinengleichung (Zierep und Bühler 2018):

$$P = M_T\omega = \dot{m}(u_1 c_{1u} - u_2 c_{2u}). \qquad (105)$$

Die Leistung $P$ des Turbinenrades als Produkt aus Drehmoment $M_T$ und Winkelgeschwindigkeit $\omega$ ist vom Massenstrom $\dot{m}$ sowie den Geschwindigkeitsverhältnissen am Ein- und Austritt abhängig.

**Drehmoment rotierender Körper**

In viskosen Medien erfahren rotierende Körper ein Reibmoment. Für die frei rotierende Scheibe in Abb. 38 gilt die Abhängigkeit

$$M = f(R,\omega,\varrho,\eta). \qquad (106)$$

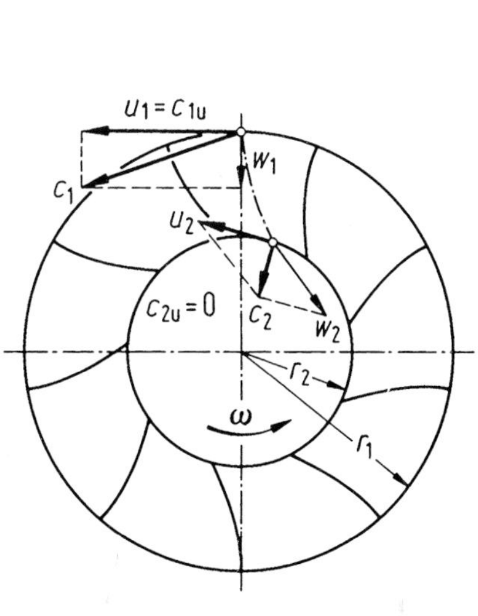


**Abb. 37** Geschwindigkeiten im Turbinenlaufrad

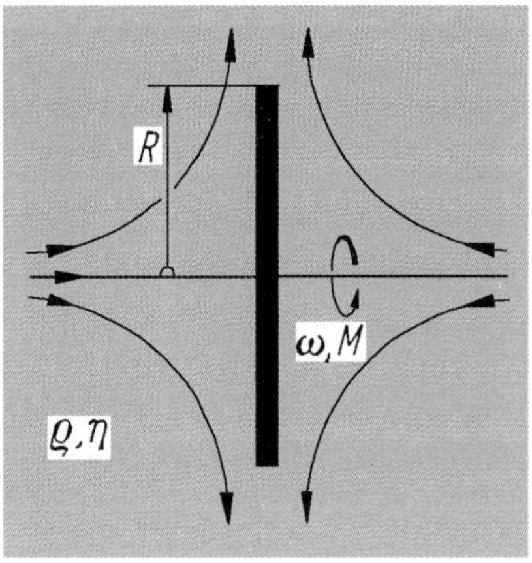


**Abb. 38** Frei rotierende Scheibe

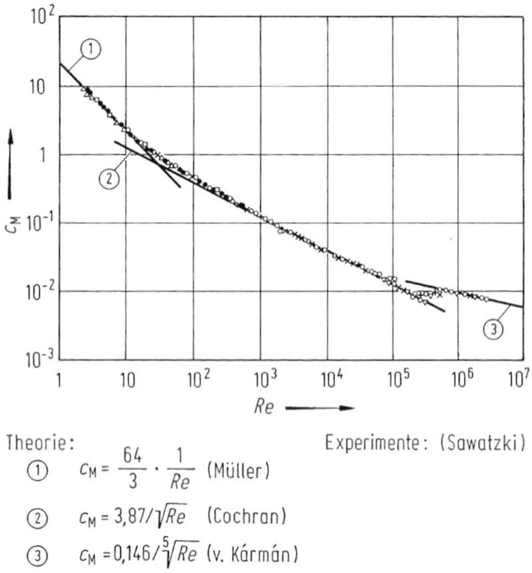


**Abb. 39** Momentenbeiwert der frei rotierenden Scheibe

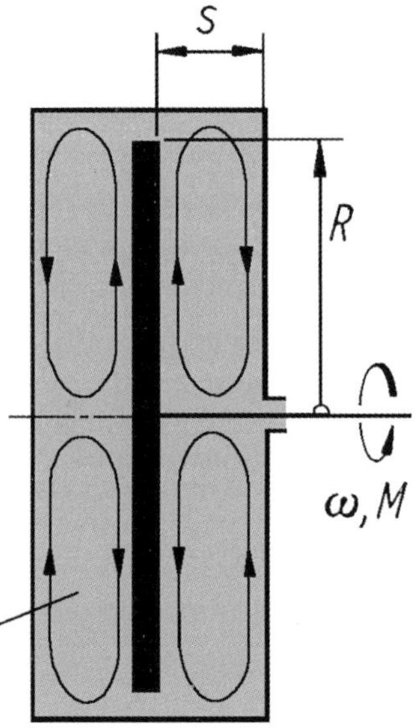


**Abb. 40** Rotierende Scheibe im Gehäuse

Aus dimensionsanalytischen Betrachtungen folgt der allgemeine Zusammenhang (Zierep 1991):

$$c_\mathrm{M} = F(Re)$$

$$\text{mit} \quad c_\mathrm{M} = \frac{M}{\frac{1}{2}\varrho R^5 \omega^2} \quad \text{und} \quad Re = \frac{R^2\omega}{\nu}. \tag{107}$$

Für die schleichende Strömung, die laminare und turbulente Grenzschichtströmung resultieren aus der Theorie die Beziehungen (Müller 1932; Schlichting und Gersten 2006)

$$c_\mathrm{M} = \frac{64}{3} \cdot \frac{1}{Re} (Re < 30,\ \text{laminar}), \tag{108}$$

$$c_\mathrm{M} = \frac{3{,}87}{\sqrt{Re}} \quad \left(30 < Re < 3 \cdot 10^5,\ \text{laminar}\right), \tag{109}$$

$$c_\mathrm{M} = \frac{0{,}146}{\sqrt[5]{Re}} \quad \left(Re > 3 \cdot 10^5,\ \text{turbulent}\right). \tag{110}$$

In Abb. 39 sind die theoretischen Lösungen und Messergebnisse aus (Sawatzki 1965) aufgetragen. Die Grenzen für die Anwendung der Beziehungen (108), (109) und (110) sind diesem Diagramm entnommen.

Ist die rotierende Scheibe von einem geschlossenen Gehäuse umgeben (Abb. 40), dann ist die normierte Spaltweite $\sigma = s/R$ ein weiterer Parameter. Der Einfluss von $\sigma$ auf das Drehmoment zeigt sich für kleine Werte, $\sigma < 0{,}3$, im Bereich der laminaren Schichtenströmung. Für den Momentenbeiwert gelten die Beziehungen (Schultz-Grunow 1935):

$$c_M = \frac{2\pi}{\sigma} \cdot \frac{1}{Re} \left( Re < 10^4,\ \text{laminar} \right), \quad (111)$$

$$c_M = \frac{2{,}67}{\sqrt{Re}} \quad \left( 10^4 < Re < 3 \cdot 10^5,\ \text{laminar} \right), \quad (112)$$

$$c_M = \frac{0{,}0622}{\sqrt[5]{Re}} \quad \left( Re > 3 \cdot 10^5,\ \text{turbulent} \right). \quad (113)$$

Interessant ist die Feststellung, dass die rotierende Scheibe im Gehäuse für $Re > 10^4$ ein kleineres Drehmoment erfordert als die im unendlich ausgedehnten Medium rotierende Scheibe. Dieser Effekt ist auf die dreidimensionale Grenzschichtströmung im abgeschlossenen Gehäuse zurückzuführen. Für Kugeln in einem Gehäuse mit abgeschlossenem Spalt sind entsprechende Ergebnisse in (Wimmer 1974) dargestellt. Tritt neben der Rotation noch eine überlagerte Durchströmung des Kugelspaltes auf, so wird das Drehmomentverhalten zusätzlich vom Volumenstrom abhängig. Eine umfassende Darstellung der theoretischen und experimentellen Resultate zu diesem Strömungsproblem ist in (Bühler 1985) enthalten.

*Beispiel*: Ein scheibenförmiges Laufrad rotiert in einem mit Wasser gefüllten Gehäuse (Abb. 40) mit der Drehzahl $n = 3000\ \text{min}^{-1} = 50\text{s}^{-1}$.

Wie groß sind Drehmoment und Leistung des Antriebs?

Radius $R = 0{,}1$ m, Wasser $\varrho = 998\ \text{kg/m}^3$, $\nu = 1004 \cdot 10^{-6}\ \text{m}^2/\text{s}$, Winkelgeschwindigkeit $\omega = 2\pi n = 314{,}16\ \text{s}^{-1}$, Reynolds-Zahl $Re = R^2\omega/\nu = 3{,}13 \cdot 10^6$ (turbulente Grenzschichtströmung).

Nach (112) folgt der Momentenbeiwert $c_M = 0{,}062/\sqrt[5]{Re} = 0{,}00312$ und mit (107) das Drehmoment $M = 1/2\ \varrho R^5 \omega^2 c_M = 1{,}537$ Nm. Die erforderliche Leistung ist $P = M\omega = 0{,}482$ kW.

Würde dagegen das Laufrad frei ohne Gehäuse im Wasser rotieren, wäre der Momentenbeiwert $c_M = 0{,}146/\sqrt[5]{Re} = 0{,}00733$, das Drehmoment $M = 3{,}61$ N m und die Leistung $P = 1{,}134$ kW.

## Literatur


Abraham FF (1970) Functional dependence of drag coefficient of a sphere on Reynolds number. Phys Fluids 13:2194–2195

Achenbach E (1972) Experiments on the flow past spheres at very high Reynolds numbers. J Fluid Mech 54:565–575

Betz A (1955) IV. Mechanik unelastischer Flüssigkeiten. V. Mechanik elastischer Flüssigkeiten. In: Hütte I, 28. Aufl. Ernst, Berlin, S 764–834

Bird RB, Stewart WE, Lightfoot EN (2002) Transport phenomena, 2. Aufl. Wiley, New York

Bühler K (1985) Strömungsmechanische Instabilitäten zäher Medien im Kugelspalt. (Fortschrittber. VDI, Reihe 7, Nr. 96). VDI, Düsseldorf

DIN 1952: Durchflussmessung mit Blenden, Düsen und Venturirohren in voll durchströmten Rohren mit Kreisquerschnitt (Juli 1982)

DIN 1055-4: Lastannahmen für Bauten; Verkehrslasten; Windlasten bei nicht schwingungsanfälligen Bauwerken (08.86)

Dryden HL, Murnaghan FD, Bateman H (1956) Hydrodynamics. Dover, New York

Eck, B (1978/1981) Technische Strömungslehre. Band 1: Grundlagen; Band 2: Anwendungen. Springer, Berlin

Fuhrmann G (1911) Widerstands- und Druckmessungen an Ballonmodellen. Z Flugtechn Motorluftschiffahrt 2:165–166

Geropp D, Leder A (1985) Turbulent separated flow structures behind bodies with various shapes. In: Papers presented at the international conference on laser anemometry. Manchester, 16.–18. Dec. 1985, England. Fluid Engineering Centre, Cranfield

Herning F (1966) Stoffströme in Rohrleitungen. VDI, Düsseldorf

Hoerner SF (1965) Fluid-dynamic drag, 2. Aufl. Selbstverlag, Brick Town

Jung R (1956) Die Bemessung der Drosselorgane für Durchflussregelung. BWK 8:580–583

Koenig K, Roshko A (1985) An experimental study of geometrical effects on the drag and flow field of two bluff bodies separated by a gap. J Fluid Mech 156:167–204

Lamb H (1931) Lehrbuch der Hydrodynamik, 2. Aufl. Teubner, Leipzig

Ludwieg H (1982/1987) Widerstandsreduzierung bei kraftfahrzeugähnlichen Körpern. In: Hornung HG, Müller EA (Hrsg) Vortex Motions. Vieweg/Springer, Braunschweig/Berlin, S 68–81

Merker GP (1987) Konvektive Wärmeübertragung. Springer, Berlin

Müller W (1932) Einführung in die Theorie der zähen Flüssigkeiten. Geest & Portig, Leipzig

Nikuradse J (1930) Untersuchungen über turbulente Strömungen in nicht-kreisförmigen Rohren, Ing.-Archiv 1, S 306–332

Oertel H Jr (Hrsg) (2017) Prandtl-Führer durch die Strömungslehre, 14. Aufl. Springer Vieweg, Wiesbaden

Oswatitsch K (1959) Physikalische Grundlagen der Strömungslehre. In: Handbuch d. Physik, Bd VIII/1. Springer, Berlin, S 1–124
Prandtl L, Betz A (1921/1923/1927/1932) Ergebnisse der Aerodynamischen Versuchsanstalt zu Göttingen; I.-IV. Lieferung. Oldenburg, München
Richter H (1971) Rohrhydraulik. Springer, Berlin
Rodi W (1984) Turbulence models and their application in hydraulics, 2. Aufl. International Association for Hydraulic Research, Delft
Rybczynski W (1911) Über die fortschreitende Bewegung einer flüssigen Kugel in einem zähen Medium. Bull Int Acad Sci Cracovie Ser A 40–46
Rouse H (1946) Elementary mechanics of fluids. Wiley, New York
Sawatzki O (1965) Reibungsmomente rotierender Ellipsoide. In: Strömungsmechanik und Strömungsmaschinen, Bd 2. Braun, Karlsruhe, S 36–60
Schewe G (1984) Untersuchung der aerodynamischen Kräfte, die auf stumpfe Profile bei großen Reynolds-Zahlen wirken. DFVLR-Mitt 84–19
Schewe G (1983) On the force fluctuations acting on a circular cylinder in crossflow from supercritical up to transcritical Reynolds numbers. J Fluid Mech 133:265–285
Schlichting H, Gersten K (2006) Grenzschicht-Theorie, 10. Aufl. Springer, Berlin
Schultz-Grunow F (1935) Der Reibungswiderstand rotierender Scheiben in Gehäusen. ZAMM 15:191–204
Shah RK, London AL (1978) In: Irvin TF Jr, Hartnett JP (Hrsg) Laminar flow forced convection in ducts. Supplement 1: advances in heat transfer. Academic Press, New York
Sockel H (1984) Aerodynamik der Bauwerke. Vieweg, Braunschweig
Sprenger H (1959) Experimentelle Untersuchungen an geraden und gekrümmten Diffusoren (Mitt. Inst. Aerodyn. ETH, 27). Leemann, Zürich
Sprenger H (1969) Druckverluste in 90°-Krümmern für Rechteckrohre. Schweizerische Bauztg 87(13):223–231
Truckenbrodt E (1980) Fluidmechanik, 2 Bd. Springer, Berlin
Truckenbrodt E (1971) Mechanik der Fluide. In: Physikhütte, Bd 1, 29. Aufl. Ernst, Berlin, S 346–464
Walz A (1966) Strömungs- und Temperaturgrenzschichten. Braun, Karlsruhe
White FM (1986) Fluid mechanics, 2. Aufl. McGraw-Hill, New York
Wieghardt K (1965) Theoretische Strömungslehre. Teubner, Stuttgart
Wimmer M (1974) Experimentelle Untersuchungen der Strömung im Spalt zwischen zwei konzentrischen Kugeln, die beide um einen gemeinsamen Durchmesser rotieren. Dissertation, Universität Karlsruhe
Zierep J (1991) Ähnlichkeitsgesetze und Modellregeln der Strömungslehre, 3. Aufl. Braun, Karlsruhe
Zierep J, Bühler K (1991) Strömungsmechanik. Springer, Berlin
Zierep J, Bühler K (2018) Grundzüge der Strömungslehre. Grundlagen, Statik und Dynamik der Fluide, Bd 11. Springer Vieweg, Wiesbaden

# Gasdynamik

# 15

Jürgen Zierep und Karl Bühler

## Inhalt



J. Zierep
Karlsruher Institut für Technologie, Karlsruhe, Deutschland
E-Mail: sekretariat@istm.kit.edu

K. Bühler (✉)
Fakultät Maschinenbau und Verfahrenstechnik, Hochschule Offenburg, Offenburg, Deutschland
E-Mail: k.buehler@hs-offenburg.de

**Zusammenfassung**

Für kompressible Strömungen werden die Erhaltungssätze für Masse, Impuls und Energie hergeleitet. Die Eigenschaften der Stoßgleichungen wie Rankine-Hugoniot-Relation

© Der/die Autor(en), exklusiv lizenziert durch Springer-Verlag GmbH, DE, ein Teil von Springer Nature 2022 
M. Hennecke, B. Skrotzki (Hrsg.), *HÜTTE Band 2: Grundlagen des Maschinenbaus und ergänzende Fächer für Ingenieure*, Springer Reference Technik,
https://doi.org/10.1007/978-3-662-64372-3_41

und Rayleigh-Gerade werden betrachtet. Zur Berechnung der Kräfte auf umströmte Körper werden die Auftriebs- und Widerstandsbeiwerte ermittelt. Auf der Basis der Stromfadentheorie wird die Auslegung von Lavaldüsen behandelt. Das physikalische Verhalten linearer Unter- und Überschallströmungen und transsonischer Profilumströmungen wird analysiert.

## 15.1 Erhaltungssätze für Masse, Impuls und Energie

Die Strömung eines kompressiblen Mediums wird in jedem Punkt ($x$, $y$, $z$) des betrachteten Feldes zu jeder Zeit $t$ durch diese Größen beschrieben:

Geschwindigkeit $\boldsymbol{w} = (u, v, w)$, Druck $p$, Dichte $\varrho$, Temperatur $T$.

Zur Bestimmung dieser 6 abhängigen Zustandsgrößen werden 6 physikalische Grundgleichungen sowie Rand- und/oder Anfangsbedingungen der speziellen Aufgabe benötigt. Diese Grundgesetze sind die physikalischen Erhaltungssätze für Masse $m$, Impuls $I$ und Energie $E$ sowie eine thermodynamische Zustandsgleichung (das sind insgesamt 6 Gleichungen) in Integralform. Die Integralform der Gesetze führt zu den Kräften im Strömungsfeld wie Auftrieb und Widerstand sowie zu den Verdichtungsstoßgleichungen. Die später zusätzlich gemachten Differenzierbarkeitsannahmen ergeben die Differenzialgleichungen (Kontinuitätsgleichung, Euler- oder Navier-Stokes-Gleichung und Energiesatz).

Die Herleitung der integralen Sätze erfolgt am einfachsten im massenfesten, d. h. im mitschwimmenden Kontrollraum. Das Endergebnis gilt massenfest wie raumfest (Abb. 1).

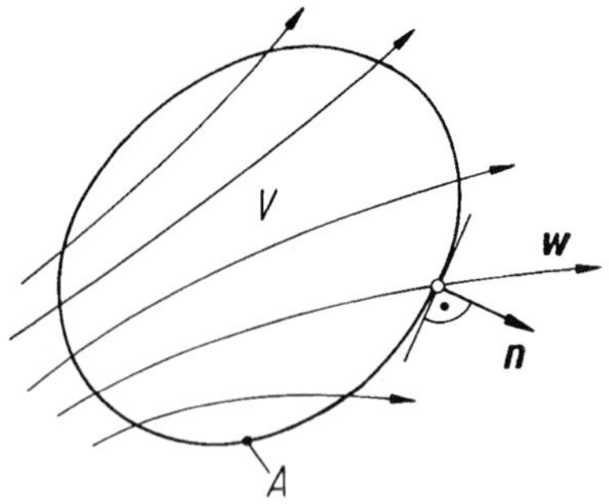


**Abb. 1** Kontrollbereich für integrale Erhaltungssätze. $V$ Volumen, $A$ Oberfläche, $\boldsymbol{n}$ äußere Normale

**Massenerhaltung**

$$\frac{\mathrm{d}m}{\mathrm{d}t} = \frac{\mathrm{d}}{\mathrm{d}t}\int_V \varrho dV = \int_V \frac{\partial \varrho}{\partial t}\,\mathrm{d}V + \int_A \varrho \boldsymbol{w}\cdot \boldsymbol{n}\mathrm{d}A$$
$$= 0. \tag{1}$$

Das Volumenintegral über $\partial\varrho/\partial t$ erfasst die zeitliche lokale Massenänderung im Volumen $V$, das Oberflächenintegral liefert den zugehörigen Massenzu- oder -abfluss durch die Oberfläche $A$.

**Impulssatz**

$$\frac{\mathrm{d}\boldsymbol{I}}{\mathrm{d}t} = \frac{\mathrm{d}}{\mathrm{d}t}\int_V \varrho \boldsymbol{w}\mathrm{d}V \tag{2}$$

$$= \int_V \frac{\partial \varrho \boldsymbol{w}}{\partial t}\mathrm{d}V + \int_A \varrho \boldsymbol{w}(\boldsymbol{w}\cdot\boldsymbol{n})\mathrm{d}A = \boldsymbol{F}_\mathrm{M} + \boldsymbol{F}_\mathrm{A}.$$

Rechts treten alle am Kontrollbereich angreifenden Massenkräfte (Schwerkraft, Zentrifugalkraft, elektrische und magnetische Kraft usw.) $= \boldsymbol{F}_\mathrm{M}$ sowie Oberflächenkräfte (Druckkraft, Reibungskraft usw.) $= \boldsymbol{F}_\mathrm{A}$ auf. Für die statische Druckkraft gilt

$$\boldsymbol{F}_\mathrm{D} = -\int_A p\boldsymbol{n}\ \mathrm{d}A. \tag{2a}$$

**Energiesatz (Leistungsbilanz)**

$$\frac{\mathrm{d}E}{\mathrm{d}t} = \frac{\mathrm{d}}{\mathrm{d}t}\int_V \varrho\left(e+\frac{1}{2}\boldsymbol{w}^2\right)\mathrm{d}V$$
$$= \int_V \frac{\partial}{\partial t}\varrho\left(e+\frac{1}{2}\boldsymbol{w}^2\right)\mathrm{d}V + \int_A \varrho\left(e+\frac{1}{2}\boldsymbol{w}^2\right)(\boldsymbol{w}\cdot\boldsymbol{n}) \tag{3}$$
$$\times \mathrm{d}A = P_\mathrm{M} + P_\mathrm{A} + P_\mathrm{W}.$$

$e$ ist die spezifische innere Energie. Rechts stehen die Leistungen der Massenkräfte ($P_\mathrm{M}$), der Oberflächenkräfte ($P_\mathrm{A}$) sowie die übrigen Energieströme, z. B. durch Wärmeleitung ($P_\mathrm{W}$), am Kontrollbereich.

Für die Leistung der Druckkraft gilt

$$P_\mathrm{D} = -\int_A p(\boldsymbol{w}\cdot\boldsymbol{n})\mathrm{d}A. \tag{3a}$$

Die Deutung der jeweils in (2) und (3) rechts auftretenden Integrale, lokale Änderung im Volumen $V$ sowie zugehöriger Strom durch die Oberfläche $A$, ist analog zu der bei (1) (Zierep 1991a).

## 15.2 Allgemeine Stoßgleichungen

Die Erhaltungssätze liefern die Sprungrelationen für die Zustandsgrößen über Stoßflächen. Dies ist eine zweckmäßige Idealisierung der Tatsache, dass in sehr dünnen Schichten (von der Größenordnung der mittleren freien Weglänge des Gases) die Gradienten von Zustandsgrößen und Stoffparametern hohe Werte annehmen können. Im Rahmen der Kontinuumsmechanik sprechen wir daher von Unstetigkeiten (Verdichtungsstößen). Die integralen Erhaltungssätze (1), (2) und (3) geben für stationäre Strömung, ohne Massenkräfte, Reibung und Wärmeleitung (Abb. 2):

$$\varrho v_\mathrm{n} = \hat{\varrho}\hat{v}_\mathrm{n},\ \varrho v_\mathrm{n}^2 + p = \hat{\varrho}\hat{v}_\mathrm{n}^2 + \hat{p},\ \varrho v_\mathrm{t} v_\mathrm{n}$$
$$= \hat{\varrho}\hat{v}_\mathrm{t}\hat{v}_\mathrm{n},\ \varrho v_\mathrm{n}\left[h + \frac{1}{2}\left(v_\mathrm{n}^2 + v_\mathrm{t}^2\right)\right]$$
$$= \hat{\varrho}\hat{v}_\mathrm{n}\left[\hat{h} + \frac{1}{2}\left(\hat{v}_\mathrm{n}^2 + \hat{v}_\mathrm{t}^2\right)\right]. \tag{4}$$

Die Indizes n, t bezeichnen Normal- und Tangentialkomponenten, das Zeichen ^ die Werte hinter dem Stoß, $h = e + p/\varrho$ die spezifische Enthalpie. Ist $\varrho v_\mathrm{n} = 0$ – kein Massenfluss über $A$ – so kann $v_\mathrm{t} \neq \hat{v}_\mathrm{t}$ sein, dann liegt eine Wirbelfläche vor. Für Verdichtungsstöße ist $\varrho v_\mathrm{n} \neq 0$ und damit $v_\mathrm{t} = \hat{v}_\mathrm{t}$, also

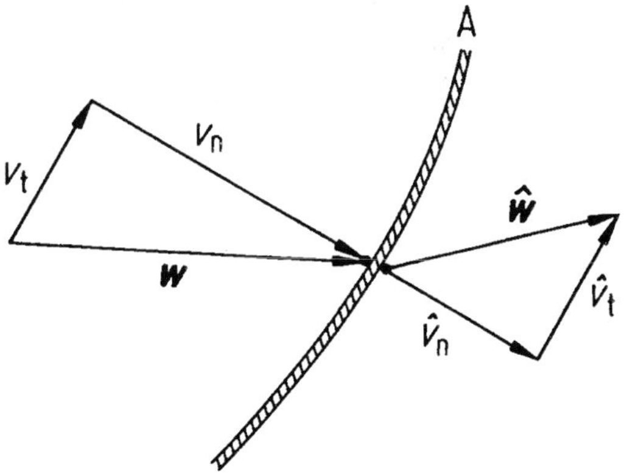


**Abb. 2** Geschwindigkeitskomponenten normal ($v_\mathrm{n}$,$\hat{v}_\mathrm{n}$) und tangential ($v_\mathrm{t}$,$\hat{v}_\mathrm{t}$) vor und nach dem Stoß

$$\varrho v_\mathrm{n} = \hat{\varrho}\hat{v}_\mathrm{n}, \tag{5a}$$

$$\varrho v_\mathrm{n}^2 + p = \hat{\varrho}\hat{v}^2{}_\mathrm{n} + \hat{p}, \tag{5b}$$

$$v_\mathrm{t} = \hat{v}_\mathrm{t} \tag{5c}$$

$$h + \frac{1}{2}v_\mathrm{n}^2 = \hat{h} + \frac{1}{2}\hat{v}_\mathrm{n}^2. \tag{5d}$$

### 15.2.1 Rankine-Hugoniot-Relation

Elimination der Geschwindigkeitskomponenten in (5a), (5b), (5c) und (5d) ergibt die allgemeinen Rankine-Hugoniot-Relationen (Rankine 1870; Hugoniot 1889):

$$\hat{h} - h = \frac{1}{2}\left(\frac{1}{\varrho} + \frac{1}{\hat{\varrho}}\right)(\hat{p} - p), \tag{6a}$$

$$\hat{e} - e = \left(\frac{1}{\varrho} - \frac{1}{\hat{\varrho}}\right)\left(\frac{\hat{p} + p}{2}\right). \tag{6b}$$

Der Zusammenhang mit dem 1. Hauptsatz im adiabaten Fall ist offensichtlich. Die Änderung der inneren Energie beim Stoß ist nach (6b) gleich der Arbeit, die der mittlere Druck bei der Volumenänderung leistet. Für ideale Gase konstanten Verhältnisses $\varkappa$ der spezifischen Wärmen kommt die spezielle Form (RH) (Eichelberg 1934; Kármán 1936):

$$\frac{\hat{p}}{p} = \frac{(\varkappa + 1)\hat{\varrho} - (\varkappa - 1)\varrho}{(\varkappa + 1)\varrho - (\varkappa - 1)\hat{\varrho}}. \tag{7}$$

Die RH-Kurve und die Isentrope (Abb. 3) haben im Ausgangspunkt $\hat{p}/p = 1$, $\varrho/\hat{\varrho} = 1$ Tangente und Krümmung gemeinsam. Das heißt, *schwache* Stöße verlaufen *isentrop*. Für *starke* Stöße, $\hat{p}/p \gg 1$, gilt dagegen $\hat{\varrho}/\varrho \to (\varkappa + 1)/(\varkappa - 1)$, während die Isentrope beliebig anwächst. Allerdings sind bei diesen extremen Zustandsänderungen reale Gaseffekte zu berücksichtigen. Es sind nur Verdichtungsstöße thermodynamisch möglich. Mit $s$, der spezifischen Entropie, folgt wegen $\hat{s} - s \geqq 0$

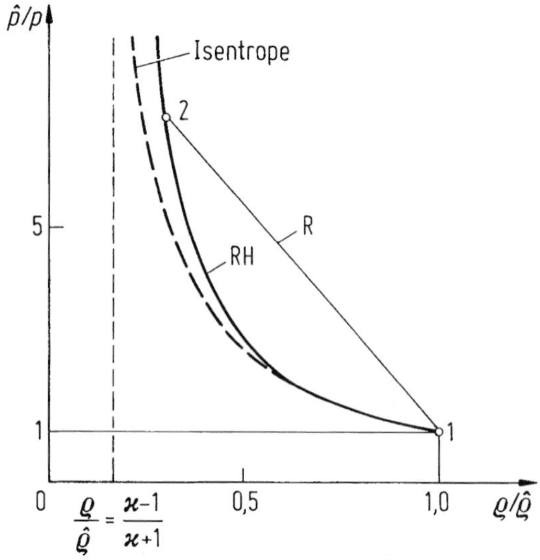


**Abb. 3** Rankine-Hugoniot-Kurve (RH), Rayleigh-Gerade (R) und Isentrope

$$\frac{\hat{p}}{p} = \left(\frac{\hat{\varrho}}{\varrho}\right)^{\varkappa} \exp\left(\frac{\hat{s} - s}{c_\mathrm{v}}\right) \geqq \left(\frac{\hat{\varrho}}{\varrho}\right)^{\varkappa},$$

d. h., die RH-Kurve muss stets oberhalb der Isentropen liegen. Dies ist (Abb. 3) nur für

$$\frac{\varkappa - 1}{\varkappa + 1} < \frac{\varrho}{\hat{\varrho}} \leqq 1,$$

d. h. bei Verdichtung, möglich.

### 15.2.2 Rayleigh-Gerade

Die so genannten mechanischen Stoßgleichungen Massenerhaltung (5a) und Impulssatz (5b) führen zur Rayleigh-Geraden (R) (Lord Rayleigh 1911):

$$\frac{\hat{p}}{p} - 1 = \varkappa M_\mathrm{n}^2\left(1 - \frac{\varrho}{\hat{\varrho}}\right) \tag{8a}$$

mit der Abkürzung

$$M_\mathrm{n}^2 = \frac{v_\mathrm{n}^2}{\varkappa\frac{p}{\varrho}} = \frac{v_\mathrm{n}^2}{a^2}. \tag{8b}$$

Diese Gerade (R) muss mit der (RH)-Kurve geschnitten werden (Abb. 3) und führt damit im Allgemeinen zu den zwei Lösungen (1) und (2) der Erhaltungssätze beim Verdichtungsstoß. (*1*) ist die Identität, sie ist aufgrund des Aufbaus der Gl. (5a), (5c) und (5d) enthalten, (2) ist der Verdichtungsstoß. Das System der Erhaltungssätze ist also nicht eindeutig lösbar. Zusätzliche Bedingungen müssen hier eine Entscheidung herbeiführen. Im Grenzfall, dass beide Lösungen zusammenfallen, (R) also tangential zu (RH) und zur Isentropen im Ausgangspunkt (1, 1) verläuft, gilt $M_{\mathrm{n}} = 1$.

### 15.2.3 Schallgeschwindigkeit

Die in (8b) formal vorgenommene Abkürzung führt zur Schallgeschwindigkeit $a$. Mit $R_i$ als individueller und $R = 8{,}31447$ J/(mol · K) als universeller (molarer) Gaskonstante und $M_i$ als molarer Masse des Stoffes $i$ gilt für ideale Gase

$$a = \sqrt{\left(\frac{\partial p}{\partial \varrho}\right)_s} = \sqrt{\varkappa \frac{p}{\varrho}} = \sqrt{\varkappa \frac{R}{M_i} T} = \sqrt{\varkappa R_i T}. \quad (9)$$

Für $T = 300$ K ist die Schallgeschwindigkeit für verschiedene Gase in Tab. 1 zusammengestellt.

Diese Schallgeschwindigkeit ist die Ausbreitungsgeschwindigkeit kleiner Störungen der Zustandsgrößen in einem ruhenden kompressiblen Medium. Sie ist eine Signalgeschwindigkeit, zum Unterschied von der Strömungsgeschwindigkeit. Betrachten wir die Ausbreitung einer Schallwelle in ruhendem Medium und wenden auf die Zustandsänderung in der Wellenfront die Kontinuitätsbedingung sowie den Impulssatz an, so erhalten wir (9) (Zierep und Bühler 1991, 2018). Die Schallgeschwindigkeit hängt von der Druck- und Dichtestörung in der Front ab. Führt eine Drucksteigerung in der Welle nur zu einer geringen Dichteänderung (inkompressibles Medium), so ist die Schallgeschwindigkeit groß. Kommt es zu einer beträchtlichen Dichtezunahme (kompressibles Medium), so ist $a$ klein. Beim idealen Gas gelten die typischen Proportionalitäten $a \sim \sqrt{T}$, $a \sim 1/\sqrt{M_i}$, womit

**Tab. 1** Schallgeschwindigkeit $a$ verschiedener Gase

| Gas | $O_2$ | $N_2$ | $H_2$ | Luft |
|---|---|---|---|---|
| $M_i$ in g/mol | 32 | 28,016 | 2,016 | $\approx 29$ |
| $a$ in m/s | 330 | 353 | 1316 | 347 |

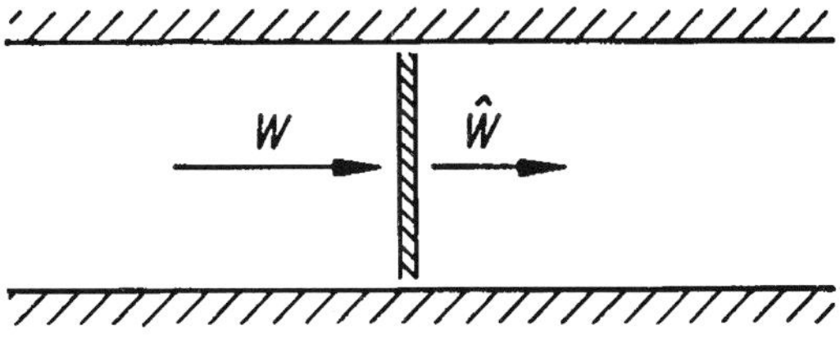


**Abb. 4** Senkrechter Verdichtungsstoß

Möglichkeiten der Variation von $a$ gegeben sind. $a$ ist eine wichtige Bezugsgeschwindigkeit für alle kompressiblen Strömungen. Ackeret führte 1928 zu Ehren von Ernst Mach die folgende Bezeichnung ein:

$$\frac{\text{Strömungsgeschwindigkeit}}{\text{Schallgeschwindigkeit}} = \frac{w}{a} = M \quad \text{Mach'sche Zahl oder Mach-Zahl.} \quad (10)$$

Statt $M$ schreibt man auch $Ma$.

Man unterscheidet danach Unterschallströmungen mit $M < 1$ und Überschallströmungen mit $M > 1$. Die wichtigsten Eigenschaften solcher Strömungen werden im Folgenden behandelt.

### 15.2.4 Senkrechter Stoß

Steht die Stoßfront senkrecht zur Anströmung (Abb. 4), so ist $v_{\mathrm{n}} = w$, $v_{\mathrm{t}} = 0$. Für das ideale Gas konstanter spezifischer Wärmekapazität wird aus (5a), (5b), (5c) und (5d)

$$\varrho w = \hat{\varrho}\hat{w}, \quad \varrho w^2 + p = \hat{\varrho}\hat{w}^2 + \hat{p},$$
$$\frac{\varkappa}{\varkappa - 1} \cdot \frac{p}{\varrho} + \frac{1}{2} w^2 = \frac{\varkappa}{\varkappa - 1} \cdot \frac{\hat{p}}{\hat{\varrho}} + \frac{1}{2}\hat{w}^2. \quad (11)$$

Bei gegebener Zuströmung ($\varrho$, $p$, $w$) kommen für die Zustandswerte die Identität oder die folgende Lösung für den senkrechten Stoß:

$$\begin{aligned}
\frac{\hat{w}}{w} &= \frac{\varrho}{\hat{\varrho}} = 1 - \frac{2}{\varkappa+1}\left(1 - \frac{1}{M^2}\right),\\
\frac{\hat{p}}{p} &= 1 + \frac{2\varkappa}{\varkappa+1}(M^2-1),\\
\frac{\hat{T}}{T} &= \frac{\hat{a}^2}{a^2} = \frac{\hat{p}}{p}\cdot\frac{\varrho}{\hat{\varrho}}\\
&= \left[1 + \frac{2\varkappa}{\varkappa+1}(M^2-1)\right] \times \left[1 - \frac{2}{\varkappa+1}\left(1 - \frac{1}{M^2}\right)\right]\\
\frac{\hat{s}-s}{c_V} &= \ln\left[\frac{\hat{p}}{p}\left(\frac{\varrho}{\hat{\varrho}}\right)^{\varkappa}\right]\\
&= \frac{2}{3}\cdot\frac{\varkappa(\varkappa-1)}{(\varkappa+1)^2}(M^2-1)^3 + \ldots, \quad (M \approx 1),\\
\hat{M}^2 &= \frac{1 + \frac{\varkappa-1}{\varkappa+1}(M^2-1)}{1 + \frac{2\varkappa}{\varkappa+1}(M^2-1)}.
\end{aligned} \tag{12}$$

Alle normierten Stoßgrößen hängen nur von $M$ ab und zeigen einen charakteristischen Verlauf (Abb. 5 und 6). Ein senkrechter Stoß kann nur in Überschallströmung $M > 1$ auftreten (Entropiezunahme!), dahinter herrscht Unterschallgeschwindigkeit $\hat{M} < 1$.

Die Zunahme der Entropie erfolgt im Stoß – in der Nähe von $M = 1$ – erst mit der dritten Potenz der Stoßstärke $\hat{p}/p - 1$, d. h., schwache Stöße verlaufen isentrop.

Für $M^2 \gg 1$, den sog. Hyperschall, erhält man die Grenzwerte

$$\begin{aligned}
&\frac{\hat{\varrho}}{\varrho} = \frac{w}{\hat{w}} \to \frac{\varkappa+1}{\varkappa-1}, \quad \frac{\hat{p}}{p} \to \frac{2\varkappa}{\varkappa+1}M^2,\\
&\frac{\hat{T}}{T} \to \frac{2\varkappa(\varkappa-1)}{(\varkappa+1)^2}M^2, \quad \hat{M}_{\min} = \frac{\hat{w}}{\hat{a}} \to \sqrt{\frac{\varkappa-1}{2\varkappa}}.
\end{aligned} \tag{13}$$

Diese Zustandsgrößen treten z. B. bei der Umströmung eines stumpfen Körpers mit abgelöster Kopfwelle hinter dem Stoß auf. Die Dichte strebt gegen einen endlichen Wert, während Druck und Temperatur stark ansteigen. Die Mach-Zahl $\hat{M}$ erreicht ein Minimum.

Charakteristisch verhalten sich die Ruhegrößen. Denken wir uns das Medium vor und nach dem Stoß in den Ruhezustand überführt, so lautet der Energiesatz über den Stoß hinweg

$$c_pT_0 = c_pT + \frac{w^2}{2} = c_p\hat{T} + \frac{\hat{w}^2}{2} = c_p\hat{T}_0,$$

d. h.,

$$T_0 = \hat{T}_0, \quad a_0 = \hat{a}_0. \tag{14}$$

Bei Druck und Dichte wird jeweils eine isentrope Abbremsung vor und nach dem Stoß vorgenommen. Verwendet man weiterhin wegen (14) einen isothermen Vergleichsprozess, so erhält man die sog. *Rayleigh-Formel*

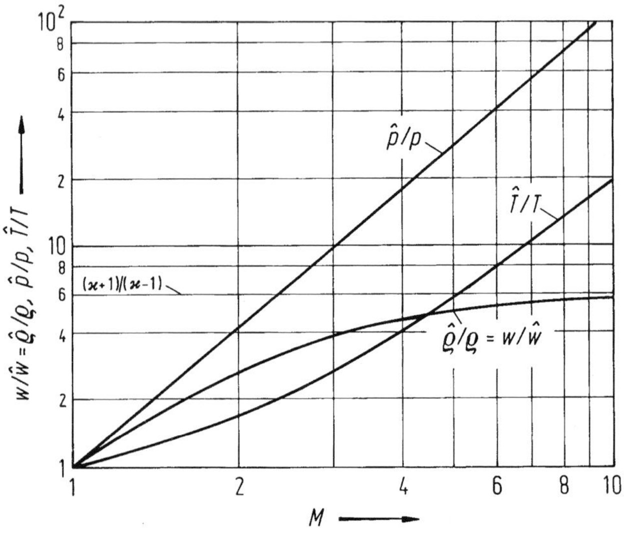


**Abb. 5** Die bezogenen Stoßgrößen beim senkrechten Verdichtungsstoß als Funktion von $M$ ($\varkappa = 1{,}40$)

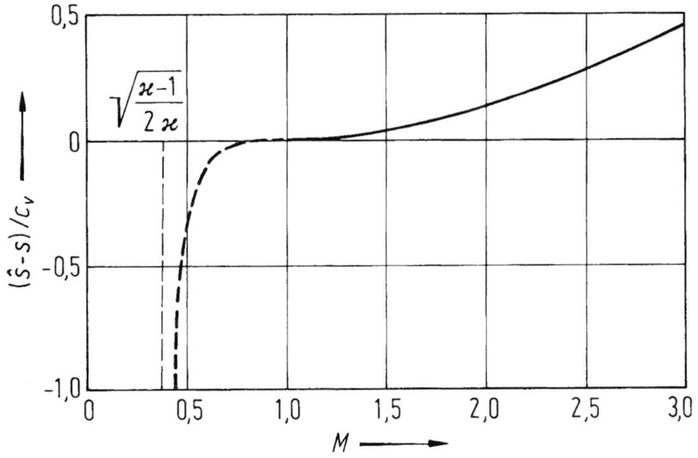


**Abb. 6** Die normierte Entropie $(\hat{s}-s)/c_V$ beim senkrechten Verdichtungsstoß als Funktion von $M$ ($\varkappa = 1,40$)

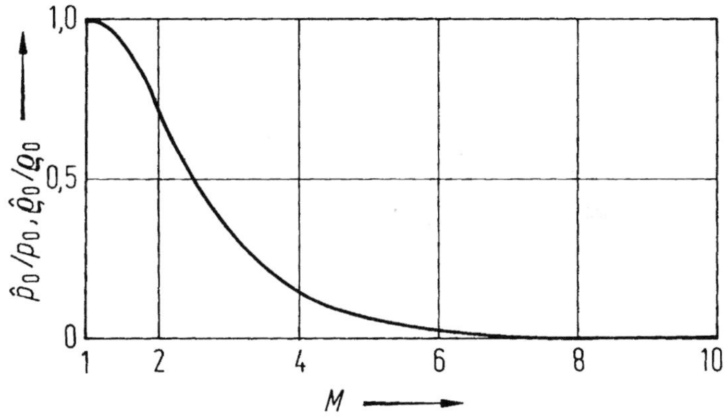


**Abb. 7** Ruhedruck- und Ruhedichteabnahme beim senkrechten Stoß als Funktion von $M$ ($\varkappa = 1{,}40$)

$$\frac{\hat{p}_0}{p_0} = \frac{\hat{\varrho}_0}{\varrho_0} = \left[1 + \frac{2\varkappa}{\varkappa+1}(M^2-1)\right]^{-\frac{1}{\varkappa-1}} \times \left[1 - \frac{2}{\varkappa+1}\left(1 - \frac{1}{M^2}\right)\right]^{-\frac{\varkappa}{\varkappa-1}}. \quad (15)$$

Die Ruhedruckabnahme ist in Schallnähe gering, denn es gilt

$$\frac{\hat{s}-s}{c_V} = -(\varkappa-1)\left(\frac{\hat{p}_0}{p_0} - 1\right) + \ldots$$

Für starke Stöße, d. h. hohe Mach-Zahlen, ist der Ruhedruckabfall dagegen beträchtlich (Abb. 7).

Beim Pitotrohr in Überschallströmung finden diese Beziehungen Anwendung. Gemessen wird $\hat{p}_0$. Kennt man $M$, so kann mit (15) $p_0$ berechnet werden. Falls jedoch $p$ oder $\hat{p}$ *und* $\hat{p}_0$ gemessen werden, kann $M$ ermittelt werden. Hierzu wird der nachfolgend angegebene isentrope Zusammenhang zwischen $p$, $p_0$ und $M$ benutzt (32).

Der Ruhedruckverlust in Überschallströmungen hat wichtige praktische Konsequenzen. Ist der Einlauf eines Staustrahltriebwerkes wie ein Pitotdiffusor ausgebildet, d. h., steht vor der Öffnung ein starker senkrechter Stoß, so tritt ein hoher Ruhedruckverlust auf, der nachteilig für den Antrieb ist; denn stromab kann durch Aufstau nur $\hat{p}_0$ wieder erreicht werden. Dies führte zur Entwicklung des Stoßdiffusors von Oswatitsch (Oswatitsch 1944). Hier wird in den Pitotdiffusor ein kegelförmiger Zentralkörper eingeführt. Die Abbremsung der Überschallströmung geschieht über ein System schiefer Stöße mit abschließendem schwachen

**Tab. 2** Bezeichnungen beim Übergang vom senkrechten zum schiefen Stoß

| Senkrechter Stoß | Schiefer Stoß |
|---|---|
| $w$ | $v_n$ |
| $\hat{w}$ | $\hat{v}_n$ |
| $\boxed{M} = \frac{w}{a}$ | $\frac{v_n}{a} = \frac{w}{a}\sin\Theta = \boxed{M\sin\Theta}$ |

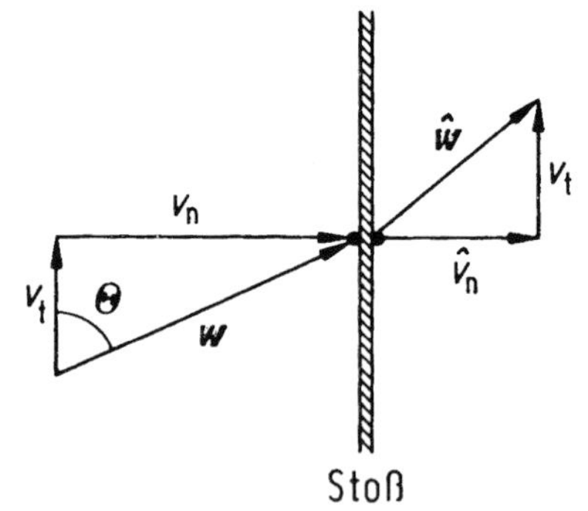


**Abb. 8** Übergang vom senkrechten zum schiefen Stoß

senkrechten Stoß zwischen Kegel und Pitotrohr. Dieses Stoßsystem führt im Endeffekt zu einer erheblich geringeren Gesamtdruckabnahme als bei einem einzigen senkrechten Stoß.

## 15.2.5 Schiefer Stoß

Ein schiefer Stoß tritt in Überschallströmungen z. B. an der Körperspitze (Kopfwelle) und am Heck (Schwanzwelle) auf. Die Gleichungen erhält man am einfachsten aus denen des senkrechten Stoßes (Abb. 4) in einem Koordinatensystem, das entlang der Stoßfront mit $v_t = \hat{v}_t \neq 0$ bewegt wird (Abb. 2). Mit $\Theta$ = Neigungswinkel des Stoßes gegen die Anströmung = Stoßwinkel ergibt sich die Ersetzung (Abb. 8) entsprechend folgender Tab. 2:

In allen Gleichungen des senkrechten Stoßes (12) und (15) ist also lediglich $M$ durch $M \sin \Theta$ zu ersetzen. Es wird

$$\frac{\hat{v}_n}{v_n} = \frac{\varrho}{\hat{\varrho}} = 1 - \frac{2}{\varkappa+1}\left(1 - \frac{1}{M^2\sin^2\Theta}\right),$$
$$\frac{\hat{p}}{p} = 1 + \frac{2\varkappa}{\varkappa+1}\left(M^2\sin^2\Theta - 1\right), \tag{16}$$
$$\frac{\hat{T}}{T} = \frac{\hat{a}^2}{a^2} = \frac{\hat{p}}{p}\frac{\varrho}{\hat{\varrho}}, \quad \frac{\hat{s}-s}{c_v} = \ln\left[\frac{\hat{p}}{p}\left(\frac{\varrho}{\hat{\varrho}}\right)^{\varkappa}\right].$$

Die Bedingung $M \geqq 1$ beim senkrechten Stoß führt hier zu $M \sin \Theta \geqq 1$, d. h., $M \geqq 1/\sin \Theta \geqq 1$. Ein schiefer Stoß ist auch nur in Überschallströmung möglich. Bei festem $M$ ist die untere Grenze für $\Theta$ bei verschwindendem Drucksprung durch $M \sin \Theta = 1$ gegeben, die obere Grenze dagegen durch den größtmöglichen Druckanstieg im senkrechten Stoß (Abb. 9):

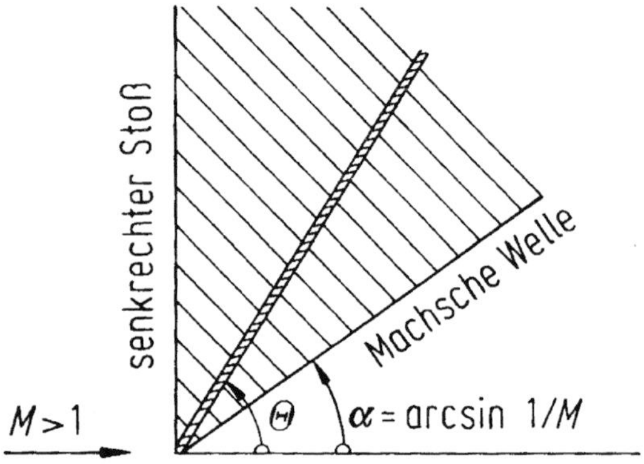


**Abb. 9** Bereichsgrenzen für $\Theta$ bei festem $M$

$$\alpha = \arcsin\frac{1}{M} \leqq \Theta \leqq \frac{\pi}{2}.$$

$\alpha$ heißt Mach'scher Winkel. Er begrenzt den Einflussbereich kleiner Störungen in Überschallströmungen.

## 15.2.6 Busemann-Polare

Wir drehen das Koordinatensystem in Abb. 8 so, dass die Anströmung in die $x$-Richtung fällt (Abb. 10). Führt man diese Drehung in den Stoßrelationen durch und benutzt die Bezeichnungen von Abb. 10, so erhält man die Busemann-Polare (Busemann 1930):

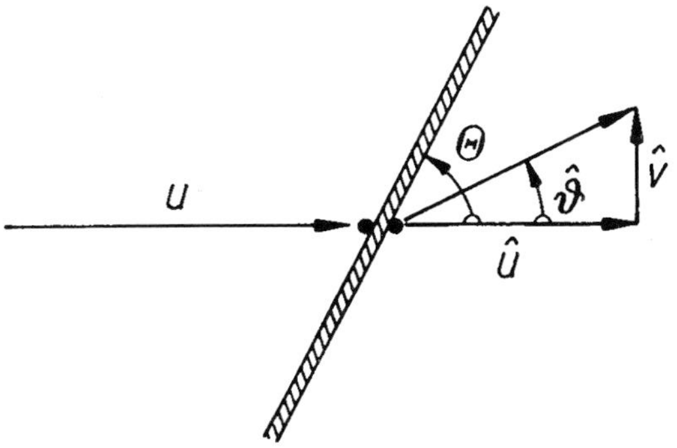


**Abb. 10** Schiefer Stoß bei horizontaler Anströmung

$$(u\hat{u} - a^{*2})(u - \hat{u})^2 = \hat{v}^2 \left[ a^{*2} + \frac{2}{\varkappa + 1} u^2 - u\hat{u} \right]. \qquad (17)$$

$a^* = a_0 \sqrt{2/(\varkappa + 1)}$ bezeichnet hierin die sog. kritische Schallgeschwindigkeit. Gl. (17) stellt in der Form $\hat{v} = f(\hat{u}, u)$ die Parameterdarstellung einer Kurve in der $\hat{u}, \hat{v}$ -Hodografenebene dar. Mit der Anströmungsgeschwindigkeit $u$ als Parameter enthält sie alle möglichen Strömungszustände ( $\hat{u}, \hat{v}$ ) hinter dem schiefen Stoß an der Körperspitze. Es handelt sich um ein Kartesisches Blatt mit Doppelpunkt $P(u, 0)$ und einer vertikalen Asymptote bei $\hat{u} = \left(a^{*2} + 2/(\varkappa + 1)\, u^2\right)/u$. Der senkrechte Stoß ist mit $\hat{v} = 0$ enthalten. Es ergibt sich $\hat{u}u = a^{*2}$ (Prandtl-Relation) oder $\hat{u} = u$ (Identität). Ist der Abströmwinkel $\hat{\vartheta}$ (z. B. Keilwinkel) gegeben, so gibt es drei Lösungen (Abb. 11): (1) starke Lösung, führt für $\hat{\vartheta} \to 0$ auf den senkrechten Stoß; (2) schwache Lösung, liefert mit $\hat{\vartheta} \to 0$ die Identität (Mach'sche Welle); (3) Schwanzwellenlösung. (3) löst das sogenannte inverse Problem. $(u, 0)$ ist der Zustand hinter der Schwanzwelle, $(\hat{u}, \hat{v})$ derjenige davor. (3) ist nur sinnvoll, solange $w < w_{\max}$. Die Stoßneigung $\Theta$ ergibt sich durch das Lot vom Ursprung auf die Verbindungslinie $P \to 1$, $P \to 2$, $P \to 3$. Bei gegebener Anströmung gibt es ein $\hat{\vartheta}_{\max}$. Für $\hat{\vartheta} > \hat{\vartheta}_{\max}$ löst der Stoß von der Körperspitze ab und steht vor dem Hindernis. Der Schallkreis teilt die Stoßpolare in einen Unter- und einen Überschallteil. Eine genaue Analyse zeigt, dass hinter einem schiefen Stoß in Abhängigkeit von $\hat{\vartheta}$ Über- oder Unterschall herrschen kann.

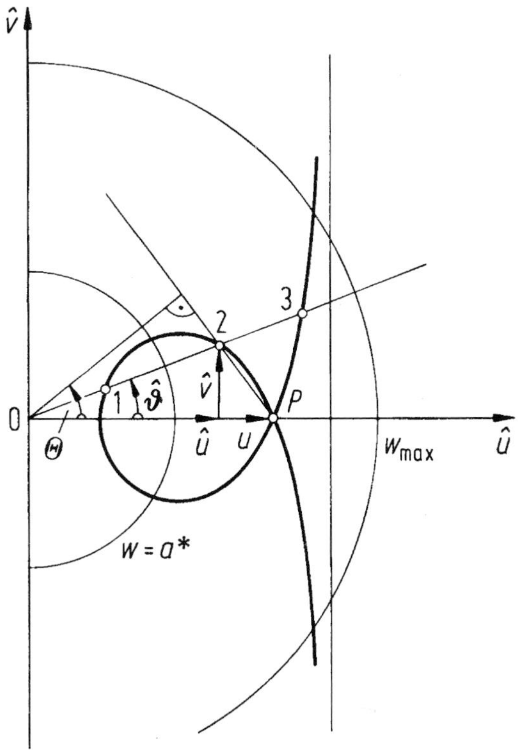


**Abb. 11** Busemann'sche Stoßpolare in der Hodografenebene. Stoßkonstruktion

Hinter dem Stoß muss jeweils eine der Größen gegeben sein. Die Lösung ist bei Vorgabe von $\hat{\vartheta}$ oder $\hat{v}$ mehrdeutig, dagegen bei $\Theta$ oder $\hat{u}$ eindeutig. Interessante Grenzfälle ergeben sich für die Stoßpolare für $u \to a^*$ und

$$u \to w_{\max} = a^* \sqrt{(\varkappa + 1)/(\varkappa - 1)} = a_0 \sqrt{2/(\varkappa - 1)}.$$

Im ersten Fall zieht sich der geschlossene Teil der Stoßpolaren auf den Schallpunkt $\hat{u} \to a^*$, $\hat{v} \to 0$ zusammen, im zweiten Fall entsteht der Kreis

$$\left( \hat{u} - \frac{\varkappa a^*}{\sqrt{\varkappa^2 - 1}} \right)^2 + \hat{v}^2 = \frac{a^{*2}}{\varkappa^2 - 1}, \qquad (18)$$

in dessen Innern alle anderen Stoßpolaren liegen. Beide Grenzfälle sind wichtig, und zwar im ersten Fall für sogenannte schallnahe (transsonische) Strömungen, im zweiten Fall für Hyperschallströmungen.

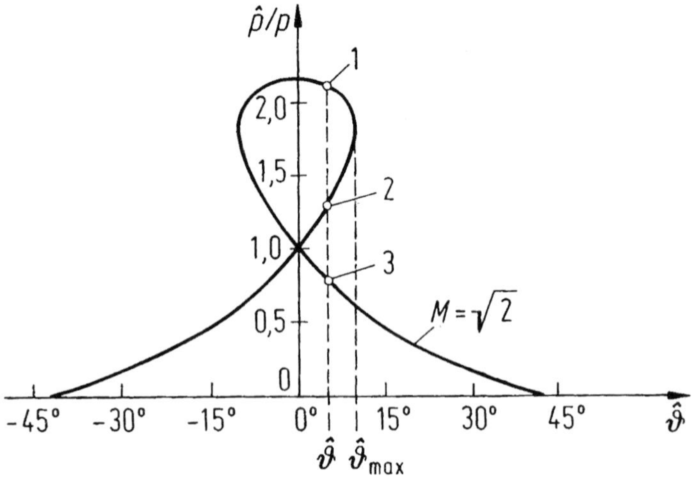


**Abb. 12** Herzkurve in der $\hat{p}$, $\hat{\vartheta}$-Ebene

## 15.2.7 Herzkurve

In den Anwendungen ist oft der Druck eine bevorzugte Größe, z. B. wenn eine Diskontinuitätsfläche in Form einer Wirbelschicht oder einer freien Strahlgrenze im Stromfeld auftritt. Dazu muss die Stoßpolare nicht nur in der $\hat{u}$, $\hat{v}$-Ebene, sondern auch in der $\hat{p}$, $\hat{\theta}$-Ebene verwendet werden. In der letzteren Ebene kommt die sog. Herzkurve (Weise 1945):

$$\tan\hat{\vartheta} = \frac{\frac{\hat{p}}{p} - 1}{\varkappa M^2 - \left(\frac{\hat{p}}{p} - 1\right)} \times \sqrt{\frac{\frac{2\varkappa}{\varkappa+1}\left(M^2 - 1\right) - \left(\frac{\hat{p}}{p} - 1\right)}{\frac{\hat{p}}{p} + \frac{\varkappa - 1}{\varkappa + 1}}}. \tag{19}$$

Es handelt sich um eine der Busemann'schen Stoßpolaren ähnliche Kurve (Abb. 12)

$$\frac{\hat{p}}{p} = F\left(\hat{\vartheta}, M\right),$$

wobei $M$ als Kurvenparameter fungiert. Bei bekanntem $\hat{\vartheta}$ ergeben sich in der Regel die drei Lösungen (1), (2), (3). (1) ist die starke, (2) die schwache Lösung, (3) löst wie oben das inverse Problem.

An der Körperspitze tritt in der Regel die schwache Lösung (2) auf. Dies lässt sich anhand der Herzkurve plausibel machen (Richter 1948). Abb. 12 entnimmt man für $\hat{\vartheta} > 0$ : $\left(\partial\hat{p}/\partial\hat{\vartheta}\right)_1 < 0$ und $\left(\partial\hat{p}/\partial\hat{\vartheta}\right)_2 > 0$. Wir betrachten einen symmetrischen Keil $\left(\hat{\vartheta} < \hat{\vartheta}_{\max}\right)$ in Überschallströmung. Drehen wir ihn um die Keilspitze um den kleinen Anstellwinkel $\varepsilon > 0$, so führt dies bei der starken Lösung (1) an der Keil*ober*seite zu einer Druck*ab*nahme und an der Keil*unter*seite zu einer Druck*zu*nahme. Dies würde zu einer Vergrößerung der ursprünglichen Drehung, d. h. zu einer Instabilität, führen. Der schwache Stoß (2) entspricht dagegen der stabilen Lösung, d. h., die vorgenommene Drehung würde rückgängig gemacht. Diese Eigenschaft weist auf eine Bevorzugung der schwachen Lösung an der Körperspitze hin. Da hinter der schwachen Lösung stets Überschall herrscht, liegt hier ein *lokales* Strömungsphänomen vor. Die starke Lösung führt dagegen in der Regel auf Unterschall. Hier können sich Störungen auch stromauf fortpflanzen. Das liefert eine *globale* Abhängigkeit der starken Lösung von Randbedingungen stromab, die häufig die starke Lösung erzwingen.

Mit der Busemann-Polaren und der Herzkurve können die in den Anwendungen auftretenden Stoßprobleme behandelt werden, z. B. die Stoßreflektion an der festen Wand sowie am Strahlrand und das Durchkreuzen zweier Stöße. Im letzteren Fall geht vom Kreuzungspunkt außer den reflektierten Stößen eine Diskontinuitätsfläche ab. Die Stetigkeit des Druckes über diese Fläche führt im Herzkurvendiagramm zur Neigung dieser Schicht und mit der Busemann-Polaren zu allen Zustandswerten.

## 15.3 Kräfte auf umströmte Körper

Der Impulssatz (2) liefert für stationäre Strömungen ohne Massenkräfte (Abb. 13)

$$\boldsymbol{F}_\mathrm{K} = -\int\limits_A \varrho \boldsymbol{w}(\boldsymbol{w}\cdot\boldsymbol{n})\mathrm{d}A - \int\limits_A p\boldsymbol{n}\mathrm{d}A. \quad (20)$$

$\boldsymbol{F}_\mathrm{K}$ ist hierin die dem Körper K insgesamt übertragene Kraft. Die Kontrollfläche $A$ umschließt

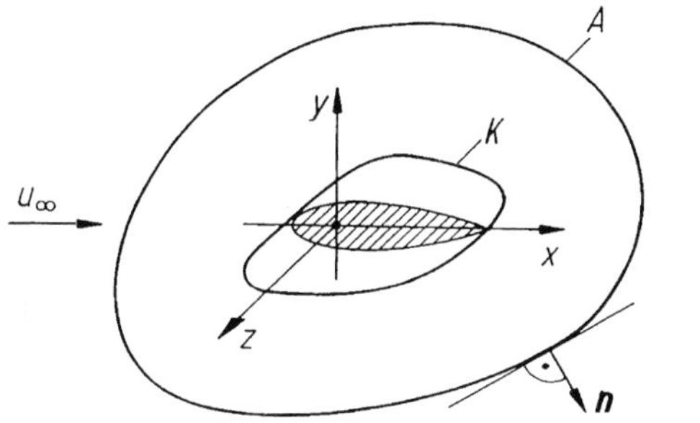


**Abb. 13** Kontrollfläche mit angeströmtem Körper für den Impulssatz

den Körper in hinreichendem Abstand, sodass *dort* die Reibung vernachlässigt werden kann. Bezüglich einer horizontalen Anströmung mit $u_\infty$ gilt $F_{\mathrm{K},\,x} = F_\mathrm{W}$ Widerstand, $F_{\mathrm{K},\,y} = F_\mathrm{A}$ Auftrieb, $F_{\mathrm{K},\,z}$ Querkraft. Ist die Strömung generell reibungsfrei, so bestimmt sich $\boldsymbol{F}_\mathrm{K}$ allein durch das Druckintegral über die Körperoberfläche.

Gl. (20) kann durch geeignete Wahl der Kontrollfläche $A$ oft sehr vereinfacht werden. Wir nehmen z. B. die Parallelen zur $y$, $z$-Ebene in der Anströmung und weit hinter dem Körper $x = x_0 = \mathrm{const} \gg l$ (Abb. 14)

$$F_\mathrm{W} = -\iint \left\{\varrho u^2 + p - \left(\varrho_\infty u_\infty^2 + p_\infty\right)\right\}\mathrm{d}y\,\mathrm{d}z\Big|_{x=x_0} \quad (21\mathrm{a})$$

$$F_\mathrm{A} = -\iint (\varrho uv - \varrho_\infty u_\infty v_\infty)\mathrm{d}y\,\mathrm{d}z\Big|_{x=x_0}, \quad (21\mathrm{b})$$

$$F_{\mathrm{K},z} = -\iint (\varrho uw - \varrho_\infty u_\infty w_\infty)\mathrm{d}y\,\mathrm{d}z\Big|_{x=x_0}. \quad (21\mathrm{c})$$

Integriert wird hierin jetzt nur noch hinter dem Körper, in der so genannten Trefftz-Ebene.

Mit der Massenerhaltung im Zu- und Abstrom wird aus (21a)

**Abb. 14** Spezielle Kontrollflächen vor und hinter dem Körper

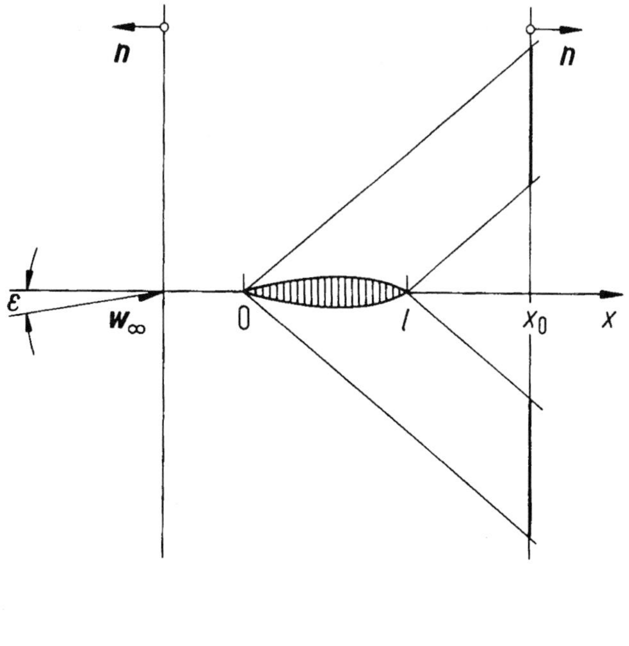

$$F_{\mathrm{W}} = -\iint \{\varrho u(u-u_\infty) + p - p_\infty\} \mathrm{d}y\ \mathrm{d}z \Big|_{x=x_0}. \quad (22)$$

Die Geschwindigkeits- und die Druckstörungen im Nachlauf des Körpers bestimmen den Widerstand. Dies kann zur Messung oder Berechnung desselben benutzt werden.

Entwickelt man den Integranden in (22) für kleine Abweichungen vom Anströmzustand: $u_\infty$, $v_\infty = w_\infty = 0$, $p_\infty$, $\varrho_\infty$, $T_\infty$, $s_\infty$ unter Benutzung des Energiesatzes, so erhält man den Widerstandssatz von Oswatitsch (Oswatitsch 1945):

$$F_{\mathrm{W}} u_\infty = \underline{\varrho_\infty u_\infty \iint \{T_\infty(s-s_\infty)} + \frac{1}{2}\left[-\left(1-M_\infty^2\right).(u-u_\infty)^2 + v^2 + w^2\right]\Big\} \mathrm{d}y\ \mathrm{d}z\Big|_{x=x_0}. \quad (23)$$

Hierin sind von den Störungen jeweils die ersten – tragenden – Terme berücksichtigt ($M_\infty \gtrless 1$). Der unterstrichene Anteil liefert den Entropiestrom durch die Kontrollfläche. Abgesehen von den Geschwindigkeitsbeiträgen wird die erforderliche Schleppleistung des Körpers also durch diesen Entropiestrom bestimmt. Alle dissipativen – entropieerzeugenden – Effekte (Verdichtungsstöße, Reibung, Wärmeleitung usw.) liefern hier Beiträge. Im Unterschall beschreibt der Geschwindigkeitsanteil in (23) den induzierten Widerstand (Oswatitsch 1959), im Überschall den Wellenwiderstand. In Schallnähe kommt anstelle von (23) die Darstellung (Zierep 1971):

$$F_{\mathrm{W}} a^* = \varrho^* a^* \iint \Big\{ T^*(s-s^*) + \frac{1}{3}(\varkappa+1) \times \frac{(u-a^*)^3}{a^*} + \frac{1}{2}(v^2+w^2) \Big\} \mathrm{d}y\ \mathrm{d}z\Big|_{x=x_0}. \quad (24)$$

Im *linearen Überschall* ($s = s_\infty$) gilt im zweidimensionalen Fall (Abb. 14) mit der Ackeret-Formel

$$F_{\mathrm{W}} = \frac{\varrho_\infty b}{2} \int \left[\left(M_\infty^2 - 1\right)(u-u_\infty)^2 + v^2\right] \mathrm{d}y \Big|_{x=x_0}$$

$$= \varrho_\infty b \int v^2 \mathrm{d}y = \frac{2\varrho_\infty u_\infty^2 b}{\sqrt{M_\infty^2 - 1}} \int_0^1 \left(\frac{\mathrm{d}h}{\mathrm{d}x}\right)^2 \mathrm{d}x \Big|_{x=x_0},$$

also für das Parabelzweieck (Dickenparameter $\tau = 2h_{\max}/l$) der Widerstandsbeiwert

$$c_{\mathrm{W}} = \frac{F_{\mathrm{W}}}{\frac{\varrho_\infty}{2} u_\infty^2 bl} = \frac{16}{3} \cdot \frac{\tau^2}{\sqrt{M_\infty^2 - 1}}. \quad (25)$$

Desselben folgt aus (21b) für die um $\varepsilon > 0$ angestellte Platte

$$F_{\mathrm{A}} = -b \int_{x=x_0} (\varrho u v - \varrho_\infty u_\infty v_\infty) \mathrm{d}y$$

$$= -\varrho_\infty b \int_{x=x_0} u_\infty (v - v_\infty) \mathrm{d}y = \varrho_\infty b \int_{x=x_0} u_\infty^2 \varepsilon \mathrm{d}y$$

der Auftriebsbeiwert

$$c_{\mathrm{A}} = \frac{F_{\mathrm{A}}}{\frac{\varrho_\infty}{2} u_\infty^2 bl} = \frac{4\varepsilon}{\sqrt{M_\infty^2 - 1}}. \quad (26)$$

## 15.4 Stromfadentheorie

Für $p(x)$, $\varrho(x)$ und $w(x)$ benutzen wir hier die Kontinuitätsbedingung, die Euler-Gleichung ohne Massenkräfte sowie die Isentropie. Die Integration ergibt die Ausströmgeschwindigkeit bei Isentropie (Abb. 15)

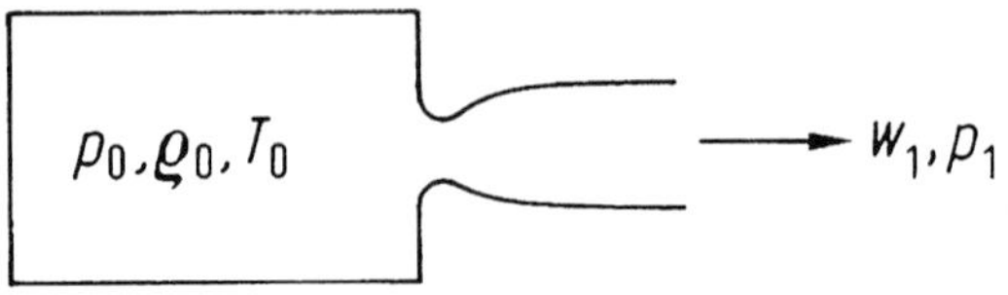


**Abb. 15** Ausströmen aus einem Kessel

$$w_1 = \sqrt{2\int\limits_{p_1}^{p_0} \frac{\mathrm{d}p}{\varrho}} = \sqrt{2\frac{\varkappa}{\varkappa-1}\cdot\frac{p_0}{\varrho_0}\left[1-\left(\frac{p_1}{p_0}\right)^{\frac{\varkappa-1}{\varkappa}}\right]}. \tag{27}$$

Sie hängt maßgeblich vom Druckverhältnis $p_1/p_0$ ab und erreicht für $p_1/p_0 \to 0$ den Maximalwert

$$\begin{aligned} w_{1\max} &= \sqrt{2\frac{\varkappa}{\varkappa-1}\cdot\frac{p_0}{\varrho_0}} = \sqrt{\frac{2}{\varkappa-1}}a_0 \\ &= \sqrt{2\frac{\varkappa}{\varkappa-1}\cdot\frac{R}{M_i}T_0} = \sqrt{2\frac{\varkappa}{\varkappa-1}R_iT_0} \\ &= \sqrt{2c_pT_0} \\ &= 750\,\mathrm{m/s}\text{ für Luft unter Normalbedingungen.} \end{aligned} \tag{28}$$

Die Existenz einer maximalen Ausströmgeschwindigkeit ist eine typische Eigenschaft kompressibler Medien. Gl. (28) zeigt dieselben charakteristischen Abhängigkeiten wie die Schallgeschwindigkeit (9): $w_{1\max} \sim \sqrt{T_0}, w_{1\max} \sim 1/\sqrt{M_i}$ und damit Möglichkeiten der Veränderung dieser Maximalgeschwindigkeit.

## 15.4.1 Lavaldüse

Die Euler-Gleichung liefert für isentrope Strömung mit der Schallgeschwindigkeit (9) sowie der Mach-Zahl (10)

$$\frac{1}{\varrho}\cdot\frac{d\varrho}{\mathrm{d}x} = -M^2\frac{1}{w}\cdot\frac{\mathrm{d}w}{\mathrm{d}x}. \tag{29}$$

Die relative Dichteänderung ist damit der relativen Geschwindigkeitsänderung längs des Stromfadens proportional. Der Proportionalitätsfaktor $M^2$ bestimmt das gegenseitige Größenverhältnis.

Für inkompressible Strömung, $M^2 \ll 1$, überwiegt die Änderung der Geschwindigkeit die der Zustandsgrößen $\varrho$, $p$, $T$ bei weitem. Im Hyperschall, $M^2 \gg 1$, ist es umgekehrt. In Schallnähe, $M \approx 1$, sind alle Änderungen von gleicher Größenordnung.

Berücksichtigen wir in (29) die Kontinuität mit dem Stromfadenquerschnitt $A(x)$, so wird

$$\frac{1}{w}\cdot\frac{\mathrm{d}w}{\mathrm{d}x} = \frac{1}{M^2-1}\cdot\frac{1}{A}\cdot\frac{\mathrm{d}A}{\mathrm{d}x}$$

oder umgeschrieben auf die Mach-Zahl

$$\frac{1}{M}\cdot\frac{\mathrm{d}M}{\mathrm{d}x} = \frac{1+\frac{\varkappa-1}{2}M^2}{M^2-1}\cdot\frac{1}{A}\cdot\frac{\mathrm{d}A}{\mathrm{d}x}. \tag{30}$$

Für beschleunigte Strömung $\frac{\mathrm{d}M}{\mathrm{d}x} > 0$ verlangt dies

för $M < 1$ $\frac{\mathrm{d}A}{\mathrm{d}x} < 0$, für $M = 1$ $\frac{\mathrm{d}A}{\mathrm{d}x} = 0$ und für $M > 1$ $\frac{\mathrm{d}A}{\mathrm{d}x} > 0$.

Diese gewöhnliche Differenzialgleichung lässt sich geschlossen integrieren:

$$\begin{aligned} \frac{A}{A^*} &= \frac{1}{M}\left[1+\frac{\varkappa-1}{\varkappa+1}\left(M^2-1\right)\right]^{\frac{\varkappa+1}{2(\varkappa-1)}} \\ &= \frac{1}{M^*\left[1-\frac{\varkappa-1}{2}\left(M^{*2}-1\right)\right]^{\frac{1}{\varkappa-1}}}, \end{aligned} \tag{31}$$

mit $A^*$ als kritischem (engsten) Querschnitt bei $M = 1$ und $M^* = w/a^*$ als kritischer Mach-Zahl. Eine Übersicht über alle möglichen Düsenströmungen in Abhängigkeit vom jeweiligen Gegendruck erhält man aus einer Richtungsfelddiskussion von (30). Eine Beschleunigung der Strömung, $\mathrm{d}M/\mathrm{d}x > 0$, erfordert im Unterschall eine Querschnittsverengung ($\mathrm{d}A/\mathrm{d}x < 0$) und im Überschall eine Erweiterung ($\mathrm{d}A/\mathrm{d}x > 0$). Schallgeschwindigkeit ($M = 1$) ist nur am engsten Querschnitt ($\mathrm{d}A/\mathrm{d}x = 0$) möglich. Diese ideale Lavaldüse lässt sich nur bei einem ganz bestimmten Druck am Düsenende realisieren (Abb. 16).

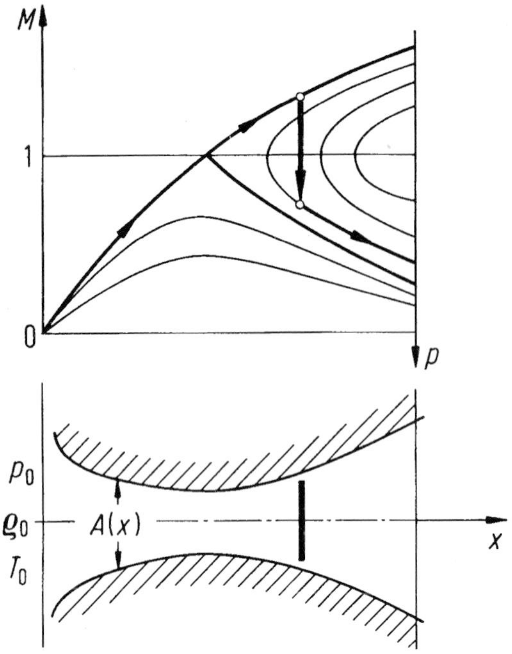


**Abb. 16** Machzahlverlauf in der Lavaldüse bei verschiedenen Gegendrücken

Alle Kurven gehen durch den linken Eckpunkt, der dem Kesselzustand entspricht. Wir senken den Gegendruck kontinuierlich ab und erhalten der Reihe nach reine Unterschallströmungen, bis die Schallgeschwindigkeit am engsten Querschnitt erreicht, aber nicht überschritten wird.

Eine weitere Druckabsenkung macht zunächst einen senkrechten Stoß – von Überschall auf Unterschall – erforderlich, dann sogar einen schiefen Stoß, bis wir den zur idealen Lavaldüse passenden Druck erreichen. Wird der Druck noch weiter abgesenkt, kommt es anschließend zu einer Expansion am Düsenende, die im Extremfall bis zur Maximalgeschwindigkeit (28) führt.

Die quantitative Ermittlung einer Lavaldüsenströmung benutzt neben (31) die aus dem Energiesatz und der Isentropie folgenden Beziehungen (Abb. 17):

$$\begin{aligned}\frac{T}{T_0} &= \frac{1}{1+\frac{\varkappa-1}{2}M^2} = 1-\frac{\varkappa-1}{\varkappa+1}M^{*2},\\ \frac{\varrho}{\varrho_0} &= \frac{1}{\left(1+\frac{\varkappa-1}{2}M^2\right)^{\frac{1}{\varkappa-1}}},\\ \frac{p}{p_0} &= \frac{1}{\left(1+\frac{\varkappa-1}{2}M^2\right)^{\frac{\varkappa}{\varkappa-1}}}.\end{aligned} \tag{32}$$

Dadurch ergeben sich insbesondere die Proportionalitäten zwischen kritischen Größen und Ruhewerten (Zahlenwerte für Luft)

$$\begin{aligned}\left(\frac{a^*}{a_0}\right)^2 &= \frac{T^*}{T_0} = \frac{2}{\varkappa+1} = 0{,}833,\\ \frac{\varrho^*}{\varrho_0} &= \left(\frac{2}{\varkappa+1}\right)^{\frac{1}{\varkappa-1}} = 0{,}634,\\ \frac{p^*}{p_0} &= \left(\frac{2}{\varkappa+1}\right)^{\frac{\varkappa}{\varkappa-1}} = 0{,}528.\end{aligned} \tag{33}$$

Schreibt man (31) mit (32) als Funktion von $p$, so wird

$$\begin{aligned}\frac{\varrho^* a^*}{\varrho w} = \frac{A}{A^*} &= \frac{\sqrt{\frac{\varkappa-1}{\varkappa+1}}}{\left(\frac{p}{p^*}\right)^{\frac{1}{\varkappa}}\sqrt{1-\frac{2}{\varkappa+1}\left(\frac{p}{p^*}\right)^{\frac{\varkappa-1}{\varkappa}}}}\\ &= \frac{\left(\frac{2}{\varkappa+1}\right)^{\frac{\varkappa}{\varkappa-1}}\sqrt{\frac{\varkappa-1}{\varkappa+1}}}{\left(\frac{p}{p_0}\right)^{\frac{1}{\varkappa}}\sqrt{1-\left(\frac{p}{p_0}\right)^{\frac{\varkappa-1}{\varkappa}}}}\end{aligned} \tag{34}$$

Mit den Gl. (12) kann ein senkrechter Verdichtungsstoß eingearbeitet werden.

*Beispiel*: Gegeben sind bei einer Lavaldüse die Stoß-Mach-Zahl $M_S = 2$ und das Flächenverhältnis $A_1/A^* = 3$. Erfragt ist das erforderliche Druckverhältnis $p_1/p_0$ und $A_S/A^*$, d. h. die Stoßlage (Abb. 18).

Aus (31) folgt mit $M_S = 2$, $A_S/A^* = 1{,}686$ und damit die Stoßlage. Weiter kommt aus (15) $A^*/\hat{A}^* = \hat{\varrho}_0/\varrho_0 <= \hat{p}_0/p_0 = 0{,}721$ und damit $p^*/\hat{p}^* = 1{,}387$. (34) wird hinter dem Stoß umgeformt zu

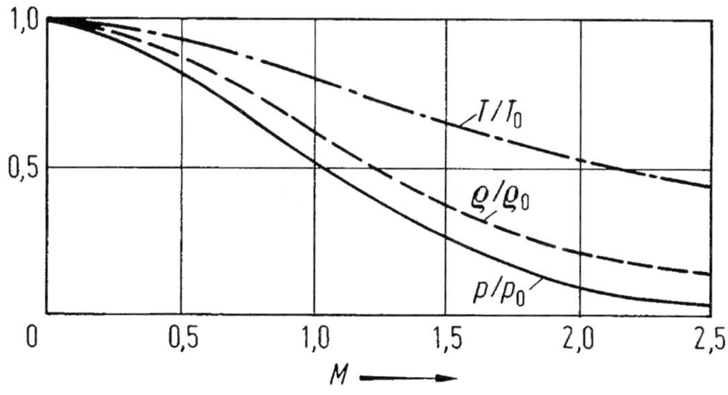


**Abb. 17** $T, \varrho, p$ als Funktion der Mach-Zahl

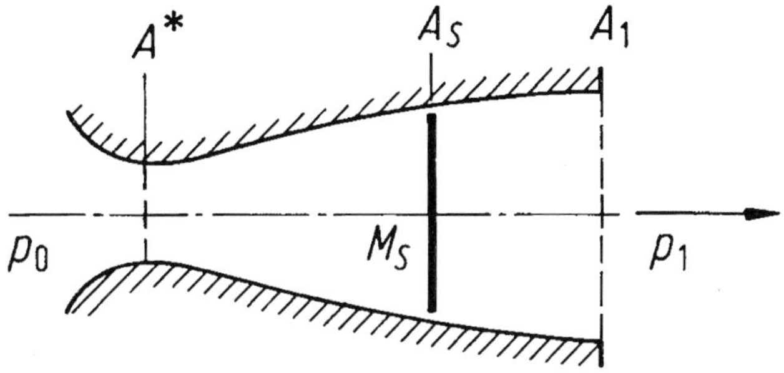


**Abb. 18** Beispiel einer Lavaldüsenrechnung

$$\frac{A_1}{A^*}\cdot\frac{A^*}{\hat{A}^*}=\frac{\sqrt{\frac{\varkappa-1}{\varkappa+1}}}{\left(\frac{p_1}{p^*}\cdot\frac{p^*}{\hat{p}^*}\right)^{\frac{1}{\varkappa}}\sqrt{1-\frac{2}{\varkappa+1}\left(\frac{p_1}{p^*}\cdot\frac{p^*}{\hat{p}^*}\right)^{\frac{\varkappa-1}{\varkappa}}}}.$$

Mit $A_1/A^* = 3$ und den soeben berechneten Werten $A^*/\hat{A}^* = 0{,}721$ und $p^*/\hat{A}^* = 1{,}387$ folgt $p_1/p^* = 1{,}28$, d. h., $p_1/p_0 = p_1/p^*{\cdot}p^*/p_0 = 1{,}28 \times 0{,}528 = 0{,}68$. Da $p_1/p_0 = 0{,}68 > p^*/p_0 = 0{,}528$, entsteht die Frage, wie diese Strömung zustande kommt (Anlaufen!). Am einfachsten denkt man sich am Düsenende den Druck abgesenkt, bis kritische Zustände eintreten. Sodann wird $p_1/p_0$ quasistationär auf 0,68 angehoben, und die oben betrachtete Strömung stellt sich ein. In der Praxis handelt es sich beim Starten um einen komplizierten instationären Vorgang, bei dem Wellen stromauf und stromab laufen, bis der stationäre Endzustand erreicht ist.

Oft treten bei technischen Anwendungen mehrere Einschnürungen in der Düse auf. Der Fall von zwei engsten ($A_1$, $A_3$) und einem weitesten Querschnitt ($A_2$) enthält alles Wesentliche. Ist $A_1 = A_3$ (Abb. 19), so herrschen in 1 und 3 gleichzeitig kritische Verhältnisse. Dort liegt jeweils ein Sattelpunkt der Integralkurven vor, während es sich bei 2 um einen Wirbelpunkt handelt. Das entnimmt man der aus (30) folgenden Beziehung in den singulären Punkten

$$\frac{\mathrm{d}M}{\mathrm{d}x}=\pm\sqrt{\frac{\varkappa+1}{4}\cdot\frac{1}{A^*}\cdot\left(\frac{\mathrm{d}^2A}{\mathrm{d}x^2}\right)^*}.$$

Ein Verdichtungsstoß zwischen 1 und 3 ist nicht möglich. Die Strömung würde sonst bereits vor dem zweiten engsten Querschnitt 3 auf Schall führen (Blockierung!). Die Abnahme der Ruhegrößen (15) und damit der kritischen Werte (33) reduziert den Massenstrom. Der Querschnitt 3 ist zu gering, um die Kontinuität zu gewährleisten.

**Abb. 19** Lavaldüse mit zwei Einschnürungen $A_1 = A_3$

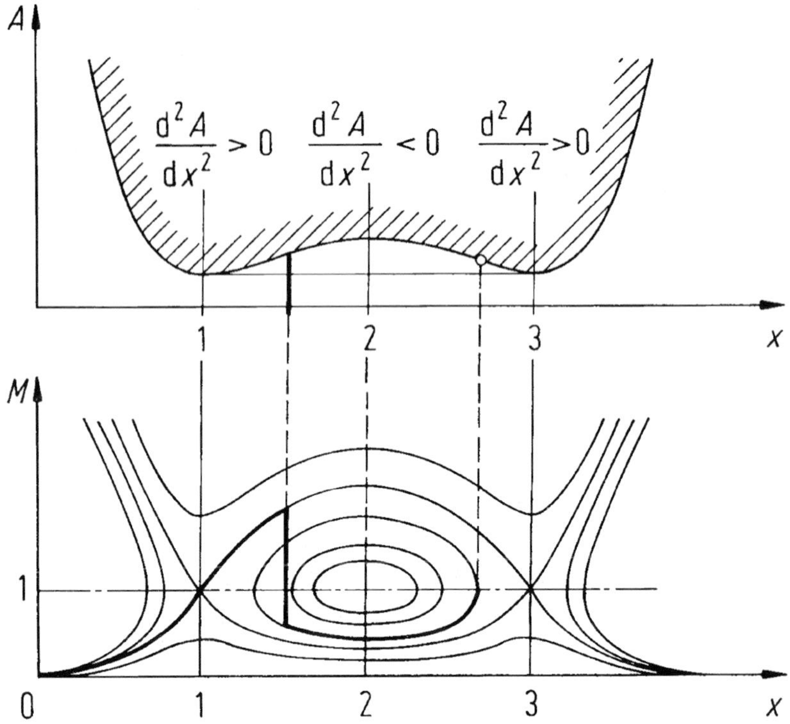


Falls $A_1 < A_3$ (Abb. 20), so liegt das Modell eines Überschallkanales vor. Die Integralkurve mit Schalldurchgang in 1 führt auf Überschall in der Messstrecke, 3 eingeschlossen. Ein Stoß zwischen 1 und 3 ist möglich, wenn der Verstelldiffusor in 3 gerade um so viel geöffnet wird, wie die Abnahme der Ruhegrößen vorschreibt. Mit der Stoß-Mach-Zahl $M_S$ und der durch (15) gegebenen Funktion $f(M)$ gilt

$$\frac{A_1}{A_3} = \frac{\hat{\varrho}^* \hat{a}^*}{\varrho^* a^*} = \frac{\hat{\varrho}_0}{\varrho_0} = \frac{\hat{p}_0}{p_0} = f(M_S).$$

*Beispiel.* Wie weit muss bei den Daten des obigen Beispiels der Verstelldiffusor (**3** in Abb. 20) geöffnet werden, um dort mindestens auf kritische Verhältnisse zu führen? $A_3/A_1 \geq \hat{A}^*/A^* = 1{,}387$.

Im Prinzip sind zwei Stoßlösungen $s$, $s'$ möglich, $s$ entspricht einem stabilen, $s'$ einem instabilen Zustand.

Im Fall $A_1 > A_3$ handelt es sich um eine mit Unterschall durchströmte Messstrecke, die frühestens in **3** auf Schall führen kann.

Liegen mehrere engste Querschnitte vor, so schreibt der absolut kleinste das Auftreten kritischer Werte vor. Ob im weiteren Verlauf Stöße möglich sind, hängt vom Öffnungsverhältnis der engsten Querschnitte ab.

## 15.5 Zweidimensionale Strömungen

Unter der Voraussetzung differenzierbarer Strömungsgrößen, d. h. in Gebieten ohne Stöße, folgen aus den Erhaltungssätzen in Integralform die zugehörigen Differenzialgleichungen. Im stationären Fall ohne Massenkräfte, Reibung und Wärmeleitung kommen aus (1) die *Kontinuitätsgleichung*

$$\frac{\partial(\varrho u)}{\partial x} + \frac{\partial(\varrho v)}{\partial y} = 0, \tag{35}$$

aus (2), (2a) die *Euler-Gleichungen*

$$u\frac{\partial u}{\partial x} + v\frac{\partial u}{\partial y} = -\frac{1}{\varrho} \cdot \frac{\partial p}{\partial x}, \tag{36a}$$

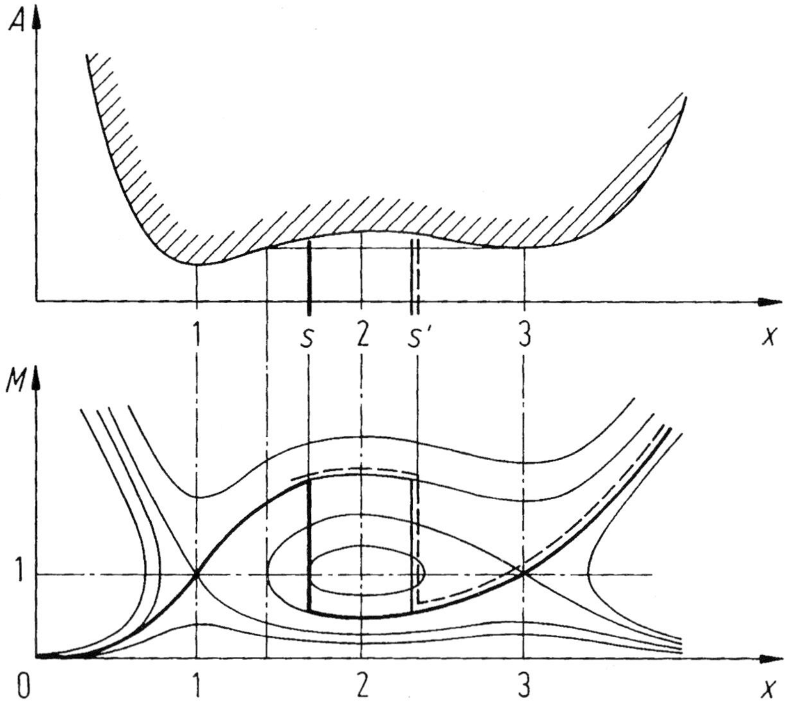


**Abb. 20** Lavaldüse mit zwei Einschnürungen $A_1 < A_3$, $s$, $s'$ Stoßlösungen

$$u\frac{\partial v}{\partial x} + v\frac{\partial v}{\partial y} = -\frac{1}{\varrho}\cdot\frac{\partial p}{\partial y}, \qquad (36b)$$

und aus (3), (3a) die Aussage, dass die *Entropie längs Stromlinien konstant* ist. Elimination von $p$ und $\varrho$ führt zur *gasdynamischen Grundgleichung*

$$\left(1-\frac{u^2}{a^2}\right)\frac{\partial u}{\partial x} + \left(1-\frac{v^2}{a^2}\right)\frac{\partial v}{\partial y} - \frac{uv}{a^2}\left(\frac{\partial u}{\partial y} + \frac{\partial v}{\partial x}\right) = 0. \qquad (37)$$

Diese Gleichung gilt auch dann, wenn die Entropie von Stromlinie zu Stromlinie variiert, was z. B. bei Hyperschallströmungen hinter stark gekrümmten Kopfwellen der Fall ist. Schließen wir dies im Augenblick aus, d. h. setzen wir Isentropie voraus, so gilt die Wirbelfreiheit. Mit dem Geschwindigkeitspotenzial $\Phi$ wird wegen $u = \partial\Phi/\partial x$, $v = \partial\Phi/\partial y$ aus (37)

$$\left(1-\frac{\Phi_x^2}{a^2}\right)\Phi_{xx} + \left(1-\frac{\Phi_y^2}{a^2}\right)\Phi_{yy} - 2\frac{\Phi_x\Phi_y}{a^2}\Phi_{xy} = 0, \qquad (38a)$$

$$a^2 = a_\infty^2 + \frac{\varkappa-1}{2}\left[w_\infty^2 - \left(\Phi_x^2 + \Phi_y^2\right)\right]. \qquad (38b)$$

Der Index $\infty$ bezeichnet den Anströmzustand.

Gl. (38a, 38b) ist eine quasilineare partielle Differenzialgleichung 2. Ordnung. Der Typ hängt von der jeweiligen Lösung ab. Er ist für

$$w = \sqrt{\Phi_x^2 + \Phi_y^2}\begin{cases} < a & \text{elliptisch (Unterschall)}, \quad (38a) \\ = a & \text{parabolisch (Schall)}, \quad (38b) \\ > a & \text{hyperbolisch (Überschall)}. \quad (38c) \end{cases}$$

Die Charakteristiken im Fall (38c) heißen Mach'sche Linien und begrenzen den Einflussbereich kleiner Störungen im Stromfeld.

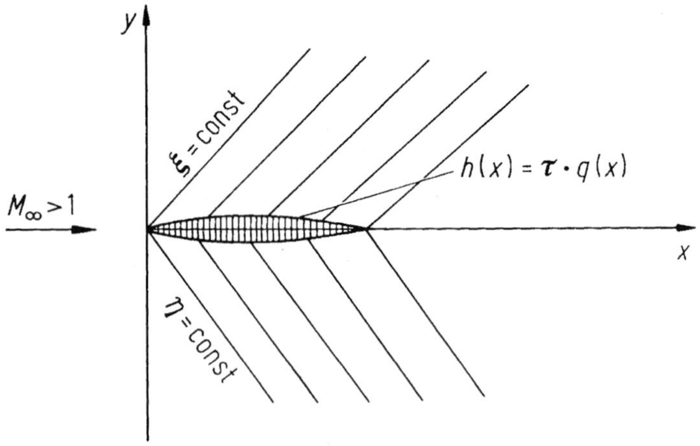


**Abb. 21** Mach'sche Linien bei der Überschallumströmung eines schlanken Profiles

### 15.5.1 Kleine Störungen, $M_\infty \lessgtr 1$

Verursacht ein Körper nur eine geringe Abweichung der wenig angestellten Parallelströmung ($u_\infty$, $v_\infty \approx \varepsilon\, u_\infty$), so machen wir den Störansatz

$$\Phi(x,y) = \underbrace{u_\infty[x + \varphi(x,y)]}_{\mathrm{I}} + \underbrace{u_\infty[\varepsilon y + \overline{\varphi}(x,y)]}_{\mathrm{II}} \tag{39}$$

I beschreibt hierin den nichtangestellten Fall, d. h. den Dickeneinfluss, II dagegen den Anstellungseffekt. Trägt man (39) in (38a, 38b) ein und linearisiert bezüglich Dicke und Anstellung, so erhält man die für $\varphi$ und $\overline{\varphi}$ gültige lineare Differenzialgleichung

$$\left(1 - M_\infty^2\right)\varphi_{xx} + \varphi_{yy} = 0. \tag{40a}$$

Die Randbedingung der tangentialen Strömung z. B. am schlanken nichtangestellten Körper (Dicke $\tau$, Profilklasse $q(x)$) ist (Abb. 21)

$$\frac{v(x,0)}{u_\infty} = \varphi_y(x,0) = \frac{\mathrm{d}h}{\mathrm{d}x} = \tau\frac{\mathrm{d}q}{\mathrm{d}x}\ . \tag{40b}$$

Die Charakteristiken (Mach'sche Linien) für (40a) lauten

$$\xi = x - \sqrt{M_\infty^2 - 1}\ y = \text{const},$$

$$\eta = x + \sqrt{M_\infty^2 - 1}\ y = \text{const}.$$

Die allgemeine – sog. d'Alembert'sche – Lösung ist

$$\varphi = F_1\left(x - \sqrt{M_\infty^2 - 1}\,y\right) + F_2\left(x + \sqrt{M_\infty^2 - 1}\,y\right).$$

Da für $M_\infty > 1$ die Strömung an der Profiloberseite unabhängig ist von der an der Unterseite, gilt die *Ackeret-Formel* (Ackeret 1925):

$$\frac{u - u_\infty}{u_\infty} = \mp\frac{\dfrac{v}{u_\infty}}{\sqrt{M_\infty^2 - 1}}\begin{cases} y > 0 \\ y < 0 \end{cases}. \tag{41}$$

Bei Anstellung tritt rechts die Differenz $v - v_\infty$ auf. In jedem Fall hängt die $u$-Störung in einem Punkt eines Überschallfeldes nur vom *lokalen* Strömungswinkel ab. Für $M_\infty < 1$ liegt dagegen stets eine *globale* Abhängigkeit vor. Bei einer Ablenkung in die Anströmung ($\vartheta > 0$) liefert (41) eine Untergeschwindigkeit (Eckenkompression), bei $\vartheta < 0$ eine Übergeschwindigkeit (Eckenexpansion). Für den Druck führt die Linearisierung der Bernoulli-Gleichung zu

$$C_p = \frac{p - p_\infty}{\frac{\varrho_\infty}{2}u_\infty^2} = -2\frac{u - u_\infty}{u_\infty}. \tag{42}$$

**Tab. 3** Auftriebs- und Widerstandsbeiwerte bei Dicke, Anstellung und Wölbung

| | | *Dicken*effekt | *Anstellungs*effekt | *Wölbungs*effekt |
|---|---|---|---|---|
| | | Parabelzweieck $\tau \neq 0$ | angestellte Platte $\varepsilon \neq 0$ | gewölbte Platte $f \neq 0$ |
| $M_\infty < 1$ | $c_A$ | 0 | $2\pi \frac{\varepsilon}{\sqrt{1-M_\infty^2}}$ | $4\pi \frac{f}{\sqrt{1-M_\infty^2}}$ |
| | $c_W$ | 0 | 0 | 0 |
| $M_\infty > 1$ | $c_A$ | 0 | $4 \frac{\varepsilon}{\sqrt{M_\infty^2-1}}$ | 0 |
| | $c_W$ | $\frac{16}{3} \cdot \frac{\tau^2}{\sqrt{M_\infty^2-1}}$ | $4 \frac{\varepsilon^2}{\sqrt{M_\infty^2-1}}$ | $\frac{64}{3} \cdot \frac{f^2}{\sqrt{M_\infty^2-1}}$ |
| | | $h(x) = 2\tau x(1-x)$ | | $h(x) = 4fx(1-x)$ |

Die Untergeschwindigkeit an der Profilvorderseite gibt damit einen Überdruck, die Übergeschwindigkeit auf der Rückseite einen Sog. Beides liefert eine Kraft in Strömungsrichtung, den sog. Wellenwiderstand (siehe z. B. (25)). Mit den Definitionen (25) und (26) für Auftriebs- und Widerstandsbeiwerte ergeben sich die drei elementaren Effekte (Dicke, Anstellung und Wölbung) in Tab. 3, die für das Verständnis der wirkenden Kräfte wichtig sind.

Durch lineare Überlagerung dieser drei Effekte, gegebenenfalls bei komplizierten Dicken- und Wölbungsverteilungen, lassen sich allgemeinere Umströmungsprobleme erfassen. Die in

$$c_A \sim \varepsilon,\ c_A \sim f,\ c_A \sim 1/\sqrt{|1-M_\infty^2|},$$
$$c_W \sim \tau^2,\ c_W \sim \varepsilon^2, c_W \sim f^2, c_W \sim 1/\sqrt{M_\infty^2-1} \tag{43}$$

enthaltenen Ähnlichkeitsaussagen gelten im Rahmen der Linearisierung allgemein und entsprechen der Prandtl-Glauert'schen Regel. Bei komplizierten Profilen ändern sich die Werte der Koeffizienten, die Abhängigkeiten von den Parametern $\tau$, $\varepsilon$, $M_\infty$ bleiben unverändert. Man kann damit leicht innerhalb einer Profilklasse Geschwindigkeits- und Druckverteilungen sowie $c_A$, $c_W$ bei Änderung von $\tau, \varepsilon, f, M_\infty$ ermitteln.

## 15.5.2 Transformation auf Charakteristiken

Die gasdynamische Grundgleichung (37) und die Wirbelfreiheit nehmen eine besonders einfache Form an, wenn man anstelle von $x$, $y$ die charakteristischen Koordinaten $\xi$, $\eta$ verwendet und von $u$, $v$ auf $w$, $\vartheta$ übergeht. $\xi = \text{const}$, $\eta = \text{const}$ beschreiben die links- bzw. rechtsläufige Mach'sche Linie, die mit der Stromlinie den Mach'schen Winkel $\alpha(\sin\alpha = 1/M)$ einschließt (Abb. 22). Es gelten auf den Charakteristiken:

$$\frac{\partial\vartheta}{\partial\xi} + \frac{\sqrt{M^2-1}}{w} \cdot \frac{\partial w}{\partial\xi} = 0 \quad \text{auf} \quad \eta = \text{const},$$
$$\frac{\mathrm{d}y}{\mathrm{d}x} = \tan(\vartheta - \alpha), \tag{44a}$$

$$\frac{\partial\vartheta}{\partial\eta} - \frac{\sqrt{M^2-1}}{w} \cdot \frac{\partial w}{\partial\eta} = 0 \quad \text{auf} \quad \xi = \text{const},$$
$$\frac{\mathrm{d}y}{\mathrm{d}x} = \tan(\theta + \alpha), \tag{44b}$$

oder in Differenzialform zusammengefasst:

$$\mathrm{d}\vartheta \pm \sqrt{M^2-1}\frac{\mathrm{d}w}{w} = 0. \tag{45}$$

Längs der Mach'schen Linien sind damit die Änderungen von Strömungswinkel $\vartheta$ und Geschwindigkeit $w$ einander proportional. Bei kleinen Störungen (Linearisierung) kommt man zur Ackeret-Formel (41) zurück:

$$\mathrm{d}\vartheta \pm \sqrt{M^2-1}\frac{\mathrm{d}w}{w} \approx \Delta\vartheta \pm \sqrt{M_\infty^2-1}\frac{\Delta w}{w}$$
$$\approx \frac{v}{u_\infty} \pm \sqrt{M_\infty^2-1}\frac{u-u_\infty}{u_\infty} = 0.$$

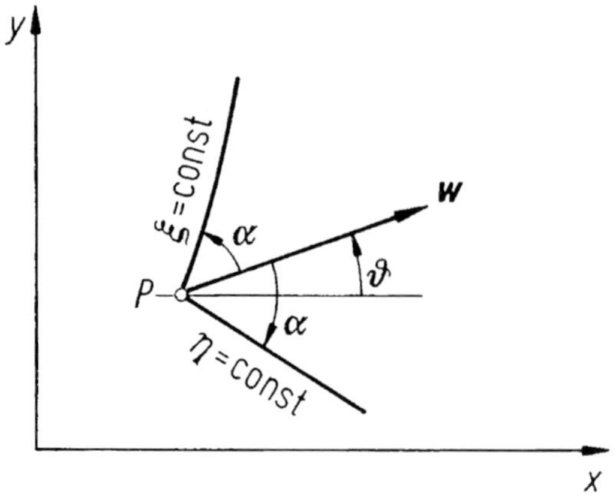


**Abb. 22** Mach'sche Linien $\xi = \text{const}$ und $\eta = \text{const}$ durch $P$

Entscheidend ist, dass in jeder Gl. (44a) und (44b) nur noch Ableitungen nach einer unabhängigen Variablen $\xi$ oder $\eta$ auftreten. Dies gestattet eine allgemeine Integration in der Hodografenebene. Mit der Normierung $M = 1$, $\vartheta = \vartheta^*$ wird

$$\vartheta - \vartheta^* = \mp \left\{ \sqrt{\frac{\varkappa+1}{\varkappa-1}} \arctan \sqrt{\frac{\varkappa-1}{\varkappa+1}\left(M^2-1\right)} - \arctan\sqrt{M^2-1} \right\}, \\ = \mp \frac{2}{3} \frac{\left(M^2-1\right)^{3/2}}{\varkappa+1} + \ldots, \quad (M \approx 1). \tag{46a}$$

Es handelt sich um eine Epizykloide zwischen dem Schallkreis $w = a^*$ und dem mit der Maximalgeschwindigkeit (28)

$$w = w_{\max} = \sqrt{(\varkappa+1)/(\varkappa-1)}\,a^*.$$

In Schallnähe ($M \approx 1$) tritt eine Spitze auf (46a). Im Hyperschall ($M_\infty{}^2$, $M^2 \gg 1$) gilt mit der Normierung $M = M_\infty$, $\vartheta = \vartheta_\infty$:

$$\vartheta - \vartheta_\infty = \mp \frac{2}{\varkappa-1}\left(\frac{1}{M_\infty} - \frac{1}{M}\right) + \ldots \tag{47a}$$

Die Epizykloide läuft tangential in $w = w_{\max}$ ein. Aus (46a) ergibt sich der maximale Umlenkwinkel $\vartheta_{\max}$ bei Expansion eines Schallparallelstrahles ins Vakuum ($M \to \infty$):

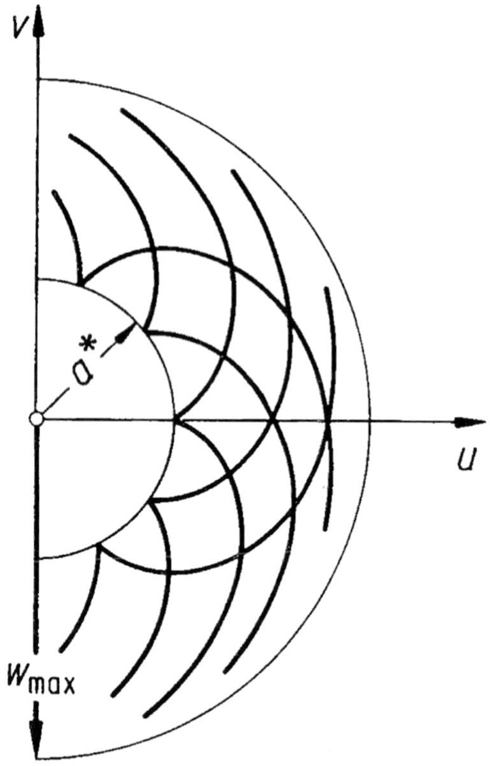


**Abb. 23** Epizykloiden in der Hodografenebene

$$\vartheta_{\max} - \vartheta^* = \mp \frac{\pi}{2}\left(\sqrt{\frac{\varkappa+1}{\varkappa-1}} - 1\right) \\ = \mp \begin{cases} 90^\circ & \varkappa = 5/3 = 1{,}66 \\ 130{,}5^\circ, & \varkappa = 7/5 = 1{,}40 \\ 148{,}1^\circ, & \varkappa = 4/3 = 1{,}33. \end{cases} \tag{48}$$

Durch Drehung um den Ursprung entsteht das Epizykloidendiagramm (Abb. 23), das zusammen mit dem Busemann'schen Stoßpolarendiagramm (Abb. 11) zur Berechnung von Überschallströmungsfeldern benutzt wird. Im Ausgangspunkt stimmen Epizykloide und Stoßpolaren in Tangente und Krümmung überein (Busemann 1936), d. h., schwache Stöße verlaufen näherungsweise isentrop. Siehe hierzu die frühere Anmerkung über die RH-Kurve und die Isentrope (Abb. 3). Die Tangente an die Epizykloide und die Stoßpolare wird durch die Ackeret-Formel (41) gegeben.

Die Integration von (44a und 44b) ist in der Hodografenebene allgemein durchgeführt. Wich-

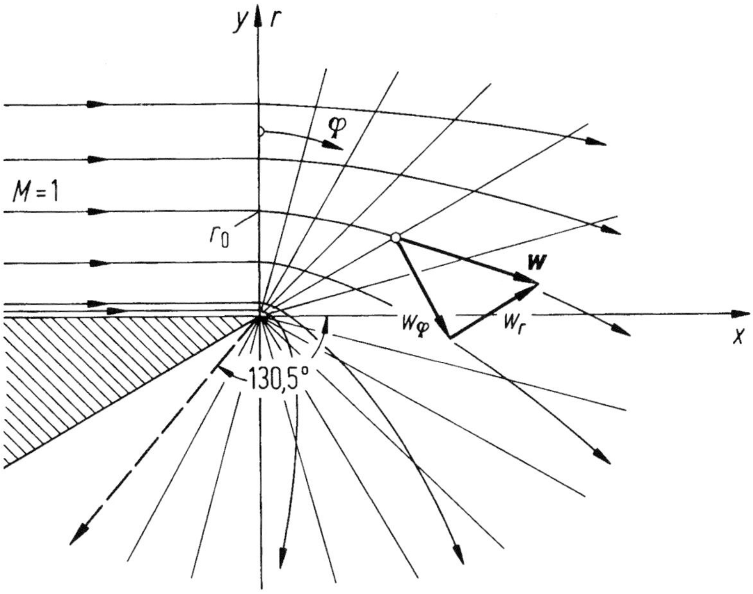


**Abb. 24** Prandtl-Meyer-Expansion in der Strömungsebene

tig ist die Übertragung in die Strömungsebene und gegebenenfalls die Einarbeitung von Verdichtungsstößen. Dies erfolgt meistens auf numerischem Wege durch Differenzenapproximation der Charakteristikengleichungen.

### 15.5.3 Prandtl-Meyer-Expansion (Prandtl 1907; Meyer 1908)

Für die zentrierte Eckenexpansion eines Schallparallelstrahles (Abb. 24) ist auch in der Strömungsebene eine explizite Lösung möglich. Auf allen Strahlen durch die Ecke sind die Strömungsgrößen konstant, d. h., sie sind nur von $\varphi$ abhängig. Für die Radial- ($w_r$) und die Umfangskomponente $w_\varphi$ der Geschwindigkeit gilt (Zierep 1991a):

$$w_r = w_{\max} \sin \sqrt{\frac{\varkappa - 1}{\varkappa + 1}}\varphi, \qquad w_\varphi = a = a^* \cos \sqrt{\frac{\varkappa - 1}{\varkappa + 1}}\varphi. \tag{49}$$

Bei der Expansion

$$0 \leqq \varphi \leqq \varphi_{\max} = \sqrt{(\varkappa + 1)/(\varkappa - 1)} \cdot \pi/2$$

wächst $w_r$ von 0 auf $w_{\max}$ an, während $w_\varphi$ von $a = a^*$ auf 0 abfällt. Der Grenzwinkel $\varphi_{\max}$ entspricht (48). Für die Stromlinie durch den Punkt $\varphi = 0$, $r = r_0$ gilt

$$r = \frac{r_0}{\left(\cos \sqrt{\frac{\varkappa - 1}{\varkappa + 1}}\varphi\right)^{\frac{\varkappa+1}{\varkappa-1}}}.$$

Für $\varphi \to \varphi_{\max}$ geht $r \to \infty$. Der ganzen Strömungsebene entspricht im Hodografen der Epizykloidenast von

$$M = M^* = 1 \quad \text{bis} \quad M^*_{\max} = \sqrt{(\varkappa + 1)/(\varkappa - 1)}$$

bei der Umlenkung (48). Die Abbildung entartet also. Bei der Expansion eines Überschallparallelstrahles ($M_1 > 1$, $\vartheta_1 = 0$) längs einer gekrümmten Wandkontur (Abb. 25) ist die Darstellung analog. Die ($\xi$ = const)-Charakteristiken sind geradlinig, da die Expansion an ein Gebiet konstanten Zustandes anschließt, sog. einfache Welle. Die ($\eta$ = const)-Kurven sind zur Wand gekrümmt. Im Hodografen entspricht der Expansion das Stück auf der Epizykloide von $P'_1 \to P'_6$.

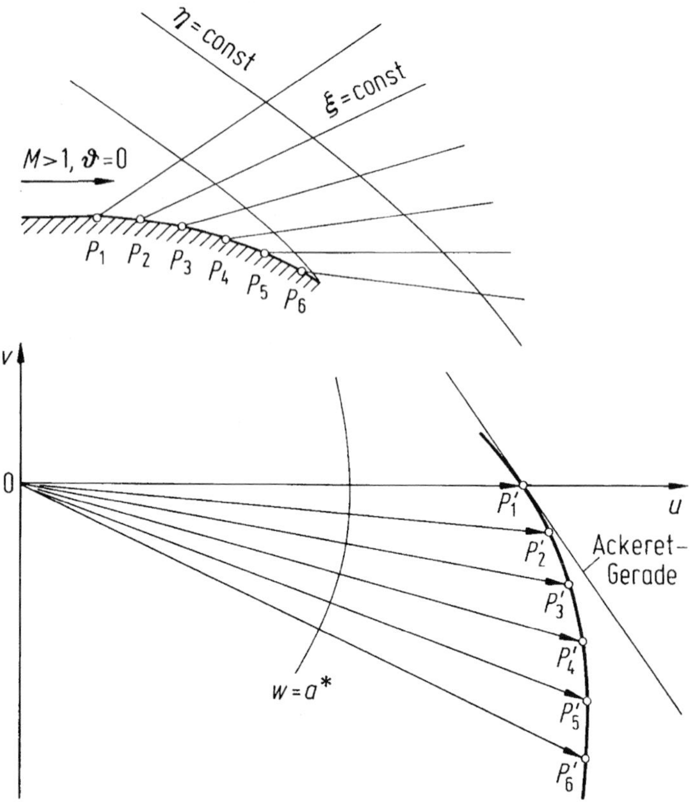


**Abb. 25** Überschallexpansion in der Strömungsebene und im Hodografen

## 15.5.4 Düsenströmungen

Mit den Charakteristikengleichungen (44a und 44b) kann man das zweidimensionale Strömungsfeld im Überschallteil von Lavaldüsen berechnen. Dazu schreibt man (44a und 44b) in Differenzenapproximation und diskretisiert gleichzeitig die Anfangs- oder Randvorgaben. Sind $w$ und $\vartheta$ auf der *Anfangskurve A* bekannt, z. B. in den Punkten $P$ und $Q$ (Abb. 26), so kann man im jeweiligen Schnittpunkt der Charakteristikenrichtungen, z. B. $R$, $w_R$ und $\vartheta_R$, aus dem aus (44a und 44b) folgenden linearen Gleichungssystem bestimmen:

$$\vartheta_R - \vartheta_P - \sqrt{M_P^2 - 1}\,\frac{w_R - w_P}{w_P} = 0, \quad \zeta = \text{const.} \tag{50a}$$

$$\vartheta_R - \vartheta_Q + \sqrt{M_Q^2 - 1}\,\frac{w_R - w_Q}{w_Q} = 0, \quad \zeta = \text{const.} \tag{50b}$$

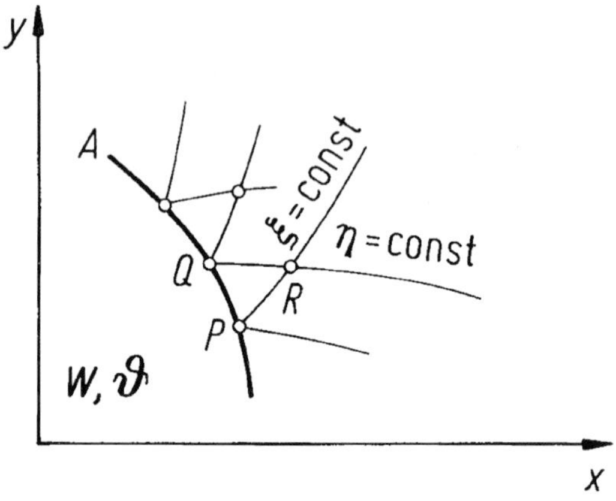


**Abb. 26** Zur Lösung der Anfangswertaufgabe

Durch wiederholte Anwendung derselben Operationen kann man alle Strömungsdaten im Einflussbereich der Anfangswerte berechnen. Dasselbe Verfahren kann in der Hodografenebene mithilfe der Epizykloiden durch die Bildpunkte von $P$ und $Q$ durchgeführt werden. Liegt in $R$ ein *Rand* vor, so führt nur eine Charakteristik zu ihm

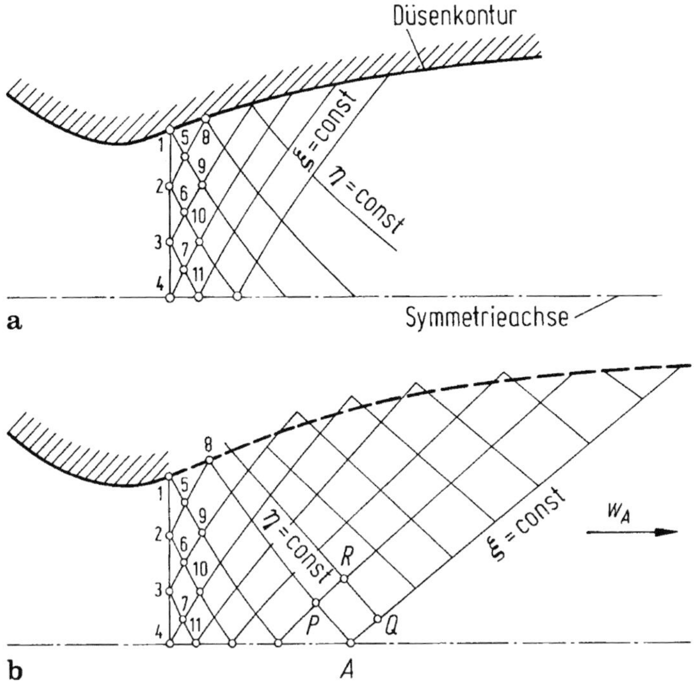


**Abb. 27** Lavaldüse. **a** Charakteristikenverfahren, **b** Konstruktion der Parallelstrahldüse

(z. B. $\eta$ = const) und es gilt (48b). Im Fall der festen Wand ist $\vartheta_R$ dort vorgeschrieben, und wir erhalten $w_R$. Handelt es sich um einen freien Strahlrand (z. B. am Düsenaustritt), so kennen wir dort den Druck und damit $w_R$. Gl. (50 b) liefert dann die Strahlrichtung $\vartheta_R$.

Bei einer Lavaldüse ist die Kontur vorgegeben (Abb. 27a). Hinter dem engsten Querschnitt seien die Überschallanfangswerte (transsonische Lösung) z. B. für 1, 2, 3 und 4 bekannt, 5, 6, 7, 9, 10 ergeben sich durch Lösung des Anfangswertproblems, 8 und 11 aus dem Randwertproblem. So kann das gesamte Überschallstromfeld zwischen Düsenkontur und Symmetrieachse sukzessive bestimmt werden. Handelt es sich dagegen um die Bestimmung einer Parallelstrahldüse, wie sie z. B. in der Messstrecke eines Überschallkanales benötigt wird, so ist die Kontur nur bis zum Anfangsquerschnitt gegeben (Abb. 27b). Die Expansion am Rand (9) erfolgt soweit, bis auf der Achse $A$ die gewünschte Austrittsgeschwindigkeit $w_A$ erreicht ist. Die durch $A$ gehende ($\xi$ = const)-Charakteristik ($w_A$, $\vartheta_A = 0$) ist geradlinig. Nun werden in dem durch die beiden Charakteristiken $\xi$ = const und $\eta$ = const begrenzten Winkelbereich mit Spitze in $A$ die Strömungsdaten ($w$, $\vartheta$) berechnet. Die gewünschte Düsenkontur ergibt sich als Stromlinie, die auf das Richtungsfeld passt (Abb. 28).

### 15.5.5 Profilumströmungen

An der Profilspitze soll für $M_\infty > 1$ ein anliegender Stoß auftreten. Wir erläutern das Wesentliche zunächst an der Keilströmung (Abb. 29). Eingetragen sind neben dem Stoß die Mach'schen Linien, die hier geradlinig sind. Bei geringer Überschallanströmung ($M_\infty = 1{,}20$) handelt es sich um einen schwachen, steilen Stoß, der winkelhalbierend zwischen den linksläufigen Mach'schen Linien vor und hinter dem Stoß verläuft. Je größer $M_\infty$ ist, desto mehr neigt sich der Stoß zur Keiloberfläche, seine Intensität nimmt dabei zu. Die Beeinflussung der Strömung durch den Keil beschränkt sich bei solchen Hyperschallströmungen auf den schmalen Sektor zwischen Stoß und Keiloberfläche.

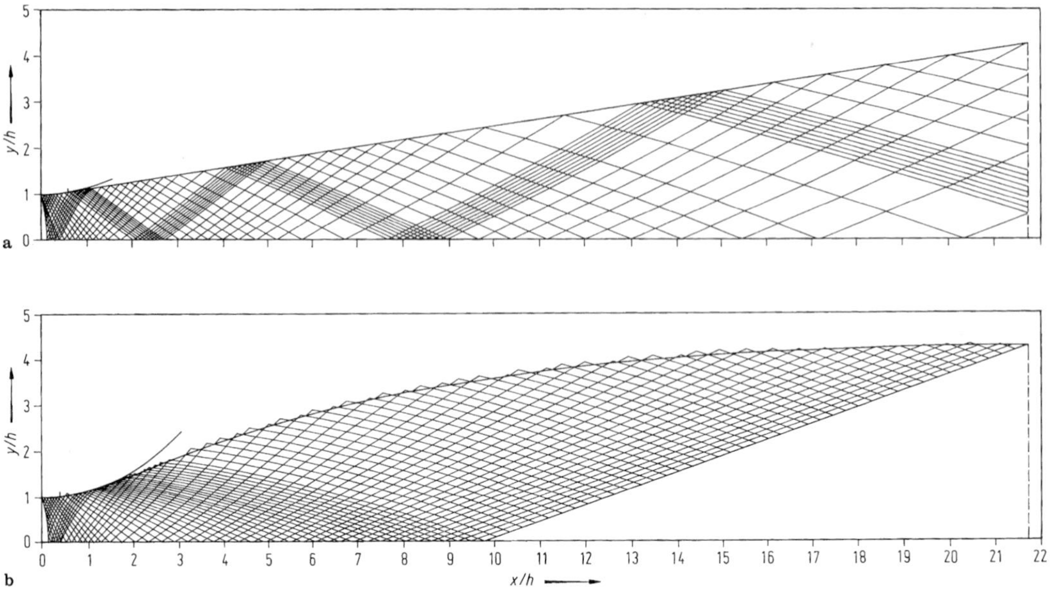


**Abb. 28** Berechnete Lavaldüsen, Austrittsmachzahl $M = 3$, $\varkappa = 1,4$. **a** Keildüse, **b** ebene Parallelstrahldüse (Woerner und Oertel 1978)

Liegt anstelle eines Keiles ein gekrümmtes Profil vor, so muss die Rechnung in Differenzenform unter Verwendung der Charakteristiken- und der Stoßgleichungen erfolgen. An der Körperspitze beginnen wir lokal mit der Keillösung. Sodann rechnen wir (Abb. 29) längs $\xi = \text{const}$ mit (44b) vom Körper an den Stoß heran (Stoßrandwertaufgabe). Im Hodografen führt dies auf den Schnitt einer Epizykloiden mit der Stoßpolaren. Dadurch ergeben sich alle Strömungsdaten hinter dem Stoß sowie eine abgeänderte Neigung $\Theta$ desselben. Damit kann die Rechnung im Feld zwischen Stoß und Körper fortgesetzt werden. Abb. 30 zeigt den Stoß sowie das Charakteristikennetz für ein Parabelzweieck ($\tau = 0{,}10$) bei $M_\infty = 2$.

### 15.5.6 Transsonische Strömungen

In transsonischen – schallnahen – Strömungen ist im ganzen Strömungsfeld die Teilchengeschwindigkeit etwa gleich der Schallgeschwindigkeit (Signalgeschwindigkeit). Der Körper bewegt sich also nahezu mit der Geschwindigkeit, mit der von ihm Störungen ausgesandt werden. Die typischen Eigenschaften solcher Felder erkennt man bereits bei der Umströmung schlanker Profile (Abb. 31a–c). Bei schallnaher Unterschallanströmung $M_\infty \lesssim 1$ (Abb. 31a) entsteht in der Umgebung des Dickenmaximums ein *lokales Überschallgebiet*, das stromabwärts in der Regel durch einen Verdichtungsstoß abgeschlossen wird. Die lokale Machzahlverteilung auf der Profilstromlinie veranschaulicht die Strömung. Vor dem Körper erfolgt ein Abbremsen bis zum Staupunkt, danach Beschleunigung auf Überschall; im Stoß Sprung auf Unterschall mit anschließender Nachexpansion; dann Verzögerung zum hinteren Staupunkt mit nachfolgender Annäherung an die Zuströmung. Im schallnahen Überschall $M_\infty \gtrsim 1$ (Abb. 31c) löst die Kopfwelle in der Regel ab. Zwischen Stoß und Körper liegt ein *lokales Unterschallgebiet*. Durch die Verdrängung am Körper kommt es anschließend zu einer Beschleunigung auf Überschall bis zur Schwanzwelle. Die Grenz-Machlinie ist die letzte vom Körper ausgehende Charakteristik, die das Unterschallgebiet trifft, während die Einflussgrenze die vom Unterschallgebiet ausgehenden Störungen stromabwärts berandet. $M_\infty \to 1$ führt zum Grenzfall der Schallanströmung (Abb. 31b). Die Schalllinie geht bis zum Unendlichen und die Strömung wird am Körper bis zur Schwanzwelle

**Abb. 29** Zur Überschallströmung am Keil

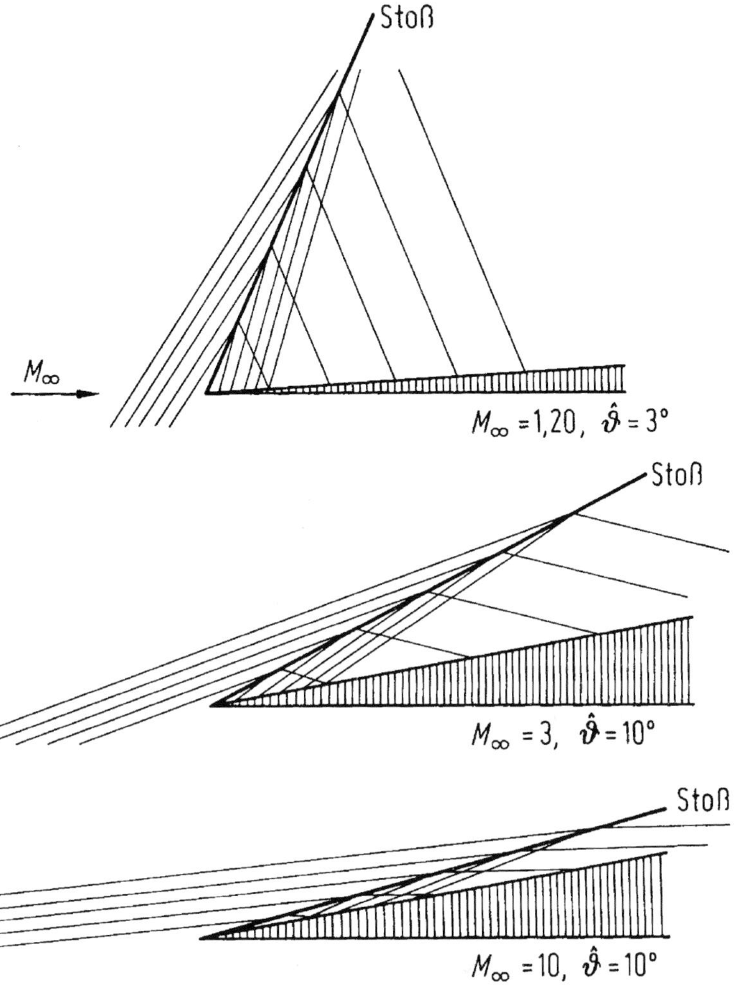


**Abb. 30** Überschallströmung ($M_\infty = 2$) um ein 10 % dickes Parabelzweieck

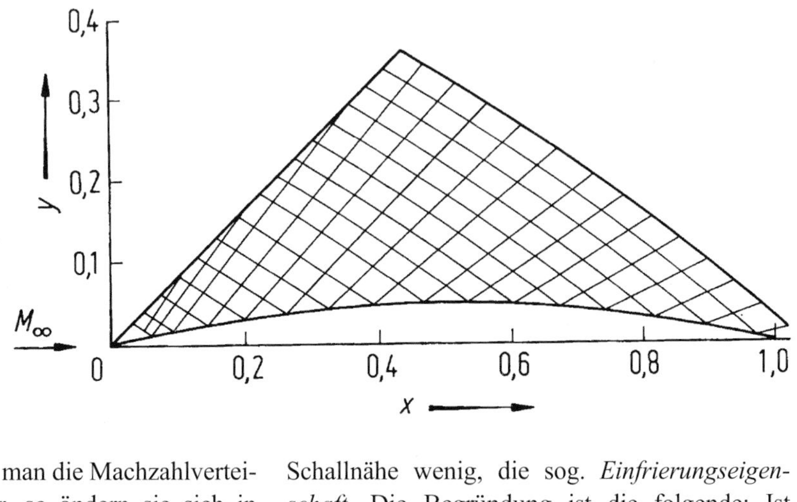


beschleunigt. Vergleicht man die Machzahlverteilungen auf dem Körper, so ändern sie sich in Schallnähe wenig, die sog. *Einfrierungseigenschaft*. Die Begründung ist die folgende: Ist

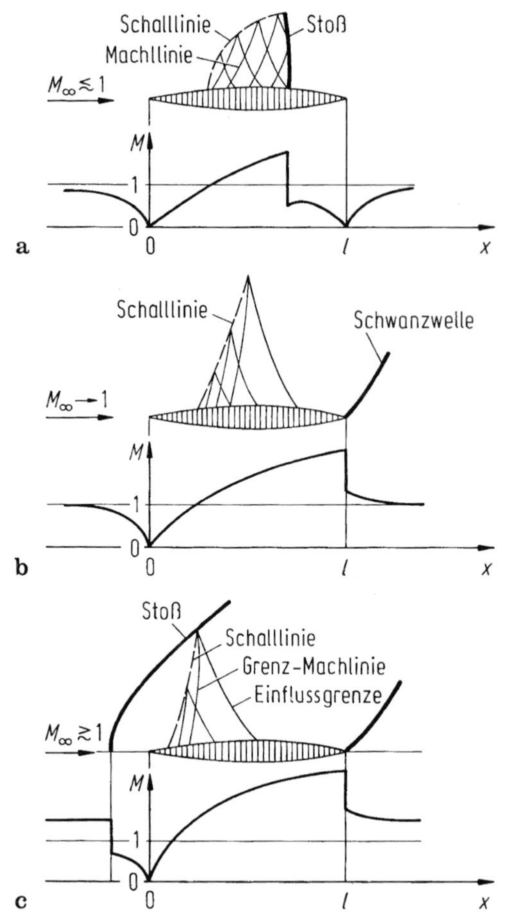


**Abb. 31** Stromfelder und Machzahlverteilungen. a $M_\infty \lesssim 1$, b $M_\infty = 1$, c $M_\infty \gtrsim 1$

$M_\infty \gtrsim 1$ sehr wenig über 1, so steht die Kopfwelle als nahezu senkrechter Stoß in großer Entfernung mit $\hat{M}_\infty \lesssim 1$. Damit registriert das Profil die schallnahe Überschallanströmung quasi als Unterschallanströmung, d. h., die Strömungsdaten auf dem Profil ändern sich von $M_\infty \lesssim 1$ nach $M_\infty \gtrsim 1$ nur noch unwesentlich.

Für schlanke Profile, die nur kleine Störungen der Parallelströmung hervorrufen, gilt jetzt statt (40a)

$$\left(1 - M_\infty^2\right)\varphi_{xx} + \varphi_{yy} = f(M_\infty,\varkappa)\varphi_x\varphi_{xx}, \quad (51a)$$

$$f(M_\infty,\varkappa) = M_\infty^2\left\{2 + (\varkappa - 1)M_\infty^2\right\} \to \varkappa + 1$$
$$\text{für } M_\infty \to 1;$$
$$\varphi_y(x,0) = \frac{dh}{dx} = \tau\frac{dq}{dx}. \quad (51b)$$

Der rechts in (51a) auftretende nichtlineare Term ist der erste in einer Entwicklung und muss berücksichtigt werden, weil in Schallnähe durchaus

$$1 - M_\infty^2 \approx f(M_\infty,\varkappa)\varphi_x \approx (\varkappa + 1)\varphi_x$$

gelten kann. Insbesondere im Grenzfall $M_\infty \to 1$ wird

$$\varphi_{yy} = (\varkappa + 1)\varphi_x\varphi_{xx}, \quad \varphi_y(x,0) = \tau\frac{dq}{dx}. \quad (52)$$

Es handelt sich um quasilineare partielle Differenzialgleichungen. Die Schwierigkeiten bei der Lösung derselben (numerisch oder analytisch) entsprechen der physikalischen Problematik (Abb. 31a-c). Allerdings sind Ähnlichkeitsaussagen möglich. Die Prandtl-Glauert-Transformationen der linearen Theorie gelten auch hier, wenn Profile betrachtet werden, für die der schallnahe Kármán'sche Parameter (Kármán 1947) konstant ist:

$$\chi = \frac{|\,1 - M_\infty^2\,|}{(\varkappa + 1)^{2/3}\tau^{2/3}}. \quad (53)$$

Vergleicht man Profile verschiedener Dicke $\tau$ miteinander, so müssen die Machzahlen $M_\infty$ dementsprechend gewählt werden. Die Prandtl-Meyer-Expansion (46a) enthält sofort die Aussage $\chi = \text{const}$, wenn man die Umlenkung als Maß für die Dicke betrachtet. Dem Parameter (53) kommt eine Schlüsselrolle zu. Aus (51a) und (41) folgt z. B. als Abgrenzung

$\chi \gg 1$ lineare Theorie,
$\chi \lesssim 1$ transsonische, nichtlineare Theorie.

Das heißt, der Gültigkeitsbereich der jeweiligen Theorie hängt sowohl von $\tau$ als auch von $M_\infty$ ab. Viele charakteristische Eigenschaften bei der Profilumströmung sind durch (53) bestimmt. Für die Stoßlage (Abb. 31a) gilt $x_s/l = g(\chi)$, wobei $g$ allein durch die Profilklasse gegeben ist. Für den Stoßabstand von der Körperspitze (Abb. 31c) ergibt sich $d/l = f(\chi)$.

**Abb. 32** Zur Strömung im blockierten Kanal

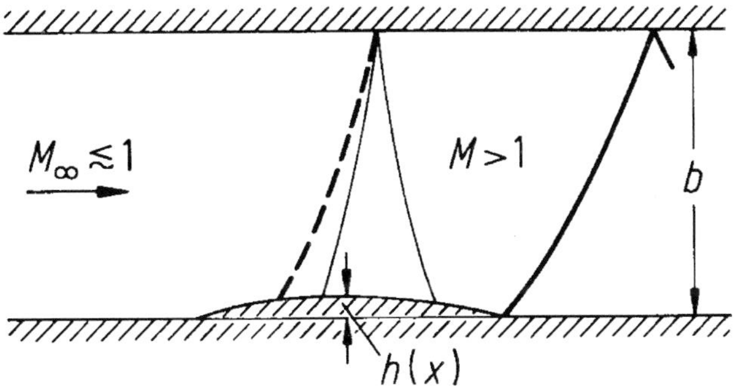


**Tab. 4** Ebener und rotationssymmetrischer Fall im Vergleich

| $\frac{h_{max}}{b}$ | | 0,01 | 0,05 |
|---|---|---|---|
| $M_{\infty\ \text{Block}}$ | zweidimensional | 0,89 | 0,75 |
| | rotationssymmetrisch | 0,99 | 0,95 |

Hier kann für alle Profile die asymptotische Aussage $f \sim 1/\chi^2$ gemacht werden (Zierep 1968). Wann zum ersten Mal am Dickenmaximum Schall erreicht wird (kritische Mach-Zahl), wann der abschließende Stoß in die Schwanzwelle übergeht, wann die Kopfwelle ablöst, ist allein durch einen charakteristischen $\chi$-Wert bestimmt.

Die experimentelle Realisierung transsonischer Strömungen bereitet Schwierigkeiten. Im schallnahen Unterschall kommt es zur *Blockierung*, wenn die Schallinie vom Körper bis zur Gegenwand reicht (Abb. 32). Die Stromfadentheorie liefert

$$M_{\infty\text{Block}} = \begin{cases} 1 - \sqrt{\dfrac{\varkappa+1}{2} \cdot \dfrac{h_{max}}{b}} & \text{zweidimensional,} \\ 1 - \sqrt{\dfrac{\varkappa+1}{2} \cdot \dfrac{h_{max}}{b}} & \text{rotations-symmetrisch,} \end{cases}$$

Der Einfluss ist im ebenen Fall gravierend, Tab. 4. Eine Steigerung von $M_{\infty\ \text{Block}}$ über die angegebenen Werte hinaus ist nur durch Änderung der Randbedingungen an der Gegenwand möglich (Absaugen, Adaption, usw.). Der Blockierungszustand dient häufig der Simulation der Schallanströmung. Bei $M_\infty > 1$ werden die Mach'schen Wellen an der *Kanalwand* reflektiert (Abb. 33). Für

$$\frac{b}{l} \geqq \frac{1}{\sqrt{M_\infty^2 - 1}} = \tan\alpha_\infty$$

treffen sie nicht mehr auf den Körper und haben keinen Einfluss auf die Strömungswerte.

**Profilströmungen und Lavaldüsen-Lösung**

Mit der transsonischen Lavaldüsen-Lösung kann man die Eigenschaften der Profilströmungen (Abb. 31) bestätigen und die Ausgangswerte für das Charakteristikenverfahren (Abb. 27 und 28) berechnen. Gl. (52) hat die Polynomlösung

$$\varphi(x,y) = Ax^2 + 2A^2(\varkappa+1)xy^2 + \frac{A^3(\varkappa+1)^2}{3}y^4, \tag{54a}$$

$$\varphi_x = \frac{u - a^*}{a^*} = 2Ax + 2A^2(\varkappa+1)y^2, \tag{54b}$$

$$\varphi_y = \frac{v}{a^*} = 4A^2(\varkappa+1)xy + \frac{4}{3}A^3(\varkappa+1)^2y^3. \tag{54c}$$

Für $A > 0$ ist dies eine längs der $x$-Achse (Symmetrieachse der Düse) von Unterschall auf Überschall beschleunigte Strömung. Die Schalllinie ($\varphi_x = 0$) ist eine Parabel (Abb. 34) $y = \pm\sqrt{-\frac{x}{A(\varkappa+1)}}$.

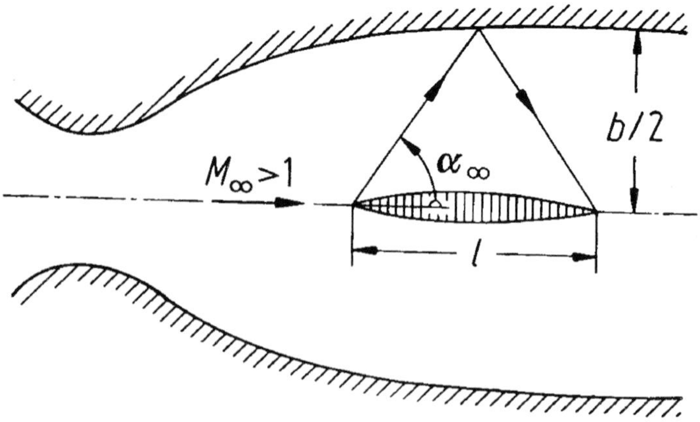


**Abb. 33** Zur Reflektion der Mach'schen Linien an der Kanalwand

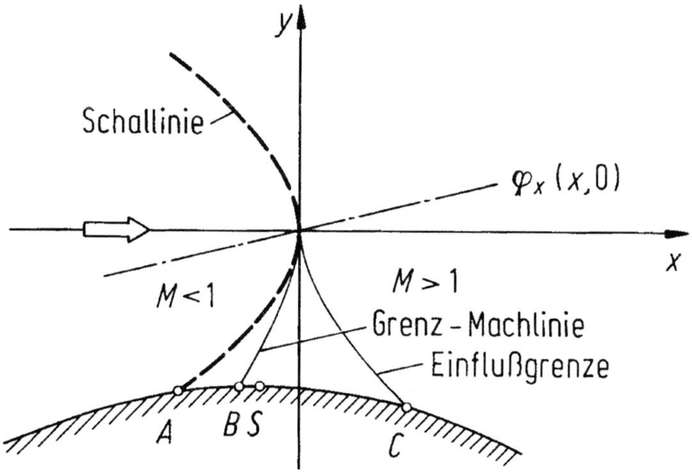


**Abb. 34** Lavaldüsenströmung

Die Wandstromlinie ($y(0) = y^*$) folgt durch Integration aus (54c)

$$y - y^* = 2A^2(\varkappa + 1)y^*x^2 + \tfrac{4}{3}A^3(\varkappa + 1)^2 y^{*3}x,$$

mit dem Scheitel bei $x_s = -A(\varkappa + 1)/3 \cdot y^{*2}$.

Für die Charakteristiken (44a und 44b) kommt mit $|\vartheta| \ll \alpha$ und $M_\infty \to 1$

$$\frac{dy}{dx} = \tan(\vartheta \mp \alpha) = \mp \tan\alpha = \mp \frac{1}{\sqrt{M^2 - 1}}$$

$$= \mp \frac{1}{\sqrt{M_\infty^2 - 1 + f(M_\infty, \varkappa)\dfrac{u - u_\infty}{u_\infty}}}$$

$$= \mp \frac{1}{\sqrt{(\varkappa + 1)\dfrac{u - a^*}{a^*}}}$$

die gewöhnliche Differenzialgleichung 1. Ordnung

$$\frac{dy}{dx} = \mp \frac{1}{\sqrt{2A(\varkappa+1)[x + A(\varkappa+1)y^2]}}.$$

Alle Mach'schen Linien besitzen Spitzen mit vertikaler Tangente auf der Schallinie. Grenz-Machlinie: $y = \pm\sqrt{(-2x)/(A(\varkappa + 1))}$, Einflussgrenze: $y = \pm\sqrt{x/(A(\varkappa + 1))}$. Die Schalllinie und die Grenz-Machlinie (Abb. 34) treffen ($A$, $B$) bereits vor dem engsten Querschnitt (Scheitel $S$) auf die Düsenwand, die Einflussgrenze danach. Dies entspricht völlig der Profilströmung (Abb. 31c). Die Ergebnisse können mit ($R^*$ Krümmungsradius)

$A = \frac{1}{2\sqrt{(\varkappa+1)R^* y^*}}$ auf eine vorgegebene Düse umgerechnet werden. Für den Massenstrom $\dot{m}$ ergibt sich (Düsenbreite $b$ (Oswatitsch und Rothstein 1942):

$\frac{\dot{m}}{\varrho^* a^* y^* b} = 1 - \frac{\varkappa+1}{90}\left(\frac{y^*}{R^*}\right)^2$, eine in der Regel kleine Abnahme gegenüber dem Stromfadenwert. Im

**Tab. 5** Größenordnung der Geschwindigkeitsstörungen

| $M_\infty$ | $<1$ | $\approx 1$ | $>1$ | $\gg 1$ | |
|---|---|---|---|---|---|
| $\frac{u-u_\infty}{u_\infty}$ | $\tau$ | $\tau^{2/3}$ | $\tau$ | $\tau^2$ | zweidimensional |
| $\frac{v}{u_\infty}$ | $\tau$ | | | | |
| $\frac{u-u_\infty}{u_\infty}$ | $\tau^2 \ln \tau$ | $\tau^2$ | $\tau^2 \ln \tau$ | $\tau^2$ | achsensymmetrisch |

**Tab. 6** Auftriebsbeiwerte der ebenen Platte

| $M_\infty$ | $\ll 1$ | $<1$ | $\approx 1$ | $>1$ | $\gg 1$ |
|---|---|---|---|---|---|
| $c_A$ | $2\pi\varepsilon$ | $\frac{2\pi\varepsilon}{\sqrt{1-M_\infty^2}}$ | $\frac{5{,}72\varepsilon^{2/3}}{(\varkappa+1)^{1/3}}$ | $\frac{4\varepsilon}{\sqrt{M_\infty^2-1}}$ | $(\varkappa+1)\,\varepsilon^2$ |
| $\varepsilon = 5°$ | 0,55 | | 0,84 | 0,35 | 0,018 |
| | | | | $(M_\infty = \sqrt{2})$ | |

**Tab. 7** Widerstandsbeiwerte für das Rhombusprofil

| $M_\infty$ | $\approx 1$ | $>1$ | $\gg 1$ |
|---|---|---|---|
| $c_W$ | $\frac{5{,}47\tau^{5/3}}{(\varkappa+1)^{1/3}}$ | $\frac{4\tau^2}{\sqrt{M_\infty^2-1}}$ | $2\,\tau^3$ |
| $\tau = 0{,}10$ | 0,088 | 0,04 | 0,002 |
| | | $(M_\infty = \sqrt{2})$ | |

achsensymmetrischen Fall ist lediglich rechts im Nenner 90 durch 96 zu ersetzen.

**Einordnung der transsonischen Strömungen**
Zur Einordnung stellen wir die Größenordnungen der Geschwindigkeitsstörungen auf schlanken nichtangestellten Körpern ($\tau \ll 1$) in Tab. 5 zusammen (Zierep 1991b):

Während also für $M_\infty \lessgtr 1$ im zweidimensionalen Fall $u$- und $v$-Störungen stets von gleicher Größenordnung sind, ist in Schallnähe die $u$-Störung größer und im Hyperschall kleiner als die $v$-Störung. Das liegt an den unterschiedlichen physikalischen Strukturen dieser Strömungsfelder.

**Auftriebs- und Widerstandsbeiwerte**
Wichtig für die Anwendungen ist der *Auftriebsbeiwert* $c_A$ der ebenen Platte bei geringer Anstellung ($\varepsilon \ll 1$), zusammengestellt in Tab. 6.

Der Wert bei Schall ist bemerkenswert groß (Guderley 1954).

Der *Widerstandsbeiwert* $c_W$ für das Rhombusprofil (Guderley und Yoshira 1950) sind in Tab. 7 zusammengefasst.

Weitere Betrachtungen zur Gasdynamik finden sich in den Grundlagenwerken (Becker 1969; Oswatitsch (1976), (1977) sowie in (Oertel 1994; Oertel und Laurien 2013).

## Literatur


Ackeret J (1925) Luftkräfte an Flügeln, die mit größerer als Schallgeschwindigkeit bewegt werden. Z Flugtechn Motorluftsch 16:72–74

Becker E (1969) Gasdynamik. Teubner, Stuttgart

Busemann A (1930) In: Gilles A, Hopf L, von Kármán T (Hrsg) Vorträge aus dem Gebiet der Aerodynamik (Aachen 1929). Springer, Berlin, S 162

Busemann A (1936) Aerodynamischer Auftrieb bei Überschallgeschwindigkeit. Proc. Volta Congress, Rome, 329–332

Eichelberg G (1934) Zustandsänderungen idealer Gase mit endlicher Geschwindigkeit. Forsch Ing-Wes 5:127–129

Guderley KG (1954) The flow over a flat plate with a small angle of attack. J Aeronaut Sci 21:261–274

Guderley KG, Yoshihara H (1950) The flow over a wedge profile at Mach number 1. J Aerosp Sci 17:723–735

Hugoniot H (1889) Mémoire sur la propagation du mouvement dans les corps et spécialement dans les gases parfaits. J. Ecole polytech Cahier 57:1–97; Cahier 58:1–125

Kármán Th. v (1936) The problem of resistance in compressible fluids. Proc. Volta Congress, Rome, 222–283

Kármán T v (1947) The similarity law of transonic flow. J Math Phys 26:182–190

Lord Rayleigh JWS (1911) Aerial plane waves of finite amplitude. Proc Roy Soc London A 84:247–284

Meyer, Th (1908) Über zweidimensionale Bewegungsvorgänge in einem Gas, das mit Überschallgeschwindigkeit strömt. Diss. Göttingen, VDI-Forsch.-Heft 62

Oertel Hj (1994) Aerothermodynamik. Springer, Berlin

Oertel Hj, Laurien E (2013) Numerische Strömungsmechanik, 5. Aufl. Springer Vieweg, Wiesbaden

Oswatitsch K (1944) Der Druckwiderstand bei Geschossen mit Rückstoßantrieb bei hohen Überschallgeschwindigkeiten. Forsch. Entw. d. Heereswaffenamtes 1005; NACA TM 1140 (engl.)

Oswatitsch K (1945) Der Luftwiderstand als Integral des Entropiestromes. Nachr Ges Wiss Göttingen, mathphys Kl 1:88–90

Oswatitsch K (1959) Physikalische Grundlagen der Strömungslehre. In: Handbuch d. Physik, Bd VIII/1. Springer, Berlin, S 1–124

Oswatitsch K (1976) Grundlagen der Gasdynamik. Springer, Wien

Oswatitsch K (1977) Spezialgebiete der Gasdynamik. Springer, Wien

Oswatitsch K, Rothstein W (1942) Das Strömungsfeld in einer Laval-Düse. Jb. dtsch. Luftfahrtforschung I, 91–102

Prandtl L (1907) Neue Untersuchungen über strömende Bewegung der Gase und Dämpfe. Phys Z 8:23–30

Rankine WJ (1870) On the thermodynamic theory of waves of finite longitudinal disturbance. Phil Trans R Soc London 160:277–288

Richter H (1948) Die Stabilität des Verdichtungsstoßes in einer konkaven Ecke. ZAMM 28:341–345

Weise A (1945) Die Herzkurvenmethode zur Behandlung von Verdichtungsstößen. Festschrift Lilienthalges. zum 70. Geburtstag von L. Prandtl

Woerner M, Oertel Hj (1978) Numerical calculation of supersonic nozzle flow. In: Applied Fluid Mechanics (Festschrift zum 60. Geburtstag von Herbert Oertel). Universität Karlsruhe, Karlsruhe, S 173–183

Zierep J (1968) Der Kopfwellenabstand bei einem spitzen, schlanken Körper in schallnaher Überschallanströmung. Acta Mech 5:204–208

Zierep J (1971) Theorie und Experiment bei schallnahen Strömungen. In: Leiter E, Zierep J (Hrsg) Übersichtsbeiträge zur Gasdynamik. Springer, Wien, S 117–162

Zierep J (1991a) Theoretische Gasdynamik, 4. Aufl. Braun, Karlsruhe

Zierep J (1991b) Ähnlichkeitsgesetze und Modellregeln der Strümungslehre, 3. Aufl. Braun, Karlsruhe, S 76

Zierep J, Bühler K (1991) Strömungsmechanik. Springer, Berlin

Zierep J, Bühler K (2018) Grundzüge der Strömungslehre. Grundlagen. In: Statik und Dynamik der Fluide, 11. Aufl. Springer Vieweg, Wiesbaden

# Viskositäts- und Kompressibilitätseinfluss in der Strömungsmechanik

16

Jürgen Zierep und Karl Bühler

## Inhalt




**Zusammenfassung**

Die Kombination von Reibung und Kompressibilität wird bei der Rohrströmung, der Kugelumströmung und der laminaren und turbulenten Plattengrenzschicht untersucht. Das Auftreten von Verdichtungsstößen führt zur Stoß-Grenzschicht-Interferenz und auf den Tsien-Parameter. Die Mach-Reynoldszahl Ähnlichkeit in der Gasdynamik führt zur Abgrenzung der verschiedenen Strömungsbereiche. Resultate von Windkanaluntersuchungen sowie analytischen und numerischen Berechnungen werden für das Rhombusprofil und das NACA 0012 Profil analysiert.


## 16.1 Gleichzeitiger Viskositäts- und Kompressibilitätseinfluss

### 16.1.1 Eindimensionale Rohrströmung mit Reibung

In diesem Kapitel werden Kompressibilität und Reibung in einfacher Form gleichzeitig berücksichtigt. Wir benutzen ein Modell, bei dem die Reibung allein im Impulssatz über die Wandschubspannung $\tau_w = (\lambda/4)(\rho/2)\,w^2$ eingeht (Zierep


J. Zierep
Karlsruher Institut für Technologie, Karlsruhe, Deutschland
E-Mail: sekretariat@istm.kit.edu

K. Bühler (✉)
Fakultät Maschinenbau und Verfahrenstechnik, Hochschule Offenburg, Offenburg, Deutschland
E-Mail: k.buehler@hs-offenburg.de



© Der/die Autor(en), exklusiv lizenziert durch Springer-Verlag GmbH, DE, ein Teil von Springer Nature 2022



M. Hennecke, B. Skrotzki (Hrsg.), *HÜTTE Band 2: Grundlagen des Maschinenbaus und ergänzende Fächer für Ingenieure*, Springer Reference Technik,
https://doi.org/10.1007/978-3-662-64372-3_42

und Bühler 1991). Für die Widerstandszahl $\lambda$ gilt hierin im Allgemeinen

$$\lambda = f(Re, \mathrm{M}), \quad Re = \frac{wd_\mathrm{h}}{\nu} = \frac{\varrho w \cdot 4A}{\eta U}. \tag{1}$$

$d_\mathrm{h} = 4\,A/U$ bezeichnet den hydraulischen Durchmesser des Rohres.

Kontinuitätsbedingung:

$$\frac{1}{w} \cdot \frac{\mathrm{d}w}{\mathrm{d}x} + \frac{1}{\varrho} \cdot \frac{d\varrho}{\mathrm{d}x} = 0, \tag{2a}$$

Impulssatz:

$$\frac{1}{w} \cdot \frac{\mathrm{d}w}{\mathrm{d}x} + \frac{1}{\varkappa M^2} \cdot \frac{1}{p} \cdot \frac{\mathrm{d}p}{\mathrm{d}x} = -\frac{\lambda}{2} \cdot \frac{1}{d_\mathrm{h}}, \tag{2b}$$

Zustandsgleichung:

$$\frac{1}{\varrho} \cdot \frac{d\varrho}{\mathrm{d}x} + \frac{1}{T} \cdot \frac{\mathrm{d}T}{\mathrm{d}x} - \frac{1}{p} \cdot \frac{\mathrm{d}p}{\mathrm{d}x} = 0, \tag{2c}$$

Machzahlgleichung:

$$\frac{1}{w} \cdot \frac{\mathrm{d}w}{\mathrm{d}x} - \frac{1}{2T} \cdot \frac{\mathrm{d}T}{\mathrm{d}x} - \frac{1}{M} \cdot \frac{\mathrm{d}M}{\mathrm{d}x} = 0. \tag{2d}$$

Bei *adiabater* Strömung – gute Isolation des Rohres – benutzen wir $w^2/2 + c_p\,T = \text{const}$, d. h. den Energiesatz:

$$\frac{1}{w} \cdot \frac{\mathrm{d}w}{\mathrm{d}x} + \frac{1}{\varkappa - 1} \cdot \frac{1}{M^2} \cdot \frac{1}{T} \cdot \frac{\mathrm{d}T}{\mathrm{d}x} = 0. \tag{2e}$$

Gl. (2a), (2b), (2c), (2d) und (2e) beschreiben als gewöhnliche Differenzialgleichungen die Änderungen von $p$, $\varrho$, $T$, $w$, $M$ mit der Rohrlänge $x$. Elimination ergibt

$$\frac{1 - M^2}{1 + \frac{\varkappa - 1}{2} M^2} \cdot \frac{1}{M^3} \cdot \frac{\mathrm{d}M}{\mathrm{d}x} = \frac{\varkappa}{2} \cdot \frac{\lambda}{d_\mathrm{h}}. \tag{3}$$

Durch Rohrreibung werden also Unterschallströmungen beschleunigt ($\mathrm{d}M/\mathrm{d}x > 0$), Überschallströmungen dagegen verzögert ($\mathrm{d}M/\mathrm{d}x < 0$). Ein Schalldurchgang ist dabei jedoch nicht möglich. Der Reibungseinfluss wirkt hier ähnlich wie eine Querschnittsverengung bei reibungsloser Strömung. Integration von (3) bei $\lambda = \text{const}$ und $M = 1$ bei $x = 0$ gibt

$$\frac{1}{\varkappa}\left(1 - \frac{1}{M^2}\right) + \frac{\varkappa + 1}{2\varkappa} \ln\left[1 - \frac{2}{\varkappa + 1}\left(1 - \frac{1}{M^2}\right)\right] = \frac{\lambda}{d_\mathrm{h}} x. \tag{4}$$

Alle (stoßfreien) Strömungen im Rohr werden in normierter Form durch (4) beschrieben. Andere Randbedingungen erfordern eine Translation in $x$-Richtung. Das zugehörige Diagramm von Koppe und Oswatitsch (Koppe 1944; Oswatitsch 1976) gestattet, den gleichzeitigen Einfluss von Reibung und Kompressibilität zu erfassen (Abb. 1). Durch Messungen werden diese Kurve und damit das benutzte Modell gut bestätigt (Frössel 1936). Gl. (4) entspricht qualitativ völlig dem Zusammenhang $A/A^* = f(M)$ bei der Lavaldüsenströmung Zierep (1991b). Für die Anwendungen ist die Umrechnung von $M$ auf $p$ an der Ordinate zweckmäßig:

$$\frac{p}{p_0} \cdot \frac{\dot{m}_{\max}}{\dot{m}} = \frac{\left(\frac{2}{\varkappa+1}\right)^{\frac{\varkappa}{\varkappa-1}}}{M\sqrt{1 + \frac{\varkappa - 1}{\varkappa + 1}(M^2 - 1)}} = \frac{0{,}528}{M\sqrt{1 + \frac{\varkappa - 1}{\varkappa + 1}(M^2 - 1)}}, \tag{5}$$

mit $\dot{m}_{\max} = \varrho^* a^* A$ als maximalem Massenstrom ohne Reibung und $\dot{m} = \varrho_1 w_1 A$ als effektivem, durch die Reibung reduziertem Massenstrom. Eine *Unterschallströmung* wird im Rohr höchstens bis $M_2 = 1$ beschleunigt, sofern $(p_2/p_0) \cdot (\dot{m}_{\max}/\dot{m}) \leqq p_0^*/p_0 = 0{,}528$ ist. Die hierzu erforderliche Rohrlänge in Vielfachen von $d_\mathrm{h}$ liefert (4).

Eine *Überschallströmung* wird im Rohr verzögert. Hierbei kann, wenn die Rohrlänge nicht passt, d. h., wenn es im Rohr zu einer Reibungsblockierung ($M = 1$) kommt, ein Stoß auftreten (Abb. 2). Die Stoßkurve genügt der Beziehung für

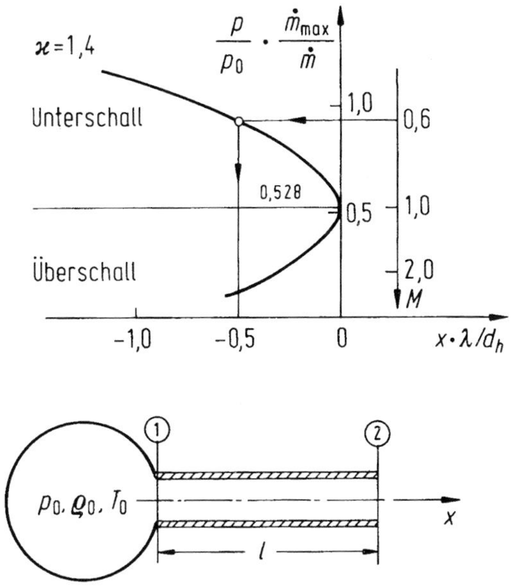


**Abb. 1** Druck- und Machzahlverteilung in Rohren mit Reibung

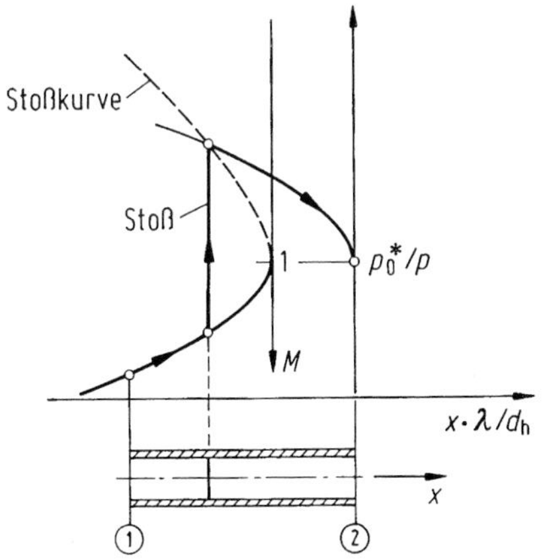


**Abb. 2** Rohrströmung mit Reibung und Verdichtungsstoß

den senkrechten Verdichtungsstoß. Hinter dem Stoß liegt der oben besprochene Unterschallfall vor. Am Rohrende kommt es dann zur Schallgeschwindigkeit, wenn der Gegendruck genügend abgesenkt ist (Leiter 1978; Becker 1985). Messungen zeigen, dass $\lambda$ von $M$ weitgehend unabhängig ist. Für die $Re$-Abhängigkeit gilt das Moody-Colebrook-Diagramm. Die Reynolds-Zahl kann sich längs $x$ durch $\eta = \eta(T)$ ändern. Meistens reicht es, einen konstanten Mittelwert zu nehmen.

*Beispiel*: In den Anwendungen (Abb. 1) sind häufig gegeben: $p_2$; $p_0$, $\varrho_0$, $T_0$;$A$, $d_\mathrm{h}$, $l$; $\varkappa$, $\eta$; gefragt ist der einsetzende Massenstrom $\dot{m}$. Am einfachsten ist das folgende Rechenverfahren (Leiter 1978), bei dem $\dot{m}$ zunächst als freier Parameter betrachtet wird. $\dot{m}_\mathrm{max}$ ist bekannt, $Re = \varrho_1 w_1 d_\mathrm{h}/\eta = \dot{m} d_\mathrm{h}/(A\eta)$ und damit $\lambda = F(Re)$. $\varrho_1 w_1 = \dot{m}/A$ führt mit der Stromfadentheorie zu $p_1/p_0$. Gl. (5) gibt $M_1$. Mit $l$ ergibt (4) $M_2$. Abb. 1 führt zu $p_2$. Ist dies der vorgegebene Wert, so ist die Rechnung beendet. Ansonsten ist sie mit verändertem $\dot{m}$ erneut durchzuführen.

Einfacher ist natürlich der Fall, dass $\dot{m}$ bekannt ist und z. B. nach der Rohrlänge $l$ mit $M_2 = 1$ gefragt wird.

**Zahlenbeispiel**: $p_0 = 2$ bar, $\varrho_0 = 2{,}18$ kg/m$^3$, $T_0 = 320$ K; $d_\mathrm{h} = 0{,}2$ m, $\varkappa = 1{,}40$, $\eta = 19{,}4 \cdot 10^{-6}$ Pa · s, $\dot{m} = 10$ kg/s.

Wir erhalten der Reihe nach: $\dot{m}_\mathrm{max} = 14{,}2$ kg/s, $Re = 3{,}3 \cdot 10^6$, $\lambda = 0{,}0096$, $p_1 = 1{,}728$ bar, $\varrho_1 = 1{,}964$ kg/m$^3$, $T_1 = 30{,}688$ K, $M_1 = 0{,}46$, $l = 30{,}2$ m, $p_2 = 0{,}74$ bar, $M_2 = 1$.

## 16.1.2 Kugelumströmung, Naumann-Diagramm für $c_\mathrm{W}$ (Naumann 1953)

Charakteristische Einflüsse von Kompressibilität ($M_\infty$) und Reibung ($Re_\infty$) zeigen sich bei der Kugelumströmung (Abb. 3). Für $M_\infty \leq 0{,}3$ tritt kein wesentlicher Einfluss der Mach-Zahl auf. Dort liegt, insbesondere im kritischen Bereich ($Re_\infty = 4 \cdot 10^5$), die typische Abhängigkeit der Widerstandsbeiwerte für Rotationskörper von der Reynolds-Zahl vor. Bei Steigerung der Mach-Zahl nimmt der Druckwiderstand erheblich zu (Newton'sches Modell, $c_\mathrm{W} = 1$). Jetzt tritt der Einfluss der Reynolds-Zahl und damit verbunden der des Umschlages mit dem rapiden Abfall von $c_\mathrm{W}$ zurück. Nun dominiert die Mach-Zahl. Für $M_\infty{}^2 \gg 1$ (Hyperschall) hängt $c_\mathrm{W}$ weder von $M_\infty$ noch von $Re_\infty$ ab, es gilt die Einfrierungseigenschaft (Oswatitsch 1951).

Ein ganz entsprechendes Verhalten bezüglich der Mach- und Reynoldszahlabhängigkeit tritt auch bei Verzögerungsgittern auf (Albring 1970).

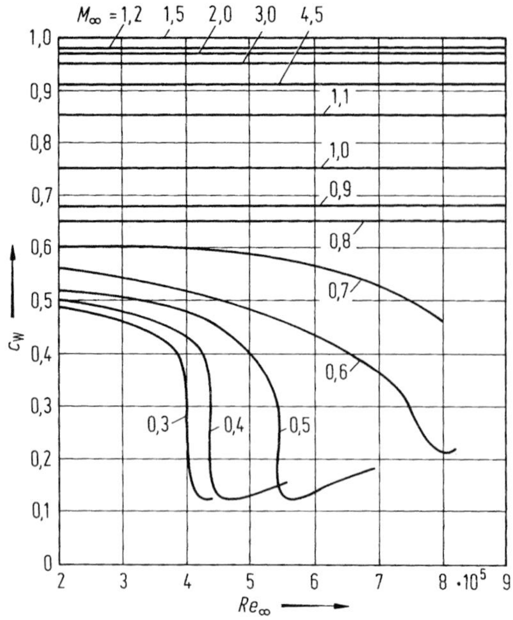


**Abb. 3** Kugelwiderstand als Funktion von $M_\infty$ und $Re_\infty$ (Naumann 1953)

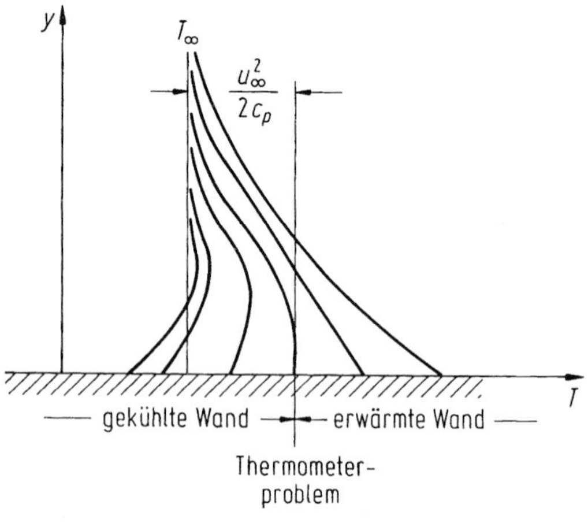


**Abb. 4** Temperaturprofile in der Grenzschicht bei erwärmter oder gekühlter Wand

### 16.1.3 Grundsätzliches über die laminare Plattengrenzschicht

Für $Pr = \eta\, c_p/\lambda = 1$ und $(\partial\, T/\partial\, y)_w = 0$ gilt $T_w = T_0 = T_\infty(1 + (\varkappa - 1)\, M_\infty{}^2/2)$. Die Ruhetemperatur $T_0$ stimmt hier mit der adiabaten Wandtemperatur $T_w$ überein. Abb. 4 enthält auch den Fall anderer Temperaturrandbedingungen. Ist

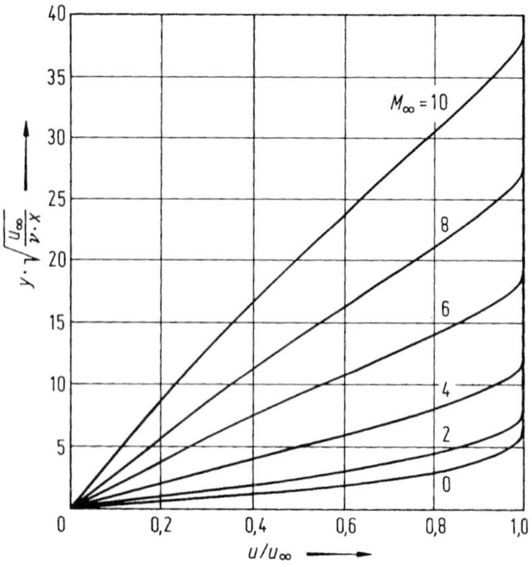


**Abb. 5** Geschwindigkeitsprofile in der Grenzschicht

$Pr \neq 1$, so gilt für die adiabate Wandtemperatur (Eigentemperatur) $T_w = T_\infty(1 + r(\varkappa - 1)\, M_\infty{}^2/2)$. Der sog. *Recovery-Faktor* $r = \sqrt{Pr}$ gibt das Verhältnis der Erwärmung durch Reibung zu derjenigen durch adiabate Kompression an

$$r = \sqrt{Pr} = \frac{T_w - T_\infty}{T_0 - T_\infty}.$$

Für $Pr \neq 1$ unterscheidet sich also die Wandtemperatur $T_w$ von der Ruhetemperatur $T_0$. Dies ist bei der Temperaturmessung in strömenden Gasen zu beachten.

Bei $M_\infty^2 \gg 1$ führt die starke Erwärmung der Grenzschicht ($p = \text{const}$), $\varrho/\varrho_\infty = T_\infty/T \ll 1$, zu einer Massenstromreduktion und damit zu einer Zunahme der Verdrängungsdicke $\delta_1$ (Abb. 5) (Kármán und Tsien 1938).

Mit dem Viskositätsansatz

$$\frac{\eta}{\eta_w} = \left(\frac{T}{T_w}\right)^\omega$$

sowie mit der Newton'schen Schubspannung $\tau = \eta \cdot \partial\, u/\partial\, y$ gilt für den lokalen Reibungskoeffizienten (Zierep 1991a; Schlichting und Gersten 2006):

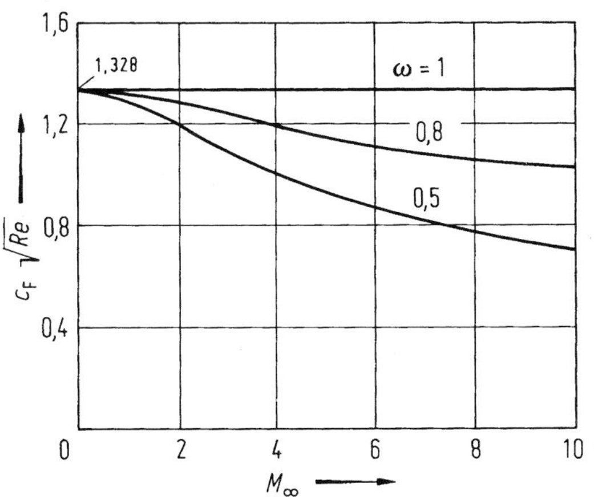


**Abb. 6** Gesamtreibungsbeiwert für die Plattengrenzschicht beim Thermometerproblem ($Pr = 1, \varkappa = 1,40$)

$$c_f = \frac{\tau_w}{\frac{\varrho_\infty}{2} u_\infty^2} = \frac{k}{\sqrt{Re_x}},$$
$$k^2 \approx \frac{\varrho\eta}{\varrho_w \eta_w} = \left(\frac{T_w}{T}\right)^{1-\omega}. \tag{6}$$

Durch Integration erhält man Abb. 6 (Hantzsche und Wendt 1940). $\omega = 1$ gibt den Wert der inkompressiblen Strömung. Der Machzahleinfluss ist generell relativ gering. Das liegt daran, dass durch die Aufheizung $\eta$ zwar ansteigt, aber gleichzeitig $\partial u/\partial y$ abfällt (Abb. 5). Dadurch ist eine Kompensation bei der Schubspannung und im Reibungskoeffizienten möglich. Für $\delta_1$ ergibt sich bei $Pr = 1$, $(\partial T/\partial y)_w = 0$, $\omega = 1$:

$$\frac{\delta_1}{l} \approx \frac{1}{k\sqrt{Re_\infty}}\left(1 + \frac{\varkappa - 1}{2} M_\infty^2\right)$$
$$\sim \frac{M_\infty^2}{k\sqrt{Re_\infty}}, \tag{7}$$

woraus die starke Zunahme von $\delta_1$ mit $M_\infty$ ersichtlich ist.

### Stoß-Grenzschicht-Interferenz

Bei der Plattengrenzschicht tritt bei Überschallanströmung ein schiefer Stoß auf, der für $M_\infty^2 \gg 1$ am Rand der relativ dicken Grenzschicht verläuft (Abb. 7). Stoßlage ($\Theta$) und Stoßstärke ($\hat{p}/p$) hängen von den Grenzschichtdaten ab. Diese wiederum werden von den Stoßgrößen beeinflusst. Das führt zum Phänomen der *Stoß-Grenzschicht-Interferenz*, das durch den folgenden Parameter $K$ beschrieben wird:

$$K = \frac{M_\infty^3}{\sqrt{Re_\infty}} \begin{cases} \lesssim 1 & \text{schwache Interferenz,} \\ \gg 1 & \text{starke Interferenz.} \end{cases} \tag{8}$$

$K$ kann oft gedeutet werden als *Tsien-Parameter* (Tsien 1946) mit der Verdrängungsdicke $\delta_1$ anstelle der Körperdicke $\tau$, $K = M_\infty \tau$.

Ihm kommt eine ähnliche Bedeutung zu wie dem schallnahen (Kármán'schen) Parameter bei transsonischen Strömungen (Zierep 1991b). Aus der Gasdynamik folgt z. B. eine entsprechende Aussage, falls bis ins Vakuum expandiert wird $M_\infty|\vartheta - \vartheta_\infty| = 2/(\varkappa - 1)$.

Ist der Stoß weit stromab, so herrscht *schwache Interferenz*. Für den normierten Druck am Grenzschichtrand kommt mit der Ackeret-Formel:

$$C_p = \frac{p - p_\infty}{\frac{1}{2}\varrho_\infty u_\infty^2} = -2\frac{u - u_\infty}{u_\infty}$$
$$= +2\frac{v/u_\infty}{\sqrt{M_\infty^2 - 1}},$$

also mit $M_\infty^2 \gg 1$ und (8)

$$\frac{p}{p_\infty} - 1 = \frac{1}{2}\varkappa M_\infty^2 \left(2\frac{v/u_\infty}{M_\infty}\right) = \varkappa M_\infty \vartheta$$
$$= \varkappa M_\infty \frac{\delta_1}{l} \sim \frac{M_\infty^3}{\sqrt{Re_\infty}} = K \lesssim 1.$$

Verläuft der Stoß in Vorderkantennähe, so herrscht *starke Interferenz*. Am Grenzschichtrand liegt ein starker schiefer Stoß vor:

$$\frac{p}{p_\infty} \sim \frac{2\varkappa}{\varkappa + 1} M_\infty^2 \Theta^2 = \frac{\varkappa(\varkappa + 1)}{2}(M_\infty \vartheta)^2$$
$$= \frac{\varkappa(\varkappa + 1)}{2}\left(M_\infty \frac{\delta_1}{l}\right)^2. \tag{9}$$

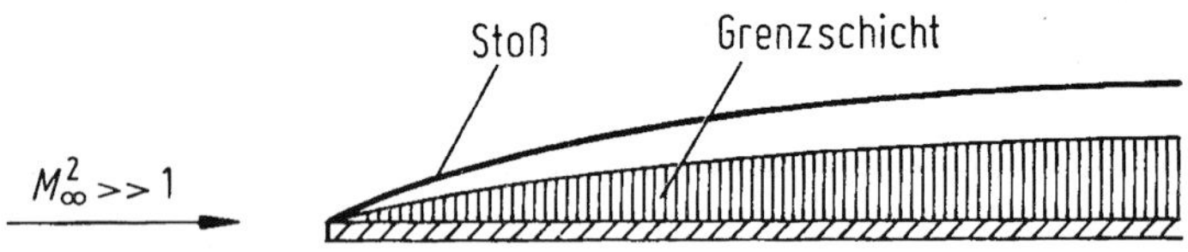


**Abb. 7** Stoß und Grenzschicht an der ebenen Platte

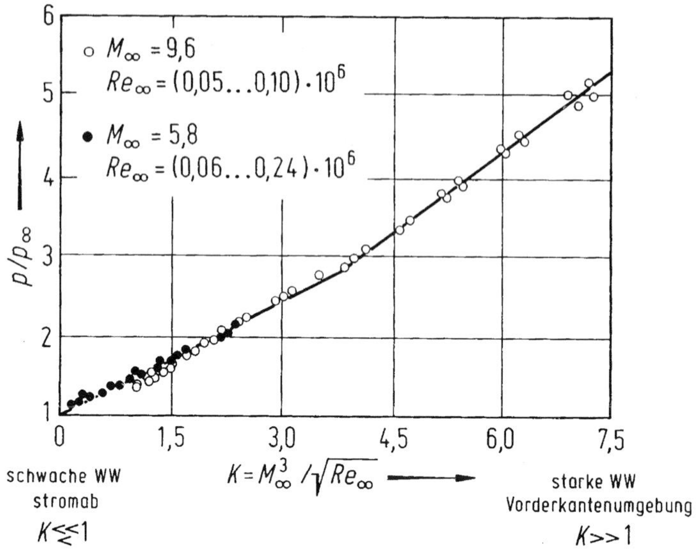


**Abb. 8** Druck an der Platte bei schwacher und starker Stoß-Grenzschichtinterferenz (WW Wechselwirkung)

Dieser Druck am Grenzschichtrand muss mit dem aus der Verdrängungsdicke $\delta_1$ und (6) übereinstimmen:

$$\frac{\delta_1}{l} \sim \frac{M_\infty^2}{k\sqrt{Re_\infty}},$$
$$k^2 \approx \frac{\varrho\eta}{\varrho_\infty\eta_\infty} = \frac{\varrho}{\varrho_\infty}\cdot\frac{T}{T_\infty} = \frac{p}{p_\infty}, \quad \omega = 1. \tag{10}$$

Also (9) und (10) zusammengefasst:

$$\sqrt{\frac{p}{p_\infty}} \sim M_\infty \frac{\delta_1}{l} \sim \sqrt{\frac{p_\infty}{p}}\cdot\frac{M_\infty^3}{\sqrt{Re_\infty}}$$
$$\frac{p}{p_\infty} \sim \frac{M_\infty^3}{\sqrt{Re_\infty}} = K \gg 1.$$

In beiden Fällen ergibt sich also eine *lineare* Abhängigkeit des induzierten Druckes an der Platte vom Parameter $K$, was durch Messungen gut bestätigt wird (Abb. 8) (Hayes und Probstein 1959).

### 16.1.4 (*M, Re*)-Ähnlichkeit in der Gasdynamik

Die Konstanz der Kennzahlen $M$ und $Re$ sichert die physikalische Ähnlichkeit geometrisch ähnlicher Stromfelder (Zierep 1991c). Für spezielle Fragestellungen können Kombinationen der folgenden Form nützlich sein:

$$\pi = \frac{M^n}{Re^m}.$$

Beispiele sind:

$$\frac{M}{Re} = Kn = \text{Knudsen-Zahl}$$
$$\frac{\lambda}{l} = \frac{\text{mittlere freieWeglänge}}{\text{makroskopische Länge}} \sim Kn$$
$$\frac{M^2}{\sqrt{Re}} \sim \frac{\delta_1}{l} = \text{Verdrängungsdicke ebene Platte},$$
$$\frac{M^3}{\sqrt{Re}} \sim K$$
$$= \text{Stoß-Grenzschichtinterferenz-Parameter}$$

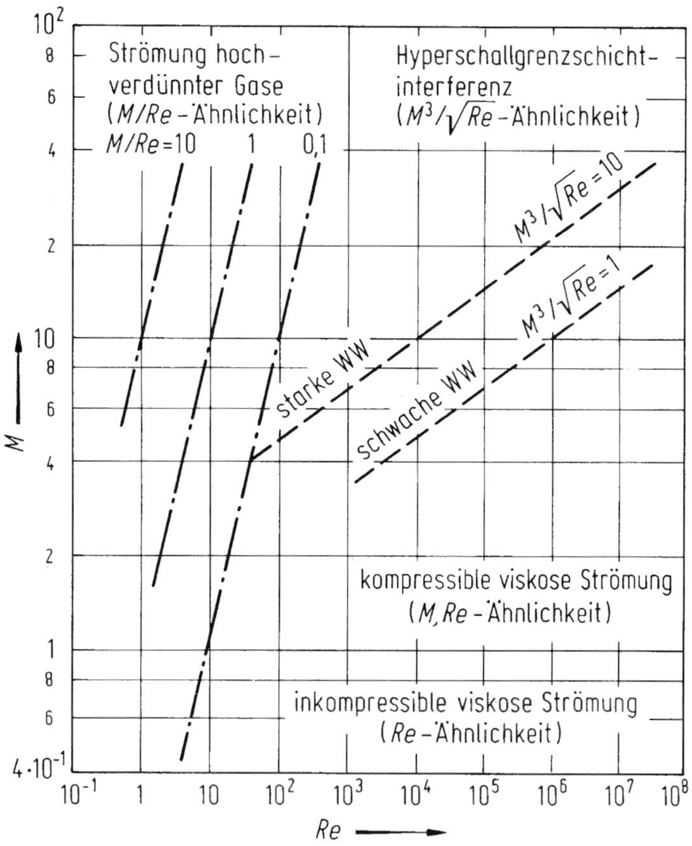


**Abb. 9** Abgrenzung der verschiedenen Strömungsbereiche in der $M$, $Re$-Ebene

Abb. 9 enthält die zugehörigen physikalischen Aussagen in den unterschiedlichen Bereichen der $M$, $Re$-Ebene. Einige Folgerungen: Für Kontinuumsströmungen ist $Kn \ll 1$, also stets $M \ll Re$. Untersucht man z. B. schleichende Strömungen, so verlaufen sie zwangsläufig inkompressibel. Dagegen erfordern Hyperschallströmungen bei kleiner Reynolds-Zahl (Vorderkantenumgebung!) stets die Einbeziehung gaskinetischer Effekte, z. B. Gleitströmung (Küchemann 1978).

In der modernen Versuchstechnik (Transsonik, Überschallkanäle) bereitet die Forderung nach der Simulation der hohen Flug-Reynolds-Zahl (bis $10^8$) große Schwierigkeiten. Die Mach-Zahl lässt sich weitgehend variieren, der Kanalwandeinfluss durch Absaugung oder Adaption flexibler Wände zumindest reduzieren. Umformung von $Re$ liefert

$$Re = \frac{\varrho w l}{\eta} = \frac{M l a}{\eta} \cdot \frac{p}{R_i T} = \frac{p l M}{\eta} \sqrt{\frac{\varkappa}{R_i T}}.$$

Mit $\eta \sim T^{\omega} (\omega \approx 0{,}9)$ bieten sich für eine Steigerung von $Re$ an:

$$Re \sim p$$
$$Re \sim l$$
$$Re \sim \left(\eta T^{1/2}\right)^{-1} \sim \left(T^{\omega+0{,}5}\right)^{-1} = T^{-1{,}4},$$

d. h. Erhöhung des Messstreckendruckes $p$ (sogenanntes Aufladen), Vergrößerung der Modelllänge $l$ (große Messstrecke!), Absenkung der Messstreckentemperatur $T$ (Kryokanal). Die Daten eines Kanals in USA (NTF, National Transonic Facility der NASA in Langley) sowie des Europäischen Kanals (ETW) sind in der Tab. 1 zusammengestellt (Lawaczeck 1985).

**Tab. 1** Daten der Windkanäle ETW und NTF

| | | ETW | NTF |
|---|---|---|---|
| Messstreckenquerschnitt | $m^2$ | 2,4 × 2,0 | 2,5 × 2,5 |
| max. Reynolds-Zahl | $10^6$ | 50 | 120 |
| Mach-Zahl | | 0,15–1,3 | 0,2–1,2 |
| Druckbereich | bar | 1,25–4,5 | 1,0–9,0 |
| Temperaturbereich | K | 90–313 | 80–350 |
| Antriebsleistung | MW | 50 | 93 |

**Tab. 2** Wellen- und Reibungswiderstand beim Rhombusprofil

| | | $\tau$ | 0,1 | 0,01 |
|---|---|---|---|---|
| | $M_\infty$ | | | |
| $c_w$ | $\sqrt{2}$ | | 0,04 | 0,0004 |
| | 1 | | 0,088 | 0,0019 |
| $Re_\infty$ | $10^6$ | | $10^7$ | $10^8$ |
| $c_{R,\,turb}$ | 0,008 | | 0,006 | 0,004 |
| $c_{R,\,lam}$ | 0,003 | | 0,0008 | |

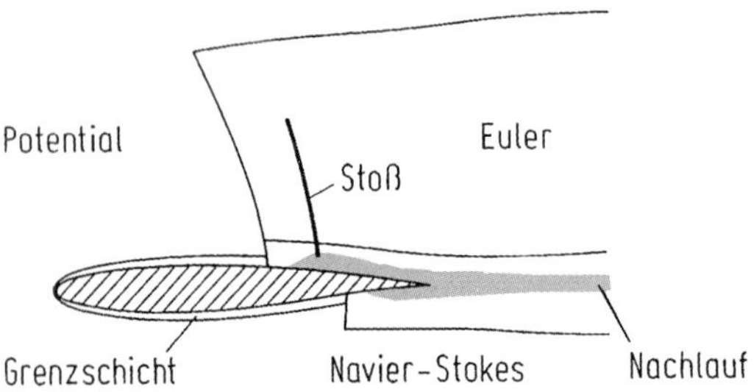


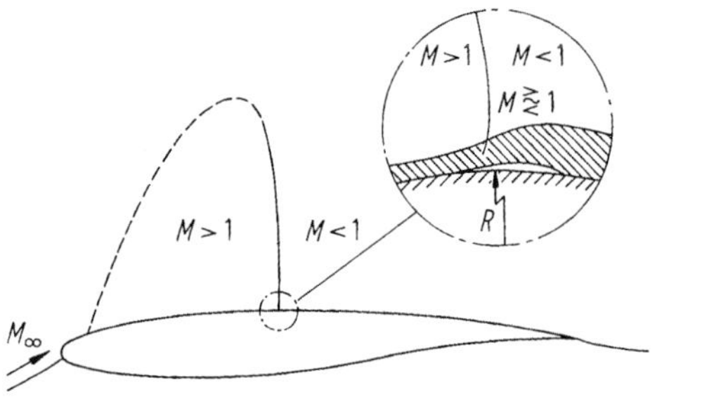


**Abb. 10** Transsonische Profilumströmung. Zonale Rechenverfahren mit entsprechenden Gleichungen

## 16.1.5 Auftriebs- und Widerstandsbeiwerte aktueller Tragflügel

Wir beginnen mit einem Größenordnungsvergleich von Wellenwiderstand und Reibungswiderstand für das Rhombusprofil in Tab. 2:

$c_R = 2\,c_F$ ist hierin der Reibungskoeffizient für die glatte, doppelt benetzte Platte. Nur beim extrem dünnen Profil überwiegt hier die (turbulente) Reibung den Druckwiderstand. Sonst ist der Wellenwiderstand erheblich größer als die Reibung.

Bei schallnaher Unterschallanströmung, $M_\infty = (0{,}75 \ldots 0{,}85)$, aktueller Profile (z. B. NACA-0012) sind die Dinge erheblich komplizierter. $M_\infty$, $Re_\infty$, Anstellung und Profilform bedingen wesentlich die Größenordnungen der einzelnen Widerstandsanteile. Man erkennt dies an der Struktur solcher Strömungsfelder (Abb. 10). Zur Berechnung derselben verwendet man unterschiedliche Gleichungen, sog. *zonale Lösungs-*

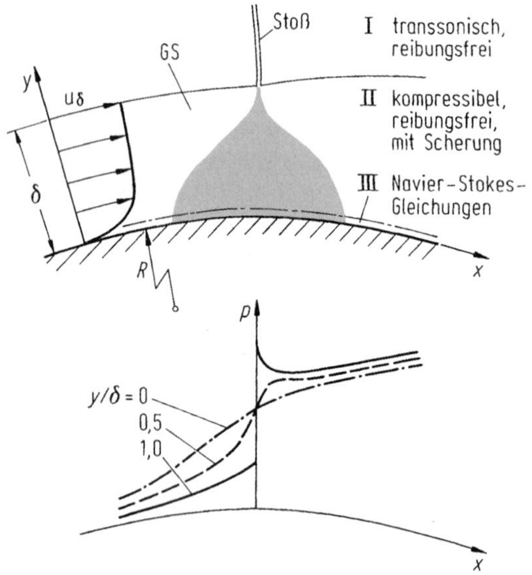


**Abb. 11** Zur Stoßgrenzschichtinterferenz am Flügel

**Tab. 3** Auftrieb und Widerstand des Profils NACA 0012 (stoßbehaftet, reibungsfrei) AGARD-Testfall 01. $M_\infty = 0{,}8$, $\alpha = 1{,}25°$, AGARD-Mittelwerte $c_A = 0{,}36$, $c_W = 2{,}325 \cdot 10^{-1}$ (AGARD Report 211 1985) (AGARD = Advisory Group Aeronautical Research and Development)

| $M_\infty$ | $\alpha[°]$ | $c_A$ | $c_w \cdot 10^2$ | Bearbeiter |
|---|---|---|---|---|
| 0,75 | 2 | 0,5878 | 1,82 | Jameson (Jameson 1979) |
| 0,8 | 0 | | 0,8 | Lock (Lock 1985) |
| | | | 0,845 | Dohrmann/Schnerr (Dohrmann und Schnerr 1991) |
| | | | 1,0 | Carlson (Rizzi und Viviand 1981) |
| | | | 0,86 | Jameson (Jameson und Yoon 1986) |
| 0,8 | 1,25 | 0,348 | 2,21 | Schnerr/Dohrmann (Schnerr und Dohrmann 1991) |
| | | 0,3632 | 2,30 | AGARD-AR-211 Sol 9 (AGARD 1985) |
| | | 0,321 | 1,99 | Carlson (Rizzi und Viviand 1981) |
| | | 0,3513 | 2,3 | Jameson (Jameson und Yoon 1986) |
| 0,85 | 0 | | 4,71 | Jameson (Jameson und Yoon 1986) |
| | | | 3,81 | Carlson (Rizzi und Viviand 1981) |
| | | | 4,0 | Lock (Rizzi und Viviand 1981) |
| 0,85 | 1 | 0,3584 | 5,80 | AGARD-AR-211 Sol 9 (AGARD 1985) |
| | | 0,283 | 4,44 | Carlson (Rizzi und Viviand 1981) |
| 0,95 | 0 | | 10,84 | AGARD-AR-211 Sol 9 (AGARD 1985) |
| | | | 9,58 | Carlson (Rizzi und Viviand 1981) |
| 1,2 | 0 | | 9,6 | AGARD-AR-211 Sol 9 (AGARD 1985) |
| 1,2 | 7 | 0,5138 | 15,38 | AGARD-AR-211 Sol 9 (AGARD 1985) |

*verfahren*. Außerhalb der Grenzschicht handelt es sich um eine transsonische Profilströmung mit Stoß. Vor dem Stoß benutzt man die Potenzialgleichung, dahinter die wirbelbehafteten Euler-Gleichungen. Hierfür liegen Rechenverfahren vor (Eberle 1984). In der Grenzschicht kann man Standardverfahren benutzen (Rotta 1972; Walz 1966). Die reibungsfreie kompressible Außenströmung muss an die Grenzschichtrechnung angeschlossen werden. Hierbei treten Sonderfälle auf, die eine lokale Betrachtung erforderlich machen, z. B. die Stoß-Grenzschichtinterferenz und die Hinterkantenströmung. Der das lokale Überschallgebiet berandende Stoß läuft in die Grenzschicht ein und kann mit seinem Druckanstieg zur Ablösung derselben führen. Im Übrigen stellt er einen beträchtlichen Widerstandsbeitrag dar. Eine lokale Betrachtung in der Umgebung von Stoß und Kontur benutzt ein sog. Dreischichtenmodell (Abb. 11). Hiermit ist es möglich, alle Strömungsgrößen im Feld zu ermitteln (Bohning und Zierep 1976). Das zugehörige Rechenverfahren wird als Unterprogramm im globalen Feld benutzt.

Zur generellen Beurteilung geben wir einige Rechenergebnisse. Bei der Angabe von $c_W$-Werten ist wohl zu unterscheiden zwischen (1.) dem Druckwiderstand bei Nullanstellung, (2.) dem Druckwiderstand bei Anstellung und (3.) dem Gesamtwiderstand bei Anstellung. Während im Fall (1) und (2) der Stoß den Hauptbeitrag liefert, kommt bei (3) der Reibungsanteil (Schubspannung und Nachlauf, $c_R$) hinzu.

Aus dieser Zusammenstellung in Tab. 3 lässt sich der Einfluss der Parameter $\alpha$, $M_\infty$ entnehmen. Bei fester Mach-Zahl ($M_\infty = 0{,}8$) kann eine Anstellwinkelvergrößerung ($\alpha = 0° \rightarrow 1{,}25°$) zu einem beträchtlichen Widerstandsanstieg führen ($c_W = 0{,}8 \cdot 10^{-2} \rightarrow 2{,}21 \cdot 10^{-2}$). Bei konstantem Anstellwinkel ($\alpha = 0°$) ergibt eine Steigerung der Mach-Zahl ($M_\infty = 0{,}8 \rightarrow 0{,}85$) ebenfalls einen starken Widerstandsanstieg ($c_W = 0{,}8 \cdot 10^{-2} \rightarrow 4{,}71 \cdot 10^{-2}$). Selbst eine Abnahme des Anstellwinkels ($\alpha = 2° \rightarrow 0°$) kann bei gleichzeitiger Steigerung der Mach-Zahl ($M_\infty = 0{,}75 \rightarrow 0{,}85$) noch zu einem erheblichen Widerstandsanstieg führen ($c_W = 1{,}82 \cdot 10^{-2} \rightarrow 4{,}71 \cdot 10^{-2}$). Es hängt also jeweils von den Parameterwerten ab, welcher Einfluss dominiert. (Rizzi und Viviand 1981) enthält einen kritischen Vergleich der wichtigsten bekannten reibungsfreien Rechenmethoden. Die verschie-

**Tab. 4** Widerstand des Profils NACA 0012 (reibungsbehaftet) $\alpha = 0°$, $Re = 9 \cdot 10^6$ (Dargel und Thiede 1987)

| $M_\infty$ | $c_R \cdot 10^2$ | $c_{Welle} \cdot 10^2$ | $c_{W,\,tot} \cdot 10^2$ |
|---|---|---|---|
| 0,76 | 0,870 | 0,002 | 0,872 |
| 0,78 | 0,891 | 0,078 | 0,969 |
| 0,80 | 0,952 | 0,368 | 1320 |
| 0,82 | 1,094 | 0,891 | 1,985 |
| 0,84 | 1,32 | 1,82 | 3,14 |

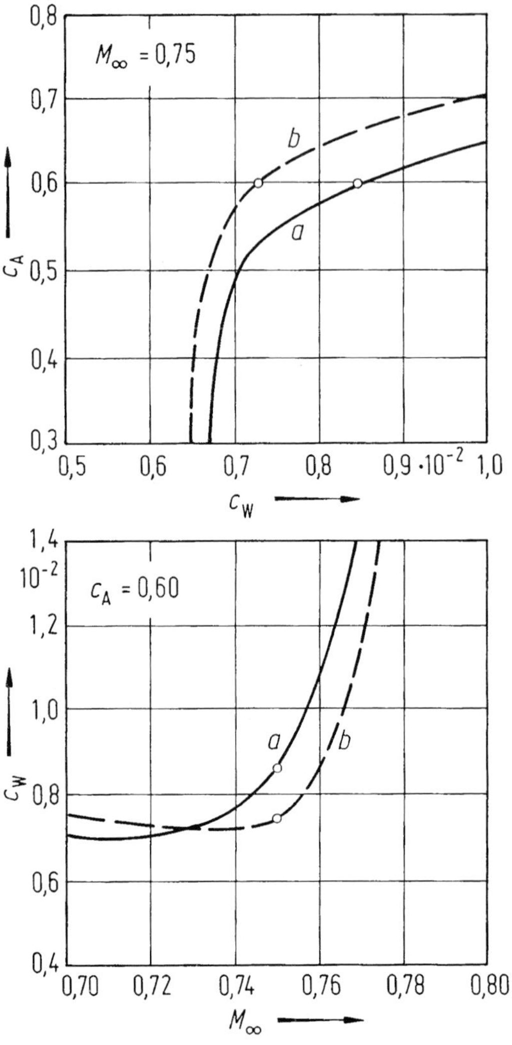


**Abb. 12** $c_A$, $c_W$ vor (**a**) und nach (**b**) dem stoßfreien Entwurf. NACA-Profil 12 % Dicke, $Re_\infty = 4 \cdot 10^7$ (Sobieczky 1985)

denen Ergebnisse zeigen einen erheblichen Streubereich.

Beim Vergleich der Rechenergebnisse aus Tab. 3 mit denen aus Tab. 4 fällt unter anderem auf, dass z. B. der Wellenwiderstand bei $M_\infty = 0{,}8$ von $c_{Welle} = 0{,}8 \cdot 10^{-2}$ (reibungsfrei) auf $0{,}368 \cdot 10^{-2}$ (reibungsbehaftet) abnimmt. Dies liegt daran, dass im letzteren Fall durch die Grenzschicht die Druckverteilung am Körper stark geglättet wird. Es kommt allerdings der Reibungswiderstand hinzu, der diese Abnahme sogar überkompensiert.

Wellen- und Reibungswiderstand können bei aktuellen Daten also von gleicher und von erheblicher Größenordnung sein. Es lohnt sich daher, *beide* zu minimieren. Was den Stoß angeht, so kann man zu stoßfreien Profilen übergehen (Fung et al. 1980) oder durch eine sog. passive Beeinflussung ihn zumindest schwächen. Hierzu wird im Flügel in der Stoßumgebung eine Kavität angebracht, die durch ein Lochblech abgedeckt wird. Die Druckdifferenz über den Stoß gleicht sich durch die Kavität aus und reduziert damit die Stoßstärke.

Abb. 12 enthält $c_A$- und $c_W$-Werte eines 12 % dicken Profiles vor und nach einer stoßfreien Entwurfsrechnung. Zahlenbeispiel: $M_\infty = 0{,}75$, $Re_\infty = 4 \cdot 10^7$, $c_A = 0{,}60$, stoßbehaftet $c_{W,\,tot} = 0{,}85 \cdot 10^{-2}$, stoßfrei $c_{W,tot} = 0{,}73 \cdot 10^{-2}$. Reduktion ≈ 15 %.

Beim Reibungswiderstand wäre eine Laminarisierung bis zu sehr hohen Reynolds-Zahlen das Optimum. Bei $Re = 10^7$ würde dies den Schubspannungsanteil fast um eine Zehnerpotenz verringern. Beide Möglichkeiten zusammen führen zum Konzept des stoßfreien transsonischen Laminarflügels, dessen Realisierung eine wichtige Zukunftsaufgabe ist.

## Literatur

AGARD (1985) Report 211: test cases for inviscid flow field methods, Neuilly sur Seine, London

Albring W (1970) Angewandte Strömungslehre, 4. Aufl. Steinkopff, Dresden

Becker E (1985) Technische Thermodynamik. Teubner, Stuttgart
Bohning R, Zierep J (1976) Der senkrechte Verdichtungsstoß an der gekrümmten Wand unter Berücksichtigung der Reibung. ZAMP 27:225–240
Dargel G, Thiede P (1987) Viscous transonic airfoil flow simulation by an efficient viscous-inviscous interaction method. 25th Aerospace sciences meeting: viscous transonic airfoil workshop. Reno, Nev., AIAA paper 87–0412, 1–10
Dohrmann U, Schnerr G (1991) Persönl. Mitteilung
Eberle A (1984) A new flux extrapolation scheme solving the Euler equations for arbitrary 3-D geometry and speed. Firmenbericht MBB/LKE 122/S/PUB/140, Ottobrunn
Frössel W (1936) Strömungen in glatten geraden Rohren mit Über- und Unterschallgeschwindigkeit. Forsch Ingenieurwes 7:75–84
Fung KY, Sobieczky H, Seebass AR (1980) Shock-free wing design. AIAA J 18:1153–1158
Hantzsche W, Wendt H (1940) Zum Kompressibilitätseinfluss bei der laminaren Grenzschicht der ebenen Platte. Jb. dtsch. Luftfahrtforschung I, S 517–521
Hayes WD, Probstein RF (1959) Hypersonic flow theory. Academic, New York, S 362
Jameson A (1979) Acceleration of transonic potential flow calculations on arbitrary meshes by the multiple grid method. In: AIAA, 4th computational fluid dynamics conference, Williamsburg, AIAA paper 79–1458
Jameson A, Yoon S (1986) Multigrid solution of the Euler equations using implicit schemes. AIAA J 24:1737–1743
Kármán Tv, Tsien HS (1938) Boundary layer in compressible fluids. J Aerosp Sci 5:227–232
Koppe M (1944) Der Reibungseinfluss auf stationäre Rohrströmungen bei hohen Geschwindigkeiten. Ber. Kaiser-Wilhelm-Inst. für Strömungsforschung, Göttingen
Küchemann D (1978) The aerodynamic design of aircraft. Pergamon, Oxford
Lawaczeck O (1985) Der Europäische Transsonische Windkanal (ETW). Phys Bl 41:100–102
Leiter E (1978) Strömungsmechanik, Bd I. Vieweg, Braunschweig, S 78–86
Lock RC (1985) Prediction of the drag of wings of subsonic speeds by viscous/inviscid interaction techniques. In: AGARD report 723. Neuilly sur Seine, London
Naumann A (1953) Luftwiderstand von Kugeln bei hohen Unterschallgeschwindigkeiten. Allg Wärmetechnik 4:217–221
Oswatitsch K (1951) Ähnlichkeitsgesetze für Hyperschallströmungen. ZAMP 2:249–264
Oswatitsch K (1976) Grundlagen der Gasdynamik. Springer, Wien, S 107–112
Rizzi A, Viviand H (Hrsg) (1981) Numerical methods for the computation of inviscid transonic flows with shock waves, Notes on numerical fluid mechanics, Bd 3. Vieweg, Braunschweig
Rotta J (1972) Turbulente Strömungen. Teubner, Stuttgart
Schlichting H, Gersten K (2006) Grenzschichttheorie, 10. Aufl. Springer, Berlin
Schnerr G, Dohrmann U (1991) Lift and drag in nonadiabatic transonic flows. In: 22nd Fluid dynamics, plasma dynamics and lasers conference, AIAA paper 91–1716, Honolulu, 24–26 June
Sobieczky H (1985) Verfahren für die Entwurfsaerodynamik moderner Transportflugzeuge. DFVLR Forschungsber. 05–85
Tsien HS (1946) Similarity laws of hypersonic flows. J Math Phys 25:247–251
Walz A (1966) Strömungs- und Temperaturgrenzschichten. Braun, Karlsruhe
Zierep J (1991a) Strömungen mit Energiezufuhr, 2. Aufl. Braun, Karlsruhe
Zierep J (1991b) Theoretische Gasdynamik, 4. Aufl. Braun, Karlsruhe
Zierep J (1991c) Ähnlichkeitsgesetze und Modellregeln der Strömungslehre, 3. Aufl. Braun, Karlsruhe
Zierep J, Bühler K (1991) Strömungsmechanik. Springer, Berlin

# Teil IV

# Technische Thermodynamik

# Grundlagen der Technischen Thermodynamik

# 17

Stephan Kabelac und Joachim Ahrendts

## Inhalt



**Zusammenfassung**

In diesem ersten Abschnitt werden die grundlegenden Gedanken und Postulate der Technischen Thermodynamik als allgemeine Energielehre vorgestellt. Dadurch werden einerseits die energetischen und exergetischen Bilanzgleichungen eingeführt, andererseits die Werkzeuge sowohl für die Berechnung von Gleichgewichtszuständen wie Phasen- und/oder Reaktionsgleichgewichte wie auch für Temperatur- und Konzentrationsfelder für die Berechnung von Transportvorgängen im Nichtgleichgewicht in späteren Abschnitten bereitgestellt.

S. Kabelac (✉)
Institut für Thermodynamik, Leibniz Universität Hannover, Hannover, Deutschland
E-Mail: Kabelac@ift.uni-hannover.de

J. Ahrendts
Bad Oldesloe, Deutschland

## 17.1 Grundlagen

Die Technische Thermodynamik ist eine Grundlagenwissenschaft zur quantitativen energetischen Beschreibung makroskopischer Systeme. Diese Beschreibung fußt auf den jeder Materie eigenen Zustandsgrößen Innere Energie „$U$" und Entropie „$S$". Beide Zustandsgrößen sind einer direkten Messung nicht zugänglich, weswegen die Berechnung dieser Zustandsgrößen mit Hilfe messbarer Zustandsgrößen durch Zustandsgleichungen ein wichtiger Bestandteil der Thermodynamik ist. Die Zustandsgröße Entropie wird zudem für die Beschreibung von Gleichgewichtszuständen benötigt. Ein physikalisches Objekt heißt in der Thermodynamik ein System und die Grenze, die es von seiner Umgebung trennt, Systemgrenze. Jedes System ist Träger physikalischer Eigenschaften, die als Variablen oder Zustandsgrößen bezeichnet werden. In einem bestimmten Zustand haben diese Variablen feste Werte.

© Der/die Autor(en), exklusiv lizenziert durch Springer-Verlag GmbH, DE, ein Teil von Springer Nature 2022 
M. Hennecke, B. Skrotzki (Hrsg.), *HÜTTE Band 2: Grundlagen des Maschinenbaus und ergänzende Fächer für Ingenieure*, Springer Reference Technik,
https://doi.org/10.1007/978-3-662-64372-3_43

### 17.1.1 Energie und Energieformen

#### 17.1.1.1 Erster Hauptsatz der Thermodynamik

Die Energie als zentrale Zustandsgröße der Thermodynamik wird im ersten Hauptsatz durch folgende Postulate eingeführt:

1. Jedes System besitzt die Zustandsgröße Energie. Die Energie eines aus den Teilen α, β, ..., ω mit den jeweiligen Energien $E^{\alpha}$, $E^{\beta}$, ..., $E^{\omega}$ zusammengesetzten Systems beträgt

$$E = E^{\alpha} + E^{\beta} + \ldots + E^{\omega}. \tag{1}$$

2. Für die Energie besteht ein Erhaltungssatz, d. h., die Erzeugung und Vernichtung von Energie ist unmöglich.

Gilt die Newton'sche Mechanik, so kann die Energie eines Systems in seine kinetische und potenzielle Energie $E_{\mathrm{k}}$ und $E_{\mathrm{p}}$ in einem konservativen Kraftfeld und die makroskopische innere Energie $U$ zerlegt werden, welche sich aus seinen molekularen Freiheitsgraden ergibt:

$$E = E_{\mathrm{k}} + E_{\mathrm{p}} + U. \tag{2}$$

Die Energie eines Systems lässt sich nach dem ersten Hauptsatz nur durch Energietransport über die Systemgrenze ändern. Die Übergabe der Energie an der Systemgrenze kann erfolgen als

- *mechanische oder elektrische Arbeit W.* Ihr Kennzeichen sind äußere Kräfte oder Momente, die auf eine bewegte Systemgrenze wirken, oder – bei Beschränkung auf nicht magnetisierbare und nicht polarisierbare Phasen – das Fließen eines elektrischen Stroms über die Systemgrenze. Die Verrichtung von Arbeit an energetisch isolierten und materiedichten Systemen, sog. abgeschlossenen Systemen, ist definitionsgemäß nicht möglich.
- *Wärmeenergie Q.* Wärme wird allein aufgrund eines Temperaturgefälles zwischen dem System und seiner unmittelbaren Umgebung bzw. einem angrenzenden System übertragen. Adiabate, d. h. vollkommen wärmeisolierte Wände unterbinden den Wärmefluss.
- *materiegebundene Energie.* Wenn Materie die Grenzen des Systems überschreiten wird hierdurch auch materiegebundene Energie transportiert. Im Gegensatz zu diesen sog. offenen Systemen haben geschlossene Systeme materiedichte Grenzen, welche einen Stoffaustausch mit der Umgebung ausschließen.

Die Energiebilanzgleichung, welche auf dem ersten hier formulierten Hauptsatz fußt, wird in Abschn. 1.5 dieses Kapitels erläutert. Sie gilt uneingeschränkt für beliebige Systeme, wobei im Folgenden zur Bereitstellung grundlegender thermodynamischer Zusammenhänge zunächst vereinfachend von einer kleinen Menge eines Feststoffes oder Fluides ausgegangen werden kann. Wenn ein System Energie aufnimmt oder abgibt, wird dieses System einen Satz unabhängiger Zustandsgrößen verändern, die für seine innere Beschaffenheit charakteristisch sind. Im Folgenden soll ein solcher Variablensatz für fluide Nichtelektrolyt-Phasen zusammengestellt werden. Eine Phase ist ein homogener Bereich endlicher oder infinitesimaler Ausdehnung von Gasen und Flüssigkeiten aus ungeladenen Teilchen. Innerhalb einer Phase hängen die Zustandsgrößen nicht vom Ort ab. Schubspannungsfreie Festkörper, die weder magnetisierbar noch elektrisch polarisierbar sind, können wie fluide Phasen behandelt werden.

Wird eine Phase als Ganzes durch eine Kraft im Schwerefeld der Erde bewegt, so ist bei Ausschluss der Rotation die am System verrichtete äußere Arbeit

$$\mathrm{d}W^{\mathrm{a}} = c\,\mathrm{d}I + mg\ \mathrm{d}z \tag{3}$$

Dabei bedeuten $c$ die Geschwindigkeit, $\boldsymbol{I} = \boldsymbol{mc}$ den Impuls, $m$ die Masse, $z$ die Schwerpunkthöhe des Systems und $g$ die Fallbeschleunigung. Das System nimmt die zugeführte Energie über die äußeren, mechanischen Variablen $\boldsymbol{I}$ und $z$ auf. Ihnen zugeordnet sind die Energieformen $\boldsymbol{c}\,\mathrm{d}\boldsymbol{I}$ und $mg$ d$z$, die in das System fließen und seine Energie $E$ vermehren. Die Integration von (3)

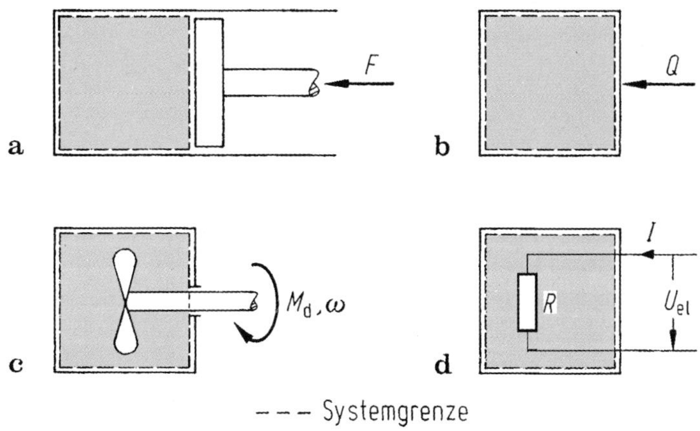


**Abb. 1** Mechanismen der Energiezufuhr an ruhende, geschlossene Phasen. **a** Volumenänderungsarbeit, **b** Wärme, **c** Wellenarbeit und **d** elektrische Arbeit

zwischen den Anfangs- und Endzuständen 1 und 2 liefert bei $m =$ konst.

$$W_{12}^{a} = \frac{m}{2}\left(c_2^2 - c_1^2\right) + mg(z_2 - z_1), \tag{4}$$

d. h., die äußere Arbeit ist gleich der Zunahme der kinetischen und potenziellen Energie des Systems während der Bewegung.

Abb. 1a zeigt, wie an einer ruhenden, geschlossenen Phase, die sich in einem Zylinder mit verschiebbarem Kolben befindet, Arbeit verrichtet werden kann. Die Kolbenkraft $F$ sei im Gleichgewicht mit der von der Phase auf den Kolbenboden ausgeübten Druckkraft. Die von $F$ am System verrichtete Arbeit bei der Verschiebung des Kolbens, die sog. Volumenänderungsarbeit ist dann

$$\mathrm{d}W^{\mathrm{v}} = -p\,\mathrm{d}V \tag{5}$$

mit $p$ als dem an allen Stellen gleich großen Druck und $V$ als dem Volumen der Phase. Das Volumen mit der zugehörigen Energieform $-p\;\mathrm{d}V$ ist somit eine unabhängige Variable, über welche die Energie einer Phase, speziell die innere Energie veränderbar ist.

Die Abb. 1b bis d zeigen weitere Beispiele der Energiezufuhr an eine ruhende geschlossene Phase, jetzt bei konstantem Volumen. Im ersten Fall wird die Wärme $\mathrm{d}Q$ von einer heißen Umgebung auf das kältere System übertragen. Im zweiten Fall liefert eine Rührwerkswelle die Wellenarbeit

$$\mathrm{d}W^{\mathrm{w}} = M_d\omega\;\mathrm{d}\tau \tag{6}$$

an das System, wobei $M_{\mathrm{d}}$ das Drehmoment, $\omega$ die Winkelgeschwindigkeit und $\tau$ die Zeit bedeuten. Im dritten Fall wird einem elektrischen Widerstand $R$ im System die elektrische Arbeit

$$\mathrm{d}W^{\mathrm{el}} = I_{\mathrm{el}}U_{\mathrm{el}}\;\mathrm{d}\tau \tag{7}$$

($I_{\mathrm{el}}$ ist die elektrische Stromstärke und $U_{\mathrm{el}}$ die elektrische Spannung) zugeleitet. Wie die Erfahrung zeigt, können einfache Systeme wie die in Abb. 1c und d dargestellten Phasen Wellen- und elektrische Arbeit nur aufnehmen, nicht aber abgeben.

Eine fluide Phase kann schließlich Energie durch Änderung ihres Stoffbestands aufnehmen oder abgeben. Dieser ist durch die Massen $m_i$ der Teilchenarten $i$ oder die entsprechenden, vorzugsweise in der SI-Einheit Mol gemessenen Stoffmengen $n_i$ bestimmt. Beide Größen sind durch die stoffmengenbezogene (molare) Masse $M_i$ der Teilchen verknüpft

$$m_i = Mini. \tag{8}$$

Benutzt man für $M_i$ der Einheit g/mol, so ist der Zahlenwert $\{M_i\}$ mit der relativen (Molekül) Masse der Teilchenart $i$ identisch. Nach (2) bewirkt die Änderung $\mathrm{d}n_i$ der Stoffmenge einer Substanz $i$ in einer fluiden Phase die Energieänderung

$$\mu_{i,\text{tot}}\ \mathrm{d}n_i = \Big[(\partial E_\mathrm{k}/\partial n_i)_{I,n_{j\neq i}} + \big(\partial E_\mathrm{p}/\partial n_i\big)_{z,n_{j\neq i}} + (\partial U/\partial n_i)_{S,V,n_{j\neq i}}\Big]\mathrm{d}n_i, \tag{9}$$

womit das Gesamtpotenzial $\mu_{i,\text{tot}}$ der Teilchenart $i$ definiert ist. Wie in der Thermodynamik üblich sind die Variablen, die beim Differenzieren konstant zu halten sind, als Indizes an den Ableitungen vermerkt. Die Zustandsgröße $S$, die im dritten Term als eine konstant zu haltende Zustandsgröße aufgeführt wurde, ist die Entropie. Sie wird im nachfolgenden Abschnitt eingeführt. Die beiden ersten Terme der eckigen Klammer lassen sich durch Ausdifferenzieren der Funktionen $E_\mathrm{k} = \boldsymbol{I}^2/(2m)$ und $E_\mathrm{p} = mgz$ bestimmen. Der letzte Term, für den die Abkürzung $\mu_i$ gebräuchlich ist, heißt das chemische Potenzial der Teilchenart $i$. Es ist von der Größenart einer auf die Stoffmenge bezogenen Energie. Damit wird

$$\mu_{i,\text{tot}}\ \mathrm{d}n_i = \left[-\frac{1}{2}M_i c^2 + M_i gz + \mu_i\right]\mathrm{d}n_i. \tag{10}$$

Bei $K$ unabhängig veränderlichen Stoffmengen gibt es $K$ unabhängige Gesamtpotenziale gemäß (10). Entsprechend den bisherigen Betrachtungen können alle Energieformen einer Phase in der Gestalt $\zeta_j\ \mathrm{d}X_j$ geschrieben werden. Dabei repräsentiert die Größe $X_j$ alle mengenartigen Zustandsgrößen, die Relationen wie (1) oder (11) erfüllen. Diese mengenartigen Größen heißen *extensive*, die konjugierten Größen $\zeta_j$ *intensive Variable*. Beispiele für extensive Zustandsgrößen sind die Stoffmenge $n_i$ oder das Volumen $V$, intensive Zustandsgrößen sind z. B. das chemische Potenzial $\mu_i$ und der Druck $p$.

### 17.1.1.2 Zweiter Hauptsatz der Thermodynamik

Neben der vorgehend eingeführten Zustandsgröße Energie basiert die thermodynamische Analyse auf einer zweiten zentralen, der unmittelbaren Anschauung verborgenen und nicht messbaren Zustandsgröße, der Entropie $S$.

Der *zweite Hauptsatz* postuliert für die Eigenschaften der Entropie:

1. Jedes System besitzt die Zustandsgröße Entropie. Die Entropie eines aus den unabhängigen Teilen α, β, …, ω mit den Entropien $S^\alpha$, $S^\beta$, …, $S^\omega$ zusammengesetzten Systems ist

$$S = S^\alpha + S^\beta + \ldots + S^\omega. \tag{11}$$

2. Die Entropie eines Systems ist eine monoton wachsende, differenzierbare Funktion der inneren Energie. Für eine Phase α mit konstantem Volumen und Stoffmengen gilt

$$\left(\frac{\partial S^\alpha}{\partial U^\alpha}\right)_{V,n} = 1/T^\alpha > 0. \tag{12}$$

   Dabei ist $T^\alpha$ die mit dem Gasthermometer messbare thermodynamische Temperatur der Phase, vgl. Abschn. 1.4 dieses Kapitels. Die Entropie hat somit die Dimension einer auf die Temperatur bezogenen Energie.
3. Entropie kann nicht vernichtet werden, aber es wird bei allen real ablaufenden Vorgängen Entropie erzeugt. Gleichgewichtszustände geschlossener Systeme sind bei einem festen Wert der Energie durch ein Maximum der Entropie gekennzeichnet. Dies ist gleichbedeutend mit einem Minimum der Energie bei einem festen Wert der Entropie (Callen 2011). Als Nebenbedingung sind dabei alle Arbeitskoordinaten, d. h. alle zur Abgabe von Arbeit geeigneten Variablen des Gesamtsystems, konstant zu halten.

   Ein weiteres, oft als *dritter Hauptsatz* bezeichnetes Postulat lautet:
4. Die Entropie einer aus einem Reinstoff bestehenden Phase verschwindet in allen Gleichgewichtszuständen im Grenzfall $T \to 0$.

Die Entropie eines Systems kann durch Übergang von Wärme über die Systemgrenze, durch Übergang von Materie über die Systemgrenze sowie durch Erzeugung von Entropie im Inneren des Systems verändert werden. Die mit der Wärme über die Systemgrenze transportierte Entropie ist d $S_Q = \mathrm{d}Q/T$. $T$ ist die immer positive thermodynamische Temperatur des Systems an der Stelle, wo die Wärme die Systemgrenze überquert. Die mit der Materie zu- oder abfließende Entropie $\dot{S}$ ist eine Zustandsgröße, die anhand einer Zustandsgleichung für die Entropie z. B. in Abhängigkeit der Temperatur, des Druckes und der Zusammensetzung der Materie berechnet werden kann, vgl. Abschn. 1.2 in diesem Kapitel. Die im Inneren des Systems erzeugte Entropie wird im Folgenden mit $S_{irr}$ bezeichnet, diese Größe ist niemals negativ. Mit dem hier formulierten zweiten Hauptsatz der Thermodynamik lässt sich für jedes System eine Entropiebilanzgleichung aufstellen, vgl. Abschn. 1.3 in diesem Kapitel.

## 17.1.2 Fundamentalgleichungen

Die Summe der unabhängigen Energieformen einer einfachen Phase ist das totale Differenzial ihrer Energie

$$\mathrm{d}E = c\,\mathrm{d}I + mg\ \mathrm{d}z + T\mathrm{d}S - p\mathrm{d}V + \sum_{i=1}^{K}\left(-\frac{1}{2}M_i c^2 + M_i gz + \mu_i\right)\mathrm{d}n_i. \quad (13)$$

Jeder Energieform entspricht eine unabhängige Variable in dieser Gibbs'schen Fundamentalform der Energie, der alle Prozesse genügen, die eine Phase überhaupt ausführen kann.

### 17.1.2.1 Innere Energie

Subtrahiert man von (13) die Differenziale der kinetischen und potenziellen Energie $\mathrm{d}E_\mathrm{k} = c\,\mathrm{d}I - (1/2)\,c^2\,\mathrm{d}m$ und $\mathrm{d}E_\mathrm{p} = mg\,\mathrm{d}z + gz\,\mathrm{d}m$, so erhält man mit (2) die Gibbs'sche Fundamentalform der inneren Energie

$$\mathrm{d}U = T\,\mathrm{d}S - p\,\mathrm{d}V + \sum_{i=1}^{K}\mu_i\,\mathrm{d}n_i. \quad (14)$$

Die Zerlegung der Energie nach (2) trennt eine Phase somit formal in zwei unabhängige Teilsysteme, von denen das äußere bei konstanter Masse von den Variablen $\boldsymbol{I}$ und $z$, das innere, für die Thermodynamik besonders interessante, von den Variablen $S$, $V$ und $n_i$ abhängt. Das Verhalten einer Phase bei inneren Zustandsänderungen, also z. B. bei einem ruhenden System, wird durch die Funktion

$$U = U(S, V, n_i), \quad (15)$$

der kanonischen Zustandsgleichung *für die innere Energie*, vollständig beschrieben. Alle thermodynamischen Eigenschaften lassen sich auf diese stoffspezifische Funktion und ihre Ableitungen zurückführen. Aus (14) und (15) folgen durch Differenzieren zunächst die Zustandsgleichungen

$$(\partial U/\partial S)_{V,n_i} = T(S, V, n_i),\ (1 \leqq i \leqq K), \quad (16)$$

$$(\partial U/\partial V)_{S,n_i} = -p(S, V, n_i),\ (1 \leqq i \leqq K), \quad (17)$$

$$(\partial U/\partial n_i)_{S,V,n_{j \neq i}} = \mu_i(S, V, n_j),\ (1 \leqq j \leqq K). \quad (18)$$

Die explizite Form dieser Gleichungen ist stoffabhängig. Eliminiert man z. B. aus (16) und (17) die Entropie, erhält man die thermische Zustandsgleichung einer Phase,

$$p = p(T, V, n_i), \quad (19)$$

die ebenso der Messung zugänglich ist wie – vgl. Abschn. 1.5 dieses Kapitels – die Wärmekapazität bei konstantem Volumen

$$C_V \equiv (\partial U/\partial T)_{V,n_i} = T(\partial S/\partial T)_{V,n_i}. \quad (20)$$

Nach (16) bis (18) hängen die intensiven Zustandsgrößen des inneren Teilsystems nicht allein von den konjugierten extensiven Variablen ab. Die Integrale über die Energieformen bei einer Zustandsänderung von 1 nach 2 sind daher keine Zustandsgrößen, sondern wegabhängige Prozessgrößen, d. h. das innere Teilsystem speichert seine Energie nicht in den Energieformen Wärme oder Arbeit, sondern allein als innere Energie.

Denkt man sich eine Phase aus $\lambda$ gleichen Teilen zusammengesetzt, dann sind die mengenartigen extensiven Zustandsgrößen das $\lambda$-fache der Zustandsgrößen der Teile. Die kanonische Zustandsgleichung (15) ist daher wie jede Beziehung zwischen mengenartigen Variablen eine homogene Funktion erster Ordnung

$$U(\lambda S, \lambda V, \lambda n_i) = \lambda U(S, V, n_i). \qquad (21)$$

Nach einem Satz von Euler (Modell und Reid 1983) erfüllt eine in den Variablen $X_1$, $X_2$, ... homogene Funktion der Ordnung $k$

$$y(x_1, x_2, \ldots, \lambda X_1, \lambda X_2, \ldots) = \lambda^k y(x_1, x_2, \ldots, X_1, X_2, \ldots) \qquad (22)$$

die Identität

$$ky(x_1, x_2, \ldots, X_1, X_2, \ldots) = X_1 \frac{\partial y}{\partial X_1} + X_2 \frac{\partial y}{\partial X_2} + \ldots \qquad (23)$$

Wendet man diese Beziehung auf (21) an, so folgt mit (16) bis (18) die *Euler'sche Gleichung*

$$U = TS - pV + \sum_{i=1}^{K} \mu_i n_i. \qquad (24)$$

Die Kenntnis der kanonischen Zustandsgleichung (15) ist danach der Kenntnis von $K + 2$ Zustandsgleichungen (16) bis (18) äquivalent. Eine weitere Konsequenz der Homogenität der kanonischen Zustandsgleichung (15) ist die *Gleichung von Gibbs-Duhem*, die sich aus dem Differenzial von (24) in Verbindung mit (15) ergibt:

$$S\,\mathrm{d}T - V\,\mathrm{d}p + \sum_{i=1}^{K} n_i\,\mathrm{d}\mu_i = 0. \qquad (25)$$

Sie besagt, dass sich nur $K + 1$ intensive Variable einer Phase unabhängig voneinander verändern lassen.

#### 17.1.2.2 Spezifische, molare und partielle molare Größen

Die intensiven Zustandsgrößen $T$, $p$ und $\mu_i$ aus (16), (17), (18) hängen nicht von der Systemgröße ab und sind homogene Funktionen nullter Ordnung der extensiven Variablen. Dies gilt auch für die Massen- und Stoffmengenanteile der Materie:

$$\tilde{\xi}_i \equiv m_i/m \quad \text{mit} \quad m = \sum_j m_j, \qquad (26)$$

$$x_i \equiv n_i/n \quad \text{mit} \quad n = \sum_j n_j, \qquad (27)$$

die nach

$$\tilde{\xi}_i = x_i \boldsymbol{M}_i / \sum_j x_j \boldsymbol{M}_j \qquad (28)$$

und

$$x_i = \left(\tilde{\xi}_i/\mathbf{M}_i\right) / \sum_j \left(\tilde{\xi}_j/\mathbf{M}_j\right) \qquad (29)$$

mit der molaren Masse $\mathbf{M}_i$ der Komponente $i$ ineinander umzurechnen sind. Es gelten die Summationsbedingungen

$$\sum_{i=1}^{K} \tilde{\xi}_i = 1 \quad \text{und} \quad \sum_{i=1}^{K} x_i = 1.$$

Unabhängig von der Systemgröße sind auch die durch die folgenden Gleichungen definierten spezifischen, molaren und partiellen molaren Zustandsgrößen, die sich – außer Massen und Stoffmengen – aus jeder mengenartigen extensiven Zustandsgröße $Z$ bilden lassen:

$$z \equiv Z/m, \qquad (30)$$

$$Z_\mathrm{m} \equiv Z/n, \qquad (31)$$

$$Z_i \equiv (\partial Z/\partial n_i)_{T,p,n_{j \neq i}}. \qquad (32)$$

Sie können daher in erweitertem Sinn als intensive Zustandsgrößen angesehen werden. Nach dem Euler'schen Satz (24) gilt für die partiellen molaren Größen $Z_i$

$$Z(T,p,n_i) = \sum_i n_i Z_i, \qquad (33)$$

woraus sich durch Differenzieren der linken und rechten Seite

$$\sum_i n_i\,\mathrm{d}Z_i = 0 \quad \text{für} \quad T, p = \text{konst.} \qquad (34)$$

herleiten lässt. Zwischen den molaren und den partiellen molaren Zustandsgrößen besteht der Zusammenhang (Stephan et al. 2017)

$$Z_K = Z_m - \sum_{i=1}^{K-1} x_i \partial Z_m(T,p,x_1,x_2,\ldots,x_{K-1})/\partial x_i. \tag{35}$$

Die Zahl der unabhängigen Variablen ist in homogenen Funktionen nullter Ordnung der extensiven Zustandsgrößen auf $K + 1$ reduziert. Für die Funktion $Z_m = Z_m(T, p, n_i)$ z. B. folgt mit $\lambda = 1/n$ aus (22)

$$Z_m = Z_m(T, p, n_i/n), \tag{36}$$

d. h., an die Stelle von $K$ Stoffmengen treten wegen $x_k = 1 - \sum_{i=1}^{K-1} x_i$ $K - 1$ unabhängige Stoffmengenanteile. Die Verminderung der Zahl der unabhängigen Variablen der intensiven Zustandsgrößen auf $K + 1$ spiegelt sich auch in der Gibbs'schen Fundamentalform für die spezifische innere Energie wider:

$$du = T\,ds - p\,dv + \sum_{i=1}^{K-1}\left(\frac{\mu_i}{M_i} - \frac{\mu_K}{M_K}\right)d\xi_i, \tag{37}$$

die aus (11), (15), (25) und (31) abzuleiten ist. Für Systeme konstanter Zusammensetzung entfällt der letzte Term.

### 17.1.2.3 Legendre-Transformierte der inneren Energie

In der Praxis ist es häufig einfacher, anstelle von (15) mit den Veränderlichen $S$ und $V$ eine auf die gut messbaren Variablen $p$ (Druck) und $T$ (Temperatur) transformierte kanonische Zustandsgleichung zu nutzen. Die Transformation, welche in der Funktion (15) $U = U(X_1, \ldots, X_{K+2})$ die extensive Größe $X_j$ durch die konjugierte intensive Zustandsgröße $\zeta_j = \partial U/\partial X_j$ ersetzt, ist nach der Regel

$$U^{[j]} = U - X_j\left(\partial U/\partial X_j\right)_{X_{k\neq j}} \tag{38}$$

auszuführen und heißt Legendre-Transformation (Stephan et al. 2017). Eliminiert man in (38) die Größen $U$ und $X_j$ mithilfe von (15) und einer Zustandsgleichung (16), (17) bzw. (18), so erhält man die Legendre-Transformierte von $U$ bezüglich der Variablen $X_j$ in der gewünschten Form

$$U^{[j]} = U^{[j]}\left(X_{1,\ldots}, X_{j-1}, \zeta_j, X_{j+1,\ldots}\right). \tag{39}$$

Diese Funktion ist deshalb ebenfalls eine kanonische Zustandsgleichung, weil sich die Ausgangsgleichung (15), welche die gesamte thermodynamische Information über eine Phase enthält, aus ihr rekonstruieren lässt. Hierzu ist die Legendre-Transformation nur erneut auf die Funktion $U^{[j]}$ bezüglich der Variablen $\zeta_j$ unter Beachtung der aus (38) folgenden Beziehung

$$\partial U^{[j]}/\partial \zeta_j = -X_j \tag{40}$$

anzuwenden. Keine kanonischen Zustandsgleichungen entstehen dagegen, wenn in (15) eine extensive Variable mithilfe einer Zustandsgleichung (16), (17), (18) durch die konjugierte intensive Zustandsgröße ersetzt wird. Die resultierenden Zustandsgleichungen sind Differenzialgleichungen für die Funktion (15), aus denen diese nicht vollständig wiederzugewinnen ist (Stephan et al. 2017).

Diese mathematische Transformation wird nun auf die innere Energie $U$ angewendet, um eine gleichwertige Funktion mit anderen unabhängigen Variablen zu erhalten. Wird die innere Energie (15) getrennt oder gleichzeitig einer Legendre-Transformation in Bezug auf das Volumen und die Entropie unterworfen, gelangt man zu den kanonischen Zustandsgleichungen für die Enthalpie $H = H(S, p, n_i)$, die freie Energie $F = F(T, V, n_i)$ und die freie Enthalpie $G = G(T, p, n_i)$. Wegen (16), (17), (24) und (38) gilt für diese extensiven, energieartigen Größen

$$H \equiv U + pV = TS + \sum_i \mu_i n_i, \tag{41}$$

$$F \equiv U - TS = -pV + \sum_i \mu_i n_i, \tag{42}$$

$$G \equiv U + pV - TS = \sum_i \mu_i n_i. \quad (43)$$

Bildet man die totalen Differenziale, so folgen mit (15) die Fundamentalgleichungen für die Enthalpie, die freie Energie und die freie Enthalpie

$$\mathrm{d}H = T\mathrm{d}S + V\mathrm{d}p + \sum_i \mu_i \mathrm{d}n_i, \quad (44)$$

$$\mathrm{d}F = -S\mathrm{d}T - p\mathrm{d}V + \sum_i \mu_i \mathrm{d}n_i, \quad (45)$$

$$\mathrm{d}G = -S\mathrm{d}T + V\mathrm{d}p + \sum_i \mu_i \mathrm{d}n_i. \quad (46)$$

Für die spezifischen Größen gelten zu (38) analoge Formulierungen. Nach (44), (45), (46) haben die partiellen Ableitungen der kanonischen Zustandsgleichungen nach „ihren" Variablen eine konkrete physikalische Bedeutung. Insbesondere sind die partiellen molaren freien Enthalpien $G_i$, vgl. (33), gleich den chemischen Potenzialen $\mu_i = \mu_i(T, p, x_i)$, welche nach (46) die kanonische Zustandsgleichung $G = G(T, p, n_i)$ vollständig bestimmen.

Die Ableitung

$$C_p \equiv (\partial H/\partial T)_{p,n_i} = T(\partial S/\partial T)_{p,n_i} \quad (47)$$

heißt analog zu (20) Wärmekapazität bei konstantem Druck und ist wie $C_V$ (vgl. Abschn. 1.2 dieses Kapitels) eine messbare Größe.

Die Zustandsgrößen die in den Fundamentalformen (15), (44), (45) und (46) als Koeffizienten der Differenziale der unabhängigen Variablen auftreten, sind durch die Bedingung verknüpft, dass die gemischten partiellen Ableitungen zweiter Ordnung von Funktionen mehrerer Veränderlicher nicht von der Reihenfolge der Differentiation abhängen (Strubecker 1984). Die wichtigsten Zusammenhänge dieser Art, die als Maxwell-Beziehungen bekannt sind, können aus (45) und (46) abgelesen werden:

$$(\partial S/\partial V)_{T,n_i} = (\partial p/\partial T)_{V,n_i}, \quad (48)$$

$$(\partial S/\partial p)_{T,n_i} = -(\partial V/\partial T)_{p,n_i}, \quad (49)$$

$$V_i = (\partial \mu_i/\partial p)_{T,x_j}, \quad (50)$$

$$S_i = -(\partial \mu_i/\partial T)_{p,\, x_j}. \quad (51)$$

Hierin bedeuten $V_i$ und $S_i$ das partielle molare Volumen und die partielle molare Entropie der Substanz $i$, vgl. (33). Aus $G = H - TS$ nach (41) und (43) folgt mit $H_i$ als der partiellen molaren Enthalpie des Stoffes $i$

$$\mu_i = H_i - TS_i, \quad (52)$$

was in Verbindung mit (51) auf

$$H_i/T^2 = -(\partial(\mu_i/T)/\partial T)_{p,x_j}. \quad (53)$$

führt.

Obwohl kanonische Zustandsgleichungen selten explizit für individuelle Stoffe bekannt sind, vgl. Abschn. 1.2, schafft ihre bloße Existenz ein Ordnungsschema, das Sätze experimentell bestimmbarer, unabhängiger Stoffeigenschaften aufzufinden gestattet, auf die sich alle weiteren thermodynamischen Größen zurückführen lassen. Für ein System konstanter Zusammensetzung können hierfür die zweiten Ableitungen der spezifischen freien Enthalpie $\partial^2 g/\partial T^2 = -c_p/T$, $\partial^2 g/\partial p \partial T = (\partial v/\partial T)_p$ und $\partial^2 g/\partial p^2 = (\partial v/\partial p)_T$, d. h. die isobare spezifische Wärmekapazität $c_p$ und die thermische Zustandsgleichung (19), benutzt werden. Die systematische Reduktion thermodynamischer Eigenschaften auf diese Größen ist in (Callen 2011) gezeigt und ergibt für die isochore, d. h. bei konstantem Volumen zunehmende spezifische Wärmekapazität

$$c_v = c_p + T(\partial v/\partial)_p^2/(\partial v/\partial p)_T. \quad (54)$$

Einige häufig gebrauchte Beziehungen sind in Tab. 1 zusammengestellt.

In diesem Abschnitt wurde, aufbauend auf dem ersten und zweiten Hauptsatz, ein Gerüst aus

**Tab. 1** Ableitungen thermodynamischer Funktionen bei konstanter Zusammensetzung, dargestellt durch spezifische Wärmen und die thermische Zustandsgleichung. Herleitung aus den Definitionen der spezifischen Wärmen $c_v$ und $c_p$, den Fundamentalgleichungen für $u$ und $h$ und den Maxwell-Beziehungen für $s$

| | |
|---|---|
| $(\partial u/\partial T)_v = c_v(T, v)$ | $(\partial u/\partial v)_T = T(\partial p/\partial T)_v - p$ |
| $(\partial h/\partial T)_p = c_p(T, p)$ | $(\partial h/\partial p)_T = v - T(\partial v/\partial T)_p$ |
| $(\partial s/\partial T)_v = c_v(T, v)/T$ | $(\partial s/\partial v)_T = (\partial p/\partial T)_v$ |
| $(\partial s/\partial T)_p = c_p(T, p)/T$ | $(\partial s/\partial p)_T = -(\partial v/\partial T)_p$ |

messbaren und nicht messbaren Zustandsgrößen für eine Phase bereitgestellt sowie die Verknüpfung dieser Größen durch Zustandsgleichungen dargelegt.

### 17.1.3 Gleichgewichte

Nicht immer sind die intensiven Zustandsgrößen in Fluiden räumlich homogen, d. h. sie können nicht mehr als eine einheitliche Phase betrachtet werden. Die Medien müssen dann im Sinne der Thermodynamik als aus mehreren, im einfachsten Fall aus zwei Phasen zusammengesetzte Systeme aufgefasst werden. Dieses gilt z. B. für eine siedende Flüssigkeit, wo die sich bildenden Dampfblasen als eine zweite Phase zu betrachten sind. Wenn es die inneren Beschränkungen erlauben, können die beiden mit α und ß bezeichneten Phasen über ihre gleichartigen extensiven Variablen $X_j^\alpha$ und $X_j^\beta$ in Wechselwirkung treten, was in der Regel in Form eines Austauschprozesses

$$X_j^\alpha + X_j^\beta = \text{konst.} \quad X_{k\neq j}^\alpha = \text{konst.} \quad X_{k\neq j}^\beta = \text{konst.} \tag{55}$$

geschieht. Eine Phase gewinnt dann so viel an der Größe $X_j$, z. B. an Masse, wie die andere abgibt. Dieser Austauschprozess kommt zum Erliegen, wenn der sogenannte Gleichgewichtszustand zwischen den Phasen erreicht ist. Die Beschreibung dieser Gleichgewichtszustände zwischen zwei oder mehreren Phasen gelingt auf Basis des zweiten Hauptsatzes und ist eine zentrale Aufgabe der Technischen Thermodynamik, vgl. Abschn. 1.3 in diesem Kapitel.

#### 17.1.3.1 Extremalbedingungen

Eine grundlegende Erkenntnis aus dem zweiten Hauptsatz ist, dass das Gleichgewicht hinsichtlich der möglichen Austauschprozesse in einem geschlossenen System durch ein Maximum der Entropie bei einem festen Wert der Energie bzw. durch ein Minimum der Energie bei einem festen Wert der Entropie des Systems gekennzeichnet ist. Dabei sind die Arbeitskoordinaten, insbesondere das Volumen des Systems, konstant zu halten. Die an die Energie gestellten Forderungen übertragen sich bei ruhenden, geschlossenen Systemen geringer Höhenausdehnung auf die innere Energie. Aus diesem Gleichgewichtskriterium lassen sich weitere Minimalprinzipen herleiten (Callen 2011):

Wird einem ruhenden, geschlossenen System von dem als Umgebung wirkenden Reservoir R der konstante Druck $p^\text{R}$ aufgeprägt, hat seine Enthalpie bei einem vorgegebenen Wert der Entropie im Gleichgewicht ein Minimum.

Denn aus

$$U + U^\text{R} = \text{Min}$$

unter den Nebenbedingungen des freien Volumenaustausches

$$V + V^\text{R} = \text{konst.} \quad \text{bei} \quad p^\text{R} = \text{konst.} \quad \text{und} \quad n_i^\text{R} = \text{konst.}$$

folgt wegen (15) mit $V$ als unabhängiger Variablen

$$\mathrm{d}\left(U + U^\text{R}\right) = \mathrm{d}U + p^\text{R}\,\mathrm{d}V = \mathrm{d}(U + p^\text{R}V) = \mathrm{d}H = 0$$

und

$$\mathrm{d}^2\left(U + U^\text{R}\right) = \mathrm{d}^2U + \mathrm{d}^2(U + p^\text{R}V) = \mathrm{d}^2H > 0.$$

Entsprechend besitzt ein ruhendes, geschlossenes System, das von der Umgebung auf der konstanten Temperatur $T^R$ gehalten wird, im Gleichgewicht bei einem vorgegebenen Wert des Volumens ein Minimum seiner freien Energie.

Schließlich nimmt in einem ruhenden, geschlossenen System, dem von der Umgebung die festen Werte $p^R$ und $T^R$ von Druck und Temperatur vorgeschrieben werden, die freie Enthalpie im Gleichgewicht ein Minimum an.

Die genannten vier Funktionen $U = U(S, V, n_i)$, $H = H(S, p, n_i)$ sowie $F = F(T, V, n_j)$ und $G = G(T, p, n_i)$ heißen aufgrund der aus dem 2. Hauptsatz folgenden Minimalprinzipen thermodynamische Potenziale. Vorteilhaft anzuwenden ist das Extremalprinzip für die Funktion, mit deren Variablen die Prozessbedingungen für die Einstellung des Gleichgewichts formuliert sind. Unterschiedliche Prozessbedingungen führen auf unterschiedliche Gleichgewichtszustände. Mit den Werten der Variablen im Gleichgewicht sind aber alle Gleichgewichtskriterien gleichermaßen erfüllt. Es spielt keine Rolle, ob die Werte aufgezwungen oder frei eingestellt sind.

#### 17.1.3.2 Notwendige Gleichgewichtsbedingungen

Aus den oben genannten Extremalprinzipien ergeben sich nach den Regeln der Differenzialrechnung die notwendigen Bedingungen für das gesuchte Gleichgewicht. Für ein ruhendes, geschlossenes Zweiphasensystem mit starren äußeren Wänden verlangt das Minimumprinzip für die Energie wegen (1) und (2)

$$dU = dU^\alpha + dU^\beta = 0. \tag{56}$$

Ist die Phasengrenze zwischen den Phasen α und β verschieblich, wärme- und stoffdurchlässig und werden keine Substanzen durch chemische Reaktionen erzeugt oder verbraucht, lauten die Nebenbedingungen für das Minimum:

$$\left.\begin{aligned} S^\alpha + S^\beta &= \text{konst.} \\ V^\alpha + V^\beta &= \text{konst.} \end{aligned}\right\} \tag{57}$$

$$n_i^\alpha + n_i^\beta = \text{konst} \quad (1 \leqq i \leqq K). \tag{58}$$

Aus (15), (56), (57), (58) folgt

$$\begin{aligned} dU = {} & \left(T^\alpha - T^\beta\right) dS^\alpha - \left(p^\alpha - p^\beta\right) dV^\alpha \\ & + \sum_{i=1}^{K} \left(\mu_i^\alpha - \mu_i^\beta\right) dn_i = 0, \end{aligned} \tag{59}$$

d. h., notwendig für das Phasengleichgewicht bei freiem Entropie-, Volumen- und Stoffaustausch ohne chemische Reaktionen sind das thermische, mechanische und stoffliche Gleichgewicht:

$$\left.\begin{aligned} & T^\alpha = T^\beta = T \text{ und } p^\alpha = p^\beta = p && \text{thermische} \\ & && \text{mechanische} \\ & \mu_i^\alpha = \mu_i^\beta = \mu_i \quad (1 \leqq i \leqq K). && \text{stoffliche} \end{aligned}\right\} \text{Gleichgewichtsbedingung} \tag{60, 61}$$

Die vorstehend abgeleiteten Gleichgewichtsbedingungen gelten für Systeme, in denen keine chemischen Reaktionen zwischen den enthaltenen Komponenten stattfinden. Im Folgenden werden chemisch reaktionsfähige Systeme betrachtet, für welche modifizierte Gleichgewichtsbedingungen gelten. In den Phasen α und β können nun verschiedene Reaktionen $r$ der Gestalt

$$\sum_{j=1}^{K} \nu_{jr} A_j = 0 \tag{62}$$

mit $\nu_{jr}$ als den stöchiometrischen Zahlen der Substanzen $A_j$ ablaufen. Vereinbarungsgemäß sind die $\nu_{jr}$ für die Reaktionsprodukte positiv und für die Ausgangsstoffe negativ. Für die Synthesereaktion

$CO + 2\,H_2 \rightarrow CH_3\,OH$ z. B. ist $\nu_{CO} = -1$, $\nu_{H_2} = -2$ und $\nu_{CH_3OH} = 1$. Die $\nu_{jr}$ unterliegen der stöchiometrischen Bedingung, dass auf der linken und rechten Seite einer Reaktionsgleichung die Menge jedes Elements gleich groß sein muss. Bezeichnet man mit $a_{i\,j}$ die Stoffmenge des Elementes $i$ bezogen auf die Stoffmenge der Verbindung $j$ und mit $L$ die Anzahl der chemischen Elemente im System, so gilt

$$\sum_{j=1}^{K} a_{ij}\nu_{jr} = 0 \quad \text{mit} \quad 1 \leqq i \leqq L. \tag{63}$$

Für $NH_3$ z. B. ist $a_{N,NH_3} = 1$ und $a_{H,NH_3} = 3$. Das homogene lineare Gleichungssystem (63) besitzt mit $R$ als Rang der Matrix $(a_{i\,j})$ $K - R$ linear unabhängige Lösungen für die stöchiometrischen Koeffizienten $\nu_{ji}$ (Modell und Reid 1983). Häufig stimmt $R$ mit der Zahl $L$ der Elemente im System überein. In einer Phase gibt es somit nur $K - R$ unabhängige Reaktionen; alle anderen sind als Linearkombinationen der unabhängigen Reaktionen darstellbar.

Aufgrund des Stoffumsatzes wird in reagierenden Systemen die Austauschbedingung (59) ungültig. An ihre Stelle tritt die Forderung nach der Konstanz der Mengen $n_i^0$ der chemischen Elemente im System, unabhängig von deren Verteilung auf die einzelnen Verbindungen, die mit den Mengen $n_j^\alpha$ und $n_j^\beta$ im System enthalten sind:

$$\sum_{j=1}^{K} a_{ij}n_j^\alpha + \sum_{j=1}^{K} a_{ij}n_j^\beta = n_i^0 \quad 1 \leqq i \leqq L \tag{64}$$

$$\text{mit } n_j^\alpha \geqq 0 \quad \text{und} \quad n_j^\beta \geqq 0 \quad 1 \leqq j \leqq K. \tag{65}$$

Äquivalent hierzu sind Erhaltungssätze für die Mengen von $R$ Basiskomponenten $c$, aus denen sich stöchiometrisch gesehen das reagierende Stoffgemisch herstellen lässt.

Die notwendigen Bedingungen für das Energieminimum der Phasen α und β unter den Beschränkungen (58) und (65) lassen sich vorteilhaft nach der Methode der Lagrangeschen Multiplikatoren (Strubecker 1984) bestimmen. Das Ergebnis sind neben den Relationen (60) und (61) Gleichgewichtsbedingungen für die unabhängigen Reaktionen (62) einer Phase. Im Gleichgewicht kommen die chemischen Netto-Reaktionen zum Erliegen, es gilt z. B. für die Phase α:

$$\sum_{j=1}^{K} \mu_j^\alpha \nu_{jr} = 0 \quad \text{für} \quad 1 \leqq r \leqq K - R. \tag{66}$$

Mit (61) und (66) sind entsprechende Gleichgewichtsbedingungen für alle homogenen und heterogenen Reaktionen erfüllt, die zwischen Stoffen einer oder beider Phasen ablaufen können. Sind die im Gleichgewicht vorhandenen Phasen richtig angesetzt, trifft (66) von selbst zu. Wie sich mithilfe der Erhaltungssätze für die Basiskomponenten und der Gleichgewichtsbedingungen für die Bildung der Nichtbasis- aus Basiskomponenten zeigen lässt, reduziert sich für alle Zustände des chemischen Gleichgewichts die Gibbssche Fundamentalgleichung (15) einer Phase auf

$$\mathrm{d}U^\alpha = T^\alpha\,\mathrm{d}S^\alpha - p^\alpha\,\mathrm{d}V^\alpha + \sum_{c=1}^{R} \mu_c^\alpha \text{ und } \mathrm{d}n_c^{0\alpha}. \tag{67}$$

Unabhängige Stoffmengen sind dann nur die rechnerisch-stöchiometrisch vorhandenen Mengen $n_c^{0\alpha}$ der Basiskomponenten. Die einzelnen im Gleichgewicht vorhandenen Teilchenarten brauchen nicht bekannt zu sein. Für das Phasengleichgewicht gilt die Austauschbedingung (59). Teilchenarten und Basiskomponenten werden häufig gemeinsam als Komponenten bezeichnet. Die in diesem Abschnitt dargestellten Gleichgewichtsbedingungen ermöglichen die Berechnung z. B. von Phasengleichgewichten oder von Reaktionsgleichgewichten, wie sie im Abschn. 1.3 dieses Kapitels vorgestellt werden.

#### 17.1.3.3 Stabilitätsbedingungen und Phasenzerfall

Aus dem zweiten Hauptsatz der Thermodynamik folgen Stabilitätsbedingungen, aus denen der mögliche Zerfall einer fluiden oder festen Phase in zwei oder mehrere Phasen vorausberechnet werden kann. Bei Mehrkomponenten-Systemen haben die im Gleichgewicht stehenden Phasen in der Regel eine unterschiedliche Zusammensetzung, so dass diesem Phasenzerfall in der Energie- und Verfahrenstechnik große Bedeutung zukommt. In einem Zustand, in dem die notwendigen Gleichgewichtsbedingungen (60) und (61) erfüllt sind, hat die innere Energie eines aus den Phasen α und β zusammengesetzten Systems ein Minimum. Dieses gilt, wenn die Funktion (15) für die innere Energie jeder Phase in der Umgebung dieses Zustands konvex ist (Falk 1968). Eine notwendige Bedingung hierfür ist

$$\mathrm{d}^2U = (1/2)\sum_{i,j}^{N}\left(\partial^2 U/\partial X_i \partial X_j\right)\mathrm{d}X_i \mathrm{d}X_j \geqq 0, \tag{68}$$

wobei für die $X_i$ die $N$ extensiven Variablen $S$, $V$ und $n_i$ der Phasen einzusetzen sind. Die quadratische Form (68) ist positiv semidefinit, wenn für die innere Energie und ihre Legendre-Transformierten

$$\frac{\partial^2 U}{\partial X_1^2} \geqq 0,\ \frac{\partial^2 U^{[1]}}{\partial X_2^2} \geqq 0, \ldots, \frac{\partial^2 U^{[1,\ldots,N-2]}}{\partial X_{N-1}^2} \geqq 0 \tag{69}$$

gilt (Modell und Reid 1983). Die Indizierung der Variablen ist dabei beliebig. Für ein Zweikomponentensystem mit der Variablenfolge ($S$, $V$, $n_1$, $n_2$) erhält man daraus

$$\left(\frac{\partial^2 U}{\partial S^2}\right)_{V,n_1,n_2} \geqq 0; \quad \left(\frac{\partial^2 F}{\partial V^2}\right)_{T,n_1,n_2} \geqq 0; \quad \left(\frac{\partial^2 G}{\partial n_1^2}\right)_{p,T,n_2} \geqq 0. \tag{70}$$

Dies geht mit (20), (45) und (46) in

$$C_v \geqq 0 \ ; \ (\partial p/\partial v)_T \leqq 0 \ ; \ (\partial \mu_i/\partial x_i)_{T,p} \leqq 0 \tag{71}$$

über, was weitere Relationen, z. B. $c_p \geqq c_v$ nach (55) einschließt.

Die Bedingungen (69) und (70) heißen Stabilitätsbedingungen. Kehrt eine der Ableitungen in (69) das Vorzeichen um, ändert ein zusammengesetztes System trotz Gültigkeit der Gleichgewichtsbedingungen (60) und (61) spontan seinen Zustand. Dies soll am Beispiel eines Einstoffsystems aus zwei identischen Phasen mit $(\partial p/\partial v)_T > 0$ an Abb. 2 erläutert werden. Der Zustandspunkt beider Phasen soll anfänglich bei $A_0$ zwischen den Wendepunkten $W_1$ und $W_2$ der mit $T < T_k$ bezeichneten Isotherme im $f$, $v$-Diagramm liegen. Dem Minimumprinzip für die freie Energie folgend verlässt das System jedoch diesen Zustand und bildet bei konstantem Volumen zwei neue Phasen, deren Zustandspunkte $A^\alpha$ und $A^\beta$ die Berührungspunkte der Doppeltangente sind, die an die Isotherme gelegt werden kann. Dabei nimmt die spezifische freie Energie des Systems von $f_{A_0}$ auf $f_A$ ab, wie aus den Bedingungen

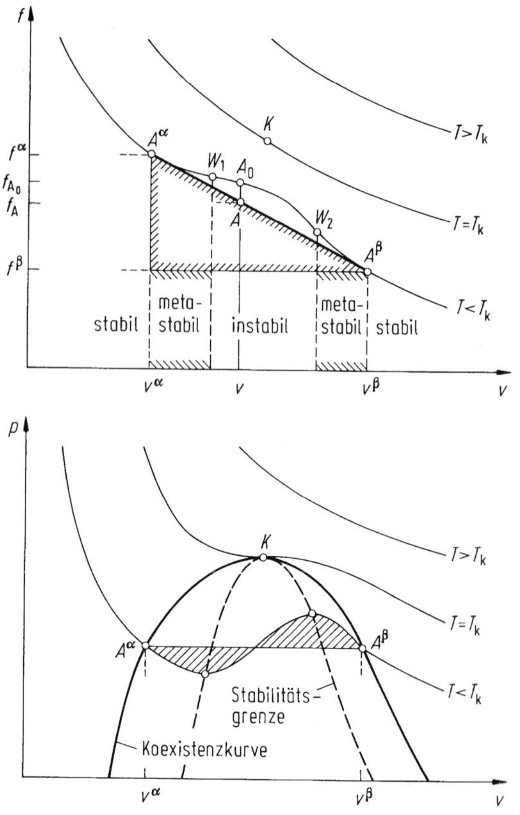


**Abb. 2** Phasenzerfall eines Einstoffsystems

$$F = m^\alpha f^\alpha + m^\beta f^\beta; \quad V = m^\alpha v^\alpha + m^\beta v^\beta;$$
$$m = m^\alpha + m^\beta$$
$$f = F/m \quad \text{und} \quad v = V/m$$

herzuleiten ist. Die neuen Phasen sind im Gleichgewicht, denn neben $T^\alpha = T^\beta = T$ ist wegen

$p = -(\partial f/\partial v)_T$ auch $p^\alpha = p^\beta = p_s$, und der geometrische Zusammenhang $f^\alpha - f^\beta = p_s(v^\beta - v^\alpha)$ sichert $\mu^\alpha = \mu^\beta$. Daraus folgt unmittelbar das Maxwell-Kriterium für das Phasengleichgewicht reiner Stoffe

$$p_s\left(v^\beta - v^\alpha\right) = \int_{v^\alpha}^{v^\beta} p(v, \mathrm{T})\mathrm{d}v, \tag{72}$$

das die Gleichheit der schraffierten Flächen im $p$, $v$-Diagramm im unteren Teil von Abb. 2 verlangt.

Der instabile Zustandsbereich, in dem jede Schwankung des spezifischen Volumens in Teilen des Systems zur Abnahme der freien Energie und damit zum Phasenzerfall führt, ist durch die Wendepunkte der Isothermen mit $(\partial^2 f/\partial v^2)_T = 0$ begrenzt. Hierin spiegelt sich das allgemeine Gesetz wider, dass beim instabil werden eines Systems die letzte der Bedingungen (70) zuerst verletzt wird und das Verschwinden der entsprechenden Ableitung die Stabilitätsgrenze markiert. Diese Bedingung lässt sich auf andere thermodynamische Potenziale umrechnen. Für ein Mehrstoffsystem erhält man in der Formulierung mit der molaren freien Enthalpie als Stabilitätsgrenze (Modell und Reid 1983)

$$D_1 \equiv \begin{vmatrix} \partial^2 G_\mathrm{m}/\partial x_1^2 & \dots & \partial^2 G_\mathrm{m}/\partial x_1 \partial x_{K-1} \\ \vdots & & \vdots \\ \partial^2 G_\mathrm{m}/\partial x_{K-1} \partial x_1 & \dots & \partial^2 G_\mathrm{m}/\partial x_{K-1}^2 \end{vmatrix} = 0. \tag{73}$$

Bemerkenswert ist, dass in dem Gebiet zwischen der Stabilitätsgrenze und der Koexistenzkurve, die von den Punkten $A^\alpha$ und $A^\beta$ gebildet wird, trotz $(\partial^2 f/\partial v^2)_T > 0$ bei hinreichend großen Störungen des inneren Gleichgewichts Phasenzerfall möglich ist. Die Existenz dieses metastabilen Gebietes zeigt, dass die lokale Konvexität nach (69) zur Kennzeichnung stabiler, auch bei großen Störungen unveränderlicher Zustände nicht ausreicht. Metastabile Zustände sind im Gegensatz zu instabilen experimentell realisierbar.

Die Wendepunkte der Isothermen der $f$, $v$, $T$-Fläche fallen für die kritische Temperatur $T = T_\mathrm{k}$ im Punkt $K$, dem kritischen Punkt, zusammen und verschwinden für $T > T_\mathrm{k}$ ganz. In $K$ ist $(\partial^2 f/\partial v^2)_T = 0$ und $(\partial^3 f/\partial v^3)_T = 0$, sodass die kritische Isotherme an dieser Stelle im $p$, $v$-Diagramm eine horizontale Wendetangente besitzt, vgl. Abb. 2:

$$(\partial p/\partial v)_T = 0 \text{ und } \left(\partial^2 p/\partial v^2\right)_T = 0. \tag{74}$$

Diese berührt dort gleichzeitig die Stabilitätsgrenze und die Koexistenzkurve, die in $K$ einen gemeinsamen Punkt haben. Im Gegensatz zu den anderen Punkten der Stabilitätsgrenze repräsentiert der kritische Punkt einen stabilen Zustand, in dem die koexistierenden Phasen identisch werden (Modell und Reid 1983). Kritische Zustände in Mehrstoffsystemen zeichnen sich durch dieselben Eigenschaften aus, sind aber eine höherdimensionale Zustandsmannigfaltigkeit. Diese ist in der Darstellung mit der molaren freien Enthalpie durch

$$D_1 = 0 \quad \text{und} \quad D_2 = 0 \tag{75}$$

gegeben, wobei $D_1$ nach (73) zu berechnen ist und

$$D_2 \equiv \begin{vmatrix} \partial^2 G_\mathrm{m}/\partial x_1^2 & \dots & \partial^2 G_\mathrm{m}/\partial x_1 \partial x_{K-1} \\ \vdots & & \vdots \\ \partial^2 G_\mathrm{m}/\partial x_{K-2} \partial x_1 & \dots & \partial^2 G_\mathrm{m}/\partial x_{K-2} \partial x_{K-1} \\ \partial D_1/\partial x_1 & \dots & \partial D_1/\partial x_{K-1} \end{vmatrix} \tag{76}$$

bedeutet (Modell und Reid 1983). Statt (76) ist eine Formulierung mit der molaren freien Energie möglich, die mit (76) korrespondiert, aber weniger praktisch ist.

### 17.1.4 Messung der thermodynamischen Temperatur

Nach diesen grundlegenden Betrachtungen soll in diesem Abschnitt eine wichtige Anwendung der Stabilitätsbeziehungen nach (60) in Bezug auf die thermodynamische Temperatur $T$ erfolgen.

Grundlegend für die Temperaturmessung ist, dass zwei Systeme im thermischen Gleichgewicht nach (60) dieselbe thermodynamische Temperatur haben. Bei der Messung wird ein System mit einem zweiten, als Thermometer dienenden System durch Energieaustausch über die Entropievariable in ein thermisches Gleichgewicht gebracht, wobei die Wärmekapazität des Thermometers so klein sein muss, dass der Messprozess den Zustand des ersten Systems nicht merklich verändert.

Da die Relation, im thermischen Gleichgewicht zu sein, transitiv und symmetrisch ist, sind zwei Systeme A und B im thermischen Gleichgewicht, wenn zwischen ihnen und einem dritten, als Thermometer benutzten System thermisches Gleichgewicht vorhanden ist. Diese Tatsache wird manchmal als nullter Hauptsatz der Thermodynamik bezeichnet und erlaubt zusammen mit der Reflexivität des thermischen Gleichgewichts, Systeme in zueinander fremde Äquivalenzklassen gleicher und ungleicher thermodynamischer Temperatur einzuteilen. Jeder Klasse gleicher thermodynamischer Temperatur lässt sich eine willkürliche empirische Temperatur $\Theta$ zuordnen, die durch die Ablesevariable des Thermometers bestimmt ist. Hierzu eignet sich im Prinzip jede Größe wie die Länge eines Flüssigkeitsfadens oder der elektrische Widerstand eines Leiters (Henning 1977), die umkehrbar eindeutig von der thermodynamischen Temperatur $T$ abhängt.

Unter den empirischen Temperaturen nimmt die Temperatur $\Theta$ des Gasthermometers eine Sonderstellung ein. Hierbei handelt es sich um ein mit gasförmiger Materie kleiner Stoffmengenkonzentration $\bar{c} \equiv n/V$ gefülltes System konstanten Drucks oder konstanten Volumens, aus dessen Zustandsgrößen die Ablesevariable

$$\Theta = \Theta_{\text{tr}} \lim_{\bar{c}\to 0} (pV_{\text{m}}) / \lim_{\bar{c}\to 0} (pV_{\text{m}})_{\Theta_{\text{tr}}} \tag{77}$$

gebildet wird. Sie bezieht sich auf den Grenzzustand des idealen Gases und ist unabhängig von der Natur der Füllsubstanz. Die Nennergröße ist bei einer eindeutig reproduzierbaren Temperatur, z. B. bei der Tripelpunkttemperatur $\Theta_{\text{tr}}$ des Wassers zu bestimmen, d. h. der einzigen ausgezeichneten Temperatur bei der nach Abschn. 1.3.1 dies Kapitels Eis, flüssiges Wasser und Wasserdampf im Gleichgewicht nebeneinander bestehen können. Durch internationale Vereinbarung wurde dieser Temperatur der Wert

$$\Theta_{\text{tr}} = 273{,}16\,\text{K} \tag{78}$$

zugewiesen, wobei das Einheitenzeichen K die Temperatureinheit Kelvin bedeutet. Im Rahmen der Messgenauigkeit findet man damit für den Eis- und Siedepunkt des Wassers beim Normdruck $p_{\text{n}} = 101.325$ Pa $\Theta_0 = 273{,}15$ K und $\Theta_1 = 373{,}15$ K. Im Zustand des idealen Gases, welcher sich näherungsweise durch den Grenzwert einer unendlich kleinen Stoffmengenkonzentration $\bar{c}$ realisieren lässt, ergibt sich mit Hilfe von (77) für die universelle Gaskonstante $R_m$

$$R_{\text{m}} \equiv (1/\Theta_{\text{tr}}) \lim_{\bar{c}\to 0} (pV_{\text{m}})_{\Theta_{\text{tr}}} \tag{79}$$

$R_m$ kann als Produkt der Boltzmann-Konstante $k_B$ und der Avogadro-Konstante $N_A$ dargestellt werden, denen bei der Neuordnung des SI-Einheitensystems (BIPM 2018, 2019) feste Zahlenwerte zugewiesen wurden: $R_m = k_B \cdot N_A = 8,$ $31446261815$ J/mol · K, wobei $k_B$ zu $1{,}380649 \cdot 10^{-23}$J/K und $N_A$ zu $6{,}02214076 \cdot 10^{23}$1/mol festgelegt sind. Ein Mol ist gemäß dieser Neuordnung die Stoffmenge einer Substanz, die aus genau $N_A$ Teilchen besteht. Der Zusammenhang zwischen der Temperatur $\Theta$ des Gasthermometers und der thermodynamischen Temperatur $T$ lässt sich aus einem Ergebnis der statistischen Mechanik herleiten, wonach die molare innere Energie der Materie im idealen Gaszustand bei konstanter Zusammensetzung allein von der Temperatur, nicht aber vom Molvolumen abhängt:

$$(\partial U_{\text{m}}/\partial V_{\text{m}})_{T,x_i} = (\partial U_{\text{m}}/\partial V_{\text{m}})_{\Theta,x_i} = 0. \tag{80}$$

Mit (15) und (48) folgt daraus

$$T(\partial p/\Theta)_{V_{\text{m}},x_i} \cdot (\text{d}\Theta/\text{d}T) - p = 0. \tag{81}$$

Andererseits ist nach (77) und (79) für den Grenzzustand des idealen Gases $p = R_{\text{m}}\,\Theta/V_{\text{m}}$, sodass aus (81) die Differenzialgleichung $\text{d}\Theta/\Theta = \text{d}T/T$ mit der Lösung

$$T(\Theta) = (T_{tr}/\Theta_{tr})\Theta \qquad (82)$$

resultiert. Da die Entropie nach (22) gegenüber der Transformation $S' = S/\lambda$ und $T' = \lambda\ T$ invariant ist, darf hier $T_{tr}$ gesetzt werden. Die thermodynamische Temperatur ist danach identisch mit der Temperatur des Gasthermometers und wird durch diese realisiert.

Die thermodynamische Temperatur ist eine universelle intensive Zustandsgröße, die somit unabhängig von einer willkürlichen abzulesenden Variablen ist. Sie hat einen absoluten Nullpunkt und die Einheit Kelvin. Ein Kelvin war bisher über den Tripelpunkt des Wassers definiert. Mit der Neuordnung des SI-Einheitensystems (BIPM 2018, 2019) resultiert aus der wertmäßig festgelegten Boltzmann-Konstante $k_B$ für das Kelvin:

$$1 = K\left(\frac{1{,}380649 \cdot 10^{-23}}{k_B}\right)\frac{\mathrm{kg}\cdot\mathrm{m}^2}{\mathrm{s}^2}$$

Eine Temperaturerhöhung von 1 K ergibt sich zum Beispiel, wenn 1 mol eines einatomigen idealen Gases die Energie 12,471693927 J zugeführt wird. Die Teilchen eines idealen einatomigen Gases sind Massepunkte, die über keine inneren Freiheitsgrade verfügen. Hierfür gilt die aus der statistischen Thermodynamik (Callen 2011) ableitbare kalorische Zustandsgleichung, siehe Abschn. 1.2 „Stoffmodell" dieses Kapitels, welche die innere Energie $U$ des Gases mit dessen thermodynamischer Temperatur $T$ verknüpft: $U_{iG/n} = U_m^{iG} = 3/2 \cdot k_B \cdot T$. Mit $\Delta T = 1\mathrm{K}$ ergibt sich anhand der festgelegten Konstanten $N_A$ und $k_B$ die oben genannte Energie von $\Delta U_{iG/n} = 12,$ 471693927 J.

Von der thermodynamischen Temperatur abgeleitet ist die Celsius-Temperatur

$$t \equiv T - 273{,}15\,\mathrm{K}. \qquad (83)$$

Der Gradschritt auf der Celsiusskala ist das Kelvin, das in Verbindung mit der früher etablierten Celsius-Temperaturen aber Grad Celsius (Einheitenzeichen °C) genannt wird, um auf den verschobenen Nullpunkt der Celsius-Temperatur hinzuweisen.

In angelsächsischen Ländern wird neben dem Kelvin die Temperatureinheit Rankine

$$1\,\mathrm{R} = (5/9)\,\mathrm{K} \qquad (84)$$

benutzt. Ferner ist dort die Fahrenheitsskala in Gebrauch

$$t_F \equiv T - 459{,}67\,\mathrm{R}, \qquad (85)$$

deren Temperaturen in Analogie zur Celsius-Temperatur in Grad Fahrenheit (Einheitszeichen °F mit 1 °F = 1 R) angegeben werden. Der Eispunkt des Wassers liegt exakt bei 32 °F, sodass für die Umrechnung von Fahrenheit- in Celsius-Temperaturen die zugeschnittene Größengleichung

$$t/^\circ\mathrm{C} = (5/9)(t_F/^\circ\mathrm{F} - 32) \qquad (86)$$

gilt.

### 17.1.5 Bilanzgleichungen der Thermodynamik

Für jede mengenartige Zustandsgröße $X_j$, die über die Grenzen eines Systems transportiert werden kann, lassen sich Bilanzen aufstellen. Sie beziehen sich auf das von der willkürlich festzulegenden Systemgrenze eingeschlossene Kontrollgebiet, das frei nach Gesichtspunkten der Zweckmäßigkeit definierbar ist, und haben die Form

| | | | | |
|---|---|---|---|---|
| Geschwindigkeit der Änderung des Bestands der Größe $X_j$ im System | = | Differenz der über die Systemgrenze zu- und abfließenden Ströme der Größe $X_j$ | + | Differenz der Quell- und Senkenströme der Größe $X_j$ im System. |

(87)

oder

$$\mathrm{d}X_j/\mathrm{d}\tau = \left(\sum_{\text{ein}} \dot{X}_{j,e} - \sum_{\text{aus}} \dot{X}_{j,a}\right) + \left(\dot{X}_{j,\text{Quell}} - \dot{X}_{j,\text{Senk}}\right). \quad (88)$$

Der Strom der Größe $X_j$ ist dabei als

$$\dot{X}_j = \lim_{\Delta\tau \to 0} \Delta X_j/\Delta\tau \quad (89)$$

erklärt, wobei $\Delta X_j$ die Menge der Größe $X_j$ bedeutet, die im Zeitintervall $\Delta\tau$ die Systemgrenze überschreitet. Sind die Systeme stationär, d. h. hängen ihre Zustandsgrößen nicht von der Zeit ab, verschwindet die linke Seite von (88) und alle Ströme $\dot{X}_j$ sind zeitlich konstant. Die Systemgrenzen sind bei offenen Systemen oftmals fest im Raum stehende Flächen, sog. Kontrollräume. Bei geschlossenen Systemen entfällt der materiegebundene Transport von $X_j$ über die Systemgrenze. Die Quell- und Senkenströme in (88) werden null, wenn für $X_j$ ein Erhaltungssatz gilt. Nachfolgend werden einige in der Thermodynamik wichtige Bilanzgleichungen vorgestellt, in dem der Platzhalter $X_j$ durch eine konkrete extensive Zustandsgröße ersetzt wird.

#### 17.1.5.1 Stoffmengen- und Massenbilanzen

Mit $X_j$ als der Menge $n_i$ der Teilchenart $i$ in der Phase α eines Mehrphasensystems folgt aus (88) für das Bilanzgebiet α (Haase 1987), in welchem die Bilanzgrenze die Phasengrenze der Phase α sei:

$$\mathrm{d}n_i^\alpha/\mathrm{d}\tau = \left(\dot{n}_i^\alpha\right)_\mathrm{z} + \left(\dot{n}_i^\alpha\right)_\mathrm{t} + \left(\dot{n}_i^\alpha\right)_\mathrm{r}. \quad (90)$$

Hierin bedeutet $\left(\dot{n}_i^\alpha\right)_z$ den Nettostrom des Stoffes $i$, welcher der Phase α extern aus der Umgebung des Mehrphasensystems zugeführt wird, und $\left(\dot{n}_i^\alpha\right)_\mathrm{t}$ den Nettostrom von $i$, der aus anderen Teilen des Mehrphasensystems intern in die Phase α transportiert wird. $\left(\dot{n}_i^\alpha\right)_\mathrm{r}$ ist die Differenz der Quell- und Senkenströme, die von Erzeugung und Verbrauch des Stoffes $i$ bei chemischen Reaktionen in der Phase α herrühren. Durch chemische Reaktionen kann sich die Menge $n_i$ einer Komponente (Teilchenart) $i$ ändern.

Multipliziert man (90) mit der Molmasse $M_i$ des Stoffes $i$ und summiert über alle Stoffe und Phasen, erhält man die Massenbilanz des Gesamtsystems, welches auch Maschinen und Anlagen umfassen kann. Die Bilanz lautet mit $m$ als der Systemmasse sowie $\dot{m}_\mathrm{e}$ und $\dot{m}_\mathrm{a}$ als den an der Grenze des Mehrphasensystems zu der externen Umgebung ein- und ausfließenden Massenströmen

$$\mathrm{d}m/\mathrm{d}\tau = \sum_{\text{ein}} \dot{m}_\mathrm{e} - \sum_{\text{aus}} \dot{m}_\mathrm{a}. \quad (91)$$

Denn die zwischen den Phasen übertragenen Stoffströme heben sich in der Summe heraus, und chemische Reaktionen verändern die Masse einer Phase nicht. Für die extensive Zustandsgröße Masse gilt unter den in diesem Kapitel geltenden Voraussetzungen ein Erhaltungssatz. Jeder Massenstrom in (91) lässt sich als Produkt der mittleren Strömungsgeschwindigkeit $c$, dem zu $c$ senkrechten Strömungsquerschnitt $A$ und der über $A$ konstant vorausgesetzten Dichte $\varrho = 1/v$ an der Systemgrenze darstellen:

$$\dot{m} = \varrho c A. \quad (92)$$

Der Quotient $\dot{V} = \dot{m}/\varrho = cA$ ist der zu $\dot{m}$ gehörende Volumenstrom. Die Integration von (91) über die Zeit in den Grenzen von Zeitpunkt $\tau_1$ und $\tau_2$ ergibt

$$m_2 - m_1 = \sum_{\text{ein}} m_{\mathrm{e}12} - \sum_{\text{aus}} m_{\mathrm{a}12}. \quad (93)$$

Dabei sind $m_2 - m_1$ die Massenänderung des Systems, $m_{\mathrm{e}12}$ und $m_{\mathrm{a}12}$ die ein- und ausströmenden Massen während der Zeit $\Delta\tau = \tau_2 - \tau_1$.

#### 17.1.5.2 Energiebilanzen

Auch für die Energie lassen sich gemäß (88) Bilanzen aufstellen, die oft als erster Hauptsatz für die zugrundeliegenden Systeme bezeichnet werden und als Energiebilanzgleichungen einen zentralen Platz in der angewandten Thermodynamik einnehmen. Zunächst soll eine offene Phase α, die Teil eines Mehrphasensystems ist, als Bilanzgebiet gewählt werden. Die Änderungen der kinetischen und potenziellen Energie seien ver-

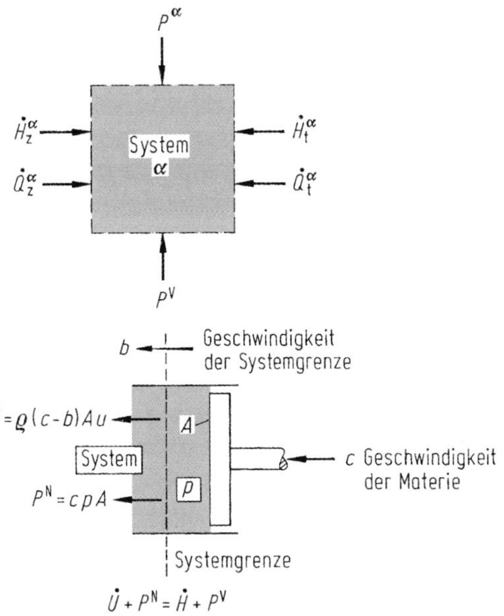


**Abb. 3** Zur Energiebilanz einer ruhenden, offenen Phase. **a** zufließende Energieströme; **b** Zusammenfassung des Stroms $\dot{U}$ der inneren Energie und der Leistung $P^{N}$ der Normalkräfte zu dem Enthalpiestrom $\dot{H} = \varrho(c-b)A\,(u + p/\varrho)$ und der Volumenänderungsleistung $P^{V} = b\,p\,A$

nachlässigbar. Die Bilanzgrenze wird dann von Wärmeströmen, Leistungen angreifender Kräfte, elektrischer Leistung und von Strömen innerer Energie überschritten, die an übertragene Materie gekoppelt sind. Quell- und Senkenströme treten nach dem ersten Hauptsatz nicht auf, die Energie ist eine Erhaltungsgröße. Die der Phase α zugeführten Wärmeströme werden analog zu den Komponentenmengenströmen in die Anteile $\dot{Q}_{z}^{\alpha}$ aus der externen Umgebung und $\dot{Q}_{t}^{\alpha}$ aus benachbarten Teilen des Mehrphasensystems aufgeteilt, vgl. Abb. 3. Abgeführte Wärmeströme sind vereinbarungsgemäß negativ. Die Ströme der inneren Energie und die Leistung der Normalkräfte an der Bilanzgrenze lassen sich als Summe der an die Materie gekoppelten Enthalpieströme $\dot{H}_{z}^{\alpha}$ und $\dot{H}_{t}^{\alpha}$, die aus der externen Umgebung und aus benachbarten Phasen stammen, und einer mit der Bewegung der Bilanzgrenzen verknüpften Leistung darstellen. Diese ist wegen der Vernachlässigung der kinetischen und potenziellen Energie als Volumenänderungsleistung $P^{V\alpha}$ zu deuten. Die Wellenleistung ergibt zusammen mit der elektrischen Leistung $P^{\alpha}$. Damit erhält man, vgl. (Haase 1987), für die Änderung der Inneren Energie der bilanzierten Phase α

$$\mathrm{d}U^{\alpha}/\mathrm{d}\tau = \dot{Q}_{z}^{\alpha} + \dot{Q}_{t}^{\alpha} - p^{\alpha}\mathrm{d}V^{\alpha}/\mathrm{d}\tau + P^{\alpha} + \sum_{i=1}^{k} H_{i}^{\alpha}\left[\left(\dot{n}_{i}^{\alpha}\right)_{z} + \left(\dot{n}_{i}^{\alpha}\right)_{t}\right], \tag{94}$$

wobei $P^{V\alpha}$ nach (5) und $\dot{H}^{\alpha}$ nach (33) mit $H_{i}^{\alpha}$ als der partiellen molaren Enthalpie des Stoffes $i$ in der Phase α berechnet ist. Unter denselben Voraussetzungen lässt sich für das aus mehreren Phasen α, β … bestehende heterogene Gesamtsystem, das nur eine Grenze zu der externen Umgebung besitzt, folgende Energiebilanz aufstellen (vgl. auch (Falk und Ruppel, 2013)):

$$\sum_{\alpha} \mathrm{d}U^{\alpha}/\mathrm{d}\tau = \sum_{\alpha} \dot{Q}_{z}^{\alpha} - \sum_{\alpha} p^{\alpha}\mathrm{d}V^{\alpha}/\mathrm{d}\tau + \sum_{\alpha} P^{\alpha} + \sum_{\alpha} \times \sum_{i=1}^{K} H_{i}^{\alpha}\left(\dot{n}_{i}^{\alpha}\right)_{z}. \tag{95}$$

Der Vergleich von (94) und (95) liefert für ein aus den zwei Phasen α und β zusammengesetztes System wegen $\left(\dot{n}_{i}^{\alpha}\right)_{t} = -\left(\dot{n}_{i}^{\beta}\right)_{t}$

$$\dot{Q}_{t}^{\alpha} + \dot{Q}_{t}^{\beta} + \sum_{i=1}^{K}\left(H_{i}^{\alpha} - H_{i}^{\beta}\right)\left(\dot{n}_{i}^{\alpha}\right)_{t} = 0. \tag{96}$$

Dieses Ergebnis, das unabhängig von den Vorgängen an der externen Systemgrenze ist, vereinfacht sich für geschlossene Phasen zu $\dot{Q}_{t}^{\alpha} = -\dot{Q}_{t}^{\beta}$. Letzteres bleibt auch in bewegten Systemen gültig.

Integriert man (95) für eine einzige, geschlossene Phase über die Zeit und lässt den Phasenindex α fort, so folgt

$$U_2 - U_1 = Q_{12} - \int_{1}^{2} p\,\mathrm{d}V + W_{12}. \tag{97}$$

Dabei ist $U_2 - U_1$ die Änderung der inneren Energiezwischen dem Anfangszustand 1 und dem Endzustand 2 des Systems. Die Wärme $Q_{12}$, die Volumenänderungsarbeit $-\int_1^2 p\,\mathrm{d}V$ und die Arbeit $W_{12}$ sind die bei der Realisierung der Zustandsänderung, d. h. dem Prozess 1-2, zu- bzw. abgeführten Energien, wobei abgehende Energieströme durch ein negatives Vorzeichen gekennzeichnet sind.

So lassen sich z. B. durch Messung der mit der Dissipation elektrischer Arbeit $W_{12}{}^{\mathrm{el}}$ in einem adiabaten Prozess verbundenen Temperaturerhöhung $\Delta T$ die isochore und isobare Wärmekapazität einer Phase mithilfe von (97) bestimmen, siehe Abb. 4. Vernachlässigt man die Energieänderung des elektrischen Leiters, so gilt

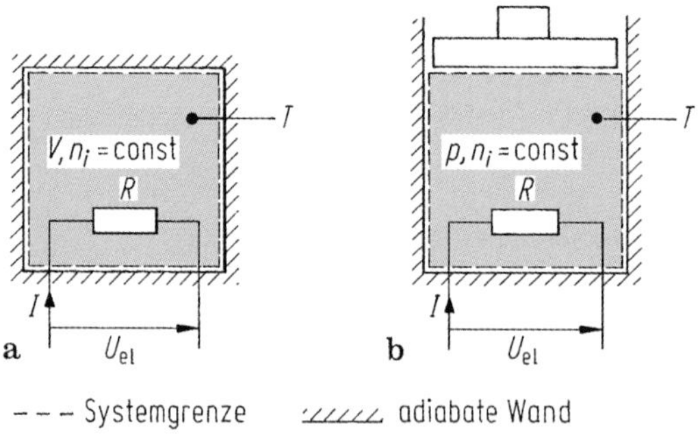


**Abb. 4** Messung der Wärmekapazität einer Phase. **a** Bei konstantem Volumen, **b** bei konstantem Druck

$$C_V \equiv \lim_{\Delta T \to 0} (\Delta U/\Delta T)_{V,n_i} = \lim_{\Delta T \to 0} \left(W_{12}^{\mathrm{el}}/\Delta T\right)_{V,n_i}, \tag{98}$$

$$C_p \equiv \lim_{\Delta T \to 0} (\Delta H/\Delta T)_{p,n_i} = \lim_{\Delta T \to 0} \left(W_{12}^{\mathrm{el}}/\Delta T\right)_{p,n_i}. \tag{99}$$

Von besonderer technischer Bedeutung sind Energiebilanzen für Kontrollräume mit feststehenden Grenzen, die Maschinen und Anlagen einschließen, vgl. Abb. 5. In das System fließen der Nettowärmestrom $\dot{Q}$ sowie die mechanische und elektrische Nettoleistung $P$, die durch Wellen oder Kabel übertragen wird. Wellen- und elektrische Leistung können bei dem betrachteten Systemtyp auch abgegeben werden und sind dann negativ. Die Stoffströme transportieren wie bei der offenen Phase Enthalpie über die Systemgrenze. Im Allgemeinen muss in der Bilanz aber auch die mitgeführte kinetische und potenzielle Energie berücksichtigt werden. Die Leistung der Schubkräfte ist in den Ein- und Austrittsquerschnitten vernachlässigbar und an den festen Wänden null. Damit folgt aus (88)

$$\mathrm{d}E/\mathrm{d}\tau = \dot{Q} + P + \sum_{\mathrm{ein}} \dot{m}_{\mathrm{e}}\left(h_{\mathrm{e}} + c_{\mathrm{e}}^2/2 + gz_{\mathrm{e}}\right) - \sum_{\mathrm{aus}} \dot{m}_{\mathrm{a}}\left(h_{\mathrm{a}} + c_{\mathrm{a}}^2/2 + gz_{\mathrm{a}}\right). \tag{100}$$

**Abb. 5** Teil einer Dampfkraftanlage als Beispiel eines Kontrollraums mit starren Grenzen. Die von der Turbine abgegebene Leistung ist $P < 0$, der im Kondensator abgeführte Wärmestrom $\dot{Q} < 0$

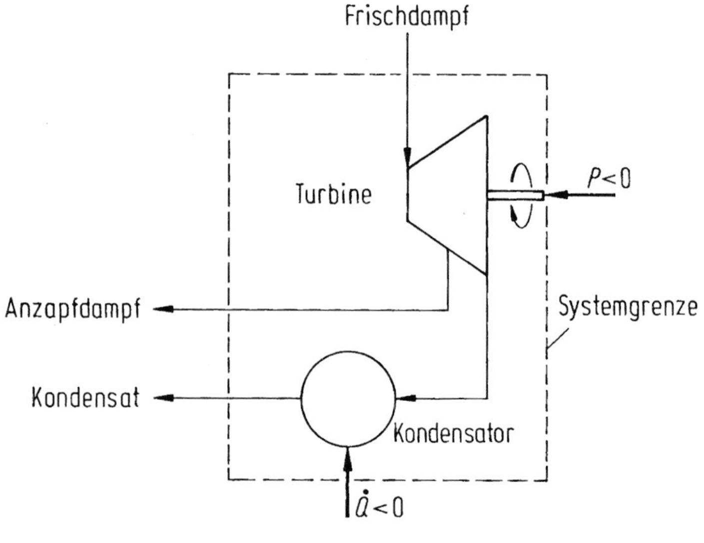

Die materiegebundenen Energieströme sind dabei als Produkt der Massenströme $\dot{m}$ und der spezifischen Enthalpie $h$, der spezifischen kinetischen Energie $c^2/2$ und der Summe der spezifischen potenziellen Energie $gz$ dargestellt. Die Indizes e und a beziehen sich auf die Ein- und Austrittsquerschnitte an der Systemgrenze. Die spezifische Enthalpie $h$ kann anhand einer kalorischen Zustandsgleichung für die strömende Materie berechnet werden, vgl. Abschn. 1.2 dieses Kapitels.

Ein wichtiger Sonderfall, dem viele technische Anlagen genügen, ist das stationäre Fließsystem mit $dm/d\tau = 0$ und $dE/d\tau = 0$. Ist nur ein zu- und abfließender Massenstrom vorhanden, gilt nach (91) $\dot{m}_e = \dot{m}_a = \dot{m}$. In diesem Fall werden die Ein- und Austrittsquerschnitte durch die Indizes 1 und 2, bei einer Folge von durchströmten Kontrollräumen durch $i$ und $i + 1$ gekennzeichnet. Nach Division durch $\dot{m}$ vereinfacht sich (100) zu

$$q_{12} + w_{t12} = h_2 - h_1 + (1/2)\left(c_2^2 - c_1^2\right) + g(z_2 - z_1) \tag{101}$$

mit $q_{12} \equiv \dot{Q}/\dot{m}$ und $w_{t12} \equiv P/\dot{m}$ als der spezifischen technischen Arbeit zwischen den Querschnitten 1 und 2.

Ein weiterer Sonderfall, der häufig beim Füllen von Behältern auftritt, sind zeitlich konstante Zustandsgrößen $h + c^2/2 + gz$ in den Ein- und Austrittsquerschnitten des Kontrollraums. Dann kann (100) in geschlossener Form über die Zeit integriert werden. Gibt es nur einen zu- und abfließenden Massenstrom und ist die Änderung der kinetischen und potenziellen Energie innerhalb des Kontrollraums vernachlässigbar, erhält man

$$U_2 - U_1 = Q_{12} + W_{t12} + m_{e12}\left(h_e + c_e^2/2 + gz_e\right) - m_{a12}\left(h_a + c_a^2/2 + gz_a\right). \tag{102}$$

Besteht der Kontrollraum aus einer endlichen Zahl von Phasen, ist die innere Energie in den Anfangs- und Endzuständen 1 und 2 des Systems aus $U = \sum_\alpha U^\alpha$ zu berechnen. Hierzu dient z. B. eine kalorische Zustandsgleichung der bilanzierten Materie in der Form $U = U(T, V, m)$ oder auch $U = U(T, p, m)$. $Q_{12}$ ist die Wärme und $W_{t12}$ die Wellen- und elektrische (technische) Arbeit, die dem Kontrollraum während der Zeit $\Delta\tau$ zugeführt werden; $m_{e12}$ und $m_{a12}$ sind die während dieser Zeit ein- und ausfließenden Massen.

#### 17.1.5.3 Entropiebilanzen, Bernoulli'sche Gleichung

Die zeitliche Änderung $dS/d\tau = \sum_\alpha dS^\alpha/d\tau$ der Entropie eines aus mehreren ruhenden, offenen Phasen zusammengesetzten Systems lässt sich durch Verknüpfung der Energiebilanz (94) mit der Gibbs'schen Fundamentalform (14) der einzelnen Phasen unter Berücksichtigung von (52) und (90) darstellen (Haase 1987). Das Ergebnis ist eine Entropiebilanzgleichung der Form (88)

$$dS/d\tau = \dot{S}_z + \dot{S}_{irr} \tag{103}$$

$$\text{mit } \dot{S}_z = \sum_\alpha \dot{Q}_z^\alpha / T^\alpha + \sum_\alpha \sum_{i=1}^{K} S_i^\alpha \left(\dot{n}_i^\alpha\right)_z \tag{104}$$

$$\text{und } \quad \dot{S}_{irr} \geqq 0. \tag{105}$$

Der aus der Umgebung zufließende Nettoentropiestrom $\dot{S}_z$ ist dadurch gekennzeichnet, dass beide Vorzeichen möglich sind. Er ist an Wärme- und Stoffströme gekoppelt, die sich als Träger von Entropieströmen erweisen. Mechanische oder elektrische Leistungen führen dagegen keine Entropie mit sich, sie sind entropiefrei. Für geschlossene adiabate Systeme ist $\dot{S}_z = 0$.

Der Strom $\dot{S}_{irr}$ der im Inneren des Systems erzeugten Entropie ist ein positives Quellglied. Bei unterbundenem Entropiefluss zur Umgebung $\dot{S}_z = 0$ kann die Entropie eines Systems nicht abnehmen, weil nach dem zweiten Hauptsatz Entropievernichtung unmöglich ist. Ursachen der Entropieerzeugung sind die Dissipation mechanischer und elektrischer Leistung sowie der Wärme- und Stoffaustausch einschließlich chemischer Reaktionen im Inneren des Systems. Diese Beiträge verschwinden, wenn das System die Gleichgewichtsbedingungen von Abschn. 1.3.2 erfüllt. Alle in der Natur ablaufenden Prozesse sind mit

Erzeugung von Entropie verbunden und wegen der Unmöglichkeit der Entropievernichtung irreversibel. Die beteiligten Systeme können danach nicht wieder in ihren Ausgangszustand gelangen, ohne dass Änderungen in der Umgebung zurückbleiben. Reversible Prozesse, die häufig als idealisierte Vergleichsprozesse herangezogen werden, sind als Grenzfall verschwindender Entropieerzeugung denkbar. Sie müssten dissipationsfrei ablaufen und die Systeme durch eine Folge von Gleichgewichtszuständen bezüglich der jeweils möglichen Austauschvorgänge führen.

Aus (105) lässt sich ableiten, dass natürliche, von selbst ablaufende Prozesse in abgeschlossenen Systemen auf den Zustand des thermischen, mechanischen und stofflichen Gleichgewichts hingerichtet sind. Für ein aus den starren Phasen α und β ohne Stoffaustausch und chemische Reaktionen zusammengesetztes, abgeschlossenes System folgt mit (96) zunächst

$$\dot{S}_{\mathrm{irr}} = \left(T^{\beta} - T^{\alpha}\right)\dot{Q}_{\mathrm{t}}^{\alpha} / \left(T^{\alpha} T^{\beta}\right) \geqq 0. \qquad (106)$$

Die Wärme fließt auf Basis dieser Gleichung grundsätzlich in Richtung fallender Temperatur, sodass der Temperaturunterschied zwischen den Phasen abgebaut wird. Gibt man für das isotherme System mit $T^{\alpha} = T^{\beta} = T$ die Bedingung starrer Phasen auf, erhält man mit (95)

$$\dot{S}_{\mathrm{irr}} = (1/T)\left(p^{\alpha} - p^{\beta}\right)\mathrm{d}V^{\alpha}/\mathrm{d}\tau \geqq 0. \qquad (107)$$

Die Phase mit dem höheren Druck vergrößert ihr Volumen auf Kosten der anderen und führt so einen Druckausgleich herbei. Erlaubt man im isothermen System gleichförmigen Drucks den Übergang einer einzigen Komponente $i$ von einer Phase zur anderen, ergibt sich

$$\dot{S}_{\mathrm{irr}} = (1/T)\left(\mu_i^{\beta} - \mu_i^{\alpha}\right)\left(\mathrm{d}\dot{n}_i^{\alpha}\right)_{\mathrm{T}} \geqq 0. \qquad (108)$$

Die Komponente wandert in Richtung abnehmenden chemischen Potenzials $\mu_i$ und bewirkt den Ausgleich dieser Größe zwischen den Phasen. Das chemische Potenzial $\mu_i^{\alpha}$ ist ein Maß für die Unbeliebtheit der Komponente $i$ in der Phase α. Auf die Berechnung des chemischen Potenzials wird in Abschn. 1.2 eingegangen. Bei nichtisothermem Stoffübergang mehrerer Komponenten gelten kompliziertere Bedingungen. Schließlich erhält man für den Ablauf chemischer Reaktionen in einer Phase α

$$\dot{S}_{\mathrm{irr}} = -\sum_{i=1}^{K}\left(\mu_i^{\alpha}/T^{\alpha}\right)\left(\mathrm{d}\dot{n}_i^{\alpha}\right)_{\mathrm{r}} \geqq 0. \qquad (109)$$

Integriert man (103) für eine einzige, geschlossene Phase über die Zeit und lässt die Indizes α und z fort, so folgt

$$S_2 - S_1 = \int_1^2 \mathrm{d}Q/T + \left(S_{\mathrm{irr}}\right)_{12} \quad \text{mit} \quad \left(S_{\mathrm{irr}}\right)_{12} \geqq 0, \qquad (110)$$

$$\text{bzw.} \quad \int_1^2 T \;\mathrm{d}S = Q_{12} + \boldsymbol{\Psi}_{12}$$
$$\text{mit} \quad \boldsymbol{\Psi}_{12} \equiv \int_1^2 T \;\mathrm{d}S_{\mathrm{irr}} \geqq 0. \qquad (111)$$

In diesen manchmal als zweiter Hauptsatz für geschlossene Systeme bezeichneten Gleichungen ist d$Q$ die im Zeitintervall $d\tau$ vom System bei der Temperatur $T$ aufgenommene Wärme. Sie addiert sich für den gesamten Prozess zwischen den Zuständen 1 und 2 zu $Q_{12}$. Die Größe ($S_{\mathrm{irr}}$) ist die bei dem Prozess erzeugte Entropie und $\Psi_{12}$ die Dissipationsenergie die dissipierte Energie des Prozesses. Energie geht bei irreversiblen, reibungsbehafteten, Prozessen nicht verloren; sie wird durch Entropieerzeugung in eine entropiereiche Energieform (Innere Energie, Wärme überführt)

Ist die Zusammensetzung des Systems konstant, oder ist es stets im chemischen Gleichgewicht, gilt nach (14) bzw. (67)

$$\int_1^2 T \;\mathrm{d}S = U_2 - U_1 + \int_1^2 p \;\mathrm{d}V. \qquad (112)$$

Aus (111), (112) und der Energiebilanz (97) folgt dann

$$-\int_1^2 p \; dV = W_{12} - \Psi_{12}, \tag{113}$$

wobei die Volumenänderungs- und die dissipierte Arbeit zur Gesamtarbeit $W_{12}$ zusammengefasst sind. Gl. (113) wird als Arbeitsgleichung des Systems bezeichnet. Nach Übergang zu spezifischen Größen lassen sich (111) und (113) durch Flächen unter den Zustandslinien im $T$, $s$- und $p$, $v$-Diagramm veranschaulichen, vgl. Abb. 6a, b. Dabei ist $q_{12} \equiv Q_{12}/m$, $\Psi_{12} \equiv \Psi_{12}/m$ und $w_{12} = W_{12}/m$ mit $m$ als der Systemmasse gesetzt.

Generell wird Entropie durch Wärme und Stoffströme über die Systemgrenze getragen, daher lassen sich auch für Kontrollräume, die nicht aus einer endlichen Zahl ruhender Phasen bestehen, Entropiebilanzen aufstellen. Auf die Aufschlüsselung des Stroms der erzeugten Entropie muss dabei jedoch verzichtet werden. Nach (88) gilt

$$dS/d\tau = \int_A (\dot{q}/T) dA + \sum_{\text{ein}} \dot{m}_e s_e - \sum_{\text{aus}} \dot{m}_a s_a + \dot{S}_{irr}$$
$$\text{mit} \quad \dot{S}_{irr} \geqq 0. \tag{114}$$

wobei $\dot{q} \equiv d\dot{Q}/dA$ die Wärmestromdichte auf einem Oberflächenelement $dA$ des Kontrollraums bedeutet, an dem der Wärmestrom $d\dot{Q}$ bei der Temperatur $T$ übertragen wird. Die materiegebundenen Entropieströme sind als Produkt von Massenströmen $\dot{m}$ und spezifischen Entropien $s$ dargestellt. Die Entropie der Materie kann aus einer entropischen Zustandsgleichung $S = S\left(T, p, \vec{n}\right)$ oder $S = S\left(T, V, \vec{n}\right)$ berechnet werden.

Für stationäre Fließsysteme ist $dS/d\tau = 0$. Gibt es darüber hinaus nur einen zu- und abfließenden Massenstrom $\dot{m}$, vgl. (91), vereinfacht sich (114) zu

$$s_2 - s_1 = (1/\dot{m}) \int_A (\dot{q}/T) dA + (S_{irr})_{12}$$
$$\text{mit} \quad (s_{irr})_{12} \equiv \dot{S}_{irr}/\dot{m} \geqq 0. \tag{115}$$

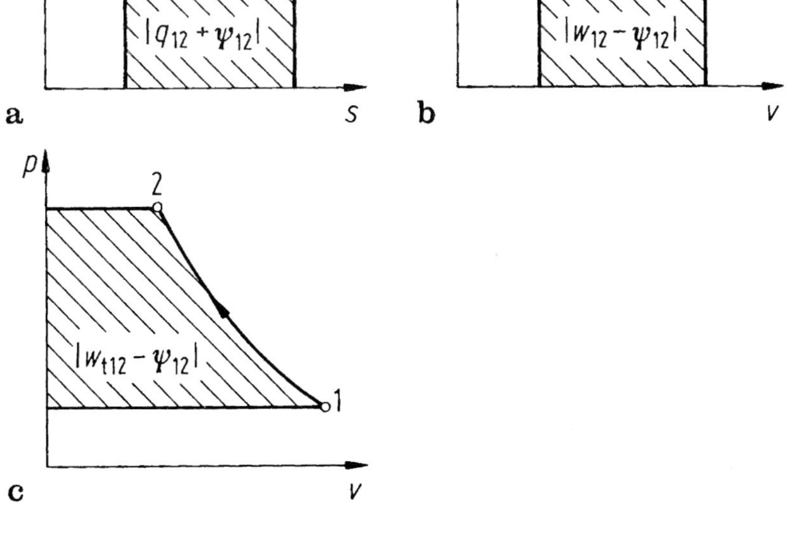

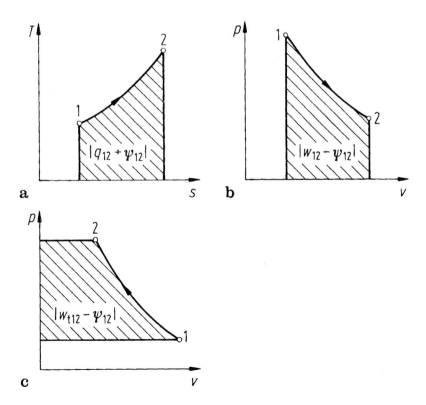

**Abb. 6** Bedeutung von Flächen in Zustandsdiagrammen. **a** $T$, $s$-Diagramm; **b** und **c** $p$, $v$-Diagramm

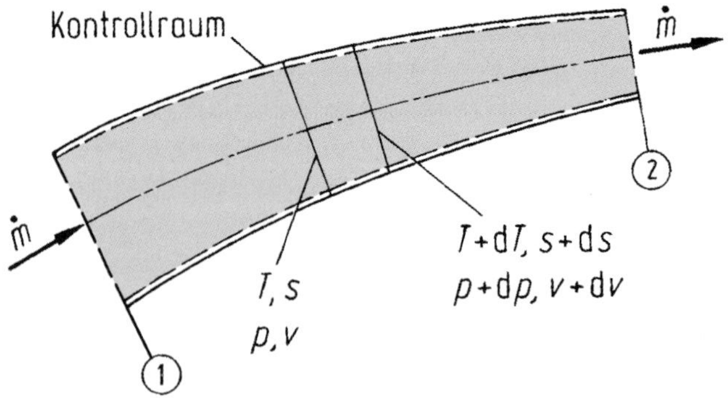


**Abb. 7** Stationäre Kanalströmung mit Zustandsänderung zwischen zwei benachbarten Querschnitten

Die Indizes 1 und 2 kennzeichnen wieder die Ein- und Austrittsquerschnitte des Kontrollraums. Ist dieser nach Abb. 7 ein Kanal, und ist in eindimensionaler Betrachtungsweise die Zustandsänderung der Materie längs der Kanalachse bekannt, kann (115) in Analogie zu (111) in

$$\int_1^2 T \, \mathrm{d}s = q_{12} + \psi_{12} \quad \text{mit} \quad \psi_{12} \equiv \int_1^2 T \, \mathrm{d}s_{\text{irr}} \geqq 0 \tag{116}$$

umgeformt werden. Die Differenziale der spezifischen Entropie sind Inkremente auf der Kanalachse; $q_{12} \equiv \dot{Q}/\dot{m}$ ist der auf den Massenstrom bezogene Wärmestrom und $\Psi_{12}$ die spezifische Dissipationsenergie für den Kontrollraum. Das Ergebnis (116) lässt sich wieder im $T$, $s$-Diagramm, vgl. Abb. 6a, veranschaulichen.

Ändert das strömende Medium seine Zusammensetzung im Kanal nicht, oder ist es im chemischen Gleichgewicht, folgt aus (44)

$$\int_1^2 T \, \mathrm{d}s = h_2 - h_1 - \int_1^2 v \, \mathrm{d}p. \tag{117}$$

Die Integrale sind dabei wieder für die Zustandsänderung längs des Kanals zu berechnen. Verknüpft man (116) und (117) mit der Energiebilanz (101), erhält man die Bernoulli'sche Gleichung

$$w_{t12} - \psi_{12} = \int_1^2 v \, \mathrm{d}p + \frac{1}{2}\left(c_2^2 - c_1^2\right) + g(z_2 - z_1)$$
$$\text{mit} \quad \psi_{12} \geqq 0. \tag{118}$$

Diese Energiegleichung für eine stationäre Kanalströmung enthält mit Ausnahme von $\Psi_{12}$ keine kalorischen Größen. Zur Auswertung genügen aber, im Gegensatz zu (101), die Zustandsgrößen an den Grenzen des Kontrollraums nicht.

Sind die Änderungen der kinetischen und potenziellen Energie vernachlässigbar, folgt aus (118)

$$\int_1^2 v \, \mathrm{d}p = w_{t12} - \psi_{12}, \tag{119}$$

was nach Abb. 6c im $p$, $v$-Diagramm als Fläche darstellbar ist.

### 17.1.6 Energieumwandlung

Da die Energie eine Erhaltungsgröße ist, können nur unterschiedliche Erscheinungsformen der Energie wie Innere Energie, elektrische Energie, kinetische Energie u.s.w. ineinander umgewandelt werden. Die Energieumwandlung ist das Aufgabenfeld der Energietechnik. Die wechselseitige Umwandelbarkeit von Energieformen wird durch ihre jeweils unterschiedliche Beladung mit Entropie bestimmt. Energieumwandlungen mit Entropievernichtung sind gemäß des zweiten Hauptsatzes unmöglich.

#### 17.1.6.1 Beispiele stationärer Energiewandler, Kreisprozesse

Elektrische Maschinen wandeln nach Abb. 8a mechanische und elektrische Leistung, $P_{\text{mech}}$ und $P_{\text{el}}$, ineinander um. Sie geben dabei einen Abwärmestrom $\dot{Q}_0 \leq 0$ bei einer als einheitlich angenommenen Temperatur $T_0$ zeitlich an die Umgebung ab. Aus den Energie- und Entropiebilanzen (100) und (114) für den stationären Betrieb dieser geschlossenen Systeme

$$P_{\text{el}} + P_{\text{mech}} + \dot{Q}_0 = 0 \quad \text{und} \quad \dot{Q}_0/T_0 + \dot{S}_{\text{irr}} = 0$$

folgt, dass im reversiblen Grenzfall mit $\dot{S}_{\text{irr}} = 0$ mechanische und elektrische Leistung vollständig ineinander überführbar sind. Entropieerzeugung z. B. durch mechanische Reibung oder durch Ohm'sche Widerstände schmälert die gewünschte Nutzleistung, der hierdurch bedingte Wärmestrom kann nur abgegeben werden, in der Regel an die Umgebung als Wärmesenke.

Wärmekraftmaschinen gewinnen nach Abb. 8b mechanische oder elektrische Leistung $P < 0$ aus einem Wärmestrom $\dot{Q} > 0$. Sie sind nicht funktionsfähig, ohne einen Abwärmestrom $\dot{Q}_0 < 0$ auf Kosten der Nutzleistung an die Umgebung als Wärmesenke abzuführen. Wärmezu- und -abfuhr sollen bei jeweils einheitlichen thermodynamischen Temperaturen $T$ und $T_0 < T$ erfolgen. Die Bilanzen (100) und (114) für den stationären Betrieb,

$$\begin{aligned} &P + \dot{Q} + \dot{Q}_0 = 0 \\ &\text{und} \quad \dot{Q}/T + \dot{Q}_0/T_0 + \dot{S}_{\text{irr}} = 0, \end{aligned} \tag{120}$$

liefern als thermischen Wirkungsgrad der Maschine

$$\eta_{\text{th}} \equiv -P/\dot{Q} = \eta_{\text{C}} - T_0\dot{S}_{\text{irr}}/\dot{Q} \leqq \eta_{\text{C}} \tag{121}$$

$$\text{mit} \quad \eta_{\text{C}} \equiv 1 - T_0/T. \tag{122}$$

Der Maximalwert $\eta_{\text{C}}$, der von einer reversiblen Wärmekraftmaschine erreicht wird, heißt Carnot'scher Wirkungsgrad. Die irdische Umgebung ist das Wärmereservoir mit der niedrigsten Temperatur, sodass $T_0$ nicht unter die Temperatur $T_{\text{u}}$ der natürlichen Umgebung auf der Erde sinken kann. Die obere Prozesstemperatur $T$ ist in der Regel durch die Temperatur der Wärmequelle und die Festigkeit von Bauteilen nach oben begrenzt, so gilt stets $\eta_{\text{C}} < 1$. Ein Wärmestrom kann daher *prinzipiell* (auch bei reversibler Wandlung) nicht vollständig in mechanische Leistung umgewandelt werden. Der umwandelbare Anteil steigt mit zunehmender Temperatur $T$ und wird bei $T = T_0$ zu Null.

Die abgegebene Leistung ist entropiefrei. Der Abwärmestrom

$$|\dot{Q}_0| = (1 - \eta_{\text{C}})\dot{Q} + T_0\dot{S}_{\text{irr}} \tag{123}$$

führt den mit dem Wärmestrom $\dot{Q}$ eingebrachten sowie den zusätzlich erzeugten Entropiestrom aus der Maschine in die Umgebung ab. Der erste Summand ist nach dem zweiten Hauptsatz unumgänglich, der zweite bedeutet einen im Prinzip vermeidbaren Leistungsverlust, der bei reversiblen idealisierten Maschinen wegfällt.

Wärmepumpen, die zur Heizung dienen, nehmen nach Abb. 8c einen Wärmestrom $\dot{Q}_0 > 0$ bei einer tiefen Temperatur, z. B. aus der natürlichen Umgebung auf und wandeln ihn in einen Wärmestrom $\dot{Q} < 0$ um, der bei höherer Temperatur an den zu heizenden Raum abgegeben wird. Dazu benötigen sie eine mechanische oder elektrische Antriebsleistung $P > 0$. Die Temperaturen der Wärmezu- und -abfuhr sollen wieder einheitliche Werte $T_0$ und $T > T_0$ besitzen, und der Betrieb sei stationär. Die Energie- und Entropiebilanzen lauten dann wie (120) und ergeben für die Leistungszahl (Bošnjaković und Knoche, 1998)

$$\varepsilon \equiv -\dot{Q}/P = \varepsilon_{\text{rev}}\left(1 - T_0\dot{S}_{\text{irr}}/P\right) \leqq \varepsilon_{\text{rev}} \tag{124}$$

$$\text{mit} \quad \varepsilon_{\text{rev}} \equiv T/(T - T_0). \tag{125}$$

Eine Sonderform der Wärmepumpe ist die Kältemaschine, siehe Abb. 8d. Sie entzieht einem Kühlraum den Wärmestrom $\dot{Q}_0 > 0$ bei einer Temperatur $T_0$ unterhalb der Temperatur $T_{\text{u}}$ der natürlichen Umgebung und führt den Wärmestrom $\dot{Q} > 0$ bei $T = T_{\text{u}}$ an diese Umgebung ab. Aus den Energie- und Entropiebilanzen (120) erhält man für die Leistungszahl der Kältemaschine

**Abb. 8** Energiewandler. **a** Elektrische Maschine EM; **b** Wärmekraftmaschine WKM; **c** Wärmepumpe WP; **d** Kältemaschine KM

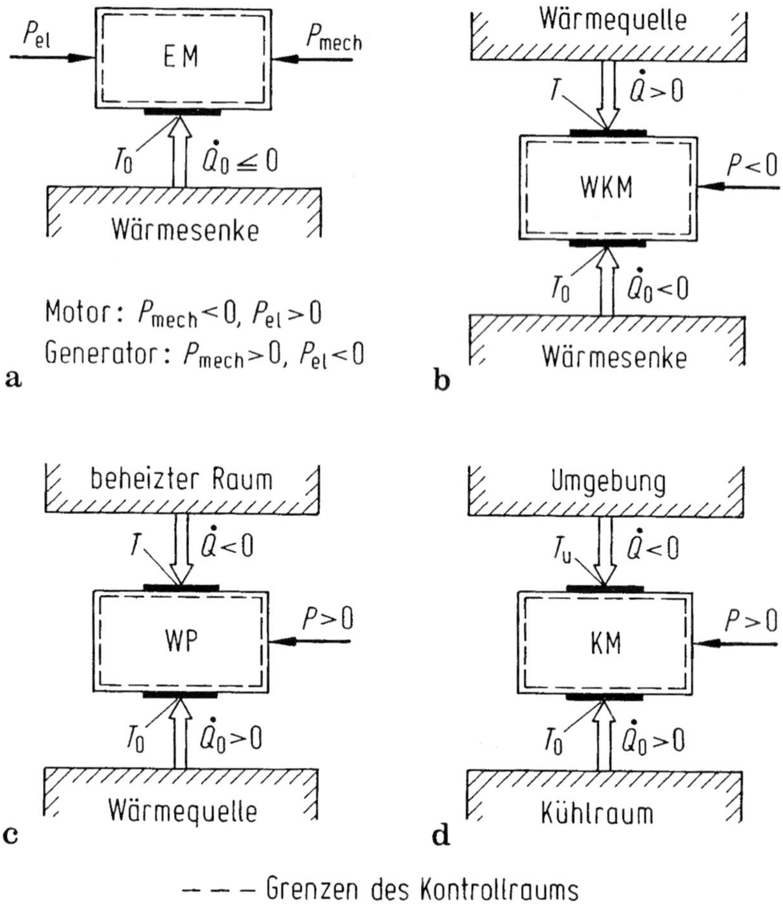


$$\varepsilon_K \equiv \dot{Q}_0/P = (\varepsilon_K)_{rev}\left(1 - T_u\dot{S}_{irr}/P\right) \leq (\varepsilon_K)_{rev} \qquad (126)$$

$$\text{mit} \quad (\varepsilon_K)_{rev} \equiv T_0/(T_u - T_0). \qquad (127)$$

Beide Verhältnisse von Nutzen zu Aufwand, $\varepsilon$ und $\varepsilon_K$, nehmen für den reversiblen Grenzfall einen temperaturabhängigen Maximalwert an und werden durch Entropieerzeugung gemindert. Wegen $-\dot{Q} = \dot{Q}_0 + P$ ist stets $\varepsilon \geqq 1$, während $\varepsilon_K$ Werte größer oder kleiner als eins annehmen kann.

Die Ergebnisse (121), (124) und (126) lassen sich auf den Fall der Wärmezu- und -abfuhr bei nicht einheitlicher Temperatur übertragen, wenn anstelle von $T$ und $T_0$ thermodynamische Mitteltemperaturen benutzt werden. Diese sind als

$$T_m \equiv \frac{\dot{Q}}{\int d\dot{Q}/T} \qquad (128)$$

definiert, wobei $d\dot{Q}$ der auf dem Flächenelement $dA$ der Systemgrenze bei der Temperatur $T$ übertragene Wärmestrom ist, der sich für die Gesamtfläche zu $\dot{Q}$ summiert. Die Nennergröße bedeutet den von $\dot{Q}$ mitgeführten Entropiestrom. Mit (128) bleiben alle Entropiebilanzen formal unverändert. Wird die Wärme über die Wände eines Kanals an ein reversibel und isobar strömendes Fluid konstanter Zusammensetzung übertragen, folgt mit (115), (116) und (117) aus (128)

$$T_m = (h_2 - h_1)/(s_2 - s_1). \qquad (129)$$

Damit ist $T_m$ auf die Zustandsänderung des wärmeabgebenden bzw. wärmeaufnehmenden Fluids zurückgeführt.

Die kontinuierliche Energieumwandlung gemäß Abb. 8b bis d basiert in der Regel auf Kreisprozessen. In einem Kreisprozess dient ein fluides Arbeitsmittel als Energieträger zwischen mehreren Apparaten. Das Arbeitsmittel durchläuft eine Folge von Zustandsänderungen, wobei bei einem Kreisprozess definitionsgemäß der Endzustand des Arbeitsmittels mit dem Anfangszustand übereinstimmt. In technischen Ausführungen strömt das Arbeitsmittel nach Abb. 9 durch eine in sich geschlossene Kette stationärer Maschinen und Apparate, die zusammen die energiewandelnde Maschine darstellen. Aber auch periodische Zustandsänderungen des Arbeitsmittels im Zylinder einer Kolbenmaschine oder „offene" Kreisprozesse mit atmosphärischer Luft als Arbeitsfluid sind denkbar. Obwohl im erstgenannten Fall ein stationärer Zustand nur im zeitlichen Mittel möglich ist, gelten die Bilanzen (120) und ihre Folgerungen aufgrund von (97) und (110) auch hier.

Summiert man (116) und (119) über alle Teile einer in sich geschlossenen Reihenschaltung stationärer Fließsysteme, folgt mit $q \equiv \sum q_{ik}$, $\psi \equiv \sum \psi_{ik}$ und $w_t \equiv \sum w_{t,\,ik}$

$$\oint T \ \mathrm{d}s = q + \psi \quad \text{und} \quad \oint v \ \mathrm{d}p = w_t - \psi. \tag{130}$$

Danach ist die von den Zustandslinien im *T*, *s*-Diagramm, siehe Abb. 10a, eingeschlossene Fläche gleich dem Betrag der Wärme $q$ und der Dissipationsenergie $\Psi$ des Kreisprozesses. Die entsprechende Fläche im *p*, *v*-Diagramm, siehe Abb. 10b, ist der Betrag der um die Dissipationsenergie verminderten technischen Arbeit $w_t$. Beide Flächen sind nach (117) betragsgleich:

$$q + \psi = \oint T \ \mathrm{d}s = -\oint v \ \mathrm{d}p = -(w_t - \psi), \tag{131}$$

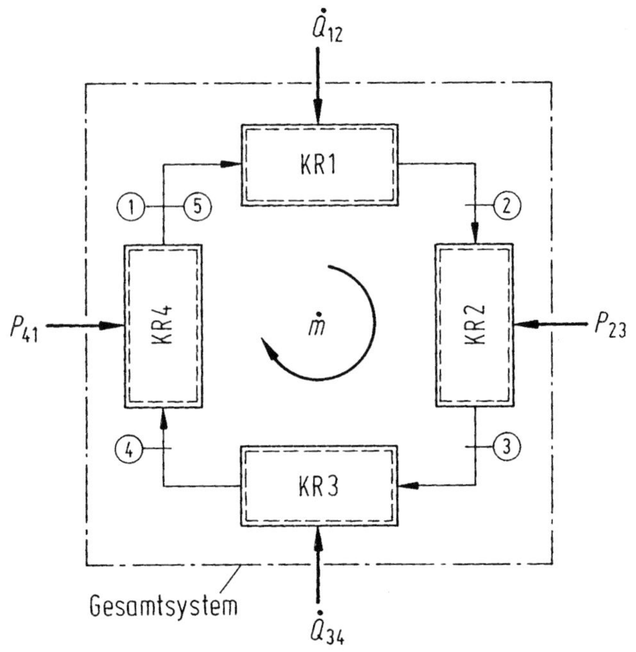


**Abb. 9** Ausführung eines Kreisprozesses als stationärer Fließprozess in einer geschlossenen Kette von Kontrollräumen KR1 bis KR4

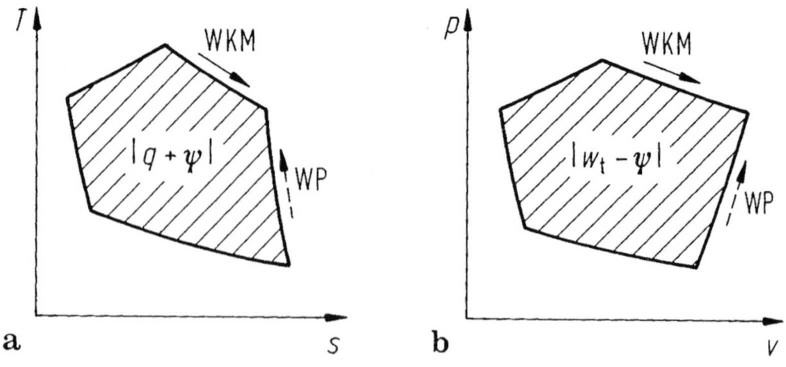


**Abb. 10** Eingeschlossene Flächen in Zustandsdiagrammen und Umlaufsinn der Kreisprozesse für Wärmekraftmaschine WKM und Wärmepumpe WP. **a** *T*, *s*-Diagramm; **b** *p*, *v*-Diagramm

worin sich die Energiebilanz des Kreisprozesses widerspiegelt. Aufgrund der Vorzeichen von $q$ und $w_t$ sind Wärmekraftmaschinenprozesse in beiden Diagrammen rechtsläufig und Wärmepumpenprozesse linksläufig. Für Kreisprozesse mit periodisch arbeitenden Maschinen erhält man auf der Grundlage von (111), (112) und (113) identische Ergebnisse.

### 17.1.6.2 Wertigkeit von Energieformen

Für die thermodynamische Analyse zur Umwandelbarkeit von Energieformen hat sich neben der Darstellung aus dem vorhergehenden Abschnitt ein weiterer, gleichwertiger Ansatz etabliert. Hierzu wird jede Energieform formal in die Anteile

$$\text{Energie} = \text{Exergie} + \text{Anergie} \tag{132}$$

zerlegt. Die Exergie ist dabei – nach Maßgabe der jeweils zugelassenen Austauschprozesse mit der Umgebung – der in jede Energieform, insbesondere in Nutzarbeit umwandelbare Teil der Energie. Die Anergie ist der nicht in Nutzarbeit umwandelbare Rest.

In dieser Definition ist die Umgebung als Reservoir im inneren Gleichgewicht idealisiert, das bei konstanten Werten der Temperatur $T_u$, des Drucks $p_u$ und der chemischen Potenziale $\mu_{i\,u}$ seiner Komponenten Entropie, Volumen und Stoffmengen aufnehmen und abgeben kann. Zur Anwendung auf Verbrennungsprozesse hat Baehr (Baehr und Kabelac 2016) eine Umgebung aus gesättigter feuchter Luft, vgl. Abschn. 1.2.2 dieses Kapitels, sowie den Mineralien Kalkspat und Gips vorgeschlagen. Ein komplizierteres Umgebungsmodell zur Quantifizierung der Werte $T_u$, $p_u$ und $\mu_{i\,u}$ findet man in (Ahrendts 1977) oder (Diederichsen 1991). Die Exergie der Umgebung ist definitionsgemäß Null.

Wellen- und elektrische Arbeit sind in jede andere Energieform umwandelbar und bestehen somit aus reiner Exergie. Dies lässt sich auch für die kinetische und potenzielle Energie in einer ruhenden Umgebung der Höhe $z_u = 0$ zeigen. Von der Volumenänderungsarbeit $W_{12}{}^V$ eines Systems ist dagegen der an der Umgebung verrichtete Anteil $-p_u\,\Delta V$ nicht technisch nutzbar und muss als Anergie gerechnet werden. Damit ergibt sich für die Exergie und Anergie der Volumenänderungsarbeit

$$E_{W^V} = -\int_1^2 (p - p_u)\mathrm{d}V, \tag{133}$$

$$B_{W^V} = -\mathrm{p_u}(V_2 - V_1). \tag{134}$$

Die Exergie $\dot{E}_Q$ und Anergie $\dot{B}_Q$ eines Wärmestroms $\dot{Q}$ mit der thermodynamischen Mitteltemperatur $T_m$ ist durch die Leistung und den Abwärmestrom einer reversiblen Wärmekraftmaschine gegeben. Nach (121) und (122) gilt

$$\dot{E}_Q = (1 - T_u/T_m)\dot{Q}, \tag{135}$$

$$\dot{B}_Q = (T_u/T_m)\dot{Q}. \tag{136}$$

Für $T_m < T_u$ ist $1 - T_u/T_m < 0$, sodass die zugehörige Exergie entgegengesetzt zur Wärme strömt.

Die Exergie einer Phase α mit der inneren Energie $U^\alpha$ findet man als maximale Nutzarbeit $(-W^n)_{max}$ eines Prozesses, der die Phase ins Gleichgewicht mit der Umgebung U bringt. In diesem Zustand besitzt das Gesamtsystem aus α und Umgebung nach dem zweiten Hauptsatz ein Minimum seiner inneren Energie und hat seine Arbeitsfähigkeit verloren. Aus den Bilanzen (95) und (103) für das zusammengesetzte System

$$\mathrm{d}W^n = \mathrm{d}U^\alpha + \mathrm{d}U^U \quad \text{und} \quad \mathrm{d}S^\alpha + \mathrm{d}S^U = \mathrm{d}S_{irr}$$

lässt sich die maximale Nutzarbeit berechnen, die bei einem reversiblen Prozess anfällt. Es folgt für die Exergie $E^\alpha$ und die Anergie $B^\alpha$ der Inneren Energie der Phase α:

$$E^\alpha = U_1^\alpha - U_u^\alpha - T_u\left(S_1^\alpha - S_u^\alpha\right) + p_u\left(V_1^\alpha - V_u^\alpha\right), \tag{137}$$

$$B^\alpha = U_u^\alpha + T_u\left(S_1^\alpha - S_u^\alpha\right) - p_u\left(V_1^\alpha - V_u^\alpha\right). \tag{138}$$

Der Index 1 bezieht sich auf den Anfangszustand, der Index u auf das Gleichgewicht der Phase α mit der Umgebung. Wird außer dem thermischen und mechanischen auch das stoffliche Gleichgewicht mit der Umgebung hergestellt, gilt

$$U_u^\alpha = \sum_{i=1}^{K} U_{iu}\left(n_i^\alpha\right), \quad S_u^\alpha = \sum_{i=1}^{K} S_{iu}\left(n_i^\alpha\right) \quad \text{und} \quad V_u^\alpha = \sum_{i=1}^{K} V_{iu}\left(n_i^\alpha\right), \tag{139}$$

wobei $X_{i\,u}$ die partiellen molaren Zustandsgrößen der Stoffe $i$ in der Umgebung sind. Für isotherm isobare Prozesse bei $T_u$ und $p_u$ wird (137) gleich der Abnahme der freien Enthalpie $G$.

Die spezifische Exergie eines Stoffstroms $\dot{m}$ mit der spezifischen Enthalpie $h$ und der spezifischen Entropie $s$ lässt sich als maximale Nutzarbeit $(-w_t)_{max}$ einer stationären Maschine bestimmen, die den Stoffstrom ins Gleichgewicht mit der Umgebung setzt. Die Bilanzen (100) und (114) für das aus der Umgebung und der Maschine zusammengesetzte System

$$\mathrm{d}U^U/\mathrm{d}\tau = \dot{m}w_t + \dot{m}h \quad \text{und} \quad \mathrm{d}S^U/\mathrm{d}\tau = \dot{m}s + \dot{S}_{irr}$$

zeigen, dass die maximale Nutzarbeit von einer reversiblen Maschine geliefert wird, und ergeben für die spezifische Exergie $e$ und die spezifische Anergie $b$ der Enthalpie

$$e = h - h_u - T_u(s - s_u), \tag{140}$$

$$b = h_u + T_u(s - s_u). \tag{141}$$

Der Index u kennzeichnet wieder den Gleichgewichtszustand des Stoffstroms mit der Umgebung, zum Beispiel $h_u = h(T_u, p_u)$ Besteht neben dem thermischen und mechanischen auch stoffliches Gleichgewicht, ist analog zu (138)

$$h_u = \sum_{i=1}^{K} H_{iu}\bar{\xi}_i/M_i \quad \text{und} \quad s_u = \sum_{i=1}^{K} S_{iu}\bar{\xi}_i/M_i \tag{142}$$

zu setzen. Dabei sind $\bar{\xi}_i$ die Massenanteile der Komponenten $i$ des Stoffstroms und $M_i$ ihre Molmassen. Im Gegensatz zur Exergie der inneren Energie kann die Exergie der Enthalpie auch negativ werden, sodass Arbeit aufzuwenden ist, um den Stoffstrom in die Umgebung zu fördern. Wie Wärme bei Umgebungstemperatur sind die innere Energie einer Phase und die Enthalpie eines Stoffstroms im Gleichgewichtszustand mit der Umgebung reine Anergie.

Für Exergie und Anergie lassen sich Bilanzen der Form (88) aufstellen:

$$\mathrm{d}E/\mathrm{d}\tau = \sum_{\text{ein}} \dot{E}_e - \sum_{\text{aus}} |\,\dot{E}_a\,| - \dot{E}_v, \tag{143}$$

$$\mathrm{d}B/\mathrm{d}\tau = \sum_{\text{ein}} \dot{B}_e - \sum_{\text{aus}} |\,\dot{B}_a\,| + \dot{E}_v, \tag{144}$$

deren Summe den Energieerhaltungssatz ergibt. Der Exergieverluststrom $\dot{E}_v$ ist stets positiv, denn aus dem Vergleich der Anergiebilanz mit der Entropiebilanz (114) für einen beliebigen Kontrollraum folgt

$$\dot{E}_{\mathrm{v}} = T_{\mathrm{u}}\dot{S}_{\mathrm{irr}} \geqq 0. \qquad (145)$$

Alle Lebens- und Produktionsprozesse benötigen Exergie, die durch Entropieerzeugung unwiederbringlich in Anergie verwandelt wird. Diese Entwertung von Energie ist in der Sprache der Energiewirtschaft der Energieverbrauch. Exergiebilanzen zeigen, wo Exergie verloren geht, und bilden die Grundlage für die Definition exergetischer Wirkungsgrade (Baehr 1968).

## Literatur

Ahrendts J (1977) Die Exergie chemisch reaktionsfähiger Systeme, Bd 579. VDI, Düsseldorf

Baehr HD (1968) Zur Definition exergetischer Wirkungsgrade. Brennst Wärme Kraft 20, S 197–200

Baehr HD, Kabelac (2016) Thermodynamik, 16. Aufl. Springer, Berlin

BIPM, Bureau International des Poids et Mesures: Resolutions adopted, 16. November 2018. https://www.bipm.org/utils/common/pdf/CGPM-2018/26th-CGPM-Resolutions.pdf. Zugegriffen am 26.02.2019

BIPM, Bureau International des Poids et Mesures: The International System of Units (SI) – Draft of the ninth SI Brochure, 6 February 2019. https://www.bipm.org/utils/en/pdf/si-revised-brochure/Draft-SI-Brochure-2019.pdf. Zugegriffen am 26.02.2019

Bošnjaković F; Knoche KF (1998/1997) Technische Thermodynamik. Teil I: 8. Aufl.; Teil II: 6. Aufl. Steinkopff, Darmstadt

Callen HB (2011) Thermodynamics and an introduction to thermostatistics, 2., rev. Aufl. Wiley, New York.

Diederichsen C (1991) Referenzumgebungen zur Berechnung der chemischen Energie. Fortschr.-Ber. VDI, Reihe 19, Nr. 50. VDI, Düsseldorf

Falk G (1968) Theoretische Physik, Bd II: Thermodynamik. Springer, Berlin

Falk G, Ruppel W (2013) Energie und Entropie. Springer, Berlin

Haase R (1987) Thermodynamik, 2., überarb. Aufl. Steinkopff, Darmstadt

Henning F (1977) In: Moser H (Hrsg) Temperaturmessung, 3. Aufl. Springer, Berlin

Modell M, Reid RC (1983) Thermodynamics and its applications, 2. Aufl. Prentice-Hall, Englewood Cliffs

Stephan P, Schaber K-H, Stephan K, Mayinger F (2017) Thermodynamik. Bd 2: Mehrstoffsysteme und chemische Reaktionen, 16. Aufl. Springer, Berlin

Strubecker K (1984) Einführung in die höhere Mathematik, Bd IV. Oldenbourg, München

# Stoffmodelle der Technischen Thermodynamik

18

Stephan Kabelac und Joachim Ahrendts

## Inhalt



**Zusammenfassung**

Die mit der thermodynamischen Methode analysierten Systeme bestehen aus gasförmiger, flüssiger und/oder fester Materie. Der thermodynamische Zustand dieser Materie wird durch Zustandsgrößen charakterisiert, die anhand von Stoffmodellen der jeweiligen Materie berechnet werden können. Die für die thermodynamische Analyse interessierenden Zustandsgrößen sind die innere Energie $U$ und die Entropie $S$ der jeweiligen Materie, deren Stoffmenge bzw. Masse und Zusammensetzung bekannt sein muss. Die Berechnung dieser zentralen, leider nicht direkt messbaren Zustandsgrößen aus anderen, messbaren Zustandsgrößen wie Temperatur, Druck und Wärmekapazitäten wird durch Zustandsgleichungen möglich, deren Grundgerüst in differenzieller Form durch die Thermodynamik bereitgestellt wird. Für die stoffspezifische Integration dieser differenziellen Beziehungen müssen Stoffmodelle zugrunde gelegt werden, die in diesem Abschnitt erläutert werden.

## 18.1 Stoffmodelle

Für die praktische Anwendung der allgemeingültigen thermodynamischen Beziehungen fluider Phasen vom vorherigen ▶ Kap. 17, „Grundlagen der Technischen Thermodynamik“, insbesondere der Energie- und Entropiebilanzgleichung, müssen zusätzlich Stoffmodelle für die jeweils betrachteten Substanzen hinzugezogen werden. Diese individuellen Stoffmodelle werden durch Zustandsgleichungen bereitgestellt, die durch Messung von Zustandsgrößen, in Teilen ergänzt durch molekulartheoretische Berechnungen für die verschiedenen Substanzen abgeleitet werden. Das Zustandsverhalten einer fluiden Phase kann gemäß (1–15) durch eine kanonische Zustandsgleichung der Form

S. Kabelac (✉)
Institut für Thermodynamik, Leibniz Universität Hannover, Hannover, Deutschland
E-Mail: Kabelac@ift.uni-hannover.de

J. Ahrendts
Bad Oldesloe, Deutschland

© Der/die Autor(en), exklusiv lizenziert durch Springer-Verlag GmbH, DE, ein Teil von Springer Nature 2022

M. Hennecke, B. Skrotzki (Hrsg.), *HÜTTE Band 2: Grundlagen des Maschinenbaus und ergänzende Fächer für Ingenieure*, Springer Reference Technik,
https://doi.org/10.1007/978-3-662-64372-3_44

$U = U(S,\ V,\ n_i)$ oder deren Legendre-Transformierte vollständig beschrieben werden. Da nur für wenige Substanzen derartige kanonische Zustandsgleichungen bekannt sind, werden vielfach einfach zu handhabende spezielle Zustandsgleichungen verwendet; so die thermische Zustandsgleichung $p = p\ (T,\ V,\ n_i)$, die kalorische Zustandsgleichung $U = U(T,\ V,\ n_i)$ bzw. $H = H\ (T,\ p,\ n_i)$ und die Entropie-Zustandsgleichung z. B. in der Form $S = S(T,\ V,\ n_i)$, vgl. (16), (17) und (18) in diesem Abschnitt Die thermische Zustandsgleichung ist von Bedeutung, da die thermischen Zustandsgrößen $p$, $T$ und $v = V/m$ gut messbar sind und auf deren Basis das Realverhalten von Fluiden beschrieben werden kann. Die kalorischen Zustandsgleichungen sind zur Auswertung der Energiebilanzgleichung (1–97) bzw. (1–100) notwendig, die Entropie-Zustandsgleichung zur Auswertung der Entropiebilanzgleichung (1–114). Weder die Innere Energie $U$ noch die Enthalpie $H$ oder die Entropie $S$ sind einer direkten Messung zugänglich, sie müssen über die entsprechenden Zustandsgleichungen anhand messbarer Zustandsgrößen, z. B. $p$ und $T$, für den jeweiligen Zustand und das jeweilige Fluid berechnet werden.

Die Stoffmodelle für Gemische basieren auf den Zustandsgleichungen der beteiligten reinen Komponenten, die durch Mischungsregeln verknüpft und durch Korrekturterme ergänzt werden. Die Zustandsgleichungen für reine Stoffe basieren in der Regel auf dem theoretisch fundierten Modellfluid des idealen Gases, ergänzt mit Abweichungsfunktionen für das durch molekulare Wechselwirkungen bedingte Realverhalten.

### 18.1.1 Reine Stoffe

In Abb. 1 ist die $p$, $v$, $T$-Zustandsfläche eines Reinstoffes dargestellt (Baehr und Kabelac 2016). Es wird deutlich, dass bereits die thermische Zustandsgleichung für ein reales reines Fluid keine einfache analytische Funktion sein kann.

Im Grenzzustand niedriger Dichte verhalten sich reale Gase annähernd wie ein ideales Gas. Das ideale Gas ist ein Modellfluid, welches über besonders einfache, theoretisch belastbare Zustandsgleichungen definiert ist. Analoges gilt für den Grenzzustand hoher Dichte, wo sich reale Stoffe annähernd wie ein inkompressibles Fluid verhalten.

#### 18.1.1.1 Ideale Gase

Aus der Sicht der Statistischen Mechanik, vgl. (Kap. „Statistische Mechanik - Thermodynamik“ in Band 1) ist ein ideales Gas ein System massebehafteter punktförmiger Teilchen, die keine Kräfte aufeinander ausüben. Dieses Modell gibt das Grenzverhalten der Materie bei verschwindender Dichte wieder und kann näherungsweise auf Gase mit Drücken bis zu 1 MPa (10 bar) angewendet werden. Jedes reine ideale Gas genügt per Definition der thermischen Zustandsgleichung

$$pV = nR_{\mathrm{m}}T = mRT \tag{1}$$

$$\text{mit}\quad R_{\mathrm{m}} = k_B \cdot N_A = 8{,}31446261815324 \sim 8{,}3145\ \mathrm{J/(mol \cdot K)} \tag{2}$$

$$\text{und}\quad R = R_{\mathrm{m}}/M. \tag{3}$$

Dabei ist $R_{\mathrm{m}}$ nach (1–79) die universelle und $R$ die spezielle Gaskonstante; $M$ ist die molare Masse des Gases.

Die oben angegebene universelle Gaskonstante ist eine exakte Größe, da sowohl der Boltzmann-Konstante $k_B$ wie auch der Avogadro-Konstante $N_A$ durch das neue SI-Einheitensystem exakte Werte zugewiesen wurden (BIPM 2019). Die Zustandsgrößen des idealen Gases werden durch den Index iG gekennzeichnet. Im Normzustand mit $t_{\mathrm{n}} = 0\ °\mathrm{C}$ und $p_{\mathrm{n}} = 1{,}01325$ bar beträgt das Molvolumen eines idealen Gases einheitlich $V_{\mathrm{mn}}^{\mathrm{iG}} = 22{,}41410\,\mathrm{m^3/kmol}$. Gleichungen für die Isothermen ($T =$ konst.), Isobaren ($p =$ konst.) und Isochoren ($v =$ konst.) eines idealen Gases lassen sich unmittelbar aus (1) ablesen, vgl. Aus $(\partial u/\partial v)_T = (\partial p/\partial T)_v - p$ nach Tab. 1 folgt mit (1) $(\partial u/\partial v)_T = 0$, d. h. die kalorische Zustandsgleichung $u(T,\ v) = u^{iG}(T)$ für die spezifische innere

**Abb. 1** $p$, $v$, $T$-Fläche eines reinen Stoffes

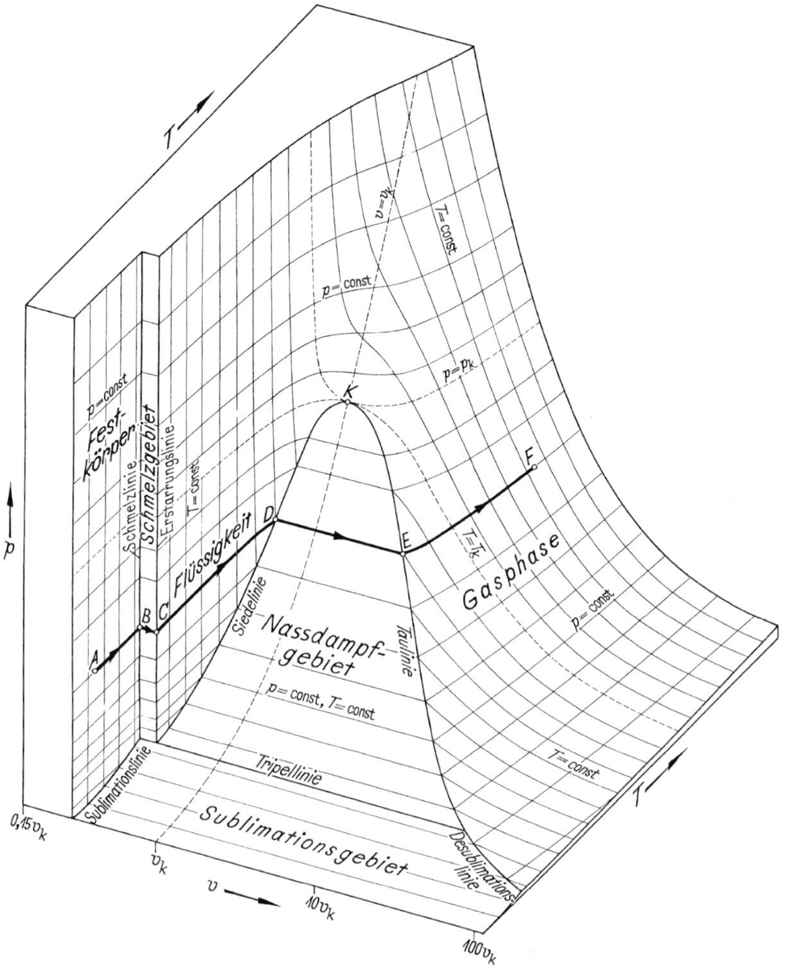


Energie des idealen Gases ist eine reine Temperaturfunktion. Wegen $h = u + p \cdot v$ nach (1–41) überträgt sich diese Eigenschaft auf die kalorische Zustandsgleichung $h(T,\ p) = T,\ p) = u^{iG}(T) + RT = h^{iG}(T)$ für die Enthalpie sowie auf die spezifischen Wärmen

$$c_v(T, v) = (\partial u/\partial T)_v = \mathrm{d}u^{iG}(T)/\mathrm{d}T = c_v^{iG}(T), \quad (4)$$

$$c_p(T, p) = (\partial h/\partial T)_p = \mathrm{d}h^{iG}(T)/\mathrm{d}T = c_p^{iG}(T), \quad (5)$$

$$\text{mit} \quad c_p^{iG}(T) - c_v^{iG}(T) = R, \quad (6)$$

vgl. (1–20), (1–47) und (1–54). Im Gegensatz zu (1) ist $c_v^{iG}(T)$ bzw. $c_p^{iG}(T)$ nach Abb. 2 eine individuelle, von den molekularen Freiheitsgraden abhängige Eigenschaft jedes Gases. Für Edelgase ist $c_v^{iG} = (3/2)R$. Eine Näherungsgleichung zur Berechnung der spezifischen Wärmekapazität idealer Gase in Abhängigkeit von Temperatur lautet

$$c_p^{iG}(T) = \sum_{k=1}^{12} c_k (T/T^*)^{k-8}, \quad (7)$$

wobei die Koeffizienten $c_k$ für einige Gase in Tab. 1 angegeben sind. Die Bezugstemperatur ist

**Tab. 1** Gaskonstante $R$, spezifische konventionelle (absolute) Entropie $s^{\square}$ im Standardzustand, Koeffizienten $c_1$ bis $c_{12}$ der (7), der Koeffizient $c_0$ und $d_0$ in (17) bzw. (18) für fünf ideale Gase. Alle Angaben in kJ/kg K

| | $N_2$ | $O_2$ | $CO_2$ | $H_2O$ | $CH_4$ |
|---|---|---|---|---|---|
| $R$ | 0,296803 | 0,259837 | 0,188922 | 0,461523 | 0,518294 |
| $s^{\square}$ | 6,83991 | 6,41124 | 4,8576 | 10,48192 | 11,6101 |
| $c_0$ | −1,376336638 | −1,097473175 | −1,120840650 | 3,759590061 | −0,405923627 |
| $c_1$ | −0,0000797270 | 0,0000152385 | −0,0000481280 | 0,0000685451 | −0,000425411 |
| $c_2$ | 0,0023227098 | −0,0003952036 | 0,0013119490 | −0,0024292033 | 0,010275063 |
| $c_3$ | −0,029183817 | 0,004000136 | −0,015483339 | 0,035937090 | −0,10429816 |
| $c_4$ | 0,20640159 | −0,01804445 | 0,10362701 | −0,29186010 | 0,580986652 |
| $c_5$ | −0,89792462 | 0,01378745 | −0,43314776 | 1,43739067 | −1,9602634 |
| $c_6$ | 2,4588600 | 0,2108220 | 1,1831570 | −4,4771600 | 4,1914281645 |
| $c_7$ | −4,149474 | −0,908682 | −2,186309 | 8,965501 | −5,4207437 |
| $c_8$ | 5,082928 | 2,389091 | 3,292046 | −9,730609 | 3,91323688 |
| $c_9$ | −2,102458 | −0,909577 | −0,963963 | 9,294361 | 5,7457815673 |
| $c_{10}$ | 0,722736 | 0,375736 | 0,300080 | −3,621326 | −3,147775574 |
| $c_{11}$ | −0,1381195 | −0,0721146 | −0,0506986 | 0,7448079 | 0,8111713164 |
| $c_{12}$ | 0,01126722 | 0,00535447 | 0,00361903 | −0,06278425 | −0,08104304 |
| $d_0$ | 6,7561483 | 7,554335 | 5,301110 | 12,342754 | 7,1806396 |

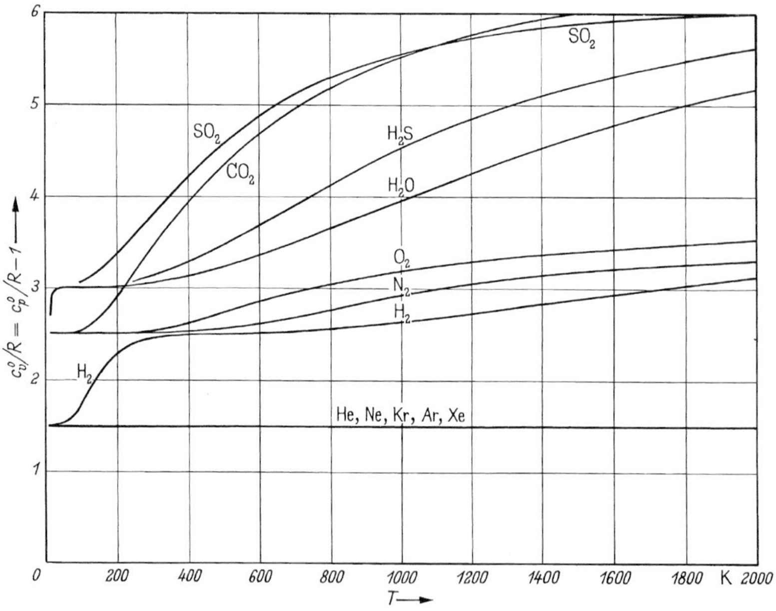


**Abb. 2** Verhältnis $c_v^{iG}/R = c_p^{iG}/R - 1$ für verschiedene ideale Gase als Funktion der Temperatur $T$ (Baehr und Kabelac 2016)

$T^* = 1000$ K (Baehr und Kabelac 2016). Das Verhältnis der spezifischen Wärmekapazitäten,

$$\kappa(T) = c_p^{iG}(T)/c_v^{iG}(T), \tag{8}$$

ist der Isentropenexponent des idealen Gases. Die Integration von (4) und (5) über die Temperatur liefert für die spezifische innere Energie und die spezifische Enthalpie des idealen Gases

$$\begin{aligned} u^{iG}(T) &= u(T_0) + \int_{T_0}^{T} c_v^{iG}(T)\,\mathrm{d}T \\ &= u(T_0) + (h - h_0) - R(t - t_0), \end{aligned} \tag{9}$$

$$h^{iG}(T) = h(T_0) + \int_{T_0}^{T} c_p^{iG}(T)\,\mathrm{d}T \\ = h(T_0) + \bar{c}_p^{iG}(t)t - \bar{c}_p^{iG}(t_0)t_0 \tag{10}$$

$$\text{mit} \quad \bar{c}_p^{iG}(t) \equiv (1/t)\int_0^t c_p^{iG}(t)\,\mathrm{d}t, \tag{11}$$

wobei $t$ die Celsius-Temperatur bedeutet.

Zustandsgleichungen für die spezifische Entropie lassen sich unter Berücksichtigung der speziellen Eigenschaften (1), (4) und (5) idealer Gase durch Integration der Beziehungen

$$\mathrm{d}s = \mathrm{d}u/T + (p/T)\,\mathrm{d}v$$

und

$$\mathrm{d}s = \mathrm{d}h/T - (v/T)\,\mathrm{d}p \tag{12}$$

gewinnen, die bei konstanter Zusammensetzung aus (1–37) und (1–41) folgen.

Das Ergebnis ist

$$s(T,v) = s(T_0, v_0) \\ + \int_{T_0}^{T} \left(c_v^{iG}(T)/T\right)\mathrm{d}T + R\ln(v/v_0), \tag{13}$$

$$s(T,p) = s(T_0, p_0) \\ + \int_{T_0}^{T} \left(c_p^{iG}(T)/T\right)\mathrm{d}T - R\ln(p/p_0), \tag{14}$$

$$= s^{iG}(T) - R\ln(p/p_0), \tag{15}$$

$$\text{mit} \quad s^{iG}(T) \equiv s_0 + \int_{T_0}^{T} \left(c_p^{iG}(T)/T\right)\mathrm{d}T. \tag{16}$$

Für die in der Tab. 1 aufgeführten Gase kann die spezifische Enthalpie im idealen Gaszustand gemäß

$$h^{iG}(T) \\ = T^*\left[c_0 + c_7\ln(T/T^*) + \sum_{k=1,\ k\neq 7}^{12} \frac{c_k}{k-7}(T/T^*)^{k-7}\right] \tag{17}$$

und die Temperaturfunktion der spezifischen Entropie gemäß

$$s^{iG}(T) = d_0 + c_8\ln(T/T^*) + \sum_{k=1,\ k\neq 8}^{12} \\ \times \frac{c_k}{k-8}(T/T^*)^{k-8} \tag{18}$$

berechnet werden. Die Integrationskonstante $c_0$ wurde so bestimmt, dass die spezifische Enthalpie $h^{iG}$ $(T)$ für $T = 273{,}15$ K ($t = 0$ °C) gleich null wird. Die Integrationskonstante $d_0$ für die spezifische Entropie $s^{iG}$ $(T)$ wurde so angepasst, dass bei der thermochemischen Standardtemperatur $T_0 = 298{,}15$ K ($t = 25$ °C) der Wert der spezifischen Standardentropie $s^{\circ}$ erreicht wird. Für die technisch wichtigen Gase Luft (trocken) und Wasser (gasförmig) sind diese Werte für den idealen Gaszustand in Tab. 2 als Funktion der Temperatur zusammengestellt (Baehr und Kabelac 2016).

Ist ${c_p}^{iG}(T)$ in einem Temperaturbereich näherungsweise konstant, kann die Entropie nach (14) und (6) auch in der Form

$$s = s_0 + c_v^{iG}\ln(p/p_0) + c_p^{iG}\ln(v/v_0) \tag{19}$$

dargestellt werden. Die Isentropengleichungen eines idealen Gases, welche Zustandsänderungen bei konstanter Entropie $s =$ konst. beschreiben, folgen unmittelbar aus (13), (14) und (19). Bei konstanter spezifischer Wärmekapazität lauten sie

$$T/T_0 = (p/p_0)^{R/c_p^{iG}} = (p/p_0)^{\kappa - 1/\kappa} \tag{20}$$

sowie

$$p/p_0 = (v_0/v)^{c_p^{iG}/c_v^{iG}} = (v_0/v)^{\kappa} \tag{21}$$

**Tab. 2** Die spez. Wärmekapazität $c_p^{iG}$ in kJ/kg K, die spez. Enthalpie $h^{iG}$ in kJ/kg sowie die spez. Entropie $s^{iG}$ in kJ/kg K als Funktion der Celsius-Temperatur (Kabelac et al. 2005). Bezugswerte siehe Text

| | $c_p^{iG}(t)$ | | $h^{iG}(t)$ | | $s^{iG}(t)$ | |
|---|---|---|---|---|---|---|
| $t$ in °C | Luft | $H_2O$ | Luft | $H_2O$ | Luft | $H_2O$ |
| −50 | 1,0026 | 1,8515 | −50,1543 | −92,7405 | 6,5736 | 9,9439 |
| −25 | 1,0030 | 1,8546 | −25,0838 | −46,4171 | 6,6801 | 10,1407 |
| 0 | 1,0037 | 1,8589 | 0,0000 | 0,0000 | 6,7764 | 10,3189 |
| 25 | 1,0047 | 1,8644 | 25,1046 | 46,5385 | 6,8644 | 10,4819 |
| 50 | 1,0061 | 1,8713 | 50,2396 | 93,2318 | 6,9453 | 10,6323 |
| 75 | 1,0080 | 1,8799 | 75,4158 | 140,1187 | 7,0203 | 10,7721 |
| 100 | 1,0104 | 1,8899 | 100,6447 | 187,2375 | 7,0903 | 10,9028 |
| 125 | 1,0132 | 1,9011 | 125,9383 | 234,6222 | 7,1559 | 11,0257 |
| 150 | 1,0165 | 1,9134 | 151,3088 | 282,3012 | 7,2177 | 11,1418 |
| 175 | 1,0203 | 1,9264 | 176,7682 | 330,2973 | 7,2762 | 11,2520 |
| 200 | 1,0245 | 1,9401 | 202,3277 | 378,6283 | 7,3317 | 11,3569 |
| 225 | 1,0292 | 1,9544 | 227,9979 | 427,3087 | 7,3846 | 11,4572 |
| 250 | 1,0341 | 1,9690 | 253,7882 | 476,3500 | 7,4351 | 11,5533 |
| 275 | 1,0394 | 1,9840 | 279,7066 | 525,7622 | 7,4835 | 11,6455 |
| 300 | 1,0449 | 1,9993 | 305,7600 | 575,5536 | 7,5299 | 11,7343 |
| 350 | 1,0565 | 2,0309 | 358,2924 | 676,3042 | 7,6178 | 11,9029 |
| 400 | 1,0685 | 2,0634 | 411,4147 | 778,6567 | 7,6998 | 12,0608 |
| 450 | 1,0805 | 2,0969 | 465,1390 | 882,6594 | 7,7768 | 12,2098 |
| 500 | 1,0924 | 2,1311 | 519,4636 | 988,3551 | 7,8494 | 12,3512 |
| 550 | 1,1040 | 2,1660 | 574,3766 | 1095,7795 | 7,9182 | 12,4858 |
| 600 | 1,1152 | 2,2013 | 629,8588 | 1204,9605 | 7,9837 | 12,6145 |
| 650 | 1,1258 | 2,2370 | 685,8863 | 1315,9172 | 8,0461 | 12,7381 |
| 700 | 1,1359 | 2,2727 | 742,4321 | 1428,6595 | 8,1057 | 12,8570 |
| 750 | 1,1454 | 2,3084 | 799,4680 | 1543,1880 | 8,1629 | 12,9718 |
| 800 | 1,1544 | 2,3438 | 856,9655 | 1659,4948 | 8,2177 | 13,0828 |
| 900 | 1,1706 | 2,4133 | 973,2336 | 1897,3706 | 8,3213 | 13,2937 |

mit dem Isentropenexponenten $\kappa(T) = c_p^{iG}(T)/c_v^{iG}(T)$, vgl. (8). Die isentrope Enthalpiedifferenz

$$\Delta h_s \equiv h(p_2, s_1) - h(p_1, s_1) = \int_1^2 v(p, s_1)\,\mathrm{d}p, \quad (22)$$

lässt sich bei näherungsweiser konstanten Wärmekapazität zu

$$\Delta h_s = \frac{\kappa}{\kappa - 1} RT_1 \left[ (p_2/p_1)^{(\kappa-1)/\kappa} - 1 \right] \quad (23)$$

bestimmen.

Für das chemische Potenzial eines reinen idealen Gases folgt aus (1–9) mit (1–46)

$$\mu^{iG}(T,p) = \left(\frac{\partial U^{iG}}{\partial n}\right)_{s,v} = \left(\frac{\partial G^{iG}}{\partial n}\right)_{T,p} = \mu^{iG}(T) + R_\mathrm{m} T \ln(p/p_0). \quad (24)$$

Dabei ist $\mu^{iG}(T)$ das chemische Potenzial beim Standarddruck $p_0$ und der Temperatur $T$, in das über die molare isobare Wärmekapazität $C_{p,\mathrm{m}}$ die individuellen Stoffeigenschaften eingehen

$$\mu^{iG}(T) = \mu_0^{iG}(T_0, p_0) + \int_{T_0}^{T} C_{p,\mathrm{m}}^{iG}(T)\,\mathrm{d}T - T \int_{T_0}^{T} \frac{C_{p,m}^{iG}(T)}{T}\,\mathrm{d}T \quad (25)$$

und

$$\mu_0^{iG}(T_0,p_0) = H_{0,\text{m}}^{iG}(T_0) - T_0 \cdot S_{0,\text{m}}^{iG}(T_0,p_0).$$

#### 18.1.1.2 Inkompressible Fluide

Neben dem Modellfluid des idealen Gases kann ein weiteres vereinfachtes Stoffmodell eingeführt werden. In begrenzten Temperatur- und Druckbereichen haben Flüssigkeiten näherungsweise eine konstante Dichte $\rho$ und folgen der thermischen Zustandsgleichung

$$v(T,p) = v_0 = 1/\rho_0 = \text{konst.} \tag{26}$$

Dieser Ansatz einer konstant angenommenen Dichte wird in der Strömungsmechanik bei näherungsweise isobaren und isothermen Vorgängen auch für Gase zugrunde gelegt. Er führt nach Tab. 1 zu $(\partial s/\partial p)_T = 0$, d. h., die spezifische Entropie $s$ und die spezifische Wärmekapazität $c_p(T,\ p) = c(T)$ des inkompressiblen Fluids hängen allein von der Temperatur ab. Innerhalb des Gültigkeitsbereichs von (26) ist es zulässig, $c(T) = c =$ konst. zu setzen. Dann folgt mit $\mathrm{d}u = \mathrm{d}h - v\mathrm{d}p - p\mathrm{d}v$ nach (1–41) und $\mathrm{d}h = c\ \mathrm{d}T + v_0\ \mathrm{d}p$ nach Tab. 1 sowie durch Integration die kalorische Zustandsgleichung für die innere Energie und die Enthalpie des inkompressiblen Fluids

$$u = u_0 + c(T - T_0), \tag{27}$$

$$h = h_0 + c(T - T_0) + v_0(p - p_0). \tag{28}$$

Wegen $c_v = (\partial u/\partial T)_v = c$ besitzt das inkompressible Fluid nur eine einzige spezifische Wärmekapazität $c_p = c_v = c$. Für die Entropie findet man aus $\mathrm{d}\ s = (c/T)\mathrm{d}T$ nach Tab. 1

$$s = s_0 + c\ \ln(T/T_0), \tag{29}$$

und die in (22) definierte isentrope Enthalpiedifferenz wird

$$\Delta h_s = v_0(p_2 - p_1). \tag{30}$$

Der Herleitung entsprechend gelten (26), (27), (28) und (29) auch für Gemische, wenn für die Parameter $c$ und $v_0$ die entsprechenden Gemischgrößen eingesetzt werden.

#### 18.1.1.3 Reale Fluide

Die vorgehend beschriebenen einfachen Stoffmodelle sind nur für eingeschränkte Zustandsbereiche näherungsweise gültig. Der sinnvolle Anwendungsbereich der thermischen Zustandsgleichung des idealen Gases kann durch eine Reihenentwicklung erweitert werden. Diese führt auf die theoretisch begründete Virialzustandsgleichung, welche man durch die Reihenentwicklung des Realgasfaktors

$$z := \frac{p \cdot v}{R \cdot T} = \frac{p \cdot V_\text{m}}{R_\text{m} \cdot T} \tag{31}$$

nach der Stoffmengenkonzentration $\bar{c} = 1/V_\text{m}$

$$z = 1 + B(T)/V_\text{m} + C(T)/V_\text{m}^2 + \ldots \tag{32}$$

bzw. nach dem Druck

$$z = 1 + B'(T)p + C'(T)p^2 + \ldots \tag{33}$$

erhält. Die stoffabhängigen Temperaturfunktionen $B(T)$ und $B'(T)$ heißen zweite, $C(T)$ und $C'(T)$ dritte Virialkoeffizienten. Beide Koeffizientensätze sind ineinander umrechenbar; insbesondere ist (Reed und Gubbins 1991)

$$B' = B/(R_\text{m}T) \quad \text{und} \quad C' = \left(C - B^2\right)/(R_\text{m}T)^2. \tag{34}$$

Die Größen $B$ und $C$ lassen sich anhand gemessener $p$, $v$, $T$-Daten auf einer Isotherme

$$B = \lim_{\bar{c}\to 0}\left[(z-1)V_\text{m}\right]_T \tag{35}$$

$$C = \lim_{\bar{c}\to 0}\left[(z - 1 - B/V_\text{m})V_\text{m}^2\right]_T \tag{36}$$

bestimmen (Tab. 3). Werte für den zweiten Virialkoeffizienten einzelner Gase sind in (Dymond und Smith 1980) zusammengestellt. Für nicht stark polare und nicht assoziierende oder dimerisierende Stoffe wurde von Tsonopoulos (Tsonopoulos 1974) die nach dem Korrespondenzprinzip generalisierte Darstellung

**Tab. 3** Temperatur $T_k$, Druck $p_k$, Molvolumen $V_{mk}$ und Realgasfaktor $z_k$ im kritischen Zustand sowie azentrischer Faktor $\omega$ ausgewählter Substanzen (Smith et al. 2018)

| | $T_k$/K | $p_k$/MPa | $V_{mk}$/(dm³/mol) | $z_k$ | $\omega$ |
|---|---|---|---|---|---|
| *Einfache Gase* | | | | | |
| Argon Ar | 150,8 | 4,87 | 0,0749 | 0,291 | 0,0 |
| Brom $Br_2$ | 584 | 10,3 | 0,127 | 0,270 | 0,132 |
| Chlor $Cl_2$ | 417 | 7,7 | 0,124 | 0,275 | 0,073 |
| Helium $^4He$ | 5,2 | 0,227 | 0,0573 | 0,301 | −0,387 |
| Wasserstoff $H_2$ | 33,1 | 1,31 | 0,0650 | 0,305 | −0,22 |
| Krypton Kr | 209,4 | 5,50 | 0,0912 | 0,288 | 0,0 |
| Neon Ne | 44,4 | 2,76 | 0,0417 | 0,311 | 0,0 |
| Stickstoff $N_2$ | 126,3 | 3,40 | 0,0895 | 0,290 | 0,036 |
| Sauerstoff $O_2$ | 154,6 | 5,04 | 0,0734 | 0,288 | 0,023 |
| Xenon Xe | 289,7 | 5,84 | 0,118 | 0,286 | 0,0 |
| *Verschiedene anorganische Substanzen* | | | | | |
| Ammoniak $NH_3$ | 405,6 | 11,28 | 0,0725 | 0,242 | 0,250 |
| Kohlendioxid $CO_2$ | 304,3 | 7,38 | 0,0940 | 0,274 | 0,224 |
| Schwefelkohlenstoff $CS_2$ | 552 | 7,9 | 0,170 | 0,293 | 0,115 |
| Kohlenmonoxid CO | 132,9 | 3,50 | 0,0931 | 0,295 | 0,048 |
| Tetrachlorkohlenstoff $CCl_4$ | 556,4 | 4,56 | 0,276 | 0,272 | 0,194 |
| Chloroform $CHCl_3$ | 536,4 | 5,5 | 0,239 | 0,293 | 0,216 |
| Hydrazin $N_2H_4$ | 653 | 14,7 | 0,0961 | 0,260 | 0,328 |
| Chlorwasserstoff HCl | 324,6 | 8,3 | 0,081 | 0,249 | 0,12 |
| Cyanwasserstoff HCN | 456,8 | 5,39 | 0,139 | 0,197 | 0,407 |
| Schwefelwasserstoff $H_2S$ | 373,2 | 8,94 | 0,0985 | 0,284 | 0,100 |
| Stickstoffoxid NO | 180 | 6,5 | 0,058 | 0,25 | 0,607 |
| Distickstoffoxid $N_2O$ | 309,6 | 7,24 | 0,0974 | 0,274 | 0,160 |
| Schwefeldioxid $SO_2$ | 430,8 | 7,88 | 0,122 | 0,268 | 0,251 |
| Schwefeltrioxid $SO_3$ | 491,0 | 8,2 | 0,130 | 0,26 | 0,41 |
| Wasser $H_2O$ | 647,1 | 22,06 | 0,056 | 0,229 | 0,345 |
| *Verschiedene organische Substanzen* | | | | | |
| Methan $CH_4$ | 190,6 | 4,60 | 0,099 | 0,288 | 0,012 |
| Ethan $C_2H_6$ | 305,4 | 4,88 | 0,148 | 0,285 | 0,099 |
| Propan $C_3H_8$ | 369,8 | 4,25 | 0,203 | 0,281 | 0,152 |
| n-Butan $C_4H_{10}$ | 425,1 | 3,80 | 0,255 | 0,274 | 0,200 |
| Isobutan $C_4H_{10}$ | 408,1 | 3,65 | 0,263 | 0,283 | 0,176 |
| n-Pentan $C_5H_{12}$ | 469,6 | 3,37 | 0,304 | 0,262 | 0,251 |
| Isopentan $C_5H_{12}$ | 460,4 | 3,38 | 0,306 | 0,271 | 0,227 |
| Neopentan $C_5H_{12}$ | 433,8 | 3,20 | 0,303 | 0,269 | 0,197 |
| n-Hexan $C_6H_{14}$ | 507,4 | 2,97 | 0,370 | 0,260 | 0,301 |
| n-Heptan $C_7H_{16}$ | 540,2 | 2,74 | 0,432 | 0,263 | 0,351 |
| n-Oktan $C_8H_{18}$ | 568,8 | 2,48 | 0,492 | 0,259 | 0,398 |
| Ethylen $C_2H_4$ | 282,4 | 5,04 | 0,129 | 0,276 | 0,085 |
| Propylen $C_3H_6$ | 365,0 | 4,62 | 0,181 | 0,275 | 0,148 |
| 1-Buten $C_4H_8$ | 419,6 | 4,02 | 0,240 | 0,277 | 0,187 |
| 1-Penten $C_5H_{10}$ | 464,7 | 4,05 | 0,300 | 0,31 | 0,245 |
| Essigsäure $CH_3COOH$ | 594,4 | 5,79 | 0,171 | 0,200 | 0,454 |
| Aceton $CH_3COCH_3$ | 508,1 | 4,70 | 0,209 | 0,232 | 0,309 |
| Acetonitril $CH_3CN$ | 547,9 | 4,83 | 0,173 | 0,184 | 0,321 |
| Acetylen $C_2H_2$ | 308,3 | 6,14 | 0,113 | 0,271 | 0,184 |
| Benzol $C_6H_6$ | 562,1 | 4,89 | 0,259 | 0,271 | 0,212 |
| 1,3-Butadien $C_4H_6$ | 425,0 | 4,33 | 0,221 | 0,270 | 0,195 |
| Chlorbenzol $C_6H_5Cl$ | 632,4 | 4,52 | 0,308 | 0,265 | 0,249 |
| Cyclohexan $C_6H_{12}$ | 553,4 | 4,07 | 0,308 | 0,273 | 0,213 |
| Diethylether $C_2H_5OC_2H_5$ | 466,7 | 3,64 | 0,280 | 0,262 | 0,281 |
| Ethanol $C_2H_5OH$ | 516,2 | 6,38 | 0,167 | 0,248 | 0,635 |
| Ethylenoxid $C_2H_4O$ | 469 | 7,19 | 0,140 | 0,258 | 0,200 |
| Methanol $CH_3OH$ | 512,6 | 8,10 | 0,118 | 0,224 | 0,559 |
| Methylchlorid $CH_3Cl$ | 416,3 | 6,68 | 0,139 | 0,268 | 0,156 |
| Methylethylketon $CH_3COC_2H_5$ | 535,6 | 4,15 | 0,267 | 0,249 | 0,329 |
| Toluol $C_6H_5CH_3$ | 591,7 | 4,11 | 0,316 | 0,264 | 0,257 |
| Monochlordifluormethan (R22) $CHClF_2$ | 369,3 | 4,989 | 0,166 | 0,270 | 0,220 |
| Tetrafluorethan (R134a) $CF_3CH_2F$ | 374,2 | 4,056 | 0,197 | 0,257 | 0,327 |

$$B \cdot p_k/(R_m T_k) = f^{(0)}(T_r) + \omega f^{(1)}(T_r) \quad (37)$$

$$\text{mit} \quad f^{(0)} = 0{,}1445 - 0{,}330/T_r - 0{,}1385/T_r^2 - 0{,}0121/T_r^3 - 0{,}000607/T_r^8 \quad (38)$$

$$\text{und} \quad f_1^{(0)} = 0{,}0637 + 0{,}331/T_r^2 - 0{,}423/T_r^3 - 0{,}008/T_r^8 \quad (39)$$

gefunden. Neben den kritischen Größen $p_k$ und $T_k$ tritt hier als weiterer stoffspezifischer Parameter der azentrische Faktor nach Pitzer (1955)

$$\omega = -\lg[p_s(T_r = 0{,}7)/p_k] - 1$$

auf. Beschränkt man sich auf Gaszustände bis zur halben kritischen Dichte, darf die Virialentwicklung nach dem 2. Glied abgebrochen werden. Aus (31) und (32) folgt dann die nach dem Druck und Molvolumen auflösbare Beziehung

$$pV_m = R_m T + Bp \ . \quad (40)$$

Das sehr einfache Modell des inkompressiblen Fluids nach (26) kann durch den in $T$ und $p$ linearen Ansatz

$$v(T,p) = v_0[1 + \beta_0(T - T_0) - \kappa_0(p - p_0)] \quad (41)$$

erweitert werden. Hierbei sind $\beta_0$ und $\kappa_0$ die Werte des Volumen-Ausdehnungskoeffizienten bzw. des isothermen Kompressibilitätskoeffizienten

$$\beta_0 := \frac{1}{v}\left(\frac{\partial v}{\partial T}\right)_p; \quad \kappa_0 := -\frac{1}{v}\left(\frac{\partial v}{\partial p}\right)_T \quad (42)$$

in dem durch den Index 0 gekennzeichneten, frei wählbaren Bezugszustand. Werte von $\beta_0$ und $\kappa_0$ sind z. B. im Tabellenwerk Landolt-Börnstein (Martienssen 2007) enthalten.

Thermische Zustandsgleichungen, die das ganze fluide Zustandsgebiet einschließlich der hier möglichen Aufspaltung in eine flüssige und eine dampfförmige Phase (Nassdampfgebiet in Abb. 1) beschreiben können, müssen gemäß des nachfolgenden Abschnittes bereichsweise auch $(\partial p/\partial v)_T > 0$ zulassen.

Die halbempirischen sogenannten kubischen Zustandsgleichungen fassen die Reihenglieder von (32) in wenigen Termen zusammen. Praktisch bewährt hat sich für unpolare und schwach polare Stoffe die Gleichung von Redlich-Kwong-Soave (Soave 1972)

$$p = R_m T/(V_m - b) - a/[V_m(V_m + b)] \quad (43)$$

$$\text{mit} \quad a = a_k \alpha(T_r, \omega), \quad (44)$$

$$\alpha = \left[1 + \bar{m}\left(1 - T_r^{0,5}\right)\right]^2 \quad (45)$$

$$\text{und} \quad \bar{m} = 0{,}480 + 1{,}574\omega - 0{,}176\omega^2, \quad (46)$$

in der $a(T_r = 1) = a_k$ ist. Die Koeffizienten $a_k$ und $b$ sind aus der Bedingung zu ermitteln, dass die kritische Isotherme im kritischen Punkt eine horizontale Wendetangente besitzt, vgl. Abb. 1 unten. Die Auswertung von (1–74) und (43) am kritischen Punkt (Baehr und Kabelac 2016) liefert für das kritische molare Volumen

$$V_{mk} = (1/3) R_m T_k/p_k \quad (47)$$

und für die beiden Koeffizienten

$$a_k = (1/9) R_m^2 T_k^2/(b_r p_k) = V_{mk}^2 p_k/b_r \quad (48)$$

$$b = (1/3) b_r R_m T_k/p_k = b_r V_{mk} \quad (49)$$

$$\text{mit} \quad b_r = 2^{1/3} - 1 = 0{,}2599, \quad (50)$$

die sämtlich durch Vorgabe von $p_k$ und $T_k$ festgelegt sind. Mit diesem Ergebnis lässt sich (43) in eine dimensionslose Form bringen, sodass das Korrespondenzprinzip erfüllt ist. Eine äquivalente Schreibweise ist die kubische Gleichung

$$v_r^3 - 3(T_r/p_r)v_r^2 + \left[\left(\alpha - 3T_r b_r^2\right)/(b_r p_r) - b_r^2\right] v_r - \alpha/p_r = 0, \quad (51)$$

aus der bei gegebenen Werten von $p_r$ und $T_r$ das reduzierte Volumen $v_r = v/v_k = V_m/V_{mk}$ ohne Iteration mithilfe der Cardanischen Formeln (Strubecker 1966) zu berechnen ist. Vergleichbar mit dem unteren Teil von Abb. 1 erhält man für $T < T_k$ drei reelle Wurzeln, von denen die größte dem gasförmigen Zustand und die kleinste dem flüssigen Zustand zuzuordnen ist, während die mittlere zu einem instabilen, unphysikalischen Zustand gehört. Die größten Fehler in der Vorhersage des reduzierten Volumens treten im Flüssigkeitsgebiet auf und betragen bis zu 10 %. Dieser Fehler kann durch eine Volumentranslation nach Peneloux (Peneloux et al. 1982) vermindert werden. Hierbei wird das mit der kubischen Zustandsgleichung berechnete molare Volumen durch eine Konstante $c$ korrigiert:

$$V_m = V_{m,kZG} - c.$$

Der Korrekturfaktor kann durch

$$c = 0{,}40768\,(0{,}29441 - Z_{RA})\frac{R_m T_k}{p_k}$$

und dem Rackett-Kompressibilitätsfaktor

$$Z_{RA} \simeq 0{,}29056 - 0{,}08775\omega$$

angenähert werden. Weitere thermische Zustandsgleichungen werden in (Dohrn 2014) diskutiert.

Die kalorischen Zustandsgrößen $x$ realer Fluide, speziell die spezifische innere Energie $u$, Enthalpie $h$ und Entropie $s$, lassen sich aus einem Beitrag $x^{iG}$ des hypothetischen idealen Gases bei den Werten der Variablen $(T,\ v)$ bzw. $(T,\ p)$ des Fluids und einem Realanteil $\Delta x^{Rv}$ bzw. $\Delta x^{Rp}$ zusammensetzen

$$x(T,v) = x^{iG}(T,v) + \Delta x^{Rv}(T,v), \tag{52}$$

$$x(T,p) = x^{iG}(T,p) + \Delta x^{Rp}(T,p). \tag{53}$$

Der Beitrag des idealen Gases ist dabei durch (9), (10), (13) und (14) gegeben. Zu beachten ist, dass für einen Zustand im Allgemeinen $x^{iG}(T,\ v) = x^{iG}(T,\ p^{iG} = RT/v) \neq x^{iG}(T,\ p)$ ist, weil das reale Fluid die thermische Zustandsgleichung des idealen Gases nicht erfüllt. Für die Realanteile gilt

$$\Delta x^{Rv}(T,v) = \left(x - x^{iG}\right)_{T,v=\infty} + \int_{\infty}^{v} \left[\partial\left(x - x^{iG}\right)/\partial v\right]_T \mathrm{d}v, \tag{54}$$

$$\Delta x^{Rp}(T,p) = \left(x - x^{iG}\right)_{T,p=0} + \int_{0}^{p} \left[\partial\left(x - x^{iG}\right)/\partial p\right]_T \mathrm{d}p. \tag{55}$$

Da sich jede Substanz bei $v = \infty$ bzw. $p = 0$ wie ein ideales Gas verhält, ist der erste Summand Null. Mit $(\partial x/\partial v)_T$ und $(\partial x/\partial p)_T$ nach Tab. 1 und $x^{iG}$ nach Unterabschnitt 2.1.1 folgt

$$\Delta u^{Rv}(T,v) = \int_{\infty}^{u} \left[T(\partial p/\partial T)_v - p\right] \mathrm{d}v, \tag{56}$$

$$\Delta h^{Rp}(T,p) = \int_{\infty}^{p} \left[v - T(\partial v/\partial T)_p\right] \mathrm{d}p, \tag{57}$$

$$\Delta s^{Rv}(T,v) = \int_{\infty}^{v} \left[(\partial p/\partial T)_v - R/v\right] \mathrm{d}v, \tag{58}$$

$$\Delta s^{Rp}(T,p) = \int_{\infty}^{p} \left[-(\partial v/\partial T)_p - R/p\right] \mathrm{d}p. \tag{59}$$

Aus der Definition (1–41) der Enthalpie ergibt sich

$$\Delta u^{Rp}(T,p) = \Delta h^{Rp}(T,p) - [pv(T,p) - RT], \tag{60}$$

$$\Delta h^{Rv}(T,v) = \Delta u^{Rv}(T,v) + [vp(T,v) - RT]. \tag{61}$$

Bei einer druckexpliziten thermischen Zustandsgleichung sind die Variablen $(T,\ v)$ anzuwenden; für die Variablen $(T, p)$ werden volumenexplizite Zustandsgleichungen benötigt. Die Differenz der spezifischen inneren Energie, der spezifischen Enthalpie bzw. der spezifischen Entropie zwischen zwei gegebenen Zustandspunkten 1 und 2 eines Reinstoffes erhält man aus (56), (57) und (58) zu

$$u(T_2,v_2) - u(T_1,v_1) = \int_{T_1}^{T_2} c_v^{\mathrm{iG}}(T)\,\mathrm{d}T + \int_{\infty}^{v_2} \left[T\left(\frac{\partial p}{\partial T}\right)_v - p\right]_{T=T_2} \mathrm{d}v - \int_{\infty}^{v_1} \left[T\left(\frac{\partial p}{\partial T}\right)_v - p\right]_{T=T_1} \mathrm{d}v \tag{62}$$

$$h(T_2,p_2) - h(T_1,p_1) = \int_{T_1}^{T_2} c_p^{\mathrm{iG}}(T)\,\mathrm{d}T + \int_{0}^{p_2} \left[v - T\left(\frac{\partial v}{\partial T}\right)_p\right]_{T=T_2} \mathrm{d}p - \int_{0}^{p_1} \left[v - T\left(\frac{\partial v}{\partial T}\right)_p\right]_{T=T_1} \mathrm{d}p \tag{63}$$

$$s(T_2,p_2) - s(T_1,p_1) = \int_{T_1}^{T_2} \frac{c_p^{\mathrm{iG}}(T)}{T}\,\mathrm{d}T - R\ln\left(\frac{p_2}{p_1}\right) - \int_{0}^{p_2} \left[\left(\frac{\partial v}{\partial T}\right)_p - \frac{R}{p}\right]_{T=T_2} \mathrm{d}p + \int_{0}^{p_1} \left[\left(\frac{\partial v}{\partial T}\right)_p - \frac{R}{p}\right]_{T=T_1} \mathrm{d}p. \tag{64}$$

Auf der Grundlage der spezifischen Wärme im idealen Gaszustand und einer thermischen Zustandsgleichung sind die Größen $u$, $h$ und $s$ realer Fluide nach (52), (53) und (56), (57), (58) und (59) berechenbar. Die kalorischen Zustandsgrößen sind dabei nur bis auf eine Konstante bestimmt, die durch Vereinbarung festgelegt werden muss. Die Ergebnisse solcher Rechnungen sind für einige technisch wichtige Stoffe in sogenannten Dampftafeln, z. B. (Wagner und Pruß 1997; Baehr und Schwier 1961), niedergelegt.

Die in (22) definierte isentrope Enthalpiedifferenz lässt sich für reale Fluide mithilfe von Dampftafeln ermitteln. Die Enthalpie im Zustand 2 ist dabei zweckmäßig mit der Formel

$$h(p_2,s_1) = h(p_0,s_0) + v_0(p_2 - p_0) + T_0(s_1 - s_0) \tag{65}$$

zu interpolieren, welche die Funktion $h(p,s)$ an einem geeigneten Gitterpunkt 0 der Dampftafel linearisiert.

Ein anderes Verfahren zur Berechnung von $\Delta h_s$ geht von dem Isentropenexponenten

$$\gamma \equiv -(v/p)(\partial p/\partial v)_s \tag{66}$$

aus. Diese im Prinzip veränderliche Größe (Baehr 1967)

$$\gamma(T,v) = (v/p)\left[(T/c_v)(\partial p/\partial T)_v^2 - (\partial p/\partial v)_T\right] \tag{67}$$

$$\text{mit}\quad c_v(T,v) = c_v^{\mathrm{iG}}(T) + T\int_{\infty}^{v} \left(\partial^2 p/\partial T^2\right)_v \mathrm{d}v \tag{68}$$

oder

$$1/\gamma(T,p) = -(p/v) \times \left[(T/c_p)(\partial v/\partial T)_p^2 + (\partial v/\partial p)_T\right] \tag{69}$$

$$\text{mit}\quad c_p(T,p) = c_p^{\mathrm{iG}}(T) - T\int_{0}^{p} \left(\partial^2 v/\partial T^2\right)_p \mathrm{d}p, \tag{70}$$

die für ideale Gase $\gamma = \kappa(T)$ wird, ist in Bereichen des Gasgebietes näherungsweise konstant (Ahrendts und Baehr 1981). Mit einem Mittelwert $\gamma =$ konst. folgt aus (66) die Isentropengleichung

$p = p_0(v_0/v)^\gamma$, die für (22) in Verallgemeinerung von (23) die Lösung ergibt

$$\Delta h_s = \frac{\gamma}{\gamma - 1} R T_1 \left[ (p_2/p_1)^{(\gamma-1)/\gamma} - 1 \right]. \tag{71}$$

Für das chemische Potenzial eines realen Fluids benutzt man in Analogie zu (24) den Ansatz

$$\begin{aligned} \mu(T,p) &= \mu^{\mathrm{iG}}(T) + R_\mathrm{m} T \ln(f/p_0) \\ &= \mu^{\mathrm{iG}}(T) + R_\mathrm{m}\, T \ln(p/p_0) + R_\mathrm{m} T \ln\varphi \end{aligned} \tag{72}$$

$$\text{mit} \quad \varphi \equiv f/p \tag{73}$$

$$\text{und} \quad \lim_{p \to 0} \varphi = 1. \tag{74}$$

Die Größe $\mu^{\mathrm{iG}}(T)$ ist dabei das chemische Potenzial des hypothetischen idealen Gases beim Standarddruck $p_0$ der Temperatur $T$, vgl. (25). Die durch (72) definierte Fugazität $f$ des Fluids hat die Dimension eines Drucks und geht im Grenzfall $p \to 0$ in den Druck über. Der Fugazitätskoeffizient $\varphi$ kennzeichnet als Realteil die Abweichung des chemischen Potenzials des realen Fluids von dem des idealen Gases. Differenziert man (72) bei $T =$ konst. unter Beachtung von (50) nach dem Druck und integriert das Ergebnis bei $T =$ konst. über diese Variable, so folgt

$$\ln \varphi = \int_0^p \left[ V_\mathrm{m}(T,p)/(R_\mathrm{m} T) - 1/p \right] \mathrm{d}p. \tag{75}$$

Der Fugazitätskoeffizient ist danach aus einer volumenexpliziten Zustandsgleichung zu berechnen. Eine Variablentransformation von $p$ nach $V_\mathrm{m}$ (Gmehling und Kolbe 1992) bringt (75) in die Form

$$\begin{aligned} \ln \varphi = &- \int_\infty^{V_\mathrm{m}} \left[ p(T, V_\mathrm{m})/(R_\mathrm{m} T) - 1/V_\mathrm{m} \right] \mathrm{d}V_\mathrm{m}. \\ &+ z - 1 - \ln z, \end{aligned} \tag{76}$$

die sich mit einer druckexpliziten Zustandsgleichung und dem Realgasfaktor $z$ auswerten lässt.

#### 18.1.1.4 Kanonische Zustandsgleichungen

In Abschn. 1 dieses Kapitels wurden besondere Zustandsgleichungen, sog. kanonische Zustandsgleichungen eingeführt, aus denen sich alle thermodynamischen Eigenschaften eines Fluides berechnen lassen und welche somit die Information der thermischen, kalorischen und entropischen Zustandsgleichung zusammenfassen. Diese kanonischen Zustandsgleichungen sind bei Reinstoffen in der ursprünglichen Formulierung eine Funktion der inneren Energie $U = U(V, S)$, vgl. (1–15). Diese lässt sich ohne Informationsverlust durch eine Legendre-Transformation z. B. in die freie Energie $F = U - TS = F(T, V)$, auch Helmholtz-Energie genannt, überführen, vgl. nachfolgenden Unterabschnitt. Eine solche kanonische Zustandsgleichung in der Formulierung der freien Energie $F$ ist durch die gut messbaren Variablen $T$ und $V$ besser zu handhaben als eine entsprechende kanonische Zustandsgleichung $U = U(V, S)$. Für ca. 70 verschiedene Stoffe sind inzwischen kanonische Zustandsgleichungen in der freien Energie bekannt (Wagner und Pruß 1999; Tillner-Roth et al. 1993; Lemmon und Span 2006; Span und Wagner 2003), deren 15 bis ca. 60 stoffspezifischen Parameter an umfangreiche Messdaten des jeweiligen Stoffes angepasst wurden.

Die spezifische Form dieser Gleichungen ist analog zu (52) grundsätzlich als Summe

$$f(v,T) = f^{\mathrm{iG}}(v,T) + f^{\mathrm{R}}(v,T) \tag{77}$$

aus dem idealen Gasanteil $f^{\mathrm{iG}}$ und dem Realanteil $f^{\mathrm{R}}$ additiv zusammengesetzt. Aus (77) lassen sich alle weiteren thermodynamischen Zustandsgrößen wie z. B. der Druck

$$p = -(\partial f/\partial v)_T = \varrho^2 (\partial f/\partial \varrho)_T \tag{78}$$

berechnen. Die Gleichungen werden in der dimensionslosen Form

**Tab. 4** Aus der reduzierten freien Energie $\varphi(\delta,\ \tau)$ abgeleitete Zustandsgrößen

| Zustandsgrößen | Berechnungsvorschrift |
|---|---|
| $p(T,\ v) = -(\partial f/\partial v)_T$ | $p = \frac{RT}{v}\left(1 + \varphi\,\varphi^r_\delta\right)$ |
| $s(T,\ v) = -(\partial f/\partial T)_v$ | $\frac{s}{R} = \tau(\varphi^{iG}_\tau + \varphi^r_\tau) - \varphi^{iG} - \varphi^r$ |
| $u(T,\ v) = f + T\,s$ | $\frac{u}{R\ T} = \tau(\varphi^{iG}_\tau + \varphi^r_\tau\ )$ |
| $c_v(T,\ v) = (\partial u/\partial T)_v$ | $\frac{c_v}{R} = -\tau^2(\varphi_\tau\ \tau^{\mathrm{iG}} + \varphi_\tau\ \tau^r)$ |
| $h(T,\ v) = u + p\ v$ | $\frac{h}{RT} = 1 + \tau(\varphi^{iG}_\tau + \varphi^r_\tau) + \delta\varphi^r_\delta$ |
| $c_p(T,\ v) = (\partial h/\partial T)_p$ | $\frac{c_p}{R} = -\tau^2\left(\varphi^{\mathrm{iG}}_{\tau\tau} + \varphi^r_{\tau\tau}\right) + \frac{\left(1+\delta\varphi^r_\delta-\delta_\tau\varphi^r_{\delta\tau}\right)^2}{1+2\,\delta\varphi^r_\delta+\delta^2\,\varphi^r_{\delta\delta}}$ |
| $\omega(T,\ v) = \sqrt{\frac{1}{v^2}\left(\partial p/\partial v\right)_s}$ | $\frac{\omega^2}{RT} = 1 + 2\delta\varphi^r_\delta + \delta^2\varphi^r_{\delta\delta} - \frac{\left(1+\delta\varphi^r_\delta-\delta_\tau\varphi^r_{\delta\tau}\right)^2}{\tau^2\left(\varphi^{\mathrm{iG}}_{\tau\tau}+\varphi^r_{\tau\tau}\right)}$ |
| *Sättigungszustand:* | *gleichzeitiges Lösen von:* |
| $T' = T'' = T_s$ | $\frac{p_s}{RT_s}\left(v'' - v'\right) - \ln\frac{v''}{v'} = \varphi^r(\tau_s,\delta') - \varphi^r(\tau_s,\delta'')$ |
| $p(T_s,\ v') = p(T_s,\ v'') = p_s$ | $\delta'[1 + \delta'\varphi^r_\delta(\tau_s,\ \delta')] = \delta''[1 + \delta''\ \varphi^r_\delta(\tau_s,\ \delta'')]$ |
| $\delta(T_s,\ v') + p_s v' = \delta(T_s,\ v'') + p_s v''$ | |
| $\varphi^r_\delta = \left(\frac{\partial\varphi^r}{\partial\delta}\right)_\tau;\quad \varphi^r_\tau = \left(\frac{\partial\varphi^r}{\partial\tau}\right)_\delta;\quad \varphi^r_{\delta\delta} = \left(\frac{\partial^2\varphi^r}{\partial\delta^2}\right)_\tau;$ | |
| $\varphi^r_{\tau\tau} = \left(\frac{\partial^2\varphi^r}{\partial\tau^2}\right)_\delta;\quad \varphi^r_{\delta\tau} = \left(\frac{\partial^2\varphi^r}{\partial\delta\,\partial\tau}\right)$ | |
| $\delta'$ : reduziertes spezifisches Volumen auf der Siedelinie | |
| $\delta''$ : reduziertes spezifisches Volumen auf der Taulinie | |

$$\frac{f(v,T)}{RT} = \varphi(\delta,\tau) = \varphi^{\mathrm{iG}}(\delta,\tau) + \varphi^R(\delta,\tau) \quad (79)$$

angegeben, wobei $\delta = v_k/v$ und $\tau = T_k/T$ die neuen dimensionslosen Variablen sind, welche sich aus dem spezifischen Volumen $v$ und der Temperatur mit Hilfe der entsprechenden kritischen Größen ergeben. Die Berechnung weiterer thermodynamischer Zustandsgrößen aus der dimensionslosen freien Energie ist in Tab. 4 zusammengefasst. Für $\varphi^{iG}$muss eine Funktion der spezifischen Wärmekapazität in Abhängigkeit der Temperatur $c_v{}^{\mathrm{iG}}(T)$ bekannt sein, aus welcher sich durch Integration gemäß der Definition der freien Energie (1–42)

$$f^{iG}(T,v) = u_0^{iG} - Ts_0^{iG} + \int\limits_{T_0}^{T} c_v^{iG}(T)\mathrm{d}T - T\int\limits_{T_0}^{T} \frac{c_v^{\mathrm{iG}}(T)}{T}\mathrm{d}T + RT\ \ln\left(\frac{v_0}{v}\right) \quad (80)$$

eine Funktion der Form

$$\varphi^{\mathrm{iG}}(\tau,\delta) = C_0 + C_1\ \ln\tau + \sum_i C_i\tau^{t_i} + \ln\delta \quad (81)$$

ergibt, wenn für die spezifische Wärmekapazität ein Polynom der Art (1–7) gewählt wird. Für den Realanteil der reduzierten freien Energie $\varphi^R$ haben sich Ansätze der Form

$$\varphi^{\mathrm{R}}(\tau,\delta) = \sum_i^{I_P} n_i\tau^{t_i}\delta^{d_i} + \sum_{i=I_p+1}^{I_p+I_e} n_i\tau^{t_i}\delta^{d_i}\exp(-\delta^{p_i}) \quad (82)$$

bewährt. Dabei wird die geeignete, für den jeweilig vorhandenen Satz an Messdaten angepasste Kombination an Termen für (82) durch Strukturoptimierung und nichtlineare Parameteranpassung herausgearbeitet (Lemmon und Span 2006). Ziel hierbei ist es, mit möglichst wenig Termen eine extrapolierbare Gleichung anzugeben, welche die Messdaten im Rahmen der Messgenauigkeit wiedergibt. Die bekannteste Gleichung dieser Art ist die Fundamentalgleichung für Wasser, welche in ihrer wissenschaftlichen

Formulierung mit 56 Parametern den fluiden Zustandsbereich bis 1273 K und 1000 MPa darstellt (Wagner und Pruß 1997). Bei etwas reduzierten Ansprüchen an die Genauigkeit lassen sich mehrere Substanzen durch eine einheitliche Gleichungsstruktur mit einem stoffspezifischen Parametersatz angeben (Span und Wagner 2003).

## 18.1.2 Gemische

Zur Beschreibung der Zustandsgrößen von Gemischen werden die Zustandsgleichungen der beteiligten reinen Komponenten durch Mischungsregeln verknüpft und durch Korrekturfunktionen ergänzt. Die Eigenschaften einer Komponente $i$ im Gemisch, z. B. die partiellen molaren Größen, werden durch den Index $i$ gekennzeichnet. Wird ausdrücklich auf die reine Komponente $i$ Bezug genommen, wird der Index $0\,i$ verwendet. Unter den thermodynamischen Zustandsgrößen von Gemischen nimmt das chemische Potenzial $\mu_i$ einer jeden Komponente $i$ im Gemisch eine besondere Rolle ein. Ein Gradient des chemischen Potenzials ist die treibende Kraft für den Stofftransport im Nichtgleichgewicht, die Gleichheit des chemischen Potenzials einer Komponente $i$ in jeder Phase ist die grundlegende Bedingung für das Phasengleichgewicht, vgl. Abschn. 1 dieses Kapitels, hier kommt der Stofftransport zwischen den Phasen zum Erliegen. Zur Berechnung von Reaktionsgleichgewichten wird ebenfalls das chemische Potenzial benötigt.

### 18.1.2.1 Ideale Gasgemische

Dieses idealisierte Modell beschreibt das Verhalten von gasförmigen Gemischen im Grenzzustand verschwindender Dichte. Nach einem Theorem von Gibbs (Callen 2011) sind die innere Energie und die Entropie eines idealen Gasgemisches die Summe der entsprechenden Größen der reinen idealen Gase, aus denen das System zusammengesetzt ist, bei der Temperatur und dem Volumen der Mischung

$$\begin{aligned} U(T,V,m_i) &= \sum_{i=1}^{k} U_{0i}(T,V,m_i) \\ &= \sum_{i=1}^{k} m_i u_{0i}^{\mathrm{iG}}(T), \end{aligned} \tag{83}$$

$$\begin{aligned} S(T,V,m_i) &= \sum_{i=1}^{k} S_{0i}(T,V,m_i) \\ &= \sum_{i=1}^{k} m_i s_{0i}^{iG}(T,V/m_i). \end{aligned} \tag{84}$$

Mithilfe von $p = T(\partial S/\partial V)_{U,m_i}$ nach (1–14) erhält man aus (83) und (84) für das Gemisch dieselbe thermische Zustandsgleichung wie für ein reines ideales Gas:

$$pV = nR_{\mathrm{m}}T = mRT. \tag{85}$$

Dabei sind

$$R \equiv \sum_i \bar{\xi}_i R_i = R_{\mathrm{m}}/M \quad \text{mit} \quad \bar{\xi}_i = m_i/m \tag{86}$$

und

$$\begin{aligned} &M \equiv m/n = \sum_i x_i M_i \quad \text{mit} \quad x_i = n_i/n \\ &\text{und} \quad \begin{cases} m = \sum_i m_i \\ n = \sum_i n_i \end{cases} \end{aligned} \tag{87}$$

die spezielle Gaskonstante und die molare Masse des Gemisches. Aus (85) ergibt sich das Dalton'sche Gesetz. Danach ist der für beliebige Gemische definierte Partialdruck einer Komponente,

$$p_i \equiv x_i\, p, \tag{88}$$

in einem idealen Gasgemisch gleich dem Druck $p_{01} = n_i\, R_{\mathrm{m}}\, T/V$ des reinen idealen Gases $i$ bei der Temperatur $T$ und dem Volumen $V$ der Mischung.

Die spezifische innere Energie und Enthalpie idealer Gasgemische sind nach (83), (1–41) und (85) reine Temperaturfunktionen

$$u^{iGG} = \sum_{i=1}^{K} \overline{\xi}_i u_{0i}^{\mathrm{iG}}(T), \tag{89}$$

$$h^{iGG} = \sum_{i=1}^{K} \overline{\xi}_i \left[u_{0i}^{\mathrm{iG}}(T) + R_i T\right] = \sum_{i=1}^{K} \overline{\xi}_i h_{0i}^{\mathrm{iG}}(T). \tag{90}$$

Diese Eigenschaft geht beim Differenzieren nach der Temperatur, vgl. (1–20), (1–47) und (11), auf die spezifischen Wärmen über:

$$c_v^{iGG}(T) = \sum_{i=1}^{K} \overline{\xi}_i c_{v0i}^{\mathrm{iG}}(T), \tag{91}$$

$$c_p^{iGG}(T) = \sum_{i=1}^{K} \overline{\xi}_i c_{p0i}^{\mathrm{iG}}(T) = c_v^{iGG}(T) + R, \tag{92}$$

$$\overline{c}_p^{iGG}(t) = \sum_{i=1}^{K} \overline{\xi}_i \overline{c}_{p0i}^{\mathrm{iG}}(t). \tag{93}$$

Für die spezifische Entropie idealer Gasgemische folgt aus (1–84) und (1–85)

$$s^{iGG}(T,p) = \sum_{i=1}^{K} \overline{\xi}_i s_{0i}(T,p_i) = \sum_{i=1}^{K} \overline{\xi}_i s_{0i}(T,p) + \Delta s^{\mathrm{M}}. \tag{94}$$

Danach setzt sich die Entropie aus den Beiträgen der reinen Komponenten bei Druck und Temperatur des Gemisches und der stets positiven Mischungsentropie

$$\Delta s^{\mathrm{M}} = -R \sum_{i=1}^{K} x_i \ln x_i > 0 \tag{95}$$

zusammen, in der sich die Irreversibilität des isotherm-isobaren Mischens widerspiegelt. Da $\Delta s^{\mathrm{M}}$ nur von der Zusammensetzung abhängt, gelten für ideale Gasgemische konstanter Zusammensetzung (13) bis (13) für die Entropie und (22) für die isentrope Enthalpiedifferenz reiner idealer Gase weiter, wenn die Gemischgrößen $R, c_p^{iGG}, c_v^{iGG}$ und $\gamma = c_p^{iGG}/c_v^{iGG}$ eingesetzt werden.

Das chemische Potenzial einer Komponente $i$ in einem idealen Gasgemisch ist nach (1–52) mit (90) und (94)

$$\begin{aligned}\mu_i^{iGG}(T,p,x_i) &= \mu_{0i}^{\mathrm{iG}}(T) + R_{\mathrm{m}} T \ln(p_i/p_0) \\ &= \mu_{0i}^{\mathrm{iG}}(T) + R_{\mathrm{m}} T \ln(p/p_0) + R_{\mathrm{m}} T \ln x_i,\end{aligned} \tag{96}$$

wobei $\mu_{0i}^{\mathrm{iG}}(T)$ das chemische Potenzial des reinen idealen Gases $i$ bei der Temperatur $T$ und dem Standarddruck $p_0$ bedeutet, vgl. (25). Bemerkenswert ist, dass $\mu_i^{iGG}$ neben $T$ und $p$ nur vom Stoffmengenanteil $x_i$ der Komponente $i$ selbst abhängt.

#### 18.1.2.2 Gas-Dampf-Gemische. Feuchte Luft

Ideale Gasgemische können neben Bestandteilen, die im betrachteten Temperaturbereich nicht kondensieren, eine als Dampf bezeichnete Komponente enthalten, die als nahezu reine flüssige oder feste Phase ausfallen kann. Man spricht dann von Gas-Dampf-Gemischen.

Der Sättigungspartialdruck $p_{\mathrm{s}}$ des Dampfes D, d. h. seine Löslichkeit in der Gasphase, wird durch die Bedingungen des Phasengleichgewichts zwischen Gas und Kondensat bestimmt, vgl. den nachfolgenden Abschnitt. Wie die Rechnung zeigt (Baehr und Kabelac 2016), ist $p_{\mathrm{s}}$ in guter Näherung gleich dem für jede Temperatur durch das Maxwell-Kriterium (1–72) festgelegten Sättigungsdruck $p_{\mathrm{s0}}(t)$ des reinen Stoffs D.

Gas-Dampf-Gemische heißen ungesättigt, solange für den Partialdruck $p_{\mathrm{D}} < p_{\mathrm{s0}}$ gilt, und gesättigt für $p_{\mathrm{D}} = p_{\mathrm{s0}}$; im letzteren Fall können sie Kondensat mitführen. Unter der Taupunkttemperatur $T_{\mathrm{T}}$ eines ungesättigten Gas-Dampf-Gemisches versteht man die Temperatur, auf die das Gemisch isobar abgekühlt werden kann, bis der erste Tautropfen ausfällt. Bei gegebenem Partialdruck $p_{\mathrm{D}}$ des Dampfes ergibt sich die Taupunkttemperatur aus der Bedingung

**Tab. 5** Zusammensetzung trockener Luft in Stoffmengenanteilen $x_i$ und Massenanteilen $\xi_i$ (Baehr und Kabelac 2016)

| Komponente $i$ | Stoffmengenanteil $x_i$ | Massenanteil $\xi_i$ |
|---|---|---|
| Stickstoff $N_2$ | 0,78081 | 0,75514 |
| Sauerstoff $O_2$ | 0,20942 | 0,23135 |
| Argon Ar | 0,00934 | 0,01288 |
| Kohlendioxid $CO_2$ | 0,00041 | 0,00062 |
| Neon Ne | 0,00002 | 0,00001 |

**Tab. 6** Sättigungsdampfdruck $p_{s0}$ von festem und flüssigem Wasser und die Wasserbeladung im Sättigungszustand $X_S$ als Funktion der Celsiustemperatur $t$ (Wagner et al. 1994)

| $t$ in °C | $p_{s0}$/hPa | $X_S$ in g/kg |
|---|---|---|
| −50 | 0,0394 | 0,02448 |
| −40 | 0,1284 | 0,07988 |
| −30 | 0,3801 | 0,237 |
| −20 | 1,0326 | 0,643 |
| −10 | 2,5990 | 1,621 |
| 0,01 | 6,1166 | 3,828 |
| 10 | 12,282 | 7,733 |
| 20 | 23,393 | 14,90 |
| 30 | 42,470 | 27,59 |
| 40 | 73,849 | 49,60 |
| 50 | 123,52 | 87,66 |
| 60 | 199,46 | 154,98 |
| 70 | 312,01 | 282,08 |
| 80 | 474,14 | 560,84 |
| 90 | 701,82 | 1464,1 |
| 100 | 1014,18 | ∞ |

$$p_{s0}(T_T) = p_D. \tag{97}$$

Das in den Anwendungen am häufigsten auftretende Gas-Dampf-Gemisch ist feuchte Luft. Ihre nicht kondensierenden Bestandteile werden als trockene Luft L zusammengefaßt, deren Zusammensetzung nach Tab. 5 die molare Masse $M_L = 28{,}9647$ kg/kmol ergibt. Der Wasserdampf W mit der molaren Masse $M_W = 18{,}0153$ kg/kmol und dem Sättigungsdruck $p_{s0}(T)$ nach Tab. 6 ist die Dampfkomponente der feuchten Luft.

Der Wasseranteil ungesättigter feuchter Luft lässt sich durch die absolute Feuchte

$$\varrho_W \equiv m_W/V = p_W/(R_W T) \tag{98}$$

mit $m_W$ als der Masse des Wassers beschreiben, das bei der Temperatur $T$ im Gasvolumen $V$ gelöst ist. Der Zusammenhang zwischen $\varrho_W$ und dem Partialdruck $p_W$ mit $R_W$ als der speziellen Gaskonstante des Wassers beruht auf dem Dalton'schen Gesetz. Für eine gegebene Temperatur hat $\varrho_W$ im Sättigungszustand den Maximalwert $\varrho_{W,\ S} = p_{S0}(T)/(R_W T)$ Der absoluten Feuchte zugeordnet ist die relative Feuchte

$$\varphi \equiv \varrho_W/\varrho_{W_s} = p_W/p_{s0}(T), \tag{99}$$

die bei Sättigung den größten Wert $\varphi_s = 1$ annimmt.

Ein Maß für den Wassergehalt, das sich auf ungesättigte und gesättigte feuchte Luft einschließlich des mitgeführten Kondensats anwenden lässt, ist die *Wasserbeladung*

$$X \equiv m_W/m_L. \tag{100}$$

Die Masse $m_L$ der trockenen Luft ist dabei eine Bezugsgröße, die auch beim Austauen und Befeuchten konstant bleibt. Für ungesättigte feuchte Luft gilt nach dem Dalton'schen Gesetz

$$X = \frac{R_L}{R_W} \frac{p_W}{(p - p_W)} \quad \text{mit} \quad X \leq X_s. \tag{101}$$

Dabei sind $R_W$ und $R_L$ die speziellen Gaskonstanten, $p_W$ und $p_L = p - p_W$ die Partialdrücke der Komponenten und $p$ der Gesamtdruck. Überschreitet $X$ die Beladung $X_s$ der gesättigten Gasphase, siehe (101) mit $p_W = p_{s0}(T)$, enthält die feuchte Luft die Kondensatmenge $m_L(X - X_s)$ als Nebel oder Bodenkörper aus flüssigem Wasser oder Eis.

Das spezifische Volumen ungesättigter feuchter Luft ergibt sich aus dem Ansatz $p = p_L + p_W$ und den Partialdrücken $p_L$ und $p_W$ nach dem Dalton'schen Gesetz zu

$$v_{1+X} \equiv V/m_L = (1 + X)v = (R_L + X R_w)(T/p) \quad \text{mit} \quad X \leqq X_s. \tag{102}$$

Als Bezugsgröße wird dabei $m_L$ verwendet; $v = V/(m_L + m_W)$ ist das gewöhnliche spezifische Volumen. Näherungsweise kann (102) mit $X = X_s$ auch für kondensathaltige feuchte Luft benutzt werden, wenn das Kondensatvolumen vernachlässigbar ist.

Die Enthalpie kondensathaltiger feuchter Luft addiert sich aus den Beiträgen der Phasen, wobei die Enthalpie des Gases nach (90) die Summe der Enthalpien der trockenen Luft und des Wasserdampfes ist und als ideales Gasgemisch nicht vom Druck abhängt. Mit $m_L$ als Bezugsgröße erhält man für die spezifische Enthalpie des homogenen oder heterogenen Gemisches

$$h_{1+X} \equiv H/m_L = (1+X)h \qquad (103)$$

$$= \begin{cases} h_{0L} + X\,h_{0W}^{g} & \text{für } X < X_s \\ h_{0L} + X_s h_{0W}^{g} + (X - X_s)h_{0W}^{k} & \text{für } X \geqq X_s \end{cases} \qquad (104)$$

Hierin ist $h = H/(m_L + m_W)$ die gewöhnliche spezifische Enthalpie des Gemisches, während $h_{0L}$, $h_{0W}{}^{g}$ und $h_{0W}{}^{k}$ die spezifischen Enthalpien der trockenen Luft, des Wasserdampfes und des Kondensats bedeuten. Über die Enthalpiekonstanten wird so verfügt, dass die spezifischen Enthalpien von trockener Luft und flüssigem Wasser bei $t = 0$ °C null sind. Setzt man konstante spezifische Wärmekapazitäten voraus und vernachlässigt die Druckabhängigkeit der Kondensatenthalpie, so folgt (Baehr und Kabelac 2016)

$$h_{0L} = c_{p0L}^{iG} t = 1{,}0004\,\text{kJ}/(\text{kg K}) \cdot t \qquad (105)$$

$$h_{0W}^{g} = r_0 + c_{p0W}^{iG} t = 2500\,\text{kJ/kg} + 1{,}86\,\text{kJ}/(\text{kg K}) \cdot t \qquad (106)$$

$$h_{0W}^{k} = \begin{cases} c_{0W} t = 4{,}19\,\text{kJ}/(\text{kg K}) \cdot t & \text{für flüssiges Wasser} \\ -r_E + c_{0E} t = -333\,\text{kJ/kg} + 2{,}05\,\text{kJ}/(\text{kg K}) \cdot t & \text{für Eis.} \end{cases} \qquad (107)$$

Dabei sind $r_0$ und $r_E$ die Verdampfungs- und Schmelzenthalpien des Wassers bei 0 °C, vgl. nachfolgenden Abschnitt; $c_{p,\,0L}$, $c^{p,\,0W}$, und $c_{0E}$ sind die isobaren spezifischen Wärmekapazitäten der trockenen Luft, des Wasserdampfes, des flüssigen Wassers und des Eises. Die spezifische Enthalpie feuchter Luft kann auch aus Diagrammen (Baehr 1961) entnommen werden.

### 18.1.2.3 Reale Gemische

Das Zustandsverhalten realer fluider Gemische wird durch die intermolekularen Wechselwirkungen zwischen gleichartigen wie zusätzlich zwischen den unterschiedlichen Molekülen der beteiligten Komponenten geprägt. Hierbei kann zwischen Effekten aufgrund unterschiedlicher Molekülgrößen (entropische Effekte) und unterschiedlichen energetischen Wechselwirkungen (enthalpische Effekte) unterschieden werden. Gemische, bei denen nur Wechselwirkungen zwischen gleichartigen Molekülen berücksichtigt werden, heißen ideale Lösungen. Um die Eigenschaften fluider Gemische im gesamten Dichtebereich wiederzugeben, benötigt man eine geeignete thermische Zustandsgleichung oder eine kanonische Zustandsgleichung für das Gemisch. Dabei geht man von einem einheitlichen Ansatz für die Zustandsgleichung des Gemisches und seiner realen Komponenten aus, siehe Abschn. 2.1.3 bzw. Abschn. 2.1.4 in diesem Abschnitt. Die Koeffizienten der Gemischzustandsgleichung werden mithilfe von Mischungsregeln aus den Koeffizienten der reinen Stoffe und einigen Zusatzinformationen bestimmt. Theoretisch begründet (Reed und Gubbins 1991) sind die Mischungsregeln der Virialgleichung (32) für reale Gasgemische

$$B = \sum_{i=1}^{K}\sum_{j=1}^{K} x_i x_j B_{ij},$$
$$C = \sum_{i=1}^{K}\sum_{j=1}^{K}\sum_{k=1}^{K} x_i x_j x_k C_{ijk}, \quad \text{usw.} \tag{108}$$

mit $B,\ C,\ \ldots$ als den Virialkoeffizienten des Gemisches. Die Größen $B_{ij},\ C_{ijk},\ \ldots$, die nur von der Temperatur abhängen, sind für $i = j = k$ die Virialkoeffizienten der reinen Komponenten und andernfalls sog. Kreuzvirialkoeffizienten. Alle Indizes sind aufgrund der Symmetrie der molekularen Wechselwirkungen vertauschbar. Daten für den Kreuzvirialkoeffizienten $B_{ij} = B_{ji}$ vieler Gemische findet man in (Dymond und Smith 1980). Eine Abschätzung erhält man aus (37) mit den Mischungsregeln (Tsonopoulos 1974)

$$T_{\mathrm{kij}} = \left(T_{ki} T_{kj}\right)^{0{,}5} \left(1 - k_{ij}\right), \tag{109}$$

$$V_{\mathrm{m}kij} = \left[\left(V_{\mathrm{m}ki}^{1/3} + V_{\mathrm{m}kj}^{1/3}\right)/2\right]^3, \tag{110}$$

$$\omega_{ij} = \left(\omega_i + \omega_j\right)/2, \tag{111}$$

$$\left(z_0\right)_{\mathrm{kij}} = 0{,}291 - 0{,}08\omega_{ij}, \tag{112}$$

$$p_{kij} = \left(z_0\right)_{kij} R_{\mathrm{m}} T_{kij} / V_{\mathrm{m}kij}. \tag{113}$$

Nur für chemisch ähnliche Moleküle vergleichbarer Größe darf der binäre Parameter $k_{ij} = 0$ gesetzt werden.

Die kubische thermische Zustandsgleichung nach Redlich-Kwong-Soave (43) benutzt empirische Mischungsregeln (Soave 1972) für die Gemischkoeffizienten $a$ und $b$. Danach ist für Gemische aus nicht polaren oder schwach polaren Stoffen

$$a = \sum_{i=1}^{K} \sum_{j=1}^{K} x_i x_j a_{ij} \tag{114}$$

mit $a_{ii}$ als dem Koeffizienten $a$ der reinen Komponente $i$ nach (44). Der Kreuzkoeffizient ist nach der Vorschrift

$$a_{ij} = \left(a_{ij} a_{ij}\right)^{0{,}5} \left(1 - k_{ij}\right) \quad \text{für} \quad i \neq j \tag{115}$$

zu berechnen. Der binäre Wechselwirkungsparameter $k_{ij} = k_{ji}$ wurde für viele Stoffpaare aus Phasengleichgewichtsmessungen bestimmt (Knapp et al. 1989) und ist trotz kleiner Werte nicht zu vernachlässigen. Da es sich bei den Wechselwirkungsparametern jeweils um angepasste Werte handelt ist der Parameter in (115) für gleichartige Gemische nicht identisch mit dem Parameter in (109). Die Mischungsregel für den Koeffizienten $b$ lautet unter denselben Voraussetzungen

$$b = \sum_{i=1}^{K} x_i b_i, \tag{116}$$

wobei der Koeffizient $b_i$ der reinen Komponente $i$ durch (49) gegeben ist. Ein Mehrkomponentensystem wird damit durch Informationen über die binären Teilsysteme beschrieben.

Die spezifische innere Energie, Enthalpie und Entropie realer Gemische sind mit denselben Ansätzen zu berechnen, die nach (52), (53) und (56), (57), (58) und (59) für reine reale Fluide gelten. Für die Eigenschaften des idealen Gases sind dabei die Eigenschaften des Gemisches im idealen Gaszustand, siehe 2.2.1. in diesem Abschnitt, einzusetzen, und zur Auswertung der Realanteile ist eine thermische Zustandsgleichung für das Gemisch heranzuziehen. Entsprechendes gilt für den Isentropenexponenten und die isentrope Enthalpiedifferenz nach (66), (67), (68), (69), (70) und (71). In den Tab. 7 und 8 sind die Realanteile der kalorischen Zustandsgrößen und der Isentropenexponent realer Gemische auf der Grundlage der Zustandsgleichungen (32) und (33) zusammengestellt. Die Ergebnisse enthalten als Sonderfall die Eigenschaften reiner Stoffe. Für einige technisch relevanten Gemische wurden speziell

**Tab. 7** Realanteile der kalorischen Zustandsgrößen, Isentropenexponent und Fugazitätskoeffizient nach der Zustandsgleichung (32) für reale Gasgemische

| |
|---|
| $M\Delta h^{\mathrm{R}\,p}(T,\ p) = p[B - T(\mathrm{d}B/\mathrm{d}T)]$ |
| $M\Delta s^{\mathrm{R}\,p}(T, p) = -p(\mathrm{d}B/\mathrm{d}T)$ |
| $1/\gamma(T, p) = -(p/V_\mathrm{m})\{[T/(Mc_p)](\partial V_\mathrm{m}/\ \partial T)^2{}_p + (\partial V_\mathrm{m}/\partial p)_T\}^*$ |
| mit $V_\mathrm{m} = R_\mathrm{m}\ T/p + B$<br>und $c_p = c^{\mathrm{iG}}p(T,p) + \partial\Delta h^R\ p(T,\ p)/\ \partial T$ |
| $\ln\varphi_i(T,p) = \left(2\sum_{j=1}^{k} x_j B_{ij} - B\right)[p/(R_\mathrm{m} T)]$ |

$*$Dabei ist $V_\mathrm{m} = M\ v$ mit $M$ als der molaren Masse des Gemisches.

**Tab. 8** Realanteile der kalorischen Zustandsgrößen, Isentropenexponent und Fugazitätskoeffizient nach der Zustandsgleichung (43) für Gemische

| |
|---|
| $M\Delta u^R\ v(T, v) = -(1/b)[a - T(\mathrm{d}a/\mathrm{d}T)]\ln(1 + b/V_\mathrm{m})^*$ |
| $M\Delta s^R\ v(T, v) = R_\mathrm{m}\ln(1 - b/V_\mathrm{m}) + (1 + b)(\mathrm{d}a/\mathrm{d}T)\ln(1 + b/V_\mathrm{m})^*$ |
| $\gamma(T,v) = (V_\mathrm{m}/p)\left\{[T/(Mc_v)](\partial p/\partial T)^2_{V_\mathrm{m}} - (\partial p/\partial V_\mathrm{m})_T\right\}^*$ |
| mit $p = R_\mathrm{m}\ T/(V_\mathrm{m} - b) - \mathrm{a}/[V_\mathrm{m}(V_\mathrm{m} + b)]$ und $c_v(T,\ v) = c^{\mathrm{iG}}v(T) + \partial u^\mathrm{R}v(T,\ v)/\ \partial T$ |
| $\ln\varphi_i(T,v) = (b_i/b)(z-1) - \ln[z(1 - b/V_\mathrm{m})] - \left[2\sum_{j=1}^{k} x_j a_{ij}/(R_\mathrm{m} Tb)\right]\ln(1 + b/V_\mathrm{m})^* + \left[ab_i/\left(R_m Tb^2\right)\right]\ln(1 + b/V_\mathrm{m})$ |

Dabei ist $V_\mathrm{m} = M\ v$ mit $M$ als der molaren Masse des Gemisches.

$^*\mathrm{d}a/\mathrm{d}T = -\left(1/T^{0,5}\right)\sum_{i=1}^{K}\sum_{j=1}^{k} x_i x_j a_{ij}\bar{m}_j/\left(T_{kj}\alpha_j\right)^{0,5}$ mit $\alpha_j$ und $\bar{m}_j$ nach (45) und (46). $T_{kj}$ ist die kritische Temperatur der Komponente $j$, $z$ der Realgasfaktor.

angepasste vielparametrige kanonische Zustandsgleichungen entwickelt, so z. B. für Ammoniak-Wasser (Tillner-Roth 1998) und für Erdgas.

Aufgrund der stofflichen Gleichgewichtsbedingung $\mu_i^\alpha = \mu_i^\beta$ für jede Komponente $i$ im Gemisch der Phase $\alpha$ bzw. der Phase $\beta$, vgl. Abschn. 1 in diesem Kapitel, kommt der Berechnung des chemischen Potenzials $\mu_i$ einer Komponente $i$ im Gemisch eine zentrale Bedeutung zu. Sowohl bei der Berechnung der Zusammensetzung von Phasengleichgewichten wie auch Reaktionsgleichgewichten stehen die chemischen Potenziale im Mittelpunkt. Ist eine kanonische Zustandsgleichung für das Gemisch bekannt, kann das chemische Potenzial $\mu_i$ einer Komponente $i$ durch partielle Ableitung nach der Stoffmenge $n_i$ berechnet werden, vgl. Abschn. 1, Gleichung (1–18). Die PC-SAFT (Pertubated Chain – Statistical Associating Fluid Theory) Gleichung (Gross und Sadowski 2002) stellt ein Modell zur Berechnung der Freien Energie $F$ anhand molekularstatistischer Ansätze dar, die mit wenigen molekularen Parametern auskommt. Weit verbreitet ist der im Folgenden beschriebene

Fugazitätsansatz zur Berechnung von chemischen Potenzialen, welcher auf thermische Zustandsgleichungen für das Gemisch der jeweiligen Phase zugreift. Eine Alternative für die flüssige Phase ist der Aktivitätskoeffizienten-Ansatz, der das Modell der idealen Lösung durch Modelle zur Exzess-Gibbsfunktion ($G^E$) ergänzt. Eine weitere Möglichkeit zur Berechnung von chemischen Potenzialen in flüssigen Phasen ist durch das quantenchemische Modell COSMO-RS (Conductor like screening model for real solvents) gegeben (Klamt 2005).

Für das chemische Potenzial einer Komponente $i$ in einem realen Gemisch gemäß dem Fugazitätsansatz setzt man in Verallgemeinerung von (72)

$$\mu_i = \mu_{0i}^{\mathrm{iG}}(T) + R_{\mathrm{m}}T\,\ln(f_i/p_0) \qquad (117)$$

$$= \mu_{0i}^{\mathrm{iG}}(T) + R_{\mathrm{m}}T\,\ln(p_i/p_0) + R_{\mathrm{m}}T\,\ln\varphi_i \qquad (118)$$

$$\text{mit} \quad \varphi_i \equiv f_i/p_i \qquad (119)$$

$$\text{und} \quad \lim_{p\to 0}\varphi_i = 1. \qquad (120)$$

Dabei ist $\mu_{0i}^{\mathrm{iG}}$ das chemische Potenzial des hypothetischen reinen idealen Gases $i$ beim Standarddruck $p_0$ und $f_i$ die Fugazität der Komponente $i$ im Gemisch vgl. (72). Im Grenzzustand des idealen Gasgemisches geht $f_i$ in den Partialdruck $p_i$ über. Der Fugazitätskoeffizient $\varphi_i$ repräsentiert die Abweichung des chemischen Potenzials der Komponente $i$ vom Wert dieser Größe in einem idealen Gasgemisch. Auf der Grundlage von (1–50) lässt sich analog zu (75)

$$\ln\varphi_i = \int_0^p \left[V_i(T,p,x_j)/(R_{\mathrm{m}}T) - 1/p\right]\mathrm{d}p \qquad (121)$$

herleiten (Stephan et al. 2017), wobei $V_i$ das partielle molare Volumen der Komponente $i$ nach (1–32) bedeutet. Diese Größe ist von den Stoffmengenanteilen $x_j$ aller Komponenten im Gemisch abhängig. Die Variablentransformation von $p$ nach $V$ ergibt (Stephan et al. 2017)

$$\ln\varphi_i = -\int_\infty^V \left[(\partial p/\partial n_i)_{T,V,n_{j\neq 1}}/(R_{\mathrm{m}}T) - 1/V\right]\mathrm{d}V - \ln z. \qquad (122)$$

Zur Auswertung von (121) bedarf es einer volumenexpliziten Zustandsgleichung für das fluide Gemisch, während (122) auf druckexplizite Zustandsgleichungen zugeschnitten ist. Die Tab. 7 und 8 enthalten auch den Fugazitätskoeffizienten $\varphi_i$, berechnet aus den Gemischzustandsgleichungen (32) und (43) mit dem reinen Stoff $i$ als Sonderfall.

Zur Berechnung der Eigenschaften flüssiger Gemische mit stark polaren Komponenten sind keine genügend genauen thermischen Zustandsgleichungen verfügbar. Ausgangspunkt für die Beschreibung solcher Systeme sind zu (117) parallele Ansätze für die chemischen Potenziale im Gemisch. Existiert die reine Komponente $i$ bei Druck und Temperatur der Mischung als Flüssigkeit, wird

$$\mu_i = \mu_{0i}(T,p) + R_{\mathrm{m}}T\,\ln(x_i\gamma_i) \qquad (123)$$

$$\text{mit} \quad \lim_{x_i\to 1}\gamma_i(T,p,x_j) = 1 \qquad (124)$$

gesetzt. Dabei ist $\mu_{0,i}$ $(T,\ p)$ das chemische Potenzial der reinen Flüssigkeit $i$ und $\gamma_i$ der Aktivitätskoeffizient von $i$ im Gemisch. Er ist dimensionslos, hängt von den Stoffmengenanteilen $x_j$ aller Komponenten ab und wird für den reinen Stoff eins. Gilt für alle Komponenten über den gesamten Konzentrationsbereich $\gamma_i = 1$, spricht man von einer idealen Lösung

$$\mu_i^{\mathrm{iL}} = \mu_{0i}(T,p) + R_{\mathrm{m}}T\,\ln x_i. \qquad (125)$$

Dieses Lösungsmodell erfüllt die Gibbs-Duhem-Gleichung (1–25) $\sum x_i\ \mathrm{d}\mu_i = 0$ bei $T,\ p =$ konst. und ist damit thermodynamisch konsistent. Physikalisch wird es nur von sehr ähnlichen Komponenten wie z. B. Strukturisomeren realisiert. Die Abweichungen eines Gemisches vom Modell der idealen Lösung werden durch die Aktivitätskoeffizienten gekennzeichnet. Die Gibbs-Duhem-Gleichung verlangt hier $\sum_i x_i \mathrm{d}\gamma_i = 0$ für $T$, $p =$ konst. was für ein binäres Gemisch zur Folge hat, dass die Taylor-Entwicklungen von $\ln \gamma_i$ um die Stelle $x_i = 1$ nach $1 - x_i$ mit dem quadratischen Glied beginnen. Der Vergleich von (117) und (123) ergibt

$$f_i = x_i \gamma_i f_{0i}(T,p) \qquad (126)$$

mit $f_{0,i}$ als der Fugazität der reinen Flüssigkeit $i$ nach 2.1.3 in diesem Abschnitt.

Sind die reinen Komponenten $i$, die in einem Lösungsmittel $j$ gelöst sind, bei dem Druck und der Temperatur der Mischung nicht flüssig, schreibt man in Abwandlung von (123) für das chemische Potenzial der gelösten Stoffe

$$\mu_i = \mu_i^* + R_\mathrm{m} T \ln\left(x_i \gamma_i^*\right) \qquad (127)$$

$$\text{mit} \quad \mu_i^* \equiv \lim_{x_i \to 0} (\mu_i - R_\mathrm{m} T \ln x_i), \qquad (128)$$

$$\gamma_i^* \equiv \gamma_i \gamma_i^\infty, \qquad (129)$$

$$\gamma_i^\infty \equiv \lim_{x_i \to 0} \gamma_i \qquad (130)$$

$$\text{und} \quad \lim_{x_i \to 0} \gamma_i^* = 1. \qquad (131)$$

Praktisch kann dieser Ansatz mit $\gamma_i^*$ als dem rationellen Aktivitätskoeffizienten nur für Zweikomponentensysteme angewendet werden, da die Grenzwerte $x_i \to 0$ nur für diesen Fall eindeutig sind.

Vergleicht man (117) mit (126), (127), (128) und (129), folgt

$$f_i = x_i \gamma_i^* H_{i,j} \qquad (132)$$

$$\text{mit} \quad H_{i,j} \equiv \lim_{x_i \to 0} (f_i / x_i) = \gamma_i^* f_{0i}. \qquad (133)$$

Der Henry'sche Koeffizient $H_{i,j}$ mit der Dimension eines Drucks ist eine Eigenschaft des gelösten Stoffes $i$ und des Lösungsmittels $j$ und kann aus Phasengleichgewichtsmessungen, vgl. 3.2 im nachfolgenden Abschnitt, bestimmt werden. Für einfache Gase ($i = 2$) und Wasser ($j = 1$) gilt im Temperaturbereich $0 \leqq t \leqq 50\ {}^\circ\mathrm{C}$ (Prausnitz et al. 2004)

$$\begin{aligned} &\ln\{H_{2,1}[p_{\mathrm{s01}}(T)]/1013{,}25\,\mathrm{hPa}\} \\ &= \alpha_2(1 - T_2/T) - 36{,}855(1 - T_2/T)^2 \end{aligned} \qquad (134)$$

mit $p_{\mathrm{s01}}(T)$ als dem Sättigungsdruck des Wassers. Tab. 9 gibt die Koeffizienten $\alpha_2$ und $T_2$ für Helium, Stickstoff, Sauerstoff und Argon an.

Dem Ansatz (123) für die chemischen Potenziale entspricht eine Fundamentalgleichung für die molare freie Enthalpie eines flüssigen Gemisches, siehe (1–43),

$$\begin{aligned} G_\mathrm{m}(T,p,x_j) = {} & G_\mathrm{m}^\mathrm{iL}(T,p,x_i) \\ & + G_\mathrm{m}^\mathrm{E}(T,p,x_j) \end{aligned} \qquad (135)$$

$$\text{mit} \quad G_\mathrm{m}^\mathrm{iL} = \sum_{i=1}^{K} x_i [\mu_{0i}(T,p) + R_\mathrm{m} T \ln x_i] \qquad (136)$$

$$\text{und} \quad G_\mathrm{m}^\mathrm{E} = R_\mathrm{m} T \sum_{i=1}^{k} x_i \ln \gamma_i, \qquad (137)$$

die sich aus einem Beitrag $G_\mathrm{m}^\mathrm{iL}$ der idealen Lösung und einem Zusatz- oder Exzessanteil $G_\mathrm{m}^\mathrm{E}$ der molaren freien Enthalpie zusammensetzt. Daraus folgen mit den Definitionen (1–41) bis (1–43)

**Tab. 9** Parameter $T_2$ und $\alpha_2$ des Henry'schen Koeffizienten $H_{1,2}$ nach (134) für einige in Wasser gelöste Gase (Prausnitz et al. 2004)

| Gelöstes Gas | $T_2$/K | $\alpha_2$ |
|---|---|---|
| Helium He | 131,42 | 41,824 |
| Stickstoff $N_2$ | 162,02 | 41,712 |
| Sauerstoff $O_2$ | 168,85 | 40,622 |
| Argon Ar | 168,27 | 40,404 |

und den Ableitungen $\left(\partial G_{\mathrm{m}}^{\mathrm{E}}/\partial p\right)_{T,x_i} = V_{\mathrm{m}}^{\mathrm{E}}$ und $\left(\partial G_{\mathrm{m}}^{\mathrm{E}}/\partial T\right)_{p,x_i} = -S_{\mathrm{m}}^{\mathrm{E}}$ nach (1–46) alle weiteren molaren Größen, hier allgemein mit $Z_m$ bezeichnet, des Gemisches in der Form

$$Z_{\mathrm{m}}\left(T,p,x_j\right) = Z_{\mathrm{m}}^{\mathrm{iL}}(T,p,x_i) + Z_{\mathrm{m}}^{\mathrm{E}}\left(T,p,x_j\right), \quad (138)$$

wobei $Z_{\mathrm{m}}{}^{\mathrm{iL}}$ den Beitrag der idealen Lösung und $Z_{\mathrm{m}}{}^{\mathrm{E}}$ die molare Zusatzgröße bedeuten. Bei reinen Stoffen ist $Z_{\mathrm{m}}{}^{\mathrm{E}} = 0$. Insbesondere gilt für das molare Volumen, die molare Enthalpie und die molare Entropie

$$\begin{aligned} V_{\mathrm{m}} &= V_{\mathrm{m}}^{\mathrm{iL}} + V_{\mathrm{m}}^{\mathrm{E}} \\ &= \sum_{i=1}^{K} x_i V_{0i} + \left(\partial G_{\mathrm{m}}^{\mathrm{E}}/\partial p\right)_{T,x_i}, \end{aligned} \quad (139)$$

$$\begin{aligned} H_{\mathrm{m}} &= H_{\mathrm{m}}^{\mathrm{iL}} + H_{\mathrm{m}}^{\mathrm{E}} \\ &= \sum_{i=1}^{K} x_i H_{0i} - T^2\left[\partial\left(G_{\mathrm{m}}^{\mathrm{E}}/T\right)\partial T\right]_{p,x_i}, \end{aligned} \quad (140)$$

$$\begin{aligned} S_{\mathrm{m}} &= S_{\mathrm{m}}^{\mathrm{iL}} + S_{\mathrm{m}}^{\mathrm{E}} \\ &= \sum_{i=1}^{K} x_i (S_{0i} - R_{\mathrm{m}} \ln x_i) - \left(\partial G_{\mathrm{m}}^{\mathrm{E}}/\partial T\right)_{p,x_i}. \end{aligned} \quad (141)$$

Die Änderungen der molaren Zustandsgrößen beim isotherm-isobaren Mischen der reinen Komponenten

$$\Delta Z_{\mathrm{m}}^{\mathrm{M}} \equiv \sum_{i=1}^{K} x_i \left[Z_i\left(T,p,x_j\right) - Z_{0i}(T,p)\right] \quad (142)$$

heißen molare Mischungsgrößen, wobei nach (1–33) $Z_{\mathrm{m}} = \sum x_i Z_i$ mit $Z_i$ als der zugehörigen partiellen molaren Zustandsgröße der Komponente $i$ im Gemisch gesetzt ist. Nach (139) und (140) und dieser Definition sind $V_{\mathrm{m}}^{\mathrm{E}}$ und $H_{\mathrm{m}}^{\mathrm{E}}$ als molares Mischungsvolumen $\Delta V_{\mathrm{m}}^{\mathrm{M}}$ und molare Mischungsenthalpie $\Delta H_{\mathrm{m}}^{\mathrm{M}}$ messbar. Gemische mit $\Delta H_{\mathrm{m}}^{\mathrm{M}} > 0$ werden als endotherm, solche mit $\Delta H_{\mathrm{m}}^{\mathrm{M}} < 0$ als exotherm bezeichnet. Bei idealen Lösungen wie auch bei idealen Gasgemischen ist $\Delta V_{\mathrm{m}}^{\mathrm{M}} = 0$, $\Delta H_{\mathrm{m}}^{\mathrm{M}} = 0$ und $\Delta U_{\mathrm{m}}^{\mathrm{M}} = 0$. Für die Aktivitätskoeffizienten findet man nach (1–35), (1–46), (1–50) und (1–53) die in Bezug auf die Gibbs-Duhem-Gleichung konsistente Darstellung

$$\begin{aligned} R_{\mathrm{m}} T \ln\gamma_i &= \left(\partial G^{\mathrm{E}}/\partial n_i\right)_{T,p,n_{j\neq i}} = G_{\mathrm{m}}^{\mathrm{E}} \\ &- \sum_{j=1}^{K-1} x_j \left(\partial G_{\mathrm{m}}^{\mathrm{E}}(T,p,x_1,\ldots,x_{i-1}\ ,x_{i+1}\ldots,x_K)/\partial x_j\right) \end{aligned} \quad (143)$$

$$\text{mit} \quad \left(\partial \ln\gamma_i/\partial p\right)_{T,x_j} = V_i^{\mathrm{E}}/(R_{\mathrm{m}}T) \quad (144)$$

$$\text{und} \quad \left(\partial \ln\gamma_i/\partial T\right)_{p,x_j} = -H_i^{\mathrm{E}}/\left(R_{\mathrm{m}}T^2\right). \quad (145)$$

Die partiellen molaren Exzessvolumina $V_i^{\mathrm{E}}$ und partiellen molaren Exzessenthalpien $H_i^{\mathrm{E}}$ folgen dabei mit (1–35) aus den entsprechenden molaren Zustandsgrößen.

Die in der kanonische Zustandsgleichung (135) benötigten Reinstoffeigenschaften sind nach Abschn. 2.1.3 in diesem Abschnitt zu berechnen; die molare freie Exzessenthalpie $G_{\mathrm{m}}^{\mathrm{E}}$ erhält man aus empirischen oder halbtheoretischen Ansätzen (Walas 1985), deren Konstanten aus Phasengleichgewichtsmessungen, siehe nachfolgender Abschn. 3.2, bestimmt werden müssen.

Ein verbreiteter Ansatz hierfür ist der UNIQUAC-Ansatz von Abrams und Prausnitz (Abrams und Prausnitz 1975), der auf molekularen Vorstellungen aufgebaut und für Mehrstoffsysteme anwendbar ist. Er erfasst die unterschiedliche Größe und Gestalt der Moleküle und ihre energetischer Wechselwirkungen in einem kombinatorischen und einem Residualanteil $\left(G_{\mathrm{m}}^{\mathrm{E}}\right)^{\mathrm{C}}$ und $\left(G_{\mathrm{m}}^{\mathrm{E}}\right)^{\mathrm{R}}$ der molaren freien Exzessenthalpie. Der Ansatz hat daher die Form

$$G_{\mathrm{m}}^{\mathrm{E}} = \left(G_{\mathrm{m}}^{\mathrm{E}}\right)^{\mathrm{C}} + \left(G_{\mathrm{m}}^{\mathrm{E}}\right)^{\mathrm{R}} \quad (146)$$

mit

$$\begin{aligned} \left(G_{\mathrm{m}}^{\mathrm{E}}\right)^{\mathrm{C}}/(R_{\mathrm{m}}T) &= \sum_{j=1}^{K} x_j \ln\left(\Phi_j/x_j\right) \\ &+ 5\sum_{j=1}^{K} x_j a_j \ln\left(\Theta_J/\Phi_j\right) \end{aligned} \quad (147)$$

und

$$\left(G_{\mathrm{m}}^{\mathrm{E}}\right)^{\mathrm{R}}/(R_{\mathrm{m}}T) = -\sum_{j=1}^{K} a_j x_j \ln\left[\sum_{k=1}^{K} \Theta_k \tau_{k_j}\right]. \tag{148}$$

Summiert wird über alle $K$ Komponenten des Gemisches. Im Einzelnen bedeuten

$$\Theta_j \equiv x_j q_j / \sum_{k=1}^{K} x_k q_k$$
$$\text{und} \quad \Phi_j \equiv x_j r_j / \sum_{k=1}^{K} x_k r_k \tag{149}$$

den molaren Oberflächen- bzw. Volumenanteil und $x_j$ den Stoffmengenanteil der Komponente $j$. Die Größen $q_j$ und $r_j$ sind die relative van-der-Waals'sche Oberfläche bzw. das relative van-der-Waals'sche Volumen eines Moleküls $j$ in Bezug auf die $CH_2$-Gruppe eines unendlich langen Polyethylens. Diese Reinstoffeigenschaften sind für viele Substanzen berechnet und in (Gmehling 1988) vertafelt. Der Faktor

$$\tau_{kj} \equiv \exp\left[-\Delta u_{k_j}/(R_{\mathrm{m}}T)\right] \tag{150}$$

$$\text{mit} \quad \Delta u_{k_j} \neq \Delta u_{j_k} \quad \text{und} \quad \Delta u_{jj} = 0 \tag{151}$$

ist Ausdruck der molekularen Paarwechselwirkungen, die im UNIQUAC-Ansatz allein berücksichtigt werden. Deshalb benötigt der Ansatz zur Beschreibung eines Vielstoffsystems mit den binären Wechselwirkungsparametern $\Delta u_{kj}$ und $\Delta u_{jk}$ nur Gemischinformationen bezüglich der binären Randsysteme. Die als konstant vorausgesetzten Wechselwirkungsparameter wurden für viele Zweistoffsysteme aus Phasengleichgewichten, siehe Abschn. 3.2, ermittelt und sind in (Gmehling 1988) ebenfalls tabelliert.

Wegen der Bedingung $\Delta u_{kj}$ = konst. ist die Temperaturabhängigkeit von $G_{\mathrm{m}}^{\mathrm{E}}$ durch den UNIQUAC-Ansatz (146) nur grob erfasst und die Genauigkeit der molaren Zusatzenthalpie $H_{\mathrm{m}}^{\mathrm{E}}$ nach (140) unbefriedigend. Das molare Zusatzvolumen $V_{\mathrm{m}}^{\mathrm{E}}$ nach (139) ist wegen der fehlenden Druckabhängigkeit der Parameter gar nicht zu bestimmen. Die Aktivitätskoeffizienten der Komponenten, vgl. (143), werden durch den Ansatz aber sehr gut wiedergegeben:

$$\ln\gamma_i = \ln\gamma_i^{\mathrm{C}} + \ln\gamma_i^{\mathrm{R}} \tag{152}$$

$$\text{mit} \quad \ln\gamma_i^{\mathrm{C}} = 1 - \Phi_i/x_i + \ln(\Phi_i/x_i) - 5q_i[1 - \Phi_i/\Theta_i + \ln(\Phi_i/\Theta_i)] \tag{153}$$

$$\text{und} \quad \ln\gamma_i^{\mathrm{R}} = q_i\left\{1 - \ln\left[\sum_{j=1}^{K}\Theta_j\tau_{ji}\right] - \sum_{j=1}^{K}\left[\Theta_j\tau_{ij}/\sum_{k=1}^{K}\Theta_k\tau_{kj}\right]\right\}. \tag{154}$$

Somit eignet sich dieser Ansatz insbesondere zur Berechnung von Phasengleichgewichten von fluiden Gemischen im Bereich des Umgebungsdruckes.

Die Aktivitätskoeffizienten organischer Substanzen können nach der UNIFAC-Methode von Fredenslund, Jones und Prausnitz (Fredenslund et al. 1975) ohne Kenntnis von Messdaten abgeschätzt werden. Die Methode verbindet den UNIQUAC-Ansatz mit dem Konzept einer aus Strukturgruppen statt aus Molekülen zusammengesetzten Lösung. Dadurch wird die große Zahl organischer Substanzen auf eine überschaubare Zahl von Strukturgruppen zurückgeführt.

Die Aktivitätskoeffizienten nach der UNIFAC-Methode ergeben sich wieder aus

$$\ln\gamma_i = \ln\gamma_i^{\mathrm{C}} + \ln\gamma_i^{\mathrm{R}}. \tag{155}$$

Der kombinatorische Anteil $\ln\gamma_i^{\mathrm{C}}$ ist nach (153) zu berechnen, wobei die relativen molekularen Oberflächen und Volumina der Komponenten $i$ aus den Werten $q_k^{\mathrm{G}}$ und $r_k^{\mathrm{G}}$ der Strukturgruppen $k$ addiert werden. Danach ist

$$q_i = \sum_{k=1}^{N} \nu_{ki} q_k^{\mathrm{G}} \quad \text{und} \quad r_i = \sum_{i=1}^{N} \nu_{ki} r_k^{\mathrm{G}} \tag{156}$$

mit $\nu_{ki}$ als der Anzahl der Strukturgruppen $k$ im Molekül $i$ zu setzen; $N$ ist die Anzahl der Strukturgruppen in der Lösung. In Tab. 10 sind $q_k^{\mathrm{G}}$ und $r_k^{\mathrm{G}}$

**Tab. 10** Relative van-der-Waals'sche Größen und Beispiele der Strukturgruppenunterteilung für einige ausgewählte Strukturgruppen (Gmehling und Kolbe 1992)

| Untergruppe *k* | | Hauptgruppe | $r_k^G$ | $q_k^G$ | Zuordnung |
|---|---|---|---|---|---|
| 1 | $CH_3$ | 1 $CH_2$ | 0,9011 | 0,848 | Hexan |
| 2 | $CH_2$ | | 0,6744 | 0,540 | 2 $CH_3$, 4 $CH_2$ |
| 3 | CH | | 0,4469 | 0,228 | Neopentan |
| 4 | C | | 0,2195 | 0,000 | 4 $CH_3$, 1C |
| 5 | $CH_2$=CH | 2 C=C | 1,3454 | 1,176 | Hexen-1 |
| 6 | CH=CH | | 1,1167 | 0,867 | 1 $CH_3$, 3 $CH_2$, 1 $CH_2$=CH |
| 7 | $CH_2$=C | | 1,1173 | 0,988 | Hexen-2 |
| 8 | CH=C | | 0,8886 | 0,676 | 2 $CH_3$, 2 $CH_2$, 1 CH=CH |
| 9 | C=C | | 0,6605 | 0,485 | |
| 10 | ACH | 3 ACH | 0,5313 | 0,400 | Naphthalin |
| 11 | AC | | 0,3652 | 0,120 | 8 ACH, 2 AC |
| 12 | $ACCH_3$ | 4$ACCH_2$ | 1,2663 | 0,968 | Toluol |
| 13 | $ACCH_2$ | | 1,0396 | 0,660 | 5 ACH, 1 $ACCH_3$ |
| 14 | ACCH | | 0,8121 | 0,348 | Cumol |
| | | | | | 2 $CH_3$, 5 ACH, 1 ACCH |
| 15 | OH | 5 OH | 1,0000 | 1,200 | Propanol-2 |
| | | | | | 2 $CH_3$, 1 CH, 1 OH |
| 16 | $CH_3OH$ | 6 $CH_3OH$ | 1,4311 | 1,432 | Methanol |
| | | | | | 1 $CH_3OH$ |
| 17 | $H_2O$ | 7 $H_2O$ | 0,9200 | 1,400 | Wasser |
| | | | | | 1 $H_2O$ |
| 18 | ACOH | 8 ACOH | 0,8952 | 0,680 | Phenol |
| | | | | | 5 ACH, 1 ACOH |
| 19 | $CH_3CO$ | 9 $CH_2CO$ | 1,6724 | 1,488 | Pentanon-3 |
| 20 | $CH_2CO$ | | 1,4457 | 1,180 | 2 $CH_3$, 1 $CH_2$, 1 $CH_2CO$ |
| 21 | CHO | 10 CHO | 0,9980 | 0,948 | Propionaldehyd |
| | | | | | 1 $CH_3$, 1 $CH_2$, 1 CHO |
| 22 | $CH_3COO$ | 11 CCOO | 1,9031 | 1,728 | Methylpropionat |
| 23 | $CH_2COO$ | | 1,6764 | 1,420 | 2 $CH_3$, 1 $CH_2COO$ |
| 24 | $CH_3O$ | 12 $CH_2O$ | 1,1450 | 1,088 | Diethylether |
| 25 | $CH_2O$ | | 0,9183 | 0,780 | 2 $CH_3$, 1 $CH_2$, 1 $CH_2O$ |
| 26 | CHO | | 0,6908 | 0,468 | |
| 27 | $CH_3NH_2$ | 13 $CNH_2$ | 1,5959 | 1,544 | Ethylamin |
| 28 | $CH_2NH_2$ | | 1,3692 | 1,236 | 1 $CH_3$, 1 $CH_2NH_2$ |
| 29 | $CHNH_2$ | | 1,1417 | 0,924 | |
| 30 | $ACNH_2$ | 14 $ACNH_2$ | 1,0600 | 0,816 | Anilin |
| | | | | | 5 ACH, 1 $ACNH_2$ |
| 31 | $CH_3CN$ | 15 CCN | 1,8701 | 1,724 | Propionnitril |
| 32 | $CH_2CN$ | | 1,6434 | 1,416 | 1 $CH_3$, 1 $CH_2CN$ |
| 33 | COOH | 16 COOH | 1,3013 | 1,224 | Essigsäure |
| 34 | HCOOH | | 1,5280 | 1,532 | 1 $CH_3$, 1 COOH |
| 35 | $CH_2Cl$ | 17 CCl | 1,4654 | 1,264 | 1-Chlorbutan |
| 36 | CHCl | | 1,2380 | 0,952 | 1 $CH_3$, 2 $CH_2$, 1 $CH_2Cl$ |
| 37 | CCl | | 1,0106 | 0,724 | |
| 38 | $CH_2Cl_2$ | 18 $CCl_2$ | 2,2564 | 1,998 | 1,1-Dichlorethan |
| 39 | $CHCl_2$ | | 2,0606 | 1,684 | 1 $CH_3$, 1 $CHCl_2$ |
| 40 | $CCl_2$ | | 1,8016 | 1,448 | |

(Fortsetzung)

**Tab. 10** (Fortsetzung)

| Untergruppe $k$ | | Hauptgruppe | $r_k^G$ | $q_k^G$ | Zuordnung |
|---|---|---|---|---|---|
| 41 | $CHCl_3$ | 19$CCl_3$ | 2,8700 | 2,410 | 1,1, 1-Trichlorethan |
| 42 | $CCl_3$ | | 2,6401 | 2,184 | 1 $CH_3$, 1 $CCl_3$ |
| 43 | $CCl_4$ | 20 $CCl_4$ | 3,3900 | 2,910 | Tetrachlorkohlenstoff |
| | | | | | 1 $CCl_4$ |
| 44 | ACCl | 21 ACCl | 1,1562 | 0,844 | Chlorbenzol |
| | | | | | 5 ACH, 1 ACCl |

für ausgewählte Strukturgruppen, die als Untergruppen bezeichnet werden, zahlenmäßig angegeben. Die Untergruppen zwischen den horizontalen Linien werden zu Hauptgruppen zusammengefaßt, die ebenso wie die Untergruppen nummeriert sind. Die letzte Spalte gibt Beispiele für die Zerlegung von Molekülen in Untergruppen; sind mehrere Zerlegungen möglich, ist die mit der kleinsten Zahl verschiedener Untergruppen korrekt. Ausführlichere Daten sind in (VDI 2013) und (Poling et al. 2007) aufgeführt. Der Residualanteil der Aktivitätskoeffizienten wird nach der Vorschrift

$$\ln\gamma_i^{R} = \sum_{k=1}^{N} \nu_{ki}\left[\ln\gamma_k^{RG} - \ln\gamma_k^{RG(i)}\right] \quad (157)$$

aus den Beiträgen der $N$ Strukturgruppen berechnet. Dabei ist $\gamma^{RG}$ der Residualaktivitätskoeffizient der Gruppe $k$ im Gemisch und $\gamma_k^{RG(i)}$ der Restaktivitätskoeffizient der Gruppe $k$ in der reinen Flüssigkeit $i$. Durch die Differenzbildung wird die Bedingung $\gamma_i^{R} = 1$ für $x_i = 1$ gewährleistet. Die Gruppen-residualaktivitätskoeffizienten $\gamma_k^{RG}$ und $\gamma_k^{RG(i)}$ ergeben sich auf der Grundlage des UNIQUAC-Ansatzes zu

$$\gamma_k^{RG} = q_k^{G}\left\{1 - \ln\left[\sum_{m=1}^{N}\Theta_m\Psi_{mk}\right] - \sum_{m=1}^{N}\left[\Theta_m\Psi_{km}/\sum_{n=1}^{N}\Theta_n\Psi_{nm}\right]\right\}. \quad (158)$$

Zu summieren ist jeweils über die $N$ Strukturgruppen in der Lösung. Dabei ist

$$\Theta_m = x_m^G q_m^G / \sum_{n=1}^{N} x_n^G q_n^G \quad (159)$$

der Oberflächenanteil der Gruppe $m$, wobei

$$x_m^G = \sum_{j=1}^{K}\nu_{mj}x_j / \sum_{j=1}^{N}\sum_{n=1}^{N}\nu_{nj}x_j \quad (160)$$

den Molanteil der Gruppe $m$ mit $x_j$ als dem Molanteil der Komponente $j$ und $K$ als der Zahl der Komponenten in der Lösung bedeutet. Der Faktor

$$\Psi_{nm} = \exp[-a_{nm}/T] \quad (161)$$

$$\text{mit} \quad a_{nm} \neq a_{mn} \quad \text{und} \quad a_{mm} = 0 \quad (162)$$

berücksichtigt die energetischen Wechselwirkungen zwischen zwei Gruppen. Alle Untergruppen derselben Hauptgruppe gelten in Bezug auf diese Wechselwirkungen als identisch. Die als konstant vorausgesetzten Wechselwirkungsparameter $a_n\,m$ und $a_m\,n$ der Hauptgruppen wurden durch Auswertung von Phasengleichgewichten, vgl. Abschn. 3.2 im folgenden Abschnitt, bestimmt. In Tab. 11 sind diese Parameter für die Hauptgruppen aus Tab. 10 zusammengestellt. Eine umfangreichere Matrix ist in (VDI 2013; Poling et al. 2007; Hansen et al. 1991) zu finden. Die angegebenen Daten gelten für Dampf-Flüssigkeits-Gleichgewichte kondensierbarer Komponenten bei mäßigen Drücken in größerem Abstand von kritischen Zuständen und Temperaturen zwischen 30 und 125 °C. Einen Parametersatz für Flüssig-flüssig-Gleichgewichte enthält (Magnussen et al. 1981). Eine modifizierte UNIFAC-Methode (Gmehling et al. 1993; Gmehling et al. 1998) benutzt zur Verbesserung der Genauigkeit der Mischungsenthalpien auch temperaturabhängige Wechselwirkungsparameter. Aus $G_m{}^{E}$-Werten

**Tab. 11** UNIFAC-Wechselwirkungsparameter $a_{nm}$ einiger ausgewählter Strukturgruppen in K (Gmehling und Kolbe 1992)

| Hauptgruppe | | 1 | 2 | 3 | 4 | 5 | 6 | 7 | 8 | 9 | 10 |
|---|---|---|---|---|---|---|---|---|---|---|---|
| 1 | $CH_2$ | 0 | 86,02 | 61,13 | 76,5 | 986,5 | 697,2 | 1318,0 | 1333,0 | 476,4 | 677,0 |
| 2 | C=C | −35,36 | 0 | 38,81 | 74,15 | 524,1 | 787,6 | 270,6 | 526,1 | 182,6 | 448,75 |
| 3 | ACH | −11,12 | 3,446 | 0 | 167,0 | 636,1 | 637,35 | 903,8 | 1329,0 | 25,77 | 347,3 |
| 4 | $ACCH_2$ | −69,7 | −113,6 | −146,8 | 0 | 803,2 | 603,25 | 5695,0 | 884,9 | −52,1 | 586,8 |
| 5 | OH | 156,4 | 457,0 | 89,6 | 25,82 | 0 | −137,1 | 353,5 | −259,7 | 84,0 | 441,8 |
| 6 | $CH_3OH$ | 16,51 | −12,52 | −50,0 | −44,5 | 249,1 | 0 | −180,95 | −101,7 | 23,39 | 306,42 |
| 7 | $H_2O$ | 300,0 | 496,1 | 362,3 | 377,6 | −229,1 | 289,6 | 0 | 324,5 | −195,4 | −257,3 |
| 8 | ACOH | 275,8 | 217,5 | 25,34 | 244,2 | −451,6 | −265,2 | −601,8 | 0 | −356,1 | – |
| 9 | $CH_2CO$ | 26,76 | 42,92 | 140,1 | 365,8 | 164,5 | 108,65 | 472,5 | −133,1 | 0 | −37,36 |
| 10 | CHO | 505,7 | 56,3 | 23,39 | 106,0 | −404,8 | −340,18 | 232,7 | – | 128,0 | 0 |
| 11 | CCOO | 114,8 | 132,1 | 85,84 | −170,0 | 245,4 | 249,63 | 200,8 | −36,72 | 372,2 | 185,1 |
| 12 | $CH_2O$ | 83,36 | 26,51 | 52,13 | 65,69 | 237,7 | 238,4 | −314,7 | – | 191,1 | −7,838 |
| 13 | $CNH_2$ | −30,48 | 1,163 | −44,85 | – | −164,0 | −481,65 | −330,4 | – | – | – |
| 14 | $ACNH_2$ | 1139,0 | 2000,0 | 247,5 | 762,8 | −17,4 | −118,1 | −367,8 | −253,1 | −450,3 | – |
| 15 | CCN | 24,82 | −40,62 | −22,97 | −138,4 | 185,4 | 157,8 | 242,8 | – | −287,5 | – |
| 16 | COOH | 315,3 | 1264,0 | 62,32 | 268,2 | −151,0 | 1020,0 | −66,17 | – | −297,8 | – |
| 17 | CCl | 91,46 | 97,51 | 4,68 | 122,91 | 562,2 | 529,0 | 698,24 | – | 286,28 | −47,51 |
| 18 | $CCl_2$ | 34,01 | 18,25 | 121,3 | 140,78 | 747,7 | 669,9 | 708,7 | – | 423,2 | – |
| 19 | $CCl_3$ | 36,7 | 51,06 | 288,5 | 33,61 | 742,1 | 649,1 | 826,76 | – | 552,1 | 242,8 |
| 20 | $CCl_4$ | −78,45 | 160,9 | −4,7 | 134,7 | 856,3 | 860,1 | 1201,0 | 10000,0 | 372,0 | – |
| 21 | ACCl | −141,26 | −158,8 | −237,68 | 375,5 | 246,9 | 661,6 | 920,4 | – | 128,1 | – |

| 11 | 12 | 13 | 14 | 15 | 16 | 17 | 18 | 19 | 20 | 21 |
|---|---|---|---|---|---|---|---|---|---|---|
| 232,1 | 251,5 | 391,5 | 920,7 | 597,0 | 663,5 | 35,93 | 53,76 | 24,9 | 104,3 | 321,5 |
| 37,85 | 214,5 | 240,9 | 749,3 | 336,9 | 318,9 | 204,6 | 5,892 | −13,99 | −109,7 | 393,1 |
| 5,994 | 32,14 | 161,7 | 648,2 | 212,5 | 537,4 | −18,81 | −144,4 | −231,9 | 3,0 | 538,23 |
| 5688,0 | 213,1 | – | 664,2 | 6096,0 | 603,8 | −114,14 | −111,0 | −12,14 | −141,3 | −126,9 |
| 101,1 | 28,06 | 83,02 | −52,39 | 6,712 | 199,0 | 75,62 | −112,1 | −98,12 | 143,1 | 287,8 |
| −10,72 | −128,6 | 359,3 | 489,7 | 36,23 | −289,5 | −38,32 | −102,54 | −139,35 | −67,8 | 17,12 |
| 72,87 | 540,5 | 48,89 | −52,29 | 112,6 | −14,09 | 325,44 | 370,4 | 353,68 | 497,54 | 678,2 |
| −449,4 | – | – | 119,9 | – | – | – | – | – | 1827,0 | – |
| −213,7 | −103,6 | – | 6201,0 | 481,7 | 669,4 | −191,69 | −284,0 | −354,55 | −39,2 | 174,5 |
| −110,3 | 304,1 | – | – | – | – | 751,9 | – | −483,7 | – | – |
| 0 | −235,7 | – | 475,5 | 494,6 | 660,2 | −34,74 | 108,85 | −209,66 | 54,57 | 629,0 |
| 461,3 | 0 | – | – | −18,51 | 664,6 | 301,14 | 137,77 | −154,3 | 47,67 | 66,15 |
| – | – | 0 | −200,7 | – | – | – | – | – | −99,81 | 68,81 |
| −294,8 | – | −15,07 | 0 | −281,6 | – | 287,0 | −111,0 | – | 882,0 | 287,9 |
| −266,6 | 38,81 | – | 777,4 | 0 | – | 88,75 | −152,7 | −15,62 | −54,86 | 52,31 |
| −256,3 | −338,5 | – | – | – | 0 | 44,42 | 120,2 | 76,75 | 212,7 | – |
| 35,38 | 225,39 | – | 429,7 | −62,41 | 326,4 | 0 | 108,31 | 249,15 | 62,42 | 464,4 |
| −132,95 | −197,71 | – | 140,8 | 258,6 | 339,6 | −84,53 | 0 | 0 | 56,33 | – |
| 176,45 | −20,93 | – | – | 74,04 | 1346,0 | −157,1 | 0 | 0 | −30,1 | – |
| 129,49 | 113,9 | 261,1 | 898,2 | 491,95 | 689,0 | 11,8 | 17,97 | 51,9 | 0 | 475,83 |
| −246,3 | 95,5 | 203,5 | 530,5 | 356,9 | – | −314,9 | – | – | −255,43 | 0 |

nach UNIFAC wird für den Redlich-Kwong-Soave-Parameter $a$ in (44) eine Mischungsregel für polare Komponenten abgeleitet. Die resultierende PSRK-Gleichung eignet sich auch zur Vorausberechnung von Phasengleichgewichten für gelöste Gase (Holderbaum und Gmehling 1991; Fischer und Gmehling 1995).

## Literatur

Abrams DS, Prausnitz JM (1975) Statistical thermodynamics of liquid mixtures: a new expression for the excess Gibbs energy of partly or completely miscible systems. AIChE J 21:116–128

Ahrendts J, Baehr HD (1981) Der Isenstropenexponent von Ammoniak. Brennst Wärme Kraft 33:237–239

Baehr HD (1961) Mollier-i,x-Diagramme für feuchte Luft in den Einheiten des internationalen Einheitensystems. Springer, Berlin

Baehr HD (1967) Der Isentropenexponent der Gase $H_2$,$N_2$, $O_2$,$CH_4$,$CO_2$,$NH_3$ und Luft für Drücke bis 300 bar. Brennst Wärme Kraft 19:65–68

Baehr HD, Kabelac S (2016) Thermodynamik, 16. Aufl. Springer, Berlin

Baehr HD, Schwier K (1961) Die thermodynamischen Eigenschaften der Luft im Temperaturbereich zwischen −210 °C und 1250 °C bis zu Drücken von 4500 bar. Springer, Berlin

BIPM (2019) Bureau International des Poids et Mesures: The International System of Units (SI). https://www.bipm.org/utils/common/pdf/si-brochure/SI-Brochure-9-EN.pdf. Zugegriffen am 19.09.2019

Callen HB (2011) Thermodynamics and an introduction to thermostatistics, 2., rev. Aufl. Wiley, New York

Dohrn R (2014) Berechnung von Phasengleichgewichten. Vieweg, Braunschweig

Dymond JH, Smith EB (1980) The virial coefficients of pure gases and mixture. Clarendon Press, Oxford

Fischer K, Gmehling J (1995) Further development, status and results of the PRSK method for the prediction of vapor-liquid equilibria and gas solubilities. Fluid Phase Equilib 112:1–22

Fredenslund A, Jones RL, Prausnitz JM (1975) Group contributions estimation of activity coefficients in nonideal liquid mixtures. AIChE J 21:1086–1099

Gmehling J (1988) Vapor-liquid equilibrium data collection, 2. Aufl. DECHEMA, Frankfurt am Main

Gmehling J, Kolbe B (1992) Thermodynamik, 2. Aufl. VCH, Weinheim

Gmehling J, Li J, Schiller M (1993) A modified UNIFAC model. 2. Present parameter matrix and results for different thermodynamic properties. Ind Eng Chem Res 32:178–193

Gmehling J, Lohmann J, Jacob A, Li J, Joh R (1998) A modified UNIFAC (Dortmund) model. 3. Revision and extension. Ind Eng Chem Res 37:4876–4882

Gross J, Sadowski G (2002) Application of the pertubated chain SAFT equation of state to associating systems. Ind Eng Chem Res 41(22):5510–5515

Hansen HK, Rasmussen P, Fredenslund A, Schiller M, Gmehling J (1991) Vapor_liquid equilibria by UNIFAC group contribution. 5. Revision and extension. Ind Eng Chem Res 30:2352–2355. (Weitere Daten sind in Konsortialbesitz. Information durch Institut für Technische Chemie, Universität Oldenburg. http://www.uni-oldenburg.de/tchemie/. Zugegriffen am 18.09.2019

Holderbaum T, Gmehling J (1991) PRSK: A group contribution equation of state based on UNIFAC. Fluid Phase Equilib 70:251–265

Kabelac S, Siemer M, Ahrendts J (2005) Thermodynamische Stoffdaten für Biogase. Forsch Ingenieurwes 70:46–55

Klamt A (2005) COSMO-RS: from quantum chemistry to fluid phase thermodynamics and drug design. Elsevier, Amsterdam

Knapp H, Zeck S, Langhorst R (1989) Vaqpor-liquid equilibria for mixtures of low boiling substances. DECHEMA Chemistry Data Series, Bd VI, Parts 1–3. DECHEMA, Frankfurt

Lemmon EW, Span R (2006) Short fundamental equations of state for 20 industrial fluids. J Chem Eng Data 51(3):785–850

Magnussen T, Rasmussen P, Fredenslund A (1981) An UNIFAC parameter table for prediction of liquidliquid equilibria. Ind Eng Chem Process Des Dev 20:331–339

Martienssen W (Hrsg) (2007) Landolt-Börnstein: Numercial Data and Functional Relationships in Science and Technology: New Series. Springer, Berlin

Peneloux A, Ranzq E, Freze R (1982) A consistent correction for Redlich-Kwong-Soave volumes. Fluid Phase Equilib 8:7–23

Pitzer KS (1955) The volumetric and thermodynamic properties of fluids, Part I+II. J Am Chem Soc 77:2427–2440

Poling B, Prausnitz J, O'connell J (2007) The properties of gases and liquids, 5. Aufl. McGraw-Hill, Boston

Prausnitz JM, Lichtenthaler RN, Gomes de Azevedo E (2004) Molecular thermodynamics of fluid-phase equilibria, 3. Aufl. Pearson Education Taiwan, Taiwan

Reed TM, Gubbins KE (1991) Applied statistical mechanics. Butterworth-Heinemann, Boston

Smith JM, van Ness HC, Abott MM, Swihart MT (2018) Introduction to chemical engineering thermodynamics, 8. Aufl. McGraw-Hill, Boston

Soave G (1972) Equilibrium constants from a modified Redlich-Kwong equation of state. Chem Eng Sci 27:1197–1203

Span R, Wagner W (2003) Equations of state for technical applications. I–III. Int J Thermophys 24:1–161

Stephan P, Schaber KH, Stephan K, Mayinger F (2017) Thermodynamik. Bd. 2: Mehrstoffsysteme und chemische Reaktionen, 16. Aufl. Springer, Berlin

Strubecker K (1966) Einführung in die höhere Mathematik, Bd. 1: Grundlagen, 2. Aufl. Oldenbourg, München

Tillner-Roth R (1998) A Helmholtz free energy formulation of the thermodynamic properties of the mix-

ture (ammonia+water). J Phys Chem Ref Data 27:63–96
Tillner-Roth R, Harms-Watzenberg F, Baehr HD (1993) Eine neue Fundamentalgleichung für Ammoniak. DKV-Tagungsbericht 20, Bd II, S 167–181
Tsonopoulos C (1974) An empirical correlation of second virial coefficients. AIChE J 20:263–272
VDI e.V. (2013) VDI-Wärmeatlas, 11. Aufl. Springer-Vieweg. Ursprünglich erschienen beim VDI-Verlag, Düsseldorf
Wagner W, Pruß A (1997) The IAPWA formulation 1995 for the thermodynamic properties of ordinary water substance for general and scientific use. Zur Veröffentlichung eingereicht bei J Phys Chem Ref Data (1999), siehe auch Wagner, W.; Pruß, A.: Die neue internationale Standard-Zustandsgleichung für Wasser für den allgemeinen und wissentschaftlichen Gebrauch. Jahrbuch 97 VDI-Gesellschaft Verfahrenstechnik und Chemieingenieurwesen 134–156
Wagner W, Saul A, Pruß A (1994) Int. Equations for the pressure along the melting and along the sublimation curve of ordinary water substance. J Phys Chem Ref Data 23:515–524
Walas SM (1985) Phase equilibria in chemical engineering. Butterworth, Boston

## Weiterführende Literatur

Baehr HD, Tillner-Roth R (1999) Thermodynmamische Eigenschaften umweltverträglicher Kältemittel. Zu-standsgleichungen und Tafeln für Ammoniak, R22, R134a, R152a und R123. Springer Electronic Media, Berlin
Blanke W (Hrsg) (1989) Thermo physikalische Stoffgrößen. Springer, Berlin
IUPAC (1996) Im Auftrag der Union of Pure and Applied Chemistry wurden in der Reihe Int. Thermodynamic tables of the fluid state u. a. die Tafeln veröffentlicht: Helium (1977), Propylene (1980), Chlorine (1980). (Hrsg. S, Angus, u. a.). Oxford: Pergamom Press sowie Oxygen (1987). (Hrsg. W, Wagner, KM, de Reuck), Fluorine (1990). (Hrsg. KM, de Reuck), Methanol (1993). (Hrsg. KM, de Reuck, RJB, Craven), Methane (1996). (Hrsg. W, Wagner; KM, de Reuck). Blackwell Scientific Publications, Oxford
Kunz O, Klimeck R, Wagner W, Jaeschke M. (2007) The GERG-2004 wide range reference equation of state for natural gases. Dissertation, Ruhr-Universität Bochum
Modell M, Reid RC (1983) Thermodynamics and its applications, 2. Aufl. Prentice-Hall, Englewood Cliffs
Orbey H, Sandler S (1998) Modeling vapor-liquid equilibria. Cubic equations of state and their mixing rules. Cambridge University Press, Cambridge
Smith WR, Missen RW (1991) Chemical reaction equilibrium analysis: theory and algorithms. Krieger, Malabar
Starling KE (1991) Fluid thermodynamic properties for light petroleum systems. Gulf, Houston
Stephan P, Schaber KH, Stephan K, Mayinger F (2013) Thermodynamik. Bd. 1: Einstoffsysteme. 19., erg. Aufl. Springer, Berlin
Wagner W, Kruse A (2008) Properties of water and steam. The industrial standard IAPWS-IF97 for the thermodynamic properties and supplementary equations for other properties, 2. Aufl. Springer, Berlin
Wagner W, Span R, Bonsen C (1999) Wasser und Wasserdampf – Interaktive Software zur Berechnung der thermodynmaischen Zustandsgrößen auf Basis des Industriestandards IAPWS-IF97. Springer ElectronicMedia, Berlin

# Phasen- und Reaktionsgleichgewichte 19

Stephan Kabelac und Joachim Ahrendts

## Inhalt



**Zusammenfassung**

Wenn ein fluides Gemisch nach Maßgabe der Stabilitätsbedingung in zwei oder mehrere Phasen zerfällt, verteilen sich die Komponenten des Gemisches in unterschiedlicher Zusammensetzung auf diese Phasen. Ausnahmen sind Gemische mit azeotropem Verhalten. Der Stofftransport zur Einstellung der entsprechenden Phasengleichgewichtszusammensetzung läuft von allein ab, die treibende Kraft hierzu ist eine Differenz des chemischen Potenzials der Komponenten *i* in den existierenden Phasen. Um diesen Stofftransport für verfahrenstechnische Trennprozesse zu nutzen, muss das Phasenverhalten des Gemisches bekannt sein, welches vorteilhaft in Phasendiagrammen dargestellt wird. Die Berechnung des Phasenverhaltens und die Berechnung der zugehörigen Zusammensetzungen werden in diesem Abschnitt beschrieben.

S. Kabelac (✉)
Institut für Thermodynamik, Leibniz Universität Hannover, Hannover, Deutschland
E-Mail: Kabelac@ift.uni-hannover.de

J. Ahrendts
Bad Oldesloe, Deutschland

## 19.1 Phasen- und Reaktionsgleichgewichte

Die unterschiedliche stoffliche Zusammensetzung der Phasen im Gleichgewicht ist die Basis der thermischen Verfahrenstechnik, ebenso wie die Gleichgewichtszusammensetzung in chemisch reagierenden Gemischen für die chemische Verfahrenstechnik grundlegend ist. Mit den Stabilitätsbedingungen aus ▶ Kap. 17, „Grundlagen der Technischen Thermodynamik“, ergänzt durch Stoffdatenmodelle aus ▶ Kap. 18, „Stoffmodelle der Technischen Thermodynamik“, können diese Phasengleichgewichte und Reaktionsgleichgewichte berechnet werden. Die intensiven Zustandsgrößen einer fluiden Phase mit K Komponenten sind durch Druck, Temperatur und $K-1$ Stoffmengenanteile der Komponenten festgelegt. Für ein System aus $P$ Phasen im thermo-

© Der/die Autor(en), exklusiv lizenziert durch Springer-Verlag GmbH, DE, ein Teil von Springer Nature 2022

M. Hennecke, B. Skrotzki (Hrsg.), *HÜTTE Band 2: Grundlagen des Maschinenbaus und ergänzende Fächer für Ingenieure*, Springer Reference Technik,
https://doi.org/10.1007/978-3-662-64372-3_45

dynamischen Gleichgewicht sind diese Variablen der Phasen nicht unabhängig voneinander. Aufgrund der Bedingungen (1-60) und (1-61) aus Abschn. 1 für das thermische, mechanische und stoffliche Gleichgewicht bestehen zwischen ihnen $(P-1)(K+2)$ Verknüpfungen, sodass das Gesamtsystem nur

$$f = K - P + 2 \tag{1}$$

unabhängige intensive Variable oder Freiheitsgrade hat. Dieses Ergebnis wird als *Gibbs'sche Phasenregel* bezeichnet (Walas 1985). Für chemisch inerte Systeme stimmt die Zahl $K$ der Komponenten mit der Zahl $K$ der Teilchenarten überein. Sind die Teilchenarten im chemischen Gleichgewicht, wird die Zahl der Komponenten durch jede unabhängige Reaktion um eins vermindert und ist gleich dem Rang $R$ der sogenannten Formelmatrix $(a_{ij})$ oder der Zahl der Basiskomponenten, vgl. Abschn. 3.2 dieses Kapitels in diesem Abschnitt. Stöchiometrische Bedingungen zwischen den Komponenten setzen die Zahl der Freiheitsgrade weiter herab. In gleichem Maß sinkt gegenüber $K$ die Zahl der unabhängigen Bestandteile, aus denen sich das System herstellen lässt. Ein Beispiel ist die Elektroneutralitätsbedingung in Elektrolytlösungen.

## 19.1.1 Phasengleichgewichte reiner Stoffe

Die Aussagen der Phasenregel lassen sich in Zustandsdiagrammen veranschaulichen. Diese Diagramme ermöglichen auch bei Reinstoffen eine schnelle Orientierung zum Phasenverhalten, wiewohl die Zusammensetzung dieser Phasen hier einheitlich aus nur einer Komponente besteht.

### 19.1.1.1 *p*, *v*, *T*-Fläche

In dem in Abb. 2 -1 gezeigten dreidimensionalen Zustandsraum, der von den thermischen Zustandsgrößen $p$, $v$ und $T$ eines reinen Fluids aufgespannt wird, schneidet die Maxwell-Bedingung (1-72) zwischen den Zustandsbereichen des Festkörpers, der Flüssigkeit und des Gases bzw. überhitzten Dampfes die Teile der Fläche heraus, in denen der Stoff nicht einphasig vorliegt, sondern in zwei Phasen zerfällt. Die Zustandspunkte der koexistierenden Phasen liegen bei denselben Werten von Druck und Temperatur auf den Schnitträndern der Fläche, vgl. Abschn. 3.3 dieses Kapitels. Die Verbindungsgeraden dieser Zustandspunkte erzeugen zur $p$, $T$-Ebene senkrechte Flächen, deren Punkte ein heterogenes Gemisch koexistierender Phasen darstellen. Ihr spezifisches Volumen $v = (V^\alpha + V^\beta)/m$ ist dabei ein Rechenwert aus den Volumina $V^\alpha$ und $V^\beta$ der beiden Phasen und der Masse $m$ des heterogenen Gemisches. Im Einklang mit der Phasenregel, die für $K = 1$ (Reinstoff) und $P = 2$ den Freiheitsgrad $f = 1$ ergibt, können in den Zweiphasengebieten Druck und Temperatur nicht unabhängig voneinander vorgegeben werden. Während eines Phasenwechsels bei konstantem Druck bewegt sich der Zustandspunkt eines Systems auf der Verbindungsgeraden zwischen den Punkten der koexistierenden Phasen. Dabei bleibt die Temperatur notwendigerweise konstant.

Insgesamt enthält die thermische Zustandsfläche drei Zweiphasengebiete: das Schmelzgebiet, das Nassdampfgebiet und das Sublimationsgebiet, in denen Festkörper und Schmelze, siedende Flüssigkeit und gesättigter Dampf bzw. Festkörper und gesättigter Dampf nebeneinander im Gleichgewicht bestehen, vgl. Bild 2-1. Die Zweiphasengebiete sind durch die Schmelz- und die Erstarrungslinie, die Siede- und die Taulinie bzw. die Sublimations- und die Desublimationslinie begrenzt. Das Durchqueren dieser Gebiete entspricht dem Schmelzen und dem Erstarren, dem Verdampfen und dem Kondensieren sowie dem Sublimieren und dem Desublimieren der Substanz.

Siede- und Taulinie treffen sich mit einer gemeinsamen Tangente im kritischen Punkt $K$, dem Scheitel des Nassdampfgebietes, vgl. Abschn. 3.3. Das Flüssigkeits- und Gasgebiet hängen bei überkritischen Drücken und Temperaturen miteinander zusammen. Der kritische Druck $p_k$ ist der höchste Druck, bei dem eine Flüssigkeit durch isobare Wärmezufuhr unter Blasenbildung verdampfen kann. Umgekehrt lässt sich ein Gas durch isotherme Kompression nur bei Temperaturen unterhalb der kritischen Temperatur $T_k$ mit sichtbaren Tropfen verflüssigen. Ein kritischer Zustand für das Schmelzgebiet ist nicht bekannt.

Die Flächen der Zweiphasengebiete schneiden sich auf der Tripellinie, einer Geraden senkrecht zur $p$, $T$-Ebene. Hier finden sich die Zustände, in denen Feststoff, Schmelze und Dampf miteinander im Gleichgewicht sind. Die Phasenregel liefert für solche Systeme mit $K = 1$ und $P = 3$ den Freiheitsgrad $f = 0$, d. h., nur bei den ausgezeichneten Werten $p_{tr}$ und $T_{tr}$ von Druck und Temperatur auf der Tripellinie ist dieses Gleichgewicht möglich. Entsprechend realisiert das Dreiphasengleichgewicht eines reinen Stoffes eine wohldefinierte Temperatur, die als Fixpunkt einer Temperaturskala dienen kann, siehe Abschn. 1.4 dieses Kapitels.

Ebene Darstellungen der thermischen Zustandsgleichung erhält man durch Projektion von Bild 2-1 in die Koordinatenebenen. Ein Beispiel ist das $p,v$-Diagramm mit Isothermen $T$ = konst. die in den Zweiphasengebieten mit den Isobaren $p$ = konst. zusammenfallen, siehe Abb. 1. In den Grenzzuständen des idealen Gases am rechten Bildrand haben die Isothermen Hyperbelform.

### 19.1.1.2 Koexistenzkurven

Abb. 2 zeigt das $p,T$-Diagramm mit Isochoren $v$ = konst. das aus der $p,v,T$-Fläche eines reinen Stoffes hervorgeht. Die Zweiphasengebiete sind zu Linien entartet, die sich im Tripelpunkt, dem Bild der Tripellinie, schneiden. Die Dampfdruckkurve, die vom Tripelpunkt bis zum kritischen Punkt reicht, ist die Projektion des Nassdampfgebietes. Die Schmelz- und Sublimationsdruckkurve entsprechen dem Schmelz- und Sublimationsgebiet. Diese sog. Koexistenzkurven, welche die Zustandsgebiete des Festkörpers, der Flüssigkeit und des Gases gegeneinander abgrenzen, ordnen jedem Druck eine Schmelz-, Siede- oder Sublimationstemperatur zu. Umgekehrt geben sie zu jeder Temperatur den Schmelzdruck, Dampfdruck oder Sublimationsdruck an.

Der stoffspezifische Verlauf der Koexistenzkurven ist durch die Bedingungen (1-60) und (1-61) für das Phasengleichgewicht festgelegt. Für einen reinen Stoff sind diese dem Maxwell-Kriterium (1-72) und der zusätzlichen Forderung äquivalent, dass die koexistierenden Phasen bei Druck und Temperatur des Gleichgewichts die thermische Zustandsgleichung erfüllen, siehe Abschn. 1.3.3 dieses Kapitels (bezieht sich auf

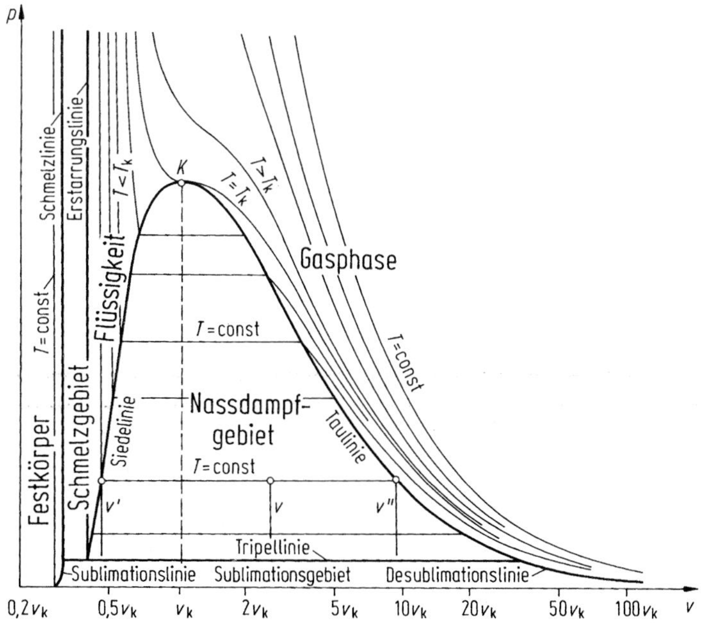


**Abb. 1** Zustandsgebiete eines reinen Stoffes im $p$, $v$-Diagramm mit logarithmischer Auftragung des spezifischen Volumens (Baehr und Kabelac 2016)

Abschn. 1 = Grundlagen). Die Koexistenzkurven folgen damit allein aus der thermischen Zustandsgleichung.

Differenziert man (1-72) nach der Temperatur, erhält man mit (1-48)

$$\mathrm{d}p_s/\mathrm{d}T = \left(s^\alpha - s^\beta\right)/\left(v^\alpha - v^\beta\right). \qquad (2)$$

Dies ist die Gleichung von Clausius und Clapeyron für die Steigung der Koexistenzkurven der Phasen α und β eines reinen Stoffes. Die spezifischen Entropien und Volumina $s^\alpha$, $s^\beta$, $v^\alpha$ und $v^\beta$ sind bei der Temperatur $T$ und dem zugehörigen Sättigungsdruck $p_s$ des heterogenen Gleichgewichts einzusetzen. Die spezifische Umwandlungsentropie $s^\alpha - s^\beta$ ist wegen $\mu^\alpha = \mu^\beta$ nach (1-61) und $\mu = H_m - T\,S_m$ nach (1-52) durch

$$h^\alpha - h^\beta = T\left(s^\alpha - s^\beta\right) \qquad (3)$$

mit der entsprechenden Umwandlungsenthalpie $h^\alpha$ − $h^\beta$ verknüpft. Aus (2) und (1-48) folgt, dass die kritische Isochore $v = v_k$, siehe Abb. 2, Tangente der Dampfdruckkurve im kritischen Punkt ist.

#### 19.1.1.3 Sättigungsgrößen des Nassdampfgebietes

Der Dampfdruck $p_s$ und die spezifischen Volumina $v'$ und $v''$ auf Siede- und Taulinie lassen sich bei vorgegebener Temperatur mit einer thermischen Zustandsgleichung punktweise berechnen. Für das Beispiel der Gleichung von Redlich-Kwong-Soave gibt Baehr (Baehr und Kabelac 2016) ein Verfahren an, das die kubische Form (2-51) dieser Zustandsgleichung und das mit der druckexpliziten Form (2-43) aufbereitete Maxwell-Kriterium (1-72)

$$p_{sr} = \frac{1}{v_r'' - v_r'}\left[3T_r \ln\frac{v_r'' - b_r}{v_r' - b_r} - \frac{\alpha}{b_r^2}\ln\left(\frac{v_r''}{v_r'}\cdot\frac{v_r' + b_r}{v_r'' + b_r}\right)\right] \qquad (4)$$

als dimensionslose Arbeitsgleichungen benutzt. Die Bezeichnungen entsprechen der Darstellung in 2.1.3 im vorherigen Abschnitt; insbesondere kennzeichnet der Index r reduzierte, d. h. auf ihren Wert im kritischen Zustand bezogene Größen. Die Zeichen ′ und ″ verweisen generell auf Zustandsgrößen der siedenden Flüssigkeit bzw. des gesättigten Dampfes. Die Iteration läuft in folgenden Schritten ab:

1. Vorgabe der reduzierten Temperatur $T_r = T/T_k$ und Schätzung des reduzierten Dampfdrucks $p_{sr} = p_s/p_k$.
2. Berechnung der reduzierten spezifischen Volumina $v_r' = v'/v_k$ und $v_r'' = v''/v_k$ aus (2-51).
3. Berechnung von $p_{sr}$ aus (4).

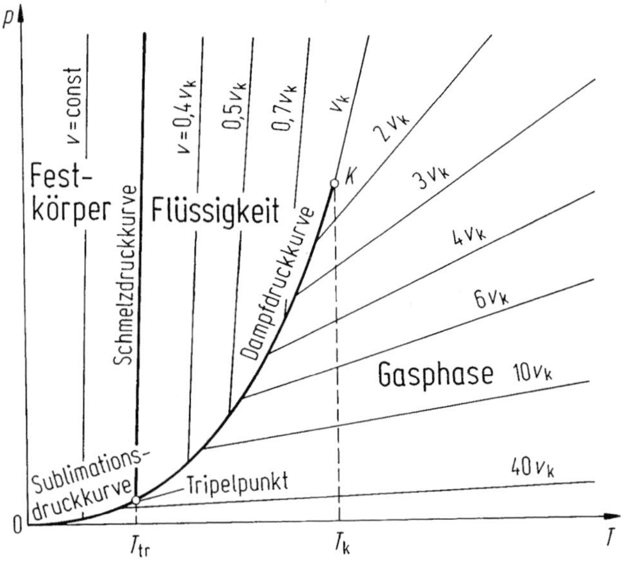


**Abb. 2** Koexistenzkurven eines reinen Stoffes im *p*, *T*-Diagramm (Baehr und Kabelac 2016)

4. Rücksprung zu 2., falls sich $p_{sr}$ über eine vorgegebene Schranke hinaus verändert hat.
5. Ende der Rechnung.

Die Konvergenz des Verfahrens ist in einigem Abstand vom kritischen Zustand gut. Eine Alternative ist das Newton-Verfahren zur Bestimmung von $p_{sr}$ aus (4).

Viele Dampfdruckkorrelationen (Poling et al. 2007) leiten sich aus der Gleichung von Clausius und Clapeyron ab, sind aber im strengen Sinn nicht thermodynamisch konsistent. Setzt man z. B. für die spezifische Verdampfungsenthalpie $h'' - h' = r_0 =$ konst. und für die spezifischen Volumina $v' = 0$ und $v'' = R\ T/p$, ergibt die Integration von (2) mit (3)

$$\ln[p_s/(p_{s0})] = r_0(1 - T_0/T)/(RT_0). \quad (5)$$

Zur Anwendung dieser in begrenzten Temperaturbereichen erstaunlich genauen Dampfdruckgleichung wird ein Punkt $[p_{s0},\ T_0]$ der Dampfdruckkurve und die zugehörige Verdampfungsenthalpie $r_0$ benötigt.

Rein empirisch ist die Dampfdruckgleichung von Antoine,

$$\lg(p_s/\text{bar}) = A - B(T/K + C), \quad (6)$$

die nur in dem Temperaturbereich zuverlässig ist, in dem die stoffspezifischen Konstanten $A$, $B$ und $C$ bestimmt wurden. Vielfach werden andere Einheiten als bar und Kelvin verwendet. Antoine-Konstanten vieler Stoffe findet man in (Boublik et al. 1984) und (Gmehling 1988). Größere Genauigkeit liefert die 4-gliedrige Dampfdruckgleichung von Wagner (Poling et al. 2007).

Bei gegebener Temperatur folgen mit $v'$ und $v''$ die spezifischen Enthalpien und Entropien $h'$, $h''$, $s'$ und $s''$ auf den Grenzkurven des Nassdampfgebietes nach Abschn. 2.1.3 dieses Kapitels. Für ausgewählte Stoffe sind Siedetemperaturen und Dampfdrücke sowie spezifische Volumina, Enthalpien und Entropien auf Siede- und Taulinie in Dampftafeln, vgl. Abschn. 2.1.3 dieses Kapitels, verzeichnet. Unabhängige Variable sind dabei die Temperatur *oder* der Druck. Ein Beispiel ist die Temperaturtafel Tab. 1 für Wasser mit $r = h'' - h'$ als der spezifischen Verdampfungsenthalpie. Sie ist gleich der auf die Masse bezogenen Wärme, die zur vollständigen isobaren Verdampfung einer siedenden Flüssigkeit zuzuführen ist.

#### 19.1.1.4 Eigenschaften von nassem Dampf

Ein heterogenes zweiphasiges Gemisch aus siedender Flüssigkeit und gesättigtem Dampf im thermodynamischen Gleichgewicht heißt nasser Dampf. Seine Zusammensetzung wird durch den Dampfgehalt

$$x \equiv m''/(m' + m'') = m''/m \quad (7)$$

mit $m'$ als der Masse der Flüssigkeit, $m''$ als der Masse des Dampfes und $m = m' + m''$ als der Masse des heterogenen Systems gekennzeichnet. Jede mengenartige extensive Zustandsgröße Z dieses Systems, z. B. das Volumen $V$, die Enthalpie $H$ oder die Entropie $S$, ist die Summe der entsprechenden Zustandsgrößen $Z'$ und $Z''$ der beiden Phasen. Die spezifischen Zustandsgrößen von nassem Dampf ergeben sich daher nach der Mischungsregel

$$z \equiv Z/m = (1 - x)z' + xz'' \quad (8)$$

aus den gleichartigen Eigenschaften $z' = Z'/m'$ und $z'' = Z''/m''$ der Phasen. Wegen des Phasengleichgewichts sind $z'$ und $z''$ nach 3.1.3 Funktionen von Druck *oder* Temperatur und können für die technisch wichtigsten Substanzen Dampftafeln entnommen werden. Aus (1-8) folgt unmittelbar das sog. *Hebelgesetz* der Phasenmengen

$$m'(z - z') = m''(z'' - z), \quad (9)$$

das sich in Phasendiagrammen, z. B. Abb. 1, geometrisch deuten lässt. Die isothermen Abstände eines Zustandspunktes von nassem Dampf zu den Grenzkurven verhalten sich wie Hebelarme, die unter der Last der Phasenmengen im Gleichgewicht sind.

Zur Berechnung isentroper Enthalpiedifferenzen ist der Zusammenhang

**Tab. 1** Dampftafel für das Nassdampfgebiet von Wasser (Wagner und Kruse 2008)

| $t$ | $P$ | $v'$ | $v''$ | $h'$ | $h''$ | $r$ | $s'$ | $s''$ |
|---|---|---|---|---|---|---|---|---|
| °C | bar | $dm^3/kg$ | $m^3/kg$ | kJ/kg | kJ/kg | kJ/kg | kJ/(kg · K) | kJ/(kg · K) |
| 0,01 | 0,006117 | 1,000 | 205,997 | 0,000612 | 2500,9 | 2500,9 | 0,000000 | 9,1555 |
| 5 | 0,008726 | 1,000 | 147,017 | 21,019 | 2510,1 | 2489,1 | 0,076252 | 9,0249 |
| 10 | 0,012282 | 1,000 | 106,309 | 42,021 | 2519,2 | 2477,2 | 0,15109 | 8,8998 |
| 15 | 0,017057 | 1,001 | 77,881 | 62,984 | 2528,4 | 2465,4 | 0,22447 | 8,7804 |
| 20 | 0,023392 | 1,002 | 57,761 | 83,920 | 2537,5 | 2453,6 | 0,29650 | 8,6661 |
| 25 | 0,031697 | 1,003 | 43,341 | 104,84 | 2546,5 | 2441,7 | 0,36726 | 8,5568 |
| 30 | 0,042467 | 1,004 | 32,882 | 125,75 | 2555,6 | 2429,8 | 0,43679 | 8,4521 |
| 35 | 0,056286 | 1,006 | 25,208 | 146,64 | 2564,6 | 2417,9 | 0,50517 | 8,3518 |
| 40 | 0,073844 | 1,008 | 19,517 | 167,54 | 2573,5 | 2406,0 | 0,57243 | 8,2557 |
| 45 | 0,095944 | 1,010 | 15,253 | 188,44 | 2582,5 | 2394,0 | 0,63862 | 8,1634 |
| 50 | 0,12351 | 1,012 | 12,028 | 209,34 | 2591,3 | 2382,0 | 0,70379 | 8,0749 |
| 55 | 0,15761 | 1,015 | 9,565 | 230,24 | 2600,1 | 2369,9 | 0,76798 | 7,9899 |
| 60 | 0,19946 | 1,017 | 7,668 | 251,15 | 2608,8 | 2357,7 | 0,83122 | 7,9082 |
| 65 | 0,25041 | 1,020 | 6,194 | 272,08 | 2617,5 | 2345,4 | 0,89354 | 7,8296 |
| 70 | 0,31201 | 1,023 | 5,040 | 293,02 | 2626,1 | 2333,1 | 0,95499 | 7,7540 |
| 75 | 0,38595 | 1,026 | 4,129 | 313,97 | 2634,6 | 2320,6 | 1,0156 | 7,6812 |
| 80 | 0,47415 | 1,029 | 3,405 | 334,95 | 2643,0 | 2308,1 | 1,0754 | 7,6110 |
| 85 | 9,57868 | 1,032 | 2,826 | 355,95 | 2651,3 | 2295,4 | 1,1344 | 7,5434 |
| 90 | 0,70182 | 1,036 | 2,359 | 376,97 | 2659,5 | 2282,6 | 1,1927 | 7,4781 |
| 95 | 0,84609 | 1,040 | 1,981 | 398,02 | 2667,6 | 2269,6 | 1,2502 | 7,4150 |
| 100 | 1,0142 | 1,043 | 1,672 | 419,10 | 2675,6 | 2256,5 | 1,3070 | 7,3541 |
| 110 | 1,4338 | 1,052 | 1,209 | 461,36 | 2691,1 | 2229,7 | 1,4187 | 7,2380 |
| 120 | 1,9867 | 1,060 | 0,8913 | 503,78 | 2705,9 | 2202,2 | 1,5278 | 7,1291 |
| 130 | 2,7026 | 1,070 | 0,6681 | 546,39 | 2720,1 | 2173,7 | 1,6346 | 7,0264 |
| 140 | 3,6150 | 1,080 | 0,5085 | 589,20 | 2733,4 | 2144,2 | 1,7393 | 6,9293 |
| 150 | 4,7610 | 1,091 | 0,3925 | 632,25 | 2745,9 | 2113,7 | 1,8420 | 6,8370 |
| 160 | 6,1814 | 1,102 | 0,3068 | 675,57 | 2757,4 | 2081,9 | 1,9428 | 6,7491 |
| 170 | 7,9205 | 1,114 | 0,2426 | 719,21 | 2767,9 | 2048,7 | 2,0419 | 6,6649 |
| 180 | 10,026 | 1,127 | 0,1939 | 763,19 | 2777,2 | 2014,0 | 2,1395 | 6,5841 |
| 190 | 12,550 | 1,141 | 0,1564 | 807,57 | 2785,3 | 1977,7 | 2,2358 | 6,5060 |
| 200 | 15,547 | 1,157 | 0,1272 | 852,39 | 2792,1 | 1939,7 | 2,3308 | 6,4303 |
| 210 | 19,074 | 1,173 | 0,1043 | 897,73 | 2797,4 | 1899,6 | 2,4248 | 6,3565 |
| 220 | 23,193 | 1,190 | 0,08610 | 943,64 | 2801,1 | 1857,4 | 2,5178 | 6,2842 |
| 230 | 27,968 | 1,209 | 0,07151 | 990,21 | 2803,0 | 1812,8 | 2,6102 | 6,2131 |
| 240 | 33,467 | 1,229 | 0,05971 | 1037,5 | 2803,1 | 1765,5 | 2,7019 | 6,1425 |
| 250 | 39,759 | 1,252 | 0,05009 | 1085,7 | 2801,0 | 1715,3 | 2,7934 | 6,0722 |
| 260 | 46,921 | 1,276 | 0,04218 | 1134,8 | 2796,6 | 1661,8 | 2,8847 | 6,0017 |
| 270 | 55,028 | 1,303 | 0,03562 | 1185,1 | 2789,7 | 1604,6 | 2,9762 | 5,9304 |
| 280 | 64,165 | 1,333 | 0,03015 | 1236,7 | 2779,8 | 1543,1 | 3,0681 | 5,8578 |
| 290 | 74,416 | 1,366 | 0,02556 | 1289,8 | 2766,6 | 1476,8 | 3,1608 | 5,7832 |
| 300 | 85,877 | 1,404 | 0,02166 | 1344,8 | 2749,6 | 1404,8 | 3,2547 | 5,7058 |
| 310 | 98,647 | 1,448 | 0,01834 | 1402,0 | 2727,9 | 1325,9 | 3,3506 | 5,6243 |
| 320 | 112,84 | 1,499 | 0,01548 | 1462,1 | 2700,7 | 1238,6 | 3,4491 | 5,5373 |
| 330 | 128,58 | 1,561 | 0,01298 | 1525,7 | 2666,2 | 1140,5 | 3,5516 | 5,4425 |
| 340 | 146,00 | 1,638 | 0,01078 | 1594,4 | 2622,1 | 1027,6 | 3,6599 | 5,3359 |
| 350 | 165,29 | 1,740 | 0,008801 | 1670,9 | 2563,6 | 892,73 | 3,7783 | 5,2109 |
| 360 | 186,66 | 1,895 | 0,006946 | 1761,5 | 2481,0 | 719,54 | 3,9164 | 5,0527 |

(Fortsetzung)

**Tab. 1** (Fortsetzung)

| $t$ | $P$ | $v'$ | $v''$ | $h'$ | $h''$ | $r$ | $s'$ | $s''$ |
|---|---|---|---|---|---|---|---|---|
| 370 | 210,43 | 2,222 | 0,004947 | 1892,6 | 2333,5 | 440,94 | 4,1142 | 4,7996 |
| 373,946 | 220,64 | 3,106 | 0,003106 | 2087,5 | 2087,5 | 0,00 | 4,4120 | 4,4120 |

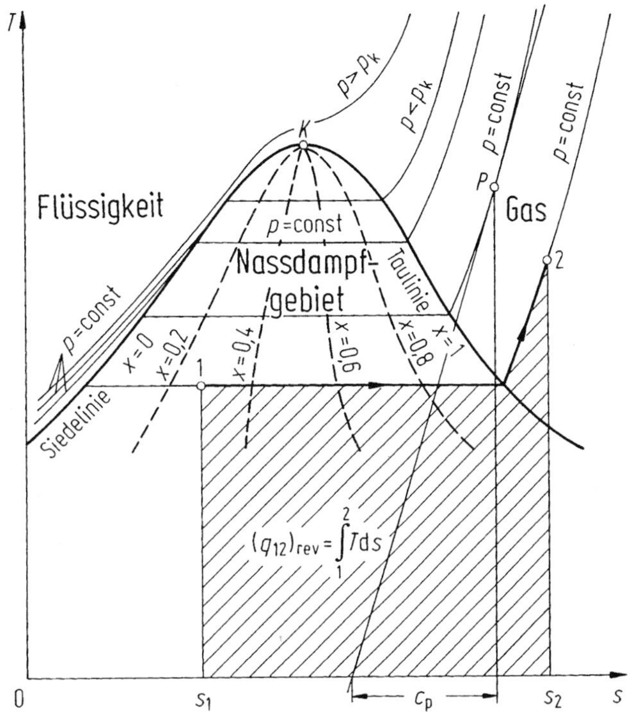


**Abb. 3** Fluider Zustandsbereich eines reinen Stoffes im $T$, $s$-Diagramm (Baehr und Kabelac 2016)

$$h = h' + T(s - s') \tag{10}$$

zwischen der spezifischen Enthalpie $h$ und der spezifischen Entropie $s$ von nassem Dampf mit der Siedetemperatur $T$ nützlich. Das Ergebnis beruht auf der Spezialisierung von (8) auf Enthalpie und Entropie und der Elimination des Dampfgehaltes $x$ unter Beachtung von (3).

### 19.1.1.5 *T,s*- und *h,s*-Diagramm

Wichtiger als das $p$, $v$-Diagramm sind bei der Darstellung von energiewandelnden Prozessen das $T$, $s$- und $h$, $s$-Diagramm. Neben den umgesetzten Energien lassen sich in diesen Koordinaten auch Aussagen des zweiten Hauptsatzes kenntlich machen. Abb. 3 zeigt das $T$, $s$-Diagramm eines reinen Stoffes in der Umgebung des Nassdampfgebietes. Siede- und Taulinie mit dem Dampfgehalt $x = 0$ und $x = 1$ bilden eine glockenförmige Kurve, in deren Scheitel der kritische Punkt $K$ liegt. Sie schließen das Nassdampfgebiet ein; links der Siedelinie ist das Flüssigkeits- und rechts der Taulinie das Gasgebiet. Die Isobaren, die im Flüssigkeitsgebiet dicht an der Siedelinie verlaufen, haben nach Tab. 1 die Steigung $(\partial\ T/\partial\ s)_p = T/c_p$. Dies gilt auch im Nassdampfgebiet, wo die Isobaren mit den Isothermen zusammenfallen. In den Grenzzuständen des idealen Gases am rechten Bildrand sind die Isobaren nach (2-14) in Richtung steigender spezifischer Entropie $s$ parallel verschobene Kurven. Der Verlauf der Linien $x =$ konst. ist durch das Hebelgesetz (9) bestimmt. Spezifische Energien erscheinen im $T$, $s$-Diagramm als Flächen. Insbesondere bedeutet die Fläche unter einer Isobaren wegen $T\ \mathrm{d}s = \mathrm{d}h - v\ \mathrm{d}p$ die Differenz spezifischer Enthalpien. So ist das Rechteck unter einer Isobaren des Nassdampfgebietes die spezifische

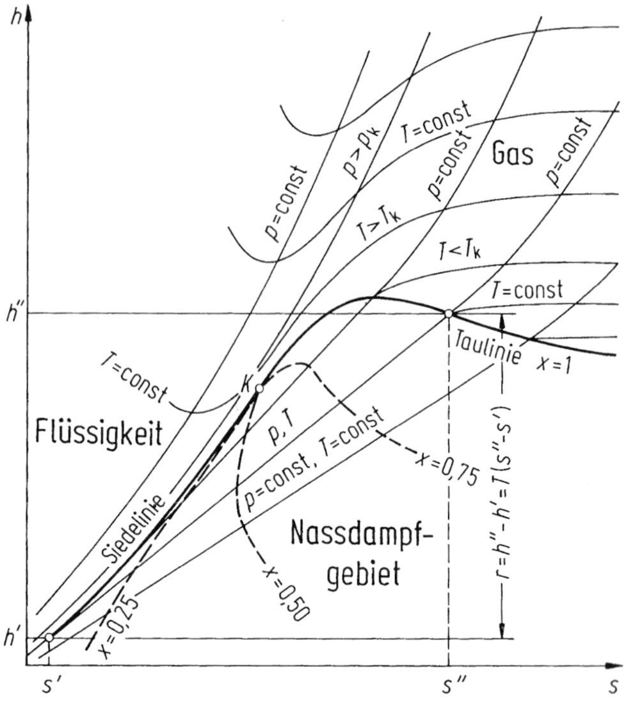


**Abb. 4** Fluider Zustandsbereich eines reinen Stoffes im $h$, $s$-Diagramm (Baehr und Kabelac 2016)

Verdampfungsenthalpie, vgl. (3). Die Fläche unter einer beliebigen Zustandslinie ist nach (1-110) die Summe der auf die Masse bezogenen Wärme und dissipierten Energie; nur für einen reversiblen Prozess stellt die Fläche eine Wärme dar.

Das $h$, $s$-Diagramm eines reinen Stoffes mit Linien $p =$ konst. das in Abb. 4 für die Umgebung des Nassdampfgebietes gezeichnet ist, enthält die Information der Fundamentalgleichung $h = h(s, p)$, vgl. Abschn. 2.3 dieses Kapitels. Siede- und Taulinie grenzen das Nassdampfgebiet nach links und rechts gegen das Flüssigkeits- und Gasgebiet ab. Der kritische Punkt $K$ liegt im gemeinsamen Wendepunkt von Siede- und Taulinie am linken Hang des Nassdampfgebietes. Wie sich aus Tab. 1, vgl. auch (10), ergibt, beträgt die Steigung der Isobaren in den homogenen und heterogenen Gebieten $(\partial h/\partial s)_p = T$. Da die Temperatur von nassem Dampf nach 3.1.2 bei konstantem Druck einen festen Wert hat, sind die Isobaren des Nassdampfgebietes Geraden mit einem Steigungsdreieck nach (3). Die Geraden werden mit wachsendem Druck, d. h. steigender Siedetemperatur, immer steiler, wobei die kritische Isobare Tangente an die Grenzkurven im kritischen Punkt $K$ ist. Die Isobaren überqueren die Grenzkurven im Gegensatz zum $T$, $s$-Diagramm ohne Knick, weil die Temperatur sich dort nicht sprungartig ändert. Die Isothermen, die im Nassdampfgebiet mit den Isobaren zusammenfallen, knicken auf den Grenzkurven ab und gehen im Gasgebiet asymptotisch in Linien $h =$ konst. über. Denn in den Grenzzuständen des idealen Gases hängt die Enthalpie nur von der Temperatur ab. Die Linien $x =$ konst. folgen aus dem Hebelgesetz (9). Die spezifischen Energien des $h$, $s$-Diagramms sind Ordinatendifferenzen, die durch die Energiebilanzen von Abschn. 1.2 aus dem ersten Abschnitt mit der massebezogenen Wärme und Arbeit eines Prozesses verknüpft sind.

### 19.1.2 Phasengleichgewichte fluider Mehrstoffsysteme

Koexistierende Phasen von Mehrstoffsystemen haben im Allgemeinen unterschiedliche Zusammensetzung. Diese Aussage besitzt für die Verfahrenstechnik zentrale Bedeutung, da diese unterschiedliche Zusammensetzung der Phasen von allein angestrebt wird. Dieser Ausgleichsprozess wird von allen thermischen Trennverfahren zur Auftrennung von Gemischen in die zugehörigen Reinstoffe genutzt. Druck, Temperatur und Zusammensetzung sind dabei durch die Gleichgewichtsbedingungen (1-60) und (1-61) verknüpft. Mit den Komponenten wächst die Zahl der maximal möglichen Phasen eines Systems, die sich aus (1) mit $f = 0$ ergibt.

### 19.1.2.1 Phasendiagramme

Die ein- und mehrphasigen Zustandsgebiete binärer und ternärer Systeme lassen sich in Phasendiagrammen kenntlich machen. So ist in Abb. 5 beispielhaft ein binäres Gemisch im Siedegleichgewicht (VLE vapor-liquid-equilibrium) gezeigt. Die Zusammensetzung bei gegebener Temperatur $T$ und Druck $p$ kann mit Hilfe der Konode im zugehörigen Phasengleichgewichtsdiagramm, vgl. Abb. 6, abgelesen werden. Die Zusammensetzung $x''$ der Dampfphase ist der Schnittpunkt der Konode mit der Taulinie $TL$, die Zusammensetzung der Flüssigphase $x'$ der Schnittpunkt mit der Siedelinie $SL$. Die mehrphasigen Zustände müssen in der thermischen Verfahrenstechnik bekannt sein und eingestellt werden, um einen Trennvorgang einleiten zu können. Variable sind dabei Druck, Temperatur und $K - 1$ Molanteile der als inert vorausgesetzten Komponenten. Für viele Anwendungen genügen Ausschnitte der Diagramme im dampfförmig-flüssigen, flüssig-flüssigen und fest-flüssigen Zustandsbereich.

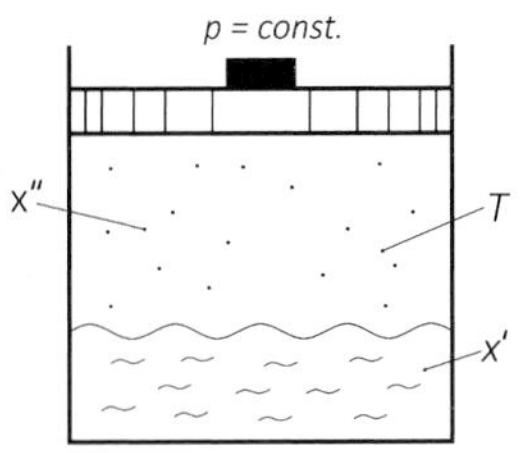


**Abb. 5** Ein binäres Fluid im Siedegleichgewicht (Dampf-Flüssig Phasengleichgewicht)

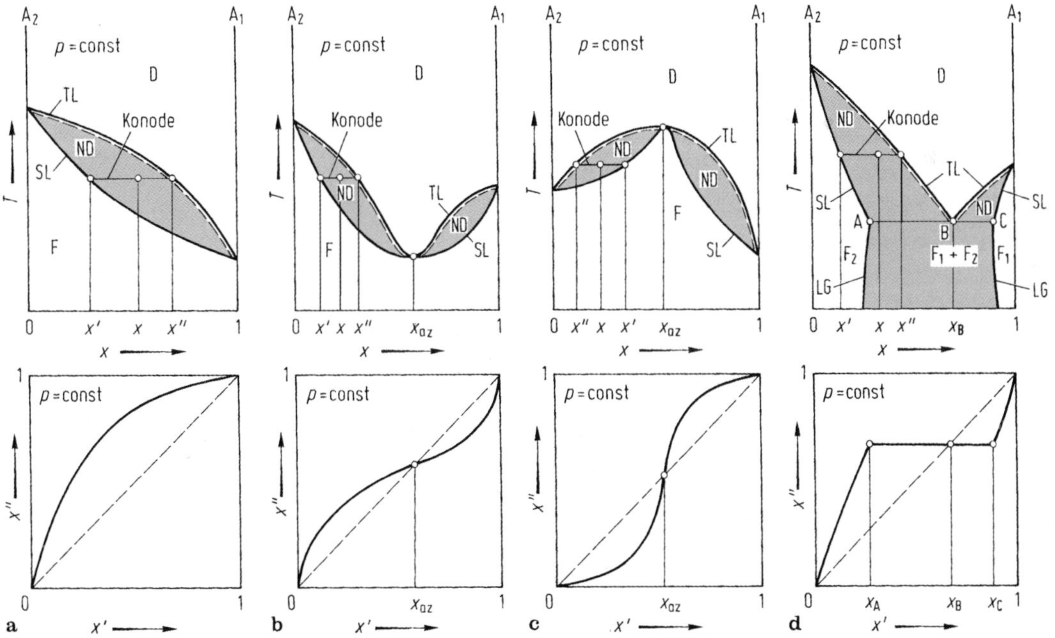


**Abb. 6** Formen des Verdampfungsgleichgewichts binärer Systeme im Siede- und Gleichgewichtsdiagramm. Es bedeuten D Dampf, F Flüssigkeit, ND nasser Dampf, SL Siedelinie, TL Taulinie und LG Löslichkeitsgrenze. Die Zweiphasengebiete sind schattiert angelegt. **a** Gemisch mit monotonem Verlauf von Siede- und Taulinie. **b** Azeotropes Gemisch mit einem Minimum der Siedetemperatur. **c** Azeotropes Gemisch mit einem Maximum der Siedetemperatur. **d** Gemisch mit einer Mischungslücke im Flüssigkeitsgebiet

Die Abb. 6a bis d zeigen verschiedene Formen des Verdampfungsgleichgewichts binärer Systeme der Komponenten $A_1$ und $A_2$ im Siede- und Gleichgewichtsdiagramm. Die Koordinaten sind $T$ und $x$ bzw. $x'$ und $x''$ bei $p$ = konst. Dabei ist $x$ der Stoffmengenanteil der Komponente $A_1$, die beim gegebenen Druck die kleinere Siedetemperatur hat. Die Marken$'$ und$''$ kennzeichnen die siedende Flüssigkeit und den gesättigten Dampf. Der Druck liegt unterhalb des kritischen Drucks der reinen Komponenten.

Die Zustände der siedenden Flüssigkeit und des gesättigten Dampfes, die nach der Phasenregel durch Funktionen $x' = x'(T, p)$ und $x'' = x''(T, p)$ beschrieben werden, bilden sich im $T, x$-Diagramm als Siede- bzw. Taulinie ab. Die Punkte, die durch das Phasengleichgewicht einander zugeordnet sind, liegen auf Linien $T$ = konst. die als Konoden bezeichnet werden. Auf den Konoden lassen sich die Zusammensetzungen $x'$ und $x''$ ablesen, die im Gleichgewichtsdiagramm gegeneinander aufgetragen sind. Siede- und Taulinie schließen das Nassdampfgebiet ein, dessen Punkte einem zweiphasigen Gemisch aus siedender Flüssigkeit und gesättigtem Dampf entsprechen. Eine Konode durch einen Zustandspunkt dieses Feldes markiert mit ihren Endpunkten den Gleichgewichtszustand der Phasen des Gemisches. Die Stoffmengen $n'$ und $n''$ der beiden Phasen genügen dem Hebelgesetz

$$n'(x - x') = n''(x'' - x), \qquad (11)$$

das auf der Erhaltung der Komponentenmengen beim Zerfall eines Systems mit der Zusammensetzung $x$ in eine $'$– und in eine $''$-Phase beruht. Unterhalb der Siedelinie liegt das Flüssigkeitsgebiet, in dem es bereichsweise zwei Phasen in Form von Mischungslücken geben kann. Oberhalb der Taulinie ist das Einphasengebiet des überhitzten Dampfes.

Im Beispiel der Abb. 6a bis c bilden die flüssigen Komponenten im gesamten Zusammensetzungsbereich homogene Mischungen. Bei Systemen nach Abb. 6a, zu denen auch ideale Lösungen mit idealem Dampf zählen, ändert sich die Temperatur auf den Grenzen des Nassdampfgebiets monoton. Stärkere Abweichungen von der Idealität führen bei ähnlichen Siedetemperaturen der Komponenten häufig zu Minima oder Maxima von Siede- und Taulinie, vgl. Abb. 6b, c. Die Kurven berühren sich dann in einem gemeinsamen Punkt mit horizontaler Tangente, einem sog. *azeotropen Punkt*, der im Gleichgewichtsdiagramm auf der Hauptdiagonale liegt. In diesem ausgezeichneten Punkt haben Dampf und Flüssigkeit dieselbe Zusammensetzung und das Nassdampfgebiet wird bei einer konstanten Temperatur durchschritten, sodass Gemische mit azeotroper Zusammensetzung eine besondere Rolle in der Energie- und Verfahrenstechnik spielen. Abb. 6d zeigt den Fall, dass die flüssigen Komponenten nur beschränkt ineinander löslich sind und in einer Mischungslücke zwei flüssige Phasen vorliegen. Siede- und Taulinie bestehen dann aus zwei Ästen mit einem Minimum der Siedetemperatur im gemeinsamen Punkt $B$, einem *heteroazeotropen Punkt*. Die Linie $AC$ ist ein Dreiphasengebiet aus den Flüssigkeiten $A$ und $C$ und dem Dampf $B$. Die azeotropen Zusammensetzungen sind Funktionen des Drucks.

Bei isobarer Wärmezufuhr bewegt sich der Zustandspunkt eines zunächst flüssigen Systems im $T, x$-Diagramm auf einer Linie $x$ = konst. zu höheren Temperaturen. Ist die Siedelinie erreicht, bildet sich die erste Dampfblase, die im Fall von Abb. 6a stark mit der leichter siedenden Komponente $A_1$ angereichert ist. Weitere Wärmezufuhr lässt die Temperatur und die Dampfmenge entsprechend dem Hebelgesetz wachsen. Beim Überschreiten der Taulinie verschwindet der letzte, an $A_1$ verarmte Flüssigkeitstropfen. Im Gegensatz zu einem reinen Stoff bleibt die Temperatur eines binären Systems bei isobarem Phasenwechsel nicht konstant. Ausgenommen sind Systeme mit azeotroper Zusammensetzung.

Mit wachsendem Druck verschieben sich die Grenzen des Nassdampfgebietes im $T, x$-Diagramm zu höheren Temperaturen, vgl. Abb. 7 für ein System des Typs a aus Abb. 6. Wird der kritische Druck einer Komponente überschritten, löst sich das Nassdampfgebiet von den Begrenzungen $x = 0$ bzw. $x = 1$ des Diagramms. In diesem Fall gehen Siede- und Taulinie in einem Punkt mit gemeinsamer horizontaler Tangente ineinander über, die zugleich Konode ist. Flüssig-

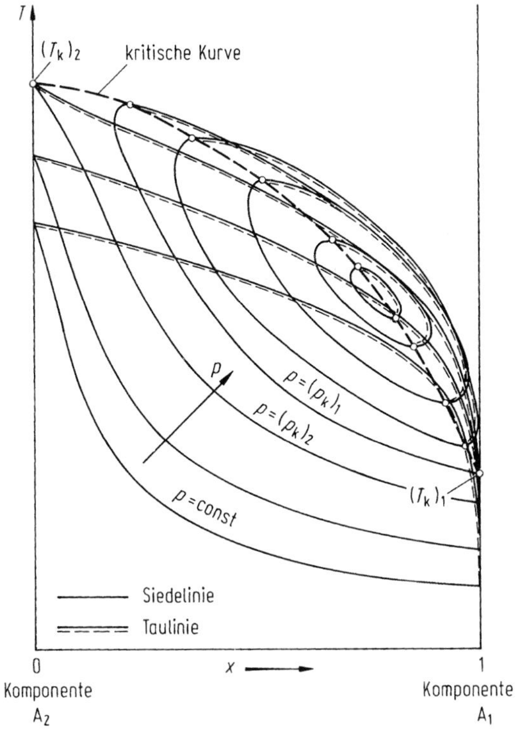


**Abb. 7** Grenzkurven des Nassdampfgebietes eines Systems nach Abb. 6a für verschiedene Drücke im Siedediagramm (Walas 1985)

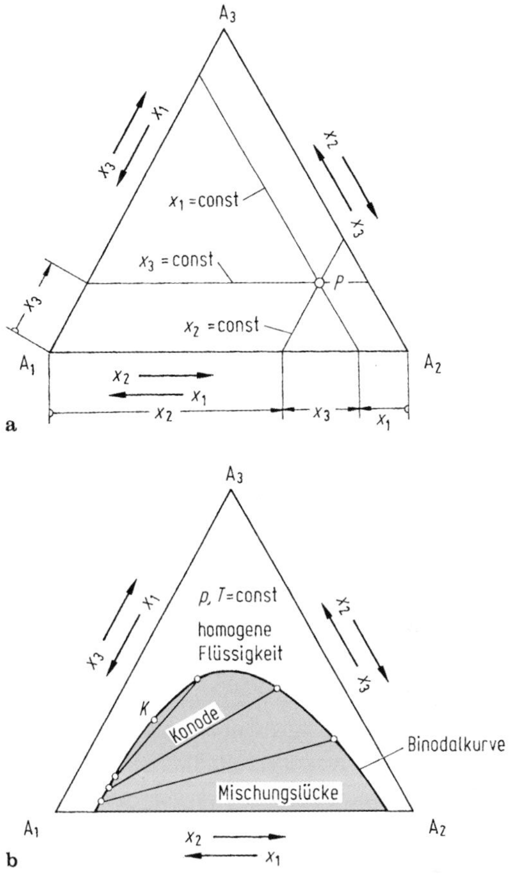


**Abb. 8** Beschreibung ternärer Systeme in Dreieckskoordinaten. **a** Auffinden der Stoffmengenanteile $x_i$ zu einem Zustandspunkt $P$, **b** Flüssig-flüssig-Gleichgewicht in einem System mit Mischungslücke

keits- und Dampfphase sind in einem solchen Punkt identisch, sodass hier ein kritischer Zustand des Systems vorliegt. Ist der Druck größer als der kritische Druck beider Komponenten, wird das Nassdampfgebiet eine Insel, die schließlich ganz verschwindet. Die Verbindungslinie der kritischen Zustände heißt kritische Kurve.

Eine Darstellung der Gleichgewichte fester und flüssiger binärer Phasen im $T$, $x$-Diagramm findet man in (Haase and Schönert 1969).

Die Zusammensetzung ternärer Systeme lässt sich in Dreiecksdiagrammen beschreiben. Vornehmlich werden gleichseitige Dreiecke nach Abb. 8a benutzt, deren Seiten zu eins normiert sind. Die Ecken entsprechen den reinen Komponenten $A_1$, $A_2$ und $A_3$ des Systems. Auf den Dreiecksseiten, die nach Stoffmengenanteilen geteilt sind, findet man die binären Randsysteme. Punkte innerhalb des Dreiecks stellen ternäre Gemische dar. Die Linien konstanter Stoffmengenanteile $x_i$ verlaufen parallel zu den Dreiecksseiten, die der Ecke $A_i$ gegenüberliegen, und schneiden auf den Randmaßstäben die Werte $x_i$, ab. Die Geometrie des Diagramms sichert die Bedingung $x_1 + x_2 + x_3 = 1$.

Abb. 8b zeigt das Phasendiagramm eines ternären Systems im Bereich flüssiger Zustände für konstante Werte von Druck und Temperatur in Dreieckskoordinaten. Das binäre Randsystem der Komponenten $A_1$ und $A_2$ hat eine Mischungslücke, die sich auf die benachbarten ternären Systeme ausdehnt. Die Phase mit der größeren Dichte wird mit$'$, die andere mit$''$ bezeichnet. Nach der Phasenregel bilden sich die Zustände der koexistierenden Phasen in der Koordinatenebene als Linien ab. Dies sind die Äste der Binodalkurve, die im Punkt $K$ ineinander übergehen. Die geradlinigen Konoden verbinden die Zustandspunkte von Phasen, die miteinander im Gleichgewicht sind. Jeder Zustandspunkt auf einer Konode stellt ein heterogenes Gemisch dieser Phasen dar. Die Phasenmengen folgen dem Hebelgesetz

$$n'\left(x_i - x_i'\right) = n''\left(x_i'' - x_i\right) \quad (i = 1{,}2{,}3), \quad (12)$$

das sich aus der Erhaltung der Komponentenmengen beim Phasenzerfall eines ternären Systems mit der Zusammensetzung $x_i$ ergibt. Im Punkt $K$ berühren sich Konode und Binodalkurve, sodass beide Phasen identisch werden. Damit ist $K$ ein kritischer Punkt. Andere Formen des Flüssig-flüssig-Gleichgewichts ternärer Systeme enthält (Treybal 1963).

### 19.1.2.2 Differenzialgleichungen der Phasengrenzkurven

Aus den Bedingungen (1-61) für das Phasengleichgewicht lassen sich Differenzialgleichungen herleiten, die allgemeine Aussagen über den Verlauf der Grenzkurven in Phasendiagrammen liefern. Dies soll am Beispiel eines binären Systems mit den Phasen α und β gezeigt werden, die bei der Temperatur $T$, dem Druck $p$ sowie den Werten $x^\alpha$ und $x^\beta$ des Stoffmengenanteils der Komponente 1 im Gleichgewicht sind. Da die Differenz $\mu_i^\alpha - \mu_i^\beta$ der chemischen Potenziale der Komponente $i$ nach (1-61) in allen Gleichgewichtszuständen Null ist, verschwindet unter den Bedingungen des Gleichgewichts das totale Differenzial $\mathrm{d}(\mu_i^\alpha - \mu_i^\beta)$. Die Änderungen der intensiven Zustandsgrößen zwischen benachbarten Gleichgewichtszuständen sind daher durch

$$\begin{aligned} &-\left(S_i^\alpha - S_i^\beta\right)\mathrm{d}T + \left(V_i^\alpha - V_i^\beta\right)\mathrm{d}p + \left(\partial\mu_i^\alpha/\partial x^\alpha\right)_{T,p}\mathrm{d}x^\alpha \\ &-\left(\partial\mu_i^\beta/\partial x^\beta\right)_{T,p}\mathrm{d}x^\beta = 0 \\ &\quad \text{mit} \quad 1 \leqq i \leqq 2 \end{aligned} \quad (13)$$

verknüpft, wobei die Temperatur- und Druckableitung des chemischen Potenzials $\mu_i$ nach (1-51) und (1-50) durch die negative partielle molare Entropie $S_i$ und das partielle Molvolumen $V_i$ der Komponente $i$ ersetzt sind. Wegen (1-61) und (1-52) besteht dabei der Zusammenhang $S_i^\alpha - S_i^\beta = (H_i^\alpha - H_i^\beta)/T$ mit $H_i$ als der partiellen molaren Enthalpie der Komponente $i$. Sind die α- und β-Phasen Dampf ″ bzw. Flüssigkeit', erhält man aus (13) unter Berücksichtigung von (1-25) von Gibbs-Duhem für die Siede- und Taulinie $T = T(x')$ bzw. $T = T(x'')$ bei $p =$ konst. die Differenzialgleichungen (Stephan et al. 2017)

$$\frac{\mathrm{d}T}{\mathrm{d}x'} = \frac{T(x' - x'')\left(\partial\mu_1'/\partial x'\right)_{T,p}}{(1 - x')\left[x''\left(H_1'' - H_1'\right) + (1 - x'')\left(H_2'' - H_2'\right)\right]}, \quad \text{bei}\, p = \text{konst.} \quad (14)$$

$$\frac{\mathrm{d}T}{\mathrm{d}x''} = \frac{T(x' - x'')\left(\partial\mu_1''/\partial x''\right)_{T,p}}{(1 - x'')\left[x'\left(H_1'' - H_1'\right) + (1 - x')\left(H_2'' - H_2'\right)\right]}, \quad \text{bei}\, p = \text{konst.} \quad (15)$$

Die Ableitungen des chemischen Potenzials $\mu_1$ sind aufgrund der Stabilitätsbedingungen (1-73) stets positiv. Die eckigen Klammern im Nenner, welche die molare Überführungsenthalpie beim Übergang einer Stoffportion mit der Zusammensetzung $x''$ bzw. $x'$ von der Flüssigkeit in den Dampf bedeuten, sind in einigem Abstand von kritischen Zuständen ebenfalls positiv. Die Steigung von Siede- und Taulinie im $T$, $x$-Diagramm ist daher negativ, wenn der Dampf im Vergleich zur Flüssigkeit an der Komponente $A_1$ angereichert ist. Sind Dampf und Flüssigkeit gleich zusammengesetzt, haben Siede- und Taulinie eine horizontale Tangente, wie in Abb. 7b, c zu erkennen ist. Aus (13) lässt sich ableiten, dass einem Minimum der Siedetemperatur bei $p =$ konst. ein Maximum des Dampfdrucks bei $T =$ konst. entspricht und umgekehrt.

Ist die im Lösungsmittel $A_1$ gelöste Komponente $A_2$ nicht flüchtig, besteht der Dampf aus reinem Lösungsmittel mit $x'' = 1$. In diesem Fall vereinfacht sich (14) zu

$$\mathrm{d}T/\mathrm{d}x' = -T\left(\partial\mu_1'/\partial x'\right)_{T,p}/\left(H_1'' - H_1'\right) \quad (16)$$

bei $p =$ konst.

d. h., die Siedetemperatur der Lösung erhöht sich mit steigendem Molanteil $x'_2 = (1 - x')$ des gelösten Stoffes. Beschränkt man sich auf Zustände großer Verdünnung $x'_2 \ll 1$, folgt $\mu'_1$ dem Ansatz (2-125) für das chemische Potenzial der Komponenten einer idealen Lösung. Die Integration von (16) bei $p =$ konst. ergibt dann unter Vernachlässigung kleiner Terme für die isobare Siedepunktserhöhung der Lösung im Vergleich zum Lösungsmittel (Stephan et al. 2017)

$$T - T_{s01} = R_m T_{s01}^2 x'_2 / (M_1 r_{01}). \quad (17)$$

Dabei sind $T_{s01}$ die Siedetemperatur und $r_{01}$ die spezifische Verdampfungsenthalpie des reinen Lösungsmittels mit der molaren Masse $M_1$ beim Druck $p$. Dissoziiert der Stoff $A_2$, ist für $x'_2$ die Summe der Stoffmengenanteile der Teilchenarten einzusetzen, die bei der Lösung des Stoffes $A_2$ entstehen. Der isobaren Siedepunktserhöhung entspricht eine isotherme Dampfdruckerniedrigung, die sich unter den Voraussetzungen von (17) aus dem Raoult'schen Gesetz (25), siehe 3.2.3, berechnen lässt.

Analog zur Siedepunktserhöhung findet man für das Gleichgewicht eines reinen festen Stoffes $B_1$ mit einer flüssigen Mischphase aus den Stoffen $A_1$ und $A_2$ eine Gefrierpunktserniedrigung der Mischung gegenüber dem Schmelzpunkt des reinen Stoffes 1 (Stephan et al. 2017).

#### 19.1.2.3 Punktweise Berechnung von Phasengleichgewichten

Für die Praxis wichtiger als die differentiellen Beziehungen für das Gleichgewicht zweier fluider Phasen $'$ und $''$ ist die punktweise Auswertung der Gleichgewichtsbedingungen (1-61)

$$\mu'_i(T,p,x'_1,\ldots,x'_{K-1}) = \mu''_i(T,p,x''_1,\ldots,x''_{K-1}) \quad \text{mit} \quad 1 \leqq i \leqq K \quad (18)$$

für einen Satz gesuchter Größen. Mit dem Ansatz (2-117), der das chemische Potenzial $\mu_i$ einer Komponente $i$ mithilfe der Fugazität $f_i$ darstellt, reduziert sich (18) auf

$$f'_i(T,p,x'_1,\ldots,x'_{K-1}) = f''_i(T,p,x''_i,\ldots,x''_{K-1}) \quad \text{mit} \quad 1 \leqq i \leqq K. \quad (19)$$

Das Phasengleichgewicht ist daher allein durch die thermische Zustandsgleichung des Systems bestimmt, aus der die Fugazitäten im Prinzip berechenbar sind. In Abhängigkeit von den jeweils verfügbaren Stoffmodellen wird (19) in mehreren Varianten angewendet.

Für Systeme mit schwach polaren Komponenten kann bei der Auswertung der Bedingungen für das Dampf-Flüssigkeits-Gleichgewicht häufig auf eine thermische Zustandsgleichung für das gesamte fluide Gebiet zurückgegriffen werden. In diesem Fall führt man den Fugazitätskoeffizienten $\varphi_i = \varphi_i(T, p, x_1, \ldots,$ $_i = \varphi_i(T, p, x_1, \ldots, x_{K-1})$ nach (2-119) ein, so dass (19) die Gestalt

$$x'_i \varphi'_i = x''_i \varphi''_i \quad \text{mit} \quad 1 \leqq i \leqq K \quad (20)$$

erhält. Die Zeichen$'$ und$''$ beziehen sich dabei auf die Flüssigkeit und den Dampf. Tab. 2 gibt an, wie man Fugazitätskoeffizienten aus der Zustandsgleichung (2-43) von Redlich-Kwong-Soave berechnen kann, wenn man zuvor die molaren Volumina

$$V'_m = V'_m(T,p,x'_1,\ldots,x'_{K-1})$$
$$\text{und} \quad V''_m = V''_m(T,p,x''_1,\ldots,x''_{K-1})$$

aus der thermischen Zustandsgleichung für das Gemisch bestimmt hat.

Für das Dampf-Flüssigkeits-Gleichgewicht von Systemen mit stark polaren Komponenten können die Fugazitäten $f'_i$ in der flüssigen Phase nur mit Hilfe von Aktivitätskoeffizienten-Modellen angegeben werden, vgl. vorheriger Abschn. 2.2.3. Liegt die Temperatur des Phasengleichgewichts unter der kritischen Temperatur der reinen Komponenten, lässt sich $f'_i$ nach (2-126) berechnen. Dabei wird die Existenz der reinen flüssigen Komponenten bei der Temperatur und dem Druck des Systems vorausgesetzt. In diesem Fall geht (19) mit $f''_i$ nach (2-119) in

**Tab. 2** Molare Masse $M$, spezielle Gaskonstante $R$, spezifische isobare Wärmekapazität $c_p^{iG}$ bzw. $c_p$, molare Bildungsenthalpie $H_m^B$ und molare absolute Entropie ausgewählter Substanzen im Standardzustand $T_0 = 298{,}15$ K und $p_0 = 1000$ hPa (Baehr und Kabelac 2016)

| Stoff | $M$ | $R$ | $c_p^{iG}$ bzw. $c_p$ | $H_m^B$ | $S_m^\square$ | Zustand |
|---|---|---|---|---|---|---|
| | g/mol | kJ/(kg · K) | kJ/(kg · K) | kJ/mol | J/(mol · K) | |
| $O_2$ | 31,9988 | 0,25984 | 0,91738 | 0 | 205,138 | g |
| $H_2$ | 2,0159 | 4,1245 | 14,298 | 0 | 130,684 | g |
| $H_2O$ | 18,0153 | 0,46152 | 1,8638 | −241,818 | 188,825 | g |
| | | | 4,179 | −285,830 | 69,91 | fl |
| He | 4,0026 | 2,0773 | 5,1931 | 0 | 126,150 | g |
| Ne | 20,179 | 0,41204 | 1,0299 | 0 | 146,328 | g |
| Ar | 39,948 | 0,20813 | 0,5203 | 0 | 154,843 | g |
| Kr | 83,80 | 0,09922 | 0,2480 | 0 | 164,082 | g |
| Xe | 131,29 | 0,06333 | 0,1583 | 0 | 169,683 | g |
| $F_2$ | 37,9968 | 0,21882 | 0,8238 | 0 | 202,78 | g |
| HF | 20,0063 | 0,41559 | 1,4562 | −271,1 | 173,779 | g |
| $Cl_2$ | 70,906 | 0,11726 | 0,4782 | 0 | 223,066 | g |
| HCl | 36,461 | 0,22804 | 0,7987 | −92,307 | 186,908 | g |
| S | 32,066 | 0,25929 | 0,7061 | 0 | 31,80 | rhomb. |
| $SO_2$ | 64,065 | 0,12978 | 0,5755 | −296,83 | 248,22 | g |
| $SO_3$ | 80,064 | 0,10385 | 0,6329 | −395,72 | 256,76 | g |
| $H_2S$ | 34,082 | 0,24396 | 1,0044 | −20,63 | 205,79 | g |
| $N_2$ | 28,0134 | 0,29680 | 1,0397 | 0 | 191,61 | g |
| NO | 30,0061 | 0,27709 | 0,9946 | 90,25 | 210,76 | g |
| $NO_2$ | 46,0055 | 0,18073 | 0,8086 | 33,18 | 240,06 | g |
| $N_2O$ | 44,0128 | 0,18891 | 0,8736 | 82,05 | 219,85 | g |
| $NH_3$ | 17,0305 | 0,48821 | 2,0586 | −46,11 | 192,45 | g |
| $N_2\,H_4$ | 32,0452 | 0,25946 | 3,085 | 50,63 | 121,21 | fl |
| C | 12,011 | 0,69224 | 0,7099 | 0 | 5,740 | Graphit |
| | | | 0,5089 | 1,895 | 2,377 | Diamant |
| CO | 28,010 | 0,29684 | 1,0404 | −110,525 | 197,674 | g |
| $CO_2$ | 44,010 | 0,18892 | 0,8432 | −393,509 | 213,74 | g |
| $CH_4$ | 16,043 | 0,51826 | 2,009 | −74,81 | 186,264 | g |
| $CH_3OH$ | 32,042 | 0,25949 | 2,55 | −238,66 | 126,8 | fl |
| | | | 1,370 | −200,66 | 239,81 | g |
| $CF_4$ | 88,005 | 0,094478 | 0,6942 | −925 | 261,61 | g |
| $CCl_4$ | 70,014 | 0,11875 | 1,8818 | −135,44 | 216,40 | fl |
| $CF_3Cl$ | 104,459 | 0,079596 | 0,6401 | −695 | 285,29 | g |
| $CF_2\,Cl_2$ | 120,914 | 0,066764 | 0,5976 | −477 | 300,77 | g |
| $CFCl_3$ | 137,369 | 0,060527 | 0,8848 | −301,33 | 225,35 | fl |
| COS | 60,075 | 0,13840 | 0,6910 | −142,09 | 231,57 | g |
| HCN | 27,026 | 0,30765 | 1,327 | 135,1 | 201,78 | g |
| $C_2\,H_2$ | 26,038 | 0,31932 | 1,687 | 226,73 | 200,94 | g |
| $C_2\,H_4$ | 28,054 | 0,29638 | 1,553 | 52,26 | 219,56 | g |
| $C_2\,H_6$ | 30,070 | 0,27651 | 1,750 | −84,68 | 229,60 | g |
| $C_2\,H_5\,OH$ | 46,069 | 0,18048 | 2,419 | −277,69 | 160,7 | fl |
| | | | 1,420 | −235,10 | 282,7 | g |
| $C_3\,H_8$ | 44,097 | 0,18955 | 1,667 | −103,9 | 270,0 | g |
| n-$C_4H_{10}$ | 58,124 | 0,14305 | 1,699 | −124,7 | 310,1 | g |
| n-$C_5H_{12}$ | 72,150 | 0,11524 | 2,377 | −173,1 | 262,7 | fl |

(Fortsetzung)

**Tab. 2** (Fortsetzung)

| Stoff | $M$ | $R$ | $c_p^{\mathrm{iG}}$ bzw. $c_p$ | $H_m^B$ | $S_m^\square$ | Zustand |
|---|---|---|---|---|---|---|
| n-$C_6H_{14}$ | 86,177 | 0,09648 | 2,263 | −198,8 | 296,0 | fl |
| $C_6$ $H_6$ | 78,114 | 0,10644 | 1,742 | −49,0 | 173,2 | fl |
| n-$C_7H_{16}$ | 100,204 | 0,08298 | 2,242 | −224,4 | 328,0 | fl |
| n-$C_8H_{18}$ | 114,231 | 0,07279 | 2,224 | −250,0 | 361,2 | fl |

$$x_i'\gamma_i f_{0i}'(T,\mathrm{p}) = x_i''\varphi_i''p \quad \text{mit} \quad 1 \leqq i \leqq K \tag{21}$$

über, wobei $\gamma_i = \gamma_i(T,\ p,\ x'_1,\ \ldots,\ x'_{K-1})$ den Aktivitätskoeffizienten der Komponente $i$ in der Flüssigkeit und $f'_{0i}$ die Fugazität der reinen flüssigen Komponente $i$ bei der Temperatur $T$ und dem Druck $p$ des Phasengleichgewichts bedeuten. Wegen (1-50) und (2-72) ist

$$f_{0i}'(T,p) = f_{0i}'(T,p_{\mathrm{s0}i})\exp\left[\int\limits_{p_{\mathrm{s0}i}}^{p} V_{0i}'/(R_{\mathrm{m}}T)\mathrm{d}p\right] \tag{22}$$

mit $p_{s0i}$ als dem Sättigungsdruck und $V'_{0i}$ als dem Molvolumen der reinen Flüssigkeit $i$ bei der Temperatur $T$. Der kleine Exponentialausdruck heißt *Poynting-Korrektur,* die wegen der kleinen Molvolumina von Flüssigkeiten oft in guter Näherung zu Eins gesetzt werden kann. Wegen des Phasengleichgewichts des reinen Stoffes $i$ auf seiner Dampfdruckkurve haben der reine Dampf und die reine Flüssigkeit $i$ dort dieselbe Fugazität

$$f_{0i}'(T,p_{\mathrm{s0}i}) = f_{0i}''(T,p_{\mathrm{s0}i}) = \varphi_{\mathrm{s0}i}''p_{\mathrm{s0}i}. \tag{23}$$

Damit erhält man aus (21) die viel benutzte Gleichgewichtsbedingung

$$x_i''\varphi_i''p = x_i'\gamma_i\varphi_{\mathrm{s0}i}''\,p_{\mathrm{s0}i}\,\exp\left[\int\limits_{p_{\mathrm{s0}i}}^{p} V_{0i}'/(R_{\mathrm{m}}T)\mathrm{d}p\right] \quad \text{mit} \quad 1 \leqq i \leqq K. \tag{24}$$

Zur Auswertung werden neben den Reinstoffdaten $p_{\mathrm{s0}i}$ und $V'_{0i}$ eine thermische Zustandsgleichung des Dampfes, z. B. (2-40) für kleine Drücke mit Fugazitätskoeffizienten nach Tab. 2, sowie ein Ansatz für die molare freie Zusatzenthalpie (Exzess-Gibbsenthalpie $G^E$) der Flüssigkeit zur Berechnung des Aktivitätskoeffizienten $\gamma_i$ benötigt. Hierfür stehen z. B. das UNIQUAC- oder UNIFAC-Modell zur Verfügung, aus denen sich die Aktivitätskoeffizienten ermitteln lassen, vgl. Abschn. 2.2.3. Im Fall einer idealen Lösung im Gleichgewicht mit einem idealen Gas folgt aus (24) bei vernachlässigbarer Poynting-Korrektur das Raoult'sche Gesetz

$$x_i''p = x_i'\,p_{\mathrm{s0}i}(T) \quad \text{mit} \quad 1 \leqq i \leqq K. \tag{25}$$

Es gilt unter den übrigen Voraussetzungen auch für reale Lösungen im Grenzfall $x_i' \to 1$ und gibt Einblick in die Schlüsselgrößen des Dampf-Flüssigkeits-Gleichgewichts.

Ein Mangel von (24) ist, dass in der Poynting-Korrektur gegebenenfalls mit $V'_{0i} =$ konst. über hypothetische Zustände der reinen Flüssigkeit integriert wird. Für überkritische Komponenten ist (24) im Prinzip nicht anwendbar, weil für $T > T_{\mathrm{k},0i}$ kein Dampfdruck existiert. Um diese Einschränkung in der Praxis zu umgehen, sind Korrelationen entwickelt worden (Gmehling und Kolbe 1992), welche die Fugazität $f'_{0i}$ $(T, p)$ der reinen Flüssigkeit über die kritische Temperatur hinaus extrapolieren.

Das Verdampfungsgleichgewicht von Systemen mit einer überkritischer Komponente lässt sich im Gegensatz zu (24) mit (20) konsistent beschreiben. Dies ist bei einem binären System aus dem Lösungsmittel $A_1$ und der überkritischen Komponente $A_2$ auch möglich, wenn die Fugazität der Komponente $A_2$ in der Flüssigkeit nach (2-132) mithilfe des Henry'schen Koeffizienten $H_{2,1}$ formuliert wird. Dann folgt aus (19) mit $f''_2$ nach (2-119) die Gleichgewichtsbedingung für den gelösten Stoff

$$x_2'\gamma_2^* H_{2,1} = x_2'\varphi_2'' p \qquad (26)$$

mit $\gamma_2^*$ als dem rationellen Aktivitätskoeffizienten der Komponente $A_2$ in der Flüssigkeit, vgl. (2-129). Die Gleichgewichtsbedingung für das Lösungsmittel ist unverändert (24), sodass die Symmetrie zwischen den Komponenten gebrochen wird. Wichtig ist, dass sich (26) auf das Gleichgewicht derselben Teilchenart des Stoffes $A_2$ im Dampf und in der Flüssigkeit bezieht. Daher entspricht $x_2'$ nicht der gesamten in der Flüssigkeit enthaltenen Menge des Stoffes $A_2$, wenn der Stoff im gelösten Zustand dissoziiert oder Verbindungen mit dem Lösungsmittel eingeht.

Wie alle Variablen in (26) ist der Henry'sche Koeffizient $H_{2,1}$ der Komponente $A_2$ im Lösungsmittel $A_1$ bei der Temperatur $T$ und dem Druck $p$ des Phasengleichgewichts einzusetzen. Sein Wert in diesem Zustand ergibt sich mit (2-133), (2-117) und (1-50) aus den in der Regel beim Sättigungsdruck $p_{s01}(T)$ des reinen Lösungsmittels angegebenen Daten der Literatur, vgl. (2-134), zu

$$H_{2,1}(T,p) = H_{2,1}(T,p_{s01}) \times \exp\left[V'^{\infty}_2 (p - p_{s01})/(R_m T)\right]. \qquad (27)$$

Dabei ist vorausgesetzt, dass das partielle molare Volumen $V'^{\infty}_2$ der unendlich verdünnten Komponente $A_2$ in der Flüssigkeit nicht vom Druck abhängt. Einige Daten für $V'^{\infty}_2$ findet man in (Poling et al. 2007). Der rationelle Aktivitätskoeffizient $\gamma_2^*$, dessen Druckabhängigkeit selten berücksichtigt wird, kann nach (2-129) und (2-145) aus einem Modell für die molare freie Zusatzenthalpie (Exzess-Gibbsenthalpie $G^E$) der Lösung bestimmt werden. Häufig genügt der Ansatz von Porter $G_m^E/(R_m T) = A x_1' x_2'$ mit dem anzupassenden Koeffizienten $A$, womit

$$\ln\gamma_2^* = A\left(x_1'^2 - 1\right) \qquad (28)$$

wird. Aus (26) folgt mit (27) und (28) die Gleichung von Krichevsky-Ilinskaya

$$x_2''\varphi_2'' p = x_2' H_{2,1}(T,p_{s01}) \times \exp\left[\frac{V'^{\infty}_2 (p - p_{s01})}{R_m T} + A\left(x_1'^2 - 1\right)\right]. \qquad (29)$$

Im Grenzfall großer Verdünnung, $x_2' \to 0$ und $x_1' \to 1$ ist der Term $A(x_1^2 - 1)$ vernachlässigbar. Die weitere Spezialisierung von (29) auf kleine Drücke, bei denen die Gasphase ideal und der Henry'sche Koeffizient vornehmlich durch die Temperatur bestimmt ist, führt auf das Henry'sche Gesetz

$$x_2'' p = x_2' H_{2,1}(T,p_{s01}). \qquad (30)$$

Diese Gleichung hat große Bedeutung bei der Beschreibung von Gaslöslichkeiten, z. B. bei der Beschreibung von Absorptionsverfahren oder Gaswäschen in der thermischen Verfahrenstechnik.

Die Empfindlichkeit des Lösungsgleichgewichts von Gasen gegen Äderungen von Temperatur und Druck ist aus (26), leichter aber aus den Differenzialgleichungen der Phasengrenzkurven zu ermitteln. Bei unendlicher Verdünnung $x_2' \to 0$ und reiner Gasphase $x_2'' = 1$ folgt aus (13), (2-127) und (2-132)

$$\left(\partial \ln x_2'/\partial T\right)_p = \left(H'^{\infty}_2 - H_2''\right)/\left(R_m T^2\right) \qquad (31)$$

mit $H'^{\infty}_2$ und $H_2''$ als den partiellen molaren Enthalpien des gelösten Stoffes in der Flüssigkeit und im Dampf. Da der Lösungsvorgang i. Allg. exotherm, d. h. $H'^{\infty}_2 - H_2'' < 0$ ist (Die Komponente $A_2$ „kondensiert" in das Lösungsmittel $A_1$), nimmt die Gaslöslichkeit in der Regel mit steigender Temperatur ab, was einer Zunahme des Henry'schen Koeffizienten $H_{2,1}$ in (30) entspricht. Mit denselben Voraussetzungen erhält man

$$\left(\partial \ln x_2'/\partial p\right)_T = \left(V_2'' - V'^{\infty}_2\right)/\left(R_m T\right). \qquad (32)$$

Danach muss die Löslichkeit mit dem Druck ansteigen, weil das partielle molare Volumen $V_2''$ des gelösten Stoffes im Gas stets größer ist als der Wert $V'^{\infty}_2$ in der Flüssigkeit.

Schließlich soll eine spezielle Gleichgewichtsbedingung für ein heterogenes System aus zwei flüssigen Phasen$'$ und$''$ mit den Dichten $\varrho' > \varrho''$ hergeleitet werden, dessen reine Komponenten bei Temperatur und Druck des Gleichgewichts flüssig sind. In diesem Fall lassen sich die Fugazitäten der Komponenten in beiden Phasen durch (2-126) beschreiben, sodass die stoffliche Gleichgewichtsbedingung (18) die Form

$$x_i'\gamma_i' = x_i''\gamma_i'' \quad \text{mit} \quad 1 \leqq i \leqq K \tag{33}$$

mit $\gamma_i$ als dem Aktivitätskoeffizienten der Komponente $i$ annimmt. Sind die Phasen ideale Lösungen mit $\gamma_i = 1$ stimmen die Stoffmengenanteile $x_i$ der Komponenten in beiden Phasen überein.

Die auf verschiedene Stoffmodelle zugeschnittenen Gleichgewichtsbedingungen (20), (24), (29) und (33) lassen sich in standardisierter Form

$$x_i''/x_i' = K_i\left(T, p, x_1', \ldots, x_{K-1}', x_1'', \ldots, x_{K-1}''\right) \quad \text{mit} \quad 1 \leqq i \leqq K \tag{34}$$

schreiben, wobei $K_i$ als Gleichgewichtsverhältnis für die Komponente $i$ bezeichnet wird. Die Nichtlinearität dieser $K$ Gleichungen (die Zahl der Komponenten $K$ ist nicht mit dem Gleichgewichtsverhältnis $K_i$ zu verwechseln) mit $2\,K$ Variablen ist in der Temperatur stärker als im Druck.

Eine charakteristische Anwendung von (34) ist, bei gegebenem Druck $p$ und gegebener Zusammensetzung $x_1', \ldots, x_{K-1}'$ einer Flüssigkeit die Siedetemperatur $T$ und die Zusammensetzung $x_1'', \ldots, x_{K-1}''$ des Gleichgewichtsdampfes zu bestimmen. Dabei hat sich folgende iterative Rechnung bewährt (Henley und Seader 1981):

1. Vorgabe von $p$ und aller $x_i'$ sowie Schätzung von $T$ und aller $x_i''$.
2. Berechnung aller $K_i$ in (34).
3. Berechnung aller $x_i''$ aus (34)

$$x_i'' = x_i'K_i / \sum_{i=1}^{K} x_i'K_i. \tag{35}$$

4. Rücksprung zu 2., falls sich ein $x_i''$ über eine vorgegebene Schranke hinaus verändert hat.
5. Berechnung der Restfunktion

$$f = \sum_{i=1}^{K} x_i'K_i - 1. \tag{36}$$

6. Anpassung von $T$, z. B. nach dem Newton-Verfahren, und Rücksprung zu 2., falls $|f|$ eine vorgegebene Schranke übersteigt.
7. Ende der Rechnung.

In ähnlichen Schritten hat man vorzugehen (Henley und Seader 1981), wenn bei gegebenem Druck $p$ und gegebener Dampfzusammensetzung $x_1'', \ldots, x_{K-1}''$ die Taupunkttemperatur $T$ und die Zusammensetzung $x_1', \ldots, x_{K-1}'$ der Gleichgewichtsflüssigkeit gefragt ist:

1. Vorgabe von $p$ und allen $x_i'$ sowie Schätzung von $T$ und allen $x_i'$.
2. Berechnung aller $K_i$ in (34).
3. Berechnung aller $x_i'$ aus (34)

$$x_i' = \left(x_i''K_i\right) / \sum_{i=1}^{K} \left(x_i''/K_i\right).$$

4. Rücksprung zu 2., falls sich ein $x_i'$ über eine vorgegebene Schranke hinaus verändert hat.
5. Berechnung der Restfunktion

$$f = \sum_{i=1}^{K} \left(x_i''/K_i\right) - 1. \tag{37}$$

6. Anpassung von $T$, z. B. nach dem Newton-Verfahren, und Rücksprung zu 2., falls $|f|$ eine vorgegebene Schranke übersteigt.
7. Ende der Rechnung.

Die Konvergenz dieser einfachen Algorithmen ist besonders bei hohen Drücken ein Problem. Es wird daher empfohlen, die Berechnung von Gleichgewichtszuständen bei niedrigen Drücken zu beginnen und das Ergebnis als Startwert für die nächste Druckstufe zu benutzen. Bei flachem Verlauf der Phasengrenzkurven $(\partial \ln p/\partial \ln T)_x < 2$ ist es günstiger, statt des Drucks die Temperatur vorzugeben (Poling et al. 2007). Eine Diskussion der Gleichgewichtsberechnung mit Zustandsgleichungen findet man in (Nghiem und Li 1984). Rechenprogramme sind in (Prausnitz et al. 1980) enthalten.

Eine weitere Anwendung von (34) ist die Berechnung der Zusammensetzung $x'_1, \ldots, x'_{K-1}$ und $x''_1, \ldots, x''_{K-1}$ sowie des Mengenverhältnisses $\beta = n''/(n' + n'')$ der koexistierenden Phasen für einen gegebenen Zustandspunkt mit den Koordinaten $T$, $p$, und $x_1, \ \ldots, \ x_{k-1}$ in einem Zweiphasengebiet. Diese Aufgabe stellt sich z. B. beim Zerfall einer Flüssigkeit in eine dampfförmige und eine flüssige Phase durch isotherme Druckabsenkung. Dieselbe Aufgabe ist zu lösen, um den Verlauf der Konoden für das Flüssig-flüssig-Gleichgewicht eines ternären Systems zu bestimmen. Die Arbeitsgleichungen ergeben sich aus der Verknüpfung von (34) mit dem Hebelgesetz (12)

$$\begin{aligned} x_i &= \beta x'_i + (1-\beta)x''_i \\ &= [\beta + K_i(1-\beta)]x'_i \quad \text{mit} \quad 1 \leqq i \leqq K, \end{aligned} \tag{38}$$

$$x'_i = x_i/[\beta + K_i(1-\beta)] \quad \text{mit} \quad 1 \leqq i \leqq K \tag{39}$$

und

$$f = \sum_{i=1}^{K} x_i/[\beta + K_i(1-\beta)] - 1 = 0. \tag{40}$$

Die Rechnung läuft in folgenden Schritten (Walas 1985) ab:

1. Vorgabe von $T, p$ und allen $x_i$ sowie Schätzung aller $x'_i$ und des Mengenverhältnisses $\beta$.
2. Berechnung aller $x''_i$ aus (38)

$$x''_i = \left(x_i - \beta x'_i\right)/(1-\beta). \tag{41}$$

3. Berechnung aller $K_i$ in (34).
4. Berechnung von $\beta$ aus (40), z. B. mit dem Newton-Verfahren.
5. Berechnung aller $x'_i$ aus (39).
6. Rücksprung zu 2., falls sich ein $x'_i$ über eine vorgegebene Schranke hinaus verändert hat.
7. Ende der Rechnung.

Für die Konvergenz des Verfahrens bei der Berechnung ternärer Flüssig-flüssig-Gleichgewichte ist es vorteilhaft, die Iteration mit einem nicht mischbarem binären Randsystem zu beginnen. Dieses sei aus den Komponenten $A_1$ und $A_2$ zusammengesetzt. Bei der schrittweisen Erhöhung der Stoffmenge der Komponente $A_3$ können die vorangegangenen Ergebnisse jeweils als Startwert dienen. Die Molanteile $x_1$, $x_2$ und $x_3$ in dem heterogenen Zustand sollten so gewählt werden, dass sich $\beta \approx 0{,}5$ ergibt. Ein Rechenprogramm findet man in (Prausnitz et al. 1980).

### 19.1.3 Gleichgewichte reagierender Gemische

Gesucht wird im folgendem Abschnitt die chemische Zusammensetzung eines geschlossenen Systems bei gegebenem Druck und gegebener Temperatur mit untereinander reagierenden Substanzen, sowie die Verteilung dieser Substanzen auf möglicherweise mehrere vorhandene Phasen. Wie in 3.2 dieses Abschnitts gezeigt wurde, sind die nichtnegativen Stoffmengen $n_j$ im Gleichgewichtszustand eines $P$-phasigen Systems aus $K$ chemisch reaktionsfähigen Substanzen bestimmt durch $K - R$ Gleichgewichtsbedingungen (1-66) für die unabhängigen Reaktionen, $K \cdot (P - 1)$ Bedingungen (1-61) für das stoffliche Gleichgewicht zwischen den Phasen und $R$ unabhängige Elementbilanzen (1-64). Im Weiteren wird vorausgesetzt, dass Temperatur und Druck dem System von außen aufgeprägt werden. Die Gleichgewichtsbedingungen sind dann vorteilhaft als notwendige Bedingungen für das Minimum der freien Enthalpie des Systems aufzufassen.

Zählt man chemisch gleiche Stoffe in verschiedenen Phasen als unterschiedliche Substanzen und versteht das Phasengleichgewicht als spezielle Form des chemischen Gleichgewichts, lässt sich die Gleichgewichtszusammensetzung durch

$$\sum_{j=1}^{N} \mu_j \ \nu_{jr} = 0 \quad \text{für} \quad 1 \leq r \leq N - R, \tag{42}$$

$$\sum_{j=1}^{N} a_{ij} n_j = n_i^0 \quad \text{für} \quad 1 \leq i \leq L \tag{43}$$

beschreiben. Dabei ist $N$ die rechnerische Zahl von Substanzen im System, $\mu_j$ das chemische Potenzial der Substanz $j$ und $\nu_{jr}$ ihre stöchiometrische Zahl in der $r$-ten unabhängigen Reaktion. Weiter bedeutet $a_{ij}$ die Menge des Elements $i$ bezogen auf die Menge der Substanz $j$, $n_j$ die Stoffmenge dieser Substanz, $n_i^0$ die Stoffmenge des Elements $i$, die in den Verbindungen des Systems enthalten ist, und $L$ die Zahl der Elemente im System. Die Gleichungen (42) und (43) lassen sich durch das Einführen einer Umsatzvariablen auch als Minimalbedingung formulieren.

Aufgrund der Stöchiometrie chemischer Reaktionen lassen sich die Stoffmengenänderungen $\Delta n_{jr}$ der beteiligten Substanzen $j$ infolge des Ablaufs einer Reaktion $r$ auf eine einzige mengenartige Variable, die Umsatzvariable $\xi_r$ dieser Reaktion, zurückführen:

$$\Delta n_{jr} = \nu_{jr}\xi_r. \tag{44}$$

Da alle Reaktionen im System als Linearkombinationen der unabhängigen Reaktionen darstellbar sind, addieren sich die $\Delta n_{jr}$ dieser Reaktionen zu der gesamten Stoffmengenänderung $\Delta n_j$ einer Substanz. Mit einer gegebenen Anfangszusammensetzung $n_i^0$ werden die $N$ Stoffmengen

$$n_j = n_j^0 + \sum_{r=1}^{N-R} \nu_{jr}\xi_r \tag{45}$$

damit Funktionen von $N - R$ Umsatzvariablen $\xi_r$. Wegen (1-63) erfüllt (45) die Elementbilanzen (43) für alle möglichen Werte $\xi_r$. Die Gleichgewichtsbedingungen (42) sondern hieraus die Werte heraus, welche mit (1-46) die freie Enthalpie minimieren

$$\Delta G_{mr}^{R} \equiv \left(\frac{\partial G}{\partial \xi_r}\right)_{T,p} = \sum_{j=1}^{N}\left(\frac{\partial G}{\partial n_j}\right)_{T,p}\left(\frac{\partial n_j}{\partial \xi_r}\right)_{T,p} = \sum_{j=1}^{N}\mu_j\nu_{jr} = 0, \tag{46}$$

d. h., die differentielle freie Reaktionsenthalpie $\Delta G_{mr}{}^{R}$ der unabhängigen Reaktionen zu null machen.

Die konkrete Rechnung erfordert die Einführung von Gemischmodellen, welche die Stoffmengenabhängigkeit der chemischen Potenziale definieren. Berücksichtigt werden soll eine gasförmige und mehrere flüssige Mischphasen in Koexistenz mit mehreren festen Phasen aus (nahezu) reinen Stoffen. Vernachlässigt man die Druckabhängigkeit chemischer Potenziale in kondensierten Phasen und sieht der Einfachheit halber von einer Formulierung mit rationellen Aktivitätskoeffizienten ab, folgt mit (2-118) und (2-123)

$$\frac{\Delta G_{mr}^{R}}{R_m T} = \frac{\left(\Delta G_{mr}^{R}\right)^{iG}}{R_m T} + \sum_{\text{Gase } j} \nu_{jr}\ln\left(\varphi_j x_j p/p_0\right) + \sum_{\text{Flü } j} \nu_{jr}\ln\left(\gamma_j x_j\right) = 0 \quad \text{mit} \quad 1 \le r \le N - R. \tag{47}$$

Hierin ist

$$\left(\Delta G_{mr}^{R}\right)^{iG} \equiv \sum_{j=1}^{N}\nu_{jr}\mu_{0j}(T,p_0) = \sum_{j=1}^{N}\nu_{jr}\left[H_{0j}(T,p_0) - TS_{0j}(T,p_0)\right] \tag{48}$$

der Standardwert der molaren freien Reaktionsenthalpie der Reaktion $r$ beim Druck $p_0$ im hypothetischen idealen Gaszustand. Er ist wie jeder Standardwert einer Reaktionsgröße mit Reinstoffdaten gebildet und lässt sich nach (1-52) auf die Standardwerte der Reaktionsenthalpie und -entropie

$$\left(\Delta H_{mr}^{R}\right)^{iG} \equiv \sum_{j=1}^{N}\nu_{jr}H_{0j}^{iG}(T,p_0) \quad \text{und} \quad \left(\Delta S_{mr}^{R}\right)^{iG} \equiv \sum_{j=1}^{N}\nu_{jr}S_{0j}^{iG}(T,\ p_0) \tag{49}$$

zurückführen, die ihrerseits aus der molaren Enthalpie $H_0 j$ und Entropie $S_0 j$ aller an der

Reaktion beteiligten Stoffe zu berechnen sind. Die beiden Summen in (47) erstrecken sich über die Bestandteile der gasförmigen und flüssigen Mischphasen, deren Realverhalten durch die Fugazitätskoeffizienten $\varphi_j$ und Aktivitätskoeffizienten $\gamma_j$ beschrieben wird. Durch Spezialisierung auf eine einzige Reaktion in einem idealen Gemisch erhält man das Massenwirkungsgesetz

$$\ln\left(x_j^{\mathrm{N}j}\right) = -\frac{\left(\Delta G_{\mathrm{m}}^{\mathrm{R}}\right)^{\mathrm{iG}}}{R_{\mathrm{m}}T} - \sum_{\mathrm{Gase}\,j} \nu_j \ln(p/p_0) = K(T,p). \quad (50)$$

Das linksseitige Potenzprodukt von Stoffmengenanteilen hängt allein von Temperatur und Druck ab, wobei der Wert $K(T,\ p)$ als Gleichgewichtskonstante bezeichnet wird. In der Regel steigert die Zugabe eines Reaktionspartners die Reaktionsausbeute der anderen Ausgangsstoffe.

#### 19.1.3.1 Thermochemische Daten

Die nach Abschn. 2.1.3 unbestimmten Konstanten in den Enthalpiefunktionen $H_{0j}(T,\ p)$ können für chemisch reagierende Substanzen nicht beliebig vereinbart werden. Sie müssen vielmehr so abgestimmt sein, dass die Reaktionsenthalpie richtig wiedergegeben wird. Wegen (1-63) lässt sich der Standardwert einer Reaktionsenthalpie in der Gestalt

$$\left(\Delta H_{\mathrm{m}}^{\mathrm{R}}\right)_r^{\mathrm{iG}} = \sum_j \nu_{jr}\left[H_{0j} - \sum_i a_{ij}H_{0i}\right] = \sum_j \nu_{jr}H_{0j}^B \quad (51)$$

schreiben. Der Klammerausdruck bedeutet dabei die im Prinzip messbare Standardreaktionsenthalpie für die Bildung der Substanz $j$ aus den jeweils stabilsten Modifikationen der Elemente $i$ mit der molaren Enthalpie $H_{0i}$ und wird als molare Bildungsenthalpie $H_{0j}^B$ bezeichnet. Für die Elemente wird im Standardzustand $H_{0j}^B = 0$ definiert. Um mit Reaktionsenthalpien konsistente Enthalpiekonstanten zu erhalten, setzt man daher die Enthalpien aller Substanzen in einem festgelegten Standardzustand $(T_0,\ p_0)$ gleich ihren Bildungsenthalpien

$$H_{0j}(T_0,p_0) = H_{0j}^{\mathrm{B}}(T_0,p_0). \quad (52)$$

Üblich ist der thermochemische Standardzustand mit $T_0 = 298{,}15$ K und $p_0 = 1000$ hPa. Aus praktischen Gründen wird die Bildungsenthalpie statt auf die Elemente O, H, F, Cl, Br, I und N auf die stabileren zweiatomigen Verbindungen $O_2$, $H_2$, usw. als Basiskomponenten mit $H_{0j}^B = 0$ bezogen.

Bei der Verfügung über die Konstanten der Entropiefunktionen $S_{0j}(T,\ p)$ ist der dritte Hauptsatz zu berücksichtigen. Danach verschwindet die Entropie aller reinen Substanzen im inneren Gleichgewicht bei $T = 0$. In diesem Sinn normierte Entropien heißen absolute Entropien $S_{0j}^{\square}$. Für die Gleichgewichtsberechnung hinreichend ist eine Normierung, die das Verschwinden der Standardreaktionsentropien bei $T = 0$ sicherstellt.

In chemisch-thermodynamischen Tafelwerken (Barin 1992; Wagmann et al. 1982; Stull et al. 1987; Poling et al. 2007) findet man Bildungsenthalpien, absolute Entropien oder äquivalente Funktionen im jeweiligen Standardzustand für eine große Zahl von Substanzen. Zusätzlich sind isobare, molare oder spezifische Wärmekapazitäten angegeben. Sie erlauben, die Funktionen $H_0\,j$ $(T,\ p_0)$ und $S_0\,j(T,\ p_0)$ bei einer von der Standardtemperatur abweichenden Temperatur mithilfe der Zustandsgleichungen aus Abschn. 2.1.3 zu berechnen. Zu berücksichtigen sind dabei die Umwandlungsenthalpien und -entropien beim Schmelzen und Verdampfen. Den prinzipiellen Aufbau solcher Tafeln zeigt Tab. 2. Vorsicht ist geboten bei der Benutzung von Daten aus unterschiedlichen Tafelwerken. Gegebenenfalls sind Standardzustand und Normierung auf eine einheitliche Basis umzurechnen, z. B., wenn statt der Standardentropie Bildungswerte der freien Enthalpie $G_{0j}^B$ mit $G_{0j}^B(T_0,\ P_0) = 0$ für die Elemente oder Basiskomponenten vertafelt sind.

#### 19.1.3.2 Gleichgewichtsalgorithmus

Villars, Cruise und Smith (Smith und Missen 1991) haben einen Algorithmus entwickelt, der

(47) mithilfe des Newtons-Verfahrens nach den Gleichgewichtswerten $\xi_r$ der Umsatzvariablen löst. Ausgangspunkt ist eine Linearisierung von (47) nach den Umsatzvariablen an einer Stelle $\xi_0$

$$\Delta G^{\mathrm{R}}_{\mathrm{m}r}\Big|_{\xi_0} + \sum_{k=1}^{N-R} \left(\partial \Delta G^{\mathrm{R}}_{\mathrm{m}r}/\partial \xi_k\right)\Big|_{\xi_0} \Delta \xi_k = 0 \quad \text{für} \quad 1 \leq r \leq N-R, \tag{53}$$

wobei die wiederholte Auflösung nach $\Delta\xi_{\mathrm{k}}$ eine Folge verbesserter Werte für die Umsätze ergibt, bis der Gleichgewichtszustand gefunden ist. Um einfache Arbeitsgleichungen zu erhalten, werden in der Koeffizientenmatrix mit den Elementen

$$G_{rk} \equiv \partial \Delta G^{\mathrm{R}}_{\mathrm{m}r}/\partial \xi_k = \partial^2 G/(\partial \xi_r \partial \xi_k) \tag{54}$$

die Abhängigkeitder Fugazitäts- und Aktivitätskoeffizienten von der Zusammensetzung vernachlässigt und die Realkorrekturen nach dem Stand der Rechnung allein in $\Delta G_{\mathrm{m\,r}}{}^{\mathrm{R}}$ berücksichtigt. Wählt man als unabhängige Reaktionen $N - R$ Bildungsreaktionen, welche aus $R$ Basiskomponenten mit den Indizes $1 \leq J \leq R\, N - R$ abgeleitete Komponenten mit den Indizes $R + 1 \leq j \leq N$ erzeugen, so folgt aus (47)

$$\frac{G_{rk}}{R_{\mathrm{m}}T} = \frac{\delta_{rk}}{n_{r+R}}\delta^*_{r+R,\alpha} + \sum_{j=1}^{R} \frac{\nu_{jr}\nu_{jk}}{n_j}\delta^*_{j,\alpha} - \frac{\overline{\nu}^{\mathrm{G}}_r\overline{\nu}^{\mathrm{G}}_k}{n^{\mathrm{G}}} - \frac{\overline{\nu}^{\mathrm{F}}_r\overline{\nu}^{\mathrm{F}}_k}{n^{\mathrm{F}}}. \tag{55}$$

Dabei ist $\delta_r\, k$ das Kronecker-Symbol mit $\delta_r\, k = 1$ für $r = k$ und $\delta_r\, k = 0$ für $r \neq k$. In Anlehnung hieran ist $\delta^*_{j,\alpha} = 1$ , wenn der Stoff $j$ Bestandteil der gasförmigen oder flüssigen Mischphase ist; andernfalls ist $\delta^*_{j,\alpha} = 0$ . Die Summe der stöchiometrischen Koeffizienten der gasförmigen Reaktionspartner in der $r$-ten Reaktion ist mit $\overline{\nu}^{\mathrm{G}}_r$, die der flüssigen Reaktionspartner mit $\overline{\nu}^{\mathrm{F}}_r$ bezeichnet. Die Größen $n^{\mathrm{G}}$ und $n^{\mathrm{F}}$ bedeuten die gesamte Stoffmenge der Gas- und Flüssigkeitsphase. Fehlt eine der Mischphasen, entfällt der zugehörige Term $\overline{\nu}_r\overline{\nu}_k/n$ . Benutzt man als Basiskomponenten Stoffe, die im Gleichgewichtszustand des Systems in den größten Mengen vorhanden sind, überwiegt in (55) der erste Summand. Damit vereinfacht sich die Koeffizientenmatrix von (53) in guter Näherung zu einer Diagonalmatrix, die positiv definit ist, und man erhält für die Korrekturen der Umsatzvariablen

$$\Delta\xi_r^{(m)} = -\left[\frac{\delta^*_{r+R,\alpha}}{n_{r+R}} + \sum_{j=1}^{R}\frac{\nu^2_{jr}}{n_j}\delta^*_{j,\alpha} - \frac{\left(\overline{\nu}^{\mathrm{G}}_r\right)^2}{n^{\mathrm{G}}} - \frac{\left(\overline{\nu}^{\mathrm{F}}_r\right)^2}{n^{\mathrm{F}}}\right]^{-1}_{\xi^{(m)}} \frac{\Delta G^{\mathrm{R}}_{\mathrm{m}r}}{R_{\mathrm{m}}T}\Bigg|_{\xi^{(m)}}. \tag{56}$$

Die zugehörigen Stoffmengen werden aus (45) unter Einführung eines Schrittweitenparameters $\omega^{(m)}$ berechnet

$$n_j^{(m+1)} = n_j^{(m)} + \omega^{(m)}\Delta n_j^{(m)} \quad \text{mit} \quad \Delta n_j^{(m)} = \sum_{r=1}^{N-R} \nu_{jr}\Delta\xi_r^{(m)}. \tag{57}$$

Dieser wird so bestimmt, dass unter der Bedingung nicht negativer Stoffmengen die freie Enthalpie des Systems in der durch (56) gegebenen Richtung im Bereich $0 \leq \omega^{(m)} \leq 1$ minimal wird

$$\omega^{(m)} = \min_j \left\{\omega^{(m)}_{\mathrm{opt}} - n_j^{(m)}/\Delta n_j^{(m)}\right\} \quad \text{für} \quad 1 \leq j \leq N \quad \text{und} \quad \Delta n_j^{(m)} < 0. \tag{58}$$

Der Wert $\omega_{\mathrm{opt}}{}^{(m)}$ kan dabei mithilfe der Ableitung

$$\partial G/\partial\omega = \sum_{r=1}^{N-R}(\partial G/\partial\xi_r)\Delta\xi_r = -\sum_{r=1}^{N-R}\Delta G^{\mathrm{R}}_{\mathrm{m}r}\Big|_{\omega}\left[G^{-1}_{rr}\Delta G^{\mathrm{R}}_{\mathrm{m}r}\right]_{\omega=0} \tag{59}$$

an den Stellen $\omega = 0$ und $\omega = 1$ abgeschätzt werden. Wegen $G_{rr} > 0$ führt das Verfahren bei $\omega = 0$ stets in eine Richtung abnehmender freier Enthalpie. Unter Anwendung der Regula falsi bei einem Vorzeichenwechsel von $\partial\, G/\partial\, \omega$ im Bereich $0 \leq \omega \leq 1$ setzt man daher

$$\omega_{\text{opt}}^{(m)} = \begin{cases} 1 \text{ für } \left(\frac{\partial G}{\partial \omega}\right)_{\omega=1} < 01 \\ /\left[1 - \left(\frac{\partial G}{\partial \omega}\right)_{\omega=1} / \left(\frac{\partial G}{\partial \omega}\right)_{\omega=0}\right] \text{ für} \\ \left(\frac{\partial G}{\partial \omega}\right)_{\omega=1} > 0. \end{cases} \qquad (60)$$

Aus (58) ergeben sich sehr kleine Schrittweiten, wenn Stoffe nur in Spuren vorhanden sind. Für solche Stoffe wird losgelöst von der Hauptrechnung eine Mengenkorrektur nach der Beziehung

$$n_{r+R}^{(m+1)} = n_{r+R}^{(m)} \exp\left[-\Delta G_{\text{m}r}^{\text{R}}/(R_{\text{m}}T)\right] \qquad (61)$$

empfohlen. Die differentielle freie Bildungsenthalpie $\Delta G_{\text{m}r}^{\text{R}}$ der Spurenstoffe bezüglich Basiskomponenten wird dabei durch eine Änderung von ln $n_{r+R}$ bei Konstanz der übrigen Stoffmengen und Realkorrekturen zu null gemacht.

Stoffe mit einer auf null geschrumpften Substanzmenge können aus der Rechnung herausgenommen werden, solange ihre differentielle freie Bildungsenthalpie $\Delta G_{\text{m}r}^{\text{R}}$ bezüglich der Basiskomponenten positiv bleibt. Dieser Fall tritt in Zusammenhang mit kondensierten Reinstoffphasen häufig auf.

Damit ergibt sich folgender Rechengang:

1. Schätzen einer Gleichgewichtszusammensetzung für die vorgegebenen Systemparameter.
2. Auswahl oder Korrektur eines Satzes von Basiskomponenten mit den größten Stoffmengen.
3. Berechnung von Korrekturen $\Delta\xi_{\text{r}}$ der Umsatzvariablen nach (56).
4. Berechnung neuer Stoffmengen nach (57) bzw. (61).
5. Rücksprung zu 2., falls max $| G_{\text{m}r}^{\text{R}}/(R_m T) |$ eine vorgegebene Schranke übersteigt.
6. Ende der Rechnung.

Die Minimierung der freien Enthalpie unter Einführung des Schrittweitenparameters macht den Algorithmus frei von Konvergenzproblemen. Im Fall realer Lösungen braucht das Minimum der freien Enthalpie jedoch nicht eindeutig zu sein.

#### 19.1.3.3 Empfindlichkeit gegenüber Parameteränderungen

Parameter $\beta_i$ einer berechneten Gleichgewichtszusammensetzung sind die Temperatur $T$, der Druck $p$ und die Stoffmengen $n_j^0$ im Anfangszustand des Systems sowie die thermochemischen Daten in Gestalt des chemischen Potenzials $\mu_{0j}(T,\ p)$ seiner reinen Komponenten. Bei Wahrung des Gleichgewichts bewirkt eine Änderung eines Parameters $\beta_i$ eine Änderung der Zusammensetzung des Systems derart, dass die differentielle freie Reaktionsenthalpie $\Delta^{\text{R}}\text{G}_{\text{mr}}$ der unabhängigen Reaktionen nach (46) gleichbleibend den Wert null behält und das totale Differenzial dieser Funktionen in den Variablen $\xi$, $\beta_i$ und $n_j^0(\beta_i)$ verschwindet. Diese Bedingung ergibt für die Parameterempfindlichkeit der Umsatzvariablen $\partial\ \xi_k/\partial\ \beta_i$ das lineare Gleichungssystem (Smith und Missen 1991)

$$\sum_{k=1}^{N-R} \left(\frac{\partial^2 G}{\partial\xi_r \partial\xi_k}\right)_{\beta_i, n_j^{\text{iG}}} \left(\frac{\partial\xi_k}{\partial\beta_i}\right) = -\left(\frac{\Delta G_{\text{m}r}^{\text{R}}}{\partial\beta_i}\right)_{\xi, n_j^{\text{iG}}} - \sum_{l=1}^{N} \left(\frac{\Delta G_{\text{m}r}^{\text{R}}}{\partial n_l}\right)_{T,p,n_{j\neq 1}} \left(\frac{\partial n_l}{\partial n_l^{\text{iG}}}\right)_{\xi} \left(\frac{\partial n_l^0}{\partial\beta_i}\right)$$
$$\text{für} \quad 1 \leq r \leq N-R. \qquad (62)$$

Alle Ableitungen sind für den gegebenen Gleichgewichtszustand einzusetzen, der eine positiv definite Koeffizientenmatrix verbürgt. Für die Parameterabhängigkeit der Gleichgewichtszusammensetzung folgt daraus mit (45)

$$\left(\partial n_j/\partial\beta_{\text{i}}\right) = \left(\partial n_j^{\text{iG}}/\partial\beta_i\right) + \sum_{r=1}^{N-R} \nu_{jr}(\partial\xi_r/\partial\beta_i). \qquad (63)$$

Der erste Term hat dabei für $\beta_i = n_j^0$ den Wert eins und ist andernfalls null. Die rechte Seite von (62) lässt sich mithilfe der Ableitungen (1-50) und (1-51) des chemischen Potenzials sowie der Gleichgewichtsbedingung (46) in Verbindung mit (45) für die verschie-

**Tab. 3** Rechte Seite von (63) für verschiedene Realisierungen des Parameters $\beta_i$

| $\beta_i$ | Rechte Seite von (63) |
|---|---|
| $T$ | $\Delta H_{mr}^{R}/T = \sum_{j=1}^{N} \nu_{jr} H_j/T$ |
| $p$ | $-\Delta V_{mr}^{R} = -\sum_{j=1}^{N} \nu_{jr} V_j$ |
| $n_j^0$ | $-\sum_{l=1}^{N} \nu_{lr} (\partial \mu_l/\partial n_j)_{T,p,l\neq j}$ |
| $\mu_{0j}$ | $-\nu_{jr}$ |

denen Realisierungen des Parameters $\beta_i$ auswerten. Das Ergebnis ist in Tab. 3 zusammengefaßt. Dabei bedeuten $\Delta H_{mr}^{R} \equiv (\partial H/\partial \xi_r)_{T,p}$ die differentielle Reaktionsenthalpie und $\Delta V_{mr}^{R} \equiv (\partial V/\partial \xi_r)_{T,p}$ das differentielle Reaktionsvolumen der Reaktion $r$, während mit $H_j$ und $V_j$ die partielle molare Enthalpie und das partielle molare Volumen der Komponente $j$ bezeichnet sind. Im Allgemeinen muss (62) numerisch gelöst werden, was mit (63) z. B. die Berechnung der isobaren Wärmekapazität eines reagierenden Gemisches im Gleichgewicht erlaubt

$$C_p = (\partial H/\partial T)_{p,n_j} + \sum_{j=1}^{N} H_j (\partial n_j/\partial T). \quad (64)$$

Im Fall einer einzigen Reaktion in einem idealen Gemisch sind allgemeine Aussagen über die Auswirkungen von Parameteränderungen möglich. Aus (2-96) bzw. (2-125), die $H_j = H_{0j}$ zur Folge haben, findet man mit (45) für die Temperaturabhängigkeit der Umsatzvariablen

$$\frac{\partial \xi}{\partial T} = \frac{\sum_{j=1}^{N} \nu_j H_{0j}(T,p)}{R_m T^2} \left[ \sum_{l=1}^{N} n_l \left( \frac{\nu_l}{n_l} - \frac{\overline{\nu}}{n} \right)^2 \right]^{-1}, \quad (65)$$

wobei $\overline{\nu} = \sum \nu_j$ und $n = \sum n_j$ gesetzt ist. Die zugehörige Stoffmengenänderung folgt aus (63) mit $N - R = 1$. Nach diesem auf van't Hoff zurückgehenden Ergebnis wird die Produktbildung ($\nu_j > 0$) endothermer Reaktionen mit $\Delta H_m^R > 0$ durch eine Temperaturerhöhung gefördert, die exothermer Reaktionen mit $\Delta H_m^R < 0$dagegen zurückgedrängt. Die Druckabhängigkeit der Umsatzvariablen ergibt sich wegen $V_j = V_{0j}$ zu

$$\frac{\partial \xi}{\partial p} = -\frac{\sum_{j=1}^{N} \nu_j V_{0j}(T,p)}{R_m T} \left[ \sum_{l=1}^{N} n_l \left( \frac{\nu_l}{n_l} - \frac{\overline{\nu}}{n} \right)^2 \right]^{-1}, \quad (66)$$

sodass hoher Druck den Umsatz von Reaktionen mit Volumenabnahme und damit die Bildung großer Moleküle bei allen Gasreaktionen mit $V_{0j} = R_m T/p$ begünstigt. Die Abhängigkeit der Umsatzvariablen von der Ausgangszusammensetzung folgt mit $n^0 = \sum n_j^0$ zu

$$\frac{\partial \xi}{\partial n_j^0} = \frac{\overline{\nu} n_j^0 - \nu_j n^0}{n_j n} \left[ \sum_{l=1}^{N} n_l \left( \frac{\nu_l}{n_l} - \frac{\overline{\nu}}{n} \right)^2 \right]^{-1}. \quad (67)$$

Für einen Ausgangsstoff mit $\nu_j < 0$ ist $\partial \xi / \partial n_j^{iG}$ im Fall $\overline{\nu} > 0$ stets positiv, sodass eine Vergrößerung von $n_j^0$den Umsatz erhöht. Im Fall $\overline{\nu} < 0$ kann der Zähler von (67) das Vorzeichen wechseln. Dann gibt es für die Menge von $n_j^{iG}$ einen umsatzoptimalen Wert, der durch die Nullstelle des Zählers beschrieben wird. Weitere Zugabe des Ausgangsstoffes $j$ schmälert den Umsatz (Smith und Missen 1991). Die Empfindlichkeit der Umsatzvariablen gegenüber Datenfehlern ist schließlich durch

$$\frac{\partial \xi}{\partial \mu_{0j}} = -\frac{\nu_j}{R_m T} \left[ \sum_{l=1}^{N} n_l \left( \frac{\nu_l}{n_l} - \frac{\overline{\nu}}{n} \right)^2 \right]^{-1} \quad (68)$$

gegeben. Die Fehler wirken sich besonders stark bei Substanzen mit großen Beträgen $|\nu_j|$ der stöchiometrischen Zahlen aus.

## Literatur

Baehr HD, Kabelac S (2016) Thermodynamik, 16. Aufl. Springer, Berlin
Barin I (1992) Thermochemical data of pure substances, 3. Aufl. VCH, Weinheim
Blanke W (Hrsg) (1989) Thermophysikalische Stoffgrößen. Springer, Berlin
Boublik T, Fried V, Hála E (1984) The vapour pressures of pure substances, 3. Aufl. Elsevier, Amsterdam

Dohrn R (1994) Berechnung von Phasengleichgewichten. Vieweg, Braunschweig

Gmehling J (1988) Vapor-liquid equilibrium data collection, 2. Aufl. DECHEMA, Frankfurt am Main

Gmehling J, Kolbe B (1992) Thermodynamik. 2., überarb. Aufl. VCH, Weinheim

Haase R, Schönert H (1969) Solid-liquid equilibrium. Pergamon Press, Oxford

Henley EJ, Seader JD (1981) Equilibrium-stage separation operations in chemical engineering. Wiley, New York

Modell M, Reid RC (1983) Thermodynamics and its applications, 2. Aufl. Prentice-Hall, Englewood Cliffs

Nghiem LX, Li YK (1984) Computation of multiphase equilibrium phenomena with an equation of state. Fluid Phase Equilib 17:77–95

Orbey H, Sandler S (1998) Modeling vapor-liquid equilibria. Cubic equations of state and their mixing rules. Cambridge University Press, Cambridge

Poling B, Prausnitz J, O'connell J (2007) The properties of gases and liquids, 5. Aufl. McGraw-Hill, Boston

Prausnitz JM et al (1980) Computer calculations for multicomponent vapor-liquid and liquid-liquid equilibria. Prentice-Hall, Englewood Cliffs

Prausnitz JM, Lichtenthaler RN, Gomes de Azevedo E (2004) Molecular thermodynamics of fluid-phase equilibria, 3. Aufl. Pearson Education Taiwan, Taiwan

Smith WR, Missen RW (1991) Chemical reaction equilibrium analysis: theory and algorithms, repr.ed. Krieger, Malabar

Stephan P, Schaber KH, Stephan K, Mayinger F (2013) Thermodynamik. Bd. 1: Einstoffsysteme, 19., erg. Aufl. Springer, Berlin

Stephan P, Schaber KH, Stephan K, Mayinger F (2017) Thermodynamik. Bd. 2: Mehrstoffsysteme und chemische Reaktionen, 16. Aufl. Springer, Berlin

Stull DR, Westrum EF Jr, Sinke GC (1987) The chemical thermodynamics of organic compounds. Krieger, Malabar

Treybal RR (1963) Liquid extraction, 2. Aufl. McGraw-Hill, New York

Wagmann DD et al (1982) The NBS Tables of chemical thermodynamic properties. Selected values of inorganic and $C_1$ and $C_2$ organic substances in SI units. J Phys Chem Ref Data 11(Suppl. 2)

Wagner W, Kruse A (2008) Properties of water and steam. The industrial standard IAPWS-IF97 for the thermodynamic properties and supplementary equations for other properties, 2. Aufl. Springer, Berlin

Walas SM (1985) Phase equilibria in chemical engineering. Butterworth, Boston

# Energie- und Stofftransport in Temperatur- und Konzentrationsfeldern

**20**

Stephan Kabelac und Joachim Ahrendts

## Inhalt



**Zusammenfassung**

In diesem Abschnitt werden die im ersten Abschnitt dieses Kapitels bereitgestellten Energie-, Entropie- und Komponentenbilanzen eines Systems als ortsabhängige Feldgleichung formuliert und durch konstitutive Gleichungen ergänzt. Diese konstitutiven Gleichungen beschreiben den Impuls-, den Wärme-, den Stoff- und den Ladungstransport; sie sind in aller Regel empirischer Natur. Zusammen mit geeigneten Stoffdatenmodellen ergeben sich schließlich Differenzialgleichungen zur Berechnung von Geschwindigkeits-, Temperatur- und Konzentrationsfeldern als Funktion von Ort und Zeit. Zur Handhabung dieser Feldgleichungen für konvektiv bewegte Fluide werden laminare und turbulente Strömungen unterschieden und Grenzschichtgleichungen eingeführt.

S. Kabelac (✉)
Institut für Thermodynamik, Leibniz Universität Hannover, Hannover, Deutschland
E-Mail: Kabelac@ift.uni-hannover.de

J. Ahrendts
Bad Oldesloe, Deutschland

## 20.1 Energie- und Stofftransport in Temperatur- und Konzentrationsfeldern

Die Thermodynamik beschreibt den mechanischen, thermischen und stofflichen Gleichgewichtszustand eines Systems unter vorgegebenen Randbedingungen und ggf. Restriktionen, vgl. Abschn. F.1 und F.3 dieses Kapitels zur Thermodynamik. Von besonderer Bedeutung ist die Berechnung der Zusammensetzung der Phasen im Phasen- und Reaktionsgleichgewicht, vgl. Abschn. F.3 dieses Kapitels zur Thermodynamik. Diese Gleichgewichtszustände strebt das System

© Der/die Autor(en), exklusiv lizenziert durch Springer-Verlag GmbH, DE, ein Teil von Springer Nature 2022

M. Hennecke, B. Skrotzki (Hrsg.), *HÜTTE Band 2: Grundlagen des Maschinenbaus und ergänzende Fächer für Ingenieure*, Springer Reference Technik,
https://doi.org/10.1007/978-3-662-64372-3_46

von selbst an, ausgehend von einem beliebigen gegebenen Ausgangszustand. Von technischem Interesse ist zusätzlich die Frage, mit welcher Intensität, in welcher Zeit sich das System in den entsprechenden Gleichgewichtszustand entwickelt. Die Geschwindigkeit, mit der Energie und stoffliche Bestandteile in einem System transportiert werden, hängt von der ort- und zeitabhängigen Verteilung der Temperatur und der chemischen Potenziale in Verbindung mit den thermophysikalischen Transporteigenschaften des Systems ab. Die bisherige vereinfachende Betrachtung von Phasen mit homogen verteilten Zustandsgrößen muss hierbei zu Gunsten von Feldgrößen aufgegeben werden. Die in diesem Kapitel behandelte Transportkinetik ist für die Berechnung der notwendigen Verweilzeiten und für die Dimensionierung von Apparaten grundlegend.

## 20.1.1 Konstitutive Gleichungen

Inhomogenitäten der Temperatur rufen einen Wärmetransport durch Leitung und Strahlung hervor, während ungleich verteilte chemische Potenziale einen diffusiven Stofftransport verursachen, siehe (Kap. „Transporterscheinungen, Fluiddynamik und Akustik" in Band 1). Bei der Wärmeleitung und Diffusion wird jedes Volumenelement nur durch seine Nachbarn, bei der Strahlung dagegen durch das gesamte Feld beeinflußt. Strahlung ist deshalb getrennt zu behandeln. Hier folgen zunächst die Stoffgesetze oder konstitutiven Gleichungen für Wärmeleitung und Diffusion. An Phasengrenzen, die sich relativ zueinander bewegen, wird die Wärmeleitung bzw. Stoffdiffusion durch Konvektion überlagert.

### 20.1.1.1 Fourier'sches Gesetz

In Gasen und Flüssigkeiten ist die Wärmeleitung auf die molekulare Bewegung, in Festkörpern auf Gitterschwingungen und in Metallen zusätzlich auf bewegliche Leitungselektronen zurückzuführen. Makroskopisch lässt sich die Wirkung dieser Mechanismen durch einen mit dem Ort $z$ und der Zeit $\tau$ veränderlichen Wärmestromdichtevektor $\dot{\boldsymbol{q}} = \dot{\boldsymbol{q}}(\mathbf{z}, \tau)$ in der SI-Einheit $\mathrm{W/m^2}$ beschreiben.

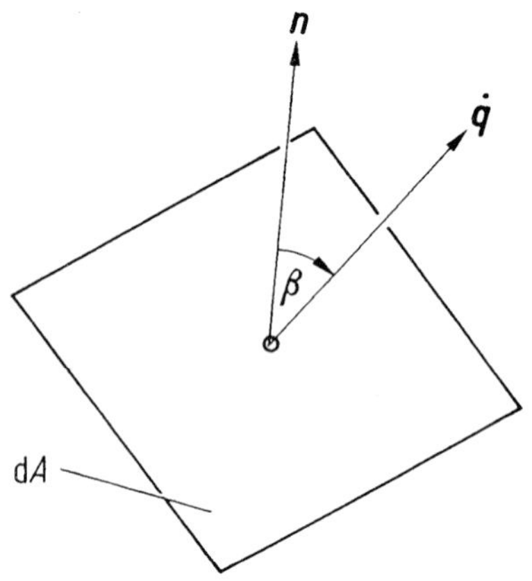


**Abb. 1** Flächenelement d $A$ mit Normalenvektor $\boldsymbol{n}$ und Wärmestromdichtevektor $\dot{\boldsymbol{q}}$

Die Projektion $\dot{\boldsymbol{q}} \cdot \boldsymbol{n}$ des Wärmestromdichtevektors auf die Einheitsnormale $\boldsymbol{n}$ eines beliebig im Raum orientierten Flächenelementes d$A$ liefert den flächenbezogenen Wärmestrom in Richtung der Normalen. Für den durch die Fläche d$A$ geleiteten Wärmestrom gilt

$$\mathrm{d}\dot{Q} = (\dot{\boldsymbol{q}} \cdot \boldsymbol{n})\mathrm{d}A = |\, \dot{\boldsymbol{q}} \,| \, \cos\beta \; \mathrm{d}A, \qquad (1)$$

wobei $\beta$ nach Abb. 1 den Winkel zwischen den Vektoren $\dot{\boldsymbol{q}}$ und $\boldsymbol{n}$ bedeutet.

Durch das empirisch begründete Fourier'sche Gesetz (2) wird der Wärmestromdichtevektor auf den Gradienten des Temperaturfeldes $T(z, \tau)$ in einem wärmeleitenden Medium zurückgeführt. Gemäß der physikalisch begründeten Thermodynamik irreversibler Prozesse tragen neben einem Temperaturgradienten auch andere mögliche Gradienten, z. B. im chemischen Potenzial, zum Wärmestrom bei (Keller 1977; Kjelstrup et al. 2017). Ein Beispiel hierzu ist der sog. Dufour-Effekt (Slattery 1981), wonach u. a. auch Konzentrations- und Druckgradienten einen Beitrag zur Wärmestromdichte liefern. Diese Koppeleffekte spielen aber nur bei jeweils großen Gradienten eine Rolle und sollen im Weiteren vernachlässigt werden. Für isotropes Material lautet das Fourier'sche Gesetz:

$$\dot{\boldsymbol{q}} = -\lambda \; \mathrm{grad}T. \qquad (2)$$

**Tab. 1** Stoffwerte von Luft beim Druck $p = 1$ bar (Baehr und Stephan 2016)

| $t$ | $\varrho$ | $c_p$ | $\beta$ | $\lambda$ | $\nu$ | $a$ | Pr |
|---|---|---|---|---|---|---|---|
| °C | $kg/m^3$ | kJ/(kg · K) | $10^{-3}$ /K | $10^{-3}$ W/(m · K) | $10^{-7}$ $m^2/s$ | $10^{-7}$ $m^2/s$ | 1 |
| −200 | 5,106 | 1,186 | 17,24 | 6,886 | 9,786 | 11,37 | 0,8606 |
| −180 | 3,851 | 1,071 | 11,83 | 8,775 | 17,20 | 21,27 | 0,8086 |
| −160 | 3,126 | 1,036 | 9,293 | 10,64 | 25,58 | 32,86 | 0,7784 |
| −140 | 2,639 | 1,010 | 7,726 | 12,47 | 35,22 | 46,77 | 0,7530 |
| −120 | 2,287 | 1,014 | 6,657 | 14,26 | 46,14 | 61,50 | 0,7502 |
| −100 | 2,019 | 1,011 | 5,852 | 16,02 | 58,29 | 78,51 | 0,7423 |
| −80 | 1,807 | 1,009 | 5,227 | 17,74 | 71,59 | 97,30 | 0,7357 |
| −60 | 1,636 | 1,007 | 4,725 | 19,41 | 85,98 | 117,8 | 0,7301 |
| −40 | 1,495 | 1,007 | 4,313 | 21,04 | 101,4 | 139,7 | 0,7258 |
| −20 | 1,377 | 1,007 | 3,968 | 22,63 | 117,8 | 163,3 | 0,7215 |
| 0 | 1,275 | 1,006 | 3,674 | 24,18 | 135,2 | 188,3 | 0,7179 |
| 20 | 1,188 | 1,007 | 3,421 | 25,69 | 153,5 | 214,7 | 0,7148 |
| 40 | 1,112 | 1,007 | 3,200 | 27,16 | 172,6 | 242,4 | 0,7122 |
| 80 | 0,9859 | 1,010 | 2,836 | 30,01 | 213,5 | 301,4 | 0,7083 |
| 100 | 0,9329 | 1,012 | 2,683 | 31,39 | 235,1 | 332,6 | 0,7070 |
| 120 | 0,8854 | 1,014 | 2,546 | 32,75 | 257,5 | 364,8 | 0,7060 |
| 140 | 0,8425 | 1,016 | 2,422 | 34,08 | 280,7 | 398,0 | 0,7054 |
| 160 | 0,8036 | 1,019 | 2,310 | 35,39 | 304,6 | 432,1 | 0,7050 |
| 180 | 0,7681 | 1,022 | 2,208 | 36,68 | 329,3 | 467,1 | 0,7049 |
| 200 | 0,7356 | 1,026 | 2,115 | 37,95 | 354,7 | 503,0 | 0,7051 |
| 300 | 0,6072 | 1,046 | 1,745 | 44,09 | 491,8 | 694,3 | 0,7083 |
| 400 | 0,5170 | 1,069 | 1,486 | 49,96 | 645,1 | 903,8 | 0,7137 |
| 500 | 0,4502 | 1,093 | 1,293 | 55,64 | 813,5 | 1131 | 0,7194 |
| 600 | 0,3986 | 1,116 | 1,145 | 61,14 | 996,3 | 1375 | 0,7247 |
| 700 | 0,3576 | 1,137 | 1,027 | 66,46 | 1193 | 1635 | 0,7295 |
| 800 | 0,3243 | 1,155 | 0,9317 | 71,54 | 1402 | 1910 | 0,7342 |
| 900 | 0,2967 | 1,171 | 0,8523 | 76,33 | 1624 | 2197 | 0,7395 |
| 1000 | 0,2734 | 1,185 | 0,7853 | 80,77 | 1859 | 2492 | 0,7458 |

Es fordert mit der skalaren Wärmeleitfähigkeit $\lambda > 0$ in der SI-Einheit W/(m · K) einen Wärmefluss in Richtung des größten Temperaturgefälles. Für anisotrope Stoffe wie Holz tritt an die Stelle der skalaren Größe $\lambda$ ein symmetrischer, positiv definiter Tensor zweiter Stufe (Özişik 1993), sodass Wärmestromdichtevektor und größter Temperaturgradient nicht mehr kollinear sind. Die Konsistenz des Fourier'schen Gesetzes mit dem 2. Hauptsatz wird in Abschn. 4.2.4 dieses Abschnitts gezeigt.

Bemerkenswert ist die Analogie zwischen Fourier'schem und Ohm'schen Gesetz. Wärmestromdichte, Wärmeleitfahigkeit und Temperatur entsprechen der elektrischen Stromdichte, der elektrischen Leitfähigkeit und der elektrischen Spannung.

Die Wärmeleitfähigkeit $\lambda$ ist eine Materialeigenschaft, die vom örtlichen Zustand, d. h. von Temperatur, Druck und Zusammensetzung, abhängt und durch Messungen oder eine mikroskopische Theorie fluider oder fester Stoffe (Hirschfelder et al. 2010; Weißmantel und Hamann 1995) bestimmt werden muss. Die Druckabhängigkeit spielt in aller Regel bei Feststoffen keine Rolle. Daten für die Wärmeleitfähigkeit ausgewählter Stoffe enthalten die Tab. 1, 2, 3 und 4 in Verbindung mit Werten der Dichte $\varrho$, der isobaren spezifischen Wärmekapazität $c_p$ und anderer, später zu erläuternder thermophysikalischer Größen.

**Tab. 2** Stoffwerte von Wasser im Sättigungszustand vom Tripelpunkt bis zum kritischen Punkt (Baehr und Stephan 2016)

| $t$ | $p$ | $\varrho'$ | $\varrho''$ | $c_p'$ | $c_p''$ | $\beta'$ | $\beta''$ | $r$ | $\lambda'$ | $\lambda''$ | $\nu'$ | $\nu''$ | $a'$ | $a''$ | Pr′ | Pr″ | $\sigma$ |
|---|---|---|---|---|---|---|---|---|---|---|---|---|---|---|---|---|---|
| °C | bar | kg/m³ | kg/m³ | kJ/(kg · K) | kJ/(kg · K) | $10^{-3}$ /K | $10^{-3}$ /K | kJ/kg | $10^{-3}$ W/(m · K) | $10^{-3}$ W/(m · K) | mm²/s | mm²/s | mm²/s | mm²/s | 1 | 1 | $10^{-3}$ N/m |
| 0,01 | 0,006117 | 999,78 | 0,004855 | 4,229 | 1,868 | −0,08044 | 3,672 | 2500,5 | 561,0 | 17,07 | 1,792 | 1898,0 | 0,1327 | 1883,0 | 13,51 | 1,008 | 75,65 |
| 10 | 0,012281 | 999,69 | 0,009404 | 4,188 | 1,882 | 0,08720 | 3,548 | 2476,9 | 580,0 | 17,62 | 1,307 | 1006,0 | 0,1385 | 999,8 | 9,434 | 1,006 | 74,22 |
| 20 | 0,023388 | 998,19 | 0,01731 | 4,183 | 1,882 | 0,2089 | 3,435 | 2453,3 | 598,4 | 18,23 | 1,004 | 562,0 | 0,1433 | 559,6 | 7,005 | 1,004 | 72,74 |
| 30 | 0,042455 | 995,61 | 0,03040 | 4,183 | 1,892 | 0,3050 | 3,332 | 2429,7 | 615,4 | 18,89 | 0,8012 | 329,3 | 0,1478 | 328,3 | 5,422 | 1,003 | 71,20 |
| 40 | 0,073814 | 992,17 | 0,05121 | 4,182 | 1,904 | 0,3859 | 3,240 | 2405,9 | 630,5 | 19,60 | 0,6584 | 201,3 | 0,1519 | 200,9 | 4,333 | 1,002 | 69,60 |
| 50 | 0,12344 | 987,99 | 0,08308 | 4,182 | 1,919 | 0,4572 | 3,156 | 2381,9 | 643,5 | 20,36 | 0,5537 | 127,8 | 0,1558 | 127,7 | 3,555 | 1,001 | 67,95 |
| 60 | 0,19932 | 983,16 | 0,13030 | 4,183 | 1,937 | 0,5222 | 3,083 | 2357,6 | 654,3 | 21,18 | 0,4746 | 83,91 | 0,1591 | 83,92 | 2,983 | 1,000 | 66,24 |
| 70 | 0,31176 | 977,75 | 0,19823 | 4,187 | 1,958 | 0,5827 | 3,018 | 2333,1 | 663,1 | 22,07 | 0,4132 | 56,80 | 0,1620 | 56,85 | 2,551 | 0,9992 | 64,49 |
| 80 | 0,47373 | 971,79 | 0,29336 | 4,194 | 1,983 | 0,6403 | 2,964 | 2308,1 | 670,0 | 23,01 | 0,3648 | 39,51 | 0,1644 | 39,56 | 2,219 | 0,9989 | 62,68 |
| 90 | 0,70117 | 965,33 | 0,42343 | 4,204 | 2,011 | 0,6958 | 2,929 | 2282,7 | 675,3 | 24,02 | 0,3258 | 28,17 | 0,1664 | 28,20 | 1,958 | 0,9989 | 60,82 |
| 100 | 1,0132 | 958,39 | 0,59750 | 4,217 | 2,044 | 0,7501 | 2,884 | 2256,7 | 679,1 | 25,09 | 0,2941 | 20,53 | 0,1680 | 20,55 | 1,750 | 0,9994 | 58,92 |
| 110 | 1,4324 | 951,00 | 0,82601 | 4,232 | 2,082 | 0,8038 | 2,860 | 2229,9 | 681,7 | 26,24 | 0,2680 | 15,27 | 0,1694 | 15,26 | 1,582 | 1,001 | 56,97 |
| 120 | 1,9848 | 943,16 | 1,1208 | 4,249 | 2,126 | 0,8576 | 2,846 | 2202,4 | 683,2 | 27,46 | 0,2462 | 11,56 | 0,1705 | 11,53 | 1,444 | 1,003 | 54,97 |
| 130 | 2,7002 | 934,88 | 1,4954 | 4,267 | 2,176 | 0,9123 | 2,844 | 2174,0 | 683,7 | 28,76 | 0,2278 | 8,894 | 0,1714 | 8,840 | 1,329 | 1,006 | 52,94 |
| 140 | 3,6119 | 926,18 | 1,9647 | 4,288 | 2,233 | 0,9683 | 2,855 | 2144,6 | 683,3 | 30,14 | 0,2123 | 6,946 | 0,1720 | 6,869 | 1,234 | 1,011 | 50,86 |
| 150 | 4,7572 | 917,06 | 2,5454 | 4,312 | 2,299 | 1,026 | 2,878 | 2114,1 | 682,1 | 31,59 | 0,1991 | 5,496 | 0,1725 | 5,399 | 1,154 | 1,018 | 48,75 |
| 160 | 6,1766 | 907,50 | 3,2564 | 4,339 | 2,374 | 1,087 | 2,916 | 2082,3 | 680,0 | 33,12 | 0,1877 | 4,402 | 0,1727 | 4,285 | 1,087 | 1,027 | 46,60 |
| 170 | 7,9147 | 897,51 | 4,1181 | 4,369 | 2,460 | 1,152 | 2,969 | 2049,2 | 677,1 | 34,74 | 0,1779 | 3,565 | 0,1727 | 3,430 | 1,030 | 1,039 | 44,41 |
| 180 | 10,019 | 887,06 | 5,1539 | 4,403 | 2,558 | 1,221 | 3,039 | 2014,5 | 673,4 | 36,44 | 0,1693 | 2,915 | 0,1724 | 2,764 | 0,9822 | 1,055 | 42,20 |
| 190 | 12,542 | 876,15 | 6,3896 | 4,443 | 2,670 | 1,296 | 3,128 | 1978,2 | 668,8 | 38,23 | 0,1619 | 2,405 | 0,1718 | 2,241 | 0,9423 | 1,073 | 39,95 |
| 200 | 15,536 | 864,74 | 7,8542 | 4,489 | 2,797 | 1,377 | 3,238 | 1940,1 | 663,4 | 40,10 | 0,1554 | 2,001 | 0,1709 | 0,825 | 0,9093 | 1,096 | 37,68 |
| 250 | 39,736 | 799,07 | 19,956 | 4,857 | 3,772 | 1,955 | 4,245 | 1715,4 | 621,4 | 51,23 | 0,1329 | 0,8766 | 0,1601 | 0,6804 | 0,8299 | 1,288 | 26,05 |
| 300 | 85,838 | 712,41 | 46,154 | 5,746 | 5,981 | 3,273 | 7,010 | 1404,7 | 547,7 | 69,49 | 0,1207 | 0,4257 | 0,1338 | 0,2517 | 0,9018 | 1,691 | 14,37 |
| 350 | 165,21 | 574,69 | 113,48 | 10,13 | 16,11 | 10,37 | 22,12 | 893,03 | 447,6 | 134,6 | 0,1146 | 0,2098 | 0,07692 | 0,07365 | 1,490 | 2,849 | 3,675 |
| 373,976 | 220,55 | 322,00 | 322,00 | ∞ | ∞ | ∞ | ∞ | 0 | 141,9 | 141,9 | 0,1341 | 0,1341 | 0 | 0 | ∞ | ∞ | 0 |

**Tab. 3** Thermophysikalische Eigenschaften nichtmetallischer fester Stoffe bei 20 °C (Baehr und Stephan 2016)

| Stoff | $\varrho$ | $c$ | $\lambda$ | $a$ |
|---|---|---|---|---|
| | $10^3$ kg/m$^3$ | kJ/(kg · K) | W/(m · K) | mm$^2$/s |
| Acrylglas (Plexiglas) | 1,18 | 1,44 | 0,184 | 0,108 |
| Asphalt | 2,12 | 0,92 | 0,70 | 0,36 |
| Bakelit | 1,27 | 1,59 | 0,233 | 0,115 |
| Beton | 2,1 | 0,88 | 1,0 | 0,54 |
| Eis (0 °C) | 0,917 | 2,04 | 2,25 | 1,203 |
| Erdreich, grobkiesig | 2,04 | 1,84 | 0,52 | 0,14 |
| Sandboden, trocken | 1,65 | 0,80 | 0,27 | 0,20 |
| Sandboden, feucht | 1,75 | 1,00 | 0,58 | 0,33 |
| Tonboden | 1,45 | 0,88 | 1,28 | 1,00 |
| Fett | 0,91 | 1,93 | 0,16 | 0,091 |
| Glas, Fenster- | 2,48 | 0,70 | 0,87 | 0,50 |
| Spiegel- | 2,70 | 0,80 | 0,76 | 0,35 |
| Quarz- | 2,21 | 0,73 | 1,40 | 0,87 |
| Thermometer- | 2,58 | 0,78 | 0,97 | 0,48 |
| Gips | 1,00 | 1,09 | 0,51 | 0,47 |
| Granit | 2,75 | 0,89 | 2,9 | 1,18 |
| Korkplatten | 0,19 | 1,88 | 0,041 | 0,115 |
| Marmor | 2,6 | 0,80 | 2,8 | 1,35 |
| Mörtel | 1,9 | 0,80 | 0,93 | 0,61 |
| Papier | 0,7 | 1,20 | 0,12 | 0,14 |
| Polyethylen | 0,92 | 2,30 | 0,35 | 0,17 |
| Polyamide | 1,13 | 2,30 | 0,29 | 0,11 |
| Polytetrafluorethylen (PTFE) | 2,20 | 1,04 | 0,23 | 0,10 |
| PVC | 1,38 | 0,96 | 0,15 | 0,11 |
| Porzellan (95 °C) | 2,40 | 1,08 | 1,03 | 0,40 |
| Steinkohle | 1,35 | 1,26 | 0,26 | 0,15 |
| Tannenholz (radial) | 0,415 | 2,72 | 0,14 | 0,12 |
| Verputz | 1,69 | 0,80 | 0,79 | 0,58 |
| Zelluloid | 1,38 | 1,67 | 0,23 | 0,10 |
| Ziegelstein | 1,6 ... 1,8 | 0,84 | 0,38 ... 0,52 | 0,28 ... 0,34 |

Entsprechende Angaben für weitere Stoffe sind in (Blanke 1989) zu finden, für Kältemittel wird auf (Kakaç und Yenner 1995) verwiesen, und Korrelationen für fluide Gemische sind in (Poling et al. 2007; Stephan und Heckenberger 1988) aufgeführt. Die Wärmeleitfähigkeit nimmt von den Metallen über nichtmetallische Feststoffe und Flüssigkeiten bis zu den Gasen von ca. 300 auf ca. 0,01 W/(m · K) um vier Zehnerpotenzen ab. Die Werte gut leitender Metalle werden durch Verunreinigungen besonders bei tiefen Temperaturen deutlich herabgesetzt. Geschäumte Kunststoffe wirken in erster Linie wegen ihrer Gaseinschlüsse wärmedämmend.

#### 20.1.1.2 Maxwell-Stefan'sche Gleichungen und Fick'sches Gesetz

Der diffusive Stofftransport in Gemischen beruht auf einer Relativbewegung zwischen den vorhandenen Teilchen. Makroskopisch bilden die Teilchenarten $A_i$ sich gegenseitig durchdringende Kontinua, die sich mit unterschiedlichen Geschwindigkeiten $\boldsymbol{w}_i$ bewegen. Für das Gemisch als Ganzes lassen sich verschiedene mittlere Geschwindigkeiten (Taylor und Krishna 1993) erklären. Die wichtigsten sind die Schwerpunktsgeschwindigkeit $\boldsymbol{w}$, so wie sie in der Kontinuitäts- und Impulsgleichung strömender Fluide auftritt,

**Tab. 4** Thermophysikalische Eigenschaften von Metallen und Legierungen bei 20 °C (Baehr und Stephan 2016)

| Stoff | $\varrho$ | $c$ | $\lambda$ | $a$ |
|---|---|---|---|---|
| | $10^3$ kg/m$^3$ | kJ/(kg · K) | W/(m · K) | mm$^2$/s |
| *Metalle* | | | | |
| Aluminium | 2,70 | 0,888 | 237 | 98,8 |
| Blei | 11,34 | 0,129 | 35 | 23,9 |
| Chrom | 6,92 | 0,440 | 91 | 29,9 |
| Eisen | 7,86 | 0,452 | 81 | 22,8 |
| Gold | 19,26 | 0,129 | 316 | 127,2 |
| Iridium | 22,42 | 0,130 | 147 | 50,4 |
| Kupfer | 8,93 | 0,382 | 399 | 117,0 |
| Magnesium | 1,74 | 1,020 | 156 | 87,9 |
| Mangan | 7,42 | 0,473 | 21 | 6,0 |
| Molybdän | 10,2 | 0,251 | 138 | 53,9 |
| Natrium | 9,71 | 1,220 | 133 | 11,2 |
| Nickel | 8,85 | 0,448 | 91 | 23,0 |
| Platin | 21,37 | 0,133 | 71 | 25,0 |
| Rhodium | 12,44 | 0,248 | 150 | 48,6 |
| Silber | 10,5 | 0,235 | 427 | 173,0 |
| Titan | 4,5 | 0,522 | 22 | 9,4 |
| Uran | 18,7 | 0,175 | 28 | 8,6 |
| Wolfram | 19,0 | 0,134 | 173 | 67,9 |
| Zink | 7,10 | 0,387 | 121 | 44,0 |
| Zinn, weiß | 7,29 | 0,225 | 67 | 40,8 |
| Zirkon | 6,45 | 0,290 | 23 | 12,3 |
| *Legierungen* | | | | |
| Bronze (84 Cu, 9 Zn, 6 Sn, 1 Pb) | 8,8 | 0,377 | 62 | 18,7 |
| Duraluminium | 2,7 | 0,912 | 165 | 67,0 |
| Gusseisen | 7,8 | 0,54 | 42 ...50 | 10 ...12 |
| Kohlenstoffstahl ( < 0,4 % C) | 7,85 | 0,465 | 45 ...55 | 12 ...15 |
| Cr-Ni-Stahl (X12CrNil8-8) | 7,8 | 0,50 | 15 | 3,8 |
| Cr-Stahl (X8Crl7) | 7,7 | 0,46 | 25 | 7,1 |

und die mittlere molare Geschwindigkeit $\boldsymbol{u}$. Die impliziten Definitionen lauten

$$\varrho \boldsymbol{w} \equiv \sum_{i=1}^{K} \varrho_i \boldsymbol{w}_i \tag{3}$$

und

$$\bar{c}\boldsymbol{u} \equiv \sum_{i=1}^{K} \bar{c}_i \boldsymbol{w}_i, \tag{4}$$

wobei $\varrho = m/V$ die Dichte des Gemisches, $\varrho_i = m_i/V$ die Partialdichte der Komponente $i$, $\bar{c} = n/V$ die Stoffmengenkonzentration des Gemisches, $\bar{c}_i = n_i/V$ die Stoffmengenkonzentration der Komponente $i$ und $K$ die Zahl der Komponenten im Gemisch bedeuten. Die Masse und Stoffmenge des Gemisches und der Komponenten sind dabei mit $m$ und $n$ bzw. $m_i$ und $n_i$ bezeichnet; $V$ ist das Volumen des Gemisches.

Die Diffusionsgeschwindigkeit einer Komponente $i$ ist ihre Relativgeschwindigkeit gegenüber einer festzulegenden mittleren Geschwindigkeit des Gemisches. Hiermit verknüpft ist eine Diffusionsstromdichte, welche eine durch die Diffusionsgeschwindigkeit bedingte Flussdichte beschreibt. Verschiedene Varianten der vom Ort $z$ und der Zeit $\tau$ abhängigen, vektorwertigen Diffusionsstromdichte sind möglich. Geläufig sind die Diffusionsmassenstromdichte, bezogen auf die Schwerpunktsgeschwindigkeit

$$\boldsymbol{j}_i \equiv \varrho_i(\boldsymbol{w}_i - \boldsymbol{w}) \quad \text{mit} \quad \sum_{i=1}^{K} \boldsymbol{j}_i = 0 \tag{5}$$

und die Diffusionsstoffmengenstromdichte, bezogen auf die mittlere molare Geschwindigkeit

$$\boldsymbol{J}_i \equiv \bar{c}_i(\boldsymbol{w}_i - \boldsymbol{u}) \quad \text{mit} \quad \sum_{i=1}^{K} \boldsymbol{J}_i = 0, \tag{6}$$

die sich wegen (3) und (4) für die einzelnen Komponenten jeweils zu null summieren. Beide Größen lassen sich ineinander umrechnen (Taylor und Krishna 1993). Für die vektorielle, orts- und zeitabhängige Massen- und Stoffmengenstromdichte einer Komponente $i$ erhält man

$$\dot{\boldsymbol{m}}_i'' = \bar{\xi}_i \dot{\boldsymbol{m}}'' + \boldsymbol{j}_i = \varrho_i \boldsymbol{w} + \boldsymbol{j}_i \tag{7}$$

bzw.

$$\dot{\boldsymbol{n}}_i'' = x_i \dot{\boldsymbol{n}}'' + \boldsymbol{J}_i = \bar{c}_i \boldsymbol{u} + \boldsymbol{j}_i \tag{8}$$

mit $\bar{\xi}_i$ und $x_i$ als dem lokalen Massen- und Stoffmengenanteil der Komponente $i$ sowie $\dot{\boldsymbol{m}}'' = \varrho w$ und $\dot{\boldsymbol{n}}'' = \bar{c}\boldsymbol{u}$ als den entsprechenden Massen- und Stoffmengenstromdichten des gesamten Gemisches.

In idealen Gasgemischen lassen sich die Diffusionsstromdichten der Komponenten durch die Maxwell-Stefan'schen Gleichungen (Hirschfelder et al. 2010) auf Gradienten von chemischen Potenzialen und der Temperatur zurückführen. Dieses Ergebnis der kinetischen Theorie ist mit wenigen Postulaten auf nichtideale Gemische verallgemeinert worden (Ouwerkerk 1991). Gefordert wird die Invarianz der durch die Diffusion verursachten Entropieerzeugung gegenüber der Bezugsgeschwindigkeit der Diffusionsstromdichte. Zugleich wird ein linearer Zusammenhang zwischen der Schlupfgeschwindigkeit $\boldsymbol{w}_i - \boldsymbol{w}_j$ zweier Komponenten und dem Gefälle der zugeordneten Potenziale angenommen. Der Beitrag des Temperaturgradienten zu den Diffusionsstromdichten, auch Thermodiffusion oder Soret-Effekt genannt, gemäß der Thermodynamik irreversibler Prozesse ist nur bei Anwendungen mit großen Temperaturgradienten, z. B. der Ablationskühlung, von Bedeutung. Im Folgenden wird der Soret-Effekt wie bereits der Dufour-Effekt als schwache Kopplung zwischen Diffusion und Wärmeleitung vernachlässigt. Mit dieser Vereinfachung lauten die Maxwell-Stefan'schen Gleichungen, in die keine Bezugsgeschwindigkeit eingeht, in drei gleichwertigen Formulierungen (Taylor und Krishna 1993)

$$\left.\begin{aligned} \sum_{j=1}^{K} \frac{x_i x_j (\boldsymbol{w}_i - \boldsymbol{w}_j)}{Đ_{ij}} &= -\frac{x_i}{R_\mathrm{m} T} \operatorname{grad} A_i^* \\ \sum_{j=1}^{K} \frac{x_j \boldsymbol{J}_i - x_i \boldsymbol{J}_j}{\bar{c} Đ_{ij}} &= -\frac{x_i}{R_\mathrm{m} T} \operatorname{grad} A_i^* \\ \sum_{j=1}^{K} x_j \dot{\boldsymbol{n}}_i'' - x_i \frac{\dot{\boldsymbol{n}}_j''}{\bar{c} Đ_{ij}} &= -\frac{x_i}{R_\mathrm{m} T} \operatorname{grad} A_i^* \end{aligned}\right\} 1 \le i \le K-1 \tag{9}$$

Dabei ist $Đ_{ij} = Đ_{ji}$ der verallgemeinerte Maxwell-Stefan'sche Diffusionskoeffizient für das Komponentenpaar $i$ und $j$ mit der SI-Einheit $m^2$/s und einem Wert $Đ_{ij} > 0$, der in idealen Gasgemischen nicht von der Konzentration abhängt. Weiter bedeutet $R_m$ die universelle Gaskonstante und

$$\begin{aligned} \operatorname{grad} A_i^* &= \operatorname{grad}(\mu_i)_{T,p} \\ &+ \left[ V_i - \frac{M_i}{M} V_\mathrm{m} \right] \operatorname{grad} p \\ &- M_i \left[ \boldsymbol{f}_i - \sum_{j=1}^{K} \bar{\boldsymbol{\xi}}_j \boldsymbol{f}_j \right] \end{aligned} \tag{10}$$

den Gradienten des Diffusionspotenzials $A_i^*$ der Komponente $i$. Wegen (1-34) gilt

$$\sum_{i=1}^{k} x_i \operatorname{grad} A_i^* = 0, \tag{11}$$

d. h., nur $K - 1$ Gleichungen sind linear unabhängig.

Im Einzelnen bezeichnen in (10) $\operatorname{grad}(\mu_i)_{T,p}$ den isotherm-isobaren Gradienten des chemischen Potenzials der Komponente $i$, $V_i$ und $M_i$ das partielle molare Volumen und die molare

Masse der Komponente $i$, $V_m$ und $M$ das molare Volumen und die molare Masse des gesamten Gemisches, $p$ den Druck und $\boldsymbol{f}_i$ die auf die Masse bezogene Kraft, die von äußeren Feldern auf die Komponente $i$ ausgeübt wird.

Der Beitrag des Druckgradienten in (10) hat bei der Diffusion in porösen Körpern oder bei der Sedimentation im Schwere- und Zentrifugalfeld einen entscheidenden Einfluß, wobei sich aus der Bedingung grad $A_i^* = 0$ die ortsaufgelöste Verteilung der Zusammensetzung im Gleichgewicht herleiten lässt (Ouwerkerk 1991). Der letzte Term ist nur dann von null verschieden, wenn die Komponenten wie in Elektrolytlösungen verschiedenen Kraftfeldern unterliegen. Die Schwerkraft liefert keinen Beitrag. In den meisten verfahrenstechnischen Anwendungen dominiert der erste Summand. Im Folgenden wird daher allein die Diffusion aufgrund von Konzentrationsdifferenzen behandelt.

Mit dem Ansatz (2–137) für das chemische Potenzial der Komponente $i$ erhält man zunächst

$$\frac{x_i}{R_m T}\,\mathrm{grad}(\mu_i)_{T,p} = \sum_{j=1}^{K-1} \Gamma_{ij}\ \mathrm{grad}\,x_j = (\underline{\boldsymbol{\Gamma}}\mathrm{grad}\boldsymbol{x})_i. \quad (12)$$

Für die $(K-1)$-dimensionale quadratische Matrix $\underline{\boldsymbol{\Gamma}}$ gilt dabei

$$\Gamma_{ij} = \delta_{ij} + x_i \left[\frac{\partial \ln \gamma_i(x_1, x_2, \ldots, x_{K-1})}{\partial x_j}\right]_{T,p,x_{k \neq j}}. \quad (13)$$

Eine Auswertung von $\Gamma_{ij}$ für verschiedene Aktivitätskoeffizientenmodelle $\gamma_i(\boldsymbol{x})$ nach Abschn. 2.2.3 findet man in (Taylor und Krishna 1993). Für ideale Gemische geht $\underline{\boldsymbol{\Gamma}}$ in die Einheitsmatrix $\underline{\boldsymbol{I}}$ über. Die Komponenten des Vektors $\boldsymbol{x}$ sind die Stoffmengenanteile der ersten $K-1$ Stoffkomponenten

$$x = (x_1, x_2, \ldots, x_{K-1})^{\mathrm{T}}. \quad (14)$$

Die praktisch benötigten Diffusionsstromdichten $\boldsymbol{J}_i$ können durch Inversion der $K-1$ Maxwell-Stefan'schen Gleichungen (11) unter Berücksichtigung der Schließbedingung

$$\boldsymbol{J}_K = -\sum_{i=1}^{K-1} \boldsymbol{J}_i \quad (15)$$

gewonnen werden. Dies führt mit dem verkürzten Gradienten (12) des Diffusionspotenzials auf die $(K-1)$-dimensionale Matrixbeziehung

$$\underline{\boldsymbol{J}} = -\bar{c}\underline{\boldsymbol{B}}^{-1}\underline{\boldsymbol{\Gamma}}\ \mathrm{grad}\,\boldsymbol{x}. \quad (16)$$

Die Matrix $\underline{\boldsymbol{J}}$ wird dabei aus den Diffusionsstromdichten der ersten $K-1$ Stoffkomponenten gebildet

$$\underline{\boldsymbol{J}} = (\boldsymbol{J}_1, \boldsymbol{J}_2, \ldots, \boldsymbol{J}_{K-1})^{\mathrm{T}} \quad (17)$$

und die $(K-1)$–dimensionale quadratische Matrix $\underline{\boldsymbol{B}}$ ist durch

$$B_{ii} = x_i/Đ_{iK} + \sum_{k=1;k\neq i}^{K} x_k/Đ_{ik} \quad (18)$$

$$B_{ij} = -x_i\left(1/Đ_{ij} - 1/Đ_{iK}\right) \quad \text{für } j \neq i \quad (19)$$

gegeben. Die Diffusionsstromdichte $\boldsymbol{J}_K$ der letzten Komponente folgt aus der Schließbedingung (15). Im Allgemeinen hängt die Diffusionsstromdichte $\boldsymbol{J}_i$ einer Komponente $i$ von den Konzentrationsgradienten aller Komponenten ab und kann dem eigenen Konzentrationsgefälle entgegengerichtet sein. Die Konsistenz der Maxwell-Stefan'schen Gleichungen mit dem 2. Hauptsatz ist dennoch nach Abschn. 4.2.4 gewährleistet. In Sonderfällen reduziert sich das Produkt $\underline{\boldsymbol{B}}^{-1}\underline{\boldsymbol{\Gamma}}$ in (16) wenigstens zeilenweise auf Diagonalglieder, d. h., die Diffusionsstromdichten der Komponenten verlaufen in Richtung des steilsten Gefälles der eigenen Konzentration. Dies trifft zu für Zweistoffgemische mit

$$\boldsymbol{J}_1 = -\bar{c}Đ_{12}\Gamma_{11}\ \mathrm{grad}\ x_{\mathrm{i}} \quad (20)$$

und gilt zudem für Komponenten $i$, die hochverdünnt ($x_i \approx 0$) in einem Lösungsmittelgemisch vorliegen. Hier wird

$$\boldsymbol{J}_i = -c\text{Đ}_{12}\Gamma_{11} \text{ grad } x_i \tag{21}$$

mit

$$B_{ii} = \sum_{k=1;k\neq i}^{K} x_k/\text{Đ}_{ik}. \tag{22}$$

Ebenso folgt für ein ideales Gemisch aus ähnlichen Komponenten mit nahezu gleichen Maxwell-Stefan'schen Diffusionskoeffizienten $\text{Đ}_{ij} = \text{Đ}$

$$\underline{\boldsymbol{J}} = -\bar{c}\text{Đ}\, \underline{\boldsymbol{I}} \text{ grad}\, \boldsymbol{x}. \tag{23}$$

Den Maxwell-Stefan'schen Gleichungen in der Formulierung (16) steht das empirisch begründete Fick'sche Diffusionsgesetz

$$\underline{\boldsymbol{J}} = -\bar{c}\underline{\boldsymbol{D}}^u \text{ grad}\, \boldsymbol{x} \tag{24}$$

in Analogie zum Fourier'schen Gesetz gegenüber. Der Vergleich ergibt für die $(K-1)$-dimensionale Matrix der Fick'schen Diffusionskoeffizienten

$$\underline{\boldsymbol{D}}^u = \underline{\boldsymbol{B}}^{-1}\underline{\boldsymbol{\Gamma}}. \tag{25}$$

Die Transformation von (24) auf die Diffusionsmassenstromdichte bezogen auf die Schwerpunktsgeschwindigkeit liefert als gleichwertige Form des Fick'schen Gesetzes

$$\underline{\boldsymbol{j}} = -\varrho\underline{\boldsymbol{D}}^w \text{ grad}\, \bar{\boldsymbol{\xi}} \tag{26}$$

Die Matrix $\underline{\boldsymbol{j}}$ fasst dabei die Diffusionsmassenstromdichten der ersten $K-1$ Komponenten

$$\underline{\boldsymbol{j}} = (\boldsymbol{j}_1, \boldsymbol{j}_2, \ldots, \boldsymbol{j}_{k-1})^{\mathrm{T}} \tag{27}$$

und der Vektor $\bar{\boldsymbol{\xi}}$ die Massenanteile der ersten $K-1$ Komponenten

$$\bar{\boldsymbol{\xi}} = \left(\bar{\xi}_1, \bar{\xi}_2, \ldots, \bar{\xi}_{K-1}\right)^{\mathrm{T}} \tag{28}$$

zusammen. Die $(K-1)$-dimensionale quadratische Matrix $\underline{\boldsymbol{D}}^w$ der Diffusionskoeffizienten folgt aus der Ähnlichkeitstransformation (Taylor und Krishna 1993)

$$\begin{aligned}\underline{\boldsymbol{D}}^w &= [\underline{\boldsymbol{B}}^{wu}]\left[\underline{\boldsymbol{I}\bar{\boldsymbol{\xi}}}\right]^{-1}[\underline{\boldsymbol{I}\boldsymbol{x}}]^{-1}\underline{\boldsymbol{D}}^u \\ &= [\underline{\boldsymbol{I}\boldsymbol{x}}]\left[\underline{\boldsymbol{I}\bar{\boldsymbol{\xi}}}\right]^{-1}[\underline{\boldsymbol{B}}^{wu}]^{-1}\end{aligned} \tag{29}$$

mit

$$[\underline{\boldsymbol{B}}^{wu}]^{-1} = \underline{\boldsymbol{B}}^{uw} \tag{30}$$

$$B_{ik}^{wu} = \delta_{ik} - \bar{\xi}_i\left[1 - \bar{\xi}_K x_k/\bar{\xi}_k x_K\right], \tag{31}$$

und

$$B_{ik}^{wu} = \delta_{ik} - \bar{\xi}_i\left[x_k/\left(\bar{\xi}_k - x_K/\bar{\xi}_K\right)\right]. \tag{32}$$

Die Fick'schen Diffusionskoeffizienten $D_{ij}{}^u$ und $D_{ij}{}^w$ haben ebenso wie Maxwell-Stefan'schen Diffusionskoeffizienten die SI-Einheit $m^2/s$ und stimmen im Fall von idealen Zweistoffgemischen, in denen die Komponenten 1 und 2 diffundieren, sämtlich überein.

$$\begin{aligned}\text{Đ}_{12} = \text{Đ}_{21} &= D_{11}^u \\ &= D_{11}^w \quad \text{(ideales Zweistoffgemisch)}.\end{aligned} \tag{33}$$

In der kompakten Darstellung des Fick'schen Gesetzes werden viele Einflüsse verschmolzen. Die Matrizen $\underline{\boldsymbol{D}}^u$ und $\underline{\boldsymbol{D}}^w$ sind unsymmetrisch und haben nur $(K/2)(K-1)$ unabhängige Elemente. Diese stellen keine Paarwechselwirkungen dar und können auch negatives Vorzeichen haben. Selbst in idealen Gasgemischen sind die Elemente stark von der Konzentration abhängig. Die Einbeziehung des thermodynamischen Faktors $\underline{\boldsymbol{\Gamma}}$ führt zu einer Singularität von $\underline{\boldsymbol{D}}^u$ und $\underline{\boldsymbol{D}}^w$ in kritischen Zuständen eines Gemisches (Taylor und Krishna 1993) und kompliziertem Verhalten in dessen Nachbarschaft. Zur Korrelation sind daher zunächst die Maxwell-Stefan'schen Diffusionskoeffizienten geeignet, aus denen sich mit (25) und (29) in Verbindung mit einem thermodynamischen Modell die Matrix $\underline{\boldsymbol{D}}^u$ order $\underline{\boldsymbol{D}}^w$ der Fick'schen Diffusionskoeffizienten bestimmen lässt. Damit ist das Fick'sche Gesetz vorteilhaft zur Beschreibung von Diffusionsstromdichten anzuwenden.

Bei Gasen sind die Maxwell-Stefan'schen Diffusionskoeffizienten von der Größenordnung $10^{-5}$ bis $10^{-4}$ $m^2/s$, während für Flüssigkeiten Werte von $10^{-9}$ bis $10^{-8}$ $m^2/s$ typisch sind. Die binären Fick'schen Diffusionskoeffizienten in Festkörpern sind gewöhnlich kleiner als in Flüssigkeiten. Sie variieren um viele Größenordnungen und verändern sich exponentiell mit der Temperatur (Cussler 2017).

In Gasgemischen geringer Dichte, d. h. bei einem Druck $p < 10$ bar, lassen sich die Maxwell-Stefan'schen Diffusionskoeffizienten nach der Theorie von Chapman und Enskog berechnen, die eine Veränderlichkeit mit Druck und Temperatur nach $1/p$ bzw. etwa $T^{3/2}$ vorhersagt, vgl. (Abschn. 10.2) während die Abhängigkeit von der Konzentration der Komponenten praktisch entfällt. Das Ergebnis ist in (Poling et al. 2007) zusammen mit den zur Auswertung benötigten Lennard-Jones-Parametern aufgeführt. Auf die gleiche mittlere Genauigkeit von ca. 5 % führt die in (VDI 2013) empfohlene Korrelation von Fuller u. a.:

$$\frac{Đ_{ij}}{\mathrm{cm}^2/\mathrm{s}} = 1{,}013 \cdot 10^{-3} \left[\frac{T}{K}\right]^{1{,}75} \cdot \frac{\left[\dfrac{1}{M_i/(\mathrm{g/mol})} + \dfrac{1}{M_j/(\mathrm{g/mol})}\right]^{1/2}}{\left[\dfrac{p}{\mathrm{bar}}\right]\left[\sqrt[3]{v_i} + \sqrt[3]{v_j}\right]^2}. \tag{34}$$

Hierin ist $T$ die thermodynamische Temperatur, $p$ der Druck und $M_i$ bzw. $M_j$ die molare Masse der Komponenten $i$ und $j$. Die dimensionslosen Größen $v_i$ und $v_j$ sind sog. Diffusionsvolumina, die sich für die Komponenten aus den in Tab. 5 angegebenen Beiträgen der atomaren Bestandteile summieren. Die Werte für Stoffe in Klammern sind nur durch wenige Messungen gestützt.

Für Gasgemische bei höheren Dichten trifft die in (34) enthaltene Druckabhängigkeit nicht mehr zu und lässt sich genauer durch den Ansatz von Dawson u. a. (VDI 2013)

$$Đ_{ij}\varrho = \left(Đ_{ij}\varrho\right)_0 \left(1 + 0{,}053432\varrho_r - 0{,}030182\,\varrho_r^2 - 0{,}029725\,\varrho_r^3\right) \tag{35}$$

abschätzen. Dabei ist $\varrho$ die Dichte des Gemisches. Das mit 0 indizierte Produkt wird bei der Gemischtemperatur $T$ und einem kleinen Druck berechnet. Die reduzierte Dichte $\varrho_r = \varrho/\varrho_k$ ist mit der pseudokritischen Dichte $\varrho_k = M/\Sigma x_i/V_{mk,i}$ zu bilden, wobei $V_{mk,i}$ das molare kritische Volumen der Komponente $i$ und $M$ die molare Masse des Gemisches bedeuten.

In Flüssigkeiten hängen die Maxwell-Stefan'schen Diffusionskoeffizienten stark von der Konzentration der Komponenten, aber kaum vom Druck ab. Zur Modellierung der Konzentrationsabhängigkeit werden die Grenzwerte für jeweils unendliche Verdünnung der Komponenten $i$ und $j$ eines binären Gemisches

$$Đ_{ij}^{\infty} \equiv \lim_{x_i \to 0} Đ_{ij} \quad \text{und} \quad D_{ji}^{\infty} \equiv \lim_{x_j \to 0} Đ_{ij} \tag{36}$$

zu einfachen Funktionen der Gemischzusammensetzung kombiniert. Für Vielstoffgemische wurde von Wesselingh und Krishna der Ansatz (Taylor und Krishna 1993)

$$Đ_{ij} = Đ_{ij}^{\infty\left(1+x_j+x_i\right)/2} \cdot Đ_{ji}^{\infty\left(1+x_i-x_j\right)/2} \tag{37}$$

vorgeschlagen, welcher eine Verallgemeinerung der für binäre flüssige Gemische bewährten Beziehung von Vignes (Poling et al. 2007)

$$Đ_{ij} = \left(Đ_{ij}^{\infty}\right)_{x_j} \cdot \left(Đ_{ji}^{\infty}\right)_{x_i} \tag{38}$$

ist. Sie führt außer bei stark assoziierenden Komponenten zu guten Ergebnissen.

Nahezu alle Korrelationen für die Grenzwerte (36) der Maxwell-Stefan'schen Diffusionskoeffizienten in flüssigen Zweistoffgemischen im Zustand hoher Verdünnung beruhen auf der Gleichung von Stokes-Einstein. Sie postuliert ein Gleichgewicht zwischen der Reibung einer Kugel in einer ausgedehnten Flüssigkeit und dem Gradienten des teilchenbezogenen chemischen Potenzials als der – auch dimensionsmäßig – treibenden Kraft der Teilchenbewegung. Häufig benutzt wird die empirische

**Tab. 5** Diffusionsvolumen gemäß (34) nach Fuller u. a. (VDI 2013)

| | | | |
|---|---|---|---|
| Atomare und strukturelle Inkremente für das Diffusionsvolumen $v$ | | | |
| C | 16,5 | (Cl) | 19,5 |
| H | 1,98 | (S) | 17,0 |
| O | 5,48 | aromatischer Ring | −20,2 |
| (N) | 5,69 | heterocyclischer Ring | −20,2 |
| Diffusionsvolumen $v$ für einfache Moleküle | | | |
| $H_2$ | 7,07 | CO | 18,9 |
| $D_2$ | 6,70 | $CO_2$ | 26,9 |
| He | 2,88 | $N_2O$ | 35,9 |
| $N_2$ | 17,9 | $NH_3$ | 14,9 |
| $O_2$ | 16,6 | $H_2O$ | 12,7 |
| Luft | 20,1 | $(CCl_2F_2)$ | 114,8 |
| Ar | 16,1 | $(SF_6)$ | 69,7 |
| Kr | 22,8 | $(Cl_2)$ | 37,7 |
| (Xe) | 37,9 | $(Br_2)$ | 67,2 |
| | | $(SO_2)$ | 41,1 |

Abwandlung von Wilke und Chang (Poling et al. 2007)

$$\frac{Đ_{ij}^{\infty}}{\mathrm{cm^2/s}} = 7{,}4 \cdot 10^{-8} \frac{\left[\varphi_j \dfrac{M_j}{\mathrm{g/mol}}\right]^{1/2} \left[\dfrac{T}{\mathrm{K}}\right]}{\left[\dfrac{\eta_j}{\mathrm{mPa \cdot s}}\right] \left[\dfrac{V_{0i}}{\mathrm{cm^3/mol}}\right]^{0{,}6}}. \quad (39)$$

Dabei ist $\eta_j = \varrho_j\, \nu_j$ die Viskosität des Lösungsmittels $j$, die sich aus der Dichte $\varrho_j$ und kinematischen Viskosität $\nu_j$ berechnen lässt, siehe Tab. 2 für Wasser und (Poling et al. 2007) für andere Lösungsmittel. Weiter bedeutet $V_{0i}$ das Molvolumen der flüssigen Phase des gelösten Stoffes $i$ am normalen Siedepunkt und $\varphi_j$ einen Assoziationsparameter mit $\varphi_{H_2O} = 2{,}6$; $\varphi_{CH_3OH} = 1{,}9$; $\varphi_{C_2H_5OH} = 1{,}5$ und $\varphi_j = 1$ für nicht assoziierende Lösungsmittel.

### 20.1.2 Bilanzgleichungen der Thermofluiddynamik

Um Wärme- und Diffusionsströme aus den konstitutiven Gleichungen und den hier enthaltenen Gradienten berechnen zu können, müssen die Temperatur- und Konzentrationsfelder bekannt sein. Diese ergeben sich prinzipiell aus ortsaufgelösten Stoff-, Impuls- und Energiebilanzen, in denen die Stromdichten durch die konstitutiven Gleichungen ausgedrückt werden.

Abb. 2 zeigt ein aus einem Kontinuum geschnittenes finites Volumen $V$, das sich mit der örtlichen Schwerpunktsgeschwindigkeit $\boldsymbol{w} = \boldsymbol{w}(x, \tau)$ bewegt und sich dabei verformt. Für jede mitgeführte extensive Zustandsgröße $Z$ gilt nach (1–87) die Bilanz, dass die Änderungsgeschwindigkeit des Bestandes innerhalb der Systemgrenzen gleich dem Nettozustrom plus der Erzeugungsrate im System ist:

$$\frac{\mathrm{d}}{\mathrm{d}\tau} \int_V \varrho z \mathrm{d}V = -\int_A \left( \sum_{k=1}^{K} z_k \boldsymbol{j}_k + \dot{z}''_{\mathrm{im}} \right) \boldsymbol{n} \mathrm{d}A + \int_V \dot{z}''' \mathrm{d}V. \quad (40)$$

Diese allgemeine Bilanzgleichung gilt für ortsaufgelöste Feldgrößen $Z = Z(x, y, z, \tau)$ im Gegensatz zur allgemeinen Bilanzgleichung (1–88), die für nulldimensionale Systeme aufgestellt wurde. Hierin bezeichnet $\varrho\, z = z_v$ die Dichte der Größe $Z$ mit $z = Z/m$ als der zugehörigen spezifischen Größe. Der Zustrom von $Z$ über ein Oberflächen-

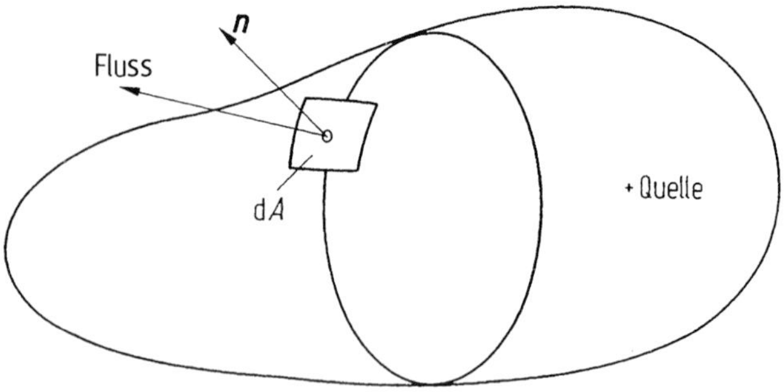


**Abb. 2** Bilanzvolumen mit Oberflächenelement $\mathrm{d}A$, äußerem Normalenvektor $\boldsymbol{n}$, Flussvektor und Quelle einer extensiven Größe $Z$

element $\mathrm{d}A$ mit der äußeren Einheitsnormalen $\boldsymbol{n}$ setzt sich aus einem stoffgebundenen Anteil $\sum z_k \boldsymbol{j}_k \cdot \boldsymbol{n}\mathrm{d}A$ und einem immateriellen Anteil $\dot{z}''_{\mathrm{im}} \cdot \boldsymbol{n}$ $\mathrm{d}A$ zusammen. Dabei ist $z_k = Z_k/M_k$ die aus der partiellen molaren Größe $Z_k$ nach (1–32) abgeleitete partielle spezifische Größe und $\dot{z}''_{\mathrm{im}}$ die Stromdichte des immateriellen Transports, die für Masse oder Stoffmengen null ist. Da sich das Volumen $V$ mit der Schwerpunktsgeschwindigkeit bewegt, beruht der stoffgebundene Transport allein auf Diffusion. Schließlich bedeutet $\dot{z}'''$ die Dichte einer Quelle oder eines volumenproportionalen äußeren Zuflusses der Größe $Z$ in das System. Mit dem Reynolds'schen Transporttheorem (Slattery 1981) zum Differenzieren des Volumenintegrals mit zeitabhängigen Grenzen und dem Gaußschen Integralsatz zur Umwandlung der Oberflächen- in Volumenintegrale erhält man aus (40)

$$\partial(\varrho z)/\partial\tau + \mathrm{div}(\varrho z \boldsymbol{w}) = -\mathrm{div}\left(\sum_{k=1}^{k} z_k \boldsymbol{j}_k + \dot{z}_{\mathrm{im}}''\right) + \dot{z}'''. \qquad (41)$$

Durch Spezialisierung auf die Masse $Z = m$ folgt die aus der Strömungsmechanik bekannte Kontinuitätsgleichung

$$\partial\varrho/\partial\tau + \mathrm{div}(\varrho \boldsymbol{w}) = 0. \qquad (42)$$

Mit diesem Ergebnis lässt sich (41) auch in der Gestalt

$$\varrho\ Dz/D\tau = -\mathrm{div}\left(\sum_{k=1}^{k} z_k \boldsymbol{j}_k + \dot{z}_{\mathrm{im}}''\right) + \dot{z}''' \qquad (43)$$

schreiben, wobei

$$\mathrm{D}z/\mathrm{D}\tau \equiv \partial z/\partial\tau + (\mathrm{grad}\ z)\cdot \boldsymbol{w} \qquad (44)$$

die aus einem lokalen und einem konvektiven Anteil zusammengesetzte materielle Ableitung der orts- und zeitabhängigen Größe $z$ bezüglich einer Bewegung mit der Schwerpunktsgeschwindigkeit $\boldsymbol{w}$ bedeutet. Für das spezifische Volumen $z = v$ ergibt sich aus dem Vergleich von (41) und (43) die materielle Änderung

$$\varrho\ \mathrm{D}v/\mathrm{D}\tau = \mathrm{div}\ \boldsymbol{w}, \qquad (45)$$

die auf der Verschiebung der Berandung eines zugeordneten Massenelementes beruht.

### 20.1.2.1 Stoffbilanzen

Bei der Anwendung von (41) auf die Masse $Z = m_i$ einer Komponente $i$ des Systems hat man infolge ablaufender chemischer Reaktionen die Quelldichte

$$\dot{z}''' = \dot{m}_i''' = M_i \dot{n}_i''' = M_i \sum_{r=1}^{R} \nu_{ir} r_r \qquad (46)$$

zu berücksichtigen. Dabei bedeutet $\nu_{ir}$ die stöchiometrische Zahl des Stoffes $i$ in der Reaktion $r$, die mit der Geschwindigkeit $r_r = (1/V)\mathrm{d}\xi_r/\mathrm{d}\tau$ abläuft wobei $\xi_r$ den Umsatz der Reaktion $r$ bezeichnet. Fasst man nach (1–7) die Flussdichten $\varrho_i\ \boldsymbol{w}$ und $\boldsymbol{j}_i$ des strömungsbedingten konvektiven und des überlagerten diffusiven Transports zur Massenstromdichte $\dot{\boldsymbol{m}}_i''$ der Komponente $i$ zusammen, erhält man eine erste Form der Komponentenmassenbilanz

$$\partial\varrho_i/\partial\tau + \mathrm{div}\ \dot{\boldsymbol{m}}_i'' = \dot{m}_i'''. \qquad (47)$$

Sie beschreibt die durch Konvektion, Diffusion und Reaktion bedingte Konzentrationsverteilung einer Komponente. Die Summation über alle Komponenten führt wegen des Massenerhalts bei chemischen Reaktionen auf die Kontinuitätsgleichung (42). Eine zu (47) gleichwertige zweite Form der Komponentenmassenbilanz folgt aus (43):

$$\varrho D\overline{\xi}_i/\mathrm{D}\tau = -\mathrm{div}\ \boldsymbol{j}_i + \dot{\boldsymbol{m}}_i''' \quad \text{mit} \quad 1 \leq i \leq K-1. \tag{48}$$

Hier ist die Summe über alle Komponenten null, d. h., es gibt nur $K-1$ unabhängige Gleichungen. Eine zu (48) analoge Bilanz lässt sich für die Stoffmenge einer Komponente angeben

$$\bar{c}[\partial x_i/\partial\tau + (\mathrm{grad}\ x_i)\cdot\boldsymbol{u}] = -\mathrm{div}\boldsymbol{J}_i + \dot{n}_i''' - x_i\sum_{k=1}^{k}\dot{n}_k''' \quad \text{mit} \quad 1 \leq i \leq K-1. \tag{49}$$

An die Stelle der Schwerpunktgeschwindigkeit tritt die mittlere molare Geschwindigkeit $\boldsymbol{u}$ mit der zugeordneten Diffusionsstromdichte $\boldsymbol{J}_i$.

### 20.1.2.2 Impuls- und mechanische Energiebilanz

Das für die Konzentrationsverteilung maßgebende Geschwindigkeitsfeld ergibt sich in Verbindung mit der Kontinuitätsgleichung aus einer Impulsbilanz. Zu ihrer Formulierung wird in (43) $\boldsymbol{Z} = m\,\boldsymbol{w}$ gesetzt. Die Dichte $\dot{z}$ $\underline{z}_{\mathrm{im}}''$ des immateriellen Impulsflusses, der durch Oberflächenkräfte auf der Bilanzhülle von Abb. 2 verursacht wird, ist das Negative des symmetrischen Spannungstensors $\underline{\boldsymbol{t}}$. Dieser lässt sich in einen isotropen Drucktensor $-p\underline{\delta}$ mit $\underline{\delta}$ als dem Einheitstensor und einen Tensor $\underline{\boldsymbol{t}}^{\mathrm{R}}$ der Reibungsspannungen

$$\underline{\boldsymbol{t}} = -p\underline{\delta} + \underline{\boldsymbol{t}}^{\mathrm{R}} \tag{50}$$

zerlegen, wobei der Druck zunächst als negative mittlere Normalspannung $p = -(1/3)t_{ii}$ definiert ist. Dabei gilt hier wie im Folgenden die Regel der indizierten Tensorschreibweise, dass über gleichlautende Indizes zu summieren ist. Der Term $\dot{z}'''$ ist durch die Dichte der Volumenkräfte gegeben. Wird auf die Komponente $k$ die massenbezogene Kraft $\boldsymbol{f}_k$ ausgeübt, so ist

$$\dot{\boldsymbol{z}}''' = \sum_{k=1}^{K}\varrho_k\boldsymbol{f}_k, \tag{51}$$

was sich bei alleiniger Wirkung der Schwerkraft zu $\dot{z}''' = \varrho\boldsymbol{g}$ mit $\boldsymbol{g}$ als der Erdbeschleunigung vereinfacht. Damit lautet die Impulsbilanz

$$\varrho\ \mathrm{D}\boldsymbol{w}/\mathrm{D}\tau = -\mathrm{grad}p + \mathrm{div}\underline{\boldsymbol{t}}^{\mathrm{R}} + \sum_{k=1}^{K}\varrho_k\boldsymbol{f}_k. \tag{52}$$

Sie führt die materielle Beschleunigung eines Massenelementes auf die angreifenden Oberflächen und Volumenkräfte zurück. Der Geschwindigkeitsgradient, der in der konvektiven Beschleunigung nach (44) enthalten ist, und die Divergenz des Reibungstensors sind in kartesischen Koordinaten mit den Einheitsvektoren $\boldsymbol{e}_i$ durch

$$\mathrm{grad}\ \boldsymbol{w} = \left(\partial w_i/\partial z_j\right)\boldsymbol{e}_i\boldsymbol{e}_j \tag{53}$$

und

$$\mathrm{div}\ \underline{\boldsymbol{t}}^R = \left(\partial t_{ij}^R/\partial z_j\right)\boldsymbol{e}_i \tag{54}$$

erklärt. Dabei ist $\boldsymbol{e}_i\ \boldsymbol{e}_j$ das dyadische Produkt der beiden Einheitsvektoren, vgl. z. B. (Bird et al. 2013).

Durch Multiplikation der Impulsbilanz (54) mit dem Geschwindigkeitsvektor $\boldsymbol{w}$ erhält man eine Bilanz der mechanischen Energieformen, die sich in der Gestalt

$$(\varrho/2)\mathrm{D}\boldsymbol{w}^2/\mathrm{D}\tau = \mathrm{div}(\underline{\boldsymbol{t}}\boldsymbol{w}) + \sum_{k=1}^{K}\varrho_k\boldsymbol{f}_k\cdot\boldsymbol{w} + \varrho p\ D\upsilon D\tau - \mathrm{tr}\left(\underline{\boldsymbol{t}}^{\mathrm{R}}\mathrm{grad}\ \boldsymbol{w}\right) \tag{55}$$

schreiben lässt (Ouwerkerk 1991). Danach ist die Änderung der kinetischen Energie gleich der durch die Oberflächen- und Volumenkräfte zugeführten Arbeit vermindert um die Volumenänderungsarbeit und die durch Reibung dissipierte Energie, die beide in innere Energie umgewandelt werden, siehe Abschn. 4.2.4. Bezogen wird jeweils auf das Volumen und die Zeit.

#### 20.1.2.3 Energiebilanz

Grundlegend für die Temperaturverteilung in einem bewegten Kontinuum ist die nach (43) gebildete Bilanz für die Gesamtenergie $Z = m(u + \boldsymbol{w}^2/2)$, die sich aus der inneren und der kinetischen Energie zusammensetzt. Der immaterielle Energiezufluß über die Bilanzhülle nach Abb. 2 besteht aus der Leistung der Oberflächenkräfte und dem übertragenen Wärmestrom, wobei die Flussdichte durch

$$\dot{z}''_{\text{im}} = p\dot{\boldsymbol{v}}'' - \underline{\boldsymbol{t}}^{\text{R}} \cdot \boldsymbol{w} + \dot{\boldsymbol{q}} \tag{56}$$

mit $\dot{\boldsymbol{v}}'' = \sum v_k \ \dot{\boldsymbol{m}}_k''$ als der Volumenstromdichte gegeben ist. Die volumenproportionale Energiezufuhr, die durch den Term $\dot{z}'''$ wiedergegeben wird, umfaßt die Leistung der auf die einzelnen Komponenten wirkenden Volumenkräfte und eine mögliche elektrische Dissipationsleistung der Dichte $\dot{\psi}'''$ in $\text{W/m}^3$. Damit lautet die Bilanz für die Gesamtenergie

$$\begin{aligned} &\varrho D\left(u + \boldsymbol{w}^2/2\right)/\text{D}\tau \\ &= -\text{div}\left[\sum_{k=1}^{K} u_k \boldsymbol{j}_k + p\dot{\boldsymbol{v}}'' - \underline{\boldsymbol{t}}^{\text{R}}\boldsymbol{w} + \dot{\boldsymbol{q}}\right] \\ &\quad + \sum_{k=1}^{K} \varrho_k \boldsymbol{f}_k \cdot \boldsymbol{w}_k + \dot{\psi}'''. \end{aligned} \tag{57}$$

Mithilfe der mechanischen Energiebilanz (55) lässt sich die spezifische kinetische Energie eliminieren und ist im Folgenden keineswegs vernachlässigt. Ersetzt man in der verbleibenden Bilanz für die thermischen Energieformen die innere Energie nach (1–41) durch die Enthalpie $h = u + p \cdot v$, erhält man die sog. Enthalpieform der Energiegleichung

$$\begin{aligned} \varrho Dh/\text{D}\tau &= -\text{div}\left(\sum_{k=1}^{K} h_k \boldsymbol{j}_k + \dot{\boldsymbol{q}}\right) \\ &\quad + \sum_{k=1}^{K} \boldsymbol{j}_k \cdot \boldsymbol{f}_k + \text{D}p/\text{D}\tau + \text{tr}\left(\underline{\boldsymbol{t}}^{\text{R}} \text{grad}\, \boldsymbol{w}\right) + \dot{\psi}'''. \end{aligned} \tag{58}$$

Die hier angenommene Identität des in Abschn. 4.2.2 definierten mittleren Drucks mit dem thermodynamischen Druck, der aus einer thermischen Zustandsgleichung $p = p\left(\varrho, T, \overline{\xi}_k\right)$ folgt, trifft für Newton'sche Fluide mit verschwindender Volumenviskosität zu (Baehr und Stephan 2016). Die materielle Enthalpieänderung ist über die kalorische Zustandsgleichung $h = h\left(T, p, \overline{\xi}_k\right)$, die wie sämtliche thermodynamischen Zusammenhänge in dem bewegten Kontinuum lokal gelten soll, mit einer entsprechenden Temperaturänderung verknüpft. Nach Tab. 1–1 gilt

$$\begin{aligned} \text{D}h/\text{D}\tau &= c_p \text{D}T/\text{D}\tau \\ &\quad + \left[\upsilon - T(\partial\upsilon/\partial T)_p\right]\text{D}p/\text{D}\tau \\ &\quad + \sum_{k=1}^{k-1} (h_k - h_K)\text{D}\overline{\xi}_k/\text{D}\tau \end{aligned} \tag{59}$$

mit $c_p$ als der isobaren spezifischen Wärmekapazität. Einsetzen der Enthalpie- und Konzentrationsableitung nach (58) und (48) liefert die Temperaturform der Energiegleichung

$$\begin{aligned} &\varrho c_p \, \text{D}T/\text{D}\tau = -\text{div}\, \dot{\boldsymbol{q}} - \sum_{k=1}^{K} \boldsymbol{j}_k \cdot \text{grad}\, h_k - \sum_{k=1}^{K} h_k \dot{m}_k''' \\ &+ (T/\upsilon)(\partial\upsilon/\partial T)_p \, \text{D}p/\text{D}\tau \\ &+ \sum_{k=1}^{K} \boldsymbol{j}_k \cdot \boldsymbol{f}_k + \text{tr}\left(\underline{\boldsymbol{t}}^{\text{R}}\, \text{grad}\, \boldsymbol{w}\right) + \dot{\psi}''' \end{aligned} \tag{60}$$

Danach tragen Wärme, Mischung, chemische Reaktionen, Kompression und Dissipation zur Temperaturerhöhung bei. Die Diffusionsströme koppeln das Temperatur- und Konzentrationsfeld. Die Reaktionsenthalpie $\sum h_k \dot{m}_k'''$, die sich wie eine Wärmequelle verhält, muss nach Abschn. 3.3.1 auf der Basis von Bildungsenthalpien berechnet werden.

#### 20.1.2.4 Entropiebilanz und konstitutive Gleichungen

Den Nachweis der Verträglichkeit der konstitutiven Gleichungen mit dem 2. Hauptsatz der Thermodynamik leistet eine Bilanz für die Entropie $S$. Aus (43) erhält man mit Z=S für das Bilanzvolumen nach Abb. 2

$$\varrho\ \mathrm{D}s/\mathrm{D}\tau = -\mathrm{div}\left(\sum_{k=1}^{K} s_k \boldsymbol{j}_k + \dot{\boldsymbol{q}}/T\right) + \dot{s}_{\mathrm{irr}}''', \qquad (61)$$

wobei $\dot{z}''_{\mathrm{im}} = \dot{\mathbf{q}}/T$ die Dichte des immateriellen Entropieflusses mit der Wärme und $\dot{z}''' = \dot{s}'''_{\mathrm{irr}} > 0$ die stets positive Quelldichte der Entropieerzeugung bedeuten. Andererseits gilt nach (1-44)

$$T\mathrm{D}s/\mathrm{D}\tau = \mathrm{D}h/\mathrm{D}\tau - v\mathrm{D}p/\mathrm{D}\tau - \sum_{k=1}^{K-1}(g_k - g_K)\mathrm{D}\bar{\xi}_k/\mathrm{D}\tau \qquad (62)$$

mit $g_k = \mu_k/M_k$ als der partiellen spezifischen freien Enthalpie und $\mu_k$ als dem chemischen Potenzial der Komponente $k$. Der Vergleich von (61) und (62) unter Berücksichtigung von (48), (58) und (1-52) liefert mit dem Postulat einer von der Bezugsgeschwindigkeit der Diffusion unabhängigen Entropieerzeugung (Ouwerkerk 1991) für chemisch inerte Systeme

$$T\dot{s}'''_{\mathrm{irr}} = \mathrm{tr}\left(\underline{\boldsymbol{t}}^{\mathrm{R}}\ \mathrm{grad}\,\boldsymbol{w}\right) - (\dot{\boldsymbol{q}}/T)\cdot\mathrm{grad}\,T - \sum_{k=1}^{K}\boldsymbol{J}_k\cdot\mathrm{grad}\,A_k^* + \dot{\psi}'''. \qquad (63)$$

Hierin ist $A_k^*$ das Diffusionspotenzial der Komponente $k$, vgl. (10). Die einzelnen Summanden stellen die Dissipation durch Reibung (siehe Abschn. 4.2.2), Wärmeleitung, Diffusion und elektrischen Stromfluss dar. Um die vom 2. Hauptsatz geforderte nichtnegative Entropieerzeugung zu gewährleisten, muss wegen der Unabhängigkeit der Prozesse jeder Beitrag für sich positiv sein.

In einem Newton'schen Fluid genügt der Reibungstensor bei Gültigkeit der Stokes'schen Hypothese über das Verschwinden der Volumenviskosität der konstitutiven Gleichung (Baehr und Stephan 2016)

$$\underline{\boldsymbol{t}}^{\mathrm{R}} = \eta\left[\mathrm{grad}\,\boldsymbol{w} + (\mathrm{grad}\,\boldsymbol{w})^{\mathrm{T}} - (2/3)(\mathrm{div}\,\boldsymbol{w})\delta\right] \qquad (64)$$

mit dem Stoffkennwert $\eta$ als der dynamischen Viskosität in der SI-Einheit Pa · s. Die konstitutiven Gleichungen für den Wärme-, Diffusions- und elektrischen Stromfluss sind durch das Fourier'sche Gesetz (2), die Maxwell-Stefan'schen Gleichungen (9) und das Ohm'sche Gesetz gegeben. Einsetzen in (63) ergibt (Ouwerkerk 1991)

$$T\dot{s}'''_{\mathrm{irr}} = \sum_{i=1}^{3}\sum_{j=1}^{3}\left(t_{ij}^{\mathrm{R}}\right)^2/(2\eta) + (\lambda/T)(\mathrm{grad}\ T)^2 + (1/2)\,\bar{c}R_{\mathrm{m}}T\sum_{i=1}^{K} \times \sum_{j=1}^{K}x_i x_j\left(\boldsymbol{w}_i - \boldsymbol{w}_j\right)^2/Đ_{ij} + \varrho_{\mathrm{el}}\boldsymbol{J}_{\mathrm{el}}^2 \qquad (65)$$

mit $\varrho_{\mathrm{el}}$ als dem spezifischen Widerstand und $\boldsymbol{j}_{\mathrm{el}}$ als der elektrischen Stromdichte. Für

$$\eta > 0,\ \lambda > 0,\ Đ_{ij} > 0 \quad \text{und} \quad \varrho_{\mathrm{el}} > 0$$

sind die Forderungen des 2. Hauptsatzes erfüllt, was insbesondere die Ansätze für die Maxwell-Stefan'schen Diffusionskoeffizienten $Đ_{ij}$ in konzentrierten Lösungen nach Abschn. 4.1.2 absichert.

### 20.1.3 Feldgleichungen der intensiven Zustandsgrößen

Die konstitutiven Gleichungen (64), (2) und (9) führen die Reibungsspannungen, Wärme- und Stoffmengenstromdichten in den Bilanzen (42), (48), (52) und (60) für Masse, Komponentenmassen, Impuls und thermische Energie auf Gradienten des Geschwindigkeits-, Temperatur- und Konzentrationsfeldes zurück. Ebenso sind die reaktionsbedingten Quelldichten von Substanzen durch einen konzentrationsabhängigen kinetischen Ansatz darstellbar. Wirkt die Schwerkraft als alleinige Volumenkraft, erhält man unter Beschränkung auf Zweistoffgemische mit $D^w = D^u = D$ nach (1–32) aus den Bilanzgleichungen

$$\partial \varrho / \partial \tau + \operatorname{div}(\varrho \boldsymbol{w}) = 0 \tag{66}$$

$$\varrho D\overline{\xi}_1 / \mathrm{D}\tau = \operatorname{div}\ \left(\varrho D\ \operatorname{grad}\overline{\xi}_1\right)\dot{m}^{'''} \tag{67}$$

$$\begin{aligned} \varrho D\mathbf{w}/\mathrm{D}\tau = &- \operatorname{grad} p \\ &+ \operatorname{div}\ \left\{\eta\left[\operatorname{grad}\boldsymbol{w} + (\operatorname{grad}\boldsymbol{w})^{\mathrm{T}}\right.\right. \\ &- \left.\left.(2/3)(\operatorname{div}\boldsymbol{w})\ \underline{\delta}\right]\right\} + \varrho \boldsymbol{g} \end{aligned} \tag{68}$$

$$\begin{aligned} \varrho c_p\ \mathrm{D}T/\mathrm{D}\tau = &\operatorname{div}(\lambda\ \operatorname{grad} T) + \ \varrho D\ \operatorname{grad}\left(\overline{\xi}_1\right) \\ &\cdot \operatorname{grad}(h_1 - h_2) \\ &- \ \dot{m}_1^{'''}(h_1 - h_2) \\ &+ (T/\upsilon)(\partial v\ \ \partial T)_p \mathrm{D}p/\mathrm{D}\tau \\ &+ \ \operatorname{tr}\ \left\{\eta\ \left[\operatorname{grad}\boldsymbol{w} + (\operatorname{grad}\boldsymbol{w})^{\mathrm{T}}\right.\right. \\ &\left.\left. -(2/3)(\operatorname{div}\boldsymbol{w})\underline{\delta}\right] \cdot \operatorname{grad}\boldsymbol{w}\right\} + \dot{\psi}^{'''}. \end{aligned} \tag{69}$$

Die Impulsgleichungen (68) werden dabei als Navier-Stokes'sche Gleichungen, vgl., Abschn. 8.3.1) bezeichnet. Zusammen mit einer thermischen und kalorischen Zustandsgleichung

$$\varrho = \varrho\left(T,p,\overline{\xi}_1\right) \quad \text{und} \quad h = h\left(T,p,\overline{\xi}_1\right) \tag{70}$$

bilden (66) bis (69) ein geschlossenes Gleichungssystem zur orts- und zeitaufgelösten Bestimmung der Feldgrößen

$$p,\boldsymbol{w},T \quad \text{und} \quad \overline{\xi}_1.$$

Über die Geschwindigkeit sowie die Temperatur-, Druck- und Konzentrationsabhängigkeit der Dichte sind die Gleichungen wechselseitig gekoppelt. Eine wesentliche Vereinfachung ergibt sich für inkompressible Strömungen mit einer vernachlässigbaren materiellen Dichteänderung $\mathrm{D}\varrho/\mathrm{D}\tau \approx 0$ eines mitgeführten Volumenelementes. Dies erfordert eine materiell unveränderliche Zusammensetzung $\mathrm{D}\overline{\xi}_j/\mathrm{D}\tau \approx 0$ in den Hauptkomponenten der Strömung, d. h., der diffusive Stofftransport und chemische Reaktionen sind auf eine Komponente geringer Konzentration beschränkt. In diesem Fall ist die molare Masse des Gemisches konstant und die mittlere molare Geschwindigkeit $\boldsymbol{u}$ unterscheidet sich nicht von der Schwerpunktsgeschwindigkeit $\boldsymbol{w}$ (Ouwerkerk 1991). Bei Gasen muss darüber hinaus die Strömungsgeschwindigkeit klein gegenüber der Schallgeschwindigkeit sein. In Luft bei Umgebungstemperatur erreicht die Dichteänderung durch isentropes Aufstauen der Strömung bei einer Geschwindigkeit $w$ = 50 m/s oder einer Mach-Zahl $M\ a = 0{,}14$ die Schwelle von 1 %. Für kleine Mach-Zahlen entfällt in (69) der Kompressionsterm $\sim$ D $p$/D $\tau$ und die viskose Dissipation tr $\{\ldots\}$ ist vernachlässigbar, wenn man von Strömungen durch sehr schmale Spalte absieht.

Als weitere Vereinfachung werden häufig konstante Werte $\eta$, $\lambda$ und $D$ für die Viskosität, die Wärmeleitfähigkeit und den Fick'schen Diffusionskoeffizienten sowie für die spezifische Wärmekapazität $c_p$ vorausgesetzt. Schließt man chemische Reaktionen und die Dissipation elektrischer Energie aus und vernachlässigt den Enthalpiediffusionsterm in (69), was nur bei inerten Gemischen möglich ist, erhält man aus (66) bis (69)

$$\operatorname{div}\boldsymbol{w} = 0 \tag{71}$$

$$\mathrm{D}\overline{\xi}_1/\mathrm{D}\tau = D\Delta\overline{\xi}_1 \tag{72}$$

$$\mathrm{D}\boldsymbol{w}/\mathrm{D}\tau = -(1/\varrho)\ \operatorname{grad}\tilde{p} + \nu\Delta\boldsymbol{w} \tag{73}$$

$$\mathrm{D}T/\mathrm{D}\tau = a\Delta T. \tag{74}$$

Der $\Delta$-Operator ist dabei in kartesischen Koordinaten durch

$$\begin{aligned} \Delta(\ldots) &\equiv \operatorname{div}\ \operatorname{grad}\ (\ldots) \\ &= \partial^2(\ldots)/\partial x_1^2 + \partial^2(\ldots)/\partial x_2^2 \\ &\quad + \partial^2(\ldots)/\partial x_3^2 \end{aligned} \tag{75}$$

gegeben. Weiter ist

$$\tilde{p} \equiv p + \varrho g x_3 \tag{76}$$

der sog. piezometrische Druck, wobei $x_3$ die der Schwerkraft entgegengerichtete vertikale Koordinate bedeutet. Die Schwerkraft wird durch Einführung des piezometrischen Drucks eliminiert, solange sich die Randbedingungen beim Fehlen freier Oberflächen in dieser Größe formulieren lassen. Schließlich ist $\nu \equiv \eta/\varrho$ die kinematische Viskosität und

$$a \equiv \lambda/(\varrho c_p) \tag{77}$$

die Temperaturleitfähigkeit, siehe Tab. 1 und 2 für Luft und Wasser. Beide Größen haben die SI-Einheit $m^2/s$.

Neben Anfangsbedingungen werden zur Lösung von (66) bis (69) oder (71) bis (74) Randbedingungen an festen Wänden und Übergangsbedingungen an Diskontinuitätsflächen benötigt.

Für die Geschwindigkeit gilt an festen Wänden die Haftbedingung, d. h. die Tangentialgeschwindigkeit relativ zur Wand ist null. Analog gibt es an Phasengrenzen keinen Sprung der Tangentialgeschwindigkeit. An undurchlässigen Wänden verschwindet die Normalgeschwindigkeit relativ zur Wand; an Phasengrenzen sind die beiderseitigen Werte durch die Kontinuität des übertretenden Massenstroms verknüpft. Die Stetigkeit des übertragenen Impulsstroms bestimmt das Verhalten der Spannungen an den Phasengrenzflächen.

Temperaturen und Konzentrationen können an festen Wänden unterschiedlichen Bedingungen genügen. Vorgebbar sind als Randbedingung 1. Art Oberflächenwerte beider Größen, als Randbedingung 2. Art die Dichten der übertragenen Wärme und Diffusionsströme sowie als Randbedingung 3. Art eine Kombination von Oberflächenwerten und Stromdichten. An Phasengrenzen sind die Temperatur und der übertragene Energiestrom stetig. In den meisten Fällen herrscht an der Phasengrenze stoffliches Gleichgewicht, das die Konzentrationen diesseits und jenseits der Grenze verknüpft. Die Stoffströme verhalten sich an einer Phasengrenze stetig.

In den folgenden Abschnitten soll überwiegend das vereinfachte Gleichungssystem (71) bis (74) zugrunde gelegt werden, das für die meisten Wärme- und Stoffübergangsprobleme der Energie- und Verfahrenstechnik ausreicht. Man hat dann den entscheidenden Vorteil, dass das Druck- und Geschwindigkeitsfeld unabhängig vom Temperatur- und Konzentrationsfeld berechnet werden kann, solange der Stoffübergang die wandnormale Geschwindigkeit nicht wesentlich beeinflußt. Die Feldgleichungen (71) bis (74) für die Konzentration $\bar{\xi}_1$ der Komponente 1 und der Temperatur $T$ sind analog aufgebaut und linear.

Aus den Temperatur- und Konzentrationsfeldern folgt nach (2), (7) und (26) für die Dichten des Wärme-, Energie-, Diffusions- und Komponentenmassenstroms normal zu einer durchlässigen Wand W

$$\dot{q}_\mathrm{W} = -\lambda(\partial T/\partial n)_\mathrm{W} \tag{78}$$

$$\dot{e}''_\mathrm{W} = -\lambda(\partial T/\partial n)_\mathrm{W} + \left(\dot{m}''_1 h_1 + \dot{m}''_2 h_2\right)_\mathrm{W} \tag{79}$$

$$j_{1\mathrm{W}} = -\varrho D\left(\partial\bar{\xi}_1/\partial n\right)_\mathrm{W} \tag{80}$$

$$\dot{m}''_{1\mathrm{W}} = -\varrho D\left(\partial\bar{\xi}_1/\partial n\right)_\mathrm{W} + (\varrho_1 \boldsymbol{w}\cdot\boldsymbol{n})_\mathrm{W}. \tag{81}$$

Dabei ist $\boldsymbol{n}$ die von der Wand in das Fluid gerichtete Normale, sodass die Ströme positiv sind, wenn sie in das Fluid hinein fließen. In der Energiestromdichte $\dot{e}''_\mathrm{W}$ ist die meist kleine kinetische Energie vernachlässigt.

#### 20.1.3.1 Kennzahlen bei erzwungener Konvektion

Wird eine Strömung durch äußere Einwirkungen z. B. durch ein Gebläse hervorgerufen, spricht man von erzwungener Konvektion. In diesem Fall ist eine charakteristische Strömungsgeschwindigkeit $w_0$ am Rand des Strömungsfeldes vorgegeben, die mit den Parametern der Differenzialgleichungen (71) bis (74) und den übrigen Randbedingungen eine der physikalischen Einflußgrößen des Problems darstellt.

Die aus den Differenzialgleichungen resultierenden dimensionslosen Felder sind nach Aussage der Ähnlichkeitstheorie (Görtler 1975) Funktionen dimensionsloser Kennzahlen, die aus den physikalischen Einflußgrößen gebildet sind. Die Menge der Kennzahlen ist dabei gegenüber der Zahl der Einflußgrößen reduziert, und zwar maximal um die Zahl der beteiligten Grundgrößenarten.

Macht man in (71) bis (74) die Geschwindigkeit mit $w_0$, die Koordinaten mit einer Bezugslänge $L_0$, den Massenanteil und die Temperatur mit charakteristischen Differenzen $\Delta\bar{\xi}_{10}$ und $\Delta T_0$

dimensionslos, ergibt sich im stationären Fall folgende Abhängigkeit der dimensionslosen Feldgrößen

$$p/\left(\varrho w_0^2\right) = f_1\left(x/L_0, K_{\text{geo}}, \text{Re}\right) \quad (82)$$

$$\boldsymbol{w}/w_0 = f_2\left(x/L_0, K_{\text{geo}}, \text{Re}\right) \quad (83)$$

$$\left(\bar{\xi}_1 - \bar{\xi}_{1\text{W}}\right)/\Delta\bar{\xi}_{10} = f_3\left(x/L_0, K_{\text{geo}}, \text{Re}, \text{Sc}\right) \quad (84)$$

$$\left(T - T_\text{W}\right)/\Delta T_0 = f_4\left(x/L_0, K_{\text{geo}}, \text{Re}, \text{Pr}\right). \quad (85)$$

Der Index W kennzeichnet dabei einen Wandwert. In $K_{\text{geo}}$ sind geometrische Verhältnisse, z. B. Länge zu Durchmesser eines Rohres, zusammengefaßt. Die übrigen Kennzahlen sind durch

$$\text{Re} \equiv w_0 L_0/\nu\ , \quad \text{Sc} \equiv \nu/D \quad \text{und} \quad \text{Pr} \equiv \nu/a \quad (86)$$

definiert und werden als Reynolds-, Schmidt- und Prandtl-Zahl bezeichnet. Weitere Kennzahlen können durch die Randbedingungen hinzukommen.

Die Reynolds-Zahl als Verhältnis von Trägheits- zu Reibungskräften dominiert das Strömungsfeld, während das Konzentrations- und Temperaturfeld zusätzlich durch die Stoffwertverhältnisse Sc und Pr bestimmt werden. Für Gemische aus Luft mit anderen Gasen ist die Schmidt-Zahl von der Größenordnung eins (Abb. 3). Prandtl-Zahlen von Fluiden ordnen sich nach folgender Skala (Jischa 1982):

Werte für Luft und Wasser findet man in Tab. 1 und 2.

Die dimensionslosen Lösungen (82) bis (85) stimmen für geometrisch ähnliche Probleme überein, wenn über $K_{\text{geo}}$ hinaus alle weiteren Kennzahlen übereinstimmen. Entsprechende Konfigurationen heißen physikalisch ähnlich.

Die Dichten des an einer Wand übertragenen Wärme- und Diffusionsmassenstroms lassen sich in dimensionsloser Form durch die Nußelt- und Sherwood-Zahl

$$\text{Nu} \equiv \dot{q}_\text{W}\ L_0/(\lambda\Delta T_0) \quad \text{und} \quad \text{Sh} \equiv j_{1\text{W}}\ L_0/\left(\varrho D\Delta\bar{\xi}_{10}\right) \quad (87)$$

beschreiben. Im Rahmen der Näherung konstanter Dichte gilt auch $\text{Sh} \approx J_{1\text{w}} L_0/(\bar{c} D \Delta x_{10})$ mit $\Delta x_{10}$ als der zu $\Delta\bar{\xi}_{10}$ korrespondierenden Differenz des Stoffmengenanteils. Der konvektive Beitrag zur Dichte des übertragenen Komponentenmassenstroms wird in der Sherwood-Zahl nicht erfasst. Sind $\dot{q}_\text{W}$ und $j_{1\text{w}}$ durch Randbedingungen vorgegeben, kennzeichnen Nu und Sh variable Differenzen $\Delta$T und $\Delta\bar{\xi}_1$, die an die Stelle der festen Bezugswerte $\Delta T_0$ und $\Delta\bar{\xi}_{10}$ treten. Aus (78) und (80) folgt in Verbindung mit (84) und (85)

$$\text{Nu} = f_5\left(x_\text{W}/L_0, K_{\text{geo}}, \text{Re}, \text{Pr}\right) \quad (88)$$

$$\text{Sh} = f_6\left(x_\text{W}/L_0, K_{\text{geo}}, \text{Re}, \text{Sc}\right). \quad (89)$$

Die in der Praxis üblichen konvektiven Wärme- und Stoffübergangskoeffizienten werden in Abschn. 4.6 eingeführt. Wegen des analogen Aufbaus von (72) und (74) sind bei gleichartigen Randbedingungen die Lösungen (84) und (85) und damit auch die Funktionen (88) und (89) formgleich. Man gelangt daher vom Temperatur- zum Konzentrationsfeld oder von der Nußelt- zur Sherwood-Zahl und umgekehrt, wenn man in den Funktionen $f_3$ und $f_4$ bzw. $f_5$ und $f_6$ die Prandtl- und Schmidt-Zahlen gegeneinander austauscht. Dies wird als Analogie von Wärme- und Stoffaustausch bezeichnet. Da Lösungen für Nußelt-Zahlen im Allgemeinen undurchlässige Wände voraussetzen, gelten die aus der Analogie gewonnenen Sherwood-Zahlen nur für kleine übertragene Massenströme.

#### 20.1.3.2 Kennzahlen bei natürlicher Konvektion

Bei natürlicher Konvektion kommt eine Strömung durch Auftriebskräfte oder Druckdifferenzen zustande, die aufgrund von Dichteunterschieden in einem Fluid wirksam sind. Die Dichteunterschiede können dabei durch Wärme- oder Stoffübergang mit entsprechenden Temperatur- und Konzentrationsänderungen in der Nähe einer Wand verursacht werden. Geschwindigkeits-, Temperatur- oder Konzentrationsfeld werden dadurch gekoppelt. Für kleine Dichtedifferenzen gilt die sog. Boussi-

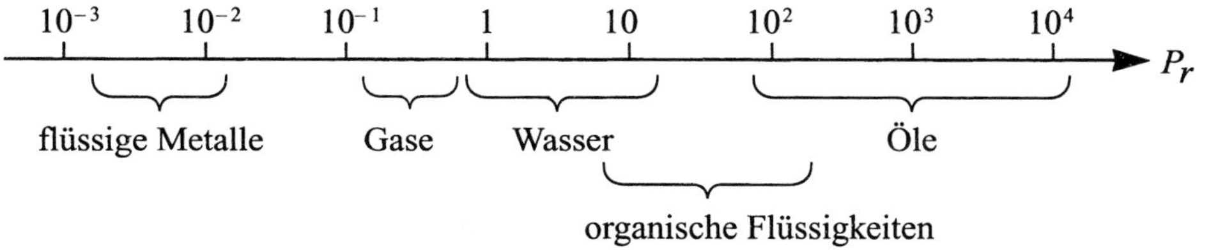


**Abb. 3**

nesq-Approximation, wonach die Veränderlichkeit der Dichte nur bei der Volumenkraft berücksichtigt zu werden braucht und die Strömung im Übrigen als inkompressibel angesehen werden kann. Herrscht in der Umgebung die konstante Dichte $\varrho_\infty$, mit der auch der piezometrische Druck gebildet ist, erhält man statt der Impulsgleichung (73)

$$\mathrm{D}\mathbf{w}/\mathrm{D}\tau = -(1/\varrho_\infty)\ \mathrm{grad}\,\tilde{p} + N\Delta\mathbf{w} + \mathbf{g}(\varrho - \varrho_\infty)/\varrho_\infty \qquad (90)$$

Wegen des Fehlens einer durch die Randbedingungen vorgegebenen charakteristischen Geschwindigkeit kann in der dimensionslosen Schreibweise eine mit der kinematischen Viskosität und charakteristischen Länge gebildete Bezugsgeschwindigkeit $w_0 = \nu/L_0$ benutzt werden. Damit entfällt in (82) bis (85), (88) und (89) die Abhängigkeit von der Reynoldszahl. An ihre Stelle tritt als neue, durch das Auftriebsglied in (90) bedingte Kennzahl, die Grashof-Zahl in zwei möglichen Varianten. In Strömungen einheitlicher Zusammensetzung sind die Dichteunterschiede allein durch Temperaturunterschiede bedingt. Bei kleinen Differenzen ist

$$(\varrho - \varrho_\infty)/\varrho_\infty = -\beta_\infty(T - T_\infty) \qquad (91)$$

mit $\beta = -(1/\varrho)(\partial\varrho/\partial T)_p$ als dem thermischen Ausdehnungskoeffizienten, der für Luft und Wasser in Tab. 1 und 2 aufgeführt ist. Für diesen Fall des reinen Wärmeübergangs ist die Grashof-Zahl als

$$\mathrm{Gr} \equiv \beta_\infty(T_\mathrm{W} - T_\infty) g L_0^3/\nu^2 \qquad (92)$$

erklärt. Beim isothermen Stoffübergang dagegen werden die Dichteunterschiede allein durch Konzentrationsunterschiede hervorgerufen. Hier gilt

$$(\varrho - \varrho_\infty)/\varrho_\infty = -\gamma_\infty(\bar{\xi}_1 - \bar{\xi}_{1\infty}) \qquad (93)$$

mit $\gamma = -(1/\varrho)(\partial\varrho/\bar{\xi}_1)_{T,p}$ als dem Stoffausdehnungskoeffizienten, der aus einer thermischen Zustandsgleichung für das Gemisch zu bestimmen ist. Die Grashof-Zahl für den reinen Stoffübergang wird als

$$\mathrm{Gr}' \equiv \gamma_\infty(\bar{\xi}_{1\,\mathrm{W}} - \bar{\xi}_{1\infty}) g L_0^3/\nu^2 \qquad (94)$$

definiert. Die Analogie von Wärme- und Stoffaustausch besagt, dass man bei gleichartigen Randbedingungen aus der Nußelt-Zahl für den reinen Wärmeübergang

$$\mathrm{Nu} = \mathrm{Nu}(x_\mathrm{W}/L_0, K_\mathrm{geo}, \mathrm{Gr}, \mathrm{Pr}) \qquad (95)$$

die Sherwood-Zahl für den reinen Stoffübergang

$$\mathrm{Sh} = \mathrm{Sh}(x_\mathrm{W}/L_0, K_\mathrm{geo}, \mathrm{Gr}', \mathrm{Sc}) \qquad (96)$$

erhält, wenn man die Kennzahlen Gr und Pr durch die Kennzahlen Gr′ und Sc ersetzt und umgekehrt. Bei gleichzeitigem Wärme- und Stoffaustausch mit übereinstimmenden Prandtl- und Schmidt-Zahlen ist die Näherung möglich, die auf Temperatur- und Konzentrationsunterschieden beruhende Dichtedifferenz durch eine modifizierte Grashof-Zahl

$$\mathrm{Gr}_\mathrm{mod} \equiv \mathrm{Gr} + \mathrm{Gr}' \qquad (97)$$

zu berücksichtigen, die in die Lösungen (95) und (96) für den reinen Wärme- bzw. reinen Stoffübergang anstelle von Gr und Gr′ einzusetzen ist.

## 20.1.4 Turbulente Strömungen

Bei großen Reynolds-Zahlen sind Strömungen nicht mehr laminar, sondern turbulent. Der mittleren Strömungsbewegung sind dreidimensionale instationäre Schwankungen überlagert, deren kinetische Energie der Hauptströmung entzogen und beim Zerfall der turbulenten Strukturen dissipiert wird. Der Impuls-, Energie- und Stofftransport in turbulenten Strömungen wird grundsätzlich durch (71) bis (74) unter den dort geltenden Voraussetzungen beschrieben. Da für technische Zwecke nur die Kenntnis der zeitlichen Mittelwerte der Feldgrößen erforderlich ist, werden unter Verzicht auf die Feinstruktur die genannten Gleichungen zeitlich gemittelt. Beschränkt man sich auf im Mittel stationäre Strömungen, können alle Feldgrößen $\Phi = \Phi(x,\tau)$ in einen zeitunabhängigen Mittelwert $\overline{\Phi}(x)$ und eine instationäre Schwankungsgröße $\Phi'(x,\tau)$

$$\Phi(x,\tau) = \overline{\Phi}(x) + \Phi'(x,\tau)$$
$$\text{mit} \quad \overline{\Phi}(x) = \frac{1}{\Delta\tau}\int_{\tau_0}^{\tau_0+\Delta\tau} \Phi(x,\tau)\,\mathrm{d}\tau \tag{98}$$

zerlegt werden. Das Zeitintervall $\Delta\tau$ ist dabei so groß zu wählen, dass die Zeitabhängigkeit des Mittelwertes entfällt, siehe ▶ Abb. 8 in Kap. 14 „Reibungsbehaftete inkompressible Strömungen.“ Definitionsgemäß ist der Mittelwert der Schwankungsgröße $\overline{\Phi'} = 0$. Für den Mittelwert eines Produktes zweier Feldgrößen $\Phi$ und $\Psi$ gilt

$$\overline{\Phi \cdot \Psi} = \overline{\Phi} \cdot \overline{\Psi} + \overline{\Phi'\Psi'}, \tag{99}$$

wobei der zweite Summand bei meistens vorhandener Korrelation der Größen $\Phi'$ und $\Psi'$ von null verschieden ist.

### 20.1.4.1 Reynolds'sche Gleichungen

Die zeitliche Mittelung von (71) bis (74) bei erzwungener und (90) bei freier Konvektion führt mit den vorausgesetzten konstanten Stoffwerten auf die Reynolds'schen Gleichungen

$$\operatorname{div} \bar{\boldsymbol{w}} = 0 \tag{100}$$

$$\varrho \left[\left(\operatorname{grad} \bar{\bar{\xi}}_1\right) \cdot \bar{\boldsymbol{w}}\right] = -\operatorname{div}\left[\bar{\boldsymbol{j}}_1 + \bar{\boldsymbol{j}}_1^{\mathrm{tu}}\right] \tag{101}$$

$$\varrho \ [(\operatorname{grad} \bar{\boldsymbol{w}}) \cdot \bar{\boldsymbol{w}}] = -\operatorname{grad} \bar{\tilde{p}} + \operatorname{div}\left[\underline{\bar{\boldsymbol{t}}}^{\mathrm{R}} + \left(\underline{\boldsymbol{t}}^{\mathrm{R}}\right)^{\mathrm{tu}}\right] \tag{102}$$

$$\varrho_\infty [(\operatorname{grad} \bar{\boldsymbol{w}}) \cdot \bar{\boldsymbol{w}}] = -\operatorname{grad} \bar{\tilde{p}} + \operatorname{div}\left[\underline{\bar{\boldsymbol{t}}}^{\mathrm{R}} + \left(\underline{\bar{\boldsymbol{t}}}^{\mathrm{R}}\right)^{\mathrm{tu}}\right] + \boldsymbol{g}(\bar{\varrho} - \varrho_\infty)/\varrho_\infty \tag{103}$$

$$\varrho c_p \ [(\operatorname{grad} \bar{T}) \cdot \bar{\boldsymbol{w}}] = -\operatorname{div}\left[\bar{\boldsymbol{q}} + \bar{\boldsymbol{q}}^{\mathrm{tu}}\right] \tag{104}$$

$$\text{mit} \quad \bar{\boldsymbol{j}}_1 = -D\varrho \operatorname{grad} \bar{\bar{\xi}}_1 \tag{105}$$

$$\underline{\bar{\boldsymbol{t}}}^{\mathrm{R}} = \eta \Delta \bar{\boldsymbol{w}} \tag{106}$$

$$\bar{\boldsymbol{q}} = -\lambda \operatorname{grad} \bar{T} \tag{107}$$

$$\text{und} \quad \bar{\boldsymbol{j}}_1^{\mathrm{tu}} = \varrho \overline{\boldsymbol{w}'\xi_1'} \tag{108}$$

$$\left(\underline{\boldsymbol{t}}^{\mathrm{R}}\right)_{ij}^{\mathrm{tu}} = \varrho \overline{w_i' w_j'} \tag{109}$$

$$\bar{\boldsymbol{q}}^{\mathrm{tu}} = \varrho c_p \overline{\boldsymbol{w}' T'}. \tag{110}$$

Dabei bedeuten $\bar{\boldsymbol{j}}_1, \underline{\bar{\boldsymbol{t}}}^{\mathrm{R}}$ und $\bar{\boldsymbol{q}}$ die Diffusionsmassenstromdichte, den Tensor der viskosen Reibungsspannungen und die Wärmestromdichte, die durch den molekularen Transport in dem mittleren Konzentrations-, Geschwindigkeits- und

Temperaturfeld bedingt sind. Die Größen $\overline{j^{\text{tu}}}_1, \left(\underline{t}^{\text{R}}\right)^{\text{tu}}$ und $\overline{\boldsymbol{q}}^{\text{tu}}$ sind Dichten zusätzlicher, durch Geschwindigkeitsschwankungen verursachter konvektiver Komponentenmassen-, Impuls- und Energieströme, die in den ungemittelten Gleichungen nicht auftreten. Es handelt sich daher nicht um neue physikalische Effekte, sondern um eine Folge der zeitlichen Mittelung. Da die Dichte eines übertragenen Impulsstroms der Wirkung einer Spannung gleichzusetzen ist, wird $\left(\underline{t}^{\text{R}}\right)^{\text{tu}}$ als Tensor der turbulenten Scheinspannungen bezeichnet. Wie man am Beispiel einer Scherströmung erkennt, siehe ▶ Abb. 9 in Kap. 14 „Reibungsbehaftete inkompressible Strömungen," sind die Schwankungsgrößen so korreliert, dass sie den molekularen Transport in Richtung des Konzentrations-, Geschwindigkeits- und Temperaturgefälles verstärken. Im Allgemeinen übertreffen die turbulenten konvektiven Flüsse den molekularen Transport um Größenordnungen.

Durch das Auftreten der turbulenten Flüsse sind die Reynolds'schen Gleichungen nicht geschlossen, d. h., die Zahl der Unbekannten übersteigt die Zahl der Gleichungen. Die mittleren Feldgrößen sind nur berechenbar, wenn die turbulenten Flüsse durch Turbulenzmodelle mit den mittleren Feldgrößen verknüpft werden.

### 20.1.4.2 Wandgesetze

In der Nähe fester Wände ist der Geschwindigkeits-, Temperatur- und Konzentrationsverlauf durch die Zweischichtstruktur turbulenter Strömungen bestimmt. Kennzeichnend sind eine ausgedehnte Kernschicht, in welcher der molekulare Transport gegenüber dem turbulenten vernachlässigbar ist, und eine dünne Wandschicht, wo infolge der gedämpften, an der Wand erlöschenden Schwankungsbewegungen beide Mechanismen gleichbedeutend sind. Aus der Forderung, dass in einer Überlappungsschicht die für beide Schichten getrennt ermittelten Lösungen übereinstimmen, folgt zunächst für den Fall einer Couette-Strömung als Geschwindigkeitsprofil der Überlappungsschicht (Schlichting und Gersten 2006)

$$\lim_{y^+\to\infty} w_x^+(Y^+) = (1/\chi)\ln y^+ + C^+ \quad (111)$$

mit $\chi = 0{,}41$ als der Karman'schen Konstanten und $C^+ = 5{,}0$ für glatte Wände.

Die dimensionslose wandparallele Geschwindigkeit ist dabei durch

$$w_x^+ = \bar{w}_x/w_\tau \quad \text{mit} \quad w_\tau = \sqrt{\tau_\text{W}/\varrho} \quad (112)$$

erklärt, wobei $\bar{w}_x$ die entsprechende dimensionsbehaftete Größe und $w_\tau$ die mit der Wandschubspannung $\tau_\text{W}$ gebildete Schubspannungsgeschwindigkeit bedeuten. Als gestreckte, dimensionslose, in das Fluid gerichtete wandnormale Koordinate wird

$$y^+ \equiv w_\tau y/\nu \quad (113)$$

mit $y$ als dem Wandabstand verwendet. Das Temperaturprofil hat die Form (Schlichting und Gersten 2006)

$$\lim_{y^+\to\infty} \theta^+(y^+) = (1/\chi_\theta)\ln y^+ + C_\theta^+(\text{Pr}) \ \text{mit}\ \chi_\theta = 0{,}47$$
$$\text{und}\ C_\theta^+(\text{Pr}) = 13{,}7\text{Pr}^{2/3} - 7{,}5 \quad \text{für Pr} > 0{,}5$$
$$\text{und glatte Wände.} \quad (114)$$

Zur Darstellung wird die dimensionslose Größe

$$\theta^+ \equiv (\bar{T} - T_\text{W})/T_\tau \quad \text{mit} \quad T_\tau \equiv -\overline{q_\text{W}}/\left(\varrho c_p w_\tau\right) \quad (115)$$

benutzt, wobei $T_\tau$ als Reibungstemperatur bezeichnet wird. Die Bedingung $Pr > 0{,}5$ stellt sicher, dass die Temperaturwandschicht innerhalb der Geschwindigkeitswandschicht liegt. Hydraulisch und thermisch glatte Wände erfordern $k_\text{s}^+ < 5$ bei $Pr \leq 1$ und $k_\text{s}^+ Pr^{1/3} < 5$ für $Pr > 1$ mit $k_\text{s}^+ \equiv k_\text{s}\, w_\tau/\nu$ und $k_\text{s}$ als der äquivalenten Sandrauhigkeit (Gersten und Herwig 1992). Wegen der geringen Dicke der Wandschicht lassen sich die Ergebnisse (111) und (115) auf alle erzwungenen Konvektionströmungen mit endlicher Wandschubspannung übertragen und heißen universelle Wandgesetze. Sie gelten für $y^+ > 70$ siehe ▶ Abb. 10 in Kap. 14 „Reibungsbehaftete inkompressible Strömungen." In der Schicht $y^+ < 5$ dominiert der molekulare Transport gegenüber den turbulenten Flüssen. In dieser wandnächsten, sog. Unterschicht sind das Geschwindigkeits- und Temperaturprofil durch

**Tab. 6** Universelle Wandgesetze für das Geschwindigkeits- und Temperaturprofil bei natürlicher Konvektion (Gersten und Herwig 1992)

| |
|---|
| Normierter Wandabstand<br>${y_N}^x = w_q\, y/\nu$<br>mit $w_q = \left[\overline{\dot{q}_w} \beta g N / (\varrho c_p)\right]^{1/4}$ |
| Normierte Geschwindigkeit<br>$w_x^x = \bar{w}_x / w_q$ |
| Normierte Temperatur<br>$\theta^x = (\bar{T} - T_W)/T_q$<br>mit $T_q = \overline{\dot{q}_W} / (\varrho c_p w_q)$ |
| Überlappungsschicht (${y_N}^x \to \infty$)<br>$w_x^x \chi_1 (y_N^x)^{1/3} - C_N^x(\mathrm{Pr})$<br>$\theta^x = \chi_2 (y_N^x)^{-1/3} - C_{N\theta}^x(\mathrm{Pr})$<br>mit $\chi_1 = 27;\ \chi_2 = 5{,}6$<br>$C_N\, \theta^x(\mathrm{Pr}) = \mathrm{Pr}^{1/2}/\{0{,}24[\Psi(\mathrm{Pr})]^{1/4}\}$<br>$\psi(\mathrm{Pr}) = [1 + (4,\ 6/\mathrm{Pr})^{9/16}]^{-16/9}$ |
| Unterschicht ($y\,{_N}^x \to 0$)<br>$w_x^x = (w_\tau / w_q)^2 y_N^x$<br>$\theta^x = -\mathrm{Pr}\ {y_N}^x$ |

$$w_x^+ = y^+ \text{ und } \theta^+ = \mathrm{Pr}\ y^+ \tag{116}$$

gegeben. Bei natürlicher Konvektion gelten die in Tab. 6 angegebenen Modifikationen von (111) bis (116). Die Konzentrationsprofile erhält man aus der Analogie von Wärme- und Stofftransport.

### 20.1.4.3 Turbulenzmodelle

Weil sich die turbulenten Scheinspannungen (109) wie eine Erhöhung der Viskosität auswirken, hat Boussinesq hierfür einen Gradientenansatz analog zum Newton'schen Reibungsgesetz (64)

$$-\varrho\ \overline{w_i w_j} = \eta^{\mathrm{tu}} \left[\partial \bar{w}_i / \partial z_j + \partial \bar{w}_j / \partial z_i\right] - (2/3) \varrho \delta_{ij} k \tag{117}$$

vorgeschlagen. Darin ist

$$k = (1/2)\left(\overline{w_1' w_1'} + \overline{w_2' w_2'} + \overline{w_3' w_3'}\right) \tag{118}$$

die spezifische kinetische Energie der turbulenten Schwankungsbewegung. Das Schließungsproblem der Impulsgleichung (102), (103) wird damit auf die Modellierung der Wirbelviskosität $\eta^{\mathrm{tu}}$ bzw. der kinematischen Wirbelviskosität $\nu^{\mathrm{tu}} = \eta^{\mathrm{tu}}/\varrho$ verlagert, die von Ort zu Ort veränderliche Strömungsgrößen und keine Stoffeigenschaften sind. In Wandnähe gilt aufgrund des Wandgesetzes (111)

$$\lim_{y \to 0} \nu^{\mathrm{tu}} = \chi w_\tau y. \tag{119}$$

Die $\nu^{\mathrm{tu}}$ bestimmende turbulente Schwankungsbewegung kann im einfachsten Fall durch einen Geschwindigkeitsmaßstab $q = \sqrt{k}$ und einen Längenmaßstab $L$ charakterisiert werden, wobei die Dimensionsanalyse

$$\nu^{\mathrm{tu}} = C_p\ L\ \sqrt{k} \quad \text{mit} \quad C_p \approx 0{,}55 \tag{120}$$

ergibt. Zwischen der Turbulenzlänge $L$ und der spezifischen Dissipation der Turbulenzenergie, angenähert durch

$$\varepsilon = \nu tr \overline{\left[(\mathrm{grad}\ \boldsymbol{w}')^{\mathrm{T}} \cdot \mathrm{grad}\ \boldsymbol{w}'\right]}, \tag{121}$$

besteht dabei nach Prandtl-Kolmogorov der Zusammenhang (Schlichting und Gersten 2006)

$$L = C_\varepsilon k^{3/2} / \varepsilon \quad \text{mit} \quad C_\varepsilon \approx 0{,}168. \tag{122}$$

Der Mischungsweganstatz (Schlichting und Gersten 2006) für die Verteilung von $q$ und $L$ zählt zu den algebraischen Turbulenzmodellen. Der Geschwindigkeitsmaßstab wird durch $q = \sqrt{C_p / C_\varepsilon} L \mid \partial \bar{w}_x / \partial y \mid$ aus der mittleren Bewegung hergeleitet, und $L$ ist eine vorzugebende Ortsfunktion. Mit (120) folgt

$$\nu^{\mathrm{tu}} = L^2 \mid \partial \bar{w}_x / \partial y \mid \quad \text{wegen} \quad C_p^3 / C_\varepsilon = 1, \tag{123}$$

wobei zur Erfüllung des Wandgesetzes (111) $\lim_{y \to 0} L = \chi y$ sein muss. Der Ansatz eignet sich für einfache, nicht abgelöste oder hochgradig dreidimensionale Strömungen mit einem lokalen Gleichgewicht zwischen Produktion und Dissipation der Turbulenzenergie (Jischa 1982).

Universeller ist das $k$, $\varepsilon$-Modell von Jones und Launder (1972), das als sog. Zweigleichungsmodell zwei partielle Differenzialgleichungen für die Größen $q$ und $L$ benutzt. Die Verteilung des Geschwindigkeitsmaßstabs wird aus einer Transportgleichung für die Turbulenzenergie $k$ bestimmt. Diese Transportgleichung lässt sich aus den Navier-Stokes'schen Gleichungen (68) herleiten (Jischa 1982) und beschreibt die Wechselwirkung von Produktion, Konvektion, Diffusion und Dissipation von $k$. Die hierin enthaltenen Korrelationen von Schwankungsgrößen werden durch Modellannahmen auf die mittlere Bewegung zurückgeführt. Unter Beschränkung auf die vollturbulente Kernschicht mit vernachlässigbarem molekularem Transport gelangt man zu der Beziehung

$$(\operatorname{grad} k)\cdot\bar{\boldsymbol{w}} = C_\mu\left(k^2/\varepsilon\right)\operatorname{tr}\left\{\left[\operatorname{grad}\bar{\boldsymbol{w}}+(\operatorname{grad}\bar{\boldsymbol{w}})^{\mathrm{T}}\right]\cdot\operatorname{grad}\bar{\boldsymbol{w}}\right\}-\varepsilon+\operatorname{div}[(\nu^{\mathrm{tu}}/\mathrm{Pr}_k)\operatorname{grad}k]. \quad (124)$$

Die Verteilung des Längenmaßstabs wird über (122) aus einer heuristischen Transportgleichung für die spezifische Dissipation $\varepsilon$ der Turbulenzenergie in der vollturbulenten Kernschicht

$$(\operatorname{grad}\varepsilon)\cdot\bar{\boldsymbol{w}} = C_{\varepsilon 1}(\varepsilon/k)\operatorname{tr}\left\{\nu^{\mathrm{tu}}\left[\operatorname{grad}\bar{\boldsymbol{w}}+(\operatorname{grad}\bar{\boldsymbol{w}})^{\mathrm{T}}\right]\cdot\operatorname{grad}\bar{\boldsymbol{w}}\right\}-C_{\varepsilon 2}\left(\varepsilon^2/k\right)+\operatorname{div}[(\nu^{\mathrm{tu}}/\mathrm{Pr}_\varepsilon)\operatorname{grad}\varepsilon] \quad (125)$$

gewonnen. Für die Wirbelviskosität wird dabei wegen (120) und (122)

$$\nu^{\mathrm{tu}} = C_\mu k^2/\varepsilon \quad \text{mit } C_\mu = C_p\cdot C_\varepsilon \quad (126)$$

gesetzt. Wegen der vorangegangenen Approximationen sind die empirisch zu ermittelnden Modellkonstanten problemabhängig. Am häufigsten wird der Konstantensatz

$$\begin{aligned}&\mathrm{Pr}_k = 1{,}0\;;\quad \mathrm{Pr}_\varepsilon = 1{,}3\;;\quad C_{\varepsilon 1} = 1{,}44;\\ &C_{\varepsilon 2} = 1{,}87 \quad\text{und}\quad C_\mu = 0{,}09\end{aligned} \quad (127)$$

verwendet, wobei wegen des Wandgesetzes (1–114) die Koppelbedingung

$$\mathrm{Pr}_\varepsilon\sqrt{C_\mu}(C_{\varepsilon 2}-C_{\varepsilon 1}) = \chi^2 \quad (128)$$

besteht (Schlichting und Gersten 2006). Mit (100), (102) für $\underline{t}^{\mathrm{R}} = 0$, (117), (124), (125) und (126) stehen 6 Gleichungen für die 6 unbekannten Funktionen $\bar{\boldsymbol{w}}$, $\bar{\bar{p}}$, $\left(\underline{t}^{\mathrm{R}}\right)^{\mathrm{tu}}$, $\nu^{\mathrm{tu}}$, $k$ und $\varepsilon$ zur Verfügung. In Wandnähe muss die Lösung bei endlicher Wandschubspannung in das Wandgesetz (111) übergehen. Bei ebener Strömung und undurchlässiger Wand gelten daher die Randbedingungen

$$\left.\begin{aligned}&\lim_{y\to 0}\bar{w}_x = (1/\chi)\ln y^+ + C^+ && \lim_{y\to 0}\bar{w}_y = 0\\ &\lim_{y\to 0}\left(t^{\bar{\mathrm{R}}}\right)^{\mathrm{tu}}_{xy} = \bar{\tau}_{\mathrm{W}} && \lim_{y\to 0}\mathrm{N}^{\mathrm{tu}} = \chi w_\tau y\\ &\lim_{y\to 0}k = w_\tau^2/\sqrt{C_\mu} && \lim_{y\to 0}\varepsilon = w_\tau^3(xy)\end{aligned}\right\}, \quad (129)$$

die in Fällen hoher Reynolds-Zahlen, d. h. dünner Wandschichten angewendet werden. Modifikationen bei kleinen Reynolds-Zahlen und abgelösten Strömungen mit verschwindender Wandschubspannung werden in (Schlichting und Gersten 2006) behandelt.

Die turbulenten Energieströme (110) werden wie die turbulenten Impulsströme nach dem

Vorbild des molekularen Transportgesetzes formuliert. Dies führt in Analogie zum Fourier'schen Gesetz (2) auf den Gradientenansatz

$$\varrho c_p \ \overline{w'T'} = -\varrho \ c_p \ a^{\text{tu}} \ \text{grad}\,\bar{T}. \qquad (130)$$

Die turbulente Temperaturleitfähigkeit $a^{\text{tu}}$ ist darin eine ortsabhängige Strömungsgröße, die in Wandnähe aufgrund des Wandgesetzes (114) den Grenzwert

$$\lim_{y\to 0} a^{\text{tu}} = \chi_\theta w_\tau y \qquad (131)$$

annimmt. Mit den Größen $\nu^{\text{tu}}$ und $a^{\text{tu}}$ lässt sich analog zur molekularen Prandtl-Zahl $\text{Pr} = \nu/a$ eine turbulente Prandtl-Zahl

$$\text{Pr}^{\text{tu}} \equiv \nu^{\text{tu}}/a^{\text{tu}} \qquad (132)$$

bilden, die bei Annäherung an die Wand wegen (119) und (131) in den konstanten Wert

$$\lim_{y\to 0} \text{Pr}^{\text{tu}} = \chi/\chi_\theta = 0{,}87 \qquad (133)$$

übergeht. Als Modellierung für den turbulenten Energietransport wird dieser Wert häufig für die gesamte turbulente Kernschicht angenommen. Obgleich im Prinzip $\text{Pr}^{\text{tu}} = f(\text{Re}, \text{Pr}, y^+)$ gelten muss, erzielt man mit dieser Modellierung für Pr $> 0{,}5$ und nicht abgelöste Strömungen gute Ergebnisse (Schlichting und Gersten 2006).

Für die turbulenten Stoffströme (108) setzt man entsprechend zu (130)

$$\overline{\varrho \mathbf{w}'\xi_1} = -\varrho D^{\text{tu}} \ \text{grad}\,\bar{\bar{\xi}}_1 \qquad (134)$$

mit $D^{\text{tu}}$ als einem turbulenten Diffusionskoeffizienten. Hiermit lässt sich nach dem Vorbild der molekularen Schmidt-Zahl $\text{Sc} = \nu/D$ eine turbulente Schmidt-Zahl

$$\text{Sc}^{\text{tu}} \equiv \nu^{\text{tu}}/D^{\text{tu}} \qquad (135)$$

definieren, die aufgrund der Analogie von Wärme- und Stofftransport in Wandnähe denselben Wert wie die turbulente Prandtl-Zahl hat. Die Modellierung des turbulenten Stofftransports kann für Sc $> 0{,}5$ und anliegende Strömung für das gesamte Feld mit diesem Wert erfolgen.

## 20.1.5 Grenzschichten

Bei der schnellen Umströmung eines Körpers wird ein Fluid unter dem Zwang der Haftbedingung nur in einer dünnen, wandnahen Schicht durch Reibung abgebremst. Ebenso erfasst ein von der Körperoberfläche ausgehender Wärme- und Stofftransport die Strömung nur in einer dünnen, die Wand bedeckenden Grenzschicht. Im Allgemeinen entwickeln sich Grenzschichten mit zunehmender Dicke von der Vorderkante eines Körpers oder dem Staupunkt bis zu einer möglichen Ablösestelle im Gebiet des Druckanstiegs an der Körperkontur (Schlichting und Gersten 2006). An die reibungsbehaftete Grenzschichtströmung schließt sich auf der körperfernen Seite eine näherungsweise reibungsfreie Außenströmung mit meist homogener Temperatur- und Konzentrationsverteilung an.

### 20.1.5.1 Grenzschichtgleichungen bei erzwungener Konvektion

Abb. 4 zeigt den Verlauf der Strömungs- und Temperaturgrenzschicht an einem ebenen Körper im Fall der erzwungenen Konvektion, d. h. einer von Wärme- und Stoffübergang unabhängigen Strömung. Der Grenzschichtrand wird als 99 %ige Annäherung an den Zustand der Außenströmung erklärt. Somit ergibt sich z. B. die lokale Strömungsgrenzschichtdicke $S_s(x)$ aus der Bedingung $w(x, y = \delta_S(x)) = 0{,}99 w_{00}(x)$. Bei laminarer Strömung lassen sich die Dicken $\delta_S$, $\delta_T$ und $\delta_\xi$ der Strömungs-, Temperatur- und Konzentrationsgrenzschicht aus den Geschwindigkeiten des molekularen Transportes quer zu den Grenzschichten und der Verweilzeit der Fluidteilchen in Körpernähe entsprechend der Geschwindigkeit des konvektiven Transports in Längsrichtung abschätzen. Für $\text{Re} \to \infty$ ergibt sich asymptotisch (Gersten und Herwig 1992)

$$\delta_S/L_0 \sim \mathrm{Re}^{-1/2} \text{ und}$$
$$\delta_T/L_0 \sim \begin{cases} \mathrm{Re}^{-1/2}\mathrm{Pr}^{-1/2} \text{ für } \mathrm{Pr} \to 0 \\ \mathrm{Re}^{-1/2}\mathrm{Pr}^{-1/3} \text{für } \mathrm{Pr} \to \infty. \end{cases} \quad (136)$$

Dabei ist $L_0$ eine charakteristische Körperabmessung und Re die mit $L_0$ und der Anströmgeschwindigkeit $w_0$ gebildete Reynolds-Zahl. Für $\mathrm{Pr} < 1$ ist $\delta_T > \delta_S$, für $\mathrm{Pr} > 1$ es umgekehrt. Die Dicke $\delta_\xi$ der Konzentrationsgrenzschicht folgt aus der Analogie von Wärme- und Stofftransport. Mit wachsender Reynolds-Zahl werden die Grenzschichten immer dünner.

Bei turbulenter Strömung sind die zeitlich gemittelten Grenzschichten nach Abb. 5 im Wesentlichen zweischichtig aufgebaut. Sie bestehen aus einer wandnahen Schicht mit merklichen Beiträgen des molekularen Transportes und einer darüber liegenden Defektschicht, in der eine schwach gestörte Außenströmung mit dominantem turbulentem Transport vorliegt. Die meisten Turbulenzmodelle liefern diskrete Grenzschichtdicken, die wie im laminaren Fall für $\mathrm{Re} \to \infty$ asymptotisch zu null werden (Schlichting und Gersten 2006). In vielen technischen Anwendungen findet man Grenzschichtdicken in der Größenordnung von Millimetern und kleiner.

Der für den Wärme- und Stoffübergang zwischen Wand und Fluid entscheidende Transport in den Grenzschichten läuft somit bei großen Reynolds-Zahlen in Quer- und Längsrichtung auf zwei verschiedenen Längenskalen ab. Dies erlaubt Vereinfachungen in den Feldgleichungen, die damit in die von Prandtl angegebenen Grenzschichtgleichungen übergehen. Bei stationärer, laminarer, erzwungener ebener Strömung erhält man aus (71) bis (74) für $\mathrm{Re} \to \infty$

$$\partial w_x/\partial x + \partial w_y/\partial y = 0 \quad (137)$$

$$w_x \partial \bar{\xi}_1/\partial x + w_y \partial \bar{\xi}_1/\partial y = D \partial^2 \bar{\xi}_1/\partial y^2 \quad (138)$$

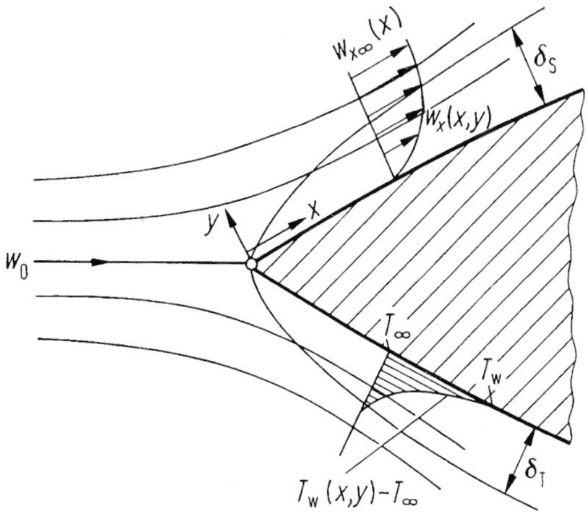


**Abb. 4** Strömungs- und Temperaturgrenzschicht bei erzwungener Konvektion

$$w_x \partial w_x/\partial x + w_y \partial w_x/\partial y = -(1/\varrho)\, \mathrm{d}\tilde{p}_\infty/\mathrm{d}x + \nu \partial^2 w_x/\partial y^2 \quad (139)$$

$$w_x\ \partial T/\partial x + w_y\ \partial T/\partial y = a\ \partial^2 T/\partial y^2. \quad (140)$$

Die $x$-Koordinate folgt dabei nach Abb. 4 der Wand und bildet unter Vernachlässigung der Wandkrümmung mit der Wandnormalen $y$ ein Orthogonalsystem. Die zugehörigen Geschwindigkeitskomponenten sind $w_x$ und $w_y$. Der molekulare Transport von Substanzmengen, $x$-Impuls und Wärme in Hauptströmungsrichtung verschwindet gegenüber dem entsprechenden Transport in Querrichtung. Das ursprünglich elliptische Gleichungssystem wird damit parabolisch, was eine in Strömungsrichtung fortschreitende numerische Lösung ermöglicht. Die Impulsgleichung in $y$-Richtung reduziert sich auf die Aussage $\partial \tilde{p}/\partial y = 0$. Der Druck ist daher keine Variable der Grenzschicht, sondern wird ihr von außen aufgeprägt. Das Druckgefälle in Hauptströmungsrichtung folgt aus der $x$-Impulsgleichung der zur Wand extrapolierten reibungsfreien Außenströmung

$$w_{x\infty}\ \mathrm{d}w_{x\infty}/\mathrm{d}x = -(1/\varrho)\ \mathrm{d}\tilde{p}_\infty/\mathrm{d}x, \quad (141)$$

die als bekannt vorausgesetzt und durch den Index $\infty$ gekennzeichnet wird. Die zur Wand extrapo-

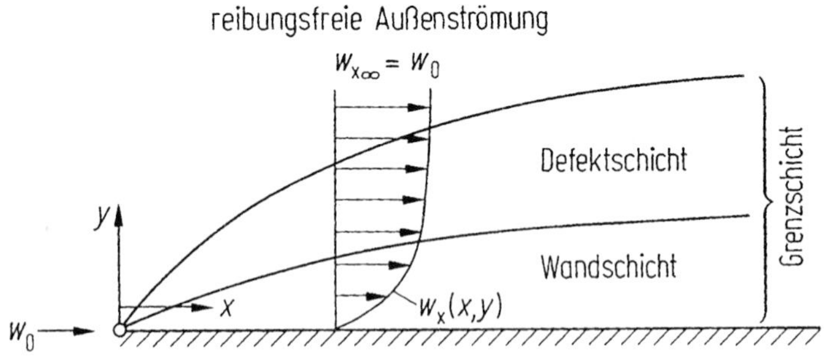


**Abb. 5** Turbulente Strömungsgrenzschicht an einer ebenen Platte. Die Dicke der Wandschicht ist proportional $\nu/w_\tau$ (Schlichting und Gersten 2006)

lierte Geschwindigkeit $w_{x\infty}$ der Außenströmung ist wie der zugehörige Druck $\tilde{p}_\infty$, die entsprechende Temperatur $T_\infty$ und Konzentration $\bar{\xi}_{1\infty}$ allein eine Funktion der Koordinate $x$.

Mögliche Randbedingungen der Grenzschichtgleichungen (137) bis (140) sind bei geringem Stoffübergang, d. h. vernachlässigbarer Normalgeschwindigkeit auf der Wand,

$$\begin{aligned} y = 0\,(\text{Wand}): \quad & w_x = w_y = 0; \\ & T = T_w(x) \text{ oder } \dot{e}'' = \dot{e}''_w(x); \\ & \bar{\xi}_1 = \bar{\xi}_{1w}(x) \text{ oder } \dot{m}''_1 = \dot{m}''_{1w}(x). \\ y = \delta\,(\text{Außenrand}): \quad & w_x = w_{x\infty}(x); \\ & T = T_\infty(x); \\ & \bar{\xi}_1 = \bar{\xi}_{1\infty}(x). \end{aligned} \tag{142}$$

Eine Randbedingung für $w_y$ kann am äußeren Grenzschichtrand nicht erfüllt werden. Der Enthalpieterm in der thermischen Randbedingung für $\dot{e}''$, siehe (79), kann bei dem vorausgesetzten inerten Gemisch häufig gegenüber dem Wärmeleitungsterm vernachlässigt werden. Für die hier ausgeschlossenen katalytischen Wandreaktionen sind weitere stoffliche Randbedingungen in Form von Stoffbilanzen an der Wand möglich.

Bei Strömungen mit $\mathrm{d}\tilde{p}_\infty/\mathrm{d}x = 0$, d. h. $w_{x\infty} = w_0$, und $\mathrm{Pr} = 1$ stimmen die Differenzialgleichungen (139) und (140) für $w_x$ und $T$ überein, sodass sich mit den Randbedingungen $T_W(x) =$ konst und $T_\infty(x) =$ konst. ähnliche Grenzschichtprofile $w_x/w_0 = (T - T_W)/(T_\infty - T_W)$ ergeben. Die lokalen Wandschubspannungen und Wärmestromdichten sind dann durch die Reynolds'sche Analogie

$$\mathrm{Nu} = (c_f/2)\mathrm{Re} \tag{143}$$

verknüpft. Hierin sind $\mathrm{Nu} = \dot{q}_W L_0/[\lambda(T_W - T_\infty)]$ und $\mathrm{Re} = w_0\, L_0/\nu$ die mit einer beliebigen Länge $L_0$ gebildete Nußelt- und Reynolds-Zahl und $c_f = 2\,\tau_W/(\varrho\, w_0{}^2)$ der lokale Widerstandsbeiwert. Für den Stoffübergang gilt Entsprechendes.

Bei stationärer, turbulenter, erzwungener ebener Strömung ergeben sich aus (100) bis (102) und (104) für $\mathrm{Re} \to \infty$ die Grenzschichtgleichungen

$$\partial\bar{w}_x/\partial x + \partial\bar{w}_y/\partial y = 0, \tag{144}$$

$$\bar{w}_x\partial\bar{\bar{\xi}}_1/\partial x + \bar{w}_y\partial\bar{\bar{\xi}}_1/\partial y = \partial\left(D\partial\bar{\bar{\xi}}_1/\partial y - \overline{w'_y\bar{\bar{\xi}}_1}\right)\partial y, \tag{145}$$

$$\begin{aligned} \bar{w}_x\partial\bar{w}_x/\partial x + \bar{w}_y\partial\bar{w}_x/\partial y &= -(1/\varrho)\mathrm{d}\tilde{p}_\infty/\mathrm{d}x \\ &\quad + \partial\left(N\partial\bar{w}_x/\partial y - \overline{w'_x w'_y}\right)\partial y, \end{aligned} \tag{146}$$

$$\begin{aligned} &\bar{w}_x\partial\bar{T}/\partial x + \bar{w}_y\partial\bar{T}/\partial y \\ &\quad = \partial\left(a\partial\bar{T}/\partial y - \overline{w'_y T'}\right)\partial y. \end{aligned} \tag{147}$$

Die Impulsgleichung in $y$-Richtung liefert hier $\partial\left(\bar{\tilde{p}} + \varrho\overline{w'^2_y}\right)/\partial y = 0$, sodass über der Grenzschichtdicke der Klammerausdruck und nicht der piezometrische Druck konstant ist. Bei turbulenzfreier Außenströmung mit dem zur Wand extrapolierten Druck $\tilde{p}_\infty$ gilt aber $\tilde{p}_W = \tilde{p}_\infty$. Das zur Schließung verwendete $k$, $\varepsilon$-Modell (124), (125) geht mit den Grenzschichtvereinfachungen über in

$$\bar{w}_x \partial k/\partial x + \bar{w}_y \partial k/\partial y = C_\mu \left(k^2/\varepsilon\right)\left(\partial \bar{w}_x/\partial y\right)^2 - \varepsilon + \partial[(\mathrm{N}^{\mathrm{tu}}/\mathrm{Pr}_k)(\partial k/\partial y)]/\partial y, \tag{148}$$

$$\bar{w}_x \partial \varepsilon/\partial x + \bar{w}_y \partial \varepsilon/\partial y = C_{\varepsilon 1}(\varepsilon/k)\mathrm{N}^{\mathrm{tu}}(\partial \bar{w}_x/\partial y)^2 - C_{\varepsilon 2}\left(\varepsilon^2/k\right) + \partial[(\mathrm{N}^{\mathrm{tu}}/\mathrm{Pr}_\varepsilon)(\partial \varepsilon/\partial y)]/\partial y. \tag{149}$$

Abweichend von (142) sind bei turbulenten Grenzschichten als Randbedingung für $y \to 0$ die Wandgesetze zu erfüllen. Es gilt (129) für die Strömungsgrenzschicht und (114) für die Temperaturgrenzschicht, und zwar gleichermaßen bei vorgegebener Temperatur- oder Wärmestromdichte an der Wand, wobei eine dieser Größen jeweils zu iterieren ist. Das Konzentrationsprofil verhält sich analog zum Temperaturprofil.

Die Reynolds'sche Analogie gilt bei turbulenter Strömung nur angenähert, da mit dem Druckgradienten nicht gleichzeitig die Druckschwankungen verschwinden.

Stoff-, Impuls- und Energiebilanzen für die von der Konzentrations-, Strömungs- und Temperaturgrenzschicht gebildeten Kontrollräume erhält man durch Integration der Grenzschichtgleichungen über die Grenzschichtdicke. Bei vernachlässigbarer Normalgeschwindigkeit auf der Wand sowie konstanter Temperatur $T_\infty$ und Konzentration $\bar{\xi}_{1\infty}$ in der Außenströmung ergibt sich im laminaren Fall aus (137) bis (140)

$$\frac{\mathrm{d}}{\mathrm{d}x}\int_0^{\delta_\xi} w_x \left(\bar{\xi}_{1\infty} - \bar{\xi}_1\right) \mathrm{d}y = -j_{1\mathrm{W}}/\varrho, \tag{150}$$

$$\frac{\mathrm{d}}{\mathrm{d}x}\int_0^{\delta_\mathrm{S}} w_x(w_{x\infty} - w_x)\mathrm{d}y + \frac{\mathrm{d}w_{x\infty}}{\mathrm{d}x} \times \int_0^{\delta_\mathrm{S}} (w_{x\infty} - w_x)\mathrm{d}y = \tau_\mathrm{W}/\varrho, \tag{151}$$

$$\frac{\mathrm{d}}{\mathrm{d}x}\int_0^{\delta_\mathrm{T}} w_x(T_\infty - T)\mathrm{d}y = -\dot{q}_\mathrm{W}/\left(\varrho c_p\right). \tag{152}$$

Im turbulenten Fall folgt aus (144) bis (147) in Bezug auf die zeitlichen Mittelwerte der Feldgrößen ein gleichlautendes Ergebnis.

Die integralen Bilanzen (150) bis (152) sind Ausgangspunkt von Näherungsverfahren zur Bestimmung der Schubspannung sowie der Wärme- und Diffusionsstromdichten an der Wand. Der Geschwindigkeits-, Temperatur- und Konzentrationsverlauf in den Grenzschichten wird dabei durch parameterabhängige Profile aus vorgegebenen Profilfamilien ersetzt. Dies führt mit geeignet gewählten Hilfsfunktionen auf gewöhnliche Differenzialgleichungen für die Profilparameter, z. B. die Grenzschichtdicken, als Funktion der Lauflänge $x$. Die Grenzschichtgleichungen sind so durch die Quadratur gewöhnlicher Differenzialgleichungen zu lösen (Schlichting und Gersten 2006; Jischa 1982)

Grenzschichtgleichungen und Integralsätze für rotationssymmetrische und dreidimensionale Grenzschichten bei erzwungener Konvektion findet man in (Schlichting und Gersten 2006).

#### 20.1.5.2 Grenzschichtgleichungen bei natürlicher Konvektion

Auch natürliche Konvektionsströmungen, die durch Dichteänderungen aufgrund von Wärme- und/oder Stoffübergang an einer den Fluidraum begrenzenden Wand hervorgerufen werden, haben Grenzschichtcharakter. Abb. 6 zeigt dies am Beispiel der direkten natürlichen Konvektion an einer beheizten senkrechten Platte mit der Oberflächentemperatur $T_\mathrm{W}$. Die ruhende Umgebung hat die konstante Temperatur $T_\infty < T_\mathrm{W}$ und Dichte $\varrho_\infty$. Da die Dichte eines Fluids in der Regel mit zunehmender Temperatur abnimmt, d. h. der Wandwert $\varrho_\mathrm{W}$ infolge der Aufheizung kleiner als $\varrho_\infty$ ist, erfährt das Fluid in der Nähe der Plattenoberfläche einen Auftrieb in dem von der Umgebung aufgeprägten Druckfeld und strömt mit der Geschwindigkeit $w_x$ aufwärts. Im stationären Zustand führt die Strömung die von der Wand übertragene Energie nach oben ab, sodass sie wandferne Zonen nicht erfassen kann. Der Wärmeübergang beeinflußt daher nur eine wandnahe Grenzschicht, die allerdings mit wachsender Lauflänge $x$ immer dicker wird.

Die Grenzschichtdicken lassen sich im laminaren Fall wieder aus der Geschwindigkeit des molekularen Transports quer zu den Grenzschichten und der Verweilzeit der Fluidteilchen in Wandnähe abschätzen, wobei ein geeigneter Ansatz für die nicht unmittelbar vorgegebene konvektive Transportgeschwindigkeit in Längsrichtung benötigt wird. Legt man eine Platte mit einem Winkel $\varphi$ zwischen der Horizontalen und der Hauptströmungsrichtung zugrunde, ergibt sich bei der Randbedingung $T_\mathrm{W} =$ konst. als Dicke der Strömungs- und Temperaturgrenzschichten $\delta_\mathrm{S}$ und $\delta_\mathrm{T}$ asymptotisch für $Gr_\varphi \to \infty$ (Gersten und Herwig 1992)

$$\delta_\mathrm{S}/L_0 \sim \mathrm{Gr}_\varphi^{-1/4} \quad \text{und}$$

$$\delta_\mathrm{T}/L_0 \sim \begin{cases} \mathrm{Gr}_\varphi^{-1/4} & \text{für} \quad \mathrm{Pr} \to 0 \\ \mathrm{Gr}_\varphi^{-1/4} & \text{für} \quad \mathrm{Pr} \approx 1 \\ \mathrm{Gr}_\varphi^{-1/4}\mathrm{Pr}^{-1/2} & \text{für} \quad \mathrm{Pr} \to \infty \end{cases} \tag{153}$$

Hierin ist $\mathrm{Gr}_\varphi = \beta(T_\mathrm{W} - T_\infty)\, g\, L_0{}^3 \sin\varphi/\nu^2$ eine modifizierte Grashof-Zahl mit der Plattenlänge $L_0$ als Bezugslänge. Da Temperaturunterschiede stets eine Strömung in Gang setzen, ist $\delta_\mathrm{S} \geq \delta_\mathrm{T}$. Bei der Randbedingung $\dot{q}_\mathrm{W} =$ konst. d. h. konstanter Wärmestromdichte an der Wand, hat man als charakteristische Temperaturdifferenz in der Grashof-Zahl $\dot{q}_\mathrm{w} L_0/\lambda$ einzuführen und in (153) den Exponenten $(-1/4)$ durch $(-1/5)$ zu ersetzen (Schlichting und Gersten 2006). Die Dicke $\delta_\xi$ einer Konzentrationsgrenzschicht ergibt sich aus der Analogie von Wärme- und Stofftransport. Mit wachsender Grashof-Zahl, siehe (92) und (93) für beide Vorgänge, werden die Grenzschichten asymptotisch dünn. Dies gilt auch bei Turbulenz (Gersten und Herwig 1992).

Wegen der unterschiedlichen Längenskalen für die Transportprozesse längs und quer zur Hauptströmungsrichtung lassen sich in den Feldgleichungen wieder Grenzschichtvereinfachungen durchführen. Im technisch gewöhnlich realisierten Grenzfall Gr $\to \infty$ erhält man für die stationäre, laminare, ebene Strömung bei direkter natürlicher Konvektion an einer Wand mit dem örtlichen Konturwinkel $\varphi$ nach Abb. 7 aus (90), (91) und (93) als Impulsgleichung in Hauptströmungsrichtung

$$\begin{aligned} &w_x \partial w_x/\partial x + w_y \partial w_x/\partial y \\ &= \left[\beta_\infty (T - T_\infty) + \gamma_\infty (\bar{\xi}_1 - \bar{\xi}_{1\infty})\right] \\ &\cdot g \sin\varphi + \nu \partial^2 w_x/\partial y^2. \end{aligned} \tag{154}$$

Entsprechend folgt aus (103), (91) und (94) bei turbulenter Strömung

$$\begin{aligned} &\bar{w}_x \partial \bar{w}_x/\partial x + \bar{w}_y \partial \bar{w}_x/\partial y \\ &= \left[\beta_\infty (\bar{T} - T_\infty) + \gamma_\infty \left(\bar{\bar{\xi}}_1 - \bar{\bar{\xi}}_{1\infty}\right)\right] g \sin\varphi \\ &+ \mathrm{N}\partial^2 \bar{w}_x/\partial y^2 - \partial\left(\overline{w'_x w'_y}\right)/\partial y. \end{aligned} \tag{155}$$

Wegen des vorausgesetzten hydrostatischen Gleichgewichts in der ungestörten Umgebung verschwindet der Gradient des der Grenzschicht aufgeprägten piezometrischen Drucks in $x$-Richtung. Die eckige Klammer in (154) und (155) enthält die Auftriebsglieder, die das Geschwindigkeitsfeld an das Temperatur- und Konzentrationsfeld koppeln. Die Kontinuitäts-, Komponentenkontinuitäts- und Energiegleichung sind gleichlautend mit (37), (138) und (140) bzw. (144), (145) und (147) (Schlichting und Gersten 2006). Als Randbedingung für den laminaren Fall kann (142) mit $w_x\, \infty = 0$ benutzt werden, während als Modifikation für den turbulenten Fall die Wandgesetze nach Tab. 6 und ihre Übertragung auf den Stoffübergang zu berücksichtigen sind. Das $k$, $\varepsilon$-Turbulenzmodell kann wegen des Maximums im Geschwindigkeitsprofil bei endlicher Schubspannung nicht angewendet werden, da der zugrundeliegende Gradientenansatz (117) versagt.

Analog zu (150) bis (152) lassen sich für die Grenzschichten bei direkter natürlicher Konvektion integrale Bilanzen herleiten. Aus (154) bzw. (155) folgt die Impulsbilanz

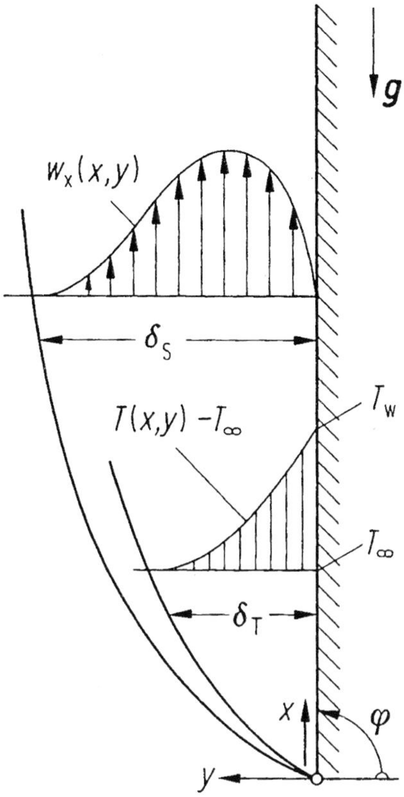


**Abb. 6** Strömungs- und Temperaturgrenzschicht bei direkter natürlicher Konvektion an einer beheizten senkrechten Platte infolge des Auftriebs des erwärmten Fluids

$$\frac{\mathrm{d}}{\mathrm{d}x}\int\limits_0^{\delta_x} w_x^2 \mathrm{d}y = \int\limits_0^{\delta_x} \left[\beta_\infty(T-T_\infty)+\gamma_\infty(\bar{\xi}_1-\bar{\xi}_{1\infty})\right] \cdot g\sin\varphi\,\mathrm{d}y - \tau_W/\varrho, \tag{156}$$

wobei im turbulenten Fall zeitliche Mittelwerte der Feldgrößen einzusetzen sind. Als Komponentenmassen- und Energiebilanz gelten (150) und (152) unverändert.

In der Nähe der Konturwinkel $\varphi = 0$ bzw. $\varphi = \pi$ verschwindet in (154) und (155) die Auftriebskraft, sodass sich eine direkte natürliche Konvektionsströmung nicht ausbilden kann. In diesem Fall wird ein Effekt höherer Ordnung wirksam, der in Abgrenzung zu dem bisherigen als indirekte natürliche Konvektion bezeichnet wird. Wie in Abb. 8 für eine beheizte horizontale Platte dargestellt ist, nimmt wegen der geringeren Dichte $\varrho$ der erwärmten Schicht auf der Platte

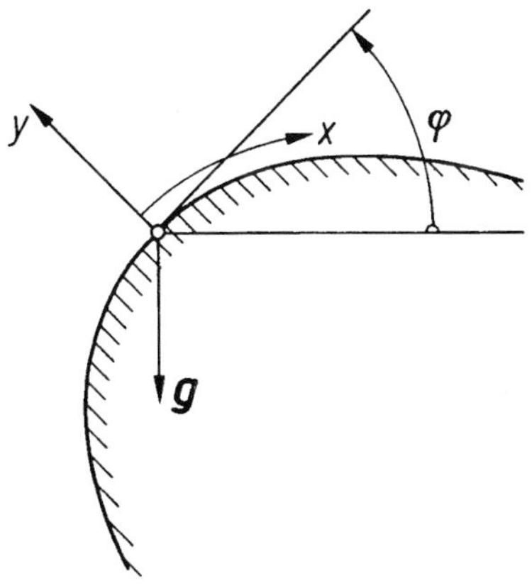


**Abb. 7** Ebene Körperkontur mit örtlichem Konturwinkel $\varphi$ gegen die Horizontale und Grenzschichtkoordinaten im Schwerkraftfeld

verglichen mit der Dichte $\varrho_\infty$ der ungestörten Umgebung der hydrostatische Druck $p_{\mathrm{stat}}$ über der Platte vom Rand zum Inneren hin ab, wodurch eine Grenzschichtströmung in Richtung des Druckgefälles induziert wird. In einiger Entfernung vom Plattenrand löst die Grenzschicht nach oben ab.

Grenzschichtgleichungen für die Überlagerung von direkter und indirekter natürlicher Konvektion sind für den laminaren Fall in (Gersten und Herwig 1992) angegeben. Es zeigt sich, dass die indirekte natürliche Konvektion nur in einem kleinen Winkelbereich $\varphi = \mathrm{O}(\mathrm{Gr}^{-n})$ mit $n > 1/5$ für $\mathrm{Gr} \to \infty$ gegenüber der direkten Form dominiert. Wegen der Ablösung ist die Anwendbarkeit der Gleichungen an schwach geneigten Flächen eingeschränkt. Bei zylindrischen Körpern mit $0 \leq \varphi \leq 2\,\pi$ ist der Beitrag der indirekten natürlichen Konvektion zum gesamten Wärme- und Stoffübergang vernachlässigbar, da sie nur in einem kleinen Winkelbereich überwiegt.

### 20.1.6 Wärme- und Stoffübergangskoeffizienten

Die Temperatur- und Konzentrationsfelder, die sich aus der Lösung der Grenzschichtgleichungen ergeben, interessieren selten in allen Einzelheiten. Benötigt werden vor allem die an der Berandung der Felder übertragenen Energie- und Stoffströme,

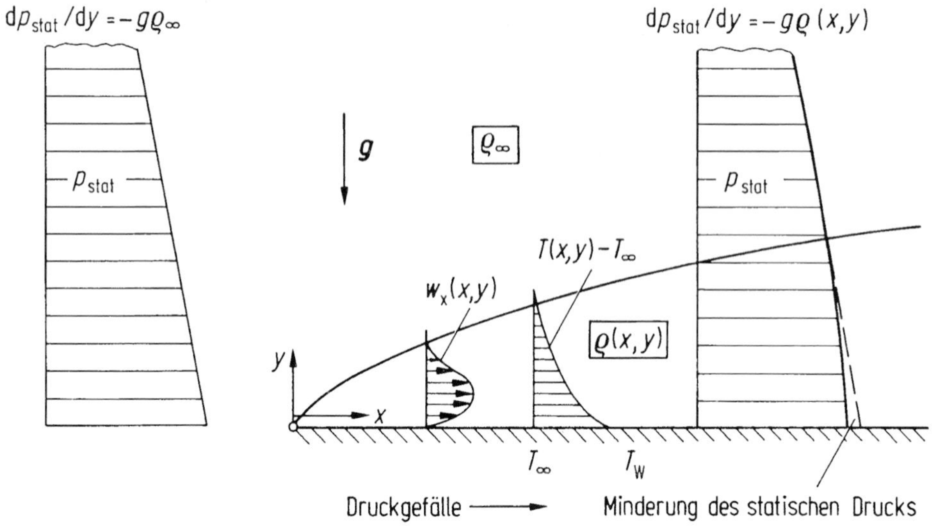


**Abb. 8** Strömungs- und Temperaturgrenzschicht bei indirekter natürlicher Konvektion an einer beheizten horizontalen Platte aufgrund des verminderten hydrostatischen Drucks $p_{\text{stat}}$ in der aufgewärmten Fluidschicht nach (Gersten und Herwig 1992)

wobei der konvektive gegenüber dem konduktiven Anteil bei geringem Stoffübergang zu vernachlässigen ist. Zur Darstellung der Dichten des konduktiven Anteils, d. h. der Wärme- und Diffusionsstromdichten nach (78) und (80), benutzt man die örtlichen Wärme- und Stoffübergangskoeffizienten $\alpha$ und $\beta$. Sie sind durch

$$\dot{q}_{\text{W}} = -\lambda(\partial T/\partial n)_{\text{W}} \equiv \alpha(T_{\text{W}} - T_{\text{F}}) \qquad (157)$$

und

$$j_{1\text{W}} = -\varrho D\big(\partial\overline{\xi}_1/\partial n\big)_{\text{W}} \equiv \varrho\beta\big(\overline{\xi}_{1\text{W}} - \overline{\xi}_{1\text{F}}\big) \quad (158)$$

implizit definiert und haben die SI-Einheit $\text{W}/(\text{m}^2 \cdot \text{K})$ bzw. m/s. Im Rahmen der Näherung konstanter Dichte gilt auch

$$\begin{aligned} J_{1\text{W}} &= -\bar{c}D(\partial x_1/\partial n)_{\text{W}} \\ &= \bar{c}\beta(x_{1\text{W}} - x_{1\text{F}}), \end{aligned} \qquad (159)$$

weil sich hier die Bezugsgeschwindigkeiten der Diffusionsmassen- und -stoffmengenstromdichte $\boldsymbol{j}_1$ und $\boldsymbol{J}_1$ nach (5) und (6) nicht unterscheiden. Alle Ströme sind positiv, wenn sie wie die Normale $\boldsymbol{n}$ in das Fluid gerichtet sind, siehe Abb. 8 für den Wärmeübergang. Im Einzelnen bedeuten $T_{\text{w}}$ und $T_{\text{F}}$ die örtliche Wandtemperatur und die Fluidtemperatur in einigem Abstand von der Wand; $\overline{\xi}_{1\text{W}}$ und $\overline{\xi}_{1\text{F}}$ bzw. $x_{1\text{W}}$ und $x_{1\text{F}}$ sind die entsprechenden Massen- und Stoffmengenanteile der Komponente 1. Bei den hier ausgeschlossenen Strömungen mit merklicher Dissipation tritt an die Stelle von $T_{\text{W}}$ in (157) die adiabate Wandtemperatur (Baehr und Stephan 2016).

Die Größen $T_{\text{F}}$ und $\overline{\xi}_{1\text{F}}$ in (157) und (158) werden für Umströmungsprobleme und Kanalströmungen unterschiedlich definiert. Im Fall eines umströmten Körpers hat man hierfür die Werte $T_\infty$ und $\overline{\xi}_{1\infty}$ der ungestörten Umgebung einzusetzen. Bei Kanalströmungen hat $T_{\text{F}}$ die Bedeutung der adiabaten Mischungstemperatur, d. h. der einheitlichen Temperatur, die sich bei der adiabaten Durchmischung eines durch einen Querschnitt fließenden Massenstroms mit inhomogen verteilter Temperatur ergeben würde. Analog ist $\overline{\xi}_{1\text{F}}$ der bei der Durchmischung resultierende Massenanteil der Komponente 1. Für konstante Dichte $\varrho$ und spezifische Wärmekapazität $c_p$ ergibt sich

$$T_{\text{F}} = T_0 + (\varrho/\dot{m}) \int_{A_{\text{q}}} w(T - T_0)\text{d}A_{\text{q}} \qquad (160)$$

bzw.

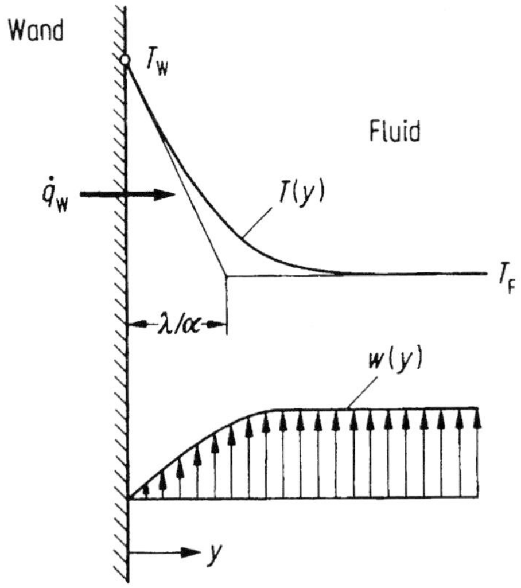


**Abb. 9** Wärmeübergang an einer beheizten Wand. Geschwindigkeitsverteilung $w(y)$ und Temperaturverteilung $T(y)$ im Normalschnitt

$$\bar{\xi}_{1\mathrm{F}} = (\varrho/\dot{m}) \int_{A_\mathrm{q}} w\bar{\xi}_1 \mathrm{d}A_\mathrm{q}. \qquad (161)$$

Hierin sind $\dot{m}$ der Massenstrom sowie $w$, $T$ und $\bar{\xi}_1$ die Strömungsgeschwindigkeit, Temperatur und Massenkonzentration der Komponente 1 auf einem Element $\mathrm{d}A_\mathrm{q}$ des Strömungsquerschnitts. Für $T_0$ kann eine beliebige Bezugstemperatur gewählt werden. Die Konzentration $x_{1\mathrm{F}}$ verhält sich wie $\bar{\xi}_{1\mathrm{F}}$. Den Definitionen (157) und (158) entsprechend sind Wärme- und Stoffübergangskoeffizienten keine Stoffeigenschaften, sondern Strömungsgrößen. Die Quotienten $\lambda/\alpha$ und $D/\beta$ geben dabei die Größenordnung der Grenzschichtdicken wieder, wie in Abb. 9 für den Wärmeübergang gezeigt ist. Dünne Grenzschichten bedeuten hohe Wärme- und Stoffübergangskoeffizienten und begünstigen die Übertragungsvorgänge an der Wand. Der Wertebereich von Wärmeübergangskoeffizienten in Standardfällen ist in Tab. 7 aufgeführt, womit sich nach (157) Wärmestromdichten bei vorgegebenen Temperaturdifferenzen und umgekehrt abschätzen lassen.

Wärme- und Stoffübergangskoeffizienten können mithilfe der Nußelt- und Sherwood-

**Tab. 7** Wertebereiche von Wärmeübergangskoeffizienten $\alpha$ in $\mathrm{W/(m^2 \cdot K)}$ (Grigull und Sandner 1990)

| Natürliche Konvektion | | | |
|---|---|---|---|
| Gase | 3 | bis | 20 |
| Wasser | 100 | bis | 600 |
| siedendes Wasser | 1000 | bis | 20.000 |
| Erzwungene Konvektion | | | |
| Gase | 10 | bis | 100 |
| zähe Flüssigkeiten | 50 | bis | 500 |
| Wasser | 500 | bis | 10.000 |
| Kondensierender Wasserdampf | 1000 | bis | 100.000 |

Zahl (88) und (89) dimensionslos dargestellt werden. Mit den Ansätzen (157) und (158) folgt aus (88) und (89)

$$\mathrm{Nu} = \alpha L_0/\lambda \quad \text{und} \quad \mathrm{Sh} = \beta L_0/D. \qquad (162)$$

Dies ist die meist verwendete Schreibweise beider Kennzahlen. Die charakterische Temperatur- und Konzentrationsdifferenz wurde dabei $\Delta \mathrm{T}_0 = -\mathrm{T}_\mathrm{W} - \mathrm{T}_\mathrm{F}$ und $\Delta\bar{\xi}_{10} = \bar{\xi}_{1\mathrm{W}} - \bar{\xi}_{1\mathrm{F}}$ gesetzt. Nußelt- und Sherwood-Zahlen sind damit nicht nur als dimensionslose Stromdichten, sondern auch als das Verhältnis von Bezugslänge zu Grenzschichtdicke interpretierbar. Der insgesamt an einer Wand übertragene Wärme- oder Diffusionsmassenstrom ergibt sich durch Integration der Stromdichten (157) und (158) über der Wandfläche $A$

$$\dot{Q} = \int_A \alpha(T_\mathrm{W} - T_\mathrm{F})\mathrm{d}A = \alpha_\mathrm{m}\Delta T_\mathrm{m} A \qquad (163)$$

bzw.

$$\dot{m}_{1\mathrm{D}} = \int_A \beta\left(\bar{\xi}_{1\mathrm{W}} - \bar{\xi}_{1\mathrm{F}}\right)\mathrm{d}A = \beta_\mathrm{m}\Delta\bar{\xi}_{1\mathrm{m}} A. \qquad (164)$$

Dabei sind $\alpha_\mathrm{m}$ und $\beta_\mathrm{m}$ mittlere Wärme- und Stoffübergangskoeffizienten, während $\Delta \mathrm{T}_\mathrm{m}$ und $\Delta\bar{\xi}_{1\mathrm{m}}$ mittlere Temperatur- und Konzentrationsdifferenzen längs der Wand bedeuten. Bei Umströmungsproblemen mit der Randbedingung

$T_W$ = konst. bzw. $\bar{\xi}_{1W}$ = konst. ist $T_W - T_F = T_W - T_\infty$ = konst. und $\bar{\xi}_{1W} - \bar{\xi}_{1F} = \bar{\xi}_{1W} - \bar{\xi}_{1\infty}$ = konst. sodass man $\Delta T_m = T_W - T_\infty$ bzw. $\Delta\bar{\xi}_{1m} = \bar{\xi}_{1W} - \bar{\xi}_{1\infty}$ setzt und findet.

$$\alpha_m = \int_A \alpha \mathrm{d}A \quad \text{bzw.} \quad \beta_m = \int_A \beta \mathrm{d}A \tag{165}$$

Bei Kanalströmungen mit $T_W$ = konst. bzw. $\bar{\xi}_{1W}$ = konst. wählt man als mittlere Temperatur- und Konzentrationsdifferenz die logarithmischen Mittelwerte dieser Größen zwischen den Ein- und Austrittsquerschnitten *e* und *a*

$$\Delta T_{\log} = \frac{(T_W - T_F)_e - (T_W - T_F)_a}{\ln \dfrac{(T_W - T_F)_e}{(T_W - T_F)_a}}$$

bzw.

$$\Delta\bar{\xi}_{\log} = \frac{\left(\bar{\xi}_{1W} - \bar{\xi}_{1F}\right)_e - \left(\bar{\xi}_{1W} - \bar{\xi}_{1F}\right)_a}{\ln \dfrac{\left(\bar{\xi}_{1W} - \bar{\xi}_{1F}\right)_e}{\left(\bar{\xi}_{1W} - \bar{\xi}_{1F}\right)_a}}. \tag{166}$$

Denn für $\alpha$ = konst. bzw. $\beta$ = konst. und vernachlässigbare Massenstromänderung längs des Kanals ist (166) gerade der Integralmittelwert von $T_W - T_F$ bzw. $\bar{\xi}_{1W} - \bar{\xi}_{1F}$ über der Austauschfläche. Damit sind nach (163) und (165) die mittleren Wärme- und Stoffübergangskoeffizienten

$$\alpha_m = \dot{Q}/\left(\Delta T_{\log} A\right) \quad \text{bzw.} \quad \beta_m = \dot{m}_{1D}/\left(\Delta\bar{\xi}_{1\log} A\right) \tag{167}$$

festgelegt. Zu ihrer dimensionslosen Darstellung werden sog. mittlere Nußelt- und Sherwood-Zahlen

$$\mathrm{Nu}_m \equiv \alpha_m L_0/\lambda \quad \text{bzw.} \quad \mathrm{Sh}_m \equiv \beta_m L_0/D \tag{168}$$

verwendet, die mit den Mittelwerten $\alpha_m$ und $\beta_m$ gebildet sind.

Eine umfangreiche Sammlung empfohlener Korrelationen örtlicher und mittlerer Nußelt-Zahlen (88) und (95) bei verschiedenen Geometrien und Strömungsformen findet man in (VDI 2013). Lösungen der Energiegleichung (69) für Temperaturfelder in ruhenden Medien enthält (Carslaw und Jaeger 1986) in großer Vollständigkeit.

## Literatur


Baehr HD, Stephan K (2016) Wärme- und Stoffübertragung, 9., ak. Aufl. Springer, Berlin

Bird RB, Stewart WE, Lightfoot EN (2013) Transport phenomena, 3. Aufl. Wiley, New York

Blanke W (Hrsg) (1989) Thermophysikalische Stoffgrößen. Springer, Berlin

Carslaw HS, Jaeger JC (1986) Conduction of heat in solids, 2. Aufl. Clarendon Press, Oxford

Cussler EL (2017) Diffusion: mass transfer in fluid systems, 3. Aufl. Cambridge University Press, Cambridge

Gersten K, Herwig H (1992) Strömungsmechanik. Springer Vieweg, Braunschweig

Görtler H (1975) Dimensionsanalyse. Springer, Berlin

Grigull U, Sandner H (1990) Wärmeleitung, 2. Aufl. Springer, Berlin

Hirschfelder JO, Curtiss CF, Bird RB (2010) Molecular theory of gases and liquids. Wiley, New York

Jischa M (1982) Konvektiver Impuls-, Wärme- und Stoffaustausch. Springer Vieweg, Braunschweig

Jones WP, Launder BE (1972) The prediction of laminarization with a two equation model of turbulence. Int J Heat Mass Transf 15:301–314

Kakaç S, Yenner Y (1995) Convective heat transfer, 2. Aufl. CRC Press, Boca Raton

Keller JU (1977) Thermodynamik der irreversiblen Prozesse. de Gruyter, Berlin

Kjelstrup S, Bedeaux D, Johannessen E, Gross J (2017) Non-equilibrium thermodynamics for engineers, 2. Aufl. World Scientific, Hackensack

Ouwerkerk C (1991) Theory of macroscopic systems. Springer, Berlin

Özişik MN (1993) Heat conduction, 2. Aufl. Wiley, New York

Poling B, Prausnitz J, O'Connell J (2007) The properties of gases and liquids, 5. Aufl. McGraw-Hill, Boston

Schlichting H, Gersten K (2006) Grenzschichttheorie, 10. Aufl. Springer, Berlin

Slattery JC (1981) Momentum, energy and mass transfer in continua, 2. Aufl. Krieger, Huntington

Slattery JC (1999) Advanced transport phenomena. Cambridge University Press, Cambridge

Stephan K, Heckenberger T (1988) Thermal conductivity and viscosity data of fluid mixtures. DECHEMA Chemistry data series, Bd X. Part 1. DECHEMA, Frankfurt

Taylor R, Krishna R (1993) Multicomponent mass transfer. Wiley, New York

VDI e.V. (2013) VDI-Wärmeatlas, 11. Aufl. Springer Vieweg, Berlin

Weißmantel C, Hamann C (1995) Grundlagen der Festkörperphysik, 4. Aufl. Barth, Heidelberg

# Teil V

# Entwicklung und Konstruktion

# Grundlagen der Produktentwicklung 21

Karl-Heinrich Grote, Frank Engelmann, Sabrina Herbst und Wolfgang Beitz

## Inhalt




**Zusammenfassung**

Die Entstehung eines Produktes und die dazugehörigen Prozesse, Methoden und Hilfsmittel werden im Kapitel *Grundlagen der Produktentwicklung* zusammenfassend dargestellt. Zum einen erfolgt die Charakterisierung des Produktlebenszyklus und des Produktentstehungsprozesses. Zum anderen umfasst der Beitrag neben der Vorstellung der allgemeinen Vorgehensweise in der Produktentwicklung auch die Betrachtung von möglichen Einflussparametern auf diese Phase. Des Weiteren wird die Darstellung des Produktes



K.-H. Grote (✉)
Fakultät für Maschinenbau, OvG-Universität Magdeburg, Magdeburg, Deutschland
E-Mail: karl.grote@ovgu.de

F. Engelmann · S. Herbst
Fachbereich Wirtschaftsingenieurwesen, Ernst-Abbe-Hochschule Jena, Jena, Deutschland
E-Mail: frank.engelmann@eah-jena.de; sabrina.herbst@eah-jena.de

W. Beitz
Technische Universität Berlin, Berlin, Deutschland


© Der/die Autor(en), exklusiv lizenziert durch Springer-Verlag GmbH, DE, ein Teil von Springer Nature 2022 

M. Hennecke, B. Skrotzki (Hrsg.), *HÜTTE Band 2: Grundlagen des Maschinenbaus und ergänzende Fächer für Ingenieure*, Springer Reference Technik,
https://doi.org/10.1007/978-3-662-64372-3_70

als technisches System und deren Zusammenhänge thematisiert. Darüber hinaus gibt dieser Beitrag einen Überblick zu den Hilfsmitteln, den rechtlichen Vorgaben und den Normen, die bei der Produktentwicklung und -konstruktion zu berücksichtigen sind.

## 21.1 Produktlebenszyklus

### 21.1.1 Definition

Innovationen, Veränderungen der Umweltbedingungen oder neue Kundenwünsche können u. a. zu veränderten Anforderungen bei Produkten führen. Aufgrund des stetigen Wandels und Fortschritts durchlaufen Produkte einen Lebenszyklus, der durch unterschiedlichste Parameter beeinflusst werden kann. Die Interessen des Produktanwenders und -herstellers stehen dabei im Vordergrund. Neben der Erfüllung der technischen Anforderungen sind wirtschaftliche Ziele zu erreichen. Dieser Aspekt bedingt eine ganzheitliche Betrachtung des Produktlebenszyklus.

Jedoch existieren unterschiedliche Bedeutungen für den Begriff Produktlebenszyklus. In der Betriebswirtschaft werden die Phasen der Produkteinführung, des Wachstums, der Reife, der Marktsättigung und der Degeneration im Rahmen des Produktlebenszyklus zusammengefasst und bilden die Grundlage der Produktlebensanalyse des Marketingcontrollings (Meffert et al. 2019, S. 471–476). Aus ökologischer Sicht teilt sich ein Produktleben in die Produktion, die Distribution, die Nutzung und die Rückführung bzw. Entsorgung, wobei die Umweltfolgen bei allen Teilprozessen im Fokus der Betrachtungen stehen (Bühler et al. 2019, S. 30). Aus der technischen Perspektive umfasst der Produktlebenszyklus alle Phasen beim Produkthersteller und -anwender, da bei der Produktentwicklung jegliche Anforderungen und Einsatzvarianten berücksichtigt werden sollten. Darüber hinaus besteht ein Lebenszyklus der Technologie, welcher die Weiterentwicklung der Leistungsfähigkeit einer Technologie charakterisiert (Feldhusen und Grote 2013, S. 294–297). Dieser beeinflusst den technologischen Produktlebenszyklus, der die Weiterentwicklung von Technologien innerhalb eines Produktmodells in Abhängigkeit des zeitlichen Faktors beschreibt (Feldhusen und Grote 2013, S. 297). Die Abbildung aller möglichen Lebensphasen eines Produktes vom erstem Gedanken bis zur Verwertung nach der Entsorgung erfolgt durch den intrinsischen Produktlebenszyklus (Feldhusen und Grote 2013, S. 297). Aufgrund der Bedeutung für die Phase der Produktentwicklung werden der technische und der betriebswirtschaftliche Produktlebenszyklus detaillierter betrachtet.

### 21.1.2 Technische Produktlebenszyklus

Die wesentlichen Phasen des technischen Produktlebenszyklus sind in Abb. 1 in der Reihenfolge des Produktentstehungsprozesses und der Anwendung dargestellt. Der Zyklus beginnt mit einer Produktidee, die sich u. a. aus einem Marktbedürfnis oder einer neuen Technologie innerhalb des Unternehmens entwickelt und im Zuge einer Produktplanung so weit konkretisiert wird, dass sie durch Entwicklung und Konstruktion in ein realisierbares Produkt umgesetzt werden kann. Es folgt der Herstellungsprozess mit Teilefertigung, Montage und Qualitätsprüfung. Der Ablauf beim Produkthersteller endet beim Vertrieb und Verkauf. Diese Phase ist die Schnittstelle zur Produktanwendung, die sich als Gebrauch oder Verbrauch darstellen kann. Zur Verlängerung der Nutzungsdauer können zwischengeschaltete Instandhaltungsschritte dienen. Nach der Primärnutzung folgt das Recycling oder die Entsorgung. Das Recycling ist durch eine weitere Nutzung bei gleichbleibenden oder veränderten Produktfunktionen oder durch die Altstoffnutzung bei gleichbleibenden oder veränderten Eigenschaften der Sekundärwerkstoffe umsetzbar. Nicht recyclingfähige Komponenten müssen fachgerecht entsorgt werden. Dies umfasst beispielsweise die Lagerung auf Deponien.

Der gesamte Prozess ist durch Iterationen geprägt, da Änderungen folglich zu neuen oder ver-

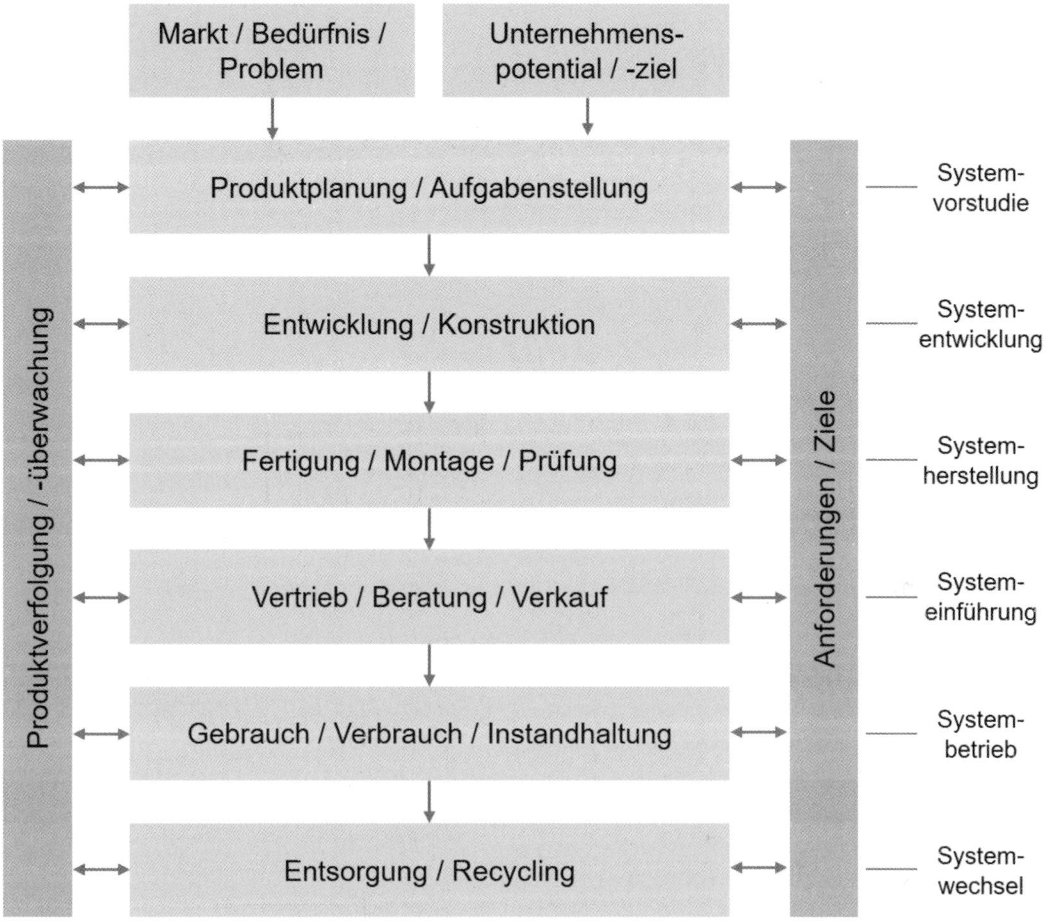


**Abb. 1** Lebensphasen eines technischen Produktes in Anlehnung an VDI-Richtlinie 2221 (Verein Deutscher Ingenieure 1993, S. 8)

änderten Anforderungen und Zielen führen können, die durch das Produkt erfüllt werden sollen. Mit Hilfe einer Produktverfolgung ist eine nachhaltige Überwachung des Prozesses möglich, um Erkenntnisse für neue Produkte abzuleiten.

### 21.1.3 Wirtschaftliche Produktlebenszyklus

Die Wirtschaftlichkeit eines Produktes ist bereits bei der Produktplanung ein entscheidender Faktor. Der wirtschaftliche Produktlebenszyklus umfasst die Betrachtung der Entwicklung von Umsatz, Gewinn und Verlust in Abhängigkeit der einzelnen Phasen des Produktlebens, wie in Abb. 2 dargestellt. Vor dem Umsatzbeginn durch die Produkteinführung im Markt müssen von dem Unternehmen Realisierungskosten für die Produktplanung, -entwicklung und Vorbereitung der Markteinführung bereitgestellt werden, die bei einsetzendem Umsatz zunächst ausgeglichen werden müssen, bevor das Produkt die Gewinnzone erreicht. Das Produkt tritt am Markt in die Wachstums- und Sättigungsphase ein. Anschließend erfolgt ein Verfall durch den Umsatz- und Gewinnrückgang. Eine Wiederbelebung von Umsatz und Gewinn, z. B. durch besondere Vertriebs- und

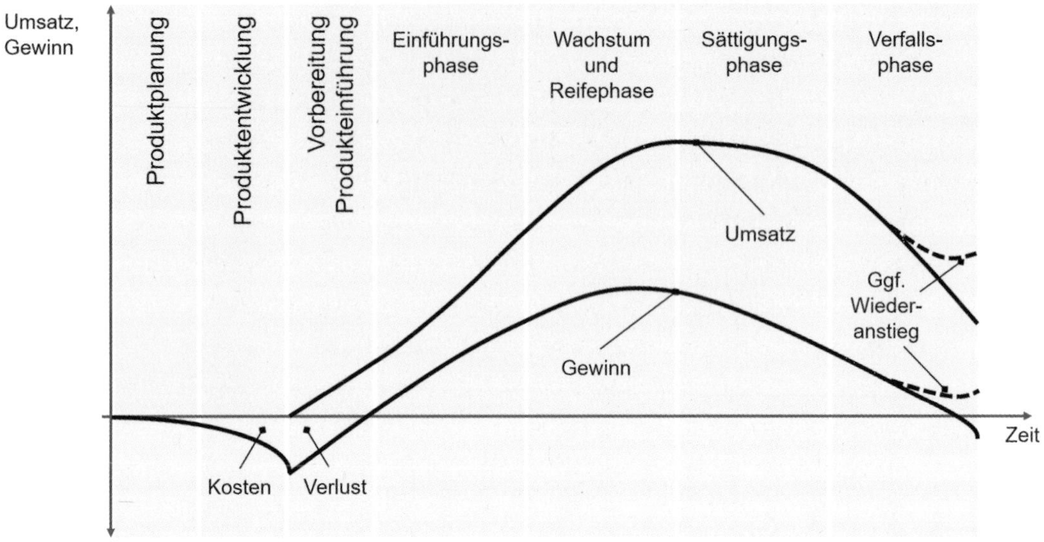


**Abb. 2** Lebensphasen eines technischen Produktes aus wirtschaftlicher Sicht in Anlehnung an (Kramer 1987)

Werbemaßnahmen, ist meistens nur von kurzer Dauer, sodass es erfolgversprechender ist, plangemäß durch die Entwicklung neuer Produkte einen Ausgleich der abfallender Lebenskurven alter Produkte durch ansteigende Lebenskurven neuer Produkte zu erreichen.

Der wirtschaftliche Produktlebenszyklus wird aufgrund des sich stetig verkürzenden Produktentwicklungsprozesses stark durch den Zeitpunkt des Markteintrittes und den Innovationsgrad des neuen Produktes beeinflusst (Cooper 2010, S. 1–19; Feldhusen und Grote 2013, S. 5–10). Ein hoher Umsatz ist durch eine frühe Markteinführung und hohen technologischen Fortschritt des Produktes möglich. Jedoch führen auch andere Strategien wie beispielsweise die Ergänzung bestehender Produktlinien oder die Neupositionierung von Produkten zum Erfolg (Cooper 2010, S. 1–19).

## 21.2 Entwicklung eines Produktes

### 21.2.1 Produktentstehungsprozess

Produkte entstehen aufgrund von Ideen, die durch eine Vielzahl von Ursachen bedingt werden können. Beispielsweise führte im 17. Jahrhundert der Wunsch, den aufwändigen und körperlich schweren Prozess des Wäschewaschens zu erleichtern, zu unterschiedlichen Konstruktionen von Waschmaschinen (Orland 1991, S. 93). Solche Überlegungen sind der Beginn eines Produktentstehungsprozesses (PEP).

Der Produktentstehungsprozess umfasst die Phasen von der Produktplanung bis zur Produktherstellung und ist demzufolge ein bedeutsamer Teil des Produktlebenszyklus (WiGeP 2018, S. 3). Dabei wird der Produktentstehungsprozess häufig von weiteren Prozessen wie beispielsweise den Qualitätskontrollprozessen oder den Produktionsplanungsprozessen in Unternehmen begleitet. Diese dienen u. a. zur Absicherung und Steuerung der Produktentstehung. Die Modelle des Produktentstehungsprozesses können unterschiedlich sein, siehe Abb. 3. Derzeitig kann der Literatur keine einheitliche Definition der Phasen und begleitenden Prozesse entnommen werden. Dies spiegelt jedoch auch die Vielfalt dieses Prozesses wieder.

Die Zuordnung und Benennung der einzelnen Phasen des Produktentstehungsprozesses sind in den einzelnen Modellen zur Vorgehensweise unterschiedlich. Der Prozess der Produktentwicklung wird vom Produktentstehungsprozess inkludiert. Abb. 3 verdeutlicht diesen Zusammenhang.

Insbesondere aus der Perspektive des Ingenieurs ist erkennbar, dass im ersten Schritt die

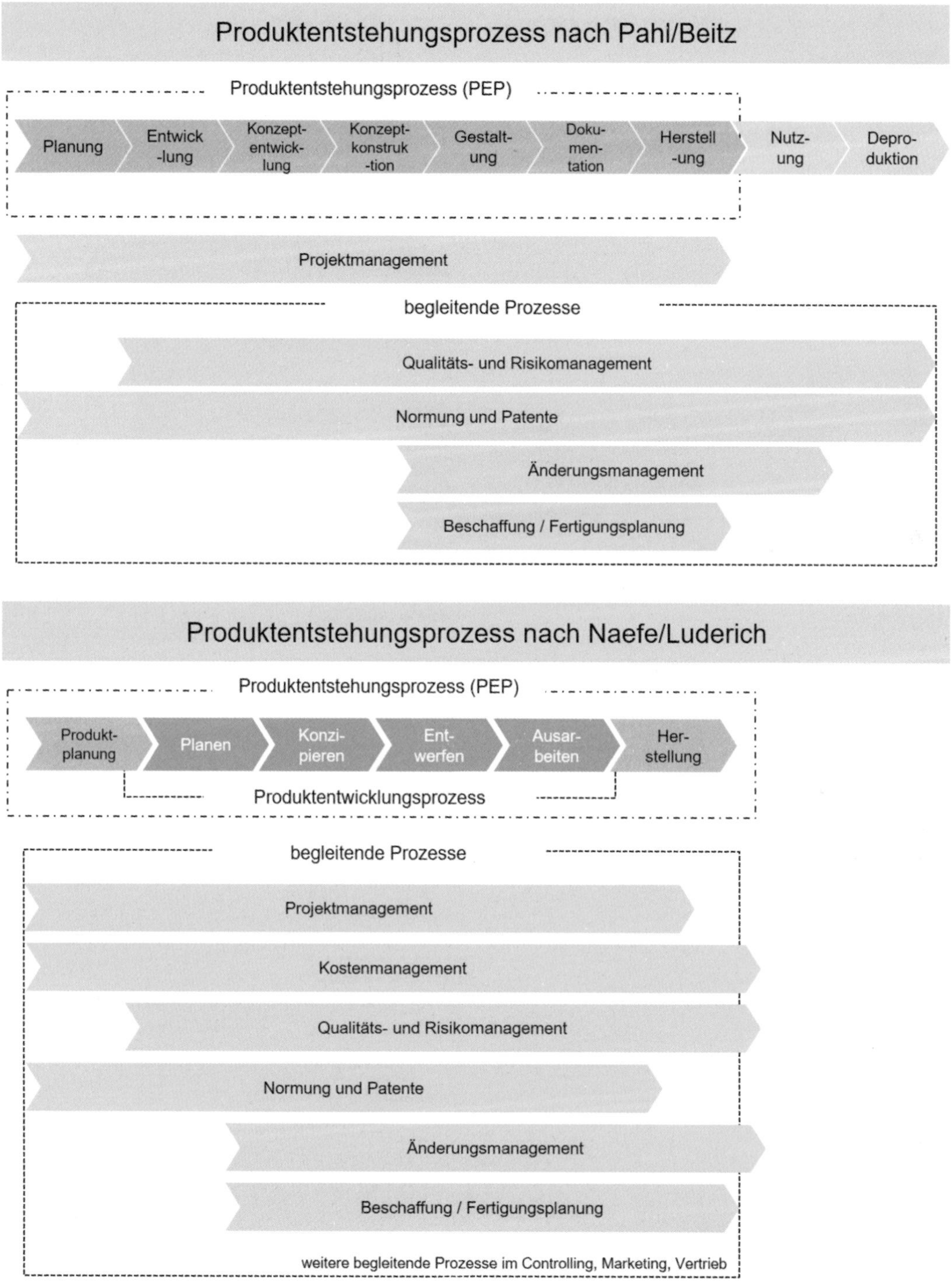


**Abb. 3** Vergleich unterschiedlicher Produktentstehungsprozesse mit begleitenden Prozessen

Planung eines neuen Produktes erforderlich ist. Diese Phase bildet den Ausgangspunkt für den Produktentstehungsprozess. Es folgt die Erarbeitung eines Konzeptes, welches anschließend durch einen Entwurf gestaltet und ausgearbeitet wird. Die Phasen zur Bearbeitung dieser Aufga-

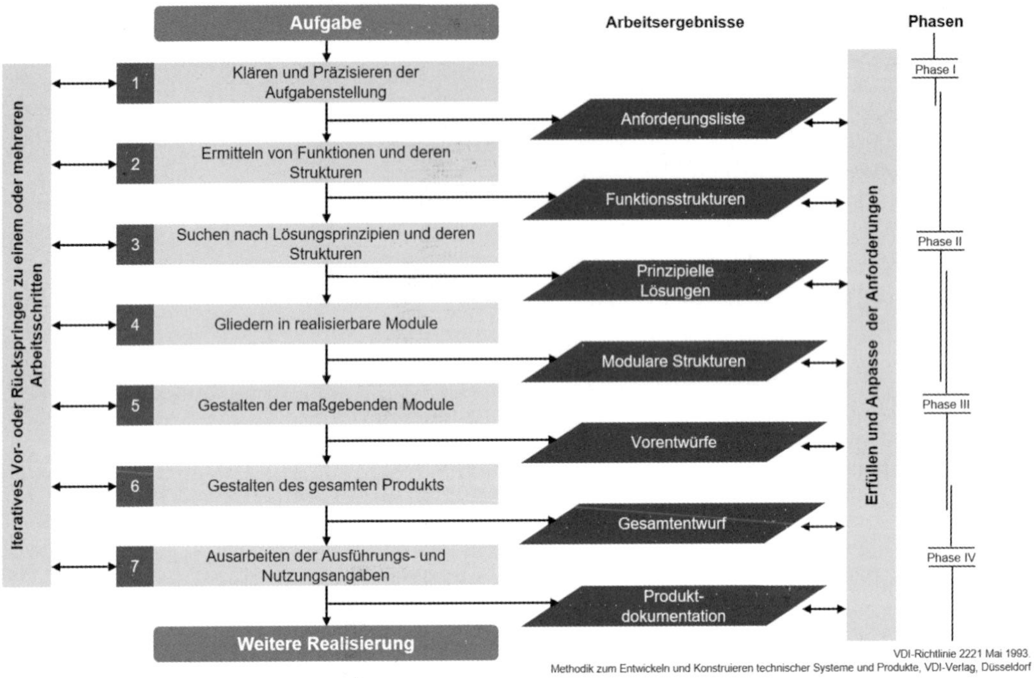


**Abb. 4** Generelle Vorgehensweise beim Entwicklungs- und Konstruktionsprozess nach VDI-Richtlinie 2221 (Verein Deutscher Ingenieure 1993)

ben werden oftmals als Konzeptentwicklung/-konstruktion und Gestaltung bzw. Konzipierung und Entwerfen bezeichnet. Es folgt die Erstellung der notwendigen Dokumentation inkl. aller Zeichnungen in der Phase Dokumentation bzw. Ausarbeitung. In der letzten Phase, der Herstellung, wird das Produkt entsprechend der erstellten Fertigungsunterlagen produziert.

Für weiterführende und detaillierte Informationen zu den einzelnen Phasen sind Pahl/Beitz (Feldhusen und Grote 2013), Ehrlenspiel und Meerkamm (2013) und Naefe und Luderich (2016) zu empfehlen.

## 21.2.2 Allgemeine Vorgehensweise in der Produktentwicklung

Die Entwicklung eines Produkts entspricht vereinfacht dem Lösen eines Problems, da entsprechend der gesetzten Ziele und Anforderungen eine Lösung zu generieren ist. Am Ende des 19. Jahrhunderts existierten erste Überlegungen zur Strukturierung von Entwicklungsprozessen, die ab Mitte des 20. Jahrhunderts intensiviert wurden. Eine erste mögliche systematische Vorgehensweise wird mit dem Konstruktionsprozess nach Wögebauer vorgestellt. Bereits in diesem Prozessmodell wird hervorgehoben, dass die Klärung der Aufgabe, die Entwicklung mehrerer Lösungen und eine Bewertung von hoher Bedeutung sind (Wögebauer 1943). Mit der Zeit entwickelten sich unterschiedliche Ansätze zur Methodik in der Produktentwicklung. Eine umfangreiche Zusammenfassung der Historie kann Pahl/Beitz (Feldhusen und Grote 2013) und Kreimeyer et al. (2006) entnommen werden.

Ein allgemeingültiges und anerkanntes Modell des Entwicklungsprozesses, welches die Ideen der unterschiedlichen entwickelten Modelle der Historie aufgreift, ist in der VDI-Richtlinie 2221 detailliert dokumentiert (Verein Deutscher Ingenieure 1993). Die Methodik zum Entwickeln und Konstruieren technischer Systeme und Produkte ist in sieben Arbeitsschritte gegliedert, welche in vier Phasen eingeteilt werden (siehe Abb. 4). Die

Arbeitsschritte können als Abfolge bearbeitet werden, jedoch sind Entwicklungsprozesse häufig von Iterationen geprägt.

Zu Beginn erfolgt mit dem Klären und Präzisieren der Aufgabenstellung, was insbesondere bei neuen Konstruktionsaufgaben von großer Bedeutung ist, die systematische Analyse der Produktumgebung. Der Konstrukteur muss aus der Fülle der vorgegebenen Anforderungen die wesentlichen zu lösenden Probleme erkennen und diese durch die Angabe von qualitativen und quantitativen Angaben in die Sprache der Technik einbinden. Als Ergebnis liegt die Anforderungsliste vor, siehe ▶ Abschn. 22.2 in Kap. 22, „Methodisches Konstruieren“.

Anschließend wird die Aufgabenstellung strukturiert. Dies erfolgt durch die Erarbeitung der zu realisierenden Teilfunktionen, siehe ▶ Abschn. 22.3.1 in Kap. 22, „Methodisches Konstruieren“. Deren Verknüpfung führt zu einer Funktionsstruktur, die bereits eine abstrakte Form eines Lösungskonzepts darstellt.

Die Erarbeitung möglicher Lösungsprinzipien erfolgt im dritten Arbeitsschritt. Für die einzelnen Teilfunktionen werden realisierbare Wirkprinzipien ermittelt, welche die Grundlagen für die Generierung von für die Lösung der Aufgabenstellung geeigneten Wirkstrukturen bildet. Bei mechanischen Produkten beruhen die einzelnen Wirkprinzipien im Wesentlichen auf der Nutzung naturwissenschaftlicher Effekte und deren prinzipieller Realisierung mithilfe der Festlegung geeigneter geometrischer und stofflicher Merkmale. Bei Softwareprodukten dagegen sind es im Wesentlichen Algorithmen und Datenstrukturen. Die Beantwortung der Frage, welche naturwissenschaftlichen Effekte als Grundlage für die einzelnen benötigten Wirkprinzipien geeignet sind, kann mithilfe von z. B. intuitiv- oder diskursivbetonten Lösungsfindungsmethoden unterstützt werden. Die erarbeiteten Wirkprinzipien, in der Regel 3 bis 4 für jede zu realisierende Teilfunktion, werden dann mithilfe des Ordnungsschemas morphologischer Kasten zu mehreren Wirkstrukturen verknüpft, siehe ▶ Abschn. 22.3.2 in Kap. 22, „Methodisches Konstruieren“.

Unter der Nutzung von Bewertungsverfahren erfolgt die Festlegung, welche Wirkstruktur für die weitere Bearbeitung freigegeben wird (siehe ▶ Abschn. 22.3.3 in Kap. 22, „Methodisches Konstruieren“). In einigen Fällen erfolgt auch die Weiterführung von mehreren Wirkstrukturen. Das Ergebnis dieser Bewertung ist die prinzipielle Lösung bzw. das Konzept.

Mit dem anschließenden vierten Arbeitsschritt startet die Phase des Entwerfens. Das Aufgliedern der prinzipiellen Lösung in realisierbare Module soll zu einer Baustruktur führen, die zweckmäßige Entwurfs- oder Gestaltungsschwerpunkte vor der arbeitsaufwändigen Konkretisierung erkennen lässt sowie eine fertigungs- und montagegünstige, instandhaltungs- und recyclingfreundliche und/oder baukastenartige Struktur erleichtert (siehe ▶ Abschn. 22.4 in Kap. 22, „Methodisches Konstruieren“). Der vierte Arbeitsschritt ist mit der Definition der modularen Struktur abgeschlossen.

Das Ziel des nachfolgenden Arbeitsschrittes ist die Gestaltung maßgebender Module der Baustruktur. Dies umfasst das Festlegen der Gruppen, Teile und Verbindungen, die zum Erfüllen der für das Produkt wesentlichen Hauptfunktionen bzw. zum Konkretisieren der für diese gefundenen prinzipiellen Lösungen erforderlich sind. Dafür sind Aufgaben wie beispielsweise Berechnungen, Spannungs- und Verformungsanalysen, Anordnungs- und Designüberlegungen, Fertigungs- und Montagebetrachtungen durchzuführen. Diese Arbeiten dienen in der Regel noch nicht fertigungs- und werkstofftechnischen Detailfestlegungen, sondern zunächst der Festlegung der wesentlichen Merkmale der Baustruktur, um diese nach technischen, wirtschaftlichen und ökologischen Gesichtspunkten optimieren zu können. Das Ergebnis des Arbeitsschrittes sind die Vorentwürfe.

Der sechste Arbeitsschritt umfasst das Gestalten weiterer, in der Regel abhängiger Funktionsträger, das Feingestalten aller Gruppen und Teile sowie deren Kombination zum Gesamtentwurf. Hierzu werden eine Vielzahl von Berechnungs- und Auswahlmethoden, Kataloge für beispielsweise Werkstoffe oder Maschinenelemente, Normen sowie Kalkulationsverfahren zur Kostenerkennung eingesetzt. Am Ende dieses Arbeitsschrittes liegt der Gesamtentwurf vor.

Abschließend dient der letzte Arbeitsschritt zum Ausarbeiten der Ausführungs- und Nutzungsangaben, d. h. der Fertigungszeichnungen, Stücklisten oder weiterführende Dokumentationen zur Fertigung und Montage sowie von Bedienungsanleitungen, Wartungsvorschriften und dergleichen. Das Ergebnis dieses Arbeitsschrittes ist die vollständige Produktdokumentation.

Die Vorgehensweise nach der VDI-Richtlinie 2221 zeigt, dass sich auch im Bereich der Produktentwicklung Prozessmodelle mit aufeinanderfolgenden Arbeitsschritten entwickelt haben, die sich auf allgemeinen Lösungsmethoden bzw. arbeitsmethodischen Ansätzen sowie den generellen Zusammenhängen beim Aufbau technischer Produkte stützen. Trotz der Unterschiedlichkeit der Produktentwicklungen ist es möglich, ein einheitliches branchenunabhängiges Modell abzuleiten, dessen Arbeitsschritte für die speziellen Bedingungen jeder Aufgabenstellung modifiziert werden müssen. Des Weiteren ist darauf hinzuweisen, dass in der Praxis häufig die Zusammenfassung mehrerer Arbeitsschritte zu Entwicklungs- bzw. Konstruktionsphasen erfolgt, z. B. aus organisatorischen oder tätigkeitsorientierten Gründen. So werden im Maschinenbau die ersten drei Abschnitte häufig als Konzeptphase, die nächsten drei Abschnitte als Entwurfsphase und der letzte Abschnitt als Ausarbeitungsphase bezeichnet.

Die einzelnen Arbeitsschritte der dargestellten Vorgehensweise nach der VDI-Richtlinie 2221 werden im ▶ Kap. 22, „Methodisches Konstruieren" detaillierter vorgestellt. Zudem können weitere umfangreiche Informationen der VDI-Richtlinie 2221 (Verein Deutscher Ingenieure 1993) selbst entnommen werden. Ebenso sind als weiterführende Literatur Pahl/Beitz (Feldhusen und Grote 2013), Ehrlenspiel und Meerkamm (2013) und Conrad (2018) zu empfehlen.

## 21.2.3 Einflussparameter

### 21.2.3.1 Bedeutung

Die Entwicklung marktfähiger Produkte gehört zu den essenziellsten Aufgaben der Industrie. Entsprechend des Produktlebenszyklus müssen Unternehmen den sinkenden Absatz von bestehenden Produkten durch neue bzw. weiterentwickelte Produkte kompensieren. Dies ist durch eine systematische Planung der Produkte möglich, welche durch die Nutzung eines Produktlebenszyklusmanagements (PLM – Product Lifecycle Management) umgesetzt werden kann. Mit diesem strategischen Ansatz wird das Unternehmen und insbesondere dessen Ressource Wissen, die Produkte und der Markt gesamtheitlich betrachtet. Weiterführende Informationen zum Produktlebenszyklusmanagement können Pahl/Beitz (Feldhusen und Grote 2013) und Feldhusen und Gebhardt (2008) entnommen werden.

Diese Relationen zeigen, dass der Produktentstehungsprozess nicht alleinstehend betrachtet werden kann, sondern umfangreichen Einflüssen unterliegt. Aufgrund der Globalisierung, der Digitalisierung und der Vernetzung der Märkte erfolgt ein Einwirken von unternehmensinternen und -externen Parametern auf die Phasen des Produktentstehungsprozesses. In der Phase der Produktplanung besitzen die Einflussparameter jedoch einen hohen Stellenwert, da bei der Definition der Produktanforderungen alle eventuellen Einflüsse analysiert, beurteilt und entsprechend der Ziele berücksichtigt werden müssen. Eine ausführliche Betrachtung dieser Phase erfolgt im ▶ Abschn. 22.2 in Kap. 22, „Methodisches Konstruieren".

Eine mögliche Zusammenfassung der Einflussparameter ist Abb. 5 zu entnehmen. Neben den internen Einflüssen, die direkt vom Unternehmen gesteuert werden können, existieren externe Einflüsse, welche jeweils der Mirko- und der Makroumwelt eines Unternehmens entstammen.

### 21.2.3.2 Unternehmensinterne Einflüsse

Die Parameter der unternehmensinternen Einflüsse erstecken sich über alle Unternehmensbereiche, die im Zusammenhang jedoch aber auch einzeln betrachtet werden müssen. Grundlegende Einflüsse entstehen zum einen durch die Unternehmensgröße und zum anderen durch die Organisationsform des Unternehmens. Beispielsweise erfordern Entscheidungen in einem Großunternehmen mit einer produktorientieren Vertikalorganisation mehr Entscheidungsträger und Zeit als in einem mittelständischem Unternehmen mit einer aufgabenorientierten Horizontalorganisation. Des

**Abb. 5** Mögliche Einflussparameter auf den Produktentstehungsprozess in Anlehnung an Kehrmann (1972) und Ehrlenspiel und Meerkamm (2013, S. 163–166)

Weiteren sind die Mitarbeiter ein wesentlicher Aspekt. Dort stehen die Faktoren Qualifizierung, Erfahrung, Motivation und Zusammenarbeit im Vordergrund. Der verfügbare Maschinenpark bestimmt die einsetzbaren Fertigungstechnologien und die realisierbare Fertigungstiefe. Investitionsmöglichkeiten werden vor allem durch die Finanzkraft des Unternehmens beeinflusst. Durch das vorhandene Produktprogramm können übertragbare Komponenten bei neuen Produkten eingesetzt werden und eine Standardisierung begünstigen. Übergreifend beeinflusst das Management die Durchführung der Produktentwicklung. Darüber hinaus existieren mögliche weitere unternehmensinterne Einflussparameter, die branchen-, firmen- und produktspezifisch sind wie beispielsweise umfangreiche Sicherheitsanforderungen durch die Gesetzgebung und Normung im Bereich der Medizintechnik oder des Explosionsschutzes.

#### 21.2.3.3 Unternehmensexterne Einflüsse

Die unternehmensexternen Einflüsse können zusätzlich der Mirko- und der Makroumwelt zugeordnet werden. Die Faktoren, auf welche das Unternehmen als Akteur selbst mit einwirken kann, entstammen der Mikroumwelt. Dazu zählen beispielsweise die Standortfaktoren, die Konkurrenz und der Beschaffungs- und Absatzmarkt. Im Gegensatz dazu umfasst die Makroumwelt eines Unternehmens alle Faktoren, die nicht durch das Unternehmen beeinflusst werden können. Das Unternehmen ist jedoch dem Einfluss dieser Faktoren ausgesetzt. Faktoren der Makroumwelt können beispielsweise die Konjunktur, die Weltwirtschaft, die Politik und der allgemeine Technologiefortschritt sein. Die Parameter der Mikro- und Makroumwelt sind miteinander vernetzt. Daher ist eine gegenseitige Beeinflussung möglich (Meffert et al. 2019, S. 47–74).

### 21.2.4 Das Produkt als technisches System

#### 21.2.4.1 Definition und Zusammenhänge

Ein Produkt besteht in der Regel aus mehreren Bauteilen, die in ihrer Gesamtheit geforderte Funktionen erfüllen. Der Aufbau von technischen Produkten ist jedoch durch mehrere generelle Zusammenhänge gekennzeichnet, die insbesondere die unterschiedlichen Konkretisierungsstufen einer Produktentwicklung bestimmen. Dies führt zur systemtechnischen Betrachtung eines Produktes, welche durch Hubka (1984) geprägt wurde.

Die generell definierten Zusammenhänge ermöglichen das schrittweise Vorgehen, siehe Abschn. 2.2.

Durch die erarbeiteten Soll-Funktionen wird der Funktionszusammenhang abgeleitet, dessen Darstellung durch die Funktionsstruktur erfolgt. Davon ausgehend werden zunächst die prinzipiellen Lösungen gesucht. Diese werden anschließend mit Hilfe der Wirkstrukturen abgebildet, die jeweils die Wirkzusammenhänge der einzelnen Lösungen verdeutlichen. Die Festlegung der Bauteile, Baugruppen und Verbindungen konkretisiert den Bauzusammenhang. Dieser wird durch die Baustruktur abgebildet. Durch die Betrachtung des Produktes in der Umgebung und der Interaktion mit dem Menschen erfolgt die Ableitung des Systemzusammenhanges und der Systemstruktur. In jeder Konkretisierungsstufe kann eine Lösungsvielfalt als Grundlage einer Lösungsoptimierung durch Variation von Lösungsmerkmalen bzw. Merkmalen des jeweiligen Zusammenhangs aufgebaut werden. Die einzelnen Zusammenhänge werden in den nachfolgenden Abschnitten detailliert dargestellt.

Ein weiteres wichtiges Anwendungsgebiet der unterschiedlichen Zusammenhangsbetrachtungen ist die Analyse vorhandener technischer Produkte mit dem Ziel einer Verbesserung, Weiterentwicklung oder Anpassung an spezielle Bedingungen (Petra 1981). Für solche Systemanalysen sind Vorgehensschritte und Merkmale erforderlich, die sich aus den generellen Zusammenhängen ableiten lassen. Als wichtiges Beispiel ist die Wertanalyse zu nennen, welche die Funktionskosten technischer Produkte zu minimieren versucht (DIN Deutsches Institut für Normung e. V. 2014).

Kennzeichnende Produktmerkmale der technischen Systeme, auch Sachmerkmale genannt (DIN Deutsches Institut für Normung e. V. 2019), sind für die Ordnung von Konstruktionskatalogen und Datenbanken sowie als Suchhilfen für gespeicherte Lösungen und Daten aus solchen Informationsspeichern hilfreich (Conrad 2018, S. 392–408). Für die Ableitung von Sachmerkmalen haben sich ebenfalls die generellen Zusammenhänge und generellen Zielsetzungen bewährt.

### 21.2.4.2 Funktionszusammenhang

Unter einer Funktion wird der allgemeine Zusammenhang zwischen Eingangs- und Ausgangsgrößen eines Systems mit dem Ziel, eine Aufgabe zu erfüllen, verstanden, siehe Abb. 6.

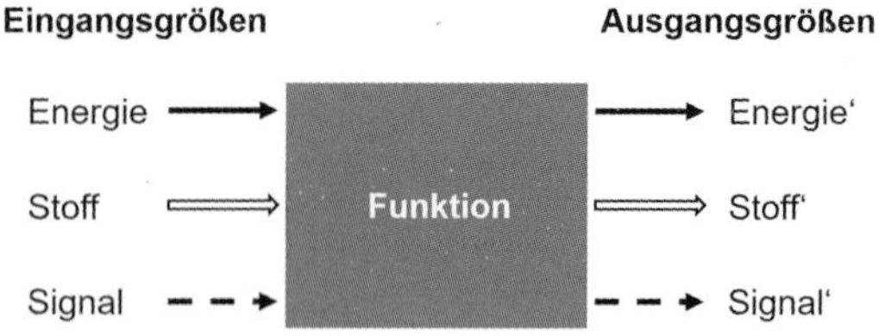


**Abb. 6** Definition einer Funktion in Black-Box-Darstellung in Anlehnung an (Feldhusen und Grote 2013, S. 238–240)

Bei technischen Produkten oder Systemen sind die Ein- und Ausgangsgrößen Energie- und/oder Stoff- und/oder Signalgrößen. Da ein Signal die physikalische Realisierung einer Informationsübertragung ist, wird statt des Signals auch häufig die Information als Ein- und Ausgangsgröße gewählt.

Die Soll-Funktion oder die Soll-Funktionen sind eine abstrakte, lösungsneutrale und eindeutige Form einer Aufgabenstellung. Sie ergeben sich bei der Entwicklung neuer Produkte aus der Anforderungsliste. Daraus leitet sich die Gesamtfunktion ab, welche zur Beschreibung einer zu lösenden Gesamtaufgabe eines Produkts oder Systems dient. Zusätzlich werden Teilfunktionen durch die Aufgliederung der Gesamtfunktion gebildet. Das Ziel ist die Vereinfachung in lösbare Teilaufgaben. Dabei ist der zweckmäßigste Aufgliederungsgrad abhängig vom Neuheitsgrad einer Aufgabenstellung, von der Komplexität des zu entwickelnden Produkts sowie vom Kenntnisstand über Lösungen zur Erfüllung der Funktionen. Die Teilfunktionen werden zu einer Funktionsstruktur verknüpft, wobei die Verknüpfungen durch logische und/oder physikalische Verträglichkeiten bestimmt werden. Wesentlich ist dabei, dass eine oft sehr komplexe zu realisierende Gesamtfunktion mithilfe von einzelnen Teilfunktionen so strukturiert wird, dass die Erarbeitung von optimalen Lösungen möglich ist (siehe ▶ Abschn. 22.3.1 in Kap. 22, „Methodisches Konstruieren“). Abb. 7 verdeutlicht diesen Zusammenhang.

Zusammenfassend kann festgestellt werden: Es gibt keinen Stoff- oder Signalfluss ohne begleitenden Energiefluss, auch wenn die benötigte Energie sehr klein ist oder problemlos bereitgestellt werden kann. Ein Signalumsatz ohne begleitenden Stoffumsatz ist aber, z. B. bei Messgeräten, möglich. Auch ein Energieumsatz zur Gewinnung

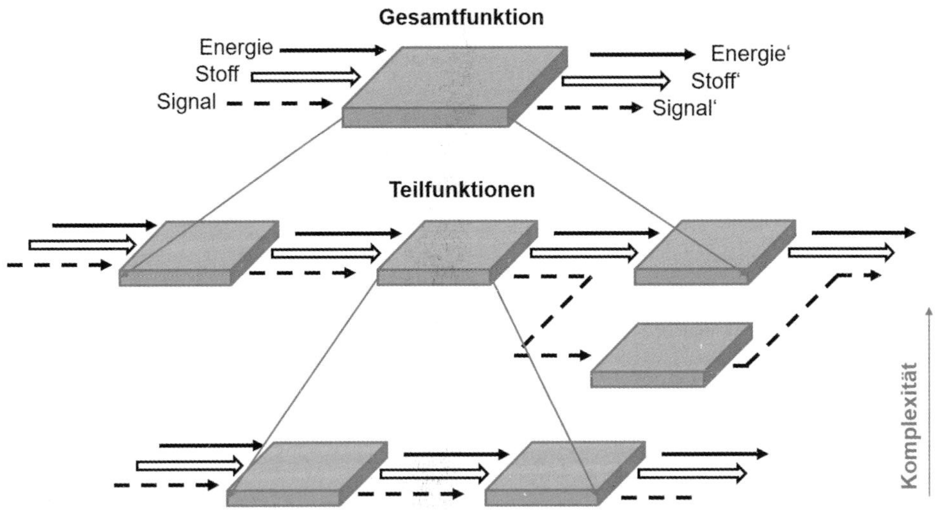


**Abb. 7** Generierung einer Funktionsstruktur aus einer Gesamtfunktion in Anlehnung an (Feldhusen und Grote 2013, S. 242–246)

z. B. elektrischer Energie ist mit einem Stoffumsatz verbunden, wobei der begleitende Signalfluss zur Steuerung ein wichtiger Nebenfluss ist.

In der Praxis ist das Aufstellen einer Funktionsstruktur nicht zwingend erforderlich und hilfreich. Insbesondere bei Entwicklungen zur Produktanpassungen oder Weiterentwicklungen wird auf die ausführliche Ableitung einer Funktionsstruktur verzichtet.

#### 21.2.4.3 Wirkzusammenhang

Die Teilfunktionen und die Funktionsstruktur des Funktionszusammenhanges eines technischen Produkts müssen durch einen Wirkzusammenhang erfüllt werden. Dieser besteht dementsprechend aus Wirkprinzipien zur Erfüllung der Teilfunktionen und aus einer Wirkstruktur zur Erfüllung der Funktionsstruktur. Die Wirkstruktur setzt sich aus der Verknüpfung mehrerer Wirkprinzipien zusammen. Ein Wirkprinzip wird durch einen physikalischen, chemischen oder biologischen Effekt oder eine Kombination mehrerer Effekte sowie durch deren prinzipielle Realisierung mit geometrischen und stofflichen Merkmalen (wirkstrukturelle Merkmale) bestimmt, siehe ▶ Abschn. 22.3.2 in Kap. 22, „Methodisches Konstruieren".

Zur Realisierung von Funktions- und Datenstrukturen bei Softwareentwicklungen beinhalten Wirkprinzipien bzw. Wirkstrukturen Algorithmen zum Datentransfer zu und von Datenbasen, zum Erzeugen von Ausgangsdaten aus Eingangsdaten einer Funktion durch arithmetische und/oder logische Operationen sowie zur Kommunikation mit dem Programmbenutzer. Wirkstrukturelle Merkmale sind Strukturmerkmale, Leistungsmerkmale und Realisierungsmerkmale.

#### 21.2.4.4 Bauzusammenhang

Die gestalterische Konkretisierung des Wirkzusammenhangs führt zur Baustruktur. Diese verwirklicht die Wirkstruktur durch einzelne Bauteile, Baugruppen und Verbindungen, die vor allem nach der erforderlichen Dimensionierung, der Fertigung, der Montage und des Transports mithilfe der Gesetzmäßigkeiten der Festigkeitslehre, Werkstofftechnik, Thermodynamik, Strömungsmechanik, Fertigungstechnik u. a. festgelegt werden. Von umfangreicher Bedeutung sind dabei Maschinenelemente, siehe ▶ Kap. 23, „Maschinenelemente".

Bei Software bedeutet der Bauzusammenhang im übertragenen Sinne die programmtechnische Realisierung der Funktions- und Datenmodule mithilfe geeigneter Programmiersprachen.

#### 21.2.4.5 Systemzusammenhang

Technische Produkte sind Bestandteile übergeordneter Systeme, die von Menschen, anderen technischen Systemen und der Umgebung definiert sein können. Dabei ist ein System durch Systemelemente und Teilsysteme bestimmt, die

| Zusammenhänge | Elemente | Struktur | Beispiel |
|---|---|---|---|
| Funktions-zusammenhang | Funktionen | Funktions-struktur | 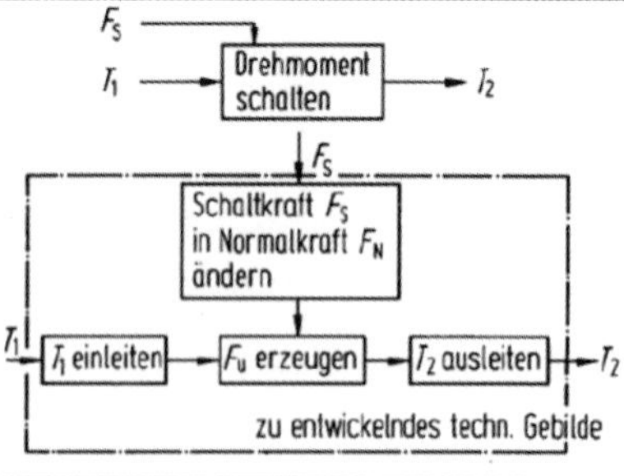 |
| Wirk-zusammenhang | Naturwissen-schaftliche Effekte + geometrische und stoffliche Merkmale = Wirkprinzipien | Wirkstruktur | 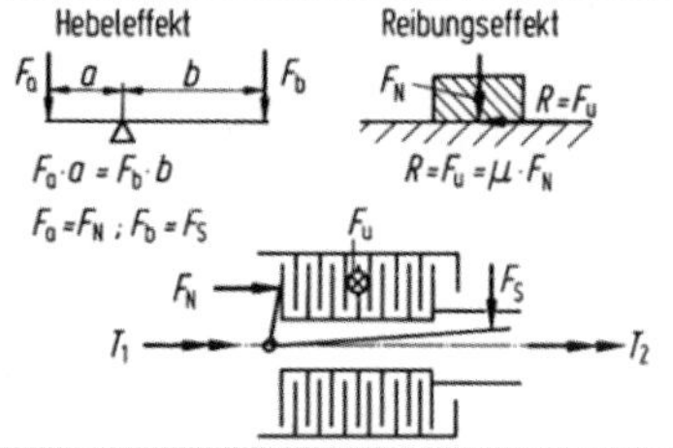 |
| Bau-zusammenhang | Bauteile Verbindungen Baugruppen | Baustruktur | 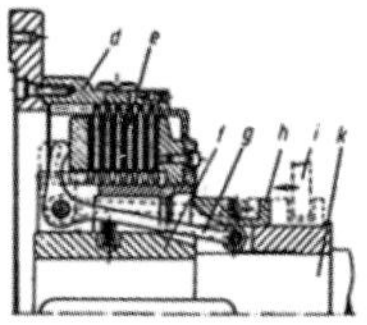 |
| System-zusammenhang | Techn. Gebilde Mensch Umgebung | Systems-struktur | 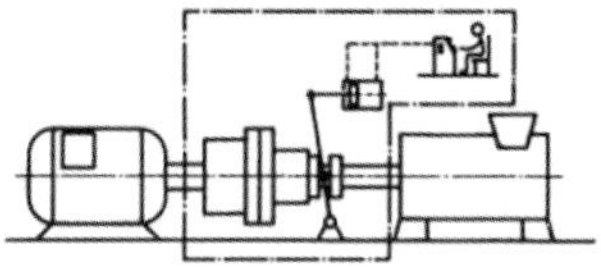 |

**Abb. 8** Zusammenhänge in technischen System am Beispiel einer Schaltkupplung in Anlehnung an (Feldhusen und Grote 2013, S. 250)

von einer Systemgrenze umgeben und mit Energie-, Stoff- und/oder Signalgrößen untereinander und mit der Umgebung verknüpft sind. Ein System bzw. Produkt ist zunächst durch seine eigene Systemstruktur gekennzeichnet. In einem übergeordneten System bildet diese die Zweckwirkung (Soll-Funktion). Hinzu kommen Störwirkungen aus der Umgebung, Nebenwirkungen nach außen und innerhalb des Systems sowie Einwirkungen vom Menschen und Rückwirkungen zum Menschen. Alle Wirkungen müssen im Zusammenhang betrachtet werden und ergeben somit den Systemzusammenhang.

Alle generell definierten Zusammenhänge werden in Abb. 8 am Beispiel einer Schaltkupplung dargestellt. Als weiterführende Literatur wird insbesondere Pahl/Beitz (Feldhusen und Grote 2013) empfohlen.

## 21.3 Hilfsmittel der Entwicklung und Konstruktion

### 21.3.1 Kommunikation und Dokumentation

Der Produktentstehungsprozess ist in der Regel durch die interdisziplinäre Zusammenarbeit unterschiedlichste Bereiche und Personen geprägt. Neben den durch die konstruktionsmethodische Vorgehensweise entstehenden Dokumenten, wie Anforderungslisten oder Funktionsstrukturen (siehe

Abschn. 2.2), existieren weitere Mittel, um den Fortschritt in der Produktentwicklung zu kommunizieren und zu dokumentieren. Dabei steht nicht nur der Austausch zwischen einzelnen Abteilungen innerhalb eines Unternehmens im Vordergrund, sondern auch die Kommunikationen mit externen Partnern, die beispielsweise in den Entwicklungs- oder Fertigungsprozess involviert sind. Ebenso sind gesetzliche oder normative Vorgaben zu berücksichtigen, die Entwicklungsprozesse beeinflussen. Die Inhalte dieser können durch Richtlinien, Gesetze und Normen kommuniziert werden wie beispielsweise sicherheitstechnische Anforderungen durch die Maschinenrichtlinie und das Produktsicherheitsgesetz in Deutschland.

Eine Auswahl bedeutsamer Hilfsmittel des Entwicklungs- und Konstruktionsprozesses werden im Folgenden vorgestellt. Informationen, die einen weiterführenden Überblick bieten, können Pahl/Beitz (Feldhusen und Grote 2013) und Conrad (2018) entnommen werden.

## 21.3.2 Zeichnungen

Die zeichnerische Darstellung von Lösungsideen, prinzipiellen Lösungen oder maßstäblich entworfenen Bauteilen und Baugruppen gehört zu den wichtigsten Aufgaben des Konstrukteurs. Mit der Einführung der grafischen Datenverarbeitung steht ein Arbeitsmittel zur Verfügung, mit dem die zeiteffiziente Erstellung von Fertigungsunterlagen erfolgt. Die Zeichnung ist das Kommunikationsmittel des Konstrukteurs in allen Konkretisierungsstufen des Entwicklungs- und Konstruktionsprozesses. Sie dient dazu, Ideen und Lösungsvorschläge vorzustellen und zu diskutieren. Darüber hinaus ist sie die Basis zur Erstellung der Fertigungsunterlagen. Der Konstrukteur muss die wesentlichen Regeln der zeichnerischen Darstellung beherrschen und sie mit räumlichem Vorstellungsvermögen und kreativem Drang einsetzen können.

Für den Erfinder und konzipierenden Konstrukteur ist die Freihandskizze zur Objektivierung seiner Gedanken und als Diskussionsgrundlage im Arbeitsteam die wichtigste Darstellungsform.

In DIN EN ISO 10209 (DIN Deutsches Institut für Normung e. V. 2012) sind die wesentlichen Begriffe des Zeichnungs- und Stücklistenwesens definiert. Danach kann unterschieden werden zwischen:

- Skizzen, die, meist freihändig und/oder grobmaßstäblich, nicht unbedingt an Form und Regeln gebunden sind,
- normgerechten maßstäblichen Zeichnungen,
- Maßbildern,
- Plänen,
- Diagrammen und
- Schemas.

Für die Anfertigung normgerechter Zeichnungen sei u. a. auf DIN ISO 128-30, DIN EN ISO 128-20, DIN 30, DIN 406, DIN ISO 6428 und DIN 6789 und weitere einschlägige Normen verwiesen (Fritz 2018).

## 21.3.3 Rechnergestützte Entwicklungs- und Konstruktionsmittel

### 21.3.3.1 Kategorisierung

Die Unterstützung des Produktentwicklungsprozesses durch die Rechen- und Informationstechnik hat einen grundlegenden Wandel verursacht. Nach den Anfängen der rechnerunterstützenden Konstruktion Mitte des 20. Jahrhunderts folgte mit Beginn des 21. Jahrhunderts die rechnerorientierte Produktmodellierung, die derzeitig schrittweise von der virtuellen Produktentwicklung abgelöst wird (Spur und Krause 1997). Durch diesen technologischen Fortschritt entwickelten sich bis heute eine Vielzahl von Anwendungssystemen, die in unterschiedliche Kategorien nach Pahl/Beitz (Feldhusen und Grote 2013, S. 413–416) gegliedert werden können. Nachfolgend werden diese Kategorien zusammenfassend dargestellt. Weiterführende Literatur sind u. a. Pahl/Beitz (Feldhusen und Grote 2013) und Conrad (2018).

Da sich die Informationstechnik stetig weiterentwickelt, stehen umfangreiche Weiterbildungsmöglichkeiten zur Verfügung. Konstrukteuren und anderen Anwendern wird empfohlen, diese Entwicklungen fortlaufend zu berücksichtigen, um innovative Funktionen und deren Vorteile frühzeitig in Entwicklungsprozessen einzubinden.

#### 21.3.3.2 Kategorie 1: CAD-Systeme

Der Einsatz der Datenverarbeitung in der Konstruktion dient der Produktverbesserung sowie der Senkung des Konstruktions- und Fertigungsaufwands. Die mit dem Rechnereinsatz verbundene Arbeitstechnik des Konstruierens unter Nutzung entsprechender Geräte und Programme wird international als Computer Aided Design (CAD) bezeichnet. CAD-Systeme bieten umfangreiche Funktionen zur Generierung und Anpassung von Modellen und Zeichnungen, welche zur Objekterzeugung dienen (Cooper 2010, S. 455–456). Es stehen parametrische und nichtparametrische (2D- und 3D-) CAD Systeme zur Verfügung, die häufig aus einem Grundmodul und zahlreichen zusätzlichen Erweiterungsmodulen bestehen (Feldhusen und Grote 2013, S. 414–415).

#### 21.3.3.3 Kategorie 2: CAD-abhängige Applikationssysteme

Grundlage der CAD-abhängigen Applikationssysteme ist das 3D-CAD-Modell, welches durch die Anwendungen auf unterschiedlichste Art und Weise untersucht werden kann. Zum einen erfolgen Berechnungen wie beispielsweise Finite-Element-Methode (FEM) und Computational-Fluid-Dynamics (CFD) Simulationen und Animationen. Zum anderen sind realitätsnahe Simulationen und Visualisierungen durch Digital Mock-Up (DMU) und Virtual Reality möglich. Ebenso wird das 3D-Modell für additive Fertigungsverfahren genutzt, deren Software-Programme demzufolge in dieser Kategorie einzustufen sind. (Feldhusen und Grote 2013, S. 415)

#### 21.3.3.4 Kategorie 3: CAD-unabhängige Applikationssysteme

Anwendungen, die keinen Bezug zu CAD-Systemen aufweisen, jedoch für die Kommunikation und Dokumentation im Produktentwicklungsprozess zwingend erforderlich sind, werden als CAD-unabhängige Applikationssysteme bezeichnet. Dies umfasst u. a. Office-Programme, Failure-Mode-and-Effects-Analysis (FMEA)-Software, klassische Berechnungsapplikationen, Programme zum Projektmanagement und Web-Anwendungen (Feldhusen und Grote 2013, S. 415).

#### 21.3.3.5 Kategorie 4: Systeme für das Produktmanagement

In Entwicklungsprozessen unterstützen Produktdatenmanagementsysteme (PDM-Systeme) durch die Gestaltung, Optimierung und Verwaltung von Arbeitsprozessen mit Hilfe von Datenbanken und Arbeitsabfolgen. Vorteilhaft ist beispielsweise die Steuerung von Berechtigungen bezüglich der Produktdaten im Produktentwicklungsprozess (Feldhusen und Grote 2013, S. 415).

#### 21.3.3.6 Kategorie 5: ERP-/PPS-Systeme

Enterprise-Resource-Planning – (ERP-) und Produktionsplanungs- und Steuerungs- (PPS-)Systeme dienen zur Abwicklung der Fertigungsaufträge insbesondere durch die Verwaltung der notwendigen Daten. Dies umfasst u. a. Informationen zu Zeichnungen, Stücklisten und Materialien, die bereits im Produktentwicklungsprozess häufig von Konstrukteuren eingebunden werden müssen (Feldhusen und Grote 2013, S. 415–416).

### 21.3.4 Rechtliche Vorgaben

Die von Produkten zu erfüllenden Anforderungen werden vorrangig durch die Anforderungsliste festgelegt. Im Vordergrund stehen die Forderungen und Wünsche des Kunden, die im Konflikt zu vorgeschriebenen gesetzlichen Anforderungen stehen können. Ein marktfähiges Produkt muss je nach Branche eine Vielzahl von gesetzlichen Vorgaben zwingend erfüllen. Ursache dieses Anspruches ist in den meisten Fällen die Forderung nach Sicherheit. Dieses Bewusstsein sollten insbesondere Konstrukteure berücksichtigen, da ihnen bei nachgewiesenen Konstruktionsfehlern Strafen drohen können.

In der Europäischen Union erfolgt die Regelung des Binnenmarktes durch erlassene Richtlinien und Verordnungen, die einzuhalten sind. Eine bedeutsame EU-Richtlinie ist die Maschinenrichtlinie 2006/42/EG (Europäische Union 2006). Durch diese soll die Sicherstellung des freien Warenverkehrs innerhalb des europäischen

Wirtschaftsraumes und die Standardisierung des technischen Sicherheitsniveaus und der grundlegenden Sicherheits- und Gesundheitsanforderungen an Maschinen durch einheitliche Vorgaben erfolgen. Durch diese Richtlinie wird eine Art Reisepass für Maschinen erforderlich. In Deutschland wird die Maschinenrichtlinie durch die 9. Verordnung zum Produktsicherheitsgesetz (Bundesrepublik Deutschland 2011) in nationales Recht umgesetzt. Sowohl in der Maschinenrichtlinie als auch in der 9. Verordnung zum Produktsicherheitsgesetz werden zu erfüllende Sicherheitsanforderungen aufgestellt, die bei zutreffenden Produkten zwingend einzuhalten sind, um die Konformität zu erklären.

Der einzuhaltende rechtliche Rahmen weist eine hohe Komplexität auf, die zusätzlich durch die regionalen Vorgaben der jeweiligen Absatzmärkte erhöht wird. Generell ist darauf hinzuweisen, dass umfangreiche Recherchen zu gesetzlichen Vorgaben sich vorteilhaft auf die Produktentwicklung und den Produktentwicklungsprozess auswirken. Weiterführende detaillierte Informationen können Neudörfer (Neudörfer 2016) entnommen werden.

### 21.3.5 Normen

Das Beachten von Normen (vgl. ► Kap. 33, „Normung und Standardisierung“) und sonstigen technischen Regeln während der einzelnen Entwicklungs- und Konstruktionsschritte ist eine wichtige Voraussetzung für internationale marktfähige Produkte bzw. zum Bestehen des Innovationswettlaufs zwischen den Industrienationen. Sie definieren Regeln zwischen Produktherstellern und Produktbenutzern und sind eine Fixierung des technischen Wissens, das der Allgemeinheit zur freiwilligen Nutzung als unverbindliche Empfehlung zur Verfügung gestellt wird. Nur in dem Maße, in dem sie Anwendung in der Praxis finden, können sie den Stand der Technik widerspiegeln. Daneben erfüllen technische Normen einen Zweck schon dadurch, dass sie bevorzugte technische Lösungen, Begriffsbestimmungen, Abmessungen zu allgemeinen Wissen machen und dadurch die Rationalisierung fördern (DIN Deutsches Institut für Normung e. V. 2001).

Normen und technische Regeln können nach der Herkunft unterschieden werden:

- Werknormen der einzelnen Unternehmen (WN)
- DIN-Normen des DIN (Deutsches Institut für Normung) einschließlich Verein Deutscher Elektroingenieure (VDE)Bestimmungen der DKE (Deutsche Elektrotechnische Kommission im DIN).
- EN-Normen (Europäische Normen von CEN-Comité Européen de Normalisation – und CENELEC – Comité Européen de Normalisation Electrotechnique).
- IEC- und ISO-Normen und -Empfehlungen (Internationale Normen von IEC – International Electrotechnical Commission – und ISO – International Organization for Standardization).
- Vorschriften der Vereinigung der Technischen Überwachungsvereine.
- Richtlinien des Vereins Deutscher Ingenieure (VDI).

Informationen zu Normen, überbetrieblichen technischen Regeln und technischem Recht können über das Deutsche Informationszentrum für technische Regeln (DITR)-Datenbank zu Verfügung gestellt werden. Die Bereitstellung von Daten über Normteile erfolgt in Normteildatenbanken.

## Literatur


Bühler P, Schlaich P, Sinner D (2019) Produktdesign. Konzeption – Entwurf – Technologie. Bibliothek der Mediengestaltung. Springer Vieweg, Berlin/Heidelberg

Bundesrepublik Deutschland (2011) 9. Verordnung zum Produktsicherheitsgesetz (Maschinenverordnung) vom 12. Mai 1993 (BGBl. I S. 704),die zuletzt durch Artikel 19 des Gesetzes vom 8. November 2011 (BGBl. I S. 2178) geändert worden ist

Conrad K-J (2018) Grundlagen der Konstruktionslehre, 7. Aufl. Hanser eLibrary, Hanser/München

Cooper RG (2010) Top oder Flop in der Produktentwicklung. Erfolgsstrategien: von der Idee zum Launch, 2. Aufl. Wiley-VCH, Weinheim

DIN Deutsches Institut für Normung e. V. (2001) Grundlagen der Normungsarbeit des DIN, 7. Aufl. DIN-Normenheft, Bd 10. Beuth, Berlin/Wien/Zürich

DIN Deutsches Institut für Normung e. V. (2012) Technische Produktdokumentation – Vokabular – Begriffe für technische Zeichnungen, Produktdefinition und ver-

wandte Dokumentation (ISO 10209:2012); Dreisprachige Fassung EN ISO 10209:2012. Beuth (DIN EN ISO 10209)
DIN Deutsches Institut für Normung e. V. (2014) Value Management – Wörterbuch – Begriffe. Beuth (DIN EN 1325)
DIN Deutsches Institut für Normung e. V. (2019) Sachmerkmal-Listen – Teil 1: Begriffe und Grundsätze. Beuth (DIN 4000-1)
Ehrlenspiel K, Meerkamm H (2013) Integrierte Produktentwicklung. Denkabläufe, Methodeneinsatz, Zusammenarbeit, 5. Aufl. Hanser, München
Europäische Union (2006) RICHTLINIE 2006/42/EG DES EUROPÄISCHEN PARLAMENTS UND DES RATES vom 17. Mai 2006 über Maschinen und zur Änderung der Richtlinie 95/16/EG (Neufassung)
Feldhusen J, Gebhardt B (2008) Product Lifecycle Management für die Praxis. Ein Leitfaden zur modularen Einführung, Umsetzung und Anwendung. Springer, Berlin/Heidelberg
Feldhusen J, Grote K-H (Hrsg) (2013) Pahl/Beitz Konstruktionslehre. Methoden und Anwendung erfolgreicher Produktentwicklung, 8. Aufl. Springer Vieweg, Berlin/Heidelberg
Fritz A (Hrsg) (2018) Technisches Zeichnen. Grundlagen, Normen, Beispiele, darstellende Geometrie: Lehr-, Übungs- und Nachschlagewerk für Schule, Fortbildung, Studium und Praxis, mit mehr als 100 Tabellen und weit über 1000 Zeichnungen, 36. Aufl. Cornelsen, Berlin
Hubka V (1984) Theorie technischer Systeme. Grundlagen einer wissenschaftlichen Konstruktionslehre, 2. Aufl. Hochschultext. Springer, Berlin
Kehrmann H (1972) Die Entwicklung von Produktstrategien. Dissertation, TH Aachen
Kramer F (1987) Innovative Produktpolitik. Strategie – Planung – Entwicklung – Durchsetzung. Springer, Berlin/Heidelberg
Kreimeyer M, Heymann M, Lauer W, Lindemann U (2006) Die Konstruktionsmethodik im Wandel der Zeit – Ein Überblick zum 100sten Geburtstag von Prof. Wolf Rodenacker. Konstruktion(10/2006), S 72–74
Meffert H, Burmann C, Kirchgeorg M, Eisenbeiß M (2019) Marketing. Grundlagen marktorientierter Unternehmensführung: Konzepte – Instrumente – Praxisbeispiele, 13. Aufl. Meffert-Marketing-Edition, / Heribert Meffert . . . ; Lehrbuch. Springer Gabler, Wiesbaden
Naefe P, Luderich J (2016) Konstruktionsmethodik für die Praxis. Effiziente Produktentwicklung in Beispielen. Springer Vieweg, Wiesbaden
Neudörfer A (2016) Konstruieren sicherheitsgerechter Produkte. Methoden und systematische Lösungssammlungen zur EG-Maschinenrichtlinie, 7. Aufl. VDI-Buch. Springer Berlin Heidelberg; Imprint/Springer Vieweg, Berlin/Heidelberg
Orland B (1991) Wäsche waschen. Technik- und Sozialgeschichte der häuslichen Wäschepflege. Vollst. zugl.: Berlin, Freie Univ., Diss. , 1991 u.d.T.: Orland, Barbara: Technik- und Sozialgeschichte der häuslichen Wäschepflege in Deutschland seit dem 18. Jahrhundert. Kulturgeschichte der Naturwissenschaften und der Technik, Bd 7736. Rowohlt-Taschenbuch-Verlag, Reinbek bei Hamburg
Petra HJ (1981) Systematik, Erweiterung und Einschränkung von Lastausgleichslösungen für Standgetriebe mit zwei Leistungswegen, ein Beitrag zum methodischen Konstruieren. Dissertation, Technische Universität
Spur G, Krause F-L (1997) Das virtuelle Produkt. Management der CAD-Technik. Hanser, München
Verein Deutscher Ingenieure (1993) Methodik zum Entwicklen und Kosntruieren technischer Systeme und Produkte. Beuth, Berlin (VDI 2221)
Wissenschaftliche Gesellschaft für Produktentwicklung (2018) Leitfaden der Wissenschaftlichen Gesellschaft für Produktentwicklung (WiGeP). Universitäre Lehre in der Produktentwicklung
Wögebauer H (1943) Die Technik des Konstruierens, 2. Aufl. Oldenbourg, München

HWG

WÄLZLAGER

HWG ist seit über 30 Jahren zuverlässiger Partner des Maschinenbaus und der Industrie.

HWG entwickelt und fertigt Präzisionswälzlager, auch in Sonderausführungen und Sonderstählen (Edelstählen) für sämtliche Branchen.

Speziell abgestimmte Schmiermittel stellen zuverlässig über einen langen Zeitraum die Funktionstüchtigkeit der Wälzlager sicher.

Forschung & Entwicklung, Konstruktion, moderne CNC Weich- und Hartbearbeitung sowie Montage, Sonderbefettung und modernste Prüf- und Messtechnik unter einem Dach gewährleisten die hohen Qualitätsstandards, die wir neben den zertifizierten DIN ISO Normen an uns stellen.

**Sprechen Sie uns an,**
**wir erarbeiten für Ihre Anwendung eine Lösung.**

**HWG Horst Weidner GmbH**

Benzstrasse 58
71272 Renningen
Germany

tel // +49 (0) 7159 9377-0
fax // +49 (0) 7159 9377-88

www.h-w-g.com
info@h-w-g.com

- Sonderlager
- Hybridlager
- Vollkeramiklager
- Vierpunktlager
- Kreuzrollenlager
- Laufrollen
- Axial-Kompaktlager
- Pendelkugellager
- Schrägkugellager
- Dünnringkugellager
- Miniatur-Kugellager
- Axial-Rillenkugellager

# Methodisches Konstruieren 22

Karl-Heinrich Grote, Frank Engelmann, Sabrina Herbst und Wolfgang Beitz

## Inhalt



---

K.-H. Grote (✉)
Fakultät für Maschinenbau, OvG-Universität Magdeburg, Magdeburg, Deutschland
E-Mail: karl.grote@ovgu.de

F. Engelmann · S. Herbst
Fachbereich Wirtschaftsingenieurwesen, Ernst-Abbe-Hochschule Jena, Jena, Deutschland
E-Mail: frank.engelmann@fh-jena.de; Sabrina.Herbst@eah-jena.de

W. Beitz
Technische Universität Berlin, Berlin, Deutschland

© Der/die Autor(en), exklusiv lizenziert durch Springer-Verlag GmbH, DE, ein Teil von Springer Nature 2022

M. Hennecke, B. Skrotzki (Hrsg.), *HÜTTE Band 2: Grundlagen des Maschinenbaus und ergänzende Fächer für Ingenieure*, Springer Reference Technik,
https://doi.org/10.1007/978-3-662-64372-3_71

**Zusammenfassung**

Das Kapitel *Methodisches Konstruieren* gibt einen umfangreichen Überblick zur methodischen Vorgehensweise, die bei der Entwicklung und Konstruktion von Produkten angewendet wird. Alle Phasen, von der Planung über die Konzipierung bis zum Entwerfen und Gestalten, und die dazugehörigen erforderlichen Arbeitsschritte werden ausführlich vorgestellt und anhand eines Beispiels praxisnah erläutert. Unter anderem wird der Einsatz von Funktionsstruktur, morphologischen Kasten und Nutzwertanalyse verdeutlicht.

## 22.1 Entwicklungs- und Konstruktionsmethoden

### 22.1.1 Ziele der methodischen Vorgehensweise

Der Prozess des Entwickelns und Konstruierens soll von Produktivität und Kreativität geprägt sein. Die gleichzeitige Erfüllung beider Anforderungen kann jedoch eine Herausforderung darstellen, da beispielsweise im Prozess auftretender Zeitverlust den kreativen Einfallsreichtum nachteilig beeinflusst. Im Entwicklungs- und Konstruktionsprozess existieren im Allgemeinen zwei grundsätzliche Vorgehensweisen, die opportunistische und die methodische Arbeitstechnik (Feldhusen und Grote 2013, S. 283–285).

Die opportunistische Vorgehensweise wird durch die vorhandene Erfahrung des Konstrukteurs charakterisiert. Auf deren Basis treten Lösungen oder Teillösungen hervor, die oftmals im Unternehmen bzw. der Branche bekannt sind. Durch diese Arbeitstechnik ist eine schnelle und effektive Entwicklung und Konstruktion möglich. Neben diesem Vorteil existieren Nachteile wie beispielsweise die Einschränkung der Innovationsfähigkeit und fehlende Beachtung von unterschiedlichen Anforderungen bei alten und neuen Aufgaben (Feldhusen und Grote 2013, S. 284).

Die methodische oder systematische Vorgehensweise ist durch die Abfolge von Arbeitsschritten gekennzeichnet, die zur Analyse und Synthese der zu lösenden Problemstellung und der Lösungen dient. Durch die Entwicklungs- und Konstruktionsmethoden wird beispielsweise die Aufgabenstellung in ihre einzelnen Problematiken gegliedert, um anschließend durch die Findung von Teillösungen eine gesamtheitliche Lösung zu erarbeiten (Conrad 2018; Ehrlenspiel und Meerkamm 2013; Feldhusen und Grote 2013, S. 285; Lindemann 2016).

Mit dem Einsatz von Entwicklungs- und Konstruktionsmethoden werden technische, organisatorische, persönliche und didaktische Ziele verbunden. Das technische Ziel ist die Unterstützung bei der Entwicklung und Weiterentwicklung von Produkten. Die organisatorischen Ziele umfassen Optimierungen des Ablaufes und der Durchführung. Beispielsweise soll durch die Entwicklungs- und Konstruktionsmethoden die Bearbeitung transparent sein und folglich die interdisziplinäre Zusammenarbeit im Team erleichtern. Eine Reduzierung der Bearbeitungszeiten und der Einarbeitungszeit von neuen Konstrukteuren ist möglich. Als persönliche Ziele eines einzelnen Konstrukteurs stehen u. a. die Stärkung der Kreativität und die Unterstützung bei unbekannten Problemen bzw. innovativen Ideen im Vordergrund. Die transparente Lehrbarkeit des Konstruierens ist ein wesentliches didaktisches Ziel der Entwicklungs- und Konstruktionsmethoden. Eine umfangreiche Darstellung der unterschiedlichen Ziele kann Ehrlenspiel und Meerkamm (2013, S. 9–10) entnommen werden.

Die Bereitschaft zum Einsatz der Konstruktionsmethodik und die Nutzung der damit verbundenen Ziele werden in der praktischen Anwendung durch Herausforderungen begleitet, die überwunden werden müssen. Die Entwicklungs- und Konstruktionsmethoden sind allgemeingültige Vorgehensweisen, die einen hohen Abstraktionsgrad besitzen. Zudem besteht keine Produkt-, Personen- oder Organisationsabhängigkeit. Demzufolge ist in der Praxis oftmals eine Anpassung oder Abwandlung der Methoden erforderlich, da u. a. produkt-, prozess- oder firmenspezifische Anforderungen zu integrieren sind. Schwerpunkt der Entwicklungs- und Konstruktionsmethoden sind oftmals Neukonstruktionen. Dies steht jedoch in der Divergenz zu den Arbeitsumfängen in der Praxis, weil dort Tätigkeiten zur Optimierung und Weiterentwicklung von bestehenden Produkten den Arbeitsschwerpunkt bilden. Des Weiteren stellen die zeitintensive Entwicklung und Integration eine Herausforderung dar. Der Transfer von Forschungsergebnissen über die Lehre im Studium bis zur Anwendung des Wissens durch Ingenieure/-innen in der Praxis beansprucht einen Zeitraum von ca. 10 Jahren. Darüber hinaus sollten die Methoden durch umfangreiche Übungen im Studium verinnerlicht werden. Aufgrund des umfangreichen Aufwandes und Zeitmangels ist dies leider häufig nicht möglich. Die Integration von Entwicklungs- und Konstruktionsmethoden in der Praxis konkurriert mit der Nachweisbarkeit der Wirksamkeit und dem vorherrschenden Zeitdruck. Eine Quantifizierung der Effizienz und Effektivität ist schwer möglich. Umfangreiche Informationen zu den Problemen der Akzeptanz werden detailliert in Ehrlenspiel/Meerkamm (Ehrlenspiel und Meerkamm 2013, S. 9–17) vorgestellt. Zudem wird ein umfangreicher Ausblick der Forschungsbedarfe aufgezeigt.

### 22.1.2 Allgemeine Methoden

Die Entwicklungs- und Konstruktionsmethoden basieren auf allgemeinen Methoden zur Lösung von Problemen, die sich als grundlegende Denk- und Handlungsstrategien entwickelt haben. Tab. 1 zeigt zusammenfassend die allgemeinen Methoden nach Pahl/Beitz.

**Tab. 1** Übersicht der allgemeinen Methoden nach Pahl/Beitz (Feldhusen und Grote 2013, S. 286–290)

| Methode | Vorgehensweise |
|---|---|
| Analysieren | Erlangung von Wissen und Informationen durch Zerlegung des Problems und Untersuchung der einzelnen Elemente sowie deren Zusammenhänge |
| Abstrahieren | Verallgemeinerung durch Konzentration auf die wesentlichen Aspekte und Erkennung von substanziellen Zusammenhängen |
| Synthese | Kombination von Teillösungen zur Erfüllung der Gesamtaufgabe |
| Methode des gezielten Fragens | Förderung des Denkprozesses und der Intuition durch bewusste Fragestellungen |
| Methode der Negation und Neukonzeption | Bewusste Umkehrung von Elementen und Teillösungen bekannter Lösungen/Systeme |
| Methode des Vorwärtsschreitens | Verfolgung aller möglichen Lösungswege basierend auf einem Lösungsansatz |
| Methode des Rückwärtsschreitens | Verfolgung aller möglichen Lösungswege basierend auf dem Entwicklungsziel |
| Methode der Faktorisierung | Gliederung eines komplexen Zusammenhanges in eindeutig definierbare einzelne Elemente |
| Methode des Systematisierens | Aufstellung einer verallgemeinernden Ordnung zur Ableitung von Lösungen mit Hilfe von kennzeichnenden Merkmalen |
| Arbeitsteilung und Zusammenarbeit | Verstärkung der Lösungssuche durch Aufteilung der Bearbeitung von komplexeren Aufgaben und interdisziplinäre Zusammenarbeit |

Die allgemeinen Methoden sind Bestandteile der Entwicklungs- und Konstruktionsmethoden und können in ursprünglicher oder angepasster Variante auftreten. Ausführliche und weiterführende Darstellungen dieser allgemeinen Methoden können Pahl/Beitz (Feldhusen und Grote 2013, S. 286–290) und Ehrlenspiel und Meerkamm (2013, S. 76–85) entnommen werden.

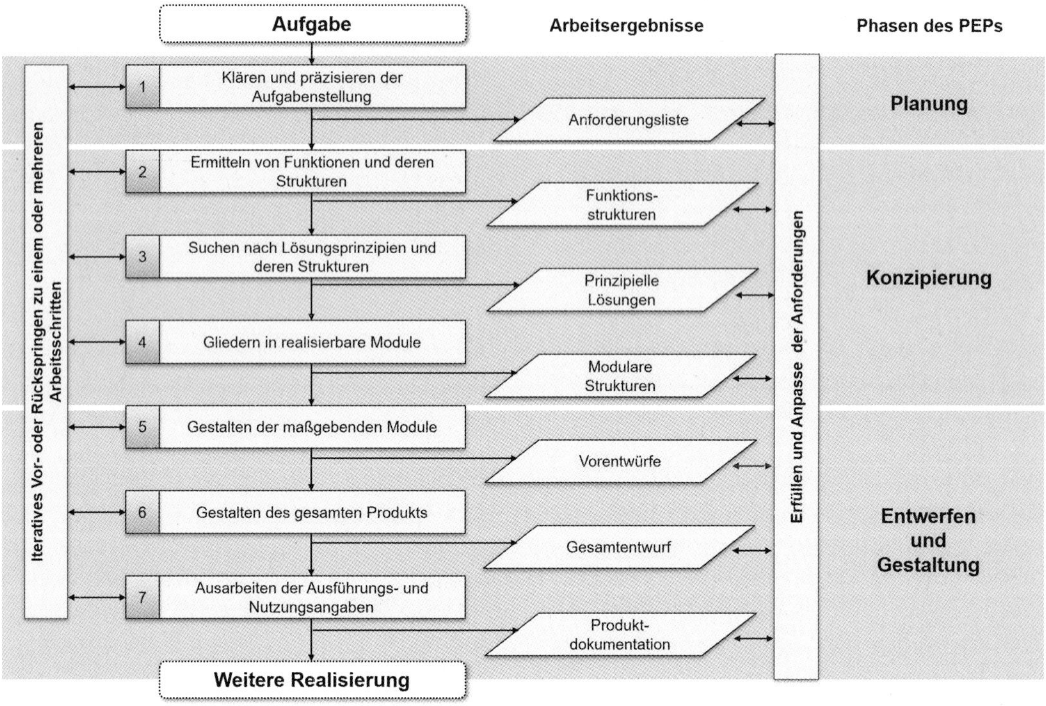


**Abb. 1** Methodische Vorgehensweise zum Entwickeln und Konstruieren nach der VDI-Richtlinie 2221 (Verein Deutscher Ingenieure 1993, S. 9)

### 22.1.3 Methodik zum Entwickeln und Konstruieren

Aufgrund der Historie und der spezifischen Anforderungen existiert aktuell eine Vielzahl an Entwicklungs- und Konstruktionsmethoden. Eine Übersicht ausgewählter Methoden in Abhängigkeit von der Fachdisziplin gibt Lindemann (2016, S. 408–409). Dabei werden die Methoden u. a. in die Fachdisziplinen Maschinenbau, Mechatronik und Dienstleistungsentwicklung unterschieden.

Eine grundlegende methodische Vorgehensweise in der Produktentwicklung ist die Methodik zum Entwickeln und Konstruieren nach der VDI-Richtlinie 2221 (Verein Deutscher Ingenieure 1993). Die Anwendung dieser Vorgehensweise erfolgt häufig im Rahmen des Produktentstehungsprozesses. Im ▶ Abschn. 21.2 in Kap. 21, „Grundlagen der Produktentwicklung" wird der Zusammenhang zwischen dem Produktentstehungsprozess und der Methodik nach der VDI-Richtlinie 2221 detailliert dargestellt.

Die methodische Vorgehensweise in der Phase Entwicklung und Konstruktion des Produktlebenszyklus besteht aus sieben einzelnen Arbeitsschritten, die bei Bedarf auch iterativ bearbeitet werden können. Der Abschluss eines Arbeitsschrittes erfolgt durch ein zu erzielendes Arbeitsergebnis. Des Weiteren ist eine Zuordnung der Arbeitsschritte zu einzelnen Phasen des Produktentstehungsprozesses möglich, siehe Abb. 1. Gemäß dieser Einteilung werden im Folgenden die einzelnen Arbeitsschritte vorgestellt und mit Hilfe eines Beispiels praxisnah erläutert.

## 22.2 Planung

### 22.2.1 Planung der Produktidee

Bedingt durch den Produktlebenszyklus ist die ständige Entwicklung von neuen Produkten aus technischer und wirtschaftlicher Sicht eine der wesentlichsten und gleichzeitig fortwährenden

**Tab. 2** Einfluss des Innovationsgrades auf die Produktentwicklung nach Pahl/Beitz (Feldhusen und Grote 2013, S. 293) und Naefe und Luderich (2016, S. 8)

| Innovationsgrad | Einfluss auf Produktentwicklung |
|---|---|
| Neukonstruktion | Lösung einer Aufgaben-/Problemstellung durch den Einsatz neuer Prinzipien bzw. Neukombination von bekannten Prinzipien; *Durchlauf aller Phasen des Entwicklungs- und Konstruktionsprozesses* |
| Anpassungskonstruktion | Anpassung an neue Anforderung unter Berücksichtigung des bestehenden Lösungsprinzips; *Entfall der Phase Konzipierung* |
| Variantenkonstruktion | Anpassung der Größe und Bauteile für geforderte Varianten (Baureihen/-kästen) *Entfall der Phasen Konzipierung und Entwerfen* |
| Wiederholungs-konstruktion | Prüfung einer bestehenden Konstruktion für erneuten Produktionsanlauf |

Aufgaben in einem Unternehmen. Die Bereitstellung neuer Produkte sichert das Bestehen und die Weiterentwicklung von Unternehmen. ▶ Abschn. 21.1 in Kap. 21, „Grundlagen der Produktentwicklung" verdeutlicht diese Relationen.

Die Produktplanung steht in Abhängigkeit zu den Unternehmensstrategien. Generell kann eine Kostenführer- oder eine Technologieführerschaft auf dem Markt angestrebt werden. Aus diesen Unternehmensstrategien leiten sich weitere Ziele für die einzelnen Produkte ab, die durch spezifische Forderungen wie der Marktsituation oder den Produktwünschen definiert werden. Zudem beeinflusst der Innovationsgrad der Produkte die Produktentwicklung grundlegend, siehe Tab. 2. In der Literatur werden häufig die Neu-, Anpassungs- und Variantenkonstruktion als Innovationsgrade benannt, siehe Ehrlenspiel und Meerkamm (2013, S. 269–272) und Naefe und Luderich (2016, S. 8). Pahl/Beitz erweitert die Konstruktionsarten um die Wiederholungskonstruktion (Feldhusen und Grote 2013, S. 293–296).

Die Planung von Produktideen wird von einer Vielzahl von Parametern beeinflusst. Zum einen umfasst dies die internen und externen Einflüsse auf das Unternehmen, siehe ▶ Abschn. 21.2.3 in Kap. 21, „Grundlagen der Produktentwicklung". Zum anderen sind die zu verfolgenden Unternehmensziele zu erfüllen. Um einen Erfolg sicherzustellen, werden methodische Vorgehensweisen im Rahmen der Produktplanung eingesetzt. Ein mögliches Verfahren wird durch die VDI-Richtlinie 2220 (Verein Deutscher Ingenieure 1980) beschrieben, welches Ehrlenspiel/Meerkamm durch einzelne Methoden und anhand eines Beispiels umfassend darstellt (Ehrlenspiel und Meerkamm 2013, S. 367–391). Darüber hinaus bestehen weitere Ansätze, die zusammenfassend durch Pahl/Beitz vorgestellt werden (Feldhusen und Grote 2013, S. 301–303). Laut Pahl/Beitz umfassen die einzelnen Vorgehensweisen zum Definieren einer Produktidee die zentralen Arbeitsschritte Findung, Auswahl, Konkretisierung und Umsetzungsplanung. In Anlehnung an die Vorgehensweise der VDI-Richtlinie 2220 (Verein Deutscher Ingenieure 1980) und Kramer (1987) stellt Pahl/Beitz ein transparentes Vorgehen bei der Produktplanung vor, siehe Abb. 2. Dies wird im Folgenden zusammenfassend veranschaulicht. Eine detaillierte Erklärung der einzelnen Arbeitsschritte ist Pahl/Beitz (Feldhusen und Grote 2013, S. 303–319) zu entnehmen.

Die dargestellte Methodik umfasst sieben Arbeitsschritte. Der Markt, das Umfeld und das Unternehmen bilden die Eingangsinformationen für eine Produktplanung. Diese müssen zunächst nach mehreren Gesichtspunkten analysiert werden. Von besonderer Bedeutung ist dabei das Aufstellen einer Marktportfolio-Matrix, aus der hervorgeht, in welche Märkte das Unternehmen seine derzeitigen Produkte mit welchem Umsatz, Gewinn und Marktanteil absetzt. Hieraus leiten sich bereits erste Stärken und Schwächen einzelner Produkte ab. Ergebnis dieses ersten Arbeitsschrittes ist die Situationsanalyse, die Grundlage zum Aufstellen von Suchstrategien ist. Diese sollen zum Erkennen strategischer Freiräume sowie von Bedürfnissen und Trends bei Berücksichti-

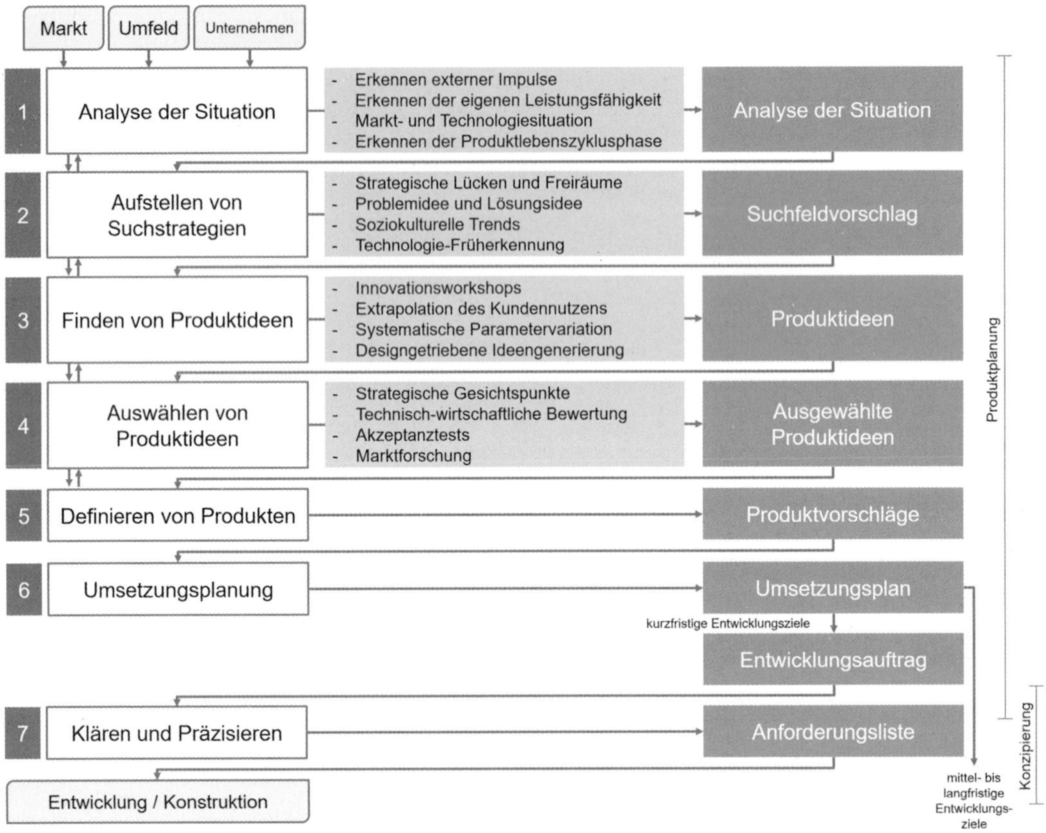


**Abb. 2** Methodische Vorgehensweise bei der Produktplanung in Anlehnung an Pahl/Beitz (Feldhusen und Grote 2013, S. 304)

gung von Zielen, Fähigkeiten und Potenzialen des Unternehmens führen. So liefern z. B. Analysen mit Hilfe der Portfoliotechnik nicht nur den Istzustand des Unternehmens, sondern zeigen auch Möglichkeiten auf, mit vorhandenen Produkten in neue Märkte, mit neuen Produkten in vorhandene Märkte und mit neuen Produkten in neue Märkte zu gehen. Die letztgenannte Strategie ist die am weitesten gehende, daher auch risikoreichste, aber in vielen Fällen auch die lohnendste. Ergebnis des zweiten Arbeitsschrittes ist ein Suchfeldvorschlag, der denjenigen Bereich abgrenzt, in dem das Suchen nach neuen Produktideen lohnt und unter den einschränkenden Bedingungen möglich ist. Der dritte Arbeitsschritt umfasst das Suchen und Finden von Produktideen. Dabei können neue Produktfunktionen und/oder neue Lösungsprinzipien gesucht werden. Ergebnisse dieser Phase sind neue Produktideen. Diese müssen nun nach technisch-wirtschaftlichen Kriterien beurteilt werden, um die entwicklungswürdigen Ideen zu erkennen. Auswahlkriterien sind dabei die Unternehmensziele, die Unternehmensstärken und das Umfeld. Die ausgewählten Produktideen werden schließlich in einem letzten Arbeitsschritt präzisiert, möglicherweise danach nochmals selektiert und als Produktvorschläge definiert. Ein Produktvorschlag als Ergebnis der Produktplanung ist dann die Grundlage für die eigentliche Produktentwicklung und Konstruktion.

### 22.2.2 Klärung und Präzisierung der Aufgabenstellung

Nach der Produktplanung wird die Aufgabenstellung an die Entwicklungs- und Konstruktionsab-

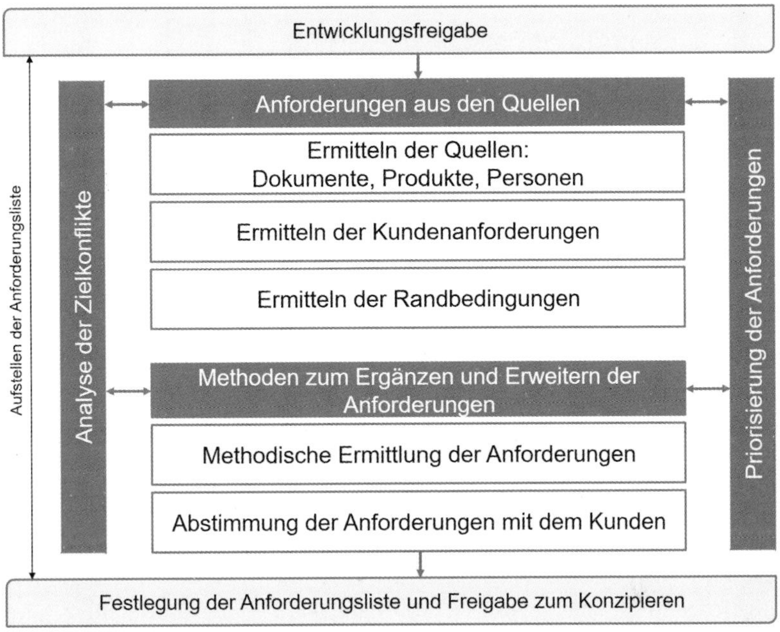


**Abb. 3** Vorgehensweise zum Erstellen einer Anforderungsliste in Anlehnung an Pahl/Beitz (Feldhusen und Grote 2013, S. 326)

teilung übergeben. Aufgrund von Produktumfängen und Unternehmensprozessen kann in der Praxis der Fall auftreten, dass dieser Arbeitsschritt mit der Produktplanung verbunden wird. Ziel des ersten Arbeitsschrittes nach der VDI-Richtlinie 2221 ist zum einen die Verständnisprüfung der Aufgabenstellung und zum anderen die systematische Analyse der Produktumgebung. Alle für die Entwicklung und Konstruktion erforderlichen Anforderungen sind zu prüfen und zusammenzuführen. Infolgedessen soll die optimale Lösung entsprechend der benannten Bedingungen entwickelt und Fehlentwicklungen vermieden werden. Als Ergebnis liegt eine vollumfängliche Anforderungsliste vor, welche die Grundlage aller weiteren Arbeitsschritte bildet.

Zur Kontrolle des Verständnisses gegenüber der Aufgabe bzw. des Entwicklungszieles wird oftmals vom Konstrukteur eine Funktionsbeschreibung erstellt, in welcher er mit eigenen Worten die geforderte Aufgabenstellung wiedergibt. Ziel ist die Feststellung der wesentlichen Funktion inklusiver aller Eingangs- und Ausgangsgrößen. Die Funktionsbeschreibung erfolgt in der Regel verbal. Häufig werden aber auch Diagramme oder sogar erste Skizzen angefertigt, um die zu erfüllende Gesamtfunktion des zu entwickelnden Produktes transparent darzustellen.

Anschließend folgt die Erstellung der Anforderungsliste. Diese dient zur systematischen Aufbereitung aller Produktanforderungen und der exakten Analyse der Produktumgebungen. Die wesentlichen Arbeitsschritte zum Erstellen einer Anforderungsliste sind in Abb. 3 dargestellt. Eine detaillierte Erklärung dieser kann Pahl/Beitz (Feldhusen und Grote 2013, S. 319–341) entnommen werden.

Die wesentliche Aufgabe ist das Ermitteln der unterschiedlichen Anforderungen. Dabei können Hilfsmittel wie beispielsweise Literatur-/Norm-/Patentrecherchen, Checklisten, Fragebögen, Interviews und Workshops in interdisziplinären Teams unterstützen. Ehrlenspiel und Meerkamm (2013, S. 391–411) und Conrad (2018, S. 135–159) zeigen jeweils eine Vielzahl von Methoden zur Bestimmung von Anforderungen auf.

Die ermittelten Anforderungen werden durch Qualitäts- und Quantitätsangaben beschrieben. Dabei sollten die Inhalte der Anforderungsliste zur optimierten Transparenz und Übersichtlichkeit gegliedert sein, beispielsweise in Produktlebensphasen, erkennbare Teilsysteme oder

| Anforderungsliste | | | | | |
|---|---|---|---|---|---|
| Projekt (Projetnummer): | | | | | |
| Bearbeiter: | | | Revisionsstand: | | |
| Nr. | Forderung / Wunsch (F / W) | Bezeichnung | Werte, Daten, Erläuterung, Änderung | Quelle: | Verantwortlich, Klärung durch: |
| | | | | | |
| | | | | | |
| | | | | | |
| | | | | | |
| | | | | | |
| | | | | | |
| | | | | | |
| Geprüft durch: | | | Datum: | | |

**Abb. 4** Formaler Aufbau einer Anforderungsliste

Hauptmerkmale. Einen umfangreichen Überblick möglicher Hauptmerkmale bietet Pahl/Beitz (Feldhusen und Grote 2013, S. 331). Die Anforderungen sind zu priorisieren. Dies kann beispielsweise durch die Definition von Forderungen und Wünschen erfolgen. Jedoch ist ausdrücklich darauf hinzuweisen, dass durch die Anforderungen keine Fixierung einer Lösung erfolgen darf. Der formale Aufbau einer Anforderungsliste wird in Abb. 4 dargestellt.

Nach der umfangreichen Prüfung und ggf. Ergänzung/Überarbeitung der erstellten Anforderungsliste liegt demzufolge das Ergebnis des ersten Arbeitsschrittes vor. Diese Anforderungsliste ist oftmals ein Bestandteil des Vertrags mit Kunden und stellt somit auch eine rechtliche Grundlage dar.

## 22.2.3 Praxisbeispiel – Planung

Basierend auf den zuvor dargestellten theoretischen Grundlagen soll in diesem Abschnitt anhand eines praktischen Beispiels aus dem interdisziplinären Fachgebiet Biomedizinische Technik das methodische Vorgehen bei der Entwicklung und Konstruktion eines technischen Systems verdeutlicht werden.

Da es sich um ein interdisziplinäres Entwicklungsprojekt handelt, ist es von umfangreicher Bedeutung, nur wenige, aber zugleich alle für eine ausreichende Strukturierung der Aufgabenstellung notwendigen problem-/aufgabenbezogenen (Teil-)Funktionen zu erarbeiten. Dabei ist es erforderlich, ein allgemein verständliches Vokabular zu verwenden. Dadurch kann eine erfolgreiche Integration der Mitarbeiter der einzelnen beteiligten Fachgebiete gewährleistet werden.

**Aufgabenstellung**

Es handelt sich bei dem zu entwickelnden technischen System um einen Versuchsaufbau für Experimente mit lebenden menschlichen Zellen. Die Aufgabenstellung für den Konstrukteur wurde von den verantwortlichen Medizinern und Biologen erarbeitet. Im Folgenden ist ein Auszug daraus dargestellt:

*Seit Jahrzehnten ist bekannt, dass bestimmte Zellen des menschlichen Immunsystems in der Schwerelosigkeit praktisch funktionsunfähig werden. Das kann bei Langzeitaufenthalten im Weltraum auf der ISS oder bei Flügen zum Mars ein schwerwiegendes Problem darstellen. Mittels Experimenten in Schwerelosigkeit mithilfe von Parabelflügen soll dem zugrunde liegenden Mechanismus nachgegangen werden. Dazu ist eine Experimentiervorrichtung zu konstruieren, mit der an Bord von Parabelflügen und in der Schwerelosigkeit Versuche mit lebenden Zellen durchgeführt werden können. Diese Experimente sollen auch die Frage beantworten, ob Menschen überhaupt in der Lage sind, längere Zeit in der Schwerelosigkeit zu leben. Weiterhin können die Befunde für die Therapie von Krankheiten des Immunsystems auf der Erde nutz-*

*bar gemacht werden. Dabei ist es notwendig, die lebenden menschlichen Zellen mit einer Aktivatorflüssigkeit und nach einer gewissen Zeit mit einer Stoppflüssigkeit zu vermischen. Es sind alle erforderlichen sicherheitstechnischen Anforderungen zu beachten.*

Die Aufgabe des Konstrukteurs besteht darin, diese Aufgabenstellung zu präzisieren. Das bedeutet, es muss zu Beginn eine technische Funktionsbeschreibung erarbeitet werden. Ziel ist es, die Gesamtfunktion und alle Ein- und Ausgangsgrößen für das zu entwickelnde technische System zu erarbeiten.

### Funktionsbeschreibung

Die technische Funktionsbeschreibung erfolgt durch den verantwortlichen Konstrukteur. Sie dient der Verdeutlichung der ihm übergebenen Aufgabenstellung. Gleichzeitig ist sie eine Diskussionsgrundlage mit den anderen Teammitgliedern. So kann frühzeitig erkannt werden, ob Verständigungsprobleme existieren. Bei interdisziplinären Projekten ist es besonders wichtig, die Informationen der nichtingenieurwissenschaftlichen Teammitglieder in die technischen Ausarbeitungen zu integrieren und somit eine Basis für weiteres methodisches Vorgehen zu schaffen. In Abb. 5 ist die Grobtechnologie für den zu entwickelnden Versuchsaufbau dargestellt.

Basis für diese grobe Strukturierung waren Gesprächsnotizen aus Teamgesprächen und eine von den medizinisch-biologischen Teammitgliedern erstellte Darstellung der Funktionen, siehe Abb. 6.

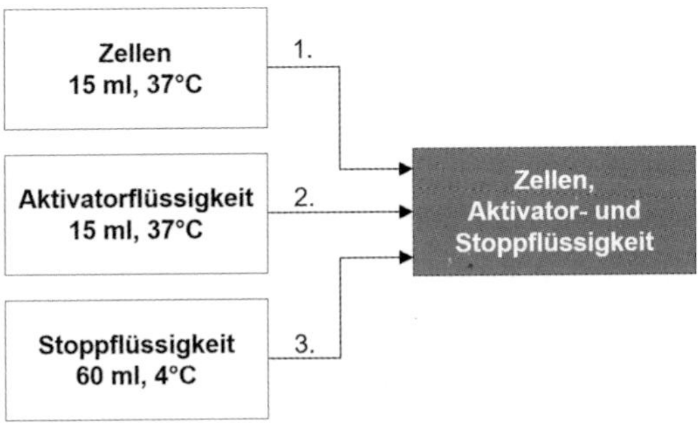


**Abb. 5** Grobtechnologie des Versuchsaufbau – Vermischung der Flüssigkeiten

Diese Funktionsbeschreibung ist bereits sehr fein strukturiert. Die Darstellung der Funktionen entspricht aber nicht der in der Konstruktionsmethodik üblichen Form, siehe Abschn. 3.1. Ebenso werden durch eine derartig präzisierte Beschreibung einer fokussierten möglichen Lösung des Problems schon im Vorfeld andere Lösungsansätze ausgeschlossen. Die Funktionsbeschreibung für den Versuchsaufbau kann demnach wie folgt dargestellt werden:

*Es soll ein Versuchsaufbau entwickelt werden, der es ermöglicht, drei unterschiedliche Zelllinien zu Beginn der Phase der Schwerelosigkeit mit bestimmten Aktivatorflüssigkeiten weitgehend homogen zu vermischen. Kurz vor dem Ende der Phase der Schwerelosigkeit sollen den mit einer Zellart und einer Aktivatorflüssigkeit befüllten Zellgefäßen eine Stoppflüssigkeit zugeführt werden. Um die geforderten medizinischen Anforderungen zu erfüllen, müssen Kombinationen aus drei unterschiedlichen Zellflüssigkeiten, drei unterschiedlichen Aktivatorflüssigkeiten und zwei Stoppflüssigkeiten* (siehe Abb. 6) *realisiert werden. Der Zustand der Schwerelosigkeit wird mit Hilfe von Parabelflügen realisiert. Das bedeutet, dass ein Flugzeug eine genau definierte Parabel fliegt und sich dabei für ca. 22 Sekunden der Zustand der Schwerelosigkeit (Mikrogravitation) einstellt* (siehe Abb. 7).

Diese erste Funktionsbeschreibung ist die Grundlage für die Erarbeitung einer Anforderungsliste.

### Anforderungsliste

Eine Hauptforderung ist die Erfüllung aller sicherheitstechnischen Anforderungen an den Versuchsaufbau. Primär ist zu realisieren, dass unter keinen Umständen während der Parabelflüge Flüssigkeiten aus dem Versuchsaufbau austreten dürfen. Es handelt sich bei den eingesetzten Zelllinien zum Teil um genetisch veränderte Tumorzellen und von Blutspendern isolierte Immunzellen, sowie toxische Flüssigkeiten, wie Formaldehyd. Diese könnten in der Phase darstellen der Schwerelosigkeit darstellen eine Gefährdung des mitfliegenden Personals bedeuten. Dies hat zur Folge, dass alle Medien bzw. Zell-, Aktivator- oder Stoppflüssigkeiten berührende Teile, doppelwandig ausgelegt sein müssen.

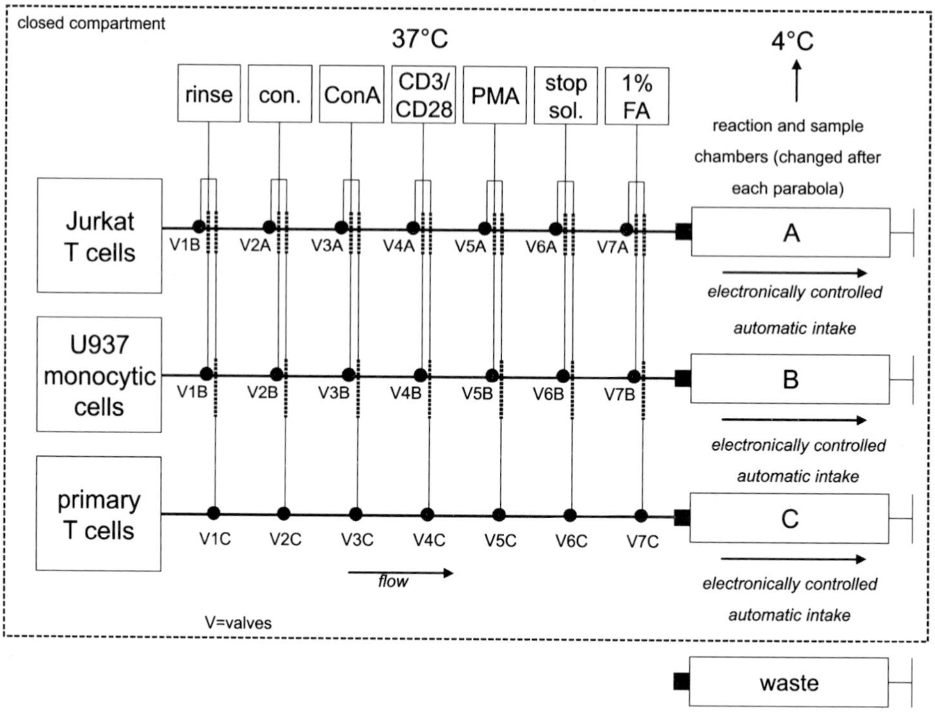


**Abb. 6** Funktionsbeschreibung aus medizinischer Sicht

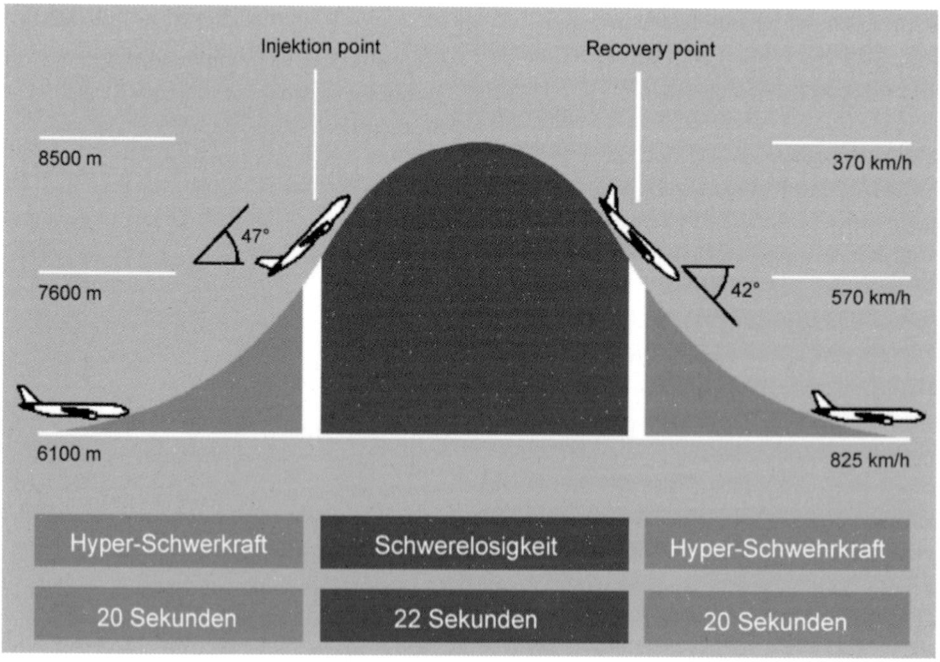


**Abb. 7** Flugparabel zur Generierung von Schwerelosigkeit (Mikrogravitation) (Deutsches Zentrum für Luft- und Raumfahrt e.V. 2006)

Eine weitere Forderung ist, dass die Temperatur der Zell- und Aktivatorflüssigkeiten 37 °C und die der Stoppflüssigkeiten 4 °C betragen muss (siehe Abb. 5). Weitere Punkte einer ersten technischen Funktionsbeschreibung sind:

- schnelles und einfaches Bestücken mit Flüssigkeiten ermöglichen,
- Realisierung der Stufe der unmittelbaren Sicherheitstechnik, d. h. Dichtheit unter den Bedingungen im Flugzeug,
- eindeutige Funktionsabläufe,
- gute Durchmischbarkeit der Flüssigkeiten während des Experimentes im Zellkulturbeutel,
- Füllen unter Ausschluss von Luft,
- weitgehend transparente Ausführung zur Beobachtung, ob Lufteinschlüsse vorhanden sind,
- geringe Masse,
- geringer Bauraum und
- gutes Preis-/Leistungsverhältnis.

Im Zuge der Präzisierung der Aufgabenstellung werden weitere individuelle Kennwerte und spezielle Anforderungen ermittelt. Dabei ist es notwendig, alle gestellten Forderungen qualitativ und quantitativ hinreichend zu beschreiben. Das erfolgte in diesem Projekt

- durch Gespräche mit den anderen Teammitgliedern (Mediziner, Biologen),
- durch Literatur- und Patentrecherchen und
- die Analyse und Auswertung aller zutreffenden Regularien (u. a. technische Forderungen des Flugzeugbetreibers).

Die Ergebnisse der Klärung und Präzisierung der Aufgabenstellung werden in der Anforderungsliste dokumentiert. Diese enthält alle zu realisierenden Ziele. Eine Priorisierung der Anforderungen ist insbesondere bei interdisziplinären Projekten oft nicht eindeutig bestimmbar. Aus diesem Grund wurde bei der Bearbeitung dieses Projektes auf eine derartige Unterscheidung verzichtet. Ein Auszug aus der erarbeiteten Anforderungsliste ist in Abb. 8 dargestellt. Gleichzeitig stellt auch bei diesem Projekt die Anforderungsliste die rechtliche Grundlage für alle weiteren Tätigkeiten dar.

## 22.3 Konzipierung

### 22.3.1 Ermittlung der Funktionen und deren Zusammenhänge

#### 22.3.1.1 Definition von Funktionen

Im zweiten Arbeitsschritt nach der VDI-Richtlinie 2221 werden die Funktionen und deren Strukturen ermittelt. Diese Aufgabe kann der Phase Konzipierung zugeordnet werden. Das Ziel dieses Arbeitsschrittes ist die Darstellung der Funktionszusammenhänge, welche bereits im Abschn. 2.4.2 in ▶ Kap. 21, „Grundlagen der Produktentwicklung" definiert wurden, durch eine Funktionsstruktur. Ebenso kann diesem Abschnitt folgende Definition einer Funktion nach Pahl/Beitz entnommen werden: *Unter einer Funktion wird der allgemeine Zusammenhang zwischen Eingangs- und Ausgangsgrößen eines Systems mit dem Ziel, eine Aufgabe zu erfüllen, verstanden*. Ehrlenspiel/Meerkamm erweitert diese Betrachtung und ergänzt die Eingangs- und Ausgangsgrößen um eine Operation, die zur Eigenschaftsänderung führt, und um Relationen, welche alle Elemente miteinander verbindet (Ehrlenspiel und Meerkamm 2013, S. 753–754).

Übergeordnet wird zwischen der Gesamtfunktion und den Teilfunktionen unterschieden. Die Gesamtfunktion dient zur Beschreibung einer zu lösenden Gesamtaufgabe eines Produktes bzw. Systems und kann mit Hilfe der Black-Box-Darstellung abgebildet werden, siehe (siehe Abb. 6 im Abschn. 2.4.2 in ▶ Kap. 21, „Grundlagen der Produktentwicklung"). Durch Teilfunktionen wird die Gesamtfunktion in einfachere zu lösenden Teilaufgaben aufgegliedert (siehe Abb. 7 im Abschn. 2.4.2 in ▶ Kap. 21, „Grundlagen der Produktentwicklung"). Der angemessene Detaillierungsgrad ist dabei abhängig von der Komplexität des zu entwickelnden Produktes, vom Neuheitsgrad der Aufgabenstellung und vom Kenntnisstand über mögliche Lösungen zur Erfüllung der Funktionen.

Die Teilfunktionen können in Haupt- und Nebenfunktion unterschieden werden. Hauptfunktionen sind zwingend zur Erfüllung der geforderten Gesamtfunktion erforderlich. Nebenfunktionen könnten auch als Hilfsfunktionen bezeichnet wer-

**Abb. 8** Auszug der Anforderungsliste

| | Produkt: *Versuchsaufbau für Parabelflug* | Bearbeiter | Datum *06.02.2016* Rev. *6* | Blatt 03 |
|---|---|---|---|---|
| | ANFORDERUNGEN | | | Quelle verantwortlich |
| | Nr. | Beschreibende Angaben | Zahlenangaben/Bemerkungen | |
| Bauraum / Anschlussmaße / Einbaubedingungen | 21 | Flugzeugtürbreite | - 1,07 m | |
| | 22 | Flugzeugtürhöhe | - 1,93 m | |
| | 23 | Kanbinenlänge | - 20 m | |
| | 24 | maximale Rackhöhe | - 1.500 mm | |
| | 25 | Befestigungspunkte für experimentellen Aufbau | - mittlerer Schienenabstand (y-Achse) a) 503 mm b) 1006 mm<br>- Lochdurchmeser für Schraube M10 = 12 mm<br>- Lochabstand in x-Richtung = n * 25,4 mm > 20 inches (1 inch = 25,4 mm) | |
| | 26 | maximale Flächenlast auf 1 m Befestigungs-schiene | - 100 kg | |
| | 27 | Rackaufbau | - Grundplatte oder Rahmenkonstruktion, die mit Sitzschienensystem des Flugzeuges verbunden ist<br>- es dürfen keine Teile in Richtung Fussboden unter der Grundplatte hervorstehen | |

den und unterstützen die Erfüllung der Gesamtfunktion nur mittelbar.

### 22.3.1.2 Ergebnis: Funktionsstruktur

Durch die Verknüpfung der einzelnen Teilfunktionen entsteht die Funktionsstruktur, welche das Ergebnis dieses Arbeitsschrittes ist. Damit liegt eine abstrakte Beschreibung des zu entwickelnden Produktes bzw. Systems in lösungsneutraler Form vor. Die Funktionsstruktur stellt demzufolge die Schnittstelle zwischen der Aufklärung und der Lösungsfindung dar.

In der Funktionsstruktur wird das Produkt als System betrachtet, welches Systemgrenzen aufzeigt. Die Verknüpfungen zwischen den Teilfunktionen stellen die Flüsse im Produkt in den Kategorien Energie, Stoff und Signal dar, welche die Umsätze im Produkt verdeutlichen. Zusammenfassend kann dabei festgestellt werden: Es gibt keinen Stoff- oder Signalfluss ohne begleitenden Energiefluss, auch wenn die benötigte Energie sehr klein ist oder problemlos bereitgestellt werden kann. Ein Signalumsatz ohne begleitenden Stoffumsatz ist aber, z. B. bei Messgeräten, möglich. Auch ein Energieumsatz zur Gewinnung z. B. elektrischer Energie ist mit einem Stoffumsatz verbunden, wobei der begleitende Signalfluss zur Steuerung ein wichtiger Nebenfluss ist.

Die Funktionsstruktur ergibt sich aus der abstrakten Darstellung der verknüpften Teilfunktio-

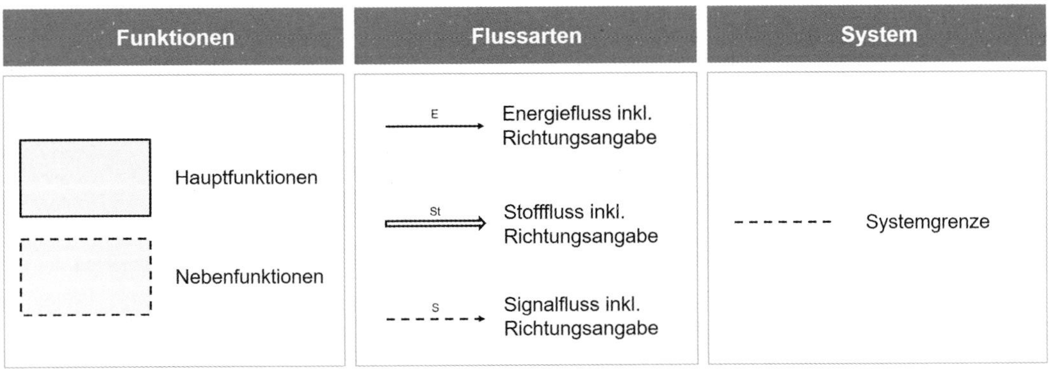


**Abb. 9** Symbole zur Darstellung der Teilfunktions- und Flussarten in Anlehnung an (Feldhusen und Grote 2013, S. 245)

nen. Folglich sind die Abb. 9 zu entnehmenden Symbole zur Darstellung der einzelnen Elemente bei der Erstellung einer Funktionsstruktur zu berücksichtigen. Neben dieser Symbolik existieren noch weitere Möglichkeiten zur Darstellung der Elemente, siehe Pahl/Beitz (Feldhusen und Grote 2013, S. 246).

Auf eine allgemeine Darstellung einer Funktionsstruktur wird verzichtet, da die Präsentation einer umfangreichen Funktionsstruktur im Rahmen des Praxisbeispiels erfolgt, siehe Abschn. 3.1.3. Die Funktionsstruktur ist als Hilfsmittel anzusehen, welches beim Erkennen der wesentlichen Probleme des Produktes, bei der Beschreibung der wesentlichen Funktionen, der möglichen Gliederung des Produktes und der möglichen funktionalen Beschreibung der Produktarchitektur unterstützt. Im Allgemeinen existieren aktuell zwei Sichtweisen der Funktionsstruktur: die „Input-Output-Sicht" und die „hierarchische Sicht" (Feldhusen und Grote 2013, S. 246). Daneben gibt Ehrlenspiel/Meerkamm einen umfangreichen Überblick zu möglichen Regeln, die bei der Erstellung einer Funktionsstruktur eingehalten werden können (Ehrlenspiel und Meerkamm 2013, S. 753–768).

Detaillierte und mit umfangreichen Beispielen dargestellte Ausführungen zum Arbeitsschritt Ermitteln von Funktionen und deren Strukturen können Pahl/Beitz (Feldhusen und Grote 2013), Ehrlenspiel und Meerkamm (2013) und Conrad (2018, S. 171–175) entnommen werden.

#### 22.3.1.3 Praxisbeispiel – Funktionsstruktur

Im Arbeitsschritt Ermitteln von Funktionen und deren Strukturen wird die erarbeitete Gesamtfunktion strukturiert. Der Konstrukteur erarbeitet einen Vorschlag zur Funktionsstruktur, welcher anschließend mit dem gesamten Team besprochen wird. Zahlreiche Iterationen dieses Vorganges führen zu einer Funktionsstruktur, die vom gesamten interdisziplinären Team bestätigt wird. Als Ergebnis liegt eine umfangreiche Funktionsstruktur vor, welche in Abb. 10 als vereinfachte Version dargestellt ist.

### 22.3.2 Erarbeitung von Wirkstrukturen

#### 22.3.2.1 Definition der Wirkprinzipien

Entsprechend des dritten Arbeitsschrittes nach der VDI-Richtlinie 2221 sind nun auf Basis der Funktionsstruktur Lösungen für die Teilfunktionen zu erarbeiten. Anschließend werden durch Kombination Wirkstrukturen abgeleitet.

Zur Lösung der Teilfunktionen werden naturwissenschaftliche vordergründig physikalische, biologische und chemische Effekte wie beispielsweise der Ausdehnungseffekt, der Hebeleffekt oder der Hookesche Effekt betrachtet. Die Definition von Wirkort, -geometrie, -fläche und/oder -bewegung führt zur eindeutigen Beschreibung der Wirkung des physikalischen Geschehens und stellt damit den Wirkzusammenhang dar. Angewendet auf eine zu

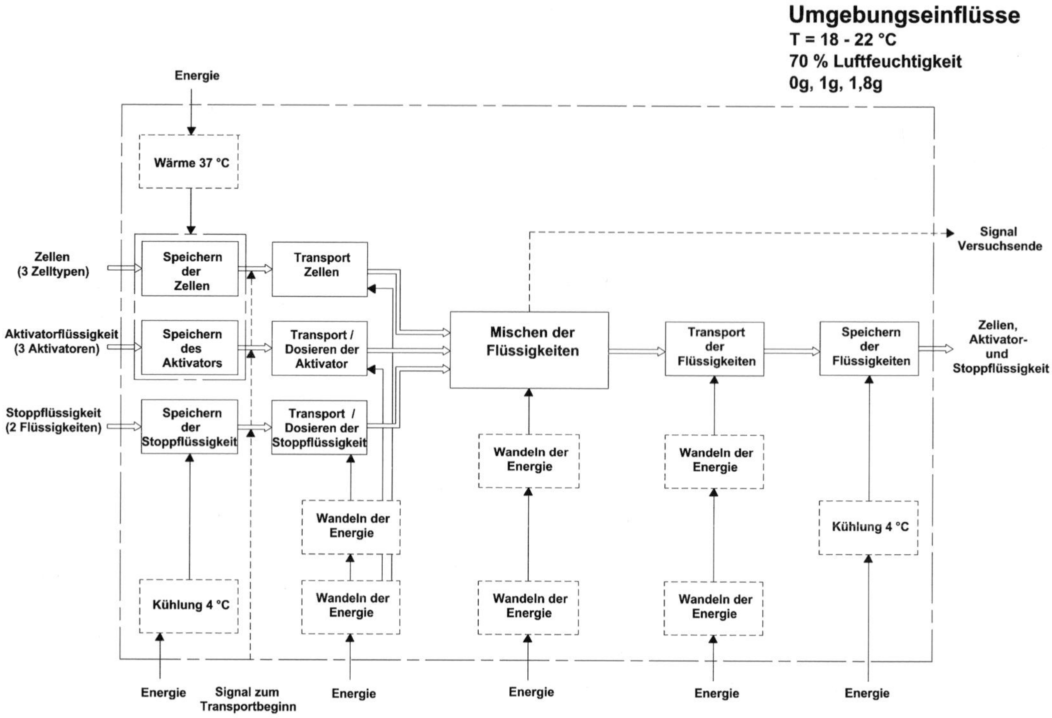


**Abb. 10** Vereinfachte Funktionsstruktur

lösende Teilfunktion wird dies als Wirkprinzip[1] definiert.

Auf Basis der Funktionsstruktur erfolgt die Suche nach möglichen einsetzbaren Wirkprinzipien für die einzelnen Teillösungen unter dem Einsatz unterschiedlichster Techniken zur Lösungsfindung. Als Wirkprinzip zulässig sind alle Lösungen, welche die Anforderungen und Randbedingungen des zu entwickelnden Produktes erfüllen. Bei der Suche finden häufig Methoden aus dem Bereich der Analogiebetrachtung und der Kreativtechnik Anwendung. Eine Auswahl der Methoden ist Abb. 11 zu entnehmen. Die einzelnen Methoden werden durch Pahl/Beitz (Feldhusen und Grote 2013, S. 250–280) detailliert vorgestellt. Neben diesen Methoden können auch die bereits aus dem Abschn. 1.2 bekannten allgemeinen Methoden zur Lösung von Problemen eingesetzt werden. Weitere umfangreiche Darstellungen dieser und weiterer Methoden zur Lösungsfindung können Ehrlenspiel und Meerkamm (2013, S. 247–455) und Conrad (2018, S. 175–206) entnommen werden.

#### 22.3.2.2 Morphologischer Kasten

Für die einzeln zu lösenden Teilfunktionen werden jeweils möglichst mehrere Wirkprinzipien gesucht, welche die Anforderungen des zu entwickelnden Produktes erfüllen. Dabei können Hilfsmittel wie Argumentenbilanzen oder Auswahllisten unterstützen (Conrad 2018, S. 533–536; Feldhusen und Grote 2013, S. 386–390). Die Teillösungen ergeben durch Kombination die Gesamtlösung für die Gesamtfunktion. Abb. 12 verdeutlicht diese Zusammenhänge.

Die Kombination der unterschiedlichen Wirkprinzipien für die Teilfunktionen führt zu mehreren Varianten einer Gesamtlösung. Mit Hilfe eines Ordnungsschemas, welches als morphologischer Kasten bezeichnet wird, erfolgt die Darstellung aller Wirkprinzipien und folglich aller Kom-

[1] Das Wirkprinzip wird in der Literatur auch als Wirkkonzept bezeichnet (siehe Feldhusen und Grote 2013, S. 347–348).

| Analogiebetrachtungen (konventionelle Methoden) | Intuitiv betonte Methoden | Ganzheitliche Methoden | Diskursiv betonte Methoden |
|---|---|---|---|
| • Literaturrecherche<br>• Patentrecherche<br>• Analyse bekannter technischer Systeme<br>• Analyse von Verbandsberichten<br>• Analyse von Messen / Ausstellungen<br>• Analyse von Katalogen / Präsentationen der Mitbewerber<br>• Analyse natürlicher Systeme (Bionik) | • Brainstorming<br>• Methode 635<br>• Galeriemethode<br>• Delphi-Methode<br>• Synektik<br>• kombinierte Anwendung | • Theorie des erfinderischen Problemlösens TRIZ | • systematische Untersuchung des physikalischen Zusammenhangs<br>• systematische Suche mit Hilfe von Ordnungsschemata<br>• Verwendung von Katalogen |

**Abb. 11** Übersicht ausgewählter Methoden zur Findung von Wirkprinzipien nach (Feldhusen und Grote 2013, S. 350–380)

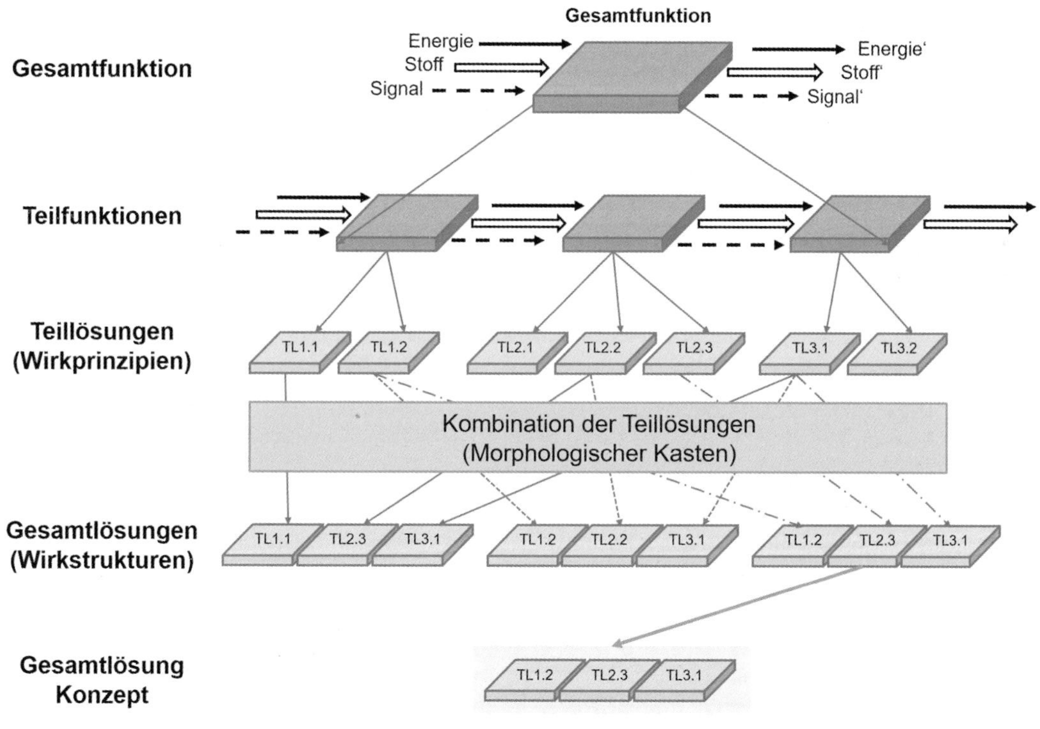


**Abb. 12** Vorgehensweise zur Lösungsfindung in Anlehnung an (Ehrlenspiel und Meerkamm 2013, S. 456)

binationsmöglichkeiten (siehe Abb. 13). Im morphologischen Kasten, einem zweidimensionalen Schema, werden die Zeilen den Teilfunktionen und die Spalten den Teillösungen zugewiesen. Die Darstellung der Wirkprinzipien im morphologischen Kasten sollte durch Skizzen oder Abbildungen erfolgen (Conrad 2018, S. 192–196; Ehrlenspiel und Meerkamm 2013, S. 455–457).

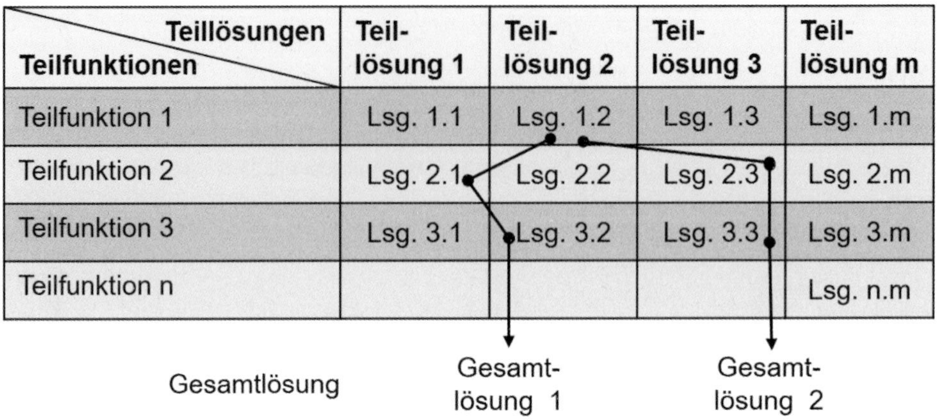


**Abb. 13** Prinzipieller Aufbau des morphologischen Kastens in Anlehnung an (Ehrlenspiel und Meerkamm 2013, S. 457)

Die Anwendung des morphologischen Kastens bietet eine transparente Dokumentation aller Teillösungen und gibt einen Gesamtüberblick. Darüber hinaus wird die Aufgliederung der Gesamtfunktion in einfache Teilfunktionen unterstützt und gefördert. Ebenso ist die Nachvollziehbarkeit der Lösungssuche gegeben (Ehrlenspiel und Meerkamm 2013, S. 457–459).

Neben dem morphologischen Kasten können auch andere Methoden wie beispielsweise die Methode der ordnenden Gesichtspunkte oder die Methode des Problemlösungsbaums genutzt werden. Dazu sind Conrad (2018, S. 196–206) weiterführende Informationen zu entnehmen.

### 22.3.2.3 Ergebnis: Wirkstrukturen

Mit Hilfe des morphologischen Kastens, welcher einen Überblick des gesamten Lösungsfeldes gibt, wird für jede einzelne Teilfunktion ein Wirkprinzip ausgewählt. Die Kombination der Wirkprinzipien, welche als Wirkstruktur bezeichnet wird, führt zu einer Gesamtlösung, die als prinzipielle Lösung gilt und als Basis für ein Konzept dienen kann, siehe Abb. 13. Aufgrund der hohen Varianz sind zwei bis drei Wirkstrukturen zu erarbeiten. Bei der Kombination der Wirkprinzipien ist die Verträglichkeit dieser zueinander zu prüfen und zu berücksichtigen. Dieser Kombinationsvorgang kann zu neuen innovativen Gesamtlösungen führen, die ohne diese lösungsneutrale abstrakte Vorgehensweise nicht vorstellbar wären. In einigen Fällen ist die Wirkstruktur zu unpräzise. Dies trägt zur Folge, dass zur Beurteilung der prinzipiellen Lösung die Wirkstruktur durch Skizzen, ersten Berechnungen und anderen Untersuchungen ergänzt werden muss (Conrad 2018, S. 455–459; Feldhusen und Grote 2013, S. 249–251).

### 22.3.2.4 Praxisbeispiel – Wirkstrukturen

Auf Basis der im Abschn. 3.1.3 erarbeiteten Funktionsstruktur werden den Teilfunktionen Wirkprinzipien zugeordnet. Die Grundlage von Wirkprinzipien sind wie im Abschn. 3.2.1 erläutert, physikalische Effekte, welche die Funktionserfüllung ermöglichen. Diese werden mit geometrischen und stofflichen Merkmalen kombiniert. Für die Erarbeitung geeigneter Wirkprinzipien finden in diesem Projekt konventionelle, intuitive und diskursive Lösungsfindungsmethoden Anwendung. Im Einzelnen:

- konventionell, z. B. Literatur- oder Patentrecherchen,
- intuitiv, z. B. Brainstorming und
- diskursiv, z. B. die Nutzung von Konstruktionskatalogen.

Wenn für die Funktionserfüllung geeignete Wirkprinzipien ermittelt sind, werden diese in einem Ordnungsschema den Teilfunktionen zugeordnet. Dafür wurde bei diesem Projekt der morphologische Kasten genutzt, siehe Abb. 14.

Die erarbeiteten Wirkprinzipien zur Erfüllung der einzelnen Teilfunktionen müssen im An-

| Funktion \ Variante | 1. | 2. | 3. | 4. |
|---|---|---|---|---|
| Kühlen | Kälteakkus  Quelle: Katalog novedirekt S. 133 | Peltiekühler  Quelle: Rübsamen & Herr GmbH | Kryotechnik | Kühlschrankprinzip (Kompressor + Wärmetauscher) |
| Erwärmen | Flächenheizelemente (Silikonheizmatten)  Quelle: Hewid GmbH | Heizpatronen 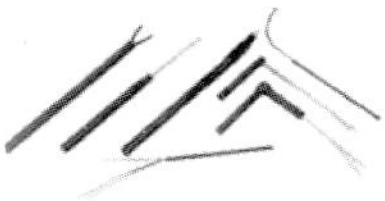 Quelle: Hewid GmbH | Infrarotstrahler  Quelle: Hewid GmbH | Chemische Reaktion (Wärmeakkus)  Quelle:www.riedborn-apotheke.de |
| Transport / Dosieren | Schlauchpumpe  Quelle: www.ismatec.com | Kolbenpumpe  Quelle: Katalog novedirekt S. 338 | Membranpumpe  Quelle: Katalog novedirekt S. 349 | Zahnradpumpe  Quelle: Katalog novedirekt S. 346 |
| Mischen | Nutzung des Druckstoßes der Pumpen | Prinzip Magnetrührer 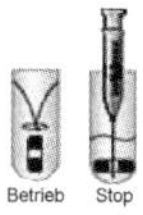  Quelle: Katalog novedirekt S. 793 | Schwenkbewegung der Gefäße (Schüttler, Rüttler) | |

**Abb. 14** Auszug des morphologischen Kastens

schluss sinnvoll miteinander verknüpft werden. Dabei ist es bei der Konzipierung des Versuchsaufbaus vordergründig wichtig, dass mit allen ausgewählten Wirkprinzipien die hohen Sicherheitsanforderungen erfüllt werden können. Somit ergeben sich unterschiedliche Wirkstrukturen. Abb. 15 zeigt den Auszug des morphologischen Kastens und die entwickelten drei Wirkstrukturen. Die generierten Wirkstrukturen werden weiter konkretisiert und zu prinzipiellen Lösungen weiterentwickelt.

## 22.3.3 Bewertung

### 22.3.3.1 Ziele der Bewertung

Aus den erarbeiteten prinzipiellen Lösungen ist eine Lösung auszuwählen, auf deren Basis das Konzept entwickelt wird. Die Auswahl soll auf die prinzipielle Lösung fallen, welche die Anforderungen am optimalsten erfüllen kann und deren Restrisiken in der Umsetzung vertretbar sind. Des Weiteren muss die Entscheidung nachvollziehbar sein. Der Einsatz von Bewertungsverfahren realisiert diese Forderungen. Im Produktentwicklungsprozess sind in den unterschiedlichsten Phasen Entscheidungen erforderlich, die durch Bewertungsverfahren unterstützt werden können. Eine der bedeutsamsten Entscheidungen bei der Produktentwicklung, die den Einsatz von Bewertungsverfahren bedingt, ist die Entscheidung der prinzipiellen Lösung, da diese die Basis für das Endprodukt bildet (Feldhusen und Grote 2013, S. 380–383).

Generell ist eine Unterscheidung der Bewertungsverfahren in drei Kategorien möglich: einfache, aufwändige und komplexe Bewertungsverfahren. Entsprechend der Kategorie eigenen sich die Bewertungsverfahren für unterschiedliche Aufgaben und erfordern unterschiedliche Aufwände (Feldhusen und Grote 2013, S. 380–383).

### 22.3.3.2 Herleitung von Bewertungskriterien

Essentiell für ein Bewertungsverfahren sind die Bewertungskriterien, durch die der Nutzen bzw.

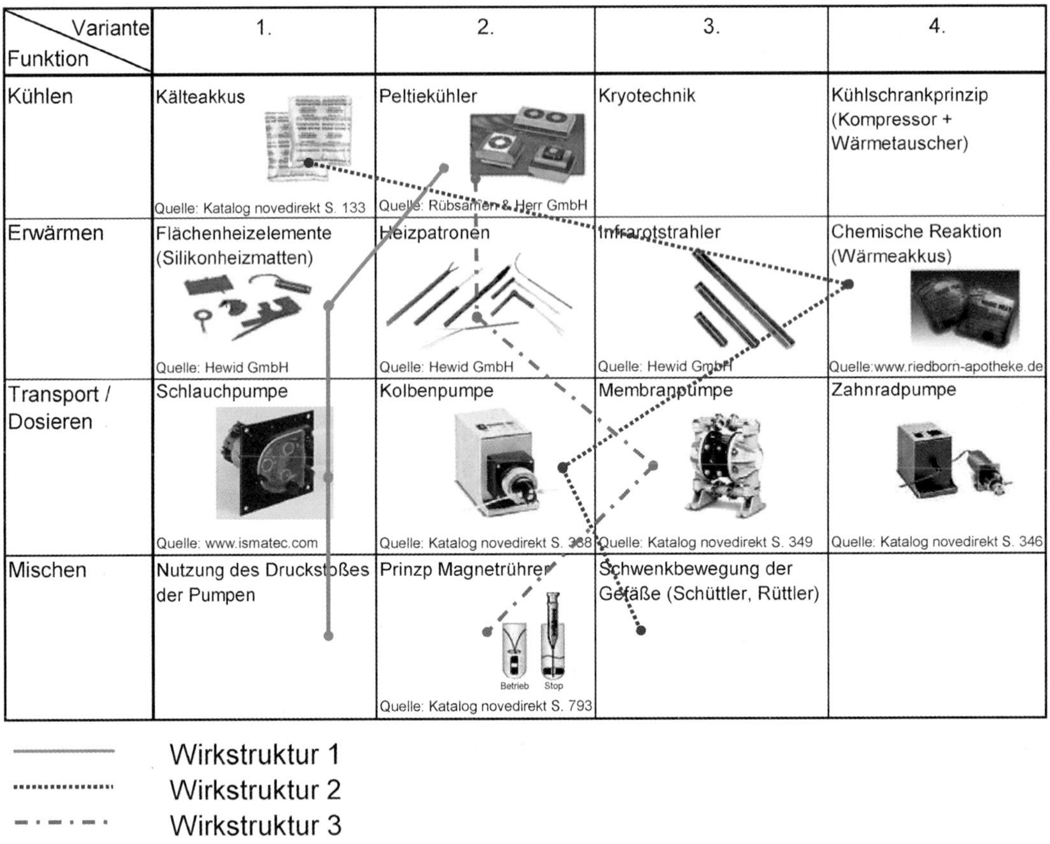
Variante
Funktion
1.
2.
3.
4.
Kühlen
Kälteakkus
Quelle: Katalog novedirekt S. 133
Peltiekühler
Quelle: Rübsamen & Herr GmbH
Kryotechnik
Kühlschrankprinzip (Kompressor + Wärmetauscher)
Erwärmen
Flächenheizelemente (Silikonheizmatten)
Quelle: Hewid GmbH
Heizpatronen
Quelle: Hewid GmbH
Infrarotstrahler
Quelle: Hewid GmbH
Chemische Reaktion (Wärmeakkus)
Quelle:www.riedborn-apotheke.de
Transport / Dosieren
Schlauchpumpe
Quelle: www.ismatec.com
Kolbenpumpe
Quelle: Katalog novedirekt S. 388
Membranpumpe
Quelle: Katalog novedirekt S. 349
Zahnradpumpe
Quelle: Katalog novedirekt S. 346
Mischen
Nutzung des Druckstoßes der Pumpen
Prinzp Magnetrührer
Betrieb
Stop
Quelle: Katalog novedirekt S. 793
Schwenkbewegung der Gefäße (Schüttler, Rüttler)
Wirkstruktur 1
Wirkstruktur 2
Wirkstruktur 3

**Abb. 15** Gang durch Auszug des morphologischen Kastens inkl. Wirkstrukturen

das Potenzial einer Lösung erkannt werden soll. Die Bewertungskriterien stellen ein Zielsystem dar, welches die Anforderungen und Rahmenbedingungen des zu entwickelnden Produktes repräsentiert. Jedoch sollten die Anforderungen nicht als Bewertungskriterien genutzt werden, da die prinzipiellen Lösungen diese bereits berücksichtigen. Entsprechend ihrer Wertigkeit ist die Gewichtung der Bewertungskriterien möglich. Des Weiteren können Werte und deren Bewertung für die einzelnen Bewertungskriterien ermitteln werden, um einen transparenten und objektiven Vergleich mit den Werten der prinzipiellen Lösung zu ermöglichen. Darüber hinaus sollen Bewertungskriterien definierte Voraussetzungen erfüllen wie beispielsweise den Aspekt, dass die Kriterien frei von Widersprüchen sein sollen. Eine umfangreiche Darstellung der Forderungen ist Pahl/Beitz (Feldhusen und Grote 2013, S. 382–386) zu entnehmen.

#### 22.3.3.3 Ausgewählte Bewertungsverfahren

Zur Entscheidung der prinzipiellen Lösung werden aufwändige Bewertungsverfahren genutzt. Zwei etablierte Verfahren dazu sind die Nutzwertanalyse und die technisch-wirtschaftliche Bewertung nach der VDI-Richtlinie 2225 (Verein Deutscher Ingenieure 1998). Charakteristisch für die Nutzwertanalyse ist die Aufstellung des Zielsystems, welches Teilziele in Zielstufen und Zielbereiche teilt. Dabei kann eine Aufteilung in den wirtschaftlichen und den technischen Bereich möglich sein. Die aus dem Zielsystem abgeleiteten Kriterien werden mit Faktoren zwischen 0 und 1 gewichtet, wobei die Summe aller Faktoren 1 betragen sollte. Die Bewertungsskala umfasste die Punkte vom 0 bis 10. 10 Punkte bedeutet, dass die Ideallösung vorliegt. Die Summe aller Teilwerte ergibt den Gesamtwert. Bei der technisch-wirtschaftlichen Bewertung nach

| Bewertungskriterien | Wertigkeit (W) | Var. 1 Pkt. (P) | Var. 1 gew. Pkt (W*P) | Var. 2 Pkt. (P) | Var. 2 gew. Pkt (W*P) | Var. 3 Pkt. (P) | Var. 3 gew. Pkt (W*P) |
|---|---|---|---|---|---|---|---|
| 37 °C gleichverteilt im Bereich der Zellaufbewahrung und der Aktivatorflüssigkeiten | 0,1 | 4 | 0,4 | 1 | 0,1 | 3 | 0,3 |
| 4 °C gleichverteilt im Bereich der Stoppflüssigkeiten und im anschließenden Aufbewahrungssystem | 0,1 | 4 | 0,4 | 1 | 0,1 | 4 | 0,4 |
| Geringer Energiebedarf | 0,05 | 2 | 0,1 | 4 | 0,2 | 2 | 0,1 |
| ⋮ | | | | | | | |
| Geringe Masse | 0,1 | 3 | 0,3 | 3 | 0,3 | 2 | 0,2 |
| Steriles Fördersystem mit wenig mechanischen Bauteilen im Kontaktbereich zu den Fördermedien | 0,05 | 4 | 0,2 | 2 | 0,1 | 2 | 0,1 |
| **Summe** | | | **1,9** | | **1,1** | | **1,4** |
| **Prozent** | | | **0,83** | | **0,70** | | **0,75** |

**Abb. 16** Auszug der Bewertungsliste

der VDI-Richtlinie 2225 erfolgt die Ableitung der Bewertungskriterien direkt aus den Mindestanforderungen, den Wünschen und den allgemein technischen Eigenschaften. Eine Gewichtung ist bei diesem Verfahren nicht vorgesehen, da versucht wird, annähernd gleich bedeutende Bewertungskriterien aufzustellen. 0 bis 4 Punkte können entsprechend der Bewertungsskala vergeben werden. 4 Punkte erhält eine sehr gute bzw. ideale Lösung. Auch bei diesem Verfahren ergibt die Summe aller Teilwerte den Gesamtwert, jedoch ist eine getrennte Bewertung der Lösungen nach technischer Wertigkeit und wirtschaftlicher Wertigkeit möglich. Mit Hilfe eines Auswertungsdiagrammes zur Ermittlung der Stärke können die Ergebnisse hinsichtlich der technischen und wirtschaftlichen Wertigkeit miteinander verglichen werden (Feldhusen und Grote 2013, S. 390–395).

Weitere umfangreiche Betrachtungen dieser Verfahren sowie weitere Verfahren zeigt Pahl/Beitz (Feldhusen und Grote 2013, S. 380–409) auf.

#### 22.3.3.4 Praxisbeispiel – Bewertung

Die Erarbeitung der Bewertungskriterien und die Bewertung der drei prinzipiellen Lösungen erfolgt durch das gesamte interdisziplinäre Projektteam. Als Bewertungsverfahren wird die technisch-wirtschaftliche Bewertung nach der VDI-Richtlinie 2225 genutzt. Jedoch ist eine Modifizierung notwendig, um die Bewertungskriterien entsprechend Ihrer Wertigkeit zu gewichten. In Abb. 16 ist die vorgenommene Bewertung auszugweise dargestellt.

Als Ergebnis wird die prinzipielle Lösung – Variante 1 zur Ausarbeitung freigegeben.

### 22.3.4 Erstellung eines Konzeptes

#### 22.3.4.1 Allgemein

Oftmals ist es notwendig, die ausgewählte prinzipielle Lösung als Konzept vorzustellen. Aus diesem Grund sollte das Ergebnis näher betrachtet und in der Gesamtheit dargestellt werden. Das Konzept ist das Ergebnis der Phase Konzipierung im Produktentwicklungsprozess. Oftmals werden auch zwei Wirkstrukturen weiterverfolgt und als Konzept ausgearbeitet.

#### 22.3.4.2 Praxisbeispiel – Konzepterstellung

Die Wirkstruktur 1 erhielt die beste Bewertung und bildet somit die Grundlage für den nachfolgenden Arbeitsschritt. Diese Wirkstruktur wird als Konzept detaillierter vorgestellt. Abb. 17 zeigt die prinzipielle Lösung in ihrer Gesamtheit.

Die prinzipielle Lösung besteht aus zwei separaten Modulen. Das erste Modul ist das eigentliche Arbeitsmodul, in dem die Zellen, die Aktivator- und Stoppflüssigkeiten sowie alle notwendigen Aggregate zu deren Förderung installiert

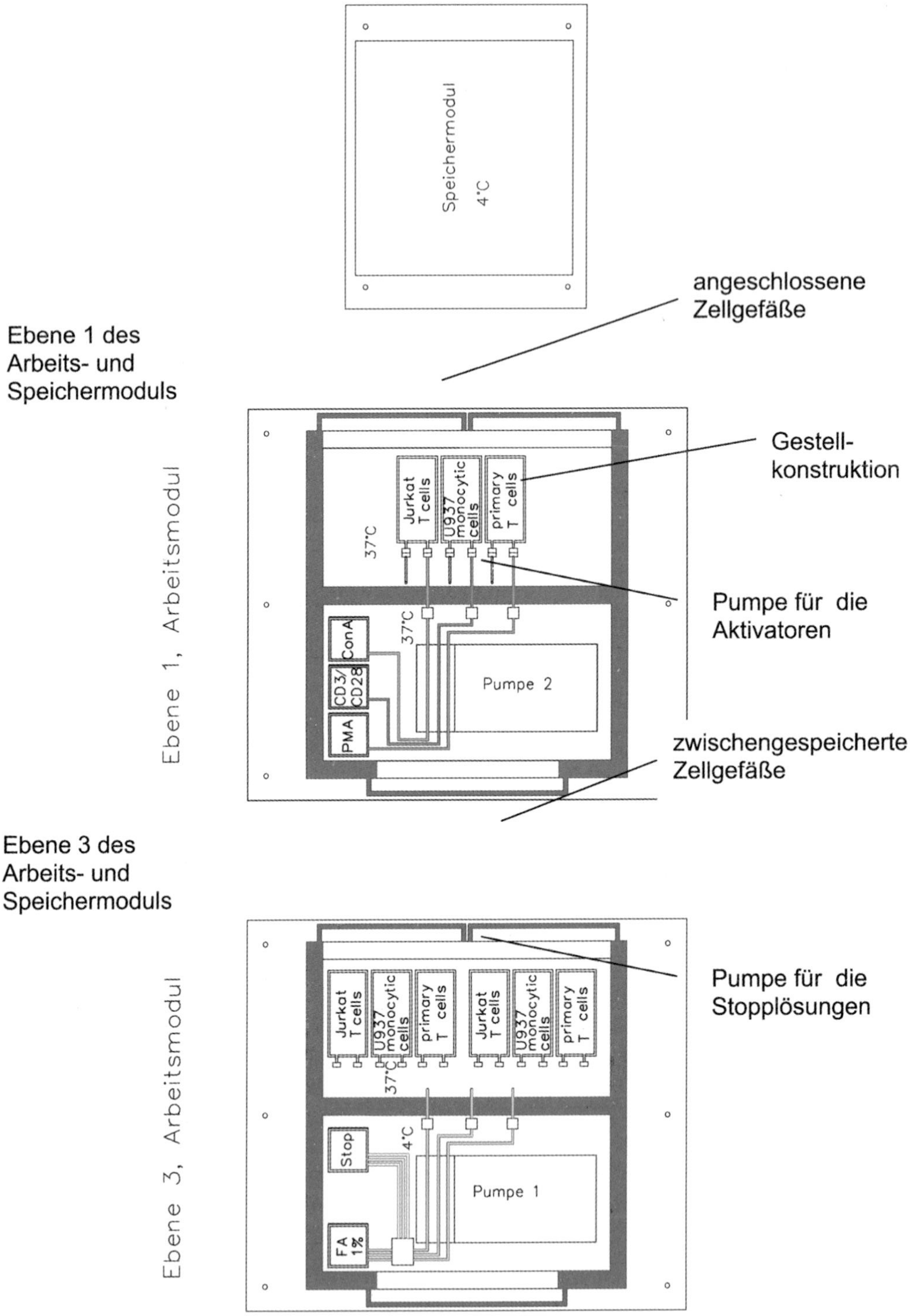


**Abb. 17** Prinzipielle Lösung, die zur Ausarbeitung freigegeben wurde

sind. Dieses Modul ist in drei übereinander liegende Ebenen/Untermodule geteilt. In Ebene 1 befinden sich die Pumpe für die Stoppflüssigkeiten und durch eine Wand davon abgetrennt die für das Befüllen gespeicherten Zellgefäße. Darüber liegend ist die Ebene für die Energieversorgung und Steuerungstechnik. Im oberen Bereich befindet sich die Pumpe für die Aktivatoren und durch eine Wand davon getrennt werden die aktuell zu befüllenden Zellgefäße angeschlossen. Durch Rücksprache mit den Medizinern und Biologen ergab sich die Anforderung, dass drei einzelne Zellgefäße parallel befüllt werden sollen. Das zweite Modul ist das Kühlmodul, in dem alle befüllten Zellgefäße nach dem Experiment bei 4 °C eingelagert werden.

Eine wesentliche Grundlage für dieses Konzept ist die zwischen Medizinern, Biologen und Ingenieuren des Projektteams gemeinsam getroffene Festlegung, dass sich die Zellflüssigkeit bereits in einer vorher genau festgelegten Menge in speziellen Zellgefäßen befindet. In diese Zellgefäße werden anschließend die Aktivator- und Stoppflüssigkeiten gepumpt. Das Ergebnis stellt eine einfachere und bessere Lösung dar, als die, welche zuvor in Abb. 6 (siehe Abschn. 2.3) von den Medizinern und Biologen vorgeschlagen wurde. In dem neuen Lösungsansatz wird vermieden, dass die Zellen selbst durch eine Pumpe in den installierten Zellgefäßen dosiert werden. Dadurch könnten Scherkräfte erzeugt werden, die sich negativ auf die Zellen auswirken und diese erheblichem „Stress" aussetzen. Zudem werden vermehrte Spülungen der Leitungen für den Flüssigkeitstransport vermieden. Dieser Sachverhalt hat somit eine Minimierung der Bauteilanzahl (Pumpen, Ventile, Leitungen) und somit der anfallenden Kosten zur Folge. Zusätzlich werden die Kosten für die zu fördernden Flüssigkeiten minimiert, da weniger Spülvorgänge erforderlich sind, die demzufolge zu weniger Abfall führen.

## 22.4 Entwerfen und Gestalten

### 22.4.1 Vorgehensweise

Die letzten Arbeitsschritte der methodischen Vorgehensweise zum Entwickeln und Konstruieren nach der VDI-Richtlinie 2221 können der Phase des Entwerfens und Gestaltens zugeordnet werden, siehe Abb. 1. Ein mögliches anwendbares methodisches Vorgehen für diese Phase wird von Pahl/Beitz vorgestellt, siehe Abb. 18. Diese umfasst die charakteristischen Hauptarbeitsschritte des Gestaltungsprozesses und ist durch Iteration geprägt. Eine umfangreiche Erklärung der einzelnen Arbeitsschritte ist Pahl/Beitz (Feldhusen und Grote 2013, S. 465–491) zu entnehmen.

Generell erfordert das Entwerfen und Gestalten eines Produktes die Anwendung von Mechanik und Festigkeitslehre, Strömungsmechanik und weiterer Fachgebiete. Darüber hinaus bestehen Regeln und Methoden, die als Empfehlungen und Strategien für den Konstrukteur dienen. Mit Hilfe dieser Hinweise kann ein Konstrukteur ohne aufwändige Berechnungs- und Optimierungsverfahren die Voraussetzungen für eine gute Konstruktion schaffen. Die bedeutsamsten Hilfestellungen sind die Grundregeln der Gestaltung, die Gestaltungsprinzipien und die Gestaltungsrichtlinien (Conrad 2018, S. 262–263; Feldhusen und Grote 2013, S. 493–494).

### 22.4.2 Grundregeln der Gestaltung

Die Grundregel der Gestaltung umfassen gestaltbestimmte allgemeingültige Vorgaben. Die Anwendung dieser Grundregeln sollte immer erfolgen. Die Beachtung führt zu Produkten, die ihre technischen Funktionen eindeutig erfüllen, unter wirtschaftlichen Aspekten realisiert werden können und sicher für den Menschen und die Umwelt sind. Die Grundregeln der Gestaltung lauten:

- eindeutig
- einfach und
- sicher.

Die Einhaltung der Grundregel *eindeutig* hilft, Wirkung und Verhalten von Strukturen zuverlässig vorauszusagen. Abb. 19 zeigt als Beispiel eine Welle-Nabe-Verbindung. Bei dieser sind Doppelanpassungen durch Kegelsitz und aufgepresster Nabe, wie in der Darstellung a), zu vermeiden, da keine eindeutige Passung durch die axiale Anlage am Bund der Welle und dem Sitz des

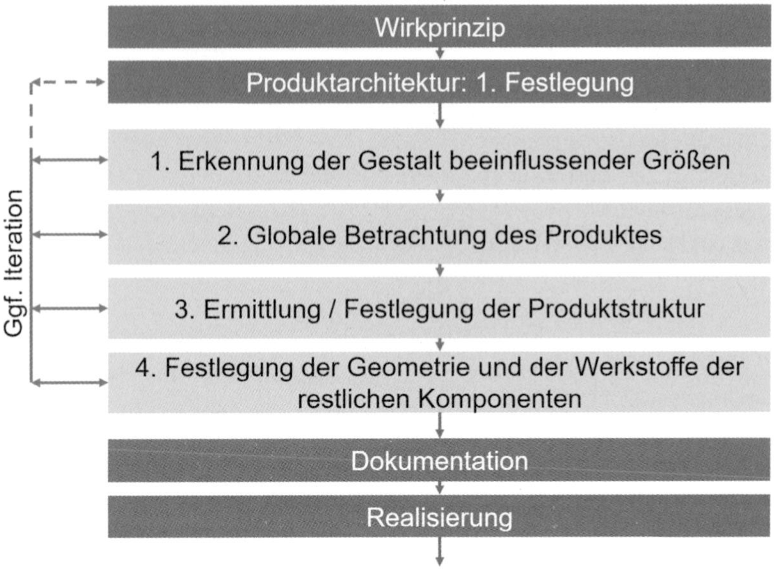


**Abb. 18** Methodische Vorgehensweise für das Entwerfen und Gestalten von Produkten nach Pahl/Beitz in Anlehnung an (Feldhusen und Grote 2013, S. 466)

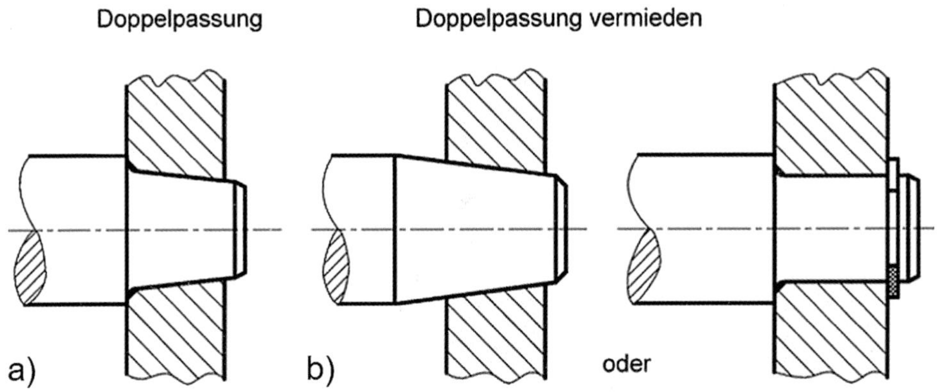


**Abb. 19** Auftreten und Vermeiden von Doppelpassungen bei Welle-Nabe-Verbindungen (Feldhusen und Grote 2013, S. 498)

Kegels möglich ist. Eindeutige Varianten sind durch den alleinigen Sitz des Kegels oder durch den zylindrischen Sitz mit Wellenbund realisierbar, siehe Darstellung b) (Feldhusen und Grote 2013, S. 498).

Durch die Berücksichtigung der Grundregel *einfach* wird in der Regel eine wirtschaftliche Lösung erzielt. Erreichbar ist dieses Ziel beispielsweise durch Konstruktionen, die übersichtlich sind, eine minimale Anzahl an Bauteilen besitzen und einen geringen Aufwand in Bereichen wie der Montage und Wartung erfordern.

Die Forderungen durch die Grundregel *sicher* zwingt zur konsequenten Gestaltung hinsichtlich Haltbarkeit, Zuverlässigkeit, Unfallfreiheit und Umweltschutz. Dem Konstrukteur stehen hierbei die Prinzipien der unmittelbaren Sicherheitstechnik („Sicheres Bestehen", „Beschränktes Versagen", „Redundante Anordnungen") und der mittelbaren Sicherheitstechnik (Schutzsysteme, Schutzeinrichtungen) zur Verfügung. Der Einsatz der hinweisenden Sicherheitstechnik sollte nur als Zusatz erfolgen. Abb. 20 zeigt die wesentlichen Bereiche der Sicherheit.

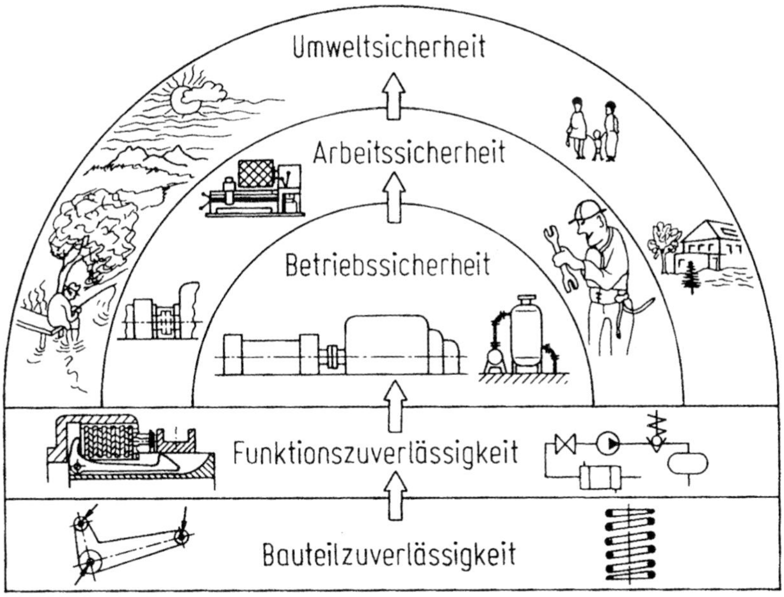


**Abb. 20** Bereiche der Sicherheit

Umfangreiche Erklärungen, Beispiele und detaillierte Informationen zu den einzelnen Grundregeln der Gestaltung können Conrad (2018, S. 264–269) und Pahl/Beitz (Feldhusen und Grote 2013, S. 494–536) entnommen werden. Zusätzlich wird für die Grundregel *sicher* Neudörfer (2016) empfohlen.

### 22.4.3 Gestaltungsprinzipien

Gestaltungsprinzipien stellen Strategien zur optimalen Auslegung und Anordnung von Baustrukturen dar, die auf Grundlagen von bewährten konstruktiven Lösungen bestehen. Sie sind nicht allgemeingültig, sondern erfüllen die Anforderungen von speziellen Aufgaben (Conrad 2018, S. 270; Feldhusen und Grote 2013, S. 494).

Beim Entwerfen und Gestalten eines Produktes finden nicht alle Gestaltungsprinzipien Anwendung. Entsprechend der Produktanforderungen und Machbarkeit werden die zutreffenden Gestaltungsprinzipien berücksichtigt. Der Einsatz führt gewöhnlich zu optimierten und anforderungsgerechten Entwürfen (Conrad 2018, S. 270).

Nachfolgend wird eine Auswahl der bedeutsamsten Gestaltungsprinzipien dargestellt:

- Prinzipien der Kraftleitung
- Prinzip der Aufgabenteilung
- Prinzip der Selbsthilfe
- Prinzip der Stabilität und Bistabilität

Die *Prinzipien der Kraftleitung* dienen einer gleichen Gestaltfestigkeit, der wirtschaftlichen und beanspruchungsgünstigen Führung des Kraft- oder Leistungsflusses, der Abstimmung der Bauteilverformungen sowie einem Kraftausgleich:

- Das *Prinzip der gleichen Gestaltfestigkeit* strebt über die geeignete Wahl von Werkstoff und Gestalt von Bauteilen eine überall gleich hohe Ausnutzung der Festigkeit an.
- Das *Prinzip der direkten und kurzen Kraftleitung* wählt den direkten und kürzesten Kraft-(Momenten)leitungsweg mit vorzugsweise Zug-/Druckbeanspruchung, um die Verformung klein zu halten und den Werkstoffaufwand durch gleichmäßige Spannungsverteilung zu senken.
- Das *Prinzip der gewollten großen Verformung* wählt dagegen einen langen Kraftleitungsweg und eine bewusst ungleichmäßige Spannungsverteilung über den Querschnitt, damit also vorzugsweise Biege- und Torsionsbeanspruchung.

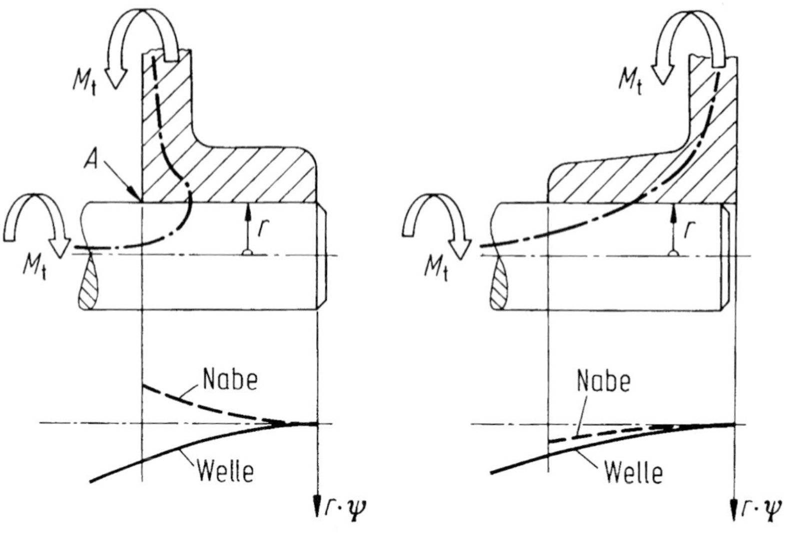


**Abb. 21** Welle-Nabe-Verbindungen mit unterschiedlicher Kraftflussumlenkung (Feldhusen und Grote 2013, S. 548)

- Das *Prinzip der abgestimmten Verformungen* gestaltet bei Fügeverbindungen die beteiligten Bauteile so, dass unter Last eine weitgehende Anpassung ihrer Verformungen erfolgt, was durch gleichgerichtete und gleich große Verformungen erreicht wird. Abb. 21 zeigt als Beispiel eine drehmomentbelastete Welle-Nabe-Verbindung in ungünstiger (links) und günstiger (rechts) Gestaltung bzgl. des gegenläufigen Drehwinkels. Abb. 22 zeigt die Möglichkeiten einer Verformungsabstimmung bei Kranlaufwerken, die einen Schieflauf der Laufräder verhindert.
- Das *Prinzip des Kraftausgleichs* sucht mit Ausgleichselementen oder durch eine symmetrische Anordnung die Funktionshauptgrößen begleitenden Nebengrößen auf möglichst kleine Zonen zu beschränken, damit Bauaufwand und Energieverluste möglichst gering bleiben. Abb. 23 zeigt Beispiele.

Das *Prinzip der Aufgabenteilung* ermöglicht durch Zuordnung von Bauteilen, Baugruppen oder sonstigen Konstruktionselementen zu einzelnen Teilfunktionen eines Lösungskonzepts ein eindeutiges und sicheres Verhalten dieser Funktionsträger, eine bessere Materialausnutzung und eine höhere Leistungsfähigkeit. Dieses Prinzip einer Differenzialbauweise steht damit im Gegensatz zur einer in der Regel kostengünstigeren Integralbauweise. Die Zweckmäßigkeit der Anwendung ist im Einzelfall zu überprüfen. Abb. 24 zeigt als Beispiel eine Festlageranordnung, bei der die Radialkräfte durch ein Rollenlager und die Axialkräfte durch ein Rillenkugellager übertragen werden. Diese Anordnung ist bei hohen Belastungen der sonst üblichen Ausführung mit nur einem Rillenkugellager, das gleichzeitig die Radial- und Axialkräfte überträgt, überlegen.

Das Prinzip der Aufgabenteilung wird auch zur Aufteilung von Belastungen auf mehrere gleiche Übertragungselemente angewendet, wenn bei nur einem Übertragungselement die Grenzbelastung überschritten würde. Beispiele hierfür sind leistungsverzweigte Mehrweggetriebe und Keilriemengetriebe mit mehreren parallelen Keilriemen.

Das *Prinzip der Selbsthilfe* führt durch geeignete Wahl und Anordnung von Komponenten in einer Baustruktur zu einer wirksamen gegenseitigen Unterstützung, die hilft, eine Funktion besser, sicherer und wirtschaftlicher zu erfüllen. Dabei kann eine selbstverstärkende und selbstausgleichende Wirkung bei Normallast und eine selbstschützende Wirkung bei Überlast ausgenutzt werden. Abb. 25 zeigt die selbstverstärkende Lösung der Dichtkräfte *G* eines Verschlusses bei Druckbehältern, bei der die Dichtkraft des Deckels durch den Innendruck *p* des Behälters proportio-

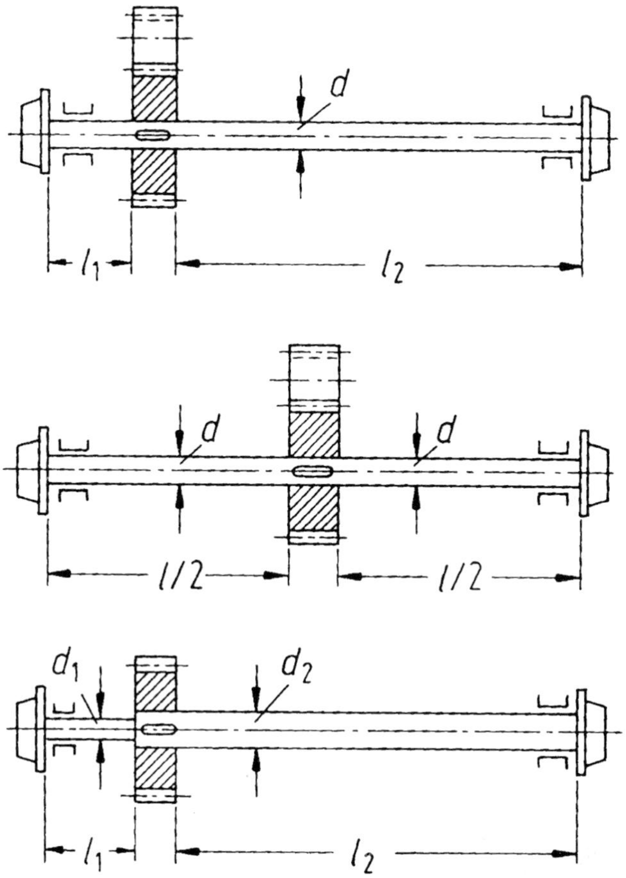


**Abb. 22** Verformungsabstimmung beim Antrieb von Kranlaufwerken (Feldhusen und Grote 2013, S. 550)

nal erhöht wird. Eine selbstausgleichende Lösung liegt vor bei der schief eingespannten Schaufel eines Strömungsmaschinenläufers, bei der das Fliehkraftmoment das von der Umfangskraft herrührende Biegemoment ausgleicht, siehe Abb. 26. Eine selbstschützende Lösung schützt ein Element vor Überbeanspruchung durch Änderung der Beanspruchungsart bei Einschränkung der Funktionsfähigkeit, wie Abb. 27 am Beispiel von Federn zeigt.

Das *Prinzip der Stabilität* hat zum Ziel, dass Störungen eine sich selbst aufhebende kompensierende oder mindestens abschwächende Wirkung hervorrufen. Abb. 28 zeigt dieses Prinzip an einer Ausgleichskolbendichtung, die bei Erwärmung (Störung) entweder anschleift (labile Lösung) oder sich von der Gegenwirkfläche abhebt (stabile Lösung).

Mit dem *Prinzip der Bistabilität* werden durch eine gewollte Störung Wirkungen erzielt, welche die Störung so unterstützen und verstärken, dass sich bei Erreichen eines Grenzzustandes ein neuer deutlich unterschiedlicher Zustand ohne unerwünschte Zwischenzustände einstellt. Das Prinzip dient damit auch der Eindeutigkeit einer Wirkstruktur. Abb. 29 zeigt dieses Prinzip an einem Sicherheitsventil, das schnell von dem geschlossenen Grenzzustand in den geöffneten Grenzzustand kommen soll (durch schlagartige Vergrößerung der Druckfläche $A_V$ zu $A_Z$ nach Anheben des Ventiltellers).

Weiterführend zeigen Pahl/Beitz (Feldhusen und Grote 2013, S. 539–580), Conrad (2018, S. 270–277) und Ehrlenspiel und Meerkamm (2013, S. 495–513) detaillierte Informationen und Beispiele zu den Gestaltungsprinzipien auf.

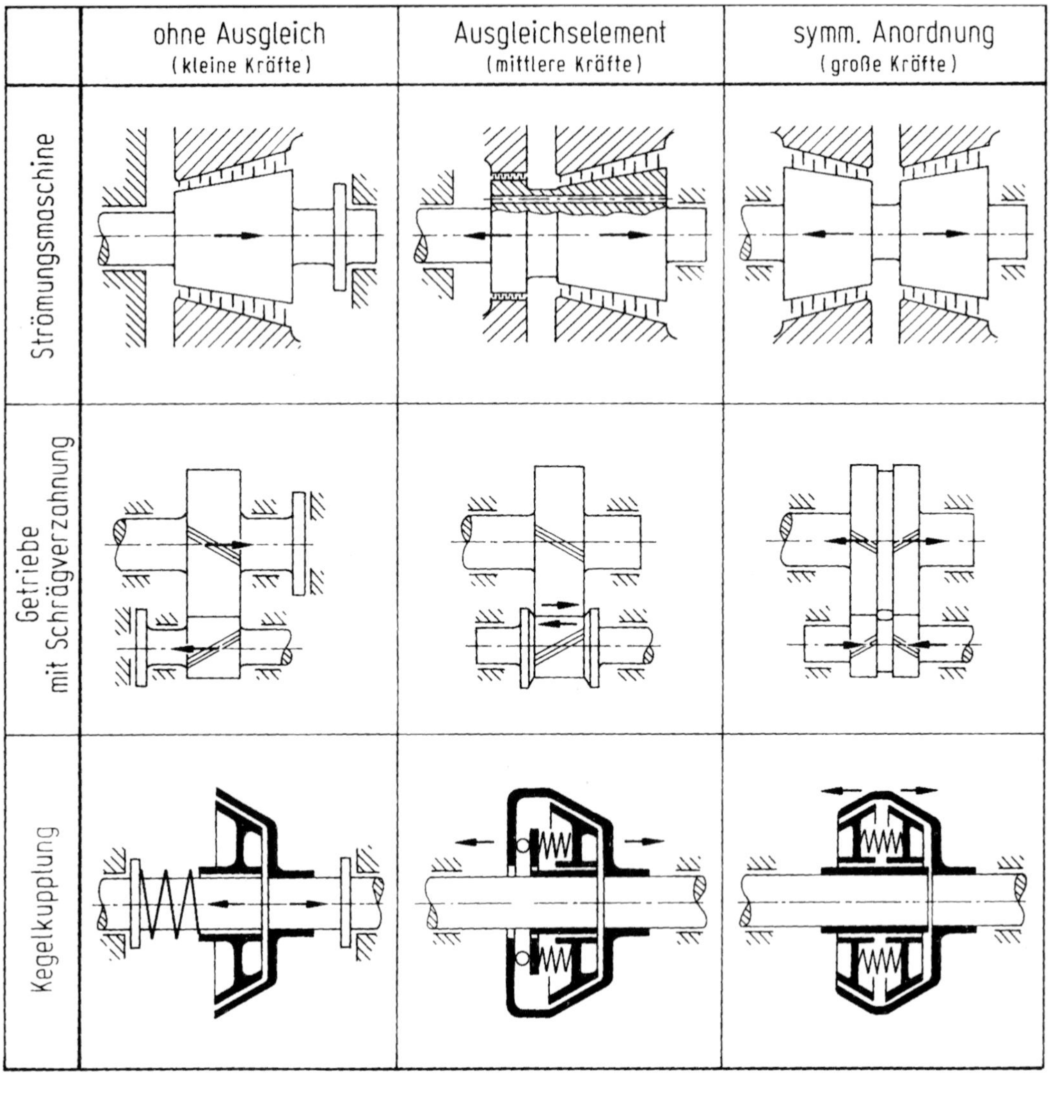


**Abb. 23** Möglichkeiten des Kraftausgleichs bei unterschiedlichen Maschinen (Feldhusen und Grote 2013, S. 551)

### 22.4.4 Gestaltungsrichtlinien

Die Gestaltungsrichtlinien sind Empfehlungen für den Konstrukteur, die er beachten sollte, um den allgemeinen und speziellen Zielsetzungen einer geforderten Produkteigenschaft gerecht zu werden. Sie unterstützen darüber hinaus die Umsetzung der Grundregeln. Es existiert daher eine Vielzahl an Gestaltungsrichtlinien, welche die Realisierung der unterschiedlichsten Produkteigenschaften unterstützen. Eine Auswahl der für die Praxis bedeutsamen Gestaltungsrichtlinien wird im Folgenden vorgestellt (Conrad 2018, S. 277–278; Feldhusen und Grote 2013, S. 494).

*Beanspruchungsgerecht* gestalten bedeutet, zunächst für die äußeren Belastungen, die am Bauteil angreifen, die Längs- und Querkräfte, Biege- und Drehmomente, die durch diese entstehenden Normalspannungen als Zug- und Druckspannungen sowie Schubspannungen als Scher- und Torsionsspannungen (Spannungsanalyse) und die elastischen und/oder plastischen Verformungen (Verformungsanalyse) zu berechnen. Diesen Beanspruchungen werden die für den Belastungsfall gültigen Werkstoffgrenzwerte unter Beachten von Kerbwirkungen, Oberflächen- und Größeneinflüssen mithilfe von Festigkeitshypothesen gegenübergestellt, um die Sicherheit gegen Versagen ermitteln oder Lebensdauervorhersagen machen zu können. Dabei ist nach dem Prinzip der gleichen Gestaltfestigkeit anzustreben, dass alle Gestaltungszonen etwa gleich hoch ausgenutzt werden.

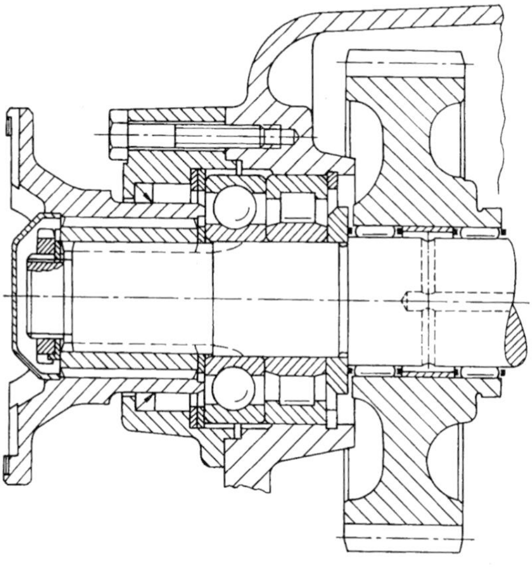

**Abb. 24** Festlager mit Trennung der Radial- und Axialkraftübernahme (Feldhusen und Grote 2013, S. 558)

*Schwingungsgerechte Gestaltung* heißt, auftretende Eigenfrequenzen (Resonanzgebiete) zu beachten bzw. durch konstruktive Maßnahmen hinsichtlich Steifigkeiten und Massenanordnung so zu verändern, dass Maschinenschwingungen und Geräusche beim Betrieb minimiert werden.

Bei der *ausdehnungsgerechten Gestaltung* gilt, thermisch und spannungsbedingte Bauteilausdehnungen, insbesondere Relativausdehnungen zwischen Bauteilen, so durch Führungen aufzunehmen und durch Werkstoffwahl auszugleichen, dass keine Eigenspannungen, Klemmungen oder sonstige Zwangszustände entstehen, wodurch die Tragfähigkeit der Strukturen herabgesetzt würde. Führungen sind in der Ausdehnungsrichtung oder in der Symmetrielinie des thermisch oder mechanisch bedingten Verzerrungszustandes des Bauteils anzuordnen. Bei instationären Temperaturveränderungen sind die thermischen Zeitkonstanten benachbarter Bauteile anzugleichen, um Relativbewegungen zwischen diesen zu vermeiden.

*Kriechgerechte Gestaltung* bedeutet, die zeitabhängige plastische Verformung einzelner Werkstoffe, insbesondere bei höheren Temperaturen oder von Kunststoffen, durch Werkstoffauswahl und Gestaltung zu berücksichtigen, z. B. einen Spannungsabbau (Relaxation) bei verspannten Systemen (Schraubenverbindungen, Pressverbindungen) durch elastische Nachgiebigkeitsreserven weitgehend zu vermeiden. Durch Belastungs- und

**Abb. 25** Selbstverstärkender Verschluss eines Druckbehälters (Feldhusen und Grote 2013, S. 563)

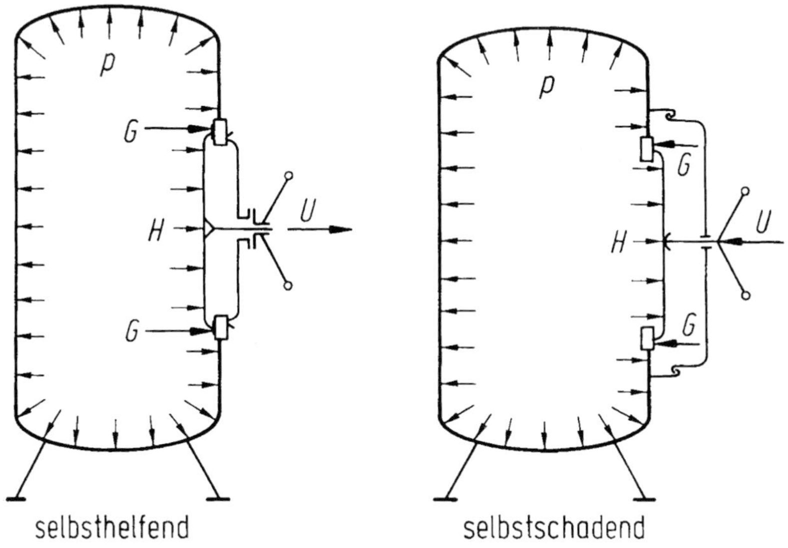

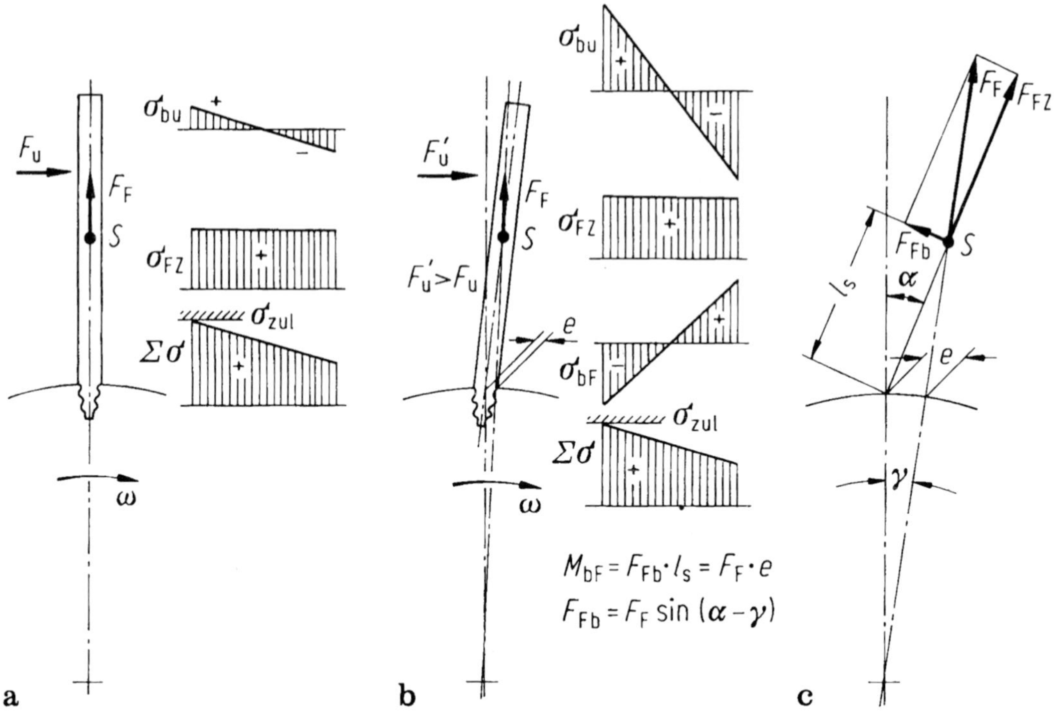


**Abb. 26** Selbstausgleichende Schaufeleinspannung bei Strömungsmaschinen (a konventionelle, b selbstausgleichende Lösung, c Kräftediagramm) (Feldhusen und Grote 2013, S. 569)

Temperaturhöhe, Werkstoffwahl und Beanspruchungszeit ist der Bereich des tertiären Kriechens zu vermeiden.

*Korrosionsgerecht* gestalten heißt, die Ursachen bzw. Voraussetzungen für die einzelnen Korrosionsarten zu vermeiden oder durch Werkstoffauswahl, Beschichtungen entsprechend der Umgebungsbedingungen oder sonstige Schutz- bzw. Instandhaltungsmaßnahmen die Korrosionserscheinungen in zulässigen Grenzen zu halten. Abb. 30 zeigt konstruktive Möglichkeiten zum Vermeiden von Feuchtigkeitssammelstellen, Abb. 31 von Spaltkorrosionsstellen.

Bei der *verschleißgerechten Gestaltung* gilt, durch tribologische Maßnahmen im System Werkstoff, Oberfläche, Schmierstoff die für den Betrieb erforderlichen Relativbewegungen zwischen Bauteilen möglichst verschleißarm aufzunehmen. Dabei können Verbundkonstruktionen mit hochfesten Randschichten und gestaltgebenden Basiswerkstoffen eine wirtschaftliche Lösung sein.

*Ergonomiegerecht* gestalten bedeutet, die für den Produktgebrauch wesentlichen Eigenschaften, Fähigkeiten und Bedürfnisse des Menschen zu berücksichtigen. Dabei spielen biomechanische, physiologische und psychologische Aspekte eine Rolle. Der Mensch kann in einem technischen System zum einen selbstständig aktiv sein (z. B. bei der Produktbedienung) und zum anderen ist ein Einwirken auf den Menschen möglich (z. B. Rück- und Nebenwirkungen durch das Produkt).

Bei der *formgebungsgerechten Gestaltung* ist zu berücksichtigen, dass insbesondere Gebrauchsgegenstände nicht nur einer reinen Zweckerfüllung dienen, sondern auch ästhetisch ansprechen sollen. Das gilt vor allem für das Aussehen (Form, Farbe und Beschriftung).

*Montagegerecht* gestalten bedeutet, die erforderlichen Montageoperationen durch eine geeignete Baustruktur sowie durch die Gestaltung der Fügestellen und Fügeteile zu reduzieren, zu vereinfachen, zu vereinheitlichen und gegebenenfalls zu automatisieren.

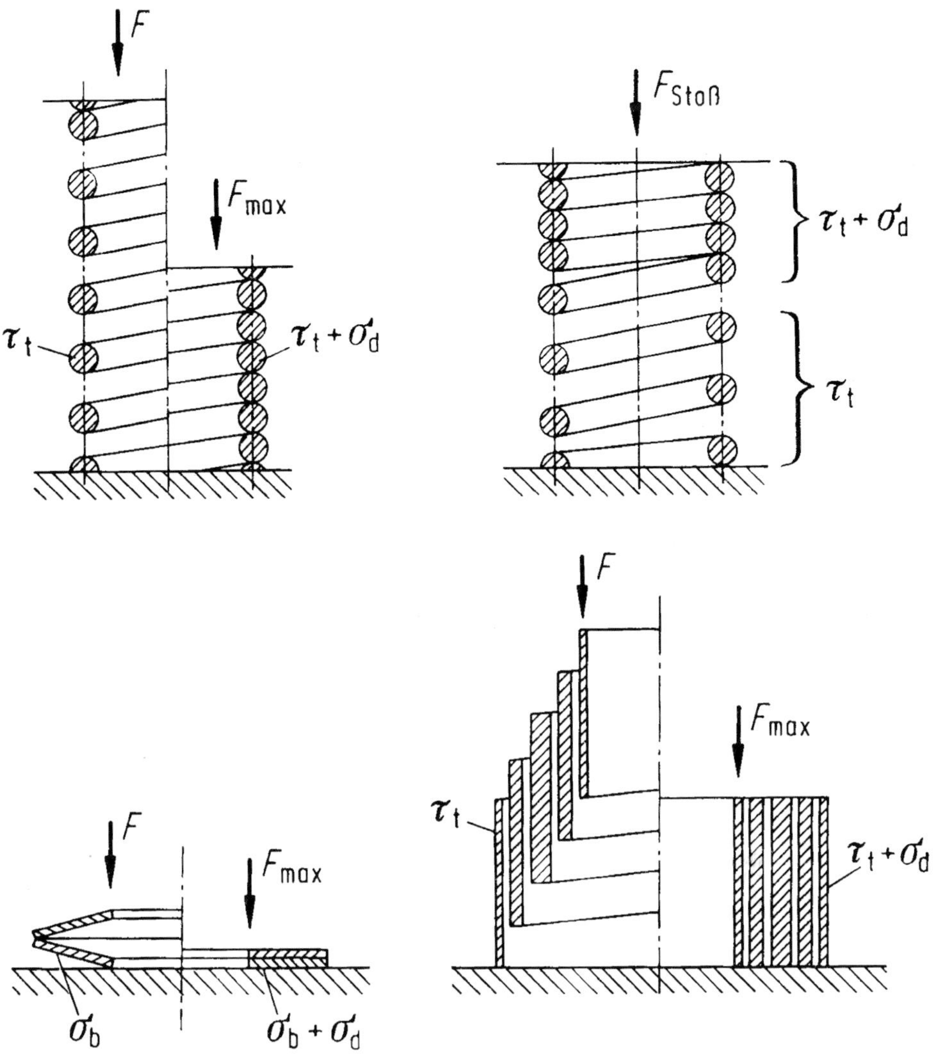


**Abb. 27** Selbstschützende Federn (Feldhusen und Grote 2013, S. 571)

Bei den Gestaltungsmaßnahmen zur Vereinfachung der Teilefertigung wie auch der Montage müssen Gesichtspunkte der Prüfung und Fertigungskontrolle beachtet werden, die eine *qualitätsgerechte Gestaltung* sicherstellen.

*Bei der normgerechten Gestaltung* gilt, die aus sicherheitstechnischen, gebrauchstechnischen und wirtschaftlichen Gründen erforderlichen Normen und sonstigen technischen Regeln als anerkannte Regeln der Technik im Interesse von Hersteller und Anwender zu beachten.

*Transport- und verpackungsgerecht* gestalten heißt, bei Großmaschinen die Transportmöglichkeiten, bei Serienprodukten die genormten Verpackungs- und Ladeeinheiten (Container, Paletten) zu berücksichtigen.

*Recyclinggerecht* gestalten bedeutet, die Eigenschaften von Aufbereitungs- und Aufarbeitungsverfahren zu kennen und ihren Einsatz durch die Baugruppen- und Bauteilgestaltung (Form, Fügestellen, Werkstoffe) zu unterstützen. Dabei dienen aufarbeitungsfreundliche konstruktive Maßnahmen (erleichterte Demontage und Remontage, Reinigung, Prüfung sowie Nachbearbeitungs- oder Austauschfreundlichkeit) zugleich einer *instandhaltungsgerechten Gestaltung* (Inspektion, Wartung, Instandsetzung). Abb. 32 zeigt die Recyclingmöglichkeiten für materielle Produkte, an denen sich

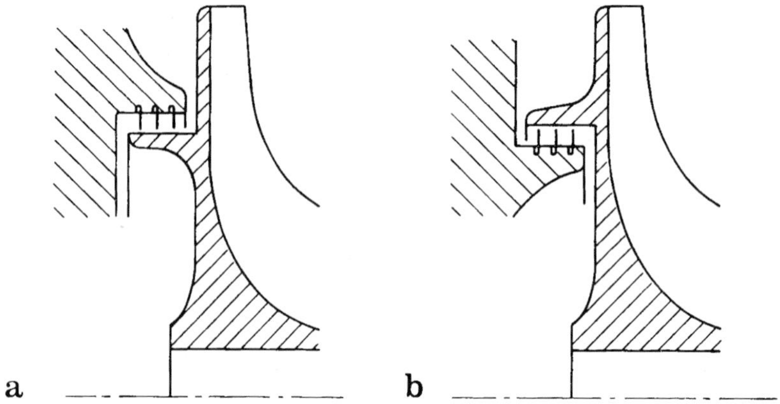


**Abb. 28** Ausgleichskolbendichtung an einem Turboladerrad (a wärmelabil, b wärmestabil) (Feldhusen und Grote 2013, S. 575)

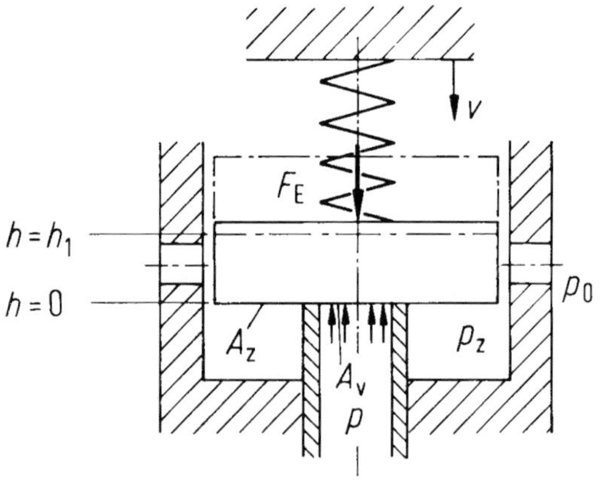


**Abb. 29** Bistabil öffnendes Ventil (Feldhusen und Grote 2013, S. 576)

konstruktive Maßnahmen zur Recycling-Erleichterung orientieren müssen.

Ausführliche Erläuterungen zu den dargestellten und weiteren Gestaltungsrichtlinien können Pahl/Beitz (Feldhusen und Grote 2013, S. 583–738) und Conrad (2018, S. 277–341) zu entnehmen. Detaillierte Informationen zur fertigungs- und montagegerechten Gestaltung sind bei Hoenow/Meißner (Hoenow und Meißner 2014, 2016) zu finden.

### 22.4.5 Praxisbeispiel – Entwerfen und Gestaltung

Die Phase Entwerfen und Gestalten für den Versuchsaufbau zum Vermischen der Flüssigkeiten mit Zellen während der Phase der Schwerelosigkeit bei Parabelflügen gliedert sich in die Gestaltung der maßgebenden Module, die Feingestaltung aller Komponenten, das Vervollständigen des gesamten Produktes und die Kontrolle. Abb. 18 (siehe Abschn. 4.1) stellt die Hauptarbeitsschritte beim Entwerfen und Gestalten dar.

Zunächst wird die prinzipielle Lösung, welche als Ergebnis des Bewertungsverfahrens vorliegt, während des Entwerfens weiter präzisiert bzw. (aus-)gestaltet, bis eine vollständige Baustruktur vorliegt. Zu diesem Zeitpunkt müssen spätestens alle technischen und wirtschaftlichen Anforderungen eindeutig und vollständig erarbeitet sein. Insbesondere sind alle Merkmale hinsichtlich Geometrie, Stoff und Zustand nun final festzulegen. In diesem gesamten Arbeitsschritt sind die drei konstruktiven Grundregeln der Gestaltung „*einfach*", „*eindeutig*" und „*sicher*", siehe Abschn. 4.2, zu beachten.

Im Folgenden werden die einzelnen Arbeitsschritte bezüglich der Entwicklung des Versuchsaufbaus für das Experiment mit menschlichen Zellen erläutert.

**Erkennen der Gestalt beeinflussenden Größen und globale Betrachtung des Produktes**

Die maßgeblichen Anforderungen werden wesentlich durch

- die Umgebungsbedingungen, wie z. B. Bauraum,

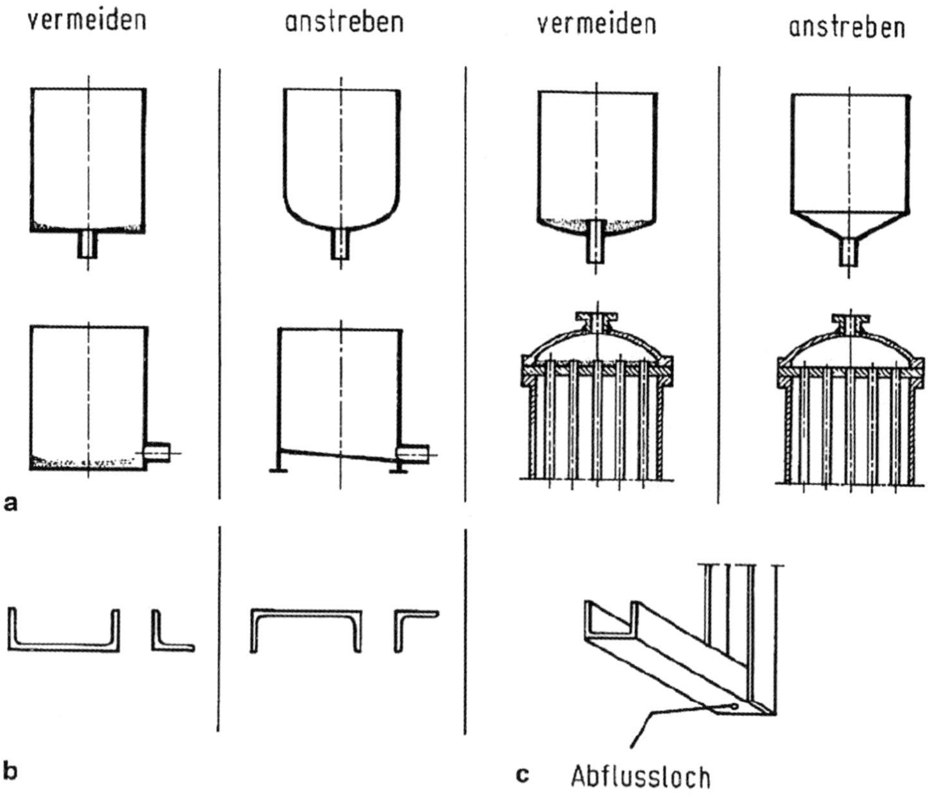


**Abb. 30** Flüssigkeitsabfluss bei korrosionsbeanspruchten Bauteilen (Feldhusen und Grote 2013, S. 609)

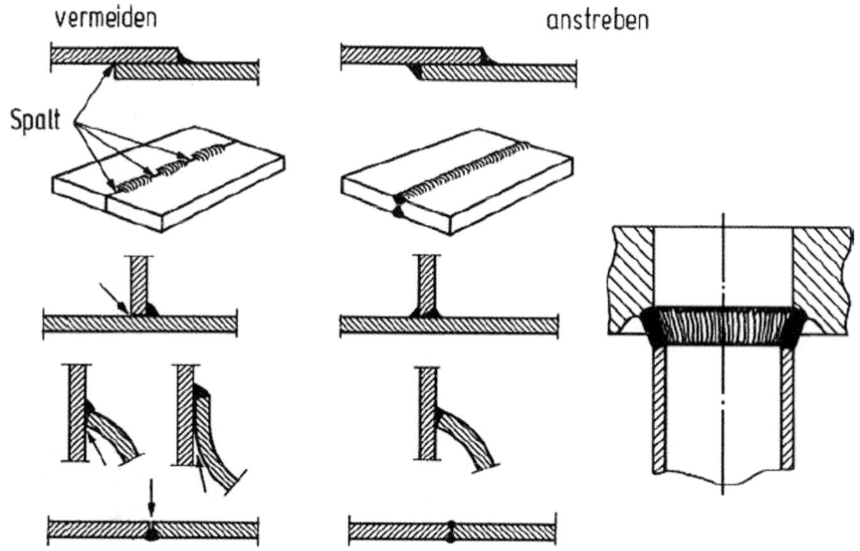


**Abb. 31** Beispiele für hinsichtlich Spaltkorrosion ungünstig und günstig gestaltete Schweißverbindungen (Feldhusen und Grote 2013, S. 611; Spähn et al. 1973)

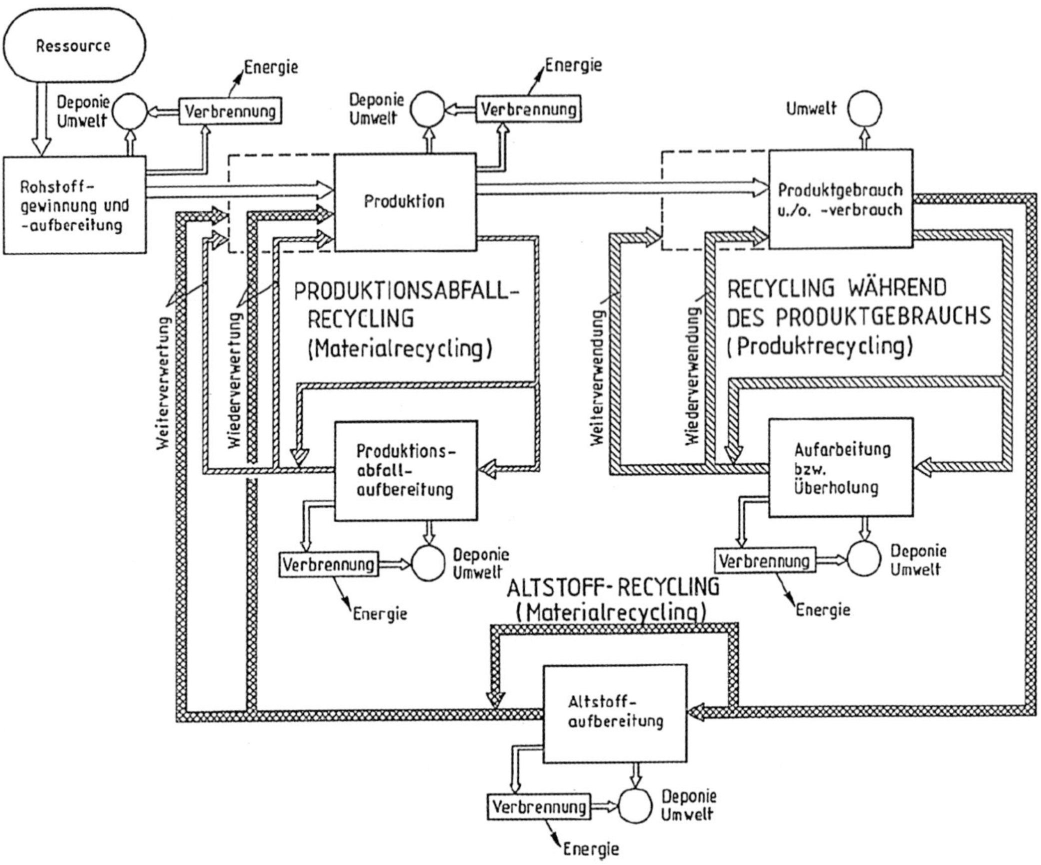


**Abb. 32** Recyclingmöglichkeiten (Feldhusen und Grote 2013, S. 731)

- wirkende und zulässige Beanspruchungen und Belastungen sowie
- die Vorgaben durch den Arbeitsablauf

gestellt.

Die Hauptanforderungen wurden für den zu entwickelnden Versuchsaufbau durch das Benutzerhandbuch des Flugzeugbetreibers und somit die dort enthaltenen Angaben gestellt (Novespace 2013). Diesem Dokument konnten Informationen zu den Innenabmessungen der Flugzeughülle und somit maximale Bauhöhen und Breiten, Art und Lage der Befestigungspunkte, Türabmessungen für die Beladung, zu den maximal zulässigen Flächenlasten, Angaben zur Energieversorgung usw. entnommen werden (Abb. 33). Die anordnungsbestimmten Anforderungen wie Flussrichtungen und Handhabungsabläufe wurden durch die biomedizinische Experimentbeschreibung festgelegt.

**Ermitteln/Festlegen der Produktstruktur (Gestaltung der maßgebenden Module)**
In diesem Arbeitsschritt wurde ein grob strukturiertes Diagramm für den Hauptstofffluss erstellt, siehe Abb. 34. In diesem sind die vorläufig durch die Wirkstruktur gewählten Hauptkomponenten benannt. Der Hauptstofffluss ist das Fördern der Aktivator- und Stoppflüssigkeiten von ihrem Speicher zum Zellgefäß. Für diese Aufgabe wurden Schlauchpumpen und entsprechend geeignete Ventile und Schläuche gewählt. Die Auswahl der Pumpen- und Ventilgröße erfolgte aufgrund der Zeit- und Fördermengenvorgaben durch die biomedizinischen Prozessgrößen. Bedingt durch diese Vorgaben, musste die ursprünglich geplante Schlauchpumpe mit einem Dreifachkopf für je alle Aktivatoren und für alle Stoppflüssigkeiten durch sechs separate Pumpen für das Erreichen der Zielstellung ersetzt werden.

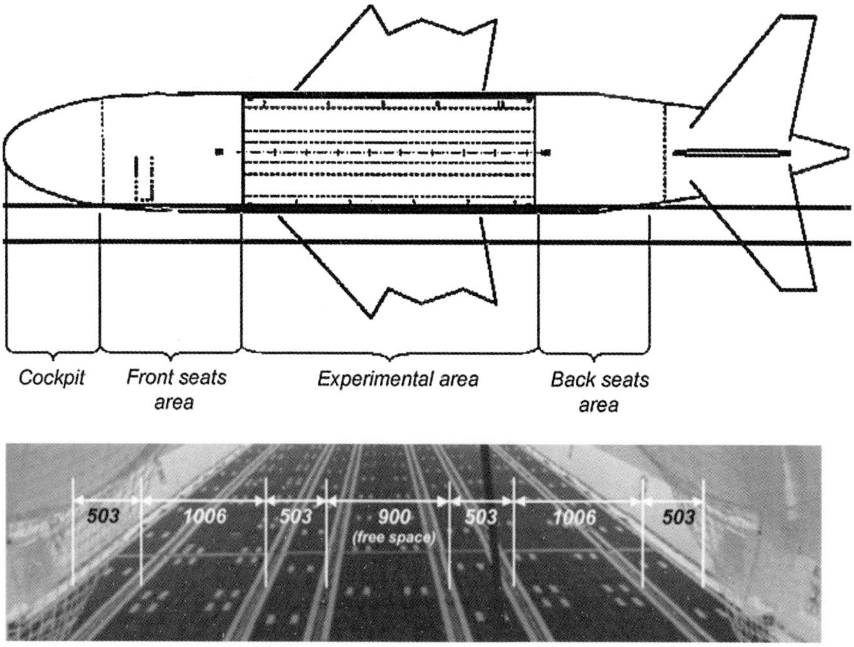


**Abb. 33** Bauraum und Befestigungsmöglichkeiten im Flugzeug in Anlehnung an (Novespace 2013)

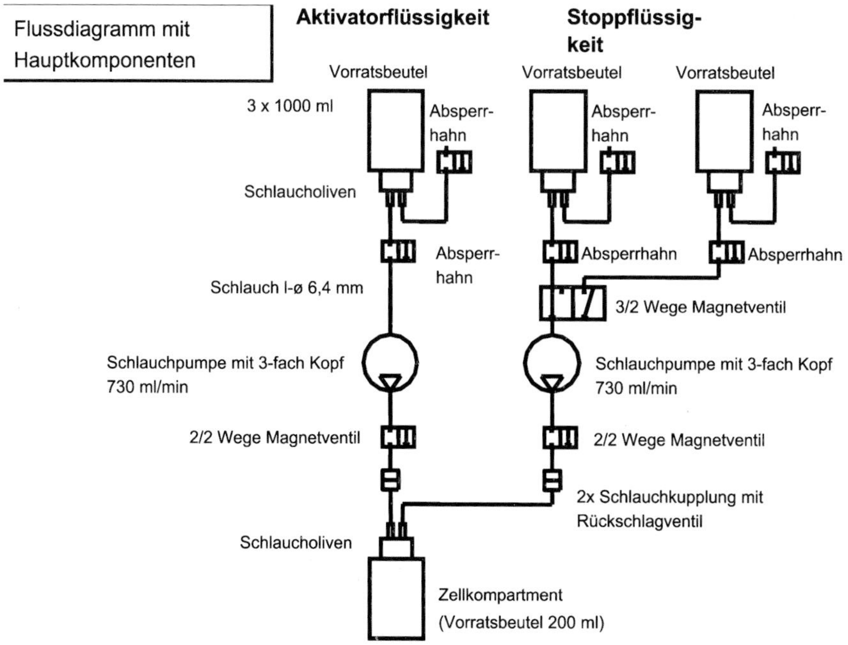


**Abb. 34** Flussdiagramm für ein zu befüllendes Zellgefäß

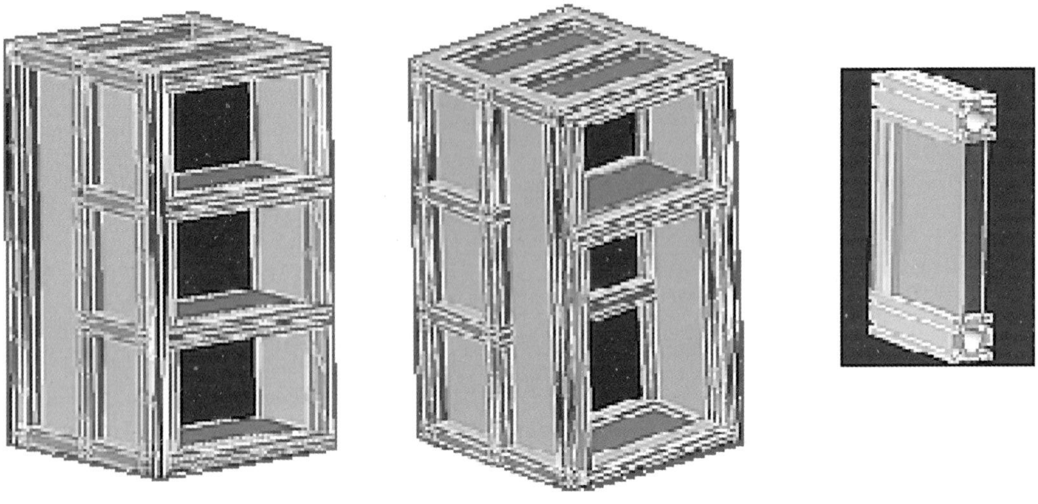

**Abb. 35** Gestell des Arbeitsmoduls (Vorderseite, Rückseite, Wandaufbau)

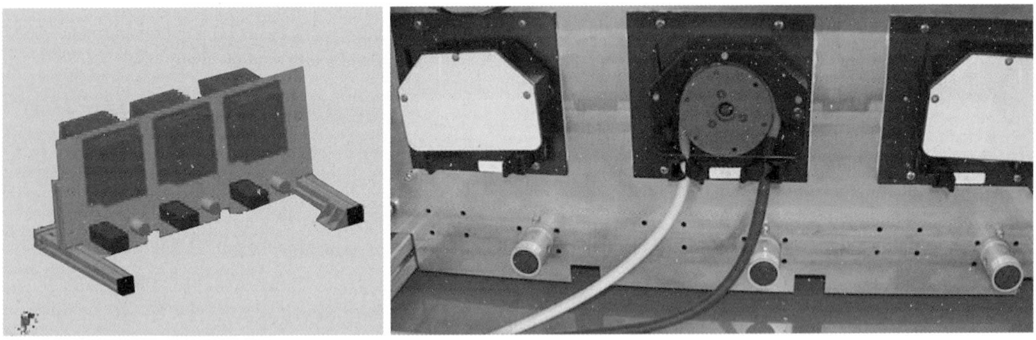

**Abb. 36** Pumpen-Ventil-Baugruppe während der Entwicklung und der Montage

Ein weiterer Hauptfunktionsträger ist das Gestell der Module. Hierfür wurden Aluminiumstrangpressprofile und deren Zubehör, welches als Baukastensystem verfügbar ist und häufig im Bereich der Automatisierungstechnik eingesetzt wird, bei der Gestaltung verwendet. Die Wahl der Profilgröße richtete sich nach der berechneten auftretenden Belastung. Abb. 35 zeigt den Erstentwurf für das Arbeitsmodul.

**Geometrie und Werkstoff restlicher Komponenten bzw. Feingestaltung aller Komponenten**

Die Gestaltung der Haupt- und Nebenfunktionsträger ist ein Vorgang, der im Konstruktionsalltag parallel abläuft, da sich beide Gruppen unter Umständen stark beeinflussen. Die Pumpe-Ventil-Baugruppe (Abb. 36) ist eine der Hauptfunktionsträger. Bei ihrer Gestaltung gingen maßgeblich die Forderungen aus den biomedizinischen Prozessgrößen (Größe des Dosiervolumens) und die Randbedingungen, resultierend aus den technischen Anforderungen (geringe Masse, kleiner Bauraum, usw.) ein.

Ein Nebenfunktionsträger ist das Zellgefäß, in dem sich zu Beginn 15 ml Zellflüssigkeit befinden und in das vor Beginn der Schwerelosigkeit die Aktivatorflüssigkeit injiziert wird und nach ca. 22 Sekunden die Stoppflüssigkeit. Das Füllen ist unter Ausschluss von Luft und unter sterilen Bedingungen zu realisieren. Weiterhin muss dieses Gefäß aufgrund der Sicherheitsanforderungen doppelwandig ausgeführt sein und eine schnelle Entnahme der inneren Flüssigkeiten nach dem

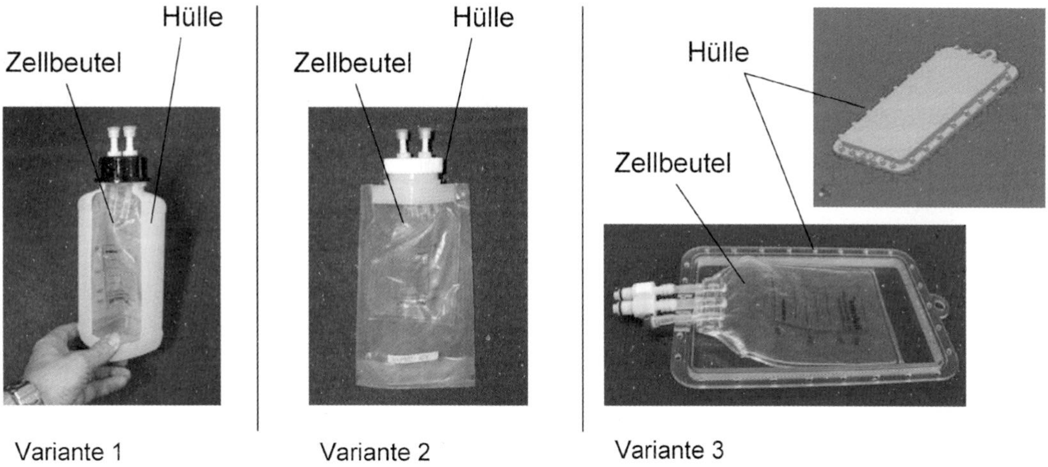


**Abb. 37** Varianten des Nebenfunktionsträgers Zellgefäß (Zellkompartment)

Experiment ermöglichen. Aus biologischen und wirtschaftlichen Gründen sollte der innere Gefäßteil ein Einmalprodukt und der äußere wiederverwendbar sein. Auf Grundlage dieser Anforderungen wurden mehrere Lösungsmöglichkeiten erarbeitet und getestet, siehe Abb. 37.

Variante 1 besteht aus einem innen liegenden Infusionsbeutel, der in eine herkömmliche 1 Liter Kunststoffflasche integriert ist. Die Anschlüsse werden über eine in den Verschluss der Flasche eingeschraubte Schlaucholive realisiert. Einen ähnlichen Aufbau zeigt Variante 2. Bei ihr bildet ein zweiter Flüssigkeitsbeutel mit Schraubverschluss die zweite Wandung. Bei der dritten Lösung wird die äußere Hülle durch eine speziell mit einen Rapid Prototyping Verfahren hergestellte Plastikhülle abgebildet.

Die beiden ersten Varianten zeichnen sich durch einen sehr günstigen Preis aus, da alle Komponenten Zukaufprodukte sind. Sie weisen jedoch in ihrer Funktionserfüllung (Befüllen unter Luftausschluss) erhebliche Mängel auf. Grund hierfür ist, dass beim Einschrauben des inneren Infusionsbeutels dieser sich irreversibel verdreht. Dadurch ist kein eindeutiger Stofffluss möglich. Das heißt, die konstruktive Grundregel „eindeutig" wurde nicht erfüllt. Die dritte Variante ist die kostenintensivste. Durch sie wird aber eine vollständige Funktionserfüllung entsprechend den Anforderungen ermöglicht. Diese Variante wird bevorzugt und zum optimierenden Gestalten freigegeben. Das Ergebnis der Gestaltung unter Verwendung kontinuierlicher Funktionstests während der Optimierungsphase zeigt die Abb. 38.

**Bewerten nach technischen und wirtschaftlichen Kriterien und Festlegen des vorläufigen Gesamtentwurfs**

Während des Gestaltens und dem damit verbundenen stetig durchgeführten Prüf- und Kontrollprozess zeigte sich, dass einzelne technische Anforderungen wie

- Einhaltung der maximalen Modulabmessungen,
- Einhaltung der maximalen Masse und
- Einhaltung des elektrischen Verbrauchs

nicht realisiert werden konnten. Es mussten Abweichungen zu den in der Anforderungsliste aufgeführten Forderungen festgestellt werden.

Weiterhin wurde in dieser Phase der Entwicklungstätigkeit die Funktionserfüllung überprüft. Hier gab es keine Abweichungen zur Anforderungsliste. Die vorgegebenen Förderleistungen der Pumpen wurden erfüllt. Die zu realisierenden Temperaturbereiche konnten eingehalten werden und der gesamte Bedienablauf war eindeutig.

Bezüglich der zu realisierenden wirtschaftlichen Kriterien konnten ebenfalls keine Abweichungen zur Anforderungsliste festgestellt werden. Alle

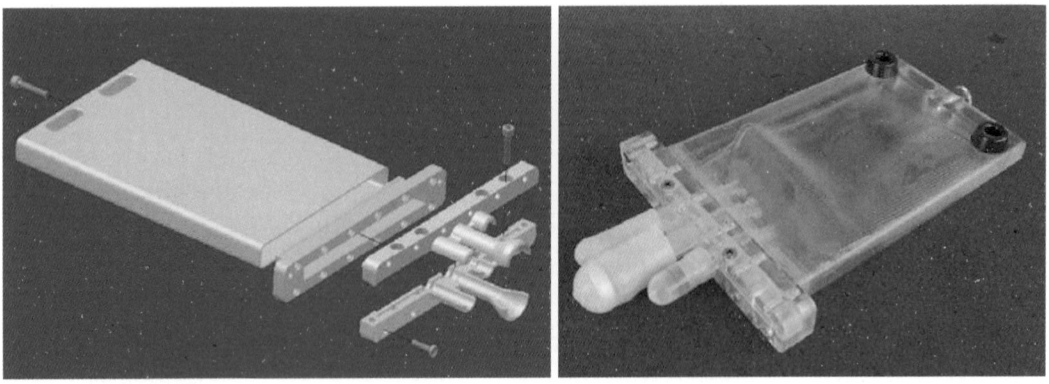

**Abb. 38** Zellgefäßaufbau

**Abb. 39** Zweiter Entwurf für die Experimentmodule

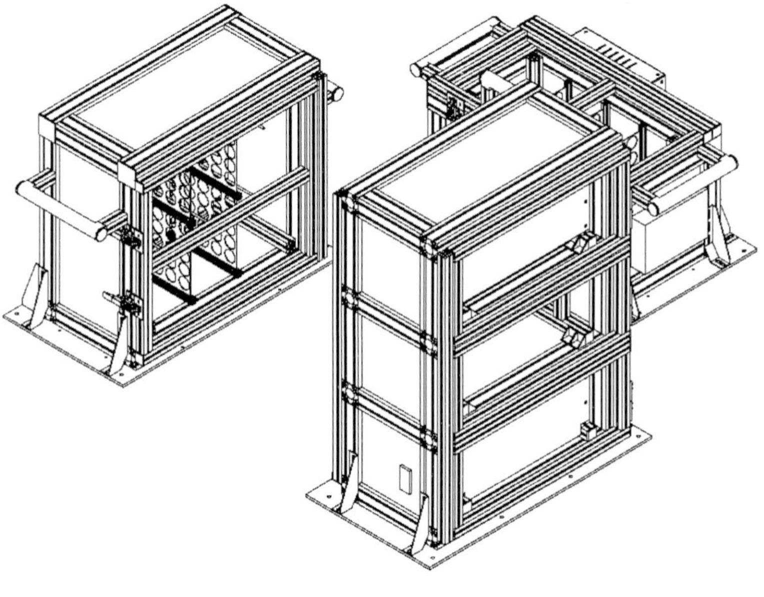

Vorgaben wie Materialkosten oder Fertigungs- und Montagekosten wurden eingehalten.

Auf der Grundlage der Abweichungen von der Anforderungsliste wurde ein zweiter Entwurf ausgearbeitet. Dieser sieht drei getrennte Module vor, siehe Abb. 39.

- Modul 1:
  Wärmemodul zum Speichern der Zellkompartments vor dem Experiment bei 37 °C (Inkubator)
- Modul 2:
  Arbeitsmodul, in dem die Zellgefäße befüllt werden
- Modul 3:
  Kühlmodul zum Speichern der Zellgefäße nach dem
  Experiment (4 °C)

Mit diesem Entwurf konnten alle gestellten technischen und wirtschaftlichen Anforderungen erfüllt werden. Dieser Entwurf wurde für die weitere Ausarbeitung freigegeben.

In der letzten Phase des Arbeitsschrittes Entwerfen ist es erforderlich, die Lösung an bestehende Normen und Vorschriften anzupassen. Den einzelnen Bauteilen werden verbindlich Werkstoffe zugeordnet. In dieser Phase werden

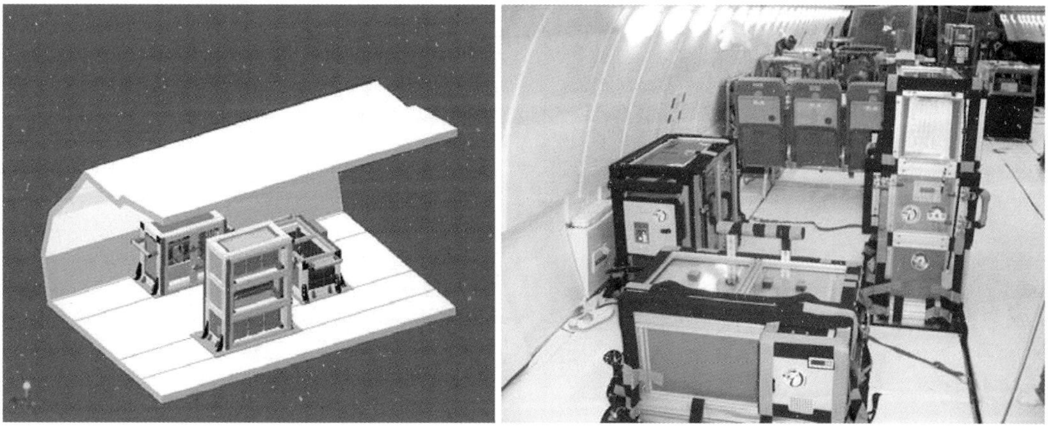

**Abb. 40** Experimentmodule

unter anderem die vollständige Baustruktur und die Produktdokumentation erstellt. Abb. 40 zeigt das Ergebnis der Entwicklung.

**Nachbetrachtung, Fehleranalyse und Verbesserung**

Beim Entwurf- und Gestaltungsprozess in der Praxis sind stetige Kontrollen und Prüfungen unerlässlich, um zusätzliche Iterationen und Mehraufwand zu vermeiden. Aus diesem Grund wird der Entwurf auf Fehler und Störeinflüsse kontrolliert. Dies ist ein notwendiger Arbeitsschritt im Rahmen einer Entwicklung, um Fehlentwicklungen vorzubeugen. Eine systematische Fehleranalyse für die entwickelten Module war jedoch nur bedingt möglich. Im Unterschied zu anderen Projekten, in denen bereits Erfahrungswerte vorliegen, Prozessabläufe leicht nachvollziehbar sind oder den Entwicklungsprozess parallel begleitende Tests oder Vorversuche die Kontrolle von Fehlern oder Störungen unterstützen, sind die durchgeführten Analysen für die hier beschriebenen Experimentmodule weitgehend auf Annahmen gestützt. Es war während der Entwicklungstätigkeit nicht möglich, den Zustand der Mikrogravitation für die Testung der Module des Versuchsaufbaus zu realisieren. Aus diesem Grund war es wichtig, den Ablauf und die Funktionsweise der Module während der Parabelflüge zu dokumentieren und auszuwerten. Nur so können gezielt Fehlerbehebungen und Verbesserungen ermöglicht werden. Nachfolgend sind einige Beispiele für Modifikationen an den Modulen aufgeführt.

- Weitestgehendes Ersetzen von Medium führenden Schläuchen durch starre Rohrleitungen.
- Integration von Sicherheitssensoren, die das Vorhandensein der zu befüllenden Gefäße vor dem Start der Injektion erkennen.
- Ersetzen der manuell zu öffnenden Entlüftungsventile an den Zellgefäßen durch automatisch öffnende Entlüftungsventile.
- Verbesserung der Fixierung (Stopper) der Zellgefäße im Wärme- und Kühlmodul.

Diese Modifikationen werden im Arbeitsschritt Weiterentwicklung realisiert.

## Literatur


Conrad K-J (2018) Grundlagen der Konstruktionslehre, 7. Aufl. Hanser eLibrary. Hanser, München

DLR-Parabelflüge (2006) Forschen in Schwerelosigkeit

Ehrlenspiel K, Meerkamm H (2013) Integrierte Produktentwicklung. Denkabläufe, Methodeneinsatz, Zusammenarbeit, 5. Aufl. Hanser, München

Feldhusen J, Grote K-H (Hrsg) (2013) Pahl/Beitz Konstruktionslehre. Methoden und Anwendung erfolgreicher Produktentwicklung, 8. Aufl. Springer Vieweg, Berlin/Heidelberg

Hoenow G, Meißner T (2014) Konstruktionspraxis im Maschinenbau. Vom Einzelteil zum Maschinendesign, 4. Aufl. Carl Hanser Fachbuchverlag, s.l

Hoenow G, Meißner T (2016) Entwerfen und Gestalten im Maschinenbau. Bauteile – Baugruppen – Maschinen,

4. Aufl. Fachbuchverlag Leipzig im Carl Hanser Verlag, München
Kramer F (1987) Innovative Produktpolitik. Strategie – Planung – Entwicklung – Durchsetzung. Springer, Berlin/Heidelberg
Lindemann U (2016) Handbuch Produktentwicklung. Carl Hanser Verlag, München
Naefe P, Luderich J (2016) Konstruktionsmethodik für die Praxis. Effiziente Produktentwicklung in Beispielen. Springer Vieweg, Wiesbaden
Neudörfer A (2016) Konstruieren sicherheitsgerechter Produkte. Methoden und systematische Lösungssammlungen zur EG-Maschinenrichtlinie, VDI-Buch, 7. Aufl. Springer, Berlin/Heidelberg; Imprint; Springer Vieweg, Berlin/Heidelberg
Novespace (2013) Parabolic flight campaign with A300 ZERO-G user guide
Spähn H, Rubo E, Pahl G (1973) Korrosionsgerechte Gestaltung. Konstruktion 25:455–459
Verein Deutscher Ingenieure (1980) Produktplanung. Ablauf, Begriffe und Organisation. Beuth Verlag, Berlin(VDI 2220)
Verein Deutscher Ingenieure (1993) Methodik zum Entwicklen und Kosntruieren technischer Systeme und Produkte. Beuth Verlag, Berlin (VDI 2221)
Verein Deutscher Ingenieure (1998) Konstruktionsmethodik. Technisch-wirtschaftliches Konstruieren. Technischwirtschaftliche Bewertung. Beuth Verlag, Berlin (VDI 2225-3)

# Maschinenelemente 23

Karl-Heinrich Grote, Frank Engelmann, Thomas Guthmann
und Wolfgang Beitz

## Inhalt



K.-H. Grote (✉)
Fakultät für Maschinenbau, OvG-Universität Magdeburg,
Magdeburg, Deutschland
E-Mail: karl.grote@ovgu.de

F. Engelmann · T. Guthmann
Fachbereich Wirtschaftsingenieurwesen, Ernst-Abbe-Hochschule Jena, Jena, Deutschland
E-Mail: frank.engelmann@eah-jena.de; thomas.guthmann@eah-jena.de

W. Beitz
Technische Universität Berlin, Berlin, Deutschland

© Der/die Autor(en), exklusiv lizenziert durch Springer-Verlag GmbH, DE, ein Teil von Springer Nature 2022

M. Hennecke, B. Skrotzki (Hrsg.), *HÜTTE Band 2: Grundlagen des Maschinenbaus und ergänzende Fächer für Ingenieure*, Springer Reference Technik,
https://doi.org/10.1007/978-3-662-64372-3_72

**Zusammenfassung**

Maschinenelemente sind häufig in der Praxis angewendete, standardisierte Bauteile oder auch Wirkprinzipien zur Lösung von definierten Problemstellungen. In diesem Kapitel wird eine Auswahl von häufig angewendeten Maschinenelementen und deren Anwendungsgebiete vorgestellt. Die aufgeführten grundlegenden Berechnungsgleichungen sollen bei der Auswahl und Dimensionierung der entsprechenden Bauteile helfen.

## Konstruktionselemente

Konstruktionselemente, auch unter der Bezeichnung Maschinenelemente bekannt, werden als Komponenten in Produkten des Maschinen-, Apparate- und Gerätebaus vielseitig eingesetzt. Sie gehören deshalb zu den wichtigsten Lösungen des Konstrukteurs zur Erfüllung von Funktionen. Während speziell entwickelte Konstruktionsteile mithilfe ingenieurwissenschaftlicher Grundlagen und den gängigen Konstruktionsmethoden konzipiert und gestaltet werden, liegen für Konstruktionselemente zumindest Wirkprinzipien und Wirkstrukturen bereits vor. In vielen Fällen sind sie sogar als handelsübliche oder genormte Komponenten unmittelbar einsetzbar. Bedingt durch die lange Entwicklung stehen heute eine Vielzahl unterschiedlicher Prinzipien und Bauformen zur Verfügung, die dem Konstrukteur die Auswahl einer für seinen Anwendungsfall geeigneten Lösung gestatten. Dieses Lösungsfeld und die erforderlichen Auslegungs- und Auswahlverfahren sind in einem umfangreichen Schrifttum, in Konstruktionskatalogen und in Datenbanken verfügbar. Es sollen deshalb im Folgenden nur die wesentlichen Wirkzusammenhängen und strukturellen Merkmale der wichtigsten Konstruktionselemente dargestellt werden, um die gemeinsamen Wirkprinzipien sowie wichtige strukturelle Merkmale als Kriterien zur Auslegung und zur Abschätzung ihrer Eigenschaften zu zeigen.

## 23.1 Bauteilverbindungen

### 23.1.1 Funktionen und generelle Wirkungen

**Funktionen (Abb. 1)**

Übertragen von Kräften, Momenten und Bewegungen zwischen Bauteilen bei eindeutiger und fester Lagezuordnung.

Gegebenenfalls zusätzlich:

Aufnehmen von Relativbewegungen außerhalb der Belastungsrichtung.

Abdichten gegen Fluide und Partikel.

Isolieren oder Leiten von thermischer oder elektrischer Energie.

**Wirkungen**

Die Wirkfläche und Gegenwirkfläche an der Fügestelle werden durch eine montagebedingte (vorspannungs- und/oder eigenspannungsbedingte) und betriebsbedingte Beanspruchung beaufschlagt.

### 23.1.2 Formschluss

**Wirkprinzip (Abb. 2)**

Übertragen von Kräften und Erfüllen von Zusatzfunktionen (Dichten, Isolieren, Leiten) an Wirkflächenpaaren von Formschlusselementen durch Aufnehmen von Flächenpressungen $p$ und Beanspruchungen nach dem Hooke'schen Gesetz $\sigma = E \cdot \varepsilon$:

$$p = \frac{\text{Kraft}}{\text{Wirkfläche}} = \frac{F}{A} = E \cdot \varepsilon < p_{\text{zul}}.$$

Eingeleitete Kräfte und Momente führen im Bauteil zu einer Beanspruchung, welche geringer sein muss als die zulässigen Beanspruchungen.

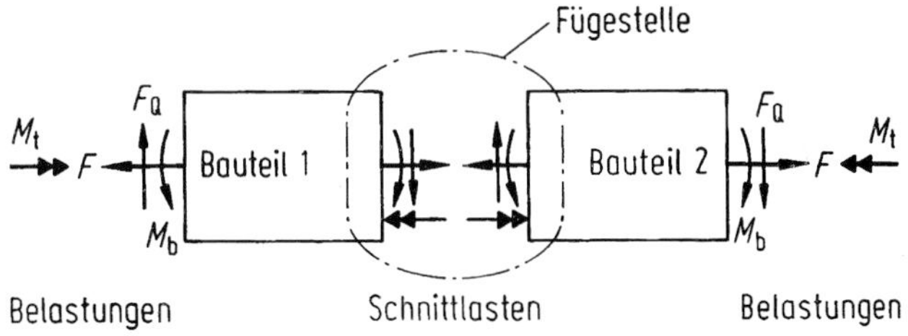


**Abb. 1** Belastungen und aufzunehmende Schnittlasten an der Fügestelle zweier Bauteile. $F$ Axialkraft, $F_Q$ Querkraft, $M_b$ Biegemoment, $M_t$ Drehmoment

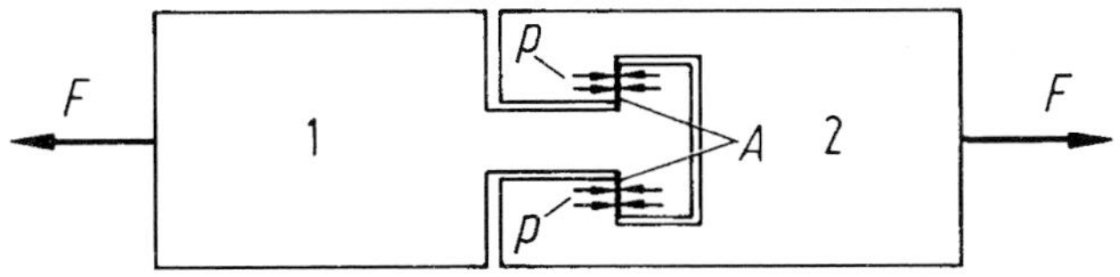


**Abb. 2** Formschlussverbindung zweier Bauteile bei einachsiger Kraftbelastung. $A$ tragendes Wirkflächenpaar, $p$ Flächenpressung

**Bauformen (Abb. 3)**

Keil-, Bolzen-, Stift- und Nietverbindungen,
Welle-Nabe-Verbindungen,
Elemente zur Lagesicherung,
Schnapp-, Spann- und Klemmverbindungen.

### 23.1.3 Reibschluss

**Wirkprinzip (Abb. 4)**

Übertragen von Kräften an Wirkflächenpaaren durch Erzeugen von Normalkräften $F_N$ und

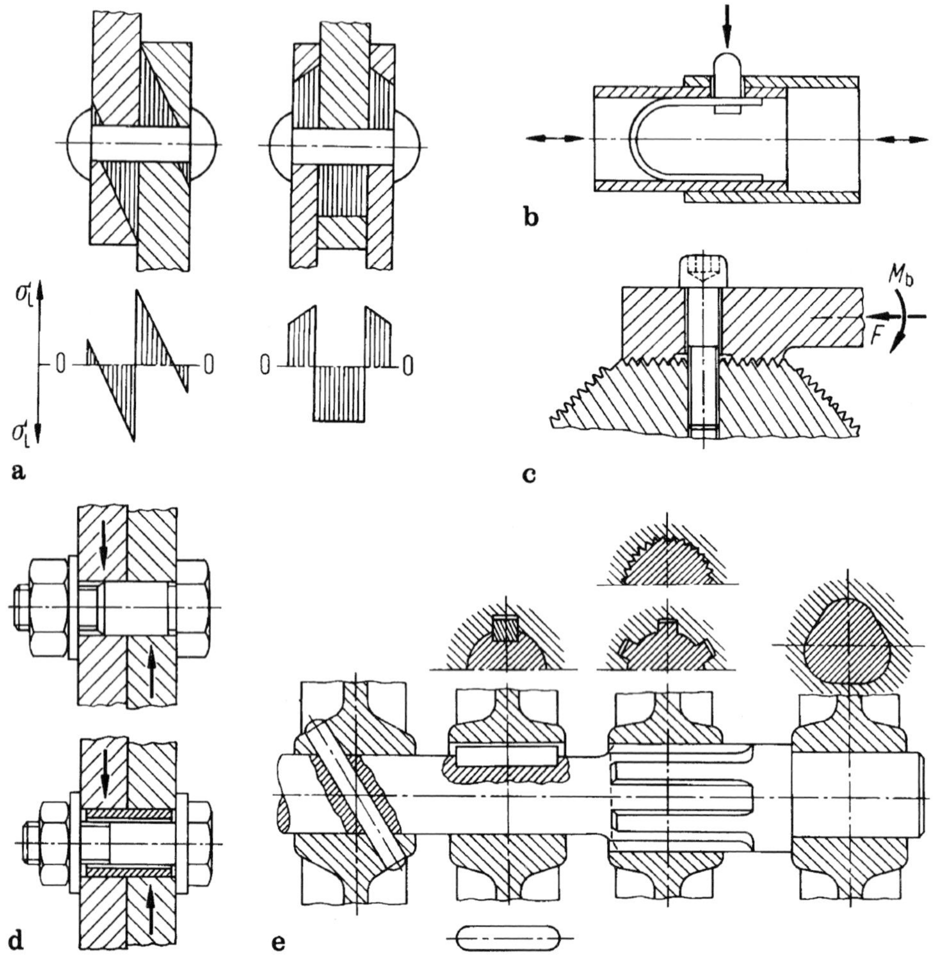


**Abb. 3** Bauformen von Formschlussverbindungen (Auswahl). **a** ein- und zweischnittige Nietung, **b** Schnappverbindung, **c** vorgespannte Kerbverzahnung, **d** querbeanspruchte Schraubenverbindungen, **e** Welle-Nabe-Formschlussverbindungen

**Abb. 4** Reibschlussverbindung zweier Bauteile bei einachsiger Kraftbelastung. $F_R$ Reibungskraft, $F_N$ Normalkraft, $\mu$ Reibungszahl

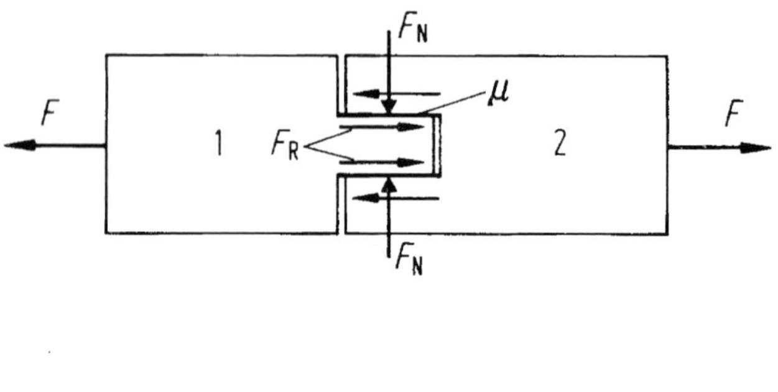

Reibungskräften $F_R$ unter Ausnutzung des Coulomb'schen Reibungsgesetzes: $F \leqq F_R = \mu \cdot F_N$

**Bauformen (Abb. 5)**
Flansch- und Schraubenverbindungen, Welle-Nabe-Pressverbindungen ohne oder mit elastischen Zwischenelementen.

### 23.1.4 Stoffschluss

**Wirkprinzip (Abb. 6)**
Übertragen von Kräften, Biege- und Drehmomenten an der Fügestelle durch stoffliches Vereinigen der Bauteilwerkstoffe ohne oder mit Zusatzwerkstoffen. Beanspruchungszustand nach Gesetzen der Festigkeitslehre.

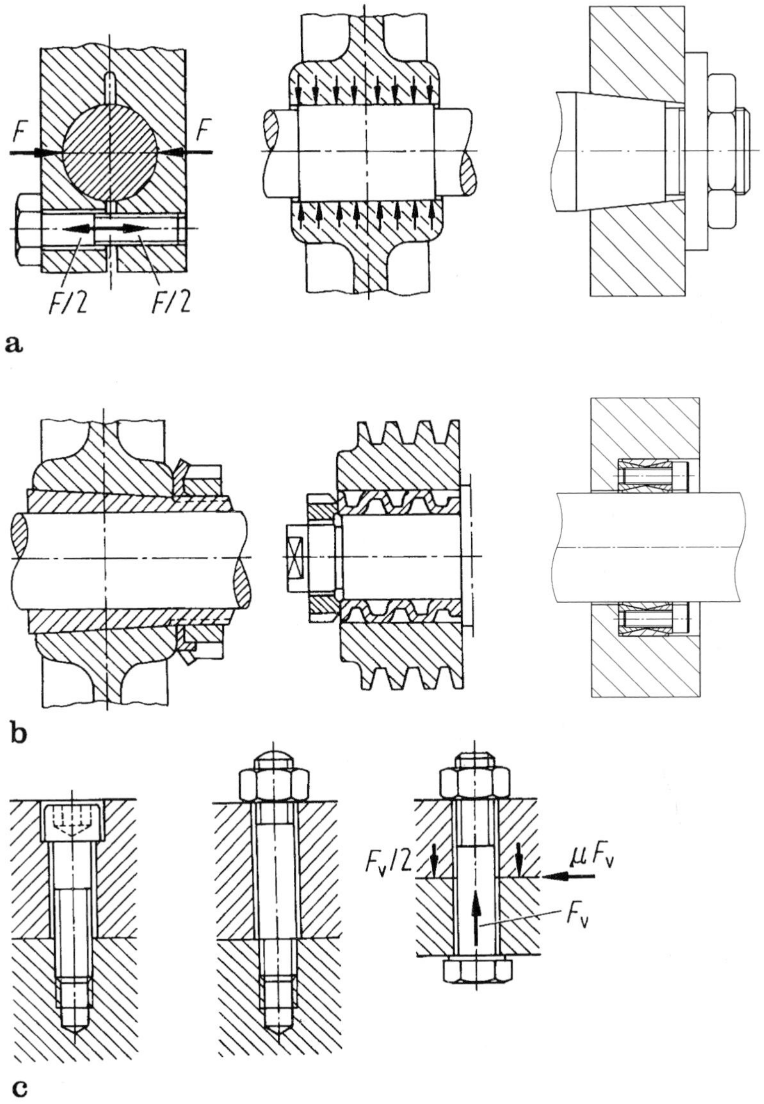


**Abb. 5** Bauformen von Reibschlussverbindungen (Auswahl). **a** Welle-Nabe-Reibschlussverbindungen ohne Zwischenelement, **b** Welle-Nabe-Reibschlussverbindungen mit elastischem Zwischenelement, **c** vorgespannte Schraubenverbindungen

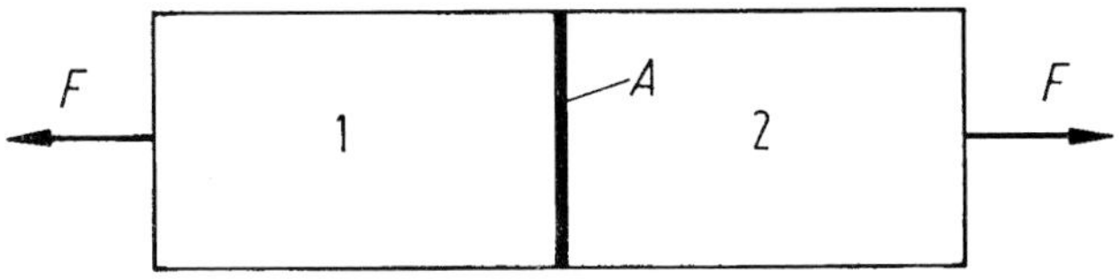


**Abb. 6** Stoffschlussverbindung zweier Bauteile bei einachsiger Kraftbelastung. *A* Fügefläche

**Bauformen (Abb. 7)**
Schweißverbindungen,
Lötverbindungen,
Klebeverbindungen.

### 23.1.5 Allgemeine Anwendungsrichtlinien

Formschlussverbindungen vorzugsweise zum

- häufigen und leichten Lösen,
- eindeutigen Zuordnen der Bauteile,
- Aufnehmen von Relativbewegungen,
- Verbinden von Bauteilen aus unterschiedlichen Werkstoffen.

Reibschlussverbindungen vorzugsweise zum

- einfachen und kostengünstigen Verbinden auch von Bauteilen aus unterschiedlichen Werkstoffen,
- Aufnehmen von Überlastungen durch Rutschen,
- Einstellen der Bauteile zueinander,
- Ermöglichen weitgehender Gestaltungsfreiheit für Bauteile.

Stoffschlussverbindungen vorzugsweise zum

- Aufnehmen mehrachsiger, auch dynamischer Belastungen,
- kostengünstigen Verbinden bei Einzelstücken und Kleinserien mit guter Reparaturmöglichkeit,
- Dichten der Fügestellen,
- Verwenden von genormten Bauteilen und Halbzeugen.

## 23.2 Federn

### 23.2.1 Funktionen und generelle Wirkungen

**Funktionen**
Aufnehmen, Speichern und Abgeben mechanischer Energie (Kräfte, Momente, Bewegungen)

- zum Mildern von Stößen und schwingenden Belastungen,
- zum Erzeugen von Kräften und Momenten ohne Abbau (Kraftschluss, Reibschluss) oder mit Abbau (Federantriebe)
- zur Beeinflussung des Schwingungsverhaltens.

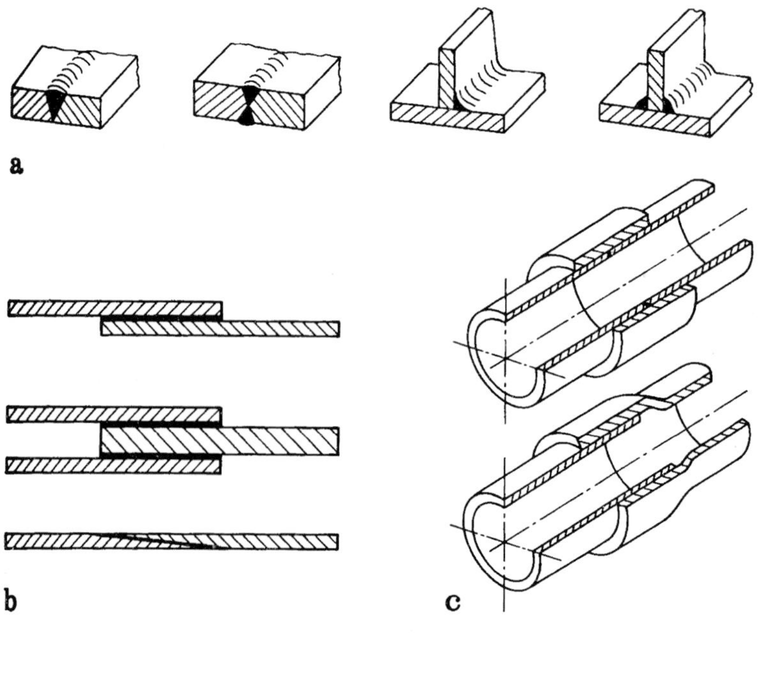


**Abb. 7** Bauformen von Stoffschlussverbindungen (Auswahl). **a** Schweißverbindungen, **b** Klebeverbindungen, **c** Lötverbindungen

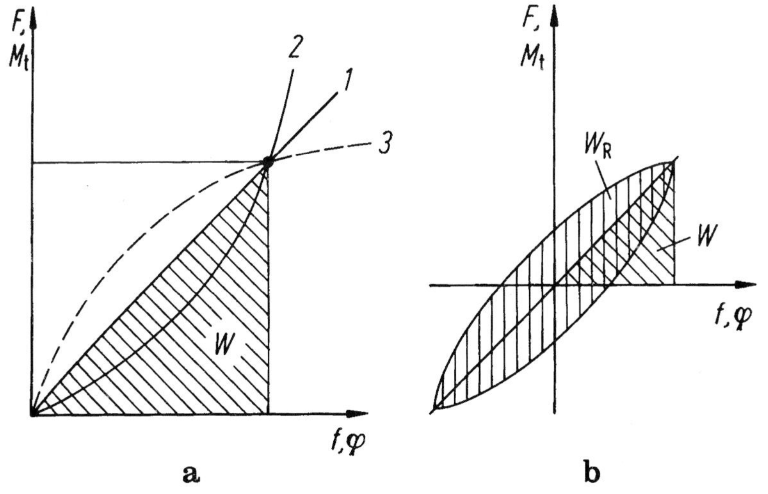


**Abb. 8** Federkennlinien bei Kraft-($F$) oder Drehmoment-($M_t$) belastung, $f$ Federweg, $\varphi$ Verdrehwinkel; **a** zügige Belastung: *1* lineare Kennlinie, *2* progressive Kennlinie, *3* degressive Kennlinie; **b** schwingende Belastung: $W_R$ Verlustarbeit durch innere oder äußere Reibung, $W$ elastische Verformungsenergie je Schwingspiel

Wandeln mechanischer Energie in Wärmeenergie zum Dämpfen von Stößen und Schwingungen.

**Wirkungen (Abb. 8)**

*Federverhalten*

$$\text{Formänderungsarbeit}: W = \int F \cdot \mathrm{d}f; \quad W = \int M_t \cdot \mathrm{d}\varphi$$

$$\text{Federsteifigkeit}: \quad c = \frac{F}{f}; \quad c = \frac{\mathrm{d}F}{\mathrm{d}f}$$

$$c_t = \frac{M_t}{\varphi}; \; c_t = \frac{\mathrm{d}M_t}{\mathrm{d}\varphi}$$

$$\text{Nachgiebigkeit} \quad \delta = \frac{1}{c}$$

Federschaltungen:

- Parallelschaltung: $F_{ges} = \sum_{i=1}^{n} F_i$

$$c_{ges} = \sum_{i=1}^{n} c_i.$$

- Hintereinanderschaltung: $f_{ges} = \sum_{i=1}^{n} f_i$

$$\frac{1}{c_{ges}} = \delta_{ges} = \sum_{i=1}^{n} \frac{1}{c_i} = \sum_{i=1}^{n} \delta_i.$$

*Dämpfungsverhalten*

- Verhältnismäßige Dämpfung

$$\psi = \frac{\text{Verlustarbeit}}{\text{Formänderungsarbeit}} = \frac{W_R}{W} \text{ je Schwingspiel}$$

## 23.2.2 Zug-druckbeanspruchte Metallfedern

**Wirkprinzip (Abb. 9)**

Aufnehmen mechanischer Energie gemäß dem Hooke'schen Gesetz

$$\sigma = E \cdot \varepsilon$$

Zug-Druck-Stab als Grundform:

$$\text{Formänderungsarbeit } W = \frac{E \cdot A}{l} \cdot \frac{f^2}{2} = \frac{A \cdot l}{2E} \sigma^2$$

$$\text{Federsteifigkeit} \quad c = \frac{F}{f} = \frac{E \cdot A}{l}.$$

**Bauformen**

Zug-Druck-Stäbe, Ringfedern.

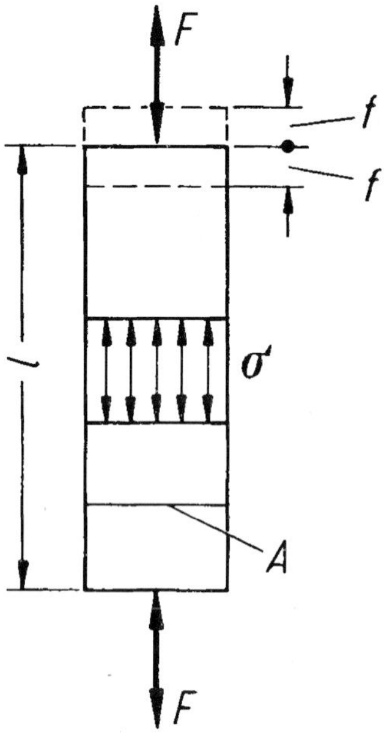


**Abb. 9** Zug-Druck-Stab mit einachsiger Kraftbelastung. $A$ Stabquerschnitt, $\sigma$ Normalspannung

## 23.2.3 Biegebeanspruchte Metallfedern

**Wirkprinzip (Abb. 10)**
Aufnehmen mechanischer Energie durch Biegeverformung.

Eingespannte Rechteck-Blattfeder als Grundform:

$$\text{Formänderungsarbeit } W = \frac{b \cdot s \cdot l}{18E}\sigma_{\mathrm{b}}^2 = \frac{2F^2 \cdot l^3}{E \cdot b \cdot s^3}$$

$$\text{Federsteifigkeit} \quad c = \frac{F}{f} = \frac{b \cdot s^3 \cdot E}{4l^3}.$$

**Bauformen (Abb. 11)**
Einfache und geschichtete Blattfedern, Spiralfedern, Tellerfedern.

## 23.2.4 Drehbeanspruchte Metallfedern

**Wirkprinzip (Abb. 12)**
Aufnehmen mechanischer Energie durch Torsionsverformung.

Eingespannter Drehstab als Grundform:

$$\text{Formänderungsarbeit } W = \frac{\pi d^2 \cdot l}{16G}\tau_{\mathrm{t}}^2 = \frac{16M_{\mathrm{t}}^2 \cdot l}{\pi G \cdot d^4}$$

$$\text{Federsteifigkeit} \quad c_{\mathrm{t}} = \frac{M_{\mathrm{t}}}{\varphi} = \frac{\pi d^4 \cdot G}{32l}.$$

**Bauformen (Abb. 13)**
Runde, rechteckige (einfache und gebündelte) Drehstabfedern, zylindrische Schraubenfedern mit Rund- und Rechteckdrähten.

## 23.2.5 Gummifedern

**Wirkprinzip (Abb. 14)**
Aufnehmen mechanischer Energie durch vorzugsweise Druck- und/oder Schubverformung.

Druck- und Parallelschubfedern als Grundformen:

Druckfeder:

$$\text{Formänderungsarbeit } W \approx \frac{E \cdot A}{h} \int \mathrm{d}f$$

$$\text{Federsteifigkeit} \quad c \approx \frac{E \cdot A}{h}.$$

Der Elastizitätsmodul hängt vom Verhältnis belastete/freie Oberfläche ab.

Parallelschubfeder:

$$\text{Formänderungsarbeit } W \approx \frac{G \cdot l \cdot b}{t} \int \mathrm{d}f$$

$$\text{Federsteifigkeit} \quad c \approx \frac{G \cdot A}{t} = \frac{G \cdot l \cdot b}{t}.$$

**Bauformen (Abb. 15)**
Scheibenfedern unter Parallel- oder Drehschub, Hülsenfedern unter Axial- oder Drehschub, Gummipuffer unter Drucklast, Sonderformen mit kombinierter Beanspruchung.

## 23.2.6 Gasfedern

**Wirkprinzip (Abb. 16)**
Aufnehmen mechanischer Energie durch Kompression gasförmiger Fluide nach allgemeiner Zustandsgleichung $p \cdot V^n = \text{const.}$

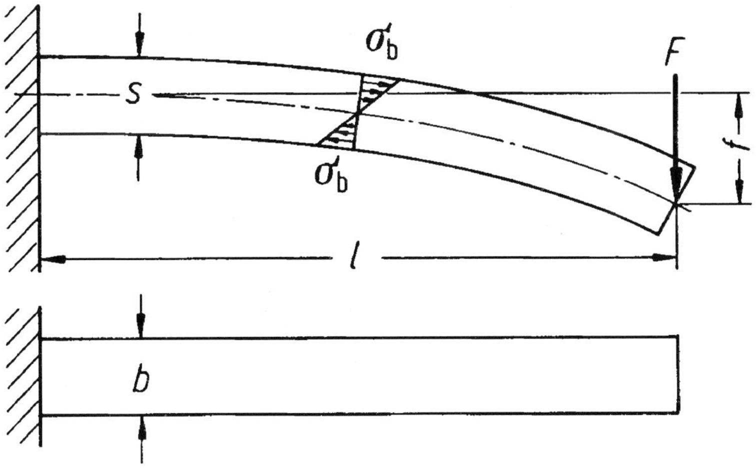


**Abb. 10** Einseitig eingespannte Rechteck-Blattfeder. $\sigma_b$ Biegespannung

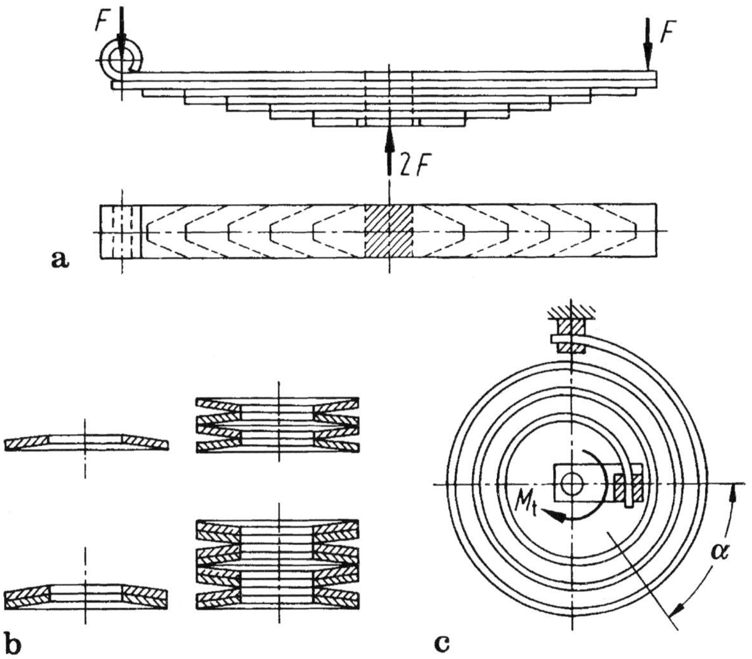


**Abb. 11** Bauformen biegebeanspruchter Metallfedern (Auswahl). **a** Geschichtete Blattfeder (vor allem bei Kfz), **b** Tellerfeder einzeln oder als Paket (vielseitig durch Variation der Kennlinie einsetzbar), **c** Spiralfeder

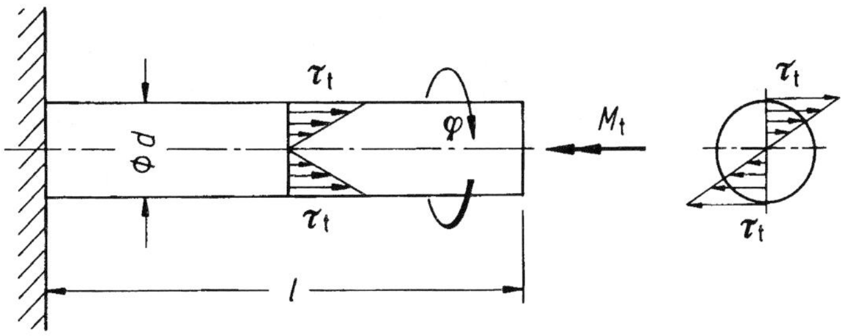


**Abb. 12** Einseitig eingespannter Drehstab. $\tau_t$ Torsionsschubspannung. $\varphi$ Verdrehwinkel

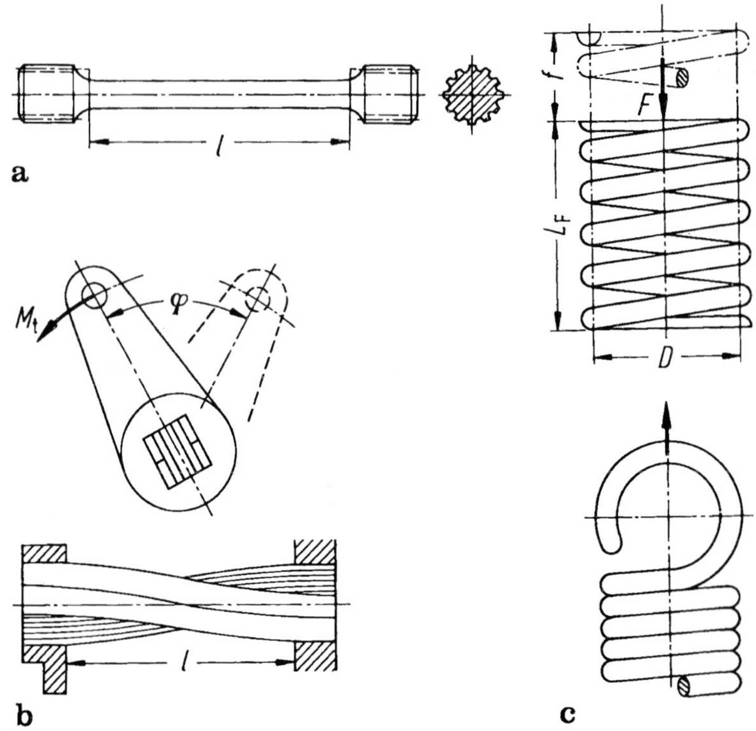


**Abb. 13** Bauformen verdrehbeanspruchter Metallfedern. **a** Drehstab, **b** gebündelte Rechteckfedern, **c** zylindrische Schraubenfedern

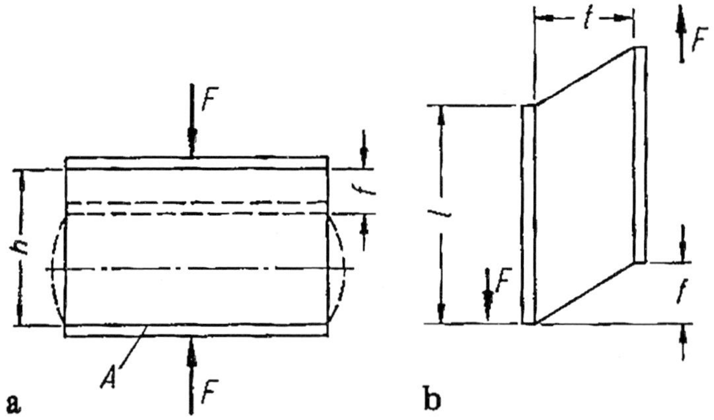


**Abb. 14** Gummifedern, **a** Druckfeder; **b** Parallelschubfeder. *A* Federquerschnitt, *b* Federbreite

Formänderungsarbeit $W = 0{,}5F_1(f_2 - f_1)(x + 1)$

Federsteifigkeit $c = \dfrac{F}{f} = \dfrac{F_1(x-1)}{f_2 - f_1}$

$$x = \frac{f_3 - f_1}{f_3 - f_2} = 1{,}01 \text{ bis } 1{,}6 \quad (\text{mit } n \approx 1).$$

Bauformen (Abb. 17)

## 23.2.7 Allgemeine Anwendungsrichtlinien

Zug/Druckbeanspruchte Metallfedern vorzugsweise zum

- Aufnehmen hoher Stoßenergien und Kräfte bei kleinem Werkstoffvolumen,
- Vorspannen von Klemmverbindungen,

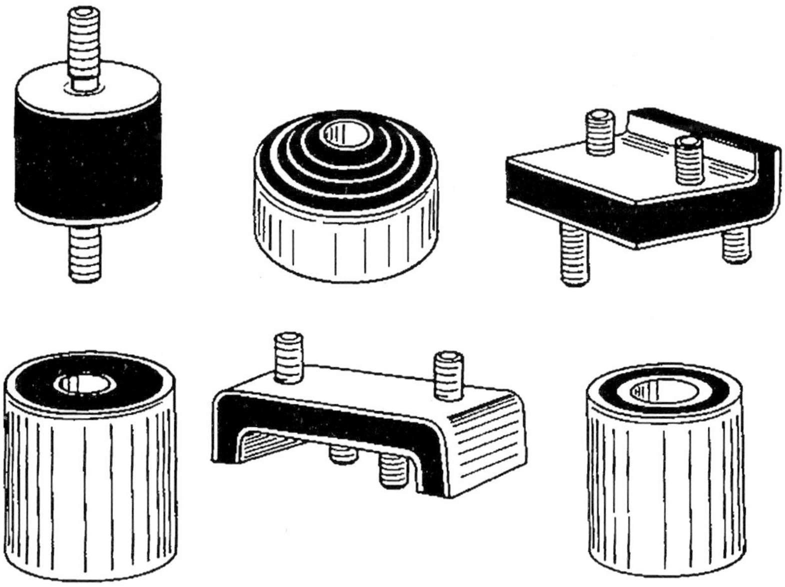

**Abb. 15** Bauformen von Gummifedern (bei hohen Stückzahlen große Gestaltungsfreiheit)

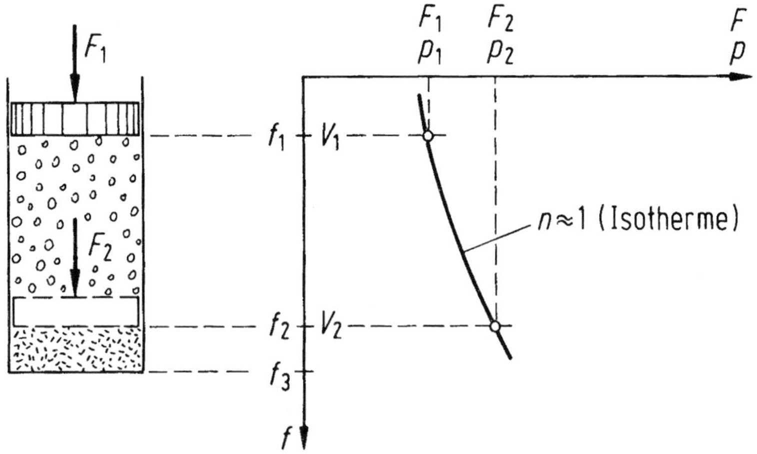


**Abb. 16** Gasfeder mit Druckbelastung

- Dämpfen durch äußere Oberflächenreibung (Nachteil: Verschleiß).

Biege- und Drehbeanspruchte Metallfedern vorzugsweise zum

- weichen Abfedern von schwingenden Massen (Schwingungsisolierung),
- vielseitigen, kostengünstigen Einsatz als Normteil.

Gummifedern vorzugsweise zum

- Dämpfen durch verschleißlose innere Werkstoffreibung im Dauerbetrieb,
- weichen Abfedern von schwingenden Massen bei niedriger Belastungshöhe und Belastungsfrequenz,
- Anwenden mit großer Gestaltungsfreiheit nur bei großen Stückzahlen.

Gasfedern vorzugsweise zum

- verschleißfreien Abfedern von schwingenden Massen mit einstellbarer Federkennlinie und Niveauregelung.

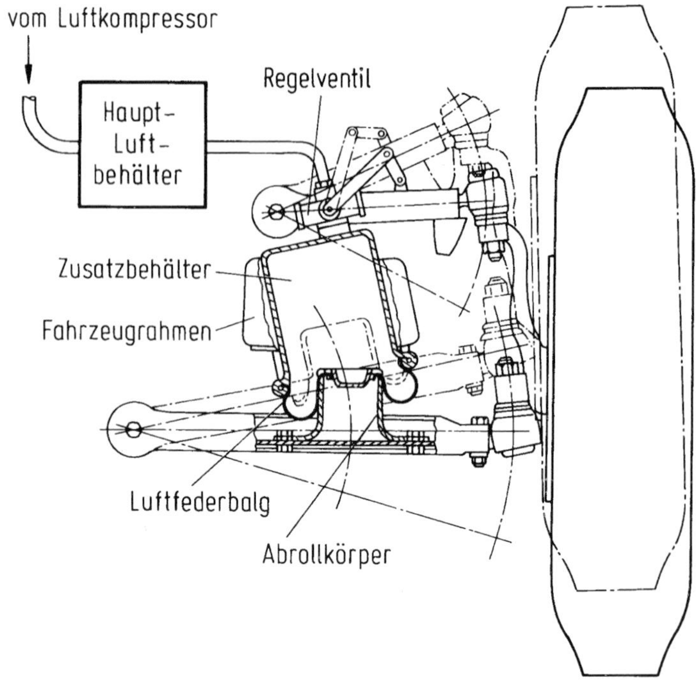


**Abb. 17** Luftfeder mit Niveauregelung (nach Werkbild Phoenix-Gummiwerke, Hamburg-Harburg)

## 23.3 Kupplungen und Gelenke

### 23.3.1 Funktionen und generelle Wirkungen

**Funktionen**

Übertragen von Rotationsenergie (Drehmomenten, Drehbewegungen) zwischen Wellensystemen.

Gegebenenfalls zusätzlich:

Übertragen von Biegemomenten, Querkräften und/oder Längskräften.

Ausgleichen von Wellenversatz (radial, axial, winklig).

Verbessern der dynamischen Eigenschaften des Wellensystems durch Verändern der Drehfedersteifigkeit und Dämpfen von Drehschwingungen.

Schalten (Verknüpfen, Trennen) der Drehmoment- und Drehbewegungsleitung.

**Wirkungen**

Die vom Drehmoment erzeugten Umfangskräfte, gegebenenfalls auch Biegemomente, Querkräfte und Längskräfte, werden an einem oder mehreren Wirkflächenpaaren durch Kraft- oder Formschluss übertragen, wobei durch Zwischenelemente zusätzliche Eigenschaften erzeugt werden können

Einteilung der unterschiedlichen Bauarten erfolgt durch VDI 2240.

### 23.3.2 Feste Kupplungen

**Wirkprinzip (Abb. 18)**

Übertragung von Umfangs-, Quer- und Längskräften durch Form- und Reibschluss an Wirkflächenpaaren. Wirksam sind das Hooke'sche und/oder das Reibungsgesetz.

**Bauformen (Abb. 19)**

Flansch-, Scheiben-, Schalen- und Stirnzahnkupplungen.

### 23.3.3 Drehstarre Ausgleichskupplungen

**Wirkprinzip (Abb. 20)**

Winkeltreue Drehmomentübertragung erfolgt bei radialen und/oder winkligen Fluchtfehlern

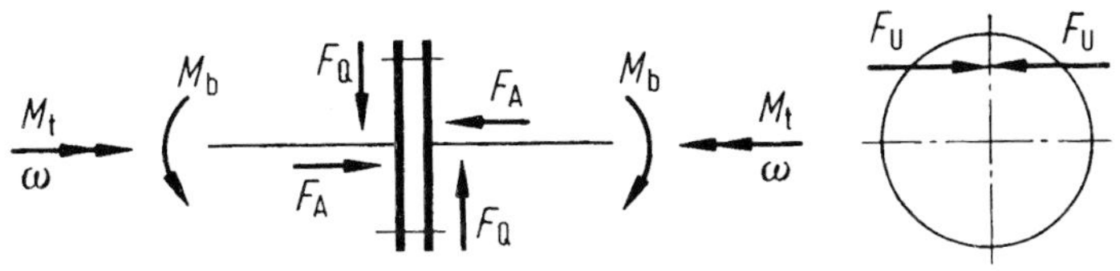


**Abb. 18** Belastungen an festen Kupplungen. $M_t$ Drehmoment, $M_b$ Biegemoment, $\omega$ Winkelgeschwindigkeit, $F_A$ Axialkraft, $F_Q$ Querkraft, $F_U$ Umfangskraft

**Abb. 19** Bauformen fester Kupplungen (Auswahl). **a** Scheibenkupplung, **b** Schalenkupplung, **c** Stirnzahnkupplung

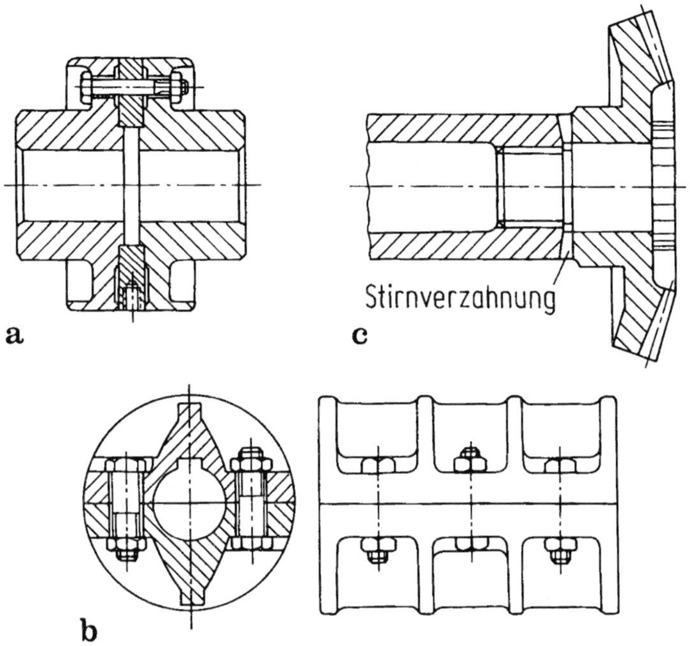


**Abb. 20** Wirkprinzip eines Kreuzgelenks als Grundform für drehstarre Ausgleichskupplungen. **a** Aufbau eines Kreuzgelenks, **b** Geschwindigkeits- und Momentenübertragung

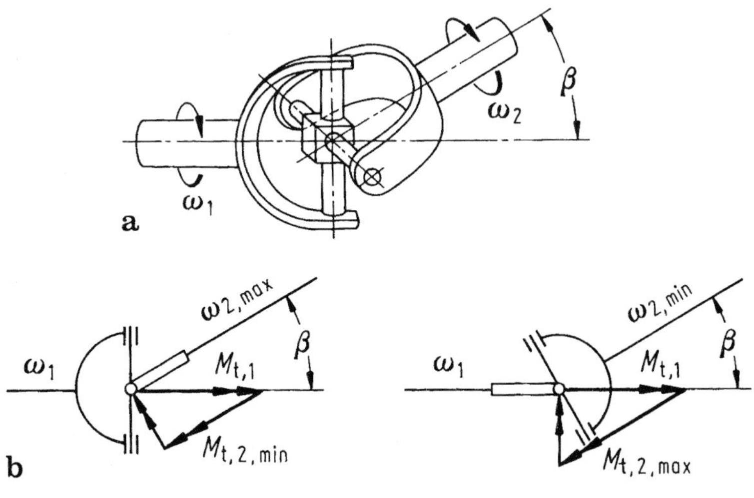


und/oder Axialverschiebungen der Wellen durch Ausgleichsmechanismen, bei denen die erforderlichen Ausgleichsbewegungen entweder durch reibungsbeaufschlagte Relativbewegungen von Wirkflächenpaaren (Längsführungen, Dreh- und Kugelgelenken) oder durch elastische

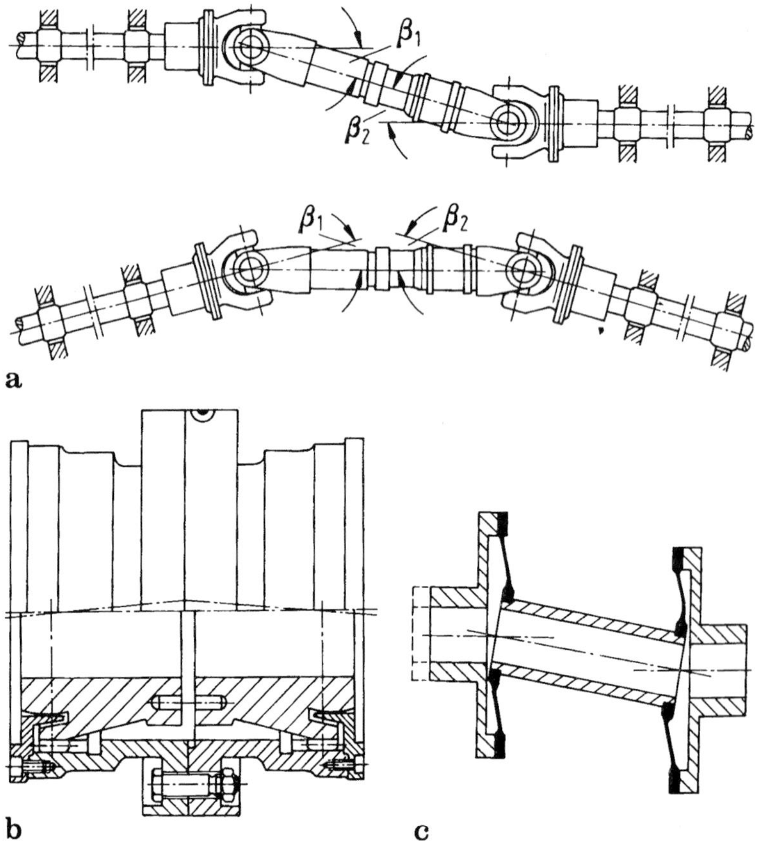


**Abb. 21** Auswahl von Bauformen drehstarrer Ausgleichskupplungen (Dietz 1997). **a** Gelenkwellen, **b** Doppelzahnkupplung, **c** Membrankupplung

Biegeverformungen an Ausgleichselementen aufgenommen werden. Durch Ausgleichsmechanismen entstehen belastungsabhängige Reaktionskräfte auf die zu verbindenden Wellensysteme.

Grundform: Kreuzgelenk

$$\omega_{2,\max} = \omega_1 / \cos\beta; \quad \omega_{2,\min} = \omega_1 \cdot \cos\beta$$
$$M_{t,2,\min} = M_{t,\,1} \cdot \cos\beta; \quad M_{t,2,\max} = M_{t,\,1} / \cos\beta$$

Ungleichförmigkeitsgrad

$$u = (\omega_{2,\max} - \omega_{2,\min}) / \omega_1 = \tan\beta \cdot \sin\beta.$$

Bei Hintereinanderschaltung von 2 Kreuzgelenken ($\beta_1 = \beta_2$, Gabeln der Verbindungswelle und An- und Abtriebswelle jeweils in einer Ebene) kann Pulsation ausgeglichen werden ($\omega_1 = \omega_3$).

**Bauformen (Abb. 21)**
Klauen-, Parallelkurbel- und Kreuzscheibenkupplungen,

Kreuzgelenke, Gelenkwellen, Gleichlaufgelenke,

Zahn- und Doppelzahnkupplungen,
Membrankupplungen.

### 23.3.4 Elastische Kupplungen

**Wirkprinzip (Abb. 22)**
Aufnahme von Drehmomentschwankungen (Umfangskraftschwankungen) und von Versatz der zu verbindenden Wellen durch das Wirksamwerden von Federelementen bzw. Federsystemen, die zwischen Flanschen angeordnet sind.

Feder- und Dämpfungseigenschaften können auch durch elektromagnetische Kräfte in Luft-

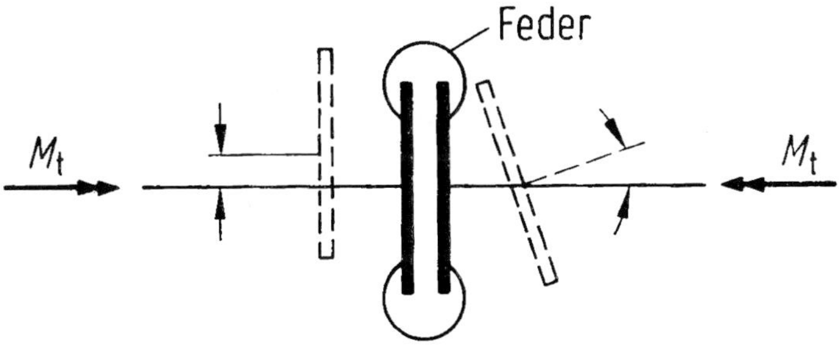


**Abb. 22** Wirkprinzip einer elastischen Kupplung

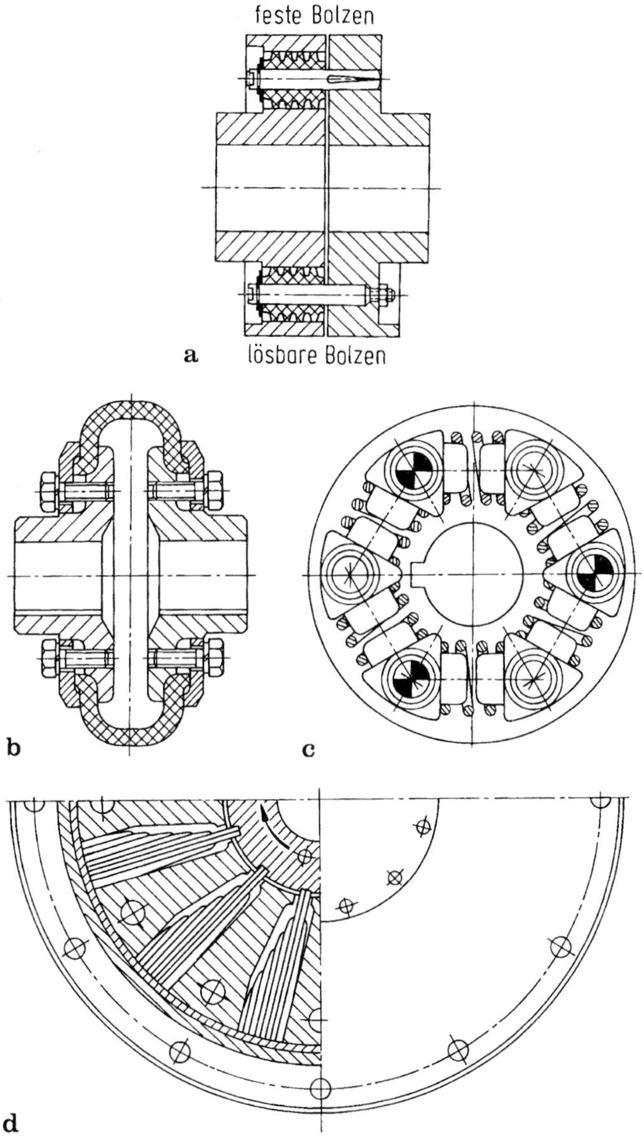


**Abb. 23** Auswahl von Bauformen elastischer Kupplungen (Lohrengel 2014). **a** Bolzenkupplung, **b** Wulstkupplung, **c** Schraubenfederkupplung, **d** Blattfederkupplung

spalten und hydraulische Kräfte in Wirkräumen zwischen bewegten Wirkflächen entstehen.

**Bauformen (Abb. 23)**

Kupplungen mit metallischen Federelementen,

Elastomer-(gummielastische) Kupplungen,
Luftfederkupplungen,
Föttinger-Kupplungen,
Elektrische Schlupfkupplungen.

### 23.3.5 Schaltkupplungen

**Wirkprinzip**
Mit Ausnahme formschlüssiger Klauenkupplungen, die nur im Stillstand schaltbar sind, erfolgt die Umfangskraftübertragung zwischen den Wirkflächenpaaren bei mechanischen Kupplungen durch Reibschluss, bei hydrodynamischen Kupplungen gemäß dem Impulssatz und bei elektrischen Schlupfkupplungen durch das Drehen von stromdurchflossenen Leiterschleifen in einem Magnetfeld. Schaltmechanismen bei mechanischen Reibungskupplungen verwenden zur Normalkrafterzeugung mechanische Hebelsysteme, hydrostatische und elektromagnetische Kräfte, Fliehkräfte und verformungsbedingte elastische Kräfte. Bei hydrodynamischen Kupplungen erfolgt das Schalten durch Flüssigkeitsfüllung bzw. -entleerung des Wirkraums, bei elektrischen Schlupfkupplungen durch Schaltung der elektrischen Energie. Schaltkupplungen finden Anwendung als selbstschaltende (drehmomentgesteuerte) Kupplung in Form von Überlastkupplungen zum Schutz vor zu hohem Drehmoment. Freiläufe sind spezielle Bauformen der selbstschaltenden Kupplungen, welche das Drehmoment nur in eine Richtung übertragen. Verwendung beispielsweise als Rücklaufsperre oder Überholkupplung (Trennung des Antriebs wenn $\omega_{10} > \omega_{20}$).

Das Wirkprinzip mechanischer Reibungskupplungen als wichtigste Bauform beruht auf dem Coulomb'schen Reibungsansatz, Abb. 24:

Übertragbares Drehmoment:

$$M_{\mathrm{t,ü}} = \mu_{\mathrm{stat/dyn}} \cdot F_{\mathrm{p}} \cdot r_{\mathrm{m}} \cdot z_{\mathrm{R}}$$

Schaltbares Moment für die Rutschzeit $t_{\mathrm{r}}$ gemäß Abb. 25:

$$M_{\mathrm{s}}\left(= M_{\mathrm{t,ü}} \text{ bei } \mu_{\mathrm{dyn}}\right) = M_{\mathrm{a}} + M_{\mathrm{L\,Kupp}} + M_{\mathrm{A\,Kupp}}$$
$$= \frac{J_1 \cdot J_2}{J_1 + J_2} \cdot \frac{\omega_{10} - \omega_{20}}{t_{\mathrm{r}}} + M_{\mathrm{L}} \frac{J_1}{J_1 + J_2} + M_{\mathrm{A}} \frac{J_2}{J_1 + J_2}.$$

Das Wirkprinzip reibschlüssiger Schaltkupplungen wird auch für Bremsen eingesetzt.

**Bauformen (Abb. 26)**
Fremdgeschaltete formschlüssige Kupplungen,
Fremdgeschaltete reibschlüssige Kupplungen,
Selbsttätig schaltende Kupplungen,
Schaltbare Föttinger-Kupplungen,
Schaltbare elektrische Schlupfkupplungen.

### 23.3.6 Allgemeine Anwendungsrichtlinien

Feste Kupplungen vorzugsweise bei

- einfachen, kostengünstigen Antrieben,
- hohen Drehmomenten,
- hohen Biege-, Querkraft- und Längskraftbelastungen,
- guter Ausrichtmöglichkeit der Wellen und steifen Lagerungen.

Drehstarre Ausgleichskupplungen vorzugsweise

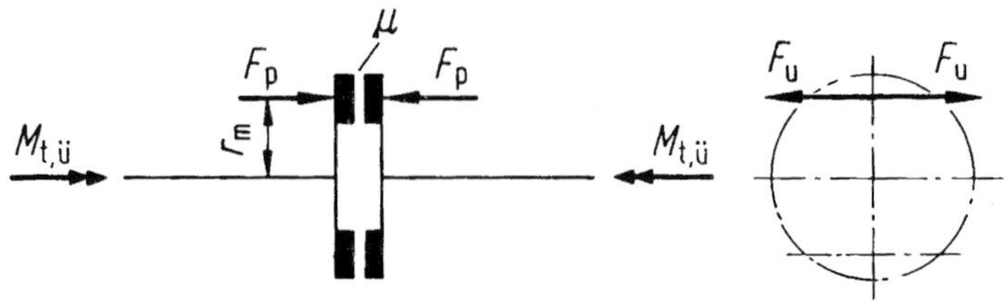


**Abb. 24** Wirkprinzip einer mechanischen Reibungskupplung. $\mu$ Reibungszahl, $F_{\mathrm{p}}$ Anpresskraft der Reibflächen. $z_{\mathrm{R}}$ Anzahl der Reibflächenpaare. $F_{\mathrm{u}} = M_{\mathrm{t,\,ü}}/r_{\mathrm{m}}$ Umfangskraft = Reibungskraft

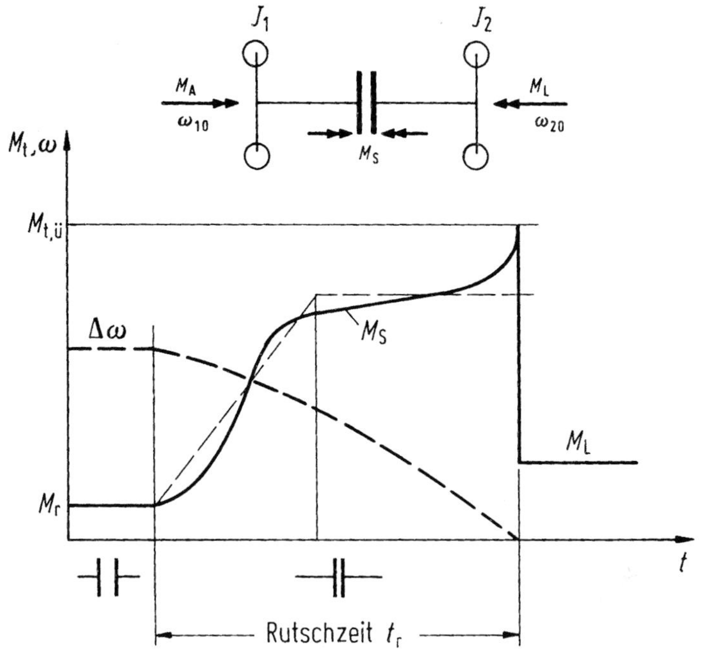


**Abb. 25** Drehmomente und Winkelgeschwindigkeiten bei Kupplung von zwei Massen (idealisierter Schaltvorgang). $M_s$ Schaltmoment, $M_r$ Leerlaufmoment, $M_A$ Antriebsmoment, $M_L$ Lastmoment, $M_a$ Beschleunigungsmoment, $t_r$ Rutschzeit, $J_1$ Massenträgheitsmoment des Antriebs, $J_2$ Massenträgheitsmoment des Abtriebs, $\omega_{10}$ Winkelgeschwindigkeit des Antriebs, $\omega_{20}$ Winkelgeschwindigkeit des Abtriebs

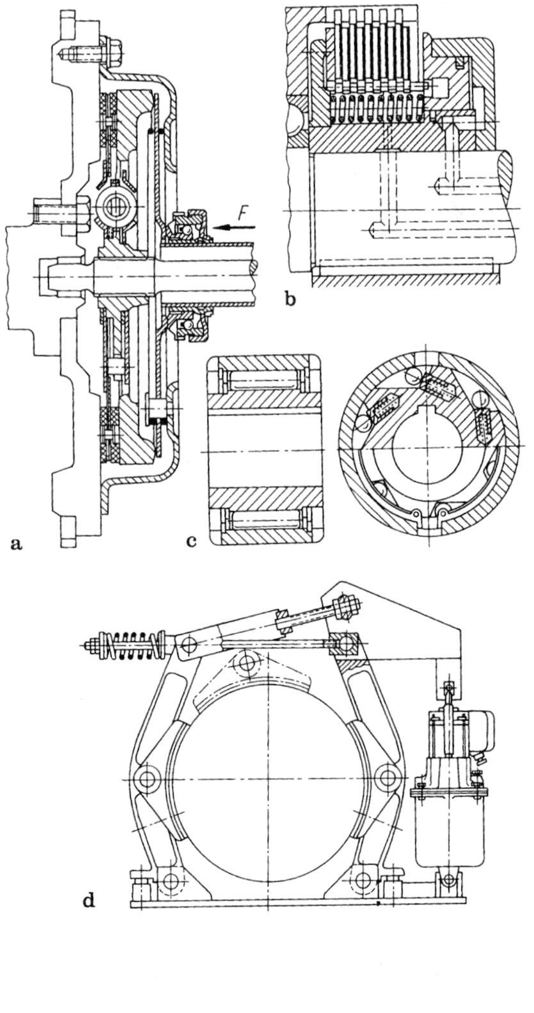


**Abb. 26** Bauformen von Schaltkupplungen und Bremsen (Auswahl). **a** Einscheiben-Trockenkupplung, **b** Lamellenkupplung, **c** Richtungsgeschaltete Kupplung (Klemmrollenfreilauf), **d** Doppelbackenbremse

- für winkeltreue Drehübertragung ohne besondere Anforderungen an die Drehschwingungsbeeinflussung,
- bei montage-, wärme- und belastungsbedingten Wellen- und Fundamentverlagerungen.

Elastische Metallfederkupplungen vorzugsweise zum

- Mildern von Drehmomentstößen,
- Verlagern von Dreheigenfrequenzen,
- Arbeiten bei rauen Betriebsverhältnissen.

Elastische Elastomerkupplungen vorzugsweise zum

- Dämpfen von Drehschwingungen,
- Aufnehmen von Wellenverlagerungen, zusätzlich zur Drehschwingungsbeeinflussung,
- Ausgleichen bei niedrigen Belastungsfrequenzen (Erwärmungsproblem),
- verschleißfreien Betrieb.

Elastische Luftfederkupplungen, Föttinger-Kupplungen und elektrische Schlupfkupplungen vorzugsweise zum

- Verändern der Kupplungseigenschaften während des Betriebs,
- Anpassen der Übertragungsenergie an vorhandene Energiesysteme,
- Übertragen hoher Drehmomente.

Fremdgeschaltete Reibungskupplungen vorzugsweise

- bei Trockenlauf für niedrige Schalthäufigkeit und bei guten Abdichtungsmöglichkeiten,
- bei Nasslauf für hohe Belastungen und für Einbau in ölgeschmierte Antriebssysteme,
- bei hydraulischen und elektromagnetischen Schaltmechanismen für automatische Steuerungssysteme.

Selbsttätig schaltende Kupplungen vorzugsweise

- bei drehmomentabhängigem Schalten als Sicherheitskupplung (Rutschkupplung, Brechbolzen-Kupplung),
- bei drehzahlabhängigem Schalten als Anlaufkupplung zum Überwinden hoher Trägheits- und Lastmomente,
- bei richtungsabhängigem Schalten (Freiläufe) zum Sperren einer Drehrichtung.

Schaltbare Föttinger-Kupplungen und elektrische Schlupfkupplungen vorzugsweise für

- große Baueinheiten bzw. Schaltleistungen.

## 23.4 Lagerungen und Führungen

### 23.4.1 Funktionen und generelle Wirkungen

**Funktionen**
Aufnahme und Übertragen von Kräften zwischen relativ zueinander bewegten Komponenten, Begrenzen von Lageveränderungen der Komponenten, außer in vorgesehenen Bewegungsrichtungen (Freiheitsgraden).

**Wirkungen**
Die von den Belastungen an den relativ zueinander bewegten Wirkflächen hervorgerufene Reibung wird durch zwischen den Wirkflächen angeordnete Wälzkörper und Schmierstoffe (bei Wälzlagern und -führungen), durch unter Druck stehende Fluide zwischen den Wirkflächen (bei hydrodynamischen und hydrostatischen Gleitlagern und -führungen) oder durch magnetische Kräfte verringert. In Abhängigkeit von der konstruktiven Gestaltung der Wirkflächen, der Wälzkörper und des Schmierfilms lassen sich hierbei definierte Freiheitsgrade und Betriebsbedingungen realisieren.

### 23.4.2 Wälzlagerungen und -führungen

**Wirkprinzip (Abb. 27)**
Bei Wälzlagern führen die Wälzkörper auf definierten Bahnen entlang der Laufflächen eine Roll-

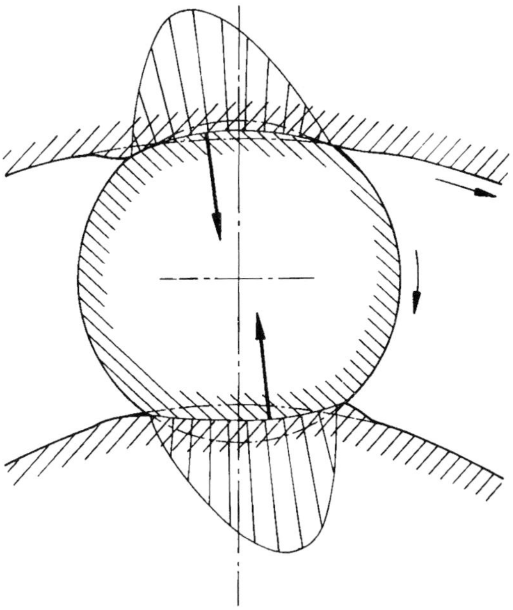

**Abb. 27** Wirkprinzip eines Wälzkontaktes

bewegung durch (Rollreibung), wobei zwischen den Laufflächen und den Wälzkörpern infolge der elastischen Nachgiebigkeit eine Herz'sche Pressung entsteht. Neben der Rollreibung wirken infolge der Schmierstoffreibung und der möglichen Schlupfbewegung der Wälzkörper weitere Reibkräfte.

Die Lebensdauer der Wälzpaarung errechnet sich aus der vom Lagertyp und den Betriebsbedingungen abhängigen Tragzahl $C$, die auch die Lagerlebensdauer $L$ bestimmt nach der Zahlenwertgleichung.

$$L = \left(\frac{C}{P}\right)^p \quad \text{in} \quad 10^6 \text{ Umdrehungen.}$$

$P$ äquivalente Lagerbelastung, die für Lastkombinationen und Lastschwankungen eine einachsige Vergleichsbelastung darstellt, die der einachsigen Tragzahl gegenübergestellt werden kann

$p$ Beanspruchungsexponent, abhängig von der Wälzkörperform

**Bauformen (Abb. 28)**
Kugellager, Rollenlager, Längsführungen.

### 23.4.3 Hydrodynamische Gleitlagerungen und -führungen

**Wirkprinzip (Abb. 29)**
Oberhalb einer Grenzdrehzahl bzw. Grenzrelativgeschwindigkeit baut sich zwischen zwei Wirkflächen bei Vorhandensein eines Newton'schen Fluids und bei Benetzbarkeit der Wirkflächen nach dem Newton'schen Schubspannungsansatz ein Fluiddruck auf, der den äußeren Belastungen das Gleichgewicht hält. Dadurch werden die Wirkflächen trotz Normalbelastung mechanisch getrennt und es entsteht Flüssigkeitsreibung. Die Reibungszustände werden durch die Stribeck-Kurve, Abb. 30, gekennzeichnet.

Die hydrodynamische Tragfähigkeit in Form der dimensionslosen Sommerfeld-Zahl $So$ ergibt sich für Radiallager durch Lösung der aus den Navier-Stokes-Gleichungen folgenden Reynolds'schen Differenzialgleichung:

$$So = \frac{\bar{p} \cdot \psi^2}{\eta \cdot \omega}$$

($\bar{p} = F/(B \cdot D), \psi = S/D$ relatives Lagerspiel, $\eta$ dynamische Viskosität, $\omega$ Winkelgesch windigkeit).

Reibungskennzahl:

$$So < 1 \text{ (niedrige Belastung)}: \frac{\mu}{\psi} = \frac{k}{So}$$

$$So > 1 \text{ (hohe Belastung)}: \frac{\mu}{\psi} = \frac{k}{\sqrt{So}}.$$

($k$ schwankt je nach Bauart zwischen 2 und 3,8)

**Bauformen (Abb. 31)**
Ein- und mehrflächige Radialgleitlager, Axialgleitlager, Gleitführungen.

### 23.4.4 Hydrostatische Gleitlagerungen und -führungen

**Wirkprinzip (Abb. 32)**
Fluiddruck wird außerhalb des Lagers mit einer Pumpe erzeugt und Druckkammern zugeführt. Das Fluid fließt über enge Spalte ab.

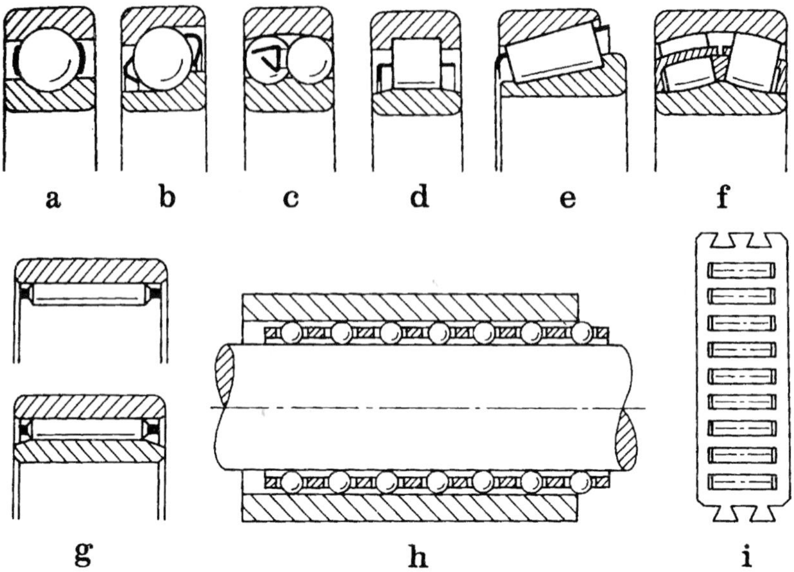


**Abb. 28** Bauformen von Wälzlagerungen und -führungen (Auswahl) (Peeken 1995). **a** Rillenkugellager, **b** Schrägkugellager, **c** Pendelkugellager, **d** Rollenlager, **e** Kegelrollenlager, **f** Pendelrollenlager, **g** Nadellager, **h** Kugelführung, **i** Rollenführung

$$\text{Lagerbelastung:} \quad F = (p_0 - p_a) \cdot (b_1 + b_2) \cdot l$$

$$\text{Volumendurchfluss:} \quad \dot{V} = 2\frac{(p_0 - p_a) \cdot h_m^3 \cdot l}{12\eta \cdot b_2}.$$

**Bauformen (Abb. 33)**
Hydrostatische Radiallager und Axiallager.

### 23.4.5 Allgemeine Anwendungsrichtlinien

Wälzlagerungen vorzugsweise

- als kostengünstiges, handelsübliches Einbaulager,
- für niedrige Anlaufreibung und niedrige Drehzahlen,
- für genaue, spielfreie Präzisionslagerungen,
- zur einfachen Aufnahme von kombinierten Lagerbelastungen,
- für einfache Fettschmierung.

Hydrodynamische Gleitlagerungen vorzugsweise

- für verschleißfreien Dauerbetrieb,
- bei hohen Belastungen und Drehzahlen,
- zur Aufnahme stoßartiger Belastungen,
- als montagegünstiges geteiltes Lager,
- zur Anpassung an spezielle Einbaubedingungen,
- für große und größte Abmessungen.

Hydrostatische Gleitlagerungen vorzugsweise

- für verschleißfreie Präzisionslagerungen,
- für verschleißfreie Lager bei niedrigen Drehzahlen.

## 23.5 Mechanische Getriebe

### 23.5.1 Funktionen und generelle Wirkungen

**Funktionen**
Übertragen von Leistungen $P = M_t \cdot \omega$ (Drehbewegung) oder $P = F \cdot v$ (Schubbewegung) bei Änderung von $M_t$ bzw. $F$ und Geschwindigkeiten:

- Vergrößern oder Verkleinern (Ändern) der Eingangsgrößen $M_t$, $\omega(n)$ bei gleichbleibender Bewegungsart (gleichförmig übersetzende Getriebe) ohne oder mit Richtungswechsel.
- Wandeln der Bewegungsart (ungleichförmig übersetzende Getriebe).

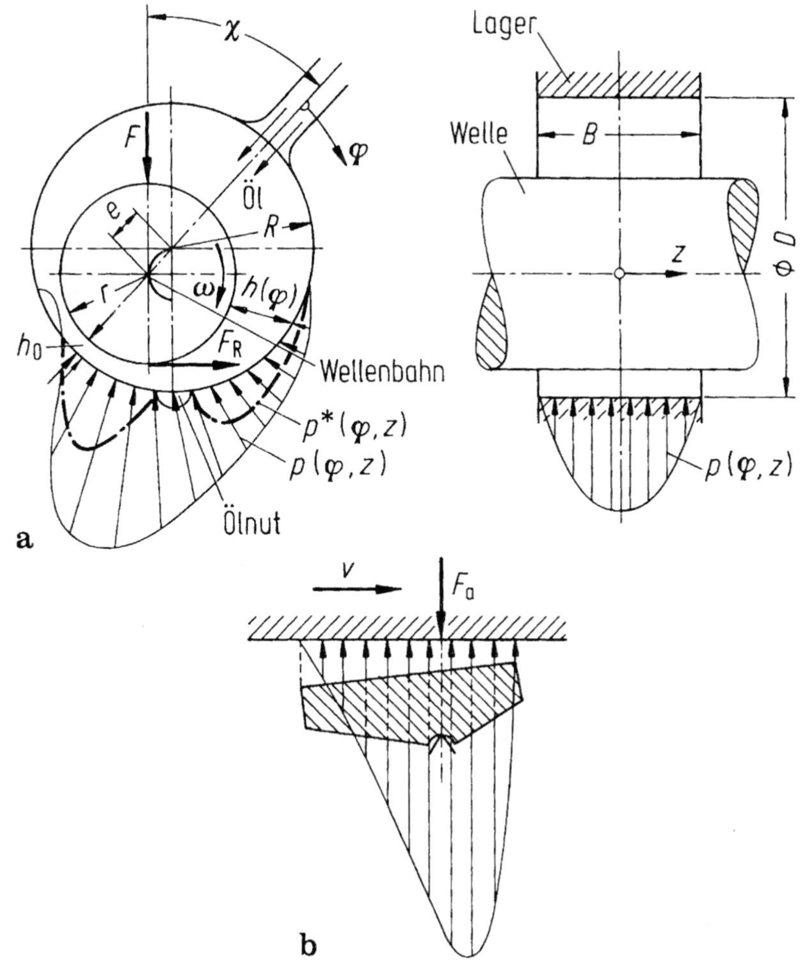


**Abb. 29** Hydrodynamisches Wirkprinzip (Peeken 2005). **a** Radiallager. Bezeichnungen: $F$ Lagerlast, $R$ Lagerschalenradius, $r$ Wellenradius, $D$ Lagerdurchmesser, $B$ Lagerbreite, $p$ Öldrücke im Gleitraum, $p*$ Öldrücke bei Anordnung einer Ölnut in der Tragzone, $\psi$ und $z$ Koordinaten, $e$ Exzentrizität, $h$ Schmierspalthöhe, $h_0$ kleinste Schmierspalthöhe, $\omega$ Winkelgeschwindigkeit der Welle, $\chi$ Richtungswinkel der Wellenverschiebung, $R - r = s$ radiales Lagerspiel im Betrieb, $S = 2$ $s$ Betriebslagerspiel, $e/s = \varepsilon$ relative Exzentrizität, $\psi = S/D$ relatives Betriebslagerspiel, $F_R$ Reibungskraft. **b** Längsführung

Beim Übertragen von Drehbewegungen:
Übersetzung $i = \omega_a/\omega_b = i_{a/2} \cdot i_{2/3} \ldots i_{j/b}$

$|i| > 1$ Übersetzung ins Langsame
$|i| < 1$ Übersetzung ins Schnelle

Bei Änderung des Drehsinns von Antrieb (a) und Abtrieb (b) wird $i$ negativ.

**Wirkungen**
Die Kraftübertragung an den beteiligten Wirkflächenpaaren erfolgt durch Form- und/oder Reibschluss, die Bewegungsänderung durch Wirksamwerden des Hebelgesetzes und kinematischer Gesetze.

## 23.5.2 Zahnradgetriebe

**Wirkprinzip (Abb. 34)**
Bedingt durch die am Berührungspunkt der Wälzkreise erforderliche gleiche Umfangsgeschwindigkeit ergibt sich:

$$v_1 = (d_1/2) \cdot \omega_1 = v_2 = (d_2/2) \cdot \omega_2$$
$$\rightarrow \frac{\omega_1}{\omega_2} = \frac{n_1}{n_2} = \frac{d_2}{d_1}.$$

Mit Teilkreisdurchmesser

$$d = m \cdot z \rightarrow \frac{\omega_1}{\omega_2} = \frac{d_2}{d_1} = \frac{z_2}{z_1}.$$

**Abb. 30** Reibungsverhalten von Gleitlagern und -führungen (ü Übergangsbereich von Misch- zu Flüssigkeitsreibung)

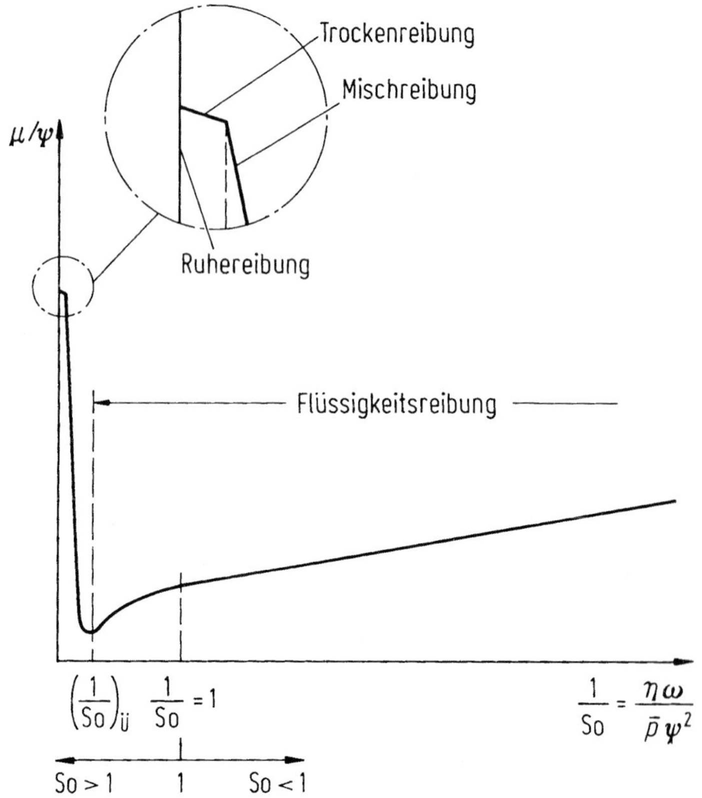


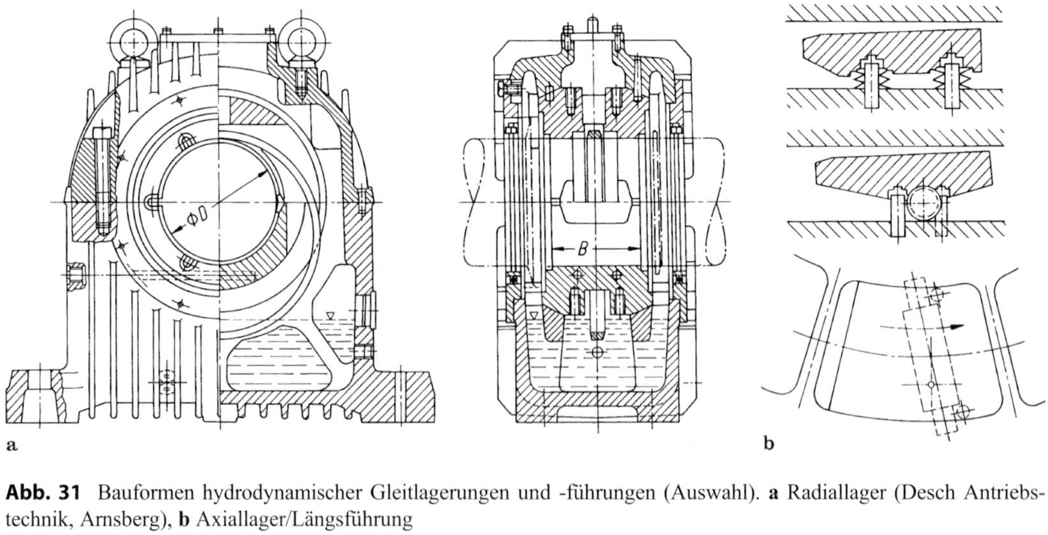


**Abb. 31** Bauformen hydrodynamischer Gleitlagerungen und -führungen (Auswahl). **a** Radiallager (Desch Antriebstechnik, Arnsberg), **b** Axiallager/Längsführung

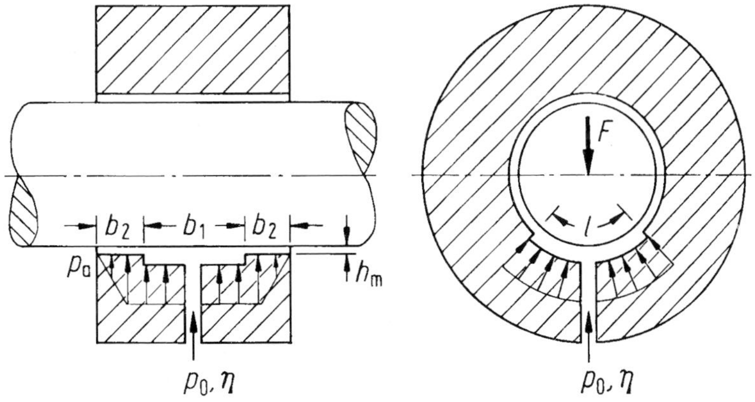


**Abb. 32** Hydrostatisches Wirkprinzip. $p_0$ Öldruck (Quellendruck), $p_a$ Außendruck, $\eta$ dynamische Viskosität des Öls

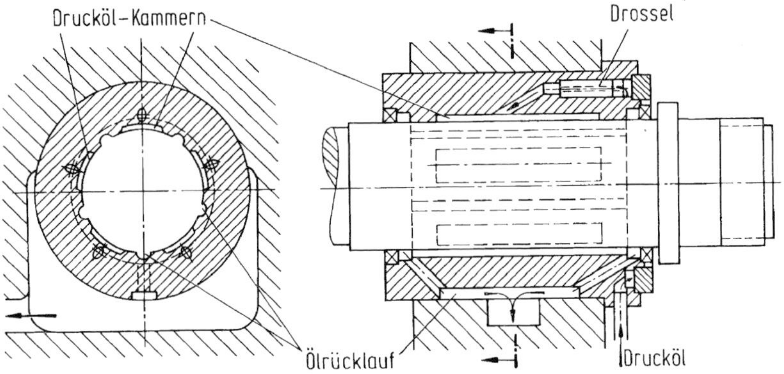


**Abb. 33** Bauform eines hydrostatischen Lagers

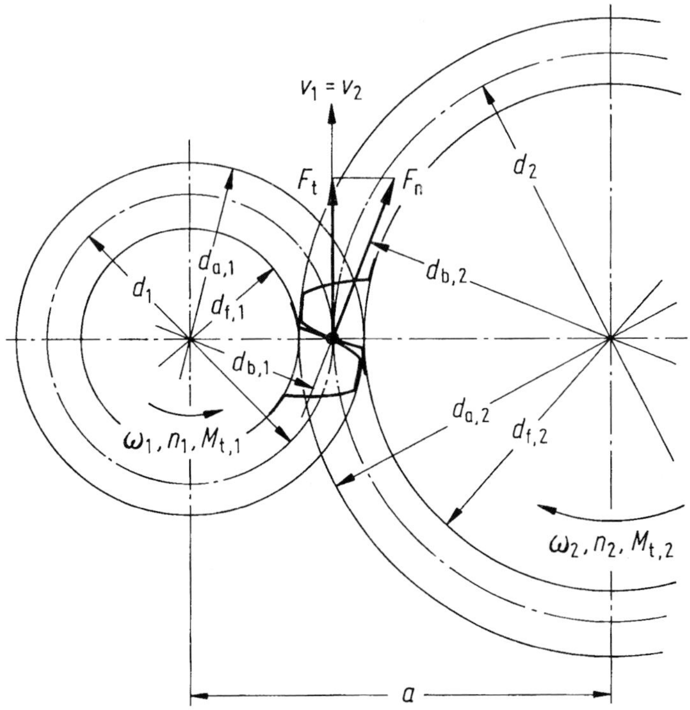


**Abb. 34** Kenngrößen einer Stirnradstufe mit Evolventenverzahnung als Getriebegrundtyp. $z$ Zähnezahl, $m$ Modul = Zahnteilung/$\pi$, $\omega$ Winkelgeschwindigkeit, $F_t$ Tangentialkraft = $2M_t/d$, $F_n$ Zahnnormalkraft, $d_1$, $d_2$ Teilkreis-Ø, $d_{b,1}$, $d_{b,2}$ Bezugskreis-Ø, $d_{a,1}$, $d_{a,2}$ Außenkreis-Ø, $d_{f,1}$, $d_{f,2}$ Fußkreis-Ø

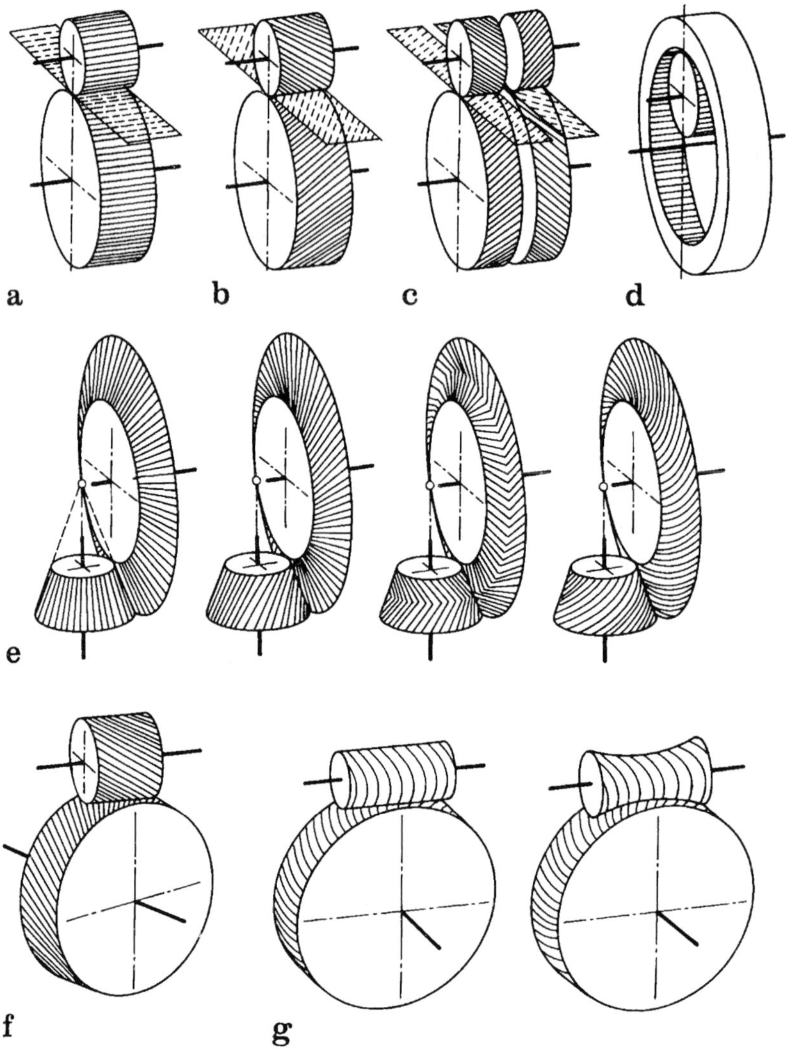


**Abb. 35** Bauformen von Zahnradgetrieben (Auswahl). Stirnrad-Außenradpaar mit **a** Geradverzahnung, **b** Schrägverzahnung, **c** Doppelschrägverzahnung, **d** Stirnrad-Innenradpaar, **e** Kegelradpaar mit Gerad-, Schräg-, Pfeil- und Bogenverzahnung, **f** Stirnschraubradpaar, **g** Schneckenradsätze

Ohne Berücksichtigung von Verlusten ergibt sich entsprechend:

$$P_1 = M_{t_1} \cdot \omega_1 = P_2 = M_{t_2} \cdot \omega_2 \rightarrow \frac{\omega_1}{\omega_2} = \frac{M_{t_2}}{M_{t_1}}.$$

Die durch die Tangentialkräfte an den Zahnflanken hervorgerufenen Zahnnormalkräfte belasten die Zähne durch Flächenpressung (Wälzpressung) und Biegung, ferner die Lagerungen der Zahnradwellen.

**Bauformen (Abb. 35)**
Getriebe mit fester Übersetzung, Umlaufgetriebe, schaltbare Getriebe.

### 23.5.3 Kettengetriebe

**Wirkprinzip (Abb. 36)**
Kraftübertragung zwischen Kettenrad und Kette formschlüssig mit überlagertem Reibschluss oder nur reibschlüssig. Übersetzung abhängig von

**Abb. 36** Wirkprinzip eines Kettengetriebes

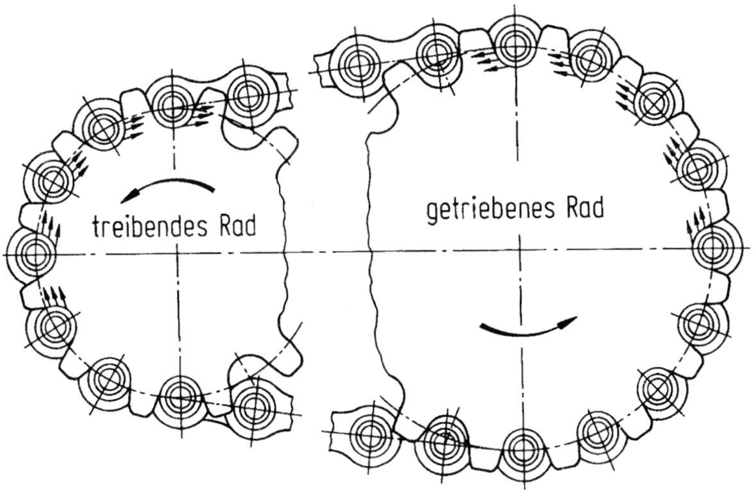


Durchmesser- und Zähnezahlverhältnis der Kettenräder wie bei Zahnradgetrieben.

Beanspruchungsverhältnisse ähnlich Zahnrädern.

**Bauformen (Abb. 37)**
Offene und geschlossene Antriebskettengetriebe, Stell- und Regelkettengetriebe, Last- und Förderketten.

### 23.5.4 Riemengetriebe

**Wirkprinzip (Abb. 38)**
Kraftübertragung zwischen Riemenscheiben und Riemen rein reibschlüssig oder mit zusätzlichem Formschluss. Übersetzung abhängig vom Durchmesserverhältnis der Riemenscheiben. Grundgleichung für Umschlingungsgetriebe nach Eytelwein:

$$F_1 = F_2 \cdot e^{\mu\alpha}.$$

$$\text{Nutzlast}: \quad F_t = F_1 - F_2.$$

Erforderliche Vorspannung: $F_v \geqq 0{,}5\,(F_1 + F_2) + F_F$ je Riementrum (FF = Fliekräfte).

Beanspruchung im Riemen durch Riemenkräfte (Trumkräfte), Fliehkräfte, Riemenbiegung, Riemenschränkung.

**Bauformen (Abb. 39)**
Flachriemen-, Keilriemen-, Zahnriemen-, Verstellgetriebe.

### 23.5.5 Reibradgetriebe

**Wirkprinzip (Abb. 40)**
Kraftübertragung zwischen Wirkflächenpaaren der Räder und gegebenenfalls Wälzkörper durch Wälzreibung. Übersetzung abhängig vom Durchmesserverhältnis der Räder bzw. wirksamen Radius der Berührungsstellen der Wälzkörper.

Beanspruchung an der Berührungsfläche durch Hertz'sche Pressung.

Übertragbare Umfangskraft: $F_t = \mu \cdot F_n / S_R$.

$S_R$ = Sicherheit gegen Rutschen

**Bauformen (Abb. 41)**
Reibradgetriebe mit konstanter und stufenlos einstellbarer Übersetzung (Wälzgetriebe).

### 23.5.6 Kurbel-(Gelenk-) und Kurvengetriebe

**Wirkprinzip (Abb. 42)**
Grundtyp dieser Getriebeart zum Wandeln von Bewegungen und Energien ist das Gelenkviereck

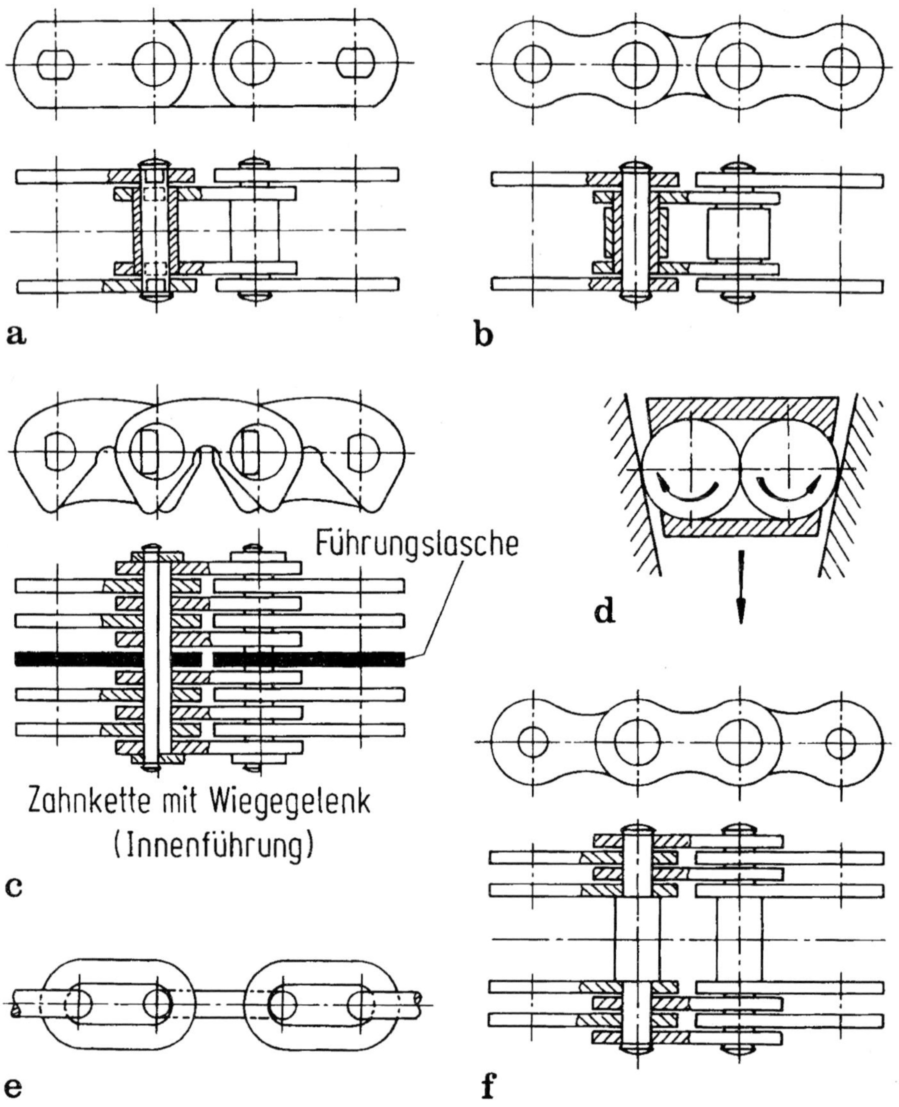


**Abb. 37** Bauformen von Kettengetrieben (Auswahl). Antriebsketten: **a** Buchsenkette, **b** Rollenkette, **c** Zahnkette, **d** kraftschlüssige Rollenkette; Last- und Förderketten: **e** Rundstahlkette, **f** Gallkette

mit 4 Gliedern und 4 Drehgelenken. Getriebevarianten entstehen durch Ersetzen von Drehgelenken durch Schubgelenke, durch Erhöhung der Anzahl der Glieder, durch Festlegen unterschiedlicher Glieder als Gestell und durch Ersatz eines Gliedes durch eine Kurvenscheibe.

Bewegungsabläufe von Antrieb und Abtrieb sind abhängig von der Getriebeart, den Abmessungen und der Lage der Getriebeglieder sowie der Ausführung der Getriebegelenke bzw. Kurvenscheiben.

Bewegungsgesetze und Beanspruchungen von Gliedern und Gelenken sind mit den generellen Zusammenhängen der Kinematik und Kinetik bestimmbar.

**Bauformen (Abb. 43)**

Kurbel-(Gelenk-)Getriebe: Kurbelschwinge, Schubkurbel, Kurbelschleife, Schubschwinge, Schubkurbel, Kreuzschubkurbel, Doppelschleife und -schieber. Kurvengetriebe, Sondergetriebe.

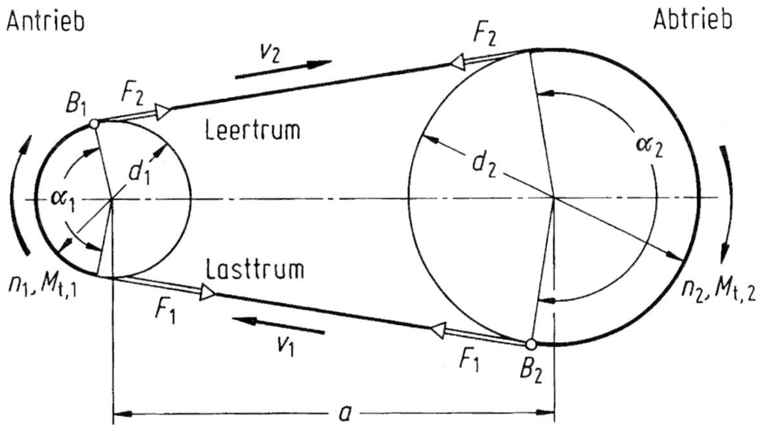


**Abb. 38** Wirkprinzip eines Riemengetriebes

### 23.5.7 Allgemeine Anwendungsrichtlinien

Zahnradgetriebe vorzugsweise

- für hohe und höchste Leistungen, Drehmomente und Drehzahlen,
- für synchrone Drehbewegungsübertragung hoher Laufgüte,
- für hohe Stückzahlen,
- für Schaltgetriebe (Fahrzeuggetriebe),
- für Baukasten- und Baureihentechnik,
- für mittlere Übersetzungen und Abstände von An- und Abtriebswellen.

Kettengetriebe vorzugsweise

- für mittlere Leistungen, Drehmomente und Drehzahlen,
- für mittelgroße, grob tolerierte Achsabstände,
- für synchrone Drehbewegungsübertragung mit Mehrfachabtrieben beiderseitig der Kette,
- für kostengünstige, gut zugängliche und robuste Antriebssysteme.

Riemengetriebe vorzugsweise

- für kleine und mittlere Leistungen, Drehmomente und Drehzahlen,
- zur Überbrückung großer, grob tolerierter Achsabstände,
- für große Freiheiten hinsichtlich Drehsinn und Lage von An- und Abtriebswellen sowie Mehrfachabgriff,
- zur Überlastsicherung durch Rutschen,
- für Stoß und geräuscharmen Betrieb,
- für einfache, kostengünstige, ungeschmierte Antriebssysteme mit leichter Austauschbarkeit des Riemens,
- für stufenlose Übersetzungsänderung.

Reibradgetriebe vorzugsweise

- für kleine Leistungen, Drehmomente und Drehzahlen,
- für kleine Achsabstände und platzsparende Anordnungen,
- für einfache, kostengünstige Antriebssysteme,
- zur Überlastsicherung durch Rutschen,
- zum einfachen Ändern und Schalten der Antriebsbewegungen,
- auch für trockenlaufende Antriebssysteme.

Kurbel- und Kurvengetriebe vorzugsweise

- zur Wandlung von gleichförmigen Antriebsbewegungen in ungleichförmige Abtriebsbewegungen und umgekehrt,
- zur Realisierung spezieller Bewegungsgesetze,
- zur eindeutigen Zuordnung von An- und Abtriebsbewegungen hoher Laufgüte.

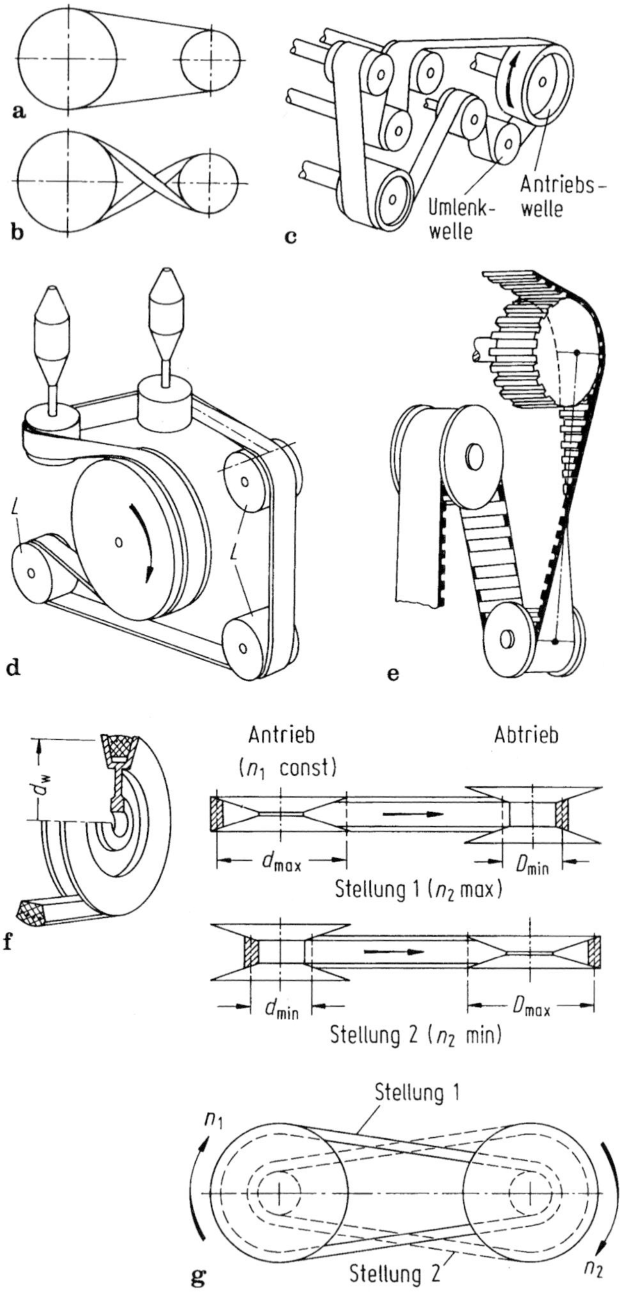


**Abb. 39** Bauformen von Riemengetrieben (Auswahl). **a** offen, **b** gekreuzt, **c** Vielwellenantrieb, **d** räumliches Getriebe, **e** Zahnriemen, **f** Keilriemen, **g** Keilriemen-Verstellgetriebe

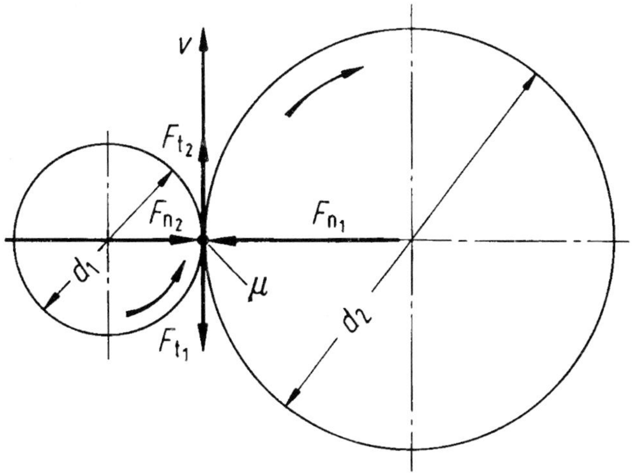


**Abb. 40** Wirkprinzip eines Reibradgetriebes. $\mu$ Reibungszahl, $F_t$ übertragbare Umfangskraft, $F_n$ aufgezwungene Normalkraft

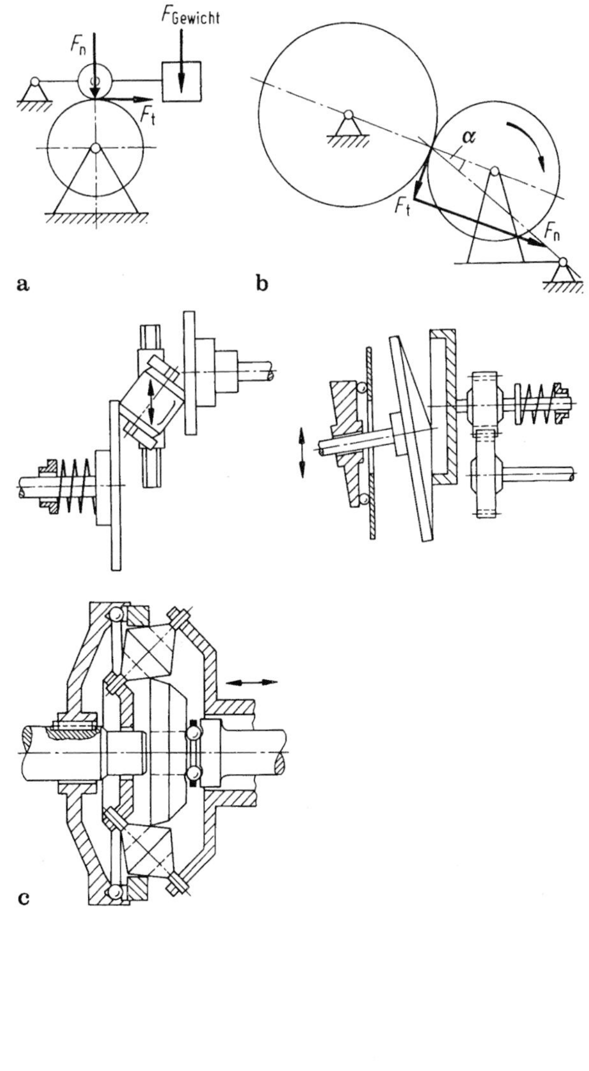


**Abb. 41** Bauformen von Reibradgetrieben (Auswahl). **a** konstante Anpresskraft durch Gewicht oder Feder **b** drehmomentabhängige Anpresskraft durch Keilwirkung, **c** einstellbare Wälzgetriebe

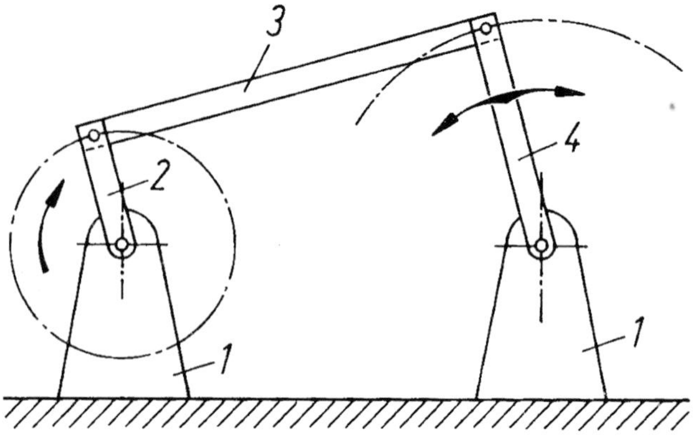


**Abb. 42** Wirkprinzip eines Gelenkvierecks als Grundtyp mechanischer Kurbel- und Kurvengetriebe. *1* Gestell, *2* Kurbel, *3* Koppel, *4* Schwinge

## 23.6 Hydraulische Getriebe

### 23.6.1 Funktionen und generelle Wirkungen

**Funktionen**
Analog denen mechanischer Getriebe.

**Wirkungen**
Die Leistungskopplung zwischen An- und Abtrieb erfolgt durch ein inkompressibles Fluid (meist Hydrauliköl) unter Ausnutzung von Druckenergie (hydrostatische Getriebe) oder Geschwindigkeitsenergie (hydrodynamische Getriebe).

### 23.6.2 Hydrostatische Getriebe (Hydrogetriebe)

**Wirkprinzip (Abb. 44)**
Mit einer Verdrängerpumpe wird ein Förderstrom

$$\dot{V}_1 = n_1 \cdot V_1 \cdot \eta_{1,\mathrm{v}} = (\omega_1/2\pi) \cdot V_1 \cdot \eta_{1,\mathrm{v}}$$

eines Fluids erzeugt, der über Rohrleitungen zu einem Verdrängermotor geleitet wird, der diesen als Schluckstrom $\dot{V}_2 = n_2 \cdot V_2/\eta_{2,\mathrm{v}}$ aufnimmt.

Das Pumpen-Drehmoment ergibt sich zu:

$$M_{\mathrm{t},1} = \frac{\Delta p_1 \cdot \dot{V}_1}{\omega_1 \cdot \eta_{1,\mathrm{hm}} \cdot \eta_{1,\mathrm{v}}}.$$

Das Motor-Drehmoment ergibt sich zu:

$$M_{\mathrm{t},2} = \frac{\Delta p_2 \cdot \dot{V}_2}{\omega_2} \cdot \eta_{2,\mathrm{hm}} \cdot \eta_{2,\mathrm{v}}$$

Die Antriebsleistung ergibt sich zu:

$$P_{\mathrm{an}} = \frac{\Delta p_1 \cdot \dot{V}_1}{\eta_{1,\mathrm{hm}} \cdot \eta_{1,\mathrm{v}}}.$$

Die Abtriebsleistung ergibt sich zu:

$$P_{\mathrm{ab}} = \Delta p_2 \cdot \dot{V}_2 \cdot \eta_{2,\mathrm{hv}} \cdot \eta_{2,\mathrm{v}}$$

Drehzahlverhältnis (Übersetzung):

$$i_{\mathrm{n}} = \frac{n_{\mathrm{a}}}{n_{\mathrm{b}}} = \frac{\dot{V}_1}{\dot{V}_2} \cdot \frac{V_2}{V_1} \cdot \frac{1}{\eta_{1,\mathrm{v}} \cdot \eta_{2,\mathrm{v}}}.$$

Hierin sind: $V_1$ and $V_2$ Verdrängervolumina von Pumpe und Motor, $\dot{V}_1$ und $\dot{V}_2$ Förderstrom der Pumpe bzw. Schluckstrom des Motors, $n_1$, $\omega_1$, $n_2$, $\omega_2$ Drehzahlen bzw. Winkelgeschwindigkeiten von Pumpe und Motor, $\Delta p_1$ und $\Delta p_2$ die Druckdifferenz zwischen Saug- und Druckseite bei Pumpe und Motor, $\eta_{1,\mathrm{v}}$ und $\eta_{2,\mathrm{v}}$ volumetrische Wirkungsgrade, $\eta_{1,\mathrm{hm}}$ und $\eta_{2,\mathrm{hm}}$ hydraulisch-mechanische Wirkungsgrade.

Bei Hubverdrängermaschinen sind die Leistungs- und Energiegrößen für Hubbewegungen anzusetzen ($F \widehat{=} M_t, v \widehat{=} \omega, P = F \cdot v$).

**Bauformen (Abb. 45)**
Hydropumpen, Hydromotoren, Hydroventile, Hydrokreise, Hydrogetriebe.

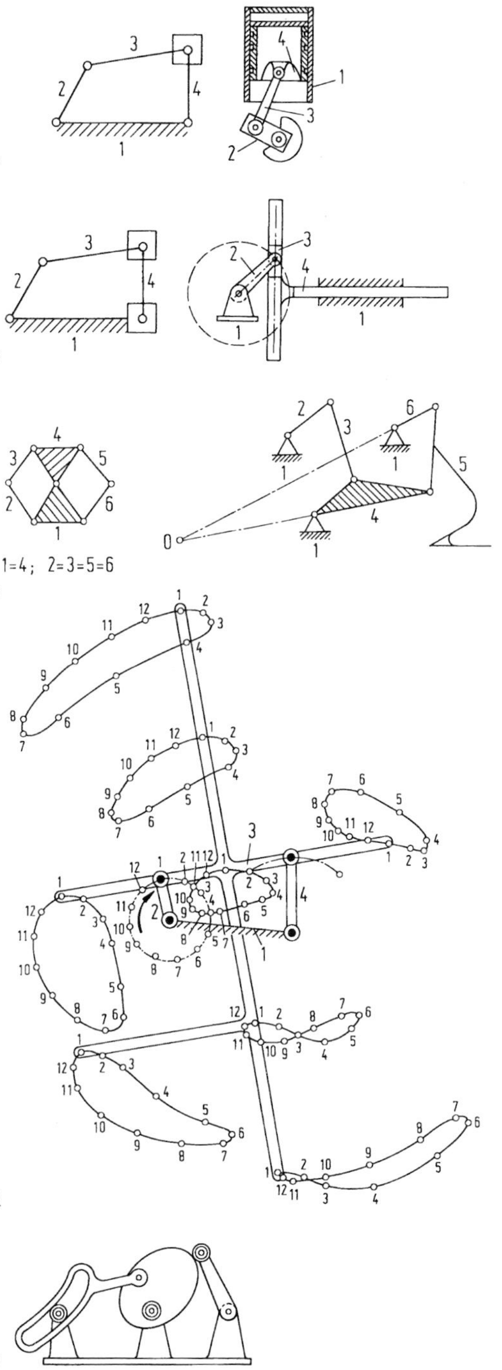


**Abb. 43** Bauformen von Kurbel- und Kurvengetriebe (Auswahl). **a** Schubkurbel, **b** Kreuzschubkurbel, **c** Sechsgliedriges Getriebe, **d** Kurbelschwinge mit Koppelkurven, **e** Kurvengetriebe

### 23.6.3 Hydrodynamische Getriebe (Föttinger-Getriebe)

**Wirkprinzip (Abb. 46)**
Die hydrodynamische Leistungsübertragung erfolgt mit einer Kreiselpumpe (P) und einer Flüssigkeitsturbine (T) in einem gemeinsamen Gehäuse, wobei ein zwischengeschaltetes, mit dem Gehäuse verbundenes Leitrad (Reaktionsglied R) ein Differenzmoment zwischen Pumpe und Turbine aufnehmen kann.

Die Leistungsübertragung erfolgt nach der Euler'schen Turbinengleichung (Impulssatz):

Hydraulische Leistung

$$P_\mathrm{h} = \dot{V} \cdot \varrho \cdot \omega(c_\mathrm{ua} \cdot r_\mathrm{a} - c_\mathrm{ue} \cdot r_\mathrm{e})$$
$$= \dot{m} \cdot \omega \cdot \Delta c_\mathrm{u} \cdot r .$$

**Bauformen (Abb. 47)**
Föttinger-Wandler.

### 23.6.4 Allgemeine Anwendungsrichtlinien

Hydrostatische Getriebe vorzugsweise

- zur Übertragung großer Leistungen und Kräfte mit einfachen und betriebssicheren Komponenten bei kleiner Baugröße,
- zur flexiblen Anordnung von Antrieb und Abtrieb und bei größeren Abständen,
- zum einfachen Mehrfachabtrieb bei nur einer Antriebseinheit,
- zur einfachen, feinfühlig stufenlosen Drehzahl- und Drehmomentänderung mit großem Stellbereich,
- zur einfachen Wandlung von drehender in Hubbewegung und umgekehrt,
- für hohe Schaltgeschwindigkeiten,
- als kostengünstiges Getriebe mit handelsüblichen Bauelementen.

Hydrodynamische Getriebe vorzugsweise

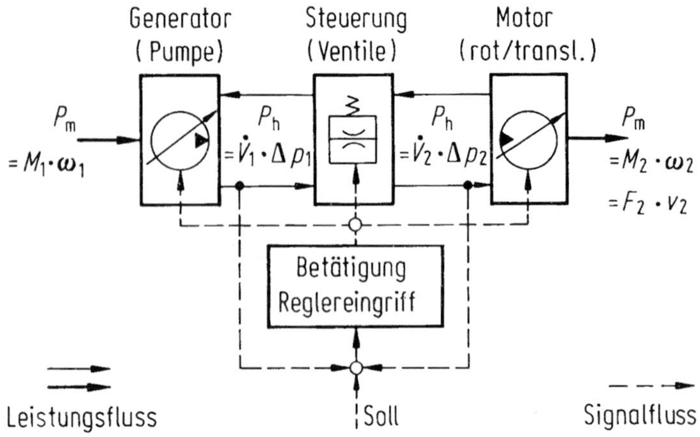


**Abb. 44** Wirkprinzip eines Hydrogetriebes (Hydrostatisches Getriebe) (Leistungsangaben ohne Wirkungsgrade) nach (Feldmann 2014)

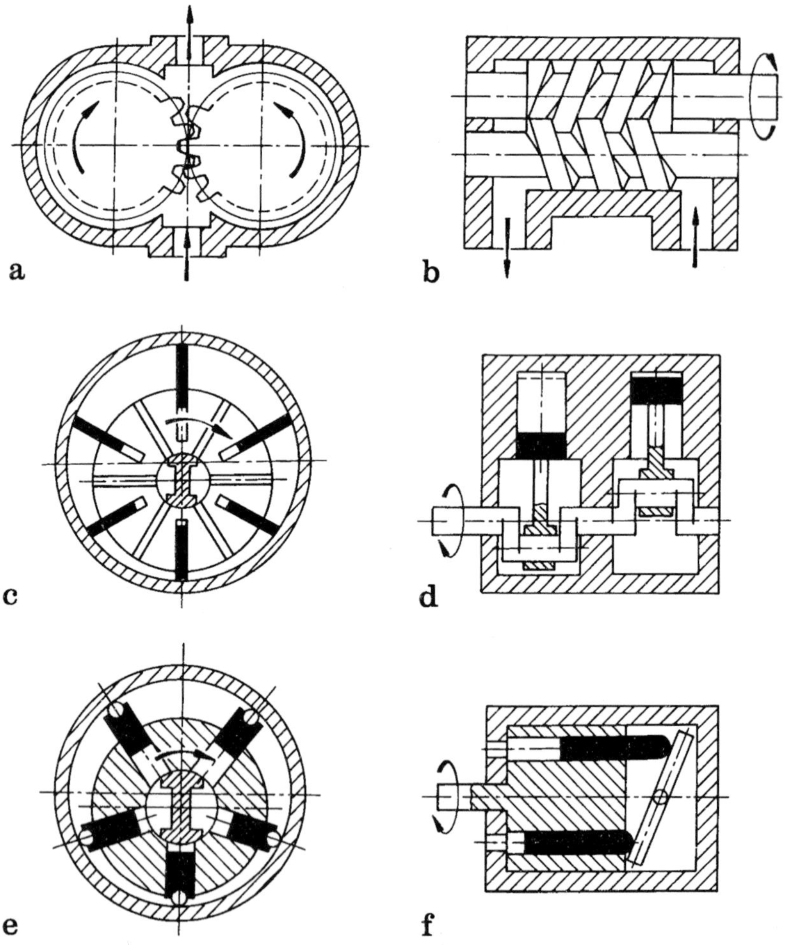


**Abb. 45** Auswahl an Bauformen von Verdrängereinheiten für Hydrogetriebe (Feldmann 2014). **a** Zahnradpumpe, **b** Schraubenpumpe, **c** Flügelzellenpumpe, **d** Reihenkolbenpumpe, **e** Radialkolbenpumpe, **f** Axialkolbenpumpe

- als Anfahrgetriebe,
- zur verschleißfreien, schwingungstrennenden Leistungsübertragung,
- für große und größte Leistungen,
- als automatisches Kraftfahrzeuggetriebe in Kombination mit Planetengetrieben.

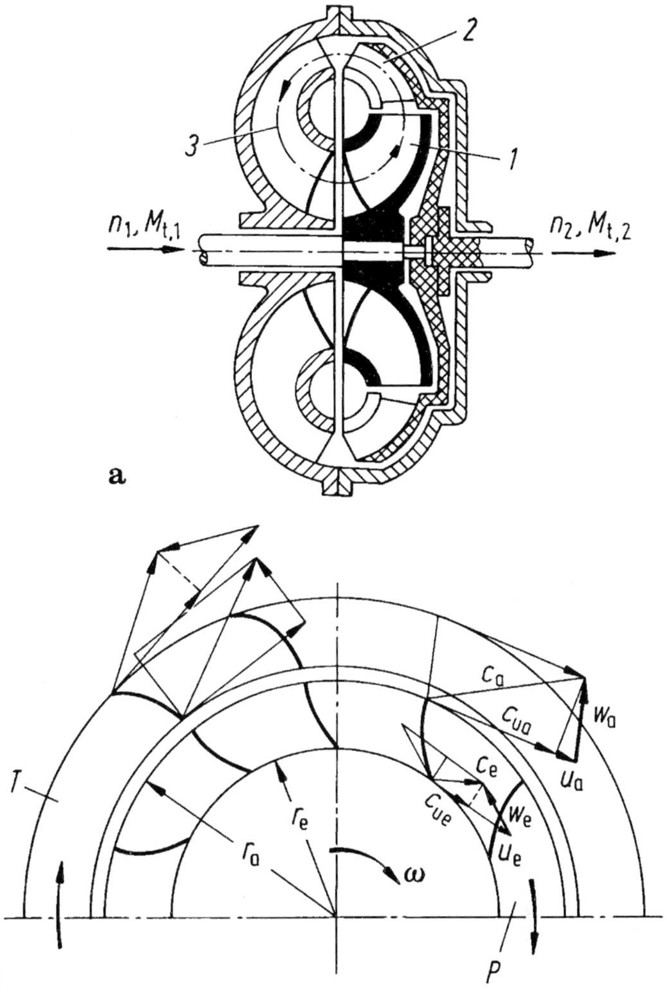


**Abb. 46** Wirkprinzip eines hydrodynamischen Getriebes (Siekmann 1995). *1* Pumpe (P), *2* Turbine (T), *3* Leitrad (Reaktionsglied R). **a** prinzipieller Aufbau, **b** Geschwindigkeiten (*c* absolute Geschwindigkeiten, *w* relative Geschwindigkeiten)

## 23.7 Elemente zur Führung von Fluiden

### 23.7.1 Funktionen und generelle Wirkungen

**Funktionen**
Führen eines Fluids auf definierten Wegen mit geringen Strömungs- und Leckverlusten, gegebenenfalls unter Verändern sowie zeitweisem Sperren des Fluidstromes.

**Wirkungen**
Die Strömung von Flüssigkeiten (inkompressiblen Fluiden) erfolgt nach den Gesetzen der Hydrodynamik, die von Gasen (kompressiblen Fluiden) nach den Gesetzen der Gasdynamik. Kennzeichnend sind der Strömungszustand (laminar, turbulent; Kenngröße: Reynolds-Zahl $Re = v \cdot d/\nu$), die Rohrreibung, die Strömungsverluste in Rohrelementen, Rohrschaltern und sonstigen Einbauten sowie die mechanischen und thermischen Rückwirkungen des Strömungssystems auf das Rohrnetz (Verbindungen) und die Umgebung (Halterungen).

### 23.7.2 Rohre

**Wirkprinzip (Abb. 48)**
Die Strömungsenergie (Gefälle- und/oder thermische Eigenenergie, Expansion bei Gasen,

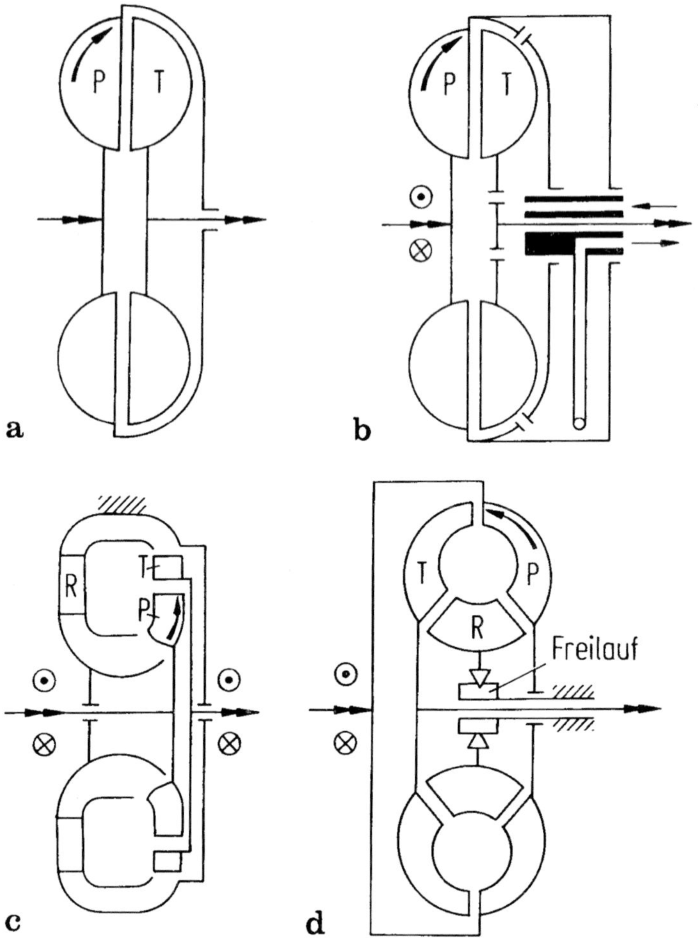


**Abb. 47** Auswahl an Bauformen von Föttinger-Getrieben (Siekmann 1995). **a** Föttinger-Kupplung (nicht verstellbar), **b** Föttinger-Kupplung zur stufenlosen Drehzahlanpassung, **c** einphasiger, einstufiger Föttinger-Wandler zur stufenlosen Drehzahlanpassung und Drehmomentwandlung, **d** mehrphasiger Föttinger-Wandler

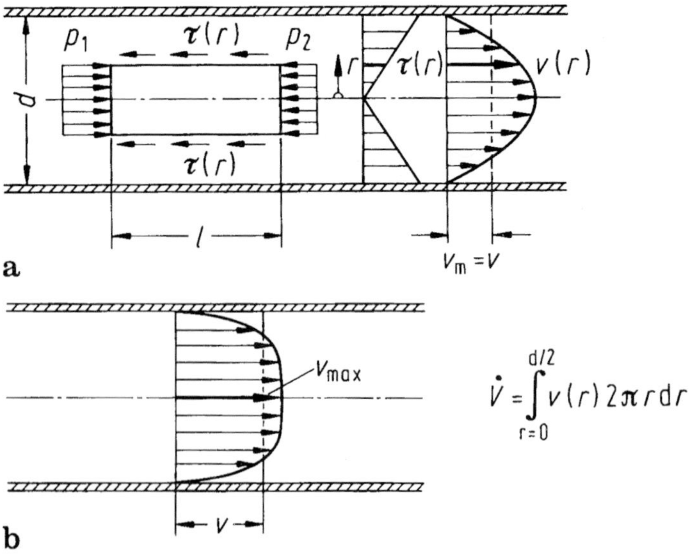


**Abb. 48** Strömungszustände flüssiger und gasförmiger Fluide. **a** laminare, **b** turbulente Strömung

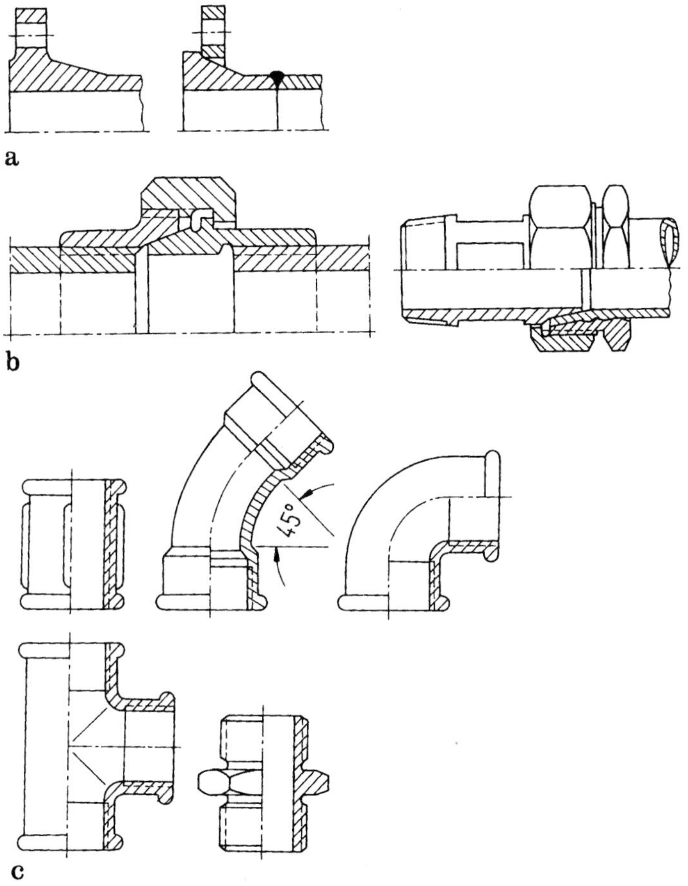


**Abb. 49** Bauformen von Rohrnetz-Komponenten (Auswahl). **a** Flanschformen, **b** Rohrverbindungen, **c** Rohrfittings

Fremdenergie durch Pumpen und Gebläse) gleicht die Strömungsverluste aus und erzeugt einen Volumenstrom mit gewünschter Geschwindigkeit und gewünschtem Druck. Mechanische Beanspruchungen durch Rohrkräfte und thermische Belastungen von Rohrleitungen und Rohrverbindungen sowie Zusatzforderungen, z. B. hinsichtlich Isolation und Korrosionsbeständigkeit, werden mit Mitteln der Mechanik und Werkstofftechnik beherrscht.

**Bauformen (Abb. 49)**

Metallrohr, Kunststoffrohr, Verbundrohr,

Fittingverschraubung, Flanschverbindung, Schneidringverschraubung, Anschweißstücke.

## 23.7.3 Absperr- und Regelorgane (Armaturen)

**Wirkprinzip (Abb. 50)**

Das Absperren einer Fluidströmung erfolgt durch Betätigen eines Absperrorgans (eigen- oder fremdbetätigt), d. h. durch dichtes Unterbrechen des Strömungsweges.

Das Verändern (Steuern, Regeln) des Volumenstromes eines Fluids in Abhängigkeit von Stellgrößen, wie z. B. Druck, Temperatur oder Wasserstand, um einen bestimmten Betriebszustand im Rohrnetz einzustellen, erfolgt durch Verändern des Strömungsquerschnitts mit Erzeugen von Strömungsverlusten.

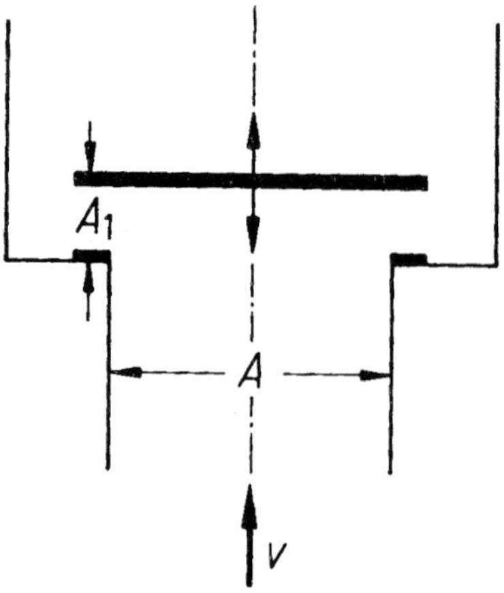


**Abb. 50** Wirkprinzip eines Absperr- und Regelorgans. Widerstandsbeiwert $\zeta = f(A_1/A)$. $A_1$ kleinster Durchflussquerschnitt, $v$ Strömungsgeschwindigkeit

**Bauformen (Abb. 51)**
Ventile, Schieber, Klappen, Hähne, Rückschlagventile, Druckminderer, Kondensatableiter.

Hydroventile (Wegeventile, Druckventile, Stromventile).

### 23.7.4 Allgemeine Anwendungsrichtlinien

Für Rohre und Rohrverbindungen gibt es eine Vielzahl von Normen, Vorschriften und Katalogen mit Abmessungs, Werkstoff- und Anwendungsangaben.

Für Absperr- und Regelorgane gilt generell:

Ventile vorzugsweise

- als Rückschlagventil, Druckminderventil, Schwimmerventil, Kondensatableiter, Sicherheitsventil, Schnellschlussventil,
- als Geradsitzventil mit guter Bedienbarkeit und Wartung, aber hohem Druckverlust, deshalb auch als Drosselventil geeignet,
- als Schrägsitzventil mit niedrigem Druckverlust, deshalb vor allem als Absperrorgan,
- als Eckventil mit der Zusatzfunktion eines Krümmers.

Schieber vorzugsweise

- für große Nennweiten und hohe Strömungsgeschwindigkeiten,
- für kleine und mittlere Nenndrücke,
- für kleine Baulängen,
- für beide Strömungsrichtungen,
- als Absperrorgan dank geringer Strömungsverluste.

Hähne (Drehschieber) vorzugsweise

- bei geringem Platz und erforderlicher robuster Bauart,
- für rasches Schließen und Umschalten,
- als Absperrorgan dank geringer Strömungsverluste,
- auch für große Nennweiten (Kugelhähne),
- auch als Mehrweghähne mit mehreren Anschlussstutzen.

Klappen vorzugsweise

- als Absperr-, Drossel- und Sicherheitsklappen (Rückschlagklappen),
- für größere Nennweiten dank geringem Platzbedarf, der nicht viel größer als der Rohrquerschnitt ist,
- mit elektromotorischen, hydraulischen oder handbetätigten Verstellantrieben.

## 23.8 Dichtungen

### 23.8.1 Funktionen und generelle Wirkungen

**Funktionen**
Sperren oder Vermindern von Fluid- oder Partikelströmungen durch Fugen (Spalte) miteinander verbundener Bauteile. Gegebenenfalls zusätzlich:

Übertragen von Kräften und Momenten,

Zentrieren der beteiligten Bauteile, Aufnehmen von Relativbewegungen der Dichtflächen.

**Wirkungen**
Verhindern oder Vermindern von Fluiddurchtritt durch *mechanische Kopplung* der Dichtflächen, *durch Druckabbau* in Spalten und Labyrinthen oder durch *Sperrmedien*.

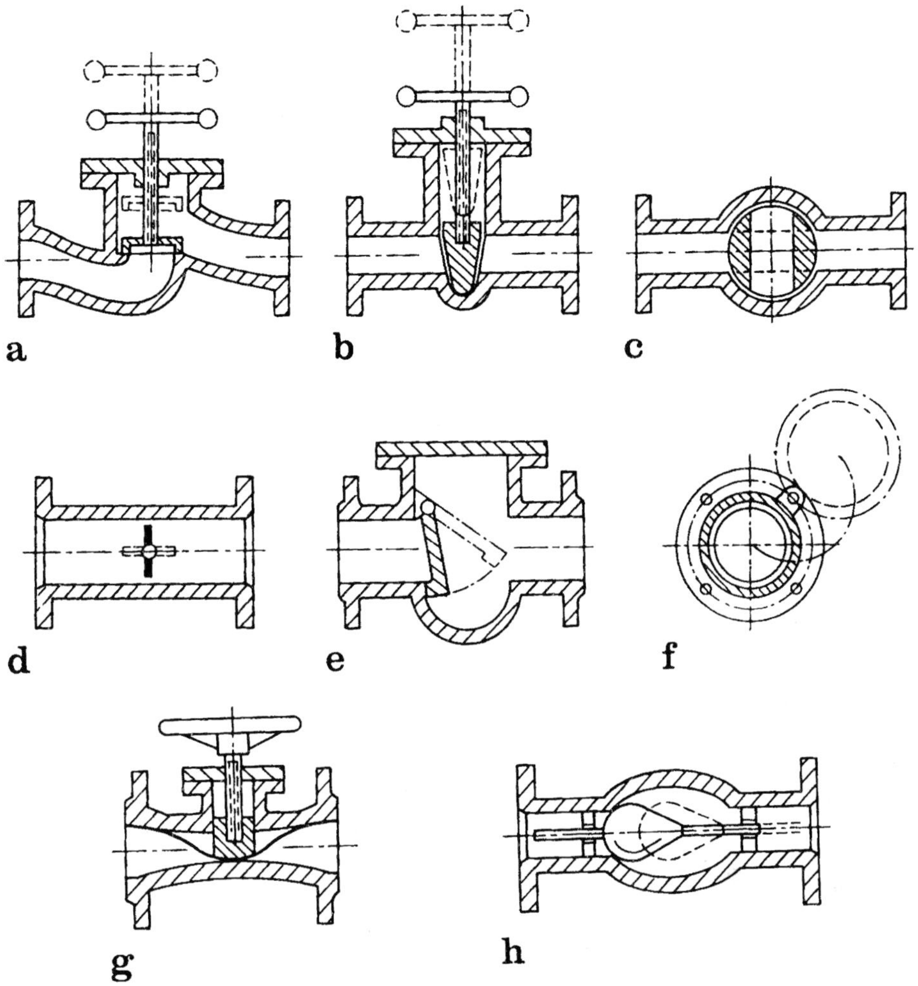

**Abb. 51** Bauformen von Absperrorganen (Auswahl) (Klamka 1990) **a** Ventil, **b** Schieber, **c** Hahn, **d** Drehklappe im Rohr, **e** Klappe auf Rohrstutzen, **f** einklappbare Scheibe, **g** Ventil mit Membranabschluss, **h** tropfenförmiger Körper im Rohr

### 23.8.2 Berührungsfreie Dichtungen zwischen relativ bewegten Teilen

**Wirkprinzip (Abb. 52)**

Berührungsfreie Dichtungen sind dadurch gekennzeichnet, dass im Betriebszustand zwischen ruhender und bewegter Dichtfläche eine bestimmte Spaltweite eingehalten wird. In dem Spalt bzw. den Spaltenden wird das abzudichtende Druckgefälle mittels Flüssigkeitsreibung und/oder Verwirbelung abgebaut, was eine Strömung voraussetzt (Trutnovsky und Komotori 1981). Strömungs- oder Drosseldichtungen sind deshalb nie vollständig dicht. Durch eine Sperrflüssigkeit oder durch Sperrfett im Spalt mit interner oder externer Druckerzeugung kann ebenfalls eine Dichtwirkung erzeugt werden.

**Bauformen (Abb. 53)**

Spaltdichtungen, Labyrinthdichtungen, Labyrinthspaltdichtungen.

Dichtungen mit Sperrmedium.

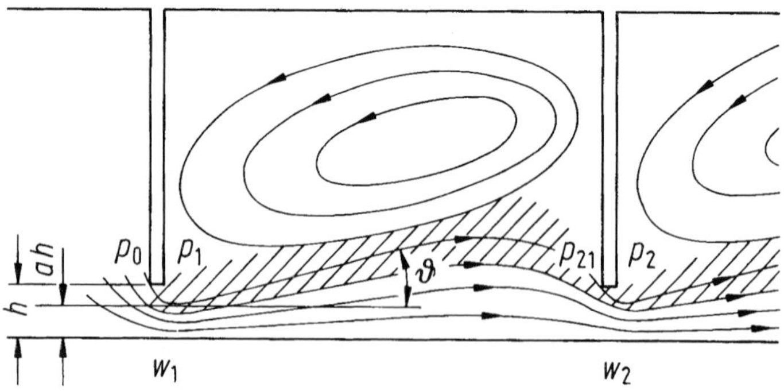


**Abb. 52** Strömungsprofil einer berührungsfreien Spaltdichtung (Trutnovsky 1975)

### 23.8.3 Berührungsdichtungen zwischen relativ bewegten Teilen (Dynamische Dichtungen)

**Wirkprinzip (Abb. 54)**
Berührungsdichtungen sind durch das Sperren von drei Undichtheitswegen gekennzeichnet; zwischen Welle bzw. Stange und Dichtung, zwischen Dichtung und Gehäuse sowie durch das Dichtungsmaterial. Die Dichtwirkung zwischen den Wirkflächen erfolgt durch mechanische Anpressung ohne oder mit Flüssigkeitsreibung zwischen den bewegten Teilen.

**Bauformen (Abb. 55)**
Packungsstopfbuchsen.
Wellendichtringe.
Gleitringdichtungen.

### 23.8.4 Berührungsdichtungen zwischen ruhenden Teilen (Statische Dichtungen)

**Wirkprinzip**
Dichtwirkungen entstehen durch lösbares oder unlösbares Verbinden der Bauteile ohne oder mit zwischengeschalteten Dichtungselementen (Zusatzelementen) mittels Stoff-, Reib- oder Formschluss.

**Bauformen (Abb. 56)**
Unlösbare Dichtungen durch Schweißen, Löten, Kitten.

Lösbare Dichtungen: Flachdichtungen, Formdichtungen, stopfbuchsenartige Dichtungen.

### 23.8.5 Membrandichtungen zwischen relativ bewegten Bauteilen

**Wirkprinzip (Abb. 57)**
Verbinden zweier Bauteile mit geringeren Relativbewegungen durch hochelastische Elemente (ebene, Wellrohr- oder Rollmembrane).
Bauformen

### 23.8.6 Anwendungsrichtlinien

Berührungsfreie Dichtungen vorzugsweise

- bei hohen Relativgeschwindigkeiten der Bauteile mit der Forderung nach Verschleißfreiheit,
- bei Wärmedehnungen,
- bei hohen Druckunterschieden,
- bei nicht allzu hohen Anforderungen an die Dichtheit,
- mit zusätzlichen Fettfüllungen zur Abdichtung gegen Schmutz bei Freiluftaufstellung,
- für Fett- und Ölnebelschmierungen.

Berührungsdichtungen (dynamische Dichtungen) vorzugsweise

- für kleine und mittlere Relativgeschwindigkeiten bzw. -bewegungen der Bauteile,
- als handelsübliche und austauschbare Einbauelemente,

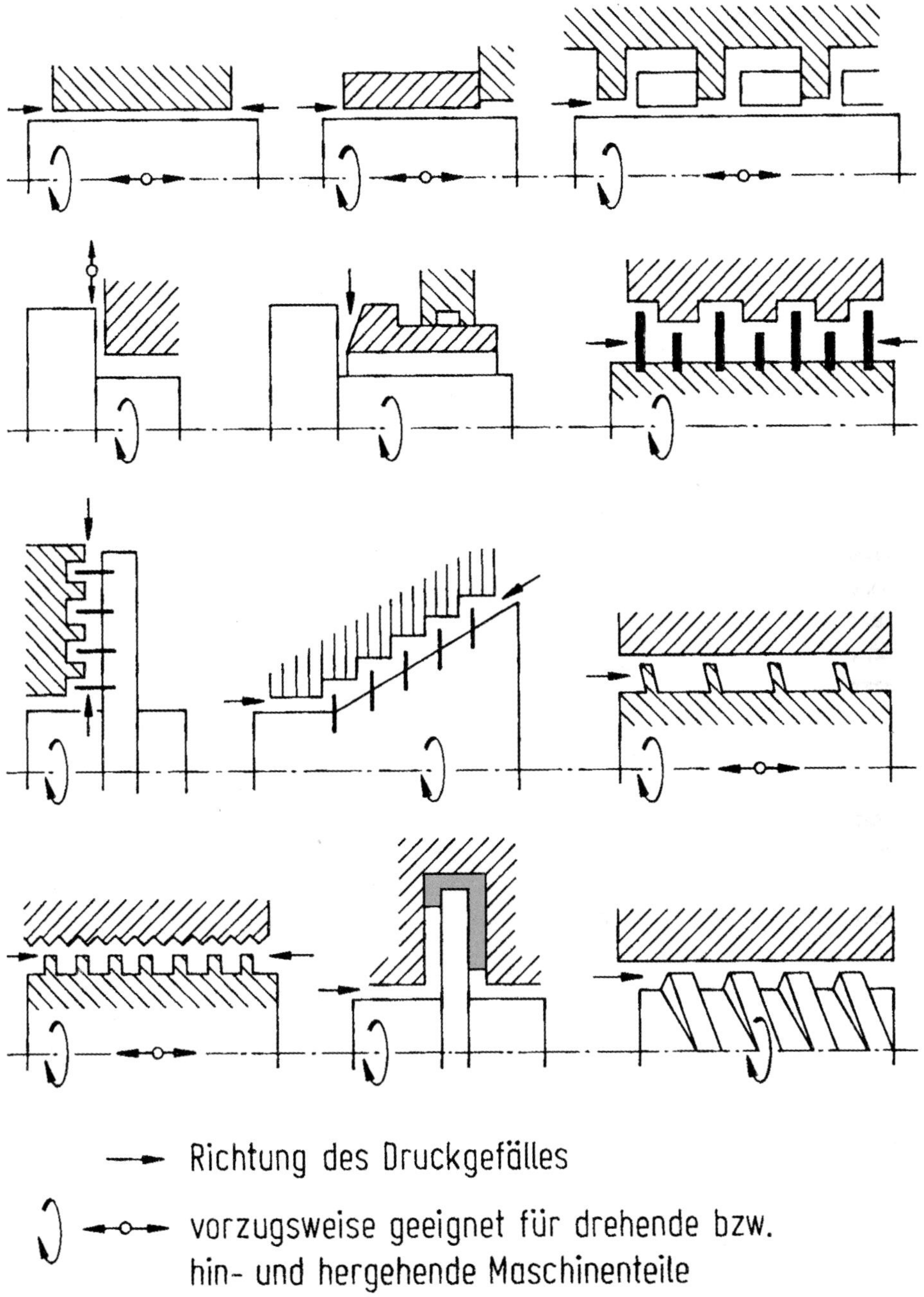


**Abb. 53** Bauformen berührungsfreier Dichtungen (Neugebauer 1989)

- als Gleitringdichtungen für höchste Anforderungen an Dichtheit und Lebensdauer,
- als Filzringdichtungen (nur für niedrige Relativgeschwindigkeiten),
- als Packungsstopfbuchsen vor allem für hin- und hergehende Bewegungen,
- als Wellendichtringe zur Abdichtung von Medien aller Art (Austreten und Eindringen) bei niedrigen Drücken.

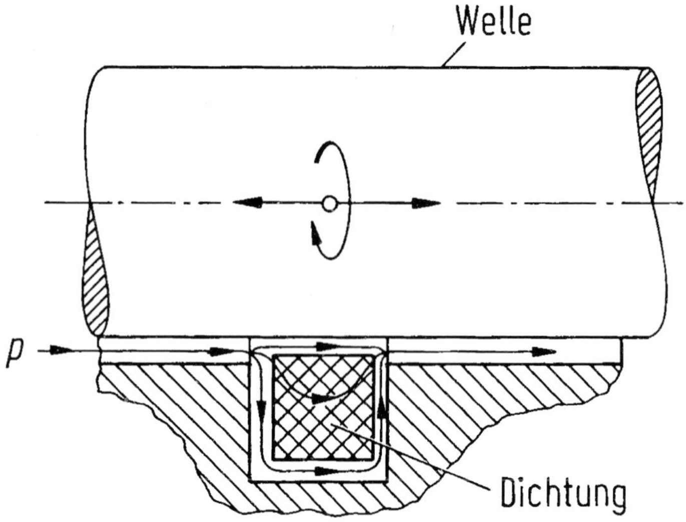


**Abb. 54** Undichtheitswege einer Berührungsdichtung (Trutnovsky 1975)

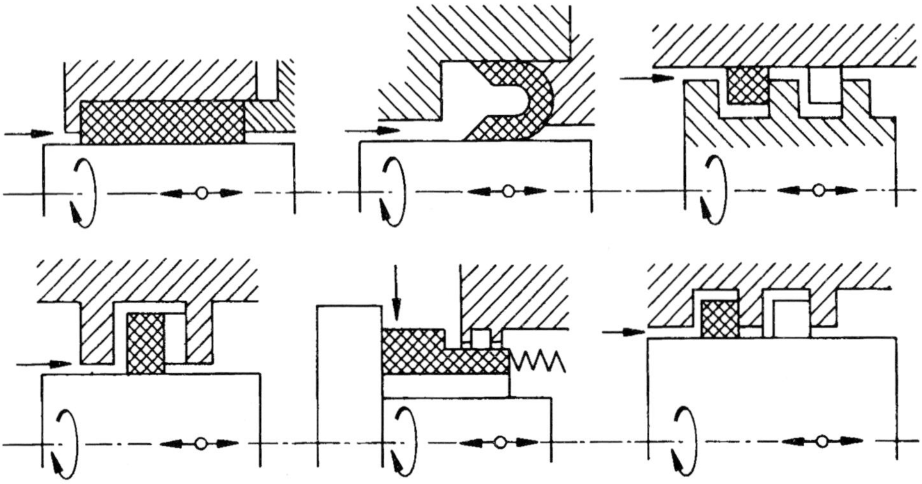

**Abb. 55** Bauformen von Berührungsdichtungen zwischen bewegten Teilen (Neugebauer 1989)

Membrandichtungen vorzugsweise

- bei geringen translatorischen Relativbewegungen,
- bei der Forderung nach absoluter Dichtheit und Verschleißfreiheit bei geringen Reaktionskräften,
- bei aggressiven Medien.

Berührungsdichtungen (statische Dichtungen) vorzugsweise

- für ruhende Dichtflächen mit geringen Wärmedehnungen,
- bei hohen Anforderungen an die Dichtheit,
- als unlösbare Dichtung (Stoffschluss, Pressverbindungen) für höchste Anforderungen an Dichtheit und mechanische Belastbarkeit.

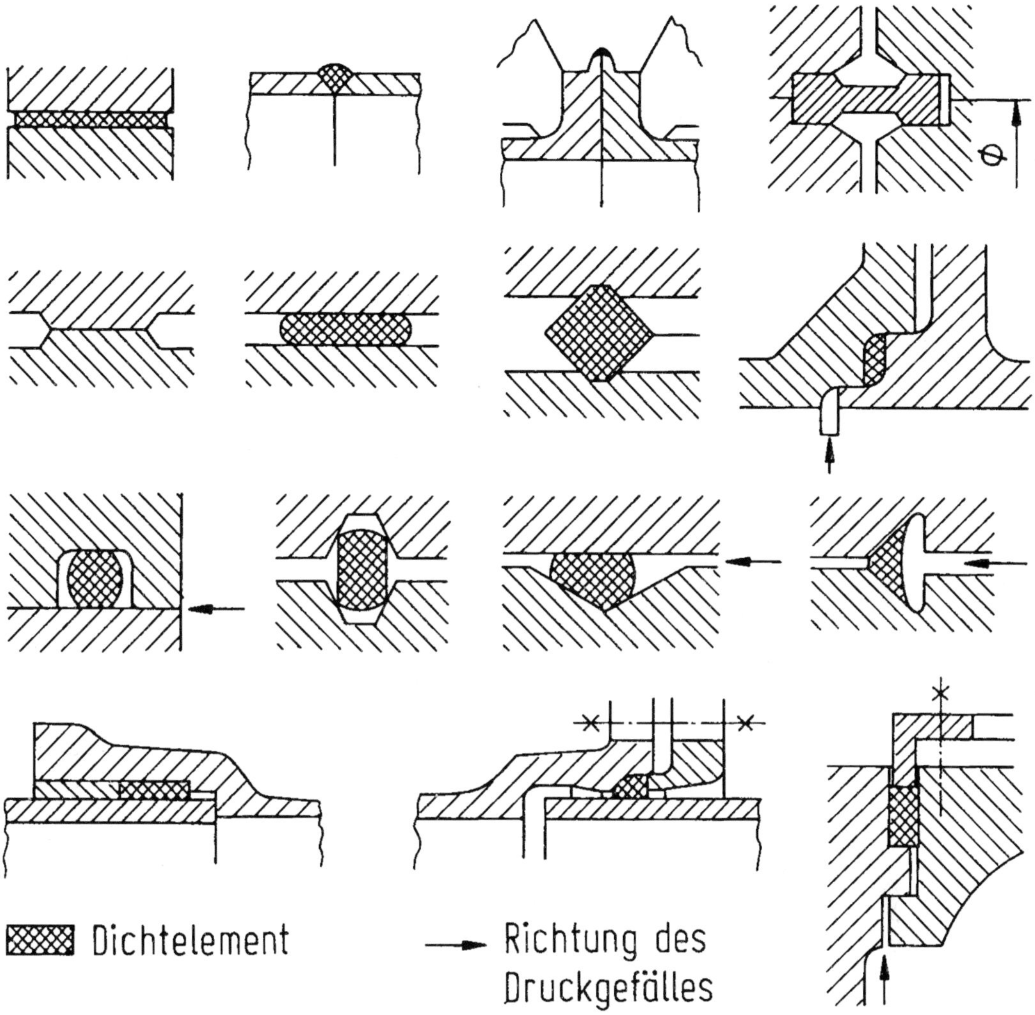


**Abb. 56** Bauformen von Berührungsdichtungen zwischen ruhenden Teilen (Trutnovsky und Komotori 1981; Neugebauer 1989)

**Abb. 57** Prinzipieller Aufbau von Membrandichtungen (Neugebauer 1989)

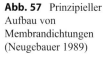

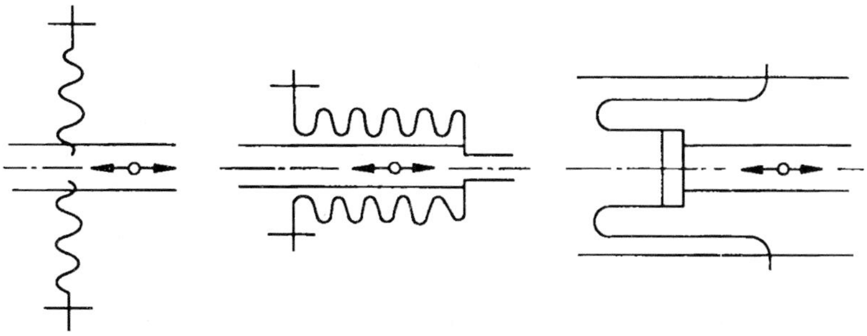

## Literatur

Albers K-J (Hrsg) (2018) Recknagel – Taschenbuch für Heizung und Klimatechnik – Einschließlich Trinkwasser- und Kältetechnik sowie Energiekonzepte, 79. Aufl. Vulkan, Essen

Battermann W, Köhler R (1982) Elastomere Federung, elastische Lagerungen – Grundlagen ingenieurmäßiger Berechnung und Konstruktion. Ernst, Berlin

Böckh, P. von, Stripf, M.: Technische Thermodynamik – Ein beispielorientiertes Einführungsbuch. 2, Springer Vieweg, Berlin/Heidelberg (2015)

DIN (Hrsg) (2015) Federn 1 – Berechnungs- und Konstruktionsgrundlagen, Qualitätsanforderungen, Bestellangaben, Begriffe, Formelzeichen und Darstellungen. DIN-Taschenbuch, Bd 29, 12. Aufl. Beuth, Berlin

DIN (Hrsg) (2016) Industriearmaturen. Maschinenbau, Bd 411, 1. Aufl. Beuth, Berlin/Wien/Zürich

EagleBurgmann Group. Technik und Auswahl Gleitringdichtungen. https://www.eagleburgmann.de/media/literature-competences-products-solutions/division-mechanical-seals/competences/broschuere-technik-und-auswahl-gleitringdichtungen. Zugegriffen am 01.07.2019

Feldmann DG (2014) Grundlagen der fluidischen Energieübertragung – H1. In: Grote K-H, Feldhusen J (Hrsg) Dubbel: Taschenbuch für den Maschinenbau, 24. Aufl. Springer, Berlin

Findeisen D, Helduser S (2015) Ölhydraulik – Handbuch der hydraulischen Antriebe und Steuerungen. VDI-Buch, 6. Aufl. Springer Vieweg, Berlin

Göbel EF (1969) Gummifedern – Berechnung und Gestaltung. Konstruktionsbücher, Bd 7, 3. Aufl. Springer, Berlin/Heidelberg, s. l

Grote K-H, Bender B, Göhlich D (Hrsg) (2018) Dubbel – Taschenbuch für den Maschinenbau, 25. Aufl. Springer Vieweg, Berlin

Kickbusch E (1963) Föttinger-Kupplungen und Föttinger-Getriebe – Konstruktion und Berechnung. Springer, Berlin/Heidelberg

Klamka H (1990) Einfluss von Fertigungs- und Nachbehandlungsvarianten auf die dauerfestigkeitsbestimmenden Parameter bei Wellen mit axialkraftbelasteten Sicherungsringnuten. Dissertation, TU Berlin

Klapp E (2002) Apparate- und Anlagentechnik – Planung, Berechnung, Bau und Betrieb stoff- und energiewandelnder Systeme auf konstruktiver Grundlage. Klassiker der Technik, 1. Aufl. Springer, Berlin

Matthies HJ, Renius KT (2014) Einführung in die Ölhydraulik – Für Studium und Praxis, 8. Aufl. Springer Vieweg, Wiesbaden

Meissner M, Schorcht H-J, Kletzin U, Wanke K (2015) Metallfedern – Grundlagen, Werkstoffe, Berechnung, Gestaltung und Rechnereinsatz. VDI-Buch, 3. Aufl. Springer Vieweg, Berlin

Mönning W (2006) Taschenlexikon Industriearmaturen. Vulkan, Essen

Müller HK (1990) Abdichtung bewegter Maschinenteile – Funktion – Gestaltung – Berechnung – Anwendung. Müller Medien, Waiblingen

Neugebauer G (1989) Dichtungen. In: Wächter K, Fleischer G (Hrsg) Konstruktionslehre für Maschineningenieure: Grundlagen, Konstruktions- und Antriebselemente, 2. Aufl. Verlag Technik, Berlin

Riedl A (Hrsg) (2017) Handbuch Dichtungspraxis, 4. Aufl. Vulkan, Essen

Siekmann H (1995) Föttinger Getriebe – R5. In: Beitz W, Küttner K-H (Hrsg) Dubbel-Taschenbuch für den Maschinenbau, 18. Aufl. Springer, Berlin

Technische Regel VDI 2153:1994. Hydrodynamische Leistungsübertragung; Begriffe, Bauformen, Wirkungsweise

Trutnovsky K (1975) Berührungsdichtungen an ruhenden und bewegten Maschinenteilen. Konstruktionsbücher, Bd 17, 2. Aufl. Springer, Berlin

Trutnovsky K, Komotori K (1981) Berührungsfreie Dichtungen, 4. Aufl. VDI, Düsseldorf

Tückmantel HJ (2016) Dichtungstechnik im Anlagenbau – Eine Einführung für Planung, Konstruktion, Betrieb und Überwachung. Haus der Technik Fachbuch, Bd 62, 3. Aufl. Expert-Verlag, Renningen

Voith GmbH (1987) Hydrodynamik in der Antriebstechnik – Wandler, Wandlergetriebe, Kupplungen, Bremsen. Vereinigte Fachverlag, Mainz

Wagner W (2012a) Rohrleitungstechnik. Kamprath-Reihe, 11. Aufl. Vogel Business Media, s. l. Würzburg

Wagner W (2012b) Strömung und Druckverlust – Mit Beispielsammlung. Vogel-Fachbuch, 7. Aufl. Vogel, Würzburg

Wolf M (1962) Strömungskupplungen und Strömungswandler – Berechnung und Konstruktion. Springer, Berlin/Heidelberg

## Formschlüssige Verbindungen

Bauer C-O, Althof W (Hrsg) (1991) Handbuch der Verbindungstechnik. Carl Hanser, München/Wien

Feldmann K, Schöppner V, Spur G (Hrsg) (2014) Handbuch Fügen, Handhaben, Montieren. Edition Handbuch der Fertigungstechnik, Bd 5, 2. Aufl. Carl Hanser, München

Kollmann FG (1984) Welle-Nabe-Verbindungen – Gestaltung, Auslegung, Auswahl. Konstruktionsbücher, Bd 32. Springer, Berlin/Heidelberg, s. l

Regele S (2018) Auslegung von Maschinenelementen – Formeln, Einsatztipps, Berechnungsprogramme, 2. Aufl. Carl Hanser, München/Wien

## Reibschlüssige Verbindungen

Gebhardt C (2018) Praxisbuch FEM mit ANSYS Workbench – Einführung in die lineare und nichtlineare Mechanik. Hanser eLibrary, 3. Aufl. Carl Hanser, München

Kloos K-H, Thomala W (2007) Schraubenverbindungen – Grundlagen, Berechnung, Eigenschaften, Handhabung, 5. Aufl. Springer, Berlin/Heidelberg

Technische Regel VDI 2230:2015. Systematische Berechnung hochbeanspruchter Schraubenverbindungen Blatt 1 und 2

## Stoffschlüssige Verbindungen

Dorn L (2007) Hartlöten und Hochtemperaturlöten – Grundlagen und Anwendung; mit 30 Tabellen. Kontakt & Studium, Bd 677. Expert-Verlag, Renningen

Habenicht G (2016) Kleben – erfolgreich und fehlerfrei – Handwerk, Praktiker, Ausbildung, Industrie. Lehrbuch, 7. Aufl. Springer Vieweg/Springer Fachmedien Wiesbaden GmbH, Wiesbaden

Matthes K-J, Schneider W (2012) Schweißtechnik – Schweißen von metallischen Konstruktionswerkstoffen, 1. Aufl. Carl Hanser Fachbuchverlag München

Neumann A, Behnisch H (1997) Berechnung und Gestaltung von Schweißkonstruktionen. Fachbuchreihe Schweißtechnik, 128/4. DVS, Düsseldorf

Rasche M (2012) Handbuch Klebtechnik. Carl Hanser, München

Ruge J (1993) Handbuch der Schweißtechnik Bd I und II, 3. Aufl. Springer, Berlin

Zaremba P (1988) Hart- und Hochtemperaturlöten. Die schweißtechnische Praxis, Bd 20. DVS, Düsseldorf

## Bauformen

Schalitz A (1975) Kupplungs-Atlas – Bauarten und Auslegung von Kupplungen und Bremsen, 4. Aufl. Thum, Ludwigsburg/Württ

Technische Regel VDI 2240:1971. Wellenkupplungen; Systematische Einteilung nach ihren Eigenschaften

## Feste Kupplungen

Norm DIN 115-1:1973. Antriebselemente – Schalenkupplungen, Maße, Drehmomente, Drehzahlen

Norm DIN 116:1971. Antriebselemente – Scheibenkupplungen, Maße, Drehmomente, Drehzahlen

## Drehstarre Ausgleichskupplungen

Dietz P (1997) Kupplungen und Bremsen – G3. In: Beitz W (Hrsg) Taschenbuch für den Maschinenbau: Mit Tabellen, 19. Aufl. Springer, Berlin

Dittrich O (1974) Anwendungen der Antriebstechnik, Krausskopf-Taschenbücher Antriebstechnik, Bd 2. Krausskopf, Mainz

Seherr-Thoss H-CG, Schmelz F, Aucktor E (2002) Gelenke und Gelenkwellen – Berechnung, Gestaltung, Anwendungen. Springer, Heidelberg, s. l

Stübner K, Rüggen W (1961) Kupplungen – Einsatz und Berechnung. Carl Hanser, München

## Elastische Kupplungen

Lohrengel A (2014) Kupplungen und Bremsen – G3. In: Grote K-H, Feldhusen J (Hrsg) Dubbel: Taschenbuch für den Maschinenbau: mit mehr als 3000 Abbildungen und Tabellen, 24. Aufl. Springer, Berlin

Norm DIN 740-2. Antriebstechnik – Nachgiebige Wellenkupplungen; Begriffe und Berechnungsgrundlagen

Peeken H, Troeder C (1986) Elastische Kupplungen – Ausführung, Eigenschaften, Berechnungen. Konstruktionsbücher, Bd 33. Springer, Berlin

Wolf M (1962) Strömungskupplungen und Strömungswandler – Berechnung und Konstruktion. Springer, Berlin/Heidelberg

## Schaltbare Kupplungen

Drexl H-J (1997) Kraftfahrzeugkupplungen – Funktion und Auslegung. Die Bibliothek der Technik, Bd 138. Verlag Moderne Industrie, Landsberg/Lech

Klement W (2017) Fahrzeuggetriebe, Bd 4. Carl Hanser, München

Stölzle K, Hart S (1961) Freilaufkupplungen – Berechnung und Konstruktion. Konstruktionsbücher, Bd 19. Springer, Berlin/Heidelberg

Technische Regel VDI 2241:1984. Schaltbare fremdbetätigte Reibkupplungen und -bremsen – Blatt 1 und 2

Winkelmann S, Harmuth H (1985) Schaltbare Reibkupplungen – Grundlagen, Eigenschaften, Konstruktionen. Konstruktionsbücher, Bd 34. Springer, Berlin

## Wälzlager

Bartz WJ (1988) Wälzagertechnik – Berechnung von Lagerungen und Gehäusen in der Antriebstechnik. Kontakt und Studium, Bd 158. Expert Verlag, Sindelfingen

DIN (2011) Wälzlager. DIN-Taschenbuch Maschinenbau, Bd 264, 3. Aufl. Beuth, Berlin
Hampp W (1971) Wälzlagerungen – Berechnung u. Gestaltung. Bericht. Konstruktionsbücher, Bd 23. Springer, Berlin/Heidelberg/New York
ISO/TS 16281:2008. Wälzlager – Dynamische Tragzahlen und nominelle Lebensdauer-Berechnung der modifizierten nominellen Referenz-Lebensdauer für Wälzlager (Vornorm)
Peeken H (1995) Wälzlagerungen – G4. In: Beitz W, Küttner K-H (Hrsg) Dubbel-Taschenbuch für den Maschinenbau, 18. Aufl. Springer, Berlin
Schaeffler Technologies AG & Co. KG (2019) Wälzlagerpraxis – Handbuch zur Gestaltung und Berechnung von Wälzlagerungen, 5. Aufl. Vereinigte Fachverlage, Mainz a Rhein
Schaeffler TechnologiesAG & Co. KG. Wälzlagerschäden – Schadenserkennung und Begutachtung gelaufener Wälzlager. https://www.schaeffler.de/remotemedien/media/_shared_media/08_media_library/01_publications/schaeffler_2/publication/downloads_18/wl_82102_2_de_de.pdf. Zugegriffen am 18.06.2019
SKF Gruppe. Wälzlager. https://www.skf.com/binary/78-121486/0901d1968035fe76-Waelzlager%2D%2D10000_2-DE.pdf. Zugegriffen am 18.06.2019

## Gleitlager

Bartz WJ (1993) Selbstschmierende und wartungsfreie Gleitlager – Typen, Eigenschaften, Einsatzgrenzen und Anwendungen. Kontakt & Studium Tribologie, Bd 422. Expert Verlag, Ehningen bei Böblingen
DIN (2015) Gleitlager 2 – Werkstoffe, Prüfung, Berechnung, Begriffe. DIN-Taschenbuch, Bd 198. Beuth, s. l Berlin
Lang OR, Steinhilper W (1978) Gleitlager – Berechnung und Konstruktion von Gleitlagern mit konstanter und zeitlich veränderlicher Belastung. Konstruktionsbücher, Bd 31. Springer, Berlin/Heidelberg, s. l
Peeken H (2005) Gleitlagerungen – G5. In: Dubbel H, Grote K-H, Feldhusen J (Hrsg) Taschenbuch für den Maschinenbau, 21. Aufl. Springer, Berlin
Schlecht B (2009) Maschinenelemente 2 – Getriebe, Verzahnungen und Lagerungen. Pearson Studium – Maschinenbau. Pearson Deutschland/Pearson Studium, München
Technische Regel VDI 2204. Auslegung von Gleitlagerungen – Blatt 1 bis 4
Vogelpohl G (1967) Betriebssichere Gleitlager – Berechnungsverfahren für Konstruktion u. Betrieb, 2. Aufl. Springer, Berlin

## Allgemein

Technische Regel VDI 2127:1993. Getriebetechnische Grundlagen – Begriffsbestimmungen der Getriebe
Technische Regel VDI 2727. Konstruktionskataloge – Lösung von Bewegungsaufgaben mit Getrieben – Blatt 1 bis 5
Volmer J (Hrsg) (1995) Getriebetechnik – Grundlagen, 2. Aufl. Verlag Technik, Berlin

## Zahnradgetriebe

Haberhauer H (2018) Maschinenelemente – Gestaltung, Berechnung, Anwendung, 18. Aufl. Springer Vieweg, Berlin
Looman J (2009) Zahnradgetriebe – Grundlagen, Konstruktionen, Anwendungen in Fahrzeugen. Klassiker der Technik, 3. Aufl. Springer, Berlin/Heidelberg
Müller HW (1998) Die Umlaufgetriebe – Auslegung und vielseitige Anwendungen. Konstruktionsbücher, Bd 28. Springer, Berlin/Heidelberg
Niemann G, Winter H (1983) Maschinenelemente – Band 3: Schraubrad-, Kegelrad-, Schnecken-, Ketten-, Riemen-, Reibradgetriebe, Kupplungen, Bremsen, Freiläufe. Springer, Berlin/Heidelberg
Niemann G, Winter H (2003) Maschinenelemente – Band 2: Getriebe allgemein, Zahnradgetriebe – Grundlagen, Stirnradgetriebe. Springer, Berlin/Heidelberg, s. l

## Kettengetriebe

Norm DIN ISO 10823:2006. Hinweise zur Auswahl von Rollenkettentrieben
Wittel H, Jannasch D, Voßiek J, Spura C (2017) Roloff/Matek Maschinenelemente – Normung, Berechnung, Gestaltung, 23. Aufl. Springer Vieweg, Wiesbaden

## Riemengetriebe

Nagel T (2008) Zahnriemengetriebe – Eigenschaften, Normung, Berechnung, Gestaltung. Carl Hanser, München
Schäfer FH (2007) Antriebsriemen – eine Monografie. Arntz-Optibelt-Gruppe, Höxter
Technische Regel VDI 2758:1993. Riemengetriebe

## Reibradgetriebe

Sauer B (Hrsg) (2018) Konstruktionselemente des Maschinenbaus 2 – Grundlagen von Maschinenelementen für Antriebsaufgaben, 8. Aufl. Springer Vieweg, Berlin
Technische Regel VDI 2155:1977. Gleichförmig übersetzende Reibschlussgetriebe – Bauarten und Kennzeichen (zurückgezogen)

## Kurbel-(Gelenk-) und Kurvengetriebe

Hagedorn L, Rankers A, Thonfeld W (2009) Konstruktive Getriebelehre, 6. Aufl. Springer, Berlin/Heidelberg

Kiper G, Bruchwald E (1982) Katalog einfachster Getriebebauformen mit bis zu drei Antriebsgelenken und bis zu drei Abtriebsgliedern. Springer, Berlin

Technische Regel VDI 2142. Auslegung ebener Kurvengetriebe – Blatt 1 bis 3

Zima S (1999) Kurbeltriebe – Konstruktion, Berechnung und Erprobung von den Anfängen bis heute. ATZ-MTZ-Fachbuch, 2. Aufl. Springer Vieweg, Braunschweig

# Mensch-Maschine-Interaktion

# 24

Jürgen Beyerer, Elisabeth Peinsipp-Byma, Jürgen Geisler und Max Syrbe

## Inhalt



**Zusammenfassung**

In Mensch-Maschine-Systemen wirken die (teil)automatisierte Maschine, eine Schnittstelle zwischen Mensch und Maschine sowie Menschen mit ihren Wahrnehmungs-, Kognitions- und Handlungsfähigkeiten über einen Mensch-Maschine-Dialog zusammen. Kenntnis über die Informationsverarbeitung durch den Menschen in diesem Dialog spielt eine wesentliche Rolle für die systematische Gestaltung von Mensch-Maschine-Systemen. Dabei kommt der Informationsaufnahme eine besondere Bedeutung zu, die mittels Technologien der Virtual und Augmented Reality sowie Ambient Intelligence wirksam unterstützt werden kann.

Dieses Kapitel entstand unter Mitarbeit des 2011 verstorbenen Max Syrbe

J. Beyerer (✉) · E. Peinsipp-Byma · J. Geisler
Fraunhofer-Institut für Optronik, Systemtechnik und Bildauswertung IOSB, Karlsruhe, Deutschland
E-Mail: juergen.beyerer@iosb.fraunhofer.de; elisabeth.peinsipp-byma@iosb.fraunhofer.de; juergen.geisler@iosb.fraunhofer.de

M. Syrbe
Fraunhofer Gesellschaft zur Förderung der angewandten Forschung e.V., Karlsruhe, Deutschland

## 24.1 Einführung

Mensch-Maschine-Systeme sind im Berufs- und Privatumfeld alltäglich. Die Aufgaben solcher Systeme werden zwischen dem Menschen als Nutzer und Bediener (Betätiger) und der Maschine (technische Einrichtung oder technisches System) so

© Der/die Autor(en), exklusiv lizenziert durch Springer-Verlag GmbH, DE, ein Teil von Springer Nature 2022

M. Hennecke, B. Skrotzki (Hrsg.), *HÜTTE Band 2: Grundlagen des Maschinenbaus und ergänzende Fächer für Ingenieure*, Springer Reference Technik,
https://doi.org/10.1007/978-3-662-64372-3_73

aufgeteilt, dass die automatisierbaren, d. h. selbsttätig lösbaren Aufgaben der Maschine und alle anderen Aufgaben der Maschine zugewiesen werden. In Mensch-Maschine-Systemen wirken aufgrund gestellter und aufgeteilter Aufgaben die instrumentierte, (teil)automatisierte Maschine, eine Schnittstelle zwischen Mensch und Maschine sowie ein oder mehrere Menschen mit naturgegeben begrenzten Wahrnehmungs-, Kognitions- und Handlungsfähigkeiten zusammen. Werden die Eigenschaften des/der Menschen zu wenig berücksichtigt, entstehen oft Unfälle, weniger durch menschliche Fehler des Benutzers sondern die des Gestalters.

*Anthropotechnik* umfasst die Anpassung von Maschinen und anderen technischen Einrichtungen an die Eigenschaften und Bedürfnisse des Menschen und vice versa so, dass beide bestmöglich zusammenwirken (z. B. gemessen an Leistung, Zuverlässigkeit, Gebrauchstauglichkeit, Wirtschaftlichkeit). Die Anthropotechnik gehört mit der Arbeitstechnik, Arbeitsmedizin und Weiterem zur Ergonomie (Arbeitswissenschaft).

Mensch und Maschine bilden zusammen mit den erforderlichen Betriebsmitteln ein Arbeitssystem. Damit ist die Aufgaben- und die Systembeschreibung mit den eingeschlossenen Wechselwirkungen wesentlich. Die dabei zu beachtenden Phänomene und Wirkungsbeziehungen zeigt Abb. 1 am Beispiel der Führung (Beobachten, Betätigen) einer technischen Anlage; hier eines chemischen Rührkesselreaktors. Die Maschine setzt sich zusammen aus der technischen Anlage, welche den eigentlichen Nutzprozess ausführt (hier dem Herstellen einer chemischen Substanz) und dem diesen Prozess unmittelbar steuernden Rechner. Dieser vermittelt Information über Prozessstruktur- und zustand mittels einer Informationsdarstellung (Display) an den Menschen, welcher den Prozess überwacht. Aus der Wahrnehmung der über das Display vermittelten Prozessinformation trifft der Mensch Eingriffsentscheidungen, welche er aktorisch über Führungs- und Stellsignale an den Rechner als Steuereinheit des Prozesses weitergibt (fungierendes Handeln). Display und Eingabeeinheit bilden das Mensch-Maschine-Verbindungselement des Arbeitssystems, in der Regel als Mensch-Maschine-Schnittstelle bezeichnet. Die Eingriffsentscheidungen trifft der Mensch durch die an seinen Aufgaben und seiner Erfahrung gespiegelte Wahrnehmung der Information, welche ihm über das Display dargeboten wird. Er trifft diese Entscheidung sowohl instinktiv (schnell, nicht willentlich gesteuert) als auch in Form bewusster Überlegung. Die Informationsaufnahme erfolgt auch nicht ausschließlich passiv, quasi durch untätiges Einströmenlassen der Information über die menschlichen Sinne. Vielmehr erkundet der für die Prozesskontrolle verantwortliche Mensch den Prozesszustand auch aktiv, vom zielgerichteten Abtasten mit dem Blick bis zur gezielten Aktivierung bestimmter Anzeigeeinheiten (sondierendes Handeln). Die Ergebnisse des Handelns führen rückkoppelnd zu neuer Information für die Maschine/den Prozess über die Informationseingabe. So entsteht ein Mensch-Maschine-Dialog.

Abb. 2 stellt den Mensch-Maschine-Dialog in einem anderen Schema dar. Die Arbeitsaufgabe wird von außen kommend sowohl der Maschine als auch dem Menschen gestellt (Aufgabenteilung). Für den Menschen führen die von der Mensch-Maschine-Schnittstelle ausgehenden Sinnesreize zu einer informatorischen Belastung. Diese ist unabhängig von dem individuellen Menschen, auf den sie einwirkt. Die von außen einwirkende Informationsbelastung beansprucht den Menschen, nämlich seinen Wahrnehmungsapparat, sein Gedächtnis (Speicher) und sein Denkvermögen (Verstehen, Entscheiden) als Vorstufe zum Handeln. Die Beanspruchung ist individuell für den einzelnen Menschen und abhängig von seinen Kapazitäten für die Informationsaufnahme und -verarbeitung. Neben Wissen und Erfahrung ist der Umfang dieser Kapazitäten auch von der Tagesform und dem momentanen Aktivierungsgrad des Menschen abhängig. Sowohl zu wenig Aktivität (Langeweile) als auch Hyperaktivität (z. B. durch übergroßen Arbeitsdruck) führen zu einem Absinken der Kapazitäten. Der Grad der Beanspruchung beeinflusst schließlich die Leistung, die sich zu einem als Teil der Lösung der Gesamtaufgabe nach außen richtet, zum anderen als Stellleistung im Mensch-Maschine-Dialog auf den zu steuernden Prozess zurückwirkt.

Anstelle der Führung einer technischen Anlage gibt es viele weitere Anwendungsfeldern, die immer mehr an Bedeutung gewinnen, wie das Führen von (in Zukunft hochautomatisierten) Land-,

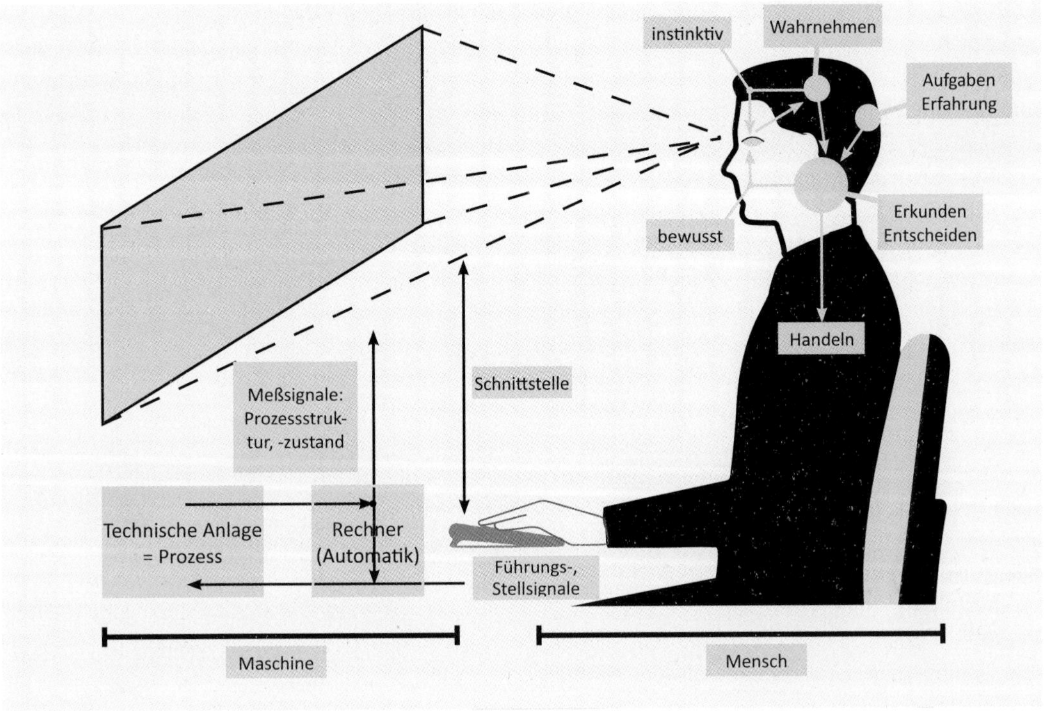


**Abb. 1** Phänomene und Wirkungsbeziehungen in Mensch-Maschine-Systemen am Beispiel des Führens einer technischen Anlage; hier Rührkessel-Reaktor

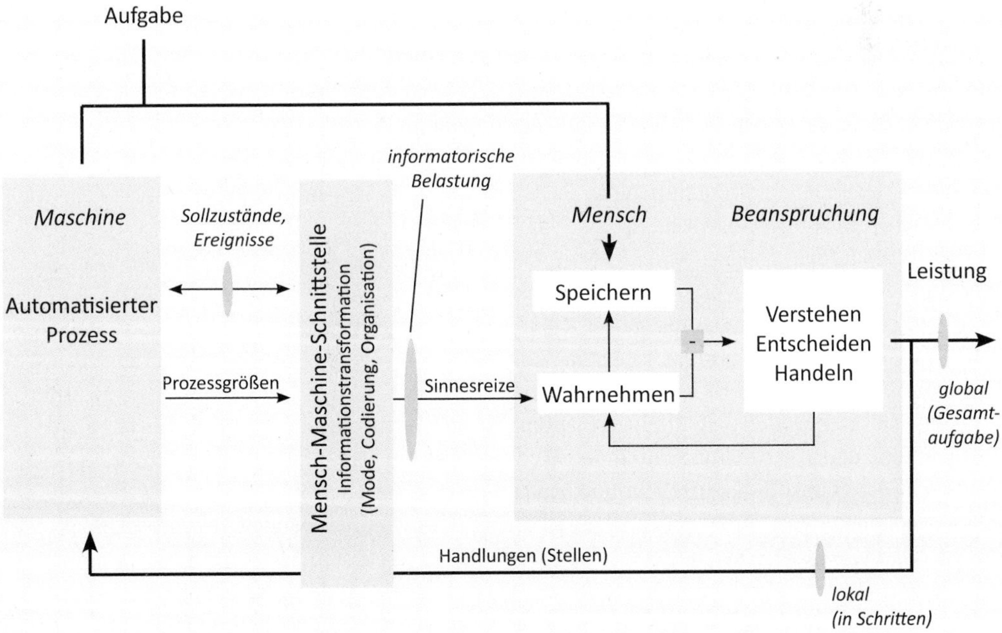


**Abb. 2** Leistungserbringung in dem Wirkungskreis Maschine-Mensch-Maschine

Luft- und Seefahrzeugen mit Navigations- und anderen Assistenzsystemen, die Luftraumüberwachung (Fluglotsen), das e-Business insbesondere mit Spracherkennen und Sprachübersetzen, die medizinische Diagnose und apparateunterstützte Therapie sowie viele weitere.

Gemeinsam ist allen diesen Anwendungsfeldern, dass die Anforderung an den Menschen als informationsverarbeitendes Wesen immer größer wird. In den folgenden Unterkapiteln werden Modelle der Informationsverarbeitung durch den Menschen vorgestellt (Abschn. 2), welche eine Gestaltungssystematik für Mensch-Maschine-Systeme unterstützen (Abschn. 3), die sich insbesondere auf qualitative Gestaltungsregeln, inkl. Richtlinien und Normen stützt (Abschn. 4). Abgeschlossen wird das Kapitel mit der Vorstellung zukunftsweisender Techniken für die Informationsdarstellung mittels Virtual und Augmented Reality (Abschn. 5) sowie die Interaktion in und mit intelligenten Umgebungen durch Ambient Intelligence (Abschn. 6).

## 24.2 Modelle für die Informationsverarbeitung durch den Menschen

Für die Optimierung eines Mensch-Maschine-Systems und der dazugehörigen Mensch-Maschine-Interaktion sind Kenntnisse über die Fähigkeiten des Menschen bei der Informationsverarbeitung erforderlich. Diese liefern Menschmodelle, welche den Menschen entsprechend beschreiben.

Abb. 3 zeigt den *Human Model Processor* nach Card et al. (1986). Er beschreibt den Menschen entsprechend einem informationstechnischen System durch Prozessoren, Speicher und die entsprechenden Informationsflüsse bzw. Aktionen. Ziel des Modells ist, die Informationswahrnehmung und -verarbeitung durch den Menschen sehr vereinfacht darzustellen und dabei seine Beschränkungen aufzuzeigen. Betrachtet werden nur die visuelle und auditive Wahrnehmung.

Die Modelldaten wurden aus vielen verschiedenen Experimenten abgeleitet. Daher sind alle Werte in der Form x [y~z] angegeben: x ist der mittlere, y der kleinste und z der größte gemessene Wert. Das Experiment umfasste sogenannte Reiz-Reaktions-Aufgaben, bei denen Probanden Buchstaben dargeboten wurden und beim Erkennen bestimmter Buchstaben oder Buchstabenkombinationen eine entsprechende Tastatureingabe durchzuführen war. Daher sind die Einheiten für die Kapazität des visuellen und auditiven Speichers Buchstaben und die des Arbeitsspeichers Chunks. Der Begriff Chunk steht für eine logische Informationseinheit. Ergeben aneinander gereihte Buchstaben ein Wort oder einen logischen Ausdruck (z. B. HAUS), stellt die Buchstabenfolge genau einen Chunk dar. Stellt die Buchstabfolge keinen logischen Ausdruck dar, wird jeder Buchstabe als eigene Informationseinheit und damit als eigener Chunk gewertet. Die Verfallskonstanten $\delta$ geben an, wie lange eine Information im entsprechenden Speicher verfügbar ist. Die Zykluszeiten geben an, wie lange es dauert, bis der jeweilige Prozessor die Aufgabe bearbeitet hat, welche im Rahmen der Reiz-Reaktions-Aufgabe umzusetzen war.

Der Human Model Processor hat bis heute Bestand und ist von besonderem Interesse, da er einen wichtigen Engpass der Kognition aufzeigt: Der Arbeitsspeicher des kognitiven Prozessors, das Kurzzeitgedächtnis, ist mit 7 Chunks sehr klein und auch vergänglich (Geisler 2006). Müssen mehrere Aufgaben parallel bearbeitet werden, beispielsweise weil mehrere Ereignisse sehr kurz hintereinander folgen, wie dies beim Wechselspiel von Haupt- und Bedienaufgaben der Fall ist, werden Teile des Informationsflusses nicht wahrgenommen bzw. verdrängt.

(Butz und Krüger 2017) beschreiben, basierend auf dem Model Human Processor, ein Modell der menschlichen Informationsverarbeitung (siehe Abb. 4). Dieses Modell veranschaulicht insbesondere den Ablauf sowie das Zusammenspiel zwischen den verschiedenen Prozessoren und Speichern bei der Informationsverarbeitung durch den Menschen.

Ein weiteres Modell zur Informationsverarbeitung beschreibt Fischer (2016) und vereinfacht damit das Modell zum Situationsbewusstsein des Menschen (Situation Awareness) von Mica R. Endsley. Das Modell beschreibt das Verhalten des Menschen als Regelkreis, wobei das Situati-

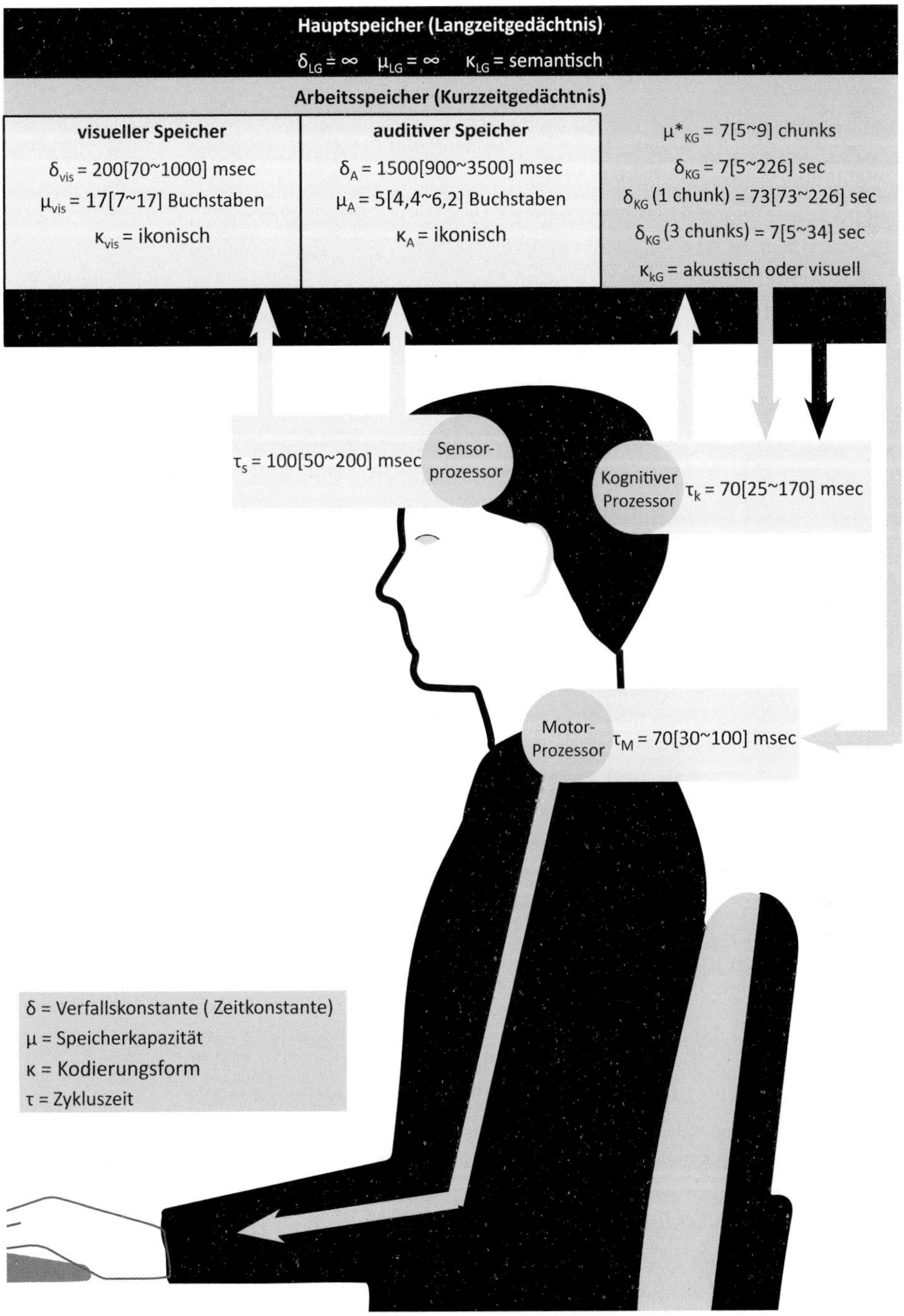


**Abb. 3** Systemtheoretisches Modell des Menschen nach Card et al. (1986)

onsbewusstsein folgende Schritte umfasst: Der Mensch nimmt den Zustand seiner Umwelt wahr (Wahrnehmung), versteht Bedeutung und Wichtigkeit der vorliegenden Situation (Verstehen) und überlegt, wie sich bei verschiedenen Handlungsoptionen der Zustand der Umwelt in der Zukunft darstellen würde (Projektion). Basierend auf seinem Situationsbewusstsein trifft der Mensch die

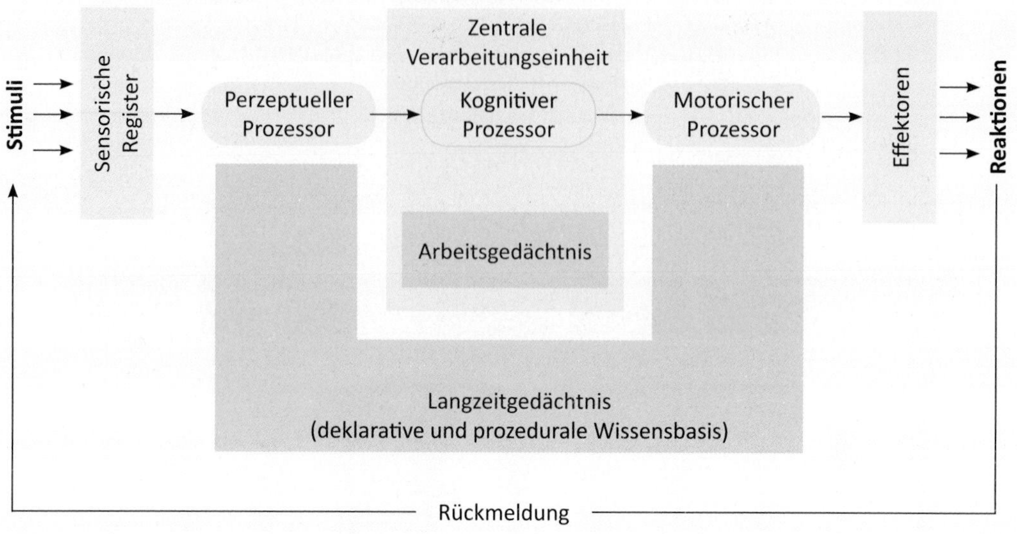


**Abb. 4** Schematische Sicht der menschlichen Informationsverarbeitung nach (Butz und Krüger 2017), angelehnt an (Eberle und Streitz 1987)

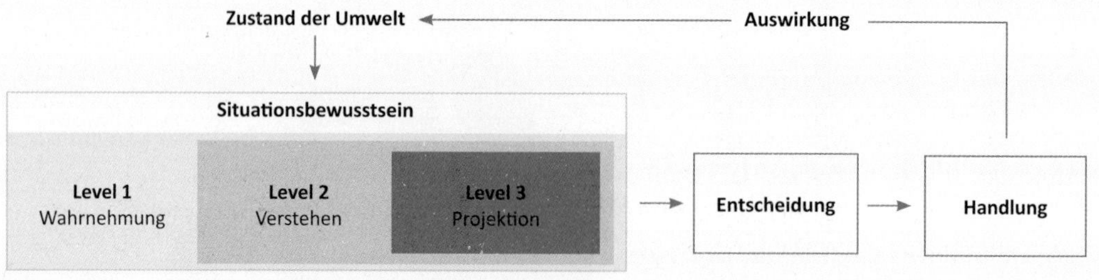


**Abb. 5** Situationsbewusstsein nach (Fischer 2016)

Entscheidung für die eine bestimmte Handlung und setzt diese um. Dieses Handeln des Menschen wirkt sich wiederum auf den Zustand der Umwelt aus und schließt damit den Regelkreis (Abb. 5).

Das Modell von Endsley erfasst gegenüber dem vereinfachten Modell von Fischer (2016) Faktoren, welche die verschiedenen Schritte des Regelkreises und insbesondere die drei Schritte des Situationsbewusstseins beeinflussen. Diese sind die Aufgabe, die Systemfaktoren sowie die individuellen Faktoren, wobei diese u. a. von Wissen, Erfahrung, Training und Fähigkeiten des Menschen beeinflusst werden.

Wie sich die Erfahrung des Menschen, z. B. durch gezieltes Training, auf sein Verhalten bei der Aufgabenbearbeitung auswirkt, zeigt Abb. 6 auf.

Nimmt der Mensch über seine Sensorik Reize aus der Umwelt war, so wird er, wenn er eine solche Situation noch nie erlebt hat, mittels seines Wissens aktiv das Problem lösen. Dies erfordert das ein- bis mehrmalige Durchlaufen des Regelkreises nach Fischer bzw. Endsley (siehe Abb. 5). Ist die Situation nicht neu, so hat der Mensch bereits Regeln und damit Verhaltensmuster verfügbar, die er anwenden kann. Ist dem Menschen eine bestimmte Situation bereits sehr geläufig, weil er sie schon häufig erlebt und bewältigt hat, kann er hierfür stereotype Handlungen abrufen. Je umfänglicher das Training und damit die Erfahrung des

hoch ← **Training** ← gering

| **Fähigkeitsbasierte Ebene** *Skill-level* | **Regelbasierte Ebene** *Rule-level* | **Wissensbasierte Ebene** *Knowledge-level* |
|---|---|---|
| • automatische Handlung<br>• unbewusstes Verhalten<br>• Reize werden erkannt und eine stereotypische Handlung ausgeführt | • bewusstes Verhalten bei bekannten Situationen<br>• bestimmte Handlungsregeln<br>• Reize werden zu Gedächtnisinhalten zugeordnet, in denen Regeln für die Aufgaben gespeichert sind | • Verhalten in unbekannten Situationen<br>• Keine Regeln verfügbar<br>• Aktive Problemlösung |

**Abb. 6** Die drei Verhaltensebenen des Menschen, angelehnt an (Rasmussen 1983)

Menschen bei der Bewältigung einer Situation, desto schneller kann er in dieser handeln.

## 24.3 Gestaltungssystematik für Mensch-Maschine-Systeme

Die Gestaltung eines Mensch-Maschine-Systems ist als dessen Entwurf zu verstehen und hat die Optimierung seiner Leistung unter Einhaltung von Zuverlässigkeits-, Sicherheits- und Kostengrenzen zum Ziel. Die Gestaltung eines Systems ist ein rückgekoppelter, mehrschleifiger Prozess und umfasst folgende Schritte:

(1) Präzisierung der Aufgabe des Mensch-Maschine-Systems
(2) Aufgabenanalyse mit bestmöglicher Aufgabenteilung zwischen Mensch und Maschine
(3) Unterstützung der Wahrnehmung, Kognition und Motorik des Menschen,
(4) Optimierung der Systemleistung durch Automatisierung,
(5) Optimierung der Systemleistung durch Training des Menschen.

**Präzisierung der Aufgabe, Aufgabenanalyse und -teilung**
Eine Aufgabe dient immer dazu, ein bestimmtes Ziel zu erreichen und umfasst i. d. R. eine Menge von Tätigkeiten bzw. Teilaufgaben. Um eine gute Aufgabenteilung zwischen Mensch und Maschine zu erreichen, muss zuerst die Aufgabe einschließlich ihrer Bearbeitungsstruktur und den dazugehörigen Teilaufgaben bekannt sein. Damit ist eine Zuordnung der Teilaufgaben zu Mensch oder Maschine möglich, indem automatisierbare Aufgaben (einschließlich evtl. Assistenz) soweit sinnvoll der Maschine bzw. dem Computer zugeordnet werden und der Mensch alle anderen Aufgaben übernimmt. Welche der automatisierbaren Aufgaben von der Maschine bzw. dem Computer übernommen werden und welche der Mensch übernimmt hängt maßgeblich von Zuverlässigkeits-, Sicherheits- und Kostenaspekten ab.

Voraussetzung für die Analyse der Aufgabe ist, dass die betroffenen Stakeholder (Interessensgruppen) und die Systemdesigner dasselbe Verständnis für die Aufgabe und ihre Bearbeitung durch Teilaufgaben haben. Dies erfordert eine Aufgabenbeschreibung, die von allen Betroffenen gut verstanden wird. Zudem muss die Aufgabenbeschreibung eine Grundlage für die Aufteilung der Teilaufgaben zwischen Mensch und Maschine bzw. Computer liefern. Einen Überblick über mögliche Methoden zur Aufgabenbeschreibung gibt (Peinsipp-Byma 2007).

Zwei Methoden, die sich hierfür gut eignen, sind die Hierarchische Aufgabenanalyse (Hierarchical Task Analysis, HTA) und die Aktivitätsdiagramme der Unified Modelling Language (UML). Beide liefern eine strukturierte grafische Aufgabenbeschreibung, sind einfach umzusetzen und ihre Notation ist gut zu verstehen. Damit liefern sie eine gute Basis für das Systemdesign.

Die (HTA) wurde in den 90er-Jahren von Lon Barfield erfunden und bietet die Möglichkeit, eine Aufgabe hierarchisch in ihre Teilaufgaben zu untergliedern. Das Ergebnis ist ein grafisch visualisierter Baum, dessen Knoten und Blätter die Teilaufgaben umfassen. Die Bearbeitungsreihenfolge erfolgt über Regeln, die den jeweiligen Blättern und Knoten zugeordnet sind.

Die Unified Modelling Language (UML) wurde in den 90er-Jahren von Rumbaugh, Jacobson und Booch entwickelt und wird seither für die Entwicklung softwareintensiver Systeme weltweit genutzt. Die UML bietet verschiedene Diagrammformen, unter anderem die Aktivitätsdiagramme, womit sich Arbeitsabläufe beschreiben lassen. Die Notation der Aktivitätsdiagramme umfasst Aktivitäten (entsprechen Tätigkeiten bzw. Teilaufgaben), welche über gerichtete Kanten miteinander verbunden sind. Dadurch wird die Bearbeitungsreihenfolge angezeigt. Für UML-Aktivitätsdiagramme stehen viele verschiedene Typen an Kontrollknoten zur Verfügung (z. B. Gabelung, Synchronisation, Entscheidung), sodass alle erdenklichen Ablaufmöglichkeiten beschrieben werden können. Zudem kann eine Aktivität wiederum ein ganzes Aktivitätsdiagramm repräsentieren, sodass es möglich ist, Aufgaben vom großen Gesamtbild bis hin zu kleinen detaillierten Arbeitsabläufen hin hierarchisch zu beschreiben.

### Unterstützung der Wahrnehmung, Kognition und Motorik des Menschen

Damit der Mensch die ihm zugeordneten Teilaufgaben bestmöglich bearbeiten kann, ist es erforderlich, die Mensch-Maschine-Schnittstelle hinsichtlich der Wahrnehmung und Kognition des Menschen zu optimieren. Dies umfasst u. a. die Berücksichtigung des Auflösungsvermögens der Sinnesorgane und das Verhältnis von Nutz- zu Störinformation in Bezug auf die erwarteten Aufgaben bzw. Situation. Tab. 1 gibt einen Überblick über die verschiedenen Gestaltungsbereiche eines Technischen Systems und der jeweiligen Gestaltungsaufgaben.

Ebenfalls großen Einfluss auf die Gestaltung der Mensch-Maschine-Schnittstelle haben die Kodierung und Organisation der Informationsdarstellung. Tab. 2 gibt einen Überblick, wann eine optische und wann eine akustische Informationspräsentation gewählt werden sollte.

### Optimierung der Systemleistung durch Automatisierung

Zur Optimierung der Systemleistung kann durch Automatisierung die Belastung des Menschen und damit einhergehend seine Beanspruchung reduziert werden. Dies kann erfolgen, indem Assistenten oder Automaten dem Menschen Aufgaben abnehmen. Im Rahmen der Automatisierung besteht teilweise auch das Bestreben, den Menschen vollständig aus dem Prozess der Aufgabenbearbeitung zu eliminieren. Damit haben sich folgende Automatisierungsgrade etabliert, wie sie in Abb. 7 am Beispiel Fahren dargestellt werden: manuel (Driver Only), assistiert, teilautomatisiert, hochautomatisiert, vollautomatisiert und fahrerlos, wobei die fünfte Stufe mit dem Aufgabenbereich Fahren eingeführt wurde. In anderen Anwendungsbereichen, z. B. Produktion, wird i. d. R. nur zwischen den ersten fünf Stufen (0–4) differenziert.

**Tab. 1** Systematik zur Gestaltung der Mensch-Maschine-Schnittstelle nach (Geiser 1990)

| | Gestaltungsbereiche eines Technischen Systems | | |
|---|---|---|---|
| Gestaltungsaufgaben | Eingabeelemente | Dialog | Anzeigeelemente |
| **Anpassung an Motorik und Sensorik** | Eingabeparameter | Motorische und sensorische Anforderungen | Anzeigeparameter |
| **Codierung der Information** | Eingabemodalität und – code | Eingabe- und Anzeigemodalitäten und – codes | Anzeigemodalität und – code |
| **Organisation der Information** | Struktur der Eingabeelemente | Benutzerführung | Struktur der Anzeigeelemente |

**Tab. 2** Organisationsformen bei Anzeigen nach (Geiser 1973)

| | Optisch | Akustisch |
|---|---|---|
| **Nachrichtenmenge** | umfangreich | klein |
| **Komplexität der Nachrichten** | hoch | gering |
| **Länge der Nachrichten** | groß | klein |
| **Art der Nachrichten** | örtlich/zeitlich diskret/kontinuierlich | zeitlich/diskret |
| **Nachrichtennutzung** | mehrmals | einmalig |
| **Nachrichtenannahme** | beliebig | sofort |
| **Nachrichtendarstellung** | simultan/sequenziell | Sequenziell |
| **Beobachter-Standort** | fixiert | variabel |
| **Nachrichtenübermittlung** | Einzelperson/Gruppe | Gruppe |
| **Langzeitauffälligkeit** | gering | hoch |
| **Platzbedarf** | im Blickfeld | – |
| **Umgebungslärm/-licht** | hoch/niedrig | niedrig/hoch |

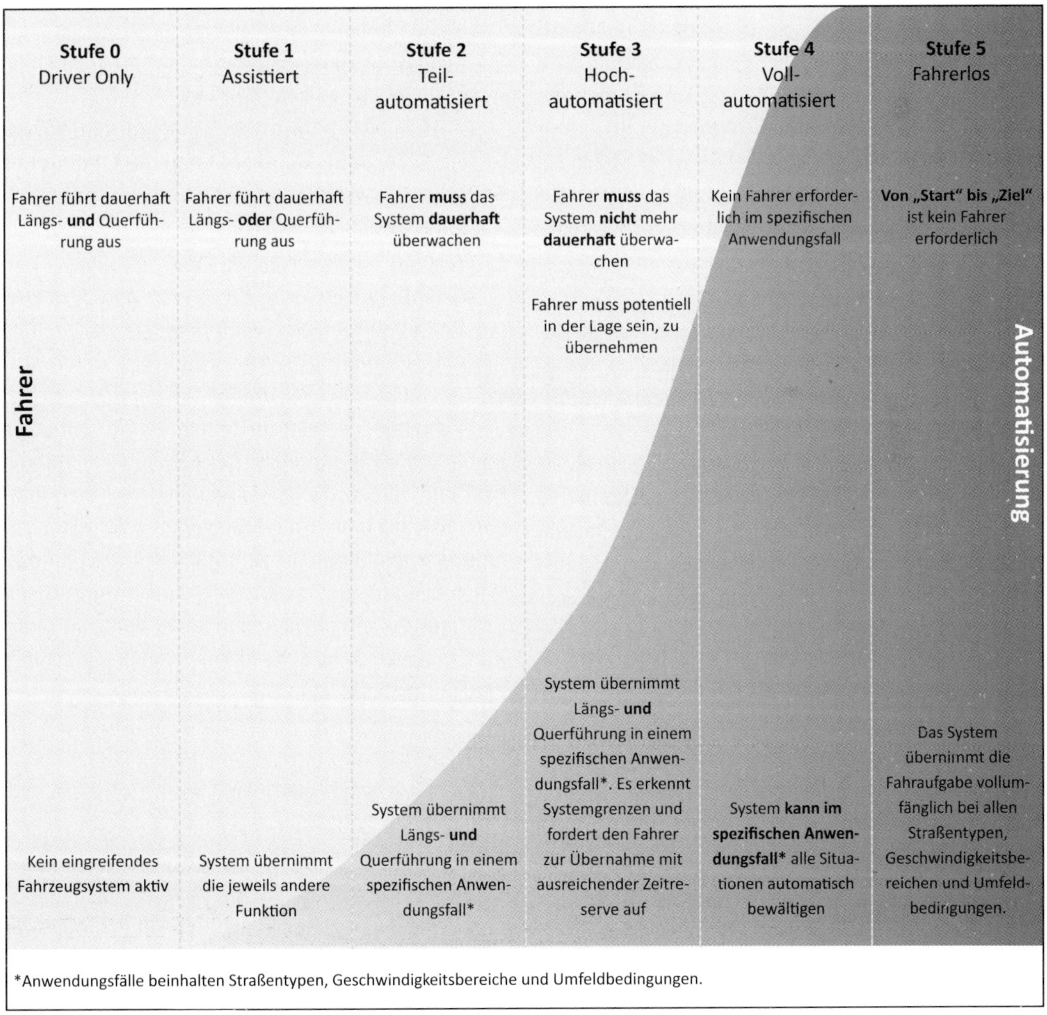


**Abb. 7** Stufen der Automatisierung entsprechend VDA (Verband der Automobilindustrie e. V.)

**Optimierung der Systemleistung durch Training des Menschen**

Die Optimierung der Leistung des Menschen und damit einhergehend des Gesamtsystems kann durch ein Training des Menschen erzielt werden. Dies macht bereits das 3-Ebenen-Verhaltensmodell von (Rasmussen 1983) deutlich. Training reduziert die Beanspruchung des Menschen und kann durch verschiedene Lernmechanismen erreicht werden:

- *Belehrung* (Vormachen)
- *Analogieschluss*
- *Entdeckung*
- *Experimentieren*
- *Accretion* (Angliederung neuen Wissens an bestehende Gedächtnis-Schemata)
- *Strukturierung* (Aufbau neuer Schemata und deren assoziative Verankerung in bestehenden Wissensstrukturen oder Rekonzeptualisierung vorhandener Erfahrung. Diese Art des Lernens erfordert die meiste Anstrengung.)
- *Tuning* (Effiziente Anwendung vorhandener Wissensstrukturen durch lange Übung)

Der Erwerb einer Fähigkeit bis zum Niveau der fähigkeitsbasierten Ebene erfordert lange Übung. Dies gilt für manuelle Fertigkeiten ebenso wie für mentale Aufgaben.

Kann das Training des Menschen nicht am Realsystem erfolgen, so stellt Simulation eine Alternative dar. Dazu werden die Maschine und die Schnittstelle einschließlich der Ereignismengen/-folgen nachbildet und so ein gefahrloses Training mit objektiver Leistungsbestimmung ermöglicht.

## 24.4 Qualitative Gestaltungsregeln, insbesondere Richtlinien und Normen

Die Anwendung der im vorigen Abschnitt beschriebenen Gestaltungssystematik für Mensch-Maschine-Systeme kann sowohl durch qualitative Gestaltungsregeln als auch durch Normen unterstützt werden. Elementare Hinweise geben die folgenden Gestaltungsgrundregeln, angelehnt an die Gestaltungsregeln für Mensch-Maschine-Schnittstellen nach Syrbe (1970).

1. *Beachte die Eigenschaften der Sinnesorgane*
   (z. B. Gesichtsfeld, Sehschärfe, Hörfläche, Zeitauflösung)
2. *Wähle die Darstellungsform aufgabenabhängig*
   (z. B. für detaillierten Informationsbedarf Darstellung von Informationsdetails, für Übersichtsdarstellung geringe Informationstiefe)
3. *Wähle eine der Aufgabe entsprechende Informationseingabe*
   (z. B. Maus, Tastatur, Touch, Gesten, Sprache)
4. *Vermeide hinsichtlich der Aufgabenstellung unnütze Information darzustellen*
   (sogenannte Störinformation, z. B. Dauermeldungen hoher Auffälligkeit wie Blinken)
5. *Beachte die unbewusste Aufmerksamkeitssteuerung des Menschen*
   (z. B. in der Natur übliche Gefahrenrelevanz wie Bewegung, Blinken, kritische Geräusche)
6. *Beachte populationsstereotype Erwartungen*
   (z. B. Rot als Warnfarbe)
7. *Gestalte zusammengehörige Anzeige- und Bedienelemente auffällig gleich und nicht zusammengehörige besonders ungleich*
   (z. B. Farbe, Form, Anordnung).

Während diese sieben Regeln im Wesentlichen durch anthropotechnische Betrachtungen motiviert sind und mithin die Beschränktheit der menschlichen Wahrnehmung und Interaktionsfähigkeit zugrunde legen, fußen die acht goldenen Regeln nach (Shneiderman und Plaisant 2009) empirisch auf Erfahrungen von Nutzern und auf deren Wünschen. Zudem beziehen sich die sieben Regeln nach Syrbe ganz allgemein auf Mensch-Maschine-Systeme, wohingegen die acht goldenen Regeln speziell auf Bildschirmarbeitsplätze zugeschnitten sind.

Die acht goldenen Regeln nach (Shneiderman und Plaisant 2009) lauten:

1. Strebe Konsistenz an
   Verwende übereinstimmende Aktionsfolgen in ähnlichen Situationen, identische Terminologie in Kommandozeilen, Anzeigen, Menüs und Hilfefenstern sowie durchweg konsistente Kommandos.

2. Ermögliche häufigen Nutzern Kurzkommandos
   Bei häufiger Nutzung entsteht der Wunsch, die Zahl der Interaktionsschritte zu verringern. Abkürzungen, Funktionstasten, verdeckte Kommandos und Makrogenerierung sind für den geübten Nutzer sehr hilfreich.
3. Biete informative Rückmeldungen an
   Auf jede Benutzeraktion sollte eine Rückmeldung des Systems erfolgen. Während für häufige und weniger wichtige Aktionen die Rückmeldung moderat ausfallen kann, sollte für seltene und wichtige Aktionen die Rückmeldung entsprechend gewichtiger sein.
4. Entwerfe Dialoge mit einem gezielten Ende
   Interaktionssequenzen sollten in Beginn, Mittelteil und Ende aufgeteilt sein. Die informative Rückmeldung nach Abschluss eines Abschnittes gibt dem Nutzer das Gefühl, ein Etappenziel erreicht zu haben. Es erleichtert ihn, er kann Alternativpläne und Optionen aus seinem Gedächtnis streichen und sie signalisiert ihm, dass der Weg frei ist, sich auf den nächsten Interaktionsabschnitt vorzubereiten.
5. Biete eine einfache Fehlerbehandlung
   Entwerfe soweit als möglich ein System so, dass der Nutzer keine schwerwiegenden Fehler machen kann. Wurde ein Fehler gemacht, sollte das System diesen erkennen und eine einfache verständliche Vorgehensweise zu Behandlung des Fehlers anbieten.
6. Erlaube eine einfache Handlungsumkehrung
   Diese Eigenschaft nimmt die Sorge vor Fehlbedienungen, da der Nutzer weiß, dass er diese wieder rückgängig machen könnte. Das ermutigt zum Erkunden bislang nicht vertrauter Optionen. Die Möglichkeit Aktionen rückgängig zu machen, kann sich auf einzelne Schritte, Dateneingaben oder auf komplette Gruppen von Aktionen erstrecken.
7. Lokalisiere die Kontrolle beim Nutzer
   Erfahrene Nutzer wünschen das Gefühl zu haben, dass das System auf ihre Eingaben reagiert, dass sie das System dominieren. Entwerfe das System so, dass der Nutzer Initiator von Aktionen ist anstatt ihn auf Aktionen des Systems reagieren zu lassen. Vermittle dem Nutzer das Gefühl, die Kontrolle über das System zu haben.
8. Reduziere die Belastung des Kurzzeitgedächtnisses
   Die Grenzen der menschlichen Informationsverarbeitungsfähigkeiten im Kurzzeitgedächtnis erfordert, dass Anzeigen einfach gehalten, mehrseitige Anzeigen zusammengelegt und Fensterbewegungen reduziert werden. Für das Training von Codes, mnemonischen Bezeichnungen und Aktionsfolgen muss genügend Zeit vorgesehen werden.

Beide Regelsätze ergänzen sich sinnvoll, indem sie in teils komplementärer Weise notwendige und sinnvolle Forderungen für den Entwurf von Mensch-Maschine-Schnittstellen festlegen.

Weitere Gestaltungsregeln für die Mensch-Maschine-Interaktion bieten folgende Normen:

- DIN EN ISO 6385: Grundsätze der Ergonomie für die Gestaltung von Arbeitssystemen
- ISO 10 075: Ergonomische Grundlagen bezüglich psychischer Arbeitsbelastung
- VDI 4006: Menschliche Zuverlässigkeit, Methoden zur quantitativen Bewertung
- VDI/VDE 3699: Prozessführung mit Bildschirmen
- ISO 9214: Ergonomie für die Mensch-Maschine-Interaktion

Dabei umfasst insbesondere die ISO 9241 mit dem Titel *„Ergonomie der Mensch-System-Interaktion"* besonders umfängliche Hinweise zur Gestaltung der Arbeitsumgebung sowie der damit einhergehenden Auswahl an Hardware und Software. Ziel der ISO 9241 ist, gesundheitliche Schäden beim Arbeiten am Bildschirmarbeitsplatz zu vermeiden und dem Benutzer die Ausführung seiner Aufgabe zu erleichtern, wobei die Norm sowohl bei der Gestaltung als auch bei der Bewertung interaktiver Systeme Unterstützung bietet.

Die ISO 9241 umfasst sehr viele Teile, wobei sich folgende Teile auf allgemeine Informationen und Anforderungen beziehen:

- Teil 1: Allgemeine Einführung
- Teil 2: Anforderungen an die Arbeitsaufgaben – Leitsätze
- Teil 11: Anforderungen an die Gebrauchstauglichkeit – Leitsätze
- Teil 210: Prozess zur Gestaltung gebrauchstauglicher interaktiver Systeme
- Teil 5: Anforderungen an die Arbeitsplatzgestaltung und Körperhaltung
- Teil 6: Anforderungen an die Arbeitsumgebung

Folgende Teile umfassen Anforderungen an den Dialog zwischen Mensch und Maschine:

- Teil 110: Grundsätze der Dialoggestaltung
- Teil 12: Informationsdarstellung
- Teil 13: Benutzerführung
- Teil 14: Dialogführung mittels Menüs
- Teil 15: Dialogführung mittels Kommandosprachen
- Teil 16: Dialogführung mittels direkter Manipulation
- Teil 17: Dialogführung mittels Bildschirmformularen
- Teil 143: Formulardialoge
- Teil 151: Leitlinien zur Gestaltung von Benutzungsschnittstellen für das World Wide Web

Folgende Teile umfassen Anforderungen an optische Anzeigen:

- Teil 3: Anforderungen an visuelle Anzeigen
- Teil 300: Einführung in Anforderungen und Messtechniken für elektronische optische Anzeigen
- Teil 302: Terminologie für elektronische optische Anzeigen
- Teil 303: Anforderungen an elektronische optische Anzeigen
- Teil 304: Prüfverfahren zur Benutzerleistung für elektronische optische Anzeigen
- Teil 305: Optische Laborprüfverfahren für elektronische optische Anzeigen
- Teil 306: Vor-Ort-Bewertungsverfahren für elektronische optische Anzeigen
- Teil 307: Analyse und Konformitätsverfahren für elektronische optische Anzeigen

Folgende Teile umfassen Anforderungen an physikalische Eingabegeräte:

- Teil 4: Anforderungen an Tastaturen
- Teil 9: Anforderungen an Eingabegeräte – ausgenommen Tastaturen
- Teil 400: Grundsätze und Anforderungen für physikalische Eingabegeräte
- Teil 410: Gestaltungskriterien für physikalische Eingabegeräte
- Teil 420: Auswahlmethoden für physikalische Eingabegeräte

Drei zentrale Teile der ISO 9241 sind die Teile 110, 11 und 210. Im Teil 110 werden folgende sieben Grundsätze für die Bewertung und Dialoges aufgeführt und definiert.

- Aufgabenangemessenheit
- Selbstbeschreibungsfähigkeit
- Steuerbarkeit
- Erwartungskonformität
- Fehlertoleranz
- Individualisierbarkeit
- Lernförderlichkeit

Ergänzend werden dem Leser Empfehlungen zur Umsetzung und Anwendungsbeispiele angeboten.

Im Teil 11 wird der Begriff Gebrauchstauglichkeit (Usability) definiert, welcher die Aspekte Effektivität, Effizienz und Zufriedenstellung umfasst. Neben der Definition der Begriffe umfasst der Teil 11 Hinweise, wie die unterschiedlichen Aspekte für ein System gemessen bzw. erfasst werden können.

Der Teil 210 geht auf den Prozess zur Gestaltung gebrauchstauglicher interaktiver Systeme ein. Dabei werden die Prozessschritte erläutert (siehe Abb. 8), nicht aber die Methoden, mit welchen die einzelnen Schritte umgesetzt werden können.

Zudem wurde in den Teil 210 der Begriff *User Experience* aufgenommen. Damit wurde der Begriff der *Usability* (Gebrauchstauglichkeit) um den hedonischen Aspekt der Systembetrachtung erweitert. Damit wird dem Rechnung getragen, dass für die Einstellung gegenüber einem interaktiven System nicht nur dessen Gebrauchstauglich-

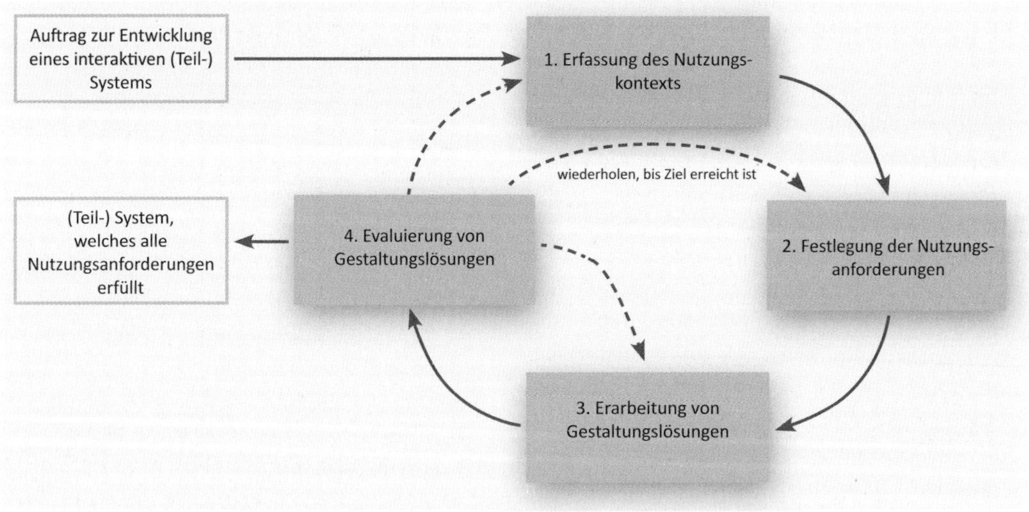


**Abb. 8** Prozess zur Gestaltung gebrauchstauglicher interaktiver Systeme, angelehnt an die Norm ISO 9241, Teil 210

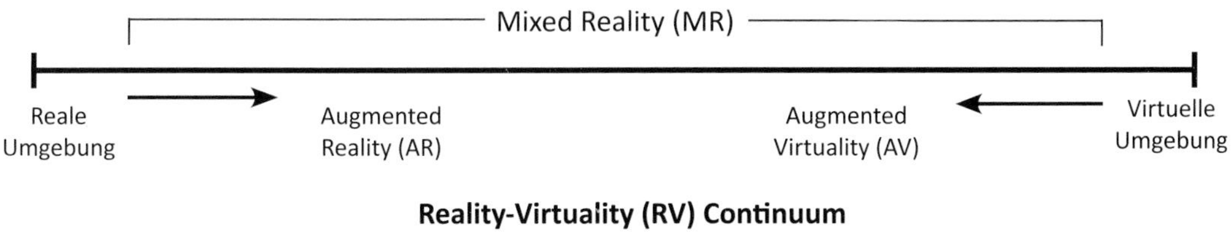


**Abb. 9** Reality-Virtuality Continuum nach (Milgram und Kishino 1994)

keit, sondern auch Aspekte wir der Markenname, die bereits gemachte Erfahrung mit ähnlichen Systemen und andere Vorerfahrungen eine Rolle spielen und damit den Kauf- bzw. Nutzungswunsch von Menschen beeinflussen.

## 24.5 Informationsdarstellung durch Virtual Reality und Augmented Reality

Die Schnittstelle eines Mensch-Maschine-Systems beruht auf einem Informationsaustausch, der durch die Schnittstellengeräte zur Informationseingabe und -ausgabe bestimmt wird. Dabei ist der Grad, wie viele und welche Daten aus der Realwelt und welche basierend auf einer künstlichen Generierung von Information durch das Computer-System in die Informationsdarstellung einfließen, variabel und stark abhängig von der jeweiligen Anwendung. Mixed Reality (MR) beschreibt den Übergang zwischen den beiden Extrempunkten einer vollständig realen und einer vollständig virtuellen, synthetisch erzeugten Umgebung (Abb. 9).

Augmented Reality (AR) entfernt sich von der Realität, indem es virtuelle, also künstlich und vom Computer generierte Inhalte in die reale Umgebung einbettet. Die so entstehende, wortwörtlich übersetzt *vergrößerte Realität* bietet die Möglichkeit, virtuell generierte Informationen in Bezug zur Echtwelt zu stellen. Bei Augmented Virtuality (AV) fließen in die virtuelle Umgebung Informationen aus der Realität ein. Die immersive Technologie Virtual Reality (VR) lässt sich daher der AV zuordnen, weil sie einen Bezug zwischen der synthetisch erzeugten Welt mit der Position des Benutzers oder Objekten aus der Realität herstellt.

Heim definiert VR über die drei I's (Heim 2000):

- *Interaktion*
  beschreibt die Fähigkeit, Nutzereingaben zu erkennen und die virtuelle Welt entsprechend in Echtzeit zu ändern (Nalbant und Bostan 2006). Dazu gehören Navigation in der virtuellen Welt und die Manipulation von Objekten.
- *Immersion*
  beschreibt das Gefühl, ein Teil der virtuellen Welt zu sein. Je größer der Immersionsgrad, desto stärker taucht der Mensch in die virtuelle Welt ein. Immersion wird erzielt, indem möglichst viele Sinne des Menschen getäuscht werden.
- *Informationsintensität*
  stellt den Wissenstransfer der virtuellen Welt an den Benutzer dar (Nalbant und Bostan 2006).

Kerntechnologien für VR sind optische, akustische und haptische Displays, die für Immersion sorgen und widersprüchliche Informationen aus der realen Welt ausblenden (Brooks 1999). Hinzu kommt ein Tracking-System, das die Position und Orientierung von Kopf und Extremitäten kontinuierlich bestimmt. Die Freiheitsgrade eines Systems, *Degrees of Freedom* (DOF), tragen dabei maßgeblich zur erfahrbaren Immersion und den Einsatzmöglichkeiten bei. Ein System mit 3-DOF erlaubt es, mittels Lage- und Beschleunigungssensorik die Rotation des Kopfes zu ermitteln und ermöglicht das Umsehen in der virtuellen Welt. 6-DOF Systeme erlauben, zusätzlich zur Rotation die Bewegung des Benutzers zu erfassen. Dieser kann nun umhergehen und so die virtuelle Welt erkunden. Das komplexere 6-DOF Tracking arbeitet Outside-In (mit externer Sensorik) oder Inside-Out (Sensorik integriert am Körper des Benutzers) und verwendet meist Infrarotkameras, Time-of-Flight Sensoren oder das Lighthouse-Tracking System (Valve Cooperation 2016).

Die Einsatzgebiete für VR sind u. a.:

- Visualisierung von komplexen Datenmengen zur interaktiven Erkundung (de Haan et al. 2006),
- Design und Prototyping im 3D-Kontext,
- virtuelles Training und Ausbildung (Dengzhe et al. 2011) und
- Kollaboration mehrerer Benutzer, welche lokal oder räumlich entfernt voneinander arbeiten, im virtuellen Raum (Hoppe et al. 2018).

Während die totale Immersion den Benutzer in VR vollständig in die virtuelle Welt eintauchen lässt, erlaubt AR die wahrgenommene, reale Welt durch zusätzliche Sinneseinflüsse zu erweitern. AR stützt sich dabei auf ähnliche Konzepte wie VR. Daher sind Definitionen und Einsatzgebiete teilweise zwischen den Technologien übertragbar. Auch ist eine Zusammenarbeit mehrerer Benutzer mit den unterschiedlichen Technologien AR und VR möglich.

Azuma beschreibt in AR als eine Ergänzung der Realität, welche die folgenden drei Charakteristiken aufweist (Azuma 1997):

- Kombination von Realem und Virtuellem,
- Interaktivität in Echtzeit und
- die Registrierung in 3D.

Für die Visualisierung kopfgetragener AR Systeme, sog. AR-*Head Mounted Displays* (HMD), lässt sich zwischen zwei Darstellungsformen unterscheiden: *Video* und *optical see-through* (siehe Abb. 10 und 11).

Bei video see-through wird eine Kamera verwendet, welche die reale Szene aufnimmt. Durch die Zusammensetzung von realem Bild und virtuellen Inhalten wird die AR dann auf einem optischen Display dargestellt. Bei optical see-through Systemen werden die virtuellen Inhalte durch ein transparentes Display der Realwelt überlagert. Auch der Einsatz eines Lasers, welcher die Bilder direkt auf die Retina projiziert, ist möglich. Zusätzlich zu den HMD können auch Projektoren eingesetzt werden, um die virtuellen Inhalte direkt in die reale Welt einzubetten, das sog. *Spatial AR* (Dörner et al. 2014; Bimber und Ramesh 2005).

## 24.6 Intelligente Umgebungen durch Ambient Intelligence

Unter Ambient Intelligence versteht man Systeme, die auf die Anwesenheit von Personen und deren Verhalten reagieren. Dies steht im Gegen-

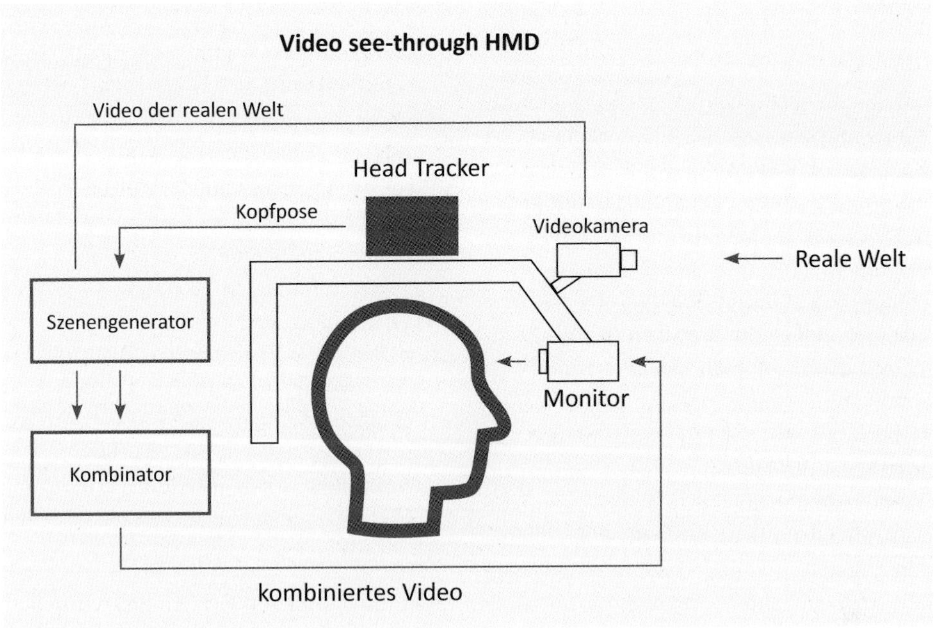


**Abb. 10** Video see-through nach (Azuma 1997)

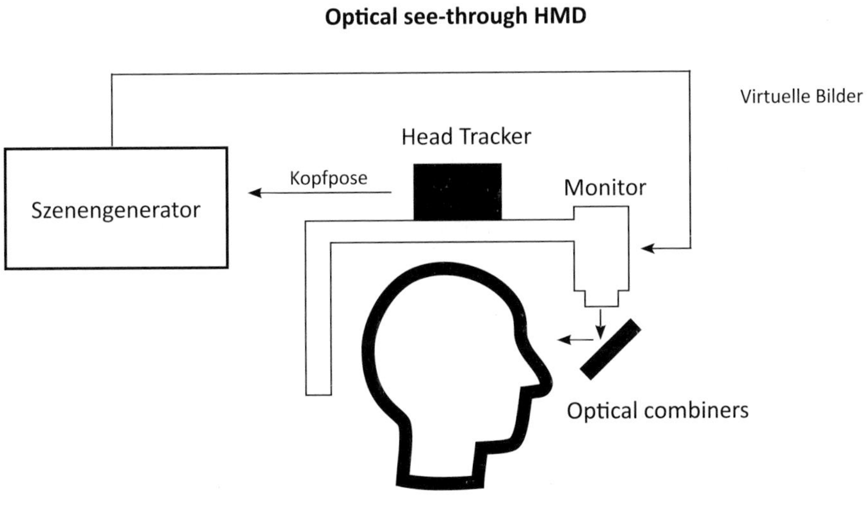


**Abb. 11** Optical see-through nach (Azuma 1997)

satz zu heute üblichen Mensch-Maschine Schnittstellen, die eine aktive Interaktion des Nutzers voraussetzen. Um dieses Ziel zu erreichen und die Nutzerintention ohne dessen Intervention abzuleiten ist die Integration von Sensoren, die Vernetzung verschiedener Geräte und eine entsprechende Datenauswertung erforderlich.

Ein bereits umsetzbarer Anwendungsfall hierfür ist das vernetzte Smart Home. Die grundsätzlich notwendige Funktionalität, um viele Anwendungen umzusetzen ist dabei die zuverlässige Erfassung der Anwesenheit der Personen im Haushalt oder in einzelnen Räumen. Hierfür kann beispielsweise das Smartphone von Personen in der Wohnung über WLAN (Wireless Lokal Area Network) oder Bluetooth erfasst werden (Alhamoud et al. 2014). Wird eine genauere Positionsbestimmung notwendig, können aber auch Bewegungsmelder oder sogar Trackingverfahren mit Kameras zum Einsatz kommen (Voit et al. 2013). Hierdurch können Gewohnheiten und Tagesabläufe gelernt werden, um z. B. die Heizungssteuerung, die Beleuchtung oder den Einsatz eines Staubsaugerroboters zu optimieren.

Ein weiterer Anwendungsfall ist das Fahrzeug der Zukunft. Mit der fortschreitenden Automatisierung der Fahraufgabe ergeben sich verschiedene Herausforderungen. Der Komfort und die Sicherheit während der Fahrt stehen hierbei im Fokus. Bei teilautomatisierten Fahrzeugen, die nicht in allen Fällen selbstständig die Fahraufgabe erledigen können, ist an Systemgrenzen eine Übergabe an den Fahrer notwendig. Um diese Übergabe sicher zu gestalten ist der Zustand des Fahrers ausschlaggebend. Unterschiedliche Nebentätigkeiten wirken sich stark auf die Übernahmezeit aus und können zur Planung mit beachtet werden (Ludwig et al. 2018). Zur Erfassung dieser Nebentätigkeiten eignen sich zum Beispiel Kameras. Über die Erfassung der Körperhaltung des Fahrers und von Umgebungsobjekten kann z. B. bestimmt werden, wo sich die Hände im Fahrzeuginnenraum befinden, um damit abzuschätzen, wie lange es dauert, bis der Fahrer das Lenkrad greifen kann (Martin et al. 2017). Es kann aber auch auf die Nebentätigkeit des Fahrers, wie zum Beispiel das Telefonieren mit dem Smartphone, geschlossen werden (Martin et al. 2018) was wiederum zur Adaption verschiedener Sicherheitssysteme während der automatisierten Fahrt genutzt werden kann.

## Literatur


Alhamoud A, Nair AA, Gottron C, Böhnstedt D, Steinmetz R (2014) Presence detection, identification and tracking in smart homes utilizing bluetooth enabled smartphones. In: Local computer networks workshops (LCN workshops). IEEE, Piscataway

Azuma RT (1997) A survey of augmented reality. Presence Teleop Virt 6(4):355–385

Bimber O, Ramesh R (2005) Spatial augmented reality: merging real and virtual worlds. AK Peters/CRC Press, Wellesley

Brooks FP (1999) What's real about virtual reality? IEEE Comput Graph Appl:16–27

Butz A, Krüger A (2017) Mensch-Maschine-Interaktion. de Gruyter/Oldenbourg, München: de Gruyter Oldenbourg

Card S, Moran T, Newell A (1986) The model uman processor – an engineering model of uman performance. Handbook of perception and human performance. In: Boff KR, Kaufman L, Thomas JP (Hrsg) Handbook of perception and human performance, Vol. 2. Cognitive processes and performance. Wiley, Oxford, S 1–35

Dengzhe M, Gausemeier J, Xiumin F, Grafe M (2011) Virtual reality & Augmented reality in industry. Verlag Berlin, Heidelberg

Dörner R, Broll W, Grimm P, Jung B (2014) Virtual und augmented reality (VR/AR): Grundlagen und Methoden der Virtuellen und Augmentierten Realität. Springer, Berlin/Heidelberg

Eberle E, Streitz NA (1987) Denken oder Handeln: Zur Wirkung von Dialogkomlexität und Handlungsspielraum auf die mentale Belastung. In: Schlönpflug W, Witterstock M (Hrsg) Software-Ergonomie ‚87' Nützen Informationssysteme dem Benutzer? Springer, Stuttgart, S 317–326

Fischer Y (2016) Wissensbasierte probabilistische Modellierung für die Situationsanalyse am Beispiel der maritimen Domäne In: Beyerer J (Hrsg) Karlsruher Schriften zur Anthropomatik, Bd 23. KIT Scientific Publishing

Geiser G (1973) Zur Auffälligkeit optischer Muster, Dissertation an der Fakultät für Elektrotechnik der Universität Karlsruhe (TH). Karlsruhe

Geiser G (1990) Mensch-Maschine-Kommunikation. Oldenbourg, München

Geisler J (2006) Leistung des Menschen am Bildschirmarbeitsplatz: Das Kurzzeitgedächtnis als Schranke menschlicher Belastbarkeit in der Konkurrenz von Arbeitsaufgabe und Systembedienung. In: Beyerer J (Hrsg) Karlsruher Schriften zur Anthropomatik, Bd 3. Universitätsverlag, Karlsruhe

Haan G de, Griffith EJ, Koutek M, Post FH (2006) Hybrid interfaces in VEs: intent and interaction, ACM Digital Library

Heim M (2000) Virtual realism. Oxford University Press, New York

Hoppe A, Reeb F, Camp F, Stiefelhagen R (2018) Capability for collision avoidance of different user avatars in virtual reality. In: International conference on human-computer interaction. Springer, S 273–279

Ludwig J, Martin M, Horne M, Flad M, Voit M, Stiefelhagen R, Hohmann S (2018) Driver observation and shared vehicle control: supporting the driver on the way back into the control loop. at – Automatisierungstechnik 66(2):146–159

Martin M, Stuehmer S, Voit M, Stiefelhagen R (2017) Real time driver body pose estimation for novel assistance systems In: International conference on intelligent transportation systems (ITSC). IEEE, Piscataway

Martin M, Popp J, Anneken M, Voit M, Stiefelhagen R (2018) Body pose and context information for driver secondary task detection, IEEE intelligent vehicles symposium (IV)

Milgram P, Kishino F (1994) A taxonomy of mixed reality visual displays. IEICE Trans Inf Syst 77(12): 1321–1329

Nalbant G, Bostan B (2006) Interaction in virtual reality, 4th international symposium of interactive medial design (ISIMD)

Peinsipp-Byma E (2007) Leistungserhöhung durch Assistenz in interaktiven Systemen zur Szenenanalyse. In: Beyerer J (Hrsg) Karlsruher Schriften zur Anthropomatik, Bd 2. Universitätsverlag, Karlsruhe

Rasmussen J (1983) Skills, rules, and knowledge; signals, signs, and symbols, and other distinctions. Hum Perform Models, IEEE SMC-13(3):257–266

Shneiderman B, Plaisant C (2009) Designing the user interface: strategies for effective human-computer interaction, 4. Aufl. Pearson/Addison-Wesley, Boston

Syrbe M (1970) Anthropotechnik, eine Disziplin der Anlagenplanung. Elektrotechnische Zeitschrift, Ausgabe A. VDE-Verlag, 91/12, S 692–697

Valve Corporation, SteamVR®-Tracking (2016) https://partner.steamgames.com/vrtracking. Zugegriffen am 22.02.2019

Voit M, Camp F, IJsselmuiden J, Stiefelhagen R (2013) Visuelle Perzeption für die multimodale Mensch-Maschine-Interaktion in und mit aufmerksamen Räumen. at – Automatisierungstechnik 61(11):784–792

# Teil VI

# Produktion

# Grundlagen der Produktionsorganisation

25

Eckart Uhlmann und Günter Spur

## Inhalt



Dieses Kapitel wurde in der vorherigen Auflage von dem 2013 verstorbenen Günter Spur verfasst. Auf dieser Grundlage hat Eckart Uhlmann, sein Nachfolger im Institut, die Überarbeitung vorgenommen.

E. Uhlmann (✉)
Fraunhofer-Institut für Produktionsanlagen und Konstruktionstechnik (IPK), und Institut für Werkzeugmaschinen und Fabrikbetrieb (IWF), Technische Universität Berlin, Berlin, Deutschland
E-Mail: eckart.uhlmann@ipk.fraunhofer.de; eckart.uhlmann@iwf.tu-berlin.de

G. Spur
Institut für Werkzeugmaschinen und Fabrikbetrieb, Technische Universität Berlin, Berlin, Deutschland

**Zusammenfassung**

In diesem Kapitel wird Grundlagenwissen zu verschiedenen Produktionstechniken vermittelt. Außerdem werden wirtschaftliche Aspekte hinsichtlich der Nutzbarkeit und Grenzen der jeweiligen Produktionstechnik diskutiert.

© Der/die Autor(en), exklusiv lizenziert durch Springer-Verlag GmbH, DE, ein Teil von Springer Nature 2022

M. Hennecke, B. Skrotzki (Hrsg.), *HÜTTE Band 2: Grundlagen des Maschinenbaus und ergänzende Fächer für Ingenieure*, Springer Reference Technik,
https://doi.org/10.1007/978-3-662-64372-3_74

## 25.1 Grundlagen

### 25.1.1 Produktionsfaktoren

*Produktion* ist die Erzeugung von Sachleistungen (SL) und nutzbarer Energie sowie die Erbringung von Dienstleistungen (DL) durch Kombination von Produktionsfaktoren. Produktionsfaktoren sind alle zur Erzeugung verwendeten Güter und Dienste. Aus volkswirtschaftlicher Sicht besteht der Zweck der Produktion im Überwinden der Knappheit von Gütern und Diensten zur Befriedigung menschlicher Bedürfnisse. Die Produktion als Erzeugungssystem steht dabei der Konsumtion des Verbrauchssystems durch öffentliche und private Haushalte gegenüber (Gutenberg 1983; Kern 1996).

Die Unterteilung der Produktion erfolgte in historischer Betrachtungsweise in drei rudimentäre Teilbereiche. Dabei umfasst die *primäre Produktion* oder Urproduktion Land- und Forstwirtschaft, Fischerei und Jagd sowie Bergbau und Meereswirtschaft. Die Güterproduktion umfasst alle handwerklichen sowie industriellen Verarbeitungen von Rohstoffen zu Sachleistungen und bildet die *sekundäre Produktion*. Die *tertiäre Produktion* erbringt schließlich die Dienstleistungen.

Fachlich betrachtet, beginnt die Gütererzeugung mit der Urproduktion, also der Gewinnung und Aufbereitung der Rohstoffe. Die Umwandlung der Rohstoffe in Materialien ist Gegenstand der Verfahrens- und Verarbeitungstechnik, deren Entwicklung und Veredelung zu Sachleistungen Aufgabe der Fertigungs- und Montagetechnik ist. Die Volkswirtschaftslehre begreift als Produktion auch die logistische Verteilung, also Transport, Lagerung und Absatz, der hergestellten Güter. Der stete Wandel in der Produktion, nicht zuletzt durch die Digitalisierung, führt jedoch zu einem neuen Produktverständnis (Abb. 1), das als hybrides Leistungsbündel aus kombinierten Sach- und Dienstleistungen besteht (Meier und Uhlmann 2012).

Innerhalb der *Produktionsfaktoren* erfolgt eine klare begriffliche Trennung. Der Begriff *Arbeit*

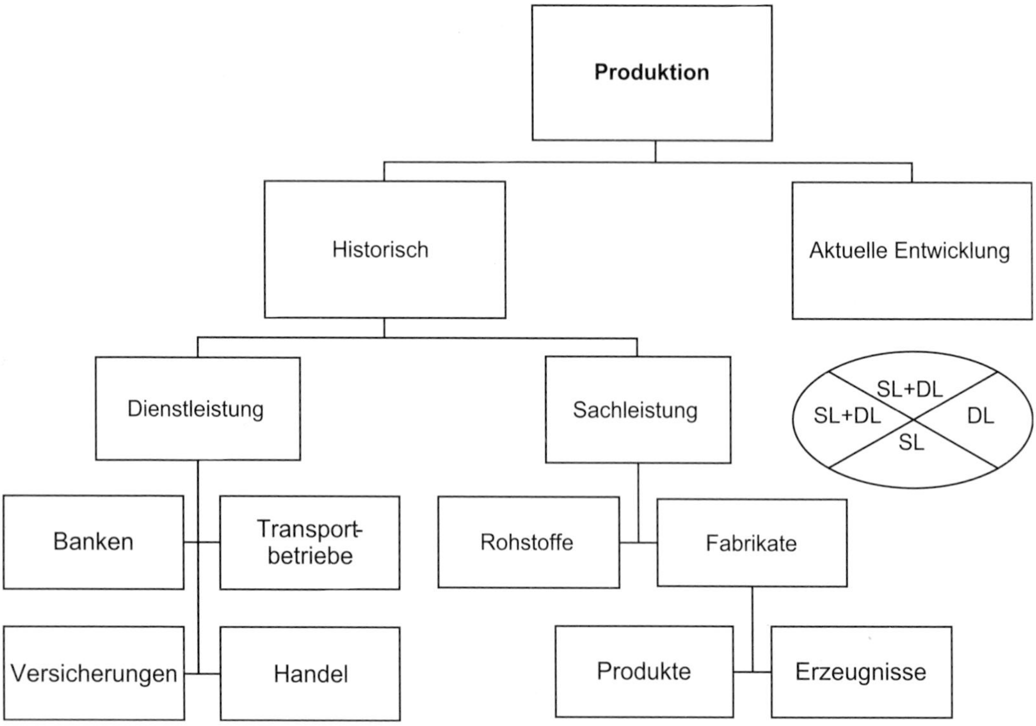


**Abb. 1** Entwicklung des Produktverständnisses in Anlehnung an Gutenberg sowie Meier und Uhlmann (Gutenberg 1983; Meier und Uhlmann 2012); SL: Sachleistung; DL: Dienstleistung

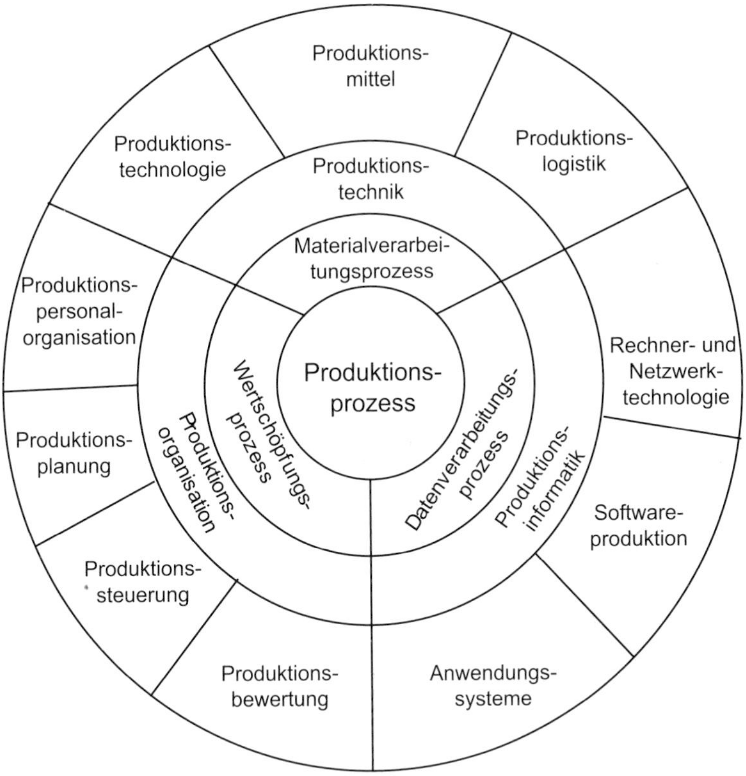


**Abb. 2** Verbund von Produktionstechnik, Produktionsinformatik und Produktionsorganisation

bezeichnet jede Tätigkeit, die zur Befriedigung von Bedürfnissen und in der Regel gegen Entgelt verrichtet wird. Zum *Boden* zählen in weiterem Sinne alle Ressourcen, die der Natur für den Produktionsprozess entnommen werden. Das *Kapital* umfasst alle realen Kapitalgüter, mit denen ein Produktionssystem ausgestattet ist, um durch gezielte Kombination mit den Faktoren Arbeit und Boden deren Ergiebigkeit zu steigern.

Sämtliche *Produktionsprozesse* sind aus ökonomischer Sicht materielle Transformationsprozesse mit Wertschöpfung. Dabei ist aus rein technischer Sicht die geplante Materialverarbeitung, aus wirtschaftlicher Sichtweise die geplante Wertschöpfung und informationstechnisch die geplante Datenverarbeitung vordergründig (Abb. 2). Die Realisierung von Produktion erfolgt im Zusammenwirken von Energie, Material und Information, wobei der produktionswissenschaftliche Erkenntnisgegenstand sich aus der Untersuchung des Zusammenwirkens von deren unterschiedlichen Produktionsfaktoren ergibt. Von Bedeutung sind hierbei nicht nur material- und energieorientierte Fragestellungen zum Produktionsprozess, sondern auch die informationsorientierten Phasen wie Produktentwicklung und Produktionsplanung sowie Produktionssteuerung und Qualitätssicherung.

Die gesamten Planungsstrategien zur Erreichung eines Produktionsziels unter Ausnutzung der vorliegenden Produktionsfaktoren werden als *Produktionsstrategien* definiert. Durch eine organisatorische Gliederung der Produktionsprozesse werden *Produktionsstrukturen* geschaffen. Die *Produktionsorganisation* leistet die Analyse, Planung, Steuerung, Kontrolle, und Bewertung der Produktionsprozesse. Die Aufgaben der *Produktionsinformatik* ergeben sich aus den Anforderungen der rechnerunterstützten Produktionssysteme.

## 25.1.2 Produktionssysteme

Einzelne Produktionsprozesse vollziehen sich in Produktionssystemen durch Transformation von

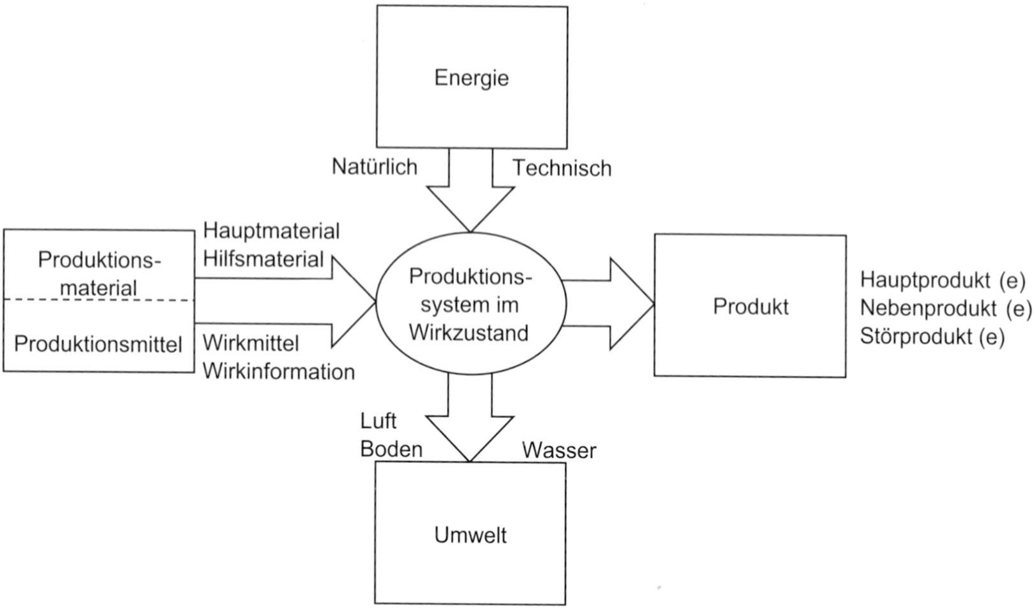


**Abb. 3** Wirkprozesse von Produktionssystemen

Material aus einem vorliegenden Rohzustand in einen angestrebten Fertigzustand. Die Produktion ergibt sich dabei durch aufeinander folgende Produktionsoperationen. Dazu können in unbegrenzter Anzahl und Abfolge Änderungen der Stoffeigenschaften, des Stoffzusammenhalts sowie der räumlichen Lagebeziehungen vollzogen werden.

Produktionssysteme können am zweckmäßigsten durch Anwendung formalisierter Methoden an den Produktionsprozess angepasst werden. Diese bezwecken eine systemgerechte Darstellung der Sachgütererzeugung im Sinne der gestellten Produktionsaufgabe.

Zur *Produktionsenergie* gehören alle Energieformen bzw. Energieträger, die dem Produktionsprozess zugeführt werden und somit auch die menschliche Muskelarbeit der Belegschaft. Das *Produktionsmaterial* umfasst alle am Produktionsprozess beteiligten Stoffe. Man unterscheidet zwischen Hauptmaterial und Hilfsmaterial. Das Hauptmaterial wird zum Produkt verarbeitet und dabei verbraucht. Die Hilfsmaterialien wie Gase, Kühlmittel, Schmierstoffe, Reinigungsmittel und Verpackungen, dienen dem Produktionsprozess in unterschiedlicher Weise und sind teilweise rückführbar.

Zur Realisierung eines Produktionsprozesses sind *direkte* und *indirekte Produktionsmittel* erforderlich. Direkte Produktionsmittel sind u. a. Arbeitsmaschinen, Vorrichtungen, Geräte, Werkzeuge, Messzeuge, Spannzeuge sowie Kraftanlagen. Zu den indirekten Produktionsmitteln gehören die Produktionsinformationen, die in Plänen und Programmen niedergelegtes Wissen darstellen, das zur Durchführung der Produktionsprozesse unabdingbar ist. Sie betreffen die Produktkonstruktion, die Produktionsplanung und Produktionsorganisation sowie die Qualifizierung der Mitarbeiter. Die resultierenden Ausgabeelemente eines Produktionssystems sind schlussendlich die angestrebten Hauptprodukte, anfallende Nebenprodukte mit und ohne Marktwert sowie umweltwirksame Störprodukte (Abb. 3).

### 25.1.3 Produktivität

Als *Produktivität* wird im Allgemeinen das Verhältnis von eingesetzten Mitteln zur erzielten

Wirkung eines Leistungserstellungsprozesses bezeichnet (Weber 1998). Die Produktivität dient als Kennzahl dem inner- oder zwischenbetrieblichen Vergleich (Eversheim 1995). Die eingesetzten Mittel können mit den Aufwendungen oder Kosten und die erzielte Wirkung mit den Erträgen oder Leistungen einer Unternehmung gleichgesetzt werden. Demnach wird eine Unternehmung insgesamt als produktiv eingestuft, wenn die Aufwendungen und Erträge beziehungsweise die Kosten und Leistungen in einem günstigen Verhältnis zueinander stehen (Weber 1998).

Die in einer Unternehmung eingesetzten Mittel können in Mengen- oder Wertgrößen ausgedrückt werden. Bei der Betrachtung von Wertgrößen ist die Produktivität mit dem Begriff der Wirtschaftlichkeit gleichzusetzen (Weber 1998).

Um die Produktivität beurteilen zu können, werden *Produktivitätskenngrößen* definiert. Als wichtige Produktivitätskenngrößen gelten die Arbeitsproduktivität, die Maschinenproduktivität und die Materialproduktivität (Eversheim 1995; Weber 1998).

Im Falle der Arbeitsproduktivität wird der Produktionsfaktor *Arbeit* als eingesetztes Mittel betrachtet, welcher durch folgende Größen abgebildet werden kann (Weber 1998):

- die Anzahl der Arbeitskräfte,
- die Anzahl der Arbeitsstunden,
- die Personalaufwendungen beziehungsweise die Personalkosten.

Zur Ermittlung der Arbeitsproduktivität in Industriebetrieben werden im Allgemeinen Größen herangezogen, die sich auf das Produktionsergebnis beziehen wie beispielsweise die Produktionsmenge oder der Produktionswert (Weber 1998).

Bei der Betrachtung der Maschinenproduktivität werden alle zur Produktion notwendigen Sachanlagen als eingesetzte Mittel herangezogen. In erster Linie sind hierbei die eingesetzten Maschinen gemeint, unter Umständen können allerdings auch Gebäude und Grundstücke berücksichtigt werden. Zur Abbildung des Produktionsfaktors *Maschine* können folgende Größen betrachtet werden (Weber 1998):

- die Anzahl der Maschinen,
- die Anzahl der Maschinenstunden und
- der Wert der Maschinen.

Analog zur Arbeitsproduktivität wird zur Beurteilung der Maschinenproduktivität das insgesamt erwirtschaftete Ergebnis als erzielte Wirkung betrachtet (Weber 1998).

Die Arbeitsproduktivität und die Maschinenproduktivität werden um die Produktionskenngröße der Materialproduktivität ergänzt. Hierbei werden die eingesetzten Roh-, Hilfs- und Betriebsstoffe als eingesetzte Mittel betrachtet. Der Produktionsfaktor *Material* kann durch folgende Größen abgebildet werden (Weber 1998):

- Verbrauchsmengen,
- Verbrauchswerte beziehungsweise Materialkosten.

Zur Bestimmung der Materialproduktivität wird wie bei der Arbeitsproduktivität und der Maschinenproduktivität den eingesetzten Mitteln das insgesamt erwirtschaftete Ergebnis gegenübergestellt (Weber 1998).

### 25.1.4 Produktionstechnik

Die Produktionstechnik kann in drei Bereiche gegliedert werden:

- Die *Produktionstechnologie* ist die Verfahrenskunde der Gütererzeugung. Sie gilt als die Lehre von der Umwandlung und Kombination von Produktionsfaktoren in Produktionsprozessen unter Nutzung materieller, energetischer und informationstechnischer Wirkflüsse.
- *Produktionsmittel* sind Anlagen, Maschinen, Vorrichtungen, Werkzeuge und sonstige Produktionsgerätschaften. Für sie existiert eine spezielle Konstruktionslehre, gegliedert in den Entwurf von Universal-, Mehrzweck- und Einzwecksystemen. Zur Produktionsmittelentwicklung gehört ferner die Erarbeitung geeigneter Programmiersysteme.

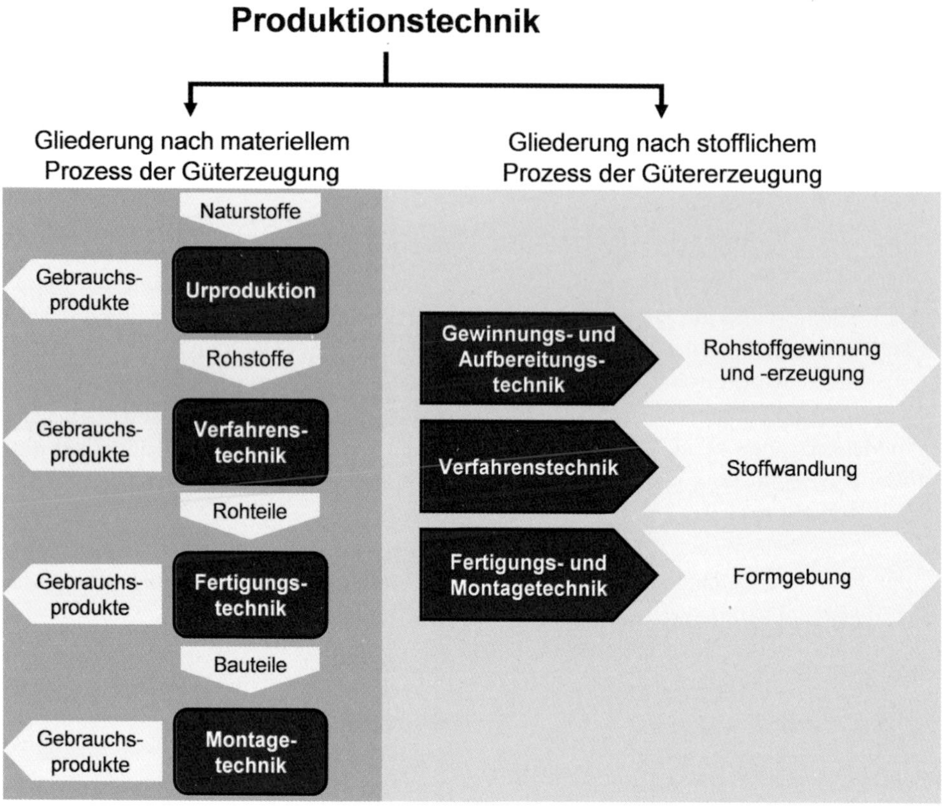


**Abb. 4** Gliederung der Produktionstechnik nach Art der Gütererzeugung

- Die *Produktionslogistik* umfasst alle Funktionen von Gütertransport und -lagerung im Wirkzusammenhang eines Produktionsbetriebes. Sie gliedert sich in die Bereiche Beschaffung, Produktion und Absatz.

Die Aufgabe der *Produktionstechnik* ist die Entwicklung und Anwendung geeigneter Produktionsverfahren und Produktionsmittel zur Durchführung von Produktionsprozessen bei möglichst hoher Produktivität. Die Produktionstechnik betrifft dabei den gesamten Prozess der Gütererzeugung. Sie beginnt als Teil des Materialkreislaufs im Bereich der Urproduktion durch Gewinnungs- und Aufbereitungstechnik mit der Erzeugung von Rohstoffen (Abb. 4). Diese werden durch die Verfahrenstechnik zu Gebrauchsstoffen oder Werkstoffen umgewandelt. Durch Fertigungs- und Montagetechnik erfolgt anschließend die Formgebung der Werkstoffe zu Bauteilen und ihre Kombination zu gebrauchsfertigen Gütern (Abb. 4).

## 25.2 Rohstoffgewinnung

### 25.2.1 Biotische und abiotische Rohstoffe

Rohstoffe können als die Grundlage der gesamten Energiewandlung und Güterproduktion angesehen werden. Allerdings sind nur wenige Rohstoffe als Naturstoff unmittelbar verwendbar. Um ihrem Gebrauchszweck dienen zu können, müssen sie in der Regel vorher zusätzlich aufbereitet werden. Dies kann durch physika-

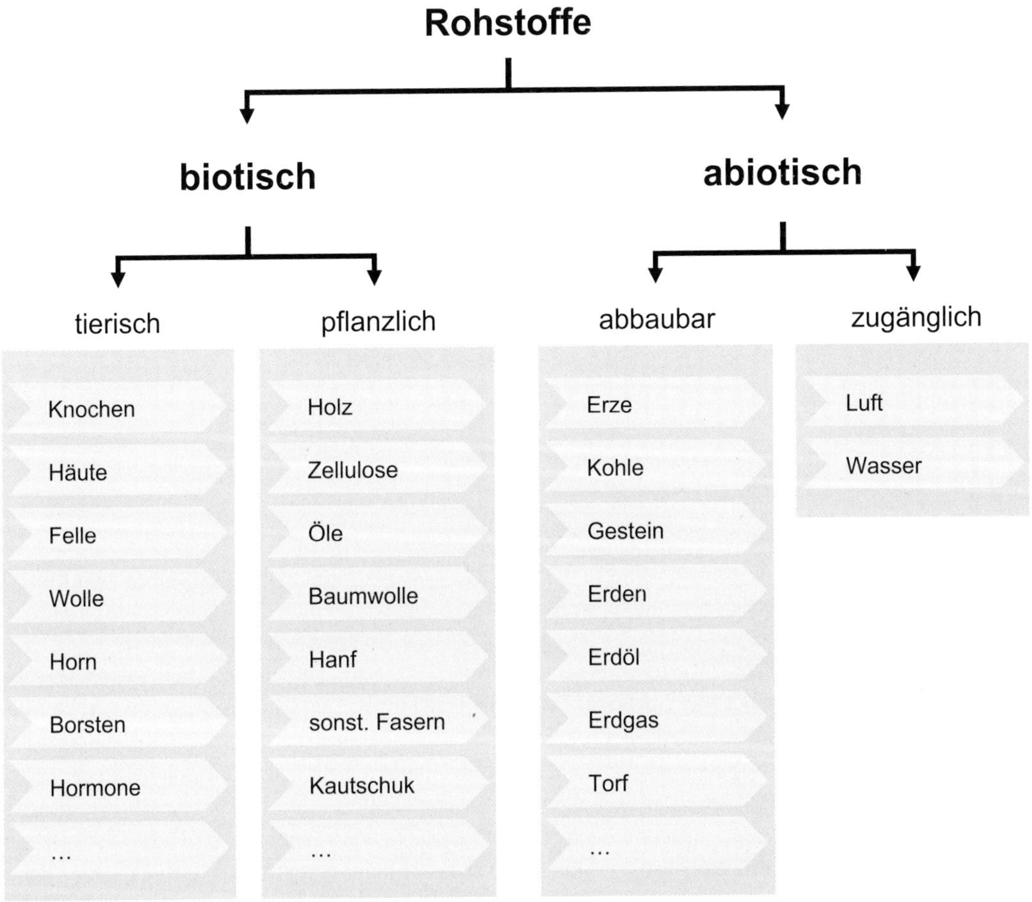


**Abb. 5** Einteilung der Rohstoffe nach ihrer Herkunft in Anlehnung an Brown (2009)

lische, chemische oder biologische Prozesse geschehen (Kögl und Moser 1981).

Rohstoffe lassen sich grundsätzlich entsprechend ihrem Verwendungszweck in Agrar- und Industrierohstoffe gliedern (Brown 2009). Ebenso ist eine Unterscheidung in biotische und abiotische Rohstoffe möglich (Abb. 5). Zu den biotischen Rohstoffen zählen die tierischen und pflanzlichen Produkte, die größtenteils aus der landwirtschaftlichen oder forstwirtschaftlichen Urproduktion stammen. Zu den abiotischen Rohstoffen zählen Stoffe, die im weitesten Sinne den Bergbauprodukten zugeordnet werden können. Eine Sonderstellung nehmen die frei verfügbaren Rohstoffe wie Luft und bedingt auch Wasser ein, soweit sie im Sinne der Rohstoffmärkte keine Handelsware darstellen.

### 25.2.2 Energierohstoffe und Industrierohstoffe

Die industriell relevanten Rohstoffe lassen sich grundsätzlich anhand verschiedener Gesichtspunkte einteilen. Eine grobe Unterteilung kann zunächst in nachwachsende und nicht nachwachsende Rohstoffe erfolgen. Unterteilt man ferner die nicht nachwachsenden Rohstoffe nach ihrer ökonomischen Nutzung, ist eine Einteilung dieser Gruppe in Industrie- und Energierohstoffe sinnvoll. Eine schematische Darstellung der beschriebenen Unterteilung ist in Abb. 6 dargestellt. Bei den Industrierohstoffen handelt es sich um Naturstoffe, welche entweder direkt oder nach Weiterverarbeitung in Produktionsprozessen eingesetzt werden können. Energierohstoffe hingegen wer-

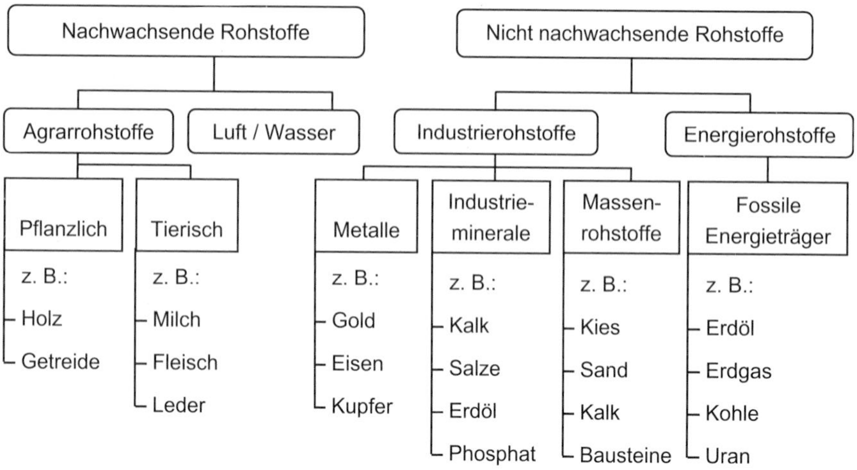


**Abb. 6** Einteilung der Rohstoffe und deren Nutzung nach Hilberg (2015)

den zur Energiegewinnung eingesetzt. Energierohstoffe (primäre Energieträger) und Industrierohstoffe können in der Natur als Gase, Flüssigkeiten oder Feststoffe auftreten. Angesichts der Verknappung konventioneller Energieträger gewinnt die Erschließung erneuerbarer Energierohstoffe wie Wind- und Sonnenenergie derzeit zunehmend an Bedeutung. Aktuell weisen allerdings die nicht erneuerbaren Energierohstoffe weiterhin die größte Verbreitung auf (Hilberg 2015).

**Fossile und pflanzliche Energierohstoffe**

Die fossilen und pflanzlichen Energierohstoffe bilden einen wesentlichen Anteil an den primären Energieträgern. Zu dieser Gruppe gehören neben der Stein- und der Braunkohle auch Torf sowie Holz und andere brennbare Pflanzenteile. Der Entstehungsprozess von Torf, Braun- und Steinkohle basiert auf dem gleichen Prinzip. Dabei wurden Pflanzenrückstände durch den Abschluss von Sauerstoff und das Einwirken von hohem Druck sowie hoher Temperatur chemischen Prozessen ausgesetzt, welche letztendlich zu einer Anreicherung des Kohlenstoffgehaltes führten. Unter diesen Voraussetzungen bildet sich zunächst Torf, welches dann im Laufe dieses Prozesses in Braun- und dann in Steinkohle übergeht. Diese drei primären Energieträger unterscheiden sich demnach durch ihr geologisches Alter (Wagner et al. 2018).

Die fossilen Energierohstoffe Erdöl und Erdgas sowie die Stein- und Braunkohle decken derzeit über 80 % des Energiebedarfs der modernen Volkswirtschaften ab. Daraus resultieren globale Problemstellungen, welche sich hauptsächlich aus der voranschreitenden Verknappung dieser Ressourcen und der Klimaerwärmung durch den Ausstoß von Kohlenstoffdioxid bei deren Verbrennung ergeben. Die Verknappung und die Endlichkeit von fossilen Energieträgern ist letztlich eine Konsequenz aus der extrem hohen Entstehungszeit dieser chemischen Verbindungen, welche einer deutlich geringeren Abbauzeit gegenübersteht (Hilberg 2015; Grotzinger und Jordan 2017).

**Erdöl**

Die heute bekannten Erdölvorkommen sind hauptsächlich durch die Ablagerung von abgestorbenen Algenteilen entstanden (Neukirchen und Ried 2014). Chemisch setzt sich Erdöl aus einer Reihe unterschiedlicher Kohlenwasserstoffe zusammen. Dazu gehören hauptsächlich Alkane, aber auch Naphtene und Aromate. Aufgrund der verschiedenen Verbrennungseigenschaften der Bestandteile sind unterschiedliche industrielle Aufbereitungsprozesse nötig, um aus dem geförderten Öl einen einsatzfähigen Brennstoff zu gewinnen. Neben der Verwendung von Erdöl als Energierohstoff spielt es auch in der Herstellung von Kunststoffen eine wichtige Rolle (Wagner et al. 2018).

**Erdgas**

Erdgas tritt in der Natur in zwei verschiedenen Arten auf. Zum einen als nasses Erdgas in Verbindung mit Erdöl und zum anderen als trockenes Erdgas in separaten Quellen. Hauptbestandteil des Erdgases ist dabei Methan, wobei neben anderen Kohlenwasserstoffen auch Kohlenstoffdioxid und Stickstoff in den Vorkommen auftreten können (Wagner et al. 2018).

Erdgas ist vor dem Hintergrund der voranschreitenden Klimaerwärmung ein vielversprechender Energieträger, da bei dessen Verbrennung nur eine vergleichsweise geringe Menge Kohlenstoffdioxid entsteht. Des Weiteren wird weniger Schwefeldioxid bei der Verbrennung von Erdgas gegenüber Kohle bzw. Erdöl erzeugt (Neukirchen und Ried 2014; Grotzinger und Jordan 2017).

**Kernbrennstoffe**

Als Kernenergie wird üblicherweise die bei der Spaltung von Atomkernen frei werdende Wärmeenergie bezeichnet, welche über Dampfturbinen für die technische Stromerzeugung genutzt werden kann. Dabei wird eine kontrollierte Kernspaltung innerhalb von sogenannten Reaktoren durchgeführt, in welchen das spaltbare Material in Form von Brennstäben enthalten ist. Als Spaltmaterial wird dabei überwiegend Uran eingesetzt, wobei auch gewisse Isotope des Thoriums und des Plutoniums genutzt werden können. Als zukünftige Alternative zur Kernspaltung wird derzeit die Kernfusion wissenschaftlich untersucht. Bei diesem Verfahren soll die bei der Verschmelzung von verschiedenen Wasserstoffisotopen entstehende Wärmeenergie genutzt werden. Vorteile dieser Variante sind die Verfügbarkeit von Wasser als Rohstoff sowie das geringere Ausmaß an radioaktiven Abfällen (Wagner et al. 2018).

Die wichtigsten Rohstoffe, welche für die Produktion von Gebrauchsgütern verfahrenstechnisch aufbereitet werden sind nachfolgend aufgeführt.

**Metallerze**

Der Begriff „Erz" bezeichnet im Allgemeinen Gesteine, welche Minerale von industrieller und wirtschaftlicher Bedeutung enthalten. Dabei muss die Mineralkonzentration hoch genug sein, um einen Abbau dieser Gesteine aus ökonomischer Sicht zu rechtfertigen. Die höchste Relevanz weisen dabei Eisen- bzw. Metallerze auf (Neukirchen und Ried 2014). Die Abbauverfahren sind abhängig von der Beschaffenheit der Lagerstätte und der Größe der Erzgrube. Metallvorkommen sind im Vergleich zu anderen Rohstoffvorkommen durch eine größere Unregelmäßigkeit gekennzeichnet, wodurch das Auffinden von Metallerzen erheblich erschwert wird. Metallerzlagerstätten sind daher ebenso verschiedenartig wie die Abbauverfahren des Metallerzbergbaus (Reuther 1982). Man unterscheidet im Allgemeinen zwischen Tagebau, wenn die entsprechenden Erze nahe an der Erdoberfläche abgebaut werden können und dem Bergbau unter Tage, wenn zur Erschließung des Erzvorkommens Bohrungen sowie Grabungen durchgeführt werden müssen (Hilberg 2015).

Die größte technische Bedeutung haben Eisenerze. Die reichsten Vorkommen besitzen Eisengehalte von bis zu 72 % (Magnetit). Technisch wichtige Nichteisenmetallerze sind die der Leichtmetalle Aluminium, Mangan und Titan, der Schwermetalle Kupfer, Zink, Zinn und Blei, der Edelmetalle sowie der sog. Stahlveredler Chrom, Kobalt, Mangan, Molybdän, Nickel, Vanadium und Wolfram (Reuther 1982). Dabei können Kupfer- bzw. Nickelerze im Gegensatz zu den Eisenerzen bereits ab Gehalten von 0,5 % des entsprechenden Metalls wirtschaftlich genutzt werden (Neukirchen und Ried 2014).

**Mineralische Rohstoffe**

Zu den nichtmetallischen Rohstoffen zählen die Minerale und Lockergesteine sowie Naturstein. In den meisten Fällen erfolgt der Abbau dieser Rohstoffe im Tagebau. Die Minerale unterteilt man in Baryt (Schwerspat), Fluorit (Flussspat) und die sogenannten Erden. Baryt wird hauptsächlich zur Herstellung von Strahlenschutzbeton, als Füllmaterial für verschiedene Anwendungen und als Hilfsstoff bei Ölbohrungen eingesetzt. Fluorit hingegen wird bei der Metallverhüttung zur Senkung der Schmelztemperatur und zur industriellen Herstellung von verschiedenen Flurverbindungen wie Flusssäure oder Fluoriden für die Zahnschmelzbehandlung verwendet. Die Rohstoffe Ton, Sand und Kies bezeichnet man als Lockergesteine. Granit,

Sand- sowie Kalkstein werden als Naturstein bezeichnet. Während die Lockergesteine vor dem Einsatz zunächst zu Baustoffen wie Zement oder Beton weiterverarbeitet werden müssen, werden Natursteine direkt verwendet. Außerdem besitzen einige Lockergesteine industrielle Relevanz als Grundstoffe zur Herstellung von Keramiken, wobei die Herstellung von Glas aus Quarzsand ein bedeutendes Beispiel darstellt (Neukirchen und Ried 2014).

Eine weitere Gruppe von Mineralen, welche von großer Bedeutung für den Menschen ist, stellen die Salze dar. Zu den wichtigsten Salzen zählt das Halitit (NaCl), welches Hauptbestandteil des Speisesalzes ist und außerdem in der Chemieindustrie u. a. für die Papier- oder Kunststoffherstellung benötigt wird. Daneben kommt den Kalisalzen eine Schlüsselstellung unter diesen Mineralien zu. Da Kalium neben anderen Elementen für das Pflanzenwachstum essenziell ist, wird der überwiegende Teil der gewonnenen Kalisalze zu Düngemittel weiterverarbeitet (Neukirchen und Ried 2014). Die Salzlagerstätten sind im Allgemeinen durch Eindampfen von Salzwasser entstanden. Abbauwürdig sind vor allem Kaliumsalze wie Sylvinit, Carnallit und Kainit (Reuther 1982).

### 25.2.3 Erschließen und Gewinnen

Nachwachsende Rohstoffe werden der lebenden Natur entnommen. Hierbei ist die Erhaltung des ökologischen Gleichgewichts von großer Bedeutung. Zur Versorgung des Marktes wird die wachstumsabhängige Produktion tierischer und pflanzlicher Rohstoffe in zunehmendem Maße künstlich angeregt. Abiotische Rohstoffe werden durch Abbau aus der uns zugänglichen Erdkruste gewonnen. Die Wahl der Gewinnungsverfahren hängt von der örtlichen Situation, den stofflichen Gegebenheiten, von Lagerstätteninhalt und Konzentration sowie von den ökonomischen und ökologischen Bedingungen ab. Der Abbauzyklus beschreibt den Lebenszyklus einer Lagerstätte und besteht aus dem Aufsuchen, Erschließen, Gewinnen, Fördern und Aufbereiten von Lagerstätteninhalten. Dabei können mehrere Jahrzehnte vergehen, ehe die Ressourcengewinnung erfolgreich durchgeführt wird. Zum Aufsuchen von entsprechenden Lagerstätten werden die Prospektion und Exploration eingesetzt (Neukirchen und Ried 2014; Revuelta 2018). Daran schließt sich das Untersuchen durch Bemustern und Bewerten des Durchschnittsgehalts und des Lagerstätteninhalts an.

Beim Erschließen von Lagerstätten werden Tagebau, Untertagebau und Bohrlochbergbau unterschieden. Als allgemeine Regel werden charakteristische Eigenschaften, wie die Natur, physikalische Eigenschaften sowie soziales und politisches Umfeld der Lagerstätte, als auch die Anforderungen an die Sicherheit, die Weiterverarbeitung und die Umwelt betrachtet, um die kostengünstigste Gewinnungsmethode bei maximalem Profit zu definieren (Hartman und Mutmansky 2002).

Im Tagebau werden Lagerstätten abgebaut, die an der Erdoberfläche liegen oder deren Überdeckung auf wirtschaftliche Weise abgeräumt werden kann. Leistungsfähige Betriebsmittel wie Bagger, Bohrgeräte und Fördermittel erlauben auch tiefer gelegene Vorkommen im Tagebau abzubauen (Reuther 1982). In Erzlagerstätten reicht der Tagebau oftmals in sehr große Tiefen. Der Abbau erfolgt in der Regel mittels Sprengungen und der Abtransport wird über eine rampenförmige Straße ermöglicht. Das Anlegen von Terrassen gestattet es, tieferliegende Niveaus zu erreichen und reduziert die Gefahr von Steinschlag (Neukirchen und Ried 2014). Aus Tagebauen stammen, mit Ausnahme von Nickel und Uran, mehr als drei Viertel aller Erze und sonstiger Mineralien. Steine und Erden werden fast ausschließlich im Tagebau gewonnen (Reuther 1982).

Ist nach wirtschaftlichen Betrachtungen die Entfernung des über der Lagerstätte befindlichen Gesteins ausgeschlossen, wird der Bergbau unter Tage eingesetzt. Eine Strategie zur effektiven Gewinnung von Ressourcen ist es, im Tagebau leicht zugängliche Ressourcen abzubauen und anschließend mit dem Untertagebau fortzusetzen. Um die Lagerstätte zu erreichen, wird zunächst ein Schacht abgeteuft. Alternativ kann ein Stollen zur Lagerstätte getrieben werden. Der Hauptschacht oder -stollen, stellt das Verbindungsglied zwischen einzelnen Erzkörpern oder Kohleflözen dar. Mehrere Etagen innerhalb eines Bergwerks werden mittels Blindschächten verbunden. Bei wachsenden Bergwerken wird die sogenannte Bewetterung von steigender Bedeutung für die effektive Ressourcengewinnung. Die Bewetterung beschreibt die Frischluftzufuhr und dient zusätzlich dazu Abgase, Feinstaub und Grubengase abzuführen (Hartman und Mutmansky 2002; Neukirchen und Ried 2014).

Abbauverfahren sind durch Bauweise, Dachbehandlung und Abbauführung definiert. Gewinnungsverfahren nennt man dagegen die Art und Weise, wie Mineral oder taubes Gestein aus dem anstehenden Gebirge gelöst wird. Die Größe der Abbaukammern ist abhängig von den gebirgsmechanischen Eigenschaften des Gesteins. Kohleflöze, deren Lage flach liegend oder leicht geneigt ist, können im Strebbau abgebaut werden. Im sogenannten Streb wird auf einer Länge von bis zu $l = 300$ m, ausschließlich schälende oder schneidende, mit einem Walzenschrämlader oder einem Kohlehobel abgebaut. Der Streb wird dabei von einem selbstschreitenden Schildausbau abgestützt und anschließend gefüllt oder gezielt zum Einsturz gebracht. Eine Alternative für massige flözartige Erz-, Salz- und manche Kohlelagerstätten stellt der Kammerbau dar. Eine Kammer besteht aus einer Vielzahl von Pfeilern, die mittels Firstenbau oder Strossenbau stehen gelassen werden (Neukirchen und Ried 2014).

Der Bohrlochbergbau zur Gewinnung der Fluide, in der Regel unter erheblichem Druck stehenden Medien Erdöl und Erdgas, weicht deutlich vom Tage- oder Untertagebergbau ab. Durch die Fluidität und den Druck auf den Rohstoffen ist ihre Gewinnung erleichtert, da es zunächst genügt, Bohrlöcher in die Lagerstätten niederzubringen, durch die dann das Erdgas oder das Erdöl zu Tage strömt (primäre Gewinnung). Heutzutage wird hauptsächlich das Rotary-Bohrverfahren eingesetzt. Mittels eines Motors am Bohrturm, einem verlängerbaren Bohrgestänge und einem Bohrkopf, wird das Gestein zu Bohrklein zerkleinert. Durch das Gestänge und den Bohrkopf wird die Bohrspülung gepumpt. Über einen Kühleffekt und die Spülwirkung hinaus, erfolgen Überwachung und Untersuchung des Bohrkleins sowie eine Stabilisierung der Bohrung über den herrschenden Innendruck (Neukirchen und Ried 2014).

### 25.2.4 Aufbereiten

Aufbereiten dient dem Anreichern und Veredeln eines Rohstoffs durch Stoffumwandlungen, die eine Änderung der Zusammensetzung, der Eigenschaften und der Stoffart bewirken können. Zur Aufbereitung zählen die Sortierung, Zerkleinerung, Verflüssigung und Separierung von Rohstoffen nach den spezifischen Anforderungen der weiteren Verarbeitung. Bestimmte Stoffumwandlungen folgen stets demselben Prinzip. Sie werden daher Grundverfahren genannt und sind unabhängig vom Produkt, das in einem Gesamtprozess erzeugt wird. Hierbei werden die physikalischen und/oder die chemischen Eigenschaften des Rohstoffes verändert. Chemische Eigenschaften werden durch chemische und biochemische Reaktionen verändert, physikalische Eigenschaften werden hingegen durch mechanische oder elektrische Einwirkungen verändert. Je nach Beschaffenheit eines Rohstoffs werden physikalische, chemische oder biologische Grundverfahren zur Aufbereitung angewendet, die kontinuierlich oder diskontinuierlich ablaufen können (Hahn und Laßmann 1999).

In einem ersten Prozess wird Rohöl in der Raffinerie zunächst bei Atmosphärendruck destilliert. Die entstehenden Destillatströme stellen die Basisströme für die späteren Raffinerieprodukte dar. Leichtbenzin, Gasöl und Rohöl werden mittels verschiedener Verfahren, wie Cracken, Hydrokracken, thermischem Cracken oder partieller Oxidation, in Ether, Acetylen und andere ungesättigte Kohlenwasserstoffe umgewandelt. Das Cracken geschieht durch kurzes Erhitzen auf $450\ ^\circ C \leq T \leq 500\ ^\circ C$ entweder mit anschließendem Abschrecken, wobei Drücke im Bereich $20\ \text{bar} \leq p \leq 70$ bar nötig sind. Verfahren wie das Hydrocracken benötigen noch höhere Drücke von $p \geq 140$ bar. Die Krackgase enthalten verhältnismäßig viele ungesättigte Kohlenwasserstoffe, welche entweder direkt zu Synthesen verwendet werden oder katalytisch zu Verbindungen mit der doppelten oder dreifachen C-Zahl polymerisiert werden (Jones 2015).

Aufbereitungsanlagen sind hochkomplex, da eine Vielzahl verfahrenstechnischer Aufgaben gelöst werden müssen, um bestimmte Erzeugniseigenschaften wie Homogenität, Korngröße, -form und -verteilung, Rieselfähigkeit und eine bestimmte Schüttdichte zu erreichen.

Zusätzlich wird bei Mineralien auch eine physische Trennung der Körner von wertvollen Materialien aus Gangmaterialien vorgenommen, um ein angereichertes Erzgut zu erzielen (Wills und Finch 2015).

Die Aufbereitung erfolgt in heiz- oder kühlbaren Mischaggregaten, um eine Homogenisierung der Komponenten zu erreichen.

Dies resultiert in einer Erhöhung der Produktqualität. Die Stoffeigenschaften, welche stark differieren können, stellen die Randbedingungen an die verschiedenen Mischapparate. In den allermeisten Fällen wird die Durchmischung in geschlossenen Behältern durchgeführt. Hierfür werden für die jeweilige Rühraufgabe und die gegebenen Randbedingungen unterschiedliche Rührtypen wie Propeller oder Scheibenrührer verwendet (Kraume 2012).

## 25.3 Rohstoffwandlung

### 25.3.1 Verfahrenstechnische Prozesse

Gegenstand der Verfahrenstechnik sind aufeinanderfolgende physikalische, chemische oder biologische Produktionsprozesse, die der industriellen Umwandlung von Ausgangsstoffen dienen, um marktfähige Gebrauchsprodukte oder auch Rohprodukte zu liefern. Es handelt sich um einen Industriebereich, der sich mit der Gewinnung, Aufbereitung und Veredelung, aber auch mit der Entsorgung von Stoffen befasst (Bohnet 2012).

Verfahrenstechnische Prozesse beruhen auf chemischen, physikalischen und biologischen Vorgängen, die im Allgemeinen in Mehrphasenströmungen ablaufen. In den meist produktspezifischen Produktionsanlagen werden die Prozesse schrittweise durchgeführt. Es werden die Aufbereitung der Ausgangsstoffe (Stoffaufbereitung), die chemische Reaktion der Stoffe (Stoffumwandlung) zur Erzeugung der Ziel- und Nebenprodukte sowie die Nachstufe (Stofftrennung) zur Isolierung und Konditionierung der Zielprodukte unterschieden (Müller 2014). Als Industriezweig umfasst die Verfahrenstechnik sowohl die technologische Realisierung der gesamten Prozesskette, als auch die Entwicklung der hierfür erforderlichen Apparate und Maschinen sowie ihre Integration zu Anlagen unter Einschluss der erforderlichen Mess- und Regelungstechnik.

Die Verfahrenstechnik findet Anwendung in der chemischen und pharmazeutischen Industrie, der Kunststoff-, Textil- und Papierindustrie, in der Lebensmittelindustrie sowie in der Baustoffindustrie. Alle Prozesse sind so zu gestalten und zu führen, dass ihre Wirkung auf die Umwelt auf ein Minimum beschränkt wird. Nicht nur die schonende Nutzung aller vorhandenen stofflichen Ressourcen, sondern ebenso die Erschließung nachwachsender Rohstoffe stellt eine der größten Herausforderungen in der Verfahrenstechnik dar (Nagel 2015).

Verfahrenstechnische Anlagen werden u. a. eingesetzt zur Reinigung von Industrieabgasen und Abwässern, zur Verarbeitung fester Abfallstoffe, zur Gewinnung von Kraft- und Brennstoffen aus Erdöl, von Koks und Brenngasen aus Kohle und zur Aufbereitung von Erzen sowie zur Herstellung von Metallen, Zement, Glas, Keramik und hochspeziellen Werkstoffen für die Elektronik. Die Verfahrenstechnik lässt sich nach Abb. 7 prozessbezogen in die chemische Prozesskunde und die chemische Verfahrenstechnik gliedern. Diese ist wiederum in die *mechanische* und die *thermische Verfahrenstechnik* sowie die *chemische Reaktionstechnik* unterteilbar. Anwendungsgebiete sind u. a. die Energie- und Lebensmittelindustrie sowie die Bioverfahrens- und Umweltschutztechnik sowie die biomedizinische Technik (Schönbucher 2002).

Die Verfahrenstechnik bewirkt Zustandsänderungen, die auf Transportvorgängen von Wärme, Fluiden oder von Stoffen beruhen. Diese Vorgänge können thermisch, mechanisch oder chemisch induziert werden (Winnacker und Küchler 1984). Abb. 8 zeigt, dass die sich einstellenden Systemzustände von der inneren und äußeren Reibung der

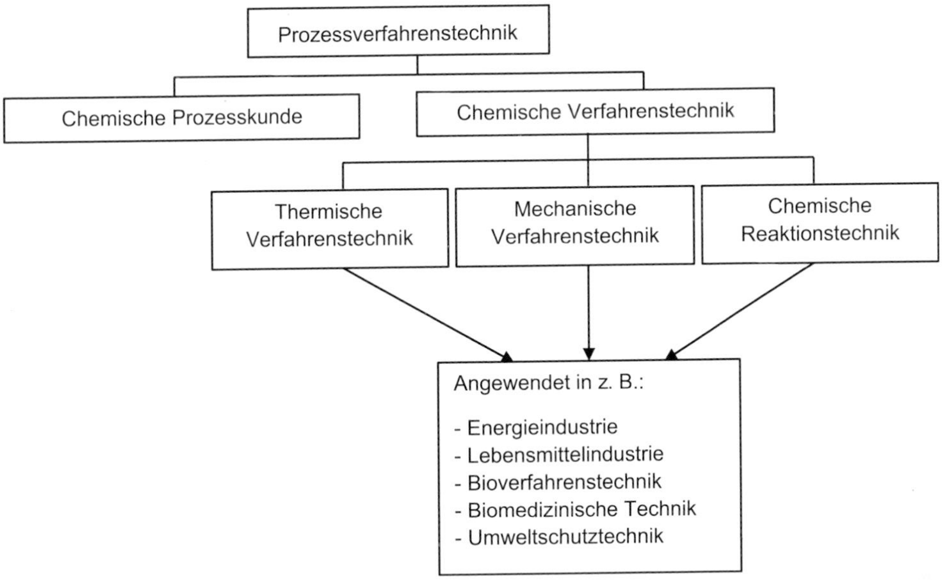


**Abb. 7** Einteilungen der allgemeinen Prozessverfahrenstechnik in Anlehnung an Schönbucher und Spur (Schönbucher 2002)

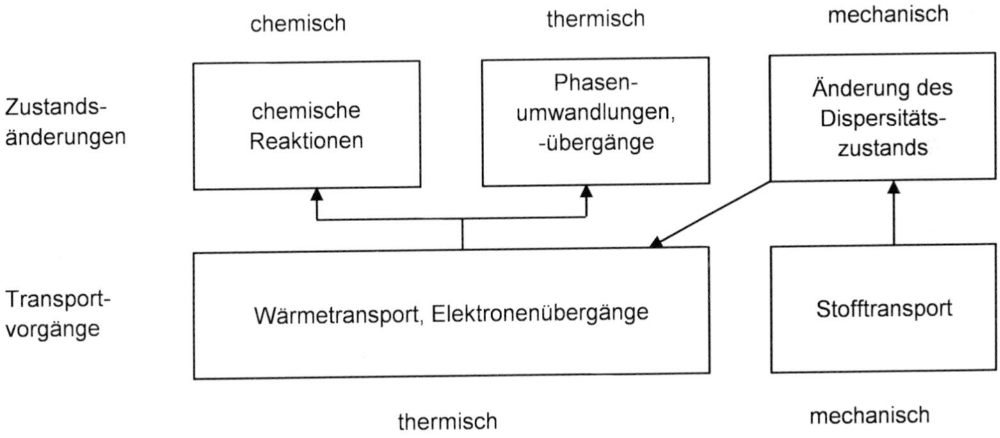


**Abb. 8** Zustandsänderungen und Transportvorgänge der Verfahrenstechnik in Anlehnung an Winnacker (Winnacker und Küchler 1984)

Teilchen und den durch sie verursachten Bewegungen abhängen. Bei dem Vorgang des Wärmetransports geben Teilchen ihre hohe thermische Bewegungsenergie an benachbarte Teilchen ab. Ein Strömungsimpuls entsteht, wenn schnelle auf langsam bewegte Teilchen treffen. Ebenso wird der Stofftransport durch die kinetische Bewegungsenergie von Teilchen induziert, welche daraufhin in andere Bereiche vordringen (Schwister und Leven 2019; Scholl et al. 2019).

### 25.3.2 Mechanische Verfahrenstechnik

Die mechanische Verfahrenstechnik dient der stofflichen Umwandlung unter vorwiegend mechanischer Einwirkung. Mechanische Verfahren als vorgeschaltete oder unmittelbar verbundene Verfahrensstufe ermöglichen eine effizientere Durchführung chemischer und thermischer Prozesse.

Die Elemente disperser Systeme sind im Allgemeinen voneinander unterscheidbare Partikel und liegen als körnige Schüttungen oder Pulver vor, beziehungsweise enthalten Partikel oder Tröpfchen in einer Flüssigkeit oder einem Gas. In einheitlichen Systemen durchdringen einzelne Phasen einander. Durch die stoffliche Umwandlung können in dispersen Systemen Zustandsänderungen bezüglich Größe, Gestalt und Oberflächenzustand bewirkt werden (Hemming 1991; Stieß 2009). Grundverfahren sind Verfahren zur Zerkleinerung und zur Kornvergrößerung sowie mechanische Trenn- und Mischverfahren. Dazu gehört auch die mechanische Bearbeitung von Kontinua, wie das Rühren von Flüssigkeiten oder das Kneten hochviskoser Medien.

**Mechanische Trennverfahren**

Die Trennverfahren der mechanischen Verfahrenstechnik werden nach dem Aggregatzustand der dispergierten Phase und der Trägerphase, welche beide fest, flüssig oder gasförmig sein können, unterschieden. Die Verfahren werden weiterhin unterteilt in das vollständige Trennen einer festen Phase von einer gasförmigen oder flüssigen Phase, das Klassieren in mindestens zwei Größenklassen oder das Sortieren nach der Feststoffdichte (Bohnet 2004). Zu den mechanischen Verfahren zur Vergrößerung der Oberfläche von Feststoffen zählen das Zerkleinern durch Brechen und Mahlen. Flüssigkeiten werden durch Rieseln, Zerstäuben und Verspritzen zerteilt.

***Mechanisches Zerkleinern von Feststoffen***

Die Unterteilung der Verfahren für das mechanische Zerkleinern erfolgt über die Klassifizierung der zu erzielenden Partikeldurchmesser. Eine Übersicht über die üblichen Verfahren ist in Tab. 1 dargestellt (Behr et al. 2016).

Für das Grob- und Feinbrechen werden Backen- und Kegelbrecher, wie in Abb. 9 dargestellt, eingesetzt (Behr et al. 2016).

Für die Fein- und Feinstzerkleinerung auf Partikeldurchmesser 5 µm $\leq D_P \leq$ 500 µm besitzen Mühlen mit frei beweglichen Mahlkörpern große Bedeutung.

**Tab. 1** Verfahren zum mechanischen Zerkleinern von Feststoffen in Anlehnung an Behr (Behr et al. 2016)

| Verfahren | | Partikeldurchmesser $D_P$ | Maschinen |
|---|---|---|---|
| Brechen | Grobbrechen | $D_P >$ 50 mm | Backenbrecher, Kegelbrecher, Prallbrecher, Rundbrecher |
| | Feinbrechen | 5 mm $\leq D_P \leq$ 50 mm | |
| Mahlen | Grobmahlen | 500 µm $\leq D_P \leq$ 5 mm | Kugelmühlen, Stabmühlen, Trommelmühlen, Konusmühlen, Rohrmühlen |
| | Feinmahlen | 50 µm $\leq D_P \leq$ 500 µm | |
| | Feinstmahlen | 5 µm $\leq D_P \leq$ 50 µm | |
| | Kolloidmahlen | $D_P <$ 5 µm | |

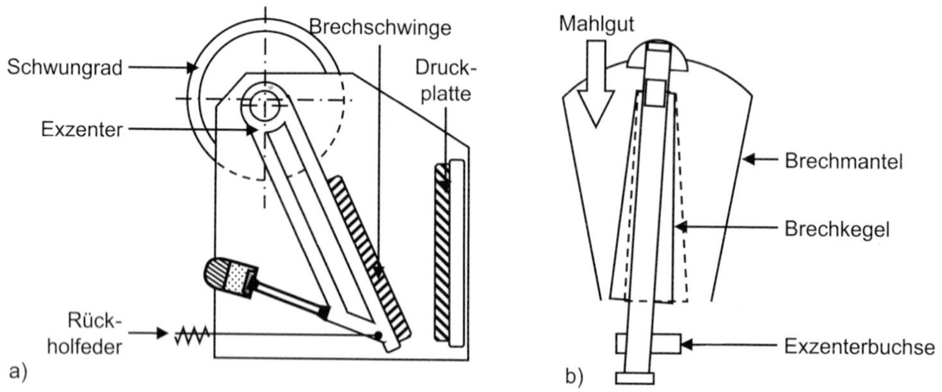


**Abb. 9** Maschinen zur Grobzerkleinerung harter Stoffe: **a** Backenbrecher, **b** Kegelbrecher in Anlehnung an Wills (Wills und Napier-Munn 2006)

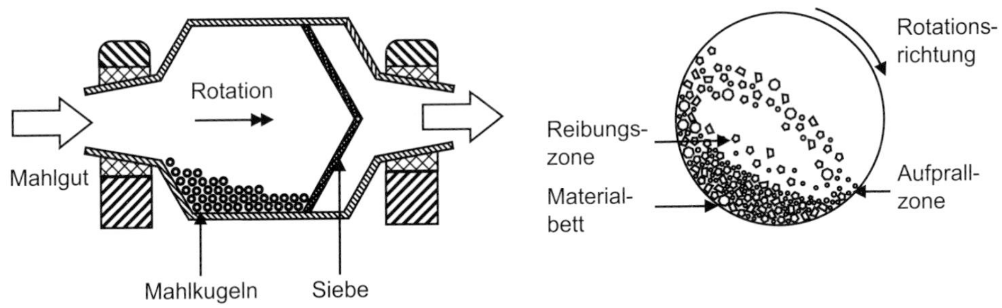


**Abb. 10** Kugelmühle zur Fein- und Feinstzerkleinerung nach Wills (Wills und Napier-Munn 2006)

Die Mahlwerkzeuge können Kugeln, Stäbe, kurze Zylinderstücke oder auch die groben Körner des Mahlgutes selbst sein. Sie werden während des Mahlvorganges durch Dreh-, Planeten- oder Schüttelbewegungen beschleunigt. Die Zerkleinerung erfolgt dabei durch die mechanische Beanspruchung zwischen zwei Werkzeugen oder zwischen den zu zerkleinernden Partikeln (Behr et al. 2016; Juhnke 2016). Mühlen mit rotierendem, zylindrischem oder konischem Mahlraum heißen je nach der Form der Mahlkörper oder des Behälters Kugel-, Stab- bzw. Trommel-, Konus- oder Rohrmühlen. Kugelmühlen als der wichtigste Typ, wie in Abb. 10 dargestellt, werden von der Labormühle bis zur Großmühle in jeder Baugröße hergestellt.

***Mechanisches Zerteilen von Flüssigkeiten***

Die Flüssigkeitszerteilung ist von Bedeutung, wenn Oberflächenvergrößerung, verbesserter Stofftransport, Absorption, Wärmeübertragung oder chemische Reaktionen zwischen gasförmigen und flüssigen Stoffen angestrebt werden oder wenn eine Trennung von Flüssigkeitsgemischen durch Rektifikation und Extraktion nachfolgen soll (Schwister und Leven 2014). Die Zerteilung von Flüssigkeiten ist weniger energetisch aufwändig, als die von Feststoffen, da die Kohäsionskräfte geringer sind. Die notwendigen Kräfte werden durch Druck-, Schlag- oder Prallvorgänge aufgebracht. Relevante Verfahren sind die Berieselung, das Zerstäuben und die Zerspritzung (Schwister und Leven 2014).

***Mechanisches Zerlegen von Feststoffgemischen***

Mechanische Trennverfahren sind notwendig, da Rohstoffe und Zwischenprodukte praktisch immer in Gemischen unterschiedlicher Komponenten vorliegen. Von diesen werden meist nur Einzelkomponenten mit bestimmten Eigenschaften zur Weiterverarbeitung benötigt (Stieß 2009). Das Zerlegen von Feststoffgemischen erfolgt durch Klassieren wie Siebklassieren, Sichten und Stromklassieren sowie durch Sortieren als Dichtesortieren, Flotieren, Magnet- und Elektrosortieren. Klassieren ist das Zerlegen eines Kornspektrums in bestimmte Kornklassen. Sortieren hingegen ist das Zerlegen eines Haufwerks in Komponenten unterschiedlicher stofflicher Beschaffenheit (Dialer et al. 1986). Beim Sieben wird ein Kollektiv mithilfe eines Siebbodens in mindestens zwei Korngrößenklassen zerlegt. Die Weite der Sieböffnung bestimmt dabei maßgeblich die Trennkorngröße. Die relevanten Parameter beim Sieben sind die Korngrößenverteilung des Siebgutes, die Aufgabemenge, die Bewegung des Siebbodens und die Siebzeit. Die Siebung erfolgt unter Ausnutzung von Schwerkraft, Strömungskräften sowie Stoß- und Reibungskräften.

Beim Sichten werden Stoffgemische in mehrere Klassen getrennt. Das Trennmerkmal der verschiedenen Kornklassen ist deren unterschiedliche Sinkgeschwindigkeit im Luftstrom. Unter Ausnutzung der Schwerkraft werden Steigrohr- oder Gegenstromsichter verwendet. In Spiralwindsichtern wird die Zentrifugalkraft zum Sichten ausgenutzt (Stieß 2009).

Bei der Dichtesortierung ordnen sich Partikel in einer fluidisierten Partikelschicht mit geringerer Dichte $\rho_1$ oberhalb von Partikeln mit höherer Dichte $\rho_2 > \rho_1$. Dabei sind äußere Einflüsse, die eine Durchmischung fördern, einzugrenzen. Bei stark unterschiedlicher Partikelgröße wird die

Dichtesortierung durch die Schichtung der Partikelgröße überlagert. Eine Dichtesortierung setzt daher einen schmalen Größenbereich der Partikel voraus. Die Fluidisierung erfolgt beim Setzen durch einen pulsierenden Aufstrom von Flüssigkeiten oder Gasen. Die Dichtesortierung kann durch Ausnutzung weiterer Einflussgrößen wie der Zentrifugalkraft unterstützt werden. Bei der Schwimm-Sink-Sortierung werden zu trennende Feststoffe in eine wässerige Lösung der Dichte $\rho_L$ gegeben. Leichte Partikel der Dichte $\rho_1 < \rho_L$ schwimmen auf und werden abgeschöpft. Schwere Partikel der Dichte $\rho_2 > \rho_L$ sinken ab (Schubert 2003).

Der Flotationsprozess ist ein Trennverfahren, bei dem in einer flüssigen Trübe hydrophobe Partikel an eingebrachten Gasblasen anlagern. Auf Grund der geringeren Dichte im Vergleich zur Flüssigphase steigen die Partikel-Gas-Verbände an die Oberfläche und schwimmen dort auf. Für ein gutes Anlagerungsverhalten an der Gasblase ist die geringe Benetzbarkeit der Partikel entscheidend. Durch die Zugabe von Sammlern wird die Hydrophobizität der Partikel erhöht und deren Anlagerung an die Gasblasen erleichtert. Zur Stabilisierung der aufschwimmenden Schaumschicht werden der Trübe Schäumer zugegeben (Schwister und Leven 2014).

Für die Magnetsortierung wirkt ein magnetisches Feld quer zur Förderrichtung des Aufgabeguts. Die Magnetsortierung setzt einen genügend großen Suszeptibilitätsunterschied des Aufgabeguts voraus. Im Magnetfeld wirken auf die verschiedenen Partikelarten unterschiedliche magnetische Kräfte, sodass diese im Prozess unterschiedliche Bewegungen zurücklegen. Magnetscheider werden nach ihrer Bauart in Trommelscheider, Walzenscheider, Bandscheider und Freifall-Ablenkscheider eingeteilt. Schwach- bis mittelmagnetisches Gut bis zu einem Korndurchmesser $D_K \leq 10$ mm benötigt Starkfeldscheider. Die Abscheidung schwachmagnetischer Feinstkörner erfordert supraleitende Spulen der Feldstärke $H \leq 6{,}5$ MA/m. Starkmagnetische Materialien lassen sich bis zu einem Korndurchmesser $D_K \leq 100$ mm in langsam laufenden Trommelscheidern im Schwachmagnetfeld der Feldstärke $100$ kA/m $\leq H \leq 240$ kA/m abscheiden. Die Magnetsortierung ist insbesondere im Bergbau- und Hüttenwesen relevant, um den Abbau niedrighaltiger Eisenerze zu betreiben (Schubert 2003; Breuer et al. 2009).

Das Funktionsprinzip der Elektrosortierung basiert auf der Erzeugung von Ladungsträgern an der Sprühelektrode, wie Gasionen und Elektronen. Diese laden die abzuscheidenden Partikel auf. Auf Grund der Ladung der Partikel werden diese im elektrischen Feld zur Niederschlagselektrode beschleunigt und werden dort abgeschieden. Die technische Anwendung der Elektrosortierung wird für die Abscheidung feiner Stäube oder Tröpfchen aus Gasströmen in Elektrofiltern, wie in Abb. 11 dargestellt, angewendet (Lebedynskyy 2013).

***Mechanisches Abtrennen von Flüssigkeiten***

Bei allen Sedimentationsverfahren ist die relevante Trenngröße die unterschiedliche Sinkgeschwindigkeit von unterschiedlichen Partikeln. Die Sedimentation wird überwiegend für sehr kleine Partikel verwendet. Die Abtrennung erfolgt im Schwerkraftfeld oder im Fliehkraftfeld. Bei den Sedimentationsverfahren wird unterschieden nach Suspensionsverfahren, bei denen die Feststoffe zu Beginn des Verfahrens gleichmäßig in der Flüssigkeit verteilt sind und Überschichtungsverfahren, bei denen sich die Feststoffe zu Beginn in einer dünnen Schicht über der reinen Sedimentationsflüssigkeit konzentrieren (Stieß 2009).

Bei der Filtration wird die feste von der flüssigen Phase durch eine erzwungene Strömung durch poröse Filterstoffe abgetrennt. Man unterscheidet zwischen Klärfiltration zur Reinigung von Flüssigkeiten und Scheidefiltration zur Gewinnung von Feststoffen (Dialer et al. 1986). Die Filtration kann durch Druckunterschiede oder Kapillarkräfte erfolgen. Eine selektive Filtrierung kann durch die Zugabe spezifischer Binder in die Poren des Filterstoffes erreicht werden (Pietsch 2002).

***Gasreinigungsverfahren***

Gasgemische werden von Schadgasen und Stäuben durch physikalische und chemische Verfahren gereinigt. Bei physikalischen Verfahren werden Unterschiede der zu entfernenden Komponenten

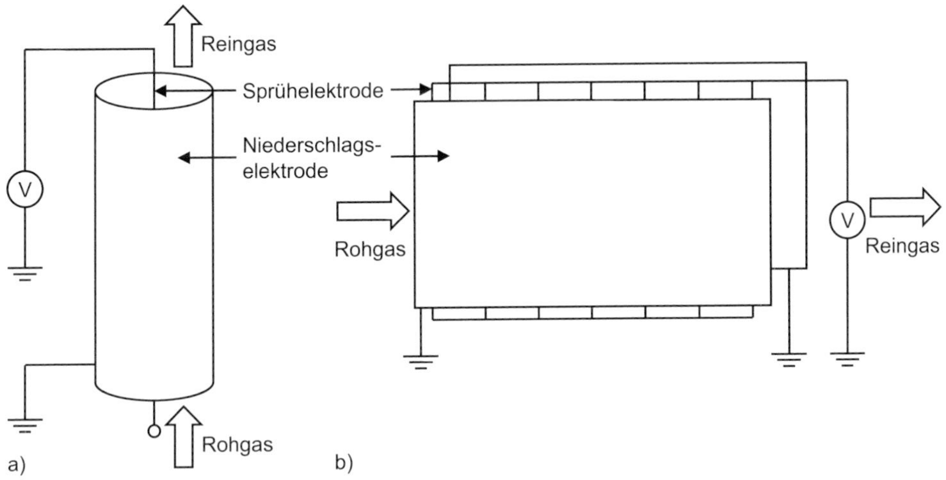


**Abb. 11** Aufbau von Elektrofiltern: **a** Rohrfilter, **b** Plattenfilter nach Lebedynskyy (2013)

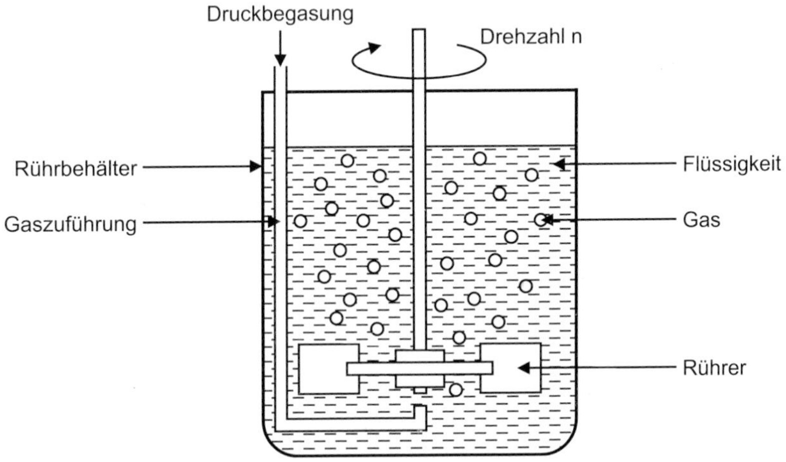


**Abb. 12** Rührbehälter mit Druckbegasung zum Vermischen von Gasen und Flüssigkeiten in Anlehnung an Zehner (2003)

von zu erhaltenden Nutzgasen ausgenützt. Dazu zählen die Kondensationstemperatur, die Molekülgröße sowie das physikalische Absorbtionsverhalten. Chemische Verfahren nutzen selektive chemische Reaktionen aus, bei denen lediglich abzutrennende Gasbestandteile umgewandelt werden (Hübner 2002).

**Mechanische Stoffvereinigung**

Das Mischen von Flüssigkeiten durch rotierende Einbauten wird als Rühren bezeichnet. Dieses Verfahren homogenisiert verschiedene Flüssigkeiten oder es werden Gase oder Feststoffe in Flüssigkeiten, wie in Abb. 12 dargestellt, dispergiert. Kneten ist das Vermischen hochviskoser Medien durch wiederholtes Scheren, Dehnen und Stauchen (Pahl 2003; Schwister und Leven 2014).

### 25.3.3 Thermische Verfahrenstechnik

Die thermische Verfahrenstechnik beschäftigt sich mit natürlich, chemisch oder biologisch hergestellten Stoffgemischen und deren Trennung durch die Herstellung einer Abweichung vom thermischen Gleichgewichtszustand. Das Trennprinzip kann auf unterschiedlichen Dampfdrücken, Löslichkeiten, Sorptionsverhalten, Membrandurchlässigkeiten oder auch unterschiedlichen elektrischen Feldkräften der einzelnen Komponenten beruhen. Beim

Trennvorgang gehen eine oder mehrere Komponenten von einer Phase (fest, flüssig, gasförmig) in eine andere Phase über, wobei Phasenströme häufig im Gegenstrom zueinander geführt werden (Mersmann et al. 2006; Scholl et al. 2019).

***Thermische Verfahren zur Feststoffabtrennung*** Als thermische Feststoffabtrennung bezeichnet man das Trennen von Phasen aus Feststoffen. Diese umfasst die Verfahren Trocknen, Eindampfen, Kristallisieren, Sublimieren und Extrahieren. *Trocknen* ist ein thermischer Trennprozess, bei dem einem Trägerstoff Flüssigkeit entzogen wird. Man unterscheidet zwischen der Trocknung von hygroskopischen und nicht hygroskopischen Feststoffen. Trocknungsverfahren können nach Art der Energiezuführung in Konvektionstrocknung, bei der ein heißes Gas das Gut umspült, in Kontakttrocknung, bei der das Trockengut eine Heizfläche berührt, sowie in Strahlungstrocknung, Gefriertrocknung und Hochfrequenztrocknung eingeteilt werden. Ein weiterer Gesichtspunkt ist die Gutförderung im Trockner. Sie kann sowohl ruhend auf fester oder bewegter Unterlage, als auch umbrechend durch Rührorgane oder umwälzend durch Schwerkraft oder Strömung sein. Trocknungsanlagen sind z. B. Bandtrockner, Trommeltrockner oder Zerstäubungstrockner (Abb. 13) (Fleischhauer 2010).

*Eindampfen* umschreibt das Abtrennen eines Lösungsmittels aus einer Lösung, Suspension oder Emulsion durch Wärmezufuhr und partielles Verdampfen des Lösungsmittels. Dieses Verfahren wird häufig in der chemischen Industrie und der Lebensmittelverarbeitung angewendet. Die meist verwendeten Bauarten von Verdampfern sind als Rohrbündelapparate ausgeführte Fallstromverdampfe ausgeführt. Diese können wie auch die weiteren Bauarten Umlauf- oder Plattenverdampfer als ein- oder mehrstufige Systeme ausgeführt sein (Stephan et al. 2010).

*Kristallisation* ist das Überführen von kristallisierten Feststoffen aus übersättigten Lösungen, die zu diesem Zweck verdampft oder abgekühlt werden. Daher wird je nach Art und Weise

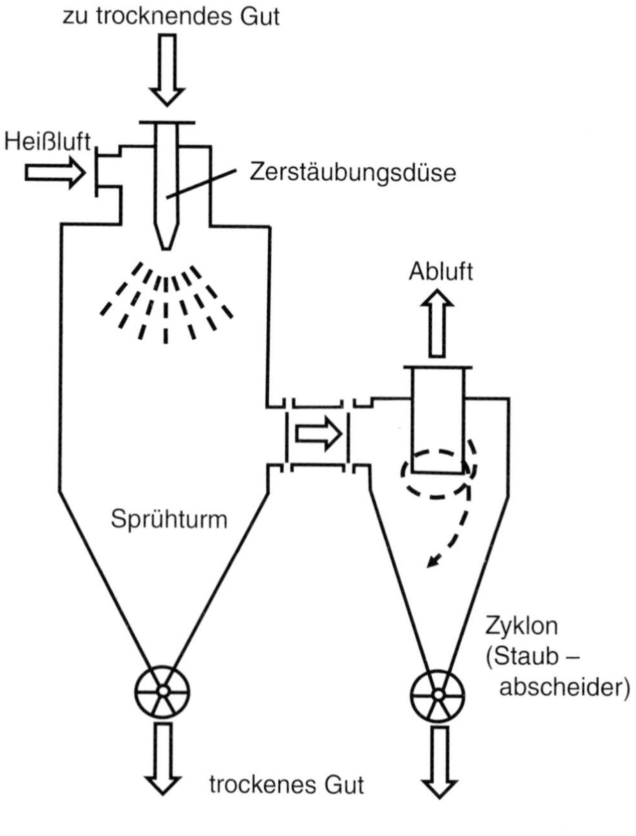


**Abb. 13** Schematische Darstellung eines Zerstäubungstrockners

der Übersättigungseinstellung zwischen Verdampfungs- und Kühlkristallisation unterschieden (Mersmann et al. 2006).

*Sublimation* ist der direkte Phasenwechsel von der festen in die gasförmige Phase. Der umgekehrte Vorgang wird als Kristallisation bzw. Desublimation bezeichnet. Beispiele für die Sublimation und deren Effekte sind das Trockeneisstrahlen sowie das Gefriertrocknen (Stephan et al. 2009).

*Extraktion* bezeichnet die selektive Trennung von Inhaltsstoffen aus Stoffgemischen oder Lösungen durch flüssige Lösungsmittel (Extraktionsmittel). Daher wird zwischen Fest-Flüssig- und Flüssig-Flüssig-Extraktion unterschieden. Voraussetzung für die Extraktion ist, dass das Lösungsmittel nicht oder nur teilweise mit dem Trägerstoff mischbar ist. Die Lösungsmittelphase wird als Extraktphase und die Trägerstoffphase als Raffinatphase bezeichnet. Der Extraktor ist die Apparatur, in der die Extraktion vorgenommen wird (Mersmann et al. 2006).

***Thermische Verfahren zur Trennung von Flüssigkeits- und Gasgemischen***

Homogene Flüssigkeitsgemische können meist durch thermische Verfahren getrennt werden. Unterscheiden sich die Komponenten eines Flüssigkeitsgemisches in ihren Siedepunkten, kann die Gemischtrennung durch Destillation oder Rektifikation erfolgen. Bei unterschiedlicher Löslichkeit einzelner Komponenten findet hingegen die Flüssig-Flüssig-Extraktion Anwendung, die auch Solventextraktion genannt wird. Die Abtrennung fluider sowie gasförmiger Komponenten aus Feststoffen wird mit Hilfe von Sorptionsverfahren durchgeführt (Scholl et al. 2019).

***Thermische Verfahren zur Trennung von Flüssigkeitsgemischen***

Das wohl bekannteste thermische Trennverfahren ist die *Destillation*. Für die Destillation wird das Stoffgemisch in einem Verdampfer, auch als Destillierblase bekannt, erwärmt bis es beginnt zu verdampfen. Der auf diese Weise erzeugte Dampf wird durch einen Kühler geleitet, wodurch sich der Dampf als Kondensat absetzt und anschließend in einem Destillatauffanggefäß gesammelt wird. In dem Prozess wird zunächst der Bestandteil mit der geringeren Siedetemperatur vom Stoffgemisch getrennt. Somit hat der Dampf zu Beginn der Destillation die höchste Konzentration des getrennten Stoffes. Für den Mengen- und Konzentrationsverlauf im Verdampfer kann der Massenerhaltungssatz auf das Gemisch und seine Komponenten angewendet werden (Stephan et al. 2010).

Während bei der einfachen Destillation nur eine teilweise Anreicherung der leichter flüchtigen Komponenten ermöglicht wird, erlaubt die *Rektifikation* oder *Gegenstromdestillation* eine wesentliche höhere Anreicherung und wird folglich angewendet, wenn Komponenten mit großen Reinheitsanforderungen aus einem Gemisch abgetrennt werden sollen. Bei der Rektifikation gelangt der überwiegende Teil der aufsteigenden Dampfphase als Kondensat in den Kolonnenrückfluss. In der Kolonne erfolgt dadurch ein Stoff- und Wärmeaustausch zwischen Dampf und Flüssigkeit. Dieser Vorgang wird wiederholt, bis die Fraktionen in hinreichender Reinheit vorliegen. Die Rektifikation ist somit im Prinzip eine mehrstufige Destillation. Rektifiziersäulen (Trennkolonnen) werden als Bodenkolonnen, Kolonnen mit Gewebepackung und Füllkörperkolonnen gebaut. Bei Bodenkolonnen wird der aufsteigende Dampf apparativ durch das am jeweiligen Boden angesammelte Kondensat geführt. Das Ergebnis ist eine wesentlich größere Trennleistung im Vergleich zur einfachen Destillation (Felixberger 2017; Mersmann et al. 2006).

*Solventextraktion* ist ein Trennprozess zur vollständigen oder teilweisen Lösung eines Stoffes aus einem Flüssigkeitsgemisch mit Komponenten unterschiedlicher Löslichkeit. Die Solventextraktion erfolgt durch den Zusatz eines geeigneten Lösungsmittels und ohne Wärmezufuhr. Sie kommt zur Anwendung, wenn Destillation oder Rektifikation aufgrund thermischer Empfindlichkeit oder ungünstiger Gleichgewichtsbedingungen nicht möglich sind (Mersmann et al. 2006).

***Thermische Verfahren zur Trennung von Gasgemischen***

Das Verfahren der *Sorption* wird in Adsorbieren und Absorbieren eingeteilt. *Adsorption* ist das

Anlagern von Stoffen aus fluiden Phasen (flüssig oder gasförmig) an Feststoffoberflächen. Unter *Absorption* versteht man hingegen die zusätzlich zum Oberflächeneffekt auftretende Aufnahme in das Innere eines nicht porösen Festkörpers. Von Sorption spricht man, wenn die Anteile von Oberflächen- und Volumeneffekten nicht bekannt sind (Behr et al. 2010; Mersmann et al. 2006).

### 25.3.4 Chemische Reaktionstechnik

Die chemische Reaktionstechnik ist ein Teilgebiet der Technischen Chemie, welches sich mit der Durchführung chemischer Reaktionen bzw. der im Labor ermittelten chemischen Umsetzung in den technischen Maßstab befasst. Bei einer Reaktion sind chemische Stoffumwandlungen mit dem Stoff-, Wärme- und Impulsaustausch gekoppelt. Je größer die Dimensionen eines Prozesses sind, desto länger sind die Transportwege und umso größer ist der Einfluss der Transportvorgänge. Die chemische Reaktionstechnik ist durch ein Zusammenspiel von chemischen Vorgängen und Transportvorgängen gekennzeichnet (Hagen 2017).

Wichtige Grundverfahren der chemischen Reaktionstechnik lassen sich in physikalische, chemische und biochemische Prozesse einteilen. Bei den physikalischen Prozessen kann ferner zwischen mechanischen und thermischen Prozessen unterschieden werden. Während bei thermischen Prozessen oft eine Stoffumwandlung als Reaktion auf die Zu- oder Abfuhr thermischer Energie erfolgt, wird die Stoffumwandlung bei mechanischen Prozessen durch mechanische Energie (Impuls, Druck, Reibung) ausgelöst. Nicht selten kommt es bei thermischen Prozessen zu einer Phasenumwandlung von mindestens einer chemischen Komponente (Christen 2005).

## Literatur


Behr A, Agar D, Jörissen J (2010) Einführung in die Technische Chemie, 14. Aufl. Spektrum Akademischer Verlag, Heidelberg

Behr A, Agar DW, Jörissen J, Vorholt AJ (2016) Einführung in die Technische Chemie. Springer, Berlin

Bohnet M (2004) Mechanische Trennverfahren. In: Bohnet M (Hrsg) Mechanische Verfahrenstechnik. Wiley, Weinheim, S 101

Bohnet M (2012) Einleitung. In: Bohnet M (Hrsg) Mechanische Verfahrenstechnik. Wiley, Hoboken

Breuer H, Ribeiro JP, Horn A (2009) Innovative Techniken zur magnetischen Anreicherung von hämatitischen Feinerzen. Berg Hüttenmänn Monatsh 154(4):152–155

Brown M (2009) Stand und Entwicklungstendenzen des Supply Chain Managements in der deutschen Grundstoffindustrie. Kassel University Press, Kassel

Christen DS (2005) Praxiswissen der chemischen Verfahrenstechnik. Springer, Berlin/Heidelberg

Dialer K, Onken U, Leschonski K (1986) Grundzüge der Verfahrenstechnik und Reaktionstechnik. Hanser, München

Eversheim W (1995) Produktivität. In: Hiersig HM (Hrsg) Lexikon Produktionstechnik Verfahrenstechnik. Springer, Berlin/Heidelberg, S 778

Felixberger J (2017) Chemie für Einsteiger. Springer, Berlin/Heidelberg

Fleischhauer W (2010) Trocknungsarten. In: Schwister K (Hrsg) Taschenbuch der Verfahrenstechnik. Carl Hanser, München

Grotzinger J, Jordan T (2017) Allgemeine Geologie. Springer, Berlin/Heidelberg

Gutenberg E (1983) Grundlagen der Betriebswirtschaftslehre, Band 1: Die Produktion, 24. Aufl. Springer, Berlin/Heidelberg

Hagen J (2017) Chemiereaktoren: Grundlagen, Auslegung und Simulation, Ausgabe 2. Aufl. Wiley, Weinheim

Hahn D, Laßmann G (1999) Produktionswirtschaft. Springer, Berlin/Heidelberg

Hartman HL, Mutmansky JL (2002) Introductory Mining engineering. Wiley, Hoboken

Hemming W (1991) Verfahrenstechnik. Vogel, Würzburg

Hilberg S (2015) Umweltgeologie – Eine Einführung in Grundlagen und Praxis. Springer, Berlin/Heidelberg

Hübner K (2002) Gasreinigungsverfahren. In: Görner K, Hübner K (Hrsg) Gasreinigung und Luftreinhaltung. Springer, Berlin, S F-1–F-2

Jones D (2015) Introduction to crude oil and petroleum processing. In: Treese S, Pujadó P, Jones D (Hrsg) Handbook of petroleum processing. Springer International, Basel, S 3–52

Juhnke M (2016) Entwicklung einer Planetenmühle zur Feinstzerkleinerung bei hohen Reinheitsanforderungen. Cuvillier, Göttingen

Kern W (1996) Produktionswirtschaft: Objektbereich und Konzepte. In: Kern W, Schröder H-H, Weber J (Hrsg) Handwörterbuch der Produktionswirtschaft, 2. Aufl. Poeschel, Stuttgart, S 1629–1642

Kögl B, Moser F (1981) Grundlagen der Verfahrenstechnik. Springer, Wien

Kraume M (2012) Transportvorgänge in der Verfahrenstechnik. Springer, Berlin/Heidelberg

Lebedynskyy S (2013) Energieeffiziente Abscheidung von hochkonzentrierten flüssigen Aerosolen mit einem Autogenen Raumladungsgetriebenen Abscheider (ARA).

Brandenburgische Technische Universität Cottbus-Senftenberg, Cottbus/Diss
Meier H, Uhlmann E (2012) Hybride Leistungsbündel – ein neues Produktverständnis. In: Meier H, Uhlmann E (Hrsg) Integrierte Industrielle Sach- und Dienstleistungen. Springer, Berlin/Heidelberg, S 1–22
Mersmann A, Kind M, Stichlmair J (2006) Thermische Verfahrenstechnik Grundlagen und Methoden, 2. Aufl. Springer, Berlin/Heidelberg
Müller W (2014) Mechanische Verfahrenstechnik und ihre Gesetzmäßigkeiten, 2. Aufl. Oldenbourg, München
Nagel J (2015) Nachhaltige Verfahrenstechnik. Hanser, München
Neukirchen F, Ried G (2014) Die Welt der Rohstoffe – Lagerstätten, Förderung und wirtschaftliche Aspekte. Springer, Berlin/Heidelberg
Pahl M (2003) Mischtechnik, Aufgaben und Bedeutung. In: Kraume M (Hrsg) Mischen und Rühren. Wiley, Weinheim, S 1–19
Pietsch WB (2002) Agglomeration processes – phenomena, technologies, equipment. Wiley, Weinheim
Reuther E-U (1982) Einführung in den Bergbau. Glückauf, Essen
Revuelta MB (2018) Mineral resources. Springer, Berlin
Scholl S, Mersmann A, Grote, K (Hrsg) (2019) Dubbel – Taschenbuch für den Maschinenbau, 25. Aufl. Springer, Berlin
Schönbucher A (2002) Thermische Verfahrenstechnik. Springer, Berlin/Heidelberg, S 1–2
Schubert H (2003) Sortieren. In: Schubert H (Hrsg) Handbuch der Mechanischen Verfahrenstechnik. Wiley, Weinheim, S 612–746
Schwister K, Leven V (2014) Verfahrenstechnik für Ingenieure. Hanser, München
Schwister K, Leven V (2019) Verfahrenstechnik für Ingenieure, 3., akt. Aufl. Hanser, München, S 13
Stephan P, Mayinger F, Schaber K, Stephan K (2009) Thermodynamik – Grundlagen und technische Anwendungen Band 1: Einstoffsysteme, 18. Aufl. Springer, Berlin/Heidelberg
Stephan P, Mayinger F, Schaber K, Stephan K (2010) Thermodynamik – Grundlagen und technische Anwendungen Band 2: Mehrstoffsysteme und chemische Reaktionen, 15. Aufl. Springer, Berlin/Heidelberg
Stieß M (2009) Mechanische Verfahrenstechnik – Partikeltechnologie 1. Springer, Berlin/Heidelberg
Wagner H-J, Bratfisch C, Hasenclever H, Hoffmann K (2018) Energietechnik und -wirtschaft. In: Grote K-H, Bender B, Göhlich D (Hrsg) Dubbel: Taschenbuch für den Maschinenbau. Springer, Berlin, S L10–L17
Weber HK (1998) Rentabilität, Produktivität und Liquidität. Größen zur Beurteilung und Steuerung von Unternehmen. Gabler, Wiesbaden
Wills B, Finch J (2015) Will's mineral processing technology. Butterworth-Heinemann, Oxford
Wills BA, Napier-Munn TJ (2006) Mineral processing technology. Elsevier, Amsterdam
Winnacker K, Küchler L (1984) Chemische Technologie, 4. Aufl. Hanser, München/Wien
Zehner P (2003) Begasen im Rührbehälter. In: Kraume M (Hrsg) Mischen und Rühren. Wiley, Weinheim, S 241–273

# Formgebung und Fügen durch Fertigungstechnik 26

Eckart Uhlmann und Günter Spur

## Inhalt



Dieses Kapitel wurde in der vorherigen Auflage von dem 2013 verstorbenen Günter Spur verfasst. Auf dieser Grundlage hat Eckart Uhlmann, sein Nachfolger im Institut, die Überarbeitung vorgenommen.

E. Uhlmann (✉)
Fraunhofer-Institut für Produktionsanlagen und Konstruktionstechnik (IPK), und Institut für Werkzeugmaschinen und Fabrikbetrieb (IWF), Technische Universität Berlin, Berlin, Deutschland
E-Mail: eckart.uhlmann@ipk.fraunhofer.de; eckart.uhlmann@iwf.tu-berlin.de

G. Spur
Institut für Werkzeugmaschinen und Fabrikbetrieb, Technische Universität Berlin, Berlin, Deutschland

© Der/die Autor(en), exklusiv lizenziert durch Springer-Verlag GmbH, DE, ein Teil von Springer Nature 2022 
M. Hennecke, B. Skrotzki (Hrsg.), *HÜTTE Band 2: Grundlagen des Maschinenbaus und ergänzende Fächer für Ingenieure*, Springer Reference Technik,
https://doi.org/10.1007/978-3-662-64372-3_75

**Zusammenfassung**

Innerhalb dieses Kapitels werden wesentliche Grundlagen moderner Fertigungsverfahren vermittelt. Die Fertigungstechnik umfasst ein breites Feld an Verfahren, von denen viele auch alternativ eingesetzt werden können. Die Auswahl eines geeigneten Fertigungsverfahrens orientiert sich dabei immer an der konkreten Bearbeitungsaufgabe, um optimale Ergebnisse in Bezug auf Qualität, Kosten und Bearbeitungszeit zu erreichen. Diese werden zur Herstellung verschiedenster Produkte für unterschiedlichste Branchen eingesetzt.

## 26.1 Fertigungsverfahren und Fertigungssysteme: Übersicht

### 26.1.1 Einteilung der Fertigungsverfahren

Der Begriff Fertigung beschreibt die Herstellung von Bauteilen mit definierten Werkstoffeigenschaften und Abmessungen. Das Fügen von Bauteilen zu neuen Erzeugnissen wird ebenfalls als Fertigung bezeichnet. Durch die Fertigungstechnik werden Formgebung sowie Eigenschaftsänderungen von Stoffen umgesetzt. Die Formgebung kann abbildend, kinematisch, fügend und beschichtend sowie durch Änderung von Stoffeigenschaften realisiert werden. Inhalt der Fertigungslehre ist die Formgebung von „stofflichen Zusammenhalten“ fester Körper. Formgebung des Bauteils kann durch bzw. unter Schaffen, Beibehalten, Vermindern oder Vermehren des Zusammenhalts erfolgen. Neben den physikalischen Zusammenhängen betrachtet die Fertigungslehre zusätzlich ökonomische und technologische Faktoren. Dabei ist sie eng mit der Werkstoffkunde verbunden (DIN 8580 2003; Heisel und Stehle 2014), siehe ▶ Kap. 25, „Grundlagen der Produktionsorganisation“.

Grundlage für die Einteilung der Fertigungsverfahren nach DIN 8580 (2003) ist der Begriff des Zusammenhaltes (Abb. 1). Der Zusammenhalt bezeichnet sowohl Teilchen eines festen Körpers wie auch Teile eines zusammengesetzten Körpers (DIN 8580 2003).

Die Formgebung vom Roh- zum Fertigteil soll mit einer möglichst geringen Anzahl von Zwischenformen realisiert werden. Ziel ist das Erreichen des günstigsten Arbeitsergebnisses und ausreichender Qualität bei minimalem Arbeitsaufwand. Die Formgebung erfolgt entweder durch Abbildung von Formmerkmalen des Werkzeuges oder durch geeignete Relativbewegungen zwischen Werkzeug und Werkstück bzw. durch Kombination beider. Die für die Bearbeitung notwendigen Rohteile werden durch Urformen oder Umformen bereitgestellt. Beispiele sind Guss- und Schmiedeteile oder Halbzeuge wie Stangen, Rohre oder Bleche (Heisel und Stehle 2014).

In Abhängigkeit vom gewählten Verfahren, sind Werkzeugmaschinen, Werkzeuge, Spannzeuge, Messzeuge, Hilfszeuge und Hilfsstoffe zur

| Schaffen der Form | Ändern der Form | | | | Ändern der Stoffeigenschaften |
|---|---|---|---|---|---|
| Zusammenhalt schaffen | Zusammenhalt beibehalten | Zusammenhalt vermindern | Zusammenhalt vermehren | | |
| Hauptgruppe 1<br>Urformen | Hauptgruppe 2<br>Umformen | Hauptgruppe 3<br>Trennen | Hauptgruppe 4<br>Fügen | Hauptgruppe 5<br>Beschichten | Hauptgruppe 6<br>Stoffeigenschaft ändern |

**Abb. 1** Einteilung der Fertigungsverfahren nach DIN 8580 (2003)

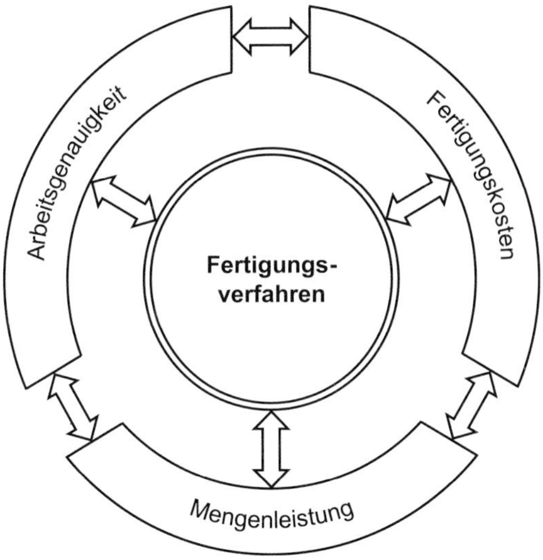


**Abb. 2** Technologische Bewertungsmerkmale in der Fertigungstechnik (Heisel und Stehle 2014)

weiteren Bearbeitung erforderlich. Die Bewertung von Fertigungsverfahren kann auf Grundlagen der in Abb. 2 gezeigten technologischen Merkmale erfolgen. Dabei besteht für das jeweilige Fertigungsverfahren eine gegenseitige Abhängigkeit zwischen den Merkmalen (Heisel und Stehle 2014).

### 26.1.2 Fertigungsgenauigkeit

Die Erzeugung definierter Oberflächen von geometrisch bestimmten festen Körpern erfolgt nach den in DIN 8580 (2003) definierten Fertigungsverfahren. Die Qualität eines Fertigungsprozesses ist über die Fertigungsgenauigkeit zu beurteilen. Dabei wird in Maß-, Form- und Lagegenauigkeit unterschieden. Befinden sich die Maß-, Form- oder Lageabweichungen eines Werkstücks innerhalb der jeweiligen geltenden Toleranz, liegt Maß-, Form- oder Lagegenauigkeit vor. Allgemeintoleranzen sind für Längen- und Winkelmaße nach DIN 2768-1 (1991) in die Toleranzklassen fein (f), mittel (m), grob (c) und sehr grob (v) unterteilt. Form- und Lagetoleranzen werden in solche für einzelne Formelemente, u. a. Gerad-, Eben- und Rundheit sowie für bezogene Formelemente, u. a. Parallelität, Rechtwinkligkeit, Koaxialität und Lauf, unterschieden (DIN ISO 2768-2 1991).

Die Beziehungen zwischen den grafischen Symbolen in technischen Zeichnungen und der dimensionellen und geometrischen Tolerierung geben die DIN EN ISO 14405-1 (2017); DIN EN ISO 286-1 (2019) sowie DIN EN ISO 1101 (2017) an.

Oberflächen werden hinsichtlich ihrer Bestimmung in Funktions- und Hilfsflächen sowie freie Flächen unterschieden. Dabei ist bei der Funktions- und Hilfsfläche die Oberflächengüte von Bedeutung. Gestaltabweichungen stellen die Gesamtheit aller Abweichungen der Istoberfläche von der geometrischen Oberfläche dar und lassen sich anhand verschiedener Ordnungen prüfen (DIN 4760 1982). Der mittlere Abstand der Oberfläche zur Mittellinie der Profilabweichungen wird als arithmetischer Mittenrauwert Ra bezeichnet (DIN EN ISO 4287 2010).

Die DIN EN ISO 1302 (2002) gibt die Beziehungen zwischen den grafischen Symbolen in technischen Zeichnungen und der Oberflächenbeschaffenheit, wie z. B. des zulässigen Oberflächenrauheitskennwertes, an. Die bei einzelnen Fertigungsverfahren erreichbaren Bereiche des

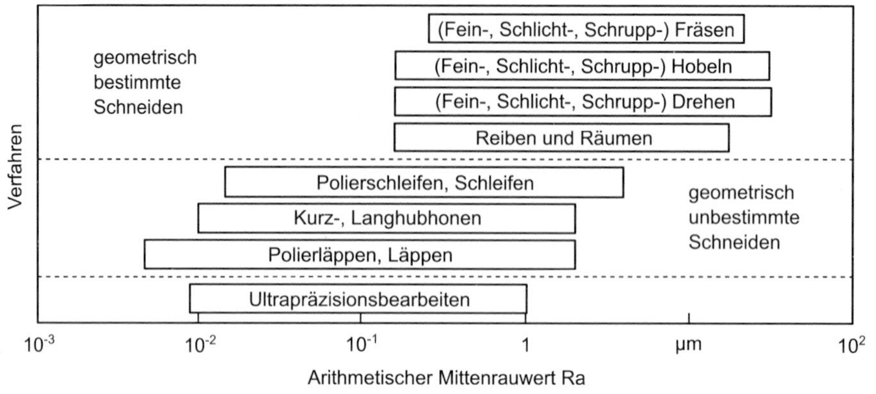


**Abb. 3** Erreichbarer arithmetischer Mittenrauwert Ra in Abhängigkeit vom Bearbeitungsverfahren nach DIN 4766-2 (1981) (zurückgezogen), ergänzt nach (Uhlmann et al. 2016)

arithmetischen Mittenrauwertes Ra werden in Abb. 3 veranschaulicht.

Zusätzlich zur geometrischen Beschaffenheit bezieht der Begriff Qualität die stofflichen Eigenschaften der Bauteile mit ein. Neben der Oberflächenrauheit, die maßgeblich durch den spanenden Fertigungsprozess bestimmt wird, adressiert der Begriff Qualität zusätzlich die Randzoneneigenschaften, z. B. die Oberflächenhärte oder Eigenspannungen (Denkena und Tönshoff 2011).

Werkstücke lassen sich mithilfe von Kennmerkmalen klassifizieren. Neben Geometrie und Werkstoff können als Kennmerkmale eines Werkstücks die Identifizierungs-, Klassifizierungs- und Auftragsnummer sowie die Losgröße und Stückzahl herangezogen werden. Ausgehend von der Werkstückklassifizierung lassen sich geeignete Fertigungsverfahren zuordnen. Beispiele für die Werkstückklassifizierung sind nachfolgend gegeben (Teile/Klassifizierung):

- Feinteile/Größe,
- Mikroteile/Größe,
- Prismateile/räumliche Gestalt,
- Rotationsteile/räumliche Gestalt,
- Gussteile/Fertigungsverfahren,
- Sinterteile/Fertigungsverfahren,
- Blechteile/Fertigungsverfahren sowie
- Massivteile/Fertigungsverfahren.

Die Abmessungen von Mikroteilen liegen üblicherweise im Bereich von 100 µm bis 10 mm. Die hohen Genauigkeitsanforderungen sowie die Vielfalt der Anwendungen mit den vielfältigen geforderten Geometriemerkmalen und Oberflächenqualitäten haben zur Entwicklung spezifischer Werkzeugmaschinen für die Hochpräzisions-, Ultrapräzisions-, Mikrofunkenerosions- und Laserbearbeitung geführt. Werkzeugmaschinen- und Fertigungstechnologien für die Mikroproduktion sind damit zur reproduzierbaren Herstellung kleiner Bauteile und Geometriemerkmale geeignet (Uhlmann et al. 2016). Durch die ultrapräzise Bearbeitung können Bauteile gefertigt werden, welche Oberflächen mit einem arithmetischen Mittenrauwert Ra $\leq$ 10 nm und eine Formabweichung P – V $\leq$ 1 µm aufweisen (Uhlmann 2018).

### 26.1.3 Fertigungssysteme und Fertigungsprozesse

Ein Fertigungssystem besteht aus mehreren Maschinen und hat die Herstellung von Werkstücken durch Anwendung verschiedener Arbeitsgänge zur Aufgabe. Alle Teilsysteme unterliegen einer übergeordneten Steuerung (Auerbach 2012).

Das *Werkzeug* eines Fertigungssystems ist ein Fertigungsmittel, welches auf Basis einer relativen Bewegung zum Werkstück die Bildung oder Änderung der Form verursacht. Unter den Begriff Werkzeug fallen ebenfalls Fertigungsmittel, die eine Änderung der Stoffeigenschaften am Werkstück bewirken. *Wirkmedien* sind Stoffe, die in formloser, fester, flüssiger oder gasförmiger Form vorliegen und über Energieformen, vor wie mechanische oder Wärmeenergie sowie chemische Reaktionen Veränderungen am Werkstück bewirken. Zudem gibt es die *Wirkenergie*, die aus einem Energiefeld, einer Strahlung oder einem Strahl hervorgeht. Entsprechende *Wirkpaare* bestehen einerseits aus dem Werkstück und andererseits aus dem Werkzeug, dem Wirkmedium sowie der Wirkenergie (DIN 8580 2003).

In der heutigen Zeit werden in nahezu allen Bereichen der Fertigungstechnik rechnergestützte programmierbare Steuerungen eingesetzt, welche häufig auch mit dem englischen Begriff CNC (Computerized Numerical Control) bezeichnet werden. Mit diesen ergeben sich gegenüber veralteten Fertigungen viele Vorteile, wie eine höhere Produktivität, eine höhere Qualität sowie eine höhere Genauigkeit. Kennzeichnend für eine CNC ist, dass mehrere Achsen gleichzeitig gesteuert werden können. Einem Fertigungssystem wird die werkstückspezifische Fertigungsaufgabe in Form eines CNC-Programms übermittelt, das geometrische und technologische Informationen enthält. Über diesen Informationsfluss werden der Energiefluss sowie der Materialfluss für die einzelnen Fertigungsschritte, aus denen sich die Fertigungsaufgabe zusammensetzt, gesteuert (Hehenberger 2011). Die Verknüpfung des Informations-, Stoff- und Energieflusses mit dem Fertigungssystem ist in Abb. 4 dargestellt.

Zentrales Element einer CNC ist der Interpreter, welcher die im CNC-Programm definierten Befehle in Bewegungsfunktionen umrechnet. In CNC-Programmen werden entweder 2D-Konturen oder 3D-Bahnen beschrieben. Die erforderlichen Positionswerte werden als Maße direkt eingegeben. Um aus den Positionen Bahnen abzuleiten werden aus den definierten Positionen und einer dazugehörigen Bahninformation, wie z. B. Kreisbahnen, alle Zwischenpositionen durch die CNC selbständig bestimmt (Hehenberger 2011).

Entsprechend DIN 8580 (2003) kann in:

- urformende,
- umformende,
- trennende,
- fügende,
- beschichtende und
- stoffeigenschaftsändernde

Fertigungssysteme unterschieden werden (DIN 8580 2003; Weck 2005).

### 26.1.4 Integrierte flexible Fertigungssysteme

Durch die steigende Automatisierung von Aufgaben in der Fertigung werden in Werkzeugmaschinen zusätzliche mechatronische Systeme integriert.

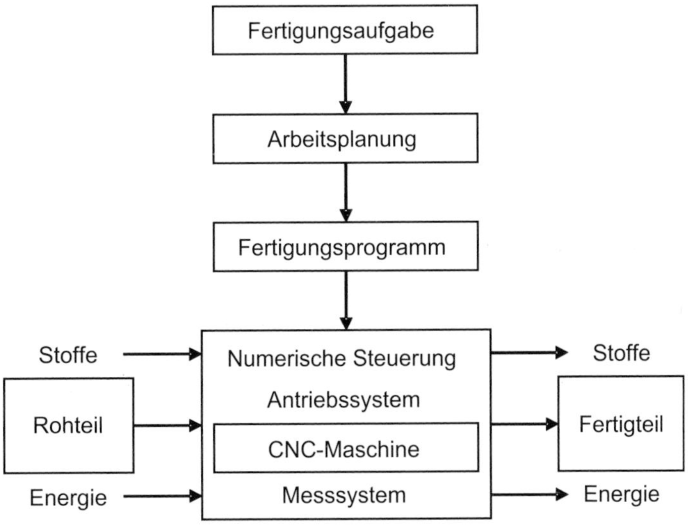


**Abb. 4** Verknüpfung von Informations-, Stoff- und Energiefluss in Anlehnung an Heinrich et al. (2017)

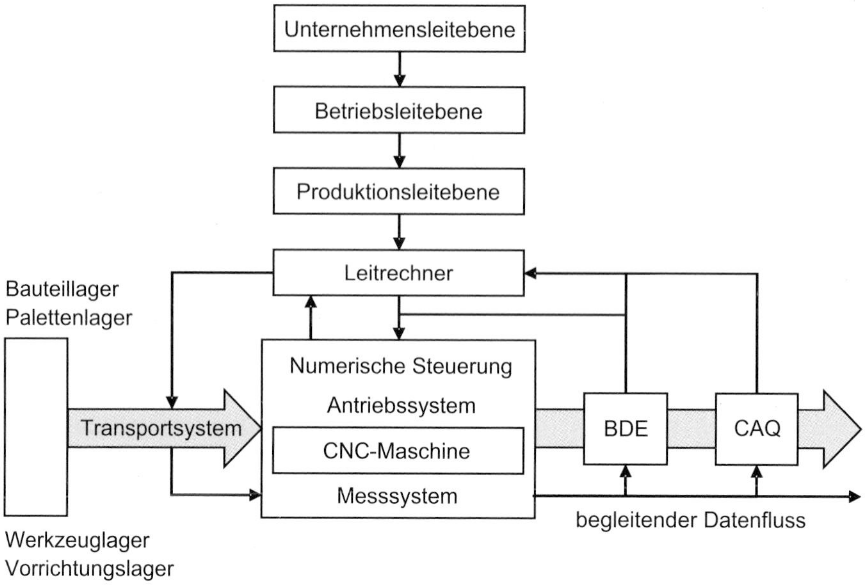


**Abb. 5** Teilsysteme flexibler Fertigungssysteme nach Heinrich et al. (2017)

Die Datenverarbeitung, welche durch die steuernden Systeme vorgenommen wird, dient nicht ausschließlich zur technologischen Durchführung eines Fertigungsprozesses, sondern schließt in einem flexiblen Fertigungssystem die Gesamtheit der Fertigung mit ein. So kann beispielsweise eine Auftragsplanung auf der Leitebene und die Durchführung der Fertigungsaufträge auf den mit dem Leitrechner verbundenen Maschinen erfolgen (Weck 2005; Weck und Brecher 2006).

Kennzeichnendes Merkmal flexibler Fertigungssysteme, wie in Abb. 5 dargestellt, sind mehrere numerisch gesteuerte Maschinen, welche über eine Werkstück- und Werkzeugversorgung verfügen. Ein Zentralrechner übernimmt die Koordination von Transportsystemen, die Versorgung mit Werkstücken und Werkzeugen sowie die CNC- und Betriebsdatenhandhabung (Weck 2005). Die Flexibilität ergibt sich durch ein flexibles Umrüsten, wodurch mehrere Bearbeitungsvorgänge an unterschiedlichen Werkstücken ohne manuelle Eingriffe durchgeführt werden können. Darüber hinaus können die Stückzahlen der gefertigten Werkstücke verkaufsgerecht definiert werden. Weiterhin kann auf kurzfristige Änderungen der Werkstückform reagiert werden (Heinrich et al. 2017).

Die übergeordnete Steuerung eines Fertigungssystems wird von einer Distributed Numerical Control (DNC) übernommen, welche die informationstechnische Verkettung der angeschlossenen Systeme zur Aufgabe hat. Dies beinhaltet unter anderem die Verwaltung und Verteilung von CNC-Programmen, die Steuerung des Materialflusses sowie die Betriebsdatenerfassung und -verarbeitung (Weck 2005; Weck und Brecher 2006).

Für die automatisierte Fertigung ist eine elektronische Datenverarbeitung in Form von speicherprogrammierbaren Steuerungen (SPS) und rechnergestützten numerischen Steuerungen eine grundlegende Voraussetzung (Weck und Brecher 2006). In der Praxis lässt sich beobachten, dass mit der steigenden Automatisierung auch eine zunehmende Störanfälligkeit einhergeht. In sehr komplexen Systemen wird entgegen der höheren Automatisierung wieder verstärkt auf die Fähigkeiten des Menschen gesetzt, welcher schnell und flexibel Entscheidungen treffen und in Situationen flexibel eingreifen kann. Um einer hohen Störanfälligkeit entgegenzuwirken und die Zuverlässigkeit von Fertigungssystemen zu verstärken, werden zunehmend Konzepte zur Diagnose implementiert, um so frühzeitig Fehler oder Probleme zu erkennen und entsprechend zu reagieren (Weck und Brecher 2006).

Anforderungen an Fertigungssysteme können auf unterschiedlichen Ebenen definiert werden.

Die Anforderungen lassen sich in wirtschaftliche Anforderungen, technologische Anforderungen, die Genauigkeit der Werkstücke, die Steifigkeit der Maschine, den Automatisierungsgrad sowie das Umweltverhalten gliedern (Weck 2005).

## 26.2 Urformen

*Urformen* ist nach DIN 8580 (2003) Fertigen eines festen Körpers aus formlosem Stoff durch Schaffen des Zusammenhaltes (Abb. 6) (DIN 8580 2003).

### 26.2.1 Gießen

Die Werkstoffauswahl sowie die Festlegung des Fertigungsverfahrens sind grundlegende Entscheidungen beim Entwurf eines Produkts sowie bei der Gestaltung der inkludierten Bauteile. Der stoffliche Zusammenhalt wird durch urformende Fertigungsverfahren geschaffen, unter denen das Gießen als Urformen aus dem flüssigen Zustand eine hohe Bedeutung besitzt. Zu den metallischen Gusswerkstoffen zählen Gusseisen, Temperguss sowie Stahlguss, die zusammenfassend als Eisenbasis-Legierungen bezeichnet werden. Die Nichteisenmetall(NE)-Legierungen werden in die NE-Leichtmetall-Gusslegierungen, die NE-Schwermetall-Gusslegierungen, Hochtemperaturgusslegierungen sowie NE-Edelmetall-Gusslegierungen gegliedert. Die Gusswerkstoffe zeichnen sich durch anwendungsspezifische Gebrauchseigenschaften aus, wozu insbesondere die mechanischen Eigenschaften, das Verschleißverhalten, die Korrosionsbeständigkeit sowie die elektrische und thermische Leitfähigkeit zählen. Neben diesen Eigenschaften des Gussfertigteils wird die Auswahl des Gusswerkstoffs auch durch das anzuwendende Gießverfahren bestimmt. Darüber hinaus haben die angestrebte

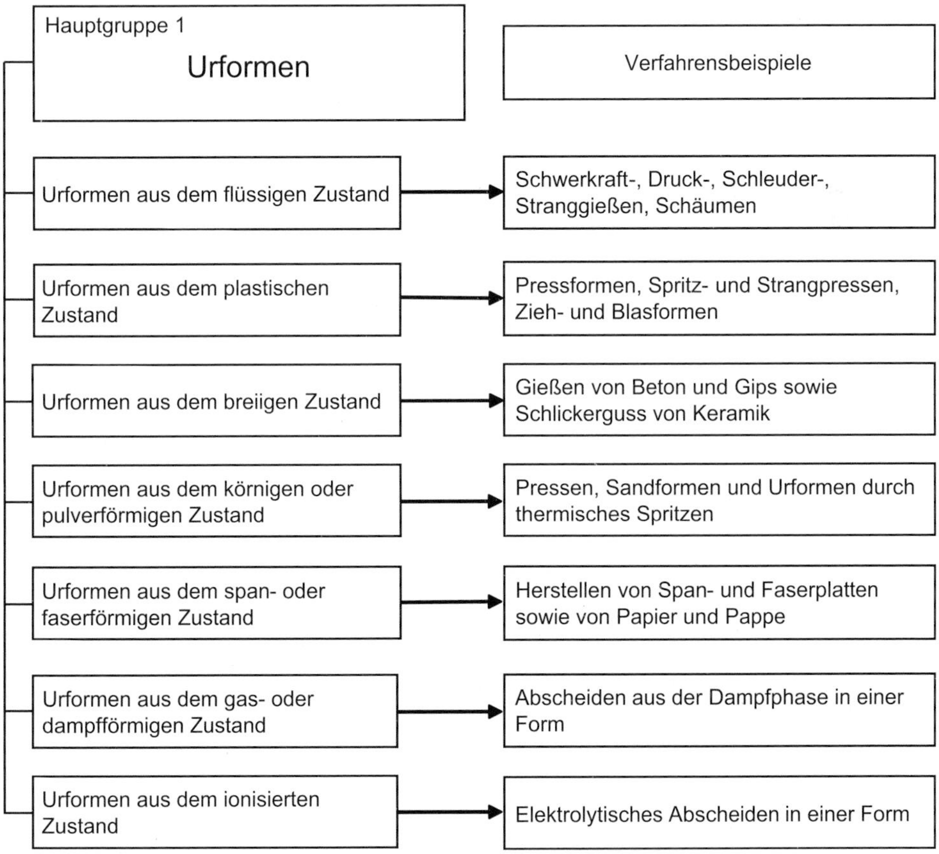


**Abb. 6** Verfahrenseinteilung Urformen nach DIN 8580 (2003)

Stückzahl der zu gießenden Bauteile, die geforderten Maß- und Formgenauigkeiten nach der Entformung sowie die Bauteilmasse und die Bauteilgeometrie maßgeblichen Einfluss auf die Wahl des Gießverfahrens (Pahl et al. 2007; Bähr und Scharf 2014; Bührig-Polaczek 2014).

Je nach Häufigkeit der erreichbaren Formabgüsse wird zwischen Gießen mit verlorener Form und Gießen mit Dauerform unterschieden. *Verlorene Formen* sind aus einem körnigen Formwerkstoff, einem Bindemittel sowie Zusatzstoffen hergestellt und ermöglichen lediglich einen Abguss. Mit verlorenen Formen können Gussbauteile aus allen technisch wichtigen Gusslegierungen hergestellt werden, wobei sowohl Losgröße Eins, als auch mehrere 100.000 Stück wirtschaftlich realisierbar sind. Die gefertigten Gussbauteile haben Massen von weniger als 100 g bis hin zu ca. 270 t (Bähr und Scharf 2014; Polzin 2014).

Die Fertigung von verlorenen Formen ist häufig in den technologischen Prozess der Gießerei integriert und besitzt hinsichtlich der Maßgenauigkeit, Gestalttreue und Oberflächenqualität der Gussstücke eine erhebliche Bedeutung. *Handformverfahren* werden bei großen Gussstücken sowie bei niedrigen Stückzahlen eingesetzt. Bei größeren Serien von kleinen bis mittelgroßen Gussbauteilen findet das *Maschinenformverfahren* Anwendung (Bähr und Scharf 2014). Abb. 7 zeigt den typischen Aufbau einer verlorenen Form sowie das gefertigte Gussstück.

Die Gießverfahren mit verlorener Form werden anhand des Wirkprinzips der Formstoffbindung in drei Gruppen gegliedert:

- Formverfahren mit mechanischer Verdichtung

  Die Festigkeit des Formteils wird bei diesem Verfahren durch Aufbringen einer mechanischen Kraft und einem damit verbundenen Dichteanstieg des Formstoffs erreicht. Durch die größtenteils reversible Verfestigung können zwischen 95 % und 98 % des eingesetzten Formstoffs mehrfach verwendet werden. Die Verfahrensgrenze liegt bei einer Gussteilmasse zwischen 800 kg bis 1000 kg. Oberhalb dieser Grenze kann der Formstoff den thermischen und mechanischen Beanspruchungen beim Gießen nicht mehr standhalten. Mit einem Anteil von über 70 % aller hergestellten verlorenen Formen besitzt das Verdichtungsformverfahren eine hohe Verbreitung (Polzin 2014).
- Formverfahren mit chemischer Härtung

  Durch eine chemische Reaktion zwischen einem Binder und einem Härter kommt es zu einem Verkleben der einzelnen Formstoffkörner. Diese Reaktion ist irreversibel, sodass vor erneuter Verwendung des Formstoffs eine Trennung der abgebundenen Binderbestandteile erforderlich ist. Aufgrund der Notwendigkeit zum vollständigen Austausch des Binders ergeben sich im Vergleich zum Verdichtungsformverfahren höhere Formstoffkosten. Die höhere Fes-

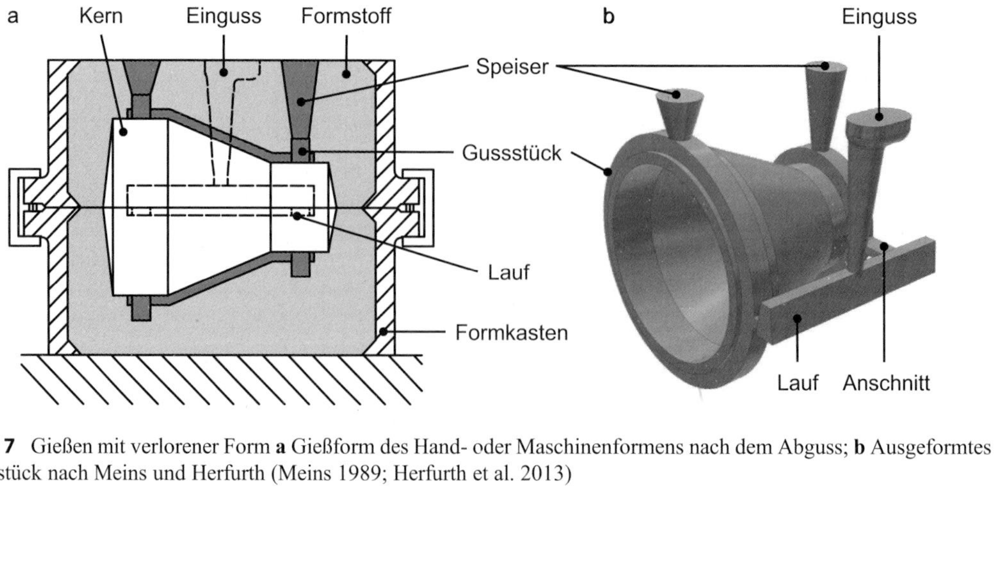


**Abb. 7** Gießen mit verlorener Form **a** Gießform des Hand- oder Maschinenformens nach dem Abguss; **b** Ausgeformtes Gussstück nach Meins und Herfurth (Meins 1989; Herfurth et al. 2013)

tigkeit von chemisch ausgehärteten Formteilen ermöglicht die Herstellung von Gussteilen mit einer Masse von über 1000 kg. Aufgrund der hohen thermischen sowie mechanischen Beanspruchung werden Kerne fast ausschließlich durch Formverfahren mit chemischer Härtung hergestellt (Polzin 2014).

- Formverfahren mit physikalischer Verfestigung

  Bei diesem Verfahren wird die Festigkeit im Formteil durch Ausnutzung eines physikalischen Wirkprinzips hervorgerufen. Beispiele für diese Verfahrensgruppe sind das Vakuumverfahren, das Magnetformverfahren sowie das Gefrierformverfahren. Die Attraktivität dieser Verfahren liegt im Verzicht auf einen Binder, wodurch sich Vorteile hinsichtlich Umweltverträglichkeit und Rückgewinnung des Formstoffs ergeben. Aufgrund der beträchtlichen Anlagen, Betriebs- und Instandhaltungskosten konnten sich diese Verfahren in Europa bisher nicht durchsetzen (Polzin 2014).

Bei Verfahren mit Dauerform werden die formgebenden Elemente (Kokille) mehrfach verwendet. Dauerformen dominieren heute bei den vergleichsweise niedrig schmelzenden Nichteisenmetallen wie Zink-, Aluminium-, Magnesium- und Kupferlegierungen. Die Gussstücke zeichnen sich durch hohe Maßgenauigkeit und ein durch die rasche Abkühlung bestimmtes Gussgefüge aus". Aufgrund der Notwendigkeit zur Nutzung metallischer Formwerkstoffe entstehen bei der Beschaffung hohe Werkzeugkosten, sodass Gießverfahren mit Dauerform nur für Serienproduktionen von mittleren bis hohen Stückzahlen wirtschaftlich einsetzbar sind (Herfurth et al. 2013; Schwickal 2014).

Beim *Kokillengießverfahren* erfolgt das Füllen der Gießform und das Erstarren des Metalls unter Wirkung der Schwerkraft. Eine Gießform wird als Vollkokille bezeichnet, wenn auch die eingelegten Kerne zur wiederholten Verwendung aus Eisenwerkstoffen gefertigt sind. In sogenannten Gemischtkokillen werden Sandkerne zum Formen von Hohlräumen eingesetzt, durch die eine hohe Gestaltungsfreiheit erreicht wird. Im Vergleich zum Gießen mit verlorener Form kann durch den stärkeren Abkühleffekt der metallischen Kokille ein tendenziell feineres und dichteres Gefüge erreicht werden. Außerdem gestattet das Gießen in Kokillen im Vergleich zum Sandguss eine höhere Maßgenauigkeit sowie eine bessere Oberflächenqualität der Gussstücke (Herfurth et al. 2013; Kahn 2014a).

Beim *Niederdruck-Gießverfahren* wird die Metallschmelze mittels eines Steigrohres von unten in den Formhohlraum der aufgesetzten Gießform gedrückt. Die Aufwärtsbewegung des flüssigen Metalls entgegen der Schwerkraft wird durch das Gasdruckprinzip bewirkt. Die Formfüllung von unten hat gießtechnisch den Vorteil, dass die zu verdrängende Luft und die Kerngase leicht nach oben abziehen können. Weiterhin entfallen die werkstoffaufwändigen Gießsysteme sowie erstarrende Speiser, sodass ein außerordentlich günstiges Verhältnis von Gießgewicht zu Gussstückgewicht erreicht werden kann (Herfurth et al. 2013; Kahn 2014b).

Beim *Druckgießen* wird die Schmelze maschinell unter hohem Druck und mit großer Geschwindigkeit in eine metallische Dauerform gepresst. Nach abgeschlossener Formfüllung erfolgt in der Nachdruckphase eine Nachverdichtung der Schmelze im Formhohlraum. Diese Nachverdichtung kompensiert die Schwindung der Schmelze, verkleinert die eingeschlossenen Gasporen und führt somit zu einer Steigerung der Gussqualität. Aufgrund der hohen Formfüllgeschwindigkeit liegen die Füllzeiten beim Druckgießen in der Regel zwischen 10 ms bis 250 ms. Durch die hohe Formfüllgeschwindigkeit, die hohen Drücke sowie eine hohe Genauigkeit der Dauerform ermöglicht dieses Verfahren die Herstellung von Gussteilen mit hoher Maßgenauigkeit sowie einer guten Oberflächenbeschaffenheit. Druckgussteile lassen sich wegen des hohen Aufwandes für Maschinen und Formen nur bei großen Serien wirtschaftlich fertigen (Herfurth et al. 2013; Rockenschaub 2014).

Beim *Schleudergießen* wird das flüssige Metall über eine Gießrinne in die um ihre horizontale oder vertikale Längsachse rotierende Kokille eingebracht und von der Formwandung auf deren Umfangsgeschwindigkeit beschleunigt. Dabei bildet sich unter kontinuierlicher Einwirkung der Zentrifugalkraft der Innendurchmesser des Gusskörpers frei gegen die Atmosphäre aus. Die Wanddicke ist abhängig von der Menge des zugeführten Metalls. Die Kristallisation nimmt ihren Ausgang an der Formwandung und schreitet in Richtung der freien Oberfläche (Herfurth et al. 2013; Fischer 2014).

Mit fast allen Gießverfahren lassen sich auch verbundgegossene Teile herstellen. *Verbundgießen* ist das Ein- oder Angießen von Teilen aus anderem Werkstoff oder auch das Umgießen mit einem anderen Werkstoff.

*Stranggießen* ist ein Oberbegriff für eine Vielzahl von kontinuierlichen Gießverfahren zur Herstellung von Voll- und Hohlprofilen aus metallischen Werkstoffen. Die daraus resultierenden, lang gestreckten Gussstücke besitzen einen konstanten Querschnitt. Neben Halbzeugen lassen sich auch direkt verwertbare Profile und Rohre erzeugen. Beim Stranggießen wird die Schmelze durch eine gekühlte bodenlose Kokille gegossen und mit erstarrter Außenschale und meist noch flüssigem Kern nach unten abgezogen (Herfurth et al. 2013; Bernhard 2014).

### 26.2.2 Pulvermetallurgie

Die DIN EN ISO 3252 (2001) bezeichnet die *Pulvermetallurgie* als jenes Gebiet der Metallurgie, welches sich mit der Herstellung metallischer Pulver oder der Herstellung von Teilen aus solchen Pulvern mit oder ohne Zusätze nichtmetallischer Pulver durch Formen und Sintern befasst (DIN EN ISO 3252 2001).

Durch den formgebenden Verdichtungsprozess lassen sich aus nahezu beliebigen Stoffen in einem Verbundgefüge neben dichten Werkstoffen auch solche mit kontrolliertem Porenanteil herstellen. Hieraus resultiert ein breites Anwendungsspektrum. So sind Sinterwerkstoffe in vielen Konstruktionen der mechanischen und elektronischen Industrie unverzichtbar geworden. Hochporöse Sinterwerkstoffe werden vorwiegend zum Filtern und Reinigen, als Dämm- oder Drosselelemente, zum Schalldämpfen oder als Explosionsschutz- und Flammensperren eingesetzt. Bei ihnen betragen die Porositäten bis 60 % bei der Verwendung von Metallpulvern oder bis 90 % auf Basis von Metallfasern. Selbstschmierende Gleitlager auf Eisen- und Bronzebasis mit einem Porenraum von etwa 25 % sind heute unverzichtbare Bestandteile wartungsfreier Geräte. Das im Porenraum vorgehaltene Schmiermittel dient während des Betriebs dem Aufbau des unter Druck stehenden Schmierkeils und wird beim Stillstand durch die Kapillarwirkung des Porensystems in den Porenraum zurückgesaugt (Schatt et al. 2007).

Die pulvermetallurgische Fertigungstechnik erschließt eine Reihe von Aufgaben, die der Schmelzmetallurgie nicht zugänglich sind. So ist es beispielsweise möglich, aus den Pulvern hochschmelzender Metalle massive Halbzeuge, wie Bleche, Bänder und Drähte, mit feinem Gefüge herzustellen. Zudem können gegossene Neuteile nachverdichtet werden. Die resultierende Beseitigung innerer Hohlräume in Form von Gusslunkern, Poren oder Mikrorissen vermeidet das Entstehen von Ermüdungsanrissen, beispielsweise in Folge starker Schwingungsbelastungen. Wenn schmelzmetallurgische Verfahren an ihre Grenzen stoßen finden pulvermetallurgische Methoden ebenfalls Anwendung. Dies ist beispielsweise bei Legierungen der Fall, deren Komponenten stark unterschiedliche Schmelztemperaturen aufweisen, die homogenere und feinere Gefüge benötigen oder für Werkstücke mit Durchmessern von mehr als 200 mm, die dann der Sintertechnik vorbehalten bleiben. Ein Beispiel dafür sind Superlegierungen, die in Triebwerken verwendet werden (Maier et al. 2019; Schatt et al. 2007).

Pulvermetallurgische Verfahren werden auch als reine Formgebungsverfahren zur Herstellung von Teilen aus metallischen Werkstoffen eingesetzt, wobei die Werkstoffeigenschaften von untergeordneter Relevanz sind. Die pulvermetallurgische Fertigung realisiert das Ur- und Endformen, beispielsweise durch Pressen einer präzise dosierten Pulvermenge, in nur einem technologischen Schritt und befindet sich damit in Konkurrenz mit anderen Fertigungsverfahren. Das Urformen führt zunächst allerdings nur zu einem ungesinterten Pressling aus Metallpulver, dem sogenannten Grünling. Nur in Ausnahmefällen finden diese Grünlinge eine direkte technische Verwendung. Ein Beispiel hierfür sind magnetische Massekerne aus weichmagnetischen Pulververbundwerkstoffen. Für die weitere Verarbeitung ist daher eine Sinterung erforderlich (Schatt et al. 2007).

### 26.2.3 Galvanoformen

Durch Galvanoformen können dünnwandige metallische Werkstücke von komplizierter Oberflächenform mit geringer Oberflächenrauheit und hoher Maß- und Formgenauigkeit mithilfe von Modellen hergestellt werden.

Die Herstellung galvanogeformter Bauteile unterteilt sich nach Risse (2012):

- Herstellen des Badmodells als Negativform aus einem Urmodell,
- Vorbehandlung mit einer leitenden Startschicht,
- galvanisches Abscheiden durch eine elektrolytische Reaktion,
- Entnahme des abgeschiedenen Werkstücks aus dem Elektrolytbad und
- Trennen des Werkstücks vom Badmodell.

Das Fertigungsverfahren des Galvanoformens zeichnet sich durch die folgenden Vorteile aus (Loechel et al. 2007; Prokop 2011; Bader 2012):

- hohe Genauigkeit G,
- hohe Nachformgenauigkeit der Modellgeometrie $G_N \geq 1$ µm mit maximaler Rautiefe $Rt \geq 0{,}02$ µm beim Abformen der Modelloberfläche,
- hohe Aspektverhältnisse von $A > 60$ und maximale Rautiefe $Rt < 0{,}05$ µm an den Seitenwänden,
- einfaches Verfahren,
- Herstellung komplexer geometrischer Körper mit Hinterschneidungen,
- Möglichkeit des Herstellens dünnwandiger Bauteile,
- geringe Prozesstemperatur $T_P$ und dadurch geringer thermischer Verzug sowie
- werkstoffabhängig hohe Beständigkeit gegenüber aggressiven Medien und gutes Verschleißverhalten.

Neben dem konventionellen Galvanoformen, wie in Abb. 8 dargestellt, existieren kontinuierliche Verfahren, in denen nahtlose Endlosbänder hergestellt werden (Frey 2016). Dispersionsabscheidungen von Oxiden bringen Fremdstoffe in die metallische Schicht ein, welche die mechanischen Eigenschaften der Schicht verbessern (Goods et al. 2004). Über Galvanoformung werden geometrisch komplexe Bauteile für die Mikrosystemtechnik gefertigt (Schürch et al. 2018).

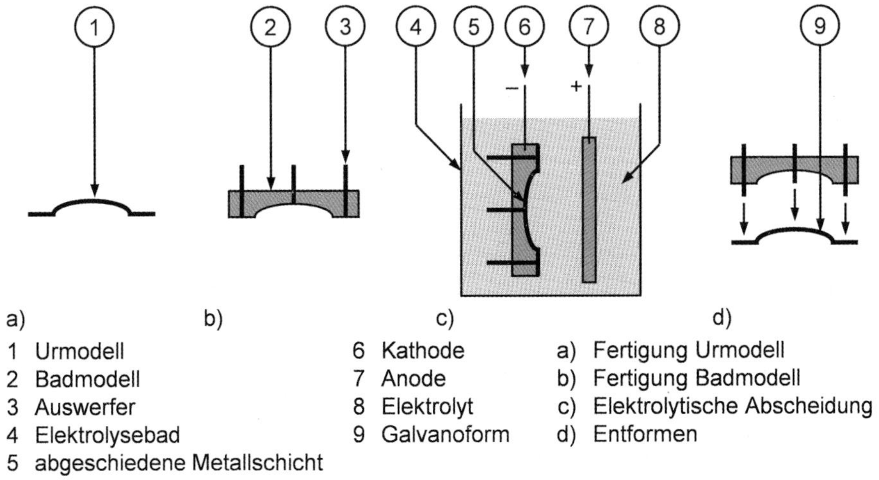


**Abb. 8** Prozessschritte der Galvanoformung nach Risse (2012)

## 26.3 Umformen

Umformen ist nach DIN 8580 (2003) das Fertigen durch bildsames (plastisches) Ändern der Form eines festen Körpers (Abb. 9). Die Masse und der Stoffzusammenhalt des Körpers bleiben dabei erhalten (DIN 8580 2003). Beim Umformen wird eine gegebene Roh- oder Werkstückform durch die endliche Verschiebung großer Gitterbereiche entlang einer Gleitebene in eine Zwischen- oder Fertigteilform überführt (Fritz 2018). Aufgrund ihrer Fähigkeit zur plastischen Formänderung beziehen sich die Umformverfahren hauptsächlich auf metallische Werkstoffe (DIN 8582 2003).

Aufgrund seiner hohen Werkstoffausnutzung besitzt das Umformen, gegenüber dem Spanen, einen erheblichen Vorteil in Zeiten der Energie- und Rohstoffverknappung. Lediglich Verfahren des Urformens weisen eine noch höhere Werkstoffausnutzung auf. Aufgrund von Poren und Lunkern ist jedoch mit einer vergleichsweise geringeren Festigkeit zu rechnen (Doege und Behrens 2010). Wie beim Urformen ist man auch beim Umformen bestrebt, ein möglichst endkonturnahes Teil direkt zu fertigen, um eine teure, spanende Nachbearbeitung zu vermeiden (Doege und Behrens 2010).

Die in Abb. 9 dargestellten Gruppen sind in den Normen nach Kinematik, Werkzeug- und Werkstückgeometrie sowie deren Zusammenhängen weiter untergliedert. Aufgrund der verschiedenen eingesetzten Halbzeuge hat sich in der Praxis darüber hinaus die Einteilung in Massiv- und Blechumformung durchgesetzt (Doege und Behrens 2010). Neueste Forschungsvorhaben beschäftigen sich mit der inkrementellen Umformtechnik. Dabei können komplexe Bauteile in kleinen Losgrößen mit einfachen Werkzeugen hergestellt werden. Die Endform des Bauteils wird durch aufeinanderfolgende, CNC-gesteuerte Bewegungen des Umformdorns erzeugt (Dietrich 2018).

### 26.3.1 Walzen

Walzverfahren gehören zu den Druckumformverfahren. Die DIN 8583-2 (2003) unterscheidet weiter nach der Kinematik in Längs-, Quer- und Schrägwalzen, nach der Werkstückgeometrie in Voll- und Hohlkörperwalzen, sowie nach der Walzengeometrie in Flach- und Profilwalzen (DIN 8583-2 2003). Zusätzlich werden die Walzverfahren nach der Einsatztemperatur in Warm- und

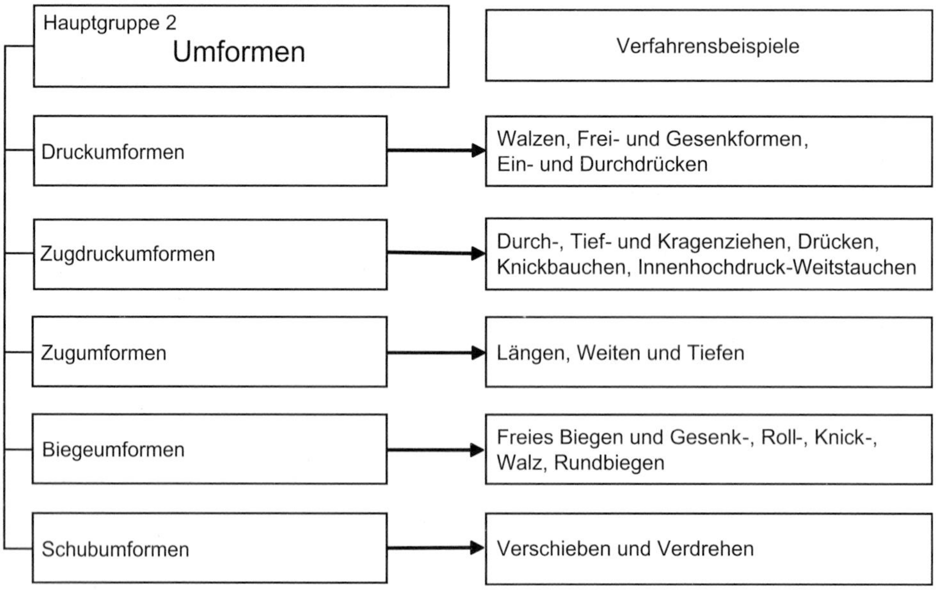


**Abb. 9** Verfahrenseinteilung des Umformens nach DIN 8580 (2003)

Kaltwalzen unterschieden. Das Walzen besitzt eine besondere Rolle in der Weiterverarbeitung von Halbzeugen aus Stahl. Brammen, Knüppel und Vorprofile werden zu Flach- und Langprodukten weiterverarbeitet. Mögliche Flachprodukte sind z. B. Bänder und Bleche. Drähte, Rohre und Träger hingegen sind klassische Langprodukte (Hirt und Oligschläger 2012). Beim Walzen findet eine gezielte Gefügeveränderung zur Einstellung der gewünschten Eigenschaften statt (Lehnert und Kawalla 2012).

Durch das Warmwalzen wird in drei Hauptschritten das sogenannte Warmband hergestellt. Eine Warmbandstraße besteht aus einer Ofenanlage, welche die Brammen erhitzt, einer Vor- und einer Fertigstraße, welche die Umformung vollziehen, sowie dem Auslaufrollgang, auf dem das Band definiert abgekühlt wird. Die Vorstraße besteht in der Regel aus nur einem Walzgerüst, während in der Fertigstraße ein schrittweises Umformen auf 5 bis 7 Walzgerüsten stattfindet. Die Schritte der Umformungen sind in einem sogenannten Stichplan festgelegt. Im Falle der Warmbandstraße wickelt eine Haspelanlage das Band zu Coils auf, um es zu lagern. Das Walzgut muss nach der Erhitzung, der Vorstraße und der Fertigstraße mittels Hochdruck-Zunderwäschern entzundert werden (Kneppe 2012).

Aktuelle Anlagen zur Warmbanderzeugung sind nach drei grundlegenden Konzepten aufgebaut. Das sind zum einen konventionelle Anlagen mit Dickbrammen. Sie erreichen den größten Materialdurchsatz von bis zu 5 Mio. t pro Jahr. Dünnbrammenwalzanlagen haben sich seit dem Jahr 1989 fest in der Industrie etabliert. Ein Beispielkonzept ist die Compact Strip Production (CSP). Dabei wird das Stranggießen mit dem Warmwalzen kombiniert. Die Dicke der Dünnbrammen liegt zwischen 50 mm und 90 mm. Sie erreichen Produktionsmengen von ca. 2 Mio. t bis 3 Mio. t pro Jahr. Zur Verarbeitung von rostfreien Qualitätsstählen haben sich hingegen Steckelwalzwerke durchgesetzt (Kneppe 2012).

Langprodukte werden durch Profilwalzen hergestellt. Mögliche Endprodukte sind Drähte, Stangen und Profile. Ausgangsmaterial sind stranggegossene Knüppel. Die Knüppel werden durch das Kaliberwalzen in die gewünschte Form gebracht. Die Walzen weichen dabei von der Zylinderform ab, sind jedoch in Umfangsrichtung im Allgemeinen konstant. Vor dem eigentlichen Kaliberwalzen wird das Material in mehreren Schritten vom Anstichquerschnitt zu verschiedenen Zwischenquerschnitten umgeformt. Die Festlegung dieser Umformstufen nennt man Kalibrierung. Das Kaliberwalzen erzeugt im Anschluss die Endkontur (Kawalla et al. 2012).

Mit den Rohrwalzverfahren werden nahtlose Rohre für verschiedene Anwendungsfelder hergestellt. Grundsätzlich können die notwendigen Verfahrensschritte zur Erzeugung eines nahtlosen Stahlrohres in drei Phasen untergliedert werden:

- Lochen zum Hohlblock,
- Strecken zum Mutterrohr und
- Fertigwalzen auf Rohrdurchmesser.

Zunächst wird ein dickwandiger Hohlblock durch Schrägwalzen über einen Lochdorn erzeugt. Um die gewünschte Endform zu erhalten, wird der Hohlblock durch Längswalzen auf einem zylindrischen Innenwerkzeug gestreckt und durch Längswalzen ohne Innenwerkzeug auf den gewünschten Außendurchmesser gebracht. Die wichtigsten Rohrwalzverfahren sind in Abb. 10 dargestellt (Kümmerling 2012).

Das Kaltwalzen findet bei Raumtemperatur im Anschluss an das Warmwalzen statt und dient zur Einstellung von Materialeigenschaften sowie zum Verbessern der Oberflächeneigenschaften. Zum Kaltwalzen zählen (Hirt und Oligschläger 2012):

- das Kaltwalzen von Flacherzeugnissen,
- Profilkaltwalzen,
- Oberflächenfeinwalzen,
- Gewindewalzen und
- Drückwalzen.

Als Ausgangsmaterial für das Kaltwalzen von Bändern dienen in der Regel Warmbänder mit Breiten $b > 600$ mm. Diese werden in einem Kaltwalzwerk zu Kaltbändern verarbeitet. Hierfür wird in einer Beizlinie zunächst die Zunderschicht

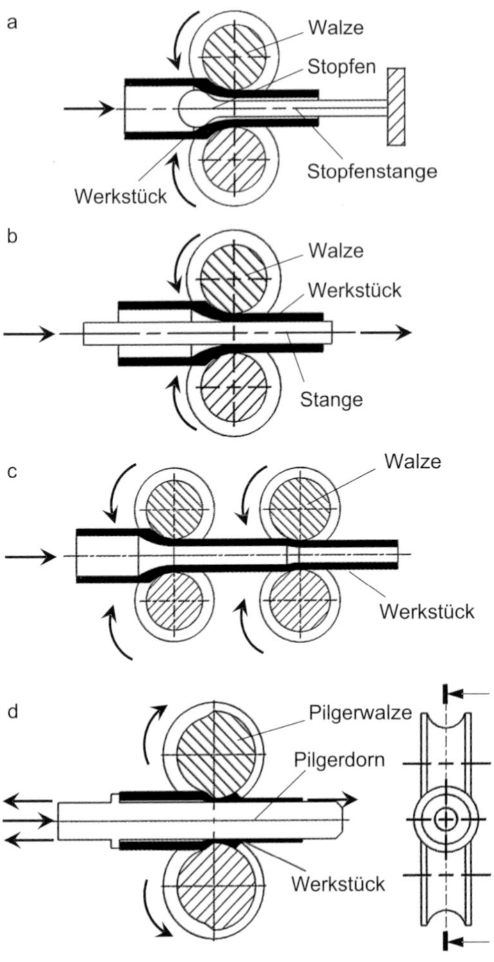


**Abb. 10** Profil-Längswalzverfahren von Hohlkörpern **a** Stopfwalzen von Rohren über einen im Walzspalt fest angeordneten Stopfen; **b** Walzen von Rohren über einer Stange, die durch ein oder mehrere Walzenpaare mitgeschleppt oder gemeinsam mit dem Walzgut durch den Walzspalt geführt wird; **c** Walzen von Rohren ohne Innenwerkzeug; **d** Pilgerschrittwalzen von Rohren über einen Dorn (DIN 8583-2 2003)

der Oberfläche entfernt. Im Anschluss findet der Prozess des Kaltwalzens statt, bei dem die Bänder durch eine Kaltverfestigung auf die gewünschte Dicke gewalzt werden. Um das ursprüngliche Umformvermögen, welches durch die Kaltverfestigung verringert ist, wiederherzustellen, wird das Kaltband oberhalb der Rekristallisationstemperatur geglüht. Bei dem anschließenden Dressieren oder Nachwalzen wird zur Verbesserung der plastischen Fließeigenschaften in Folgeprozessen die ausgeprägte Streckgrenze eliminiert, eine definierte Oberflächenrauheit eingestellt und die Planheit des Bandes verbessert. Beim Kaltwalzen von Stahl wird ein wesentlicher Teil der eingebrachten Energie in Wärme umgewandelt. Diese wird hauptsächlich durch die Verwendung von Kühl- und Schmiermittel aus dem Prozess abgeführt (Mathweis und Pawelski 2012).

### 26.3.2 Schmieden

Durch das Beseitigen von eingeschlossenen Poren beim Umformprozess sind Schmiedeteile bei geringerem Gewicht höher belastbar (Doege und Behrens 2010; Fritz 2018). Des Weiteren kann das Schmieden als Genau- oder Präzisionsschmieden betrieben werden. Aufgrund der hohen Präzision dieser Verfahren kann teilweise auf eine zusätzliche spanende Nachbearbeitung verzichtet werden (Behrens 2012; Fritz 2018). Verfahrenskombinationen, wie die Verknüpfung von Kaltgesenkschmieden mit Kaltfließpressen sind heutzutage weit verbreitet (Lange 2012).

### 26.3.3 Strang- und Fließpressen

Das Strang- und Fließpressen gehören nach DIN 8583-6 (2003) zum Durchdrücken. Beim Strangpressen wird ein Block mittels eines Stempels durch eine Matrizenöffnung gedrückt. Dabei können Stränge mit hohlem oder vollem Querschnitt hergestellt werden. Fließpressen ist das Durchdrücken eines zwischen Werkzeugteilen aufgenommenen Werkstücks, meistens zur Erzeugung einzelner Werkstücke. Gemeinsamkeiten beider Verfahren sind sowohl die hergestellte Werkzeuggeometrie als auch die Richtung des Stoffflusses, bezogen auf die Wirkrichtung der Maschine. Die Rohteile beim Strangpressen werden über die Rekristallisationstemperatur erwärmt, wohingegen das Fließpressen meistens bei Raumtemperatur durchgeführt wird (DIN 8583-6 2003; Doege und Behrens 2010).

Das Abb. 11 zeigt am Beispiel des Hohl-Vorwärts-Strangpressens eine Prinzipdarstellung des Verfahrens mit starren Werkzeugen. Hierbei wird der auf Umformtemperatur erwärmte Block mit-

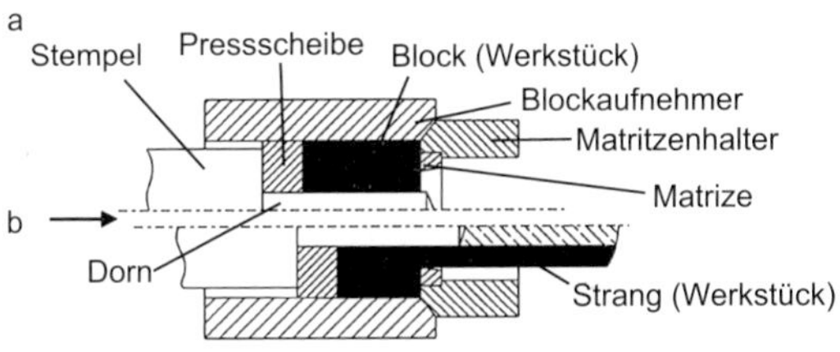


**Abb. 11** Hohl-Vorwärts-Strangpressen **a** Ausgangsform des Werkstücks; **b** Endform des Werkstücks (DIN 8583-6 2003)

tels des Stempels, welcher durch eine Pressscheibe vom Werkstoff getrennt ist, durch eine Matrize gedrückt. Durch einen Dorn, welcher lose oder feststehend sein kann, wird zusammen mit der Matrize die Form des erzeugten Werkstücks bestimmt (DIN 8583-6 2003). Hierbei handelt es sich um ein Verfahren des direkten Strangpressens, bei dem im Gegensatz zum indirekten Strangpressen die Stempelbewegung und der Werkstofffluss gleichgerichtet sind (Dietrich 2018). Zum Strangpressen werden gut umformbare Werkstoffe wie Stähle, Aluminium, Magnesium, Kupfer sowie deren Legierungen verwendet (Becker et al. 2012; Fritz 2018). Da die Werkzeuge mechanisch und thermisch hoch belastet werden, sind Werkzeugwerkstoffe mit einer hohen Warmfestigkeit und Zähigkeit erforderlich. Die Werkzeuge für das Strangpressen von Aluminium bestehen deshalb aus wärmebehandelten und nitrierten Warmarbeitsstähle (Becker et al. 2012).

### 26.3.4 Blechumformung

Bei der Blechumformung werden aus flächenhaft beschreibbaren Rohteilen Hohlteile mit annähernd konstanter Wanddicke hergestellt (DIN 8582 2003; Lange 2012). Wichtige Beispiele sind das Tiefziehen und das Biegen, welche für die Massenfertigung eine besondere Bedeutung gewonnen haben. Als Ausgangshalbzeuge dienen gewalzte Bleche (Doege und Behrens 2010).

Tiefziehen ist nach DIN 8584-3 (2003) das Zugdruckformen eines Blechzuschnitts zu einem Hohlkörper (Tiefziehen im Erstzug) oder das Zugdruckumformen eines Hohlkörpers zu einem Hohlkörper kleineren Umfangs ohne beabsichtigte Veränderung der Blechdicke (Tiefziehen im Weiterzug) (DIN 8584-3 2003; Fritz 2018). Es kann weiterhin zwischen Tiefziehen mit Werkzeugen, mit Wirkmedien (hydromechanisches Tiefziehen) und mit Wirkenergien unterschieden werden (Liewald und Wagner 2012). In der Regel bestehen Tiefziehwerkzeuge aus Ziehstempel, Ziehring und Niederhalter. Der prinzipielle Aufbau von Ziehwerkzeugen für Erst- und Weiterzug ist in Abb. 12 dargestellt (Doege und Behrens 2010).

Der Ziehstempel formt zusammen mit dem Ziehring die Gestalt des Werkstücks. Um eine Faltenbildung im Flanschbereich zu verhindern, wird ein Niederhalter während des Umformvorgangs auf den Flansch gepresst. Im Werkzeug integrierte Federelemente oder wirkmedienbasierte Pressen können zum Aufbringen der benötigten Niederhaltekraft verwendet werden. Nach Abschluss des Umformvorgangs wird das Werkstück mit einem Auswerfer aus der Matrize gestoßen. Wenn sich die Werkstückform nicht im Erstzug herstellen lässt, erfolgt die weitere Bearbeitung im Weiterzug (Doege und Behrens 2010; Fritz 2018).

Beim Tiefziehen mit Wirkmedium und Wirkenergie, beispielsweise dem hydromechanischen Tiefziehen, sind im Vergleich zu klassischen Tiefziehverfahren die erreichbaren Ziehverhältnisse deutlich günstiger. Es sind weniger Ziehstufen nötig und mit gleichen Werkzeugen können Bleche verschiedener Dicke und Werkstoffe bearbeitet werden. Wirkmedienbehaftetes Tiefziehen kann unter ein- oder beidseitiger Druckbeaufschlagung erfolgen. Von oben doppelt wirkende Pressen können auch nachträglich nachgerüstet werden. Beim Hochdruckblechumformen übernimmt das Wirkmedium die Funktion des Stempels, während nur die Matrize die Negativform des Bauteils wiedergibt. Daher können Nebenformelemente und komplexe Bodenkonturen ohne zusätzliche Umformschritte erzeugt werden. Für die flexible Produktion verschiedener Werkstücke muss lediglich die Matrize ausgetauscht werden (Doege und Behrens 2010; Dietrich 2018).

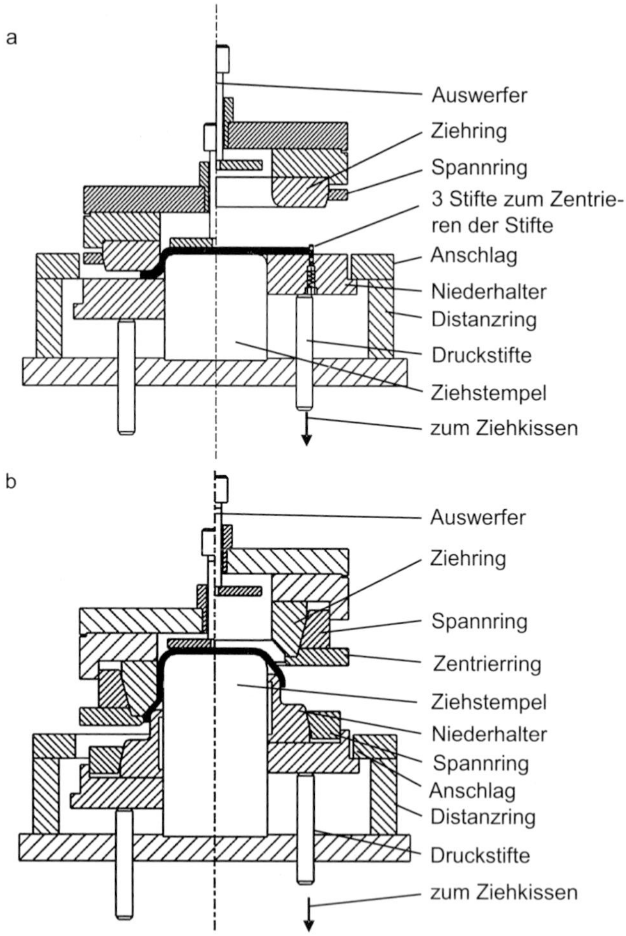


**Abb. 12** Ziehwerkzeug nach Zimmermann (2013) **a** Erstzug; **b** Weiterzug

## 26.4 Trennen

*Trennen* ist Fertigen durch Aufheben des Zusammenhalts von Körpern, wobei der Zusammenhalt teilweise oder im Ganzen vermindert wird (DIN 8580 2003). Hierbei ist die Endform in der Ausgangsform enthalten. Auch das Zerlegen zusammengesetzter Körper wird dem Trennen zugeordnet (Abb. 13) (DIN 8580 2003).

Unter den trennenden Fertigungsverfahren nimmt die *spanende* Bearbeitung im Hinblick auf ihre vielfältigen Anwendungsmöglichkeiten und die hohe erreichbare Fertigungsgenauigkeit eine besondere Rolle ein. Insbesondere gegenüber den konkurrierenden umformenden Fertigungsverfahren konnten die spanenden Fertigungsverfahren aufgrund der erreichbaren Fertigungsgenauigkeiten und geometrisch nahezu unbegrenzten Bearbeitungsmöglichkeiten ihre Stellung bedeutend behaupten (Kühn 2008). Dabei zeichnen sich die spanenden Fertigungsverfahren durch folgende Merkmale aus:

- hohe Universalität der erzeugbaren Formen,
- hohe Fertigungsgenauigkeit,
- gute Automatisierbarkeit der einzelnen Verfahren,
- wirtschaftliche Anpassungsfähigkeit und
- kaum Beschränkungen in der Werkstoffwahl.

Das Spanen wird gemäß DIN 8580 (2003) in die beiden Gruppen Spanen mit geometrisch bestimmten Schneiden und in Spanen mit geometrisch unbestimmten Schneiden unterteilt (DIN 8580 2003). Ersteres ist nach DIN 8589-0 (2003) ein Spanen, zu dem ein Werkzeug verwendet

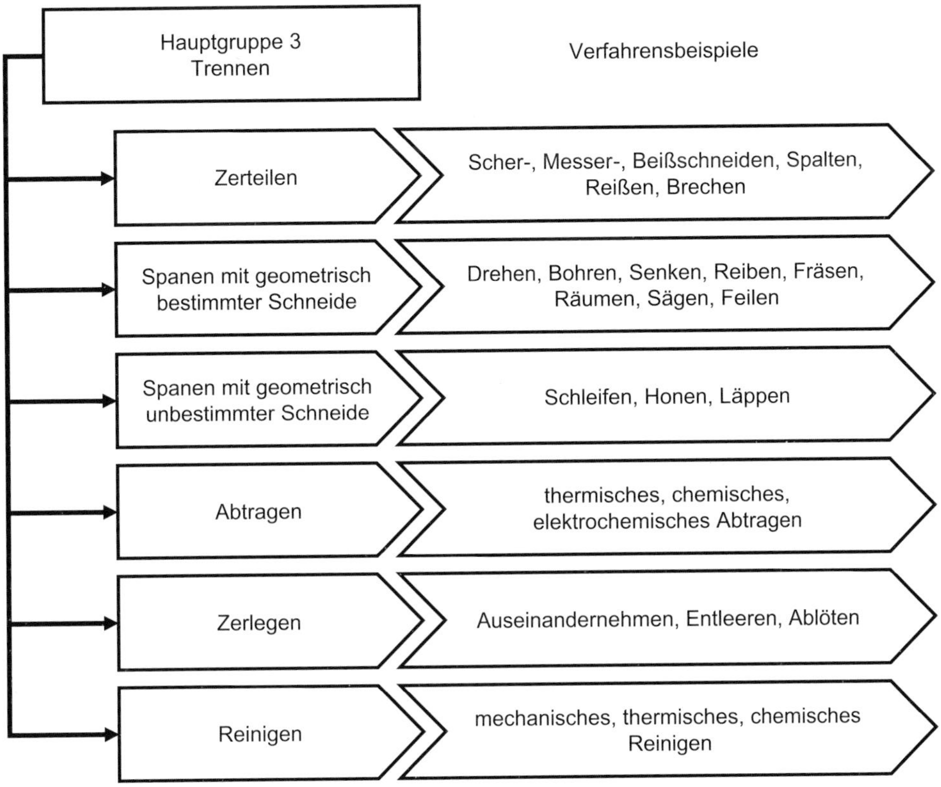


**Abb. 13** Verfahrenseinteilung des Trennens nach DIN 8580 (2003)

wird, dessen Schneidenanzahl, Geometrie der Schneidteile und Lage der Schneiden zum Werkstück bestimmt ist. Zum Spanen mit geometrisch bestimmter Schneide zählen das Drehen, das Bohren, das Senken und Reiben, das Fräsen, das Hobeln und Stoßen, das Räumen, das Sägen, das Feilen und Raspeln, das Bürstspanen sowie das Schaben und Meißeln (DIN 8580 2003). Spanen mit geometrisch unbestimmten Schneiden ist nach DIN 8589-0 (2003) Spanen, zu dem ein Werkzeug verwendet wird, dessen Schneidenanzahl, Geometrie der Schneidteile und Lage der Schneiden zum Werkstück unbestimmt ist. Zur Gruppe Spanen mit geometrisch unbestimmten Schneiden zählen die Schleifverfahren, das Honen, das Läppen und das Strahlspanen sowie das Gleitspanen (DIN 8580 2003).

Die beiden Gruppen werden weiterhin nach den herkömmlichen Fertigungsverfahren, die überwiegend durch das verwendete Werkzeug bestimmt sind, unterschieden. Eine weitere Unterteilung ist nach den zu erzeugenden Flächen möglich: Plan-, Rund-, Schraub-, Wälz-, Profil- und Formflächen (DIN 8589-0 2003).

Eine feinere Unterscheidung ist nach folgenden Merkmalen möglich: Werkzeugart, Schneidstoff, Mechanisierungs- oder Automatisierungsgrad, Art der Werkzeugmaschine, Art der Steuerung der Bewegung, Beziehung zwischen Schnitt- und Vorschubrichtung, Kühlschmierstoff, Temperatur, Werkstoff, Bearbeitungsstelle am Werkstück, Werkstückart und -form, Werkstückaufnahme, Art der Werkstückzuführung, zu erzeugende Oberflächenstruktur und sonstige Verfahrensmerkmale (DIN 8589-0 2003).

### 26.4.1 Scherschneiden

Das *Scherschneiden* gehört nach DIN 8580 (2003) zur Gruppe Zerteilen, die außerdem Messerschneiden, Beißschneiden, Spalten, Reißen

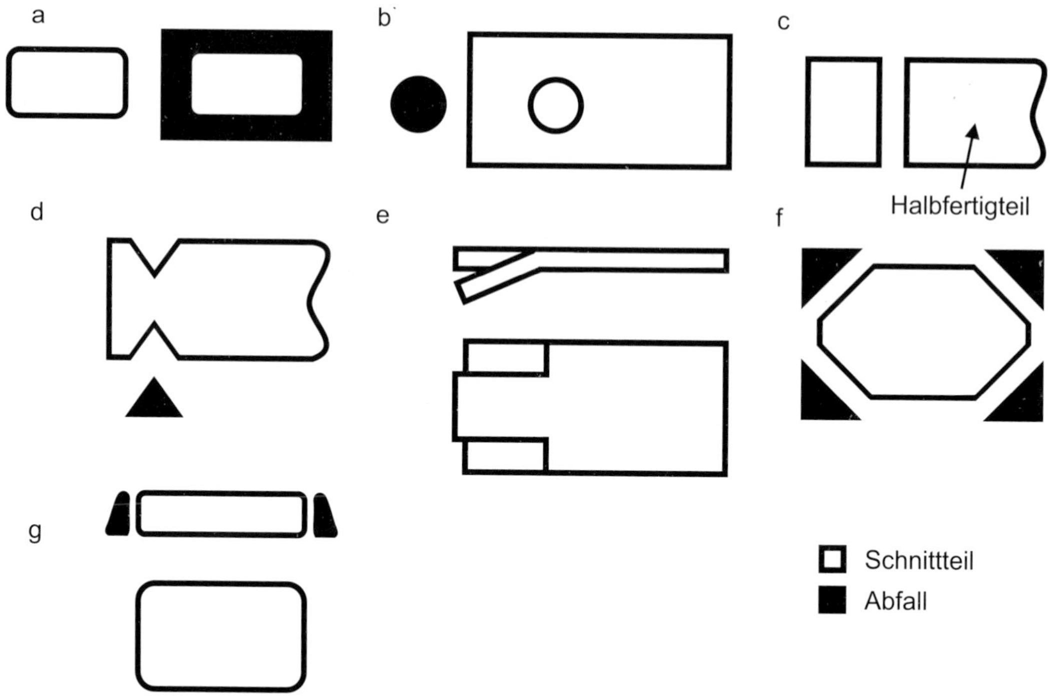


**Abb. 14** Scherschneidverfahren. **a** Ausschneiden; **b** Lochen; **c** Abschneiden; **d** Ausklinken; **e** Einschneiden; **f** Beschneiden; **g** Nachschneiden nach DIN 8588 (2013)

und Brechen enthält. Wirtschaftliche Bedeutung hat das Scherschneiden hauptsächlich in der Blechbearbeitung. Kennzeichnend ist die durch Schubspannung bewirkte Werkstoffabtrennung, wobei sich das Werkstück zwischen zwei Werkzeugschneiden befindet, die sich parallel aneinander vorbeibewegen. Als Werkzeuge werden Scherschneidmesser und Rollschneidmesser eingesetzt. Aus der Unterscheidung nach der Lage der Schnittfläche zur Werkstückbegrenzung ergeben sich die in Abb. 14 dargestellten Scherschneidverfahren.

## 26.4.2 Drehen

*Drehen* ist nach DIN 8589-1 (2003) definiert als **Spanen** mit geschlossener, zumeist kreisförmiger Schnittbewegung, wobei die Vorschubbewegung beliebig, quer zur Schnittrichtung verläuft. Bei allen Drehverfahren ist die Drehachse der Schnittbewegung werkstückgebunden, d. h. sie behält ihre Lage zum Werkstück unabhängig von der Vorschubbewegung bei. Die Definitionen nach DIN 8589-1 gelten sowohl für das Drehen mit rotierendem Werkstück als auch für das Drehen mit umlaufendem Werkzeug, während die Vorschubbewegung durch das Werkzeug oder das Werkstück realisiert wird (DIN 8589-1 2003). Die Einteilung der Drehverfahren kann nach folgenden Gesichtspunkten erfolgen (Heisel 2014):

*Oberfläche*:

Form: Plan-, Rund-, Unrund-, Schraub-, Wälz-, Profil-, Formdrehen
Lage: Innen-, Außendrehen
Oberflächengüte: Schrupp-, Schlicht-, Fein-, Hochpräzisions-, Ultrapräzisionsdrehen

*Kinematik des Zerspanvorgangs*:

Vorschubbewegung: Längs-, Quer-, Form-, Wälzdrehen
Schnittbewegung: Rund-, Unrunddrehen

*Randbedingungen des Zerspanprozesses*:

Temperatur des Werkstücks: Kaltdrehen, Warmdrehen
Verwendung von Kühlschmierstoffen: Trockendrehen, Nassdrehen

*Besonderheiten des Werkzeugs:*

Drehen mit Profilwerkzeug, Gewindedrehen mit Strehlwerkzeug, Drehen mit Revolverkopf, simultanes Mehrschnittdrehen

*Werkstückaufnahme:*

Im Futter, zwischen Spitzen, auf der Planscheibe und in der Spannzange

*Vorrichtungen und Sonderkonstruktionen der Drehmaschine:*

Kegel-, Kugel-, Nachform-, Exzenter-, Hinter- und Unrunddrehen

*Automatisierungsgrad und Steuerungsart der Drehmaschine:*

Drehen auf Universaldrehmaschinen, auf Revolverdrehmaschinen, auf Einspindel-Drehautomaten, auf Mehrspindel-Drehautomaten, auf numerisch gesteuerten Drehmaschinen.

Als Ordnungsgesichtspunkte fungieren nach DIN 8589-1 (2003) neben der Art der zu erzeugenden Fläche, der Kinematik des Zerspanungsvorgangs und dem Profil des Werkzeugs auch die Richtung der Vorschubbewegung, Werkzeugmerkmale sowie beim Formdrehen die Art der Steuerung. Grundsätzlich wird zwischen Quer- und Plandrehen (Vorschub senkrecht zur Drehachse) und Längsdrehen (Vorschub parallel zur Drehachse) unterschieden. Zusätzlich werden alle Drehverfahren unterschieden nach dem *Außen-* und dem *Innendrehen*. Beim Außendrehen liegen die zu drehenden Flächen außen am Werkstück, wohingegen beim Innendrehen innen liegende Flächen des Werkstücks bearbeitet werden. Das Innendrehen unterscheidet sich vom Bohren dahingehend, dass neben Vorschub in Richtung der Drehachse des Werkstücks auch ein Quervorschub des Werkzeugs möglich ist (DIN 8589-1 2003).

Als *Plandrehen* wird das Drehen zum Erzeugen einer ebenen Fläche bezeichnet, die senkrecht zur Drehachse des Werkstücks liegt (DIN 8589-1 2003). Beim Quer-Plandrehen (Abb. 15a) erfolgt der Vorschub senkrecht zur Drehachse des Werkstücks (DIN 8589-1 2003). Wird die Drehzahl des Werkstücks beim Quer-Plandrehen konstant gehalten, ist zu beachten, dass sich die Schnittgeschwindigkeit proportional zu dem Zerspanungsdurchmesser ändert. Durch eine Drehzahlanpassung an den Werk-

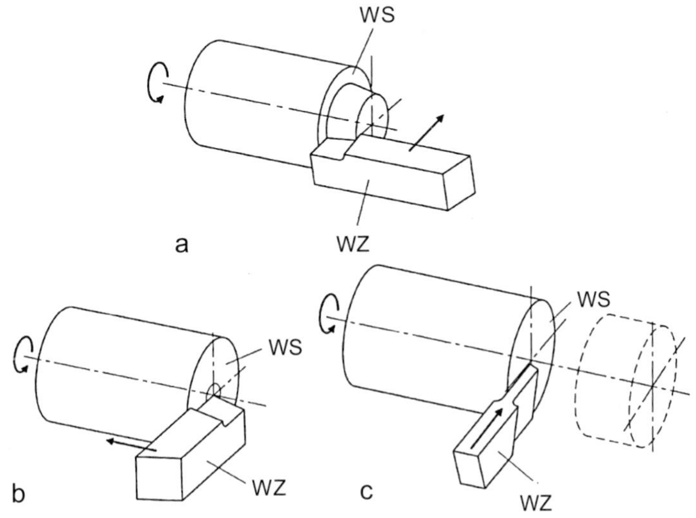


**Abb. 15** Drehen zur Erzeugung ebener Flächen nach DIN 8589-1 (DIN 8589-1 2003) **a** Quer-Plandrehen; **b** Längs-Plandrehen; **c** Quer-Abstechdrehen; **WS** Werkstück; **WZ** Werkzeug

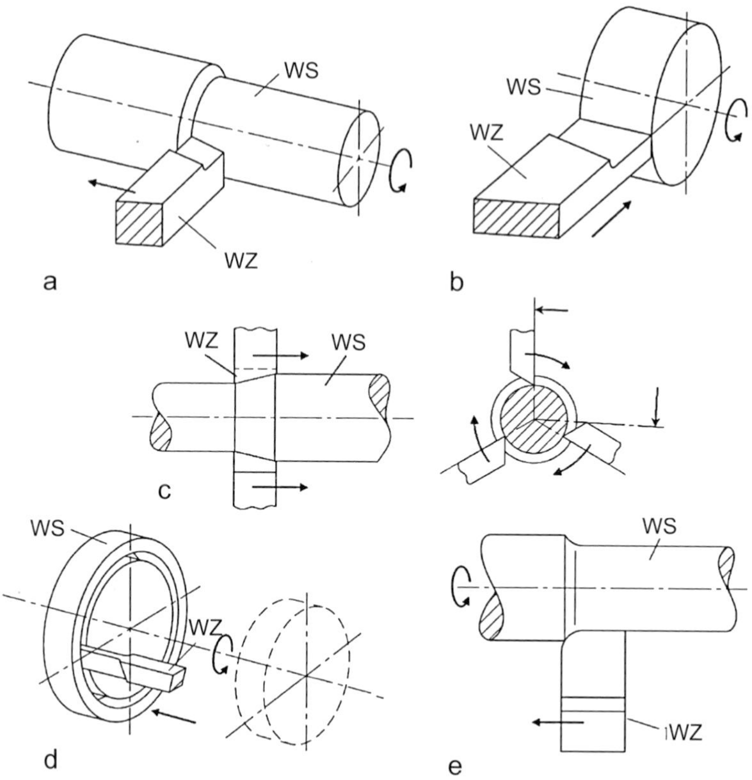


**Abb. 16** Drehen zur Erzeugung koaxialer, kreiszylindrischer Flächen nach DIN 8589-1 (2003) **a** Längs-Runddrehen; **b** Quer-Runddrehen, **c** Schäldrehen; **d** Längs-Abstechdrehen; **e** Breitschlichtdrehen; **WS** Werkstück; **WZ** Werkzeug

stückdurchmesser kann ein bestimmter Schnittgeschwindigkeitsbereich eingehalten werden. Dadurch kann eine gleichmäßige Oberflächengüte, eine wirtschaftliche Standzeit und eine Verkürzung der Hauptzeit erreicht werden. Beim Längs-Plandrehen (Abb. 15b), bei dem der Vorschub parallel zur Drehachse des Werkstücks vollzogen wird, ist die Schneide des Drehmeißels mindestens so breit zu wählen, dass sie der Breite der zu erzeugenden ringförmigen ebenen Fläche entspricht (DIN 8589-1 2003). Die Verfahrensvariante Quer-Abstechdrehen (Abb. 15c) ist dadurch gekennzeichnet, dass die Werkzeuge schmal ausgeführt sind, um den Werkstoffverlust gering zu halten. Dadurch kann es jedoch bei hoher Belastung zu einer verstärkten Ratterneigung kommen, sodass die Schnittwerte auf die Werkzeuggeometrie und die jeweilige Bearbeitungsaufgabe besonders abzustimmen sind.

*Runddrehen* beschreibt das Drehen zur Erzeugung kreiszylindrischer Flächen, die koaxial zur Drehachse des Werkstücks liegen. Im Gegensatz zum Quer-Runddrehen verläuft beim Längs-Runddrehen (Abb. 16a) der Vorschub parallel zur Drehachse des Werkstücks. Kennzeichnend beim Quer-Runddrehen (Abb. 16b) ist neben der senkrecht zur Drehachse des Werkstücks verlaufenden Vorschubrichtung, dass die Schneide des Drehmeißels mindestens so breit ist wie die zu erzeugende Zylinderfläche. Das Schälen bzw. Schäldrehen (Abb. 16c) ist Längs-Runddrehen mit großem Vorschub. Verwendet wird meist ein umlaufendes Werkzeug mit mehreren Schneiden und kleinen Einstellwinkeln der Nebenschneiden. Zum Ausstechen runder Scheiben wird das Längs-Abstechdrehen (Abb. 16d) eingesetzt. Beim Breitschlichtdrehen (Abb. 16e) werden Werkzeuge mit sehr großem Eckenradius und sehr kleinem Einstellwinkel der Nebenschneide unter Einsatz eines großen Vorschubs eingesetzt, wobei der Vorschub kleiner als die Länge der Nebenschneide gewählt wird (DIN 8589-1 2003).

Das *Schraubdrehen* wird mittels eines Profilwerkzeugs zur Erzeugung von Schraubflächen durchgeführt, wobei der Vorschub je Umdrehung gleich der Steigung der Schraube ist. Gewindedrehen, -strehlen und -schneiden geschieht unter parallel zur Drehachse des Werkstücks verlaufender Vorschubbewegung. Die Schraubflächen werden beim Gewindedrehen mit einem einzahnigen Gewinde-Drehmeißel hergestellt. Beim Gewindestrehlen wird ein Werkzeug genutzt, das in Vorschubrichtung mehrere Zähne aufweist, während beim Gewindeschneiden ein in Vorschub- und Schnittrichtung mehrschneidiges Werkzeug eingesetzt wird. Das Kegelgewindedrehen erzeugt ein kegeliges Gewinde mittels eines Gewinde-Profilwerkzeugs unter schräg zur Drehachse des Werkstücks verlaufendem Vorschub. Beim Spiraldrehen wird unter Verwendung eines einzahnigen Profilwerkzeugs eine spiralförmige Fläche (Nut oder Erhebung) an einer Planfläche erzeugt (DIN 8589-1 2003).

*Wälzdrehen* beschreibt das Drehen zur Erzeugung von rotationssymmetrischen Wälzflächen unter Verwendung eines Drehwerkzeugs mit Bezugsprofil, das simultan mit der Vorschubbewegung eine Wälzbewegung ausführt (DIN 8589-1 2003).

*Profildrehen* ist ein Drehverfahren zur Erzeugung rotationssymmetrischer Körper mit einem Profilwerkzeug, bei dem sich das Profil des Werkzeugs auf dem Werkstück abbildet. Beim Quer-Profildrehen (Abb. 17a) wird ein Profildrehmeißel mit senkrecht zur Drehachse verlaufendem Vorschub eingesetzt, dessen Schneide mindestens so breit ist wie die zu erzeugende Fläche. Beim Quer-Profileinstechdrehen wird mit einem Profildrehmeißel unter parallel zur Drehachse des Werkstücks verlaufendem Vorschub ein ringförmiger Einstich auf der Umfangsfläche des Werkstücks erzeugt. Mit dem Quer-Profilabstechdrehen (Abb. 17b) wird gleichzeitig ein Abtrennen des Werkstücks oder von Werkstückteilen bezweckt. Die Längs-Profildrehverfahren werden entsprechend eingeteilt (DIN 8589-1 2003).

Beim *Formdrehen* wird durch die Steuerung der Vorschub- bzw. der Schnittbewegung die Form des Werkstücks hergestellt. Beim Freiformdrehen oder Drechseln wird die Vorschubbewegung von der Hand frei gesteuert. Das Nachformdrehen (Abb. 18a) nutzt ein Bezugsformstück zur Vorschubsteuerung. Beim Kinematisch-Formdrehen (Abb. 18b) wird ein mechanisches Getriebe und beim NC-Formdrehen (Abb. 18c) werden gespeicherte Daten einer numerischen Steuerung verwen-

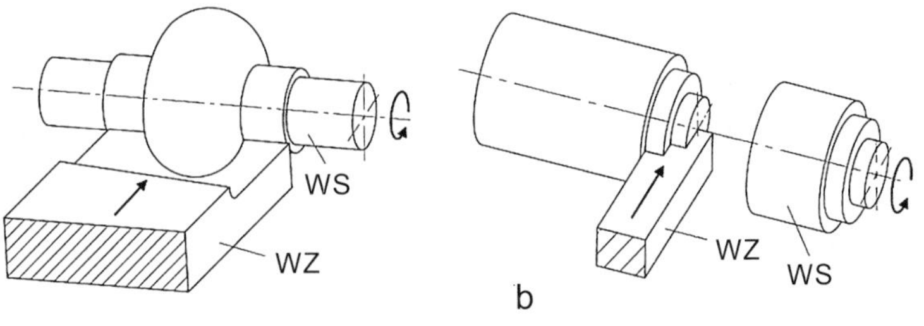


**Abb. 17** Drehen zur Erzeugung beliebiger, durch ein Profilwerkzeug bestimmter Flächen nach DIN 8589-1 (2003) **a** Quer-Profildrehen; **b** Quer-Profilabstechdrehen; **WS** Werkstück; **WZ** Werkzeug

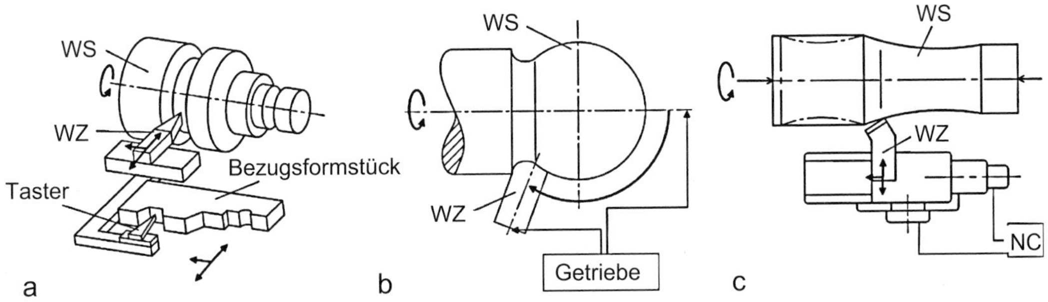


**Abb. 18** Drehen zur Erzeugung beliebiger, durch Steuerung der Vorschubbewegung bestimmter Flächen nach DIN 8589-1 (2003) **a** Nachformdrehen; **b** Kinematisch-Formdrehen; **c** NC-Formdrehen; **WS** Werkstück; **WZ** Werkzeug

det. Das Unrunddrehen erzeugt durch eine periodisch gesteuerte Schnittbewegung unrunde bzw. nicht-rotationssymmetrische Flächen (DIN 8589-1 2003).

Maßgebend werden die Form und die Abmessungen von Drehwerkzeugen durch die Arbeitsaufgabe und die Werkzeugaufnahme der Maschine bestimmt. Der Werkzeugschaft muss die aus dem Zerspanungsprozess resultierenden statischen und dynamischen Kräfte schwingungsarm, unter möglichst geringem Verformungsgrad aufnehmen. Der Schneidteil des Drehwerkzeugs sollte in geeigneter Arbeitsstellung auf das Werkstück einwirken.

Auch beim Drehen wird zunehmend der automatische Werkzeugwechsel genutzt. Es werden Werkzeugrevolver sowie auch Werkzeugwechselsysteme verwendet, die sich aus Werkzeugwechslern und Werkzeugmagazinen zusammensetzen. Diese Systeme können entscheidend mehr Werkzeuge aufnehmen als Werkzeugrevolver und verringern Einschränkungen im Arbeitsraum sowie Kollisionsgefahren.

Um die Werkstückqualität zu steigern, wird die *Hochgeschwindigkeitszerspanung* (engl. High Speed Cutting, HSC) eingesetzt. Bei der Hochgeschwindigkeitszerspanung, für die sich die Abkürzung HSC als Begriff durchgesetzt hat, liegen die Schnittgeschwindigkeiten je nach bearbeitetem Werkstoff etwa 5 bis 10 Mal höher als bei der konventionellen Bearbeitung. Das Ziel ist es, die Zerspankräfte und den Wärmeeintrag in das Werkstück zu reduzieren und die Oberflächengüte zu verbessern. Außerdem wird eine Erhöhung des Zeitspanungsvolumens Q erreicht. Die bei der Rotation schwerer Werkstücke maximal einstellbare Drehzahl ist jedoch aufgrund von sicherheitstechnischen Restriktionen bezüglich Spannung und Fliehkraftbeherrschung limitiert. Beim Drehen mit rotierendem Werkstück ist die HSC-Bearbeitung daher nur mit kleinen bzw. leichten Werkstücken zu realisieren (DIN 6580 1985; Dietrich 2016).

Um die Produktivität in hohem Maße zu steigern, wird die *Hochleistungszerspanung* (engl. High Performance Cutting, HPC) eingesetzt. Dafür werden in erster Linie Prozessparameter und Werkzeuge angepasst. Besonders die Erhöhung von Vorschub f und Schnittgeschwindigkeit $v_c$ mit dem Ziel, das Zeitspanungsvolumen Q zu maximieren, stellt eine übliche Vorgehensweise bei der HPC-Bearbeitung dar (Paucksch et al. 2008).

### 26.4.3 Bohren, Senken, Reiben

*Bohren* umfasst nach DIN 8589-2 (2003) spanende Fertigungsverfahren mit rotatorischer Schnittbewegung, welche vom Werkzeug und/oder vom Werkstück ausgeführt werden können. Dabei weist die Drehachse des Werkzeugs und die Achse der zur erzeugenden Innenfläche einen identischen Verlauf auf. Die Vorschubbewegung wirkt dabei lediglich in Richtung der Drehachse. Wesentliche Bohrverfahren sind in Abb. 19 dargestellt (DIN 8589-2 2003).

*Plansenken* ist ein mit einem Flachsenker durchgeführtes Bohrverfahren zur Fertigung von senkrecht zur Drehachse der Schnittbewegung liegenden ebenen Flächen. Mittels *Planansenken* werden überstehende Flächen am Werkstück erzeugt (Abb. 19a) und durch *Planeinsenken* tieferliegende Flächen gefertigt (DIN 8589-2 2003; Biermann 2014).

*Rundbohren* ist ein Verfahren zum Erzeugen von kreiszylindrischen Innenflächen, welche koaxial zur Drehachse der Schnittbewegung liegen (DIN 8589-2 2003). Es wird zwischen Bohren ins Volle, Kernbohren, Aufbohren und Reiben unterschieden. Bohren ins Volle wird als Rundbohren in den Werkstoff ohne den Einsatz von Vorbohrungen bezeichnet (Abb. 19b). Beim Kernbohren wird der Werkstoff ringförmig zerspant, sodass ein zylindrischer Kern entsteht (Abb. 19c). Das Aufbohren dient zum radialen Vergrößern einer bereits vorhandenen Bohrung (Abb. 19d) (DIN 8589-2 2003). Zur Realisierung von Passungsbohrungen für Wellen, Buchsen, Bolzen und Passstiften wird das Bohrverfahren *Reiben* eingesetzt. *Reiben* wird als Aufbohren mit geringer Spanungsdicke definiert, wobei mit einem Reibwerkzeug maß- und formgenaue Innenflächen mit hoher Oberflächengüte erzeugt werden (DIN 8589-2 2003). Hierbei erfolgt eine Unterscheidung in Reiben mit Hauptschneidenführung (Abb. 19e)

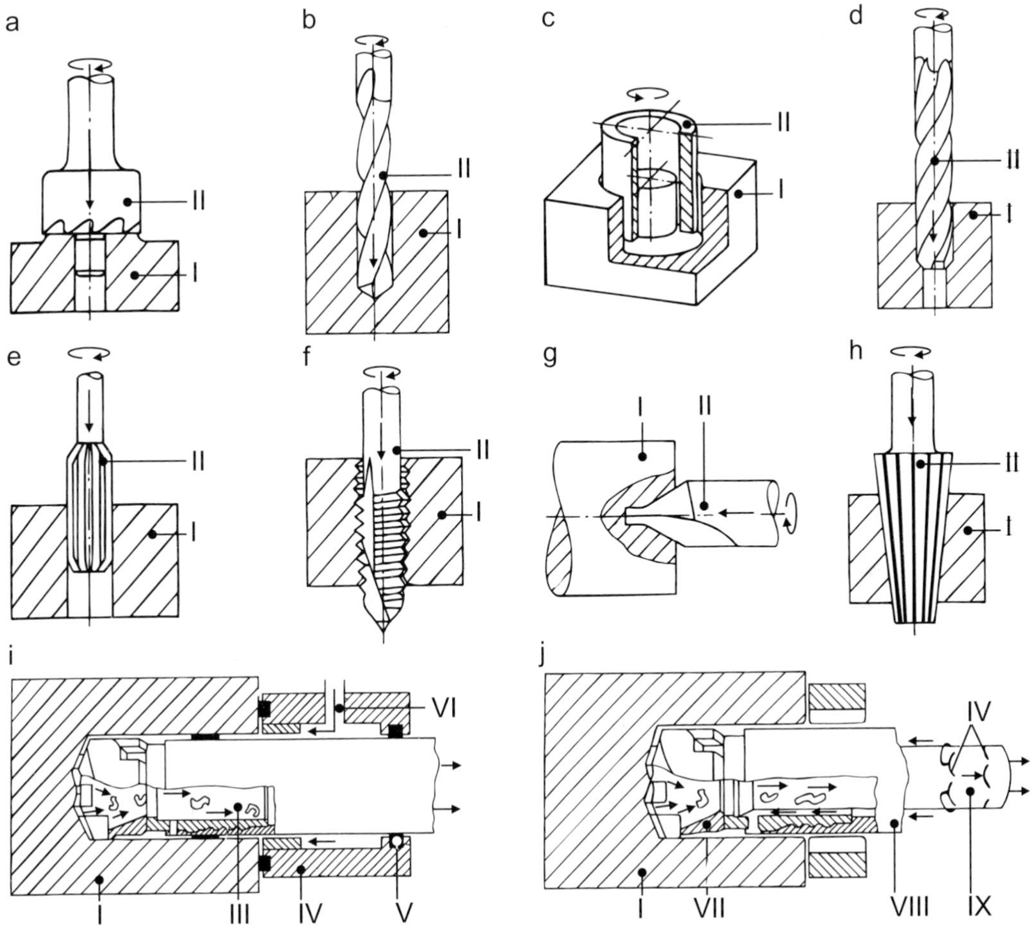


**Abb. 19** Bohrverfahren nach DIN 8589-2 (2003) **a** Plansenken; **b** Bohren ins Volle; **c** Kernbohren; **d** Aufbohren; **e** Reiben mit Hauptschneidenführung; **f** Gewindebohren; **g** Profilbohren ins Volle; **h** Profilreiben; **i** BTA-Verfahren; **j** Ejektor-Verfahren **I** Werkstück, **II** Werkzeug, **III** Späneabfuhr, **IV** Bohrbuchse, **V** Abdichtung, **VI** Ölzufuhr, **VII** Bohrkopf mit Hartmetall-Schneidplatten und Führungsleisten, **VIII** äußeres Anschlussbohrrohr, **IX** inneres Rohr für Spänerückführung

und Reiben mit Einmesser-Reibwerkzeugen (Biermann 2014; Fronius 2014). Beim Reiben werden kleinste Späne abgetrennt und an der Bohrungswand zurückgebliebene Riefen und Unebenheiten beseitigt. Generell sind Reibwerkzeuge mehrschneidig, wobei die Schneiden geradlinig oder mit Drall versehen sind (Fronius 2014).

*Schraubbohren* ist Bohren mit einem Schraubenprofil-Werkzeug in eine bereits vorhandene Lochbohrung zur Erzeugung einer Innenschraubfläche. Die Achse dieser befindet sich in koaxialer Ausrichtung zur Drehachse des Werkzeugs. Beim Gewindebohren wird das Innengewinde mit einem Gewindebohrer erzeugt (Abb. 19f) (DIN 8589-2 2003; Biermann 2014).

Als *Profilbohren* wird der Prozess beschrieben, bei welchem ein Profilwerkzeug zum Erzeugen von rotationssymmetrischen Innenflächen eingesetzt wird und das jeweilige Profil der Hauptschneiden darstellt. Unterschieden wird in Profilsenken, Profilbohren ins Volle (Abb. 19g), Profilaufbohren und Profilreiben (Abb. 19h) (DIN 8589-2 2003).

Beim Tiefbohren beträgt nach VDI 3208 (2014) die Bohrungstiefe das 3- bis 250-fache des Bohrungsdurchmessers (VDI 3208 2014). Unter Einsatz von waagerecht bohrenden Tiefbohrmaschinen wird die rotierende Schnittbewegung durch das Werkstück ausgeführt, während der Vorschub vom Werkzeug erfolgt, sodass große Bohrtiefen bei (VDI 3208 2014). Zur besseren Spanabfuhr und Kühlschmierwirkung werden hier insbesondere Bohrer eingesetzt, durch die der Kühlschmierstoff direkt in der Schneidzone appliziert wird (VDI 3208 2014). Neben dem zum Tiefbohren geeigneten Einlippenbohren unterscheidet man bei dieser Technologie das BTA- (engl.: Boring and Trepanning Association) und das Ejektor-Bohrverfahren. Ersteres beschreibt das Bohren mit unsymmetrisch angeordneten Schneiden unter Einsatz von Führungsleisten (Abb. 19i). Dabei wird der von außen zugeführte Kühlschmierstoff mit den resultierenden Spänen im Inneren des Werkzeuges abgeführt (Randecker 2014). Im Gegensatz dazu wird beim Ejektor-Bohrverfahren ein Teil des Kühlschmierstoffs durch eine Ringdüse unmittelbar, das heißt ohne die Schneiden zu erreichen, mit großer Geschwindigkeit in das Innenrohr zurückgeleitet (Abb. 19j). Das hat zur Folge, dass in den Spankanälen des Bohrkopfes ein Unterdruck resultiert, durch den der übrige Kühlschmierstoff zusammen mit den Spänen durch das Innenrohr abgesaugt wird.

### 26.4.4 Fräsen

*Fräsen* ist nach DIN 8589-3 (2003) als Spanen mit kreisförmiger Schnittbewegung, unter Einsatz eines meist mehrzahnigen Werkzeuges, definiert. Hierbei ist eine Vorschubbewegung zur Erzeugung beliebiger Werkstückoberflächen sowohl senkrecht als auch schräg zur Drehachse des Werkzeugs möglich (DIN 8589-3 2003). Die Anwendung bearbeitbarer Werkstücke erstreckt sich von der Einzel- bis hin zur Serienfertigung. Die resultierenden Formabweichungen liegen bei 30 µm bis 40 µm für mittlere Maschinengrößen, wobei die erzielbaren Oberflächengüten vom jeweiligen Fräsverfahren und der einzusetzenden Werkzeugmaschine abhängig sind. Die Fräsverfahren werden nach Art des Schneideneingriffs und nach Form der erzeugten Werkstückfläche eingeteilt, wobei zwischen Umfang-, Stirn- und Stirn-Umfangfräsen unterschieden wird. Eine Einteilung wichtiger Fräsverfahren ist in Abb. 20 dargestellt (DIN 8589-3 2003).

Das *Umfang-Planfräsen* wird häufig als *Walzenfräsen* (Abb. 20a) bezeichnet, wobei der Walzenfräser lediglich am Umfang Schneiden besitzt. Werkzeuge zum Stirn-*Umfangs-Planfräsen* (Abb. 20b) hingegen haben sowohl an ihrem zylindrischen Umfang als auch an der Stirnseite Schneiden (DIN 8589-3 2003). Hierbei wird die Hauptzerspanung von den Umfangsschneiden ausgeführt, wobei die Stirnschneiden die Planfläche bearbeiten. Zum Erzeugen kreiszylindrischer Flächen wird das *Rundfräsen* (Abb. 20f) eingesetzt, wobei in der Praxis meist außen- oder innenverzahnte Scheibenfräser verwendet werden. Das Erzeugen von Schraubflächen durch Schraubfräsen erfolgt im Allgemeinen mit Nuten- oder Scheibenfräsern (DIN 8589-3 2003). Zu dieser Verfahrensgruppe gehören *Lang-* (Abb. 20c) und *Kurzgewindefräsen* (Abb. 20d) (DIN 8589-3 2003). Beim Langgewindefräsen werden einprofilige Gewindefräser eingesetzt, deren Werkzeugachse in Richtung der Gewindesteigung geneigt ist und der Vorschub der Gewindesteigung entspricht. Hingegen werden beim Kurzgewindefräsen mehrprofilige Gewindefräser verwendet, wobei die Werkzeugachse parallel zur Werkstückachse liegt (DIN 8589-3 2003). Das *Wälzfräsen* (Abb. 20e) zählt zu dem wichtigsten Verfahren zur Fertigung zylindrischer Verzahnungen. Hierbei handelt es sich um ein kontinuierliches Verzahnungsverfahren, bei dem das Werkzeug und das Werkstück kinematisch gekoppelt sind, wobei die Wälzbewegung zwischen Werkzeug und Werkstück wie Schnecke und Schneckenrad erfolgt. Dabei bestimmt die Fräserdrehung die Schnittgeschwindigkeit (DIN 8589-3 2003). Beim Profilfräsen wird nach DIN 8589-3 (2003) das Profil des Fräsers auf dem Werkstück abgebildet, wobei in Längs-, Rund- oder Form-Profilfräsen unterschieden wird. Durch eine geradlinige Vorschubbewegung erzeugt das Längs-Profilfräsen eine gerade und das Rund-Profilfräsen mit einer kreisförmigen Vorschubbewegung eine rotationssymmetri-

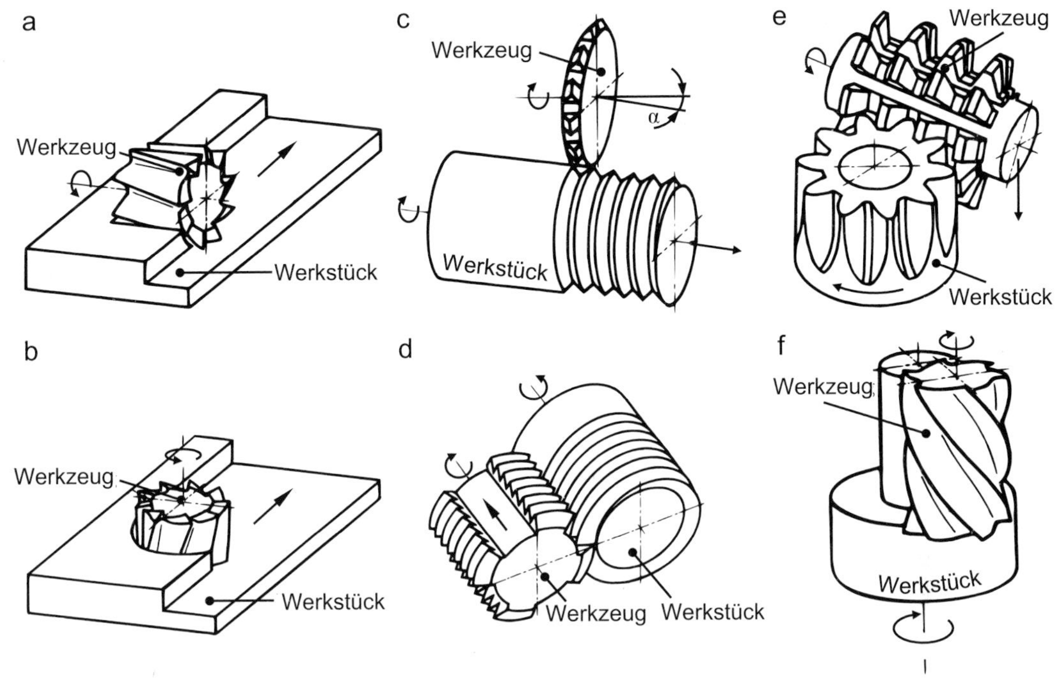


**Abb. 20** Spanen mit geometrisch bestimmter Schneide am Beispiel des Fräsens nach DIN 8589-3 (2003) **a** Walzenfräsen; **b** Stirn-Umfangs-Planfräsen; **c** Langgewindefräsen; **d** Kurzgewindefräsen; **e** Wälzfräsen; **f** Rundfräsen

sche Profilfläche. Im Gegensatz hierzu bietet das Form-Profilfräsen mit einer gesteuerten Vorschubbewegung einen individuellen Verlauf der Fräsbahn. Es wird das Formfräsen in Freiformfräsen, bei dem die Vorschubbewegung manuell, und Nachformfräsen, bei dem die Vorschubbewegung über ein zwei- oder dreidimensionales Bezugsformstück gesteuert wird, unterschieden (DIN 8589-3 2003).

Die hauptsächlich angewendeten Fräswerkzeuge sind Walzenfräser, Walzenstirnfräser, Scheibenfräser, Nutenfräser und Fräsmesserköpfe. Durch die Einsparung hochwertiger Schneidstoffe, kürzerer Prozesszeiten aufgrund der Auswechselbarkeit einzelner Schneiden, leichterer Einhaltung der Maßgenauigkeit durch die Nachstellbarkeit der Schneiden und kostengünstige Herstellung der Schneiden haben Fräsmesserköpfe besondere Bedeutung für die industrielle Anwendung. Zur Herstellung gekrümmter Oberflächen ist es durch Einsatz numerischer Steuerungen möglich, das Werkzeug simultan in fünf oder mehr Achsen zu positionieren und somit wirtschaftlich zu fertigen.

Neben den genannten Verfahrensvarianten bestimmt die Drehrichtung des Fräswerkzeugs in Abhängigkeit der Vorschubrichtung die Spanabnahme und wird in Gegenlauf- und Gleichlauffräsen unterschieden (Kammermeier 2014). Beim *Gegenlauffräsen* ist die auf das Werkstück bezogene Vorschubrichtung entgegengerichtet der Schnittrichtung des Werkzeugs (DIN 8589-3 2003). Die Spanungsdicke verläuft von null zu ihrem Maximalwert beim Austritt des Zahnes aus dem Werkstück. Daher tritt ein Gleiten der Schneide über einen Teil der von der vorhergehenden Schneide erzeugten Fläche auf. Bedingt durch die hohe Schneidenbelastung resultiert ein beschleunigter Werkzeugverschleiß und führt bei elastischen Werkstoffen zu einer größeren Welligkeit auf der Werkstückoberfläche (Kammermeier 2014). Beim *Gleichlauffräsen* ist dagegen die auf das Werkstück bezogene Vorschubrichtung zum Zeitpunkt des Zahnaustritts aus dem Werkstück der Schnittrichtung des Werkzeuges gleich. Die Spanabnahme verläuft hierbei von ihrem Maximum zu ihrem Minimum und nimmt bis auf null ab (DIN 8589-3 2003; Kammermeier 2014). Hinsichtlich der Standzeit des Fräswerkzeugs ist das Gleichlauffräsverfahren günstiger als das Gegenlauffräsen, sofern nicht in eine harte Walz-, Guss- oder Schmiedehaut eingeschnitten werden muss (Kammermeier 2014).

In Abhängigkeit der Bearbeitungsaufgabe besteht die Möglichkeit im Rahmen der Verfahrensvariante Fräsen sowohl die *Hochgeschwindigkeitszerspanung* (engl.: High Speed Cutting, kurz: HSC) als auch die *Hochleistungszerspanung* (engl.: High Performance Cutting, kurz: HPC) als Prozessstrategie einzusetzen. Gegenüber der konventionellen Zerspanung werden für die Schlichtbearbeitung beim *Hochgeschwindigkeitsfräsen*, je nach Werkstoff, Schnittgeschwindigkeiten zwischen $v_c = 100$ m/min bis 7000 m/min verwendet. Gleichzeitig erfolgt in Kombination mit geringen Vorschüben pro Zahn eine Reduktion der resultierenden Zerspankräfte, wodurch sich sowohl hohe Zeitspanungsvolumina also auch bessere Oberflächenqualitäten einstellen (Paucksch et al. 2008; Wiemann 2006). Beim *Hochleistungsfräsen* ist im Vergleich zu konventionellen Fräsprozessen die Zerspanung mit mittleren Schnittgeschwindigkeiten und hohen Zeitspanungsvolumina vorzusehen: Durch die großen Schnitttiefen erfolgt zudem ein Werkzeugeingriff nicht nur in einem kleinen Bereich, sondern definiert über die gesamte Länge. Dies hat zur Folge, dass sowohl eine geringe Belastung am Werkzeugumfang als auch eine Vibrationsreduktion vorliegt, wodurch eine Reduzierung des resultierenden Werkzeugverschleißes möglich ist (Paucksch et al. 2008; Wiemann 2006).

### 26.4.5 Hobeln, Stoßen, Räumen, Sägen, Schaben

*Hobeln* und *Stoßen* ist Spanen mit wiederholter, meist gradliniger Schnittbewegung und schrittweiser, zur Schnittrichtung senkrechter Vorschubbewegung (DIN 8589-4 2003). Beide Verfahren gehören zu den ältesten Verfahren der spanenden Fertigung. Gemeinsames Merkmal ist das Spanen mit einschneidigem, nicht ständig im Eingriff stehenden Werkzeug. Der Unterschied zwischen beiden Verfahren besteht in der Bewegung von Werkstück und Werkzeug. Beim Hobeln führt das Werkstück eine geradlinig reversierende Schnittbewegung und das Werkzeug eine intermittierende Vorschubbewegung aus, während dies beim Stoßen umgekehrt ist (Abb. 21).

*Räumen* ist Spanen mit mehrzahnigem Werkzeug mit gerader, schrauben- oder kreisförmiger Schnittbewegung. Die Schneidzähne des Räumwerkzeugs liegen hintereinander und sind jeweils um den Betrag der Spanungsdicke gestaffelt. Die Vorschubbewegung wird durch die Staffelung der Schneidzähne ersetzt, wobei die letzten Zähne des Räumwerkzeugs das am Werkstück gewünschte Profil haben (Abb. 22) (DIN 8589-5 2003).

Die Schnittbewegung wird meist vom Räumwerkzeug bei feststehendem Werkstück ausgeführt. Bei Maschinenkonzepten wie dem Hebetisch- oder Hubtischräummaschinen ist allerdings auch die Bewegung des Werkstücks bei feststehendem Werkzeug möglich (Klink et al. 2014). Mit dem Räumen kann während eines Arbeitshubs ein hohes Zeitspanungsvolumen erreicht werden, da meistens mehrere Zähne gleichzeitig im Eingriff sind. Darüber hinaus können hohe Oberflächengüten und Genauigkeiten erreicht und Toleranzen von bis zu IT7 eingehalten werden (Klocke 2018a). Das Innenräumen kann häufig als Alternativverfahren für das Bohren, Drehen, Stoßen, Reiben oder Schleifen eingesetzt werden. Dagegen konnte sich das Außenräumen aufgrund komplizierter Werkzeuge und aufwendiger Spannvorrichtungen zunächst nur langsam gegenüber dem Fräsen, Wälzfräsen, Hobeln, Stoßen und Schleifen durchsetzen.

Das *Sägen* von Metallwerkstoffen, insbesondere von Langgutmaterial oder von Platten und Blöcken, gehört innerhalb der Produktionstechnik zur Vorfertigung. Durch deutliche Leistungssteigerungen, erhöhte Flexibilität und Präzision konnte das Sägeverfahren allerdings auch als Fertigbearbeitungsverfahren etabliert werden (Stolzer 2014). Nach Art und Bewegung des Werkzeugs können folgende fünf Sägeverfahren

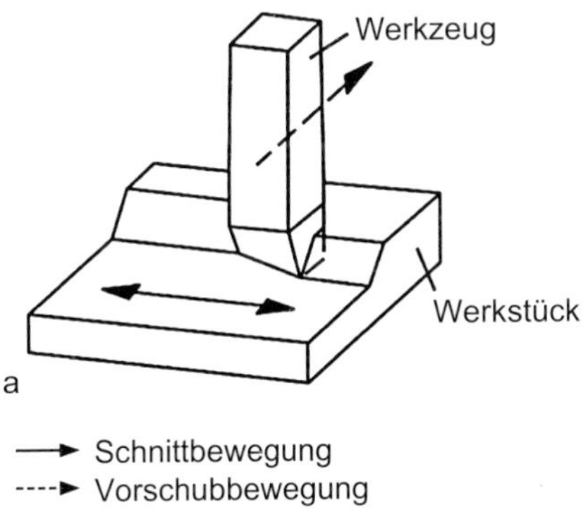

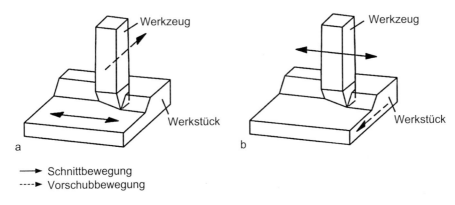

**Abb. 21** Arbeitsprinzip **a** Hobeln; **b** Stoßen nach DIN 8589-4 (2003)

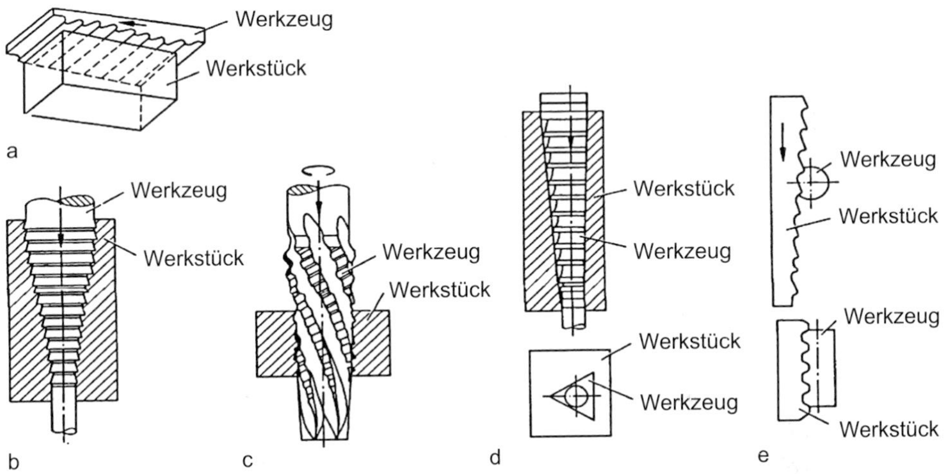


**Abb. 22** Schema verschiedener Räumverfahren nach DIN8589-5 (2003) **a** Planräumen; **b** Innen-Rundräumen; **c** Schraubräumen; **d** Innen-Profilräumen; **e** Außen-Profilräumen

unterschieden werden: Hub-, Band-, Kreis- und Kettensägen. Weiterhin lassen sich nach Form der erzeugten Oberfläche drei Verfahren unterscheiden: Sägen zum Erzeugen ebener Flächen mit den Untergruppen Trenn-, Plan- und Schlitzsägen, Sägen zum Erzeugen zylindrischer Flächen wie Rund- und Stirnsägen sowie Sägen zum Erzeugen beliebig geformter Flächen durch Steuerung der Vorschubbewegung als Nachformsägen durch Abtasten eines Formmusters oder durch nummerische Steuerung (DIN 8589-6 2003).

*Feilen* ist Spanen mit wiederholter meist geradliniger Schnittbewegung mit einem Feilwerkzeug mit einer Vielzahl dicht hinter- und nebeneinanderliegender Schneidzähne von geringer Höhe (DIN 8589-7 2003). Das Feilen ist durch eine sehr geringe Spanungsdicke gekennzeichnet (Arft und Klocke 2014). Nach Art und Bewegung des Werkzeugs werden folgende Verfahren unterschieden: Hubfeilen mit wiederholter, meist gerader Schnittbewegung und Kettenfeilen mit kontinuierlicher, gerader Schnittbewegung unter Verwendung einer umlaufenden, endlosen Feilkette. Weiterhin lässt sich das Feilen nach Form der erzeugten Oberfläche in das Plan-, Rund-, Profil- und Formfeilen unterteilen (DIN 8589-7 2003).

*Schaben* ist Spanen mit einem Spanwerkzeug (Schaber) zur Veränderung von Werkstückoberflächen. Beim Schaben wird der Schaber entlang der Werkstückoberfläche geführt, wobei die Spanungsdicke durch die Anpresskraft gesteuert wird (DIN 8589-9 2003). Nach der Bearbeitung durch das Schaben weisen die Oberflächen unregelmäßig gekreuzte muldige Bearbeitungsspuren auf. In Anlehnung an die Gliederung der spanenden Fertigungsverfahren wird das Hand- und das Maschinenschaben unterschieden. Verwandte Verfahren des Schabens sind das Meißeln, das Schnitzen und das Wälzschaben (DIN 8589-9 2003). Hinsichtlich der Schnittrichtung lassen sich weiterhin das Stoß- und das Ziehschaben unterscheiden. Im Werkzeugmaschinenbau dient das Schaben vor allem zur Bearbeitung von Führungsbahnen und von Gleitflächen an Maschinentischen und -schlitten, zur Erzeugung von Pass- und Anschraubflächen und zur Herstellung von Öltaschen in Gleitführungen. Auch für die Nacharbeit an Pass- und Führungsflächen zur Korrektur von Ungenauigkeiten sowie zur Beseitigung von Beschädigungen an Führungsbahnen ist da Schaben geeignet (Schmid 2014).

### 26.4.6 Schleifen

***Schleifen mit rotierendem Werkzeug***

Schleifenverfahren mit rotierendem Werkzeug nehmen hinsichtlich Flexibilität und Marktanteil eine wichtige Rolle unter den Schleifverfahren ein (Uhlmann 2014a). Nach DIN 8589-11 (2003) handelt es sich beim Schleifen mit rotierendem Werkzeug um ein spanendes Fertigungsverfahren mit vielschneidigen Werkzeugen, deren geometrisch unbestimmte Schneiden von einer Vielzahl gebundener Schleifkörner aus natürlichen oder synthetischen Schleifmitteln gebildet werden und die mit hoher Geschwindigkeit meist unter nichtständiger Berührung den Werkstoff abtrennen (DIN 8589-11 2003). Charakterisierend für die Schleifverfahren mit rotierendem Werkzeug sind die geringen Spanungsquerschnitte beziehungsweise -dicken, der gleichzeitige Eingriff mehrerer Schneiden am Werkstück sowie der negative Spanwinkel. Nach DIN 8589-11 (2003) kann Schleifen mit rotierendem Werkzeug in die folgenden sechs Verfahren unterteilt werden (DIN 8589-11 2003):

*Planschleifen* dient der Erzeugung ebener Flächen. Eine Verfahrensvariante des Planschleifens ist das Doppelplanschleifen, mit dem durch den gleichzeitigen Einsatz zweier Schleifscheiben parallele Planflächen entstehen. *Rundschleifen* dient der Erzeugung kreiszylindrischer Flächen. Durch *Schraubschleifen* wie beispielsweise das Gewindeschleifen können Schraubflächen wie Gewinde oder Schnecken hergestellt werden. Die Erzeugung von Verzahnungen kann durch *Wälzschleifen* mit einem Bezugsprofilwerkzeug im Abwälzverfahren erfolgen. *Profilschleifen* ist Schleifen, bei dem die Profilform des Schleifwerkzeuges auf dem Werkstück abgebildet wird, wie beispielsweise beim Schleifen von Einstichen und Fasen. Beim *Formschleifen* wird die Werkstückkontur durch eine gesteuerte Vorschubbewegung erzeugt. Weitere Verfahrensvarianten des Schleifens mit rotierendem Werkzeug können anhand geometrischer und kinematischer Merkmale definiert werden, siehe Tab. 1 (DIN 8589-11 2003).

Eine weitere Einteilung der Schleifverfahren ist nach der Art der Werkstückaufnahme möglich. Beim Längsschleifen mit einmaligem Durchlauf des Werkstücks, dem so genannten Durchlaufschleifen, werden die Werkstücke ohne feste Einspannung durch die Schleifzone geführt, wobei sie in einem Durchlauf fertiggeschliffen werden. Der Zustellweg wird hierbei von vornherein auf das vorgesehene Maß eingestellt. Auch das Rundschleifen kann ohne ein Spannen der Werkstücke als Spitzenlosschleifen durchgeführt werden. Hierbei wird das rotationssymmetrische Werkstück lediglich durch die Auflage, die so genannte Regelscheibe sowie die Schleifscheibe geführt (DIN 8589-11 2003).

Prozesskenngrößen wie Schleifkraft, Zerspanleistung, Verschleiß, Prozesstemperatur und Schleifzeit sowie die technologischen und wirtschaftlichen Kenngrößen des Arbeitsergebnisses wie Oberflächenrauheit und Struktur der Werkstückoberfläche hängen in komplexer Weise von den Kenngrößen und Bedingungen des Schleifprozesses ab (Uhlmann 2014a). Zudem wird der Schleifprozess von äußeren Störeinflüssen wie Schwingungen, Temperaturgang oder Drehzahlschwankungen beeinflusst. Neben dem Maschinensystem, dem zu bearbeitenden Werkstoff, den

**Tab. 1** Verfahrensvarianten des Schleifens

| Kriterium | Verfahrensvarianten |
|---|---|
| Lage der Bearbeitungsstelle am Werkstück | Außenschleifen – Innenschleifen |
| Lage der Wirkfläche am Werkzeug | Umfangsschleifen – Seitenschleifen |
| Richtung des Vorschubs in Bezug auf die Bearbeitungsfläche | Längsschleifen, Querschleifen, Schrägschleifen |
| (beim Wälzschleifen): Verlauf der Wälzbewegung | kontinuierliches W. – diskontinuierliches W. |
| (beim Formschleifen): Vorschubgesteuert | |
| • von Hand | Freiformschleifen |
| • durch Bezugsformstück | Nachformschleifen |
| • durch mechanisches Getriebe | kinematisches Formschleifen |
| • durch NC-Steuerung | NC-Formschleifen |
| relativer Richtungssinn von Schnittbewegung und Vorschub | Gleichlaufschleifen – Gegenlaufschleifen |
| (beim Planschleifen): relative Größe von Zustellung und Vorschub | Pendelschleifen – Tiefschleifen (ISO 3002-5 1989; VDI 3390 2014) |

Eigenschaften des Schleifwerkzeugs und den Konditionier- und Kühlschmierbedingungen stellen die Einstellparameter Zustellung, Vorschubgeschwindigkeit und Schnittgeschwindigkeit wesentliche Komponenten des Schleifprozesses dar (Uhlmann 2014a).

Die Anforderungen an Schleifmittel für Schleifscheiben sind sehr vielseitig. Insbesondere die Härte sowie die thermische- und chemische Beständigkeit sind maßgebliche Eigenschaften von Schleifmitteln. Hinzu kommen anwendungsspezifische Anforderungen wie die Kornform und das Bruchverhalten (Al-Rawi und Pähler 2014).

Die beim Schleifen mit rotierendem Werkzeug eingesetzten Schleifmittel können in natürliche und synthetische Schleifmittel unterschieden werden (Al-Rawi und Pähler 2014). Zu den natürlichen Schleifmitteln gehören beispielsweise Quarz, Schmirgel, Granat, natürlicher Korund und Diamant. Natürliche Schleifmittel weisen eine nicht reproduzierbare Qualität auf. Abgesehen vom Diamanten ist die Festigkeit natürlicher Schleifmittel gering, sodass sie für industrielle Anwendungen eine untergeordnete Rolle spielen (Al-Rawi und Pähler 2014; Klocke 2018b). Zu den synthetischen Schleifmitteln zählen Korund, Siliciumcarbid, kubisch kristallines Bornitrid und Diamant. Synthetische Schleifmittel sind von hoher technischer Bedeutung (Al-Rawi und Pähler 2014).

Korund und Siliciumcarbid zählen zu der Gruppe der konventionellen Schleifmittel, wohingegen Bornitrid und Diamant den hochharten Schleifmitteln zugeordnet werden (Al-Rawi und Pähler 2014).

Die Kennzeichnung von Schleifscheiben mit konventionellen Schleifmitteln ist in der DIN ISO 525 (2015) definiert. Hierbei werden die Form, die Abmessung, das Schleifmittel, die Korngröße, der Härtegrad, das Gefüge, die Bindung und die zulässigen Arbeitsgeschwindigkeiten von Schleifscheiben berücksichtigt (DIN ISO 525 2015). Korundhaltige Schleifscheiben eignen sich besonders für die Bearbeitung langspanender Materialien mit erhöhter Zugfestigkeit, wie beispielsweise Stähle, Stahlguss oder Bronzen (Al-Rawi und Pähler 2014). Siliciumcarbid-Schleifmittel eignen sich für die Bearbeitung kurzspanender Materialien wie Grauguss, Hartmetall, Glas oder Keramik. Zudem ist auch die Bearbeitung von Materialien geringer Zugfestigkeit wie Kunststoff oder Aluminium möglich (Al-Rawi und Pähler 2014).

Schleifscheiben mit hochharten Schneidstoffen bestehen aus einem Grundkörper und einem Schleifbelag (DIN ISO 6104 2005). Die Form des Grundkörpers sowie des Schleifbelags ist in der DIN ISO 6104 (2005) definiert. Im Gegensatz zum Diamanten hat Bornitrid keine chemische Affinität zu Eisen, sodass sich eisenhaltige Materialien bearbeiten lassen (Al-Rawi und Pähler

2014). Insbesondere beim Schleifen schwer zerspanbarer Stähle mit hoher Härte und hohen Legierungsanteil ist der Einsatz von Bornitrid gegenüber konventionellen Schleifmitteln vorteilhaft (Klocke 2018b). Der Vorteil von Diamanten als Schleifmitteln ist seine sehr hohe Härte. Daher wird Diamant als Schleifmittel bei der Bearbeitung von harten, kurzspanenden Materialien wie Gläsern, Keramiken und Hartmetallen zunehmend auch bei faserverstärkten Materialien wie GFK und CFK eingesetzt (Al-Rawi und Pähler 2014).

Zur Einstellung der Schleifscheibenhärte kann der Bindung von hochharten Schleifscheiben eine Sekundärkörnung hinzugefügt werden. Obwohl die Sekundärkörnung als Bindungsbestandteil betrachtet wird, leistet sie einen Beitrag zur Materialabtrennung, weshalb der Aufbau hochharter Schleifscheiben mit Sekundärkörnung als 4-Stoffsystem beschrieben werden sollte (Uhlmann und Thalau 2016).

Die Bindung einer Schleifscheibe hat die Aufgabe, Schleifkörper solange festzuhalten, bis diese durch den Schleifprozess abgestumpft sind. Danach sollten die Schleifkörner freigegeben werden, sodass nachfolgende, scharfe Schleifkörner zum Eingriff kommen. Zudem sollte die Bindung Poren enthalten, um abgetrenntes Material und Kühlschmierstoff aufnehmen zu können. Es werden Kunstharz-, Keramik- und Metallbindungen unterschieden (Klocke 2018b).

Bei kunstharzgebundenen Schleifscheiben ist der Einsatz von Phenolharzen und Phenolplasten als Bindungsmaterial weit verbreitet. Für besonders weiche, sanfte Schliff- und Poliereffekte werden Epoxid- und Polyesterharze verwendet. Im Allgemeinen sind kunstharzgebundene Schleifscheiben unempfindlich gegen Schläge und Stöße sowie seitlichen Druck. Der Einsatz kunstharzgebundener Schleifscheiben erlaubt hohe Umfangsgeschwindigkeiten und Zerspanungsvolumina (Klocke 2018b).

Keramische Bindungen bestehen aus einem Gemisch aus natürlichen Silikaten, rotem und weißem Ton, Koalin, Feldspat und Quarz. Keramische Bindungen sind spröde und daher vergleichsweise stoßempfindlich. Die Vorteile von keramischen Bindungen sind die Temperaturbeständigkeit sowie die chemische Widerstandfähigkeit gegen Öle und Wasser. Während Kunstharz- und Metallbindungen herstellungsbedingt porenfrei gefertigt werden, weisen Keramikbindungen einen definierten Porenanteil auf (Klocke 2018a).

Metallische Bindungen weisen gegenüber Kunstharz- und Keramikbindungen eine höhere Wärmeleitfähigkeit auf. Das Abrichten von Schleifscheiben mit Metallbindung ist aufgrund des hohen Verschleißwiderstandes mit hohem Aufwand verbunden. Metallbindungen sind insbesondere bei dem Einsatz hochharter Schneidstoffe von großer Bedeutung. Hierbei werden überwiegend modifiziertes Kupfer, Zinn und Kobalt-Bronzen als Bindungsmaterial verwendet. Bei der Herstellung von Schleifscheiben mit Metallbindung durch Sintern kann das Metallpulver mit hochharten Schneidstoffen vermischt werden, wodurch eine starke Einbindung der Schleifkörner möglich ist (Klocke 2018b).

Vor ihrem Einsatz müssen Schleifscheiben konditioniert und ausgewuchtet werden. Das Konditionieren umfasst einerseits das Abrichten, das in das Profilieren und das Schärfen unterteilt werden kann und andererseits das Reinigen (Saljé 1981, 1987; Spur 1989).

Zur Steigerung der Produktivität wird das *Hochgeschwindigkeitsschleifen* angewendet. Hierbei lässt sich unter Verwendung von Bornitridschleifscheiben das Zeitspanungsvolumen bei hoher Qualität des Arbeitsergebnisses erheblich steigern, wobei die erhöhten Prozesstemperaturen jedoch eine angepasste Kühlschmierung erfordern. Außerdem kann das Zeitspanungsvolumen auch durch eine Beeinflussung des Werkzeuges während des Schleifprozesses gesteigert werden. Für konventionelle Schleifscheiben wurde dazu das CD-Schleifen (continuous dressing) entwickelt, bei dem die Schleifscheibe durch kontinuierliches Abrichten mit einer Diamantrolle ständig schneidfähig gehalten wird (Uhlig et al. 1982). Ein ähnlicher Effekt lässt sich bei Diamant- oder Bornitridschleifscheiben durch kontinuierliches „In-Prozess-Schärfen" erzielen, dabei können zur Erhöhung der Genauigkeit Messsteuerungen angewendet werden (Uhlmann 1994).

**Bandschleifen**

Bandschleifen ist nach DIN 8589-12 (2003) als „ein spanendes Fertigungsverfahren mit einem vielschneidigen Werkzeug aus Schleifkörnern auf Unterlage (Schleifband)“ definiert, „welches mindestens zwei rotierende Rollen umläuft und in der Kontaktfläche durch eine dieser Rollen, ein anderes zusätzliches Stützelement oder auch ohne ein Stützelement an das zu schleifende Werkstück angepresst wird“ (DIN 8589-12 2003).

Die Werkstoffabtrennung erfolgt dabei mit hoher Relativgeschwindigkeit und unter nichtständiger Berührung zwischen Werkstück und Schleifkorn. Das Bandschleifen besitzt in der industriellen Praxis aufgrund der großen Flexibilität hinsichtlich des bearbeitbaren Werkstoffspektrums sowie der Anpassungsfähigkeit an verschiedene, auch geometrisch komplexe Werkstückformen und -gestalten ein sehr breites Anwendungsspektrum. Bei grundsätzlich sehr hohen möglichen Zeitspanungsvolumina und Oberflächenqualitäten können Bandschleifprozesse von der hochpräzisen Bearbeitung von Funktionsflächen hinsichtlich vorgegebener Maß-, Form-, Lagetoleranzen und Oberflächenqualitäten über das effiziente Beseitigen von Graten, Oberflächen- und Randzonenfehlern, bis hin zum anforderungsgerechten Herstellen dekorativer Oberflächen eingesetzt werden. Im Vergleich zu konventionellen Schleifscheiben zeichnen sich Bandschleifsysteme in der Handhabung durch einen schnellen Werkzeugwechsel und damit eine hohe Flexibilität bei der Anpassung an die jeweilige Bearbeitungsaufgabe, den möglichen Verzicht auf Kühlschmierstoffe und eine vergleichsweise hohe Sicherheit hinsichtlich eines möglichen Werkzeugversagens aus (Klocke 2017; VDI 3396 2017).

Bandschleifsysteme verfügen im Gegensatz zu konventionellen Schleifscheiben grundsätzlich über eine größere Elastizität aufgrund der geringen Werkzeugsystemsteifigkeit. Dies ermöglicht in einem weiten Bereich eine Anpassung des Schleifwerkzeugs an die zu bearbeitende Kontur des Werkstücks, so dass eine Bearbeitung geometrisch anspruchsvoller Werkstücke ohne aufwändige und taktzeitbeeinflussende Profilierung des Werkzeugs erreicht werden kann. Zudem können durch die Flexibilität der Werkzeuge schwer zugängliche Stellen mit kleinen Krümmungsradien sowie leicht verformbare Werkstücke wirtschaftlich geschliffen werden. Durch Bandschleifen können Metalle, Holz, Leder, Glas, Keramik, Stein, Kunststoffe und deren Kombinationen bearbeitet werden (Heidtmann und Pischel 2014; VDI 3396 2017).

Konventionelle Schleifbänder sind im Wesentlichen aus Schleifkorn, Bindemittel (Grund- und Deckbindung) sowie der Unterlage aufgebaut. Die Grundbindung sorgt für die Haftung der Schleifkörner auf der Unterlage, die Deckbindung für ihre Abstützung. Als Bindemittel werden Hautleim, Kunstharze oder Lacke verwendet. Die Unterlage besteht abhängig von der Bearbeitungsaufgabe aus Polymer, Baumwolle oder Papier. Als Schleifmittel werden üblicherweise Korund ($Al_2O_3$) und Siliciumcarbid eingesetzt (Heidtmann und Pischel 2014; VDI 3396 2017).

Schleifbänder in denen hochharte Schleifmittel wie kubisch-kristallines Bornitrid (cBN) oder Diamant eingesetzt werden, sind entweder mit Kunstharzbindung oder mit galvanischer Bindung am Markt verfügbar. Bei Kunstharzsystemen wird das Schleifmittel, ähnlich wie bei Agglomeraten mit konventionellen Schleifmitteln aus Korund, dem Bindemittel vorher zugesetzt, durchmengt und in verschiedenen Strukturen beispielsweise in Pyramiden-, Zylinder- oder Wabenstruktur auf der Unterlage appliziert. Diese Werkzeuge kommen häufig in der Oberflächenveredlung, auch Superfinishing genannt, bei der Bearbeitung von Walzen oder Kurbel- und Nockenwellen zum Einsatz. Bei hochharten Schleifbändern mit galvanischer Bindung sind die cBN- oder Diamant-Schleifmittel mit einer Nickelschicht ummantelt, um diese auf der mit einer elektrisch leitfähigen Zwischenschicht versehenen Unterlage abscheiden zu können. Meist werden die gebundenen Diamanten in einer „Inselbelegung“ mit unterschiedlichen Mustern auf der Unterlage appliziert. Gegenüber Schleifbändern mit konventionellen Schleifmitteln weisen sie ein sehr viel stabileres Abtrennverhalten bei gleichmäßigerem Arbeitsergebnis und höherer Standzeit auf (Bülter und Uhlmann 2018; Heitmüller 2015; Uhlmann und Buelter 2019). In Anlehnung an DIN 8589-12 (2003) lassen sich insgesamt die vier Hauptgrup-

**Abb. 23** Verfahrensbeispiele beim Bandschleifen Links: Manueller Schleifprozess (Fa. Kemper-Kontakt); Mitte: Robotergeführter Schleifprozess (IWF, TU Berlin); Rechts: Werkzeugmaschine zum Schleifen von Edelstahlcoils (Fa. BREUER)

pen Plan-, Rund-, Profil- und Form-Bandschleifen in Abhängigkeit der Art der zu erzeugenden Fläche definieren sowie nach der Wirkfläche am Schleifband in Umfangs- und Seiten-Bandschleifen (DIN 8589-12 2003).

Beim Umfangs-Bandschleifen erfolgt die Bearbeitung am Umfang des Schleifbands an einer Kontaktrolle, die gleichzeitig als Umlenkrolle dient. Die Kinematik des Prozesses entspricht der des Schleifens mit Schleifscheiben. Im Gegensatz dazu findet beim Seiten-Bandschleifen die Bearbeitung an einer geraden Längsseite des Schleifbands über eine Kontakt- oder Stützplatte statt. Bei kinematischen Betrachtungen der Korneingriffsbahnen muss die Geometrie des Kontaktelements berücksichtigt werden (DIN 8589-12 2003; Klocke 2017).

Des Weiteren wird zwischen Längs- und Quer-Bandschleifen unterschieden, wobei die Vorschubbewegung beim Längs-Bandschleifen parallel, beim Quer-Bandschleifen senkrecht zu der zu bearbeitenden Oberfläche orientiert ist. Das Bandschleifen mit konstanter Anpresskraft wird vorwiegend zur Oberflächenverfeinerung oder zum Abtrennen großer Zeitspanungsvolumina angewandt, das Bandschleifen mit konstanter Zustellung zum Erzielen hoher Form- und Maßgenauigkeiten (Heidtmann und Pischel 2014; Klocke 2017).

Aufgrund des sehr breiten Anwendungsspektrums kann das Bandschleifen hinsichtlich der Bearbeitungsaufgabe manuell, roboterunterstützt oder auf Werkzeugmaschinen durchgeführt werden. Bei kleinen bis mittleren Losgrößen, hoher Produktvielfalt, stark schwankendem Aufmaß im Ausgangszustand und der Endbearbeitung von geometrisch komplexen Freiformflächen kommen in der Industrie meist manuelle Feinbearbeitungsprozesse zum Einsatz (Abb. 23, links).

Anwendungsbeispiele für Produkte sind im Prototypen-, Werkzeug- und Formenbau, beim Bau von Schiffspropellern, bei der Herstellung von Implantaten, im Dampf- und Turbinenbau und im Bereich Lohnschleifbearbeitung zu finden (Schüppstuhl 2003).

Eine Möglichkeit, die Vorteile der Flexibilität und der Freiheitsgrade manueller Prozesse mit den Vorteilen hochgenauer, immer verfügbarer und skalierbarer Werkzeugmaschinen zu verknüpfen, besteht in der Automatisierung des Bandschleifprozesses unter Zuhilfenahme von Industrierobotern in Verbindung mit einer intelligenten Prozessführung (Abb. 23, mittig). Beispielsweise steht die Automatisierbarkeit sogenannter Maintenance, Repair and Overhaul (MRO)-Prozesse für Turbinenteile im Fokus wissenschaftlicher und industrieller Forschung und Entwicklung (Uhlmann et al. 2013; Uhlmann und Heitmüller 2014). Ein Beispiel für das Schleifen auf Werkzeugmaschinen ist die Plan-Bandschleifbearbeitung von Edelstahl-Coils. Hier kommen meist mehrstufig aufgebaute steife Breitbandschleifmaschinen mit typischen Produktionsbreiten von 700 mm bis 1600 mm zum Einsatz (Abb. 23, rechts). Unter Verwendung von ölbasierten oder emulsionshaltigen KSS werden Oberflächenverzunderungen und -fehler, die durch den vorhergehenden Warmwalzprozess entstanden sind, im Bereich von 0,2 mm meist unter kraftgesteuerter Prozessführung herausgeschliffen (Heidtmann und Pischel 2014; VDI 3396 2017).

### 26.4.7 Honen

Honen ist nach DIN 8589 – Teil 14 (DIN 8589-14 2003) das Spanen mit geometrisch unbestimmten Schneiden, bei dem das Werkzeug eine aus zwei Komponenten bestehende Schnittbewegung ausführt. Eine der Schnittbewegungen ist dabei oszillierend, beziehungsweise hin- und hergehend, wodurch die für das Honen typische Kreuzstruktur auf der Werkstückoberfläche ausgebildet wird (DIN 8589-14 2003). Die zurückgezogene VDI-Richtlinie VDI 3220 spezifiziert, dass Werkstück und Werkzeug während der Bearbeitung unter ständiger Flächenberührung stehen und das Honen insbesondere zur Verbesserung von Maß, Form und Oberfläche vorbearbeiteter Werkstücke dient (VDI 3220 1960; Flores 1992).

Die verschiedenen Honverfahren sind weiterführend eingeteilt in die Art der zu erzeugenden Flächen, beispielsweise Planhonen, Rundhonen oder Wälzhonen, die Art der Schnittbewegung durch Lang- oder Kurzhubhonen, die Lage der zu erzeugenden Fläche, das heißt Außen- oder Innenhonen. Weiterführend kann eine Unterteilung durch die Angabe der Art des Werkzeuges erfolgen, wobei zwischen Stein- und Bandhonen unterschieden wird (DIN 8589-14 2003). Das meist eingesetzte und bekannteste Verfahren ist das Langhub-Innen-Rundhonen, mit dem die zylindrische Innenfläche von Hubkolbenmaschinen endbearbeitet wird, (Abb. 24). Durch den Einsatz der spezifischen Honkinematik entsteht eine Oberflächenstruktur, die gekennzeichnet ist durch eine überwiegend geringe Oberflächenrauheit in Form eines sogenannten Plateaus sowie vereinzelte tiefe Riefen, die sich entsprechend der Kinematik gegenseitig unter dem Honwinkel $\alpha$ kreuzen, (Abb. 24a). Das ausgebildete Plateau sorgt dabei für einen geringen Verschleiß im späteren Einsatz der Hubkolbenmaschine, die Riefen bilden ein Ölrückhaltevolumen, wodurch der Kolben innerhalb des Zylinders ausreichend mit Schmierstoff versorgt wird, (Abb. 24b) (Flores 1992; Weigmann 1997).

Die Zusammensetzung der Schneidbeläge ist dabei ähnlich derer bei Schleifverfahren. Es kommen Schneidkristalle beispielsweise aus Korund, Siliziumcarbid, Bornitrid und Diamant zum Einsatz. Bei der Verwendung von Honsteinen werden die Kristalle mit Hilfe einer Bindung beispielsweise aus Kunstharz, Keramik oder Metall zusammengehalten (Flores 1992). Beim Kurzhubhonen, auch Superfinish genannt, kommen zudem auch Schleifbänder zum Einsatz, bei denen die Schneidkörner mit Bindemitteln auf einer flexiblen Unterlage gebunden sind. Während die Dreh- und Hubbewegung beim Langhubhonen meist vom Werkzeug ausgeführt wird, kann die Drehbewegung beim Kurzhubhonen auch vom Werkstück ausgehen. Abb. 25 verdeutlicht die kinematischen Gegebenheiten anhand des Kurzhub-Außen-Rundhonens (DIN 8589-14 2003).

Beim Honen wird zumeist ölbasierter Kühlschmierstoff verwendet. Aufgrund der im Vergleich zum Schleifen geringen Schnittgeschwindigkeiten steht hierbei weniger die Kühlwirkung als vielmehr die Spülung und Schmierung während der Bearbeitung im Vordergrund (Klink 2015).

Neben den klassischen Honverfahren werden auch Sonderverfahren wie das Formhonen und Dornhonen eingesetzt. Mit Hilfe des Formhonens, einem spezifischen Langhub-Innen-Rundhonverfahren, werden durch verschiedene Maßnahmen gezielt nicht-zylindrische Formen gefertigt, beispielsweise um den thermischen Verzug von Hubkolbenmaschinen beim späteren Einsatz auszugleichen (Wiens 2011).

Bei den klassischen Honverfahren werden die Honleisten während der Bearbeitung kontinuierlich oder schrittweise zugestellt. Beim Dornhonen hingegen werden die Honleisten vor der Bearbeitung auf den Enddurchmesser fest eingestellt. Nahezu die gesamte Werkstoffabtrennung erfolgt dabei beim ersten Abwärtshub. Durch den spezifischen Aufbau, insbesondere der erhöhten Werkzeugsteifigkeit von Dornhonwerkzeugen, kann die Form- und Maßgenauigkeit zusätzlich gesteigert werden (Klink 2015).

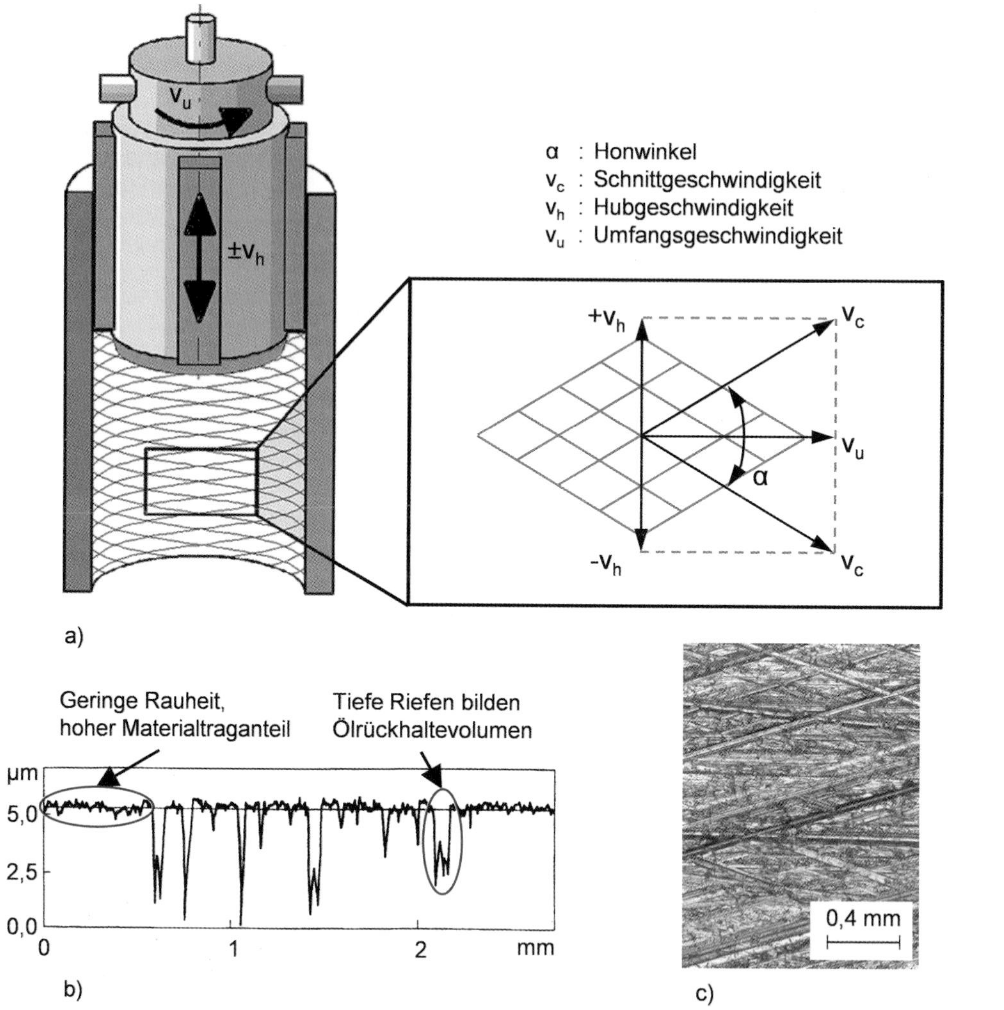


**Abb. 24** Langhub-Innen-Rundhonen: **a** kinematische Grundlagen in Anlehnung an Weigmann (1997); **b** Rauheitsmessschrieb einer gehonten Oberfläche in Anlehnung an DIN EN ISO 13656 (1998); **c** hontypische Bearbeitungsspuren auf einer Werkstückoberfläche

## 26.4.8 Läppen

Das Läppen ist ein Fertigungsverfahren zur Erzeugung von Oberflächen, für die hohe Anforderungen hinsichtlich Maß- und Formgenauigkeit sowie Oberflächengüte gelten. Die Materialabtrennung erfolgt über loses Korn, welches in einer Paste oder Flüssigkeit verteilt ist. Beim Läppen mit formübertragendem Gegenstück gleiten Werkstück und Werkzeug unter Anwendung dieser Läppemulsion und bei fortwährendem Richtungswechsel aufeinander (Wolters 2014). Der über das Werkzeug aufgebrachte Läppdruck und die Relativbewegung der Wirkpartner bewirken die Materialabtrennung. Ungeordnete Schneidbahnen werden dabei angestrebt, um eine isotrope Werkstückoberfläche zu erzielen. Das Werkzeug, die Läppscheibe, ist das formübertragende Gegenstück bei der Bearbeitung. Ihr Aufbau hinsichtlich Abmessungen, eingebrachten Nuten, Wärmeleitfähigkeit und vor allem der Härte beeinflusst das Bearbeitungsergebnis. Die Verwendung von Grauguss stellt hierbei den industriell meistverwendeten Werkstoff dar. Als Läppmittel

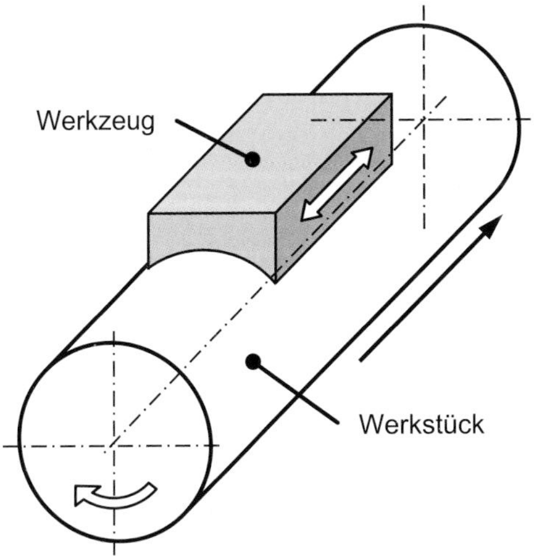


| Symbol | Bedeutung |
|---|---|
| ← | Vorschubbewegung, kontinuierlich |
| ⟺ | Schnittbewegung, Oszillation, geradlinig |
| ↷ | Schnittbewegung, kreisförmig |

**Abb. 25** Kinematik des Kurzhub-Außen-Rundhonens (DIN 8589-14 2003)

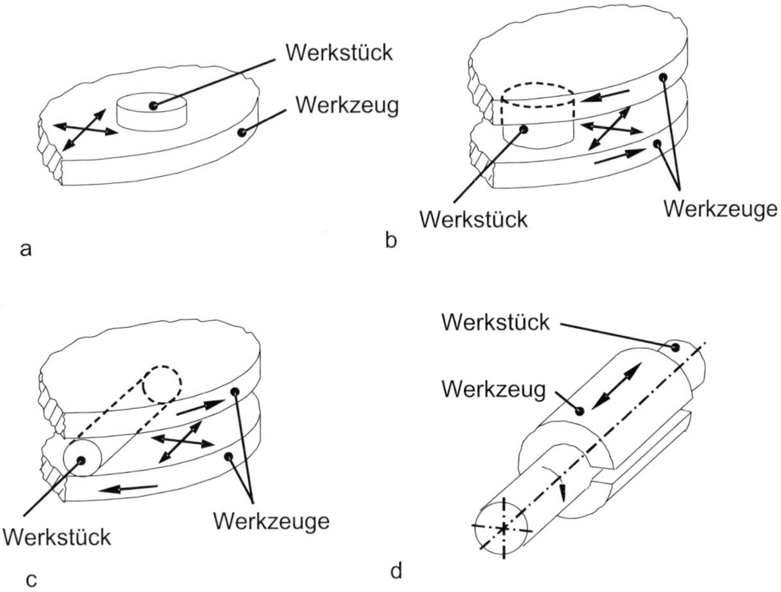


**Abb. 26** Hauptgruppen der Läppverfahren (DIN 8589-15 2003) **a** Planläppen; **b** Planparallelläppen; **c** Außenrundläppen; **d** Bohrungsläppen

werden scharfkantige Abrasivkörner eingesetzt. Deren charakteristische Einflussgrößen auf den Fertigungsprozess sind vor allem die Korngröße, Korngrößenverteilung, Kornart und -form sowie deren Härte. Gängige Kornmaterialien sind Aluminiumoxid, Borcarbid, Siliciumcarbid, kubisch-kristallines Bornitrid und Diamant. Die Läppmittelträgerflüssigkeit trägt die Läppkörner fein verteilt und dient zur Abführung der entstehenden Prozesswärme. Weiterhin wird der Kontakt zwischen Werkzeug und Werkstück durch diese geschmiert. Die chemischen Eigenschaften bestimmen dabei maßgeblich ihren Einfluss auf den Bearbeitungsprozess (DIN 8589-15 2003; Uhlmann 2006; Wolters 2014).

Die vorzugsweise maschinell ausgeführten Läppverfahren werden in vier Hauptgruppen und verschiedene Sonderverfahren eingeteilt (Abb. 26) (DIN 8589-15 2003; Wolters 2014):

*Planläppen* (Abb. 26a) ist das Läppen von ebenen Flächen zur Erzeugung von sowohl geometrisch als auch hinsichtlich der Oberflächengüte hochwertigen Oberflächen. Hierzu dienen vorzugsweise Einscheibenläppmaschinen. *Planparallelläppen* (Abb. 26b) ist das gleichzeitige Läppen zweier paralleler ebener Flächen. Hierbei werden geometrisch hochwertige Flächen, geringe Maßstreuungen innerhalb einer Ladung sowie von Ladung zu Ladung erreicht. Neuere Prozessstrategien zielen jedoch auf die Substitution des *Planparallelläppens* durch das Doppelseitenplanschleifen mit Planetenkinematik ab, da dieses Fertigungsverfahren hinsichtlich Umweltverträglichkeit und Reinigungsaufwand der bearbeiteten Werkstücke vorteilig ist (Uhlmann et al. 2018b). „*Außenrundläppen* (Abb. 26c) dient zur Bearbeitung kreiszylindrischer Außenflächen. Dabei werden die Werkstücke auf einer Zweischeibenläppmaschine radial in einem Werkstückhalter geführt und rollen unter Exzenterbewegung zwischen den beiden Läppscheiben ab. Das Verfahren wird zum Erzielen sehr genauer Kreiszylinder von hoher Oberflächengüte angewandt, wie beispielsweise bei Düsennadeln für Einspritzpumpen, Präzisions-Hartmetallwerkzeugen, Kaliberlehren und Hydraulikkolben. Für das *Läppen von Bohrungen* (Abb. 26d) sind spezielle Verfahren entwickelt worden, um hochwertige geometrische Formen und Oberflächengüten zu erreichen, die anders nicht zu erzielen sind. Dabei wird vorausgesetzt, dass die Werkstücke überwiegend vorgehont oder vorgeschliffen sind. Geläppt wird mit einer zylindrischen Läpphülse, die eine Dreh- und Hubbewegung ausführt. Beispiele sind die Bearbeitung von Zylindern für Einspritzpumpen und von Hydraulikzylindern. Außerdem kommt Bohrungsläppen auch für präzise Maschinenteile in Betracht, bei denen von feingedrehten oder geriebenen Oberflächen ausgegangen werden kann.

„Zu den Sonderverfahren zählen die folgenden vier: *Strahlläppen* erfolgt mit losem, in einem Flüssigkeitsstrahl geführten Korn zur Verbesserung der Oberfläche vorgearbeiteter Werkstücke. Dabei wird das Läppgemisch mit hoher Geschwindigkeit auf die Werkstückoberfläche gestrahlt. Diese zeigt gleichmäßige Bearbeitungsspuren, die je nach Strahlmittel unterschiedliche Strukturen aufweisen. Eine Formverbesserung kann durch Strahlläppen nicht erzielt werden. *Tauchläppen* erfolgt mit losem Korn, indem Werkstücke nahezu beliebiger Form in ein strömendes Läppgemisch eingetaucht werden. Es dient nur zur Oberflächenverbesserung. Die Oberflächen zeigen unregelmäßigen, geraden oder gekreuzten Rillenverlauf. *Einläppen* ist Läppen zum Ausgleichen von Form und Maßabweichungen zugeordneter Flächen an Werkstücken. Als Läppmittel werden Pasten oder Flüssigkeiten verwendet. So werden z. B. Zahnflanken an Stirnrädern oder Ventilsitze von Verbrennungsmotoren bearbeitet. *Kugelläppen* ist ein Sonderfall der Zweischeibenmethode, bei dem die obere Läppscheibe plan, die untere aber mit einer halbkreisförmigen Nut versehen ist. Durch Kugelläppen wird bei dauernder Änderung der Bewegungsrichtung die Form der Kugeln wie die der Nut verbessert.“ (Wolters 2014)

### 26.4.9 Polieren

*Polieren* dient der Erzeugung von Oberflächen mit sehr geringer Oberflächenrauheit und der Reduzierung von Randzonenschädigungen. Es wird daher als Endbearbeitungsverfahren eingesetzt. Eine eindeutige Einordnung in das Normenwerk liegt nicht vor. Üblicherweise wird das Polieren jedoch den trennenden Fertigungsverfahren der DIN 8580 (2003), als Sonderform des Läppens nach DIN 8589-15 (2003) zugeordnet. Polierverfahren werden aufgrund unterschiedlicher Abtrennmechanismen in chemische, physikalische und mögliche Kombinationen derer unterschieden. Als Poliermittelträger werden gängiger Weise Naturfilz, synthetischer Filz, Polyurethan, synthetische Textilien und Pech eingesetzt. Metalloxide wie Aluminium-, Magnesium-, Chrom-, Eisen-, Titanoxid aber auch Diamant sind typische Polierkörner, welche in einem Fluid verteilt vorliegen. Der zu bearbeitenden Werkstoff bestimmt dabei die Anforderungen hinsichtlich Festigkeit und Härte des Poliermittels sowie des Poliermittelträgers (DIN 8580 2003; DIN 8589-15 2003; Uhlmann 2006; Wolters 2014).

Das *Abrasive Polieren* erfolgt durch einen maßgeblich mechanisch geprägten Abtrennmechanismus ähnlich dem Läppen. Die Polierkörner führen durch Einlagerung im Poliermittelträger und ein Abrollen zwischen diesem und dem Werkstück eine spanende, furchende oder pflügende Materialabtrennung aus. Wesentliche Einstellgrößen sind der Polierdruck, die Relativgeschwindigkeit und die eingesetzten Polierkörner und Poliermittelträger. Hingegen erfolgt der Materialabtrag beim *Chemischen Polieren* ausschließlich durch eine Reaktion der metallischen Werkstückoberflächen mit der Polierflüssigkeit. Der chemische Abtrag beginnt an den Rauheitsspitzen und bewirkt damit eine Glättung der Oberfläche. Über die Verweilzeit und die Strömung des Fluids kann das abzutrennende Maß eingestellt werden. Beim *Chemisch-Mechanischen-Polieren (CMP)* wird die chemische Reaktion des Fluids durch die mechanische Abtrennung der Polierkörner unterstützt. Die Auswahl der chemischen und mechanischen Komponente erlaubt eine gezielte Auslegung des Prozesses und hat zur Etablierung als Standardprozess der Halbleiterfertigung geführt. Weitere Polierverfahren sind das *Laser-, Elektro-, Ionenstrahl-* und *Strömungspolieren*. Diese erlauben teilweise sehr geringe abzutrennende Schichtdicken von weniger als 1 μm am Werkstück (Uhlmann 2006; Wolters 2014).

## 26.4.10 Abtragen

Herausfordernde mechanische Eigenschaften, wie hohe Härte, Sprödigkeit oder schlechte Temperaturleitfähigkeit, einiger Werkstoffe setzen den spanenden Bearbeitungsverfahren Grenzen. Insbesondere die Fertigung von komplexen oder kleinen Geometrien in beispielsweise keramischen Werkstoffen, Superlegierungen, Hartmetallen und vergüteten Stählen kann nur bedingt oder unter großem Aufwand spanend realisiert werden. Dies führte zur Entwicklung abtragender Fertigungsverfahren, die in DIN 8590 (2003) nach ihrem Wirkprinzip unterteilt werden in (DIN 8590 2003):

- thermisches Abtragen,
- chemisches Abtragen und
- elektrochemisches Abtragen.

Die Verminderung des Stoffzusammenhaltes erfolgt beim Abtragen prinzipiell nichtmechanisch, wobei die Entfernung der Teilchen durchaus mechanisch erfolgen kann. Bei den industriell weit verbreiteten thermischen Verfahren werden die Werkstoffpartikel im festen, flüssigen oder gasförmigen Zustand abgetragen, wobei die Wirkenergie in thermischer Form zugeführt wird (DIN 8590 2003).

**Funkenerosives Abtragen**
Das *funkenerosive Abtragen*, engl. electrical discharge machining (EDM), gehört nach DIN 8590 (2003) zu den thermischen Abtragverfahren. Über elektrische Funkenentladungen wird Wärme in ein Werkstück eingebracht. Aufgrund des nichtmechanischen Abtragprinzips erfolgt die Bearbeitung nahezu kräftefrei. Dies ermöglicht eine hohe Bearbeitungsgenauigkeit und senkt bei der Bearbeitung von spröden Werkstoffen die Anzahl von Brüchen. Vor allem im Formen- und Werkzeugbau nimmt daher das funkenerosive Abtragen mit einem Fertigungsanteil von bis zu 50 % eine zentrale Bedeutung ein (Boos et al. 2018).

Die hochfrequent gepulsten Funkenentladungen erfolgen zwischen einer Werkzeug- sowie einer Werkstückelektrode, die sich in einem Dielektrikum befinden. Durch Anlegen eines Spannungsimpulses wird lokal die Durchschlagfestigkeit des Dielektrikums überschritten, was zu einer Funkenentladung führt. Während der Funkenentladung wird ein mit Gas und Plasma gefüllter elektrisch leitfähiger Entladekanal erzeugt, an dessen Fußpunkten Elektrodenwerkstoff aufgeschmolzen und verdampft wird. Die daraus resultierenden Entladekrater bilden die charakteristische Oberflächenstruktur von funkenerosiv bearbeiteten Werkstücken. Während der Bearbeitung wird die Geometrie der Werkzeugelektrode äquidistant in die Werkstückelektrode übertragen (Klocke und König 2007).

Das eingesetzte Dielektrikum kann flüssig sowie gasförmig sein und hat die Aufgabe, die Elektroden elektrisch zu isolieren sowie den sich ausbildenden Arbeitsspalt zu kühlen und zu spülen. Als flüssige Dielektrika werden Kohlenwasserstoffe ebenso wie deionisiertes Wasser eingesetzt. Für das funkenerosive Abtragen mit gasförmigen Dielektrika kommen beispielsweise Luft, Sauerstoff, Argon und Helium zum Einsatz (Uhlmann und Perfilov 2018).

Beim konventionellen funkenerosiven Abtragen mit Formelektroden, dem funkenerosiven Senken, werden in der Praxis Kupfer sowie Graphit als Werkzeugelektrodenwerkstoffe eingesetzt. Bei der verschleißintensiven Mikrobearbeitung werden hingegen Wolfram-Kupfer sowie Wolframcarbid-Kobalt-Hartmetall als Werkzeugelektrodenwerkstoffe angewandt. Beim funkenerosiven Abtragen mit ablaufender Drahtelektrode, dem funkenerosiven Schneiden, werden vor allem Drahtelektroden aus Messing verwendet, die mit einem Stahlkern verstärkt sowie Zink beschichtet sein können (Uhlmann et al. 2018a; VDI 3402, Blatt 4 1994).

Sofern eine elektrische Leitfähigkeit von mehr als 0,01 S/cm vorliegt, können Werkstückelektrodenwerkstoffe unabhängig von deren mechanischen Eigenschaften, wie z. B. Härte oder Festigkeit, bearbeitet werden. Aufgrund dieses Vorteils wird das Verfahren überwiegend zur Bearbeitung von schwer zerspanbaren Werkstoffen eingesetzt. Dazu zählen hochwarmfeste Stähle, Hartmetalle und Keramikwerkstoffe (Uhlmann 2014b).

In Abb. 27 ist das Schema eines Maschinensystems zum funkenerosiven Senken dargestellt.

**Laserstrahlbearbeitung**

Für die Materialbearbeitung sind drei Eigenschaften der Laserstrahlung entscheidend: Die geringe Strahldivergenz, die hohe Strahlungsintensität sowie die gute Fokussierbarkeit (Weber und Herziger 1972). Die Wechselwirkungs- und Abtragsmechanismen des Laserstrahls am Werkstoff korrelieren mit der vom Werkstoff absorbierten Strahlungsintensität. Für die Absorption relevante Eigenschaften des Laserstrahls sind u. a. die Wellenlänge, Fluenz, Pulsdauer, räumliche und zeitliche Kohärenz sowie die Polarisation und der Einfallswinkel. Wichtige Werkstoffeigenschaften sind die Wärmeleitfähigkeit, Schmelztemperatur und die Reaktivität gegenüber anderen Stoffen, wie beispielsweise Sauerstoff (Bäuerle 2011).

Das Laserschneiden ist ein thermischer, berührungsloser und hoch automatisierbarer Prozess, um beispielsweise Bauteile in großen Stückzahlen mit geringer Formabweichung und hoher Oberflächengüte herzustellen (Madic et al. 2012). Für diese Anwendungen werden üblicherweise $CO_2$-Laser mit einer Wellenlänge weniger als = 10,6 µm verwendet. Faser- und Scheibenlaser besitzen hingegen eine Wellenlänge im Infrarotbereich bei 780 nm bis 2100 nm und werden vorwiegend zur Bearbeitung von dünnen Blechen eingesetzt. Die Leistungsfähigkeit liegt hierbei höher als bei den $CO_2$-basierten Lasersystemen. Hochleistungsdiodenlaser haben im Allgemeinen eine schlechtere Laserstrahlqualität als Faser- und

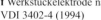

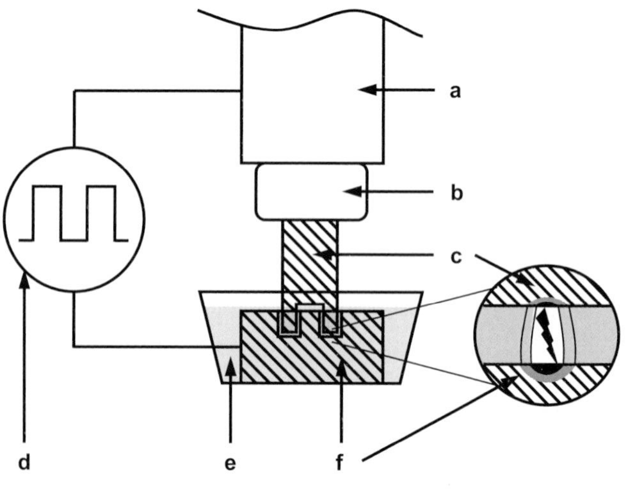


**Abb. 27** Funkenerosives Senken **a** Pinolenantrieb, **b** Pinole, **c** Werkzeugelektrode, **d** Impulsgenerator, **e** Dielektrikum, **f** Werkstückelektrode nach VDI 3402-4 (1994)

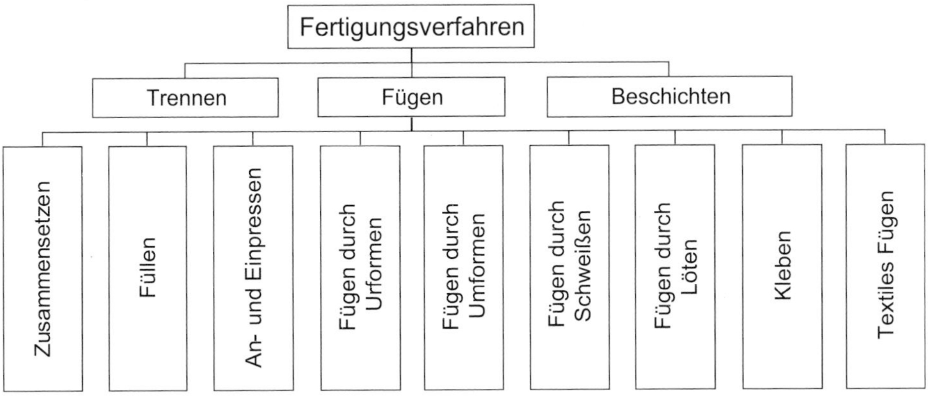


**Abb. 28** Verfahrenseinteilung des Fügens nach DIN 8593-0 (2003)

Scheibenlaser. Dennoch haben diese durch geringeren Wartungsaufwand und eine erhöhte Lebenserwartung das Potenzial, die Betriebskosten deutlich zu senken (Rodrigues et al. 2014). In biomedizinischen Anwendungen ermöglicht die Oberflächentexturierung bei der Herstellung von Implantaten die Anhaftung von menschlichen Zellen zu beeinflussen (Brown und Arnold 2010; Hao und Lawrence 2005). Uhlmann et al. (2018c, 2019b) geben in ihrer Arbeit einen Überblick über die Lasertexturierung mit ultrakurzen Laserpulsen zur Hemmung der Biofilmbildung auf Implantatoberflächen.

## 26.5 Fügen

Nach DIN 8593-0 (2003) ist das *Fügen* ein auf Dauer angelegtes Verbinden oder sonstiges Zusammenbringen von zwei oder mehr Werkstücken mit einer geometrisch bestimmten Form. Dieses Verbinden oder Zusammenbringen kann auch zwischen Werkstücken mit geometrisch bestimmten Formen und einem formlosen Stoff geschehen. Beim Fügen wird der Zusammenhalt örtlich geschaffen und im Ganzen vermehrt (DIN 8593-0 2003).

Unter dem Begriff Fügen sind lediglich Wirkvorgänge zu verstehen, die direkt für die Entstehung einer dauerhaften Verbindung notwendig sind. Vorübergehendes Verbinden wie Halten oder Spannen sowie Handhabungs- und Kontrolloperationen sind nicht unmittelbar für die Herstellung einer Fügeverbindung erforderlich und fallen deshalb nicht unter den Begriff des Fügens. Unter diesem Aspekt ist zwischen Montieren und Fügen zu unterscheiden. Sämtliche für den Zusammenbau von geometrisch bestimmten Körpern dienliche Operationen werden unter dem Begriff des Montierens zusammengefasst. Dieser beinhaltet dabei sowohl das Handhaben als auch das Fügen von Werkstücken.

Die DIN 8993-0 (2003) ordnet die Fertigungsverfahren des Fügens nach der Art des Zusammenhalts unter Rücksichtnahme auf die jeweilige Erzeugung der Fügeverbindung. Es lassen sich insgesamt neun Gruppen für die Fertigungsverfahren des Fügens unterscheiden (Abb. 28) (DIN 8593-0 2003).

Des Weiteren unterscheidet man zwischen den drei Hauptschlussarten:

*Formschluss:* Ist ein Schluss zwischen zwei sich berührenden Wirkflächen fester Körper, senkrecht zu den Berührungsflächen. Beispiele sind Passfeder-, Keilwellen- und Zahnwellenverbindungen sowie Kerbzahnprofile und Polygonwellenverbindungen.

*Kraftschluss*: Ist ein Schluss, der eine Kraft sowohl über Wirkräume als auch über Wirkflächenpaarungen überträgt. Beim Kraftschluss werden die Teile an den Trennstellen bis zur Berührung zusammengeführt, sodass kein Spiel mehr vorhanden ist. Der Kraftschluss verformt jedes Teil, welches diesen überträgt, mehr oder weniger stark. Beispiele sind Klemmverbindungen und Kegelverbindungen sowie Ringfederspannverbindungen und Spannbuchsen oder Schraubverbindungen.

*Stoffschluss:* Ist ein durch molekulare Kräfte entstehender Schluss zwischen Molekülen eines abgegrenzten Wirkraumes, der diese so zusammenhält, dass sie in der Gesamtheit einen festen Körper ergeben. Die Relativbewegung der verbundenen Teile ist in allen Richtungen an den Verbindungsflächen gesperrt. Beispiele sind das Schweißen, Löten und Kleben. Im Folgenden wird kurz auf die einzelnen Verfahren des Fügens eingegangen (DIN 8593-0 2003):

*Zusammensetzen* bezeichnet das Fügen von Werkstücken durch Auflegen, Einlegen, Ineinanderschieben, Einhängen, Einrenken und federnd Einspreizen. Im Allgemeinen sorgt ein Formschluss oder die Schwerkraft für das Verbleiben der Werkstücke. Auch kann ein Fügen durch vorheriges elastisches Verformen erzielt werden, damit das Fügeteil nach dem Einlegen oder Aufschieben und anschließendem Rückfedern durch Formschluss gehalten wird (DIN 8593-1 2003).

Das Einbringen von gas- oder dampfförmigen, flüssigen, breiigen oder pastenförmigen Stoffen oder kleinen Körpern in hohle oder poröse Körper wird *Füllen* genannt. Man unterscheidet zwischen Füllen, Einfüllen, und Imprägnieren (DIN 8593-2 2003).

Wenn beim Fügen die Fügeteile sowie etwaige Hilfsteile im Wesentlichen nur elastisch verformt werden, so handelt es sich um die Verfahren des *Anpressens* und *Einpressens*. Das Lösen dieser Verbindung wird in der Regel durch einen Kraftschluss verhindert. Untergruppen des Anpressens sind Schrauben, Klemmen, Klammern, Fügen durch Pressverbindung (Einpressen, Schrumpfen, Dehnen), Nageln, Einschlagen, Verkeilen und Verspannen. Sehr oft wird beim Einpressen das Verspannen benutzt. Dabei erfolgt das kraftschlüssige Fügen einer Nabe mit einer Welle mit Hilfe eines Konus oder mit Hilfe ringförmiger, geschlitzter Keile (Spannelemente), wobei die erforderliche Axialkraft über Gewinde aufgebracht wird (DIN 8593-3 2003).

Beim *Fügen durch Urformen* werden mehrere Fügeteile durch einen dazwischen gebrachten, formlosen Stoff verbunden oder zu einem Werkstück wird ein Ergänzungsstück aus einem formlosem Stoff gebildet. Außerdem zählt das Einlegen eines festen Körpers in einen formlosen Stoff für die Erhöhung der Festigkeit zu diesem Verfahren. Fügen durch Urformen umfasst Ausgießen, Einbetten (Umspritzen, Eingießen, Einvulkanisieren), Vergießen, Eingalvanisieren, Ummanteln sowie Kitten (DIN 8593-4 2003):

*Fügen durch Umformen* beinhaltet die Verfahren, bei denen entweder die Fügeteile oder Hilfsfügeteile örtlich bisweilen auch ganz umgeformt werden. Die Umformkräfte können mechanischer, hydraulischer, elektromagnetischer oder anderer Art sein. Im Allgemeinen sichert ein Formschluss diese Verbindung gegen ungewolltes Lösen. Untergruppen sind (DIN 8593-5 2003):

- Fügen durch Umformen drahtförmiger Körper. Hierzu gehören Drahtflechten, gemeinsam Verdrehen, Verseilen, Spleißen, Knoten und Wickeln mit Draht, Drahtweben und Heften.
- Fügen durch Umformen bei Blech-, Rohr- und Profilteilen. Hierzu zählt das Fügen durch Körnen oder Kerben, gemeinsam Fließpressen, gemeinsam Ziehen, Ummanteln, Fügen durch Weiten, Engen, Bördeln, Falzen, Wickeln, Umwickeln, Bewickeln, Verlappen, umformendes Einspritzen, Durchsetzfügen, Verpressen und Quetschen.
- Fügen durch Nietverfahren. Das Nieten, Hohlnieten, Zapfennieten, Hohlzapfennieten, Zwischenzapfennieten und Stanznieten.

*Fügen durch Schweißen* ist das Fügen von Metallen oder Kunststoffen unter Anwendung von Wärme, Druck oder von beidem, und zwar mit oder ohne Zusetzen eines Zusatzwerkstoffs mit gleichem oder nahezu gleichem Schmelzbereich. Man unterscheidet Press- und Schmelz-Schweißen. DIN 1910-100 (2008) nimmt folgende Einteilung vor: Nach der Art des Energieträgers (Gas, Strom), nach der Art des Grundwerkstoffs (Metalle, Kunststoffe), nach dem Zweck des Schweißens (Verbindungs-Auftragsschweißen), nach dem Ablauf des Schweißens (Schmelzschweißen, Pressschweißen) und nach der Art der Fertigung (Handschweißen, maschinelles und automatisches Schweißen) (DIN 1910-100 2008).

Beim *Pressschweißen* werden Werkstücke durch die Anwendung von Kraft ohne oder mit Schweißzusatz miteinander verschweißt. Durch ein örtlich begrenztes Erwärmen, auch bis zum Schmelzen, wird dieses Fügeverfahren erleichtert oder ermöglicht. Zum Pressschweißen gehören: Feuerschweißen (Erwärmung im Schmiedefeuer), Gaspressschweißen (Erwärmung durch Gasbrenner), Widerstandsschweißen, induktives Pressschweißen (Erwärmung durch Wirbelströme), Kaltpressschweißen (Verbindung unter hohen Drücken im kalten oder mäßig erwärmten Zustand), Lichtbogenpressschweißen (Erwärmung durch Lichtbogen) und das Reibschweißen (Reibwärme aus den rotierenden Stoßflächen) (DIN 8593-6 2003).

Im Gegensatz zum *Pressschweißen* findet das *Schmelzschweißen* ohne Anwendung von Kraft statt. Beim *Schmelzschweißen* findet ein Vereinigen bei örtlich begrenztem Schmelzfluss mit oder ohne Schweißzusatz statt. Dabei kann zwischen dem Verbindungsschweißen durch Gasschmelzschweißen (autogenes Schweißen) und dem Lichtbogenschweißen mit folgenden Untergruppen unterschieden werden: Metall-Lichtbogenschweißen (Schweißen mit Schweißelektroden), UP-Schweißen (Lichtbogen brennt unter einer Schweißpulverschüttung), Schutzgasschweißen (Lichtbogen ist von einem Schutzgas umgeben und geht entweder von einer Wolframelektrode aus, dem WIG-Schweißverfahren, oder von einem abschmelzenden Zusatzdraht, dem MIG- oder MAG-Schweißverfahren). Weitere Verfahren sind das Plasma-Schweißen, Elektroschlackeschweißen (der stromführende Zusatzdraht schmilzt im stromleitenden Schlackenbad ohne Lichtbogenbildung ab), Elektronenstrahlschweißen (im Vakuum beschleunigte Elektronen schlagen auf das in der Vakuumkammer befindliche Werkstück auf) und das Laserstrahlschweißen (DIN 1910-100 2008).

*Fügen durch Löten* ist ein thermisches Verfahren zum stoffschlüssigen Fügen und Beschichten von Werkstoffen, wobei eine flüssige Phase durch Schmelzen eines Lotes oder durch Diffusion an den Grenzflächen entsteht. Die Schmelztemperatur der Grundwerkstoffe wird nicht erreicht.

Die DIN 8593-7 (DIN 8593-7 2003) unterscheidet zwischen folgenden Verfahren (DIN 8593-7 2003; DIN ISO 857-2 2007):

- Verbindungs-Weichlöten (Arbeitstemperatur $< 450$ °C),
- Verbindungs-Hartlöten (Arbeitstemperatur $> 450$ °C).

Nach DIN 8593-8 (2003) ist das *Kleben* ein Fügen unter Verwendung eines Klebstoffs. Klebstoff besteht aus einem nichtmetallischen Werkstoff, welcher in der Lage ist, Fügeteile durch innere Festigkeit und Grenzflächenhaftung (Kohäsion und Adhäsion) miteinander zu verbinden. Klebeverfahren werden nach der Art des Klebstoffes unterteilt in (DIN 8593-8 2003):

- Kleben mit physikalisch abbindenden Klebstoffen (Nasskleben, Kontaktkleben, Aktivierkleben und Haftkleben) sowie
- Kleben mit chemisch abbindenden Klebstoffen wie Reaktionskleben.

Das Fügen von oder mit textilen Werkstoffen heißt *Textiles Fügen*. Es umfasst dabei sämtliche Fertigungsverfahren von der Erzeugung der Fäden, dem Garnen und Vliesen aus textilen Fasern, dem Fügen durch Zuhilfenahme von Fäden (z. B. Nähen) bis zur Herstellung der Halb- und Fertigprodukte. Für das Textile Fügen gibt es zurzeit keine Norm. Diese Verfahren sind jedoch in verschiedenen Normen des Normenausschusses Textil und Textilmaschinen (Textilnorm) beschrieben. (DIN 8593-0 2003).

## 26.6 Beschichten

*Beschichten* wird nach DIN 8580 (2003) als das Aufbringen einer fest haftenden Schicht aus einem formlosen Werkstoff auf die Oberfläche eines Werkstücks bezeichnet. Dabei ist der Zustand des Beschichtungsstoffes unmittelbar vor dem Beschichten maßgebend. Die Verfahrenseinteilung

**Abb. 29** Verfahrenseinteilung des Beschichtens (DIN 8580 2003)

sowie -beispiele sind in Abb. 29 dargestellt (DIN 8580 2003).

Beschichten ist eine Veredelung, durch welche Oberflächen bestimmten Anforderungen besser genügen. Häufig wird dabei ein Verbundsystem angestrebt: Das Bauteil besteht dann aus einem Grundwerkstoff mit Stützfunktion sowie einem Oberflächenwerkstoff mit Schutzfunktion. Die Schutzfunktion umfasst nicht nur den unmittelbaren Schutz des Bauteils vor Korrosion oder Verschleiß, sondern zum Beispiel auch die Verbesserung der Dauerfestigkeit durch Eigenspannungen in der Schicht.

Die Schichtfunktionen werden eingeteilt in:

- Verschleißschutz,
- Korrosionsschutz,
- Festigkeitssteigerung,
- thermische Funktionen,
- optische Funktionen,
- elektrische und elektromagnetische Funktionen sowie
- haptische Funktionen.

Weiterhin werden Beschichtungen auch für dekorative Zwecke verwendet. Ein weiterer Ordnungsgesichtspunkt ergibt sich aus der metallischen, nichtmetallisch-anorganischen und organischen Zusammensetzung der Schichten. Zudem werden die Herstellungsverfahren der Schichten entsprechend des vor dem Beschichten herrschenden Zustands der Beschichtungswerkstoffe unterschieden (DIN 8580 2003; Lampke und Steinhäuser 2015).

### Beschichten aus dem flüssigen, pastenförmigen oder breiigen Zustand

Das Beschichten mit metallischen Stoffen erfolgt beispielsweise mit dem sogenannten Feuerverzinken. Durch das Eintauchen von Stahl und anderen Eisenwerkstoffen lassen sich Beschichtungen für

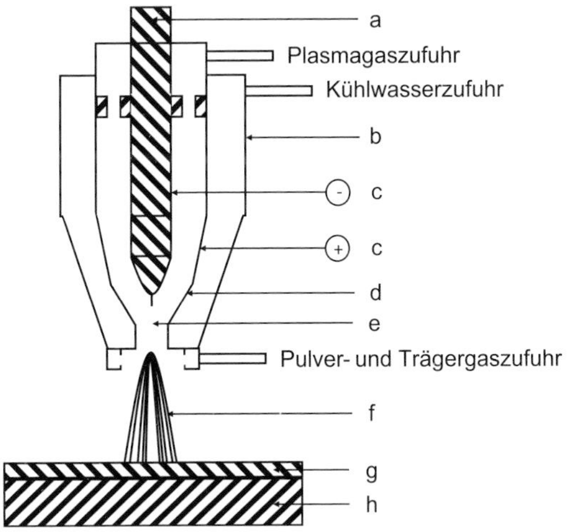


**Abb. 30** Plasmaspritzen **a** Kathode (Elektrode), **b** Isolator, **c** Spannung, **d** Anode (Düse), **e** Plasma, **f** Spritzstrahl, **g** Spritzschicht, **h** Grundwerkstoff nach DIN EN ISO 14917 (2017)

den Korrosionsschutz herstellen. Durch die Zugabe von Zinn, Aluminium und Blei können Eigenschaften bezüglich der Optik, der Oberflächenrauheit, der Duktilität sowie des Korrosionsverhaltens verbessert werden (Huckshold und Thiele 2011).

Für das Beschichten mit nichtmetallischen anorganischen Werkstoffen besteht die Möglichkeit des *Emaillierens*. Mit diesem Verfahren wird die Beschichtung beispielsweise durch Spritzen, Tauchen oder Fluten hergestellt. Durch den Einsatz von Mehrfachemaillierungsschichten lassen sich hochleistungsfähige Emails realisieren (Hellmold 2015).

Beim *thermischen Spritzen* kann sowohl mit metallischen als auch mit nichtmetallischen-anorganischen Stoffen beschichtet werden. Die Unterteilung des Verfahrens erfolgt nach der Art des Energieträgers. Beispiele für die Aufteilung sind Flammschockspritzen, Flammspritzen sowie Plasma- und Lichtbogenspritzen (Abb. 30). Zudem lassen sich elektrisch leitende Schichten durch *thermisches Spritzen* auf Kunststoffen auftragen (Westkämper und Warnecke 2010).

**Beschichten aus dem festen, körnigen oder pulverförmigen Zustand**

Das *mechanische Verzinken* wird für gehärtete Werkstücke, welche empfindlich gegen Wasserstoffversprödung sind, verwendet. Dazu wird das Werkstück mit Zinkpulver und Glaskugeln in eine sich drehende Trommel gegeben. Das Pulver wird von den Glaskugeln auf das Werkstück gehämmert, welches zur Beschichtung führt (Barthelmes 2013).

Schichten aus organischem Werkstoff werden durch das *elektrostatische Pulverbeschichten* hergestellt. Das Pulver wird elektrostatisch aufgeladen und durch elektrische Feldkräfte zum geerdeten Werkstück transportiert, welches dann durch die Coulomb'sche Anziehungskraft gehalten wird. Nach der Erhitzung schmilzt das Pulver und vernetzt sich zu einer geschlossenen Schicht (Ondratschek 2015).

Das *Wirbelsintern* wird verwendet, um Kunststoffüberzüge auf Metalloberflächen zu erzeugen. Dafür wird der pulverförmige Beschichtungswerkstoff zunächst fluidisiert. Das erhitzte Werkstück wird kurzzeitig in das fluidisierte Pulver getaucht, welches zu einer Verschmelzung des Pulvers an der Werkstückoberfläche führt (Barthelmes 2013; Ondratschek 2015).

**Beschichten durch Schweißen**

Die Herstellung von dicken Schichten lässt sich durch das *Auftragsschweißen* realisieren. Beim *Plattieren* werden Auftragswerkstoffe verwendet, welche gegenüber dem Grundwerkstoff einen höheren Korrosionsschutz aufweisen, während beim *Panzern* Werkstoffe verwendet werden, um einen erhöhten Verschleißschutz zu erzielen (Schuler und Twrdek 2019).

**Beschichten aus dem gas- oder dampfförmigen Zustand**

Bei der *physikalischen Gasphasenabscheidung* wird der zu beschichtende Werkstoff ohne Zwischenreaktion in den gasförmigen oder ionisierten Zustand gebracht, welche dann auf das Substrat kondensieren kann. Dabei wird ein Vakuum benötigt, um Kollisionen der Teilchen mit den Restgasatomen zu vermeiden. Die Hauptverfahrensvarianten sind das Aufdampfen, die Kathodenzerstäubung sowie das Ionenplattieren (Westkämper und Warnecke 2010; Maier et al. 2019).

Das *Aufdampfen* wird verwendet, um Metalle, Keramiken, Gläser sowie Kunststoffe zu beschichten. Der Beschichtungswerkstoff wird dann beispielsweise durch eine Widerstandsheizung oder einen Elektronenstrahl verdampft. Die Teilchen gelangen durch das Vakuum an die Oberfläche des Substrats, an dem sie kondensieren und die Beschichtung bilden. Das Hochvakuum wird benötigt, um Kollisionen der Teilchen mit Restgasatomen zu vermeiden. Mit diesem Verfahren kann eine hohe Abscheidungsrate erzielt werden. Jedoch ist die Schichthaftung verhältnismäßig gering (Westkämper und Warnecke 2010).

Beim *Kathodenzerstäuben*, auch Sputtern, wird der Rezipient mit einem Edelgas, typischerweise Argon gefüllt, welches durch eine Gasentladung ionisiert wird. Die positiv geladenen Ionen werden in Richtung des negativ geladenen Beschichtungswerkstoffs (Target) beschleunigt. Die Atome beziehungsweise Moleküle des Targets werden herausgeschlagen und auf das Substrat mit einer hohen Geschwindigkeit zurückgestreut. Durch die hohe kinetische Energie und die geringen Substrattemperaturen können Schichten mit einer besseren Schichthaftung als beim Aufdampfen erzeugt werden. Weiterhin besteht die Möglichkeit, hochschmelzende Werkstoffe als Beschichtungswerkstoff einzusetzen. Auch Oxid- und Nitridschichten lassen sich unter Einsatz von Reaktionsgasen realisieren. Allerdings ist die Abscheidungsrate für Kathodenzerstäubung im Vergleich zum Aufdampfen geringer (Westkämper und Warnecke 2010).

Beim *Ionenplattieren* werden die beiden vorherigen Verfahren kombiniert. Die thermisch verdampften Atome des Beschichtungswerkstoffs werden im Argon-Plasma ionisiert und kondensieren auf der Substratoberfläche. Bei diesem Verfahren können besonders harte Schichten durch den Einsatz eines Reaktionsgases erzeugt werden (Westkämper und Warnecke 2010).

Ein weiteres Verfahren ist die *chemische Gasphasenabscheidung*. Dabei wird bei hohen Temperaturen eine chemische Reaktion erzeugt, bei welcher der eigentliche Beschichtungswerkstoff entsteht und auf der Substratoberfläche abgeschieden wird. Mit diesem Verfahren können Halbleiter sowie Schichten mit einem erhöhten Widerstand gegen Korrosion und Verschleiß hergestellt werden (Lampke et al. 2015; Maier et al. 2019).

**Beschichten aus dem ionisierten Zustand durch Galvanisieren**

Beim *Galvanisieren* werden metallische Schichten auf einem als Kathode geschalteten Werkstück erzeugt. Dabei werden die Werkstücke an Gestellen oder bei schüttfähigem Gut in Trommeln in eine Elektrolytlösung getaucht. Nach dem Anlegen einer elektrischen Spannung werden die metallischen Kationen vom Werkstück angezogen und reduziert. Galvanisch erzeugte Schichten aus Zink beziehungsweise Zink-Legierungen werden aufgrund des erhöhten Korrosionsschutzes in der Automobilindustrie verwendet. Mehrfachschichtsysteme aus Kupfer, Nickel und Chrom werden als Verschleiß- und Korrosionsschutz sowie im dekorativen Bereich angewandt. Edelmetalle, wie Gold, Silber, Rhodium und Ruthenium werden aufgrund ihrer edlen, hochwertigen Optik oftmals in der Schmuckindustrie genutzt. Auch in der Elektronikindustrie werden Edelmetalle gebraucht, um korrosionsbeständige Kontakte mit geringen Kontaktwiderständen zu erzeugen. Durch die *Dispersionsabscheidung* von Siliciumcarbid oder Polytetrafluorethylen (PTFE) wird der Anwendungsbereich des Galvanisierens erweitert (Westkämper und Warnecke 2010; Freudenberger 2015).

## 26.7 Stoffeigenschaft ändern

Stoffeigenschaft ändern ist nach DIN 8580 (2003) „Fertigen durch Verändern der Eigenschaften des Werkstoffes, aus dem ein Werkstück besteht; dies geschieht u. a. durch Veränderungen im submikroskopischen beziehungsweise atomaren Bereich, z. B. durch Diffusion von Atomen, Erzeugung und Bewegung von Versetzungen im Atomgitter sowie chemische Reaktionen. Unvermeidbar auftretende Formänderungen gehören nicht zum Wesen dieser Verfahren“ (DIN 8580 2003). Die Verfahrensvarianten mit Anwendungsbeispielen sind nachfolgend in Abb. 31 dargestellt.

Um erwünschte Stoffeigenschaften herbeizuführen, werden grundlegend thermische Verfahren verwendet. Nach DIN EN ISO 4885 (DIN 4885 2018) ist die Wärmebehandlung die „Folge

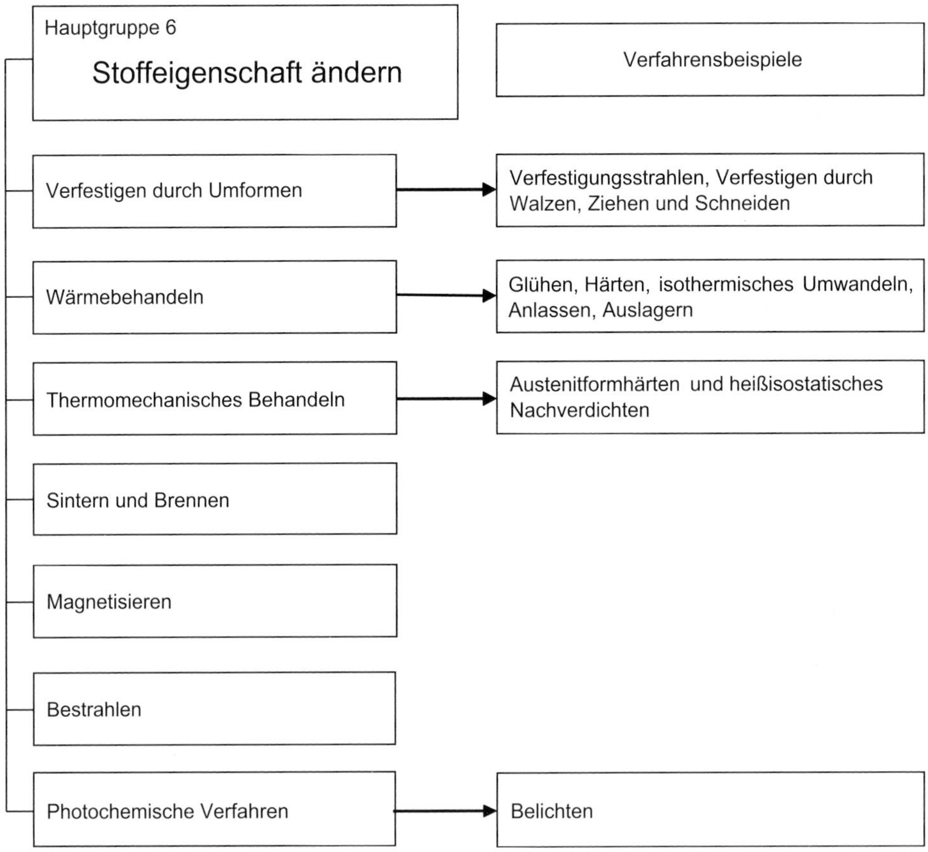


**Abb. 31** Verfahrenseinteilung Stoffeigenschaft ändern nach DIN 8580 (2003)

von Behandlungen, in deren Verlauf ein festes Eisenerzeugnis ganz oder teilweise Zeit-Temperatur-Folgen unterworfen wird, um seine Eigenschaften und Gefüge zu ändern. Gegebenenfalls kann während dieser Behandlungen auch die chemische Zusammensetzung des Eisenerzeugnisses geändert werden“ (DIN 4885 2018). In Abhängigkeit definierter Zeit-Temperatur-Verläufe können die Wärmebehandlungsvorgänge in chemische, thermochemische sowie mechanische Verfahren eingeteilt werden (Tinscher und Zoch 2015).

Um die Temperaturbereiche für die Wärmebehandlung einhalten zu können, werden Zustandsdiagramme verwendet, welche die Gefügeumwandlungen (Punkte bei P, S, G) bei bestimmten Temperaturen darstellen (Abb. 32). Hierbei sind insbesondere die Austenitisierungstemperatur $Ac_1$ (bei übereutektoiden Stählen) sowie die Austenitisierungstemperatur $Ac_3$ (bei untereutektoiden Stählen) zu betrachten (Niemann et al. 2019).

Glühen beschreibt das Einstellen definierter Werkstoffeigenschaften durch Erwärmen und anschließendes Abkühlen, sodass es zu einer Gefügeveränderung kommt. Normalglühen ist das Erwärmen auf eine Temperatur von circa 20 °C oberhalb der Austenitisierungstemperatur $Ac_3$ bei untereutektoiden Stählen und anschließendem Abkühlen an ruhender Luft. Bei übereutektoiden Stählen wird das Normalglühen knapp oberhalb der Austenitisierungstemperatur $Ac_1$ durchgeführt. Es kommt zu einer Umkristallisation, wodurch ein gleichmäßiges, feinkörniges Gefüge entsteht. Alle durch vorherige Prozessschritte bewirkten Texturen und Eigenschaftsänderungen, wie Verfestigung durch Kaltverformung, sind durch das Normalglühen korrigierbar. Bei zu hohen Austenitisierungstem-

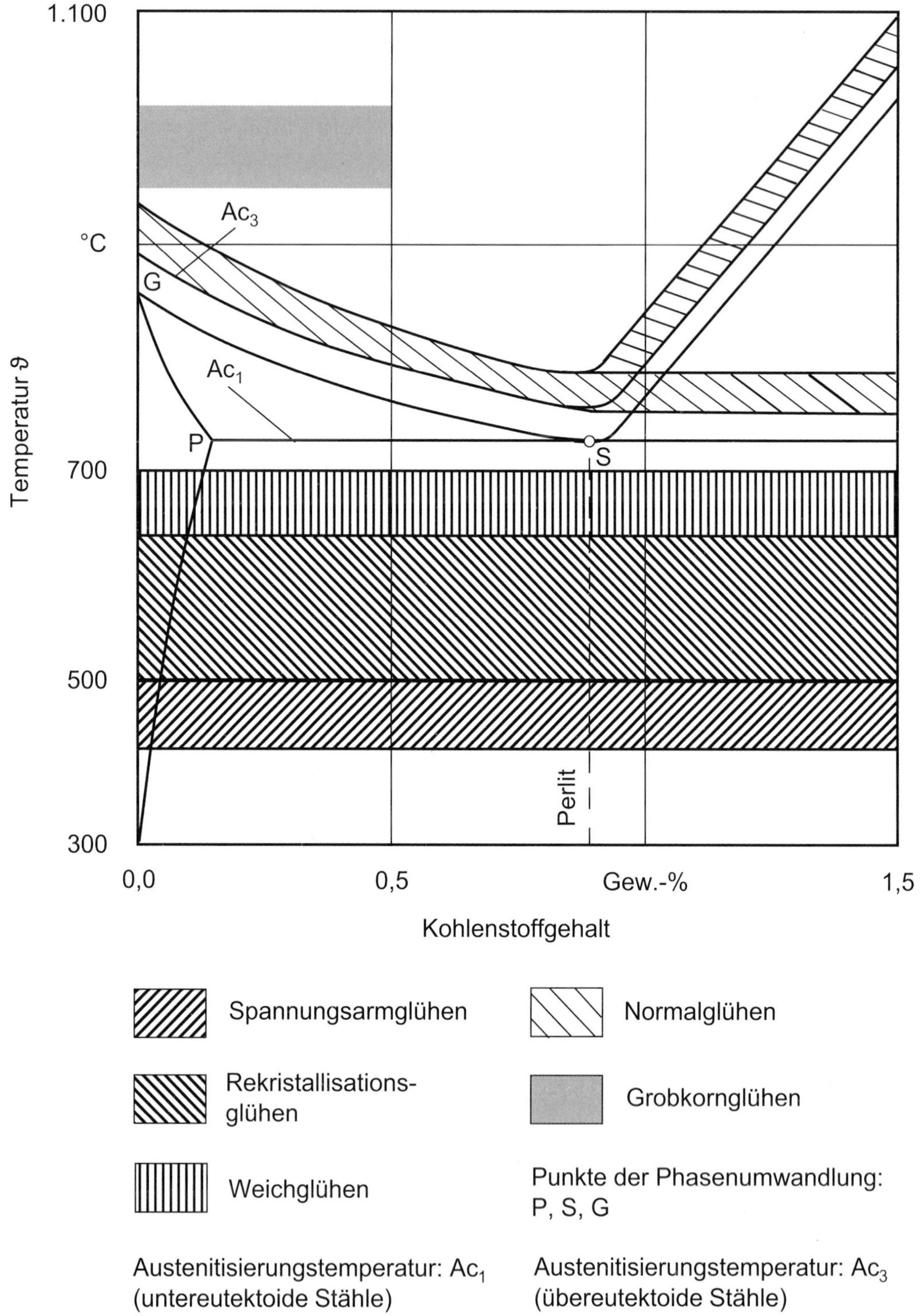


**Abb. 32** Temperaturbereiche für die Wärmebehandlung von Stahlwerkstoffen in Abhängigkeit vom Kohlenstoffgehalt nach Niemann et al. (2019)

peraturen wachsen γ-Mischkristalle an, wodurch trotz Umwandlung ein grobkörniges Gefüge entsteht. Darüber hinaus verursachen zu lange Abkühlzeiten ein grobes Ferritkorn (Oechsner et al. 2018; Hornbogen et al. 2019).

Grobkornglühen erfolgt bei circa 150 °C oberhalb der Austenitisierungstemperatur $Ac_3$ und führt in Stählen mit geringem Kohlenstoffgehalt zu einem Gefüge, welches gesteigerte Zerspaneigenschaften aufweist. Durch die Realisierung einer Kornvergrößerung bilden sich kurzbrüchige Scherspäne aus. Durch diese Vorgehensweise wird angestrebt, dass der Perlit nach einem mehrstündigen Halten und dem darauffolgenden Abkühlen vollständig von einer Ferrithülle umgeben ist (Westkämper und Warnecke 2010). Bei der Zerspanung des gleichmäßig grobkörnigen Gefüges erfolgt die Scherung vorwiegend im weichen Ferrit, dessen Verformungsfähigkeit nahezu erschöpft ist, wenn ihn die Schneide erreicht. Dadurch verringern sich Trennarbeit sowie Klebneigung und Spanstauchung (Vieregge 1970).

Weichglühen erhöht die Verformbarkeit und erleichtert somit die spanende Bearbeitung durch die Umwandlung von lamellaren in kugelförmige Karbide. Um das Formänderungsvermögen von kohlenstoffhaltigen Stählen zu verbessern, wird das Weichglühen im Bereich der Austenitisierungstemperatur $Ac_1$ durchgeführt. Zur Realisierung eines spannungsarmen Zustands wird eine langsame Abkühlung angestrebt. Rekristallisationsglühen ist Glühen in einem Bereich zwischen 400 °C und 700 °C und einer anschließenden Haltezeit von circa einer Stunde. Es kommt zur Neubildung von Kristalliten oder zur Ausheilung von Versetzungen durch Erholung, sodass die durch Kaltumformung entstandenen Verfestigungen aufgehoben werden. Hierdurch wird unter anderem die Umformbarkeit erhöht. Spannungsarmglühen erfolgt bei Temperaturen in einem Bereich zwischen 550 °C und 650 °C mit anschließendem langsamen Abkühlen nach einer Haltezeit von vier Stunden. Dadurch werden Eigenspannungen verringert, ohne das Gefüge oder die mechanischen Eigenschaften zu verändern (Westkämper und Warnecke 2010; Oechsner et al. 2018; Hornbogen et al. 2019). Bei Nichteisen(NE)-metallen wird Weich-, Rekristallisations-, Erholungs- und Spannungsarmglühen ebenfalls durchgeführt.

Diffusionsglühen ist das Beseitigen der Seigerungszonen, welche Konzentrationsunterschiede der Legierungselemente im Werkstoff darstellen. Dabei erfolgt die Glühbehandlung in einem Temperaturbereich von 1000 °C bis 1300 °C. Auf Grund von langsam ablaufenden Diffusionsvorgängen sind die Haltezeiten mit bis zu 40 Stunden verhältnismäßig lang. Im Anschluss sollte zur Vermeidung der dabei entstehenden Körner normalgeglüht werden (Westkämper und Warnecke 2010).

Härten bei Stählen, bestehend aus Austenitisieren und Abschrecken, bewirkt eine örtliche oder durchweisende Härtesteigerung durch Martensitbildung. Das thermische Härten wird in zwei Verfahren, das Härten nach Volumenerwärmung und das Randschichthärten, eingeteilt. Das Härten nach Volumenerwärmung wird nach der Abkühlungskinetik unterschieden. Die Abkühlung kann dabei in verschiedenen Medien wie Wasser, Luft, Stickstoff, Öl, Inertgas, Emulsionen sowie Salz- und Bleibad stattfinden. Beim gebrochenen Härten erfolgt das Abschrecken ohne zwischenzeitlichen Temperaturausgleich in zwei verschiedenen Abkühlmedien. Im Vergleich zum gebrochenen Härten wird beim Warmbadhärten der Werkstoff schnell auf eine Temperatur knapp oberhalb der Martensitbildung abgekühlt und zur Vermeidung von Verzug und Härterissen möglichst lang auf dieser Temperatur gehalten. Anschließend erfolgt eine milde Abkühlung, welche in einer Umwandlung von Austenit in Martensit resultiert. Das Zwischenstufenhärten ist mit dem Warmbadhärten vergleichbar. Hierbei wird die Haltezeit so gewählt, dass eine nahezu vollständige Umwandlung des Austenits in das Zwischenstufengefüge „Bainit" erfolgt. Zur Erzielung eines für die Kaltumformung günstigen Gefüges wird das Patentieren eingesetzt. Der Werkstoff wird von einer Temperatur knapp über 900 °C schnell auf eine Temperatur zwischen 400 °C und 500 °C abgekühlt. Der Vorgang kann in einem Salz- oder Bleibad erfolgen (Westkämper und Warnecke 2010).

Die Randschichthärtung kann durch kurzzeitiges Erwärmen und darauffolgendes Abschrecken des Werkstücks realisiert werden, sodass nur die Randzone eine Gefügeänderung erfährt. Dies ist insbesondere für verschleißbeanspruchte Bauteile von entscheidender Bedeutung. Der Kern des Werkstücks kommt dabei nicht auf Härtetemperatur, sodass die Gefügeänderung nur lokal stattfindet. Auf diese Weise können Werkstücke mit verschleißfestem Rand und zähem Kern erzeugt werden (Westkämper und Warnecke 2010). Ausscheidungshärtung kann bei vielen NE-Metallen sowie bei einigen Stählen Härte und Festigkeit steigern. Bei dieser dreistufigen Wärmebehandlung wird zunächst durch Lösungsglühen eine homogene Lösung der Legierungselemente hergestellt. Anschließend erfolgt, meistens in kaltem Wasser, das Abschrecken. Das Kaltauslagern der Werkstücke bei Raumtemperatur, oder bei höheren Temperaturen das Warmauslagern, führt aufgrund von Ausscheidungsvorgängen zu einer merklichen Härte- und Festigkeitssteigerung. Vergüten (von Stahl) bei mittleren und hohen Temperaturen ist eine Kombination von Härten und Anlassen. Der dabei entstehende Werkstoff weist eine mit der vom Martensit vergleichbare Härte und Festigkeit bei erhöhter Duktilität auf. Durch das Abschrecken von der Härtetemperatur entsteht ein sprödes sowie hartes martensitisches Gefüge. Der martensitische Stahl wird anschließend auf Temperaturen zwischen 250 °C und 650 °C angelassen, wobei es zu Diffusionsprozessen kommt. Dabei entstehen aus dem mit Kohlenstoff übersättigten Gefüge sehr kleine und gleichmäßig verteilte Zementitpartikel in einer Ferrit-Matrix. Die Größe der Zementitpartikel nimmt mit steigender Anlasstemperatur zu, wodurch auch die mechanischen Eigenschaften des Werkstoffes beeinflusst werden. Des Weiteren verringert sich mit steigender Anlasstemperatur die Festigkeit und Härte, wohingegen die Bruchdehnung, Brucheinschnürung sowie Kerbschlagzähigkeit zunehmen (Callister und Rethwisch 2001; Westkämper und Warnecke 2010; Oechsner et al. 2018).

Beim Einsatzhärten in kohlenstoffabgebenden Mitteln diffundiert Kohlenstoff durch Glühen des Stahls bei 850 °C bis 950 °C in die Randschicht (Westkämper und Warnecke 2010. Bei Stahlwerkstoffen mit Kohlenstoffgehalten zwischen 0,10 % und 0,25 % wird eine hohe Randschichthärte erreicht. Zur Vermeidung einer hohen Zementitbildung sollte nach dem Aufkohlen der Kohlenstoffgehalt der Randschicht in einem Bereich von 0,8 % bis 0,9 % liegen. Nitrieren ist das Anreichern von Stickstoff in der Randschicht eines Werkstücks in einem Temperaturbereich zwischen 500 °C und 600 °C. Das Nitriermittel wird in Gas-, Salzbad-, Pulver- und Plasmanitrieren unterschieden. Das Nitrieren ermöglicht im Vergleich zum Aufkohlen eine höhere Härte und Verschleißfestigkeit. Durch die niedrigen Temperaturen und langsamen Abkühlvorgänge entsteht nur ein minimaler Verzug, wodurch alle Arbeiten (außer Feinbearbeitung) vor dem Nitrieren erfolgen können. Aus diesem Grund eignet sich das Nitrieren für Präzisionswerkstücke, wie z. B. Messwerkzeuge. Jedoch umfasst das Nitrieren lange Bearbeitungszeiten, z. B. wird für eine Nitriertiefe von 0,6 mm eine Bearbeitungszeit von 100 Stunden benötigt. Das Carbonitrieren ist eine Kombination aus Einsatzhärten und Nitrieren und erfolgt bei Temperaturen zwischen 800 °C und 830 °C in Cyansalzbädern. Der Vorgang wird in den meisten Fällen durch ein Abschrecken erweitert, um die durch Nitridbildung erzielte Härte durch Martensitumwandlung zu erhöhen (Westkämper und Warnecke 2010; Oechsner et al. 2018).

## 26.8 Additive Fertigungsverfahren

Additive Fertigungsverfahren erzeugen die gewünschte Geometrie durch Hinzufügen von segmentierten Volumenelementen, die typischerweise in Form von Schichten zusammengesetzt werden und durch schrittweise Wiederholung Volumenkörper bilden. Die additiven Fertigungsverfahren ermöglichen so die schnelle und direkte Herstellung von Prototypen und Produkten aus 3D-CAD-Daten, ohne vorher aufwändige und teure Werkzeuge fertigen zu müssen. Daraus ergibt sich eine, gegenüber der konventionellen Fertigungsroute, verkürzte Prozesskette (Gebhardt 2013). Die additive Prozesskette unterteilt sich nach der VDI-Richtlinie 3405 in drei Prozessabschnitte, die Fertigungsvorbereitung, den eigentlichen Fertigungsprozess und die nachgelagerten Verfahren zur Nachbereitung (VDI 3405 2014).

Im ersten Schritt wird ein 3D-CAD-Modell vom gewünschten Bauteil erstellt. Es folgt die Datenaufbereitung und das Slicen, bei dem das CAD-Modell in aufeinanderfolgende Schichten unterteilt wird. Haben die zu fertigenden Bauteile Überhänge oder Hohlstrukturen, müssen diese bei einigen Verfahren mit Hilfe von Stützstrukturen, engl. Supports, zur Minderung des Wärmestaus umgeben werden. Diese werden ebenfalls in das Schichtmodell eingebunden. Diese Stützstrukturen verlängern die Bauzeit und müssen nach der Fertigung meist wieder entfernt werden, weshalb sie nur mit bedacht eingesetzt werden (Kleszczynski 2018).

Der Verfahrweg des Laser-/Lichtpunktes oder der Düse wird für jede einzelne Schicht in Form von Vektoren mit werkstoffabhängigen Parametern vorgegeben. Dieser Datensatz wird anschließend auf die Fertigungsmaschine übertragen. Es folgt der Fertigungsprozess, der sich von Verfahren zu Verfahren unterschiedlich gestaltet. Hierbei entsteht das Bauteil üblicherweise Schichtweise durch eine flächige Konturierung in der x-y-Ebene. Durch Aneinanderreihen der einzelnen Schichten entsteht das 3D-Bauteil in Höhenrichtung entlang der z-Achse (Gebhardt 2013).

Nach Fertigstellung des Bauteils folgt die Nachbearbeitung. Der Aufwand unterscheidet sich je nach Fertigungsprozess und Bauteilanforderungen. Die anwendbaren Prozesse sind vielfältig und umfassen unter anderem die Reinigung der Bauteile, das Entfernen von Stützstrukturen sowie das Einstellen von Materialeigenschaften durch Wärmebehandlung oder Infiltration. Bei funktionalen Oberflächen mit hohen Anforderungen an die Oberflächengüte kann eine mechanische Nachbearbeitung mittels Schleifen oder anderer konventioneller Fertigungsverfahren notwendig sein (Milewski 2017; VDI 3405 2014).

Historisch wurde bei der additiven Fertigung zwischen der Herstellung von Prototypen und Endprodukten unterschieden. Durch fortschreitende Optimierung der Verfahren ist die Einteilung nach Aggregatzustand, Ausgangsmaterial und verwendetem technologischen Prinzip, wie in Abb. 33 dargestellt, schlüssiger. Als Ausgangswerkstoff kommen vor allem Polymere, Metalle und Keramiken zum Einsatz, welche als Flüssigkeit, Pasten, Pulver, Draht oder flächiges Halbzeug vorliegen können (Breuninger et al. 2013; Gebhardt 2011).

**Stereolithografie (SL)**

In der *Stereolithografie (SL)* werden lichtaushärtende Kunstharze, meist Epoxid- und Acrylharze, in flüssiger oder pastöser Form, sowohl mit als auch ohne Füllstoff verwendet. Das Funktionsprinzip ist in Abb. 34 dargestellt. Hierbei wird flüssiges Monomer lokal durch Belichtung eines UV-Laserstrahls zur Polymerisation angeregt und härtet aus. Nach Verfestigung des Materials wird die Bauplatte über den Hubtisch um die Höhe einer Schichtdicke abgesenkt und der Beschichter trägt eine neue Harzschicht auf. Der Prozess wird wiederholt bis das Bauteil Schicht für Schicht fertig aufgebaut wurde. Nach Fertigstellung wird das Bauteil aus dem flüssigem Harzbad nach oben herausgefahren. Überschüssiges Harz läuft dabei in den Vorratsbehälter zurück und kann wiederverwendet werden (Poprawe 2005).

Die Bauteile haben während des Fertigungsvorganges eine herabgesetzte Festigkeit (Grünfestigkeit), weshalb Überhänge während des Bauprozesses Stützstrukturen benötigen. Ihre endgültige Festigkeit erhält das Bauteil erst durch Aushärtung in einer UV-Kammer nach der Fertigung. Aufgrund der hohen Genauigkeit des Verfahrens wird es hauptsächlich für die Fertigung von Funktionsprototypen und Mikrobauteilen eingesetzt (Klocke 2015; Poprawe 2005).

**Laser-Sintern (LS)**

Das *Laser-Sintern (LS)*, auch bekannt als Selektives Lasersintern (SLS), ist ein pulverbettbasiertes Strahlschmelzverfahren, bei dem pulverförmiger Ausgangswerkstoff durch gezielte Belichtung mit einem Laser zum Sintern angeregt wird. Im Sinterprozess führen Diffusionsprozesse an den Partikeloberflächen zur Ausbildung von Sinterhälsen, wodurch sich ein offenporiger Stoffverbund bildet. Mit diesem Verfahren werden in erster Linie Polymere wie Polyamid (PA), Polystyrol (PS) und Polyetheretherketon (PEEK) verarbeitet.

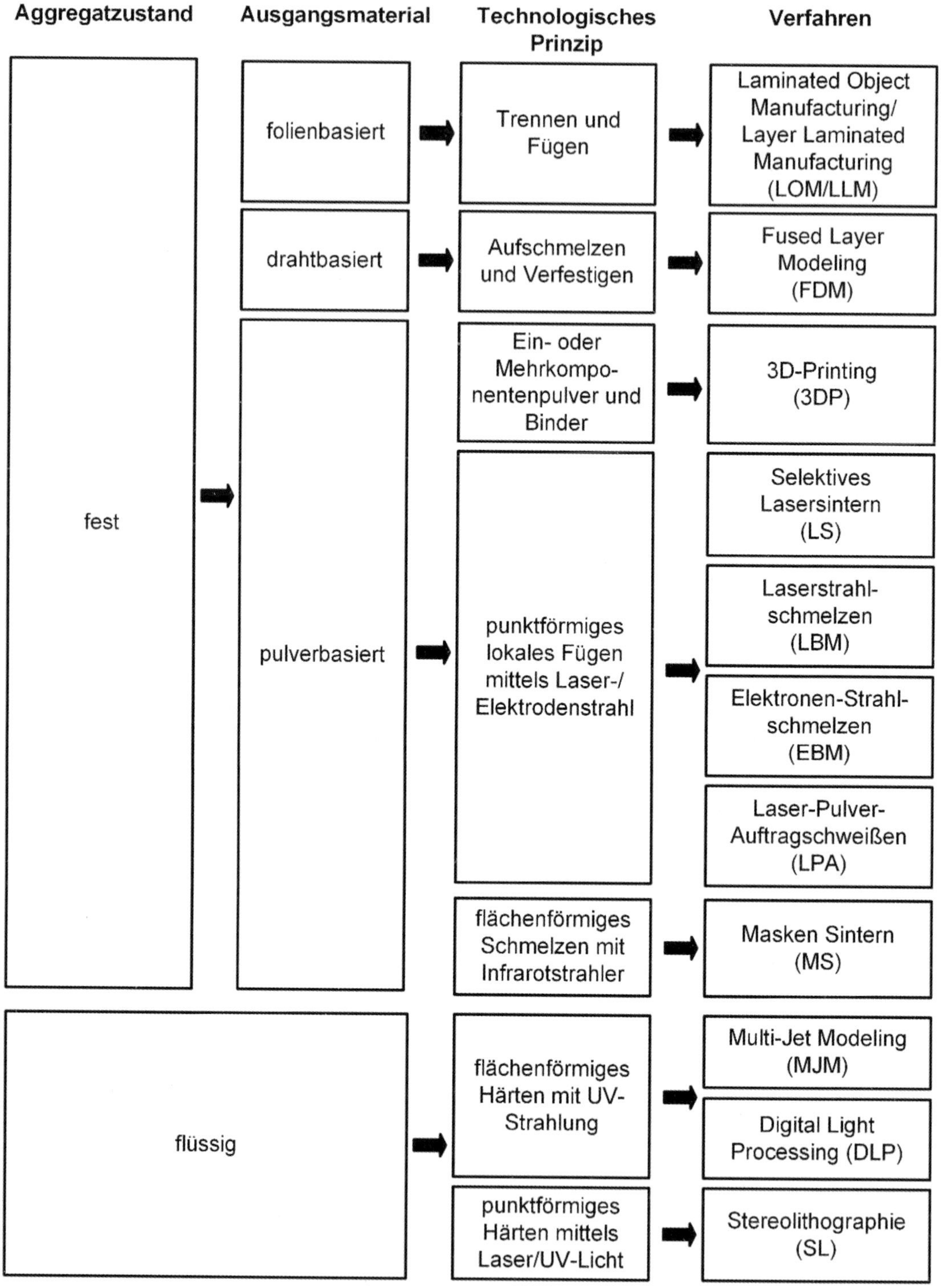


**Abb. 33** Einteilung der additiven Fertigungsverfahren in Anlehnung an Breuninger et al. (2013)

Der Einsatz von teilchenverstärkten Polymeren, Metalllegierungen oder Keramiken mit Füllstoff oder Binder, ist ebenfalls möglich. Typische Anwendungsbereiche umfassen die Prototypenfertigung und die Herstellung von Ur- und Feingussmodellen. Die Kleinserienproduktion ist wirtschaftlich umsetzbar (Breuninger et al. 2013; Klocke 2015; VDI 3405 2014).

Der Fertigungsprozess besteht aus drei sich wiederholenden Prozessschritten (Abb. 35). Als erstes wird der Pulvervorratsbehälter angehoben, um ausreichend Pulver für die Beschichtung bereitzustellen. Es folgt der Beschichtungsvorgang, bei dem eine gegenläufig drehende Walze das Pulver in einer definierten Schichtdicke aufträgt. Anschließend wird das Material belichtet und versintert. Letztlich wird der Hubtisch um die Höhe einer Schichtdicke abgesenkt und es kann erneut Pulver aufgetragen werden. Bei dem LS-Prozess übernimmt das Pulverbett die Stützfunktion, es und dient als Stützmaterial. Nach Fertigstellung des Bauteiles wird dieses entnommen und bei Bedarf zur Verbesserung der Oberflächengüte mittels Gleitschleifen, Kugel- oder Sandstrahlen nachbehandelt (Kaddar 2010; Klocke 2015; Schmid et al. 2009).

**Laser-Strahlschmelzen (LBM)**

Das Laser-Strahlschmelzen (LBM), auch bekannt als Selektives Laserschmelzen, ist ein pulverbettbasiertes Strahlverfahren zur Fertigung von metallischen Bauteilen. Im LBM-Prozess wird Schicht für Schicht der pulverförmige Ausgangwerkstoff durch einen Laser vollständig aufgeschmolzen und erstarrt zum Bauteil (Abb. 36) (VDI 3405 2014).

Der Prozess beginnt mit Absenkung der Bauplatte um die Höhe einer Schichtdicke. Es folgt der Beschichtungsvorgang, bei dem der mit Pulver befüllte Beschichter eine Pulverschicht in definierter Schichtstärke ablegt. Um eine vollständige und fehlerfreie Beschichtung zu gewährleisten, wird stets eine größere Menge Pulver als nötig aufgetragen. Überschüssiges Pulver wird in einen

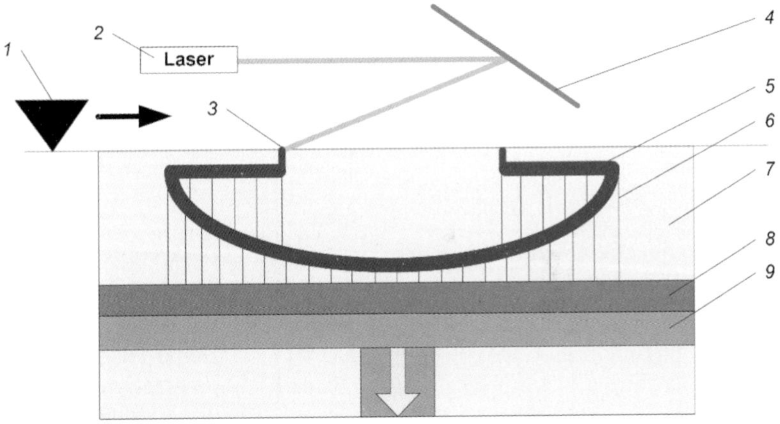


**Abb. 34** Stereolithografie nach VDI 3405 (2014)
**1** Beschichter; **2** Laser; **3** Verfestigungszone (Polymerisation); **4** X-Y-Scanner; **5** Generiertes Bauteil; **6** Stützstrukturen; **7** Flüssiges Harz (Polymerbad); **8** Bauplatte; **9** Hubtisch

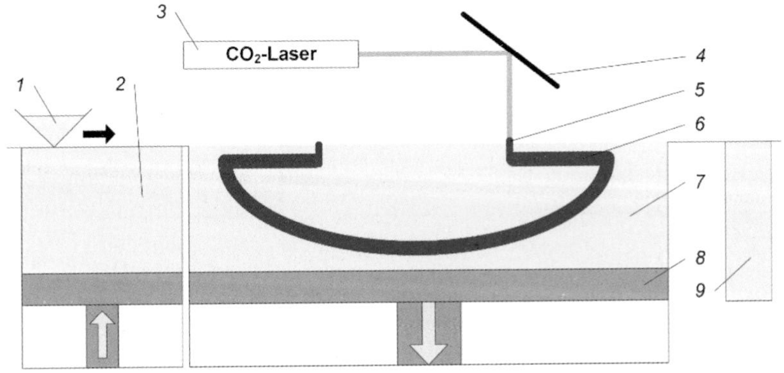


**Abb. 35** Laser Sintern (LS) nach VDI 3405 (2014)
**1** Beschichter mit Pulvervorrat;
**2** Pulvervorratsbehälter;
**3** $CO_2$-Laser; **4** X-Y-Scanner;
**5** Verfestigungszone;
**6** Generiertes Bauteil;
**7** Stützmaterial und Pulverbett; **8** Hubtisch;
**9** Überlaufbehälter

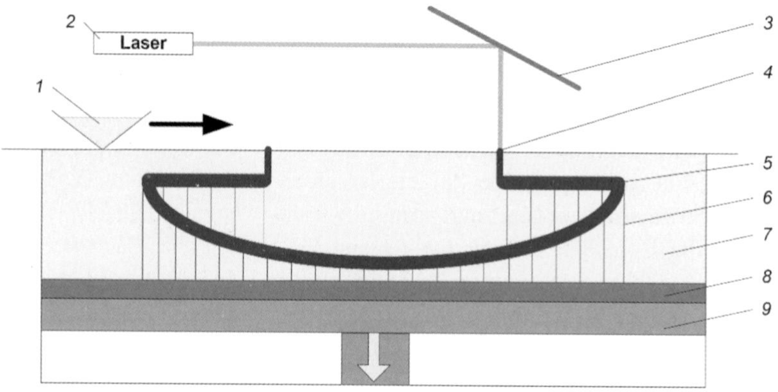


**Abb. 36** Laser-Strahlschmelzen (LBM) nach VDI 3405 (2014). **1** Beschichter mit Pulvervorrat; **2** Laser; **3** X-Y-Scanner; **4** Verfestigungszone; **5** Generiertes Bauteil; **6** Stützstrukturen; **7** Pulverbett; **8** Bauplatte; **9** Hubtisch

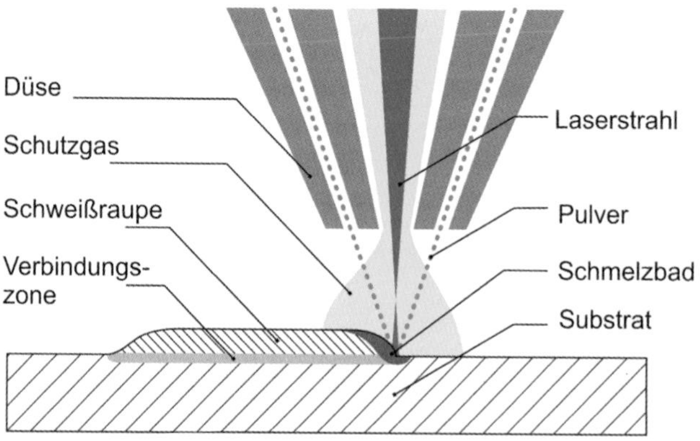


**Abb. 37** Laser-Pulver-Auftragschweißen (Uhlmann et al. 2019a)

Überlauf abgeführt und kann wiederverwendet werden (Eisen 2010). Anschließend wird das Pulverbett belichtet und das Material durch den Laser lokal aufgeschmolzen. Nach abgeschlossener Belichtung erstarrt die Schmelzbahn und die drei Arbeitsschritte werden bis zur Fertigstellung des Bauteiles wiederholt (VDI 3405 2014). Da das Bauteil mit der ersten Schicht direkt auf die Bauplatte aufgeschweißt wird, muss das Bauteil nach abgeschlossener Fertigung im nachgelagerten Schritt von der Bauplatte getrennt werden. Dieser Schritt wird üblicherweise durch Sägen oder mittels Funkenerosion umgesetzt. Wurden ferner Stützstrukturen verwendet, sind auch diese durch geeignete mechanische Nachbearbeitung zu entfernen (Milewski 2017).

Der LBM-Prozess ermöglicht die Fertigung von Bauteilen mit einer Dichte von annähernd 100 % und Eigenschaften, die mit konventionell gefertigten Bauteilen vergleichbar sind. Für die LBM-Fertigung wurden eine Vielzahl an Werkstoffen qualifiziert, darunter verschiedene Edelstähle (1.4404, 1.4410), Werkzeugstähle (1.2709, 1.2344), Titan- (TiAl6V4, TiAl6Nb7), Aluminium- (AlSi10Mg, AlSi12Mg), sowie Nickelbasis-Legierungen (Inconel 625 und Inconel 718 (DIN ISO 4497 1991; Sehrt 2010)). Das LBM-Verfahren findet breite industrielle Anwendung, unter anderem in den Bereichen Medizintechnik, Werkzeugbau, Turbinenbau und Automotive (Milewski 2017).

**Laser-Pulver- Auftragschweißen (LPA)**

Das Laser-Pulver-Auftragschweißen (LPA) ist ein Beschichtungsverfahren, bei dem metallischer Pulverwerkstoff auf ein Substrat additiv aufgebaut wird. Der Pulverwerkstoff wird innerhalb einer Düse in einen Laserstrahl eingebracht (Abb. 37). Der Laser schmilzt das einfallende Pulver vollständig auf. Dabei wird zudem die unterliegende Schicht, bzw. zu Beginn ein Teil des Substrates, angeschmolzen. Die Abkühlung verläuft durch Selbstabschreckung bis zur Erstarrung. Es kommt zur schmelzmetallurgischen Verbindung mit einer geringen Aufmischung. Der Prozess erfolgt unter Schutzgasatmosphäre und ermöglicht sowohl die Reparatur als auch die Herstellung von festen Bauteilen mit einer Dichte von nahezu 100 % (Poprawe 2005).

## Literatur


Al-Rawi R, Pähler D (2014) Schleifen. In: Heisel U, Klocke F, Uhlmann E, Spur G (Hrsg) Handbuch Spanen. Hanser, München, S 561–589

Arft M, Klocke F (2014) Feilen. In: Heisel U, Klocke F, Uhlmann E, Spur G (Hrsg) Handbuch Spanen. Hanser, München, S 512–518

Auerbach R (2012) Werkzeugmaschinen – Aufbau, Funktion und Anwendung von spanenden und abtragenden Werkzeugmaschinen, 1. Aufl. Springer, Berlin/Heidelberg, S 17–18

Bader B (Hrsg) (2012) Entwicklung einer Prozesskette zur Herstellung serientauglicher Werkzeuge für eine nachhaltige Schaumstoff-Formteilproduktion. Fraunhofer ICT, Pfinztal

Bähr H, Scharf S (2014) Gussteilfertigung mit verlorenen Formen. In: Bührig-Polaczek A, Michaeli W, Spur G (Hrsg) Handbuch Urformen. Carl Hanser, München, S 181–192

Barthelmes H (2013) Handbuch Industrial Engineering: Vom Markt zum Produkt. Hanser, München

Bäuerle D (2011) Laser processing and chemistry, 4. Aufl. Springer, Berlin/Heidelberg

Becker D, Kloppenborg T, Jäger A, Noomane BK, Foydl A, Tekkaya AE, Kleiner M (2012) Strangpressen. In: Hoffmann H, Neugebauer R, Spur G (Hrsg) Handbuch Umformen. Hanser, München, S 393–431

Behrens B-A (2012) Herstellung von Kaltband. In: Hoffmann H, Neugebauer R, Spur G (Hrsg) Handbuch Umformen. Hanser, München, S 244–309

Bernhard C (2014) Stranggießen. In: Bührig-Polaczek A, Michaeli W, Spur G (Hrsg) Handbuch Urformen. Carl Hanser, München, S 335–347

Biermann D (2014) Bohren, Senken und Reiben. In: Heisel U, Klocke F, Uhlmann E, Spur G (Hrsg) Handbuch Spanen. Hanser, München, S 313–315

Boos W, Salmen M, Kelzenberg C, Johannsen L, Helbig J, Ebbecke C (2018) Tooling in Germany 2018, 2. Aufl. RWTH Aachen Werkzeugmaschinenlabor, Aachen

Breuninger J, Becker R, Wolf A, Rommel S, Verl A (2013) Generative Fertigung mit Kunststoffen. Konzeption und Konstruktion für das Selektive Lasersintern. Springer Vieweg, Berlin/Heidelberg

Brown MS, Arnold CB (2010) Fundamentals of laser-material interaction and application to multiscale surface modification. In: Sugioka K, Meunier M, Piqué A (Hrsg) Laser precision microfabrication. Springer, Berlin/Heidelberg, S 110–116

Bührig-Polaczek A (2014) Gusswerkstoffe. In: Bührig-Polaczek A, Michaeli W, Spur G (Hrsg) Handbuch Urformen. Carl Hanser, München, S 42–111

Bülter M, Uhlmann E (2018) Diamant-Schleifbänder mit Inselbelegung. wt Werkstattstechnik online 7/8:506–512

Callister WD, Rethwisch DG (2001) Fundamentals of materials science and engineering, 5. Aufl. Wiley-VCH, Weinheim

Denkena B, Tönshoff HK (2011) Spanen. Springer, Wiesbaden

Dietrich J (2016) Praxis der Zerspantechnik. Verfahren, Werkzeuge, Berechnung, 12., überarb. Aufl. Springer Fachmedien, Wiesbaden

Dietrich J (2018) Praxis der Umformtechnik. Springer Vieweg, Wiesbaden

DIN 1910-100:2008-02 (2008) Schweißen und verwandte Prozesse – Begriffe –Teil 100: Metallschweißprozesse mit Ergänzungen zu DIN EN 14610: 2005-2 (02.2008). Beuth, Berlin

DIN 4760 (1982) Gestaltabweichungen; Begriffe, Ordnungssystem (06.1982). Beuth, Berlin

DIN 4766-2, Teil 2 (1981) Herstellverfahren der Rauheit von Oberflächen: Erreichbare Mittenrauhwerte Ra nach DIN 4768 Teil 1 (03.1981). Beuth, Berlin

DIN 4885:2018-07 (2018) Eisenwerkstoffe – Wärmebehandlung – Begriffe (07.2018). Beuth, Berlin

DIN 6580 (1985) Begriffe der Zerspantechnik; Bewegungen und Geometrie des Zerspanvorganges (10.1985). Beuth, Berlin

DIN 8580:2003-09 (2003) Fertigungsverfahren. Begriffe, Einteilung (09.2003). Beuth, Berlin

DIN 8582 (2003) Fertigungsverfahren Umformen; Einordnung, Unterteilung, Begriffe, Alphabetische Übersicht (09.2003). Beuth, Berlin

DIN 8583-2, Teil 2 (2003) Fertigungsverfahren Druckumformen; Walzen; Einordnung, Unterteilung, Begriffe (09.2003). Beuth, Berlin

DIN 8583-6, Teil 6 (2003) Fertigungsverfahren Druckumformen; Durchdrücken; Einordnung, Unterteilung, Begriffe (09.2003). Beuth, Berlin

DIN 8584-3, Teil 3 (2003) Fertigungsverfahren Zugdruckumformen; Tiefziehen; Einordnung, Unterteilung, Begriffe (09.2003). Beuth, Berlin

DIN 8588 (2013) Fertigungsverfahren Zerteilen – Einordnung, Unterteilung, Begriffe (08.2013). Beuth, Berlin

DIN 8589-0, Teil 0 (2003) Fertigungsverfahren – Begriffe, Einteilung (09.2003). Beuth, Berlin

DIN 8589-1, Teil 1 (2003) Fertigungsverfahren Spanen; Drehen; Einordnung, Unterteilung, Begriffe (09.2003). Beuth, Berlin

DIN 8589-11, Teil 11 (2003) Fertigungsverfahren Spanen; Schleifen mit rotierendem Werkzeug; Einordnung, Unterteilung, Begriffe (09.2003). Beuth, Berlin

DIN 8589-12, Teil 12 (2003) Fertigungsverfahren Spanen; Bandschleifen Einordnung, Unterteilung, Begriffe (09.2003). Beuth, Berlin
DIN 8589-14, Teil 14 (2003) Fertigungsverfahren Spanen; Honen; Einordnung, Unterteilung, Begriffe (09.2003). Beuth, Berlin
DIN 8589-15, Teil 15 (2003) Fertigungsverfahren Spanen – Läppen (09.2003). Beuth, Berlin
DIN 8589-2, Teil 2 (2003) Fertigungsverfahren Spanen; Bohren, Senken, Reiben; Einordnung, Unterteilung, Begriffe (09.2003). Beuth, Berlin
DIN 8589-3, Teil 3 (2003) Fertigungsverfahren Spanen; Fräsen; Einordnung, Unterteilung, Begriffe (09.2003). Beuth, Berlin
DIN 8589-4, Teil 4 (2003) Fertigungsverfahren Spanen; Hobeln, Stoßen; Einordnung, Unterteilung, Begriffe (09.2003). Beuth, Berlin
DIN 8589-5, Teil 5 (2003) Fertigungsverfahren Spanen; Räumen; Einordnung, Unterteilung, Begriffe (09.2003). Beuth, Berlin
DIN 8589-6, Teil 6 (2003) Fertigungsverfahren Spanen; Sägen; Einordnung, Unterteilung, Begriffe (09.2003). Beuth, Berlin
DIN 8589-7, Teil 7 (2003) Fertigungsverfahren Spanen; Feilen, Raspeln; Einordnung, Unterteilung, Begriffe (09.2003). Beuth, Berlin
DIN 8589-9, Teil 9 (2003) Fertigungsverfahren Spanen; Schaben, Meißeln; Einordnung, Unterteilung, Begriffe (09.2003). Beuth, Berlin
DIN 8590 (2003) Fertigungsverfahren Abtragen; Einordnung, Unterteilung, Begriffe (09.2003). Beuth, Berlin
DIN 8593-0:2003-09 (2003) Fertigungsverfahren Fügen – Teil 0: Allgemeines, Einordnung, Unterteilung, Begriffe (09.2003). Beuth, Berlin
DIN 8593-1:2003-09 (2003) Fertigungsverfahren Fügen – Teil 1: Zusammensetzen, Einordnung, Unterteilung, Begriffe (09.2003). Beuth, Berlin
DIN 8593-2:2003-09 (2003) Fertigungsverfahren Fügen – Teil 2: Füllen, Einordnung, Unterteilung, Begriffe (09.2003). Beuth, Berlin
DIN 8593-3:2003-09 (2003) Fertigungsverfahren Fügen – Teil 3: Anpressen, Einpressen, Einordnung, Unterteilung, Begriffe (09.2003). Beuth, Berlin
DIN 8593-4:2003-09 (2003) Fertigungsverfahren Fügen – Teil 4: Fügen durch Urformen, Einordnung, Unterteilung, Begriffe (09.2003). Beuth, Berlin
DIN 8593-5:2003-09 (2003) Fertigungsverfahren Fügen – Teil 5: Fügen durch Umformen, Einordnung, Unterteilung, Begriffe (09.2003). Beuth, Berlin
DIN 8593-6:2003-09 (2003) Fertigungsverfahren Fügen – Teil 6: Fügen durch Schweißen, Einordnung, Unterteilung, Begriffe (09.2003). Beuth, Berlin
DIN 8593-7:2003-09 (2003) Fertigungsverfahren Fügen – Teil 7: Fügen durch Löten, Einordnung, Unterteilung, Begriffe (09.2003). Beuth, Berlin
DIN 8593-8:2003-09 (2003) Fertigungsverfahren Fügen – Teil 8: Kleben, Einordnung, Unterteilung, Begriffe (09.2003). Beuth, Berlin
DIN EN ISO 1101 (2017) Geometrische Produktspezifikation (GPS): Geometrische Tolerierung; Tolerierung von Form, Richtung, Ort und Lauf (09.2017). Beuth, Berlin
DIN EN ISO 1302 (2002) Geometrische Produktspezifikation (GPS): Angabe der Oberflächenbeschaffenheit in der technischen Produktdokumentation (06.2002). Beuth, Berlin
DIN EN ISO 13656-1, Teil 1 (1998) Oberflächenbeschaffenheit: Tastschnittverfahren. Oberflächen mit plateauartigen funktionsrelevanten Eigenschaften. Teil 1: Filterung und allgemeine Meßbedingungen (04.1998). Beuth, Berlin
DIN EN ISO 14405-1, Teil 1 (2017) Geometrische Produktspezifikation (GPS) – Dimensionelle Tolerierung – Teil 1: Lineare Größenmaße (07.2017). Beuth, Berlin
DIN EN ISO 14917 (2017) Thermisches Spritzen; Begriffe, Einleitung (03.2017). Beuth, Berlin
DIN EN ISO 286-1, Teil 1 (2019) Geometrische Produktspezifikation (GPS): ISO-Toleranzsystem für Längenmaße; Grundlagen für Toleranzen, Abmaße und Passungen (09.2019). Beuth, Berlin
DIN EN ISO 3252: 2001-02 (2001) Pulvermetallurgie; Begriffe (02.2001). Beuth, Berlin
DIN EN ISO 4287 (2010) Geometrische Produktspezifikation (GPS): Oberflächenbeschaffenheit: Tastschnittverfahren; Benennungen, Definitionen und Kenngrößen der Oberflächenbeschaffenheit (07.2010). Beuth, Berlin
DIN ISO 2768-1, Teil 1 (1991) Allgemeintoleranzen; Toleranzen für Längen- und Winkelmaße ohne einzelne Toleranzeintragung (01.1991). Beuth, Berlin
DIN ISO 2768-2, Teil 2 (1991) Allgemeintoleranzen; Toleranzen für Form und Lage ohne einzelne Toleranzeintragung (04.1991). Beuth, Berlin
DIN ISO 4497 (1991) Metallpulver. Bestimmung der Teilchengröße durch Trockensiebung (04.1991). Beuth, Berlin
DIN ISO 525 (2015) Schleifkörper aus gebundenem Schleifmittel; Allgemeine Anforderungen (ISO 525:2013) (02.2015). Beuth, Berlin
DIN ISO 6104 (2005) Schleifwerkzeuge mit Diamant oder Bornitrid; Rotierende Schleifwerkzeuge mit Diamant oder kubischem Bornitrid; Allgemeine Übersicht, Bezeichnung und Benennungen in mehreren Sprachen (08.2005). Beuth, Berlin
DIN ISO 857-2:2007 (2007) Schweißen und verwandte Prozesse – Begriffe Teil 2: Weichlöten, Hartlöten und verwandte Begriffe (03.2007). Beuth, Berlin
Doege E, Behrens B (2010) Handbuch Umformtechnik; Grundlagen, Technologien, Maschinen. Springer, Berlin
Eisen MA (2010) Optimierte Parameterfindung und prozessorientiertes Qualitätsmanagement für das Selective Laser Melting Verfahren. In: Berichte aus der Fertigungstechnik. Duisburg, Universität Duisburg-Essen, Dissertation. Shaker, Aachen
Fischer S (2014) Schleudergießen. In: Bührig-Polaczek A, Michaeli W, Spur G (Hrsg) Handbuch Urformen. Carl Hanser, München, S 329–335
Flores G (1992) Grundlagen und Anwendungen des Honens. Vulkan, Essen

Freudenberger R (2015) Beschichten aus dem ionisierten Zustand durch elektrolytische oder chemische Abscheidung. In: Zoch H-W, Spur G (Hrsg) Handbuch Wärmebehandeln und Beschichten. Hanser, München, S 191–215

Frey T (2016) Stanzteile galvanogerecht konstruieren. In: Jost N, Kött S (Hrsg) Tagungsband zum Pforzheimer Werkstofftag 2016, Bd 162. Hochschule Pforzheim, S 59–71

Fritz AH (2018) Umformen. In: Fritz AH (Hrsg) Fertigungstechnik. Springer, Berlin, S 133–224

Fronius J (2014) Bohren, Senken und Reiben. In: Heisel U, Klocke F, Uhlmann E, Spur G (Hrsg) Handbuch Spanen. Hanser, München, S 322–338

Gebhardt A (2011) Understanding additive manufacturing. Carl Hanser, München

Gebhardt A (2013) Generative Fertigungsverfahren. Additive Manufacturing und 3D Drucken für Prototyping – Tooling – Produktion. Carl Hanser, München

Goods SH, Janek RP, Buchheit TE, Michael JR, Kotula PG (2004) Oxide dispersion strengthening of nickel electrodeposits for microsystem applications. Metall Mater Trans A 35(8):2.351–2.360

Hao L, Lawrence J (2005) Laser surface treatment of bio-implant materials. Wiley, Chichester

Hehenberger P (2011) Computergestützte Fertigung. Springer, Berlin/Heidelberg

Heidtmann W, Pischel M (2014) Bandschleifen mit Schleifmitteln auf Unterlagen. In: Heisel U, Klocke F, Uhlmann E, Spur G (Hrsg) Handbuch Spanen. Hanser, München, S 670–725

Heinrich B, Linke P, Glöckler M (2017) Grundlagen zur Automatisierung, 2. Aufl. Springer, Wiesbaden

Heisel U (2014) Drehen, 5.2 Übersicht der Verfahren. In: Heisel U, Klocke F, Uhlmann E, Spur G (Hrsg) Handbuch Spanen. Hanser, München, S 150–154

Heisel U, Stehle T (2014) Einführung in die Zerspantechnik – Grundbegriffe und Einteilung der spanenden Fertigungsverfahren. In: Heisel U, Klocke F, Uhlmann E, Spur G (Hrsg) Handbuch Spanen. Carl Hanser, München, S 19–21

Heitmüller F (2015) Einsatzverhalten von Schleifbändern mit hochharten Schleifmitteln. In: Uhlmann E (Hrsg) Berichte aus dem Produktionstechnischen Zentrum Berlin. Dissertation, Technische Universität Berlin. Fraunhofer, Stuttgart

Hellmold P (2015) Nichtmetallisches anorganisches Beschichten – Emaillieren. In: Zoch H-W, Spur G (Hrsg) Handbuch Wärmebehandeln und Beschichten. Hanser, München, S 137–143

Herfurth K, Ketscher N, Köhler M (2013) Giessereitechnik kompakt. Giesserei-Verlag GmbH, Düsseldorf

Hirt G, Oligschläger M (2012) Übersicht über Walzverfahren. In: Hoffmann H, Neugebauer R, Spur G (Hrsg) Handbuch Umformen. Hanser, München, S 109–111

Hornbogen E, Eggeler G, Werner E (2019) Werkstoffe – Aufbau und Eigenschaften von Keramik-, Metall-, Polymer- und Verbundwerkstoffen, 12. Aufl. Springer, Berlin

Huckshold M, Thiele M (2011) Korrosionsschutz – Feuerverzinken. Beuth, Berlin

ISO 3002-5, Teil 5 (1989) Grundgrößen beim Spanen und Schleifen; Teil 5: Grundbegriffe für Schleifverfahren mit Schleifscheiben (11.1989). Beuth, Berlin

Kaddar W (2010) Die generative Fertigung mittels Laser-Sintern. Scanstrategien, Einflüsse verschiedener Prozessparameter auf die mechanischen und optischen Eigenschaften beim LS von Thermoplasten und deren Nachbearbeitungsmöglichkeiten. Duisburg, Universität Duisburg-Essen, Dissertation

Kahn R (2014a) Kokillengießverfahren. In: Bührig-Polaczek A, Michaeli W, Spur G (Hrsg) Handbuch Urformen. Carl Hanser, München, S 274–287

Kahn R (2014b) Niederdruck-Gießverfahren. In: Bührig-Polaczek A, Michaeli W, Spur G (Hrsg) Handbuch Urformen. Carl Hanser, München, S 288–296

Kammermeier D (2014) Fräsen. In: Heisel U, Klocke F, Uhlmann E, Spur G (Hrsg) Handbuch Spanen. Hanser, München, S 399–511

Kawalla R, Kopp R, Mauk PJ, Goldhahn G, Hensel A (2012) Grundlagen und Berechnungsverfahren. In: Hoffmann H, Neugebauer R, Spur G (Hrsg) Handbuch Umformen. Hanser, München, S 166–175

Kleszczynski S (2018) Potenziale der bildgestützten Prozessanalyse zur Steigerung des technologischen Reifegrades von Laser-Strahlschmelzverfahren. Duisburg, Universität Duisburg-Essen, Dissertation

Klink C, Hasslach K, Maier W (2014) Räumen. In: Heisel U, Klocke F, Uhlmann E, Spur G (Hrsg) Handbuch Spanen. Hanser, München, S 464–492

Klink U (2015) Honen – Umwelbewusst und kostengünstig Fertigen. Hanser, München/Wien

Klocke F (2015) Fertigungsverfahren 5. Gießen, Pulvermetallurgie, Additive Fertigung. Springer Vieweg, Berlin/Heidelberg

Klocke F (2017) Fertigungsverfahren 2. Springer, Berlin

Klocke F (2018a) Fertigungsverfahren 1 – Zerspanung mit geometrisch bestimmter Schneide. Springer, Berlin/Heidelberg

Klocke F (2018b) Fertigungsverfahren 2 – Zerspanung mit geometrisch unbestimmter Schneide. Springer, Berlin/Heidelberg

Klocke F, König W (2007) Fertigungsverfahren 3, 4. Aufl. Springer, Berlin/Heidelberg

Kneppe G (2012) Herstellung von Warmband. In: Hoffmann H, Neugebauer R, Spur G (Hrsg) Handbuch Umformen. Hanser, München, S 135–152

Kühn K-D (2008) Spanen. In: Fritz AH, Schulze G (Hrsg) Fertigungstechnik. Springer, Berlin/Heidelberg, S 253–254

Kümmerling R (2012) Schräg- und Längswalzen von Rohren. In: Hoffmann H, Neugebauer R, Spur G (Hrsg) Handbuch Umformen. Hanser, München, S 166–175

Lampke T, Steinhäuser S (2015) Einführung in die Beschichtungstechnik. In: Zoch H-W, Spur G (Hrsg) Handbuch Wärmebehandeln und Beschichten. Hanser, München, S 5–11

Lampke T, Nestler D, Steinhäuser S (2015) Beschichten durch chemisches Abscheiden aus der Gasphase. In: Zoch H-W, Spur G (Hrsg) Handbuch Wärmebehandeln und Beschichten. Hanser, München, S 94–105

Lange K (2012) Einteilung und Benennungen. In: Hoffmann H, Neugebauer R, Spur G (Hrsg) Handbuch Umformen. Hanser, München, S 11–25

Lehnert W, Kawalla R (2012) Einstellung der Gefügeeigenschaften beim Warm- und Kaltwalzen. In: Hoffmann H, Neugebauer R, Spur G (Hrsg) Handbuch Umformen. Hanser, München, S 196–207

Liewald M, Wagner S (2012) Strangpressen. In: Hoffmann H, Neugebauer R, Spur G (Hrsg) Handbuch Umformen. Hanser, München, S 444–528

Loechel B, Bednarzik M, Waberski C, Rudolph I, Kutz O, Mucha S, Schondelmaier D, Scheunemann H-U (2007) Anwendung des Direkt-LIGA-Verfahrens zur Herstellung von Mikrostrukturen mit hohem Aspektverhältnis. In: Geßner T (Hrsg) Proceedings – MikroSystemTechnik Kongress 2007. VDE, Berlin

Madic M, Radovanovic M, Nedic B (2012) Correlation between surface roughness characteristics in $CO^2$ laser cutting of mild steel. Tribol Ind 34:232–238

Maier HJ, Niendorf T, Bürgel R (2019) Handbuch Hochtemperatur-Werkstofftechnik Grundlagen, Werkstoffbeanspruchungen, Hochtemperaturlegierungen und -beschichtungen. Springer Vieweg, Wiesbaden

Mathweis D, Pawelski H (2012) Herstellung von Kaltband. In: Hoffmann H, Neugebauer R, Spur G (Hrsg) Handbuch Umformen. Hanser, München, S 153–162

Meins W (1989) Handbuch der Fertigungs- und Betriebstechnik. Vieweg, Braunschweig

Milewski JO (2017) Additive manufacturing of metals. From fundamental technology to rocket nozzles, medical implants, and custom jewelry. Springer International Publishing, Cham

Niemann G, Winter H, Höhn BR, Stahl K (2019) Maschinenelemente 1 – Konstruktion und Berechnung von Verbindungen, Lagern, Wellen, 5., vollst. überarb. Aufl. Springer, Berlin

Oechsner M, Berger C, Kloos KH (2018) Eigenschaften und Verwendung der Werkstoffe. In: Grote K-H, Bender B, Göhlich D (Hrsg) Dubbel – Taschenbuch für den Maschinenbau. Springer, Berlin, S E35–E36

Ondratschek D (2015) Pulverbeschichten. In: Zoch H-W, Spur G (Hrsg) Handbuch Wärmebehandeln und Beschichten. Hanser, München, S 219–230

Pahl G, Beitz W, Feldhusen J (2007) Pahl/Beitz Konstruktionslehre. Springer, Berlin/Heidelberg

Paucksch E, Holsten S, Linß M, Tikal F (2008) Zerspantechnik, Prozesse, Werkzeuge, Technologien, 12., vollst. überarb. u. erw. Aufl. Vieweg+Teubner, Wiesbaden, S 424–429

Polzin H (2014) Herstellung verlorener Formen und Kerne unter Verwendung von Dauermodellen. In: Bührig-Polaczek A, Michaeli W, Spur G (Hrsg) Handbuch Urformen. Carl Hanser, München, S 197–222

Poprawe R (2005) Lasertechnik für die Fertigung. Grundlagen, Perspektiven und Beispiele für den innovativen Ingenieur. Springer Vieweg, Berlin/Heidelberg

Prokop J (2011) Entwicklung von Spritzgießsonderverfahren zur Herstellung von Mikro-Bauteilen durch galvanische Replikation, Bd 2. Schriftenreihe des Instituts für angewandte Materialien

Randecker H (2014) Bohren, Senken und Reiben. In: Heisel U, Klocke F, Uhlmann E, Spur G (Hrsg) Handbuch Spanen. Hanser, München, S 362–381

Risse A (2012) Fertigungsverfahren der Mechatronik, Feinwerk- und Präzisionsgerätetechnik. Springer Vieweg, Wiesbaden

Rockenschaub H (2014) Druckgießen. In: Bührig-Polaczek A, Michaeli W, Spur G (Hrsg) Handbuch Urformen. Carl Hanser, München, S 297–328

Rodrigues GC, Vanhove H, Duflou JR (2014) Direct diode lasers for industrial laser cutting: a performance comparison with conventional fiber and $CO_2$ technologies. In: 8th international conference on photonic technologies LANE 2014 physics procedia, Bd 56, S 901–908

Saljé E (1981) Abrichtverfahren mit unbewegten und rotierenden Abrichtwerkzeugen. In: Jahrbuch Schleifen, Honen, Läppen und Polieren. 50. Ausg. Vulkan, Essen

Saljé E (1987) Feinbearbeitung als Schlüsseltechnologie. In: Tagungsbd. 5. Int. Braunschweiger Feinbearbeitungskoll. Braunschweig, S 1–61

Schatt W, Wieters K-P, Kieback B (2007) Pulvermetallurgie. Springer, Berlin/Heidelberg

Schmid M, Simon C, Levy GN (2009) Finishing of SLS-parts for rapid manufacturing. A comprehensive approach. In: Bourell D (Hrgs) Proceedings of 20th annual international solid freeform fabrication symposium (SSF 2009). The University of Texas at Austin, S 1–10

Schmid W (2014) Schaben. In: Heisel U, Klocke F, Uhlmann E, Spur G (Hrsg) Handbuch Spanen. Hanser, München, S 519–527

Schuler V, Twrdek J (2019) Praxiswissen Schweißtechnik. Springer Vieweg, Wiesbaden

Schüppstuhl T (2003) Beitrag zum Bandschleifen komplexer Freiformgeometrien mit dem Industrieroboter. Dortmund, Technische Universität Dortmund, Dissertation, Shaker

Schürch P, Laszlo P, Schwiedrzik J, Michler J, Philippe L (2018) Additive Manufacturing through Galvanoforming of 3D Nickel Microarchitectures: Simulation-Assisted Synthesis. Adv Mater Technol 3(12):1800274

Schwickal H (2014) Formenbau. In: Bührig-Polaczek A, Michaeli W, Spur G (Hrsg) Handbuch Urformen. Carl Hanser, München, S 253–273

Sehrt JT (2010) Möglichkeiten und Grenzen bei der generativen Herstellung metallischer Bauteile durch das Strahlschmelzen. In: Berichte aus der Fertigungstechnik. Duisburg, Universität Duisburg-Essen, Dissertation, Shaker, Aachen

Spur G (1989) Keramikbearbeitung – Schleifen, Honen, Läppen, Abtragen. Hanser, München

Stolzer A (2014) Sägen. In: Heisel U, Klocke F, Uhlmann E, Spur G (Hrsg) Handbuch Spanen. Hanser, München, S 493–511

Tinscher R, Zoch H-W (2015) Einführung in die Wärmebehandlung. In: Spur G, Zoch H-W (Hrsg) Handbuch Wärmebehandeln und Beschichten. Carl Hanser, München, S 258

Uhlig U, Redecker W, Bleich R (1982) Profilschleifen mit kontinuierlichem Abrichten. wt-Werkstattstechnik 72: 313–317

Uhlmann E (1994) Tiefschleifen hochfester keramischer Werkstoffe. In: Spur G (Hrsg) Reihe Produktionstechnik-Berlin, Forschungsberichte für die Praxis, Bd 129. Hanser, München/Wien

Uhlmann E (2006) Fundamentals of lapping. In: Marinescu ID, Uhlmann E, Doi TK (Hrsg) Handbook of lapping and polishing. CRC Press, Boca Raton, S 7–93

Uhlmann E (2014a) Schleifen. In: Heisel U, Klocke F, Uhlmann E, Spur G (Hrsg) Handbuch Spanen. Hanser, München, S 531–560

Uhlmann E (2014b) Werkzeugmaschinen für die Mikroproduktion. In: Grote K-H, Feldhusen J (Hrsg) Dubbel. Taschenbuch für den Maschinenbau. Springer, Berlin, S 1610–1614

Uhlmann E (2018) Werkzeugmaschinen für die Mikroproduktion. In: Grote K-H, Bender B, Göhlich D (Hrsg) Dubbel. Springer Vieweg, Berlin/Heidelberg, S T 116–T 120

Uhlmann E, Buelter M (2019) Belt grinding of cast iron without cooling lubricant. Proc Manuf 33:746–753

Uhlmann E, Heitmüller F (2014) Improving efficiency in robot assisted belt grinding of high performance materials. AMR 907:139–149

Uhlmann E, Perfilov I (2018) Machine tool and technology for manufacturing of micro-structures by micro dry electrical discharge milling. Procedia CIRP 68:825–830

Uhlmann E, Thalau J (2016) Hochharte Schleifscheiben als 4-Stoffsystem. Einfluss der Sekundärkörnung in CBN-Schleifscheiben mit keramischer Bindung. wt Werkstattstechnik online 106(6):407–411

Uhlmann E, Heitmüller F, Manthei M, Reinkober S (2013) Applicability of industrial robots for machining and repair processes. Procedia CIRP 11:234–238

Uhlmann E, Mullany B, Biermann D, Rajurkar KP, Hausotte T, Brinksmeier E (2016) Process chains for high-precision components with micro-scale features. CIRP Ann Manuf Technol 65(2):549–572

Uhlmann E, Bergmann A, Bolz R, Gridin W (2018a) Application of additive manufactured tungsten carbide tool electrodes in EDM. Procedia CIRP 68:86–90

Uhlmann E, List M, Patraschkov M, Trachta G (2018b) A new process design for manufacturing sapphire wafers. Precis Eng 53:146–150

Uhlmann E, Schweitzer L, Kieburg H, Spielvogel A, Huth-Herms K (2018c) The effects of laser microtexturing of biomedical grade 5 Ti-6Al-4V dental implants (abutment) on biofilm formation. In: 19th cirp conference on electro physical and chemical machining, Bilbao, Bd 68, S 184–189

Uhlmann E, Düchting J, Petrat T, Graf B, Rethmeier M (2019a) Heat treatment of SLM-LMD hybrid components. In: Proceedings of lasers in manufacturing conference 2019, München

Uhlmann E, Schweitzer L, Cunha A, Polte J, Huth-Herms-K, Kieburg H, Hesse B (2019b) Application of laser surface nanotexturing for the reduction of periimplantitis on biomedical grade 5 Ti-6Al-4V dental abutments. Frontiers in ultrafast optics: biomedical, scientific, and industrial applications XIX SPIE 10908, San Francisco

VDI 3208, Band 2 (2014) Fertigungsverfahren; Tiefbohren mit Einlippenbohrern (04.2014). Deutscher Ingenieure e.V., Düsseldorf

VDI 3220 (03.1960, zurückgezogen 10.1985) Gliederung und Begriffsbestimmungen der Fertigungsverfahren, insbesondere der Feinbearbeitung. (Hrsg) Verein Deutscher Ingenieure

VDI 3390 (2014) Tiefschleifen (03.2014). Beuth, Berlin

VDI 3396 (2017) Bandschleifen in der Metallbearbeitung (04.2017). Beuth, Berlin

VDI 3402, Blatt 4 (1994) Anwendung der Funkenerosion (03.1994). VDI, Düsseldorf

VDI 3405 (2014) Additive Fertigungsverfahren. Grundlagen, Begriffe, Verfahrensbeschreibungen (12.2014). Verein Deutscher Ingenieure, Düsseldorf

Vieregge G (1970) Zerspanung der Eisenwerkstoffe, 2. erg. Aufl. Stahleisen, Düsseldorf

Weber H, Herziger G (1972) Laser. Physik-Verlag, Weinheim

Weck M (2005) Werkzeugmaschinen 1 – Maschinenarten und Anwendungsbereiche, 6. Aufl. Springer, Berlin/Heidelberg

Weck M, Brecher C (2006) Werkzeugmaschinen 4 – Automatisierung von Maschinen und Anlagen, 6. Aufl. Springer, Berlin/Heidelberg

Weigmann U-P (1997) Honen keramischer Werkstoffe. Berichte aus dem Produktionstechnischen Zentrum Berlin. (Hrsg) Spur G. Fraunhofer IPK, Berlin

Westkämper E, Warnecke H-J (2010) Einführung in die Fertigungstechnik, 8., ak. u. erw. Aufl. Vieweg + Teubner, Wiesbaden

Wiemann E (2006) Hochleistungsfräsen von Superlegierungen. Berichte aus dem Produktionstechnischen Zentrum Berlin. (Hrsg) Uhlmann E. Dissertation, Technische Universität Berlin. Fraunhofer IRB, Stuttgart

Wiens A (2011) Formhonen von Zylinderlaufbahnen. Schriftenreihe des Instituts für Werkzeugmaschinen und Fertigungstechnik der TU Braunschweig. Vulkan, Essen

Wolters P (2014) Läppen und Polieren. In: Heisel U, Klocke F, Uhlmann E, Spur G (Hrsg) Handbuch Spanen. Hanser, München, S 907–930

Zimmermann J (2013) Werkzeuge zum Umformen und zur Blechverarbeitung. In: Meins W (Hrsg) Handbuch Fertigungs- und Betriebstechnik. Springer, Berlin, S 347

# Produktionsorganisation

27

## Eckart Uhlmann und Günter Spur

## Inhalt

### Zusammenfassung

Im Rahmen dieses Kapitels werden grundlegende Kenntnisse über den Aufbau von Industrieunternehmen vorgestellt. Des Weiteren wird ein Überblick über verschiedene Unternehmensfunktionen und deren Aufgaben gegeben. Zudem werden neue Entwicklungen in der Informationstechnik mit Bezug auf die Produktion wie beispielsweise das Thema Industrie 4.0 vorgestellt.

Dieses Kapitel wurde in der vorherigen Auflage von dem 2013 verstorbenen Günter Spur verfasst. Auf dieser Grundlage hat Eckart Uhlmann, sein Nachfolger im Institut, die Überarbeitung vorgenommen.

E. Uhlmann (✉)
Fraunhofer-Institut für Produktionsanlagen und Konstruktionstechnik (IPK), und Institut für Werkzeugmaschinen und Fabrikbetrieb (IWF), Technische Universität Berlin, Berlin, Deutschland
E-Mail: eckart.uhlmann@ipk.fraunhofer.de;
eckart.uhlmann@iwf.tu-berlin.de

G. Spur
Institut für Werkzeugmaschinen und Fabrikbetrieb, Technische Universität Berlin, Berlin, Deutschland

## 27.1 Produktionsorganisation

### 27.1.1 Produktplanung

Die Produktionsorganisation ist der Produktplanung und der Produktprogrammplanung nachgelagert. Die Produktionspersonalorganisation, Produktionsplanung und Produktionssteuerung, welche zur Aufbau- und Ablauforganisation zählen, sowie Produktionsbewertung sind dabei wesentliche Bestandteile der Produktionsorganisation (Abb. 1). Sie wer-

© Der/die Autor(en), exklusiv lizenziert durch Springer-Verlag GmbH, DE, ein Teil von Springer Nature 2022
M. Hennecke, B. Skrotzki (Hrsg.), *HÜTTE Band 2: Grundlagen des Maschinenbaus und ergänzende Fächer für Ingenieure*, Springer Reference Technik,
https://doi.org/10.1007/978-3-662-64372-3_76

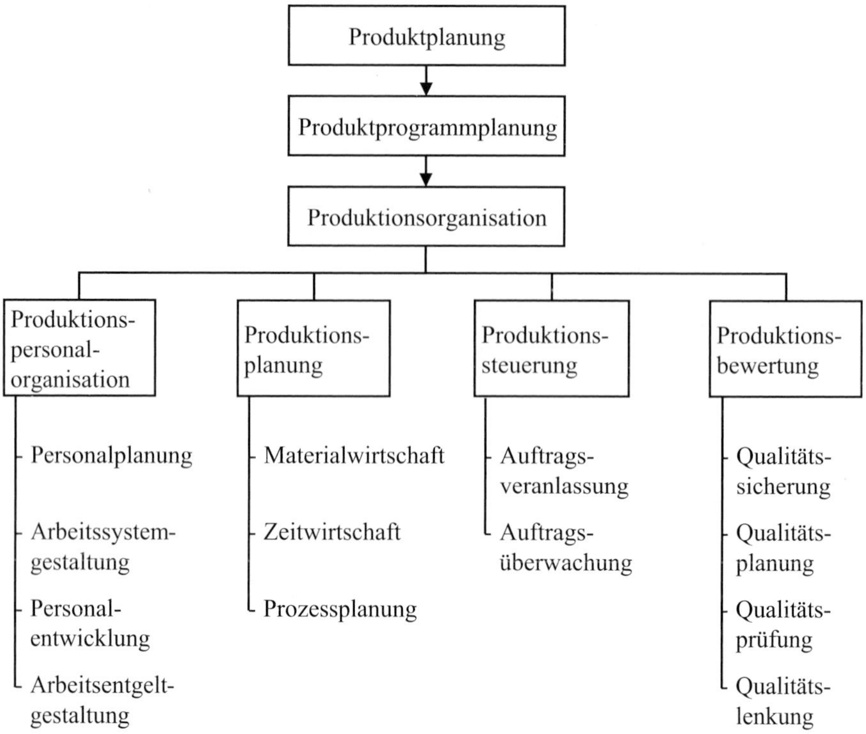


**Abb. 1** Gliederung der Produktionsorganisation

den in den nachfolgenden Unterkapiteln näher erläutert (Hahn und Laßmann 1999).

Um dem starken Wettbewerbsdruck und den immer kürzer werdenden Produktlebenszyklen gerecht zu werden, bedarf es einer kontinuierlichen und systematischen Planung, bei der Fehler vermieden und angebotene Produktprogramme auf die Zielmärkte abgestimmt werden müssen (Schuh 2012; Schuh et al. 2012).

Die Planung zukünftig erscheinender Produkte ist eine wichtige Maßnahme, um die Wettbewerbsfähigkeit eines Unternehmens sicherzustellen. Unternehmen werden bei der Einführung neuer Produkte vor kapazitive und wirtschaftliche Herausforderungen gestellt, bei denen eine Vielzahl an Prozessen und Abläufen koordiniert werden müssen (Schuh 2012; Schuh et al. 2012; VDI 2220 1980).

Die *Produktplanung* erfolgt unter markt- und unternehmensbezogenen Aspekten und beeinflusst den Unternehmenserfolg maßgeblich. Sie beinhaltet die Entscheidungsfindung zwischen den möglichen Alternativen Produkteliminierung, Produktvariation und Produktinnovation. Unter Produkteliminierung ist die Einstellung der Produktion einer Produktgruppe oder einer Produktvariante zu verstehen. Bei der Produktvariation wird ein bestehendes Produkt bzgl. seiner Eigenschaften verändert, wobei zu beachten ist, dass die Veränderung nicht zwingend das physische Produkt bzw. die Sachleistung betreffen muss. Auch bei einer Veränderung oder Hinzunahme produktbegleitender Dienstleistungen kann dies als Produktvariation bezeichnet werden. Wird ein, aus betrieblicher Sicht, völlig neuartiges Produkt geplant, so spricht man von Produktinnovation. Einen wesentlichen Einfluss auf die Produktplanung hat die Betrachtung der Lebenszykluskurven bestehender Produkte. Die Lebenszykluskurve kann wichtige Hinweise darauf geben, wann eine Produkteliminierung, Produktvariation oder Produktinnovation erfolgen sollte. Dabei ist festzuhalten, dass der Lebenszyklus von Produkten zunehmend kürzer wird (Hahn und Laßmann 1999).

Nachstehend zur Produktplanung erfolgt die *Produktprogrammplanung*, wobei zwischen strategischer und operativer unterschieden wird. Die strategische Produktprogrammplanung erzeugt mit Hilfe der Ergebnisse der Produktplanung den Produktprogrammrahmen, in welchem anhand des ermittelten Bedarfs langfristig die Produktvarianten und deren Mengen festgelegt werden. Die operative Produktprogrammplanung hingegen baut auf dem Produktrahmen auf und bestimmt unter Berücksichtigung der Lagerbestände und Produktionskapazitäten, welche Varianten und Mengen des Produkts kurz- und mittelfristig produziert werden sollen. In der Praxis können die zeitlichen Abschnitte dabei von einer Tages- bis hin zur Jahresplanung variieren (Hahn und Laßmann 1999).

### 27.1.2 Produktionspersonalorganisation

Zur Realisierung einer erfolgreichen Produktionsorganisation ist ein geeignetes Personalmanagement notwendig. Die Hauptaufgabe umfasst grundlegend die Bereitstellung der benötigten Arbeitsleistung. Dabei lassen sich die wichtigsten Aufgabengebiete des Personalmanagements in Personalplanung und -controlling (Bestands- und Bedarfsermittlung), Personalbeschaffung und -auswahl sowie Personaleinsatz, -entwicklung und -freisetzung gliedern (Schlick et al. 2018;).

Das Personalmanagement verfolgt in erster Linie Ziele aus wirtschaftlicher und aus sozialer Sicht. Die wirtschaftlichen Ziele beinhalten die Bereitstellung von Mitarbeitern und deren optimalen Einsatz, die Steigerung der Arbeitsleistung sowie die Optimierung des Arbeitsbeitrags. Dahingegen fokussieren die sozialen Ziele die Interessen, Erwartungen und Forderungen der einzelnen Mitarbeiter sowie der verschiedenen Mitarbeitergruppierungen. Außerdem müssen noch volkswirtschaftliche, rechtliche, organisatorische sowie ethische Ziele berücksichtigt werden (Nicolai 2017).

*Managen* orientiert sich vornehmlich an den Aufgaben der Gestaltung von Gütern und Wirksystemen sowie der Steuerung von Prozessen. Die wichtigsten Managementaufgaben sind das Planen, Organisieren, Steuern und Überwachen der Produktionsprozesse. Führen und Managen werden häufig synonym verwendet.

*Personale Führung* hingegen ist die direkte, zielgerichtete und aufgabenorientierte Einflussnahme von Vorgesetzten auf Mitarbeiter. Führen ist somit die Steuerung von Mitarbeiterverhalten auf definierte Ziele (Felfe 2009).

Die Führung in der Produktion beinhaltet die Bestimmung und Verteilung von Aufgaben, Verantwortung und Kompetenzen sowie eventuell die Beteiligung der Mitarbeiter am Informations- und Entscheidungsprozess. Im Kontext der Produktion müssen folgende Erfordernisse und Bedingungen zugrunde liegen:

- Flexibilität aufgrund neuer Produkte, kleinerer Stückzahlen, kürzerer Lieferzeiten, großer Variantenvielfalt, hoher Qualitätsanforderungen,
- Koordinierungserfordernisse aufgrund der häufig hohen organisatorischen Komplexität von Stückfertigungen,
- schnelle Reaktion auf kurzfristige Problemstellungen oder Störungen,
- veränderte Wertvorstellungen der Mitarbeiter und
- Einsatz innovativer Produktionstechnologien und Produktionsmittel.

Führung in der Wirtschaft erfordert neben der Verfolgung der Sachziele auch die Berücksichtigung mitarbeiterbezogener Ziele, wie Steigerung der Qualifikation, Förderung der Motivation und Gewährleistung eines leistungsfreundlichen Arbeitsumfeldes.

Die Unternehmensorganisation bietet der Führung die Rahmenbedingungen, die vielfältigen und komplexen Aufgaben zur Zielerreichung effizient zu bearbeiten. Diese besteht aus zwei Bereichen, die Aufbau- und die Ablauforganisation. Die Aufbauorganisation bildet dabei die Führungs- und Leitstruktur des Unternehmens, um mittels Aufgabeneinheiten entsprechende Kompetenzen und Verantwortungen zu verteilen. Die Ablauforganisation definiert die erforderlichen Prozesse, um die Organisations- und Planziele zu erreichen (Hammer 2015).

Aufgrund des zunehmenden Grads an Automatisierung, Dezentralisierung und Flexibilisierung der

Produktion gewinnen Organisationsformen an Bedeutung, die durch einen innovativen Aufgabenzuschnitt eine Verringerung der Tiefe der hochgradigen Arbeitsteilung bezwecken. Hierzu werden flache Organisationsstrukturen angestrebt, die jedoch bei den Mitarbeitern eine höhere Kompetenz erfordern.

Die technische Entwicklung hat eine erhöhte Flexibilität der Produktionssysteme bezüglich ihrer Anpassung an die Mitarbeiter mit sich gebracht. Auf der organisatorischen Seite wurden hierzu folgende Formen der Arbeitsgestaltung entwickelt:

***Arbeitserweiterung (Job Enlargement)***
Job Enlargement bezeichnet eine horizontale Arbeitserweiterung. Das bedeutet, dass strukturell ähnlich aufgebaute Arbeitsfunktionen oder -aufgaben, die miteinander in Beziehung stehen, zu einer Gesamtaufgabe zusammengefasst werden. Dadurch findet eine Erweiterung des Tätigkeitsspektrums der Mitarbeiter auf gleichem Qualifikationsniveau statt, das zu einer Verringerung einer einseitigen psychischen Belastung führen kann (Schlick et al. 2018).

***Arbeitsbereicherung (Job Enrichment)***
Bei dem Konzept der Arbeitsbereicherung, auch vertikale Arbeitserweiterung genannt, wird der Arbeitsinhalt durch Zusammenfassung von strukturell ungleichen Aufgaben erweitert, welche einem höheren Anspruch genügen. Dem Arbeitspersonal wird hiermit ein höheres Maß an Autonomie gewährt. Diese Form der Aufgabenerweiterung ist eher als die horizontale Arbeitserweiterung zur Motivation von Mitarbeitern geeignet (Schlick et al. 2018).

Die Maßnahmen der Arbeitserweiterung sowie der Arbeitsbereicherung sollen Folgendes bewirken:

- Bessere Nutzung der Leistungspotenziale der Mitarbeiter,
- Reduzierung von Monotonie und damit von Ermüdung und Desinteresse,
- höhere Arbeitsmotivation,
- Erhöhung der Flexibilität des Arbeitssystems,
- Verbesserung der Produktqualität,
- Steigerung der Produktivität.

***Arbeits(platz)wechsel (Job Rotation)***
Beim systematischen Arbeitsplatzwechsel als Gestaltungsmaßnahme bleiben am selben Arbeitsplatz Arbeitsinhalte und Arbeitsteilungsgrad erhalten. Einer Arbeitsperson werden in einem planmäßigen Wechsel jeweils unterschiedliche Tätigkeiten zugeteilt. Dabei sind mögliche Vorteile wie Anforderungsvielfalt, Belastungswechsel, Kompetenzentwicklung und Arbeitsmotivation gegen teilweise höhere Aufwände für die Koordination und die Qualifizierung der Mitarbeiter abzuwägen (Schlick et al. 2018).

***Gruppenarbeit***
Teilautonome Arbeitsgruppen erfüllen Aufgabenkomplexe in eigener Verantwortung. Im Gegenteil zu den drei zuvor erläuterten Maßnahmen handelt es sich hierbei um eine kollektive Arbeitserweiterung. Die Gruppe regelt selbstständig und in eigener Verantwortung, wie die Teilaufgaben unter ihren Mitgliedern verteilt werden. Dabei herrscht in der Regel keine feste Arbeitsteilung, sondern es werden bestimmte Teilaufgaben im Wechsel ausgeführt. Es werden unvollständige und anspruchslose Aufgaben in eine Gesamtaufgabe zusammengefasst, die auf die Gruppenmitglieder geistig, anspruchsvoll und motivierend wirken soll. Zudem wird von den einzelnen Mitgliedern eine hohe Einsatzflexibilität angestrebt, um unterschiedliche Aufgaben erfüllen zu können. Voraussetzung dafür ist, dass innerhalb der Gruppe ein ausreichendes Mindestqualifikations- und -leistungsniveau besteht. Teilautonome Arbeitsgruppen können Vorteile bieten, da in ihnen gleichzeitig neuere Formen der Arbeitsgestaltung wie Arbeitserweiterung, Arbeitsbereicherung und Arbeits(platz)wechsel realisiert werden können (Schlick et al. 2018).

***Arbeitsentgeltgestaltung***
Wirtschaftlicher Ausdruck der Leistung der Arbeitspersonen ist das Arbeitsentgelt. Es kann auf der Basis der Anforderungen des Arbeitsplatzes der Arbeitsmenge, der geleisteten Arbeitszeit und/oder der Qualifikation des Mitarbeiters bestimmt

werden. In der Fabrik verlieren im Zuge der Verbreitung rechnerunterstützter Produktionstechnik, aber auch der Gruppenarbeit, mengenbezogene Entgeltformen an Bedeutung. Häufig werden stattdessen Formen der Prämienentlohnung, wie Qualitäts- oder Ersparnisprämien, angewendet.

### 27.1.3 Produktionsplanung

Mit der Produktionsplanung werden unter Berücksichtigung der Material- und Zeitwirtschaft sowie Prozessplanung Produktionsprozesse organisiert. Dies bezieht sich sowohl auf die innerbetriebliche Planung als auch auf unternehmensübergreifende Strukturen (Netzwerke) (Schuh und Gierth 2006).

In Abb. 2 sind die einzelnen Schritte der Produktionsplanung skizziert, inklusive der Produktplanung und der Produktionssteuerung.

Grundlage der Produktionsplanung ist das operative Produktionsprogramm. Der Ausgangspunkt der Produktionsplanung sind die Eingangsdaten, die die Rahmenbedingungen für die Produktion bilden. Diese werden einerseits durch die vorliegenden Aufträge bestimmt, andererseits haben auch die Märkte und die Situation des Unternehmens wie Lagerbestände einen Einfluss. In der *Programmplanung* wird anhand dieser Daten das operative Produktionsprogramm erstellt und damit auch der Bedarf an Teilen und Werkstoffen für die Herstellung festgelegt. Dies beinhaltet die Festlegung der herzustellenden Erzeugnisse inklusive der dazu benötigten Ressourcen und Kapazitäten sowie den Termin zur Lieferung. Die Planung sieht eine möglichst optimale Auslastung der Kapazitäten vor (Schulte 2009).

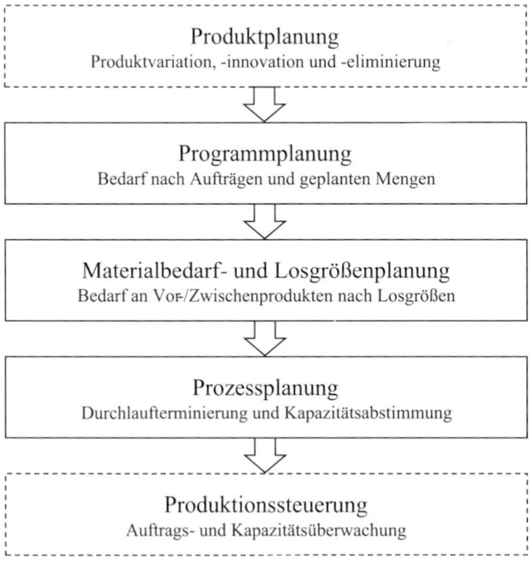


**Abb. 2** Aufgabenschritte der Produktionsplanung in Anlehnung an *Schulte* (Schulte 2009)

Eine ausführliche Programmplanung beinhaltet außerdem die Vorlaufsteuerung der Arbeiten zur Erstellung der Konstruktionsunterlagen und Arbeitspläne. Die Aufgabe der Materialwirtschaft ist die Bereitstellung von Roh-, Hilfs- und Betriebsstoffen sowie Halb- und Zulieferprodukten für die Produktion. Zudem behandelt sie auch Probleme der umweltgerechten Entsorgung von Abfällen.

Anhand der Planung des Primärbedarfes aus der Programmplanung wird im nächsten Schritt die *Materialbedarfs- und Losgrößenplanung* erstellt. Diese besteht aus der Ermittlung der Sekundär- und Tertiärbedarfe unter Berücksichtigung von Terminierung, Art und Menge. Die Sekundärbedarfe werden über eine programmorientierte Materialbedarfsplanung mittels Stücklistenauflösung oder einer verbrauchsorientierten Bedarfsermittlung definiert. Der Bedarf besteht dabei aus Rohstoffen und Produkten, die direkt in die herzustellenden Erzeugnisse eingehen. Dagegen setzt sich der Tertiärbedarf aus Hilfs- und Betriebsmitteln sowie Verschleißteilen zusammen, die indirekt für die Produktion benötigt werden. Bei der Planung wird zunächst der Bruttobedarf ermittelt, um den Gesamtbedarf zu definieren. Durch den Abgleich mit den Lagerbeständen ist der Nettobedarf bekannt, um die Bedarfe zu einem Produktionslos beziehungsweise Bestellauftrag zusammenzufassen (Dangelmaier 2009; Yang 2005).

Nachdem die Materialbedarfs- und Losgrößenplanung vollzogen ist, folgt die *Prozessplanung*, die sich aus der Durchlaufterminierung und der Kapazitätsabstimmung zusammensetzt. In diesem Rahmen wird der zeitliche Ablauf der Fertigungsaufträge definiert. In der Durchlaufterminierung werden zeitliche Zusammenhänge der Fertigungsaufträge ermittelt, um einen Netzplan aufzustellen. Daraus können Abhängigkeiten zwischen den

Fertigungsaufträgen abgeleitet werden. Die grob definierten Terminierungen aus der Mengenplanung werden in genaueren Start- und Endterminen der einzelnen Arbeitsvorgänge festgelegt, wobei von unbegrenzten Kapazitäten ausgegangen wird. Die Durchlaufzeit beinhaltet sowohl die reine Bearbeitungs- beziehungsweise Produktivzeit als auch die Transport-, Rüst-, Prüf- und Liegezeit. Die Durchlaufterminierung wird in drei Terminierungsarten unterschieden:

- die Vorwärtsterminierung, die von einem festen Startzeitpunkt den frühsten Endtermin ermittelt,
- die Rückwärtsterminierung, die von einem festen Bedarfszeitpunkt den spätesten Startzeitpunkt berechnet und
- die Mittelpunktterminierung, die von einem Zeitpunkt mit der Rückwärtsterminierung den Startzeitpunkt und mit der Vorwärtsterminierung den Fertigstellungszeitpunkt berechnet.

Auf Grundlage der Durchlaufterminierung wird die Kapazitätsbelastung ermittelt, das heißt der Kapazitätsbedarf wird dem Kapazitätsangebot gegenübergestellt. Besteht ein größerer Bedarf als zur Verfügung steht, muss die Kapazitätsabstimmung durchgeführt werden. Dazu gibt es grundsätzlich zwei Möglichkeiten. Zum einen kann eine Kapazitätsanpassung vorgenommen werden, wodurch ein größeres Kapazitätsangebot zur Verfügung gestellt wird. Zum anderen kann ein Kapazitätsausgleich durchgeführt werden. Dies kann durch eine Verschiebung von Aufträgen, Outsourcing oder eine technische Verlagerung realisiert werden. Das Ergebnis des beschriebenen Vorgehens ist ein detaillierter Arbeitsplan mit genauen Terminierungen (Mertins und Rabe 1994; Schuh 2012; Schuh et al. 2012; Yang 2005).

Zusammengefasst beinhaltet die Produktionsplanung die Planung der Produktionssysteme und der Produktions- und Logistikprozesse. Dabei sollen die gesamten Produktionssysteme optimiert werden. Dazu wird eine termin-, kapazitäts- und mengenbezogene Planung der Fertigungs- und Montageprozesse vorgenommen (Hehenberger 2011; Schuh 2012; Schuh et al. 2012). Die beschriebene Produktionsplanung kann zum einen langfristig-strategisch und zum anderen kurzfristig-operativ durchgeführt werden.

Nach dem aktuellen Stand der Technik stehen für die Produktionsplanung verschiedene computergestützte Systeme zur Verfügung, um bei der operativen Produktionsplanung und -steuerung zu unterstützen. Den Anfang machte das Material Requirements Planning (MRP) System, mit dem die Sekundärbedarfe anhand des Produktprogrammes ermittelt werden können. Dies wird durch den Abgleich der Stücklistenauflösung und den Nettobedarfen mit den Lagerbeständen realisiert. Mittlerweile gibt es eine Vielzahl an Systemen und Weiterentwicklungen, die bei der Produktionsplanung und -steuerung unterstützen, wie das Enterprise Resource Planning (ERP) System (Kurbel 2016).

### 27.1.4 Produktionssteuerung

Innerhalb der Produktionsorganisation befasst sich die Produktionssteuerung mit der kurzfristigen Realisierung des Produktprogramms unter Berücksichtigung von störungsbedingten Abweichungen. Produktionssteuerung ist Ausführungsplanung innerhalb eines durch die Produktionsplanung vorgegebenen zeitlichen Rahmens und enthält eine detaillierte Festlegung des Produktionsprozesses. Hierbei erfolgt die Festlegung, auf welchen Maschinen bestimmte Mengen von Teilen, unterteilt in Lose optimaler Größe, gefertigt werden sollen.

Die Produktionssteuerung gliedert sich in Auftragsveranlassung und Auftragsüberwachung. Zur *Auftragsveranlassung* gehört die Überprüfung der Verfügbarkeit der notwendigen Kapazitäten, Betriebsmittel und Programme. Ist das Ergebnis positiv, kann der Auftrag zur Ausführung freigegeben werden. Ferner werden die notwendigen Auftragspapiere zur Verfügung gestellt sowie der Material- und Transportfluss gesteuert. Die *Auftragsüberwachung* beinhaltet die Zustandserfassung und -verwaltung der Aufträge sowie der zur Realisierung benötigten Kapazitäten. Durch die Auftragsüberwachung ist es möglich, aktuell die Belastung der Fertigungskapazitäten sowie den

Bearbeitungsstand der Fertigungsaufträge zu ermitteln. Damit ist die Auftragsüberwachung eine wichtige Voraussetzung für die Berücksichtigung kurzfristig erforderlicher Änderungen des Produktprogramms. Aufgrund der Rückführung von Betriebsdaten, u. a. der Material- und Kapazitätsverfügbarkeit, handelt es sich bei der Produktionssteuerung um einen geregelten Prozess (Eversheim 1996).

Die Termin- und Kapazitätsplanung unterliegt dem folgenden Zielkonflikt: Einer maximalen Kapazitätsauslastung steht die Forderung nach niedrigen Beständen und damit einer geringen Kapitalbindung gegenüber. Gleichzeitig besteht die Notwendigkeit zur Minimierung der Durchlaufzeiten bei Erreichung einer hohen Termintreue. Um dieser widersprüchlichen Zielsetzung gerecht zu werden, kann u. a. auf die folgenden Verfahren, Methoden und Prinzipien der Produktionsplanung und -steuerung zurückgegriffen werden. Dabei wird zwischen den Verfahren zur Auftragsfreigabe (Belastungsorientierte Auftragsfreigabe und OPT-Ansatz) sowie Auftragserzeugung (Kanban-Konzept und Fortschrittszahlensystem) unterschieden (Eversheim 1996). Für die Auftragserzeugung ist die Art der Auftragsauslösung von übergeordneter Bedeutung. Es kann zwischen der Auftragsfertigung, die durch einen Kundenauftrag ausgelöst wird, und der Lagerfertigung unterschieden werden. Bei letzterer wird ein Lagerbestand vorgehalten, sodass keine unmittelbare Verbindung zwischen dem Kunden- und Fertigungsauftrag besteht (Lödding 2016).

***Belastungsorientierte Auftragsfreigabe***

Die belastungsorientierte Auftragsfreigabe basiert auf der Steuerung des Arbeitsvorrats am jeweiligen Arbeitsplatz. Durch die Dosierung der Menge an Arbeit, die von außen zugeführt wird, kann ein hinreichend hoher Belastungszustand erzeugt werden. Jedem Arbeitsplatz wird eine spezifische Belastungsschranke zugeordnet, mit der die jeweiligen Zu- und Abgänge berücksichtigt werden. Damit ist bei der Auftragsfreigabe sichergestellt, dass eine festgelegte Belastungsgrenze nicht überschritten wird. Anwendung findet die belastungsorientierte Auftragsfreigabe in der Einzel- und Kleinserienfertigung, das heißt vorrangig in der Werkstattfertigung (Eversheim 2002).

***OPT-Ansatz (Optimized Production Technology)***

Der OPT-Ansatz zielt auf die Optimierung des Materialflusses ab und rückt kritische Aufträge, bei denen mit Engpässen gerechnet werden kann, in den Fokus. Während für kritische Aufträge eine Vorwärtsterminierung erfolgt, durch eine Rückwärtsterminierung. Mithilfe dieses Ansatzes werden Schwachstellen im Produktionsablauf identifiziert und Engpässe nach Möglichkeit beseitigt (Eversheim 2002).

***Kanban-Konzept***

Das Kanban-Konzept ist nach dem Pull-Prinzip organisiert und basiert auf einem System selbststeuernder Regelkreise zwischen den einzelnen Fertigungsstufen. Bei Unterschreitung eines vorzugebenden Meldebestands in einem Lager werden die benötigten Teile in einer vorgeschalteten Fertigungsstufe nachbestellt. Da in den vorgelagerten Fertigungsstufen nach demselben Prinzip verfahren wird, ist kein übergeordnetes Steuerungssystem erforderlich. Damit kann das Kanban-Prinzip vor allem bei Fertigungen mit hoher und stetiger Produktion zu einer Reduzierung der Bestände führen. Das Kanban-Konzept resultiert damit unmittelbar in einer „just-in-time"-Fertigung bzw. einer fertigungssynchronen Zulieferung der erforderlichen Teile (Eversheim 2002).

***Fortschrittszahlensystem***

Das Fortschrittszahlensystem kombiniert die Programm- und Mengenplanung mit dem Pull-Prinzip. Dabei wird eine Fortschrittszahl errechnet, die eine kumulierte zeitbezogene Fertigungs- bzw. Bedarfsmenge darstellt. Der Vergleich von Soll- und Ist-Fortschrittszahlen ermöglicht die Identifikation von Vorlauf und Rückstand einzelner Kontrollblöcke. Ein Kontrollblock umfasst je nach Detaillierungsgrad Einzelmaschinen, Maschinengruppen, oder ganze Fertigungsstufen. Aufgrund der hohen Auftragswiederholhäufigkeit und des Vorhandenseins aufeinander abgestimmter Informationssysteme bei Zulieferern und Abnehmern, eignet sich das Fortschrittszahlensystem vorwiegend für die Steuerung von Mittel- und

Großserienfertigungen in Unternehmen mit stabilen Zulieferbeziehungen (Eversheim 2002).

Neben den beschriebenen Verfahren erhalten Industrie 4.0-Ansätze auf Basis cyberphysischer Systeme (CPS), Internet-of-Things (IoT), Big Data, Künstlicher Intelligenz und Digitaler Zwillinge Einzug in die Produktionsplanung und -steuerung. Mit fortschreitender Vernetzung der Produktionsanlagen geht ein Wandel von der zentralen zur dezentralen Produktionssteuerung einher. Dabei besitzen die zu fertigenden Teile eine lokale Entscheidungsfähigkeit, sodass die Produktion produktorientiert erfolgt (Uhlmann et al. 2017a).

### 27.1.5 Produktionsbewertung

Die Qualität eines Endprodukts und seiner Bestandteile ist abhängig von der Übereinstimmung definierter Merkmale mit den daran gestellten Anforderungen. Das *Qualitätsmanagement* benötigt daher zuverlässige und quantitative Informationen über die Eigenschaften eines Produkts sowie die genutzten Prozessparameter bei dessen Herstellung. Zur Verwaltung, Auswertung und Bereitstellung der Daten sind Informations- und Anwendungssysteme erforderlich. Diese ermöglichen im Rahmen der *Qualitätssicherung* eine Bewertung der erzielten Ergebnisse sowie die Einleitung geeigneter Maßnahmen, um diese zu erhalten, zu sichern und zu verbessern. Die Qualitätssicherung umfasst unter anderem die Qualitätsplanung sowie die Qualitätsprüfung (Linß 2007; Schmidt et al. 2014; Weckenmann und Werner 2007).

Die *Qualitätsplanung* eines Produktes beinhaltet die Auswahl, Klassifizierung und Gewichtung der qualitätsbestimmenden Merkmale sowie schrittweises Konkretisieren aller Einzelforderungen an die Beschaffenheit zu Realisierungsspezifikationen (Linß 2007). Bei der Qualitätsplanung geht es daher im Wesentlichen um die Auswahl der qualitätsbestimmenden Merkmale eines Produktes sowie um die Festlegung von Toleranzbereichen. Absatzentscheidende Qualitätsmerkmale leiten sich im Wesentlichen von den Nutzenerwartungen potenzieller Anwender ab. Weitere Qualitätsmaßstäbe setzt der Gesetzgeber, die Konkurrenz oder das eigene Unternehmensprofil.

Der Vergleich von tatsächlichen Eigenschaften mit den Spezifikationen eines Produkts stellt im Rahmen der *Qualitätsprüfung* eine wichtige Informationsquelle für Entscheidungen hinsichtlich einzuleitender Korrekturmaßnahmen dar. Eine notwendige Voraussetzung zur Entscheidungsfindung sind Informationen über die Eignung und Fähigkeit der eingesetzten Prüfmittel. Eine Prüfung ist nach DIN EN-ISO 9000 [DIN EN-ISO 9000:2005] definiert als eine „Konformitätsbewertung durch Beobachten und Beurteilen, begleitet durch Messen, Testen oder Vergleichen". Der Begriff *Prüfen* umfasst dabei jede Art des Vergleichs von Eigenschaften eines Produkts mit den daran gestellten Qualitätsanforderungen (Weckenmann und Werner 2007).

Bei den im Rahmen der Fertigungsmesstechnik eingesetzten Prüfmitteln zur Erfassung geometrischer Größen handelt es sich um Handmesszeuge und Lehren, die den weit größten Anteil der eingesetzten Prüfmittel darstellen. Zur messtechnischen Erfassung von Form- und Lagetoleranzen werden taktil oder optisch arbeitende Messgeräte nach dem Funktionsprinzip der Koordinatenmesstechnik eingesetzt. Zusätzlich zu den Produkten der Fertigung ist auch eine Überprüfung der Prüfmittel selbst erforderlich. Fehlerhafte oder unzuverlässige Prüfergebnisse können zu erheblichem Schaden für den Kunden und das Unternehmen führen. Die Qualität der mess- und prüftechnisch erfassten Informationen ist letztlich entscheidend für die Qualität der ausgelieferten Produkte und damit für den Erfolg des Unternehmens. Eine geeignete Überwachung der eingesetzten Prüfmittel ist daher unerlässlich (Weckenmann und Werner 2007).

Anhand von Ergebnissen der Qualitätsprüfung ist es Ziel der *Qualitätslenkung*, die Anforderungen der Qualitätsplanung zu erfüllen, um damit die Qualitätssicherungsmaßnahmen überwachen und ggf. korrigieren zu können. Die unmittelbare Qualitätslenkung beeinflusst direkt den Fertigungsablauf, während die mittelbare Qualitätslenkung auf die Beseitigung von Fehlerursachen sowie auf die Qualitätsförderung zielt.

## 27.2 Digital integrierte Produktion

### 27.2.1 Informationstechnik in der Produktion

Die Planung und Steuerung in der Produktion basiert auf der Digitalisierung von Produkten, Prozessen, Anlagen und Systemen lebenszyklusorientiert entlang der gesamten Wertschöpfungskette. Der Einsatz von rechnergestützten Werkzeugen und Methoden stellt besondere Ansatzpunkte zur Steigerung der Effizienz in der gesamten Produktion zur Verfügung. Beispielsweise erlangten Konstrukteure in den 1980er-Jahren immense Vorteile durch die Einführung der CAD (Computer Aided Design)-Systeme. Diese Systeme erlauben die rechnergestützte Gestaltung, Änderung, Wiederverwendung und Ergänzung von Entwürfen bis zur Erfüllung aller Anforderungen. Durch bestimmte Funktionen, wie etwa Eingabehilfen für bestimmte geometrische Merkmale und Ansichten, konnte die Effizienz in der Konstruktion wesentlich gesteigert werden (Bracht et al. 2011; Schenk et al. 2014).

Die Entwicklung von Softwaresystemen für Computer Aided Manufacturing (CAM), Computer Aided Engineering (CAE) etc., zusammengefasst unter dem Begriff CAx, ermöglichte es, die verschiedenen Arbeitsschritte in der Produktion zu parallelisieren und zu verknüpfen. Dieses Vorgehen wird auch mit den Begriffen Concurrent Engineering oder Simultaneous Engineering beschrieben. Dabei können unterschiedliche Bereiche der Produktion bereits auf ein digitales Modell eines zu entwickelnden Bauteils zugreifen. Bei sehr fortgeschrittener Detaillierung des digitalen Modells, mit beispielsweise physikalischen Werkstoffkenngrößen und weiteren Metadaten, spricht man von einem Digital Mock-up (DMU). Diese ermöglichen eine Bauteilprüfung ohne Vorliegen eines realen Versuchsbauteils, beispielsweise die Kalkulation der Zugfestigkeit. Dazu werden die Modelle nach dem Prinzip der Finite Elemente Methode (FEM) in endlich kleine Elemente zerlegt, die über Knoten miteinander verbunden sind. Bei korrekter Festlegung der Randbedingungen liegen die Ergebnisse solcher Simulationen nahe am realen Fall (Sendler 2009).

Für die Simulation an digitalen Modellen stellen die Mehrkörpersimulation (MKS), die numerische Strömungsmechanik (engl. Computational Fluid Dynamics-CFD) und die virtuelle Realität (engl. Virtual Reality-VR) weitere Werkzeuge dar. Dabei kann bei der VR in ein 3D-Modell eingetaucht und mit diesem interagiert werden. Werden dem Benutzer situationsabhängig computergenerierte Bilder in die reale Welt eingeblendet, spricht man von erweiterter Realität (engl. Augmented Reality-AR), welche beispielsweise zur Anleitung bei Montageaufgaben Anwendung findet (Bracht et al. 2011; Schenk et al. 2014).

Die Konstruktions- und Planungsprozesse haben sich aufgrund der stetig steigenden Leistungsfähigkeit der Informationstechnologie grundlegend gewandelt. Aus der anfangs zeichnungsorientierten Konstruktion entwickelte sich so die heutige virtuelle Produkt- und Produktionsentstehung. Digitale Produktmodelle können in einer umfassenden Änderungshistorie und Variantenvielfalt in einem PDM-System (Product Data Management) dokumentiert und verwaltet werden. Um den gesamten Lebenszyklus des Produkts abzubilden, werden PLMs (Product Lifecycle Management)-Systeme eingesetzt, die alle Aspekte der Produktpflege und Produktion digital abbilden (Bracht et al. 2011).

Neben den Anwendungen in den Bereichen Produktkonstruktion (CAD), liegen weitere Möglichkeiten im Auftragsmanagement unter Nutzung von Produktionsplanungs- und Steuerungssystemen (PPS) und in der Fertigung (Computerised Numerical Control-CNC, CAM). Die Abgrenzung dieser Teilbereiche zueinander hatte Bestand, bis die enorme Leistungssteigerung der Rechensysteme und der Kommunikationstechnik eine weitere Integration der Anwendungen ermöglichte. Dies wird heute mit den Begriffen digitale Produkte und digitale Fabrik beschrieben. Früher wie heute lauten die drei Hauptanwendungsgebiete der rechnergestützten Produktion (Westkämper 2013):

- Administration und Managementsysteme mit Schwerpunkt der MRP (Material and Resource Planning)-Systeme,
- Systeme zur Produktentwicklung (CAx) die das Produktdatenmanagement (PDM) einbeziehen,
- Prozess-Automatisierung mit Schwerpunkt der MES (Manufacturing Execution Systems)-Systeme.

Die MES-Systeme vereinen die Funktionalität von Erfassungs- und Auswertesystemen der Bereiche Fertigung, Personal und Qualitätssicherung. Dabei werden CAQ (Computer Aided Quality) Assurance-Lösungen von einigen Anbietern als MES-System bezeichnet (Kletti et al. 2015).

Auf dem Gebiet der Fabrikplanung entwickelte sich die Rechnerunterstützung verzögert und langsamer. Vor allem durch die Automobilindustrie wurde eine CAD-gestützte Fabrikplanung vorangetrieben. Dies ermöglichte bei den immer komplexer werdenden Fertigungsstätten eine einheitliche Datenbasis für viele Planungstätigkeiten. Diese Softwarestruktur zur Fabrikplanung besteht im Wesentlichen bis heute (Bracht et al. 2011).

In Abb. 3 ist die Anwendung der Informationstechnik in der Produktion dargestellt.

Darauf aufbauend wurden Konzepte entwickelt, um Softwarelösungen miteinander zu verbinden und in Netzwerken zu organisieren. So konnte das Potenzial der bisherigen Systeme, die isoliert voneinander betrieben wurden, erhöht werden. Dieses Konzept mit dem Namen Computer Integrated Manufacturing (CIM) hatte das Ziel, eine Bereitstellung von digitalen Informationen durch alle Bereiche der Produktion sicherzustellen. Aufgrund vielfältiger technologischer, organisatorischer und wirtschaftlicher Gründe miss-

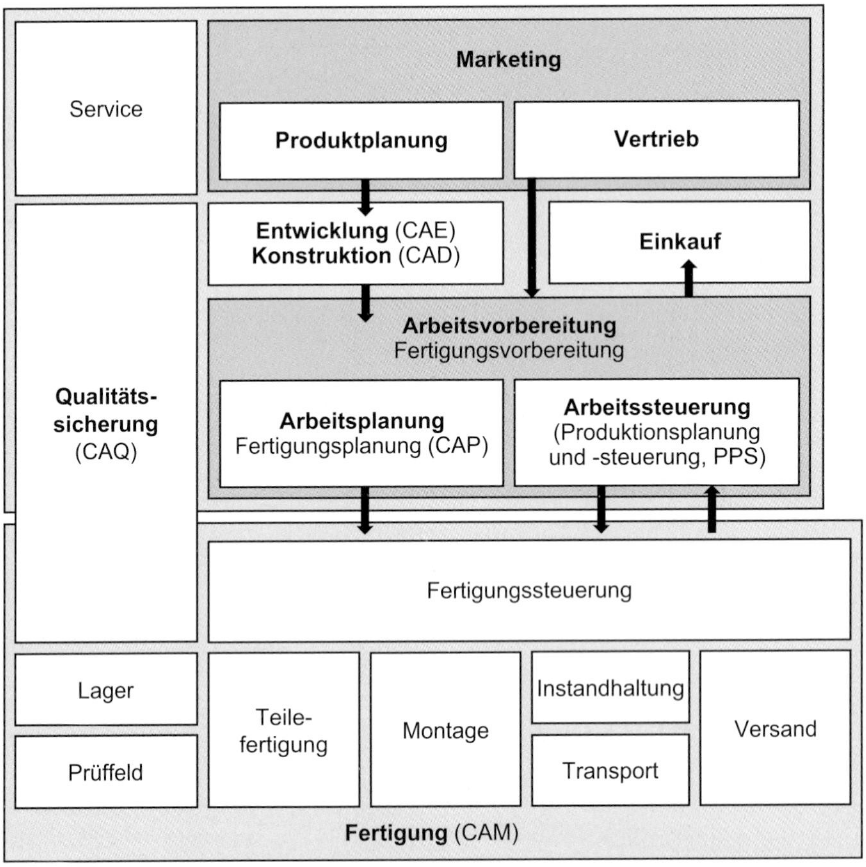


**Abb. 3** Angewandte Informationstechnik in der Produktion (nach Gausemeier und Plass 2014)

lang die Einführung und breite Umsetzung von CIM in der Praxis. Die Idee einer menschenleeren Fabrik scheiterte beispielsweise aufgrund von Produkt- oder Prozessänderungen, die die Komplexität eines automatisierten Fertigungsablaufs immens erhöhten. War eine vollautomatisierte Fertigung gelungen, stand der Kostenaufwand oftmals in keinem Verhältnis zu den Kosten für Bau, Betrieb und Instandhaltung. Jedoch wurden unterschiedliche Ansätze des CIM-Konzepts im Bereich Automatisierung und rechnergestützter Methoden zur Entwicklung der digitalen Fabrik übernommen. Die digitale Darstellung in Form von Modellen aller Produkte, Objekte und Ressourcen, die in einer vernetzten Umgebung verarbeitet werden, wird als digitale Produktion bezeichnet (Bracht et al. 2011; Westkämper 2013).

Die Vereinigung von Produktionstechnologien und der vorgestellten rechnergestützten Technologien bilden die Grundlage des Konzepts Industrie 4.0.

### 27.2.2 Industrie 4.0

Der Begriff „Industrie 4.0" wurde im April 2011 auf der Hannover Messe von Henning Kagermann, Wolf Dieter Lukas und Wolfgang Wahlster erstmalig der Öffentlichkeit vorgestellt (N. N. 2011). Der Zusatz 4.0 soll dabei zum einen verdeutlichen, dass es sich hierbei um die vierte industrielle Revolution handelt. Zum anderen stellt er den Bezug zur Informations- und Kommunikationstechnik (IuK) her, bei der die Versionsnummer einer Software meist in der Form *<Hauptversionsnummer>.<Nebenversionsnummer>* angegeben wird. Damit soll die zunehmende Bedeutung der IuK in der industriellen Produktion hervorgehoben werden. Abb. 4 zeigt die technologischen Meilensteine, welche die ersten drei industriellen Revolutionen kennzeichnen. Bezogen auf Industrie 4.0 ist festzustellen, dass wesentliche technologische Bausteine, die Industrie 4.0 ausmachen, bereits das aus den 1970er-Jahren stammende Konzept des Computer Integrated Manufacturing (CIM) prägen. Erst die konsequente Weiterentwicklung von IuK, Künstlicher Intelligenz sowie der Mikrosystemtechnik ermöglicht die digitale Durchdringung der gesamten Produktionsprozesskette und die Vernetzung innerhalb einer Fabrik inklusive ihrer Zulieferer hin zu einer Smart Factory (Ganschar et al. 2013).

Bei der Entwicklung der Digitalisierung in der Produktionstechnik seit den 1980er-Jahren spielen weltweite Trends wie Globalisierung, Fachkräftemangel, Sicherheit und Nachhaltigkeit eine treibende Rolle. Sie wirken sich auf alle Bereiche der industriellen Produktion, vom Management

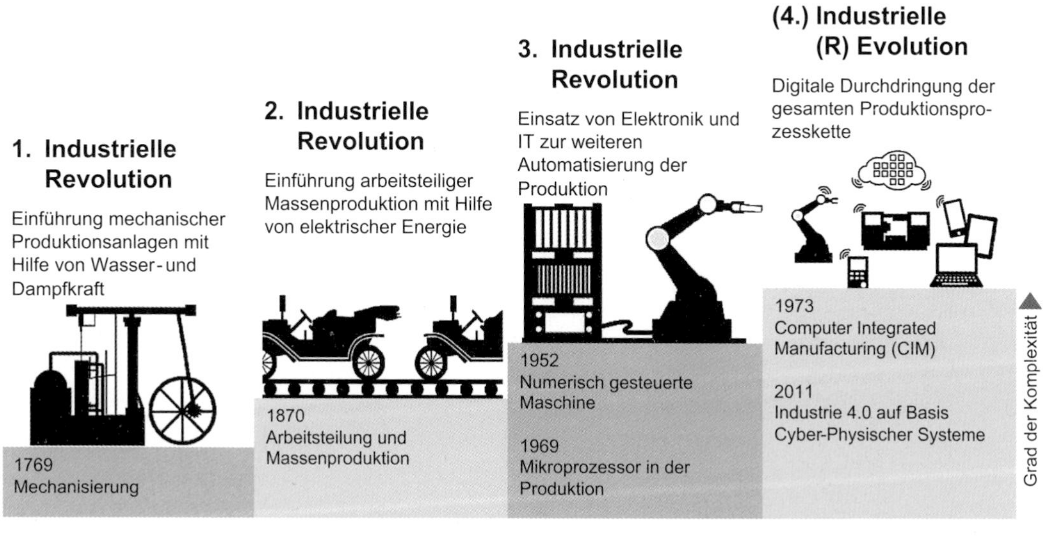


**Abb. 4** Phasen der industriellen Produktion auf dem Weg zu Industrie 4.0 (in Anlehnung an Kagermann et al. 2013)

über die Entwicklung, Fertigung und Montage bis hin zum Service, aus (Uhlmann et al. 2017b; Uhlmann 2019).

Es existieren zahlreiche Definitionen und Umschreibungen für Industrie 4.0, die sich im Detaillierungsgrad und Fokus unterscheiden. Die Plattform Industrie 4.0, welche unter der Leitung des Bundesministeriums für Wirtschaft und Energie (BMWi) und des Bundesministeriums für Bildung und Forschung (BMBF) steht, beschreibt Industrie 4.0 wie folgt: „Industrie 4.0 bezeichnet die intelligente Vernetzung von Maschinen und Abläufen in der Industrie mit Hilfe von Informations- und Kommunikationstechnologie" (Fresenius 2020).

Durch die damit einhergehende Verfügbarkeit aller relevanten Informationen in Echtzeit und die Vernetzung aller an der Wertschöpfung beteiligten Instanzen können dynamische, echtzeitoptimierte und selbstorganisierende, unternehmensübergreifende Wertschöpfungsnetzwerke entstehen. Die allgegenwärtige, umgebende Vernetzung von Menschen, Maschinen, Objekten und IT-Systemen ermöglicht die horizontale Integration in diese Wertschöpfungsnetze. Die strikte Trennung der etablierten hierarchischen Ebenen der Automatisierungspyramide wird aufgelöst (Abb. 5) (Bettenhausen und Kowalewski 2013).

Die Fertigungsintelligenz und -funktionen wechseln von einer Zentralisierung hin zur Dezentralisierung, was eine Neugestaltung der Zusammenarbeit von Mensch und Maschine in einem soziotechnischen System erfordert. Aus den großen Datenmengen lassen sich Informationen und Wissen extrahieren, die dazu genutzt werden können, jederzeit den Wertschöpfungsfluss zu optimieren und innovative datengetriebene Services sowie Geschäftsmodelle zu generieren (Uhlmann et al. 2017a).

Industrie 4.0 ist kein rein technologischer Ansatz, sondern erfordert die enge Zusammenarbeit unterschiedlicher Disziplinen mit dem Ziel, den Kundennutzen zu steigern. Wesentliche Disziplinen mit ihren jeweiligen Arbeitsfeldern, auf denen Industrie 4.0 aufbaut, sind in Abb. 6 aufgelistet Aufgrund unterschiedlicher Fachtermini und Interessenschwerpunkte stellt die interdisziplinäre Zusammenarbeit häufig eine große Herausforderung dar (Uhlmann 2019; Uhlmann et al. 2017b).

Eine wesentliche Voraussetzung für die Umsetzung von Industrie 4.0 bilden die sogenannten Cyber-Physischen Systeme (CPS). Sie ermögli-

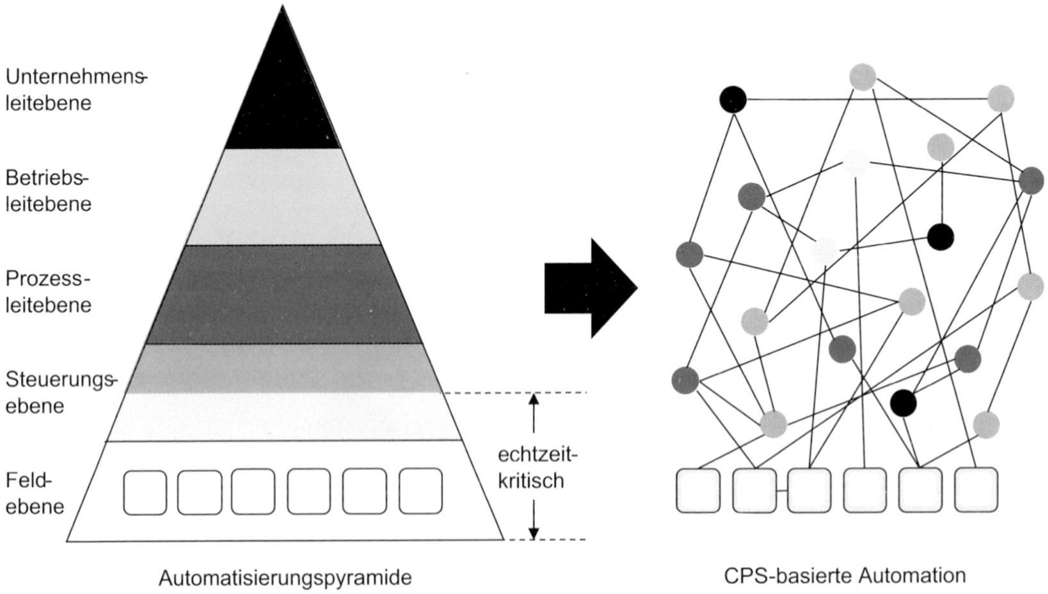


**Abb. 5** Übergang von der hierarchischen Automatisierungspyramide (links) zu einer heterarchischen Automation auf Basis Cyber-Physischer Systeme CPS (rechts) (nach Bettenhausen und Kowalewski 2013)

chen mittels eingebetteter Systeme und Kommunikationsschnittstellen eine Interaktion mit den an der Wertschöpfung beteiligten Instanzen mittels digitaler Netzwerke und vereinen somit die reale (physische) und die virtuelle (digitale) Welt. Im Kontext von CPS besteht ein eingebettetes System aus Sensoren und Aktoren zur Verbindung beider Welten sowie aus elektronischer Hardware, die in Kombination mit entsprechender Software die Schaffung intelligenter Systemfunktionalitäten, z. B. für predictive Maintenance, gestattet. Der prinzipielle Aufbau eines CPS mit seinen Komponenten entspricht einer Schalenstruktur und ist in (Abb. 7) dargestellt (Broy 2010).

CPS ermöglichen die Entwicklung intelligenter Produktionssysteme, welche als sogenannte Smart Objects die Basis für eine intelligente Fabrik (Smart Factory) darstellen. In einer Smart Factory sind entsprechend des Industrie 4.0-

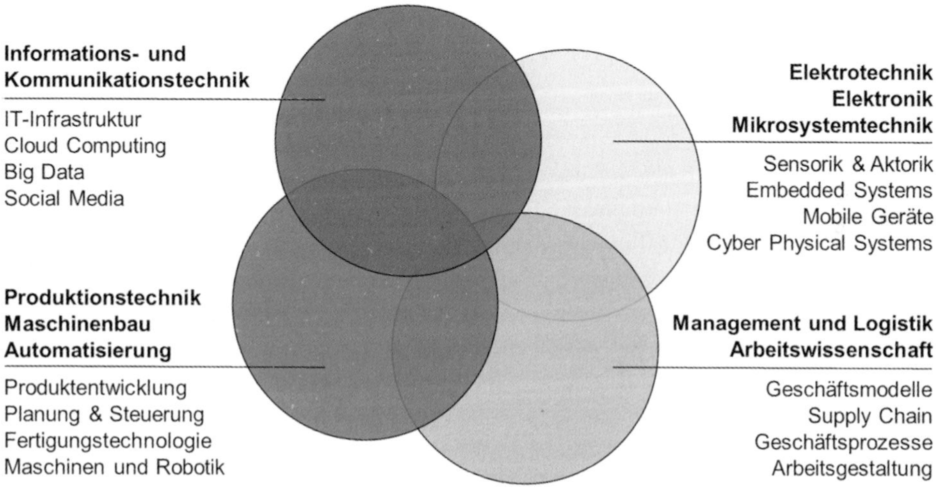


**Abb. 6** Vernetzung verschiedener Fachdisziplinen (nach Uhlmann 2019; Uhlmann et al. 2017b)

**Abb. 7** Schalenstruktur Cyber-Physischer Systeme (nach Broy 2010)

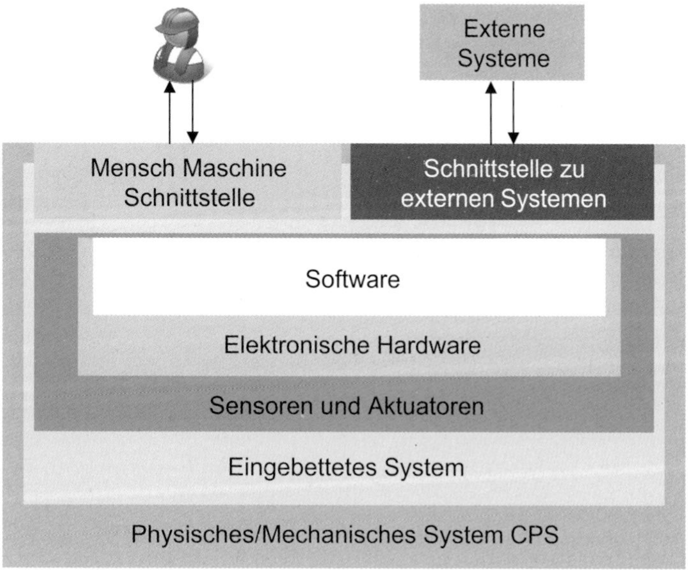

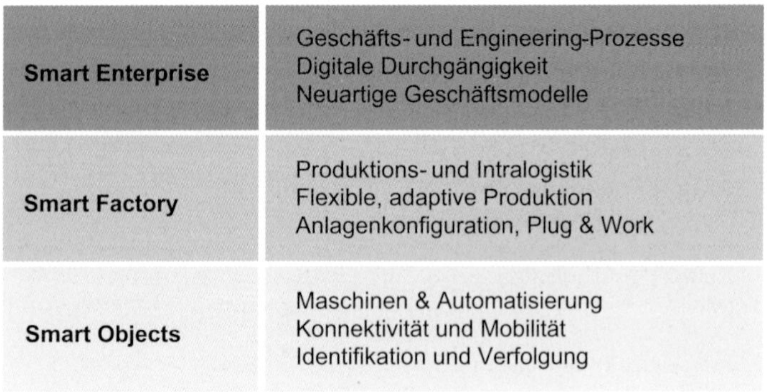


**Abb. 8** Ebenen und Innovationsbereiche von Industrie 4.0 (nach Uhlmann et al. 2015)

Paradigmas Maschinen, Menschen und Systeme miteinander vernetzt, wodurch eine selbstorganisierte Produktion möglich wird. Bei der obersten Ebene von Industrie 4.0 werden Unternehmen aufgrund der digitalen Durchgängigkeit in die Lage versetzt, Geschäfts- und Engineering-Prozesse zu optimieren und neuartige Geschäftsmodelle zu entwickeln. Mit dieser digitalen Transformation wird aus dem Unternehmen eine Smart Enterprise. Die Ebenen und Innovationsbereiche von Industrie 4.0 zeigt Abb. 8 (Uhlmann et al. 2015).

## Literatur

Bettenhausen KD, Kowalewski S (2013) Cyber-physical systems: Chancen und Nutzen aus Sicht der Automation. VDI/VDE-Gesellschaft Mess-und Automatisierungstechnik, Düsseldorf, S 9–10

Bracht U, Geckler D, Wenzel S (2011) Digitale Fabrik. Springer, Heidelberg/Dordrecht/London/New York

Broy M (2010) Cyber-Physical Systems – Wissenschaftliche Herausforderungen bei der Entwicklung. In: Broy M (Hrsg) Cyber-Physical Systems – Innovationen durch software-intensive eingebettete Systeme, 1. Aufl. Springer, Berlin/Heidelberg, S 17–31

Dangelmaier W (2009) Theorie der Produktionsplanung und -steuerung: Im Sommer keine Kirschpalmen? Springer, Berlin

Eversheim W (1996) Organisation in der Produktionstechnik, Bd 1. Springer, Berlin/Heidelberg

Eversheim W (2002) Organisation in der Produktionstechnik, Bd 3. Springer, Berlin/Heidelberg

Felfe J (2009) Mitarbeiterführung. Hogrefe, Göttingen

Fresenius T (2020) Was ist Industrie 4.0? BMWi – BMBF. https://www.plattform-i40.de/PI40/Navigation/DE/Industrie40/WasIndustrie40/was-ist-industrie-40.html. Zugegriffen am 24.02.2020

Ganschar O, Gerlach S, Hämmerle M, Krause T, Schlund S (2013) In: Spath D (Hrsg) Produktionsarbeit der Zukunft – Industrie 4.0. Fraunhofer IRB, Stuttgart

Gausemeier J, Plass C (2014) Zukunftsorientierte Unternehmensgestaltung, 2. Aufl. Hanser, München

Hahn D, Laßmann G (1999) Produktionswirtschaft – Controlling industrieller Produktion. , Bd 1, 2, 3. Aufl. Physica-Verlag, Heidelberg

Hammer R (2015) Unternehmensplanung – Planung und Führung, 9. Aufl. de Guyter, Berlin

Hehenberger P (2011) Computergestützte Fertigung: Eine kompakte Einführung. Springer, Berlin

Kagermann H, Wahlster W, Helbig J (Hrsg) (2013) Umsetzungsempfehlungen für das Zukunftsprojekt Industrie 4.0. Abschlussbericht des Arbeitskreises Industrie 4.0. Forschungsunion im Stifterverband für die Deutsche Wirtschaft e.V., Berlin

Kletti J, Deisenroth R, Diesner M, Kletti W, Lübbert J-P, Schumacher J, Strebel T (2015) MES als Werkzeug für die perfekte Produktion. In: Kletti J (Hrsg) MES – Manufacturing Execution System. Moderne Informationstechnologie unterstützt die Wertschöpfung. Springer, Berlin, S 19–29

Kurbel K (2016) Enterprise Resource Planning und Supply Chain Management in der Industrie: Von MRP bis Industrie 4.0, 8. Aufl. de Gruyter, Berlin

Linß G (2007) Prüfplanung. In: Pfeifer T, Schmitt R (Hrsg) Handbuch Qualitätsmanagement. Carl Hanser, München, S 517–545

Lödding H (2016) Verfahren der Fertigungssteuerung. Springer, Berlin/Heidelberg

Mertins K, Rabe M (1994) Produktionsplanung. In: Spur G, Stöferle T (Hrsg) Handbuch der Fertigungstechnik – Fabrikbetrieb, Bd 6. Carl Hanser, München/Wien, S 104–131

N. N. (2011) Industrie 4.0: Mit dem Internet der Dinge auf dem Weg zur 4. Industriellen Revolution. In: VDI nachrichten Nr. 13-2011. VDI, Düsseldorf, S 2

Nicolai C (2017) Personalmanagement, 4. Aufl. UVK Verlagsgesellschaft mbH, Konstanz

Schenk M, Wirth S, Müller E (2014) Fabrikplanung und Fabrikbetrieb, 2. Aufl. Springer, Berlin/Heidelberg

Schlick C, Bruder R, Luczak H (2018) Arbeitswissenschaft, 4. Aufl. Springer Vieweg, Berlin

Schmidt C, Meier C, Kompa S (2014) Informationssysteme für das Produktionsmanagement. In: Schuh G, Schmidt C (Hrsg) Produktionsmanagement. Springer, Berlin/Heidelberg, S 281–378

Schuh G (2012) Innovationsmanagement: Handbuch Produktion und Management 3, 2. Aufl. Springer Vieweg, Berlin

Schuh G, Gierth A (2006) Einführung. In: Schuh G (Hrsg) Produktionsplanung und -steuerung: Grundlagen, Gestaltung und Konzepte, 3. Aufl. Springer, Berlin

Schuh G, Brandenburg U, Cuber S (2012) Aufgaben. In: Schuh G, Stich V (Hrsg) Produktionsplanung und -steuerung 1: Grundlagen der PPS, 4. Aufl. Springer Vieweg, Berlin

Schulte G (2009) Unternehmensübergreifende Produktionsplanung, 1. Aufl. JOSEF EUL, Köln

Sendler U (2009) Das PLM-Kompendium. Referenzbuch des Produkt – Lebenszyklus – Managements. Springer, Berlin/London

Uhlmann E (2019) Digital integrierte Produktion – Stand und Perspektiven. In: Digital integrierte Produktion – Lösungen aus Berlin Brandenburg. Vorträge Proceedings PTK 2019: XVI. Internationales Produktionstechnisches Kolloquium, Berlin, 12–13. September 2019. Uhlmann, E (Hrsg) und Fraunhofer-Institut für Produktionsanlagen und Konstruktionstechnik IPK. Fraunhofer IPK, Berlin, S 9–23

Uhlmann E, Kohl H, Hohwieler E (2015) Potenzialanalyse Industrie 4.0 – Berlin. Auftaktworkshop am 12.02.2015. https://www.berlin.de/industriestadt/industrie-4-0/potenzialanalyse-i4-0-vortragipk.pdf. Zugegriffen am 25.02.2020

Uhlmann E, Hohwieler E, Geisert C (2017a) Intelligent production systems in the era of industrie 4.0 – changing mindsets and business models. In: Jędrzejewski J (Hrsg) Journal of Machine Engineering, Vol. 17, No. 2. Editorial Institution of Wrocław Board of Scientific Technical Societies Federation NOT, S 5–24

Uhlmann E, Hohwieler E, Geisert C (2017b) Intelligent production systems in the era of industrie 4.0 – changing mindsets and business models. J Mach Eng 17(2):5–24

VDI 2220 (05.1980) Produktplanung Ablauf, Begriffe und Organisation. VDI, Düsseldorf

Weckenmann A, Werner T (2007) Messen und Prüfen. In: Pfeifer T, Schmitt R (Hrsg) Handbuch Qualitätsmanagement. Carl Hanser, München, S 619–659

Westkämper E (2013) Definition und Entwicklung der digitalen Produktion. In: Westkämper E et al (Hrsg) Digitale Produktion. Springer Vieweg, Berlin, S 47–49

Yang G (2005) Produktionsplanung in komplexen Wertschöpfungsnetzwerken: Ein integrierter hierarchischer Ansatz in der chemischen Industrie. Deutscher Universitätsverlag/GWV Fachverlage GmbH, Wiesbaden

# Teil VII

# Logistik

# Logistik

# 28

Michael ten Hompel, Christian Prasse, Thorsten Schmidt, Michael Schmidt, Uwe Clausen, Moritz Pöting, Michael Henke, Christoph Besenfelder und Jakob Rehof

## Inhalt



M. ten Hompel (✉)
Lehrstuhl für Förder- und Lagerwesen, Technische Universität Dortmund, Dortmund, Deutschland

Fraunhofer-Institut für Materialfluss und Logistik, Dortmund, Deutschland
E-Mail: michael.tenHompel@tu-dortmund.de; michael.ten.hompel@iml.fraunhofer.de

C. Prasse
Fraunhofer-Institut für Materialfluss und Logistik (IML), Dortmund, Deutschland
E-Mail: Christian.Prasse@iml.fraunhofer.de

T. Schmidt
Institut für Technische Logistik und Arbeitssysteme, Technische Universität Dresden, Dresden, Deutschland
E-Mail: thorsten.schmidt@tu-dresden.de

M. Schmidt
Fraunhofer-Institut für Materialfluss und Logistik (IML), Dortmund, Deutschland
E-Mail: michael.schmidt@iml.fraunhofer.de

© Der/die Autor(en), exklusiv lizenziert durch Springer-Verlag GmbH, DE, ein Teil von Springer Nature 2022

M. Hennecke, B. Skrotzki (Hrsg.), *HÜTTE Band 2: Grundlagen des Maschinenbaus und ergänzende Fächer für Ingenieure*, Springer Reference Technik,
https://doi.org/10.1007/978-3-662-64372-3_77

**Zusammenfassung**

Logistik ist sowohl eine anwendungsorientierte Wissenschaftsdisziplin als auch ein Wirtschaftszweig und eine betriebliche Funktion in Organisationen. Wichtige Wirtschaftsfunktionen sind die Steuerung von Waren- und Informationsflüssen, der Transport und die Lagerung von Gütern. Im Rahmen dieses Kapitels werden zunächst Aufgaben und Ziele sowie Prinzipien und Strategien der Logistik vorgestellt. Darauf folgt eine horizontale Sichtweise auf die Funktionen bzw. Anwendungsdomänen der Logistik. Schließlich erfolgt eine Beschreibung der vertikalen Stufen von Wertschöpfungsnetzwerken.

U. Clausen
Fraunhofer-Institut für Materialfluss und Logistik (IML), Dortmund, Deutschland

Institut für Transportlogistik, Technische Universität Dortmund, Dortmund, Deutschland
E-Mail: uwe.clausen@iml.fraunhofer.de

M. Pöting
Institut für Transportlogistik, Technische Universität Dortmund, Dortmund, Deutschland
E-Mail: poeting@itl.tu-dortmund.de

M. Henke · C. Besenfelder
Fraunhofer-Institut für Materialfluss und Logistik (IML), Dortmund, Deutschland

Lehrstuhl für Unternehmenslogistik (LFO), Technische Universität Dortmund, Dortmund, Deutschland
E-Mail: michael.henke@iml.fraunhofer.de; christoph.besenfelder@iml.fraunhofer.de

J. Rehof
Fraunhofer-Institut für Software- und Systemtechnik ISST, Dortmund, Deutschland

Lehrstuhl für Software Engineering (LS14) – Technische Universität Dortmund, Dortmund, Deutschland
E-Mail: Jakob.Rehof@isst.fraunhofer.de

## 28.1 Logistik als essenzieller Bestandteil von Wertschöpfungsnetzwerken

### 28.1.1 Definition von Logistik als Anwendung, Branche und Wissenschaft

Logistik ist sowohl eine anwendungsorientierte Wissenschaftsdisziplin als auch ein Wirtschaftszweig und eine betriebliche Funktion in Organisationen.

Als Wissenschaftsdisziplin „analysiert und modelliert sie arbeitsteilige Wirtschaftssysteme als Flüsse von Objekten (v. a. Güter und Personen) in Netzwerken durch Zeit und Raum und liefert Handlungsempfehlungen zu ihrer Gestaltung und Implementierung. Die primären wissenschaftlichen Fragestellungen der Logistik beziehen sich somit auf die Konfiguration, Organisation, Steuerung oder Regelung dieser Netzwerke und Flüsse.“ (Delfmann et al. 2011, S. 262–274)

Mit einem Umsatz von rund 267 Milliarden Euro und mehr als 3 Millionen Beschäftigten ist die Logistik der drittgrößte Wirtschaftsbereich Deutschlands. Europaweit beläuft sich der Logistik-Markt auf ca. 1050 Milliarden Euro.

Wichtige Wirtschaftsfunktionen sind die Steuerung von Waren- und Informationsflüssen, der Transport und die Lagerung von Gütern.

#### 28.1.1.1 Historische Entwicklung und Definition der Logistik

Logistische Probleme und Fragestellungen existieren schon sehr lange – ob beim Pyramidenbau, der Versorgung von militärischen Einheiten oder dem Transport von Gütern und Nachrichten. Logistik kann vereinfacht als Wissenschaft zur Optimierung von Transport-, Umschlag- und Lagerprozessen verstanden werden. Seit dem Aufkommen dieses Verständnisses können zwei weitere Evolutionsschritte identifiziert werden: (i) Das Hinzukommen der Aufgabe zur Koordination von Prozessen bzw. die Integration von Wertschöpfungsketten als Fließsysteme und schließlich (ii) die Ergänzung um Aufgaben der Koordination weltweiter Wertschöpfungsnetzwerke unter Einbezug sozioökonomischer Faktoren.

Der Begriff Logistik leitet sich aus dem griechischen „Logos“ – Verstand, Vernunft, ab. Genau hier setzt auch die moderne Logistik, die sich etwa in den letzten 70 Jahren zu einer komplexen Disziplin zur Planung, Steuerung und Optimierung von Wertschöpfungsnetzwerken entwickelt hat, an. Primäres Ziel ist nicht mehr ausschließlich die richtigen Güter zur richtigen Zeit am richtigen Ort in der richtigen Qualität vorzuhalten, sondern dies in einer „vernünftigen“ Art zu tun. Hier stehen heute immer wichtiger werdende und teilweise im Gegensatz befindlich Ziele wie Ressourceneffizienz, Ökologie, Synergieeffekte oder die Einhaltung von gesetzliche Restriktionen im Fokus. Logistik kann daher wie folgt definiert werden: „Logistik beschreibt die vernünftige Bewegung von Gütern, Menschen und Informationen, an Orten, durch Zeit und in Relationen“.

#### 28.1.1.2 Zunahme der Bedeutung von Logistik

Während die ursprüngliche Bedeutung der Logistik notwendigerweise nicht aus der Logistik selber entstanden ist, sind die folgenden Weiterentwicklungen ganz wesentlich durch die logistische Forschung und Anwendung selber beeinflusst. Hierzu zählen insbesondere Taiichi Ohnos „The Toyota Production System“ (1978/1982), welches zum Ausgangspunkt des „Lean Manufacturing“ wurde, sowie Arbeiten von Oliver/Webber (1982), welche das Supply Chain Management begründeten. Diesen Arbeiten gemein ist die Verwendung der Metapher des „Flusses“, welche die Handhabung von Objekten in oft komplexen Systemen als eine Abfolge von (sequenziellen) Aktivitäten beschreibt, die zu lenken und zu kontrollieren sind.

Die Verwendung dieser Sichtweise ist bis ins 18. Jahrhundert zurückzuverfolgen (vgl. Francois Quesnays Arbeiten zum ‚Tableau économique‘). Ein viel direkterer Einfluss auf die Entwicklungen von Ohno und Oliver/Webber ist insbesondere Jay Forrester zuzuschreiben, welcher im Jahr 1958 mit „Industrial Dynamics“ ein Grundlagenwerk der Systemwissenschaften schuf, welches viele Problemstellungen und Lösungen des modernen Supply Chain Managements antizipierte. Gleichzeitig wird durch diese Entwicklungen die Bedeutung der Logistik vom Fokus auf Transferaktivitäten (Raum-, Zeit-, Zusammenstellungstransformationen) um Aspekte einer Managementphilosophie ergänzt. Die in der ersten Bedeutung häufig im Vordergrund stehende operative Zieldimension der Effizienz wird hierdurch um strategische Zieldimensionen und einen Führungsanspruch der Logistik erweitert (vgl. Göpfert 2016).

Logistik und Produktion verschmelzen immer mehr zu Wertschöpfungsnetzwerken, in welchen die Verkettungen von Lieferanten zu Kunden nicht mehr linear und als unidirektionale Verknüpfung verstanden werden, sondern vielmehr als ein Netzwerk, welches sich um eine gemeinsame Verbraucherbasis mit einer Vielzahl an Kanälen und Schnittstellen. Die Aufgabenteilung ist hier nicht mehr so klar ist wie in den klassischen Wertschöpfungsketten, in denen z. B. Logistikdienstleister nur den Transport übernommen haben und entscheidende Impulse mit netzwerkweiten Auswirkungen gehen immer mehr von der Verbraucherbasis aus.

#### 28.1.1.3 Schnittstellen und Standardisierung in der Logistik

Die Logistik zeichnet sich prinzipiell durch einen verbindenden Charakter aus – Logistik verbindet Orte, Unternehmen, Menschen. Dazu bedarf es sowohl informativer als auch physischer Schnittstellen, die eine gewisse Allgemeingültigkeit im Sinne von Normen aufweisen. In der Rückschau kann festgestellt werden, dass wesentliche Meilensteine in der Entwicklung der Logistik durch bzw. in der Folge von Standardisierung erreicht wurden. Einige zentrale Beispiele hierfür sind:

- Standardisierung von Wegen und Netzen, Thurn und Taxis-Post, 1806–1867
- Standardisierung von Produktion und Teilen, Henry Ford mit der Gründung der Ford-Werke, 1903
- Standardisierung von Ladehilfsmitteln und Erfindung des Containers, Malcom P. McLean, 1956
- Standardisierung von Prozessen
  - Toyota Produktionssystem, ab 1960er
  - Supply Chain Management mit JIT, JIS etc., ab 1980er
- Standardisierung von Netzen und Kommunikation
  - Erfindung des World Wide Web, J. B. Lee, 1989
  - Supply Chain wird zum Supply Network, M. Christopher, 1998
- Standardisierung von Daten
  - ebXML für elektronische Geschäftsprozesse, UN/CEFACT und OASIS, 1999
  - Electronic Product Code, Auto-ID Center, 1999
- Standardisierung von Services und Infrastruktur
  - Industrie 4.0: Digitale Vernetzung, Transparenz, Assistenz und dezentrale Entscheidungen, ab 2013
  - Aufbau echtzeitfähige Kommunikationsnetzwerke intelligenter und autonomer Entitäten auf Basis des 5G-Standards, ab 2018

#### 28.1.1.4 Gegenstände der Logistik – Dinge, Orte und Ressourcen

**Bewegung von Menschen und Dingen**

Ein der Logistik innewohnendes Prinzip ist das der „Bewegung von Dingen". Aus der Historie heraus handelte es sich bei der Betrachtung der Bewegung von Dingen zumeist um die Betrachtung physischer Objekte im Sinne von Gütern im Allgemeinen, Transportmitteln, z. B. Schiffe, Flugzeuge, Züge und Lkw sowie Ladungsträgern, z. B. Container, Paletten oder Schachteln. Auch die Bewegung bzw. der Transport von Menschen kann prinzipiell hierunter gefasst werden. So wird beispielsweise die Bewegung von Dingen X und Y von Ort A nach Ort B innerhalb eines vorgegebenen Intervalls Z gegeben ist, beschrieben. Die Vernunft der Bewegung (vgl. Abschn. 1.1.1) der Dinge X und Y von A nach B könnte zum Beispiel bedeuten, dass die kürzeste Strecke gewählt wird, muss es aber nicht (es könnte z. B. sein, dass die kürzeste Strecke wegen Staubildungen nicht die schnellste ist). Somit fallen unter den Begriff der Vernunft u. a. der Bereich der Prinzipien der klassischen *Optimierung* (z. B. des Operations Research).

Im neueren Verständnis der Logistik setzt sich eine deutlich weiter gefasste Definition des logistischen Dinges durch. Demnach kann ein logistisches Ding als das verstanden werden, was eindeutig *identifiziert* und im logistischen Sinne (vernünftig) bewegt werden kann.

Zu den Prinzipien der *Identifikation* gehören alle Formen der *Beschreibung*, die zur Identifikation der Dinge dienen. Zum Beispiel können *Barcode-* und *RFID-Technologien* ebenso wie *Bilderkennung* nach Prinzipien der logistischen Identifikation *physischer Dinge* zum Einsatz kommen. Obwohl physische Dinge wohl als primär logistische Dinge im Sinne der dinglichen Bewegung nach den Prinzipien des *Materialflusses* gelten dürfen, können logistische Dinge aber

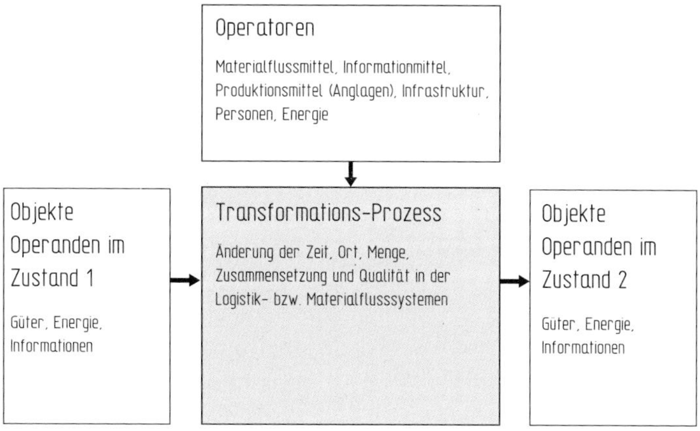


**Abb. 1** Transformationsprozesse in der Logistik (ten Hompel et al. 2018)

auch abstrakterer Natur sein. Zum Beispiel kann die Logistik sich mit der vernünftigen Bewegung von *Energie* (z. B. *Strom*) befassen (nach Prinzipien des *Energieflusses*) oder mit der vernünftigen Bewegung von *Tausch- und Zahlungsmitteln* (nach Prinzipien des *Finanzflusses*) oder auch mit der vernünftigen Bewegung von *Informationen* (nach Prinzipien des *Informationsflusses*).

Die Prinzipien in der Verbindung von Logistik und Informatik im Sinne eines Informationsflusses werden im Bereich der *Informationslogistik* und in deren Zusammenhang nach *informationslogistischen Prinzipien* untersucht. Wird Information als logistisches Ding im Sinne der Informationslogistik betrachtet, dann können *Metadaten* als Identifikations- und Beschreibungsmittel wirksam werden.

**Orte und Relationen**

Die logistische Bewegung verbindet Orte über Relationen. Im Sinne der Graphentheorie können Orte als Knoten und Relationen als Kanten von logistischen Netzwerken verstanden werden. Orte sind dabei

- innerbetrieblich (z. B. Einlager- und Auslagerpunkte, Lager und Bereitstell- bzw. Übergabeflächen),
- außerbetrieblich (z. B. offene Logistikzentren, wie Güterverkehrszentren, Häfen oder Flughäfen und geschlossene Logistikzentren, wie Distributionszentren, Umschlagpunkte oder Lagerstandorte im Allgemeinen),
- die Schnittstellen zwischen innerbetrieblicher und außerbetrieblicher Betrachtung (z. B. Wareneingangs- und Warenausgangstore) zu verstehen.

Relationen stellen die Ortsveränderungen, d. h. die Transporte, zwischen Knoten dar. Sowohl Orte und Relationen als auch ihre Integration zu häufig weltumspannenden Netzwerken sind Betrachtungsgegenstand der Logistik.

**Prozesse und Ressourcen**

Ein Prozess ist eine „Gesamtheit von aufeinander einwirkenden Vorgängen in einem System, durch die Materie, Energie oder Information umgeformt, transportiert oder gespeichert wird“ (Deutsches Institut für Normung e. V. 2009). Werden logistische Dinge logistischen Prozessen in Systemen unterzogen, entsteht eine logistische Leistung. Diese beschreibt den Output von logistischen Prozessen nach Menge und Qualität (Arnold et al. 2008) und kann in Anlehnung an Jünemann wie folgt differenziert werden:

- Bereitstellung logistischer Produktionsfaktoren
- Durchführung logistischer Prozesse
- Überwindung von Raum- und Zeitdisparitäten
- Sicherstellung der Verfügbarkeit von Ressourcen

Bei der Durchführung von logistischen Prozessen werden Ressourcen beansprucht. Diese sind zu managen. Im Einzelnen sind dies Personal,

Flächen, Bestand, Arbeitsmittel, Arbeitshilfsmittel und Organisationsmittel. In logistischen Netzen werden die beanspruchten Ressourcen miteinander verknüpft, um eine Gesamtleistung zu erbringen (Arnold et al. 2008).

### 28.1.2 Aufgaben und Ziele der Logistik

Es ist die Aufgabe der Logistik die Bewegung (hierzu gehört auch Lagern als Grenzfall) von Gütern, Menschen und Informationen vernünftig zu gestalten, zu organisieren, zu planen, zu steuern, zu kontrollieren und zu verbessern. Dies wird im Folgenden näher erläutert.

#### 28.1.2.1 Logistische Gestaltung und Organisation

Die logistische Gestaltung schafft die Voraussetzung für die vernünftige Bewegung von Gütern, Menschen und Informationen, an Orten, durch Zeit und in Relationen. Die logistische Organisation beinhaltet einerseits die fortlaufende Gestaltung logistischer Prozesse (Organisation) und die grundlegende wie auch fortlaufende, strukturelle Gestaltung logistischer Netze und Systeme andererseits. Hierzu zählen neben anderen auch Verfahren des Komplexitätsmanagements und autonome Systeme, Netzwerkstrukturen und -governance. Gestaltung und Organisation orientieren sich an der Erreichung vernünftiger Ziele und Ergebnisse. Die Zielerreichung bemisst sich an einer Reihe von Eigenschaften (Fähigkeiten) des betrachteten Ortes, Prozesses, Netzes etc. hierzu zählen unter anderem (Bretzke 2011):

**Flexibilität** beschreibt im logistischen Umfeld die Fähigkeit, gegebene Ressourcen einem Bedarf entsprechend (flexibel) einzusetzen. Eine flexible Fertigung ist beispielsweise dadurch gekennzeichnet, dass eine Reihe unterschiedlicher Produkte auf derselben Fertigungslinie – mit derselben Logistik – produziert werden können. Die Eigenschaft, Dinge marktnah und in kleinen Losgrößen zu produzieren und zeitnah ausliefern zu können, ist ein weiteres Beispiel für Flexibilität.

**Wandelbarkeit** bezeichnet in der Logistik die über die Flexibilität hinausgehende Fähigkeit zur strukturellen Anpassung. Ein wandlungsfähiges Logistiksystem hat die Eigenschaft, ungeplante, strukturelle Veränderungen, wie zum Beispiel die Integration zusätzlicher Funktionseinheiten in einem System oder zusätzlicher Knoten in einem Netz, in vernünftiger Weise integrieren und implementieren zu können.

**Robustheit** (Resilienz) bezeichnet die Fähigkeit, auf Änderungen wichtiger Randbedingungen reagieren zu können, ohne dabei die Gestalt der betrachteten Einheit ändern zu müssen.

**Planbarkeit** beschreibt die Eigenschaft, (kausale) Folgen von Ereignissen mit einer für den angestrebten Zweck ausreichenden Genauigkeit vorhersagen zu können (d. h. wie etwas ist, wenn etwas passiert). In der Logistik werden hierzu häufig Methoden aus den Bereichen Operations Research und Data Analytics sowie der ereignisdiskreten (Materialfluss-)Simulation herangezogen.

**Ressourceneffizienz** ist neben der Effektivität von logistischen Systemen ein wesentlicher und insbesondere zukünftig immer wichtiger werdender Erfolgsfaktor. Wesentliches Ziel der Ressourceneffizienz ist der vernünftige – in diesem Kontext nachhaltige – Umgang von Energie, Material, Arbeitskraft etc.

#### 28.1.2.2 Logistische Planung

Planung im eigentlichen Sinne greift der operativen Tätigkeit voraus. Sie zielt darauf ab, eine (oft neue, andersartige, intendiert bessere) Realität zu schaffen, die es ohne sie nicht gegeben hätte, und sie verändert damit (etwa über das Lernen aus Erfahrung) den Kontext zukünftiger Gestaltung, Planung usw. Anders formuliert ist Planung die gedankliche Vorwegnahme einer zielgerichteten aktiven Zukunftsgestaltung. Hierbei sind in befristeter Zeit, mit vorgegebenen Kosten und unter Berücksichtigung aller wesentlichen Einflussgrößen die dazu notwendigen Entscheidungen vorzubereiten. Planung ist somit als ein Prozess zwischen einem Anfangszustand (der Problemstellung) und einem Endzustand (dem Ergebnis), unter Berücksichtigung von Effektivität und Effizienz, zu verstehen.

Planung wird erst durch unsichere Erwartungen notwendig – eine Welt sicherer Erwartungen wäre einfach zu organisieren. Ihre Aufgabe darin, die logistische Realisierung/Durchführung zu ermöglichen – ist nicht selten mit der Reduktion von Komplexität der innewohnenden Aufgabe durch Modellierung verbunden. Die Entwicklung und der Einsatz von Heuristiken, d. h. die mutmaßende Schlussfolgerung über Systeme auf der Basis begrenzten Wissens, nimmt in der Planung eine wichtige Rolle ein. Gemeinsam mit der Simulation bilden sie hoch relevante Planungsinstrumente für komplexe (logistische) Systeme.

Innerhalb von arbeitsteiligen Organisationen kommt der Planung oft noch eine weitere Funktion zu: die Koordination von Entscheidungen unterschiedlicher Subsysteme (z. B. Beschaffung, Produktion und Absatz). Das Konzept des Supply Chain Management fußt nicht unwesentlich auf der Idee einer *unternehmensübergreifenden* Planung („Management beyond the limits ownership", vgl. Bretzke (2011)).

#### 28.1.2.3 Durchführung und Realisierung

Die Durchführung/Realisierung im eigentlichen Sinne beschreibt die Ausführung einer operativen Tätigkeit, die Erledigung einer Aufgabe oder die Umsetzung eines Plans. Die logistische Durchführung und Realisierung beschreibt die Erfüllung der logistischen Aufgabe nach den geplanten Vorgaben innerhalb der gestalteten Abläufe und Strukturen.

Die Ausführung der logistischen Bewegung auf logistischen Relationen in logistischen Netzen und Systemen, wird durch die Planung vorgedacht. Die logistische Durchführung und Realisierung schließt die Abwicklung von Prozessen und die Steuerung von Bewegungen auf Relationen ein.

#### 28.1.2.4 Überwachung (Tracking/Monitoring)

Logistische Überwachung beschreibt die Kontrolle und Prüfung einer Planerfüllung. Sie schließt die direkte Beobachtung der logistischen Dinge in ihrer Bewegung und den Abgleich mit dem Plan wie auch die Überwachung von indirekten Daten, die bei der Durchführung/Realisierung erzeugt und ggf. aggregiert werden, mit ein. Die Identifikation von Planabweichungen führt zu logistischen Entscheidungen bzw. zu einer Einleitung von (Gegen-)Maßnahmen, die die Durchführung wieder in die geplanten Bewegungen zurückführen oder eine neue Planung anhand der neuen Bedingungen anstoßen.

Im Sinne einer permanenten Planungsbereitschaft sollen innovative Prinzipien und Methoden der logistischen Überwachung geschaffen werden, welche u. a. auf Mustererkennung (flexible Reaktionsmuster) und Selbstorganisation beruhen und neue Technologien sowie innovative Services nutzen (z. B. autonome Systeme auf Basis echtzeitfähiger 5-G-Kommunikationsnetze).

### 28.1.3 Prinzipien und Strategien in der Logistik

Prinzipien sind Grundsätze nach denen Systeme, Organisationen etc. funktionieren. Sie bilden die Grundlage für Regeln (Ordnung) und Methoden (Weg). Wenn von logistischen Prinzipien gesprochen wird, ist primär die grundsätzliche Ausrichtung von Materialfluss-, Transport- oder Wertschöpfungssystemen gemeint. Nicht ausschließlich, aber grundsätzlich lassen sich die folgenden logistischen Prinzipien unterscheiden:

#### 28.1.3.1 Gerichteter Fluss

Die laminare (nicht turbulente) Strömung als effiziente Form eines dinglichen Flusses (Materialflusses) erscheint als ein naturgegebenes Prinzip, auf dem auch die Logistik gründet. Es beinhaltet das *Prinzip des gerichteten (Material-)Flusses*, das zum Ausdruck bringt, dass Dinge sich natürlicher Weise entlang von Relationen gerichtet bewegen. Sehr konsequent zum Einsatz kommt das Prinzip des gerichteten Flusses z. B. bei der industriellen (Automobil-)Produktion, bei welcher ein in elementare Arbeitsgänge zerlegter (Montage-)Prozess entsprechend einer notwendigen und/oder vernünftigen Reihenfolge linear hintereinander angewendet wird.

#### 28.1.3.2 Vernetzung

Im logistischen Regelfall sind drei oder mehr handelnde Instanzen als logistische Bedarfsträger oder logistische Akteure verbunden, und es entsteht ein logistisches Netzwerk. Logistik gestaltet somit die Flüsse von Gütern, Informationen, Menschen, Werten und anderen Objekten in logistischen Netzwerken. *Ziel der* Vernetzung ist es sich flexibel ändernde Akteure zur Leistungserbringung zu verbinden und die notwendigen organisatorischen und administrativen Prozesse zu automatisieren bzw. zu reduzieren. In der höchsten Ausbaustufe der Vernetzung steht der autonome Materialfluss ohne zentrale (operative) Steuerungsinstanz.

#### 28.1.3.3 Gleichlauf von Material-, Informations- und Finanzfluss

Logistische Entitäten bestehen zumeist aus einer physischen und einer virtuellen oder digitalen Repräsentanz. Jeder Art logistische Steuerung und Überwachung liegt eine *echtzeitfähige Synchronisation* und damit eine zeitgenaue, synchrone Abbildung zugrunde. Das korrespondierende Grundprinzip der Informationslogistik ist als Gleichlauf von Material- und Informationsfluss bekannt. Diesem Prinzip wird gefolgt, indem sich beide Repräsentanzen an einem Ort befinden oder indem durch adäquate Datenerfassung, -übertragung und -speicherung ein kongruentes Abbild der physischen Repräsentanzen in einer virtuellen Welt sichergestellt wird. In Ergänzung zu Material- und Informationsfluss sind bei einer ganzheitlichen Betrachtung der Logistik zunehmend auch die damit untrennbar verbundenen Finanzflüsse zu berücksichtigen (Göpfert 2016; Pfohl et al. 2008). Jeder Material- und Informationsfluss ist mit einem Geschäftsvorfall verbunden, der immer auch einen Finanzfluss auslöst.

#### 28.1.3.4 Strategien

Den Prinzipien untergeordnet sind Strategien und Modelle, welche die Prinzipien in einen *vernünftigen Kontext* mit der umgebenden Welt stellen. In der Vergangenheit entstand eine Vielzahl logistischer Strategien und Heuristiken, die jeweils ein – zumeist prägnantes – Teilziel bei der vernünftigen Gestaltung oder Organisation logistischer Systeme verfolgen. Beispiele sind etwa „Push", „Pull", „Just in Time" oder „Just in Sequence" als operative Strategien, aber auch Outsourcing, Digitale Transformation, Transparenz im Wertschöpfungsnetzwerk, Wettbewerbsfähigkeit durch Qualitäts- oder Kostenfühererschaft als Beispiele für Unternehmensstrategie.

### 28.1.4 Funktionen und Subsysteme der Logistik

#### 28.1.4.1 Transformationsfunktionen bzw. -prozesse der Logistik

In Systemen können entweder Wertschöpfungsprozesse oder Transformationsprozesse oder eine Verknüpfung beider wirken. Die Vorgänge der Wertschöpfungsprozesse werden durch die Fertigungs- und Produktionstechnik vorgenommen, die Transformationsprozesse durch die Materialflusstechnik (vgl. Abb. 1). Die Transformationsprozesse verändern den Systemzustand der logistischen Objekte hinsichtlich Zeit, Ort, Menge, Zusammensetzung und Qualität. Diese Transformationen werden in den verschiedenen Subsystemen der Materialflusssysteme geleistet (ten Hompel et al. 2018).

#### 28.1.4.2 Verrichtungsspezifische Grundfunktionen bzw. Subsysteme der Logistik

In der Literatur werden häufig verrichtungsspezifische und phasenspezifische Subsysteme in der Logistik unterschieden. Nach (Pfohl 2018) kann Logistik in die verrichtungsorientierten Funktionen bzw. Subsysteme Auftragsabwicklung, Lagerhaltung (Lagerbestände), Lagerhaus, Verpackung und Transport unterteilt werden. Mit Ausnahme des außerbetrieblichen Transports sind sämtliche dieser Funktionen bzw. Subsysteme in einem oder mehreren Lagerhäusern bzw. Logistikzentren entlang einer Lieferkette bzw. innerhalb eines Wertschöpfungsnetzwerks räumlich gebündelt. Zum Einsatz kommen hier diverse Materialflusssysteme (z. B. Verpackungssysteme, Lager- und Kommissioniersysteme, Förder-, Sortier- und Verteilsysteme, siehe u. a. (ten Hompel et al. 2018)).

### 28.1.4.3 Phasenspezifische Subsysteme bzw. Anwendungsdomänen der Logistik

Eine funktionale Abgrenzung nach den Phasen des Güterflusses in Unternehmen als Ausgangspunkt nehmend und unter weiterer Berücksichtigung organisatorischer und informationstechnischer Gesichtspunkte, können die folgenden für die Logistik zentralen Anwendungsdomänen bzw. Subsysteme definiert werden. Tab. 1 gibt einen Überblick. In Aufgaben und Funktionen existieren zwar teilweise große Überschneidungen, jedoch weist jedes phasenspezifische Subsystem bzw. jede Anwendungsdomäne auch signifikante Besonderheiten bzw. Alleinstellungsmerkmale auf.

**Tab. 1** Phasenspezifische Subsysteme/Anwendungsdomänen der Logistik

| Anwendungsdomäne | Aufgabe |
|---|---|
| Beschaffungslogistik/ Einkauf | Versorgungsorientierte Verbindung von Distribution und Produktion / Dienstleistung/ Handel |
| Branchenlogistik | Branchenspezifische logistische Leistungserbringung |
| Distributionslogistik | Belieferung von Kunden (B2B, B2C und C2C) |
| Ersatzteillogistik | Verfügbarkeit von Maschinen und Anlagen sicherstellen |
| Informationslogistik | Systematische Verbindung von Logistik und Informatik; Aufbau und Betrieb von Datennetzwerken |
| Intralogistik | Planung, Organisation, Steuerung, Durchführung und Optimierung des innerbetrieblichen Materialflusses |
| Produktionslogistik | Versorgung des Produktionsprozesses mit Einsatzgütern in Abhängigkeit der geplanten Produktionsprogramme |
| Ressourcenlogistik | Verwendung, (Wieder-) Verwertung, Entsorgung von Material und (Roh-)Stoffen; Circular Economy |
| Supply Chain Management | Planung und Steuerung von globalen Wertschöpfungsnetzwerken |
| Transportlogistik | Außerbetrieblicher Fluss von Personen, Gütern oder Energie |

**Beschaffungslogistik** Die Beschaffungslogistik stellt die versorgungsorientierte Verbindung von Distribution und Produktion bzw. Handel dar. Damit ist sie ein marktverbundenes Logistiksystem (Pfohl 2018). Wesentliche Aufgaben des Beschaffungsmanagement sind die Bedarfsplanung und das bedarfsgerechte Bereitstellen der richtigen Güter (Roh-, Hilfs- und Betriebsstoffe, Kaufteile und Handelsware) für die Produktion, die Erbringung von Dienstleistungen oder den Handel. Neben der Bedarfsplanung sind auch das Beschaffungscontrolling und insbesondere das Lieferantenmanagement wichtige Bereiche der Beschaffungsmanagements. Das Lieferantenmanagement umfasst dabei die Auswahl der geeigneten Partner sowie das Vertragsmanagement. Die Bewertung der Lieferanten und die Analyse des Beschaffungsmarktes sind dabei Aufgaben des strategischen Einkaufs. Es stehen zahlreiche Methoden und Berechnungsverfahren im Rahmen der Beschaffungslogistik zur Verfügung. Zu den bekanntesten zählt sicher die Andler-Formel zur Berechnung der optimalen Bestellmenge. Das Grundmodell wurde aber aufgrund der heute komplexen und flexiblen Anforderungen an das Beschaffungsmanagement wesentlich erweitert (z. B. um die Berücksichtigung dynamischer Einstandspreise). Als weitere Methoden und Werkzeuge der Beschaffungslogistik sind ABC/XYZ-Analyse, Einkaufspotenzialanalyse, Lieferantenbewertung (z. B. Nutzwertanalyse), Benchmark, Komplexitätsanalyse, Preiskennlinie, KANBAN, E-Procurement, etc. Neben klassischen Methoden der Beschaffungslogistik und des Einkaufs sind aber auch neue Technologien wie Blockchain, Smart Contracts und Smart Payment Teil moderner (autonomer) Logistikkonzepte.

**Branchenlogistik** Unterschiedliche Branchen benötigen spezielle Logistikprozesse, die sich zwar im Prinzip an den Grundfunktionen orientieren und wesentliche Merkmale dieser aufweisen, aber im einzelnen besondere Anforderungen erfüllen müssen. Beispiele hierfür sind:

- Handelslogistik (Stationärer Handel, E-Commerce, Großhändler, etc.)

- Health Care Logistik (Pharmazie, Krankenhauslogistik, etc.)
- KEP-Logistik (letzte Meile, Paket- und Briefzentren, Eillieferung z. B. mit Hubschrauber oder Drohnen, dezentrale Übergabestationen, spezielle Belieferungs- und Subdienstleisterkonzepte, etc.)

Insbesondere in der Automobilindustrie, für die heute zeit- und sequenzgenaue Versorgung der Produktionslinien essenziell wichtig sind, haben sich spezielle Branchenlösungen etabliert und eigene Standards (z. B. in Bezug auf Ladehilfsmittel – VDA 4500 Kleinladungsträgersystem) durchgesetzt.

**Distributionslogistik** Im Fokus der Distributionslogistik steht die marktverbundene Belieferung von Kunden. Kunden können dabei Unternehmen (z. B. Verbindung von Produktionslogistik und Beschaffungslogistik – Business-to- Business (B2B)) oder aber (private) Konsumenten (Business-to-Consumer (B2C) oder Consumer-to Consumer (C2C)) sein. Die Distributionslogistik umfasst dabei alle Aktivitäten, die in einem Zusammenhang mit der Lieferung von Produkten, Handelswaren etc. stehen (Pfohl 2018, S. 221). Zu den konkreten Aufgaben der Distributionslogistik, die eng verbunden ist mit der Transportlogistik, zählen neben dem Transport von Gütern auch der Warenumschlag, die Zwischenlagerung und ggf. auch die Erbringung von Dienstleistungen an den Objekten der Distributionslogistik. Dies kann Umlabeln, Umverpacken, Qualitätskontrollen, die Beilage von z. B. Bedienungsanleitungen aber auch wertschöpfende Tätigkeiten wie das Aufspielen von Software oder Montagen beinhalten. Insbesondere wegen der letzten Punkte werden diese Tätigkeiten auch Mehrwertdienstleitungen oder Value Added Services (VAS) genannt.

Zu den wichtigsten strategischen Aufgaben der Distributionslogistik ist sicher die Auswahl des richtigen Standortes und die Planung des Distributionsnetzwerkes zu nennen (z. B. Zentrallager- oder Regionallagerstruktur). Darüber hinaus ist die Definition des Servicelevels bzw. Servicegrades wichitg für den operativen Betrieb. Im Servicelevel-Agreement werden mit dem Kunden Rahmenbedingungen wie beispielsweise Warenverfügbarkeit, Lieferbereitschaft, Liefertreue, und Qualitätsstandards vereinbart, die einen wesentlichen Einfluss auf die organisatorische Umsetzung, die eingesetzte Technik und die Prozesskosten beim Leistungserbringer haben

Bei gegebener Standortstruktur stellt die Touren- und Fuhrparkplanung einen wesentlichen Ansatz bei der Optimierung der Abholung und Zustellung dar. Mittlerweile sind viele hochentwickelte Applikationen (Softwaretools) auf dem Markt erhältlich (z. B. DISMOD, Siemens XCargo, SAP APO), die bei der Lösung von Standortproblemen gut geeignet sind. Bei der Tourenplanung und Disposition gibt es jedoch sehr oft spezielle, unternehmensspezifische Randbedingungen zu beachten, die eine individuelle Planung bzw. Optimierung erfordern, die mit Standardlösungen nicht abgedeckt werden können.

Auf operativer Ebene stehen die Abwicklung der Aufträge, der Versand, das Retouremanagement und die ggf. tägliche Tourenplanung im Fokus der Aufgaben der Distributionslogistik. Auch hier sind einige IT-gestützte Hilfsmittel am Markt verfügbar, welche die Planung und insbesondere Steuerung der Prozesse unterstützen.

**Ersatzteillogistik** Nach VDI-Richtlinie 2892 (VDI 2006) dienen Ersatzteile (DIN 24420) der Funktions- und Werterhaltung von eingesetzten Maschinen und Anlagen. Die bedarfsgerechte Bereitstellung der Ersatzteile ist eine wesentliche Einflussgröße für die Verfügbarkeit und damit für die Wirtschaftlichkeit dieser Maschinen und Anlagen. Die Ersatzteillogistik bewegt sich daher in einem Spannungsfeld. Einerseits entstehen Kosten durch die Bevorratung von Ersatzteilen, z. B. durch die Kapitalbindung. Andererseits entstehen, oftmals in deutlich höherem Umfang, Kosten durch nicht bzw. nicht rechtzeitig verfügbare Ersatzteile und die damit einhergehenden Stillstandskosten.

Das Ersatzteilmanagement oder die Ersatzteillogistik gliedert sich in die Bereiche Beschaffung, Lagerhaltung (inkl. Einlagerung, Prüfung) sowie Entnahme/Belieferung. Anders als in der herkömmlichen Materialwirtschaft ist bei Ersatzteilen die Möglichkeit der Instandsetzung zu berücksichtigen, welche einen Prozess für Rückgabe, Inspektion und Aufbereitung erfordert. Neben dem Stammdaten-Management sind für die Ersatzteillogistik die Themen Additive Fertigung und Obsoleszenz von großer Bedeutung. Letzteres beschreibt die Problematik von abgekündigten (nicht mehr lieferbaren) Komponenten. Die Additiven Fertigungsverfahren ermöglichen hier in einigen Bereichen eine Abhilfe, da sie z. B. über den 3D Druck die Herstellung auch einzelner nicht mehr verfügbarer Ersatzteile erlauben.

Da die Bedeutung der Ersatzteile für eine effiziente Produktion immer deutlicher wird, ist die Ersatzteillogistik zunehmend auch in Management-Konzepten im Fokus. Beispielhaft hierfür sind die Methoden innerhalb des Total Production Managements (Heller und Prasse 2018), welche unter anderem den Lebenszyklus der Produktionsanlagen berücksichtigen. Die Verfügbarkeit von Ersatzteilen spielt hierbei eine wichtige Rolle.

Die oftmals in der Literatur vorzufindende Unterscheidung zwischen der Ersatzteillogistik eines Anlagenherstellers (After-Sales-Sicht) und der Sicht der Anlagenbetreiber (Instandhaltungs-Sicht) verschwindet zunehmend auf Grund der sich wandelnden Geschäftsmodelle und höheren Anforderungen. Für alle Beteiligte liegt der Fokus in der bedarfsgerechten und kostenoptimalen Bereitstellung der relevanten Ersatzteile. Die Kompensation von geringen Margen im Bereich des Anlagenvertriebs durch hohe Margen im Bereich des Ersatzteil After-Sales gelingt zunehmend weniger, da der Wettbewerb innerhalb des Ersatzteilgeschäfts, auch durch die bessere Vergleichbarkeit der Produkte, z. B. durch Klassifizierungssysteme wie e-cl@ss, immer stärker wird. Daher sind auch Anlagenhersteller gefordert, ihre Vergütungs- und Geschäftsmodelle anzupassen und auf die Verfügbarkeitsanforderungen der Anlagenbetreiber zu fokussieren. So wie dies auch für die innerbetriebliche Ersatzteilorganisation gilt.

**Informationslogistik** Im Gegensatz zur klassischen Transportlogistik befasst sich die Informationslogistik nicht mit dem physischem Transport von Gütern oder Menschen sondern mit Informationsflüssen in Organisationsstrukturen. Informationslogistik ist so die systematische Verbindung von Logistik und Informatik. Mit dem Begriff wird sowohl die Übertragung des logistischen Prinzips auf Informationen als auch die Entwicklung und Verwendung von Methoden und Technologien der Informatik in der Logistik bezeichnet. Ziel ist die Versorgung aller erforderlichen Akteure in einer Organisation oder zwischen Organisationen mit den relevanten Daten zum richtigen Zeitpunkt (Möller et al. 2017; Bucher und Dinter 2008). Wesentliche Aufgabe der Informationslogistik ist der Aufbau und Betrieb von Data Supply Chains. Hierzu werden im Rahmen des Data Network Engineerings (Möller et al. 2017, S. 6–7) Datennetzwerke entworfen und aufgebaut, um die Daten von ihrer Quelle zum Verarbeitungs- oder Verwendungsort zu bringen. Wie in einer klassischen Lieferkette können auch Daten angepasst, umgewandelt, gelagert, verkauft und verarbeitet werden. Wesentliche Teilaufgaben sind hierzu die Beschreibung von Datengütern, die Inventarisierung von Datengütern, die Bewertung von Datengütern, die Bereitstellung von Datengütern und die Konfiguration von Wertschöpfungsketten für Datengüter. Als beispielhafte Methoden und Werkzeuge für die Anwendung im Rahmen der Informationslogistik sind Ressource Description Framework (RDF), Enterprise Architecture Integration (EAI), Service-Oriented-Achitecture (SOA) aus der Informatik zu nennen, aber auch die Prinzipien des Containermanagements und Routingsysteme die aus der physischen Logistik bekannt sind.

**Intralogistik** „Die Intralogistik umfasst die Organisation, Steuerung, Durchführung und Optimierung des innerbetrieblichen Materialflusses, der Informationsströme sowie des Warenumschlags in Industrie, Handel und öffentlichen Einrichtungen.“ (Arnold 2006, S. 1) Alle Tätigkeiten des innerbetrieblichen Material- und Informationsflusses bzw. des Warenumschlags können als intralogistische Tätigkeiten aufgefasst werden. Nicht in der o. g. Definition enthalten, aber nach allgemeinem Konsens der Branche und den Aufgaben der Intralogistik ebenfalls zugehörig, sind Gestaltungsaufgaben (Auswahl, Dimensionierung, Anordnung und Verknüpfung von i. d. R. bereits entworfenen, kommerziellen Komponenten/Systemen zu einem Intralogistiksystem) sowie die Forschung, Entwicklung und Herstellung von Materialflusstechnik und zugehöriger Informationstechnik. Alle Verursacher und Nutzer des Materialflusses sowie die Systemplaner, die Lieferanten der Anlagen, Maschinen und Komponenten, Hard- und Softwareentwickler, Wissenschaftler und Fachverbände können somit der Branche Intralogistik zugeordnet werden (vgl. Arnold 2006). Die grundsätzlichen Aufgaben der Intralogistik lassen sich in 4 Bereiche aufteilen. Zum einen in „Bewegen und Transportieren", dieser Bereich umfasst alle Technologien und deren Dimensionierung die für die Beförderung von Gütern notwendig sind. Hierzu zählt auch die Auslegung und Leistungsberechnung (z. B. Durchsatz). Ein weiterer Teilbereich der Intralogistik ist das „Lagern und Kommissionieren". Hierzu gehören Technologien und Methoden die für die (geplante) Aufbewahrung (lagern) und die kundegerechte Zusammenstellung von Artikeln (Kommissionierung) benötigt werden. Eng mit der Kommissionierung (ten Hompel et al. 2011; Schmidt 2019) verbunden sind auch Sortiert- und Verteilsysteme, da sie z. B. bei der zweitstufigen Kommissionierung eine wesentliche Rolle spielen (Jodin und ten Hompel 2012). „Umschlagen" ist der dritte Bereich der Intralogistik und ein Hauptprozess innerhalb der Transportkette. Unter Umschlagen versteht man das be-, ent- und umladen von Gütern auf, von und zwischen Transportmitteln. Der vierte Teilbereich ist „Steuerung und Identifikation". Die Hauptaufgabe der Materialflusssteuerung liegt in der Organisation sämtlicher Warenbewegungen eines innerbetrieblichen Logistiksystems. Grundvoraussetzung für die Anwendung einer automatisierten Materialflusssteuerung ist die (automatische) Identifikation von Objekten von beispielsweise Transportgütern. Die Identifikation dient und ermöglicht gleichzeitig die Lokalisierung und Überwachung der Förder- und Lagerobjekte.

**Produktionslogistik** Bezugnehmend auf eine übergeordnete Unternehmenslogistik (d. h. aller Aktivitäten zur optimalen Gestaltung der Material- und Informationsflüsse vom Lieferanten bis zum Endkunden eines Unternehmens) behandelt die Produktionslogistik die Gesamtheit der Aufgaben und deren abgeleitete Maßnahmen zur Sicherstellung eines optimalen Informations-, Material- und Wertflusses im Transformationsprozess der Produktion (Westkämper 2006). Sie hat eine flussbezogene Koordinationsfunktion in der Produktionswirtschaft inne. Anders formuliert kann man die Hauptaufgaben der Produktionslogistik als die richtige Planung, Steuerung und Kontrolle der Produktionsfaktoren derjenigen Güter verstanden werden, die zur Herstellung und Verwertung betriebswirtschaftlicher Leistungen eingesetzt werden. Somit sind auch Aufgaben der Produktionsplanung (d. h. die Planung des Primärbedarfs auf der Basis von Prognosen oder Kundenaufträgen) und Produktionssteuerung (d. h. die Umsetzung der Produktionsplanung durch Auftragsfreigabe, Maschinenbelegung/Feinterminierung und Betriebsdatenerfassung) der Produktionslogistik zuzuschreiben.

Die physisch zu handhabenden Objekte der Produktionslogistik kennzeichnen sich dadurch, dass sie durch Be- und Verarbeitung einem permanenten Wandel unterliegen und im Verlauf des Güterflusses unterschiedliche Anforderungen an die Logistik stellen. Vorgänge und Aktivitäten von Produktion und Produktionslogistik sind eng miteinander verknüpft, teilweise sogar untrennbar miteinander verbunden.

**Ressourcenlogistik** Der Unternehmenserfolg misst sich immer stärker am nachhaltigem Umgang mit der Umwelt. Zudem wird zukünftig die Produktion von Gütern nicht mehr nur von der verfügbaren Technologie abhängig sein, sondern wesentlich von der Verfügbarkeit der nötigen Ressourcen. Hierzu trägt die Ressourcenlogistik bei. Dabei gliedert sich die Ressourcenlogistik in zwei Teile auf. Zum einen die Entsorgungslogistik, auch Reverse Logistics genannt, die Logistikkonzepte auf Rückstände, Sekundärrohstoffe und Abfälle anwendet, um einen ökonomisch und ökologisch effizienten Materialfluss zu gestalten (Pfohl 2018).

Die Entsorgungslogistik beschäftigt sich also mit den Planungs-, Umsetzungs- und Kontrollprozessen zu Materialfluss, Inventar, Fertigprodukten und verwandten Informationen bezüglich Verwendung, Verwertung und Entsorgung. Sie hilft dabei natürliche Ressourcen durch Recycling, Modernisierung oder wiederverwertbare Verpackungen zu schonen (Rogers und Tibben-Lembke 2001).

Zweiter Teilbereich der Ressourcenlogistik ist die Circular Economy. Der Leitgedanke der Circular Economy ist es, Rohstoffe weitgehend abfall- und emissionsfrei so lange wie möglich im Wirtschaftskreislauf zu halten. Hierzu müssen ausgediente Produkte bzw. Material nach ihrer ursprünglichen Nutzung auf höchstmöglicher Wertschöpfungsstufe gehalten werden. Im deutschen Sprachgebrauch wird der Begriff der Circular Economy zumeist mit „Kreislaufwirtschaft" übersetzt, die allerdings seit Jahren mit den Themen Abfallentsorgung und Recycling gleichgesetzt wird. Der Ansatz der Circular Economy geht aber deutlich darüber hinaus. Im Fokus steht die Abkehr vom linearen „produzieren-nutzen-entsorgen-Prinzip" hin zu einer ganzheitlichen, zirkulären Wirtschaftsweise. Unterschieden wird dabei in einen a) technischen Stoffkreislauf für Materialien, die aus nicht erneuerbaren Ressourcen bestehen z. B. Festplatten aus Computern (Cradle-to-Cradle (Braungart und McDonough 2014)) und b) einen biologischen Kreislauf für Materialien aus regenerativen Quellen z. B. Lebensmittel. Die Logistik in der Circular Economy unterscheidet sich deshalb auch von der derzeit praktizierten Kreislaufwirtschaft insbesondere durch die Prozesse, Methoden und eingesetzte Technologien für eine Effiziente Umsetzung der logistischen Aufgaben (Fennemann et al. 2017).

**Supply Chain Management** Die Begriffe „Supply Chain Management", „Logistikmanagement" oder „Logistisches Management" werden nicht selten synonym zur Logistik oder zu großen Teilen von ihr verwendet. So umfasst das logistische Management „sowohl die zielgerichtete Entwicklung und Gestaltung der unternehmensbezogenen und unternehmensübergreifenden Wertschöpfungssysteme nach logistischen Prinzipien (strategisches Logistikmanagement) als auch die zielgerichtete Lenkung und Kontrolle der Güter- und Informationsflüsse in den betrachteten Wertschöpfungssystemen (operatives Logistikmanagement)" (Arnold et al. 2008). Ein so verstandenes logistisches Management adressiert einerseits die grundlegende, zielgerichtete logistische Gestaltung, welche die initiale Planung sowie die strukturelle Organisation eines logistischen Prozesses, Systems bzw. Netzes beschreibt, um diese als Objekt und als handlungsfähige Einheit für die vernünftige Bewegung logistischer Dinge zu schaffen. Anderseits umfasst das logistische Management die fortlaufende, permanente Planung und Gestaltung logistischer Prozesse, Systeme bzw. Netze im Sinne einer kontinuierlichen, zielgerichteten Weiterentwicklung. Auch die Durchführung und Realisierung logistischer Aktivitäten und deren Überwachung und Kontrolle werden in weiten Teilen dem logistischen Management zugeordnet (Göpfert 2016; Fennemann et al. 2017; Vahrenkamp und Kotzab 2012). Methodisch wird dabei z. B. auf Ansätze der Modellierung von Prozessketten, Netzwerk- und Materialflusssimulation (Order-To-Delivery-Network Simulator), Wertstrom- oder Materialflussanalysen, Lean Production/Lean Management, Advanced Planning Systems (APS), Efficient Consumer Response (ECR), Collaborate Planning, Forecast and Replenishment (CPFR), Risikobewertung und Risikomanagement, etc. zurückgegriffen.

**Transportlogistik** Die Transportlogistik beschreibt den (außerbetrieblichen) Fluss von Waren, Personen, Gütern (Stück- und Massengüter) oder Energie. Betrachtungsgegenstände der Transportlogistik sind zum einen Transportknoten, d. h. Quellen und Senken bzw. Start- und Endpunkte von Transporten. Hierzu zählen offene Logistikzentren wie Flughäfen, Häfen und Güterverkehrszentren sowie geschlossene Logistikzentren des Güterverkehrs wie Umschlagpunkte/Warenverteilzentren des Landverkehrs oder Zentralläger. Zum anderen werden Transportkanten, d. h. Transportverbindungen zwischen den Quellen und Senken eines Netzwerks, betrachtet. Hieraus ergeben sich insbesondere Fragenstellungen der Netzwerkgestaltung (z. B. Direktverkehrsnetz versus Hub-and-Spoke-Netzwerk) und der Verkehrsträgerauswahl (Straße, Schiene, See- und Binnenschifffahrt, Luft). Aufgrund ihrer Funktion der Verknüpfung und räumlichen Überbrückung von Quell- und Zielorten, sei es unternehmensintern, unternehmensextern (Business-to-Business, B2B) oder im Beziehungsgeflecht Unternehmen-Kunde (Business-to-Consumer-Beziehungen, B2C), nehmen kooperative Strukturen eine bedeutende Rolle in den Betrachtungen der Transportlogistik ein, bspw. im Rahmen der urbanen Logistik. Zielgrößen wie die Minimierung von Emissionen (insbesondere durch den Güterverkehr emittierte Schadstoffe aber auch Lärm-Emissionen, z. B. durch Lade-/Entladevorgänge) nehmen dabei eine zentrale Rolle ein.

### 28.1.5 Strukturen in der Logistik

Neben der horizontalen Sichtweise auf die Funktionen bzw. Anwendungsdomänen der Logistik, lässt sich die Struktur von Wertschöpfungsnetzwerken vertikal ordnen bzw. beschreiben. Abb. 2 gibt hier einen Überblick.

Grundsätzlich kann von der höchsten Aggregationsstufe den logistischen Netzwerken, über die Standorte (Produktion und Logistik), insbesondere deren Organisation und Prozesse bis hin zur technischen Ausgestaltung von logistischen Lager-, Umschlag- und Verteilsystemen sowie deren Steuerung differenziert werden. Im Folgenden werden die einzelnen Ebenen kurz skizziert.

#### 28.1.5.1 Netzwerk

Eine wesentliche Basis einer leistungsfähigen Volkswirtschaft sind Wertschöpfungsnetzwerke (siehe auch Abschn. 1.1.2 und 1.3.2). Logistische Grundlage hierzu sind Transportverbindungen. Sie spannen zwischen den Quellen und Senken von Flüssen ein Transportnetz auf, das durch Transportknoten verknüpft ist. Die Grundfunktion dieses Transportnetzes ist es den Güterfluss, im Sinne einer raumzeitlichen Veränderung der Güter, zu realisieren (Arnold et al. 2008, S. 7). Erfüllt wird diese Grundfunktion durch die Kernprozesse Transport, Umschlag und Lagerung. Innerhalb der Knoten werden zudem weitere Unterstützungsprozesse durchgeführt, (z. B. Verpackungs- und Signierungsprozesse) die zusätzlich im Rahmen von Dienstleistung erbracht werden (Pfohl 2018).

#### 28.1.5.2 Standort

Auf Standortebene steht der jeweilige Hauptprozess (Lagern, Umschlagen, Sortieren und vor allem Produzieren) im Fokus. Auf Standortebene müssen diese Prozesse physisch und organisatorisch umgesetzt werden, so ist die Layout- und Prozessplanung von Logistik- oder Distributionszentren ein Schwerpunkt der Standortgestaltung. Insbesondere bei der Produktion bildet die Logistik einen wesentlichen Unterstützungsprozess in der industriellen Wertschöpfung. Dies erfordert eine sogfältige Gestaltung der Prozesse im Sinne der Fabrikplanung. Die Fabrik wird dabei als Ort der Wertschöpfung definiert. Wesentliche Aufgabe der Fabrikplanung ist dabei die Neu- oder Umplanung von Anlagen und Prozessen zur Produktion. Essenzieller Bestandteil ist dabei, insbesondere bei Neuplanungen auch die Standortplanung. Ein prozessorientiertes Vorgehensmodell gliedert sich dabei in folgende Teilaufgaben: Systemlastbestimmung, Prozessplanung, Aufbaustrukturplanung, Ressourcenplanung, Anordnungsstrukturplanung und Lenkungsplanung.

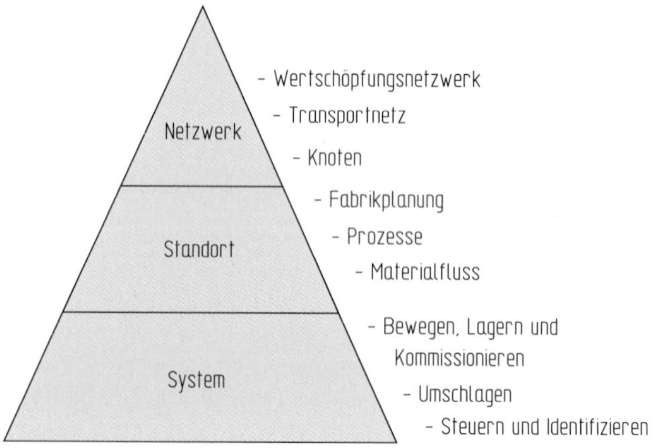


**Abb. 2** Struktur von Wertschöpfungsnetzwerken

#### 28.1.5.3 System

Die Basis und gleichzeitig die unterste Ebene bilden die technischen logistischen Systeme. „Ein System ist das Modell einer Ganzheit, die (a) Beziehungen zwischen Attributen (Inputs, Outputs, Zustände etc.) aufweist, die (b) aus miteinander verknüpften Teilen bzw. Subsystemen besteht, und die (c) von ihrer Umgebung bzw. von einem Supersystem abgegrenzt wird.“ (ten Hompel und Schmidt 2010) Folglich wird unter einem System ein aus mehreren Elementen zusammengesetztes Ganzes verstanden. Die Elemente sind aufgaben-, sinn- oder zweckgebunden miteinander verbunden und grenzen sich auf diese Weise von ihrer Umgebung ab. Die Grenze zwischen System und Systemumgebung stellt hierbei eine zweckmäßig und künstlich getroffene Abgrenzung dar. Die Systemumgebung enthält praktisch nur solche Teile, die in irgendeiner Hinsicht relevant für die Systembeschreibung sind. Von Menschen geschaffene, physische Systeme werden auch als technische Systeme bezeichnet. Ein technisches System ist eine Reihe von integrierten Endprodukten und deren Basis- bzw. Vorprodukten. Die Endprodukte und die Basisprodukte eines Systems bestehen aus einem oder mehreren der folgenden Komponenten: Hardware, Software, Personal, Einrichtungen, Daten, Materialien, Dienstleistungen und Techniken. Beispiele für technische Systeme der Logistik sind Verpackungssysteme, Lager- und Kommissioniersysteme, oder Förder-, Sortier- und Verteilsysteme aber auch IT-Systeme wie Warehouse Management Systeme (WMS), Staplerleitsysteme (SLS) oder Transportmanagementsysteme (TMS).

## 28.2 Netze in der Logistik

Die Transportlogistik beschreibt den (außerbetrieblichen) Strom von Waren, Personen, Gütern, Energie oder Informationen. Die Beförderung von Personen wird auch als Personenverkehr bezeichnet, während der Transport von Waren und Gütern als Güterverkehr bezeichnet wird.

Zwischen Quellen und Senken von Strömen spannen Transportverbindungen ein Transportnetz auf, das durch Transportknoten verknüpft ist. Die Grundfunktion des Transportnetzes ist es, den Güterfluss, im Sinne einer raumzeitlichen Veränderung der Güter, zu realisieren. Erfüllt wird diese Grundfunktion durch die Kernprozesse Transport, Umschlag und Lagerung. Innerhalb der Knoten werden zudem weitere Unterstützungsprozesse durchgeführt (z. B. Verpackungs- und Signierungsprozesse) (Pfohl 2018).

Durch das Transportnetz fließen Ströme von Lade- und Transporteinheiten. Dabei besteht die Transportaufgabe darin, die anstehenden Beförderungsaufträge innerhalb der geforderten Transportzeiten zu möglichst geringen Kosten durchzuführen. Hierfür werden geeignete Betriebsstrategien und effiziente Transportstrategien benötigt (Gudehus 2010).

Lade- und Transporteinheiten lassen sich in Massengut und Stückgut unterteilen. Als Massengut (international „Bulk“) bezeichnet man Transportgüter, die sich aufgrund ihrer physikalischen Eigenschaften zum Massentransport eignen. Dies umfasst unverpackte, flüssige oder trockene Schüttgüter (z. B. Mineralöl, Kohle, Kaffeebohnen oder Baumstämme). Die Beförderungseinheiten werden dabei in der Regel nicht nach der Stückzahl, sondern nach Gewicht und Volumen bestimmt.

Als Stückgut werden Ladeeinheiten bezeichnet, die bei Transport-, Umschlags- und Lagervorgängen als homogene Einheit behandelt werden können. Stückgut umfasst somit Gebinde wie palettierte Ware, Kisten, Fässer, Maschinen oder Anlagenteile. Gebinde werden im internationalen Sprachgebrauch als „Kolli“ bezeichnet. Neben Stückgutspediteuren zählen zur Stückgutbranche zudem die Kurier-, Express- und Paketdienstleister (KEP). Das Gewicht der Sendungen liegt bei KEP-Dienstleistern typischerweise unter 31,5 kg und bei Stückgutspediteuren unter 2,5 Tonnen. Die Produkte der KEP-Dienstleister und Stückgutspediteure sind auf keine bestimmte Branche oder Zielgruppe ausgerichtet und ermöglichen eine flächendeckende Verteilung der Sendungen unter standardisierten Transportmerkmalen.

**Transportknoten**

Zu den Transportknoten oder Knotenpunkten eines Transportnetzwerks zählen die Quellen und Senken, welche die Start- und Endpunkte von Transporten darstellen, sowie dazwischen liegende Knoten. Innerhalb eines transportlogistischen Knotens werden Güter gebündelt, gelagert, sortiert, umgeladen, kommissioniert und im Rahmen von wertschöpfenden Dienstleistungen (z. B. Verpacken, Montieren oder Reparieren) modifiziert (ten Hompel et al. 2018). Transportnetze lassen sich durch Verbindungselemente, Transportübergänge und Umschlagsknoten zu intermodalen, lokalen und regionalen bis hin zu globalen Logistiknetzwerken verknüpfen (Gudehus 2010).

Die konkrete Ausgestaltung eines transportlogistischen Knotens hängt von den angebotenen Dienstleistungen des Betreibers ab. Beispiele für unterschiedliche Ausprägungen von transportlogistischen Knoten sind z. B. Umschlagsterminals, Cross-Docking Anlagen, Speditionsanlagen, Rangierbahnhöfe, Terminals des kombinierten Verkehrs, Warenverteilzentren sowie Brief- und Paketverteilzentren.

Die Betreiber der transportlogistischen Knoten bieten neben der raummäßigen Transformation von Gütern, auch zeitmäßige Transformationen (Lagerungsprozesse) sowie art- und mengenmäßige Transformationen (Zusammenstellungsprozesse und Umschlagsprozesse) der Güter an. Der Begriff des transportlogistischen Knotens ist folglich ein Überbegriff für jegliche Standorte sowie Anlagen innerhalb eines Transportnetzes, die zur Erbringung der unterschiedlichen Transformationsleistungen dienen.

## 28.2.1 Transportkanten

Die Transportkanten sind die Transportverbindungen zwischen den Knoten eines Netzwerks. Diese lassen sich mittels verschiedener Verkehrsträger beschreiben (Abschn. 2.2). Knoten und Kanten lassen sich in ihrer Quelle-Senke-Beziehung als gerichtete Graphen darstellen. Die am häufigsten verwendeten Netzstrukturen sind Direktverkehrsnetze und Hub-and-Spoke Netze.

### 28.2.1.1 Direktverkehrsnetz

Bei einem Direktverkehrsnetz transportieren die Netzbetreiber Sendungen entweder direkt vom (Geschäfts-)Kunden, oder übernehmen diese an kundennahen Konsolidierungspunkten. Von dort aus erfolgt der Transport im sog. Vorlauf zu einem Depot im Quellgebiet. Bei einem Depot handelt es sich um einen Standort mit Umschlaganlage, der in ein flächendeckendes Verteilnetz eingebunden ist. Dort werden die Güter entsprechend ihrem Zielgebiet vorsortiert und im Anschluss im Fernverkehr zu dem zugehörigen Zieldepot transportiert. Während dieses sog. Hauptlaufs kommt es zu keinen weiteren Umschlagvorgängen und damit auch zu keinem Wechsel des Verkehrsmittels. Eine solche Transportroute zwischen zwei Depots bezeichnet man auch als Relation. Im Zieldepot, werden die Sendungen auf die einzelnen Zustellrouten verteilt und schließlich im Nahverkehr dem Empfänger zugestellt. Bei n Depots sind also $(n \cdot (n-1))$ Relationen notwendig, um alle Güter im Direktverkehr zu verteilen. Um ein Direktverkehrsnetz wirtschaftlich zu betreiben, sind hohe Transportmengen auf den einzelnen Relationen notwendig. Durch die Mengenbündelung können die Transportkosten im Hauptlauf für ein einzelnes Gut relativ gering gehalten werden. Die Gesamtkosten für den Transport, von der Quelle bis zur Senke, werden daher insbesondere von den vor- und nachgelagerten Sammel- und Verteiltransporten bestimmt (Koether 2012).

### 28.2.1.2 Hub-and-Spoke Netzwerk

Bei einem Hub-and-Spoke-Netzwerk (Nabe und Speiche) werden die Güter ebenfalls in dem Depot des jeweiligen Quellbereichs gesammelt, dann allerdings unsortiert zu einem Hub transportiert. Dort erfolgt die Sortierung und Bündelung der Güter entsprechend ihrem jeweiligen Zieldepot. Im anschließenden Nachlauf erfolgt dann die Zustellung der Güter im Zielbereich. Im Vergleich zu einem Direktverkehrsnetz wird eine geringere Anzahl Relationen betrieben (2 · n), Relationen eine geringere Anzahl $(2 \cdot n)$ betrieben, was allerdings längere Transportwege und -zeiten zur Folge hat (vgl. Abb. 3).

Die Wahl zwischen einem Direktverkehrs- oder Hub-and-Spoke Netzwerk wird durch das Netzaufkommen, das zur Verfügung stehende Zeitfenster und die Kosten für den Betrieb des Netzwerkes bestimmt:

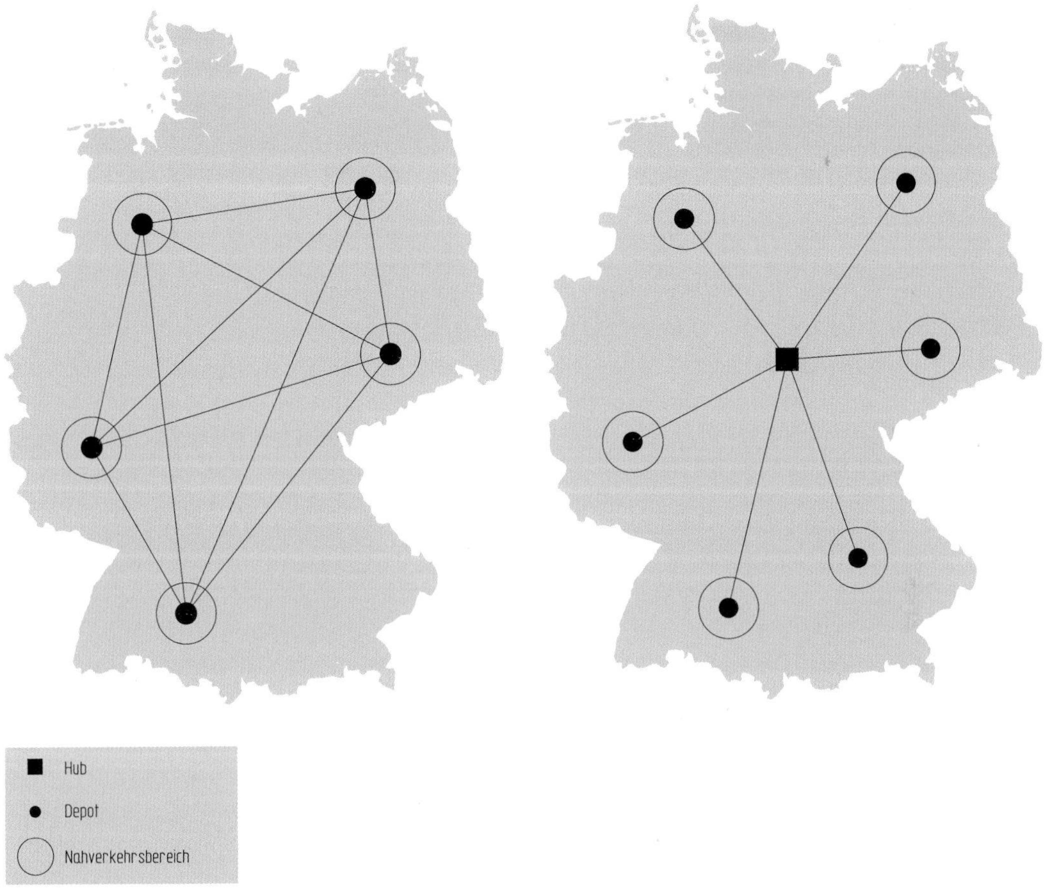


**Abb. 3** Direktverkehr- und Hub-and-Spoke Netz

- Auf stark frequentierten Relationen kommen häufig Direktverkehre zum Einsatz.
- Damit sich der Einsatz eines Hubs lohnt, müssen die Betriebskosten kleiner sein, als die Einsparungen durch die geringere Anzahl an Touren.
- Der Umschlag in einem Hub nimmt zusätzliche Zeit in Anspruch. Aufgrund dessen müssen Güter mit einem engen Zeitfenster im Direktverkehr befördert werden.

## 28.2.2 Verkehrsträger

Ein Verkehrsträger beschreibt das Medium des Transportes und umfasst die Verkehrsträger Straße, Schiene, Wasser, Luft und Rohrleitungen. Die Aufteilung des Gesamtverkehrs auf die einzelnen Verkehrsträger wird Modal Split genannt.

Abb. 4 zeigt die Entwicklung des Modal Split in Deutschland in den Jahren 2000 bis 2017 (Bretzke 2011; Bundesministerium für Verkehr und digitale Infrastruktur 2018).

### 28.2.2.1 Straßengüterverkehr

Ein Vergleich der verschiedenen Verkehrsträger zeigt, dass der Straßengüterverkehr mit über 70 % der Verkehrsleistung (2017) den größten Anteil am Modal Split in Deutschland ausmacht. Der Güterfluss im Straßengüterverkehr wird über den Verkehrsträger Straße mittels Kraftfahrzeugen durchgeführt. Als Verkehrsmittel auf der Straße werden alle Fahrzeuge betrachtet, welche den Hauptzweck des Straßengütertransports haben (Clausen und Geiger 2013). Die Transportmittel unterscheiden sich nach Nutzklasse und Volumenmaßen. Bedingt durch den Umfang und die Art der zu

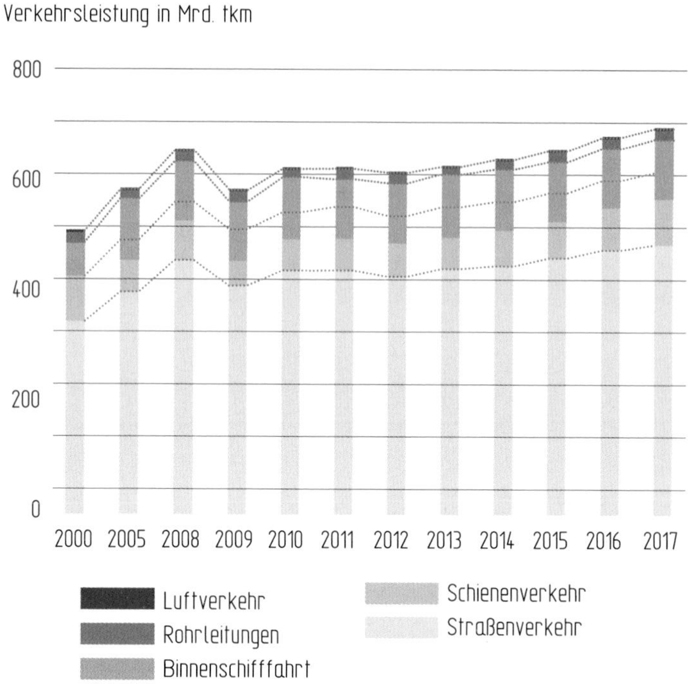


**Abb. 4** Modal Split in Deutschland 2000–2017

transportierenden Sendung, kommen verschiedene Transportfahrzeuge zum Einsatz. Diese reichen von Kleintransportern über den mittelschweren LKW bis zum Sattelzug. Seit dem 1. Januar 2017 kommen zudem in Deutschland sog. Lang-LKW mit einer Länge von bis zu 25,25 m in ausgewählten Streckennetzen zum Einsatz.

Die drei Hauptformen des Transports sind die Komplettladung, die Teilladung und das Sammelgut. Komplettladungen werden direkt und mit einem einzelnen Fahrzeug vom Versender zum Empfänger transportiert, während Teilladungen nicht das gesamte Fahrzeug füllen und somit in der Regel mit mehreren Sendungen kombiniert werden. Sammelgut wird an verschiedenen Quellen gesammelt, um sie dann entsprechend des Zielgebiets zu konsolidieren.

Der Straßengüterverkehr zeichnet sich durch eine flächendeckende Infrastruktur, kurze Transportzeiten und der Möglichkeit einer direkten Verbindung zwischen Versender und Empfänger aus. Die Bundesrepublik Deutschland verfügt über rund 659.000 km an Kraftverkehrsstraßen, welche 38.000 km Bundesstraßen und 13.000 km Bundesautobahnen beinhalten und liegt damit im internationalen Vergleich der größten Streckennetze der Welt auf Platz 12 (Bundesministerium für Verkehr und digitale Infrastruktur 2018). Aufgrund der flächendeckenden Infrastruktur sowie daraus entstehenden Netzbildungsmöglichkeiten ist der Straßengüterverkehr höchst flexibel mit Hinblick auf Planung und Umdispositionsmöglichkeiten. Hinzu kommt ein geringer Aufwand bei Verpackung und Umschlag im Vergleich zu anderen Verkehrsträgern. Als nachteilig sind die Umweltbelastungen durch Schadstoff- und Lärmemissionen zu nennen sowie der hohe Flächenbedarf des Straßennetzes.

#### 28.2.2.2 Schienengüterverkehr

Im Schienengüterverkehr findet der Transport von Gütern auf Schienen mittels Güterwagen und Güterzügen statt. Die zentralen Knoten des Schienennetzes bilden Gleisanschlüsse sowie Rangier- und Umschlagbahnhöfe. Klassische Transportleistungen im Schienengüterverkehr sind der Ganzzug- und der Einzelladungsverkehr. Der Ganzzugverkehr zeichnet sich durch den direkten Transport aller Wagen eines Güterzugs zum Zielknoten ohne zusätzliche Rangiervorgänge aus. Der Einzelladungsverkehr ist vor allem für kleinere Sendungsaufkommen geeignet und umfasst den Transport in einzelnen Wagen oder kleinen Wagengruppen. Zur Zusammenstellung vollständiger Güterzüge wird ein Rangierbahnhof benötigt, wodurch ein direkter Transport in der Regel nicht möglich ist. Der Transport mittels Schienenverkehr eignet sich aufgrund der hohen Energieeffizienz besonders für den Langstreckentransport. Gleichzeitig führt der hohe Automatisierungsgrad zu einer Reduktion des Personalaufwands pro Tonnenkilometer im Vergleich zu anderen Verkehrsträgern. Gleichzeitig ist der Ausbau der Schieneninfrastruktur mit hohen Kosten verbunden und Verkehrswege durch das Schienennetz streng vorgegeben. Deshalb ist der Schienengüterverkehr nur bedingt für den Einsatz zur Flächenverteilung geeignet.

#### 28.2.2.3 Seeschiffgüterverkehr

Der Seeschiffgüterverkehr verbindet weltweit Handelsregionen über ein weltumspannendes Seeverkehrsnetz. Dieses Netz wird aus den Haupthandelsrouten gebildet, welche vom Mengenaufkommen der einzelnen Handelsgüter sowie äußeren Einflüssen, wie bspw. der internationalen Sicherheitslage oder dem Wetter, abhängen (Abb. 5). Die logistischen Knoten in diesem Netzwerk sind Handelshäfen. Dort werden Stück- und/oder Massengüter von einem Transportmittel zu einem anderen umgeschlagen (DIN EN 14943:2006-03 2016).

Neben natürlichen Wasserwegen, den sogenannten Meerengen, gibt es zahlreiche künstlich angelegte Seeschifffahrtskanäle, deren Nutzung in der Regel kostenpflichtig ist. Die wichtigsten sind der Suezkanal, der Panamakanal und der Nord-Ostsee-Kanal. Ihre Nutzung sowie die aller anderen Seeschifffahrtswege hängt vor allem von Tiefgang, Breite, Länge und Höhe der Schiffe ab. Deshalb sind nicht alle Seeschiffe, welche sich anhand ihrer Eigenschaften oder des Transportgutes unterscheiden, für alle Einsatzbereiche geeignet. Handelsschiffe spielen im Güterverkehr die größte Rolle und lassen sich in Massengutfrachter, Containerschiffe, Stückgutfrachter und Ro/Ro-Schiffe unterteilen (Clausen und Geiger 2013).

#### 28.2.2.4 Binnenschifffahrt

In der Binnenschifffahrt bilden Binnenwasserstraßen die Kanten des Netzwerks. Sie sind natürliche oder künstliche Gewässer wie Flüsse, Seen oder Kanäle. Laut dem deutschen Wasserstraßen- und Schifffahrtsverein Rhein-Main-Donau e.V. umfasst das Netz der Bundeswasserstraßen in Deutschland etwa 7350 km Binnenwasserstraßen (davon 75 % Flüsse und 25 % Kanäle).

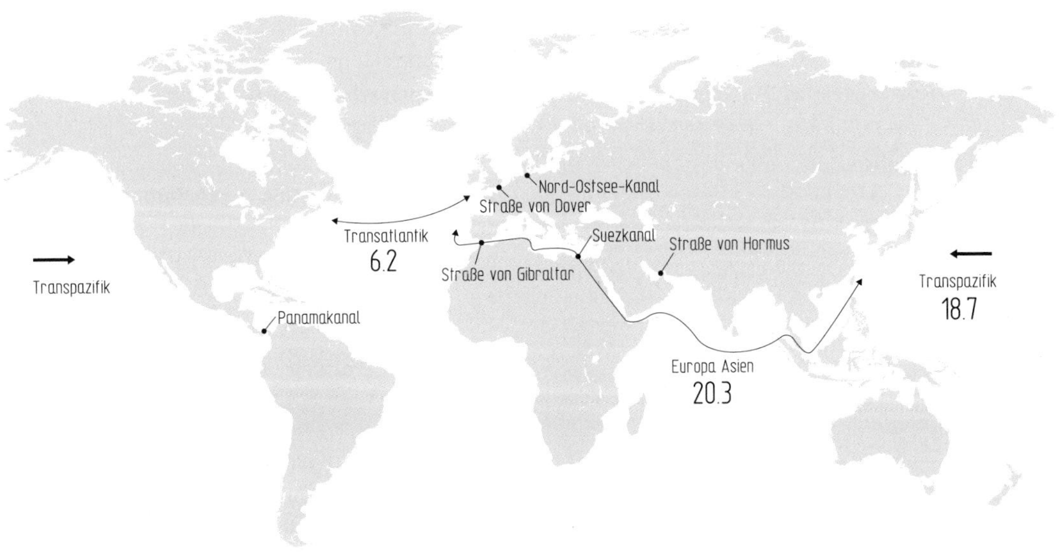


**Abb. 5** Transportaufkommen wichtiger Seehandelswege [mio. TEU] (2017)

Die Verkehrsmittel der Binnenschifffahrt sind vor allem Frachtschiffe, welche sich in Trockenfrachtschiffe und Tanker unterteilen lassen. Darüber hinaus lassen sich Gütermotorschiffe und Schiffsverbände (Schleppverbände oder Schubverbände) unterscheiden. Abhängig von den Abmessungen der Schiffe werden die Binnenwasserstraßen in 10 unterschiedliche Klassen eingeordnet, sodass nicht jede Wasserstraße von allen Schiffen genutzt werden kann. Die zugehörigen Knoten in der Binnenschifffahrt sind die Binnenhäfen. Sechs der zehn größten Binnenhäfen in Deutschland liegen am Rhein. Der Duisburger Hafen ist der weltgrößte Binnenhafen, der im Jahr 2018 einen Güterumschlag von etwa 48,1 Millionen Tonnen verzeichnen konnte.

Die Binnenschifffahrt ist gegenüber Straße und Schiene beim Energieverbrauch der wirtschaftlichste Verkehrsträger. Ein Schiff mit 1000 t Tragfähigkeit transportiert so viel wie vierzig Lkw oder ein Güterzug. Da die natürlichen und künstlichen Wasserwege begrenzt sind, kann die Binnenschifffahrt jedoch nur Regionen direkt bedienen, die Zugang zu diesem Verkehrsträger haben. Nachteilig ist zudem die verglichsweise lange Beförderungsdauer.

#### 28.2.2.5 Luftfrachtverkehr

Die Knoten im weltweiten Flugverkehrsnetz sind Flughäfen. Diese dienen entweder als Kopfstation und stellen Start- und Zielort für Lufttransporte dar oder fungieren als Hubstation und erfüllen somit eine Drehscheibenfunktion. Aus kapazitiven und wirtschaftlichen Gründen werden daher viele Verbindungen im Hub-and-Spoke System bedient (siehe Abschn. 2.1.2). Nach diesem System wird die Fracht zu einem Hub transportiert und auf weitergehende Flüge verteilt, anstatt jeden Flughafen von allen Flughäfen anzusteuern. Dadurch wird die Anzahl an Flügen reduziert, Kapazitäten besser verteilt und die Wirtschaftlichkeit gesteigert.

Der Umschlag findet an Luftfrachtterminals der Flug- und Flughafengesellschaften statt. Die Lage der Flughäfen, welche über das Land verstreut sein kann, sowie deren Leistungsfähigkeit sind entscheidend für die logistische Infrastruktur des Luftverkehrs.

Die Ladeeinheiten für Luftfracht werden als Unit-Load-Devices (ULD) bezeichnet. Dabei werden entweder Paletten oder Container eingesetzt. Für jeden Flugzeugtyp gibt es verschiedene ULD, die an die Geometrie des Flugzeugs angepasst sind. Der Transport von loser Fracht und ULD erfolgt entweder als Beiladungsfracht in Passagierflugzeugen oder mittels Frachtflugzeugen.

Der Flughafen Frankfurt ist mit 2,19 Mio. t Luftfracht in 2017 der bedeutendste Luftfrachtknoten in Deutschland und nach dem Flughafen Charles-de-Gaulles (Paris), der 2017 2,20 Mio t Luftfracht umschlug, der zweitbedeutendste in Europa. Die weltweit größten Luftfrachtknoten sind Hong Kong (5,05 Mio. t in 2017) und Memphis, Tennessee (4,34 Mio. t in 2017) (Port Authority of New York and New Jersey 2018).

Der Frachttransport durch das Flugzeug (Hauptlauf) sowie die Zuführ-, Sammel- und Verteilprozesse im Vor- und Nachlauf bilden zusammen die Luftfrachttransportkette. Die Transportprozesse im Vor- und Nachlauf erfolgen fast ausschließlich auf der Straße. Bestehen keine geeigneten Flugverbindungen, können Sendungen im Auftrag der Luftverkehrsgesellschaften als Luftfrachtersatzverkehr (auch Road-Feeder-Service oder Trucking genannt) mit dem Status Luftfracht zwischen einzelnen Flughäfen mittels LKW auf der Straße befördert werden.

Die Beförderung von Luftfracht bietet im Vergleich mit anderen Verkehrsträgern kurze Beförderungszeiten. Zudem ist die Beförderung von Luftfracht verhältnismäßig sicher und zuverlässig. Nachteilig sind die relativ hohen Kosten für die Beförderung und hohe Schadstoffemissionen. Aufgrund der speziellen Anforderungen an Maße und Gewicht ist die Luftfrachtbeförderung nicht für jedes Gut geeignet.

### 28.2.3 Kombinierter Verkehr

Werden zwischen Quelle und Senke mehrere Verkehrsträger nacheinander eingesetzt, während das Gut über des gesamten Transports in derselben Transporteinheit verbleibt, spricht man von Kombiniertem Verkehr (KV) (Clausen und Geiger 2013). Im KV werden für weite Distanzen im

Hauptlauf Schienen- oder Wassertransportmittel benutzt. Der Vor- und Nachlauf findet mittels LKW auf der Straße statt. Bei Haus-zu-Haus-Lieferungen in einem Entfernungsbereich von bis zu 400 km wird jedoch der Straßenverkehr häufiger eingesetzt als der Bahnverkehr, da der ausschließliche Straßenverkehr aufgrund der Einsparungen von Umschlag-, Rangier- und Bereitstellungsvorgängen schneller ist. Im KV lassen sich begleitete (selbstständige Ladeeinheit) und unbegleitete (unselbstständige Ladeeinheit) Transportprozesse unterschieden.

Während im unbegleiteten KV stapelbare (Container) und nicht stapelbare Ladeeinheiten (Wechselbrücken, Sattelauflieger) von der Zugmaschine beim vertikalen Umschlag getrennt werden, wird im Begleiteten KV mit der Ladeeinheit das gesamte Fahrzeug transportiert (horizontaler Umschlag). Im Schienengüterverkehr wird die Form des begleitenden KVs, bei welcher der gesamte LKW von einem Waggon aufgenommen wird, als „Rollende Landstraße" (RoLa) bezeichnet. Auch in der See- und Binnenschifffahrt gibt es Varianten der „Schwimmenden Landstraße" unter der Bezeichnung RoRo-Verkehr (Roll on / Roll off).

### 28.2.4 Planung und Steuerung

Planungsprozesse werden abhängig vom Planungshorizont in strategischer, taktischer und operativer Ebene unterschieden. Die strategische Planungsebene umfasst den Aufbau des Netzes mit dem Ziel, effiziente Transportverbindungen zwischen den Knoten im Planungsgebiet zu realisieren. Auf der taktischen Prozessebene wird die (veränderbare) Gebietsstruktur des Netzwerks festgelegt. Außerdem erfolgt in diesem Zusammenhang die Planung von Transportstrukturen und Rahmentouren (bswp. für fest bediente Relationen). Im Rahmen der operativen Planung erfolgt die tägliche Durchführung von Dispositionstätigkeiten. Diese umfasst die Koordination und Überwachung von Transporten mit dem Ziel einer kosteneffizienten Transportabwicklung bei gleichzeitiger Einhaltung gesetzlicher Rahmenbedingungen und des vertraglich definierten Servicelevels.

Eine leistungsfähige Methode zur Lösung einer Vielzahl strategischer, taktischer und operativer Problemstellungen in der Verkehrs- und Transportlogistik stellt die mathematische Optimierung dar. Dabei lassen sich nahezu alle Optimierungsprobleme auf eines der beiden folgenden ökonomischen Grundprinzipien zurückführen (Werners 2013):

- Erziele ein *bestimmtes Ergebnis* mit *minimalem Einsatz* an Ressourcen.
- Erziele ein *maximales Ergebnis* bei einem *gegebenen Einsatz* an Ressourcen.

Neben der Abbildung und Lösung eines logistischen Planungsproblems mittels mathematischer Optimierung bietet sich der Einsatz von Simulation an, insbesondere wenn logistische Systeme mit einem hohen Detailgrad oder unter Einfluss stochastischer Dynamiken untersucht werden.

Ein Überblick über wichtige Planungsprobleme sowie Lösungsmethoden aus mathematischer Optimierung sowie Simulation findet sich in den weiterführenden Literaturhinweisen.

## 28.3 Fabrikplanung

### 28.3.1 Definition Fabrikplanung

Die Fabrik wird als ein „[...] Ort, an dem Wertschöpfung durch arbeitsteilige Produktion industrieller Güter unter Einsatz von Produktionsfaktoren stattfindet." (VDI 5200-1 2011, S. 3) definiert. Zusätzlich zeichnet sich die Fabrik als Ort der Wertschöpfung durch das Zusammenwirken verschiedenster Abteilungen und Gewerke innerhalb der unternehmensspezifischen Strukturen aus, welche als einzelne Elemente im Gesamtsystem Fabrik betrachtet werden können.

In der Gesamtbetrachtung wird die Fabrik als Teilebene der Netzwerkebene untergeordnet und der Standortebene zugeordnet. Dem systemtheoretischen Verständnis folgend wird die Fabrik selbst als Element des Gesamtsystems des Netzwerks und deren einzelnen Verbindungen zu anderen Elementen beschrieben. Die Fabrik wird ergänzend dazu ebenfalls durch einzelne Elemente (System) beschrieben, die das Gesamtsystem der Fabrik ergeben (siehe Abschn. 3.5).

## 28.3.2 Planungsfälle

Ausgehend von einem unzureichenden IST-Systemzustand und damit verbunden den ungenügenden Leistungskennwerten ist der Zweck der Fabrikplanung die Erreichung eines zukünftigen SOLL-Systemzustands der neuen Anforderungen entspricht und die daran bemessenen Leistungswerte erfüllt. Diese Anforderungen begründen sich auf unterschiedlichste Einflussgrößen wie zum Beispiel Markt- bzw. Kundenanforderungen. Zusätzlich werden die aus den Zielen abgeleiteten Anforderungen der Fabrikplanung denen der Unternehmensziele untergeordnet und daran ausgerichtet.

Dabei können die Planungsfälle der Fabrikplanung grundsätzlich in zwei verschiedene Kategorien eingeordnet werden (siehe Abb. 6). Zum einen gibt es den Fall der kompletten Neuplanung einer Fabrik. Diese sog. „Greenfield"-Planung hat einen anderen Umfang als der zweite Fall der Umplanung und berücksichtigt beispielsweise auch eine Standortplanung mit infrastrukturellen Aspekten. Diese sind bei der Umplanung von bestehenden Fabriken (engl.: „Brownfield") meist gegeben und können außer Acht gelassen werden. Die Umplanung umfasst dabei sowohl die Umgestaltung, Erweiterung, den Rückbau oder die Revitalisierung von bestehenden Fabriken (Grundig 2015, S. 18 f.).

Zur Erreichung dieses geforderten Zustands existieren verschiedenste Vorgehensmodelle der Fabrikplanung, welche den verantwortlichen Planer dabei unterstützen sollen die komplexen Planungsschritte effektiv und effizient durchzuführen.

## 28.3.3 Vorgehensmodelle der Fabrikplanung

In der Vergangenheit haben sich dazu zunehmend Phasenmodelle etabliert, welche einen unterschiedlichen Bereich von der Zielplanung bis zum letztlichen Betrieb der geplanten Fabrik abdecken. Beispielhaft soll hier das Planungsvorgehen des VDI nach der Richtlinie 5200 beschrieben werden, welches eine Abdeckung von der Zielplanung bis zur Hochlaufbetreuung aufweist und diesen Bereich in sieben Planungsphasen untergliedert (VDI 5200-1 2011, S. 8). Diese Phasen werden nacheinander, also sequenziell durchlaufen wobei die Ergebnisse einer Phase die Grundlage der folgenden Phase darstellen. Begleitend dazu sieht die VDI Richtlinie 5200 eine Integration von baurelevanten Leistungsphasen der HOAI (Honorarordnung der Architekten und Ingenieure) in den einzelnen Phasen vor, um dem interdisziplinären Charakter der Fabrikplanung und der konkreten Berücksichtigung der in der Umsetzungsphase relevanten bautechnischen Aspekte zu entsprechen (siehe Abb. 7).

## 28.3.4 Herausforderungen und Trends der Fabrikplanung

Eine Herausforderung der Fabrikplanung ist die häufig stark heterogene Menge der gefertigten

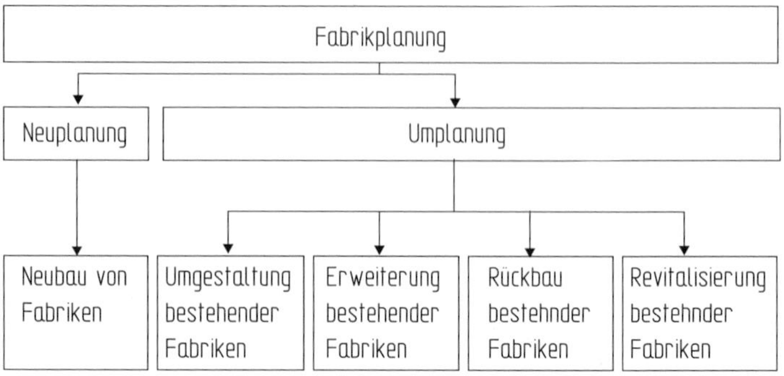


**Abb. 6** Planungsfälle der Fabrikplanung

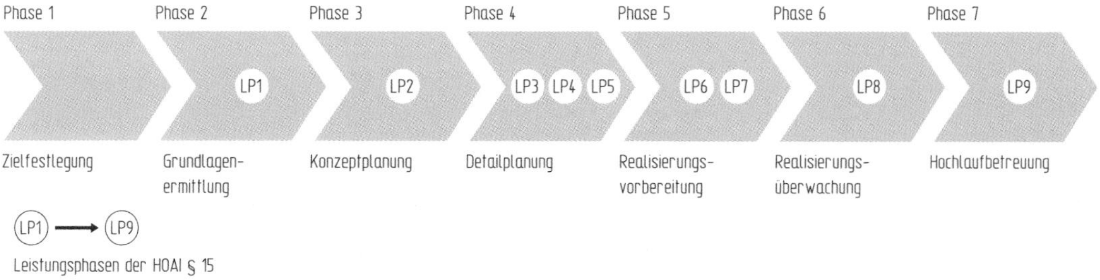


**Abb. 7** Fabrikplanungsvorgehen der VDI Richtiglinie 5200 inkl. HOAI-Zuordnung

Produkte in einer Fabrik. Die Anforderungen die sich aus dem technischen notwendigen und der organisatorisch sinnvollen zeitlichen und räumlichen Strukturierung des Produktionsablaufs ergeben sind zusätzlich zu den externen Anforderungen, wie bspw. Lieferzeitforderungen von Kunden oder Lieferantenanbindung und -verfügbarkeit zu berücksichtigen. Viele Vorgehensweisen der Fabrikplanung setzen daher auf die Aufteilung der Fabrik in Teilbereiche mit ähnlichen Merkmalen und Anforderungen. Dabei hat sich der Begriff der horizontalen und vertikalen Segmentierung (Wildemann 1992) etabliert, der auch die Grundlage der Fraktalen Fabrik (Warneke 1992) und der Modularisierung (siehe Modell zur Planung modularer Fabriken (Wiendahl et al. 2005) bildet.

In Abgrenzung zur Fabrikplanung, die häufig auf die statische, auf Grundlage von Durchschnittswerten, Auslegung der Produktionsmittel reduziert wird, betrachtet die Produktionsplanung und -steuerung die dynamischen Abläufe während des Fabrikbetriebs. Insbesondere die durch stark verkürzte Produktlebenszyklen und hohe Marktdynamik erhöhte Veränderungsnotwendigkeit und die gleichzeitig geringere zur Verfügung stehende Planungszeit erfordern einen Ordnungsrahmen für das komplexer werdende Fabrikplanungsprojekt. Die Zeit zwischen dem Auftreten eines Veränderungsbedarfs, der Wahrnehmung, dem Ableiten von Handlungsalternativen, der Bewertung dieser und der Umsetzung der Veränderung muss reduziert werden. Um diese in Zukunft notwendige kontinuierliche Anpassung zu ermöglichen, hat sich die Anpassungsfähigkeit der Systeme unter den Begrifflichkeiten Flexibilität und Wandlungsfähigkeit als weitere Zielgröße etabliert (Nyhuis et al. 2010).

Gleichzeitig muss die Planungs- und Betriebsphase der Fabrik integriert betrachtet werden. Der Ansatz der digitalen Fabrik, als Bestrebung mit ganzheitlichen digitalen Modellen die reale Fabrik abzubilden und damit alle beteiligten Planungsdisziplinen zu integrieren und Auswirkungen von Planungen vorab zu quantifizieren, gewinnt gerade vor dem Hintergrund der Industrie 4.0 und Digitalen Zwillingen wieder an Bedeutung (Bierschenk 2015). Die Entwicklung verfolgt das Ziel diese Modelle mit den betrieblichen Informationssystemen (bspw. ERP-Systeme) und Simulationslösungen zur Unterstützung von operativen Entscheidungen zu verknüpfen.

So soll dem Dilemma der Fabrikplanung entgegengewirkt werden welches durch die größer werdende Spanne der gering zur Verfügung stehenden Zeit und der aufgrund zunehmender Komplexität zunehmenden benötigten Zeit gebildet wird.

### 28.3.5 Das prozessorientierte Vorgehensmodell zur Fabrikplanung

Das prozessorientierte Vorgehensmodell zur Fabrikplanung (POV-FP) basiert auf dem Prozesskketteninstrumentarium und integriert die statische und dynamische Planung in einem sequentiellen Vorgehen, welches Gesamt-Iterationen vorsieht (siehe Abb. 8). Es ermöglicht dabei die Einordnung von Fabrikplanungsfällen nach Planungsebenen (System, Standort, Netz), Planungsphasen des Fabriklebenszyklus (Neuplanung, Rea-

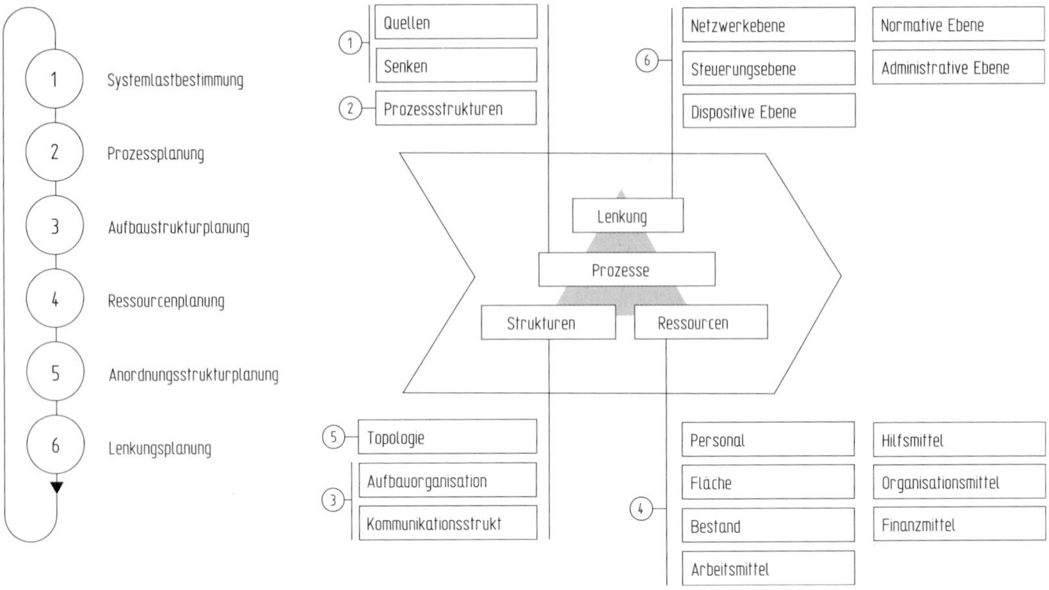


**Abb. 8** Prozessorientiertes Vorgehensmodell zur Fabrikplanung

lisierungsplanung, Betriebsanpassungsplanung, Verlagerungsplanung und Stilllegungsplanung) und Planungsanstoß (Systemlastveränderung, Leistungsanforderung, Kostendruck, ...). Das POV-FP sieht insgesamt sechs abgetrennte Planungsphasen vor, die nachfolgend beschrieben werden (siehe auch Kuhn et al. 2010; Beller 2010).

#### 28.3.5.1 Systemlastbestimmung

Der erste Planungsschritt umfasst die Systemlastbestimmung an Quellen und Senken. Die Systemlast beschreibt in diesem Zusammenhang die Leistungsobjekte nach Art, Menge und deren Zwischenankunftszeiten; final bestimmt sie die Transformationsleistung, die das System zu erbringen hat. Leistungsobjekte dienen der Typisierung der Prozesse (z. B. Auftragsbearbeitungs-, Materialfluss-, Informations- und Lenkungsprozesse) und bilden die Betrachtungseinheit einer Fabrik. Typische Beispiele für ein Leistungsobjekt sind der Fertigungsauftrag oder die zu transformierenden Bauteile, Komponenten und Erzeugnisse. Die Ermittlung und Quantifizierung der Systemlast basiert meist auf historischen Daten und kann daher durch Trendanalysen erfolgen. Eine weitere verbreitete Methode zur Systemlastbestimmung sind Expertenbefragungen.

#### 28.3.5.2 Prozessplanung

Der zweite Planungsschritt dient dazu, die zur Transformation der Leistungsobjekte notwendigen Prozesse in ihrer zeitlichen Abfolge und Anordnung zu gestalten (Prozessplanung) und auf unterschiedlichen Planungsebenen in Prozessketten anzuordnen. Ziel ist die Identifizierung von Nutzprozessen sowie die Reduzierung von Blind- und Fehlprozessen. Das Resultat ist die Ablaufstruktur in Form eines Prozessplans, der – neben dem Leistungsobjekt als Planungsobjekt – als Planungsleitlinie bezeichnet werden kann. Neben Werkzeugen zur Geschäftsprozessmodellierung sind verbreitete Methoden im Rahmen der Prozessplanung beispielsweise Wertstromanalysen und – design oder Arbeitsablaufanalysen (Erlach 2010).

#### 28.3.5.3 Aufbaustrukturplanung

Als dritter Planungsschritt folgt die Aufbaustrukturplanung. In diesem wird das Ergebnis der Prozessplanung in effiziente Organisationsstrukturen überführt. Es werden Bereiche der Ablaufstruktur nach bestimmten Kriterien abgegrenzt und Prozesseigner sowie Verantwortlichkeiten zugewiesen bzw. Organisationeinheiten festgelegt, um Zuständigkeiten adäquat zu fixieren. Ein Verfahren für die Gestaltung einer prozessorientierten Aufbaustruktur ist die Segmentierung nach Wildemann, bei der eine organisatorische Trennung in weitgehend autonom agierende Prozesseigner erfolgt (Wildemann 1992). Auf der Basis von sogenannten Produkt-Markt-Kombinationen werden Prozessketten identifiziert, die möglichst vollständig die Verantwortung vom Kundenauftrag bis zur Lieferung an den Kunden tragen.

#### 28.3.5.4 Ressourcenplanung

Nachdem die Zuständigkeiten (Kosten- und Erlösverantwortung) feststehen, kann im vierten Schritt die Ressourcenplanung durchgeführt werden. Diese beinhaltet eine Festlegung des Ressourcenbedarfs nach Art und Menge entsprechend der zu bewältigenden Transformationsaufgabe und Zuordnung zu den jeweiligen Organisationseinheiten. Eine adäquate Definition von Ressourcenklassen ist entsprechend der Terminologie der sechs knappen Ressourcen der Logistik möglich: Arbeitsmittel, Arbeitshilfsmittel, Personal, Bestand, Fläche, Organisationmittel. Als mögliche Gestaltungskriterien dienen beispielsweise eine möglichst hohe mittlere Ressourcenauslastung und die Berücksichtigung diverser Systemlastschwankungen. Hierbei spielen die Dimensionierung der Ressourcen und die Beachtung notwendiger Kapazitätsanpassungen eine zentrale Rolle, wofür unterschiedliche Verfahren und Techniken genutzt werden können. Beispielhaft sind hier die Betriebsmitteldimensionierung nach Kettner oder verschiedene quantitative und qualitative, teils kennzahlgestützte, Bedarfsermittlungsverfahren zu nennen (Grundig 2015; Kettner et al. 1984).

#### 28.3.5.5 Anordnungsstrukturplanung

Die Kenntnis der Prozessketten und des Ressourcenbedarfs erlauben anschließend die Planung der Anordnungsstruktur (Layoutplanung). Übliche Optimierungskriterien bei der Anordnungsstrukturplanung sind beispielsweise Transportintensität oder Flächenbedarf. Die Layoutplanung kann dabei auf verschiedenen Aggregationsstufen erfolgen. Wichtige Planungshilfsmittel stellen neben den bekannten Werkzeugen wie Sankey-Diagrammen und Materialflussmatrizen insbesondere die Werkzeuge der Digitalen Fabrik dar. Diese reichen von einfachen Materialflusssimulationen bis hin zu Planungstischen, die eine Layoutgestaltung durch eine digitale Visualisierung der Fabrikobjekte unterstützen.

#### 28.3.5.6 Lenkungsplanung

Aufbauend auf den Kenntnissen der ersten fünf Schritte findet abschließend die Lenkungsplanung statt, deren Ziel in der Formulierung geeigneter Lenkungsregeln zur Transformation der Leistungsobjekte mit den festgelegten Durchlaufzeiten und mit minimierten Ressourcenverbräuchen liegt. Durch die Ausgestaltung der Produktionsplanung und -steuerung verknüpft die Lenkungsplanung die statische Planung der ersten fünf Schritte mit der dynamischen Planung.

#### 28.3.5.7 Prozessorientierte Fabrikplanung – Permanente Planungsbereitschaft

Die dargestellten sechs Planungsschritte des POV-FP sind im Rahmen der planungsfallspezifischen Ergebniserarbeitung ausnahmslos sequenziell zu durchlaufen. Ein wichtiger Aspekt ist außerdem die strukturierte Ablage von Planungswissen, weshalb Iterationen und Rücksprünge zwischen aufeinanderfolgenden Planungsschritten nicht zulässig sind. Zulässig und hilfreich ist es jedoch, den in einem bestimmten Planungsschritt aufgedeckten Optimierungsbedarf hinsichtlich vorrangehender Planungsschritte zu dokumentieren. Ein iteratives Vorgehen, also eine schrittweise Optimierung, findet im Rahmen einer Gesamt-Iteration statt. Diese erfolgt nach Durchlaufen aller Planungsschritte und bedient sich unter anderem dem dokumentierten Optimierungsbedarf bzw. Optimierungspotenzial auf jeder Planungsstufe, um der Fülle interdependenter Einflussfaktoren innerhalb komplexer soziotechnischer System gerecht zu werden.

Der gesamte Ablauf der Planungsschritte von der Systemlastbestimmung bis zur Lenkungsplanung ist entsprechend des Planungsfalls meist mehrmals zu durchlaufen. Des Weiteren besteht dadurch die Möglichkeit, die Granularität der Planung von Planungsdurchlauf zu Planungsdurchlauf sukzessive zu steigern und somit den Prozess von der Grob- zur Feinplanung zu unterstützen.

### 28.3.6 IT-Systeme in der Fabrikplanung

Zur Unterstützung des Fabrikplaners wurden über die letzten Jahrzehnte zunehmend digitale Werkzeuge entwickelt. Insbesondere im Umfeld der Digitalen Fabrik (VDI 4499 2008) wurden verstärkt Hilfsmittel zur Layoutplanung in 2D und 3D (bspw. visTable), der Materialflusssimulation (bspw. mit AnyLogic), der Gebäudeplanung in Kombination mit dem 4D und 5D Ansatz bei dem sowohl die Zeit als auch die Kosten als 4te und 5te Dimension mitberücksichtigt werden (bspw. Autodesk Revit) sowie weiterführende Visualisierungs- und Planungsmöglichkeiten in VR oder AR (Oculus Rift oder Microsoft Hololens) und Technologien der Industrie 4.0 (Bracht et al. 2019). Diese Hilfsmittel sollen dem übergeordneten Ziel der digitalen Fabrik dienen ein Abbild des bestehenden Fabriksystems nicht nur als visuelles Gittermodell zu ermöglichen, sondern es auch mit Daten aus dem Betrieb zu verknüpfen. Dadurch soll die Verwendung eines dadurch abbildbaren digitalen Schattens die Anpassungsplanung und der Betrieb kurzzyklischer optimiert werden können (Bracht et al. 2019; Dombrowski et al. 2018).

### 28.3.7 Anpassungsintelligenz

Die aktuellen Forschungsbestrebungen in der Fabrikplanung haben zum Ziel, den Zeitbedarf für die Anpassung von Fabriksystemen zu senken und die Qualität der Anpassungen allgemein zu verbessern. Entsprechend der zahlreich beteiligten Disziplinen steht dabei eine betont interdisziplinäre Betrachtung im Vordergrund (Delbrügger et al. 2017). Die Untersuchung des Anpassungsobjekts muss dabei alle Systemelemente, alle Strukturebenen und die Aspekte Führung, Kultur und Arbeitsorganisation umfassen. Alle Charakteristika des Anpassungsobjektes müssen in einem virtuellen und experimentierbaren Modell abgebildet werden können. Das Anpassungsteam muss der interdiziplinären Aufgabenstellung durch eine situative Teamzusammenstellung begegnen, integrative Assistenzsysteme verwenden und die Zusammenarbeit anhand des einheitlichen virtuellen und experimentierbaren Modells des Anpassungsobjekts strukturieren (Müller et al. 2018). Die Aufgabe ist durch den Anpassungsprozess selbst definiert. Dieser ist event-gesteuert, muss die gesamte Ursache-Maßnahme-Wirkungskette betrachten und ein proaktives Management und Vorhalten von Bündeln von Anpassungsmaßnahmen ermöglichen (Delbrügger et al. 2017). Ein wesentliches Merkmal der anpassungsintelligten Fabrik ist die Unterstützung durch Methoden der Virtualisierung, die auf Basis eines digitalen Zwillings sowohl über alle Phasen des Anpassungsprozesses als auch disziplinübergreifend zur Anwendung kommen. Dies kann beispielsweise die Kopplung von Simulationsmethoden verschiedener Domänen für die ganzheitliche Planung von Fabriksystemen oder visualisierte und interaktionsfähige Repräsentaten eines physischen Systems zur Schaffung eines einheitlichen Planungsverständnisses sein (Müller et al. 2018; Delbrügger et al. 2019). Zur Erzielung einer permanenten Planungsbereitschaft ist ein durchgehendes Monitoring von Einflussgrößen und die Übersetzung in systemrelevante Kenngrößen notwendig, ebenso wie ein ständiger Abgleich dieser mehrdimensional beschriebenen Kenngrößen mit den vorhandenen Flexibilitätskorridoren (Müller et al. 2018).

Wenn das Anpassungsobjekt Fabrik in einem effektiven und effizienten Anpassungsprozess von einem interdisziplinären Anpassungsteam kollaborativ analysiert, geplant und realisiert wird, ist eine intelligente Anpassung möglich – eine permanente, effiziente und effektive Fabrikplanung durch Anpassungsintelligenz.

## 28.4 Technische Logistiksysteme

### 28.4.1 Definition und Abgrenzung

Der Einsatz technischer Lösungen ist in allen Bereichen der Logistik unabdingbar. Sehr unterschiedliche Fachdisziplinen decken dabei verschiedene Bereiche in der Logistik (-technologie) ab. Im außerbetrieblichen Logistikbereich sind diese Fachdisziplinen je nach Verkehrsträger z. B. die Fahrzeugtechnik, die Bahntechnik oder auch die Luftfahrttechnologie. Für die Technologie innerbetrieblicher Logistik und deren Systeme waren lange Zeit unterschiedliche Begriffe wie Fördertechnik oder Materialflusstechnik üblich. In 2004 etablierte der VDMA (Verband Deutscher Maschinen- und Anlagenbau) schließlich den Begriff *Intralogistik* für die innerbetriebliche Logistiktechnologie, exakter: „die Organisation, Steuerung, Durchführung und Optimierung des innerbetrieblichen Materialflusses, der Informationsströme sowie des Warenumschlags in Industrie, Handel und öffentlichen Einrichtungen" (Arnold 2006, S. 1).

Wesentlich für die Einordnung ist dabei das Merkmal der engen Verzahnung von Techniksicht und Prozesssicht. Die betrachteten Systeme sind durchweg in übergeordnete Strukturen und Ablaufprozesse eingebunden. Diese Prozesse sind wesentlich auch für die innerbetrieblichen organisatorischen Abläufe. Effektivität und Effizienz einer konkreten Systemlösung für eine innerbetriebliche Logistikaufgabe hängen in der Folge von der gleichwertigen Berücksichtigung sowohl der technischen Materialflusslösung als auch informationstechnischen Prozesse ab.

Sowohl innerbetrieblich als auch außerbetrieblich ist die Unterscheidung in Stückgut und Schüttgut relevant, denn diese Gutklassen führen zu grundverschiedenen Anforderungen an die eingesetzten Technologien. Daraus resultieren deutlich abweichende technische Lösungen. Die nachfolgenden Ausführungen fokussieren auf die Technologien zum Transport, zur Lagerung und zur Handhabung von Stückgut, sofern nicht anders angegeben.

Neben der technischen Eignung zur Erfüllung einer logistischen Aufgabenstellung besitzt insbesondere das der Leistungserbringung zugrunde liegende Geschäftsmodell einen hohen Einfluss auf die Vorzugslösung. Bei dem in der Logistik häufig vorkommenden Dienstleistungsmodell (die sogenannte Kontraktlogistik) steht der universelle Einsatz der technischen Umsetzung im Vordergrund. Dazu werden Lösungen angestrebt, die ein breites Aufgabenspektrum erfüllen können und z. T. Mietmodelle ermöglichen. Demgegenüber streben z. B. firmeninternen Umsetzungen vorzugsweise eine langfristig optimale Erfüllung einer konkreten Aufgabenstellung an.

#### 28.4.1.1 Logistische Einheiten

Die in Logistiksystemen bearbeiteten Güter bzw. Waren können in der Regel nicht effizient als Einzelstück bearbeitet werden. Zur Effizienzsteigerung werden Güter deshalb zu Logistischen Einheiten zusammengefasst. Diese Zusammenfassung führt nicht nur durch die Konzentration auf wenige Handhabungsvorgänge mit größeren Einheiten zur angestrebten Effizienzsteigerung, durch die Wahl einer geeigneten (Grund-)Einheit mit standardisierten Abmessungen und insbesondere die Wahl standardisierter Ladehilfsmittel werden vielmehr einheitliche Schnittstellen geschaffen, auf die wiederum technische Lösungen hin optimiert werden können. Das europäische Grundmodul im Verpackungswesen beträgt 600 mm · 400 mm. Große standardisierte Einheiten spielen speziell in der Produktion und im außerbetrieblichen Transport eine wesentliche Rolle, denn damit wird bspw. eine schnelle Be- und Entladung ermöglicht. Im Bereich der Lagerung werden die Automation wesentlich vereinfacht und der Lagerdurchsatz erhöht. Erst im Rahmen der (Kundenauftrags-)Kommissionierung findet wieder eine Zerlegung größerer Einheiten hin zum Einzelstück statt, bevor nachfolgend wieder einzelne Kommissionen zu größeren Transporteinheiten gebündelt werden. Großen Einfluss auf die Definition der geeigneten Einheitengröße besitzt neben den Waren selbst die Form des Handels (Stationärer Handel oder Versandhandel/e-Commerce, Stufigkeit des Handels).

Die technischen Logistiksysteme können innerbetrieblich in Lösungen für leichtes und schweres Stückgut unterschieden werden. Leichtes Stückgut umfasst alle Formen verpackter Einzelgüter und Gebinde in Form von Schachteln aus Kartonagen (auch: Packstücke) sowie verschiedene Formen von Mehrwegbehältern (z. B. Kunststoffkästen, Kleinladungsträger) mit einem Gesamtgewicht bis ca. 50 kg. Schweres Stückgut umfasst Ladungsträger wie Paletten (insb. Europoolpaletten) und Gitterboxen, auch Rollcontainer im Handel, mit einem Gesamtgewicht bis etwa 1000 kg. Eine Europoolpalette (1200 mm · 800 mm · 144 mm) darf grundsätzlich mit bis zu 1500 kg und 4000 kg Auflast im Stapel belastet werden. Im Bereich des außerbetrieblichen Transports kommen als standardisierte Einheiten insbesondere Container und Wechselbrücken zum Einsatz.

## 28.4.2 Bewegen und Transportieren

**Durchsatz**

Eine wichtige Aufgabe bei der Planung oder bei Änderungen im Betriebsablauf ist die Bestimmung des Durchsatzes an kritischen Stellen des Materialflusssystems. Dazu ist in Abhängigkeit von festgelegten Strategien die Auslastung als Verhältnis aus betrieblich gefordertem Durchsatz und technisch maximal möglichem Durchsatz (Grenzdurchsatz) zu bestimmen. Der betriebliche Durchsatz unterliegt dabei häufig Schwankungen, deren Größe und Verteilung empirisch ermittelt werden können. Die dabei gewonnene Häufigkeitsverteilung kann als praxisnahe Beschreibung des betrieblichen Durchsatzes dienen. Für praktische Anwendungen werden häufig Spitzenlastszenarien erarbeitet, mit denen bestimmte Extremsituationen im Materialfluss definiert werden.

Der Durchsatz beschreibt die wichtigste Grundgröße des Materialflusses: die pro Zeiteinheit bewegte Material- oder Gütermenge. Während im Schüttgutbereich vorwiegend Volumen- und Massedurchsätze betrachtet werden (mit den Basiseinheiten $m^3/h$ bzw. kg/h) (Abb. 9), sind in der Intralogistik die Anzahl an Transporteinheiten (z. B. als Paletten/h) als Stückdurchsatz von Interesse. Dieser ergibt sich als Quotient aus Fördergeschwindigkeit $v_F$ und mittlerem Stückgutabstand $E(s_t)$. Der Stückgutabstand $s_{t,i}$ umfasst dabei die Länge $l_i$ der i-ten Transporteinheit plus die Distanz $d_i$ zwischen i-ter und i+1-ter Einheit (Abb. 10).

$$\lambda = \frac{v_F}{E(s_t)} \quad (1)$$

Entsprechend berechnet sich der Grenzdurchsatz $\lambda_g$ als maximal erreichbarer Durchsatz, wenn die kürzeste Gutlänge und der minimale Abstand (meist $> 0$, um einen Kontakt zwischen den Transportgütern während des Transportierens zu vermeiden) eingesetzt werden.

$$\lambda_g = \frac{v_F}{l_{min} + d_{min}} \quad (2)$$

Damit ergibt sich für die Auslastung $\rho$ der Förderstrecke

$$\rho = \frac{\lambda}{\lambda_g} \leq 1 \quad (3)$$

An Verzweigungen wird der Materialfluss einer Förderstrecke in mehrere Richtungen verteilt, während Zusammenführungen umgekehrt viele

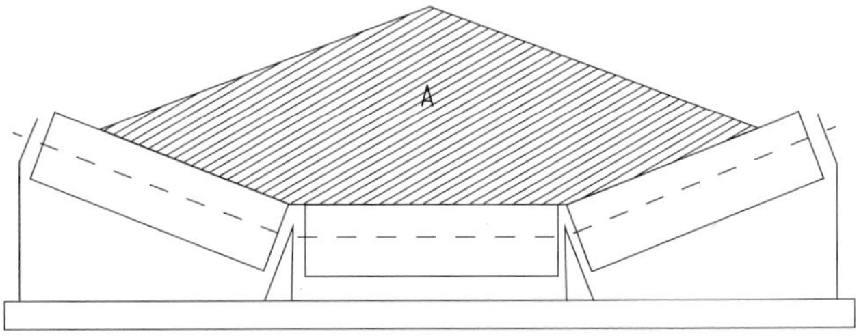


**Abb. 9** Querschnitt Gurtbandförderer für Schüttgut

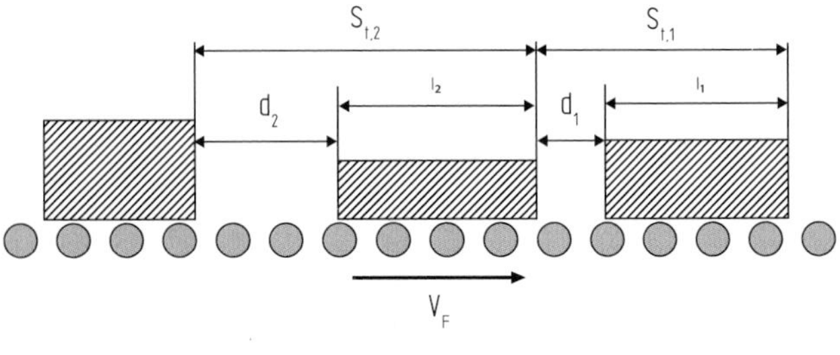


**Abb. 10** Ungetakteter Stückgutstrom auf einem Rollenförderer

Einzelströme vereinen. Je nach technischem System kann das in unterschiedlicher Weise erfolgen: Abb. 11 zeigt einen Verschiebewagen, bei dem der partielle Grenzdurchsatz zu den Zielen S1, S2 und S3 wegen der verschieden langen Wege unterschiedlich ist. Damit ist auch der erzielbare Gesamtdurchsatz davon abhängig, in welchem Verhältnis die einzelnen Richtungen genutzt werden.

Dagegen kann die Weiche in Abb. 12 aus beiden Richtungen in gleicher Zeit durchfahren werden, wenn sie zuvor in die richtige Stellung gebracht wurde. Der partielle Grenzdurchsatz ist richtungsunabhängig gleich, der erzielbare Gesamtdurchsatz ist aber abhängig davon, wie häufig es zu Schaltvorgängen zwischen den einzelnen Richtungen kommt. Da es sich um eine stetige Abfertigung handelt (Transporteinheiten passieren ohne Anhalten), mindern häufige Schaltvorgänge die verfügbare Zeit. Dagegen erfolgt beim Verschiebewagen die Abfertigung

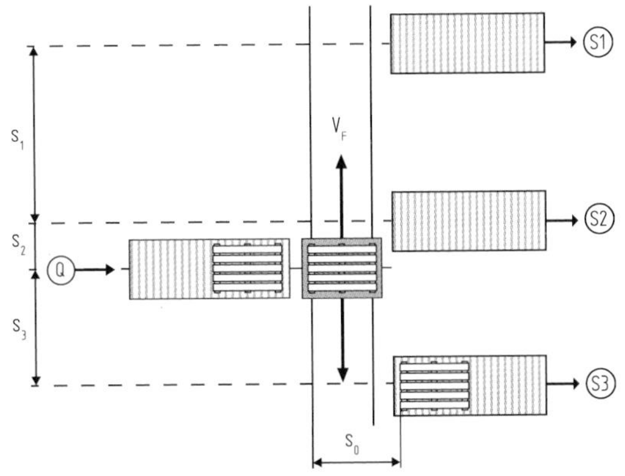


**Abb. 11** Unstetige Abfertigung mit einem Verschiebewagen

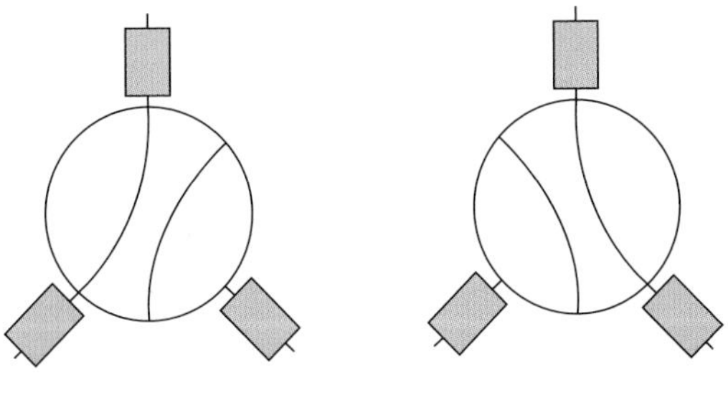

**Abb. 12** Stetige Verzweigung bei einer EHB-Weiche

unstetig (mit Anhalten der Transporteinheit), dauert damit meist länger als bei stetiger Abfertigung und kommt dafür ohne Zeitzuschlag für den Richtungswechsel aus.

Für eine Verzweigung in zwei Richtungen (i = 1,2) (siehe Abb. 13) muss für die Auslastung jeder Richtung gelten

$$\rho_i = \frac{\lambda_i}{\lambda_{g,i}} \leq 1 \qquad (4)$$

Zusätzlich muss auch die Gesamtauslastung ($\rho_1 + \rho_2$) kleiner als Eins sein:

$$\frac{\lambda_1}{\lambda_{g,1}} + \frac{\lambda_2}{\lambda_{g,2}} \leq 1 \qquad (5)$$

Um die partiellen Grenzdurchsätze zu bestimmen, ist für eine Transporteinheit eine Analyse des Ablaufs vorzunehmen: Für die Fahrt in Richtung 1 (stetige Abfertigung) muss die Transporteinheit den Weg $s_E$+$s_A$ ohne Halt zurücklegen, während in Richtung 2 (unstetige Abfertigung) diese Bewegung unterbrochen wird (Halt auf dem Verschiebewagen), um den beladenen Verschiebewagen um den Weg $s_V$ in die Abgabeposition zu verfahren. Nachdem die Transporteinheit den Verschiebewagen verlassen hat, muss dieser erst wieder in die Ausgangsposition zurückfahren, um das Arbeitsspiel abzuschließen.

Für jede dieser Teilbewegungen sind die notwendigen Fahrzeiten (z. B. nach der allgemeinen Fahrzeitformel, s. Gl. 6 und Abb. 14) sowie ggf. zusätzliche Positionier- und Kontrollzeiten zu bestimmen. Der partielle Grenzdurchsatz je Richtung ist der Reziprokwert der Summe dieser Zeiten.

$$t_F = t_s + \frac{s_F}{v_F} + \frac{v_F}{2 * a_A} + \frac{v_F}{2 * a_B} \qquad (6)$$

Der gesamte erzielbare Durchsatz entspricht bei alleiniger Nutzung einer der Richtungen 1 oder 2 dem jeweiligen partiellen Grenzdurchsatz, bei anteiliger Nutzung beider Richtungen gilt

$$\lambda_{g,2} \leq \lambda \leq \lambda_{g,1} \qquad (7)$$

Der Zusammenhang wird im Durchsatzdiagramm Abb. 15 ersichtlich, die eingetragene Ge-

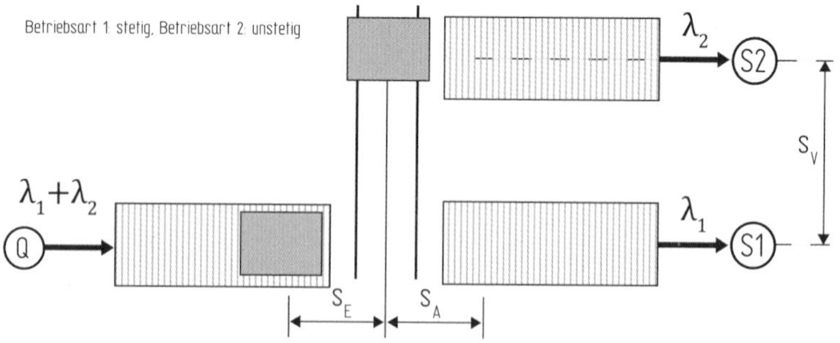


**Abb. 13** Teilstetige Verzweigung in zwei Richtungen

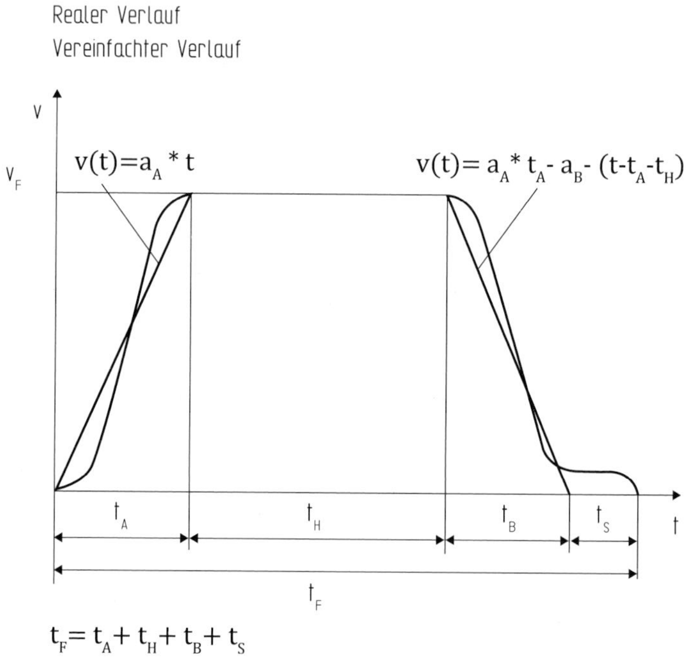


**Abb. 14** Für die Fahrzeitberechnung von Unstetigförderern wird ein idealisierter Geschwindigkeitsverlauf zu Grunde gelegt

rade entspricht dabei jeweils einer 100 %igen Auslastung.

#### 28.4.2.1 Stetigförderer

Stetigförderer dienen dem Transport von Schütt- oder Stückgut in einem stetigen Fluss von einer oder mehreren Aufgabestellen (Quellen) zu einer oder mehreren Abgabestellen (Senken). Stetigförderer (z. B. Band-, Rollen- oder Kettenförderer) sind ortsfeste Einrichtungen, die im Dauerbetrieb arbeiten, permanent aufnahme- und abgabebereit sind, da sie im laufenden Betrieb be- und entladen werden, und einen kontinuierlichen (Schüttgut) bzw. diskret-kontinuierlichen (Stückgut) Fördergutstrom erzeugen.

Stetigförderer sind weit verbreitete intralogistische Systeme, die in allen Bereichen in Industrie und Handel zum Einsatz kommen. Sie können sowohl für leichtes als auch für schweres Stückgut eingesetzt werden, besitzen einen einfachen Aufbau, eine hohe Betriebssicherheit und erfordern nur geringen Bedienungsaufwand. Durch die Fähigkeit große Mengen zu befördern, stellen sie in vielen Fällen die geeignete Lösung für eine Förderaufgabe dar. Das günstige Verhältnis von Eigengewicht zur geförderten Nutzlast bedeutet geringen Energiebedarf. Aufgrund der einfachen und definierten Bewegungsabläufe sind Stetigförderer mit relativ geringem Aufwand automatisierbar. Oftmals werden sie in die technologischen

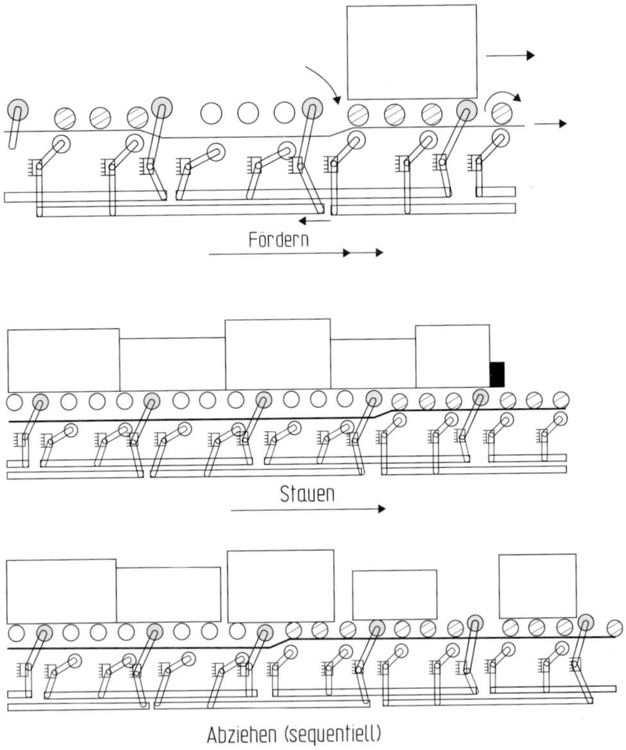


**Abb. 15** Durchsatzdiagramm einer teilstetigen Verzweigung

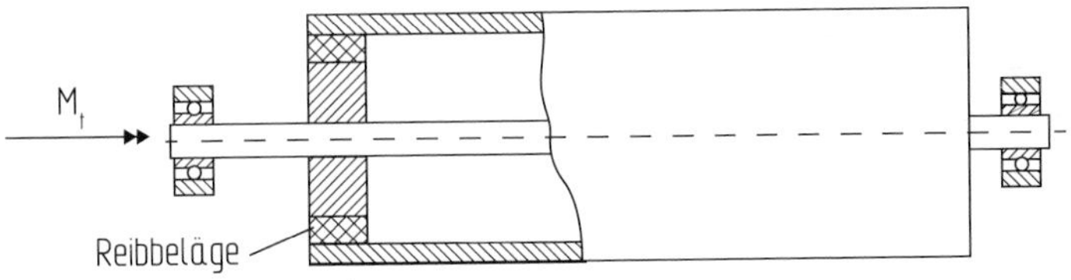


**Abb. 16** Friktionsrolle in einem Staurollenförderer (ten Hompel et al. 2018, S. 139)

Prozesse eines Betriebes eingebunden (z. B. Lackieren, Trocknen, Kühlen), wodurch Kosten verursachende Zusatzprozesse (mehrfacher Transport, Schnittstellen oder Umschlag) vermieden werden.

### Puffer

Bedingt durch die Fähigkeit, Güter im laufenden Betrieb aufzunehmen und abzugeben, muss in Stetigförderersystemen häufig die Möglichkeit zur Entkopplung integriert werden. Das ist insbesondere dann erforderlich, wenn Aufnahme und Abgabe zeitversetzt oder in unterschiedlichem Takt arbeiten. Dazu eignen sich Sonderformen der Stetigförderer, die sogenannten Stauförderer (z. B. realisiert als Staurollenförderer, Staubandförderer, Staukettenförderer, Power-&-Free-Förderer).

Die Funktionsweise ist bei den einzelnen Systemen unterschiedlich. Für Rollenförderer werden im einfachsten Fall Friktionsrollen eingesetzt (Abb. 16), bei denen der Antrieb der Rollen über die Rollenachse oder seitliche Antriebsscheiben mittels Kette oder Keilriemen erfolgt. Über Reibbeläge oder Rutschkupplungen wird die Bewegung auf den Rollenmantel und damit auf das Fördergut übertragen. Solche Systeme werden als staudruckarm bezeichnet, da sie während des Stauvorganges einen Restdruck auf das Fördergut ausüben (ten Hompel et al. 2018, S. 139). Staudrucklos werden Förderer bezeichnet, bei denen das Fördergut ohne jeglichen Druck gestaut wird.

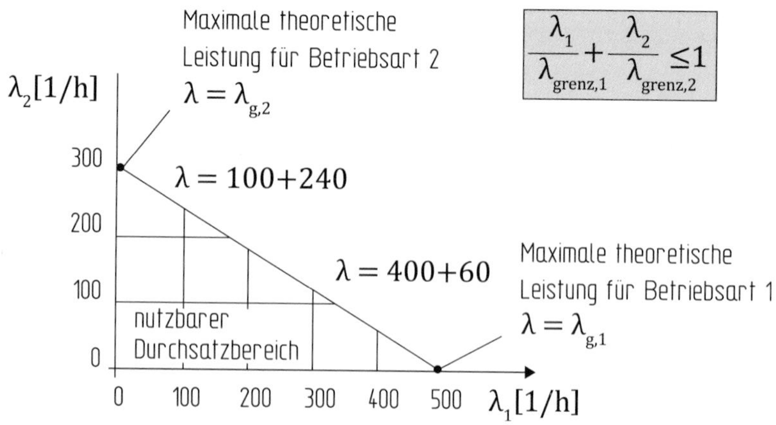


**Abb. 17** Mechanisch gesteuerter Staurollenförderer (ten Hompel et al. 2018, S. 140)

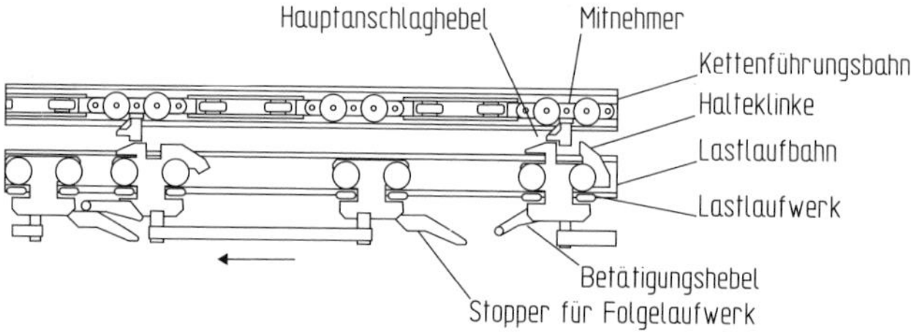


**Abb. 18** Aufbau Power-&-Free-Förderer

Die Systeme basieren z. B. auf dem Untergurtantrieb, bei dem der Andruck des Antriebsgurtes abschnittsweise gesteuert (Abb. 17) und damit wahlweise zwischen den Funktionen „Fördern" und „Stauen" gewechselt werden kann. Bei pneumatischen und elektromagnetischen Varianten erfolgt die Abschaltung des Antriebsriemens über Schaltweichen oder Lichtschranken, die zwischen oder neben den Rollen angeordnet sind.

Beim Power-&-Free-Förderer wird das Fördergut von Gehängen getragen (Abb. 18), die an Rollenlaufwerken befestigt sind. Diese sogenannten Lastlaufwerke laufen in einer Ebene (Lastbahn) unterhalb des Zugmittels (Kettenbahn). Die Verbindung zwischen umlaufender Kardankette und Laufwerk kann über eingebaute Mitnehmer hergestellt und jederzeit wieder getrennt werden. Außerdem wird dadurch auch Verzweigen und Zusammenführen ermöglicht.

Umlauf-S- und -C-Förderer sind Stückgutförderer, um Höhenunterschiede zwischen zwei Ebenen zu überwinden. Die Bezeichnung S- und C-Förderer basiert auf der unterschiedlichen Gestaltung der Zu- und Abführseite des Förderers (s. Abb. 19). Es kommen Plattformen zum Einsatz, die in einer Richtung biegsam sind und umgelenkt werden können, während sie in der anderen Richtung steif sind und sich so für die Aufnahme einzelner Stückgüter eignen. Paletten, Behälter, Trays oder Schachteln werden über eine zuführende Fördertechnik für die Auf- oder Abwärtsbewegung in den Vertikalförderer eingetaktet, dabei muss zuvor eine Vereinzelung stattfinden. Bauartbedingt kreuzt beim C-Förderer die Förderstrecke im Bereich der Gutabgabe die Rückführung der Plattformen. Die hierzu erforderliche Synchronisierung verringert die Förderleistung gegenüber dem S-Förderer.

### Werkstückträgersysteme

Werkstückträger sind Hilfsmittel zur sicheren Aufnahme, zur Lagerung, zum Transport und zum Schutz von Werkstücken während des kompletten Fertigungsprozesses. Sie können sehr vielgestaltig sein, sind meist individuell für bestimmte Werkstücke entwickelt und orientieren sich mit ihren Abmessungen an den üblichen Modulgrößen der Intralogistik. Dadurch sind sie zum

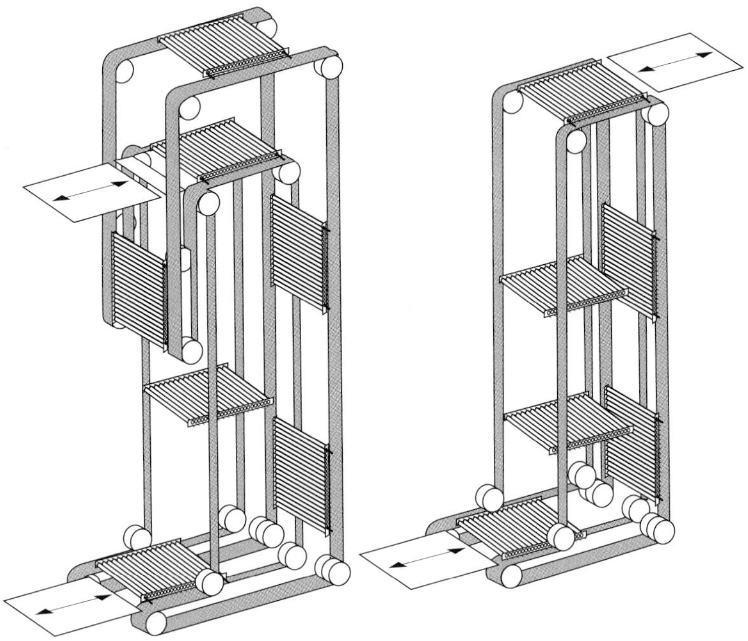

**Abb. 19** Aufbau von S- und C-Förderer

einen passfähig zu den Standardprozessen (z. B. Lagerung auf Paletten), andererseits können spezielle Werkstückträgersysteme zur durchgängigen Fertigungsunterstützung und Verkettung zwischen den Prozessschritten zum Einsatz kommen. Diese basieren z. B. auf einem modularen Staurollenkettenfördersystem. Es transportiert Produkte staudruckarm und schonend auf individuell angepassten Transportlinien für die Montage und Prüftechnik (Arnold und Furmans 2009).

#### 28.4.2.2 Unstetigförderer

Unstetigförderer sind Maschinen, die das Gut von der Gutaufnahmestelle zur Gutabgabestelle transportieren, wobei der Förderprozess in Arbeitsspielen vollzogen wird. Sie zeichnen sich durch eine hohe Anpassungsfähigkeit an zahlreiche Förderaufgaben aus. Unstetigförderer sind geführt oder frei verfahrbar und in der Lage, mehrere Quellen und Senken zu bedienen. Dementsprechend weisen sie eine große Flexibilität gegenüber Layoutänderungen auf (ten Hompel et al. 2018, S. 161). In der Regel werden Ladehilfsmittel für den Transport benötigt. Es wird unterschieden zwischen flurgebundenen, aufgeständerten und flurfreien Unstetigförderern.

**Flurgebundene Unstetigförderer (Flurförderzeuge)** sind innerbetrieblich verwendete Fahrzeuge. Sie stellen im innerbetrieblichen Einsatz die bekannteste und weitest verbreitete Form der Fördertechnik dar.

Frei verfahrbar: *Schlepper* dienen dem Horizontaltransport von Anhängern. Sie haben keine eigene Lastplattform. Durch die Kopplung mit mehreren Anhängern entsteht ein Schlepp- bzw. Routenzug. Diese finden bei inner- und zwischenbetrieblichem Einsatz mit wenigen Haltestellen Verwendung.

*Stapler* sind Fördermittel mit einer Hubfunktion, die zur Aufnahme von bodeneben gelagertem, übereinander gestapeltem oder in Regalen gelagertem Fördergut geeignet sind. Es existieren unterschiedliche Ausführungsformen von Hubgerüsten, die für verschiedene Anwendungsfälle Verwendung finden (z. B. Gabelstapler, Schubmaststapler, Kommissionierstapler).

Geführt verfahrbar: *Regalbediengeräte* (RBG, VDI-Richtlinie 2681 1993) sind schienengeführte Fördermittel zur manuellen oder automatischen Bedienung von Regalfächern einer Regalanlage. Ein Lastaufnahmemittel ermöglicht den Zugriff auf die Lagereinheit.

Die *Elektrotragbahn* (ETB) besteht aus einer oder mehreren auf dem Boden verlegten Schienen und darauf verfahrenden Fahrzeugen. Sie zeichnet sich durch hohe und variable Geschwindgeiten sowie hohe Traglasten aus (VDI-Richtlinie 4422 2000).

**Aufgeständerte Unstetigförderer**: Aufzüge oder Etagenförderer sind ortsfeste, mechanisierte oder automatisierte Hebezeuge zum vertikalen oder schrägen Transport von Lasten oder Personen. Im Gegensatz zu Kranen wird die Last stets auf einer Plattform oder in einem Gefäß befördert, welches mit den Tragmitteln ständig verbunden ist und sich über die gesamte Fahrbahn in festen Führungen bewegt (ten Hompel et al. 2018, S. 220).

**Flurfreie Unstetigförderer** sind an der Hallendecke befestigt oder mit wenigen Stützen auf dem Boden aufgeständert.

*Krane* werden vorzugsweise zum Fördergutwechsel zwischen Transportmitteln und zur Handhabung von Lasten eingesetzt. In der Intralogistik wird hinsichtlich der Bauform zwischen linear verfahrbaren Kranen und Drehkranen unterschieden (ten Hompel et al. 2018).

*Elektrohängebahnen* (EHB, VDI-Richtlinie 4441 Blatt 1 2012) werden durch ein flurfreies Schienensystem geführt und mit Energie versorgt, wobei die einzelnen Fahrzeuge individuell angetrieben werden. Sie eignen sich besonders für geringe bis mittlere Durchsätze mit hohen Anforderungen an die Transportzeiten (ten Hompel et al. 2018, S. 233–235).

#### 28.4.2.3 Trend: Fahrerlose, frei verfahrbare Transportfahrzeuge

Neben klassischen, leitliniengebundenen Transportfahrzeuge (FTF) finden zunehmend autonome Systeme Verbreitung. Sie zeichnen sich dadurch aus, dass sie frei navigieren, selbstständig ihren Weg von Ausgangspunkt zum Ziel eines Transportvorgangs finden, sich dabei dynamischen Veränderungen der Umgebung anpassen, Hindernisse erkennen und diesen ausweichen können. Treiber der Entwicklung sind der Verfall der Hardwarepreise (sowohl für die Sensorik als auch für die Datenverarbeitung und -speicherung) und die zunehmende Kapazität von Akkumulatoren. Autonome FTF haben zumeist eine geringe Traglast und Fahrgeschwindigkeit, werden dafür aber zu vergleichsweise niedrigen Stückpreisen angeboten. Damit eröffnen sie neue Möglichkeiten für die Lösung innerbetrieblicher Transportaufgaben, insb. in Bereichen mit vielen manuellen Tätigkeiten wie bspw. der Kommissionierung und der Montage. Hier entlasten sie Werker von unproduktiven Wegezeitanteilen und erlauben eine Konzentration auf produktive Handhabungsvorgänge.

Beim Design dieser autonomen Systeme wird auf eine besonders einfache Integration in den logistischen Prozess Wert gelegt. Daher wird auch auf eine Einbindung in zentrale Leitrechnerstrukturen verzichtet und das Konzept einer vollständig dezentralen Systemsteuerung verfolgt, bei der die FTF ihre Aufgabenverteilung mittels (Software-) Agenten untereinander aushandeln. Dabei entstehen anspruchsvolle Steuerungs- und Optimierungsaufgaben zum Scheduling, Dispatching und Routing sowie zur Kollisionsvermeidung/Vorfahrt, für die es (insb. bei großen Flotten oder hoher Fahrzeugdichte) nicht immer zufriedenstellende Lösungen gibt.

Durch die enge Verknüpfung von manueller Handhabung und automatisiertem Transport kommt der Schnittstelle zwischen Mensch und Maschine eine wachsende Bedeutung zu. Zur Interaktion mit dem Werker kommen hier etablierte Techniken, wie bspw. Bedienelemente am Gerät oder Datenhandschuhe zum Einsatz. Zugleich wird verstärkt mit modernen Konzepten zur Gesten- oder Sprachsteuerung experimentiert.

Neben dem flurgebundenen Transport wird verstärkt über den Transport mit Drohnen durch die Luft diskutiert. Erste Pilotanwendungen durch Kurierdienste sollten nicht darüber hinwegtäuschen, dass es produktive Einsätze im öffentlichen Raum bislang nur mit kleinen, leichten und besonders dringenden Transportgütern gibt, z. B. in der Medizin. Der innerbetriebliche Drohnentransport (insb. inhouse) befindet sich noch durchgängig im Experimentierstadium. Anders verhält es sich mit dem Drohneneinsatz zur Bilderfassung, Datenerhebung und Überwachung. Hier kann von einer reifen Technologie mit vielfältigen Anwendungen gesprochen werden.

### 28.4.3 Lagern und Kommissionieren

Lagerung ist die (geplante) Aufbewahrung von Gütern für eine spätere Verwendung. Die Notwendigkeit zur Zeitüberbrückung ergibt sich allgemein aus der Differenz zwischen Angebot bzw. Herstellung und Nachfrage bzw. Verwendung. Im Sonderfall ist die Lagerung mit einer Produkteigenschaftsänderung (z. B. Reifung von Lebensmitteln) verbunden. Für eine kurzzeitige Lagerung (Pufferung) können in der Intralogistik auch Transportmittel genutzt werden.

Das Grundelement, das im Lager platziert und z. T. auch zur Kommissionierung bereitgestellt wird, ist die Lagereinheit. Zur Lagereinheit gehört meist ein Lagerhilfsmittel (z. B. Palette, Box). Auf dem Lagerhilfsmittel können Güter, die Artikel, sortenrein oder gemischt vorgehalten werden. Die Gesamtheit aller Artikel bildet das Sortiment. Die Summe aller Teile eines Artikels im Lager ist der Bestand. Die Division *Bestand* durch *Verbrauch* ergibt die Reichweite eines Artikels.

Bei der *Festplatzlagerung* werden den Lagereinheiten artikelbezogen Lagerorte zugewiesen. Die *chaotische Lagerung* bezeichnet hingegen die beliebige Lagerortauswahl. Die Festplatzlagerung hat den Vorteil, dass die Artikel u. U. ohne EDV-Unterstützung aufzufinden sind. Die chaotische Lagerung hat den Vorteil, dass der Lagerplatz von Artikeln mit geringem Bestand solchen mit hohem Bestand zur Verfügung steht, damit ist der gesamte Lagerplatzbedarf bei gleichem Sortiment geringer.

Die Wahl eines Lagerorts kann auch von Eigenschaften bzw. Anforderungen der Artikel oder der Lagereinheit abhängig sein, so z. B. von Abmessungen (Lagerfachgröße), Gewicht (Statik der Regalkonstruktion), Temperatur (Kühllager), Brand-/Explosionsschutz oder Zugriffsschutz.

Neben dem Lagervolumen (der Anzahl der Lagerorte) ist der Lagerdurchsatz (die Zahl der Ein- und Auslagerungen je Zeiteinheit) ein wichtiges Leistungsmerkmal eines Lagersystems. Die Artikel breiter Sortimente werden daher häufig klassifiziert (ABC-Analyse), für die Lagerung und Kommissionierung ist dann v. a. die Umschlaghäufigkeit ein wichtiges Kriterium. Besonders häufig nachgefragte Artikel, sog. Schnelldreher, werden in leicht zugängigen Lagerbereichen oder -systemen platziert. Jeder Lagerort hat eine spezifische Zugriffszeit (z. B. die Fahrzeit des Regalbediengeräts). Der mögliche Lagerdurchsatz wird dann maximal, wenn die Verweilzeit der Lagereinheiten mit der Zugriffszeit der gewählten Lagerorte korrespondiert (Glass 2008).

Beim Zugriff auf eine Lagereinheit wird zwischen Einzelspielen (eine einzelne Ein- oder Auslagerung mit nach- oder vorgelagerter Leerfahrt) und Doppelspielen (eine kombinierte Ein- und Auslagerung mit zwischengelagerter Leerfahrt) unterschieden. Hinzu kommen u. U. noch Umlagerungen, z. B. bei mehrfachtiefer Lagerung (Zugriff auf eine hintere Lagereinheit) oder bei der Reorganisation des Bestands (Optimierung der Lagerplatzzuordnung). Neben der Lagerung der Artikel kann auch die Leergutlagerung oder die Pufferung von Leerpaletten/-behältern zu den Lageraufgaben zählen.

Bei der Kommissionierung werden Artikel aus dem Lager für einen Kunden zusammengestellt. Hierbei wird zwischen der einstufigen, auftragsbezogenen und der zweistufigen, artikelbezogenen Kommissionierung unterschieden. Bei der einstufigen Kommissionierung werden alle Artikel eines Auftrags in einem Zuge entnommen, was bei Aufträgen mit ungünstig platzierten Artikeln zu langen Wegen/Transporten führt. Bei der zweistufigen Kommissionierung werden Gruppen von Aufträgen zusammengefasst und die Artikel gemeinsam entnommen, was effizienter ist, aber eine anschließende, dann auftragsbezogene, Sortierung (die zweite Stufe der Kommissionierung) erforderlich macht.

#### Klassifizierung von Lagertechnologien

Für eine Einordnung der in vielfältigen Ausführungen vorkommenden Lagertechnologien werden unterschiedlichste Klassifizierungsschemata herangezogen. Neben technisch geprägten Klassifizierungen werden dabei auch Ordnungsschemata genutzt, welche die Einordnung des Lagers in das Wertschöpfungsnetzwerk, die Art der eingelagerten Güter, die Form des Baukörpers u. v. a. m. berücksichtigen. Motivation ist dabei die jeweils zu unterstützende Entscheidungsaufgabe.

Mit dem Ziel der Gegenüberstellung der technischen Eignung verschiedener Lagersysteme wird üblicherweise der grundsätzliche strukturelle Aufbau eines Lagers beschrieben. Demnach wird unterschieden in

- Boden- und Regallagerung,
- Block- und Zeilenanordnung, und
- statische und dynamische Lagerung.

Mittels dieses Schemas sollen vor allem die grundsätzlichen Eigenschaften der Lösungen und deren Eignung für eine konkrete Aufgabe gefiltert werden. Die entscheidenden Zielgrößen sind dabei vor allem

- der Flächen- und Raumbedarf,
- der Zeitbedarf für den Zugriff auf eine bestimmte Lagereinheit, und
- die Eignung zur effizienten Durchführung der Kommissionierung.

### 28.4.3.1 Klassische Lagersysteme

***Läger ohne Regalkonstruktion*** sind die technisch einfachste Form. Die Lagereinheiten werden unmittelbar auf dem Boden abgestellt und, wenn zulässig, übereinandergestapelt. Dabei ist eine maximal zulässige Stapelhöhe aus sicherheitstechnischen Aspekten (GUV-R 1/428 1989) zu beachten.

In einem **Bodenblocklager** (Abb. 20) wird das Lagergut nebeneinander und hintereinander ohne Zwischenraum gestapelt. Es entsteht ein kompakter Block. Dadurch besitzt die Blocklagerung einen geringeren Flächenbedarf. Diese Lagerform ist geeignet für größere Mengen identischer Güter mit einem hohen Umschlag (z. B. Getränkepaletten).

In einem **Bodenzeilenlager** werden die Lagereinheiten in Doppelreihen angeordnet. Zwischen den Reihen bleiben Gassen zum Zugriff auf das Lagergut. Diese Lagerform erlaubt den unmittelbaren Zugriff auf einzelne Lagereinheiten, hat aber einen höheren Flächenbedarf.

***Läger mit Regalkonstruktion*** schaffen definierte Lagerfächer zur Ablage des Lagergutes. Die Vorteile bestehen in einer Lagerung nicht stapelfähiger Güter und einer besseren Flächennutzung durch die größere Höhe des Lagers. Die Möglichkeit einer Lagerorganisation durch die Schaffung von Lagerorten für den Einzelzugriff auf jede Lagereinheit (Lagerfächer) schafft die Voraussetzung für eine Automatisierung der Lagerprozesse.

In ***Zeilenregalen*** sind die Lagereinheiten mit einfacher Tiefe in Lagerfächern angeordnet. Zwischen den Zeilen bleiben Gassen frei. Die Lagereinheiten sind somit im wahlfreien Zugriff verfügbar. Sonderformen mit doppeltiefer oder dreifachtiefer Lagerung erfordern eine spezielle Bedientechnik.

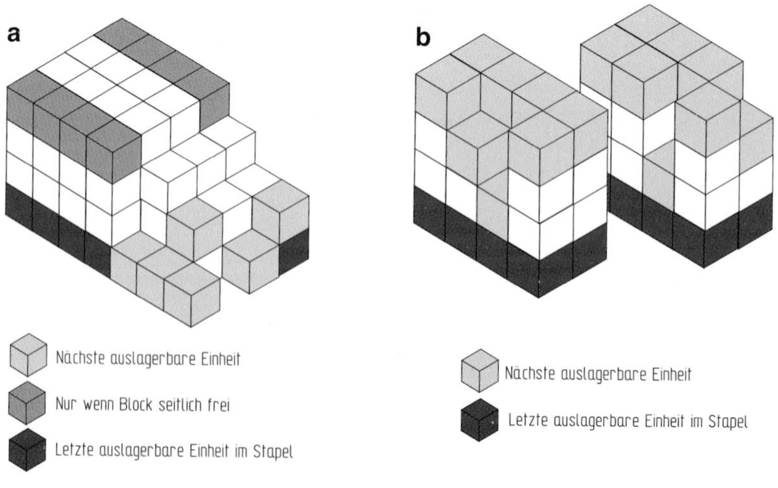


**Abb. 20** (**a**) Blocklagerung. (**b**) Bodenzeilenlagerung

Im **Fachbodenregal** besitzt das Lagerfach eine geschlossene Bodenfläche, einen Fachboden aus Holz oder Stahl. Der Fachboden ermöglicht eine hohe Vielfalt des Lagergutes. Dieser Lagertyp kommt in erster Linie für die manuelle Kommissionierung zum Einsatz.

Das **Palettenregal** setzt die Verwendung von Ladehilfsmitteln zur Lagerung voraus (Abb. 21). Zum Einsatz kommen Paletten verschiedener Bauart, Gitterboxen und Corletten. Das Lagerfach hat einen offenen Boden und besitzt Traversen zum Abstellen der Ladehilfsmittel. Palettenregallager werden bis zu einer Höhe von 50 Meter gebaut.

Im **Behälterregal** werden Behälter oder Tablare als Ladehilfsmittel für kleineres, leichteres Lagergut verwendet. Die Belastung eines Behälters (Abmessungen z. B. 600 mm · 400 mm · 280 mm) ist auf 50 kg begrenzt. Behälterregale sind zumeist mit automatischen Regalbediengeräten ausgerüstet und werden dann als Automatische Kleinteileläger (AKL) bezeichnet.

Paletten- und Behälterregale sind die bevorzugte Lagerform für die automatische Bedienung durch Regalbediengeräte oder Shuttles sowie für eine Staplerbedienung. Sie sind deshalb die häufigste und leistungsfähigste Form der klassischen Lagersysteme.

**Verschieberegale** sind eine Sonderform der Zeilenregale. Die Regalzeilen sind zueinander verschiebbar, so dass dynamisch eine Zugriffsgasse geschaffen werden kann. Die Reduzierung des Flächenbedarfs geht zulasten der Zugriffsgeschwindigkeit.

Spezielle Lagergüter erfordern spezielle Lagerkonstruktionen. So werden sperrige Güter, wie Langgut und Strangmaterial, in Wabenregalen (Abb. 22) oder Kragarmregalen gelagert. Wabenregale bieten einen stirnseitigen Zugriff auf das Stangenmaterial, welches senkrecht zur Lagergasse in den Lagerfächern liegt. In Kragarmregalen liegt das Material längs zur Lagergasse auf Kragarmen.

In **Blocklagerregalen** sind die Lagereinheiten hintereinander in parallelen Kanälen angeordnet. Der Zugriff auf eine bestimmte Lagereinheit erfordert Umlagerungsvorgänge. Dieses Lagerprinzip wird vorzugsweise für größere Mengen gleichartiger Güter angewendet. Beim Zugriff auf die Ladeeinheiten über nur eine Seite des Lagers ergibt sich das LIFO-Prinzip (Last-In-First-Out) für die Lagerung, bei Bedienung an zwei gegenüberliegenden Seiten entsteht eine FIFO-Lagerung (First-In-First-Out).

Blocklagerregale können hinsichtlich der Bewegung der im Kanal angeordneten Lagereinheiten unterschieden werden. Lager ohne integrierte Bewegungstechnik sind Einfahr- und Durchfahrregale. Bei Einfahrregalen erfolgt die Bedienung nur an einer Seite des Blocklagers, bei Durchfahrregalen erfolgt die Bedienung an zwei gegenüberliegenden Seiten.

Eine Bewegung der Lagereinheiten kann durch Unstetigförderer (Kanalfahrzeug) oder durch Stetigförderer erfolgen, die entweder aktiv oder passiv (durch Schwerkraft) angetrieben sind. Das Kanalfahrzeug transportiert die Lagereinheiten zur Bedienseite durch Unterfahren und Anheben

**Abb. 21** Regallager

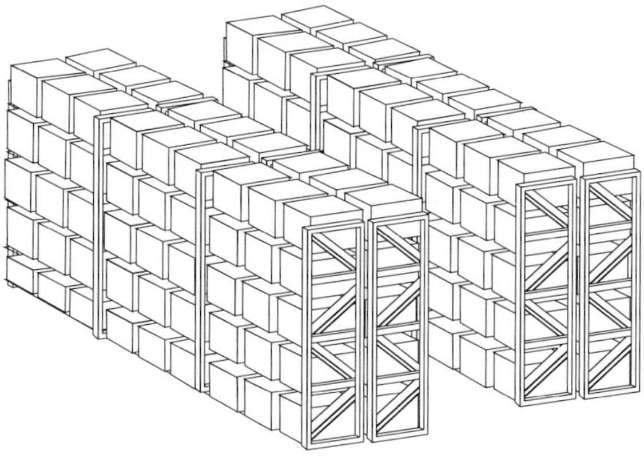

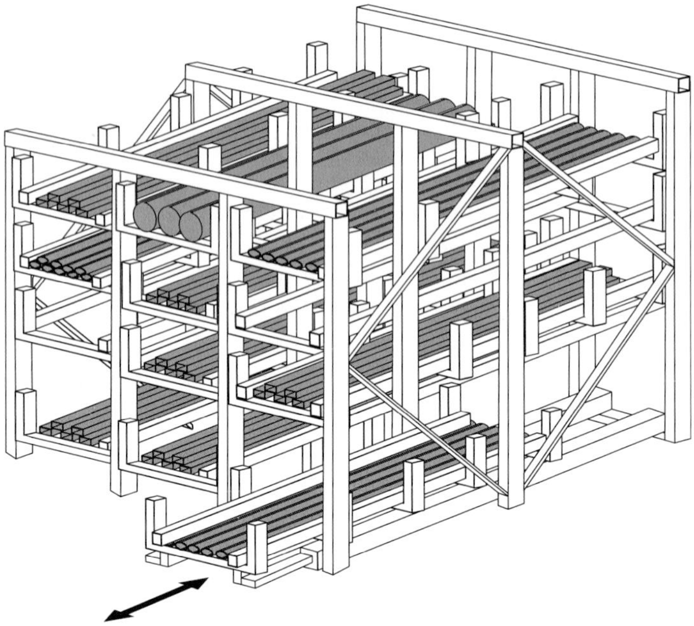

**Abb. 22** Wabenregal

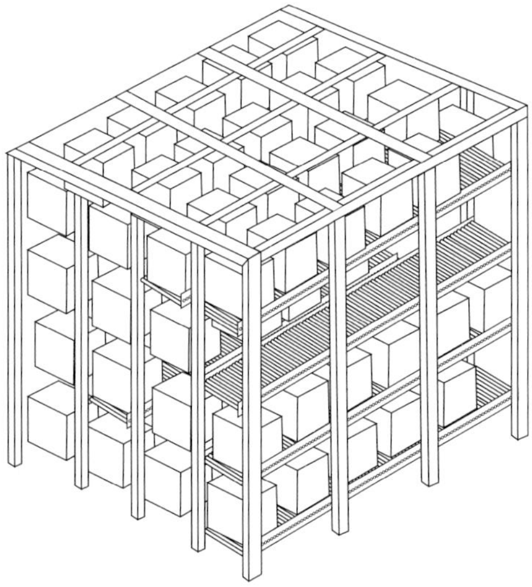

**Abb. 23** Durchlaufregal

des Lagergutes. Durchlaufregale (Abb. 23) und Einschubregale sind mit Stetigförderern ausgerüstet. Durch Neigung der Kanäle kann die Schwerkraft zur Bewegung genutzt werden. Lager mit aktiv angetriebenen Stetigförderern kommen seltener zum Einsatz, da sie einen hohen geräte- und steuerungstechnischen Aufwand erfordern.

**Umlaufregale** ermöglichen den Zugriff auf die Lagereinheiten durch eine horizontale oder vertikale Umlaufbewegung aller Lagerebenen. Das gesamte Lagergut wird bewegt. Dieser Lagertyp wird für Behälter mit kleinen, geringgewichtigen Gütern eingesetzt. Er bietet eine hohe Flächennutzung durch seine kompakte Bauweise. Nachteil ist die fehlende Flexibilität für Veränderungen des Lagers.

#### 28.4.3.2 Trend: Speziallösungen

Das **AutoStore**® Lager ist ein automatisches Behälterlager nach dem Blocklagerprinzip. Behälter gleicher Grundfläche werden übereinander in einem Rahmenkonstrukt gestapelt. Der Zugriff erfolgt über die Deckenebene, auf der automatische Bedienfahrzeuge im Rechteckraster fahren. Die Ein- und Auslagerstationen sind an den Seiten des Lagersystems angeordnet.

Aus der Verbindung von Lagerung der Ware und Transport zur Kommissionierung entstand eine Speziallösung im Lagerbereich. Ein FTF bewegt ein einspaltiges Regal mit Lagergut zum Entnahmepunkt (Kommissionierung). Das erste kommerzielle System dieser Art wurde von Kiva Systems entwickelt und kommt exklusiv bei

Amazon zum Einsatz. Weitere Hersteller bieten ähnliche Lösungen.

### 28.4.4 Umschlagen

Als ein Bestandteil der TUL-Prozesse (Transport-Umschlag-Lagerung) ist das Umschlagen ein Hauptprozess innerhalb von Transportketten. Die DIN 30781-1 (1989) beschreibt den Umschlag als „. . . die Gesamtheit der Förder- und Lagervorgänge beim Übergang der Güter auf ein Transportmittel, beim Abgang der Güter von einem Transportmittel und wenn Güter das Transportmittel wechseln." Umschlagvorgänge finden inner- und außerbetrieblich sowie an deren Schnittstellen statt. Eine Bewertung des Umschlags innerhalb von Transportketten kann über die Umschlagleistung erfolgen. Diese kann beispielsweise als Masse, Stückzahl oder Volumen pro Zeiteinheit ausgedrückt werden. Weiterfassend kann der Umschlag auch als Wechsel zwischen Arbeitsmitteln (AM) bezeichnet werden und wie folgt unterteilt werden (ten Hompel et al. 2018, S. 308):

- Lagermittel (LM)
- Fördermittel (FM)
- Handhabungsmittel (HM)
- Verkehrsmittel (VM)
- Produktionsmittel (PM).

Abhängig von der Art der Güter und deren transportrelevanten Eigenschaften (Krampe 1990) kommen verschiedenste Umschlagsysteme bzw. Umschlagmittel zum Einsatz. Eine grobe Einteilung für Schütt- und Stückgüter ist (Tab. 2):

Der *innerbetriebliche Umschlag* zeichnet sich durch eine Vielzahl unterschiedlicher Güter und Umschlagoperationen aus. Die Güter können unabhängig von Form und Abmessungen mithilfe von Ladehilfsmitteln wie Paletten, Behältern oder Kisten umgeschlagen werden. Die am häufigsten verbreiteten Umschlagmittel sind Krane (*siehe Beispiele in* Abb. 24) verschiedenster Bauart sowie Flurförderzeuge wie Gabelhubwagen und Stapler.

Alle Umschlagvorgänge, bei denen die Güter außerhalb des Unternehmens das Transportmittel wechseln, zählen zum *außerbetrieblichen Umschlag*. Dabei kommen fast ausschließlich genormte Ladeeinheiten zum Einsatz. Den größten Anteil stellen dabei Container und Wechselaufbauten dar, die mithilfe vereinheitlichter Lastaufnahmemittel umgeschlagen werden können. Für diesen Bereich stellen die Krane das wichtigste Umschlagmittel dar. Im Containerumschlag werden beispielsweise Portalkrane mit Containergeschirr, dem sog. Spreader, eingesetzt. Bei Schüttgütern werden Krane verschiedener Bauart mit Greifer (Abb. 25) oder für eine stetige Förderung spezielle Krane/Entladesysteme mit Becherwerken oder Schraubenförderern verwendet.

Tab. 2

| | Umschlagmittel | | Systembeispiel |
|---|---|---|---|
| Stückgut | Stetigförderer | Gurtbandförderer<br>Schneckenförderer<br>Becherwerke<br>Kratzer<br>Absetzer | Bestückung eines Kohlekraftwerkes in Hafennähe:<br>Schiffsentladung über Schneckenförderer-Gurtband-Absetzer-Kratzer-Gurtband-Kraftwerk |
| | Unstetigförderer | Krane im Greiferbetrieb<br>Flurförderzeuge/ Baumaschinen | Baustofflager für verschiedene Schüttgüter: Drehkran mit Greifer/ Radlader-Dumper/Lkw |
| Stückgut | Stetigförderer | Rollenförderer<br>Kettenförderer<br>Bandförderer<br>Rutschen | Gepäckförderanlage Flughafen, Paletten- und Behälterförderer in Distributionszentren |
| | Unstetigförderer | Krane<br>Flurförderzeuge<br>Hängebahnen | Containerumschlag am Hafen:<br>Schiffsentlader mit Spreader-Schleppzug-Straddlecarrier-Portalkran-Bahnanbindung/Lkw |

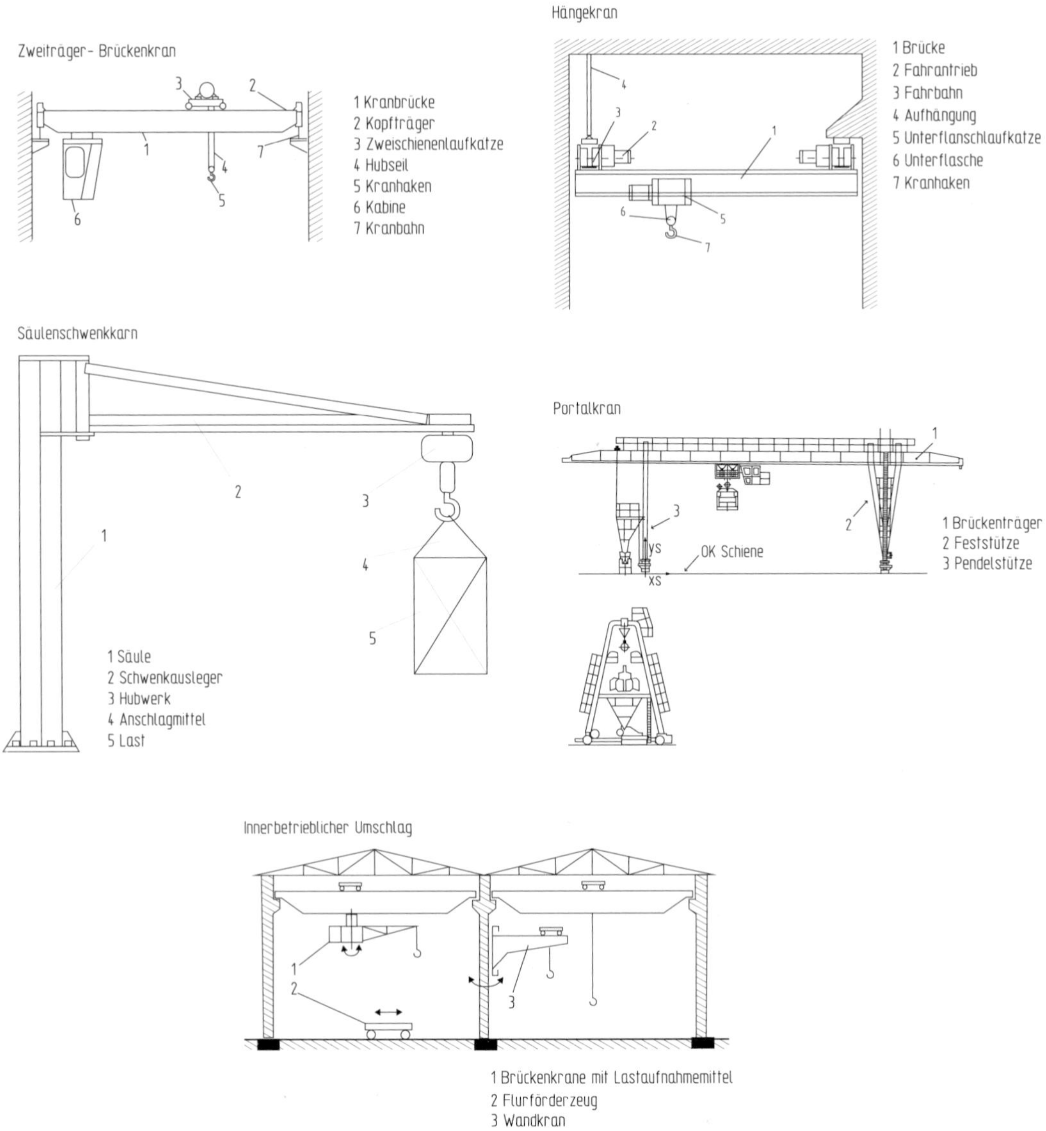


**Abb. 24** Bauarten von Kranen

## 28.4.5 Steuerung und Identifikation

### 28.4.5.1 Materialflusssteuerung

Die Hauptaufgabe einer *Materialflusssteuerung* liegt in der Organisation sämtlicher Warenbewegungen eines innerbetrieblichen Logistiksystems und der Kommunikation mit den dafür notwendigen Komponenten. Die Materialflusssteuerung wird häufig auf einem sog. Materialflussrechner ausgeführt. Durch diesen werden sowohl Elemente der Förder- als auch der Lagertechnik überwacht und gesteuert, um den zielgerichteten Guttransport zwischen Quellen und Senken zu erreichen.

Im Einzelnen sind durch die Materialflusssteuerung die von anderen Systemen (z. B. einem Lagerverwaltungssystem) erzeugten Transportaufgaben auszuführen, Fördermittel (z. B. FTF oder Regalbediengeräte) zu disponieren, der Belegungszustand von Transportressourcen zu erfassen und der Betriebszustand der Anlage zu überwachen. Da es sich um ein Echtzeitsystem handelt,

**Abb. 25** Schiffsentlader

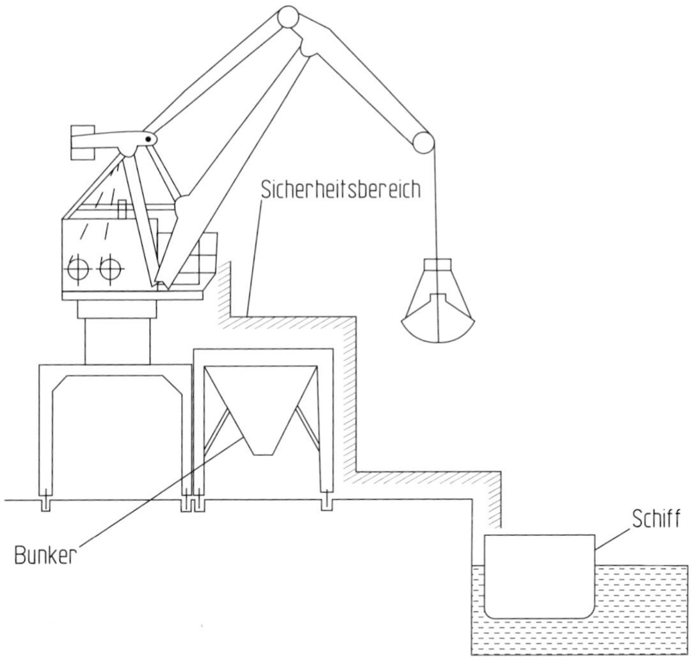


müssen die Steuerungsentscheidungen in kurzer Zeit generiert werden (Online- oder auch Echtzeitentscheidung). Die Abgrenzung der Funktionalitäten einzelner Rechnerebenen ist jedoch fließend.

**Teilaspekte der Materialflusssteuerung**
Die Aufgaben Assignment, Routing und Scheduling lassen sich als Teilaspekte einer Materialflusssteuerung abgrenzen:

- Als *Assignment* wird die Zuweisung von Transportressourcen zu einem Transportgut bezeichnet. Diese Zuweisung erfolgt im Allgemeinen anhand festgelegter spezifischer Steuerungsregeln (z. B. die Wahl der am nächsten zum Ausführungspunkt befindlichen Transportressource).
- Das Ziel des *Routings* liegt in der Ermittlung geeigneter Fahr- bzw. Laufwege. Dabei kann bspw. die Entfernung oder die Fahrzeit als Grundlage für die Berechnung eines kürzesten Weges dienen. Ein Routing kann statisch auf Basis einer einmalig definierten Entfernungsmatrix oder auch dynamisch erfolgen. Im Falle eines dynamischen Routings ist es möglich, den aktuellen Systemzustand (z. B. Staus) zu berücksichtigen.
- Durch das *Scheduling* werden detaillierte Ablaufpläne für das Abarbeiten vorhandener Transportaufträge generiert. Dabei können Aspekte wie die Priorität eines Transportauftrages oder einzuhaltende Zeitfenster für den Transportablauf berücksichtigt werden.

Zur Generierung von Lösungen für diese Teilaufgaben werden Algorithmen aus dem *Operations Research* eingesetzt. Insbesondere finden der Algorithmus von Dijkstra für die Berechnung kürzester Wege in einem Graphen und der *Branch and Bound* Algorithmus sowie zahlreiche *Metaheuristiken* (z. B. Genetische Algorithmen) zur Berechnung von Ablaufplänen Anwendung (vgl. Domschke et al. 2015; ten Hompel und Schmidt 2010).

Die beschriebenen Steuerungsaufgaben können sowohl *zentral* oder auch *dezentral* ausgeführt werden. Im Falle einer zentralen Steuerung verfügt der Materialflussrechner über sämtliche Informationen zum Systemzustand. Auf dieser Basis werden globale, möglichst optimale Steuerungsentscheidungen über alle Systemressourcen hinweg getroffen. Im Gegensatz dazu treffen die einzelnen Ressourcen in dezentral gesteuerten Materialflusssystemen selbstständig Steuerungsentscheidungen auf Basis lokaler und ggf. auch zentraler Informationen.

#### 28.4.5.2 Automatisierte Identifikation

Eine Grundvoraussetzung für die Anwendung einer automatisierten Materialflusssteuerung liegt in der automatischen Identifikation von bspw. Transportgütern. Durch die automatische Identifikation können Objekte lokalisiert und während des Transportes überwacht werden. Voraussetzung hierfür ist die Sicherstellung einer fehlerfreien Identifikation in möglichst kurzer Zeit. Dies kann durch optische Merkmale wie Größe, Farbe und Gewicht oder anhand automatisiert lesbarer Codes erfolgen.

In der Praxis werden bisher vorrangig *1D-Codes* (Barcode), *2D-Codes* (z. B. Stacked Barcode oder Data Matrix Code) und *Klarschrift* verwendet. Diese Codes können durch automatisierte Scanvorgänge oder im Falle der Klarschrift durch Kameras (mittels Schrifterkennung) erfasst werden.

Darüber hinaus wird zur automatisierten Identifikation von Gütern zunehmend die funkbasierte Technologie *Radio Frequency Identification* (RFID) eingesetzt. Dabei werden die Transportgüter mit einem aktiven oder passiven Transponder ausgerüstet, dessen Informationen durch Schreib- bzw. Lesestationen verarbeitet werden können. Vorteile der RFID-Technologie bestehen in der Möglichkeit des Auslesens eines Transponders ohne direkte Sichtverbindung, in der Menge der gespeicherten Daten und in der Möglichkeit, neue bzw. geänderte Daten auf dem Transponder zu speichern.

Weitere Sensoren zur Messung logistikrelevanter Größen wie Position, Weg, Geschwindigkeit, Beschleunigung, Zeit und Menge werden ebenfalls für die Steuerung von Materialflusssystemen genutzt (vgl. Hesse 2011).

Von besonderer Bedeutung ist die Auswahl der Messpunkte, an denen die Ladungsträger identifiziert und hinsichtlich ihrer Eigenschaften erfasst werden. Hierbei ist vor allem eine Identifikation des Transportgutes vor der Einlagerung, am sogenannten I-Punkt, notwendig. Typischerweise werden die Artikelnummer und auch Eigenschaften der Ladeeinheit (z. B. Größe und Gewicht) ermittelt und mit den Stammdaten synchronisiert. Am K-Punkt wird das Transportgut nach der Auslagerung identifiziert, ggf. geprüft, und der Arbeitsfortschritt ermittelt.

## Literatur

Arnold D (Hrsg) (2006) Intralogistik: Potentiale, Perspektiven, Prognosen. Springer, Berlin/Heidelberg (VDI-Buch). ISBN 3-540-29657-3

Arnold D, Furmans K (2009) Materialfluss in Logistiksystemen, 6. Aufl. Springer, Berlin/Heidelberg

Arnold D, Isermann H, Kuhn A, Tempelmeier H, Furmans K (Hrsg) (2008) Handbuch Logistik, 3., neu bearb. Aufl. Springer, Berlin

Beller M (2010) In: Kuhn A (Hrsg) Entwicklung eines prozessorientierten Vorgehensmodells zur Farbikplanung. Dissertation, Technische Universität Dortmund. Verlag Praxiswissen, Dortmund

Bierschenk S (2015) Stand der Digitalen Fabrik bei kleinen und mittelständischen Unternehmen. Fraunhofer IRB Verlag, Stuttgart

Bracht U, Geckler D, Wenzel S (2019) Digitale Fabrik. Methoden und Praxisbeispiele. Springer, Berlin

Braungart M, McDonough W (2014) Cradle to Cradle – Einfach intelligent produzieren. Piper, München

Bretzke WR (2011) Wandlungsfähigkeit statt Planung: Die Logistik vor einem neuen Paradigma? In: Flexibel – Sicher – Nachhaltig, Tagungsband zum 28. Deutschen Logistikkongress. DVV Media Group, Hamburg

Bucher T, Dinter B (2008) Process orientation of information logistics – an empirical analysis to assess benefits, design factors, and realization approaches. In: Proceedings of the 1st annual Hawaii international conference on system sciences (HICSS ’2008), Waikoloa, Hawaii, S 1530–1605

Bundesministerium für Verkehr und digitale Infrastruktur (2018) Verkehr in Zahlen 2018/2019. Kraftfahrt-Bundesamt, Flensburg

Clausen U, Geiger C (Hrsg) (2013) Verkehrs- und Transportlogistik, 2. Aufl. Springer Vieweg, Berlin

Delbrügger T, Döbbeler F, Graefenstein J, Lager H, Lenz LT, Meißner M et al (2017) Anpassungsintelligenz von Fabriken im dynamischen und komplexen Umfeld. ZWF 112(6):364–368

Delbrügger T, Meißner M, Wirtz A, Biermann D, Myrzik J, Roßmann J, Wiederkehr P (2019) Multi-level simulation concept for multi-disciplinary analysis and optimization of production systems. Int J Adv Manuf Technol 103:3993–4012

Delfmann et al (2011) Positionspapier zum Grundverständnis der Logistik als wissenschaftliche Disziplin. In: Wimmer T, Grosche T (Hrsg) Flexibel – sicher – nachhaltig. DVV Media Group GmbH, Hamburg

Deutsches Institut für Normung e. V. (Hrsg) (2009) DIN IEC 60050-351 Internationales Elektrotechnisches

Wörterbuch Teil 351: Leittechnik (IEC 60050-351: 2006). Beuth, Berlin
DIN 30781-1 (1989) Transportkette; Grundbegriffe. Beuth, Berlin
DIN EN 14943:2006-03 (2016) Transportdienstleistungen – Logistik – Glossar. Beuth, Berlin
Dombrowski U, Karl A, Ruping L (2018) Herausforderungen der Digitalen Fabrik im Kontext von Industrie 4.0. ZWF 113(12):845–849. https://www.hanser-elibrary.com/doi/pdf/10.3139/104.112030
Domschke W, Drexl A, Klein R, Scholl A (2015) Einführung in Operations Research, 9. Springer Berlin/Heidelberg
Erlach K (2010) Wertstromdesign. Springer Berlin Heidelberg, Berlin/Heidelberg
Fennemann V, Hohaus C, Kopka J-P (2017) Circular Economy Logistics- Für eine Kreislaufwirtschaft 4.0, Whitepaper. In: Future Challenges in Logistics and Supply Chain Management
Glass M (2008) Schnellläuferstrategien in Lagern und Dynamische Zonierung. Dissertation, Technische Universität, Dresden
Göpfert I (Hrsg) (2016) Die Anwendung der Zukunftsforschung für die Logistik. In: Logistik der – Logistics for the future. Springer
Grundig C (2015) Fabrikplanung, 5. Aufl. Carl Hanser, München
Gudehus T (2010) Logistik: Grundlagen – Strategien – Anwendungen, 4., ak. Aufl. Springer Vieweg, Heidelberg
GUV-R 1/428 (1989) Richtlinien für Lagereinrichtungen und Geräte, Gesetzliche Unfallversicherung, Bundesverband der Unfallkassen, München
Heller T, Prasse C (2018) Total Productive Management-ganzheitlich. Springer, Berlin/Heidelberg
Hesse S (2011) Sensoren für die Prozess- und Fabrikautomation: Funktion – Ausführung – Anwendung, 5. Aufl. Vieweg+Teubner, Wiesbaden
Hompel M ten, Schmidt T (2010) Warehouse Management Systeme – Organisation und Steuerung von Lager- und Kommissioniersystemen, 4., überarb. Aufl. Springer, Berlin/Heidelberg
Hompel, M ten, Sadowsky, V, Beck, M (2011) Kommissionierung – Materialflusssysteme 2. Springer, Berlin/Heidelberg
Hompel M ten, Schmidt T, Dregger J (2018) Materialflusssysteme: Förder-und Lagertechnik, 4., überarb. Aufl. Springer. Berlin/Heidelberg
Jodin D, ten Hompel M (2012) Sortier-und Verteilsysteme – Grundlagen, Aufbau, Berechnung und Realisierung. Spinger, Berlin/Heidelberg
Kettner H, Schmidt J, Greim H-R (1984) Leitfaden der systematischen Fabrikplanung. Carl Hanser, München/Wien
Koether R (2012) Distributionslogistik: effiziente Absicherung der Lieferfähigkeit. Springer Gabler, Wiesbaden
Krampe H (1990) Transport Umschlag Lagerung. VEB Fachbuchverlag, Leipzig
Kuhn A, Keßler S, Luft N (2010) Prozessorientierte Planung wandlungsfähiger Produktions und Logistiksysteme mit wiederverwendbaren Planungsfällen. In: Nyhuis P, Reinhart G, Abele E (Hrsg) Wandlungsfähige Produktionssysteme. GITO, Berlin, S 211–234
Möller F, Spiekermann M, Burmann A, Pettenpohl H, Wenzel, S (2017) Bedeutung von Daten im Zeitalter der Digitalisierung, Whitepaper. In: Future Challenges in Logistics and Supply Chain Management
Müller D, Zeidler F, Schumacher C (2018) Intelligent adaption process in cyber-physical production systems. In: Margaria T, Steffen B (Hrsg) Leveraging applications of formal methods, verification and validation. Distributed systems. Proceedings of the 8th international symposium (ISoLA 2018), Lecture notes in computer science, Bd 11246. Springer International Publishing, Cham, S 411–428
Nyhuis P, Reinhart G, Abele E (2010) Wandlungsfähige Produktionssysteme: Heute die Industrie von morgen gestalten. Gito, Berlin
Pfohl H-C (2018) Logistiksysteme – betriebswirtschaftliche Grundlagen, 9., neu bearb. u. ak. Aufl. Springer Vieweg, Berlin
Pfohl HC, Köhler H, Röth C (2008) Wert- und innovationsorientierte Logistik – Beitrag des Logistikmanagements zum Unternehmenserfolg. In: Baumgarten H (Hrsg) Das Beste der Logistik. Springer, Berlin/Heidelberg, S 94 f
Port Authority of New York and New Jersey, 2017 annual world traffic report (2018)
Rogers DS, Tibben-Lembke R (2001) An examination of reverse logistics practices. J Bus Logist 22(2):129–148
Schmidt T (Hrsg) (2019) Innerbetriebliche Logistik. Springer, Berlin/Heidelberg
Vahrenkamp R, Kotzab H (2012) Logistik – Management und Strategien, 7. Aufl. Oldenbourg, München
VDI 2892: Erstsatzteilwesen und Instandhaltung. VDI-Richtlinie, 06/2006
VDI 4499 (2008) VDI Richtlinie: Digitale Fabrik. Blatt 1: Grundlagen. Beuth, Berlin
VDI 5200-1:2011-02: Fabrikplanung – Planungsvorgehen. Beuth, Berlin
VDI-Richtlinie 2681 (1993) Übersichtsblätter, Lagereinrichtungen; Steuerungen für Regalbediengeräte. Beuth, Berlin
VDI-Richtlinie 4422 (2000) Elektropalettenbahn (EPB) und Elektrotragbahn (ETB). Beuth, Berlin
VDI-Richtlinie 4441 Blatt 1 (2012) Hängefördertechnik – Elektrohängebahnen (EHB) – Eigenschaften und Anwendungsgebiete. Beuth, Berlin
Warneke H-J (1992) Die fraktale Fabrik: Revolution der Unternehmenskultur. Springer, Berlin
Werners B (2013) Grundlagen des Operations Research. Springer, Berlin/Heidelberg
Westkämper E (2006) Einführung in die Organisation der Produktion. Springer, Berlin/Heidelberg
Wiendahl H-P, Nofen D, Klußmann JH, Breitenbach F (2005) Planung modularer Fabriken: Vorgehen und Beispiele aus der Praxis. Carl Hanser, München
Wildemann H (1992) Die modulare Fabrik. Kundennahe Produktion durch Fertigungssegmentierung, 5. Aufl. gfmt-Gesellschaft für Management und Technologie-Verlags KG, München

## Weiterführende Literatur

Clausen U, Buchholz P (Hrsg) (2009) Große Netze der Logistik. Die Ergebnisse des Sonderforschungsbereichs 559. Springer, Berlin/Heidelberg

Gutenschwager K, Rabe M, Spieckermann S, Wenzel S (2017) Simulation in Produktion und Logistik. Springer-Vieweg, Berlin

Hompel M ten, Henke M (2014) Logistik 4.0. In: Bauernhansl T, ten Hompel M, Vogel-Heuser B (Hrsg) Industrie 4.0 in Produktion, Automatisierung und Logistik. Anwendung – Technologien – Migration. Springer Fachmedien, Wiesbaden

Hompel M. ten, Büchter H, Franzke U (2007) Identifikationssysteme und Automatisierung, 1. Springer Berlin/Heidelberg

Klaus P, Müller S (Hrsg) (2012) The roots of logistics. Springer, Berlin/Heidelberg

Martin H (2016) Transport- und Lagerlogistik. Springer

# Teil VIII

# Betriebswirtschaft

# Betriebswirtschaft 29

Wulff Plinke und Bernhard Peter Utzig

## Inhalt



**Zusammenfassung**

Die Betriebswirtschaftslehre trifft Aussagen über das Wirtschaften in Betrieben. Diese müssen, zur Erfüllung ihrer Aufgabe, der Fremdbedarfsdeckung knapper Güter, güterbezogene Funktionen (z. B. Beschaffung, Produktion oder Absatz) sowie Managementfunktionen (z. B. Organisation oder Rechnungswesen) unter Wahrung des ökonomischen Prinzips erfüllen. Die dazu notwendigen funktionalen Entscheidungen sind in einen Rahmen konstitutiver Entscheidungen bezüglich der Existenz des Betriebes, seiner rechtlichen Verfassung sowie seines Verhältnisses zu anderen Betrieben eingebettet.

W. Plinke
ESMT Berlin, Berlin, Deutschland
E-Mail: wulff.plinke@esmt.org

B. P. Utzig (✉)
Fachbereich Wirtschaftswissenschaften, Hochschule für Wirtschaft und Recht Berlin, Berlin, Deutschland
E-Mail: peter.utzig@hwr-berlin.de

© Der/die Autor(en), exklusiv lizenziert durch Springer-Verlag GmbH, DE, ein Teil von Springer Nature 2022

M. Hennecke, B. Skrotzki (Hrsg.), *HÜTTE Band 2: Grundlagen des Maschinenbaus und ergänzende Fächer für Ingenieure*, Springer Reference Technik,
https://doi.org/10.1007/978-3-662-64372-3_78

## 29.1 Gegenstand der Betriebswirtschaftslehre

Betriebswirtschaftslehre und Volkswirtschaftslehre sind die beiden Einzeldisziplinen der Wirtschaftswissenschaft. Die Volkswirtschaftslehre behandelt Probleme aggregierter Wirtschaftsbereiche (Güterversorgung, Konjunktur, Einkommen, Beschäftigung, Wachstum und Inflation in einzelnen Märkten, Ländern oder Ländergruppen). Die Betriebswirtschaftslehre beschäftigt sich mit den Elementen der Wirtschaftsbereiche, die Güter zur Fremdbedarfsdeckung hervorbringen: den Betrieben. Güter sind materielle und immaterielle (z. B. Dienstleistungen, Rechte) Mittel zur menschlichen Bedürfnisbefriedigung. Dabei ist die Aufgabe des Betriebes nicht die Hervorbringung freier, sondern die Produktion knapper Güter. Freie Güter sind dadurch gekennzeichnet, dass selbst bei einem Preis von Null die Nachfrage das Angebot nicht übersteigt. Das Merkmal der Fremdbedarfsdeckung grenzt den Betrieb vom Haushalt ab, dessen Aufgabe in der Eigenbedarfsdeckung liegt. Eingeschlossen in die Betrachtung durch die Betriebswirtschaftslehre sind dagegen öffentliche Betriebe und Mischformen. Betriebe im privaten Eigentum werden als Unternehmen bezeichnet (synonym: Unternehmung), Betriebe im öffentlichen Eigentum werden öffentliche Betriebe (auch Verwaltungsbetriebe) genannt.

Die Aufgabe der Betriebswirtschaftslehre liegt in der Formulierung von Aussagen über das Wirtschaften im Betrieb. Dabei können jeweils technische, organisatorische, wirtschaftliche oder soziale Aspekte dominieren. Als Aussagenkategorien können beschreibende (deskriptive) und empfehlende (normative) Aussagen unterschieden werden. Deskriptive Aussagen entwerfen ein Abbild realen betrieblichen Geschehens. Dazu gehören sowohl verbale und zahlenmäßige Beschreibungen von Zuständen und Abläufen als auch Annahmen (Hypothesen) über Zusammenhänge zwischen Ereignissen. Soweit in der Betriebswirtschaftslehre Ursache-Wirkungs-Beziehungen beschrieben werden, dominieren stochastische und quasi-stochastische Aussagen (Wahrscheinlichkeitsaussagen). Normative Aussagen nehmen Bezug auf Ziele oder auch Werte und stellen Empfehlungen für rationales bzw. zweckmäßiges Verhalten dar.

Die wichtigste normative Aussage der Betriebswirtschaftslehre ist das ökonomische Prinzip. Es besagt in seiner *mengenmäßigen* Definition (*Produktivität*), dass alle wirtschaftlichen Entscheidungen so auszurichten sind, dass mit gegebenem Einsatz an Produktionsfaktoren der größtmögliche Gütererertrag zu erzielen ist (Maximalprinzip) oder dass ein bestimmter Gütererertrag mit geringstmöglichem Einsatz von Produktionsfaktoren (Betriebsmittel, Werkstoffe, objektbezogene und dispositive Arbeitsleistungen) erreicht wird (Minimalprinzip). Die *wertmäßige* Definition des ökonomischen Prinzips (*Wirtschaftlichkeit*) verlangt so zu entscheiden, dass eine bestimmte in Geldeinheiten bewertete Leistung mit möglichst geringem in Geldeinheiten bewerteten Mitteleinsatz oder dass mit einem gegebenen bewerteten Mittelvorrat eine möglichst günstig bewertete Leistung erreicht wird. Die Betriebswirtschaftslehre versteht sich als eine angewandte Wissenschaft, die aufbauend auf der systematisierenden Beschreibung betrieblicher Zustände und Abläufe die Probleme der betrieblichen Praxis zu erkennen und Entscheidungshilfen im Hinblick auf empirisch feststellbare Zielvorstellungen der Betriebe anzubieten sucht.

## 29.2 Grundmodell des Betriebs

Damit der Betrieb seiner Aufgabe der Fremdbedarfsdeckung dienen kann, muss er Prozesse der Beschaffung, Verarbeitung und Erzeugung sowie des Absatzes von Produkten und Dienstleistungen in Gang setzen und aufrechterhalten. Außerdem muss er sich die dazu erforderlichen finanziellen Mittel verschaffen. Damit ergeben sich die güterbezogenen Grundfunktionen des Betriebs: Forschung und Entwicklung (Querverweis: auf ▶ Kap. 21, „Grundlagen der Produktentwicklung"), Beschaffung, Produktion, Absatz und Finanzierung. Die zu einer zielorientieren Führung notwendigen Entscheidungen dieser Bereiche bezeichnet man als funktionale Entscheidungen. Diese bedürfen jeweils der Planung, Koordination, Kontrolle sowie der Informationsversorgung.

Daraus ergeben sich weitere Grundfunktionen – insb. Management, Organisation, Personal und Rechnungswesen. (Querverweis auf Section N: „Management“).

Die Grundfunktionen insgesamt sind eingebettet in einen Rahmen, der durch *konstitutive Entscheidungen* geschaffen wird. Diese beziehen sich auf die Existenz des Betriebes (Gründung, Wachstum, Schrumpfung und Beendigung des Betriebs), seine rechtliche Verfasstheit (Rechtsform, Mitbestimmung) sowie das Verhältnis des Betriebs zu anderen Betrieben.

Konstitutive und funktionale Entscheidungen zusammen bilden eine Konfiguration, die als das Grundmodell des Betriebs anzusehen ist.

## 29.3 Konstitutive Entscheidungen

### 29.3.1 Gründung des Unternehmens

#### 29.3.1.1 Einflussfaktoren der Gründungsentscheidung

Unter Gründung eines Unternehmens wird nicht nur der juristische oder finanzielle „Gründungsakt“ verstanden, sondern ein Prozess, der die Gesamtheit aller Planungs- und Vorbereitungsschritte umfasst, die notwendig sind, um die Lebensfähigkeit des Unternehmens herzustellen und zu sichern. Dazu gehören auch Fragen der Grundlagenentwicklung, der Produktentwicklung zur Serienreife und der Markteinführung. Der Erfolg einer Unternehmensgründung wird durch eine Vielzahl von Einflussfaktoren bestimmt. Diese Erfolgsfaktoren lassen sich in sechs Kategorien zusammenfassen: Gründer, Gründungsvorgang, beschaffungs- und absatzbezogene Faktoren, behördliche Instanzen und Öffentlichkeit (Szyperski und Nathusius 1999). Teilmerkmale des Gründers sind seine Qualifikation, die verfügbaren Handlungsfreiräume, die Leistungsfähigkeit und -bereitschaft und die Motive, die zur Gründung führen. Zum Gründungsvorgang zählen die sorgfältige Gründungsplanung, die die Ziel- und Strategie- sowie die funktionsbezogene Maßnahmenplanung umfasst, die organisatorische Kompetenzabgrenzung, wenn bereits bei Gründung mehrere Mitarbeiter beschäftigt sind, und die Implementierung eines Kontrollsystems, das einen jederzeitigen Überblick über den Liquiditäts- und Erfolgsstatus ermöglicht, um Planabweichungen rechtzeitig erkennen und Gegenmaßnahmen ergreifen zu können. Beschaffungsprobleme bei der Unternehmensgründung liegen neben der Beschaffung von Halb- und Fertigfabrikaten, Personal, Grundstücken und Gebäuden und Know-how vor allem in der Beschaffung finanzieller Mittel. Die mit einer erfolgreichen Gestaltung der Absatzbeziehungen verbundenen Probleme variieren je nachdem, ob die Gründung erfolgt, um in einen bestehenden Markt einzutreten oder ob ein neuer Markt erschlossen werden soll. Die notwendige Einschaltung behördlicher Instanzen bei der Unternehmensgründung wirft zwei Hauptprobleme auf, die häufig die Gründung erschweren: fehlende Rechtskenntnis der Gründer und zum Teil immer noch langwierige Bearbeitungsdauer bei Gründungsvorgängen. Daneben prägt das gesellschaftliche Umfeld die Gründungsentscheidung.

#### 29.3.1.2 Standort des Unternehmens

Als Standort eines Unternehmens werden die Orte bezeichnet, an denen ein Unternehmen dauerhaft tätig ist. Der Standort ist nicht identisch mit dem Sitz eines Unternehmens. Unternehmen in Form einer juristischen Person haben ihren Sitz an dem Ort, an dem die Verwaltung durchgeführt wird (§ 24 BGB [Bürgerliches Gesetzbuch]). Neben der unternehmerischen Tätigkeit an seinem Sitz kann ein Unternehmen aber auch an mehreren anderen Orten tätig sein. Neben der Unternehmensgründung stellt sich das Problem der Standortwahl auch bei Unternehmensverlagerung und Filialisierung (Standortspaltung). Standortentscheidungen werden durch Standortfaktoren beeinflusst. Als *Standortfaktoren* werden Merkmale bezeichnet, die die Wahl eines Standorts beeinflussen, sofern überhaupt eine Wahlmöglichkeit existiert. Standorte können nämlich aufgrund von Beschaffungs-, Produktions- oder Absatzbedingungen vorgegeben sein. Ist der Standort grundsätzlich disponibel, wird ein Unternehmen seinen Standort so wählen, dass der Einfluss der Standortfaktoren möglichst günstig auf das unternehmerische Zielsystem wirkt. Die

Standortfaktorenlehre hat zum Ziel, alle potenziellen Standortfaktoren zu erfassen, zu systematisieren und in ihrer Bedeutung zu analysieren. Auf diesen Ergebnissen aufbauend können Aussagen zu einer möglichst ökonomisch-wirtschaftlichen Standortentscheidung, z. B. im Rahmen der Nutzwertanalyse, getroffen werden.

Standortfaktoren lassen sich im Wesentlichen auf durch den Standort bedingte Erlös- und Kostenunterschiede zurückführen. Im Einzelnen werden folgende Faktoren für die nationale und internationale Standortwahl als bedeutsam angesehen: Einflussfaktoren der Beschaffungsmärkte (Grund und Boden, Gebäude, Transport und Verkehr, Investitionsgüter-, Arbeits-, Kapital-, Energiemarkt), Einflussfaktoren der Absatzmärkte (Absatzpotenzial, Absatztransportkosten und -zeit, Absatzkontakte), Einflussfaktoren der staatlichen Rahmenbedingungen (Steuern, Gebühren, Zölle, Rechts- und Wirtschaftsordnung, Auflagen und Beschränkungen, staatliche Subventionen) und naturgegebene Einflussfaktoren (geologische Bedingungen, Umweltbedingungen) (Steiner 2005, S. 62–64).

### 29.3.2 Wachstum des Unternehmens

In der Regel verändert sich im Lebenszyklus eines Unternehmens seine Größe. Unternehmenswachstum bezeichnet den Prozess einer positiven längerfristigen Größenveränderung. Zur Bestimmung der Unternehmensgröße werden verschiedene Maßgrößen herangezogen wie Bilanzsumme, Umsatzerlöse, Zahl der Beschäftigten, Wertschöpfung und Marktanteil. Das Wachstum des Unternehmens kann extern und intern erfolgen. *Externes Wachstum* erfolgt durch den Erwerb von Verfügungsmacht über bereits bestehende Kapazitäten, *internes Wachstum* durch vom Unternehmen selbst neu erstellte Kapazitäten. Das interne Wachstum führt im Gegensatz zum externen Wachstum zu einer Erhöhung der gesamtwirtschaftlichen Kapazität.

Wachstum des Unternehmens wird durch Entscheidungen über die *Strategie* induziert. *Horizontales Wachstum* resultiert aus der Hinzufügung neuer Geschäftsfelder in derselben Branche. *Laterales Wachstum* entsteht durch neue Geschäftsfelder in anderen Branchen. *Vertikales Wachstum* bedeutet Hinzufügung neuer Geschäftsfelder in vor- oder nachgelagerten Stufen der Wertschöpfung.

Die Entscheidung über die *Unternehmensstrategie* führt zur Festlegung, in welchen und wie vielen Geschäftsfeldern das Unternehmen wachsen soll, welche *Regionen* das Geschäftsfeld abdeckt und welche *Technologien* entwickelt und eingesetzt werden. Wachstum des Gesamtunternehmens ist die Folge von Entscheidungen über die Zusammensetzung des Geschäftsbereichs-Portfolios.

Entscheidungen über die *Geschäftsfeldstrategie* sollen sicherstellen, dass das Unternehmen in den jeweiligen Geschäftsfeldern wettbewerbsfähig ist, d. h. gegenüber seinen Konkurrenten relative Vorteile herausarbeitet und sichert. Wachstum in einem Geschäftsfeld ist die Folge einer überlegenen *Wettbewerbsposition*.

### 29.3.3 Beendigung des Unternehmens

Ein Unternehmen wird beendet (liquidiert), wenn es seine gesamte Tätigkeit oder wesentliche Teile davon einstellt. Nach Veranlassung der Beendigung kann zwischen freiwilliger oder erzwungener Beendigung unterschieden werden. Eine *freiwillige Unternehmensbeendigung* erfolgt, weil die mit dem Unternehmen verfolgten Ziele erreicht sind oder weil die verfolgten Ziele als unerreichbar angesehen werden. Gründe der *erzwungenen Unternehmensbeendigung* können in der Person eines Gesellschafters, im Entzug der Gewerbeerlaubnis und in der Insolvenz liegen. Die *Insolvenz* ist eine rechtliche Konsequenz bestimmter ökonomischer Tatbestände, die äußerlich an Merkmalen der Finanzierungssituation anknüpfen. Insolvenzgründe sind (i) (drohende) Zahlungsunfähigkeit und (ii) Überschuldung des Unternehmens. *Zahlungsunfähigkeit* (Illiquidität) liegt vor, wenn das Unternehmen nicht in der Lage ist, seinen fälligen Zahlungsverpflichtungen nachzukommen. *Überschuldung* bedeutet, dass die Verbindlichkeiten des Unternehmens den Wert des Unternehmensvermögens übersteigen. Die Überschuldung ist als Insolvenzgrund im Wesentlichen nur für Kapitalgesellschaften zwingend. Vor einer endgültigen Liquidation des Unternehmens kann, wenn die wirtschaftlichen Voraussetzungen einer Insolvenz und die nötigen liquiden Mittel zur Deckung der Verfahrenskosten gegeben sind, auf Antrag des verschuldeten Unternehmens oder der Gläubiger ein Insolvenzverfahren eröffnet werden. Ziel des Insolvenzverfahrens ist die gleichmäßige Befriedigung aller Gläubigerinteressen, vorrangig durch die Erhaltung und Sanierung des Unternehmens.

## 29.3.4 Verfassung des Unternehmens

### 29.3.4.1 Rechtsform des Unternehmens

Ein Unternehmen kann auf verschiedene Weise am Wirtschaftsleben und den dazu notwendigen Rechtsgeschäften teilnehmen. Die Rechtsordnungen der Bundesrepublik Deutschland sowie der Europäischen Union geben verschiedene sogenannte Rechtsformen vor, unter denen Unternehmen dabei auftreten können (Wien 2013; Meyer 2018).Vom Unternehmen ist dessen Firmierung zu unterscheiden: Die Firma ist der Name des Unternehmens (des Kaufmanns im Sinne des HGB [Handelsgesetzbuch]), unter dem es rechtlich auftritt (§ 17 HGB).

Die verschiedenen Rechtsformen sind Organisationsmuster, die eine Vorabregelung wichtiger Konfliktfälle (insbesondere Leitungsbefugnis, Information und Kontrolle, Gewinnverteilung, Haftung) zwischen den Beteiligten an einem Unternehmen durch die Bestimmung spezifischer Rechte und Pflichten vornehmen. An ihnen machen sich auch Pflichten wie Publizität und Prüfung von Jahresabschlüssen oder Rechte der unternehmerischen Mitbestimmung für Arbeitnehmer fest.

Die Rechtsformen können in solche des privaten und solche des öffentlichen Rechts eingeteilt werden (Abb. 1). Zu den letzteren gehören beispielweise die Anstalten und Körperschaften des öffentlichen Rechts.

Unternehmen können von einer einzelnen natürlichen Person betrieben werden (Einzelunternehmung), aber auch als Gesellschaft, einem Zusammenschluss von mehreren Personen, die einen gemeinsamen Zweck verfolgen. Die am häufigsten im Wirtschaftsleben vertretenen Rechtsformen nach privatem Recht (Meyer 2018, S. 95) werden im Folgenden dargestellt:

Die *Einzelunternehmung* wird von einer einzelnen natürlichen Person rechtlich repräsentiert, die für alle Verbindlichkeiten der Firma allein und unbeschränkt mit ihrem Gesamtvermögen (Betriebs- und Privatvermögen) haftet. Als Konsequenz der vollen Risikoübernahme ergibt sich das alleinige Leitungs- und Entscheidungsrecht des Einzelunternehmers, das dieser allerdings in Form der Handlungsvollmacht oder Prokura teilweise delegieren kann. Die Einzelunternehmung ist die am häufigsten gewählte Rechtsform in der Bundesrepublik Deutschland. Aufgrund der Haftungsregelung und der in der Regel begrenzten Finanzierungsmöglichkeiten findet sie überwiegend für Kleinbetriebe Verwendung. Für die Einzelunternehmung, sofern diese im Handelsregister eingetragen ist, gelten die Vorschriften des Handelsgesetzbuches (§§ 1–104 HGB).

Die *Gesellschaft bürgerlichen Rechts* (BGB-Gesellschaft, GbR) ist ein Zusammenschluss von natürlichen oder juristischen Personen, die sich durch Gesellschaftsvertrag verpflichten, die Erreichung eines gemeinsamen Zweckes zu fördern. Die GbR kann auf bestimmte Dauer oder unbefristet angelegt sein, der zu fördernde Zweck kann sowohl wirtschaftlicher als auch nichtkommerzieller Natur sein (mit Ausnahme des Betreibens eines Gewerbes im Sinne des HGB). Für Verbindlichkeiten haften das Gesellschaftsvermögen sowie die Gesellschafter mit ihrem Privatvermögen als Gesamtschuldner. Die Führung der Geschäfte obliegt und steht den Gesellschaftern gemeinsam zu. Geregelt ist die GbR in §§ 705 bis 740 BGB. Sie ist häufig dauerhaft als Zusammenschluss von Freiberuflern, Kleingewerbetreibenden oder Praxisgemeinschaften anzutreffen; aber auch in der Form der sogenannten Gelegenheitsgesellschaft (Arbeitsgemeinschaft, Konsortium). Für Freiberufler kann, insbesondere aus Haftungsgründen, die Partnerschaftsgesellschaft (PartnG) eine interessante Alternative zur GbR sein.

Die *Offene Handelsgesellschaft* (OHG) ist eine Gesellschaft, deren Zweck – in Abgrenzung zur GbR- auf den Betrieb eines Gewerbes unter gemeinschaftlicher Firma gerichtet ist. Die

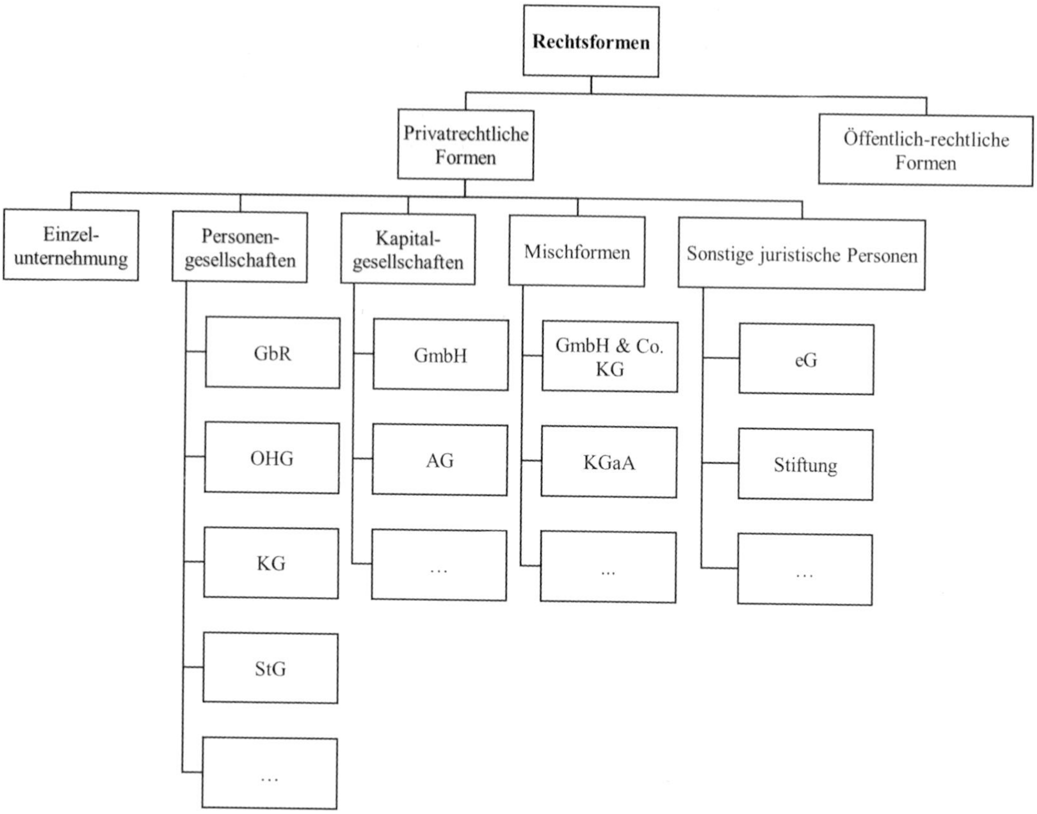


**Abb. 1** Rechtsformen

Gesellschafter haften den Gläubigern persönlich unbeschränkt als Gesamtschuldner. Bei Fehlen anders lautender Regelungen im Gesellschaftsvertrag sind alle Gesellschafter zur Führung der Geschäfte berechtigt und verpflichtet. Die OHG besitzt wie alle Personengesellschaften keine eigene Rechtspersönlichkeit, kann jedoch unter ihrer Firma am Rechtsverkehr teilnehmen. Ihre Regelung findet sich in §§ 105 bis 160 HGB.

Strukturelle Ähnlichkeiten zur OHG weist die Europäische wirtschaftliche Interessenvereinigung (EWIV) auf, eine Rechtsform basierend auf EU-Verordnung.

Die *Kommanditgesellschaft* (KG) ist ebenso wie die OHG eine Gesellschaft, deren Zweck der Betrieb eines Gewerbes unter gemeinschaftlicher Firma ist. Sie unterscheidet sich dadurch von der OHG, dass sie zwei Gruppen von Gesellschaftern kennt: den persönlich unbeschränkt haftenden Komplementär und den Kommanditisten, dessen Haftung auf den Betrag seiner Vermögenseinlage beschränkt ist. Entsprechend sind die Kommanditisten von der Führung der Geschäfte ausgeschlossen. Geregelt ist die KG in §§ 161 bis 177a HGB.

Die *Stille Gesellschaft* (StG) ist eine reine Innengesellschaft, die nach außen nicht transparent wird, da der stille Gesellschafter für Außenstehende nicht in Erscheinung tritt. Die Einlage des stillen Gesellschafters geht in das Vermögen des Inhabers über. Die Haftung des stillen Gesellschafters ist auf seine Einlage beschränkt. Er ist am Gewinn beteiligt, eine Verlustbeteiligung kann ausgeschlossen werden. Die Geschäftsführung erfolgt durch den Inhaber. Die StG ist in §§ 230 bis 236 HGB geregelt.

Die *Gesellschaft mit beschränkter Haftung* (GmbH) ist als Kapitalgesellschaft eine Gesellschaft mit eigener Rechtspersönlichkeit und ist im GmbH-Gesetz (GmbHG) geregelt. Sie kann auf der Grundlage eines Gesellschaftsvertrags von einer oder mehreren Personen zu jedem gesetzlich zulässigen Zweck errichtet werden. An der GmbH sind die Gesellschafter durch Stammeinlagen auf das Stammkapital beteiligt. Sowohl für Stammkapital als auch Stammeinlagen gelten Mindestvorschriften. Der Mindestnennbetrag des Stammkapitals beträgt 25.000 €, wovon mindestens die Hälfte einbezahlt sein muss. Die Mindesthöhe einer Stammeinlage beläuft sich auf 100 €. Die Haftung der Gesellschafter ist auf die Höhe der Stammeinlage beschränkt. Zu Geschäftsführern einer GmbH können Gesellschafter und andere Personen bestellt werden. Organe der GmbH sind die Geschäftsführung, der Aufsichtsrat (nicht immer zwingend) und die Gesellschafterversammlung.

Eine wichtige Sonderform der GmbH ist die Unternehmergesellschaft (haftungsbeschränkt) (UG), die zumindest theoretisch bereits mit einem Haftungskapital von lediglich 1 € gegründet werden kann.

Die *Aktiengesellschaft* (AG) ist wie die GmbH eine juristische Person. Sie ist im Aktiengesetz (AktG) geregelt. Die Anteilseigner (Aktionäre) sind mit ihren Einlagen an dem in Aktien zerlegten Grundkapital beteiligt. Ihre Haftung ist auf die Höhe der Einlage beschränkt. Den Gläubigern für die Verbindlichkeiten der Gesellschaft haftet nur das Gesellschaftsvermögen. Der Mindestnennbetrag des Grundkapitals ist 50.000 €, von dem mindestens ein Viertel bei Gründung eingezahlt werden muss. Der Mindestnennbetrag der Aktien beträgt 1 €. Organe der AG sind der Vorstand, dem die eigenverantwortliche Führung der Geschäfte und die Vertretung der Gesellschaft obliegt, der Aufsichtsrat, der die Vorstandsmitglieder bestellt und abberuft und ihre Geschäftsführung überwacht, und die Hauptversammlung als Organ der Aktionäre, dem die grundlegenden Entscheidungen in der AG zustehen, insbesondere Entscheidungen über die Kapitalstruktur und den Fortbestand des Unternehmens sowie die Wahl der Kapitalvertreter im Aufsichtsrat und die Entlastung der Mitglieder des Vorstands und des Aufsichtsrats. Auf europäischer Ebene vergleichbar zur AG ist die Societas Europaea (SE).

Obgleich formal Zusammenschlüsse mehrerer Gesellschafter, können Unternehmen in den Rechtsformen der GmbH, UG und AG auch von einer einzelnen Person gegründet und geführt werden.

*Eingetragene Genossenschaften* (eG) sind Gesellschaften mit nicht geschlossener Mitgliederzahl, welche die Förderung des Erwerbs oder der Wirtschaft ihrer Mitglieder mittels gemeinschaftlichen Geschäftsbetriebs bezwecken. Auch die Genossenschaft ist eine juristische Person. Sie ist im Genossenschaftsgesetz (GenG) geregelt. Zur Errichtung einer Genossenschaft sind drei Mitglieder (Genossen) erforderlich, ein bestimmtes Grundkapital ist nicht vorgeschrieben. Für Verbindlichkeiten haftet den Gläubigern nur das Vermögen der Genossenschaft. Die Statuten der Genossenschaft bestimmen, ob die Genossen nur beschränkt mit ihrer Einlage haften oder ob eine Nachschusspflicht besteht. In letzterem Fall können die Nachschüsse entweder unbeschränkt oder auf eine bestimmte Haftsumme beschränkt sein. Organe der Genossenschaft sind Vorstand, Aufsichtsrat und General- oder Vertreterversammlung. Die Geschäftsführung obliegt dem Vorstand, der von der General- oder Vertreterversammlung gewählt wird.

Die *Kommanditgesellschaft auf Aktien* (KGaA) ist eine Kombination von KG und AG. Sie kennt wie die KG zwei Gruppen von Gesellschaftern: den persönlich und unbeschränkt haftenden Komplementär und die Kommanditaktionäre, die nur mit ihrer Einlage an dem in Aktien zerlegten Grundkapital haften. Die KGaA kennt keinen Vorstand, die Geschäftsführung steht den persönlich haftenden Gesellschaftern zu.

Die *GmbH& Co. KG* ist eine Kommanditgesellschaft, bei der – in der Regel – der einzige Komplementär eine GmbH ist. Durch diese Konstruktion wird letztlich die Haftung aller natürlichen Personen auf ihre Kapitaleinlage beschränkt. Nicht selten sind die Gesellschafter der GmbH zugleich auch Kommanditisten der KG. Die Geschäftsführungsbefugnisse stehen der Geschäftsführung der GmbH zu.

Stiftungen sind eine Rechtsform, der Stifter Vermögen ohne Gegenleistung dauerhaft übertragen, um den jeweiligen Stiftungszweck zu fördern. Geführt und vertreten wird eine Stiftung vom Stiftungsvorstand nach den Vorgaben der Stiftungssatzung, dessen Tätigkeit überwacht ein Stiftungsrat. Von staatlicher Seite unterliegen rechtsfähige Stiftungen landesbehördlichen Aufsichten.

Der *Konzern* stellt keine Rechtsform dar. Vielmehr sind Konzerne die dominierende Erscheinung des modernen Großunternehmens, bei denen die einzelnen Unternehmen des Konzerns (Konzerngesellschaften) rechtlich selbstständige Gesellschaften sind, die einer einheitlichen wirtschaftlichen Leitung (durch die Muttergesellschaft) unterstehen.

#### 29.3.4.2 Mitbestimmung

Träger betrieblicher Führungsentscheidungen sind die Eigentümer des Unternehmens und die von den Eigentümern zur Führung des Unternehmens bestellten Führungsorgane (Geschäftsführer, Manager). Daneben steht die Mitbestimmung der Arbeitnehmer als drittes Zentrum betrieblicher Willensbildung.

Die im Betriebsverfassungsgesetz (BetrVG) von 1952 – zuletzt novelliert 2001 – und ggf. im Tarifrecht geregelte Mitbestimmung wird als betriebliche Mitbestimmung bezeichnet. Sie räumt den Arbeitnehmern in Einzelfragen, die insbesondere das tägliche Arbeitsleben, den Arbeitsplatz und die Lohngestaltung betreffen, ein Recht auf Information, Beratung, Mitwirkung und Mitbestimmung ein. Die „betriebliche Mitbestimmung“ unterscheidet sich grundlegend von der „unternehmerischen Mitbestimmung“, die den Arbeitnehmern eine unmittelbare Einflussnahme auf die unternehmerischen Entscheidungen und Planungen einräumt.

Im Rahmen der *betrieblichen Mitbestimmung* sieht das Betriebsverfassungsgesetz unabhängig von der Rechtsform für Betriebe mit mindestens fünf Arbeitnehmern eine Mitwirkung der Arbeitnehmer vor. Hauptorgan der Arbeitnehmer ist der *Betriebsrat*, der ab fünf Arbeitnehmern gebildet werden kann. Die Größe des Betriebsrates richtet sich nach der Zahl der im Unternehmen beschäftigten wahlberechtigten Arbeitnehmer. Zur Vertretung der Arbeitnehmerinteressen sind dem Betriebsrat genau umschriebene Kompetenzen eingeräumt. Diese beziehen sich in sachlicher Hinsicht auf soziale, personelle und wirtschaftliche Angelegenheiten. Nach der Intensität der Einflussmöglichkeiten auf Entscheidungen lassen sich Mitwirkungs- und Mitbestimmungsrechte des Betriebsrates unterscheiden.

*Mitwirkungsrechte* sind umfassende Informations-, Einsichts- und Unterrichtungsrechte zur Gestaltung von Arbeitsplatz, Arbeitsablauf und Arbeitsumgebung, Personalplanung, personellen Einzelmaßnahmen (Einstellung, Ein- und Umgruppierung, Versetzung), wirtschaftlichen Angelegenheiten und Betriebsänderungen. Weiter bestehen das Recht auf Anhörung bei Kündigungen sowie das Recht auf Beratung und Verhandlung u. a. bei Fragen der Berufsbildung, der Personalplanung sowie Betriebsänderungen.

Die *Mitbestimmungsrechte* des Betriebsrates sind das Recht auf Widerspruch bei personellen Einzelmaßnahmen und der Bestellung betrieblicher Ausbilder, das Zustimmungs- oder Vetorecht bei sozialen Angelegenheiten, der Gestaltung von Personalfragebögen und Beurteilungs- und Auswahlrichtlinien und der Bestellung eines betrieblichen Ausbilders sowie das Initiativ- und Vorschlagsrecht bei sozialen Angelegenheiten, nicht menschengerechten Arbeitsplätzen, Personalauswahlrichtlinien, betrieblichen Berufsbildungsmaßnahmen und bei der Aufstellung eines Sozialplans bei Betriebsänderungen.

Der Betriebsrat wird von der Wahlversammlung gewählt, die aus den wahlberechtigten Arbeitnehmern des Betriebes besteht. Die Betriebsversammlung kann dem Betriebsrat keine Weisungen erteilen, sondern sie besitzt ein Recht auf Information und Beratung. Sie nimmt in vierteljährlichem Abstand den Tätigkeitsbericht des Betriebsrats entgegen. In Betrieben mit mehr als 100 ständig beschäftigten Arbeitnehmern ist ein *Wirtschaftsausschuss* zu bilden, der aus mindestens drei und höchstens sieben vom Betriebsrat bestimmten Mitgliedern besteht, wobei mindestens ein Mitglied zugleich dem Betriebsrat angehören muss. Aufgabe des Wirtschaftsausschusses ist es, wirtschaftliche Angelegenheiten mit dem Unternehmer zu beraten und den Betriebsrat zu unterrichten. In Betrieben mit mindestens fünf jugendlichen Arbeitnehmern ist die Wahl einer *Jugend- und Auszubildendenvertretung* vorgeschrieben, die die besonderen Belange der jugendlichen Arbeitnehmer zu vertreten hat. Die *Eini-*

*gungsstelle*, die sich aus einer gleichen Anzahl von Arbeitgeber- und Arbeitnehmervertretern und einem unparteiischen Vorsitzenden zusammensetzt, hat die Funktion, bei Meinungsverschiedenheiten zwischen den betrieblichen Parteien Entscheidungen herbeizuführen.

Die *unternehmerische Mitbestimmung* (auch Unternehmensmitbestimmung) der Arbeitnehmer betrifft die Beteiligung der Arbeitnehmer in den Leitungs- und Kontrollorganen der Unternehmen. Sie ist in vier verschiedenen Gesetzen geregelt, die die Tatsache und die Art der Mitbestimmung von Rechtsform, Größe und Branche des Betriebes abhängig machen: das Montan-Mitbestimmungsgesetz (MontanMitbestG) von 1951 und dessen Ergänzung von 1956 (Montan-MitbestGErgG), das Gesetz über die Mitbestimmung der Arbeitnehmer (MitbestG) von 1976 und das Drittelbeteiligungsgesetz von 2004. (Althammer und Lampert 2014, S. 235–237)

Das *Mitbestimmungsgesetz von 1976* erfasst im Wesentlichen Unternehmen mit eigener Rechtspersönlichkeit mit mehr als 2000 Arbeitnehmern. Ausgenommen sind Betriebe der Montanindustrie. Die Mitbestimmung soll durch einen paritätisch besetzten Aufsichtsrat gewährleistet werden. Der Aufsichtsrat besteht aus mindestens sechs Arbeitnehmer- und sechs Arbeitgebervertretern. Die Arbeitgebervertreter im Aufsichtsrat werden durch das zuständige Wahlorgan (§ 8 MitbestG) bestimmt. Die Arbeitnehmervertreter setzen sich aus Arbeitnehmern des Unternehmens und Repräsentanten der im Unternehmen vertretenen Gewerkschaften zusammen (mindestens zwei Vertreter); unter den Arbeitnehmervertretern muss mindestens ein leitender Angestellter sein. Beschlüsse des Aufsichtsrats bedürfen der Mehrheit der abgegebenen Stimmen. Bei Stimmengleichheit kommt dem Vorsitzenden bei der zweiten Abstimmung eine doppelte Stimme zu. Das *Mitbestimmungsgesetz für die Montanindustrie* für Unternehmen bestimmter Rechtsformen mit mehr als 1000 Arbeitnehmern sieht eine paritätische Besetzung des Aufsichtsrates mit Arbeitgeber- und Arbeitnehmervertretern vor. Ein zusätzliches Mitglied des Aufsichtsrates (der „Unparteiische") verhindert Pattsituationen. Dieses Mitglied wird von den übrigen Aufsichtsratsmitgliedern gewählt. Ein Vorstandsmitglied (Arbeitsdirektor) muss für Personal- und Sozialfragen zuständig sein. Der Arbeitsdirektor kann nicht gegen die Stimmen der Arbeitnehmervertreter im Aufsichtsrat berufen werden. Das *Montanmitbestimmungsergänzungsgesetz* erweitert den Geltungsbereich der paritätischen Mitbestimmung auf Unternehmen, die Unternehmen der Montanindustrie beherrschen. Das *Drittelbeteiligungsgesetz* von 2004 regelt die Unternehmensmitbestimmung insbesondere für Kapitalgesellschaften und Genossenschaften mit in der Regel mehr als 500 Arbeitnehmern. Der Aufsichtsrat, der aus mindestens 3 Mitgliedern besteht, setzt sich aus Repräsentanten der Arbeitgeber und Arbeitnehmer im Verhältnis 2:1 zusammen.

### 29.3.5 Zusammenschlüsse von Unternehmen

Zusammenschlüsse von Unternehmen sind Vereinigungen rechtlich selbständiger Unternehmen zu wirtschaftlichen Zwecken. Nach der Intensität der Bindung können Kooperation und Konzentration unterschieden werden. Die *Kooperation* ist eine auf Verträgen beruhende Zusammenarbeit rechtlich und wirtschaftlich selbständiger Unternehmen in bestimmten Bereichen ihrer Tätigkeit. Dagegen ist die *Konzentration* eine Zusammenfassung von Unternehmen unter einheitlicher Leitung, die von einer wirtschaftlichen Integration begleitet ist. Zusammenschlüsse von Unternehmen streben durch Abstimmung des Verhaltens in einem oder mehreren Entscheidungstatbeständen ein günstigeres wirtschaftliches Ergebnis an, als es bei nicht abgestimmtem Verhalten auftreten würde. Ziele abgestimmten Verhaltens sind die Erhöhung der Wirtschaftlichkeit durch Erzielung von Rationalisierungseffekten, die Stärkung der Wettbewerbsfähigkeit durch Verbesserung der Marktstellung gegenüber Abnehmern, Lieferanten oder potenziellen Kreditgebern sowie die Minderung des Risikos durch Aufteilung des Risikos auf mehrere Partner. Eine spezielle Kooperationsform ist das *Kartell*. Kartelle sind vertragliche Zusammenschlüsse rechtlich selbständiger Unternehmen, die ein abgestimmtes Verhalten zum Gegenstand haben. Die Dispositionsfreiheit der dem Kartell angehörenden Unternehmen wird je nach den vertraglichen Vereinbarungen unterschiedlich stark eingeschränkt. Das Gesetz gegen Wettbewerbsbeschränkungen (GWB) sieht ein Verbot von Kartellen vor, welche eine Verhinderung, Einschränkung oder Verfälschung des Wettbewerbs bezwecken oder bewirken. Kartelle, die den Handel zwischen Mitgliedstaaten der Europäischen Gemeinschaft (EG) behindern oder eine Verhinderung, Einschränkung oder Verfälschung des Wettbewerbs innerhalb des Gemeinsamen Marktes bewirken, sind laut Art. 81 des Vertrags zur Gründung der Europäischen Gemeinschaft (EGV) verboten und nichtig.

## 29.4 Funktionsbezogene Entscheidungen

### 29.4.1 Beschaffung

Beschaffung ist die Gesamtheit aller Aktivitäten, die ein Unternehmen plant und durchführt, um die Verfügung über die zur Leistungserstellung erforderlichen materiellen und immateriellen Realgüter zu erlangen. Materielle Realgüter sind beispielsweise Material (Roh-, Hilfs- und Betriebsstoffe, Halbfabrikate, Teile), Maschinen oder Gebäude. Immaterielle Realgüter sind Dienste und Rechte. *Strategische Beschaffungsentscheidungen* beziehen sich auf die langfristige Versorgung des Unternehmens mit den benötigten Realgütern. Sie betreffen die grundsätzliche Auswahl der zu beschaffenden Güter und schließen Entscheidungen über „Eigenfertigung oder Fremdbezug“ ein. Weiter umfasst die strategische Beschaffungspolitik auch die Gestaltung langfristiger Kooperationsverträge mit Lieferanten (vertikale Kooperation) und anderen einkaufenden Unternehmen mit ähnlichem Bedarf (horizontale Kooperation). Die *operativen Beschaffungsentscheidungen* umfassen die mengen- und zeitmäßige Planung der Bedarfe einschließlich der Fixierung der Liefermengen, der Lieferzeitpunkte und der jeweiligen Lieferanten, die Festlegung der Beschaffungsart (fallweise Beschaffung, fertigungssynchrone Beschaffung [Just-in-time-Systeme], Vorratsbeschaffung), die Festlegung der Kontrahierungspolitik (Preis-, Rabattpolitik, Liefer- und Zahlungsbedingungen) und Fragen der Beschaffungswerbung.

### 29.4.2 Produktion

Produktion ist der gelenkte Einsatz von Realgütern, um andere Realgüter zu erzeugen. Theoretischer Kern der wissenschaftlichen Durchdringung des Produktionsbereichs ist die Produktionsfunktion, die das Verhältnis des Faktoreinsatzes zum Produktionsergebnis quantitativ beschreibt. Die Betriebswirtschaftslehre hat mehrere Varianten von Produktionsfunktionen entwickelt, die wesentlich auf den theoretischen Grundansatz von E. Gutenberg zurückgehen. Dieser leitet die Produktionsfunktion aus technischen Verbrauchsfunktionen ab (Gutenberg 1983). Die Verbrauchsfunktion gibt die funktionalen, technisch bedingten Beziehungen wieder, die zwischen dem Leistungsgrad einer Maschine (Intensität) und dem Verbrauch an Produktionsfaktoren je Leistungseinheit bestehen. Bei der Formulierung von Zielen im Produktionsbereich ergeben sich insbesondere Schwierigkeiten daraus, dass Fertigungsentscheidungen keinen unmittelbaren Marktbezug haben. Sie sind eingebettet in marktbezogene Beschaffungs- und vor allem Absatzentscheidungen. Da sich der Erfolg des Unternehmens letztlich immer erst am Markt entscheidet, ergeben sich Zurechnungsprobleme bei der Formulierung produktionswirtschaftlicher Erfolgsziele. Im Produktionsbereich stehen daher Mengen- und Zeitgrößen als Unterziele im Vordergrund. Inhalte fertigungswirtschaftlicher Ziele sind z. B. die Produktivitätssteigerung als Steigerung des Wirkungsgrades der eingesetzten Produktionsfaktoren, die Minimierung der Auftragsdurchlaufzeiten und die Verbesserung der Humanität der Arbeitsorganisation. Produktionswirtschaftliche Entscheidungen können strategischen und operativen Charakter besitzen. Die längerfristig wirkenden strategischen Entscheidungen beziehen sich auf die Bestimmung der Produktarten sowie die globalen mengenmäßigen Begrenzungen (Produkthöchst- und -mindestmengen), den Gesamtumfang der technisch-wirtschaftlichen Forschung und Entwicklung sowie die Auswahl von Projekten der Produkt- und Verfahrensforschung, die Auswahl der Fertigungsverfahren, die Festlegung der Kapazitäten der zugehörigen Kombinationen von Maschinen und Anlagen und die Festlegung der Basisorganisation für den Produktionsvollzug (Einsatzfolge bzw. Anordnung der Produktionsanlagen). Durch in der Regel kurzfristig ausgelegte operative Produktionsentscheidungen werden die strategischen Rahmenbedingungen ausgefüllt. Operative Produktionsentscheidungen sind die Produktionsprogrammplanung, im Rahmen derer, ausgehend von den Daten der Absatzplanung, der art- und mengenmäßige Output in einer gegebenen Periode festgesetzt wird, und die Produktionsprozessplanung, im Rahmen derer alle Entscheidungen zur Realisierung des geplanten Produktionsprogramms getroffen werden. Die Prozessplanung umfasst Entscheidungen über die einzusetzenden Verfahren, die Maschinenbelegung, Arbeitsverteilung, Auftragsterminierung, Festlegung der Losgrößen und die innerbetriebliche Steuerung von Fertigungsmaterial, Zwischenprodukten und Betriebsstoffen (Schuh und Schmidt 2014).

### 29.4.3 Absatz/Marketing

Absatzpolitik ist die bewusste Beeinflussung und Steuerung des Absatzes zur Erreichung der Unternehmensziele. Die Art absatzpolitischer Anstrengungen hängt stark davon ab, ob das Unternehmen auf einem Verkäufer- oder einem Käufermarkt operiert. Auf Verkäufermärkten sind die Anbieter aufgrund von Güterknappheit und geringen Ausweichmöglichkeiten der Nachfrager in einer günstigen Lage. Auf Käufermärkten ist dagegen das Angebot relativ zur Nachfrage im Überfluss vorhanden, und die Käufer haben für sich befriedigende Ausweichmöglichkeiten unter konkurrierenden Anbietern. Jeder Anbieter in einem Käufermarkt muss danach streben, in den Augen seiner aktuellen und potenziellen Käufer gewisse Vorteile gegenüber seinen Konkurrenten bieten zu können, wenn sein Angebot nicht dem Angebot eines Konkurrenten unterliegen soll. Darüber hinaus wird ein Unternehmen zur Sicherung seiner Existenz und seines Wachstums danach trachten, mit neuen Produkten in neue Märkte einzutreten. Diese Bestrebungen setzen voraus, dass sich die Absatzpolitik an den aktuellen und potenziellen Käuferwünschen und -bedürfnissen orientiert. Die Konzeption der Absatzpolitik, die sich zur Erreichung der Ziele des Unternehmens an den Bedürfnissen der Käufer orientiert, wird als *Marketing* bezeichnet. Ausgangspunkt der planmäßigen Gestaltung des Marketings ist die Abgrenzung des *relevanten Marktes*, der gegebenenfalls in mehrere Teilmärkte gegliedert werden kann (*Marktsegmentierung*). Marketing-Entscheidungen zielen sodann auf die Beeinflussung der Märkte des Unternehmens und die Nutzung der Marktsituation im Interesse des Unternehmens ab. Inhalte von Marketing-Zielen sind der Markteintritt, die Entwicklung, Verteidigung und Stärkung der Marktposition, die Änderung der Marktposition sowie der Marktaustritt. Als Mittel zur Erreichung der Marketing-Ziele stehen verschiedene Instrumente zur Verfügung: Produkt- und Sortiments-, Kommunikations-, Vertriebs- und Kontrahierungspolitik. Die *Produkt- und Sortimentspolitik* umfasst alle Entscheidungen, die sich auf die Gestaltung einzelner Sach- und Dienstleistungen oder auf das ganze Sortiment (Vertriebsprogramm) beziehen. Die *Kommunikationspolitik* ist der Gesamtbereich aller Maßnahmen eines Unternehmens, die auf die Beeinflussung der Käufer durch Kommunikation gerichtet sind. Durch *Werbung* werden Käufer mittels nicht persönlicher Kommunikation über Medien angesprochen. Im Rahmen der Werbeentscheidung ist festzulegen, für welche Werbeobjekte (Leistungen des Unternehmens), für welche Werbesubjekte (Adressaten der Werbung), mit welchen Werbebotschaften (Inhalt der Werbung), mit welchen Werbemitteln (gestalterische Umsetzung der Werbebotschaft), in welchen Werbemedien (Träger der Werbemittel [Presse, Rundfunk, Fernsehen usw.]) und mit welchem finanziellen Einsatz (Werbebudget) geworben werden soll. Der *Persönliche Verkauf* dient der unmittelbaren Bearbeitung der Kunden durch persönliche Kommunikation. *Verkaufsfördernde Maßnahmen* (sales-promotion) unterstützen Werbung und persönlichen Verkauf durch überwiegend kurzfristig wirkende Maßnahmen (Gutscheine, Preisausschreiben, zeitlich begrenzte Preisnachlässe). Im Rahmen der *Vertriebspolitik* ist zunächst über den *Absatzweg* (Vertriebsweg) der Leistungen des Unternehmens zu entscheiden. Durch Direktvertrieb werden im Gegensatz zum indirekten Vertrieb die Verwender unmittelbar unter Ausschaltung potenzieller Absatzmittler (Handel) bearbeitet. Weitere Entscheidungen betreffen die *Marketing-Logistik*, die alle Entscheidungen zur physischen Bereitstellung der Güter umfasst. Die *Kontrahierungspolitik* umfasst zunächst Entscheidungen über die Höhe des Preises einer Einzelleistung, über das Verhältnis des Preises eines bestimmten Marktgutes zum Preis anderer Absatzgüter, über die Preisermittlungsmethode einschließlich der Rabattgewährung und über die Einflussnahme auf die Preisentscheidung nachgelagerter Marktstufen. Darüber hinaus sind Entscheidungen über die Liefer- und Zahlungsbedingungen und über Kreditgewährungen (Finanzierungsangebote) zu treffen.

### 29.4.4 Finanzierung

Dem Realgüterstrom entgegen läuft ein Strom an Nominalgütern. Nominalgüter sind Geld und in Geldwerten ausgedrückte Güter (Forderungs- und Schuldtitel). Die aus der betrieblichen Tätigkeit hervorgebrachten Absatzgüter werden durch Verkauf auf den Absatzmärkten zu Geld. Dieses Geld wird wiederum dazu verwandt, Produktionsfaktoren zu beschaffen, Kredite zurückzuzahlen und Zahlungen an Eigentümer und den Staat (Fiskus) zu leisten. Die Notwendigkeit von Finanzierungsentscheidungen ergibt sich aus drei grundlegenden Problemen. Die Sicherstellung der *Kapitalaufbringung* ist das erste Grundproblem der Finanzierung. Real- und Nominalgüterstrom fließen nicht zeitgleich. Bevor aus der betrieblichen Tätigkeit Einzahlungen zu erwarten sind, müssen Auszahlungen für die Gründung des Unternehmens, die Beschaffung von Produktions- und Verwaltungseinrichtungen und die Produktion selbst vorgeleistet werden. Da für die Güterbeschaffung in der Regel Auszahlungen geleistet werden müssen, bevor aus dem Absatz der Güter Einzahlungen erzielt werden, entsteht ein Kapitalbedarf

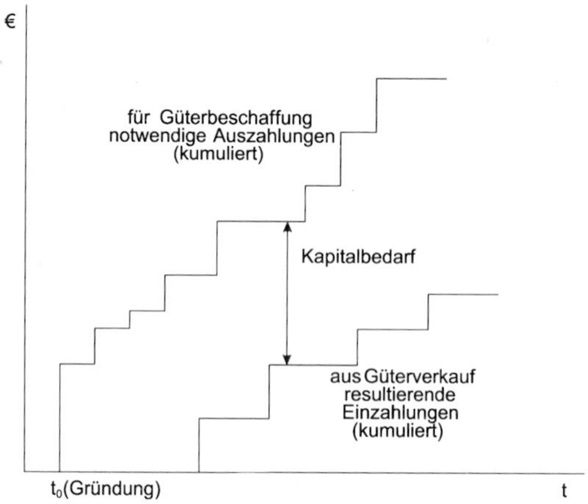


**Abb. 2** Kapitalbedarf

(Abb. 2). Der Kapitalbedarf wird durch Finanzzahlungen von Kapitalgebern gedeckt. Das zweite Grundproblem der Finanzierung ist die jederzeitige Sicherstellung des *finanziellen Gleichgewichts*. Der laufende Betrieb leistet täglich an verschiedene Empfänger Auszahlungen und erhält ebenso täglich von verschiedenen Geldgebern Einzahlungen. Diese Zahlungsströme müssen so gesteuert werden, dass das finanzielle Gleichgewicht des Unternehmens gesichert ist, d. h., dass alle in einer Planperiode fälligen Zahlungsverpflichtungen ausgeglichen werden können. Ist dies nicht möglich, droht aufgrund der Rechtsordnung wegen Zahlungsunfähigkeit (Illiquidität) die Insolvenz.

Das dritte Grundproblem der Finanzierung ist die Sicherung der *Eigenkapitalzuführung* bei großen Verlusten. Durch Erwirtschaftung von Verlusten wird das Eigenkapital aufgezehrt. Für den Fall der Aufzehrung des Eigenkapitals durch Verluste droht bei bestimmten Rechtsformen die Insolvenz des Unternehmens.

Bezüglich der Arten der Finanzierung kann nach der Kapitalherkunft in Außen- und Innenfinanzierung unterschieden werden. *Außenfinanzierung* bedeutet, dass das Kapital dem Unternehmen von außen aus Kapitaleinlagen oder Kreditgewährung zufließt. Von *Innenfinanzierung* wird gesprochen, wenn die finanziellen Mittel aus dem Umsatzprozess stammen. Dabei ist zwischen neu gebildeten Mitteln (z. B. Gewinn) und solchen Mitteln zu unterscheiden, die aus Vermögensumschichtung stammen (z. B. Verkauf von Anlagen). Nach der Rechtsstellung der Kapitalgeber kann zwischen *Eigenfinanzierung* (Zuführung von Eigenkapital, das die Haftung für die Verbindlichkeiten trägt) und *Fremdfinanzierung* (Zuführung von Gläubigerkapital) unterschieden werden. Beide Formen können Außen- und Innenfinanzierung sein.

### 29.4.5 Organisation

Die unausweichliche Komplexität betrieblicher Problemstellungen erzwingt eine Zerlegung und Verteilung der Aufgaben. Die Aufgabenteilung führt zwangsläufig zu einem sachlichen, zeitlichen und personellen Abstimmungs-(Koordinations-)Problem, wenn die Gesamtaufgabe zielgerecht erfüllt werden soll. Durch organisatorische Regelungen wird die Aufgabenteilung und Koordination der Teilaufgaben im Sinne einer möglichst reibungslosen Verwirklichung der Gesamtziele des Unternehmens gestaltet.

Die Aufbauorganisation des Unternehmens zeigt die Teilaufgaben der Aufgabenträger und die zwischen diesen bestehenden Beziehungen. Stehen demgegenüber die sachlichen, in Raum und Zeit ablaufenden Prozesse im Vordergrund, die sich bei und zwischen den Aufgabenträgern vollziehen, spricht man von Ablauforganisation. Die Gestaltungsvariablen der Organisationsstruktur des Unternehmens lassen sich unterteilen in Aufgabenverteilung, Verteilung von Weisungsrechten, Verteilung von Entscheidungsrechten, Programmierung und das Kommunikationssystem. Die *Aufgabenverteilung* (Spezialisierung) ist der Ausgangspunkt jeder Strukturierung einer Organisation. Sie umfasst die Zerlegung der Gesamtaufgabe in Teilaufgaben und die Bildung organisatorischer Einheiten als Träger dieser Teilaufgaben. Als Aufgabenträger kommen Stellen, Abteilungen und Kollegien in Frage. Eine Stelle ist wiederum ein Aufgabenkomplex, der von einer dafür qualifizierten Person normalerweise bewältigt werden kann und der grundsätzlich unabhängig vom jeweiligen Stelleninhaber gebildet wird. Je nach den mit der Stelle verbundenen Handlungsrechten (Kompetenzen) können Ausführungs-, Leitungs- und Stabsstellen unterschieden werden. Ausführungsstellen sind im Wesentlichen mit Ausführungs- und Zugriffskompetenzen ausgestattet. Bei Leitungsstellen konzentrieren sich Weisungs- und Entscheidungsrechte. Stabsstellen besitzen im Wesentlichen Kompetenzen für die Durchführung der Planung und Kontrolle von Entscheidungen. Sie sollen bestimmte Leitungsstellen entlasten und besitzen üblicherweise keine Entscheidungs- oder Weisungsrechte. Abteilungen sind nach einem bestimmten Kriterium dauerhaft zusammengefasste Stellen, die von einer Leitungsstelle (Instanz) geleitet werden. Kollegien (Projektgruppen, Komitees) werden von mehreren Personen auf Zeit gebildet, um eine ihnen zugewiesene Spezialaufgabe gemeinschaftlich zu bewältigen. Ansonsten erfüllen die Mitglieder des Kollegiums eigene Stellenaufgaben in ihrem eigentlichen Aufgabenbereich.

Die Aufgabenverteilung auf der von oben gesehen zweiten organisatorischen Ebene entscheidet über den sachlichen Globalaufbau des Unternehmens (Abteilungsspezialisierung) (Weber et al. 2018, S. 136–139). Bei der verrichtungs- oder funktionsorientierten Organisation findet das Verrichtungskriterium bei der Aufgabengliederung Verwendung (Abb. 3). Bei Anwendung des Objektkriteriums gestaltet sich die Organisation objektorientiert (Sparten-, Geschäftsbereichs- oder divisionalisierte Organisation; Abb. 4). Die Objekte der Leistungserstellung können nach Produktart, Kundengruppe und Absatzregion differenziert werden. In der Praxis dominieren sowohl auf der zweiten als auch auf der dritten Gliederungsebene Mischformen der Gliederungsprinzipien. Bei der echten Matrixorganisation wird unterhalb der Unternehmensleitungsebene quer zur verrichtungsorientierten Organisation eine objektorientierte Organisation, die nach Produkten, Regionen, Kunden oder Projekten gegliedert ist, eingeführt (Abb. 5). Die Stellen mit verrichtungs- und objektorientierter Aufgabenzuordnung sind gleichberechtigt gegenüber Unterabteilungen. Durch die spezialisierte Weisungsbefugnis nach den beiden Kriterien soll eine qualifizierte und zugleich rechtzeitige Koordination erreicht werden.

Die *Verteilung von Weisungsrechten* soll zu einer möglichst reibungslosen Abstimmung der

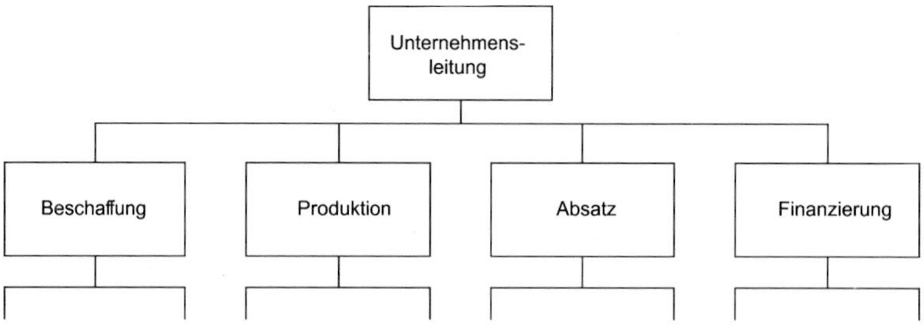


**Abb. 3** Funktionsorientierte Organisation des Unternehmens (Beispiel) (Weber, Kabst und Baum, Einführung in die Betriebswirtschaftslehre 2018, S. 137) Mit freundlicher Genehmigung von Springer Nature

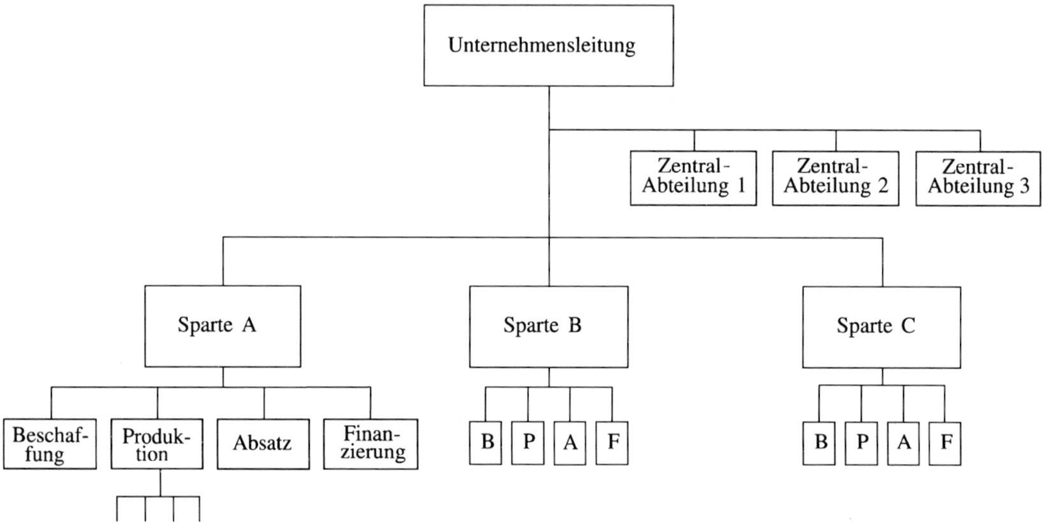


**Abb. 4** Objektorientierte Organisation des Unternehmens (Beispiel) (Weber, Kabst und Baum, Einführung in die Betriebswirtschaftslehre 2018, S. 138) Mit freundlichen Genehmigung von Springer Nature

Teilaufgabenerfüllung zwischen den organisatorischen Einheiten durch persönliche Einflussnahme und Verantwortung eines Vorgesetzten beitragen. Die Gestaltung des Weisungsrechts wird im sogenannten Einliniensystem dadurch geregelt, dass jeder Untergebene nur von seinem direkten Vorgesetzten Weisungen erhält, dem er auch allein für die Aufgabenerfüllung verantwortlich ist (Einheit der Auftragserteilung). Zur Bewältigung des Überforderungsproblems von Vorgesetzten kann das Einlinien- zum Stabliniensystem erweitert werden, indem spezialisierte Stabsstellen außerhalb der Linie eingerichtet werden. Im Mehrliniensystem sind nachgeordnete Stellen mehrfach unterstellt. Dies ist beispielsweise bei der Matrixorganisation der Fall.

Durch *Verteilung von Entscheidungsrechten* wird die inhaltliche Gestaltungskompetenz der Aufgabenerfüllung in Unternehmen geregelt. Durch Delegation werden Entscheidungsrechte weitergegeben. Partizipation betrifft die Frage, in welchem Ausmaß die Personen einer nachgeordneten Ebene an der Entscheidungsfindung der übergeordneten Ebene beteiligt sind. Durch *Programmierung* wird das Problemlösungsverhalten von Aufgabenträgern im Unternehmen durch Vorgabe allgemeiner Instruktionen gesteuert. Diese können sich im Wesentlichen auf Abläufe, Verfahrensrichtlinien, Planungs- und Kontrollsysteme und das Ausmaß der Dokumentation des betrieblichen Geschehens beziehen. Durch das *Kommunikationssystem* wird die Art und Weise

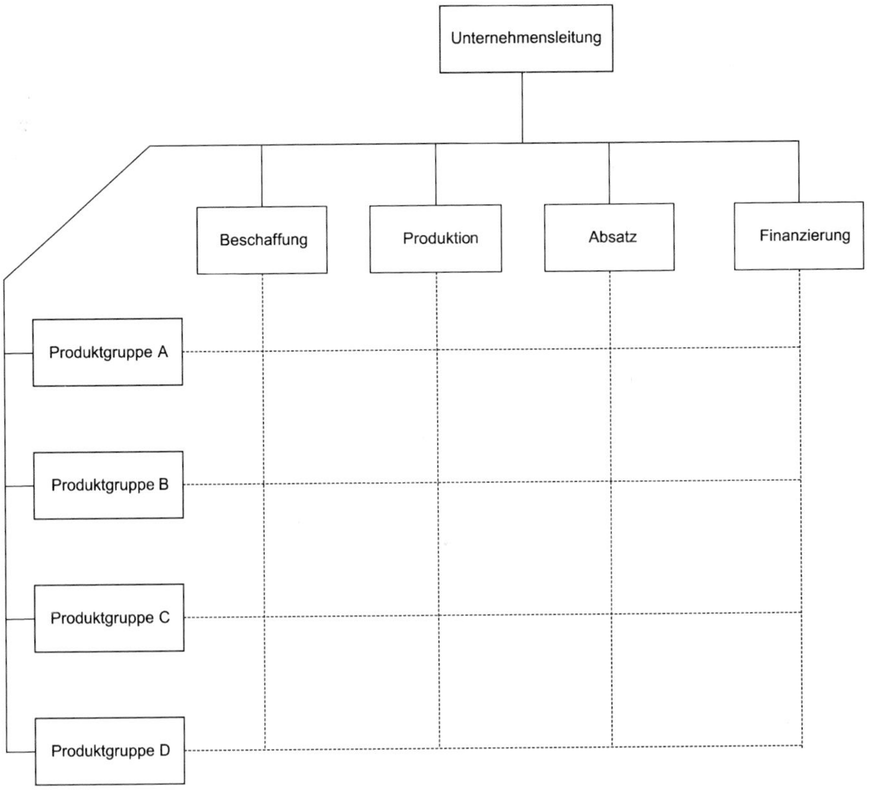


**Abb. 5** Matrixorganisation (objekt- und funktionsorientiert) (Beispiel) (Weber, Kabst und Baum, Einführung in die Betriebswirtschaftslehre 2018, S. 139) Mit freundlicher Genehmigung von Springer Nature

der Informationsübertragung zwischen Personen geregelt. Die Kommunikation kann direkt oder indirekt, offen oder gebunden und synchron oder asynchron erfolgen (Weber et al. 2018, S. 141–148).

In Großunternehmen heutiger Prägung wird die komplexe Struktur durch Regeln und Grundsätze abgesichert. Solche Richtlinien für „gute Unternehmensführung" werden entweder vom Unternehmen selbst gesetzt oder aufgrund von empfohlenen Verhaltenskodizes übernommen. Die Gesamtheit der Regeln wird „*corporate governance*" genannt. Der Deutsche Corporate Governance Kodex stellt wesentliche gesetzliche Vorschriften zur Leitung und Überwachung deutscher börsennotierter Gesellschaften dar und enthält in Form von Empfehlungen und Anregungen international und national anerkannte Standards guter und verantwortungsvoller Unternehmensführung.

### 29.4.6 Personalwirtschaft

Das Grundproblem der Personalwirtschaft besteht darin, einen quantitativ, qualitativ, zeitlich und räumlich differenzierten Personalbedarf mit einem entsprechend differenzierten Personalbestand zu decken. Zu den weiteren Kernaufgaben der Personalwirtschaft gehört die Qualifizierung und Förderung des Personals, die Bereitstellung von Anreizen sowie die Steuerung des Verhaltens durch strukturelle und personelle Führung. Sämtliche „Aufgabenfelder … können dabei unter den Perspektiven der Planung, der Realisation und der Kontrolle betrachtet werden" (Weber et al. 2005, S. 256). Der *Personalbedarf* leitet sich aus den Teilplänen der Bereiche des Unternehmens ab. Ermittelte Abweichungen zwischen vorhandener (Istbestand) und benötigter personeller Kapazität (Sollbestand) führen zum jeweiligen Betrachtungszeitpunkt zum Ausweis einer erwarteten personellen Über- oder Unterdeckung bzw. einer Deckung.

Entscheidungen über die *Personalbeschaffung* werden bedingt durch das Angebot auf den Beschaffungsmärkten und die Dauer des Personalbedarfs. Die Personalbeschaffung kann auf dem betriebsinternen Arbeitsmarkt durch die Veränderung bestehender Arbeitsverträge/-bedingungen (Überstunden, Versetzung, Übergang von Teil- zu Vollzeitarbeit, Entwicklung) oder auf dem externen Arbeitsmarkt durch Abschluss neuer Verträge (Einstellung, Personalleasing) erfolgen.

*Personalfreisetzung* kann auf dem unternehmensinternen Arbeitsmarkt durch Abbau von Überstunden, Kurzarbeit, Übergang von Voll- zu Teilzeitarbeit und Versetzung erfolgen. Auf den externen Arbeitsmarkt bezogene Maßnahmen sind die Förderung freiwilligen Ausscheidens und die Entlassung.

Durch *Personalentwicklung* wird die Qualifikation der Mitarbeiter für die Zukunft zu sichern gesucht. Es geht dabei um die Veränderung persönlicher Merkmale, die für die Ausübung beruflicher Tätigkeiten relevant sind (Kenntnisse, Erfahrungen, Fähigkeiten), die Maßnahmen, die auf diese Veränderungen einwirken sollen (z. B. Weiterbildung, Erfahrungsvermittlung) sowie um die Maßnahmen, mit denen auf die Veränderungen reagiert wird (Zuweisung neuer Aufgaben, Erweiterung bzw. Veränderung des Zuständigkeitsbereichs der Mitarbeiter) (Weber et al. 2005, S. 241–242). Aufbauend auf der Analyse des Qualifikationsbedarfs sind z. B. Entscheidungen über ein Bildungsprogramm zu treffen. Dabei kann zwischen selbst erstellten Bestandteilen des Bildungsprogramms (Weiterbildung am Arbeitsplatz, firmeneigene Bildungszentren) und fremd beschafften Bestandteilen (Bildungsurlaub, Weiterbildung durch unternehmensexterne Institutionen) unterschieden werden.

Zur *Förderung der Leistungsbereitschaft* der Mitarbeiter muss über den Einsatz monetärer und nichtmonetärer Anreize entschieden werden. Monetäre Anreize werden primär durch das *Entlohnungssystem* vermittelt. Die Formen des Entgelts für die menschliche Arbeitsleistung zur Realisierung von Leistungsgerechtigkeit sind Zeit-, Akkord- und Prämienlohn (Weber et al. 2018, S. 370–374). Beim Zeitlohn dient die Arbeitszeit als Bemessungsgrundlage für die Ermittlung der Lohnhöhe, mit der jedoch eine bestimmte Leistungserwartung mittelbar verbunden ist. Zur Schaffung eines unmittelbar wirksamen Lohnanreizes kann der reine Zeitlohn durch Leistungszulagen, die auf subjektiv eingeschätzten Kriterien von Vorgesetzten beruhen, ergänzt werden. Akkordlöhne werden für eine vorgegebene Zeit (Zeitakkord) oder als fester Geldwert für eine Produktionseinheit (Geldakkord) gezahlt und sind damit unmittelbar abhängig vom Leistungsergebnis. Beim Prämienlohn erhält der Mitarbeiter zum Grundlohn nach objektiven, vorher festgelegten Kriterien ein Zusatzentgelt (Prämie) für eine bestimmte erbrachte Leistung Die Prämie kann sich dabei auf die Qualität der hergestellten Produkte, die Ersparnis an Rohstoffen, die Einhaltung von Terminen etc. beziehen.

Nichtmonetäre Leistungsanreize können u. a. durch die *Gestaltung des Personaleinsatzes* vermittelt werden. Ziel der Personaleinsatzplanung ist die Realisierung der bestmöglichen Zuordnung von Arbeitskräften und Arbeitsplätzen unter Berücksichtigung von Arbeitsplatzsicherheit und Aufstiegsmöglichkeiten.

*Mitarbeiterführung* ist die beabsichtigte, d. h. zielgerichtete Beeinflussung des Verhaltens und der Einstellung von einzelnen Mitarbeitern sowie die Beeinflussung der Interaktionen in und zwischen innerbetrieblichen Systemen. Dabei wird zwischen direkter, interaktiver Führung und indirekter bzw. struktureller Führung unterschieden. Zur Wahrnehmung ihrer Führungsaufgabe können die Vorgesetzten unterschiedliche Verhaltensweisen wählen, d. h. sie können unterschiedliche Führungsstile pflegen. Der Führungsstil besteht in einem relativ konstanten Führungsverhalten, das durch eine persönliche Grundeinstellung des Vorgesetzten gegenüber Mitarbeitern geprägt wird.

*Führungsstile* können nach dem Ausmaß der Anwendung von Autorität durch den Vorgesetzten und dem Ausmaß an Entscheidungsfreiheit der Mitarbeiter auf einem Kontinuum vom extrem vorgesetztenzentrierten (autoritären) zum extrem mitarbeiterzentrierten (demokratischen) Führungsverhalten geordnet werden. Bei autoritärem Führungsstil entscheidet der Vorgesetzte und ordnet an. Bei patriarchalischer Führung entscheidet der Vorgesetzte zwar, er ist aber bestrebt, die Mitarbeiter von seinen Entscheidungen vor deren Anordnung zu überzeugen. Beratender Führungsstil liegt vor, wenn der Vorgesetzte vor seiner Entscheidung Fragen gestattet, um durch deren Beantwortung die Akzeptierung seiner Entscheidung zu erreichen. Ein Führungsstil ist kooperativ, wenn der Vorgesetzte, bevor er die endgültige Entscheidung trifft, die Mitarbeiter informiert und zum Entscheidungsgegenstand befragt. Ein partizipativer Führungsstil beinhaltet die Entwicklung von Vorschlägen durch die Mitarbeiter, aus denen der Vorgesetzte auswählt. Beim demokratischen Führungsstil entscheidet die Gruppe, nachdem der Vorgesetzte zuvor das Problem aufgezeigt und die Grenzen des Entscheidungsspielraums festgelegt hat, oder der Vorgesetzte fungiert lediglich als Koordinator der Entscheidung (weber et al. 2018, S. 378–379).

## 29.4.7 Rechnungswesen

Das betriebliche Rechnungswesen stellt Informationen über wirtschaftliche Tatbestände eines Betriebs zur Verfügung, darunter die grundlegenden Ziele Liquidität und Erfolg. In Abhängigkeit von den Adressaten der jeweiligen Berichterstattung spricht man vom externen oder internen Rechnungswesen.

### 29.4.7.1 Externes Rechnungswesen

Die wichtigsten Adressaten der externen Rechnungslegung sind Gläubiger, die Informationen über die Zahlungsfähigkeit des Betriebes nachfragen, Anteilseigner, die Informationen über die Erfolgsentwicklung und Ausschüttungspolitik des Betriebes benötigen, der Staat zum Zweck der Steuerbemessung sowie Belegschaft, Kunden oder allgemeine Öffentlichkeit, die über die wirtschaftliche Entwicklung des Betriebes informiert sein wollen (Federmann und Müller 2018, S. 23–28).

Die Anforderungen an das externe Rechnungswesen sind für Unternehmen in Deutschland zum einen in den Grundsätzen ordentlicher Buchführung (GoB) geregelt, die aufgrund gängiger Praxis Bedeutung erlangten, sowie zum anderen in Vorschriften des Handelsgesetzbuchs (HGB). Neben diesen handelsrechtlichen Erfordernissen gelten im externen Rechnungswesen auch steuerrechtliche Vorschriften, die aufgrund der besonderen Interessen des Fiskus teilweise deutliche Abweichungen in den Begriffen und Instrumenten aufweisen. Auf diese wird hier nicht weiter eingegangen (siehe dazu (Federmann und Müller 2018, S. 39–42)).

Die handelsrechtlichen Vorschriften bezüglich der Pflicht zur Buchführung sowie zu Inhalt, Aufstellung, Prüfung, Feststellung und Veröffentlichung eines Jahresabschlusses unterscheiden sich in Abhängigkeit der Rechtsform, der Größe und der Kapitalmarktorientierung der Unternehmen (Coenenberg et al. 2016, S. 36–60) (Federmann und Müller 2018, S. 42–72). Besonders umfangreiche handelsgesetzliche Vorschriften gelten für große Kapitalgesellschaften. Diese werden exemplarisch im Folgenden zugrunde gelegt.

Danach besteht der Jahresabschluss aus der Bilanz, der Gewinn- und Verlustrechnung und dem Anhang. Daneben muss ein Lagebericht erstellt werden sowie weitere Berichte (Kapitalflussrechnung, Eigenkapitalspiegel). Jahresabschlüsse großer Kapitalgesellschaften sind prüfungs- und offenlegungspflichtig.

Parallel zu den nationalen Regeln gibt es auch internationale Vorgaben, die nicht vollständig deckungsgleich sind. Für deutsche Unternehmen sind insbesondere die *International Financial Reporting Standards* (IFRS) von Bedeutung.

Die Vorschriften des HGB dienen sowohl der Ermittlung möglicher Ausschüttungen an Kapitaleigner (Finanzfunktion) als auch dem unterschiedlichen Informationsbedarf diverser Adressaten (Informationsfunktion). Um überhöhte Gewinnausschüttungen zu Lasten der Haftungssubstanz zu vermeiden (Gläubigerschutz), muss die Bewertung nach deutschem Handelsrecht dem *Vorsichtsprinzip* und daraus abgeleiteten Prinzipien entsprechen. Einem zu niedrigen Erfolgsausweis in Folge zu großzügiger Auslegung des Vorsichtsprinzips, der dem Interesse der Anteilseigner zuwider laufen könnte, stehen allerdings auch entsprechende Vorschriften (z. B. Wertaufholungsgebot) entgegen (Coenenberg et al. 2016, S. 329). Zur Befriedigung der teilweise konkurrierenden Informationsbedürfnisse ist im HGB geregelt, dass der Jahresabschluss ein den tatsächlichen Verhältnissen entsprechendes Bild der Vermögens-, Finanz- und Ertragslage zu vermitteln hat.

Im Gegensatz zum HGB zielen die IFRS primär auf die Bereitstellung entscheidungsrelevanter Information für (zukünftige) Kapitalinvestoren ab, in dem eine dafür angemessene Darstellung (fair representation) der wirtschaftlichen Lage vermittelt wird. Abgesehen von einigen (unverbindlichen) regelbasierten Anforderungen an die Berichterstattung, zu finden insbesondere im sogenannten Framework, sind die verbindlich anzuwendenden Standards und deren Interpretationen in der Tradition angelsächsischer Rechtssysteme (case law) einzelfallbezogene Regelungen, die oft spezielle Einzelfragen betreffen. Im Detail kommt es zu zahlreichen Unterschieden zum HGB, beginnend bei zentralen Begriffen bis hin zur unterschiedlichen Abbildung und Bewertung einzelner Geschäftsvorfälle (Coenenberg et al. 2016, S. 477–510; Federmann und Müller 2018, S. 245–251).

Die IFRS sind seit 2005 anzuwenden von allen kapitalmarktorientierten europäischen Konzernen im Rahmen des sogenannten Konzernabschlusses, in dem – im Gegensatz zum Einzelabschluss einer einzelnen Gesellschaft - über die wirtschaftliche Lage der (fiktiven) Gesamtheit aller in einen Konzern einbezogenen Unternehmen berichtet werden muss. Für deutsche Kapitalgesellschaften besteht allerdings die Möglichkeit, ihren Jahresabschluss nach IFRS offenzulegen und somit eine international verständliche und vergleichbare Berichterstattung zu liefern.

Die folgende Darstellung orientiert sich am deutschem Recht; ergänzend wird auf wesentliche Unterschiede zu den IFRS hingewiesen.

In der *Bilanz* werden in zusammengefasster Form die Vermögensgegenstände (Aktiva) und die Schulden (Passiva) eines Betriebes gegenübergestellt und durch das Reinvermögen (Eigenkapital) zum Ausgleich gebracht. Der Grundaufbau der Bilanz kann entsprechend den Gliederungsvorschriften des § 266 HGB verkürzt in folgender Form dargestellt werden (Abb. 6).

Aktiv- und Passivseite der Bilanz geben in unterschiedlicher Weise Auskunft über das im Unternehmen vorhandene Kapital. Die rechte Seite der Bilanz (Passiva) zeigt, wer die zur Anschaffung der Vermögensgegenstände erforderlichen Mittel zur Verfügung gestellt hat. Die Passivseite weist somit die Quellen des Kapitals, die Kapitalherkunft, aus (Eigen- oder Fremdkapital) und ist nach ihrer Fristigkeit untergliedert. Die Aktivseite zeigt dagegen die Kapitalverwendung auf und ist nach dessen Liquidierbarkeit gegliedert. Eine direkte Zuordnung der Positionen der

| **Aktiva** | Passiva |
|---|---|
| A. Anlagevermögen:<br>I. Immaterielle Vermögensgegenstände<br>II. Sachanlagen<br>III. Finanzanlagen | A. Eigenkapital:<br>I. Gezeichnetes Kapital<br>II. Kapitalrücklage<br>III. Gewinnrücklagen<br>IV. Gewinnvortrag/Verlustvortrag<br>V. Jahresüberschuß/Jahresfehlbetrag |
| B. Umlaufvermögen:<br>I. Vorräte<br>II. Forderungen und sonstige Vermögensgegenstände<br>III. Wertpapiere<br>IV. Kassenbestand, Bundesbankguthaben, Guthaben bei Kreditnstituten und Schecks | B. Rückstellungen<br>C. Verbindlichkeiten |
| C. Rechnungsabgrenzungsposten | D. Rehnungsabgrenzungsposten |
| D. Aktive latente Steuern | E. Passive latente Steuern |

**Abb. 6** Bilanz nach HGB (verkürzte Darstellung)

Passivseite zu bestimmten Positionen der Aktivseite der Bilanz ist nicht möglich. Die Summe beider Bilanzseiten ist stets gleich. Der Ausgleich zwischen Vermögen und Fremdkapital/Schulden erfolgt durch die Position „Eigenkapital".

Unter dem Anlagevermögen werden sämtliche Vermögensgegenstände des Betriebes ausgewiesen, die dem Geschäftsbetrieb dauernd dienen sollen. Immaterielle Vermögensgegenstände des Anlagevermögens beinhalten Konzessionen, Lizenzen, gewerbliche Schutzrechte und den derivativen Geschäfts- oder Firmenwert. Sachanlagen sind materielles Anlagevermögen, das dem Betrieb zur Nutzung bereitsteht wie Grundstücke und Anlagen. Zu Finanzanlagen gehören insbesondere Beteiligungen und Ausleihungen an verbundene Unternehmen. Das Umlaufvermögen umfasst Vermögensgegenstände, die dem Betrieb nur kurzfristig dienen sollen.

Das gezeichnete Kapital ist der Teil des Eigenkapitals, auf den die Haftung der Gesellschafter für die Verbindlichkeiten des Betriebes gegenüber den Gläubigern beschränkt ist. In die Kapitalrücklage sind im Wesentlichen die Differenzbeträge zwischen Emissionskurswert und Nennwert bei der Ausgabe von Anteilen und Schuldverschreibungen einzustellen. In der Gewinnrücklage werden Beträge ausgewiesen, die aus Gewinnen gebildet worden sind (thesaurierte Gewinne). Der Gewinn- oder Verlustvortrag ist der Rest, der nach der Ergebnisverwendung im Vorjahr verblieben ist. Der Jahresüberschuss oder -fehlbetrag zeigt die Höhe des im abgelaufenen Geschäftsjahr erwirtschafteten Ergebnisses an und entspricht dem in der Gewinn- und Verlustrechnung ausgewiesenen Saldo aus Aufwendungen und Erträgen.

Rückstellungen sind Verpflichtungen gegenüber Dritten, die aber dem Grunde und/oder der Höhe nach ungewiss sind und in der Periode ihrer Entstehung aufwandswirksam passiviert werden. Unter Verbindlichkeiten sind im Gegensatz zu den Rückstellungen ausschließlich Verpflichtungen verbucht, die hinsichtlich der Höhe und der Fälligkeit feststehen. Aktive und passive Rechnungsabgrenzungsposten berichtigen Aufwendungen bzw. Erträge, bei denen die Zahlung in einer Geschäftsperiode vor der späteren Aufwands- und Ertragsentstehung geleistet bzw. erhalten wurde (transitorische Abgrenzung).

Latente Steuern sind die Folge der Ergebnisunterschiede aufgrund unterschiedlicher Bilanzierungsvorschriften in Handels- und Steuerrecht. Um eine zum handelsrechtlichen Ergebnis korrespondierende steuerliche Belastung abzubilden, werden fiktive Steueraufwendungen oder -erträge bilanziert.

Bei der Bilanzaufstellung sind zwei grundsätzlich voneinander verschiedene, aber aufeinander folgende Bilanzierungsentscheidungen zu treffen. Zunächst ist zu entscheiden, ob ein Wirtschaftsgut (Vermögensgegenstände, Schulden) in die Bilanz aufzunehmen ist (Bilanzierung dem Grunde nach). Wenn diese Entscheidung positiv ausfällt, ist zu entscheiden, mit welchem Wert das Wirtschaftsgut anzusetzen ist (Bilanzierung der Höhe nach). Die Entscheidung, ob ein Wirtschaftsgut in die Bilanz aufzunehmen ist, orientiert sich zunächst am Grundsatz der vollständigen Aufnahme aller Vermögensgegenstände und Schulden. Ausnahmen dieses Bilanzierungsgebots ergeben sich durch Bilanzierungsverbote und Bilanzierungswahlrechte. Bilanzierungsverbote liegen beispielsweise vor, wenn es sich um Gründungsaufwendungen, selbst geschaffene Marken oder einen selbst geschaffenen Geschäfts- oder Firmenwert handelt. Bei den Bilanzierungswahlrechten bleibt es dem Betrieb überlassen, ob ein Gut in die Bilanz aufgenommen werden soll. Wahlrechte nach dem HGB bestehen z. B. bei selbst geschaffenen immateriellen Vermögensgegenständen des Anlagevermögens, beim Disagio (auch: Damnum) von Verbindlichkeiten oder bei bestimmten Rückstellungen. Formal werden unter IFRS Bilanzierungswahlrechte stark eingeschränkt (siehe aber (Federmann und Müller 2018, S. 270–274, 322–328)).

Bei der Bilanzierung der Höhe nach geht es um die Bewertung der zu bilanzierenden Wirtschaftsgüter. Konkretisiert wird dabei das Vorsichtsprinzip bei der Bewertung der Aktiva durch Höchstwertvorschriften und bei der Bewertung von Passiva durch Mindestwertvorschriften. Vermögensgegenstände sind höchstens mit deren Anschaffungs- oder Herstellungskosten bzw. Verbindlichkeiten mindestens mit deren Rückzahlungsbetrag anzusetzen. Einer zu großzügigen Auslegung des Vorsichtsprinzips wirken Mindestwertvorschriften bei der Bewertung von Aktiva und Höchstwertvorschriften bei der Bewertung von Passiva entgegen. Aus dem Vorsichtsprinzip leiten sich das *Realisationsprinzip* für die Berücksichtigung von Gewinnen und das *Imparitätsprinzip* für die Behandlung von vorhersehbaren Verlusten ab. Das Realisationsprinzip besagt, dass Gewinne nur auszuweisen sind, wenn sie am Abschlusstag realisiert sind. Dadurch soll die Ausschüttung noch nicht erzielter Gewinne verhindert werden. Im Gegensatz zum Verbot des Ausweises nicht realisierter Gewinne im Jahresabschluss müssen nach dem Imparitätsprinzip alle vorhersehbaren Verluste (also auch nicht realisierte) berücksichtigt werden, die bis zum Abschluss-Stichtag oder zwischen Abschluss-Stichtag und Tag der Aufstellung des Jahresabschlusses bekannt geworden sind. Aus dem Vorsichts- und Imparitätsprinzip folgt das *Niederstwertprinzip*, welches Korrekturen bestehender Bewertungen erfordert.

Im Gegensatz zur zeitpunktbezogenen Bestandsrechnung der Bilanz ist die *Gewinn- und Verlustrechnung* eine periodenbezogene Rechnung. Das HGB schreibt praktisch allen Kaufleute vor, am Schluss eines jeden Geschäftsjahres die Aufwendungen und Erträge des Geschäftsjahres einander gegenüberzustellen. Aufwand ist der bewertete Verbrauch an Wirtschaftsgütern in einer Periode, Ertrag die bewertete Entstehung von Gütern (Wertezuwachs). Der Saldo aus Erträgen und Aufwendungen (Jahresüberschuss, -fehlbetrag) weist den wirtschaftlichen Erfolg des Betriebes in der betrachteten Periode aus.

Folgt man dem Gesamtkostenverfahren als einer vom Handelsgesetz vorgesehenen Möglichkeit zur Aufstellung der Gewinn- und Verlustrechnung (§ 275 Abs. 2 HGB), zeigt sich schematisch folgende Struktur, deren einzelnen Positionen in Abhängigkeit von Rechtsform und Unternehmensgröße weitergehend als hier dargestellt zu untergliedern sind (Abb. 7). Ausgangspunkt der Gewinn- und Verlustrechnung sind die Umsatzerlöse, die sich aus Verkauf, Vermietung und Verpachtung von Waren und Erzeugnissen sowie der Erbringung von Dienstleistungen ergeben. Da nach dem Gesamtkostenverfahren den Umsatzerlösen sämtliche Aufwendungen der Periode gegenübergestellt werden, müssen Abweichungen zwischen produzierter und abgesetzter Menge zur periodengerechten Erfolgsermittlung berücksichtigt werden. Für den Fall, dass die Produktionsmenge die Absatzmenge übersteigt, werden die Lagerbestandserhöhungen als Erträge erfasst. Für den Fall, dass die Absatzmenge die Produktionsmenge übersteigt, wird die Minderung des Bestandes an fertigen und unfertigen Erzeugnissen als Aufwand erfasst. Unter Berücksichtigung aller weiteren Erträge und der Aufwendungen des Betriebes in der Periode wird durch entsprechende Saldierung der Größen der Jahresüberschuss bzw. -fehlbetrag festgestellt. Die in Abb. 7 dargestellten Zwischensummen Betriebsergebnis und Finanzergebnis sind handelsrechtlich nicht vorgeschrieben, können aber zur Analyse des Erfolgs nach seinen Quellen aus den Mindestangaben ermittelt werden. Während das Betriebsergebnis den Saldo aller Aufwendungen und Erträge aus den Leistungserstellungsprozessen bildet, umfasst das Finanzergebnis alle Erträge und Auf-

**Abb. 7** Struktur einer Gewinn- und Verlustrechnung (Gesamtkostenverfahren)

| | |
|---|---|
| | Umsatzerlöse |
| +/- | Erhöhung oder Verminderung des Bestands an fertigen und unfertigen Erzeugnissen |
| | ......... |
| + | betriebliche Erträge |
| - | betriebliche Aufwendungen |
| = | **Betriebsergebnis** |
| +/- | **Finanzergebnis** |
| - | Steuern vom Einkommen und vom Ertrag |
| = | **Ergebnis nach Steuern** |
| - | sonstige Steuern |
| = | **Jahresüberschuss / Jahresfehlbetrag** |

wendungen, die sich aus Finanzierungs- und Kapitalanlagevorgängen ergeben.

Formal unterscheiden sich Bilanz und GuV nach IFRS von denen nach HGB durch einen etwas anderen Aufbau (Federmann und Müller 2018, S. 613–620). Inhaltlich dominiert nach IFRS im Gegensatz zum Vorsichtsprinzip die Idee einer realistischen Darstellung der aktuellen wirtschaftlichen Situation. So können Sachanlagen über ihren Anschaffungs- oder Herstellkosten unter Aufdeckung stiller Reserven zum beizulegenden Zeitwert (fair value) bewertet werden oder Verpflichtungen mit geringer Eintrittswahrscheinlichkeit nicht bilanzierungsfähig sein. Das Realisationsprinzip wird nach IFRS weniger restriktiv gehandhabt (Federmann und Müller 2018, S. 236, 244–246, S. 633).

Für Kapitalgesellschaften stellt nach dem HGB der *Anhang* den dritten konstitutiven Teil des Jahresabschlusses dar. Im Anhang sind die einzelnen Positionen der Bilanz und der Gewinn- und Verlustrechnung entsprechend den gesetzlichen Vorschriften ausführlich zu erläutern (inkl. genutzter Bilanzierungswahlrechte) und sonstige Pflichtangaben zu machen. Der Anhang liefert wichtige Informationen zum Verständnis der tatsächlichen Vermögens-, Finanz- und Ertragslage einer Gesellschaft, welches der Jahresabschluss nach § 264 HGB vermitteln soll (Coenenberg et al. 2016, S. 466).

Über den Jahresabschluss hinaus ist ein *Lagebericht* aufzustellen. Dieser analysiert, auch unter Einbeziehung von nicht-finanziellen Erfolgsindikatoren, den vergangenen Geschäftsverlauf, informiert über die aktuelle wirtschaftliche Lage sowie erwartete zukünftige Entwicklungen. Dabei ist explizit auf den Bereich Forschung und Entwicklung sowie das interne Kontroll- und Risikomanagementsystem einzugehen.

Jahresabschlüsse nach IFRS umfassen neben einer Bilanz und GuV ebenfalls einen Anhang (notes) sowie immer eine Kapitalflussrechnung, den Eigenkapitalspiegel und für kapitalmarktorientierte Gesellschaften eine Segmentberichterstattung.

Die Kapitalflussrechnung stellt die Zahlungsströme, d. h. die Ein- und Auszahlungen, in der Abrechnungsperiode dar, um die Veränderungen des Liquiditätsbestands offen zu legen und Aufschluss über die Finanzlage und vor allem die Liquidität zu geben. Der Eigenkapitalspiegel dokumentiert neben dem Unternehmenserfolg alle anderen Veränderungen im Eigenkapital. Die Segmentberichte sollen eine differenzierte Betrachtung der Ertrags- und Finanzkraft der heterogenen Geschäftsbereiche eines Unternehmens oder Konzerns ermöglichen.

#### 29.4.7.2 Internes Rechnungswesen und Controlling

Das interne Rechnungswesen versorgt unternehmensinterne Entscheider bei deren Planungs- und Kontrollprozessen (vgl. S. 2) zur Sicherung von Liquidität und Erfolg mit den notwendigen Informationen. Traditionelle Instrumente hierzu sind die Kosten- und Leistungsrechnung sowie die Investitionsrechnung und Finanzplanung (Plinke et al. 2015, S. 9).

Darauf aufbauend hat sich zwischenzeitlich in Theorie und Praxis ein breiteres Aufgabenfeld entwickelt, welches zum einen mehr Ziele als grundlegende Größen in den Fokus nimmt, zum anderen aber auch neben der reinen Informationsversorgung umfangreichere Aufgaben wie den Aufbau und Betrieb der notwendigen Planungs- und Kontrollsysteme beinhaltet. Diese Auffassung bildet den gemeinsamen Kern der meisten Controlling-Konzeptionen (Horváth et al. 2015, S. 43–60). Neben die traditionellen Instrumente treten jetzt Systeme zur Verfolgung nicht wirtschaftlicher Ziele (bspw. Qualitäts- oder Sozialziele) sowie übergeordneter Ziele wie die Sicherung der Erfolgspotentiale oder der nachhaltigen Existenzsicherung und Entwicklung. Dabei kommt es auch in zeitlicher Hinsicht zu einer Erweiterung weg von der kurzfristigen, oft einperiodigen Betrachtung hin zur Betrachtung ganzer Lebenszyklen. Ergebnis dieser Veränderungen sind neuere Instrumente der Kosten- und Leistungsrechnung (das (strategische) Kostenmanagement), aber auch Management-Systeme wie das Performance Measurement, dessen bekanntestes Instrument die Balanced Scorecard ist.

Moderne Auffassungen des Controllings sehen im Controller einen betriebswirtschaftlich geschulten Business Partner für die Entscheider, welche durch Controller entlastet, ergänzt und sogar begrenzt werden, um eine Rationalität der Unternehmensführung zu sichern (Weber und Schäffer 2016, S. 42–54).

Sofern Controlling eingesetzt wird, um Ziele von Teilbereichen oder bestimmten Funktionen eines Betriebs zu erreichen, spricht man vom Marketing-Controlling, F&E-Controlling oder Personalcontrolling.

**Kosten- und Leistungsrechnung**
Die *Kosten- und Leistungsrechnung* verfolgt verschiedene Zwecke (Plinke et al. 2015, S. 20–21). In den Fällen, in denen kein Marktpreis für Produkte gegeben ist, kann die Kostenrechnung der Preiskalkulation dienen. Soll geprüft werden, ob zu einem bestimmten vorgegebenen Preis eine Leistung angeboten werden soll, spricht man von Preisbeurteilung. Die Wirtschaftlichkeitskontrolle soll Unwirtschaftlichkeiten aufdecken. Aufgabe der Kostenrechnung ist in diesem Fall die Vorgabe von Höchstwerten, wie viel je Kostenart für eine bestimmte Forschungs-, Entwicklungs-, Produktions- oder Vertriebsaufgabe verbraucht werden darf, ohne dass die Durchführung unwirtschaftlich wird. Weiter dient die Kostenrechnung der Gewinnung von Unterlagen für Entscheidungsrechnungen, mit denen der relative Nutzen von Handlungsmöglichkeiten bestimmt wird (z. B. Verfahrensvergleiche, Programmplanung, Auftragsentscheidungen). Die Aufgabe der Erfolgsermittlung wird durch Gegenüberstellung von Leistung und Kosten für den Betrieb als ganzen oder für bestimmte Bereiche desselben in einer Periode durch die Kosten- und Leistungsrechnung bewältigt. Schließlich kann die Kosten- und Leistungsrechnung die notwendigen Informationen für die Bewertung von fertigen und unfertigen Erzeugnissen im Jahresabschluss bereitstellen. Die Rechengrößen der Kosten- und Leistungsrechnung sind Kosten und Leistung. *Kosten* sind betriebszweckbezogener, bewerteter Güterverzehr. Im Gegensatz zum Aufwand des externen Rechnungswesens wird in den Kosten nicht der gesamte bewertete Güterverzehr einer Periode erfasst, sondern ausschließlich der Verzehr, der dem Betriebszweck innerhalb einer Periode dient. Betriebsfremde, außerordentliche und periodenfremde Güterverzehre werden also nicht berücksichtigt. Auf der anderen Seite werden als Kosten Güterverzehre berücksichtigt, die nicht (Zusatzkosten) oder nicht in gleicher Höhe (Anderskosten) Aufwand sind. Diese Kosten werden als kalkulatorische Kosten bezeichnet. Anderskosten sind der Sache nach zwar sowohl Aufwand als auch Kosten, sie werden jedoch in ihrem Mengen- und/oder Wertgerüst unterschiedlich behandelt. Von Zusatzkosten spricht man, wenn der Güterverzehr nicht als Aufwand abgebildet wird. *Leistung* ist die bewertete, betriebszweckbezogene Güterentstehung in einer Periode. Analog zur Abgrenzung der Kosten vom Aufwand umfasst die Leistung anders als der Ertrag nicht die betriebsfremde, außerordentliche und periodenfremde Entstehung von Gütern. Auf der anderen Seite kann Leistung im Prinzip auch über den im externen Rechnungswesen ermittelten Ertrag hinausgehen, wenn kalkulatorisch zusätzliche Güterentstehung berücksichtigt wird. Die Verwendung eigenständiger Rechengrößen ermöglicht dem internen Rechnungswesen, seine Adressaten und deren Informationsbedürfnisse unabhängig von externen Vorgaben zu unterstützen.

Kosten können für die unterschiedlichen Rechenzwecke nach verschiedenen Merkmalen klassifiziert werden. Nach der Abhängigkeit der Kostenhöhe von Kosteneinflussgrößen unterteilt man in fixe und variable Kosten. Als Kosteneinflussgröße wird in der Regel die Beschäftigung (Leistungs- bzw. Ausbringungsmenge) herangezogen. Fixe Kosten (Bereitschaftskosten) sind in ihrer Höhe unabhängig, variable Kosten (Leistungskosten) in ihrer Höhe abhängig von Beschäftigungsänderungen. Die Unterscheidung von Einzel- und Gemeinkosten zielt auf die Verursachung der Kosten und auf die Zurechnung der Kosten zu den jeweiligen *Bezugsobjekten* der Kostenrechnung (z. B. Produktionseinheit, Auftrag, Kostenstelle) ab. Einzelkosten sind Kosten, die von einem Bezugsobjekt einzeln verursacht und der einzelnen Leistungseinheit aufgrund genauer Aufzeichnungen unmittelbar zugeordnet werden. Gemeinkosten sind solche Kosten, die dem einzelnen Bezugsobjekt nicht unmittelbar zugerechnet werden. Sie sind Kosten, die für mehr als eine Leistungseinheit gemeinsam anfallen.

Die Zurechnung von Kosten bzw. Leistung auf das Bezugsobjekt erfolgt grundsätzlich nach dem Verursachungsprinzip, das eine Zurechnung nur dann zulässt, wenn Kosten bzw. Leistung tatsächlich von diesem Bezugsobjekt allein verursacht worden sind. Die Zurechnung nach dem Verursachungsprinzip ist nur bei Einzelkosten und einzeln zurechenbarer Leistung möglich. Wenn allerdings in einer Vollkostenrechnung alle Kosten der Periode auf die Bezugsobjekte zugerechnet werden sollen (Kostenüberwälzungsprinzip), müssen für die Zurechnung der Gemeinkosten Hilfsprinzipien herangezogen werden. Nach dem Beanspruchungsprinzip werden die Kosten von Produktionsfaktoren, die in unterschiedlichen Quanten beschafft und verbraucht werden (Potenzialfaktoren, z. B. Maschine), nach Maßgabe von deren Inanspruchnahme durch die Bezugsobjekte zugerechnet. Nach dem Durchschnittsprinzip werden die Gemeinkosten in gleichen Anteilen auf die Bezugsobjekte verteilt. Nach dem Kostentragfähigkeitsprinzip werden die Gemeinkosten nach Maßgabe der Kostentragfähigkeit der Produkte bzw. Aufträge im Markt auf die Bezugsobjekte verteilt.

Je nach Art der Entscheidung, die durch Informationen der Kosten- und Leistungsrechnung fundiert werden soll, und je nach den Umständen, unter denen die Entscheidung getroffen wird, müssen unterschiedliche Informationen bereitgestellt werden. Auf diese Weise ist eine Fülle von verschiedenen Rechnungsarten entstanden, die jeweils ihre eigenständige Bedeutung haben.

Die Systeme der klassischen Kosten- und Leistungsrechnung können anhand zweier Merkmale beschrieben werden: a) Nach dem Umfang der Kostenerfassung und -verrechnung wird in Vollkosten- und Teilkostenrechnung differenziert. Bei der Vollkostenrechnung werden alle Kosten des Betriebes in der Periode auf die Bezugsobjekte verteilt. Bei der Teilkostenrechnung werden nur bestimmte Teile der Gesamtkosten (Einzelkosten oder variable Kosten) bei den Bezugsobjekten ausgewiesen, die verbleibenden Kosten müssen durch Überschüsse der Erlöse über die Teilkosten (Deckungsbeiträge) gedeckt werden. b) Nach dem Zeitbezug und ihrer Stellung im Planungs- und Kontrollprozess kann zwischen einer Istkostenrechnung (beruhend auf dem in der (abgelaufenen) Periode tatsächlich eingetretenen Güterverzehr), einer Normalkosten-Rechnung (durch Verwendung von durchschnittlichen Kosten der Vergangenheit werden für bestimmte Rechenzwecke störende Schwankungen struktureller oder saisonaler Art eliminiert) sowie einer Plankostenrechnung (die Kosteninformationen werden als wirtschaftliche Vorgaben für die Zukunft abgeleitet).

Der Aufbau der traditionellen Kosten- und Leistungsrechnung besteht aus drei Teilen: der Kostenarten-, Kostenstellen- und Kostenträgerrechnung (Abb. 8). Aufgabe der *Kostenartenrechnung* ist die belegmäßige Erfassung sämtlicher in einer Periode angefallenen Kosten (Dokumentationsaufgabe) und deren sachliche Gliederung nach der Art der verzehrten Güter (Gliederungsfunktion). Die Kostenartenrechnung erfasst nur primäre Kostenarten, die sich aus dem Verbrauch von Produktionsfaktoren ergeben, die der Betrieb von außen bezogen hat. Im Gegensatz dazu ergeben sich sekundäre Kostenarten aus dem Verbrauch selbst erstellter Güter (innerbetriebliche Leistung). In der *Kostenstellenrechnung* wird die unterschiedliche Kostenentstehung in den einzelnen Teilbereichen des Betriebes (Kostenstellen) transparent gemacht. *Kostenstellen* sind Bereiche eines Betriebes, in denen Kosten entstehen und denen Kosten angelastet werden. In der Kostenstellenrechnung (Abb. 8) werden keine Einzelkosten der Leistungseinheiten erfasst (1), sondern lediglich die Gemeinkosten: die Kostenstellenrechnung ist insoweit eine Gemeinkostenrechnung. Sie erfasst die Entstehung der Gemeinkosten in den Kostenstellen (2), verrechnet die so erfassten primären Kostenstellenkosten zum Teil auf andere Kostenstellen (3) und hält schließlich die Kostenstellenkosten bereit für die Weiterverrechnung auf die Leistungseinheit (4).

Da die Gemeinkosten nicht direkt auf die Leistungseinheit zugerechnet werden können, erfolgt ihre Verrechnung indirekt über Kostenstellen. Dabei wird soweit wie möglich das Beanspruchungsprinzip berücksichtigt, d. h. Leistungseinheiten (Kostenträger) sollen jeweils in dem Maße Kosten tragen, in dem sie die Kostenstellen beansprucht haben (4a). Die *Kostenträgerstückrechnung (Kalkulation)* ist ein Teil der Kostenträger-

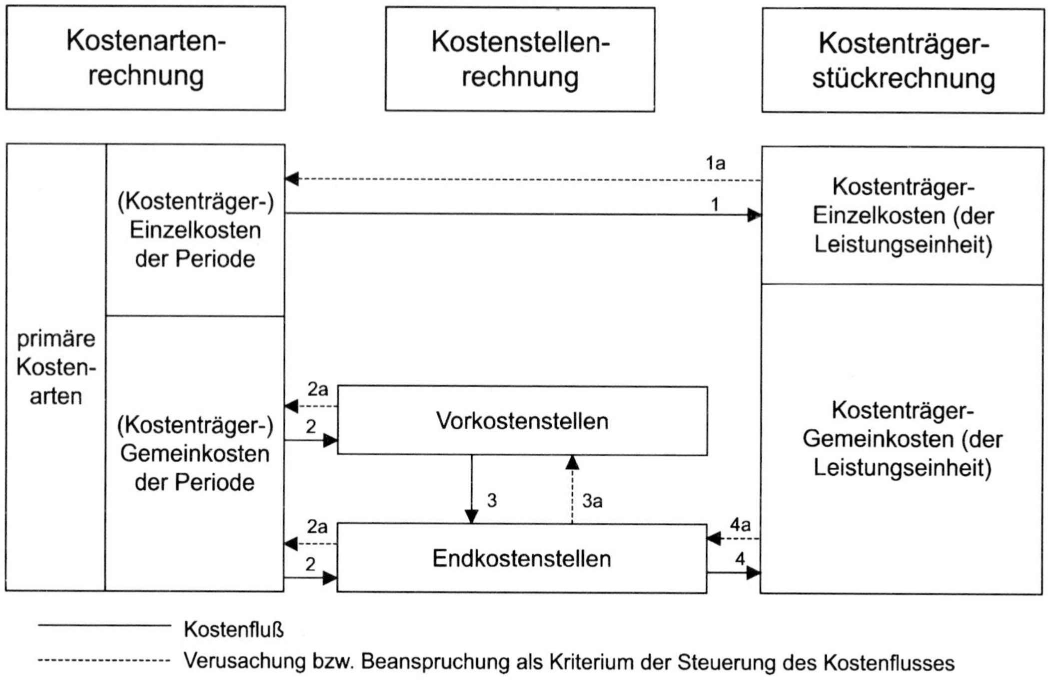


**Abb. 8** Kostenfluss zwischen Kostenarten-, Kostenstellen- und Kostenträgerstückrechnung (Plinke et al. 2015, S. 86). (Mit freundlicher Genehmigung von Springer Nature)

rechnung und ermittelt die Kosten, die der einzelne Kostenträger (das Bezugsobjekt dieser Rechnung; bspw. die einzelne Leistungseinheit wie Stück, m, kg oder die Verkaufseinheit/Auftrag) tragen soll. Diesen Kostenbetrag nennt man – je nach Umfang der berücksichtigen Kosten – (Stück-)Herstellkosten bzw. (Stück-) Selbstkosten. Je nach angewandtem Prinzip der Kostenüberwälzung (s. o.) zur Verteilung der Gemeinkosten auf die einzelnen Kostenträger stehen verschiedene Kalkulationsverfahren zur Verfügung. Die wichtigsten Gruppen bilden dabei die Verfahren der Zuschlags- und Divisionskalkulation (Plinke et al. 2015, S. 102). Auf Basis der Kostenträgerstückrechnung bestimmt der zweite Teil der Kostenträgerrechnung, die *Kostenträgerzeitrechnung*, den unternehmerischen Erfolg aus Sicht des internen Rechnungswesens (Betriebserfolg).

**Kostenmanagement**

Veränderungen in den betrieblichen Abläufen sowie der Unternehmensumwelt haben in den letzten Jahrzehnten zu einem erweiterten Informationsbedarf der Entscheidungsträger geführt, der durch die traditionellen Instrumente der Kosten- und Leistungsrechnung nur zum Teil abgedeckt werden kann.

Kürzere Produktlebenszeiten, steigende Variantenzahl oder stärkerer globaler Wettbewerb sind Beispiele für Veränderungen, die in zunehmenden Planungs- und Steuerungsaktivitäten außerhalb der eigentlichen Produktion resultieren. Veränderte Produktionsabläufe selbst führen zu höherer Automation und Kapitalbindung. Diese beispielhaften Entwicklungen resultieren tendenziell in steigenden Gemein- oder Fixkostenanteilen, für die klassische Kostenrechnungsinstrumente nur bedingt ausgelegt sind. Dazu kommt der Bedarf an frühzeitigeren Informationen.

Die Ansätze des internen Rechnungswesens, die diesen geänderten Bedingungen Rechnung tragen, werden unter dem Begriff „(Strategisches) Kostenmanagement“ zusammengefasst. Die bekanntesten Instrumente sind die Prozesskostenrechnung, das Zielkostenmanagement/Target Costing und die Lebenszyklus(kosten-)rechnung/Life Cycle Costing. Ziel des (strategischen) Kostenmanagements ist eine verbesserte Wirtschaftlichkeit des Betriebs durch eine systematische Gestaltung der Kosten von Produkten, aber auch Prozessen und Ressourcen (Plinke et al. 2015, S. 225). Ansatzpunkte hierfür sind die Beeinflussung der Kostenhöhe, die Ausnutzung günstiger Kostenverläufe oder die Optimierung vorhandener Kostenstrukturen. Mit den neuen Instrumenten wechselt die Kostenrechnung ihre Perspektive: weg von der Dokumentation und Verteilung hin zur wirtschaftlichen Gestaltung von Kosten. Dabei ändert sich oft auch die zeitliche Betrachtung: An die Stelle der klassischen periodenorientierten Rechnung tritt die Beeinflussung der Kosten über den gesamten Lebenszyklus sowie ein Einsatz in den früheren Phasen des Produktlebenszyklus, da dann üblicherweise eine höhere Beeinflussbarkeit der Kosten möglich ist als in späteren Phasen.

Die neueren Instrumente sind kein Ersatz für die klassischen Kalkulationsverfahren, sondern eine sinnvolle Ergänzung und werden oft auch nur fallbezogen eingesetzt.

Die *Prozesskostenrechnung* zielt auf die transparente Darstellung und Gestaltung der Gemeinkosten in den sog. indirekten Unternehmensbereichen (bspw. Einkauf, Lagerwirtschaft, Verwaltung, ..) sowie eine verbesserte Kalkulation der Kostenträger im Sinne einer beanspruchungsgerechteren Verteilung dieser Gemeinkosten. Sie hat konzeptionell große Ähnlichkeit mit dem „activity based costing", welches in der angelsächsischen Kostenrechnung weit verbreitet ist. Die Prozesskostenrechnung verteilt zunächst die Gemeinkosten auf betriebliche Prozesse in den indirekten Bereichen (z. B. Lagervorgänge, Bestellungen . . .), die diese Kosten verursacht haben, und verteilt sie anschließend weiter auf die Kostenträger, die diese Prozesse in Anspruch genommen haben.

*Target Costing* (*Zielkostenmanagement*), ein ursprünglich in Japan entwickeltes Konzept, leitet aus (erwarteten) Marktpreisen und Absatzzahlen sowie Zielrenditen Obergrenzen für die Kosten von (Neu-)Produkten ab. Dieser Ansatz ermittelt (Stück-)Kosten somit retrograd aus Marktvorgaben. Die methodischen Ansätze erlauben dabei die Aufteilung von produktbezogenen Kostenobergrenzen auf einzelne Bauteile oder – komponenten, die wiederum Zielvorgaben für entsprechende Entwicklungsprojekte bilden können. Sofern durch unternehmens- und abteilungsübergreifende Forschungs- und Entwicklungsmaßnahmen die einzelnen Budgetvorgaben erreicht werden können, ist auch insgesamt ein wirtschaftlicher Erfolg zu erwarten. Target Costing ist aufgrund der notwendigen Beiträge vieler Fachabteilungen weit mehr als nur ein Instrument des Rechnungswesens.

Unter den Begriff *Life Cyle Costing*/*Lebenszyklus(kosten-)rechnung* fallen diverse Ansätze, denen gemeinsam ist, dass sie die Wirtschaftlichkeit eines Betrachtungsobjektes über die verschiedenen Phasen dessen Lebenszyklus hinweg optimieren wollen. Objekt einer solchen Rechnung könnten bspw. Neuprodukte, Standorte oder Investitionen in langlebige Wirtschaftsgüter sein. Die Wirtschaftlichkeit dieser Objekte wird wahlweise anhand von Ein- und Auszahlungen oder Kosten und Leistungen beurteilt. Zum Einsatz kommen dabei Methoden der Investitionsrechnung oder Deckungsbeitragsrechnung. Neben die Beurteilung einer Ausgangsalternative tritt in der Lebenszyklusrechnung die Optimierung dieser Alternative, in dem unter Berücksichtigung von Abhängigkeiten und Auswirkungen von typischen Maßnahmen in den einzelnen Phasen gezielt das Gesamtergebnis optimiert wird. So könnten beispielsweise höhere Kosten in der Entwicklungsphase eines neuen Produktes zu günstigeren Herstellkosten in der späteren Produktion führen und somit das Gesamtergebnis verbessern.

**Investitionsrechnung**

Im Gegensatz zur Kostenrechnung, die den Güterverzehr und die Leistungsentstehung unter kurzfristigem Aspekt behandelt (Periodenrechnung) und die in der Regel im Rahmen der gegebenen Kapazität oder Betriebsmittelausstattung operiert, dient die *Investitionsrechnung* der fallweisen Ermittlung der Vorteilhaftigkeit von Entscheidungsalternativen bei Investitionen oder investitionsähnlichen Situationen, in denen unter langfristigem Aspekt über Veränderungen der Kapazität des Betriebes entschieden werden muss. Sie basiert nicht auf Kosten und Leistungen, sondern auf Ein- und Auszahlungen und steht eigenständig neben der Kosten- und Leistungsrechnung. Investitionen sind aus betriebswirtschaftlicher Sicht durch eine Zahlungsreihe gekennzeichnet, die sich aus Auszahlungen und Einzahlungen zusammensetzt. Saldiert man alle einem Zahlungszeitpunkt zuzurechnenden Ein- und Auszahlungen, so erhält man Einzahlungs- oder Auszahlungsüberschüsse. Diese Nettozahlungen können in drei Bestandteile zerlegt werden: a) den Auszahlungen für die Beschaffung oder Herstellung des Investitionsobjekts, b) den Differenzen aus laufenden Ein- und Auszahlungen während des Investitionszeitraums und c) dem Liquidationserlös (der Einzahlung aus der Veräußerung oder Verschrottung des Investitionsobjekts am Ende des Investitionszeitraums). Verfahren zur Beurteilung einer Investition unter Berücksichtigung des Zeitwertes von Geld werden als dynamische Verfahren in Abgrenzung zu den statischen Verfahren bezeichnet (Becker und Peppmeier 2018, S. 39–74).

Nach der *Kapitalwertmethode,* einem der dynamischen Verfahren, wird zur Beurteilung der Vorteilhaftigkeit einer Einzelinvestition der Barwert ihrer Nettozahlungen (Kapitalwert) ermittelt. Der Kapitalwert bringt die zu erwartende Erhöhung oder Verminderung des Geldvermögens bei einem gegebenen Verzinsungsanspruch in Höhe des Kalkulationszinssatzes *i* zum Ausdruck. Dabei wird die erwartete Veränderung des Geldvermögens auf den Beginn des Planungszeitraums bezogen. Der Kapitalwert zu diesem Zeitpunkt ($K_0$) ist definiert als:

$$K_0 = \sum_{t=0}^{T} N_t (1+i)^{-t},$$

wobei:

$N_t$ Nettozahlung zum Zeitpunkt $t$ *(inkl. ggf. Liquidationserlös und Anschaffungsauszahlung)*
$T$ Nutzungsdauer des Investitionsobjektes
$i$ Kalkulationszinssatz.

Ist der Kapitalwert einer Investition null, dann verzinst sich das zu jedem Zahlungszeitpunkt noch gebundene Kapital genau zum Kalkulationszinssatz *i*; ist der Kapitalwert positiv, so wird darüber hinaus ein Vermögenszuwachs erzielt. Ist der Kapitalwert einer Investition negativ, dann verzinst sich das zu jedem Zahlungszeitpunkt noch gebundene Kapital zu einem Zinssatz, der unter dem Kalkulationszinssatz liegt. Unter der Voraussetzung, dass der Kalkulationszinssatz ein Kapitalmarktzinssatz ist, zu dem der Investor unbeschränkt finanzielle Mittel anlegen und aufnehmen kann, ist die Realisierung eines Investitionsprojekts im Vergleich zu einer Anlage auf dem Kapitalmarkt dann vorteilhaft, wenn der Kapitalwert größer als null ist.

## Literatur


Althammer JW, Lampert H (2014) Lehrbuch der Sozialpolitik. Springer Gabler, Berlin

Becker HP, Peppmeier A (2018) Investition und Finanzierung. Springer Gabler, Wiesbaden

Coenenberg AG, Haller A, Mattner G, Schultze W (2016) Einführung in das Rechnungswesen. Grundlagen der Buchführung und Bilanzierung. Schäffer-Poeschel, Stuttgart

Federmann R, Müller S (2018) Bilanzierung nach Handelsrecht, Steuerrecht und IFRS. Erich Schmidt, Berlin

Gutenberg E (1983) Grundlagen der Betriebswirtschaftslehre. Bd 1: Die Produktion. Springer, Berlin

Horváth P, Seiter M, Gleich R (2015) Controlling. Vahlen, München

Meyer J (2018) Wirtschaftsrecht: Handels- und Gesellschaftsrecht. Springer Gabler, Wiesbaden

Plinke W, Rese M, Utzig BP (2015) Industrielle Kostenrechnung. Springer Vieweg, Berlin

Schuh G, Schmidt C (Hrsg) (2014) Grundlagen des Produktionsmanagements. In: Produktionsmanagement. Springer Vieweg, Berlin, S 1–62

Steiner M (2005) Konstitutive Entscheidungen. In: Bitz M, Domsch M, Ewert R, Franz W (Hrsg) Vahlens Kompendium der Betriebswirtschaftslehre. Vahlen, München, S 62–64

Szyperski N, Nathusius K (1999) Probleme der Unternehmungsgründung. Eul, Lohmar

Weber J, Schäffer U (2016) Einführung in das Controlling. Schäffer-Poeschel, Stuttgart

Weber W, Mayrhofer W, Nienhüser W, Kabst R (2005) Lexikon Personalwirtschaft. Schäffer-Poeschel, Stuttgart

Weber W, Kabst R, Baum M (2018) Einführung in die Betriebswirtschaftslehre. Springer Gabler, Wiesbaden

Wien A (2013) Handels- und Gesellschaftsrecht. Springer Gabler, Wiesbaden


## Weiterführende Literatur


Thommen J-P, Achleitner A-K, Gilbert DU, Hachmeister D, Kaiser G (2018) Allgemeine Betriebswirtschaftslehre. Springer Gabler, Wiesbaden

Wöhe G, Döring U, Brösel G (2016) Einführung in die Betriebswirtschaftslehre. Vahlen, München

# Teil IX

# Management

# Qualitätsmanagement

# 30

Michael Richter und Dieter Spath

## Inhalt



**Zusammenfassung**

Qualitätsmanagement wird von vielen Akteuren im Unternehmen und außerhalb stark beeinflusst. Neben den regulatorischen und rechtlichen Vorgaben steht die Qualität für das Ergebnis des Unternehmens. Der Bereich der sich damit befasst – das Qualitätsmanagement – wird in den Unternehmen meist eine „stiefmütterliche Bedeutung" zugemessen, aber gerade heute kommt es im nationalen und speziell internationalen Wettbewerb darauf an, nur hochwertige und den Regulatorien entsprechende Produkte und Dienstleistungen zu produzieren und zu vermarkten. Hier ist das Qualitätsmanagement gefordert.

**Dem Begriff** Management wird eine lateinische Herkunft nachgesagt („manum agere" = „an der Hand führen") – heute ist er zum Synonym für Organisation und Führung von und in Unternehmen geworden. Management kann institutional und prozessual verstanden werden. Management im institutionalen Sinn ist die Personengruppe, die eine Organisation führt, während im prozessualen Sinn

M. Richter
SCHUNK GmbH & Co. KG, Lauffen, Deutschland
E-Mail: michael.richter@schunk.com

D. Spath (✉)
Fraunhofer-Institut für Arbeitswirtschaft und Organisation (IAO), Stuttgart, Deutschland
E-Mail: Dieter.Spath@iao.fraunhofer.de

© Der/die Autor(en), exklusiv lizenziert durch Springer-Verlag GmbH, DE, ein Teil von Springer Nature 2022

M. Hennecke, B. Skrotzki (Hrsg.), *HÜTTE Band 2: Grundlagen des Maschinenbaus und ergänzende Fächer für Ingenieure*, Springer Reference Technik,
https://doi.org/10.1007/978-3-662-64372-3_79

die damit verbundenen Tätigkeiten und Aufgaben gemeint sind. Allgemein umfasst das prozessuale Management die Aufgabenbereiche

- Zielsetzung
- Planung
- Entscheidung
- Umsetzung/Durchführung
- Kontrolle.

Entsprechend der vielfältigen Aufgaben in einem Unternehmen haben sich zahlreiche Management-Begriffe entwickelt, mit denen entweder themenspezifische (z. B. Qualitätsmanagement) oder organisationsspezifische (z. B. Projektmanagement) Teilaufgaben der Unternehmensführung gefasst werden.

**Gegenstand**

Qualität ist ein wesentlicher Schlüssel für den Markterfolg von Produkten und Dienstleistungen – Qualitätsmanagement muss daher als eine Kernaufgabe im Unternehmen verstanden werden. In Produktionsunternehmen erstreckt es sich von der Qualitätsplanung in der Entwicklungsphase über die Qualitätssicherung und Qualitätskontrolle in der Produktionsphase bis hin zur Bearbeitung und Auswertung von Reklamationen und Defekten in der Gebrauchsphase von industriell hergestellten Produkten. Damit verteilen sich die Aufgaben des Qualitätsmanagements auf alle Unternehmensbereiche – im Wesentlichen sind sie aber der Produktentwicklung, dem Industrial Engineering, sowie Produktion und Logistik zuzuordnen. Das Aufgabenspektrum umfasst sowohl präventive Aufgaben – wie z. B. die qualitätsgerechte Auslegung von Komponenten und Systemen, die Entwicklung von stabilen Prozessen oder die vorbeugende Instandhaltung von Betriebsmitteln –, als auch Überwachungs- und Kontrollaufgaben, wie z. B. permanente Messung und Anzeige von Prozessparametern oder die 100 %-Prüfung der gefertigten Produkte. Im Qualitätsmanagement sind i. d. R. keine wertschöpfenden Funktionen enthalten – es handelt sich um zusätzliche Aufwände, die im Unternehmen geleistet werden müssen, um die Risiken von qualitativ unbefriedigenden Produkten (Folge: Misserfolg oder Imageverlust im Markt) oder von nicht abgesicherten, unzuverlässigen Produktionsprozessen (Folge: Wirtschaftlichkeitsziele werden nicht erreicht) zu reduzieren. Damit ist für ein modernes Qualitätsmanagement aber auch das Ziel vorgegeben, den Aufwand möglichst auf ein erforderliches Minimum zu reduzieren – d. h., Qualitätsmanagement umfasst neben den technisch und organisatorisch geprägten Aufgaben in hohem Maß auch eine betriebswirtschaftliche Betrachtung.

**Wesentliche Begriffe des Qualitätsmanagements**

Qualitätsmanagement ist keineswegs ein ganz junges Thema, wesentliche Definitionen stammen aus den 70er- und 80er-Jahren des 20. Jahrhunderts. Im Folgenden wird eine Auswahl von Definitionen aufgeführt.

- **Qualität**: diejenige Beschaffenheit, die eine Ware oder Dienstleistung zur Erfüllung vorgegebener Forderungen geeignet macht (Deutsche Gesellschaft für Qualität 1976).
- **Qualitätssicherung**: System im Unternehmen, das die Aktivitäten der verschiedenen Unternehmensbereiche zur Entwicklung, Aufrechterhaltung und der Qualität wirkungsvoll so integriert, dass Produkte und Dienstleistungen unter größtmöglicher Berücksichtigung der Wirtschaftlichkeit die Bedürfnisse des Kunden ausreichend befriedigen (Deutsche Gesellschaft für Qualität 1976).
- **Qualitätskosten**: Kosten, die vorwiegend eine Folge festgelegter Qualitätsforderungen sind. Sie bestehen aus den Fehlerverhütungskosten, Fehlerkosten und Prüfkosten (Deutsche Gesellschaft für Qualität 1985).
- **Qualitätsmanagement**: Alle Tätigkeiten der Gesamtführungsaufgaben, welche die Qualitätspolitik, Ziele und Verantwortung festlegen sowie diese durch Mittel wie Qualitätsplanung, Qualitätslenkung, Qualitätssicherung und Qualitätsverbesserung im Rahmen des Qualitätsmanagementssystems verwirklichen. DIN EN ISO 9000:2000 (DIN EN ISO 9000 2015).
- **Qualitätsmanagementsystem** (QMS): Ein Qualitätsmanagementsystem besteht aus der Aufbauorganisation, den Verantwortungen, Verfahren, Prozessen und Mitteln für die Verwirklichung des Qualitätsmanagements DIN EN ISO 9001 (2015a) (Die Neufassung nach DIN EN

ISO 9000:2000 (DIN EN ISO 9000 2015) sagt eher unkonkreter „Als QMS wird das System bezeichnet, in dessen Rahmen die Tätigkeiten des Qualitätsmanagements durchgeführt werden“).

## 30.1 Entwicklung des Qualitätsmanagements

Mit der Entwicklung der industriellen Produktion manifestierte sich auch die Arbeitsteilung zwischen Fertigen/Montieren und Prüfen/Kontrollieren. Der Schwerpunkt eines ursprünglichen Qualitätsmanagements lag in der Planung und Organisation der entsprechenden Maßnahmen zur Produktprüfung. Erst Mitte/Ende der 1970er-Jahre mit den Überlegungen zur Humanisierung der Arbeitswelt und den Konzepten für Gruppenarbeit wurde systematisch begonnen, Maßnahmen zur Qualitätssicherung in die Verantwortung der „direkt produktiven“ Mitarbeiter zu übertragen und damit die klassische Arbeitsteilung aufzuheben. Dieses organisatorische Konzept wurde durch technische Entwicklungen unterstützt: einerseits ermöglichte der Einzug der Informationstechnologie in die Produktionsmittel eine verbesserte Steuerung und Überwachung von Prozessen, andererseits stellte die zunehmende Automatisierung aber auch deutlich höhere Anforderungen an die Qualität der in den Fertigungsprozess eingehenden Teile und Komponenten. Ein Schraubautomat konnte im Gegensatz zum Mensch defekte Gewinde der Schrauben nicht erkennen – mit den entsprechenden Konsequenzen für Produkt und/oder Betriebsmittel.

Historisch gesehen spricht man etwa seit 1992 nicht mehr von Qualitätssicherung, sondern vom Qualitätsmanagement. Die Qualitätssicherung selbst ist nur noch eine der Aufgaben des QM. Qualitätsmanagement ist heute als übergeordnete Funktion zu verstehen, der sich alle qualitätsrelevanten Aktivitäten zuordnen lassen. Es tangiert somit alle Teilbereiche eines Unternehmens, von der Entwicklung und dem Materialeinkauf über die Produktion bis hin zur Organisation des Kundendienstes und zur Motivierung von Mitarbeitern. Qualitätsmanagement schließt technische, wirtschaftliche, mathematischstatistische, psychologische, und – bedingt durch das Produkthaftungsgesetz – auch juristische Aspekte ein.

### 30.1.1 Aufgaben des Qualitätsmanagements

Die Aufgaben des Qualitätsmanagements wurden in der DIN EN ISO 8402 wie folgt beschrieben: Das QM umfasst alle Tätigkeiten des Gesamtmanagements, die im Rahmen des QM-Systems beschrieben sind (Abb. 1).

Im Folgenden werden die Aufgaben Qualitätspolitik, Qualitätsplanung, Qualitätslenkung und Qualitätssicherung/Qualitätsverbesserung kurz erläutert.

**Abb. 1** Aufgaben des Qualitätsmanagements

**Qualitätspolitik**
Die Unternehmensleitung legt im Rahmen der Qualitätspolitik fest, wer im Unternehmen welche Aufgaben, Kompetenzen und Verantwortlichkeiten hat. Darüber hinaus ist es Aufgabe der Qualitätspolitik, das Unternehmen zum Thema Qualität strategisch zu positionieren, das heißt eine qualitätsbezogene Unternehmensmission, Vision und Ziele zu definieren.

**Qualitätsplanung**
Die Qualitätsplanung hat die Aufgabe, zu ermitteln, welche Aufgaben, Tätigkeiten und Prozesse sich qualitativ auf die Produkte auswirken. Dies kann im Zweifelsfall viele planende, vorbereitende und ausführende Prozesse im Unternehmen betreffen. Bei jedem dieser Prozesse muss untersucht werden, wie er die Qualität beeinflusst und was sichergestellt sein muss, um die Ergebnisse erreichen zu können. Dies beinhaltet auch die Fragen, welche Informationen benötigt werden, welche Informationen wem zugeleitet werden müssen usw. Hierbei handelt es sich um technische Informationen, aber auch um ablauforganisatorische Daten. Die umfassende Beschreibung der qualitätsrelevanten Prozesse findet sich dann in den Dokumenten des QM (z. B. QM-Handbuch, Verfahrens- und Arbeitsanweisungen) wieder.

**Qualitätslenkung**
Die Qualitätslenkung hat die Aufgabe, die betroffenen Bereiche und Mitarbeiter mit den qualitätsrelevanten Informationen und Dokumenten zu versorgen, die für die spezifische Arbeit benötigt werden. Dies beinhaltet auch das „Herunterbrechen" von Unternehmenszielen auf operative Ziele der einzelnen Bereiche, Gruppen und Mitarbeiter.

**Qualitätssicherung und Qualitätsverbesserung**
Die Überwachung der Produktions- und Dienstleistungsprozesse ist Gegenstand der Qualitätssicherung. Dabei können die Prozesse sowohl direkt über ihre technischen Parameter kontrolliert und korrigiert werden als auch indirekt über die Kontrolle der Produkte. Die Produkte können am Ende des Prozesses zu 100 % oder nach festgelegtem Stichprobenumfang kontrolliert werden. Darüber hinaus stehen detaillierte Methoden der Prozess-Audits und Produkt-Audits zur Verfügung. Sie beschäftigen sich sehr intensiv mit Schwachstellen. Die Ergebnisse der Kontrollen und Audits dienen dazu, erkannte Fehler zu korrigieren und abzustellen und Prozesse und Produkte weiter zu verbessern.

## 30.1.2 Total Quality Management

Mit dem Begriff Qualitätsmanagement ist ein unternehmerisches Anspruchsdenken verknüpft, das sich wie folgt formulieren lässt:

- Das QM sieht sich als Stellvertreter des Kunden in Bezug auf die Qualität.
- Das QM möchte sicherstellen, dass nicht nur das Endprodukt den Kundenansprüchen genügt bzw. die Qualitätsvorstellungen der Kunden verkörpert, sondern auch eine hohe Qualität für die internen Produktions- und Dienstleistungsprozesse existiert.
- Die Betrachtung der Prozessqualität umfasst bei Produktions- und Dienstleistungsprozessen neben technischen auch wirtschaftliche Merkmale.
- Das QM befasst sich auch mit den der Produktion vorgeschalteten Aufgaben der Entwicklung und den nachgelagerten Aktivitäten im Vertrieb, soweit diese Einfluss auf die qualitätsbezogenen Aktivitäten des Produktionsbereichs haben.

Dieser weitreichende Anspruch führte zum Konzept des Total Quality Management (TQM). Darunter ist ein umfassendes Führungskonzept zu verstehen, das sich auf die Mitwirkung aller Mitarbeiter eines Unternehmens stützt, Qualität in den Mittelpunkt stellt und durch Zufriedenstellung der Kunden den langfristigen Geschäftserfolg sichert. Die damit verbundene Veränderung von Aufgaben und Positionen im Unternehmen erfordert mehr als „nur" die Einführung neuer Methoden. Es bedarf hier vielmehr eines Prozesses der Reorganisation mit Neuverteilung von Aufgaben, Kompetenzen und Verantwortung im Unternehmen. Darüber hinaus ist das Qualitätsverständnis so zu formulieren und aufzubereiten, dass es für alle Mitarbeiter verständlich und bei der operativen Arbeit umsetzbar ist.

Ein systematisches Qualitätsmanagement, das in einem unternehmensspezifischen QM-System beschrieben ist, kann auch „nach außen" demonstriert und als Marketing-Instrument eingesetzt werden. In einigen Branchen, z. B. Automobil, ist es auch unabdingbare Voraussetzung, um im Markt agieren zu können. Als Nachweis können

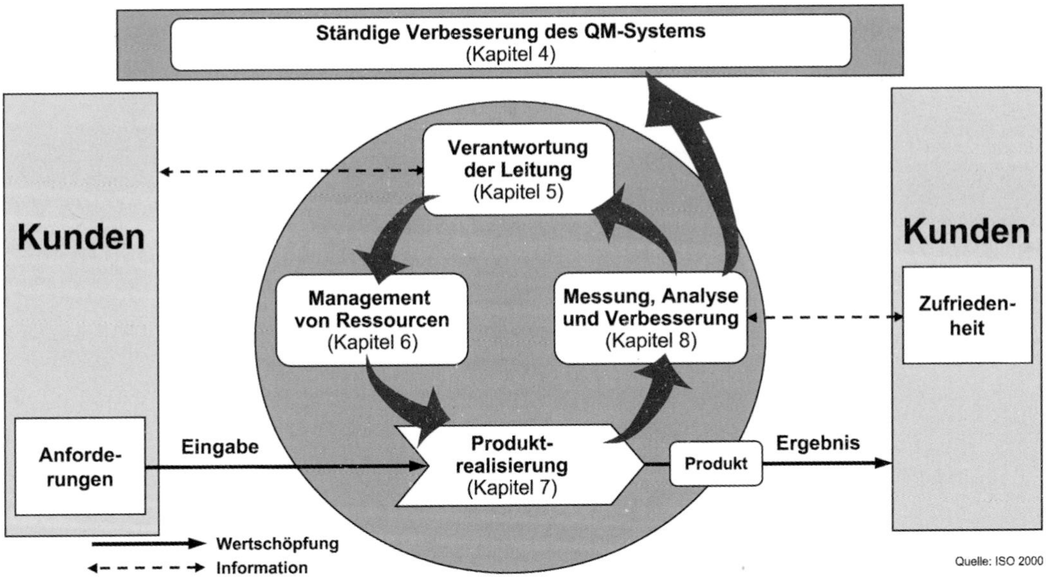


**Abb. 2** Abbildung ISO 9001:2000 – Modell für ein prozessorientiertes Qualitätsmanagementsystem

Unternehmen ihr QM-System von unabhängigen Organisationen (z. B. TÜV, DGQ) zertifizieren lassen. In diesem Zusammenhang von zentraler Bedeutung ist die Zertifizierungsnorm DIN EN ISO 9001:2000 (2015b), welche die Forderungen an ein QM-System festlegt und konkrete Hinweise liefert, wie ein QM-System normkonform aufzubauen und weiterzuentwickeln ist. Als Weiterentwicklung der DIN ISO 9000-Familie wurde sie im Sinne von Total Quality Management mit folgender Zielsetzung hinterlegt:

- die ständige Verbesserung des QM-Systems und damit der Produkte und Dienstleistungen zur Erhöhung der Kundenzufriedenheit
- die stärkere Orientierung an den Unternehmensprozessen
- die Gestaltung des QM-Systems nach acht Qualitätsmanagement-Grundsätzen:
  - Kundenorientierung
  - Führung
  - Einbeziehung der Personen
  - Prozessorientierter Ansatz
  - Systemorientierter Managementansatz
  - Ständige Verbesserung
  - Sachbezogener Ansatz zur Entscheidungsfindung
  - Lieferantenbeziehungen zum gegenseitigen Nutzen.

Der stärkeren Prozessorientierung wird auch durch ein Prozessmodell für das Qualitätsmanagement Rechnung getragen, das in Abb. 2 dargestellt ist.

Im Automobilsektor ist für Zulieferer von Serienteilen darüber hinaus die ISO/TS 16 949 von Bedeutung. Die **ISO/TS 16 949 (IATF ISO/ TS16949** 2016**)** ist eine weltweit anerkannte **ISO Technische Spezifikation** und fasst die Anforderungen der internationalen Automobilhersteller zusammen, die bisher überwiegend in nordamerikanischen und europäischen Standards nicht einheitlich beschrieben waren. Sie basiert auf der ISO 9001:2000 und enthält weitere allgemeine Anforderungen der Automobilhersteller an die Unternehmensprozesse ihrer Lieferanten. Mit ihr wird nun vermieden, dass sich Lieferanten verschiedener Automobilhersteller mehrfach zertifizieren lassen müssen.

## 30.2 Bedeutung des Qualitätsmanagements

Das BGB (Bürgerliche Gesetzbuch) verpflichtet im Mängelfall „nur“ zu Nachbesserung, Wandlung oder Rückabwicklung – und zieht damit verhältnismäßig geringe wirtschaftliche Auswirkungen nach sich. Durch die Einführung des

Produkthaftungsgesetzes und die damit verbundene Umkehr der Beweislast (das Unternehmen muss die Fehlerfreiheit seines Produktes nachweisen), kann der Hersteller auch im privaten „End"-Kunden-Sektor für Mängel-bedingte Folgeschäden haftbar gemacht werden. Im gewerblichen Bereich können fehlerhafte Lieferungen eines kleinen Unternehmens an seinen Großkunden allerdings Existenz-bedrohende Auswirkungen haben. Der einfache Spruch „Qualität ist, wenn die Kunden zurückkommen, und nicht die Waren" drückt die Anforderungen an das Qualitätsmanagement sehr gut aus.

**Qualitätsmanagement im Rahmen Ganzheitlicher Produktionssysteme**

Qualitätsmanagement erstreckt sich über den „Lifecycle" eines Produkts, der in vier wesentliche Phasen unterteilt werden kann:

- Entwicklungsphase
- Herstellungsphase
- Nutzungs-/Gebrauchsphase
- Recycling-/Entsorgungsphase.

In der **Entwicklungsphase** beginnt das Qualitätsmanagement mit der Produktspezifikation. In der Produktspezifikation werden die wesentlichen Leistungs- und Qualitäts-Merkmale vorerst als Anforderungen (Lastenheft) definiert. Entwicklung, Konstruktion, Arbeitsplanung und Betriebsmittelbau sind dann mit der Aufgabe gefordert, Produkt und Herstellungsprozesse so auszulegen, dass die Anforderungen erfüllt werden. Um die Erreichung der Zielsetzung bereits im sogenannten „Produktentstehungsprozess" zu verfolgen und zu kontrollieren, sind in den Prozessmodellen häufig „Quality Gates" definiert, an denen bestimmte Entwicklungsstände, z. B. digitale Produktmodelle oder physische Prototypen vorliegen müssen. In diesem Kontext werden auch Erprobungen und Tests festgelegt, mit denen die Produkteigenschaften überprüft und „validiert", d. h. für gut befunden werden. In dieser Phase ist es besonders wichtig,

- Die Anforderungen nicht zu „überziehen", d. h. nicht das technisch Mögliche, sondern das aus Kundensicht Erforderliche oder „Gewünschte" in die Produktspezifikation einzutragen – um ein „Over-Engineering" zu vermeiden und den Qualitätssicherungsaufwand in Grenzen zu halten
- Die Erfahrungen aus Produktion und Service von Vorgänger- oder ähnlichen Produkten systematisch in den Entwicklungsprozess einzubringen – um die Wiederholung von Fehlern zu vermeiden und mögliche Verbesserungen zu realisieren
- Soweit als möglich und wirtschaftlich realisierbar mögliche Fehler im Herstellungsprozess konstruktiv zu vermeiden und erforderliche Prüfungen einfach und sicher zu ermöglichen – um die Prozesssicherheit zu erhöhen und Prüfaufwand zu reduzieren.

In der **Herstellungsphase** werden die Produkte bezüglich der definierten Qualitätsmerkmale, wie z. B. Funktionalität, Maßhaltigkeit, Oberflächengüte geprüft. Diese Prüfungen sind in der Regel sehr aufwändig – deshalb versucht man, eine 100 %-Kontrolle durch Stichproben zu ersetzen. Das ist dann möglich, wenn die Produktionsprozesse überwacht werden und ein sicherer Zusammenhang zwischen Produktionsprozess-Merkmal und Produkt-Qualitätsmerkmal gegeben ist – so lässt sich z. B. die Qualität einer Schraubverbindung über den Drehmomentverlauf beim Schraubvorgang überprüfen. Ein weiterer Vorteil dieser Prozesskontrolle ist der zeitnahe Zusammenhang zwischen Fehler-Entdeckung und Fehler-Entstehung. Dadurch wird vermieden, dass ein Fehler im Herstellungsprozess erst in der eventuell Stunden später durchgeführten Produktprüfung erkannt wird und die in der Zwischenzeit produzierten Teile alle mit dem selben Fehler behaftet sind. Zur Vermeidung von möglichen Prozessfehlern trägt eine präventive Wartung und Instandhaltung der Betriebsmittel in hohem Maße bei. Diese kann entweder periodisch, in Abhängigkeit von bestimmten Betriebsstunden-Werten, oder auf Basis von regelmäßigen Verschleiß-Messungen durchgeführt werden. Hierbei sollte das Augenmerk nicht nur auf den Herstellungsprozess gelegt werden, sondern auch auf Support-Prozesse und -Funktionen, wie z. B. Logistik, und die dafür eingesetzten Betriebsmittel.

In die Gruppe der präventiven Maßnahmen fällt auch Qualifizierung und Motivation der Mitarbeiter – das Qualitätsbewusstsein sollte im Unternehmen richtig verankert werden. Damit greift Qualitätsmanagement auch in die Gestaltung der Aufbauorganisation ein – in der Arbeitswissenschaft wird immer die richtige Abstimmung von Aufgabe, Kompetenz und Verantwortung propagiert. Mitarbeiter sollen für die von ihnen wahrgenommenen Aufgaben und durchgeführten Tätigkeiten auch die Verantwortung übernehmen. Dies erfordert allerdings die Konsequenz, den verantwortlichen Mitarbeitern auch die Kompetenz für die Reklamation von „importierten" Fehlern, wie z. B. die Anlieferung fehlerhafter Teile, und für qualitätssichernde Maßnahmen im Prozess, wie z. B. Reparatur oder Verbesserung von Werkzeugen, zu übertragen.

In der **Nutzungs- und Gebrauchsphase** befindet sich das Produkt in der Hand des Kunden, damit entzieht sich die Mehrheit der Produkte der Einflussnahme des Herstellers. Mögliche Qualitätsmaßnahmen reduzieren sich auf Wartung und Instandhaltung für Investitions- und hochwertige Gebrauchsgüter, sowie ggf. erforderliche Reparaturen. Allerdings ist diese Phase nahezu allein für das Qualitätsimage der Produkte und damit des Unternehmens verantwortlich. Wenn fehlerhafte Produkte ausgeliefert wurden oder nach kurzem Gebrauch untypische Mängel auftreten, kann ein professionelles Reklamationsmanagement viel zur Schadensbegrenzung beitragen. Die direkten Kosten für Reparatur oder Ersatzleistung an den Kunden sind meist deutlich geringer als die möglichen Folgekosten, z. B. durch Verlust von Aufträgen, Kunden oder Marktanteilen. Bestandteil des QM in dieser Phase müssen aber auch die Ursachen-Analyse und ggf. die Ableitung von Maßnahmen zur Behebung der Fehlerquellen sein. Auch ohne konkreten Anlass wie auftretende Defekte können Qualitätsmaßnahmen durchgeführt werden, wie z. B. Zustandsanalysen oder Verbesserungen im Rahmen von Routine-Wartungsarbeiten, oder Kundenzufriedenheitsanalysen. In einem erweiterten Scope gehört auch die Auswertung von Tests und Befragungen unabhängiger Organisationen, wie z. B. der Stiftung Warentest dazu. In jedem Fall muss durchdacht werden, wie die Ergebnisse aufbereitet, bewertet und zu den verantwortlichen Stellen/Funktionen kommuniziert werden.

Die **Recycling-/Entsorgungsphase** schließlich bietet die Möglichkeit, die Produkte am Ende ihrer Gebrauchsphase eingehend zu untersuchen und Rückschlüsse für die Entwicklung/Konstruktion zukünftiger Produkte zu ziehen.

### Die wirtschaftliche Betrachtung – Verursachung und Entstehung von Qualitätskosten

Qualität gibt es nicht zum Nulltarif – einerseits verursacht der Aufwand für das Qualitätsmanagement Kosten, andererseits entstehen Kosten durch „schlechte" Qualitätsleistung, z. B. für Nacharbeit oder Garantie- und Kulanzleistungen an die Kunden.

In Abb. 3 sind die Qualitätskosten nach (Haist und Fromm 1991) zusammengestellt.

Die wesentlichen Kosten entstehen in der Regel durch Qualitätskontrolle und Nacharbeitsaufwand im Unternehmen – hier muss das Unternehmen Strategie-, Produkt- und Kunden-abhängig entscheiden, welches Risiko bei der Auslieferung der Produkte eingegangen wird.

Qualitätsaufwand in der Produktion wird zum „indirekten" Aufwand gerechnet, d. h. er wird in der Regel als nicht wertschöpfend klassifiziert. In der Konsequenz muss versucht werden, diesen Aufwand so gering wie möglich zu halten. Eine 100 %-Prüfung aller Produkte ist sehr arbeitsintensiv oder erfordert hohe Investitionen für die technischen Vorrichtungen, deshalb wird in modernen Arbeitssystemen die Prozessüberwachung stark fokussiert. Der höchste Einfluss auf die Qualitätskosten ist natürlich im Produktentstehungsprozess gegeben, viele Qualitätsrisiken in der Produktion können durch einfache konstruktive Maßnahmen am Produkt oder durch ein qualitätsorientiertes Prozess- und Anlagen-Engineering vermieden werden.

### Wesentliche Methoden des Qualitätsmanagements

In diesem Kapitel werden einige wesentliche Methoden des Qualitätsmanagements kurz beschrieben:

**Vorbeugung**
- Qualitätsplanung
- Qualitätssicherung
- Qualitätsvergleiche
- Qualitätsprogramme
- Qualitätsschulung
- Lieferantenauswahl
- Lieferantenschulung
- Kundenumfragen
- Anforderungsanalyse
- Entwurfsanlage
- Prototypen
- Modellierung, Simulation
- Vorbeugende Wartung
- Bereitstellung von Entwicklungswerkzeugen
- Schaffung von Entwicklungsumgebungen

**Überprüfung**
- Eingangskontrollen
- Materialprüfungen
- geplante Inspektionen
- Tests und Auswertungen
- Pflege und Wartung von Testhilfsmitteln und -geräten
- Materialverbrauch bei zerstörenden Tests

**Fehler intern**
- Fehlererkennung
- Fehlerbeseitigung
- Entwurfsänderung
- Nachinspektionen
- Wiederholungstests
- Ausschuss
- Irrläufer
- Ausfall

**Fehler extern**
- Reklamationen
- Rückläufer
- Fehlerbehebung und Instandsetzung beim Kunden
- Garantieleistungen
- Wertminderung
- Produkthaftung
- Vertragsstrafen

**Abb. 3** Qualitätskosten – Übersicht

- Quality Function Deployment (QFD)
- Fehlermöglichkeits- und Einfluss-Analyse (FMEA), Produkt-, Prozess-, und System-
- Qualitätsregelkartentechnik
- Six Sigma
- 8d-Reports

## 30.2.1 Quality Function Deployment (QFD)

Das Quality Function Deployment (QFD) ist eine Methode zur systematischen Planung der Qualität eines Zielproduktes ausgehend von kunden- und marktseitigen Qualitätsanforderungen (Pfeifer 2001). Darüber hinaus werden Anforderungen an die zur Herstellung des Zielproduktes notwendigen Produktionsprozesse und Qualitätssicherungsmaßnahmen abgeleitet. Die Maxime des QFD lautet, dass bei qualitätsrelevanten Entscheidungen der Stimme des Kunden stets Vorrang einzuräumen ist. Zentrale Bedingung des Quality Function Deployment ist eine konsequente Kundenorientierung des Gesamtunternehmens und seiner Teilbereiche. Darüber hinaus müssen in ausreichendem Umfang Informationen über die Qualitätsanforderungen der Kunden verfügbar sein. Bis heute existiert keine umfassende und einheitliche Definition der Methode des Quality Function Deployment (Pfeifer 2001). So liegt insbesondere keine entsprechende Norm der bekannten Organisationen vor. Es gibt vielmehr unterschiedliche methodische Varianten und Entwicklungstendenzen. Die gegenwärtig vorherrschende Anwendungspraxis in den USA und Europa orientiert sich an der durch das Institut der Amerikanischen Zulieferindustrie (American Supplier Institute, ASI) formalisierten Vorgehensweise (Abb. 4).

Die QFD-Methode nach ASI gliedert sich in die folgenden vier Phasen:

- PHASE I: „Produktplanung" Erfassung kunden- und marktseitiger Qualitätsanforderungen (Kundenforderungen) und Ableitung lösungsneutraler Qualitätsanforderungen an die Konstruktion (Konstruktionsanforderungen).
- PHASE II: „Teileplanung" Ausgehend von den Qualitätsanforderungen an die Konstruktion werden Konstruktionskonzepte sowie Qualitätsanforderungen an Teilsysteme und Bauteile (Teileanforderungen) abgeleitet.
- PHASE III: „Prozessplanung" Hier werden ausgehend von den Qualitätsanforderungen

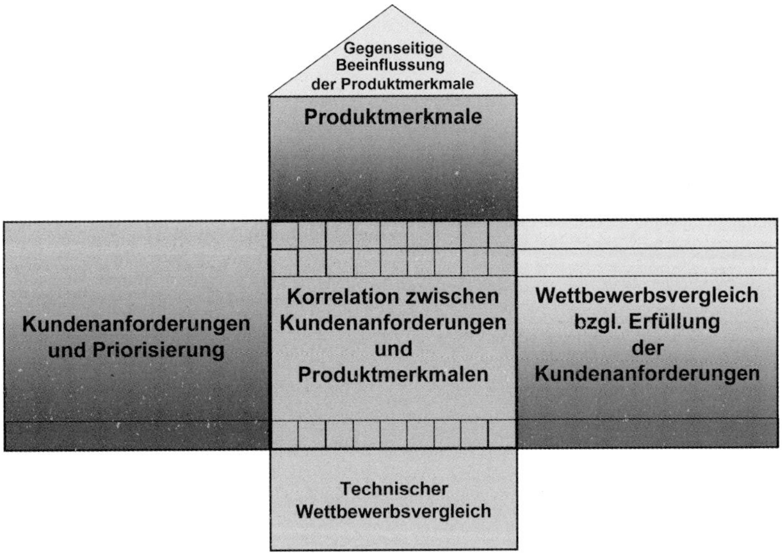


**Abb. 4** Quality Function Deployment – Struktur des House of Quality

an die Teile Produktionskonzepte und -prozesse ausgewählt sowie die Prozessparameter festgelegt.

- PHASE IV: „Produktionsplanung“ Abschließend werden ausgehend von den Produktionsprozessen Qualitätssicherungsmaßnahmen abgeleitet und die Parameter der Maßnahmen festgelegt.

Zentrales Element der QFD-Methode ist die Erstellung von Planungstafeln zur Darstellung der Zusammenhänge zwischen den Qualitätsplanungsinformationen der verschiedenen Arbeitsbereiche. Das Quality Function Deployment weist eine hohe Verflechtung mit bereichsspezifischen Arbeitstechniken auf. So werden in der ersten, zweiten, dritten und vierten Phase schwerpunktmäßig Techniken aus den Bereichen Marketing, Konstruktionstechnik, Produktionsplanung bzw. Qualitätsmanagement integriert.

Bekannt ist insbesondere das House of Quality als Planungstafel der Produktplanung, das in 8 Schritten erstellt wird (vgl. (Gienke und Kämpf 2007)). Dabei werden u. a. Kundenanforderungen ermittelt, gewichtet und diese mit Qualitäts-/Produktmerkmalen korreliert. Daraus lässt sich schließlich die Bedeutung der Produktmerkmale ermitteln.

Im Rahmen der QFD-Methode werden häufig die Begriffe Merkmal, Sollwert und Anforderung verwendet. Hier steht der Begriff Merkmal für eine variable Stellgröße und ist damit ein freier Parameter. Ein Beispiel für ein Merkmal ist die maximale Leistung eines Antriebs. Eine Anforderung ist demgegenüber ein Merkmal in Verbindung mit einem quantitativen oder qualitativen Sollwert.

### 30.2.2 Fehlermöglichkeits- und -Einfluss-Analyse (FMEA)

Die FMEA (Fehler-Möglichkeits- und -Einfluss-Analyse, Failure Mode and Effects Analysis) ist eine formalisierte analytische Methode zur systematischen und vollständigen Erfassung potenzieller Fehler in der Konstruktion (System- und Konstruktions-FMEA), Planung und Produktion (Prozess-FMEA). Die FMEA ist seit 1980 als **Ausfalleffektanalyse** in die DIN 25 448 (1980) aufgenommen. Diese wurde 2006 ersetzt durch die DIN EN 60 812 (2015). Die Methodik der FMEA soll schon in der frühen Phase der Produktentwicklung eingesetzt werden, da eine Kosten-/Nutzenoptimierung in der Entwicklungsphase am wirtschaftlichsten ist. Die Abb. 5 zeigt das grundsätzliche Vorgehen bei einer FMEA. Im Folgenden wird der Ablaufplan am Beispiel einer Prozess-FMEA näher erläutert.

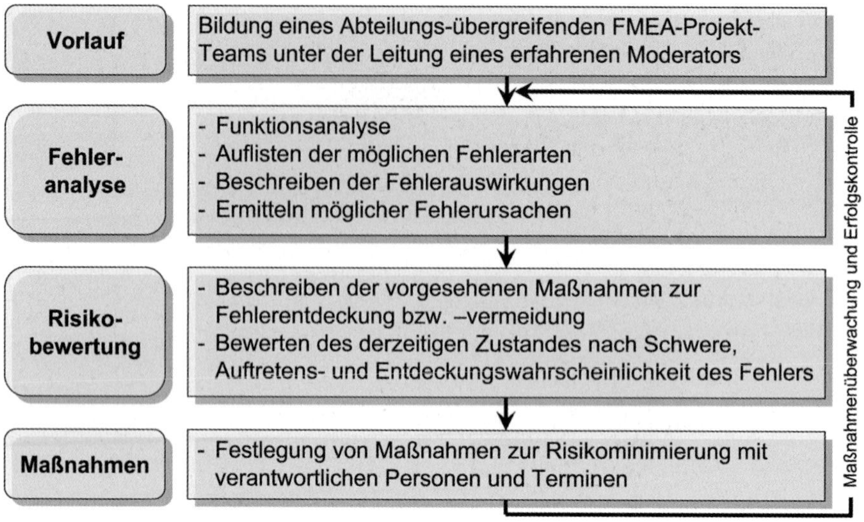


**Abb. 5** Vorgehensweise bei einer FMEA

**Erläuterungen am Beispiel der Prozess-FMEA**
Im ersten Schritt ist ein interdisziplinäres Projekt-Team, in dem Experten für Fertigung, Fertigungsplanung und Qualitätssicherung vertreten sind, zu bilden. Dieses Team sollte seine Tätigkeit spätestens dann aufnehmen, wenn mit der Prozess-, Fertigungs- und Prüfmittelplanung begonnen wird. Die Arbeiten und die notwendigen Verbesserungsmaßnahmen müssen vor Beginn der (Serien-) Produktion durchgeführt sein. In der Praxis kommt es allerdings oft vor, dass eine Prozess-FMEA für einen laufenden Prozess erstellt wird, wenn die Fertigungsergebnisse aus nicht näher bekannten Gründen den Qualitätsvorgaben nicht entsprechen.

Im zweiten Schritt einer FMEA sind die potenziellen Fehler im Produktionsprozess zu ermitteln und zu analysieren. Grundsätzlich sind dabei nicht nur bekannte Fehler aufzulisten; entscheidend für den Erfolg einer FMEA ist vielmehr ein analytisches Vorgehen, das geeignet ist, alle nur denkbaren Fehler aufzufinden.

Dazu muss der Produktionsprozess fein genug strukturiert und damit das Projekt-Team in die Lage versetzt werden, alle möglichen Fehlermerkmale eindeutig beschreiben und voneinander abgrenzen zu können. Den einzelnen Elementen des Prozesses können dann potenzielle Fehler, deren Auswirkungen und Ursachen sowie zur Entdeckung geeignete Prüfmaßnahmen und Abstellmaßnahmen zugeordnet werden. Zur Ermittlung der potenziellen Fehler sind für jede Prozessfunktion folgende Fragen zu beantworten:

- Welcher Fehler könnte bei der Prozessfunktion auftreten?
- In welcher Weise könnte das bearbeitete Teil der Spezifikation nicht entsprechen?
- Was könnte der Kunde eventuell auch unabhängig von der Spezifikation für unbefriedigend halten?

Besondere Sorgfalt muss auf die Identifikation und Zuordnung der potenziellen Fehlerursachen verwendet werden. Zum einen bleibt mit einer nicht erkannten Ursache möglicherweise ein Risiko unentdeckt und zum anderen können zielgerichtete Maßnahmen zur Abstellung des Fehlers nur bei bekannten Fehlerursachen angesetzt werden. Die sich aus potenziellen Fehlern ergebenden Fehlerfolgen werden in der FMEA in ihrer Wirkung so beschrieben, wie sie sich beim Kunden bemerkbar machen. In Abb. 6 wird dies an einem Ausschnitt aus dem Prozessanalyse-Teil einer FMEA verdeutlicht.

Um für die Maßnahmen zur Vermeidung der Fehler eine geeignete Rangfolge festlegen zu kön-

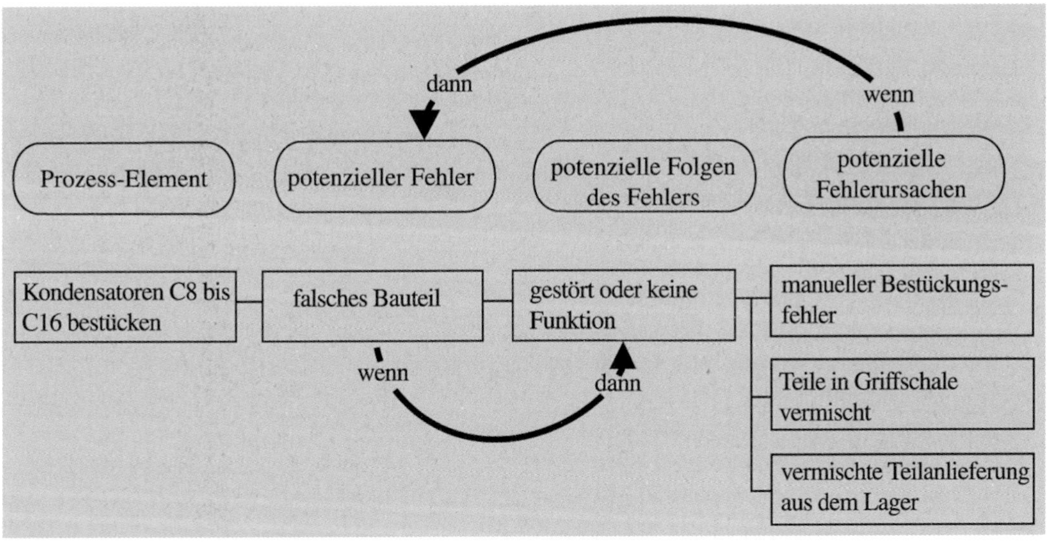


**Abb. 6** Beispiel zur Fehler- und Folgeanalyse in einer Prozess-FMEA

nen, sind die Fehler, Fehlerfolgen und -ursachen zu bewerten. Die Bewertungszahl, die so genannte ***Risikoprioritätszahl*** **(*RPZ*)**, setzt sich multiplikativ aus Einzelbewertungen für

- die Wahrscheinlichkeit des Auftretens (**A**),
- die Bedeutung des Fehlers für den Kunden (**B**) und
- die Wahrscheinlichkeit der Entdeckung vor Auslieferung an den Kunden (**E**) als Bewertung für die derzeit zur Entdeckung des Fehlers durchgeführten Prüfungen zusammen.

Im Allgemeinen werden die Kennzahlen A, B und E nach einem 10-Punkte-Schema vergeben. Abb. 7 zeigt eine mögliche Bewertungsskala für die Kennzahl B, ein ähnliches Schema kann für die Kennzahl E angelegt werden. Für die Kennzahl A kann bei der Prozess-FMEA die Bewertungszahl auch von der Prozessfähigkeitskennzahl Cpk abgeleitet werden.

Die Risikoprioritätszahl $\mathbf{RPZ = A \times B \times E}$ ist ein Maß für das Gesamtrisiko jeder einzelnen möglichen Ursache eines potenziellen Fehlers. Je größer die RPZ, desto dringlicher sind qualitätssichernde Maßnahmen, um das entsprechende Risiko zu senken. Üblich ist eine Einteilung in die drei Prioritätskategorien

- hoch: $RPZ \geq 125$
- mittel: $50 < RPZ < 125$
- niedrig: $RPZ < 50$.

Diese ist jedoch nur als grobe Richtlinie zu verstehen. Für eine Einschätzung des Risikos sollten immer auch einzelne besonders niedrige oder hohe Bewertungszahlen (A, B und E) berücksichtigt werden. Die potenziellen Ursachen werden in der Reihenfolge ihrer Risikopriorität geordnet und hinsichtlich möglicher Abstellmaßnahmen genauer untersucht. Abstellmaßnahmen lassen sich in Maßnahmen unterteilen, die

- die Wahrscheinlichkeit des Auftretens durch Konstruktions- und/oder Produktionsprozessänderungen beeinflussen,
- die Bedeutung des Fehlers durch Konstruktionsänderungen reduzieren und
- die Wahrscheinlichkeit der Entdeckung, bevor das Produkt das Werk verlässt, durch verbesserte Prüfmaßnahmen erhöhen.

Grundsätzlich sind dabei die fehlervermeidenden (Abschwächen des Faktors A) den fehlerkompensierenden (Reduzierung des Faktors B) und den fehlerentdeckenden Maßnahmen (Verkleinerung von E) vorzuziehen. Durch ein Abwägen

| Bedeutung (Auswirkungen auf den Kunden) | Bedeutungspunkte |
|---|---|
| Es ist unwahrscheinlich, dass der Fehler irgendeine wahrnehmbare Auswirkung auf das Verhalten des Produktes oder Systems haben könnte. Der Kunde wird den Fehler wahrscheinlich nicht bemerken. | 1 |
| Der Fehler ist unbedeutend und der Kunde wird nur geringfügig belästigt. Der Kunde wird wahrscheinlich eine geringfügige Beeinträchtigung des Systems bemerken. | 2–3 |
| Mittelschwerer Fehler, der Unzufriedenheit bei einigen Kunden auslöst (z. B.Lautsprecher brummt). Der Kunde wird Beeinträchtigungen des Systems bemerken. | 4–6 |
| Schwerer Fehler, der den Kunden verärgert (z. B. das Radio defekt). Sicherheitsaspekte oder gesetzliche Bestimmungen sind nicht betroffen. | 7–8 |
| Äußerst schwerwiegender Fehler, der möglicherweise die Sicherheit und/oder die Einhaltung gesetzlicher Vorschriften gefährdet. | 9–10 |

**Abb. 7** Bewertungsschema für die Fehlerbedeutung (Beispiel)

zwischen dem Risiko, den entstehenden Fehlerkosten und dem für die Abstellung nötigen Aufwand kann eine Reihenfolge festgelegt werden, in der die einzelnen Maßnahmen abzuarbeiten sind. Für die zur Durchführung anstehenden Maßnahmen wird eine verantwortliche Stelle benannt. Nach der Durchführung wird als Erfolgskontrolle in einem weiteren Iterationsschritt die FMEA wiederholt. Als Erfolgsmaßstab gilt die Differenz zwischen alter und neuer RPZ. Im Allgemeinen wird die FMEA auf jeden Fall so lange weitergeführt, wie noch potenzielle Fehlerursachen mit einer „kritischen" RPZ (oft RPZ > 125) vorhanden sind. Ein Beispiel für ein FMEA-Formblatt wird in Abb. 8 gezeigt.

### 30.2.3 Qualitätsregelkartentechnik im Rahmen der statistischen Prozesslenkung (SPC)

„Qualitätsregelkarten sind die wichtigsten Werkzeuge, die im Rahmen von statistischer Prozesslenkung (Statistical Process Control, SPC) eingesetzt werden. Sie sind sowohl bei der Prozessanalyse als auch bei der Prozesslenkung in der Serienphase notwendig" (Jürgen 2002). Mithilfe der Qualitätsregelkarte (kurz QRK) kann das Prozessverhalten bezüglich seiner Lage und Streuung visualisiert werden. Dazu werden Kennwerte (z. B. Anzahl der fehlerhafter Einheiten, Anzahl Fehler je Einheit, Urwerte, Mittelwerte, Mediane (Zentralwerte), Standardabweichungen und Spannweiten) zur Lage- und Streuungsbeurteilung über die Zeit dargestellt und mit Grenzlinien (sog. Eingriffsgrenzen) verglichen. Anhand dieser Vergleiche kann eine Aussage über die Güte (Stabilität) der Prozesse getroffen werden. Zur Darstellung der Qualitätsregelkarte (Abb. 9) wird auf der horizontalen Achse (Abszisse, $x$-Achse) alternativ

- die Nummer der Stichprobe
- der Zeitpunkt (Datum/Uhrzeit) der Stichprobenentnahme oder
- die Chargennummer bzw. eine sonstige Kennzeichnung

aufgetragen – bei manuell geführten Karten werden 25 bis 30 Stichproben dargestellt. Bei rechnergeführten Karten können je nach Auflösung wesentlich mehr Stichproben dargestellt werden. Die vertikale Achse (Ordinate, $y$-Achse) ist von der Merkmalausprägung abhängig, bei

| | | | | | | | | | |
|---|---|---|---|---|---|---|---|---|---|
| | **Fehler-Möglichkeits- und Einfluß-Analyse**<br>☐ System-FMEA Produkt ☐ System-FMEA Prozeß | | | | | | | | FMEA-Nr.: |
| Typ/Modell/Fertigung/Charge: | | | | Sach-Nr:<br>Änderungsstand: | | Verantw.<br>Firma: | | | Abt.:<br>Datum: |
| System-Nr./Systemelement:<br>Funktion/Aufgabe: | | | | Sach-Nr:<br>Änderungsstand: | | Verantw.<br>Firma: | | | Abt.:<br>Datum: |
| Mögliche Fehlerfolgen | B | Möglicher Fehler | Mögliche Fehlerursachen | Vermeidungs-maßnahmen | A | Entdeckungs-maßnahmen | E | RPZ | V/T |
| | | | | | | | | | |
| | | | | | | | | | |
| | | | | | | | | | |
| | | | | | | | | | |
| | | | | | | | | | |
| | | | | | | | | | |
| | | | | | | | | | |
| | | | | | | | | | |
| | | | | | | | | | |
| | | | | | | | | | |
| | | | | | | | | | |
| | | | | | | | | | |

B: Bewertungszahl für die Bedeutung
A: Bewertungszahl für die Auftretenswahrscheinlichkeit
E: Bewertungszahl für die Entdeckungswahrscheinlichkeit

Risikoprioritätszahl RPZ = B*A*E
V: Verantwortlichkeit
T: Termin für die Erledigung

**Abb. 8** Beispiel für FMEA-Formblatt

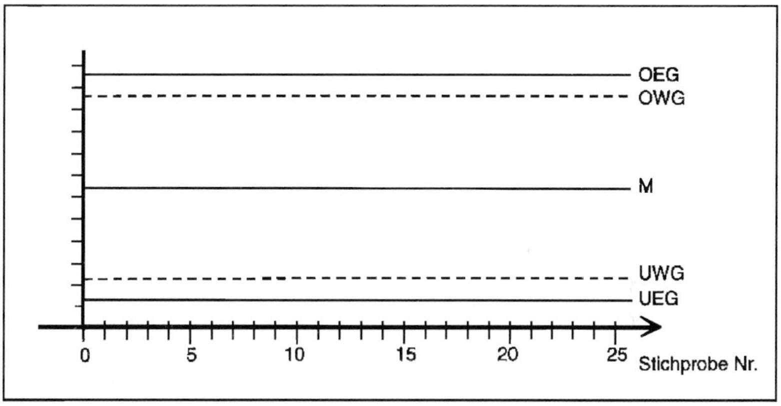


OWG = obere Warngrenze
OEG = obere Eingriffsgrenze
UWG = untere Warngrenze
UEG = untere Eingriffsgrenze

**Abb. 9** Schematische Darstellung einer Qualitätsregelkarte

kontinuierlich veränderlichen Merkmalen bestimmt der jeweilige Kennwert die Skalierung der Ordinate:

- eine Skala für die Urwerte oder
- eine Skala für die Kennwerte der Stichprobe (Mittelwert, Median (Zentralwert), Standardabweichung oder Spannweite).

Bei diskreten Merkmalen ist die Skalierung der Ordinate entweder die „Anzahl fehlerhafter Einheiten" bzw. der „Anteil fehlerhafter Einheiten" oder „Anzahl Fehler je Einheit". In Abhängigkeit der Qualitätsregelkarte können:

- Mittellinie (M)
- Warngrenze (WG) – werden nur noch selten verwendet
- Eingriffsgrenze (EG)

berechnet und eingezeichnet werden. Damit entsteht das in Abb. 9 dargestellte Bild, in das die „Werte" eingetragen werden.

| Möglichkeiten | Folgerung |
|---|---|
| Ur- oder Kennwert(e) innerhalb der Warngrenzen | Fertigung läuft wie gehabt weiter |
| Ur- oder Kennwert(e) außerhalb der Warngrenzen aber innerhalb der Eingriffsgrenzen | Fertigung läuft wie gehabt weiter aber häufiger prüfen; ggf. sofort neue Stichprobe |
| Ur- oder Kennwert(e) außerhalb der Eingriffsgrenzen | Fertigung neu einstellen; ggf. seit letzter Prüfung gefertigte Teile aussortieren |

**Abb. 10** Kriterien zur Beurteilung einer Qualitätsregelkarte

**Anwendung einer Qualitätsregelkarte**
Der laufenden Fertigung werden in möglichst gleichen Zeitabständen Stichproben des Umfangs *n* entnommen, und das mit der Qualitätsregelkarte überwachte Merkmal ist zu prüfen. Handelt es sich um ein diskretes Merkmal, ist die Anzahl fehlerhafter Einheiten bzw. die Anzahl Fehler je Einheit festzustellen und in die Regelkarte einzutragen, der Stichprobenumfang kann von Stichprobe zu Stichprobe variieren. Im Gegensatz dazu muss bei kontinuierlichen Merkmalsarten der Stichprobenumfang *n* immer konstant sein, unvollständige Stichproben dürfen nicht in die Betrachtung mit einbezogen werden. Alle Teile der Stichprobe werden bezüglich der definierten Merkmal(e) geprüft. Aus den *n* Urwerten können statistische Kennwerte wie Mittelwert oder Standardabweichung errechnet werden. Je nach Qualitätsregelkartentyp sind die Urwerte selbst oder die statistischen Kennwerte in die Grafik einzutragen. In Abhängigkeit vom Erreichen oder Überschreiten der definierten Grenzwerte muss die verantwortliche Prozessführung reagieren (Abb. 10).

**Six Sigma**
Six Sigma ist ein Begriff aus der Statistik und bedeutet, dass auf 1 Million Möglichkeiten maximal 3,4 fehlerhafte Ergebnisse entstehen. Für Prozessergebnisse werden quantitative Messgrößen definiert – unter der Annahme einer Normalverteilung der Messwerte (Gauß'sche Glockenkurve) beschreibt Sigma die Standard-Abweichung vom mittleren Erwartungswert. Insoweit baut Six Sigma auf der statistischen Prozessregelung (SPC) auf – es wurde aber zur Null-Fehler-Philosophie weiterentwickelt. Damit ist Six Sigma als Management-Konzept zu verstehen, das als zentrale Ziele Qualitätssteigerung und Kosteneinsparung fokussiert. Six Sigma betrifft nicht nur die Produktqualität selbst, sondern schließt als Ziel die Fehlerfreiheit aller direkten und indirekten Prozesse mit ein. Die Einsatzmöglichkeiten umfassen sowohl Fertigungsprozesse als auch Serviceprozesse, wie z. B. die Serienfertigung von Produkten oder Standard-Dienstleistungen mit hoher Wiederholhäufigkeit (z. B. Call-Center-Abläufe) (Abb. 11).

Die Vorgehensweise baut auf der Durchführung von Six Sigma-Projekten auf, die für (Teil-) Prozesse mit erkannten Schwachstellen oder Potentialen definiert werden. Grundvoraussetzung ist die Festlegung und Messung von relevanten Prozess-Kennzahlen, damit eine faktenbasierte Entscheidungsfindung und Erfolgskontrolle ermöglicht wird. Die Projekte sollen dann in kurzen Zeiträumen (typisch sind weniger als drei Monate) unter der Leitung eines Six Sigma Experten in Kooperation mit den Prozessbeteiligten durchgeführt werden. Zentraler methodischer Bestandteil ist der **„DMAIC"-Zyklus**, in dem die Buchstaben für die Begriffe „Design" (Lösung entwickeln), „Make" (Umsetzung), „Analyze" (Effekte analysieren), „Improve" (Lösung verbessern) und „Check" (Laufende Kontrolle) stehen.

Das Management-Konzept Six Sigma fordert auch eine **Six Sigma-Organisation**. Es werden Experten ausgebildet, die den Status „Green Belt", „Black Belt" und „Master Black Belt" erreichen können. Ab dem Status Black Belt sollen

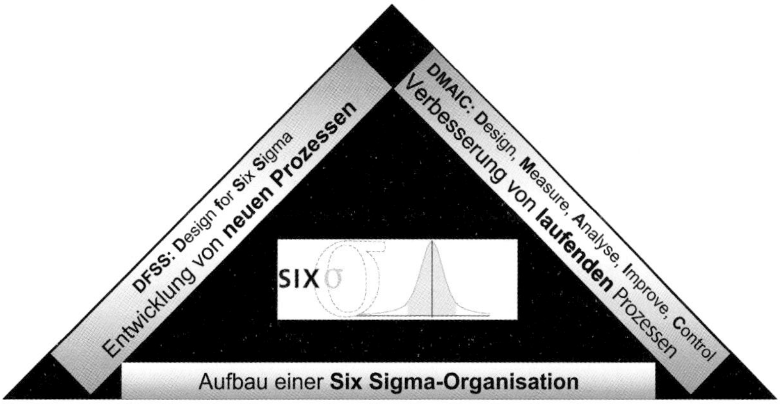


**Abb. 11** Management-Konzept Six Sigma – Handlungsfelder

die Experten von operativen Aufgaben freigestellt werden und ausschließlich Six Sigma-Projekte im Unternehmen identifizieren und durchführen.

Ein weiteres Handlungsfeld wird als **„Design for Six Sigma"** (DFSS) bezeichnet und verfolgt die Zielsetzung, bereits in der Entwicklungsphase Produkte und Prozesse so auszulegen, dass in der Produktion eine möglichst hohe Prozesssicherheit erreicht werden kann.

### 30.2.4 8D-Report

Die 8D-Methode ist eine Methode zur systematischen Analyse und dauerhaften Abstellung von Fehlern, die typischerweise dann zum Einsatz kommt, wenn wiederholt fehlerbehaftete Lieferungen an Kunden erfolgt und von diesen reklamiert worden sind. Das Kürzel „8D" steht für 8 Disziplinen und beschreibt die 8-stufige Vorgehensweise der Methode. Leitfaden für die 8D-Methode ist ein Flussdiagramm, das Ergebnis wird in einem Formblatt, dem „8D-Report" zusammengefasst. Der Problemlösungsprozess nach der 8D-Methode umfasst die Schritte:

- Teambildung – Personen mit Prozesskenntnis und zeitlicher Verfügbarkeit, Patenschaft auf Managementebene
- Problembeschreibung – Effekte mit quantifizierten Daten hinterlegen
- Maßnahmen zur direkten Schadensbegrenzung – Umsetzung von Sofortlösungen zur Vermeidung des Fehlers beim Kunden)
- Ursachenermittlung – Identifikation der (wahrscheinlichen) Problemursache, Überprüfung durch Tests
- Erarbeitung von Abstellmaßnahmen – Verifizierung der Wirksamkeit hinsichtlich Problemursache und Fehlervermeidung aus Kundensicht
- Dauerhafte Umsetzung der Maßnahmen – Einführung von Kontrollmechanismen
- Verhinderung der Fehler-Wiederholung – Anpassung des Qualitätsmanagementsystems
- Abschluss der Teamarbeit – Sicherung der Erfahrung und Teamwürdigung!

Vorteilhaft an dieser Methode sind ihre leichte Verständlichkeit und die Anwendung im Team. Diese Zweistufigkeit der Vorgehensweise – zunächst eine Sofortlösung einzuführen und dann nach der Problemursache zu suchen – erhöht zwar die Praktikabilität der Methode, beinhaltet aber auch die Gefahr, bei einer provisorischen Lösung zu bleiben, insbesondere, wenn die Ursachenanalyse einen hohen Aufwand erfordert.

## 30.3 Bewertung von Qualitätsmanagementsystemen

Unter einem Qualitätsmanagementsystem (QMS) versteht man die festgelegte Aufbau- und Ablauforganisation sowie die Mittel zur Durchführung des Qualitätsmanagements. In vielen Wirtschaftsbranchen wird heute erwartet, dass ein Unternehmen ein Qualitätsmanagementsystem definiert hat und danach arbeitet, teilweise ist es sogar eine Voraussetzung für die erfolgversprechende Bewerbung um Aufträge. Zur Darlegung der Erfüllung dieser Voraussetzung können sich Unternehmen zertifizieren lassen, dabei handelt es sich um die Beurteilung und Anerkennung des nachgewiesenen QMS von einer neutralen Institution.

Die DIN EN ISO 9000:2000 stellt wesentliche Grundlagen für den Aufbau eines QMS bereit und hat die Terminologie festgelegt – in der Darlegungsnorm DIN EN ISO 9001:2000 sind die Anforderungen an ein QMS beschrieben, für den Fall, dass sich die Organisation zertifizieren lassen will. Das Qualitätsmanagementsystem muss dokumentiert sein in Form eines Qualitätshandbuchs, von QM-Richtlinien und Verfahrensanweisungen sowie von Arbeits- und Prüfanweisungen. Mit der Dokumentation des QM-Systems sind folgende Vorteile verbunden:

- Schaffung einer transparenten Darstellung der qualitätssichernden Tätigkeiten im Unternehmen für die eigenen Mitarbeiter
- Erzeugung von Vertrauen in die Qualitätsfähigkeit des Unternehmens gegenüber Kunden
- Erfüllung von Nachweispflichten, die sich aus der Produkthaftung ergeben
- Erleichterung der Überprüfung des QM-Systems im Rahmen eines internen Reviews oder Audits, durch Abnehmer oder neutrale Institutionen.

Im Automobil-Bereich, dem eine gewisse Führungsrolle hinsichtlich der Implementierung von Qualitätsmanagementsystemen zukommt, ist auf der Grundlage der internationalen ISO 9000-Norm die VDA 6-Richtlinie als Qualitätsstandard der deutschen Automobilindustrie mit mehreren Bänden entstanden, die in den Regelungen weiter reicht. Im Zuge einer Harmonisierung wurde dann 1999 die ISO/TS 16 949 geschaffen, die international als Standard-Regelwerk für Qualitätsmanagementsysteme in der Automobilindustrie anerkannt wird. Die Überprüfung und „Abnahme" eines Qualitätsmanagementsystems durch eine neutrale Institution bezeichnet man als **Zertifizierung** – ein Verfahren, mit deren Hilfe die Einhaltung bestimmter Standards für Produkte/Dienstleistungen und ihrer jeweiligen Herstellungsverfahren einschließlich der Handelsbeziehungen nachgewiesen werden können. Im Allgemeinen besteht die Zertifizierung in der Ausstellung eines Zeugnisses. Eine Zertifizierung erfolgt i. d. R. über vier Stufen, wie in Abb. 12 dargestellt (Schloske 2006).

Wesentliches Element in einer Zertifizierung ist das Audit, das im folgenden Kapitel erläutert wird.

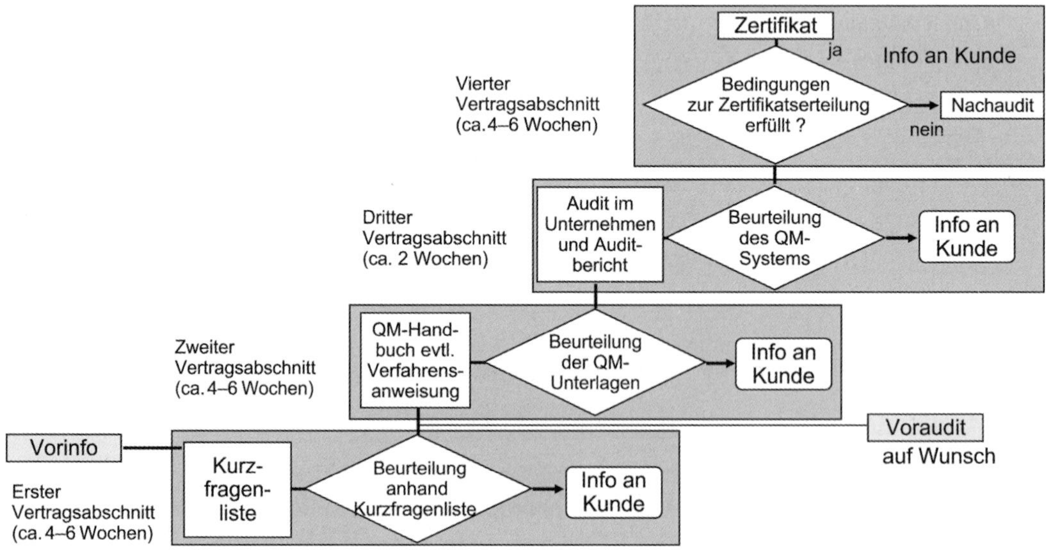


**Abb. 12** Ablauf einer Zertifizierung

### 30.3.1 Das Qualitäts-Audit

Das Wort AUDITIEREN kommt aus der lateinischen Sprache von dem Wort „audire", was soviel wie „hören, anhören" bedeutet. Unter Audit versteht man die systematische, unabhängige Untersuchung einer Aktivität und ihrer Ergebnisse, durch welche Vorhandensein und sachgerechte Anwendung spezifischer Anforderungen beurteilt und dokumentiert werden. Die entsprechende DIN-Definition lautet: „Audit ist die Beurteilung der Wirksamkeit des Qualitätssicherungssystems oder seine Elemente". Audits sind also Instrumente, mit denen man zu einem bewertenden Bild über Wirksamkeit und Problemangemessenheit qualitätssichernder Aktivitäten kommen kann. Neben dem Produkt- und Verfahrensaudit kommt dem sogenannten Systemaudit eine besondere Bedeutung zu, weil es dem Nachweis der Wirksamkeit und Funktionsfähigkeit einzelner Elemente oder eines gesamten Qualitätsmana-gementsystems dient:

- Systemaudits stellen ab auf eine Zertifizierung des Qualitätssicherungssystems zumeist durch externe Organisationen oder Behörden.
- Verfahrensaudits untersuchen Arbeitsabläufe (Fertigung, Dienstleistungen) auf Sicherheit, Qualitätsfähigkeit und Zuverlässigkeit der Methoden, Mitarbeiter oder Mittel für den Arbeitsvorgang.
- Produkt- oder Ergebnisaudits schließlich überprüfen Prozesse auf Übereinstimmung mit den vorgegebenen Standards oder Normen. Aus diesen zumeist als Stichprobe durchgeführten Untersuchungen lassen sich Qualitätstrends ablesen.

Abb. 13 zeigt eine allgemeine Vorgehensweise auf.

**Gründe für Audit-Durchführungen**

Audits werden nicht nur im Rahmen einer Zertifizierung durchgeführt – sie können auch ganz grundsätzlich durch Qualitätsprobleme oder Veränderungen von Produkten und/oder Prozessen veranlasst werden. Im Folgenden werden einige wesentliche Gründe aufgelistet:

- Allgemeine Gründe
  - Um nach Verbesserungen im Qualitätsmanagementsystem zu suchen
  - Um die Übereinstimmung mit der ISO 9000 und allen anderen Standard sicherzustellen
  - Um Übereinstimmung und Abweichungen festzustellen
  - Um gesetzliche Anforderungen zu erfüllen
  - Um die Zertifizierung möglich zu machen
- Gründe für Produktaudits
  - Verstärkte Reklamationen
  - Interne Fehlerauswertungen/Statistiken
  - Schlechte Prozessfähigkeiten
  - Neue Werkzeuge/Werkzeugänderungen
  - Produktveränderungen/Entwicklungsänderungen
  - Produktneuanläufe/Neuentwicklungen
- Gründe für Prozessaudits
  - Auswertung der Instandhaltung/Statistiken
  - Schlechte Prozessfähigkeiten
  - Prozessveränderungen/Prozessverlagerungen
  - Neue Maschinen
  - Produktneuanläufe/Prozessneuentwicklungen

**Audit-Ablauf**

Der Ablauf eines Audits ist – unabhängig von der zu untersuchenden Größe – strikt formalisiert und in drei Phasen aufgeteilt:

- Vor-Audit Management:
  - Vorbereitung und Planung
  - Detaillierte Planung
- Das Audit:
  - Eröffnungsbesprechung
  - Das eigentliche Audit
  - Vorbereitung der Berichterstattung
  - Abschlussbesprechung
- Nachfolgende Aktionen:
  - Auditbericht schreiben und übermitteln
  - Korrekturmaßnahmen abschließen
  - Überwachungsaudit/Überprüfung/Reaudit planen
  - Aufzeichnungen erstellen und aufbewahren

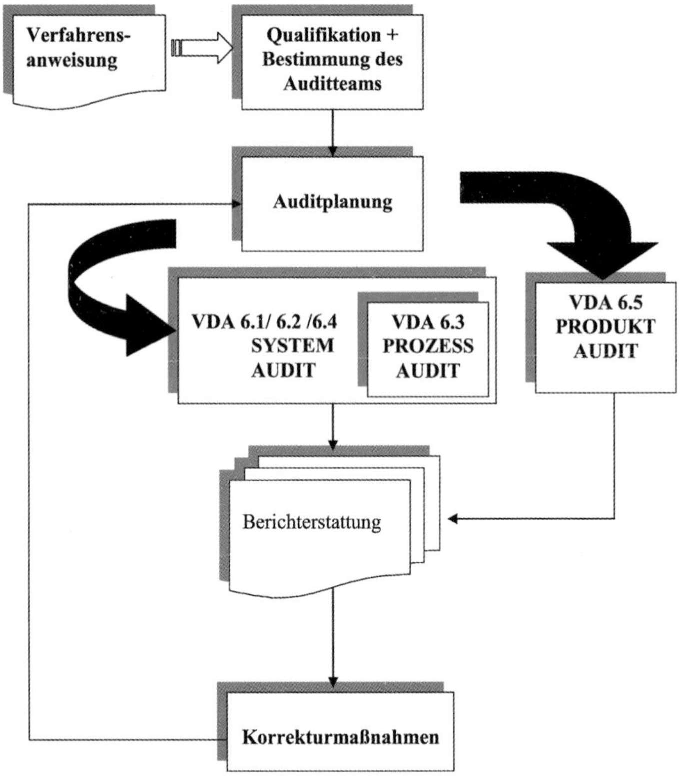


**Abb. 13** Vorgehensweise zur Durchführung von Audits nach VDA

**Bewertungsregeln nach VDA 6.3**

Gemäß dem VDA Band 6 Teil 3 werden die einzelnen Fragen Prozess-Elementen zugeordnet. Jede Frage erhält als Ergebnis eine Punktzahl, die Punktzahlen aller Fragen zu einem Prozesselement werden aufaddiert, und durch Verhältnisbildung zur maximal mögliche Punktzahl wird ein prozentualer Erfüllungsgrad für das Prozesselement berechnet. Letztendlich wird das gesamte Auditergebnis als Erfüllungsgrad aller bewerteten Elemente dargestellt.

Bei einem Prozessaudit sollen z. B. folgende Prozesselemente bewertet werden:

- Produktentwicklung E(DE)
- Prozessentwicklung E(PE)
- Vormaterial/Kaufteile E(Z)
- Prozessschritte E(PG) – Mittelwert aus
  - Personal/Qualifikation E(U1)
  - Betriebsmittel/Einrichtungen E(U2)
  - Transport/Teilehandling/Lagerung/Verpackung E(U3)
  - Fehleranalyse/Korrekturen/Kontinuierliche Verbesserung E(U4)
- Kundenbetreuung/Kundenzufriedenheit E(K)

Abschließend wird der Gesamterfüllungsgrad für das Audit als Mittelwert der Ergebnisse für die einzelnen Prozessschritte berechnet und bis auf eine ganze Zahl gerundet (Abb. 14).

**Audit-Abschluss, Auditbericht**

Ein Audit muss mit einem Auditbericht abgeschlossen werden, in dem neben den Ergebnissen auch der Audit-Umfang und ggf. die geforderten Verbesserungsmaßnahmen dokumentiert sind. Im Auditbericht sollten nur Punkte stehen, die auch während des Audits und beim Abschlussgespräch dargelegt wurden. Nach VDA gilt ein Audit als bestanden, wenn mindestens 90 % der maximal möglichen Punktzahl erreicht wurden

**Punkteschema für die Bewertung von Einzelfragen**

| Punktzahl: | Forderung | Abweichungen |
|---|---|---|
| 10 | Voll erfüllt | Keine |
| 8 | Überwiegend erfüllt | Geringfügig |
| 6 | Teilweise erfüllt | Größere |
| 4 | Unzureichend erfüllt | Schwerwiegend |
| 0 | Forderung nicht erfüllt | Schwerwiegend |

**Prozent-Bewertung für ein Audit-Element**
**(Addition der Punktbewertung der zugeordneten Einzelfragen)**

$$E(E) = \frac{\text{Summe erreichter Punkte}}{\text{Anzahl max. erreichbarer Punkte}} \times 100\,[\%]$$

**Abb. 14** Bewertungsschema im Audit nach VDA

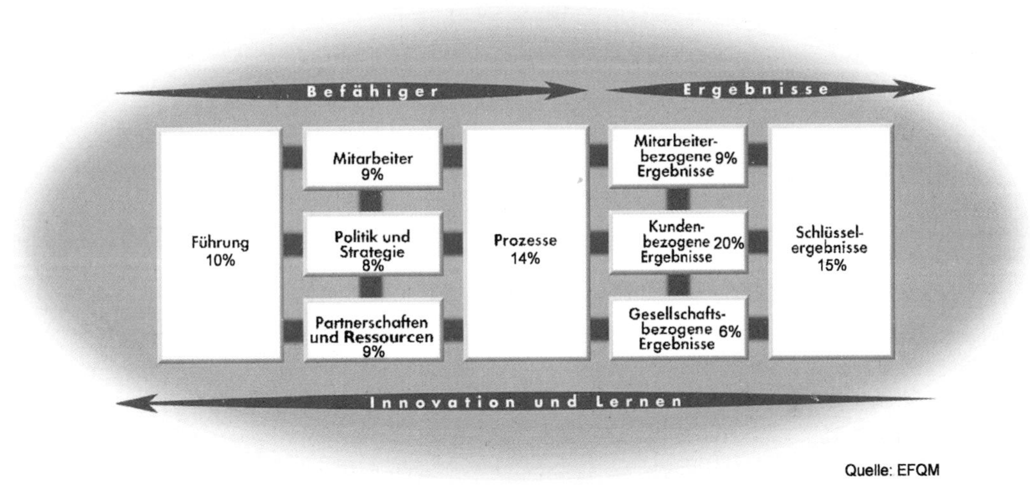


**Abb. 15** EFQM-Modell

und zusätzlich keine auffälligen Schwächen bei einzelnen Prozesselementen und definierten Schlüsselfragen festgestellt wurden. Ein Zertifikat wird in der Regel für den Zeitraum von drei Jahren ausgestellt, muss aber jährlich überprüft werden.

## 30.3.2 EFQM-Modell

Die European Foundation of Quality Management wurde 1988 von führenden europäischen Unternehmen gegründet, mit der Zielsetzung, die nachhaltige Exzellenz europäischer Organisationen zu fördern. Als Eigentümerin des EFQM-Modells für Excellence organisiert die EFQM den Europäischen Qualitätspreis „European Quality Award" (Deutsche Gesellschaft für Qualität 2020). Das EFQM-Modell geht weit über Qualitätsmanagement im eigentlichen Sinn hinaus. Es versteht sich als Modell und Bewertungsschema für „Business Excellence". Ein wesentlicher Unterschied zum Qualitätsmanagementsystem und der damit meist verbundenen Zertifizierung durch eine neutrale Institution liegt auch darin, dass das EFQM-Schema auf eine Selbstbewertung des Unternehmens setzt.

In der Bewertung wird zwischen Ergebnissen und Befähigern unterschieden, dies wird als „RADAR-“-Logik bezeichnet. RADAR steht für Results (Ergebnisse), Approach (Vorgehen), Deployment (Umsetzung), Assessment (Bewertung) und Review (Überprüfung). Ergebnisse und Befähiger tragen mit ihren Bausteinen in Summe jeweils 50 % zum Bewertungsergebnis bei. Bausteine im Ergebnis-Block sind „Schlüssel-Ergebnisse“, sowie „Gesellschafts“-, „Kunden“- und „Mitarbeiter-“-bezogene Ergebnisse, während im Befähiger-Block „Prozesse“, „Mitarbeiter“, „Politik und Strategie“, „Partnerschaften und Ressourcen“ sowie „Führung“ jeweils mit definierten Anteilen verortet sind. Das Bewertungsmodell arbeitet mit dezidierten Fragen in den Feldern, die mit qualitativen Antworten auf unterschiedlichen Reifegrad-Stufen hinterlegt sind. In der Excellence-Philosophie erfolgt die Umsetzung aus eigenem Antrieb und legt eine ganzheitliche Betrachtung der Organisation zugrunde (Abb. 15).

## Literatur

### Allgemeine Literatur

Deutsche Gesellschaft für Qualität (2020) https://www.dgq.de/

DIN EN ISO 9000 (2015) Qualitätsmanagementsysteme – Grundlagen und Begriffe

### Spezielle Literatur

Deutsche Gesellschaft für Qualität (1976), Organisation der Qualitätsicherung im Unternehmen, Teil 1: Aufbauorganisation, Teil 2: Abläufe der Qualitätssicherung, DGQ-Schrift, 1. Aufl. Beuth-Verlag, Frankfurt, S 22–23

Deutsche Gesellschaft für Qualität (1985), Qualitätskosten – Rahmenempfehlungen zu ihrer Definition, Erfassung und Beurteilung. DGQ-Schrift, 5. Aufl. Beuth Verlag, Berlin, S 14–17

DIN 25 448 (1980) Ausfalleffektanalyse; Norm

DIN EN 60 812 (2015) Analysetechniken für die Funktionsfähigkeit von Systemen – Verfahren für die Fehlzustandsart- und -auswirkungsanalyse (FMEA)

DIN EN ISO 9001 (2015a) Qualitätssicherungssysteme – Modell zur Darlegung der Qualitätssicherung in Design/Entwicklung, Produktion, Montage und Kundendienst

DIN EN ISO 9001 (2015b) Qualitätsmanagementsysteme – Anforderungen

Gienke H, Kämpf R (Hrsg) (2007) Praxishandbuch Produktion: innovatives Produktionsmanagement: Organisation, Konzepte, Controlling. Verlag dt. Wirtschaftsdienst, Köln

Haist F, Fromm H-J (1991) Qualität im Unternehmen, Prinzipien – Methoden – Techniken. Carl Hanser Verlag, München/Wien

IATF ISO/TS16949 (2016) Technische Spezifikation – Norm, Auflage

Jürgen J (2002) Statistische Prozesslenkung (SPC) – Qualitätsregelkarten-Technik. In: Kamiske GF (Hrsg) Qualitätsmanagement. Digitale Fachbibliothek auf CD-ROM, Symposion Publishing, Düsseldorf

Pfeifer T (2001) Praxishandbuch Qualitätsmanagement. Hanser Verlag, München

Schloske A (2006) Qualitätsmanagement; Skript zur Vorlesung an der Universität Stuttgart

# Personalmanagement

31

Karlheinz Schwuchow, Dieter Spath, Joachim Warschat, Hartmut Buck und Peter Ohlhausen

## Inhalt



**Zusammenfassung**

Auch wenn der Wert in keiner Bilanz auftaucht: das Humankapital entscheidet über den Unternehmenserfolg. Während Kapital im Überfluss vorhanden ist, ist das Personal zunehmend der Engpassfaktor. Wurde bis in die 1980er-Jahre der Mensch als Produktionsfaktor und die Personalabteilung als seine Verwaltungsinstanz gesehen, so ist die Personalarbeit heute ein integratives Element des Managementprozesses und die Personalabteilung aktiver Teil des Managementteams (Scholz 2014c). Damit verbunden ist der begriffliche Wandel von *Personalwirtschaft* bzw. *Personalverwaltung* hin zum *Personalmanagement* bzw. *Human Ressource Management (HRM)*. Die Begriffe signalisieren eine stärker strategisch ausgerichtete Auseinandersetzung mit allen Fragen, die den Einsatz von Personal und die Verknüpfung der Personal- mit der Unternehmensstrategie zum Gegenstand haben.

Wichtige Aufgaben der Personalarbeit sind *Personalplanung, Personalbeschaffung, Personalentwicklung, Personaleinsatz, Personalkostenmanagement, Personalführung*. Diese werden in der Regel von unterschiedlichen Stellen wahrgenommen – neben der Personal-

K. Schwuchow
CIMS Center for International Management Studies, Hochschule Bremen, Bremen, Deutschland
E-Mail: karlheinz.schwuchow@hs-bremen.de

D. Spath (✉) · J. Warschat · H. Buck · P. Ohlhausen
Fraunhofer-Institut für Arbeitswirtschaft und Organisation (IAO), Stuttgart, Deutschland
E-Mail: dieter.Spath@iao.fraunhofer.de; joachim.warschat@iao.fraunhofer.de; Peter.Ohlhausen@iao.fraunhofer.de

© Der/die Autor(en), exklusiv lizenziert durch Springer-Verlag GmbH, DE, ein Teil von Springer Nature 2022

M. Hennecke, B. Skrotzki (Hrsg.), *HÜTTE Band 2: Grundlagen des Maschinenbaus und ergänzende Fächer für Ingenieure*, Springer Reference Technik,
https://doi.org/10.1007/978-3-662-64372-3_80

abteilung spielen dabei auch die direkte Führungskraft sowie die Unternehmensleitung eine wichtige Rolle.

## 31.1 Aufgaben und Organisation des Personalmanagements

Die beiden klassischen Aufgaben des Personalmanagements bestehen darin, (1) *Verfügbarkeit* und (2) *Leistungsfähigkeit* des Personals. Vor dem Hintergrund des demographischen und technologischen Wandels existiert mittlerweile ein „War for Talents", d. h. Unternehmen konkurrieren in zunehmendem Maße um qualifizierte Mitarbeiter.

Neben der quantitativen Verfügbarkeit spielen auch Leistungsfähigkeit und Motivation eine grundlegende Rolle. Hier geht es um ein Geflecht von zum Teil messbaren Kriterien wie der Qualifikation, aber auch um wesentlich schwieriger messbare Aspekte, wie die Innovations- oder Anpassungsfähigkeit von Mitarbeitern, bis hin zu lediglich qualitativ erfassbaren Kriterien wie Loyalität oder Engagement. In diesem Zusammenhang lässt der von der Managementberatung Gallup regelmäßig durchgeführte Engagement-Index nachhaltigen Handlungsbedarf erkennen. So zeigen in Deutschland lediglich 15 Prozent der befragten Arbeitnehmer eine hohe Bindung an ihr Unternehmen, während 14 Prozent bereits innerlich gekündigt haben. Dies schlägt sich in Produktivität, Krankenstand, etc. nieder und verursacht volkswirtschaftliche Kosten in Milliardenhöhe (Nink 2018) (Abb. 1).

Die Aufgaben des Personalmanagements werden sowohl durch eigens dafür geschaffene Bereiche, wie die Personalabteilung, als auch durch Führungskräfte im Rahmen ihrer Personalverantwortung wahrgenommen. Im Einzelnen geht es dabei um folgende Tätigkeitsfelder, die sich aus

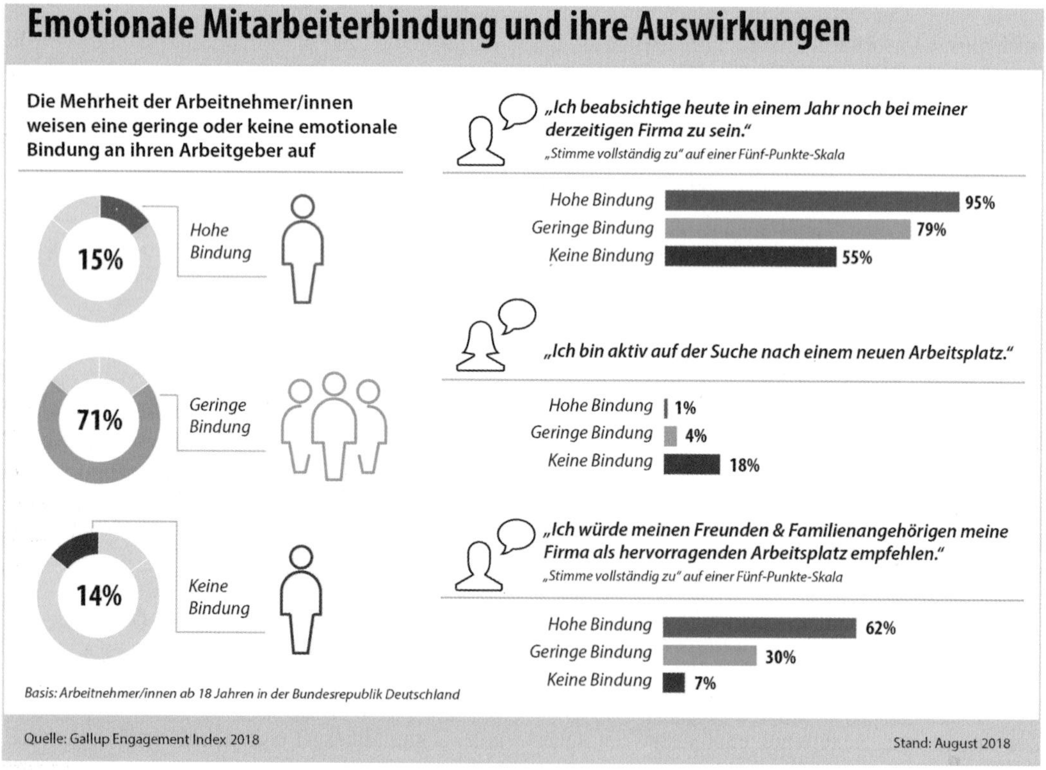


**Abb. 1** Gallup Engagement Index 2018 (Nink 2018)

der Prozesslogik der Personalarbeit ergeben (Jung 2017b):

- Personalbedarfsplanung: Wie viele Mitarbeiter welcher Qualifikation werden wann und wo gebraucht?
- Rekrutierung: Wie können die benötigten Mitarbeiter mit der erforderlichen Qualifikation gewonnen werden?
- Personaleinsatz: Wie können die Mitarbeiter im Hinblick auf die Anforderungen des Arbeitsplatzes und unter Berücksichtigung ihrer persönlichen Fähigkeiten und Wünsche optimal eingesetzt werden?
- Personalentwicklung: Wie können die Mitarbeiter auf qualifiziertere Aufgaben gezielt vorbereitet werden? Wie können ihre Kenntnisse und Fähigkeiten den veränderten Anforderungen angepasst werden?
- Personalabbau: Wie können überzählige Mitarbeiter unter weitgehender Vermeidung sozialer Härten abgebaut werden?
- Personalcontrolling: Welche Kosten ergeben sich aus den geplanten personellen Maßnahmen? Wie sind diese Kosten zu steuern? (Abb. 2)

Erfolgreiche Personalarbeit handelt dabei proaktiv und langfristig orientiert. Sie ist durch die systematische Begleitung der Erwerbsbiographie der Mitarbeiter charakterisiert, um eine schnelle Integration neu rekrutierter Mitarbeiter zu gewährleisten, aber auch um Leistungspotenziale von Arbeitnehmern in allen Lebensphasen zu nutzen. Angesichts der abnehmenden Halbwertzeit des Wissens verlieren formale Qualifikationen und erworbene Kenntnisse zu Lasten von Persönlichkeit und Potenzial an Bedeutung. Hervorzuheben sind aus Unternehmenssicht drei Phasen der Personalarbeit:

- Personalrekrutierung und -integration: Rekrutierung qualifizierter und motivierter sowie zur Unternehmenskultur passender Mitarbeiter, und deren bestmögliche und schnelle Integration in das Unternehmen, häufig auch als Onboarding bezeichnet.
- Personaleinsatz und -entwicklung: Optimaler Einsatz der Mitarbeiter unter Nutzung der vorhandenen Qualifikationen sowie individueller Weiterentwicklungsmöglichkeiten durch

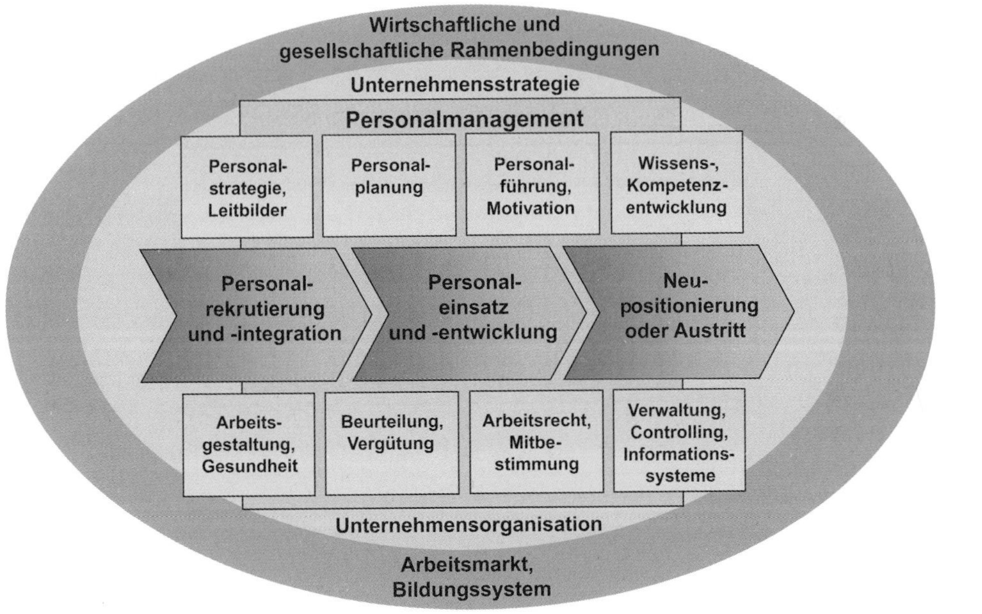


**Abb. 2** Typische Aufgaben des Personalmanagements (Jung 2017b)

herausfordernde lernförderliche Tätigkeiten und formale ebenso wie informelle Qualifizierung.
- Neu-Positionierung oder Austritt: Unterstützung der Mitarbeiter beim Wechsel des Tätigkeitsfeldes (z. B. Wegfall von Geschäftsfeldern, Neuorientierung auf Wunsch der Mitarbeiter) oder Schaffung neuer Perspektiven des Arbeitseinsatzes. Dazu gehören Optionen auf zeitlich begrenzte Auszeiten (Sabbaticals), ein gezieltes Outplacement und gleitende Übergänge in den Ruhestand.

Personalmanagement versucht einen ständigen Interessenausgleich zwischen der unternehmerischen Zielsetzung und den Erwartungen der einzelnen Mitarbeiter herbeizuführen. Dabei unterscheiden sich die Alterskohorten der Mitarbeiter erheblich in ihrem Verhalten und ihren Wertvorstellungen. Dementsprechend sind die Rekrutierung von Bewerbern, die Mitarbeitermotivation und die langfristige Mitarbeiterbindung einem Wandel unterworfen. Während die zwischen 1965 und 1979 geborene Generation X als ehrgeizig, ambitioniert und materialistisch, aber auch skeptisch und zurückhaltend gilt, wurde mit der Generation Y (1980–1994) vieles anders. Technologieaffin, ichbezogen und oft weniger verbunden mit ihrem Arbeitgeber, aber auch positiver, teamfähiger und idealistischer, krempelte die Generation Y den Arbeitsmarkt um. Der Generation Z (1995–2012), die nun in das Berufsleben eintritt, fehlt die Bereitschaft, sich fest an ein Unternehmen zu binden. Auch besteht sie auf einer klaren Trennung zwischen Beruf und Privatleben. Freizeit und Familie gewinnen an Bedeutung, Arbeit ist nur noch Mittel zum Zweck – im besten Fall zwischen 9 und 17 Uhr. (Scholz 2014d)

Als organisatorischer Rahmen für die Personalarbeit hat seit Mitte der 1990er-Jahre das von dem amerikanischen Professor Dave Ulrich entwickelte HR-Business-Partner-Modell gewonnen. Es definiert vier Rollen, denen der Personalbereich Rechnung tragen sollte, um sich als mitgestaltende, strategische Unternehmensfunktion zu positionieren und einen entsprechenden Wertschöpfungsbeitrag zu leisten (Scholz und Generation 2014b):

- Strategischer Partner: Ausrichtung der Personalaktivitäten an der Unternehmensstrategie.
- Administrativer Experte: Bereitstellung einer effizienten personalwirtschaftlichen Infrastruktur. Dies geschieht mittlerweile häufig als Shared-Service-Center, in dem die administrativen HR-Prozesse, wie z. B. die Personalabrechnung, zentralisiert und konsolidiert werden.
- Mitarbeiter Champion: Stärkung der Motivation und Fähigkeiten der Mitarbeiter.
- Change Agent: Gestaltung und Begleitung von Transformationsprozessen.

### 31.1.1 Der zentrale Fokus des Personalmanagements: Der Mensch

Der Strukturierung und Organisation von Arbeitstätigkeiten liegen immer Menschenbilder zugrunde, auch wenn diese nicht explizit formuliert werden. Im Spannungsfeld von Humanisierung und Wirtschaftlichkeit gibt es eine Vielzahl von Sichtweisen auf den arbeitenden Menschen:

- **als Instrument:** technische Sichtweise, verrichtungs- und zielorientiert,
- **als biologischer Organismus:** ergonomische Sichtweise, Bewegung, Sinne, organisches System,
- **als aktives, denkendes, bewertendes Individuum:** psychologische Sichtweise, Anforderungen, Informationsverarbeitung, individuelle Entwicklung, subjektives Empfinden,
- **im sozialen Kontext:** soziologische Sichtweise, soziale Beziehungen, gesellschaftliche Prozesse, Entscheidungsprozesse,
- **als Lernender:** pädagogische Sichtweise, Qualifikation, Qualifizierung, Können.

Die erste Phase der Entwicklung von Arbeitswissenschaft und Arbeitspsychologie Anfang des 20. Jahrhunderts war wesentlich durch den Taylorismus geprägt und betrachtete den Menschen

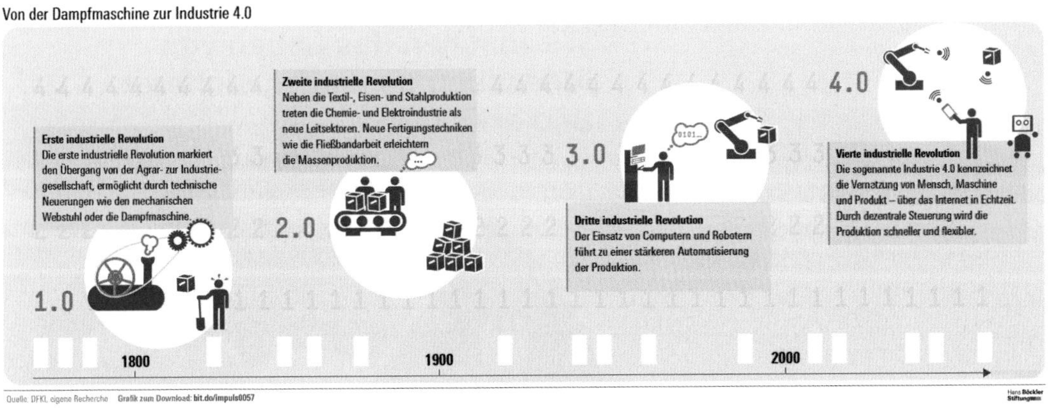


**Abb. 3** Von der Dampfmaschine zur Industrie 4.0 (Hans-Böckler-Stiftung 2015)

als economic man. Ebenso wie beim *homo oeconomicus* der Ökonomie wird beim economic man davon ausgegangen, dass er nach der Maxime des größten Gewinns handelt und in erster Linie durch monetäre Anreize motivierbar ist. Im Zuge der Human-Relations-Bewegung bildete sich seit den 1920er-Jahren ein neues Menschenbild heraus, der *Social Man*. Es wurde davon ausgegangen, dass der Mensch in seinem Verhalten weitgehend von den Normen seiner (Arbeits-)Gruppe bestimmt wird, d. h. er wird in erster Linie durch soziale Anreize motiviert. Die Annahme, dass nur ein geringer Teil der Interessen und Fähigkeiten des arbeitenden Menschen im Arbeitsprozess gefordert wird, führte zur Entwicklung des *self-actualizing man*, der in erster Linie nach Autonomie und Unabhängigkeit am Arbeitsplatz strebt.

Die heutige, durch den Wandel von der Industrie- zur Wissensgesellschaft geprägte Arbeitswelt wird häufig mit dem Begriff „New Work" umschrieben. Dieser wurde bereits in den 1970er-Jahren durch den Sozialphilosophen Frithjof Bergmann geprägt, der das bisherige Arbeitssystem als veraltet betrachtete und eine Bewegung der Neuen Arbeit als Gegenmodell zum Kapitalismus initiierte. Die zentralen Werte des Konzepts sind Selbstständigkeit, Freiheit und Teilhabe. New Work soll Freiräume für Kreativität und Entfaltung der eigenen Persönlichkeit bieten. Klassische Arbeitsstrukturen weichen flexibleren Vorstellungen. Netzwerke ersetzen Hierarchie, zeitliche, räumliche und organisatorische Flexibilität kennzeichnen die neue Arbeitswelt (Abb. 3).

### 31.1.2 Herausforderung: Unternehmenskultur und Leitbilder als handlungsleitenden Rahmen gestalten

Unternehmenskultur wird als ein wichtiger Faktor für langfristigen Erfolg eingestuft, da Unternehmen Gemeinschaften sind, die eine gemeinsame Orientierung für den Umgang miteinander und mit Anderen brauchen. Der Begriff Unternehmenskultur adressiert diejenigen Werte, Orientierungen und kognitiven Fähigkeiten, die von den meisten Beschäftigten geteilt, getragen und gelebt werden. Es handelt sich um gemeinsame Grundprämissen, deren Ausdrucksformen in unterschiedlicher Weise sichtbar werden, beispielsweise in Entscheidungsarchitekturen und Entscheidungsprozessen des Unternehmens (*Corporate Behavior*), in der Art und Weise, wie miteinander kommuniziert wird (*Corporate Communication*), in der Visualisierung (*Corporate Design*) etc. (Ganz und Graf 2006).

Leitbilder werden in fast allen Unternehmen als Führungsinstrument eingesetzt. Als Fixpunkte sollen sie die gemeinsame Wertebasis eines Unternehmens reflektieren, die grundlegenden Überzeugungen und Ziele, die für das Unterneh-

**Abb. 4** Unternehmensleitbild Olympus Europa SE & Co. KG (2019)

men gültig sein sollen, formulieren und den Verantwortung gegenüber den verschiedenen Stakeholdern (Anspruchsgruppen) eines Unternehmens definieren. Leitbilder können bei der Orientierung helfen, setzen Maßstäbe für das Handeln und ermöglichen eine klare Positionierung in einer von Veränderung geprägten Welt.

Folgende Aussagen zeigen einen Ausschnitt aus dem Unternehmensleitbild der Alfred Kärcher GmbH & Co. KG (2010):

- Kundenorientierung: Wir pflegen einen offenen und partnerschaftlichen Dialog mit unseren Kunden
- Mitarbeiter: Qualifizierte und motivierte Mitarbeiter, die Freude an der Arbeit haben, sind ein wichtiger Erfolgsfaktor für Kärcher
- Zusammenarbeit: Vertrauen, Loyalität, Transparenz, Fairness, Zuverlässigkeit, Achtung und Respekt prägen das Verhältnis von Kärcher gegenüber den Mitmenschen nach innen und außen
- …. (Abb. 4)

Ein ausformuliertes und propagiertes Leitbild muss sich an der Umsetzung messen lassen. Es bestehen folgende Gefahren (Berner 2000):

- Die Zustimmung zu einem Leitbild bedeutet nicht, dass die betrieblichen Akteure ihr eigenes Verhalten ändern.
- Die Leitsätze eines Leitbildes werden unterschiedlich verstanden.
- Jeder projiziert in das Leitbild das hinein, was ihm besonders wichtig ist.

Die bisherigen Erfahrungen beim Entwicklungsprozess und beim Roll-Out von Leitbildern weisen auf die Notwendigkeit einer stärkeren Verknüpfung zwischen der Ebene der Unternehmensführung und der bereichsspezifischen Arbeitswirklichkeit hin. Zusätzlich zu den expliziten Anforderungen und Beschreibungen von Zielen und Werten existieren auf der Arbeitsebene noch andere Mechanismen oder Werte, die geeignet sind, eine hohe Identifikation und eine gute Orientierung für Mitarbeiter zu erzeugen.

Performanz-Leitbilder sind im Kern als arbeitsbereichsspezifischer Rahmen an Zielen, Werten und Normen aufzufassen, der das gemeinsame und individuelle Arbeitshandeln steuert. Eine innovationsförderliche Unternehmenskultur wird befördert, wenn es gelingt, die übergreifenden Ziele der strategischen Unternehmensführung mit den handlungsleitenden Einsichten der Arbeitseinheiten abzustimmen und in arbeitsorientierten Performanz-Leitbildern zu integrieren. Performanz-Leitbilder dienen insbesondere als Ansatzpunkte, um die operative Arbeit der Beschäftigten stärker am Leitbild des Gesamtunternehmens auszurichten und somit die Performanz einzelner Arbeitsbereiche zu steigern.

### 31.1.3 Herausforderung: Wissensintensivierung und Kompetenzentwicklung

Nachdem Produktionskonzepte wie *Lean Production, Business Reengineering* oder die *Fraktale Fabrik* in den 1990er-Jahren die Qualifikationsanforderungen der Produktionsbelegschaften erhöht haben, führen der verstärkte Einsatz von Robotern und die Entwicklung der Künstlichen Intelligenz im Gesamtkontext einer umfassenden Digitalisierung der industriellen Produktion zu nachhaltig neuen Anforderungen. Die intelligente Verbindung von Maschinen und Abläufen in der Industrie mit Hilfe von Informations- und Kommunikationstechnologien wird dabei als Industrie 4.0 bezeichnet. Mit der weltweiten Vernetzung über Unternehmens- oder Ländergrenzen hinweg gewinnt die Digitalisierung der Produktion eine neue Qualität: Das Internet der Dinge, Maschine-zu-Maschine-Kommunikation und Produktionsstätten, die immer intelligenter werden, läuten eine neue Epoche ein – die vierte industrielle Revolution: Industrie 4.0.

Im Kontext neuer und schlanker Organisationsformen müssen Mitarbeiter lernen, an mehreren Arbeitsstellen mit unterschiedlichen Aufgaben tätig zu sein, dabei komplexe Betriebsmittel und Informationstechnik zu handhaben und einen nicht geringen Teil der Abstimmungs- und Vermittlungsprozesse, welche bisher Aufgabe der Führungskräfte waren, selbst zu übernehmen. Dabei haben sich nicht nur die fachlich-technischen, sondern auch die kommunikativen und sozialen Arbeitsanforderungen erhöht (Ittermann et al. 2015). Demnach stellt der Bedarf nach ständigem Wandel tradierte Lernprozesse gewissermaßen auf den Kopf: Es reicht nicht mehr aus, das Lernen auf bekannte und definierte Anforderungen auszurichten. Das Verändern von Organisation und das Verhalten in der Organisation werden zu einer neuartigen Lernaufgabe. Es geht nicht mehr nur um die Optimierung und Verbesserung vorgegebener Strukturen, sondern um die Fähigkeit zur Initiierung, Gestaltung und Auswertung von Veränderungsprozessen sowie den Einsatz kommunikativer und kooperativer Kompetenzen.

Die Einführung neuer Technologien, die Arbeit in inner- und überbetrieblichen Projekten und die intensivere Integration von Kunden in den Leistungserstellungs- und -erbringungsprozess sind u. a. Ursachen dafür, dass Mitarbeiter immer weniger Fachspezialisten und immer mehr Problemlöser und Wissensintegratoren sein müssen. Aufgrund der Wissensintensivierung werden zukünftig mehr qualifizierte Fachkräfte benötigt, an die zunehmend

höhere Anforderungen gestellt werden. Die Mitarbeiter müssen zu „grenzübergreifender Arbeit" befähigt werden und die Möglichkeit erhalten, die für ihre Tätigkeit erforderlichen Kompetenzen systematisch aufzubauen und weiterzuentwickeln.

Dabei umschreibt der Kompetenzbegriff die Befähigung von Personen, auf der Grundlage ihrer Erfahrungen, Fähigkeiten und Fertigkeiten unterschiedliche Handlungsanforderungen erfolgreich zu bewältigen. Kompetenzen fügen sich zu Handlungsmustern zusammen. Aufgabe des Kompetenzmanagements ist es, Mitarbeiter-Kompetenzen anhand eines Modells zu erfassen und zu beschreiben sowie die Nutzung und Entwicklung der Kompetenzen hinsichtlich strategischer Unternehmensziele sicherzustellen. So wird Kompetenzmanagement bei der Deutschen Bahn folgendermaßen beschrieben (Beutgen und Kurtz 2013):

- Es ist ein ganzheitliches Personalentwicklungsinstrument,
- definiert die spezifischen Anforderungen und Erwartungen an eine Tätigkeit und macht diese transparent,
- unterstützt die anforderungs- und potenzialgerechte Stellenbesetzung, da Soll-Profil = Anforderungsprofil,
- ermöglicht die individuelle Feststellung der Qualifizierungsbedarfe durch den Abgleich der Soll-Ist-Profile,
- ermöglicht die Messbarkeit des Erfolgs der Mitarbeiterentwicklung und -qualifizierung und
- ermöglicht die frühzeitige Integration zukünftiger Anforderungen an eine Tätigkeit durch Anpassung der Soll-Profile.

In der Regel ist mit dem Begriff Kompetenz eine Kombination aus Fachwissen, Methodenwissen und Schlüsselqualifikationen sowie Umsetzungsbefähigung gemeint, die je nach Unternehmen unterschiedlich beschrieben und gewichtet ist. Kompetenz beruht nicht nur auf Fähigkeiten, sondern auch auf Motivationen (dem Wollen) und Überzeugungen bzw. Werten und ist nur indirekt über das Handeln messbar (Grote et al. 2012b).

Die Studie „Kompetenzmanagement in deutschen Unternehmen 2012/2013“ (Bauer und Karapidis 2013) belegt die Bedeutung und den Stellenwert von Kompetenzmanagement. Mehr als drei Viertel der befragten 518 Unternehmen betrachten Kompetenzmanagement als wichtig bzw. sehr wichtig. 60 Prozent betreiben es bereits systematisch und erzielen damit deutlich höhere Effekte im Hinblick auf eine Erhöhung der Unternehmensleistung und die Kompensation des Fachkräftemangels. Allerdings wird deutlich, dass die Reichweite von Kompetenzmanagement-Aktivitäten begrenzt ist und der Zeitaufwand zur Umsetzung oftmals ein zentrales Hindernis darstellt. Auch benötigt Kompetenzmanagement klare Zielsetzungen, damit Aktivitäten effizient und effektiv umgesetzt werden können.

Im Hinblick auf die Veränderungsdynamik und die wachsende Wissensintensität aller betrieblichen Prozesse wird Strategische Kompetenzentwicklung zu einem Kernprozess innerhalb des Personalmanagements. Im ersten Schritt geht es dabei darum, die aktuelle Situation und Perspektiven zu klären. Im Weiteren sind dann Potenziale und Entwicklungsziele zu ermitteln, die quantitative bzw. qualitative Personalplanung mit der Potenzial-Pipeline abzugleichen und die entsprechenden Förder- und Qualifizierungsmaßnahmen in die Wege zu leiten. Der Manager Cycle des Energieunternehmens Areva verdeutlicht Abfolge und Zusammenwirken der einzelnen Aktivitäten (Unkrig 2016) (Abb. 5).

Im Zuge des technologischen und demographischen Wandels gewinnt die Qualifikationsfrüherkennung an Bedeutung. Sie ermöglicht es Betrieben und Mitarbeitern, besser mit strukturellen, organisatorischen und technischen Veränderungen umzugehen. Die Erkenntnisse tragen dazu bei, Qualifikationsentwicklungen frühzeitig im betrieblichen Umfeld zu berücksichtigen und stärken damit die Innovations- und Wettbewerbsfähigkeit. Im Mittelpunkt der Qualifikationsfrüherkennung steht dabei die Beantwortung der folgenden Fragen:

- Welche Trends und Innovationen wirken sich auf den Qualifikationsbedarf von Unternehmen und deren Mitarbeiter aus?
- Für welche Berufsgruppen, Arbeitsaufgaben und Tätigkeiten werden neue Qualifikationen benötigt?
- Welche spezifischen Qualifikationen werden zu welchem Zeitpunkt benötigt?
- Welche Qualifizierungsangebote sind geeignet, um diesen Bedarf zu decken?
- Wie kann es gelingen, Qualifikationen an einen sich entwickelnden Bedarf kontinuierlich anzupassen?

Direkt mit der Frage der Mitarbeiterqualifikation ist die Planung des Mitarbeiterbestands verknüpft. Dabei stellt die Strategische Personalplanung (Strategic Workforce Planning) auf der Grundlage der strategischen Ziele und aktuellen sowie zukünftigen Bedarfe der einzelnen Bereiche einen der wesentlichen wertschöpfenden Schritte innerhalb des übergeordneten strategi-

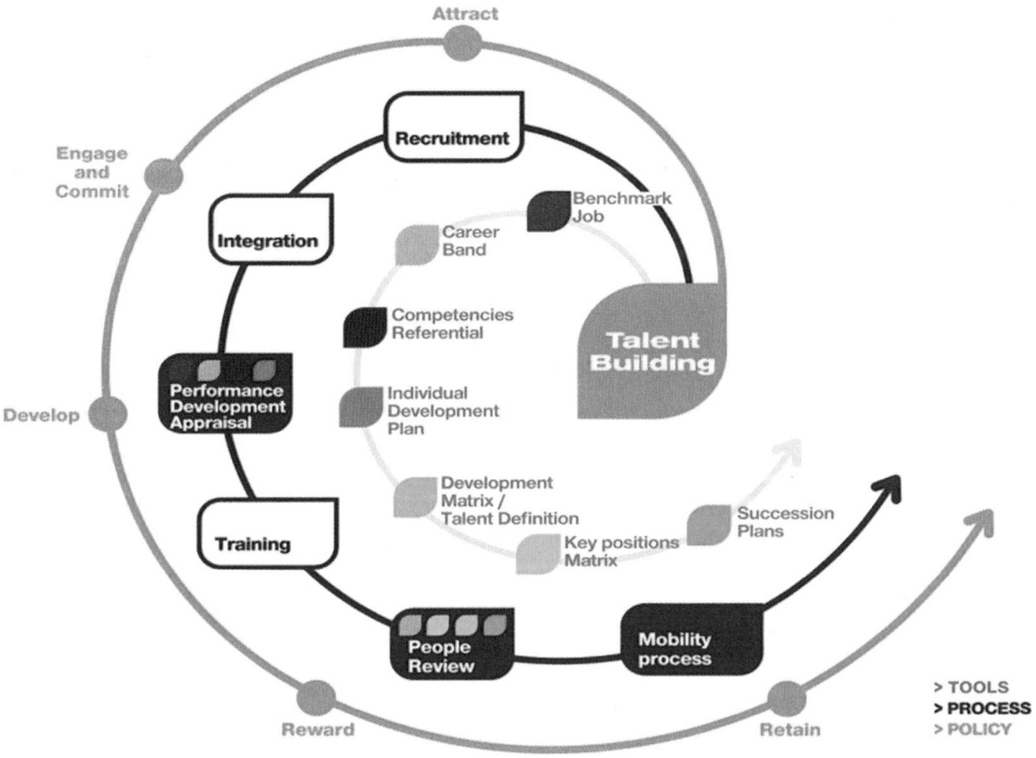


**Abb. 5** Der ManagerCycle des Areva-Konzerns (Unkrig 2016)

schen Personalmanagements dar. Sie ermöglicht es Organisationen, ihre zukünftigen Personalbedürfnisse entlang der Geschäftsstrategie, den unternehmerischen Herausforderungen und relevanten Trends zu antizipieren. Im Einzelnen geht es u. a. darum zu hinterfragen, wer Arbeit in Zukunft wie erledigt, wo Mitarbeiter und wo Maschinen benötigt werden, welche Fähigkeit morgen notwendig sind und wo diese gefunden werden können. Wichtig ist, Planung nicht als Extrapolation der Gegenwart in die Zukunft betrachten, sondern den Status Quo gezielt zu hinterfragen.

### 31.1.4 Herausforderungen des demographischen Wandels für die betriebliche Personalarbeit

Trotz wachsender Erwerbsbeteiligung, verlängerter Lebensarbeitszeit und Migration stellt der Mangel an qualifizierten Arbeitskräften mittlerweile die größte Wachstumshürde für Unternehmen dar. Deutschland erlebt einen Prozess der Alterung der Gesellschaft, dem ein Schrumpfungsprozess folgen wird. So zeigt die von der Prognos AG für die Vereinigung der Bayerischen Wirtschaft erstellte Studie „Arbeitslandschaft 2025", dass die Fachkräftesicherung eine zentrale Herausforderung bleibt. Deutschlandweit prognostiziert die Studie im Jahr 2025 eine Fachkräftelücke in Höhe von 2,9 Millionen Personen (VBW Vereinigung der Bayerischen Wirtschaft 2019).

Zwar wird in den nächsten Jahren in nahezu allen Branchen die Nachfrage nach Arbeitskräften zurückgehen. Ausschlaggebend hierfür sind Effizienzgewinne durch den technischen Fortschritt und – bedingt durch die Demografie – geringere Zuwachsraten bei der Bruttowertschöpfung. In Summe reduziert sich die Nachfrage nach Erwerbspersonen bis zum Jahr 2025 um 500.000. Gleichzeitig geht durch die Alterung der Gesellschaft das Arbeitskräfteangebot erheb-

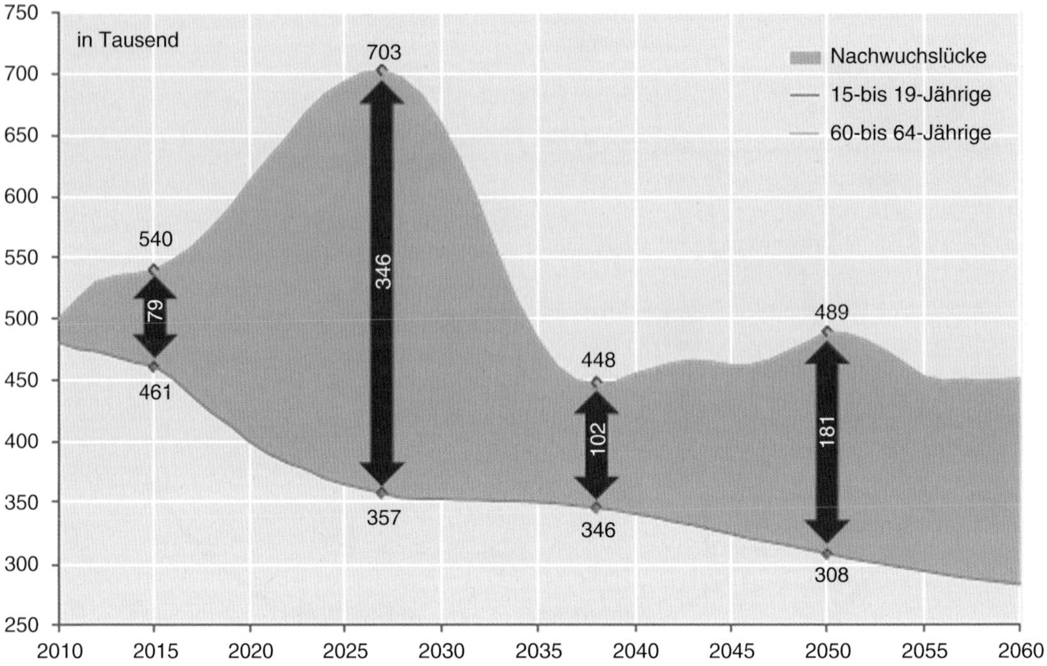


**Abb. 6** Fachkräftemangel und Demografischer Wandel (Harten 2012)

lich zurück, von aktuell 43,7 Millionen auf 42 Millionen Personen im Jahr 2025. Mit dem altersbedingten Ausscheiden der Babyboomer wird der Fachkräftemangel dann seinen Höhepunkt erreicht haben und tendenziell doppelt so viele Arbeitnehmer ausscheiden wie potenziell eintreten (Abb. 6).

Um den Fachkräftebedarf der Unternehmen zu decken, gilt es, das bestehende Arbeitsmarktpotenzial noch besser auszuschöpfen. Neben Anstrengungen zur Arbeitsmarktintegration von Arbeitslosen und Qualifizierungsmaßnahmen muss der Fokus darauf liegen, die Erwerbs-beteiligung von Frauen und Älteren weiter zu steigern und die Arbeitszeitpotenziale dieser Gruppen besser zu nutzen. Basis für eine erfolgreiche Fachkräftesicherung ist die optimale Ausbildung des Nachwuchses. Flankierend hierzu gewinnt die gezielte Anwerbung ausländischer Fachkräfte an Bedeutung. Ungeachtet dieser Möglichkeiten sind folgende Konsequenzen des demographischen Wandels zu erwarten:

- Die Wahrscheinlichkeit von qualifikatorischen und regionalen Ungleichgewichten zwischen Arbeitskraftangebot und -nachfrage wird steigen und strukturschwache Gebiete in besonderer Weise belasten.
- Der Rekrutierungsspielraum der Unternehmen im Segment der jüngeren Alterskohorten wird insbesondere bei Hochqualifizierten eingeschränkt. Eine Verknappung und Verteuerung von jungen Fachkräften wird wahrscheinlich.
- Eine deutliche Alterung der Stammbelegschaften in Unternehmen ist sicher.

Es ist in erster Linie der erwartete Mangel an Fach- und Führungskräften bzw. an qualifiziertem Nachwuchs, der Unternehmen zum Handeln zwingt und ein aktives Demografie-Management erfordert. Zunächst geht es darum, ein Problembewusstsein für das Altern und sein betriebliches Management zu entwickeln und die erforderlichen personellen und institutionellen Veränderungsprozesse zu initiieren. Die sechs Säulen des erfolgreichen Demografie-Managements sind dabei auf individueller Ebene Sensibilisierung, Qualifizierung und Motivation, auf organisationaler Ebene sind es Kommunikation, Führung und Kultur (Schuett 2013b).

Darüber hinaus verstärken viele Unternehmen ihr Personalmarketing. Neue Rekrutierungskanäle und Rekrutierungswege werden erschlossen, wobei insbesondere die Nutzung sozialer Medien auch ein Active Sourcing erlaubt, d. h. die direkte Ansprache von Kandidaten aufgrund z. B. ihrer Xing- oder LinkedIn-Profile.

Die zukünftigen Auswirkungen der aktuellen Gesundheits- und Weiterbildungspolitik eines Unternehmens können anhand von betriebs- und bereichsspezifischen Szenarien bewertet werden, welche den quantitativen Anstieg der Zahl älterer Arbeitnehmer sowie deren heutiges Gesundheits- und Weiterbildungsverhalten berücksichtigen. Diese Szenarien dienen der Überprüfung der Zukunftstauglichkeit der aktuellen Arbeits- und Personalpolitik. Eine quantitative und qualitative Personalplanung bildet die Grundlage für frühzeitige Strategiewechsel und präventive Gestaltungsansätze.

Die Alterung der Belegschaften stellt eine zentrale Herausforderung für die nächsten Jahre dar. Wenn von einer deutlichen Erhöhung des Altersdurchschnitts in verschiedenen Betriebsbereichen auszugehen ist, besteht die zentrale Fragestellung darin, ob durch diese Alterungsprozesse eine Einschränkung der Leistungsfähigkeit (z. B. bei Produktivität und Flexibilität der Organisation) zu erwarten ist und welche Maßnahmen frühzeitig ergriffen werden können, um Fehlentwicklungen zu vermeiden. Zu den wichtigsten betrieblichen Gestaltungsoptionen zur Bewältigung des altersstrukturellen Wandels der Belegschaften zählen:

- Eine alternsgerechte Arbeitsgestaltung und betriebliche Gesundheitsprävention, um eine Berufstätigkeit bis zum Erreichen der Altersgrenze zu ermöglichen.
- Die ständige Aktualisierung der Wissensbasis durch die Realisierung lebenslangen Lernens im Unternehmen. Auch ältere Beschäftigte müssen künftig in einen kontinuierlichen Prozess betrieblicher Weiterbildung einbezogen werden.
- Die Vermeidung einseitiger Spezialisierungen, stattdessen eine systematische Förderung von Kompetenzentwicklung und Flexibilität durch Tätigkeits- und Anforderungswechsel im Rahmen betrieblicher Laufbahngestaltung.

Angesichts der unausweichlichen Alterung der Belegschaften geht es zukünftig für die Unternehmen nicht mehr nur darum, qualifizierte und leistungsfähige Mitarbeiter zu rekrutieren und diese zu binden, sondern bei allen Beschäftigten einen Prozess der lebensbegleitenden Kompetenzentwicklung zu fordern und zu fördern, um auch die Leistungsfähigkeit älterer Mitarbeiter nutzen zu können. Betriebe müssen umdenken und verstärkt in die Qualifikation von heute noch teilweise lernentwöhnten 50-Jährigen investieren. Deren Ressourcen und spezifische Potenziale werden oftmals nur unsystematisch oder gar nicht genutzt. So nimmt in Deutschland nur noch jeder dritte Erwerbstätige, der älter als 55 Jahre ist, an beruflichen Weiterbildungsmaßnahmen teil. Bei den Jüngeren ist der Anteil doppelt so hoch (OECD 2019).

Die Anforderungen in der Arbeit und die organisatorischen Abläufe müssen zunehmend so gestaltet werden, dass die älteren und die jüngeren Mitarbeiter ihre Potenziale an Wissen und Erfahrung einbringen wollen und können. Entwicklungschancen dürfen nicht bei einer Altersgrenze von 40 Jahren für die meisten Mitarbeiter enden. Vielmehr muss Förderung und Entwicklung nicht nur bei Führungskräften und beim Führungskräftenachwuchs, sondern gerade auch bei Mitarbeitern der unteren Hierarchieebenen ansetzen. Eine einmalige Schulung reicht dafür nicht aus:

- In Zeiten verschlankter Hierarchien müssen der Stellenwert und das Prestige horizontaler Karrieren gehoben werden. Die Bereitschaft und die Fähigkeit zur fachlichen Umorientierung und zum Aufgabenwechsel erhöhen die betriebliche Personaleinsatzflexibilität.
- Karrierechancen sollten trotz einer Familienphase bestehen, um attraktive Arbeitsplätze anzubieten, denn gerade Frauen tragen heute immer noch die Hauptlast in der Erziehung.
- Phasen einer längeren, grundlegenden Weiterbildung oder Sabbaticals beugen der sukzessiven Dequalifizierung und dem Burn-Out von

Mitarbeitern vor. Auf diese Weise lässt sich der Leistungsabbau von älter werdenden Mitarbeitern verhindern oder verzögern.

Generell sollten die bestehenden Personal- und Organisationsentwicklungskonzepte dahingehend überdacht und bewertet werden, inwieweit sie geeignet sind, die Leistungsfähigkeit alternder Belegschaften zu unterstützen. Die Möglichkeit, betriebliche Ziele wie Produktivität, Flexibilität, Wissensbeherrschung und Innovationsfähigkeit mit einem steigenden Anteil Älterer zu erreichen, muss jedes Unternehmen individuell für sich bewerten und entsprechende Maßnahmen einleiten. Zu bewerten ist, wie sich der aktuelle und zukünftige Alterungsprozess auf Leistungsfähigkeit und Leistungsbereitschaft auswirkt.

Um die genannten Ziele zu erreichen, müssen formales und informelles, individuelles und organisationales, arbeitsintegriertes und seminarzentriertes Lernen in einer entsprechenden Lernarchitektur miteinander verknüpft werden. Die kognitive Wissensaufnahme wird ergänzt durch neue kompetenz- und handlungsorientierte Lernformen, gleichzeitig wird der Wissenstransfer im Unternehmen durch informelle Lernmöglichkeiten gestärkt. Die Trennung von Lernen und Arbeiten wird durch flexible und offene Lernarrangements, unterstützt durch den Einsatz neuer Informations- und Kommunikationstechnologien, zunehmend obsolet.

Im Mittelpunkt steht die Verknüpfung von interaktionsorientierten und informatorischen Aspekten. Während off-the-job-Maßnahmen grundlegendes Wissen vermitteln, ermöglicht das Erfahrungslernen on-the-job die Aneignung zusätzlicher Fähigkeiten durch persönliches Erleben. In diesem Zusammenhang spielen konstruktivistische Lernansätze eine entscheidende Rolle. Hierbei handelt es sich um ganzheitliche und handlungsorientierte Lernkonzepte, die unmittelbare Relevanz durch eine direkte und authentische Verknüpfung von Theoriebausteinen mit der Arbeitssituation der Teilnehmer erzeugen.

Einen entsprechenden Ansatz liefert das bereits in den 1990er-Jahren von Morgan McCall, Michael Lombardo und Robert Eichinger am Center for Creative Leadership entwickelte 70/20/10-Modell, das in jüngster Zeit einen Aufschwung erlebt. Es besagt: 70 % der Personalentwicklung findet on-the-job statt, 20 % in Form von Coaching und Mentoring, 10 % als Kurse und Seminare.

Während Seminare geeignet sind, strukturiert Lerninhalte zu vermitteln und das Wissen einzelner Mitarbeiter zu erweitern, bleibt der Brückenschlag zwischen Lern- und Arbeitsumfeld häufig aus, münden individuelle Lernprozesse nicht in ein Lernen der Organisation. An Bedeutung gewinnt daher das Erfahrungslernen on-the-job, gefördert durch neue Arbeitseinsatzformen. Durch die Einbindung von Mentoren und Coaches entsteht ein strukturierter Lernprozess, wobei das Lernen im Prozess der Arbeit durch individuelle Projekte und Unternehmensprojekte ergänzt wird. Gleichzeitig gewinnen Selbstmanagement und Selbstentwicklung an Bedeutung (Abb. 7).

### 31.1.5 Ausblick

Der heutige Wandlungs- und Innovationsdruck erfordert neue Konzepte und Maßnahmen für das Personalmanagement, um auch unter schwierigen Bedingungen einen sichtbaren Beitrag zum Unternehmenserfolg beisteuern zu können. Für alle Unternehmen, dienstleistende und produzierende, wird die Umweltdynamik weiter zunehmen. Damit steigt der Druck, sich im Wettbewerb durch Einzigartigkeit der angebotenen Produkte und Leistungen und durch Leistungsexzellenz zu behaupten. Die geforderte Leistungsfähigkeit kann in vielen Fällen nur durch kompetente und motivierte Mitarbeiter hergestellt werden.

Gleichzeitig stellt sich die Frage nach den Perspektiven des Einsatzes Künstlicher Intelligenz in der Personalarbeit. Hier klaffen Anspruch und Wirklichkeit noch weit auseinander. Die Nutzung analytischer Verfahren im HR-Bereich sieht sich mit vier Herausforderungen konfrontiert: Komplexität von HR-Sachverhalten, Restriktionen aufgrund kleiner Datensätze, ethische und gesetzliche Verantwortlichkeiten sowie mögliche negative Mitarbeiterreaktionen auf KI-basierte Managemententscheidungen.

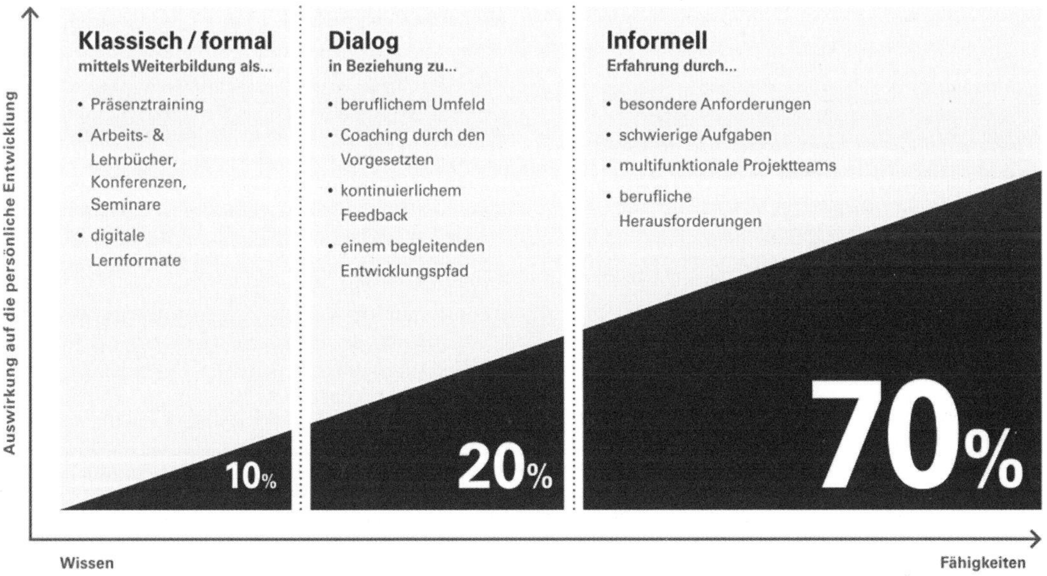


**Abb. 7** Das 70-20-10-Modell (Integrata Cegos 2019)

Die Grundproblematik der künstlichen Intelligenz beginnt mit den Daten, die erforderlich sind, damit ein KI-System einen Algorithmus entwickeln, Muster und Gesetzmäßigkeiten erkennen und auf dieser Basis Vorhersagen machen kann. Im Gegensatz z. B. zu Logistik und Finanzen stehen HR-Daten in der Regel im Unternehmen nur beschränkt zur Verfügung. Häufig sind sie nicht quantifizierbar, oftmals einseitig bzw. selektiv, da Unternehmen z. B. Profile abgelehnter Bewerber nicht unbegrenzt speichern dürfen. Gleichzeitig sind von Dienstleistern angebotene externe Daten nur bedingt vergleichbar. Die Herausforderung lautet daher, aus Small Data Smart Data zu machen.

Um diesem Problem Rechnung zu tragen, ist es notwendig, kausale Zusammenhänge aufdecken statt auf Korrelationen zu setzen, Zufallsauswahlen zu treffen und Experimente durchführen, sowie Mitarbeiter einbinden. Unternehmen sollten sich nicht allein auf vorhandene Daten zu verlassen, sondern gezielt Sachverhalte – z. B. Einstellungskriterien – testen bzw. außer Kraft zu setzen. Vielleicht sind die dann rekrutierten Mitarbeiter künftig die besseren?

Auch werden Algorithmen immer dann rechtlich angreifbar, wenn sie eine Black Box darstellen. Bleiben sie hingegen transparent, so besteht die Gefahr, dass Mitarbeiter ihr persönliches Profil dementsprechend optimieren. Gleichzeitig sind Managemententscheidungen aufgrund ihrer subjektiven Komponente weniger angreifbar als vermeintlich objektive KI-Entscheidungen, die zu systematischen Verzerrungen führen. Eng damit verbunden ist auch die Akzeptanz durch die betroffenen Mitarbeiter.

# Literatur

## Allgemeine Literatur

Busold M (Hrsg) (2019) War for Talents: Erfolgsfaktoren im Kampf um die Besten. Springer Gabler, Wiesbaden

Claßen M, Kern D (2010) HR Business Partner – Die Spielmacher des Personalmagements. Luchterhand, Köln

Eckrich K (2017) Kulturveränderung im Unternehmen – Die verborgene Führungsdisziplin. Franz Vahlen, München

Erpenbeck J, Rosenstiel Lv, Grote S (Hrsg) (2013) Kompetenzmodelle von Unternehmen. Schäffer-Poeschel, Stuttgart

Gerlmaier A et al (Hrsg) (2016) Praxishandbuch lebensphasenorientiertes Personalmanagement – Fachkräftepotentiale in technische Entwicklungsbereichen erschließen und fördern. Springer Gabler, Wiesbaden

Grote S, Kauffeld S, Frieling E (Hrsg) (2012) Kompetenzmanagement. Grundlagen und Praxisbeispiele, 2. Aufl. Schäffer-Poeschel, Stuttgart
Hackl B et al (2017) New Work – Auf dem Weg zur Neuen Arbeitswelt. Springer Gabler, Wiesbaden
Hanschke I (2018) Digitalisierung und Industrie 4.0 – einfach und effektiv. Hanser, München
Jung H (2017) Personalwirtschaft, 10. Aufl. de Gruyter, München, S 6
Kettler B (2016) Strategische Personalplanung – Personalstruktur und Personalbedarf der Zukunft. Schäffer-Poeschel, Stuttgart
Klaußner S (2017) Partizipative Leitbildentwicklung – Grundlagen, Prozesse, Methoden. Springer Gabler, Wiesbaden
Nerdinger F et al (Hrsg) (2016) Innovation und Personalarbeit im dempgrafischen Wandel. Springer Gabler, Wiesbaden
North K, Reinhardt K, Sieber-Suttner B (2018) Kompetenzmanagement in der Praxis. Mitarbeiterkompetenzen systematisch identifizieren, nutzen und entwickeln. Springer Gabler, Wiesbaden
Petry T, Jäger W (2018) Digital HR – Smarte und agile Systeme, Prozesse und Strukturen im Personalmanagement. Haufe, Freiburg/München/Stuttgart
Ritz A, Thom N (2018) Talent Management: Talente identifizieren, Kompetenzen entwickeln, Leistungsträger erhalten. Springer Gabler, Wiesbaden
Rump J, Eilers S (Hrsg) (2017) Auf dem Weg zur Arbeit 4.0 – Innovationen in HR. Springer Gabler, Wiesbaden
Sackmann S (2017) Unternehmenskultur – Erkennen, Entwickeln, Verändern, 2. Aufl. Springer Gabler, Wiesbaden
Schirmer U (Hrsg) (2016) Demografie Exzellenz – Handlungsmaßnahmen und Best Practices zum Demografieorientierten Personalmanagement. Springer Gabler, Wiesbaden
Schneider C (2018) Praxis–Guide Betriebliches Gesundheitsmanagement: Tools und Techniken für eine erfolgreiche Gesundheitsförderung am Arbeitsplatz. Hogrefe, Göttingen
Scholz C (2014) Personalmanagement, 6. Aufl. Franz Vahlen, München
Schuett S (2013) Demografie-Management in der Praxis. Springer, Berlin/Heidelberg
Schwuchow K, Gutmann J (Hrsg) (2019) HR-TRENDS 2020 – Agilität, Arbeit 4.0, Analytics, Prozesse. Haufe, Freiburg/München/Stuttgart
Wagner RM (Hrsg) (2018) Industrie 4.0 für die Praxis. Springer Gabler, Wiesbaden
Wegerich C (2015) Strategische Personalentwicklung in der Praxis: Instrumente, Erfolgsmodelle, Checklisten, Praxisbeispiele, 3. Aufl. Springer Gabler, Wiesbaden
Wolf G (2017) Mitarbeiterbindung – Strategie und Umsetzung im Unternehmen. Haufe, Freiburg/München/Stuttgart

## Spezielle Literatur

Alfred Kärcher GmbH & Co. KG (Hrsg) (2010) Unternehmensleitbild. Winnenden
Bauer W, Karapidis A (2013) Kompetenzmanagement in deutschen Unternehmen 2012/2013. Fraunhofer, Stuttgart
Berner W (2000) Praktische Strategien zur Veränderung der Unternehmenskultur. In: Sonderdruck aus dem Loseblatt Handbuch „Praxis Handbuch Unternehmensführung". Haufe, Freiburg
Beutgen C, Kurtz T (2013) Kompetenzmanagement bei der DB AG. In: Erpenbeck J, Rosenstiel Lv, Grote S (Hrsg) Kompetenzmodelle von Unternehmen. Schäffer-Poeschel, Stuttgart, S 115–133
Ganz W, Graf N (Hrsg) (2006) PerLe: Leitbilder – gelebte Werte oder nur Worte? Ergebnisse einer Kurzstudie zu Leitbildern in der betrieblichen Praxis. Fraunhofer IRB, Stuttgart
Grote S, Kauffeld S, Frieling E (Hrsg) (2012) Kompetenzmanagement. Grundlagen und Praxisbeispiele, 2. Aufl. Schäffer-Poeschel, Stuttgart
Hans-Böckler-Stiftung (2015) Was die Industrie 4.0 den Beschäftigten bringt. Böckler Impuls 14:4–5
Harten U (2012) Der demografische Wandel und seine Auswirkungen auf die Arbeitsmärkte in Niedersachsen und Bremen. iab regional 1:22
Integrata Cegos (2019) 70-20-10 – Wie wir lernen. Stuttgart. http://www.integrata-cegos.de
Ittermann P, Niehaus J, Hirsch-Kreinsen H (2015) Arbeiten in der Industrie 4.0 – Trendbestimmungen und arbeitspolitische Handlungsbestimmungen. Hans-Böckler-Stiftung, Düsseldorf
Jung H (2017) Personalwirtschaft, 10. Aufl. de Gruyter, München, S 6
Nink M (2018) Engagement Index – Die neuesten Daten und Erkenntnisse der Gallup-Studie. Redline, München
OECD (2019) Working better with age. Genf
Olympus Europa (2019) Unser Leitbild und unsere Kernwerte. Hamburg
Scholz C (2014a) Personalmanagement, 6. Aufl. Franz Vahlen, München, S 3
Scholz C (2014b) Personalmanagement, 6. Aufl. Franz Vahlen, München, S 212 ff
Scholz C (2014c) Generation Z – Wie sie tickt, was sie verändert und warum sie uns alle ansteckt. Wiley, Weinheim
Schuett S (2013) Demografie-Management in der Praxis. Springer, Berlin/Heidelberg, S 27 ff
Unkrig E (2016) Strategisches Kompetenzmanagement. In: Schwuchow K, Gutmann J (Hrsg) Personalentwicklung – Themen, Trends, Best Practices. Haufe, Freiburg/München, S 40–49
VBW Vereinigung der Bayerischen Wirtschaft (Hrsg) (2019) Arbeitslandschaft 2025. München

# Projektmanagement

# 32

Karlheinz Schwuchow, Dieter Spath, Joachim Warschat, Hartmut Buck und Peter Ohlhausen

## Inhalt



K. Schwuchow
CIMS Center for International Management Studies, Hochschule Bremen, Bremen, Deutschland
E-Mail: karlheinz.schwuchow@hs-bremen.de

D. Spath · J. Warschat · H. Buck · P. Ohlhausen (✉)
Fraunhofer-Institut für Arbeitswirtschaft und Organisation (IAO), Stuttgart, Deutschland
E-Mail: Dieter.Spath@iao.fraunhofer.de; joachim.warschat@iao.fraunhofer.de; hartmut.buck@iao.fraunhofer.de; Peter.Ohlhausen@iao.fraunhofer.de

© Der/die Autor(en), exklusiv lizenziert durch Springer-Verlag GmbH, DE, ein Teil von Springer Nature 2022

M. Hennecke, B. Skrotzki (Hrsg.), *HÜTTE Band 2: Grundlagen des Maschinenbaus und ergänzende Fächer für Ingenieure*, Springer Reference Technik,
https://doi.org/10.1007/978-3-662-64372-3_86

**Zusammenfassung**

Projektmanagement ist ein Werkzeug um singuläre Aufgaben interdisziplinär und unternehmensübergreifend strukturiert zu bearbeiten, die einmalig und extrem bedeutsam für das Unternehmen sind sowie nicht einfach in der bestehenden Linienorganisation bearbeitet werden können. Unter Projektmanagement versteht man ein Konzept für die Leitung eines komplexen Vorhabens und die Institution, die dieses Vorhaben leitet.

## 32.1 Grundlagen des Projektmanagement

Seit den 1990er-Jahren richten immer mehr Unternehmen ihre aufbau- und ablauforganisatorische Organisation nach Gesichtspunkten des Projektmanagements aus (Bullinger 1990). Gerade im Produktentstehungsprozess setzt sich die Abkehr von starr getrennten Aufgaben und Tätigkeiten in funktional definierten Abteilungen hin zu einer teamorientierten Projektarbeit immer mehr durch.

Projektmanagement ist in verschiedenen Ausprägungsstufen realisierbar. Angefangen bei der Festlegung von Projekten ohne Änderung der organisatorischen Abläufe über das Einfluss- und Matrix-Projektmanagement bis hin zur durchgängigen Projektorganisation des Unternehmens sind viele Mischformen möglich.

Die wesentlichsten Merkmale eines auf den Entwicklungsprozess neuer Produkte angepassten Projektmanagements sind:

- frühe Integration der Bereiche,
- durchgängiger Informationsfluss,
- bereichsübergreifende Teams,
- angepasste Planung und Steuerung,
- klare Kompetenzzuteilung für Projekt und Linie,
- Entkopplung des magischen Dreiecks (Zeit-Qualität-Kosten),
- Integration von Qualitätssicherung in die Produktentstehung,
- Integration externer Partner in den Entwicklungsprozess und
- Senkung von Reibungsverlusten und Änderungsaufwand.

Die Projektabwicklung und damit auch ihre Planung und Steuerung läuft in einem organisatorischen Rahmen ab. Um ein reibungsloses Ineinandergreifen von Planung, Steuerung und Organisation zu gewährleisten, müssen diese aufeinander abgestimmt sein. Dazu sollte die Gestaltung der Planung und Steuerung soweit wie möglich der Organisation des Unternehmens entsprechen. Jedoch müssen auch die organisatorischen Rahmenbedingungen an die Planungs- und Steuerungsmethode angepasst werden. Die gemeinsame Optimierung sollte mit Blick auf einen integrierten Entwicklungsablauf erfolgen.

## 32.2 Wesentliche Definitionen des Projektmanagements

### 32.2.1 Das „Projekt"

Ein Projekt ist eine einmalige, komplexe Aufgabe, das auf einer Zielsetzung beruht, die meist aus grundsätzlichen Entscheidungen im Rahmen der strategischen Unternehmensplanung getroffen wurden. Die Ziele eines Projekts sind innerhalb einer zeitlichen Begrenzung mit einem aufgabenspezifischen Budget zu erreichen (Schelle et al. 2005).

Die Projektmerkmale stellen eine mögliche Abgrenzung des Projekts gegenüber anderen Aufgaben im Unternehmen dar. Diese sind:

- Zeitliche Begrenzung der Aufgabenstellung
- Komplexe, nicht routinemäßige Aufgabe
- Klare und eindeutige Ziele, die relativ neuartig sein können
- Aufgabenteilung erfordert Teamarbeit
- Loslösen von Ressort- und Abteilungsdenken
- Eigenständige Projektorganisation
- Verantwortlicher Leiter

Projekte können unterschiedlich eingeteilt werden. Eine Möglichkeit der Projekteinteilung ist die Einteilung in drei Bereiche (klein, mittel, groß) mit den Faktoren Projektgröße und Projektkomplexität:

- Kleines Projekt (z. B. Planung eines neuen Produkts für ein Unternehmen der Antriebstechnik).
- Mittleres Projekt (z. B. Konzeption und Erstellung einer neuen Fertigungsstätte).
- Großes Projekt (z. B. Erweiterung eines Flughafens).

Bei dieser Art der Einteilung muss die Größe des Unternehmens ebenfalls betrachtet werden, da die Größen (groß, mittel, klein) in Bezug auf das Unternehmen (das ebenfalls „klein", „mittel" oder „groß" sein kann) definiert werden und bei der auch die Anzahl der Mitarbeiter eines Projekts herangezogen werden können.

Eine weitere Möglichkeit Projekte einzuteilen ist eine Kategorisierung nach Forschungs- und Entwicklungsprojekten (z. B. Auftragsentwicklung im Sondermaschinenbau, Medikamentenentwicklung), Planungs- und Entwurfsprojekten (z. B. Erstellung eines Marketingkonzepts), Investitionsprojekten (z. B. Anschaffung einer Anlage, Aufbau einer Fertigungsstätte) und Organisationsprojekten (z. B. Optimierung von Fertigungsprozessen) (Eversheim 1989).

### 32.2.2 Das „Projektmanagement"

Ein Projekt, als Vorhaben, das durch die Einmaligkeit seiner Rahmenbedingungen im Hinblick auf seine zeitliche und kapazitätsmäßige Begrenzung, Komplexität, Größe und Anzahl der beteiligten Stellen gekennzeichnet ist, ist ein soziotechnisches System.

Das Projektmanagement ist die Leitung dieses soziotechnischen Systems in personen- und sachbezogener Hinsicht mithilfe von professionellen Methoden. In der sachbezogenen Dimension des Managements geht es um die Bewältigung der Aufgaben, die sich aus den obersten Zielen des Systems ableiten, in der personenbezogenen Dimension um den richtigen Umgang mit allen Menschen, auf deren Kooperation das Management zur Aufgabenerfüllung angewiesen ist.

Somit bedeutet Projektmanagement die Leitung eines Projekts und die das Projekt leitende Institution. Mit Hilfe des Projektmanagements werden alle Einzelaktivitäten eines Projekts koordiniert. Die Koordination ordnet die einzelnen Aktivitäten in entscheidungslogische Zusammenhänge, indem sie unter Berücksichtigung einer Koordinationseffizienz die einzelnen Bausteine integriert und gegebenenfalls harmonisiert. Für Schwarzer et al. (1995) resultiert aus der Arbeitsteilung die Notwendigkeit zur Koordination, also die Abstimmung auf ein Ziel, i. S. der Kooperation hinsichtlich des gemeinsamen Ziels. Im gleichen Kontext sieht Frese (Frese 2012) die Koordination als die Ausrichtung von Einzelaktivitäten in einem arbeitsteiligen System auf ein übergeordnetes Gesamtziel. Die im angloamerikanischen Sprachgebrauch gebräuchliche Definition von Malone (Malone und Crowston 1994) bezieht den handelnden Mensch oder Akteur mit in die Betrachtung ein: „ . . . a body of principles about activities can be coordinated, that is, about how actors can work together harmoniously . . .". Koordination ist die Ausrichtung der Leistungen einzelner Organisationsmitglieder und -einheiten auf das gemeinsame Organisationsziel (Frese 2012).

Für die Unternehmensleitung ist das Projektmanagement damit ein Koordinations- und Leitungsinstrument, das die Zukunft überschaubar macht und damit die Führungsaufgaben erleichtert.

Probleme, die während des Projektablaufs auftreten und das planmäßige Erreichen der drei Hauptziele (Leistung, Gesamtkosten und Endtermin) in Gefahr bringen, können mit den Methoden des Projektmanagements leichter erkannt und gelöst werden. Dies ist notwendig, da mit dem Trend zur Übertragung von möglichst großen Auftragseinheiten durch den Auftraggeber an den Auftragnehmer und der Tendenz zu immer kürzeren Realisierungszeiten das Auftragnehmerrisiko stark zugenommen hat.

Dies erfordert meist eine eigenständige Projektorganisation, in deren Folge auch eine Loslösung vom Ressort- und Abteilungsdenken notwendig ist. Ein der Unternehmensleitung

(Auftraggeber) gegenüber verantwortlicher Projektleiter koordiniert und leitet das Vorhaben und das Projektteam.

## 32.3 Rollen im Projekt

In einem Projekt sind eine Vielzahl von Personen und Personengruppen beteiligt. Diese Personen können Angehörige des Unternehmens aber auch Mitarbeiter anderer Unternehmen sowie öffentlichen Einrichtungen wie auch Forschungsorganisationen sein. Das Zusammenspiel der Beteiligten, insbesondere das Zusammenspiel vom Projektleiter und seinem Team, ist einer der wichtigsten Erfolgsfaktoren im Projektmanagement.

### 32.3.1 Projektleiter

Der Projektleiter stellt zu Projektbeginn in Abstimmung mit den jeweiligen Linienvorgesetzten die Mitglieder seines Projektteams zusammen. Er beruft das Projektteam zu der ersten Besprechung ein. Damit konstituiert sich das Projektteam. In Abstimmung mit den Teammitgliedern legt der Projektleiter die Regelung der Arbeitsteilung und Informationswege sowie die Art und Weise der Dokumentation der Teilergebnisse fest.

Zentrale Aufgabe des Projektleiters ist es, das Projekthandbuch kontinuierlich zu führen und die Planung stets auf einem aktuellen Stand zu halten. Somit stellt er die Informationszentrale im Projekt dar.

Im Verlauf des Projekts beruft der Projektleiter bei Bedarf und an jedem Meilenstein (oder anderen wichtigen Ereignissen) Projektteam-Besprechungen ein. Entsprechend der zu behandelnden Themen entscheidet er, welcher zusätzlicher Personenkreis beteiligt sein soll. Weiterhin setzt er die Gesprächspunkte des Meetings fest und leitet die Sitzung.

Die Aufgaben des Projektleiters als Ansprechpartner für alle mit dem Projekt in Zusammenhang stehenden Probleme und Aufgaben konzentrieren sich auf

- die Koordination und zielgerichtete Steuerung des Projektteams zur Sicherstellung der Einhaltung der Zeit- und Kostenziele des Projekts
- die Delegation der anfallenden Aufgaben an das Projektteam
- Entscheidungen über für das Projekt relevante Änderungen gemäß dem ihm eingeräumten Entscheidungsrahmen
- die Lösung von Konflikten innerhalb des Projektes und mit den Linienverantwortlichen der Mitarbeiter des Projektteams
- der Vorbereitung und Moderation der Projektsitzungen (insbesondere die Sitzungen des Lenkungskreises und des Kernteams)
- die Gewährleistung des aktuellen Informationsstands der Unternehmungsleitung.

Damit fungiert der Projektleiter als Integrationsfigur: er ist die entscheidende Führungspersönlichkeit im Projekt. Er muss bereichsübergreifend koordinativ tätig sein. Um im Projekt erfolgreich zu sein, sollte er einige grundsätzliche Fähigkeiten besitzen:

- persönliche Fähigkeiten (z. B. Kommunikationsbereitschaft, Führungsgeschick, Integrations- und Koordinationsfähigkeit, Entscheidungsfreudigkeit),
- systematische Arbeitsmethodik,
- fachübergreifendes Wissen als Systemintegrator und
- einen Kenntnisschwerpunkt entsprechend den speziellen fachlichen Anforderungen des Projekts.

### 32.3.2 Projektteam

Für jedes Projekt ist zu Beginn ein Projektteam zu bilden, in dem alle betroffenen Fachabteilungen vertreten sein sollten. Die Zusammensetzung des Projektteams richtet sich nach der Art des Projektes und kann von Projekt zu Projekt unterschiedlich sein. In Abhängigkeit von den Projektzielen sollten die Kernbereiche des Unternehmens, also Marketing, Vertrieb, Entwicklung, Fertigung und Qualitätssicherung durch jeweils eine Fachkraft vertreten sein. Je nach Art des Projekts werden Spezialisten aus anderen Abteilungen hinzugezogen.

Damit bei umfangreichen Projekten das Team nicht durch seine Größe unflexibel wird, kann es sinnvoll sein, mehrstufige Projektteams einzurichten. Dies bedeutet, dass einige Mitglieder des Projektteams eine eigene Arbeitsgruppe darstellen, in der sie spezielle Probleme des durch sie vertretenen Fachgebietes bearbeiten.

Die Aufgaben des Projektteams und seiner Mitglieder bestehen im Wesentlichen in der

- Strukturierung und Planung der jeweiligen für das Erreichen der Projektziele notwendigen Aufgaben
- Bearbeitung der Aufgaben der Arbeitspakete gemäß der geplanten Projektstruktur
- projekt- und bereichsinternen Weitergabe projektrelevanter Informationen (Projektstatus, Projektänderungen, Probleme und Lösungen) über die jeweiligen Projektsitzungen.

Im Projektteam sollte jedes Mitglied die Belange seines Fachgebietes vertreten und von Beginn an die Verantwortung dafür tragen. In der Arbeit des Projektteams sollten dann die Interessen und Forderungen der Fachabteilungen auf das übergeordnete Projektziel hin ausgerichtet werden. Daher sollten Projektteammitglieder folgende Anforderungen erfüllen:

- Teamfähigkeit,
- Kooperationsbereitschaft,
- Akzeptanz für die Anforderungen anderer Bereiche und
- Verständnis für die Anforderungen des Projektmanagements.

Um eine zügige Realisierung komplexer Projekten zu gewährleisten, wird häufig eine mehrstufige Projektorganisation eingesetzt. Ihr Grundaufbau gliedert sich in die drei Ebenen „Lenkungskreis", „Kernteam" und „Fachgruppen":

- Der Lenkungskreis setzt sich aus dem Projektleiter und den wichtigsten Führungskräften des Unternehmens zusammen. Er übernimmt die Zielfestlegung für das Projekt, bewertet den Projektfortschritt und setzt neue Ziele.
- Das Kernteam wird aus dem Projektleiter, den Teilprojektleitern, sowie direkt und indirekt betroffenen Mitarbeitern gebildet. Neben der gestalterischen Aufgabe kommt dem Kernteam im weiteren Verlauf des Projekts vor allem die Erarbeitung und Koordination der Schwerpunktthemen sowie eine steuernde Funktion im Rahmen der Umsetzungsbegleitung zu. Bei den Schwerpunktthemen handelt es sich um Fragestellungen, für deren Lösung u. a. das spezifische Wissen der betroffenen Mitarbeiter notwendig ist. Es sollen auf Basis der Schwerpunktthemen Maßnahmen zur Lösung der Fragestellungen erarbeitet und die operative Umsetzung verantwortlich durchgeführt bzw. unterstützt werden. Dem Kernteam ist es freigestellt zu besonderen Fragestellungen zeitlich begrenzte Fachgruppen einzuberufen, die diese Fragestellungen fokussiert lösen. Die erreichten Ergebnisse werden im Kernteam konsolidiert.
- Die Fachgruppen bilden die dritte Ebene der Projektorganisation. Sie werden situations- und bedarfsorientiert zur Lösung fokussierter Fragestellungen eingesetzt. Die Fachgruppen werden durch jeweils ein Mitglied des Kernteams geleitet. Weitere Fachgruppenmitglieder werden entsprechend der zugeordneten Aufgaben ausgewählt. Direkt betroffene Mitarbeiter werden eingebunden, um die Akzeptanz der erarbeiteten Ergebnisse zu erhöhen.

Darüber hinaus existieren noch weitere Projektrollen und Gremien. Grundsätzlich kann zwischen formalen Rollen, wie z. B. Projekt Controller, Projektstakeholdern, Programm Manager, funktionalen Rollen, wie z. B. Moderator, Stratege, Krisenmanager, und sozialen Rollen, wie z. B. Motivator, Multiplikator, Informant, Entertainer, unterschieden werden (Keßler und Winkelhofer 2004). Die formalen Rollen werden für die Projektarbeit in einer sog. Verantwortlichkeitsmatrix zusammengeführt, mit deren Hilfe die Aufgaben, Kompetenzbereiche und Verantwortlichkeiten eines Projektes bestimmt werden. (Schelle et al. 2005)

## 32.4 Aufbauorganisation

Projekte sind fast immer in eine Basisorganisation, sog. Linien- oder Stammorganisation eingebunden. Organisation und Führung sind die grundsätzlichen Leitungsfunktionen, mit deren Hilfe das Verhalten der Projektmitglieder so strukturiert und koordiniert wird, dass die in der Unternehmenspolitik umrissenen und in der Planung konkretisierten Ziele und Maßnahmen realisiert werden können.

Organisation und Führung hängen eng zusammen, d. h. sie beeinflussen sich gegenseitig und müssen untereinander widerspruchsfrei sein. Ihr grundsätzlicher Unterschied liegt in der Form, in der die Verhaltenserwartungen gegenüber den Mitarbeitern gefestigt und durchgesetzt werden.

Organisieren heißt: Formalisieren (formales Regeln) von Verhaltenserwartungen. „Formal" sind Regelungen, die durch dazu legitimierte Personen (Kerngruppe) in einen bewussten Gestaltungsakt gesetzt, unpersönlich, d. h. unabhängig von bestimmten Individuen als gültig erklärt und (meist) schriftlich fixiert sind. Damit werden durch formale Regelungen, also die Festlegung von Entscheidungskompetenzen (Inhalte und Umfänge), hierarchische Ordnung, Aufgabenteilung, Koordination, Kommunikations- und Informationsstrukturen, eine längerfristig gültige Organisationsstruktur der Unternehmung festgelegt (Frese 2012).

Führen heißt: Persönliche Beeinflussung des Verhaltens anderer Individuen oder einer Gruppe in Richtung auf gemeinsame Ziele, die Unternehmungs- oder Projektziele. Die Verhaltungserwartungen werden hier nicht durch formale Regelungen durchgesetzt, sondern sie werden erreicht mithilfe von (Frese 2012):

- Fachautorität (Argumente),
- Persönlichkeitsautorität (Ausstrahlung) und
- Positionsautorität (Sanktionsgewalt).

Bei der Projektorganisation wird grundlegend zwischen drei Organisationsformen unterschieden (Schelle et al. 2005):

- Einfluss (= Stabs) projektorganisation
- Reine (= autonome) Projektorganisation
- Matrixorganisation

In der Einflussprojektorganisation hat der Projektleiter eine Stabsfunktion. Damit besitzt der Projektleiter gegenüber anderen Stellen der Linienorganisation keine Weisungsbefugnisse. Der Projektleiter hat nur Koordinationsbefugnisse, sodass er nur über sein Verhandlungsgeschick und seine fachliche Autorität das Projekt beeinflussen kann. Wichtige Entscheidungen werden nicht von ihm getroffen. In dieser Organisationsform fungiert der Projektleiter als Informationssammler und -verteiler sowie als Entscheidungsvorbereiter, sodass zwar auf der einen Seite dieser Projektorganisation zwar sehr geringe organisatorische Eingriffe verbunden sind, auf der anderen Seite aber bei Projektstörungen auch keine schnelle Reaktion möglich ist.

Bei der reinen Projektorganisation ist der Projektleiter für die Entscheidungen im Projekt verantwortlich. Er steht an der Spitze einer Organisationseinheit, der alle Projektmitarbeiter zugeordnet werden. Zwischen den Projektabteilungen und den funktionalen Abteilungen entstehen kaum Konflikte, da zum einen die projektbezogenen Einsatzmittel direkt dem Projekt zugeordnet werden können und der Projektleiter gleichzeitig der disziplinarische Vorgesetzte der Projektbeteiligten ist. Auf der anderen Seite kann die Re-Integration der Projektbeteiligten in die Linienorganisation nach Abschluss eines Projektes unter Umständen mit Problemen verbunden sein.

Bei der Matrixorganisation, der am häufigsten vorkommenden Projektorganisation, werden Befugnisse und Verantwortung zwischen den Fachabteilungen und den Projektinstanzen aufgeteilt. Damit haben die Projektmitarbeiter zwei disziplinarische Vorgesetzte, den Linienvorgesetzten und den Projektleiter, sodass automatisch Konflikte zwischen Fach-/Linienabteilung und Projektleitung entstehen. Sofern diese Konflikte konstruktiv genutzt werden können, fallen kaum organisatorische Umstellkosten an und die Projektmitarbeiter können aufgrund des Verbleibs in ihren Fachabteilungen ihre Qualifikation weiter entwickeln.

Die Globalisierung und die neuen Kommunikationstechniken haben einen eindeutigen Einfluss auf die Projektorganisationen ausgeübt. Modernere Organisationsformen von Projekten sind hauptsächlich durch Flexibilität, Dezentralisierung und Autonomie gekennzeichnet.

Diese Trends werden in neuen Arbeitsvorgängen wahrgenommen, wie das Work at Distance oder das aktuell diskutierte Homeworking. In solchen Fällen sinken die Kosten mit der Struktur und die Reaktionszeiten verkürzen sich. Demgegenüber wächst die Kapazität des Projektsystems und die Anzahl von Projektalternativen. Diese Bedingungen favorisieren die Entstehung von agileren Projektorganisationen, beispielsweise die Netzwerk- und die fraktale Projektorganisationen.

Die Netzwerk-Projektorganisationen sind vordergründig durch die physische oder funktionelle Entfernung ihrer Einheiten gekennzeichnet. Sie erlauben schnelleren Zugriff auf Informationen, weisen informellere Verbindungen zwischen ihren Elementen auf und können nach Bedarf schnell zu- oder abnehmen. Außerdem ersparen sie die mit der Aufrechterhaltung und Wartung einer permanenten Struktur verbundenen fixen Kosten. Dadurch wird nicht nur der Aufwand von der zentralen Projektorganisation entlastet, sondern mehr Kreativität und Vielfältigkeit gefördert. Auf der anderen Seite kann diese erweiterte Autonomie zu größeren Schwierigkeiten mit der Koordinationsarbeit im Projektsystem führen. Deswegen werden bei der Auswahl von einem Projektmanager für eine Netzwerk-Projektorganisation besondere Kompetenzen bezüglich Führung und Umgang mit Fernarbeit erwartet.

In den fraktalen Projektorganisationen ist die Struktur des ganzen Projekts durch eigenständige Projekteinheiten bzw. Projektmitglieder gesetzt, die sich selbst verwalten, optimieren und kontrollieren (Warnecke 1999). Diese Einheiten sind durch drei Eigenschaften gekennzeichnet: Selbstorganisation (eine Operation oder Regeneration erfordert keinen Eingriff von einer höheren Autorität), Selbstähnlichkeit (jede Einheit besitzt ähnliche Ziele und Kompatibilität zu Dritten), Selbstoptimierung (jede Einheit leistet interne Verbesserungen). Fraktale Projektorganisationen tendieren zu einer höheren Autonomie, Selbstkontrolle und Expansions- bis zu Reproduktionsmöglichkeiten. Sie eignen sich insbesondere für Projekte in einem dynamischen Umfeld, die stets mit neuen Risiken, Opportunitäten und Anpassungsbedarf konfrontiert werden.

## 32.5 Projektplanung, -steuerung und -abschluss

Eine gute Planung und der Projekterfolg stehen in einem engen Zusammenhang. Die Komplexität heutiger Projekte und die zunehmende Dynamik aller Projektparameter zwingen zu gezielter und bewusster Planung. Projektplanung kann als die systematische Informationsgewinnung über den zukünftigen Ablauf des Projektes und die gedankliche Vorwegnahme des notwendigen Handelns im Projekt verstanden werden.

Die Planung beginnt mit dem Ermitteln aller zukünftigen Aktivitäten, die zur Erreichung des Projektzieles beitragen. Dabei ist es wesentlich, die besonders wichtigen Aktivitäten zu erkennen. Da Planung in die Zukunft gerichtet ist, beruht sie grundsätzlich auf unvollständigen Informationen und ist daher immer mit Unsicherheit behaftet. Planung im Projekt findet auf vier Ebenen statt (Schelle):

- Organisation des Projektes,
- technischer Inhalt des Ergebnisses,
- technischer Prozess der Ergebnisstellung und
- Ablauf des Projektes.

Unter „Projektplanung" wird hier die operative Planung des Ablaufs mit der Ermittlung von Aufwand, Kapazitäten und Terminen verstanden. Zu den Schwerpunktaufgaben zählen:

- Projektstrukturplanung (Zerlegung der Gesamtaufgabe in sinnvolle Teilaufgaben),
- Definition von Arbeitspaketen,
- Ablaufplanung (Festlegung der logischen Ablauffolge für die Arbeitspakete) und
- Planung von Sachleistungen (End-, Zwischenergebnisse), Ressourcen (Personal etc.), Terminen und Kosten.

Das wichtigste Prinzip der Projektplanung ist die Strukturierung der Aufgaben eines Projekts vor dem Hintergrund der verfolgten Ziele. Durch die Zerlegung der Gesamtaufgabe in kleinere

Aufgaben mithilfe des sogenannten Projektstrukturplans wird eine effektive und effiziente Projektsteuerung ermöglicht. Oberstes Ziel der Projektplanung ist die Ermittlung realistischer Sollvorgaben für Aufwand, Kapazität und Termine des Projektes sowie von Einzelschritten der Projektdurchführung im Rahmen der gegebenen Randbedingungen.

Der Steuerung des Projektes kommt eine besonders große Bedeutung zu. Während Projektorganisation, Phaseneinteilung und Zieldefinition schwerpunktmäßig zu Beginn des Projektes liegen und die Planung von Aufwand und Terminen an bestimmten Fixpunkten erfolgt, beschäftigt die Projektsteuerung den Projektleiter während der gesamten Laufzeit des Projektes.

Die Planung kann den Projektablauf nur theoretisch vorwegnehmen, sodass sie immer mit Fehlern behaftet sein wird. Diese führen zu Abweichungen zwischen dem realen Projektablauf und der Planung. Ein Projektziel kann daher nur erreicht werden, wenn die wirkungsvolle Steuerung die Abweichungen zwischen Projektplan und realem Projektablauf permanent ausgleicht. Die Projektsteuerung bezieht sich auf die drei Zielgrößen „Ergebnis", „Kosten" und „Termine" und auf die Produktionsparameter „Produktivität" und „Kapazität" des Projektes.

### 32.5.1 Projektziele

Im Allgemeinen lassen sich die vielfältigen Ziele, die mit dem Einsatz des Projektmanagements verbunden werden, auf drei grundlegende Ziele eingrenzen:

- Sachleistung (Qualitätsverbesserung),
- Termine (Termintreue) und
- Kosten (Kostenbegrenzung).

Diese Ziele können nur erreicht werden, wenn die Zusammenarbeit aller am Projekt Beteiligten gewährleistet ist, die Delegation von Verantwortung tatsächlich realisiert wird und eine Anpassung der Aufbau- und Ablauforganisation an die speziellen Probleme und Eigenarten des Projektes stattgefunden hat.

Diese Teilziele sind voneinander abhängig. So hat zum Beispiel die Verlängerung der Entwicklungszeit in der Regel eine Erhöhung der Kosten zur Folge, die Verkürzung der Entwicklungszeit meist eine Qualitätsminderung. Darum können die Teilziele nicht isoliert betrachtet werden. Dies ist vor allem bei Änderungen von Zielgrößen zu beachten. Man spricht daher auch vom „magischen Dreieck".

### 32.5.2 Projektstrukturplan

Der Projektstrukturplan ist ein Hauptinstrument für die Projektplanung, Projektsteuerung und Projektkontrolle. Zur Erstellung des Projektstrukturplans muss das Projekt in überschaubare Teilaufgaben gegliedert werden. Die Ziele des Projektstrukturplans sind:

- vollständige Übersicht über das ganze Projekt
- kleine, möglichst eigenständig zu bearbeitende Teilaufgaben
- Rahmen für Planung, Steuerung und Überwachung
- Basis für die Kontrolle der Termine, Leistungen und Kosten
- Festlegung aller für die Projektabwicklung notwendigen Ressourcen
- Überblick über die Projektkosten

Die Projektgliederung orientiert sich an den Objekten, Funktionen oder sonstigen Gesichtspunkten. Das Ergebnis ist eine hierarchische Struktur, in der die Teilaufgaben weiter untergliedert werden. Auf der jeweils untersten Ebene sind in sich geschlossene Aufgaben definiert, die einem verantwortlichen Teammitglied zugeordnet werden können. Diese Aufgaben werden als Arbeitspakete bezeichnet. Art und Umfang eines Projektstrukturplans sind projektspezifisch. Gliederungskriterien dafür sind:

- Unternehmensstruktur,
- Komplexität und Größe des Projekts,
- Auftraggeber und
- Kosten.

Folgend werden die drei Arten des Projektstrukturplans beschrieben:

- Funktions- bzw. verrichtungsorientierter Projektstrukturplan: Bei einem funktionsorientierten Projektstrukturplan stehen Aufgaben zur Projektplanung und Realisierung im Vordergrund. Diese werden untergliedert. Der Projektgegenstand verliert seine Konturen.
- Objektorientierter Projektstrukturplan: Der Projektgegenstand wird entsprechend seiner Systemgliederung in Teil- und Untersysteme, Hauptbaugruppen, Baugruppen etc. unterteilt. Die objektorientierte Struktur wird auch als ergebnis- oder erzeugnisorientiert bezeichnet.
- Gemischt-orientierter Projektstrukturplan: Meist wird jedoch eine Kombination von objekt- und funktionsorientierter Struktur angewandt. Sie bietet den höchsten Erfüllungs- und Anpassungsgrad. Der Projektstrukturplan wird vom Projektleiter gemeinsam mit dem Projektteam erarbeitet. Dabei kann ein Standard-Projektstrukturplan oder der Projektstrukturplan eines Vorgängerprojektes als Ausgangsbasis dienen, darf aber nicht ohne weiteres übernommen werden, da jedes Projekt spezifische Eigenheiten aufweist. In der Grobplanungsphase genügen zunächst wenige Gliederungsebenen. Es muss aber die Aufgabenstellung in ihrer Gesamtheit erfasst werden. Im Laufe des Planungsprozesses wird der Projektstrukturplan weiter detailliert, bis alle Arbeitspakete festgelegt sind.

Für jedes Arbeitspaket wird ein Verantwortlicher bestimmt werden. Die Arbeitspakete dienen als Basis für die Auftragserteilung. Die Arbeitspakete stellen den Orientierungspunkt für die Projektplanung, Projektüberwachung und Projektsteuerung der Termine, Kosten und Leistungen dar.

Aufgaben, die eine mögliche Gefährdung des Projekts darstellen, müssen soweit untergliedert werden, dass eine Risikoanalyse möglich ist. Daraus resultiert auch die Größe der Arbeitspakete. Die Anzahl der Arbeitspakete beeinflussen den Steuerungsaufwand. Eine zu große Menge von Arbeitspaketen lässt sich zeitlich nicht mehr bearbeiten, selbst mit dem Hilfsmittel EDV nicht. Deshalb sollten Großprojekte in übersichtliche Teilprojekte untergliedert werden, die besser handhabbar sind. Dies erfordert auch eine entsprechende Projektorganisation, in der die Teilprojektleiter bzw. die Verantwortlichen für größere Aufgabenpakete zum einem mit der gleichen Arbeitssystematik und Hilfsmitteln ausgestattet werden und zum anderen, dass die Koordination dieser Schnittstellen – dies gilt besonders bei standortübergreifenden Aufgaben – durch entsprechende Entscheidungs- und Kommunikationsregeln erreicht wird.

Der Projektstrukturplan stellt die Basis für die Projektsteuerung und Projektüberwachung errichtet (Schelle et al. 2005).

### 32.5.3 Projektsteuerung

Die Projektsteuerung erfolgt mithilfe der Überwachung des Leistungsfortschritts, der Terminüberwachung, einer Überwachung der eingesetzten Ressourcen sowie in der Regel der Earned-Value-Analyse.

Bei der Überwachung des Leistungsfortschritts, wird der Projektfortschritt, also der Stand des Projektes in Bezug auf die Zielerreichung zu einem bestimmten Projektzeitpunkt im Vergleich zur Planung gemessen. Dies erfolgt mithilfe des Fertigstellungs- oder Fortschrittsgrads und dem Fertigstellungswert. Der Fertigstellungswert entspricht den Soll-Kosten einer Ist-Leistung (Earned Value, Soll-Kosten der Ist-Leistung, Budgeted Cost of Work Performed). Vom Fertigstellungsgrad der Betrachtungseinheiten kann auf den Gesamtfertigstellungsgrad bzw. Gesamtfortschrittsgrad geschlossen werden (Fleming und Koppelman 2005).

Der auf Basis des Projektstrukturplans erstellte Terminplan bestimmt den für die Terminüberwachung herangezogenen Netzplan, in dem der Status der geplanten Vorgänge (Anfangs- und Endzeitpunkte der geplanten, gestarteten und abgeschlossenen Vorgänge) und Anordnungsbeziehungen (Vorgänger- Nachfolger-Beziehungen) grafisch dokumentiert werden. Der mithilfe der

**Tab. 1** Kennzahlen zur Analyse von Projekten (Demleitner 2014)

| Kennzahl | Abkürzung | Formel |
|---|---|---|
| PLAN-Kosten<br>*Budgeted Cost of Work Scheduled* | PK oder<br>*BCWS* | PLAN-Menge × PLAN-Preis |
| IST-Kosten<br>*Actual Cost of Work Performed* | IK oder<br>*ACWP* | IST-Menge × IST-Preis |
| SOLL-Kosten<br>*Budgeted Cost of Work Performed* | SK oder<br>*BCWP* | SOLL-Menge × Plan-Preis |
| Projektbudget<br>*Budget at completion* | PB oder<br>*BAC* | PK bei PLAN-Termin Fertigstellung |
| SOLL-Menge | SM | PLAN-Menge × IST-FG [%] |
| IST-Fortschrittsgrad [%] | IST-FG | (1-RK/PK) × 100 oder<br>(IK/GK-prog) × 100 |
| Abweichung Gesamtkosten | $\delta$K | IK-PK |
| Leistungsvarianz<br>*Schedule Variance* | LV oder<br>*SV* | SK-PK oder<br>*BCWP-BCWS*<br>LV < 0 → Leistungsverzug |
| Kostenvarianz<br>*Cost Variance* | KV oder<br>*CV* | SK-IK oder<br>*BCWP-ACWP*<br>KV < 0 → Kostenüberschreitung |
| Leistungsvarianz [%] | LV [%] | (LV/PK) × 100 |
| Kostenvarianz [%] | KV [%] | (KV/SK) × 100 |
| Leistungsindex<br>*Schedule Performance Index* | LI [%] *SPI* | (SK/PK) × 100<br>*BCWP/BCWS* |
| Kostenindex<br>*Cost Performance Index* | KI [%] *CPI* | (SK/IK) × 100<br>*BCWP/ACWP* |
| Preiseffekt | EP | IST-Menge × (IST-Preis – PLAN-Preis) |
| Preisindex | PI [%] | (IST-Preis-PLAN-Preis)/PLAN-Preis |

**Tab. 2** Kennzahlen zur Prognose von Projekten (Demleitner 2014)

| Kennzahl | Abkürzung | Formel |
|---|---|---|
| Restaufgaben [%] | Rest [%] | 100 % – IST-FG [%] |
| Restkosten | RK | Rest [%] × (IK/IST-FG [%]) |
| Prognostizierte Gesamtkosten<br>*Estimate at completion* | GK-prog. oder<br>*EAC* | IK + RK oder<br>PB/KI [%] |
| Prognostizierte Gesamtdauer | T-ges. prog. | PLAN-Dauer/LI [%] |
| Restdauer | T-Rest. | T-ges. prog – IST-Dauer |

Vorwärts und Rückwärtskalkulation errechnete kritische Pfad bestimmt jene Aufgaben, auf deren Termineinhaltung besonders geachtet werden muss, weil die Nichteinhaltung von Terminen auf dem kritischen Pfad eine Nichteinhaltung des Projektendzeitpunkts mit sich bringt. Für die Überwachung der Termineinhaltung werden Terminüberwachungslisten und Meilensteintrendanalysen herangezogen (Schreckeneder 2010) (Tab. 1, 2).

### 32.5.4 Projektabschluss

Die Earned-Value-Analyse ist eine integrierte Methode zur Kostenüberwachung – und -prognose. Neben einer vollständigen Planung des Projekts (Leistung, Aufwände, Termine und Kosten) ist die stichtagsbezogene Erfassung der Ist-Situation, also die Ermittlung der Plan-Kosten (geplante Kosten für die geplante Leistung, Planned Value, BCWS = Budgeted Costs of Work Scheduled),

**Tab. 3** Kennzahlen zur Bewertung von Projekten (Demleitner 2014)

| Kennzahl | Abkürzung | Formel |
|---|---|---|
| Umsatz | U | Projektvolumen |
| Deckungsbeitrag | DB-PLAN | U-PB |
| Deckungsbeitrag [%] | DB-PLAN [%] | DB-PLAN/U |
| Deckungsbeitrag prog. | DB-prog. | DB-PLAN – (GK prog. – PB) |
| Deckungsbeitrag prog. [%] | DB-prog. [%] | DB-prog./U |
| Liquiditätsbeanspruchung | LB | Min. (EIN-AUS)kum + Bürgschaften |
| Liquiditätsbeanspruchung [%], V1 | LB 1 [%] | LB/PB |
| Liquiditätsbeanspruchung [%], V2 | LB 2 [%] | LB/U |
| Anteil Personalkosten | Pers-K [%] | Pers-K/Gesamtkosten |
| Anteil Materialkosten | Mat-K [%] | Mat-K/Gesamtkosten |
| Anteil Fremdleistungen | FK [%] | FK/Gesamtkosten |
| Termintreue | TT [%] | (PLAN-Dauer – Verzug)/PLAN-Dauer × 100 |
| Meilenstein-Quote | MS [%] | (Anz. MS < 1 Woche)/Anz. MS × 100 |
| Zahlungsziele (EIN) | ZZ [%] | (Anz. Re-Abw. < 1 Woche)/Anz. Re × 100 |
| Risiko-Quote | RQ [%] | Anz. eingetretene Risiken/Anz. prognostizierte Risiken × 100 |

der Soll-Kosten (geplante Kosten für die erbrachte Leistung, Earned Value, BCWP = Budgeted Costs of Work Performed) und der Ist-Kosten (tatsächliche Kosten für die erbrachte Leistung, Actual Costs, ACWP = Actual Costs of Work Performed) von Bedeutung. Auf Basis dieser Ist-Situation kann der Leistungsindex (SPI = Schedule Performance Index, Indikator für den tatsächlichen zeitbezogenen Leistungs- bzw. Projektfortschritt), der Kostenindex (CPI = Cost Performance Index, Index zur Messung der Effizienz des Ressourceneinsatzes) sowie verschiedene Indikatoren im Hinblick auf die Prognose des weiteren Projektverlaufs berechnet werden (Schreckeneder 2010).

In den nachfolgenden Tabellen 1, 2 und 3 sind gängige Kennzahlen zur Analyse, Prognose und Bewertung von Projekten zusammengefasst.

In Abhängigkeit von den während des Projektverlaufs berechneten Kennzahlen und dem damit berechneten Projektstatus, werden dann Maßnahmen ergriffen, die sich auf eine Anpassung der Ressourcen (Aufwände), der Projektziele (Leistungen) und auf eine Erhöhung der Produktivität beziehen können. Maßgeblich ist dabei, dass Kennzahlen nicht einzeln, sondern immer im Zusammenhang mit anderen Kennzahlen und vor dem Hintergrund der jeweiligen Projektsituation betrachtet werden müssen.

Während des Projektabschlusses werden die erzielten Projektergebnisse vom Kunden (intern oder extern) abgenommen und die relevanten Projektabschlussdokumente, vor allem der Abschlussbericht erstellt. Besondere Bedeutung beim Projektabschluss hat die Auswertung und Beurteilung des Projekts in Bezug auf „Lessons Learned", um die mit dem Projekt verbundenen Erfahrungen als Lernpotenziale für zukünftige Projekte zu sichern.

## 32.6 Zertifizierung des Projektmanagers

Der Aufbau von Fähigkeiten im Projektmanagement bezieht sich auf vielfältige Disziplinen. Neben den eigentlichen Techniken und Methoden des Projektmanagements sind die sogenannten Soft Skills von hoher Bedeutung. Die Qualifizierung im Projektmanagement kann über vielfältige

Bildungseinrichtungen erfolgen. Die Qualifizierung bezieht sich dabei immer auf die Kerndisziplinen des Projektmanagements, die für einen Projektmanager unentbehrlich sind, wie z. B. Projektplanung und -controlling, Personal-, Qualitäts-, Kommunikations- und Risikomanagement.

Während sich die Qualifizierung auf die Ausbildung von Personen konzentriert, richtet sich die Projektmanagement-Zertifizierung auf die formelle Anerkennung von Projektmanagementkompetenzen. Mithilfe der Zertifizierung wird die Anwendung etablierter Projektmanagement-Standards innerhalb von Unternehmen unterstützt und damit ein Beitrag dazu geleistet, dass Projekte systematisch geplant, gesteuert und abgeschlossen werden. Eine Projektmanagement-Zertfizierung ist in der Regel nur für eine begrenzte Zeit gültig und muss dann erneuert werden. Damit wird sichergestellt, dass zertifizierte Projektmanager den State-of-the-Art des Projektmanagements beherrschen.

Zu den wichtigsten Einrichtungen, die eine Zertifizierung im Projektmanagement vornehmen, zählt das amerikanische „Project Management Institute – PMI", die „International Project Management Association – IPMA", die auch die Dachorganisation für die „Deutsche Gesellschaft für Projektmanagement – GPM" darstellt.

## 32.7 Ausblick und Trends

Die vorstehend beschriebene Vorgehensweise und Rollen im Projektmanagement werden heute vielfach durch ein „agiles Projektmanagement" ergänzt bzw. abgelöst. Neben neuen Vorgehensweise (z. B. scrum) wird versucht die Mitarbeitende im Projekt stärker zu involvieren und einen generellen Projektüberblick zu erreichen. Diese sprints, daily meeting usw. greifen vielfach die Bedürfnisse der Teambeteiligten auf und erhöhen die Einbindung bzw. Bindung an das Projekt. Welche der aktuell diskutierten und verwendeten Vorgehensmodelle sich als quasi Standard durchsetzen werden ist noch nicht abzusehen. Allerdings wird ein hohes Maß an Selbstautonomie der Beteiligten gefordert (Kuster et al. 2011).

Ein weiterer Aspekt der immer mehr an Bedeutung gewinnt ist die Gestaltung eines physischen Projektraums. Hier kommen alle Beteiligten an einem Ort für die Dauer des Projektes zusammen, arbeiten am Projekt und können durch die kurzen Wege schneller auf Änderungen reagieren sowie Ideen schneller gemeinsam reflektieren und umsetzen. Dies geht einher mit einer umfassenden Ausstattung des Projektteams mit den notwendigen Hilfsmitteln.

Als letzter Aspekt ist die verteilte Projektarbeit über Standorte und Unternehmensgrenzen ein wichtiger Trend. Hier werden dann Aspekte der interkulturellen Kommunikation (Landes-, Standort- und Unternehmenskultur), Teamführung und -entwicklung immer wichtiger und bedürfen der vorausschauenden Berücksichtigung bei der Auswahl der Projektleitung sowie der Gestaltung der Projektarbeit. Ergänzt werden muss dies durch funktionierende Hilfsmittel wie videoconference-Systeme und begleitende Kulturtrainings.

## Literatur

Bullinger H-J (1990) F&E-heute, Industrielle Forschung und Entwicklung in der Bundesrepublik Deutschland. gfmt – Gesellschaft für Management und Technologie, München

Demleitner K (2014) Projekt-Controlling: die kaufmännische Sicht der Projekte. expert-Verlag, Renningen

Eversheim W (1989) Simultaneous engineering – eine organisatorische chance. In: VDI Berichte 758

Fleming QW, Koppelman JM (2005) Earned value project management. Project Management Institute, Newtown Square

Frese E (2012) Grundlagen der Organisation – entscheidungsorientiertes Konzept der Organisationsgestaltung, 10., vollst. überarb. Aufl. Gabler, Wiesbaden

Keßler H, Winkelhofer GA (2004) Projektmanagement: Leitfaden zur Steuerung und Führung von Projekten. 4., überarb. Aufl. Springer, Berlin

Kuster J, Huber E, Lippmann R, Schmid A, Schneider E, Witschi U, Wüst R (2011) Handbuch Projektmanagement. Springer, Berlin

Malone T, Crowston K (1994) The interdisciplinary study of coordination. In: ACM Computing Surveys 26 Nr. 1, S 87–119

Schelle H, Ottmann R, Pfeiffer A (2005) ProjektManager. Nürnberg, GPM (Deutsche Gesellschaft für Projektmanagment e. V.)

Schreckeneder BC (2010) Projektcontrolling: Projekte überwachen, steuern und präsentieren. Kennzahlen, Termine und Kosten im Griff. 3., überarb. Aufl. Haufe-Mediengruppe, Freiburg [Breisgau]

Schwarzer B, Zerbe S, Krcmar H (1995) Kooperation, Koordination und IT in neuen Organisationsformen. In: Helmut Krcmar (Hrsg) Arbeitspapier des Lehrstuhls für Wirtschaftsinformatik der Universität Hohenheim Nr. 93

Warnecke H-J (1999) The fractal company: a revolution in corporate culture. Springer, Berlin

# Teil X

# Normung

# Normung und Standardisierung

# 33

Christoph Winterhalter und Rüdiger Marquardt

## Inhalt



C. Winterhalter (✉)
Deutsches Institut für Normung e. V., Berlin, Deutschland
E-Mail: christoph.winterhalter@din.de

R. Marquardt
DIN Deutsches Institut für Normung e. V., Berlin, Deutschland
E-Mail: ruediger.marquardt@din.de

**Zusammenfassung**

Normung fördert die Rationalisierung und Qualitätssicherung in Wirtschaft, Technik, Wissenschaft, Verwaltung und dient der Verständigung, der Sicherheit von Menschen und Sachen, dem Umweltschutz sowie der Qualitätsverbes-

© Der/die Autor(en), exklusiv lizenziert durch Springer-Verlag GmbH, DE, ein Teil von Springer Nature 2022

M. Hennecke, B. Skrotzki (Hrsg.), *HÜTTE Band 2: Grundlagen des Maschinenbaus und ergänzende Fächer für Ingenieure*, Springer Reference Technik,
https://doi.org/10.1007/978-3-662-64372-3_81

serung in allen Lebensbereichen und dient dem Transfer von Forschungsergebnissen in die Praxis. Normen einschließlich der internationalen und europäischen DIN-Normen (DIN EN, DIN ISO) dienen dem Abbau von Handelshemmnissen weltweit in Einklang mit den WTO-Anforderungen.

Die Wirtschaft benötigt aus Kostengründen Normen und Spezifikationen auch in den sich schnell entwickelnden Technologiefeldern, in immer kürzeren Zeiträumen. DIN hat als Dienstleister für die Wirtschaft, die öffentliche Hand und die Verbraucher die Forderung nach Normen mit hoher Marktrelevanz im Zeitalter der Globalisierung angenommen. Mit der DIN SPEC (PAS) bietet DIN zugleich eine Möglichkeit, eine Spezifikation innerhalb von wenigen Monaten zu veröffentlichen und somit Wissen – gerade in innovativen Themenfeldern – schnell verfügbar zu machen.

Da DIN-Normen Empfehlungen zu einem gleichgerichteten Verhalten von unterschiedlichen Marktteilnehmern darstellen, genießen sie die besondere Aufmerksamkeit der Kartellbehörden.

## 33.1 Normung in Deutschland

### 33.1.1 Normung: eine technischwissenschaftliche und Innovationwirtschaftliche Optimierung

StandardisierungNormung ist die planmäßige, durch die interessierten Kreise gemeinschaftlich im Konsens durchgeführte Vereinheitlichung von materiellen und immateriellen Gegenständen zum Nutzen der Allgemeinheit (DIN 820-3:2014-06). Normung fördert die Rationalisierung und Qualitätssicherung in Wirtschaft, Technik, Wissenschaft, Verwaltung und dient der Verständigung, der Sicherheit von Menschen und Sachen, dem Umweltschutz sowie der Qualitätsverbesserung in allen Lebensbereichen. Normen einschließlich der internationalen und europäischen DIN-Normen (DIN EN, DIN ISO) dienen dem Abbau von Handelshemmnissen weltweit in Einklang mit den WTO-Anforderungen.

Die Wirtschaft benötigt aus Kostengründen Normen und Spezifikationen auch in den sich schnell entwickelnden Technologiefeldern, in immer kürzeren Zeiträumen. DIN hat als Dienstleister für die Wirtschaft, die öffentliche Hand und die Verbraucher die Forderung nach Normen mit hoher Marktrelevanz im Zeitalter der Globalisierung angenommen. Mit der DIN SPEC (PAS) bietet DIN zugleich eine Möglichkeit, eine Spezifikation innerhalb von Monaten zu veröffentlichen und somit Wissen – gerade in innovativen Themenfeldern – schnell verfügbar zu machen.

Da DIN-Normen Empfehlungen zu einem gleichgerichteten Verhalten von unterschiedlichen Marktteilnehmern darstellen, genießen sie die besondere Aufmerksamkeit der Kartellbehörden.

### 33.1.2 DIN Deutsches Institut für Normung e. V.: Grundsätze der Normungsarbeit

Die Normung wird bei DIN als eine dem Gemeinwohl verpflichtete Aufgabe der Selbstverwaltung der an der Normung interessierten Kreise, insbesondere der Wirtschaft, unter Einschluss des Staates durchgeführt.

Bereits 1975 haben die Bundesrepublik Deutschland und DIN einen Vertrag geschlossen, in dem DIN als die zuständige Normungsorganisation für Deutschland sowie als die nationale Normungsorganisation in den nicht staatlichen internationalen und westeuropäischen Normungsorganisationen anerkannt wird. DIN hat sich verpflichtet, bei der Normungsarbeit das öffentliche Interesse gemäß den Normungsregeln (DIN 820) zu beachten, zur internationalen Verständigung beizutragen, zwischenstaatliche Vereinbarungen zur Liberalisierung des Handelns zu fördern und damit den Abbau technischer Handelshemmnisse zu erleichtern. DIN hat sich ferner verpflichtet, eine Datenbank über sämtliche in Deutschland gültigen technischen Regeln (DIN-Normen, technische Regeln des Staates und von Körperschaften des öffentlichen Rechts sowie technische Regeln anderer privater

Regelsetzer) zu unterhalten und Dritten zugänglich zu machen.

Normen sind das Ergebnis einer gewollten Konsensbildung aller interessierten Kreise. Sie haben den Charakter von Empfehlungen, deren Anwendung freiwillig ist. Normen werden in der Praxis angewendet, weil sie die Bedürfnisse und Erwartungen der interessierten Kreise erfüllen und deren Tätigkeit erleichtern. Im Zusammenhang mit allgemein formulierten Rechtsvorschriften erleichtern sie dem Hersteller eines Produktes ferner, durch Beachtung der genormten Anforderungen die Konformität des Produktes mit den Rechtsvorschriften nachzuweisen.

Die Normungsarbeit von DIN orientiert sich an zehn Grundsätzen:

**Freiwilligkeit**: Jeder hat das Recht mitzuarbeiten.

**Öffentlichkeit**: Alle Normungsvorhaben und Entwürfe zu DIN-Normen werden öffentlich bekannt gemacht, Kritiker an den Verhandlungstisch gebeten.

**Beteiligung aller interessierten Kreise**: Jedermann kann sein Interesse einbringen. Der Staat ist dabei ein wichtiger Partner neben anderen. Ein Schlichtungs- und Schiedsverfahren sichert die Rechte von Minderheiten.

**Konsens**: Die der Normungsarbeit von DIN zugrunde liegenden Regeln garantieren ein für alle interessierten Kreise faires Verfahren, dessen Kern die ausgewogene Berücksichtigung aller Interessen bei der Meinungsbildung ist. Unter Konsens ist nach DIN EN 45020:2007-03 die allgemeine Zustimmung, die durch das Fehlen aufrechterhaltenen Widerspruches gegen wesentliche Inhalte gekennzeichnet ist, zu verstehen.

**Einheitlichkeit und Widerspruchsfreiheit**: Das Deutsche Normenwerk befasst sich mit allen technischen Disziplinen. Die Regeln der Normungsarbeit sichern seine Einheitlichkeit. Vor der Herausgabe werden neue Normen auf Widerspruchsfreiheit zu den bestehenden DIN-Normen geprüft.

**Sachbezogenheit**: DIN normt keine Weltanschauung. DIN-Normen sind ein Spiegelbild der Wirklichkeit. Sie werden auf der Grundlage technisch-naturwissenschaftlicher Erkenntnis abgefasst, ohne sich darin zu erschöpfen.

**Ausrichtung am allgemeinen Nutzen**: DIN-Normen haben gesamtgesellschaftliche Ziele einzubeziehen. Es gibt keine wertfreie Normung. Der Nutzen für alle steht über dem Vorteil einzelner.

**Ausrichtung am Stand der Technik**: Die Normung vollzieht sich in dem Rahmen, den die naturwissenschaftliche Erkenntnis setzt. Sie sorgt für die schnelle Umsetzung neuer Erkenntnisse. DIN-Normen sind Niederschrift des Standes der Technik.

**Ausrichtung an den wirtschaftlichen Gegebenheiten**: Jede Normensetzung ist auf ihre wirtschaftlichen Wirkungen hin zu untersuchen. Es darf nur das unbedingt Notwendige genormt werden. Normung ist kein Selbstzweck.

**Internationalität**: Die Normungsarbeit von DIN unterstützt das volkswirtschaftliche Ziel eines von technischen Hemmnissen freien Welthandels und des Gemeinsamen Marktes in Europa. Das erfordert Internationale Normen und, gegebenenfalls aus diesen abgeleitet, für den Europäischen Binnenmarkt auch Europäische Normen.

### 33.1.3 DIN-Normen: Verfahren zu ihrer Erarbeitung

DIN-Normen werden in einem in DIN 820-4 geregelten Verfahren erarbeitet, das u. a. festlegt (vgl. Abb. 1):

- Jedermann kann die Erarbeitung einer Norm beantragen, tunlichst unter Hinzufügen einer Norm-Vorlage. (Derzeit gehen 85 % aller Normungsanträge auf supranationale Initiativen zurück.)
- DIN-Normen werden in Arbeitsausschüssen von Fachleuten aus den interessierten Kreisen, die in einem angemessenen Verhältnis zueinander vertreten sein sollen, erarbeitet.
- Die vorgesehene Fassung jeder DIN-Norm muss vor ihrer endgültigen Festlegung der Öffentlichkeit zur Stellungnahme vorgelegt werden.
- Jeder zu einem Norm-Entwurf eingegangene Einspruch muss mit dem Einsprecher verhandelt werden. Der Einsprecher und gegebenenfalls Minderheitsvertreter im Normen-

**Abb. 1** Entstehung einer nationalen Norm

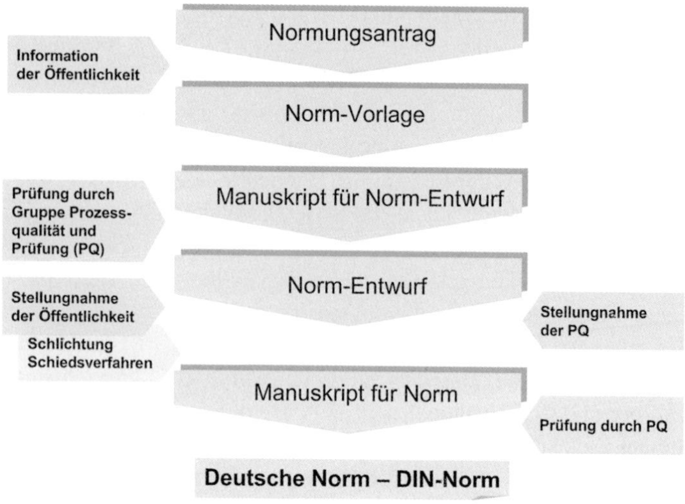


ausschuss können die Durchführung eines Schlichtungs- und Schiedsverfahrens beantragen, wenn ihr Einspruch verworfen wird.

- Die Norm-Entwürfe werden daraufhin überprüft, ob die Regeln und Grundsätze für die Normungsarbeit eingehalten wurden, insbesondere, ob der Norm-Entwurf nicht im Widerspruch zu bereits bestehenden Normen steht.
- Die bestehenden DIN-Normen müssen spätestens alle 5 Jahre daraufhin überprüft werden, ob sie noch dem Stand der Technik entsprechen und, falls dies nicht der Fall ist, überarbeitet oder zurückgezogen werden.
- DIN-Normen haben den jeweiligen Stand der Technik unter Einschluss wissenschaftlicher Erkenntnisse und die wirtschaftlichen Gegebenheiten zu berücksichtigen.
- Die in Bearbeitung befindlichen Normungsvorhaben und die Herausgabe der Norm-Entwürfe und der DIN-Normen werden öffentlich bekannt gemacht.

### 33.1.4 DIN-Normen: Rechtliche Bedeutung

DIN ist ein privater Verein und unterliegt nicht der parlamentarischen Kontrolle. Insofern sind DIN-Normen keine Vorschriften, sondern freiwillige anzuwendende Technische Regeln. Diese resultieren aus den Grundsätzen der Normungsarbeit. Durch die besonderen Verfahrensregeln enthalten DIN-Normen den Sachverstand aller interessierten Kreise. Dennoch können DIN-Normen eine rechtliche Bedeutung erlangen.

DIN-Normen werden als Maßstab herangezogen, so in Ausschreibungen und Verträgen zwecks Bestimmung der Leistung, in Rechts- und Verwaltungsvorschriften, um anzugeben, wie der Zweck einer Vorschrift erfüllt werden kann, in der Rechtsprechung, wenn es um die Fragen des Sachmangels, der Fahrlässigkeit oder um die Ausfüllung der Begriffe „anerkannte Regel der Technik" oder „Stand der Technik" geht.

Für die Rezeption von DIN-Normen durch die Rechtsordnung kommen drei Methoden in Frage:

Die starrste Methode der Rezeption ist die Inkorporation. Der Inhalt einer DIN-Norm wird wörtlich auszugsweise oder vollständig – in die Rechtsvorschrift selbst aufgenommen und in einem amtlichen Veröffentlichungsorgan als Teil der Rechtsvorschrift abgedruckt.

Bei der Verweisung nimmt das Gesetz Bezug auf eine DIN-Norm, indem deren Nummer und Titel zitiert werden. Man spricht von einer starren Verweisung, wenn auch das Ausgabedatum angegeben wird, und von einer gleitenden Verweisung, wenn die DIN-Norm in ihrer jeweils neuesten Fassung gelten soll.

Die dynamischste Verknüpfung zwischen Rechtsnorm und technischer Norm ist die Generalklausel. Durch die Verwendung eines unbestimmten Rechtsbegriffes, z. B. des Begriffes der anerkannten Regeln der Technik, wird ein konkret nicht bestimmter Standard der Technik generalisierend angesprochen. Zur Ausfüllung dieses unbestimmten Rechtsbegriffes können dann die einschlägigen DIN-Normen vom zuständigen Ministerium bezeichnet werden. Beispiele sind die Bauordnungen der Länder, das Bundesimmissionsschutzgesetz und das Geräte- und Produktsicherheitsgesetz.

In der Europäischen Union wird eine Mischform von starrer Verweisung und Generalklausel angewandt, derart, dass sich die Europäischen Richtlinien auf die Festlegung „allgemeiner Anforderungen" beschränken. Nur diese müssen eingehalten werden. Ihre Konkretisierung erfolgt beispielhaft in „harmonisierten Europäischen Normen", die von den europäischen Normungsorganisationen CEN, CENELEC und ETSI erarbeitet werden. Wer diese Normen befolgt, hat die Vermutung auf seiner Seite, dass er die „allgemeinen Anforderungen" erfüllt.

DIN-Normen gewinnen durch entsprechende Vereinbarung rechtliche Verbindlichkeit zwischen den Vertragspartnern, insbesondere im Kauf- und Werkvertragsrecht. Da es zweckmäßig ist, vertragsgemäß zu erbringende Leistungen so genau wie möglich zu bestimmen, machen die Parteien gern einschlägige DIN-Normen zum Inhalt ihres Vertrages mit der Folge, dass bei Abweichungen je nach dem Vertragstyp entsprechende Gewährleistungsansprüche erhoben werden können. Außerdem kommt den Normen wegen der Anknüpfung der Haftung an die Fehlerhaftigkeit des Produkts rechtliche Bedeutung zu. Als Fehler definiert das Produkthaftungsgesetz in § 3 Abs. 1 nämlich das Fehlen der Sicherheit, die man unter Berücksichtigung aller Umstände berechtigterweise erwarten darf, und zwar u. a. in Anbetracht des Gebrauchs, mit dem billigerweise gerechnet werden kann. Hierfür bieten die DIN-Normen einen geeigneten Beurteilungsmaßstab, denn sie enthalten grundsätzlich die Sicherheitsanforderungen, die nach Auffassung von Fachleuten im Normalfall ausreichen, um für Personen und Sachen die erwartete Sicherheit zu bieten.

Darüber hinaus durchzieht der schuldrechtliche Grundsatz (§ 276 BGB), dass der Schuldner für das Außerachtlassen der im Verkehr erforderlichen Sorgfalt haftet, sämtliche Schuldverhältnisse bis hin zur unerlaubten Handlung. Für den Anwender von DIN-Normen spricht der Beweis des ersten Anscheins, dass er die im Verkehr erforderliche Sorgfalt beachtet hat. Damit kann er dem Vorwurf der Fahrlässigkeit begegnen.

DIN-Normen sind keine Rechtsvorschriften im Sinne des Produkthaftungsgesetzes (§ 1 Abs. 2 Nr. 4 ProdHaftG).

Die Anwendung von DIN-Normen steht jedermann frei. Eine Anwendungspflicht kann sich aus Rechts- oder Verwaltungsvorschriften, Verträgen oder aus sonstigen Rechtsgrundlagen ergeben. DIN-Normen bilden als Ergebnis technisch-wissenschaftlicher Gemeinschaftsarbeit aufgrund ihres Zustandekommens nach hierfür geltenden Grundsätzen und Regeln einen Maßstab für einwandfreies technisches Verhalten. Dieser Maßstab ist auch im Rahmen der Rechtsordnung von Bedeutung. DIN-Normen sollen sich als „anerkannte Regeln der Technik" einführen.

Um Kollisionen mit gewerblichen Schutzrechten, z. B. Patenten, bei der Anwendung von DIN-Normen zu vermeiden, besteht der Grundsatz, dass in DIN-Normen keine Festlegungen getroffen werden sollen, die Schutzrechte berühren. Lässt sich dies in Ausnahmefällen nicht vermeiden, dann ist zuvor mit dem Berechtigten eine Vereinbarung zu treffen, die die allgemeine Anwendung der Norm ermöglicht.

DIN-Normen sind urheberrechtlich geschützt. Die Urhebernutzungsrechte nimmt DIN wahr. Vervielfältigungen von DIN-Normen, auch das Einspeichern von DIN-Normen und Norm-Inhalten in elektronische Netzwerke, müssen zuvor von DIN genehmigt worden sein. Mit dem Verkauf von Normen finanziert DIN einen Großteil seiner gemeinnützigen Arbeit.

### 33.1.5 Erweiterte Erfordernisse zur Erstellung technischer Regeln

Die globale technologische und ökonomische Entwicklung zwingt zu Innovationen in den Prozeduren der Normung. Die traditionelle Definition der anerkannten Regel der Technik verweist ausdrücklich auf den Konsens der Fachleute, gar der Fachleute im europäischen und weltweiten Rah-

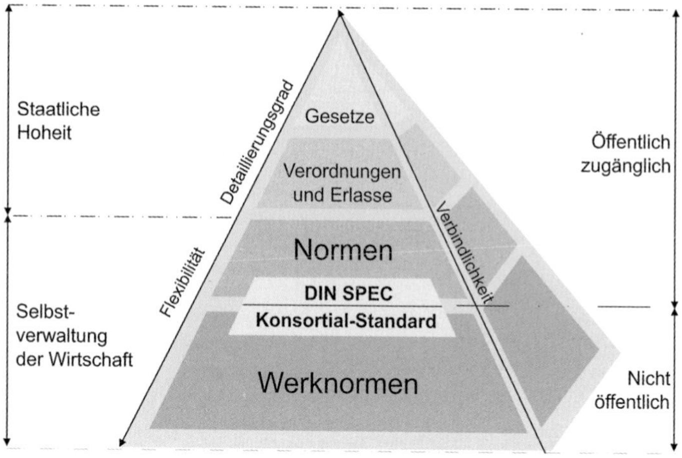


**Abb. 2** Hierarchie der technischen Regeln

men, einen Konsens, der in einem intensiven Verfahren zu ermitteln ist, mit einer Entwurfsveröffentlichung, einer Einspruchsfrist zum Norm-Entwurf, einer Einspruchsberatung, ggf. einem Schlichtungs- und Schiedsverfahren und einer nationalen sowie einer supranationalen Abstimmung. Ferner fordert die traditionelle Definition ausdrücklich die Bewährung in der Praxis. Im Gegensatz dazu stellen Gebiete mit einem besonders hohen Grad der technischen Innovation erweiterte Anforderungen an DIN (Abb. 2).

### 33.1.6 Entwicklungsbegleitende Normung

Es gibt in wachsendem Maße Bereiche, in denen die Normung eine Entwicklung aufnehmen muss, ehe noch ein fester Stand der Technik erreicht sein kann. Es ist heute notwendig, den richtigen Zeitpunkt der Normung neu zu bestimmen, d. h. gewissermaßen vorzuverlegen. Normung, Forschung und Entwicklung müssen parallel arbeiten, Festlegungen iterativ treffen, diese in der Entwicklung anwenden und erproben, ggf. kurzfristig abändern oder weiterentwickeln. Dieses Vorgehen wird als Entwicklungsbegleitende Normung (EBN) bezeichnet. Im Rahmen der EBN werden keine Produktnormen erstellt, sondern eher terminologische Festlegungen, Anforderungen an Produkte und Dienstleistungen oder Schnittstellen vereinheitlicht. Somit werden Innovationen durch Normung nicht eingeschränkt oder behindert, sondern unterstützt.

DIN erfüllt mit der Entwicklungsbegleitenden Normung auch Anforderungen, die seitens der Bundesregierung gestellt werden, um Normung verstärkt als Instrument der Verwertung von FuE-Ergebnissen einzusetzen. Dies kommt bspw. im Normungspolitischen Konzept der Bundesregierung zum Ausdruck, in dem u. a. dargelegt wird, dass Normen und Standards einen wesentlichen Beitrag leisten, aus Forschungsprojekten heraus marktfähige Produkte und Dienstleistungen zu generieren und Märkte zu öffnen. Dies wiederum gilt insbesondere bei durch eine hohe Technikkonvergenz und Innovationsdynamik geprägten Themenfeldern, deren Komplexität durch geeignete Instrumente wie der Normung gehandhabt werden kann.

Die Ergebnisse der Entwicklungsbegleitenden Normung werden zunächst häufig in Form von DIN-Spezifikationen (DIN SPEC) oder bei europäischen Projekten in Form von CEN Workshop Agreements (CWA) veröffentlicht. Der Erarbeitungsprozess von DIN-Spezifikationen wird im Deutschen, in Abgrenzung zur konsensbasierten Normung, als Standardisierung bezeichnet. DIN SPEC und CWA können wiederum Grundlage für den Anstoß von Normungsarbeiten auf nationaler, europäischer oder internationaler Ebene sein.

### 33.1.7 Verfahren zur Erstellung von DIN-Spezifikationen – DIN SPEC

Die Gesamtheit aller Spezifikationen von DIN e.V. wird unter dem Oberbegriff DIN SPEC zusammengefasst und publiziert. Zur Erarbeitung von DIN SPEC stehen vier Verfahren zur Verfügung. Zwei davon kommen insbesondere im Rahmen der Innovationsförderung zum Einsatz.

**DIN SPEC nach dem PAS-Verfahren – DIN SPEC (PAS)**
Eine DIN SPEC nach dem PAS-Verfahren ist eine öffentlich und als kostenloser download verfügbare Spezifikation (PAS, Publicly Available Specification), die Produkte, Prozesse, Systeme oder Dienstleistungen beschreibt, indem sie Merkmale definiert und Anforderungen festlegt.

Wurde das Thema durch DIN bestätigt, wird ein Geschäftsplan erstellt, der die wesentlichen Rahmendaten (z. B. Ziele, Kosten, Ressourcen, Zeitplan, etc.) zur Durchführung des Standardisierungsvorhabens darstellt. Der Geschäftsplan wird für vier Wochen im Beuth Webshop zum Download bereit gestellt und die Fachöffentlichkeit um Kommentierung und Mitwirkung gebeten.

DIN SPEC (PAS) werden durch temporär zusammengestellte Gremien (Konsortien) unter Beratung von DIN erarbeitet. Konsens der Beteiligten und die Einbeziehung aller interessierten Kreise ist nicht zwingend erforderlich.

Themen, die Aspekte des Arbeits-, Gesundheits-, Umwelt- und Brandschutzes enthalten, unterliegen einer besonderen Prüfung durch DIN und werden ggf. nicht nach dem PAS Verfahren bearbeitet. Eine Überprüfung der DIN SPEC (PAS) wird nach spätestens drei Jahren von DIN veranlasst. Als Ergebnis der Überprüfung kann das Dokument beibehalten (für weitere 3 Jahre), überarbeitet, zurückgezogen oder in eine andere Veröffentlichungsform (Norm) umgewandelt werden.

**DIN SPEC nach dem CWA-Verfahren – DIN SPEC (CWA)**
Eine DIN SPEC nach dem CWA-Verfahren ist die nationale Übernahme einer europäischen CEN/CENELEC-Spezifikation, die innerhalb eines offenen CEN/CENELEC-Workshops entwickelt wird und den Konsens zwischen den registrierten Personen und Organisationen widerspiegelt, die für den Inhalt verantwortlich sind.

Die Teilnehmer des Workshops entscheiden, ob das Manuskript der DIN SPEC (CWA) für eine breitere öffentliche Umfrage auf der Webseite des CEN zur Kommentierung zur Verfügung gestellt werden soll.

Der Obmann/die Obfrau entscheidet auf der Grundlage der ggf. eingegangenen Kommentare und weiterer Beratung mit den registrierten Teilnehmern, wann ein Konsens erreicht ist.

Eine Überprüfung des CWA wird nach spätestens drei Jahren von CEN veranlasst. Als Ergebnis der Überprüfung kann das CWA beibehalten, überarbeitet, zurückgezogen oder in eine andere Veröffentlichungsform umgewandelt werden.

Auch nach diesem Verfahren werden Themen, die Aspekte des Arbeits-, Gesundheits-, Umwelt- und Brandschutzes enthalten, nicht durchgeführt.

## 33.2 Internationale und Europäische Normung

Die Normung findet auf vier Ebenen statt (siehe Abb. 3), im unternehmensbezogenen Werknormenbereich, auf nationaler Ebene in Deutschland mit der Erarbeitung von DIN-Normen, auf europäischer Ebene mit der Erarbeitung Europäischer Normen durch CEN, CENELEC und ETSI und auf internationaler Ebene mit der Erarbeitung Internationaler Normen von ISO, IEC und ITU-T.

### 33.2.1 Internationale Normung

ISO (International Organization for Standardization) und IEC (International Electrotechnical Commission) sind Vereine nach Schweizer Recht mit Sitz in Genf; sie bilden gemeinsam mit ITU (International Telecommunications Union) das System der Internationalen Normung. Jedes Land hat die Möglichkeit, mit seiner nationalen Normungsorganisation Mitglied von ISO und IEC zu sein. Der ISO gehören 162 Mitglieder an (davon 120 Vollmitglieder mit Stimmrecht), der IEC 86 Mitglieder (davon 62 Vollmitglieder mit

**Abb. 3** Die sog. Normenpyramide

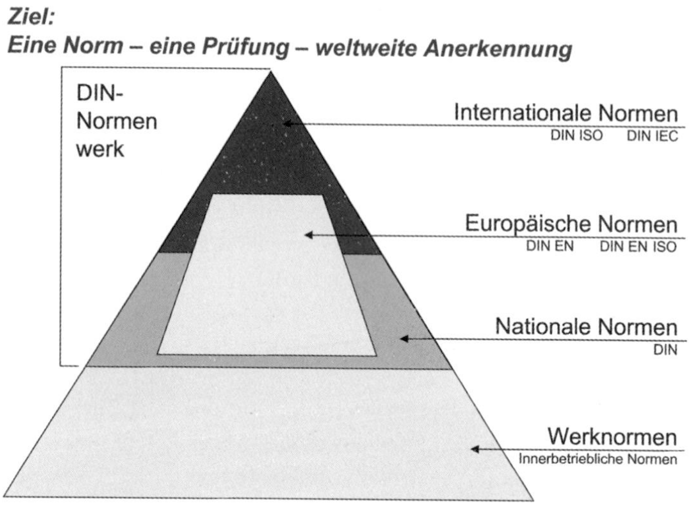


Stimmrecht) (November 2018). Deutschland ist in der ISO durch DIN, in der IEC durch die DKE Deutsche Kommission Elektrotechnik Elektronik Informationstechnik im DIN und VDE vertreten. Die Internationalen Normen werden in Technischen Komitees (TCs), Unterkomitees (SCs) und Arbeitsgruppen (WGs) der ISO und IEC erarbeitet. Die Betreuung der Technischen Sekretariate obliegt jeweils nationalen Mitgliedern. 2018 betreute DIN 18 % aller Technischen Sekretariate (von ISO/TCs und SCs) und hat einen ständigen Sitz in den Lenkungs- und Leitungsgremien von ISO.

Internationale Normen sind Empfehlungen zur Angleichung nationaler Normen. In einigen Ländern werden Internationale Normen auch direkt angewendet; in den meisten Industrieländern (u. a. auch Deutschland) erfolgt ihre Anwendung nach Übernahme in die nationalen Normenwerke oder nach Vereinbarung bei bestimmten Exportgeschäften.

## 33.2.2 Europäische Normung

CEN (European Committee for Standardization) und CENELEC (European Committee for Electrotechnical Standardization) sind gemeinnützige Vereine mit Sitz in Brüssel. Zusammen mit dem 1988 gegründeten ETSI (European Telecommunications Standards Institute) bilden sie das Europäische Normungssystem. Mitglieder von CEN bzw. CENELEC sind die nationalen Normungsorganisationen der Mitgliedsländer der Europäischen Union (EU) und der Europäischen Freihandelszone (EFTA) sowie solcher Länder, deren Beitritt zur EU zu erwarten ist. 2018 umfasst die CEN-Mitgliedschaft insgesamt 34 Länder, neben den derzeitigen EU- und EFTA-Mitgliedern (außer Lichtenstein) auch die ehemalige jugoslawische Republik Mazedonien, Serbien und die Türkei. Als Vorstufe zur Vollmitgliedschaft besteht, für nationale Normungsorganisationen aus Ländern, welche Kandidaten für eine EU-Mitgliedschaft sind, die Möglichkeit, CEN bzw. CENELEC als angegliedertes Mitglied (Affiliate) beizutreten.

Die europäische Normung folgt den gleichen Grundsätzen wie die nationale Normung, jedoch setzen sich die Technischen Komitees aus nationalen Delegationen zusammen. Normungsvorhaben werden eingeleitet durch Normungsanträge von Mitgliedern von CEN bzw. CENELEC, von europäischen Verbänden oder durch Normungsaufträge, die der Ständige EU-Ausschuss „Ausschuss für Normen" (in aller Regel in Verbindung mit einer EU-Richtlinie/-Verordnung) verabschiedet und die den Normungsgegenstand und die Bearbeitungsfristen festlegen. EU-Richtlinien/-Verordnung nach der sog. Neuen Konzeption enthalten nur grundlegende Sicherheits- und Gesundheitsanforderungen und bedürfen zu ihrer Konkretisierung Europäischer Normen.

Europäische Normen entstehen

a) durch Facharbeit in Technischen Komitees und Arbeitsgruppen.

   Das Verfahren entspricht dem nationalen Beratungsverfahren (Erarbeitung einer Norm-Vorlage, Konsensbildung über deren technischen Inhalt, öffentliches Umfrageverfahren, Einspruchsberatung und Verabschiedung des Schlussentwurfes). Einschlägige Internationale Normen werden oftmals den Beratungen zugrunde gelegt.

b) durch die Übernahme von anderen normativen Dokumenten, zumeist Internationalen Normen mit oder ohne eigene Facharbeit im CEN bzw. CENELEC und daraus ggf. resultierenden gemeinsamen Abänderungen.

   CEN und CENELEC haben mit ihren Partnern ISO bzw. IEC Vereinbarungen über die technische Zusammenarbeit geschlossen, die der internationalen Normungsarbeit den Vorrang einräumt. Um Doppelarbeit zu vermeiden, sind Absprachen getroffen über

   – die gegenseitige Unterrichtung über Arbeitsprogramme,
   – die Beteiligung von ISO- oder IEC-Beobachtern an europäischen Sitzungen und umgekehrt,
   – die Arbeitsteilung oder zur Übertragung von Normungsvorhaben,
   – Verknüpfung der Normungsergebnisse durch parallele Abstimmungen über koordinierte Norm-Entwürfe auf internationaler und europäischer Ebene.

Im nicht-elektrotechnischen Bereich ist heute rund ein Drittel des europäischen Normenwerkes mit Internationalen Normen identisch, im elektrotechnischen Bereich sind es sogar rund 70 %.

- Europäische Normen (EN) müssen ohne Ausnahme als nationale Normen übernommen werden. Entgegenstehende nationale Normen müssen zurückgezogen werden

Die Annahmekriterien für Norm-Entwürfe orientieren sich an den EU-Verträgen von Lissabon (für *CEN*) bzw. Nizza (für *CENELEC*) Demnach gilt ein Norm-Entwurf bei CEN als angenommen, wenn die Anzahl der Zustimmungen der nationalen Normungsorganisationen ≥55 % der Gesamtanzahl aus Zustimmungen und Ablehnungen ist und die Bevölkerungszahl der zustimmenden Länder ≥65 % der Gesamtbevölkerungszahl der zustimmenden und ablehnenden Länder ist. Enthaltungen bleiben unberücksichtigt. Es erfolgt eine jährliche Anpassung der Bevölkerungszahlen. Bei CENELEC ist für die Annahme von Norm-Entwürfen eine Zustimmung mit einfacher Mehrheit der abgegebenen Stimmen (ohne Enthaltungen) und ≥71,00 % der gewichteten abgegebenen Stimmen (ohne Enthaltungen) erforderlich. Die Gewichtung der nationalen Normungsorganisationen orientiert sich dabei an der Wirtschaftskraft der Länder und ist an den EU-Vertrag angelehnt. Die Übernahmeverpflichtung für Europäische Normen gilt für sämtliche CEN- bzw. CENELEC-Mitglieder; sie wirkt im Sinne einer fortwährenden Angleichung der nationalen Normenwerke in Europa

Wie die DIN-Normen sind Europäische Normen Empfehlungen – sie erscheinen in Deutschland als DIN EN bzw. DIN EN ISO –, auch wenn der Gesetzgeber gelegentlich auf sie Bezug nimmt. Wenn für bestimmte Produkte EU-Richtlinien/-Verordnungen nach der Neuen Konzeption bestehen, gilt die Vermutung, dass die nach den sog. harmonisierten Europäischen Normen hergestellten Produkte den gesetzlichen Anforderungen entsprechen und somit EU-weit in Verkehr gebracht werden können.

### 33.2.3 Übernahme Internationaler Normen in das Deutsche Normenwerk

DIN unterscheidet zwischen der unveränderten, der modifizierten und der teilweisen Übernahme von Internationalen Normen in das Deutsche Normenwerk (siehe DIN 820-15).

Bei der *unveränderten Übernahme* wird die Internationale Norm in autorisierter deutscher Übersetzung – und/oder originalsprachiger Fassung – vollständig, unverändert und im Aufbau formgetreu wiedergegeben. Unverändert übernommene Internationale Normen werden als DIN ISO 0000 bzw. DIN IEC 0000 benummert.

*Modifizierte Übernahme* ist das Verfahren, bei dem in einer DIN-Norm der Inhalt einer Internationalen Norm in autorisierter deutscher Übersetzung vollständig und im Aufbau formgetreu wiedergegeben, jedoch durch gekennzeichnete nationale Modifizierungen (Änderungen, Ergänzungen, Streichungen) verändert wird. Sie erhalten eine reine DIN-Nummer. Auf die Internationale Norm wird jedoch im Titel der DIN-Norm hingewiesen.

*Teilweise Übernahme* ist das Verfahren, bei dem in einer DIN-Norm der Inhalt einer Internationalen Norm verändert (geändert, ergänzt, gekürzt) und im Regelfall im Aufbau nicht formgetreu wiedergegeben wird. Solche Normen erhalten eine reine DIN-Nummer. Im Vorwort wird auf den Zusammenhang mit der Internationalen Norm und auf die Abweichungen vom sachlichen Inhalt der Internationalen Norm hingewiesen.

## 33.3 Ergebnisse der Normung

Anwender müssen gezielt und sicher die Suche nach Normen und deren Nachweis durchführen können. DIN-Normen und andere technische Regeln werden über verschiedene Informationsplattformen bereitgestellt. Man kann in allen DIN-Normen-Infopoints nach den Dokumenten recherchieren und das vollständige Deutsche Normenwerk kostenfrei einsehen. Sie stehen außerdem in zahlreichen Hochschulbibliotheken zur Einsichtnahme zur Verfügung (Abb. 4).

Wenn über das einfache Identifizieren eines Normungsdokumentes hinaus in den Unternehmen ein Normenmanagement betrieben wird, dann reichen kostenlos zur Verfügung stehende Daten, z. B. von Internetseiten der Normungsorganisationen, nicht aus. Vielmehr muss auf Informationen zu Vorgängern und Nachfolgern (alle Verflechtungen und Beziehungen), zu Änderungen (sämtliche Statusinformationen), Identitätsbeziehungen (sämtliche Verflechtungen untereinander), Rechtsverbindlichkeiten (Verflechtungen zwischen Norm und Rechtsvorschrift sowie ein zeitlicher Geltungsbereich) zugegriffen werden können. Zur Sicherstellung einer aktuellen, zuverlässigen und widerspruchsfreien Informationsbasis betreut die DIN Software GmbH die Datenbanken der DIN-Gruppe. Dabei handelt es sich um die Datenbanken mit bibliografischen Informationen zu Normen und technischen Regeln (Normeninformationen) sowie die Volltextarchive. Der explizite Mehrwert der Normeninformationen in den Geschäftsprozessen der Kunden ergibt sich

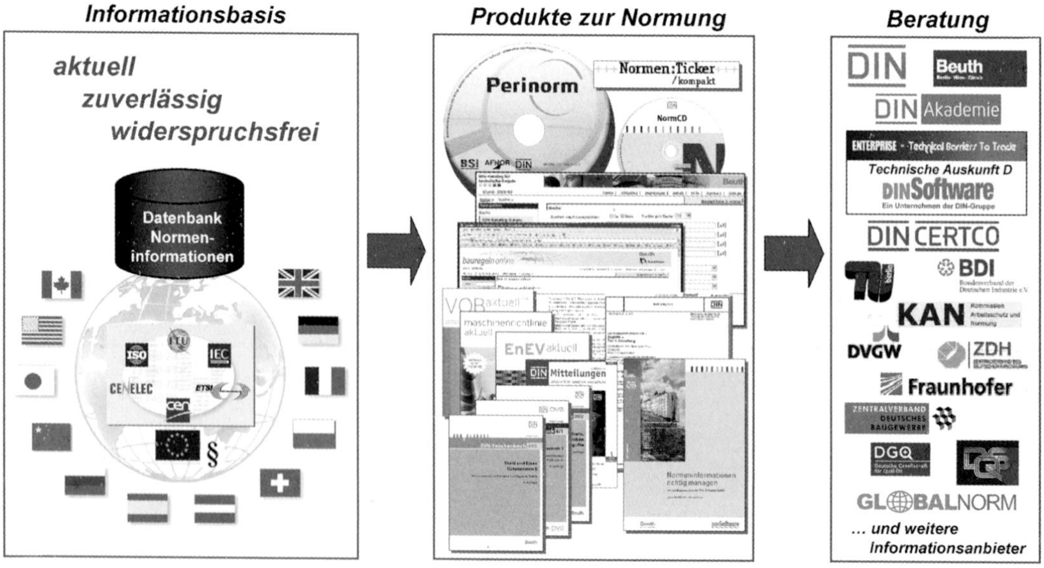


**Abb. 4** Informationsangebote für Kunden

aus den vereinheitlichten und recherchierfähigen Vernetzungen von Normen, technischen Regeln und Vorschriften nationaler, europäischer und internationaler Regelsetzer.

Auf der Basis der Normeninformationen und der Dokumente werden über den Beuth Verlag zahlreiche Informationsprodukte und Dienste angeboten, die ein professionelles Normenmanagement in den Unternehmen ermöglichen:

- die zentrale Überwachung neuer, geänderter und zurückgezogener Dokumente,
- die verteilte Bereitstellung und
- die prozessorientierte Anwendung der Normungsdokumente.

Die Nutzung kann über klassische Printmedien (z. B. ausgedruckte Normen oder Taschenbücher) oder über einen Normendownload, mittels Portalen sowie über OnlineDatenbanken, z. B. „Perinorm“ mit mehr als 1 Mio. aktuellen Nachweisen, erfolgen.

### 33.3.1 Terminologie

Die Fachsprachen erfordern besonders präzise definierte Begriffe, deren Gesamtheit man als Terminologie bezeichnet. Genormte Benennungen und Definitionen unterstützen die fachliche Kommunikation. Entsprechend legt DIN großen Wert auf die Herausbildung und Festlegung aller für das Verständnis seiner Normen relevanten Begriffe, und innere Konsistenz, Einheitlichkeit und Widerspruchsfreiheit des Normenwerks sind dabei erklärtes Ziel. Bei DIN wird fachübergreifend deutsche technisch-wissenschaftliche Terminologie in einer Größenordnung gebildet, die in Deutschland wohl von keiner anderen Organisation erreicht wird, schon gar nicht in Form von vollständigen Begriffsbeschreibungen, d. h. nicht nur Benennungen, sondern auch Definitionen.

In der Regel legt Normung Eigenschaften von Gegenständen und Verfahren fest. Damit eine Norm von ihren Anwendern so verstanden wird, wie es von ihren Erarbeitern gemeint war, müssen aber auch die Begriffe, die den in der Norm behandelten Gegenständen und Verfahren entsprechen, genau definiert und die hierfür benutzten Benennungen eindeutig festgelegt, also die Terminologie genormt werden. Dies ist Aufgabe der einzelnen Normenausschüsse auf ihrem jeweiligen Fachgebiet. Das Ergebnis dieser Terminologienormung findet sich in sehr vielen Normen im Abschn. 3 „Begriffe“ oder wird in für das ganze Fachgebiet maßgeblichen Terminologienormen separat veröffentlicht.

Seit Herbst 2012 stellt DIN die genormte Terminologie aller DIN-Normenausschüsse auf Deutsch und ggf. auch Englisch, Französisch und teilweise Polnisch für die Öffentlichkeit im Internet bereit. Mit den DIN-TERMinologieanwendungen steht der Gesamtnachweis der im Deutschen Normenwerk enthaltenen definierten Begriffe, der eine sechsstellige Zahl von Begriffsfestlegungen umfasst, nicht mehr nur allen mit der Erarbeitung von Normen beschäftigten DIN-Mitarbeitern, sondern jedermann kostenfrei zur Verfügung (siehe www.din.de/go/terminologie). Für die Aufbereitung und Bereitstellung der Inhalte ist bei DIN die Terminologiestelle DIN-TERMKONZEPT (DIN-TK) zuständig.

Die Terminologienormung unterliegt ihrerseits Regeln. Diese sind in terminologischen Grundsatznormen festgelegt, deren Erarbeitung bei DIN in die Zuständigkeit des DIN-Normenausschusses Terminologie (NAT) fällt. Diese terminologischen Grundsatznormen stellen methodische Anleitungen zur Erarbeitung von Terminologien dar und finden auch über die Normung hinaus Anwendung. Unter Berücksichtigung sprachwissenschaftlicher Grundlagen regeln sie beispielsweise, was in den Begriffsteil einer Norm aufzunehmen ist und was nicht, welche Kriterien bei der Auswahl einer Vorzugsbenennung zu beachten sind und wie eine gute Definition aufgebaut ist.

DIN 2330 (Begriffe und Benennungen – Allgemeine Grundsätze) beispielsweise enthält folgende Grundgedanken: Jeder Mensch lebt in einer Umwelt von Gegenständen, die wahrnehmbar oder nur vorstellbar sind und durch Sprache dargestellt werden können. Die gedankliche Zusammenfassung derjenigen gemeinsamen Merkmale, welche bestimmten Gegenständen zukommen, führt zu Denkeinheiten, die man als Begriffe bezeichnet. Merkmale sind diejenigen Eigenschaften einer Klasse von Gegenständen, welche zur jeweiligen Begriffsbildung dienen.

Begriffe stehen in mannigfachen Beziehungen zu anderen Begriffen; häufig können diese Beziehungen als Begriffssystem dargestellt werden. Begriffssysteme dienen der Ordnung des Wissens und bilden die Grundlage für eine Vereinheitlichung und Normung der Terminologie.

In einer Definition wird ein Begriff durch Bezug auf andere Begriffe innerhalb eines Begriffssystems festgelegt, beschrieben und damit gegen andere Begriffe abgegrenzt. Definitionen bilden die Grundlage für die Zuordnung von Benennungen zu Begriffen; ohne sie ist es nicht möglich, einem Begriff eine Benennung zweifelsfrei zuzuordnen. Benennungen sollen *Begriffe* möglichst genau, knapp und am anerkannten Sprachgebrauch orientiert bezeichnen. Jedem Begriff soll möglichst nur eine Benennung und jeder Benennung nur ein Begriff zugeordnet sein, d. h., es soll unnötige Benennungsvielfalt (Synonymie) bzw. Mehrdeutigkeit (Homonymie) vermieden und die fachliche Verständigung vereinfacht werden.

### 33.3.2 Sicherheit

Die Sicherheit von Menschen und Sachen sowie die Qualitätsverbesserung in allen Lebensbereichen ist herausragender Grundsatz der Normungsarbeit von DIN. Für die Grundbegriffe der Sicherheitstechnik gilt die DIN 820-12 „Leitfaden für die Aufnahme von Sicherheitsaspekten in Normen" (identisch mit ISO/IEC Guide 51:2014). Diese Norm bietet bei der Normungsarbeit Hilfestellung für die Aufnahme von Sicherheitsaspekten in Normen in Form von Leitlinien an. Die DIN 820-12 ist auf jeden Sicherheitsaspekt anwendbar, der sich auf Menschen, Güter, die Umwelt oder auf Kombinationen davon (z. B. Menschen allein, Menschen und Güter, Menschen, Güter und die Umwelt) bezieht. Diese Norm setzt damit eine Konzeption um, die auf die Reduzierung des Risikos gerichtet ist, welches aus der Nutzung von Erzeugnissen, Verfahren oder Dienstleistungen entsteht. Es wird der vollständige Lebenszyklus eines Erzeugnisses, eines Verfahrens oder einer Dienstleistung einschließlich der bestimmungsgemäßen Verwendung und des vernünftigerweise vorhersehbaren Missbrauchs in Betracht gezogen.

Nach DIN 820-12 wird Gefährdung als potenzielle Schadensquelle definiert. Die Benennung Gefährdung kann spezifiziert werden, um den Ursprung oder die Art des erwarteten Schadens näher zu bezeichnen (z. B. Gefährdung durch elektrischen Schlag, Gefährdung durch Stoß, Gefährdung durch Schneiden, Gefährdung durch Gift, Gefährdung durch Feuer, Gefährdung durch Ertrinken). Schaden ist die physische Verletzung oder Schädigung der Gesundheit von Menschen oder Schädigung von Gütern oder der Umwelt. Unter Risiko versteht man die Kombination der Wahrscheinlichkeit eines Schadenseintrittes und seines Schadensausmaßes. Das vertretbare Risiko ist ein Risiko, das in einem bestimmten Zusammenhang nach den gültigen Wertvorstellungen der Gesellschaft akzeptiert wird. Schutzmaßnahmen sind Mittel zur Verminderung des Risikos. Das nach der Anwendung von Schutzmaßnahmen verbleibende Risiko ist das Restrisiko. Die systematische Auswertung verfügbarer Informationen, um Gefährdungen zu identifizieren und Risiken einzuschätzen, ist die Risikoanalyse. Zur Risikobewertung wird ein auf der Risikoanalyse basierendes Verfahren festgelegt, nach dem festgestellt wird, ob das vertretbare Risiko erreicht wurde.

Sicherheit wird in der Normungsarbeit in vielen unterschiedlichen Formen, über weite Bereiche der Technik und im Zusammenhang mit den meisten Erzeugnissen, Verfahren und Dienstleistungen behandelt. Die wachsende Komplexität der auf den Markt kommenden Erzeugnisse, Verfahren und Dienstleistungen macht es erforderlich, dass der Berücksichtigung von Sicherheitsaspekten eine hohe Priorität eingeräumt wird. Sicherheit wird erreicht durch Verminderung des Risikos auf ein vertretbares Niveau (vertretbares Risiko).

Seit dem 18. November 2011 regelt das Gesetz über die Neuordnung des Geräte- und Produktsicherheitsrechts (Produktsicherheitsgesetz – ProdSG) Sicherheitsanforderungen an technische Arbeitsmittel und Verbraucherprodukte.

Die DIN EN ISO 12100 „Sicherheit von Maschinen – Allgemeine Gestaltungsleitsätze – Risikobeurteilung und Risikominderung" ist mit Ausgabedatum März 2011 erschienen. In ihr werden die in der Maschinensicherheit geläufigen Begriffe und Definitionen festgelegt. Außerdem wird das methodische Vorgehen beschrieben, um sichere Maschinen zu konstruieren. Hierzu wird das Vorgehen bei der Risikobeurteilung sowie ein dreistufiger iterativer Prozess zur Risikominderung dargelegt.

Für die Neuausgabe der DIN EN ISO 12100 wurden die bisherigen Normen DIN EN ISO 12100-1, DIN EN ISO 12100-2 und DIN EN ISO 14121-1 sowie die im Oktober 2009 im Zusammenhang mit der revidierten Maschinenrichtlinie 2006/42/EG erforderlich gewordenen Änderungen zu DIN EN ISO 12100-1 und DIN EN ISO 12100-2 zu einem einzigen Dokument zusammengefasst. Dabei wurde bewusst darauf geachtet, dass am technischen Inhalt der Neuausgabe nur an jenen Stellen Änderungen vorgenommen wurden, wo diese im Zuge der Anpassung an die revidierte Maschinenrichtlinie 2006/42/EG unumgänglich waren. Zudem wurden inhaltliche Überschneidungen und doppelte Festlegungen beseitigt und sämtliche informative und normative Verweise innerhalb der Norm aktualisiert.

Um dem Normanwender die Umstellung von der bisherigen Normenstruktur zu erleichtern, galt für die oben genannten Vorgängerausgaben eine Übergangsfrist bis zum 1. November 2013. Der ergänzende Fachbericht DIN ISO/TR 14121-2 „Sicherheit von Maschinen – Risikobeurteilung – Teil 2: Praktischer Leitfaden und Verfahrensbeispiele“ (Februar 2013) gibt eine praktische Anleitung zur Risikobeurteilung und stellt fallspezifisch anwendbare Verfahrensbeispiele vor.

Im Beuth Verlag ist der „Leitfaden Maschinensicherheit in Europa“ erschienen. Der Leitfaden ist eine Orientierungshilfe und Arbeits- und Planungsgrundlage für alle, die Maschinen konstruieren, herstellen, vertreiben, kaufen, aufstellen oder daran arbeiten, denn europaweit gelten die gleichen sicherheitstechnischen Maßstäbe.

### 33.3.3 Ergonomie

In Übereinstimmung mit der durch die International Ergonomics Association festgelegten Definition definiert DIN EN ISO 20685:2010-11 Ergonomie als die wissenschaftliche Disziplin, die sich mit dem Verständnis der Wechselwirkungen zwischen menschlichen und anderen Elementen eines Systems befasst, und der Berufszweig, der Theorie, Grundsätze, Daten und Verfahren auf die Gestaltung von Arbeitssystemen anwendet mit dem Ziel, das Wohlbefinden des Menschen und die Leistung des Gesamtsystems zu optimieren. Die Ergonomie dient dazu, die Leistung, Effektivität und Effizienz, Barrierefreiheit, Zuverlässigkeit, Verfügbarkeit und Instandhaltungsfreundlichkeit von Gestaltungslösungen zu optimieren. Dabei werden Sicherheit, Gesundheit, das Wohlbefinden und die Zufriedenheit beteiligter bzw. betroffener Personen berücksichtigt.

Europäische Richtlinien und nationale Gesetze und Verordnungen fordern die Berücksichtigung ergonomischer Erkenntnisse bei der Gestaltung von Produkten (z. B. Maschinen) oder Mensch-Maschine-Systemen (z. B. Bildschirmarbeit, Multimedia, Warten).

Es ist die Aufgabe der Ergonomie-Normung, ergonomische Prinzipien und Anforderungen an die Gestaltung der Arbeit so zu beschreiben, dass zu hohe und zu niedrige Belastungen und arbeitsbedingte Gesundheitsgefahren möglichst vermieden sowie Sicherheit und Gesundheit gefördert werden und eine effektive Arbeit ermöglicht wird.

Normen mit ergonomischen Anforderungen werden insbesondere für die folgenden Bereiche erarbeitet:

- Arbeitssysteme, Begriffe und allgemeine Leitsätze
- Gestaltungsgrundsätze für Maschinen
- Berührbare Oberflächen
- Gefahrensignale
- Gestaltung von Anzeigen und Stellteilen
- Bildschirmarbeitsplätze
- Softwareergonomie
- Ergonomie der thermischen Umgebung
- Barrierefreie Gestaltung/Accessibility
- Alternde Gesellschaften

Die DIN EN ISO 20685:2010-11 stellt den allgemeinen Denkansatz der Ergonomie dar und legt wesentliche ergonomische Prinzipien und Konzepte fest. DIN EN ISO 6385:2016-12 stellt diese Prinzipien und Konzepte in den Zusammenhang mit der Gestaltung und Bewertung von Arbeitssystemen. Sie beschreibt einen integrierten Ansatz für die Gestaltung von Arbeitssystemen, bei dem Arbeitswissenschaftler mit anderen, die an der Gestaltung beteiligt sind, zusammenarbeiten und während des Gestaltungsprozesses die menschlichen, sozialen und technischen Anforderungen ausgewogen beachten.

Bei der Gestaltung von Arbeitssystemen muss der Mensch im Mittelpunkt stehen und integraler Bestandteil des zu gestaltenden Systems, einschließlich des Arbeitsablaufs und der Arbeitsumgebung, sein. Die wichtigsten Entscheidungen, die sich auf die Gestaltung auswirken, werden bereits am Anfang des Gestaltungsprozesses getroffen. Die Ergonomie muss daher eine präventive Rolle spielen, indem sie von Anfang an angewendet wird, anstatt sie nachträglich für die Lösung von Problemen einzusetzen, wenn die Gestaltung des Arbeitssystems bereits abgeschlossen ist. Bei der Umgestaltung eines bestehenden unzulänglichen Arbeitssystems können ergonomische Gestaltungsempfehlungen jedoch ebenfalls erfolgreich eingesetzt werden.

### 33.3.4 Qualitätsmanagement

DIN EN ISO 9000:2015 „Qualitätsmanagementsysteme – Grundlagen und Begriffe" definiert „Qualität – Grad, in dem ein Satz inhärenter Merkmale eines Objekts Anforderungen erfüllt". In den Anmerkungen erläutert die Norm: „inhärent bedeutet im Gegensatz zu zugeordnet, einem Objekt innewohnend". Dabei ist ein Objekt zum Beispiel ein Produkt, eine Dienstleistung, ein Prozess, eine Person, eine Organisation, ein System oder eine Ressource. Als Beschaffenheit kann man die Gesamtheit der Merkmale und Merkmalswerte einer Einheit ansehen. Die in der Definition erwähnten Anforderungen bilden zusammen die Qualitätsanforderung. Diese ist die Gesamtheit der betrachteten Einzelanforderungen an die Beschaffenheit einer Einheit in der jeweils betrachteten Konkretisierungsstufe der Einzelanforderungen.

Für ein herstellendes Unternehmen oder für eine Dienstleistungsorganisation, das heißt zum Beispiel auch für eine Behörde oder ein Krankenhaus, ist es notwendig, aufgrund der Kundenbedürfnisse sowie der eigenen Zielsetzungen die Qualitätsanforderung festzulegen. Qualitätsmanagement ist in DIN EN ISO 9000 definiert als „Management bezüglich Qualität". In der Anmerkung erläutert die Norm: „Qualitätsmanagement kann das Festlegen der Qualitätspolitiken und der Qualitätsziele, sowie Prozesse für das Erreichen dieser Qualitätsziele durch Qualitätsplanung, Qualitätssicherung und Qualitätsverbesserung umfassen". Die eingesetzten Mittel bilden das Qualitätsmanagementsystem. Die Beurteilung der Wirksamkeit des Qualitätsmanagementsystems mit all seinen Elementen durch eine unabhängige systematische Untersuchung erfolgt unter anderem durch ein Audit.

Laut DIN EN ISO 9004:2018 „Qualitätsmanagement – Qualität einer Organisation – Anleitung zum Erreichen nachhaltigen Erfolgs" wird der nachhaltige Erfolg einer Organisation durch ihre Fähigkeit erreicht, die Erfordernisse und Erwartungen ihrer Kunden und sonstiger interessierter Parteien langfristig und in ausgewogener Weise zu erfüllen. Nachhaltiger Erfolg wird in DIN EN ISO 9000 definiert als „Erfolg über eine Zeitspanne". Der Erfolg einer Organisation unterliegt jedoch permanent neuen oder sich ändernder Einflussfaktoren. Die Anpassung an diese Veränderung sowie Verbesserungen und Innovationen sind wichtig für den nachhaltigen Erfolg. Um nachhaltigen Erfolg zu erzielen, sollte die Organisation alle Qualitätsmanagementgrundsätze (siehe ISO 9000) anwenden, insbesondere die Grundsätze der „Kundenorientierung" und des „Beziehungsmanagements".

Dazu führt die Norm weiter aus, dass sich die Organisation, um nachhaltigen Erfolg zu erzielen, auf die Vorwegnahme und Erfüllung der Erfordernisse und Erwartungen ihrer interessierten Parteien konzentrieren sollte, um deren Zufriedenheit zu steigern und deren übergreifende Erfahrung zu verbessern.

DIN EN ISO 9001:2015 „Qualitätsmanagementsysteme – Anforderungen" ist anwendbar, wenn eine Organisation ihre Fähigkeit zur beständigen Bereitstellung von Produkten und Dienstleistungen darzulegen hat, die die Anforderungen der Kunden und die zutreffenden gesetzlichen und behördlichen Anforderungen erfüllen, und wenn die Organisation danach strebt, die Kundenzufriedenheit durch wirksame Anwendung des Systems zu erhöhen, einschließlich der Prozesse zur Verbesserung des Systems und der Zusicherung der Einhaltung von Anforderungen der Kunden. Die festgelegten Anforderungen sind dabei auf jede Art Organisation zutreffend, unabhängig von deren Art oder Größe oder Art der von ihr bereitgestellten Produkte oder Dienstleistungen.

Die Erfüllung von DIN EN ISO 9001 kann durch ein Audit nachgewiesen werden. Entsprechend des „ISO Survey 2017" ist die ISO 9001 die erfolgreichste Norm aller Zeiten, denn Zertifizierungen nach ISO 9001 haben weltweit die Millionenmarke überstiegen. Audits gliedern sich in Erstparteien-Audits oder interne Audits, Zweitparteien-Audits oder Audits durch externe Anbieter und Drittparteien-Audits oder Zertifizierungs- und/oder Akkreditierungsaudits. Für die Durchführung der Audits sollte DIN EN ISO 19011:2018 „Leitfaden zur Auditierung von Managementsystemen", herangezogen werden. Diese Norm enthält eine Anleitung zum Auditieren von Managementsystemen, einschließlich der Auditprinzipien, der Steuerung eines Auditprogramms und der Durchführung von Audits. Darüber hinaus bietet sie eine Anleitung zur Beurteilung der Kompetenz derer, die in den Auditprozess einbezogen sind. Sie ist auf alle Organisationen, die interne oder externe Audits von Managementsystemen planen und durchführen oder ein Auditprogramm steuern, anwendbar.

### 33.3.5 Normung und Verbraucherschutz

Normung und Verbraucherschutz sind in vielfältiger Weise miteinander verknüpft. Ein allgemeines Prinzip beschreibt die Formel: Verbrauchervertretung in der Normung = Verbraucherschutz durch Normen. Konkret ist es die Einhaltung der in Normen enthaltenen Anforderungen bezüglich der Sicherheit, Gebrauchstauglichkeit und Haltbarkeit von Produkten, die den jeweiligen Nutzen des Produktes wie der Normung für den Verbraucher ausmachen. Mit dem ständig steigenden Anteil gebrauchsfertiger Konsumprodukte an den Normungsgegenständen steigt auch die Bedeutung von Normen für das Alltagsleben. Die Zunahme der Normung im Bereich der Dienstleistungen verstärkt diese Entwicklung.

Sicherheitsnormen gibt es nicht nur für große Haushaltsgeräte, sondern auch für Möbel, Sport- und Freizeitgeräte. Besondere Berücksichtigung erfordern Normen über Gegenstände und Einrichtungen für Kinder (Spielzeug, Spielplatzgeräte) sowie für ältere und behinderte Menschen als risikobehaftete Beispiele aus dem Bereich der Verbraucherprodukte.

Eine weitere Beziehung zwischen Normung und Verbraucherschutz besteht in der normorientierten Bereitstellung von Verbraucherinformationen über Produkte sowie Dienstleistungen. Dem Verbraucher begegnet sie entweder als Warenkennzeichnung oder als leistungsorientierte Warenbeschreibung.

Das Informationsbedürfnis der Verbraucher und ein fairer Leistungswettbewerb erfordern Objektivität, Verständlichkeit und Vergleichbarkeit der Informationen. Zur Befriedigung dieser Informationsbedürfnisse haben sich drei Möglichkeiten bewährt: Warenkennzeichnungssysteme, Warenbeschreibungssysteme und Warentests.

Unter Warenkennzeichnung wird die Bestätigung durch Bild-/Schriftzeichen oder formalisierte Kurzbezeichnungen verstanden, dass eine Ware bestimmten nachprüfbaren Anforderungen genügt. Warenkennzeichnung dient der Übermittlung von nachprüfbaren Informationen über Waren in jeweils einheitlicher Form als Unterrichtung von Nachfragern durch die Anbieter.

Eine Warenbeschreibung ist eine nach bestimmten Prinzipien geordnete, vergleichbare und nachprüfbare Information über die Gesamtheit von Merkmalen oder die wesentlichen Einzelmerkmale einer Ware auf der Grundlage genormter Prüfmethoden. Wie die Warenkennzeichnung dient die Warenbeschreibung der Übermittlung von nachprüfbaren Informationen über Waren in jeweils einheitlicher Form zum Zweck der Unterrichtung der Nachfrager durch die Anbieter. Normen spielen darüber hinaus eine wichtige Rolle beim vergleichenden Warentest. Sei es, dass sie den Gegenstand und/oder das Verfahren einer Prüfung bestimmen, sei es, dass sie als Orientierungshilfe bei der Bewertung dienen.

Freilich: Normen sind nicht per se Instrumente des Verbraucherschutzes und der Stand der Technik ist kein objektives Kriterium. Um die Interessen der Verbraucher im Normungsgeschehen zu vertreten und die Verbraucherschutzaspekte der Normen zu wahren, organisiert der DIN-Verbraucherrat die Verbrauchervertretung oder nimmt diese stellvertretend wahr. Der DIN-Verbraucherrat ist ferner mit anderen nationalen und internationalen Verbraucherorganisationen und -institutionen verbunden.

## 33.3.6 Konformitätsbewertung

Konformität bedeutet Übereinstimmung mit festgelegten Anforderungen. Ihre Bewertung und die entsprechenden Nachweise sind heute unabdingbare Erfordernisse sowohl für den Anbieter als auch den Verwender. Hierbei wird insbesondere im europäischen Wirtschaftsraum unterschieden zwischen der gesetzlich geforderten Konformität zu Europäischen Richtlinien (s. Abschn. 3.6.1) und der freiwilligen Erklärung der Konformität zu festgelegten Anforderungen. Die freiwillige Erklärung kann vom Hersteller, dem Abnehmer oder einer unabhängigen Stelle (Zertifizierung) erstellt werden. Festgelegte Anforderungen können nach DIN EN ISO/IEC 17000 (Konformitätsbewertung – Begriffe und allgemeine Grundlagen) „in normativen Dokumenten wie Rechtsvorschriften, Normen und technischen Spezifikationen niedergelegt sein".

Zu den Elementen der Konformitätsbewertung gehören Prüfung, Bewertung, Bestätigung und Überwachung von Erzeugnissen und Dienstleistungen. Prüfung und Bestätigung können hierbei unterschiedliche Formen annehmen: von der Einzelstückprüfung über die Bauartprüfung bis zur Beurteilung des angewandten Qualitäts- oder Umweltmanagementsystems, von der Konformitätserklärung des Herstellers/Anbieters bis zum Zertifikat einer unabhängigen Stelle.

**Zeichen**

DIN ist Inhaber der Verbandszeichen DIN und DIN EN, die ein Hersteller in Eigenverantwortung zur Kennzeichnung der Normenkonformität nutzen kann. Dies setzt voraus, dass die damit gekennzeichneten Erzeugnisse und Dienstleistungen die in der betreffenden DIN- bzw. DIN EN-Norm festgelegten Anforderungen erfüllt und der Anbieter registriert wurde.

Die DIN-Zertifizierungszeichen dokumentieren die Übereinstimmung eines Erzeugnisses, einer Dienstleistung oder einer Person mit den in DIN-, DIN EN- oder DIN EN ISO-Normen und in Zertifizierungsprogrammen festgelegten Anforderungen. Dazu wird das Erzeugnis, die Dienstleistung oder die Person von unabhängigen Stellen geprüft, bewertet und regelmäßig überwacht.

Die Keymark ist das gemeinsame europäische Zertifizierungszeichen der europäischen Normungsorganisationen CEN und CENELEC. Mit diesem Zeichen wird die Übereinstimmung von Erzeugnissen und Dienstleistungen mit den Anforderungen europäischer Normen dokumentiert. Das zugrunde liegende Verfahren beinhaltet Prüfung, Bewertung und regelmäßige Überwachung des Erzeugnisses bzw. der Dienstleistung und des Qualitätssystems durch unabhängige Stellen.

#### 33.3.6.1 CE-Kennzeichnung

Mit der EG-Konformitätserklärung und der CE-Kennzeichnung bestätigt der Hersteller, dass sein Erzeugnis den Anforderungen aller anwendbaren Europäischen Richtlinien entspricht. Als Freiverkehrszeichen richtet sich die CE-Kennzeichnung dabei nicht an den Verbraucher, sondern an die Behörden.

Die Auswahl des anwendbaren Konformitätsbewertungsverfahrens wird in den Europäischen Richtlinien festgelegt und stützt sich auf das Modulare Konzept. Dabei wird zwischen der Produktentwurfs- und der Produktfertigungsstufe unterschieden. Für jedes Modul sind die Konformitätsbewertungsmaßnahmen spezifiziert, die von der Konformitätserklärung des Herstellers bis zur Prüfung und Bewertung durch unabhängige Stellen reichen. Mit dem Modularen Konzept hat der Gesetzgeber ein weit gefächertes Instrumentarium an der Hand um sicherzustellen, dass Produkte, die in der EU in den Verkehr gebracht werden, den grundlegenden Anforderungen an Sicherheit und Gesundheitsschutz genügen.

CE

### 33.3.7 Umweltschutz

#### 33.3.7.1 Einleitung

Umweltschutz wird in der DIN EN 45020:2007-03 als Schutz der Umwelt vor unvertretbaren Schädigungen durch Auswirkungen und Betriebsabläufe von Produkten, Prozessen und Dienstleistungen definiert. Umweltschutz ist ebenso wie Innovation, Rationalisierung, Qualitätssicherung, Sicherheit, Arbeits- und Verbraucherschutz und Verständigung in Wirtschaft, Wissenschaft, Verwaltung und Öffentlichkeit bereits seit vielen Jahren satzungsgemäßes Ziel von DIN.

Auch die Deutsche Normungsstrategie bringt die Bedeutung von Normung für Umweltschutz und Nachhaltigkeit zum Ausdruck. Sie wurde im Jahr 2016 von allen an Normung und Standardisierung beteiligten Interessensgruppen in Deutschland erarbeitet und am 3. November 2016 vom DIN-Präsidium verabschiedet. In ihren sechs Zielen macht sie unter anderem deutlich, dass Normung „neben dem ökonomischen Mehrwert für die Wirtschaft [...] eine Voraussetzung für umweltgerechtes Handeln" schafft. Darüber hinaus tragen die „Arbeitsergebnisse der Normung und Standardisierung [...] zu einer nachhaltigen Entwicklung unter Berücksichtigung aller Schutzziele bei und unterstützen die UN-Nachhaltigkeitsziele (Agenda 2030)".

Im Rahmen der nationalen, europäischen und internationalen Normung kann in drei Bereiche der Umweltnormung unterschieden werden:

1. die medienorientierte Prüfnormung (Normen über Messtechnik, Messplanung und Messverfahren u. a. in den Bereichen Akustik, Boden, Luft und Wasser),
2. die managementorientierte Umweltnormung (Normen der Reihe ISO 14001 ff. über Umweltmanagementsysteme, Umweltaudits, Umweltbewertung von Standorten und Organisationen, Umweltleistungsbewertungen, Umweltkommunikation, Umweltkennzeichnungssysteme und Ökobilanzen sowie Normen zum Klimaschutz einschließlich Energieeffizienz und Energiemanagement) und
3. die Normung mit Umweltbezug wie beispielsweise zur sinnvollen Verwendung von Ressourcen, zur Wiederverwendung von Produkten oder zur Minimierung von Emissionen.

#### 33.3.7.2 Prüfnormen

Zur Bestimmung von schädlichen Stoffen in Boden, Luft und Wasser sowie Überprüfung von Emissions- und Immissionsschutzmaßnahmen und der Einhaltung von Grenzwerten für schädliche Stoffe sind Prüfverfahren genormt. Die Ergebnisse dieser Untersuchungen werden zunehmend auch für das Monitoring der Erreichung von umweltpolitischen Zielsetzungen herangezogen, z. B. Ziele für nachhaltige Entwicklung (en: Sustainable Development Goals), Ressourcenschutz, Bioökonomie, Klimaschutz und Energiewende. Allein für die o. a. Themenfelder liegen heute etwa 1000 Internationale Normen vor, etwa 350 Europäische Normen wurden speziell für die Untersetzung der Anforderungen aus Europäischen Richtlinien erarbeitet. Nicht zuletzt sind etwa reine DIN-Normen vorhanden, um die entsprechenden rechtlichen Regeln in Deutschland im behördlichen Vollzug umsetzen zu können. Im folgenden Abschnitt werden beispielhaft einige aktuelle Untersuchungsgegenstände aus dem Themenfeld Wasser, Boden und Abfall genannt, bei denen Normen regelmäßig angewendet werden bzw. in Entwicklung sind:

- Ermittlung der Freisetzung von Schadstoffen aus Bauprodukten in Boden, Wasser und Luft gemäß Verordnung (EU) Nr. 305/2011 (EU-Bauproduktenverordnung);
- Ermittlung der Freisetzung von Schadstoffen aus sog. Ersatzbaustoffen (Sekundärrohstoffe) (gemäß der geplanten Ersatzbaustoffverordnung);
- Ermittlung des sog. Ausgangszustands gemäß Richtlinie 2010/75/EU des Europäischen Parlamentes und des Rates vom 24. November 2010 über Industrieemissionen im Rahmen der Anlagengenehmigung. Dieser Ausgangszustandsbericht soll den Zustand des Bodens und des Grundwassers auf dem Anlagengrundstück darstellen. Er dient letztlich als Beweissicherung und Vergleichsmaßstab für die Rückführungspflicht bei Anlagenstilllegung nach § 5 Abs. 4 Bundes-Immissionsschutzgesetz n. F. (BImSchG);
- Abwasseruntersuchung gemäß Abwasserverordnung (AbwV) im Zusammenhang mit dem Abwasserabgabengesetz (AbwAG) für das Einleiten von Abwasser in ein Gewässer im Sinne von § 3 Nummer 1 bis 3 des Wasserhaushaltsgesetzes (WHG);
- Untersuchungen im Zusammenhang mit der Erkundung des Untergrunds zur geologischen Speicherung von Kohlenstoffdioxid (Normung und Standardisierung erfolgen ausschließlich auf internationaler Normungsebene ohne nationale Übernahme);
- Untersuchungen im Zusammenhang mit der Erkundung des Untergrunds zur geothermischen Nutzung;
- Untersuchungen zum Austrag klimaschädlicher Gase aus Böden sowie zur Bindung solcher Gase durch Böden;
- Untersuchungen zum vorsorgenden Bodenschutz bei Baumaßnahmen (baubegleitender Bodenschutz) sowie bei der Sanierung von Strommasten.

In Einzelfällen, in denen der Gesetzgeber bisher keine Grenzwerte vorgegeben hat, finden sich Richtwerte in DIN-Normen, wie die für die Blei- und Kadmiumabgabe aus Geschirr (DIN 51032). Für die Bestimmung der Schwermetallgehalte in Lacken und Farben gilt DIN ISO 3856-1 (Lacke und Anstrichstoffe – Bestimmung des „löslichen" Metallgehaltes – Bestimmung des Bleigehaltes).

Luftschadstoffe breiten sich über große Entfernungen aus. Normen zur Luftreinhaltung bedürfen deshalb der internationalen Abstimmung. DIN ISO 7168-1 (Luftbeschaffenheit – Datenaustausch – Teil 1: Allgemeines Datenformat) beschreibt ein allgemeines Format für den Austausch von Luftbeschaffenheitsdaten und damit in Zusammenhang stehenden Informationen und ist für den internationalen Austausch von Luftbeschaffenheitsdaten bestimmt.

DIN 18005-1 (Schallschutz im Städtebau – Teil 1: Grundlagen und Hinweise für die Planung) enthält schalltechnische Orientierungswerte. Ihre Festlegungen sollen den Menschen sowohl vor Geräuschbelästigung von der Straße wie aus der näheren Umgebung schützen. Insbesondere mit Geräuschen, die in Gebäuden entstehen, befasst sich DIN 4109 (Schallschutz im Hochbau – Anforderungen und Nachweise). Vorzug vor defensiven Maßnahmen gegen den Lärm hat die Vermeidung von Lärm an der Quelle. Um hier Grenzwerte festlegen zu können, sind Prüfnormen erforderlich, wie DIN ISO 362-1 (Messverfahren für das von beschleunigten Straßenfahrzeugen abgestrahlte Geräusch – Verfahren der Genauigkeitsklasse 2 – Teil 1: Fahrzeuge der Klassen M und N).

#### 33.3.7.3 Umweltmanagement-Normen

Der zweite Bereich der umweltbezogenen Normung bezieht sich im Wesentlichen auf die ISO 14000'er Reihe, die folgende Bereiche umfasst: Umweltmanagementsysteme, Umweltaudit, Umweltleistungsbewertung, Umweltberichte, Umweltkommunikation, Produkt-Ökobilanzen, Umweltkennzeichnung, umweltgerechte Produktgestaltung, Klimaschutz und Anpassung an die Folgen des Klimawandels.

Ein Umweltmanagementsystem verschafft Unternehmen den organisatorischen Rahmen, um sich den Umweltproblemen durch die Zuteilung von Ressourcen, durch die Festlegung von Verantwortlichkeiten und durch die laufende Bewertung von Praktiken, Verfahren und Prozessen zu stellen.

DIN EN ISO 14001:2015-11 „Umweltmanagementsysteme – Anforderungen mit Anleitung zur Anwendung" legt die Anforderungen an ein Umweltmanagementsystem fest, die es einer Organisation ermöglichen, eine Umweltpolitik und entsprechende Zielsetzungen unter Berücksichtigung von rechtlichen Anforderungen und Informationen über bedeutende Umweltauswirkungen zu entwickeln. Diese Norm ist am Prinzip der kontinuierlichen Verbesserung ausgerichtet, d. h. an der Weiterentwicklung des Umweltmanagementsystems, um – in Übereinstimmung mit der Umweltpolitik der Organisation – Verbesserungen des Umweltverhaltens zu erreichen. Die Norm beruht auf der Methode Planen-Ausführen-Kontrollieren-Optimieren, auch bekannt als Plan-Do-Check-Act (PDCA).

Viele Unternehmen führen bereits Prüfungen (Audits) zur Ermittlung und Bewertung der Auswirkungen ihrer Aktivitäten auf die Umwelt durch. Die DIN EN ISO 19011:2018-10 (siehe Abschn. 3.4) stellt hierzu Leitlinien für Auditoren und Organisationen, die interne oder externe Qualitätsmanagement- oder Umweltmanagementsystem-Audits durchführen oder Auditprogramme handhaben müssen, bereit.

DIN EN ISO 14015:2010-08 „Umweltmanagement – Umweltbewertung von Standorten und Organisationen (UBSO)" gibt eine Anleitung zur Durchführung einer Umweltbewertung von Standorten und Organisationen durch einen systematischen Prozess der Erfassung und Bewertung von Umweltaspekten und Umweltthemen sowie ggf. der Bestimmung ihrer wirtschaftlichen Auswirkungen. Die Norm umfasst die Aufgaben und Verantwortlichkeiten der an der Bewertung Beteiligten (Auftraggeber, Sachverständiger, Repräsentant des Bewertungsobjektes) und der Stadien des Bewertungsprozesses (Planung, Informationssammlung und -validierung, Beurteilung und Berichterstattung).

Ziel der Normen der ISO 14020er-Reihe ist die Formulierung einheitlicher Grundlagen für Instrumente zur produktbezogenen Umweltinformation durch Umweltkennzeichen und produktbezogene Umweltdeklarationen. Die Normen tragen damit zu einer transparenten und vergleichbaren Praxis der Umweltinformation bei und geben zugleich den Unternehmen praktische Hilfestellung. Ziel von Umweltkennzeichnungen und -deklarationen ist es, Angebot und Nachfrage von Produkten zu unterstützen, die weniger Umweltbelastungen verursachen, wodurch das Potenzial von marktgetriebenen kontinuierlichen Verbesserungen angeregt wird.

Ökobilanzen als weiteres Umweltmanagementinstrument sind eine methodische Fortentwicklung der Erfassung und Bewertung umweltbezogener Aspekte der Produktentwicklung.

Ökobilanzen – im Englischen als Life Cycle Assessment (LCA) bezeichnet – dienen der Analyse von Umweltaspekten während der gesamten Existenz von Produkten, Prozessen und Dienstleistungen und zur Abschätzung potenzieller Umweltwirkungen auf der Basis der erhobenen Informationen. DIN EN ISO 14040:2009-11 „Umweltmanagement – Ökobilanz – Grundsätze und Rahmenbedingungen" legt Grundsätze und Rahmenbedingungen an Ökobilanzen fest. DIN EN ISO 14044:2018-05 „Umweltmanagement – Ökobilanz – Anforderungen und Anleitungen" legt die Anforderungen und Verfahren fest, die für eine Ökobilanz notwendig sind.

Als ein Teilaspekt aller entlang des Lebensweges eines Produktes entstehender Umweltbelastungen geht es beim Carbon-Footprint um die Berechnung der Treibhausgasemissionen entlang der Wertschöpfungskette. Die 2018 veröffentlichte Norm DIN EN ISO 14067 „Treibhausgase –

arbon Footprint von Produkten – Anforderungen an und Leitlinien für Quantifizierung" stellt den Anwendern eine zuverlässige Berechnungsgrundlage bereit. Transparenz und Glaubwürdigkeit von Carbon-Footprints werden so maximiert.

Der Klimawandel wurde als eine der größten Herausforderungen für Nationen, Regierungen, Unternehmen und Bürger in den nächsten Jahrzehnten erkannt. Der Klimawandel wirkt sich sowohl auf Menschen als auch auf natürliche Systeme aus und kann bezüglich der Ressourcennutzung, Produktion und Wirtschaftstätigkeiten zu wesentlichen Veränderungen führen. Als Reaktion darauf werden internationale, regionale, nationale und lokale Initiativen entwickelt und implementiert, um die Konzentrationen von Treibhausgasen in der Erdatmosphäre zu begrenzen.

Derartige treibhausgasbezogene Initiativen stützen sich in der Normung auf internationaler Ebene auf zwei Kernbereiche. Ein Kernbereich adressiert die Anpassung an die Folgen des Klimawandels. Die DIN EN ISO 14090 (vorraussichtlich 2019) beschreibt die Grundsätze, Anforderungen und Leitlinien für die Anpassung an den Klimawandel. Dazu gehören die Integration der Anpassung innerhalb von oder zwischen Organisationen, das Verstehen von Auswirkungen und Unsicherheiten und wie dieses Verständnis in Entscheidungen einfließen kann. DIN EN ISO 14092 (vorraussichtlich 2021) „Anpassung an den Klimawandel – Vulnerabilität, Auswirkungen und Risikobewertung" bietet Leitlinien für die Bewertung aktueller als auch zukünftiger Risiken im Zusammenhang mit den Auswirkungen des Klimawandels.

Einen weiteren Kernbereich bilden die Normen zum Management von Treibhausgasemissionen, welche die quantitative Bestimmung, das Monitoring, die Berichterstattung und die Verifizierung von Treibhausgasemissionen und/oder den Entzug von Treibhausgasen beinhalten.

Die Normenreihe DIN EN ISO 14064-1 bis -3 „Treibhausgase" (Ausgabedatum jeweils 2012-05, aktuell in Überarbeitung – vorraussichtlich 2019) legt die Grundsätze und Anforderungen fest an die

- Planung, Erstellung, Management und Berichterstattung von Treibhausgasbilanzen (Teil 1)
- Planung von Treibhausgasprojekten, die Reduktionen der Treibhausgasemissionen oder eine Steigerung des Entzugs von Treibhausgasen zu bewirken (Teil 2)
- Verifizierung von Treibhausgasbilanzen und die Validierung oder Verifizierung von Treibhausgasprojekten (Teil 3)

In Ergänzung hierzu bietet die DIN EN ISO 14065:2013-07 (aktuell in der Überarbeitung) „Treibhausgase – Anforderungen an Validierungs- und Verifizierungsstellen für Treibhausgase zur Anwendung bei der Akkreditierung oder anderen Formen der Anerkennung" Leitern von Treibhausgas-Programmen, Überwachungsbehörden und Akkreditierern eine Grundlage zur Beurteilung und Anerkennung der Qualifikation von Validierungs- und Verifizierungsstellen.

Alle aufgeführten Normen sind gegenüber Treibhausgas-Programmen neutral.

Ziel der DIN EN ISO 50001 „Energiemanagementsysteme – Anforderungen mit Anleitung zur Anwendung" (überarbeitete Fassung Dezember 2018) ist es, Organisationen beim Aufbau von Systemen und Prozessen zur Verbesserung der energiebezogenen Leistung, einschließlich Energieeffizienz, Energieeinsatz und Energieverbrauch, zu unterstützen. Durch die Verbesserung der energiebezogenen Leistung und die damit verbundene Senkung der Energiekosten können Unternehmen wettbewerbsfähiger werden. Mit der Umsetzung dieser Norm können Organisationen zudem allgemeine Klimaschutzziele unterstützen, indem sie ihre energiebezogenen Treibhausgasemissionen reduzieren.

#### 33.3.7.4 Normen mit Umweltbezug

Bei DIN werden bereits seit Mitte der achtziger Jahre verstärkt Anstrengungen unternommen, institutionell-organisatorische Strukturen wie inhaltliche Strategien zur Berücksichtigung von Umweltschutzaspekten in der Produktnormung zu etablieren. Hierzu gehört insbesondere die Einrichtung der Koordinierungsstelle Umweltschutz (KU) bei DIN. Die KU verfolgt zwei grundlegende Aufgaben:

- Unterstützung der DIN-Normungsgremien bei der Berücksichtigung von Umweltaspekten (Bewusstseinsbildung, aber auch „Hilfe zur Selbsthilfe“);
- Unterstützung bei der inhaltlichen Verbesserung von Normen aus Umweltsicht.

Letzteres erfolgt in der Regel durch Expertenkreise zu bestimmten Themenschwerpunkten (z. B. Anpassung an den Klimawandel, Ressourcenschutz und umweltgerechte Produkt- und Prozessgestaltung). Diese Expertenkreise diskutieren und erarbeiten Strategien, um die Berücksichtigung der jeweiligen Aspekte in Normen zu fördern. Hierbei wird eine enge Zusammenarbeit mit den betroffenen DIN-Normenausschüssen angestrebt. Die KU trägt so dazu bei, die Interessen des Umweltschutzes verstärkt in die nationale, europäische und internationale Normung einzubringen.

Auf europäischer Ebene wird die KU durch den CEN Environmental Helpdesk (CEN/EHD) unterstützt, der im Jahr 1999 nach dem Vorbild der KU bei der europäischen Normungsorganisation CEN eingerichtet wurde. Wesentliche Aufgabe des EHD ist es, die Technischen Komitees bei CEN bei der Einbeziehung von Umweltaspekten in die Normung zu beraten und zu unterstützen.

Durch die Berücksichtigung von Umweltaspekten in Normen sollen möglichen negativen Umweltauswirkungen von Produkten, die auf Grundlage der Norm gestaltet werden, vorgebeugt werden. Darüber hinaus können Normen durch die Aufnahme geeigneter Anforderungen erheblich zur Erreichung von Umweltschutz- und gesellschaftlichen Zielen (wie z. B. Klimaschutz, Ressourcenschutz, Kreislaufwirtschaft oder Nachhalitgkeit) beitragen.

Neben den genannten Beratungsleistungen von KU und EHD stehen den Normungsgremien hierfür eine Vielzahl an Leitfäden zur Verfügung. Auf internationaler Ebene wurde der Leitfaden ISO Guide 64 zur Berücksichtigung von Umweltaspekten in Produktnormen erarbeitet und anschließend auch europäisch als CEN Guide 4 übernommen. Auch bei DIN wurde der Leitfaden in deutscher Sprache als DIN SPEC 59:2010-05 veröffentlicht und wird sogar durch ein Beiblatt zur Berücksichtigung von Ressourcenschutzaspekten ergänzt.

Für die Elektrotechnik wurde, analog zum Modell des ISO-Leitfadens, der Leitfaden IEC Guide 109 erstellt und als DIN-Fachbericht 54 herausgebracht. Weitergehende Anforderungen wurden national als DIN Fachbericht 108 veröffentlicht, der u. a. eine Beispielnorm für Waschmaschinen enthält.

Die Leitfäden geben praktische Handreichungen dafür, Umweltwirkungen während des gesamten Lebensweges eines Produktes systematisch zu erfassen, um entsprechende Anforderungen zur Minderung oder Vermeidung negativer Umweltwirkungen in die Norm aufnehmen zu können.

Weitere Leitfäden unterstützen die Normungsgremien beispielsweise bei der Einbeziehung von Nachhaltigkeit in Normen (ISO Guide 82:2014 bzw. DIN SPEC 35200:2014-11), bei der Berücksichtigung von Umweltaspekten in Prüfnormen (CEN/CENELEC Guide 33:2016 bzw. DIN SPEC 35203:2018-08) oder Einbeziehung der Anpassung an den Klimawandel in Normen (CEN-CENELEC Guide 32:2016 bzw. DIN SPEC 35202:2018-08).

Auf europäischer Ebene werden aktuell generische Normen erarbeitet (DIN EN 45552-45559 (vorraussichtlich 2019)), die grundlegende Aspekte der Nachhaltigkeit von energieverbrauchsrelevanten Produkten, die von der Ökodesign-Richtlinie betroffen sind, abdecken. Insbesondere werden Aspekte wie Funktionsbeständigkeit, Reparaturfähigkeit, Recyclingfähigkeit und Aufarbeitbarkeit durch die Normen adressiert. Diese Normen sollen produktspezifischen Normungsgremien als eine Art Regelwerk dienen, um die Aspekte der Nachhaltigkeit für das jeweile Produkt/die jeweilige Produktgruppe in einer produktspezifischen Norm festzulegen.

### 33.3.8 Informationstechnik

Informationstechnik ist das Rückgrat der Digitalisierung. Sie ist das Bindeglied zwischen der klassischen Elektrotechnik und der Informatik und besteht aus Hardware, Software und IT-Services. Längst aber hat sich der Einsatz der Informationstechnik von den klassischen Elektronikgeräten auf mehr oder weniger alle Produktarten ausgeweitet. Vor allem durch den massenhaften Einsatz von immer kleineren Sensoren und die nahezu flächendeckende Verfügbarkeit schneller Internetverbindungen gibt es so gut wie keine Branche und keinen Anwendungsbereich, der nicht von der Digitalisierung und der dort zum Einsatz kommenden Informationstechnik betroffen ist. Die enorme Geschwindigkeit, mit der neue Produkte und Services im Bereich Informationstechnik entwickelt werden, ist eine Herausforderung für die Normung in diesem Bereich. Basis bilden eine Vielzahl von Grundlagennomen der Informationstechnik, die für die entsprechende Interoperabilität von Produkten und Services sorgen. Insbesondere bei neuen Technologien wie Blockchain und der rasanten Weiterentwicklung von Technologien wie auf dem Gebiet der Künstlichen Intelligenz, ist es wichtig, von Anfang an Normen zu entwickeln, die sowohl für eine einheitliche Terminologie als auch für eine notwendige Interoperabilität sorgen.

Im Fokus der Normung im Bereich Informationstechnik stehen aktuelle Themen wie

- Internet of Things;
- Cloud Computing;
- Edge Computing;
- Blockchain and Distributed Ledger Technologies;
- 3-D Drucken und Scannen;
- Quantum Computing,

alle „smarten" Themen wie

- Smart City, Smart Living;
- Smart Government;
- Smart Textiles;
- Smart Building

sowie diverse Anwendungsbereiche wie

- Industrie 4.0,
- Autonomes Fahren.

Ein ganz wesentlicher Aspekt der Informationstechnik sind die Bereiche Cybersicherheit und Datenschutz. Das heutige gesellschaftliche Leben funktioniert nicht mehr ohne digitale Anwendungen. Die damit einhergehenden Gefahren hat nicht zuletzt der Roman „Blackout" aufgezeigt. Wie wichtig es ist, auch bei vermeintlich simplen Geräten wie Überwachungskameras oder Spielzeugen, die mit dem Internet verbunden sind, die Themen IT Sicherheit und Datenschutz ernst zu nehmen, haben verschiedene von solchen Geräten ausgehende Botnetz-Attacken und Meldungen über aus dem Internet angreifbare Babypuppen deutlich gemacht. Dem Schutz der digitalen Welt muss dementsprechend derselbe Schutz zugemessen werden wie dem der realen Welt. IT-Sicherheit und Datenschutz sind in der Konsequenz eine erfolgskritische Voraussetzung für annähernd jedes Zukunftsprojekt der deutschen Wirtschaft.

Ein auf internationalen Normen fußendes und auf die deutschen Belange abgestimmtes Normenwerk im Bereich der IT-Sicherheit ist ein wichtiger Baustein für die Sicherstellung der digitalen Souveränität Deutschlands und damit eine wichtige Voraussetzung für wirtschaftlichen Erfolg im Zeichen der Digitalisierung.

Ein weiteres wichtiges Thema der Digitalisierung und damit der Informationstechnik ist die Sichere Digitale Identität, mit deren Hilfe sich Kommunikationspartner im digitalen Raum – sei es Mensch oder Maschine – über die Identität des Gegenübers und somit letztlich über die Authentizität der Kommunikation sicher sein können. Sichere Digitale Identitäten helfen somit in vielfältiger Weise, technologiebedingte Risiken zu mindern und zu beherrschen. Hierfür gibt es verschiedene anwendungsspezifische Lösungsansätze, aber keine allgemein akzeptierte Lösung. Normen und Standards für Sichere Digitale Identitäten, die die Anforderungen von Wirtschaft und Gesellschaft widerspiegeln, sind grundsätzlich geeignet, an dieser Stelle eine Antwort zu geben.

### 33.3.9 Dienstleistungs-Normung

Prägendes Merkmal des gegenwärtigen wirtschaftlichen und gesellschaftlichen Strukturwandels ist die stetig wachsende Bedeutung des Dienstleistungssektors für den Wettbewerb und den Arbeitsmarkt. Das spiegelt sich in den zunehmenden Anteilen des Dienstleistungssektors an Wertschöpfung und Beschäftigung wider. Zunehmend wird daher der Dienstleistungsbereich in die Normung einbezogen.

Eine Untersuchung innerhalb des CEN ergab, dass es in den bestehenden Normen bereits zahlreiche Aspekte gibt, die sich auf Dienstleistungen beziehen (z. B. Prüfung, Kennzeichnung, Verpackung, Transport, Lagerung, Wartung und Instandhaltung), dass diese in der Regel aber in Zusammenhang mit Produktnormen genormt sind.

Dienstleistungsnormen haben mittlerweile in vielen Unternehmens- und Lebensbereichen Einzug gehalten. Grob untergliedert in die Bereiche wie z. B: Business Services, Tourismusdienstleistungen, Gesundheitsdienstleistungen, technische Dienstleistungen, Bildungsdienstleistungen und Finanzdienstleistungen gibt es bereits mehr als 200 Normen und Spezifikationen, die dem Dienstleistungsanbieter bei der Entwicklung marktgerechter Dienstleistungen, bei der Optimierung interner Prozesse, bei der Dienstleistungserbringung sowie allgemein in der Beziehung zu den Kunden Unterstützung und Hilfestellung bieten. Beispiele für erfolgreiche Dienstleistungsnormung sind: Instandhaltung, Umzugsdienste, Bauleistungen, Telekommunikation, Call-Center, IT-Sicherheit im Finanzbereich, private Finanzplanung, Patentbewertung, öffentlicher Personenverkehr, Reinigungswesen, Ingenieur- und Beratungsdienstleistungen, Bildung, psychologische Testverfahren, Wach- und Sicherheitsdienstleistungen einschließlich Sicherheitsanlagen, postalische Dienstleistungen, Facility Management, Outsourcing, oder Logistik. Genormt werden entweder Merkmale der Dienstleistung selbst, z. B. durch Kenngrößen bzw. Prozessdefinitionen, oder es werden Anforderungen an den Dienstleister aufgestellt, z. B. hinsichtlich des benutzten technischen Gerätes, oder hinsichtlich der erforderlichen Kompetenzen der ausführenden Personen.

Die Normung von Dienstleistungen dient folgenden Zielen:

- Festlegung des Umfangs und der Merkmale einer Dienstleistung sowie der relevanten Ausstattungsmerkmale des Dienstleisters, um insofern die Qualitätsmanagementsysteme nach ISO 9000 ff. zu ergänzen,
- Gewährleistung der Vergleichbarkeit von Dienstleistungsangeboten für den Nachfrager, dies insbesondere vor dem Hintergrund der Europäisierung des Dienstleistungsmarktes,
- Erarbeitung von Begriffskonventionen, um beispielsweise ein präzises Vertragsvokabular anzubieten und für Informationssysteme eindeutige Benennungen zur Verfügung zu stellen,
- Unterstützung und Förderung der Vermarktung von Dienstleistungen,
- Stärkung des Verbraucherschutzes durch qualifizierte Unterrichtung der Nachfrager,
- Schaffung eines Bezugssystems für die nationale und die europäische Rechtsprechung und Rechtssetzung.

## Literatur


Bahke T, Blum U, Eickhoff G (2002) Normen und Wettbewerb. Beuth, Berlin

Berndt A, Downe S, Krüger M (2014) Stichwörter zur Europäischen Normung, 3., überarb. Aufl. Beuth, Berlin

Buck P, Loerzer M (2017) Schwabedissen: Rechtskonformes Inverkehrbringen von Produkten. In: 10 Schritten zur Konformitätserklärung. Beuth, Berlin

Freeman HG (2003) Wörterbuch technischer Begriffe mit 6500 Definitionen nach DIN. Beuth, Berlin

Gesamtwirtschaftlicher Nutzen der Normung (2000a) Unternehmerischer Nutzen 1 – Wirkungen von Normen – Teil A: Ökonomische Wirkung der betrieblichen Normung – Teil B: Verknüpfung der Ergebnisse DIN, Beuth, Berlin

Gesamtwirtschaftlicher Nutzen der Normung (2000b) Unternehmerischer Nutzen 2 – Unternehmensbefragung und Auswertung DIN, Beuth, Berlin

Gesamtwirtschaftlicher Nutzen der Normung (2000c) Volkswirtschaftlicher Nutzen – Der Zusammenhang zwischen Normung und technischem Wandel, ihr Einfluss auf den Außenhandel und die Gesamtwirtschaft, Hrsg. DIN, Beuth, Berlin

Gesamtwirtschaftlicher Nutzen der Normung (2001) Abschlussdokumentation – Darstellung der Forschungsergebnisse DIN, Beuth, Berlin

Hartlieb B, Hövel A, Müller N (2016) Normung und Standardisierung – Grundlagen, 2., ak. Aufl. Beuth, Berlin

Heider T, Schuster D (2015) Innerbetriebliche Normung – Handbuch und Wegweiser für Normungsmanager. Beuth, Berlin

Hertel L, Oberbichler B, Wilrich T (2015) Technisches Recht – Grundlagen – Systematik – Recherche. Beuth, Berlin

Honnacker M (2010) Produktsicherheit und Wettbewerb – Grundlagen, konzeptionelle Aspekte und Modellansatz zur Weiterentwicklung des Anerkennungs- und Akkreditierungwesens. Beuth, Berlin

Klein (2008) Einführung in die DIN-Normen, 14. Aufl. Teubner/Beuth, Stuttgart/Berlin

Kreibich R, Oertel B (2004) Erfolg mit Dienstleistungen – Innovationen, Märkte, Kunden, Arbeit. Schäffer-Poeschel, Stuttgart

Loerzer M, Müller R, Schacht M (2010) Produktkonformität und CE-Kennzeichnung – Wer ist im Unternehmen verantwortlich. Beuth, Berlin

Loerzer M, Ritschel A, Stöwe R (2011) Konformitätserklärungen nach DIN EN ISO/IEC 17051-1 – Erstellen und Bewerten. Beuth, Berlin

Marburger P (1982) Die Regeln der Technik im Recht. Heymanns, Köln

Normungspolitisches Konzept der Bundesregierung. https://www.bmwi.de/Redaktion/DE/Downloads/M-O/normungspolitisches-konzept-der-bundesregierung.pdf?__blob=publicationFile&v=3. Zugegriffen am 26.11.2018

Reimann G (2017) Erfolgreiches Qualitätsmanagement nach DIN EN ISO 9001:2015, 5., vollst. überarb. Aufl. Beuth, Berlin

Wilrich T (2012) Das neue Produktsicherheitsgesetz (ProdSG) – Hersteller-, Importeur- und Händlerpflichten. Beuth, Berlin

Wilrich T (2017) Die rechtliche Bedeutung technischer Normen als Sicherheitsmaßstab – mit 33 Gerichtsurteilen zu anerkannten Regeln und Stand der Technik, Produktsicherheitsrecht und Verkehrssicherungspflichten. Beuth, Berlin

# Stichwortverzeichnis



© Der/die Autor(en), exklusiv lizenziert durch Springer-Verlag GmbH, DE, ein Teil von Springer Nature 2022

M. Hennecke, B. Skrotzki (Hrsg.), *HÜTTE Band 2: Grundlagen des Maschinenbaus und ergänzende Fächer für Ingenieure*, Springer Reference Technik,
https://doi.org/10.1007/978-3-662-64372-3

C

G

**J**



**K**

L

**N**

## S